电气传动自动化技术手册

第3版

天津电气传动设计研究所　编著

机械工业出版社

《电气传动自动化技术手册》第 2 版自 2005 年出版以来,我国新发布和修订了大量国家标准和行业标准。为满足广大读者的需求,我们对手册第 2 版进行了修订,重新编写了第 1 章;并对全手册进行了订正工作。

本手册内容包括常用设计数据与技术标准、电气传动系统方案及电动机的选择、电力电子器件与电源、调速技术基础、电动机的电器控制、直流传动系统、交流传动系统、典型控制系统方案、电气传动控制系统的综合、电气传动装置、谐波治理与无功补偿、基础自动化、电磁兼容性与可靠性、电控设备的安装与调试和电气传动的工业应用。书中还列举了大量系统应用的计算实例,以便读者能很快地掌握设计计算技能。

本手册不仅体现了现代新技术的先进性,又具备解决问题的实用性和通用性,是从事电气传动自动化工作的工程设计、产品制造、现场应用技术人员和大专院校师生必不可少的工具书。

图书在版编目(CIP)数据

电气传动自动化技术手册/天津电气传动设计研究所编著. —3 版. —北京:机械工业出版社,2011.4(2022.1 重印)

ISBN 978-7-111-33989-2

Ⅰ.①电… Ⅱ.①天… Ⅲ.①电力传动 – 自动化技术 – 技术手册 Ⅳ. ①TM921 – 62

中国版本图书馆 CIP 数据核字(2011)第 056221 号

机械工业出版社(北京市百万庄大街 22 号 邮政编码 100037)
策划编辑:孙流芳 责任编辑:孙流芳 责任印制:张 博
三河市宏达印刷有限公司印刷
2022 年 1 月第 3 版第 12 次印刷
184mm×260mm・73 印张・2 插页・1947 千字
标准书号:ISBN 978-7-111-33989-2
定价:198.00 元

凡购本书,如有缺页、倒页、脱页,由本社发行部调换

电话服务 网络服务
服务咨询热线:010-88361066 机 工 官 网:www.cmpbook.com
读者购书热线:010-68326294 机 工 官 博:weibo.com/cmp1952
　　　　　　　010-88379203 金 书 网:www.golden-book.com
封面无防伪标均为盗版 教育服务网:www.cmpedu.com

《电气传动自动化技术手册》（第 3 版）

编 辑 委 员 会

顾　问：杨竞衡　王文斌
主　任：仲明振
副主任：赵相宾　牛新国
委　员：马小亮　马济泉　伍丰林
　　　　叶　王　谢保侠　孙流芳
　　　　竺子芳　刘国林　俞智斌
　　　　王春武　王万新

电气传动自动化技术手册（第2版）

编 辑 委 员 会

顾　问：杨竞衡　王文斌
主　任：仲明振
副主任：张臣堂
委　员：马小亮　竺子芳　叶　王
　　　　马济泉　伍丰林　谢保侠
　　　　牛新国　孙流芳

第 3 版序言

天津电气传动设计研究所编著的《电气传动自动化技术手册》第 2 版自 2005 年出版以来，再次受到了广大读者的好评。随着我国电气传动自动化技术的迅猛发展，电气工程领域有关国家标准和行业标准的制（修）订工作也得以加快，2005 年之后发布了大量新的国家标准和行业标准。为此，我们对手册第 2 版进行了修订，重新编写了第 1 章，并对全手册进行了全面的订正工作，使得新手册对我国电气传动技术应用与发展继续发挥出更大的作用。

我国自"十五"计划开始，就大力发展工业自动化，加快传统产业改造提升，调整工业结构，并通过实施一系列工业自动化高技术产业化专项推动了电气传动自动化技术的进一步发展。国务院关于加快培育和发展战略性新兴产业的决定（国发［2010］32 号）中指出：战略性新兴产业增加值占国内生产总值的比重到 2015 年力争达到 8% 左右，到 2020 年力争达到 15% 左右。节能环保、高端装备制造产业将成为国民经济的支柱产业，新能源及新能源汽车产业将成为国民经济的先导产业。我国电气传动自动化技术的发展为经济社会可持续发展提供了强有力的支撑。

本手册具有很高的学术价值和使用价值，符合"大力节约能源、加快建设资源节约型、环境友好型社会"的基本国策。本手册既可供从事电力电子技术、电气传动与控制自动化技术领域研究和开发的科研人员、企业领导和管理人员阅读，亦可作为高等院校相关专业师生的参考用书。希望本手册能为广大读者在理论分析和实际应用中提供一些帮助。

本手册第 3 版修订由仲明振任主编，赵相宾任主审。董桂敏、王阳重新编写了第 1 章，叶王、伍丰林、刘国林、俞智斌、王春武、王万新等对手册其他章节进行了订正。

在手册第 3 版修订工作中，得到了手册第 2 版全体作者的鼎力支持，在此向第 2 版的各位作者、审校者及编委会委员表示衷心的感谢。

由于时间紧迫，有关标准还在不断完善过程之中以及受技术能力和编写水平所限，本手册第 3 版中难免存在错漏和不足之处，请广大读者批评指正，以便不断修订完善。

天津电气传动设计研究所
仲明振
2011 年 3 月

第 2 版序言

天津电气传动设计研究所编著的《电气传动自动化技术手册》第 1 版自 1992 年出版以来已发行了近 3 万册，作为我国第一部电气传动自动化技术的大型专业性实用手册，为我国电气传动自动化技术应用与发展做出了突出的贡献，其实用性和通用性的特点受到了广大读者的一致好评。近年来，随着电气传动自动化技术的迅猛发展，《电气传动自动化技术手册》第 1 版的内容已远远不能满足广大读者的要求。电气传动自动化技术的更新和发展主要表现在以下几个方面：

(1) 数字控制技术取代模拟控制技术。随着微电子技术和软件技术的快速发展，高性能的全数字控制技术以其快速性、可靠性、智能性和灵活性的特点已全面取代了模拟控制技术。

(2) 电力电子器件向大电流（6kA 以上）、高电压（6kV 以上）、全控型、集成智能化方向快速发展，为全数字控制的大功率电气传动装置提供了强力的支持。

(3) 交流电气传动技术取代直流电气传动技术。与直流电动机相比，交流电动机具有结构简单、成本低、维护方便、转动惯量小的优点，但是由于变频装置价格昂贵及交流调速性能差的问题限制了它的应用，在传统调速领域里一直是直流调速占据统治地位。近年来，随着电力电子器件技术、数字控制技术和变频调速技术的发展，这两个问题已经解决，交流电气传动已基本上取代了直流电气传动，在各个领域中都得到了广泛的应用。

(4) 数据通信和网络技术在基础自动化领域的全面应用。随着网络技术的不断发展，工业自动化领域的局域网——现场总线（Fieldbus）已成为当今电气传动自动化系统不可缺少的一部分。现场总线的应用，标志着工业自动化系统真正进入一个开放的网络化、管理一体化的新阶段。

(5) 谐波治理技术。由于工业设备向大型化快速发展，电力电子电气传动装置的容量已从以前的几百千瓦提高到几千千瓦，大型的工业生产线总容量可达几万千瓦到几十万千瓦，它们对电网的谐波"污染"已经不可忽视，必须采取完善的谐波治理技术予以解决，以保证电力系统和电气传动系统的正常运行。

上述这些高新技术在第 1 版《电气传动自动化技术手册》中都未能作深入阐述。为此我所与机械工业出版社合作，组织我所的专家、高级工程技术人员和国内相关领域的专家进行第 2 版的编写工作。在第 2 版《电气传动自动化技术手册》中，荟萃了国内外电气自动化的最新的技术，汇总了我所 50 多年来实际工作的宝贵经验和大量科研成果，大幅度地增加了新颖电力电子器件、全数字控制技术、交流调速电气传动技术、PLC、工业控制机、现场总线和工业以太网等基础自动化技术和谐波治理技术的应用篇幅，使第 2 版《电气传动自动化技术手册》不仅体现了现代高新技术的先进性，又保持了其实用性和通用性的特点，是从事电气传动自动化工作的工程设计、产品制造、现场应用技术人员和大专院校师生的首选参考书。

本手册由张臣堂任主编，马小亮、竺子芳任副主编，叶王任主审，马济泉、伍丰林任副主审，各章作者和审校人员分工如下：

章次	作者	审校
第1章	于庆祯	赵相宾
第2章	王万新	马小亮
第3章	竺子芳	马小亮
第4章	马小亮	张臣堂
第5章	张卫东、蔡 维	刘国林
第6章	马济泉	竺子芳
第7章	马小亮	伍丰林
第8章	王春武	马济泉
第9章	伍丰林	张臣堂
第10章	李冬梅	马济泉
第11章	叶 王	伍丰林
第12章	杨志成、谢保侠、刘国林、闫占文、李 健、王万新、陈尚恒[1]	谢保侠
第13章	竺子芳	叶 王
第14章	李红霞、黄 嘉	俞智斌
第15章	俞智斌、罗青华、黄 嘉、徐道恒、张建成[2]、王广大[2]、朱奇先[2]、陈承继[3]、姜 恺[4]	万里雄

[1] 12.8.3 节特邀作者单位为武汉钢铁公司。
[2] 15.1、15.2 节特邀作者单位为天水电气传动设计研究所。
[3] 15.5 节特邀作者单位为大连重工·起重集团有限公司。
[4] 15.6 节特邀作者单位为欧姆龙贸易（上海）有限公司。

经过上列几十位作者、审稿者及编委会委员们十几个月的努力，尤其是得到第 1 版作者中几位老专家的鼎力支持和辛勤劳动，第 2 版《电气传动自动化技术手册》终于能在 2005 年出版，在此向第 1 版和第 2 版的各位作者、审稿者及编委会委员们表示衷心的感谢。同时，在本手册撰写、审校和编辑的过程中，得到了所内外不少同志及有关单位的热情帮助，在此谨向大家致以诚挚的谢意。

由于时间紧迫、资料有限，受技术能力和编写水平所限，本手册第 2 版中难免存在错漏和不足之处，请广大读者批评指正。

天津电气传动设计研究所

第 1 版序言

电气传动自动化技术以生产机械的驱动装置——电动机为自动控制对象、以微电子装置为核心、以电力电子装置为执行机构,在自动控制理论的指导下,组成电气传动控制系统,控制电动机的转速按给定的规律进行自动调节,使之既满足生产工艺的最佳要求,又具有提高效率、降低能耗、提高产品质量、降低劳动强度的最佳效果。所以,这是一门多学科、多行业交叉的新兴产业及技术领域。随着微型计算机、超大规模集成电路、新颖的电力半导体器件和传感器的出现,以及自动控制理论、计算机辅助设计、自诊断技术和数据通信技术的深入发展,它正以日新月异的速度迅速更新换代。

电气传动自动化技术广泛应用于国防、能源、交通、冶金、化工、港口和机床等各个领域。纵观各国近代工业发展史,放眼现代工业发展的新潮流,人们越来越认识到电气传动自动化技术是现代化国家的一个重要技术基础。可以这样说:大至一个国家,小至一个工厂,它所具有的电气传动自动化技术水平可以直接反映出其现代化的水平。

为了促进我国电气传动自动化技术的发展,在 1982 年出版的《电机工程手册》中,我所撰写了第 48 篇"电气传动控制系统";在 1986 年出版的《电气工程师手册》中,我所撰写了第 22 篇"电气传动"。但是,随着电气传动自动化专业技术的飞速发展,上述两个综合性手册中的这两个专篇,因受篇幅所限,目前无论在广度上或深度上均不能满足广大读者的需要,大家迫切希望我国能尽快出版一本电气传动自动化技术的大型专业性手册。应机械工业出版社的委托,我所组织了本所十几位长期从事电气传动自动化工作几十年的高级工程师进行此手册的编著工作。此手册荟萃了国内外的最新技术文献资料,汇总了我所 30 年来实际工作的宝贵经验和大量科研成果。编著者们聚沙成塔、去粗存精、几经易稿,力求此手册既能体现现代新技术的先进性,又具备解决问题的实用性和通用性。初稿完成后,我所于 1988 年底召开国内专家审查会对之进行全面审查,并根据专家们的宝贵意见对初稿作了全面的调整充实,终于编著成我国第一本电气传动自动化技术的大型专业性实用手册。

本手册由喻士林任主编,吴健雄、竺子芳任副主编;高通文任主审,并由叶王审查第2、4、8、9、10、14章，李文孝审查第1、5、11、12、13章，何冠英审查第6、7章，陈亚鹏审查第3章；黄文豪对名词术语作统一工作。各章的编著者为：第1章于庆桢，第2章马小亮，第3章赵扶摇，第4章冯世墙，第5章马济泉，第6章朱稚清，第7章郭保良，第8章皮壮行、吴铨英、姜铭仁、张全聚，第9章韩立媛、何冠英，第10章竺子芳，第11章庞立恒，第12章吴国庆，第13章万里雄，第14章万里雄、陈子平、张立新、竺子芳。并特邀天水电气传动设计研究所李贺平撰写第14章第1节"石油工业"。

  我所组织编著这样大型专业手册尚属首次，缺乏经验，加之世界电气传动自动化技术发展迅猛，我国尚有较大差距，所以本手册中难免误漏疏虞，我们祈诚希望各方专家同仁不吝赐教，以作为今后改版时的宝贵依据。在手册的编集、撰写、校核、审稿和编辑工作中，曾得到所内外不少同志及有关单位的热情帮助，在此谨向大家致以诚挚的谢意。

机械电子工业部
天津电气传动设计研究所

1990年3月

目 录

第3版序言
第2版序言
第1版序言
第1章 常用设计数据与技术标准 …… 1
1.1 常用标准目录 …………………… 1
1.2 常用术语 ………………………… 16
1.3 计量单位 ………………………… 24
  1.3.1 国际单位制（SI）（摘自 GB 3100—1993） ………………… 24
  1.3.2 电学、磁学单位和常用单位及其换算 ……………………… 25
1.4 物理量和下角标符号 …………… 30
  1.4.1 常用物理量符号 …………… 30
  1.4.2 推荐的下角标符号 ………… 30
1.5 优先数和优先数系 ……………… 31
  1.5.1 优先数系的基本系列和补充系列（摘自 GB/T 321—2005） …… 31
  1.5.2 用于电阻、电容参数的 E 系列 ………………………… 33
1.6 常用电气简图用图形符号 ……… 34
1.7 项目代号与文字符号 …………… 61
  1.7.1 项目代号组成（摘自 GB/T 5094—2002） ………………… 61
  1.7.2 文字符号（摘自 GB/T 5094.2—2003） …………………… 82
1.8 电气制图（摘自 GB/T 6988.1—2008） ……………………… 90
  1.8.1 信息表达规则 ……………… 90
  1.8.2 简图总则 …………………… 95
  1.8.3 概略图 ……………………… 107
  1.8.4 功能图 ……………………… 109
  1.8.5 电路图 ……………………… 110
  1.8.6 接线图 ……………………… 118
  1.8.7 布置图 ……………………… 122
1.9 设计选用参数 …………………… 125
  1.9.1 标准电压（摘自 GB/T 156—2007） ………………………… 125
  1.9.2 标准电流（摘自 GB/T 762—2002） ……………………… 127
  1.9.3 标准频率（摘自 GB/T 1980—2005） ……………………… 127
  1.9.4 电气设备安全设计导则（摘自 GB/T 25295—2010） …… 128
  1.9.5 电击防护（摘自 GB/T 17045—2008） ……………………… 148
  1.9.6 电气绝缘（摘自 GB/T 11021—2007 和 GB/T 16935.1—2008） … 163
  1.9.7 外壳防护等级（IP 代码）（摘自 GB 4208—2008） ……… 178
1.10 电气控制设备的通用要求（摘自 GB/T 3797—2005） ……………… 180
  1.10.1 正常使用条件 …………… 180
  1.10.2 一般要求 ………………… 181
  1.10.3 性能指标 ………………… 181
  1.10.4 冷却 ……………………… 182
  1.10.5 电气间隙与爬电距离 …… 182
  1.10.6 绝缘电阻与介电性能 …… 182
  1.10.7 温升 ……………………… 183
  1.10.8 保护 ……………………… 184
  1.10.9 控制电路 ………………… 185
  1.10.10 控制柜（台） …………… 185
  1.10.11 EMC 试验 ……………… 186
1.11 用半导体电力变流器的直流调速电气传动系统额定值的规定（摘自 GB/T 3886.1—2001） …… 187
  1.11.1 额定值 …………………… 187
  1.11.2 非重复负载工作制的工作制等级 ………………………… 196
  1.11.3 晶闸管装置的试验 ……… 196
1.12 交流电动机电力电子软起动装置（摘自 JB/T 10251—2001） …… 196
  1.12.1 术语 ……………………… 196
  1.12.2 技术参数 ………………… 197
  1.12.3 一般要求 ………………… 198
  1.12.4 电气间隙与爬电距离 …… 198
  1.12.5 绝缘电阻与介电强度 …… 199

1.12.6 温升 ……………………… 199	
1.12.7 外壳保护 …………………… 199	
1.12.8 安装与接地 ………………… 200	
1.12.9 噪声 ……………………… 200	
1.12.10 冷却 ……………………… 200	
1.12.11 电气性能指标 ……………… 200	
1.13 低压直流调速电气传动系统额定	
值的规定（摘自 GB/T 12668.1	
—2002） ……………………… 205	
1.13.1 术语 ……………………… 205	
1.13.2 功能特性 …………………… 205	
1.13.3 使用条件 …………………… 206	
1.13.4 额定值 ……………………… 208	
1.13.5 性能要求 …………………… 211	
1.13.6 安全和警告标志 …………… 214	
1.14 低压交流变频电气传动系统额定值	
的规定（摘自 GB/T 12668.2—	
2002） ………………………… 214	
1.14.1 术语 ……………………… 214	
1.14.2 功能特性 …………………… 215	
1.14.3 使用条件 …………………… 215	
1.14.4 额定值 ……………………… 215	
1.14.5 性能要求 …………………… 216	
1.14.6 安全和警告标志 …………… 218	
1.14.7 常用的控制方案 …………… 218	
1.15 调速电气传动系统的电磁兼容	
（摘自 GB/T 12668.3—2003） … 221	
1.15.1 抗扰度要求 ………………… 221	
1.15.2 发射要求 …………………… 227	
1.16 交流电压 1000V 以上但不超过 35kV	
的交流调速电气传动系统额定值的	
规定（摘自 GB/T 12668.4—2006） …… 233	
1.16.1 电气传动系统拓扑结构概述 …… 233	
1.16.2 使用条件 …………………… 235	
1.16.3 额定值 ……………………… 239	
1.16.4 控制性能要求 ……………… 243	
1.16.5 PDS 的主要部件 …………… 248	
1.16.6 PDS 集成要求 ……………… 256	
1.17 特种环境设备的要求 …………… 262	
1.17.1 船用设备（摘自 GB/T 4798.6—	
1996） ……………………… 262	
1.17.2 热带用设备（摘自 JB/T 4159—	
1999） ……………………… 266	
第 2 章 电气传动系统方案及电动机	

选择 ……………………………… 270	
2.1 电气传动系统的组成 …………… 270	
2.1.1 电动机 ……………………… 270	
2.1.2 电源装置 …………………… 273	
2.1.3 电气传动控制系统 …………… 273	
2.2 生产机械的负载类型及生产机械和	
电动机的工作制 …………………… 274	
2.2.1 生产机械的负载类型 ………… 274	
2.2.2 生产机械的工作制 …………… 275	
2.2.3 电动机的工作制 ……………… 275	
2.3 电动机的选择 …………………… 280	
2.3.1 直流与交流电动机的比较 …… 280	
2.3.2 交流电动机的选择 …………… 281	
2.3.3 直流电动机的选择 …………… 283	
2.3.4 电动机结构型式的选择 ……… 283	
2.3.5 电动机的四种运行状态 ……… 284	
2.3.6 常用电动机的性能及适用	
范围 ……………………… 284	
2.3.7 电动机的功率计算及校验 …… 287	
2.4 典型生产机械的工艺要求及电气	
传动系统方案的选择 …………… 301	
2.4.1 风机和泵类 …………………… 301	
2.4.2 球磨机和磨类 ………………… 301	
2.4.3 简单调速类 …………………… 302	
2.4.4 稳速类 ……………………… 302	
2.4.5 多分部（单元）速度协调类 …… 302	
2.4.6 宽调速类 …………………… 303	
2.4.7 快速正反转类 ………………… 303	
2.4.8 随动（伺服）类 ……………… 304	
2.4.9 提升机械类 …………………… 304	
2.4.10 张力控制类 ………………… 305	
2.4.11 高速类 ……………………… 305	
第 3 章 电力电子器件与电源 …… 306	
3.1 电力电子器件 …………………… 306	
3.1.1 不可控器件 …………………… 308	
3.1.2 半控型器件 …………………… 310	
3.1.3 全控型器件 …………………… 316	
3.1.4 智能功率模块（IPM） ………… 324	
3.1.5 集成门极换向晶闸管（IGCT）… 327	
3.1.6 注入增强栅晶体管（IEGT）… 331	
3.2 移相控制 ………………………… 336	
3.2.1 对晶闸管移相触发器的技术	
要求 ……………………… 336	

3.2.2 常用的晶闸管移相触发集成
电路 ……………………… 337
3.2.3 触发脉冲的功率放大电路 ……… 340
3.2.4 触发脉冲的隔离 ……………… 341
3.3 整流电源 …………………………… 343
3.3.1 常用整流电源线路 …………… 343
3.3.2 常用整流电源线路计算公式 …… 344
3.4 大电流整流电源 …………………… 345
3.4.1 同相逆并联技术 ……………… 346
3.4.2 大电流二极管整流电源 ………… 347
3.4.3 大电流晶闸管整流电源 ………… 348
3.4.4 多台整流电源并联技术 ………… 350
3.4.5 并联整流电源中的动态环流 …… 351
3.4.6 整流电源网侧线电压 U_1 的
估算 …………………………… 352
3.4.7 整流器件选择 ………………… 353
3.4.8 桥臂整流器件并联数 n ……… 353
3.4.9 快速熔断器的选择 …………… 354
3.4.10 三相五柱变压器 ……………… 355
参考文献 …………………………………… 356

第4章 调速技术基础 …………………… 358
4.1 调速系统分类和系统指标 …………… 358
4.1.1 调速的分类 …………………… 358
4.1.2 调速系统的静态指标 ………… 359
4.1.3 调速系统的动态指标 ………… 360
4.2 模拟控制和数字控制 ……………… 360
4.2.1 离散和采样 …………………… 360
4.2.2 连续变量的量化 ……………… 361
4.2.3 增量式编码器脉冲信号的
量化 …………………………… 362
4.2.4 电压、电流等模拟量的量化 …… 364
4.2.5 模拟和数字调节器 …………… 366
4.2.6 模拟和数字斜坡给定
（给定积分） ………………… 369
4.2.7 开环前馈补偿（预控） ……… 372
4.3 数字控制器 ………………………… 373
4.3.1 对数字控制器的要求 ………… 373
4.3.2 常用微处理器和控制芯片 …… 374
4.3.3 专用数字控制器和通用数字
控制器 ………………………… 376
4.4 调速系统中的信号检测 …………… 377
4.4.1 电流、电压测量 ……………… 377
4.4.2 转速和位置测量 ……………… 382

第5章 电动机的电器控制 ……………… 385
5.1 电动机的起动、制动及保护 ………… 385
5.1.1 电动机的起动 ………………… 385
5.1.2 电动机的制动 ………………… 402
5.1.3 电动机的保护 ………………… 409
5.1.4 智能型电动机控制器 ………… 413
5.2 电器的选择 ………………………… 414
5.2.1 隔离器、刀开关 ……………… 414
5.2.2 低压断路器 …………………… 416
5.2.3 接触器 ………………………… 437
5.2.4 热继电器 ……………………… 443
5.2.5 控制与保护开关电器 ………… 445
5.2.6 熔断器 ………………………… 447
5.2.7 继电器 ………………………… 453
5.2.8 主令电器 ……………………… 458
5.2.9 电磁执行机构 ………………… 460
5.2.10 电气安装附件 ………………… 461
5.2.11 电力网络仪表 ………………… 462
5.3 控制设备 …………………………… 463
5.3.1 控制设备概述 ………………… 463
5.3.2 基本定义及要求 ……………… 463
5.3.3 电动机控制中心的选用 ……… 465

第6章 直流传动系统 …………………… 469
6.1 直流电动机的调速系统 …………… 469
6.1.1 直流电动机的调速原理 ……… 469
6.1.2 发电机-电动机组调速系统 …… 473
6.1.3 斩波器调速系统 ……………… 475
6.1.4 晶闸管变流器的主电路方案 … 481
6.1.5 晶闸管变流器可逆系统的控制
方案 …………………………… 487
6.2 晶闸管变流器主电路参数计算 …… 495
6.2.1 变流器的基本参数 …………… 495
6.2.2 变流变压器的计算 …………… 502
6.2.3 晶闸管的选择方法 …………… 508
6.2.4 直流回路电抗器的选择和计算 … 514
6.2.5 晶闸管变流装置的保护 ……… 522
6.2.6 大功率传动用晶闸管及整流装置
产品系列 ……………………… 532
6.3 直流调速系统的数字化 …………… 540
6.3.1 微机数字控制系统的特点 …… 540
6.3.2 软件结构和基础原理 ………… 544
6.3.3 微机数字控制装置的工程实现
方法 …………………………… 547
6.3.4 模板型多处理器的数字控制 … 550
参考文献 …………………………………… 552

第7章 交流调速传动系统 ... 553

7.1 交流调速的引言及分类 ... 553
7.1.1 引言——交流调速和直流调速 ... 553
7.1.2 交流调速系统分类 ... 554

7.2 交流调速用电力电子装置 ... 554
7.2.1 不可控整流器和可控整流器 ... 555
7.2.2 晶闸管交流调压器 ... 557
7.2.3 脉宽调制（PWM）变流器基础 ... 557
7.2.4 用于调速系统的PWM变流器 ... 559

7.3 定子侧交流调速系统 ... 564
7.3.1 定子调压调速系统 ... 564
7.3.2 大功率交-交变频调速系统（CC） ... 566
7.3.3 晶闸管负载自然换相电流型交-直-交变频调速系统 ... 573
7.3.4 定子侧低压电压型交-直-交变频调速系统 ... 578
7.3.5 定子侧中压交-直-交变频调速系统 ... 588
7.3.6 永磁同步电动机、永磁无刷直流电动机和开关磁阻电动机调速系统 ... 596

7.4 转子侧和转子轴上交流调速系统 ... 600
7.4.1 转子侧串级调速系统和双馈调速系统 ... 600
7.4.2 转子轴上交流调速系统 ... 604

7.5 定子侧变频调速控制系统 ... 605
7.5.1 标量V/F控制系统（压频比控制） ... 605
7.5.2 高性能交流调速基础 ... 606
7.5.3 交流电动机的矢量控制（VC）系统 ... 611
7.5.4 异步电动机的直接转矩控制（DTC）系统 ... 616
7.5.5 无编码器的异步电动机高性能调速系统 ... 618
7.5.6 高性能调速系统的两个问题 ... 618

参考文献 ... 619

第8章 典型控制系统方案 ... 620

8.1 轧钢机辊道多电动机传动控制系统 ... 620
8.1.1 辊道传动的工艺特点 ... 620
8.1.2 辊道电动机容量的计算 ... 620
8.1.3 变频传动系统供电装置的容量选择 ... 622
8.1.4 辊道变频传动系统的工程计算实例 ... 623

8.2 卷取开卷传动张力控制系统 ... 629
8.2.1 张力控制系统的一般工作原理 ... 629
8.2.2 间接张力控制和直接张力控制 ... 632
8.2.3 轧机卷取机张力控制系统的应用实例 ... 633

8.3 起停式飞剪的快速起停控制系统 ... 637
8.3.1 飞剪控制系统的组成 ... 637
8.3.2 剪刃位置控制和对飞剪工艺要求 ... 638
8.3.3 起停式飞剪的快速响应和起停控制 ... 641
8.3.4 实现更高控制功能的其他方法 ... 641

8.4 轧钢机压下的位置控制系统 ... 642
8.4.1 位置控制系统的基本组成 ... 642
8.4.2 位置控制规律和理想定位过程的控制算法 ... 643

8.5 双电枢及多电动机传动控制系统 ... 646
8.5.1 双电枢或同轴串联的双电动机传动控制系统 ... 647
8.5.2 同轴多台电动机传动控制系统 ... 648

8.6 多点传动电气同步控制系统 ... 648
8.6.1 多点传动系统电动机电枢串联与并联 ... 648
8.6.2 多点传动系统的主从控制 ... 650
8.6.3 单辊传动系统中的负载平衡控制 ... 650

参考文献 ... 653

第9章 电气传动控制系统的综合 ... 654

9.1 电气传动控制系统的性能指标 ... 654
9.1.1 阶跃给定信号响应指标 ... 654
9.1.2 斜坡给定信号响应指标 ... 655
9.1.3 阶跃扰动信号作用下的指标 ... 655

9.2 工程综合方法 ... 656
9.2.1 调节器传递函数 ... 656
9.2.2 系统传递函数的简化方法 ... 657
9.2.3 模型系统设计 ... 658

9.3 直流电气传动系统的分析综合 ... 660
9.3.1 晶闸管变流器的传递函数 ... 660

9.3.2 直流电动机的传递函数 …… 660
9.3.3 直流电动机调速系统的综合 …… 663
9.4 交流电气传动系统的分析综合 …… 665
9.4.1 同步电动机交-交变频调速系统 … 666
9.4.2 异步电动机交-直-交电压型 PWM 通用变频调速系统 …… 670
9.5 工程设计举例 …… 672
9.5.1 基本参数 …… 672
9.5.2 电枢电流环 …… 672
9.5.3 速度调节环 …… 673
参考文献 …… 674

第10章 电气传动装置 …… 675

10.1 西门子全数字直流调速装置（SIMOREG 6RA70） …… 675
10.1.1 技术规格和产品数据 …… 675
10.1.2 硬件设备组成和系统框图 …… 680
10.1.3 动态过载能力的计算 …… 681
10.1.4 系统集成及可选件 …… 685
10.1.5 直流驱动装置 EMC 的安装导则和干扰抑制 …… 689
10.2 西门子 SIMOVERT 6SE70 系列变频器 …… 692
10.2.1 技术规格和产品数据 …… 692
10.2.2 硬件设备的组成和系统框图 …… 697
10.2.3 变频器和逆变器的过载能力 …… 702
10.2.4 变频调速系统的制动方案 …… 703
10.2.5 系统集成和可选件 …… 711
10.2.6 串行接口与通信 …… 716
10.2.7 变频器和逆变器的干扰和抑制 …… 723
10.3 多处理器微机控制系统 …… 727
10.3.1 机箱和处理器模板 …… 727
10.3.2 接口模板和数据传输通信单元 …… 733
10.3.3 编程设备和人机接口装置 …… 750
10.3.4 系统软件功能块 …… 751
10.3.5 SIMADYN D 控制系统配置举例 …… 807
参考文献 …… 809

第11章 电气传动装置的谐波治理和无功补偿 …… 810

11.1 概论 …… 810
11.1.1 谐波对公用电网的影响 …… 810
11.1.2 公用电网对谐波的限制 …… 810
11.1.3 功率因数和无功功率对公用电网的影响 …… 813
11.1.4 公用电网对功率因数和无功功率的要求 …… 813
11.2 谐波电流计算 …… 814
11.2.1 直流传动整流装置的谐波电流 …… 814
11.2.2 交-交变频器的谐波电流 …… 816
11.2.3 电压源交-直-交变频器的谐波电流 …… 817
11.2.4 TCR 或 TCT 补偿装置的谐波电流 …… 818
11.2.5 谐波电流计算实例 …… 819
11.3 功率因数计算 …… 821
11.3.1 功率因数和无功功率的定义 …… 821
11.3.2 直流传动整流装置的功率因数 …… 822
11.3.3 交-交变频器的功率因数 …… 824
11.3.4 电压源交-直-交变频器的功率因数 …… 827
11.4 谐波治理的方法 …… 828
11.4.1 无源滤波 …… 828
11.4.2 有源滤波 …… 830
11.5 无功补偿的方法 …… 833
11.5.1 静态无功补偿 …… 834
11.5.2 动态无功补偿 …… 835
11.6 滤波及无功补偿装置参数计算实例 …… 839
11.6.1 滤波兼静补装置计算实例 …… 839
11.6.2 动态无功补偿装置计算实例 …… 851
参考文献 …… 862

第12章 基础自动化 …… 864

12.1 概述 …… 864
12.1.1 工业自动化系统及其结构 …… 864
12.1.2 基础自动化系统的特点 …… 864
12.1.3 基础自动化系统的任务 …… 865
12.2 工业控制计算机 …… 865
12.2.1 工业控制用计算机分类 …… 865
12.2.2 工业控制计算机的特点 …… 867
12.2.3 工业控制计算机实时操作系统 …… 868
12.2.4 Windows …… 872
12.3 可编程序控制器 …… 875

目 录

- 12.3.1 可编程序控制器的构成和工作原理 …… 875
- 12.3.2 可编程序控制器组态 …… 877
- 12.3.3 编程语言 …… 877
- 12.3.4 数据通信 …… 880
- 12.3.5 选型与常用机种 …… 881
- 12.4 数据通信和网络 …… 885
  - 12.4.1 基本概念 …… 885
  - 12.4.2 网络体系结构 …… 890
  - 12.4.3 传输介质 …… 897
  - 12.4.4 网络连接设备与技术 …… 898
  - 12.4.5 互连模式 …… 901
- 12.5 现场总线 …… 902
  - 12.5.1 概述 …… 902
  - 12.5.2 现场总线的特点 …… 904
  - 12.5.3 现场总线的标准 …… 905
  - 12.5.4 几种电气传动自动化系统常用的有影响的现场总线简介 …… 907
- 12.6 以太网 …… 912
  - 12.6.1 以太网特点 …… 913
  - 12.6.2 以太网介质访问控制 CSMA/CD …… 915
  - 12.6.3 以太网的构成 …… 917
- 12.7 监控组态软件 …… 919
  - 12.7.1 监控组态软件的发展 …… 919
  - 12.7.2 监控组态软件的构成与功能 …… 920
  - 12.7.3 常用人机接口设备 …… 928
  - 12.7.4 常用监控组态软件 …… 929
- 12.8 应用示例 …… 929
  - 12.8.1 热轧带钢轧机控制系统 …… 929
  - 12.8.2 板带加工线电气传动自动化系统 …… 934
  - 12.8.3 大型热带钢轧机的多级分布式计算机控制系统 …… 937
- 参考文献 …… 942

第13章 电磁兼容性与可靠性 …… 943

- 13.1 电磁兼容性概述 …… 943
  - 13.1.1 静电放电 …… 944
  - 13.1.2 辐射电磁场 …… 946
  - 13.1.3 电快速瞬变脉冲群 …… 947
- 13.2 抗干扰技术 …… 951
  - 13.2.1 抗干扰设计的基本原则 …… 952
  - 13.2.2 噪声的分类 …… 952
  - 13.2.3 噪声的传递方式 …… 954
- 13.2.4 抗干扰的基本措施 …… 955
- 13.2.5 抗干扰设计的检查细则 …… 955
- 13.3 常见噪声的抑制 …… 957
  - 13.3.1 电网噪声的抑制 …… 957
  - 13.3.2 直流电源噪声的抑制 …… 964
  - 13.3.3 静电放电噪声的抑制 …… 964
  - 13.3.4 模拟电路噪声的抑制 …… 966
  - 13.3.5 数字电路的抗干扰设计 …… 968
- 13.4 设备的安装技术 …… 972
  - 13.4.1 设备的内部装配要求 …… 972
  - 13.4.2 设备的外部安装要求 …… 973
  - 13.4.3 系统的接地技术 …… 974
- 13.5 可靠性 …… 980
  - 13.5.1 可靠性工程的任务 …… 980
  - 13.5.2 可靠性的指标 …… 981
  - 13.5.3 系统可靠性的预计 …… 987
  - 13.5.4 冗余系统 …… 991
  - 13.5.5 提高设备可靠性的措施 …… 993
- 参考文献 …… 996

第14章 电控设备的安装和调试 …… 997

- 14.1 电控设备检验的依据标准 …… 987
- 14.2 电控装置的安装 …… 997
  - 14.2.1 安装的一般规定 …… 997
  - 14.2.2 外部配线 …… 998
  - 14.2.3 接地 …… 1001
- 14.3 电控设备现场调试 …… 1004
  - 14.3.1 电控设备的调试导则 …… 1004
  - 14.3.2 自动化设备的现场调试 …… 1006
  - 14.3.3 直流调速装置的现场调试 …… 1012
  - 14.3.4 交流调速装置的现场调试 …… 1024
  - 14.3.5 电源设备的调试 …… 1037
- 参考文献 …… 1042

第15章 电气传动的工业应用 …… 1043

- 15.1 石化工业 …… 1043
  - 15.1.1 石油工业钻井机械 …… 1043
  - 15.1.2 管线 …… 1053
  - 15.1.3 石油精炼 …… 1054
- 15.2 采矿 …… 1055
  - 15.2.1 矿井提升机电气传动装置概况 …… 1055
  - 15.2.2 提升机对电控装置的要求 …… 1056
  - 15.2.3 提升机直流发电机-电动机传动系统 …… 1059

- 15.2.4 晶闸管变流装置供电的传动系统 ……… 1059
- 15.2.5 无功补偿及谐波滤波器 ……… 1066
- 15.2.6 交流传动系统 ……… 1068
- 15.2.7 提升机的综合自动化控制 ……… 1071
- 15.3 钢铁工业 ……… 1073
  - 15.3.1 钢铁工业概况 ……… 1073
  - 15.3.2 高炉炼铁 ……… 1074
  - 15.3.3 轧钢 ……… 1083
- 15.4 有色金属 ……… 1101
  - 15.4.1 电解电源概述 ……… 1101
  - 15.4.2 电解电源的选择与控制 ……… 1102
- 15.5 港口及起重机械 ……… 1107
  - 15.5.1 港口机械概况 ……… 1107
  - 15.5.2 港口机械设备电气传动及自动化技术 ……… 1112
  - 15.5.3 自动化系统 ……… 1115
  - 15.5.4 港口设备综合管理自动化系统 ……… 1117
  - 15.5.5 起重机械 ……… 1118
- 15.6 供水系统及污水处理系统 ……… 1127
  - 15.6.1 污水处理系统 ……… 1127
  - 15.6.2 网络选择 ……… 1130
  - 15.6.3 PLC 的选择 ……… 1135
  - 15.6.4 中央控制室及上位监控软件 ……… 1136
  - 15.6.5 自控产品选型中的注意点 ……… 1137
  - 15.6.6 欧姆龙公司近几年来在水处理行业的业绩列举 ……… 1138
- 15.7 风洞控制系统 ……… 1139
  - 15.7.1 概述 ……… 1139
  - 15.7.2 低速风洞的结构和动力控制系统 ……… 1141
  - 15.7.3 高焓高超音速风洞及其动力控制系统 ……… 1145
  - 15.7.4 风洞控制系统的特点 ……… 1148
- 参考文献 ……… 1150
- 附录 天津电气传动设计研究所介绍 ……… 1151

第1章 常用设计数据与技术标准

1.1 常用标准目录（见表1-1）

表1-1 常用标准目录

类别		标准编号	标准名称
我国标准	术语	GB/T 2900.1—2008	电工术语 基本术语
		GB/T 2900.10—2001	电工术语 电缆（idt IEC 60050（461）：1984）
		GB/T 2900.13—2008	电工术语 可信性与服务质量（IEC 60050（191）：1990，IDT）
		GB/T 2900.15—1997	电工术语 变压器、互感器、调压器和电抗器（neq IEC 60050（421）：1990、IEC 60050（321）：1986）
		GB/T 2900.18—2008	电工术语 低压电器
		GB/T 2900.20—1994	电工术语 高压开关设备
		GB/T 2900.25—2008	电工术语 旋转电机（IEC 60050-411：1996，IDT）
		GB/T 2900.26—2008	电工术语 控制电机
		GB/T 2900.27—2008	电工术语 小功率电动机
		GB/T 2900.32—1994	电工术语 电力半导体器件
		GB/T 2900.33—2004	电工术语 电力电子技术（IEC 60050-551：1998，IDT）
		GB/T 2900.49—2004	电工术语 电力系统保护（IEC 60050-448：1995，IDT）
		GB/T 2900.56—2008	电工术语 控制技术（IEC 60050-351：2006，IDT）
		GB/T 2900.66—2004	电工术语 半导体器件和集成电路（IEC 60050-521：2002，IDT）
		GB/T 4210—2001	电工术语 电子设备用机电元件（idt IEC 60050（581）：1978）
		GB/T 4365—2003	电工术语 电磁兼容（IEC 60050（161）：1990，IDT）
		GB/T 4475—1995	敏感元器件术语
		GB/T 8582—2008	电工电子设备机械结构术语
		GB/T 9178—1988	集成电路术语（neq IEC 748）
		GB/T 9637—2001	电工术语 磁性材料与元件（eqv IEC 60050（221）：1990）
		GB/T 15312—2008	制造业自动化 术语
		GB/T 16978—1997	工业自动化 词汇（idt ISO/TR 11065：1992）
		GB/T 18725—2008	制造业信息化 技术术语
		JB/T 4261—1999	低压成套开关设备和控制设备 辅件术语
	参数	GB/T 156—2007	标准电压（IEC 60038：2002，MOD）
		GB/T 321—2005	优先数和优先数系（ISO 3：1973，IDT）
		GB/T 762—2002	标准电流等级（eqv IEC 60059：1999）
		GB/T 1980—2005	标准频率（IEC 60196：1965，MOD）

(续)

类别		标准编号	标准名称
我国标准	参数	GB/T 3805—2008	特低电压（ELV）限值
		GB/T 4796—2008	电工电子产品环境条件分类　第1部分：环境参数及其严酷程度（IEC 60721-1：2002，IDT）
		GB/T 4988—2002	船舶和近海装置用电工产品的额定频率　额定电压　额定电流
		GB/T 8170—2008	数值修约规则与极限数值的表示和判定
		GB/T 14091—2009	机械产品环境参数分类及其严酷程度分级
		GB/T 16700—1996	集中网络控制装置的标准频率（eqv IEC 60242：1967）
	标志	GB/T 4025—2010	人机界面标志标识的基本和安全规则　指示器和操作器件的编码规则（IEC 60073：2002，IDT）
		GB/T 4026—2010	人机界面标志标识的基本方法和安全规则　设备端子和导体终端的标识（IEC 60445：2006，IDT）
		GB/T 4205—2010	人机界面标志标识的基本和安全规则　操作规则（IEC 60447：2004，IDT）
		GB 4884—1985	绝缘导线的标记（eqv IEC 60391：1972）
		GB 7947—2010	人机界面标志标识的基本和安全规则　导体的颜色或字母数字标识（IEC 60446：2007，IDT）
		GB/T 13534—2009	颜色标志的代码（IEC 60757：1983，IDT）
		GB 17285—2009	电气设备电源特性的标记　安全要求（IEC 61293：1994，IDT）
		GB/T 18656—2002	工业系统、装置与设备以及工业产品　系统内端子的标识（idt IEC 61666：1997）
		GB/T 18978.1—2003	使用视觉显示终端（VDTs）办公的人类工效学要求　第1部分：概述（ISO 9241-1：1997，IDT）
		GB/T 18978.2—2004	使用视觉显示终端（VDTs）办公的人类工效学要求　第2部分：任务要求指南（ISO 9241-2：1992，IDT）
		GB/T 18978.10—2004	使用视觉显示终端（VDTs）办公的人类工效学要求　第10部分：对话原则（ISO 9241-10：1996，IDT）
		GB/T 18978.11—2004	使用视觉显示终端（VDTs）办公的人类工效学要求　第11部分：可用性指南（ISO 9241-11：1998，IDT）
	机械电气安全	GB 4208—2008	外壳防护等级（IP代码）（IEC 60529：2001，IDT）
		GB 4793.1—2007	测量、控制和实验室用电气设备的安全要求　第1部分：通用要求（IEC 61010-1：2001，IDT）
		GB 4943—2001	信息技术设备的安全（idt IEC 60950-1：1999）
		GB 5226.1—2008	机械电气安全　机械电气设备　第1部分：通用技术条件（IEC 60204-1：2005，IDT）
		GB/T 9361—1988	计算机场地安全要求
		GB/T 11021—2007	电气绝缘　耐热性分级（IEC 60085：2004，IDT）
		GB 12265.1—1997	机械安全　防止上肢触及危险区的安全距离（eqv EN 294：1992）
		GB 12265.2—2000	机械安全　防止下肢触及危险区的安全距离（eqv EN 811：1994）
		GB 12265.3—1997	机械安全　避免人体各部位挤压的最小间距（eqv EN 349：1993）

(续)

类别		标准编号	标准名称
我国标准	机械电气安全	GB/T 13869—2008	用电安全导则
		GB 14050—2008	系统接地的型式及安全技术要求
		GB/T 15706.1—2007	机械安全 基本概念与设计通则 第1部分：基本术语和方法（ISO 12100-1：2003，IDT）
		GB/T 15706.2—2007	机械安全 基本概念与设计通则 第2部分：技术原则（ISO 12100-2：2003，IDT）
		GB 16754—2008	机械安全 急停 设计原则（ISO 13850：2006，IDT）
		GB/T 16842—1997	检验外壳防护用的试具（idt IEC 61032：1990）
		GB/T 16855.1—2008	机械安全 控制系统有关安全部件 第1部分：设计通则（ISO 13849-1：2006，IDT）
		GB/T 16935.1—2008	低压系统内设备的绝缘配合 第1部分：原理、要求和试验（IEC 60664-1：2007，IDT）
		GB/T 16935.3—2005	低压系统内设备的绝缘配合 第3部分：利用涂层、罐封和模压进行防污保护（IEC 60664-3：2003，IDT）
		GB/T 17478—2004	低压直流电源设备的性能特性（IEC 61204：2001，MOD）
		GB 17859—1999	计算机信息系统 安全保护等级划分准则
		GB 18209.1—2000	机械安全 指示、标志和操作 第1部分：关于视觉、听觉和触觉信号的要求（idt IEC 61310-1：1995）
		GB 18209.2—2000	机械安全 指示、标志和操作 第2部分：标志要求（idt IEC 61310-2：1995）
		GB 18209.3—2002	机械安全 指示、标志和操作 第3部分：操作件的位置和操作的要求（IEC 61310-3：1999，IDT）
		GB/T 18216.1—2000	交流1000V和直流1500V以下低压配电系统电气安全 防护检测的试验、测量或监控设备 第1部分：通用要求（idt IEC 61557-1：1996）
		GB/T 18216.2—2002	交流1000V和直流1500V以下低压配电系统电气安全 防护检测的试验、测量或监控设备第2部分：绝缘电阻（IEC 61557-2：1997，IDT）
		GB 19517—2009	国家电气设备安全技术规范
		GB/T 22696.1—2008	电气设备的安全 风险评估和风险降低 第1部分：总则
		GB/T 22696.2—2008	电气设备的安全 风险评估和风险降低 第2部分：风险分析和风险评价
		GB/T 22696.3 2008	电气设备的安全 风险评估和风险降低 第3部分：危险、危险处境和危险事件的示例
		GB/T 24621.1—2009	低压成套开关设备和控制设备的电气安全应用指南 第1部分：成套开关设备
	图样	GB/T 4728.1—2005	电气简图用图形符号 第1部分：一般要求（IEC 60617 database，IDT）
		GB/T 4728.2—2005	电气简图用图形符号 第2部分：符号要素、限定符号和其他常用符号（IEC 60617 database，IDT）
		GB/T 4728.3—2005	电气简图用图形符号 第3部分：导体和连接件（IEC 60617 database，IDT）
		GB/T 4728.4—2005	电气简图用图形符号 第4部分：基本无源元件（IEC 60617 database，IDT）
		GB/T 4728.5—2005	电气简图用图形符号 第5部分：半导体管和电子管（IEC 60617 database，IDT）

(续)

类别		标准编号	标 准 名 称
我国标准	图样	GB/T 4728.6—2008	电气简图用图形符号 第6部分：电能的发生与转换（IEC 60617 database，IDT）
		GB/T 4728.7—2008	电气简图用图形符号 第7部分：开关、控制和保护器件（IEC 60617 database，IDT）
		GB/T 4728.8—2008	电气简图用图形符号 第8部分：测量仪表、灯和信号器件（IEC 60617 database，IDT）
		GB/T 4728.9—2008	电气简图用图形符号 第9部分：电信 交换和外围设备（IEC 60617 database，IDT）
		GB/T 4728.10—2008	电气简图用图形符号 第10部分：电信 传输（IEC 60617 database，IDT）
		GB/T 4728.11—2008	电气简图用图形符号 第11部分：建筑安装平面布置图（IEC 60617 database，IDT）
		GB/T 4728.12—2008	电气简图用图形符号 第12部分：二进制逻辑元件（IEC 60617 database，IDT）
		GB/T 4728.13—2008	电气简图用图形符号 第13部分：模拟元件（IEC 60617 database，IDT）
		GB/T 5094.1—2002	工业系统、装置与设备以及工业产品结构原则与参照代号 第1部分：基本规则（IEC 61346-1：1996，IDT）
		GB/T 5094.2—2003	工业系统、装置与设备以及工业产品结构原则与参照代号 第2部分：项目的分类与分类码（IEC 61346-2：2000，IDT）
		GB/T 5094.3—2005	工业系统、装置与设备以及工业产品结构原则与参照代号 第3部分：应用指南（IEC 61346-3：2001，IDT）
		GB/T 5094.4—2005	工业系统、装置与设备以及工业产品 结构原则与参照代号 第4部分：概念的说明（IEC 61346-4：1998，IDT）
		GB/T 5465.1—2009	电气设备用图形符号 第1部分：概述与分类（IEC 60417 DB：2007，MOD）
		GB/T 5465.2—2008	电气设备用图形符号 第2部分：图形符号（IEC 60417 DB：2007，IDT）
		GB/T 5465.2—1996	电气设备用图形符号
		GB/T 5489—1985	印制板制图
		GB/T 6988.1—2008	电气技术用文件的编制 第1部分：规则（IEC 61082-1：2006，IDT）
		GB/T 6988.5—2006	电气技术用文件的编制 第5部分：索引（IEC 61082-6：1997，IDT）
		GB/T 10609.1—2008	技术制图 标题栏
		GB/T 10609.2—2009	技术制图 明细栏
		GB/T 10609.3—2009	技术制图 复制图的折叠方法
		GB/T 10609.4—2009	技术制图 对缩微复制原件的要求
		GB/T 12212—1990	技术制图 焊缝符号的尺寸、比例及简化表示法
		GB/T 14689—2008	技术制图 图纸幅面和格式（ISO 5457：1999，MOD）
		GB/T 14690—1993	技术制图 比例（eqv ISO 5455：1979）
		GB/T 14691—1993	技术制图 字体（eqv ISO 3098-1：1974）
		GB/T 14692—2008	技术制图 投影法（ISO/DIS 5456：1993，NEQ）
		GB/T 15754—1995	技术制图 圆锥的尺寸和公差注法（eqv ISO 3040：1990）
		GB/T 16675.1—1996	技术制图 简化表示法 第1部分：图样画法

(续)

类别		标准编号	标准名称
我国标准	图样	GB/T 16675.2—1996	技术制图 简化表示法 第2部分：尺寸注法
		GB/T 17450—1998	技术制图 图线（idt ISO 128-20：1996）
		GB/T 17451—1998	技术制图 图样画法 视图（neq ISO/DIS 11947-1：1995）
		GB/T 17452—1998	技术制图 图样画法 剖视图和断面图（eqv ISO/DIS 11947-2：1995）
		GB/T 17453—2005	技术制图 图样画法 剖面区域的表示法（ISO 128-50：2001，IDT）
		GB/T 19045—2003	明细表的编制（IEC 62027：2000，IDT）
		GB/T 19529—2004	技术信息与文件的构成（IEC 62023：2000，IDT）
		GB/T 21654—2008	顺序功能表图用 GRAFCET 规范语言（IEC 60848：2002，IDT）
	环境条件及设备	GB/T 3797—2005	电气控制设备
		GB/T 3859.1—1993	半导体变流器 基本要求的规定（eqv IEC 60146-1-1：1991）
		GB/T 3859.2—1993	半导体变流器 应用导则（eqv IEC 60146-1-2：1991）
		GB/T 3859.3—1993	半导体变流器 变压器和电抗器（eqv IEC 60146-1-3：1991）
		GB/T 3859.4—2004	半导体变流器 包括直接直流变流器的半导体自换相变流器（IEC 60146-2：1999，IDT）
		GB/T 3886.1—2001	半导体电力变流器 用于调速电气传动系统的一般要求 第1部分：关于直流电动机传动额定值的规定（IEC 61136-1：1992，IDT）（已被 GB/T 12668.6—2011 代替）
		GB/T 4797.1—2005	电工电子产品自然环境条件 温度和湿度（IEC 60721-2-1：2002，MOD）
		GB/T 4797.2—2005	电工电子产品自然环境条件 第2部分：海拔与气压、水深和水压（IEC 60721-2-3：1987，MOD）
		GB/T 4797.3—1986	电工电子产品自然环境条件 生物
		GB/T 4797.4—2006	电工电子产品 自然环境条件 太阳辐射与温度（IEC 60721-2-4：2002，IDT）
		GB/T 4797.5—2008	电工电子产品环境条件分类 自然环境条件 降水和风（IEC 60721-2-2：1988，MOD）
		GB/T 4797.6—1995	电工电子产品自然环境条件 尘、沙、盐雾（neq IEC 60721-2-5：1991）
		GB/T 4798.1—2005	电工电子产品应用环境条件 第1部分：贮存（IEC 60721-3-1：1997，MOD）
		GB/T 4798.2—2008	电工电子产品应用环境条件 第2部分：运输（IEC 60721-3-2：1997，MOD）
		GB/T 4798.3—2007	电工电子产品应用环境条件 第3部分：有气候防护场所固定使用（IEC 60721-3-3：2002，MOD）
		GB/T 4798.4—2007	电工电子产品应用环境条件 第4部分：无气候防护场所固定使用（IEC 60721-3-4：1995，MOD）
		GB/T 4798.5—2007	电工电子产品应用环境条件 第5部分：地面车辆使用（IEC 60721-3-5：1997，MOD）
		GB/T 4798.6—1996	电工电子产品应用环境条件 船用（idt IEC 60721-3-5：1985）
		GB/T 4798.7—2007	电工电子产品应用环境条件 第7部分：携带和非固定使用（IEC 60721-3-7：2002，MOD）
		GB/T 4798.9—1997	电工电子产品应用环境条件 产品内部的微气候（idt IEC 60721-3-9：1993）
		GB/T 4798.10—2006	电工电子产品应用环境条件 导言（IEC 60721-3-0：2002，IDT）

(续)

类别		标准编号	标准名称
我国标准	环境条件及设备	GB/T 7061—2003	船用低压成套开关设备和控制设备（IEC 60092-302：1997，MOD）
		GB 7251.1—2005	低压成套开关设备和控制设备 第1部分：型式试验和部分型式试验成套设备（IEC 60439-1：1999，IDT）
		GB 7251.2—2006	低压成套开关设备和控制设备 第2部分：对母线干线系统（母线槽）的特殊要求（IEC 60439-2：2000，IDT）
		GB 7251.3—2006	低压成套开关设备和控制设备 第3部分：对非专业人员可进入场地的低压成套开关设备和控制设备 配电板的特殊要求（IEC 60439-3：2001，IDT）
		GB 7251.4—2006	低压成套开关设备和控制设备 第4部分：对建筑工地用成套设备（ACS）的特殊要求（IEC 60439-4：2004，IDT）
		GB 7251.5—2008	低压成套开关设备和控制设备 第5部分：对公用电网动力配电成套设备的特殊要求（IEC 60439-5：2006，IDT）
		GB/T 7251.8—2005	低压成套开关设备和控制设备 智能型成套设备通用技术要求
		GB 7260.1—2008	不间断电源设备 第1-1部分：操作人员触及区使用的UPS的一般规定和安全要求（IEC 62040-1-1：2002，MOD）
		GB 7260.2—2009	不间断电源设备（UPS）第2部分：电磁兼容性（EMC）要求（IEC 62040-2：2005，IDT）
		GB/T 7260.3—2003	不间断电源设备（UPS）第3部分：确定性能的方法和试验要求（IEC 62040-3：1999，MOD）
		GB 7260.4—2008	不间断电源设备 第1-2部分：限制触及区使用的UPS的一般规定和安全要求（IEC 62040-1-2：2002，MOD）
		GB/T 9089.1—2008	户外严酷条件下的电气设施 第1部分：范围和定义（IEC 60621-1：1987，IDT）
		GB/T 9089.2—2008	户外严酷条件下的电气设施 第2部分：一般防护要求（IEC 60621-2：1987，IDT）
		GB/T 9089.3—2008	户外严酷条件下的电气设施 第3部分：设备及附件的一般要求户外严酷条件下的电气设施 第3部分：设备及附件的一般要求（IEC 60621-3：1986，IDT）
		GB/T 9089.4—2008	户外严酷条件下的电气设施 第4部分：装置要求（IEC 60621-4：1981，IDT）
		GB 9089.5—2008	户外严酷条件下的电气设施 第5部分：操作要求（IEC 60621-5：1987，IDT）
		GB/T 12667—1990	同步电动机半导体励磁装置 总技术条件
		GB/T 12668.1—2002	调速电气传动系统 第1部分：一般要求 低压直流调速电气传动系统额定值的规定（idt IEC 61800-1：1997）
		GB/T 12668.2—2002	调速电气传动系统 第2部分：一般要求 低压交流变频电气传动系统额定值的规定（IEC 61800-2：1998，IDT）
		GB 12668.3—2003	调速电气传动系统 第3部分：产品的电磁兼容性标准及其特定的试验方法（IEC 61800-3：1996，IDT）
		GB/T 12668.4—2006	调速电气传动系统 第4部分：一般要求 交流电压1000V以上但不超过35kV的交流调速电气传动系统额定值的规定（IEC 61800-4：2002，IDT）
		GB/T 12668.6—2011	调速电气传动系统 第6部分：确定负载工作制类型和相应电流额定值的导则（代替GB/T 3886.1—2001）
		GB/T 12669—1990	半导体变流串级调速装置总技术条件

(续)

类别		标准编号	标 准 名 称
我国标准	环境条件及设备	GB/T 14597—1993	电工产品　不同海拔的气候环境条件
		GB/T 15576—2008	低压成套无功功率补偿装置
		GB/T 18858.1—2002	低压开关设备和控制设备　控制器-设备接口（CDI）　第1部分：总则（IEC 62026-1：2000，IDT）
		GB/T 18858.2—2002	低压开关设备和控制设备　控制器-设备接口（CDI）　第2部分：执行器传感器接口（AS-i）(IEC 62026-2：2000，IDT)
		GB/T 18858.3—2002	低压开关设备和控制设备　控制器-设备接口（CDI）第3部分：DeviceNet（IEC 62026-3：2000，IDT）
		GB/T 24274—2009	低压抽出式成套开关设备和控制设备
		GB/T 24275—2009	低压固定封闭式成套开关设备和控制设备
		GB/T 22580—2008	特殊环境条件　高原电气设备技术要求　低压成套开关设备和控制设备
		JB/T 4159—1999	热带电工产品通用技术要求
		JB/T 4160—1999	电工产品热带自然环境条件
		JB/T 4263—2000	交流传动矿井提升机电控设备
		JB/T 4375—1999	电工产品户外、户内腐蚀场所使用环境条件
		JB/T 8634—1997	湿热带型装有电子器件的电控设备
		JB/T 9666—1999	JK型交流低压电控设备
		JB/T 10251—2001	交流电动机电力电子软起动装置
	器件	GB/T 2658—1995	小型交流风通用机技术条件
		GB/T 4589.1—2006	半导体器件　第10部分：分立器件和集成电路总规范（IEC 60747-10：1991，IDT）
		GB/T 7423.1—1987	半导体器件散热器　通用技术条件
		GB/T 7423.2—1987	半导体器件散热器　型材散热器
		GB/T 7423.3—1987	半导体器件散热器　叉指形散热器
		GB 14048.1—2006	低压开关设备和控制设备　第1部分：总则（IEC 60947-1：2001，MOD）
		GB 14048.2—2008	低压开关设备和控制设备　第2部分：断路器（IEC 60947-2：2006，IDT）
		GB 14048.3—2008	低压开关设备和控制设备　第3部分：开关、隔离器、隔离开关以及熔断器组合电器（IEC 60947-3：2005，IDT）
		GB 14048.4—2010	低压开关设备和控制设备　第4-1部分：接触器和电动机起动器　机电式接触器和电动机起动器（含电动机保护器）（IEC 60947-4-1：2009 Ed. 3.0，MOD）
		GB 14048.5—2008	低压开关设备和控制设备　第5-1部分：控制电路电器和开关元件　机电式控制电路电器（IEC 60947-5-1：2003，MOD）
		GB 14048.6—2008	低压开关设备和控制设备　第4-2部分：接触器和电动机起动器　交流半导体电动机控制器和起动器（含软起动器）（IEC 60947-4-2：2002，IDT）
		GB 14048.9—2008	低压开关设备和控制设备　第6-2部分：多功能电器（设备）控制与保护开关电器（设备）（CPS）（IEC 60947-6-2：2007，IDT）
		GB/T 14048.11—2008	低压开关设备和控制设备　第6部分：多功能电器　转换开关电器（IEC 60947-6-1：2005，MOD）

(续)

类别		标准编号	标准名称
我国标准	器件	GB/T 15969.1—2007	可编程序控制器 第1部分：通用信息（IEC 61131-1：2003，IDT）
		GB/T 15969.2—2008	可编程序控制器 第2部分：设备要求和测试（IEC 61131-2：2007，IDT）
		GB/T 15969.3—2005	可编程序控制器 第3部分：编程语言（IEC 61131-3：2002，IDT）
		GB/T 15969.4—2007	可编程序控制器 第4部分：用户导则（IEC 61131-4：2004，IDT）
		GB/T 15969.5—2002	可编程序控制器 第5部分：通信（IEC 61131-5：2000，IDT）
		GB/T 15969.7—2008	可编程序控制器 第7部分：模糊控制编程（IEC 61131-7：2000，IDT）
		GB/T 15969.8—2007	可编程序控制器 第8部分：编程语言的应用和实现导则（IEC 61131-8：2003，IDT）
		GB/T 17950—2000	半导体变流器 第6部分：使用熔断器保护半导体变流器防止过电流的应用导则
	结构设计	GB/T 3047.1—1995	高度进制为20mm的面板、架和柜的基本尺寸系列
		GB/T 3047.3—2003	高度进制为20mm的插箱、插件基本尺寸系列
		GB/T 3047.5—2003	高度进制为20mm的台式机箱基本尺寸系列
		GB/T 3047.6—2007	电子设备台式机箱基本尺寸系列
		GB/T 4588.3—2002	印制板的设计和使用（eqv IEC 60326-3：1991）
		GB/T 10217—2011	电工控制设备造型设计导则
		GB/T 13911—2008	金属镀覆和化学处理标识方法
		GB/T 15139—1994	电工设备结构总技术条件
		GB/T 15395—1994	电子设备机柜通用技术条件
		GB/T 16261—1996	印制板总规范（idt IEC/PQC 88：1990）
		GB/T 19183.1—2003	电子设备机械结构 户外机壳 第1部分：设计导则（IEC 61969-1：1999，IDT）
		GB/T 19183.2—2003	电子设备机械结构 户外机壳 第2部分：箱体和机柜的协调尺寸（IEC 61969-2：2000，IDT）
		GB/T 19183.3—2003	电子设备机械结构 户外机壳 第2-1部分：机柜尺寸（IEC 61969-2-1：2000，IDT）
		GB/T 19183.4—2003	电子设备机械结构 户外机壳 第2-2部分：箱体尺寸（IEC 61969-2-2：2000，IDT）
		GB/T 19183.5—2003	电子设备机械结构 户外机壳 第3部分：机柜和箱体的气候、机械试验及安全要求（IEC 61969-3：2001，IDT）
		GB/T 19290.1—2003	发展中的电子设备构体机械结构模数序列 第1部分：总规范
		GB/T 19290.2—2003	发展中的电子设备构体机械结构模数序列 第2部分：分规范25mm设备构体的接口协调尺寸
		GB/T 19520.1—2007	电子设备机械结构 482.6mm（19in）系列机械结构尺寸 第1部分：面板和机架（IEC 60297-1：1986，IDT）
		GB/T 19520.2—2007	电子设备机械结构 482.6mm（19in）系列机械结构尺寸 第2部分：机柜和机架结构的格距（IEC 60297-2：1982，IDT）
		GB/T 19520.12—2009	电子设备机械结构 482.6mm（19in）系列机械结构尺寸 第3-101部分：插箱及其插件（IEC 60297-3-101：2004，IDT）
		GB/T 19520.13—2009	电子设备机械结构 482.6mm（19in）系列机械结构尺寸 第3-102部分：插拔器手柄（IEC 60297-3-102：2004，IDT）

(续)

类别		标准编号	标准名称
我国标准	结构设计	GB/T 19520.14—2009	电子设备机械结构 482.6mm（19in）系列机械结构尺寸 第3-103部分：编码键和定位销（IEC 60297-3-103：2004，IDT）
		GB/T 19520.15—2009	电子设备机械结构 482.6mm（19in）系列机械结构尺寸 第3-104部分：基于连接器的插箱和插件的接口尺寸（IEC 60297-3-104：2006，IDT）
		GB/T 19520.17—2010	电子设备机械结构 482.6mm（19in）系列机械结构尺寸 第3-105部分：1U高度机箱的尺寸和设计要求（IEC 60297-3-105：2008，IDT）
		GB/T 20641—2006	低压成套开关设备和控制设备空壳体的一般要求（IEC 62208：2002，IDT）
		JB/T 8678—1997	电气设备机械结构框架通用技术条件
	质量	GB/T 5081—1985	电子产品现场工作可靠性、有效性和维修性数据收集指南（idt IEC 61124ed.1—1993.10）
		GB/T 7826—1987	系统可靠性分析技术 失效模式和效应分析（FMEA）程序（idt IEC 60812：1985）
		GB/T 7827—1987	可靠性预计程序（neq MIL STD 756）
		GB/T 7828—1987	可靠性设计评审
		GB/T 10236—2006	半导体变流器与供电系统的兼容性和干扰防护导则
		GB/T 10250—2007	船舶电气与电子设备的电磁兼容性（IEC 60533：1999，IDT）
		GB/T 17799.2—2003	电磁兼容 通用标准 工业环境中的抗扰度试验（IEC 61000-6-2：1999，IDT）
		GB 17799.4—2001	电磁兼容 通用标准 工业环境中的发射标准（idt IEC 61000-6-4：1997）
		GB 17625.1—2003	电磁兼容 限值 谐波电流发射限值（设备每相输入电流≤16A）（IEC 61000-3-2：2001，IDT）
		GB 17625.2—1999	电磁兼容 限值 对额定电流不大于16A的设备在低压供电系统中产生的电压波动和闪烁的限制（idt IEC 61000-3-3：1994）
		GB/Z 17625.3—2000	电磁兼容 限值 对额定电流大于16A的设备在低压供电系统中产生的电压波动和闪烁的限制（idt IEC 61000-3-5：1994）
		GB/Z 17625.6—2003	电磁兼容 限值 对额定电流大于16A的设备在低压供电系统中产生的谐波电流的限制（IEC TR 61000-3-4：1998，IDT）
		GB/Z 18039.1	电磁兼容 环境 电磁环境的分类
		GB/Z 18039.2	电磁兼容 环境 工业设备电源低频传导骚扰发射水平的评估
		GB/Z 18039.3	电磁兼容 环境 公用低压供电系统低频传导骚扰及信号传输的兼容水平
		GB/T 18039.4	电磁兼容 环境 工厂低频传导骚扰的兼容水平
		GB/Z 18039.5	电磁兼容 环境 公用供电系统低频传导骚扰及信号传输的电磁环境
		GB/Z 18732—2002	工业、科学和医疗设备限值的确定方法（IEC/CISPR 23：1987，IDT）
	检测和试验	GB/T 3482—2008	电子设备雷击试验方法
		GB/T 3483—1983	电子设备雷击试验导则
		GB/T 4207—2003	固体绝缘材料在潮湿条件下相比电痕化指数和耐电痕化指数的测定方法（IEC 60112：1979，IDT）
		GB/T 4677—2002	印制板测试方法（eqv IEC 60326-2：1990）

(续)

类别		标准编号	标准名称
我国标准	检测和试验	GB 4793.1—2007	测量、控制和实验室用电气设备的安全要求 第1部分：通用要求（IEC 61010-1：2001，IDT）
		GB/T 5080.1—1986	设备可靠性试验 总要求（idt IEC 60605-1：1978）
		GB/T 5080.2—1986	设备可靠性试验 试验周期设计导则（neq IEC 60605-2：1978）
		GB/T 5080.4—1985	设备可靠性试验 可靠性测定试验的点估计和区间估计方法（指数分布）（neq IEC 60605-4：1978）
		GB/T 5080.5—1985	设备可靠性试验成功率的验证试验方案（idt IEC 60605-5：1982）
		GB/T 5080.6—1996	设备可靠性试验 恒定失效率假设的有效性检验（idt IEC 60605-6：1989）
		GB/T 5080.7—1986	设备可靠性试验 恒定失效率假设下的失效率与平均无故障时间的验证试验方案（idt IEC 60605-7：1978）
		GB/T 5095.1—1997	电子设备用机电元件 基本试验规程及测量方法 第1部分：总则（idt IEC 60512-1：1994）
		GB/T 5095.2—1997	电子设备用机电元件 基本试验规程及测量方法 第2部分：一般检查、电连续性和接触电阻测试、绝缘试验和电压应力试验（idt IEC 60512-2：1994）
		GB/T 5095.3—1997	电子设备用机电元件 基本试验规程及测量方法 第3部分：载流容量试验（idt IEC 60512-3：1976）
		GB/T 5095.4—1997	电子设备用机电元件 基本试验规程及测量方法 第4部分：动态应力试验（idt IEC 60512-4：1976）
		GB/T 5095.5—1997	电子设备用机电元件 基本试验规程及测量方法 第5部分：撞击试验（自由元件）、静负荷试验（固定元件）、寿命试验和过负荷试验（idt IEC 60512-5：1992）
		GB/T 5095.6—1997	电子设备用机电元件 基本试验规程及测量方法 第6部分：气候试验和锡焊试验（idt IEC 60512-6：1984）
		GB/T 5095.7—1997	电子设备用机电元件 基本试验规程及测量方法 第7部分：机械操作试验和密封性试验（idt IEC 60512-7：1993）
		GB/T 5095.8—1997	电子设备用机电元件 基本试验规程及测量方法 第8部分：连接器、接触件及引出端的机械试验（idt IEC 69512-8：1993）
		GB/T 5095.9—1997	电子设备用机电元件 基本试验规程及测量方法 第9部分：杂项试验（idt IEC 60512-9：1992）
		GB/T 5095.11—1997	电子设备用机电元件 基本试验规程及测量方法 第11部分：气候试验（idt IEC 60512-11-1：1995、IEC 60512-11-7：1995、IEC 60512-11-8：1995）
		GB/T 5095.12—1997	电子设备用机电元件 基本试验规程及测量方法 第12部分：锡焊试验 第六篇：试验12f 在机器焊接中封焊处耐焊剂和清洁剂（idt IEC 60512-12-6：1996）
		GB/T 5095.15—1997	电子设备用机电元件 基本试验规程及测量方法 第15部分：接触件和引出端的机械试验 第八篇：试验15h 接触件固定机构耐工具使用性（idt IEC 60512-15-8：1995）
		GB/T 5169.1—2007	电工电子产品着火危险试验 第1部分：着火试验术语（IEC 60695-4：2005，IDT）

(续)

类别		标准编号	标准名称
我国标准	检测和试验	GB/T 5169.2—2002	电工电子产品着火危险试验 第2部分：着火危险评定导则 总则（IEC 60695-1-1：1999，IDT）
		GB/T 5169.3—2005	电工电子产品着火危险试验 第3部分：电子元件着火危险评定技术要求和试验规范制定导则（IEC 60695-1-2：1982，IDT）
		GB/T 5169.5—2008	电工电子产品着火危险试验 第5部分：试验火焰 针焰试验方法 装置、确认试验方法和导则（IEC 60695-11-5：2004，IDT）
		GB/T 5169.6—1985	电工电子产品着火危险试验 用发热器的不良接触试验方法（eqv IEC 60695-2-3：1984）
		GB/T 5169.7—2001	电工电子产品着火危险试验 试验方法 扩散型和预混合型火焰试验方法（idt IEC 60695-2-4/0：1991）
		GB/T 5169.8—1985	电工电子产品着火危险试验 评定试验规程举例和试验结果解释 燃烧特性及其试验方法的评述
		GB/T 5169.9—2006	电工电子产品着火危险试验 第9部分：着火危险评定导则 预选试验规程的使用（IEC 60695-1-30：2002，IDT）
		GB/T 5169.10—2006	电工电子产品着火危险试验 第10部分：灼热丝/热丝基本试验方法 灼热丝装置和通用试验方法（IEC 60695-2-10：2000，IDT）
		GB/T 5169.11—2006	电工电子产品着火危险试验 第11部分：灼热丝/热丝基本试验方法 成品的灼热丝可燃性试验方法（IEC 60695-2-11：2000，IDT）
		GB/T 5169.12—2006	电工电子产品着火危险试验 第12部分：灼热丝/热丝基本试验方法 材料的灼热丝可燃性试验方法（IEC 60695-2-12：2000，IDT）
		GB/T 5169.13—2006	电工电子产品着火危险试验 第13部分：灼热丝/热丝基本试验方法 材料的灼热丝起燃性试验方法（IEC 60695-2-13：2000，IDT）
		GB/T 5169.14—2007	电工电子产品着火危险试验 第14部分：试验火焰 1kW标称预混合型火焰 设备、确认试验方法和导则（IEC 60695-11-2：2003，IDT）
		GB/T 5169.15—2008	电工电子产品着火危险试验 第15部分：试验火焰 500W火焰 装置和确认试验方法（IEC/TS 60695-11-3：2004，IDT）
		GB/T 5169.16 2008	电工电子产品着火危险试验 第16部分：试验火焰 50W水平与垂直火焰试验方法（IEC 60695-11-10：2003，IDT）
		GB/T 5169.17—2008	电工电子产品着火危险试验 第17部分：试验火焰 500W火焰试验方法（IEC 60695-11-20：2003，IDT）
		GB/T 5169.18—2005	电工电子产品着火危险试验 第18部分：将电工电子产品的火灾中毒危险减至最小的导则 总则（IEC 60695-7-1：1993，IDT）
		GB/T 5169.19—2006	电工电子产品着火危险试验 第19部分：非正常热 模压应力释放变形试验（IEC 60695-10-3：2002，IDT）
		GB/T 5169.20—2006	电工电子产品着火危险试验 第20部分：火焰表面蔓延 试验方法概要和相关性（IEC/TS 60695-9-2：2001，IDT）
		GB/T 5169.21—2006	电工电子产品着火危险试验 第21部分：非正常热 球压试验（IEC 60695-10-2：2003，IDT）
		GB/T 7288.1—1987	设备可靠性试验 推荐的试验条件 室内便携设备 粗模拟（idt IEC 60605-3-1：1986）

(续)

类别		标准编号	标准名称
我国标准	检测和试验	GB/T 7288.2—1987	设备可靠性试验 推荐的试验条件 固定使用在有气候防护场所设备精模拟（idt IEC 60605-3-2：1986）
		GB/T 10233—2005	低压成套开关设备和电控设备基本试验方法
		GB/T 12992—1991	电子设备强迫风冷热特性测试方法
		GB/T 12993—1991	电子设备热性能评定
		GB/T 17626.1—2006	电磁兼容 试验和测量技术 抗扰度试验总论（IEC 61000-4-1：2000，IDT）
		GB/T 17626.2—2006	电磁兼容 试验和测量技术 静电放电抗扰度试验（IEC 61000-4-2：2001，IDT）
		GB/T 17626.3—2006	电磁兼容 试验和测量技术 射频电磁场辐射抗扰度试验（IEC 61000-4-3：2002，IDT）
		GB/T 17626.4—2008	电磁兼容 试验和测量技术 电快速瞬变脉冲群抗扰度试验（IEC 61000-4-4：2004，IDT）
		GB/T 17626.5—2008	电磁兼容 试验和测量技术 浪涌（冲击）抗扰度试验（IEC 61000-4-5：2005，IDT）
		GB/T 17626.6—2008	电磁兼容 试验和测量技术 射频场感应的传导骚扰抗扰度试验（IEC 61000-4-6：2006，IDT）
		GB/T 17626.7—2008	电磁兼容 试验和测量技术 供电系统及所连设备谐波、谐间波的测量和测量仪器导则（IEC 61000-4-7：2002，IDT）
		GB/T 17626.8—2006	电磁兼容 试验和测量技术 工频磁场抗扰度试验（IEC 61000-4-8：2001，IDT）
		GB/T 17626.9—1998	电磁兼容 试验和测量技术 脉冲磁场抗扰度试验（idt IEC 61000-4-9：1993）
		GB/T 17626.10—1998	电磁兼容 试验和测量技术 阻尼振荡磁场抗扰度试验（IEC 61000-4-10：1993）
		GB/T 17626.11—2008	电磁兼容 试验和测量技术 电压暂降、短时中断和电压变化的抗扰度试验（IEC 61000-4-11：2004，IDT）
		GB/T 17626.12—1998	电磁兼容 试验和测量技术 振荡波抗扰度试验（idt IEC 61000-4-12：1995）
		GB/T 17626.13—2006	电磁兼容 试验和测量技术 交流电源端口谐波、谐间波及电网信号的低频抗扰度试验（IEC 61000-4-13：2002，IDT）
		GB/T 17626.14—2005	电磁兼容 试验和测量技术 电压波动抗扰度试验（IEC 61000-4-14：2002，IDT）
		GB/T 17626.16—2007	电磁兼容 试验和测量技术 0Hz～150kHz共模传导骚扰抗扰度试验（IEC 61000-4-16：2002，IDT）
		GB/T 17626.17—2005	电磁兼容 试验和测量技术 直流电源输入端口纹波抗扰度试验（IEC 61000-4-17：2002，IDT）
		GB/T 17626.27—2006	电磁兼容 试验和测量技术 三相电压不平衡抗扰度试验（IEC 61000-4-27：2000，IDT）
		GB/T 17626.28—2006	电磁兼容 试验和测量技术 工频频率变化抗扰度试验（IEC 61000-4-28：2001，IDT）
		GB/T 17626.29—2006	电磁兼容 试验和测量技术 直流电源输入端口电压暂降、短时中断和电压变化的抗扰度试验（IEC 61000-4-29：2000，IDT）
		GB/T 24276—2009	评估部分型式试验的低压成套开关设备和控制设备（PTTA）温升的外推法（IEC/TR 60890：1987 + IEC/TR 60890：1987/Amd1：1995，IDT）

(续)

类别		标准编号	标准名称
我国标准	检测和试验	GB/T 24277—2009	评估部分型式试验成套设备（PTTA）短路耐受强度的一种方法（IEC/TR 61117：1992，IDT）
		GB/T 20112—2006	电气绝缘结构的评定与鉴别
国外标准		IEC 导则 104：1997	安全出版物的编制和基础安全出版物以及群组安全出版物的应用
		IEC 导则 106：1989	规定设备性能额定值的环境条件指南
		IEC 60027（所有部分）	电气技术文字符号
		IEC 60034-1：2004	旋转电机　第1部分：额定值和性能
		IEC 60034-2-1：2007	旋转电机　第2-1部分：试验（不包括牵引车辆用电机）中损耗和功效的测定用标准方法
		IEC 60034-2-2：2010	旋转电机　第2-2部分：试验中大型电机的分离损耗测定用特殊方法补充件
		IEC 60034-2A：1974	旋转电机　第2部分　旋转电机损耗和效率的试验方法（不包括牵引车辆用电机）补充：用量热法则测定电机损耗
		IEC 60034-7	旋转电机　第7部分　旋转电机结构和安装型式的分类（IM代码）
		IEC 60034-9：1997	旋转电机　第9部分　噪声限值
		IEC 60034-17：1998	旋转电机　第17部分　变频供电的笼型异步电动机应用导则
		IEC 60034-18-31：1992	旋转电机　第18部分　旋转电机绝缘结构功能性评定　第31节　成型绕组试验规程50MVA，15kV及以下电机绝缘结构热评定及分级
		IEC 60038：1983	IEC 标准电压
		IEC 60068（所有部分）	环境试验
		IEC 60071-1：1993	绝缘配合　第1部分：定义、原则和规则
		IEC 60071-2：1996	绝缘配合　第2部分：应用导则
		IEC 60076-1：2000	电力变压器　第1部分　总则
		IEC 60076-3：2000	电力变压器　第3部分　空气中绝缘水平、介电试验和外部清洁性
		IEC 60076-5：2000	电力变压器　第5部分　承受短路的能力
		IEC 60085：2004	电气绝缘　耐热性分级
		IEC 60099-1：1991	避雷器　第1部分：交流系统用有间隙阀式避雷器
		IEC 60112：2003	固体绝缘材料在潮湿条件下相比电痕化指数和耐电痕化指数的测定方法
		IEC 60146-1-1：1991	半导体变流器　一般要求和电网换相变流器　第1-1部分基本要求的规范
		IEC 60146-2：1999	半导体变流器　第2部分　包括直接直流变流器的自换相半导体变流器
		IEC 60204-11：2000	工业机械的安全性　工业机械的电气设备　第11部分：对电压在1000V交流或1500V直流以上但不超过36kV的高压电气设备的要求
		IEC 60216（所有部分）	电气绝缘材料　耐热性能
		IEC 60216-5	电气绝缘材料　耐热性　第5部分：绝缘材料相对温度指数（RTE）的测定
		IEC 60216-6	电气绝缘材料　耐热性　第6部分：使用固定时间系统方法确定绝缘材料的温度指数（TI和RTE）
		IEC 60216（所有部分）	确定电气绝缘材料耐热性的指南
		IEC 60364-4-44：2001	建筑物的电气设施　第4-44部分：安全防护　电压干扰和电磁干扰的保护

(续)

类别	标准编号	标准名称
国外标准	IEC 60375：2003	有关电路和磁路的规定
	IEC 60364-4-41：1992	建筑物的电气安装 电击防护
	IEC 60364-3：1993	建筑物的电气安装 第3部分：一般特性的评估
	IEC 60417（所有部分）	设备用图形符号
	IEC 60439（所有部分）	低压开关设备和控制设备组合装置
	IEC 60446：1999	人机界面标志识别的基本和安全的原则 导体的颜色和数字标识
	IEC 60479-1：1994	电流通过人体和家畜的效应 第1部分：常用部分
	IEC 60529：1989	外壳防护等级（IP代码）
	IEC 60640—1979	计算机辅助测量与控制 串行信息通道接口系统
	IEC 60664-1：2000	低压系统内电气设备的绝缘配合 第1部分：原则、要求和试验
	IEC 60664-4：2005	低压系统内设备的绝缘配合 第4部分：高频电压应力的考虑事项
	IEC 60664-5：2007	低压系统内设备的绝缘配合 第5部分：不超过2mm的电气间隙和爬电距离的确定方法
	IEC 60721-3-1：1987	环境条件分类 第3部分 环境参数组及其严酷程度的分类分级 贮存
	IEC 60721-3-2：1997	环境条件分类 第3部分 环境参数组及其严酷程度的分类分级 运输
	IEC 60721-3-3：1994	环境条件分类 第3部分 环境参数组及其严酷程度的分类分级 在有气候防护场所固定使用
	IEC 60726：1982	干式电力变压器
	IEC 60747	半导体器件—分立器件和集成电路
	IEC 60990：1999	接触电流和保护导体电流的测试方法
	IEC 61000-2-1：1990	电磁兼容性（EMC）第2部分：环境 第1节：环境介绍—公共供电系统中的低频传导性骚扰和信号传输的电磁环境
	IEC 61000-2-2：2002	电磁兼容性（EMC）第2部分：环境 第2节：公共低压供电系统中的低频传导性骚扰和信号传输的兼容性等级
	IEC 61000-2-4：2002	电磁兼容性（EMC）第2部分：环境 第4节：工业设备中对低频传导性骚扰的兼容性等级
	IEC 61000-3-2：2005	电磁兼容性（EMC）第3部分：极限 第2节：谐波电流发射的限值（装置的输入电流≤16A/每相）
	IEC 61000-4-7：2002	电磁兼容性（EMC）第4部分：试验和测量技术 第7节：谐波和谐间波的测量和测量仪器通用指南 用于供电系统和与其连接的设备
	IEC 61335：1997	成套设备、系统和设备文件的分类与代号
	IEC 61136-1：1992	半导体电力变流器 用于调速电气传动系统的一半要求 第1部分：关于直流电动机传动额定值的规定
	IEC 61346-2：2000	工业系统、装置与设备以及工业产品 结构原则与参照代号 第2部分：项目的分类与分类码
	IEC 61346-4：1998	工业系统、装置与设备以及工业产品 结构原则与参照代号 第4部分：概念的讨论

(续)

类别	标准编号	标准名称
国外标准	IEC 61158：2000	测量和控制用数字数据通信　工业控制系统用现场总线（第3~6部分）
	IEC 61800-3：1996	调速电气传动系统　第3部分：产品的电磁兼容性标准及其特定的试验方法
	IEC 61804-1：2003	过程控制的功能块（FB）第1部分：系统方面的总论
	IEC 61804-2：2004	过程控制的功能块（FB）第2部分：FB概念的规定和电子器件说明语言（EDDL）
	IEC 61857-1	电气绝缘系统　耐热性评定程序　第1部分：通用要求　低电压
	IEC 62023：2000	技术信息与文件的构成
	IEC 82045-1：2001	文件管理第1部分：总则和方法
	IEC 82045-2：2004	文件管理第2部分：元数据类型
	IEC 62114	电气绝缘系统　耐热性分级
	IEC CISPR 11：1990	工业、科学和医学（ISM）用的射频设备的电磁骚扰特性的极限和测量方法
	IEC CISPR 16-1：1993	射频骚扰的技术规范和抗扰度测量设备和方法　第1部分：射频骚扰和抗扰度测量装置
	ISO/IEC 51 导则：1999	安全方面　标准中含有安全条款的准则
	ISO 128-30：2001	技术制图第30部分：图样画法　视图
	ISO 1680：1999	声学　旋转电机发射的大气噪声测量的试验规程
	ISO/DIS 1219-2：1993	液压动力系统与元件　图形符号与电路图　第2部分：电路图
	ISO 2594：1972	建筑物图　投影方法
	ISO 3511-1：1977	过程测量控制功能与测量仪表　符号表示法　第1部分：基本要求
	ISO 3511-2：1984	过程测量控制功能与测量仪表　符号表示法　第2部分：基本要求的扩充
	ISO 4157-1：1980	建筑制图　第1部分：建筑物与建筑物部件的代号
	ISO 4157-2：1982	技术制图　建筑图　建筑物与建筑部件的代号　第2部分：房间与其他区域的代号
	ISO 5457：1999	技术制图　图纸幅面和格式
	ISO 10628：1997	加工工厂的流程图——一般规则
	ISO 14617-6	简图用图形符号　第6部分：测量与控制功能
	ISO 81714-1：1999	产品技术文件用图形符号　第1部分：基本规则
	IATA Ref. 626	城市代码簿　国际航空运输租住（IATA）蒙特利尔
	IATA Ref. 9095	航线编码簿　国际航空运输组织（IATA）蒙特利尔
	ICAO Ref. 7910	位置指示器　国际民用航空组织（ICAO）蒙特利尔
	ISO/IEC JTC1/SC18/WG1 N1632 工作草案：	多媒体和超媒体的技术报告：模型与框架
	ISO 10303-212：2001	工业自动化系统与集成　产品数据的表达与交换　第212部分：应用协议电气设计与安装

注：表中"idt"和"IDT"为等同采用，"eqv"和"EQV"为等效采用，"neq"和"NEQ"为非等效采用，"mod"和"MOD"为修改采用。

1.2　常用术语

1. 电气传动(electric drive)　用以实现生产过程机械设备电气化及其自动控制的电气设备及系统的技术的总称。

2. 直流电气传动(direct-current electric drive)　应用直流电动机的电气传动。

3. 交流电气传动(alternating-current electric drive)　应用交流电动机的电气传动。

4. 直流发电机—电动机组(电气)传动(ward-leonand (electric) drive)　直流电动机由旋转变流机组供电的电气传动。

5. 串级电气传动(electric drive with cascade)　绕线转子异步电动机的转差功率通过变流装置回馈到交流电网或传动电机轴上的电气传动。

6. 伺服(电气)传动(servo (electric) drive)　使被控量能快速跟随参据量变化的电气传动。

*7. 系统(system)　在规定的含意上看成是一个整体并与其环境分开的相互关联的元件的集合。

　　注：1. 系统一般是着眼于它能达到的给定目的而定义的，例如：执行某项确定的功能。
　　　　2. 系统的元件既可以是天然材料的或人造材料的物体也可以是思维模式及其结果（例如，组织形式、数学方法、编程语言）。
　　　　3. 系统可看成是用一个假想面将其与环境和外部系统分开，此假想面切断了该系统与它们之间的联系。
　　　　4. 当从上下文中看不清楚系统是指什么时，应加限定语说明，如控制系统、量热系统、单位制、传送系统。

*8. 控制系统（control system)　由被控系统及其施控系统、测量元件和相关传感元件组成的系统。

　　注：控制系统分为主控系统和被控系统。

9. 自动控制系统(automatic control system)　无需人干预其运行的控制系统，它由主控系统和被控系统组成。

*10. 线性系统(linear system)　其行为符合叠加原理的系统。

　　注：叠加原理表明此种系统可以用一组线性方程描述。

11. 非线性系统(non-linear system)　系统的数学模型不满足叠加原理或其中包含非线性环节。

12. 连续系统(continous system)　指系统中所有元件和环节的输入与输出之间都是连续函数关系的系统。

13. 断续系统(discontinous system)，离散系统(Discrete system)　指包含有一个或多个，其输入与输出之间不是连续函数关系的元件或环节的系统。

14. 定常系统；非时变系统(time invariant system)　其状态符合偏移原理的系统。

　　注：偏移原理表明一组方程式及其系统是不随时间变化的。

*15. 多变量系统(multivariable system)　具有一个以上输入变量及一个或多个输出变量（至少有一个输出变量取决于一个以上输入变量，或至少有一个输入变量影响几个输出变量）的系统。

*16. 分布参数系统(distributed parameter system)　参数按空间分布需以偏微分方程作数学描述的系统。

17. 闭环控制系统(closed loop control system)　由功率放大和反馈组成的自动控制系统，

其输出变量值同输入量值密切相关。

18. 分散型控制系统(distributed control system)　一种控制功能分散、操作显示集中，采用分级结构的智能站网络。其目的在于控制或控制、管理一个工业生产过程或工厂。

19. 点到点控制系统(point-to-point control system)　对于从一点到另一点的运动，只是使运动到达某一指定的点，而不对运动的路径进行控制的一种数值控制系统。

20. [数据处理]系统([data processing] system)　一种包括装置、方法、程序及至人所组成的、能完成特定的一组数据处理功能的联合体。

21. 自适应控制系统(adaptive control system)　一种能连续测量输入信号和系统特性的变化，自动地改变系统的结构与参数，使系统具有适应环境变化，并始终保持优良品质的自动控制系统。

22. 自动测试系统(automatic test system)　在人工最少参与的情况下能自动进行测量和数据处理，并以适当方式显示或输出测试结果的系统。

23. 信息处理系统(information processing system)　一种包括装置、方法、程序，乃至人所组成的系统。这种系统可以对信息进行归并、分类、计算、汇编及编辑等。

24. 伺服系统(servo-system)　包含功率放大和反馈，使得输出变量的值紧密地响应输入量值的一种自动控制系统。

25. 计算机系统(computer system)　由一台或多台计算机和相关软件组成并完成某种功能的系统。

*26. 冗余过程计算机系统(redundancy process computer system)　几个过程计算机系统的专门安排，它们用相同的过程数据解决相同的问题，因此在一个过程计算机系统失效时，过程仍能正常进行。

27. 双计算机系统(duplexed computer system)　用于特殊配置的两台计算机，一台在线而另一台为后备。当在线计算机出现故障时，后备计算机即投入使用。后备计算机也可用于离线功能。

28. 双并列计算机系统(dual computer system)　用两台计算机接受相同的输入，执行同样的例行程序并将并行处理的结果进行比较的特殊配置。

29. 操作系统(operating system[OS])　控制程序执行的软件。它可以提供诸如资源分配调度、输入/输出控制和数据管理等服务。计算机系统内负责控制和管理处理机、主存、辅存、I/O 设备和文件等资源的程序模块。

30. 实时(控制)系统(real-time [control] system)　一种计算机控制系统。在这种系统中，在事件或数据产生的同时，计算机能以足够快的速度予以处理或作出反应，其处理或反应的结果在时间上又来得及再去控制被监视或被控制的过程，以得到预期的效果。

31. 直接数字控制系统(direct digital control system——DDC)　接受上级计算机或人工的设定值，对生产机械或过程的某些参数（速度、位置、压力、温度等）直接进行数字闭环控制的系统。该系统多用微机或可编程序控制器构成，通常是多级计算机控制系统的最低一级。

32. 计算机监(督)控(制)系统(supervisory computer control system——SCC)　多级计算机控制系统中的一级，通常是 DDC 的上一级，对 DDC 级进行设定和监视，完成车间或工厂生产过程控制和优化的任务，该系统通常用一台或多台中、小型计算机构成。

33. 计算机管理系统(computer management system)　通常是多级计算机控制系统中的最高

级，主要执行工厂或公司的合同管理、库存管理、生产计划管理等任务，一般由一台或几台中、大型计算机构成。

34. 分布式（计算机）控制系统（Distributed [computer] control system） 包含多台相对独立计算机的控制系统，在大型多级计算机系统中，DDC级就采用由多台微机或可编程序控制器构成的分布式系统，它们分散布置，并行工作，独立或协同完成不同的子功能，分布式系统可提高系统的可靠性及灵活性。

35. 分级多机系统（hierarchy system） 在大型计算机控制系统中，根据对数据处理量实时性要求的不同，而将计算机系统分成几级，每一级由一台或多台计算机构成，下级接受上级的指令和控制，各级相对独立完成不同性质的任务，这种系统为分级多机系统。

*36. 控制（control） 为达到规定的目标，对过程或在过程内的有目的作用。

37. 自动控制（automatic control） 无人参与而按照预定条件操作的控制。

38. 人力控制（manual control） 由人力参与操作的控制。

注：在过程工业中，人力控制一般是通过操纵一个标准信号来完成。

*39. 开环控制（open loop control） 根据系统的固有规律，由一个或多个变量作为输入变量影响作为输出变量的其他变量的过程。

注：开环控制的特征是开环作用通路，或在闭环作用通路时受到输入变量影响的输出变量并不是连续地影响它们自身，也不是被同样的输入变量所影响。

*40. 闭环控制（closed loop control）；反馈控制（feedback control） 对被控变量进行连续测量，并将其与参比变量相比较，以影响被控变量，使之调整到参比变量的过程。

注：被控变量连续在闭环的作用通路上影响自身的闭环作用方式是闭环控制的特征。

41. 前馈控制（feedforward control） 操纵变量在取决于被控输出变量的同时还取决于一个或多个输入变量的被测值的控制形式。

42. 复合控制（compound control） 前馈控制与反馈控制同时并用的控制。

*43. 状态反馈控制（state feedback control） 比例反馈全部被测的或估计的状态变量的控制形式。

44. 输出反馈控制（output feedback control） 仅比例反馈被测输出变量的控制形式。

*45. 程序控制（programmed control） 由预先输入程序决定功能的控制。

*46. 顺序控制（sequential control） 步进完成控制动作的开环控制形式。由一步到下一步的转移是由程序按规定转移条件确定的。

注：顺序控制的步，取决于技术过程顺次的离散操作条件，如几个终端被控变量或几个参比变量。

*47. 串级控制（cascade control） 一个控制器的输出变量是一个或多个次级控制回路的参比变量的控制形式。

*48. 递阶控制（hierarchical control） 在上下层排列的几个控制级的控制结构，其中较高级的控制器协调其下一级控制器的工作，提供命令变量、参比变量或被控变量。

*49. 多变量控制（multivariable control） 用几个控制器对多变量系统的几个变量的控制。

50. 过程控制（process control） 为达到规定的目标而对影响过程状况的变量的操纵。

*51. 随动控制（follow-up control） 参比变量因其他变量而随时间变化的闭环控制，但其时间进程并不预知。

52. 内模控制（internal model control） 其结构中明显含有过程实时模型，以表明过程输出（被控变量）与操纵变量间动态关系的控制。

*53. 模态控制（modal control） 在系统本征向量确定的状态空间内选择状态变量的控制形式。

54. 数值控制（numerical control） 利用数值数据进行控制的控制形式。通常数值数据是在操作过程中引入的。

*55. 定值控制（fixed set-point control） 参比变量值固定的闭环控制。

*56. 比值控制（ratio control） 预定的两个或多个变量之比值必须保持恒定的控制形式。

*57. 极限控制（limiting control） 只有当给定变量达到预定极限时才起作用的附加闭环控制。

*58. 多位控制（multi-position control） 操纵变量只能取有限个值的控制形式。

*59. 采样控制（sampling control） 时间上不连续地取得主控系统的输入变量，产生新的操纵变量值的控制形式。新的操纵变量值的更新在时间上是不连续的，两次更新间隔期间的操纵变量值由保持元件维持。

*60. 分时控制（time shared control） 由一个控制器依次对多个控制回路进行采样控制。

61. 时间比例控制（time proportioning control） 输出信号是由周期脉冲所组成，其输出的时间平均值与偏差信号以比例关系来改变周期脉冲持续时间的控制。

*62. 分程控制（split range control） 为了覆盖整个操纵范围，由一台或多台控制器作用于几台不同范围或作用的最终控制元件的控制形式。

*63. 分散控制（decentralized control） 在耦合子系统中的控制结构，其中每个控制器只考虑与其相连的子系统的输出变量来形成其输出变量。

*64. 交替控制（alternative control） 由两台或多台控制器作用于一台最终控制元件，并由控制器的最大或最小绝对值输出确定操纵变量的控制形式。

*65. 切换控制（switching control） 由多台控制器作用于一台最终控制元件的控制形式。采用此种控制形式时，从一个控制回路到另一回路的切换由外部条件确定，并能保证平稳切换。

66. 伺服控制（servo control） 一种控制方法，其中代表受控元所需的状态信号，同实际的状态信号进行比较，控制元所取的位置由这两个信号的差值来确定。

67. 双位控制（bang-bang control） 使控制系统的输出量只具有两个数值（叫做位）中任何一位的一种控制。

*68. 最优控制（optimal control） 在规定的条件下使性能指标达到最大或最小值的控制。

  注：1. 性能指标是表征在给定条件下控制的质量的数学表述。

  2. 最优控制参数经常可从被称为来自积分几何解释的控制面积的最小化积分准则得出。最重要的几个准则为

$$IIAE = \int_0^\infty |e(t)| \cdot dt \quad \text{绝对误差积分准则}$$

$$IISE = \int_0^\infty e^2(t) \cdot dt \quad \text{二次方误差积分准则}$$

$$IITAE = \int_0^\infty t|e(t)|dt \quad \text{时间乘以绝对误差积分准则}$$

式中 $e(t)$ 为类似对于合乎技术任务的输入进行应答的时间函数的误差变量，例如对参比变量的逐级变化的响应。

*69. （自）适应控制（adaptive control） 自动修改主控系统的结构或参数，以补偿工作条件和状态不断变化的控制形式。

70. 模型参考(自)适应控制(model reference adaptive control [MRAC]) 以一个预定的模型作为参考，并使被控系统的输出始终跟随模型输出的一种适应控制。

*71. 辅助控制(secondary control；subsidiary control) 串级控制的一部分，以主控制器提供的参比变量工作，且只测量和反馈辅助被控变量。

72. 存储程序控制(stored-program control) 程序储存于控制器存储器内的程序控制。

*73. 计算机控制(computer control) 施控系统中采用计算机的控制形式。

74. 直接数字控制(direct digital control [DDC]) 由过程计算机实现控制器功能，直接作用于执行器的控制。

*75. 鲁棒控制(robust control) 尽管过程参数变化显著，仍能进行满意操作的控制。

*76. 模糊控制(fuzzy control) 根据经验和直觉，用事实、推理规则和量词以模糊逻辑方法表示控制算法的一种控制形式。

77. 监督控制(supervisory control) 对独立运行的控制回路施加间断校正作用的控制。

注：例如，可由操作人员或其他外部源改变设定点来建立校正作用。

78. 控制设备(controlgear) 主要用于控制受电设备的开关电器以及与其相关联的控制、测量、保护及调节设备的组合的通称。也指这些电器以及相关联的内连接线、辅助件、外壳和支持构件的组合体。

79. 电(气传动)控(制)设备(electricdriving controlgear) 电气传动用的控制设备（有时也包括在控制系统中起末级放大作用的供电电源）。

80. 控制板(control board) 各种电子器件和电器元件安装在单独的底板上的一种电控设备。

81. 控制屏(control panel) 有独立的支架，支架上有金属或绝缘底板或横梁，各种电子器件和电器元件安装在底板或横梁上的一种屏式电控设备。

82. 控制柜(箱)(control cubicle [box]) 各种电子器件和电器元件安装在一个防护用的柜（箱）形结构内的电控设备。

83. 控制台(control desk) 各种电子器件和电器元件安装在带有水平或斜面的台式结构内的一种电控设备。

84. 控制单元(control unit，control module) 电气控设备的通用组合件，以装有电子器件的印制电路板为主体组成，带有面板和插头座（或外壳和端子），具有统一信号电平和规定的电功能。

*85. [闭环控制的]控制器[controller(for closed loop control)] 由比较元件和控制元件组成，执行规定控制功能的功能单元。

86. 电动机控制中心(motor control center——MCC) 将交流低压电动机的整套控制和保护设备按一定的规格系列装配成通用单元组件，每个组件一个回路，并将多个单元组件按可抽出的接插形式结构组装成一个柜体，组成多回路电动机控制系统，实现多电机集中控制的电控设备。

87. 动力中心(power center——PC) 将低压配电设备按一定的规格系列装配成通用的单元组件，每个组件一个配电回路，将多个单元组件按可抽出的接插形式结构，组装成一个柜体，组成多回路的配电系统，实现多配电系统集中操作控制的配电设备。

88. 不间断电源设备(uninterrupted power system——UPS) 由变流器、开关和储能装置（如）蓄电池组合构成的，在输入电源故障时维持负载电力连续性的电源设备。一种用于保证连续供电的、采用半导体变流器的静止型电源设备。一般由稳压稳频器、储能器、电子开关等部件构成。

89. 变流器(convertor)　借助电子阀器件能使电力系统的一个或多个特性（通常是频率、电压和电流）发生变化的运行单元。一般包括一个或多个阀器件连同变压器、滤波器（如有必要）和辅助装置（如有）。

90. 变频器(frequency convertor)　用于改变频率的交流变流器。

91. 电压型(交-直-交)变频器(voltage source[DC link]convertor)　中间直流环节具有电压源性质的变频器。

92. 电流型(交-直-交)变频器(current source[DC link]convertor)　中间直流环节具有电流源性质的变频器。

93. 脉(冲)宽(度)调制(pulse width modulation[PWM])　为产生某一输出波形，在每一基本周期调制脉冲的宽度或频率，或同时调制脉冲的宽度和频率的一种脉冲控制。

94. 周波变流器(cycloconvertor)　用较高频率系统的连续波形，构成较低频率的交流电压的办法，实现由较高频率到较低频率直接变换的一种变频器。

95. 传感器(transducer sensor)　能感受被测量并按照一定规律转换成可用输出信号的器件或装置，通常由敏感元件和转换元件组成。

96. 测速发电机(tachogenerator)　将转速转换成电信号的检测元件，输出的信号（电压或频率）与转速成正比关系。某些测速机输出还能反映转向。

97. 自整角机(synchro;selsyn)　一种角位移信息发送、接收、转换用交流控制电机，是自整角发送机、自整角接收机、自整角差动发送机、自整角差动接收机和自整角控制变压器的总称。

98. 旋(转)变(压器)(electrical resolver;resolver)　以可变耦合变压器原理工作的交流控制电机。它的副方（次级）输出电压与转子转角呈确定的函数关系。

99. 感应同步器(inductosyn)　基于多极旋转变压器工作原理的精确位移检测元件，它的固定部分和运动部分都有平面印制绕组。

100. 霍尔(效应)器件(hall effect device)　利用霍尔效应的一种半导体器件。

101. 起动(starting)　电机从静止状态加速到工作转速的整个过程。

102. 电制动(electric braking)　产生阻力矩以降低机器的速度，或停止其运动（停机制动），或使其运动的速度保持在适当值（制动运行）的过程。使电机产生电能并使之消耗或反馈给电源，从而使电机降速的制动方式。

103. 能耗制动(dynamic braking)　电制动方式之一，将被励磁电机从电源断开并改接为发电机，使电能在其电枢绕组中消耗，必要时还可消耗在外接电阻中。

104. 回馈制动;再生制动(regenerative braking)　使电能返回电源系统的电制动方式。

105. 反接制动(plug braking;plugging)　将异步电动机电源相序反接的电制动方式。

106. 防护等级(degree of protection)　按标准规定的检验方法，外壳对接近危险部件、防止固体异物进入或水进入所提供的保护程度。

107. 稳态精度(static accuracy)　指系统的参数量与被控量都处于稳态时，被控量与参数量的偏差，通常用偏差与参数量互比来表示。

108. 动态精度(dynamic accuracy)　指系统的参数量从某一状态向另一状态变化过程中被控量与参数量偏差的最大值。

109. (自动控制的)时间常数([in automatic control]time constant)　由输入变量的阶跃变化

引起的一阶线性系统的输出完成总变化的 63.2% （即 $1-1/e$）所需的时间。

110. 上升时间(rise time)　施加阶跃信号，对无超调系统是被控量达到 90% 最终稳态值所需的时间，对有超调系统是指第一次达到最终稳态值所需时间。

*111. 阶跃响应时间(step response time)　对于阶跃响应，从一个输入变量发生阶跃变化的时刻起，至输出变量第一次达到最终稳态值与初始稳态值之差的一个规定百分数的时刻止的持续时间间隔。

*112. 建立时间(settling time);过渡过程时间　对于阶跃响应，从输入变量发生阶跃变化的时刻起，至阶跃响应和其稳态值之差保持小于瞬态值允差的时刻的持续时间间隔。

*113. 超调(量)(overshoot)　对于阶跃响应，为偏离输出变量最终稳态值的最大瞬时偏差，通常以最终稳态值与初始稳态值之差的百分数表示。

114. 电磁骚扰(electromagnetic disturbance)　任何可能引起装置、设备或系统性能降低或者对生物或非生物产生不良影响的电磁现象。

注：电磁骚扰可能是电磁噪声、无用信号或传播媒介自身的变化。

115. 电磁干扰(electromagnetic interference[EMI])　电磁骚扰引起的设备、传输通道或系统性能的下降。

注：1. 术语"电磁骚扰"和"电磁干扰"分别表示"起因"和"后果"。
　　2. 过去"电磁骚扰"和"电磁干扰"常混用。

116. 电磁兼容性(electromagnetic compatibility[EMC])　设备或系统在其电磁环境中能正常工作且不对该环境中任何事物构成不能承受的电磁骚扰的能力。

117. 系统间干扰(inter-system interference)　由其他系统产生的电磁骚扰对一个系统造成的电磁干扰。

118. 系统内干扰(intra-system interference)　系统中出现的由本系统内部电磁骚扰引起的电磁干扰。

119. (对骚扰的)抗扰度(immunity[to a disturbance])　装置、设备或系统面临电磁骚扰不降低运行性能的能力。

120. [电磁]敏感度([electromagnetic]susceptibility)　在有电磁骚扰的情况下，装置、设备或系统不能避免性能降低的能力。

注：敏感度高，抗扰度低。

121. 静电放电(electrostatic discharge[ESD])　具有不同静电电位的物体相互靠近或直接接触引起的电荷转移。

122. 电源骚扰(mains-borne disturbance)　经由供电电源线传输到装置上的电磁骚扰。

123. 电源抗扰度(mains immunity)　对电源骚扰的抗扰度。

124. 内部抗扰度(internal immunity)　装置、设备或系统在其常规输入端或天线处存在电磁骚扰时能正常工作而无性能降低的能力。

125. 外部抗扰度(external immunity)　装置、设备或系统在电磁骚扰经由除常规输入端或天线以外的途径侵入的情况下，能正常工作无性能降低的能力。

126. 屏蔽[体](screen)　用来减弱电场、磁场或电磁场透入给定区域的器件。

127. 电磁屏蔽[体](electromagnetic screen)　用导电材料制成的，用以减弱时变的电磁场透入给定区域的屏蔽体。

128. 屏蔽壳体(shielded enclosure)　专门设计用来隔离内外电磁环境的网状或薄板金属壳体。

注：屏蔽室（screened room）是屏蔽壳体中的一类。

129. 抗干扰(interference rejection)　能消除或减少影响电控设备正常工作的各种干扰信号的措施和技术。

130. 框图(block diagram)　便于了解某一系统工作原理的简图。其中整个系统或部分系统连同其功能关系均用称为功能框的符号或图形表示，而无需把所有的连接都表示出来。

131. 仿真(simulation)　用一个系统来模拟另一个在物理上不等效但在数学上是等效的系统的方法。例如用一台计算机和相应的程序来模拟一个控制系统或生产过程。

*132. 稳定性(stability)　受相对于静止位置足够小的初始偏移或扰动时，可使系统状态变量与输出变量保持在该位置足够小的邻域内的系统特性。

*133. 可控性(controllability)　依靠输入变量的适当的时间变化将系统状态变量在有限时间内，从一个初始状态变到一个指定最终状态的系统特性。

注：如果任何一种初始状态和最终状态都能作此改变，则可控性是完全的。

*134. 可观测性(observability)　根据在有限时间内，观察到的输入和输出变量，可推算出系统初始状态的系统特性。

注：如果这种推算对任何一种初始状态都有效，则可观测性是完全的。

135. 系统辨识(system identification)　确定对象输出状态与输入状态之间关系的全部描述的技术。

136. 鲁棒性；健壮性(robustness)　指系统对内部参数和外界条件变化的敏感程度，越不敏感者鲁棒性越好。

*137. 接口(interface)　根据功能特性、信号特性或其他特性定义的两个功能单元之间的共享界面。

注：此概念适用于具有不同功能的两个装置的连接。

*138. 算法(algorithm)　能根据输入变量值计算出输出变量值的一个完全确定的、有限的指令序列。

注：算法可以完整描述数字输入、输出变量系统（例如一个切换系统）的行为。对于连续输入、输出变量的系统，其算法由输入、输出变量间的数学关系式确定或导出。

139. （自动控制的）人工智能(artificial intelligence [in automatic control])　装置或系统执行诸如推理、学习和自我完善等通常与人类智能相关的功能的能力。

140. （控制系统的）控制特性(control characteristic [of a control system])　控制系统中表明被控变量与一个输入变量（例如设定点变量、扰动变量）之间稳态关系的数据（公式或图表），此时其他输入变量保持恒定。

*141. 死区(dead band; dead zone)　输入变量的变化不至引起输出变量有任何可觉察变化的有限数值区间。

注：当这种特性是特意安排的，有时称此区为中间区。

*142. （自动控制的）猎振(hunting [in automatic control])　自控系统不断寻找平衡状态的有一定幅度的持续振荡。

143. 跳跃现象(jump phenomenon)　非线性系统中，当输入变量改变时，输出变量值的上升或者下降出现突变的现象。

*144. 积分饱卷(reset windup; integral windup)　闭环控制回路中的一种现象。在此回路中，积分元件后接一个在其饱和范围内工作的非线性元件，导致输出变量对输入变量符号变化的响应延迟。

注：在控制回路中，延迟响应会导致被控变量过量超调。

*145. 预测(prediction)　根据现有的及以往的某些系统状态变量值估计将来某个时候的系统变量值。

*146. [控制系统的]积极故障[active fault (in a control equipment)]　尽管程序规定的条件没有得到满足，仍引起控制动作的故障。

*147. [控制系统的]消极故障[passive fault (in a control equipment)]　尽管程序规定的所有条件都得到满足，仍阻碍控制设备动作的故障。

*148. 可编程[序]控制器(programmable controller)　基于微处理器的控制器，带有一个可编程序存储器，供内部存储用户确定的指令。

注：带 * 的为 GB/T 2900.56—2008《电工术语　控制技术》规定的术语。

1.3　计量单位

1.3.1　国际单位制（SI）（见表1-2～表1-6，摘自 GB 3100—1993）

表1-2　SI 基本单位

量的名称	单位名称	单位称号	量的名称	单位名称	单位称号
长度	米	m	热力学温度	开〔尔文〕	K
质量	千克，（公斤）	kg	物质的量	摩〔尔〕	mol
时间	秒	s	发光强度	坎〔德拉〕	cd
电流	安〔培〕	A			

表1-3　SI 辅助单位

量的名称	单位名称	单位符号
平面角	弧度	rad
立体角	球面度	sr

表1-4　具有专门名称的 SI 导出单位

量的名称	单位名称	单位符号	量的名称	单位名称	单位符号
频率	赫〔兹〕	Hz	磁通〔量〕	韦〔伯〕	Wb
力，重力	牛〔顿〕	N	磁通〔量〕密度，磁感应强度	特〔斯拉〕	T
压力，压强，应力	帕〔斯卡〕	Pa	电感	亨〔利〕	H
能〔量〕，功，热量	焦〔耳〕	J	摄氏温度	摄氏度	℃
功率，辐〔射能〕通量	瓦〔特〕	W	光通量	流〔明〕	lm
电荷〔量〕	库〔仑〕	C	〔光〕照度	勒〔克斯〕	lx
电位，电压，电动势，（电势）	伏〔特〕	V	〔放射性〕活度	贝可〔勒尔〕	Bq
电容	法〔拉〕	F	吸收剂量	戈〔瑞〕	Gy
电阻	欧〔姆〕	Ω	剂量当量	希〔沃特〕	Sv
电导	西〔门子〕	S			

表 1-5 可与 SI 并用的其他单位

量的名称	单位名称	单位符号	量的名称	单位名称	单位符号
时间	分 〔小〕时 日,（天）	min h d	旋转速度	原子质量单位 转每分	u r/min
〔平面〕角	度 〔角〕分 〔角〕秒	(°) (′) (″)	长度 速度 能 级差	海里 节 电子伏 分贝	n mile kn eV dB
体积,容积 质量	升 吨	L, (l) t	线密度	特〔克斯〕	tex

表 1-6 SI 词头

因数	词头名称	符号	因数	词头名称	符号
10^{18}	艾〔可萨〕(exa)	E	10^{-1}	分 (déci)	d
10^{15}	拍〔它〕(Peta)	P	10^{-2}	厘 (centi)	c
10^{12}	太〔拉〕(téra)	T	10^{-3}	毫 (milli)	m
10^{9}	吉〔咖〕(giga)	G	10^{-6}	微 (micro)	μ
10^{6}	兆 (méga)	M	10^{-9}	纳〔诺〕(nano)	n
10^{3}	千 (kilo)	k	10^{-12}	皮〔可〕(pico)	p
10^{2}	百 (hecto)	h	10^{-15}	飞〔母托〕(femto)	f
10^{1}	十 (déca)	da	10^{-18}	阿〔托〕(atto)	a

1.3.2 电学、磁学单位和常用单位及其换算

1.3.2.1 电学与磁学单位（见表 1-7，摘自 GB 3102.5—1993）

表 1-7 电学和磁学单位

量的名称	单位名称	单位符号	量的名称	单位名称	单位符号
电流	安〔培〕	A	介电常数,(电容率) 真空介电常数, (真空电容率)	法〔拉〕每米	F/m
电荷〔量〕	库〔仑〕	C			
电荷〔体〕密度	库〔仑〕每立方米	C/m³			
电荷面密度	库〔仑〕每平方米	C/m²	相对介电常数, (相对电容率)		
电场强度	伏〔特〕每米	V/m			
电位,(电势) 电位差,(电势差), 电压 电动势	伏〔特〕	V	电极化率		
			电极化强度	库〔仑〕每平方米	C/m²
			电偶极矩	库〔仑〕米	C·m
			电流密度	安〔培〕每平方米	A/m²
电通〔量〕密度, 电位移	库〔仑〕每平方米	C/m²	电流线密度	安〔培〕每米	A/m
电通〔量〕, 电位移通量	库〔仑〕	C	磁场强度	安〔培〕每米	A/m
电容	法〔拉〕	F	磁位差,(磁势差) 磁通势,磁动势	安〔培〕	A

量的名称	单位名称	单位符号	量的名称	单位名称	单位符号
磁通[量]密度,磁感应强度	特[斯拉]	T	[直流]电导	西[门子]	S
			电阻率	欧[姆]米	$\Omega \cdot m$
磁通[量]	韦[伯]	Wb	电导率	西[门子]每米	S/m
磁矢位,(磁矢势)	韦[伯]每米	Wb/m	磁阻	每亨[利]	H^{-1}
自感 互感	亨[利]	H	磁导	亨[利]	H
耦合系数 漏磁系数			绕组的匝数 相数 极对数		
磁导率 真空磁导率	亨[利]每米	H/m	相[位]差, 相[位]移	弧度	rad
相对磁导率			阻抗,(复数阻抗) 阻抗模,(阻抗) 电抗 [交流]电阻	欧[姆]	Ω
磁化率					
[面]磁矩	安[培]平方米	$A \cdot m^2$			
磁化强度	安[培]每米	A/m			
磁极化强度	特[斯拉]	T	品质因数		
电磁能密度	焦[耳]每立方米	J/m^3	导纳,(复数导纳) 导纳模,(导纳) 电纳 [交流]电导	西[门子]	S
坡印廷矢量	瓦[特]每平方米	W/m^2			
电磁波在真空中的传播速度	米每秒	m/s			
			功率①	瓦[特]	W
[直流]电阻	欧[姆]	Ω	电能[量]	焦[耳]	J

① 在电工技术中,有功功率单位用瓦特(W),视在功率单位用伏安(VA),无功功率单位用乏(var)。

1.3.2.2 常用单位及其换算(见表1-8)

表1-8 常用单位及其换算

物理量名称	法定计量单位		非法定计量单位		单位换算
	单位名称	单位符号	单位名称	单位符号	
长度	米 海里	m n mile	费密 埃 英尺 英寸 英里 密耳	 Å ft in mile mil	1 费密 = 1fm = 10^{-15} m 1Å = 0.1nm = 10^{-10} m 1ft = 0.3048m 1in = 0.0254m 1mile = 1609.344m 1mil = 25.4×10^{-6} m
面积	平方米 公顷	m^2 ha	公亩 平方英尺 平方英寸 平方英里	a ft^2 in^2 $mile^2$	1a = $10^2 m^2$ 1ha = $10^4 m^2$ $1ft^2 = 0.0929030 m^2$ $1in^2 = 6.4516 \times 10^{-4} m^2$ $1mile^2 = 2.58999 \times 10^6 m^2$

(续)

物理量名称	法定计量单位		非法定计量单位		单位换算
	单位名称	单位符号	单位名称	单位符号	
体积、容积	立方米 升	m^3 L,(l)	立方英尺 立方英寸 英加仑 美加仑	ft^3 in^3 UKgal USgal	$1ft^3 = 0.0283168m^3$ $1in^3 = 1.63871 \times 10^{-5} m^3$ $1UKgal = 4.54609dm^3$ $1USgal = 3.78541dm^3$
质量	千克,(公斤) 吨 原子质量单位	kg t u	磅 英担 英吨	lb cwt ton	$1lb = 0.45359237kg$ $1cwt = 50.8023kg$ $1ton = 1016.05kg$
温度	开〔尔文〕 摄氏度	K ℃	 华氏度 兰氏度	 °F °R	表示温度差和温度间隔时:$1℃=1K$ 表示温度的数值时:摄氏温度值℃ = (热力学温度值 K − 273.15) 表示温度差和间隔时:$1°F = \frac{5}{9}℃$ 表示温度数值时:$K = \frac{5}{9}(°F + 459.67)$,$℃ = \frac{5}{9}(°F − 32)$ 表示温度数值时:$℃ = \frac{5}{9}°R − 273.15$,$K = \frac{5}{9}°R$
旋转速度	每秒 转每分	s^{-1} r/min		rpm	$1rpm = 1r/min = (1/60)s^{-1}$
力;重力	牛〔顿〕	N	达因 千克力 磅力 吨力	dyn kgf lbf tf	$1dyn = 10^{-5}N$ $1kgf = 9.80665N$ $1lbf = 4.44822N$ $1tf = 9.80665 \times 10^3 N$
压力,压强;应力	帕〔斯卡〕	Pa	巴 千克力每平方厘米 毫米水柱 毫米汞柱 托 工程大气压 标准大气压 磅力每平方英尺 磅力每平方英寸	bar kgf/cm^2 mmH_2O mmHg Torr at atm lbf/ft^2 lbf/in^2	$1bar = 10^5 Pa$ $1kgf/cm^2 = 0.0980665MPa$ $1mmH_2O = 9.80665Pa$ $1mmHg = 133.322Pa$ $1Torr = 133.322Pa$ $1at = 98066.5Pa = 98.0665kPa$ $1atm = 101325Pa = 101.325kPa$ $1lbf/ft^2 = 47.8803Pa$ $1lbf/in^2 = 6894.76Pa = 6.89476kPa$

(续)

物理量名称	法定计量单位		非法定计量单位		单位换算
	单位名称	单位符号	单位名称	单位符号	
能量;功;热	焦[耳]	J	尔格	erg	$1\mathrm{erg} = 10^{-7}\mathrm{J}$
	电子伏	eV	千克力米	kgf·m	$1\mathrm{kgf·m} = 9.80665\mathrm{J}$
	千瓦[小]时	kW·h	英马力小时	hp·h	$1\mathrm{hp·h} = 2.68452\mathrm{MJ}$
			卡	cal	$1\mathrm{cal} = 4.1868\mathrm{J}$
			热化学卡	$\mathrm{cal_{th}}$	$1\mathrm{cal_{th}} = 4.1840\mathrm{J}$
			马力[小]时		1 马力·时 $= 2.64779\mathrm{MJ}$
			电工马力[小]时		1 电工马力·时 $= 2.68560\mathrm{MJ}$
			英热单位	Btu	$1\mathrm{Btu} = 1055.06\mathrm{J} = 1.05506\mathrm{kJ}$
					$1\mathrm{kW·h} = 3.6\mathrm{MJ}$
功率,辐射通量	瓦[特]	W	千克力米每秒	kgf·m/s	$1\mathrm{kgf·m/s} = 9.80665\mathrm{W}$
			马力,米制马力	法 ch,CV;德 PS	1 马力 $= 735.499\mathrm{W}$
			英马力	hp	$1\mathrm{hp} = 745.700\mathrm{W}$
			电工马力		1 电工马力 $= 746\mathrm{W}$
			卡每秒	cal/s	$1\mathrm{cal/s} = 4.1868\mathrm{W}$
			千卡每[小]时	kcal/h	$1\mathrm{kcal/h} = 1.163\mathrm{W}$
			热化学卡每秒	$\mathrm{cal_{th}/s}$	$1\mathrm{cal_{th}/s} = 4.184\mathrm{W}$
			英热单位每小时	Btu/h	$1\mathrm{Btu/h} = 0.293071\mathrm{W}$
电导	西[门子]	S	姆欧	℧	$1\mathrm{℧} = 1\mathrm{S}$
磁通[量]	韦[伯]	Wb	麦克斯韦	Mx	$1\mathrm{Mx} = 10^{-8}\mathrm{Wb}$
磁通量密度,磁感应强度	特[斯拉]	T	高斯	Gs,G	$1\mathrm{Gs} = 10^{-4}\mathrm{T}$
光照度	勒[克斯]	lx	英尺烛光	$\mathrm{lm/ft^2}$	$1\mathrm{lm/ft^2} = 10.76\mathrm{lx}$
速度	米每秒	m/s	英尺每秒	ft/s	$1\mathrm{ft/s} = 0.3048\mathrm{m/s}$
	节	kn	英寸每秒	in/s	$1\mathrm{in/s} = 0.0254\mathrm{m/s}$
			英里每小时	mile/h	$1\mathrm{mile/h} = 0.44704\mathrm{m/s}$
	千米每小时	km/h			$1\mathrm{km/h} = 0.277778\mathrm{m/s}$
	米每分	m/min			$1\mathrm{m/min} = 0.0166667\mathrm{m/s}$
加速度	米每二次方秒	$\mathrm{m/s^2}$	英尺每二次方秒	$\mathrm{ft/s^2}$	$1\mathrm{ft/s^2} = 0.3048\mathrm{m/s^2}$
			伽	Gal	$1\mathrm{Gal} = 10^{-2}\mathrm{m/s^2}$
密度	千克每立方米	$\mathrm{kg/m^3}$	磅每立方英尺	$\mathrm{lb/ft^3}$	$1\mathrm{lb/ft^3} = 16.0185\mathrm{kg/m^3}$
			磅每立方英寸	$\mathrm{lb/in^3}$	$1\mathrm{lb/in^3} = 27679.9\mathrm{kg/m^3}$
比容(比体积)	立方米每千克	$\mathrm{m^3/kg}$	立方英尺每磅	$\mathrm{ft^3/lb}$	$1\mathrm{ft^3/lb} = 0.0624280\mathrm{m^3/kg}$
			立方英寸每磅	$\mathrm{in^3/lb}$	$1\mathrm{in^3/lb} = 3.61273 \times 10^{-5}\mathrm{m^3/kg}$
质量流率	千克每秒	kg/s	磅每秒	lb/s	$1\mathrm{lb/s} = 0.453592\mathrm{kg/s}$
			磅每小时	lb/h	$1\mathrm{lb/h} = 1.25998 \times 10^{-4}\mathrm{kg/s}$

(续)

物理量名称	法定计量单位		非法定计量单位		单位换算
	单位名称	单位符号	单位名称	单位符号	
体积流率	立方米每秒 升每秒	m^3/s L/s	立方英尺每秒 立方英寸每小时	ft^3/s in^3/h	$1ft^3/s = 0.0283168 m^3/s$ $1in^3/h = 4.55196 \times 10^{-9} m^3/s$
转动惯量	千克二次方米	$kg \cdot m^2$	磅二次方英尺 磅二次方英寸	$lb \cdot ft^2$ $lb \cdot in^2$	$1lb \cdot ft^2 = 0.0421401 kg \cdot m^2$ $1lb \cdot in^2 = 2.92640 \times 10^{-4} kg \cdot m^2$
动量	千克米每秒	$kg \cdot m/s$	磅英尺每秒	$lb \cdot ft/s$	$1lb \cdot ft/s = 0.138255 kg \cdot m/s$
角动量	千克二次方米每秒	$kg \cdot m^2/s$	磅二次方英尺每秒	$lb \cdot ft^2/s$	$1lb \cdot ft^2/s = 0.0421401 kg \cdot m^2/s$
力矩	牛〔顿〕米	$N \cdot m$	千克力米 磅力英尺 磅力英寸	$kgf \cdot m$ $lbf \cdot ft$ $lbf \cdot in$	$1kgf \cdot m = 9.80665 N \cdot m$ $1lbf \cdot ft = 1.35582 N \cdot m$ $1lbf \cdot in = 0.112985 N \cdot m$
〔动力〕粘度	帕斯卡秒	$Pa \cdot s$	泊 厘泊 千克力秒每平方米 磅力秒每平方英尺 磅力秒每平方英寸	P, Po cP $kgf \cdot s/m^2$ $lbf \cdot s/ft^2$ $lbf \cdot s/in^2$	$1P = 10^{-1} Pa \cdot s$ $1cP = 10^{-3} Pa \cdot s$ $1kgf \cdot s/m^2 = 9.80665 Pa \cdot s$ $1lbf \cdot s/ft^2 = 47.8803 Pa \cdot s$ $1lbf \cdot s/in^2 = 6894.76 Pa \cdot s$
运动粘度,热扩散率	二次方米每秒	m^2/s	斯托克斯 厘斯托克斯 二次方英尺每秒 二次方英寸每秒	St cSt ft^2/s in^2/s	$1St = 10^{-4} m^2/s$ $1cSt = 10^{-6} m^2/s$ $1ft^2/s = 9.29030 \times 10^{-2} m^2/s$ $1in^2/s = 6.4516 \times 10^{-4} m^2/s$
比能	焦耳每千克	J/kg	千卡每千克 热化学千卡每千克 英热单位每磅	$kcal/kg$ $kcal_{th}/kg$ Btu/lb	$1kcal/kg = 4186.8 J/kg$ $1kcal_{th}/kg = 4184 J/kg$ $1Btu/lb = 2326 J/kg$
比热容,比熵	焦耳每千克〔开尔文〕	$J/(kg \cdot K)$	千卡每千克开〔尔文〕 热化学千卡每千克开〔尔文〕 英热单位每磅华氏度	$kcal/(kg \cdot K)$ $kcal_{th}/(kg \cdot K)$ $Btu/(lb \cdot °F)$	$1kcal/(kg \cdot K) = 4186.8 J/(kg \cdot K)$ $1kcal_{th}/(kg \cdot K) = 4184 J/(kg \cdot K)$ $1Btu/(lb \cdot °F) = 4186.8 J/(kg \cdot K)$
传热系数	瓦特每平方米开〔尔文〕	$W/(m^2 \cdot K)$	卡每平方厘米秒开〔尔文〕 千卡每平方米〔小〕时开〔尔文〕 英热单位每平方英尺〔小〕时华氏度 尔格每平方厘米秒开〔尔文〕	$cal/(cm^2 \cdot s \cdot K)$ $kcal/(m^2 \cdot h \cdot K)$ $Btu/(ft^2 \cdot h \cdot °F)$ $erg/(cm^2 \cdot s \cdot K)$	$1cal/(cm^2 \cdot s \cdot K) = 41868 W/(m^2 \cdot K)$ $1kcal/(m^2 \cdot h \cdot K) = 1.163 W/(m^2 \cdot K)$ $1Btu/(ft^2 \cdot h \cdot °F) = 5.67826 W/(m^2 \cdot K)$ $1erg/(cm^2 \cdot s \cdot K) = 0.01 W/(m^2 \cdot K)$
热导率	瓦特每米开〔尔文〕	$W/(m \cdot K)$	卡每厘米秒开〔尔文〕 千卡每米小时开〔尔文〕 英热单位每英尺小时华氏度	$cal/(cm \cdot s \cdot K)$ $kcal/(m \cdot h \cdot K)$ $Btu/(ft \cdot h \cdot °F)$	$1cal/(cm \cdot s \cdot K) = 418.68 W/(m \cdot K)$ $1kcal/(m \cdot h \cdot K) = 1.163 W/(m \cdot K)$ $1Btu/(ft \cdot h \cdot °F) = 1.73073 W/(m \cdot K)$

1.4 物理量和下角标符号

1.4.1 常用物理量符号（见表1-9）

表1-9 常用物理量符号

符号	意义	符号	意义
A	功	s	转差率
a	加速度；并联支路数	T	时间常数；转矩；热力学温度；绝对温度；转矩；周期时间
B	磁通密度；磁感应强度		
b	宽度	t	时间；摄氏温度
C	电容；常数	U	电势差；电位差；电压
c	起调次数	u	电压（瞬时值）；重叠角
d	厚度；直径	V	电势；电位
E	能量；电动势	W	重量；功；能量
e	电动势（瞬时值）；短路电压百分值	FC	负载持续率
F	力	GD^2	飞轮力矩
f	频率	α	延迟角
G	重量	β	超前角；反馈系数
h	高度；深度	γ	裕度角
I	电流	δ	厚度；电流脉动率
J	转动惯量	ε	负载率
K	电压比；电流比	η	效率
L	电感	θ	热力学温度；绝对温度；摄氏温度；相位差；相位移
l	长度		
M	力矩	ϑ	摄氏温度；相位差；相位移
m	相数；质量	λ	过载倍数
N	绕组匝数；变比系数	μ	滑动摩擦系数；磁导率
n	匝数比；转速	ν	频率
P	重量；功率；有功功率	ρ	回转半径；滚动摩擦系数
p	极对数	σ	小时间常数
Q	无功功率	τ	时间常数
q	匝数比	Φ	磁通
R	电阻	ϕ	电势；电位；相位差；相位移
r	半径；径向距离	φ	电势；电位；相位差；相位移；相角
S	视在功率；行程		

1.4.2 推荐的下角标符号（见表1-10）

表1-10 推荐的下角标符号

下角注	意义	下角注	意义
a	声学的；绝对的；交变的；交流的；阳极	dem	解调
as	异步的	e	电的；力能的；误差；等效；有效的（不是方均根的）；发射极
av	平均值（算术平均值）		
b	基极	g	控制极；门极；栅极
c	计算的；集电极	i	瞬时值；入；输入
ch	化学的	k	短路；阴极
cr	临界的	l	负载；局部的；极限的
d	偏差；损耗；耗散；动态的	M	电动机的

(续)

下角注	意义	下角注	意义
m	磁的；磁化；机械的；峰值	s	信号；同步的；定子；稳态；稳态的；静态的；串联
max	最大值（不是峰值的含义）	st	稳态；稳态的；静态的
med	中间值	t	瞬态的；瞬时的
min	最小值	th	热的
mod	调制	v	发光的；变化的
N	额定的	θ	热的
n	n 次谐波；名义的	ϑ	热的
o	直流的；出；输出；开路	Σ	和
opt	光学的	1	一次谐波（基波）；入；输入
p	脉动的；并联；分路	2	二次谐波；出；输出
q	静态的；静止的	~	交变的；交流的
r	辐射；相对的；转子	—	直流的
ref	参考的	*	相对的
rms	方均根值（周期量的）		

1.5 优先数和优先数系

1.5.1 优先数系的基本系列和补充系列（摘自 GB/T 321—2005）

标准规定的优先数系适用于各种量值的分级，特别是在确定产品的参数或参数系列时，应选用标准的基本系列。

1. 基本系列 R5、R10、R20 和 R40 四个系列是优先数系中的常用系列（见表1-11）。

注：1. 基本系列中的优先数常用值，对计算值的相对误差在 +1.26% ~ -1.01% 范围内。各系列的公比为

R5：$q_5 = (\sqrt[5]{10}) \approx 1.60$

R10：$q_{10} = (\sqrt[10]{10}) \approx 1.25$

R20：$q_{20} = (\sqrt[20]{10}) \approx 1.12$

R40：$q_{40} = (\sqrt[40]{10}) \approx 1.06$

2. 常用值的相对误差 = $\dfrac{常用值 - 计算值}{计算值} \times 100\%$

表1-11 基本系列

基本系列（常用值）				序号	理论值		基本系列和计算值间的相对误差（%）
R5	R10	R20	R40		对数尾数	计算值	
1.00	1.00	1.00	1.00	0	000	1.000 0	0
			1.06	1	025	1.059 3	+0.07
		1.12	1.12	2	050	1.122 0	-0.18
			1.18	3	075	1.188 5	-0.71
	1.25	1.25	1.25	4	100	1.258 9	-0.71
			1.32	5	125	1.333 5	-1.01
		1.40	1.40	6	150	1.412 5	-0.88
			1.50	7	175	1.496 2	+0.25

（续）

基本系列(常用值)				序号	理论值		基本系列和计算值间的相对误差(%)
R5	R10	R20	R40		对数尾数	计算值	
1.60	1.60	1.60	1.60	8	200	1.584 9	+0.95
			1.70	9	225	1.678 8	+1.26
		1.80	1.80	10	250	1.778 3	+1.22
			1.90	11	275	1.883 6	+0.87
	2.00	2.00	2.00	12	300	1.995 3	+0.24
			2.12	13	325	2.113 5	+0.31
		2.24	2.24	14	350	2.238 7	+0.06
			2.36	15	375	2.371 4	−0.48
2.50	2.50	2.50	2.50	16	400	2.511 9	−0.47
			2.65	17	425	2.660 7	−0.40
		2.80	2.80	18	450	2.818 4	−0.65
			3.00	19	475	2.985 4	+0.49
	3.15	3.15	3.15	20	500	3.162 3	−0.39
			3.35	21	525	3.349 7	+0.01
		3.55	3.55	22	550	3.548 1	+0.05
			3.75	23	575	3.758 4	−0.22
4.00	4.00	4.00	4.00	24	600	3.981 1	+0.47
			4.25	25	625	4.217 0	+0.78
		4.50	4.50	26	650	4.466 8	+0.74
			4.75	27	675	4.731 5	+0.39
	5.00	5.00	5.00	28	700	5.011 9	−0.24
			5.30	29	725	5.308 8	−0.17
		5.60	5.60	30	750	5.623 4	−0.42
			6.00	31	775	5.956 6	+0.73
6.30	6.30	6.30	6.30	32	800	6.309 6	−0.15
			6.70	33	825	6.683 4	+0.25
		7.10	7.10	34	850	7.079 5	+0.29
			7.50	35	875	7.498 9	+0.01
	8.00	8.00	8.00	36	900	7.943 3	+0.71
			8.50	37	925	8.414 0	+1.02
		9.00	9.00	38	950	8.912 5	+0.98
			9.50	39	975	9.440 6	+0.63
10.00	10.00	10.00	10.00	40	000	10.000 0	0

2. 补充系列 R80 系列称为补充的系列（见表1-12），它的公比 $q_{80} = (\sqrt[80]{10}) \approx 1.03$，仅在参数分级很细或基本系列中的优先数不能适应实际情况时，才可考虑采用。

表 1-12 补充系列 R80

1.00	1.60	2.50	4.00	6.30
1.03	1.65	2.58	4.12	6.50
1.06	1.70	2.65	4.25	6.70
1.09	1.75	2.72	4.37	6.90
1.12	1.80	2.80	4.50	7.10
1.15	1.85	2.90	4.62	7.30
1.18	1.90	3.00	4.75	7.50
1.22	1.95	3.07	4.87	7.75
1.25	2.00	3.15	5.00	8.00
1.28	2.06	3.25	5.15	8.25
1.32	2.12	3.35	5.30	8.50
1.36	2.18	3.45	5.45	8.75
1.40	2.24	3.55	5.60	9.00
1.45	2.30	3.65	5.80	9.25
1.50	2.35	3.75	6.00	9.50
1.55	2.43	3.85	6.15	9.75

1.5.2 用于电阻、电容参数的 E 系列（见表1-13）

表 1-13 用于电阻、电容参数的 E 系列

E6	E12	E24	E6	E12	E24
1.0	1.0	1.0	3.3	3.3	3.3
		1.1			3.6
	1.2	1.2		3.9	3.9
		1.3			4.3
1.5	1.5	1.5	4.7	4.7	4.7
		1.6			5.1
	1.8	1.8		5.6	5.6
		2.0			6.2
2.2	2.2	2.2	6.8	6.8	6.8
		2.4			7.5
	2.7	2.7		8.2	8.2
		3.0			9.1

1.6 常用电气简图用图形符号（见表1-14）

表1-14 常用电气制图用图形符号（摘自 GB/T 4728.1—13）

类别	标识号	图形符号	说　　明
符号要素	S00059	形式1 □	物件，例如： ——设备 ——器件 ——功能单元 ——元件 ——功能
	S00060	形式2 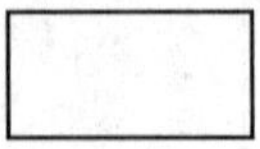 ▭	符号轮廓内应填入或加上适当的符号或代号以表示物件的类别
	S00061	形式3 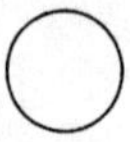 ○	如果设计需要可以采用其他形状的轮廓
	S00062	○	外壳（球或箱） 罩 如果设计需要，可以采用其他形状的轮廓 如果罩具有特殊的防护功能，可加注以引起注意 若肯定不会引起混乱，外壳可省略。如果外壳与其他物件有连接，则必须示出外壳符号 必要时，外壳可断开画出
	S00064	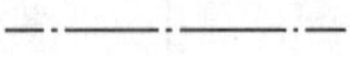 —·—·—	边界线 此符号用于表示物理上、机械上或功能上相互关联的对象组的边界长短线，可任意组合
	S00065	 ⌐ ⌐	屏蔽 护罩 例如为了减弱电场或电磁场的穿透程度屏蔽符号可以画成任何方便的形状

(续)

类别	标识号	图形符号	说明
限定符号	S01401	 ═══	直流 电压可标注在符号右边，系统类型可标注在左边 示例：2/M ═══ 220/110V
	S01403 S00069 S00072	∼ ∼ 50Hz 3/N ~ 50Hz/TN-S	交流 频率值或频率范围可标注在符号的右边 示例： 交流 50Hz 交流，三相，50Hz，具有一个直接接地点且中性线与保护导体全部分开的系统
	S00081	 ╱	可调节性，一般符号
	S00082	 ╱	非线性可调
	S00083	 ╱	可变性，内在的，一般符号 有关控制量的信息，例如电压或温度的信息可表示在贴近符号的地方
	S000085	 ╱	预调 允许调节的条件可标注在符号旁
	S00089 S00090	╱ ╱ ╱	连续可变性 示例： 连续可变的预调
	S00091	 ╱	自动控制 被控制量可标注在符号旁
	S00093	 ⟶	按箭头方向的： 单向力 单向直线运动
	S00095	 ⌒→	按箭头方向的： 单向环形运动 单向旋转 单向扭转
	S00096	 ←⌒→	两个方向均受到限制的： 双向环形运动 双向旋转 双向扭转
	S00099	 ⟶	单向传送 单向流动 例如能量，信号，信息
	S00114	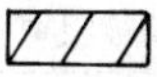 ▨	固体材料
	S00118	 ⊲⊦	半导体材料

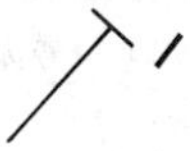

(续)

类别	标识号	图形符号	说明
限定符号	S00119	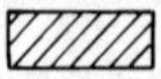 ▨	绝缘体材料
	S00120		热效应
	S00121		电磁效应
	S00123	×	磁场效应或磁场相关性
	S00124	 ⊢⊣	延时（延迟）
	S00127		非电离的电磁辐射，例如可见光 如果已标明源和靶，则箭头从源指向靶 　　　　　源  ⟶ 靶 如果有靶而未明确指出源，则箭头指向右下 如果未明确标出靶，则箭头指向右上
其他符号	S00144	形式1  ---	连接，例如： ——机械的 ——气动的 ——液压的 ——光学的 ——功能的 连接符号的长度取决于图形的布局
	S00147	形式2  ==	当使用形式1符号太受限制时使用形式2
	S00148	 ∈	延时动作 当运动方向是从圆弧指向圆心时动作被延时
	S00150	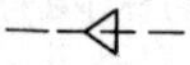 ⊲	自动复位 三角指向复位方向
	S00151	 ∨	自锁 非自动复位 能保持给定位置的器件
	S00152	∨|	脱开自锁
	S00153	|∨	进入自锁
	S00154	 ▽	两器件间的机械联锁
	S00155	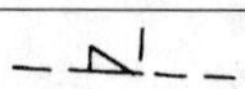	脱扣的闭锁器件
	S00156		锁扣的闭锁器件
	S00157	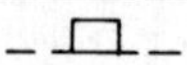 ⊓	阻塞器件
	S00158	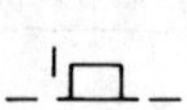	处于阻塞状态的阻塞器件 向左边移动被阻塞
	S00160	 ⊓⊓	脱开的机械联轴器
	S00161	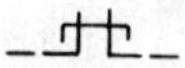	连接着的机械联轴器

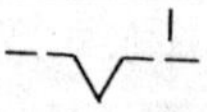

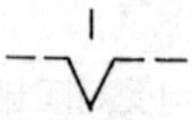

（续）

类别	标识号	图形符号	说　　明
其他符号	S00167	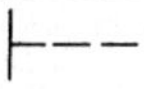	手动控制操作件，一般符号
	S00168	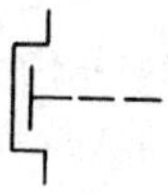	带有防止无意操作的手动控制操作件
	S00169	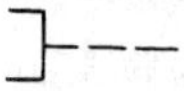	拉拔操作
	S00170	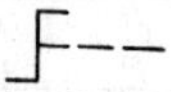	旋转操作
	S00171	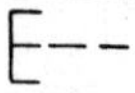	按动操作
	S00172	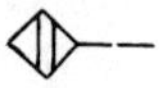	接近效应操作
	S00173	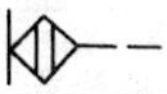	接触操作
	S00174	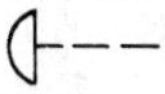	紧急开关，"蘑菇头"式的
	S00175	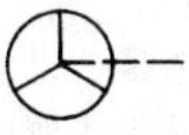	手轮操作
	S00176	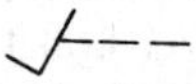	脚踏式操作
	S00177	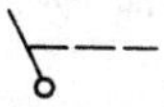	杠杆操作
	S00179	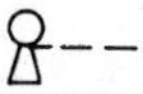	钥匙操作
	S00180	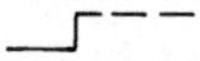	曲柄操作
	S00182	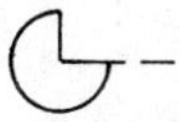	凸轮操作 如需要，可示出一个更详细的凸轮图
	S00189	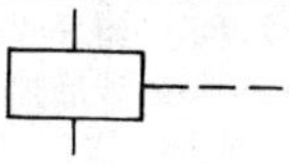	借助电磁效应操作
	S00190	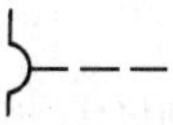	电磁器件操作，例如过电流保护
	S00191	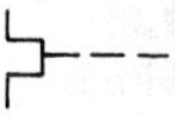	热器件操作，例如过电流保护
	S00192	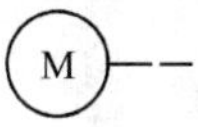	电动机操作
	S00200	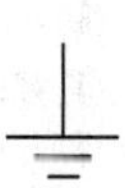	接地，一般符号 地，一般符号 如果接地的状况或接地目的表达得不够明显，可加补充信息
	S00201		抗干扰接地 无噪声接地
	S00202		保护接地 此符号可表示接地连接具有专门的保护功能，例如在故障情况下防止电击的接地

(续)

类别	标识号	图形符号	说明
其他符号	S00203 S01410		接机壳 接底板 图中的影线如果不存在不明确的情况则可完全或部分省略。如果图中的影线被省略则表示机壳或底板的线条应加粗，如下图表示： 功能等电位联结
	S00210		永久磁铁
	S00212		测试点指示符 示例： 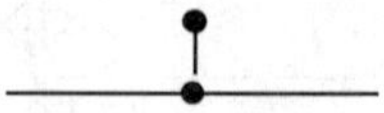
	S00213		变换器，一般符号，例如： 能量转换器 信号转换器 测量用传感器 如果变换方向不明确可以在符号的轮廓线上用箭头标明。表示输入、输出和波形等的符号或代号，可以写进一般符号的每半部分内，以表示变换的性质
	S00001		连线、连接 连线组 示例： ——导线 ——电缆 ——电线 ——传输通路 如用单线表示一组导线时，导线的数可标以相应数量的短斜线或一个短斜线后加导线的数字
	S00002 S00003	形式1 形式2	示例： 三根导线 可标注附加信息，如： ——电流种类 ——配电系统 ——频率 ——电压 ——导线数 ——每根导线的截面积 ——导线材料的化学符号 导线数后面标其截面积，并用"×"号隔开 若截面积不同时，应用"+"号分别将其隔开
	S00005	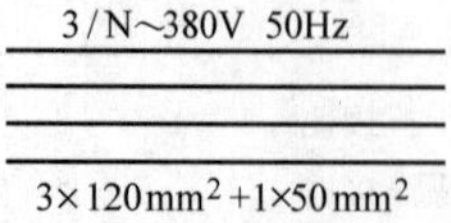 3/N~380V 50Hz 3×120mm² +1×50mm²	三相电路，380/220V，50Hz，三根120mm²的导线，一根50mm²的中性线
	S00006		柔性连接
	S00007	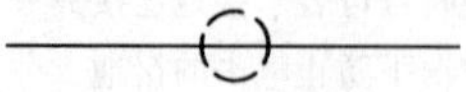	屏蔽导体 电缆、屏蔽或绞合线的符号可画在导线混合组符号的上边、下边或旁边。应用连在一起的指引线指到各个导线上来表示这些在同一屏蔽内或电缆内或绞合线组内的导线

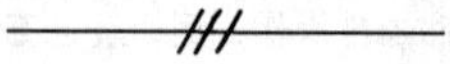

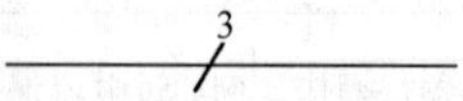

（续）

类别	标识号	图形符号	说明
其他符号	S00008	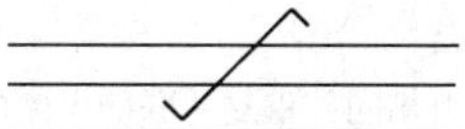	绞合导线 示出两根
	S00009	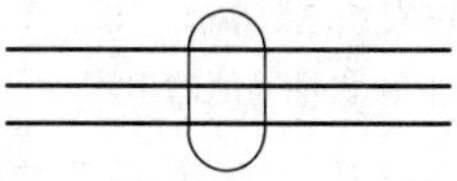	电缆中的导线示出三根
	S00010	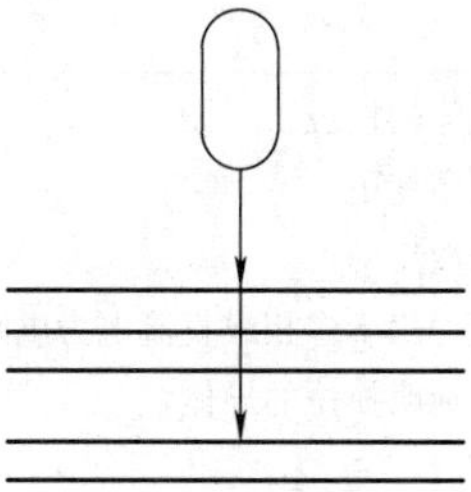	用 03-01-07 的规则 示例： 五根导线，其中箭头所指的两根在同一电缆内
	S00011		同轴对 若同轴结构不再保持，则切线只画在同轴的一边
	S00012	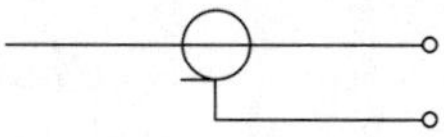	示例： 同轴对连到端子上
	S00013	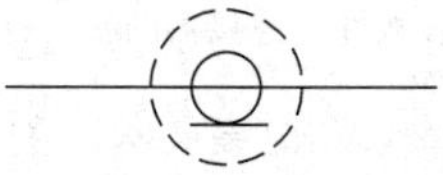	屏蔽同轴对
	S00014		导线或电缆的终端未连接
	S00015		导线或电缆终端未连接，并有专门的绝缘
导体连接、端子和支路	S00016	●	连接 连接点
	S00017	○	端子
	S00018	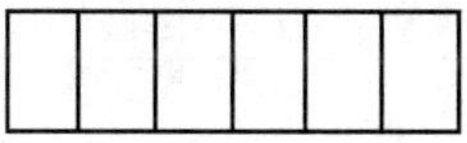	端子板 可加端子标志
	S00019	形式 1 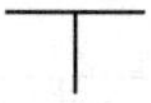	T 型连接
	S00020	形式 2 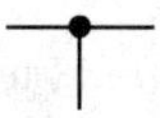	符号中增加连接符号
	S00021	形式 1 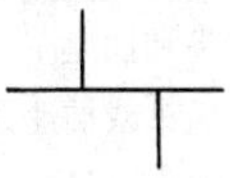	导线的双重连接
	S00022	形式 2 	

（续）

类别	标识号	图形符号	说 明
导体连接、端子和支路	S00023	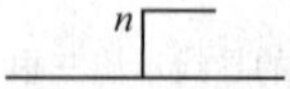	支路 一组相同并重复并联的电路的公共连接 应以支路总数取代"n"。该数字置于连接符号旁 10个并联且等值的电阻 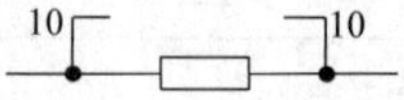
	S00024		导体的换位 相序变更 极性反向 符号用于多相或直流电力电路 可标明换位的导体
	S00025	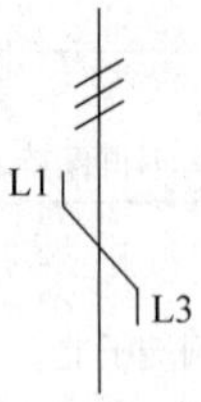	示例： 相序变更
连接件	S00031		阴接触件（连接器的） 插座 用单线表示法表示多接触件连接器的阴端
	S00032		阳接触件（连接器的） 插头 用单线表示法表示多接触件连接器的阳端
	S00035	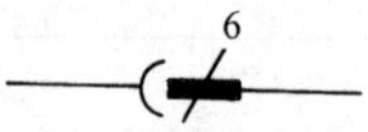	插头和插座，多极 用单线表示六个阴接触件和六个阳接触件的符号
	S00036	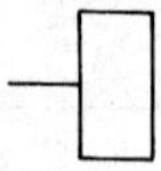	连接器，组件的固定部分 仅当需要区别连接器组件的固定部分与可动部分时采用此类符号
	S00037	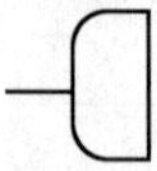	连接器，组件的可动部分
	S00038	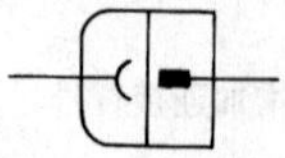	配套连接器 本符号表示插头端固定和插座端可动
	S00042	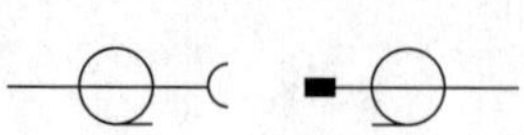	同轴的插头和插座 若同轴的插头或插座连接于同轴对时，切线应朝相应的方向延长
	S01807		同心导体

（续）

类别	标识号	图形符号	说 明
电阻器、电容器和电感器	S00555		电阻器，一般符号
	S00557	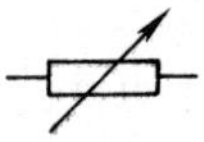	可调电阻器
	S00558	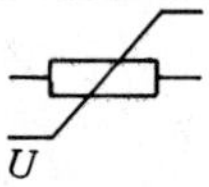	压敏电阻器
	S00559	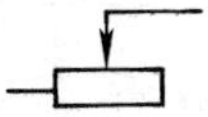	带滑动触点的电位器
	S00563		带固定抽头的电阻器 示出两个抽头
	S00564		分路器 带分流和分压端子的电阻器
	S00567		电容器，一般符号
	S00571		极性电容器，例如电解电容
	S00583		电感器 线圈 绕组 扼流圈 若表示带磁心的电感器，可以在该符号上加一条平行线；若磁心为非磁性材料可加注释；若磁心有间隙，这条线可断开画
	S00587		带磁心连续可变电感器
	S00589		步进移动触点可变电感器

（续）

类别	标识号	图形符号	说 明
半导体器件	S00641	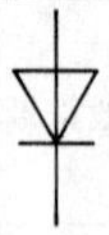	半导体二极管，一般符号
	S00642	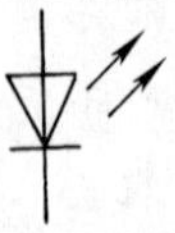	发光二极管（LED），一般符号
	S00644	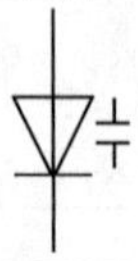	变容二极管
	S00645		隧道二极管 江崎二极管
	S00646		单向击穿二极管 电压调整二极管 齐纳二极管 稳压二极管
	S00650		反向阻断二极晶闸管
	S00651		反向导通二极晶闸管
	S00057	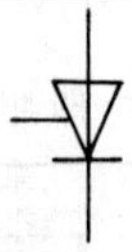	无指定形式的三极晶闸管 若没有必要指定门极的类型时，本符号用于表示反向阻断三极晶闸管
	S00653	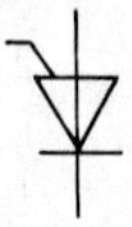	反向阻断三极晶闸管，N 型门极（阳极侧受控）
	S00654		反向阻断三极晶闸管，P 型门极（阴极侧受控）
	S00657		门极关断三极晶闸管，P 型门极（阴极侧受控）
	S00662		逆导三极晶闸管，P 型门极（阴极侧受控）

(续)

类别	标识号	图形符号	说　明
半导体器件	S00663	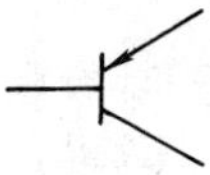	PNP 晶体管
	S00664	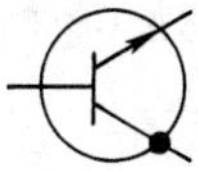	集电极接管壳的 NPN 晶体管
	S00684		光敏电阻 光电管 具有对称导电性的光电器件
	S00685	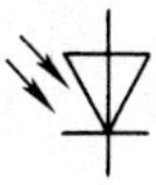	光敏二极管 具有非对称导电性的光电器件
	S00666	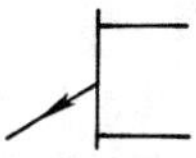	具有 P 型双基极的单结晶体管
	S00667	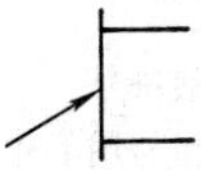	具有 N 型双基极的单结晶体管
	S00671	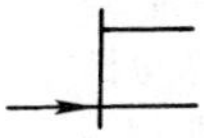	N 型沟道结型场效应晶体管 注：栅极与源极的引线应绘在一直线上 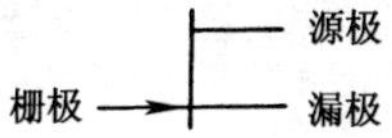 　　　　栅极 ── ┤├── 源极 　　　　　　　　　　　　漏极
	S00672	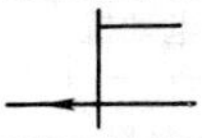	P 型沟道结型场效应晶体管
	S00673	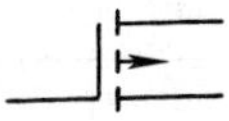	增强型、单栅、P 型沟道和衬底无引出线的绝缘栅场效应晶体管（IGFET）
	S00674	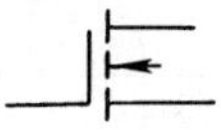	增强型、单栅、N 型沟道和衬底无引出线的绝缘栅场效应晶体管（IGFET）
	S00675	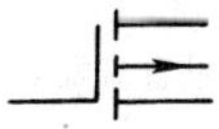	增强型、单栅、P 型沟道和衬底有引出线的绝缘栅场效应晶体管（IGFET）
	S00676	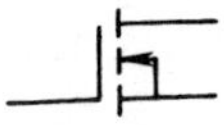	增强型、单栅、N 型沟道和衬底与源极在内部连接的绝缘栅场效应晶体管（IGFET）
	S00677	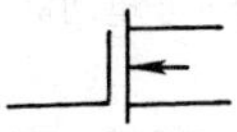	耗尽型、单栅、N 型沟道和衬底无引出线的绝缘栅场效应晶体管（IGFET）
	S00678	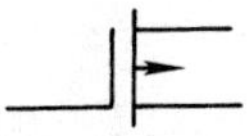	耗尽型、单栅、P 型沟道和衬底无引出线的绝缘栅场效应晶体管（IGFET）
	S00680	形式 1 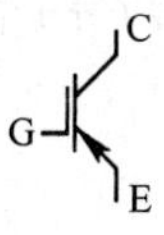	增强型、P 型沟道的绝缘栅双极型晶体管（IGBT）

(续)

类别	标识号	图形符号	说 明
半导体器件	S00680	形式 2 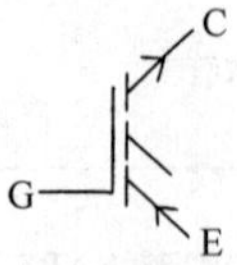	字母 E、G 和 C 分别表示发射极、栅极和集电极的端子名，若不会引起混淆，字母可以省略 形式 1 符号按 GB/T 17007—1997 给出
	S00681	形式 1  形式 2 	增强型、N 型沟道的绝缘栅双极型晶体管（IGBT） 形式 1 符号按 GB/T 17007—1997 给出
	S00691	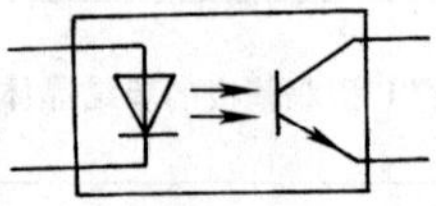	光耦合器件 光隔离器 （示出发光二极管和光敏晶体管）
电机	S00819	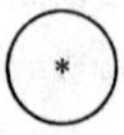 *	电机的一般符号 符号内的星号用下述字母之一代替： C　旋转变流机 G　发电机 GS　同步发电机 M　电动机 MG　能作为发电机或电动机使用的电机 MS　同步电动机
	S00820	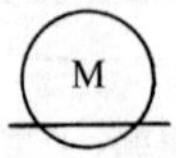 M	直线电动机，一般符号
	S00821	 M	步进电动机，一般符号
	S00825	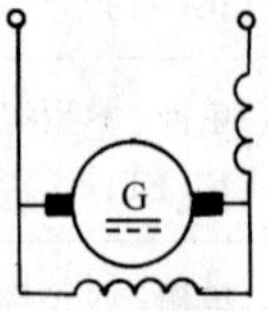 G	短分路复励直流发电机，示出接线端子和电刷
	S00836	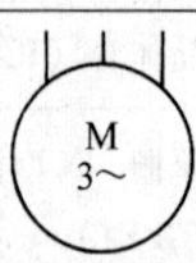 M 3~	三相笼型异步电动机
	S00838	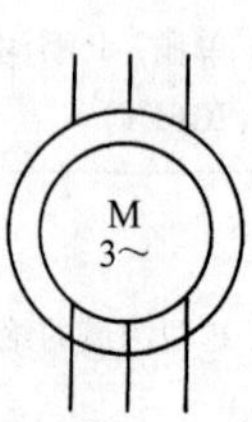 M 3~	三相绕线转子异步电动机

(续)

类别	标识号	图形符号	说明
电机	S00839	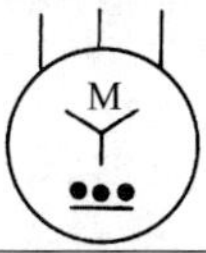	有自动起动器的三相星形联结异步电动机
	S00840	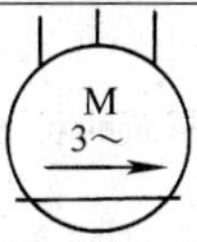	限于一个方向运动的三相直线异步电动机
变压器和电抗器	S00841	形式1 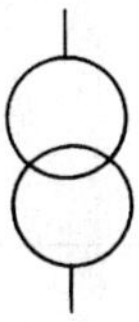	双绕组变压器
	S00842	形式2 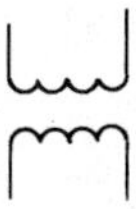	
	S00843	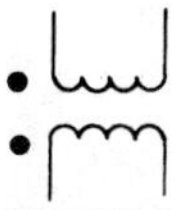	示例： 示出瞬时电压极性的双绕组变压器，流入绕组标记端的瞬时电流产生辅助磁通
	S00844	形式1 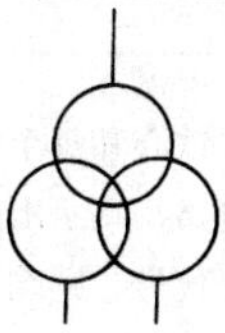	三绕组变压器
	S00845	形式2 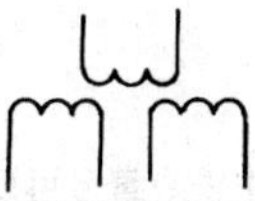	
	S00846	形式1 	自耦变压器
	S00847	形式2 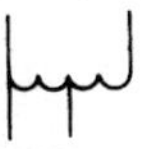	
	S00848		扼流圈
	S00849		电抗器
	S00850	形式1 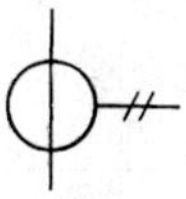	电流互感器
	S00851	形式2 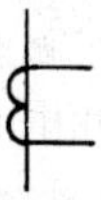	脉冲变压器

(续)

类别	标识号	图形符号	说明
变压器和电抗器	S00852	形式1 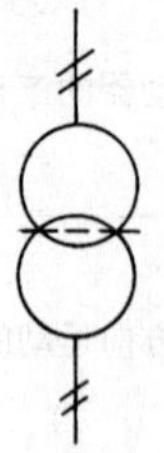	绕组间有屏蔽的双绕组单相变压器
	S00853	形式2 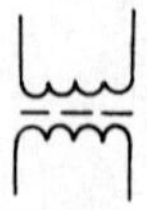	
	S00878	形式1 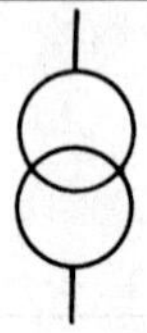	电压互感器
	S00879	形式2 	
	S00880	形式1 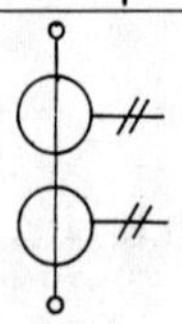	具有两个铁心和每个铁心有一个二次绕组的电流互感器 在一次电路每端示出端子符号表明只是一个器件。如果使用了端子代号，则端子符号可以省略
	S00881	形式2 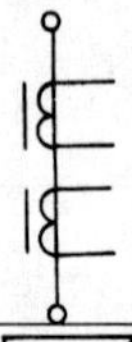	形式2中铁心符号可以略去
变换器	S00893	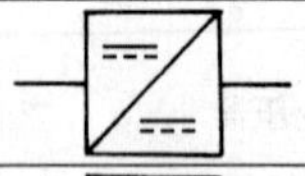	直流/直流变换器
	S00894		整流器
	S00895		桥式全波整流器
	S00896	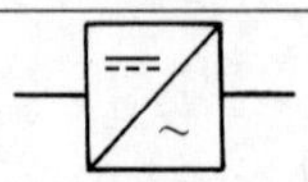	逆变器
	S00897	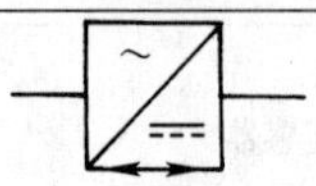	整流器/逆变器
开关和保护器件	S00227		动合（常开）触点 本符号也可用作开关的一般符号

(续)

类别	标识号	图形符号	说明
开关和保护器件	S00228		动断（常闭）触点
	S00230		先断后合的转换触点
	S00231		中间断开的双向转换触点
	S00232	形式1 	先合后断的转换触点
	S00233	形式2 	
	S00236		当操作器件被吸合时，暂时闭合的过渡动合触点
	S00237		当操作器件被释放时，暂时闭合的过渡动合触点
	S00238		当操作器件被吸合或释放时，暂时闭合的过渡动合触点
	S00239		（多触点组中）比其他触点提前吸合的动合触点
	S00240		（多触点组中）比其他触点滞后吸合的动合触点
	S00241		（多触点组中）比其他触点滞后释放的动断触点
	S00243	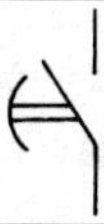	当操作器件被吸合时延时闭合的动合触点
	S00244	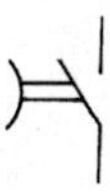	当操作器件被释放时延时断开的动合触点

(续)

类别	标识号	图形符号	说明
开关和保护器件	S00245		当操作器件被吸合时延时断开的动断触点
	S00246		当操作器件被释放时延时闭合的动断触点
	S00247		当操作器件吸合时延时闭合,释放时延时断开的动合触点
	S00253	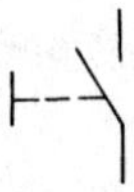	手动操作开关,一般符号
	S00254	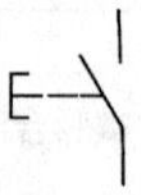	具有动合触点且自动复位的按钮开关
	S00255	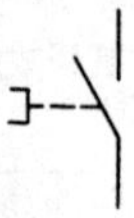	具有动合触点且自动复位的拉拔开关
	S00256	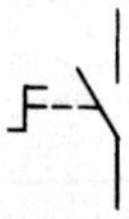	具有动合触点但无自动复位的旋转开关
	S00259		位置开关的动合触点
	S00260		位置开关的动断触点
	S00265	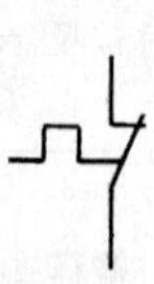	热敏自动开关(例如双金属片)的动断触点 注意区别此触点和下图所示热继电器的触点: 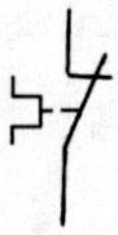

(续)

类别	标识号	图形符号	说　　明
开关和保护器件	S00271		多位置开关 使用少数位置（示出四个位置）
	S00272	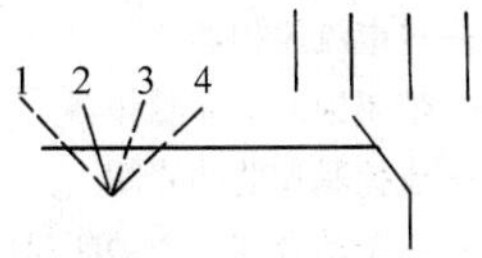	位置图示例 有时原图与位置图同时列出便于表示每一个开关位置的作用。也可用于表示操作器件运动的极限，如下面的例子所示： 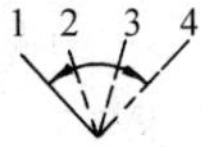 操作器件（例如手轮）仅仅能从位置1到4之间来回转动 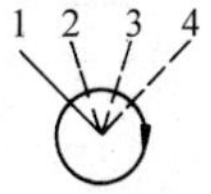 操作器件仅能按顺时针方向转动 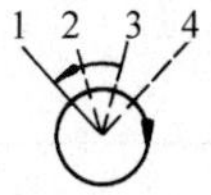 操作器件按顺时针方向转动时不受限制，但按逆时针方向旋转时只能从位置3到1
	S00284		接触器 接触器的主动合触点 （在非动作位置触点断开）
	S00285		具有由内装的测量继电器或脱扣器触发的自动释放功能的接触器
	S00287		断路器
	S00288		隔离开关
	S00290		负荷开关（负荷隔离开关）
	S00291		具有由内装的测量继电器或脱扣器触发的自动释放功能的负荷开关

（续）

类别	标识号	图形符号	说 明
开关和保护器件	S00293	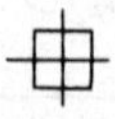	自由脱扣机构 虚线表示连接系统的各个部分将用如下方式定位： 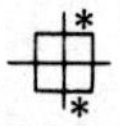 从断开或闭合的操作机构到相关联的主触点和辅助触点 ＊操作机构有一个主要的断开功能，两种可供选择的位置示于上图
	S00294	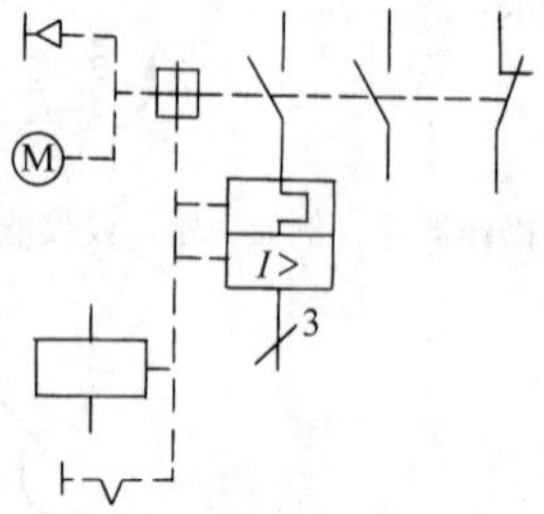	三极机械式开关装置，手动式电动操作，具有自由脱扣机构： ——热式过负荷脱扣器 ——过电流脱扣器 ——带闭锁的手动脱扣器 ——遥控脱扣器的线圈 ——一个动合和一个动断辅助触点
	S00297		电动机起动器，一般符号 特殊类型的起动器可以在一般符号内加上限定符号
	S00298		步进起动器 起动步数可以示出
	S00299		调节-起动器
	S00301		可逆式电动机直接在线接触器式起动器
	S00302		星-三角起动器
	S00303		自耦变压器式起动器
	S00304		带晶闸管整流器的调节-起动器
	S00305	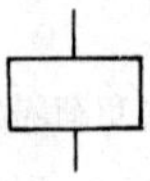	操作器件一般符号 继电器线圈一般符号 具有几个绕组的操作器件，可以由包含在内的适当数量的斜线来表示
	S00307	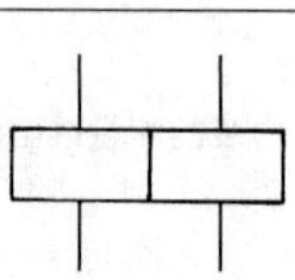	示例： 具有两个独立绕组的操作器件的组合表示法

(续)

类别	标识号	图形符号	说　　明
开关和保护器件	S00311	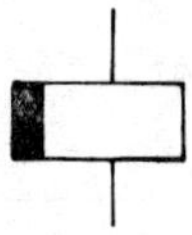	缓慢释放继电器的线圈
	S00312	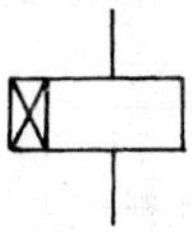	缓慢吸合继电器的线圈
	S00313	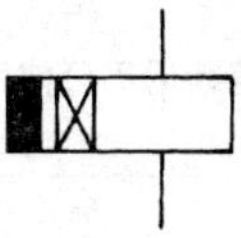	缓吸和缓放继电器的线圈
	S00314	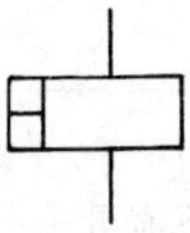	快速继电器（快吸和快放）的线圈
	S00315		对交流不敏感继电器的线圈
	S00316	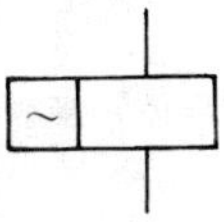	交流继电器的线圈
	S00318	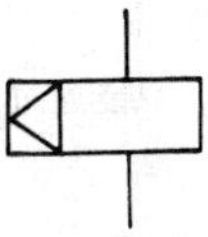	机械保持继电器的线圈
	S00325	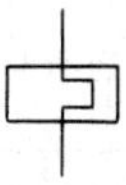	热继电器的驱动器件
	S00326	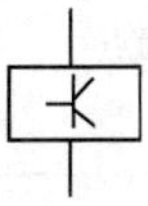	电子继电器的驱动器件
	S00354		接近传感器

（续）

类别	标识号	图形符号	说明
开关和保护器件	S00357	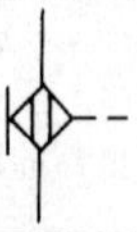	接触传感器
	S00361	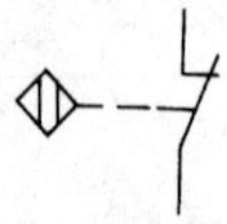	铁接近时动作的接近开关，动断触点
	S00362		熔断器一般符号
	S00363		熔断器熔断后仍可使用，一端用粗线表示的熔断器
	S00368		熔断器式隔离开关
	S00370		熔断器式负荷开关
	S00376		静态开关一般符号 可加入适当的限定符号以表示静态开关的功能
	S00377		静态（半导体）接触器
	S00378	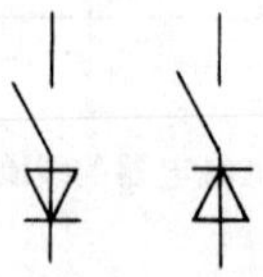	静态开关，只能通过单向电流
	S00379	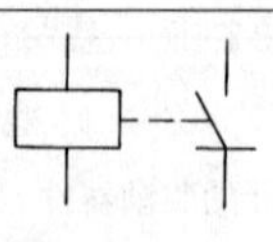	静态继电器一般符号，示出了半导体动合触点 可加入用以表示驱动元件型号的限定符号
	S00380	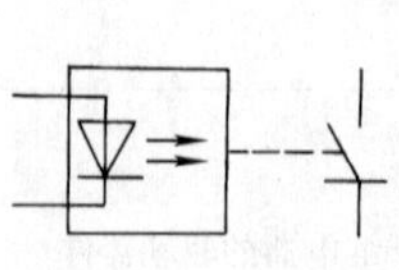	具有用作驱动元件的光敏二极管的静态继电器，并示出半导体动合触点
	S00381	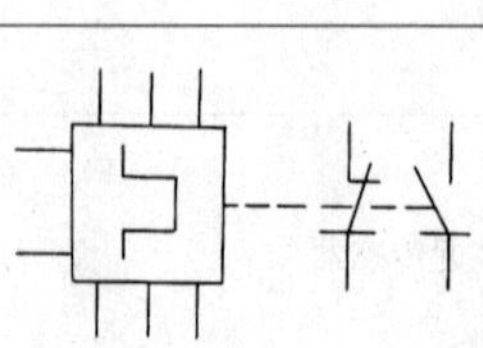	具有两个半导体触点的三极热式过负荷继电器，其中一个是半导体动合触点，另一个是半导体动断触点；驱动器需要独立的辅助电源

(续)

类别	标识号	图形符号	说明
开关和保护器件	S00382	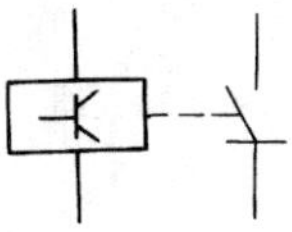	具有半导体动合触点的半导体操作器件
	S00373		避雷器
耦合器件	S00383		电气上独立的耦合器件 (1) 星号"*"可由耦合介质的符号代替或省略 (2) X 和 Y 可由有关数量的适当指示代替或省略 (3) 双平行斜线可由交叉线代替
	S00384	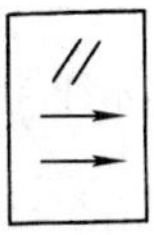	电气上独立的光耦合器件
电工仪表、灯和信号器件	S00913	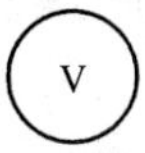	电压表
	S00952	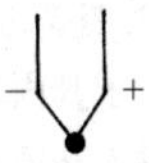	热电偶，示出极性符号

	S00965		灯，一般符号
			信号灯，一般符号
			如果要求指示颜色，则在靠近符号处标出下列代码：
			  RD——红 YE——黄
			  GN——绿 BU——蓝
			  WH——白
			如果要求指示灯类型，则在靠近符号处标出下列代码：
			  Ne——氖 Xe——氙
			  Na——钠气 Hg——汞
			  I——碘 IN——白炽
			  EL——电发光 ARC——弧光
			  FL——荧光 IR——红外线
			  UV——紫外线 LED——发光二极管

	S00966	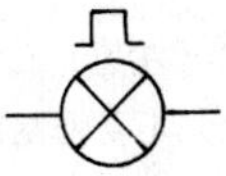	闪光型信号灯
	S00973		蜂鸣器

（续）

类别	标识号	图形符号	说 明
二进制逻辑元件	S01466	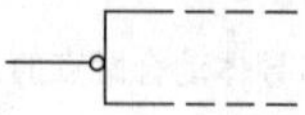	逻辑非，示于输入端
	S01467	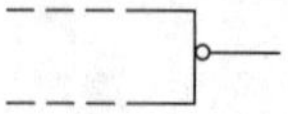	逻辑非，示于输出端 内部"1"状态与外部"0"状态对应 注：连接线可延伸穿过小圆
	S01468	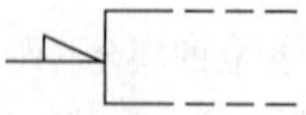	逻辑极性指示符，示于输入端
	S01469	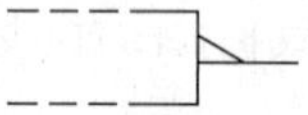	逻辑极性指示符，示于输出端
	S01470	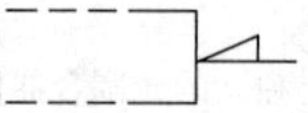	逻辑极性指示符，示于从右至左的信息流输入端
	S01471	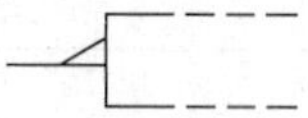	逻辑极性指示符，示于从右至左的信息流的输出端 内部"1"状态与连接线上的"L"电平相对应
	S01479	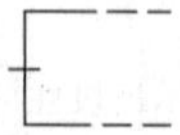	内部输入（左边） 如果该输入不受占优势的或修正作用的关联关系的影响，它总是处于其内部"1"状态 注：内部输入和输出只有内部逻辑状态
	S01480	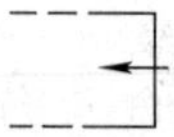	内部输入（右边） 如果该输入不受强制或调节关联影响，它总是处于其内部"1"状态 该符号可示于元件的外部边界以强调没有遗漏外部输入线。两个相邻元件公共边界的虚拟输入不用这些符号，应由关联标记注明 内部输入和输出只有内部逻辑状态
	S01481	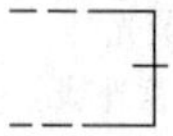	内部输出（右边） 该输出对与之相连的输入或输出的影响由关联标记注明 内部输入和输出只有内部逻辑状态
	S01482	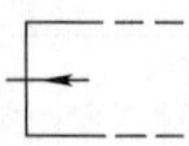	内部输出（左边） 如果该输入不受强制或调节关联影响，它总是处于内部"1"状态 该符号可示于元件的外部边界以强调没有遗漏外部输入线。两个相邻元件公共边界的虚拟输入不用这些符号，应由关联标记注明 内部输入和输出只有内部逻辑状态

第1章 常用设计数据与技术标准

(续)

类别	标识号	图形符号	说　　明
二进制逻辑元件	S01566	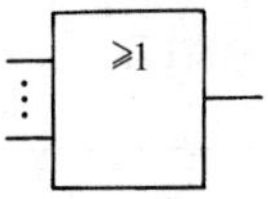 ≥1	"或"元件，一般符号 当且仅当一个或一个以上的输入处于其"1"状态时，输出才能处于"1"状态 注：若不会引起混淆，"≥1"可以用"1"代替
	S01567	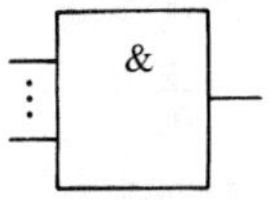 &	"与"元件，一般符号 当且仅当全部输入均处于"1"状态时，输出才处于其"1"状态
	S01568	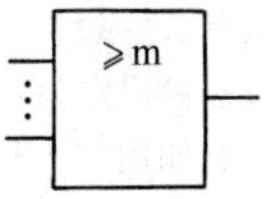 ≥m	逻辑门槛元件，一般符号 当且仅当处于"1"状态的输入个数等于或大于限定符号中以m表示的数时，输出才处于其"1"状态 注： 1. m永远为小于输入端个数。 2. m=1的元件一般称为"或"元件
	S01569	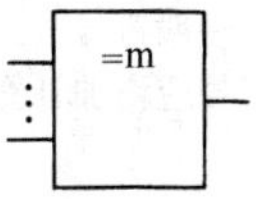 =m	等于m元件，一般符号 当且仅当处于"1"状态的输入个数等于限定符号中以m表示的数时，输出才处于其"1"状态 注：m=1的2输入元件通常称为"异或"元件
	S01572	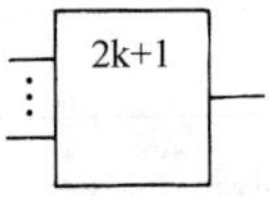 2k+1	奇数元件（奇数校验元件），一般符号 模2加元件，一般符号 当且仅当处于"1"状态的输入个数为奇数（1、3、5等）时，输出才处于其"1"状态
	S01573	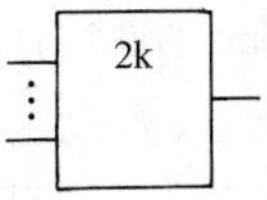 2k	偶数元件（偶数校验元件），一般符号 当且仅当处于"1"状态的输入个数为偶数（0、2、4等）时，输出才处于其"1"状态
	S01576	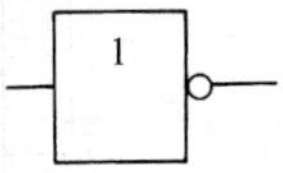 1	非门 反相器（在用逻辑非符号表示器件的情况下） 当且仅当输入处于其外部"1"状态，输出才处于其外部"0"状态
	S01579	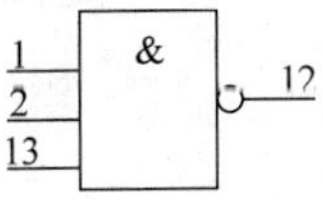 &	有非输出的与门（与非门） （例如SN7410的一部分）
	S01580	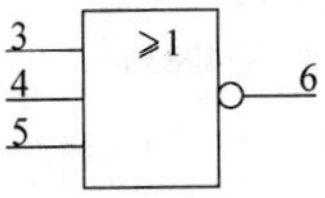 ≥1	有非输出或门（或非门） （例如SN7427的一部分）
		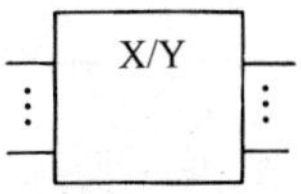 X/Y	编码器，一般符号 代码转换器，一般符号 注：X和Y可分别用表示输入和输出信息的代码符号代替
	S01608	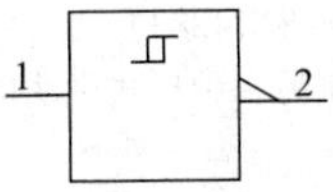	具有反相输出的双门槛检测器 具有施密特触发器的反相器 具有磁滞特性的反相器 （例如SN74LS14的一部分） 注：此符号等效于： 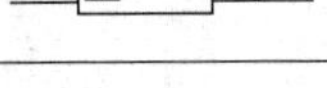

(续)

类别	标识号	图形符号	说明
二进制逻辑元件	S01636	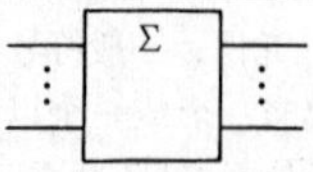 Σ	加法器一般符号
	S01637	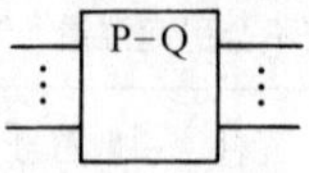 P-Q	减法器一般符号
	S01639	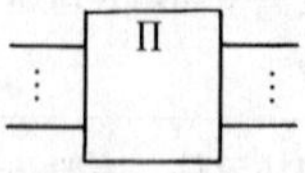 Π	乘法器一般符号
	S01640	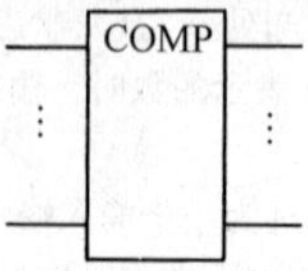 COMP	数值比较器，一般符号 级联比较器被设定为：从低位到高位进行比较。否则应另加说明，例如用"[H-L]"来说明，并把它置于限定符号"COMP"之下
	S01641	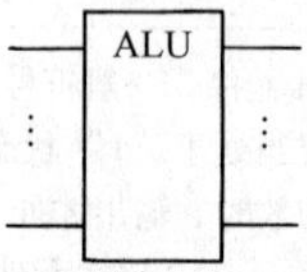 ALU	运算器，一般符号 总限定符号应增加补充信息以说明元件的功能
	S01642	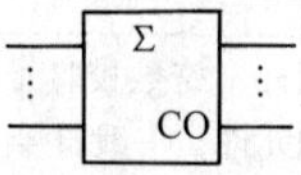 Σ / CO	半加器
	S01643	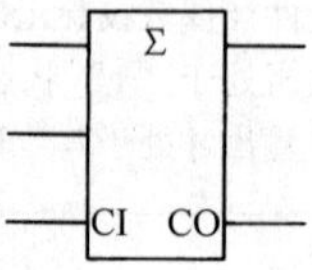 Σ / CI CO	1位全加器 注：简单的1位全加器可用奇数元件（模2加法器）和逻辑门槛元件的组合另行描述，如下所示： 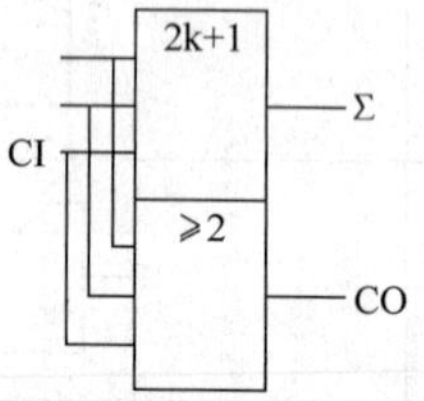
	S01645	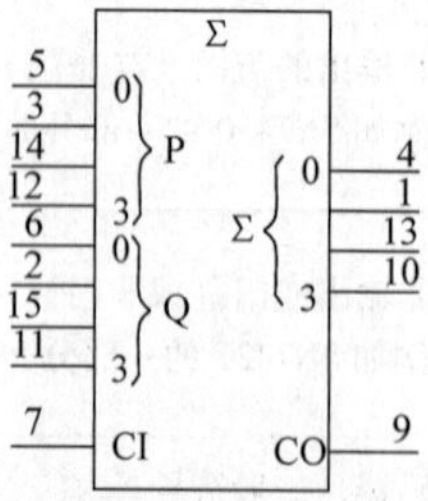	4位全加器 （例如 SN74283）
	S01646	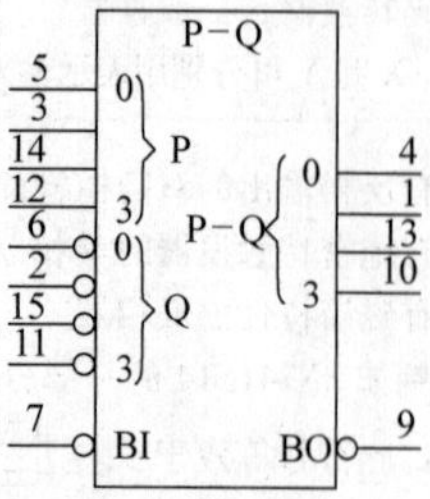	4位全减器 （例如 SN74283） 注：用另一种形式说明同一器件

(续)

类别	标识号	图形符号	说明
二进制逻辑元件	S01659	 S R	RS 触发器 RS 锁存器
	S01674	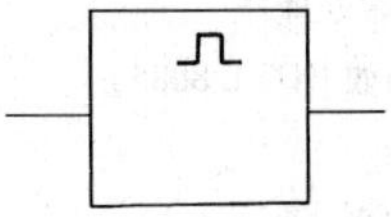 ⎍	可重复触发单稳（有输出脉冲期间），一般符号 每当输入变到其"1"状态，输出就变到或保持其"1"状态。经过由特定器件的特性决定的时间间隔后，输出回到其"0"状态，时间间隔从输入最后一次变到其"1"状态算起 注：输入端动态输入符号的应用是随意的
	S01675	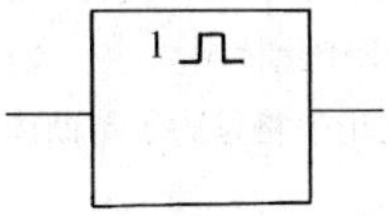 1 ⎍	非重复触发单稳（有输出脉冲期间）一般符号 仅当输入变到其"1"状态，输出才变到其"1"状态。经过由特定器件的特性决定的时间间隔后，输出回到其"0"状态，而不管在此期间输入变量有何变化 注：输入端应用动态输入符号是随意的
	S01678	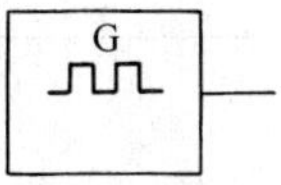 G ⎍⎍	非稳态元件，一般符号 产生"0"和"1"交替序列的信号发生器 注：该符号中，字符 G 为发生器的限定符号。若波形明显时，符号 ⎍⎍ 可以略去
	S01685	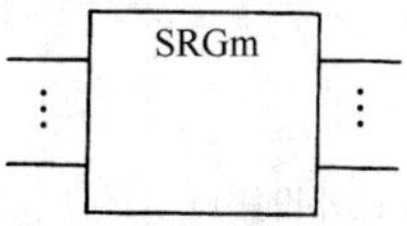 SRGm	移位寄存器，一般符号 注：m 应以位数代替
	S01706	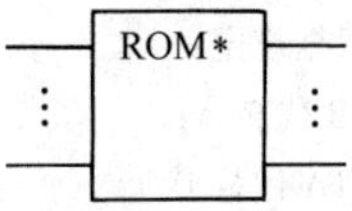 ROM*	只读存储器，一般符号 注：星号应用地址和位的适当数字来代替。其中 1K 代表 1024
	S01707	 PROM*	可编程只读存储器，一般符号
	S01723	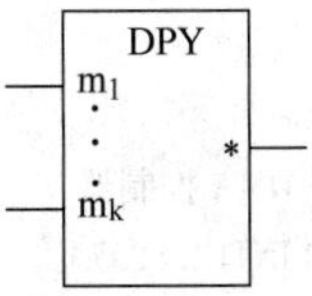 DPY m_1 $\vdots$ * m_k	显示元件，一般符号 注： 1. 星号应由下列标记来代替： ——适当的显示标记； ——参考表或两者兼有之。 2. 组成显示器的各个元件，总是按其正确的彼此相对应的实际位置来表示。旋转符号要保持对读者相对的显示方向常常是必要的。 3. $m_1 \cdots m_k$ 中的每一个应由下列标记之一代替： ——由输入控制的可视信号的适当标记； ——列入表中的适当代号。 若参考表已作标记，而表中采用了引出端代号来标记输入，则这些代号可以省略

(续)

类别	标识号	图形符号	说明
二进制逻辑元件	S01734	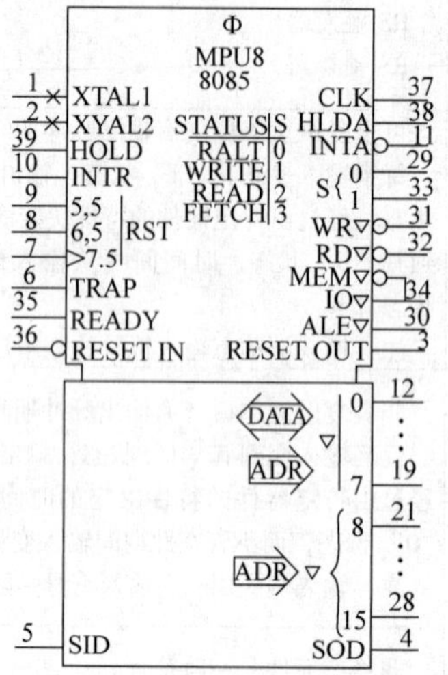 (MPU8 8085 图形符号)	8 位微处理器 （例如 INTEL 8085） 注： 1. 根据规定： 以 ADR 代替 A； 以 ADR 和 DATA 代替 A、D； 以 MEM 代替 M。 2. 列出表格是为了帮助读图，但可以省略
	S01735	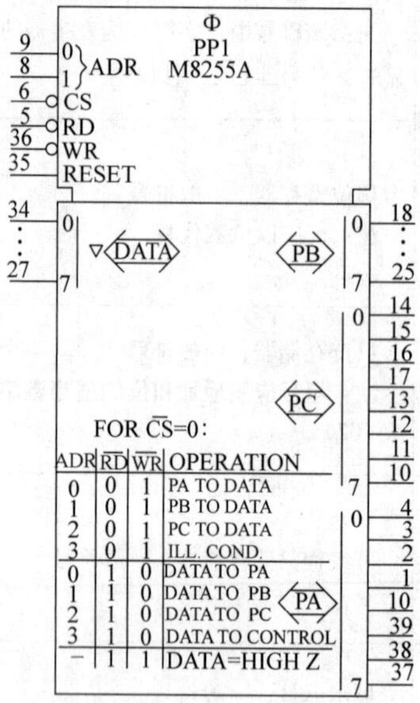 (PP1 M8255A 图形符号)	可编程外设接口 （例如 INTEL M8255A） 注：根据规定： 以 ADR 代替 A； 以 DATA 代替 D
	S01736	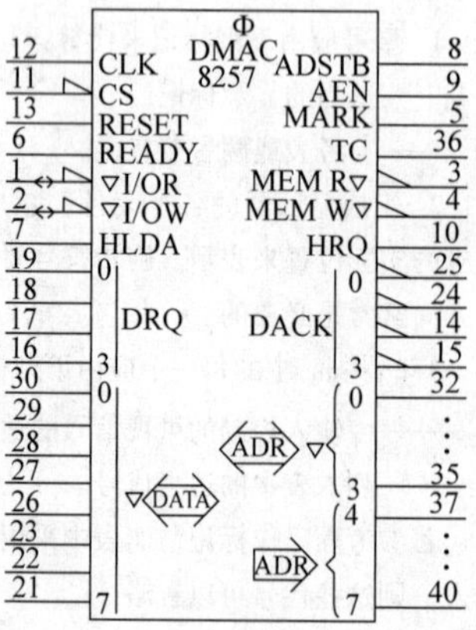 (DMAC 8257 图形符号)	可编程 DMA 控制器 （例如 INTEL 8257）

(续)

类别	标识号	图形符号	说　　明
模拟元件	S01778	$f(x_1,\cdots,x_n)$ 方框，输入 $x_1 \cdots x_n$	函数——运算元件，一般符号 $f(x_1,\cdots,x_n)$ 用函数适当的标记（符号或图形）代替 $x_1,\cdots,x_n$ 应用函数自变量代替 为了避免与电平转换器和代码转换器混淆，不应使用斜线表示除法
	S01779	$\dfrac{(X1-X2)(Y1-Y2)}{10}$ [V] 7 X1 9 X2 13 Y1 12 Y2　2 11 AOFS　1 14 U+ 10 0V 3 U-	乘法器 （例如 AD532D）
	S01780	$\dfrac{X^2}{10}$ [V] 7 13 X 9 0V 12 0V　2 11 AOFS　1 14 U+ 10 0V 3 U-	平方器 （例如 AD532D） 注：表示同一器件但执行另一功能
	S01781	$f \triangleright m$ a_1—W_1　m_1—u_1 $\vdots$ a_n—W_n　m_k—u_k	放大器，一般符号 $u_i = mm_i f(W_1 \cdot a_1, W_2 \cdot a_2, \cdots, W_n \cdot a_n)$ 式中，$i = 1, 2, \cdots, k$ 如元件除放大外还执行其他特定功能，则"f"可用适当的限定符号代替。否则"f"应被略去。应该采用下列限定符号表示所列功能： $\sum$　　　　　求和 $\int$　　　　　积分 $\dfrac{d}{dt}$　　　对时间微分 exp　　　　指数 log　　　　对数（以10为底） SH　　　　采样-保持 $m \cdot m_i$　　　等于输出 i 的放大倍数 m　　　　代表放大倍数的公因子 如所表示的公因子为固定值，则"m"将用一个数，或一个给出公因子的绝对值或范围固定的表达式代替 如所表示的公因子为一变量，则"m"应示出，并且决定m值的方法应在符号内或在有关文件中示出，否则"m"应被略去 以下标记推荐用来表示固定公因子： ∞　　　　　当公因子很大时 1　　　　　当公因子为1时 一个数　　　当需精确地表示公因子时 *1…*2　　　当公因子固定在*1…*2范围内时*1和*2应分别用范围内最小和最大的公因子代替 $m_1 \cdots m_k$　　代表含正负号的输出放大系数。如输出放大系数为1，则"1"可以略去 如只有一个无标记的输出端且其含正负号的输出放大系数为+1时，则"+1"可以略去 $W_1,\cdots,W_n$ 代表含正负号的加权系数的值，如加权系数等于1，则"1"可以略去

(续)

类别	标识号	图形符号	说　　明
模拟元件	S01782	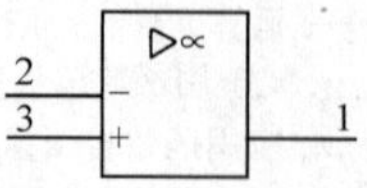	运算放大器 （例如 LM324 的一部分）
	S01794	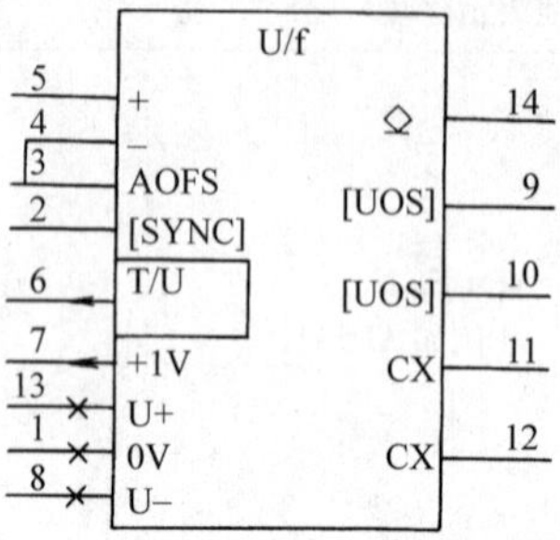	电压-频率转换器 （例如 AD537）
	S01796	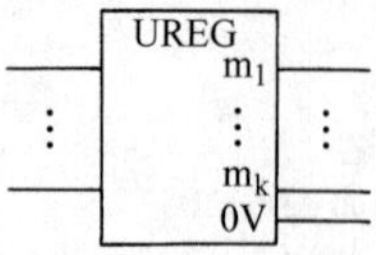	电压调整器，一般符号 $m_1 \cdots m_k$ 代表相对于公共端（0V）的调整（稳定）电压 $m_1 \cdots m_k$ 应代之以： ——$U_1 \cdots U_k$，各带一极性符号，或 ——调整电压的实际电压值或范围
	S01800	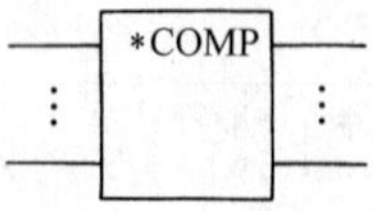	比较器，一般符号 星号应以表示被比较的数值或操作数适当的文字符号代替。如不会引起混淆，此文字符号也可略去
	S01801	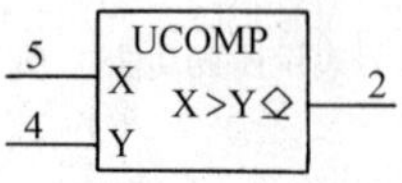	电压比较器 （例如 LM339 之一部分）
	S01804	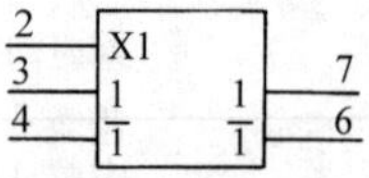	模拟开关 （例如 TL604）
	S01803	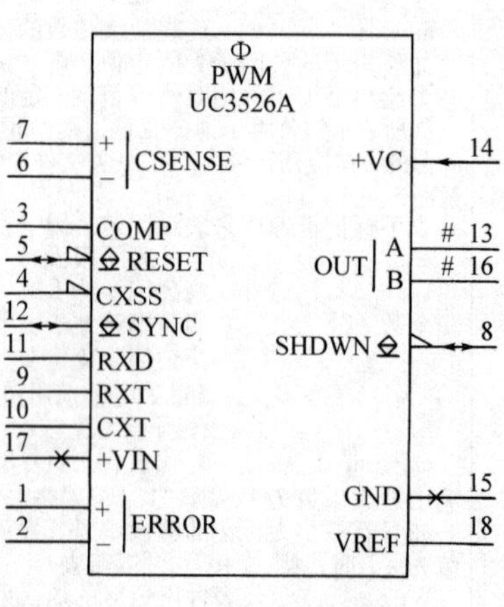	脉宽调制器 （例如 Unitrode 之 UC3526A）

类别	标识号	图形符号	说 明
模拟元件	S01806	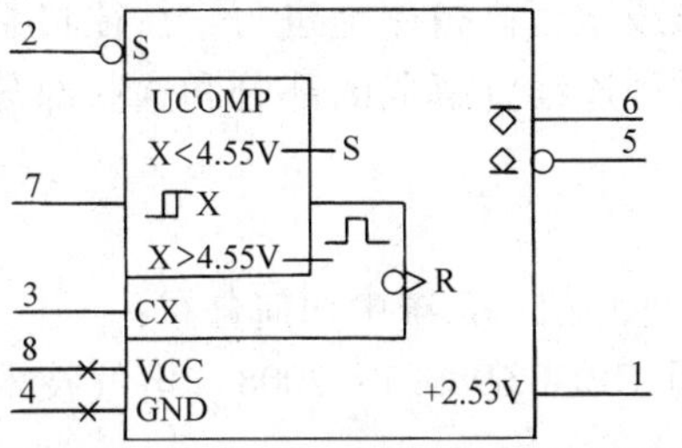 (UCOMP: X<4.55V → S, X, X>4.55V → R, CX, VCC, GND; 输出 6, 5, R, +2.53V, 1)	电压监控器 (例如 TL7705A)

注: 当本表所列图形符号仍不敷应用时, 可查阅 GB/T 4728 系列标准。

1.7 项目代号与文字符号

目前我国电气技术中采用的项目代号组成是根据等效采用 IEC 60750: 1983 的 GB/T 5094—1985《电气技术中的项目代号》制定的, 而文字符号是根据 GB/T 5094—1985 中对项目种类的规定, 并结合我国国情制定的 GB/T 7159—1987《电气技术中的文字符号制订通则》中规定的。21 世纪初, 我国相继发布了等同采用 IEC 61346.1~4: 1996~2001 的 GB/T 5094.1~4—2002~2005 标准, 以代替 GB/T 5094—1985, 并于 2005 年废止了 GB/T 7159—1987 标准。新旧 GB/T 5094 标准名称和范围见表 1-15。

表 1-15 新旧 GB/T 5094 标准名称和范围

标准编号	标准名称	标准范围
GB/T 5094—1985	电气技术中的项目代号	规定电气技术领域中项目代号的组成方法和应用原则
GB/T 5094.1—2002	工业系统、装置与设备以及工业产品 结构原则与参照代号 第 1 部分: 基本规则	规定描述系统有关信息和系统本身结构的一般原则
GB/T 5094.2—2003	工业系统、装置与设备以及工业产品 结构原则与参照代号 第 2 部分: 项目的分类与分类码	规定项目的分类及在参照代号中表示项目类别的字母代码(分类表适用于一切技术领域的项目)
GB/T 5094.3—2005	工业系统、装置与设备以及工业产品 结构原则与参照代号 第 3 部分: 应用指南	提供了技术项目信息的构成和选择用作参号代号的适当字母指南和示例
GB/T 5094.4—2005	工业系统、装置与设备以及工业产品、结构原则与参照代号 第 4 部分: 概念的说明	以"项目"为基础按其寿命的历程说明用于 GB/T 5094.1—2002 中的一些概念

1.7.1 项目代号组成 (摘自 GB/T 5094—2002)

项目代号组成原来采用的标准是 GB/T 5094—1985, 而对应的新标准为 GB/T 5094.1—2002, 两者在项目代号组成方法上有很大的差异, 考虑到旧项目代号组成方法已在我国电气工程技术中得到广泛应用, 且两者相差很大, 因此本手册同时介绍新旧标准规定的项目代号组成。

1.7.1.1 新标准规定的项目代号组成一般原则（摘自 GB/T 5094.1—2002）

1. 结构原则

（1）通则　为使系统的设计、制造、维修或运营高效率地进行，往往将系统及其信息分解成若干部分，每一部分又可进一步细分。这种连续分解成的部分和这些部分的组合就称为结构。

已建成的结构应有如下内容：

——系统的信息结构，即信息在不同的文件和信息系统中如何分布；

——每一种文件中的内容结构（示例参见 GB/T 6988.1—2008《电气技术用文件的编制 第1部分：规则》）；

——参照代号的构成。

当然，它也反映在系统或装置本身。

如图 1-1 所示，一个系统以及每一个组成的项目，都可以从诸多途径（称为方面）进行观察，例如：它做什么；它是如何构成的；它位于何处。

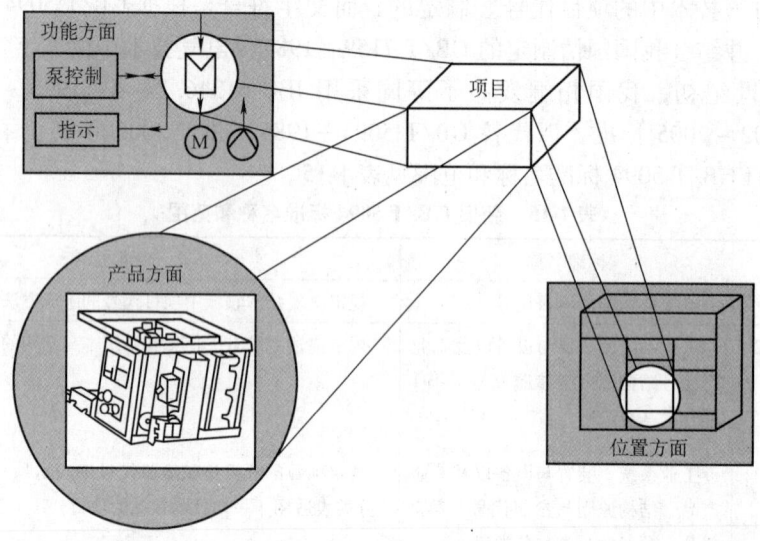

图 1-1　项目的方面

系统内项目的相关信息和结构，因所用的方面不同而可能大不相同。因此，每一方面均需有单独的结构。

相对于所研究的方面的三种类型，本标准把相应的结构称为功能面结构、产品面结构、位置面结构。

其他类型的方面和结构也是存在的，例如按计划管理和材料分类，它们也可以作为其他代号系统的基础。对此，本标准不予涉及。

（2）功能面结构　功能面结构以系统的用途为基础。它表示系统根据功能方面被细分为若干组成项目，而不必考虑位置和/或实现功能的产品。

以功能面结构为基础提供信息的文件，可以用图和/或文字来说明系统的功能如何被分解为若干子功能，正是这些子功能共同完成预期的用途。

图 1-2 示出功能面结构的图解。

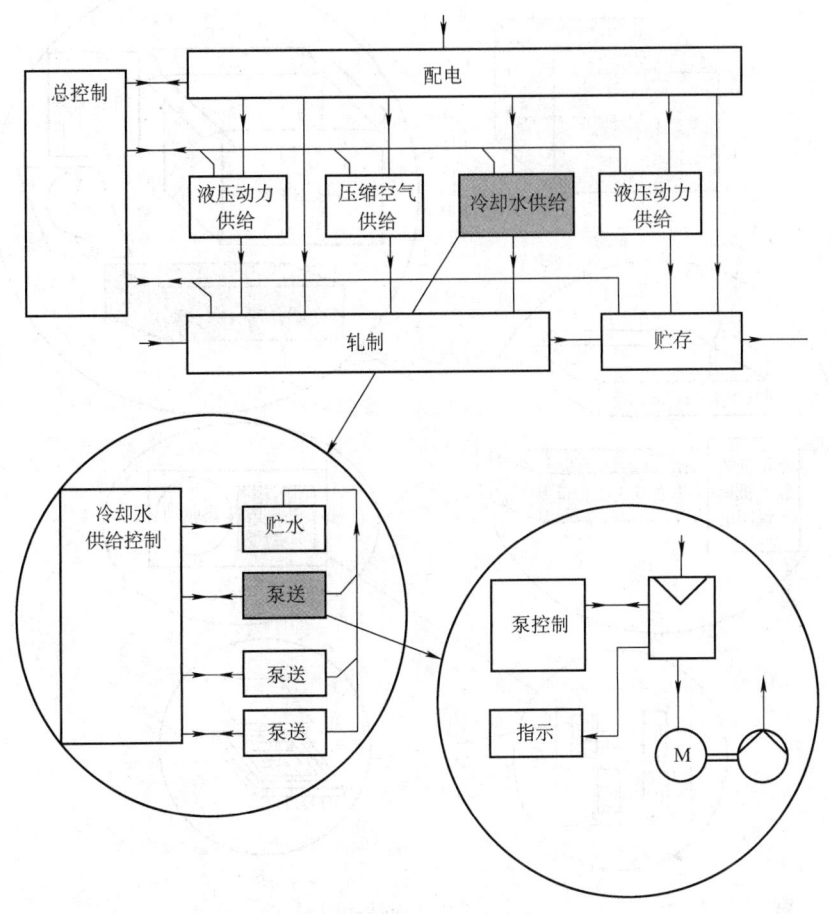

图 1-2 功能面结构图解

(3) 产品面结构　产品面结构以系统的实施、加工或交付使用中间产品或成品的方式为基础。它表示系统根据产品方面被细分为若干组成项目，而不考虑功能和/或位置。一个产品可以完成一种或多种独立功能。一个产品可独处于一处，或与其他产品合处于一处。一个产品也可位于多处（如带负载——扬声器的立体声系统）。

以产品面结构为基础提供信息的文件，用图和/或文字说明产品如何被分解为若干子产品，正是这些子产品的制造、装配或包装共同完成或汇集成产品。

图 1-3 示出产品面结构的图解。

(4) 位置面结构　位置面结构以系统的位置布局和/或系统所在的环境为基础。位置面结构表示系统根据位置方面被分解为若干组成项目而不必考虑产品和/或功能。一个位置可以包含任意数量的产品。

在位置面结构中，位置可以被连续分解，例如可分解为地区、大楼、楼层、房间/坐标、柜组或柜列的位置、柜的位置、面板的位置、印制电路板槽和印制板上的位置。

以位置面结构为基础提供信息的文件，用图和/或文字说明构成系统的产品实际处于何位置。

图 1-4 示出位置面结构的图解。

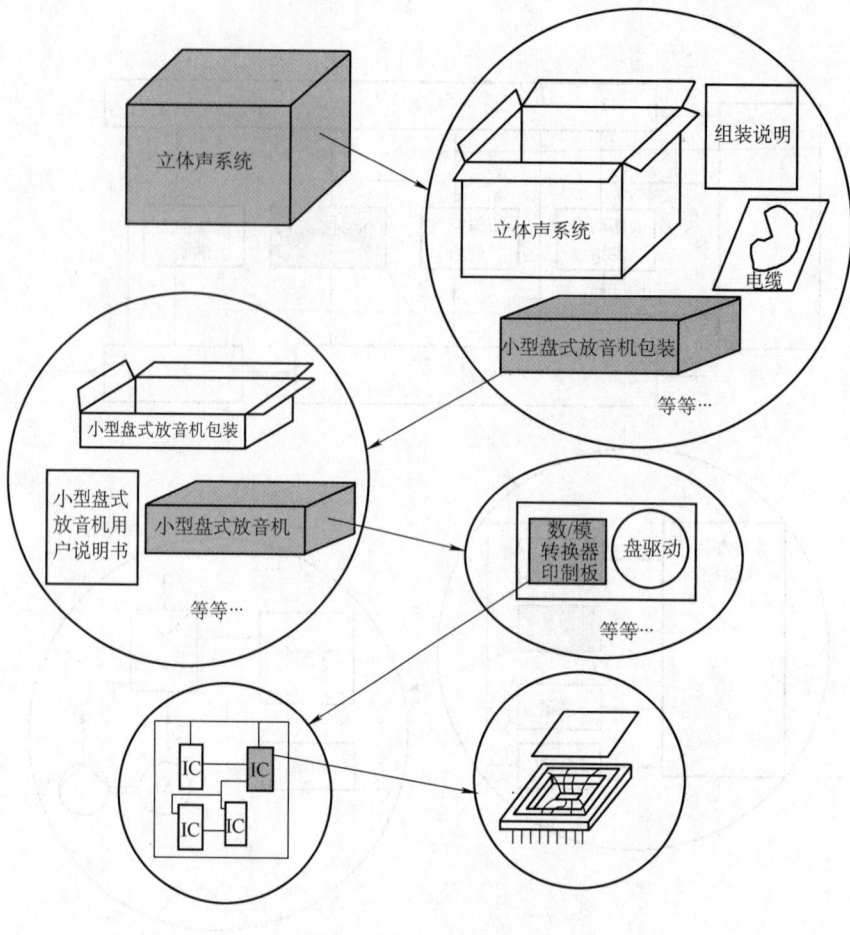

图 1-3　产品面结构图解

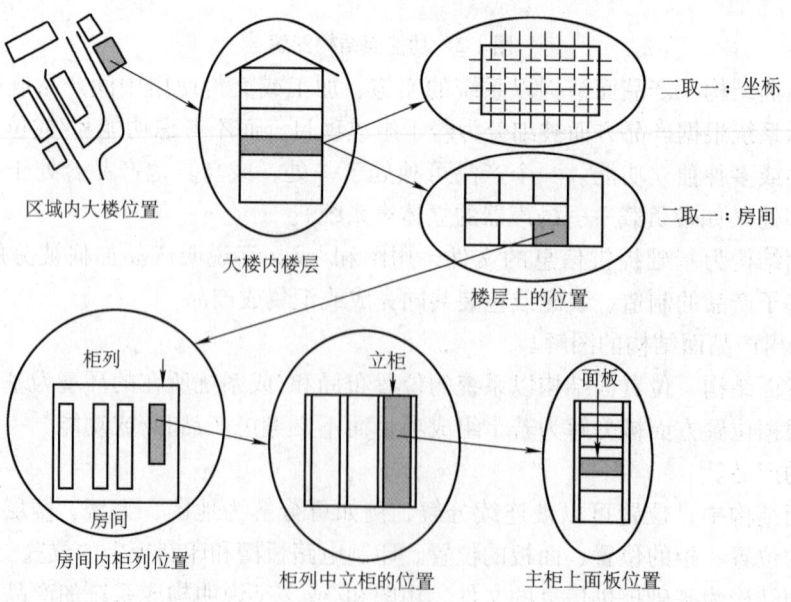

图 1-4　位置面结构图解

（5）仿形结构中项目的描述和项目事件　一个项目的任何方面，可以用其他项目的同一方面来描述。对所标识项目同一方面连续分解的结果，可以用图 1-5 所示的结构树来表示。此结构树的另一种形式见图 1-6。

得到图 1-5 所示结构树的程序通常是逐步完成的。下面是产生图 1-5 所示结构树的程序的例子。

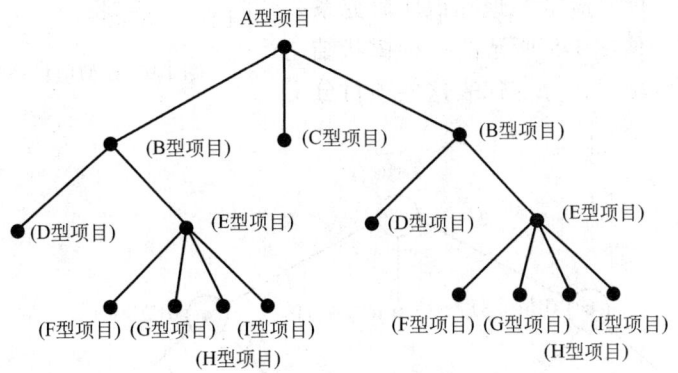

图 1-5　A 型项目一个方面结构树

图 1-7 示出 A 型项目一个方面的分解。在该方面，A 型项目有三个组成项目，其中两个相同，都用同一 B 型项目表示。

图 1-8 示出 B 型项目同一方面的再分解。在所研究的方面，B 型项目有两个组成项目，其一称为 D 型项目，另一称为 E 型项目。

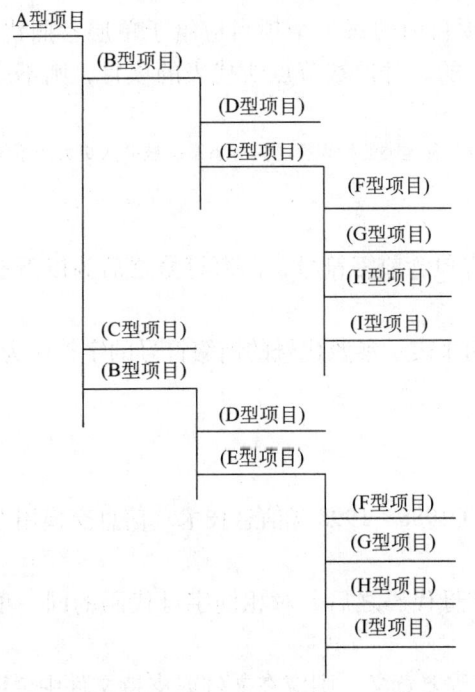

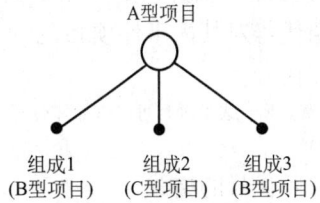

○　表示描述项目的一个方面的符号（下同）
●　表示项目一个方面事件的符号（下同）

图 1-7　A 型项目一方面的组成

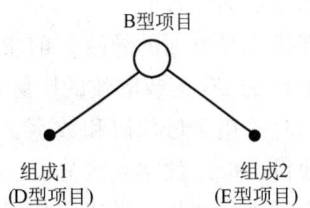

图 1-6　A 型项目一个方面结构树的另一种形式

图 1-8　B 型项目一方面的组成

D 型项目在所研究的方面无组成项目，而 E 型项目有四个组成项目，见图 1-9。

而后，通过连接所标识项目各类型同一方面的结构树，就可以给出 A 型项目一方面完整的结构树，见图 1-10，并简化为图 1-5。

2. 参照代号的构成

（1）通则　参照代号应唯一地标识所研究系统内所关注的项目。像图 1-5 所示的一种树状结构中，节点代表这些项目，分支代表这些项目分

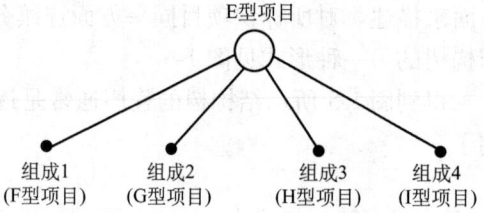

图 1-9　E 型项目一方面的组成

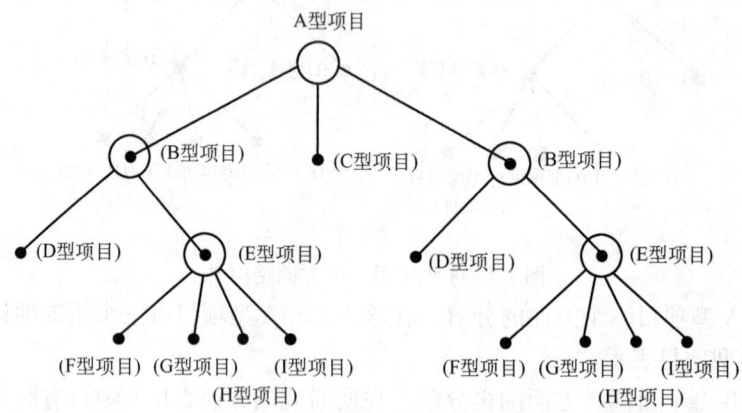

图 1-10　A 型项目一方面的结构树

为其他项目（即子项目）的分解。对事件在另一项目内的每一个项目应给予单层参照代号，此单层参照代号对其内事件项目的项目而言是唯一的。对顶端节点所代表的项目，则不应给予单层参照代号。

注：顶端节点所代表的项目可以有如零件号、订货号、型号或名称这类的标识符。只有当系统被并入更大的系统时，才给予参照代号。

（2）参照代号的格式

1）单层参照代号：给予项目的单层参照代号应包含前缀符号，前缀符号之后为以下三种代码的一种：字母代码，字母代码加数字，数字。

对于 1.7.1.1 节 1（1）所涉及的种种方面，用来表示参照代号的前缀符号的字符应为：

= 表示项目的功能面；

− 表示项目的产品面；

+ 表示项目的位置面。

因计算机工具方面的缘故，前缀符号应从 GB/T 1988—1998《信息技术　信息交换用七位编码字符集》的 G0 集或等效的国际标准中选取。

如果同时采用字母代码和数字，则数字应在字母代码之后。对相同字母代码的同一项目的各组成项目，应以数字来区分。

如果数字本身或与字母代码相组合的数字具有重要意义，则应在文件或支持文件中说明。

数字可以包含前置零，如果前置零具有重要意义，应在文件或支持文件中说明。

为了有较好的可读性，建议数字和字母代码尽可能短。

图 1-11 示出单层参照代号的例子。

项目功能面参照代号	项目产品面参照代号	项目位置面参照代号
= A1	− A1	+ G1
= ABC	− RELAY	+ RM
= 123	− 561	+ 101
= TXT12	− LET12	+ RM101

图 1-11　单层参照代号示例

2）字母代码：如 1.7.1.1 节 2（2）1）所述，单层参照代号可以包含字母代码。对被标识的项目，字母代码可以：

——表示项目（这和国家代码用作国家的地址代号一样）；

——表示项目种类。

描述项目种类的字母代码，应用如下规定：

——字母代码应把项目归类而不考虑项目在特定状态下如何使用；

——字母代码可以包含若干个字母。在会有多个字母的字母代码中，第二个（第三个等等）字母应是第一个（第二个等等）字母所代表的种类的子类代表。

注1：此种分类表结构与系统的结构无关。

字母代码的构成应采用大写拉丁字母 A 至 Z（特定国家的字母除外）。若字母 I 和 O 可能与数字 1 和 0 混淆，则不应采用 I 和 O。

表示项目种类的字母代码，应按 IEC 61346—2：2000《工业系统、装置与设备以及工业产品　结构原则与参照代号　第 2 部分　项目的分类与分类码》（即 GB/T 5094.2）选择。

3）多层参照代号：多层参照代号应为从结构树顶端下至所关注项目所经路径的一种代码表示法。这一路径将包含若干个节点。通过连结从最高点开始路径上代表每个项目的单层参照代号，便构成多层参照代号。路径上的节点数视所研究系统的实际需要和复杂性而定。

注：由顶端节点所代表的项目，可以有如零件号、订货号、型号或名称等标识符。仅当系统被并入更大的系统时，才给予参照代号。

当单层参照代号的前缀符号与前面的单层参照代号的前缀符号相同时：

——如果单层参照代号以数字结尾，并且下一代号以字母代码开始，则前缀符号可以省略；

——前缀符号可用"．"（下脚点）代替。

图 1-12 示出单层参照代号和多层参照代号两者之间关系的图解。

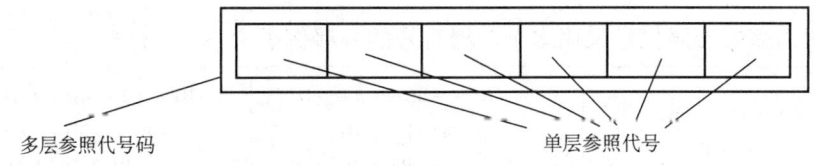

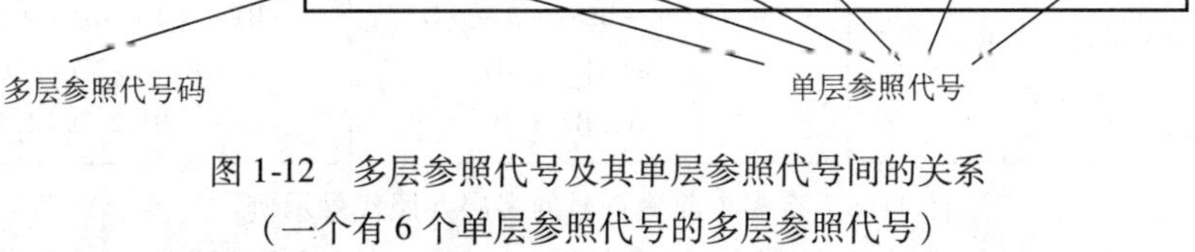

图 1-12　多层参照代号及其单层参照代号间的关系
（一个有 6 个单层参照代号的多层参照代号）

图 1-13 为多层参照代号及其书写方法的示例。

= A1 = B2 = C3	− A1 − 1 − C − D4	− A1 − B2 − C − D4	+ G1 + 111 + 2	+ G1 + H2 + 3 + S4
= A1B2C3	− A1 − 1C − D4	− A1B2C − D4	+ G1.111.2	+ G1H2 + 3S4
= A1. B2. C3	− A1. 1. C. D4	− A1. B2. C. D4		+ G1. H2. 3. S4

图 1-13　多层参照代号示例

在多层参照代号的表示方法中，可以采用空格来分隔不同的单层参照代号。空格无特殊意义，只是为了增加可读性。

4）结构和参照代号示例：图 1-14、图 1-15 和图 1-16 示出如图 1-7、图 1-8 和图 1-9 同样的树状结构，并示出功能面单层参照代号。图 1-17 示出图 1-5 所示的结构树，并示出功能面多层参照代号。

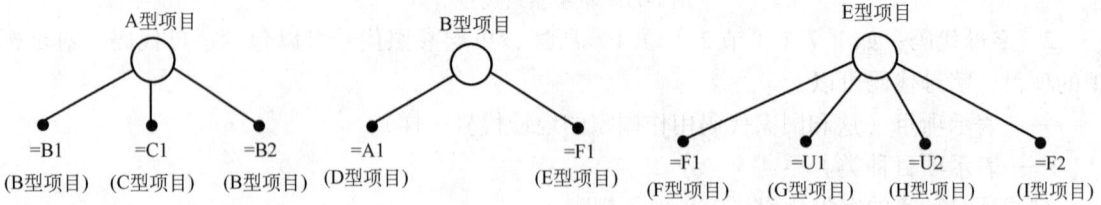

图 1-14　A 型项目功能面结构　　图 1-15　B 型项目功能面结构　　图 1-16　E 型项目功能面结构

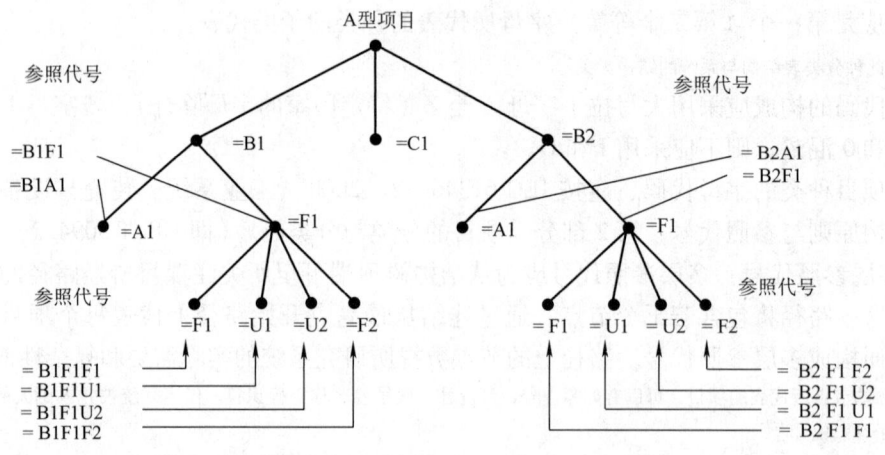

图 1-17　A 型项目连好的功能面结构树

（3）相同类型的补充方面　当某方面类型的视点需要补充，应采用两个（三个等）前缀符号的字符在该视点的范围内构成项目的代号。补充视点的含义和应用应在文件或支持文件中说明。

图 1-18 示出多层参照代号采用多个前缀符号的一些例子。

| = = A = = B = = W
= = A. B. W | − − A1 − − B2 − − 3 − − D
− − A1B2 − − 3D
− − A1. B2. 3. D | + + B1 + + 2 + + D + + G1 + + H2
+ + B1 + + 2D + + G1H2
+ + B1. 2. D. G1. H2 |

图 1-18　有多个前缀符号的多层参照代号示例

【例 1-1】　图 1-19 中同样的印制电路板组件（PCBA）是用不同的制造和装配方法生产的，因而可以与不同的产品面结构相联系。用不同方法生产的 PCBA 是完全互换的。与一种制造和装配方法相关联的产品文件中，应用一个前缀符号标识组成产品。若产品（即 PCBA）用户需要在其产品文件中区分不同的产品面结构，则应用"−"、"−−"、"−−−"和"−−−−"来达到。

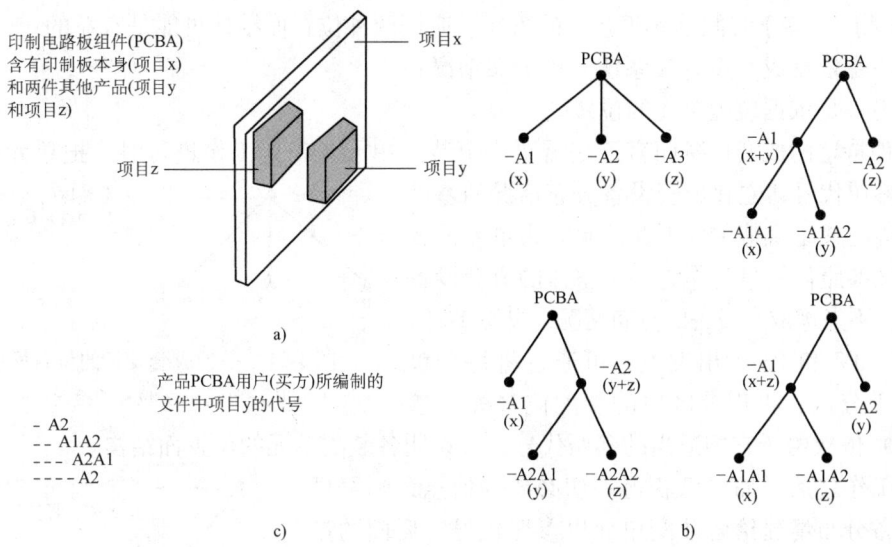

图 1-19 补充的产品面结构示例

a) PCBA 布置图 A2A1　b) 4 种可能的产品面结构　c) 用户编制的文件中同一项目的代号

【例 1-2】　对于应用不同产品面结构（即工艺、加工、运营、维修等）的产品，其结构可能不同。图 1-19 的示例也可以说明此法。

【例 1-3】　图 1-20 表示一个生产流程工厂如何可用补充功能面结构来描述。第一种功能面结构的构成是依据流程功能，第二种功能面结构是依据控制功能，而第三种功能面结构是依据供电系统。可以按照图中所示的所有三种结构来标识电动机。

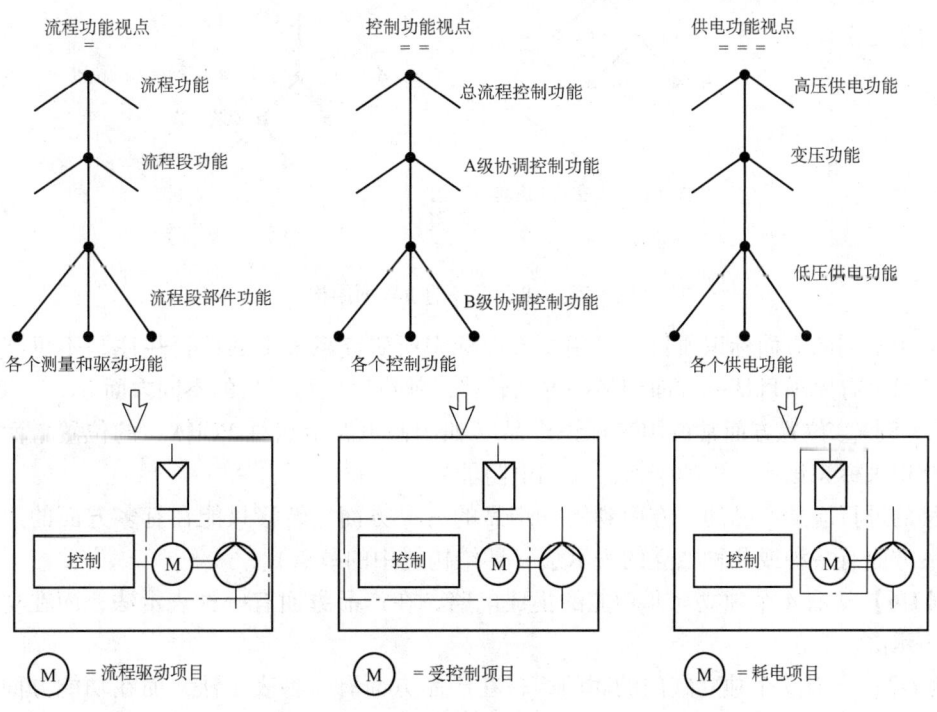

图 1-20　一个生产过程的补充功能视点的概念图解

【例1-4】 鉴于装配单元工艺上的需要，应用两种位置面结构可能是有益的：
——一是依据成套设备（系统）的分布情况；
——另一是依据装配单元的位置。

就一种特定的成套设备而言，它需要三个装配单元。工艺工作进行时，把单元内项目位置方面的参照代号建立在成套设备分布情况的基础上是不适当的或不可能的。因此，此时为单元位置确定的单义参照代号只与作为一个整体的成套设备相关联，而不考虑成套设备的分布情况，见图1-21。

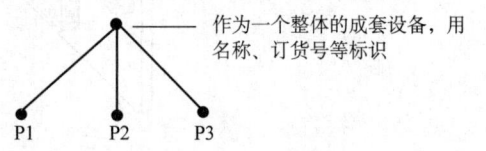

图1-21 一种成套设备的位置面结构
P_x—单元 no. x 位置的检索代号

以 P1、P2 和 P3 为出发点，可通过将每个单元分成若干分区，再用分区内的装配位置等（参见图1-22）依次给予它们适当的参照代号，来说明各装配单元的位置面结构。

工艺工作之后，如果已获得一切必要的信息，则可根据成套设备分布情况给各装配单元以参照代号。后面的参照代号可不必是单义的，例如位置 P1 和 P2 可以位于同一房间内。

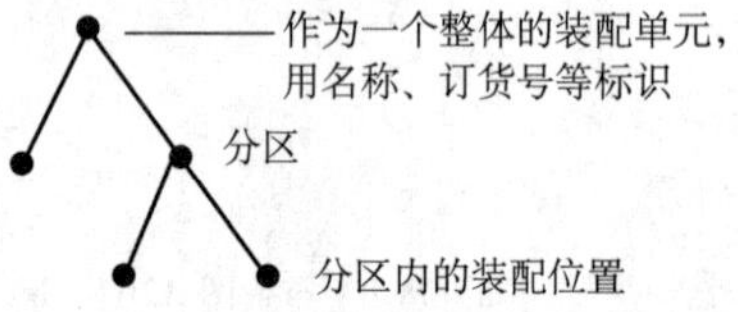

此时，一个加号（+）可能用于依据装配单元位置面结构的参照代号，而两个加号（++）可能用于依据成套设备分布情况的参照代号，参见图1-23。

图1-22 装配单元内的位置面结构

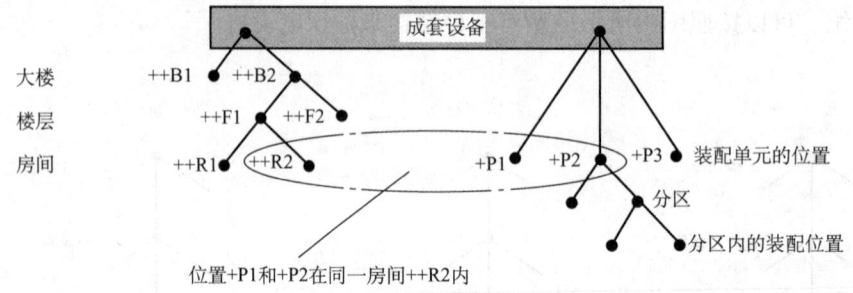

图1-23 成套设备的位置面结构

（4）用不同的方面标识项目　只用一方面标识所研究系统中的项目往往是不可能的或不恰当的。通过有序项目从一方面到另一方面转移，就可以应用项目的不同方面。

【例1-5】 位置方面常被用来标识产品（如印制电路板组件 PCBA）的位置，而产品方面则常被用来标识该产品内的子产品（如电阻器）。

转移的进行应从产品的一方面到同一产品的另一方面。转移只能在有多方面的产品上进行。每一方面有一种或几种独立的表示法（即结构树中的节点）。

【例1-6】 有4个独立与非功能的集成电路，在产品方面有一种表示法，而在功能方面有4种表示法。

【例1-7】 有3个独立阀门的阀门组，在产品方面有一种表示法，而在功能方面有3种表示法。

图1-24 示出一个项目在一方面有几种独立表示法的图解。

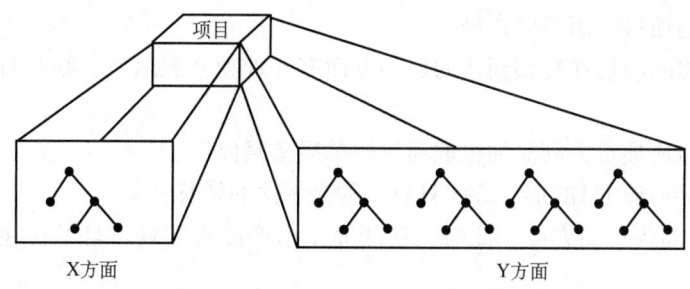

图 1-24 项目在一方面有几种独立的表示法

实行转移的项目应按转移出发的那一方面来标识。对于转移到达的那一方面的组成项目，应按该方面给予单层参照代号，参见图 1-25。

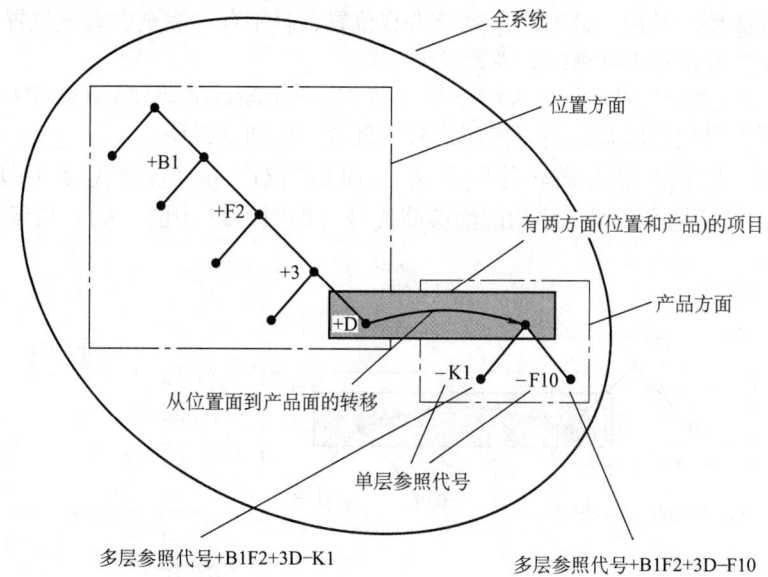

图 1-25 应用不同方面的多层参照代号示例

若实行转移的项目在转移到达的那一方面有几种独立的表示法，则这些表示法的标识在项目该方面的范围内应是唯一的。参见图 1-26。

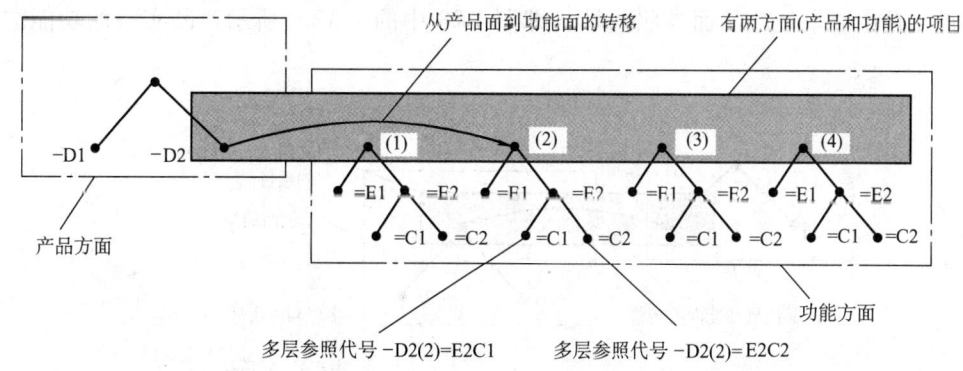

图 1-26 应用项目不同方面且一方面有几种独立表示法的多层参照代号示例

注：这些唯一的标识可以预先确定，或者是连续的数字。

在所研究的系统内，为了唯一地标识转移到达的那一方面所用的表示法和/或组成项目，要遵循以下规定：

1）实行转移的项目应用参照代号；

2）若实行转移的项目在转移到达的那一方面有几种独立表示法，则要对所用表示法添加标识，并加括号。

3）若应标识组成项目，则添加组成项目的单层参照代号。

下面说明转移到达项目的那一方面只有一种表示法的转移：

——从功能方面到产品方面，此时，功能完全由产品来实现，且不存在由自身完全实现功能的子产品；

——从产品面到功能面，此时产品完全实现的正是一种功能；

——从产品面到位置面，此时产品只存在于一个位置中，且不存在自身完全包含产品的子位置；

——从位置面到产品面，此时产品完全占有位置，且不存在完全占有该位置的子产品。

注：1. 一个产品可以包括许多未必处在同一位置的结构单元。

2. 产品不一定必须依据产品面结构标注参照代号，但可以依据功能面或位置面结构标注参照代号。

为了增进读者对包含转移的多层参照代号的理解，作如下说明。

——从功能方面到产品方面转移的含义是：以首位产品面参照代号（即图1-27中的-B1）标识的项目，是实现以末位功能面参照代号（即图1-27中的=A2）所示功能的产品的子产品。

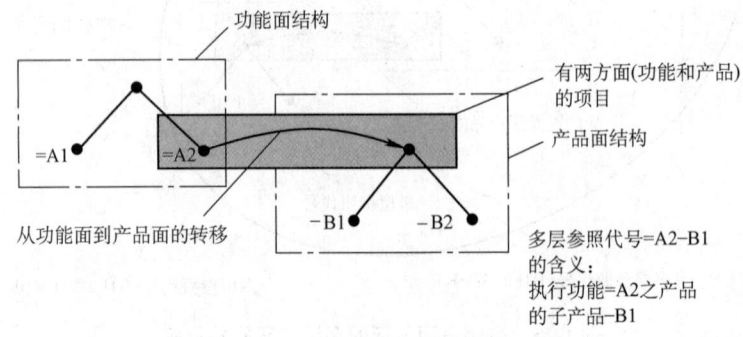

图1-27 从功能面到产品面的转移

——从产品面到功能面转移的含义是：以首位功能面参照代号（即图1-28中的=B1）标识的项目，是由以末位产品面参照代号（即图1-28中的-A2）所示产品实行的功能的子功能。

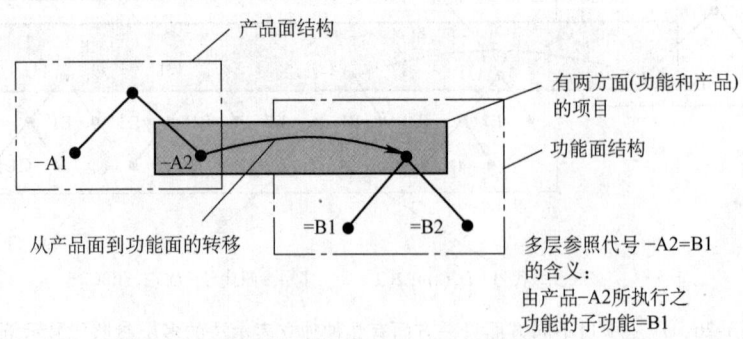

图1-28 从产品面到功能面的转移

——从产品面到位置面转移的含义是：以首位位置面参照代号（即图1-29中的+B1）标识的项目，是以末位产品面参照代号（即图1-29中的-A2）所示产品所在位置的子位置。

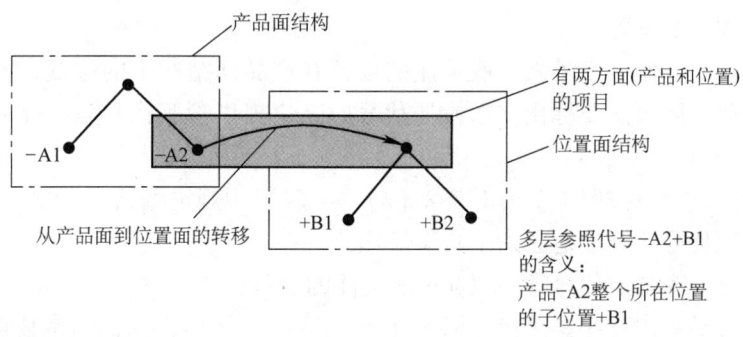

图 1-29　从产品面到位置面的转移

——从位置面到产品面转移的含义是：以首位产品面参照代号（即图 1-30 中的 – B1）标识的项目，是完全占有以末位位置面参照代号（即图 1-30 中的 + A2）所示位置的产品的子产品。

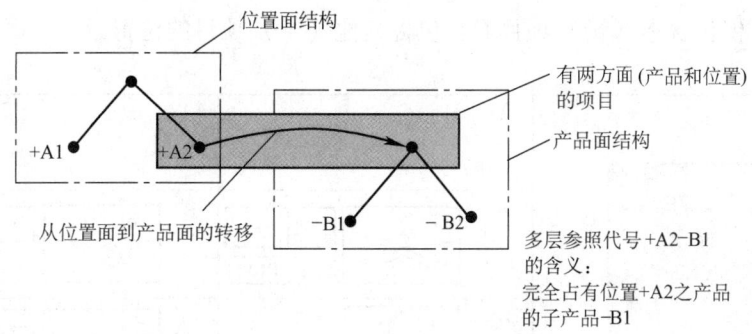

图 1-30　从位置面到产品面的转移

（5）参照代号集　对一个项目可以从不同的方面进行研究，因而有不同的与之相联系的树状结构，每一种结构表示项目的一个方面分解为其他的（子）项目。每一个（子）项目也可用几种树状结构来表示，而各种结构表示同一项目的不同方面，见图 1-31。

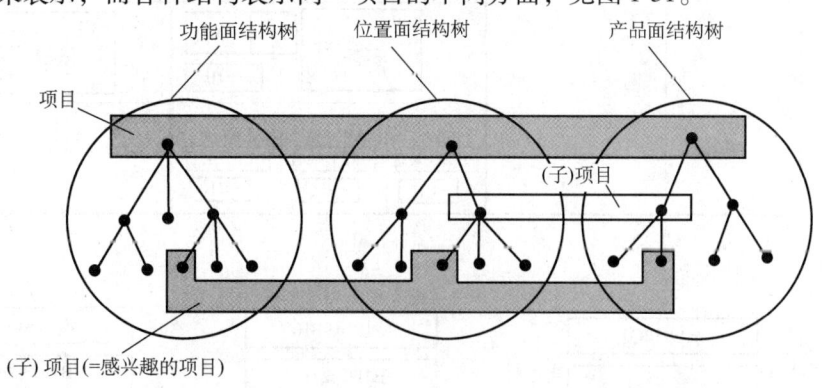

图 1-31　项目、方面和结构

由于对所关注的项目可从不同的方面进行研究，因而它可能有多个多层参照代号，用以标识它在不同结构中的位置。

当为了某种目的，例如为了表示所关注的项目在产品面结构中的位置、同时又要表示所关注的项目位于何处因而需要标出多层参照代号时，应提供参照代号集。以下规定适用于参照代号集：

——每个参照代号应按照1.7.1.1节2（2）~（4）中规定编制；
——每个参照代号应明显地区别于其他代号；
——至少应有一个参照代号唯一地标识所关注的项目；
——当参照代号集内有些参照代号标识（子）项目（例如它标识的是某物，而项目是其组成部分）可能引起混淆时，其表达形式应明显地区别于其他代号。

注：本标准中省略号（…）常被用来作此种区别。

图1-32a示出电动机控制中心（MCC）的布置图。图1-32b是参照代号集的一个例子，此处有完全标识同一（子）项目的两个参照代号，一个依据产品面结构，而另一个依据位置面结构。在图1-32c和图1-32d中，第一个参照代号依据产品面结构标识（子）项目，而第二个参照代号标识不仅包含本（子）项目而且包含其他（子）项目的位置。

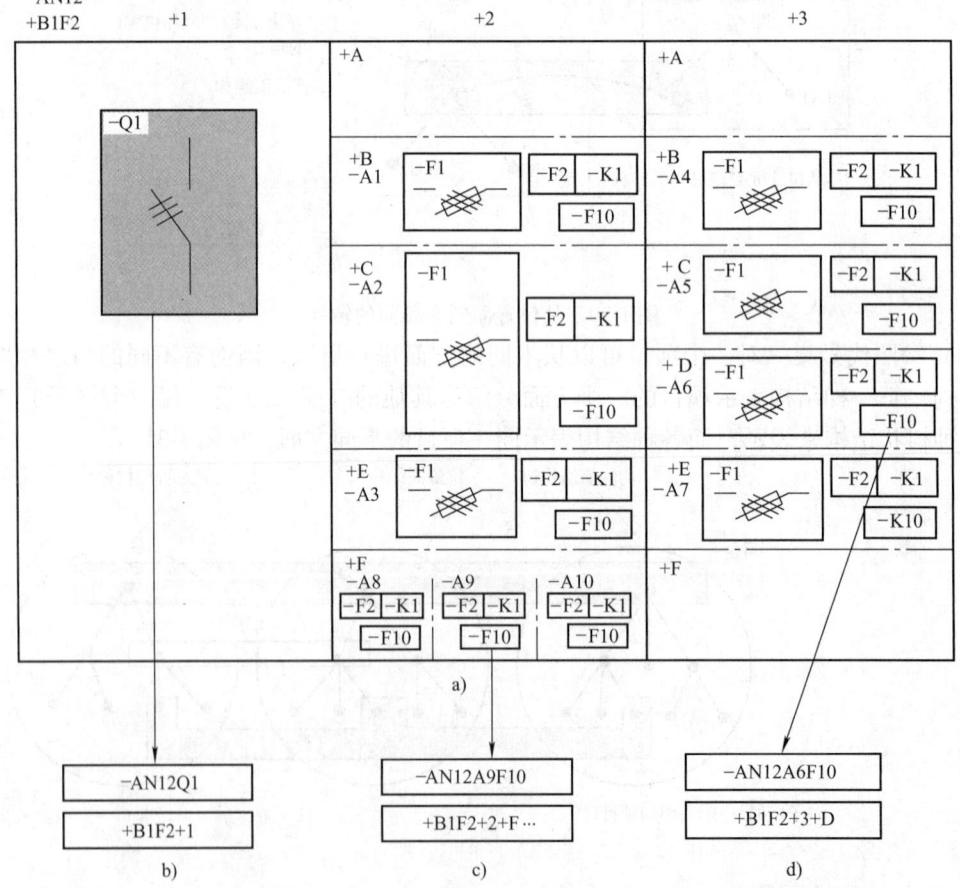

图1-32 参照代号集示例
a）电动机控制中心（MCC）布置图 b）有两个参照代号的参照代号集，两者均唯一地标识同一（子）项目
c）有一个单义的和一个多义的参照代号的参照代号集；后者标有省略号（…）
d）有一个单义的和一个多义的参照代号的参照代号集。因不可能引起混淆，省去了省略号（…）

(6) 参照代号群　1.7.1.1 节 2 (2) ~ (4) 规定了如何获得系统中所关注项目单义的参照代号的规则。但是，正如大家所公认，单义的标识符还可以根据组群原理来编制。在此情况下，就应提供唯一地标识所关注项目的参照代号群。下列规定适用于参照代号群：

——群中所有的参照代号都是单义标识符的组成部分；
——每个参照代号应明显地区别于其他代号；
——完整的参照代号群应在文件中和靠近相应项目的实际部位示出；
——应在文件或支持文件说明应用了参照代号群；
——若参照代号群和 1.7.1.1 节 2 (2) ~ (4) 的方法一起使用，则其所属参照代号的表达形式应明显地区别于其他参照代号。

注：1. 作为项目单义标识符的参照代号群的应用要十分仔细，要求系统的所有供应方和伙伴之间密切合作，否则可能发生重复。若所用方法严格按照各成员的要求，这样的重复是可以避免的。
　　 2. 虽然允许用参照代号群作为项目的标识符，但它限制了在树状结构中有秩序地查找。

图 1-33 是应用组群原理构成单义标识符的例子。位于三个不同地点的三个按钮，与其相互连线一起完成同一功能"断路器 合"。多个按钮均应用功能面参照代号标识。每个按钮均有自身的产品面和/或位置面参照代号，这些参照代号都不是单义的（有同样的产品面参照代号或位置面参照代号的其他器件）。单义的参照代号就是这些非单义的功能面、产品面和位置面参照代号的组群。

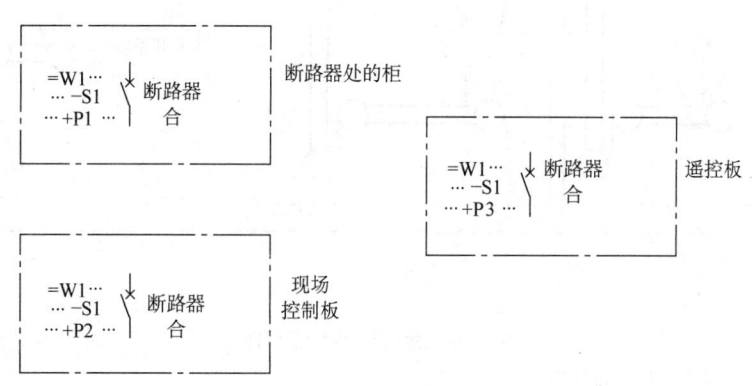

图 1-33　参照代号群示例

3. 位置代号　下列规定适用于位置的代号：

——国家的代号应按照 GB/T 2659—2000《世界各国和地区名称代码》；
——城市、乡村、有名称的区域等的代号要尽量短；

注：如果适当，可采用 IATA（国际航空运输组织）城市码、IATA 空港码、ICAO（国际民用航空组织）空港码、邮政码或其他公认的码制。

——如果适当，可采用 UTM 坐标系或其他地图坐标系来标识地理区域；
——大楼的代号应按照 ISO 4157-1《建筑制图　第 1 部分：建筑物与建筑物部件的代号》；
——大楼中楼层的代号应按照 ISO 4157-1；

——大楼中房间的代号应按照 ISO 4157-2《技术制图　建筑图　建筑与建筑部件的代号　第 2 部分：房间与其他区域的代号》。也可以用坐标标识大楼内或建筑物内的位置。

设备、组件等内部的位置代号由设备、组件等制造商自行规定。

4. 系统内的参照代号示例　图 1-34 示出材料加工厂流程图。图中还示出该厂的子系统。图 1-35 示出其加工系统（U1）部分和供电系统（G1）部分的概略图。着重说明的是加工系统的输送带功能（=W2）。

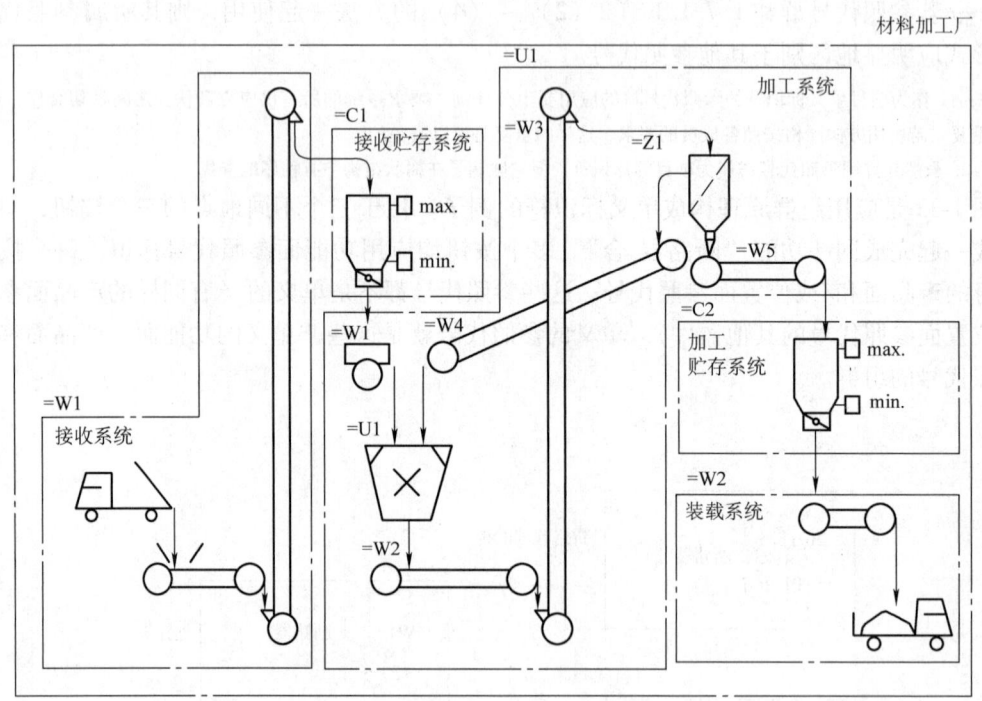

图 1-34　材料加工厂流程图

注：为简化计，表示出连接线和电缆。

图 1-36 示出材料加工厂各部分的功能面结构树。

图 1-37 示出电动机控制中心（MCC）=G1A1 的布置。该 MCC 是作为一种产品订制的，包括主汇流排、竖汇流排、输入馈线断路器等。MCC 未提供起动器，但留有起动器的位置，可在 MCC 的不同位置安装。图中示出为确定起动器位置而编制的各位置的参照代号。位置面参照代号标在 MCC 上面。图 1-38 示出如图 1-37 所示的 MCC 的产品面和位置面结构树。MCC 位于工厂中 +X1 的位置。

图 1-39 示出起动器概略电路图，并示出起动器组成部分的产品面参照代号。起动器的产品面结构也一起示出。起动器是作为装于电动机控制中心（MCC）的独立产品订制的。起动器用于实现图 1-35 所示的传送带功能，它装于 MCC 的 3 号柜的 1 号板（即 MCC 中标 +3 +A1 代号的位置）。

表 1-16 示出电动机控制中心（MCC）和电动机启动器各个元件的参照代号集。表中，非唯一标识所关注项目的多层参照代号用省略号（…）指明。

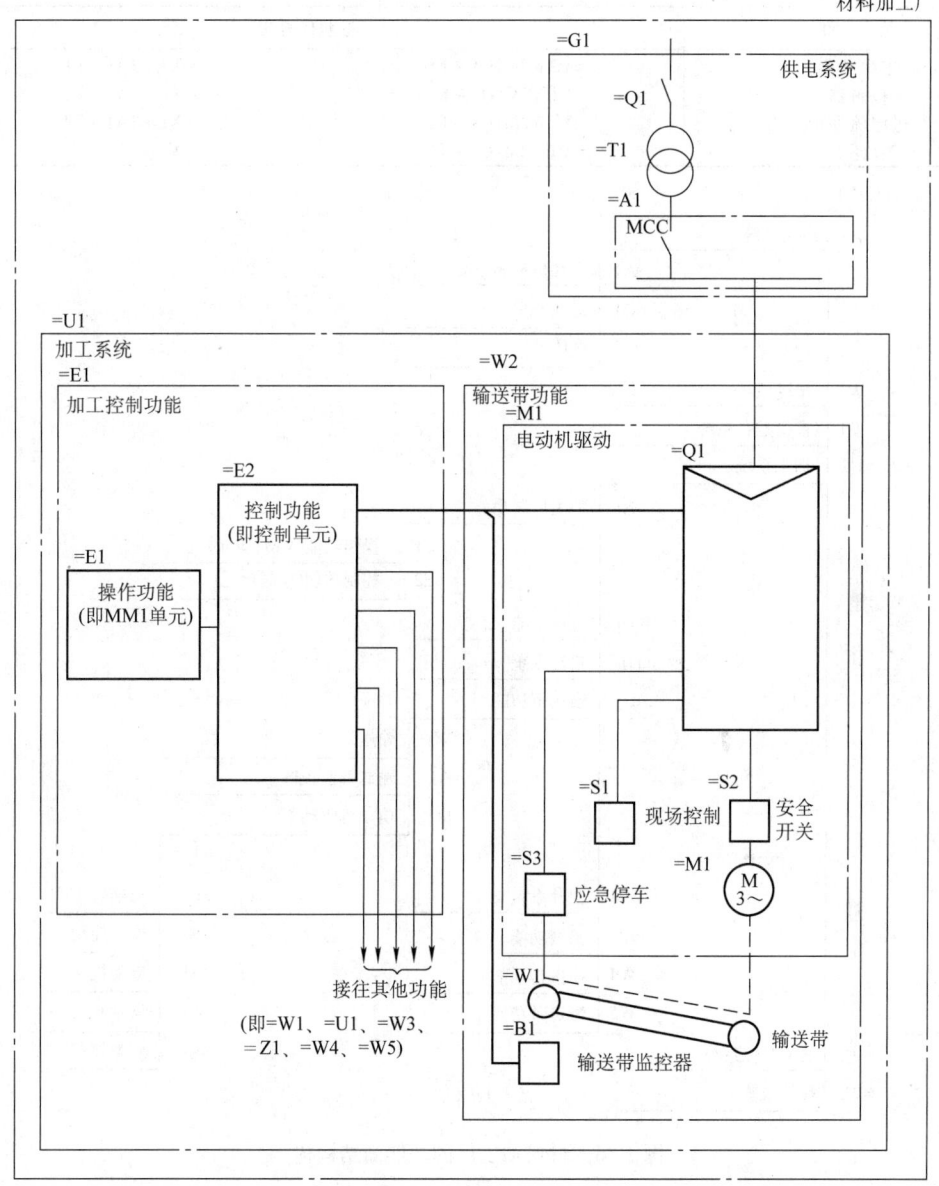

图 1-35 加工系统（=U1）和供电系统（=G1）概略图

表 1-16 电动机控制中心（MCC）和电动机起动器各个元件的参照代号集

元 件	参照代号集	
电动机控制中心（MCC）	= G1A1	+ X1
互感器	= G1A1 - T1	+ X1 + 1A1…
断路器	= G1A1 - Q1	+ X1 + 1A1…
主汇流排	= G1A1 - W1	+ X1…
竖汇流排	= G1A1 - W2	+ X1 + 2…
竖汇流排	= G1A1 - W3	+ X1 + 3…
电动机起动器	= U1W2M1Q1	+ X1 + 3A1
主开关	= U1W2M1Q1 - S1	+ X1 + 3A1 - S1

(续)

元件	参照代号集	
主熔断器	=U1W2M1Q1 – F1	+X1 +3A1 – F1
接触器	=U1W2M1Q1 – K1	+X1 +3A1 – K1
过电流保护	=U1W2M1Q1 – F2	+X1 +3A1 – F2
互感器	=U1W2M1Q1 – T1	+X1 +3A1 – T1

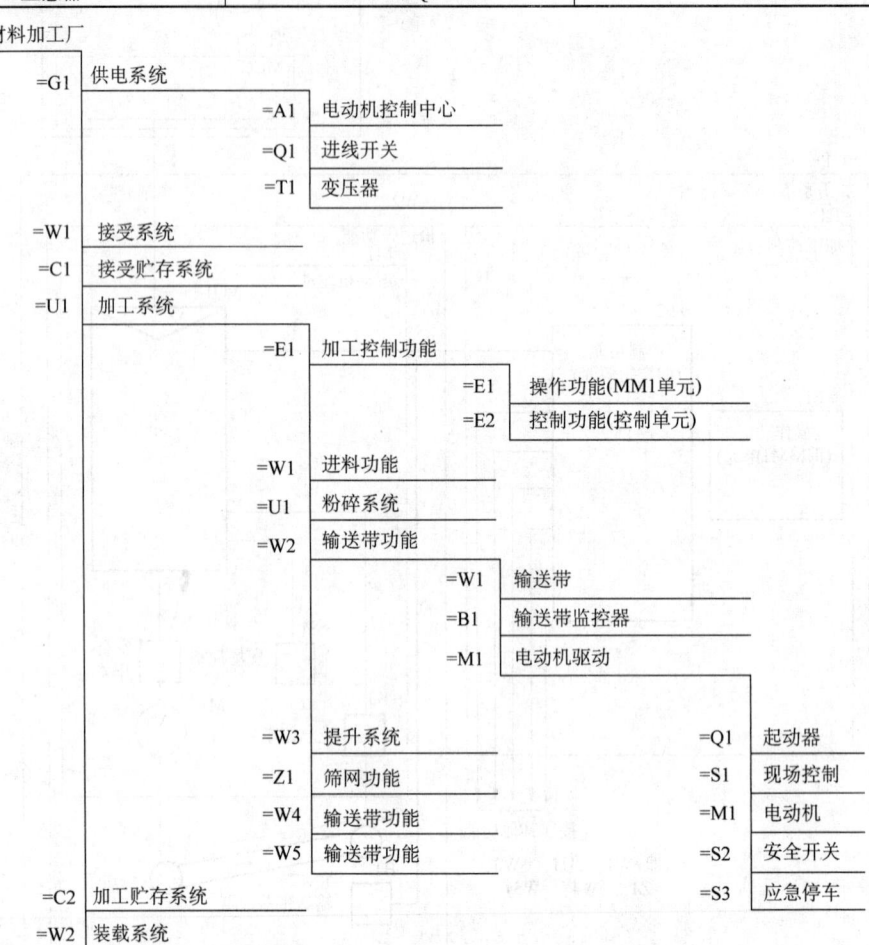

图 1-36 材料加工厂的功能面结构树

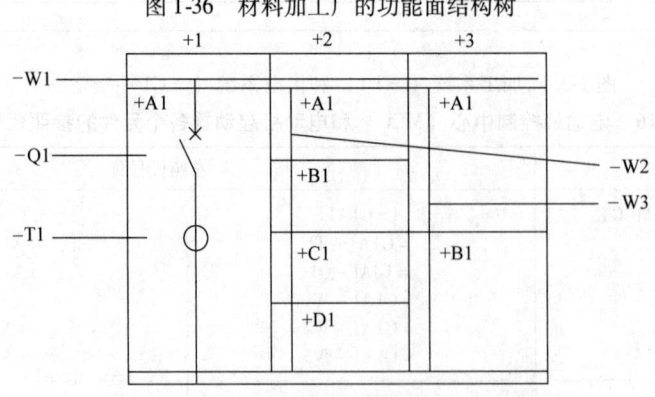

图 1-37 电动机控制中心（MCC） =G1A1 布置
注：MCC 组成产品的参照代号示于 MCC 界线外。

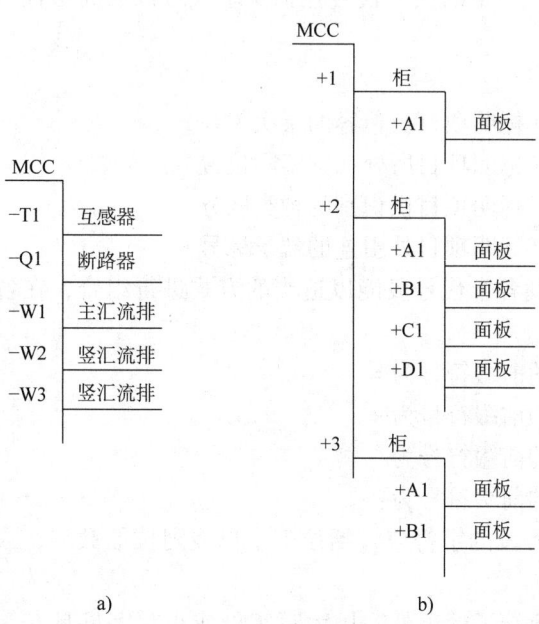

图 1-38 电动机控制中心（MCC）的产品面和位置面结构树
a）产品面结构树 b）位置面结构树

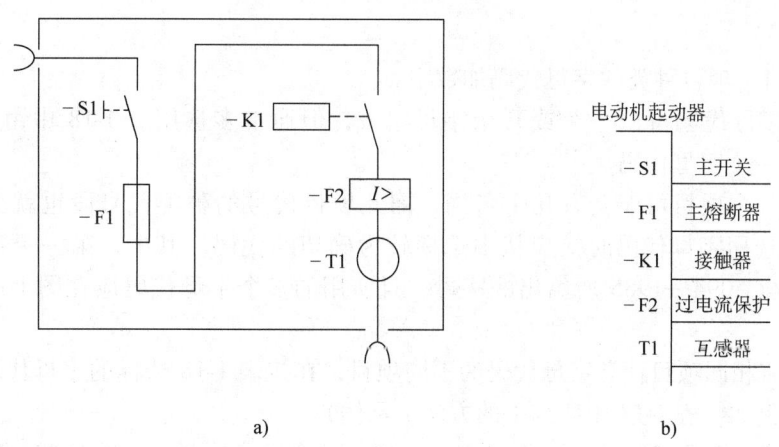

图 1-39 电动机起动器
a）概略图 b）产品面结构树

1.7.1.2 旧标准规定的项目代号组成方法（摘自 GB/T 5094—1985）

项目是指在图上通常用一个图形符号表示的基本件（零件、元件或器件）、部件、组件、功能单元、设备、系统等。如电阻器、继电器、发电机、放大器、电源装置、开关设备等，都可称为项目。

项目代号是用以识别图、图表、表格中和设备上的项目种类，并提供项目的层次关系、实际位置等信息的一种特定的代码。

1. 完整的项目代号　完整的项目代号包括 4 个代号段：高层代号、位置代号、种类代号和端子代号。

（1）标注次序

第 1 段　高层代号（标明项目被包容的层次关系）

第 2 段　位置代号（标明项目所处在的实际位置）

第 3 段　种类代号（标明项目供识别的种类区分）

第 4 段　端子代号（标明项目外引连的端子标号）

（2）前缀符号　为使各个代号段能以适当的方式进行组合，在各个代号段的前面可分别添注区分用的前缀符号。

注于高层代号段前的前缀符号为 =

注于位置代号段前的前缀符号为 +

注于种类代号段前的前缀符号为 -

注于端子代号段前的前缀符号为：

（3）字符　每个代号段的字符应包括拉丁字母或阿拉伯数字，或者是由字母和数字两者所组成。

具体标注字母时，除端子标记外，用大写字母或小写字母具有等同的意义，但优先采用大写字母。

（4）简化　为避免图面拥挤，图形符号附近的项目代号可适当地简化，只要能识别这些项目即可。例如，经加注说明省略项目代号中的高层代号段。在不致于引起识别上的混淆时，省略前缀符号。

2. 种类代号

（1）方法 1　项目种类的字母代码加数字。

项目种类字母代码可由一个或几个字母组成，但通常多选用表 1-18 中由 GB/T 5094—1985 所给出的一个字母代码。

由于有时一个项目可能会有几个名词，因此项目代号的种类代号段也就会有几个字母代码。在具体选用字母代码时，应从中选标较为确切的代码。其中，第一个字母必须选自表 1-18 由 GB/T 5094—1985 所给出的字母，且所用的多个字母代码应在图上或文件中予以说明。

为区分具有相同项目种类字母代码的不同项目，在按表 1-18 选标的字母代码的后面应增注指定数字（例如，表 1-17 中所列举的方法 1 示例）。

（2）方法 2　标数字序号，即给每个项目规定一个数字序号，并将这些数字序号和它所代表的项目排列成表置于图中或附于图后（例如，表 1-17 中所列举的方法 2 示例）。

（3）方法 3　标指定数字组，即按不同种类的项目分组编号，并将这些编号和它所代表的项目排列成表置于图中或附于图后（例如，表 1-17 中所列举的方法 3 示例）。

（4）同一项目的相似部分的代号　在一张图上分开表示的同一项目的相似部分（如用分散表示法表示的继电器触头），可用圆点（．）隔开的辅助数字来区分标示（例如，-K4.3 等）。

（5）功能代号　当需要补充标明种类代号的项目功能特征（动作或作用）时，可在种类代号段的后面再后缀一个被称作为功能代号的字母代码（应在图上或其他文件中说明该字母代码和其表示的含义）。例如，-K3M 表示功能为 M（如监视或测量）的 K3 继电器（此时，

K3 前面的前缀符号不得省掉)。

(6) 复合项目的种类代号　在一个由若干项目所组成的复合项目(如部件等)中,每个项目的种类代号应由其前缀符号、一个字母代码和一个数字所构成(如果其中的某几个项目被看成是一个单元,它也可使用同一个种类代号)。此间,各个项目的种类代号的完整标注形式应是:先标复合项目的种类代号,再标该项目的种类代号(例如,在部件断路器 Q2 中的电动机 M1 的种类代号,应标为 -Q2-M1 等)。

当每个种类代号仅由前缀符号加一个字母代码和一个数字构成时,如不致引起混淆,可省略代号中间的前缀符号(例如:在断路器 Q2 中的电动机 M1 的种类代号,可简化标为 -Q2M1;在部件 A2 中的部件 A1 中的电容器 C1 的种类代号,可简化标为 -A2A1C1 等)。

表 1-17　相同项目种类字母代码间的区分数字标法

项目种类	方　法			项目种类	方　法		
	1	2	3		1	2	3
压力变换器	-B1	-1	-1	负荷开关、断路器	-Q1	-12	-41
信号灯	-H1	-2	-11		-Q2	-13	-42
	-H2	-3	-12	电阻	-R1	-14	-51
	-H3	-4	-13		-R2	-15	-52
	-H4	-5	-14	控制开关	-S1	-16	-61
接触器、继电器	-K1	-6	-21		-S2	-17	-62
	-K2	-7	-22		-S3	-18	-63
	-K3	-8	-23	互感器	-T1	-19	-71
	-K4	-9	-24		-T2	-20	-72
	-K5	-10	-25		-T3	-21	-73
电动机	-M1	-11	-31	二极管	-V1	-22	-81
					-V2	-23	-82

3. 高层代号

(1) 构成　除此间的层次字母代码可自行确定选标外,高层代号也应是由其前缀符号、字母代码和数字所构成(例如:第 2 号泵装置的高层代号可标为 =P2;第 5 部分 S5 的泵装置 P2 的高层代号可标为 =S5=P2,简化标为 =S5P2 等)。

(2) 高层代号和种类代号的组合　设备中的任一项目均可用高层代号和种类代号组合构成一个项目代号(例如:第 5 部分 S5 的泵装置 P2 的断路器 Q2 的项目代号应标为 =S5=P2-Q2,简化标为 =S5P2-Q2;第 5 部分 S5 的泵装置 P2 的部件 A4 的继电器 K3 的项目代号应标为 =S5=P2-A4-K3,简化标为 =S5P2-A4K3 等)。

4. 位置代号

(1) 构成　位置代号可由成套控制柜的柜列字母代码和柜体数字序号所构成(例如:C 列控制柜中的第 3 台柜体的位置代号,可标为 +C+3;安装在 106 控制室中的 C 列控制柜中的第 3 台柜上的位置代号,可标为 +106+C+3 等)。

当成套设备中的柜体又要分为分柜体、抽屉和印制电路板组等时,其位置代号则由其前缀符号加上表示位置的字母代码和数字交替组成。例如,分柜 A 中一块印制电路板的位置代号的完整形式可标为

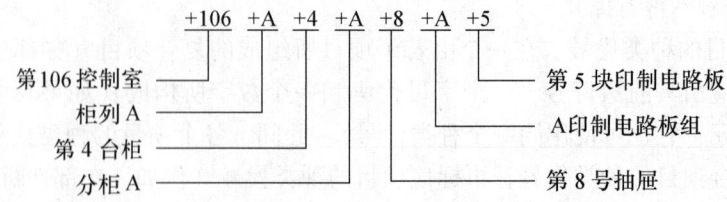

若不致引起混淆，代号中间的前缀符号可予省略，可将其简化标为 +106A 4 A8 A5。

如需要给出更为详尽的位置代号，则可按网格坐标定位系统进行标注（例如，位于垂直方向 25 格距和水平方向 41 格距处的 B 安装板的位置代号，可标为 +B 2541。其装于 +106 +C +3 上的位置代号，则标为 +106 +C +3 +B 2541 等）。

（2）位置代号和种类代号的组合　将位置代号和种类代号组合在一起，可形成给定项目所在位置的项目代号（例如，装于 +106 +C +3 +B 2541 上的继电器站 A1 中的继电器 K2 的项目代号，应标为 +106 +C +3 +B 2541 - A1 - K2 等）。

5. 高层代号、种类代号和位置代号的组合　在大型复杂系统或成套设备中，于设计工作的初期可先将高层代号与种类代号组合，以提供项目之间的功能关系。然后，再在其上添加位置代号，以提供项目所处的位置信息。其所表现的示例形式：如先标为 = S5P2 - A4K3，后再补标为 = S5P2 - A4K3 +16QA2B31 等。

6. 端子代号　当项目的端子有标记时，端子代号必须与项目上端子的标记相一致。当项目的端子无标记时，应在图上设定端子代号。端子代号通常选用数字或大写字母（特殊情况也可选用小写字母）。例如：

= S5P2 - Q1:3 表示 = S5P2 - Q1 隔离开关的第 3 号端子；

= S5P2 - Q2A2X1:2 表示 = S5P2 - Q2A2X1 端子板的第 2 号端子；

+C +6 +B 1237 - A1K3:A1 表示 +C +6 +B 1237 - A1K3 继电器的 A1 号端子等。

1.7.2　文字符号（摘自 GB/T 5094.2—2003）

文字符号原来采用的标准是 GB/T 5094—1985 规定的项目种类的字母代码（即文字符号中的首字母或单字母）及据此制定的 GB/T 7159，而对应的新标准为 GB/T 5094.2—2003 和等同采用 IEC PAS 62400：2005 的 GB/T 20939—2007《技术产品及技术产品文件结构原则字母代码　按项目用途和任务划分的主类和子类》。GB/T 20939 规定了按用途和任务划分的项目类别及字母代码，扩展了 GB/T 5094.2 表"按用途和任务划分的项目类别及字母代码"内容，并增加了子类（即文字符号中第二字母代码）。新旧 GB/T 5094 中字母代码对照见表 1-18。

从表 1-18 可以看出，新旧标准中的字母代码相差极大，例如气体继电器、保护继电器、热过载继电器单字母符号在旧标准中均采用 K，而在新标准中为 B；接触器在旧标准中也为 K，而在新标准中为 Q，等等。考虑到旧标准规定的文字符号在我国生产图样、图书出版（包括教科书）、技术文献等中已得到广泛采用，涉及面甚广，因此在未制订出结合我国国情的、贯彻新标准的文字符号实施方案的过渡期间，建议暂时仍可沿用 GB/T 7159 规定的文字符号。根据 GB/T 7159 规定，适用于电气传动技术中常用文字符号见表 1-19。

表 1-18　GB/T 5094 新旧标准"字母代码"对照

按用途或任务划分的项目类别及字母代码 （GB/T 5094.2—2003/IEC 61346-2:2000）					项目种类的字母代码（GB/T 5094—1985/IEC 60705:1983）		
代码	项目的用途或任务	描述项目或功能件的用途或任务的术语举例	典型的机械/液压、气动产品举例	典型的电气产品举例	字母代码	项目种类	举　例
A	两种或两种以上的用途或任务 注：此类别仅供不能鉴别主要用途或任务的项目使用			触屏	A	组件、部件	分立元件放大器、磁放大器、激光器、微波激射器、印制电路板，本表其他地方未提及的组件、部件
B	把某一输入变量（物理性质、条件或事件）转换为供进一步处理的信号	探测、测量（值的采集）、监控、感知、加重（值的采集）	孔板（供测量用）、传感器	气体继电器、检波器、火灾探测器、气体探测器、测量元件、测量继电器、测量分路器、测量变换器、传声器（话筒）、运动探测器、光电池、监控开关、位置开关、接近开关、接近传感器、保护继电器、传感器、烟雾传感器、测速发电机、温度传感器、热过载继电器、视频摄像机	B	换能器（从非电量到电量或相反）	热电传感器、热电池、光电池、测功计、晶体换能器、送话器、拾音器、扬声器、耳机、自整角机、旋转变压器
C	材料、能量或信息的存储	记录、存储	桶、缓冲器、贮水器、容器、蓄热水器、纸卷座、蓄压器、蓄汽器、箱、罐	缓冲器（存储）、缓冲器电池、电容器、事件记录器（主要存储）、硬盘、存储器、RAM、蓄电池、磁带机（主要存储）、录像机（主要存储）、电压记录器（主要存储）	C	电容器	
D	为将来标准化备用				D	二进制元件、延迟器件、存储器件	数字集成电路和器件、延迟线、双稳态元件、单稳态元件、磁心存储器、寄存器、磁带记录机、盘式记录机
E	提供辐射能或热能	冷却、加热、发光、辐射	锅炉、冷冻机、加热器、煤气灯、热交换器、核反应堆、煤油灯、散热器、冰箱	锅炉、荧光灯、电热器、灯、灯泡、激光器、发光设备、微波激射器、辐射器	E	杂项	光器件、热器件、本表其他地方未提及的器件

(续)

代码	按用途或任务划分的项目类别及字母代码 (GB/T 5094.2—2003/IEC 61346-2:2000)				项目种类的字母代码 (GB/T 5094—1985/IEC 60705:1983)		
	项目的用途或任务	描述项目或功能件的用途或任务的术语举例	典型的机械/液压、气动产品举例	典型的电气产品举例	字母代码	项目种类	举 例
F	直接防止（自动）能量流、信号流、人身或设备发生危险的或意外的情况 包括用于防护的系统和设备	吸收、防护、防止、保护、保安、隔离	气囊、减振器、栅栏、防护罩、管道安全阀、安全隔膜、安全带、安全阀、护板、真空阀	阴极保护阳极、法拉第罩、熔断器、小型断路器、浪涌保护器、热过载释放器	F	保护器件	熔断器、过电压放电器件、避雷器
G	启动能量流或材料流 产生用作信息载体或参考源的信号 生产一种新能量、材料或产品	装配、破碎、拆卸、生成、分馏、材料移动、磨碎、混合、生产、粉碎	鼓风机、插元件机、传送带（被驱动）、破碎机、风扇、混合器、泵、真空泵、通风机	干电池组、电机、燃料电池、发生器、发电机、旋转发电机、信号发生器、太阳电池、波发生器	G	发电机、电源	旋转发电机、旋转变频机、电池、振荡器、石英晶体振荡器
H	为将来标准化备用				H	信号器件	光指示器、声指示器
I	不用	—	—	—	I	不用	
J	为将来标准化备用				J	—	
K	处理（接收、加工和提供）信号或信息（用于防护的物体除外，见F类）	闭合（控制电路）、连续控制、延迟、开断（控制电路）、搁置、切换（控制电路）、同步	流体回流控制器、引导阀、阀定位器	有或无继电器、模拟集成电路、自动并联装置、数字集成电路、接触器继电器、CPU、延迟元件、延迟线、电子阀、电子管、反馈控制器、滤波器、感应搅拌器、微处理器、过程计算机、可编程序控制器、同步装置、时间继电器、晶体管	K	继电器、接触器	
L	为将来标准化备用				L	电感器、电抗器	感应线圈、线路陷波器、电抗器（并联和串联）
M	提供驱动用机械能（旋转或线性机械运动）	激励、驱动	内燃机、液压执行器、液压缸、液压马达、热机、机械执行器、弹簧承载执行器、涡轮机、水轮机、风轮机	执行器、励磁线圈、电动机、直线电动机	M	电动机	

(续)

按用途或任务划分的项目类别及字母代码 （GB/T 5094.2—2003/IEC 61346-2：2000）					项目种类的字母代码（GB/T 5094—1985/IEC 60705：1983）		
代码	项目的用途或任务	描述项目或功能件的用途或任务的术语举例	典型的机械/液压、气动产品举例	典型的电气产品举例	字母代码	项目种类	举例
N	为将来标准化备用				N	模拟集成电路	运算放大器、模拟/数字混合器件
O	不用	—	—	—	O	不用	
P	提供信息	告（报）警、通信、显示、指示、通知、测量（量的显示）、呈现、打印、警告	音响信号装置、衡器（称重用）、铃、钟、显示器、流量表、气量表、玻璃量具、压力表、机械指示器、打印机、窥视孔、温度计、水表	音响信号装置、安培表、铃、钟、连续行记录器、显示器、机电指示器、事件计数器、盖氏计数器、LED（发光二极管）、扬声器、光信号装置、打印机、记录式伏特表、信号灯、信号振动器、同步示波器、伏特表、瓦特表、瓦时表	P	测量设备、试验设备	指示、记录、积算、测量器件，信号发生器、时钟
Q	受控切换或改变能量流、信号流或材料流（对于控制电路中的信号，请参见 K 类和 S 类）	断开（能量、信号和材料流）、闭合（能量、信号和材料流）、切换（能量、信号和材料流）、连接	制动器、控制阀、离合器、门、闸门、大门、关闭阀、百叶窗、水闸门、锁	断路器、接触器（电力）、隔离开关、熔断器开关、熔断体隔离器式开关、电动机起动器、功率晶体管、集电环短路器、开关（电力）、晶闸管（若主要用途为防护，请参见 F 类）	Q	电力电路的开关	断路器、隔离开关
R	限制或稳定能量、信息或材料的运动或流动	阻断、阻尼、限制、限定、稳定	阻断装置、单向（止回）阀、阻尼装置、棘爪、互锁装置、闭锁装置、小孔板（限流）、压力控制阀、限制器、减振器、消声器、自动脱扣机构	二极管、电感器、限定器、电阻器	R	电阻器	可变电阻器、电位器、变阻器、分流器、热敏电阻
S	把手动操作转变为进一步处理的信号	影响、手动控制、选择	按钮阀、选择开关	控制开关、差值开关、键盘、光笔、鼠标器、按钮开关、选择开关、设定点调节器	S	控制电路的开关、选择器	控制开关、按钮、限位开关、选择开关、拨号接触器、连接级

（续）

代码	按用途或任务划分的项目类别及字母代码（GB/T 5094.2—2003/IEC 61346-2:2000）				项目种类的字母代码（GB/T 5094—1985/IEC 60705:1983）		
	项目的用途或任务	描述项目或功能件的用途或任务的术语举例	典型的机械/液压、气动产品举例	典型的电气产品举例	字母代码	项目种类	举例
T	保持能量性质不变的能量变换 已建立的信号保持信息内容不变的变换 材料形态或形状的变换	放大、调制、变换、铸造、压缩、转变、切割、材料变形、膨胀、锻造、磨削、碾压、尺寸放大、尺寸缩小、镗削	射流放大器、齿轮箱、测量变换器、测量发送器、压力增强器、力矩变换器、铸造机、锤锻、磨床（尺寸缩小）、车床、锯	AC/DC 变换器、放大器、天线、解调器、变频器、测量变换器、测量发射机、调制器、电力变压器、整流器、整流器站、信号变换器、信号传变器、电话机、变换器	T	变压器	变压互感器、电流互感器
U	保持物体在一定的位置	支承、承载、保持、支持	横梁、轴承、阻塞块、电缆梯架、电缆托盘、托架、支架、固定架、地基、吊架、隔离体、安装板、安装架、塔架、滚动轴承	绝缘子	U	调制器、变换器	鉴频器、解调器、变频器、编码器、逆变器、变换器、电报译码器
V	材料或产品的处理（包括预处理和后处理）	涂覆、清洗、脱水、除锈、干燥、过滤、热处理、封装、预处理、恢复、再精饰、密封、分离、分选、搅拌、表面处理、包装	离心机、脱脂设备、脱水设备、过滤器、研磨机（表面处理）、封装机、搅拌棒、分离器、自动喷涂机、真空清洗机、洗涤机、加湿器	过滤器	V	电真空器件、半导体器件	电子管、气体放电管、二极管、晶体管、晶闸管
W	从一地到另一地导引或输送能量、信号、材料或产品	传导、分配、导引、导向、安置、输送	输送器（无驱动）、导管、软管、梯、链（机械）、镜、滚动台（无驱动）、管道、传动轴、往复式输送机	汇流排、电缆、导体、信息总线、光纤、穿墙套管、波导	W	传输通道、波导、天线	导线、电缆、母线、波导、波导定向耦合器、偶极天线、抛物面天线
X	连接物	连接、啮合、联结	法兰、钩、软管配件、管线配件、快脱扣联接器、联轴器、端子板	连接器、插头、端子、端子板、端子排	X	端子、插头、插座	插头和插座、测试塞孔、端子板、焊接端子片、连接片、电缆封端和接头

（续）

按用途或任务划分的项目类别及字母代码 （GB/T 5094.2—2003/IEC 61346-2：2000）					项目种类的字母代码（GB/T 5094 —1985/IEC 60705：1983）		
代码	项目的用途或任务	描述项目或功能件的用途或任务的术语举例	典型的机械/液压、气动产品举例	典型的电气产品举例	字母代码	项目种类	举例
Y	为将来标准化备用				Y	电气操作的机械装置	制动器、离合器、气阀
Z	为将来标准化备用				Z	终端设备、混合变压器、滤波器、均衡器、限幅器	电缆平衡网络、压缩扩展器、晶体滤波器、网络

表 1-19 电气传动技术中常用文字符号

种类代号	器件种类名称	种类代号	器件种类名称
A	部件；调节器	ASR	速度调节器；转速调节器
AE	电动势运算器	ATR	转矩调节器
AF	频率调节器	AVR	电压调节器
AFE	有源前端	AΨR	磁链调节器
AG	给定积分器	B	变换器
AGC	厚度自动控制	BAV	绝对值变换器
AHR	活套高度调节器	BC	电流检测变换器
AL	逻辑装置	BCD	磁场电流极性鉴别器
AM	磁放大器；乘法器	BM	磁通变换器
AP	脉冲放大器；印制电路板；相序鉴别器	BP	压力变换器
AT	抽屉	BQ	位置变换器
ACR	电流调节器	BR	测速发电机
ADR	电流变化率调节器	BS	转速变换器；自整角机
AEM	电动势记忆调节器	BT	温度变换器
AER	电动势调节器	BU	电压变换器
AFR	频率调节器；励磁电流调节器	BPC	极性变换器
AGD	γ_0 脉冲分配器	BPF	脉冲变换形成单元；触发器
AGR	γ_0 调节器	BRR	旋转变压器接收器
AMR	磁通调节器	BRT	旋转变压器发送器
AOC	运转指令器	BSR	自整角机接收机
APR	位置调节器；功率调节器	BST	自整角机发送机
ARS	运行状态合成环节	BVF	电（压）频（率）变换器

(续)

种类代号	器件种类名称	种类代号	器件种类名称
BVD	速度偏差极性鉴别器	KL	双稳态继电器
C	电容器	KM	接触器
CH	斩波器	KP	极化继电器
CPC	电流预控环节	KR	逆流继电器
CT	电流互感器	KS	信号继电器
D	数字集成电路；二进制单元；存储器件	KT	时间继电器
DC	延迟环节	KV	电压继电器
DL	最小值限制电路	KAC	加速继电器
DLC	无环流逻辑控制器	KMF	正向接触器
DSP	数字信号处理器	KMR	反向接触器
DPT	转矩性能鉴别器	KMS	信号监察继电器
DPZ	零电流检测器	KOC	过电流继电器
DTC	直接转矩控制	KOV	过电压继电器
E	其他器件	KSP	信号脉冲继电器
EH	热元件	KSY	同步监察继电器
EL	照明灯	KTP	温度继电器
F	保护器件	KVC	欠电流继电器
FA	瞬动保护器	KVV	欠电压继电器
FF	快速熔断器	L	电感器；电抗器
FR	热保护器；延动保护器	LA	桥臂电抗器
FS	瞬动加延动保护器	LB	平（均）衡电抗器
FU	熔断器	LC	限流电抗器
G	发电机；发生器；给定电位器	LF	平波电抗器
GB	蓄电池	LL	进线电抗器
GD	驱动器	LS	饱和电抗器
GF	函数发生器；变频机	M	电动机
GI	给定积分器	MA	异步电动机
GT	触发器	MS	同步电动机
GAB	绝对值发生器	MT	力矩电动机
G—M	发电机—电动机组	MCC	电动机控制中心
H	信号器件	N	模拟量元件；运算放大器；反号器
HA	声响器	NPC	转速预控环节
HL	光指示器；指示灯	P	测试设备
K	继电器；接触器	(P) A	电流表
KA	继电器	PC	脉冲计数器；动力中心
KC	控制继电器	PCA	θ 角检测器
KG	气体继电器	PI	直流电流检测器

（续）

种类代号	器件种类名称	种类代号	器件种类名称
PJ	电能表	TM	张力计；电力变压器；力矩电动机；移相同步变压器
PS	转子位置检测器		
PT	时钟；电压互感器	TP	脉冲变压器
(P) V	电压表	TR	整流变压器
PAM	脉冲幅值调制器	TS	同步变压器
PET	电动、制动检测环节	TU	自耦变压器
PFM	脉冲频率调制器	TV、PT	电压互感器
PHS	高低速检测环节	TCD	电流变换器
PLC	可编程序控制器	U	调制器；晶闸管变流器
PRC	环形计数器	UD	解调器
PSE	转速差及正反转状态检测环节	UF	变频器
PWM	脉宽调制器	UI	逆变器
Q	功能电路开关器件	UR	整流器；变流器
QF	断路器；快速断路器	UT	译码器
QK	刀开关	UPS	不间断电源
QL	负荷开关	UPW	脉宽调制器
QS	隔离开关	V	电子管；晶体管
R	电阻器；变阻器	VC	控制电源整流管（器）；矢量控制
RF	频敏变阻器	VD	二极管
RP	电位器	VE	电子管
RS	分流器	VF	场效应晶体管
RT	热敏电阻	VI	绝缘栅双极型晶体管
RV	压敏电阻	VS	稳压管
S	选择开关器件	VT	晶闸管
SA	控制开关；转换开关；选择开关	VLC	光耦合器
SB	按钮	VTO	门极关断晶闸管
SL	行程开关；极限开关	W	导线；电缆；母线
SM	主令开关；伺服电动机	X	端子（板）；接线座
SP	压力传感器	XJ	测试插孔
SQ	位置传感器；接近开关；限位开关；终端开关	XP	插头
		XS	插座
SR	转数传感器	XT	端子板（排）
ST	温度传感器	Y	电气操作器件
T	变压器	YA	电磁铁
TA、CT	电流互感器	YB	电磁制动器
TC	控制电源变压器	YC	电磁离合器
TG	测速发电机	YM	电动阀
TI	逆变变压器	YV	电磁阀

注：表中所列代号，可作为电气制图中"项目种类的字母代码"（表1-18）的区分增注用字母代码。

1.8 电气制图（摘自 GB/T 6988.1—2008）

1.8.1 信息表达规则

1. 文字的方向　文件中的文字应是水平或竖直方向，视图方向从下向上或从右向左阅读，见图1-40。

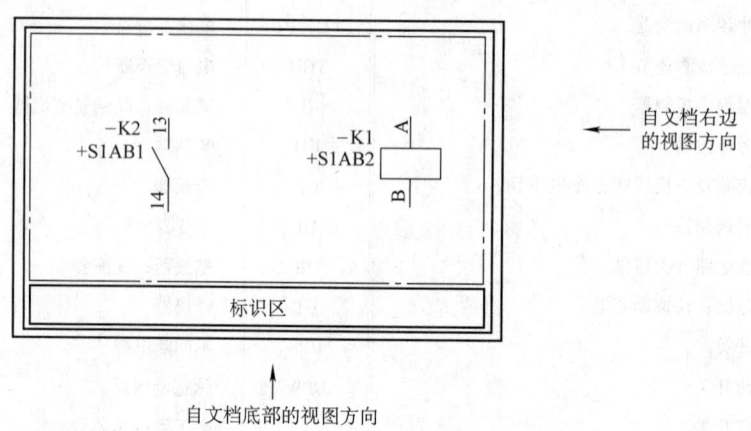

图 1-40　文件的视图方向

2. 图纸的尺寸　图纸的尺寸应符合 ISO 5457:1999《技术制图　图纸幅画和格式》的3.1。当主要采用示意图或简图的表达形式时推荐采用 A3 幅面。ISO 5457:1999 第 3 章规定的加长尺寸不适用。

3. 页面布局

（1）总则　页面可划分成一个或多个标识区和一个内容区。一个文件的每页应至少有一个与内容区明确分开的标识区。

图 1-41 表示了具有一个或多个标识区的页面的示例。

（2）标识区

1）总则：在标识区中所表达的信息应该包含与读者有关的文件元数据。元数据应该符合 IEC 82045-2：2004《文件管理　第 2 部分：元数据类型》的规定。

2）使用图示表达形式的文件的标识区：一个标识区应位于页的底部。附加的标识区可置于页的其他边，见图1-41。

在位于底部的标识区里，与文件的标识和分类有关的信息，如符合 ISO 7200：2004《技术产品文件　标题栏和文件标题数据区》的标题栏，应位于右边。

注：当在标识区填写信息时应考虑装订打孔。

（3）内容区

1）总则：内容区应示出所关注的项目的信息。

2）模数：项目按比例图形表示时用最小单位 M 做为其模数，如参考网格、位置参考系统、制图网格和符号尺寸。

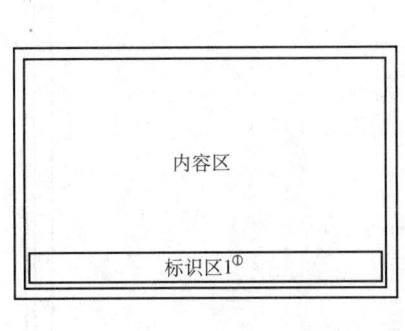

图 1-41 具有定义的标识区的页面示例
a) 具有一个标识区的页 b) 具有两个标识区的页
① 强制性的用图形表达的文件

对纸或类似媒体，最小单位 M 应从下列值中选择其一：

1.8（2.0）mm，2.5mm，3.5mm，5mm，7mm，10mm，14mm，20mm。

不推荐使用小于 2.5mm 的模数。如果使用了 1.8（2.0）mm 的模数，应采取特别措施，以保证文件的易读性。

注：GB/T 16901.2—2000 所规定的图形符号设计最小模数尺寸大小为 2.0mm，而非 1.8mm。

关于模数大小的缩放比例和更改的更多信息见 GB/T 16901.2—2000《图形符号表示规则 产品技术文件用图形符号 第 2 部分：图形符号（包括基准符号库中的图形符号）的计算机电子文件格式规范及其交换要求》。

3）制图网格：为了定位符号，线和本文文字，内容区和标识区可有一个 $1M$ 的网格。

4）参考网格：用示意图和简图表示信息的纸质或其他类似媒体的文件应有符合 ISO 5457：1999 的参考网格，为便于参考，网格尺寸应为 $10M$、$16M$ 或 $20M$。

注：1. 行和列的尺寸不需要相等，如每行可能是 $20M$，而每个列是 $16M$。
　　2. 若 M 值为 2.5mm，参考网格将会是 40mm 或 50mm。

内容区可用格的编号应从页的区域左上角开始。网格的行应用除 I 和 O 外的大写拉丁字母 A、B、C、…区分。网格的列应用从 0 或 1 开始的连续的数字区分，见图 1-42。

4. 线宽 图中可能的线宽根据 $0.1\times(\sqrt{2})^n\times M$（$n=0,1,2,3\cdots$）计算。

注：1. 如果 M 值为 2.5mm，则线宽为 0.25mm，0.35mm，…
　　2. 纸或类似媒体上可能的线宽是 0.18mm（0.2mm）、0.25mm、0.35mm、0.5mm、0.7mm 和 1.0mm。

如果同一线型中两条或多条线使用了不同线宽，这些线宽的比至少是 2:1。

5. 字体 表示图形时，应使用 GB/T 18594—2001《技术产品文件 字体 拉丁字母、数字和符号的 CAD 字体》中的 CB 字型、直体（V）。符合 GB/T 18594—2001 的扁平和比例字体都可使用。在此情况下还可使用下列的规则：

——字符间距应为零，见 GB/T 16901.2—2000 附录 E.2.7。当使用扁平字体时高宽比应为 0.81，符合 GB/T 16901.2—2000 的 6.7.2。

——文字高度根据 $(\sqrt{2})^n\times M$（$n=0,1,2,3\cdots$）计算。

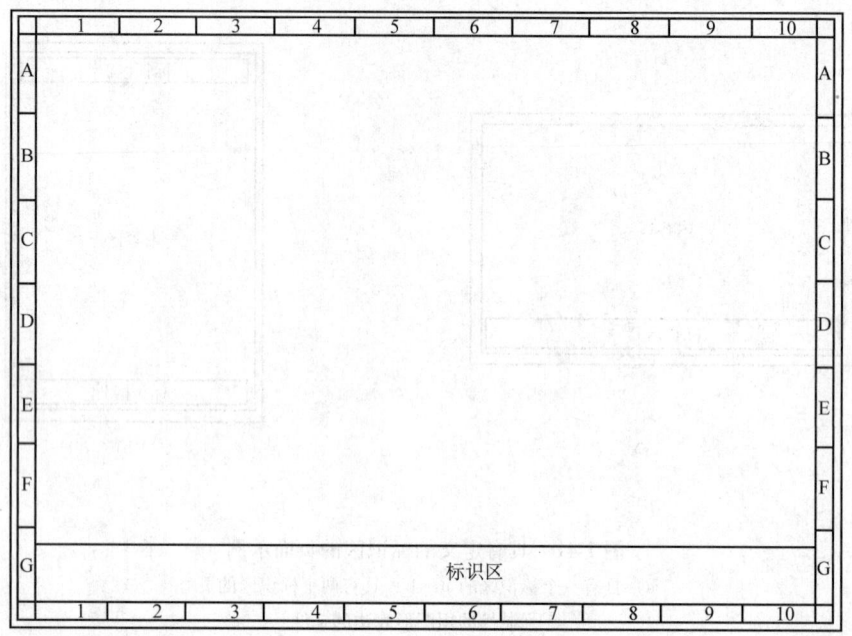

图 1-42　参考网格示例

注：1. 例如若 M 值选择为 2.5mm，文字高度会是 2.5mm，3.5mm，…

2. 纸或类似介质上表示时可能的线宽是 1.8mm，2.5mm，3.5mm，5.0mm，7.0mm 和 10.0mm。

——GB/T 18594—2001 的 CB（S）类型的斜体字（即 Italic）可作为量的文字符号。

——如果使用超出 GB/T 18594—2001 中字型之一的其他字体，符号的字体应与在 GB/T 18594—2001 中规定的笔划风格一致。

——计划用于 CAx 系统之间交换的文件应遵循 GB/T 16901.2—2000 的规定。

6. 符号

（1）符号的选择　符号应遵照有关国家标准或 IEC、ISO、IEC/ISO 标准，例如 GB/T 4728（所有部分）《电气简图用图形符号》用于电气项目的简图和安装图；GB/T 20063（所有部分）《简图用图形符号》用于非电气项目的简图；GB/T 1526—1989《信息处理　数据流程图、程序流程图、系统流程图、程序网络图和系统资源图的文件编制符号及约定》用于基本流程图。

ISO 81714-1：1999《产品技术文件用图形符号　第 1 部分：基本规则》也应考虑在内。

描述功能的符号可不受技术范围限制，如光纤可使用 GB/T 4728 规定的符号，见图 1-43。

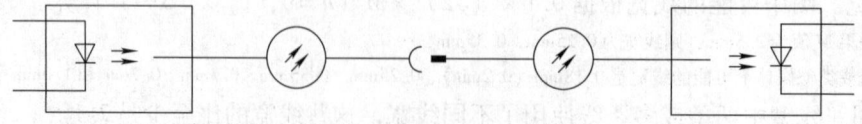

图 1-43　光纤用符号示例

CAx 应用时所使用的符号除上述标准之外，还应符合 GB/T 16901.2—2000 的规定。

当符号有其他形式时，应选择适合于所要表达目的的形式。

当没有适当的符号可用时，可使用 GB/T 4728 一般符号 S00059、S00060 或 S00061（见表 1-14"符号要素"部分），或使用按 GB/T 4728 和 ISO 81714-1：1999 的规定创建的符号。

注："S00059，S00060"等是 GB/T 4728 第 3 版的符号标识号，以下同。

符号可由 GB/T 4728 中的一般符号 S00059、S00060 或 S00061 之一组合下述符号构成：一般符号中可作为限定符号的符号；一般符号中描述性的文字，见图 1-44。

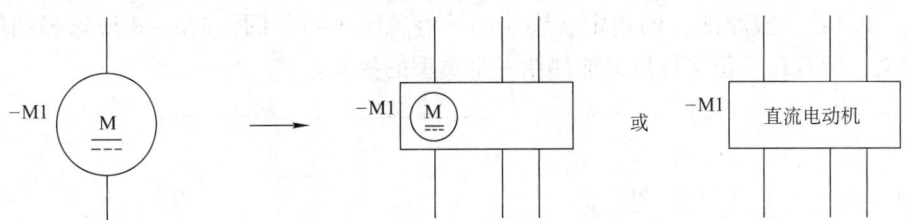

图 1-44　用一般符号代替一个符号示例

（2）符号尺寸　符号的含义由其形状和内容确定。符号的尺寸和线宽不影响其含义。

为显示符号的比例，GB/T 4728 中的符号是在以 M 为模数的一个网格上显示的。用于文件集的符号应该采用与模数 M 有关联的尺寸大小。

符号可放大、缩小或用限定符号代替 GB/T 4728 中的一般符号 S00059、S00060 或 S00061 之一，以用于增加输入或输出的数量、易于包含附加信息、强调特定的方面、便于一个符号作为限定符号的使用、适合示意图、平面图或地图的比例。

当放大或缩小时，符号的大体形状应保持不变，见图 1-45。

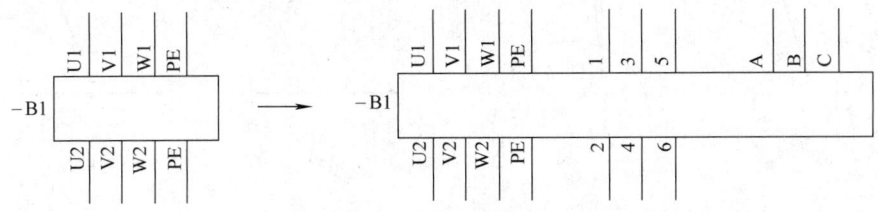

图 1-45　放大符号的示例

（3）符号的取向　符号应与简图中所选择的主要流程方向一致。当简图中的符号方向不同于符号标准中符号的方向时，如果符号含义不会改变，来源于符号标准的符号可以旋转或进行镜像，见图 1-46。在某些情形下，有必要根据 ISO 81714-1:1999 的规定重新设计符号。

文字、图形或符号的输入/输出标志应水平或垂直，并从页的下部或右边读起，见图 1-46。

注：图 1-46a 所示的符号是 GB/T 4728 规定的符号，图 1-46b、c 和 d 是将该符号依次逆时针方向旋转 90°得到的，图 1-46e、f、g 和 h 是分别将图 1-46a、b、c 和 d 对横轴或纵轴镜像获得的。

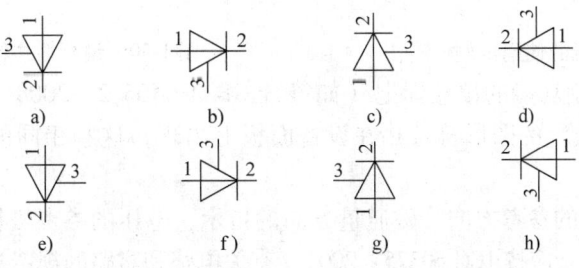

图 1-46　GB/T 4728 符号 S00057（见表 1-14"半导体器件"部分）的旋转和（或）镜像

7. 比例　为了表达信息，比例应根据 GB/T 14690—1993《技术制图　比例》进行选择。

为表示相关信息可用比例尺，并将其显示于内容区中。

8. 尺寸线　包括终结端和起点指示尺寸线将应符合 ISO129—1:2004《技术制图　尺寸与公差注法　P.1：一般原则》的规定。终端的示例见图 1-47。图 1-47a～d 所选择的箭头没有特别的含义，而且在一份文件里只能使用一个类型的箭头。

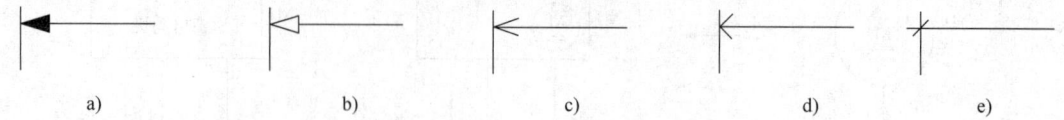

图 1-47　尺寸线的终端（来自 ISO 129—1：2004）
a) 封闭而且 30°填实的箭头　b) 封闭 30°的箭头　c) 开口 30°的箭头　d) 开口 90°的箭头　e) 斜线

9. 指引线和基准线　指引线和基准线应符合 GB/T 4457.2—2003《技术制图　图样画法　指引线和基准线的基本规定》的规定，其示例见图 1-48。

终点位于连接线上的指引线应在连接线处划斜线，见图 1-49。

10. 说明性注释和标记　当含义不能以别的方式传达时，应使用说明性注释。说明性注释应置于邻近其应用的地方，或对置于内容区其他地方的说明应给出参照。若信息表示在多页上，具有共性的说明应置于第一页，见图 1-50。

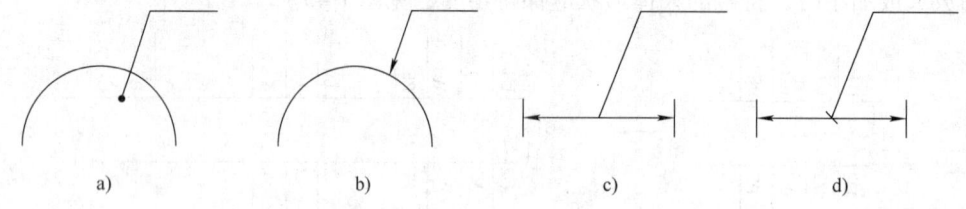

图 1-48　指引线的示例（取自 GB/T 4457.2—2003）
a) 指引线终端在项目内　b) 指引线终端在项目上　c) 指引线在线上　d) 指引线在线上的终端斜线

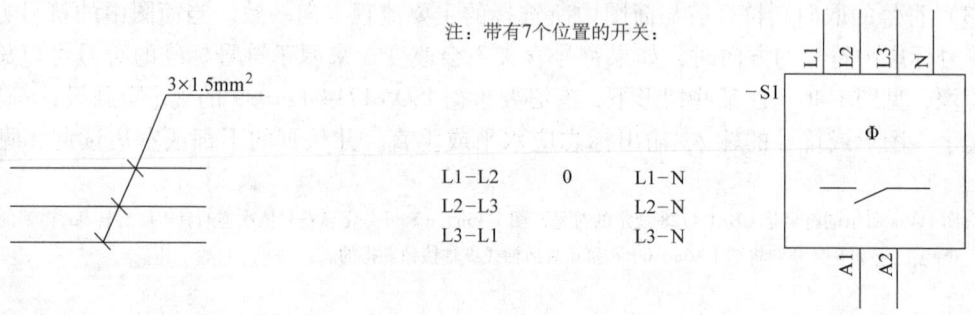

图 1-49　指引线到连接线的使用示例　　　　图 1-50　说明性注释示例

如果表示人-机控制功能的信息标记（如符合 GB/T 5465.2—2008《电气设备用图形符号　第 2 部分：图形符号》的图形符号）在设备面板上出现，这些相同的标记应该邻近相应的图形符号。

当一个支路中电流的参考方向、磁通量方向的指示、电压的参考极性和耦合电路的电压极性之间的响应需表示时，应按 IEC 60375：2003《有关电路和磁路的规定》规定的原则执行。

11. 电缆芯线代号　电缆芯线应通过其参照代号识别，如由电缆制造者提供的芯线号或芯线颜色代码，见图 1-51。如果电缆制造者未提供芯线标识符，应使用一个芯线参照代号。

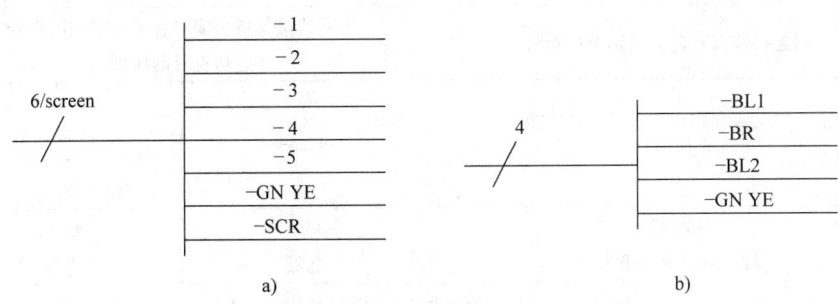

图 1-51 电缆芯线代号示例
a) 芯线打印数字的电缆,一个芯线以颜色作标记,并有同心线
b) 带颜色标记芯线的电缆,两根黑色芯线

1.8.2 简图总则

简图主要是通过以图形符号表示项目及它们之间关系的图示形式来表达信息的。

1. 能量、信号等的流向 如果信号等流向重要但不明显,则应使用带箭头的连接线 [GB/T 4728 中的符号 S00099（见表 1-14 "限定符号" 部分）],见图 1-52。

注：使用按照 GB/T 16679—1996《信号与连接线的代号》规定的信号分类代码可提供流动方向的信息。

不同的流路径,如信息、控制、能源和材料流,应是可清楚区别和辨认的。

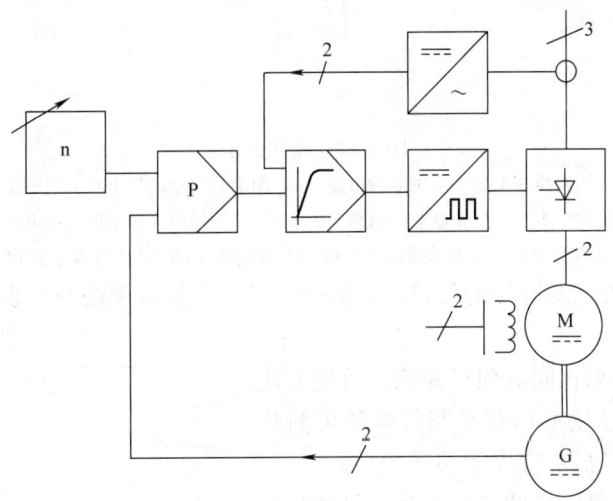

图 1-52 控制系统功能分组和信号流方向示例

2. 符号

（1）符号的选择 符号应符合 GB/T 4728 的规定。对于超出 GB/T 4728 范围之外的项目,应考虑使用 GB/T 20063 中的符号。

（2）连接点 符号应具有适当数目的连接点。连接点应置于 $1M$ 或 $0.5M$ 网格（见 ISO 81714-1：1999 的 6.11）。对已经关联连接节点和（或）终端线的符号,只要符号的含义不改变,连接节点和终端线的位置可以改变,见图 1-53。

（3）简化表示

1）组内同一符号的标识：一组内的若干同样的符号可用一个单一符号表示,使用以下方式之一：

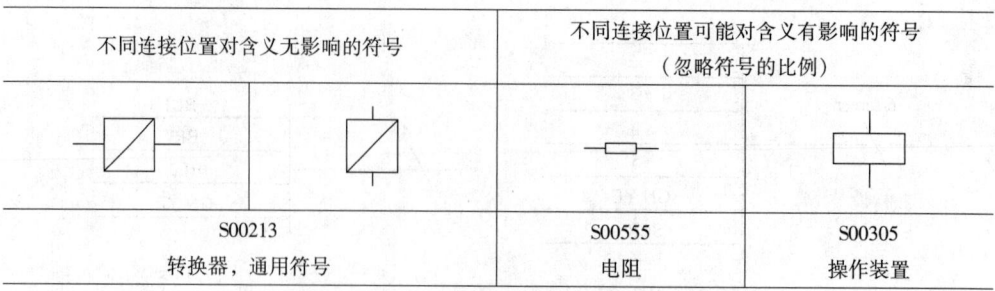

图 1-53 符号和连接的不同位置的示例

——表示单一符号用具有短斜线且用单一符号表示的符号元素的数目（见图 1-54a 和 d）；

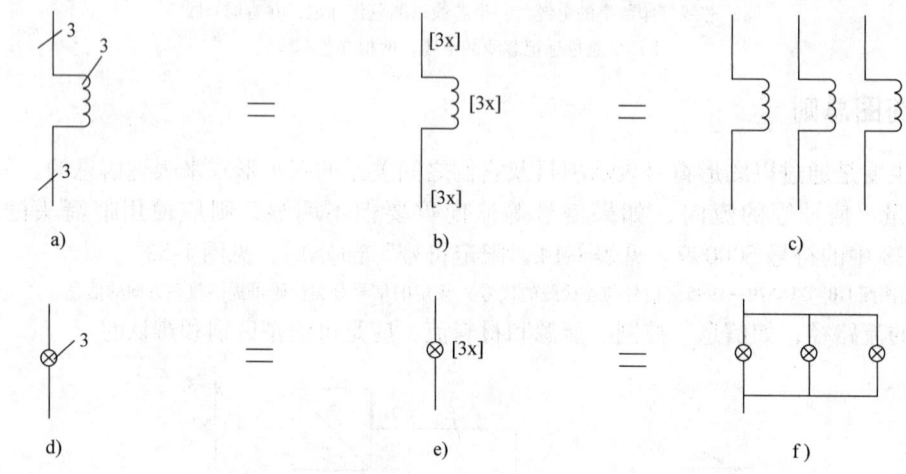

图 1-54 简化表示
a) 用斜线表示的三个独立的电路　b) 用乘号表示的三个独立的电路
c) 完整表示的三个独立的电路　d) 具有三个用斜线表示项目的电路
e) 具有三个用乘号表示项目的电路　f) 完整表示的具有三个项目的电路

——被单一符号表示的符号的数目应后缀一个带有方括号乘法符号表示，如 [3x]（见图 1-54b 和 e）。

2) 并联项目：如果相同的项目并联，可按上述的规定简化表示，符号显示具有参照代号的可简化表示，见图 1-55。符号显示应表示端子代号。

3) 串联项目：如果同样的项目串接，且项目间内部连接明显，可用第一个和最后一个项目及其之间的虚线简化表示。项目的参照代号按元件序列表示规则显示，见图 1-56。应在显示的符号上示出子代号。

(4) 技术数据的表达　对用符号表示的与项目有关的技术数据，如需表示时应示于该符号附近。当主要是水平方向表示时，应位于符号上面；主要是垂直方向表示时，应位于符号左面。

技术数据应在参照代号的下方或右方表示，见图 1-57。

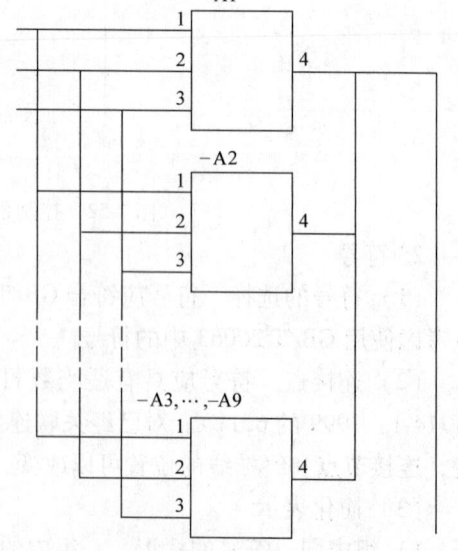

图 1-55 并联相同项目的简化表示

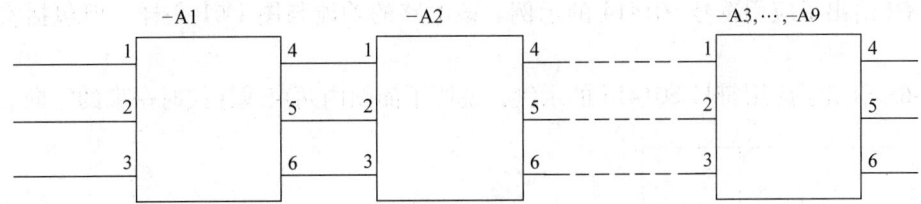

图1-56　串联同样项目的简化表示

如果符号的含义不被改变，技术数据也可表示在符号轮廓内，见图1-58。

图1-57　与符号有关的技术数据示例　　　　图1-58　符号内表示技术数据的示例

3. 连接线

（1）电气或功能互连　连接线应符合 GB/T 4728 中的符号 S00001。符号 S00001 是一条连续的线（见表1-14"其他符号"部分）。

当两条线在特定的点连接的时候，交点应符合 GB/T 4728 的符号 S00019、S00020、S01414 或 S01415，见图1-59。

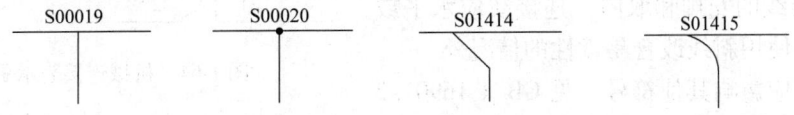

图1-59　表示连接线连接的符号

注：符号 S01414 表示用一条连线表明两条线物理上电气连接。符号 S01415 是进入线束的图示，指明线束的进入方向。

交叉连接线互连的表示应使用符号 S00022，见图1-60。

图1-61 给出了应用符号 S00019 和 S00020 的示例。

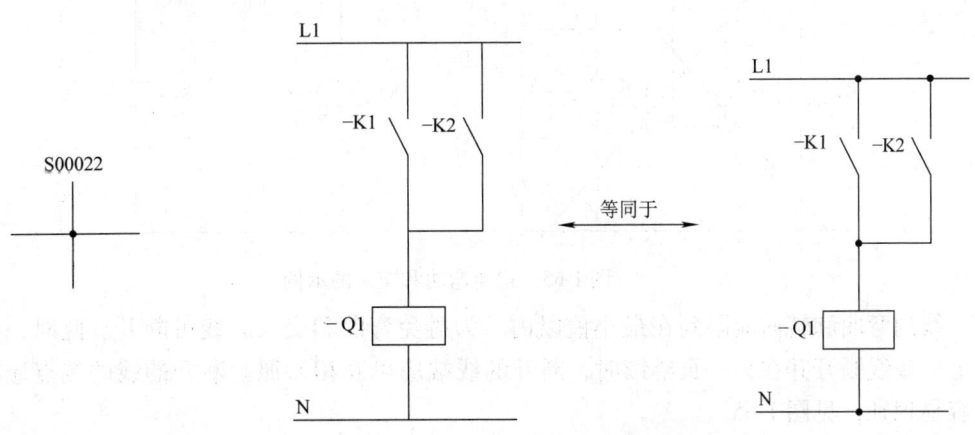

图1-60　表示交叉连接线　　　　　　图1-61　连接线连接示例
　　　　互连的符号

图 1-62 给出了应用符号 S01414 的示例。该电路的功能与图 1-61 一样，但包括实际电线走向。

图 1-63 给出了应用符号 S01415 的示例，说明了简图内两束线连接时一束的方向。

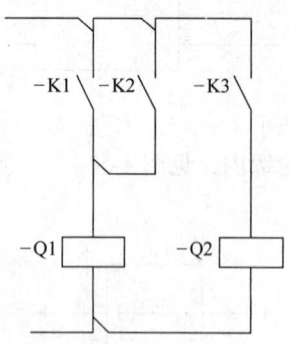

图 1-62 示出实际电线走向的连接线连接的示例

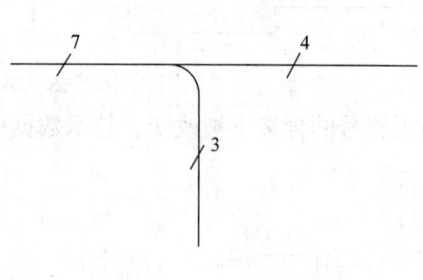

图 1-63 表示线束的连接线连接的示例

（2）光纤互连 光纤互连应按照 GB/T 4728 的符号 S01318 —⚡— 表示。

（3）机械连接 机械连接应按照 GB/T 4728 中的符号 S00144 或 S00147 表示，见图 1-64。符号 S00144 是一条虚线。符号 S00147 是双线（见表 1-14 "其他符号" 部分）。

（4）连接线的安排和取向 连接线应水平或竖直取向，除使用斜线改善易读性的情况外。

连接线不应影响其他符号，见 GB/T 16901.2—2000 的 6.11.2。

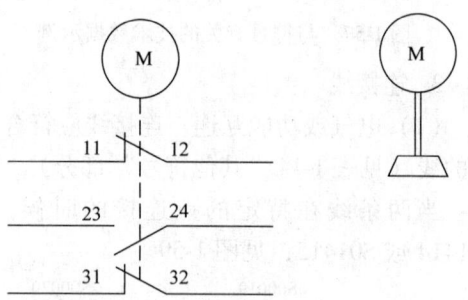

图 1-64 机械连接表示示例

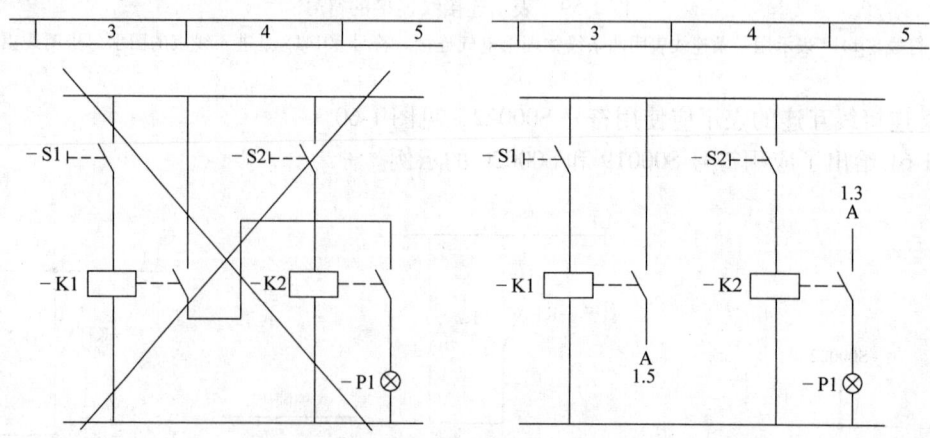

图 1-65 避免弯曲和交叉的示例

线的弯曲和转向应限制在最小值以内。为避免弯曲和交叉，线可断开。此时，以及当一页上一条线断开并在另一页继续时，断开的线端应可互相参照。断开的线的端点应标出，以便容易识别，见图 1-65。

注：在电路图内，可通过按照符合 1.8.5 节 2 的布局原则和运用符合 1.8.5 节 3（3）的分开表示法来避免弯曲和交叉。平行的两条线之间的空间应至少是 $1M$。

在平行的两条线之间书写文字，线间最小距离应是两倍字高，并至少为 2M，见图 1-66。

（5）与连接线关联的技术数据 与连接线关联的技术数据要求：

——应与连接线的关系清楚；

——不与连接线接触或交叉；

——应置于毗邻连接线处，在水平线上和垂直线左侧。

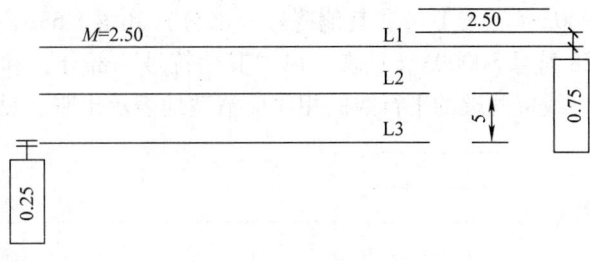

图 1-66 线的间隔

如果标示技术数据时无法毗邻连接线，则应将技术数据置于内容区的其他位置，并有一条指引线或一条基准线指引到那条连接线上。

技术数据应与和连接线有关的任何参照代号或信号代号清楚地区分，见图 1-67。

波形应包括并以通常在示波器上显示的方式表示，其细节应根据应用的需要尽可能详细。

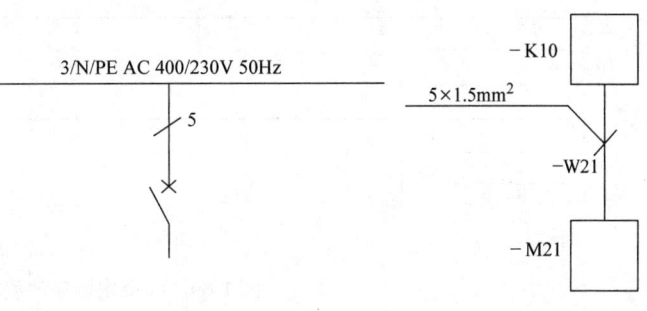

图 1-67 与连接线关联的技术数据示例

直流和交流电路的电气额定值应以符合 GB 17285—2009《电气设备电源特性的标记 安全要求》中示例的方式表示，宜采用缩写形式。

例：

——直流电压 110V：DC 110V；

——三相三线系统 400V：3AC 400V；

——带有 N 和 PE 的三相五线系统 400/230V：3/N/PE AC400/230V 50Hz。

（6）简化表示 多个平行的连接线可用一条线（即线束）以下列的方法表示：

——中断平行连接线，留一定间隔，其间隔之间划一根横线表示线束，横线两端各划一短垂线（见图 1-68a）。

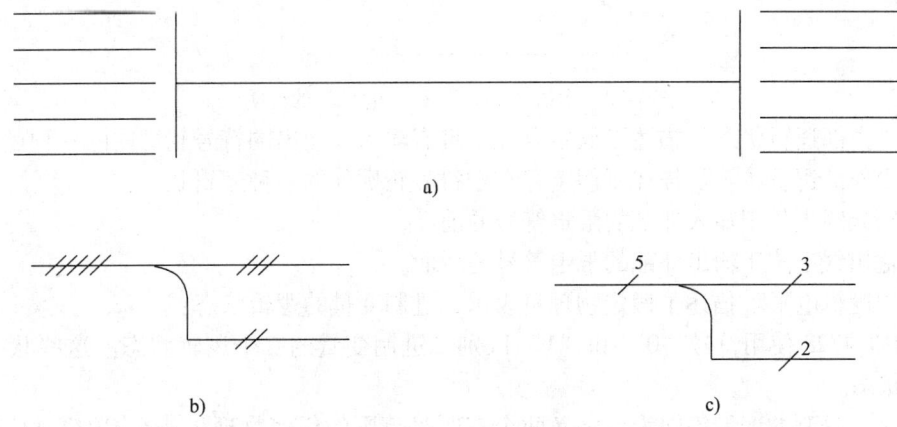

图 1-68 线束的表示

a）用一条线和一短空表示 b）用若干斜线表示 c）用数字表示

——用束表示的平行线的数目应通过加划与连接数目一样多的斜线（见 GB/T 4728 符号 S00002（见表 1-14 "其他符号" 部分）和图 1-68b，或加划一条斜线后跟连接数目（见 GB/T 4728 符号 S00003（见表 1-14 "其他符号" 部分）和图 1-68c）来表示。

线束两端的平行线的相序应清楚地表示出来，见图 1-69。

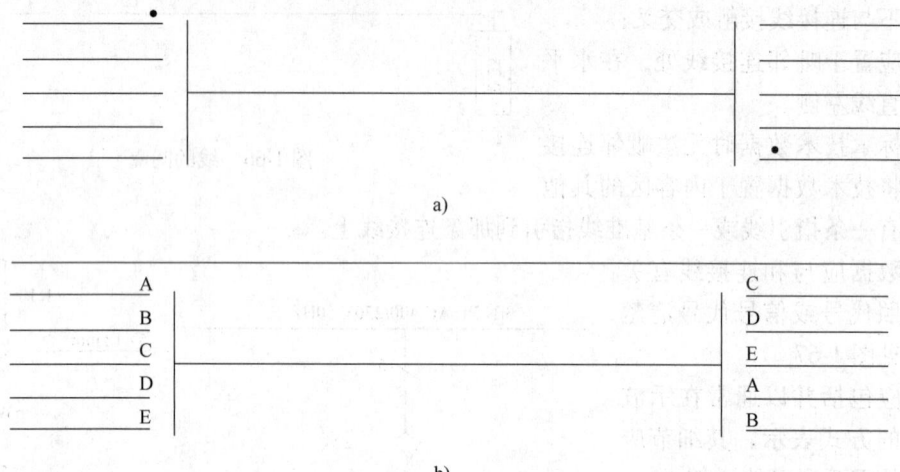

图 1-69　线束内顺序的表示
a）使用一个点表示第一个连接　b）表示对应连接

4. 二进制逻辑电路的表达

（1）逻辑约定和逻辑极性指示

1）总则：逻辑状态和用于表达这些状态的物理量的名义值（逻辑电平）之间的关系应通过在简图中使用下列各项方法之一表示：单逻辑约定（相对符号）和直接逻辑极性约定（绝对符号）。

图 1-70 所示说明了术语 "状态" 和 "电平"：

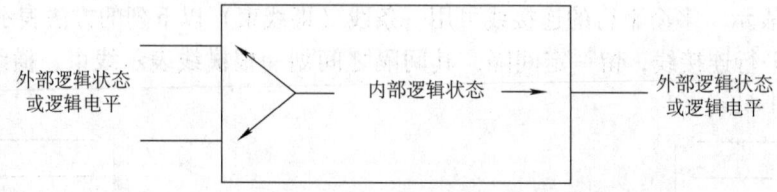

图 1-70　术语 "状态" 和 "电平" 的说明

——"内部逻辑状态" 描述了假定存在于带有输入或输出的符号轮廓内的一种逻辑状态。

——"外部逻辑状态" 描述了假定存在于符号轮廓外的一种逻辑状态：

- 在输入线上位于输入外部的限定符号的前面；
- 在输出线上位于输出外部的限定符号的后面。

——"逻辑电平" 描述了假定物理量表示二进制变量的逻辑状态：

- GB/T 4728 使用符号 "0" 和 "1" 区别二进制变量的二个逻辑状态。这些状态称为 0 状态和 1 状态。
- 一个二进制的变量等同为可定义两个有明显范围的任何物理量。在 GB/T 4728 中这些明显的范围称为逻辑电平并表示为 "H" 和 "L"。"H" 用来表示正的代数值的逻辑电平，而 "L" 用来表示负的代数值的逻辑电平。

2) 单一逻辑约定：单一逻辑约定表示在简图或简图的一部分内的给定外部逻辑状态和逻辑电平之间对应关系在所有输入和输出是相同的。

GB/T 4728 符号 S01466 和 S01467（见表 1-14 "二进制逻辑元件"部分）应用于输入或输出端的逻辑非符号表明内部和外部的状态是端子之间的彼此互补。

① 正逻辑约定：物理量正得较多的值（H 电平）符合外部的 1 状态。正得较少的值（L 电平）符合外部的 0 状态。如果需要的话，正的逻辑约定可表示为

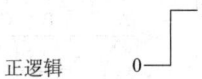

② 负逻辑约定：物理量正得较少的值（L 电平）与外部的 1 状态相对应。正得较多的值（H 水平）与外部的 0 状态相对应。负逻辑约定的使用在简图中或在支撑文件中应表示为

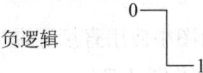

图 1-71 给出了在简图中使用正逻辑约定的示例。

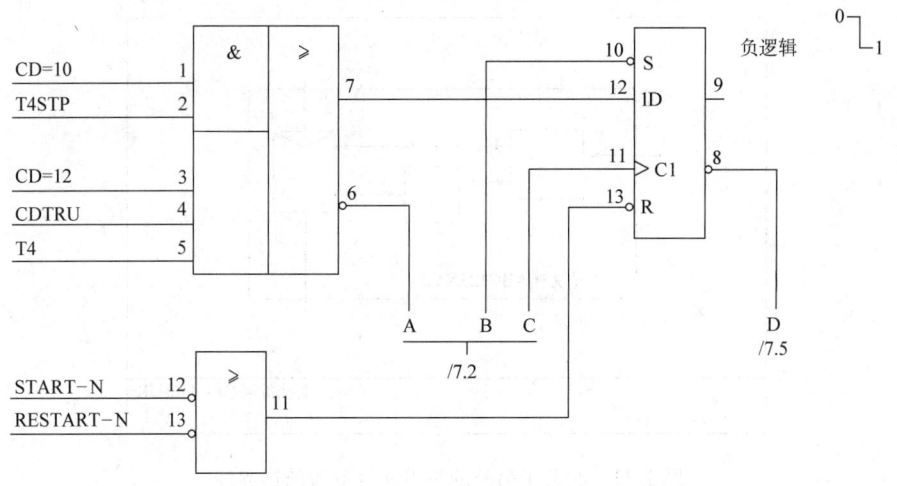

图 1-71　电气简图中使用正逻辑约定的细节

3) 直接逻辑极性约定：直接逻辑极性约定表示每个二进制逻辑元件的各个输入的内部逻辑状态和外部逻辑状态之间的关系，应直接使用逻辑极性符号 ［GB/T 4728 符号 S01468 ~ S01471（见表 1-14 "二进制逻辑元件"部分）］ 的有或无的方式表示。

逻辑极性符号应用于输入或输出端以表示外部的低电平符合该端的内部 1 状态。

注：无逻辑极性符号的含义即（外部的）低电平对应该端的内部 1 状态。

（外部）逻辑电平和信号状态之间的关系应只能定义为符合 GB/T 16679—2009 的信号代号。

图 1-72 给出了电气简图中使用直接逻辑极性约定的示例。

对按直接逻辑极性约定绘制的但未示出表示逻辑极性符号的电气简图，在简图中或在支撑文件集内应示出采用的直接逻辑极性约定的说明。

5. 边界线　边界线应由符合 GB/T 4728 的符号 S00064 的水平线和竖直线构成。符号 S00064 是一条点划线（见表 1-14 "符号要素"部分）。

一个边界线应表示一个项目。此项目应由边界线里显示的多个项目组成，并可简化表示，

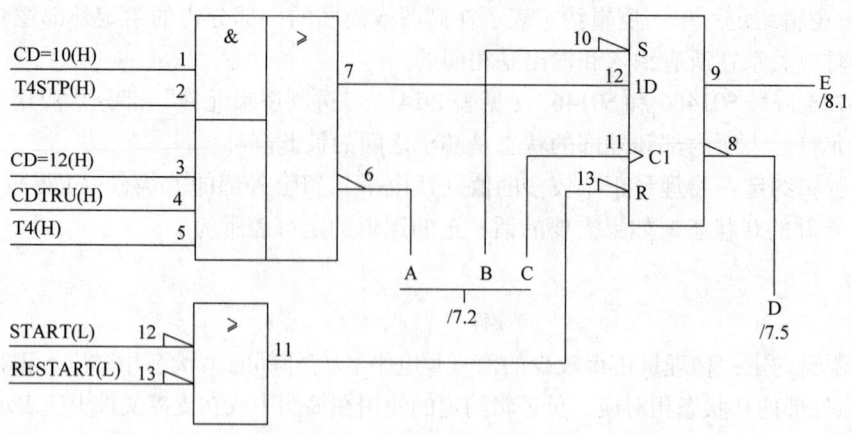

图 1-72　电气简图中使用直接逻辑极性约定的细节

且带有一份比较详细的文件以供参考，见图 1-73。

边界线应与其所表示的项目的参照代号结合使用。

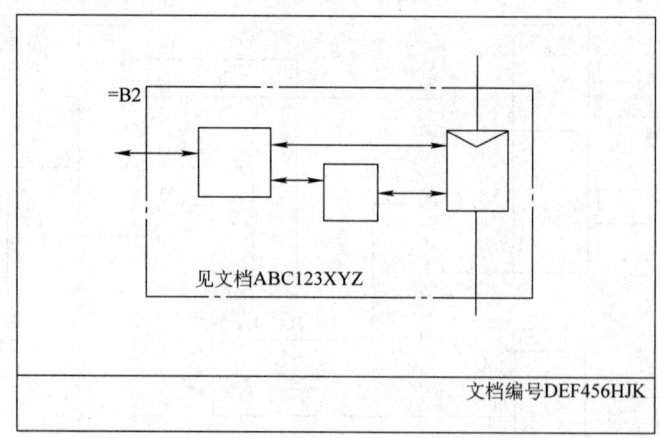

图 1-73　有关于另外的一份文件参考的边界线

6. 参照代号的表示

（1）符号　当一个符号主要是用竖直端线表示时，与符号相关的参照代号应置于符号的左边，见图 1-74a；当一个符号主要是用水平线表示时，与符号相关的参照代号应置于符号的上边，见图 1-74b。

（2）连接线　与连接线有关的参照代号：

——应清楚地关联到相关连接线；

——不应与连接线接触或交叉；

——应置于邻近连接线的位置，在水平连接线上面和竖直连接线左边，而且顺着连接线的方向。

如果不可能将参照代号置于邻近连接线的地方，它应置于内容区的其他地方，并有一条指引线或一条基准线到那条连接线。见图 1-75。

参照代号应清楚地与任何与连接线有关的信号代号或技术数据分开。

（3）边界线　与边界线相关的参照代号应置于边界线的上面左边缘，或边界线的左方和上面边缘。

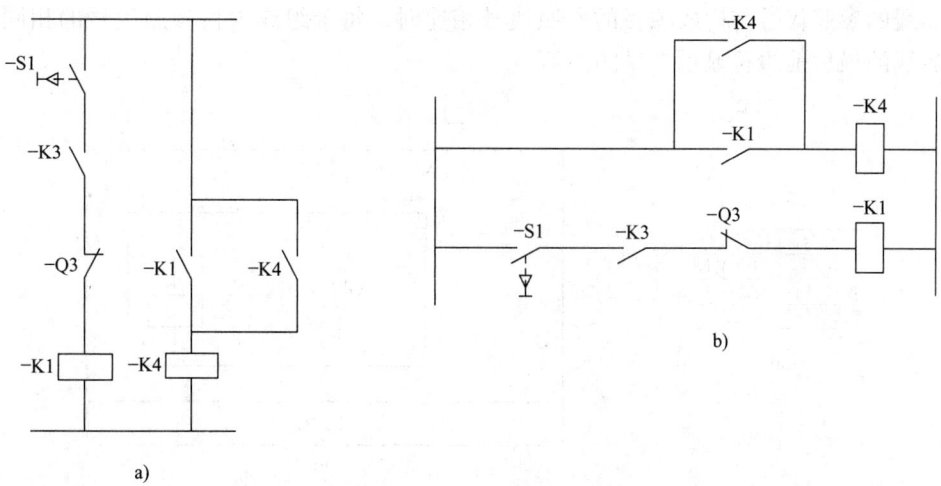

图 1-74 符号附近参照代号的位置
a) 使用竖直端线 b) 使用水平端线

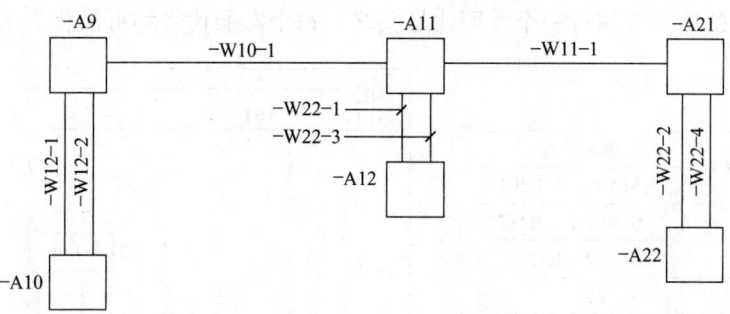

图 1-75 与连接线有关的参照代号示例

对于边界线内的项目,其参照代号对应的边界线的参照代号不应用单独的项目表示,见图 1-76。

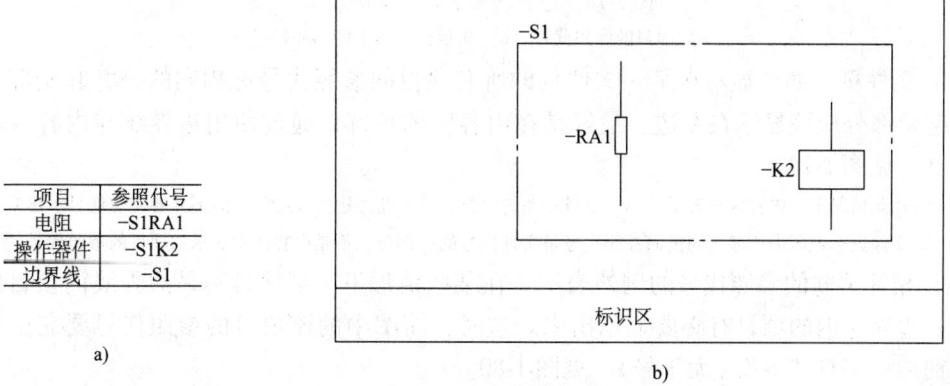

图 1-76 边界线参照代号的表示
a) 项目的参照代号 b) 在简图内表示的参照代号

如果与边界线相关的最后一个单层参照代号有与构成项目的第一个单层参照代号不同的方面(即符合 GB/T 5094.1—2002 的转换),与参照代号有关的边界线应将后者的前缀符作为后缀,见图 1-77。

边界线的参照代号与构成项目的参照代号相连时,每个组成项目参照代号的相同前缀符作为边界线的最后前缀符显示,见图1-77。

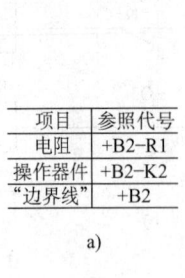
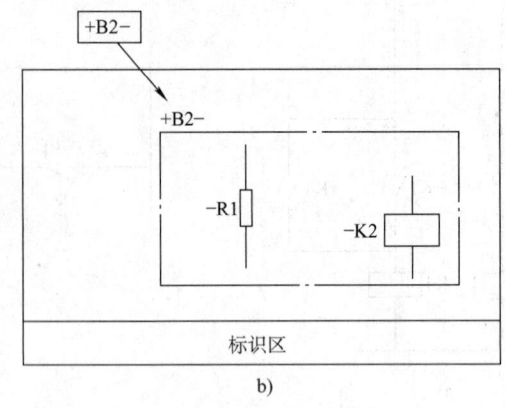

图1-77 包括不同方面的参照代号的表示
a) 项目的参照代号　b) 显示在简图上的参照代号

如果所表示的项目与超过一个参照代号关联,每个参照代号均可简化表示,见图1-78。

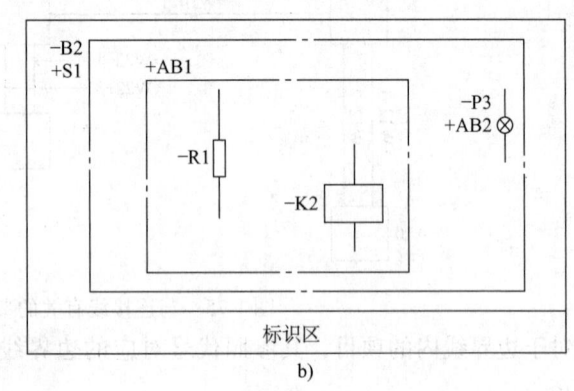

图1-78 边界线参照代号集的表示
a) 项目的参照代号　b) 显示在简图上的参照代号

（4）文件页　如果显示在某一文件页的所有项目的参照代号有相同的公共起始部分,这公共的起始部分应该显示在左边,最好是在内容区的顶部,通过使用边界线与内容区的其他部分分开,见图1-79。

注：1. 在此情况下,内容区将表示与单一项目相关的信息,并因此用边界线封闭,而不需要完全地显示出来。
　　 2. 文件页标识区中所显示的任何参照代号是文件代号的一部分,不是内容区中显示的项目的参照代号的一部分。

（5）相互关联的参照代号的例外表示　在某些情形下,某项目不是边界线内项目的组成部分时,边界线内的项目有必要显示出来。这时,简图中的该项目的参照代号要完全显示出来,且前加一字符"＞"（大于号）,见图1-80。

7. 端子代号的表示　端子代号应置于水平线连接线之上和竖直连接线的左边。端子代号应顺着连接线的方向,详见GB/T 16901.2—2000,见图1-81。

8. 信号代号的表示　要求信号代号：
——应清楚地与有关的连接线相关联;
——应不与连接线接触或交叉;

项目	参照代号
电阻	+S1C4/=A1B2/−B3A3R1
操作器件	+S1C4/=A1B2K1/−B3A3K2
灯	+S1C1/=A1P1/−B3P3
"边界线"	+S1C4/=A1B2/−B3A3
"页内容区"	+S1/=A1/−B3

a)

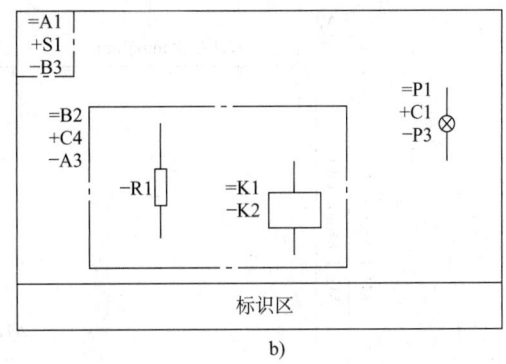

b)

图 1-79 参照代号的表示

a) 项目的参照代号　b) 显示在简图上的参照代号

项目	参照代号
电阻	+S1C4/=A1R2/−B3A3R1
操作器件	+S1C4/=B2K1/−B3A3K2
灯	+S1C1/=A1P1/−B3P3
灯	+S1C4/=P1/−P3
"页内容区"	+S1/=A1/−B3

a)

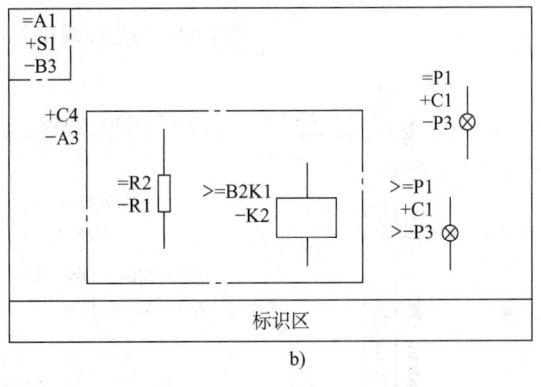

b)

图 1-80 相互关联的参照代号例外的表示

a) 项目的参照代号　b) 显示在简图上的参照代号

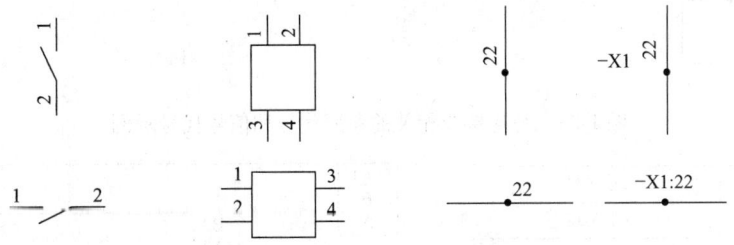

图 1-81 端子代号表示的示例

——应置于邻近连接线的位置，在水平连接线上面和竖直连接线左边，而且顺着连接线的方向。

如果不可能将信号代号置于邻近连接线的地方，它应置于内容区的其他位置，并有指引线或基准线指到那条连接线，见图 1-82。

信号代号应清楚地与任何同连接线有关的参照代号或技术数据分开，见图 1-83。

对边界线内表示的信号代号，参照代号部分应按照 1.8.2 节 6（2）、（4）和（5）的连接规则进行表示。边界线或文件页内所显示的、计划放在信号代号前面的参照代号，应用";"（分号）作后缀，见图 1-84。

注：1. 没有"分号"（;）字符后缀的边界线架或文件页内所表示的参照代号不可位于任何信号指示之前。

2. GB/T 16679—2009 规定了为信号名字分配参照代号的不同方法。表示信号指示的规则与应用的方法无关。

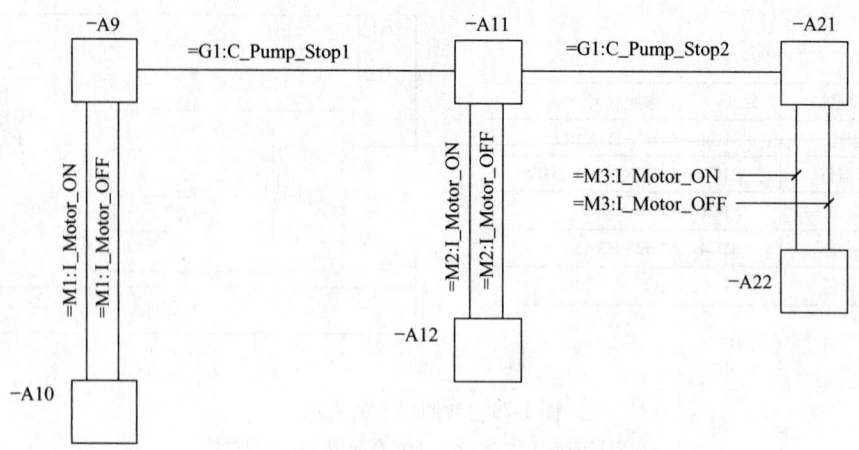

图 1-82 与连接线相关的信号代号的示例

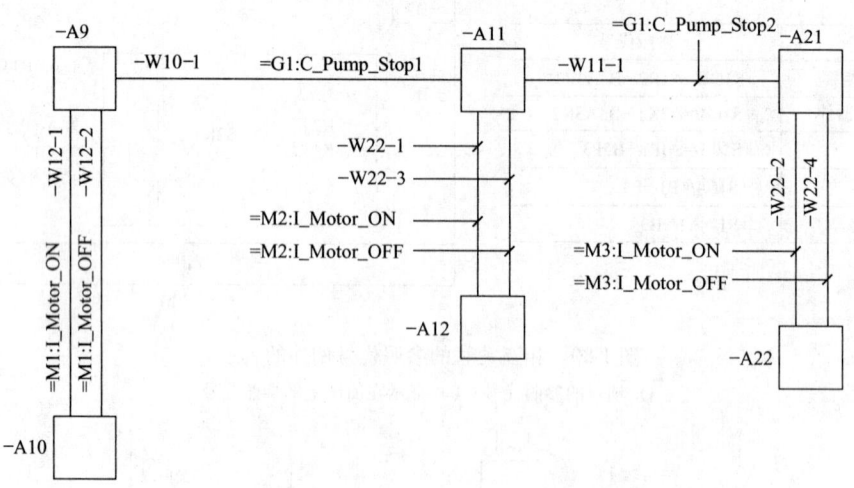

图 1-83 与连接线相关的参照代号和信号代号示例

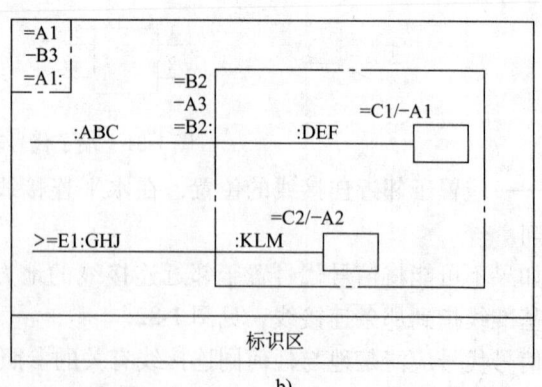

图 1-84 信号代号的表示
a) 信号的信号代号 b) 显示在简图上的信号代号

9. 多回路电路的表示方法　多回路电路可表示为

——所有回路均表示的多线表示，见图 1-85a；

——所有回路用一个回路和回路数目表示的单线表示,见图 1-85b。

如果不会造成混乱,回路数目的指示可省略,见图 1-89。

注:多回路电路的单线表示与 1.8.2 节 3 (6) 中线束的表示是不同的。

10. 突出表示的电路 强调的电路可用下述方法表示:

——使用颜色;

——使用阴影;

——符号的比例缩放 (见 GB/T 16901.2—2000);

——按 1.8.1 节 4 的规则增加线宽。

注:增加线宽可用于连接线、符号或两者兼用。

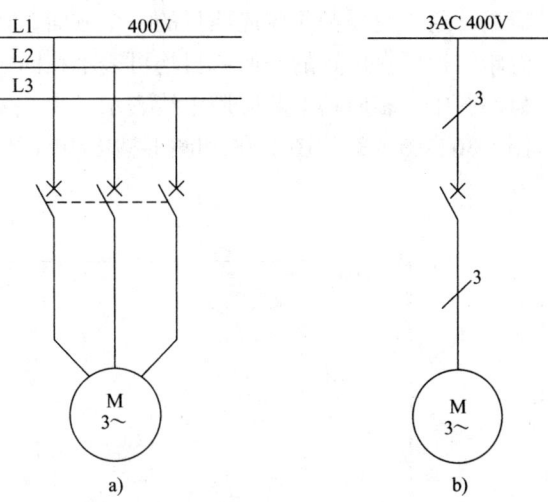

图 1-85 多回路电路的示例
a) 多线表示 b) 单线表示

1.8.3 概略图

概略图通过展示项目的主要成分和它们之间的关系来提供项目的总体印象,如收音机、发电厂或控制程序。关于项目的详细信息应在其他文件类型中表示。

概略图可包括非电气的组成部分。

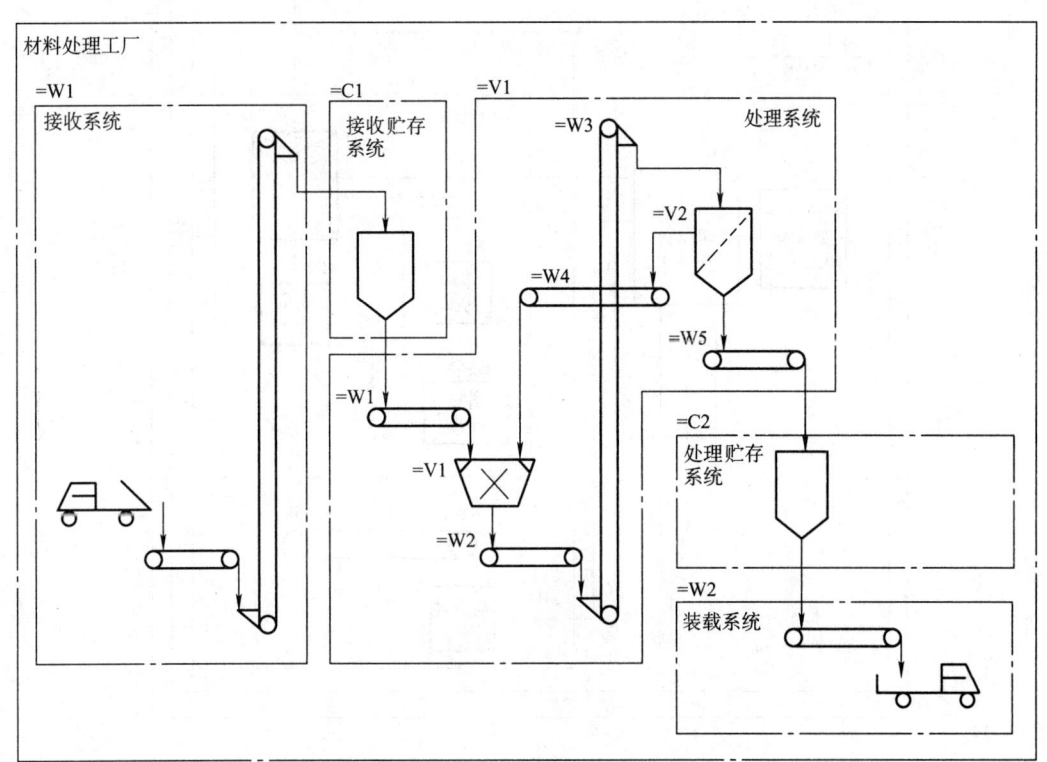

图 1-86 材料处理工厂概略图 (示例取自 GB/T 5094.1—2002)

概略图通常应强调所描述项目的一个方面,如功能方面、地形学方面、连接性方面。忽略结构所在位置的任何项目均可表示在同一个概略图中。

概略图中,多回路电路应用单线表示。

图 1-86、图 1-87、图 1-88 和图 1-89 给出了不同概略图的示例。

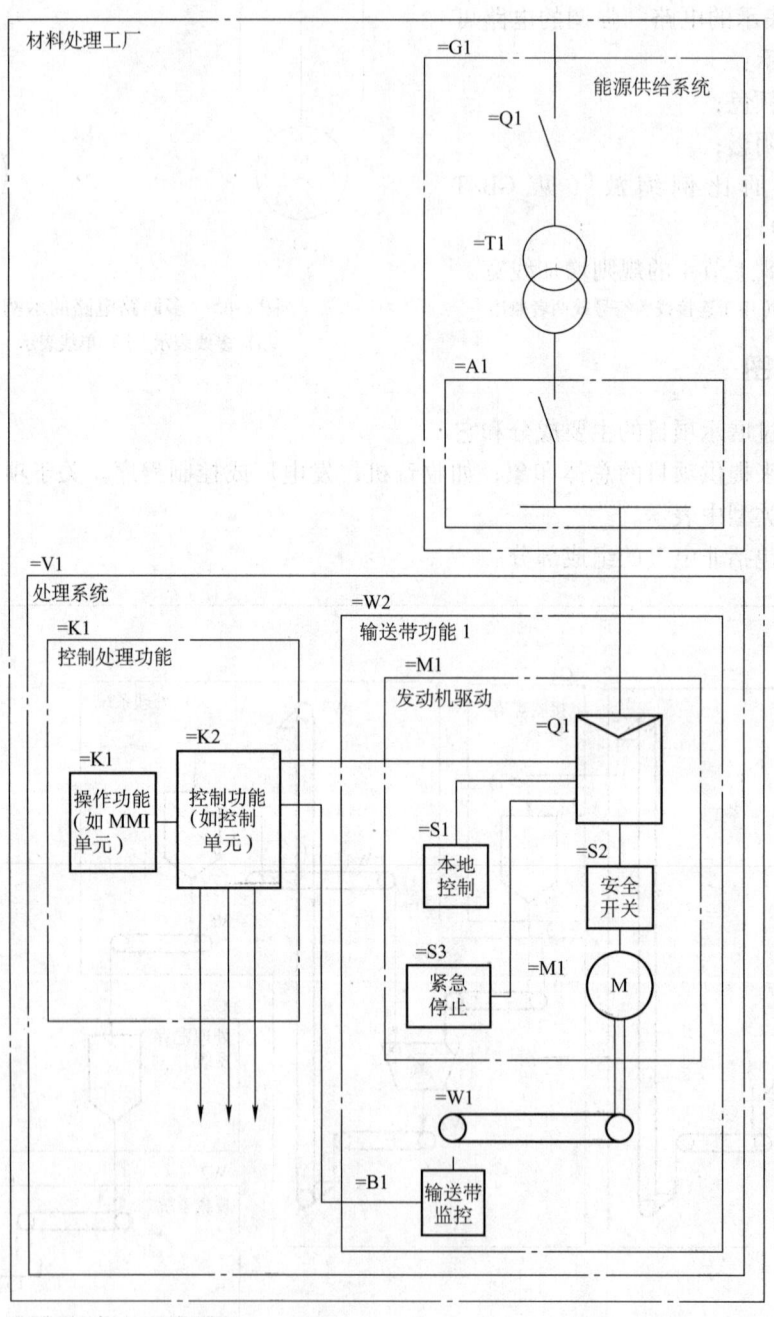

图 1-87 输送带子功能的概略图(示例取自 GB/T 5094.1—2002)

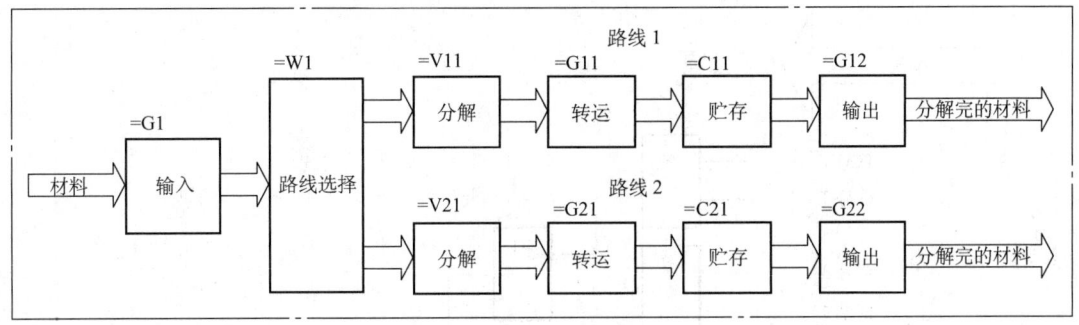

图 1-88 处理厂概略图

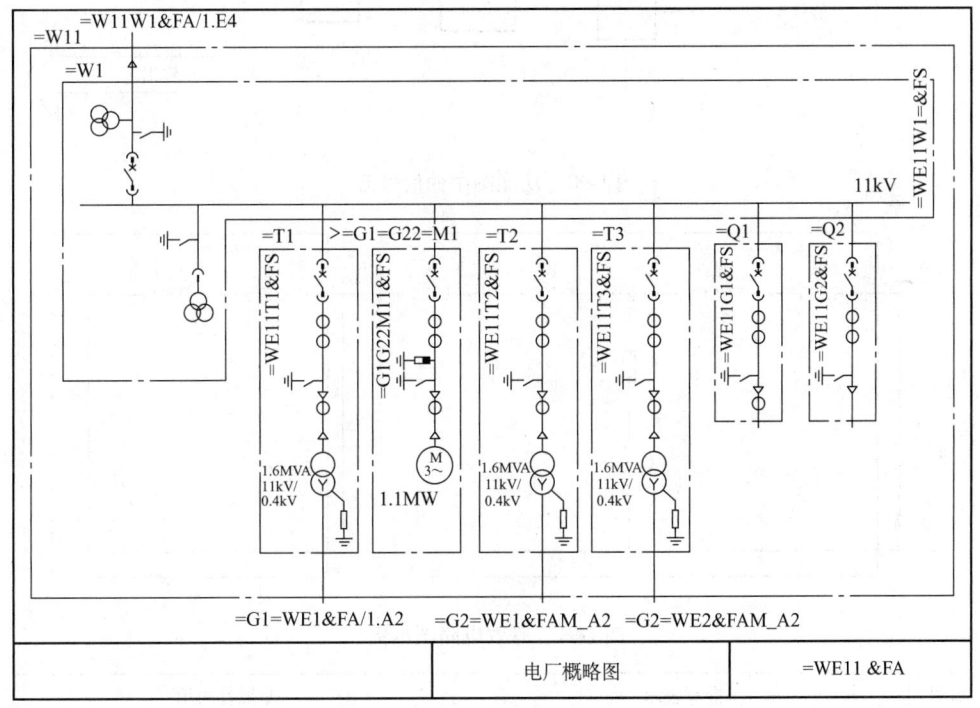

图 1-89 电厂概略图

1.8.4 功能图

1. 总则 功能图表示项目成分间的功能的联系,描述了项目的功能面(忽略其使用)。

注：GB/T 4728 既包含抽象的功能符号,也包括用于表示元件的符号。

功能图的主要信号流应从左至右和从顶至底,见图 1-90。

功能图可包括符合 GB/T 21654—2008《顺序功能表图用 GRAFCET 规范语言》的步进和转换的表示。

2. 等效电路图 等效电路图应符合 IEC 60375：2003 中电路和磁路的规定。图 1-91 给出了变压器及其负载计算的示例。

3. 逻辑功能图 逻辑功能图中应采用正单逻辑约定(见 1.8.2 节 4 (1) 2))。逻辑非的数目应尽量少,以便于理解,见图 1-92。

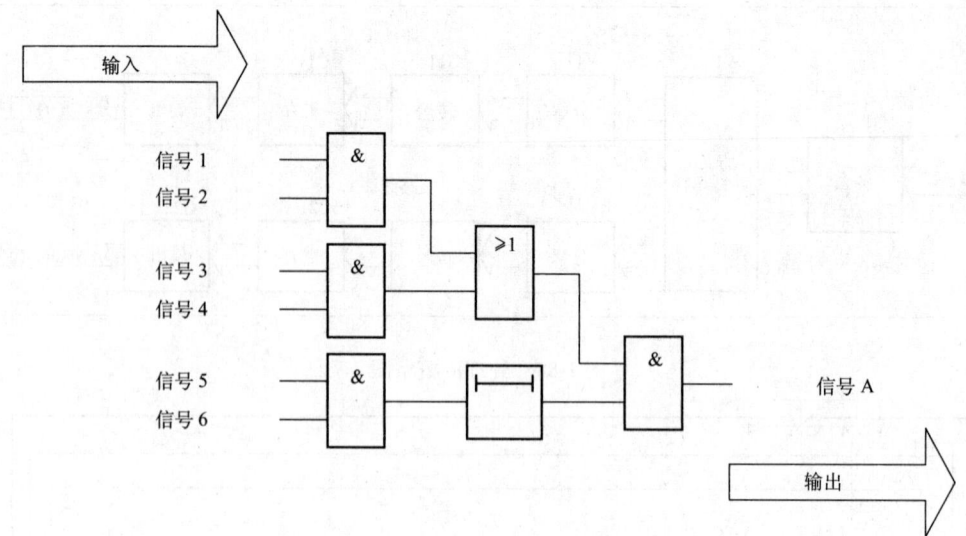

图 1-90　功能图中的信号流

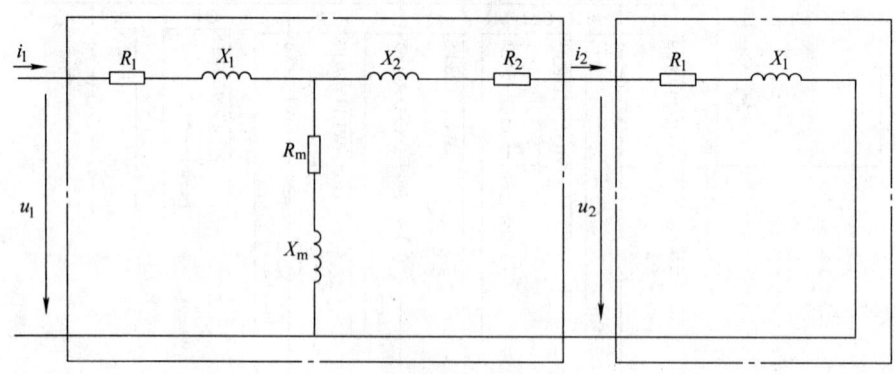

图 1-91　等效电路图示例

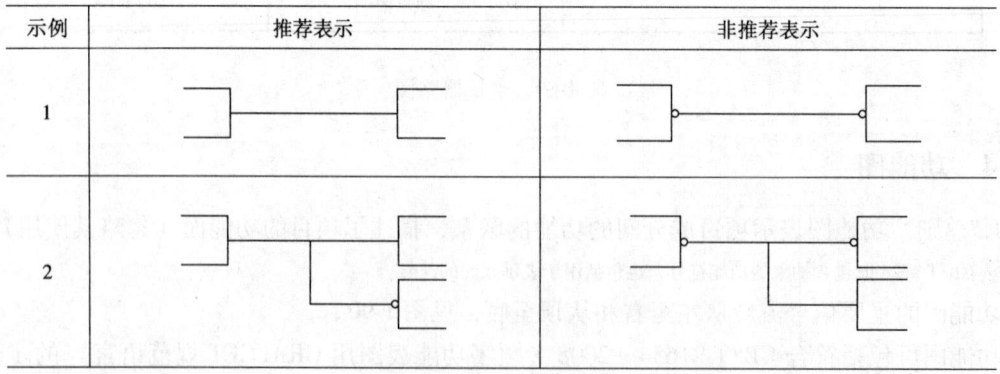

图 1-92　逻辑非的最低应用

1.8.5　电路图

1. 一般规定　电路图至少应表示项目的实现细节，即构成元器件及其相互连接，而不考虑元器件的实际物理尺寸和形状。它应便于理解项目的功能。

电路图应包括下列内容：

——图形符号；
——连接线；
——参照代号；
——端子代号；
——用于逻辑信号的电平约定；
——电路寻迹必需的信息（信号代号、位置检索）；
——了解项目功能必需的补充信息。

2. 布局　简图应突出：

（1）过程或信号流方向，通过将符号排列整齐并使电路连线直通，见图1-93。

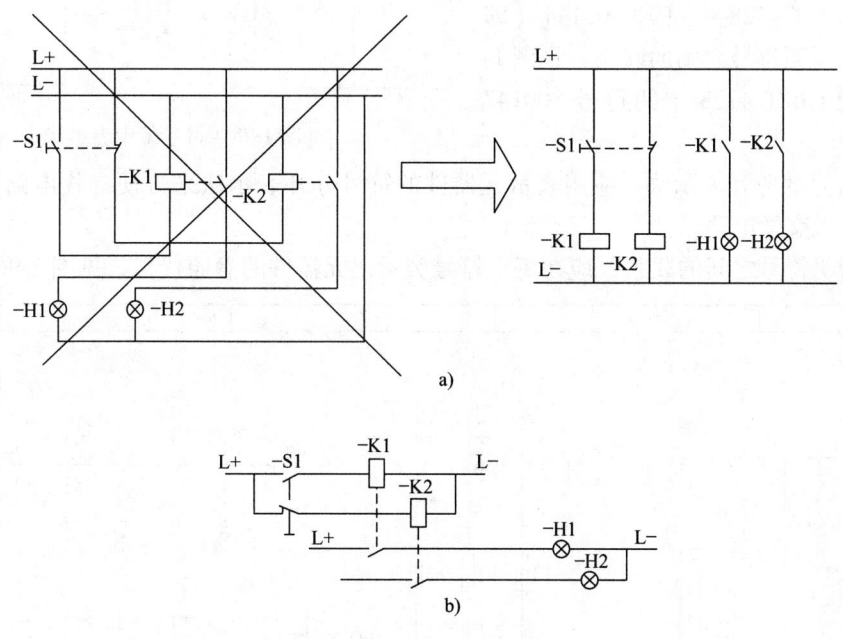

图1-93　符号的排列

a）元件多符号表示法的分散表示　b）元件多符号表示法的半集中表示方法

（2）功能关系，将功能相关元件放到一起进行符号分组，见图1-94。

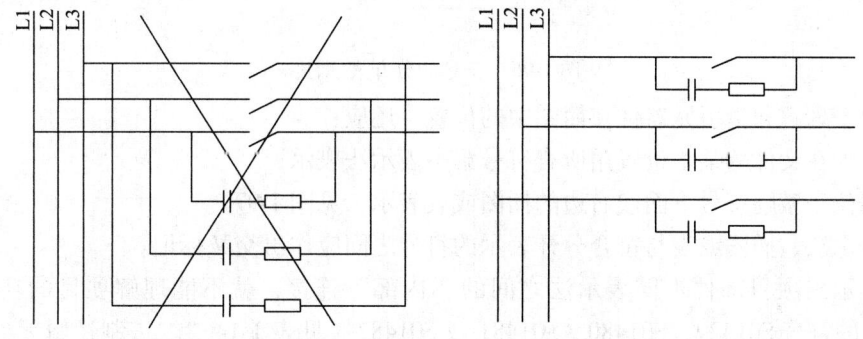

图1-94　功能相关元件的符号分组

3. 元件表示方法

（1）一般规定　元件可用单个符号或几个符号的组合表示。

单个符号可用一处，或用于不同的位置（重复表示法）。

表示符号的组合可彼此相邻（集中表示法）或彼此分开（分开表示法）。

（2）符号的集中表示法　表示元器件的符号集中表示法应仅用于表示简单的非大型电路。

可用 GB/T 4728 中符号 S00144（即一条虚线）说明符号之间的联系，见图 1-95；也可用 GB/T 4728 中的符号 S00147（即双线）。

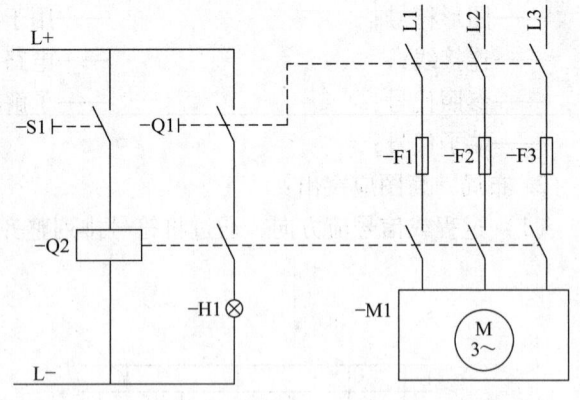

图 1-95　符号集中表示法

（3）符号的分开表示法　应用表示元器件的符号分开表示法来方便寻找电路路径并实现布局清晰、无交叉电路。

为了指明符号之间的联系，应在每个符号旁示出元器件的参照代号，见图 1-96。

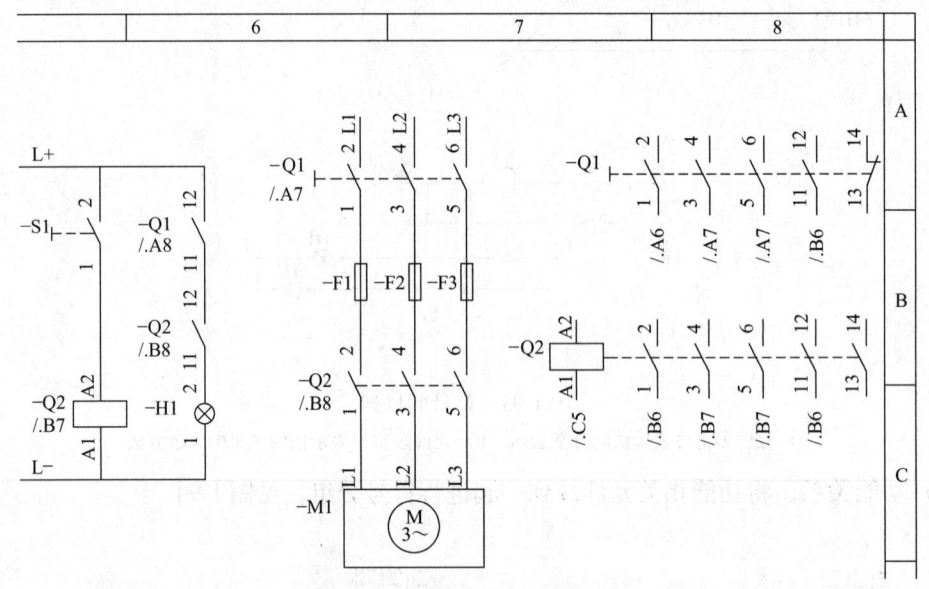

图 1-96　符号的分开表示法

为了便于理解和指引元器件在简图中的位置，还应：

——至少在文件的某个位置用所有符号集中表示法表示；

——用位于激励符号下面或右边的插图或表表示，见图 1-97。

集中表示法、插图或表与符合分开表示的符号之间应作出交叉标记。

如果不示出项目部件不同表示法之间的"内部"连接，就不能理解项目的功能，应用 GB/T 4728 的符号 S01479、S01480、S01481 或 S01482（见表 1-14 "二进制逻辑元件"部分）指明这种连接，见图 1-98。

（4）符号的重复表示法　可用表示元器件符号的重复表示来实现布局清晰、无交叉电路。

应只在简图内符号的某一位置连接符号的连接节点。

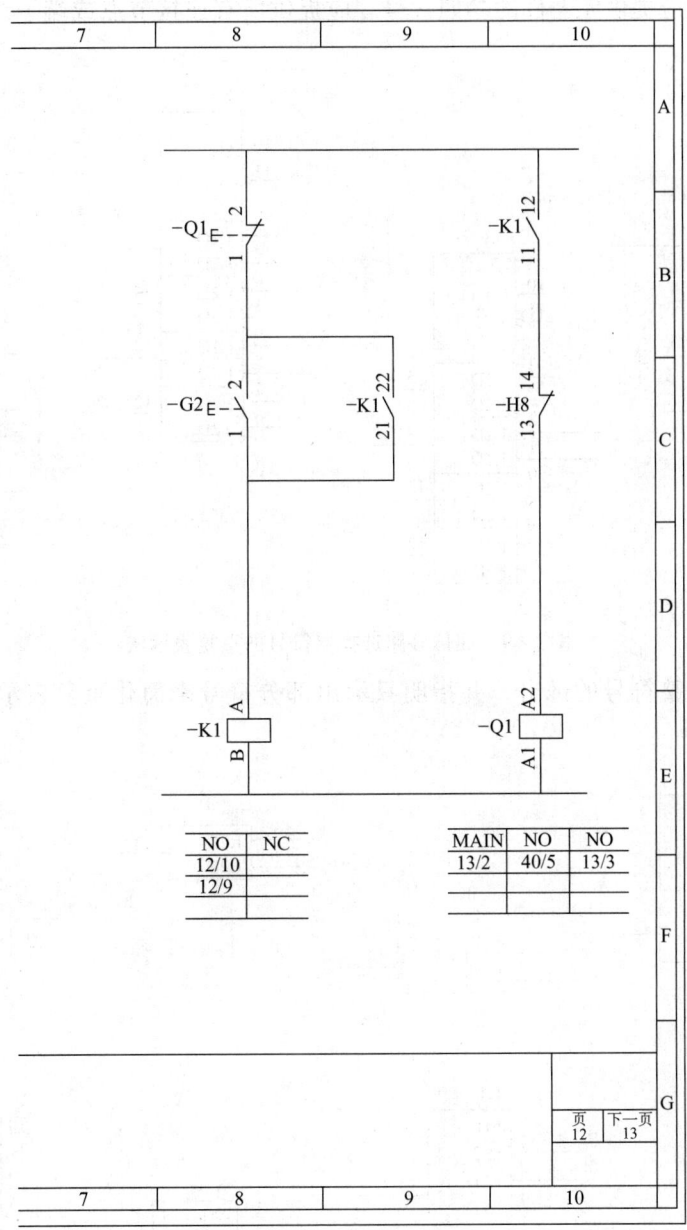

图 1-97 插表用法示例

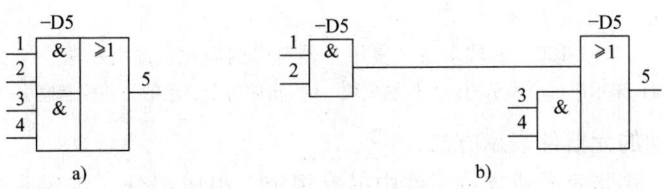

图 1-98 内部连接表示示例
a) 集中表示 b) 用内部连接表示

符号每次出现应提供元器件的参照代号。应提供所有连接节点或端子线的端子代号，见图1-99。

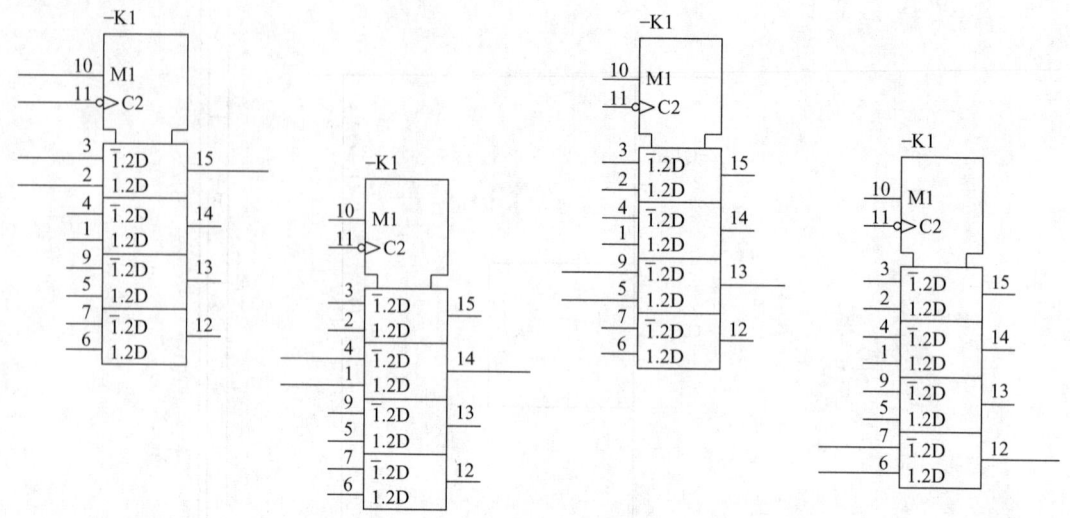

图1-99　四位多路选择器符号的重复表示法

可用只表示完整符号的部分、并指明只示出部分符号来简化重复表示的符号，见图1-100。

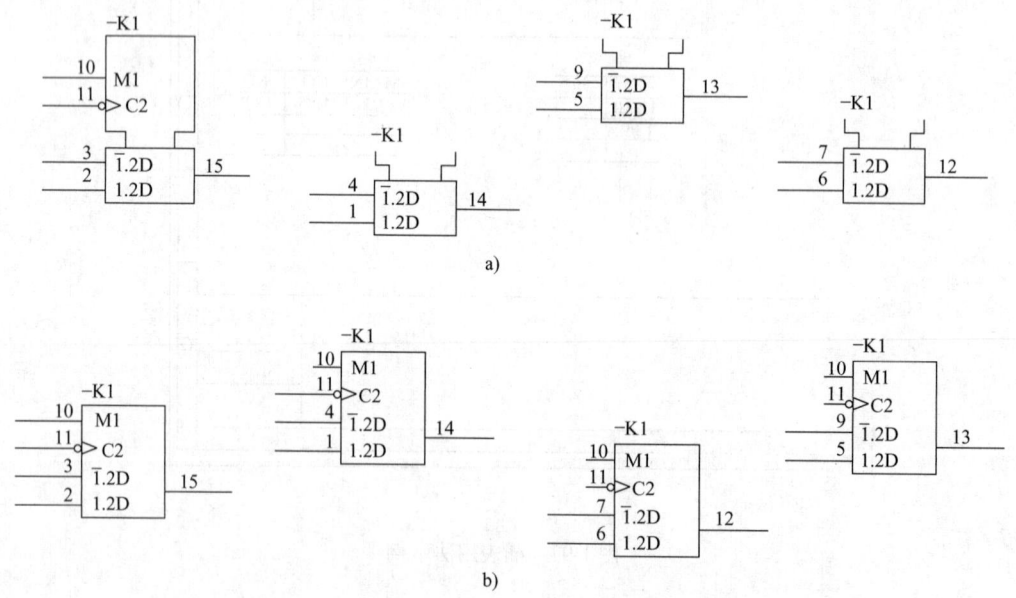

图1-100　四位多路（复用）器符号的简化重复表示法
a）未示出每个表示的公共控制模块　b）指明每个表示的公共控制模块

4. 组成部分可动的元器件表示方法

（1）工作状态　除非简图或支持文件中另有规定，组成部分（如触头）可动的元器件符号应按照如下规定的位置或状态绘制：

——单一稳定状态的手动或机电元器件，例如继电器、接触器、制动器和离合器在非激励或断电状态；

——断路器和隔离开关在断开（OFF）位置；

——对于能在两个或多个位置或状态的任何一个静止的其他开关器件，必要时，应在图中给出解释；

——标有断开（OFF）位置的多个稳定位置的手动控制开关在断开（OFF）位置；

——未标有（OFF）位置的控制开关在简图中规定的位置；

——应急操作、待机、告警、测试等控制开关，应表示在设备正常工作时所处的位置，或其他规定的位置；

——由凸轮、变量（如位置、高度、速度、压力、温度等）控制的引导开关在简图中规定的位置。

(2) 功能说明 对于功能复杂的手动控制开关，如需要理解功能，应在简图中增加图示，见图 1-101。

对于监控开关，图中应在邻近符号处有操作说明。该说明的图，见图 1-102；其注释见图 1-103。

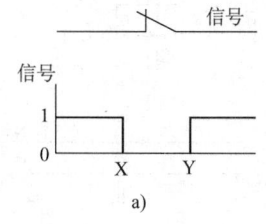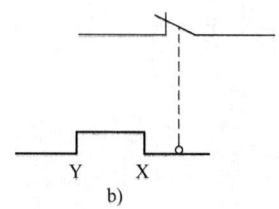

图 1-101 有表图补充的开关符号

解释：触头在位置 X 和 Y 之间断开

图 1-102 监控开关示例

a) 具有表图补充的开关符号 b) 具有表图补充的凸轮符号

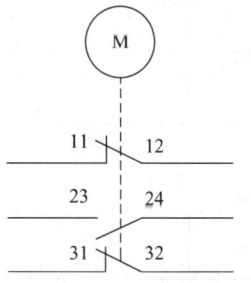

$n=0$ 时，11-12 闭合

$100\text{r/min} < n < 200\text{r/min}$ 时，23-24 闭合

$n > 1400\text{r/min}$ 时，31-32 断开

图 1-103 有注释补充的监控开关符号

(3) 用触头符号表示半导体开关的方法 半导体开关应按其初始状态即辅助电源已合的时刻绘制。

(4) 触头符号的取向 为了与设定的动作方向一致，触头符号的取向应该是：当操作元器件时，水平连接线的触头，动作向上；垂直连接线的触头，动作向右，见图 1-104。

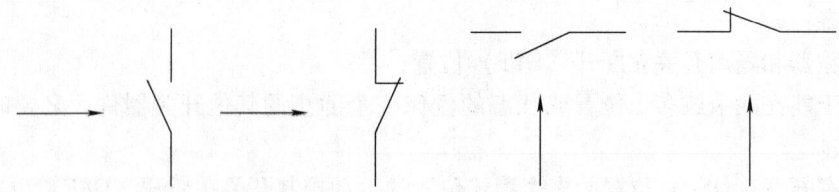

图 1-104 触头符号的取向

注：图 1-104 中的箭头指明动作设定方向，并不是符号的一部分。

5. **电源电路的表示方法** 表示电源的连接线应按下面顺序自上而下或自左至右示出。

——对于交流电路：L1、L2、L3、N、PE，见图 1-105；

——对于直流电流：L+、M、L-，即正极到负极，见图 1-106；

连接线应彼此相邻示出，或置于电路分支的另一侧以满足 1.8.5 节 2 的要求，见图 1-105、图 1-106 以及图 1-93 和图 1-94 的右边。

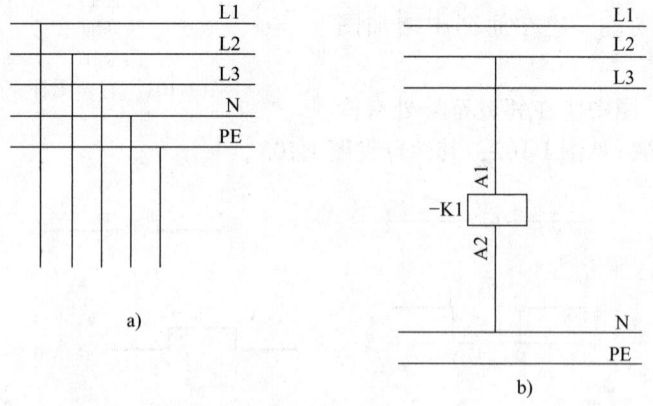

图 1-105 交流电源电路的表示方法
a) 元器件多符号表示法分开表示 b) 元器件多符号表示法半集中表示

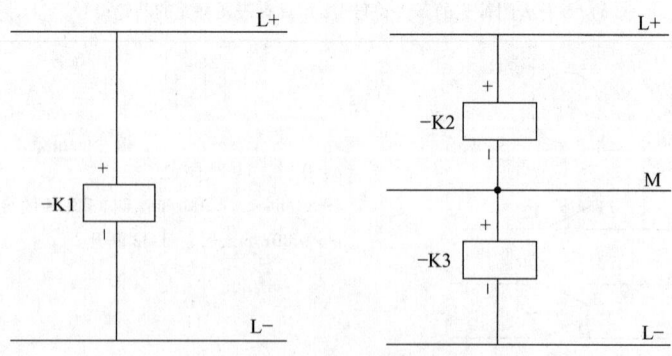

图 1-106 直流电源电路的表示方法

6. **二进制逻辑元件的表示方法** 应选择二进制逻辑符号使输入处的逻辑极性或逻辑非指示与反馈该输入的信号源处相同，见图 1-107。

如果信号源端与目的地端的逻辑极性或逻辑非指示失配，应跨过连接线示出短垂直线。与连接相关的信号名应与连接线的有关部分相关，即与极性指示一致，见图 1-108。

第 1 章 常用设计数据与技术标准

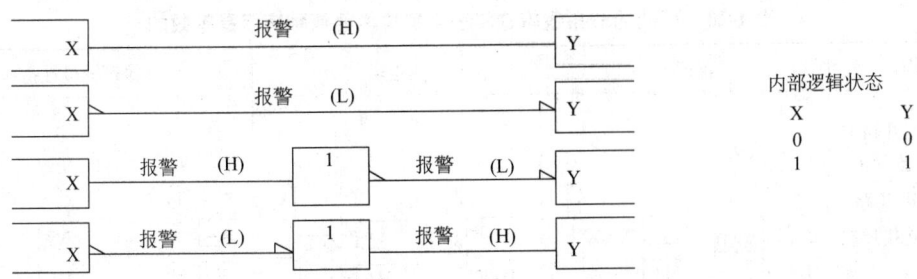

图 1-107 逻辑极性指示用法示例

7. 引出端数量很多的图形符号 如果表示器件的符号有大量的端子，不能用一页图示出符号，且如果不能用器件的其他方法表示时，应在适当的地方，按 1.8.5 节 3 (3) 分开表示法的规则，在不同的页面示出符号的不同部分的分解符号，见图 1-109。

8. 线功能（线"与"、线"或"） 线"与"功能应用下列方法示出：

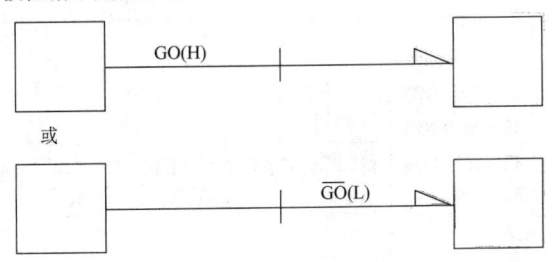

图 1-108 失配指示示例

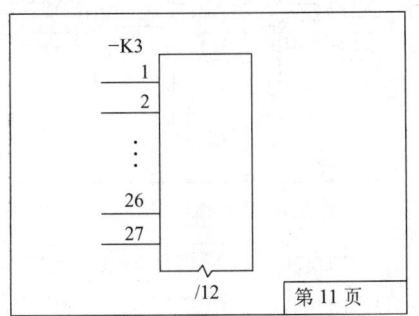
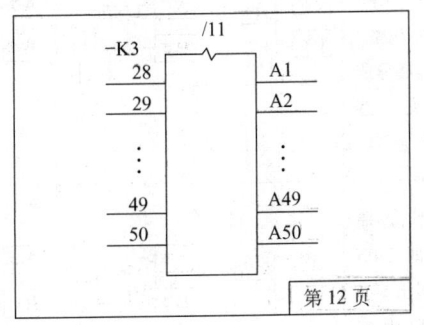

图 1-109 符号分解表示示例

——靠近接点的"与"功能（&）限定符号；

——用"与"功能符号［GB/T 4728 中的符号 S01567（见表 1-14"二进制逻辑元件"部分）］与 GB/T 19679—2005《信息技术 用于电工技术文件起草和信息交换的编码图形字符集》的字符"开路输出符"。

（◇）一起作为指明线功能限定符号代替接点。

线"或"功能应用下列方法示出：

——靠近接点的"或"（≥1）功能限定符号；

——用"或"功能符号［GB/T 4728 中的符号 S01566（见表 1-14"二进制逻辑元件"部分）］与 GB/T 19679—2005 的字符"开路输出符"。

（◇）一起作为指明线功能限定符号代替接点。

必要时，线功能中二进制逻辑元件的所有端子对或非逻辑极性必须用相同的限定符号。

表 1-20 用正或负转换（见 1.8.2 节 4 (1) 2)）及直接逻辑极性指向（见 1.8.2 节 4 (1) 3)）示出线功能的可能表示方法。

注：连接在一起的 L 型开路输出（例如：NPN 集电极开路）表明有效-高"与"或有效-低"或"。连接在一起的 H 型开路输出（例如：NPN 发射极开路）表明有效-高"或"或有效-低"与"。

表 1-20 可能的分布逻辑连接表中每格内的两种表示是等效的

No	描述	正逻辑	负逻辑	直接逻辑极性指示
1	L 型开路输出（即 NPN 集电极开路）相互连接形成的“与”连接	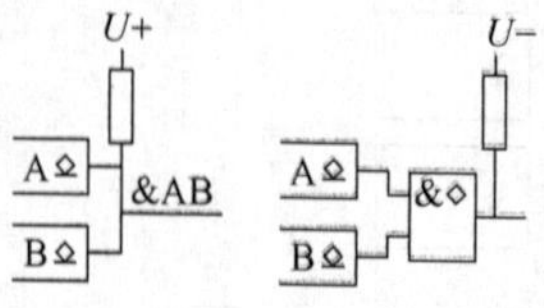U+ A B &AB U− &	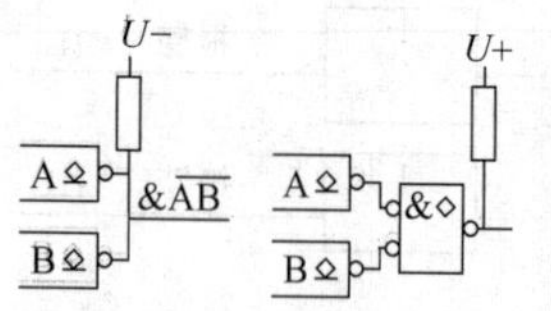U− A B &$\overline{AB}$ U+ &	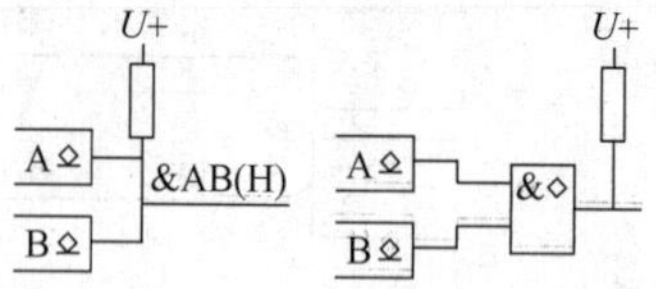U+ A B &AB(H) U+ &
2	L 型开路输出（即 NPN 集电极开路）相互连接形成的“或”连接	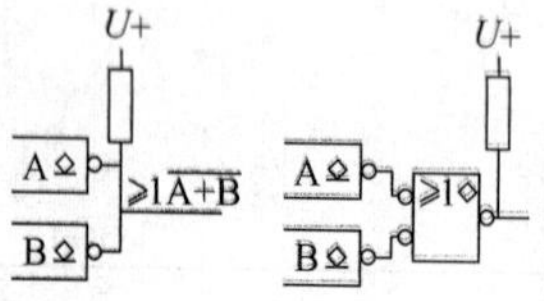U+ A B $\overline{\geqslant 1A+B}$ U+ ≥1	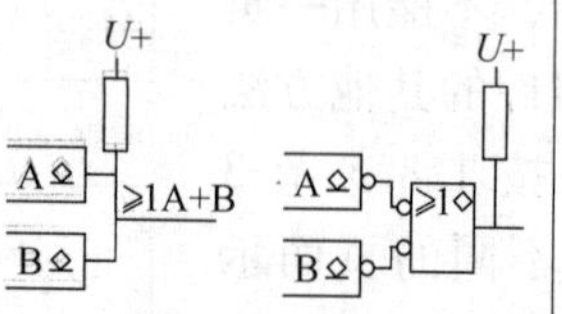U+ A B ≥1A+B U+ ≥1	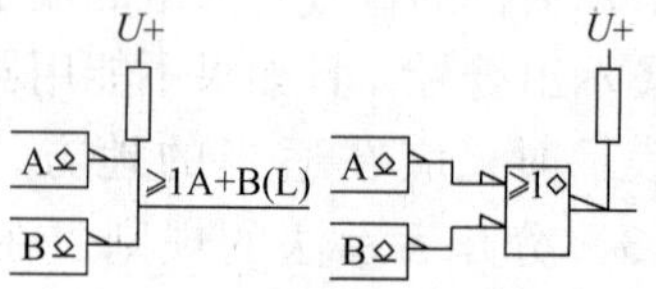U+ A B ≥1A+B(L) U+ ≥1
3	H 型开路输出（即 NPN 发射极开路）相互连接形成的“或”连接	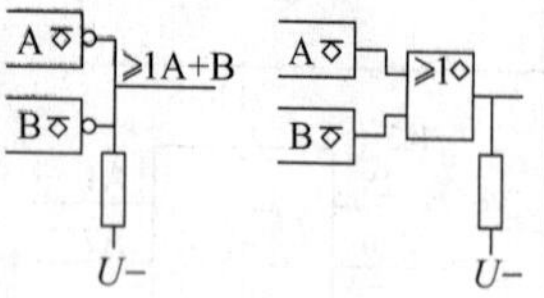A B ≥1A+B U− ≥1 U−	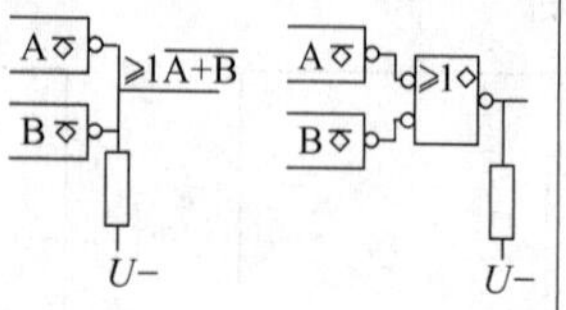A B $\overline{\geqslant 1A+B}$ U− ≥1 U−	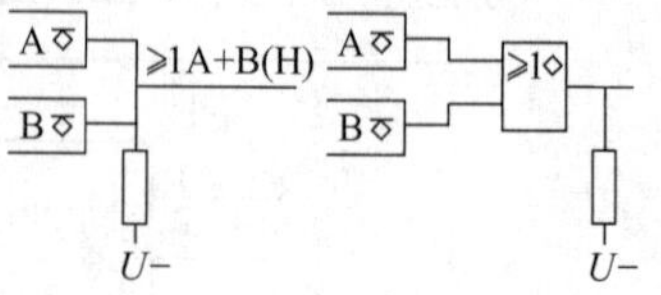A B ≥1A+B(H) U− ≥1 U−
4	H 型开路输出（即 NPN 发射极开路）相互连接形成的“与”连接	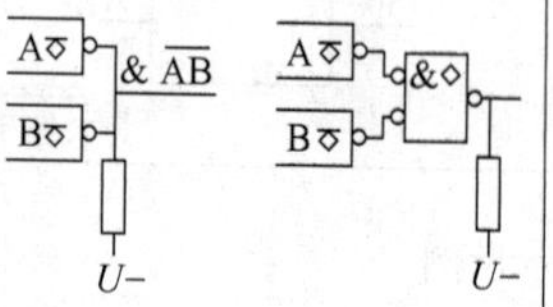A B & $\overline{AB}$ U− & U−	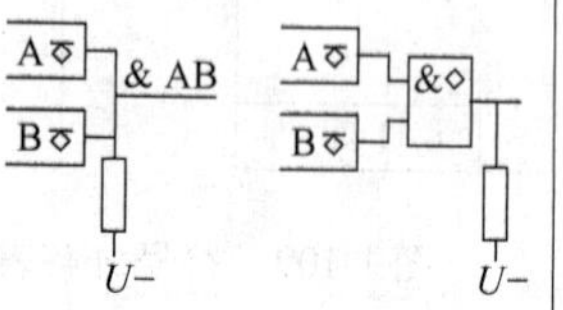A B & AB U− & U−	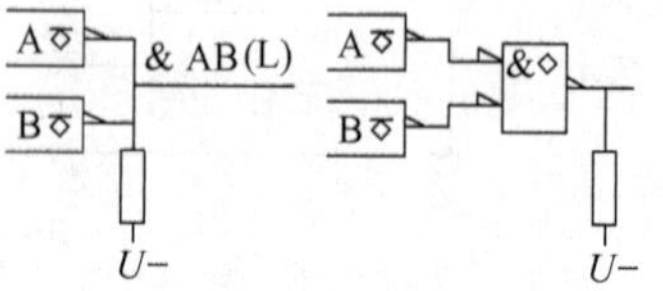A B & AB(L) U− & U−

1.8.6 接线图

1. 一般规定　接线图提供下列信息：

——单元或组件的元器件之间的物理连接（内部）；

——组件不同单元之间的物理连接（外部）（见图 1-110）；

——到一个单元的物理连接（外部）。

图中示出的连接点应用其端子代号标识，并且应标识使用的导体和/或电缆。

可以按文件预定用途的要求包括其他信息，例如：

——导线或电缆的类型信息（例如：型号、项目或零件号、材料、结构、尺寸、绝缘颜色、额定电压、导线数量、其他技术数据）；

——导线、电缆数量或参照代号；

——布局、行程、终止、附件、扭曲、屏蔽等的说明或方法；

——导体或电缆的长度。

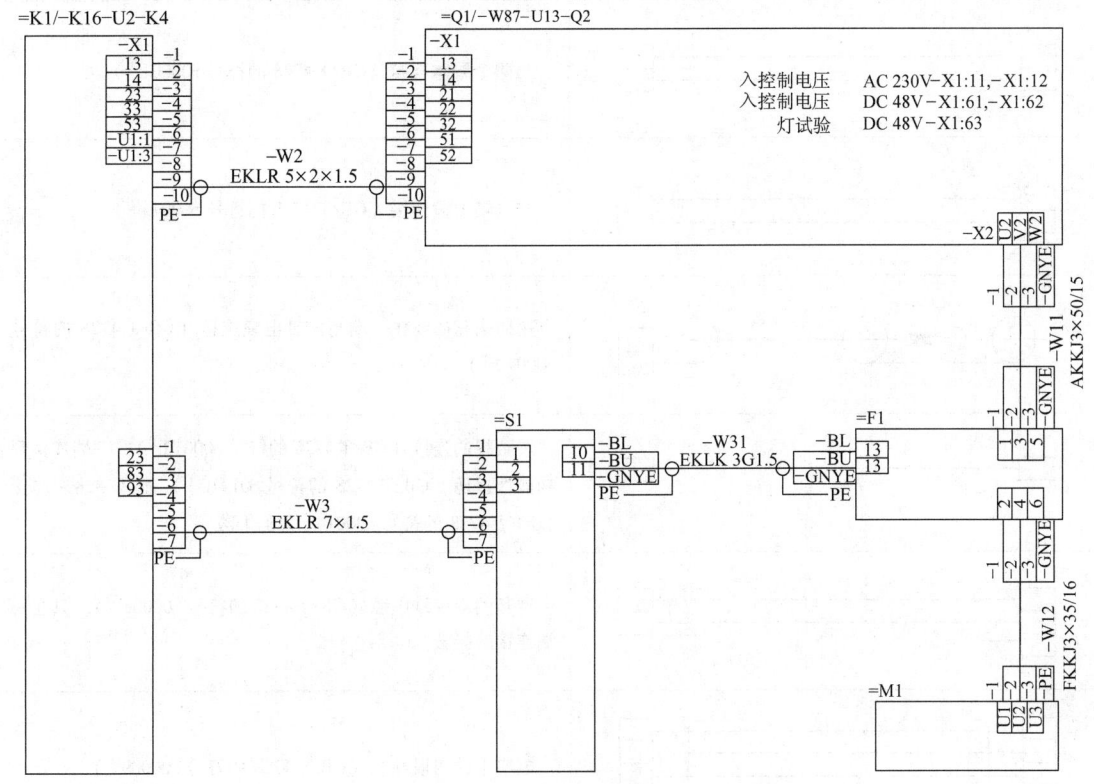

图 1-110 接线图示例

注：GB 7947—2006《人机界面标志标识的基本和安全规则 导体的颜色或数字标识》规定了用颜色或数字标识导体的基本安全规则。

2. 器件、单元或组件的表示方法 器件、单元或组件的连接，应用正方形、矩形或圆形等简单的外形或简化图形表示法表示，也可采用 GB/T 4728 的图形符号。

表达器件、单元或组件的布置，应方便简图按预定目的的使用。

注：指不必对应示出器件、单元或组件的物理位置。

3. 端子的表示方法 应示出表示每个端子的标识。端子表示的顺序应便于表示简图的预定用途。

注：指不必对应示出端子的物理位置。

4. 电缆及其组成线芯的表示方法 如果用单条连接线表示多芯电缆，而且要示出其组成线芯连接到物理端子，表示电缆的连接线应在交叉线处终止，并且表示线芯的连接线应从该交叉线直至物理端子。电缆及其线芯应清楚地标识（例如：用其参照代号），见图 1-111。

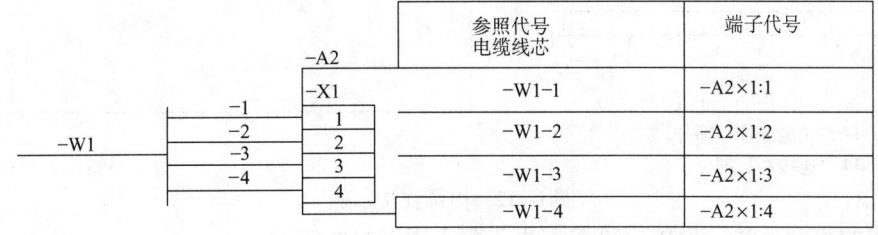

图 1-111 多芯电缆终端表示方法示例

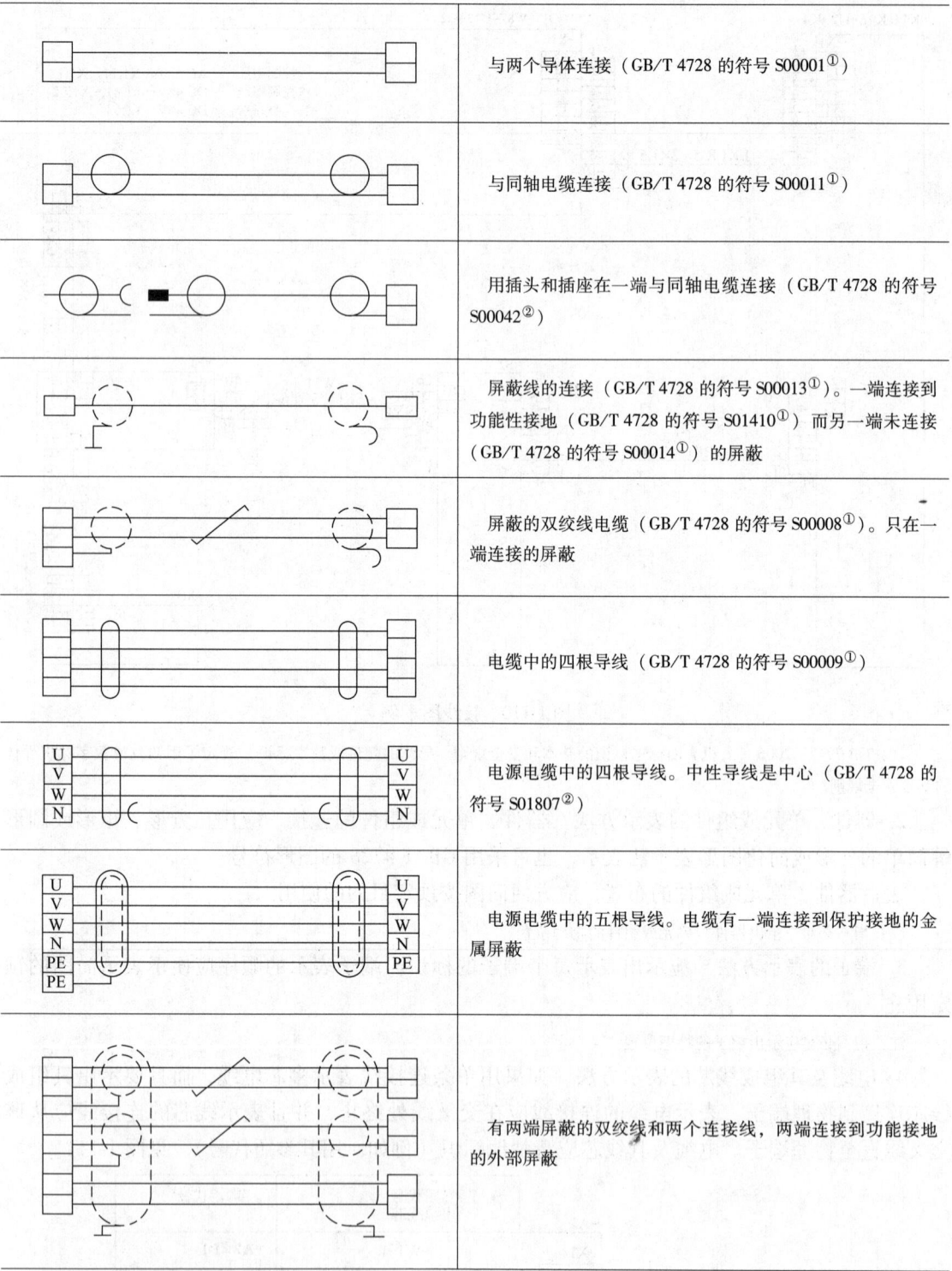

① 见表1-14"其他符号"部分。
② 见表1-14"连接件"部分。

图1-112 电缆连接示例

5. 导体的表示方法 导体应该按1.8.2节3用连接线表示。

除非有物理接点，否则不要用GB/T 4728中的符号S00019和S00020（见图1-59）。

图 1-112 示出许多如何用 GB/T 4728 的符号表示连接各类电缆的示例。

注：示出的电缆表示方法也可用于其他简图中。

6. 简化表示方法 可用下列方法简化表示方法：

——垂直（水平）排列每个单元、器件或组件的端子；

——垂直（水平）排列不同器件、单元或组件互相连接的端子；

——省略其外形的表示。

图 1-113 示出分支架的完整接线图，而图 1-114 示出同一内容的简化表示。

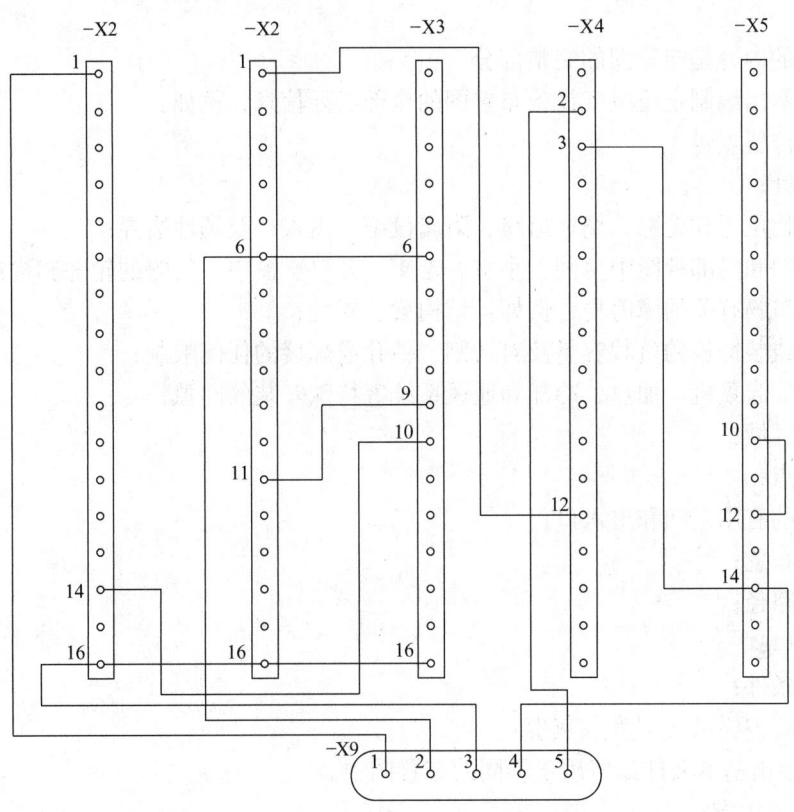

图 1-113　分支架接线图示例

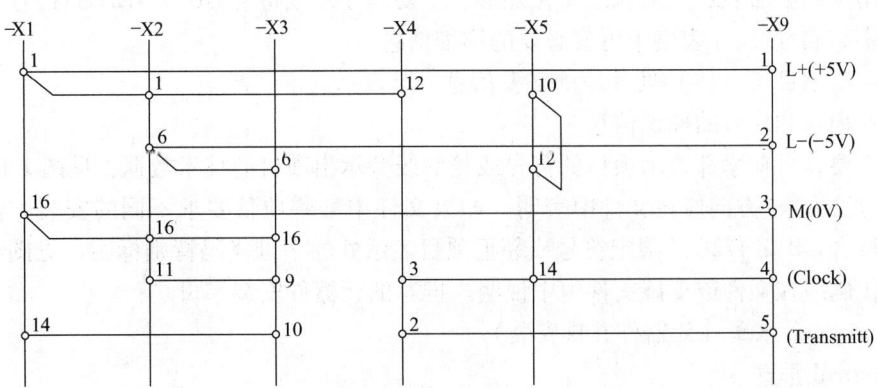

图 1-114　接线图简化表示方法示例

1.8.7 布置图

布置图是表达项目的相对或绝对位置信息的图。

1. 一般规定　布置图主要描述通常基于 2D 和/或 3D 模型的项目的拓扑或几何位置，并遵照相关标准的规则。

本节规定电工技术用布置图的规则，常常用基本文件制定。

2. 基本文件要求　基本文件如总平面图、建筑图、尺寸图（对于机械单元），应按比例绘制。

基本文件的内容是布置图的完整部分。

基本图应示出编制定位电气设备布置图的全部必要信息，例如：

——地理位置点；

——指北针；

——建筑物位置和轮廓、场地道路、附属设施、出入口及场地边界；

——平面图和局部视图中房间、小室、走廊、开口、窗户、门等的轮廓和构造详情；

——与建筑物有关的障碍物，例如：结构梁、支柱；

——地板或装饰板的负载容量及对切割、钻孔或焊接的任何限制；

——电梯、起重机、加热、冷却和通风系统等特殊安装的间隙；

——危险区域；

——接地点；

——所需的有用空间和出入口；

——设备布置；

——导体路径；

——出入口；

——绝缘条件；

——外壳防护要求（湿度、灰尘）。

图 1-115 示出基本文件如何用于不同的布置图中。

3. 布置图表示方法

布置图示出项目的相对或绝对位置和/或尺寸。

项目用下列方法表示：形状或简化外形、主要尺寸，或符合 GB/T 4728 的符号。

精确距离和/或尺寸表格中可有必要的详细信息。

信息应与项目所（将）处环境的必要信息一起表示。

应包括项目和代号的标识信息。

若有必要，可在紧邻表示项目的符号或轮廓线旁示出项目的技术数据，见图 1-116。

安装方法和/或方向应在文件中表明。如果文件中某些项目要求不同的安装方法或方向，则可以用符合 GB/T 4728 的限定符号或邻近项目表示处的字母代码特别标明，见图 1-117。采用的字母代码应在文件或支持文件集中说明。推荐的元器件安装字母是：

H = horizontal 水平（元器件并排安装）

V = vertical 垂直

F = flush 齐平（嵌入式）

S = surface 明装

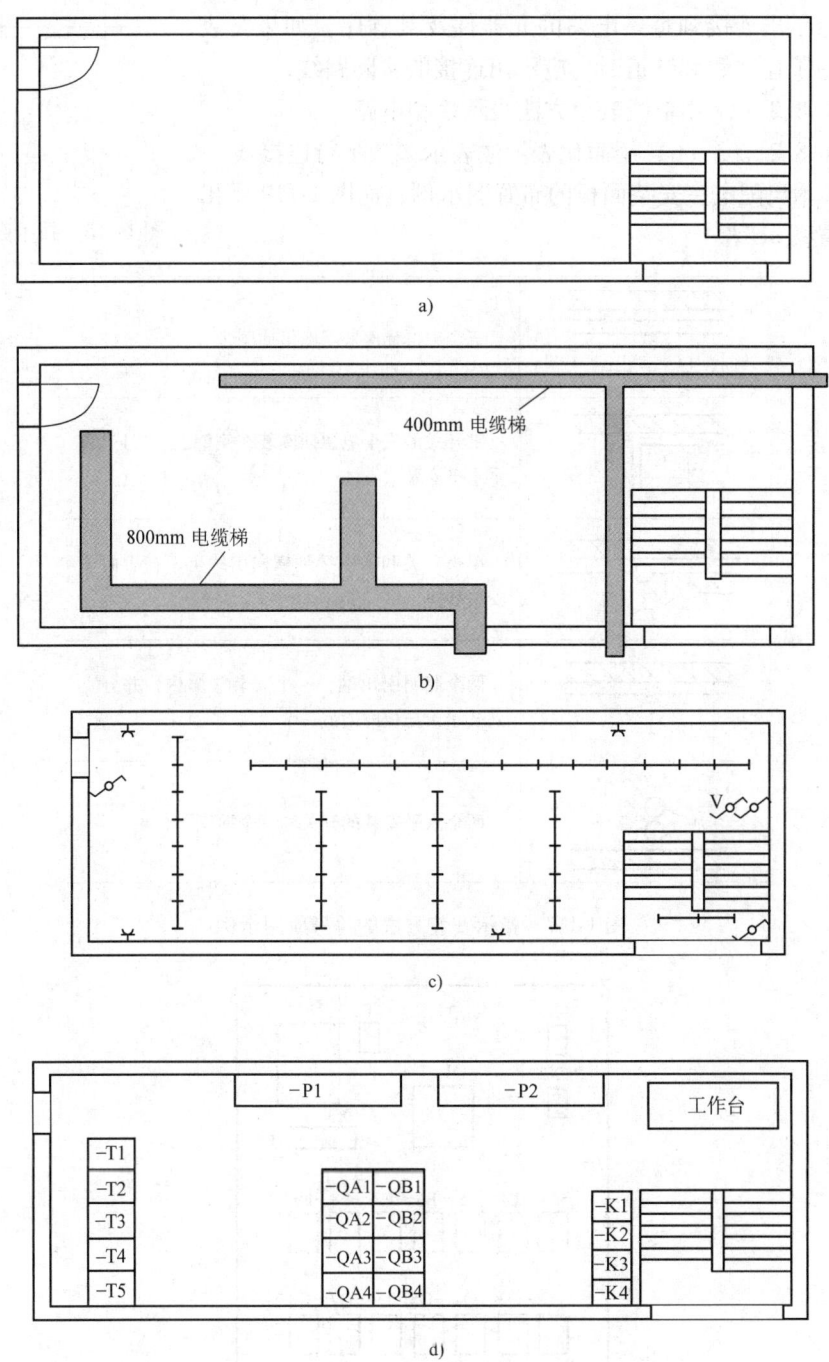

图 1-115 基本文件用法示例
a) 建筑基本图　b) 增加了电缆路由的基本图　c) 增加了照明设施的基本图
d) 增加了开关柜和电信柜布置的基本图

B = floor（bottom）地面
T = ceiling（top）天花板

布置图可包括连接的表示方法。连接线应能清楚地与基本文件的线区别开，并遵守 1.8.2 节 3 给出的规则，可另外使用曲线。

连接线应示出连接到每条电路的元器件及其顺序。如果是表面安装或采用了输送管和管道时,应示出连接的实际路线。

可以按 1.8.2 节 9 用单线表示方法表示多相电路。

可以按 1.8.2 节 3 (6) 用简化表示法表示多条平行连接线。

图 1-118 示出配电室安装面板的布置图示例,而图 1-119 示出工业厂房布置图示例。

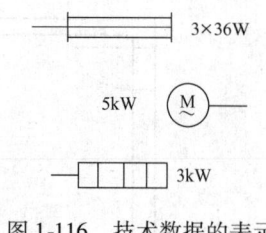

图 1-116　技术数据的表示

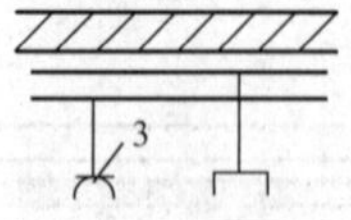 ![]	三个电源插座装于电信插座旁
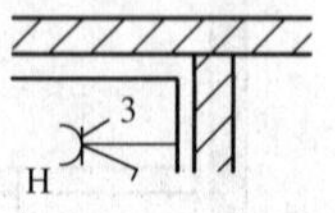 ![]	带开关的三个电源插座装在侧壁上。"H"表示水平安装
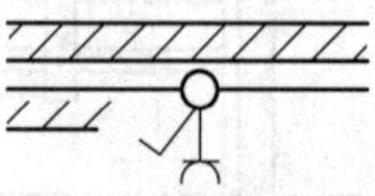 ![]	单极开关和插座接到横向引线上,在表面下安装导体
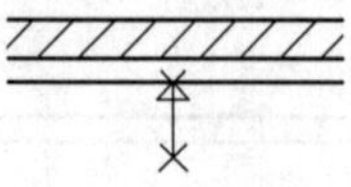 ![]	两个照明引出端,一个安装于墙内,并分支到装于天花板内的另一个
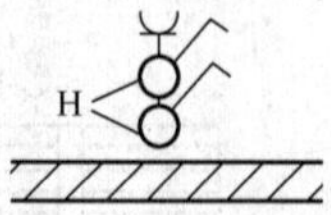 ![]	两个水平安装的开关和一个插座

图 1-117　指示安装方法的符号应用示例

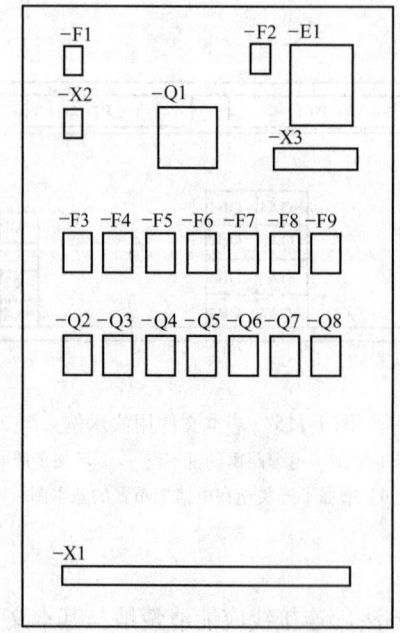

图 1-118　配电室安装面板布置图

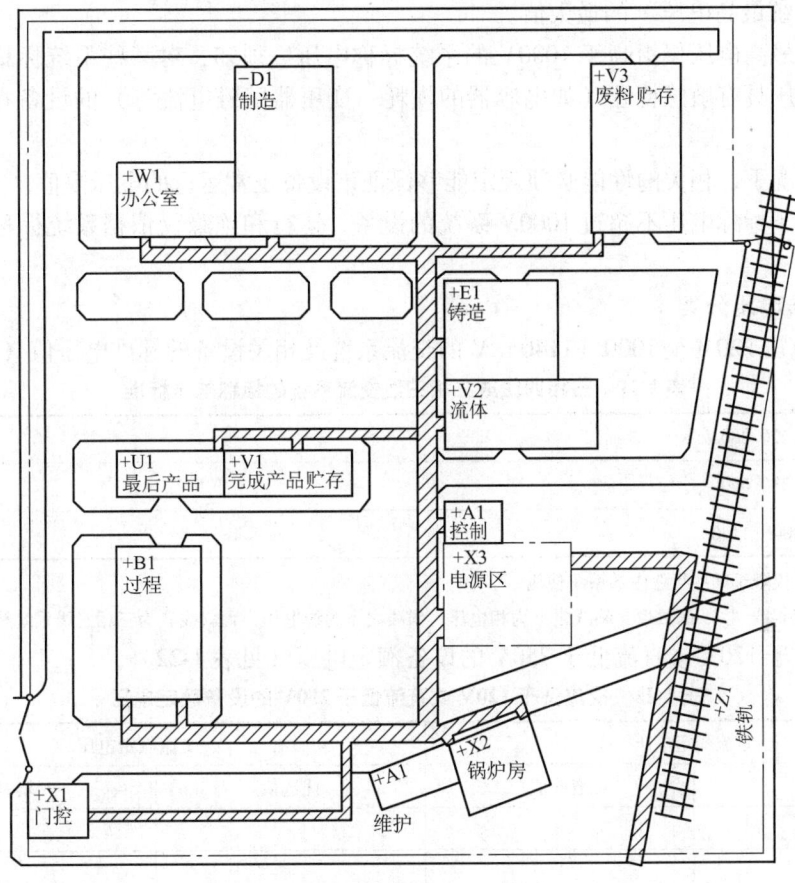

图 1-119　工业厂房布置图

1.9　设计选用参数

1.9.1　标准电压（摘自 GB/T 156—2007）

1.9.1.1　术语和定义

1. 系统标称电压（nominal system voltage）　用以标志或识别系统电压的给定值。

2. 系统最高电压（highest voltage of a system）　在正常运行条件下，在系统的任何时间和任何点上出现的电压的最高值。不包括瞬变电压，比如，由于系统的开关操作及暂态的电压波动所出现的电压值。

3. 系统最低电压（lowest voltage of a system）　在正常运行条件下，在系统的任何时间和任何点上出现的电压的最低值。不包括瞬变电压，比如，由于系统的开关操作及暂态的电压波动所出现的电压值。

4. 设备额定电压（rated voltage of equipment）　通常由制造厂商确定，用以规定元件、器件或设备的额定工作条件的电压。

5. 设备最高电压（highest voltage for equipment）　规定设备的最高电压是用以表示绝缘性能和在相关设备性能中可以依据这个最高电压的其他特性。设备的最高电压就是该设备可以应用的"系统最高电压"的最大值。

（1）设备最高电压仅指高于 1000V 的系统标称电压。须知，对某些系统标称电压，不能保证那些对电压具有敏感特性（如电容器的损耗、变压器励磁电流等）的设备在最高电压下正常运行。

在这些情况下，相关的性能必须规定能够保证该设备正常运行的电压限值。

（2）对用于标称电压不超过 1000V 系统的设备，运行和绝缘仅依据系统标称电压作具体规定。

1.9.1.2 标准电压分类

1. 标称电压 220V 至 1000（1140）V 的交流系统及相关设备的标准电压值（见表 1-21）

表 1-21 三相四线或三相三线交流系统的标称电压标准　　　　　　　　（单位：V）

220/380
380/660
1000（1140）

注：1. 1140V 仅限于某些行业内部系统使用。
　　2. 表中有斜线"/"的数值，斜线之上为相电压，斜线之下为线电压；无斜线者为三相三线系统线电压。

2. 交流低于 120V 或直流低于 750V 的设备额定电压（见表 1-22）

表 1-22 交流低于 120V 或直流低于 750V 的设备额定电压　　　　　　　（单位：V）

直流额定电压		交流额定电压	
优选值	增补值	优选值	增补值
1.2			
1.5			
	2.4		
	3		
	4		
	4.5		
	5		5
6		6	
	7.5		
	9		
12		12	
	15		15
24		24	
	30		
36			36
	40		42
48		48	
60			60
72			
	80		

直流额定电压		交流额定电压	
优选值	增补值	优选值	增补值
96			
			100
110		110	
	125		
220			
	250		
440			
	600		

3. 发电机的额定电压值（见表 1-23）

表 1-23　发电机的额定电压　　　　　　　　　　（单位：V）

交流发电机额定电压	直流发电机额定电压	交流发电机额定电压	直流发电机额定电压
115	115	13800	
230	230	15750	—
400	460	18000	
690	—	20000	
3150		22000	
6300		24000	
10500		26000	

注：与发电机出线端配套的电气设备额定电压可采用发电机的额定电压，在产品标准中具体规定。
引进国外机组的额定电压不受上表规定的限制。

1.9.2　标准电流（摘自 GB/T 762—2002）

对于任何电气设备，电流额定值应从表 1-24 中选取。

电流分级因具体设备的用途或性能不同而有些差异。选用数列时应具体考虑这一点，例如有时认为，选择数列 1.5—3—6—7.5 比 1.6—3.15—6.3—8［包括这些数值 10^n 倍（n 取正整数）］可能更合理。

表 1-24　标准电流等级　　　　　　　　　　（单位：A）

1	1.25	1.6	2	2.5	3.15	4	5	6.3	8
10	12.5	16	20	25	31.5	40	50	63	80
100	125	160	200	250	315	400	500	630	800
1000	1250	1600	2000	2500	3150	4000	5000	6300	8000
10000	12500	16000	20000	25000	31500	40000	50000	63000	80000
100000	125000	160000	200000						

1.9.3　标准频率（摘自 GB/T 1980—2005）

标准频率值（Hz）：

<u>50</u>　（60）　<u>100</u>　150　<u>200</u>　250　<u>300</u>　400　<u>500</u>　600　750　<u>1000</u>　1200　1500　<u>2000</u>　2400　3000　<u>4000</u>　8000　<u>10000</u>

1）划有下划线的标准频率值为优先推荐值。

2）带（　）标准频率值仅限专用（例如船舶用）系统或装置使用。

3）当频率由感应电动机驱动的旋转装置产生时，其实际频率会比上述值略低。

1.9.4　电气设备安全设计导则（摘自 GB/T 25295—2010）

1.9.4.1　电气安全设计的原则

1. 概述

（1）国家电气安全的法律法规，包括强制性标准，其内容及所认定的符合性标准是电气设备安全设计的基本依据，符合性标准会随着技术的发展而不断更新。

注：例如 GB 19517—2009《国家电气设备安全技术规范》反映了安全的技术概念与人们行为之间的差别，即"在正常的条件下使用或在其他由制造厂商预见到的误用条件下使用，可以合法地要求某些产品、加工过程或服务具有一定程度的风险，但不会危及人员的健康、环境的质量等"。其附录 A 所列符合性标准，即各类专业产品的安全标准，是国家强制性技术规范认定的技术标准。一般情况下，符合性标准是遵照国家强制性安全技术规范中的要求，结合专业产品的特性进行具体化、量化要求，并能指导产品在设计阶段就采取必要的预防措施。

（2）在设计过程中，如果设计者认为存在新的风险，并且新的风险对安全构成明显的危害，则应注意：

1）分析研究安全与风险的关系。安全与风险总是相伴而存的，安全不能免除全部风险，即绝对的安全是不可能的。

2）根据风险评估做出安全的判断，依据 GB/T 22696（所有部分）《电气设备的安全　风险评估和风险降低》的规定。

3）风险评估和判断安全是十分复杂的过程，往往设计者很难有能力单独完成。

2. 基本准则

（1）危险因素的区分和安全要求的一般原则　电气设备的危险因素有自身的危险因素和外界的危险因素。自身的危险因素，例如电击危险等。外界的危险因素，例如环境、过载、振动、冲击、异物、辐射危险等。

安全要求的一般原则是在以下条件下电气设备的使用是安全的：

1）在整个生命周期；

2）在技术标准的规定正常使用条件和单一故障条件下；

3）在合理预见的设计目的；

4）在正确安装、运行和维护的条件下。

或者

——如无特殊要求，按一般环境或运行条件设计制造；

——在使用时可采用专门的与电气设备的特性和功能无关的安全技术措施。

（2）安全水平与经济性　电气设备的安全水平一般由专业的安全技术标准决定，安全的设计实质上是实现专业的安全技术标准的要求，以达到必要的安全水平。

在安全设计时可能会遇到为了安全不得不限制某些技术的应用，而技术的创新又不应该受到制约，此时确定合理的安全是必要的。就设计而言，安全是第一的，即新技术的应用只能促进安全水平的提高，或者新技术的应用要以保证安全为前提。

注：正是因为没有任何产品和活动是绝对安全的。因此，制定绝对安全的标准是不可能的。反过来，消费者或用户也

不会接受一项客观的、始终不变的安全标准。而要取得一项渐进的安全标准，则必须研究有关发生伤害的可能性或伤害发生率及发生伤害导致严重后果、社会因素、经济成本等之间的平衡因素。

但多数情况下，影响安全水平的因素本身往往是非常不明确的，因此完全用量值来表示相应的安全水平是困难的。因此，设计者应该注意到安全技术标准是为了保证和满足使用的要求，对成功经验进行的记录，而没有确切地提出达到的安全水平。

注：例如爬电距离和电气间隙确定就是典型，安全技术标准中给出的量值应视为经验的数值，供设计时参考。

如果在设计上不能将已知的危险排除在可以避免的程度，则应该做出设计的说明，或者给出必要的文件，例如产品的安装使用说明书，或者标志、标识等，以起到以下作用：

——防护电气设备的危险，保护面临风险的人员；

——针对防护不完全，或无防护的情况，警告面临风险的人员，保持对危险的警觉，或提示应当采取的适当行动；

——为面临危险的人员进行培训。

(3) 共性设计原则和个性设计原则　共性安全要求是由各类电气设备的安全特性（要求）加以提炼、概括、综合、提升而成的，这些共性的安全技术要求、指标和检验方法，使各类电气设备的安全控制在可接受的水平上，成为共同应遵守、达到的准则。

设计者应熟悉并掌握共性安全要求的规律，特别要注意研究要求、指标与检验方法之间的关系，即所有的设计应该针对要求与指标，但必须通过检验才能确定是否达到了要求与指标。

注：共性的规定或要求、指标和相应的测量、试验方法并不意味着所有的电气设备都要达到全部要求，而是应根据不同电气设备的特性、使用的场所进行选择适用的、必需的要求、指标。例如手持式、可移式、固定式使用的电气设备的安全要求是不全部相同的，达到的项目也是不一样的。

个性安全要求是结合产品的特性、要求而具体化、量化的产品的安全技术要求，包括发生危险的控制指标，考核、检验、指标的测量、试验中的参数规定等。考虑到个性设计的检验不确定性（例如介质强度的检验），因此要求设计者更加关注检验方法，以使设计满足检验的要求。

注：1. 例如介质强度是各类电气设备都应控制的共性要求，但不同种类的电气设备、使用的不同电压等级、使用的场所不同，有的电气设备仅考核工频耐电压能力，有的还要考核匝间介质强度。对工频耐电压能力，不同用途、不同电压等级的电气设备，施加的工频试验电压值也不一样。

2. 例如防潮性，应用在不同环境条件下电气设备的防潮性的考核是不一样的。

(4) 安全性技术的分类

1) 电气设备的安全性可分为：

① 设计制造时的安全性，包括设计、加工、装配、运行、运输、拆卸时的安全。

② 使用时的安全性，是指与电气设备的特性和功能无关的安全技术，往往是指电气设备在使用时采取的专门措施，例如在电气设备运行中：

——限制随便触及电气设备；

——只限于专业人员或受过初级训练人员应用的电气设备。

2) 电气设备的安全设计技术可分为：

① 直接安全技术，即用设计制造技术防止危险，将电气设备制造得没有危险存在。

② 间接安全技术，即用外设防护措施避免危险，是直接安全技术解决办法不可能或不完全可能防止危险时所设计的专门的安全技术手段。所谓的专门的安全技术手段是由在电气设备中或电气设备上不设附加功能就能达到和保证无危险地应用的装置实现。

③ 提示性安全技术，即用告知风险、培训、使用人身防护设备等方法防止危险，即在①和②的安全技术不能达到目的或不能完全达到目的情况下，说明电气设备无危险应用的条件。例如提供中文的，通俗易懂的使用和操作说明，或在电气设备的运输、贮存、安装、定位、接线或运行的方式中给以足够的说明。

(5) 电击防护类型　电气设备按电击防护的方法可设计制造成 0 类电气设备、Ⅰ类电气设备、Ⅱ类电气设备、Ⅲ类电气设备。

0 类电气设备：防止电击保护依赖于基本绝缘，即没有采用把可触及的导电部分连接到电气设备的固定布线中保护导体的措施，一旦基本绝缘失效，电击保护则依赖于环境。

Ⅰ类电气设备：防止电击保护不仅依靠基本绝缘，而且它还包含一个附加的安全保护措施，将可触及的导电部分与电气设备中固定布线的保护接地导线连接起来，使可触及的导电部分在基本绝缘损坏时不能变成带电体。

Ⅱ类电气设备：防止电击保护不仅依靠基本绝缘，而且还包含附加的安全保护措施，例如双重绝缘或加强绝缘，不提供保护接地或不依靠电气设备条件。

Ⅱ类电气设备可分为下列类型之一：

1) 绝缘外壳Ⅱ类电气设备：电气设备有坚固的、基本上连续的绝缘材料外壳，除了一些小零件外，例如铭牌、螺钉和铆钉，外壳遮封了所有金属部分，这些小零件由至少相当于加强绝缘与带电部分隔开。

2) 金属外壳Ⅱ类电气设备：电气设备有基本上连续的金属外壳，除了应用双重绝缘显然是行不通而使用加强绝缘的那些部分外，在这类电气设备中全部使用双重绝缘。

3) 组合的Ⅱ类电气设备。类型1) 和2) 组合的电气设备。

Ⅲ类电气设备：防止电击保护依靠安全特低电压（SELV）供电，电气设备中不产生高于特低电压的电压。

注：罗马字Ⅰ、Ⅱ、Ⅲ仅代表电气设备在设计制造时采用的安全技术方法，即Ⅰ类设备的电击防护采用等电位保护方法，Ⅱ类设备采用的绝缘保护方法，Ⅲ类设备采用三重保护原理的方法（基本绝缘、特低电压、与供电电源隔离）。在理论上，这些方法都是安全的。所以Ⅰ、Ⅱ、Ⅲ仅代表采用方法而不是指安全的等级。

(6) 预期寿命　一般电气设备在正确使用和维护情况下，整个使用期间应该能够保证安全。但事实上，电气绝缘，即使达到最好的性能也会随着时间和正常使用中力学的、热的、电的、化学的及其复合的作用下，性能逐渐下降，材料老化而破坏，造成危险。所以，合理的预期寿命是重要的。

(7) 电压区段的划分　一些装置规则，特别是有关电击防护的措施，取决于所使用的电压值，由于不可能也没有必要考虑实际应用中出现的每一具体电压值，因此只需为每一个特定的电压区段制定通用要求。

区段Ⅰ包含了：

——在某些条件下，依据电压值提供电击防护装置；

——由于运行上的原因，电压受到限制的装置（如电信、信号、电铃、控制和报警装置）。

区段Ⅱ包含了：

家用、商用和工业用装置的供电电压，这一区段包含了公用配电系统的所有电压。

所规定的电压区段主要与装置的一些规则结合使用，但也可在制定电气设备的要求时使用（见表1-25 和表1-26）。

表 1-25　交流电压区段　　　　　　　　　　（单位：V）

区段	接地系统		不接地或非有效接地系统
	相对地	相间	相间
Ⅰ	$U \leqslant 50$	$U \leqslant 50$	$U \leqslant 50$
Ⅱ	$50 < U \leqslant 600$	$50 < U \leqslant 1000$	$50 < U \leqslant 1000$

表 1-26　直流电压区段　　　　　　　　　　（单位：V）

区段	接地系统		不接地或非有效接地系统
	极对地	极间	极间
Ⅰ	$U \leqslant 120$	$U \leqslant 120$	$U \leqslant 120$
Ⅱ	$120 < U \leqslant 900$	$120 < U \leqslant 1500$	$50 < U \leqslant 1500$

(8) 固体绝缘的失效机理　由于固体绝缘的电气强度远远大于空气的强度，另一方面，通过固体绝缘材料的绝缘距离通常大大地小于电气间隙而产生高的电场强度。

在绝缘系统中，电极与绝缘之间、不同的绝缘层之间，均可能会产生间隙，或绝缘材料本身有气隙。在这些间隙或气隙中，尽管电压远低于击穿水平，仍可能发生局部放电，这就会影响固体绝缘的使用寿命。

与气体相比，固体绝缘不是一种可恢复的绝缘介质，例如偶尔发生的高压峰值就可能对固体绝缘造成破坏性效果。绝缘损坏的积累会造成最终的固体绝缘失效。由此形成复杂的过程，且最终导致绝缘老化。所以电场强度和其他应力（例如，热、环境）的叠加造成了绝缘老化。可用适当条件组成的短期试验来模拟固体绝缘的长期性能。

固体绝缘的厚度与前面所述的失效机理之间基本上没有关系。

(9) 局部放电原理　常用的固体绝缘物总不可能做得十分纯净致密，总会不同程度地包含一些分散性的异物，如各种杂质、水分、小气泡等。有些是在制造过程中未去净的，有些是在运行中绝缘物的老化、分解等过程中产生的。

由于这些异物的电导和介电常数不同于绝缘物，故在外施电压作用下，这些异物附近将具有比周围更高的场强。当外施电压升高到一定程度时，这些部位的场强超过了该处物质的游离场强，该处物质就产生游离放电，称之为局部放电。

气泡的介电常数比周围绝缘物的介电常数小得多，气泡中的场强较大；气泡的击穿场强又比周围绝缘物的击穿场强低得多，所以，分散在绝缘物中的气泡常成为局部放电的发源地。如外施加电压为交变的，则局部放电就具有重复的、发生与熄灭相交替的特征。

由于局部放电是分散地发生在极微小的空间内，所以它几乎并不影响当时整体绝缘物的击穿电压，但是局部放电时产生的电子、离子往复冲击绝缘物，会使绝缘物逐渐分解、破坏，分解出导电性的和化学活性的物质来，使绝缘物氧化、腐蚀；同时，使该处的局部电场畸变，进一步加剧局部放电的强度；局部放电处也可能产生局部的高温，使绝缘物老化、破坏。如果绝缘物在正常工作电压下就有一定程度的局部放电，则这种过程将在其正常工作的全部时间中继续和发展，这显然将加速绝缘物的老化和破坏，发展到一定程度时，就可能导致绝缘物的击穿。

所以，测定绝缘物在不同电压下局部放电强度的规律，能预示绝缘的情况，也是估计绝缘电老化速度的重要根据。

(10) 绝缘配合　电气设备绝缘配合是电气基础安全措施之一，是指导有关专业对其所涉及的各种设备合理地制定有关要求的，从而达到绝缘配合的目的。

绝缘配合是指根据设备的使用及其周围的环境来选择设备的电气绝缘特性。只有设备的设计基于在其期望寿命中所承受的作用（例如电压）强度时，才能实现绝缘配合。绝缘配合与电压的关系，应考虑下列内容：

1) 在系统中可能出现的电压；
2) 设备产生的电压（该电压可能会反过来影响系统中的其他设备）；
3) 要求的持续运行等级；
4) 人身和财产安全，使电压强度造成事故的可能性不会导致损害性危险。

环境条件和绝缘配合的关系：确定污染等级作为考虑绝缘的微观环境条件。微观环境条件主要取决于设备所处的宏观环境条件，在许多情况下，这些微观和宏观环境是相同的。但是，微观环境可能会好于或坏于宏观环境。例如，外壳、加热、通风或灰尘可能会影响微观环境。

3. 电气安全设计的基本要素

(1) 概述　电气设备安全设计的基本要素会因产品的特点的不同而有差异，设计者应注意了解专业或产品标准更为细致的规定。

(2) 规定使用期限内的安全（预期寿命）　设计者应对产品使用期限加以科学的界定，即设计要保证在规定使用期限内产品的安全，不能发生危险。即使在超过适当使用期限，也不允许电气设备内仍能工作的装置造成危险。应有下述措施：

1) 有可靠的开关功能；
2) 设有在紧急危险时切断电源的自动装置；
3) 设有防止意外起动的装置；
4) 保证专门安全技术手段可靠性的措施。

注：专门安全技术手段是指所有电气设备中，不设附加功能就能达到和保证无危险应用的装置。

(3) 承受预见危险的能力　在设计上应保证电气设备能承受预见会出现、且能引起危险的物理和化学作用（如静态或动态、液体或气体、热或特殊气候等）时，不会造成危险，并且：

1) 一旦出现过载，立即切断电源或技术过程，或使其变得不危险，技术手段的本身也不能发生危险；
2) 能截获由于材料缺陷、磨损或过载、飞逸或跌落造成危险的部件。

(4) 具备电击危险防护的能力　对电击危险，其主要特征表现为：

1) 人体构成闭合电路的一个组成部分，使人体的一部分相当于电路中的负载阻抗；
2) 在一个相当长的持续时间间隔内，有一个足以危及人身安全的电流通过人体；
3) 在人身的某两个部分之间施加一个足以危及人身安全的接触电压。

设计上，针对上述特征应采取相应的技术手段，实现对电击危险的防护：

1) 电能直接作用的防护；
2) 电能间接作用的防护。

电能直接作用的防护技术措施有：

1) 绝缘技术；
2) 防直接接触保护，主要的技术措施有采用安全特低电压、外壳防护、电气隔离等；
3) 防间接接触保护，主要的技术措施有保护接地，双重绝缘结构，故障切断等。

(5) 具备耐热能力　电气设备运行时，由于电流的热效应、铁磁材料损耗、介质损耗、局部放电、机械损耗及设备内部的功能性发热元件会使电气设备的温度升高，而大于周围的环境温度。

固体绝缘在热应力作用下会使绝缘材料或工程塑料软化、变形、脱层，然后在机械应力作用下断裂、破坏而丧失功能，造成电击危险；支撑带电零件的绝缘过热会引发燃烧而酿成火灾。

电气绝缘的耐热能力和绝缘等级选择是电气设备安全设计的必备因素。包括导电部件、支撑带电零件的电气绝缘的耐热能力是依据其固体绝缘物的耐热等级用温升指标来考核的。温升限值的规定对各类电气设备因使用环境、工作周期、使用寿命的不一样而规定有不同限值。

(6) 具备防直接接触保护的能力　防直接接触保护设计要满足保护人和动物不受与电气设备带电部分直接接触时所造成危险的要求。设计的防护措施必须在任何情况下，都能使危险的带电部分不会被有意或无意地触及，或者将带电部分的电压值或触及电流值降低到没有危险的程度。

在设计上，防直接接触保护一般采用绝缘防护、外壳或遮拦防护，采用安全特低电压等。

(7) 具备防间接接触保护的能力　防间接接触保护设计要满足保护人和动物接触到外露导电部分上危险的接触电压时所造成危险的要求。

在设计上，间接接触保护一般采用接地保护、自动切断保护、双重绝缘保护等。

注：外露导电部分是指电气设备的可触及的导电部分，不是带电部分，但在故障情况时能处于危险的接触电压之下。

(8) 可靠的电气连接和机械连接　设计者应充分考虑电气设备在使用中受到的热、振动及其他机械应力作用，其连接的松动或脱落而造成电击、机械危险。

(9) 防止静电积聚的措施　必须有防止静电积聚的技术措施。

(10) 规定燃料和工作介质　燃料和工作介质必须满足：

1) 燃料和工作介质不能对电气设备造成有害影响；

2) 燃料不能外溢，或外溢量不能造成危险。

(11) 选择适应的材料　材料的选择应满足：

1) 采用的材料在电气设备制造过程中和所有可能的运行状态下都不能对人的健康、生命产生有害的影响；

2) 必须有足够的抗老化能力；

3) 用于有腐蚀危险的部件必须采用抗腐蚀的材料。

(12) 人体工效学的应用　电气设备的外形、结构、尺寸、布局等要与人体尺寸、体力、环境和生理学、解剖学的特点相匹配，即符合人类工程学。

1.9.4.2　电气安全设计要求

1. 环境适应性设计要求

(1) 使用环境温度　设计者应设定电气设备使用的最高环境温度和最低环境温度，也可给出24h的平均温度的要求。对运输、贮存有温度要求时，也应给出适合的温度。

一般规定为户内电气设备的周围空气温度不超过40℃，而且在24h内平均温度不超过35℃。周围空气温度的下限为－5℃。

运输、贮存和安置条件一般为温度范围在－25～55℃之间。在短时间内（不超过24h）可达70℃。

(2) 大气条件 设计者应规定电气设备使用环境的大气条件。

一般规定为户内电气设备的大气条件为空气清洁，在最高温度为40℃时，其相对湿度不超过50%，在较低温度时，允许有较大的相对湿度。例如在20℃时的相对湿度为90%，但应考虑到由于温度的变化，有可能会偶尔产生适度的凝露。

(3) 污染等级 污秽对固体绝缘物的爬电距离和空气介质的电气间隙影响很大，设计上必须控制电气设备外界和运行中产生的污秽，以减少在电气绝缘上的积沉，保证电气绝缘的介质强度。

为了确定电气间隙和爬电距离，设计者应按下列四个微观环境的划分，确定电气设备使用环境的污染等级：

污染等级1：无污染或仅有干燥的、非导电性的污染，该污染无任何影响。

污染等级2：一般仅有非导电性污染，然而必须预期到凝露偶然发生短暂的导电性污染。

污染等级3：有导电性污染或由于预期的凝露使干燥的非导电性污染变为导电性污染。

污染等级4：造成持久的导电性污染，例如由于导电尘埃或雨雪引起的。

(4) 海拔

1) 一般规定：一般规定为海拔不超过2000m。

2) 海拔2000m以上时温升的修正：温升的修正方法应参考以下情况：

① 不同海拔处的平均环境温度值见表1-27。

表1-27 不同海拔的平均环境温度值

海拔/m	0	1000	2000	3000	4000	5000
平均环境温度/℃	20	20	15	10	5	0

注：海拔升高，空气密度降低，使以空气介质为散热方式的产品散热困难。一般情况下，海拔每升高100m，产品温升增加约0.4K。但海拔升高的同时，环境温度会降低，一般情况下，海拔每升高100m，环境温度降低0.5℃。对高发热电器（如电阻器），海拔每升高100m，温升增加2K。

② 一般来说，在高海拔地区的户内及局部特定环境（如冶金、化工、钢铁、发电厂等厂房内），若环境温度的降低值不能补偿由于海拔升高而导致的温升增加值，此时不允许对温升限值进行海拔修正；

③ 在高海拔地区的户外使用及无人值守（如小型配电站等）场所使用的产品，由于环境温度降低的补偿作用明显，允许对温升极限值按表1-28进行海拔修正；

表1-28 温升极限值的海拔修正值

使用或试验地点的海拔 H/m	$\Delta\tau$/K	使用或试验地点的海拔 H/m	$\Delta\tau$/K
$H=2000$	0	$3500<H\leqslant 4000$	8
$2000<H\leqslant 2500$	2	$4000<H\leqslant 4500$	10
$2500<H\leqslant 3000$	4	$4500<H\leqslant 5000$	12
$3000<H\leqslant 3500$	6		

注：本表的依据为海拔每升高100m，环境温度降低0.5℃。

④ 当试验地点的海拔与使用地点的海拔不同时，温升极限值按两者的海拔差进行修正。当试验地点的海拔高于使用地点时，温升极限值为相应产品标准规定的温升值加上修正值。当试验地点的海拔低于使用地点时，温升极限值为相应产品标准规定的温升值减去修正值。计算海拔差时，低于2000m的海拔均算作0m；

⑤ 对高发热电器（如电阻器等），温升极限值的海拔修正也按上述方法计算，但修正的数值改为海拔每升高100m，温升极限值按2K计算。

3）海拔2000m以上时介电强度的修正：由于海拔升高，产品绝缘表面及不同电位的带电间隙比较容易击穿，特别是对电气间隙和爬电距离的影响较大。

对于使用地点高于2000m的设备，工频耐受电压值和冲击耐受电压值应符合常规型相应产品标准的要求。在产品使用地点海拔与试验地点海拔不同时，试验电压值应乘以修正系数，修正系数可见表1-29。

表1-29 工频耐压和冲击耐压的海拔修正系数 K_a

产品使用地点海拔/m		2000	3000	4000	5000
产品试验地点海拔/m	0	1.25	1.43	1.67	2
	1000	1.11	1.25	1.43	1.67
	2000	1	1.11	1.25	1.43
	3000	0.91	1	1.11	1.25
	4000	0.83	0.91	1	1.11
	5000	0.77	0.83	0.91	1

注：1. 低压电器的介电试验，例如相与相之间、相和中性线与地之间、同一相断开触头之间的介电性能试验包括了对固体绝缘和电气间隙的绝缘试验，因此试验电压应按表的要求进行修正。因专门用于固体绝缘的介电性能不受海拔的影响，所以试验电压不需要修正。
2. 对于工频耐压，产品试验地点在海拔2000m及以下时，修正系数 K_a 按试验地点海拔2000m计算。
3. 试验电压值为常规型产品标准规定值与海拔修正系数 K_a 的乘积。
4. 示例1：当产品使用地点为海拔4000m时，试验地点为海拔2000m，在海拔2000m处常规型产品标准规定的冲击耐受试验电压为4kV（额定冲击耐受电压为4kV时），则冲击耐受电压试验值应为4kV×1.25＝5kV。
5. 示例2：当产品使用地点为海拔4000m时，试验地点为海拔1000m。在海拔2000m及以下时，常规型产品标准规定的冲击耐受试验电压为4kV（额定冲击耐受电压为4kV时），则在海拔1000m处试验的冲击耐受电压试验值应为4kV×1.43＝5.72kV。

(5) 特殊使用条件 设计者可规定电气设备特殊的使用环境条件。所有安全设计的规定不能因使用条件变化而降低，除非有更进一步的规定。例如：

1）超出规定的温度值、相对湿度或海拔；
2）在使用中，温度和/或气压急剧变化，以致在电气设备内易出现异常的凝露；
3）空气被尘埃、烟雾、腐蚀性微粒、放射性微粒、蒸气或盐雾严重影响；
4）暴露在强电场或磁场中；
5）暴露在高温中；
6）受霉菌或微生物侵蚀；
7）安装在有火灾或爆炸危险的场地；
8）遭受强烈振动或冲击。

2. 电击危险防护的设计要求

(1) 绝缘的基本要求

1）绝缘电阻：绝缘电阻值按产品的使用环境、使用场所、应用的功能在专业或产品标准规定相应的数值，设计者应根据所规定的数值选择绝缘材料。

通过测量绝缘电阻能有效地发现下列缺陷：

① 两极间有穿透性的导电通道；

② 受潮；

③ 表面污垢。

通过测量绝缘电阻一般不能发现下列缺陷：

① 绝缘中的局部缺陷（如不穿透的局部损伤或裂缝、含有气泡、分层脱开等）；

② 绝缘的老化（因为老化了的绝缘，其绝缘电阻还可能是相当高的）。

2）泄漏电流：设计上应该注意这样的实际情况，即应用在电气设备上任何品质优良、完好的绝缘在正常工作时都会有泄漏电流流过绝缘经外壳流入大地。这是因为电气设备在运行中的电火花、磁路饱和、非线性器件、电路产生谐波电动势，在绝缘上形成谐波电流，所以流经绝缘的电流总是客观存在的，应予以限制。

注：泄漏电流的限值应用了（IEC）TC64 技术委员会报告中的摆脱电流阈值和感知电流阈值。所谓的摆脱电流阈值即是人能自主摆脱带电物体的电流。取概率为 0.5% 女性的最大自主能摆脱的电流为 5mA；感知电流阈值即是对人体的肌肉无反应，能防止二次事故的人体的反应（感知）电流为 0.5mA～1mA。0.5mA 被美国保险商实验室（UL 实验室）长期应用，国际电工委员会按各类电气设备防电击保护的分类采用了不同数值，被世界上大多数国家采用，即 I 类设备为 0.75mA；II 类设备为 0.25mA；III 类设备为 0.5mA；带有电加热的电气设备最大不超过 5mA。

设计者可按产品或专业标准规定的详细要求设计。

3）接触电流：接触电流仅在人体或人体模型形成电流通路时才存在。就安全而言，主要考虑可能流过人体的有害电流（该电流不一定等于流过保护导体的电流）。

有害电流作用在人体上的主要表现为感知、反应、摆脱和电灼伤。

设计者可按产品或专业标准规定的要求设计。

4）固体绝缘的耐热等级

① 耐热等级的规定：固体绝缘材料的耐热等级见表 1-30。

表 1-30 固体绝缘材料的耐热等级

相对耐热温度（RTE）/℃	耐热等级/℃	以前表示符号
<90	70	—
>90～105	90	Y①
>105～120	105	A
>120～130	120	E
>130～155	130	B
>155～180	155	F
>180～200	180	H
>200～220	200	
>220～250	220	
>250	250	

注：1. 本表给出了耐热等级表示方法，对于 EIM 的 RTE 的不同温度范围，第 3 列字母表示等级，见较早的版本中，"Y"级也表示其应使用于 RTE 值低于 90 的范围。

2. 耐热等级是电气绝缘材料的最高使用温度。

① 也用于 70℃ 以下等级。

② 绝缘结构：标明某电工产品为某耐热等级，并不说明该产品绝缘结构中的每一种绝缘材料都具有相同的温度极限。绝缘结构的温度极限与其中各绝缘材料的温度极限可能不直接相关。

在绝缘结构中，绝缘材料的温度极限可能因受到其他组成材料的保护而有所提高，也可能因材料间不相容而使绝缘结构的温度极限低于各个组成材料的温度极限。

③ 绝缘的使用期：电气设备的实际使用期取决于运行中的特定条件。这些条件可以随环境、工作周期和产品类型的不同而有很大的变化。此外，预期使用期还取决于产品尺寸、可靠性、有关设备的预期使用期以及经济性等方面的要求。

对某些电工产品，由于其特定的应用目的，要求其绝缘的使用期低于或高于正常值，或由于运行条件特殊，规定其温升高于或低于正常值，而使其绝缘的温度极限高于或低于正常值。

绝缘的使用期在很大程度上取决于其对氧气、湿度、灰尘和化学物质的隔绝程度。在给定温度下，受到恰当保护的绝缘的使用期会比自由暴露的大气中的绝缘的使用期长。因而，用化学惰性气体或液体作冷却或保护介质，可延长绝缘的使用期。

5）耐电痕化：固体绝缘材料的电痕化是指在电应力和电解杂质对材料表面的联合作用下，固体绝缘材料表面形成导电通路的过程。固体绝缘材料在放电作用下引起蚀损而造成电气短路、引发燃烧。

通常情况下，采用在潮湿条件下相比电痕化指数和耐电痕化指数来表示电气绝缘材料自身的耐湿绝缘能力。

相比电痕化指数（CTI）是指材料经受50滴电解液而没有电痕化的、以伏特为单位的最大电压值；耐电痕化指数（PTI）是指材料经受50滴电解液而不出现电痕化的、以伏特为单位的耐电压值。

电痕化影响着电气设备的爬电距离。固体绝缘材料按相比电痕化指数（CTI）分为四类，以比较各种固体绝缘材料在试验条件下的性能：

① 绝缘材料组别 Ⅰ　　　　　　　　$600 \leqslant CTI$
② 绝缘材料组别 Ⅱ　　　　　　　　$400 \leqslant CTI < 600$
③ 绝缘材料组别 Ⅲa　　　　　　　$175 \leqslant CTI < 400$
④ 绝缘材料组别 Ⅲb　　　　　　　$100 \leqslant CTI < 175$

6）耐非正常的热和火：由于绝缘材料在电的作用下可能受到热应力影响且有可能使电气设备的安全性降低，为了使绝缘材料在非正常热和火的作用下不应产生不利的影响，电气设备的材料应具有相应的耐非正常热和火的能力。设计者可以根据材料的可燃性类别来选择绝缘材料。

当在电气设备上进行试验时，可采用灼热丝试验。

当在材料上进行试验时，可根据所选择的可燃性分类法，选择采用火焰试验（与可燃性类别无关）、电热丝引燃（HWI）试验和电弧引燃（AI）试验。

7）耐潮湿：在设计上要考虑的电气绝缘受潮的情况有：

① 表面受潮，即在相对湿度大于98%的环境下，电气绝缘表面被水汽包围，在环境温度突然变化或电气绝缘表面温度低于环境温度时，水汽在电气绝缘表面凝结成水膜，使绝缘部件表面绝缘电阻下降，造成表面的爬电或闪络。

② 体内受潮，即在高温的环境中，由于水汽扩散渗入电气绝缘内部，使吸入潮气的电气绝缘的理化性能发生变化，例如体积电阻下降、介电常数增加、机械性能亦下降，从而导致绝缘性能破坏而造成电击危险。

8）不能认可为电气绝缘的绝缘材料：由于各类电气设备使用功能、安全性的要求，以下材料不能认可为电气绝缘：

① 未经浸渍处理的木、棉、丝、纸和类似纤维或吸水性材料。
② 传动带及不经严重破坏能拆卸的绝缘材料制件。
（2）绝缘配合
1）电气间隙和爬电距离设计要求：
① 电气间隙和爬电距离在理论上由承受冲击电压来确定。一般按电场条件、污染等级、海拔、承受额定电压或冲击电压规定绝缘配合的最小电气间隙和爬电距离。

注：实际上，各种电气设备由于各自的结构特点、运行的微观环境、使用条件不同而情况较为复杂，不同专业的安全标准或产品标准规定的电气间隙和爬电距离都有不同程度的差异，但各自在长期的实践中都十分行之有效。所以电气间隙和爬电距离在某种意义上来说，是实践经验的积累。

② 电气间隙应以承受所要求的冲击耐受电压来确定。对于直接接至低压电网供电的设备，应在综合考虑冲击耐受电压、稳态有效值电压、暂态过电压和再现峰值电压之后，选择最大的电气间隙，电气间隙以承受冲击电压来考核，其优先值为：330V、500V、800V、1500V、2500V、4000V、6000V、8000V、12000V。影响电气设备电气间隙的因素有额定电压和瞬态电压、电场条件、海拔、污秽等级和绝缘的功能。

③ 确定爬电距离以作用在跨接爬电距离两端的长期电压有效值为基础。此电压为实际工作电压、额定绝缘电压或额定电压。瞬态过电压通常不会影响电痕化现象，因此可忽略不计，然而对暂态过电压和功能过电压，如果它们的持续时间和出现的频度对起痕有影响的话，则必须考虑。

④ 影响电气间隙的环境因素主要有气压和温度（如果变化较大）。
⑤ 影响爬电距离的环境因素主要有污染、相对湿度和冷凝作用。
2）过电压类别：设计者应确定电气设备的过电压类别。过电压类别的划分为：
① 过电压类别Ⅰ的设备是连接至具有限制瞬时过电压至相当低水平措施的电路的设备。
② 过电压类别Ⅱ的设备是由固定式配电装置供电的耗能设备。

注：此类设备包含如器具、可移动式工具及其他家用和类似用途负载。

③ 过电压类别Ⅲ的设备是固定式配电装置中的设备，以及设备的可靠性和适用性必须符合特殊要求者。

注：此类设备包含如安装在固定式配电装置中的开关电器和永久连接至固定式配电装置的工业用设备。

④ 过电压类别Ⅳ的设备是使用在配电装置电源端的设备；

注：此类设备包含如测量仪和前级过电流保护设备。

3）固体绝缘的厚度：设计者应该注意到固体绝缘的厚度与失效机理之间基本上没有关系，只有通过试验才能评估绝缘材料的性能。规定用固体绝缘的最小厚度以求得其长期耐电能力是不合适的。

4）固体绝缘上的短期应力
① 电压的频率及高频电压：外施电压的频率会极大地影响电气强度。介质发热和热不稳定性的概率大约与频率成正比。例如，按 GB/T 1408.1—2006《绝缘材料电气强度试验方法 第1部分：工频下试验》在工频下测量时，厚度为 3mm 固体绝缘的击穿电场强度在 10～40kV/mm 之间。提高施加的电压频率会降低大多数绝缘材料的电气强度。

对于频率大于工频的电压，应考虑频率的影响。高于 1kHz 的频率被看作为高频。

注：高于 30kHz 的频率对电气强度的影响见 IEC 60664-4：1997《低压系统内设备的绝缘配合 第4部分：高频电压应力的考虑》。

② 发热及承受短期热应力：发热可以造成：

——由于内应力的消除造成机械上的变形；

——在高于环境温度（如温度高于60℃）的较低温升下热塑性材料软化；

——由于塑化剂损失造成某些材料脆裂；

——如果超过材料的玻璃化转变温度，尤其会软化某些交联材料；

——增大的介电损耗导致热不稳定性和损坏。高温度梯度（例如短路过程中）会造成机械故障。

设计者应注意产品或专业标准中所规定的严酷水平。

注：标准严酷水平在 IEC 60068（所有部分）《环境试验》中规定。

③ 机械冲击：如果材料不具有足够的抗撞击强度，机械冲击会造成绝缘损坏。下述原因引起的材料撞击强度降低也会造成机械冲击的损坏：当温度下降至低于其玻璃化转变温度时，材料就会变脆；长期暴露在高温下会造成材料的塑化剂损失或造成原料聚合物老化。设计者应注意产品或专业标准中所规定的运输、贮存、安装和使用的环境条件。

5）固体绝缘上的长期应力

① 局部放电（PD）：在空气中，当峰值电压大于300V（帕邢最小值）时，就可能会发生局部放电（PD）。损失主要是由于逐渐的腐蚀或金属沉积而造成击穿或表面闪络。绝缘系统具有不同的特性：某些绝缘（例如陶瓷绝缘子）在其整个预期寿命期间能承受放电现象，而其他一些绝缘（例如电容器）是不允许有放电现象的。电压、放电重复率以及放电量均是重要的参数。

局部放电特性受外施电压频率的影响。在增高频率的条件下，进行加速寿命试验可证实失效时间大约与外施电压的频率成反比。然而，实际经验仅包括5kHz及以下的频率，因为在较高的频率下，也会存在其他一些失效机理，例如电介质发热。设计者可按产品或专业标准规定的详细要求设计。

注：高于30kHz的频率对局部放电的影响见 IEC 60664-4。

② 发热及承受长期热应力：发热会引起绝缘的挥发、氧化或长期化学反应，结果造成绝缘性能下降。但是失效通常是由于物理上的原因（如脆裂）造成的，导致断裂和电击穿，这种过程是个长期的过程，不能用短时试验进行模拟，因为它需要几千小时的试验时间（见 IEC 60216（所有部分）《确定电气绝缘材料耐热性的指南》）。

固体绝缘的热老化不应在电气设备预期的寿命期间损坏绝缘配合。设计者可按产品标准的规定是否有必要进行试验（也可见 IEC 60085：1984《电气绝缘的耐热性评定和分级》和 IEC 60216）。

③ 机械应力及承受机械应力：在运行、贮存或运输过程中，由于振动或冲击产生的机械应力会造成绝缘材料的脱层、断裂或断开。设计者可按产品或专业标准规定的详细要求设计。设计者应注意产品或专业标准中所规定的严酷水平。

注：标准严酷水平在 IEC 60068 中规定。

④ 湿度及承受湿度的影响：有水蒸气的地方可能会影响绝缘电阻和放电熄灭电压，加剧表面污染，发生腐蚀和外形变化。对于某些材料，高湿度会大大地降低电气强度。在某些情况下，低湿度也可能是不利的，例如会增大静电电荷的滞留，且会降低某些材料（如聚酰胺）的机械强度。电气设备在规定的湿度条件下应保持绝缘配合。

⑤ 其他应力及承受能力：许多其他应力均会损坏绝缘，产品标准中一般会做出规定。例如：紫外线辐射和电离辐射，暴露于溶剂或活性化学剂中造成的应力裂纹或应力断裂，塑

化剂迁移作用、细菌、霉毒活菌类的作用，机械塑性变形等。

尽管上述诸项应力的影响不怎么重要或影响较小，但在特定情况下，还是应引起注意。

6）介电强度

① 承受瞬时过电压（冲击耐受电压）：基本绝缘和附加绝缘应具有对应于电网标称电压和相关过电压类别的冲击耐受电压要求；或按电路中预期的瞬时过电压规定的设备内部电路的冲击耐受电压。例如 GB 14048.1—2006 中表 12。

加强绝缘应具有对应于额定冲击电压但比基本绝缘规定值高一级的冲击耐受电压。如果基本绝缘要求的冲击耐受电压不是优选值中的数值，则应规定加强绝缘承受基本绝缘要求的冲击耐受电压的 160%。

② 暂时过电压：基本固体绝缘和附加固体绝缘应能承受下列暂时过电压：

(i) $U_n + 1200V$ 短期暂时过电压时间至 5s；

(ii) $U_n + 250V$ 长期暂时过电压时间大于 5s。

其中：

U_n——中性点接地的电源系统的标称线对中性点的电压。

加强绝缘应能承受 2 倍的基本绝缘所规定的暂时过电压值。

注：1. 这些数值取自 IEC 60364-4-442：1999《建筑物的电气设施 第 4 部分：安全防护 第 44 章：过电压保护 第 442 节：低压设施对暂态过电压以及高压系统和地间故障的保护》，其中 U_n 被称作 U_o。

2. 这些值为有效值。

③ 耐受再现峰值电压：耐受再现峰值电压一般由产品或专业标准规定，设计者应按相应的要求设计。

(3) 防直接接触保护设计要求

1）绝缘防护：绝缘防护即是采用绝缘技术将危险的带电部分与外界全部隔开，防止在正常工作条件下与危险的带电部分的任何接触，是一种完全的防护。

用以覆盖带电部分的绝缘层应该足够牢固，不采用破坏性手段不应被除去。

使用的绝缘必须能长期承受在运行中可能受到的机械、化学、电气及热应力的影响（例如摩擦、碰撞、拉压、扭曲、高低温及变化、电蚀、大气污秽、电解液等产生的应力影响）；由于油漆、瓷漆、普通纸、棉织物、金属氧化膜及类似材料极易在使用中改变（降低）其绝缘性能，因此不能单独用作直接接触防护。

用作直接接触防护的绝缘材料应满足绝缘电阻、介质强度、泄漏电流的考核要求。

2）外壳或遮栏的防护的设计要求：采用外壳或遮栏可将危险的带电部分与外部完全隔开，从而避免从任何方向或经常接近的方向直接触及危险的带电部分，是一种完全的保护。

外壳防护除符合 GB 4208—2008《外壳防护等级（IP 代码）》外，且：

① 外壳防护的壳体应是封闭的连续体，且固定在规定的位置上，设计制造得使用者或第三者不借于工具不能拆卸或打开。

② 外壳应有足够的机械强度及稳定性，即材料、结构、尺寸具备足够的稳定性和耐久性，能承受正常使用中可能出现的机械压力、碰撞和不正常操作引起的应力变化。

3）防止无意地触及带电部分，但不能防止故意绕过阻挡物有意地触及带电部分的阻挡物设计：所谓的阻挡物是指可移开的遮栏和外护物（如门、覆板等），在接近带电部分进行调试或维修时应设计的结构。该阻挡物的设计用途是防止身体无意识地接近带电部分，或正常运行中操作带电设备时无意识地触及带电部分。一般应设计成使用钥匙或工具才能移开阻挡物，也可以设计为不用钥匙或工具移开阻挡物,此时应适当固定阻挡物,以防止其被无意识地移开。

4)置于伸臂范围之外防护只用于防止无意识地触及带电部分结构的设计:置于伸臂范围之外防护只用于防止无意识地触及带电部分的结构,一般用于防止在伸臂范围以内同时触及的不同电位的部分(见图1-120)。

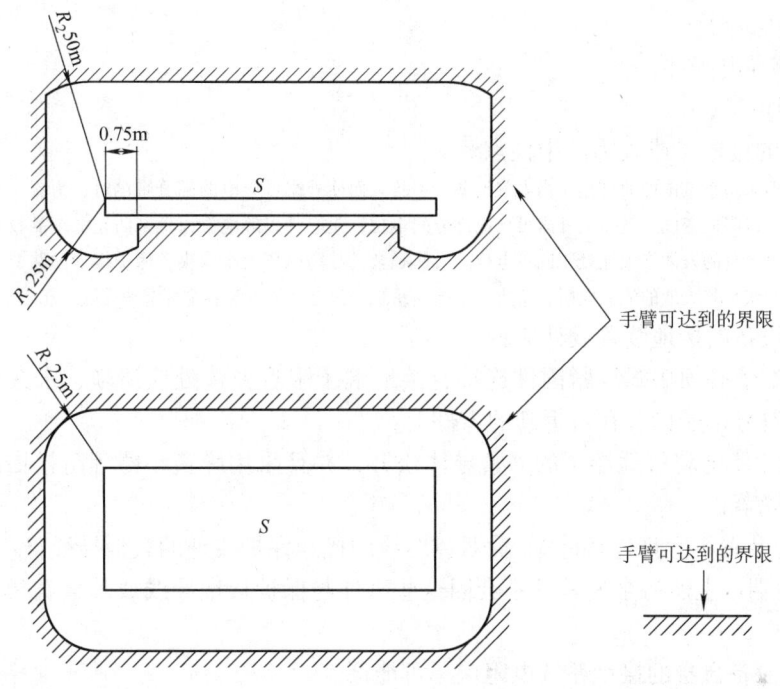

图1-120 伸臂范围
S—可能有人的面

如果在通常有人的位置在水平方向同一个防护等级低于IP XXB或IP2 X的阻挡物(如栏杆、网)进行限制,则伸臂范围应从阻挡物算起。在头的上方伸臂范围2.5m是从S面算起,这时不考虑保护等级低于IP XXB或IP2 X的任何中间阻挡物。

在正常情况下,手持大的或长的导电物的地方,计算上述距离时应计入那些物品的尺寸。

5)用剩余电流保护器的附加防护只是用于加强直接接触防护的额外措施的设计:如果提供其他防护措施(如1.9.4.2节2(3)1)~4)规定的保护措施)失效时或使用者疏忽时的附加防护,则可采用额定剩余电流不超过30mA的剩余电流保护器作为额外的防护措施。

使用剩余电流保护器不能认为是唯一的保护手段,并且不能因此而取消所采用的是1.9.4.2节2(3)1)~4)规定的保护措施之一的要求。

在通过自动切断电源进行防护的地方,对于额定电流不超过20A的户外插座和为户外移动式设备供电的插座,应采用额定剩余动作电流不超过30mA的剩余电流保护器来保护。

6)安全特低电压的保护:采用安全特低电压保护必须满足:

① 呈现出的电压由一个电源产生,且不超过相应使用时视为危险的数值,即使在出现故障时,电流也不允许在其电路中超过该极限值。

② 电源必须与电网进行电气隔离,以防止供电网络的危险电压进入;

③ 直接接触时,只能有一个频率、作用时间和能量大小限制在一个无危险的电流流过。

(4) 防间接接触保护的设计要求

1) 接地保护

① 在设计上采取的接地保护是指为防止发生电击危险而与下列部件进行电气连接的一种措施：

（ⅰ）裸露导电部件；

（ⅱ）主接地端子；

（ⅲ）外部导电部件；

（ⅳ）接地电极；

（ⅴ）电源的接地点或人为的中性点。

注：用保护接地来防止电击的原理是：当电气设备发生故障而使外露可导电的部分带电时，为流入大地故障电流提供一个低阻抗的通路，以降低变成带电体的外露可导电部分的电位，是一种以等电位原理来防止电击的技术，即使接触故障而带电的外露可导电部分的人体与大地处于同一电位。人体触及的故障电压大小取决于保护接地回路的总阻抗，包括电气设备的接地、电网的接地和大地的流散电阻，构成一个接地系统。只有接地系统各个环节的完好才能达到防护的目的。

② 电气设备的接地装置设计应：

（ⅰ）接地端子必须用螺纹紧固件连接，接地端子附近壳体处应清晰、永久地标志保护接地符号，接地符号不能设置在可拆卸的零件上；

（ⅱ）仅用手不能将接地端子的夹紧导体松开，并且采用弹簧垫圈等防松措施来防止接地导线从端子上脱落；

（ⅲ）接地装置不允许连接除绿/黄双色芯线的接地保护线外的其他导线；

（ⅳ）接地端子上所有金属零件不会因这些零件与保护接地导线或其金属相接触而产生电腐蚀；

（ⅴ）电气设备自身的接地系统电阻应尽可能低。

防止电击的保护接地方法一般应用于Ⅰ类电气设备。

注：Ⅰ类电气设备的电击保护不仅取决于电气设备，而且还取决于供电线路和环境条件。实质上，从电气设备的可触及的金属部分到供电线的保护接地之间至少有8个以上连接点，并分处于制造厂商、供电部门、使用者及环境条件，只要其中某一环节发生问题，则电气设备就处于无保护的不安全运行状态。因此，特别是Ⅰ类电气器具（电动工具、电动器具等）在设计上不仅采用接地保护的措施防护电击的危险。例如，国际上有的机构认为Ⅰ类工具的可触及金属零件通过旋转的轴承与接地的机壳连接不是永久、可靠的连接。因此Ⅰ类工具的转子必须制成双重绝缘或加强绝缘。

2) 接地电阻：接地电路的阻抗是复数阻抗，包含电阻分量、电容分量和电感分量，所有这些分量都影响接地电路的载流能力。由于接地网的接地电抗相对于接地电阻来说通常可忽略不计，因此其接地阻抗通常用接地电阻来表示。测量接地电阻的目的是：

① 验证新装接地系统；

② 检查现有接地系统的变化情况；

③ 测定危险的跨步电压和接触电压等。

3) 自动切断保护设计要求：自动切断保护是指自动切断供电的防护，指当Ⅰ类电气设备的基本绝缘损坏，使外露可导电的部分带电时，由附加的自动切断保护在可能对人产生有害的生理病理效应前自动切断供电。

由于电击的危害程度取决于故障情况下的电气设备的可触及的可导电部分上出现的预期接触电压值和持续时间。在一般环境下，只要作用于人体的交流电压值不超过50V（方均根值），通常不会对人体造成有害的病理反应。因此，自动切断供电防护的设计原则：

① 将单故障条件下的预期接触电压限制在交流50V（方均根值）以内；

② 在预期接触电压及其持续时间对人体造成有害的或危及生命的病理反应之前，自动切断供电；

③ 供电的切断。供电切断应考虑预期接触电压和保护电气设备的最长切断时间的配合，交流预期接触电压与最长切断时间的配合关系见表1-31。

表1-31　1kV及以下的预期接触电压—最长动作时间的配合

预期接触电压（方均根值）/V	50	>50	100	150	230	300	400	500
最长动作时间/s	5	0.60	0.40	0.17	0.17	0.12	0.08	0.04

④ 接地。对于Ⅰ类设备，应满足以下要求：

(i) 确保保护电路的连续性，即外露的可导电部分与接地点之间确保导电连续性；

(ii) 任意外露的可导电部分与接地点之间的电阻应不大于0.1Ω；

(iii) 保护导体的截面积应满足表1-32的要求。

表1-32　保护导体的截面积　　　　　　　　　（单位：mm^2）

序号	电路上的导线截面积S	相应的保护导体的最小截面积
1	<16	S
2	16~35	16
3	>35	$S/2$

注：接入多个电路的保护导体的截面积应按这些电路分别计算后再相加。

接地回路和电气设备的外露可导电部分应当按其配电系统的接地型式与保护导体相连接，并通过保护导体与大地连接，可同时触及的外露可导电部分应单独地、成组地或共同接至同一个接地极。

注：前者要求用以保证在故障情况下建立一个故障电流回路，从而为执行自动切断供电功能的保护电器提供一个故障信号，为此必须保证接地系统的电气连续性。后者要求用以保证在故障条件下，人体同时触及的外露可导电部分之间的预期接触电压尽可能低，从而使危险程度尽可能降低，对保护电器参数要求也可适当放宽。

4）双重绝缘保护：所谓双重绝缘是指当基本绝缘损坏时，以附加绝缘形式将人体与带电部件实行有效的隔离。

双重绝缘电气设备不必另设附加保护装置而能安全地使用。

双重绝缘一般设置基本绝缘、附加绝缘、加强绝缘等几种形式的绝缘。

注：双重绝缘是Ⅱ类电气设备的主要绝缘形式，除了结构、尺寸和技术合理性等使双重绝缘难以实施的特定部位和零件外，Ⅱ类电气设备的带电部分均应由双重绝缘与易触及的金属零件或易触及表面隔开。

双重绝缘结构中各零件之间的关系必须满足：

① 带电零件与不易触及金属零件之间必须用基本绝缘隔开；

② 不易触及的金属零件与易触及金属零件或易触及表面应用附加绝缘隔开；

③ 带电零件与易触及的金属零件或易触及表面之间必须用双重绝缘或加强绝缘隔开。

其他绝缘设计的形式有：

① 基本绝缘，即带电部分上对防止电击起基本保护作用的绝缘；

② 附加绝缘，在基本绝缘损坏的情况下，为防止电击而在基本绝缘之外使用的独立绝缘。

注：所谓"独立"是附加绝缘在结构上相对于基本绝缘而言，在其自身组成部分不破坏的情况下两者能分开，即在附加绝缘与基本绝缘之间具有不连续的表面，从而使发生在一种绝缘上的故障不影响和扩散到另一种绝缘中，真正构成两个独立的保护措施。

③ 加强绝缘，加强绝缘是相当于双重绝缘保护程度的单独的绝缘结构。

在设计上，加强绝缘在结构上置于带电部分和易触及的金属零件之间或其易触及的表面之间。

注：加强绝缘可以由同材质的单一绝缘物构成，亦可由几种不同材料的绝缘组合而成。由几种不同材料组成的绝缘，在电击保护上达到相当于双重绝缘的程度，但如果在各组成部分之间不能按基本绝缘和附加绝缘单独进行试验，即使在机械结构上能分开，亦应视作加强绝缘。

由于加强绝缘不能像双重绝缘那样提供两种独立的保护措施，在保护程度上还只能相当于双重绝缘而不能完全等同于双重绝缘。因此，在Ⅱ类电气设备中的应用上要受到限制，只能在提供单独的基本绝缘及附加绝缘明显不切实际时才使用，一般使用在换向器与转轴间、转子绕组端部与转轴间、定子绕组端部与机壳间和刷握与机壳上的安装。

附加绝缘、加强绝缘的材质、结构、尺寸及介质强度、绝缘电阻等均应优于基本绝缘，且进行单独考核。在结构上，基本绝缘置于带电部分上并直接与带电部分接触；附加绝缘靠近易触及的金属零件或是使用者易触及的。按基本绝缘和附绝缘的构成原则，处于同一劣化环境中，在同一部位上的由两种不同材料组成的不可分的绝缘，不能构成双重绝缘。对基本绝缘、附加绝缘、加强绝缘的要求并不意味着带电部分必须用固体绝缘物进行完全包封或隔开，也可以用空气隙来代替固体绝缘，以达到绝缘目的。

3. 电能的间接作用、外界因素危险防护的设计要求

（1）电能间接作用危险防护　电气设备应能承受电能间接作用时因自身过载、短路而产生的过热、蒸汽、有害气体、爆炸、噪声、振动、旁邻设备的过热等。在设计上，应考虑影响因素程度以及可能造成危险不同而采取不同的对应设计措施。

（2）外界因素危险防护　电气设备应能承受外界诸如冲击、压力、潮湿、异物侵入等因素的作用。设计者应该仔细研究产品标准相关的要求。

4. 机械危险防护的设计要求

（1）外壳防护　电气设备应设计有一个坚固、连续、封闭的外壳或罩壳，以将带电零件、机械结构部分包封起来，防止异物进入和人体直接触及带电部分和运动部件。外壳上允许有规定尺寸的开口，但其遮挡物不允许能被任意拆卸。

注：所谓不允许被任意拆卸，指的是用于防护的部件只能使用工具或钥匙才能将其移除。

一般情况，外壳防护包括以下两种形式的防护：

1) 防止人体触及或接近外壳内部的带电部分和触及运动部件（光滑的旋转轴和类似部件除外），防止固体异物进入外壳内部。

2) 防止水进入外壳内部达到有害程度。

外壳防护的分类分级系统的代号由特征字母 IP 和两个特征数字组成，见 GB 4028。一般情况下，只有按规定完成相应的试验，并检验合格后，才能在产品上标注 IP 的标识。

（2）机械危险防护　电气设备在防止机械危险保护的结构设计时应满足：

1) 外部不应有锐边、尖角和锋利凸出部分；

2) 除作业工具外，外部运动零件应具有光滑表面；

3) 旋转方向的改变会造成伤害的电气设备应标有永久的旋转方向标志；

4) 外形和重心位置应使电气设备有足够稳定性，放置在地面、支架、托架、台座等上时，不会受振动或其他外界的作用力而倾倒或跌落；

5) 旋转速度超过规定值会造成危害的电气设备，应设置限速机构或器件；

6) 对于手持操作的电气设备，要设置限制向操作者承受反作用力矩的机构，或在外形、

结构、尺寸上能使操作者受到的反作用力矩限制在安全的数值范围内；

7）对于通断电源的开关位置和操作方法，应使电气设备在不正常运行时能方便、及时地切断电源，对于无意误动作而接通电气设备的电源会引起伤害事故的电源开关，必须设计制造被接通前开关应有的两个单独的和不同的动作（例如某一开关，在它横向移去闭合触头，以便接通电源之前必须先被按下）；

8）对于外露运动部件，除工作需要而必须暴露的部件外，都应设计可靠的保护，以防止操作者意外触及。为适应运输，在结构上应设置：

1）凡不能用手移动或搬运的电气设备应装置符合安全要求的吊装装置；

2）运行时可拆卸的部件，如工具、夹具等，由于质量太大而不能用手搬运时，则应标出质量数据，并指出是部件质量还是整机质量。

(3) 机械强度　电气设备的外部结构应有足够的机械强度，以保证电气设备在使用中不会由于操作疏忽而造成外壳破坏，或爬电距离、电气间隙减小到不允许的程度，甚至触及到带电零件。

5. 电气连接和机械连接的设计要求

(1) Ⅰ类电气设备　设计应使当任何导线、螺钉、螺母、垫圈、弹簧及类似零件松动或从原来位置脱落时，不能造成易触及的金属零部件带电。

(2) Ⅱ类电气设备　设计应使当任何导线、螺钉、螺母、垫圈、弹簧及类似零件松动或从原来位置脱落时，不能造成附加绝缘或加强绝缘上的爬电距离和电气间隙减小到专业安全标准规定的50%以下。

(3) 机械连接　设计上可采取的有效措施有：

1）采用弹簧垫圈、弹性垫片或止动垫圈等方法锁定螺钉、螺母；

2）采用粘结剂锁定不由使用者拧动的螺钉、螺母。

(4) 电气连接

1）为接通电路而进行的连接仅用弹簧垫圈进行锁定是不够的，设计时应注意导线可能从其连接处脱落的以下情况：

① 没有专门器件将导线在接线端子、焊接处附近固定；

② 用于连接导线在连接零件，如螺钉、螺母、接插件、弹性类等，无充分锁定的措施；

③ 采用接线片、接插件或类似连接件的导线接头，连接件未将导线绝缘一起夹紧；

④ 仅靠弹性件来连接的接头。

2）在满足下述情况的设计时，导线不会从其连接处脱落：

① 导线在连接处已被专门器件固定，固定器件可用弹簧垫圈防松；

② 导线被固定在接线端子上，而接线端子的连接件（螺钉、螺母等）松动等仍能留在原来位置上，例如接线端子螺钉在连接后由其他零件压住进行锁定的方法；

③ 短而硬的导线（单芯硬线）在接线端子连接件（螺钉、螺母等）松动时仍能在原来位置；

④ 导线在焊接前已相互"钩住"。

3）对于电气连接的螺钉材料、衬垫系统的设计，应：

① 传递电气接触压力的螺钉应旋入金属中；

② 对于自切螺钉、自攻螺钉，不采取特殊措施不宜用作电气连接；用绝缘材料制成的螺钉不应用作任何电气连接；

③ 接触压力不能通过易收缩、易变形的绝缘材料传递。对于机械连接应能承受正常使用中的机械应力；

④ 螺钉不应用诸如锌、铝等软的或易蠕变的金属制造；

⑤ 用绝缘材料制成的螺钉，其公称直径必须在 3mm 以上。

4）电气连接的连接形式、插头和连接器、内部布线槽、电源线和接地芯线的颜色等连接要素设计应：

① 连接装置，例如配有插头的电源线，应具有防水保护的电源进线座，或具有防水保护的电缆耦合器及配套电源线，以及一组外接电源的接线端子等；

② 电源线不应使用低于普通橡胶护层或聚氯乙烯护层软线，电源插销不应连接多于一根的软线；

③ 电源线中的绿/黄组合色芯线只能用作保护接地；

④ 布线槽、金属件上供绝缘导线穿过的孔应光滑、无锐棱，应有效防止布线与运动件接触。

6. 运行危险的防护设计要求

（1）外露运动件危险防护　外露运动件是指外壳防护不能包容且在作业时必须使用的部件（例如刀具、刃具及夹具等），以及工作时产生的金属屑、粉尘在离心力作用下形成的飞逸物。

外露的运动件危险防护设计的目的是防止电气设备运行时的危险控制在安全水平内。在设计时，可采取专门的安全措施进行防护，使外露运动件发生意外的飞逸时，也不会危害人体。

外露运动件危险防护的手段主要有：

1）专用的防护罩壳；

2）排尘埃的装置；

3）防反弹保险；

4）超速自动保护或限速系统；

5）过转矩保护。

设计者应注意研究一些专业安全标准的更细致的防护措施要求。例如防护罩（壳）的材料及厚度等。

（2）噪声、振动和抗震

1）噪声：降低噪声对人员的影响，特别是对操作人员的影响是安全设计的重要目标。

噪声设计要依据规定的噪声限值和测量方法的规定进行。

降低噪声的设计往往会明显增加制造的成本，因此应优先考虑有针对性的设计。

2）振动：电气设备中，旋转体的不平衡质量在运行时会产生振动和噪声，人们处于有振动介质的环境，或接触，或处在振动着的电气设备附近，振动通过立姿人的脚、坐姿人的臀部或斜靠姿人的手撑面，甚至直接手持或操作电气设备将振动传递施加于人体，前者使人在振动环境下会影响舒适性和工作效率。后者将直接危及人的健康和安全。

在设计上，要从以下几个主要方面限制振动对人的影响：

① 振动强度：以加速度来描述，计量单位为 m/s^2；

② 振动频率：范围为 8～10000Hz。振动可能是周期性的，也可能是具有分布频谱的随机或非周期性的，还可能为某频带范围内的连续冲击型激振；

③ 振动方向：以心脏为原点，直角坐标系相应方向（X、Y、Z）上进行；

④ 振动持续时间：指人体在振动环境中的连续暴露时间，它的限值与振动强度值有关。

其中，振动强度限值的规定应遵循：

① 保持舒适性；

② 提高工作效率；

③ 保障安全和健康。

设计者应该注意研究诸如以下内容：

① 舒适性降低限；

② 疲劳—工效降低限；

③ 暴露限度。

3）抗震：抗震设计的目的是降低地震条件下对电气设备的影响，以及这种影响进而对人体的危害。

抗震设计要依据设计对象使用环境的地震情况和对地震破坏影响的估计。

(3) 防止过热和低温 电气设备外壳温度过高（过热）或过低（低温）易灼伤人体的皮肤，外壳的热辐射还会影响周围设备的安全运行，对此应有设计措施加以防护。

设计者应该研究电气设备外壳表面的功能状况，例如区分功能性热表面及其相邻的表面、过冷表面及其相邻的表面等，以针对不同的表面对人体伤害的影响大小提出设计上的措施。

设计者应该注意专业的标准对电气设备允许温升的规定，在设计上应避免过热对电气设备的损害或降低安全防护的水平。

(4) 防止运行时液体溢出 液体的溢出会使电气设备：

1）绝缘受潮而使绝缘电阻急剧下降，甚至击穿造成电击危险；

2）周围的环境变成良好的导电面，易造成周围操作人员受到电击危险；

3）内部或外部的金属零部件腐蚀、生锈。人体触及带腐蚀性的液体会危害健康和安全。

因此在设计上，应使电气设备正常工作时的液体会溢出，尤其对手持操作或可移动操作的电气设备应特别注意。

(5) 防止粉尘、蒸汽和气体危害 电气设备工作的介质以及在工作时产生的粉尘、蒸汽和气体的排放对环境有害，设计上应采取措施进行处理，变成无害后排放。

电气设备的工作介质应采用密封设计，防止泄漏而影响环境。

7. 电能控制和危险防范的设计要求

(1) 电能的开、关和控制

1）电能的开、关和控制的设计应：

① 对手动，应保证开关的通、断位置清晰，采用图形、符号标记；

② 对自动或半自动开关和功能的过程控制，不允许有危险过程的重叠或交叉，必须设有联锁或限位装置，控制器即使损坏也不能危及过程控制和电能的开、关；

③ 调节装置不能造成电气设备的运行或工作过程的无意误动作或跳闸。

2）在电气设备中，如果装置有下述强制功能的专门技术手段的离合器或联锁机构，则可认为上述要求已能满足：

① 安全技术手段与工作或运行过程的起动一起动作；

② 工作或运行过程的起动，在安全技术手段生效后才动作；

③ 在受到危害的时间内，接近危险区域时，工作和运行过程被强制切断。

（2）自动切断电源　下列情况下，对电气设备必须设计自动切断电源的开关或系统；

1）在危险情况下，操作开关不能快速和无危险地切断而造成危险的运行；

2）有多个能造成危险的运动单元，且又不能通过一个共同的、快速和无危险的开关来切断电源；

3）切断某一个单元，会出现连带的危险；

4）从控制台上不能全面监视的电气设备。

（3）紧急切断电源的开关或系统　紧急切断电源的开关或系统应设计为红色标志，且应分布在可能出现危险处。操作紧急切断电源的开关或系统的动作不允许危及电气设备的安全，且动作后必须手动将连接部分复位后电气设备才能进行起动。

（4）专门安全措施　专门安全措施是指电气设备在安装、检验、维修和保养时，察看危险区域或人体部分（例如手）伸进危险区域，电气设备不能发生误起动而采取的技术措施。可设计的措施主要有：

1）采取危险区域的机械保险和强制切断电气设备的控制或电能输入；

2）在"断开"位置用带屏蔽锁的多重锁闭的总开关；

3）控制或联锁元件直接位于危险位置，并且只能由此处封锁或开启运行；

4）可拔出的点火钥匙。

1.9.5　电击防护（摘自 GB/T 17045—2008）

1.9.5.1　术语

1. 电击（electric shock）　电流流经人或动物躯体而引起的生理效应。

2. 基本防护（basic protection）　无故障条件下的电击防护。

注：对于低压装置、系统和设备，其基本防护通常对应于 GB 16895.21—2004《建筑物电气装置　第4-41部分：安全防护　电击防护》的直接接触防护。

3. 故障防护（fault protection）　单一故障条件下的电击防护。

注：对低压装置、系统和设备而言，其故障防护通常对应于 GB 16895.21—2004 的间接接触防护，主要与基本绝缘损坏有关。

4. 基本绝缘（basic insulation）　够提供基本防护的危险带电部分上能绝缘。

注：本概念不适用于专为功能性目的的绝缘。

5. 附加绝缘（supplementary insulation）　除了基本绝缘外，用于故障防护附加的单独绝缘。

6. 双重绝缘（double insulation）　既有基本绝缘又有附加绝缘构成的绝缘。

7. 加强绝缘（reinforced insulation）　危险带电部分上具有相当于双重绝缘的电击防护等级的绝缘。

注：加强绝缘可以由几个不能像基本绝缘或附加绝缘那样单独测试的绝缘层组成。

8. 等电位联结（equipotential bonding）　为达到等电位，多个导电部分间的电气连接。

注：等电位联结的有效性可能取决于在这种联结中的电流频率。

9. SELV 系统（SELV system）　在下列情况下，电压不能超过特低电压的电气系统：

——在正常的情况下；和

——包括其他电气回路接地故障在内的单一故障情况下。

10. PELV 系统（PELV system）　在下列情况下，电压不能超过特低电压的电气系统：

——在正常情况下；和

——在单一故障情况下，但其他电气回路发生接地故障时除外。

1.9.5.2 电击防护的基本规则

在下列情况下，危险的带电部分不应是可触及的，而可触及的可导电部分不应是危险的带电部分：

——在正常条件下（工作在预定条件下，见 ISO/IEC 导则 51：1999《安全方面 标准中含有安全条款的准则》的 3.13，且没有故障），或

——在单一故障条件下（也可见 IEC 导则 104：1997《安全出版物的编制和基础出版物以及群组安全出版物的应用》的 2.8）。

注：1. 对一般人员规定的可触及性规则，可与那些熟练的或受过培训的人员不同，而且还可随着产品和位置的不同而有所变化。

2. 对高压装置、系统和设备，进入危险区域就被认为是相当于触及到了危险的带电部分。

正常条件下的防护是由基本防护提供的，而在单一故障条件下的防护是由故障防护提供的。加强的防护措施见 1.9.5.2 节 2（2）提供上述两种情况的防护。

1. 正常条件 要满足基本规则中有关在正常条件下的电击防护要求，则采用本标准中所述的基本防护是必不可少的。有关基本防护措施的要求，在 1.9.5.3 节 1 中给出。

注：对低压装置、系统和设备而言，其基本防护通常与 GB 16895.21—2004 中有关直接接触防护是相对应的。

2. 单一故障条件 发生下列情况时，均认为是单一故障：

——可触及的非危险带电部分变成危险的带电部分（例如，由于限制稳态接触电流和电荷措施的失效）；或

——可触及的在正常条件下不带电的可导电部分变成危险的带电部分（例如，由于外露可导电部分基本绝缘的损坏）；或

——危险的带电部分变成可触及的（例如，由于外护物的机械损坏）。⊖

要满足基本规则中有关在单一故障条件下电击防护的要求，采用本标准中所述的故障防护是必不可少的。这种防护可采用以下方法来实现：

——采用不依赖于基本防护的进一步的防护措施（见 1.9.5.2 节 2（1））；

——采用兼有基本防护和故障防护的两种功能的加强型防护措施（见 1.9.5.2 节 2（2）），这时需考虑到所有相关影响。

关于对故障防护措施的要求，在 1.9.5.3 节 2 中给出。

注：低压装置、系统和设备的故障防护，尤其在基本绝缘损坏条件下的防护，与在 GB 16895.21—2004 中采用的间接接触防护是相对应的。

（1）采用两个独立的防护措施⊖ 在相关技术委员会规定的条件下，两个独立的防护措施的设计，应当使每一个防护措施都不太可能失效。

两个独立的防护措施之间不应互有影响，以做到一个防护措施的失效不至于损害另一个防护措施。

两个独立的防护措施同时出现失效是不太可能的，因而通常不需要予以考虑。对此的信赖建立在其中一个防护措施仍然有效上。

（2）采用加强的防护措施 加强的防护措施的性能应达到与利用两个独立的防护措施具有同样长期有效的防护效果。有关加强防护措施的要求，在 1.9.5.3 节 3 中给出。

3. 特殊情况 如果在预期的应用中具有增大的内在危险性，例如一个人与地电位具有低

⊖ 这种情况到目前为止仍未解决。可能需要对机械方面提些适当的要求和做些试验。不可能用规定的电气参数来替代它们。

阻抗接触的区域内，则技术委员会应考虑可能需规定附加防护。这种附加防护可以设置在装置、系统或设备内。

注：对低压装置和设备而言，采用额定剩余动作电流不超过 30mA 的剩余电流电器被认为是在基本和/或故障防护失效或设备使用不当的情况下的一种附加的电击防护。

特殊情况下，须由技术委员会考虑并判定发生双重甚至多种故障的后果。

1.9.5.3 防护措施（防护措施的要素）

在按预期的使用和适当维护条件下，所有防护措施的设计和建造都应使装置、系统或设备在预期寿命期间内有效。

宜根据 IEC 60721（所有部分）《环境条件的分类》有关外界影响来考虑环境分类问题。尤其要注意的是周围的温度、气候条件、水的存在、机械应力、人的能力以及人或动物与地电位接触的区域。

技术委员会应考虑绝缘配合的要求。对低压装置、系统和设备的这些要求，可在 IEC 60664-1：1992《低压系统内设备的绝缘配合 第 1 部分：原则、要求和试验》中找到，其中对空气间隙和爬电距离以及固体绝缘也给出了定量的标准。关于高压装置、系统和设备，这些要求可在 IEC 60071-1：1993《绝缘配合 第 1 部分：定义、原则和规则》和 IEC 60071-2：1996《绝缘配合 第 2 部分：应用导则》中查到。

1. 基本防护措施　基本防护应由在正常条件下能防止与危险带电部分接触的一个或多个措施组成。

注：通常情况下，单独的油漆、清漆、喷漆及类似物，不能认为对电击防护提供了适当的绝缘。

下列（1）～（8）规定了一些独立的用作基本防护的措施。

（1）基本绝缘

1) 在采用固体基本绝缘的场合，该措施应能防止与危险的带电部分的接触。

注：对于高压装置和设备而言，在固体绝缘的表面可能存在电压，因而可能要采取进一步的预防措施。

2) 如果是靠空气作为基本绝缘，则应按 1.9.5.3 节 1（2）和（3）的规定，应利用阻挡物、遮栏或外壳，防止人触及危险的带电部分或进入危险区域；或按在 1.9.5.3 节 1（4）中的规定，将危险的带电部分置于伸臂范围之外。

（2）遮栏或外壳

1) 遮栏或外壳的作用：

——对于低压装置和设备，采用 GB 4208—2008 规定的最低为 IPXXB（也可按 IP2X）的电击防护等级，以防止触及危险的带电部分；

——对于高压装置和设备，采用 GB 4208—2008 规定的最低为 IPXXB（也可按 IP2X）的防护等级，以防止进入危险区域。

2) 考虑到来自环境和外壳内的所有的相关影响，遮栏或外壳应具有足够的机械强度、稳定性和耐久性，以保持所规定的防护等级。它们应被牢固而安全地固定在其位置上。

3) 如果在设计或结构方面允许拆除遮栏、打开外壳或拆卸外壳的部件，从而导致触及危险的带电部分或进入危险区域，那么拆除、打开或拆卸应在具备下列条件时进行：

——使用钥匙或工具；或

——当危险的带电部分与电源隔离后，外壳不再起防护作用时，则只应在遮栏或外壳的部件复位或门关闭以后才能恢复供电；或

——插在中间的遮栏仍保持所要求的防护等级，而这样的遮栏是只有用钥匙或工具才能

拆除的。

注：也可见第1.9.5.6节。

(3) 阻挡物

1) 阻挡物用于保护熟练技术人员或受过培训的人员，但不用于保护一般人员。

2) 装置、系统或设备运行时，在特殊的操作和维护条件下（见1.9.5.6节），其阻挡物的作用：

——对于低压装置和设备，应能防止同危险带电部分的无意接触；或

——对于高压装置和设备，应能防止无意地进入危险区域。

3) 阻挡物可以是不用钥匙或工具就能挪动的，但应保证不太可能被无意识地挪动。

4) 在可导电的阻挡物仅靠基本绝缘与危险的带电部分隔离的情况下，应视其为一个外露可导电部分，并应对它采取故障防护措施（见1.9.5.4节）。

(4) 置于伸臂范围之外

1) 在1.9.5.3节1 (1) 1)、(2)、(3)、(5)、(6) 所规定的措施都不能采用时，可采用置于伸臂范围之外的措施，其作用为：

——对低压装置和设备，用以防止无意识地同时触及可能存在危险电压的可导电部分；

——对高压装置和设备，用以防止无意识地进入危险区域。

具体的要求应由技术委员会规定。

注：对低压装置，距离大于2.5m的部分，通常不认为会同时可触及的部分。如果仅限于对熟练技术人员或受过培训的人员而言，则规定的接近距离可减小。

2) 如果由于人预期会使用或手持物件（例如工具或梯子），从而使距离减小，则技术委员会应规定相关的限制条件，或在可能存在危险电压的部分之间，规定相应的距离。

(5) 电压限制　在同时可触及部分之间的电压应限制到不超过GB/T 3805—2008《特低电压（ELV）限值》规定的有关特低电压的限值。

注：这种基本防护，不属故障防护所需的措施，见1.9.5.4节6和7。

(6) 稳态接触电流和电荷的限制　稳态接触电流和电荷的限制应能使人或动物避免遭受易于发生危险的或可感觉到的稳态接触电流和电荷值。

注：对于人而言，给出如下指导值（频率不大于100Hz的交流值）：

——在同时可触及的可导电部分之间，流过2000Ω纯电阻的不超过感觉阈值的稳态电流，推荐值是交流0.5mA或直流2mA；

——不超过痛苦阈值的可规定为交流3.5mA或直流10mA；

——在同时可触及的可导电部分之间有效存储电荷的推荐值是不超过0.5μC（感觉阈值），并可规定为不超过50μC（痛苦阈值）；

——对于有刺激反应的特殊要求部分（例如电警戒栅栏），技术委员会可规定较高的存储电荷和稳态电流值。应注意勿超过心室纤颤阈值，见IEC 60479-1：1994《电流通过人体和家畜的效应　第1部分：常用部分》；

——交流稳态电流的限值，是指频率为15~100Hz之间的正弦电流值。其他频率、波形以及叠加在直流上的交流值，在考虑中；

——在GB 9706（所有部分）《医用电气设备》范围内的医用电气设备，需采用其他指标。

(7) 电位均衡　对于高压装置和设备，在正常条件下，应设置均衡电位的接地极，以防止人或动物免受危险的跨步电压和接触电压的伤害。

注：电位均衡的典型应用是在电气铁路系统中，这种场合出现的接地电流大。

(8) 其他措施　用于基本防护的任何其他措施都应遵守基本准则（见1.9.5.2节）。

2. 故障防护措施　故障防护应由附加于基本防护中的独立的一项或多项措施组成。

下列 (1) ~ (8) 规定了用作故障防护的各种措施。

(1) 附加绝缘　附加绝缘应同样能承受所规定的基本绝缘所规定的电气强度。
(2) 保护等电位联结　保护等电位联结系统应由如下部分中的一个、两个或多个适当组合构成：
——用于在设备中保护等电位联结的方式，见 1.9.5.5 节；
——装置中的接地的或不接地的保护等电位联结；
——保护（PE）导体；　　　　——电源的接地点或人工中性点；
——PEN 导体；　　　　　　　——接地极（包括用作均衡电位的接地极）；
——防护屏蔽；　　　　　　　——接地导体。

注：在低压装置中，接地的保护等电位联结通常包括：
——将下述部分连接在一起的总等电位联结：
- 保护干线导体；
- 接地干线导体或总接地端子；
- 建筑物内，用作诸如供燃气、水的金属管道；
- 金属结构件、集中供暖和空调系统，如果可用的话；
- 电缆的任何金属护套（对通信电缆而言，需取得其所有者或操作者的允许）；
——与可触及的可导电部分连接在一起的辅助等电位联结；
——在具有特殊环境的局部范围内，将可触及的可导电部分连接在一起的局部等电位联结。

对于高压装置和系统，因为有可能存在特殊的危险，如高的接触电压和跨步电压和由于放电而使外露的可导电部分变成带电体，故它们的等电位联结系统应与地连接。接地配置的对地阻抗值应规定为以不能出现危险的接触电压为准。故障情况下可能变成带电的外露可导电部分，应接到接地配置上。

1) 基本防护—旦损坏可能带有危险接触电压的可触及的可导电部分，即外露可导电部分和任何的保护屏蔽体，都应与保护等电位联结系统连接。

注：电气设备的可导电部分只有通过与已变成带电体的外露可导电部分接触才能变成带电的，这种可导电部分不认为是外露可导电部分。

2) 保护等电位联结系统的阻抗值应是足够低的，以避免在绝缘失效的情况下，部件之间出现危险的电位差，必要时，需与故障电流动作的保护器件配合使用（见 1.9.5.3 节 2 (4)）。电位的最大差值及其持续时间应以 IEC 60479-1：1994 为基准。

注：1. 这里可能需要考虑保护等电位联结系统的不同组成部分的相应阻抗值。
2. 在单一故障情况下，由于回路阻抗限制了稳态接触电流，因而在按 IEC 60990：1999《接触电流和保护导体电流的测试方法》的规定计量时，当频率不大于 100Hz 时的交流有效值不可能超过 3.5mA，或直流不超过 10mA 时，则这种情况的电位差不需要考虑。
3. 在某些环境或状态下，例如医疗场所（见 GB 9706.1—2007《医用电气设备　第 1 部分：安全通用要求》中规定的极限值）、高导电性场所、潮湿的区域以及类似区域，这种限值需取较低值。

3) 对保护等电位联结的所有部分的截面尺寸选定应做到，在因基本绝缘失效或短路而产生的故障电流，从而可能出现热效应和动应力时，仍不能损害保护等电位联结的特性。

注：有些并不影响安全的局部损伤，例如，在由产品委员会给予特殊说明的地方，出现外壳的金属皮部分的这种损伤，是可以接受的。

4) 保护等电位联结的所有部分都应能承受预期的内部和外部所有的影响（包括机械的、热的和腐蚀性的）。

5) 可活动的导电连接，例如铰接和滑块，不应视为是保护等电位联结的一部分，但符合 1.9.5.3 节 2 (2) 2) ~4) 要求者除外。

6) 如果装置、系统或设备的部件是预期要拆卸的，则在拆卸这些部件时，不应分断用于装置、系统或设备的任何其他部分的保护等电位联结，除非首先切断其他部分的电源。

7) 除已在 1.9.5.3 节 2 (2) 8) 中说明者外，保护等电位联结的所有组成部分都不应包含有预期会中断电气连续性或引进有明显阻抗的任何器件。

注：由于检验保护导体的连续性或测试保护导体电流，技术委员会可不执行这项要求。

8) 如果保护等电位联结的组成部分有可能被与相关的同一供电导体用的连接器或插头插座器件分断，则保护等电位联结不应在供电导体切断之前被分断。保护等电位联结应在供电导体重新接通之前先恢复联结。设备仅在断电状态下才有可能分断和重新接通时，上述要求是不适用的。

在高压装置、系统和设备中，在主触头到达能承受设备额定冲击耐受电压的分断距离之前，保护等电位联结不应被断开。

9) 保护等电位联结导体，不管是有绝缘的或是裸露的，其外形、位置、标志或颜色都应是易于辨别的，但不破坏就不能断开的那些导体除外，例如绕线连接的和在电子设备中的类似布线以及在印制电路板上的印制线。如果用颜色来识别，则应符合 IEC 60446：1999《人机界面标志识别的基本和安全的原则 导线的颜色和数字标识》的规定。

(3) 保护屏蔽 保护屏蔽应由插在装置、系统或设备中的危险带电部分和被保护的部分之间的导电屏蔽体组成。这种保护屏蔽体：

——应接到装置、系统或设备的保护等电位联结系统上，并且相互之间的连接应符合 1.9.5.3 节 2 (2) 的要求；而且

——其本身应符合有关保护等电位联结系统的组成部分的要求，见 1.9.5.3 节 2(2)2) ~4)。

(4) 高压装置和系统中的指示和分断 应设置指示故障的器件。依据中性点的接地方式，故障电流应当是用手动分断或自动分断（见 1.9.5.3 节 2 (5)）的。由故障持续时间决定的允许的接触电压值，应由技术委员会按 IEC 60479-1：1994 确定。

(5) 电源的自动切断 对于电源的自动切断

——应设置保护等电位联结系统；而且

——在基本绝缘损坏时，故障电流动作保护器应能断开设备、系统或装置供电的一根或多根线导体。

1) 保护电器应在由技术委员会依据 IEC 60479-1：1994 规定的时间内切断故障电流。低压装置内规定的时间取决于在保护等电位联结导体上产生的预期接触电压。

注：对于电击防护而言，对于不必切断电源的稳态故障电流，可以规定一个约定接触电压限值。

2) 保护电器可设在装置、系统或设备的任一适当的位置；而且其选用应考虑故障电流回路的特性。

(6) 简单分隔（回路之间） 一个回路与其他回路或地之间的简单分隔，藉其全部基本绝缘按出现的最高电压来选定而实现。

如果一个部件接在分隔回路之间，则该部件应能承受跨接其上的绝缘所规定的电气强度，而且其阻抗应能将通过该部件的预期电流限制到 1.9.5.3 节 1 (6) 中指定的稳态接触电流值。

(7) 非导电环境 这种环境应有一个对地阻抗，其值至少为：

——50kΩ，如果标称系统电压不超过交流或直流 500V；

——100kΩ，如果标称系统电压高于交流或直流 500V，但不超过交流 1000V（频率不大于 100Hz 的交流值）或直流 1500V。

注：1. 绝缘地板和墙壁的电阻测试方法，见 GB 16895.23—2005《建筑物电气装置 第 6-61 部分：检验——初检》的

附录 A。

2. 更高电压的阻抗值，在考虑中。

（8）电位均衡　电位均衡可通过设置附加的接地极，用以减小在故障情况下出现的接触电压和跨步电压。

注：接地极通常埋在设备或任一可导电部分前 1m、距地平面 0.5m 深的地下，而且是接到接地配置上的。

（9）其他措施　作为故障防护的任何其他的措施都应符合基本规则的规定（见 1.9.5.2 节）。

3. 加强的防护措施

加强的防护措施应具有基本防护和故障防护两者的功能。

下列（1）~（5）具体说明了这种加强的措施。

加强的防护措施的设置应使其防护功能不太可能变弱，从而不太可能出现单一故障。

（1）加强绝缘　加强绝缘的设计应使其在承受电的、热的、机械的以及环境的作用时，具有与由双重绝缘（基本绝缘和附加绝缘）同样的防护可靠性。

注：1. 这里所要求的设计和试验参数，比对基本绝缘规定的更严格。

2. 作为低压应用的一个例子，这里需引用一个过电压类别（见 GB 16895.12—2001《建筑物电气装置　第 4 部分：安全防护　第 44 章：过电压防护　第 443 节：大气过电压或开关操作过电压防护》）的概念。加强绝缘的冲击电压的数值要符合这一过电压类别的要求，比基本绝缘的过电压类别高一级。

3. 加强绝缘主要是用于低压装置和设备，但也不排除在高压装置和设备中应用。

（2）回路之间的防护分隔　一个回路与其他回路之间的防护分隔应采用以下方法来实现：

——基本绝缘和附加绝缘各自都按出现的最高电压值确定的，即相当于双重绝缘；或

——按出现的最高电压的额定值确定的加强绝缘见 1.9.5.3 节 3（1）；

——以按相邻回路额定耐压（也可见 1.9.5.4 节 6 的最后一段）确定的回路基本绝缘，将每个相邻回路用保护屏蔽体隔开的保护屏蔽（见 1.9.5.3 节 2（3））；

——以上措施的组合。

如果被分隔回路的导体是与其他回路的导体在一起，例如包含在多芯电缆或其他导体束中，它们应按出现的最高电压，单独地或整体地进行分隔，以便实现双重绝缘分隔。

连接在被分隔的回路之间的任一部件应符合有关保护阻抗器的要求，见 1.9.5.3 节 3（4）。

（3）限流源　限流源的设计，其接触电流不应超过 1.9.5.3 节 1（6）中规定的限值。该项要求也适用于有限电流电源单个部件任何可能的损坏[⊖]。

注：该限值要由相关的技术委员会确定。

（4）保护阻抗器　保护阻抗器应能可靠地将接触电流限制到不超过 1.9.5.3 节 1（6）中规定的限值。

保护阻抗器应能承受跨接其两端的绝缘所规定的电气强度。

这些要求同样适用于保护阻抗器单个部件任何可能的损坏[⊖]。

（5）其他措施　任何同时适用于基本防护和故障防护的其他加强防护措施，都应符合基本规则的规定（见 1.9.5.2 节）。

1.9.5.4　防护措施

本节对典型防护措施的结构给予说明，指出了哪些防护措施用于基本防护，哪些防护措施用于故障防护。

⊖ 例如，如果部件的相关安全特性是按 IEC 关于电子元件的质量系统（IECQ）规定和控制时，正确使用经认证的部件是不太可能出现损坏的。

在同一装置、系统或设备内，可采用如下的一种以上的防护措施。

1. 采用自动切断电源的防护　在这种防护措施中，
——基本防护是由在危险带电部分与外露可导电部分之间的基本绝缘提供的；而
——故障防护是由自动切断电源提供的。

注：根据 1.9.5.3 节 2 (5) 自动切断电源需要根据 1.9.5.3 节 2 (2) 中规定保护等电位联结系统。

2. 采用双重或加强绝缘的防护　在这种防护措施中，
——基本防护是由对危险带电部分的基本绝缘提供的；而
——故障防护是由附加绝缘提供的；或
——基本防护和故障防护都是由在危险的带电部分和可触及部分（可触及的可导电部分和绝缘材料的可触及表面）之间的加强绝缘提供的。

3. 采用等电位联结的防护　在这种防护措施中，
——基本防护是由在危险的带电部分与外露可导电部分之间的基本绝缘提供的；而
——故障防护是由同时可触及的外露的和外界的可导电部分之间的用于防止危险电压的保护等电位联结系统提供的。

4. 采用电气分隔的防护　在这种防护措施中，
——基本防护是由被分隔回路的危险的带电部分与外露可导电部分之间的基本绝缘提供的；
——故障防护是

● 被分隔的回路与其他回路及地之间采用简单的分隔；以及

● 如果一台以上设备由被分隔的回路供电，则被分隔的不同回路的外露可导电部分之间采用不接地的等电位联结互相连通。

这里，不允许有意地将外露可导电部分与保护导体或接地导体连接。

注：1. 电气分隔主要是用在低压装置和设备中，但也不排除用于高压装置和设备。
　　2. 在 GB 16895.21—2004 的 413.5 中给出的关于低压装置的电气分隔，含有更严格的要求。

5. 采用非导电环境的防护（低压）　在这种防护措施中，
——基本防护是由在危险的带电部分与外露可导电部分之间的基本绝缘提供的；而
——故障防护是由非导电环境提供的。

6. 采用 SELV 防护　在这种防护措施中采用下述方式提供防护：
——对（SELV 系统）回路中电压的限制；和
——对 SELV 系统与除 SELV 和 PELV 外的所有回路进行保护分隔；和
——对 SELV 系统与其他的 SELV 系统、PELV 系统和与地之间采用的简单的分隔。

这里，不允许将外露的可导电部分与保护导体或接地导体有意地连接。

在需采用 SELV 并按 1.9.5.3 节 3 (2) 规定采用保护屏蔽的特殊场所，保护屏蔽体应采用具有耐受预期出现的最高电压的基本绝缘，以与每个相邻回路分隔。

7. 采用 PELV 防护　在这种防护措施中，采用下述方式提供防护：
——限制可能接地的回路的电压和/或限制外露可导电部分可能接地（PELV 系统）的回路的电压；和
——对 PELV 系统与除 SELV 和 PELV 外的所有回路之间进行保护分隔。

如果 PELV 回路是接地的，并按 1.9.5.3 节 3 (2) 规定采用了保护屏蔽的，则在保护屏蔽体与 PELV 系统之间，没有必要再设置基本绝缘。

注：1. 如果 PELV 系统的带电部分与在故障情况下可能呈现一次侧回路电位的可导电部分之间是同时可触及的，则电击防护有赖于所有这些的可导电部分之间的保护等电位联结。

2. 除按 1.9.5.4 节 6 和 7 规定之外，所采用的特低电压，都不能作为一种防护措施。

8. 采用限制稳态接触电流和电荷的防护　在这种防护措施中，采用下述方式提供防护：

——回路的供电

- 采用限流源；或
- 通过保护阻抗器；和

——回路与危险带电部分之间采用保护分隔。

9. 采用其他措施的防护　其他的任何防护措施都应遵守基本规则（见 1.9.5.2 节），并能提供基本防护和故障防护。

1.9.5.5　电气装置内的电气设备及其防护措施的配合

防护是由有关设备和器件结构配置及安装方法综合实现的。技术委员会推荐采用 1.9.5.4 节的防护措施。

设备可以分类。不同类别的设备中采用的防护措施，将在下述 1~4（也可见表 1-33）中加以说明。

表 1-33　低压装置中设备的应用

设备类别	设备标志或说明	设备与装置的连接条件
0 类	——仅用于非导电环境；或 ——采用电气分隔防护	非导电环境 对每一项设备单独地提供电气分隔
Ⅰ 类	保护联结端子的标志采用 GB/T 5465.2 的 5019 号符号，或字母 PE，或绿黄双色组合	将这个端子连接到装置的保护等电位联结上
Ⅱ 类	采用 GB/T 5465.2 的 5172 号符号（双正方形）作标志	不依赖于装置的防护措施
Ⅲ 类	采用 GB/T 5465.2 的 5180 号符号（在菱形内的罗马数字Ⅲ）作标志	仅接到 SELV 或 PELV 系统

如果用这种分类方式对设备和器件不适用，则技术委员会应对该产品规定相应的安装方法。

对于某些设备，只有在安装以后才能划为属于某一类设备，例如安装后才能防止触及带电部分。在这种情况下，应由制造厂商或负责的销售商提供适当的说明书。

1. 0 类设备[⊖]　这类设备采用基本绝缘作为基本防护措施，而没有故障防护措施。

(1) 绝缘　凡没有用最低限度的基本绝缘与危险的带电部分隔开的所有可导电部分，都应按危险的带电部分来对待。

2. Ⅰ 类设备　这种设备采用基本绝缘作为基本防护措施，采用保护联结作为故障防护措施。

(1) 绝缘　凡没有用最低限度的基本绝缘与危险的带电部分隔开的所有可导电部分，都应按危险的带电部分来对待。这一规定也适用于这样的可导电部分：该部分虽已用基本绝缘隔开，但通过一个未达到与基本绝缘相同的电气强度的部件又将其连接到危险的带电部分上。

(2) 保护等电位联结　设备的外露可导电部分应接到保护联结端子上。

注：1. 外露可导电部分包括仅涂有涂料、轻漆、喷漆及类似物的那些部分。

2. 能被触及的那些可导电部分，如果它们是用保护分隔与危险的带电部分隔开的，则它们不是外露可导电部分。

(3) 绝缘材料可触及的表面部分　如果设备没有完全用可导电部分覆盖，则下列要求适用于绝缘材料可触及的表面部分：

⊖　建议从国际标准中删去 0 类设备，然而在这里仍包括了 0 类设备，因为这个类别仍被引用到少数的产品标准中。

如果绝缘材料可触及的表面部分是：
——设计采用手抓握的；或
——易接触具有危险电位的可导电表面；或
——易与人体部分有相当大接触面的（面积大于 $50mm \times 50mm$）；或
——该部分是用于高导电性污染的场所；
则上述部分与危险的带电部分的分隔应采用：
——双重或加强绝缘；或
——基本绝缘和保护屏蔽；或
——这些措施的组合。

绝缘材料的所有其他的可触及表面部分，至少都应用基本绝缘与危险的带电部分进行分隔。预期作为固定装置的一部分的设备，其基本绝缘或是由厂商提供的，或应在安装期间按厂商或负责的销售商提供的说明书的规定处理。

如果绝缘材料的可触及部分具备了符合规定的绝缘，则认为符合了上述要求。

注：对绝缘材料的某些可触及部分（例如，需要频繁接触的部分，像操作件），技术委员会可根据与人体的接触面积强行规定比基本绝缘更严格的要求。

(4) 保护导体的连接

1) 除插头插座连接之外，其余连接件应采用 GB/T 5465.2—2008《电气设备用图形符号 第 2 部分：图形符号》的 5019 号符号，或用字母 PE，或采用绿黄双色组合标志加以清晰识别。该标志不应是放置或固定在螺钉、垫片或在连接导体时可能被拆掉的其他零件上的。

2) 对于用软线连接的设备，应采取预防措施使在张力释放机构出现损坏时，软线中的保护导体是最后被拉断的导体。

3. Ⅱ类设备 该设备采用基本绝缘作为基本防护措施和附加绝缘作为故障防护措施或能提供基本防护和故障防护功能的加强绝缘。

(1) 绝缘

1) 可触及的可导电部分和绝缘材料的可触及表面部分应是采用双重或加强绝缘与危险的带电部分隔离的或其结构配置设计是具有等效防护功能的，例如，用保护阻抗器。

对预期作为固定装置一部分的设备，这种要求应在设备正确安装时予以满足。这就意味着，如果适用，其绝缘（基本的、附加的或加强的）和保护阻抗，都应由制造厂商提供，或应在安装期间按厂商或负责的销售商在其提供的说明书中加以规定。

注：等效的故障防护配置，可由技术委员会根据适宜该设备的性能及其应用的要求加以规定。

2) 与危险带电部分只靠基本绝缘的分隔或由结构配置实现等效防护的所有可导电部分，都应采用附加绝缘或结构配置设计实现等效防护，以与可触及表面进行分隔。

没有按基本绝缘与危险的带电部分分隔的所有可导电部分，都应视为危险的带电部分加以处理，即它们都应按上述 1) 项的规定与可触及的表面进行分隔。

3) 当绝缘螺钉或其他固定件在安装、维修时需要移开或可能移开，且当它们由金属螺钉或其他固定件取代而可能破坏所要求的绝缘时，则外壳中不应包含有这样的绝缘螺钉或其他绝缘固定件。

(2) 保护联结 可触及的可导电部分和中间部分都不应有意地连接到保护导体上。

1) 如果设备具备保持保护等电位联结连续性的措施，但在所有其他方面都是按Ⅱ类设备构成的，则这样的措施应是：

——采用基本绝缘将设备的带电部分及可触及的可导电部分分隔；和
——按对Ⅰ类设备要求的那样作标志。

该设备不应采用 1.9.5.5 节 3（3）中引用的符号作标志。

2）Ⅱ类设备可以具备功能（区别于保护）目的的对地连接措施，但这只是在这种要求被相应的 IEC 标准认可的情况下才允许。这样的措施应利用双重或加强绝缘与带电部分分隔。

（3）标志　Ⅱ类设备应采用 GB/T 5465.2 的 5172 号图形符号作标志。该标志应设置在电源数据牌附近，例如设置在额定值铭牌上。显然，该符号是技术数据的一部分，而且无论如何不能与厂商名称或其他的标识相混淆。

4. Ⅲ类设备　该设备将电压限制到特低电压值作为基本防护措施，而它不具有故障防护的措施。

（1）电压

1）设备应按最高标称电压不超过交流 50V 或直流（无纹波）120V 设计。

注：1. 无纹波一词习惯上被定义为纹波电压含量中的方均根值不大于直流分量的 10%。有关非正弦波交流电压的最大值，在考虑中。

2. 根据 GB 16895.21—2004 的 411 条，Ⅲ类设备只允许用于与 SELV 和 PELV 系统连接。

3. 技术委员会宜根据 GB/T 3805—2008 确定其产品所允许的最高额定电压和其使用条件。

2）内部电路可在不超过上项规定限值的任一标称电压下工作。

3）在设备内部出现单一故障的情况下，可能出现或产生的稳态接触电压不应超过 1）项中规定的限值。

（2）保护联结　Ⅲ类设备不应提供连接保护导体的措施。然而，如果相关的国家标准认可，这类设备可以提供用于功能（作为区别于保护）目的的接地连接措施。在任何情况下，在这类设备中都不应为带电部分提供接地连接的措施。

（3）标志　设备应采用 GB/T 5465.2 的 5180 号图形符号作标志。当这类设备专门与特殊设计的 SELV 和 PELV 的电源相连接时，则上述要求不适用。

5. 接触电流，保护导体电流，泄漏电流

注：1. 本条只适用于低压装置、系统和设备。

2. 在本标准中目前没有考虑泄漏电流的影响。

（1）接触电流　应采取措施，使得在触及到可触及部分时，不至于产生 IEC 60479 系列中指出的那种危险。接触电流应按 IEC 60990：1999 的规定进行测量。故障情况下，如果允许额外的接触电流，则产品委员会应在标准中明确其允许条件和允许的额外电流。

注：IEC 60990：1999 的 6.2.2 所解决的是在保护导体失效情况下，Ⅰ类设备接触电流的测量方法。

（2）保护导体电流　在装置和设备中，应采取措施，以防止因过量的保护导体电流而损害装置的安全或正常使用。应确保向该设备供电的和由该设备产生的所有频率的电流的兼容性。

1）防止用电设备保护导体电流过量的要求：对于在正常运行条件下产生流入保护导体电流的电气设备，应不影响其正常使用，且与其防护措施兼容。1.9.5.5 节 5 的要求已计及设备预期由插头插座系统供电的或者是采用固定连接的设备或者是固定设备的情况。

2）用电设备保护导体电流的最大交流限值：测量应在设备交付时进行。

注：根据 GB/T 13870.2—1997《电流通过人体的效应　第二部分：特殊情况》规定的计及高频分量的保护导体电流的测量方法，正由 TC 74 在考虑中。

下列限值适用于额定频率为 50Hz 或 60Hz 供电的设备：

① 对于接自额定值不大于 32A 的单相或多相插头插座系统的用电设备，其限值由表 1-34

给出。

② 对于没有为保护导体设置专门措施的固定连接和不易移动的用电设备，或接自额定值大于 32A 的单相或多相插头插座系统的用电设备。其限值由表 1-35 给出。

③ 对于预期要与按 1.9.5.5 节 5（2）4）规定与加强型保护导体做固定连接的用电设备，产品委员会宜规定保护导体电流的最大值。该值在任何情况下都不应超过每相额定输入电流的 5%。

然而，产品委员会应考虑到，出于保护的理由，在装置中可能设置剩余电流保护器，在这种情况下，保护导体电流应与所提供的防护措施相适应。另一种替代方法是采用至少有简单分隔的带分隔绕组的变压器。

表 1-34　保护导体电流的最大交流限值（一）

设备的额定电流	最大保护导体电流
≤4A	2mA
>4A 但 ≤10A	0.5mA/A
>10A	5mA

表 1-35　保护导体电流的最大交流限值（二）

设备的额定电流	最大保护导体电流
≤7A	3.5mA
>7A 但 ≤20A	0.5mA/A
>20A	10mA

3）直流保护导体电流：在正常使用中，交流设备不应在保护导体中产生影响剩余电流保护器或其他设备正常功能的带直流分量的电流。

注：对于带直流分量的故障电流的要求，在考虑中。

4）装置中保护导体电流超过 10mA 的加强型保护导体回路：用电设备中应提供：

——设计成至少能连接 10mm² 铜材或 16mm² 铝材保护导体的连接端子；或

——为连接其面积与正常的保护导体截面积相同的保护导体的第二个端子，以便将第二个保护导体连接到用电设备上。

5）资料：对于预期与加强型保护导体作为固定连接的设备，其保护导体的电流值应由生产厂商在其文件资料中给出，而且还要提供符合 1.9.5.5 节 5（3）2）的安装说明。

（3）其他要求

1）信号系统：在建筑物电气装置中，不允许用使用任何带电流的导体与保护导体一起作为信号的返回通路。

2）装置中保护导体电流超过 10mA 的加强型保护导体回路：对于预期固定连接而保护导体电流又大于 10mA 的用电设备，应像 GB 16895.3—2004《建筑物电气装置　第 5-54 部分：电气设备的选择和安装　接地配置、保护导体和保护联结导体》的规定一样，提供安全而可靠地对地连接。

6. 高压装置的安全和最小间距以及警示标牌　高压装置的设计应能限制对危险区域的接近。应考虑到关于熟练技术人员和受过培训的人员为操作和维护而必需的安全间距。对于安全距离无法满足的场合，应安装永久性的防护设施。

应由相应的技术委员会规定如下值：

——遮栏的间距；
——阻挡物的间距；
——外栅栏和进出门的尺寸；
——最低高度和与接近危险区域的距离；
——与建筑物的间距。

警示牌应明显地显示在所有的出入口的门、围墙、遮栏、架空线电杆以及铁塔等上面。

1.9.5.6　特殊操作和维护条件

注：应考虑有关电气装置操作的详细要求，如带电工作、不带电工作和靠近带电部分工作。都是由相应的技术委员会考虑的。

1. 预期用手操作的器件和更换的部件

注：1. 为能恢复装置、系统或设备的功能，其例子包括：
——需要复位的器件（例如断路器、过电流/过电压/欠电压器件）；
——可更换的部件（例如灯泡或熔断片管）。
1 条也适用于使用者维护时对接近带电部分的要求。

2. 本标准中的"用手"意指"使用手，使用或不使用工具"。

（1）低压装置、系统和设备中预期由一般人员操作的器件或更换的部件 在操作器件或更换部件时，应有效防止对任何危险带电部分的接触。

注：人们已认识到，符合现行标准的一些灯座和熔断器座，在更换部件时不能满足这种要求。

1）在装置、系统或设备中包含有需要用手操作的器件或更换的部件时，这些器件和部件应装在没有可触及危险带电部分的地方。

2）在不具备 1 条要求的场合，人员接近前应确保采取与电源隔离的措施，以期提供防护。

（2）预期由熟练技术人员或受过培训的人员操作的器件或更换的部件 对容易无意识地触及的危险带电部分或无意识地进入的危险区域，应按以下 1）和 2）的规定提供防护。这些规定适用的场合是没有遮栏或外壳时或需要拆去遮栏或外壳，让熟练技术人员或受过培训的人员用手操作器件或更换部件时。

注：技术委员会可以限制本款的应用或增补附加要求，并依据防护方法规定允许用手操作的种类。

1）器件和部件的位置：设备的设计和安装，应使操作人员可以接近和看见并且方便而又安全地操作或更换这些器件或部件。

注：由厂商提供的这类位置和相关资料，应符合相应的技术委员会的规定。

如果设备的安装位置可能影响可见度或妨碍对器件或部件的接近而导致危险，则应标明并能看到所需要的安装位置。

2）可接近性和操作：接近操作器件的路径和对其操作所需要的空间应依赖于为防止无意识地触及危险的带电部分，或进入危险的区域所留出的适当距离来实现。应由技术委员会规定这种距离。

或者，如果接近路径和空间小于对危险带电部分所需的适当距离，则应设置阻挡物。这种阻挡物应对无意识地接触提供防护。对于防止从接近操作器件或部件方向的接触，其防护等级不应低于 GB 4208—2008 的 IPXXB（也可采用 IP2X）。而对于防止从其他相应方向的接触，其防护等级不应低于 GB 4208—2008 的 IPXXA（也可采用 IP1X）。

2. 隔离后的电气数据

如果依赖于将危险的带电部分与电源隔离（例如，打开外壳或拆去遮栏时）的防护，则电容器的电荷量应自动泄放，使在隔离 5s 以后，电压不会超过在 GB/T 3805—2008 的 6.5 中所规定的限值。如果这样会干扰设备的正常功能，应设置明显易见的警告标志，标明放电到限值所需的时间。

注：1. 对于特殊的情况（例如，拔出插头）技术委员会可能不得不规定更短的时间。

2. 隔离后，尤其对于高压，下列情况应予考虑：
——电容器可能有大量的剩余电荷；
——电感，如变压器的绕组，经过一个相对长的时间段，可能有大量的聚集电荷。

3. 隔离电器

（1）概述 用于隔离的电器应能有效地将相关回路与所有带电导体隔离。

注：1. 关于低压隔离电器，还需参见下列（2）款。

在隔离位置时，触头的位置或其他隔离措施，应在外观上是可见的，或具有明显和可靠的指示。

2. 该指示可采用适当标识，以分别指示隔离和接通的位置。

隔离电器设计和/或安装应能防止无意的或未经许可的开合。

注：例如：撞击和振动可能引起这种开合。

（2）低压隔离电器　用于隔离的电器，应能将相关回路与包括中性导体在内的所有带电导体有效地隔离。但是，在 TN—S 系统中，中性导体被认为是可靠地处于地电位时，则中性导体不必隔离。

隔离电器应符合下列两项条件：

1）在新的、清洁的而且干燥的条件下，对处于隔离的位置的触头间，在电源和负载端之间，能承受的耐冲击电压值，见表1-36。

表1-36　各级标称电压的隔离电器最低耐冲击电压值

供电系统的标称电压[①]/V		最低耐冲击电压值[②]/kV	
三相系统	有中间点的单相系统	过电压类别Ⅲ	过电压类别Ⅳ
	120～240	3	5
230/400，277/480		5	8
400/690		8	10
1000		10	15

注：1. 关于过电压类别的说明，见 GB/T 16935.1—2008《低压系统内设备的绝缘配合　第1部分：原则、要求和试验》的 2.2.2.1.1。
　　2. 耐冲击电压值是对海拔 2000m 而言的。
① 按 GB/T 156—2007《标准电压》规定。
② 过电压类别为Ⅰ类和Ⅱ类的设备不能用于隔离。

2）通过断开的开关触头两端的泄漏电流在任何情况下都不应超过：

——在新的、清洁的和干燥的条件下，每极 0.5mA，并且

——在电器通常约定使用寿命终了时，每极 6mA。

在进行上述测定时，如果电源的星形连接点或中间点是接地的，则施加在每极的两端子间的测试电压为 110% 的线导体和中性导体间设备额定电压。在其他所有情况下，此电压为供电系统的 110% 的线电压。

在用直流测试的情况下，直流电压值应等同于相应交流测试电压的方均根值。

注：用以检验这种要求的试验由相关的技术委员会规定。

（3）高压隔离电器

1）概述：每个隔离电器都应适用于指定的目的。

所有的一般要求，例如接地配置，以及如果需要，对场所的特殊要求，例如海拔，都应予以规定和考虑。

另外，装置的每一部分的带电导体在与装置的其他部分隔离时，都应被短路并接地。

选用的设备的技术参数，应考虑网络的结构、当地的特殊条件以及运行和维护的经验。

应当考虑到，预期的电动应力不仅是在正常运行时的应力，而且还有附加的应力，例如，在短路故障情况下的应力。

雷电过电压和操作过电压也应予以考虑。

属于安装现场外界影响的机械的、气候方面的以及其他的特殊应力，在设备的设计过程中都应予以考虑。

注：除这些影响外，重要的是通过选用适当的开关电器以符合 GB 311.1—1997《高压输变电设备的绝缘配合》规定的绝缘配合要求。

为避免误操作，基于安全原因，隔离电器应能有效地锁定在"接通"和"断开"的位置。

注：在隔离电器的结构设计和安装中，宜注意在电器开断时可能产生的电弧或热电离气体。因此，电器的设计和安装

方式宜使开关开断时释放出的电离子气体不至于导致设备损坏或危及操作人员的后果。这对防止因电离作用而形成的对非带电部分的二次飞弧的危害也是必要的。

2) 隔离电器的特性：隔离距离之间的额定耐冲击电压水平，应高于线导体对线导体或线导体对地绝缘的额定耐冲击电压水平（见 GB 1985—2004《高压交流隔离开关和接地开关》）

基于安全原因，隔离电器的设计应使由一个触头到绝缘体另一侧端子可能流通的任何对地泄漏电流被限制在可接受的数值。如果用一特制的连接件将这种泄漏电流可靠地泄放到大地，这一安全要求即得到满足。

注：1. 对于含有与大气压力下的空气电介质不同的电介质的隔离电器，这种电介质的条件可由用户与制造厂商协商确定。
2. 宜考虑对污染防护的有效性和关于泄漏电流的绝缘材料性能的验证试验。
3. 关于高压的额定耐冲击电压，见 GB 311.1。

1.9.5.7 实现防护措施一览（见图 1-121、图 1-122）

注：应指出，不是所有的防护措施对低压和高压两者都是适用的。

图 1-121 包括基本的和故障的防护措施

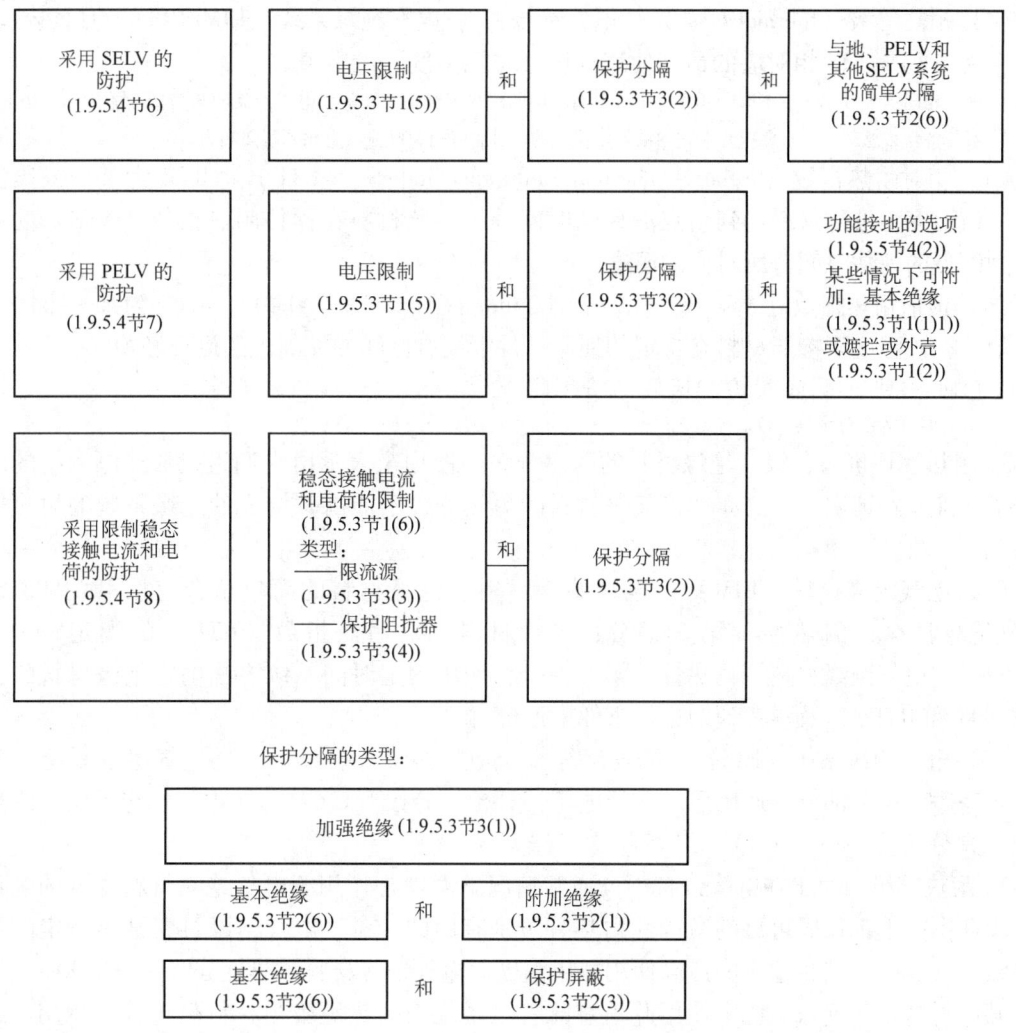

图 1-122 采用电气量限值的防护措施

1.9.6 电气绝缘（摘自 GB/T 11021—2007 和 GB/T 16935.1—2008）

1.9.6.1 电气绝缘的耐热性分级

1. 术语

（1）电气绝缘材料（electrical insulating material） 具有可忽略不计的电导率，或者由这类材料的简单组合，在电气装置中用以隔离不同电位的导电部件的固体（材料）。

> 注：1. 在英语中，术语"绝缘材料"有时包含较宽的含义，包括绝缘液体和绝缘气体。
> 2. 为达到某种试验目的，电极加在材料试样上，而不是这种组合正式地构成一个 EIS（电气绝缘系统）那样试验。

（2）电气绝缘材料的简单组合（simple combination of electrical insulating materials） EIM（电气绝缘材料）的组合，以接合的状态供货，用于设备的生产制造。

> 注：例如一种由纸层压在聚乙烯、对苯二甲酸酯薄膜（GB/T 5591.1、2）组成的柔软材料在某种意义上构成一个"简单的组合"，EIMS（电气绝缘材料）是通过设备制造过程组合而不是某种意义上"简单组合"的构成。

（3）电气绝缘系统（Electrical Insulation System——EIS） 绝缘结构包括一种或多种电气绝缘材料（EIMS）与导电部件联合在一起，在电气设备中使用。

(4) 耐热等级（thermal class）　电气绝缘材料/电气绝缘系统（EIM/EIS）的耐热性表示方法，为与 EIM/EIS 相对应的最高使用温度（摄氏温度）的数值。

注：确定相同的 EIM/EIS 在不同使用条件下其具有不同的耐热等级是必要的。电工产品的某一特定的耐热等级的说明不具备什么意义，也不意味着在它的结构中使用的每种绝缘材料都应具有相同耐热能力。

(5) 相对耐热指数（Relative Thermal Endurance index——RTE）　RTE 为某一摄氏温度数值。该温度为被试材料达到终点的评估时间等于参照材料在预估耐热指数（ATE）的温度下达到终点的评估时间时所对应的温度。

(6) 预估耐热指数（Assessed Thermal Endurance index——ATE）　ATE 为某一摄氏温度的数值，在该温度下参照材料在特定的使用条件下具有已知的、满意的运行经验。

注：1. 同一材料，在不同应用中其 ATE 值可能会改变。
　　2. 有时称为绝对耐热指数。

2. 耐热性评价与分级　绝缘材料的耐热分级不能用来表示由它们组成的绝缘系统的耐热性分级，除非经证实。反之亦然，某一材料的耐热分级不能由其构成的绝缘系统的耐热等级导出。

(1) 电气绝缘材料（EIM）　电气绝缘材料和绝缘材料的简单组合应按 IEC 60216—5《电气绝缘材料　耐热性　第 5 部分：绝缘材料相对耐热指数（RTE）的测定》或 IEC 60216—6《电气绝缘材料　耐热性　第 6 部分：使用固定时间系统方法确定绝缘材料的温度指数（TI 和 RTE）》及参考预期运行条件来评价。

(2) 电气绝缘系统（EIS）　电气绝缘系统应按照 IEC 61857—1《电气绝缘系统　耐热性评定程序　第 1 部分：通用要求　低电压》评价，并按 IEC 62114《电气绝缘系统　耐热性分级》来分级。

3. 耐热等级　由于在电气设备中，通常情况下温度是作用于电气绝缘材料主要的老化因子，因此国际上都认同可靠的基础性耐热分级是有用的，对于电气绝缘材料某一特定的耐热性等级，就表明与其相适应的最高使用摄氏温度。电气绝缘材料耐热性分级见表 1-30。

某一材料在某绝缘系统中使用并不意味着该系统的耐热等级与材料耐热等级相同。或不管系统中使用一种以上不同等级的材料而以最低耐热等级的材料表示。

1.9.6.2　电气绝缘配合术语

1. 绝缘配合　考虑了预期微观环境及其他影响作用的情况下电气设备绝缘特性的相互关系。

2. 工作电压　在额定电压下，在设备的任何特定绝缘两端可能产生的交流电压或直流电压的最高有效值。但不考虑瞬态现象；对开路和正常运行两种情况都要考虑。

3. 再现峰值电压　由于交流电压畸变或由于叠加在直流电压上的交流分量使电压波形发生周期性偏移的最大峰值电压。

不规则的过电压（例如，由于偶尔通断操作产生的过电压）不能认为是再现峰值电压。

4. 过电压　峰值大于在正常运行下最大稳态电压的相应峰值的任何电压。

5. 暂时过电压　持续相对长时间（对应于瞬时过电压）的工频过电压。

6. 瞬时过电压　振荡的或非振荡的、通常为高阻尼的持续时间只有几毫秒或更短的短时间过电压。

7. 操作过电压　因特定通断操作或故障通断，在系统中的任何位置上出现的瞬时过电压。

8. 雷电过电压　因特定的雷电放电，在系统中的任何位置上出现的瞬时过电压。

9. 功能过电压　为了电器的功能所需，有意识地施加的过电压。

10. 冲击耐受电压　在规定的条件下，不造成绝缘击穿、具有一定形状和极性的冲击电压最高峰值。

11. 有效值耐受电压　在规定的条件下，不造成绝缘击穿的电压的最高有效值。

12. 再现峰值耐受电压　在规定的条件下，不造成绝缘击穿的再现电压的最高峰值。

13. 暂时耐受过电压　在规定的条件下，不造成绝缘击穿的暂时过电压的最高有效值。

14. 额定电压　制造厂商对元件、电器或设备规定的电压值，它与运行（包括操作）和性能等特性有关。

设备可有一个以上的额定电压，或可具有额定电压范围。

15. 额定绝缘电压　制造厂商对设备或其部件规定的耐受电压有效值，以表征其绝缘规定的（长期）耐受能力。

额定绝缘电压不一定等于设备的额定电压。而额定电压主要与设备的操作性能有关。

16. 额定冲击电压　制造厂商对设备或其部件规定的冲击耐受电压值，以表征其绝缘规定的耐受瞬时过电压的能力。

17. 额定再现峰值电压　制造厂商对设备或其部件规定的再现峰值耐受电压值，以表征其绝缘规定的耐受再现峰值电压的能力。

18. 额定暂时过电压　制造厂商对设备或其部件规定的暂时耐受过电压值，以表征其绝缘规定的短时耐受交流电压的能力。

19. 污染　使绝缘的电气强度和表面电阻率下降的外来物质（固体、液体或气体）的任何组合。

20. 宏观环境　设备安装或使用的房间或其他场所的环境。

21. 微观环境　特别会影响确定爬电距离尺寸的绝缘附近的环境。

22. 污染等级　用数字表征微观环境受预期污染程度。

23. 受控过电压条件　电气系统内预期瞬时过电压被限制在规定水平的条件。

24. 功能绝缘　导体部件之间仅适用于设备特定功能所需要的绝缘。

25. 局部放电（PD）　部分桥接绝缘两端的放电。

1.9.6.3　绝缘配合的基本原理

绝缘配合意指根据设备的使用及其周围的环境来选择设备的电气绝缘特性。

1. 绝缘配合与电压的关系　绝缘配合与下列因素有关：

——在系统中可能出现的电压；

——设备产生的电压（该电压可能会反过来影响系统中的其他设备）；

——要求的持续运行等级；

——人身和财产安全，电压应力可能造成的事故不能导致不可接受损害危险。

（1）长期交流或直流电压与绝缘配合的关系　额定电压；额定绝缘电压；实际工作电压。

（2）瞬态过电压与绝缘配合的关系　瞬态过电压的绝缘配合主要依据受控过电压的条件。

内在控制：要求电气系统特性能将预期瞬时过电压限制在规定水平的条件；

保护控制：要求电气系统中特定的过电压衰减措施将预期瞬时过电压限制在规定水平的条件。

为了应用绝缘配合概念，必须区别以下两种瞬时过电压来源：

——来自系统的瞬时过电压，该系统是与设备的接线端子连接的；

——设备自身产生的瞬时过电压。

绝缘配合采用的额定冲击电压优先值如下：

330V、500V、800V、1500V、2500V、4000V、6000V、8000V、12000V。

2. 环境条件和绝缘配合的关系　应以量化的污染等级考虑绝缘的微观环境条件。

微观环境条件主要取决于设备所处的宏观环境条件，在许多情况下，这些微观和宏观环境是相同的。但是微观环境可能会好于或坏于宏观环境。例如，外壳、加热、通风或灰尘可能会影响微观环境。

符合标准规定的外壳防护等级的电气设备可不必改善有关污染的微观环境。

1.9.6.4　绝缘配合电压及其额定值

为了按绝缘配合来确定设备绝缘结构的尺寸，应规定：

——基本电压额定值；

——根据设备预期的用途，规定过电压类别，需考虑预期与设备连接的系统特性。

1. 长期作用电压的确定　设定设备的额定电压不低于电源系统的标称电压。

（1）确定基本绝缘的电压

1）直接由低压电网供电的设备：低压电网的标称电压先按表 1-37 和表 1-38 转化为合理化电压，此电压可以作为选定爬电距离的电压最小值，也可用来选定设备的额定绝缘电压。电气设备可以有几个额定电压，以便可以使用在不同标称电压的低压电网中，这种设备电压应选取其最高额定电压。

表 1-37　单相（三线或两线）交流或直流系统　　　　　　　　（单位：V）

电源系统的标称电压	表 1-40 中的合理化电压		电源系统的标称电压	表 1-40 中的合理化电压	
	线对线绝缘①	线对地绝缘①		线对线绝缘①	线对地绝缘①
	所有系统	三线中性点接地系统		所有系统	三线中性点接地系统
12.5	12.5		150②	160	
24			200	200	
25	25		100 ~ 200	200	100
30	32		220	250	
42			110 ~ 220		
48			120 ~ 240	250	125
50*	50				
60	63		300②	320	
30 ~ 60	63	32	220 ~ 440	500	250
100②	100		600②	630	
110	125		480 ~ 960	1000	500
120			1000②	1000	

① 不接地系统或阻抗接地系统的线对地绝缘水平等于线对线绝缘水平，因为该系统任何线对地的工作电压实际上可能接近线对线全电压。这是因为线对地实际电压是由每个线对地的绝缘电阻和容抗所决定的，因此绝缘电阻低（但是允许）的一线在效果上可认为接地，并把其他两线对地电压升高到线对线全电压。

② 这些电压对应于表 1-39 所列值。

表 1-38　三相（四线或三线）交流系统　　　　　　（单位：V）

电源系统的标称电压	表1-40 中的合理化电压			电源系统的标称电压	表1-40 中的合理化电压		
	线对线绝缘	线对地绝缘			线对线绝缘	线对地绝缘	
	所有系统	三相四线系统中性点接地②	三相三线系统不接地①或（电源）两线接地		所有系统	三相四线系统中性点接地②	三相三线系统不接地①或（电源）两线接地
60	63	32	63	440	500	250	500
110 120 127	125	80	125	480 500	500	320	500
				575	630	400	630
150③	160	—	160	600③	630	—	630
200	200	—	200				
208	200	125	200	660 690	630	400	630
220 230 240	250	160	250	720 830	800	500	800
				960	1000	630	1000
300③	320	—	320	1000③	1000	—	1000
380 400 415	400	250	400				

① 同表 1-37 的①。
② 如果设备可兼用于接地和不接地、三相三线和三相四线供电电源，则仅用三相三线系统中的数据。
③ 这些数值对应于表 1-39 所列值。

各专业应考虑如何选定电压，是以"线对线"电压为基础；还是以"线对中性点"电压为基础。对于后者，该专业应规定如何使用户知道该设备只能用于中性点接地系统中。

2）非直接由低压电网供电的系统、设备和内部电路：系统、设备和内部电路中的基本绝缘应考虑各自可能出现的最高有效值电压。此电压的确定要考虑电源标称电压以及设备在额定值范围内其他条件的最严重的组合情况，但故障条件不考虑。

(2) 确定功能绝缘的电压　实际工作电压可用来确定功能绝缘所要求的尺寸。

2. 额定冲击电压的确定　瞬时过电压可作为确定额定冲击电压的基础。

(1) 过电压类别　直接由低压电网供电的设备要采用过电压类别的概念。

连接其他系统（例如，通信和数据系统）的设备也能采用类似概念。

1）直接由电网供电的设备：各专业应以下列过电压类别的基本说明为基础来确定过电压类别：

——过电压类别Ⅳ的设备是使用在配电装置电源端的设备，此类设备包含如测量仪和前级过电流保护设备；

——过电压类别Ⅲ的设备是固定式配电装置中的设备，以及设备的可靠性和适用性必须符合特殊要求者，此类设备包含如安装在固定式配电装置中的开关电器和永久连接至固定式配电装置的工业用设备；

——过电压类别Ⅱ的设备是由固定式配电装置供电的耗能设备，此类设备包含如器具、

可移动式工具及其他家用和类似用途负载;

如果此类设备的可靠性和适用性具有特殊要求时,则采用过电压类别Ⅲ。

——过电压类别Ⅰ的设备是指连接至具有限制瞬时过电压至相当低水平措施的电路的设备,此类设备包含如保护电子线路达到此水平的设备。

2) 非直接由低压电网供电的系统和设备:如适合的话,则建议各专业要规定该系统和设备的过电压类别或额定冲击电压(推荐采用优选值),此类系统可以是通信或工业控制系统或载运装置中的独立系统。

(2) 设备额定冲击电压的选定　设备的额定冲击电压应按表1-39用相应规定的过电压类别和该设备额定电压来选定。

具有特殊的额定冲击电压和具有一个以上额定电压的设备可适用于不同过电压类别。

表1-39　直接由低压电网供电的设备的额定冲击电压　　　　　(单位:V)

电源系统的标称电压①		从交流或直流标称电压导出线对中性点的电压(小于等于)	额定冲击电压的过电压类别			
三相	单相		Ⅰ	Ⅱ	Ⅲ	Ⅳ
		50	330	500	800	1500
		100	500	800	1500	2500
	120~240	150	800	1500	2500	4000
230/400　277/480		300	1500	2500	4000	6000
400/690		600	2500	4000	6000	8000
1000		1000	4000	6000	8000	12000

① 三相四线配电系统用符号"/"表示,较低值为线对中性点电压,较高值为线对线电压,仅有一个值的表示三相三线系统,并规定为线对线值。

(3) 设备内部冲击电压的绝缘配合

1) 受外来瞬时过电压影响显著的设备内部的部件或电路,要采用设备的额定冲击电压,而设备操作运行可能产生的瞬时过电压对外部电路状态的影响应不超过下面(4)规定的条件。

2) 具有特定瞬时过电压保护的设备内部的部件或电路,由于它们受外来瞬时过电压影响不大,这些部件的基本绝缘要求的冲击耐受电压与设备的额定冲击电压无关,但与该部件或电路的实际条件有关,推荐应用冲击电压优选值并使之标准化,其他情况下,可用表1-41中的值用插入值法得到。

(4) 设备产生的操作过电压　对于可能在其接线端处产生过电压的设备,例如开关电器,当根据有关标准和制造商说明书使用该设备时,该设备产生的过电压不应大于额定冲击电压。

如电压超过额定冲击电压,则会发生漏电(剩余电流)危险,这种情况与线路的条件有关。

如果具有特定额定冲击电压或过电压类别的开关电器产生的过电压不高于较低过电压类别对应的值,则该电器有两个额定冲击电压式两个过电压类别:高者与开关电器的冲击耐受电压有关,而低者与其产生的过电压有关。

额定冲击电压的给定值是指达到该幅值的过电压值可能会对系统产生影响，因此该设备不能用于较低过电压类别或要求有适用于较低过电压类别的抑制过电压措施。

（5）交界面的要求　设备可在较高过电压类别的条件下使用，但必须将该处的过电压适当地降低。适当降低过电压可采用以下措施：

——过电压保护电器；

——具有隔离绕组的变压器；

——具有（能够、转移电涌能量的）多分支电路的配电系统；

——能吸收电涌能量的电容；

——能消耗电涌能量的电阻或类似的阻尼器件。

装置或设备中的过电压保护电器可能会比安装在装置电源端的具有最高钳位电压的过电压保护电器消耗更多的能量，这一事实必须注意。此情况特别适用于具有最低钳位电压的过电压保护电器。

3. 承受电压作用的时间　就爬电距离而言，电压作用时间影响到在干燥时可能发生表面闪烁（其能量大的足以引起电痕化）的次数。当这类事故次数足够多时会在以下几个方面引起电痕化：

——预期持续使用并且产生的热量不足以使其绝缘表面干燥的设备内；

——承受长期在凝露作用下频繁接通、分断操作的设备内；

——直接连至电网的开关设备输入侧以及该开关设备的进线端和负载端之间。

对预期长时间承受电压作用的绝缘，按表1-37确定其爬电距离。如果设备内绝缘仅承受短时间电压作用，则各专业应按所属设备特点可以考虑允许降低用于功能绝缘的爬电距离例如比表1-40中规定低一个电压等级。

4. 污染等级　微观环境决定污染对绝缘的影响，然而在考虑微观环境时，必须注意到宏观环境。有效地使用外壳、封闭式或气密封闭式等措施可减少对绝缘的污染。这些减少污染的措施对设备受凝露或正常运行中其本身产生的污染时可能无效。

表1-40　避免由于电痕化故障的爬电距离

电压有效值[①]/V	最小爬电距离/mm								
	印制电路材料		污　染　等　级						
	1	2	1	2			3		
				材料组别			材料组别		
	所有材料组别	所有材料组别，除Ⅲh	所有材料组别	Ⅰ	Ⅱ	Ⅲ	Ⅰ	Ⅱ	Ⅲ[②]
10	0.025	0.04	0.08	0.4	0.4	0.4	1	1	1
12.5	0.025	0.04	0.09	0.42	0.42	0.42	1.05	1.05	1.05
16	0.025	0.04	0.1	0.45	0.45	0.45	1.1	1.1	1.1
20	0.025	0.04	0.11	0.48	0.48	0.48	1.2	1.2	1.2
25	0.025	0.04	0.125	0.5	0.5	0.5	1.25	1.25	1.25
32	0.025	0.04	0.14	0.53	0.53	0.53	1.3	1.3	1.3

(续)

电压有效值[1]/V	最小爬电距离/mm								
	印制电路材料		污染等级						
	1	2	1	2			3		
	所有材料组别	所有材料组别，除Ⅲb	所有材料组别	材料组别			材料组别		
				Ⅰ	Ⅱ	Ⅲ	Ⅰ	Ⅱ	Ⅲ[2]
40	0.025	0.04	0.16	0.56	0.8	1.1	1.4	1.6	1.8
50	0.025	0.04	0.18	0.6	0.85	1.2	1.5	1.7	1.9
63	0.04	0.063	0.2	0.63	0.9	1.25	1.6	1.8	2
80	0.063	0.1	0.22	0.67	0.95	1.3	1.7	1.9	2.1
100	0.1	0.16	0.25	0.71	1	1.4	1.8	2	2.2
125	0.16	0.25	0.28	0.75	1.05	1.5	1.9	2.1	2.4
160	0.25	0.4	0.32	0.8	1.1	1.6	2	2.2	2.5
200	0.4	0.63	0.42	1	1.4	2	2.5	2.8	3.2
250	0.56	1	0.56	1.25	1.8	2.5	3.2	3.6	4
320	0.75	1.6	0.75	1.6	2.2	3.2	4	4.5	5
400	1	2	1	2	2.8	4	5	5.6	6.3
500	1.3	2.5	1.3	2.5	3.6	5	6.3	7.1	8 (7.9)[4]
630	1.8	3.2	1.8	3.2	4.5	6.3	8 (7.9)[4]	9 (8.4)[4]	10 (9)[4]
800	2.4	4	2.4	4	5.6	8	10 (9)[4]	11 (9.6)[4]	12.5 (10.2)[4]
1000	3.2	5	3.2	5	7.1	10	12.5 (10.2)[4]	14 (11.2)[4]	16 (12.8)[4]
1250			4.2	6.3	9	12.5	16 (12.8)[4]	18 (14.4)[4]	20 (16)[4]
1600			5.6	8	11	16	20 (16)[4]	22 (17.6)[4]	25 (20)[4]
2000			7.5	10	14	20	25 (20)[4]	28 (22.4)[4]	32 (25.6)[4]
2500			10	12.5	18	25	32 (25.6)[4]	36 (28.8)[4]	40 (32)[4]
3200			12.5	16	22	32	40 (32)[4]	45 (36)[4]	50 (40)[4]
4000			16	20	28	40	50 (40)[3]	56 (44.8)[3]	63 (50.4)[3]
5000			20	25	36	50	63 (50.4)[3]	71 (56.8)[3]	80 (64)[3]
6300			25	32	45	63	80 (64)[3]	90 (72.2)[3]	100 (80)[3]
8000			32	40	56	80	100 (80)[3]	110 (88)[3]	125 (100)[3]
10000			40	50	71	100	125 (100)[3]	140 (112)[3]	160 (128)[3]
12500			50[3]	63[3]	90[3]	125[3]			
16000			63[3]	80[3]	110[3]	160[3]			
20000			80[3]	100[3]	140[3]	200[3]			

(续)

电压有效值[①]/V	最小爬电距离/mm									
	印制电路材料		污染等级							
	1	2	1	2			3		
	所有材料组别	所有材料组别,除Ⅲb	所有材料组别	材料组别			材料组别		
				Ⅰ	Ⅱ	Ⅲ	Ⅰ	Ⅱ	Ⅲ[②]
25000			100[③]	125[③]	180[③]	250[③]			
32000			125[③]	160[③]	220[③]	320[③]			
40000			160[③]	200[③]	280[③]	400[③]			
50000			200[③]	250[③]	360[③]	500[③]			
63000			250[③]	320[③]	450[③]	600[③]			

① ——此电压对功能绝缘是工作电压;
——此电压对直接由电网供电的电路的基本绝缘和附加绝缘是设备额定电压通过表1-37或表1-38转化成的合理化电压或者是额定绝缘电压;
——此电压对非直接由电网供电的系统,设备和内部电路的基本绝缘和附加绝缘是在设备额定值范围内运行条件的最繁重的组合情况下和外施额定电压时可能发生在系统、设备或内部电路中的最高有效值电压。
② 材料组别Ⅲb不推荐用于污染等级3、电压超过630V。
③ 基于外推法获得的临时数据,各专业如果有其他的经验数据也可用其自己的数据。
④ 括号中值适合于使用筋时减小的爬电距离。

固体微粒、尘埃和水能完全桥接小的电气间隙,因此凡微观环境可存在污染之处都要规定最小电气间隙。

在潮湿的情况下污染将会变为导电性污染。由污染的水、油烟、金属尘埃、炭尘埃引起的污染是常见的导电性污染。

电离气体或金属沉积物引起的导电性污染仅在特定的情况下发生,例如开关设备和控制设备的灭弧室,这种情况不包括在本部分中。

为了计算爬电距离和电气间隙,微观环境的污染等级规定有以下4级:

——污染等级1:无污染或仅有干燥的,非导电性的污染,该污染没有任何影响。

——污染等级2:一般仅有非导电性污染,然而必须预期到凝露会偶然发生短暂的导电性污染。

——污染等级3:有导电性污染或由于预期的凝露使干燥的非导电性污染变为导电性污染。

——污染等级4:造成持久的导电性污染,例如由于导电尘埃或雨或其他潮湿条件所引起的污染。

5. 绝缘材料的相比电痕化指数(CTI)

(1)关于电痕化,由于污染表面干燥使表面泄漏电流分断而产生闪烁时,其闪烁过程中集中释放的能量使绝缘材料受到损伤,绝缘材料的特性可根据其损伤程度大致显现出来。在闪烁作用下绝缘材料可能有以下性能:

——绝缘材料性能不发生衰变;

——放电作用使绝缘材料蚀损(电腐蚀);

——绝缘材料表面上电介质污染和电场强度的综合效应，在其表面上逐渐形成导电通道（电痕化）。

电痕化或电腐蚀发生在以下条件：

——承载表面泄漏电流的液膜破裂时

——外施电压足以击穿小间隙，该间隙在液膜破裂时形成

——表面泄漏电流必须大于限值，以便提供足够能量，以热的方式局部地分解液膜下的绝缘材料。绝缘的恶化随着电流通过的时间增长而加剧。

(2) 根据 (1) 规定的性能无法对绝缘材料进行分类，在各种不同的污染和电压下绝缘材料的性能是非常复杂的。在各种不同条件下许多材料可能呈现出两种甚至三种上述特性。绝缘材料与下述材料组别实际上无直接关系。然而，经验和试验表明，具有较高相关性能的绝缘材料的排列也与按相比电痕化指数（CTI）相应等级的排列大致相同。因此采用 CTI 值来进行绝缘材料分类：

绝缘材料组别 Ⅰ $600 \leq CTI$

绝缘材料组别 Ⅱ $400 \leq CTI < 600$

绝缘材料组别 Ⅲa $175 \leq CTI < 400$

绝缘材料组别 Ⅲb $100 \leq CTI < 175$

(3) 相比电痕化指数（CTI）试验，用来比较各种绝缘材料在试验条件下的性能，可提供定性比较，同时就绝缘材料具有形成漏电痕迹的趋向来说，相比电痕化指数试验也可给出定量比较。

(4) 对于玻璃、陶瓷或其他无机绝缘材料，不会发生电痕化，爬电距离无须大于其相应的为实现绝缘配合而要求的电气间隙。表 1-41 中用于非均匀电场条件的尺寸适用。

1.9.6.5 电气间隙与爬电距离

1. 电气间隙的确定   电气间隙应以承受所要求的冲击耐受电压来确定。对于直接接至低压电网供电的设备，其所要求的冲击耐受电压是前述所确定的额定冲击电压。

(1) 影响因素   电气间隙应从表 1-41 中选取，在确定电气间隙时应考虑以下影响因素：

——功能绝缘的冲击耐受电压要求，基本绝缘、附加绝缘和加强绝缘的冲击耐受电压要求；

——电场条件；

——海拔；

——微观环境中的污染等级。

机械影响，例如振动和外施力等，则要求有较大的电气间隙。

(2) 电场条件   导电部件（电极）的形状和布置会影响电场的均匀性。进而影响到耐受规定电压所需要的电气间隙（见表 1-41）。

1) 非均匀电场条件（表 1-41 中情况 A）：选用不小于表 1-41 中非均匀电场的电气间隙可不必考虑导电部件的形状结构，也不必用电压耐受试验进行验证。

由于不能控制形状结构，可能会对电场的均匀性产生不利影响，因此通过绝缘材料的外壳中缝隙的电气间隙应不小于非均匀电场条件规定的电气间隙。

2) 均匀电场条件（表 1-41 中情况 B）：表 1-41 中情况 B 的电气间隙之值仅适用于均匀电场。只有当导电部件（电极）的形状结构设计成使该处内部电场强度基本上为恒定的电压梯度时才能采用此值。

表 1-41 耐受瞬时过电压的电气间隙

要求的冲击耐受电压[1][5] /kV	大气中海拔从海平面至2000m 的最小电气间隙/mm					
	情况 A（非均匀电场）			情况 B（均匀电场）		
	污染等级[6]			污染等级[6]		
	1	2	3	1	2	3
0.33[2]	0.01	0.2[3][4]	0.8[4]	0.01	0.2[3][4]	0.8[4]
0.40	0.02			0.02		
0.50	0.04			0.04		
0.60[2]	0.06			0.06		
0.80[2]	0.10			0.1		
1.0	0.15			0.15		
1.2	0.25	0.25	1.0	0.2	0.3	0.8[4]
1.5[2]	0.5	0.5	1.5	0.3	0.3	
2.0	1.0	1.0	2	0.45	0.45	
2.5[2]	1.5	1.5		0.6	0.6	
3.0	2	2		0.8	0.8	
4.0[2]	3	3	3	1.2	1.2	1.2
5.0	4	4	4	1.5	1.5	1.5
6.0[2]	5.5	5.5	5.5	2	2	2
8.0[2]	8	8	8	3	3	3
10.0	11	11	11	3.5	3.5	3.5
12[2]	14	14	14	4.5	4.5	4.5
15	18	18	18	5.5	5.5	5.5
20[2]	25	25	25	8	8	8
25	33	33	33	10	10	10
30	40	40	40	12.5	12.5	12.5
40	60	60	60	17	17	17
50	75	75	75	22	22	22
60	90	90	90	27	27	27
80	130	130	130	35	35	35
100	170	170	170	45	45	45

① ——此电压对功能绝缘而言是预期发生在跨电气间隙两端的最大冲击电压；
——此电压对直接承受低压电网瞬时过电压的基本绝缘是指设备的额定冲击电压；
——此电压对其他基本绝缘而言是指电路中可能发生的最大冲击电压。
——此电压对加强绝缘需另作处理。
② 优选值。
③ 印制电路材料可用表 1-40 中污染等级 1 的规定值，但其值应不小于 0.04mm。
④ 表中给出的污染等级 2 和 3 的最小电气间隙是在潮湿条件下相关爬电距离耐受特性降低的基础上提出的。
⑤ 对有冲击电压要求的设备中的部件或线路，允许采用插值法。但标准的方法应该是采用规定的系列优选值。
⑥ 除了最小电气间隙为 1.6mm 外，污染等级 4 的电气间隙同污染等级 3。

电气间隙小于情况 A 的值，要求通过电压耐受试验进行验证。

污染的存在可能会影响电场的均匀性，因此对于选用小的电气间隙应增大其值，必须大于情况 B 之值。

(3) 海拔　表 1-41 中规定的电气间隙对从海平面至 2000m 之处是有效的，对海拔高于 2000m 以上的电气间隙应乘以海拔修正系数，海拔修正系数规定见表 1-42。

表 1-42　海拔修正系数

海拔/m	正常气压/kPa	电气间隙的倍增系数
2000	80.0	1.00
3000	70.0	1.14
4000	62.0	1.29
5000	54.0	1.48
6000	47.0	1.70
7000	41.0	1.95
8000	35.5	2.25
9000	30.5	2.62
10000	26.5	3.02
15000	12.0	6.67
20000	5.5	14.5

(4) 功能绝缘的电气间隙的确定　对于功能绝缘的电气间隙，要求的耐受电压是设备在额定条件下（特别是额定电压和额定冲击电压）跨电气间隙两端预期发生的最大冲击电压。

(5) 基本绝缘、附加绝缘和加强绝缘的电气间隙的确定　基本绝缘和附加绝缘的电气间隙应按表 1-41 规定，各自对应如下电压予以确定：

——按额定冲击电压；

——按冲击耐受电压要求。

对于冲击电压，加强绝缘的电气间隙应按表 1-41 对应于比基本绝缘确定的额定冲击耐压高一级（优选值序列）的值来确定，如果按基本绝缘要求的冲击耐受电压不是优选值，则加强绝缘应按承受基本绝缘要求的冲击耐受电压的 160% 来确定。

在绝缘配合的系统中，电气间隙大于要求的最小值对要求的冲击耐受电压而言没有必要，但是对于除绝缘配合以外的原因（例如由于机械影响）增大电气间隙是必要的。在此情况下，试验电压仍应保持在设备的额定冲击电压基础上，否则有关的固体绝缘可能会出现过高的应力。

对具有双重绝缘的设备，在基本绝缘和附加绝缘不能分开进行试验之处，则该绝缘系统可考虑如同加强绝缘。

在确定可触及的绝缘材料表面的电气间隙时，可设想为该表面覆盖金属箔。

2. 爬电距离的确定

(1) 影响因素　爬电距离应从表 1-40 中选取，且必须考虑以下影响因素：

——电压；　　　　　　　　——绝缘表面的形状；

——微观环境；　　　　　　——绝缘材料；

——爬电距离的方向和位置；——电压作用的时间。

表 1-40 中的数值来自于现有实验数据，且适合大多数用途，然而对于功能绝缘，可选取其他爬电距离数值。

1）电压：确定爬电距离以作用在跨接爬电距离两端的长期电压有效值为基础。此电压为实际工作电压、额定绝缘电压或额定电压。

瞬时过电压通常不会影响电痕化现象，因此忽略不计。然而对暂时过电压和功能过电压，如果它们的持续时间和出现的频度对电痕化有影响的话，则必须考虑。

2）污染：微观环境的污染等级对确定爬电距离的尺寸的影响已在表1-40中考虑。

设备中可能存在不同的微观环境条件。

3）爬电距离的方向和位置：如有必要，制造厂商应指明设备或元件预期使用的方位，以便在设计时考虑污染的积累对爬电距离的不利影响，并必须考虑长期存放的情况。

4）绝缘表面的形状：绝缘表面的形状仅在污染等级3情况下对确定爬电距离有影响。固体绝缘表面应尽可能设置横向的筋和槽，用来阻断污染引起连续性的漏电途径。同时，筋和槽也可在受电压作用的绝缘上用来引水。

应尽量避免导电部件间插入槽和接缝，因为它们可能会使污染累积或积水。

必须考虑长期存放的情况。

5）爬电距离与电气间隙的关系：爬电距离不能小于相关的电气间隙，因此最小的爬电距离有可能等于要求的电气间隙。然而，除此选定尺寸极限外，空气中的最小电气间隙与容许的最小爬电距离之间并无物理联系。

爬电距离小于表1-41中情况A要求的电气间隙仅能在污染等级1和2的条件下使用，用试验验证爬电距离耐受相关电气间隙的电压时应考虑海拔修正系数。

（2）功能绝缘的爬电距离的确定　功能绝缘的爬电距离应按表1-40规定的对应于跨接爬电距离两端的实际工作电压予以确定。

当用实际工作电压来确定爬电距离时，允许用插入值确定中间电压的爬电距离。

（3）基本绝缘，附加绝缘和加强绝缘的爬电距离的确定　基本绝缘和附加绝缘的爬电距离应根据下述电压从表1-40确定。

——在表1-37中第2和3栏和表1-38第2、3和4栏中以对应于低压电网标称电压给出的合理化电压；

——额定绝缘电压；

——可能出现的最高有效值电压。

附加绝缘所采用的污染等级、绝缘材料、机械强度和环境条件均可与基本绝缘所采用的有所不同。

双重绝缘的爬电距离是基本绝缘之值和附加绝缘之值的总和，因双重绝缘是由基本绝缘和附加绝缘组成。

加强绝缘的爬电距离应为表1-40中对应于基本绝缘所确定值的两倍。

在确定可触及绝缘材料表面的爬电距离时，可假定为该表面覆盖有金属箔。

1.9.6.6　固体绝缘的设计要求（摘自GB/T 16935.1—2008）

由于固体绝缘的电气强度远远大于空气的电气强度，故在设计低压绝缘系统时可能不会引起注意。另一方面，通过固体绝缘材料的绝缘距离通常大大地小于电气间隙而产生高的电应力。另一点需考虑的是实际上很少采用高电气强度的材料。在绝缘系统中，电极与绝缘之间和不同的绝缘层之间均可能会产生间隙，或绝缘材料本身有气隙。在这些间隙或气隙中，在电压远小于击穿水平时，仍可能发生局部放电，这就会影响固体绝缘的使用寿命。然而当峰值电压小于500V时，一般不可能发生局部放电。

具有同等重要意义的事实是与气体相比，固体绝缘不是一种可恢复的绝缘介质，例如偶尔发生的高压峰值就可能对固体绝缘造成破坏性影响。这种情况会发生在使用及常规高电压试验中。

许多不利影响会在固体绝缘的使用寿命期间积累。由此形成复杂的过程，且最终导致绝缘老化。

可用短期试验结合适当的条件处理来模拟固体绝缘的长期性能。

如果固体绝缘承受高频作用，则固体绝缘的介电损耗及局部放电现象将会加剧。在开关型供电电源中该处绝缘材料在频率至500kHz下重复承受峰值电压，就能观察到这一情况。

固体绝缘的厚度与前面所述的失效机理之间存在一定的联系，当固体绝缘的厚度减少，电场强度随之增加，失效的风险也随之上升。由于不可能计算出固体绝缘的所需厚度，因此只能通过试验来验证性能。

1. 应力 施加在固体绝缘上的应力可分为：

——短期；

——长期。

(1) 短期应力及其影响

1) 电压的频率：外施电压的频率会极大地影响电气强度。介质发热和热不稳定性的概率大约与频率成正比。

在工频下测量时，厚度为3mm固体绝缘的击穿电场强度在10~40kV/mm之间。提高施加的电压频率会降低大多数绝缘材料的电气强度。

2) 发热：发热可以造成：

——由于内应力的消除造成机械上的变形；

——在高于环境温度（例如温度高于60℃）的较低温升下热塑性材料软化；

——由于塑化剂损失造成某些材料脆裂；

——如果超过材料的玻璃化转变温度，尤其会软化某些交联材料；

——增大的介电损耗导致热不稳定性和损坏。

高温度梯度（例如短路过程中）会造成机械故障。

3) 机械冲击：如果材料不具有足够的抗撞击强度，机械冲击会造成绝缘损坏。下述原因引起的材料撞击强度降低也会造成机械冲击的损坏：

——当温度下降至低于其玻璃化转变温度时，材料就会变脆；

——长期暴露在高温下会造成材料的塑化剂损失或造成基本聚合物老化。

各专业标准在规定运输、贮存、安装和使用的环境条件时要考虑此情况。

(2) 长期应力及其影响

1) 局部放电（PD）：在空气中，当峰值电压大于300V（帕邢最小值）时就可能会发生局部放电。损坏主要是由于逐渐的腐蚀或金属沉积而造成击穿或表面闪络。绝缘系统具有不同的特性：某些绝缘（例如陶瓷绝缘子）在其整个预期寿命期间能承受放电现象，而其他一些绝缘（例如电容器）是不允许有放电现象。电压、放电重复率以及放电量均是重要的参数。

局部放电特性受外施电压的频率的影响。在增高频率的条件下进行加速寿命试验，可证实失效时间大约与外施电压的频率成反比。然而，实际经验仅包括5kHz及以下的频率，因为在较高的频率下，也会存在其他一些失效机理，例如电介质发热。

2) 发热：发热会引起绝缘的挥发、氧化或长期化学反应，结果造成绝缘性能下降。但是失效通常是由于物理上的原因（如脆裂）造成的，导致断裂和电击穿，这种过程是个长期的过程，不能用短时试验进行模拟，因为它需要几千小时的试验时间。

3）机械应力：在运行、贮存或运输过程中，由于振动或冲击产生的机械应力会造成绝缘材料的脱层、断裂或断开。

4）湿度：有水蒸气的地方可能会影响绝缘电阻和放电熄灭电压，加剧表面污染，发生腐蚀和外形变化。对于某些材料，高湿度会大大地降低电气强度。在某些情况下，低湿度也可能是不利的，例如会增大静电电荷的滞留，且会降低某些材料（如聚酰胺）的机械强度。

(3) 其他应力　许多其他应力均会损坏绝缘，各专业标准必须考虑。这些应力包括如下举例：

——紫外线辐射和电离辐射；
——暴露于溶剂或活性化学剂中造成的应力裂纹或应力断裂；
——塑化剂迁移作用；
——细菌、霉菌或菌类的作用；
——机械塑性变形。

尽管上述诸项应力的影响不怎么重要或影响较小，但在特定情况下，还是应引起注意的。

2. 要求　基本绝缘、附加绝缘和加强绝缘的固体绝缘应能持久地承受电场强度和机械应力，并能在设备的预期寿命期间承受可能产生的发热影响和环境影响。

在考虑可触及的固体绝缘表面的电应力时，可假定为该表面覆盖有金属箔。

在实际工作电压为具有定期再现峰值的非正弦电压情况下，应特别考虑可能发生的局部放电。同样在有绝缘层和模压绝缘件上有气隙的情况下，要考虑可能发生局部放电使固体绝缘老化。

(1) 耐受电压应力

1）瞬时过电压：基本绝缘和附加绝缘应具有：

——按表 1-39 对应于电网标称电压和相关过电压类别的冲击耐受电压要求；
——按电路中预期的瞬时过电压规定的设备内部电路的冲击耐受电压。

加强绝缘应具有对应于额定冲击电压但比基本绝缘规定值高一级（优选值序列）的冲击耐受电压。如果基本绝缘要求的冲击耐受电压不是优选值中的数值，则应规定加强绝缘承受基本绝缘要求的冲击耐受电压的 160%。

2）暂时过电压：基本固体绝缘和附加固体绝缘应能承受下列暂时过电压：

——$U_n + 1200V$ 短期暂时过电压时间至 5s；
——$U_n + 250V$ 长期暂时过电压时间大于 5s。

U_n 为中性点接地的电源系统的标称线对中性点的电压。

3）再现峰值电压：假定低压电网发生的最大再现峰值电压可暂定为 $F_4 \times \sqrt{2}U_n$，即 U_n 峰值的 1.1 倍。当出现再现峰值电压时，放电熄灭电压应至少为：

——$F_1F_4 \times \sqrt{2}U_n$，即基本绝缘和附加绝缘各为 $1.32\sqrt{2}U$；
——$F_1F_3F_4 \times \sqrt{2}U_n$，即加强绝缘的 $1.65\sqrt{2}U_n$。

式中　$\sqrt{2}U_n$——中性点接地系统中电网标称电压下的线对中性点的基波（不失真）电压的峰值；

　　　　F_1——基础安全系数，$F_1 = 1.2$；

F_3——附加安全系数，$F_3 = 1.25$；

F_4——标称电压偏移系数，$F_4 = 1.1$。

对于内部电路，必须计算其最高的再现峰值电压以取代 $F_4 \times \sqrt{2} U_n$，且固体绝缘应满足相应的要求。

4）高频电压：对于频率大于工频的电压，应考虑频率的影响。高于 1kHz 的频率被看作为高频。

（2）承受短期热应力　在正常使用和非正常使用（适当时）中可能发生的短期热应力不应损坏固体绝缘。

（3）承受机械应力　在预期使用中可能出现的机械振动或冲击不应损坏固体绝缘。

（4）承受长期热应力　固体绝缘的热老化不应在设备预期的寿命期间损坏绝缘配合。

（5）承受湿度影响　设备在规定的湿度条件下应保持绝缘配合。

（6）承受其他应力　设备可能承受其他应力，这些应力可能会对固体绝缘产生不利的影响。

1.9.7 外壳防护等级（IP 代码）（摘自 GB 4208—2008）

1.9.7.1 IP 代码的组成

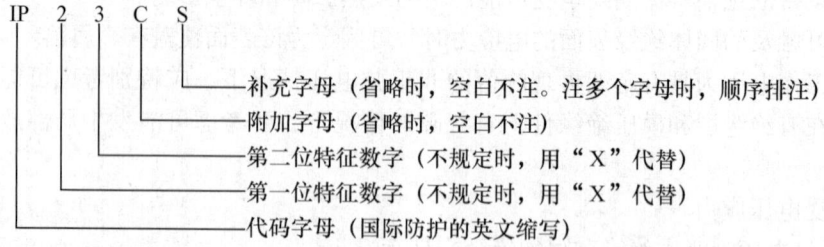

1.9.7.2 第一位特征数字（见表 1-43）

表 1-43　第一位特征数字所代表的防护等级

第一位特征数字	对人员接近危险部件的防护		防止固体异物进入设备的防护	
	简要说明	含义	简要说明	含义
0	无防护	—	无防护	—
1	防止手背接近危险部件	直径 50mm 球形试具应与危险部件有足够的间隙	防止直径≥50mm 的固体异物	直径 50mm 球形物体试具不得完全进入壳内[2]
2	防止手指接近危险部件	直径 12mm，长 80mm 的铰接试指与危险部件有足够的间隙	防止直径≥12.5mm 的固体异物	直径 12.5mm 的球形物体试具不得完全进入壳内[2]
3[1]	防止工具接近危险部件	直径 2.5mm 的试具不得进入壳内	防止直径≥2.5mm 的固体异物	直径 2.5mm 的物体试具完全不得进入壳内[2]
4[1]	防止金属线接近危险部件	直径 1.0mm 的试具不得进入壳内	防止直径≥1.0mm 的固体异物	直径 1.0mm 的物体试具完全不得进入壳内[2]

(续)

第一位特征数字	对人员接近危险部件的防护		防止固体异物进入设备的防护	
	简要说明	含义	简要说明	含义
5①	防止金属线接近危险部件	直径1.0mm的试具不得进入壳内	防尘	不能完全防止尘埃进入，但进入的灰尘量不得影响设备的正常运行，不得影响安全
6①	防止金属线接近危险部件	直径1.0mm的试具不得进入壳内	尘密	无灰尘进入

① 对于第一位特征数字为3、4、5和6的情况，如果试具与壳内危险部件能保持足够的间隙，也可认为试验合格。
② 物体试具的直径部分不得进入外壳的开口。

1.9.7.3 第二位特征数字

第二位特征数字所代表的防护等级见表1-44。

表1-44　第二位特征数字所代表的防护等级

第二位特征数字	防止进水造成有害影响	
	简要说明	含义
0	无防护	—
1	防止垂直方向滴水	垂直方向滴水应无有害影响
2	防止当外壳在15°范围内倾斜时垂直方向滴水	当外壳的各垂直面在15°范围内倾斜时，垂直滴水应无有害影响
3	防淋水	各垂直面在60°范围内淋水，无有害影响
4	防溅水	向外壳各方向溅水无有害影响
5	防喷水	向外壳各方面喷水无有害影响
6	防强烈喷水	向外壳各个方向强烈喷水无有害影响
7	防短时间浸水影响	浸入规定压力的水中经规定时间后外壳进水量不致达有害程度
8	防持续潜水影响	按生产厂和用户双方同意的条件（应比特征数字为7时严酷）持续潜水后外壳进水量不致达到有害程度

仅标志第二位特征数字为7或8的外壳不适合喷水（标志第二位特征数字为5或6），不必符合数字为5或6的要求，除非有表1-45的双标志。

表1-45　第二位特征数字的双标志

外壳通过的试验		标志和标记	应用范围
喷水	短时/持续潜水		
第二位特征数字	第二位特征数字		
5	7	IPX5/IPX7	多用①
6	7	IPX6/IPX7	多用①
5	8	IPX5/IPX8	多用①
6	8	IPX6/IPX8	多用①
—	7	IPX7	受限②
—	8	IPX8	受限②

① 指外壳必须满足可防喷水又能短时或持续潜水的要求。
② 指外壳仅仅对短时或持续潜水适合，而对喷水不适合。

1.9.7.4 附加字母

附加字母表示对人接近危险部件的防护等级，见表1-46。

附加字母在下述两种情况下使用：

——接近危险部件的实际防护高于第一位特征数字代表的防护等级；

——第一位特征数字用"X"代替，仅需表示对接近危险部件的防护等级。

例如，这类较高等级的防护是由挡板、开口的适当形状或与壳内部件的距离来达到的。

表1-46 附加字母所代表的防护等级

附加字母	对接近危险部件的防护	
	简要说明	含　义
A	防止手背接近	直径50mm的球形试具与危险部件必须保持足够的间隙
B	防止手指接近	直径12mm、长80mm的铰接试指与危险部件必须保持足够的间隙
C	防止工具接近	直径2.5mm、长100mm的试具与危险部件必须保持足够的间隙
D	防止金属线接近	直径1.0mm、长100mm的试具与危险部件必须保持足够的间隙

如果外壳适用于低于某一等级的各级，则仅要求用该附加字母标识该等级。如果试验明显地适用于任何一低于该级的所有各级，则低于该等级的试验不必进行。

1.9.7.5 补充字母（见表1-47）

表1-47 补充字母及其含义

字　母	含　义
H	高压设备
M	防水试验在设备的可动部件（如旋转电机的转子）运行时进行
S	防水试验在设备的可动部件（如旋转电机的转子）静止时进行
W	提供附加防护处理，以适用于规定的气候条件

1.10 电气控制设备的通用要求（摘自 GB/T 3797—2005）

1.10.1 正常使用条件

（1）户内安装的电控设备，环境温度不得超过+40℃，而且在24h内其平均温度不超过+35℃。最低环境温度不得低于-5℃（或+5℃）。

相对湿度在最高温度为+40℃时，其相对湿度不得超过50%。在较低温度时，允许有较大的相对湿度。例如：+20℃时相对湿度为90%。应注意由于温度变化，有可能会偶然地产生适度的凝露。

（2）空气中不得有过量的尘埃、酸、盐、腐蚀性及爆炸性气体。如果没有其他规定，设备一般在污染等级2环境中使用。若采用更高设计值，则应在资料中予以说明。

（3）安装场地的海拔不得超过1000m。

对于在海拔高于1000m处使用的设备，有必要考虑介电强度的降低和空气冷却效果的减弱。打算在这些条件下使用的控制设备,建议按照制造厂商与用户之间的协议进行设计和使用。

(4) 设备应按制造厂提供的使用说明书安装。对于垂直安装的设备,安装倾斜度不得超过5%。

(5) 电网质量

1) 交流电压变化范围等于输入额定电压的±10%,短时(在不超过0.5s的时间内)交流电压波动范围为输入额定电压的-15%~+10%。

2) 相对谐波分量不应超过10%。

3) 交流电压换相缺口深度 t,不应超过工作电压峰值 U_{LWM} 的40%。换相缺口面积不应超过250(%×度)。

4) 非重复和重复瞬态电压与工作电压峰值之比应符合:
——非重复瞬态电压峰值 U_{LSM}/工作电压峰值 U_{LWM}≤2.5;
——重复瞬态电压峰值 U_{LRM}/工作电压峰值 U_{LWM}≤1.5。

5) 电源频率的偏差不得超过额定频率的±2%。

6) 由蓄电池供电的电压变化范围等于额定供电电压的±15%。
此范围不包括蓄电池充电要求的额外电压变化范围。

7) 设备电源电压的最大允许断电时间由制造厂给出。

8) 如果需要更宽的变化范围,则应服从制造厂商与用户之间的协议。

1.10.2 一般要求

(1) 设备中所装用的元器件,应符合各元器件自身的相应标准。制造厂商应负责尽可能采用标准元器件。所有元器件的选用应符合设计要求。

(2) 设备中装用的印制板,应符合 GB/T 4588.1—1996 (《无金属化孔单双面印制板分规范》)和 GB/T 4588.2—1996 (《有金属化孔单双面印制板分规范》)的规定。

(3) 设备中所用导线的颜色,按 GB/T 2681—1981《电工成套装置中的导线颜色》(2005年已废止,且无替代标准)的规定。

(4) 设备中所用指示灯和按钮的颜色,按 GB/T 2682—1981《电工成套装置中的指示灯和按钮的颜色》(2005年已废止,且无替代标准)的规定。

(5) 设备中所用的控制单元,应符合标准所规定的控制单元试验的要求。对各类电控设备所用的控制单元,应在该设备的产品技术文件或控制单元的产品技术文件中作出相应的规定。

(6) 设备应有正常的操作机构。必要时,设备应装设"紧急停止"开关或按钮。开关或按钮应设在操作者易于发现和操作的位置,开关的操作手柄或按钮必须是"红色",按钮用紧急式。

设备中操作机构的运动方向,应符合 GB/T 4205—2003《人机界面(MMI) 操作规则》(该标准已被 GB/T 4205—2010《人机界面标志标识的基本和安全规则 指示器和操作器件的编码规则》代替)的规定。

1.10.3 性能指标

1. 电气性能指标 用以表征设备工作性能的有关指标,应在各有关产品技术文件中给以明确规定。

2. 负载等级　设备的负载等级按 GB/T 3859.1—1993《半导体变流器　基本要求的规定》选取，也可在产品技术文件中另行规定。

3. 噪声　设备在正常工作时所产生的噪声，用声级计测量应不大于 70dB（A 声级）。

对于不需要经常操作、监视的设备，经制造厂商与用户协议，其噪声值可高于上述值。

1.10.4　冷却

设备可采用自然冷却或强迫冷却（风冷或水冷）。为保证正常的冷却，需要在安装场所采取特别的预防措施时，制造厂商应提供必要的资料。

1. 自然冷却　采用空气自然冷却时，散热器周围应留有足够的空间，以保证元件所需要的冷却条件。

2. 强迫风冷　采用强迫风冷的设备，必要时，进风入口处，应装有过滤装置，以滤除空气中的尘埃，或者采用经过过滤的空气作为进风。进口风温应由产品技术文件中作出规定。

3. 水冷　设备采用水冷时，冷却水循环系统应装有过滤装置。冷却水循环系统（管路、阀门等）不能采用铁制品（不锈钢例外），推荐采用塑料、尼龙制品。热交换器允许采用紫铜管。

1.10.5　电气间隙与爬电距离

对未标明额定冲击耐受电压值的设备，依据 GB 7251.1—2005《低压成套开关设备和控制设备　第 1 部分：型式试验和部分型式试验成套设备》中表 14 和表 16 确定设备的最小电气间隙和爬电距离。

如未标明设备额定冲击耐受电压值时，检查结果应符合表 1-48 的规定。

表 1-48　电气间隙与爬电距离

额定绝缘电压 U_i/V	空气中的最小电气间隙/mm		爬电距离的最小值/mm	
	$I_e \leq 63A$	$I_e > 63A$	$I_e \leq 63A$	$I_e > 63A$
$U_i \leq 60$	2	3	3	4
$60 < U_i \leq 250$	3	5	4	8
$250 < U_i \leq 380$	4	6	6	10
$380 < U_i \leq 500$	6	8	10	12
$500 < U_i \leq 660$	6	8	12	14
$660 < U_i \leq 750$（交流）	10	10	14	20
$660 < U_i \leq 800$（直流)				
$750 < U_i \leq 1000$（1140）（交流）	14	14	20	28
$800 < U_i \leq 1500$（直流）				

作为设备组成部件的电器元件及自成一体的单元，其电气间隙和爬电距离应符合各自标准的规定。

1.10.6　绝缘电阻与介电性能

1. 绝缘电阻　设备中带电回路之间，以及带电回路与裸露导电部件之间，应用相应绝缘电压等级（至少500V）的绝缘测量仪器进行绝缘测量。测得的绝缘电阻按标称电压至少为 $1000\Omega/V$。

2. 冲击耐受电压　试验电压施加于：

(1) 设备的每个带电部件（包括连接在主电路上的控制电路和辅助电路）和内连的裸露导电部件之间。

(2) 在主电路每个极和其他极之间。

(3) 没有正常连接到主电路上的每个控制电路和辅助电路与

——主电路；

——其他电路；

——裸露导电部件；

——外壳或安装板之间。

试验电压值按 GB 7251.1—2005 的规定。

3. 工频耐受电压　试验电压应施加于：

设备的所有带电部件与相互连接的裸露导电部件之间；

在每个极和为此试验被连接到成套设备相互连接的裸露导电部件上的所有其他极之间。

对主电路及与主电路直接连接的辅助电路，按表 1-49 的规定。

表 1-49　主电路及与主电路直接连接的辅助电路的工频耐受电压　　（单位：V）

额定绝缘电压 U_i	工频耐受电压（交流方均根值）	额定绝缘电压 U_i	工频耐受电压（交流方均根值）
$U_i \leq 60$	1000	$690 < U_i \leq 800$	3000
$60 < U_i \leq 300$	2000	$800 < U_i \leq 1000$	3500
$300 < U_i \leq 690$	2500	$1000 < U_i \leq 1500$（限直流）	3500

制造厂商已指明不适于由主电路直接供电的辅助电路的工频耐受电压，按表 1-50 的规定。

表 1-50　不适于由主电路直接供电的辅助电路的工频耐受电压　　（单位：V）

额定绝缘电压 U_i	工频耐受电压（交流方均根值）
$U_i \leq 12$	250
$12 < U_i \leq 60$	500
$60 < U_i$	$2U_i + 1000$，其最小值为 1500

1.10.7　温升

设备内部各部件的温升用热电偶法或其他校验过的等效方法测量，不应超过表 1-51 的规定。

表 1-51　设备内部各部件的温升

设备内的部件	表面材料	温升/K
内装元、器件	——	符合元、器件的各自标准
母线和导线，连接到母线上的插接式触点		受下述条件限制： ——导电材料的机械强度 ——对相邻设备的可能影响 ——与导体接触的绝缘材料的允许温度极限 ——导体温度对与其相连的电器元件的影响 ——对于插接式触点，接触材料的性质和表面的加工处理

设备内的部件	表面材料	温升/K
可接近的外壳和覆板	金属表面 绝缘表面	30① 40①
手动操作器件	金属 绝缘材料	15② 25
用于连接外部绝缘导线的端子	——	70
分散排列的插头与插座	——	由组成设备的元、器件的温升极限而定

① 除非另有规定，那些可以接触，但在正常工作情况下不需要触及的外壳和覆板，允许其温升提高10K。
② 那些只有在设备打开后才能接触到的操作手柄，例如抽出式手柄等，由于不经常操作，故允许有较高的温升。

连接到发热件（如管形电阻、板形电阻、瓷盘等）上的导线应从侧方或下方引出，并需剥去适当长度的绝缘层，换套耐热瓷珠，使导线的绝缘端部耐温性能提高。

1.10.8 保护

1. **防止触电的保护** 应采取保护措施防止意外地触及电压超过50V的带电部件。对于装在设备内的电器元件，可采取下述一种或几种措施：

（1）用绝缘材料将带电部件完全包住，以便保证即使门打开时也不致意外地触及带电部件。

（2）设备采用联锁机构，使得只有在电源开关断开以后才能打开。而且当设备门打开时，电源开关不能闭合。当然，这种联锁机构应能允许指定人员（如调试和检修人员）在设备带电时接近带电部件，当门重新关闭时，联锁应当自动恢复。

（3）移动、打开和拆卸设备应使用专用钥匙或工具。

（4）切断电路时，电荷能量大于0.1J的电容器应具有放电回路。在有可能产生电击的电容器上应有警示标志。

（5）旋钮和操作手柄等部件最好采用符合设备的最大绝缘电压的绝缘材料来制作或作为护套，或安全可靠地同已连接到保护电路上的部件进行电气连接。

2. **短路保护** 对于设计为耐短路的设备，在其额定运行时输出端发生的短路，均不应对设备及其部件产生不可接受的热和任何损害。短路消除以后，应不用更换任何元件或采取任何措施（例如开关操作），设备便能重新运行。

可以采用保护器件使设备获得短路耐受能力。必要时，应能发出相应的报警及联动信号。

3. **过载保护** 被控对象不允许过载运行时，设备应有过载保护。

4. **零电压和欠电压保护** 设备应设有零电压保护。这种保护应在设备断电后（由于电网瞬时失电压和保护器件动作），电源再现时，被控制的设备不能自动运行。

对于某些设备，如果设备在断电后自行运行不造成对操作者有危险，同时又不致对设备本身造成损伤，则可不受上述所限。

某些设备如果允许电源电压瞬时中断（或瞬时欠电压）而不要求断开电路，则可配备电压延时器件，只有在欠电压超过规定的时限后，才能切断电路。如设备需要，也可配备瞬时失电压保护。

5. **过电压保护** 当设备的输出电压超过规定的极限值时，应将设备主电路自动断开或采取其他保护措施，以保证设备中的各部件不受损伤。

正常工作时，设备应能承受下列各种过电压而其各元件不受损伤：

(1) 开关操作的过电压；

(2) 熔断器或快速断路器分断时产生的过电压；

(3) 器件换相过程中产生的过电压；

(4) 产品技术条件提出的其他过电压（如雷击波形的大气过电压等）。

6. 安全接地保护　设备的金属构体上，应有接地点。与接地点相连接的保护导线的截面积应按表 1-52 的规定。

表 1-52　与接地点相连接的保护导线的截面积　　　　（单位：mm^2）

设备相导体截面积 S	相应保护导体的最小截面积	设备相导体截面积 S	相应保护导体的最小截面积
$S \leq 16$	S	$400 < S \leq 800$	200
$16 < S \leq 35$	16	$S > 800$	$S/4$
$35 < S \leq 400$	$S/2$		

如果设备采用黄、绿接地线，保护导体端子的接地标记符号可省略。

连接接地线的螺钉和接地点不能用作其他用途。

1.10.9　控制电路

控制电路的设计应做到在各种情况（即使是操作错误）下确保人身安全。当电器故障或操作错误时，不应使设备受到损坏。

对可能危及人身安全、损坏设备或破坏生产的情况，应采用联锁装置，使事故立即停止或采取其他应急措施。

1.10.10　控制柜（台）

设备的外形尺寸按 GB/T 3047.1—1995《高度进制为 20mm 的面板、架和柜的基本尺寸系列》的规定。

1. 柜（台）体

(1) 设备的柜（台）体防护，按 GB 4208—1993《外壳防护等级（IP 代码）》（该标准已被 GB 4208—2008 代替）的规定。设备的外壳防护等级应在产品技术条件中作出明确规定（一般不得低于 IP2X）。

(2) 设备的结构应牢固，应能承受运输和正常使用条件下可能遇到的机械、电气、热应力以及潮湿等影响。

(3) 所有黑色金属件均应有可靠的防护层，各紧固处应有防松措施。

(4) 设备表面应平整无凹凸现象，漆层应美观、颜色均匀一致，不得有起泡、裂纹和流痕等现象。

(5) 设备的地基固定安装孔的安装尺寸应符合产品制造图样的要求。

(6) 柜（台）体的门应能在不小于 90°的角度内灵活启闭。

(7) 大型的设备，应在顶部加装吊环或吊钩等，以便吊运。

2. 抽屉和插件

(1) 抽屉和插件应能方便地抽出，所有接、插点均应保证电接触可靠。

(2) 抽屉、插件应使用刚度好的导轨支撑，以保证在插接时预先对准，并能在各种所需位置（如使用、调整或检查、不使用）上固定牢靠。必要时，在上述各种位置上应装设机械锁紧机构。

(3) 需要更换的抽屉或插件应具有互换性。

(4) 不同功能的抽屉或插件，应标以明确的符号加以区别，以免插错。必要时，应采取防误措施。

(5) 印制板、插件等部件，在焊接完成后，不应有脱焊、虚焊、元件松脱或紧固件松动等现象。

3. 元、器件的安装

(1) 开关器件和元件应按照制造厂商说明书（使用条件、飞弧距离、隔弧板的移动距离等）进行安装。

(2) 操作器件应装在操作者易于操作的位置。

4. 布线

(1) 连接方式可以采用压接、绕接、焊接或插接，并应符合其本身标准的规定。

所有接线点的连接线必须牢固。通常，一个端子上只能连接一根导线。将两根或多根导线连接到一个端子上，只有在端子是为此用途而设计的情况下才允许。

连接在覆板或门上的电器元件和测量仪器上的导线，应该使覆板和门的移动不会对导线产生任何机械损伤。

凡电路图或接线图上有回路标号者，其连接导线的端部应标出回路标号，标号应清晰、牢固、完整、不脱色。

(2) 设备主电路母线与绝缘导线如果用颜色作为标记，建议按表1-53执行。

表1-53 主电路母线与绝缘导线的颜色标记

电路类型	相 序	颜色标记	电路类型	相 序	颜色标记
交流	A 相	黄色	交流	安全用的接地线	黄和绿双色（每种色宽约15~100mm交替标注）
	B 相	绿色	直流	正极	棕色
	C 相	红色		负极	蓝色
	零线或中性线	淡蓝色		接地中线	淡蓝色

(3) 设备主电路的相序排列，以设备的正视方向为准，可参照表1-54的规定。

表1-54 主电路的相序排列

相 序	垂直排列	水平排列	前后排列	相 序	垂直排列	水平排列	前后排列
A 相	上方	左方	远方	正极	上方	左方	远方
B 相	中间	中间	中间	负极	下方	右方	近方
C 相	下方	右方	近方	中性线（接地中性线）	最下方	最右方	最近方

1.10.11 EMC 试验

装有电子器件的设备受电磁干扰的影响是比较明显的，有必要用试验来加以验证。验证设备性能是否满足要求的判别方法应在有关产品技术文件中予以说明。

对设备选用的组合器件和元件符合相关的产品标准或EMC标准，并且内部安装及接线是按照元器件制造厂商的说明书进行的（考虑互相影响、电缆屏蔽和接地等）设备可不作此项验证。

1. 低频干扰
（1）电压波动：±10% 额定电源电压；短时 -15% ~ +10% 额定电源电压。
（2）频率波动：±2% 额定频率。
在上述扰动条件下，设备应能正常工作。
2. 高频干扰　高频干扰试验要求按表 1-55 的规定。

表 1-55　高频干扰的试验要求

项目	要求	结果判定
浪涌 1.2/50 ~ 8/20μs	线对线 1kV；线对地 2kV	工作特性不应有明显的变化和误操作，对不会造成危害的设备，允许工作特性有变化，但应能自行恢复
电快速瞬变脉冲群	电源端 2kV；信号和控制端 1kV	
射频电磁场	10V/m	
静电放电	空气放电 8kV 或接触放电 6kV	

3. 发射试验　设备有可能发射出传导或辐射的无线电频率干扰，产品设计时应考虑对其的限制，以免对电网和环境造成污染而干扰其他设备。表 1-56 给出设备的电网终端扰动电压的极限值。表 1-57 给出设备的电磁辐射干扰的极限值。

表 1-56　电网终端扰动电压的极限值

频带/MHz	准峰值/dB(μV)	平均值/dB(μV)
$0.15 \leqslant f < 0.50$	79	66
$0.5 \leqslant f < 5.0$	73	60
$5.0 \leqslant f < 30.0$	73	60
		随频率的对数下降到 60

表 1-57　电磁辐射干扰的极限值

频带/MHz	电场强度分量/dB(μV/m)	测量距离/m
$30 \leqslant f < 230$	30	30[①]
$230 \leqslant f < 1000$	37	

① 若采用 10m 处进行测量，则 30m 距离的发射限值应增加 10dB。如果由于高环境噪声电平或其他原因不能在 10m 处进行测试，则可在近距离处如 3m 处进行测试后加以修正。

1.11　用半导体电力变流器的直流调速电气传动系统额定值的规定（摘自 GB/T 3886.1—2001）[⊖]

1.11.1　额定值

额定值定义适用于整体半导体变流设备，包括诸如连接导体、开关设备、电抗器和变压器等部件。

可逆变流器额定值的依据是：变流器不论在整流状态下运行，还是在逆变状态下运行，都能满足其所有规定的负载条件。

半导体变流器（包括其冷却装置）的热时间常数远小于变流变压器和传动电动机的热时间常数。由于这个原因，在调速直流电动机传动的各种类型常规负载工作制中出现高的短时尖峰电流，相对于变流变压器和电动机而言，对半导体变流器本身具有更重要的意义。

与变压器和电动机相比，短时尖峰电流使得半导体有较快的和相当高的温升。

⊖ 该标准已被 GB/T 12668.6—2011《调速电气传动系统　第 6 部分：确定负载工作制类型和相应电流额定值的导则》代替。

对于半导体器件而言，制造厂商给出的最高结温是临界温度，超过这个温度会导致失控、故障或损坏。

结温不能直接测量，但通过任何负载电流-时间曲线图，均可以计算。

如果用户能够确定负载电流-时间曲线图，则制造厂据此能够计算半导体器件的结温，以保证不超过允许的最高结温。

负载电流-时间曲线图总是可以作为额定值的基础。

应考虑的两种应用形式：一种为变流器的负载条件是在所有叠加的负载之间获得平衡温度的情况；另一种为周期性可变负载，在循环周期内达不到热平衡。

第1种应用形式由以下类型工作制定义：

(1) 恒定负载工作制，见图1-123。对于这种工作制，交流设备在足够长的时间内承受固定不变的直流电流，变流器部件达到与该电流相对应的平衡温度。

(2) 尖峰间歇负载工作制，见图1-124。这种类型工作制是施加高幅值且持续时间短的负载，随后是空载，在接连施加的两次负载之间达到热平衡。

(3) 间歇负载工作制见图1-125。这种类型工作制是在一个恒定的基本负载上叠加间歇负载，在接连施加的两次间歇负载之间达到热平衡。

第2种应用形式由以下类型工作制定义：

(4) 重复负载工作制，见图1-126。这种类型工作制呈周期性变化，在循环周期之内达不到热平衡状态。

(5) 非重复负载工作制，见图1-127。这种工作制是在一个恒定负载周期达到热平衡之后，施加一个尖峰负载。

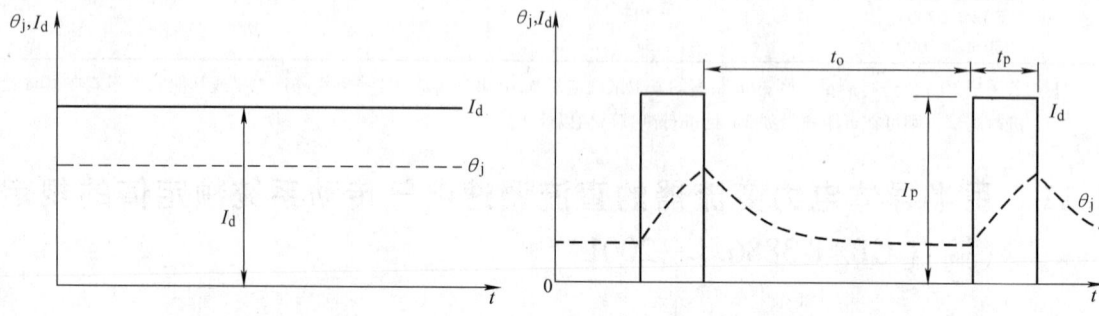

图1-123　恒定负载工作制的典型电流-时间曲线

图1-124　尖峰间歇负载工作制的典型电流-时间曲线

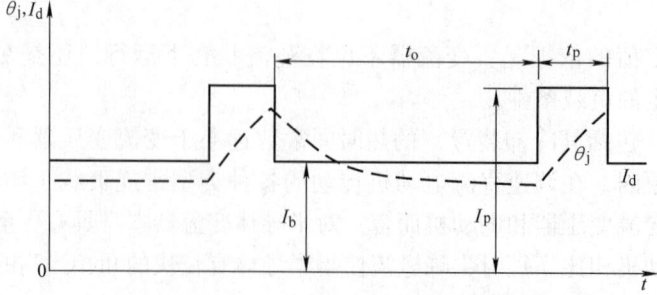

图1-125　间歇负载工作制的典型电流-时间曲线图

为避免混淆，有必要仔细区分变流器组额定值和变流设备额定值。因此，除额定直流电

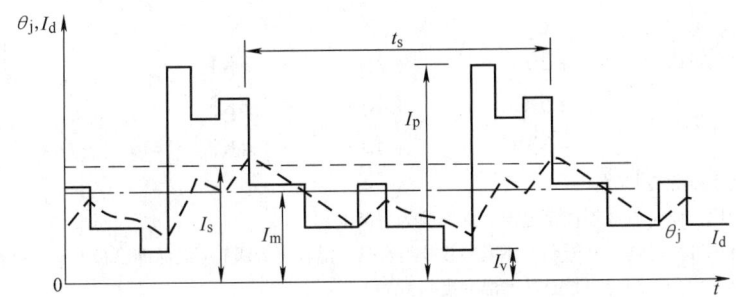

图 1-126 重复负载工作制的典型电流-时间曲线图

流 I_{dN} 之外，所有额定值只适用于包括像连接导体、开关设备、电抗器和变压器那些部件的半导体变流器组。应注意某些部件可能为多个变流器组所共用，此时应相应地确定其额定值。这种情况并不影响所确定的额定值是设备（系统）的，而不是部件的额定值。

额定直流电流适用于变流设备，并用来作为变流器组所有额定值的标幺值的基础。

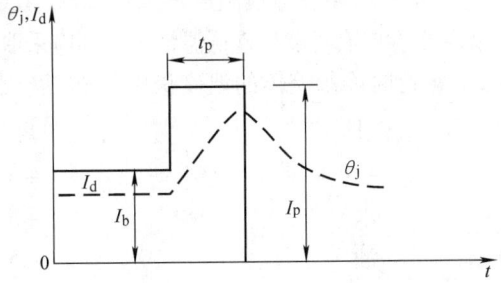

图 1-127 非重复负载工作制的典型电流-时间曲线图

1. 额定直流电压 所设计变流器的直流电压须高于额定直流电压，以适应控制要求、允许调节的附加裕量和交流电压波动。因此，变流变压器的额定视在功率可能大大超过变流装置的额定功率。

除非另作规定，应计算理想空载电压，以满足运行电压的限制要求。

对用于励磁的各种变流器，为了增加励磁电流变化的速率，设计的直流电压通常要高于额定直流电压。

运行电压的限制：

(1) 额定性能的电压限制 当在变流设备或变流变压器（若包括的话）的端子上所测量的交流电源电压的稳态基波分量大于或等于额定值的100%，且等于或小于额定值的110%时，变流器的额定值性能应予以保证。

在低于额定电压的100%作额定运行时，应由用户和供货者/制造厂商之间协议。

(2) 不间断运行的电压限制 当交流电源供电电压的基波分量等于或大于额定电压的90%，且等于或小于额定电压的110%时，即使在逆变器运行期间，变流器也应保证连续运行。

因为逆变器的良好换相由交流电源电压和瞬态直流电流共同起作用，所以在此电源电压下可能达不到额定性能。

2. 额定温度值 环境温度或冷却媒质温度的最高和最低极限应由用户规定，或由制造厂商在其投标时规定，这些温度最好按5℃的增量来确定。

如果不作另外说明，半导体变流器应能在下列条件下运行：

(1) 半导体装置和设备的额定温度值

1) 环境空气的温度极限：

① 状态	最小	最大	级别[③]
贮存[①]	-5℃	+45℃	1K3
运输[①]	-40℃[②]	+70℃	2K4

运行：
    装有空调设备   +20℃   +25℃   3K1
    室内   +5℃   +40℃   3K3
    室外   −33℃   +40℃   4K2

① 所示极限适用于排除冷却液。
② 如果设备中使用了电子电容器或蓄电池，此值应为 −25℃。
③ 按 GB/T 4796—2001《电工电子产品环境参数分类及其严酷程度分级》（该标准已被 GB/T 4796—2008《电工电子产品环境条件分类 第1部分：环境参数及其严酷程度》代替）。

② 日平均环境空气温度不超过 30℃
③ 年平均环境空气温度不超过 20℃

如果贮存时有可能出现低温情况，则应采取预防措施，避免水分在机件上凝聚，防止冷冻。

2）运行时冷却流体的温度极限（包括空载时）：

流体	最小	最大
空气	+5℃	+40℃
水	+5℃	+30℃
油	−5℃	+30℃

所规定的最高温度值是指由用户提供的冷却媒质的温度值，而不是已包括在变流器中的热转移循环媒质的温度。

(2) 变流变压器的额定温度值　对于空气冷却户外设备，所设计的变流变压器应在环境空气温度不超过 40℃ 和任何 24h 的平均温度不超过 30℃，年平均温度不超过 20℃ 下运行。

对于空气冷却户内设备，所设计的变流变压器应能在环境空气温度为 40℃ 以下运行。

对于水冷设备，变流变压器应能在进口冷却水温不超过 30℃ 和任何 24h 的进口平均水温不超过 25℃ 下运行。

用电阻变化来测量变流变压器绕组的允许温升，应不超过下列数值：

	充液式		干式	
绝缘等级	105	120	155	220
温升/K	55	65	80	150

1）绝缘等级 120 表示热增强纸绝缘最热点的允许温度为 120℃。

2）超过 1.0pu 的电流只能在一个负载循环的基础上施加，以使负载的方均根值不超过变压器额定值，其中考虑了一个变压器可能供电几个变流器的情况。

3）在按照上述 2）款承载的情况下，变流变压器应能承受与其相关联的变流器所规定的额定值。

3. 确定半导体装置和设备额定电流-时间值的体系　所有变流器，无论有没有变压器，都应依照下列 5 种工作制之一来确定：

(1) 恒定负载工作制（见图 1-123）；
(2) 尖峰间歇负载工作制（见图 1-124）；
(3) 间歇负载工作制（见图 1-125）；
(4) 重复负载工作制（见图 1-126）；
(5) 非重复负载工作制（见图 1-127）。

所有额定电流值是针对一个特定的工作制而言，如果一个半导体装置或设备设计在不同类型的工作制下运行，则应分别规定电流和时间值。

值得注意的是，以上那些额定值同样适用于作为一个完整系统用于特定用途的设备，而不适用于该系统的任何特殊部件。

(1) 公共变流变压器的额定电流：即使个别变流器可能规定了以间歇工作制为基础，向两台或多台变流装置供电的公共变压器也可以用额定直流电流来规定。在合适的情况下，也可按 1.11.1 节 4 (1) ~4 (5) 所给出的额定值基础来规定。

(2) 双变流器的额定值：对于双半导体变流器的各变流器组，可规定不同的额定值，除非各变流器组的工作制相同。

各变流器组的额定值应按 1.11.1 节 4 (1) ~4 (5) 来确定。

(3) 工作制类型的确定：在调速直流电动机传动的应用中，负载的电流-时间曲线图形因电流值大小、持续时间和重复频率的变化，常常是非常复杂的。然而，分析负载的电流-时间曲线，通常将得出最合适的负载工作制类型，并以此作为额定电流的基础。

如果负载工作制变化，应检查此变化对系统所有部件的影响，同时可能需要调整控制装置和保护元件。

4. 变流设备和变流器组的额定电流　所有的电流额定值均适用于所规定的整个直流电压控制范围。

(1) 恒定负载工作制的额定电流（见图 1-123）　对于这种情况，通常把负载的基本电流值规定为额定直流电流（$I_b = I_{dN}$）。

其他基本值需经供货者和用户协议确定。

(2) 尖峰间歇负载工作制的额定电流（见图 1-124）　在这种情况下，额定直流电流不适用。尖峰间歇负载工件制的电流额定值应由供货者和用户协议，应规定尖峰电流的持续时间（t_p）、尖峰电流的幅值（I_p）和最小空载时间（t_o）。

(3) 间歇负载工作制的额定电流（见图 1-125）　对于这种情况，通常把负载的基本电流规定为额定直流电流（$I_b = I_{dN}$）。间歇负载工作制的电流额定值需经供货者和用户协议确定。

应规定尖峰电流的持续时间（t_p）、尖峰电流的幅值（I_p）和基本负载电流（I_b）及其在基本负载下运行的最小时间（t_b）。尖峰电流（I_p）的持续时间（t_p）应使半导体结的温度不超过最高允许温度。

间歇负载工作制可由图 1-127 所示非重复负载工作制的相同曲线族来规定。在这种情况下，t_p 表示施加间歇负载的持续时间。

(4) 重复负载工作制的额定电流　变流设备的额定直流电流应规定为在最重负载工作制整个循环周期中所计算的负载电流的方均根值。通常，该电流相当于直流电动机的，或由变流设备供给电动机的额定连续电流。负载电流由各变流器组分担。

额定直流电流（1.0pu）指的是变流设备的额定直流电流，对于双变流器，它可能大大地超过各变流器组的方均根电流额定值。

对重复负载工作制，除额定直流电流外，还有两种定义额定值的方法。第 1 种方法见 1)，第 2 种方法见 2)。

1) 重复负载工作制的负载-时间曲线图：在可能的情况下，变流器组的重复负载工作制由用户基于一个或几个合适的电流-时间曲线图来规定，因为这将得到最经济的设计。然后，这些电流-时间曲线图将成为用户和供货者之间技术要求的一部分，对于给定应用中的重复负载工作制，实际上就是变流器组的电流额定值。任何情况下，每一个变流器组都应规定工作制循环的持续时间（t_s）、尖峰值（I_p）、最小值（I_v）、平均值（I_m），以及在整个工作制循环周期（t_s）内计算的负载电流均方根值（I_s）（见图 1-126 和表 1-58）。

负载-时间曲线图不必包含异常情况下的裕量，因为变流器设计在其他方面对这种异常情况提供了足够的保护。

2) 等效重复负载工作制的额定值：对所给定的应用，用户不一定总能做到详细规定负载-电流曲线图，但是，对于重复负载工作制的额定值仍有必要。在这种情况下，用户只需按图 1-126 和表 1-58 定义说明变流器组的 I_p、I_s、I_m、I_v、t_s 值。那么，额定值的基础就变成为图 1-128 所示的、具有规定值 I_p、I_v 和 t_s 的重复负载-时间等效曲线，而 t_p 由下式给出：

$$t_p = \left| \frac{(I_m - I_v)I_{dN} + r_N(I_s^2 - I_v^2)}{(I_p - I_v)I_{dN} + r_N(I_p^2 - I_v^2)} \right| t_s$$

式中 I_p、I_s、I_m、I_v 和 t_s 的含义见表 1-58，而 r_N 为表 1-58 所定义的与 I_{dN} 有关的半导体器件的损耗系数。

表 1-58 符号说明

符号	含 义
t_b	基本负载周期
t_s	负载循环周期（持续时间）
t_o	空载期
t_p	尖峰负载持续时间
t	时间
I_b	基本负载电流值
I_p	尖峰负载电流值
I_V	t_s 周期内负载电流最小值
I_m	t_s 周期内负载电流的平均值
I_s	t_s 周期内负载电流的方均根值
I_{dN}	额定直流电流
I_d	变流器组输出的直流电流
θ_j	变流器考虑的温度，通常是指半导体器件的结温
I_{PMO}	在 $I_V = 0$ 时等效负载工作制的额定尖峰电流
r_N	用于评估半导体结平均功率损耗标幺值的系数，并为直流电流标幺值的函数，由下式计算：$$r_N = (R_o I_{dN})/\Gamma_0$$ 式中 R_o ——半导体器件通态特性的电阻值 Γ_0 ——半导体器件通态特性的门槛电压值

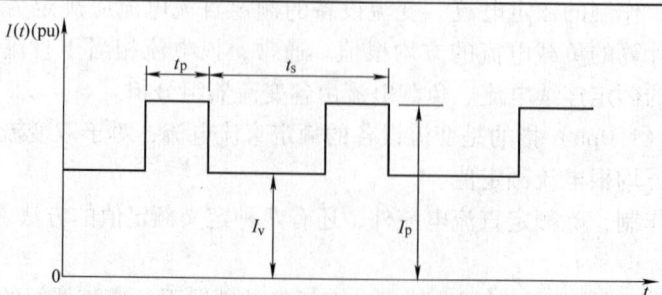

图 1-128 等效重复负载工作制的负载-时间曲线

变流器组承受等效重复负载的能力，可以由图 1-129 所示的曲线族来定义。给定一个特定的重复负载和/或相关的 I_p、I_s、I_m、I_v、t_s 值,根据上述关系式利用与图 1-129 示例所给出的变流器等效重复负载工作制额定值曲线族相关的 I_{dN} 和 r_N 值,就可以计算等效重复负载的尖峰负载持续时间 t_p。于是,t_p/t_s 之比亦能计算,而与所计算的 t_p 值相对应的 I_{PMO} 值可以从额定值曲线的左侧得出。有了 I_{PMO} 值,与所计算的最小电流标幺值 $\overline{I}_V = I_V/I_{dN}$ 相对应的 I_{PM} 可以从额定值曲线的右侧得出。该计算程序的例子如图 1-129 虚线所示,因为 $I_v = 0$ 时 $I_{PM} = I_{PMO}$,所以右侧横坐标的项目可以由所示投影得到。因此,给定负载的工作制在给出的变流器额定值范围之内,如果 $I_{PM} = I_{PM}$(pu)I_{dN},那么它也小于与此负载工作制相关的尖峰值 I_p,很清楚,半导体器件的额定结温一定不会被超过。

每一个等效重复负载工作制曲线,与一组或几组 I_p、I_s、I_m、I_v、t_s 值所规定的 I_{dN} 和 r_N 一起,可用作等效重复负载工作制的额定值。

变流器供货者通常规定一个与变流器的调节器极限电流设定相应的最大允许 I_p 值,并且 I_s 的最大值一般与 I_{dN} 相当,这种极限值优先于等效重复负载额定值所利用的那些值(见 1.11.1 节 4(4))。

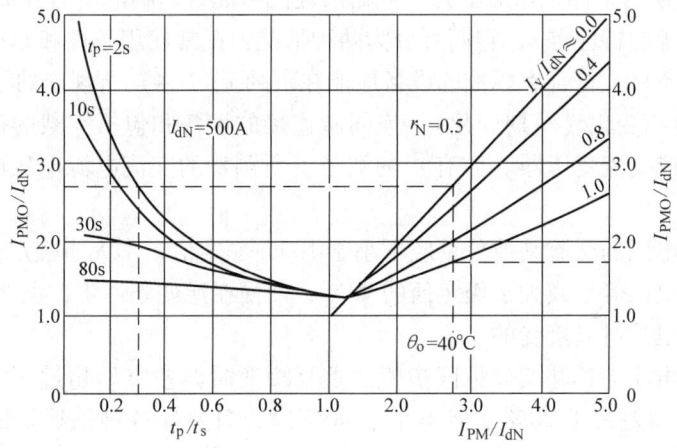

图 1-129 等效重复负载工作制的典型额定值曲线

(5)非重复负载工作制的额定电流 对这种工作制,其额定直流电流通常规定为基本负载电流 I_b。非重复负载的额定值须经供货者和用户协议确定(见图 1-127)。

这种电流额定值可以用图 1-130 所示不同尖峰负载持续时间 t_p 值的一组(I_p、I_b)曲线来规定。对于像 1.11.1 节 4(3)所述的其他类型的负载工作制,定义为等效非重复负载通常是可行的。例如,与间歇负载工作制是一对一等值的。如果非重复情况下所用的 I_p、t_p 值与重复情况下之规定值相同的话,以及如果在非重复情况下所用的 I_p 值由以下关系式求得:

$$(I_b I_{dN}) + (r_N I_b^2) = (I_m I_{dN}) + (r_N I_s^2)$$

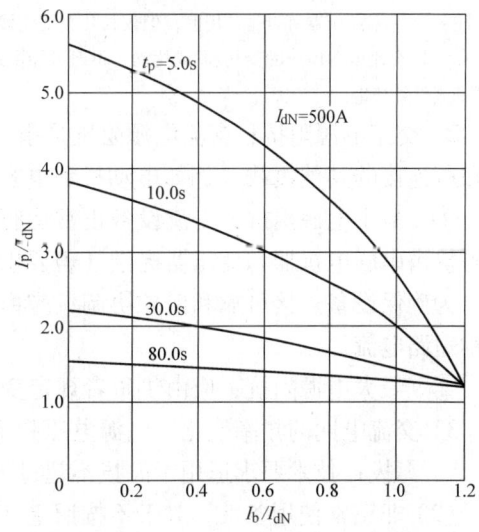

图 1-130 非重复负载工作制的典型额定值曲线图

得到的话，则非重复负载工作制可以用作对重复负载的保守近似。式中，I_m 和 I_s 分别为重复情况下所规定的平均值和方均根值，而 r_N 为表 1-58 所定义的和在图 1-129 所规定额定值参量的半导体器件损耗因子。如果这个参量为未知，那么可用 I_b 作一个安全的近似，大多数情况下保守的算法为

$$I_b = (2I_m + I_s)/3$$

这样考虑是因为：该额定值常常作为确定工作制等级（见 1.11.2 节），或用于变流设备负载能力试验（见 1.11.3 节）的基础。

5. 过载和浪涌电流能力　一个半导体变流设备应能承受使其保护设备预期动作所必要的幅值和持续时间的过载和浪涌电流。保护设备应允许变流设备承担其所规定额定值范围内的任何负载。

设备额定值可能不只是取决于半导体器件的结温。例如在负载变化的条件下，由热脉动所造成的限流熔断器的热疲劳可能是一个限制因素，并应引起注意。

6. 直流功率额定值（变流设备的）　一个变流设备的功率额定值是变流器额定直流电流和额定直流电压的乘积。

7. 使用条件　使用条件是指对电力变流器的性能可能有影响的所有外部因素（环境温度、空气湿度、交流电源的特性等），它们可分为两种情况：正常使用条件和非正常使用条件。

（1）正常使用条件　符合本标准的设备应能在下列 1）~4）所规定的条件下运行。

1）交流电源电压变化（短期变化）：连同所连接的设备和包括空载的任何给定条件下运行时，在变流设备或变流变压器（如有）的端子上所测量的交流电源电压的波形应满足下列要求：

① 低压电源电压的交流基波分量应不小于 100% 额定值，不大于额定值的 110%。

然而，如果该电压等于或大于额定值的 90%，即使在逆变条件下，虽然达不到额定性能，但不中断运行时，也是可以接受的。

② 交流电源电压与其基波分量同步值的重复瞬变时偏差应不超过额定交流电源电压峰值的 20%。此外，偏差大于 20%，但不小于 40% 时，只要在各种情况下的持续时间不大于 100μs，且每一个周期发生这种情况不超过两次，则也是允许的。

③ 交流电源基波电压的负序分量应不超过额定交流电源电压的 5%。

注：1. 变流变压器可以是共用的，但仅为几个变流设备专用。
　　2. 交流电源电压的变化和/或扰动，不但可能由连接到交流电网的其他变流器或设备产生，也可能由按标准规定供货的变流设备产生。

2）交流电源阻抗；交流电源阻抗是指变流装置输入端的阻抗，由供电的导体、供电变压器和所连接的其他负载（例如电动机和电容器）的特性所决定。

① 最小电源阻抗：变流设备正常运行所要求的最小交流电源阻抗应由供货者规定，附加阻抗由串联电抗器和变压器提供（若要求的话）。

为确保设备连接可靠和保护协调，应由供货者规定变流设备输入端允许的最大交流系统对称短路电流。

② 最大电源阻抗：应由供货者规定变流设备正常运行所要求的最大交流电源阻抗。

3）交流电网的频率变化：电源电压频率相对于额定值的变化不应超过 ±1%。

4）海拔：技术要求适用于海拔不超过 1000m。

（2）非正常使用条件　对于不按照上述正常使用条件使用的电力半导体变流设备，相关联的驱动控制和驱动设备，都应视为是非正常的使用条件。

下面所列的各种非正常条件可能需要专门的附加结构或保护特性，而且在已知或预期其存在时，应引起制造者注意。

1) 暴露在有害气体中；
2) 暴露在过分潮湿中（相对湿度大于95%）；
3) 暴露在过量尘埃中；
4) 暴露在腐蚀性尘埃中；
5) 暴露在水蒸气或凝露中；
6) 暴露在油汽中；
7) 暴露在混合爆炸性尘埃或瓦斯中；
8) 暴露在含盐的空气中；
9) 非正常的振动冲击或摆动；
10) 置于日晒夜露或漏水条件中；
11) 非正常的运输和贮藏条件；
12) 温度过高、过低或突然变化；
13) 非正常的空间限制；
14) 非正常的运行工作制；
15) 交流电流电压不对称；
16) 交流系统阻抗不对称；
17) 整流器的冷却水含有酸性物质或杂质，可能使暴露在水中的整流器部件产生过量的水垢、沉积、电蚀或溶液；
18) 非正常的强磁场；
19) 非正常的高核辐射；
20) 室内极限环境温度高于40℃或低于0℃；
21) 海拔高于1 000m；
22) 非常高的射频干扰（RFI）发射机电平；
23) 瞬时不重复过电压。

非正常工作条件需经用户和供货者协议确定。

(3) 环境条件

众所周知，各种工业均含有大量的不同浓度的各类瓦斯、尘埃和灰尘。为减少有害环境对设备（特别是对电子元器件）的影响，及为了改善设备的外观，最好将设备安装在洁净空气的场合。

例如，避免使用工业过程直接产生的气体，这些工业过程产生大量的尘埃和/或由其产生腐蚀性气体（例如，高炉、渣坑、酸洗线、造纸等工业），以致需要特殊且频繁的维修，并有可能经常停机。

电子设备安装在温度为20 ~25℃之间的清洁环境中，将增加可靠性，提高寿命并减少停机次数。

(4) 设备的贮存　接收到设备之后，应立即放置在能满足贮存要求的场所，运输包装箱通常不适合于户外或无防护贮存。

1) 温度和湿度：贮存温度保持在规定的温度极限 $-5 \sim +45$℃内（见1.11.1节2(1)），相对湿度在5% ~95%范围内。

应防止模块和控制板由于某些温度/湿度循环而产生冷凝，如果不立即安装设备的某些部件，则应将其贮存在一个干净、干燥的地方，并且避免温度变化、高湿度及尘埃。

如果可能，应避免温度和湿度的突然变化，如果贮存房间的温度变化程度使设备的表面暴露在凝露或结冰情况下，应通过一个安全、可靠的加热系统来保护设备，使其温度保持在稍高于贮存房间的温度。如果设备暴露在低温下的时间较长，那么在温度达到房间温度之前，不应打开包装箱，否则将出现冷凝。在某些内部部件上出现水分时，尤其是存在高电压时，可能产生电气绝缘故障。

2) 水和灰尘：除特别设计用于户外工作或贮存的设备外，所有设备均应防雨、雪、冻雨、风、灰尘、沙和冰雹。

3) 腐蚀性材料：所有设备均应防止盐雾、霉菌及其他化学性和/或生物腐蚀性污染物和制剂的腐蚀。

4) 海拔：设备不应存放在海拔4500m以上的场所。

5) 贮存时间：上述技术要求适用于发货和贮存时间不超过一年的情况。较长时间可能需要其他特殊的处理。

1.11.2 非重复负载工作制的工作制等级

当合适时，可对调速电力传动系统应用规定如表1-59所示的非重复负载工作制等级。

表1-59给出的半导体变流器的额定电流值为1.11.1节4（5）和图1-27所定义的非重复负载工作制额定直流电流的百分数。

如果对于任何工作制等级规定了两组值，那么两组均适用。

表1-59 非重复工业应用的工作制等级

工作制等级	I_b(%)	I_p(%)	t_p/s	工作制等级	I_b(%)	I_p(%)	t_p/s
ⅠG	100	120	10				
ⅡG	100	150	10		100	200	10
ⅢG	100	150	60	ⅤG	100	200	60
ⅣG	100	150	60		100	300	10

1.11.3 晶闸管装置的试验

所有的试验均按GB/T 3859.1~4《半导体变流器》实施，但对于变流器间歇负载工作制等级的温升试验可能是不适用且不合适的。在这种情况下，应使用等效重复负载工作制（见1.11.1节4（4）2)）或等效非重复负载工作制（见1.11.1节4（5））进行温升试验。

1.12 交流电动机电力电子软起动装置（摘自JB/T 10251—2001）

1.12.1 术语

1. **软起动** 是指装置输出电压按某一电压（电流）—时间特性，由某一基值电压（U_p）上升至额定电压（间或维持电流控制），同时使电动机在限制其力矩及冲击力矩条件下由静止平滑加速至额定转速的过程。其中电压—时间特性推荐图1-131所示的三类。

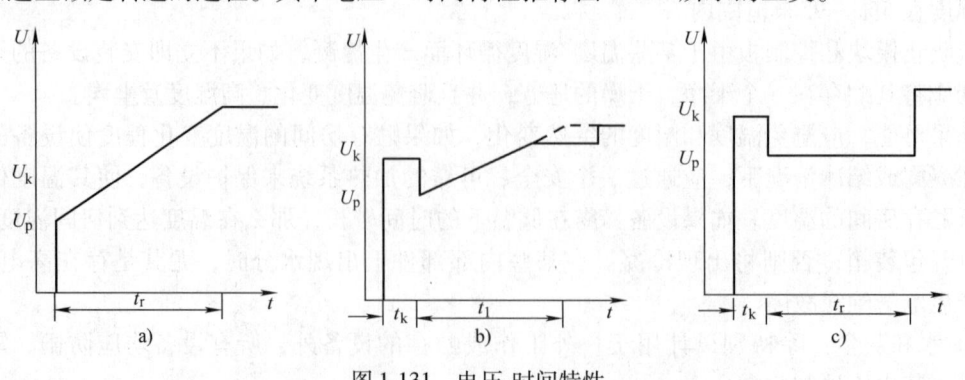

图1-131 电压-时间特性

U_p—软起动基值电压 U_k—突跳起动电压 t_r—斜坡上升时间 t_k—突跳时间

2. 交流电动机电力电子软起动装置　主要用以实现单台或多台交流电动机软起动的电力电子控制器、开关电器及其同控制、测量和调节装置的组合,以及上述电器、装置与其互相连接部分、辅件、防护外壳、支持件的成套装置通称。

3. 交流电动机软起动电力电子控制器　为交流电动机提供起动功能和截止状态的电力电子开关电器。

4. 软起动基值电压 (U_p)　软起动时斜坡开始的初始输出电压,它通常设定为电机开始运转时的电压,见图 1-131。

5. 突跳起动　在软起动开始时,首先输出一个一定高度 (U_k) 和一定宽度 (t_k) 的脉冲电压,用于起动具有较高静摩擦力矩的电机,见图 1-131。

6. 软停车　装置输出电压由额定电压阶跃下降至软停车基值电压 (U_t),再按某一斜坡下降至断开电压 (U_z),然后突降至零,同时电动机由额定转速平滑减速至零速的过程。图 1-132 给出其典型曲线。

7. 软停车基值电压 (U_t)　软停车时斜坡开始下降的初始输出电压,见图 1-132。

8. 断开电压 (U_z)　软停车时斜坡结束时的输出电压,见图 1-132。

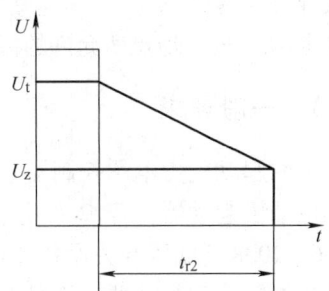

图 1-132　软停车时输出电压的典型曲线

U_t—软停车基值电压　U_z—断开电压　t_{r2}—斜坡下降时间

1.12.2　技术参数

1. 额定电压　主电路额定电压:交流 380V (400V),660V (690V),1140V (1200V)。

2. 额定电流 I_e　软起动装置的额定电流 I_e 是指装置在输出额定电压状态下的正常工作电流,并应考虑其极对数、额定频率、额定工作制、使用类别、过载特性及防护等级。额定电流与被控电动机功率的对应关系见表 1-60。

表 1-60　额定电流与被控电动机功率的对应关系

额定电流 I_e /A	额定功率 P_e/kW					
	电动机额定电压 U_e/V				
	220~230	380~400/450	500	660	1140
30	7.5	15	22		
50	11	22	30		
60	17	30	45	55	
100	22	45	55	75	132
125	30	55	75	90	160
160	37	75	110	132	250
200	55	110	132	185	315
250	75	132	185	220	400
400	100	185	220	315	
500	110	220	280	380	
630	160	315	400	500	

注:本表所列电动机是 4 极电动机。

3. 额定绝缘电压　（见表 1-61）

表 1-61　软起动装置额定绝缘电压　　　　　　　　（单位：V）

额定电压 U_e	额定绝缘电压 U_i
$U_e \leqslant 230$	500
$230 < U_e \leqslant 660$	660
$660 < U_e \leqslant 1140$	1200

4. 污染等级　规定为污染等级 3；存在导电性污染，或者由于凝露使干燥的非导电性污染变成导电性污染。

5. 振动　安装地点所允许的振动条件：振动频率为 10~150Hz，振动加速度不大于 5 m/s²。

1.12.3　一般要求

（1）软起动电力电子控制器，应符合 GB 14048.6—1998《低压开关设备和控制设备　接触器和电动机起动器　第 2 部分：交流半导体电动机控制器和起动器》（该标准已被 GB 14048.6—2008《低压开关设备和控制设备　第 4-2 部分：接触器和电动机起动器　交流半导体电动机控制器和起动器（含软起动器）》代替）的有关规定。

（2）装置内装的开关电器和元件，应符合相应国家标准。选用开关电器的额定电压、额定电流、使用寿命、接通和分断能力、短路耐受强度等应符合成套装置外形设计的特殊要求（例如开启式和封闭式）。

开关电器和元件的协调，特别是软起动电力电子控制器与短路保护器件的协调，应符合 GB 14048.6 的有关规定。

（3）主电路与辅助电路的鉴别：用形状、位置、标志或颜色应很容易地区别主电路的保护导体（PE）。如用颜色，保护导体（PE）必须是绿色和黄色（双色），颜色标记最好贯穿导线的整个长度。中性导体（N）是淡蓝色。

主电路的鉴别由制造厂商负责，而且应与接线图和图样的标志一致。适合的地方可用 GB 7947 的鉴别方法。

（4）应按照有关电路的额定绝缘电压确定导线绝缘等级。

（5）两个连接器件之间的电线不应有中间接头或焊点。应在固定的端子上进行接线。

（6）通常一个端子上，只能连接一根导线。欲将两根或多根导线连接到一个端子上，只有在端子是为此用途设计或经特殊工艺处理并经试验验证时才允许。

1.12.4　电气间隙与爬电距离

装置中各带电电路之间以及带电零部件与导电零部件或接地零部件之间的电气间隙，应符合表 1-62 的规定。爬电距离应符合表 1-63 的规定。

表 1-62　电气间隙

额定绝缘电压 U_i/V	空气中的最小电气间隙/mm	额定绝缘电压 U_i/V	空气中的最小电气间隙/mm
$U_i \leqslant 660$	8	$660 < U_i \leqslant 1200$	14

表 1-63　爬电距离

额定绝缘电压 U_i/V	爬电距离/mm	额定绝缘电压 U_i/V	爬电距离/mm
$U_i \leqslant 63$	2	$660 < U_i \leqslant 800$	11
$63 < U_i \leqslant 400$	5.6	$800 < U_i \leqslant 1250$	18
$400 < U_i \leqslant 660$	9		

1.12.5 绝缘电阻与介电强度

1. 绝缘电阻　带电电路之间，以及带电电路与地（外壳）之间的绝缘电阻应不小于 $1M\Omega$。绝缘电阻只作为介电试验时的辅助性判别。
2. 介电强度　对主电路及与主电路直接连接的辅助电路，应能承受表 1-64 所规定的介电试验电压。

表 1-64　主电路及与之直接连接的辅助电路的介电试验电压　　　（单位：V）

额定绝缘电压 U_i	介电试验电压（有效值）
$60 < U_i \leqslant 1140$	$2U_i + 1000$，最低 1500

对不与主电路直接连接的辅助电路，应能承受表 1-65 所规定的介电试验电压。

表 1-65　不与主电路连接的辅助电路的介电试验电压　　　（单位：V）

额定绝缘电压 U_i	介电试验电压（有效值）
$U_i \leqslant 60$	250
$60 < U_i \leqslant 250$	500
$250 < U_i$	$2U_i + 1000$，最低 1500

试验部位：
（1）非电连接的两个独立的电路之间；
（2）各带电回路与金属外壳（或地）之间。

1.12.6 温升

装置内部各部件的温升不得超过表 1-66 的规定。

表 1-66　部件与器件的温升

部件与器件	材料与被覆层	温升/K
半导体电力器件及其他电气元、器件		应符合元器件各自的标准规定
连接于一般低压电器的母线连接处的母线	铜：无被覆层	60
	铜：搪锡	65
	铜：镀银	70
	铝：搪锡	55
连接于半导体器件的母线连接处的母线	铜：无被覆层	45
	铜：搪锡	55
	铜：镀银	70
	铝：搪锡	35
与半导体器件相连接的塑料绝缘导线或橡皮绝缘导线		45

连接到发热器件（如管形电阻，板形电阻等）上的导线应从侧方或下方引出，并需剥去适当长度的绝缘层，换套耐热瓷珠使导线的绝缘端部温度不超过 +65℃。

1.12.7 外壳保护

装置外壳的保护等级，对于户内使用的装置一般应符合 GB 4208 中的 IP2X 的规定，对于无附加防护设施的户外装置第二位数字应至少为 3。

1.12.8 安装与接地

装置应可靠接地。与接地点相连接的保护导线的截面，应符合标准的规定。

应通过直接的相互有效连接，或通过由保护导体完成的相互有效连接，以确保保护电路的连续性。可能触及的金属部件与外壳接地间的电阻应不大于 0.1Ω。接地导线须用黄、绿相间的双色线。接地点应有明显的接地标志。

1.12.9 噪声

在正常使用条件下，装置运行所产生的噪声应不大于 80dB（A 声级）。

1.12.10 冷却

装置可采用自然冷却、强迫通风冷却。采用自然冷却时，散热器周围应当有足够的空间间距。间距的大小，由产品标准规定。

1.12.11 电气性能指标

1. 额定工作制 正常条件下的额定工作制规定如下：

(1) 8 小时工作制 此工作制指软起动装置处于额定电压状态时，承载稳定电流持续足够长时间使用电器达到热平衡，但超过 8h 必须分断。

(2) 不间断工作制 此工作制指软起动装置处于额定电压状态时承载稳定的电流超过 8h（数星期、数月、数年）时不分断。

(3) 断续周期工作制或断续工作制 此工作制指软起动的装置处于额定电压状态时的有载时间与无载时间有一确定比例值，这两个时间都很短，不足以使用电器达到热平衡。断续周期工作制用电流值、每小时通断操作循环次数和通电持续率表示。通断持续率的标准值为 15%、25%、40%、60%。

(4) 短时工作制 此工作制指软起动装置处于额定电压状态时的持续时间不足以使电器达到热平衡，有载时间之间被空载时间隔开，该空载时间足以使电器恢复到等于冷却介质的温度。短时工作制的通电时间标准值为 30s、1min、3min、10min、30min、60min 和 90min。

(5) 周期工作制 周期工作制是无论稳定负载或者可变负载总是有规律地反复运行的工作制。

(6) 工作制的周期值和符号 本标准用两个符号 F 和 N 来表示工作制的周期值，用这两个符号描述工作制及冷却所需时间。

负载因数 F 是通电时间与整个周期之比，用百分数表示。

F 的优选值为 1%、5%、15%、25%、40%、50%、60%、70%、80%、90%、99%。

N 是每小时操作循环次数。

N 的优选值为 1、2、3、4、5、6、10、20、30、40、50、60 次操作循环/h。

其他的 F 和/或 N 值由制造厂商规定。

2. 过电流特性 过电流曲线用来表示控制过电流的电流—时间特性，用符号 X 和 T_X 表示。

表1-67中列出的 X 值用来表示过电流为 I_e 的倍数,并表示过载条件下由于起动、运行或操作时引起的最大工作电流。当无电流限制功能时, $X=I_{LRP}/I_e$。I_{LRP} 为电动机预期堵转转子电流。

表1-67 相应过载电器脱扣等级和过电流倍数 X 的最小过电流耐受时间 T_X

脱扣等级	最小过电流耐受时间 T_X/s						
	$X=8$	$X=7$	$X=6$	$X=5$	$X=4$	$X=3$	$X=2$
10	1.6	2	3	4	6	12	26
10[①]	3	4	6	8	13	23	52
20[①]	5	6	9	12	19	35	78
30[①]	7	9	13	19	29	52	112

① 本规定仅为推荐性,且表示脱扣等级的最小脱扣时间与相应的 X 和 T_K 值相匹配,并应在产品标准中规定。

预定的不超过10个循环的过电流(如提升、突跳起动等)可能会超过 XI_e,但这不在过载特性范围内考虑。

T_X 表示起动、运行和操作时,控制过电流的持续时间累加值,见表1-67。

对于软起动装置装有过载电器时, T_X 对应载电器在冷态下承载 XI_e 的电流时的最小动作时间。

3. 操作性能　操作性能表示在额定电压及在正常负载和过载条件下,按使用类别、过电流特性和规定工作制的周期值所确定的以下综合性能:

——导通状态时变换电流及承载电流;

——建立及保持在截止状态(关断)的性能。

操作性能按以下规定:

——额定电压(见1.12.2节1);

——额定电流(见1.12.2节2);

——额定工作制(见1.12.11节1);

——过电流特性(见1.12.11节2);

——使用类别(见1.12.11节6);

相应的要求见1.12.11节7。

4. 起动、停止和操作性能　控制笼型电动机的软起动装置的典型使用条件如下:

(1) 笼型电动机的起动特性

1) 一个旋转方向并包括以下的相位控制能力:可控加速至正常转速、可控减速至停止或控制器不断电时偶然的操作(AC-53a);

2) 一个旋转方向并包括可控加速至正常转速的相位控制能力。这里仅规定起动工作制的额定值:例如起动后,连接至电动机的电源转接至与电力电子软起动控制器并联的电路上(AC-53b)。

采用超出标准范围内的方式,通过反接电力电子软起动控制器或电动机接线实现两个旋转方向,由所选方式的有关标准加以规定。

通过软起动装置内的相应反相也可实现两个旋转方向,这种操作随使用情况而变,对此由制造厂商和用户协议。

根据软起动装置的控制能力的不同，其在起动、停止、操作中的电流不同于表 1-70 列出的预期堵转转子电流。

（2）定子由控制装置供电的转子变阻式起动器的起动特性（AC-52a，AC-52b）　软起动装置用于降低绕线转子电动机定子绕组的励磁电压，从而减少了转子电路的起动开关级数，对于大多数使用要求，根据负载转矩、惯性以及起动的严酷度，1 至 2 级的起动级数就已足够。

软起动装置的控制器不用于转子电路。因此，转子电路由传统的方式进行控制，并应符合转子电路中应用的转子变阻式起动器相应的产品标准。

5. 额定限制短路电流　用指定的短路保护电器作保护的电器，在短路保护电器动作时间内能够很好地承受的预期短路电流。对交流额定限制短路电流用交流方均根值表示。指定的短路保护电器可以是分开的电器元件，具体由制造厂商或各产品标准规定。

6. 使用类别　表 1-68 给出的使用类别被认为是软起动装置的标准使用类别。任何其他类型的使用类别应根据制造厂商和用户的协议规定，但制造厂商的样本或投标书给出的参数可作为这种协议。

每种使用类别（见表 1-61）都是用表 1-67、表 1-69、表 1-70 给出的电流、电压、功率因数和其他数据及标准规定的试验条件表示其特征的。

表 1-68　使用类别

使用类别	典型用途
AC-52a	控制绕线转子电动机定子
AC-52b	控制绕线转子电动机定子，运行时短接软起动控制器
AC-53a	控制笼型电动机
AC-53b	控制笼型电动机，运行时短接软起动控制器

表 1-69　相应的严酷度等级

严酷度等级	使用类别	过电流特性（X-T_X）	相应的时间要求
最严酷	AC-52a AC-53a	$(XI_e)^2 T_X$ 的最大值①	FS 的最大值②
	AC-52b AC-53b	$(XI_e)^2 T_X$ 的最大值①	截止时间的最小值③

① 当 $(XI_e)^2 T_X$ 的最大值出现在多于一个的 XI_e 值时，采用 XI_e 最大值。
② 当 FS 的最大值出现在多于一个的 S 值时，采用 S 的最大值。
③ 当 $(XI_e)^2 T_X$ 的最大值出现在多于一个的截止时间时，采用截止时间的最小值。

使用类别代号的第一位数表示电力电子软起动装置，第二位数表示典型用途，后缀 a 表示能够实现装置软起动性能，后缀 b 表示软起动装置的性能仅限于实现在时间 T_X 内自截止状态到起动功能的转变后，即刻返回至截止状态构成旁路的工作循环。

7. 操作性能要求　按规定进行试验时，软起动装置应能实现导通状态、变换电流、承载预定水平的过电流。以及实现并保持在截止状态的性能而无故障，并且无任何形式的损坏。

预定用于使用类别 AC-52a、AC-53a 的软起动装置，其相应于 X 值的 T_X 值不应小于表 1-67 规定的值。其中 T_X 值按 1.12.11 节 2 的规定。

表 1-70 过载能力试验条件的最低要求

使用类别	试验电路参数			操作循环导通时间④ /s	操作循环截止时间④ /s	操作循环次数
	I_{LRP}/I_e	U_r/U_e①	$\cos\varphi$②			
AC-52a,AC-52b	4	1.1	0.65	T_X③	≤1440	3
AC-53a,AC-53b	8		0.35			

注：1. I_{LRP}——预期转子堵转电流；I_e——额定电流；U_e——额定电压；U_r——工频恢复电压。
  2. 温度条件：初始柜体温度，对每一试验不应低于40℃加上温升试验时的最高柜体温升值，试验过程中的周围空气温度应在 +10 ~ +40℃范围内。
① 除了导通时间的最后3个工频周期加上第一个导通时间外，U_r/U_e 可以为任意值。
② 对应减压周期的 $\cos\varphi$ 可以为任意值。
③ 预定仅用于与规定的过载电器一起使用的起动器或控制器，T_X 应取为其过载电器在热态下所允许承受的最大动作时间，热态是指进行温升试验时达到的热平衡状态。
④ 转换时间不应大于工频的三个周期。

  预定用于使用类别 AC-52b、AC-53b 的软起动装置，应能满足这些使用类别所要求的长加速时间的要求。考虑到在起动状态时软起动控制器的最大热容量会完全耗尽，为此，在起动状态结束后应立即为软起动控制器提供适当的无载时间（例如采用并联方式），其相应于 X 值的 T_X 值不应小于表 1-67 规定的值。
  当无限流起动功能或在额定电压状态无限流起动功能时，$XI_e = I_{LRP}$。如果软起动装置配备适用的过载保护。当电动机已在正常转速下运转而其转子出现堵转时，则允许软起动控制器在比上述规定更短的时间内实现截止状态。
  对额定值的验证应在表 1-70 规定的条件下进行。
  当 XI_e 超过 1 000A 时，过载能力的验证应由制造厂商和用户协议（例如采用计算机进行模拟）。
  表 1-70 中列出的使用类别 AC-52a、AC-53a 的工作制的周期值，以及使用类别 AC-52b、AC-53b 的截止时间是 8 小时工作制最低的严酷度。制造厂商可以规定更苛刻的严酷度，且应对最严酷工作制按表 1-69 进行验证。
  对于使用类别 AC-52a、AC-53a，用于更严酷的导通和截止时间试验参数按下式计算：
  导通时间（s）=36F/N
  截止时间（s）=36（100 – F）/N
  对于使用类别 AC-52b、AC-53b，制造厂商可以对软起动装置的操作能力规定为操作时间的截止时间少于标准要求的 1 440s，但应按制造厂商规定的截止时间进行验证。
  预定用于断续工作制、短时工作制或周期工作制的软起动控制器，制造厂商应按规定的 F 和 N 值选取。
  对异步电动机负载进行试验时的最低要求及条件，见表 1-71。
  8. 软起动特性 （见图 1-131）
  (1) 装置应具备电压 U_k 和时间 t_k 可调的突跳起动功能，有助于克服大静摩擦负载。
  (2) 装置的起动基值电压 U_p 可根据需要调节，推荐范围为 25% ~ 75% 的额定电压。
  (3) 起动斜坡上升时间 t_r 可根据需要调节，范围应等于或大于 1 ~ 60s。
  9. 软停车特性 （见图 1-132） 装置可设置可调的软停车基值电压 U_t 和断开电压 U_z，以满足软停车需要。

表 1-71 对异步电动机负载进行试验时的最低要求及条件①

使用类别	试验电动机参数				外部机械负载参数
	K	U/U_e	功率	$\cos\varphi$	
AC-52a, AC-52b	≥4	1.0	②	②	③
AC-53a, AC-53b					

注：1. 试验过程中的电动机和周围空气温度允许在 10~40℃ 范围内任意值。
　　2. 试验电动机的转子堵转电流对额定满负载电流的比值。

① 交流试验负载尚在考虑中。
② 试验负载应为下述规定的任意功率值的 4 极异步电动机：
　　·电动机的空载电流应大于试品的最小负载电流；
　　·额定功率因数在 0.75~0.8 之间；
　　·定子绕组应为星形联结。
③ 连接在电动机转轴上的机械参数应加以调整，以使从基准转速降至零速的减速时间在 2~4s 范围内。

软停车斜坡下降时间 t_{t2} 可根据需要调节，范围应等于或大于 1~60s。

10. 限流起动控制特性 （见图 1-133）

限流值 I_{CL} 可连续调节，范围应等于或大于 1.0~4.0 倍额定电流。

11. 突加负载 电动机从空载状态到突加 100% 负载时，电动机在 200ms 内响应完毕并不发生堵转现象。

12. 负载变化 电动机的负载从 0~100% 范围内缓慢变化时，电动机绕组上的电压能随负载变化相应变化，电动机能正常工作。

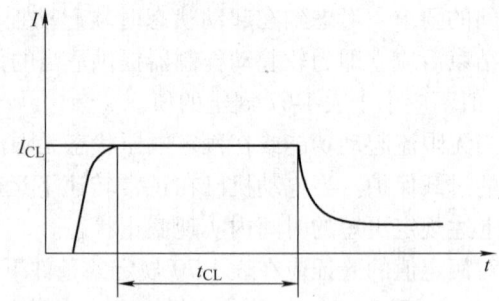

图 1-133 限流起动控制特性
I_{CL}—限流值 t_{CL}—限流时间

13. 保护功能

（1）断相保护 当电源侧或电动机侧三相中任一相断相，装置应能有效保护晶闸管，发出相应的报警指示信号。

（2）电动机过载保护 装置应具有对应 1.12.11 节 7 规定的过载保护，过载动作的时间可以调节。

（3）逆序保护 当装置选择具有逆序保护时，装置只有当电源相序正确时，才能工作。这一特性可确保类似泵类对相序有要求的负载，当电源相序接错导致电动机反向时，不能运行。当逆序保护动作时，应发出相应的报警信号。

（4）散热器过热保护 强迫风冷冷却的装置，都带有散热器过热脱扣功能。在过热（80℃ +5℃）时，封锁晶闸管脉冲，并发出故障指示。

（5）限流起动超时保护 当限流起动持续时间过长，超过设定时间值时，停车并发出故障报警信号。

（6）起动峰值过电流保护 在起动或其他情况下，当电流超过设定值时，装置应有效保护晶闸管，同时发出故障报警指示信号。

1.13 低压直流调速电气传动系统额定值的规定（摘自 GB/T 12668.1—2002）

1.13.1 术语

1. 直流电气传动系统（PDS） 由电力设备（包括变流器部分、直流电动机和其他设备，但不限于馈电部分或励磁电源）和控制设备（包括开关控制—如通/断控制、转速控制、电流控制、触发系统、励磁控制、保护、状态监控、通信、测试、诊断、过程接口/端口等）组成的系统。

2. 直流电气传动系统硬件配置 PDS 是由成套的传动系统模块（CDM）和一台或多台电动机及以机械方式耦合到电动机轴上的传感器组成的电气传动系统（被传动设备不包括在内）。关于电气传动系统硬件的划分见图 1-134。

3. 基本传动模块（BDM） 由变流器部分，转速、转矩、电流或电压的控制设备以及电力半导体器件控制极控制系统等组成的传动模块。

4. 成套传动模块（CDM） 由（但不限于）BDM 和诸如馈电部分、励磁电源和辅助设备等组成的传动系统，不包括电动机和以机械方式耦合于其轴上的传感器。

5. 装备 至少包括 PDS 和被传动设备两者的一台或数台设备。

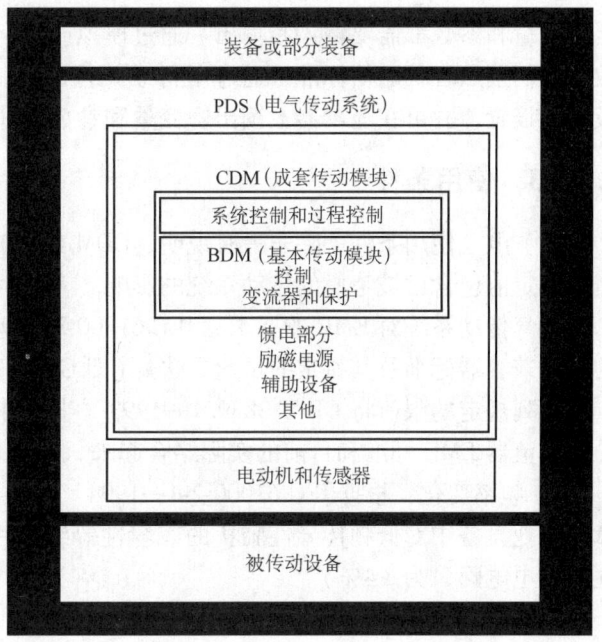

图 1-134 装备内 PDS 的硬件配置

1.13.2 功能特性

1. 运行特性 CDM 应具备一些所规定特性，其中包括（但不限于）下列其中一项或多项特性：

——定时加速；
——定时减速；
——点动；
——可调电流限幅；
——能耗制动；
——反向；
——再生（制动）；
——电网滤波；
——输入/输出数据处理（模拟/数字）；
——自动再起动。

2. 故障监控 CDM 应配备规定的故障指示，可由干式继电器或固态继电器提供的公共报警和/或跳闸信号两部分组成。故障指示通常因一个或多个 CDM 故障而动作，故障可以包括（但不限于）下列诸项：

——外部故障；
——熔断器熔断；

——瞬时过电流；
——过热（变流器）；
——无冷却空气；
——电动机过载；
——辅助电源故障；
——电源过电压/欠电压；

——电源断相；
——电动机过电压；
——超速和/或测速机消失保护；
——失磁保护；
——内部控制系统故障；
——调节器/功率电路诊断。

3. 最低的状态指示要求　CDM 应具有"传动投入"的状态指示信号（无论是旋转还是停止），CDM 还可具有"传动就绪"的状态指示信号。

4. I/O 器件　制造厂商应说明 I/O 的数目和特性，任何修改都应由制造厂商和用户来商定。

变量和参数都需要输入和输出。通过模拟或数字输入/输出，用电压和电流提供变量和参数。它们按照各种通信标准，通过串行或并行链路传递。模拟变量和数字变量可采用控制面板人工设置，并可在显示器上读出。变量和参数的处理方法是相同的。

1.13.3　使用条件

（1）电气使用条件　除非另有说明，CDM 或 BDM 应设计得能在下列规定的使用条件下工作。规定值包含已被考虑的传动系统的影响。

电气传动系统对 EMC 的要求见 IEC 61800-3：1996《调速电气传动系统　第 3 部分：产品的电磁兼容器标准及其特定的试验方法》（即 GB/T 12668.3）。

下列规定的限值将 GB/T 3859.1—1993《半导体变流器　基本要求的规定》中给出的半导体变流器 EMC 标准和目前的实际结合起来，通常对应的是 B 级。

1）频率变化：根据 IEC 61000-2-4—1994《电磁兼容性（EMC）　第 2 部分：环境　第 4 章：工业设备中对低频传导性骚扰的兼容性等级》中定义的 3 级，频率为 $f_{LN} \pm 2\%$（对于独立的供电电网，为 ±4%）。

频率变化率：$\leq 2\% f_{LN}/s$（见 IEC 61800-3）。

2）电压变化：不间断运行时电压限值：根据 IEC 61000-2-4 中定义的 2 级（见 IEC 61800-3），PDS 额定输入电压的变化限值为 ±10%（在耦合点处）。

短时间内电压的变化超过规定值可能引起工作中断或跳闸。若需要连续地工作，则用户和供应商/制造厂商要进行协商。

额定性能下电压的限值：在 BDM 端子处所测得交流电网供电电压的稳态基波分量，当等于或大于额定值的 100% 并等于或小于 110% 时，应维持变流器的额定性能。若要在低于 100% 额定电压下正常运行时，用户和供应商/制造厂商应达成协议。

3）电压不平衡：PDS 在电源电压不平衡度（在耦合点处）不超过基波额定输入电压 U_{LN1} 的 3% 情况下应能够运行。

4）电源阻抗：为了满足额定性能，在 PDS 公共耦合点（PCC）测量的最小 R_{SC} 比值应为 20。

① 较大的电源阻抗可使吸收电路阻尼比变差，产生可能的故障条件和过大的缺口。

② 要确定设计的最大 R_{SC} 比值，请查看制造厂商的资料。

5）谐波：除非另有协议，根据 IEC 61000-2-4 中规定的 3 级（见 IEC 61800-3），属于标准范畴的设备设计为在稳态条件下（在耦合点处）电压的总谐波畸变率 THD 为 10%，瞬态期间

（小于15s）总谐波畸变率 THD 为15%的条件下也能工作。

6）换相缺口：在下列给出的 CDM/BDM 网侧端子处的换相缺口限值［见 IEC 60146-1-1《半导体变流器 一般要求和电网换相变流器 第1-1部分：基本要求规范》（即 GB/T 3859.1）的2.5.4.1，抗扰等级 B］情况下，设备应满足额定性能。

——换相缺口深度　　40%U_{LWM}；
——换相缺口面积　　250%×度。

7）重复性和非重复性瞬变：图1-135 示出了典型的含有重复性和非重复性瞬变的交流电压波形。

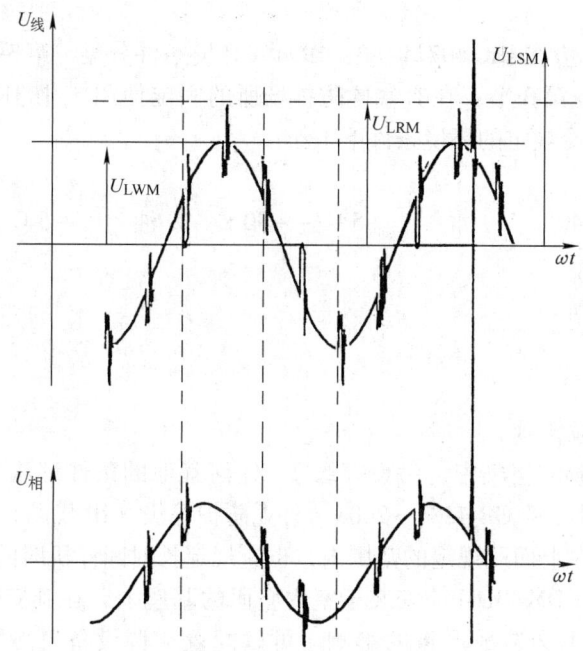

图1-135　六脉波变流器端子处典型的交流电压波形

注：1. 给出标幺值的典型范围以供参考。图中假定 PDS 端子和交流器之间无阻抗。
　　2. 重复瞬变（U_{LRM}/U_{LWM}）：1.25~1.50，根据与 di/dt 和 IRR 有关的吸收电路的设计而定。
　　3. 非重复瞬变（U_{LSM}/U_{LWM}）：1.80~2.50，根据附加的保护器件而定。

瞬变是由于变流器换相，在电网上的开关和电力系统上的扰动引起的。

BDM 应设计为能在电源变压器的通断引起非重复性瞬变的环境下运行，但电源变压器的容量不大于所考虑传动的表观功率的5倍。若变压器的容量更大一些，则 BDM 外部应附加瞬变能量吸收能力。

由于变压器的通断而引起的非重复性瞬变的能量 E（焦耳）直接与为 BDM 馈电的变压器的磁化能量相关，其计算公式如下：

$$E = 400 S_N$$

$$S_N = \sqrt{3} U_{LN} I_{LN} \times 10^{-6}$$

式中　S_N——系统容量（MVA）；

U_{LN}——系统额定电压；

I_{LN}——网侧交流电流额定值。

假定：

——磁化电流为5%；

——通断发生于最大能量释放点。

若变压器特性已知，则可进行特定的计算。

8）异常条件：若已知或规定一些特殊的条件，如异常工作负载，交流系统不平衡的阻抗、异常强的磁场、异常高的射频干扰（如来自通信发射机）和在验收试验之后加到CDM或BDM外部的附加阻抗，则应告知或说明。

(2) 环境使用条件

1）气候条件：CDM应在IEC 60721-3-3：1994《环境条件分类 第3部分：环境参数组及其严酷程度的分类分级 第3节：在有气候防护场所的固定使用》中3K3等级规定的和IEC 60146-1-1中对水冷或油冷规定的环境条件下工作：

——冷却媒质温度

空气　+0℃ ~ +40℃　　水　+5℃ ~ +30℃　　油　-5℃ ~ +30℃

——环境温度

+5℃ ~ +40℃

——相对湿度

5% ~ 85%，无凝露；

——灰尘和固体颗粒含量

标准设备设计用于清洁空气中，污染等级2。任何其他的条件都认为是"异常的使用条件"，要求用户给出说明（见GB 4208—2008《外壳防护等级（IP代码）》）；

——即使环境温度在上面所规定的范围内，也应规定长时间停机时间。

2）机械安装条件：CDM/BDM应安装于室内坚固的基座上，在其安装区域内或附加的机壳内对通风或冷却系统不会造成严重的影响。可以配置空调设备以增强CDM/BDM的可靠性。

其他的安装环境要求专门的考虑，并要求制造厂商给出技术说明和咨询意见。

对于固定的设备，振动应维持在IEC 60721-3-3中规定的等级3M1的极限内（见表1-72）。

表1-72　安装的振动极限

频率/Hz	振幅/mm	加速度/(m/s^2)
2≤f<9	0.3	—
9≤f<200	—	1

超出这些极限的振动或用于非固定的设备上都认为是异常的机械条件。

(3) 异常的环境使用条件　电力变流器设备、相关的传动控制和传动设备，用于偏离IEC 60146-1-1所列正常使用条件时应认为是异常的。这些异常的使用条件由买方来确定。

1.13.4　额定值

1. BDM输入额定值

(1) 输入电压　制造厂商应说明BDM的输入额定值，优选值是：

1) 100V、110V、200V、220V、230*V、240V、380V、400*V、415V、440V、500V、660V、690*V（用于50Hz）；

2) 100V、115V、120V、200V、208V、220V、230V、240V、400V、440V、460V、480V、575V、600V（用于60Hz）。

注：IEC 60038：1983《IEC 标准电压》（该标准已被 IEC 60038：2002 即 GB/T 156—2007 代替）规定的标准电压。

(2) 输入电流 有两个输入电流：

——只是变流器的：I_{VN}；

制造厂商应说明在交流电网最小阻抗下的这个值：

——CDM 或 BDM 的：I_{LN}；

该值包括辅助部件所需要的电流 I_{XN}。

2. BDM 输出额定值

(1) 连续输出额定值 连续输出额定值应由制造厂商说明，并且应以电压 U_{dN} 和电流 I_{dN} 来表示。

也可给出额定输出功率，作为帮助用户选择适当电动机的指南。

注：1. 以 U_{dN} 和 I_{dN} 表示的额定值允许采用直接测量技术，并且据此可适当选择导体的电流容量。
    2. 当 CDM 和电动机不是由同一个制造厂商/供货者提供时，应相互交换信息，以给 CDM 和电动机规定适当的性能和兼容性。

(2) 过载能力 PDS 应按下列方式中一种来标定过载能力，除非另有要求。过载能力适用于额定的转速范围。

1) 在额定输出电流下连续运行后，在 150% 的额定输出电流 I_{dN} 下运行 45s。随后，有一段时间负载电流小于额定电流，在此期间，整个工作循环输出电流有效值不超过额定输出电流 I_{dN}。

举例：若工作循环要求每 5min 内有 30s 处于 150% 额定电流下，则其余的 4.5min 必须在约 92% 的额定电流或更小电流下才能维持有效值≤100%。若要求 30min 中有 30s 处于 150% 额定电流下，则其余的 29.5min 必须处于约 98% 的额定电流或更小电流下。

注：过载是与电动机的偶尔过电流相一致的。

——电动机的输出额定值≤1kW（1r/min）45s；

——电动机的输出额定值＞1kW（1r/min）30s。

常用的另外一种标定的方法是：在额定输出电流下连续运行后，在 150% 的额定输出电流 I_{dN} 下运行 1min。随后，有一段时间负载电流小于额定电流，在此期间，整个工作循坏输出电流有效值不超过额定输出电流 I_{dN}。

举例：若工作循环要求每 10min 内有 1min 处于 150% 额定电流下，则其余的 9min 必须在约 92% 的额定电流或更小电流下才能维持有效值≤100%。若要求 60min 中有 1min 处于 150% 额定电流下，则其余的 59min 必须处于约 98% 的额定电流或更小电流下。

2) 在额定输出电流下连续运行后，在 125% 的额定输出电流 I_{dN} 下运行 1min。随后，有段时间负载电流小于额定电流，在此期间，整个工作循环输出电流有效值不超过额定输出电流 I_{dN}。

举例：若工作循环要求每 10min 内有 1min 处于 125% 额定电流下，则其余的 9min 必须在约 96% 的额定电流或更小电流下才能维持有效值≤100%。若要求 60min 中有 1min 处于 125% 额定电流下，则其余的 59min 必须处于约 99% 的额定电流或更小电流下。

3) 在额定输出电流下连续运行后，在 110% 的额定输出电流 I_{dN} 下运行 1min。随后，有一段时间负载电流小于额定电流，在此期间，整个工作循环输出电流有效值不超过额定输出电流 I_{dN}。

举例：若工作循环要求每 10min 内有 1min 处于 110% 额定电流下，则其余的 9min 必须在约 98% 的额定电流或更小电流下才能维持有效值≤100%。若要求 60min 有 1min 处于 110% 额定电流下，则其余的 59min 必须处于约 99% 的额定电流或更小电流下。

注：1. 上面没有包括规定的过载电流和电动机所产生的转矩间的关系。
　　2. 特殊的过载条件可由用户和供货者/制造厂商来规定，如过载的幅值和持续时间可能是这些技术说明的主要内容。

（3）转速范围　采用电枢电压控制调速的范围应不低于 8∶1。

采用电动机弱磁法，可将这一转速范围拓宽到最大转速，根据电动机的额定值而定。

注：在基本转速以下运行：
① 传动系统可以在额定转速范围内任一转速下运行。当传动系统连续以额定转矩运行在低于额定基本转速时，电动机的温升可能超过额定满载值。
② 对于给定的应用，为了满足规定的工作循环和负载对转矩的要求，传动系统的设计应确保低速时具有足够的转矩能力及安全的电动机温升。

（4）实际的直流电压额定值　逆变运行可能要求降低电枢电压。

三相电网换相变流器由于过高的 dc/ac 比值而不能以逆变方式运行。该比值过高可能是由于交流电网电压降低或电动机端电压升高的原因。

电力系统上大型电动机起动引起的电压下降或者另一变流器的换相缺口，可能会引起交流电网电压降低。

大的电动机反电动势 EMF 或者高的电动机电流下降率，可能会产生电动机端电压过高（电枢电流变化率乘以电动机电感致使电动机端电压增加）。

典型工业条件下常用的 dc/ac 比值约为 1.01 或 1.02 [该 dc/ac 比值为电动机反电动势（$EMF + L_A di/dt$）除以交流标称线电压]。

3. 效率和损耗　确定总效率所包括的设备应给予说明。

制造厂商应给出额定负载和基本转速下 PDS 或 CDM/BDM 的损耗或效率。

强迫通风电动机的通风损耗如自通风电动机的损耗一样，包括在 PDS 的损耗中，而不包括在 CDM 的损耗中。

图 1-136 给出了效率和损耗随转速变化的例子。

4. 纹波　变流器的纹波含量根据下述变流器的类型而定。

A 型　直流发电机
——蓄电池；
——多相整流器，每个周期不少于 12 个脉波，最大相位控制为 15%；
——能提供足够的串联电感以获得 6% 或小于 6% 的峰-峰电枢电流纹波的任何电源。

B 型　三相全波电源，每个周期 12 个可控脉波、不带续流二极管、电动机电枢电路中不另加串联电感。

C 型　三相全波电源，每个周期 6 个可控脉波、不带续流二极管、电动机电枢电路中不另加串联电感。

D 型　三相半桥式电源，每个周期 3 个可控脉波、带续流二极管、电动机电枢电路中不另加串联电感。

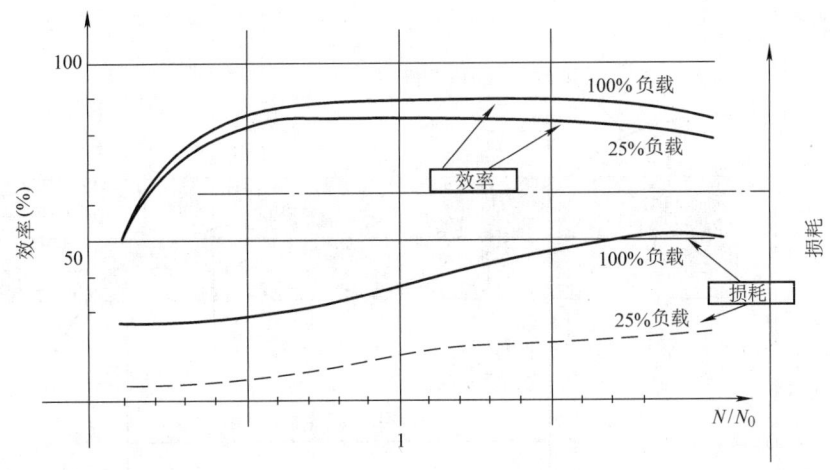

图 1-136　PDS 效率和损耗的典型曲线

E 型　三相单拍电源,每个周期 3 个可控脉波、不带续流二极管、电动机电枢电路中不另加串联电感。

K 型　单相全波电源,每个周期有 2 个全脉波或 2 个可控脉波、带续流二极管、电动机电枢电路中不另加串联电感。

L 型　单相全波电源,每个周期有 2 个可控脉波、不带续流二极管、电动机电枢电路中不另加串联电感。

注：纹波的幅值随字母表顺序而增加,所以指定用于某种类型控制器的电动机都可用于较低次序字母表示的任何类型的控制器。

1.13.5　性能要求

1. 稳态性能　应根据下列（1）～（4）来规定传动变量,如输出转速、转矩等的稳态性能：

（1）偏差带（见图 1-137）　偏差带是指由于使用条件或工作条件在其规定范围内变化,直接受控变量（除非规定另一个变量）在稳态条件时的总偏移。偏差带可用下列两种方式表示：

1）用直接受控（或规定的其他）变量对理想最大值的百分比表示,见 1.13.5 节 1（2）中举例；

2）对于不易确定基值的系统,如位置控制或空气温度控制系统,则用绝对数值表示。

（2）偏差带的选择（稳态）　应从表 1-73 中选取两个数字来说明反馈控制系统的稳态性能（通过协商也可规定出其他值）。

表 1-73　最大偏差带　　　　　　　　　　　　　（%）

±20	±10	±5	±2	±1	±0.5	±0.2	±0.1	±0.05	±0.02	±0.01

应规定工作和使用偏差带适用的变量范围,见图 1-137。

第一个数字代表工作偏差带,应与因工作变量而引起的最大偏差带相对应；第二个数字代表使用偏差带,应与因使用条件而引起的最大偏差带相对应。

虽然总的偏差可能等于上述偏差之和,但事实上不大可能达到这种极限情况。

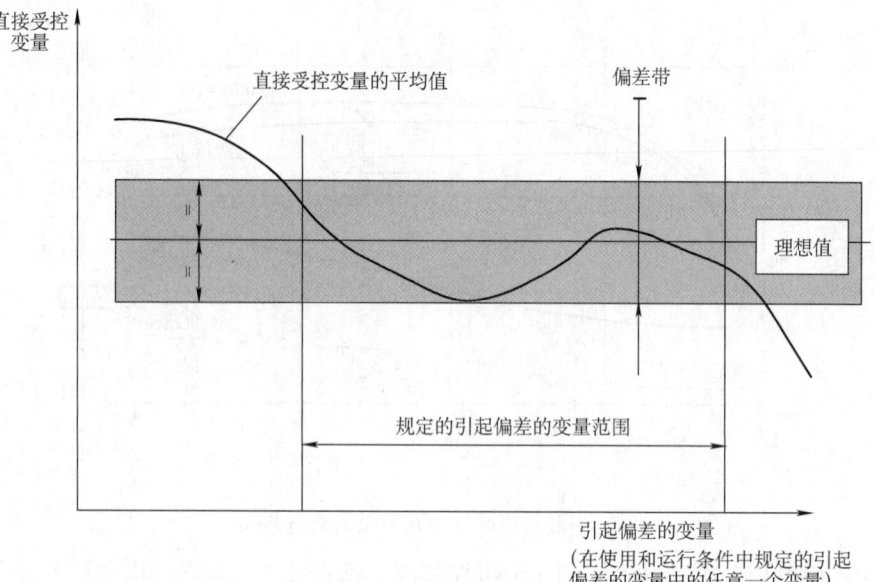

图 1-137 偏差带

【例 1-8】 "工作偏差带为 0.1%，使用偏差带为 0.2%"表示该系统由于工作变量而引起的最大偏差带为 ±0.1%，由于使用条件而引起的最大偏差带为 ±0.2%。

【例 1-9】 偏差带是相对于最大理想值以 ±% 来度量。对于 6:1 的弱磁系统和 1% 测速反馈系统，其计算结果如下：

1 800	r/min	最大理想值
±18	r/min	偏差
180	r/min	最大值的 1/10
±18	r/min	偏差
300	r/min	基本转速
±18	r/min	偏差

注：在电动机电枢电压反馈的情况下，转速控制偏差通常在 ±20% ~ ±2% 的范围内。

（3）使用偏差带——极限 在检测期间，运行变量维持不变的情况下，在任何一组合的使用条件下，在加热时间之后的任何 1h 时间内，不应超过制造厂商规定的使用偏差带（从表 1-73 中选取）。

（4）工作偏差带——极限 在检测期间，使用条件保持不变的情况下，在指定的运行变量范围内，不应超过直接受控变量的工作偏差带（从表 1-73 中选取）。

注：当应用要求时，性能信息中也应包括直接受控变量与给定值的稳态关系。这方面的性能不包括在上述关于工作偏差带或使用偏差带的讨论中。

（5）分辨率 分辨率表示可获得的受控变量的最小变化，它用绝对值或最大值的百分比来表示。

2. 动态性能 若动态性能很重要，则应规定出所要求的对特定扰动的动态响应。

这种扰动可能包括对给定值、电源和受控变量的扰动。

3. 能耗制动和能耗减速 能耗制动指的是通过附加耗能元件（电阻器）以允许机械作快速电气制动。

这里所说的能耗制动仅适用于在直流电流输出端跨接一电阻器。

能耗制动和能耗减速是两个操作功能，其特性应由用户和制造厂商/供货者来商定。下面一些条款经协商可以修订。

（1）能耗制动　当配有能耗制动（停止）时：

1）根据变流器的额定值，变流器应能以 110%、125% 或 150% 额定电流制动一个负载；

2）能耗制动电阻应能吸收 2 倍于电动机最大转速时储存的旋转能量（电阻器开始时处于环境温度）；

3）在被传动的设备具有大的可变惯量时（如卷取机），传动系统应能制动所储存的最大能量，能耗制动电阻器开始处于环境温度下，能量额定值应足以使传动系统从任何工作转速停止一次；在最高转速时，最大的能耗制动电枢电流为 150%；在这种情况下，被传动设备的惯量应由用户提供。

注：150% 电流是典型值，根据其他的过载条件（如风扇就选择110%），可作不同的选择。

（2）能耗减速　用于单象限变流器。

当配有能耗制动（减速）时，处于环境温度的电阻器应能吸收电枢和被传动设备从最大转速到最小转速的 2 次连续的制动过程中所储存的全部旋转能量。

被传动设备的最大总惯量被认为是直流电动机的 1 倍。

4. 其他性能要求　其他性能要求由买方或由买方与制造厂商一起根据如下所列项目来确定。

（1）传动用于下列应用中：

——音频噪声；

——工作象限：常用的组合是 I 象限、I 象限和 II 象限或所有象限；

——转矩是转速的函数；

——特殊的机械条件。

（2）传动与其所连接的电源

——接地；

——额定条件下的位移因数；

——网侧谐波含量；

——最大对称故障电流，短路。

（3）额定值

——连续输出电流额定值；

——输出电压额定值。

（4）保护器件

1）过电流保护器件：过电流保护器件的电流设定值不应超过 BDM 使用极限的输出额定电流。

2）加速度控制：传动设备应有电流限值或定时加速。

3）直流电动机的励磁控制：当电动机的励磁控制有可能在电枢电路中产生有害的电压和/或电流时，应采取方法自动防止这种可能性的发生。

4）失磁保护：若失磁保护没有被其他的办法包括在内，则应提供本保护。

5）超速和转速反馈丢失保护：若采用了转速反馈，且有可能超过最大安全转速，则应设置本保护。

6）风扇故障保护：装有风扇的传动系统应有风扇故障保护。

1.13.6 安全和警告标志

1. 警告标志

制造厂商应提供安全和警告标志。根据规范和标准以及 GB/T 5226.1—1996《工业机械电气设备 第 1 部分：通用技术条件》（该标准已被 GB/T 5226.1—2008《机械电气安全 机械电气设备 第 1 部分：通用技术条件》代替）要求将其置于设备使用的场所（若已知），标志应使用与应用地区相应的语言，或使用由供货者/制造厂商和客户商定的语言。

若未知用户地区，应根据原产国流行的规范和标准以及 GB/T 5226.1 提供的安全警告标志。所用语言应为原产国的语言。

安全和警告标志的全部内容在说明手册中应加以复述。

注：要考虑的一些主要问题是：
——若主电源处于"OFF"位置时，但并不是使所有暴露的带电部件全部断电的话，则警告标志应置于邻近主电源切断开关操作手柄处；
——由于尺寸或位置的原因，在控制电路断电装置可能与功率电路断电装置相混淆的地方，警告标志应置于邻近控制电路断电装置操作手柄处，并说明该设备并非全部断电；
——当储存电荷泄放到 50V 以下所需的时间超过 1min 时，应有警告标志；
——若设备的一部分带 50V 以上的电压，并且被移至封闭的机壳之外空间或者移入通道时，应对 50V 以上的电路加上防护装置，除非该电压下的短路电流小于 5mA；
——当用户有可能布线到由制造厂提供的断电装置不能断电的箱体时，则应设置警告标志；
——若设备的一部分是 FELV 电路（依据 IEC 60364-4-41：1992《建筑物电气装置 电击防护》由于功能上的原因超低电压），该信息应在警告标志上标明。

2. PDS 的安全性和特点　与 PDS 相耦合的被传动设备须遵循安全性标准和规定。由用户确定被传动设备的所有保护系统包括电动机的轴，用户应向 PDS 制造厂商提供影响设备安全的所有必需的条件，这些条件必须包含在 PDS 的控制中。

PDS 主体是电气设备，其主要安全风险是电气风险。对于 CDM/BDM，其主要安全风险也是电气风险。

为此，PDS 应符合 GB/T 5226.1。

符合该标准本身并不能确保符合所有安全性要求。详细要求由其他的标准确定。

1.14　低压交流变频电气传动系统额定值的规定（摘自 GB/T 12668.2—2002）

1.14.1　术语

1. 交流电气传动系统（PDS）　由电力设备（包括变流器部分、交流电动机和其他设备，但不限于馈电部分）和控制设备（包括开关控制—如通/断控制，电压、频率或电流控制，触发系统、保护、状态监控、通信、测试、诊断、生产过程接口/端口等）组成的系统。

2. 交流电气传动系统—硬件配置　PDS 是由成套的传动系统模块（CDM）和一台或多台电动机及以机械方式耦合到电动机轴上的传感器组成的电气传动系统（被传动设备不包括在内）。关于电气传动系统硬件的划分见图 1-134。

1.14.2 功能特性

1. 运行特性　CDM 应具备一些所规定的特性，可包括（但不限于）下列所列特性之一项或多项特性：

　　——定时加速；　　　　　　　　　　——电网滤波；
　　——定时减速；　　　　　　　　　　——输入/输出数据处理（模拟/数字）；
　　——点动；　　　　　　　　　　　　——自动再起动；
　　——可调电流限幅；　　　　　　　　——（转矩）提升；
　　——能耗制动；　　　　　　　　　　——直流制动；
　　——反向；　　　　　　　　　　　　——预充电电路。
　　——再生（制动）；

2. 故障监控　CDM 应配备规定的故障指示，可由干式继电器或固态继电器提供的公共报警和/或跳闸信号两部分组成。故障指示通常因一个或多个 CDM 故障而动作，故障可以包括（但不限于）下列诸项：

　　——外部故障；　　　　　　　　　　——辅助电源故障；
　　——输出功率部分故障；　　　　　　——电源过电压/欠电压；
　　——瞬时过电流；　　　　　　　　　——电源断相；
　　——过热（变流器）；　　　　　　　——内部控制系统故障；
　　——无冷却空气；　　　　　　　　　——调节器/功率电路诊断。
　　——电动机过载；

3. 最低的状态指示要求　CDM 应具有"传动投入"的状态指示信号（无论是旋转还是停止）；CDM 还可具有"传动就绪"的状态指示信号。

4. I/O 器件　与低压直流调速电气传动系统的要求相同（见 1.13.2 节）。

1.14.3 使用条件

与低压直流调速电气传动系统相同（见 1.13.3 节）。

1.14.4 额定值

1. BDM 输入额定值

（1）输入电压　与低压直流调速电气传动系统相同（见 1.13.4 节 1 (1)）。

（2）输入电流　与低压直流调速电气传动系统相同（见 1.13.4 节 1 (2)）。

2. BDM 输出额定值

（1）连续输出额定值　连续的输出额定值应由制造厂说明，并且应以 BDM 负载侧基波交流电压 U_{aN1}、连续输出额定电流 I_{aN} 和频率范围来表示。

注：1. 以 U_{aN1} 和 I_{aN} 表示的额定值可采用直接测量技术，并且据此可适当选择导体的电流容量。
　　2. 当 CDM 和电动机不是由同一个制造厂/供货者提供时，应相互交换信息，以给 CDM 和电动机规定适当的性能和兼容性。

（2）过载能力　PDS 应按下列方式中的一种来额定过载能力，除非另有要求。过载能力适用于额定的转速范围（1.14.4 节 2 中注 2）。

1) 在额定输出电流下连续运行后，在 150% 的额定输出电流 I_{aN} 下运行 1min。随后，有一段时间负载电流小于额定电流，在此期间，整个工作循环输出电流有效值不超过额定输出电流 I_{aN}。

【例 1-10】 若工作循环要求每 10min 内有 1min 处于 150% 额定电流下，则其余的 9min 必须在约 92% 的额定电流或更小电流下才能维持有效值 ≤100%。若要求 60min 中有 1min 处于 150% 额定电流下，则其余的 59min 必须处于约 98% 的额定电流或更小电流下。

2) 在额定输出电流下连续运行后，在 125% 的额定输出电流 I_{aN} 下运行 1min。随后，有段时间负载电流小于额定电流，在此期间，整个工作循环输出电流有效值不超过额定输出电流 I_{aN}。

【例 1-11】 若工作循环要求每 10min 内有 1min 处于 125% 额定电流下，则其余的 9min 必须在约 96% 的额定电流或更小电流下才能维持有效值 ≤100%。若要求 60min 中有 1min 处于 125% 额定电流下，则其余的 59min 必须处于约 99% 的额定电流或更小电流下。

3) 在额定输出电流下连续运行后，在 110% 的额定输出电流 I_{aN} 下运行 1min。随后，有一段时间负载电流小于额定电流，在此期间，整个工作循环输出电流有效值不超过额定输出电流 I_{aN}。

【例 1-12】 若工作循环要求每 10min 内有 1min 处于 110% 额定电流下，则其余的 9min 必须在约 98% 的额定电流或更小电流下才能维持有效值 ≤100%。若要求 60min 有 1min 处于 110% 额定电流下，则其余的 59min 必须处于约 99% 的额定电流或更小电流下。

注：1. 上面没有包括规定的过载电流和电动机所产生的转矩间的关系。
　　2. 特殊的过载条件可由用户和供货者/制造厂商来规定。如过载的幅值和持续时间可能是这些技术说明的主要内容。

(3) 工作频率范围　制造厂商应采用下列参数给出变流器能维持其规定的稳态输出电流时的工作频率范围：

U_{aN1}——额定输出电压（基波）　　　　f_{min}——最小频率
f_0——基本频率　　　　　　　　　　　f_{max}——最大频率

3. 效率和损耗　与低压直流调速电气传动系统相同（见本章 1.13.4 节 3 "效率和损耗"）。

1.14.5　性能要求

1. 稳态性能　除 1.13.5 节 1 (2) "偏差带的选择（稳态）"中的例 1-2 外，均与低压直流调速电气传动系统相同（见 1.13.5 节 1 (2)）。

而例 1-2 变为例 1-6：

【例 1-13】 对于 60Hz 1800r/min 传动系统，1% 转速控制系统的偏差如下：

1 800 r/min	最大理想值
±18 r/min	偏差
900 r/min	最大额定转速的 50%
±18 r/min	偏差
180 r/min	最大额定转速的 10%
±18 r/min	偏差

2. 动态性能　若动态性能很重要，则应规定出所要求的对特定扰动的动态响应。

这种扰动可能包括对给定值、电源和受控变量的扰动。

3. 能耗制动和能耗减速　能耗制动指的是通过附加耗能元件（电阻器）以允许机械作快速电气制动。

这里所说的能耗制动仅适用于在采用逆变器的变频传动的直流环节上跨接一电阻器。它要求保持对逆变器的控制。这种紧急停车的方法未必是唯一的或最好的方法。

能耗制动和能耗减速是两个操作功能，其特性应由用户和制造厂商/供货者来商定。下面一些条款经协商可以修订。

（1）能耗制动　当配有能耗制动（停止）时：

1）根据变流器的额定值，变流器应能以 110%、125% 或 150% 额定电流制动一个负载；

2）能耗制动电阻应能吸收 6 倍于电动机基本转速时储存的旋转能量（电阻器开始时处于环境温度）；

3）在被传动的设备具有大的可变惯量时（如卷取机），传动系统应能制动所储存的最大能量，能耗制动电阻器开始处于环境温度下，能量额定值应足以使传动系统从任何工作转速停止一次；在这种情况下，被传动设备的惯量应由用户提供。

（2）能耗减速　当配有能耗制动（减速）时：

1）处于环境温度的电阻器，应能吸收电动机和被传动设备从最大转速到最小转速的 6 次连续的制动过程中所储存的全部旋转能量；

2）变流器应能够控制上述过程中的交流电流。

注：被传动设备的最大总惯量被认为是交流电动机的 5 倍。

（3）直流制动　也可采用直流制动，但直流制动通常用于电动机额定值较小的情况。

注：制动转矩在较低转速时减小。

4. 其他性能要求　其他性能要求由买方或制造厂商和买方一起根据如下所列项目来确定，例如使用下列项目。

（1）传动用于下列应用中

——音频噪声；

——工作象限：常用的组合是Ⅰ象限、Ⅰ象限和Ⅲ象限或所有象限；

——转矩是转速的函数；

——特殊的机械条件。

（2）传动与其所连接的电源

——接地；

——额定条件下的位移因数；

——网侧谐波含量；

——最大对称故障电流，短路。

（3）额定值

——连续输出电流额定值；

——输出电压额定值。

（4）保护器件

1）过电流保护器件：过电流保护器件的电流设定值不应超过 BDM 使用极限的输出额定电流。

2）加速度控制：传动设备应有电流限值或定时加速。

3）超速和转速反馈丢失保护：若采用了转速反馈，且有可能超过最大安全转速，则应设置本保护。

4）风扇故障保护：装有风扇的传动系统应有风扇故障保护。

1.14.6 安全和警告标志

与低压直流调速电气传动系统相同（见1.13.6节）。

1.14.7 常用的控制方案（见图1-138~图1-143）

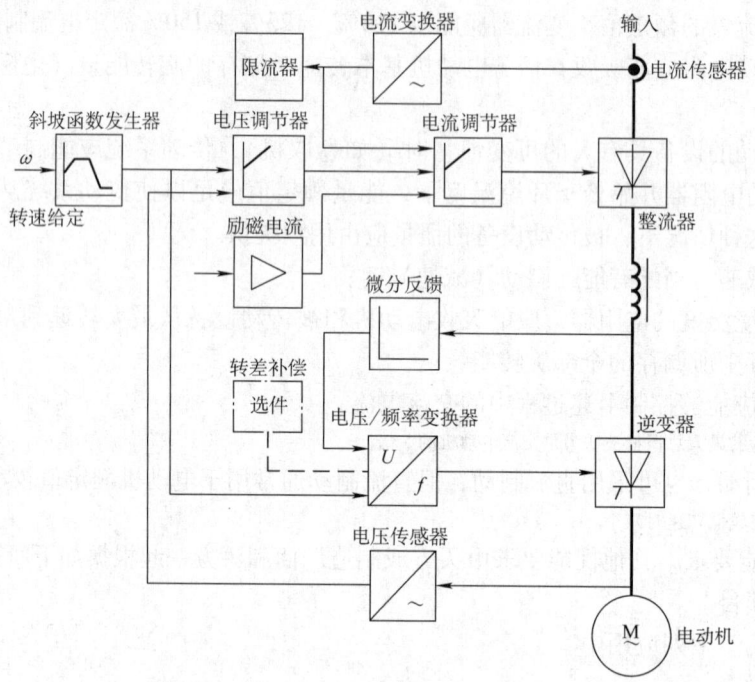

图1-138 V/F控制（电流源型变频器）

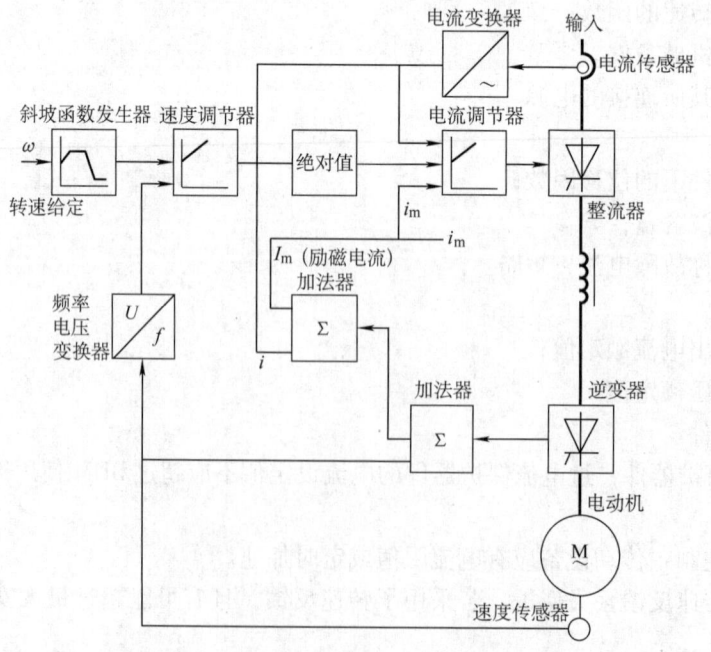

图1-139 直接转速控制（电流源型变频器）

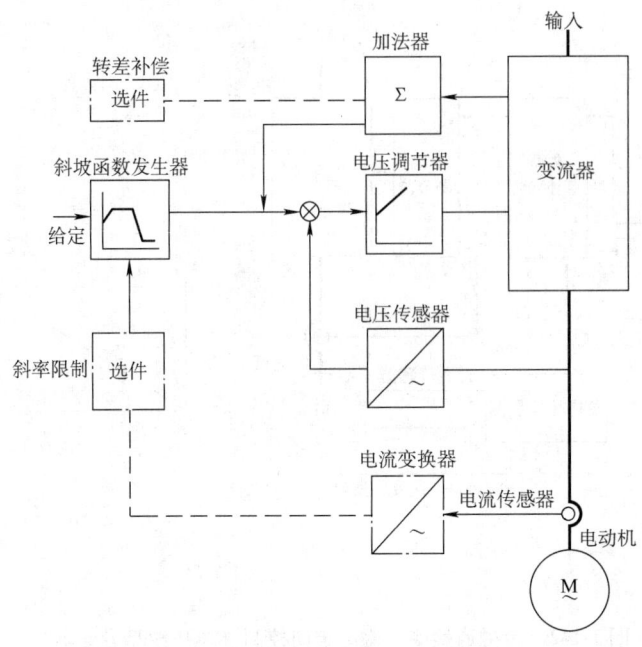

图 1-140 V/F 控制（电压源型变频器）

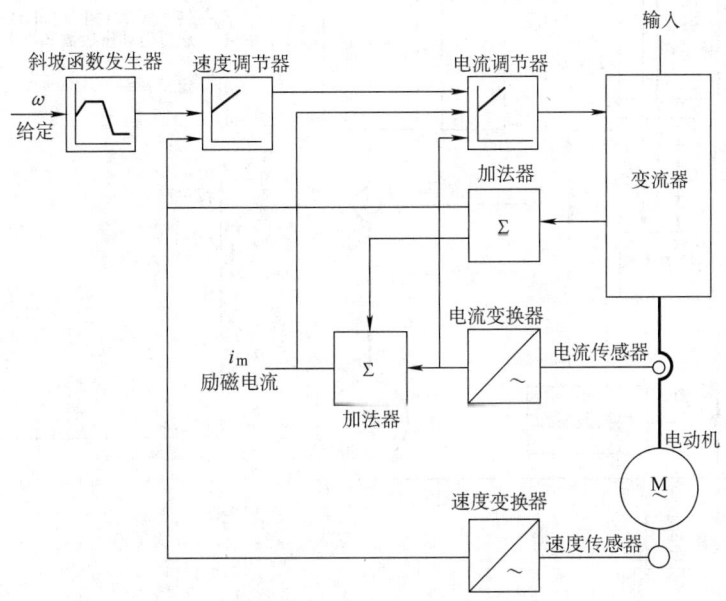

图 1-141 直接转速控制（电压源型变频器）

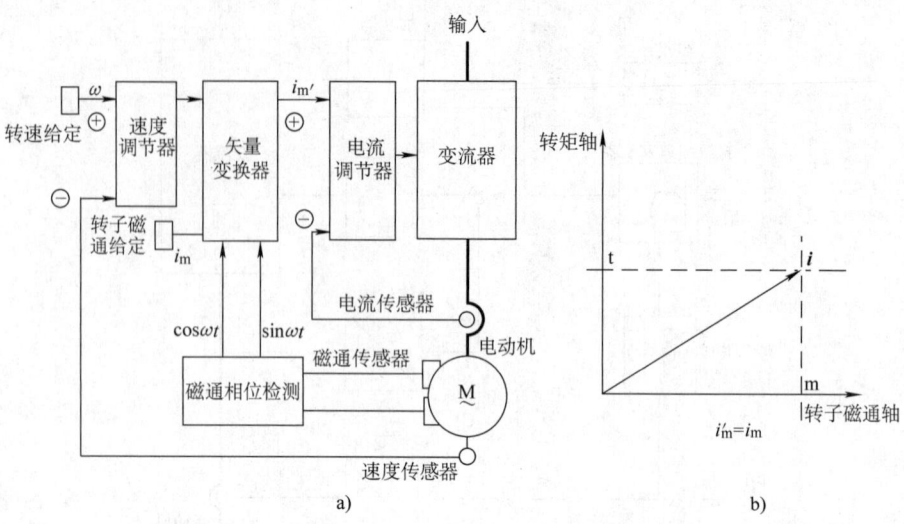

图 1-142 带磁通检测的磁通定向控制（电压源型变频器）
a) 框图　b) 矢量图

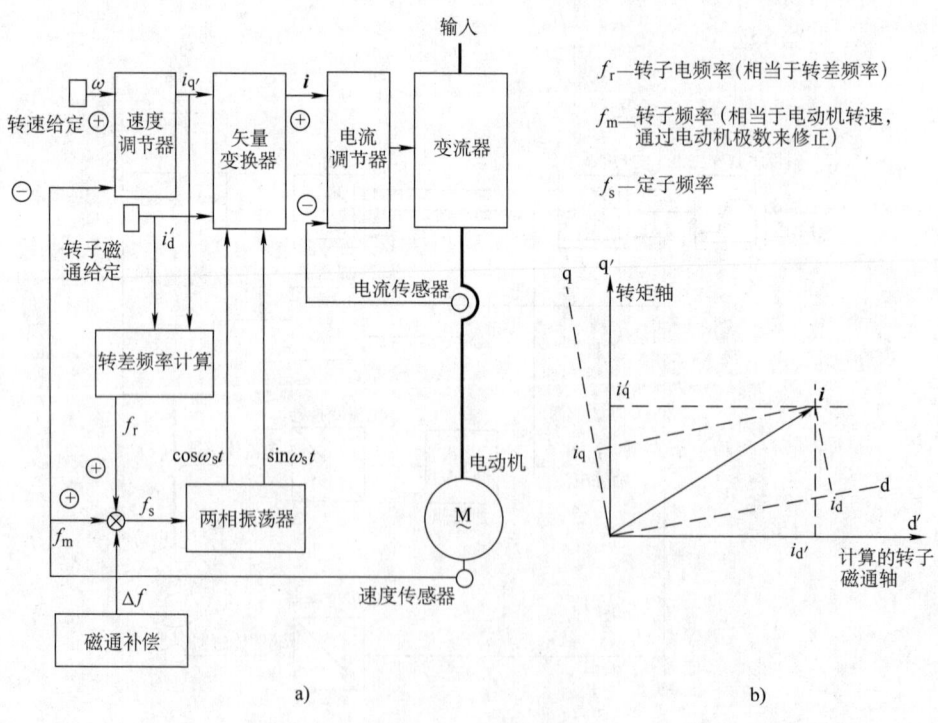

图 1-143 带转差频率计算的磁通定向控制（电压源型变频器）
a) 框图　b) 矢量图

1.15 调速电气传动系统的电磁兼容（摘自 GB 12668.3—2003）[一]

1.15.1 抗扰度要求

1. 一般条件　PDS 的子部件，如电力电子电路、驱动电路、保护电路、控制电路及显示和控制面板，对电磁骚扰的抗扰度可通过各自的试验来验证，若必要，可使用适当的负载来代替缺少的部件。通过这些试验验证各个子部件的性能，在这些子部件中所包含的 PDS 的各个端口或接口的试验可从表 1-75 和表 1-76 中选取有关的试验方法和试验等级来进行。推荐采用这种方法来保证质量，结果可写入试验报告中。

另一方面，也可通过试验 BDM、CDM 或 PDS 的特定性能来替代试验其子部件的性能。

（1）验收准则（性能准则）　应使用验收准则来检验 PDS 抗外部骚扰的性能。从 EMC 的观点来看，根据图 1-144，任何装备都应能正常运行。由于 PDS 是较大型生产过程中功能序列中的一部分，所以因 PDS 的性能变化而引起对这一生产过程的影响是很难预料的。

PDS 的主要功能是将电能转化为机械能，以及进行这一变换所需的信息处理。对于其中的每一项功能，子部件的性能应分为三个部分：

——电力电子电路和驱动电路的运行；

——信息处理和检测功能；

——显示和控制面板的运行。

表 1-74 中按给定的骚扰的影响分 A、B、C 三种验收（性能）准则，其中每个准则都定义了一个特定的性能等级。

注：1. 验收准则 C。在操作人员的干预下（人工复位）可使功能恢复。对于以逆变方式工作的电网换相逆变器，允许熔断器熔断。
2. 验收准则 A、B、C。不允许误起动。误起动是指脱离逻辑状态"STOPPED（停止）"的一种未预料到的变化，它可能使电动机运转。

表 1-74　检验 PDS 抗电磁骚扰的验收准则

项　目	验收（性能）准则		
	A	B	C
特定性能： 一般的	工作特性未有明显的变化 在规定的允差之内正常地工作	工作特性有明显的(可见的或可听到的)变化 能自行恢复	关机,工作特性变化 保护器件触发 不能自行恢复
特定性能： 特殊的转矩特性	转矩偏差在规定的允差内	动态转矩偏差超出规定的允差 能自行恢复	转矩失控 不能自行恢复
子部件性能： 电力电子电路和驱动电路的运行	电力电子器件不击穿	暂时性击穿,不会引起驱动系统关机	关机,保护器件触发 不能自行恢复

[一] 本标准目前正在修订中。

（续）

项　目	验收(性能)准则		
	A	B	C
子部件性能： 信息处理和检测功能	与外部器件的通信和数据交换不受骚扰	暂时通信骚扰,不会发出可能引起内部或外部器件关机的错误报告	通信错误,数据和信息丢失不能自行恢复
子部件性能： 显示和控制面板的运行	LED显示信息无变化,只是光亮度略有衰减,或者字符稍有变动	信息有可见的暂时性变化 LED的亮度不理想	关机 信息永久性丢失或者不允许的工作方式 显示出的信息明显错误

（2）子部件性能或特定性能的选择　表1-74中一般的特定性能项目应根据PDS的特定用途和典型的配置来确定。选择这些项目是制造厂的责任。

若由于PDS尺寸的限制，或由于电流或额定供电能力的限制，或负载条件的限制，PDS不能在试验场地投入使用时，应采用子部件验收准则来试验子部件。在任何情况下，试验装置都应能抗住施加于被试PDS或被试子部件的最高强度的骚扰。

根据表1-74，在下列两种情况时特定性能项目应采用子部件性能试验：

——不是非常适用；

——由于技术和经济上的原因而不适用（如，对于大型的和/或带有各自功能单元的复杂的PDS）。

只有在PDS中存在相关的端口或接口时，才应对信息处理和检测功能（也包括所选的一些辅助设备，若有的话）进行试验。根据表1-74，在这些功能存在的情况下，进行子部件性能试验就足以确定与本部分是否一致。

转矩特性这个特殊的系统性能只有在用户明确要求下才进行试验。在这种情况下，转矩特性可用直接或间接两种方式试验。直接试验方式采用抗EMC转矩测量仪来测量转矩的变化。间接试验涉及到电流性能。在确定全部转动惯量时，可以利用电流和速度特性进行间接试验。转矩性能可以通过加上骚扰后保持电流或速度恒定在规定的允差内的能力来确定。

（3）试验条件　可以采用轻载试验。例如，在内部有门极驱动电路的情况下，尽管输出电流很小，外部骚扰仍有可能引起故障（如不应出现的同一相两臂间短路或放电电路触发）。这同样适用于PDS中任何电子或微机控制的设备。

若要求满负载试验（作为合同的一个规定项目），则应采用特定性能试验，并且试验应在BDM上作为一个成套的单元来进行。

试验转矩特性以及信息处理和检测功能要求特殊的试验设备，该设备对试验骚扰的寄生耦合要有适当的抗扰度。只有在试验设备的抗扰度可用标准的测量来验证的情况下，才可进行这种试验。转矩骚扰的评估可通过转矩传感器来进行，或者通过对转矩生成电流的测量或计算，或采用其他间接的技术。在试验场地应提供适用的抗扰负载。

为了试验信息处理或检测功能，应设有适当的设备来模拟数据通信或数据计算。该设备应具有足够强的抗扰度，以便在试验期间能正常工作。

由于电动机已由其厂商按照相关的标准进行了试验，除了检测元件外，PDS 的电动机部分就不需要再进行任何附加的 EMC 抗扰度试验。所以尽管电动机在试验期间连接到 BDM/CDM 上，但不需要对电动机本身进行 EMC 抗扰度试验。

对那些存在的相关端口，包括所选辅助设备（若有的话）的那些端口进行试验，要依定义明确且可复现的方式逐个端口进行。然而，若有几个过程的测量和控制端口或信号接口具有相同的物理配置（布局），则试验该类型的一个端口或接口就可以了。

2. 基本抗扰度要求——低频骚扰　根据下列条款，依给定的功能等级来设计基本传动模块（BDM）时，所采用抗扰度等级应高于或至少等于对应其系统正常运行的兼容性等级。连接到同一连接点（PC）的两个系统间的兼容性等级，根据电压来确定。对于接于公共连接点（PCC）的公用低压系统，其兼容性等级见 IEC 61000-2-2：1990《电磁兼容性（EMC）　第 2 部分：环境　第 2 章：公用低压供电系统中的低频传导骚扰和信号传输的兼容性等级》；对于接于连接点（PC）的工业用低压供电系统，请见 IEC 61000-2-4：1994《电磁兼容性（EMC）　第 2 部分：环境　第 4 章：工业设备中对低频传导性骚扰的兼容性等级》。

(1) 谐波和换相缺口/电压畸变　稳态条件下，与总谐波畸变和各个谐波次数相关的、设计所用的抗扰度等级应至少等于 IEC 61000-2-4（等级 3：$THD = 10\%$）或 IEC 61000-2-2（$THD = 8\%$）规定的永久兼容性等级，验收准则为 A。

瞬态条件下（少于 15s），设计所用抗扰度等级应至少为永久兼容性等级的 1.5 倍，这时要求的验收准则为 B。

根据 IEC 61000-2-4 或 IEC 61000-2-2 所规定的兼容性等级产生的谐波和谐间波的算法而计算出的峰值电压没有什么物理意义，不能作为一个抗扰度准则。

对于专用于电力变流器的电网，所遇到的谐波畸变因子的值可能远大于 IEC 61000-2-4（为计算总谐波畸变）规定的最大兼容性等级，例如 GB/T 3859.1—1993《半导体变流器基本要求的规定》中所列的抗扰度等级 A。若要求这样更高等级的抗扰度，则应由用户提出。

许多变流器产生换相缺口。换相缺口对 PDS 的有害影响可能远大于用频域分析法所得其对总谐波畸变的影响。所以，对换相缺口需采用时域分析法。换相缺口的分类见 GB/T 3859.1。并规定换相缺口采用深度（d，占 U_{LWM} 的百分数）和面积（% ×度）来测量。

针对第二类环境中采用的 PDS 的换相缺口，设计所用的抗扰度等级应等于 GB/T 3859.1 的抗扰度等级 B（深度 40%，面积 250% ×度），除非用户规定采用更高的抗扰度等级。验收准则为 A。

注意，由于谐波和换相缺口而产生的应力影响电子控制部分以及某些功率部件（如吸收电路）。因为电子控制部分误动作是瞬间发生的，并且吸收电路有一短的热时间常数，所以，即使有这种情况，对于永久条件的试验周期也不需要超过 1h。

(2) 电压变化，波动，电压跌落和短时中断

1) 电压波动：电压波动的典型形状见 IEC 61000-2-1：1990《电磁兼容性（EMC）　第 2 部分：环境　第 1 章：环境介绍　公共供电系统中的低频传导性骚扰和信号传输的电磁环境》中的图 3 ~ 图 6。相对于 PDS 的额定电压，电压波动的幅值列于 IEC 61000-2-4 的表 1 中（2 级：±10%；3 级：+10%，-15%；持续时间：<1min）。设计所用抗扰度等级应达到验收准则 A。当输入电压低于额定电压时，最大机械输出（速度和/或转矩）额定值可能减小。

2) 电压跌落—短时中断：电压跌落和短时中断指供电电压减少超出波动范围。其幅值可

能为10%~100%（剩下的电压为90%~0%），并且规定其持续时间小于1min（见IEC 61000-2-1）。即使是电压跌落的幅值为30%~50%，持续时间为0.3~1.0s，这样的跌落也可能导致PDS转换能量的损失。

对一个生产过程没有详细的了解，则很难确定电压跌落（能量减少）对这一生产过程的影响。这种影响表现在系统和额定值方面，并且当对PDS的功率要求（包括损耗）高于有用功率时，这一影响通常最大。

为防止电压跌落和短时中断，设计所用的抗扰度等级应达到验收准则C，其定义见表1-74。在这些情况下，PDS的制造厂商应使用户能够获得有关PDS性能的资料。

就目前的技术水平，根据其工作方式和额定值，通过简单且可靠的计算就可估计PDS的性能。所以，不需要进行防电压跌落的试验（是不经济的）。尽管如此，在有可能和不危险的情况下，短时中断期间PDS的性能可通过在PDS的标准工作条件下通、断供电电网来验证。

下面举例说明这一复杂的问题。降低输入电压，即使只有几毫秒，也可能导致用于以再生方式工作的电网换相晶闸管变流器的熔断器熔断。使转速和转矩的允差与生产过程的性能相适应就可简单而又较好地确定出抗扰度（例如，风机和卷扬机应有所不同）。

如果要求更高的抗扰度等级，则应由用户提出。抗扰度的提高（如用UPS、备用发电机、降额等）可能会使PDS的尺寸和成本显著增加，并可能降低效率和功率因数。如自动再起动这样的工作方式可能具有安全的作用，这是安装者或用户的责任，不属于本部分的范围。

(3) 电压不平衡和频率变化

1) 电压不平衡：电压不平衡可能是由于三相系统中某个单相负载引起的。实际上，电压不平衡等于不平衡的单相负载的功率与三相电网短路功率之比。设计所用的抗扰度等级应等于所考虑的连接点（PC）兼容性等级，见IEC 61000-2-4（等级3：3%）或IEC 61000-2-2（2%）。

2) 频率变化：在兼容性等级限值之内频率变化可通过电子控制补偿。控制的关键可能是频率变化的变化率。

IEC 61000-2-4给出了兼容性等级（等级3：±2%或对于独立的供电电网为±4%），相应的变化率分别为1%/s和2%/s，或见IEC 61000-2-2（±1 Hz）。

(4) 电源的影响

1) 磁场：它包括工频磁场（见GB/T 17626.8—1998《电磁兼容 试验和测量技术 工频磁场抗扰度试验》，该标准已被GB/T 17626.8—2006代替）和脉冲磁场（机壳端口）。经验表明，对于PDS的信息处理和检测功能，是不需要进行这样一些试验，因为它们靠近CDM的强磁场（例如CDM自身的箱体内）。

注：以下环境可能要求附加试验：
——用于发电厂和遥控中心时，按照GB/T 17626.9—1998《电磁兼容 试验和测量技术 脉冲磁场抗扰度试验》进行脉冲磁场抗扰度试验；
——用于中压或高压变电站时，应按照GB/T 17626.10—1998《电磁兼容 试验和测量技术 阻尼振荡磁场抗扰度试验》进行阻尼振荡磁场抗扰度试验。

2) 工频共模（过程测量和控制）：共模信号传输在受骚扰的环境中和电线超过2m时易遇到干扰问题。注意：即使差模信号传输口也可能误为共模传输（若一个端子接地的话）。

在差模信号传输下对工业应用的试验条件和限值正在考虑中。

3. 基本的抗扰度要求—高频骚扰 在表1-75和表1-76中叙述了高频骚扰试验的最低抗扰度要求和验收准则。

(1) 第一类环境 这些抗扰度等级应适用于预期只连接到民用供电的公共低压电网上的PDS。

假若CDM/BDM是根据表1-75的抗扰度而设计的，则在产品目录中和设备上应有一个文字写成的警告，指明不应在工业环境中使用。

表1-75 对预期用于公共环境而不是工业电网的电气传动系统最低的抗扰度要求

端口	现象	参考文件[10]	抗扰度等级	验收准则
机壳端口	ESD[1] EMF[7]	GB/T 17626.2	6kV CD[8] 或 8kV AD[9] 若CD不可能	B A
电源端口	快速突变 浪涌[3] 1.2/50μs,8/20μs	GB/T 17626.4 GB/T 17626.5	1kV/5 kHz[2] 1kV[4] 2kV[5]	B B B
电源接口	快速突变	GB/T 17626.4	1 kV/5 kHz[6] 电容钳位	B
生产过程测量和控制线端口及信号接口	快速突变	GB/T 17626.4	0.5kV/5 kHz[6] 电容钳位	B

① 若CDM用开启式机壳或机架式结构或防护等级为IP00时，出于安全上的考虑，试验不可能进行或被禁止进行。对此，制造厂商应在装置上附一个合适的固定警告标志。

② 电流额定值<100A的电源端口：使用耦合和去耦网络直接连接。

电流额定值≥100A的电源端口：直接连接或电容钳位，不用去耦网络。

若采用电容钳位，试验电平应为2kV/5kHz。

③ 仅适用于输入为交流的电源端口，并且只用于备有合适的试验设备的情况下。不应超过基本绝缘的额定脉冲电压（见GB/T 16935.1）。

④ 线对线耦合。

⑤ 线对地耦合。

⑥ 仅适用于电缆总长度按照制造厂商的实用规范可能超过2m的端口或接口。

⑦ EMF：电磁场。

⑧ CD为接触放电。

⑨ AD为空气放电。

⑩ 参考文件名称见表1-1。

(2) 第二类环境 也可不考虑上述的要求，对产品提出更高的抗扰度要求。表1-76中的抗扰度等级应适用于预期用于第二类环境中的PDS。

表1-76 预期用于工业环境的电气传动系统（PDS）的最低抗扰度要求

端口	现象	参考文件[10]	抗扰度等级	验收准则
机壳端口	ESD[1] EMF[7]	GB/T 17626.2	6kV CD 或 8kV AD 若CD不可能	B A
电源端口	快速突变 浪涌[3] 1.2/50μs,8/20μs	GB/T 17626.4 GB/T 17626.5	2kV/5 kHz[2] 1kV[4] 2kV[5]	B B

（续）

端口	现象	参考文件⑩	抗扰度等级	验收准则
电源接口	快速突变	GB/T 17626.4	2 kV/5 kHz⑥ 电容钳位	B
信号接口	快速突变	GB/T 17626.4	1 kV/5 kHz⑥ 电容钳位	B
生产过程测量和控制线端口	快速突变	GB/T 17626.4	2kV/5 kHz⑥ 电容钳位	B

注：①~⑩的说明见表1-75 的①~⑩说明。

要注意：根据电力线路的特点，对其他要求要进行这些验收试验。这些要求已在 GB/T 12668.1 和 GB/T 12668.2 中介绍（见1.13节和1.14节）。

(3) 对电磁场的抗扰度

1) 一般要求：本条款所列试验用来验证如下环境中所用 PDS 的兼容性：ISM（工业、科研和医用设备）或如步话机和无绳电话那样的无线电发射系统。

应进行 GB/T 17626.3—1998《电磁兼容 试验和测量技术 射频电磁场抗扰度试验》（该标准已被 GB/T 17626.3—2006 代替）中规定的试验。然而，考虑到可能附近有无线电通信系统，试验的频带应拓宽到 26~1 000MHz，幅值应为 10V/m。但在第一类环境下，幅值应为 3V/m。由于拓宽到 26MHz，并且经验也已表明 PDS 不大可能会受到 26MHz 以下射频信号的干扰，故不需要进行 GB/T 17626.6—1998《电磁兼容 试验和测量技术 射频场感应的传导骚扰抗扰度》（该标准已被 GB/T 17626.6—2008 代替）中所说的射频共模抗扰度试验，而用通常所说的"步话机试验"来代替。"步话机试验"是一种为了获得大于 3 V/m 或 10V/m 的场强值而沿 PDS 的机壳端口进行扫描的技术。

注：对于不能按照 GB/T 17626.3 进行试验的 PDS，推荐了一个界限：额定电压≥500V；和/或额定电流≥200 A；和/或 CDM 的总重量或子单元的重量≥200kg；和/或子单元高度≥1.9m；和/或 CDM 或子单元的宽度≥1.2m；和/或电动机重量≥500 kg。

2) "步话机试验"的实施：试验期间，应按规定对 PDS 进行操作和监控。PDS 应在正常的工作条件下运行，即应关上它的门。

试验所用的发射机应从表1-77 来选择。在不受限销售的情况下，至少应采用三台不同类型的发射机，其中任何两台发射机不得运行于同一频率下。由于该试验不必在屏蔽的室内进行，所以，只有法律上批准可在该试验场地上使用的发射机才能使用。天线输入功率应与常用的或批准使用的设备相符合。

表1-77 针对 PDS 的销售方式，进行电磁抗扰度"步话机试验"适用的发射机选择

	不受限销售	受限销售
发射机的选择	无绳电话 可移动电话 步话机 27 MHz 波段的民用发射机① 波段为 144 MHz 的业余无线电发射机①	应采用用户场所中靠近 PDS 的常用设备

① 由于这些设备的用户已意识到 EMC 骚扰和干扰问题，这些设备按惯例不能用于步话机试验。

应手持发射机使其紧挨 CDM/BDM 的垂直表面。天线到 PDS 的最近点的距离应为 0.5~

1.0m 之间。应将发射机从"接收"切换到"发射",再从"发射"切换到"接收"。发射机停止的时间不应小于 PDS 可作出响应所需的时间。对于电话之类的设备,用户不可能在"发射"和"接收"间进行切换,这时应以发射电话号码取而代之。

对于天线的每个方位,应至少有三次发射:垂直发射、平行于 PDS 表面的水平发射以及垂直于 PDS(指向 PDS)的发射。

这一过程应在如下几处进行:
——在 CDM/BDM 的每个垂直面至少五处;
——这些表面的所有开口处,通风窗也应被认为是个开口;
——电动机的表面(假定电动机带有传感器)。

然后,每个发射机应依次重复进行上述整个过程。

应该注意,发射机的蓄电池组或电源应是满负载,并且要对发射机的实际输出功率或场强频繁地进行检查和记录。制造厂商应在用户的资料中列出试验所用发射机的类型(步话机、模拟/数字可移动电话等)、功率和频率。

注:可在天线和放大器间插入一个功率计,检测实际辐射的功率。另一种方法是,可采用场强计来检测场强。

不需要(在 GB/T 17626.6 中描述的)射频共模试验。

4. 抗扰度要求的应用——统计方面 当选择 PDS 的某一特定的试验验收等级时,应该了解这一试验的结果只是某一性能的可能性。根据验收准则的等级和 PDS 的应用,在规定试验脉冲数或试验持续时间时应考虑这种可能性。

通过在具有代表性的单元上进行试验来验证抗扰度要求。制造厂商或供应商应通过其质量体系在生产过程中保证该产品的 EMC 性能。

对安装在使用场地(而不是试验场地)的 PDS 所得测量结果应只与该装备相关。

1.15.2 发射要求

PDS 的配置应尽可能地与其实际的工作环境条件相适应。

符合正常应用时,应在频带产生最大发射的工作方式下进行测量。

1. 低频领域中基本的发射限值

(1)换相缺口 换相缺口的分类见 GB/T 3859.1 中 5.2.2.4。缺口的测量用深度(d,占 U_{LWM} 的%)和面积(%×度)来表示。缺口开始和结束的瞬间不包括在内。电源连接处 PC 的换相缺口与变流器特性和供电电网的内部阻抗有关。

换相缺口可简单地通过时域分析法来观察。在某些简单的情况下,会得出一个确保 EMC 的实用规则。这个实用规则自然作了一些近似。若采用这个规则,仍然需要验证与有谐波时 EMC 规则的一致性。在这一规则适用的某些简单情况下,假定电网的阻抗可用一纯阻抗来模型化:$Z = L\omega$。

(特别是,这个规则不能用于因电容或电缆太长而预计有谐振的情况)。

在单个 PDS 情况下,这个规则是根据表 1-78 限制电源连接 PC(PCC 和 IPC)处换相缺口的深度。然而,有多个 PDS 连接到同一电源连接处 PC 的情况下,缺口的限制应从系统角度去考虑,就不能得出一个简单的规则。

制造厂商应向用户提供下列资料:
——正确使用 BDM/CDM 时电网的最大和最小阻抗;
——若有,应给出 BDM/CDM 中所包含的去耦电抗 Z_d 的详细情况。

表 1-78　换相缺口最大允许深度

缺口最大深度	公共电网	工业用电网
	遵守地方供电管理局的要求	若没有地方上的同意和若超过 40%，应征得用户的同意

在不受限销售的情况下，用户的文件中也应包括为确保与换相缺口限值一致可能需要的任何附加电抗的资料。

在受限销售的情况下，用户应说明电源连接（PC）处最小短路功率 S_{SC}。假定阻抗为一纯电抗：

$$Z_{SC} = U_{LN}^2/S_{SC}$$

所以，这时可确定为达到一致所需的附加措施（可能加上去耦电抗）。

对于某些配电网（如医院中的内部配电网），可能需作专门的研究。在这些情况下，条件应由用户来规定。

(2) 谐波和谐间波　制造厂应在 PDS 的资料中或有要求时，以该电源端口上额定基波电流的百分比形式，提供额定负载条件下电流谐波的值。对于每个谐波次数，至少到第 25 次，应计算出其参考值。也应估算电流的 THD（40 次以下，包括 40 次）及其高频分量的 PHD（14 次~40 次，包括 40 次）。进行这些标准计算时，应假定 PDS 与 PC 相接，$R_{SC} = 250$（$R_{SC} = I_{SC}/I_{1N}$ 为 PC 处短路电流和 PDS 网侧额定基波电流的比值），初始电压畸变 <1%。假定电网内阻抗应是纯电抗。

1) 低压公共供电电网：IEC 61000-3-2：1995《电磁兼容性（EMC）　第 3 部分：极限　第 2 章：谐波电流发射的限值装置的输入电流≤16A/每相》中所列限值和要求适用于额定电流不大于 16A 包含 PDS 的设备。对于额定电流 >16A 包含 PDS 的设备建议采用未来的 IEC 61000-3-4：1998《电磁兼容性（EMC）　第 3-4 部分：限值　低压供电系统中谐波电流发射限值（对额定电流大于 16A 的设备）》。

对于上述两种情况，均给出了适用于可能由一个或几个 PDS 和其他负载组成的整套装置的规则。设备中不同电气部件的谐波应采用适于 PDS 特性和其他部件特性的更为精确的解析式物理定律来求和。

2) 工业电网：若欲将 PDS 用于与上述标准不相关的工业装备中，则应将整个装备都考虑进去，这是合理实用的方法。

用户在连接 PDS 之前应该了解其供电系统中所产生的谐波电流和谐波电压的值及其供电系统的内部阻抗。PDS 的供应商应在 PDS 的文件中或有要求时提供出谐波电流发射值。由于 PDS 的谐波电流的发射可能与连接点处电网的谐波阻抗有关，所以应规定一个制造厂商和用户采用的常规情况。

(3) 电压波动　GB 17625.2—1999《电磁兼容　限值　对额定电流不大于 16A 的设备在低压供电系统中产生的电压波动和闪烁的限制》中所列限值和要求适用于额定电流 ≤16A 包含 PDS 的、预期连接到低压公共供电系统的设备。对于额定电流 >16A 包含 PDS 的、预期连接到低压公共供电系统的设备，建议采用 GB/Z 17625.3—2000《电磁兼容　限值　对额定电流大于 16A 的设备在低压供电系统中产生的电压波动和闪烁的限制》。

电压波动可能是由于诸如 PDS 负载的频繁变化，或者是异步电动机转差能量回收时的次谐波、或者是交-交变流器或电流源逆变器而引起的。

大多数电压波动取决于安装条件。因此，系统方面的电压波动应该属于用户或安装者的责任范畴。考虑到所有设备的累积效应，电压变化不应超过在 IEC 61000-2-4 中给出的兼容性等级。

（4）共模谐波发射（低频共模电压） PDS 变流器的开关频率通常在音频范围内，尤其在电话系统常用的频率范围内（300~3400Hz）。这一点在安装 PDS 时应该考虑。为避免对电话机、通信系统和类似设备所用的敏感信号电缆干扰，应将电源接口电缆和敏感的信号电缆分隔开来，除非系统供应商另有说明。

2. 高频试验条件 电压或电流的变化率是高频发射的主要原因。对于这种类型的发射，几乎都与 PDS 的 du/dt 值相关，可通过使 PDS 的输出电流低于额定电流来获得。所以，这些试验都是轻载试验。要以定义明确且可复现的方式，对存在的相关端口逐个方法应遵循标准的规定，并要特别注意对地连接。

（1）一般测量要求

1）传导：用以评估电网终端电源端口的高频骚扰电压发射的测量设备，可采用模拟电网网络（若适用）（50Ω/50μH，见 CISPR16-1）；或在模拟电网不适用时，也可根据 CISPR 16-1 采用电压探针。

现场测量电网骚扰电压时，在没有模拟电源电网的情况下，应采用电压探针（见 CISPR 11：1997《工业、科学、医疗（ISM）射频设备 电磁骚扰特性 测量方法和限值》。若 PDS 的输入电流 >100A，或者输入电压 ≥500V，或者 PDS 中包含电网换相变流器，也可采用电压探针。

2）辐射：根据 CISPR11 进行测量时，要与 PDS 安装建筑物的外墙壁保持一定的距离。

——若 PDS 安装于多个建筑物中，还应与电源接口保持一定的距离；

——对于连接到向民用供电的公共低压供电电网的设备，应在试验场地对其进行测试。到天线的距离应为 10m。若相对试验场地来说设备的电流额定值过高，则应以另一种方式进行测试，如同在制造厂商的露天试验场地一样。在这种情况下，文件中应验证所用方法的可重复性；

——对于连接到工业低压供电电网或者不向民用供电的公共电网的设备，可以在试验场地或现场对其进行测试，由制造厂商择优选取。到天线的距离应可以是 30m 或 10m。若采用 10m 测量，则 30m 距离的发射限值应增加 10 dB。

注：若由于高的环境噪声电平或其他原因不能在 10m 处进行测试，则可在较近距离处如 3m 处进行 PDS 的测试。为了确定兼容性，对于特定距离测量数据的归一化，应每 10m 距离修正 20dB。在那种情况下，特别是 PDS 的尺寸相对较大和频率接近 30 MHz 时，应注意避免近场效应。

（2）连接要求 当设备在现场测试，或者试验是在具有专门用途的、电缆配置为已知的设备上进行时，电缆和接地的配置应与此用途一致。

当设备在某一试验场地测试，并且电缆的最终配置为未知时，则选择电动机电缆的长度应对于某一典型的目标用途具有一定的代表性，至少应为 5m。然而，在进行传导性测试时，应采用制造厂商规定的最大长度。电动机安装时其外壳距 BDM/CDM 最近边界的距离不少于 0.5m。多余的电缆应绕成盘状放于 BDM/CDM 和电动机之间的一个放在地面上的薄的绝缘支架上。

3. 基本高频发射限值 许多 PDS 在工业环境下无滤波器都能正常工作，没有对其他的装置和设备产生干扰,所以,它们是兼容的。对于传导性和辐射性的发射,原则是干扰的可能性越高,其发射限值越要严格。

(1) 第一类环境　连接到向民用供电的公共低压供电网的设备,应符合表1-79和表1-80中的限值。

假定标称的供电线电压低于500V,同时假定供电系统的一个和多个点直接连接到地(根据IEC 60364-3:1993《建筑物的电气安装　第3部分:一般特性的评估》中TN或TT系统)。

高频共模滤波会产生对地的容性连接路径。在中线与地绝缘或通过一高阻抗接地的供电系统的情况下(如IEC 60364-3,所定义的IT供电系统),这些容性的连接路径可能是有害的。

1) 电网端子骚扰电压(电源端口)限值:频带150kHz～30kHz的限值见表1-79;
频带30kHz以上还没有规定出任何限值。

表1-79　频带150kHz～30 MHz中电网端骚扰电压的极限值——连接到民用电网的设备

PDS 的大小	频带 /MHz	不受限销售		受限销售	
		准峰值/dBμV	平均值/dBμV	准峰值/dBμV	平均值/dBμV
小功率传动系统 ($I<25A$)	$0.15 \leqslant f < 0.5$	66 随频率的对数下降到56	56 随频率的对数下降到46	79	66
	$0.5 \leqslant f < 5.0$	56	46	73	60
	$5.0 < f \leqslant 30.0$	60	50	73	60
中等功率传动系统 ($I \geqslant 25A$)	$0.15 \leqslant f < 0.5$	79	66	79	66
	$0.5 \leqslant f < 5.0$	73	60	73	60
	$5.0 < f \leqslant 30.0$	73	60	73	60

2) 电磁辐射性骚扰(机壳端口)限值:频带30MHz～1GHz的限值见表1-80;
频带1GHz以上还没有建议作什么试验。

表1-80　频带30MHz～1 000 MHz中电磁辐射骚扰的极限值——连接到民用电网的设备

PDS 的大小	频带 /MHz	不受限销售		受限销售	
		电场强度分量 /dB(μV/m)	测量距离 /m	电场强度分量 /dB(μV/m)	测量距离 /m
低功率传动系统 ($I<25A$)	$30 \leqslant f \leqslant 230$	30	10	30	30
	$230 < f \leqslant 1\ 000$	37		37	
中等功率传动系统 ($I \geqslant 25A$)	$30 \leqslant f \leqslant 230$	30	30	30	30
	$230 < f \leqslant 1\ 000$	37		37	

3) 电源接口的发射:对于在第一类环境中运行的不受限销售类PDS,不应采用长度大于2m而无屏蔽的连接电缆(BDM/CDM和电动机间的电缆)。屏蔽应是高频特性的、整个长度

上连续的并且至少通过 360°的端接法连接到 CDM 和电动机的金属外壳。

(2) 第二类环境　对于连接到不向民用供电的工业低压电源电网或公共电网的设备，其极限值正在制定中。

许多 PDS 在工业环境下无滤波器都能正常工作，没有对其他的装置和设备产生骚扰。用于减少来自 PDS 发射的滤波器同时也降低了 PDS 的效率并增大了其尺寸和成本。对此需作仔细地考虑，以便在不使 PDS 效率、尺寸和成本受损的情况下，限值能确定。例如，如果在 EMC 得到正确地考虑的那些环境下，则采用 PDS 可使整个生产过程的效率比以前采用固定速度电动机的效率高。

对于骚扰电压，重要的是要注意：为减小来自 PDS 的发射而需要的高频共模滤波会破坏配电电网与地绝缘这一设计原则，对这样一些系统的安全造成危害。所以，还不能确定用于绝缘或高阻抗接地的工业配电电网 PDS 的发射限值。

在 BDM/CDM 的各个部件上进行发射测试是毫无意义的，除非这些部件彼此互连并且连接到电动机。因此，在试验场地不需要对各个部件分别试验。

现场测试只适用于装备边界以外受扰设备有投诉或对设备有争议的情况。在那种情况下，应根据标准的要求进行测试。

在任何情况下，用户都应负责确保 PDS 与其环境的兼容性。

这里所叙述的对电压骚扰和辐射电磁骚扰都适用。

1) 不受限销售类 PDS：制造厂商应在产品目录中和设备上加上如下警告："不适用于向民用供电的低压电网，否则可能会引起射频干扰。"

制造厂商应提供安装和使用指南，包括推荐使用的缓冲部件。采用制造厂商的建议时，用户对 EMC 负有主要责任。

2) 受限销售类 PDS：用户确定 EMC 的环境特性，包括整个装备及其周围环境（见图 1-144）。制造厂商应提供要安装的 PDS 典型发射值的有关资料。若用户要求另外的缓解措施，用户和制造厂商应根据确定的环境达成某种解决方法的一致意见。

3) 对于第二类环境中装备边界以外的限值——骚扰传播的举例：对于第二类环境中的 PDS，即使传播是通过中压电网进行的，用户也应确保过大的骚扰不会引入邻近的低压电网中。

PDS 的用户（例如在装备 2 内，见图 1-144）与另一电网上的受扰设备（例如装备 1 内）之间有争议时，首先应该明确受扰设备（在装备 1 内）是被正在发射的 PDS（装备 2 内）工作时受扰的。被传播的骚扰电压的测试应在受扰者座落的设备（装备 1 内）的中压变压器的低压侧进行测量（测量点见图 1-144）。

如果装备 1 属于第一类环境，骚扰电压应遵守表 1-81 的极限值。

表 1-81　传播的骚扰电压的极限值（在第一类环境以外）

频带/MHz	准峰值/dB μV	平均值/dB μV
0.15≤f<0.50	66 随频率的对数而减小到 56	56 随频率的对数而减小到 46
0.5≤f≤5.0	56	46
5.0<f<30.0	60	50

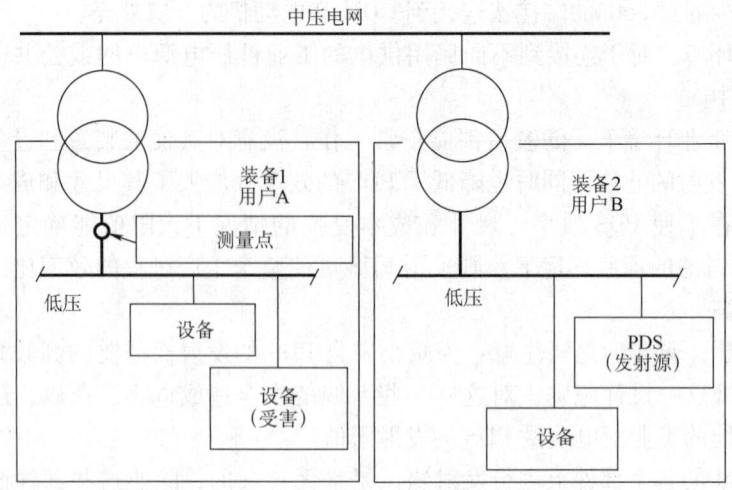

图 1-144 骚扰的传播

如果装备 1 属于第二类环境，骚扰电压应遵守表 1-82 中的极限值。

表 1-82 传播的骚扰电压的极限值（在第二类环境以外）

频带/MHz	准峰值/dB μV	平均值/dB μV
$0.15 \leq f < 0.50$	79	66
$0.5 \leq f \leq 5.0$	73	60
$5.0 < f < 30.0$	73	60

在现场测试的所有条件下，针对发射设备测得的辐射骚扰应遵守表 1-83 中的极限值，测量距离应符合规定。

表 1-83 传播的电磁骚扰的极限值

频带/MHz	电场强度分量/dB(μV/m)
$30 \leq f < 230$	30
$230 < f \leq 1\ 000$	37

若环境噪声（假定发射的 PDS 没有工作）超出表 1-81～表 1-83 所示的极限值，且能识别出一个特征组的发射频率至少超过被测环境噪声 10 dB，则只能认为假定发射的 PDS 出了故障。

应对 PDS 的发射进行抑制，直到低于极限值或环境噪声（以高的为准）。

4. 发射要求的应用——统计方面　下列条款仅适用于不受限销售类型。

为了简单起见，应仅在一个设备上进行适应性验证试验。不受限销售类 PDS 的适应性应通过在具有代表性的模型上进行型式试验来验证。制造厂商或供应商应通过其质量体系确保产品的 EMC 性能。

在有争议的情况下，若产品不能达到 CISPR 11 中 6.3 规定的统计评估要求，则只能认为不受限销售类 PDS 不能满足本部分的要求。所以，应在定义明确的试验场地上进行评估。

1.16 交流电压 1000V 以上但不超过 35kV 的交流调速电气传动系统额定值的规定（摘自 GB/T 12668.4—2006）

1.16.1 电气传动系统拓扑结构概述

1. 拓扑结构分类　可以按下述主要判据对各种电气传动系统（PDS）的拓扑结构进行分类：

——变流器配置；
——换相模式；
——电动机类型。

下述情形的任何一种组合形式都可以用来构成一种电气传动系统拓扑结构。在本标准附录 A "最常用的传动系统拓扑结构"中示出了常用电气传动系统拓扑结构的实例。

变流器的分类介于采用间接变流器或直接变流器的电气传动系统之间。第二个分类判据是采用换相模式，可能是外部换相或自换相。

2. 变流器配置

（1）间接变流器　如图 1-145 所示，从固定频率和电压的交流输入到可变频率和电压的交流输出的电力变换采用中间直流环节来实现。

直流环节包括一个或多个滤波装置（串联电抗器、并联电容器，或两者）。

在感性直流环节的情况下，称电动机侧变流器为电流源型逆变器（CSI），而在容性直流环节的情况下，则称其为电压源型逆变器（VSI）。

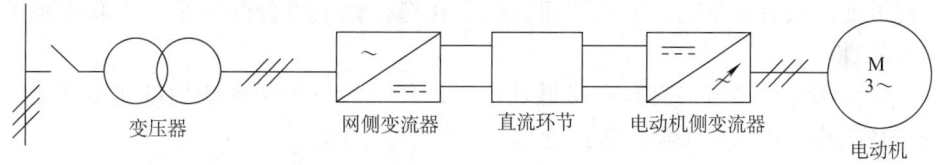

图 1-145　采用间接变流器的电气传动系统的一般结构

（2）直接变流器　如图 1-146 所示，从固定频率和电压的交流输入到可变频率和电压的交流输出的电力变换不用中间直流环节来实现。

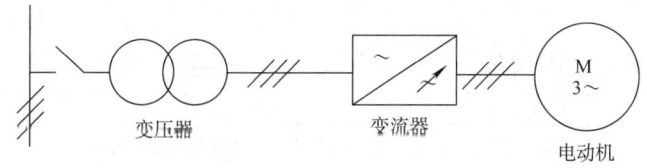

图 1-146　采用直接变流器的电气传动系统的一般结构

在图 1-145 和图 1-146 中，变压器通常为一个网侧三相绕组以及一个或多个二次三相绕组，这取决于所连接变流器的性质。图 1-146 可以由多个 6 脉波变流器模块串联和/或并联组成。有时还设有顺序控制功能，可以分别改善谐波含量和功率因数。

（3）换相模式

1）外部换相：外部换相是指由变流器外部的一个电源所实现的换相。这种换相模式包括电网换相和负载换相。用于负载换相电动机侧变流器的间接变流器，称之为负载换相逆变器(LCI)。

2）自换相：自换相是指利用变流器内部的元器件实现的换相。

3. 电动机类型　电动机的主要类型包括多相同步电动机和感应电动机。这两种类型电动机的最常用结构为三相或多个三相定子绕组系统。异步电动机还可以再细分为笼型异步电动机和绕线转子异步电动机。

图 1-147 示出了一种采用多个网侧和电动机侧变流器模块以及一台具有两个单独定子绕组系统的电动机的结构配置的实例。

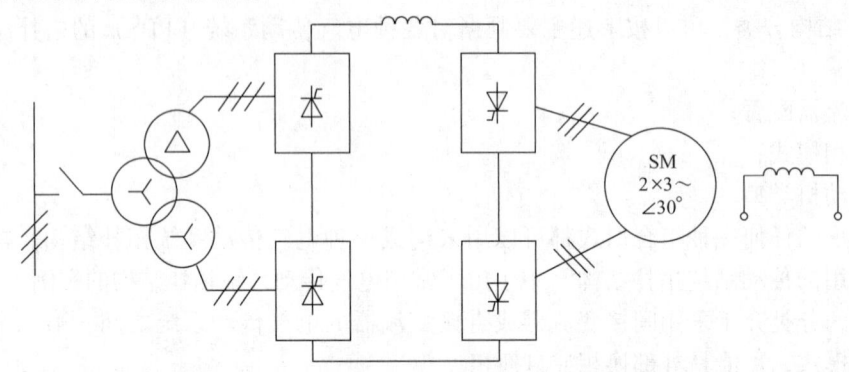

图 1-147　多变流器模块和单独定子绕组系统电动机的实例

4. 旁路和冗余配置　电气传动系统可以设有旁路和/或冗余结构配置，以满足下列不同的目的：

——在系统起动过程结束时能正常地从可变频率电源切换成电网频率电源；

——在电力变流器发生故障时，能从可变频率电源紧急切换到电网频率电源，以使系统以固定转速运行；

——能够通过设有多个电力变流器通道作为在选择性上可分的子系统来获得系统的最大可用性和可靠性；

——在发生部分故障时，有时在降低功率时，其中的每个子系统均可使系统运行，因此每个传动子系统均可作为一个调频旁路通道。

注：在旁路拓扑结构情况下，应当注意考虑到不带变流器的起动条件时的电动机额定值。

图 1-148 示出了一种间接变流传动系统的旁路结构配置的实例：其中旁路通道可以包括用于电压等级匹配的变压器。

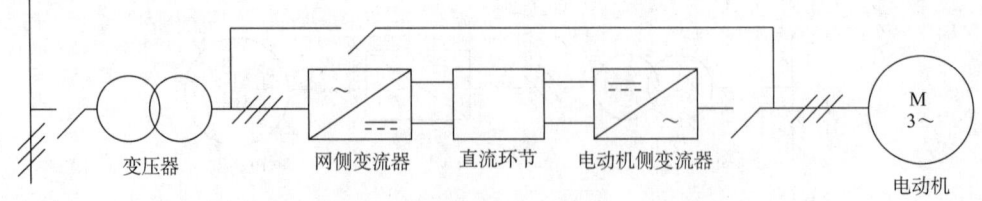

图 1-148　采用间接变流器的电气传动系统的旁路结构配置

图 1-149 给出了一种冗余结构配置的实例。

5. 再生制动和能耗制动

（1）再生制动　通常，转矩和转速都具有两个极性，因此有 4 个运行象限。如果转矩和转速具有相同的极性，则电能从电网流向电动机。如果转矩方向与旋转方向相反，则电能从电动机流向电网。

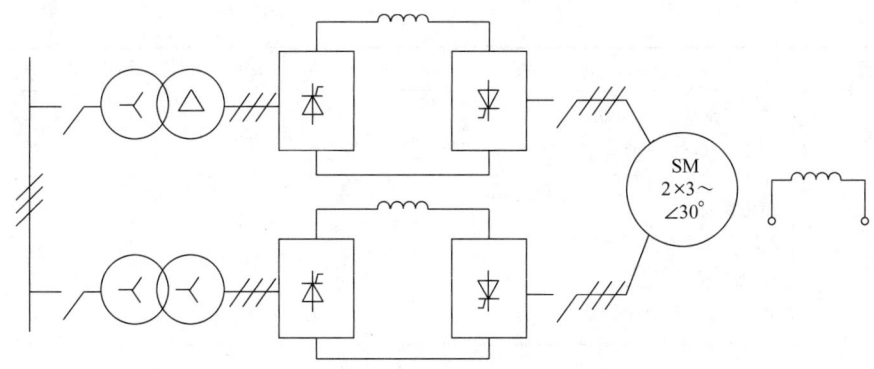

图 1-149　部分冗余结构配置中的 LCI 同步电动机

电能从电网流向电动机称为"电动运行",而电能从电动机流向电网称为"再生运行"。本标准附录 A 中所示的许多拓扑结构都能够实现四象限运行,因此具有再生制动功能。

(2) 能耗制动　在能耗制动的情况下,能量耗散于电阻器中。

作为实例,图 1-150 示出了一种与直流环节电容器并联有一个电阻器的 VSI(电压源型)逆变器传动系统。当发生电流反向时,斩波器就会控制电容器电压,使制动能量耗散于电阻器中。

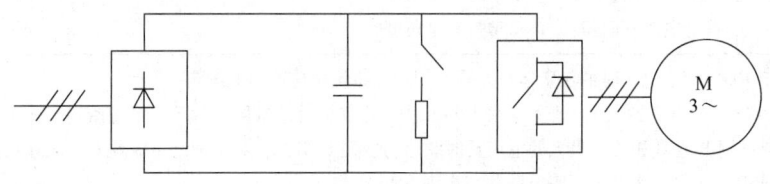

图 1-150　能耗制动的实例

1.16.2　使用条件

1. 安装和运行

(1) 电气使用条件

1) 正常使用条件　除非另有说明,PDS 应当设计成能够在表 1-84 中所规定的电气使用条件下运行。在 GB 12668.3—2003 的 5.2(见 1.15.1 节 2)中可以查到相同结构所对应的 EMC 验收准则。

表 1-84　PDS 端子上电压源的使用条件(主电源和辅助电源)

项　目	等　级	参考文件
频率变化	$f_{LN} \pm 2\%$ $f_{LN} \pm 4\%$(对于单独供电电网)	GB 12668.3
频率变化率	≤2% f_{LN}/s	GB 12668.3
电压变化[①]	±10% +10%,-15% ≤1min	GB 12668.3
电压波动	最大跃变幅值: ——公差带内 12%; ——跃变间的最小时间间隔:2s; ——上升时间:≥5 个电源周期	GB 12668.3

(续)

项　目	等　级	参考文件
电压瞬时跌落[②]	10%～50%　$t\leqslant 100$ms 10%～100%　$t\leqslant 5$s	GB 12668.3
电压不平衡度	主电源： 2%（零序和负序分量） 辅助电源： 3%（零序和负序分量）	GB 12668.3
电压谐波[③]： 　稳态 　瞬态	$THD\leqslant 10\%$　稳态 $THD\leqslant 15\%$　$t\leqslant 15$s	GB 12668.3
电压谐间波 　稳态 　瞬态	$IDR\leqslant 0.5\%$　稳态 $IDR\leqslant 0.75\%$　$t\leqslant 15$s	GB/T 18039.4—2003《电磁兼容　环境　工厂低频传导骚扰的兼容水平》附录A
换相缺口	深度：　　　　　　　$40\% U_{LWM}$ 主电源，面积：　　$125\%\times$电角度 辅助电源，面积：　$250\%\times$电角度	GB 12668.3

① 在电压低于 100% 额定电压时的额定运行，须经用户与系统供应商协商确定。
② 根据 GB 12668.3—2003 的表1（即本章表1-74）中所定义的性能准则，对于主电源端口，本表中较小的电压瞬时跌落与性能准则 B 或 C 相关，最大的电压瞬时跌落与准则 C 相关。对于辅助电源端口，较小的电压瞬时跌落与性能准则 A 或 B 相关，最大的电压瞬时跌落与准则 B 相关。
③ 这些数值表示 PDS 系统运行时的使用条件。

2）电源阻抗：PDS 的保护装置，特别是电网馈线保护装置（见1.16.6节3），应当设计成能够在规定的短路电流比（R_{SI}）的范围内正常工作。

为了满足额定性能，标准设计 PDS 的最小 R_{SI} 比值应当为 20，在耦合点（PC）测定。

为了满足保护条件，标准设计 PDS 的最大 R_{SI} 比值应当为 100，在耦合点（PC）测定。

在按用户要求设计的情况下，如果 R_{SI} 比值小于 20 或者高于 100，则应当规定出 R_{SI} 比值的实际范围。

3）重复性和非重复性瞬变：典型的交流电压波形包含有重复性和非重复性瞬变。这些瞬变是由于变流器换相、电网中开关设备的开关操作和电力系统的扰动所引起的。

PDS 应当设计成能够在由于 PDS 系统的变压器（见1.16.6节2（1））或给耦合点（PC）供电的其他变压器切换所引起的非重复性瞬变环境下运行。

注：如果在耦合点（PC）有可能出现异常高的过电压，则应当由用户对此作出说明。例如，6kV 电源时用户的说明如下：
——在远程切换的情况下：15kV 电压浪涌，250/2500μs；
——在附近切换的情况下：12.3kV 电压浪涌，50/400μs。

4）异常电气使用条件　异常电气使用条件须经用户和系统供应商专门协商确定。

（2）环境使用条件

1）气候条件：PDS（如果安装在不同位置，电力变压器和电动机可以除外），应当在 IEC 60721-3-3 中针对 3K3 等级所规定的以及 GB/T 3859.1—1993 中的第2章针对冷却介质所规定的环境条件下运行。这些环境条件包括：

① 冷却介质的温度范围：空气为0℃~+40℃；进水为+5℃~30℃；

② 环境温度范围：+5℃~+40℃，日平均气温为+30℃，年平均气温为+25℃；

③ 相对湿度：5%~85%，无凝露；

④ 海拔：最高海拔为1000m；

⑤ 粉尘和固体颗粒含量：标准设备设计是用于洁净空气、污染等级2，任何其他条件都认为是"异常的使用条件"，要求用户给出说明（关于外壳防护等级，见GB 4208—2008（即本手册1.9.7节））；

⑥ 长时间停机：如果能预测这样的停机时间，即使环境温度在上述规定范围内，用户也应予以说明。

2）机械安装条件：PDS（如果安装在不同位置，电力变压器和电动机可以例外），应当安装在室内坚固的安装面上或者安装在附加壳体内，这些安装面或壳体不会对通风或冷却系统造成严重影响。为增强可靠性，可以配置空调设备。

其他的安装环境要求专门的考虑，需要加以规定并与变流器制造厂商商议。

对于固定设备，振动应维持在IEC 60721-3-3中等级3M1的这一正常极限范围内。超出这些极限的振动或者用于非固定设备上都认为是异常的机械条件。

安装的振动极限见表1-72。

主变压器（若有）和电动机应当符合其适用的产品标准（分别为IEC 60076：1、3、5—2000《电力变压器》或GB 6450—1986《干式电力变压器》和IEC 60034《旋转电机》）。

3）异常环境使用条件：电力变流器设备、相关的传动控制和传动设备，用于偏离GB/T 3859.1中所列正常使用条件时，应认为是异常使用条件。对这些异常使用条件由买方确定。

对于没有在正常环境条件的运行条件，买方和设备供应商应当就此进行协商。

已确定的变流器的异常使用条件如下：

① 暴露在有害气体中；

② 暴露在过分潮湿（相对湿度>85%）和相对湿度变化过大（超过0.005pu/h）的环境中；

③ 暴露在过量尘埃中；

④ 暴露在磨蚀性尘埃中；

⑤ 暴露在水蒸气或凝露中；

⑥ 暴露在蒸气或油雾中；

⑦ 暴露在爆炸性尘埃或气体混合物中；

⑧ 暴露在含盐空气中；

⑨ 受到异常振动、冲击或倾斜；

⑩ 暴露在露天或滴水环境中；

⑪ 处于异常运输或存放条件下；

⑫ 遭受悬殊或突然的温度变化（超过5K/h）；

⑬ 冷却水中含有引起过量的水垢、沉积、电解或者腐蚀或阻塞的酸性物质或杂质、海水和硬水；

⑭ 异常强度的核辐射；

⑮ 海拔高于1000m以上；

⑯ 户外设备。

有关主变压器（若有）和电动机的异常使用条件，参阅适用的产品标准（分别为 IEC 60076 或 GB 6450 和 IEC 60034）。

(3) 现场调试　如果没有另外进行商定，现场调试的正常和异常使用条件与运行时的相同。

2. 运输

(1) 气候条件

1) 一般要求：设备应当能够使用供应商的包装在 IEC 60721-3-2：1997《环境条件分类　第 3 部分：环境参数组及其严酷程度的分类分级　运输》的等级 2K3 中所规定的环境条件下进行运输。

2) 环境温度：-25℃ ~ +55℃ 或 -25℃ ~ +70℃（最长 24h）。

注：1. 温度限值是指最接近设备周围（例如，集装箱内）的环境温度。
2. 这些限值适用于不带冷却液的情况。
3. 如果发出警告信息，则可能是最高温度的下限。

3) 相对湿度：+40℃ 时，小于 95%。

注：温度与湿度的某些组合可能会引起凝露。

4) 大气压力：86kPa ~ 106kPa。

主变压器（若有）和电动机应当符合其适用的产品标准（分别为 IEC 60076 或 GB 6450 和 IEC 60034）。

5) 异常气候条件：温度低于 -25℃。在预计运输温度低于 -25℃ 的场合，需要采用加热运输方式或者拆卸下所选用的低温敏感元器件。

(2) 机械条件

1) 一般要求：设备应能够使用供应商的包装在 IEC 60721-3-2 的等级 2M1 中所规定的限值范围内进行运输。这其中包括下列与振动和冲击相关的要求。

2) 振动限值：见表 1-85。

表 1-85　运输的振动限值（见 IEC 60721-3-2 的等级 2M1）

频　率/Hz	振　幅/mm	加速度/（m/s^2）
$2 \leqslant f < 9$	3.5	—
$9 \leqslant f < 200$	—	10
$200 \leqslant f < 500$	—	15

3) 冲击限值：这些冲击限值对应于 0.1m 自由落体高度的限值。

注：1. 若预计冲击和振动环境会超过这些极限值，则要求采用特殊的包装和运输。
2. 若已知运输环境不严酷，则经过元器件制造商/系统供应商、用户和承运者商定，可以降低包装要求。
3. 主变压器（若有）和电动机应符合其适用的产品标准（分别为 IEC 60076 或 GB 6450 和 IEC 60034）。

3. 设备存放

(1) 一般要求　如果外包装不适用于户外存放或无保护存放，则应当在收到设备后立即将设备放置在能满足存放要求的场所。

(2) 气候条件　设备应当能够存放在 IEC 60721-3-1：1997《环境条件分类　第 3 部分：环境参数组及其严酷程度的分类分级　存放》中所规定的环境条件下。这其中包括下列要求。

1) 环境温度等级 1K4：-25℃ ~ +55℃；

2) 相对湿度等级 1K3：5%~95%；

3) 大气压力：86kPa~106kPa。

上述这些限值适用于不带冷却液的情况。

用户和系统供应商应当协商确定存放条件和期限。

对于变流器、变压器和电动机，应当优先采用其适用的产品标准（分别为 IEC 60146《半导体变流器》、IEC 60076 或 GB 6450 和 IEC 60034）。

(3) 特定的存放危险　对下面几点应给予特别注意：

1) 水——除了专为户外安装而设计的设备外，其余设备均应避免雨、雪、冻雨等；

2) 凝露——应当避免温度和湿度的突然变化；

3) 腐蚀性材料——设备应当防止盐雾、危险性气体、腐蚀性液体等的侵蚀；

4) 时间——上述技术条件适用于装运和存放的总时间不超过 6 个月的情况。如果存放时间较长，则可能需要作专门考虑（即缩小环境温度范围，如采用 IEC 60721-3-1 的等级 1K3）；

5) 啮齿动物和霉菌——当存放条件可能受到啮齿动物或霉菌侵蚀时，在设备的技术条件中应当包括保护措施：

啮齿动物——应对设备外部材料及冷却孔和连接孔的尺寸加以规定，以防止啮齿动物侵入；

霉菌——应规定出适合于存放和工作环境的材料耐霉度等级。

1.16.3　额定值

1. 电气传动系统（PDS）

（1）一般要求　提出 PDS 主要功率元器件的技术规格是系统供应商的职责范围（见 1.16.5 节）。

（2）PDS 的输入额定值

1) 输入电压和频率：PDS 的输入电压和频率额定值应当由用户指定。

按照 IEC 60038 的规定，标准电压值为：3kV、3.3kV、4.16kV、6kV、6.6kV、10kV、11kV、12.47kV、13.2kV、13.8kV、(15kV)、20kV、22kV、24.94kV、33kV、34.5kV。为使系统最优化或用于特殊环境，可以规定出不同的非标准电压值。

2) 输入电流：在额定线电压和额定 PDS 负载的情况下，应当由系统供应商提供下列几个输入电流：

——PDS 总电流有效值 $-I_{LN}$，如果辅助设备是由与 PDS 相同的电网以相同的电压等级供电，则 PDS 总电流有效值可能还包括辅助设备所需的电流 I_{XLN}；

——包括基波在内的 PDS 谐波电流频谱 $-I_{LNh}$，h 最高为 25 或 40；

——包括每个电源可能涉及到的谐波在内的辅助设备所需电流 $-I_{XNj}$。

系统供应商应当在规定的最小交流电网阻抗（包括变流器电源变压器在内）时，在没有电源电压畸变的情况下指定这些电流值。

（3）PDS 的输出额定值

1) 运行转速范围：应当采用下列参数来定义运行转速范围，即

——N_{min} = 最小运行转速；

——N_0 = 基本转速；

——N_M = 最大运行转速。

涉及到临界转速时，要求系统供应商和被传动设备供应商就此进行协调（见1.16.6节4(1)）。

2) 转矩和功率额定值：PDS的连续输出额定值和允许过载能力应当根据电动机轴在上述所定义转速时的可用连续和过载转矩或功率加以规定。

涉及到转矩脉动时，要求系统供应商和被传动设备供应商就此进行协调（见1.16.6节4)。

3) 运行象限：上述额定值都应当是在系统供应商与用户商定后针对所有运行象限给定的。

(4) PDS的效率和损耗　应当指定在确定总效率时所包括的PDS的子系统。效率确定过程见本标准第11章"效率确定"。

注：同自通风电动机的损耗一样，所有辅助设备（例如，冷却系统、励磁、控制）的损耗均包括在PDS的损耗中。

系统供应商应当规定出额定负载和基本转速时PDS的损耗或效率。如果给定保证值，则PDS的损耗或效率应当始终以额定值和额定条件为基准。在这种情况下，应当使用下列功率损耗容差：

——整个系统　　　　　0% +7%；
——变流器　　　　　　0% +10%；
——变压器和电动机　　0% +10%，按照其可能有的产品标准的规定；
——其他部件　　　　　按照其产品标准（若有）的规定，或者0% +10%，在其他情况下。

图1-151给出了效率和损耗随转速变化的实例。

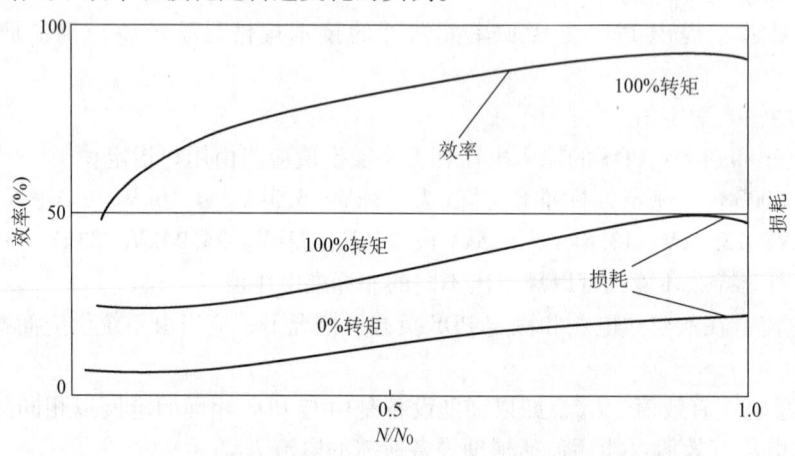

图1-151　恒磁通运行时PDS效率和损耗的典型曲线

(5) PDS的过载能力　除了连续负载条件下的额定值以外（见1.15.3节1(2)2)），系统供应商还可以规定出每种特定过载条件下的额定电流附加值；也就是说，系统供应商可以根据不同类型的负载给变流器设备规定出不同的额定值。过载能力适用于额定转速范围。

可以将PDS的过载能力按间歇负载工作制或重复负载工作制规定。可在GB/T 3886.1中查到更多的分类和计算方法。关于特定过载条件，用户和系统供应商/部件制造商应当就此进行协商确定。

例如，在GB/T 3859.1—1993《半导体变流器　基本要求的规定》的表8中给出了典型的过载幅值和持续时间。

对于任何一种类型的负载工作循环,整个循环内的电流有效值都不能超出电流额定值。表 1-86 和图 1-152 示出了在 10min 负载工作循环情况下,1min 过载的三种常见的实例。

表 1-86 最大连续负载随过载减小的实例

过载		减小的连续负载	
幅值 I_{aM} 额定值的标幺值	持续时间 t_{aM}/min	I_{aR} 的最大幅值 额定值的标幺值	持续时间 $(t_s - t_{aM})$/min
1.5	1	0.928	9
1.25	1	0.968	9
1.1	1	0.988	9

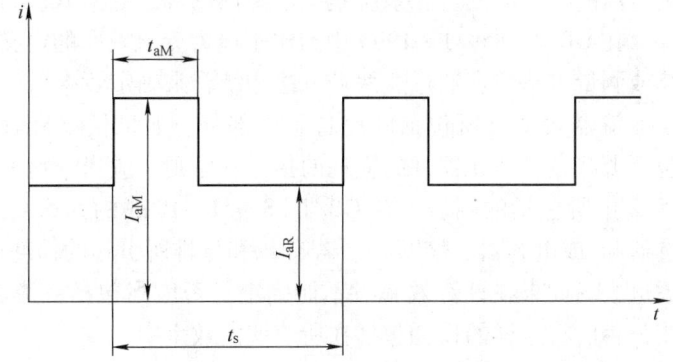

图 1-152 过载工作循环的实例

对于重复负载工作制,变流器的基波电流额定值应至少相当于整个电动机负载工作循环期间内电动机电流的有效值,并且变流器的过载能力应当能够满足该负载工作循环。

对于连续负载工作制,变流器的基波电流额定值 I_{aN1} 应至少相当于提供电动机规定的连续转矩所必需的电动机连续电流。在间歇负载工作制情况下,过载不能使变流器电流超过其过载额定值。

2. 变流器

(1) 变流器的输入额定值 变流器制造商应当规定出变流器装置的输入电压和频率的额定值。电网频率的标准值为 50Hz 或 60Hz。

应当规定出电网额定电压和额定 PDS 负载时的输入电流额定值:

——变流器输入电流额定值 $-I_{VN}$;

——包括基波在内的变流器输入谐波电流频谱 $-I_{VNh}$,h 最高为 25 或 40。

这些输入额定值应当在规定的交流电网最小阻抗(包括变压器)时予以规定。

如果 PDS 包括有输入变压器,PDS 制造商应当规定出中性点(在变压器的变流器侧)的接地状态(见 1.16.6 节 3)。

(2) 变流器的输出额定值 特定或典型输出阻抗(包括电动机和可能有的变压器)时的运行频率和电压范围应当采用下列参数定义:

——U_{aN1} = 额定基波输出电压;

——f_{min} = 最小运行频率;

——f_M = 最大运行频率。

应当规定出额定输出电压和额定 PDS 负载时的额定输出电流:

——变流器输出电流总有效值 $-I_{aN}$；

——包括基波在内的变流器输出谐波电流频谱 $-I_{aNh}$，h 最高为 25 或 40；在系统集成需要的场合，系统供应商应当在规定或典型输出阻抗（包括电动机和可能有的变压器）时规定出该值，见 1.16.6 节。

应当规定出额定输出电流和额定 PDS 负载时的额定输出线电压：

——变流器输出电压总有效值 $-U_{aN}$；

——包括基波在内的变流器输出谐波电压频谱 $-U_{aNh}$，h 最高为 25 或 40；在系统集成需要的场合，系统供应商应当在规定或典型输出阻抗（包括电动机和可能有的变压器）时规定出该值，见 1.16.6 节；

——变流器输出电压的上升时间，在系统集成需要的场合，见 1.16.6 节。

(3) 效率和损耗　在 GB/T 3859.1—1993 中给出了电力变流效率的定义。

通常是采用计算或测量方法或者通过这两种方法相结合来确定效率。

应规定出在确定变流器效率时所包括的设备组成部分。如果仅仅只对变流器进行定义，关于其中是否应当包括哪些装置或元器件的损耗的指导性原则，应当分别参考 GB/T 3859.1—1993 的 5.5.1 和 5.5.2 中所包括的列表。在 GB/T 3859.1—1993 的 5.5.1 中未予考虑的直流环节中由于直流电抗器和/或电容器、熔断器（若有）和母排所引起的损耗，是总损耗的一个组成部分，应当考虑进去。如果在计算效率时不能确定是否应当包括变流器设备某个元器件的损耗，则应当指明是否已将这样的损耗包括在所表明的效率中。

3. 变压器

变压器的额定值确定应当符合 1.16.3 节 2 中所定义的变流器成套装置的连续输出额定值和过载能力。

同时，还应适当考虑由于电压谐波引起的附加铁损以及由于高频电流谐波引起的附加杂散损耗。

有关其他详情，参阅本标准第 10 章"试验"。

包括绝缘要求在内的电压波形特性，应当按照 1.16.5 节 2 和 4 的要求加以考虑。

变压器应当符合 GB/T 3859.3—1993《半导体变流器　变压器和电抗器》中的要求。

4. 电动机

(1) 电动机的输入额定值　系统供应商应当采用下列参数来定义特定或典型输出阻抗（包括电动机和可能有的变压器）时的运行频率和电压范围。

——U_{AN1} 为电动机额定基波电压；

——f_{min} 为最小频率；

——f_M 为最大频率。

频率和电压范围由 PDS 供应商定义。电动机端子电压的谐波和上升时间应当由系统供应商提供，见 1.16.6 节。

系统供应商应当提供电动机额定电压、基本转速和 PDS 额定负载时的电动机电流：

——电动机电流总有效值（I_{AN}）；

——电动机电流的基波和相关谐波频谱（I_{Anh}），应当在特定或典型输出阻抗（包括电动机以及可能有的变压器和滤波器）时加以规定；

——电动机励磁电流，若有的话；

——辅助电源。

注：应当适当考虑由于高频电流谐波引起的附加损耗。因此，与正弦电源条件下的电动机额定电流相比，在 PDS 实际运行条件下，可以考虑将规定的电动机电流额定值稍微降低一些。

（2）电动机的输出额定值　负载包迹应当由系统供应商、用户和被传动设备供应商协商确定。电动机连续运行和过载运行的能力应当符合 PDS 所要求的所有运行输出条件。

电动机额定功率是最大连续输出转矩和基本转速的乘积。该功率不必与负载（包括系统惯量）所需的最大功率相一致。在特殊情况下，可以选择更大的电动机额定值，以便能够用于严酷的过载条件或电流谐波含量。

1.16.4　控制性能要求

1. 稳态性能

（1）稳态　当基准变量和运行变量保持恒定的时间达到 3 倍于控制系统调节时间以上、而且使用变量保持恒定的时间达到 3 倍于设备最长时间常数（例如，速度传感器的热时间常数）以上时，控制系统就处于稳态。诸如转矩、转速、位置等这类传动系统变量的稳态性能，应当按照 1.16.4 节 1（2）和（3）的要求加以规定。

（2）偏差带

偏差带（见图 1-137）是指由于使用条件或工作条件在其规定范围内变化，直接受控变量（除非规定另一个变量）在稳态条件时的总偏差。偏差带可用下列两种方式表示：

1）用直接受控（或规定的其他）变量对理想最大值的一个百分比表示，见 1.16.4 节 1（3）中的实例；

2）对于如位置这类不易确定其基值的变量，则用一个绝对数值表示。

如果系统供应商与用户之间没有另外商定，表示直接受控变量的信号应该经过具有 100ms 时间常数的一阶低通滤波器滤波，以消除信号中的噪声和纹波。

注：不能使用偏差带来规定与稳态控制性能无关的项目（例如，转矩脉动，见 1.16.5 节 4（4）4）；或者由于负载转矩或电动机转矩脉动引起的转速脉动，见 1.16.4 节 2（2）6））。

（3）偏差带的选择（稳态）

应当从表 1-73 中选取一个数值来说明反馈控制系统的稳态性能（可以通过协商定义其他等级）。

应当规定偏差带所适用的变量范围（见图 1-137）。

实例：传动系统采用一台由变频器供电的 60Hz、1780r/min 电动机。该传动系统的最大转速为 2000r/min，规定的转速控制偏差带为 ±0.5%。运行条件：转速范围为 0～2000r/min，负载转矩范围为 0 至额定转矩；使用条件：环境温度范围为 +5℃～+40℃。

因此，当转速基准值、负载转矩和环境温度均在其规定的范围内时，实际转速与理想值（转速基准值）的偏差为：2000r/min 的 ±0.5%，即 ±10r/min。

例如，如果转速基准值为 1200r/min，电动机的实际转速则是 1200r/min ± 10r/min，即在 1190r/min 和 1210r/min 之间。

2. 动态性能

（1）一般要求　传动系统应当具有电流限制或定时加速功能。

如果认为动态性能很重要（见本标准附录 B "转速控制性能和机械系统"），用户和系统供应商就应当采用下列定义对技术要求进行协商。

（2）时间响应特性

1) 概述：时间响应特性是指在规定的运行和使用条件下，施加规定输入所产生的输出与时间的关系曲线（见本标准 10.3.4 节"动态性能试验"）。

如果在用户和系统供应商之间没有另外商定，则传动系统应当在施加规定输入以前在下列运行和使用条件下运行：

——基本转速；

——空载；

——系统额定电压和频率；

——温度在测量设备和接口经过预热 1h 后达到稳定，环境温度处于使用条件范围内。

输出特性曲线可能包含有大量的纹波，例如由于变流器中半导体器件的开关操作所引起的纹波。如果在系统供应商与用户之间没有另外商定，则在确定时间响应特性时应当使用平均曲线，见图 1-153。

传动系统的典型时间响应特性是跟随转速基准值、电流基准值或者转矩基准值的阶跃变化之后的时间响应特性（见图 1-153），以及跟随负载转矩变化之后的时间响应特性（见图 1-154）。对于技术要求，如果在系统供应商与用户之间没有另外商定，则应当假定被传动设备的负载转矩在 100ms 时间内无超调地从零线性增大到规定转矩（或者从规定转矩减小到零）。

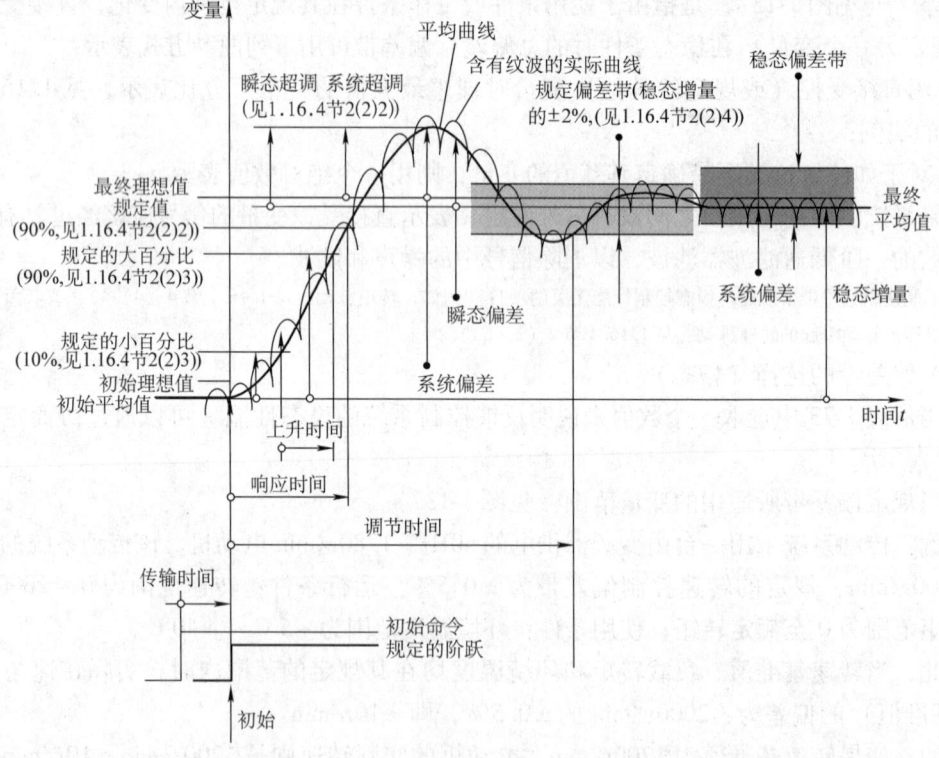

图 1-153 随给定输入阶跃变化的时间响应——运行变量不变

2) 响应时间：响应时间是指规定的阶跃加到系统上后，输出沿着需要校正的动作方向首次达到规定值所需的时间。

对于跟随给定输入量阶跃变化之后的时间响应特性（见图 1-153），规定值应当是初始平均值加上稳态增量的 90%。如果在系统供应商与用户之间没有另外商定，则瞬态超调量应当等于或小于稳态增量的 10%。

对于跟随运行变量变化之后的时间响应特性（见图 1-154），规定值应当是最终平均值加上最大瞬态偏差的 10%。

3) 上升时间：上升时间是指在超调之前或者无超调情况下控制系统的输出从规定的稳态增量小百分比变成规定的稳态增量大百分比所需的时间（见图 1-153）。

如果在系统供应商与用户之间没有另外商定，则规定的小百分比应当为 10%，规定的大百分比应当为 90%，而且瞬态超调量应当等于或小于稳态增量的 10%。

如果"上升时间"这个术语不限制，则上升时间可理解为对阶跃变化的响应。否则，应当规定出激励的模式和幅值。

4) 调节时间：调节时间是指对系统突加一个规定的给定之后一个规定变量进入并保持在一个以其最终值为中心的规定窄偏差带内所需的时间。

对于跟随给定输入量阶跃变化之后的时间响应特性（见图 1-153），如果在系统供应商与用户之间没有另外商定，则规定偏差带应当为稳态增量的 ±2%。

对于跟随运行变量变化之后的时间响应特性（见图 1-154），如果在系统供应商与用户之间没有另外商定，则规定偏差带应当为最大瞬态偏差的 ±5%。

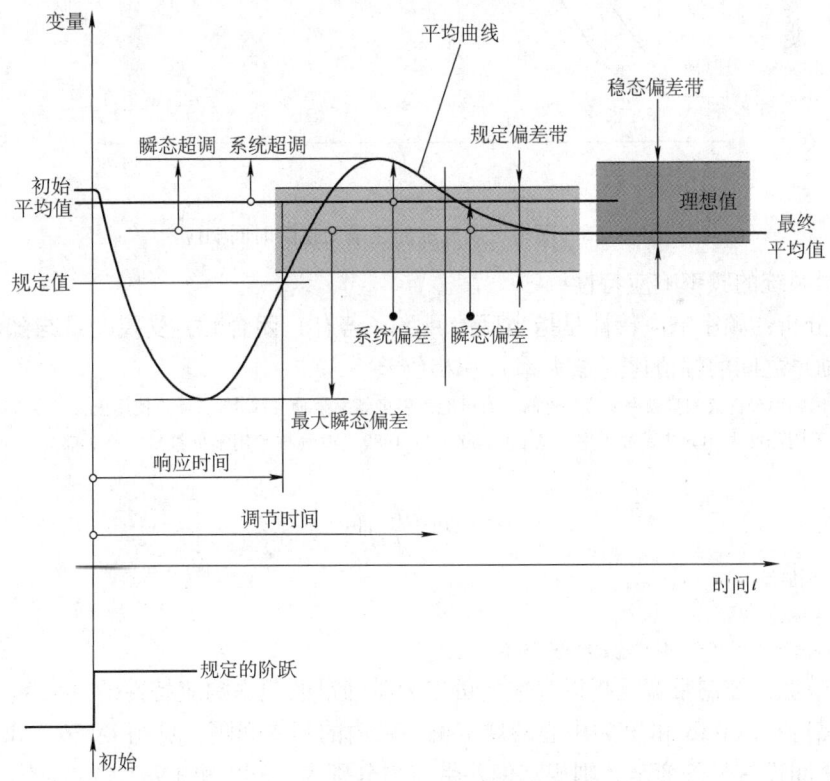

图 1-154　随运行变量变化的时间响应——给定不变

5) 负载冲击转速偏差区域：负载冲击转速偏差区域（对应于一个位置的漂移）用来确定转速控制系统对负载转矩突然变化的响应特性（见图 1-154）。其公式为

$$\frac{响应时间 \times 最大瞬态偏差}{2}$$

式中，最大瞬态偏差用最大运行转速的百分比表示。因此，负载冲击转速偏差区域的单位是百分数秒（%s）。

6) 转矩放大系数（TAF）：转矩放大系数为以下比值：

$$TAF = \frac{T_p - T_{ini}}{T_{inc}}$$

式中　T_p——轴系统中负载转矩突然增加 T_{inc} 之后所产生的峰值转矩；
　　　T_{ini}——转矩增加以前的初始转矩。

7) 动态偏差：动态偏差是指在基准值以规定速率变化时基准值（理想值）和实际值之间的偏差（见图 1-155）。

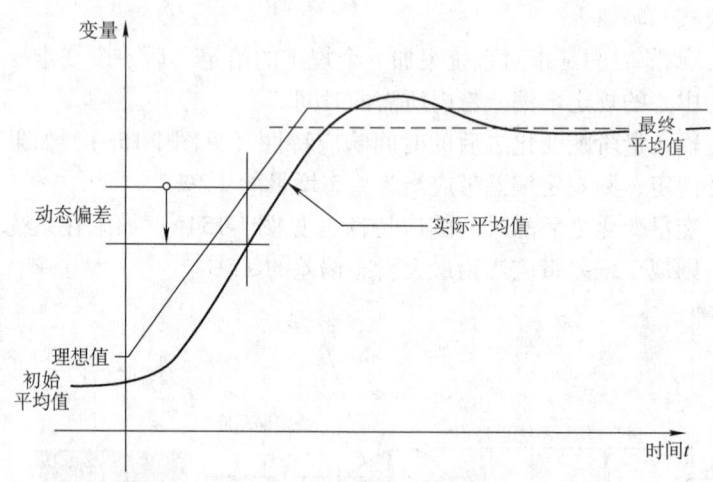

图 1-155　随给定以规定的速率变化的时间响应

(3) 控制系统的频率响应特性

1) 频率分析：频率响应特性是指当反馈回路（若有）闭合时，受控变量与随激励频率变化的正弦激励量之间的幅值比（放大率）和相位差。

注：1. 当使用频率分析仪测量频率响应特性时，有可能使用多频率激励（噪声），而不使用正弦可变频率激励。
　　2. 通常采用分贝（dB）表示放大率，见 IEC 60027-3：1989《电气技术用字母符号　第 3 部分：对数量和单位》。公式为

$$G = 20\lg\left(\frac{F_2}{F_1}\right) dB$$

式中　F_2/F_1——幅值比；
　　　G——增益。

例如，如果幅值比为 0.708，则增益大约为 -3dB。

2) 控制带宽：控制带宽是指以基准变量作为激励量的频率响应特性的放大率（增益）和相位差分别保持在以 0dB 和 0° 为中心的规定偏差带内的频率间隔，见图 1-156。如果在系统供应商与用户之间没有另外商定，则规定偏差带应当分别为 ±3dB 和 ±90°。

3) 扰动灵敏度：扰动灵敏度是指激励量为一个规定运行变量时的频率响应特性放大率。其典型实例为电动机转速对负载转矩脉动的灵敏度，见本标准附录 B.3 "扭振弹性对转速控制性能的影响"。

注：只有在受控变量幅值和激励量幅值都用标幺值（pu）表示时才可能用 dB 表示灵敏度。

3. 过程控制接口性能

(1) 一般要求　系统供应商必须尽可能在初期与用户协商并确定过程控制接口及其性能（见 1.16.5 节 1）。在确定时应当使用下面的列表内容。

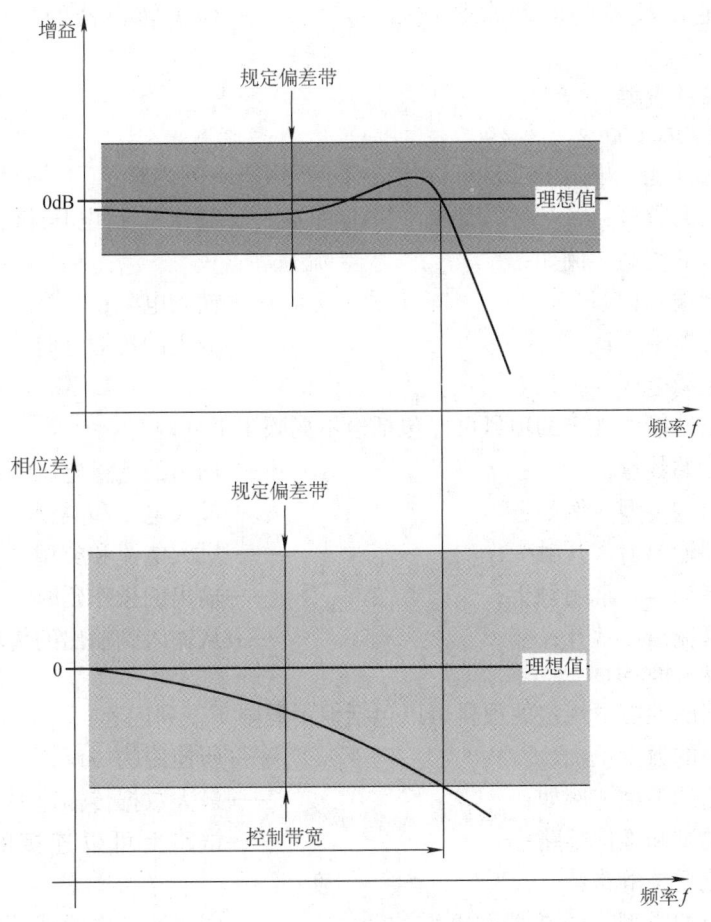

图 1-156　控制系统的频率响应特性——基准值作为激励量

注：图中所示实例的控制带宽受规定相位偏差带的限制。

（2）模拟输入性能　规定的项目可以包括但不局限于下列内容：

——模拟输入的数量；
——模拟输入的类型，例如：
  - 单端电压输入；
  - 差动电压输入；
  - 电流回路输入；
——输入的绝缘电压等级；
——与输入类型相关的输入电压或电流

——范围；
——输入阻抗；
——硬件低通滤波器的时间常数或带宽；
——增益和偏移误差；
——A/D 转换器的分辨率（若有的话）；
——A/D 转换器的采样间隔（若有的话）。

注：更完整的列表见 IEC 61131-2：1992《可编程控制器　第 2 部分：设备要求和试验》。

（3）模拟输出性能　规定的项目可以包括但不局限于下列内容：

——模拟输出的数量；
——模拟输出的类型，例如：
  - 单端电压输出；
  - 差动电压输出；

- 电流回路输出；
——输出的绝缘电压等级；
——与输出类型相关的输出电压和电流范围；

——最大负载；
——硬件低通滤波器的时间常数或带宽；
——增益和偏移误差；
——D/A 转换器的分辨率（若有的话）；
——D/A 转换器的采样间隔（若有的话）。

注：更完整的列表见 IEC 61131-2。

(4) 数字输入性能　规定的项目可以包括但不局限于下列内容：
——数字输入的数量；
——数字输入的类型，例如：
　・继电器输入；
　・光耦合器输入；
——输入的绝缘电压等级；
——额定控制电压和类型（交流或直流）；
——输入电阻；
——输入的传输延时。

(5) 数字输出性能　规定的项目可以包括但不局限于下列内容：
——数字输出的数量；
——数字输出的类型，例如：
　・继电器输出，常开触头；
　・继电器输出，常闭触头；
　・晶体管输出，常开；
——输出的绝缘电压等级；
——最大电压和类型（交流或直流）；
——最大电流和类型（交流或直流）；
——输出的操作延时；
——从输入到输出的传输延时。

注：更完整的列表见 IEC 61131-2。

(6) 通信链路的性能　规定的项目可以包括但不局限于下列内容：
——通信链路的数量；
——通信链路的类型，例如：
　・现场调试和维护链路；
　・自动化系统链路；
——物理接口的类型（连接器和电缆的类型）；
——所使用的协议；
——最大数据传输速率（bit/s）；
——链路上可以连接的电缆的最大长度；
——同一通信电缆或通信总线系统可连接的链路的最大数量。

1.16.5　PDS 的主要部件

1. 职责（见图 1-157）　系统供应商一般负责：

——与用户就 PDS 的外部接口进行澄清和商定（见 1.16.4 节和 1.16.6 节）；

——与用户就 PDS 的性能规格进行澄清和商定（见 1.16.4 节和 1.16.6 节），并就试验的接收准则进行澄清和商定；

——与部件制造商就传动系统主要部件（变压器，变流器，电动机，见 1.16.5 节）的技术规格以及试验的接收准则进行澄清和商定。

被传动设备供应商一般负责机械成套设备。在临界状态情况下（见 1.16.6 节 4），建议在系统供应商与被传动设备供应商之间建立直接联系。

系统供应商负责组织有关变流器、成套设备、被传动设备和电动机方面的专家之间必要的合作。

2. 变压器

(1) 简介　本条款介绍用于电气传动系统（PDS）主电力电路中的变压器和电抗器。变压器可以用于 PDS 的电网（电源系统）侧，或者用于 PDS 负载（电动机）侧。变压器的用途包括：

——电压匹配；

——隔离；

——谐波消除。

PDS 中使用的标准变压器结构型式为干式和油浸式。这些要求旨在保证变压器对于传动系统工作制的适用性。

变压器的基本额定值应当符合 GB/T 3859.3 中的规定。

当变压器作为 PDS 的组成部分供货时，应当对其额定值进行适当的确定，以满足以下两项的要求：

——稳态负载；

——任何瞬时过载。

对于通常以调速方式运行的传动系统，变压器的额定值应当确定为能在稳态基础上提供所需的功率。可以采用周期性过载计算出变压器负载的表观功率（kVA）有效值。

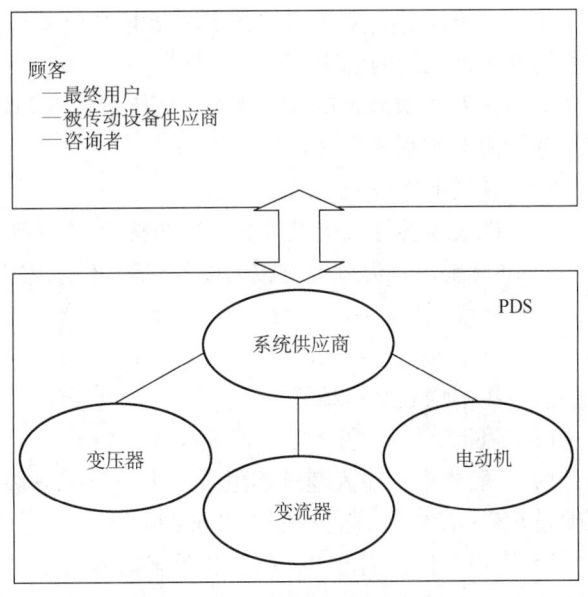

图 1-157 系统供应商的职责

(2) 技术规格与额定值

1) 谐波电流和电压：变流器模块可引起谐波电流和电压，这些谐波电流和电压会给所连接的变压器造成附加应力（热应力、绝缘应力）。在设计变压器时应当特别考虑到：

——每个绕组的附加损耗；

——附加铁耗；

——附加绝缘要求（包括共模电压和增加的电压应力）。

如果在变压器的阀侧对变流器进行了充分的滤波，假定估计到了共模电压（绝缘要求），就可以考虑采用标准变压器。

2) 绕组布置：在 IEC 60076-1：2000《电力变压器 第 1 部分：总则》的附录 D 中，包含有最常用的变压器绕组布置和联结组标号。

显然，要求（例如相移、绕组布置、阻抗）都应当是针对变压器设计和安装而规定的。

3) 相移要求：需由多脉波变压器和变流器电路获得的谐波衰减效果取决于绕组间相移的精度。应当规定出基波频率时绕组间的移相。在谐波频率时产生的基波相移误差要比在基波频率时产生的基波相移误差高得多。

例如，一个 12 脉波 PDS 系统的一个 2°基波相移误差所产生的 5 次谐波相位误差为 $(5+1) \times 2° = 12°$，7 次谐波相位误差为 $(7-1) \times 2° = 12°$。在电流源型变流器情况下，对应的相对值为

$$\frac{I_5}{I_1} = \frac{1}{5} \times \sin\left(\frac{12°}{2}\right) = 0.021 \text{ 和 } \frac{I_7}{I_1} = \frac{1}{7} \times \sin\left(\frac{12°}{2}\right) = 0.015$$

为了消除高次谐波，需在延伸三角形绕组或曲折连接绕组时采用 15°相移。在这样的情况

下，最值得注意的是 11 次谐波，而且 2°相位误差所产生的影响会高得多。

对于 12 脉波变压器，最后所获得的相位误差，包括变压器绕组的相位误差，并最终包括晶闸管控制系统的相位误差在内，应当保持在基波周期的 2°以下。

4) 铭牌要求：下列要求以 IEC 60076-1 的 7.1 中的要求为基础。除了 IEC 60076-1 的 7.1 中的铭牌数据以外，还应提供下列信息：

① 变压器的类型（例如，变流器电源变压器、变流器输出自耦变压器等），作为对 PDS 中所用变压器功能的说明；

② 输入和输出的相数。或者，变压器输入和输出的三相绕组数量；

③ 额定频率范围（若有的话）；

④ 额定电压范围（若有的话）；

⑤ 连接组符号，或以度数列出的移相。

5) 环境要求：温度要求按 GB/T 3859.3 的规定：

——环境温度：40℃

——日平均温度：30℃

——年平均温度：25℃

(3) 阻抗

1) 一般要求：输入变压器阻抗应当按照谐波辐射和故障电流要求进行协调。典型的阻抗范围是 6%~12%（通常按照 IEC 60076 的规定）。

2) 换相电抗：对于电网换相变流器来说，换相电抗是一个很重要的参数。在 GB/T 3859.3—1993 的 5.1.1 中给出了换相电抗的测量方法。

3) 自换相变流器的阻抗：换相电抗对自换相变流器性能的影响不大。但是，变压器阻抗可能对限制谐波电流或故障电流很重要。对于自换相变流器来说，通常该阻抗被看作是在标准变压器试验中测量的变压器短路阻抗，见 IEC 60076-1：2000 的 10.4。另一种可行的方法可能是测量出所考虑的频率时的短路阻抗。

(4) 共模电压和直流电压

1) 一般要求：任何可能把异常电压条件施加在变压器绕组上的电力变流器运行条件，都应当由变压器供应商确定。有些类型的变流器可能会将电压偏移施加到输入或输出变压器上。这些电压偏移会产生下列两个共性问题：

——由于共模电压而使绝缘应力增加；

——由于直流电压或直流电流磁化而使铁心饱和。

2) 共模电压引起的绝缘应力：使绝缘应力增加的最常见的机理是，在变流器中的开关动作时，使与变流器连接的绕组的中性点偏离接地点。该共模电压将会把高于正常应力的应力施加在变压器绝缘上。在确定变压器的绝缘等级时，应当通过明确规定共模电压（优先采用）或者为受影响的绕组规定合适的绝缘等级，将共模电压考虑在内。

在规定所需的绝缘电压等级时，也应当考虑到由于电压快速上升时间和电压反射（包括电力电缆）所引起的附加电压应力。

3) 直流分量引起的铁心饱和：变流器可能会在输入或输出端产生能使所连接的变压器铁心饱和的电压或电流。变压器设计人员应当知道可能施加到变压器上的直流电压或直流电流的大小，以便能够进行合适的设计。可能还需要进行低磁通密度铁心设计和带气隙的铁心设计。

在采用串联耦合变流器的情况下，应当考虑将每个变流器的直流偏移电压相加。

(5) 特殊要求

1) 冷却系统：按照 IEC 60076-1 和 GB 6450 中的规定。

2) 噪声要求：由于非正弦电流和电压的原因，需预计到噪声发射的等级会增大。

在变压器制造商、系统供应商和用户之间，需要协商并规定出噪声发射等级的极限以及最终所必需的次要噪声降低措施。除非另有规定，变压器噪声发射的测量方法应当符合 IEC 60076-1 中的规定。

3) 电压精度：按照 IEC 60076 中的规定。

4) 桥路的并联连接：应当特别注意桥路并联连接的情况（空载电压精度、相移、每个二次绕组的短路阻抗）。

5) 一次绕组和二次绕组之间的屏蔽：

为了防止高压瞬变由于电容性耦合而转移到二次绕组上，建议采用静电屏蔽。这种静电屏蔽也对电源线干扰的共模阻抗具有 EMC 作用。由于这两个原因，屏蔽接地的电感应当低。

6) 短路要求：变流器使变压器中发生短路的可能性比在正常工作制时的可能性更大。设计人员应当知道变频器中发生短路的危险，并针对合适的短路等级和发生短路的频度而设计变压器。

3. 变流器和相关的控制装置

(1) 目的　本条款旨在涉及作为 PDS 组成部分的变流器的性能和要求。变流器由变流器部分（可能包括输入和输出滤波器）、变流器控制装置、保护装置和辅助装置组成。通常，需参阅 IEC 60146。

(2) 设计要求

1) 防护等级：防护等级的定义应当符合 GB 4208 中的规定。

2) 腐蚀性环境：如果超过污染等级 2，则应当采取适当措施，以确保变流器环境保持在非腐蚀性环境。在变流器环境中，应当使洁净空气保持正压，或者应当使用合适的空气过滤器。

3) 冷却：

① 一般要求：三种类型的常用冷却方式为强迫风冷、去离子液体冷却和蒸发冷却。对于环境苛刻的应用场合，建议采用冗余冷却方式。变流器制造商应当负责在考虑到工作电压、电流和负载工作周期的情况下适当地设计冷却系统。

② 空气冷却：如果冷却空气源含有可能损坏变流器冷却通道的颗粒，则应配备空气过滤器。

③ 液体冷却：就液体冷却变流器来说，冷却介质应当具有足够高的电阻率，以便将对地漏电流和各部件不同电位间的漏电流限制在非破坏性的安全水平上。应当对电阻率进行监控，而且应当在低电阻率和很低电阻率时分别引起报警或跳闸。为此特别建议对流量、容器液位和水温进行监控，以提供适当的保护。应当特别注意，对由于材料不匹配而引起的电解电流加以限制，例如在同一冷却回路中不能使用铝和铜。

4) 音频噪声：如果在用户和制造商之间没有另外进行商定，在 1m 距离处测得的噪声级应当低于 85dB。如果需要符合当地更加严格的标准规范，则在系统供应商和用户之间应当就此进行商定。

5) 电源连接件：所有的电源连接件都应当具有足够的工作面积，而且应当提供机械应力消除支撑点。当采用屏蔽电缆时，应当在电源连接件的四周提供屏蔽接地连接点。

6）保护：变流器保护应当符合 1.16.6 节 3 中所规定的要求。

主电源接线端子应当按照 GB/T 3859.1 中的规定清楚地标识出来。

铭牌应当符合 GB/T 3859.1 和 IEC 60146-2 中规定的要求。

由于变流器的易损性质，其存放和运输应当符合 1.16.2 节 2 和 3 中规定的要求。除了所规定的要求以外，变流器制造商还应当提供特殊说明。

4. 电动机

(1) 简介　系统设计人员应当确保在所有实际运行条件下应力等级均不超过电动机的耐受能力，并制定有关验证过程和方法的协议。

在本条款中涉及到用于 PDS 中的电压 1kV 以上的最常用交流电动机。电动机结构可以包括通用型标准设计以及面向特殊用途的设计。除了标准型电动机设计之外，也可以考虑采用新技术，例如永磁电动机和其他特定方案。

在这一应用领域中，还有许多不同类型的电动机可供使用。大多数为异步电动机和同步电动机。其相数一般为 3 相或 6 相。其中大多数电动机的相数为 3 的倍数。

在 IEC 60034 的相关产品标准中覆盖了对常用电动机的要求。本条款所考虑的内容是作为 PDS 一个组成部分的电动机的集成和接口。

(2) 设计要求　除非另有规定，电动机的外壳应当符合 GB/T 4942.1—2001《旋转电机外壳防护分级（IP 代码）》（该标准已被 GB/T 4942.1—2006《旋转电机整体结构的防护等级（IP 代码）　分级》代替）中规定的要求。

除非另有规定，电动机的冷却系统应当符合 GB/T 1993—1993《旋转电机冷却方法》中规定的要求。

除非另有规定，电动机的安装应当符合 IEC 60034-7《旋转电机　第 7 部分：旋转电机结构和安装型式的分类（IM 代码)》（即 GB/T 997）中规定的要求。

由于转速与自通风冷却系统的热传导能力以及逆变器供电电动机运行过程中所产生的附加谐波损耗的相关性，在设计时应当特别注意（见 IEC 60034-17：1998《旋转电机　第 17 部分：变频供电的笼型异步电动机应用导则》）。

除非另有规定，在逆变器供电的条件下，环境温度和冷却温度以及电动机绕组绝缘系统的耐热等级和温升均应符合 GB 755—2000《旋转电机　定额和性能》该标准已被 GB 755—2008 代替）中规定的要求。

(3) 性能要求　正常变流器供电运行条件下的运行特性如 1.16.3 节 2（2）和 4（2）中所定义。

在三相电动机情况下，有时可能需要直接旁通到网侧或者变压器二次侧运行（见 1.16.1 节 4）。而在相数为 3 的倍数的绕组系统情况下，电动机以部分绕组运行也是可能的。

用户应当明确地对这样一种旁路运行的性能和额定条件进行定义，尤其是：

——所必需的起动性能；

——最终不同的额定转矩。

(4) 机械系统集成要求

1) 对破坏性轴电压和轴承电流的防护：如果在系统供应商和用户之间没有另外进行商定，则应当在电动机非传动端配备轴承绝缘措施。

除了建议采用的惯用接地手段（见 1.16.6 节 2（3））之外，可能还需要采取其他的防护措施（见 1.16.6 节 2（4）6））。尤其是在电动机电压（包括变流器所产生的共模电压）中存在高频分量时，需要采取这些防护措施。

2）音频噪声发射：与电网供电运行相比，变流器给电动机供电时会使噪声发射增加（见 IEC 60034-17）。电动机制造商应当针对预期用途规定出电动机由变流器供电时噪声的期望值。

在系统供应商与用户之间需要协商，并规定出噪声发射等级的限值以及最终所必需的次要噪声降低措施。除非另有规定，电动机噪声发射的测量方法应当符合 IEC 60034-9：1997《旋转电机 第9部分：噪声限值》（该标准已被 IEC60034-9：2007 即 GB 10069.3—2008 代替）中规定的要求。

3）电动机振动和横向谐振：除非另有规定，所允许的振动强度限值以及测量方法应当按照 GB 10068—2008《轴中心高为56mm及以上电机的机械振动 振动的测量、评定及限值》中所定义的要求。

在这种情况下，在被传动设备供货商、电动机制造商和系统供应商之间应当协商并规定出有关电动机正确安装（基础、机械设备对准和连接）的明确责任。应当特别注意整套机械设备的横向谐振频率（见1.16.6节4）。

4）转矩脉动和扭振问题：在变流器供电的电动机中，由于电压和电流谐波的原因，会在电磁作用下产生转矩脉动。

在正常运行过程中以及在故障条件下，应当避免对机械结构元件的干扰或有害影响，例如应当避免激发电动机和被传动设备的扭转谐振。

系统供应商需要定义并组织实施必要的分析和纠正措施，而且需要在设计过程中，在变频器、电动机和被传动设备专家之间的密切合作下进行（见1.16.6节4（2））。

(5) 电动机绕组绝缘系统的电压应力

1）职责：系统设计人员应当确保在所有运行条件下电压应力等级都不超过绝缘系统的电压应力耐受能力（见1.16.5节4（5）2）和3））。因此，系统设计人员应负责根据变流器的拓扑结构、电缆类型和长度等因素，在考虑到可能的电压反射的情况下，规定出电动机接线端子上的电压应力等级。绝缘应力的相关参数有：瞬时电压峰值、上升时间峰值、重复率等。

电动机制造商应当按照系统供应商的技术规范检查电压应力耐受能力。为确保不出现电动机绝缘工作寿命降低的情况，由于变流器运行所引起的实际应力应当低于电动机绕组绝缘系统的重复电压应力耐受能力（见1.16.5节4（5）2）和3））。

2）绕组应力的类型及其限制图：存在三种不同的绝缘应力（见图1-158）。

在由电网（正弦、低频）供电的电动机中，大部分应力都存在于线间绝缘和线与机座间绝缘中。匝间绝缘的电压应力比较低；但是如果是由变流器供电的电动机，该应力则可能变得非常重要，需要对此更加重视。

在由变流器供电的运行中，电动机电压为非正弦电压，通常具有重复性瞬态电压跃变，例如这些瞬态电压跃变是由 PWM 逆变

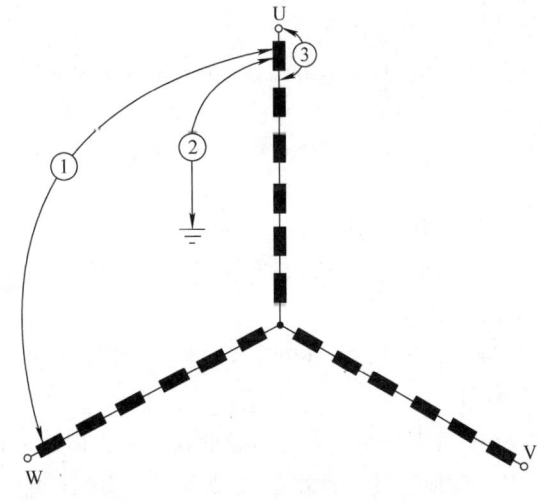

图1-158 绝缘应力分布类型
①—线间主绝缘 ②—线与机座间主绝缘
③—第一个线圈中匝间绝缘

器以较高脉冲频率快速开关操作所引起的或者是由晶闸管逆变器的负载侧换相缺口所引起的（见本标准附录 A.2.5 "采用同步电动机或异步电动机的电压源逆变器（VSI）传动系统"）。在电动机由 PWM 电压源逆变器通过较长电缆供电的情况下，每个瞬态电压跃变均会在电动机和变流器接线端子上引起反射作用，通常会引起振荡性电压超调（见图 1-159）。

t_a 是电压跃变（包括上述反射现象）的峰值上升时间。在 IEC 60034-17 中，t_a 被定义为使电压从包括超调在内的总瞬态电压 Δu 的 10% 变成 90% 时所需的时间（见图 1-159）。

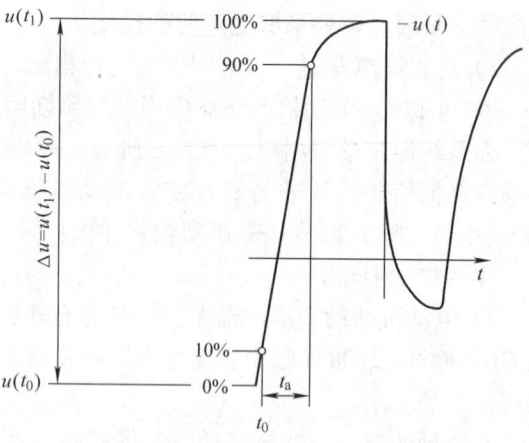

图 1-159　电动机接线端子上瞬态电压的定义

可以用图 1-160a、b 和 c 中给出的分界线来描述在不使绕组绝缘系统工作寿命降低的情况下绕组绝缘系统的重复性电压应力耐受能力。这些分界线指的是包括电动机接线端子上的电压反射在内的允许脉冲电压。

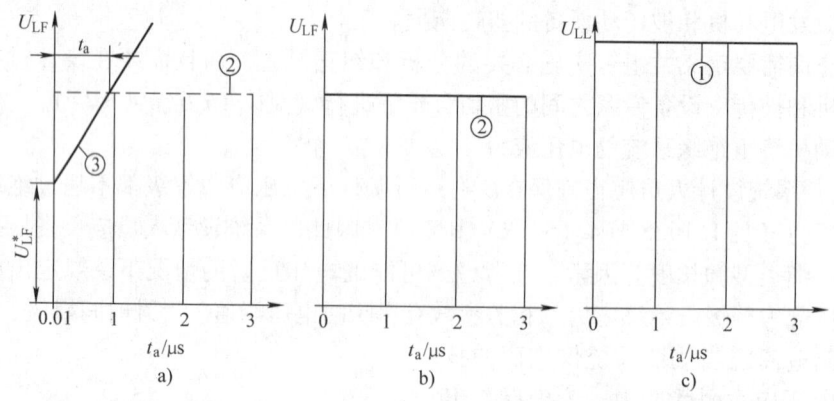

图 1-160　电动机接线端子上的允许脉冲电压（包括电压反射和阻尼）
随峰值上升时间 t_a 变化的关系曲线
a) 由匝间绝缘和绕组设计确定　b) 由线与机座间主绝缘确定　c) 由线间主绝缘确定
这些图中的数字共同引自图 1-158 和表 1-87。

对图 1-160 的说明：

——匝间应力分布类型 δ 适合于典型峰值上升时间 $t_a \leq 1\mu s$ 情况下的瞬态电压跃变 ΔU_{LF}（见图 1-160a）；

——对于线与机座间应力分布类型 σ 而言，电压差在按照图 1-160b 所示的主绝缘耐受能力范围内；

——对于线间应力分布类型 α 而言，电压差在按照图 1-160c 所示的主绝缘耐受能力范围内。

3）常规设计电动机的典型电压应力耐受能力：从具有常规电压公差的电网供电运行时的绝缘应力推导，高压电动机的常规设计至少需给出一个如表 1-87 的右侧一栏中所述的耐受能力。如果不能从电动机制造商处获得更详细的信息，则这些公式可供参考，而且用来描述最小值。一般建议采用更高的电压限制。

表 1-87 电动机绝缘系统的限制部分和典型的电压应力耐受能力

绝缘系统的限制部分	适合的电压峰值	3 相电动机的电压应力耐受能力
① 线间主绝缘	・U_{LL} 线间 ・电压差	$U_{LL} = 1.1 \quad U_{Ins}\sqrt{2} \approx 1.6 U_{Ins}$
② 线与机座间主绝缘	U_{LF} 线与机座间 最大电压差	$U_{LF} = 1.1 \quad U_{Ins}\sqrt{2/3} \approx 0.9 U_{Ins}$
③ 第一个线圈的匝间绝缘	ΔU_{LF} 电压跃变 t_a 相关峰值上升时间 （见图 1-159）	ΔU_{LF} 至少为 3kV $t_a \approx 1 \mu s$ 见图 1-160a

注：1. "绝缘系统额定电压" U_{Ins}（见表 1-87）没有必要等于 "电动机额定电压" U_A。
2. 在电动机由逆变器供电的情况下，通常在进行电动机设计时，采用 $U_{Ins} > U_A$（电动机）这一改进型绝缘系统的设计比较合适。
3. 如图 1-160a 所示，在 $0.1 \mu s \leq t_a \leq 1 \mu s$ 范围内的峰值上升时间相当短的情况下，第 1 个线圈的匝间绝缘是允许瞬态电压跃变 ΔU_{LF} 的限制部分。
当 $t_a > 1 \mu s$ 时，通常由主绝缘给出适合的限制（见图 1-160b 和 c）。
4. 因为每相中半导体器件的开关时间不一样，因此线电压和线与机座间电压具有相应的瞬态电压跃变 $\Delta U_{LL} = \Delta U_{LF}$。

U_{Ins}—电动机绝缘系统的额定电压有效值。

4）电动机绕组绝缘系统的功能评价：应当按照 IEC 60034-18-31：1992《旋转电机　第 18 部分：旋转电机绝缘结构功能性评定　第 31 节：成型绕组试验规程　50MVA，15kV 及以下电机绝缘结构热评定及分级》中规定的试验程序，对额定电压为 1000V 以上的电动机中使用的绕组绝缘系统进行试验。因为变流器供电运行会产生诸如电压应力增加和高频重复率这类附加应力因素，由于谐波损耗和机械振动而产生附加发热，所以需要特别注意。

（6）基本数据表示方法　除了标准的电动机铭牌数据之外，还应当提供下列信息：
——额定转矩；　　　　　　　——最小转速；
——最小转速时的转矩；　　　——基本转速；
——额定转矩时的最低转速；　——最大转速。

下列附加信息对于正确地进行系统设计和电动机安装来说十分必要，应当单独（例如在产品文件资料中）提供这些信息：
——转子转动惯量，如果需要，还应提供电动机轴的刚性，以便按照 1.16.5 节 4（4）4）和 1.16.6 节 4 中规定的要求对扭振进行分析研究；
——按照 1.16.5 节 4（5）3）中规定的要求，提供诸如额定电压 U_{Ins} 之类的绝缘系统附加数据，或者有关电压应力的其他信息以及耐受能力；
——旋转方向，以及可能有的限制；
——电动机冷却系统的空气流量及环境要求；
——电动机阻抗（如果需要的话）；
——相关的安装尺寸；
——轴的尺寸和平衡应当符合相关标准规定的要求；在没有其他规定的情况下，"半键平衡"（half key balancing）是恰当的；
——电动机的质量（转子、定子）；
——运输、装卸和存放规程；

——安全与维护规程。

1.16.6 PDS 集成要求

1. 一般条件

(1) 概述　通常，PDS 由下列主要子系统组成（见图 1-161）：

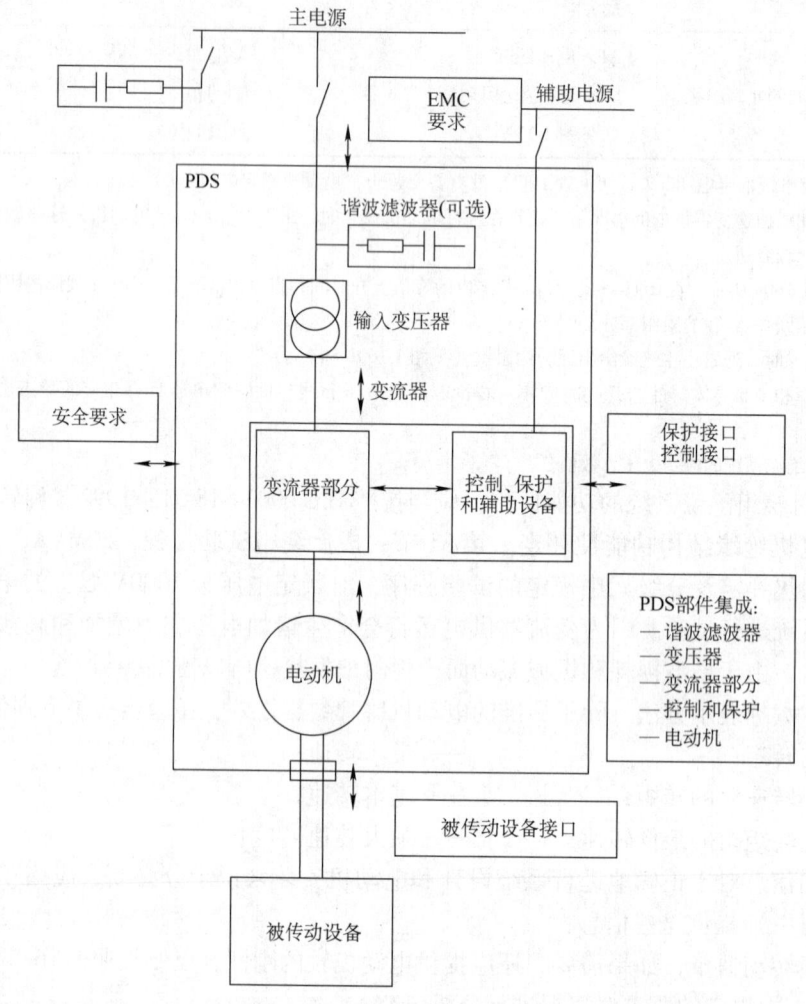

图 1-161　电压 1000V 以上的电气传动系统（PDS）

——变压器；

——变流器部分；

——控制和保护；

——电动机；

——谐波滤波器（如果需要的话）。

(2) 传动系统部件之间的相互作用　在预期使用场所安装的、由各主要部件构成的 PDS 时，需要一定的专门技能，这些技能不但涉及到 PDS 本身的正确操作，而且还涉及到 PDS 局部环境范围内的相互作用。对于电压超过 1kV 的交流 PDS，应当特别注意与环境的整合，尤其是与下列环境的相互作用：

——主电源；
——主断路器；
——主电力电缆；
——EMC 抗扰性和辐射；
——土木结构安装；
——被传动设备；
——辅助电源；
——主过程控制设备。

在 PDS 内部，应当特别注意不同子系统间的接口和干扰，主要涉及到：
——系统参数的选择；
——安全要求；
——符合内部要求和 GB 12668.3 规定的 EMC；
——子系统间可能的相互作用。

系统供应商应当给出有关设备的正确安装和电缆敷设所必需的所有信息。在以下各分条款中对 PDS 集成的一般要求做出规定。

(3) 需要交换的信息　为使 PDS 的用户能够正确地安装成一个典型系统或过程，系统供应商应当提供所必需的文件资料。如果为了符合特定环境的 EMC 要求而需要采取特殊措施，则用户和系统供应商应当尽早就此进行商定。

应当向系统供应商提供以下信息：
——电网阻抗和结构（已有的电容器组、滤波器等）；
——高压电缆长度；
——EMC 信息（电网的实际畸变）；
——接地条件和规定；
——有关被传动设备的信息；
——符合当地标准规定的安全要求，例如颜色代码。

2. 电压 1000V 以上的部件集成

(1) 概述　PDS 集成见图 1-162。

(2) 变压器集成　对于主电源变压器，应当提供附加的过电压限制（例如采用避雷器（LA）形式的瞬态能量吸收）。

由给变流器装置供电的主变压器的空载开关操作所产生的非重复性瞬态能量与变压器磁化能量 E 相关。在假定正弦磁化电流的情况下，在变压器磁化阻抗中所存放的能量可以用下列公式计算出来：

$$E = \frac{i_{mpu}}{4\pi f_{LN}} S_N$$

式中　i_{mpu}——磁化电流，相对于变压器额定电流（标幺值）；
　　　f_{LN}——额定频率（Hz）；
　　　S_N——变压器的表观功率（VA）。

(3) 接地要求

1) 主要部件的等电位连接：传动系统的接地方案（地线、接地、屏蔽）应当考虑到：
——由于 PDS 的接地点所引起的共模应力；
——EMC 问题。

应当对主要部件之间的保护连接电路和等电位连接（其相互连接）加以考虑。通常，还需要考虑到当地的要求。在系统供应商和用户之间，应当对保护连接方案进行商定。该方案应当覆盖整个 PDS，包括变压器、主变流器和电动机。

下列几项都是重要的实例：
——保护连接的材料；
——保护连接的横截面积；
——等电位联结的方案。

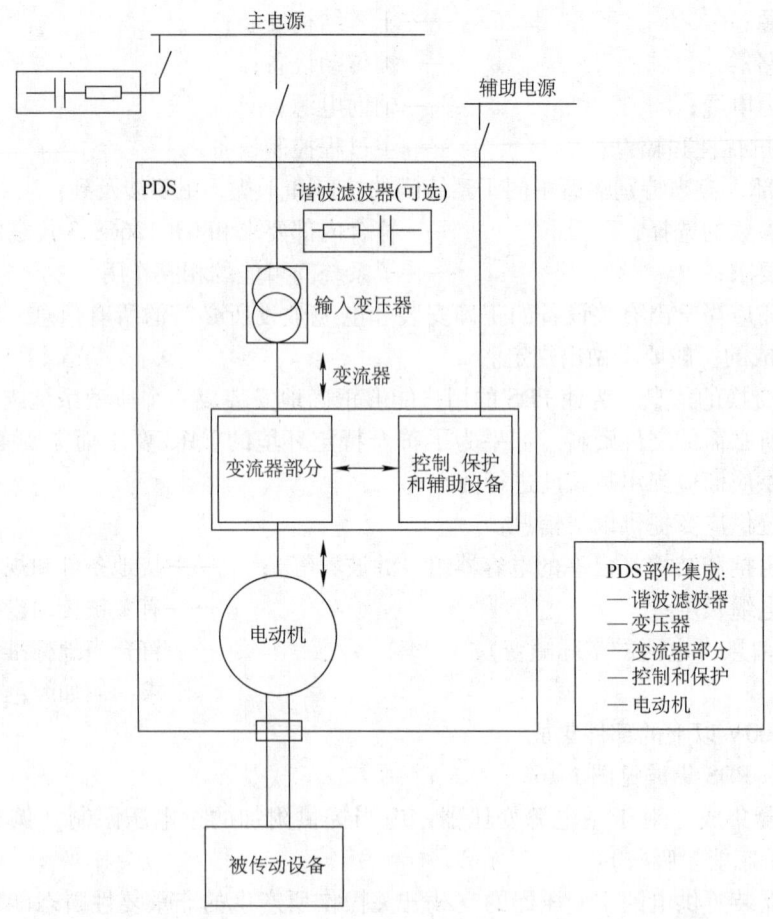

图 1-162 PDS 集成

PDS 的所有裸露导电部件均应当连接到等电位联结导体（保护联结导体）上。在不能通过其形状、位置或结构容易地识别出保护导体的场合，应当在容易接近的位置上用图形符号（IEC 60417（所有部分）《设备用图形符号》中-5019 号符号）或者绿-黄（GREEN-YELLOW）双色组合清楚地标识出来。

将每个主要部件连接到由用户安装的已有等电位联结体上。主要部件的等电位联结可以选择通过直接相互连接加以改进。这需要在系统供应商和用户之间进行商定。

电力电缆的情况见图 1-163。

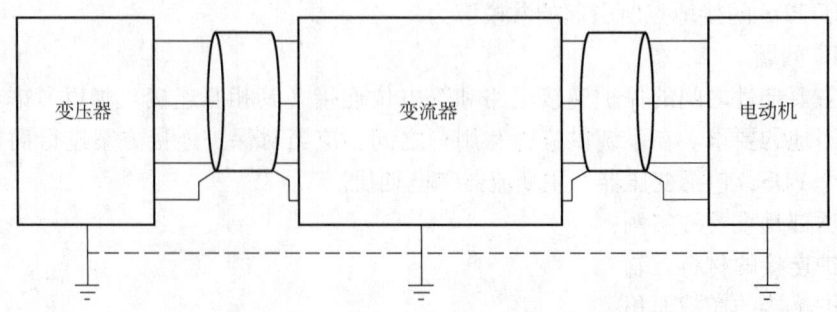

图 1-163 主要部件保护接地和相互连接的实例

如果将屏蔽的两端均连接到一个保护连接导体上，则应当对屏蔽中的循环电流（大部分为磁感应电流）的热负载进行检查。这方面也与安全性和 EMC（见 GB 12668.3）有关。

2) PDS 电功率部分的接地：

① 接地：作为整套系统，可以在不同的地点进行 PDS 的接地。应当根据系统的性质选择接地的位置：可能有的公共变压器的中性点、公共直流母线的中点、任意一个变频器输出滤波器的星形中性点或者电动机的星形中性点。

接地阻抗可以是电阻性、电容性的或者是一种直接连接。应当将接地阻抗连接到一个保护接地导体上。由于 EMC 原因，可以采用一个单独的等电位联结导体来连接 PDS 功率部分接地的保护连接导体。

接地点和接地型式以及 PDS 的拓扑结构（带或不带输出滤波器），决定了最终的绝缘应力（见 1.16.5 节 2）。

② 故障条件：规定出在任何故障条件下（按照 IEC 60204-11:2000《工业机械的安全性 工业机械的电气设备 第 11 部分：对电压在 1000V 交流或 1500V 直流以上但不超过 36kV 的高压电气设备的要求》规定）涉及到以下两个方面的特殊要求，是系统供应商的职责范围：

——主要部件之间（由于在故障条件下的大电流）所必需的相互连接及其最小截面积；

——电力电缆的屏蔽电流。

③ 漏电流：漏电流是由于变频器输出电压的高频谐波含量（包括共模电压）以及电缆系统、变压器绕组和电动机绕组的对地寄生电容所引起的。因此应当遵循变压器外壳、电动机机座和电缆铠装或屏蔽的既定安全接地操作规程。

(4) 变流器运行的绝缘要求

1) 特定约束条件：施加到不同设备上的对地电压应力取决于 PDS 功率部分的接地点。

在上升时间短和开关频率高的情况下需要特别注意。在这样的情况下，在典型的电力电缆系统中会产生电压反射。这种电压反射会对所有连接的功率部件产生一个附加应力。

在考虑到以下几个方面的情况下规定出典型的绝缘应力，是系统供应商的职责范围：

——PDS 功率部分的接地点和阻抗；

——共模问题；

——电压反射；

——故障条件；

——PDS 的主要功率部件，例如：变压器绕组、变流器、电力电缆、电动机绕组和电动机轴承以及电动机轴的接地。

2) 变压器绕组：对于变压器绕组，需要按照由传动系统拓扑结构和 PDS 功率部分接地方案所计算的绝缘应力（峰值、共模、峰值上升时间、脉冲频率、反射）进行定义。

在由 PDS 设计人员编制的变压器技术规格中应当包括这些值。

3) 变流器：对于变流器，需要按照由传动系统拓扑结构和 PDS 功率部分接地方案所计算的绝缘应力（峰值、共模、峰值上升时间、脉冲频率、反射）进行定义。

在 1.16.6 节 2 中，以所定义的电压应力等级为基础对关于爬电、间隙、脉冲试验和交流电压试验等级的要求进行定义。

4) 电力电缆：对于电力电缆，需要按照由传动系统拓扑结构和 PDS 功率部分接地方案所计算的绝缘应力（峰值、共模、峰值上升时间、脉冲频率、反射）进行定义。

在由 PDS 设计人员编制的电力电缆技术规格中应当包括这些值。

5) 电动机绕组：见 1.16.5 节 4 (5)。在对可能有的逆变器输出滤波器和电动机绝缘进行设计时，应当使电动机绝缘应力始终处于在 1.16.5 节 4 (5) 3) 中定义的极限范围内（包括共模效应）。

6) 轴电压和电动机轴承：见 1.16.5 节 4 (4) 1)。在某些情况下，要求采取附加的绝缘措施，例如：

——通过所有电动机轴承的绝缘与轴的适当接地相结合来排除静电效应，使电动机轴与电动机机座完全隔离；

——采用绝缘的联轴器连接被传动设备。

也可以根据逆变器的拓扑结构，特别是在 PWM 电压源逆变器情况下，考虑采用下列手段进行滤波：

——共模滤波器；

——dv/dt 限制；

——正弦滤波器。

如果需要采取附加的措施，系统供应商应当提出建议。

(5) 内部电源接口的一般要求　PDS 的电源接口可以是多重接口。应当针对包括电流谐波含量效应的电力传输定义出不同的电源连接，例如：电力变压器和变流器之间的电源连接、输入变流器和可能有的输出变流器之间的直流环节母线、或者变流器和电动机之间的电源连接。在设计时应当考虑到反射、可能的电容耦合、磁耦合或辐射。

最好应当采用多相电缆将电缆并联起来。在没有这类合适电缆可供使用的场合，只要多相系统在物理结构上是针对每一组并联电缆而构成的，就可以使用单芯电缆。

3. 保护接口　PDS 应当包含所必需的保护功能、系统部件保护以及普遍高的系统可用性。精心设计的保护将防止传动系统内部和外部发生意外事故。这应当包括表 1-88 中所列出的保护功能。

表 1-88　PDS 的保护功能

网侧电源	报警	跳闸	备注
断电、断相	×	×	
电网过电压	×	×	
电网欠电压	×	×	
电网电压不平衡	×	×	
电网馈线	报警	跳闸	
过电流		×	
过载	×	×	
变压器	报警	跳闸	
气体继电器（巴克霍尔茨继电器）	×	×	仅浸油式
过热	×	×	
冷却介质故障	×	×	

(续)

变压器	报警	跳闸	备注
油位低	×		仅浸油式
变流器	报警	跳闸	
过电流	×	×	换相失灵、短路等
过载	×	(×)	热过载
过电压	×	×	
接地故障	×	(×)	
冷却故障	×	(×)	
过热	×	(×)	
辅助电源故障	×	×	
过程控制通信故障	×	(×)	
速度反馈丢失	×		
电动机	报警	跳闸	
电动机过/欠电压	×	×	
电动机过电流	×	×	
过载	×	(×)	热过载
超速	×	×	
绕组过热	×	×	
轴承过热	×	×	
高强度振动	×	×	
冷却故障	×	(×)	
润滑故障	×	×	

注：1. 振动防护功能可以由被传动设备供应商负责。
  2. (×)：根据条件应用。
  3. 应当考虑到供电电网在IPC处的阻抗（见1.16.2节1（1）2））和PDS的输入阻抗（见1.16.5节2（3））。

  通常，PDS的保护系统的要求及范围随传动系统功率的增大而增加。对于大型或重要的传动系统，建议采用诊断系统帮助用户进行故障时的诊断分析。

  4. 被传动设备接口

  (1) 临界转速 系统供应商、用户和被传动设备供应商，应当就整套机械设备的最终横向临界转速的计算和适用的当地要求达成一致意见（见1.16.5节4（4）3））。应当特别注意：

  ——考虑到轴承布置和基础的刚性的影响；
  ——避免任何在阻尼作用不足的情况下以接近横向临界转速（±20%）连续运行。
  在有源轴承（例如磁性轴承）的情况下，以横向临界转速连续运行是可能的。

  (2) 扭振分析 对于PDS和被传动设备而言，扭振分析是一种重要的系统设计工具，用来检查整套机械设备中的扭振应力，例如，尤其是用来检查下列运行条件下的扭振应力：

  起动：

——电动机接线端子上一相或三相短路;
——变流器可能发生换相失灵的影响;
——在静态条件下转矩谐波分量的影响。

对于 PDS 和被传动设备,建议进行扭振分析,尤其是在电动机的转动惯量与被传动设备的转动惯量之间存在共振危险的情况下。最相关的情况有:

——被传动设备的转动惯量高于电动机转动惯量的一半;实际上,随着被传动设备转动惯量的增大(与电动机转动惯量相比),高扭振应力的危险也会增大;
——变流器换相失败可能会产生比电动机的三相短路转矩更高的动态转矩;
——在电动机的电磁转矩(气隙转矩)范围内,在稳态时或者在起动过程中任何频率低于 100Hz 的分量都可能会超过标称转矩的 1%;
——任何高于 5MVA 的传动系统;
——具有长轴连接和/或复杂的机械结构配置。

为了进行扭振分析,系统供应商应当提供:
——整个转速范围内的气隙转矩脉动(包括谐波成分);
——传动端用轴的机械图,包括材料特性。

为了进行扭振分析,被传动设备供应商应当提供:
——整个转速范围内任何负载转矩脉动的情况(包括谐波成分);
——轴的机械图,包括材料特性。

1.17 特种环境设备的要求

1.17.1 船用设备(摘自 GB/T 4798.6—1996)

1.17.1.1 总则

更详细的导则可见 GB/T 4798.10—1991《电工电子产品应用环境条件 导言》(该标准已被 GB/T 4798.10—2006 代替)。

下述给出的严酷程度被超出的概率很低。只将可能影响产品的结构完好性和功能特性的严酷条件包括在内。

不同的部位,在某一段时间内可能会有不同的出现率。对任何环境参数都应考虑其出现率,应用时应作补充规定。GB/T 4798.10 中的第 6 章给出了环境参数出现的持续时间和频率。

1.17.1.2 环境参数组分类及其严酷程度分级

表 1-89~表 1-93 分别给出了气候环境条件(K)、生物环境条件(B)、化学活性物质(C)、机械活性物质(S)和机械环境条件(M)为数有限的一些等级。对一个具体产品,应引用一组完整的等级,如:6K3/6B1/6C2/6S1/6M3。

最低的等级 6K1/6B1/6C1/6S1/6M1 的组合是安装在非机械推进船舶有气候防护部位的产品将承受的环境条件。最高等级 6K5/6B2/6C3/6S3/6M4 的组合适用于在大部分类型的船舶环境条件很严酷的部位安装的产品。

一个等级的环境条件往往包括一些等级较低的严酷程度数据。对某些环境参数,目前还不能给出定量的严酷等级。

表 1-89　船用产品气候环境条件分级

环境参数	单位	等级				
		6K1	6K2	6K3	6K4	6K5
(1) 低温(空气)	℃	+5	-25	-25①	-25	-40②
(2) 低温(水)	℃	水的冰点③				
(3) 高温(空气)	℃	+40	+40	+55	+70	+70
(4) 高温(表面)④	℃	—	—	—	+70	+70
(5) 高温(水)	℃	+30	+35	+35	+35	+35
(6) 温度的梯度变化(空气/空气)	℃ ℃/min	—	-25/+20 1	-25/+40 3①	-25/+40 3	-25/+40 3
(7) 温度的变化(空气/水)	℃	—	—	—	+40/+5	+40/+5
(8) 湿度(不伴随有急剧的温度变化)	% ℃	95 +30	95 +35	95 +35	95 +45	95 +45
(9) 湿度(在高相对温度下伴随有急剧的温度变化)(空气/空气)	% ℃	—	—	95 -25/+35	95 -25/+35	95 -25/+35
(10) 湿度(在高含水量下伴随有急剧的温度变化⑤)(空气/空气)	g/m³ ℃	—	—	—	60 +70/+15	60 +70/+15
(11) 低相对湿度	% ℃	10 +30	10 +30	10 +30	10 +30	10 +30
(12) 周围介质的运动(空气)	m/s	可忽略	可忽略	可忽略	30	50
(13) 降雨量	mm/min	—	—	—	6	15
(14) 太阳辐射	W/m²	可忽略	700	700	1120	1120
(15) 热辐射	W/m²	可忽略	600	1200	1200	1200
(16) 除雨以外的其他来源的水	m/s	—	0.3	0.3	3	10
(17) 潮湿	—	潮湿的表面				

① 有许多在机舱中的产品仅要求该处所经过一段时间的预热后就能工作对这类产品来说,工作低温应为+5℃,而温度的梯度变化条件仅适用于非工作状态。
② 当空气温度低于-40℃时,船舶一般不航行。然而在一年最冷的时期中,船舶可能临时在港停泊,此时装在船上的产品可能处于未加防护的状态。在这种情况下,处于非工作状态的产品就可能不得不承受低至-55℃的低温环境。在内陆水道的特定情况下,船舶也可能会在低于-40℃的低温下航行。
③ 由于盐或污染物等物质的存在,水的冰点可能低于0℃。
④ 产品可能会连接在一些发热部件上,这就涉及到表面温度,例如在一些机器上,极端表面温度可能会更高,必须对这种情况有所考虑。
⑤ 假定产品仅承受急剧的降温(不是急剧的升温),含水量的数值适用于降到露点的各种温度,在各种更低的温度下,可假定相对湿度约为100%。

表 1-90　生物环境条件分级

环境参数	单位	等级	
		6B1	6B2
(1) 空气中的植物	—	可忽略	霉菌等存在
(2) 空气中的动物	—	可忽略	啮齿动物和其他对产品有害的动物存在

注:安装在船身外侧水下部分上的产品将承受水生动植物(海藻、浮渣、珊瑚)的侵蚀。

表 1-91　船用产品的化学活性物质分级

环	单位	等级		
		6C1	6C2	6C3
空气中的物质[①②] （1）盐雾	mg/m^3 cm^3/m^3	—	存在[③]	存在[③]
（2）二氧化硫(SO_2)	mg/m^3 cm^3/m^3	0.1 0.037	1.0 0.37	1.0 0.37
（3）硫化氢(H_2S)	mg/m^3 cm^3/m^3	0.01 0.0071	0.5 0.36	0.5 0.36
（4）氧化氮 （以 NO_2 的当量值表示）	mg/m^3 cm^3/m^3	0.1 0.52	1.0 0.52	1.0 0.52
（5）臭氧(O_3)	mg/m^3 cm^3/m^3	0.01 0.005	0.01 0.005	0.1 0.05
（6）盐酸(HCl)	mg/m^3 cm^3/m^3	0.1 0.066	0.1 0.066	0.5 0.33
（7）氢氟酸(HF)	mg/m^3 cm^3/m^3	0.003 0.0036	0.003 0.0036	0.03 0.036
（8）氨(NH_3)	mg/m^3 cm^3/m^3	0.3 0.42	0.3 0.42	3.0 4.2
水中的物质[④] （9）海盐	kg/m^3	可忽略	可忽略	30

① 由于装载特定货物，可能会存在其他物质和不同的严酷程度。
② 爆炸性气体不包括在所考虑的范围内。
③ 目前尚无数据。
④ 除了海盐以外，本标准未包括其他水中物质，对已采取防海盐措施的电气产品来说，其他水中物质对其影响可以忽略不计。

表 1-92　机械活性物质分级

环境参数	单位	等级		
		6S1	6S2	6S3
（1）空气中的沙	g/m^3	—	0.1	10
（2）灰尘沉积	$mg/(m^2 \cdot h)$	可忽略	3.0	3.0
（3）烟灰沉积	—	—	有烟灰存在	

注：1. 由于装载特定货物，如粉状货物、沙（包括有磨蚀作用的物质）等，也可能会存在灰尘和砂的其他严酷程度。颗粒大小的分布和化学成分与颗粒的含量一样重要（目前尚无数据）。
2. 在机舱空气中可能存在油雾微滴，其浓度可能达到 $3mg/m^3$。靠近柴油机的部位或油水分离器舱室的浓度更高，可达 $20mg/m^3$。

表 1-93　船用设备的机械环境条件分级

环境参数	单位	等级						
		6M1	6M2		6M3		6M4	
(1) 稳态振动(正弦)[①]								
位移	mm	—	1.5		1.5		1.5	
加速度	m/s²	—	10		20		50	
频率范围	Hz	—	2~13	13~100	2~18	18~100	2~28	28~100
(2) 非稳态振动(含冲击)[②]								
第Ⅰ类冲击响应谱								
峰值加速度 a	m/s²	50	100		100		100	
第Ⅱ类冲击响应谱								
峰值加速度 a	m/s²	100	300		300		300	
第Ⅲ类冲击响应谱								
峰值加速度 a	m/s²	—	—		500		500	
(3) 角运动倾斜[③]								
绕 X 轴回转(横倾)								
角度	(°)	15	15		15		15	
绕 Y 轴回转(纵倾)								
角度	(°)	10	10		10		10	
(4) 角运动摇摆[③]								
绕 X 轴回转(横摇)								
角度	(°)	22.5	22.5		22.5		22.5	
频率	Hz	0.14	0.14		0.14		0.14	
绕 Y 轴回转(纵摇)								
角度	(°)	10	10		10		10	
频率	Hz	0.02	0.2		0.2		0.2	
绕 Z 轴回转(首摇)								
角度	(°)	4	4		4		4	
频率	Hz	0.05	0.05		0.05		0.05	
(5) 恒加速度[③]								
X 轴向(纵落)								
加速度	m/s²	5	5		5		5	
Y 轴向(横落)								
加速度	m/s²	6	6		6		6	
Z 轴向(垂落)								
加速度	m/s²	10	10		10		10	

① 常规船用发动机产生的一般是带有低频成分的正弦振动。在破冰船上会出现频率高达 2000Hz，强度高达 50m/s² 的振动。由于船身或螺旋桨与水之间的碰撞可产生的力，船舶中也存在随机振动，但量级一般很低，故未将随机振动包括在内。

② 冲击是以峰值加速度 a 表示的。

③ 相对于船舶的三条相互垂直的坐标轴为：X—艏艉向；Y—横向；Z—垂向。

1.17.2 热带用设备（摘自 JB/T 4159—1999）

1.17.2.1 气候防护类型及使用环境条件

（1）热带电工产品的气候防护类型系指电工产品使用在热带气候区域时所采取的相应防护措施，为保证产品在该典型环境中使用的可靠性而设计、制造的产品类型。

（2）热带电工产品的气候防护类型分为湿热型（TH）、干热型（TA）、干热沙漠型（TS）和干湿热合型（T）。

（3）热带电工产品各类气候防护类型的使用环境条件见表1-94。

表1-94 热带电工产品使用环境条件

环境参数			气候防护类型			
			湿热型 TH	干热型 TA	干热沙漠型 TS	干湿热合型 T
气压		/kPa	90	90	90	90
空气温度 /℃	年最高		40	50	55	50
	年最低		−10	−10	−30	−10
	年平均		25	30	30	30
	月平均最高(最热月)		35	45	50	45
	日平均		35	40	40	40
	最大日温差		—	30	35	30
相对湿度≥95%时的最高温度		/℃	28	—	—	28
空气最低相对湿度		(%)	—	10	10	10
太阳辐射最大强度		/(W/m²)	1000	1120	1120	1120
最大降雨强度		/(mm/min)	6	—	—	6
地表沙土最高温度		/℃	—	75	80	75
1m深土壤最高温度		/℃	—	32	32	32
冷却水最高温度		/℃	33	35	35	35
阳光直射下黑色物体表面最高温度		/℃	80	90	90	90
凝露			有	有	有	有
霉菌			有	—	—	有
最大风速		/(m/s)	60	40	40	60
雷暴			频繁	—	—	频繁
沙土			—	有	有	有
有害动物			有	有	有	有

1.17.2.2 热带电工产品环境技术要求

(1) 各类热带电工产品应根据产品对表 1-94 中环境因素的敏感程度，确定其所选用的环境因素项目及相应的防护类型。

(2) 利用水库或冷却塔水冷却的热带电工产品，其冷却水最高温度可根据实际情况，由该热带电工产品标准加以规定，或由供需双方协商确定。

(3) 热带地区户外使用的电工产品，在确定产品温升限度时，应根据各类产品的结构特点和受太阳辐射影响程度的不同，留有一定的温升裕度，并在有关热带电工产品标准中规定。

(4) 凡实际使用的环境温度超过表 1-94 中的规定值时，由制造厂商与订货单位协商解决，或按有关产品行业标准的规定降低产品温升运行，以保证产品在该环境温度下能可靠工作。

(5) 热带地区所使用的热保护装置应尽量设置温度补偿设施，以保证环境温度变化时能可靠工作。没有温度补偿的热继电器应考虑整定时的环境温度。

(6) 对用于湿热带工业污秽较严重及沿海户外地区的高压电器设备，应考虑潮湿、污秽及盐雾的影响。其所使用的绝缘子和瓷套管应选用加强绝缘型或防污秽型产品，必要时可选用高一级额定电压的产品。

(7) 由于湿热地区雷暴比较频繁，对输变电、配电电器设备应考虑加强防雷措施。

(8) 使用于干热沙漠地区的发电机轴承及接线盒的外壳防护等级应不低于 IP54。采用空气冷却的机组，进风口应有良好滤尘措施，以保证机组安全可靠运行。

(9) 在户外使用的电动机及电气装置应采取遮阳措施，以减少太阳辐射的影响。户外用的直流电机轴承和接线盒的外壳应采取密封措施或增压通风型产品，以减少沙尘的危害。

(10) 干热沙漠地区夏季地表温度可达 80℃，电缆不宜直接置于沙地表面，应安置在防护性能较好的电缆桥架上。电缆选型及计算时应留有足够的裕度。

1.17.2.3 热带电工产品的结构与设计要求

(1) 当热带电工产品采用密封外壳时，应考虑以下几点：

1) 为减缓内部金属零件的腐蚀，在密封结构内应避免使用能产生挥发性气体的材料。在特殊情况下必须使用这类材料时，应对其中易受影响的零件采取有效的防护措施。

2) 密封材料应选用防潮、防霉和耐老化、耐低温性能良好的材料。

3) 密封体的外壳应光滑，避免有凹陷、锐边或棱角等存在，以免因积水、积尘而导致腐蚀。

4) 对产品密封装配时，应在清洁、干燥的环境条件下操作，以免因内部空气不洁或温度变化时产生凝露而使金属件遭受腐蚀。

(2) 对采用防护式外壳或其他不完全密封外壳的产品，应考虑：

1) 加强内部绝缘结构件的防潮抗霉能力。

2) 提高内部金属件表面防护层耐盐雾腐蚀的性能。

3) 在有昆虫及其他有害动物危害的场所，对其外壳结构应加防护网罩。

(3) 对采用油或其他液体介质的密封结构的干热型、干热沙漠型或干湿热合型的产品，由于干热地区日夜温差较大，必须考虑热胀冷缩所致的体积变化及泄漏现象。

对以油作绝缘或冷却介质的湿热型或干湿热合型产品，由于湿热地区湿度大，需考虑采取能防止油介质受潮劣化的措施。

对户外用较大型的密封结构的电工产品，为防止日夜温差大而在壳内形成凝露水积聚，在底部应考虑设置凝露水的流出孔。

(4) 热带电工产品应有可靠的接地装置，所用螺钉和垫圈的表面应有良好的保护镀层。

(5) 由于有可能因凝露而导致表面绝缘降低，湿热型和干湿热合型电工产品的导电体间及其对地的绝缘体，可考虑适当增大爬电距离，或另选优良材料，以减少泄漏电流。

(6) 干热型、干热沙漠型和干湿热合型户外产品应考虑砂尘的影响。对户内产品是否采取防尘措施，由各类产品标准根据产品结构与特点不同分别考虑。

(7) 较大型热带产品加热器功率的选择，一般按照使产品内部需加保护部位附近空间温度较外界空气温度至少提高5K设计。加热器的设置应不使其附近的绝缘超过耐热允许温度。

1.17.2.4 材料选用要求

(1) 热带电工产品应选用防潮、抗霉、耐盐雾、耐热、耐寒冷性能良好的材料及可靠的镀层、涂层材料。

(2) 热带电工产品采用的衬垫或填封材料，应在规定温度下具有良好的弹性和粘性，以及低的收缩率。在空气最高温度和强烈日照所引起的高温及最大温差影响下，应能避免产生变形、开裂或熔化流失而导致介质的受潮劣化。

(3) 热带电工产品所用的绝缘材料应有优良的防潮性能。除全部浸在油内或其他电介质中的绝缘件之外，不得应用未经防护处理的天然纤维材料及其制品。

(4) 干热型、干热沙漠型产品可选用湿热型产品使用的材料，但所选用的材料应保证能经受干热气候条件（高温、干燥、温差大等）的影响。

(5) 为保证产品运转性能良好，所选用的润滑油脂在高温高湿条件使用时，不应产生潮解、变质、结块、硬化等现象。此外，尚须考虑在低温条件下的良好润滑效果。

1.17.2.5 工艺防护要求

(1) 为减缓黑色金属结构件的腐蚀，其表面应加保护层。对浸于油中的黑色金属制件，其表面允许不加保护层。但为了防止在库存、运输期间产生腐蚀，对于未加电镀或油漆保护的黑色金属材料，应采用油封等临时保护措施。

(2) 热带电工产品的结构材料当采用铝合金时，应经阳极氧化或化学氧化处理，也可用涂漆保护。

(3) 产品钢制零件表面的保护性镀层，一般可采用镀锌，但须经钝化处理。

(4) 经电镀钝化的金属件在装配后，由于装配而影响镀层质量时，其表面可再涂覆一层气干清漆，以提高其防腐蚀性能。

(5) 在湿热地区使用的电工产品在选择金属材料及其保护层时，应考虑不同金属接触腐蚀的影响。

(6) 热带电工产品的导电紧固件应加电镀层保护。

(7) 热带电工产品用的钢制弹簧，其表面应采取可靠的保护措施，如镀锌钝化，或磷化后涂漆等。但所用措施不应影响弹簧的工作性能。细弹簧可采用不锈钢制造，不必电镀。

(8) 热带电工产品上的导电材料，当铜和铝并用时，应良好地解决铜铝接头的连接问题。

在热带沿海户外空气中含有盐雾的地区，如采用铝及铝合金作为导电材料，应对其表面采取保护措施。

(9) 热带电工产品的铭牌或标志牌应尽量采用黄铜制成，其表面应加镀层保护。在某些情况下采用铝时，则应进行阳极氧化处理。

热带电工产品的小型铭牌或标志牌所用的薄膜印刷材料和粘合胶必须具有良好的防潮、抗霉和耐热性能。

(10) 湿热型或干湿热合型电工产品金属表面的涂漆应光滑，并有良好的防潮性能。漆膜与底金属之间应具有良好的附着力，所用的底漆与面漆等均应互相适应配套。

(11) 产品装配时应注意清除在潮湿条件下会导致加速腐蚀、长霉或其他问题的杂质，如残存的焊剂、金属颗粒、锯屑等。

第 2 章　电气传动系统方案及电动机选择

一个电气传动系统由电动机、电源装置和控制装置三部分组成，它们各自有多种设备或线路可供选用。本章的任务是如何根据生产机械的负载性质、工艺要求及环境条件选择电气传动方案，各方案的具体内容将在以后各章中介绍。

2.1　电气传动系统的组成

2.1.1　电动机

1. 电动机的类型及其自然机械特性　电动机的类型如下：

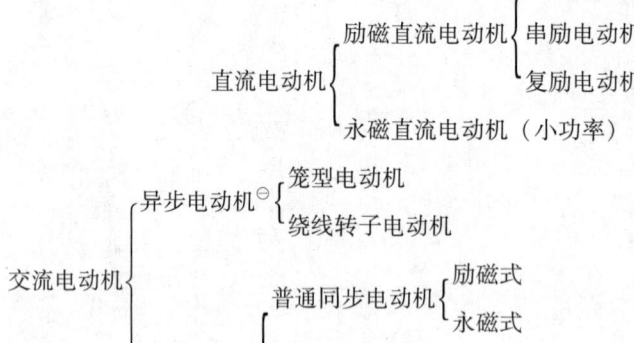

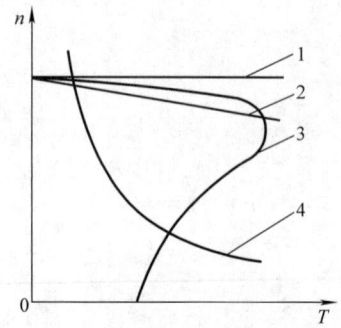

图 2-1　电动机的自然机械特性
1—同步电动机　2—他励直流电动机　3—异步电动机　4—串励直流电动机

各种电动机的自然机械特性见图 2-1。
各类电动机机械特性计算公式及主要性能见表 2-1。

2. 电动机的外壳结构型式　有开启式、防护式、防滴防溅式、封闭式、防爆式、密闭式六种。而封闭式又分为自然冷却式、管道通风式、自冷式（外部有风扇）。

⊖ 异步电动机包括双馈异步电动机、交流换向器电动机和感应电动机，在 GB/T 2900.25—1994《电工术语　旋转电机》中规定，在不致引起误解和混淆的情况下，一般可称感应电动机为异步电动机，考虑到与电机专业国家标准（如 GB/T 4831—1984《电机产品型号编制方法》中列有异步电动机，而未列感应电动机）和生产与使用部门中实际使用的术语相衔接，本手册中无特殊说明的异步电动机均指三相感应电动机。GB/T 2900.25—2008 中已不再将感应电动机等同于异步电动机。

⊖ 无换向器电动机属同步电动机类，也分励磁式（大中功率）和永磁式（小功率）两类。它不同于普通同步机，而由方波逆变器供电，需特殊设计。

⊖ 磁阻电动机的转子为实心铁心，无励磁绕组或永磁材料，靠 d、q 轴磁路不对称产生的反应转矩工作。

表 2-1 电动机的机械特性

类型		特性公式	符 号	特性曲线	性能
交流电动机	异步电动机	$P = m_1 U_1 I_1 \cos\varphi$ $T = \dfrac{m_1}{\omega_s} \dfrac{U_1^2 r_2' s}{(r_1 s + r_2')^2 + s^2 x_k^2}$ $s_{cr} = \dfrac{r_2'}{\sqrt{r_1^2 + x_k^2}}$ $x_k = x_1 + x_2'$ $T_{cr} = \dfrac{m_1 U_1^2}{2\omega_s (\sqrt{r_1^2 + x_k^2} - r_1)}$ $T = \dfrac{2 T_{cr}(1+q)}{\dfrac{s}{s_{cr}} + \dfrac{s_{cr}}{s} + 2q}$ $s_{cr} = s_N (\lambda_T + \sqrt{\lambda_T^2 - 1})$ $\lambda_T = \dfrac{T_{cr}}{T_N}$ $T_s = \dfrac{m_1}{\omega_s} \dfrac{U_1^2 r_2'}{(r_1 + r_2')^2 + x_k^2}$ $s = \dfrac{\omega_s - \omega}{\omega_s}$ $\omega_s = \dfrac{2\pi n_s}{60}$ $n_s = \dfrac{60 f_1}{p}$ $q = \dfrac{r_1}{\sqrt{r_1^2 + x_k^2}}$ 大型电动机的 r_1 很小，可以忽略，则有 $s_{cr} \approx \dfrac{r_2'}{x_k}$ $T_{cr} \approx \dfrac{m_1 U_1^2}{2\omega_s x_k}$ $T \approx \dfrac{2 T_{cr}}{\dfrac{s}{s_{cr}} + \dfrac{s_{cr}}{s}}$ $T_s \approx \dfrac{m_1}{\omega_s} \dfrac{U_1^2 r_2'}{r_2'^2 + x_k^2}$	P—电磁功率（kW） m_1—相数 U_1—定子相电压（V） I_1—定子相电流（A） $\cos\varphi$—功率因数 T—电磁转矩（N·m） r_1—定子相电阻（Ω） r_2'—折算到定子侧的转子相电阻（Ω） x_1—定子电抗（Ω） x_2'—折合到定子侧的转子电抗（Ω） x_k—短路电抗（Ω） s—转差率 s_N—额定转差率 s_{cr}—临界转差率 λ_T—转矩过载倍数 T_N—额定转矩（N·m） T_{cr}—临界转矩（N·m） T_s—起动转矩（N·m） ω—角速度（1/s） ω_s—同步角速度（1/s） n_s—同步转速（r/min） f_1—供电频率（Hz） p—磁极对数 q—系数	自然特性 不同转子电阻 （U_1= 常数） 不同电源电压 （R_2= 常数） 各种运行状态 不同极对数 不同供电频率 （当 U_1/f= 常数）	笼型电动机：简单、耐用、可靠、易维护、价格低、特性硬，但起动和调速性能差，轻载时功率因数低。一般无调速要求的机械广泛采用。在变频电源供电下可平滑调速。变极数多速电动机，可分级变速调节，但体积大，价格较贵 绕线转子电动机：因有集电环，比笼型电动机维护较麻烦，价格也稍贵，但由于它起动转矩大，起动时功率因数高，且可进行小范围的速度调节，控制设备简单，故广泛用于各种生产机械，尤其用于电网容量小、起动次数多的机械，如提升机、起重机及轧钢机械等

（续）

类型		特性公式	符 号	特性曲线	性能
交流电动机	同步电动机	$n_s = \dfrac{60f}{p}$ $T_s = \dfrac{9.55 m_1 U_1 E_0}{n_s x_s} \sin\theta$ $T_{max} = \dfrac{9.55 m_1 U_1 E_0}{n_s x_s}$	E_0—空载电动势（V） θ—电动势与电压的相角差 T_s—同步转矩（N·m） x_s—同步电抗（Ω）		一般不调速，也可变频调速
直流电动机		$E = K_e \Phi n = C_e n$ $K_e = \dfrac{pN}{60a}$ $T = K_T \Phi I_a = C_T I_a$ $K_T = \dfrac{K_e}{1.03}$ $n = \dfrac{U - I_a(R_a + R)}{K_e \Phi}$ $n_s = \dfrac{U}{K_e \Phi}$ $n = \dfrac{U}{K_e \Phi} - \dfrac{R_a + R}{K_e K_T \Phi^2} T$ $T_N = 9550 \dfrac{P_N}{n_N}$	E—反电动势（V） Φ—磁通（Wb） K_e—电动机电动势结构常数 K_T—电动机转矩结构常数 N—电枢绕组的导体总数 a—电枢绕组的支路对数 I_a—电枢电流（A） U—电枢电压（V） T—电磁转矩（N·m） R_a—电枢电阻（Ω） R—电枢回路附加电阻（Ω） T_N—额定转矩（N·m） T_L—负载转矩（N·m） P_N—额定功率（kW） C_e—电动机电动势常数 C_T—电动机转矩常数	他励电动机改变电枢回路附加电阻 他励电动机改变电枢端电压 他励电动机改变励磁（虚线为恒功率调速） 他励电动机各种运行状态	调速性能好，范围宽，采用电子控制下，能充分适应各种机械负载特性的需要，但它的价格贵、维护复杂，且需直流电源，因此只在交流电动机不能满足调速要求时才采用它 　串励直流电动机的特点是起动转矩大、过载能力大、特性软，适用于电力牵引机械和起重机等 　复励直流电动机的起动转矩和过载能力比并励直流电动机大，但调速范围稍窄。接成积复励时，适用于起动转矩很大，负载具有强烈变化的设备上

2.1.2 电源装置

电动机的电源装置分母线供电装置、机组变流装置及电力电子变流装置三大类。

(1) 母线供电装置（与电器控制系统配合使用）可分为

1) 交流母线；

2) 直流母线。

(2) 机组变流装置可分为

1) 直流发电机组，20 世纪 70 年代以前广泛使用，随着电力电子技术发展已逐步淘汰。

2) 变频机组。

(3) 电力电子变流装置按变流种类可分为

1) 整流；

2) 交流调压；

3) 变频，又分成交-直-交间接变频和交-交直接变频两类。

(4) 电力电子变流装置按使用的器件可分为

1) 汞弧整流器，在 20 世纪 60～70 年代以前盛行，现已淘汰；

2) 普通晶闸管；

3) 新型自关断器件，如门极关断（GTO）晶闸管、IGCT、IEGT 等适用于中压几百千瓦至兆瓦功率等级（GTO 晶闸管已被 IGCT 和 IEGT 所取代）；电力晶体管（BJT）、IGBT 适用于几千瓦至兆瓦功率等级（BJT 已被 IGBT 所取代）；电力场效应晶体管（POWER MOSFET）适用几千瓦以下功率等级；其他还有静电感应晶体管（SIT）和静电感应晶闸管（SITH）等，主要用于高频变换等。

2.1.3 电气传动控制系统

1. 电气传动控制系统按所用的器件分

(1) 电器控制：又称继电器-接触器控制，与母线供电装置配合使用；

(2) 电机扩大机和磁放大器控制：与机组供电装置配合使用，在 20 世纪 30～60 年代盛行，随电子技术发展，已逐步淘汰；

(3) 电子控制装置又分为电子管控制装置（在 20 世纪 40～60 年代，少数传动设备用过，已淘汰）和半导体控制装置（又有分立器件、中小规模集成电路及微机和专用大规模集成电路等几代产品）。

2. 电气传动控制系统按工作原理分

(1) 逻辑控制：通过电气控制装置控制电动机起动、停止、正反转或有级变速，控制信号来自主令电器或可编程序控制器。

(2) 连续速度调节：与机组或电力电子变流装置配合使用，连续改变电动机转速。这类系统按控制原则分开环控制、闭环控制及复合控制三类。按控制信号的处理方法分模拟控制、数字控制及模拟/数字混合控制三类。

直流连续速度调节一般都采用双环线路，交流调速常用线路有：电压/频率比控制，转差频率控制、矢量控制和直接转矩控制。

2.2 生产机械的负载类型及生产机械和电动机的工作制

2.2.1 生产机械的负载类型

生产机械的负载转矩 T_L 随转速 n 而变化的特性 $[T_L = f(n)]$ 称为负载特性,通常有以下三种类型。

1. **恒转矩负载** 负载转矩 T_L 与转速 n 无关,在任何转速下, T_L 总保持恒定或大致恒定,这类负载称为恒转矩负载,它多数呈反抗性的,即 T_L 的极性随转速方向的改变而改变,总是起反阻转矩作用,见图 2-2a。轧钢机、造纸机、运输机、机床等均属于此类负载,还有一种位势性转矩负载, T_L 的极性不随转速方向的改变而改变,见图 2-2b,电梯、卷扬机、起重机的提升机构均属此类。

2. **恒功率负载** 某些机械,如机床的切削,通常在粗加工时,切削量大,阻转矩也大,采用低速;而精加工时,切削量小,阻转矩小,采用高速。负载转矩 T_L 与转速 n 成反比,形成恒功率负载,见图 2-2c。轧钢机中的卷取机及开卷机要求恒张力轧制时也属恒功率负载。负载的恒功率性质是就一定的速度变化范围而言的,当速度很低时,受机械强度限制, T_L 不可能无限增大,在低速区转为恒转矩性质。负载的恒功率和恒转矩区对传动方案的选择有很大影响,电动机(无论是交流电动机还是直流电动机)在恒磁

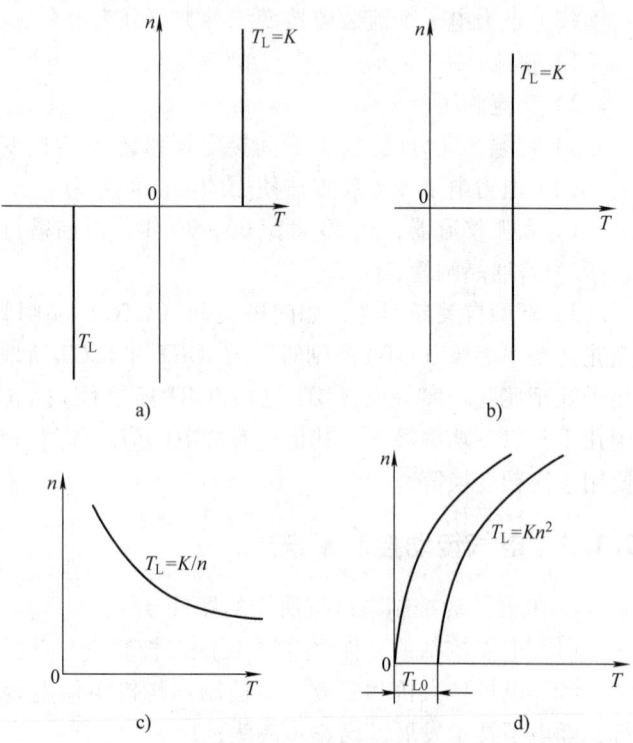

图 2-2 生产机械的负载特性
a) 恒阻转矩负载 b) 恒位势转矩负载
c) 恒功率负载 d) 风机、泵类负载

调速时最大输出转矩不变——恒转矩调速;而在弱磁调速时,最大输出转矩与转速成反比——恒功率调速。如果电机的恒功率和恒转矩调速范围和负载的恒功率和恒转矩区一致,电动机及供电装置功率最小,但若负载恒功率区很宽,要继续维持上述关系,将要求特殊的宽弱磁调速范围电动机,这给电动机制造及控制带来困难,成本反而增高,这时需寻找一个折中方案,适当增大电动机功率,减小弱磁调速范围。

3. **风机、水泵负载(二次型负载)** 在各种风机、水泵、油泵中,随叶轮的转动,空气、水、油对叶片的阻力在一定转速范围内大致与转速 n 的二次方成正比,其特性见图 2-2d,图中 T_{L0} 系机器传动部分的摩擦阻转矩,电动机起动时,速度低,阻力矩小,易起动。在额定转速附近,较小的 n 变化将使机械出力有较大变化。

2.2.2 生产机械的工作制

2.2.2.1 长期工作制

生产机械长期恒速（或变化不大）运行。根据负载施加方式不同，又可分为下列三类。

1. 平稳负载　负载转矩长时间不变或变化不大，例如风机、泵、压缩机、磨粉机等，这类机械对电气传动装置的要求简单，只要有足够的功率和起动转矩就行。

2. 波动或重复短时负载　负载长期施加，但大小波动或周期性重复施加。例如某些恒速轧钢机，这类机械除要求电气传动装置有足够功率和起动转矩外，还要求有足够的过载转矩。

3. 短时负载　施加负载时间很短，在负载周期中占比例很小。这类机械通常有较大飞轮力矩，施加负载时，速度略降低，飞轮发出能量做功，电动机功率可适当减小。对电气传动装置的要求是有足够的起动和过载转矩，电动机发热校验一般都不成问题。

2.2.2.2 短期和重复短期工作制

1. 短期工作制　生产机械经较长时间间隔起停或加减速一次，完成一个工作循环，例如起停式剪切机械和长期工作制的短时负载一样，要求电动机的起动和过载转矩大于负载转矩（发热校验一般不成问题）。区别在于短期工作制的生产机械对起制动（或加减速）时间或行程有要求，需有足够的加减速动态转矩。

2. 重复短期工作制　生产机械周期性的起停或加减速，间隔较短，例如可逆轧机、提升机械等。它除了要求有足够的起制动转矩（满足机械对加减速时间或行程的要求）和过载能力外，还要进行发热校验。不同于长期工作制的重复短时负载的发热校验，要考虑加减速电流所增加的损耗。

2.2.3 电动机的工作制

对应于生产机械的各种工作制，通常将传动电动机的工作制类型分为表 2-2 所示的 10 类。

表 2-2　电动机的工作制类型

序号	工作制类别	定义	示意图
1	连续工作制 S1	保持在恒定负载下运行至热稳定状态	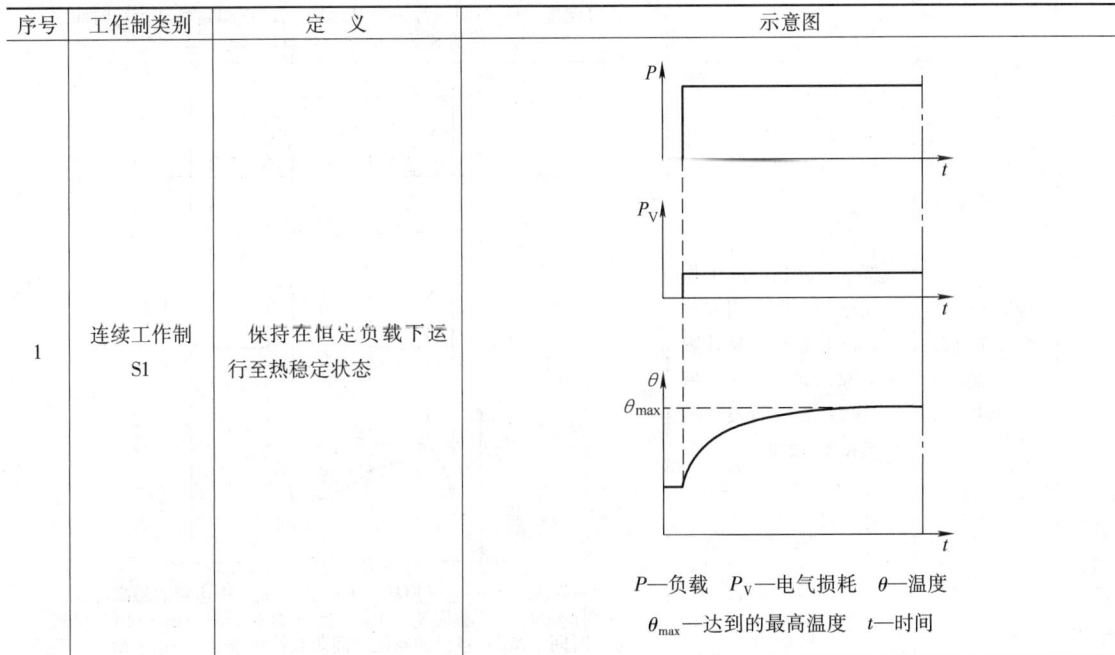 P—负载　P_V—电气损耗　θ—温度 θ_{max}—达到的最高温度　t—时间

(续)

序号	工作制类别	定义	示意图
2	短时工作制 S2	在恒定负载下按给定的时间运行,电机在该时间内不足以达到热稳定状态时,随之停机和断能,其时间足以使电机再度冷却到与冷却介质温度之差在 2K 以内	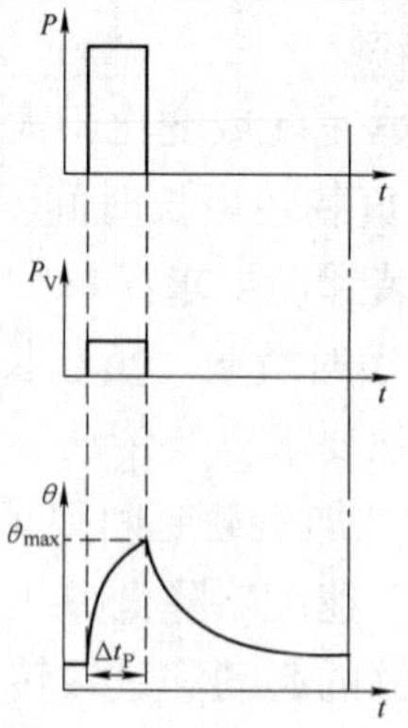 P—负载 P_V—电气损耗 θ—温度 θ_{max}—达到的最高温度 t—时间 Δt_P—恒定负载运行时间
3	断续周期工作制 S3	按一系列相同的工作周期运行,每一周期包括一段恒定负载运行时间和一段停机和断能时间。这种工作制,每一周期的起动电流不致对温升有显著影响	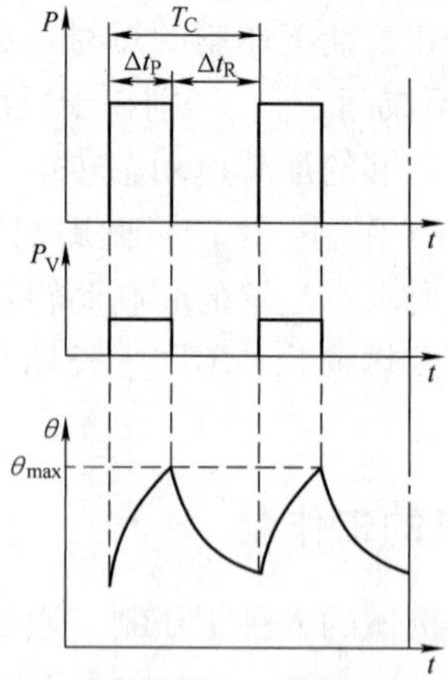 P—负载 P_V—电气损耗 θ—温度 θ_{max}—达到的最高温度 t—时间 T_C—负载周期 Δt_P—恒定负载运行时间 Δt_R—停机和断能时间 负载持续率 $=\Delta t_P/T_C$
4	包括起动的断续周期工作制 S4	按一系列相同的工作周期运行,每一周期包括一段对温升有显著影响的起动时间、一段恒定负载运行时间及一段停机和断能时间	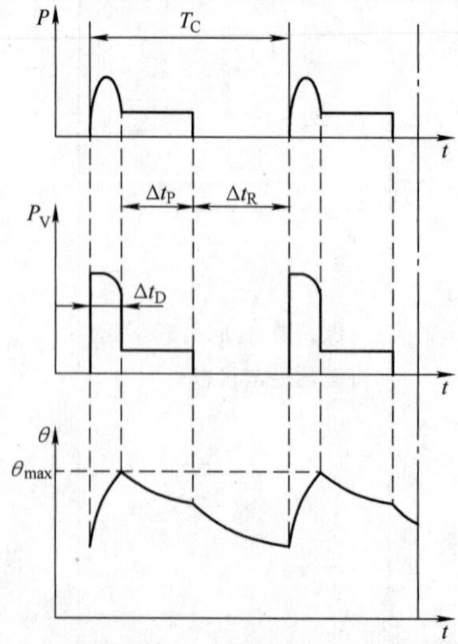 P—负载 P_V—电气损耗 θ—温度 θ_{max}—达到的最高温度 t—时间 T_C—负载周期 Δt_D—起动/加速时间 Δt_P—恒定负载运行时间 Δt_R—停机和断能时间 负载持续率 $=(\Delta t_D+\Delta t_P)/T_C$

(续)

序号	工作制类别	定 义	示意图
5	包括电制动的断续周期工作制 S5	按一系列相同的工作周期运行,每一周期包括一段起动时间、一段恒定负载运行时间、一段电制动时间及一段停机和断能时间状态	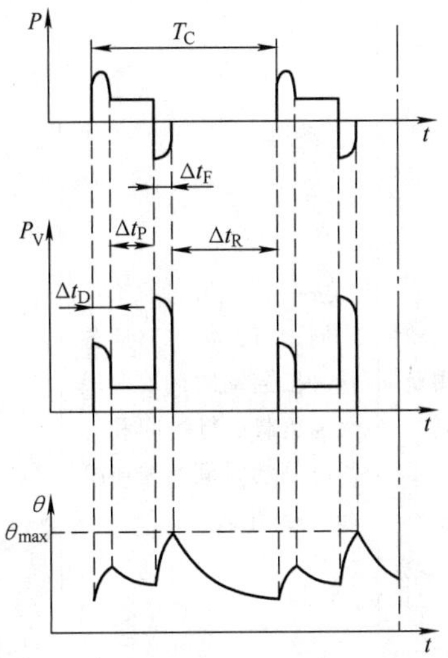 P—负载 P_V—电气损耗 θ—温度 θ_{max}—达到的最高温度 t—时间 T_C—负载周期 Δt_D—起动/加速时间 Δt_P—恒定负载运行时间 Δt_F—电制动时间 Δt_R—停机和断能时间 负载持续率 = $\Delta t_P / T_C$
6	连续周期工作制 S6	按一系列相同的工作周期运行,每一周期包括一段恒定负载运行时间和一段空载运行时间,无停机和断能时间	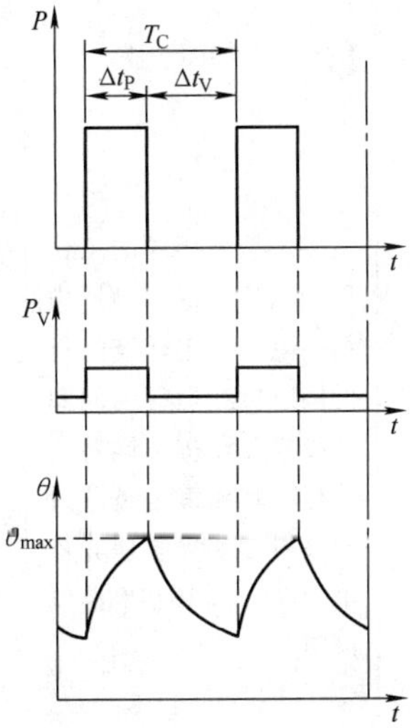 P—负载 P_V—电气损耗 θ—温度 θ_{max}—达到的最高温度 t—时间 T_C—负载周期 Δt_P—恒定负载运行时间 Δt_V—空载运行时间 负载持续率 = $\Delta t_P / T_C$

(续)

序号	工作制类别	定义	示意图
7	包括电制动的连续周期工作制 S7	按一系列相同的工作周期运行,每一周期包括一段起动时间、一段恒定负载运行时间和一段电制动时间,无停机和断能时间	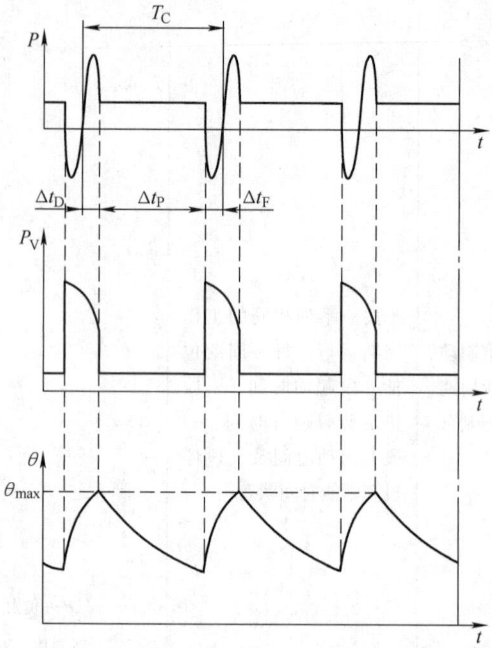 P—负载 P_V—电气损耗 θ—温度 t—时间 T_C—负载周期 Δt_D—起动/加速时间 Δt_P—恒定负载运行时间 Δt_F—电制动时间 负载持续率 = 1
8	包括负载-转速相应变化的连续周期工作制 S8	按一系列相同的工作周期运行,每一周期包括一段按预定转速运行的恒定负载运行时间和一段或几段按不同转速运行的其他恒定负载时间(例如变极多速异步电动机),无停机和断能时间	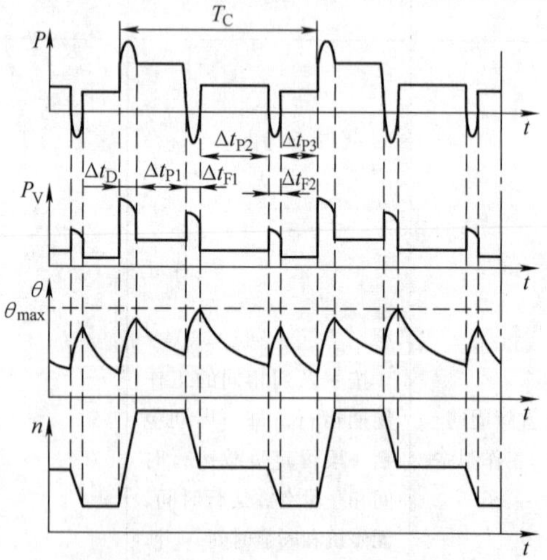 P—负载 P_V—电气损耗 θ—温度 θ_{max}—达到的最高温度 n—转速 t—时间 T_C—负载周期 Δt_D—起动/加速时间 Δt_P—恒定负载运行时间(P_1, P_2, P_3) Δt_F—电制动时间(F_1, F_2) 负载持续率 = $(\Delta t_D + \Delta t_{p1})/T_C$、$(\Delta t_{F1} + \Delta t_{P2})/T_C$、$(\Delta t_{F2} + \Delta t_{P3})/T_C$

(续)

序号	工作制类别	定 义	示意图
9	负载和转速作非周期变化的工作制 S9	负载和转速在允许的范围内作非周期性变化的工作制，这种工作制包括经常性过载，其值可远远超过基准负载	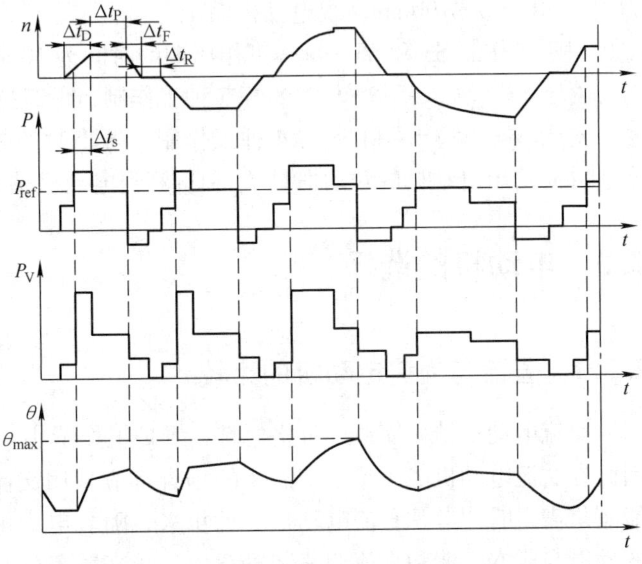 P—负载 P_{ref}—基准负载 P_V—电气损耗 θ—温度 θ_{max}—达到的最高温度 n—转速 t—时间 Δt_D—起动/加速时间 Δt_P—恒定负载运行时间 Δt_F—电制动时间 Δt_n—停机和断能时间 Δt_s—过载时间
10	离散恒定负载和转速工作制 S10	包括特定数量的离散负载（或等效负载）/转速（如可能）的工作制，每一种负载/转速组合的运行时间应足以使电机达到热稳定。在一个工作周期中的最小负载值可为零（空载或停机和断能）	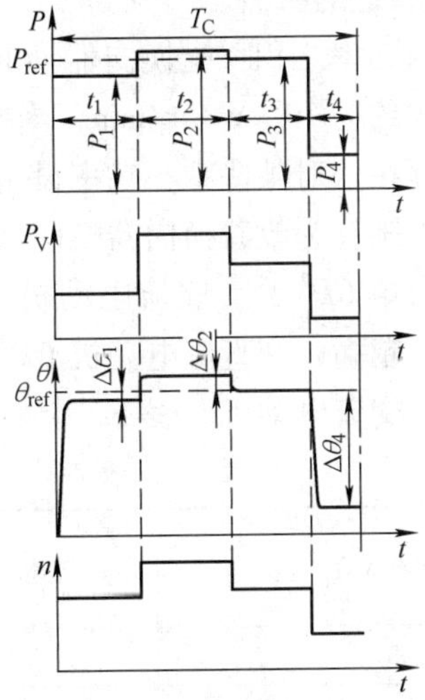 P—负载 P_{ref}—基准负载 P_V—电气损耗 θ—温度 θ_{max}—达到的最高温度 n—转速 t—时间 Δt_D—起动/加速时间 Δt_P—恒定负载运行时间 Δt_F—电制动时间 Δt_n—停机和断能时间 Δt_s—过载时间

这 10 类工作制中，工作制 S1 可以按照电动机铭牌给出的连续定额作长期运行。对于工作制 S2，电动机应在实际冷状态下起动，并在规定的时限内运行。短时定额的时限一般规定为 10、30、60 或 90min，视电动机而定。

对于工作制 S3 和 S6，每一工作周期的时间为 10min。

对于 S3、S4、S5、S6 和 S8 等 5 种工作制，负载持续率为 15%、25%、40% 和 60%。

对于 S4、S5、S7 和 S8 等 4 种工作制，每小时的等效起动次数一般分为 150、300 或 600 次，并应给出电动机的转动惯量 J_m 和折算到电动机轴上的全部外加转动惯量 J_{ext} 之值。

2.3 电动机的选择

2.3.1 直流与交流电动机的比较

交流电动机结构简单、价格便宜、维护工作量小，但起制动及调速性能不如直流电动机。因此在交流电动机能满足生产需要的场合都应采用交流电动机，仅在起制动和调速等方面不能满足需要时才考虑直流电动机。近年来，随着电力电子及控制技术的发展，交流调速装置的性能与成本已能和直流调速装置竞争，越来越多的直流调速应用领域被交流调速占领。在选择电动机种类时应从以下几方面考虑选用交流电动机还是直流电动机。

2.3.1.1 不需调速的机械

包括长期工作制、短时工作制和重复短时工作制机械，应采用交流电动机。仅在某些操作特别频繁、交流电动机在发热和起制动特性不能满足要求时，才考虑直流电动机，只需几级固定速度的机械可采用多极交流电动机。

2.3.1.2 需要调速的机械

（1）转速与功率之积：受换向器换向能力限制，按目前的技术水平，直流电动机最大的转速与功率之积约为 $10^6 kW \cdot r/min$，当接近或超过该值时，宜采用交流电动机，这问题不仅对大功率设备存在，对某些中小功率设备在要求转速特别高时也存在。

（2）飞轮力矩：为改善换向器换向条件，要求直流电动机电枢漏感小，电动机转子短粗，因而造成飞轮力矩 GD^2 大。交流电动机（无换向器电动机除外）无此限制，转子细长，GD^2 小，电动机转速越高，交直流电动机 GD^2 之差越大，当直流电动机的 GD^2 不能满足生产机械要求时，宜采用交流电动机。表 2-3 中列出几台实际电动机的 GD^2 值，供参考。

表 2-3 交直流电动机的 GD^2 值

功率/kW	转速/(r/min)	$GD^2/kV \cdot m^2$	
		交流	直流
9500	70/140	441	794
9000（交流）2×4500（直流双电枢）	250/578	42	188

（3）为解决直流电动机 GD^2 大和功率受限制的问题，过去许多机械采用双电枢或三电枢直流电动机传动，但电动机造价高，占地面积大，易产生轴扭振，随着交流调速技术的发展，上述方案已不可取，应考虑改用单台交流电动机。

（4）在环境恶劣场合，例如高温、多尘、多水气、易燃、易爆等场合，宜采用无换向器、无火花、易密闭的交流电动机。

(5) 交直流电动机调速性能差不多，目前高性能系统的转矩响应时间都是 10～20ms，速度响应时间都在 100ms 左右，交流电动机 GD^2 小，略快一些，为获得同样的性能，交流调速系统比直流调速系统复杂，要求较高调整维护水平。

(6) 对电网的影响

1) 可控整流直流调速装置存在输入功率因数低及输入电流中存在 5、7、11、13、…次谐波问题。

2) 晶闸管交-直-交变频交流调速装置的输入部分仍是可控整流，对电网的影响和直流调速时相同。

3) 晶闸管交-交变频交流调速也基于移相控制，输入功率因数和直流调速时差不多，输入电流中除 5、7、11、13、…次谐波外，还有旁频、谱线数目增加，但幅值减少。

4) IGBT 和 IGCT（或 IEGT）PWM 交流变频调速传动输入功率因数好，接近"1"，采用有源前端整流（PWM 整流）可以做到功率因数等于"1"，且输入电流为正弦，供电设备容量小，不必装无功补偿装置，节约供电费用。

(7) 成本：交流调速用变流装置比直流调速用整流装置贵，因为变流调速用变流装置按电动机的电压电流峰值选择器件，当三相电流中某一相电流处于峰值时，另两相电流只有一半，器件得不到充分利用，交流电动机比直流电动机便宜，可以补偿变流装置增加的成本，目前：

1) 中小功率（300kW 以下）传动系统采用 IGBT 的 PWM 变频调速装置的成本比直流装置略贵，但可以从电动机差价和减少维修中得到补偿，交流调速正逐步取代直流调速。

2) 大功率（2000kW 以上）调速传动系统，交流电动机和调速装置的总价格已与直流相当或略低，新建设备基本上已全部采用交流传动，原有直流调速设备也逐步改用交流调速设备。

3) 中功率（200～2000kW）调速传动系统，交流装置比直流装置贵许多，目前直流用得较多，由于 IGBT PWM 变频可节约电费，现在 1000kW 以下的新建传动系统也在考虑使用交流。

(8) 损耗与冷却通风

1) 采用直流电动机时，主电路功率流入转子，散热困难，需要通风功率大，冷却水多。

2) 采用交流同步电动机时，主电路功率流入定子，散热条件好，通风功率小，比直流电动机节能、节水一半左右。

3) 采用交流异步电动机时，主电路功率虽也流入定子，但功率因数低，效率与直流电动机差不多。

2.3.2 交流电动机的选择

2.3.2.1 普通励磁同步电动机

1. 优点

(1) 电动机功率因数高；

(2) 用于变频传动时，电动机功率因数等于"1"，使变频装置容量最小，变频器输入功率因数改善；

(3) 效率比异步电动机的高；

(4) 气隙比异步电动机的大，大容量电动机制造容易。

2. 缺点

(1) 需附加励磁装置；

(2) 变频调速控制系统比异步电动机的复杂；

3. 应用场合

(1) 大功率不调速传动；

(2) 600r/min 以下大功率交-交变频调速传动，例如轧机、卷扬机、船舶驱动、水泥磨机等。交-交变频用同步电动机属普通励磁同步电动机范围，但与不调速电动机相比有如下特点：最高频率 20Hz 以下；电动机电压按晶闸管变频装置最大输出电压配用，目前线电压有效值一般在 1600~1700V；阻尼绕组按改善电动机特性设计，不考虑异步起动；电动机机械强度加强，按直流电动机强度设计。

2.3.2.2 永磁同步电动机

永磁同步机的结构型式和控制方法很多，目前应用较多的是正弦波永磁同步电动机〔简称永磁同步电动机（PMSM）〕和方波永磁同步电动机〔又称无刷直流电动机（BLDCM）〕。两者结构基本相同，仅气隙磁场波形不同；PMSM 磁场波形为正弦波，定子三相绕组电流为正弦波；BLDCM 磁场波形为梯形波，定子三相绕组电流为方波。两者中，BLDCM 控制较简单，出力较大，但转矩脉动较大，调速性能不如 PMSM。近年来，为减少转矩脉动，BLDCM 的控制也用 PWM，甚至电流也用正弦波，两种电动机的差别越来越小。与普通电动机相比，永磁同步电动机效率高、功率（单位重量产生的功率）高、惯量小，但价格略贵。永磁同步电动机的应用场合和功率范围日益扩大，目前容量在几十千瓦以下，个别做到几百千瓦甚至兆瓦。它在车船驱动和伺服系统中得到了广泛应用。

2.3.2.3 大功率无换向电动机

1. 特点

(1) 输入电流为 120°方波，带来转矩脉动及低速性能差缺点，设计电动机磁路时需考虑如何减少该影响；

(2) 电路设计时需计及谐波电流带来的附加损耗；

(3) 大中功率无换向器电动机由晶闸管变频器供电，为实现换相，要求电动机工作在功率因数超前区，因此加大了变频器容量及励磁电流；同时电动机过载能力差（1.5~2 倍），欲降低上述影响，要求电动机定子绕组漏感小，致使电动机短粗，GD^2 大。

(4) 无转速和频率上限。

2. 应用场合

用于大功率、高速（600r/min 以上）、负载平稳、过载不多场合，例如风机、泵、压缩机等。

2.3.2.4 异步电动机

1. 特点

(1) 笼型异步电动机结构简单，制造容易，价格便宜；

(2) 绕线转子异步电动机可以通过在转子回路中串电阻、频敏电阻或通过双馈改变电动机特性，改善起动性能或实现调速；

(3) 功率因数及效率低。在采用变频调速时，加大变频器容量；

(4) 气隙小，大功率电动机制造困难；

(5) 调速控制系统比同步电动机的简单。

2. 应用场合

（1） 2000~3000kW 以下、不调速、操作不频繁场合，宜用笼型异步电动机；

（2） 2000~3000kW 以下、不调速，但要求起动力矩大或操作较频繁场合，宜用绕线转子异步电动机；

（3） 环境恶劣场合宜用笼型异步电动机；

（4） 2000~3000kW 以下，转速大于 100r/min 的交流调速系统，由于异步电动机的临界转矩 T_{er} 在恒功率弱磁调速段与 $(\omega_{sn}/\omega_s)^2$ 成比例，随转速上升，以二次方关系下降，所以不适合用于 $(\omega_{sn}/\omega_s) > 2$ 场合。

2.3.2.5 开关磁阻电动机

这是一种与小功率笼型异步电动机竞争的新型调速电动机，转子为实心铁心，d、q 轴磁路不对称，定子有多相绕组，利用电力电子器件轮流接通定子各绕组，靠反应力矩使电动机旋转。这种电动机调速装置简单，不用逆变器，无逆变失败故障，可靠性高，它的结构比笼型异步电动机简单，而功率因数和效率两者差不多，但运行噪声和转矩脉动较大，目前容量范围在几十千瓦以下，个别上百千瓦，用于中小功率调速传动。

2.3.3 直流电动机的选择

（1） 需要较大起动转矩和恒功率调速的机械，如电车、牵引机车等，用串励直流电动机。

（2） 其他使用直流电动机场合，一般均用他励直流电动机。注意要按生产机械的恒转矩和恒功率调速范围，合理地选择电动机的基速及弱磁倍数。

2.3.4 电动机结构型式的选择

（1） 在采暖的干燥厂房中，采用开启式、防护式电动机。

（2） 在不采暖的干燥厂房，或潮湿而无潮气凝结的厂房中，采用开启式和防护式电动机。但需要能耐潮的绝缘。

（3） 在特别潮湿的厂房中，由于空气中的水蒸气经常饱和，并可能凝成水滴，需用防滴式、防溅式或封闭式电动机，并带耐潮的绝缘。

（4） 在无导电灰尘的厂房中

1） 当灰尘易除掉，且对电动机无影响，及电动机采用滚珠轴承时，可采用开启式或防护式电动机。

2） 当灰尘不易除掉对绝缘有害时，采用封闭式电动机。

3） 当落在电动机绕组上的灰尘或纤维妨碍电动机正常冷却时，宜采用封闭式电动机。

（5） 在有导电灰尘或不导电灰尘，但同时有潮气存在的厂房中，应采用封闭式电动机。

（6） 当对电动机绝缘有害的灰尘或化学成分不多时，如果通风良好，可不用封闭式电动机。

（7） 在有腐蚀性蒸气或气体的厂房中，应采用密闭式电动机或耐酸绝缘的封闭风冷式电动机。

（8） 在 21 区及 22 区有着火危险的厂房中，至少应采用防护式笼型异步电动机。

在 21 区厂房中，当其湿度很大时，应采用封闭式电动机。

有可燃但难发火的液体的 21 区厂房中，最低应采用防滴、防溅式笼型异步电动机；在含有发火液体的 21 区厂房中，应采用封闭式电动机。

(9) 在 0 级、1 级区域厂房中，需采用防爆式电动机。

(10) 电动机安装在室外时

1）直接露天装设；

2）装在棚子下面。

在这两种情况下，必须保护电动机的绝缘不受大气、潮气的破坏。在露天装设时，为防止潮气变为水滴而直接落入电动机内部，应采用封闭式电动机。装在棚子下时，可采用防护式或封闭式电动机。

2.3.5 电动机的四种运行状态

按照电动机转矩 T 的方向不同，有四种运行状态，对应于 $T\text{-}n$ 坐标平面上的四个象限（见图 2-3）。

状态 Ⅰ：$n>0$，$T>0$，正向电动状态，工作于象限 Ⅰ，能量从电动机传向负载机械。

状态 Ⅱ：$n>0$，$T<0$，正向制动状态，工作于象限 Ⅱ，能量从机械返回电动机。

状态 Ⅲ：$n<0$，$T<0$，反向电动状态，工作于象限 Ⅲ，能量由电动机传向机械。

状态 Ⅳ：$n<0$，$T>0$，反向制动状态，工作于象限 Ⅳ，能量由机械返回电动机。

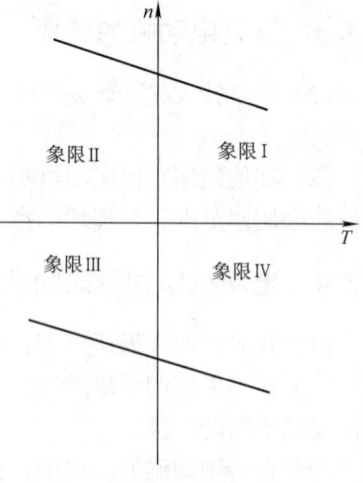

有两种实现制动的方法：

1. 动力制动　机械能通过电动机消耗在制动电阻上，简单，能量利用率低，性能差，适用于制动次数少、能量小及对性能要求不高的场合。

2. 再生制动　机械能通过电动机和供电装置返回电网，复杂，能量利用率高，性能好，适用于经常制动，且对制动性能要求高的场合。

图 2-3　$T\text{-}n$ 坐标平面上的四个象限

各类机械要求的运行状态不同，对传动方案选择的影响大，特别是由可控变流装置供电的调速系统。若只要求在象限 Ⅰ（或象限 Ⅰ、Ⅳ）运行，仅需一套单方向变流装置，此时可控整流器件数少一半；若要求四象限运行，需可逆变流装置，系统就复杂得多。

2.3.6 常用电动机的性能及适用范围（见表 2-4）

表 2-4　常用电动机性能及应用范围

型号	名称	容量范围 /kW	转速范围 /(r/min)	电压 /V	结构型式及性能	应用范围
Y 系列 (IP23)	低压三相异步电动机	55~355	580~2950	380	采用径向和轴向通风，B 级绝缘 工作制：S1	一般用途，可用于风机、压缩机、水泵、破碎机、机床及运输机械

(续)

型号	名称	容量范围/kW	转速范围/(r/min)	电压/V	结构型式及性能	应用范围
Y系列(IP44)	全封闭自冷三相异步电动机	90~315	592~2950	380	采用全封闭自扇冷结构，B级绝缘 工作制：S1 电动机起动性能较好；可制成单速、双速、多速及特殊要求电动机	一般用于农业和工矿企业对转差率及其他性能无特殊要求的机械，如风机、压缩机、水泵、矿山机械、搅拌机
YR系列(IP23)	绕线转子三相异步电动机	4~90	703~1421	380	冷却方式：IC01 工作制：S1 电动机起动时转子必须串起动变阻器，起动电流小、起动转矩大	应用于环境较好的自然场所，一般应用于压缩机、卷扬机、拔丝机、传送带
YR系列(IP44)	全封闭自冷式绕线转子三相异步电动机	4~75	735~1440	380	冷却方式：IC0141 工作制：S1 电动机起动时转子必须串起动变阻器，起动电流小、起动转矩大	应用于粉尘大、环境恶劣的矿山、冶金、机械工业
Y、YR	中型高压三相异步电动机	220~2800	494~1483	6000 10000	箱式结构 工作制：S1 冷却方式：风冷、自冷、水冷	用于鼓风机、轧钢机、卷扬机可频繁起动及经常逆转的场合
YCJ	齿轮减速三相异步电动机	0.55~15	14~579	380	绝缘等级：B 工作制：S1 防护等级：IP44	应用于矿山、冶金、造纸、化工、橡胶
YVP	变频三相异步电动机	0.1~1000	630~6000	230 380 690	自冷和强迫风冷，低速恒转矩弱磁恒功率 防护等级：IP44 工作制：S1 绝缘等级：B	广泛应用于冶金、化工、橡胶、轻工等行业
YR(IP23)	防护式绕线转子异步电动机	4~132	692~1463	220/380	防滴式结构	适用于需要小范围调速的设备上，或配电容量不足，采用笼型异步电动机起动条件不适当时也可用
YR(IP44)		4~280	486~1485		全封闭结构	
YR	高压绕线转子异步电动机	220~400	369~1489	3000、6000	一般为开启式，也可制成封闭或管道通风式	用以传动轧钢机、提升机、水泵、通风机、发电机组及其他通用机械
YCT	电磁调速三相异步电动机	0.25~160	120~1350	220/380	系交流恒转矩调速电动机，由封闭式异步电动机和电磁转差离合器组成，无制动转矩	用于纺织、印染、化工、造纸、船舶等要求调速而不需要电气制动的机械
YCTD		0.55~250	60~1420			

(续)

型号	名称	容量范围/kW	转速范围/(r/min)	电压/V	结构型式及性能	应用范围
Y	三相异步电动机	0.75~90	750~3000	380	全封闭自扇冷,有较好的起动性能	用于机床、水泵、鼓风机、起重卷扬,运输机械矿山机械、轻工业和农副业加工设备,以及其他一般机械
YD	变极多速三相异步电动机	0.35~22		380	系Y系列电动机的派生系列,有双速、三速、四速共九种速比	同JDO2 可代替JDO2、JDO3两个系列
YLB	深井泵用三相异步电动机	5.5~132		380		代替DM、JLB、JLB2、JTB2、JD等系列
Z2	直流电动机	0.4~200	600~3000	110 220	防护式自扇冷通用产品	用于一般直流调速传动场合
ZF2	直流发电机	0.6~185	1450~2850	115 230		与Z2直流电动机配套用
ZO2	直流电动机	0.4~13	750~3000	110 220	封闭式自扇冷	用于多尘埃场所的金属切削机床
Z3	直流电动机	0.25~200	600~3000	110、220 160、440	防护式自扇冷	普通用途,惯性小,可适合晶闸管供电
ZF3	直流发电机	0.8~180	1450	115 230	防护式自扇冷	普通用途
ZT2	宽调速直流电动机	0.3~55	300/1200 750/3000	110 220	防护式自扇冷,弱磁调速范围分为1:3、1:4两种	用于传动调速范围较宽的生产机械
ZZ	起重冶金用直流电动机	1.3~125	390~1470	220 440	封闭式自然冷却或强迫通风,断续定额	用于起重及冶金工厂辅助机械
ZZK	起重冶金用直流电动机(高速)	2.5~53	750~2000	220 440		
ZZJ	低惯量直流电动机	3.75~186	435~2000	220 440	自冷和强迫风冷,转动惯量低,过载能力大 防护等级:IP44 工作制:S1 绝缘等级:B	适用于轧钢机、起重机、升降机和电铲等

(续)

型号	名称	容量范围 /kW	转速范围 /(r/min)	电压 /V	结构型式及性能	应用范围
Z4	直流电动机	2.2~450	360~4000	220 440	自带通风机强迫风冷和自冷及空-水冷却方式,电枢可不加平波电抗器 绝缘等级:B 工作制:S1	适用于整流器供电,广泛用于冶金、机床、造纸、水泥、塑料等工业部门。Z4电动机调速范围广,过载能力强,可弱磁调速
ZKG	中型直流电动机	55~1000	320~1000	440 660	自带通风机强迫风冷和自冷及空-水冷却方式,电枢可不加平波电抗器 绝缘等级:B 工作制:S1 电机调速范围广,过载能力强,可弱磁调速	适用于整流器供电,广泛用于冶金、机床、造纸、水泥、塑料等工业部门
ZD	大型直流电动机	800~5500	750~2000	630,750 800,1000	管道通风、空气冷却、空-水冷却 绝缘等级:B、F 工作制:S1 电动机调速范围广,过载能力强,可弱磁调速	适用于整流器供电,广泛用于冶金、机床、造纸、水泥、塑料等工业部门
TD	同步电动机	250~10000	166~1500	3000 6000 10000	密闭循环通风管道	传动风机、水泵及电动发电机组
TDMK TDQ	球磨机用同步电动机	380~1300	150~250	3000 6000 10000	两个空式轴承,整块底板,开启式自冷	用于传动格子型球磨机、棒磨机、磨煤机
TDZ TZ	轧机用同步电动机	800~10900	500~1000	3000 6000 10000	两个座式轴承,管道通风式,定子可根据需要制成可移式,过载能力较高,可达2.5~3.0	用于传动轧机及电动发电机组

2.3.7 电动机的功率计算及校验

电动机的功率计算一般由机械设计部门选定。按负载先预选一台电机,然后进行下述校验:

1. **发热校验** 根据生产机械的工作制及负载图,按等效电流(方均根电流)法或平均损耗法进行计算。有些生产机械负载图不易确定,可通过试验、实测或对比(与实际运行的类似机械相比较)等方法来校验。从生产的发展、负载的性质以及考虑电网电压的波动、计算误差等因素,应留有适当裕度(一般10%左右;同步电动机时考虑到其他一些因素,如补偿功率因数等,可以更大一些)。

2. **起动校验** 计及起动时电源电压的降低,校验起动过程中的最小转矩是否大于负载转矩，以保证电动机顺利起动。

3. **过载能力校验** 对于短时工作制、重复短时工作制和长期工作制，需校验电动机最大过载转矩是否大于负载最大峰值转矩。

4. **电动机 GD^2 校验** 某些机械对电动机动态性能有特殊要求，例如飞剪对电动机起动时间和行程有要求；连轧机主传动对速降及速度响应时间有要求；这时需校验电动机 GD^2 能否满足生产要求。

5. **其他一些特殊的校验** 例如辊道类电动机的打滑转矩校验等。

2.3.7.1 电动机功率计算的基本公式

表 2-5 列出了电动机容量计算的基本公式。

表 2-6 为几种不同几何形状的部件飞轮力矩计算表。表 2-7、表 2-8 和表 2-9 分别列出了机械传动效率平均值、滚动摩擦系数、滑动摩擦系数等数据。

表 2-5 电动机容量计算常用公式

名称	公 式	符 号
1. 功率	$P = \dfrac{T_M n_M}{9550}$ $P = \dfrac{Fv}{\eta} \times 10^{-3}$ $P = \dfrac{T_M \omega_M}{1000}$	P—电动机功率（kW） T_M—电动机转矩（N·m） n_M—电动机转速（r/min） ω_M—电动机角速度（rad/s） F—作用力（N） v—运动速度（m/s） η—传动效率 E—运动物体的动能（J） m—物体的质量（kg） J—转动惯量（kg·m²） GD^2—飞轮力矩（N·m²） T_L—电动机轴上的静阻负载转矩（N·m） T_m—机械轴上的静阻转矩（N·m） R—物体运动的旋转半径（m） i—传动比 n_m—机械轴转速（r/min） J_m—机械轴上的转动惯量（kg·m²） GD_m^2—机械轴上的飞轮力矩（N·m²） g—重力加速度（m/s²） G_m—直线运动物体的重力（N） v_m—直线运动物体的速度（m/s） GD_M^2—电动机转子飞轮力矩（N·m²） GD_{m1}^2、GD_{m2}^2、…、GD_{mn}^2—相应于转速 n_{m1}、n_{m2}、…、n_{mn} 轴上的飞轮转矩 i_1、i_2、…、i_n—各轴对电动机轴的传动比 t_s—起动（加速）时间（s） t_b—制动（减速）时间（s） T_d—动态（加减速）转矩（N·m）
2. 运动物体的动能	$\omega_M = \dfrac{\pi n_M}{30}$ $E = \dfrac{mv^2}{2}$ $E = \dfrac{J\omega^2}{2}$ $E = \dfrac{GD^2 n^2}{7200}$	
3. 折算到电动机轴上的静阻负载转矩	$T_L = T_m \dfrac{1}{i\eta}$ $T_L = F \dfrac{v}{\omega_M} \dfrac{1}{\eta}$ $T_L = \dfrac{FR}{i\eta}$ $i = \dfrac{n_M}{n_m}$	
4. 折算到电动机轴上的转动惯量和飞轮转矩	$J = J_m / i^2$ $GD^2 = GD_m^2 / i^2$ $GD^2 = 365 G_m v_m^2 / n_D^2$ $GD^2 = 4gJ$ $GD^2 = GD_M^2 + \dfrac{GD_{m1}^2}{i_1^2} + \dfrac{GD_{m2}^2}{i_2^2}$ $\quad + \cdots + \dfrac{GD_{mn}^2}{i_n^2}$ $i_1 = \dfrac{n_M}{n_{m1}}, \; i_2 = \dfrac{n_M}{n_{m2}} \cdots i_n = \dfrac{n_M}{n_{mn}}$	

(续)

名称	公式	符号
5. 电动机起、制动时间 （1）动态转矩恒定下起动（加速）时间 　制动（减速）时间 （2）动态转矩线性变化下 （3）动态转矩非恒定，也非线性变化时	$t_s = \dfrac{GD^2 (n_2 - n_1)}{375 T_d}$ $T_d = T_M - T_L$ $t_b = \dfrac{GD^2 (n_1 - n_2)}{375 (-T_d)}$ $-T_d = -(T_M + T_L)$ $t_s = \dfrac{GD^2 (n_2 - n_1)}{375 (T_{M1} - T_{M2})} \ln \dfrac{T_{M1} - T_L}{T_{M2} - T_L}$ $t_b = \dfrac{GD^2 (n_2 - n_1)}{375 (T_{M1} - T_{M2})} \ln \dfrac{T_{M1} + T_L}{T_{M2} + T_L}$ $t_s = \dfrac{GD^2}{375} \displaystyle\int_{n_1}^{n_2} \dfrac{dn}{dt} (T_d > 0 \text{ 时加速})$ $t_b = \dfrac{GD^2}{375} \displaystyle\int_{n_2}^{n_1} \dfrac{dn}{dt} (T_d < 0 \text{ 时减速})$	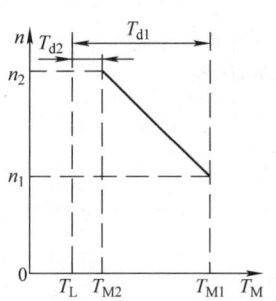
6. 动态转矩恒定时，加减速过程电动机行程	$s = \dfrac{GD^2 (n_2^2 - n_1^2)}{4500 T_d}$	

表 2-6　飞轮力矩的计算

飞轮力矩	物体的几何形状	符号及单位
实心圆柱体 $GD^2 = G \dfrac{D_1^2}{2} = \dfrac{\pi}{8} g\gamma l D_1^4$		GD^2—飞轮力矩（N·m²） G—重力（N），$G = mg$ D_1—外径（m） γ—密度（kg/m³） l—长度（m）
空心圆柱体 $GD^2 = \dfrac{G (D_1^2 + D_2^2)}{2} = \dfrac{\pi}{8} g\gamma l (D_1^4 - D_2^4)$		D_2—内径（m） D—圆环直径（m） d—环截面直径（m） a—厚度（m）
圆环 $GD^2 = G (D^2 + 0.75 d^2) = \dfrac{\pi^2}{4} g\gamma (D^3 d^2 + 0.75 D d^4)$		b—宽度（m） ρ—回转半径（m） g—重力加速度（m/s²） m—质量（kg）
六面体（对轴线 01-01） $GD_{01}^2 = G \dfrac{(a^2 + b^2)}{3} = \dfrac{a^2 + b^2}{3} g\gamma abl$		
六面体（对轴线 02-02） $GD_{02}^2 = GD_{01}^2 + 4G\rho^2$		

表 2-7 机械传动效率平均值

传动装置	效率 η	传动装置	效率 η
齿轮传动（圆锥形、圆柱形、伞形）一般数据	0.96~0.98	钢绳传动	0.90
圆柱形齿轮传动		带传动	0.94~0.98
（1）磨制过的正齿轮	0.99	V带传动	0.90
（2）车削加工的正齿轮	0.98		
（3）粗加工的正齿轮	0.96	绳索及链条卷筒	0.96
（4）人字齿轮	0.985	绳索及链条滑车 包括支座的摩擦损耗	0.94~0.96
伞齿轮减速机	0.97~0.98	复式滑车	0.92~0.98
链条传动	0.98	支座轴颈	
摩擦传动	0.7~0.8	（1）滚动轴承	0.99
蜗轮传动（$\mu=0.1$）		（2）滑动轴承	0.97
（1）螺纹角为 4°~6°	0.41	（3）滑动轴承但润滑不良	0.94
（2）螺纹角为 8°~10°	0.55	（4）带油环润滑	0.98
（3）螺纹角为 15°~20°	0.66		

表 2-8 滚动摩擦系数表

辊子轮子或车轮型式	滚动摩擦系数 ρ/cm	辊子轮子或车轮型式	滚动摩擦系数 ρ/cm
车轮与钢轨间（起重机大车行走等）		辊道的辊子在运输过程中：	
（1）车轮加工良好	0.08~0.05	（1）900~1200℃ 热钢锭包覆一层厚氧化铁皮	0.25
（2）车轮粗加工	0.10	（2）冷钢锭，包覆氧化铁皮	0.20
（3）平均值	0.08	（3）500~1000℃ 的轧件	0.15
		（4）冷轧件	0.10
铁路轮对	0.025~0.015	汽车轮胎	
		（1）对沥青路面	0.25
滚动轴承中的滚柱和滚珠	0.001~0.003	（2）对土路面	1.0~1.5

表 2-9 滑动摩擦系数

接触物体	滑动摩擦系数 静止的 μ_0	滑动摩擦系数 运动中 μ	接触物体	滑动摩擦系数 静止的 μ_0	滑动摩擦系数 运动中 μ
轮缘与钢轨间			（4）液体摩擦系数		0.003~0.005
（1）起动时	0.20		（5）青铜对青铜	0.11	0.06
（2）速度 $v=5$m/s 运动时		0.15	（6）铁对铁	0.11	0.08~0.01
钢锭与钢制辊子间			（7）钢对青铜	0.105	0.09
（1）热金属	0.3~0.25		（8）生铁对青铜	0.15~0.20	0.07~0.08
（2）冷金属	0.15				
			滚动轴承（有润滑时）		
滑动轴承			（1）减速机		0.005
（1）热轧机带有金属轴衬		0.07~0.10	（2）吊车车轮		0.008
（2）冷轧机带有金属轴衬		0.05~0.07	（3）辊道辊子与热金属		0.015
（3）带有木质塑料制轴衬		0.01~0.03	（4）辊道辊子与冷金属		0.010

2.3.7.2 几种常用机械传动中所用电动机的功率计算

1. 离心式风机 其电动机功率(kW)计算公式为

$$P = \frac{kQH}{\eta\eta_c} \times 10^{-3} \tag{2-1}$$

式中 Q——送风量(m^3/s);
H——空气压力(Pa);
η——风机效率,约为 0.4~0.75;
η_c——传动效率,直接传动时为 1;
k——裕量系数,其值见表 2-10。

表 2-10 电动机容量裕量系数

功率/kW	1.0 以下	1~2	2~5	大于 5
裕量系数	2	1.5	1.25	1.15~1.10

2. 离心式泵 其电动机功率(kW)的计算公式为

$$P = \frac{k\gamma Q(H + \Delta H)}{\eta\eta_c} \times 10^{-3} \tag{2-2}$$

式中 γ——液体密度(kg/m^3);
Q——泵的出水量(m^3/s);
H——水头(m);
ΔH——主管损失水头(m);
η——水泵效率,一般取 0.6~0.84;
η_c——传动效率,与电动机直接连接时,$\eta_c = 1$;
k——裕量系数,见表 2-11。

表 2-11 裕量系数

功率/kW	2 以下	2~5	5~50	50~100	100 以上
裕量系数	1.7	1.5~1.3	1.15~1.10	1.08~1.05	1.05

当管道长、流速高、弯头与阀门的数量多时,裕量系数值还要适当加大。

为离心泵选配电动机时,须注意电动机的转速。因离心泵的水头、流量与转速之间存在着以下关系:

$$H_1/H_2 = \frac{n_1^2}{n_2^2} \qquad Q_1/Q_2 = n_1/n_2$$

$$T_1/T_2 = n_1^2/n_2^2 \qquad P_1/P_2 = n_1^3/n_2^3$$

3. 离心式压缩机 其电动机功率(kW)计算公式为

$$P = \frac{Q(A_d + A_r)}{2\eta} \times 10^{-8} \tag{2-3}$$

式中 Q——压缩机生产率(m^3/s);
A_d——压缩 $1m^3$ 空气至绝对压力 p_1 的等温功(N·m);
A_r——压缩 $1m^3$ 空气至绝对压力 p_1 的绝热功(N·m);
η——压缩机总效率,约为 0.62~0.8。

A_d、A_r 与终点压力的关系见表 2-12。

表 2-12 A_d、A_r 值与终点压力 p_1 的关系

p_1 大气压	1.5	2.0	3.0	4.0	5.0	6.0	7.0	8.0	9.0	10.0
A_d/N·m	39717	67666	107873	136312	157887	175539	191230	203978	215746	225553
A_r/N·m	42169	75511	126506	167694	201036	230456	255954	280470	301064	320677

4. 起重机　起重机属断续周期工作制，按其工作繁重程度，大致可分为轻、中、重和特重等 4 级，各级对应的负载持续率 FC（%）大致为：轻级 FC = 15%，中级 FC = 25%，重级 FC = 40%，特重级 FC = 60%。各类起重机的负载程度参见表 2-13。

表 2-13　通用桥（梁）式起重机各机构工作类型实例表

类别及用途	各机构常用工作类型			
	起升		行走	
	主	副	小车	大车
电站安装检修用吊钩起重机	轻	轻	轻	轻
车间仓库一般用途吊钩起重机	中	中	中	中
繁重工作车间和仓库吊钩起重机	重	中	中	重
间断装卸用抓斗起重机	重	—	重	重
连续装卸用抓斗起重机	特重	—	特重	特重
电磁起重机	重	—	中	重

起重机各机构传动电动机功率（kW）可按下式计算：

$$P = \frac{Fv}{\eta} \times 10^{-3} \tag{2-4}$$

式中　v——运动线速度（m/s）；
　　　η——机械传动效率；
　　　F——运动时的阻力（N）。

对于起升机构，F 用额定起升重量代入；对于行走机构

$$F = G_\Sigma (C + 7v) \times 10^{-3} \tag{2-5}$$

式中　G_Σ——运动部分总重力（N）；
　　　C——行走阻力系数：用滚动轴承时，$C = 10 \sim 12$，用滑动轴承时，$C = 20 \sim 25$。

5. 金属切削机床　表 2-14 列出了金属切削机床中各类机构传动电动机功率的计算公式。

表 2-14　机床传动电动机功率的计算公式

	主传动电动机	进给传动电动机	辅助传动电动机
不调速	$P_N \geq \dfrac{T_L n_N}{9550}$ 式中　P_N—电动机额定功率（kW） 　　　T_L—电动机负载转矩（N·m） 　　　n_N—电动机额定转速（r/min）	$P_N \geq \dfrac{F_\Sigma v_{max}}{60 \eta} \times 10^{-3}$ 式中　P_N—电动机额定功率（kW） 　　　v_{max}—最大进给速度（m/min） 　　　F_Σ—进给运动的总阻力（N） 　　　η—进给传动效率	$P_N \geq \dfrac{G \mu v}{60 \eta} \times 10^{-3}$ $T_{Ms} > T_{Ls}$ 式中　P_N—电动机额定功率（kW） 　　　G—移动件重力（N） 　　　v—移动速度（m/min） 　　　T_{Ms}—电动机起动转矩（N·m） 　　　T_{Ls}—负载起动转矩（N·m） 　　　$T_{Ls} = \dfrac{9550 G \mu_0 v}{60 n_M \eta} \times 10^{-3}$ 　　　μ、μ_0—动、静摩擦系数 　　　n_M—电动机转速（r/min） 　　　η—传动效率

(续)

	主传动电动机	进给传动电动机	辅助传动电动机
交流多速电动机	$P_N \geq \dfrac{P_{max}}{\eta_{min}}$ 式中 P_N—电动机额定功率（kW） P_{max}—机床最大切削功率（kW） η_{min}—传动最低效率	$T_N \geq T_L$ 式中 T_N—电动机额定转矩（N·m） T_L—电动机负载转矩（N·m）	
直流电动机调速	$P_N \geq D_u P_L = \dfrac{1}{D_\phi} D^{\frac{1}{z}} P_L$ 式中 P_N—电动机额定功率（kW） P_L—主传动负载功率（kW） D_u—调电压调速范围 D_ϕ—调磁场调速范围 D—主传动总调速范围 z—机械变速级数	$P_N \geq k \dfrac{F_\Sigma v_{max}}{60\eta} \times 10^{-3}$ 式中 P_N—电动机额定功率（kW） F_Σ—进给运动总阻力（N） v_{max}—最大进给速度（m/min） k—通风散热恶化的修正系数	
说明	大多数机床主传动，接近恒功率运行，在采用电气调压调速时，为了不致使电动机容量增加太多，宜采用调电压、调磁场和机械变速相配合的方案，一般 $D_u = 2 \sim 3$，$D_\phi = 1.75 \sim 2$，$z = 2 \sim 4$	大多数机床进给传动为恒转矩运行，在调压调速时，对于自通风的直流电动机，应考虑降低转速运行使通风散热条件恶化的影响，当调速范围为 1:100时，$k = 1.8$	辅助传动多为短时运行，一般为带负载起动，故电动机发热不是主要问题，应重点校验起动转矩和过载能力

2.3.7.3 电动机的校验

1. 恒定负载连续工作制下电动机的校验　根据负载转矩及转速，计算出所需要的负载功率 P_L，选择电动机的额定功率 P_N（kW）略大于 P_L。

$$P_N > P_L = \frac{T_L n_N}{9550} \tag{2-6a}$$

式中　T_L——折算到电动机轴上的负载转矩（N·m）；
　　　n_N——电动机的额定转速（r/min）。

当负载转矩恒定且需要在基速以上调速时，其额定功率（kW）应按所要求的最高工作转速计算

$$P_N \geq \frac{T_L n_{max}}{9550} \tag{2-6b}$$

式中　n_{max}——电动机的最高工作转速（r/min）。

对起动条件严酷（静阻转矩较大或带有较大的飞轮力矩）而采用笼型异步电动机或同步电动机传动的场合，在初选电动机的额定功率和转速后，还要按式（2-6b）和式（2-7）分别校验起动过程中的最小转矩和允许的最大飞轮力矩，以保证生产机械能顺利地起动和在起动过程中电动机不致过热。

电动机的最小起动转矩（N·m）

$$T_{Mmin} \geq \frac{T_{Lmax} K_s}{K_u^2} \tag{2-7}$$

式中 T_{Lmax}——起动过程中可能出现的最大负载转矩（N·m）；

K_s——保证起动时有足够加速转矩的系数，一般取 $K_s = 1.15 \sim 1.25$；

K_u——电压波动系数，即起动时电动机端电压与额定电压之比，全压起动时 $K_u = 0.85$。

允许的最大飞轮力矩 GD_{xm}^2（N·m²）为

$$GD_{mec}^2 \leqslant GD_{xm}^2 = GD_0^2 \left(1 - \frac{T_{Lmax}}{T_{sav}K_u^2}\right) - GD_M^2 \tag{2-8}$$

式中 GD_{mec}^2——折算到电动机轴上传动机械的最大飞轮力矩（N·m²）；

GD_0^2——包括电动机在内的整个传动系统所允许的最大飞轮力矩（N·m²），折算到电动机轴上的数值，由电机资料中查取；

GD_M^2——电动机转子的飞轮力矩（N·m²）；

T_{sav}——电动机的平均起动转矩（N·m）。

按式（2-7）和式（2-8）两项校验均能通过，则可以采用所选电动机功率。

2. 短时工作制下电动机的校验　短时工作制下，同样可按上述式（2-7）或式（2-8）计算出所需要的负载功率，然后选择具有适当工作时间的短时定额电动机。如果没有合适的短时定额电动机，也可选用断续定额电动机。计算电动机功率（kW）时，应考虑其过载能力，对于异步电动机：

$$P_N \geqslant \frac{P_{Lmax}}{0.75\lambda} \tag{2-9}$$

式中 P_{Lmax}——短时负载功率的最大值（kW）；

λ——电动机的转矩过载倍数。

3. 变动负载连续工作制电动机的校验　对于图 2-4a 所示的变动负载连续周期工作制（S6、S7 或 S8）下电动机的发热校验，可分为两个步骤。先按等效（方均根）电流法或等效转矩法，计算出一个周期 T_c 内的等效电流 I_{rms} 或等效转矩 T_{rms}。选取电动机的额定电流 $I_N \geqslant I_{rms}$ 或额定转矩 $T_N \geqslant T_{rms}$，即

$$I_N \geqslant I_{rms} = \sqrt{\frac{I_1^2 t_1 + I_2^2 t_2 + I_3^2 t_3 + \cdots + I_n^2 t_n}{T_c}} \tag{2-10}$$

或

$$T_N \geqslant T_{rms} = \sqrt{\frac{T_1^2 t_1 + T_2^2 t_2 + T_3^2 t_3 + \cdots + T_n^2 t_n}{T_c}} \tag{2-11}$$

式中 $I_1 \sim I_n$——各分段时间内的电流值（A）；

$T_1 \sim T_2$——各分段时间内的转矩值（N·m）；

T_c——一个周期的总时间，$T_c = t_1 + t_2 + \cdots + t_n$（s）。

当负载不是矩形，而是图 2-4b 所示的三角形或梯形时，则应将每一时间间隔内转矩（或电流）值换算成等效平均值后，同样用式（2-10）或式（2-11）计算等效电流或等效转矩。对应时间 t_2 内电流（或转矩）的等效平均值为

$$T_{av2} = \sqrt{\frac{T_1^2 + T_1 T_2 + T_2^2}{3}} \tag{2-12}$$

或

$$I_{av2} = \sqrt{\frac{I_1^2 + I_1 I_2 + I_2^2}{3}} \quad (2\text{-}13)$$

对应时间 t_1 内三角形曲线电流（或转矩）的等效平均值为

$$I_{av1} = \sqrt{\frac{I_1^2}{3}} = 0.578 I_1 \quad (2\text{-}14)$$

或

$$T_{av1} = \sqrt{\frac{T_1^2}{3}} = 0.578 T_1 \quad (2\text{-}15)$$

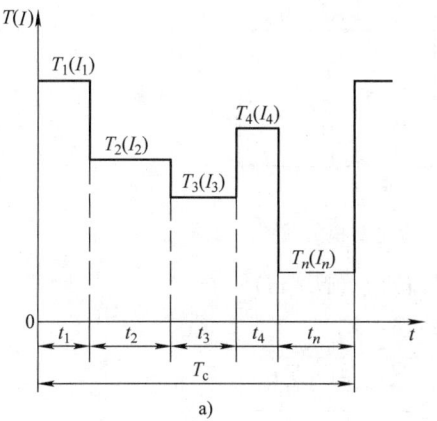
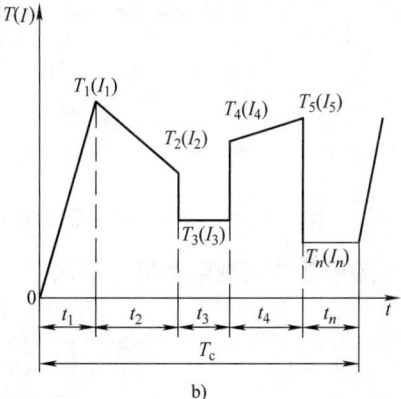

图 2-4 变动负载连续周期工作制电动机的负载图
a) 矩形负载　b) 梯形或三角形负载

根据 I_{rms}（或 T_{rms}）选取电动机的额定值后，还要用最大负载转矩 T_{Lmax} 校验电动机过载能力，即

$$T_N \geqslant \frac{T_{Lmax}}{0.9 K_u \lambda} \quad (2\text{-}16)$$

式中　T_N——电动机额定转矩（N·m）；

　　　T_{Lmax}——最大负载转矩（N·m）；

　　　K_u——电网电压波动对电动机转矩影响的系数，一般对同步电动机取 $K_u = 0.85$，对异步电动机取 $K_u = 0.72$，对直流电动机取 $K_u = 1.0$；

　　　λ——电动机转矩过载倍数，由电机资料中查取。

4. 断续周期工作制下电动机的校验　对于 S3～S5 断续周期工作制（见图 2-5），应尽量选用断续定额电动机（如 JZ、JZR、ZZ、ZZY 等系列）；所选用的负载持续率额定值 FC_N，应尽量接近实际工作条件下的 FC 值；当实际工作的 FC 值大于 60% 时，可采取强迫通风或选用连续定额电动机。

断续工作制下，电动机的校验可采用等效电流（或等效转矩）法，亦可采用平均损耗法。由于前者较简便，通常被较多采用。

（1）选用断续定额电动机　等效电流（A）为

$$I_{rms} = \sqrt{\frac{\sum I_s^2 t_s + \sum I_{st}^2 t_{st} + \sum I_b^2 t_b}{C_\alpha (\sum t_s + \sum t_b) + \sum t_{st}}} \quad (2\text{-}17)$$

等效转矩（N·m）为

$$T_{rms} = \sqrt{\frac{\sum T_s^2 t_s + \sum T_{st}^2 t_{st} + \sum T_b^2 t_b}{C_\alpha (\sum t_s + \sum t_b) + \sum t_{st}}} \tag{2-18}$$

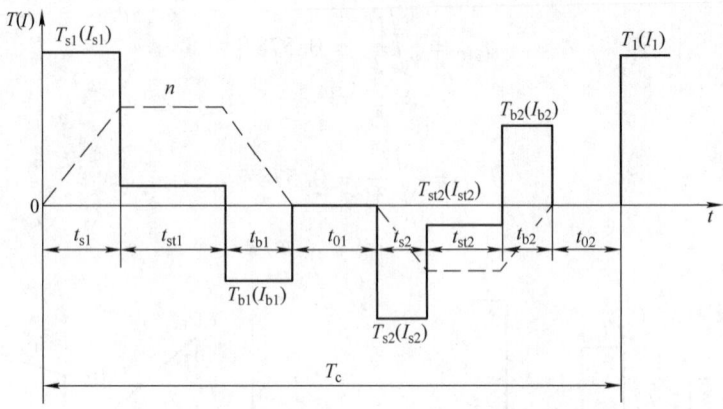

图 2-5　重复短时工作制电动机的速度和负载图

（2）选用连续定额电动机　等效电流（A）、等效转矩（N·m）为

$$I_{rms} = \sqrt{\frac{\sum I_n^2 t_s + \sum I_{st}^2 t_{st} + \sum I_b^2 t_b}{C_\alpha (\sum t_s + \sum t_b) + \sum t_{st} + C_\beta \sum t_0}} \tag{2-19}$$

$$T_{rms} = \sqrt{\frac{\sum T_n^2 t_s + \sum T_{st}^2 t_{st} + \sum T_b^2 t_b}{C_\alpha (\sum t_s + \sum t_b) + \sum t_{st} + C_\beta \sum t_0}} \tag{2-20}$$

式中　T_s、I_s——起动转矩（N·m）、起动电流（A）；

　　　T_b、I_b——制动转矩（N·m）、制动电流（A）；

　　　T_{st}、I_{st}——稳态运转转矩（N·m）、稳态运动电流（A）；

　　　$\sum t_s$——一个周期中起动时间的总和（s）；

　　　$\sum t_b$——一个周期中制动时间的总和（s）；

　　　$\sum t_{st}$——一个周期中稳态运转时间之和（s）；

　　　$\sum t_0$——一个周期中停歇时间的总和（s）；

　　　C_α——电动机起、制动过程中的散热恶化系数，$C_\alpha = (1 + C_\beta)/2$；

　　　C_β——停止时电动机散热恶化系数，见表 2-15。

表 2-15　C_β 值

电动机的冷却方式	C_β	电动机的冷却方式	C_β
封闭式电动机（无冷却风扇）	0.95 ~ 0.98	封闭式电动机（自带内冷风扇）	0.45 ~ 0.55
封闭式电动机（强迫通风）	0.9 ~ 1.0	防护式电动机（自带内冷风扇）	0.25 ~ 0.35

对于笼型和绕线转子异步电动机及恒定励磁的并（他）励直流电动机，采用等效电流（或等效转矩）法均可；但对于串励直流电动机和利用变励磁调速的直流并（他）励电动机，则不能采用等效转矩法，而应采用等效电流法。

实际的负载持续率 FC_s 值为

$$FC_s = \frac{\sum t_s + \sum t_b + \sum t_{st}}{T_c} \times 100\% \tag{2-21}$$

当求出的 FC_s 值与所选的电动机额定负载持续率 FC_N 值不相等（但相差不多）时，应将按上述公式计算出的 I_{rms}（或 T_{rms}）值（A）折算到与所选电动机的 FC_N 值下相等效的数值，即

$$I_{rms}' = \sqrt{\frac{FC_s}{FC_N}} I_{rms} \tag{2-22}$$

或

$$T_{rms}' = \sqrt{\frac{FC_s}{FC_N}} T_{rms} \tag{2-23}$$

如果求出的 FC_s 值与所选 FC_N 值相差较大，例如实际算出的 FC_s 值为 35%，而初选的电动机定额 FC_N 为 25%，则应再选 $FC_N = 40\%$ 的额定值，重新进行校验。

当选取的电动机额定转矩 $T_N \geq T_{rms}'$，或额定电流 $I_N \geq I_{rms}'$ 时，若再按式（2-16）校验最大过载转矩也能通过，则可以采用所选电动机。

5. 平均损耗法 平均损耗法，是以每一工作周期中的平均总损耗表征电动机温升来进行发热校验。它是一种较为准确的计算方法，适用于所有类型电动机在各种工作制下的发热校验。因其计算方法甚为繁锁，故较少使用。但是对于频繁起、制动下工作的笼型异步电动机，因其铁耗增大且不固定，若仍采用等效法校验，则误差较大，因此采用平均损耗法校验。

电动机在一个工作周期中的平均总损耗（W）为

$$\Delta P_{av} = \frac{\sum \Delta A_s + \sum \Delta A_{st} + \sum \Delta A_b + \sum \Delta A_0}{T_c} \tag{2-24}$$

式中 T_c——周期时间（s），$T_c = \sum t_s + \sum t_{st} + \sum t_b + \sum t_0$；

$\sum \Delta A_s$——起动过程中能量损耗总和（J）；

$\sum \Delta A_b$——制动过程中能量损耗总和（J）；

$\sum \Delta A_{st}$——稳态运转过程中能量损耗总和（J）；

$\sum \Delta A_0$——停歇时能量损耗的总和（直流电动机为励磁损耗，交流电动机无此项）（J）。

起动过程中的能量损耗（J）为

$$\Delta A_s \approx \left(\frac{GD^2 n_M^2}{7161} + \frac{T_L n_M t_s}{19.1} \right) \left(1 + \frac{r_1}{r_2'} \right) \tag{2-25}$$

起动时间（s）为

$$t_s = \frac{GD^2 n_M}{375(T_{sav} - T_L)} \tag{2-26}$$

式中 GD^2——折算到电动机转子轴上的总飞轮力矩（N·m²）；

n_M——电动机工作转速（r/min）；

T_L——静阻负载转矩（N·m）；

T_{sav}——平均起动转矩（N·m）；

r_1——电动机定子每相电阻（Ω）；

r_2'——折算到定子侧的转子每相电阻（Ω）。

稳态运转过程中的能量损耗（J）为

$$\Delta A_{st} \approx \left[\Delta P_{1m} \left(\frac{I_{st}}{I_{N25}} \right)^2 + \Delta P_{2m} \left(\frac{T_{st}}{T_{N25}} \right)^2 + \Delta P_c \right] t_{st} \tag{2-27}$$

稳态运转电流（A）为

$$I_{st} = I_{N25}\left[I_0^* + (1 - I_0^*)\frac{T_{st}}{T_{N25}}\right] \tag{2-28}$$

式中 ΔP_{1m}、ΔP_{2m}——$FC_N = 25\%$ 时的电动机定子和转子损耗功率（W）；

ΔP_c——电动机的固定损耗功率（W）；

I_{N25}——$FC_N = 25\%$ 时电动机的额定电流（A）；

T_{N25}——$FC_N = 25\%$ 时电动机的额定转矩（N·m）；

t_{st}——稳态运转的时间（s）；

I_0^*——电动机的空载电流标幺值，$I_0^* = I_0/I_{N25}$；

I_0——电动机的空载电流（A）。

反接制动过程中的能量损耗（J）为

$$\Delta A_b \approx \left(\frac{3GD^2 n_1^2}{7161} - \frac{T_L n_1 t_b}{19.1}\right)\left(1 + \frac{r_1}{r_2'}\right) \tag{2-29}$$

能耗制动过程中的能量损耗（J）为（定子绕组为星形联结）

$$\Delta A_b \approx \left(\frac{GD^2 n_1^2}{7161} - \frac{T_L n_1 t_b}{19.1}\right) + 2I_{1b}^2 r_1 t_b' \tag{2-30}$$

反接和能耗制动时间（s）为

$$t_b = \frac{GD^2 n_1}{375(T_{bav} - T_L)} \tag{2-31}$$

式中 n_1——开始制动时的转速（r/min）；

T_{bav}——平均制动转矩（N·m）；

I_{1b}——能耗制动时电动机定子中通入的直流电流（A）；

t_b'——定子中通入 I_{1b} 电流的时间（s）。

按式（2-24）计算出的平均总损耗 ΔP_{av}，还应折算到相应的标准负载持续率（例如：初选负载持续率 $FC_N = 25\%$ 时，则按 $FC_N = 25\%$ 折算）下的损耗 ΔP_{FC} 中去。只有当 ΔP_{FC} 小于或等于电动机的额定损耗 ΔP_{NFC} 时，所选电动机才可以采用，即

$$\Delta P_{FC} = \frac{\Delta P_{av}}{C(FC_s + FC_0 C_\beta)} \leqslant \Delta P_{NFC} \tag{2-32}$$

式中 ΔP_{FC}——折算到相应的标准负载持续率下的总损耗（W）；

ΔP_{NFC}——电动机在相应标准负载持续率下规定的额定损耗，该值可由样本上查取（W）；

C——负载持续率折算系数

$$C = \frac{FC_N}{FC_N + (1 - FC_s)C_\beta}$$

FC_s——实际的负载持续率

$$FC_s = \frac{C_d\left(\sum t_s + \sum t_b\right) + \sum t_{st}}{T_c}$$

FC_0——空载时负载持续率

$$FC_0 = \frac{\sum t_0}{T_c}$$

当采用 $FC_N = 100\%$ 定额的断续工作电动机或连续定额电动机时,式(2-32)应改为

$$\Delta P_{FC100\%} = \frac{\Delta P_{av}}{FC_s + C_\beta FC_0} \leq \Delta P_{N100\%} \tag{2-33}$$

2.3.7.4 计算举例

【例 2-1】 平稳负载长期工作制电动机容量校验实例

(1) 机械及工艺参数:负载转矩 $T_L = 1447\text{N}\cdot\text{m}$,起动过程中的最大静阻转矩 $T_{Lmax} = 562\text{N}\cdot\text{m}$,要求电动机的转速 $n = 2900 \sim 3000\text{r/min}$,传动机械折算到电动机轴上的总飞轮力矩 $GD_{mec}^2 = 1962\text{N}\cdot\text{m}^2$。

(2) 计算负载功率:按表 2-5 中的公式计算负载功率为

$$P_L = \frac{T_L n_N}{9550} = \frac{1447 \times 2975}{9550}\text{kW} = 451\text{kW}$$

初选笼型异步电动机,其数据为:$P_N = 500\text{kW}$,$n_N = 2975\text{r/min}$,$\lambda = 2.5$,最小起动转矩倍数 $T_{Mmin}^* = \frac{T_{Mmin}}{M_N} = 0.73$,电动机转子飞轮力矩 $GD_M^2 = 441\text{N}\cdot\text{m}^2$,允许的最大飞轮力矩 $GD_0^2 = 3826\text{N}\cdot\text{m}^2$。

电动机的额定转矩为

$$T_N = \frac{9550 P_N}{n_N} = \frac{9550 \times 500}{2975}\text{N}\cdot\text{m} = 1605\text{N}\cdot\text{m}$$

电动机的实际负载率为

$$\varepsilon = \frac{P_L}{P_N} = \frac{450}{500} = 0.9$$

(3) 校验最小起动转矩:假定电动机按全压起动,按式(2-7)计算最小起动转矩为

$$T_{min} = \frac{T_{Lmax} K_s}{K_u^2} = \frac{562 \times 1.25}{0.85^2}\text{N}\cdot\text{m} = 972\text{N}\cdot\text{m}$$

电动机的实际最小起动转矩为

$$T_{Mmin} = T_{Mmin}^* T_N = 0.73 \times 1605\text{N}\cdot\text{m} = 1172\text{N}\cdot\text{m}$$

$T_{Mmin} > T_{min}$,故最小起动转矩校验可以通过。

(4) 校验允许的最大飞轮力矩:平均起动转矩为

$$T_{sav} = 0.45(T_s + T_{cr}) = 0.45(0.73 + 2.5) \times 1605\text{N}\cdot\text{m} = 2333\text{N}\cdot\text{m}$$

式中 $T_s = T_{Mmin}^* M_N$ $T_{cr} = \lambda T_N = 2.5 T_N$

按式(2-8)校验允许的最大飞轮力矩为

$$GD_{xm}^2 = GD_0^2\left(1 - \frac{T_{Lmax}}{T_{sav} K_u^2}\right) - GD_M^2 = \left[3826\left(1 - \frac{562}{2333 \times 0.85^2}\right) - 441\right]\text{N}\cdot\text{m}^2 = 2122\text{N}\cdot\text{m}^2$$

由于 GD_{xm}^2(2122N·m²)$> GD_{mec}^2$(1962N·m²),故允许的最大飞轮力矩校验通过。综合上述校验结果,各项校验均可通过,故可以采用所选的电动机。

【例 2-2】 用平均损耗法校验断续工作制电动机

(1) 机械工艺资料:$T_L = 39.6\text{N}\cdot\text{m}$,折算到电动机轴上的机械传动系统总飞轮力矩 $GD_m^2 = 10.8\text{N}\cdot\text{m}^2$,要求电动机转速 $n_N \approx 950\text{r/min}$;采用机械制动器制动,工作周期 $T_c = 20\text{s}$;每

个周期起动一次，稳态运转时间 $t_{st}=4s$。

（2）初选 ZSL4-160-31 型封闭及自带内冷风扇式电动机，其 $P_{N25}=7.5kW$，$I_{N25}=19.3A$，$n_N=950r/min$，$T_s=3T_{N25}=3\times75.5N\cdot m=227N\cdot m$，$GD_M^2=5.4N\cdot m^2$，$\Delta P_{1m}=765W$，$\Delta P_{2m}=738W$，$\Delta P_c=687W$，$I_0=12A$，$r_1=0.685\Omega$，$r_2'=1.33\Omega$（75℃时的）。

总飞轮力矩 $GD^2=GD_m^2+GD_M^2=(10.8+5.4)N\cdot m^2=16.2N\cdot m^2$

（3）电动机损耗计算

1）起动时间为

$$t_s=\frac{GD^2 n_N}{375(T_{sav}-T_L)}=\frac{16.2\times950}{375(0.9\times227-39.6)}s=0.25s$$

2）制动时间可通过调整机械制动器来获得，即 $t_b=0.15s$。

3）折算后电动机的实际负载持续率为

$$FC_s=\frac{C_a(t_s+t_b)+t_{st}}{T_c}=\frac{0.75(0.25+0.15)+4}{20}=0.215=21.5\%$$

4）起动损耗为

$$\Delta A_s\approx\left(\frac{GD^2 n_M^2}{7161}+\frac{T_L n_M t_s}{19.1}\right)\left(1+\frac{r_1}{r_2'}\right)$$

$$=\left(\frac{16.2\times950^2}{7161}+\frac{39.6\times950\times0.25}{19.1}\right)\times\left(1+\frac{0.685}{1.33}\right)J=3840J$$

5）稳态运转时的损耗为

$$I_0^*=\frac{I_0}{I_{N25}}=\frac{12}{19.3}A=0.622A$$

$$T_{st}=T_L=39.6N\cdot m$$

$$I_{st}=I_{N25}\left[I_0^*+(1-I_0^*)\frac{T_{st}}{T_{N25}}\right]=19.3\left[0.622+(1-0.622)\times\frac{39.6}{75.5}\right]A=15.8A$$

$$\Delta A_{st}\approx\left[\Delta P_{1m}\left(\frac{I_{st}}{I_{N25}}\right)^2+\Delta P_{2m}\left(\frac{T_{st}}{T_{N25}}\right)^2+\Delta P_c\right]t_{st}$$

$$=\left[765\left(\frac{15.8}{19.3}\right)^2+738\left(\frac{39.6}{75.5}\right)^2+687\right]\times4J=5610J$$

6）制动损耗为零。因采用机械制动，故制动时损耗 $\Delta A_b=0$

7）总损耗为

$$\sum\Delta A=\Delta A_s+\Delta A_{st}+\Delta A_b=(3840+5610)J=9450J$$

8）平均总损耗为

$$\Delta P_{av}=\frac{\sum\Delta A}{T}=\frac{9450}{20}W\approx472W$$

（4）发热校验

1）折算系数为

$$C=\frac{FC_N}{FC_N+(1-FC_N)C_\beta}=\frac{0.25}{0.25+(1-0.25)0.5}=0.4$$

2）停转率为

$$FC_0=\frac{t_0}{T_c}=\frac{20-(4+0.25+0.15)}{20}=0.78$$

3) 折算到 $FC_N = 25\%$ 时的平均损耗为

$$\Delta P_{FC(25)} = \frac{\Delta P_{av}}{C(FC_s + C_\beta FC_0)} = \frac{472}{0.4(0.215 + 0.5 \times 0.78)}\text{W} = 1950\text{W}$$

4) 在 $FC_N = 25\%$ 时,电动机允许的总损耗为

$$\Delta P_{N25} = \Delta P_c + \Delta P_{1m} + \Delta P_{2m} = (687 + 765 + 738)\text{W} = 2190\text{W}$$

5) 电动机的负载率为

$$\varepsilon = \frac{\Delta P_{FC25}}{\Delta P_{N25}} = \frac{1950}{2190} = 0.89 = 89\%$$

通过上述计算可知,所选电动机发热校验通过,可以采用。

2.4 典型生产机械的工艺要求及电气传动系统方案的选择

电源装置和控制装置紧密相关,故放在一起研究。在选择电动机类型(见本章第 2.3 节)时已涉及许多电源和控制问题,本节不再重复,这里按生产机械的典型工艺要求讨论它们的方案选择。

2.4.1 风机和泵类

对长期工作二次型平稳负载,这类机械起动不困难,运行稳定,一般不调速。通常工厂设计时,按生产中可能需要的最大风量或流量并留有较大的裕量选风机和泵,而实际运行时又不要那么大,电动机不能调速,无法改变机械出力,只好用挡板调节风量或流量,能量利用率很低。近年来,为取得最佳经济运行效果,这类机械也开始要求调速,通过改变速度控制风量和流量,以实现节能。

其电气传动系统方案有:

(1) 一般采用母线供电、电器控制、交流电动机不调速。

(2) 为节能,实现经济运行,采用交流调速,调速范围不大,可能的方案有:

1) 变极对数调速,优点是简单经济;缺点是速度级数少,效果不如无级调速。

2) 串级调速,优点是变流设备容量(转差功率)小,较其他无级调速方案经济;缺点是必须使用绕线转子异步电动机,功率因数低(已开发多种改善功率因数线路),转子电流方波,增加电动机损耗,最高转速降低。双馈方案是串级调速的发展,可克服一般串级调速的缺点,但变流和控制复杂,仍须使用绕线转子异步电动机,成本高。

3) 变频调速,优点是调速性能好,使用笼型异步电动机(或同步电动机);缺点是成本高。其中,晶体管 PWM 电压型交-直-交变频用于 100~200kW 设备,功率因数高,谐波少。晶闸管电流型交-直-交变频用于几百~2000kW 大型设备。交-交直接变频(600r/min 以下)和大功率无换向器电动机(600r/min 以上)用于几千千瓦以上的特大型设备(同步电动机)。

(3) 某些特大功率(上万千瓦)的风机和泵虽不调速,但需变频软起动装置,采用大功率无换向器电动机或中压 PWM 变频方案。

2.4.2 球磨机和磨类

长期工作制,平稳负载,恒转矩类型负载。这类机械不要求调速,但起动困难;另一特点是转速低,通常带有庞大的减速机,造价高,磨损严重。

其电气传动系统方案有：

（1）母线供电，电器控制，交流电动机不调速。

（2）近年来某些大功率、低转速设备采用交-交变频供电，低速交流电动机直接传动方案，取消造价高、易磨损的减速机，获得较好经济效益。

2.4.3 简单调速类

长期工作制机械在生产中不调速，但在不同的产品品种或规模时要求不同的速度，例如不可逆轧机。它对调速精度及加减速时间无严格要求，调速范围不大。

其电气传动系统方案有：

（1）这类机械一般单象限运行，采用直流不可逆调速较经济。

（2）近年来，在许多中小容量设备上，采用 IGBT 变频调速（500kW 以下）。

（3）过去许多大中容量设备采用绕线转子异步电动机驱动，不调速，给工艺带来许多困难，运行不经济，希望改为调速传动，若不想更换电动机，可采用串级或双馈调速方案，它们的优缺点参见 2.4.1 节。若打算更换电动机，可考虑直流或交-交变频（600r/min 以下）、晶闸管交-直-交变频、无换向器电动机（600r/min 以上）等交流传动方案，目前交流调速比直流调速略贵。

2.4.4 稳速类

长期工作制，平稳负载，要求在各种扰动下以一定的稳速精度⊖长期运行，例如风洞、橡胶压延机等，要求稳速精度为 0.2% ~1%；对超音速风洞、微电机测试设备，要求为 0.1% ~0.01%。这类机械不强调调速范围动态指标（如加减速跟随性能、突加负载的动态速降及恢复时间）。

其电气传动系统方案有：

（1）一般单象限运行，采用直流不可逆调速较经济。

（2）小功率采用低压 IGBT PWM 变频交流调速（500kW 以下），借助于锁相或锁频实现稳速。

（3）大功率设备，如风洞等，可考虑采用交-交变频或无换向器电动机方案。

2.4.5 多分部（单元）速度协调类

机械由多个分部（单元）组成，它们通过被加工的工件（例如造纸机通过纸，印染机通过布，连轧机通过钢材）连成一个整体，各分部之间的速度必须维持一定的比例关系。这类机械要求：

（1）尽量减小速度受电源、负载、环境、温度变化等外扰的影响，以免破坏各分部间的速度协调。

（2）速度给定值变化时，实际速度应尽快跟上给定的变化。多分部速度协调机械和稳速机械的工艺要求相似，都要求速度稳定，但多分部协调机械更强调了动态指标。

⊖ 稳速精度指在规定的电网质量和负载扰动条件下，在规定的时间里（1h 或 8h），在某一指定的转速下 t 秒（通常取 1s）内平均转速的最大值 $n_{av,max}$ 和最小值 $n_{av,min}$ 的相对误差的百分值，即稳速精度 = $\dfrac{n_{av,max} - n_{av,min}}{n_{av,max} + n_{av,min}} \times 100\%$

其电气传动系统方案有：

(1) 在中功率段采用直流不可逆或不对称可逆调速，比交流传动简单、便宜。

(2) 若单电枢直流电动机 GD^2 过大，不能满足系统动态要求，需用双电枢或三电枢时，采用交流调速比直流调速合理。

(3) 若电动机最高转速与功率之积超过 10^6，单台直流电动机制造有困难时，应采用交流变频调速方案。

(4) 一条生产线上设备多、总容量大，采用交-直-交 PWM 传动，增加的投资可从供电系统节约的投资及减少维护费得到补偿，现在越来越多改用公共直流母线供电的交-直-交 PWM 变频传动，中功率段（1000kW 以下）用低压 IGBT 变频，大功率段（1000kW 以上）用中压 IGBT、IGCT 或 IEGT 变频。600r/min 以下的低速大功率（2000kW 以上）传动可用交-交直接变频。

(5) 由于该类机械对调速动态性能要求高，在各类交流调速系统中必须采用矢量控制技术。

2.4.6 宽调速类

要求从高速到低速有宽的调速范围（100~1000 以上），在最低速时仍平稳运行且保持一定转速变化率，例如机床进给机构。

宽调速机械和稳速机械都要求有小的转速静差率，但前者强调低速性能，后者着眼于长期稳定性能。

其电气传动系统方案有：

(1) 一般宽调速类机械功率不大，四象限运行时 IGBT 交-直-交 PWM 调速与直流调速成本差不多。

(2) 在直流调速中，IGBT 的 PWM 斩波控制比常用的晶闸管相控效果好。

(3) 在交流调速中，必须采用矢量控制技术。

(4) 为在极低速下稳定运行，常用锁相技术。

2.4.7 快速正反转类

某些机械，如可逆轧机主副传动、龙门刨床等，工作时频繁起制动、加减速、正反转，其生产率在很大程度上取决于电气传动系统的快速性，属于重复短期工作制，要求：

(1) 起动、制动、反转过程尽可能短，以满足高生产率和频繁操作（有时达 1200 次/h）的要求。

(2) 能在较大范围内（10~20 以下）调速，以满足爬行和小行程时低速运转的需要，但对转速静差率要求不高。

(3) 若负载转矩超过规定限度时，应快速可靠地堵转，以保护机械和电动机不致损坏，这对某些经常堵转的机械，例如挖土机、轧机推床等，尤为重要。

其电气传动系统方案有：

(1) 四象限运行，中功率段以直流调速为主，其供电装置必须是正反向组功率一样的对称可逆装置，成本较高。

(2) 若受 GD^2 或电动机极限功率限制，单电枢直流电动机不满足要求时，应考虑采用交流变频调速方案。

（3）对于2000kW以上的大功率低速（600r/min）设备，交-交变频调速成本已与直流调速相当或略低。

（4）由于电压型交-直-交PWM变频能节约供电系统投资，它在这类传动中也得到越来越多应用，为满足快速正反转、可逆传输能量，其交-直整流部分应有再生能量回馈能力。800~1000kW以下用低压IGBT变频调速，1000kW以上用中压IGBT、IGCT或IEGT变频调速。

（5）在各类交流调速系统中必须采用矢量控制技术。

2.4.8　随动（伺服）类

要求机械的位置（或转角）和速度紧紧地跟随给定量变化，例如火炮自动瞄准、雷达天线跟踪、数控机床刀具和工作台的定位等。对电气传动装置的基本要求是快速响应，精确跟随（位置、速度和加速度误差小）。

其电气传动系统方案有：

（1）一般功率不大，四象限运行，无论直流调速系统还是交-直-交变频装置，均需有再生能量回馈能力。

（2）常用的方案有：

IGBT PWM变频加永磁同步电动机（PMSM）性能最好，成本高。

IGBT PWM变频加无刷直流电动机（BLDCM）有转矩脉动，比前者略便宜。

IGBT PWM变频加异步电动机，电动机比永磁电动机大且重，但价格便宜。

IGBT PWM斩波加直流电动机，直流电动机比交流电动机大且重，因有换向器使转速受限制，但在直流供电场合（例如移动机械）系统简单。（小功率设备中，PWM变换器可用电力场效应晶体管模块）

晶闸管整流加直流电动机，用于交流供电场合，直流电动机比交流电动机大且重，有换向器，转速受限制，移相控制不如PWM斩波，对电网危害大，功率大，但价格便宜。

2.4.9　提升机械类

提升机械是具有位势负载的生产机械，如电梯、卷扬机和起重设备等。其特点是下放重载（负载转矩大于平衡重转矩）时，储存于负载中的位能被释放出来变成动能，负载拖着机械和电动机转动，电动机转矩方向和转速方向相反，要求：

（1）能在较大范围内调速（10~20以下），以满足爬行和准确停车需要，对转速静差率要求不高。

（2）加减速时对速度变化率有限制，为确保按给定速度图运行，须有良好的速度跟随性能。

（3）准确停车。

（4）零负载工作。当平衡重转矩等于负载转矩时，电动机转矩在零附近摆动，一会儿工作在电动状态，一会儿工作在再生状态，过渡必须平滑、可靠。

其电气传动系统方案：

（1）在有平衡重的情况下，是四象限运行，直流调速装置及变频调速装置均需有再生能量回馈能力。

（2）对低速中小卷扬机（1000kW以下），以绕线转子异步电动机驱动为主，靠电器切换转子回路电阻起动，稳速段速度固定（不调速），为准确停车，停车前把电动机定子切换到低频电源上（从前用变频机组，现用交-交直接变频器，频率约5Hz），低速爬行一段再停车。

（3）对大中功率卷扬机（1000kW以上），广泛应用直流调速。由于加减速慢，为减小整流设备，某些大型卷扬机（2000kW以上）采用磁场可逆方案。

（4）对2000kW以上大型卷扬机，正在推广矢量控制的交-交变频加低速交流电动机方案。

（5）对电梯等小功率提升机械，已用交流调速取代以往的直流调速，常用方案有两种：定子调压-软特性异步电动机方案和IGBT交-直-交PWM变频调速方案，前者简单，性能较差，后者较复杂，有矢量控制，性能好。

（6）起重设备以电器控制-交流电动机驱动为主，为改善传动性能，近年来许多设备改用定子调压调速或IGBT变频调速。

2.4.10 张力控制类

在许多带材（金属带、布带、纸带）和线材（铜、钢、铝线）生产线中，有各种卷取和开卷机，为使带（线）材卷得紧而齐，以及改善产品质量，均要求在卷取机（开卷机）和压延机（或张力辊）之间维持张力恒定，这类机械的特点是：

（1）位势类负载，在卷取时，张力矩是阻力矩，电动机拖带（线）材建立张力；开卷时，张力拖电动机和机械移动，电动机转矩方向和转速方向相反。

（2）卷取（开卷）机的控制目标是转矩，而不是速度，电气传动系统工作于机械特性的下垂段，即软特性区（堵转区）。

其电气传动系统方案有：

（1）广泛采用不可逆或不对称可逆整流的直流调速。

（2）在此类设备中，交流调速得到越来越广泛的应用。其方案有：转差离合器调速（几千瓦）和IGBT PWM变频调速。前者简单，性能差，耗能高；后者较复杂，性能好，高性能的张力控制系统需采用矢量控制。

2.4.11 高速类

某些机械工作转速特别高（3000r/min以上，至每分钟几万、几十万转），不宜用升速齿轮（磨损和噪声严重），要求采用特殊的高速电动机直接驱动。

其电气传动系统方案有：由于高速直流电动机制造困难，该类设备无例外地采用变频交流调速。大功率用无换向器电动机，中小功率用交-直-交PWM变频器（使用IGBT或电力场效应晶体管）。

第3章 电力电子器件与电源

3.1 电力电子器件

电力电子器件是用于电力变换和开关领域的电子器件。它可按下列不同方式分类:

1. 按控制方式分
- 不可控型:整流二极管、快速整流二极管等;
- 半可控型:普通晶闸管,快速晶闸管,双向晶闸管,逆导晶闸管,光控晶闸管等;
- 全控型:双极结型晶体管(GTR),门极关断(GTO)晶闸管,电力场效应晶体管(MOSFET),绝缘栅双极型晶体管(IGBT)等。

2. 按内部芯片结构分
- 整流二极管最简单,仅为一对 PN 结;
- 各种晶体管为 PNP 或 NPN 方式;
- 各种晶闸管为 PNPN 结。

3. 按器件的通断控制方式分
- 各种晶闸管均为脉冲触发实现导通或关断(GTO),在导通或关断期间无需施加控制脉冲;
- 各种晶体管型电力电子器件均为电平型控制,控制电平存在时导通,控制电平消失时即关断。

4. 按外形结构型式分
- 螺栓形:整流二极管(300A 以下),晶闸管(500A 以下);
- 平板形:可有凹台和凸台两种型式,可与散热器双面接触(双面冷却),用于 200A 以上的大电流器件。

模块封装形:将整流管、晶闸管、IGBT 等分立器件按臂对、单相桥式、三相桥式、三相半桥、三相交流开关等整流电路联结方式压制在一个模块内。它具有体积小、重量轻、结构紧凑、连接方便的特点,且总体价格低。标准的模块型器件的电联结方式见表 3-1。

智能功率模块:将电力电子器件与其驱动电路、保护电路集中压装在一个模块内,且具有与控制系统的低电平信号接口,便于电力电子设备制造厂的整机设计、开发和制造,如三菱公司的 IGBT 智能功率模块;ABB 公司的集成门极换向晶闸管(IGCT)模块。

表 3-1 标准模块型器件的电联结方式

系列	电联结型式	I、U 范围
MDC、MDA 和 MDK 系列电力整流模块 (JB/T 5834.1—1991)	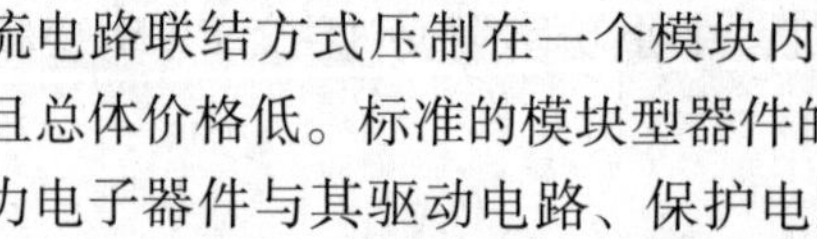 MDC MDA MDK a)	$I_{F(AV)}$: 25~800A U_{RRM}: 50~2000V

系列	电联结型式	I、U 范围
MDQ 系列电力整流模块 (JB/T 5834.2—1991)	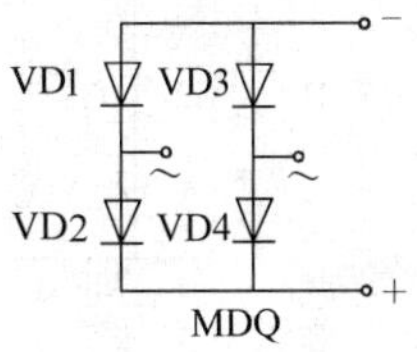 b)	I_D: 5~160A U_{RRM}: 50~1600V
MDS 系列电力整流模块 (JB/T 5834.3—1991)	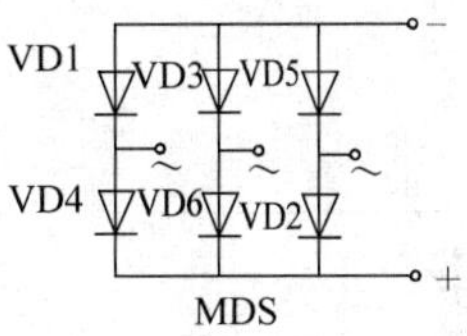 c)	I_D: 5~160A U_{RRM}: 50~1600V
MDG、MDY 三相整流半桥模块	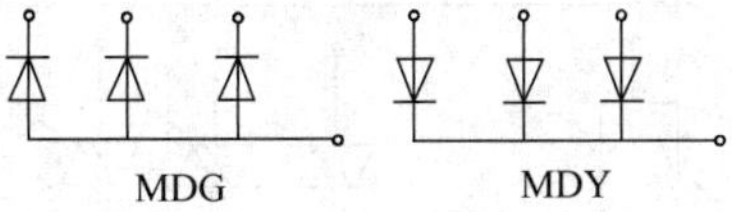 d)	$I_{F(AV)}$: 25~70A U_{RRM}: 400~1600V
MT、MF 系列臂对晶闸管模块 (JB/T 7826.1—1995)	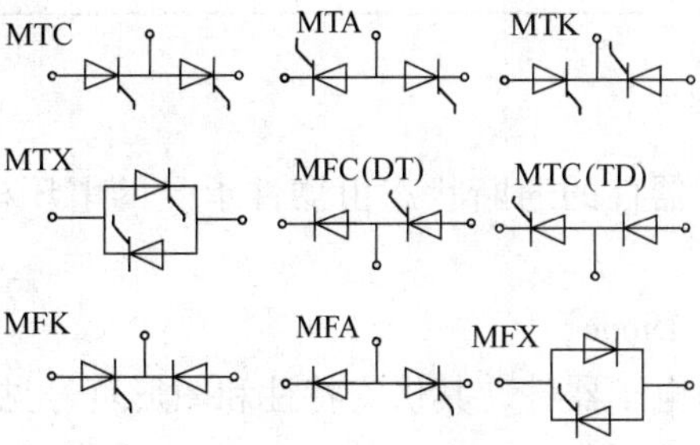 e)	$I_{T(AV)}$、$I_{F(AV)}$: 25~800A U_{DRM}、U_{RRM}: 200~2400V
MTQ（MFQ）系列晶闸管单相模块 (JB/T 7826.2—1996)	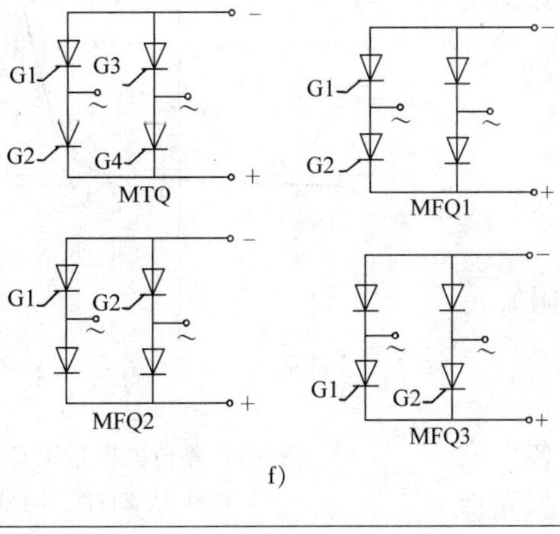 f)	I_D: 25~200A U_{DRM}、U_{RRM}: 200~1600V

(续)

系列	电联结型式	I、U 范围
MTS（MFS）系列晶闸管三相桥模块（JB/T 7826.3—1996）	MTS MFS1 MFS2 g)	I_D：25～200A U_{DRM}、U_{RRM}：200～1600V
MTG 系列三相全控半桥模块	MTG h)	$I_{T(AV)}$：40～90A U_{RRM}：400～1600V
MTD、MSD 系列三相交流开关	MTD MSD i)	$I_{T(AV)}$：25～70A U_{RRM}：400～1600V

3.1.1 不可控型器件

不可控型器件是指电力电子器件的通断状态由器件承受的电压极性决定，不受任何电信号控制。

3.1.1.1 整流二极管（Rectifier Diode）

整流二极管是最简单的电力电子器件，其伏安特性和图形符号见图 3-1，有阳极 A 和阴极 K 两个极板。当阳极 A 的电位高于阴极 K 的电位时，二极管导通，导通管压降在 1～2V 以内；当阳极电位低于阴极电位时，二极管呈高阻状态。

主要特性参数：

正向平均电流 $I_{F(AV)}$ （A）

反向重复峰值电压 U_{RRM} （V）

正向峰值电压 U_{FM} （V）

（或阈值电压 U_{F0} 和斜率电阻 r_F）

$I^2 t$ （A²s）

结壳热阻 R_{jc} （℃/W）

在选用二极管时，要注意各厂家 $I_{F(AV)}$ 所相应的允许壳温 T_c 值，同样

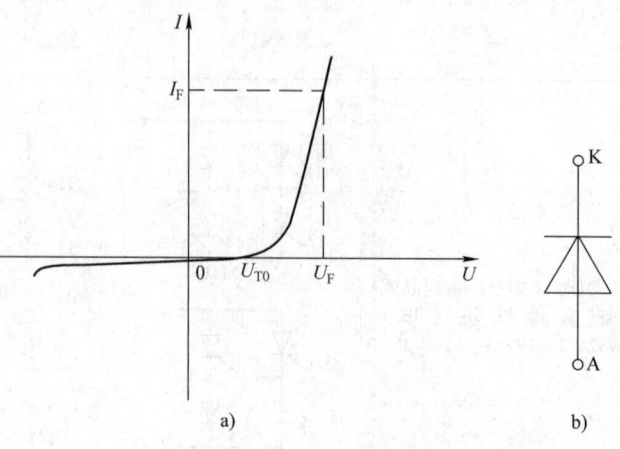

图 3-1 整流二极管伏安特性和图形符号
a) 伏安特性 b) 图形符号

的 $I_{F(AV)}$ 值，在 T_c 值不同时，T_c 值大的器件，其实际工作能力优于 T_c 值小的器件。

国内普通整流管的额定反向重复峰值电压（U_{RRM}）级数见表 3-2，额定值见表 3-3，目前国产整流管已可达到 6kA/3kV 和 3kA/6kV。国外普通整流管选择 ABB 和 WESTCODE 两家公司 φ100mm 芯片的典型产品作介绍，其主要额定值见表 3-4，选用时要注意管壳温度 T_c 值，ABB 和国产器件均为 70℃，而 WESTCODE 为 55℃。

表 3-2　普通整流管额定反向重复峰值电压（U_{RRM}）级数　　（单位：V）

U_{RRM}	50	100	200	300	400	500	600	700	800	900	1000
级数	05	1	2	3	4	5	6	7	8	9	10
U_{RRM}	1200	1400	1600	1800	2000	2200	2400	2600	2800	3000	
级数	12	14	16	18	20	22	24	26	28	30	

表 3-3　普通整流管额定值

正向平均电流 $I_{F(AV)}$/A	正向方均根电流 $I_{F(RMS)}$/A	浪涌电流 I_{FSM}/A	I^2t /A²·s	反向重复峰值电压 U_{RRM}/V	反向不重复峰值电压 U_{RSM}/V	工作结温 T_j/℃	贮存温度 T_{stg}/℃	紧固力矩 T/N·m	重量
5	7.9	90	40	50～2000	$1.11U_{RRM}$	-40～+150	-40～+160	由制造厂给出允差 ±10%	由制造厂给出
10	16	190	180						
20	31	380	720						
30	47	560	1600	50～2400					
50	79	940	5000						
100	160	1400	10000	50～3000					
200	310	2.8×10³	0.4×10⁵	50～3000	$1.11U_{RRM}$	-40～+150 或 -40～+175	-40～+160 或 -40～+175	由制造厂给出允差 ±10%	由制造厂给出
300	470	4.2×10³	0.9×10⁵						
400	630	5.6×10³	1.6×10⁵						
500	790	7.0×10³	2.5×10⁵						
600	940	8.4×10³	3.5×10⁵						
800	1300	11×10³	6.0×10⁵						
1000	1600	14×10³	9.8×10⁵						
1200	1900	17×10³	15×10⁵						
1600	2500	23×10³	26×10⁵						
2000	3100	L：2.3×10⁴ H：3.7×10⁴	L：3.9×10⁶ H：6.8×10⁶	100～3000	$1.11U_{RRM}$	-40～+150	-40～+160	由制造厂给出允差 ±10%	由制造厂给出
2500	3900	L：3.5×10⁴ H：4.7×10⁴	L：6.1×10⁶ H：1.1×10⁷						
3000	4700	L：4.2×10⁴ H：5.6×10⁴	L：8.8×10⁶ H：1.5×10⁷						

注：1. 壳温 T_c 应由制造厂给出。

　　2. I^2t 为 I_{FSM} 正弦波底宽 10ms 的积分值。

表 3-4 国外普通整流管额定值

ABB		WESTCODE	
U_{RRM}/V	I_{FAVM}/A ($T_c = 70℃$)	U_{RRM}/V	I_{FAVM}/A ($T_c = 55℃$)
2000	7385	200~1400	8405
3600	5200	1200~2400	6262
5000	4700	2000~5600	5282

3.1.1.2 快速整流二极管（Fast Recover Diode）

快速整流二极管特点是由正向导通转变为反向阻断的时间 t_{rr} 较普通整流二极管短，其反向恢复波形见图 3-2。反向恢复电流 i_r 对时间的积分称为反向恢复电荷 Q_{rr}，此参数将影响二极管在高频时的应用，并产生换相过电压；Q_{rr} 的分散性将影响多器件的串联运行，产生反向电压分配不均的问题。t_{rr} 为 2~10μs 可用于高频整流，t_{rr} < 1μs 可与双极型器件和 IGBT 配合使用，t_{rr} < 50ns 的为超快速整流二极管。

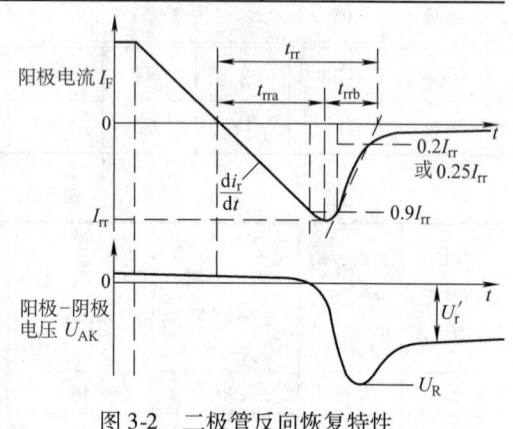

图 3-2 二极管反向恢复特性

3.1.2 半控型器件

半控型器件是指只能控制导通，而不能控制关断的器件，本书中即指晶闸管及其派生器件。

3.1.2.1 普通晶闸管（Triode Thyristor）

普通晶闸管（SCR）⊖是半控型电力电子器件，其伏安特性和图形符号见图 3-3，晶闸管有三个极：阳极 A、阴极 K 和门极 G，当 $U_A > U_K$ 且在 G、K 极上施加一个 $U_{GK} > 0$ 的正脉冲时，晶闸管导通，一旦导通后，只要 $U_A > U_K$，晶闸管始终导通，且 U_{AK} 在 1~2V 以内；仅当 $U_A < U_K$ 时才关断，呈高阻状态。

主要性能参数：

通态平均电流 $I_{T(AV)}$　　　　　　（A）

断态重复峰值电压 U_{DRM}　　　　　（V）

反向重复峰值电压 U_{RRM}　　　　　（V）

通态电流临界上升率 di/dt　　　　（A/μs）

门极触发电流 I_{GT}　　　　　　　（mA）

断态电压临界上升率 du/dt　　　　（V/μs）

结壳热阻 R_{jc}　　　　　　　　　（℃/W）

通态峰值电压 U_{TM}　　　　　　　（V）

通态阈值电压 U_{TO}　　　　　　　（V）

⊖ 普通晶闸管（Triode Thyristor）曾称为硅可控整流器（SCR，简称可控硅），为方便起见，习惯上仍沿用 SCR 表示普通晶闸管。

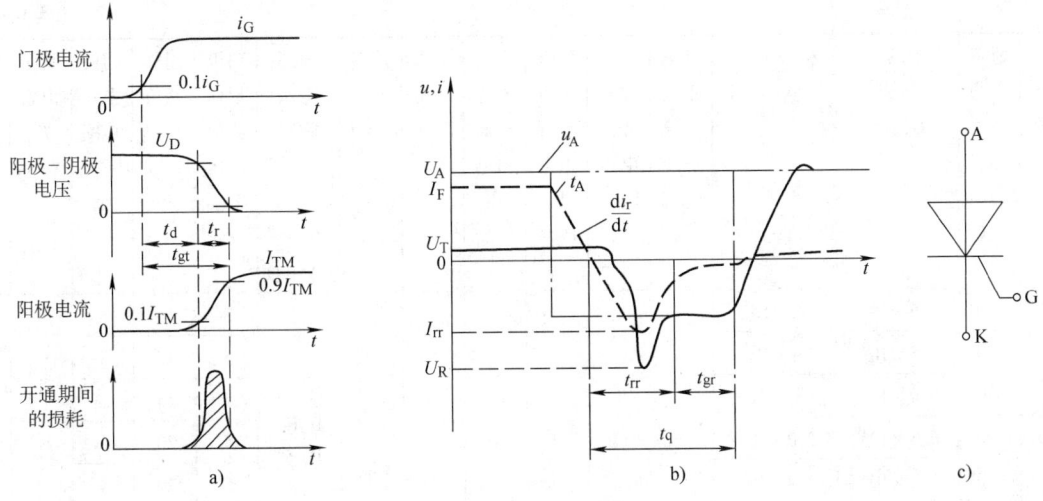

图 3-3 晶闸管动态特性和图形符号
a) 开通特性 b) 关断特性 c) 图形符号

斜率电阻 r_T　　　　　　　　　　　(mΩ)
I^2t　　　　　　　　　　　　　　($A^2 \cdot s$)
反向恢复电荷 Q　　　　　　　　　(μC)

普通晶闸管的 di/dt 分为 A~H 共 8 个级别，其值为 25~800A/μs，du/dt 分为 A~J 共 9 个级别，其值为 25~2000V/μs。普通晶闸管额定值见表 3-5，普通晶闸管特性值见表 3-6。目前国内普通晶闸管的额定值已可达 4500A/2200V 和 3000A/5500V。国外普通晶闸管选择 ABB 和 WESTCODE 两家公司 φ100mm 芯片的典型产品作介绍，其主要额定值见表 3-7，选用时应注意管壳温度 T_c 值，ABB 和国产器件均为 70℃，而 WESTCODE 为 55℃。

表 3-5 普通晶闸管额定值

通态平均电流 $I_{T(AV)}$ /A	通态方均根电流 $I_{T(RMS)}$ /A	浪涌电流 I_{TSM}/A	I^2t /$A^2 \cdot s$	断态重复峰值电压 U_{DRM} /V	反向重复峰值电压 U_{RRM} /V	断态不重复峰值电压 U_{DSM} /V	反向不重复峰值电压 U_{RSM} /V	工作结温 T_j/℃	贮存温度 T_{stg}/℃	通态电流临界上升率 (di/dt) /(A/μs)	门极反向峰值电压 U_{RGM} /V	门极峰值功率 P_{GM} /W	门极平均功率 $P_{G(AV)}$ /W	紧固力矩 T/N·m	重量
5	7.9	64	20	100~2000		1.11 U_{DRM}	1.11 U_{RRM}	-40~+115 或 -40~+125	-40~+125	—	5	—	—	由制造厂给出允差为 ±10%	由制造厂给出
10	16	130	85							—	5	—	—		
16	25	200	200							—	5	—	—		
(20)	31	240	280							—	5	—	—		
25	40	300	450							—	5	—	—		
(30)	47	380	720							—	5	—	—		
40	63	520	1350							—	5	—	—		
(50)	79	640	2000	100~2400						A、B	5	4	0.5		
70	110	910	4100							A、B、C	5	6	1		
100	160	1300	8500							A、B、C	5	8	2		

(续)

通态平均电流 $I_{T(AV)}$ /A	通态方均根电流 $I_{T(RMS)}$ /A	浪涌电流 I_{TSM} /A	I^2t /A²·s	断态重复峰值电压 U_{DRM} /V	反向重复峰值电压 U_{RRM} /V	断态不重复峰值电压 U_{DSM} /V	反向不重复峰值电压 U_{RSM} /V	工作结温 T_j/℃	贮存温度 T_{stg}/℃	通态电流临界上升率 (di/dt)/(A/μs)	门极反向峰值电压 U_{RGM} /V	门极峰值功率 P_{GM} /W	门极平均功率 $P_{G(AV)}$ /W	紧固力矩 T/N·m	重量
200	310	2.5×10³	32×10³	100~3000	1.11 U_{DRM}	1.11 U_{RRM}	−40~+125	−40~+140	B、C、D、E、F、G、H	5	15	3	由制造厂给出允差为±10%	由制造厂给出
300	470	3.8×10³	74×10³							5	15	3		
400	630	5.0×10³	1.3×10⁵							5	15	3		
500	790	6.3×10³	2.0×10⁵							5	20	4		
600	940	7.5×10³	2.9×10⁵							5	20	4		
800	1300	10×10³	5.1×10⁵							5	20	4		
1000	1600	12×10³	7.3×10⁵							5	20	4		
1250	2000	L:1.6×10⁴ H:2.3×10⁴	L:1.3×10⁶ H:2.6×10⁶							5	25	4		
1600	2500	L:2.0×10⁴ H:2.9×10⁴	L:2.0×10⁶ H:4.2×10⁶						B、C、D、E	5	25	5		
2000	3100	L:2.5×10⁴ H:3.0×10⁴	L:3.1×10⁶ H:6.4×10⁶							5	30	6		
2500	3900	L:3.1×10⁴ H:4.5×10⁴	L:4.8×10⁶ H:1.0×10⁷							5	30	6		

注:1. $I_{T(AV)}$ 对应的壳温 (T_c) 由制造厂给出。
  2. I^2t 为 I_{TSM} 正弦波底宽 10ms 的积分值。
  3. 工作结温上限 (T_{jm}) 称为最高工作结温或额定结温。
  4. 括弧内的电流档次保留使用,但不推荐。

表 3-6 普通晶闸管特性值

通态平均电流 $I_{T(AV)}$/A	通态峰值电压 U_{TM}/V	断态重复峰值电流 I_{DRM}/mA	反向重复峰值电流 I_{RRM}/mA	维持电流 I_H/mA	擎住电流 I_L/mA	门极触发电流 I_{GT}/mA	门极触发电压 U_{GT}/V	门极不触发电压 U_{GD}/V	断态电压临界上升率 (du/dt)/(V/μs)	结壳热阻 R_{jc}	接触热阻 R_{cs}
										℃/W	
5	2.0	4	60	由制造厂给出		50	2.5	0.2	A、B、C、D	3.0	由制造厂给出
10	2.0	5	80			80				1.6	
16	2.0	5	80			80				1.0	
20	2.0	5	80			80				1.0	
25	2.0	10	80			100				0.85	
30	2.0	10	150			130				0.70	
40	2.0	10	150			130				0.54	
50	2.2	10	200			150			B、C、D、E	0.40	
70	2.2	10	200			150				0.28	
100	2.2	20	200			200	3.5			0.20	

(续)

通态平均电流 $I_{T(AV)}$/A	通态峰值电压 U_{TM}/V	断态重复峰值电流 I_{DRM}/mA	反向重复峰值电流 I_{RRM}/mA	维持电流 I_H/mA	擎住电流 I_L/mA	门极触发电流 I_{GT}/mA	门极触发电压 U_{GT}/V	门极不触发电压 U_{GD}/V	断态电压临界上升率(du/dt)/(V/μs)	结壳热阻 R_{jc}	接触热阻 R_{cs}
										℃/W	
200	2.3	30		10~250	由制造厂给出	250	3.5	0.3	D、E、F、G、H	0.11	由制造厂给出
300		30								0.074	
400	2.4	40		15~350		300				0.05	
500		50								0.04	
600	2.5	60		20~450		350	3.5			0.035	
800		70								0.026	
1000		80								0.020	
1250	2.6	150		20~600	3000	500	5	≥0.3	B、C、	0.02	
1600		200						≥0.3	D、E、	0.015	
2000	2.8	200						≥0.3	F、G、	0.012	
2500		300						≥0.5	H、J	0.01	

表 3-7 国外普通晶闸管额定值

ABB		WESTCODE	
U_{RRM}/U_{DRM} /V	$I_{T(AV)}$/A (T_c=70℃)	U_{RRM}/U_{DRM} /V	$I_{T(AV)}$/A (T_c=55℃)
1800	6100	1800	5946
2800	5490	2800	5177
4200	4275	4200	4151
5600	3430		
8000	1200		

注意：

（1）与二极管相同，应注意各厂家元件 $I_{T(AV)}$ 额定值所对应的允许壳温，同样的 $I_{T(AV)}$ 器件，允许壳温高的具有更大的实际工作能力，一般选用时应有 2.5~3 倍的电流裕量；

（2）各厂家的通态峰值电压 U_{TM} 有不同的测试电流 $I_{T(AV)}$ 值，为了正确选用，尽可能按实际工作电流 $I_{T(AV)}$ 值计算其实际的通态压降 $U_T = I_{T(AV)} r_T + U_{T0}$，此参数的大小直接影响器件的结温，其分散性对多器件并联的均流系数影响甚大；

（3）门极触发电流为保证该型号在壳温 25℃ 时器件均能导通的最小值，实际选用时应限定器件的 I_{GT} 值范围。I_{GT} 值过小，易受干扰触发而误导通；I_{GT} 值过大，在多器件串并联时易发生不能同时导通，导致串并联器件负载不均；

（4）在多器件串联运行时，反向恢复电荷 Q 值的分散性将使各器件承受不同的反向电压，导致某个器件过电压；

（5）反向重复峰值电压 U_{RRM} 是电力电子器件的一个重要指标，其对应的是交流电压的峰值，而不是有效值；此外还应考虑电网电压的正波动值及脉冲毛刺的影响。一般选用时应有交流电压峰值的 2.5~3 倍裕量。

3.1.2.2 快速晶闸管 (Fast Switching Thyristor)

快速晶闸管与普通晶闸管有相同的特性, 其区别在于其有较短的关断时间 t_q, du/dt 和 di/dt 值较高。快速晶闸管的 t_q 为 10~60μs, 普通晶闸管为 150~700μs。快速晶闸管可用于工作频率大于 400Hz 的中、高频电路中。其额定电流、电压值远小于普通晶闸管, 在 2500~3000A/3000~1600V 范围内。

选用时应注意, 此器件的额定通态平均电流值乃是工频正弦波的测试值, 实际工作频率大于工频时, 开关损耗增大, 其相应的通态电流随之下降, 一般在 200Hz 以下可不考虑, 超过 200Hz 时应根据器件生产厂提供的工作频率与允许通态电流曲线作调整。

3.1.2.3 双向晶闸管 (Bidirectional Control Thyristor)

双向晶闸管主要用于交流电路中, 通过控制门极电流的通断, 在交流电路中实现高电压、大电流的无触点快速通断, 具有寿命长、几乎不要维修的优点。双向晶闸管采用五层三端半导体结构, 三端分别称为第一阳极 T1、第二阳极 T2 和公共门极 G, 其伏安特性和图形符号见图 3-4。

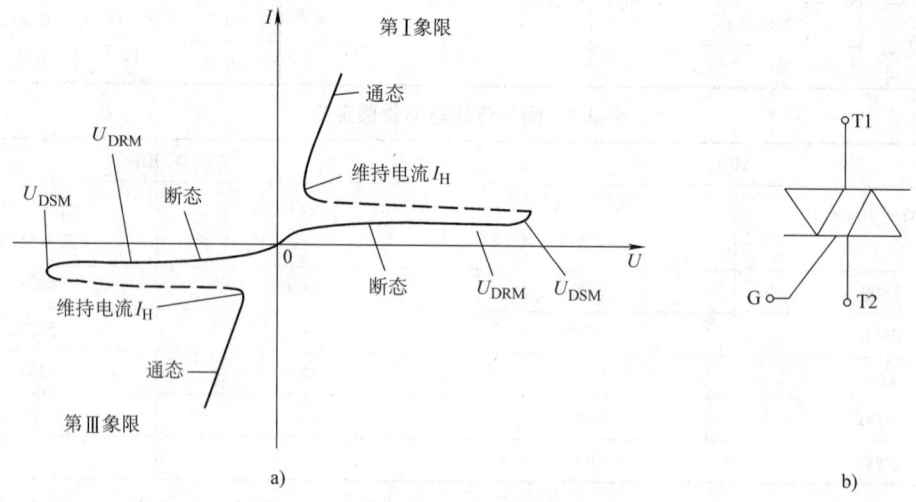

图 3-4 双向晶闸管伏安特性和图形符号
a) 伏安特性 b) 图形符号

在交流工作时, 必须在每半个周期对门极触发一次, 此时 T1 和 T2 要承受正反向半波的电压和电流, 在一个方向导通结束后, 管芯硅片中的载流子还未全部复合, 此时加上反向电压, 这些剩余载流子可能作为反向工作的触发电流而引起误导通, 失去控制能力, 所以在使用中对换向电流的临界下降率 di/dt 要限制在 $(0.2~1)\% I_{T(RMS)}$ 以下。对于电感负载, 由于电流滞后电压 90°, 当电流过零关断的瞬时 (几微秒) 将承受线路电压的峰值, 此时 du/dt 将为每微秒几百伏, 故而在应用时, 器件的断态电压临界上升率 du/dt 应与电路电压峰值匹配, 一般在 20~500V/μs 内选用。

应该注意, 双向晶闸管常用于交流电路中, 所以其额定通态电流是以 360° 导通时的最大交流有效值 $I_{T(RMS)}$ 表示, 而不是反并联的普通晶闸管的半波平均值 $I_{T(AV)}$。

$$I_{T(RMS)} = \frac{\pi}{\sqrt{2}} I_{T(AV)} = 2.22 I_{T(AV)}$$

即标称值为 100A 的双向晶闸管是由两个 45A 的普通晶闸管反并联而成的。

国外双向晶闸管还有另一种结构,其将两只反并联的大功率晶闸管集成在一个硅片上,但设有两个门极,此时其提供的额定导通电流值为 $I_{T(AV)M}$,如 ABB 公司的 5STB 系列器件。

3.1.2.4 逆导晶闸管 (Reverse Conducting Thyristor)

逆导晶闸管是将一个普通晶闸管和一个整流二极管反并联组合在一起的器件,因而具有关断时间短、通态电压小、高温特性好、额定结温高等优点。由于没有晶闸管和整流管之间的接线电感,从而降低了晶闸管关断时的峰值电压,其伏安特性和图形符号见图 3-5。

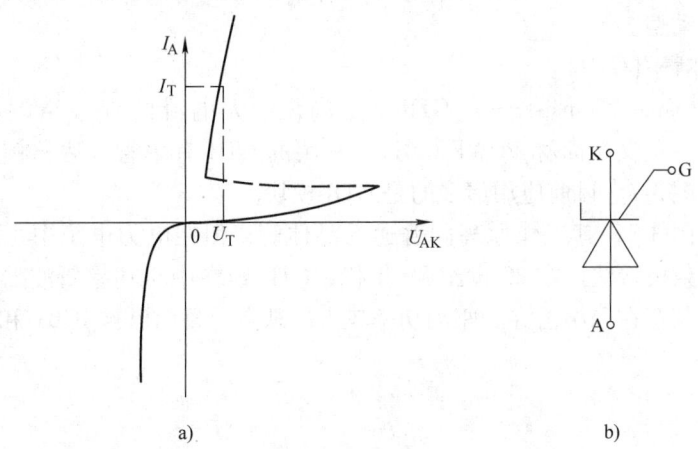

图 3-5 逆导晶闸管伏安特性和图形符号
a) 伏安特性 b) 图形符号

此类器件常用于逆变电路、斩波电路中,其晶闸管的通态平均电流 $I_{T(AV)}$ 和二极管通态平均电流 $I_{R(AV)}$ 可有不同的比例,一般为 1~3 倍,可根据实际应用要求选用。

3.1.2.5 光控晶闸管 (Light Activated Thyristor)

光控晶闸管又称光触发晶闸管,利用一定波长的光照信号使晶闸管导通,其伏安特性、图形符号和等效电路见图 3-6。光照强度不同,其转折电压 U_{AK} 亦不同,图中 VDL 相当于一个光敏二极管,其特点是采用光触发后保证了主电路与控制电路的绝缘性能和抗电磁干扰性能,因此多用于高压大功率场合,如高压直流输电、高压核聚变装置等。其额定值可达 8kV/4kA、

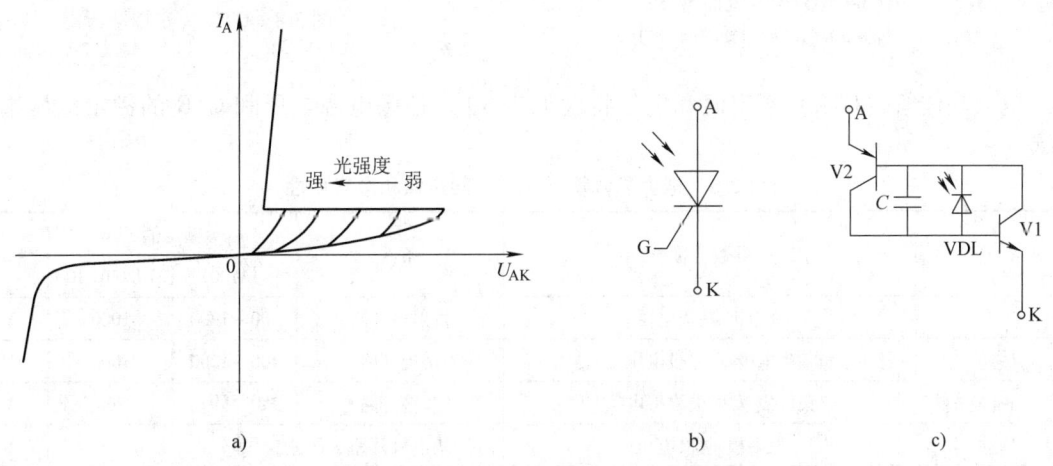

图 3-6 光控晶闸管伏安特性、图形符号和等效电路
a) 伏安特性 b) 图形符号 c) 等效电路

6kV/6kA，t_q 为 400μs。光控晶闸管的特殊指标是触发光功率，约几到十几毫瓦，光谱响应范围为 0.55~1.0μm，峰值波长约为 0.85μm。

3.1.3 全控型器件

随着斩波器和交流传动变频技术的快速发展、PWM 技术的广泛应用，迫切需要高电压、大电流、快速通断的全控型电力电子器件，通过控制信号实现开通和关断。控制信号可为电流驱动型和电压驱动型。

3.1.3.1 电力晶体管（GTR）

电力晶体管（Giant Transistor——GTR）是高压、大电流的双极结型晶体管（Bipolar Junction Transistor），英文又简称 POWER BJT。常用的 GTR 有单管、达林顿管和模块三大系列。电气原理图见图 3-7。目前应用最多的是 GTR 模块。

其伏安特性见图 3-8，其工作原理同普通的晶体管，但在电力电子中主要为开关状态工作，一般采用共发射极接法。在 20 世纪 80 年代，GTR 曾在中小功率斩波器和变频器上有较大应用，但是由于其存在二次击穿和驱动功率较大的缺点，目前已被 IGBT 和电力 MOSFET 所取代。

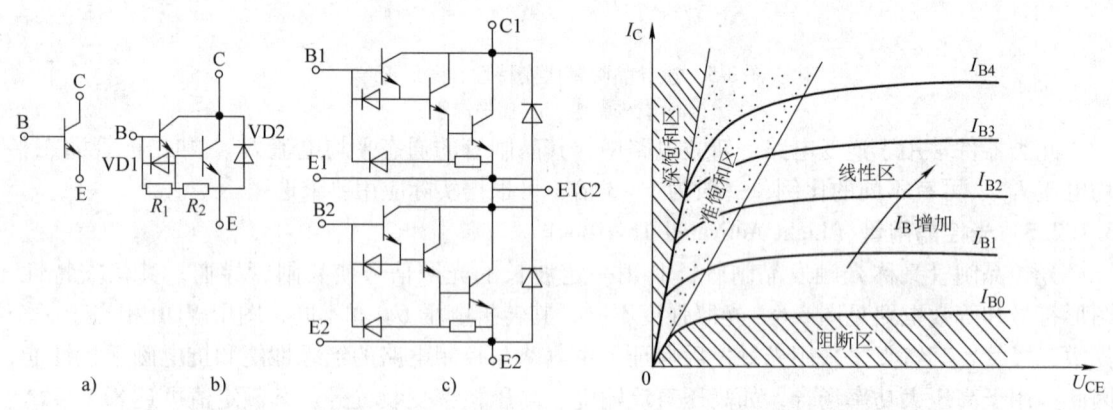

图 3-7　GTR 电气原理图
a）单管　b）达林顿管　c）模块

图 3-8　GTR 伏安特性

电力晶体管（GTR）额定值和电气特性见表 3-8，地区电源电压和 GTR 的额定电压选择见表 3-9。

表 3-8　电力晶体管（GTR）额定值和电气特性

符号	参数名称	条件	额定值 JA100	额定值 2DI200D-100	单位
U_{CBO}	集电极-基极电压	发射极开路	400~1200	1000	V
U_{CEO}	集电极-发射极电压	基极开路	400~1200	1000	V
$U_{CEO(SUS)}$	集电极-发射极维持电压	基极开路	≥0.5U_{CEO}	800	V
U_{EBO}	发射极-基极电压	集电极开路	≥4		V
I_C	集电极电流 DC	—	100	200	A
	集电极电流 1ms	—	—	400	

（续）

符号		参数名称	条件	额定值		单位
				JA100	2DI200D-100	
$-I_C$		反向最大连续集电极电流（续流二极管电流）	—	—	200	A
I_B		基极电流	DC	—	—	8	A
			1ms			16	
P_T		最大总耗散功率	2DI200D—100 为一个 GTR 功耗	800	1200	W
T_j		最高等效结温	—	150	150	℃
T_{stg}		贮存温度	—	$-40 \sim +150$	$-40 \sim +125$	℃
U_{ISO}		绝缘电压（有效值）	AC，1min	—	2500	V
电气特性（T_j 25℃）	I_{CBO}	集电极截止电流	$U_{CBO}=1000V$	1.5	1.0	mA
	I_{EBO}	发射极截止电流	$U_{EBO}=10V$	4	≤400	mA
	$U_{CE(SUS)}$	集电极-发射极维持电压	$I_C=140A$，$-I_B=12A$	—	1000	V
	h_{FE}	直流电流增益	$I_C=200A$，$U_{CE}=5V$	≥10	≥100	—
	$U_{CE(sat)}$	集电极-发射极饱和电压	$I_C=200A$，$I_B=4A$	3.0	≤2.5	V
	$U_{BE(sat)}$	基极-发射极饱和电压	$I_C=200A$，$I_B=4A$	3.5	≤3.5	V
	$-U_{CE}$	集电极-发射极电压	$-I_C=200A$	—	≤1.8	V
	t_{on}	开关时间	$I_C=200A$ $I_{B1}=+4A$ $I_{B2}=-12A$	≤3.5	≤2.5	μs
	t_{stg}			≤16	≤15	
	t_f			≤5.0	≤3.0	
热特性	R_{jc}	GTR 结-壳热阻	—	0.094	≤0.1	℃/W
	R_{jc}	续流二极管结-壳热阻	—	—	≤0.31	
	R_{CS}	接触热阻	使用导热膏脂情况下	—	0.03	

表 3-9 地区电源电压和 GTR 的额定电压选择　　　　（单位：V）

电源电压 \ GTR 额定电压	$U_{CEO(SUS)}=450$	$U_{CEO(SUS)}=550$	$U_{CEX(SUS)}=1000$	$U_{CEX(SUS)}=1200$
日本	200		400	
	220		400	
美国	208	230		460
		240		480
		246		
中国和欧洲地区	200	230	346	
	220	240	350	

3.1.3.2 电力 MOS 场效应晶体管（Power MOSFET）

电力 MOS 场效应晶体管（Power Metal Oxide Semiconductor Field Effect Transistor——Power MOSFET）为绝缘栅场效应管类型，输入阻抗为纯容性，采用电压驱动方式，因而具有驱动功率小、开关速度快（10～100ns）、工作频率高、安全工作区宽等优点，其缺点是电流小、耐压低、通态电阻大。它已广泛用于中小功率的高性能开关电源、斩波器和逆变器中。

MOSFET 为三端器件,其工作特性和图形符号见图 3-9。D 为漏极、S 为源极、G 为栅极。结构上分为 N 沟道和 P 沟道两种类型。若 D 和 S 分别接电源正负极时,当 $U_{GS} = 0$ 时 $I_D = 0$;$U_{GS} > U_T$(开启电压)时 $I_D > 0$;U_{GS} 越大,I_D 越大。

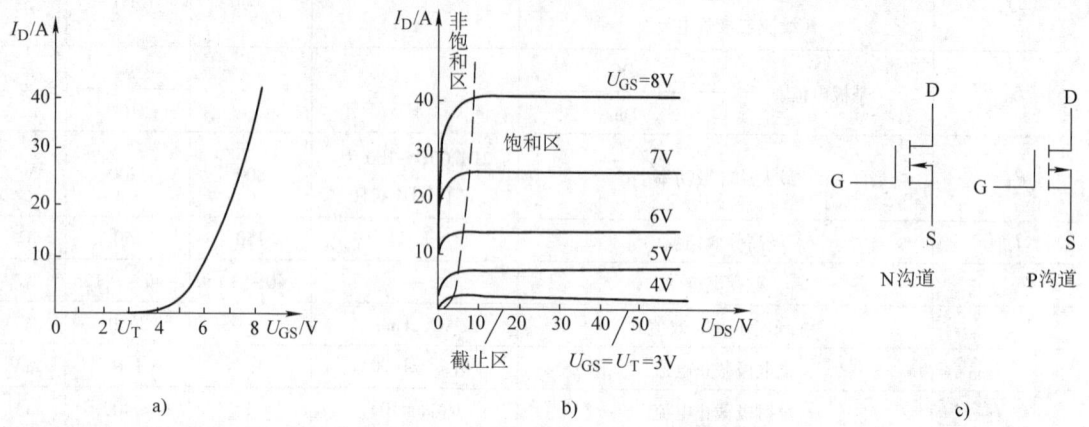

图 3-9 电力场效应晶体管工作特性和图形符号
a) 转移特性 b) 输出特性 c) 图形符号

电力 MOSFET 最大额定值和电气特性见表 3-10。

表 3-10 电力 MOSFET 最大额定值和电气特性

	符号	参数名称		条件	额定值 FCA50CC50	额定值 IRF330	单位
	U_{DSS}	漏源电压			500	400	V
	U_{GSS}	栅源电压			±20	±20	V
	I_D	漏极电流	DC	占空比 55%	50	5.5	A
	I_{DM}		脉冲		100	22	
	I_S	源极电流			50		A
	P_T	总耗散功率		$T_c = 25℃$	330	75	W
	T_j	沟道温度			−40 ~ +150	−50 ~ +150	℃
	T_{stg}	存储温度			−40 ~ +125		℃
	U_{ISO}	绝缘电压(有效值)		AC 1min	2500		V
电气特性	I_{GSS}	栅极漏电流		$U_{GS} = ±20V, U_{DS} = ±0V$	≤±1.0	≤±0.1	μA
	I_{DSS}	零栅压漏电流		$U_{GS} = 0V, U_{DS} = 500V$	≤1.0	≤0.2	mA
	$U_{(BR)DSS}$	漏源击穿电压		$U_{GS} = 0V, I_D = 1mA$	≥500	≥400	V
	$U_{GS(th)}$	栅源开启电压		$U_{DS} = U_{GS}, I_D = 10mA$	1.0 ~ 5.0	2 ~ 4	V
	$R_{DS(on)}$	漏源通态电阻		$I_D = 25A, U_{GS} = 15V$	≤0.14	≤1.0	Ω
	$U_{DS(on)}$	漏源通态电压			≤3.5		V
	G_{fs}	跨导		$U_{DS} = 10V, I_D = 25A$	30	≥3	S
	C_{ias}	输入电容			≤10000	≤900	pF
	C_{cas}	输出电容		$U_{GS} = 0V, U_{DS} = 25V$ $f = 1MHz$	≤1900	≤300	
	C_{ras}	反向转移电容			≤750	≤80	

(续)

符号		参数名称	条件	额定值		单位
				FCA50CC50	IRF330	
电气特性	$t_{d(on)}$	开通延迟时间	$U_{DD}=300V$, $U_{GS}=15V$ $I_D=25A$, $R_G=5\Omega$	60	30	ns
	t_r	上升时间		60	35	
	$t_{d(off)}$	关断延迟时间		650	55	
	t_f	下降时间		130	35	
	U_{SDS}	二极管正向压降	$I_S=25A$, $U_{GS}=0V$	≤2.0	1.2	V
	t_{rr}	反向恢复时间	$I_S=25A$, $U_{GS}=-5V$, $di/dt=100A/\mu s$	≤100	420	ns
	R_{jc}	结壳热阻	MOSFET	≤0.38		℃/W
			二极管	≤1.67		

注：以上参数的测试条件均为 $T_j=25℃$。

3.1.3.3 绝缘栅双极型晶体管（IGBT）

绝缘栅双极型晶体管（Insulated Gate Biplor Transistor——IGBT）的结构相当于一个由MOSFET驱动的GTR，因而它既有MOSFET输入电阻高、开关速度快、热稳定性能好、驱动电路简单和驱动功率小的优点；也有GTR通态电压低、高压大电流的优点，适用于变频器、开关电源等工业领域，是一种理想的电力电子器件。

IGBT的简化等效电路和图形符号见图3-10。图3-10a中的NPN和R_{br}为寄生晶体管及其体区短路电阻。它是一个三端的场控器件：有栅极G（又称门极）、集电极C（又称漏极D）、发射极E（又称源极S）。

IGBT一般为15～400A、400～1200V器件，硬开关频率达20kHz，软开关频率达100kHz。目前高耐压、大电流的IGBT可达3200V/1300A（法国EUPEC公司），因而其不仅逐步取代CTR和电力MOSFET，而且也占领了GTO晶闸管的部分应用领域。

IGBT模块常用的电路结构见图3-11，一般1200V/100A以下为图3-11a所示的六合一或图3-11b所示的七合一封装；图3-11c所示的两合一应用最多；1200V/400A以上为图3-11d所示的结构；图3-11e、f所示的带续流二极管结构适用于斩波电路。

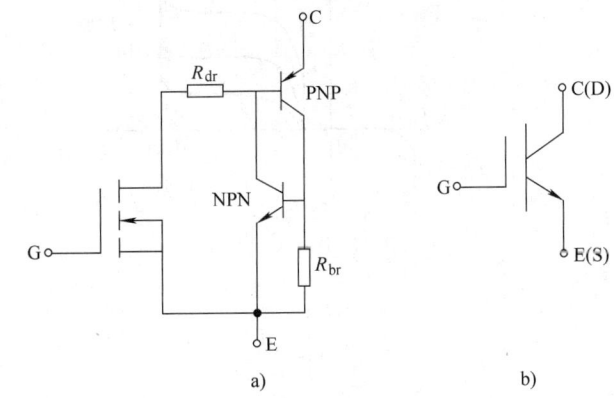

图3-10 IGBT简化等效电路和图形符号
a) 等效电路 b) 图形符号

（1）IGBT静态特性　图3-12为N-IGBT的静态特性。

1）IGBT的伏安特性见图3-12a，与GTR基本相似，但其控制参数是U_{GE}电压，而GTR控制参数为基极电流。输出电流I_C由U_{GE}控制：U_{GE}越大，I_C越大；

2）图3-12b为饱和电压特性，IGBT的电流密度较大，通态电压U_{CE}的温度系数在小电流时为负，大电流时为正，其值约为1.4倍/100℃，通态饱和压降$U_{CE(sat)}$为2～4V；

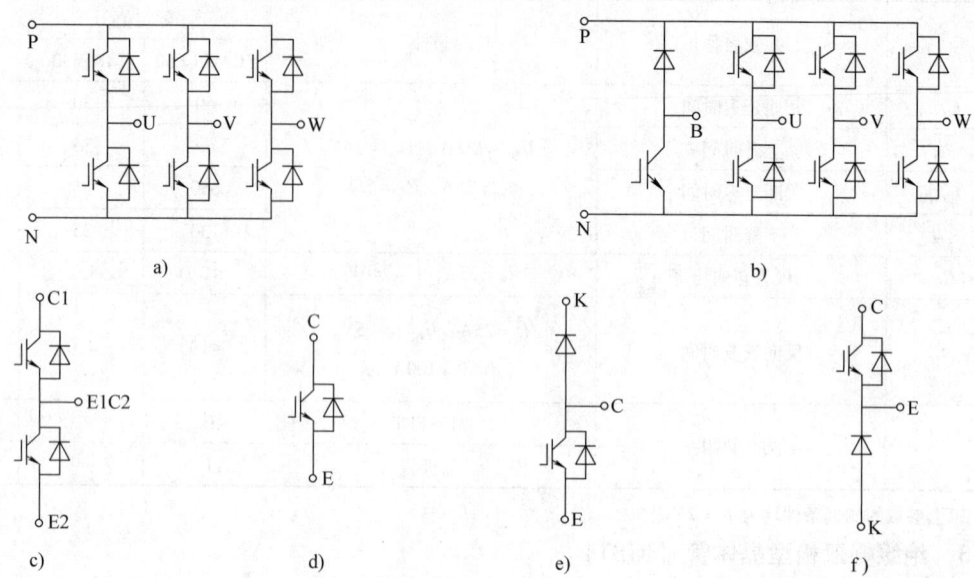

图 3-11 IGBT 模块常用的电路结构
a) 六合一 b) 七合一 c) 两合一 d) 一单元
e)、f) 带续流二极管

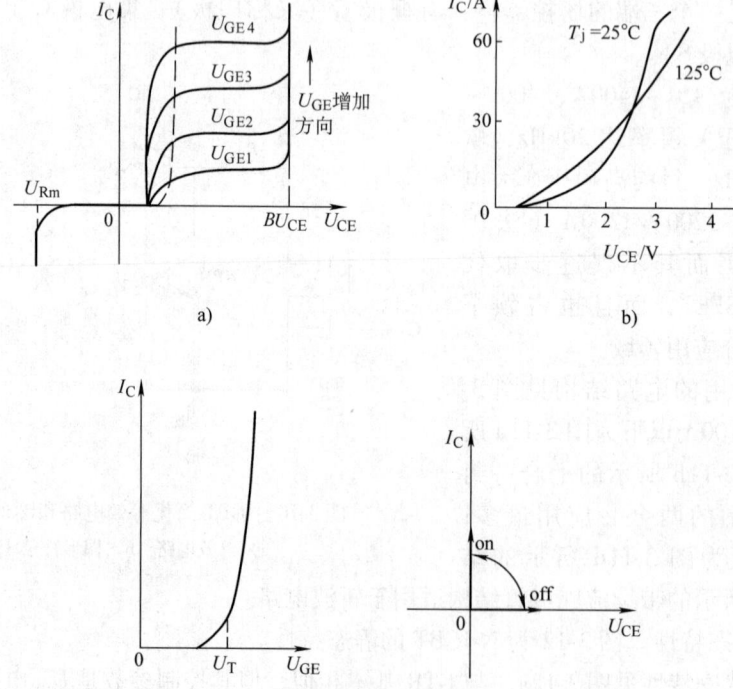

图 3-12 IGBT 的静态特性
a) 伏安特性 b) 饱和电压特性 c) 转移特性 d) 开关特性

3) 图 3-12c 为转移特性，与电力 MOSFET 相同，当 U_{GE} 小于开启电压 U_T 时，IGBT 呈关断状态；当 U_{GE} 略大于 U_T 时，I_C 与 U_{GE} 为非线性关系；U_{GE} 大于 U_T 后的大部分范围内，I_C 与 U_{GE} 为线性关系。U_{GE} 的最大值由 I_C 允许的最大值 I_{CM} 限定，一般 U_{GE} 的最佳值为 15V 以上；

4) 图 3-12d 为开关特性，表示 U_{GE} 大于 U_T 时，IGBT 即开通（on）；U_{GE} 小于 U_T 时，IGBT 即关断（off），仅有很小的漏电流存在。

(2) IGBT 动态特性　图 3-13 为 IGBT 的动态特性，图 3-13a 为开通时的电流、电压波形；图 3-13b 为关断时的电流、电压波形。由图可见，电压 $U_{CE}(t)$ 的下降/上升过程比电流 $i_C(t)$ 的上升/下降要延迟一段时间，这是由其内部 MOSFET 和 PNP 器件控制关系而出现的现象，在此不作详细分析。

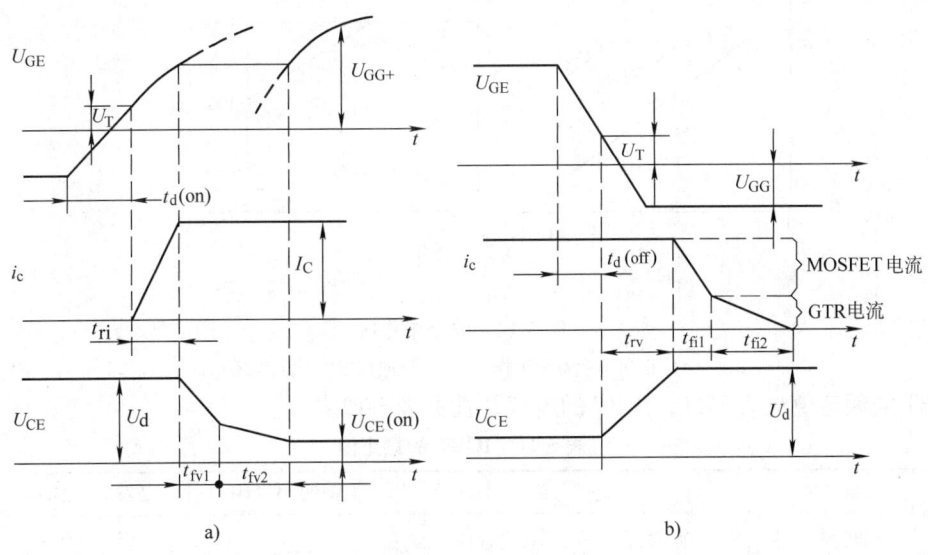

图 3-13　IGBT 的动态特性
a) 开通时　b) 关断时

在实际应用中，以集电极电流 I_C 的动态波形来确定 IGBT 的开关时间。I_C 的开通时间 t_{on} 由图 3-13a 中的开通延迟时间 $t_{d(on)}$ 和电流上升时间 t_{ri} 组成，t_{ri} 也就是器件特性参数的上升时间 t_r。I_C 的关断时间 t_{off} 由存储时间和下降时间组成，存储时间由图 3-13b 中的 $t_{d(off)}$ 和 t_{rv} 组成，下降时间 t_f 由 t_{fi1} 和 t_{fi2} 组成。

IGBT 的开通时间 t_{on}、上升时间 t_r、关断时间 t_{off} 和下降时间 t_f 在集电极电流和栅极电阻增加时都要增加，后者影响更大。

(3) 擎住效应

1) 静态擎住现象：由图 3-10a 所示的 IGBT 简化等效电路可见，IGBT 存在一个寄生晶闸管，由 PNP 和寄生 NPN 两个晶体管组成。当集电极电流足够大时，在 R_{br} 上产生的正偏将导致寄生 NPN 晶体管导通，使寄生晶闸管开通，栅极失去控制，PNP 处于饱和状态，I_C 迅速增大超过器件规定的 I_{CM} 值，使器件损坏，此现象称为静态擎住效应；

2) 动态擎住现象：在关断过程中，MOSFET 迅速关断，IGBT 总电流也很快减小为零，U_{CE} 迅速上升，此 du_{CE}/dt 将产生一个空穴电流，它流过 R_{br} 时也会使寄生晶闸管形成擎住现象，导致器件损坏。它由 du_{CE}/dt、I_{CM} 以及结温 T_j 所定。发生动态擎住现象时所允许的 I_{CM} 值小于静态擎住现象的 I_{CM}，厂商提供的 I_{CM} 相应于动态的 I_{CM}；

3）为避免擎住现象，设计电路时应保证运行电流不超过 IGBT 的 I_{CM} 值；或加大栅极电阻 R_G，以延长 IGBT 的关断时间，减小 du_{CE}/dt；此外，器件温升过高，也会产生擎住效应，在应用中应予以注意。

（4）安全工作区　在开通和关断时，IGBT 均有较宽的安全工作区：开通时称为正向偏置安全工作区，简称 FBSOA，见图 3-14a，FBSOA 与 IGBT 的导通时间密切相关，因为导通时间越长，发热越严重，因而其 I_{CM} 越小。关断时称为反向偏置工作安全区，简称 RBSOA，见图 3-14b，其与关断时的电压上升率 du_{CE}/dt 有关。du_{CE}/dt 越大，允许 I_{CM} 越小，因为过大的 du_{CE}/dt 会使 IGBT 导通，产生擎住效应，可通过选择 U_{GE} 和栅极驱动电阻抑制 du_{CE}/dt 值。

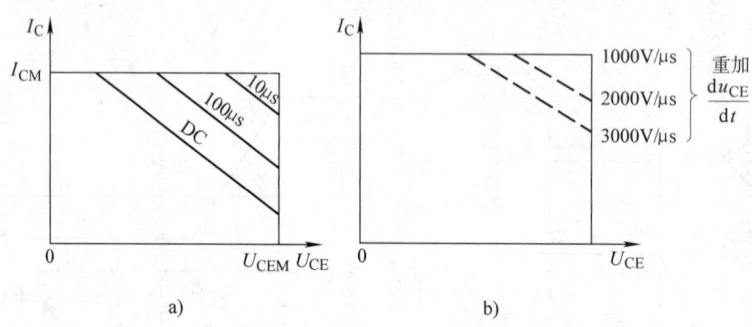

图 3-14　安全工作区
a）正向偏置安全工作区　b）反向偏置安全工作区

IGBT 的额定值见表 3-11，IGBT 的电气特性见表 3-12。

表 3-11　IGBT 的额定值

符号	参　数	定　义	CM300DY-24H	FZ800R12KS4	单位
U_{CES}	集电极-发射极阻断电压	栅极-发射极短路下，允许的断态集电极-发射极最高电压	1200	1200	V
U_{GES}	栅极-发射极电压	集电极-发射极短路下，允许的栅极-发射极最高电压	±20	±20	V
I_C	集电极电流	最大直流电流	300（$T_c=25℃$）	800（$T_c=80℃$） 1200（$T_c=25℃$）	A
I_{CM}	集电极峰值电流	最大允许的集电极峰值电流（$T_j \leq 150℃$）	600	1600	A
I_E	FWD① 电流	最大允许的直流 FWD 电流	300（$T_c=25℃$）	800	A
I_{EM}	FWD 峰值电流	最大允许的峰值 FWD 电流（$T_j \leq 150℃$）	600	1600	A
P_C	集电极功耗	$T_c=25℃$ 条件下，每个 IGBT 开关最大允许的功率损耗	2100	6900	W
T_j	结温	工作期间 IGBT 的结温	−40~150	≤150	℃
T_{stg}	贮存温度	无电源供应下的允许温度	−40~125	−40~150	℃

(续)

符号	参 数	定 义	CM300DY-24H	FZ800R12KS4	单位
U_{ISO}	绝缘电压	所有外接端子短路条件下,基板与模块端子间最大绝缘电压(AC 60Hz 1min)	2500	2500	V
F	扭矩	端子-固定螺栓间最大允许扭矩	1.96~2.94	4.25~5.75	N·m

注:CM300DY-24H 是日本三菱公司 H 系列两单元 IGBT 模块,FZ800R12KS4 是德国 EUPEC 公司一单元 IGBT 模块。
① FWD 为续流二极管。

表 3-12 IGBT 的电气特性

符号	参 数	定 义	CM300DY-24H	FZ800R12KS4	单位
I_{CES}	集电极-发射极截止电流	$U_{CE} = U_{ECS}$ 和栅极-发射极短路条件下 I_C	≤1.0	—	mA
$U_{GE(th)}$	栅极-发射极阈值电压	$I_C = 10^{-4} \times$ 额定集电极电流和 $U_{CE} = 10V$ 条件下,栅极-发射极电压	6	5.5	V
I_{GES}	栅极-发射极漏电流	$U_{GE} = U_{GES}$ 和集电极-发射极短路条件下 I_G	≤0.5	≤0.4	μA
$U_{CE(sat)}$	集电极-发射极饱和电压	额定集电极电流和规定栅极电压条件下,IGBT 的通态电压	2.5	3.0	V
C_{ies}	输入电容	集电极-发射极短路条件下,集电极-栅极间的电容与栅极-发射极间的电容之和	≤60	52	nF
C_{oes}	输出电容	栅极-发射极短路条件下,集电极-栅极间的电容与集电极-发射极间的电容之和	≤21	—	nF
C_{res}	反向传输电容	在规定的偏置和频率条件下,集电极-栅极间电容	≤12	—	
Q_G	栅极总电荷	$U_{CC} = (0.5~0.6) U_{CES}$、额定 I_C、$U_{GE} = 15V$ 条件下的栅极电荷	1500	8400	nC
$t_{d(on)}$	开通延迟时间	电阻负载、额定条件下的开关时间	≤250	100	ns
t_r	开通上升时间		≤500	90	
$t_{d(off)}$	关断延迟时间		≤350	530	
t_f	关断下降时间		≤350	60	
U_{EC}	FWD 正向电压	在规定条件下,通过额定电流时续流二极管的正向电压	≤3.5	2.0	V
t_{rr}	FWD 反向恢复时间	感性负荷下换相时,续流二极管的反向恢复时间	≤250	$E_{rec} = 32mws$	ns
Q_{rr}	FWD 反向恢复电荷	额定电流和规定 di/dt 条件下,续流二极管的反向恢复电荷	2.23	60	μC

符号	参数	定义	CM300DY-24H	FZ800R12KS4	单位
R_{jc}	结对外壳的热阻	每个开关管结同外壳之间的热阻最大值	≤0.06	≤0.018	℃/W
R_{cs}	接触热阻	每个开关管（IGBT-FWD 对）外壳与散热器之间热阻的最大值（在按说明使用导热膏脂的情况下）	≤0.035	0.008	℃/W

3.1.3.4 门极关断（GTO）晶闸管

门极关断（GTO）晶闸管（Gate Tune-Off Thyristor）是高电压、大电流全控型电力电子器件，其图形符号见图 3-15a。当门极加正脉冲时导通，门极加负脉冲时关断，从而实现了全控。与其他全控型器件相比，其优点是器件的耐压高、电流大、耐浪涌能力强，单个器件可达 6000A/6000V 或 10000A/9000V；其开通时间和关断时间较晶闸管短，因而可作为大功率变频器的开关器件，目前多应用在电力机车及大型轧机上。其主要缺点是关断时的门极电流很大，必须是 0.2~0.33 倍的阳极电流，因而控制电路复杂、控制功率极大，且对驱动回路、吸收回路的杂散电感特别敏感，给设计、制造、应用带来很大的困难，限制了其推广应用。其静态特性参数与晶闸管相类同，但反向重复峰值电压 U_{RRM} 仅为几十伏，故必须与大容量快速二极管反并联后用于电路中。其开关电压、电流及门极电流波形见图 3-15b。

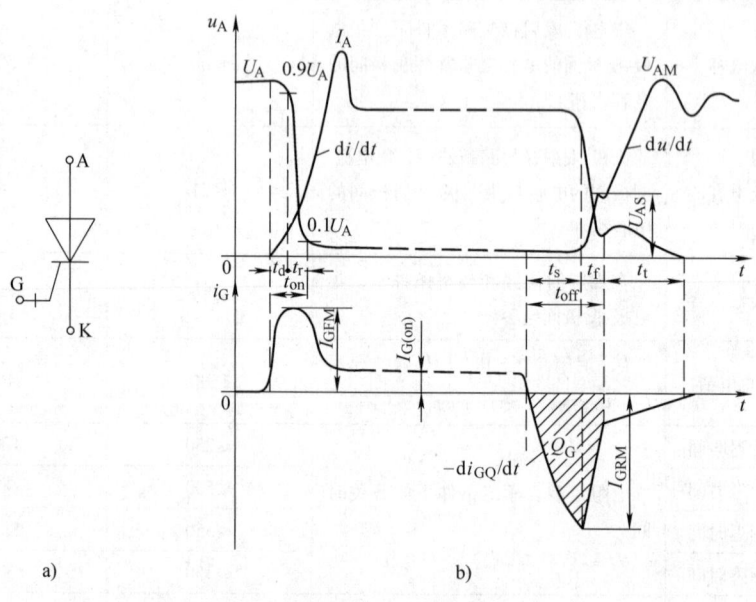

图 3-15 GTO 晶闸管开关电压、电流及门极电流波形和图形符号
a）图形符号　b）开关波形

3.1.4 智能功率模块（IPM）

智能功率模块（Intellingent Power Module——IPM）将功率开关器件、驱动电路和过电压、过电流、过热等故障检测电路集成在一起，只要保护电路动作，即使有控制信号输入，器件

也不能动作；排除故障后需复位才能工作，故而具有体积小、不易损坏、产品设计简单的优点。

三菱电机公司生产的 PM 系列产品有第三代和 V 系列两种，其功率开关器件均采用 IGBT。三菱电机公司 IPM 模块的额定值见表3-13，三菱电机公司 IPM 模块的电气特性见表3-14。

表3-13 三菱电机公司 IPM 模块的额定值

	符号	参 数	参 数 定 义	V 系列 PM50 RVA120	第三代 PM100 DSA120	单位
逆变部分	U_{CC}	供电电压	加于模块 P-N 之间的最大允许直流电压	800	900	V
	U_{CC}（峰值）	供电电压（峰值）	加于模块 P-N 之间的最大允许母线开关浪涌电压	1000	1000	V
	U_{CES}	集电极-发射极电压	控制输入信号关断时集电极到发射极的最大允许峰值电压	1200	1200	V
	$\pm I_C$	集电极电流	$T_c = 25℃$ 时，最大允许集电极和 FWD 直流电流	50	100	A
	$\pm I_{CP}$	集电极电流（峰值）	$T_c = 25℃$ 时，最大允许集电极和 FWD 峰值电流	100	200	A
	P_C	集电极功耗	$T_c = 25℃$ 时，每一 IGBT 开关管的最大允许功耗	338	595	W
	T_j	结温	工作时，IGBT 结温允许范围	−20~150	−20~150	℃
制动部分	$U_{R(DC)}$	FWD 反向电压	续流二极管最大允许反向电压	1200	—	V
	I_F	FWD 正向电流	$T_c = 25℃$ 时，续流二极管最大允许直流电流	15	—	A
控制部分	U_D	供电电压	最大允许控制供电电压	20	20	V
	U_{CIN}	输入电压	输入脚（I）和地之间最大允许电压	20	10	V
	U_{FO}	故障输出供电电压	故障输出脚（FO）和地之间最大允许电压	20	20	V
	I_{FO}	故障输出电流	故障输出脚（FO）的最大允许电流	20	20	mA
总系统	$U_{CC(prot)}$	受 OC/SC 保护时的供电电压	受 OC 和 SC 保护时，加于 P-N 之间的最大允许直流电压	800	800	V
	T_C	模块外壳工作温度	模块基板最大允许壳温	100	100	℃
	T_{stg}	贮存温度	不加电压或电流时的允许结壳温度	−40~125	−40~125	℃
	U_{iao}	绝缘电压有效值	基板和模块端子（所有电源端子和信号端子外部短路）之间最大绝缘电压（AC、60Hz、1min）	2500	2500	V

表 3-14 三菱公司 IPM 模块的电气特性

	符号	参数	参数定义	V 系列 PM50 RVA120	第三代 PM100 DSA120	单位
逆变和制动部分	$U_{CE(sat)}$	集电极-发射极饱和电压	在规定条件下通过额定集电极电流时，IGBT 的通态电压（$T_j = 125℃$）	2.60	2.1	V
	U_{EC}	FWD 正向电压	规定条件和额定电流下，FWD 的正向电压	2.5	2.5	V
	t_{on}	开通时间	在规定条件下，感性负载时的开关时间	0.9	1.4	μs
	t_{rr}	FWD 反向恢复时间		0.2	0.2	
	$t_{C(on)}$	开通过渡时间		0.4	0.4	
	t_{off}	关断时间		2.4	2.5	
	$t_{C(off)}$	关断过渡时间		0.7	0.6	
	I_{CES}	集电极-发射极截止电流	在外加 $U_{CE} = U_{CES}$ 的规定条件下的断态集电极-发射极电流	1.0	1.0（max）	mA
控制部分	U_D	供电电压	开关运行时控制电路供电电压允许范围	15±1.5	15±1.5	V
	I_D	电路电流	待机时控制电路的供电电流	44	19	mA
	OC	过电流动作数值	使过电流保护动作的集电极电流	—	230	A
	SC	短路动作数值	使短路保护动作的集电极电流	59（min）	340	A
	$t_{off(OC)}$	过电流延迟时间	集电极电流超过 OC 至过电流保护动作的延迟时间	10	5	μs
	OT	过热动作数值	过热保护动作的基板温度	118	110	℃
	OT_r	过热复位数值	发生过热故障动作后因降温使之复位的基板温度	100	95	℃
	UV	控制电源欠电压动作数值	使欠电压保护动作的控制电源电压值	12	12	V
	UV_t	控制电源欠电压复位数值	使欠电压保护动作后复位的控制电源电压值	12.5	12.5	V
	$I_{FO(H)}$	故障输出脚的无效电流	无故障时，故障输出脚的电流	0.01（max）	0.01（max）	mA
	$I_{FO(L)}$	故障输出脚的有效电流	出故障时，故障输出脚的电流	10	10	mA
	t_{FO}	故障输出脚的脉冲宽度	产生故障输出的脉冲宽度	1.8	1.8	ms
	U_{SXR}	SXR 端子输出电压	加于 SXR 端子上用于驱动外接光耦合器的稳压电源的电压	5.1	5.1	V
热阻	R_{jc}	结壳之间热阻	每一个 IGBT 或 FWD 的结壳之间的最大热阻	0.37/0.7（max）	—	℃/W
	R_{cs}	接触热阻	按安装要求，涂有导电硅脂的每一开关单元（IGBT-FWD 对）的外壳和散热片之间的最大热阻	0.027	—	℃/W

3.1.5 集成门极换向晶闸管（IGCT）

集成门极换向晶闸管（Integrated Gate Commutated Thyristors——IGCT）是一种新颖的大功率电力电子器件，最早由瑞士 ABB 公司开发并投入市场，使特大功率的变流装置在容量、可靠性、开关速度、效率、成本、重量和体积等方面取得了成功的突破。如 3.1.3.4 节所述，GTO 晶闸管具有耐压高、电流大、耐浪涌能力强等优点，但是其控制关断的技术难度甚大、门极回路对杂散电感特别敏感、工作可靠性低，使其难以推广。

IGCT 是将门极换向晶闸管 GCT（改进结构的 GTO）、反并联二极管和极低电感的门极驱动器集成起来，使其在导通期间是一个与晶闸管一样的正反馈开关，因而具有通电电流大、开通损耗低和高阻断电压下通态压降低的特点；在关断阶段，它只需 1μs 左右的时间即可使门极电流达到最大关断电流 I_{TGQM}，在阳极电压上升前，阳极电流已降为零，即具有与晶体管模式完全一样的稳定关断特性，工作可靠、关断损耗低。

此外，它无需吸收电路；响应快（延时时间 $t_d = 2 \sim 3\mu s$，存储时间降到 1μs），特别有利于器件的串联应用工况；平板压接工艺提高了可靠性，工作频率范围可达几百赫到几十千赫，与 IGBT 的开关速度相近；不需外接续流二极管，简化装置结构；内部已集成的门极驱动电路，可保证在最低成本和最低能耗条件下达到最佳运行特性；管芯面积可达 130cm²（φ100mm），硅片利用率大大高于 IGBT。

综上所述，IGCT 具有耐压高、电流大、开关速度高、可靠性高、损耗低、结构紧凑和成品率高等一系列优点，是一种理想的功率开关器件，它在中压调速传动、高动态轧钢传动、大功率电化学变流器和铁路牵引、高压直流输电、有源滤波器、无功补偿装置等领域具有极好的推广应用前景。

3.1.5.1 IGCT 的额定电参数

(1) 断态重复峰值电压 U_{DRM}：阻断时，在额定结温和允许的最大正向漏电流条件下的正向重复峰值电压（V）。

(2) 中间电压 U_{DC}（$U_{dc\text{-}link}$）：最高直流电压（V）。

(3) 反向重复峰值电压 U_{RRM}（V）。

(4) 最大不重复关断电流 I_{TGQM}：在 U_{DC} 电压下，最大不重复关断电流（A）。

(5) 晶闸管/二极管的正向通态平均电流 I_{TAVM}/I_{FAVM}：壳温 85℃时的最大正向通态平均电流（A）。

(6)) 晶闸管/二极管的通态压降 U_T/U_F：在 I_{TGQM} 和 T_{VJM} 条件下的正向压降（V）。

(7) 晶闸管/二极管的通态阈值电压 U_{T0}/U_{F0}：在 T_{VJM} 条件下晶闸管/二极管的通态阈值电压，（V）。

(8) 晶闸管/二极管的斜率电阻 r_T/r_F：在 T_{VJM} 条件下，晶闸管/二极管的斜率电阻（mΩ）。

(9) 最高结温 T_{VJM}（T_{jmax}）：在额定工作电流下不失效的最高 PN 结温度（℃）。

(10) 热阻 R_{thjc}：IGCT 结-壳之间的热阻（K/kW）。

(11) 最大电流上升率 di/dt (max)：在 U_{DC} 条件下，IGCT 上二极管关断时开始恢复反向所允许的最大电流上升率（A/μs）。

(12) 反向峰值恢复电流 I_{rr}：IGCT 上二极管的反向峰值恢复电流（A）。

(13) 门极允许输入的交流方波电压幅值 U_{GIN}（V）。

(14) 门极触发电流 I_{gt}：使 IGCT 导通的最小门极触发电流（A）。

表 3-15 为非对称型 IGCT 的额定电参数，表 3-16 是为电流源逆变器优化设计的反向阻断型 IGCT 的额定电参数，表 3-17 为带有续流二极管的逆导型 IGCT 的额定电参数。

表 3-15 非对称型 IGCT 的额定电参数

型号	U_{DRM}	U_{DC}	U_{RRM}	I_{TGQM}	I_{TAVM} $T_C=85℃$	I_{TSM} 1ms T_{VJM}	I_{TSM} 10ms T_{VJM}	U_T I_{TGQM} T_{VJM}	U_{TO} T_{VJM}	r_T	T_{VJM}	R_{thJC}	R_{thCH}	F_m⑤	U_{GIN}④
	V	V	V	A	A	kA	kA	V	V	mΩ	℃	K/kW	K/kW	kN	V
5SHY 35L4510①	4500	2800	17	4000	1100	40	25	2.7	1.3	0.35	125	8.5	3	40	25~40
5SHY 35L4511②	4500	2800	17	3300	1100	40	25	2.2	1.2	0.37	125	8.5	3	40	24~40
5SHY 35L4512③	4500	2800	17	4000	1700	40	25	2	0.93	0.27	125	8.5	3	40	24~40

① 适用于严酷环境。结温范围 $T_j = -40 \sim 125℃$。
② 适合于工业应用。结温范围 $T_j = 10 \sim 125℃$。
③ 适合于斩波器中应用。结温范围 $T_j = 0 \sim 125℃$。
④ 门极允许输入的交流方波电压幅值。
⑤ 安装时垂直压力。

表 3-16 反向阻断型 IGCT 的额定电参数

型号	U_{DRM}	U_{RRM}	U_{AC}	I_{TGQM}	I_{TAVM} $T_C=85℃$	U_T I_{TGQM} T_{VJM}	U_{TO} T_{VJM}	r_T	I_{rr}	di/dt (max)	T_{VJM}	R_{thJC}	R_{thCH}	F_m	U_{GIN}
	V	V	V	A	A	V	V	mΩ	A	A/μs	℃	K/kW	K/kW	kN	V
5SHZ 08F600	6000	6500	3600	800	290	6.3	3.25	3.8	750	1300	125	23	8	14	20

表 3-17 带有续流二极管的逆导型 IGCT 的额定电参数

型号	U_{DRM}	U_{DC}	I_{TGQM}	I_{TAVM} / I_{FAVM} $T_C=85℃$	I_{TSM} / I_{FSM} 1ms T_{VJM}	I_{TSM} / I_{FSM} 10ms T_{VJM}	U_T / U_F I_{TGQM} T_{VJM}	U_{TO} / U_{FO} T_{VJM}	r_T / r_F	di/dt (max)	I_{rr}	T_{VJM}	R_{thJC}	F_m	U_{GIN}
	V	V	A	A	kA	kA	V	V	mΩ	A/μs	A	℃	K/kW	kN	V
5SHX 04D4502 GCT	4500	2800	340	130	3.8	2.1	3.4	1.8	4.7			70			
续流二极管部分				85	6	2.3	4.8	2.4	6.9	130	190	115	90		
5SHX 08D4502 GCT	4500	2800	630	250	9	5	3	1.8	2.0			40			
续流二极管部分				130	15.6	6.1	5.7	2.8	4.6	300	400	115	53	16	20
5SHX 14D4502 GCT	4500	2800	1100	415	15.7	8.8	3	1.65	1.2			25			
续流二极管部分				160	23.8	9.4	6.65	3.15	3.2	425	460	115	42		
5SHX 26L4503 GCT	4500	2800	2200	855	33.6	18.8	3	1.65	0.6			12			
续流二极管部分				315	42.8	16.9	7.05	3.08	1.8	650	900	115	21	44	20①
5SHX 03D6004 GCT	5500	3300	280	110	3.6	1.8	3.95	1.95	7.2			70			
续流二极管部分				65	4.4	1.9	6.5	3.52	10.7	90	170	115	90		
5SHX 06F6004 GCT	5500	3300	520	215	8.6	4.3	3.5	2.3	2.3			40			
续流二极管部分				115	11.5	5	6.3	3.3	5.8	220	320	115	53	16	20
5SHX 10H6004 GCT	5500	3000	900	355	15	7.5	3.45	1.65	2.0			25			
续流二极管部分				165	17.5	7.6	6.4	2.53	4.3	340	430	115	42		
5SHX 19L6005 GCT	5500	3300	1800	725	32	16.1	3.45	1.65	1.0			12			
续流二极管部分				325	31.5	13.6	6.8	2.48	2.4	510	780	115	21	44	20①

① 门极允许输入的交流方波电压幅值。

3.1.5.2 IGCT 的基本特性

IGCT 的基本特性是由 GCT 和二极管各自的特性所决定，主要是它们的开关特性、直流阻断能力、高频突发脉冲能力等。

1. **IGCT 的开关特性**　图 3-16a 为由两个逆导 IGCT 构成的无吸收半桥的 IGCT 测试电路，图中 IGCT 为 5SGX06F6004 型器件，其 $U_{DC}=3300V$，$L_i=17nH$，$T_{VJM}=115℃$，$U_{DRM}=5500V$，$I_{load}=400A$（IGCT1 开通前）。图 3-16b 为 IGCT1 的开关波形。由图可见，开通时间和关断时间极短，约 $5\sim6\mu s$ 即可完成，开关损耗可以忽略不计。所以其可在低通态/低频到高通态/高频的很大范围内应用。

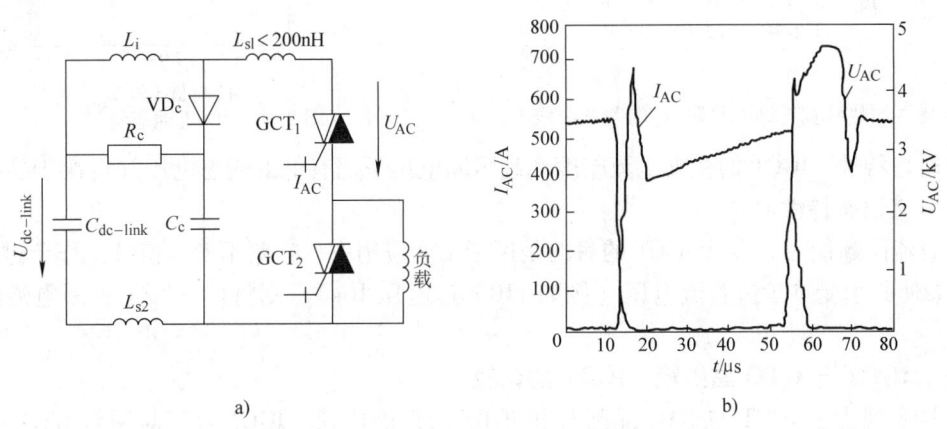

图 3-16　IGCT 开关波形
a）测试电路　b）开关波形

2. **二极管的关断特性**　图 3-17 是 5SGX06F6004 单片续流二极管在 di/dt（max）条件下、无吸收电路关断时的波形，所用器件与图 3-16 相同，电路条件为 $L_i=17\mu H$、$U_{dc}=3300V$、$T_j=115℃$、$I_0=520A$（二极管关断前）。通常负载的 L 远大于 L_i，则在出现反向恢复峰值电流 I_{rr} 时，二极管将承受全额的直流中间电压，若 I_{rr} 过大，则二极管在关断期间的最高功率密度将超过其极限值，导致二极管动态雪崩击穿，因此必需注意控制二极管关断前的正向电流和关断时的 di/dt，以免 I_{rr} 值过大。

3. **高频高幅值脉冲**　GTO 晶闸管在关断时，由于电流的再分布和发射区的电流集中，导致温度分布的不均匀（也引起开通的不均匀），进而迅速引发局部过热和热逸出，因而 GTO 晶闸管连续关断所需的最小时间间隔基本上取决于结温恢复均匀所需的时间，也因此限制了 GTO 晶闸管的高频高幅值的工作能力。而 IGCT 在关断时有很均匀的开关性能，其发热均匀地分布于整个器件，即除了实际结温外，没有其他的热指标。图 3-18 为加热脉宽与结壳热阻 R_{jc} 的关系曲线。由图可见，窄脉冲加热时的热阻要比宽脉冲加热时低得多，因此高幅值窄脉冲并不会产生额外的温升，这种优秀的高频高幅特性是控制复杂逆变器的非

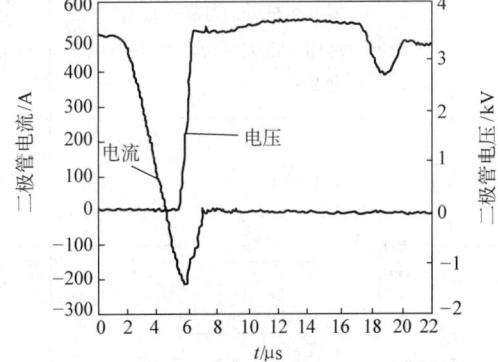

图 3-17　单片续流二极管无吸收关断时的波形

常重要的指标，用以实现负载交互控制和故障控制。

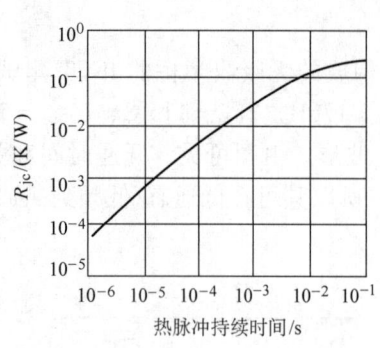

图 3-18 加热脉宽与结壳热阻 R_{jc} 的关系曲线

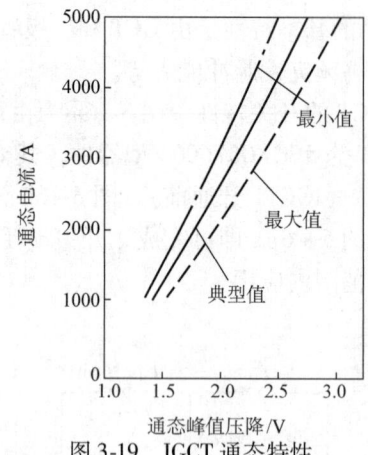

图 3-19 IGCT 通态特性

4. **通态特性** IGCT 的在高电流密度和高阻断电压下仍有低的通态电压（仅次于晶闸管），图 3-19 为其通态特性。

5. **直流阻断能力** 设计 IGCT 的目的是用于工业应用中，一般不使其持续工作于过直流电压下，如使其承受持续过直流电压（例如 110% 过电压 10s），则将使其额定关断电流降低一半。

3.1.5.3 IGCT 与 GTO 晶闸管、IGBT 的比较

表 3-18 列出了 IGCT 与 GTO 晶闸管和 IGBT 的性能比较。IGCT 具有晶闸管 GTO 和 IGBT 的所有优点。

表 3-18 IGCT 与 GTO 晶闸管和 IGBT 的性能比较

	GTO 晶闸管	高压 IGBT	IGCT
开关技术	通态损耗较低	高频开关 低开关损耗 集成门极驱动 无吸收电路	高频开关 开关损耗和通态损耗最低 无吸收电路
功率电路	高电压、大电流 严重失效保护 零件数较少，可靠性较高 适用于绝大部分中压电力电子成套装置	低电压、中等电流 适用于低压串联和并联连接的系统	高电压、大电流 严重失效保护 集成了二极管和门极驱动电路，零件数最少，可靠性最高 适用于绝大多数中压电力电子成套装置
装置	结构紧凑	模块化设计	结构紧凑 模块化设计，连线和互联最少，可制成实用性高的模块
桥臂结构[①]			

(续)

	GTO 晶闸管	高压 IGBT	IGCT
缺点	开关频率低 门极控制复杂	高压时损耗高 用于牵引时可靠性不确定 对 EMI 敏感	结构成本和门极驱动电路成本高 短路时无过电流自保护功能

① 以有源逆变器的桥臂为例。

表 3-19 对三种 3300V 器件的特性作比较,由于 IGCT 无 3000V 以下的低压器件,而 IGBT 无 3000V 以上的器件,所以只将这三种器件作一比较,即便如此,IGCT 仍占明显的优势。

表 3-19 三种器件的特性比较

	IGBT	GTO 晶闸管	IGCT
器件通态损耗	100%	70%	50%
器件关断损耗	100%	≈100%②	100%
器件开通损耗	100%	30%	5%
门(或栅)极驱动功率	≈1%	100%	50%
短路电流	自身限制（=$f_{(tp)}$）	外部限制（电抗器）	外部限制（电抗器）
du/dt 吸收电路	无	有②	无
di/dt 吸收电路	无	有	有
开关芯片	分立	单片	单片
二极管芯片	分立	单片	单片
芯片封装	焊接①	压接	压接

① 一般为焊接,在特殊高温循环应用则为压接。
② 用吸收电路强制降低损耗。

表 3-20 将三种器件在 3MVA、600Hz 大功率逆变器中的性能作比较,由表可见仍是 IGCT 占明显优势。

表 3-20 三种器件在大功率逆变器中的性能比较

	GTO 晶闸管	IGBT	IGCT
可靠性（FIT）	7000	13000	2300
损耗/kW	72	45	26
重量/kg	190	70	60
体积/L	456	200	80
热循环能力（ΔT=80℃）/千次	200	80	200
模块化水平/$n \times$kg	3×65	18×2.5	1×32

3.1.6 注入增强栅晶体管（IEGT）

IEGT 是日本东芝公司开发的新型电力电子器件,它综合了 IGBT 的电压驱动、控制功率小、安全工作区宽、开关损耗小及 GTO 晶闸管的输出功率大、通态压降低、阳-阴极间载流子密度高等优点;克服了 IGBT 饱和压降高、发射极载流子密度低及 GTO 晶闸管安全工作区窄、电流驱动功率大、开关损耗大的缺点,因而在高开关频率工况应用中,具有明显的优势。目前IEGT的容量已达到IGBT的水平,可在变频调速装置中得到应用。

IEGT芯片的特点是：在沟槽型IGBT的基础上,把部分沟道与P基区相连,使发射区注入增强,导致基区内载流子浓度大大提高,从而使器件的通态压降减小。其基本结构及图形符号见图3-20。由图可见,它是一个三端器件,分别为集电极C、发射极E和门极G。其等效电路与IGBT类似,仅多了一个续流二极管。

3.1.6.1 IEGT的开关特性

IEGT的开通特性见图3-21a,当外加门极控制信号由0V跃变为+15V时,对门-射极间分布电容C_{GE}充电,门-射极的驱动电压U_{GE}经过一段延时$t_{d(on)}$后,由-15V上升到门-射极开通电压$U_{GE(on)}$,I_C缓慢上升；在此阶段中,由于位移电流的影响,U_{GE}和U_{CE}基本不变；随着I_C增加,C_{GE}影响迅速减小,U_{GE}由$U_{GE(on)}$快速上升到+15V,I_C快速上升到最大值,此后U_{CE}电压迅速下降到通态饱和电压$U_{CE(sat)}$,I_C达到稳态值,IEGT完成开通。

IEGT按封装形式可分为平板型和模块型,按内部工艺结构可分为平面型和刻槽型。刻槽工艺IEGT的饱和压降比平面型要低得多,见图3-21c。

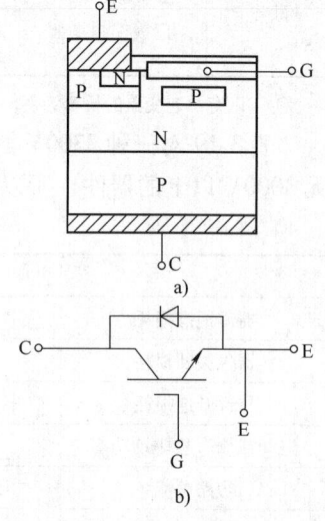

图3-20 IEGT结构及图形符号
a) 基本结构 b) 图形符号

3.1.6.2 IEGT的关断特性

IEGT的关断特性见图3-21b,当外加门极控制信号由15V跃变为0V时,门-射极间分布电容C_{GE}放电,门-射极的驱动电压U_{GE}经过一段延时$t_{d(off)}$后,由+15V下降到门-射极关断电压$U_{GE(off)}$,此后U_{CE}缓慢上升,由于位移电流的影响,I_C和U_{CE}基本不变；随着U_{CE}增加,C_{GE}影响迅速减小,U_{GE}由$U_{GE(off)}$快速下降到-15V,U_{CE}迅速上升到最大值,I_C快速下降,U_{CE}进入稳态,剩余载流子被中和,IEGT完成关断。

3.1.6.3 IEGT的主要技术参数

(1) 集-射极最大额定电压U_{CES}：门-射极短路时的最大集-射极直流电压。

(2) 门-射极最大额定电压U_{GES}：集-射极短路时的最大门-射极直流电压,一般选$|U_{GES}|$<20V。

(3) 集-射极通态电压$U_{CE(on)}$：当U_{GE}、I_C和壳温均为额定值时的通态压降。

(4) 门-射极关断电压$U_{GE(Off)}$：在最低的U_{CE}条件下,不使IEGT导通的电压。

(5) 正向电压U_F：门-射极短路时,IEGT内部续流二极管通过正向额定电流的的正向压降。

(6) 集电极电流I_C：在额定结温下,集电极可连续工作而不损坏IEGT的最大直流电流。

(7) 集电极峰值电流I_{CP}：在额定结温下,IEGT允许通过脉宽为1ms的集电极脉冲峰值电流。

(8) 内部集成的续流二极管正向电流I_F：在额定结温下,续流二极管允许通过的最大正向连续直流电流。

(9) 内部集成的续流二极管的正向峰值电流I_{FM}：续流二极管允许通过脉宽为1ms的最大正向脉冲峰值电流。

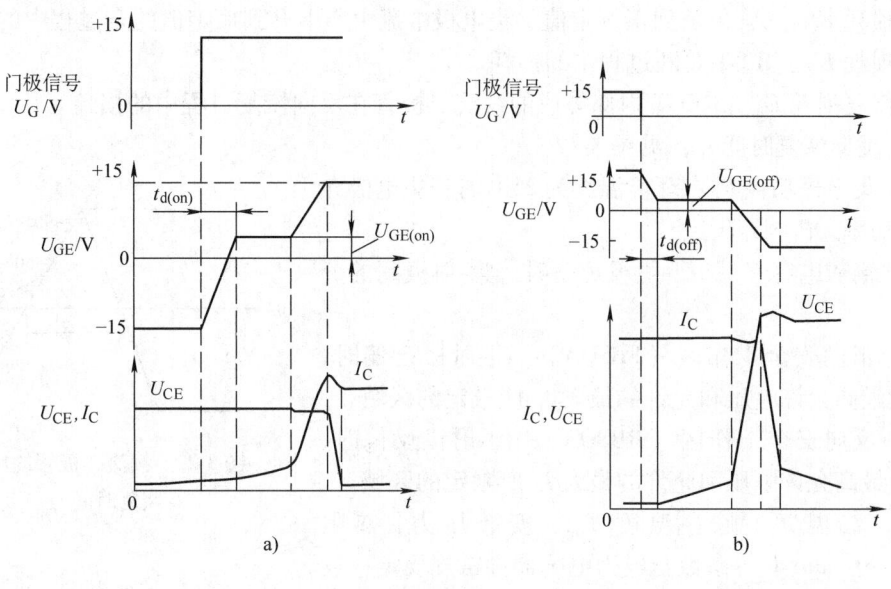

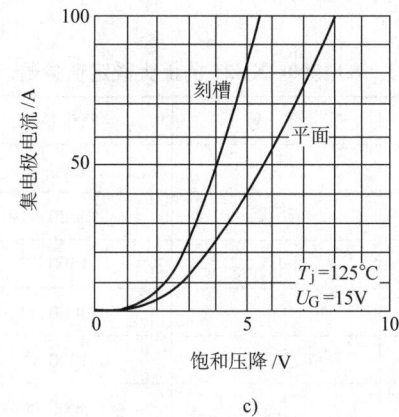

图 3-21 IEGT 的开关特性

a) 开通特性 b) 关断特性 c) 饱和压降比较

(10) 门极漏电流 I_{GES}：$U_{GE} = \pm 20\text{V}$，$U_{CE} = 0\text{V}$ 时的门极漏电流。

(11) 集电极截止电流 I_{CES}：$U_{GE} = 0\text{V}$，$U_{CE} = U_{CES}$ 时的 I_C。

(12) 内部集成的续流二极管反向恢复电流 I_{rr}：内部集成的续流二极管在反向恢复过程中的最大峰值电流。

(13) 开关时间

测试条件：$U_{CC} = 0.6 U_{CES}$，I_C 为额定电流，$U_{GE} = \pm 15\text{V}$，门极串联电阻 $R_G = 10\Omega$，漏电感 $L_s = 330\text{mH}$。

上升时间 t_r：集电极电流由 $10\% I_C$ 升到 $90\% I_C$ 的时间。

开通时间 t_{on}：由 $U_{GE} = +1.5\text{V}$ 到集电极电流升到 $90\% I_C$ 的时间。

下降时间 t_f：集电极电流由 $90\% I_C$ 降到 $10\% I_C$ 的时间。

关断时间 t_{off}：由 $U_{GE} = +14.5\text{V}$ 到集电极电流降到 $10\% I_C$ 的时间。

(14) 开关损耗

开通损耗 E_{on}：U_{GE} 由负到正额定值、集电极电流由零上升到额定值的全过程中的损耗。

关断损耗 E_{off}：IEGT 关断过程中的损耗。

反向恢复损耗 E_{dsw}：IEGT 内部集成的续流二极管在反向恢复过程中的损耗。

(15) 反向恢复时间 t_{rr}：见图 3-22。

(16) 集电极功耗 P_C：环境温度为 25℃ 时，集电极允许的最大功率，$P_C = I_C U_{CE(on)}$。

(17) 输入电容 C_{ies}：门-射极短路时，集-射极间的分布电容。

(18) 正向安全工作区（FBSOA）：门-射极正偏时，由集-射极最高允许电压和允许的最大 I_C 所限定的区域。

(19) 反向安全工作区（RBSOA）：门-射极反偏时，由集-射极最高允许电压和允许的最大 I_C 所限定的区域。

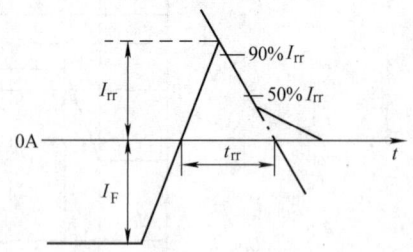

图 3-22 续流二极管的反向恢复时间 t_{rr}

此外，结温 T_j、贮存温度 T_{stg}、安装压力、热阻 $R_{th(j-f)}$、di/dt、du/dt 等参数与电力电子器件常规规定一致。

表 3-21 和表 3-22 为日本东芝公司生产的 ST1500GXH21 型 IEGT 的最大额定值参数和电特性参数。

表 3-21 ST1500GXH21 的最大额定值参数

参　数		符　号	额定值	单　位
集-射极电压		U_{CES}	4500	V
门-射极电压		U_{GES}	±20	V
集电极电流	DC	I_C	1500	A
	1ms	I_{CP}	3000	
正向电流	DC	I_F	1500	A
	1ms	I_{FM}	3000	
集电极功率耗散		P_C	14300	W
结温		T_j	-40 ~ +125	℃
贮存温度范围		T_{stg}	-40 ~ +125	℃
安装压力			50 - 70	kN

表 3-22 ST1500GXH21 的电特性参数 ($T_C = 125$℃)

特性参数	符　号	测试条件	最小值	典型值	最大值	单　位
门极漏电流	I_{GES}	$U_{GE} = ±20V$，$U_{CE} = 0V$	—		±300	nA
集电极截止电流	I_{CES}	$U_{GE} = 0V$，$U_{CE} = 4500V$	—		150	mA
门-射极截止电压	$U_{GE(off)}$	$U_{CE} = 5V$，$I_{CE} = 1.5A$	3.0	—	5.0	V
集-射极饱和电压	$U_{CE(sat)}$	$U_{GE} = 15V$，$I_C = 1500A$	—	5.0	—	V
输入电容	C_{ies}	$U_{GE} = 0V$，$U_{CE} = 10V$，$f = 100kHz$		400		nF

（续）

特性参数		符 号	测试条件	最小值	典型值	最大值	单 位
开关时间	上升时间	t_r	$U_{CC}=2700V$, $I_C=1500A$ $U_{GE}=\pm 15V$, $R_G=10\Omega$ $L_S=330nH$	—		—	μs
	开通时间	t_{on}		—		—	μs
	下降时间	t_f		—		—	μs
	关断时间	t_{off}		—		—	μs
正向电压		U_F	$I_F=1500A$, $U_{GE}=0V$	—	4.6	—	V
反向恢复时间		t_{rr}	$U_{CC}=2700V$, $I_F=1500A$ $di/dt=3kA/\mu s$, $U_{GE}=-15V$	—		—	μs
开关损耗		E_{on}	$U_{CC}=2700V$, $I_C=1500A$ $U_{GE}=\pm 15V$, $R_G=10\Omega$ $L_S=330nH$	—	6.0	—	J
		E_{off}		—	0.8	—	J
		E_{dsw}	$U_{CC}=2700V$, $I_F=1500A$ $di/dt=3kA/\mu s$, $U_{GE}=-15V$	—	2.0	—	J

3.1.6.4 IEGT与IGBT、GTO晶闸管的性能比较

IEGT与IGBT、GTO晶闸管的性能比较见表3-23。

表3-23 IEGT与IGBT、GTO晶闸管的性能比较

		IEGT	GTO	IGBT
门极驱动参数	I_{pon}/A	1.4	50	
	I_{on}/A	0.5	8	
	$t_{on}/\mu s$	13	1000	
	I_{poff}/A	2	400	
	$t_{poff}/\mu s$	5	30	
	P_w/W	0.13	200~300	
饱和压降		较低（约5V）	低（2~4V）	高（5~7V）
阻断电压		高	高	低
关断时间		快（<4μs）	慢（>10μs）	
基本单元器件数		7	28	
基本单元总损耗		0.53	1	
基本单元额定容量		10MVA	9MVA	

图3-23为IEGT和GTO晶闸管的安全工作区的比较。由图可见，IEGT的安全工作区比GTO晶闸管大得多。图3-24为IEGT、IGBT和GTO晶闸管可应用的开关频率及单个容量示图。由此两图可见，IEGT具有大容量和高开关频率的优点，十分适合高压、大电流的应用场合。图3-25为三者应用范围的比较。

通过上述分析可见，IEGT的性能优于GTO晶闸管和IGBT，因而可方便地用于电压型逆变器和速调管阳极调制器等电力电子设备中。

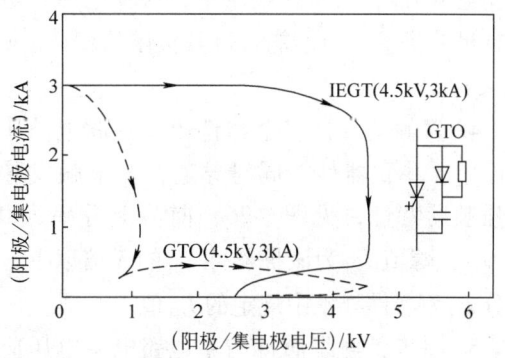

图3-23 IEGT和GTO晶闸管的安全工作区比较
注：图中GTO即GTO晶闸管

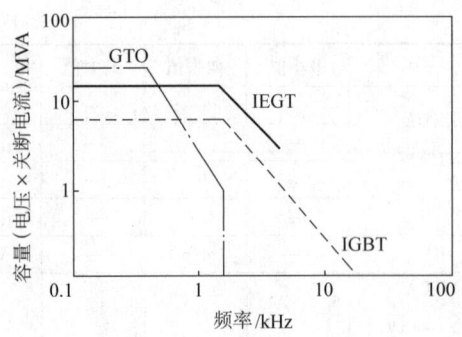

图 3-24 IEGT、IGBT 和 GTO 晶闸管可应用的开关频率及单个容量示图

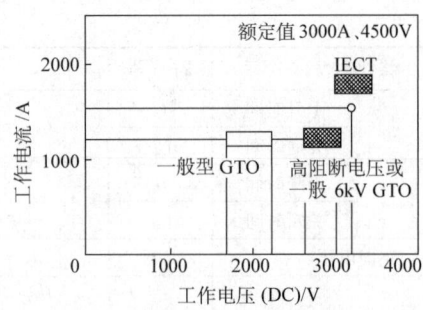

图 3-25 IEGT、IGBT 和 GTO 晶闸管可应用的工作电压、电流范围的比较图

3.2 移相控制

移相控制技术主要用于各种晶闸管的控制触发。如前所述,晶闸管仅在其阳极电压为正,且门极加上正电压信号时才能触发导通;控制触发信号相位即可控制其输出的电压大小,故称为移相控制。

3.2.1 对晶闸管移相触发器的技术要求

1. 触发电压信号 触发电压信号可以是交流、直流、脉冲或脉冲列,为了减少门极损耗,通常采用脉冲方式,目前更多的是采用脉冲列方式,这样不仅可以进一步减少门极损耗,而且可以缩小脉冲变压器的体积,其调制频率在 10~100kHz。

2. 触发脉冲的宽度 在晶闸管阳极电流达到擎住电流 I_L 之前,应始终存在触发电流,以保证晶闸管可靠导通,这是必须保证的最小脉宽。脉宽与负载性质和主电路结构类型密切相关:单相电路电阻性负载时,脉宽应大于 20μs;感性负载时,应大于 100μs,通常在 1ms 以上;三相整流电路,由于每 60° 存在一次换相过程,所以要求单脉冲宽度为 78°~110°;双脉冲触发脉冲宽度为 18°~58°,阻性负载取小值,感性负载取大值。

3. 触发脉冲的功率 由于晶闸管特性有较大的分散性,且受温度影响较大,一般来说,应保证其电压、电流幅值不小于器件样本规定的,而不是器件实际的门极触发电压 U_{GT} 和门极触发电流 I_{GT}。在实际应用中,触发电压、电流还要有足够裕量,但不能超过其极限值:$U_{GM}<10V$,$I_{GM}<10A$。

4. 强触发 在多个器件串、并联电路中,为保证串、并联器件能同时导通,要求触发脉冲具有强触发特性,见图 3-26,前沿上升率为 0.8~1A/μs,峰值 I_{Km} 为该批器件 I_{GT} 的 5 倍以上,平顶部分 I_{KI} 为器件样本中规定的 I_{GT} 值。

5. 同步 触发脉冲与主电路电源电压应保持某种固定的相位关系,以保证变流装置的输出特性和可靠性。

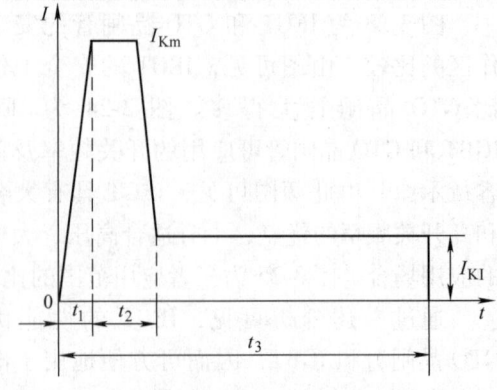

图 3-26 强触发特性

6. 移相范围 这与主电路结构类型、负载性质及变流装置用途有关。单相可控电路、阻性负载时要求 $0°\sim180°$；三相半波电路、电阻性负载时要求 $0°\sim150°$；三相桥式全控整流电路、电阻性负载时要求 $0°\sim120°$；三相全控桥工作于感性负载整流或逆变状态时，要求 $0°\sim180°$，实际上由于受 α_{min}、β_{min} 的限制，小于 $180°$。

3.2.2 常用的晶闸管移相触发集成电路

目前晶闸管电控装置多采用全数字控制技术，其触发电路均应满足上节的要求，全数字控制装置中触发电路的工作原理、设计、制造及调试技术在本书第6、7、14章中作详细说明，本节不作介绍。由于国内采用模拟量控制技术的晶闸管变流器尚有相当的数量，为此将常用的移相触发器集成电路作一简单介绍：

1. KJ004（KC04） KJ004 是目前国内晶闸管控制系统中广泛使用的单相移相集成电路，可输出两路相位差 $180°$ 的移相脉冲，正负半波脉冲相位均衡性好，对同步电压波动要求低，可实现脉冲列调制输出。其主要技术参数为

工作电源电压 U_{CC}：$\pm15V$；

输出脉宽：$400\mu s\sim2ms$；

最大负载能力：$100mA$。

图 3-27a 为引脚排列图，图 3-27b 为原理图，图 3-27c 为各引脚波形（图中 U_8 指引脚8的电压，余同）。引脚8与同步电源之间的串联电阻用于限制同步输入电流，最大值为 $6mA$。采用标准双列直插式（DIP-16）封装。

2. TCA785 TCA785 是德国西门子公司的晶闸管单相移相触发器集成电路，可输出两路相位差 $180°$ 的移相脉冲，由于其对同步电源零点识别可靠、准确，所以其脉冲的对称度及移相范围均优于 KJ004，且输出脉宽可达到 $180°$，既可用于晶闸管，也可用于晶体管。采用标准 DIP-16 双列直插式。图 3-28a 为 TCA785 的引脚排列，图 3-28b 为应用原理图，图 3-28c 为波形。其主要技术参数为

工作电源电压：$U_S = +8\sim+18V$ 或 $(\pm0\sim9)V$；

最大移相范围：$180°$；

工作频率：$15\sim500Hz$；

高电平脉冲负载电流：$400mA$；

低电平最大允许灌电流：$250mA$；

脉冲高低电平幅值：U_S 和 $0.3V$；

工作温度 T_A：军品为 $-55\sim+125℃$；工业品为 $-55\sim+85℃$；民品为 $0\sim+70℃$。

3. KC168 它是智能单相数字触发器，可取代 KJ004~KJ010、KC04~KC08、TCA785 作为晶闸管的移相触发器。与 KJ、KC 器件相比，它具有功耗低、功能强、输入阻抗高、抗干扰性能好、移相范围宽、外接元件少、全数字控制及精度高的优点。此外，它还具有调制式脉冲输出及独立封锁端的特点。KC168 为标准双列直插（DIP-18）封装形式。其主要技术参数为

工作电源电压：$5(1\pm10\%)V$；

输入移相电压 U_K：$0\sim5V$；

参考电压 U_{RFE}：$5V$；

同步信号：高电平 $5V$，低电平 $0V$；

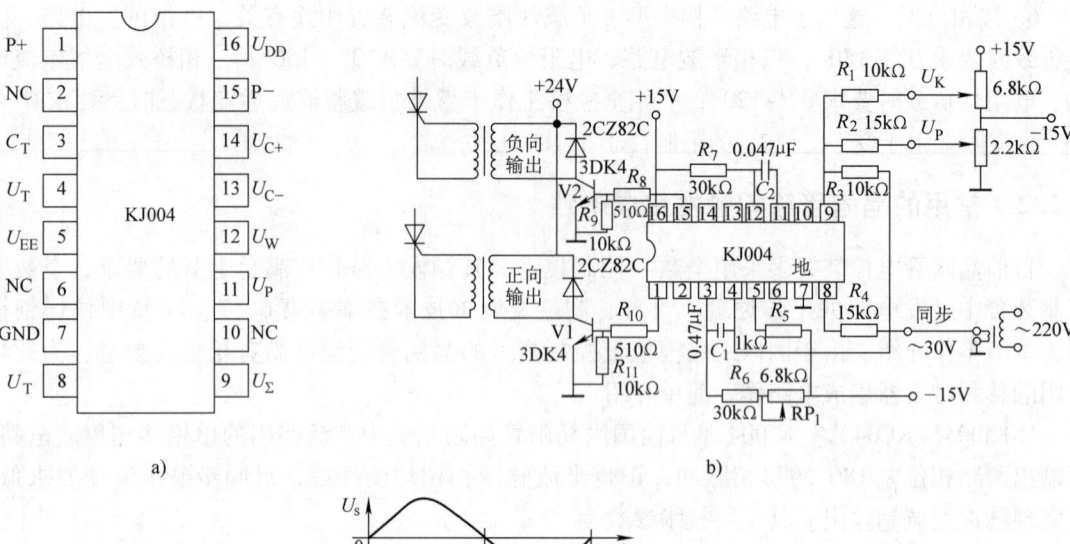

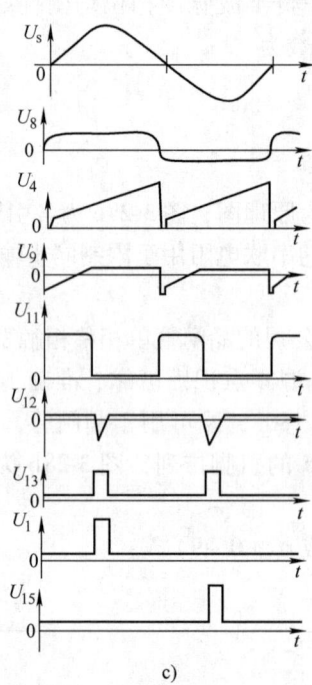

图 3-27　KJ004 引脚排列及应用原理图
a）引脚排列（引脚向下）　b）原理图　c）引脚波形

封锁高电平信号：INHIBT = 5V；
封锁低电平信号：INHIBT = 0V；
复位信号：RESET = 0V；
晶体振荡器频率 CLK：8 ~ 16MHz；
同步信号频率：0.05 ~ 10kHz；
各引脚允许灌、拉电流：20mA；
工作温度 T_A：−55 ~ +85℃。

图 3-29a 为其引脚排列图（引脚向下），图 3-29b 为其用于晶闸管整流系统中的原理图，图 3-29c 为各引脚的工作波形。

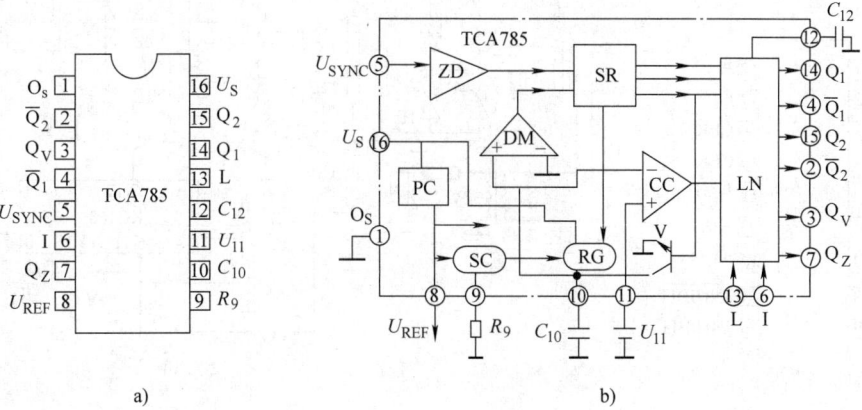

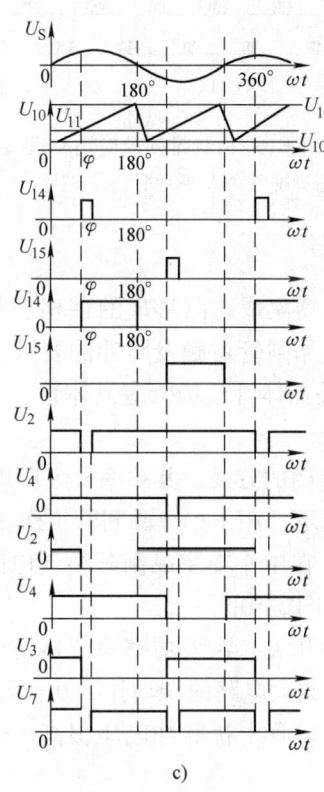

图 3-28　TCA785 引脚排列及应用原理图
a）引脚排列（引脚向下）　b）原理图　c）波形

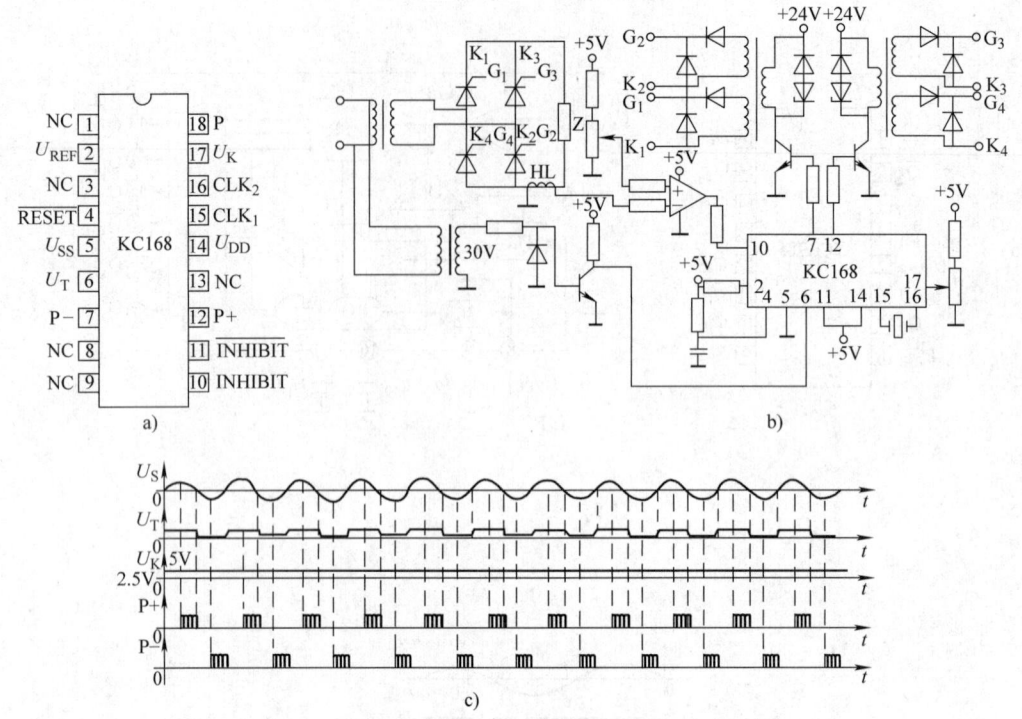

图 3-29 KC168 引脚排列及应用原理图
a) 引脚排列 b) 原理图 c) 波形

3.2.3 触发脉冲的功率放大电路

全数字控制技术或上述移相触发器集成电路形成的移相控制触发脉冲，其输出的电流及电压幅值有限，一般难以满足大功率晶闸管对触发脉冲的要求，这些触发脉冲不能直接连接到晶闸管的门-阴极上，必须通过开关晶体管、场效应晶体管、达林顿管或集成电路实现功率放大后才能实现对晶闸管的控制触发。

1. 开关晶体管功率放大　这是常用的方式，其功率放大原理图见图 3-30a，适用于各种晶闸管，其功放电源电压一般为 30V 以下，用于单个晶闸管工作。

2. 场效应晶体管功率放大电路　在中小功率晶闸管整流电路中可以采用，也仅可用于单个晶闸管控制，其功率放大原理图见图 3-30b。

场效应晶体管是采用电压控制的开关，在大功率整流器使用场合，由于高电压、大电流开关操作产生的电磁辐射干扰将导致放大电路的误动作，从而导致晶闸管误触发而发生事故。而开关晶体管是采用电流控制开关，尽管干扰脉冲电压很高，但是能量小，难以促使开关晶体管误动作。

3. 达林顿功率放大电路　在大功率整流器中，每个桥臂需要多个晶闸管串/并联工作，由于开关晶体管和场效应晶体管参数的分散性，难以保证同一臂上所有串/并联器件同时触发导通。为此，可采用高电压、高频达林顿管功率放大方式，脉冲功率放大电源电压可为 100V 左右，将串/并联晶闸管的脉冲变压器一次侧串联供电，从而保证二次侧输出前沿时间完全相同的触发脉冲，其功率放大原理简图同开关晶体管，见图 3-30a。

4. U2003　U2003 集成电路功放电路的引脚图见图 3-30c，其功率放大的典型电路见图 3-

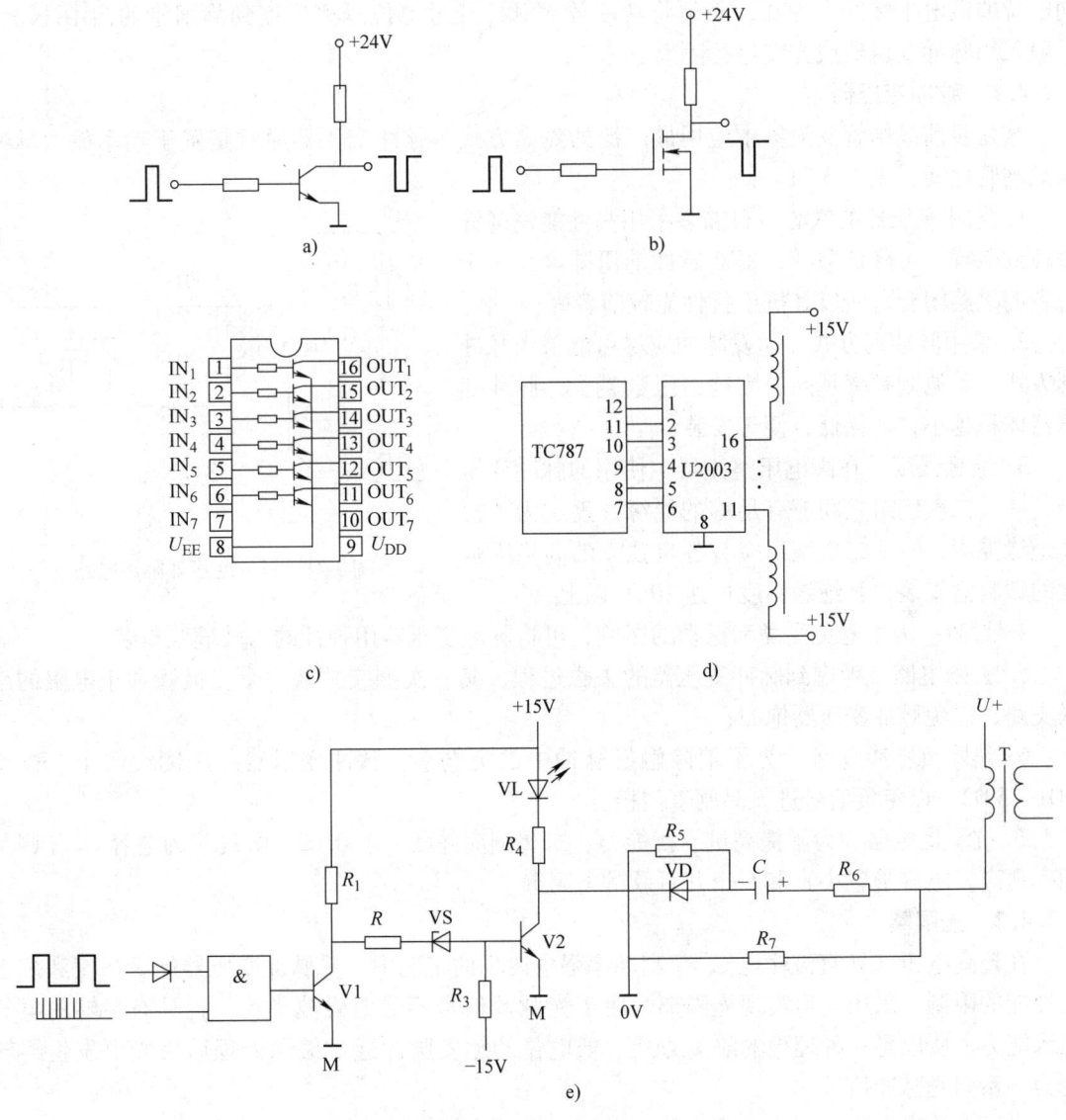

图 3-30 脉冲功率放大电路
a) 开关晶体管和达林顿管 b) 场效应晶体管 c) U2003 引脚图 d) U2003 功率放大电路 e) 抗干扰措施

30d。应该注意,因集成电路本身功耗限制,此集成电路仅适用于调制频率高于 50kHz 双窄脉冲的调制脉冲列的功率放大,且功率放大电源电压小于 18V。

5. 功放电路的抗干扰措施 为了提高抗干扰性能,在功率放大电路中,可通过 R_3 加入负偏压,在无脉冲时,晶体管 V2 的基极为负电平;输入脉冲进入功率放大前经一个稳压管 VS,反向抑制正干扰电平,此外,由电阻 R_5、R_6、R_7、VD 和电容 C 组成一个强触发形成环节,T 为触发脉冲隔离所需的脉冲变压器,见图 3-30e,将在下节说明。

3.2.4 触发脉冲的隔离

经过功率放大后的触发脉冲仍不能直接与晶闸管连接,因为整流电路中晶闸管的阴极电位多为几百伏以上的高电位;且各桥臂的阴极电位各不相同;而功率放大后的触发脉冲均为同电位的低电平脉冲,为此,必须将功率放大脉冲经过电位隔离后连到晶闸管的门-阴极上。一般采用脉冲变压器或光缆进行隔离。

3.2.4.1 脉冲变压器

这是目前晶闸管变流器中应用最广泛的隔离方式。脉冲变压器通常是置于功率放大脉冲与晶闸管之间,见图3-31。

1. **脉冲变压器的铁心** 目前多采用高性能铁锰锌磁环或磁罐,可降低漏感,提高脉冲前沿陡度,由于后者的磁路闭合,所以其抗干扰性能较前者好;

2. **采用脉冲列方式** 触发脉冲应尽可能采用脉冲列方式,其调制频率越高,则绕组匝数越少,脉冲变压器体积越小,功耗低,便于安装;

3. **绝缘强度** 在高电压整流器中使用的脉冲变压器,一、二次绕组之间应有足够的绝缘强度。为了提高绝缘强度,一、二次绕组应有各自独立的高绝缘强度的塑料盒安装,其绝缘强度可达10kV以上;

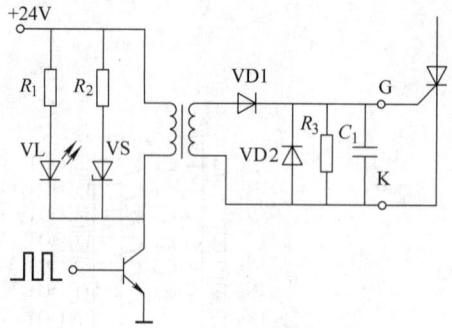

图3-31 脉冲变压器隔离电路

4. **封装** 为了避免受潮和振动的影响,可将脉冲变压器用弹性的水玻璃胶封装;

5. **去磁电路** 考虑到脉冲变压器的去磁过程,其一次侧应并联一个二极管和小电阻的串联支路,以免脉冲变压器饱和;

6. **消除负脉冲电路** 为了消除触发脉冲中的负电平,脉冲变压器二次侧设两个二极管VD1、VD2,以免负信号进入晶闸管门极;

7. **抗干扰电路** 为了提高抗干扰能力,二次侧应并联一个$0.03 \sim 0.1 \mu F$的电容C_1(调制频率愈高,电容量愈小)和一个几百欧的电阻R_3。

3.2.4.2 光隔离

在超高电压(如直流输电)、超高功率强电磁场的工况中,受脉冲变压器绝缘强度和抗干扰性能的限制,采用光缆实现光隔离。由于光脉冲信号不受电磁波干扰,且具有足够的电气绝缘能力,所以是一种理想的隔离方式。低电位的触发脉冲通过编码处理后由光电发生器转变为一系列光脉冲信号。

对于大功率光控晶闸管,可将其本身所配置的光缆与光电发生器相连,光控晶闸管已装有发光二极管或半导体激光器,从而触发光控晶闸管工作。但光控晶闸管价格昂贵,在一般场合难以采用,为此在高电压晶闸管电路中采用。

对于大功率普通晶闸管,每个晶闸管侧的脉冲功率放大板上配置光电接收器和一根光缆,光缆一端与光发生器相连,另一端与光电接收器相连,该接收器将光脉冲通过光耦合器转化为电脉冲信号,经过开关晶体管放大后触发晶闸管导通。其原理框图见图3-32。应该注意,每个晶闸管的功率放大电源均需通过独立的功率放大电源变压器或互感器隔离后供电,功率放大电源变压器或互感器的一、二次侧的绝缘强度由该晶闸管的最高电位决定。这种方式在高电压、大电流的超强电磁辐射场合应用是最合理的。由于采用大功率普通晶闸管,所以性能价格比优于光控晶闸管。

在高电压电路中,每个桥臂为多晶闸管串联,如果由于某种原因导致某个晶闸管未被触发导通,则该晶闸管将承受过电压,若不采取措施,它将被击穿,从而恶化其他晶闸管的工作条件,为此要加入转折二极管(BOD)应急触发保护电路,再次强制触发该晶闸管。

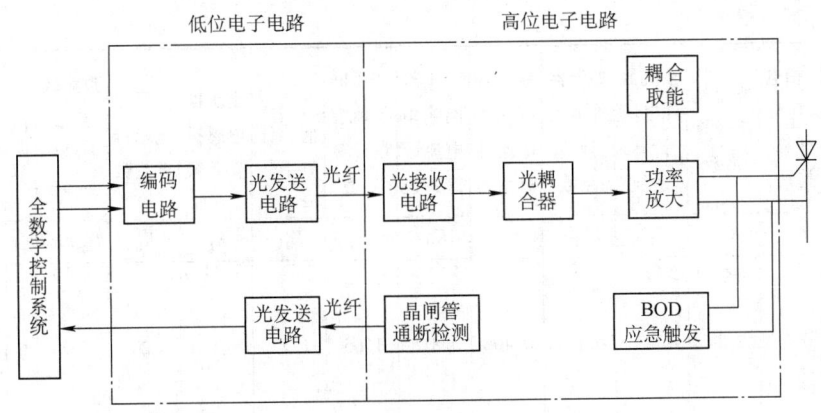

图 3-32 相控晶闸管光电隔离原理框图

3.3 整流电源

本节所阐述的整流电源是指将交流电压转换为直流电压的变流器,用于电解电源、励磁电源等直流供电装置,并不是电气传动领域中用于电动机控制的整流电源(将在本书其他章节中详细阐述)。

3.3.1 常用整流电源线路

常用整流电源线路及有关计算系数见表 3-24。表中的整流器件可为晶闸管或二极管,对于二极管不存在移相控制的计算,其输出的直流电压为理想空载电压,根据输出的直流电压、电流和动静态指标合理选用线路。随着晶闸管的迅猛发展,单相半控桥、三相半控桥已极少应用,本手册略。

表 3-24 常用整流电源线路及有关计算系数

接法	线路图	换相电抗压降计算系数 K_X	整流电压计算系数 K_{UV}	整流器件电压计算系数 K_{UT}	整流器件电流计算系数 K_{IT}	变压器阀侧线电流计算系数 K_{IV}	变压器网侧相电流计算系数 K_{IL}	变压器等值容量计算系数 K_{ST}	变压器漏感计算系数 K_{TL}	变压器电感折算系数 K_L	变压器电阻折算系数 K_R	整流线路最大滞后时间 T_{dm}/ms	输出波数 p	导通角	应用范围
单相全波	a)	0.707	0.9	2.83	0.45	0.707	1	1.34	2	1	1	10	2	180°	小容量
单相全桥	b)	0.707	0.9	1.41	.45	1	1	1.11	1	1	1	10	2	180°	小容量
三相零式	c)	0.866	1.17	2.45	0.367	0.577	0.472	1.35	2.12	1	1	6.6	3	120°	小容量传动及电机励磁
三相全桥	d)	0.5	2.34	2.45	0.367	0.816	0.816	1.05	1.22	2	2	3.3	6	120°	应用范围极广
双反星形带平衡电抗器	e)	0.866	1.17	2.45	0.184	0.289	0.408	1.26	2.12	1	1	3.3	6	120°	低压大电流电解电源

（续）

接法	线路图	换相电抗压降计算系数 K_X	整流电压计算系数 K_{UV}	整流器件电压计算系数 K_{UT}	整流器件电流计算系数 K_{IT}	变压器阀侧线电流计算系数 K_{IV}	变压器网侧相电流计算系数 K_{IL}	变压器等值容量计算系数 K_{ST}	变压器漏感计算系数 K_{TL}	变压器电感折算系数 K_L	变压器电阻折算系数 K_R	整流线路最大滞后时间 T_{dm}/ms	输出波数 p	导通角	应用范围
三相全桥同相逆并联	f)	0.5	2.34	2.45	0.184	0.408	0.816	1.05	1.22	2	2	3.3	6	120°	超大型电解电源

注：线路图如下所示：

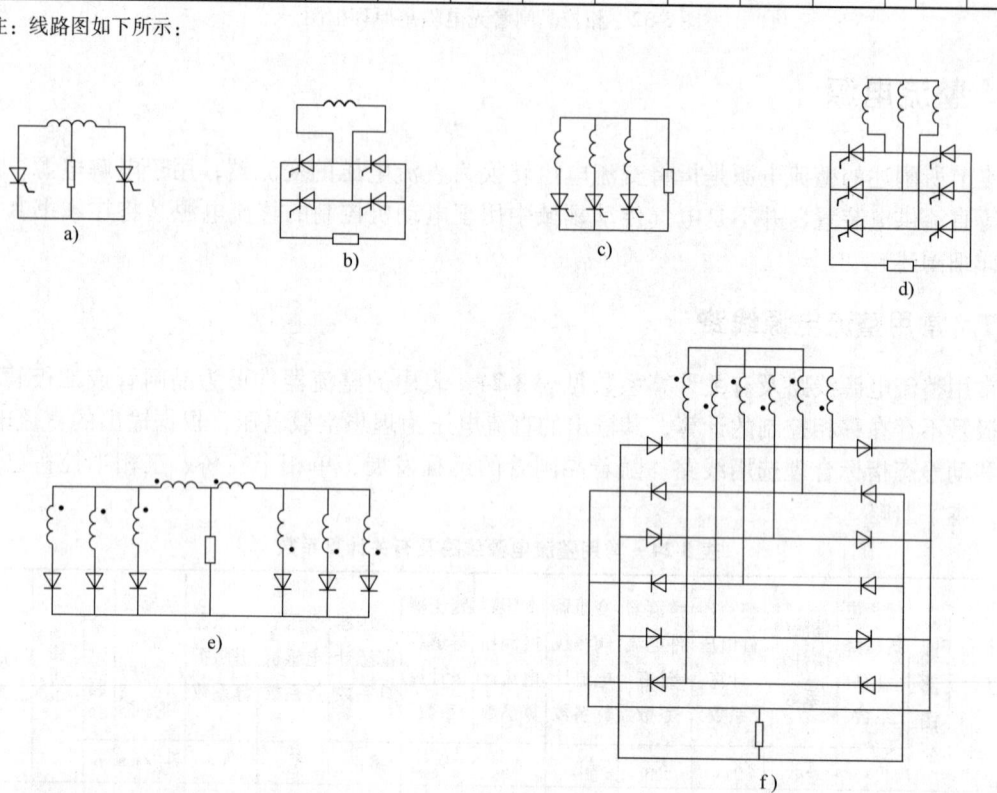

3.3.2 常用整流电源线路计算公式

整流电源中晶闸管/二极管参数、输出直流电压 U_d、电流 I_d 与变压器一、二次电压、电流的计算公式如下：

1. 直流输出电压 U_d 假定整流回路电感足够大；忽略变压器及线路电阻时

$$U_d = K_{UV} U_{V\phi} \left(b\cos\alpha_{min} - K_X \frac{e}{100} \frac{I_{dmax}}{I_{dN}} \right) - nU_{df} \quad (3-1)$$

式中 U_d——变流器输出电压平均值（V）；

K_{UV}——整流电压计算系数（见表3-24）；

b——电网电压负波动系数，一般为 0.90~0.95；

$\alpha_{\min}$——最小触发延迟角,对于晶闸管不可逆系统,$\alpha_{\min}$取 5°~10°;对于可逆系统,取 15°~30°;

K_X——换相电抗压降计算系数(见表 3-24);

e——变压器阻抗电压百分值;

I_{dmax}/I_{dN}——直流电流的过载倍数;

$U_{V\phi}$——变压器二次相电压额定值(V);

n——桥臂元件串联数;

U_{df}——整流器件正向导通压降(V)。

2. 臂电流的平均值 $I_{A(AV)}$ 由于整流器件规定的额定平均电流值是指单相正弦半波电流时所允许通过的正向电流平均值,而器件的额定值实际上是取决于器件发热的有效值。对于不同整流线路,器件的导通波形并不一定是正弦半波,可能是 60°~180°,所以其相应的有效值要按表 3-24 中的整流器件电流计算系数 K_{IT} 予以折算。

$$I_{A(AV)} = K_{IT}I_d \quad (3-2)$$

式中 K_{IT}——整流器件电流计算系数(见表 3-24);

I_d——直流输出电流(A),由于整流器件的热容量小,通常为运行时间达 1min 以上的直流电流值(例允许过载 1min 的电流),而不是装置的额定电流值。

3. 整流器件承受的最大重复反向电压值 U_{RM}

$$U_{RM} = bK_{UT}U_{V\phi} \quad (3-3)$$

式中 b——电网电压正波动系数,一般为 1.05~1.10;

K_{UT}——整流器件电压计算系数(见表 3-24);

$U_{V\phi}$——变压器二次侧相电压额定值(V)。

4. 变压器阀侧(二次侧)相电流 $I_{T\phi 2}$

$$I_{T\phi 2} = K_{IV}I_d \quad (3-4)$$

式中 K_{IV}——变压器阀侧线电流计算系数(见表 3-24)。

5. 变压器网侧(一次侧)相电流 $I_{T\phi 1}$ 此值与变压器接法无关。

$$I_{T\phi 1} = I_{T\phi 2}/K \quad (3-5)$$

式中 K——变压器电压比,$K = U_{V\phi 1}/U_{V\phi 2}$;

$U_{V\phi 1}$——一次相电压(V);

$U_{V\phi 2}$——二次相电压(V)。

3.4 大电流整流电源

本章阐述的大电流整流电源是指单台整流器输出的电流在 10kA~几十千安的用于电解工艺设备的整流电源。由于电流大,在设计制造时要涉及下列技术问题。

1. 整流效率 在大电流整流器的技术指标中,除了额定电流和额定电压这个基本参数以外,整流效率是最重要的技术指标。因为大电流整流器是一种高能耗的用电设备,整流效率提高 0.1% 的节电量可达到上千万千瓦·时,年直接经济效益可达几百万到几千万元。设计制造部门必须仔细地计算每一个元件、部件、连接母排和每个接触面接触电阻的功率损耗,采取各种措施以求得到最佳的整流效率,通常采取以下措施:

(1) 根据额定电压选择合理的整流线路;

(2) 选用导通管压降低的整流器件；

(3) 选用大直径的整流器件，减少器件并联数，提高均流系数；

(4) 同相逆并联技术；

(5) 提高稳流精度，采用晶闸管自动稳流控制系统，或带有载调压开关加饱和电抗器的二极管稳流系统；

(6) 尽可能缩短输入输出母排的结构长度；

(7) 降低母排的电流密度；

(8) 采用降低涡流、磁滞损耗的柜体结构。

2. 整流线路　通常在直流输出电压低于300V时，采用双反星形带平衡电抗器整流线路，此线路的优点是整流电流仅通过一个整流器件，因而降低了损耗，节省了整流器件，且输出仍为6脉波，缺点是在同样的额定直流电压时，其整流器件承受的反向电压较三相桥式高一倍；当直流输出电压高于300V时，采用三相桥式整流线路，缺点是整流电流要通过两个整流器件，但对于高电压线路，多一个管压降对整流效率的影响甚小，优点是整流器件的耐压要求大大降低；

3. 均流技术　这是大电流整流装置的核心技术之一，因为每个桥臂需用多个器件并联供电，必须保证并联的各整流器件均衡地承担负载电流，一般均流系数应达到0.85~0.90或以上。对设计和工艺应采取如下措施：

(1) 采用$\phi 75 \sim 100 \text{mm}$（3~4in）大容量整流器件，减少并联支路数，减少趋肤效应影响，有利于提高均流系数，减小装置体积；

(2) 匹配晶闸管通态压降，使同一臂上各整流器件的通态压降差值尽量小，尽可能控制在1%~2%；

(3) 并联支路电抗对动态均流有重大影响，采用同相逆并联技术，减少空间磁场影响，使支路引线电抗接近为零；

(4) 直流母排表面高精度加工，保证整流器件和快速熔断器与母排接触面完整，减小接触电阻不一致对均流的影响；

(5) 快速熔断器及整流器件安装时，保证各接触面清洁，紧固压力符合器件的压装要求；

(6) 为保证并联晶闸管的动态均流，采用前沿陡、带强触发的触发脉冲。

4. 整流器件的冷却技术　大电流整流器由于器件数量多，且每个器件的发热量大，因而一般均采用水冷方式，冷却效果好，且不受环境温度影响，对厂房环境温度影响小。同一桥臂上并联的整流器件的一侧压装于同一个水冷母排上，另一侧与水冷散热器相接，实现器件的双面冷却。水冷散热器的进出水路采用并联供水方式，即每个水冷散热器的进出水水管均直接连接到主水冷却水的总管上，这样每个整流器件有相同的冷却条件，温升均衡，但水路连接较串联供水复杂。

水冷母排应为多孔设计，水孔形状以增加与冷却水的接触面积为好，如齿轮形；为了减少损耗，母排的截面积应保证电流密度符合允许值，一般铜母排约为$1\text{A}/\text{mm}^2$，铝母排约为$0.6\text{A}/\text{mm}^2$。

3.4.1　同相逆并联技术

几十千安的大电流整流器在换相时将产生巨大的交变磁通，造成变压器二次电抗增加、支路电抗不均衡、涡流损耗增大，致使功率因数、整流效率、均流系数降低；振动、噪声十分强烈。因而目前在单台整流电源的电流大于 12kA 时，均要采用同相逆并联整流技术。

同相逆并技术是在一个整流装置上配置两组输入电压相位差 180°的整流电路，在结构上，将两组同一相但极性相反的交流母排紧邻布置（即同相逆并联），这样同一相相邻的交流母排及整流桥臂在同一瞬间流过大小相同、方向相反的电流，它们所产生的交变磁通相互抵消，从而降低引线电抗、涡流损耗、结构损耗、发热及机械振动和噪声，提高了功率因数、整流效率和均流系数。在实际应用中，噪声可降低 10dB。

采用同相逆并联技术将使装置控制难度增加，结构复杂。它要求两组相位相反的交流母排之间的间距十分小，在 10~50mm 内。在高电压整流电源中，母排及器件之间的绝缘强度必须足够，否则极易损坏器件，增加了设计和制造的难度，但是其技术、经济指标的优越性促使它在电解整流电源中得到广泛应用。通常要求直流电压≤500V、直流电流>25000A 的双反星形带平衡电抗器整流电源，直流电压>315V、直流电流>12500A 的三相桥式整流电源中，采用同相逆并联技术为好。

3.4.2 大电流二极管整流电源

大电流二极管整流电源的单机容量达几十兆伏安，直流输出电流达几十千安，直流输出电压达千伏左右，所以整流变压器的网侧电压为 10~220kV，视电解设备的总容量而定。

大电流二极管整流电源的单线图见图 3-33。

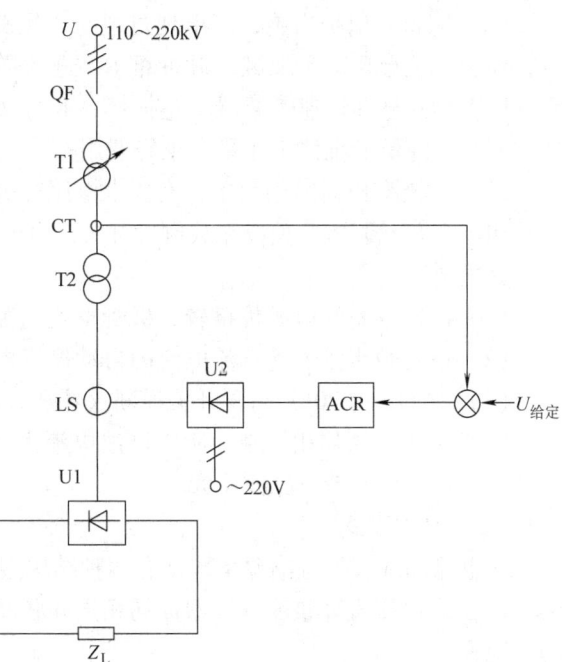

图 3-33　大电流二极管整流电源单线图

高压交流电网通过高压断路器 QF 向调压变压器 T1 供电，根据负载供电要求，通过有触点开关实现交流有级调压，其二次侧输出调压后的交流电压供给整流变压器 T2，T2 的二次侧串联饱和电抗器 LS 后供电给二极管整流器 U1，将交流电转变为直流电，供给负载 Z_L。

调压变压器有两种调压方式：

（1）对允许停电的调压设备，采用无励磁分接开关（又称无载倒段开关）实现电压有级切换，每次切换后需对该级的接触电阻进行测量，以保证其接触良好，缺点是切换时间较长，约几十分钟，切换级数有限；优点是投资低；

（2）对不允许停电运行切换电压或需频繁地改变电压的设备，均应采用有载分接开关（又称有载调压开关）进行切换。有载调压开关可以有 27×2 级或 35 级有载切换，实现输出电压的粗调；而饱和电抗器视负载的要求实现细调，在要求恒流性质负载中，通常采用带主电流闭环调节的单相晶闸管调压装置 U2，对饱和电抗器的励磁电流进行自动调节，实现负载电流细调，达到负载电流的稳流的目的。其动态响应时间约几十毫秒。当系统稳流所需的调压范围在饱和电抗器的调压范围之内时，稳流精度可达 1% ~ 2%；当系统稳流所需的调压范围超出饱和电抗器的调压范围时，必须依靠有载调压开关切换电压来满足稳流的要求，有载调压开关每切换一级约需几十秒时间，因而使动态稳流精度大大降低，约为 5% ~ 10%。

大电流二极管整流电源的优点是控制简单，工作可靠，价格低；缺点是受饱和电抗器调压范围所限，动态稳流精度低；发生过电流等故障时，只能依靠高压断路器带载跳闸，因而影响高压断路器触头寿命，增加维修量；有载调压开关动作次数有限，不能作过于频繁的切换，也将影响稳流精度。

大电流二极管整流电源的主要问题是其配套的调压变压器结构复杂，对高压（110 ~ 220kV）有载调压开关技术要求高，一般均需选用进口开关，价格昂贵；由于经常带载切换，变压器油和触头维修工作量大，维修费用高。

3.4.3 大电流晶闸管整流电源

20 世纪 80 年代后期，随着电力电子技术的迅速发展，晶闸管的容量及控制技术日益成熟，以 ABB 公司产品为代表的几十千安的晶闸管整流电源进入市场。此类电源的稳流特性是依靠晶闸管的快速移相调压来实现。从控制特性而言，一般是采用电流闭环调节系统，系统的控制复杂性不如轧钢、卷扬机的控制。大电流晶闸管整流电源的主要优点是

(1) 动态稳流精度高，由于晶闸管移相控制的动态响应时间仅为几毫秒，所以动态稳流精度可达 0.1% 以上；

(2) 完善的保护措施，当出现过电流、短路、过电压等任何危及整流器和人身安全故障时，控制系统会自动实现触发脉冲推 β，进入逆变状态，使直流电流在几十毫秒内迅速降到零，因而晶闸管和快速熔断器不易损坏，并可实现高压断路器无载跳闸，提高了高压断路器使用寿命，降低了维修工作量和维修费用；

(3) 整流变压器结构简单，在要求电压有级调整场合（例如新建铝电解系列起动期间），可采用国产有载调压开关或无载倒段开关配合使用，整流变压器投资低，维修工作量小。

其主要缺点：

(1) 晶闸管整流电源价格较二极管整流电源高；

(2) 高达数十千安的直流电流的自动稳流控制技术复杂，对运行、维护人员要求高；

(3) 对 110 ~ 220kV 高压开关通断火花和大电流强磁场的敏感度高；

(4) 由于采用移相控制，所以谐波电流大，深控时功率因数低，谐波滤波器容量大，投资较二极管电源的谐波滤波器大。

3.4.3.1 结构型式

大电流晶闸管整流电源系统常有两种结构型式：

(1) 高电压直降整流变压器加同相逆并联晶闸管整流器，适用于工作电压变化范围不大的工况；

(2) 高压调压变压器加同相逆并联整流变压器和同相逆并联晶闸管整流器。对于新建电解铝厂，电解槽子由零开始逐日增加，达到额定电压需要几十天甚至几个月的时间，如仅用额定输入电压供电，则在低压运行时出现功率因数很低，谐波量很大的状况，为此采用此方式，以保证低压运行功率因数和谐波量在合理的范围内，这种调压变压器可采用无载多级倒段或国产有载调压开关调压。

3.4.3.2 工作原理

直降晶闸管整流电源的电气原理框图见图 3-34。模拟量 U_G 为电流给定，U_F 为电流反馈，取自整流变压器一次侧电流互感器 TA1。U_G 与 U_F 比较后的差值 ΔU 输入到电流调节器 ACR，经 PI 运算和输入变换器 BI 变换后，输出控制电压 U_k，控制触发器的触发脉冲移相，触发器 GT 产生 6 组间隔为 60°的双窄脉冲，再经脉冲放大单元 AP 功率放大，形成具有强触发的脉冲列，控制晶闸管的触发延迟角 α。

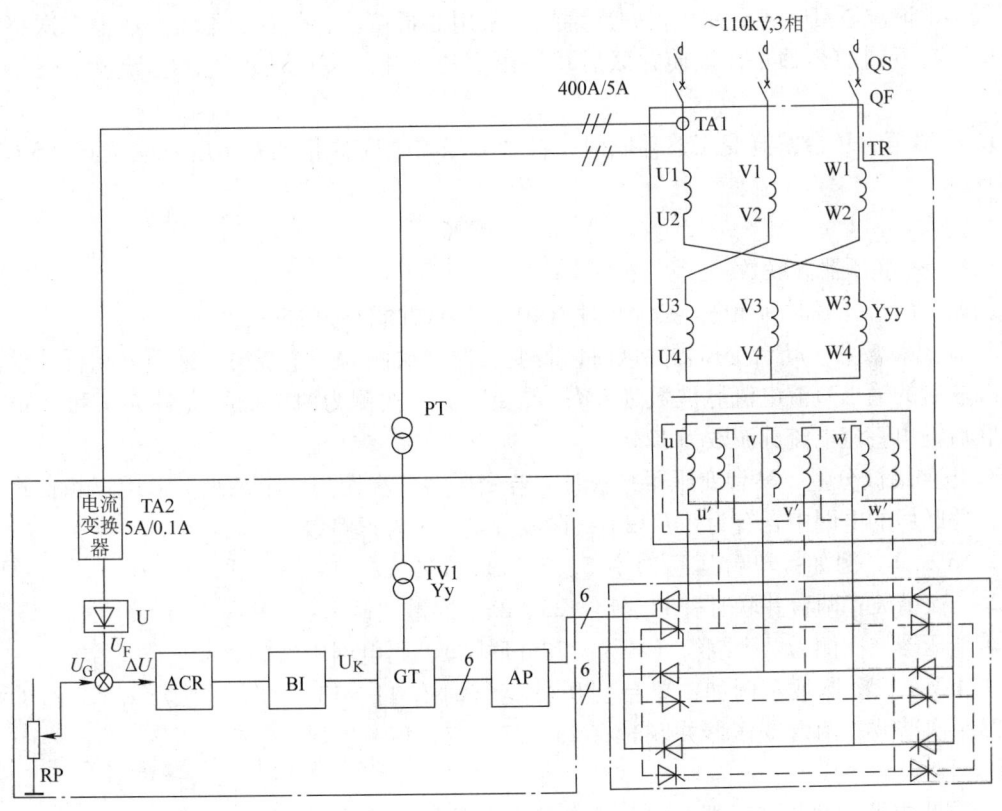

图 3-34　晶闸管整流电源的电气原理框图

以铝电解电源为例来说明其稳流控制的工作原理。当铝电解槽发生阳极效应时，槽电压升高，导致直流电流下降，U_F 减小，差值 ΔU 增大，使 α 角前移，输出直流电压增加，以保持直流电流不变；反之当阳极效应消失后，槽电压下降，电流增大时，α 角后移，使输出直流电压降低，仍保持直流电流不变。系统的动态响应为毫秒级，所以直流电流的波动值很小，动态稳流精度可达 0.1%。同样，当电网电压波动升高时，α 角后移，保持直流输出电压不变、直流电流稳定，反之亦然。

3.4.3.3 系统保护

自动调节系统设有控制电压和同步电压异常检测；112% I_{dN}、125% I_{dN} 过电流检测；快速熔断器熔断一个、熔断两个信号检测；水冷装置故障等故障检测。

1. 故障报警　当电流反馈信号大于 112% I_{dN} 时，检测单元发出报警信号，系统仍可继续工作；

2. 减小给定　当整流桥臂上任一个快速熔断器熔断时，其微动开关发出报警信号，使电流给定信号自动减小 20%，从而使该装置电流下降，但整流装置仍可继续工作；

3. 故障跳闸 当控制电压或同步电压异常（断相或欠电压）、过电流达 $125\%I_{dN}$ 以上、快速熔断器断两个、冷却水压欠压等故障中任一故障发生时，都会将电流给定信号置零，发出推 β 信号，将整流装置处于逆变状态，电流将迅速减小，实现断路器无载跳闸。

3.4.4 多台整流电源并联技术

电解铝厂等大电流整流装置中常采用多台整流电源并联供电，以满足工艺对电流的要求，为了减小了谐波电流，各台变压器一次绕组均采用曲折接法，使各台整流变压器二次绕组的输出电压有不同的相移角，以使并联后总输出直流电流为多脉波电流，它涉及下列技术参数：

1. 相移角 M 台整流变压器并联时，各台变压器之间的相位差角度 θ 应按式（3-6）计算：

$$\theta = 60/M \tag{3-6}$$

式中 M——变压器并联数。

例如，两台并联时为 $30°$，三台并时为 $20°$，四台并联时为 $15°\cdots$。

2. 输出脉波数 M 台变压器并联时，若变压器二次侧为一个绕组，采用三相桥式整流电路，并联后的输出直流电流脉波数为 $6M$；若变压器二次侧为两个绕组（各为 y 和 d 联结），则并联后输出直流电流脉波数为 $12M$。

3. 电网谐波分量 M 台变压器并联时，若变压器二次侧为一个绕组，采用三相桥式整流电路，并联后的电网中含有为 $6MN\pm1$ 次谐波分量，N 为正整数（1、2、3…）。例如：单台运行时有 5、7、11、13、17、19、23、25…次谐波；两台并联时有 11、13、23、25…次谐波；

若变压器二次侧为两个绕组（各为 y 和 d 联结），则电网中含有 $12MN\pm1$ 次谐波。例如：单台变压器运行时有 11、13、23、25…次谐波；两台并联时有 23、25、47、49…次谐波。

4. 同步电源的移相变压器 晶闸管整流电源控制技术中的一个重要环节是同步电压，它是保证精确移相控制的基础。由于大电流整流器输入交流电压波形在运行时有很大的畸变，所以不能作为同步电压使用；大电流整流器多采用为高压电网供电，同步电压不可能直接从高压电网上取得，而是由高压电网电压互感器 PT 的二次绕组取得，但是在多台并联时，各台整流器的输入电压有不同的相位，所以由高压电网电压互感器 PT 取得的同步电压在输入到每台晶闸管整流器控制系统时必须经过一个移相变压器 TV_1，使输入控制系统的同步电压与晶闸管整流器交流输入电压的相位匹配一致。图 3-35 为移相变压器原理图。

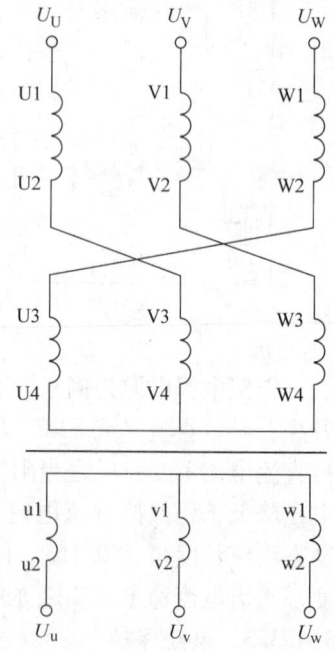

图 3-35 移相变压器原理图

以 A 相铁心为例，线圈 U1~U2 流过 A 相电流，线圈 U3~U4 流过 C 相电流，如此构成曲折联结。A 相铁心磁通由 A 相电流与一 C 相电流合成产生，在其二次侧感应出电压 U_u，电压 U_u 与输入电压 U_U 之间有一相位差角，称为移相角 θ。改变 U1~U2 和 U3~U4 的匝数比，可获得不同的移相角。

3.4.5 并联整流电源中的动态环流

尽管大电流整流电源的单机容量已达到几十千安,仍不能满足电解系列的工艺需求,以铝电解系列为例,其最大电流可达 300kA 以上,电压达 1000V 以上,因此需要多台三相桥式整流电源并联供电。为减小电网谐波污染,增加输出直流电压脉波数,要求各台整流电源的交流输入电压之间存在一定的相位差,这样各台整流电源输出的直流电压的平均值虽然相同,但其瞬时值是不等的,从而产生环流。与常规的整流器并联技术不同,在大电流整流器多台并联时,由于每台整流器输出电流很大、输出母排截面积很大,达几千平方毫米,难以加设平衡电抗器;此外,输出并联母排所围的空间很大,其形成的分布电抗在大电流运行时所产生的感应电动势已足够使两台整流器正常工作,所以一般不设置平衡电抗器。

1. **环流电压分析** 直接并联运行的每台三相桥式整流电源输出 6 脉波电压,尽管每台整流电源输出的整流电压的平均值相同,但是它们的脉动波相差一定的角度,它们的瞬时值是不同的,因而在并联母排两端存在一个频率为 $6f$ 的交变电压 (f 为电网的基波频率) $\Delta u = u_1 - u_2$,这个电压在直流输出母排上产生交流电流 Δi,通过并联的整流电源自成回路,不流到负载中去,故称其为环流。以两台整流电源并联为例来分析环流的机理。

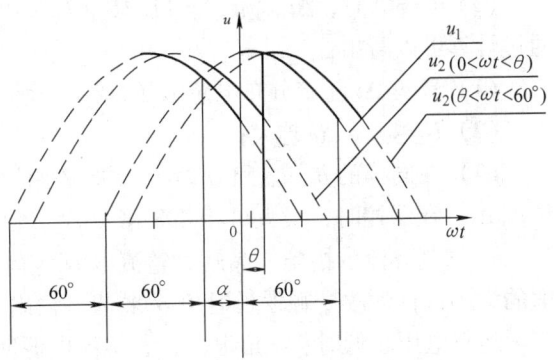

图 3-36 两台整流电源的电压波形

假设:两台整流电源交流输入电压为 u_1 和 u_2,有效值均为 U、峰值均为 U_m,触发延迟角均为 α,u_1 和 u_2 的相位差为 θ。图 3-36 为两台整流电源的电压波形,由于 Δu 的频率为 $6f$,所以只需分析 1/6 周期内 Δu 的波形。为方便起见,设 u_1 在 $\omega t = 0$ 处触发(即位于坐标原点),则 u_2 在 $\omega t = \theta$ 时触发。

$$u_1 = U_M \sin(\omega t + 60° + \alpha) \quad 0 < \omega t < 60°$$
$$u_2 = U_M \sin(\omega t + 120° + \alpha - \theta) \quad 0 < \omega t < \theta$$
$$u_2 = U_M \sin(\omega t + 60° + \alpha - \theta) \quad 0 < \omega t < 60°$$
$$\Delta u = u_1 - u_2$$

当 $0 < \omega t < \theta$ 时

$$\Delta u = 2U_M \sin(30° - \theta/2)\sin(\omega t + \alpha - \theta/2)$$

当 $\theta < \omega t < 60°$ 时

$$\Delta u = 2U_M \sin(\theta/2)\cos(\omega t + 60° + \alpha - \theta/2)$$

通过上述计算可知,Δu 随着触发延迟角 α 的增加而增大;当 U_m 一定时,α 角越大,Δu 波形的正半波或负半波与时间轴包围的面积越大,从而由其引起的环流 Δi 的峰值也就越大,$\alpha = 90°$ 时 Δi 达到最大值;整流电源的额定电压 U 越高,Δu 越大。

2. **环流电流分析** 假设两台整流电源间连接母排的电阻为 0,分布电感为 L_0,由于 Δu 的存在,在母排上产生环流 Δi_T 的峰值为

(1) $\theta = 15°$ 时,$\Delta i_{T15峰峰max} = 6.4 U_M / L_0 \times 10^{-4}$

(2) $\theta = 20°$ 时,$\Delta i_{T20峰峰max} = 7.6 U_M / L_0 \times 10^{-4}$

(3) $\theta = 30°$时,$\Delta i_{T30峰峰max} = 8.6U_M/L_0 \times 10^{-4}$

一般 $0 < \theta \le 30°$,θ 越大,Δi 越大。

对于二极管整流电源,由于 α 角始终为 $0°$,则

$$\Delta i_{D峰峰} = 2U_M/\omega L_0 \times \left[\int_{\theta/2}^{\theta} \sin(30° - \theta/2) \times \sin(\omega t - \theta/2)\mathrm{d}\omega t + \int_{\theta}^{30+\theta/2} \sin\theta/2 \times \cos(\omega t + 60° - \theta/2)\mathrm{d}\omega t \right]$$

(1) $\theta = 15°$时,$\Delta i_{D15峰峰max} = 8.4U_M/L_0 \times 10^{-5}$

(2) $\theta = 20°$时,$\Delta i_{D20峰峰max} = 9.98U_M/L_0 \times 10^{-5}$

(3) $\theta = 30°$时,$\Delta i_{D30峰峰max} = 11.2U_M/L_0 \times 10^{-5}$

通过计算可以看出:

(1) 环流 Δi 随着分布电感 L_0 的减小而增大;

(2) U 越大,Δi 越大;

(3) 在同样的 θ、L_0 和 U 时,二极管整流电源间的环流 Δi 明显小于晶闸管整流电源间的环流 Δi,在深控时,最大可相差 8 倍左右。

3. 抑制环流的措施　晶闸管整流电源具有自动稳流的特点,根据实际电流与给定电流差值的大小,自动改变触发延迟角 α 来调节输出直流电压,以达到稳流的目的。当电解铝系列实际运行电压较低时,α 角很大,各整流电源间的 Δi 值很大;而在铝电解系列中,各整流电源直流输出母排直接并联到汇流母排,不安装平衡电抗器,仅靠连接母排微弱的分布电感限流,因此会产生很大的环流,整流电源的额定电压越高,环流越大;而二极管整流系统,因 α 角始终为 $0°$,Δu 值较小,所以环流较小。为了抑制环流可采取以下措施:

(1) 投入运行的电解槽数,应尽量接近设计的额定系列槽数,从而使整流电源装置运行时,α 角较小;

(2) 如需在不同系列电压下运行,应加设直降变压器无载倒段开关或有载调压开关调压,使整流电源运行于不同槽数时有合理的输入电压,保持较小的 α 角。

4. 降低母排振动和噪声的措施　并联整流电源间的环流不仅增加线路损耗和整流器件的负载电流,而且是引起整流室内直流输出母排产生振动和噪声的主要根源。整流电源间的 Δu 值和环流 Δi 值正比于整流电源的额定交流输入电压,对于高电压晶闸管整流电源,电源间的 Δu 值很大,而直流输出母排的分布电感 L_0 值是有限的,因此其环流 Δi 值相对较大;由于整流电源输出的直流电流很大,直流输出母排多采用多根铝母排并联构成,这些铝母排中流过同极性电流,在铝母排间产生相斥的电动力,环流越大,电动力越强,如果单根铝母排的截面积较小,则其振动越强烈,噪声也就越大。40kA 以上的直流输出母排采用 $600\mathrm{mm} \times 100\mathrm{mm}$ 以上的铝母排多根并联,提高母排的机械强度,可有效地降低振动和噪声。

3.4.6　整流电源网侧线电压 U_1 的估算

$$U_1 = \frac{\sqrt{3}(U_{dN} + nU_F + \Delta U_L + U_L)}{K_{uv}\left(1 - K_X \dfrac{e}{100} \cdot \dfrac{I_{max}}{I_{dN}}\right)} \tag{3-7}$$

式中 U_{dN}——直流额定电压（V）；
U_F——整流器件导通压降（V）；
n——回路元件数，三相桥式为2；三相零式和双反星形带平衡电抗器线路为1；
ΔU_L——线路压降（V）；
U_L——饱和电抗器压降计算值（V）；
K_{UV}——整流电压计算系数（见表3-24）；
K_X——换相电抗压降计算系数（见表3-24）；
$e/100$——变压器阻抗电压百分值；
I_{max}/I_{dN}——运行过载倍数。

3.4.7 整流器件选择

大电流整流电源应选用 $\phi 75 \sim 100$mm（$\phi 3 \sim 4$in）整流器件，以减少并联元件数，由整流变压器阀侧相电压 U 计算整流器件的反向重复峰值电压 U_{RRM}。

$$U_{RRM} = \sqrt{2}K_U K_{UT} U \tag{3-8}$$

式中 K_U——电压裕量系数；
K_{UT}——整流器件电压计算系数（见表3-24）。

由于大电流整流电源运行时换相电流很大，造成交流电压波形上有幅值很大的毛刺，所以其电压裕量系数 K_U 可取 $2.5 \sim 3.5$。

根据整流器件的芯片直径、U_{RRM} 查阅相关器件制造厂的技术参数，确定整流器件型号，得到整流器件的正向平均电流 $I_{T(AV)}/I_{F(AV)}$、$I^2 t$ 等相关技术参数。

3.4.8 桥臂整流器件并联数 n

$$n = \frac{I_{dN}K_{IT}K_I K_{br}}{2I_{T(AV)}K_{JL}} \tag{3-9}$$

式中 $I_{T(AV)}$、$I_{F(AV)}$——整流器件正向平均电流（A）；晶闸管为 $I_{T(AV)}$，整流管为 $I_{F(AV)}$；
K_{JL}——均流系数（$0.86 \sim 0.90$）；
K_{br}——同相逆并联桥不平衡系数（$1.05 \sim 1.10$）；
K_I——电流裕量系数；
K_{IT}——整流器件电流计算系数（见表3-24）；
I_{dN}——整流电源额定直流电流（A）。

整流器件电流裕量系数的取值：

（1）由于晶闸管整流电源具有多级过电流保护措施，可通过快速移相在几毫秒时间内将整流电源的电流降到零，器件不易过电流损坏；此外，各晶闸管整流电源均独立恒流运行，其他整流电源故障跳闸时对其运行电流值无影响。所以晶闸管的电流裕量系数可取 $2.5 \sim 3.0$。

（2）二极管整流电源发生过电流故障时只能依靠高压断路器跳闸来切断故障电流，高压断路器跳闸的动作时间较长，需几百毫秒；在多台二极管整流电源并联运行时，当某一台二极管整流电源故障跳闸时，其运行负载电流将部分转移到其他二极管整流电源上，所以二极管整流电源的器件电流裕量系数取 $3.0 \sim 3.5$。

3.4.9 快速熔断器的选择

在大电流整流器中,每个桥臂通常为多个器件直接并联,每个整流器件均串联一个快速熔断器作为其最终保护。快速熔断器的选用与常规电气传动装置中快速熔断器的选用不同,不纯粹为保护整流器件,更着重于整流器的整体保护,以保证当高压断路器不能及时切断故障电流时,由快速熔断器快速切断故障电流,不发生爆炸,避免故障扩大化。

3.4.9.1 额定电流的选择

为保证整流器连续运行的可靠性,当桥臂上 n 个并联快速熔断器中有一个快速熔断器熔断时,整流器仍须保持额定电流长期运行,快速熔断器额定电流 I_{FN} 为

$$I_{FN} = \frac{I_{dN} K_{IT} K K_{br}}{2 K_{JL}(n-1)} \quad (3\text{-}10)$$

式中 I_{DN}——整流电源额定直流电流(A);
K——整流器件有效值与平均值的折算系数,三相桥式整流线路时为 1.73、单相桥式整流线路时为 1.57;
K_{IT}——整流器件电流计算系数(见表 3-24);
K_{JL}——桥臂均流系数,0.86~0.90;
K_{br}——同相逆并联桥不平衡系数,1.05~1.10。

必要时还应考虑快速熔断器运行时的环境温度、冷却方式和海拔等因素的影响。

3.4.9.2 额定电压的选择

快速熔断器额定电压 U_{FN} 为

$$U_{FN} = K U_1 \quad (3\text{-}11)$$

式中 K——电压裕量系数,1.05~1.3;
U_1——整流变压器阀侧线电压(V)。

根据上述计算的 I_{FN}、U_{FN}、冷却方式及运行环境择元件厂并确定快速熔断器的型号。

3.4.9.3 断流容量校验

大电流整流电源在发生内部或外部短路故障时,快速熔断器要有足够大的断流容量,在继电保护装置不能正常动作切断故障电流时,不仅要求快速熔断器熔断时可切断巨大的故障电流,而且其本体不发生爆炸,由于快速熔断器断流容量不足而爆炸的事件是常有发生的,所以必须校验快速熔断器的断流容量。通常其断流容量在 100~200kA 或以上,需根据电网的短路容量、整流变压器(包括调压变压器)的容量和短路阻抗,以及饱和电抗器阻抗(二极管整流电源)计算确定。

图 3-37 为整流机组的单线图和等效电路。已知高压电网的系统阻抗为 Z_0、线电压为 U_0;调压变压器 T_1 的阻抗电压百分值为 u_{k1}、容量为 S_1、线电压为 U_1;整流变压器 T_2 的阻抗电压百分值为 u_{k2}、容量为 S_2、线电压为 U_2。计算短路电流时忽略线路、变压器和整流器的电阻(电阻

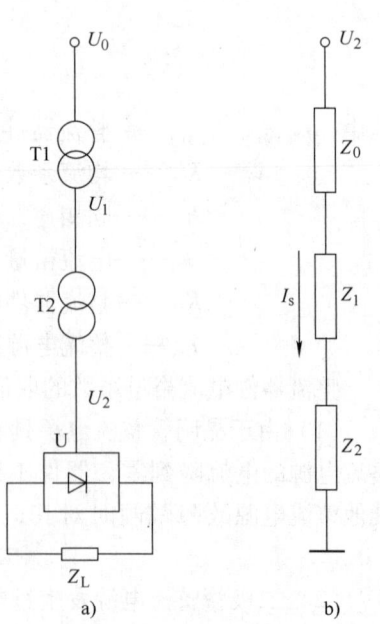

图 3-37 整流机组原理图
a) 单线图　b) 等效电路

对短路电流的影响很小），折合到整流变压器二次阻抗（Ω）分别为

系统阻抗
$$Z_0 = Z_0 \ (U_2/U_0)^2 \tag{3-12}$$

调压变压器
$$Z_1 = u_{k1} U_2^2 / S_1 \tag{3-13}$$

整流变压器
$$Z_2 = u_{k2} U_2^2 / S_2 \tag{3-14}$$

总阻抗
$$Z = Z_0 + Z_1 + Z_2 \tag{3-15}$$

则整流变压器阀侧发生短路时的短路电流有效值 I_S（A）为

$$I_S = U_2/(\sqrt{3}Z) \tag{3-16}$$

当整流器发生内部相间或外部直流侧短路时也具有相同的短路电流值，所以快速熔断器的断流容量应满足此要求。如有饱和电抗器，则应将其阻抗加入总阻抗内。

3.4.9.4　I^2t 校验

为了保护整流器件，尚须校验快速熔断器 I^2t 与整流器件 I^2t 之间的匹配。要求：

(1) 快速熔断器弧前 I^2t < 整流器件 I^2t； (3-17)

(2) 快速熔断器爆炸 I^2t < 整流器件爆炸 I^2t。 (3-18)

3.4.10　三相五柱变压器

三相五柱整流变压器是近期在双反星形整流电源中应用较多的一种整流变压器。

在典型的双反星形带平衡电抗器的整流电路中，整流变压器是常规的三相三柱变压器，二次侧为两个相位差 180° 的 y 联结绕组，在两个星形绕组的中点之间串联平衡电抗器，利用其产生的感应电动势使两组三相零式整流电路中整流器件的导通角保持 120°，以提高变压器和整流器件的使用效率。

五柱变压器是在常规的三柱变压器两侧各增加一个铁心柱，用整流电路中的三次谐波电流所产生的谐波磁通通过此两柱，产生感应电动势维持两组整流桥的电动势平衡，取代了平衡电抗器，这样简化了电路结构和连接母排，所以在双反星整流电路中得到广泛应用。

值得注意的是，这种电路结构方式，感应电动势是由谐波电流通过磁通耦合产生的；而平衡电抗器方式是由输出直流电流的变化通过平衡电抗器产生平衡电动势 Ldi/dt。

在晶闸管整流电路中，由于采用相控技术，三次谐波的相位是不固定的，因而与原设计的工作机理有所不同，在单台电源运行时，如考虑了晶闸管相控技术影响后设计的五柱变压器仍可正常运行。但是在多台五柱变压器加双反星形整流器的直流侧并联供电时，不同的机理就有不同的结果。

在多台整流电源并联运行时，为了减少整流器对电网的谐波影响，各台整流变压器输出电压有不同的相移角，形成多脉波的直流输出。由于整流器的输入相电压相位不一样，必然在各整流器之间产生动态环流（见本章 3.4.5 节）。这部分动态环流的加入，破坏了原设计的磁路环境，导致五柱变压器两侧柱铁心饱和，不能产生足够的平衡电动势，使双反星形整流电路中的整流器件不能保持 120° 导通，输出直流电流下降。当铁心完全饱和时，导通角降为 60°，双反星形整流电路变为六相零式整流电路。五柱变压器与二极管整流器和晶闸管整流器配套时有不同的工况：

1. 多台双反星形二极管整流电源并联供电　由于二极管整流器中二极管的换相角始终为 $\alpha = 0°$，各机组之间的动态环流是一个相位固定的分量，它也会增加各台五柱变压器中两侧柱铁心的饱和度，使之不能产生足够的平衡电动势，减小了二极管的导通角，但是导通角的变

化是恒定的，电源仍可稳定运行；输出电流将会减小，但是输出电流的减小可通过提高整流器输入电压得到补偿。所以在多台并联低压大电流系统中，仍可采用五柱变压器加二极管整流器供电方式。

2. 多台晶闸管稳流的整流电源并联供电　由于晶闸管整流电源是一个电流闭环自动稳流系统，如前所述，稳流控制是通过晶闸管的相控方式实现的，其触发延迟角 α 在 0~90°之间调节变化，在不同 α 时，环流的相位是不同的，因而对两侧柱磁通的饱和影响极不稳定，所产生的平衡电动势也难以均衡两组运行状态，晶闸管导通角小于 120°，将出现以下问题：

（1）导通角的减小，导致电流反馈值增加。因为电流反馈值 U_F 是整流变压器中电流互感器输出电流 I_{C2} 整流后的电压值，而 I_{C2} 与直流输出电流 I_D 的变流系数是晶闸管导通角的函数：导通角为 120°时，$U_F \propto I_d$，导通角为 60°时，$U_F \propto 1.414 I_D$。对应同样的 I_D，导通角的减小导致电流反馈值的增加。因而在晶闸管稳流系统中，由于导通角减小，系统输出的直流电流小于给定值。

（2）在电源的电流给定值恒定的情况下，若触发延迟角为 α_1，导通角为 120°，输出电流应达到给定的电流值，系统可稳定运行。但是由于上述环流的原因，两侧柱铁心发生饱和，不能产生足够的平衡电动势，使晶闸管的导通角小于 120°，则相应的电流反馈 U_F 立刻增大，电流反馈大于给定值，自动稳流系统误认为输出电流大于给定电流，将 α 角由 α_1 后移至 α_2，使输出电压减小，企图稳流；但在 α_2 时，由于电流减小，导通角又立刻增加，使电流反馈值小于给定值，自动稳流系统又误认为输出电流小于给定电流，将 α 角由 α_2 前移至 α_1，使输出电压增加，如此恶性循环，电流发生剧烈振荡。由于晶闸管稳流系统只能控制触发延迟角，不能控制导通角，所以系统电流无法稳定。

用示波器观察晶闸管的电压波形，可见其导通角的大小几乎在每个周期都在不停地改变，证明五柱变压器已无法提供足够的平衡电动势，系统不能正常运行，母排剧烈抖动，变压器也发出巨大的噪声。

（3）在输出同样直流电流时，整流器件导通角的减小将导致器件负载的增加，降低了器件的电流余量。

发生上述问题的根本原因是五柱变压器产生平衡电动势的机理是依靠柱内谐波磁通，而多台并联时的动态环流破坏了其磁通的分布，使其不能产生足够的平衡电动势。在阿尔斯通公司 2003 年国际年会上，就此问题进行了专题讨论，认为这是由于附加两柱的铁心饱和所致，可采取增加附加铁心的气隙予以解决，这需要变压器行业的专家作进一步研究，作为整流器本体是无法解决的。

在国内也曾有两例采用五柱变压器加晶闸管整流器多台并联配置的系统，均不能正常工作，最终还是重新配置平衡电抗器得到初步解决。由于施工困难，这种解决方法既未拆除五柱变压器的两个附加柱，也未在两附加柱上增加气隙，只是可以维持运行，在运行中发现由于两柱的存在，在大负载运行时，变压器输出电压的正负半波出现宽度不对称状态。

综上所述，对于此类低压大电流整流电源，在要求多台电源并联供电系统中，目前在设计时应避免采用双反星形晶闸管整流器加五柱变压器的配置方案。

参考文献

[1] 中国电工技术学会电力电子学会. 电力电子设备设计应用手册 [M]. 2版. 北京：机械工业出版社，

2002.
[2] 李序葆, 赵永建. 电力电子器件及其应用 [M]. 北京：机械工业出版社, 2000.
[3] 苏玉刚, 陈渝光. 电力电子技术 [M]. 重庆：重庆大学出版社, 2003.
[4] 李宏. 电力电子设备用器件与集成电路应用指南：第1册电力半导体器件及其驱动集成电路 [M]. 北京：机械工业出版社, 2001.

第4章 调速技术基础

4.1 调速系统分类和系统指标

调速即速度控制,指在传动系统运行中人为或自动地改变电动机的转速,以满足工作机械对不同转速的要求。从机械特性上看,就是通过改变电动机的参数或外加电压等方法来改变电动机的机械特性,从而改变它与工作机械特性的交点,改变电动机的稳定运转速度。调速指令通过人工设置或经上级控制器设置,调速系统按设定值改变电动机转速。

4.1.1 调速的分类

4.1.1.1 开环调速和闭环调速

电动机的转速给定被设置后不能自动纠正转速偏差的调速方式称为开环调速;具有自纠偏能力,能根据转速给定和实际值之差自动校正转速,使转速不随负载、电网波动及环境温度变化而变化的调速方式称为闭环调速。

4.1.1.2 无级调速和有级调速

无级调速又称为连续调速,指电动机的转速可以平滑调节。其特点为转速变化均匀,适应性强,易实现调速自动化,因此在工业装置中被广泛应用。有级调速又称为间断调速或分级调速。它的转速只有有限的几级,调速范围有限,且不易实现调速自动化。

数字控制的调速系统,由于速度给定被量化后是间断的,严格说来属有级调速,但由于级数非常多,级差很小,仍认为是无级调速。

4.1.1.3 向上调速和向下调速

在额定工况(施加额定频率的额定电压、带额定负载)运行的电动机的转速称为额定转速,也称为基本转速或基速。从基速向提高转速方向的调速称为向上调速,例如直流电动机的弱磁调速;从基速向降低转速方向的调速称为向下调速,例如直流电动机的降压调速。

4.1.1.4 恒转矩调速和恒功率调速

在调速过程中,在流过固定电流(电动机发热情况不变)的条件下,若电动机产生的转矩维持恒定值不变,则称这种调速方式为恒转矩调速。这时,电动机输出的功率与转速成正比。在流过固定额定电流的条件下,若电动机输出的功率维持额定值不变,则称这种调速方式为恒功率调速。这时,电动机产生的转矩与转速成反比。

以直流电动机为例,忽略电动机电枢内阻压降后,近似认为电动机电压 $U = C_e \Phi n$,电动机转矩 $T = C_m \Phi I$,功率 $P = UI = (C_e/C_m) nT$(式中,C_e 和 C_m 是电动机常数;n 是转速;Φ 是磁通;I 是电枢电流)。若调速时维持磁通为额定值不变,通过改变电压调节转速,则额定电流产生的转矩也维持额定值不变,功率与转速成正比,这种调速方式是恒转矩调速;若调速时维持电压不变,通过改变磁通调速,则磁通与转速成反比,相应额定电流产生的转矩与转速成反比,而功率不变,这种调速方式是恒功率调速。

恒转矩和恒功率调速方式的选择应与生产机械负载类型相配合,参见第2章2.1节。如果恒转矩调速方式用于恒功率类型的负载，电动机功率需按最大转矩和最高转速之积来选择，导致电动机功率比负载功率大许多倍（恒功率负载最大转矩出现在最低速，高转速时转矩最小，转矩和转速的乘积远小于最大转矩和最高转速之积）。如果电动机的恒功率调速范围和负载要求的恒功率范围一致，电动机容量最小。如果负载要求的恒功率范围大，电动机的恒功率调速范围受到机械和电气条件的限制不能满足时，只能适当放大电动机容量，增大调速系统的恒功率调速范围。

4.1.2 调速系统的静态指标

4.1.2.1 稳态调速精度

稳态调速精度是转速给定值 n^* 与实际值 n 之差 Δn 的相对值（%），其基值为电动机额定转速 n_N。在计算 Δn 时，要考虑三个导致转速变化的因素：
(1) 负载转矩变化（从空载至额定转矩 T_N）；
(2) 环境温度变化（±10℃）；
(3) 供电电网电压变化（−5% ~ +10%）。

$$稳态调速精度 = \frac{\Delta n}{n_N} \times 100\% = \frac{n^* - n}{n_N} \times 100\% \tag{4-1}$$

4.1.2.2 静差率和调速范围

静差率又称为转速变化率，是指在某一设定转速下，负载由空载（≤0.1T_N）到额定负载（T_N）变化时，空载转速 n_0 与额定负载下的转速 n 之差的相对值（%），其基值是 n（见图4-1）。

$$静差率 = \frac{n_0 - n}{n} \times 100\% \tag{4-2}$$

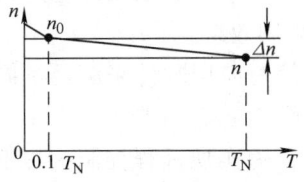
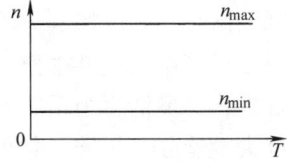

图 4-1 静差率示意　　　　　图 4-2 调速范围示意

静差率与调速系统机械特性的硬度有关，特性越硬，静差率越小；另外，静差率还与工作转速有关，转速越低，静差率越大。

调速范围又称为调速比，是指在符合规定的静差率条件下，电动机从最高转速 n_{max} 到最低转速 n_{min} 的转速变化倍数（见图4-2）。

$$调速范围 = \frac{n_{max}}{n_{min}} \tag{4-3}$$

调速范围和静差率两项指标不是相互孤立的，必须同时提出才有意义。

4.1.2.3 稳速精度

稳速精度是指在规定的电网质量和负载扰动条件下，按给定转速在规定的运行时间 T 内连续运行，每隔一定时间间隔 t_s 测量一次转速平均值，取其中的最大值 n_{tmax} 和最小值 n_{tmin}，稳速精度值（%）按下式计算（见图4-3）：

$$稳速精度 = \frac{n_{tmax} - n_{tmin}}{n_{tmax} + n_{tmin}} \times 100\% \qquad (4-4)$$

4.1.2.4 转速分辨率

在数字控制调速系统中，转速设定值被量化后，严格说来调速是有级的。转速分辨率是指相邻两级转速设定之差 Δn^* 的相对值（%），其基值是最高转速设定值 n_{max}^*，即

$$转速分辨率 = \frac{\Delta n^*}{n_{max}^*} \times 100\% \qquad (4-5)$$

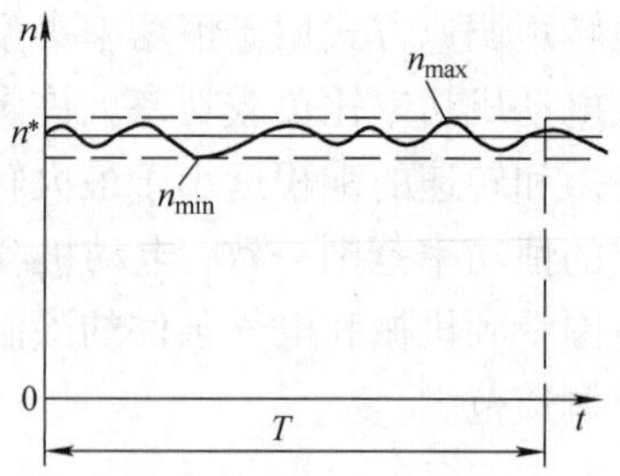

图 4-3 稳速精度示意

转速分辨率取决于数字控制器的位数。

4.1.3 调速系统的动态指标（见第 9 章 9.1 节）

4.2 模拟控制和数字控制

调速装置的控制系统分两大类：模拟控制系统和数字控制系统。模拟控制系统基于模拟控制器件，在这类控制系统中，所有控制量的采集（采样）、各功能块之间的信息交换，以及它们的计算、控制、输出等功能的执行都是连续的、并行进行的，故又称为连续控制系统。数字控制系统基于数字控制器件，其核心是处理器，在这类控制系统中，一个处理器要完成大量的任务，在一定时间内又只能做一件事，所以这些任务必须分时串行执行，把原本是连续的任务间断成每隔一定时间（周期）执行一次，故又称为离散控制。

早期的控制系统都是模拟系统，近年来随着计算技术的发展，数字控制系统正逐步取代模拟系统。数字系统的特点是：

（1）精度高，速度快，存储量大，有强大的计算、调节和逻辑判断功能，可以实现许多过去无法实现的高级复杂的控制方法，获得快速、精密的控制效果。

（2）可以设计统一的硬件电路和基础软件，由应用者编写应用软件来满足不同的控制系统要求，既标准，又灵活，为系统开发、升级提供方便，可靠性高。

（3）有强大的诊断、报警、数据处理及数字通信功能，为实现远程控制、集中控制和中央计算机调度管理提供了条件。

两种控制系统的原理、环节和框图基本相同，本手册在论述各种调速方法的原理时，不特指是模拟还是数字系统，但在介绍调速方法的实现时，则以数字系统为主。本节介绍从模拟控制过渡到数字控制的一些共性问题，各类数字控制调速系统的具体问题将在随后章节中介绍。

4.2.1 离散和采样

在数字控制系统中，把原本是连续的任务间断成每隔一定时间（周期）执行一次，称之为离散。每个周期开始时都先采集输入信号，这个周期称为采样周期。

原本是连续变化的系统被离散后，每个周期只能在采样瞬间被测量和控制，其他时间不可控，这样必然给系统的控制精度和动态响应带来影响，合理选择采样周期是数字控制的关键之一。采样周期分为两类：固定周期采样和变周期采样。

采样周期 T 为固定值的均匀采样是固定周期采样。数字控制系统一般都采用固定周期采样。采样周期越长，处理器就能做更多的事，但对系统性能影响越大。采样周期的选择应该

是在不给性能带来大影响的前提下,选择尽可能长的时间。采样时间 T 与系统响应之间的关系受采样定理的约束。

香农采样定理:如果采样时间 T 小于系统最小时间常数的 1/2,那么系统经采样和保持后,可恢复系统的特性。

采样定理告诉我们,要想采样信号能够不失真地恢复原来的连续信号,必须使采样频率 f ($f=1/T$) 大于系统频谱中最高频率的两倍。系统的动态性能可用开环对数幅频特性 M(dB) $=f(\omega)$ 来表征。由于控制对象存在惯性,频率越高,M(dB) 越小,$M \geq -3\text{dB}$ 或 -6dB 所对应的频率范围通常称之为频带宽,再高的频率对系统的影响可忽略。根据采样定理,采样频率应大于 2 倍最大频率,即

$$f \geq \omega_{\max}/\pi \tag{4-6}$$

式中 $\omega_{\max}$——$M \geq -3\text{dB}$ 或 -6dB 所对应的频率。

在系统设计时,实际 $\omega_{\max}$ 不知道,f 按预期的 $\omega_{\max}$ 选取。

一个处理器要处理的任务很多,它们变化的快慢相差很大,如果按变化最快的变量来选取采样频率,将极大地浪费处理器的能力,所以通常为一个处理器规定几种采样周期,以适应变化快慢不同的任务,为实现方便,这些采样周期按 2^N 倍选取($N=0,1,2,3,\cdots$,正整数)。在图 4-4 中示出不同周期任务的工作情况,最基本的周期是 T_0,处理器每隔 T_0 接收一个启动信号,最快的任务选用 $T_1=T_0$ 周期,它被优先执行;在 T_1 任务执行完后,空余的时间里执行选用 $T_2=2T_0$ 周期的任务;依此类推,在选用 T_1、T_2 周期的任务执行完后,再执行选用 $T_3=4T_0$ 周期的任务。为不耽误某些紧急任务(例如故障、警告等)的执行,处理器在接到中断信号后,马上中断正在进行的周期性任务,优先执行该中断任务。

电力变流器中的器件(晶闸管、IGBT 等)都工作在开关状态,只有开通和关断时刻是可控的,其他时间不可控;数字控制器也是断续工作的,如果它发出控制信号的时间不合适,恰好在器件已完成开关动作之后,器件对控制的响应将推迟一个周期,带来附加滞后。为避免附加滞后,希望采样周期与器件工作周期同步,且在软件设计时把控制安排在输出触发脉冲之前。

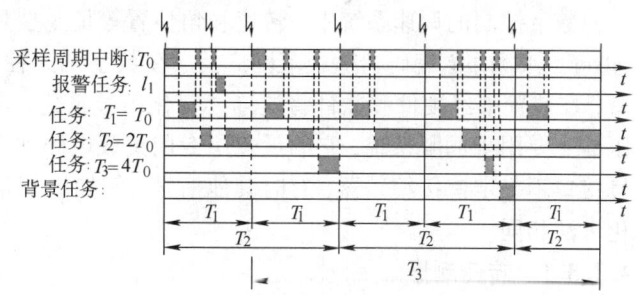

图 4-4 采样周期及任务执行顺序

有些变流器的工作周期是变化的,例如常用的 6 脉波相控整流,稳态时工作周期固定为 300Hz,但在暂态,周期则是变化的,触发延迟角前移时,周期缩短,后移时,则加长。这样的系统若还采用固定周期采样,则无法实现同步,带来附加滞后,因此都改用变周期采样,用触发脉冲作为采样周期启动的信号,实现同步。

4.2.2 连续变量的量化

系统中,许多被控量都是连续变化的连续变量,例如电压、电流、转速等。在数字系统中,需要先将它们量化为不连续的数字量,才能进行计算和控制。连续量的量化也是数字控制与模拟控制的重要区别之一。量化时,两个相邻数之间的信息被失去,影响系统精度。如

何合理量化，使失去的信息最少，对精度影响最小，是数字控制系统设计的又一个关键问题。

在选定处理器和存储器硬件后，二进制数字量的位数就确定了，现在一般为 16 位或 32 位，以后可能 64 位。合理量化就是如何合理选择变量当量，即规定数字量"1"代表变量的什么值。当量的选取要考虑两个因素：

(1) 使系统中所有变量都有相同的精度，都能充分利用数字量位数资源。

(2) 尽量减少控制和计算中由当量选取带来的变换系数。

从上述原则出发，在通用的数字控制器中，当量都按百分数（%）规定，百分数基值（分母）为该变量的最大值，例如额定电压、最大工作过载电流、最高转速等。为充分利用数字量位数资源，规定去掉一个符号位的数为 200%（留 100% 调节裕量），这样 100% 为"位数 -2"对应的数。以 16 位数为例，100% 对应 2^{14} = 16384，全部数的范围是 ±200%，对应 $±2^{15}$ = ±32768。

在系统计算中，使用相对值时无计量单位，并可去掉许多公式中的比例系数。按上述方法规定当量，同时使用相对值，将使控制和计算中的变换系数最少，也不容易出错。有些设计者选取当量往往从方便记忆和换算出发，喜欢选较整的值作为当量，轻易规定"1"代表多少"V"、"A"或"r/min"，结果给控制和计算增添了许多变换系数，还使数字量的位数资源得不到充分利用，所以用测量值定义当量是不可取的。

为适应上述标定方法，在控制器的输入端都有信号标定模块（增益可标定的放大器），把从传感器来的基值信号都变换成标准电压（10V 或 5V），再经 A/D 转换进入数字控制器，在控制器中，将不再出现带计量单位的量。

4.2.3 增量式编码器脉冲信号的量化

数字控制的调速系统中，转速和角位置等量主要用增量式脉冲编码器或旋转变压器（Resolver）来测量。编码器适用范围广泛，在数字调速控制装置中，通常都设有编码器信号输入口，在装置中经硬件和软件将这连续变化信号量化，本节介绍编码器信号的量化方法。旋转变压器主要用于伺服系统，它的量化用专用集成电路实现，在本章 4.4.2.3 节中介绍。编码器信号接口不一定都接编码器，有时其他信号，例如锁相信号等，也利用这个接口输入，它们的量化方法相同。

4.2.3.1 转速测量

编码器与电动机轴相连，每转一转，便发出一定数量的脉冲，数字控制系统通过计数器对脉冲的频率和周期进行测量，便可算出转速值。编码器的输出有 A、B 两组互差 90° 的方波脉冲（见图 4-5），用以判别旋转方向：正转时，位置角 λ 增大，在脉冲 B 前沿出现时，$A=1$，转速值为正；反转时，位置角 λ 减小，在脉冲 B 前沿出现时，$A=0$，转速为负。把一组脉冲前后沿微分，再通过或门合成，可获得 2 倍频脉冲，把 2 组都微分再经或门综合得 4 倍频，见图 4-6。每转脉冲数越多，测量精度越高，编码器制造越麻烦，因此在控制器的编码器输入端通常都接有倍频电路，以减少每转脉冲数而获取较高的精度，倍频倍数为 1、2 或 4 任选。

用编码器脉冲信号计算转速有三种方法：测频法（M 法），测周期法（T 法），测频率和周期法（M/T 法）。M 法通过用计数器计数一个采样周期中的编码器脉冲个数来计算转速值，低速时，一个采样周期中的编码器脉冲个数少，精度差。T 法通过用计数器计数两个编码器脉冲之间的标准时钟脉冲个数来计算转速值，高速时，两个编码器脉冲之间的标准时钟脉冲个数少，精度也差。单独使用上述两法中的任何一种方法都不能满足高精度要求，只有同时使用两种方法才能在整个转速范围内都获得高精度,这就是 M/T 法。M/T 法用两个计数器,一个计数器(N_1)计数一个采样周期 T 中的编码器脉冲个数 m_1,同时通过用另一个计数器(N_2)计数标准时钟脉冲个数的方法算出 m_1 个编码器脉冲持续的时间 $T_d = m_1 T_p$(T_p 为编码器脉冲周期),然后用 T_d 代替采样周期 T 计算转速,从而获得高精度。

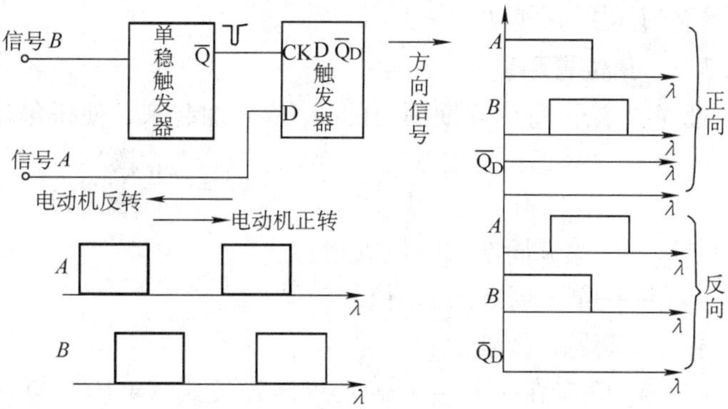

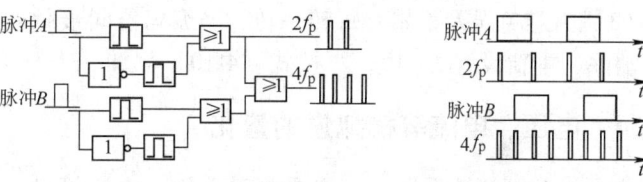

图 4-5 编码器信号及转向判别

第 k 周期的转速为

$$n_k = \frac{60 m_{1.k}}{p T_{d.k}} = \frac{60 m_{1.k} f_c}{p m_{2.k}} \quad (4-7)$$

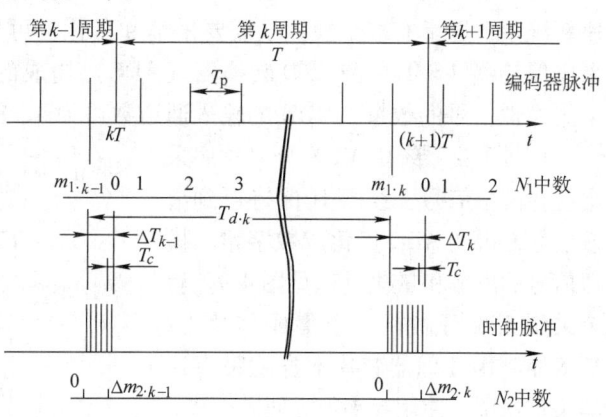

图 4-6 编码器信号倍频电路及波形

式中 k——第 k 周期的值;
   f_c——标准时钟脉冲频率;
   m_{2k}——与 T_{dk} 对应的时钟脉冲个数($m_{2.k} = T_{d.k} f_c$);
   p——倍频后的编码器每转脉冲数(脉冲数/r)。

为了使转速采样与系统采样同步,在每个采样周期开始时能算出上一周期的转速值。安排 M/T 法的时序见图 4-7。

计数器 N_1 在第 k 周期开始时清零,到周期结束时有 $m_{1.k}$ 个编码器脉冲被计数。计数器 N_2 在每个编码器脉冲来时清零,到第 $k-1$ 周期结束、第 k 周期开始时($t = kT$),有 $\Delta m_{2.k-1}$ 个时钟脉冲被计数;在第 k 周期结束 [$t = (k+1)T$] 时,N_2 中的数为 $\Delta m_{2.k}$,则

$$m_{2.k} = m_{2.T} + \Delta m_{2.k-1} - \Delta m_{2.k} \quad (4-8)$$

图 4-7 M/T 法时序

式中 $m_{2.T}$——采样周期 T 对应的时钟脉冲数,$m_{2.T} = T f_c$。

可以证明,只要 $m_{2.T} \geq 2^{15}$,则转速分辨率 $\Delta n\% \leq 1/2^{14}$(二进制 14 位分辨率)。

M/T 法存在最低转速限制,限制条件为:在一个采样周期 T 中,至少有一个码盘脉冲($m_1 \geq 1$),最低转速 n_{min}(r/min)为

$$n_{min} = \frac{60}{pT} = \frac{60}{x p_e T} \quad (4-9)$$

式中 x——倍频数;
   p_e——未倍频的编码器每转脉冲数($p = x p_e$)。

若 $x = 4$、$p_e = 1000$、$T = 2\text{ms}$,则 $n_{min} = 7.5\text{r/min}$;当 $n < n_{min}$ 时,测量输出为 0。若想降低

$n_{\min}$，必须加大 p_e 或 T。

4.2.3.2 角位置测量

把 M/T 法中每个周期测得的 m_1 值累加起来，便得角位置信号

$$\lambda_k = \frac{2\pi}{p} \sum_{i=0}^{k} m_{1.i} \qquad (4\text{-}10)$$

式中　λ_k——第 k 周期末的位置角；
　　　$m_{1.k}$——第 k 周期的 m_1 值。

有几个问题需要注意：

（1）λ_k 值应在 $-\pi \sim +\pi$ 之间，若按式（4-10）算出的值超出这个范围，就要加或减 2π；

（2）在开始计数前设置初始位置角 λ_0；

（3）为避免误差积累，每转一转，当编码器同步脉冲信号 Z 脉冲出现时，需将原算出的 λ 值清除，重新设置 λ_{syn} 值，再按式（4-10）累加。

4.2.4　电压、电流等模拟量的量化

在数字控制调速系统中，需要测量电压、电流等量。把由传感器测得的连续变化的模拟量变换成数字量的量化方法有两类：瞬时值法和平均值法。

4.2.4.1　瞬时值法

每个采样周期采样模拟量一次，经 A/D 转换器（ADC），得到采样时刻的数字量。在调速系统中，通常有多个模拟量需要采集和量化，可用一个主要由多路转换电子开关（MUX）、采样保持器（S/H）和 A/D 转换器（ADC）构成的模拟量采集系统来实现，见图 4-8，根据采集模拟信号的数量，MUX 的输入通道数可为 4、8 或 16 等。

信号采集系统用 MUX 分时顺序采集这些模拟信号，经 S/H 保持得到离散信号，再经 ADC 量化成数字量。模拟信号的离散和量化过程见图 4-9。整个采集系统可做在一个集成芯片上，某些控制用处理器芯片本身就带有这类采集系统，使用起来很方便。

瞬时值采样方法简单，但只适用于模拟量比较平滑场合。如果模拟量

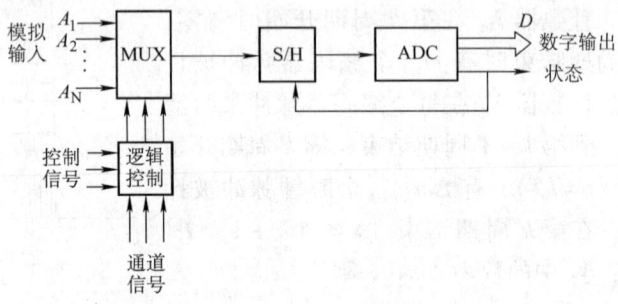

图 4-8　模拟量采集系统

信号中含有较大的纹波，所测瞬时值不能代表实际电压、电流的大小；若信号采集前先用滤波器滤去纹波，将带来滞后，并导致交流量相移。

现有 A/D 转换器的位数已达 16 位、20 位或更高，但受走线、温度变化及环境电磁场的影响，通用工业数字控制器的 A/D 转换的精度一般只能做到 0.1% ~ 0.05%，即只有 10 或 11 位二进制数字有效，后面几位都是噪声。尽管数字处理器的位数可能是 16 位或 32 位，它使得使用模拟量作为设定和反馈的数字控制系统的精度只有 0.1% ~ 0.05%。

4.2.4.2　平均值法

A/D 转换器输出值为被测量值在一个采样周期 T 中的平均值。这类转换多用于采集含有较大纹波的模拟量，当采样周期与纹波周期一致时，误差最小，故这类转换器常与电力变流

器同步工作。实现平均值采样的方法有三种：

1. **多次采样** 用快速 A/D 转换在一个采样周期中多次采样和量化，在每个采样周期求一次平均值。若多次采样和量化的操作由主 CPU 控制和完成，太占时间资源，通常用专门硬件或子处理器来实现。

2. **V/F/D 变换法** 先用 V/F 变换，把模拟信号变换为频率与输入电压成比例的脉冲信号（V/F 变换），再通过用两个计数器的计数脉冲数和计数周期长度算出数字量（F/D 变换），它对应一个采样周期的平均值。V/F/D 变换的另一特点是易实现被测电路与处理器的隔离，因为脉冲信号已通过光耦合器或脉冲变压器隔离，见图 4-10。

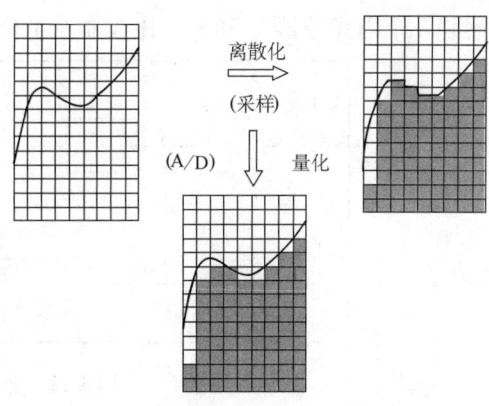

图 4-9 模拟信号的离散和量化过程

为了能反映模拟信号 A 的极性，给 V/F 变换规定一个中心频率 f_0，在变换电路中加入偏置，使得 $A=0$ 时，$f=f_0$，例如规定 $f_0 = 60\text{kHz}$，则当 $A = +10\text{V}$ 时，$f = 90\text{kHz}$；$A = -10\text{V}$ 时，$f = 30\text{kHz}$。在选择输出频率变化范围时，应使最低输出频率远大于信号中的纹波频率。

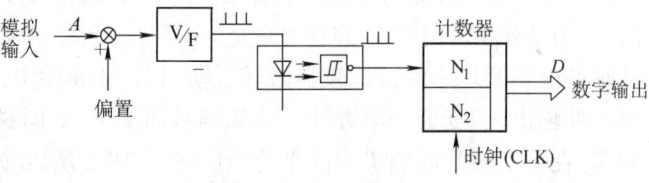

图 4-10 V/F/D 变换电路

V/F/D 变换中的 F/D 变换用本章 4.2.3.1 节中介绍的 M/T 法，只要计数器的位数够，就能保证 F/D 变换的精度。

如何实现高精度 V/F 变换，是整个 V/F/D 变换的关键，它的精度主要取决于标准时间脉冲的精度。在通常的 V/F 变换器中，标准时间脉冲来自单稳触发器，受电阻、电容精度限制，虽电阻精度可高达 0.1% ~ 0.01%；但电容精度低，要达到 1% 已难做到。在 V/F/D 变换中，宜使用同步 V/F 变换器，以时钟脉冲作为标准时间脉冲，精度高，例如采用 AD652 芯片，它的变换精度与电容无关。

3. **∑/Δ 变换法** ∑/Δ 变换法的核心是 ∑/Δ 调制器。它的输出是一串 0 和 1 的方波脉冲，在一个测量周期中，1 脉冲的总宽度与测量周期 T 之比（平均占空比）和输入的模拟量成比例见图 4-11，再用计数器计数一个周期中的 1 脉冲的总宽度，得到这个周期被测模拟量平均值的数字量。

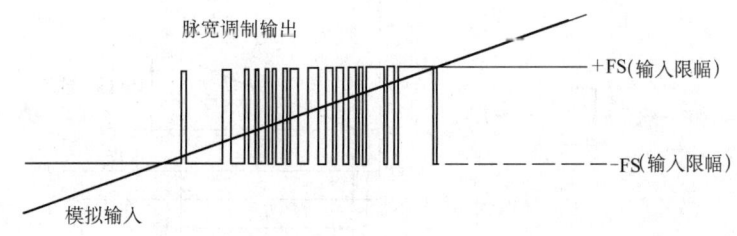

图 4-11 ∑/Δ 调制器的输入和输出

∑/Δ 变换原理框图见图 4-12。它主要由 ∑/Δ 调制器和同步计数器两部分组成。∑/Δ 调制器是一个由积分器 I_1 和 I_2、比较器及 1 位 D/A 转换器构成的闭环系统。

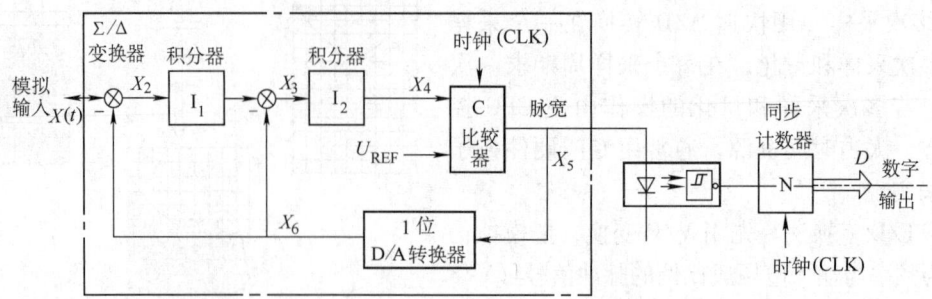

图 4-12 Σ/Δ 变换器原理框图

1 位 D/A 转换器输出 X_6 的波形与 Σ/Δ 调制器输出 X_5 相同,是一串 0 和 1 方波,但 1 信号的幅值被限定为 +5V。若某时刻 $X_6 = 0V < X(t)$(模拟输入),$X_2 > 0$,积分器 I_1 输出增大,$X_3 > 0$,积分器 I_2 输出 X_4 增大,到 $X_4 > U_{REF}$ 及时钟脉冲(CLK)来时,比较器翻转,输出 X_5 由 0 变 1,相应 X_6 也由 0V 变为 +5V,导致 $X_2 < 0$ 和 $X_3 < 0$,X_4 减小,到 $X_4 < U_{REF}$ 及时钟脉冲(CLK)来时,比较器翻转,输出 X_5 由 1 变 0,相应 X_6 由 +5V 变回 0V,如此反复循环,使输出 X_5 变成一串方波。如果测量周期 $T \gg$ 时钟脉冲周期 T_c,积分器 I_1 和 I_2 的输入 X_2 和 X_3 在一个测量周期 T 中的平均值应等于 0V,所以输出 X_5 和 X_6 的平均占空比与输入模拟量成比例。同步计数器按照时钟脉冲和信号 X_5 的状态工作,每当时钟脉冲来时,若 $X_5 = 1$,则计数器加 1,若 $X_5 = 0$,则不加,到周期结束时,计数器中的数代表了输入模拟量在该周期的平均值。信号 X_5 是方波脉冲信号,易通过光纤实现隔离。

4.2.5 模拟和数字调节器

调节器是闭环控制系统中的重要环节,用以实现特定的传递函数运算。常用的调节器有三种:比例积分(PI)调节器(含比例 P 调节和积分 I 调节)、惯性比例(PT)调节器和惯性微分(DT)调节器。本节介绍它们的传递函数、动态响应及模拟和数字实现。模拟实现基于运算放大器,数字实现基于处理器的实时运算。

4.2.5.1 比例积分(PI)调节器

PI 调节器应用最广泛,它由输入信号综合、比例(P)、积分(I)及限幅四部分组成,实现的传递函数运算、框图及动态响应波形见式(4-11)和图 4-13。

$$G(s) = \frac{Y(s)}{YE(s)} = KP + \frac{KP}{T_N s} \tag{4-11}$$

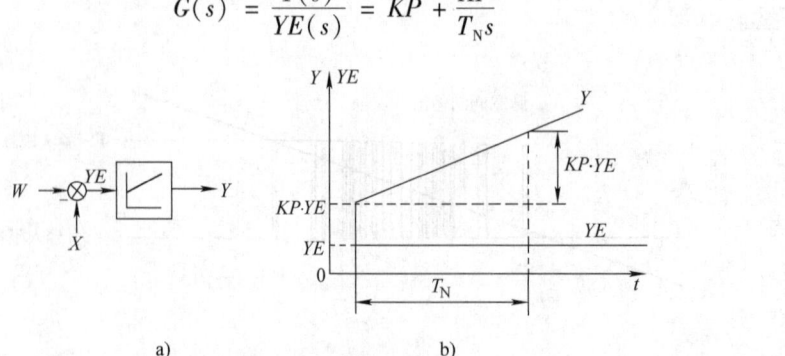

图 4-13 PI 调节器的框图及动态响应
a) 框图　b) 动态响应

PI 调节器的模拟实现见图 4-14。

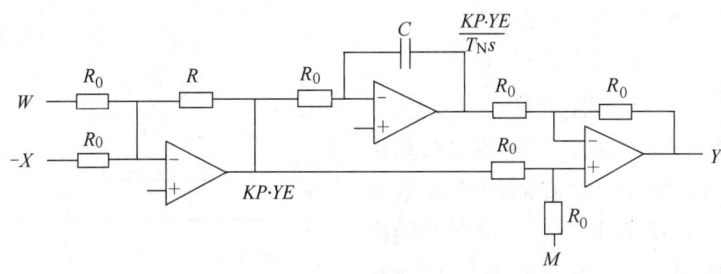

图 4-14 模拟 PI 调节器

由图 4-14 得

$$\left.\begin{array}{l} YE = W - X \\ KP = R/R_0 \\ T_N = R_0 C \end{array}\right\} \quad (4\text{-}12)$$

图 4-15 是一个完整的数字 PI 调节器框图。在数字控制系统中，PI 调节功能用下式计算来实现：

$$\left.\begin{array}{l} Y_k = YP_k + YI_k \\ YP_k = KP \cdot YE_k \\ YI_k = (KP \cdot YE_k \cdot T)/T_N + YI_{k-1} \end{array}\right\} \quad (4\text{-}13)$$

式中　KP——调节器比例系数输入量（KP 设定值）；

　　　T_N——调节器积分时间常数输入量（T_N 设定值）；

　　　k——第 k 周期的计算值；

　　　T——采样周期；

$YE = (W1 + W2) - (X1 + X2)$；

$W1$、$W2$——给定量；

$X1$、$X2$——反馈量。

除完成上述计算功能外，一个完整的数字调节器还有一些其他的辅助输入、输出量和二进制控制功能口，见图 4-15。

图中的辅助输入、输出量口是：

YP—比例调节输出量；

YI—积分调节输出量；

Y—总输出量，$Y = YP + YI$；

LU 和 LL—上限幅和下限幅值；

QU 和 QL—Y 达到限幅值的状态输出信号（二进制）；

SV—积分初始值输入量。

注：图中引脚符号（$W1$、$W2$、Y、YI、…），当用正体表示时为端子符号，当用斜体表示时为物理量符号。

图中的二进制控制功能口为：

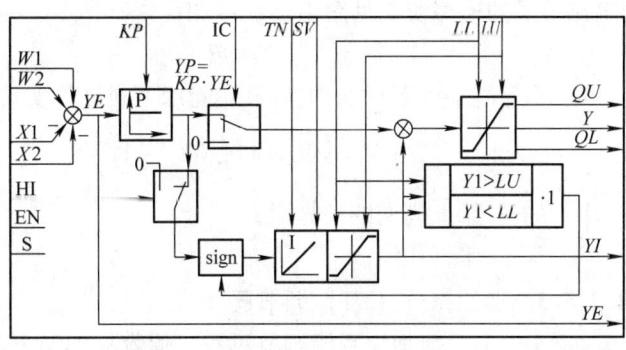

图 4-15 完整的数字 PI 调节器框图

EN——使能（调节器投入或停止工作）；
S——设置积分初始值（$YI = SV$）；
IC——去掉比例，调节器变为 I 调节器；
HI——去掉积分，调节器变为 P 调节器。

调节器输出都需要限幅，注意必须对总输出 Y 和积分输出 YI 都限幅，有的设计者不注意，只对 Y 限幅，对 YI 不限幅，这样有可能出现 Y 虽限制住，但 YI 超出限幅的情况，导致在退出饱和时，比例缩小，响应滞后，影响整个系统的性能。PI 调节器达到限幅时的输出对输入的响应见图 4-16。

从图中可看出，若 YI 不限幅，在退饱和时出现比例减小、响应滞后 τ_d 时间的现象。

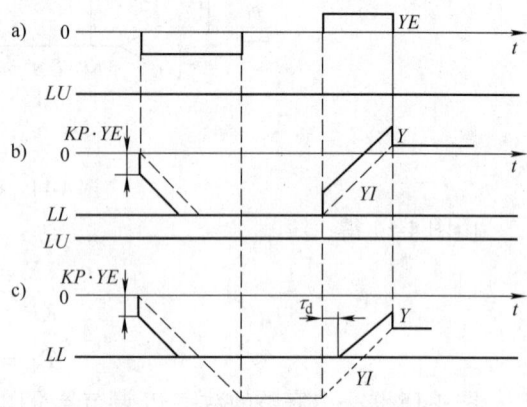

图 4-16 PI 调节器达到限幅时的响应
a) 输入 YE b) Y 和 YI 均限幅的情况
c) Y 限幅、YI 不限幅的情况

4.2.5.2 惯性比例（PT）调节器

PT 调节器是一阶惯性环节，主要用于平滑和滤波，它实现的传递函数运算见式（4-15）、框图和动态响应波形见图 4-17a、b。

$$G(s) = \frac{Y(s)}{X(s)} = \frac{1}{T_1 s + 1} \tag{4-14}$$

式中 T_1——惯性时间常数。

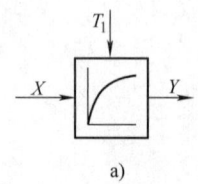
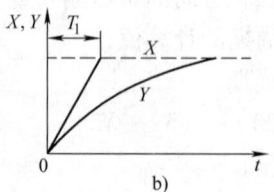

图 4-17 PT 调节器的框图及动态响应
a) 框图 b) 动态响应

PT 调节器的模拟实现见图 4-18。由图可得
$$T_1 = R_0 C$$

在数字控制系统中，PT 调节功能用下式计算实现：

$$Y_k = Y_{k-1} + \frac{T}{T_1}(X_k - Y_{k-1}) \tag{4-15}$$

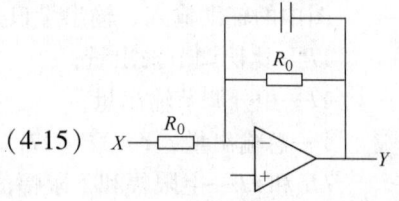

式中 k——第 k 周期的计算值；
T——采样周期。

图 4-18 模拟 PT 调节器

4.2.5.3 惯性微分（DT）调节器

微分（D）能加快系统调节过程，但容易把噪声和扰动放大，很少使用；如果要用，也需在前面加一个惯性滤波，构成一个 DT 调节器。它实现的传递函数运算、框图及动态响应波形见式（4-17）和图 4-19a、b。

$$G(s) = \frac{Y(s)}{X(s)} = \frac{T_D s}{T_1 s + 1} \tag{4-16}$$

式中 T_I——惯性时间常数；
T_D——微分时间常数。

DT 调节器的模拟实现见图 4-20。
由图可得

$$T_I = R_0 C \qquad T_D = RC$$

在数字控制系统中，DT 调节功能用下式计算实现：

$$Y_{T.k} = Y_{T.k-1} + \frac{T}{T_I}(X_k - Y_{T.k-1})$$

$$Y_k = \frac{T_D}{T_I}(X_k - Y_{T.k-1}) \qquad (4\text{-}17)$$

式中 k——第 k 周期的计算值；
T——采样周期。

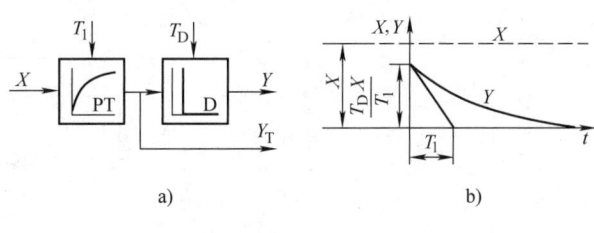

图 4-19 DT 调节器
a）框图 b）动态响应

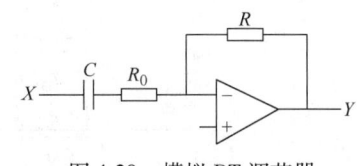

图 4-20 模拟 DT 调节器

4.2.6 模拟和数字斜坡给定（给定积分）

斜坡给定（RFG）用于给定回路，限制给定信号的变化率，又常称为给定积分。把它用于转速给定时，将限制电动机加减速时的转速变化率，从而限制加减速动态电流；若把它用于转矩给定，将限制电动机转矩变化率，保护机械结构。

与固定斜率的给定信号发生器不同，RFG 对输出 Y 变化率的限制仅在输入 X 的变化率超出设定值时才起作用，若 X 变化率没有超过设定值，则 Y 紧跟 X 变化，且无滞后。在给定回路加 PT 环节，也能限制给定信号的变化率，但与 RFG 的作用不同，见图 4-21。图 4-21a 为 RFG 斜坡给定。由图可看出，输入大小不同的阶跃 X 值，RFG 输出 Y 的斜率一样，但响应时间不同，X 小，响应时间短；图 4-21b 为 PT 方式，对于不同 X 值，其响应时间一样，但 Y 的斜率不同，X 小，Y 斜率也小。若它们位于某闭环系统内，在讨论该环稳定性时，RFG 对闭环系统无影响，而 PT 对闭环系统有影响，因为稳定问题研究的是小信号，信号越小，RFG 带来滞后越小。

斜坡给定有两种：普通 RFG 及带圆角 RFG。

4.2.6.1 普通 RFG

普通 RFG 的原理在很多教科书中都有介绍，这里不再重复，只介绍它的模拟与数字的实现。

（1）普通模拟 RFG 见图 4-22

在图 4-25 中，$R \gg R_0$（第一级放大倍数 $\gg 1$），由 0 到限幅值的积分时间 $T_I = R_0 C$，$Y_A = dY/dt$（输出 Y 的一阶微分信号）。

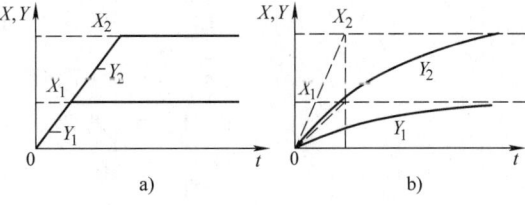

图 4-21 RFG 和 PT 的响应
a）RFG 响应 b）PT 响应

用 RFG 产生转速给定信号时，往往希望加减速斜率不同，这就要在正反转时切换正负限幅值，模拟实现不方便，故模拟 RFG 一般设计成加减速斜率一样（正负限幅一样）。

普通数字 RFG 的框图及响应见图 4-23。
普通数字 RFG 的离散算法是

$$Y_k = Y_{k-1} + Y_{A.k}T/T_I$$

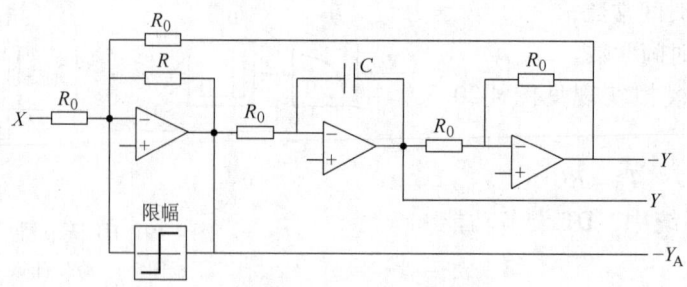

图 4-22　普通模拟 RFG

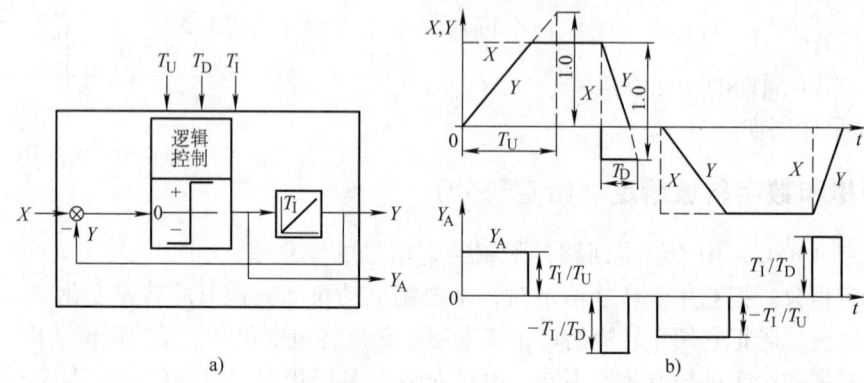

图 4-23　普通数字 RFG

a) 框图　b) 响应

X—输入　YA—Y 的一阶微分输出

TU—加速时间　TD—减速时间　TI—积分时间

若 $Y>0$，则

$$Y_A = \begin{cases} T_I/T_U & Y < X \quad 正向加速 \\ -T_I/T_D & Y > X \quad 正向减速 \\ 0 & Y = X \quad 稳态 \end{cases}$$

若 $Y < 0$，则

$$Y_A = \begin{cases} -T_I/T_U & Y > X \quad 反向加速 \\ T_I/T_D & Y < X \quad 反向减速 \\ 0 & Y = X \quad 稳态 \end{cases} \tag{4-18}$$

T_I 根据 T_U、T_D 取值，使 Y_A 不要太大或太小。

数字 RFG，除输出斜坡信号 Y 外，还输出很干净的一阶微分信号 Y_A，用于前馈计算，加快系统响应，改善跟随性能，见本章 4.2.7 节。模拟 RFG 也输出 Y_A 信号，但含有很大的噪声，不好用。

4.2.6.2　带圆角的 RFG

大多数生产机械希望转速给定 Y 不仅是一个斜坡，而且要求在斜坡的起始和终结部分是圆角，即要求加速度 Y_A 是梯形波，它的变化率也受到限制，见图 4-28。因为在加减速时机械受到的冲击，不只和加减速动态转矩值有关，而且和动态转矩的变化率有关，变化率越大，机械受损害越严重，特别是当机械传动机构存在弹性及间隙时。带圆角的 RFG 产生满足上述

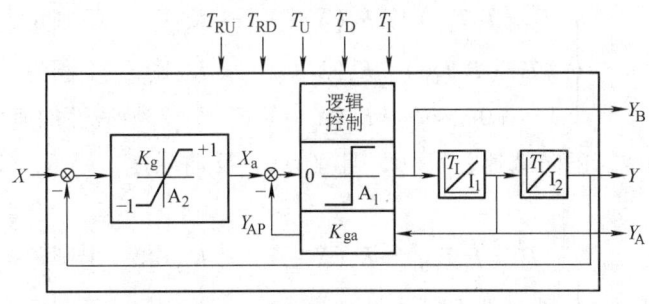

图 4-24 带圆角的 RFG 框图

要求的给定信号。这类信号有时又称为 S 曲线给定。带圆角的 RFG 的模拟实现很麻烦，很少用，本节仅介绍数字带圆角的 RFG，它已广泛应用。

带圆角的 RFG 框图及响应曲线分别见图 4-24 和图 4-25。

下面以正向加速过程为例说明工作原理。设定 $K_g = 2T_U/T_{RU}$，$K_{ga} = T_U/T_I$。

当 $t = t_1$ 时，突加输入 X，A_2 饱和，$X_a = 1.0$，由 A_1、I_1 和 K_{ga} 组成一个普通 RFG 内环（与图 4-23a 相同），这时 A_1 也饱和，输出 $Y_B = T_I Y_{A.m.U}/T_{RU}$（$Y_{A.m.U} = T_I/T_U$）；

在 $t_1 \sim t_2$ 期间，A_1、A_2 维持饱和，$Y_A = Y_B (t - t_1)/T_I$ 线性上升，$Y = Y_B (t - t_2)^2/(2T_I^2)$ 沿二次曲线上升，形成圆角；

当 $t = t_2$ 时，$Y_A = Y_{A.m.U}$，$X_{AP} = X_a = 1.0$，$Y_B = 0$，Y_A 上升结束，$Y = T_{RU}/(2T_U)$；

在 $t_2 \sim t_3$ 期间，A_1 继续饱和，$X_a =$

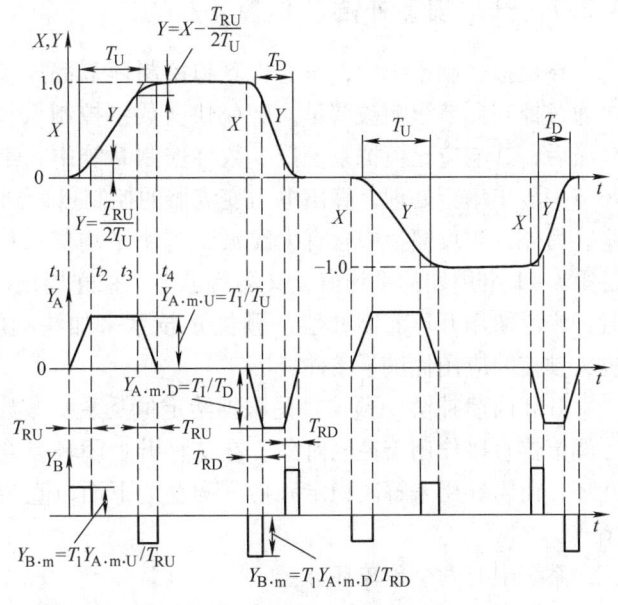

图 4-25 带圆角的 RFG 响应特性

1.0，$Y_B = 0$，$Y_A = Y_{A.m.U}$ 不变，$Y = Y_{A.m.U} (t - t_2)/T_I$ 线性上升；

当 $t = t_3$ 时，Y 升至 $Y = X - T_{RU}/(2T_U)$，$K_g (X - Y) = 1.0$，A_2 处于临界饱和点；

在 $t_3 \sim t_4$ 期间，$K_g (X - Y) < 1$，A_2 退出饱和，X_a 减小，A_1 负饱和，$Y_B = -T_I Y_{A.m.U}/T_{RU}$，$Y_A = Y_{A.m.U} - Y_B (t - t_3) T_I$ 线性下降，Y 以二次曲线趋向 X，再次形成圆角；

当 $t = t_4$ 时，$Y = X$，$X_a = 0$，$Y_B = 0$，$Y_A = 0$，加速过程结束。

带圆角 RFG 的离散算法是

$$\left.\begin{array}{l} Y_k = Y_{k-1} + Y_{A.k} T/T_I \\ Y_{A.k} = Y_{A.k-1} + Y_{B.k} T/T_I \end{array}\right\} \quad (4-19)$$

式中　T——采样周期。

若 $Y > 0$，且 $Y < X$，正向加速；$Y < 0$，且 $Y > X$，反向加速，则 $K_g = 2T_U/T_{RU}$，$K_{ga} = T_U/T_I$。

$$Y_{\mathrm{B}} = \begin{cases} T_{\mathrm{I}}^2/(T_{\mathrm{U}} T_{\mathrm{RU}}) & K_{\mathrm{g}}(X-Y) > K_{\mathrm{ga}} Y_{\mathrm{A}} & \text{下圆角} \\ -T_{\mathrm{I}}^2/(T_{\mathrm{U}} T_{\mathrm{RU}}) & K_{\mathrm{g}}(X-Y) < K_{\mathrm{ga}} Y_{\mathrm{A}} & \text{上圆角} \\ 0 & K_{\mathrm{g}}(X-Y) = K_{\mathrm{ga}} Y_{\mathrm{A}} & \text{线性加速} \end{cases} \quad (4\text{-}20)$$

若 $Y>0$，且 $Y>X$，正向减速；$Y<0$，且 $Y<X$，反向减速，则 $K_{\mathrm{g}} = 2T_{\mathrm{D}}/T_{\mathrm{RD}}$，$K_{\mathrm{ga}} = T_{\mathrm{D}}/T_{\mathrm{I}}$。

$$Y_{\mathrm{B}} = \begin{cases} -T_{\mathrm{I}}^2/(T_{\mathrm{D}} T_{\mathrm{RD}}) & K_{\mathrm{g}}(X-Y) < K_{\mathrm{ga}} Y_{\mathrm{A}} & \text{上圆角} \\ T_{\mathrm{I}}^2/(T_{\mathrm{D}} T_{\mathrm{RD}}) & K_{\mathrm{g}}(X-Y) > K_{\mathrm{ga}} Y_{\mathrm{A}} & \text{下圆角} \\ 0 & K_{\mathrm{g}}(X-Y) < K_{\mathrm{ga}} Y_{\mathrm{A}} & \text{线性减速} \end{cases} \quad (4\text{-}21)$$

除带圆角斜坡信号 Y 外，这种数字 RFG 还可输出干净的一阶微分信号 Y_{A} 及二阶微分信号 Y_{B}，供前馈计算用。

4.2.7 开环前馈补偿（预控）

在模拟控制系统中，所有检测和控制环节都连续并行工作，来自给定和反馈的信号能很快通过控制环节影响被调量，响应快。数字控制系统的工作模式是离散的、串行的，必然带来滞后，其响应比模拟系统慢。数字控制系统中，第 k 个周期初采样的给定量及反馈量由各环节一步步串行处理，算出电力变流器的控制量，到第 $k+1$ 周期初，才送至变流器的触发电路。另外，当反馈量中含有大纹波，需用平均值采样时，在第 k 个周期初，采样到的反馈量是第 $k-1$ 个周期的平均值，又滞后了半个采样周期。为克服这个缺点，在设计数字控制系统时，广泛使用开环前馈补偿（预控）技术来加快响应。数字控制装置计算功能强、精度高，也为预控的应用提供了条件。

开环前馈补偿（预控）是根据给定量及系统参数估算出控制对象所需的控制量，绕过闭环调节器直接作用于控制对象。在这种开、闭环复合的系统中，被调量对给定的跟随主要靠开环，而闭环用来解决稳定和精度问题。下面以直流调速系统为例介绍预控的配置，见图 4-26。

系统中有两个预控环节：

1. 电流预控（CPC）环节 根据电流给定 i^*、电动机参数 R 和 L 以及电动势 e、功率放大器 A 的放大系数 K_{A} 计算得出电流预控环节 CPC 输出为 $u_{\mathrm{p}}^* = (Ri^* + L\mathrm{d}i^*/\mathrm{d}t + e)/K_{\mathrm{A}}$；

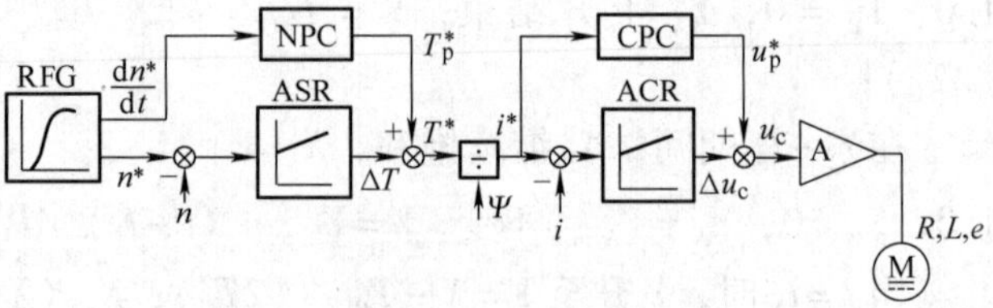

功率放大器 A 的控制电压为

$$u_{\mathrm{c}} = u_{\mathrm{p}}^* + \Delta u_{\mathrm{c}}$$

式中 Δu_{c}——电流调节器 ACR 的输出。

图 4-26 带预控的直流调速框图
RFG—斜坡给定环节 ASR—速度调节器 ACR—电流调节器 A—功率放大器（放大系数为 K_{A}）
CPC—电流预控环节 NPC—转速预控环节

2. 转速预控（NPC）环节 根据转速给定 n^* 及机械惯性时间常数 T_{m}，计算转矩控制环输入 T^* 为

$$T^* = T_{\mathrm{p}}^* + \Delta T$$

式中 ΔT——速度调节器 ASR 输出。

转速预控环节输出

$$T_p^* = T_m \mathrm{d}n^*/\mathrm{d}t$$

式中　$\mathrm{d}n^*/\mathrm{d}t$——来自 RFG 的信号。

采用预控后，数字控制系统可以获得和模拟控制系统同样的响应，两种系统的 6 脉波晶闸管变流器的电流响应时间都可做到 10ms。

上面介绍的是利用预控加快系统对给定的响应。预控也能加快系统对扰动的调节，但需用扰动观测器检测扰动量，数字控制系统的优秀计算性能为观测器设计提供了条件。

4.3　数字控制器

调速装置用控制器分为两大类：模拟控制器和数字控制器。模拟控制器精度差、特性分散、调试麻烦、标准化困难，它的应用逐步减少。近年来，随着计算技术的发展，以微处理器为核心的数字控制器已成为现代调速系统中控制器的主要形式，故本章只介绍数字控制器。

4.3.1　对数字控制器的要求

数字控制器主要由处理器、输入和输出接口、通信接口、外围设备和控制电源等部分组成。

4.3.1.1　处理器

处理器的核心是微处理器，另外还有一些支持它工作的器件，例如存储器件（ROM、E^2ROM 和 RAM）、输入/输出（I/O）端口、模/数（A/D）转换器和数/模（D/A）转换器、定时器/计数器、专用集成电路（ASIC）或可编程门阵列（FPGA）等，它们的任务是完成运算、控制、判断等工作。对处理器的要求是：

(1) CPU 指令集丰富；

(2) 速度快，即系统的时钟频率高及指令执行周期短；

(3) 资源丰富，包括 E^2ROM、RAM、I/O、A/D 和 D/A、中断等。ROM 和 E^2ROM 用于存放程序和常数，RAM 用于存放变量和中间结果；

(4) 集成度高、体积小、功耗低。

4.3.1.2　输入和输出接口

处理器的 I/O、A/D 和 D/A 不能直接与外部相连，需通过控制器的输入和输出接口和外部联系，要求数字控制器有下列输入、输出接口：

(1) 一定数量的模拟输入接口，为处理器 A/D 提供信号（模拟量瞬时值采样）；

(2) 增量式编码器脉冲信号输入接口；

(3) V/F/D 或 Σ/Δ 变换信号输入接口（不是所有控制器都有）；

(4) 一定数量的模拟输出接口，用于外部仪表测量或波形显示，可通过编程选择被测量；

(5) 一定数量的数字量输入/输出接口。为了提高数字量输入和输出接口的利用率，这些接口可被设计为双向工作，通过软件设置来决定它的工作方式（输入还是输出）。

4.3.1.3　通信接口

具有强大的通信能力是数字控制的重要优点之一。为此，要求数字控制器设置一定数量的通信接口，用于实现本处理器与其他处理器（本调速装置的编程和显示等外围设备、工艺控制器、远程终端、其他调速装置的控制器、上级控制计算机或可编程序控制器等）的信息交换。通信接口有并行和串行两类，信号传输的介质是通信电缆和光纤，电缆又有多芯或扁平电缆、双绞电缆和同轴电缆等类型，根据所要求的传输速度和数据量、传输距离、抗干扰要求等确定。

并行通信的位信号传输同时在数条线上进行，连接并行通信接口需要多芯或扁平电缆及连接器，并在处理器上设双口 RAM。并行通信速度快，但传输距离短，通常用于多处理器结构中连接各个微处理器或在本装置中连接处理器模块和工艺控制模块或接口模块等。

串行通信的位信号按约定的通信协议规则排列，构成串行数据流，以约定的频率发送和接收。串行通信的传输介质是双绞电缆、同轴电缆或光纤，一对电缆和光纤就能传输大量数据，传输距离远，多个发送和接收点还可通过介质接成一个通信网，彼此交换信息，故串行通信应用极广。通信协议是串行通信的基础，常用的通信协议有 Profibus、CAN 等，另外许多公司还有自己的专用协议，例如 Siemens 公司的 USS、SIMOLINK、Peer-to-Peer 等，用于不同的通信任务。

4.3.1.4 外围设备

外围设备主要指键盘、显示及打印等设备，它们不属于控制器本身，是支持控制器工作必不可少的设备，用于实现人-机联系。外围设备与控制器之间通常经串行通信进行连接。键盘和显示器用于对调速装置进行设定和操作，例如电动机的转速、转向、加减速时间、开停机等，还用于对系统工作状态进行显示和记录，例如电流、电压、转速、报警及故障的种类及时间等。打印设备用于打印程序和历史信息，供保存和日后分析用。

4.3.1.5 控制电源

控制电源用以向控制器提供所需的各种规格的电源，一般使用开关电源。对控制电源的要求，除满足电源精度和负载能力外，还需有强大的抑制干扰能力。控制器的干扰主要来自电源，为保证控制器正常工作，在电源的输入端都需接电源滤波器。

4.3.2 常用微处理器和控制芯片

微处理器是调速控制器的核心，它的选用直接影响系统的控制功能和效果。适合用于调速系统使用的芯片很多，性能和结构千差万别，升级换代很快，本章介绍几种目前常用的芯片。

4.3.2.1 单片机

单片机是单片微型计算机（Single Chip Microcomputer）的简称。它在一块芯片上集成了中央处理单元（CPU）、只读存储器（ROM）、随机存储器（RAM）、I/O 接口、可编程定时器/计数器等，有的甚至包含有 A/D 转换器，一块芯片就是一台计算机。调速系统中常用的是 MCS-96 系列单片机，其中典型芯片 80C196 的指标是：

CPU 位数：16　　　　中断源数：8

指令执行时间：125ns，16 位 × 16 位为 $1.75\mu s$，32 位 ÷ 16 位为 $3.0\mu s$。

这类单片机有丰富的硬件资源和软件资源，适合用于实时控制，但用于大量数据处理或运算则略有逊色，进一步提高运算速度有困难。

4.3.2.2 数字信号处理器

数字信号处理器（Digital Signal Processor——DSP）是一种高速专用微处理器，采取了一系列措施提高运算速度，包括改变集成电路结构、提高时钟频率、支持浮点运算、采用指令列排队方式提高运行效率等等，特别是 DSP 集成了硬件乘法器，使乘除法运算也能在一个指令周期内完成。这是它区别于其他通用微处理器的主要特征。早期的 DSP 只用作提高运算速度的协处理器，本身的接口很少，不适合单独作为控制器的单片机使用。近年来，随着产品性能的提高，控制能力逐步扩大，把 I/O 接口、编码器脉冲接口、PWM 通道及 A/D 转换等都集成到芯片中，已成为一类高速的单片机。DSP 种类很多，调速系统常用的有两类：

TMS320 C3×：特点是 32 位浮点运算，速度快，指令执行时间为 60ns（含乘法），适用于计算量大、精度要求高的场合。它的不足是接口少，没有 A/D 转换、PWM 及编码器接口，需要另加转换芯片及接口芯片（例如可编程门阵列 FPGA）等。

TMS320 C24×：它是专门为电动机控制设计的 DSP，特点是调速系统所需的资源丰富，有 28↑针可独立编程的通用 I/O 口、10 位 A/D 转换、12 路脉宽调制（PWM）通道、编码器脉冲输入通道等。它是 16 位定点运算，指令执行时间为 50ns。

4.3.2.3 精减指令集计算机

精减指令集计算机（Reduced Instruction Set Computer——RISC）在 20 世纪 80 年代后期问世，是计算机体系结构上的一次革命。以前微处理器的进步往往靠改进集成电路硬件工艺来提高时钟频率和处理器速度，RISC 则把着眼点放在经常使用的基本指令的执行效率上，依靠硬件和软件的优化组合来提高速度。在 RISC 中，扬弃了某些运算复杂而用处不大的指令，省出这些指令占用的硬件资源，提高简单指令的运行速度和软件运行总体效率。此外，RISC 是一种矢量（超标量）处理器，在一个给定周期内，能并行执行多条指令，因而不能再简单地用指令执行时间来衡量运算速度，而改用"每秒百万条指令"（MIPS）来衡量。RISC 已经在通用控制器中得到应用，例如 Siemens 公司在其 SYMADYN-D 通用控制器中使用了 RISC 芯片，64 位，时钟主频为 128MHz。

4.3.2.4 并行处理器和并行 DSP

并行计算机概念的提出已有多年，直到近年来才成为现实，实现数个处理器同时运行。多处理器结构要求具有高速通信能力的微处理器作为模块化组件。并行处理器（Transputer）是一种专为并行处理而设计的器件，具有片内存储器及通信链。TI 公司最近推出的 TMS320C40 型器件，是一种并行 32 位浮点 DSP，带 6 条高速通信接口，供并行处理用。

分散式存储器的多指令数据结构适合于电动机控制系统，因为控制功能可以分配至许多组件内并行运算。在这种结构中，处理器间的通信任务很繁重，故处理器必须配备数个高速通信接口，进行数据交换。基于这类并行器件的电动机控制系统的研究已有不少报导，但产品尚未见到，也许不久后会问世。

4.3.2.5 专用集成电路

专用集成电路（Advanced Specialized Integrated Circuit——ASIC）指为某特殊用途专门设计和构造的集成电路。ASIC 的使用可以简化控制器、缩小体积、降低成本、提高可靠性及有助于维护知识产权，特别是某些计算量大、实时性要求高的任务固化后，可大大减少处理器的负担、改善整个调速系统的实时性和性能。

能完成某些特定功能的初级专用集成电路早已商品化，例如变频用的 HEF4752（英国 Mullard 公司产品）和 SLE4520（Siemens 公司产品）SPWM 序列波发生器、AD2S110 矢量变换专用芯片（美国 AD 公司产品）、直流电动机及直流无刷电动机用的 HCTL-1000 通用数字运动控制集成电路（美国 HP 公司产品）等。现代高级专用集成电路的功能远远超出完成一项专门任务，往往能包括一种特定的控制系统，例如德国 IAM（应用微电子研究所）于 1994 年推出的 VECON，是一个交流伺服系统的单片矢量控制器，它包含控制器、完成矢量运算的

DSP、PWM 定时器以及其他外围接口电路等。

现场可编程门阵列（FPGA）是一类特殊的 ASIC，它是一种逻辑块阵列，可按不同的设计要求对上万个门进行编程，实现特定的功能，有助于控制器硬件的标准化，它还可以在现场通过编程修改功能，大大降低设计风险。FPGA 已得到广泛应用，它常与 DSP 配合使用，补充 DSP 的输入、输出功能，完成某些实时性要求高的控制任务。

可编程逻辑器件（PLD）是 AND 和 OR 逻辑门的非独立阵列，若有选择性地安排门电路间的内部连接，则可实现特定的功能，若用 E^2PROM 或 SRAM 编程，它也有重复编程能力。和 FPGA 一样，PLD 也常用作 DSP 的支持器件。和 FPGA 相比，PLD 的主要优点是速度快和易应用，且没有不能回收的工程费用。流行的 PLD 的规模大致等效于 8000 个门电路，速率可达 100MHz。最通用的 PLD 为可编程阵列逻辑（PAL）和生成阵列逻辑（GAL）。

4.3.3 专用数字控制器和通用数字控制器

数字控制器有专用和通用两大类。

4.3.3.1 专用数字控制器

它针对特定的调速系统进行设计，例如针对晶闸管直流调速的控制器、PWM 变频调速的控制器等。由于专用、任务明确，控制器可以做得较简单、紧凑、价格低廉，但是灵活性不足。为适应现场工艺要求的多样性，这类控制器在满足基本调速功能前提下，还增设一定数量的可自由编程的功能块（例如运算、逻辑、输入/输出等功能块）和工艺调节器，由现场工程师根据现场要求自行组态。现在调速系统用控制器中的绝大多数都是这类控制器。

4.3.3.2 通用数字控制器

它不针对特定的调速系统，可用于直流调速、各种交流调速、发电机励磁、动态无功补偿及基础自动化等多种系统。它的特点是通用性强、软硬件标准化程度高、组合灵活，但较复杂、价高，一般用于大功率、控制复杂的场合，对于在那些场合应用的控制器来说，性能是主要的，而价格在总成本中占的比例很小。常用的通用控制器有：Siemens 公司的 SIMA-DYN – D 和 SIMATIC-D、Rockwell 公司的 Control-Logix、Alstom 公司的 LOGEDYN-D 等。

通用控制器的硬件采用多处理器总线结构，主要由下列几部分组成：

（1）机箱（含电源和并行总线）；

（2）处理器模板（含微处理器和一定数量的输入/输出接口）；

（3）系统支持模板（总线通信缓冲模板、数字量和模拟量输入/输出模板、串行通信模板等）

（4）接口模块（模板上不好装端子，不能直接对外接线，需经接口模块转换才能与外界连接，模块装在控制柜中，不在机箱中，模板和模块间靠控制电缆及其连接器相连接）。

系统设计者根据任务选取所需的标准机箱、模板和模块，自行组合，构成控制器。

机箱中每个处理器完成各自的任务，各处理器模板都通过双口 RAM 与机箱背面的并行通信总线相连接，相互交换信息。根据任务不同，各处理器的采样模式（固定周期或变周期）及采样周期长短不同，它们之间的信息交换只能采用异步方式，见图 4-27。与并行总线相连的，除处理器 PM1、PM2、PM3、…、PMn 外，还有一个通信缓冲模块（CBM）。处理器之间不直接交换信息，而是都和 CBM 交换信息，所有通信信息都存在 CBM 中，各处理器工作时去那里取信息，处理完后再放回那里，并刷新原信息，所有处理器的优先权相同，谁先来执行谁。

每个提供通用控制器的公司都有自己的基础编程软件，例如 Siemens 公司的 STEP7/HW 图形编程软件和 CFC 软件，在这些软件中有大量标准功能块，每个功能块实现一项运算、调节、逻辑、变换、控制、输入/输出、通信/信息、服务/诊断等任务，由系统设计者根据任务调用这些功能块，用类似于画框图那样的图形编程方法把它们连接起来，构成系统应用软件。在实际应用中，常把完成某些特定任务（例如转矩控制、转速调节等）的功能块事先连接好，组成一个标准的大功能块（或称功能包），用时整体调用。

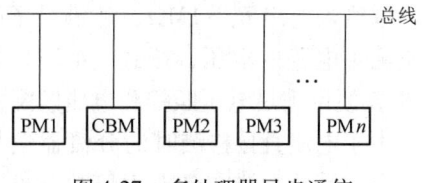

图 4-27 多处理器异步通信

4.4 调速系统中的信号检测

本节介绍电动机调速系统本身常用的电压、电流和转速、位置等信号的检测方法和传感器。有时调速系统为实现保护和工艺控制，还会用到温度、压力、流量等信号，它们的检测不在这里介绍。

电动机调速系统大多是通过闭环进行控制的，为实现闭环控制，先要将被控量（例如电流、电压、转速等）检测出来，与设定量比较后，系统根据偏差来修正控制量，故系统的可靠性及精度直接取决于检测的可靠性及精度。

4.4.1 电流、电压测量

4.4.1.1 取样电阻直接检测法

取样电阻直接检测法就是从接于主电路中的分流器（电流检测）或分压器（电压检测）电阻上直接测取电流或电压信号，这类电阻称为取样电阻。这种方法简单、直接，但使用时必须解决下面几个问题：

1. 电压匹配　电流检测（分流器）的信号只有几十毫伏，电压检测的信号为几百伏，而控制系统所需电压为几伏，需用放大器匹配信号电压；

2. 电位匹配　分流器和分压器直接接入主电路，在主电路一端接地时，它对地的电位有几百伏，与控制电路的电位（一般是地电位）不同，必需采取匹配措施；

3. 阻抗匹配　主电路是强电，控制电路是弱电，直接测量无法实现隔离，为安全、可靠，要求强弱电路间有兆欧级的电阻阻隔。

上述匹配问题用差分放大器解决。

电压直接检测见图 4-28，图中的取样电阻可以不接，将差分放大的输入端直接接至被测母线。

差分放大器输出电压

$$U_o = (R_o/R_i)(U_{ip} - U_{in}) \tag{4-22}$$

差分放大器允许的共模电压，也是允许的被测主电路电压为

$$U_c \approx (R_i/R_o)U_{cA} \tag{4-23}$$

式中　U_{cA}——运算放大器芯片 A 本身允许的共模电压，若 A 的电源是 ±15V，则 U_{CA} 可取 10~15V。

取输入电阻 $R_i > 1\mathrm{M}\Omega$，就满足了阻抗匹配的要求。根据被测主电路的电压，按式 (4-23) 和式 (4-24) 算出电阻 R_o，便可满足电压匹配和电压匹配要求。

由于电流直接检测时的分流器信号小，在主电路电压较高时，受放大器在高放大倍数条件下精度的限制，电流直接检测比较难以同时满足电压匹配和电位匹配要求，所以应用较少，一个可用的电路见图 4-29。

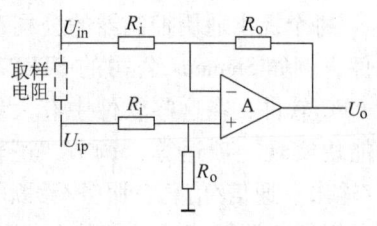

图 4-28 电压直接检测

差分放大器输出电压为

$$U_o = (R_o/R_i)(1 + R_{G2}/R_{G1})(U_{ip} - U_{in}) \quad (4\text{-}24)$$

差分放大器允许的共模电压，也是允许的被测主电路电压为

$$U_c \approx (R_i/R_o)U_{cA} \quad (4\text{-}25)$$

为满足阻抗匹配要求，输入电阻 $R_i > 1\mathrm{M}\Omega$；为满足电位匹配要求，$R_i \gg R_o$，原本已很小的输入信号经第一级后又被缩小；为满足电压匹配要求，获得需要的电压，要求第二级放大倍数很大，电阻 $R_{G2} \gg R_{G1}$，所以电流直接检测仅用于主电路电压 250V 以下，且精度受到限制。

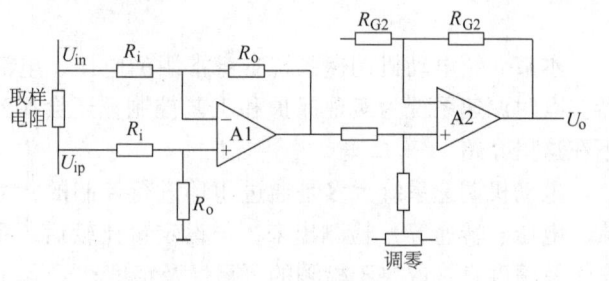

图 4-29 电流直接检测

4.4.1.2 隔离放大器

隔离放大器的输入信号也来自接于主电路的取样电阻（分流器或分压器），经隔离放大器隔离后输出，实现主电路与控制电路的隔离，无电位匹配和阻抗匹配问题。按照隔离的手段不同，分两大类：脉冲变压器隔离类和电容隔离类。

1. 用脉冲变压器隔离的隔离放大器　它的工作原理基于调制 (MOD) 和解调 (DEMOD)，先在 MOD 中用电子开关把直流或较慢变化的交流输入信号调制成幅值等于输入信号，而频率为几十千赫的方波交流信号，经脉冲变压器隔离，然后用 DEMOD 中的由电子开关构成的相敏整流器解调，复原成一个和输入一样的信号输出。

常用的这类隔离放大器有 AD202/AD204 和 AD289。AD202/AD204 的电源电压为 ±15V，输入信号范围为 ±5V，输出电压范围为 5V，输入-输出间最大隔离电压为 1500V（交流有效值）。AD289 的电源电压为 24V，输入信号范围为 ±10V，输出信号范围为 ±10V，输入-输出间最大隔离电压为 2000V（交流有效值）。

AD202/AD204 的框图见图 4-30。为满足电平匹配要求，在 MOD 前设有一个前置运算放大器，配适当输入和反馈电阻后，放大倍数可在 1~100 间任意设置，小放大倍数用于电压检测，大放大倍数用于电流检测。在这个器件内，还有一个振荡电源，由它产生 25kHz 方波电源，经另一脉冲变压器隔离、整流和滤波，产生一组 ±7.5V 的浮空直流电源，供前置运算放大器用，这个 25kHz 方波电源还用来控制 MOD 和 DEMOD 中电子开关的工作。

2. 用电容隔离的隔离放大器　它也由调制和解调两部分组成，只不过隔离介质是电容器。由于没有磁性元件，体积很小，可封装在一片集成电路芯片中，价格也低。常用的这类隔离放大器为 ISO124，其框图见图 4-31，整个放大器封装于一个 16 个引脚双列直插芯片中，电源电压为 ±15V，输入、输出电压范围为 ±10V，输入-输出间最大隔离电压为 1500V（交流有效值)。

ISO124 芯片内无前置放大器,它本身的电压增益固定为1(即输出等于输入),当它用于电流检测时,需外加前置放大器,另外芯片中调制部分所需的浮空 ±15V 电源也需片外另供(通常需增设一块 DC/DC 电源)。

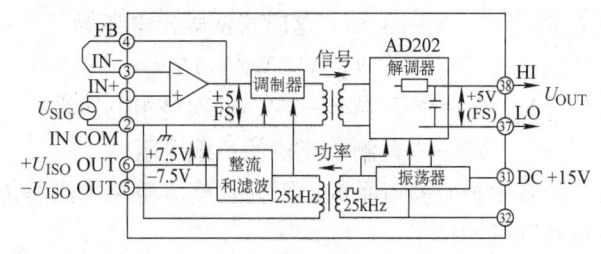

图 4-30 AD202/AD204 框图

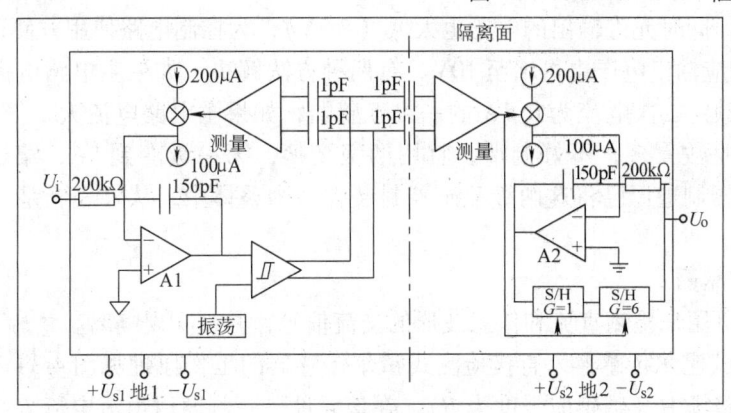

图 4-31 ISO124 框图

4.4.1.3 交流互感器

交流互感器是传统的检测交流电压、电流的传感器。交流电压互感器能检测电压、频率按比例变化的交流电压信号,但不能工作在太低的频率,因为低频时,互感器铁心易饱和,不能正常工作。交流电流互感器只能检测额定频率的交流电流信号,因为变频电路中频率降低时电流并不减小,铁心会饱和,在使用中应注意此问题。交流互感器一次、二次侧是隔离的,无电位及阻抗匹配问题,电压匹配可以通过改变一次、二次绕组的匝比来实现。

电压互感器常用来检测三相交流电压的幅值,这时在互感器后需配接一组三相整流桥,输出直流的交流电压幅值信号。若电压幅值变化范围较宽,整流桥中二极管正向导通特性的非线性对测量精度的影响大时,可用图 4-32 电路来克服这种影响,利用运算放大器的高放大倍数来消除非线性。

电流互感器常用来检测三相交流电流的幅值,这时互感器后也需配接一组三相整流桥,输出直流的交流电流幅值信号,见图 4-33。注意:在互感器二次侧、整流桥之前,不能并联电阻,因为电流互感器是电流源,它可以克服整流桥中二极管非线性影响,即使互感器一次电流很小,二次电流也一定按匝数比流出,而不管输出电阻如何变化,若并联了电阻,互感器输出就变成电压源,电流小时电压低,非线性影响大。如果怕电流互感器二次侧开路,可加装非线性过电压保护器件。

交流电流互感器常接在整流装置的交流进线中,通过测量交流进线电流来得到整流后直流电

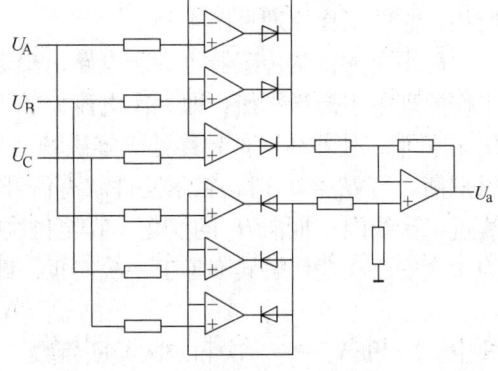

图 4-32 无二极管非线性影响的交流信号整流电路

流 I_d 的信号，见图 4-33。这时检测输出电压为

$$U_o = (N_1/N_2)R_o I_d \quad (4-26)$$

式中 N_1、N_2——互感器一次、二次绕组的匝数；
R_o——检测整流桥的负载电阻。

公式中没有整流系数，因为主整流桥和检测整流桥的整流系数相互抵消掉了。

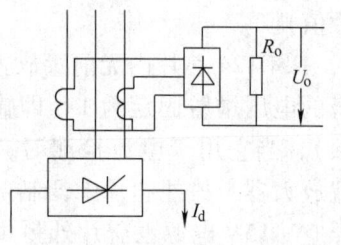

图 4-33 交流电流互感器检测

标准电流互感器额定二次电流为 5A，电流太大，不利于选配检测整流桥，同时允许输出的电压也太低（<3V），为控制电路使用方便，希望额定二次电流为 0.1A，相应输出电压也可增至 10V。有两种方法解决：如果主电路电流不大，宜选用专为控制设计的额定二次电流为 0.1A 的一级互感器；如果主电路电流大，仍采用一级变换，互感器二次绕组匝数太多，不好制造，宜用两级变换，第一级变到 5A，第二级从 5A 变到 0.1A，某些互感器制造厂已将这两级互感器封装在一个整体中，从外表看是一个互感器，其实里面是两级。

4.4.1.4 霍尔传感器

霍尔传感器可用来检测直流和任意波形的交流信号，并可实现隔离。

1. 直接检测式霍尔传感器 直接检测式霍尔传感器的工作原理见图 4-34。将霍尔元件置于聚磁环的气隙磁场中（磁感应强度为 B），在该元件另一侧通以恒流电流 I_b，则在元件第三面的两端将输出一个电压信号 $U_o = BI_b$，磁感应强度 B 由聚磁环一次绕组电流 I_p 产生，而恒流电流 I_b 又是常数，所以输出电压

$$U_o \propto B \propto I_p \quad (4-27)$$

霍尔元件输出的电压是毫伏级的，需用测量放大器放大成伏级电压信号。

直接检测式霍尔传感器虽有系列产品，但由于受霍尔芯片本身特性线性度、聚磁环中的 B 和 I_p 间关系的线性度、恒流电流 I_b 精度及测量放大器的精度等因素影响，检测精度不高，应用很少。

2. 磁平衡式（或称为磁补偿式）霍尔传感器 磁平衡式霍尔传感器克服了直接检测式霍尔传感器的缺点，得到了广泛应用，它的工作原理见图 4-35。

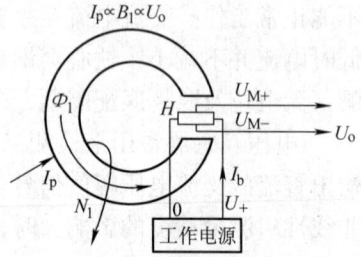

图 4-34 直接检测式霍尔传感器原理

磁平衡式霍尔传感器由一次电路、聚磁环、霍尔元件、二次线圈、放大电路等组成，其工作原理基于磁场平衡，即一次电流 I_p 产生的磁场 H_p，与流过二次线圈的电流 I_s 产生的磁场 H_s 相抵消，使霍尔元件始终处于零磁场（$B=0$）工作状态。一次电流 I_p 的任何变化都会破坏磁平衡，当 $H_p \neq H_s$ 时，霍尔元件就有信号输出，经放大器放大后，立即有相应的二次电流 I_s 流过二次线圈，抵消 H_p 的变化，直至再次磁平衡，这平衡过程很快，小于 1μs，因此可以认为二次安匝在任何时候都等于一次安匝，即

$$N_p I_p = N_s I_s \quad (4-28)$$

式中 N_p 和 N_s——一次和二次线圈匝数。

在二次线圈中串接一个电阻 R_m，则可从该电阻上取出比例于被测电流 I_p 的输出电压 U_m，得到

$$U_\mathrm{m} = (N_\mathrm{p}/N_\mathrm{s})R_\mathrm{m}I_\mathrm{p} \tag{4-29}$$

由于磁平衡式霍尔传感器只工作在零磁场一个工作点，且放大器又工作在闭环状态（经磁路闭环），所以直接检测式霍尔传感器的几个缺点都被克服。

使用磁平衡式霍尔传感器时需注意下列几个问题：

(1) 负载电阻 R_m 不能取得太大，以避免传感器中的放大器饱和，破坏磁平衡关系；

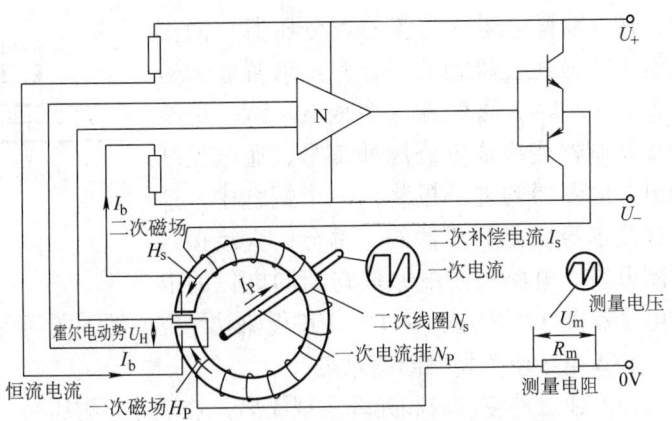

图 4-35　磁平衡式霍尔传感器原理简图

(2) 负载电阻 R_m 需选用高精度电阻，电阻误差不影响等安匝关系，但影响输出电压；

(3) 在一次电流 I_p 不为零时，不能切断传感器电源，否则由于磁平衡关系破坏，导致磁路受到强磁化，留下永久性剩磁，降低精度。

霍尔传感器使主电路与控制电路隔离，不存在电位匹配及阻抗匹配问题，电压匹配可通过调整一次和二次线圈间的匝数比来实现。用霍尔传感器测电压时，应选用高匝比（N_p 多、I_p 小）的传感器。在一次绕组电路中，串入高阻值电阻，然后接至被测电压，可实现电压测量，现在已有测量电压的霍尔传感器系列产品（LV 系列）。

4.4.1.5　基于 Σ/Δ 变换的电压、电流检测器

前面介绍的几种检测方法的输出都是模拟量，用于数字控制系统时，还需经转换器把模拟量变成数字量（量化）。这里介绍的基于 Σ/Δ 变换的电压、电流检测器的输出是一串方波脉冲，它在一个采样周期中的平均占空比（在一个周期中的总脉冲宽度与周期之比）与输入的被测信号在一个周期中的平均值成比例，这脉冲信号经光纤传输到数字控制器后，用同步计数器变换成数字量。

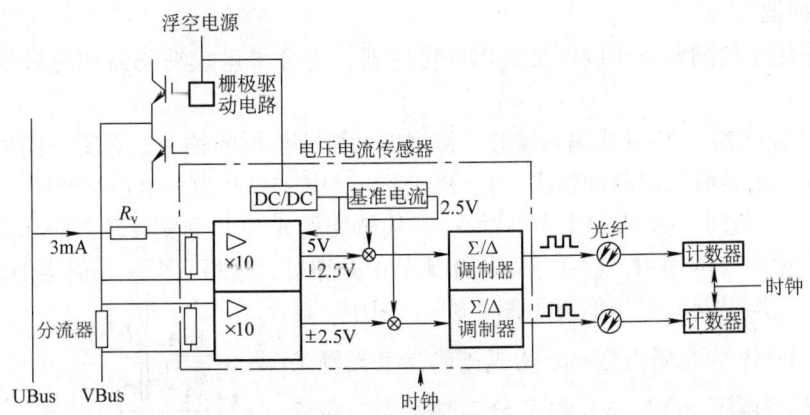

图 4-36　Σ/Δ 电压电流检测器检测电路

用 Σ/Δ 变换实现模拟量量化的原理已在本章 4.2.4.2 节中介绍过，这里介绍基于这种原理制成的传感器。Σ/Δ 电压电流检测器的检测电路见图 4-36。Siemens 公司制造的检测器（一个检测器中装一个电流检测单元和一个电压检测单元）的外形见图 4-37。

来自取样电阻（分流器或分压器）的模拟电压信号送至检测器后，先经前置放大器放大至 ±2.5V，再经偏置变成 0～5V，送至 Σ/Δ 调制器变换成方波脉冲信号，通过光纤输出。检测器的电子板装在一个铜盒中，这个铜盒本身就是分流器的一部分，直接接入被测母线。电路板的电源取自相同电位的电力电子器件（IGBT 或 IGCT）控制极驱动浮空电源，既简单又实现了与控制电路隔离。

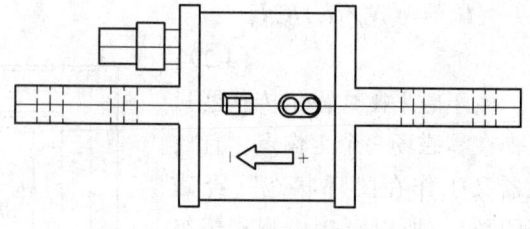

图 4-37　Σ/Δ 检测器外形

Σ/Δ 电压电流检测的特点是：

(1) 通过浮空电源和光纤实现隔离，效果好，耐压高；

(2) 用铜盒屏蔽及经光纤输出，不怕大功率装置母线附近强电磁场干扰；

(3) 在数字控制器中得到的量化信号是一个采样周期的平均值，消除了信号中的纹波对检测的影响。

4.4.2　转速和位置测量

4.4.2.1　测速发电机

测速发电机是传统的转速传感器，随着数字控制技术的发展，用得越来越少。测速发电机分直流测速发电机和交流测速发电机两大类。测速发电机的输出已和主电路隔离，在使用该信号时，不必再隔离。

直流测速发电机的输出是与转速成比例的直流电压，且其极性反映转向，用 4.4.1.1 节中介绍的电压直接检测方法便可输出与转速成比例的电压信号。

交流测速发电机的输出是三相交流电压，其幅值与转速成比例，使用时要先经二极管整流桥变换成直流电压。由于二极管整流电压的极性固定，变换出的电压极性不反映旋转方向，所以交流测速机多用于检测单方向旋转的场合。若想输出极性反映转向，需要判别相序，较麻烦；另外，当输出电压低时，二极管的导通非线性会影响检测精度，所以应用很少。

4.4.2.2　编码器

编码器是用来检测转速和位置最常用的传感器，它分增量式编码器和绝对值编码器两大类。

1. 增量式编码器　增量式编码器装于被测电动机或机械的轴上，每转一圈便发出一定数目的方波脉冲，通常有三组脉冲输出：A、B 和 Z，其中 A 和 B 为一组正交脉冲（相位互差 $\pi/2$，见图 4-5），Z 为同步脉冲，(1 个脉冲/r)。从脉冲列 A 和 B 判别旋转方向和算出转速的方法，以及同步脉冲 Z 的作用，已在本章 4.2.3 节中介绍过，这里只介绍编码器的原理及应用。

光电增量式编码器的工作原理见图 4-38a。图中，U_i 为电源电压，4-38b 为光栅码盘，p_e 为光栅码盘上光栅条纹数，R_1 和 R_2 为限流电阻，VL 和 V 分别是发光二极管和光敏晶体管。当转轴带动光栅盘转动时，每转一圈，V 接收端将接受到 p_e 个光脉冲信号，从而在输出端输出 p_e 个电脉冲信号，脉冲频率与转速成比例。除光电增量式

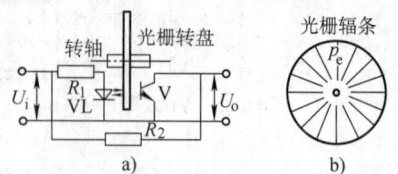

图 4-38　增量式编码器原理
a) 工作原理图　b) 光栅盘

编码器外，还有一种磁性增量式编码器（美国 Lakeshore 公司产品），结构类似，只是旋转的

部件是磁鼓,接收端是磁敏探头。磁性增量式编码器比光电增量式编码器更结实一些,价格差不多。

在选用增量式编码器时应注意下列问题:

(1) 光栅板材质　光电增量式编码器光栅板的材质有三种:玻璃、塑料和金属。玻璃板易碎,尽量避免选用。

(2) 轴的形式　编码器有两种轴:实心轴和中空轴。实心轴经弹性连轴器与被测机械轴相连,适用于轴向窜动较小的场合;中空轴套在被测机械轴(或被减小了直径的机械延长轴)上,编码器外壳通过拉杆与地或机座固定,适用于轴向窜动较大的场合。

(3) 输出电路形式　编码器的输出电路有四种常见形式(见图4-39):电压输出、OC输出、推挽输出和长线驱动输出。前两种输出在输出1电平时,处于高阻状态,易受干扰,只能用于信号传输距离很短的场合;后两种在两个电平时都处于低阻抗状态,抗干扰性能好,传输距离长,使用广。推挽输出电平电压高,可达15V或24V;长线驱动输出电压小于5V,但它是电流输出,传输距离最长。

(4) 输出信号种类　增量式编码器的输出信号有两类:A、B、Z类和U、V、W类。前者用于测转速;后者输出三个互差120°的方波信号,用于无刷直流电动机调速系统或大功率交-直-交电流型负载换相逆变器(LCI)调速系统。

(5) 每转脉冲数p_e　p_e越大,可测的最低转速越低,但越难制造、越贵(p_e < 1000时,价格一样),通常取p_e = 1000左右。在选完p_e后,需校验最高转速时的频率,不能超过控制器接收端允许的频率。

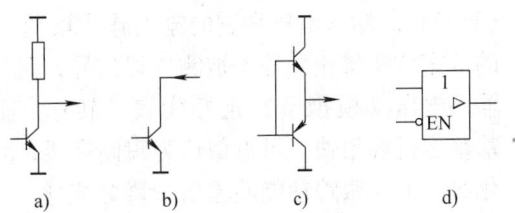

图4-39　编码器输出电路形式
a) 电压输出　b) OC输出
c) 推挽输出　d) 长线输出

2. 绝对值编码器　增量式编码器主要用于测转速,也可通过累加每个采样周期中的脉冲数算出位置,但需在累加前设置初始位置信号(参见本章4.2.3节)。如果无法设置初始位置信号,而又需要位置量,则宜采用绝对值编码器。

绝对值编码器的结构和增量式编码器相似,只是在光栅盘上从里至外排列了n个数码道,见图4-40。用n个光敏探头来检测它们。图中LSB表示低位数码道,1SB表示1位数码道,2SB表示2位数码道,……。黑色部分表示漏光部分,对应高电平输出,白色部分表示遮光部分,对应低电平输出,这样光栅盘的角位置可由各数码道对应电平组成的二进制数表示,例如位于图中OB线位置时,对应的二进制数为"010"。

绝对值编码器的主要性能参数是分辨率,即可检测的最小角度值。若数码道数n = 20,则最小角度单位为1.24″。当位数n较多,若仍采用并行输出方式,输出通道太多,这时宜选用串行输出方式,注意通信协议要和控制器中接收口允许的协议一致。

4.4.2.3　旋转变压器

旋转变压器(又称解算器,Resolver)是一种在伺服系统中常用的位置和转速传感器,数字的位置信号和模拟的转速信号同时输出,也可在控制器中根据每个采样周期数字位置量的变化算出转速的数字量,它比模拟转速信号精度更高。旋转变压器的特点是坚固、精度高、位置和转速同时检测。

旋转变压器是一种特殊控制电机。它有一组(两个)正交励磁绕组,一个通以交流励磁电流（频率 f_e 为几至几十千赫）；另一个短路，用以抵消交轴磁通，改善精度。在它的定子上也有一组（两个）正交绕组，励磁建立后，在这两个绕组里将感生出两个频率为 f_e、幅值包络线分别为位置角的正弦和余弦值（$\sin\lambda$ 和 $\cos\lambda$）的电压输出，即

$$u_A = U\sin\lambda\sin\omega_e t$$
$$u_B = U\cos\lambda\sin\omega_e t \quad (4\text{-}30)$$
$$\omega_e = 2\pi f$$

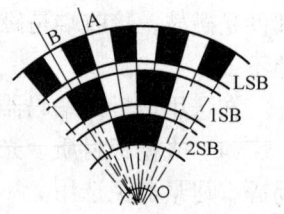

图 4-40 绝对值编码器光栅盘结构

为把旋转变压器输出电压变换成数字的位置量和模拟的转速信号，有专用集成电路芯片，称之为 R-D 变换器（Resolver-to-Digital Converter），例如 AD2S80A/AD2S82A、AD2S90 等。这类变换器的工作原理基于角度闭环跟踪（正交信号锁相），其功能框图见图 4-41。在变换器中，有两个角位置信号：一个是输入信号中的位置信号 λ（$\sin\lambda$ 和 $\cos\lambda$），另一个是变换出的位置量 φ，这两个信号在正弦余弦乘法器中运算得信号 $\sin(\lambda-\varphi)$，如果 $\lambda \neq \varphi$，则 $\sin(\lambda-\varphi) \neq 0$，经误差放大及相位检测，改变压控振荡器（VCO）的输入电压和它的输出脉冲频率，去减少 λ 和 φ 之差，直至稳定为 $\lambda = \varphi$，这时输出的数字位置量正好等于被测位置信号，且如果 VCO 的输入电压和输出脉冲频率成比例，这个输入电压（模拟量）正好代表了转速。上述跟踪稳定过程很快，可近似认为瞬间完成，当 λ 变化时，上述跟踪功能使输出 φ 随之变化。

R-D 变换器的重要指标是最大跟踪速度和分辨率（位置量的位数）。由于数字量位数多，它们的输出形式有并行和串行两种（AD2S80A/AD2S82A 为并行，AD2S90 为串行），并行芯片引脚多、尺寸大、较贵，串行芯片引脚少、尺寸小、便宜，但用起来不如并行方便，请选用时注意。

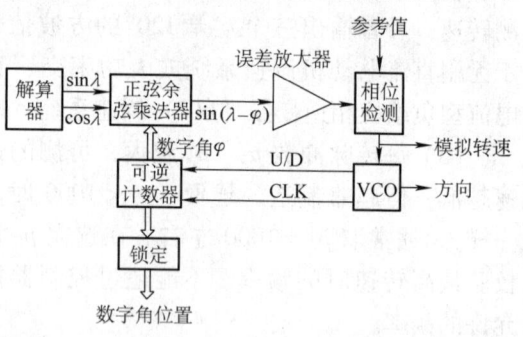

图 4-41 R-D 变换器的框图

旋转变压器有无刷和有刷两种结构，两者原理相同，精度相近，区别在于无刷的尺寸、体积略大，但更坚固、可靠、寿命长。

第5章 电动机的电器控制

5.1 电动机的起动、制动及保护

电器控制就是实现对电动机或其他执行电器的起停、正反转、调速、调节、制动等运行方式的控制，以实现生产过程自动化，满足生产工艺的要求。电器控制的基本思路是一种逻辑思维，只要符合逻辑控制规律，能保证电气安全，并满足生产工艺的要求，就可认为是一种好的设计。如果选用比较先进的电器元件实现设计功能，那末这种设计就具备一定的先进性。当然，再进一步就应考虑其经济性和实用性等。电器控制电路的实现，可以是继电器-接触器逻辑控制方法、可编程序逻辑控制方法及计算机控制（单片机、可编程序控制器等）方法等，而继电器-接触器逻辑（以下简称为继电逻辑）控制方法是基本的方法，是各种控制方法的基础。

继电逻辑控制装置或系统是由各种开关电器组合，并通过物理接线的方式实现逻辑控制功能的。它的优点是电路图较直现形象、装置结构简单、价格便宜、抗干扰能力强，因此广泛应用于各类生产设备及控制系统中。它可以方便地实现简单的、复杂的集中控制、远距离控制和生产过程自动控制。它的缺点主要是由于采用固定接线形式，其通用性和灵活性较差，在生产工艺要求提出后才能制作，一旦做成就不易改变，另外不能实现系列化生产；由于采用有触头的开关电器，触头易发生故障，维修量较大等。尽管如此，目前继电逻辑控制仍然是各类机械设备最基本的电器控制形式之一。

5.1.1 电动机的起动

5.1.1.1 电动机的起动条件

电动机的起动方式，一般分为直接起动和减压起动。起动时应满足下述条件：

（1）起动时，对电网造成的电压降不超过规定的数值，一般要求：经常起动的电动机，不大于10%；偶尔起动时，不超过15%。在保证生产机械所要求的起动转矩而又不致影响其他用电设备的正常工作时，其电压降可允许为20%或更大一些。由单独变压器供电的电动机，其电压降允许值由传动机械要求的起动转矩来决定。

（2）起动功率不超过供电设备和电网的过载能力。对变压器来说，其起动容量如以每24h起动6次，每次起动时间为15s来考虑，当变压器的负载率小于90%时，则最大起动电流可为变压器额定电流的4倍。

（3）电动机的起动转矩应大于传动机械的静阻转矩，即

$$U_M^* \geqslant \sqrt{\frac{1.1 T_L^*}{T_s^*}} \tag{5-1}$$

式中　U_M^*——起动时施加到电动机上的端电压标幺值；

T_L^*——传动机械静阻转矩标幺值，$T_L^* = T_L / T_N$；

T_s^*——电动机的起动转矩标幺值,$T_s^* = T_s/T_N$。

传动机械的静阻转矩,一般可根据机械工艺资料计算出来,或由工艺设计资料提供。在得不到工艺资料时,可参照表5-1估算。

(4) 起动时,应保证电动机及起动设备的动稳定和热稳定性。

表5-1 各种机械所需的转矩

传动机械名称	所需转矩 T/T_N		
	起动转矩	牵入转矩	最大转矩
初轧机	0.40	0.30	2.5
三辊式方坯、板坯轧机	0.35	0.25	3.0
小型轧机	0.60	0.40	2.5
成组传动的连续式轧机	0.50	0.40	2.5
钢轨初轧机	0.35	0.25	3.0
厚板轧机	0.35	0.25	3.0
薄板和铁皮热轧机	1.25	1.0	4.0
薄板和铁皮冷轧机	2.0	1.5	2.5
轧管机	0.40	0.30	3.0
穿孔机和自动穿孔机	0.40	0.30	2.5
均整轧管机	0.60	0.40	2.5
球磨机	1.2~1.3	1.1~1.2	1.75
棒磨机	1.4~1.5	1.1~1.2	1.75
磨碎机	0.5	0.5	1.5
腭式破碎机(空载起动)	1.0	1.0	2.5
锤形破碎机(空载起动)	1.5	1.0	2.5
圆锥形破碎机(空载起动)	1.0	1.0	2.5
对辊破碎机(空载起动)	1.0	1.0	2.5
圆盘给料机	0.6	0.6	1.75
胶带运输机	1.4~1.5	1.1~1.2	
离心式鼓风机、压缩机和水泵、透平鼓风机和压缩机:			
(管道阀门关闭时起动)	0.3	0.6	1.50
(管道阀门开启时起动)	0.3	1.0	1.50
往复式真空泵(阀门关闭时起动)	0.4	0.2	1.60
往复式空气压缩机、氨压机和煤气压缩机	0.4	0.2	1.60
烧结机、离心式鼓风机(阀门关闭时起动)	0.3	1.0	1.50
交流或直流发电机组:			
在额定功率下运行	0.12	0.08	1.5
允许在过载25%下运行	0.18	0.10	2.0

5.1.1.2 三相异步电动机的基本控制环节

三相异步电动机的起动控制有直接起动、减压起动和软起动等方式。直接起动方式又称为全电压起动方式,即起动时电源电压全部施加在电动机定子绕组上。减压起动方式即起动时将电源电压降低一定的数值后再施加到电动机定子绕组上,待电动机的转速接近同步转速后,再使电动机在电源电压下运行。软起动方式即使施加到电动机定子绕组上的电压从零按预设的函数关系逐渐上升,直至起动过程结束,再使电动机在全电压下运行。

基本控制功能除起动、停止外,应具有以下保护环节:

(1) 熔断器FU在电路中起后备短路保护作用,电路的短路主保护由低压断路器承担。

(2) 热继电器FR在电路中起电动机过载保护作用,具有与电动机的允许过载特性相匹配的反时限特性。由于热继电器的热惯性比较大,即使热元件流过几倍额定电流,热继电器也不会立即动作。因此在电动机起动时间不太长的情况下,热继电器是经得起电动机起动电流的冲击而不动作的,只有在电动机长时间过载情况下,热继电器才动作,断开控制电路,使接触器断电释放,电动机停止运转,实现电动机过载保护。

(3) 欠电压保护与失电压保护是依靠接触器本身的电磁机构来实现的。当电源电压由于某种原因而严重降低或失电压时,接触器的衔铁自行释放,电动机停止运转。控制电路具备了欠电压和失电压保护能力之后,可以防止电动机在低电压下运行而引起过电流,避免电源电压恢复时,电动机自起动而造成设备和人身事故。

某些生产机械在安装或维修后常常需要试车或调整,此时就需要"点动"控制;生产过程中,各种生产机械常常要求具有上下、左右、前后、往返等具有方向运动的控制,这就要求电动机能够实现"可逆"运行;对于许多运动部件,它们可能还有相互联系相互制约,这种控制关系称为"联锁"控制。自锁是实现长期运行的措施,互锁是可逆控制中防止两个电器同时通电从而避免产生事故的保证,而联锁则是实现几种运动体之间的互相联系又互相制约的桥梁。

5.1.1.3 绕线转子异步电动机的起动

绕线转子异步电动机一般采用电阻分级起动或频敏变阻器起动两种方式。前者起动转矩大但控制较复杂,且起动电阻体积大、维修麻烦;而后者具有恒转矩的起、制动特性,又是静止元件,很少需要维修,因此除下列情况外,绕线转子异电动机多采用频敏变阻器起动:

(1) 有低速运转要求的传动装置;
(2) 要求利用电动机的过载能力,承担起动转矩的传动装置,如加热炉的推钢机;
(3) 初始起动转矩很大的传动装置,如球磨机、转炉倾动机构等。

1. 转子回路串接电阻起动 在三相绕线转子异步电动机的三相转子回路中分别串接起动电阻或电抗器,再加之电源及自动控制电路,就构成了三相绕线转子异步电动机的起动控制线路。图 5-1(方案 1)是转子回路中串接电阻的起动控制线路。方案 1 是通过欠电流继电器的释放值设定进行控制的,利用电动机转子电流大小的变化来控制电阻切除。图 5-2(方案 2)将主电路中的电流继电器去掉,通过时间继电器的定时设定来控制电阻切除。

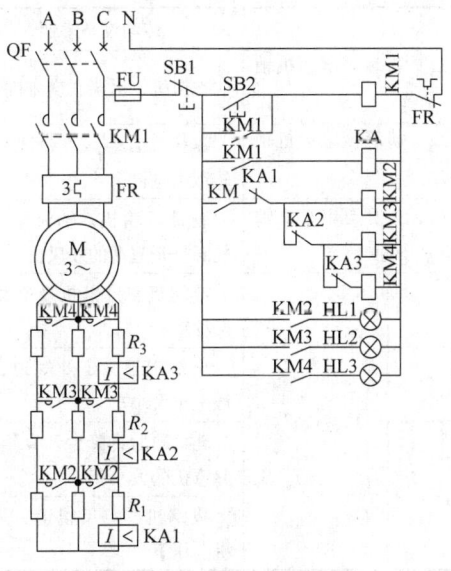

图 5-1 转子电路串电阻减压
起动控制线路(方案 1)

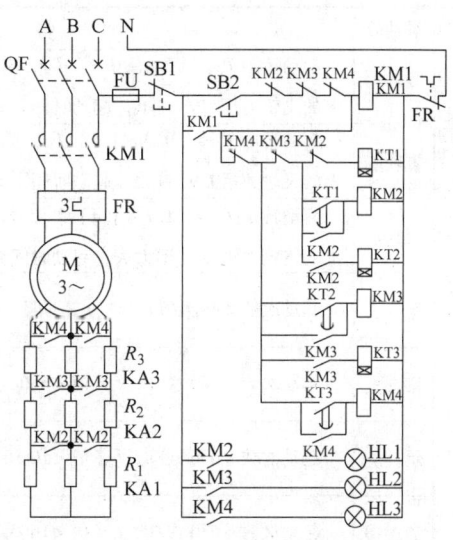

图 5-2 转子电路串电阻减压
起动控制线路(方案 2)

2. 转子串频敏变阻器起动　频敏变阻器实质上是一个铁心损耗非常大的三相电抗器。它由数片E形硅钢片叠成，具有铁心、线圈两个部分，制成开启式，并采用星形联结。将其串接在绕线转子异步电动机转子回路中，相当于使其转子绕组接入一个铁损较大的电抗器。频敏变阻器的阻抗能够随着转子电流频率的下降自动减小，所以它是绕线转子异步电动机较为理想的一种起动设备。常用于较大容量的绕线式异步电动机的起动控制。

当电动机反接时，频敏变阻器的等效变阻器阻抗最大，从反接制动到反向起动过程中，其等效阻抗始终随转子电流频率的减少而减少，使电动机在反接过程中转矩亦接近恒定。因此频敏变阻器尤为适用于反接制动和需要频繁正、反转工作的机械。

频敏变阻器结构简单，占地面积小，运行可靠，无需经常维修，但其功率因数低、起动转矩小，对于要求低速运转和起动转矩大的机械不宜采用。绕线转子异步电动机采用频敏变阻器时的起动特性见图5-3。

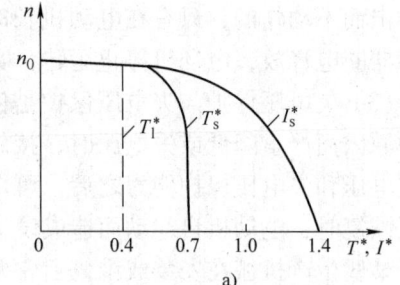

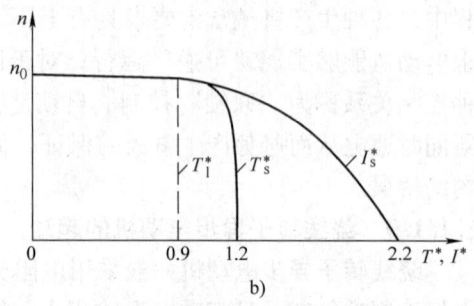

图 5-3　绕线转子异步电动机采用
频敏变阻器时的起动特性
a) 轻载起动　b) 重载起动
T_L^*—负载转矩标幺值　T_s^*—起动
转矩标幺值　I_s^*—起动电流标幺值

根据生产机械的负载特性，可按表5-2选择频敏变阻器的类型。目前生产的频敏变阻器系列产品属偶尔起动的有BP1-2、BP1-3、BP2-7、BP6等型，电动机最大容量达2240kW；属重复短时工作的有BP1-0、BP1-4、BP1-5、BP4等型。各种工作制下可选用的频敏变阻器见表5-3、表5-4及表5-5。

表 5-2　按机械负载特性选用频敏变阻器

起动负载性质		特　征	传动设备举例
偶而起动	轻载	起动转矩 $T_s \geq (0.6 \sim 0.8) T_N$，阻转矩 $T_j < 0.5 T_N$，折算至电动机轴上的飞轮力矩 GD^2 较小，起动时间 $t_s \leq 20s$	空压机、水泵、变流机等
	重轻载	起动转矩 $T_s \leq (0.9 \sim 1.1) T_N$，阻力矩 $T_j < 0.8 T_N$，折算至电动机轴上的飞轮力矩 GD^2 较大，起动时间 $t_s > 20s$	锯床、真空泵、带飞轮的轧钢主电机
	重载	起动转矩 $T_s \leq (1.2 \sim 1.4) T_N$，阻力矩 $T_j \leq 0.8 T_N$，折算至电动机轴上的飞轮力矩 GD^2 不太大，起动时间介于轻载和重轻载之间	胶带运输机、轴流泵、排气阀打开起动的鼓风机
反复短时起动	第一类	起动次数250次/h以下，$t_s Z$①值 <400s	推钢机、拉钢机及轧线定尺移动
	第二类	起动次数 <400次/h，$t_s Z$ 值 <630s	出炉辊道、延伸辊道、检修吊车大小车
	第三类	起动次数 <630次/h，$t_s Z$ 值 <1000s	轧机前后升降台及真辊道、起重机的大小车
	第四类	起动次数 >630次/h，$t_s Z$ 值 <1600s	拔钢机、定尺辊道、翻钢机、压下

反复短时起动栏特征列附注：$T_s \leq 1.5 T_N$

① $t_s Z$ 值为每小时起动次数 Z（起动一次算一次，反接制动一次算三次，动力制动一次算一次）与每次起动时间 t_s 的乘积。无规则操作或操作极频繁的电动机，由于每次起动不一定升至额定转速，在设计中一般可取 $t_s = 1.5 \sim 2s$。

表 5-3　偶而起动用绕线转子异步电动机配用频敏变阻器选用表

电动机		轻载起动		重轻载起动				重载起动	
P_N/kW	I_{2N}/A	型号	组数及接法	型号	组数及接法	型号	组数及接法	型号	组数及接法
22~28	51~63 64~80 81~100 101~125			BP1-205/10005 BP1-205/8006 BP1-205/6308 BP1-205/5010		BP2-701/9506 BP2-701/8206 BP2-701/6209 BP2-701/4713		BP1-205/8006 BP1-205/6308 BP1-205/5010 BP1-205/4012	
29~35	51~63 64~80 81~100 101~125			BP1-206/10005 BP1-206/8006 BP1-206/6308 BP1-206/5010		BP2-701/12504 BP2-701/9506 BP2-701/8206 BP2-701/6209		BP1-206/8006 BP1-206/6308 BP1-206/5010 BP1-206/4012	
36~45	51~63 64~80 81~100 101~125	BP1-204/16003 BP1-204/12504 BP1-204/10005 BP1-204/8006		BP1-208/10005 BP1-208/8006 BP1-208/6308 BP1-208/5010		BP2-702/9506 BP2-702/7209 BP2-702/5413 BP2-702/4713		BP1-208/8006 BP1-208/6308 BP1-208/5010 BP1-208/4012	
46~55	64~80 81~100 101~125 126~160	BP1-205/12504 BP1-205/10005 BP1-205/8006 BP1-205/6308		BP1-210/8006 BP1-210/6308 BP1-210/5010 BP1-210/4012		BP2-702/8209 BP2-702/6213 BP2-702/5413 BP2-702/4115	1组	BP1-210/6308 BP1-210/5010 BP1-210/4012 BP1-210/3216	
56~70	126~160 161~200 201~250 251~315	BP1-206/6308 BP1-206/5010 BP1-206/4012 BP1-206/3216		BP1-212/4012 BP1-212/3216 BP1-212/2520 BP1-212/2025	1组	BP2-702/4713 BP2-702/4115 BP2-702/3122 BP2-702/2426		BP1-212/3216 BP1-212/2520 BP1-212/2025 BP1-212/1632	1组
71~90	161~200 201~250 251~315 316~400	BP1-208/5010 BP1-208/4012 BP1-208/3216 BP1-208/2520	1组	BP1-305/5016 BP1-305/4020 BP1-305/3225 BP1-305/2532		BP2-703/3618 BP2-703/3122 BP2-703/2426 BP2-703/2130		BP1-305/4020 BP1-305/3225 BP1-305/2532 BP1-305/2040	
91~115	161~200 201~250 251~315 316~400	BP1-210/5010 BP1-210/4012 BP1-210/3216 BP1-210/2520		BP1-306/5016 BP1-306/4020 BP1-306/3225 BP1-306/2532		BP2-704/3618 BP2-704/2722 BP2-704/2426 BP2-704/1836		BP1-306/4020 BP1-306/3225 BP1-306/2532 BP1-306/2040	
120~140	201~250 251~315 316~400 401~500	BP1-212/4012 BP1-212/3216 BP1-212/2520 BP1-212/2025		BP1-308/4020 BP1-308/3225 BP1-308/2532 BP1-308/2040		BP2-703/5413 BP2-703/4115 BP2-703/3122 BP2-703/2722		BP1-308/3225 BP1-308/2532 BP1-308/2040 BP1-308/1650	
145~180	201~250 251~315 316~400 401~500	BP1-305/6312 BP1-305/5016 BP1-305/4020 BP1-305/3225		BP1-310/4020 BP1-310/3225 BP1-310/2532 BP1-310/2040		BP2-703/6213 BP2-703/4713 BP2-703/3618 BP2-703/3122	2并	BP1-310/3225 BP1-310/2532 BP1-310/2040 BP1-310/1650	
185~225	201~250 251~315 316~400 401~500	BP1-306/6312 BP1-306/5016 BP1-306/4020 BP1-306/3225		BP1-312/4020 BP1-312/3225 BP1-312/2532 BP1-312/2040		BP2-704/5413 BP2-704/4713 BP2-704/3618 BP2-704/2722		BP1-312/3225 BP1-312/2532 BP1-312/2040 BP1-312/1650	

(续)

电动机		轻载起动		重轻载起动				重载起动	
P_N/kW	I_{2N}/A	型号	组数及接法	型号	组数及接法	型号	组数及接法	型号	组数及接法
230~280	201~250	BP1-308/6312		BP1-316/4020		BP2-704/6213	2并	BP1-316/3225	1组
	251~315	BP1-308/5016		BP1-316/3225		BP2-704/5413		BP1-316/2532	
	316~400	BP1-308/4020		BP1-316/2532		BP2-704/4115		BP1-316/2040	
	401~500	BP1-308/3225		BP1-316/2040		BP2-704/3122		BP1-316/1650	
285~355	251~315	BP1-310/5016		BP1-310/6312	1组	BP2-704/6213	3并	BP1-310/5016	
	316~400	BP1-310/4020		BP1-310/5016		BP2-704/5413		BP1-310/4020	
	401~500	BP1-310/3225		BP1-310/4020		BP2-704/4115		BP1-310/3225	
	501~630	BP1-310/2532		BP1-310/3225		BP2-704/3618		BP1-310/2532	
360~450	251~315	BP1-312/5016		BP1-312/6312		BP2-704/4713		BP1-312/5016	2并
	316~400	BP1-312/4020		BP1-312/5016		BP2-704/3618		BP1-312/4020	
	401~500	BP1-312/3225		BP1-312/4020		BP2-704/2722		BP1-312/3225	
	501~630	BP1-312/2532		BP1-312/3225	2并	BP2-704/2130	2并2串	BP1-312/2532	
460~560	316~400	BP1-316/4020		BP1-316/5016		BP2-704/4115		BP1-316/4020	
	401~500	BP1-316/3225		BP1-316/4020		BP2-704/3122		BP1-316/3225	
	501~630	BP1-316/2532		BP1-316/3225		BP2-704/2722		BP1-316/2532	
	631~800	BP1-316/2040		BP1-316/2532		BP2-704/2130		BP1-316/2040	
570~710	316~400	BP1-310/4020	2串	BP1-310/5016		BP2-704/5413		BP1-310/4020	
	401~500	BP1-310/3225	2串	BP1-310/4020	2串	BP2-704/4115	3并2串	BP1-310/3226	2串2并
	501~630	BP1-310/5016	2并	BP1-310/3225		BP2-704/3122		BP1-310/2532	
	631~800	BP1-310/4020	2并	BP1-310/2532		BP2-704/2722		BP1-310/2040	
720~900	401~500	BP1-312/3225	2串	BP1-316/6312		BP2-704/5413		BP1-316/5016	
	501~630	BP1-312/2532	2串	BP1-316/5016		BP2-704/4713		BP1-316/4020	3并
	631~800	BP1-312/4020	2并	BP1-316/4020	3并	BP2-704/3618		BP1-316/3225	
	801~1000	BP1-312/3225	2并	BP1-316/3225		BP2-704/2722	4并2串	BP1-316/2532	
910~1120	401~500	BP1-316/3225	2串	BP1-316/4020	2串2并	BP2-704/6213		BP1-316/3225	2串2并
	501~630	BP1-316/2532	2串	BP1-316/3225	2串2并	BP2-704/4713		BP1-316/2532	2串2并
	631~800	BP1-316/4020	2并	BP1-316/5016	4并	BP2-704/4115		BP1-316/4020	4并
	801~1000	BP1-316/3225	2并	BP1-316/4020	4并	BP2-704/3122		BP1-316/3225	4并
1130~1400	631~800	BP1-310/4020		BP1-316/6312	5并			BP1-316/5016	5并
	801~1000	BP1-310/3225	2串	BP1-316/5016				BP1-316/4020	
	1001~1250	BP1-310/2532	2并	BP1-316/4020				BP1-316/3225	
	1251~1600	BP1-310/2040		BP1-316/3225				BP1-316/2532	
1410~1800	801~1000	BP1-316/5016	3并	BP1-316/3225	2串3并			BP1-316/2532	2串3并
	1001~1250	BP1-316/4020		BP1-316/2532				BP1-316/2040	2串3并
	1251~1600	BP1-316/2532		BP1-316/2040				BP1-316/3225	6并
	1601~2000			BP1-316/1650				BP1-316/2532	6并
1810~2240	801~1000	BP1-316/3225	2串2并	BP1-316/4020	2串4并			BP1-316/3225	2串4并
	1001~1250	BP1-316/2532	2串2并	BP1-316/3225				BP1-316/2532	2串4并
	1251~1600	BP1-316/4020	4并	BP1-316/2532	4并			BP1-316/4020	8并
	1601~2000	BP1-316/3225	4并	BP1-316/2040				BP1-316/3225	8并

注：P_N—额定容量；I_{2N}—转子额定电流。

表 5-4 重复短时工作制绕线转子异步电动机配用频敏变阻器选用表

电动机		频敏变阻器							
额定容量 P_N/kW	转子额定电流 I_{2N}/A	第一类		第二类		第三类		第四类	
		型号	组数及接法	型号	组数及接法	型号	组数及接法	型号	组数及接法
2.0~2.5	12~16			BP1-004/10003		BP1-006/8804		BP1-010/6305	
3.2~4.0	12~16			BP1-006/10003		BP1-010/8004		BP1-508/8006	
4.1~5.0	18~22	BP1-504/12504		BP1-008/8004		BP1-012/6305		BP1-510/6308	1组
6.3~8.0	19~25	BP1-504/10005		BP1-506/10005		BP1-510/8006		BP1-406/6312	
6.3~8.0	26~32	BP1-506/8006	1组	BP1-506/8006	1组	BP1-510/6308	1组	BP1-406/6312	
10~12.5	32~40	BP1-506/6308		BP1-510/5010		BP1-406/6312		BP1-410/5016	
10~12.5	41~50	BP1-508/6308		BP1-512/5010		BP1-406/5016		BP1-410/4020	2串
12.6~16	40~50	BP1-512/4012		BP1-408/4020		BP1-406/5016		BP1-412/4020	2串
20~25	63~80	BP1-406/5015		BP1-410/4020		BP1-412/3225	2并	BP1-410/2532	2并
26~32	63~80	BP1-406/2532		BP1-410/2040		BP1-416/3225	2并	BP1-412/2532	2串2并
26~32	125~160	BP1-410/2532	2并	BP1-416/2040	2并	BP1-416/1650		BP1-412/2532	2串2并
40~50	125~160	BP1-412/2552		BP1-410/4020		BP1-412/3225	2串2并	BP1-410/2532	2串2并
51~63	125~160	BP1-416/20-0		BP1-412/3225		BP1-416/3225	2串2并	BP1-412/2532	2串2并
64~80	160~200	BP1-410/4020		BP1-416/3225		BP1-410/2532	2串2并	BP1-416/2040	
81~100	160~200	BP1-412/4020		BP1-410/3225		BP1-412/2532			
100~125	160~200					BP1-416/2532			

表 5-5 BP6 系列频敏变阻器选用参数

绕线转子电动机			型号	外形尺寸/mm					重量/kg	外形示意图
额定容量 P_N/kW	转子额定电流 I_{2N}/A	E_{20}/I_{2N}		L	B	H	A	A_1		
75~160	200~250	1.26~2.0	BP6-1/8025	600	250	360	500	210	102	
		0.81~1.25	BP6-1/6325							
	251~315	0.81~1.25	BP6-1/6332							
		0.51~0.80	BP6-1/5032							
	316~400	0.51~0.80	BP6-1/5040							
		0.32~0.50	BP6-1/4040							
161~315	250~315	1.61~2.5	BP6-2/6332	600	376	360	500	336	200	
		1.01~1.6	BP6-2/5032							
	316~400	1.01~1.6	BP6-2/5040							
		0.64~1.0	BP6-2/4040							
	401~500	0.64~1.0	BP6-2/4050							
		0.4~0.63	BP6-2/3250							

注:1. E_{20}—电动机转子开路电压(V)。
2. 当起动过程中的最低电网电压不低于90%额定电压时,可连续起动三次(总的起动时间不超过90s),适用于重负载起动。
3. 起动时定子电流不大于2.5倍额定电流。

偶尔起动用频敏变阻器,可采用起动后用接触器短接的控制方式,见图5-4a。对于重复短时工作的频敏变阻器,为简化控制电路,可常接在转子回路中,见图5-4b。

频敏变阻器的铁心与轭铁间设有气隙,在绕组上留有几组抽头,改变气隙δ和绕组匝数,便可调整电动机的起动电流和起动转矩,其特性见图5-5,可见:

(1) 起动电流过大及起动太快时,应增加匝数;反之,当起动电流过小及起动转矩不够时,应减少匝数,见图5-5a。

(2) 刚起动时,起动转矩过大,对机械有冲击,但起动完毕后,稳定转速低于额定转速;当短接频敏变阻器时,电流冲击较大,可增大气隙,但起动电流有所增大,见图5-5b。

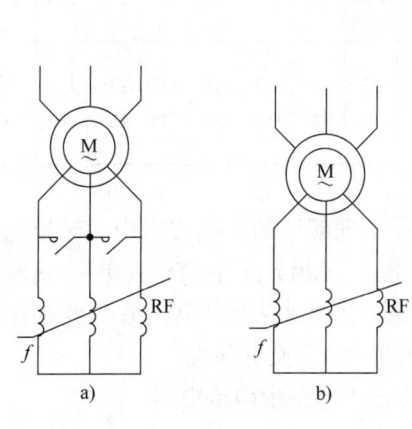

图5-4 频敏变阻器接线
a) 起动后切除 b) 常接在转子回路中

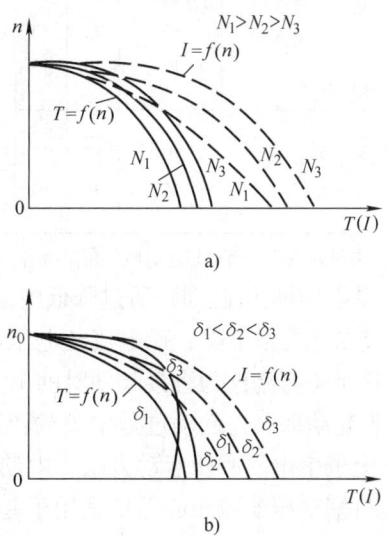

图5-5 改变频敏变阻器匝数和气隙时的特性
a) 改变匝数N b) 改变气隙δ

5.1.1.4 笼型转子异步电动机的起动

笼型转子异步电动机应优先采用直接起动。当不允许直接起动时,可考虑减压起动。确定能否直接起动的条件,可参考表5-6和表5-7的数据。

表5-8列出了各种起动方式的特点及适用范围。

表5-6 按电网容量允许直接起动的笼型电动机功率

电网	允许直接起动的笼型电动机功率
小容量发电厂	每1kVA发电机容量为0.1~0.12kW
变电所	经常起动时,不大于变压器容量的20% 不经常起动时,不大于变压器容量的30%
高压线路	不超过电动机连接线路上的短路容量的3%
变压器-电动机组	电动机功率不大于变压器容量的80%

1. 直接起动

(1) 接通电流峰值(最大值)$I_s = 2\sqrt{2}I_{an}$,I_{an}——起动电流;

(2) 起动电流(有效值)$I_{an} = (4 \sim 8.4) \times$额定电流$I_n$(特殊情况下可达到$13I_n$);

(3) 空载电流$I_0 = (0.95 \sim 0.20)I_n$;

(4) 起动时间 T_{an} 在正常条件下 $T_{an}<10s$，在重载起动时 $T_{an}>10s$（验证电动机发热是必要的）。

表5-7　6（10）/0.4kV 变压器允许直接起动笼型电动机的最大功率

变压器供电的其他负载 S_{fh}/kVA 及其功率因数 $\cos\varphi$	起动时的电压降 ΔU（%）	供电变压器的容量 S_b/kVA													
		100	125	160	180	200	250	315	320	400	500	560	630	750	800	1000
		起动笼型电动机的最大功率 P_d/kW														
$S_{fh}=0.5S_b$ $\cos\varphi=0.7$	10	22	30	30	40	40	55	75	75	90	110	115	135	155	180	215
	15	30	40	55	55	75	90	100	100	155	155	185	225	240	260	280
$S_{fh}=0.6S_b$ $\cos\varphi=0.8$	10	17	22	30	40	40	55	75	75	90	110	115	135	135	155	185
	15	30	30	55	55	75	90	100	100	155	185	185	225	240	260	285

注：上表所列系指电动机与变电所低压母线直接相连时的数据。

2. 星-三角减压起动：通过降低电动机绕组上的电压实现起动的接线方案中，转矩随电压降低而成二次方地下降，而电流随电压降低而呈线性下降。三相异步电动机在星-三角减压起动时，其起动电流仅为直接起动时的1/3。电动机转矩也下降到原来的1/3。星-三角减压起动只适用于起动那些在起动过程中负载转矩一直保持很小的三相交流电动机。

3. 定子串电阻减压起动方法：电动机起动时在三相定子电路中串接电阻。

4. 自耦变压器减压起动：适用于起动较大容量的电动机。

5.1.1.5 软起动控制器

1. 工作原理　其主要结构是一组串接于电源与被控电动机之间的三相反并联晶闸管及其电子控制电路，利用晶闸管移相控制原理，控制三相反并联晶闸管的导通角，使被控电动机的输入电压按不同的要求而变化，从而实现不同的起动功能。起动时，使晶闸管的触发延迟角从0开始，逐渐增加，直至全导通，电动机的端电压从零开始，按预设函数关系逐渐上升，直至达到满足起动转矩而使电动机平滑起动，再使电动机全电压运行。图5-6是软起动控制器的主电路原理图。

2. 软起动控制器的工作特性

(1) 斜坡恒流升压起动　斜坡恒流升压起动曲线见图5-7。在电动机起动的初始阶段起动电流逐渐增加，当电流达到预先所设定的限流值后保持恒定，直至起动完毕。起动过程中，电流上升变化的速率可以根据电动机负载调整设定。由于是以起动电流为设定值，即使电网电压波动，仍可以维持原起动电流恒定，不受电网电压波动的影响。这种软起动方式是应用最多的起动方法，尤其适用于风机、泵类负载的起动。

(2) 脉冲阶跃起动　脉冲阶跃起动特性曲线见图5-8。在起动开始阶段，晶闸管在极短时间内以较大电流导通，经过一段时间后回落，再按原设定值线性上升，进入恒流起动状态。该起动方法适用于重载并需克服较大静摩擦的起动场合。

(3) 减速软停控制　当电动机需要停机时，通过调节晶闸管的触发延迟角，从全导通状态逐渐地减小，从而使电动机的端电压逐渐降低直至切断电源，这一过程时间较长，故称为软停控制。停车的时间根据实际需要调整。减速软停控制曲线见图5-8。在许多应用场合，如

表 5-8 笼型电动机各种起动方式比较

起动方式	全压起动	电抗器减压起动				自耦变压器减压起动				星-三角减压起动	延边三角形减压起动			
		三相电阻减压起动	减压百分数			减压百分数					抽头比 $K=a/b$ [①]			
			50%	45%	37.5%	80%	65%	50%			1:2	1:1	2:1	
起动电压 U_s／额定电压 U_N	1	0.8	0.50	0.45	0.375	0.80	0.65	0.50		0.58	0.78	0.71	0.66	
全压起动转矩	1	0.64	0.25	0.20	0.14	0.64	0.43	0.25		0.33	0.6	0.5	0.43	
全压起动电流	1	0.8	0.50	0.45	0.375	0.64	0.43	0.25		0.33	0.6	0.5	0.43	
起动电路图		(起动时 KM1 闭合,起动后 KM1 和 KM2 闭合)				(起动时 Q1 闭合,Q2 断开 运转时 Q1 和 Q2 闭合)				(起动时 KM1 和 KM3 闭合,起动后 KM1 和 KM2 闭合)	(起动时Y接线,触头 1,8,5,3,7闭合,起动后△接线,触头 1,2,5,6,4,8闭合)			(起动时 KM1 和 KM3 闭合,起动后 KM1 和 KM2 闭合,KM3 断开)
适用场所	高压、低压电动机	低压电动机				高压、低压电动机				绕组额定电压 380V,具有 6 个出头的电动机	绕组额定电压 380V,具有 9 个出线头的电动机			
特点	起动方法简便,起动电流和起动转矩压降较大	起动电流较大,起动转矩较小。起动过程电阻中电能消耗较大				起动电流较小,起动转矩较大				起动电流小,起动转矩小	起动电流小,起动转矩较大,具有自耦变压器及星-三角两种减压起动方式的优点			

注:U_N——电动机额定电压;α——减压系数,$\alpha = U_s/U_N$;I_s——直接起动时起动电流;T_s——直接起动时起动转矩;I'_s——延边三角形抽头起动时起动电流;T'_s——延边三角形抽头起动时起动转矩。

① 延边三角形数据是根据下面公式及抽头比 $K=a/b$ 估算:$U_s/U_N = (1+\sqrt{3}K)/(1+3K)$;$I'_s/I_s = (1+K)/(1+3K)$;$T'_s/T_s = (1+K)/(1+3K)$。

高层建筑、楼宇的水泵系统不允许电动机瞬间关机，采用软起动控制器能满足这一要求。

（4）节能特性　软起动控制器可以根据电动机功率因数的高低，自动判断电动机的负载率，当电动机处于空载或负载率很低时，通过相位控制使晶闸管的导通角发生变化，从而改变输入电动机的功率，以达到节能的目的。

（5）制动特性　当电动机需要快速停机时，有些软起动控制器具有能耗制动功能。能耗制动即当接到制动命令后，软起动控制器改变晶闸管的触发方式，使交流电压转变为直流电压，然后在关闭主电路后，立即将直流电压加到电动机定子绕组上，利用转子感应电流与定子静止磁场的作用达到制动的目的。

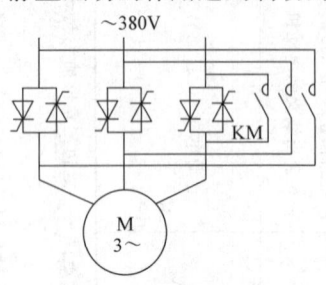

图 5-6　软起动主电路原理图

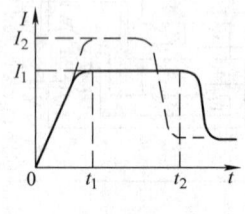

图 5-7　斜坡恒流起动

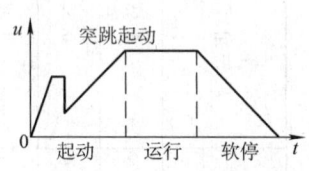

图 5-8　脉冲阶跃起动

3. 软起动器的应用　为了便于控制和应用，通常将软起动控制器、断路器和控制电路组成一个较完整的电动机控制中心（MCC），以实现电动机的软起动、软停车、故障保护、报警、自动控制等功能，同时它还具有运行和故障状态监视、接触器操作次数、电动机运行时间和触头弹跳监视、试验等辅助功能。另外还可以附加通信单元、图形显示操作单元和编程器单元等，可直接与通信总线联网。在实际应用中可有以下多种工作模式。

（1）软起动控制器加旁路接触器　对于泵类、风机类负载往往要求软起动、软停车。该电路有如下优点：在电动机运行时可以避免软起动器产生的谐波；软起动器仅在起动、停车时工作，可以避免长期运行使晶闸管发热，延长了使用寿命；一旦软起动器发生故障，可由旁路接触器作为应急备用。

（2）单台软起动控制器起动多台电动机　在某些应用场合中，可用一台软起动控制器对多台电动机进行软起动，以节约资金投入。但不能同时起动或停机，只能一台台分别起动、停机。

5.1.1.6　可逆起动

电动机通过相序的变换而改变其旋转方向。在换向时要有足够长的通断时间间隔。换向接触器必须通过常闭辅助触头实现电气联锁。此外，它们还可以实现机械联锁。机械联锁能防止在调试时受强力振动时误操作而发生两台接触器同时接通，并能防止相间短路。

5.1.1.7　变极对数三相交流异步电动机的控制

在频率恒定时，异步电动机的转速是决定于它的极对数。如果想使同一台电动机具有多种转速运行，则它的定子绕组应配置得使人们能以不同极数的电动机与电源相连接。

5.1.1.8　点动运行

点动运行是一次或多次短时接通电动机的端电压，为了实现只是很小的运动，此时需在起动过程中断开电动机端电压。

5.1.1.9　同步电动机的起动

由于同步电动机起动时对电网电压波动影响很大,因此必须按照本章 5.1.1.1 节的要求进行核算。

当电网容量足够大且允许直接起动时,应尽量采用直接起动;只有在电网和电动机本身结构不允许直接起动时,才可考虑采用电抗器或自耦变压器减压起动。对用大容量变流机组传动的同步电动机,可创造条件采用准同步起动。

1. 直接起动的条件 同步电动机是否允许直接起动,首先取决于电动机本身的结构条件,它由电机制造厂决定。如果不能取得电机制造厂资料时,通常可按下述条件估算,符合下述条件时,可以直接起动。

对于 $U_N = 3kV$ 的电动机

$$\frac{P_N}{极对数} \leq 250 \sim 300 kW$$

对于 $U_N = 6kV$ 的电动机

$$\frac{P_N}{极对数} \leq 200 \sim 250 kW$$

其次,可按母线电压水平核算电动机是否允许直接起动。忽略有功电流及电阻的影响,并假定起动前电源电压为恒定值,而且母线电压 U_b 等于额定电压 U_N。

按图 5-9a 所示的等效电路,并已知母线上最小短路容量为 S_{dl} (并以 S_{dl} 做为基准值),则电动机允许直接起动的条件为

$$K_{is} S_N < \alpha (S_{dl} + Q_{fh}) \tag{5-2}$$

$$\alpha = \frac{1}{U_b^*} - 1 \tag{5-3}$$

当 $U_b^* = 0.8$ 时,$\alpha = \frac{1}{0.8} - 1 = 0.25$

$U_b^* = 0.85$ 时,$\alpha = \frac{1}{0.85} - 1 = 0.176$

$U_b^* = 0.9$ 时,$\alpha = \frac{1}{0.9} - 1 = 0.11$

式中 K_{is} ——额定电压时,电动机的起动电流倍数;

S_N ——电动机的额定容量(MVA);

Q_{fh} ——母线上负载的无功功率(Mvar);

U_b^* ——母线允许电压标幺值,$U_b^* = U_b / U_N$。

如能满足式 (5-2) 的要求,则可直接起动,否则应采取减压起动。

2. 电抗器减压起动 采用电抗器减压起动时,等效电路见图 5-9b。此时应保证

$$(U_{sN}^* U_s^*)^2 T_s^* > 1.1 T_l^* \tag{5-4}$$

即

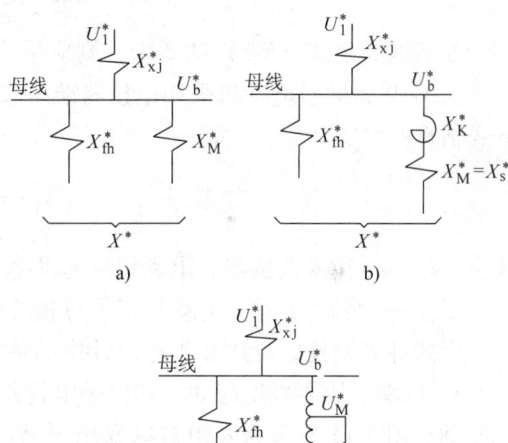

图 5-9 同步电动机起动时的等效电路
a) 直接起动 b) 电抗器减压起动
c) 自耦变压器减压起动
X_{xj}^* —系统电抗标幺值 U_1^* —电源电压标幺值
X_{fh}^* —母线上负载电抗标幺值
X_M^* —电动机起动等效电抗标幺值

$$U_s^* > \frac{1.05}{U_{sN}}\sqrt{\frac{T_L^*}{T_s^*}} \tag{5-5}$$

式中 U_{sN}^*——电动机额定起动电压标幺值;
　　　U_s^*——起动时电动机端电压标幺值;
　　　T_s^*——额定电压下起动转矩标幺值,$T_s^* = T_s/T_N$;
　　　T_L^*——机械的静阻转矩标幺值,$T_L^* = T_L/T_N$。

为了满足式(5-4)要求,采用电抗器减压起动的条件为

$$U_{sN}^* \frac{S_{dl} + Q_{fh}}{K_{is}S_N} > \beta\sqrt{\frac{T_L^*}{T_s^*}} \tag{5-6}$$

$$\beta = \frac{1.05}{1 - U_b^*} \tag{5-7}$$

当　　　　　　　　$U_b^* = 0.8$ 时　$\beta = \frac{1.05}{1-0.8} = 5.25$

$$U_b^* = 0.85 \text{ 时 } \beta = \frac{1.05}{1-0.85} = 7$$

$$U_b^* = 0.9 \text{ 时 } \beta = \frac{1.05}{1-0.9} = 10.5$$

如不能满足式(5-7)的要求,则应采用自耦变压器减压起动,见图 5-9c。

图 5-10 为同步电动机采用电抗器减压起动电路简图,电抗器 L 每相电抗值 X_L（Ω）可用下式估算:

$$X_L = \frac{U_N}{\sqrt{3}I_s'} - X_m \tag{5-8}$$

式中　I_s^*——接入电抗器后电动机的起动电流(A);
　　　X_m——当 $s=1$ 时,电动机定子每相的电抗(Ω)。

上式计算简便,可用在工程设计中的估算,但计算出的 X_L 值偏大。

3. 自耦变压器减压起动　如果用电抗器减压起动不能满足要求,则应采用自耦变压器减压起动。图 5-11 所示为采用自耦变压器减压起动时的电路。由于定子侧要用三台高压开关,因此这种起动方式投资较高。但是在获得同样起动转矩的情况下,其起动电流较小。两种起动方式的比较见表 5-9。

图 5-9c 为自耦变压器减压起动等效电路,起动时,必须满足下述条件:

表 5-9　同步电动机两种起动方式比较表

减压起动方式	电抗器减压起动	自耦变压器减压起动
电动机起动电压	αU_N	αU_N
电动机起动电流	αI_s	$\alpha^2 I_s$
电动机起动转矩	$\alpha^2 T_s$	$\alpha^2 T_s$

注:α—压降系数(α<1),对自耦变压器为电压比。
　　I_s—直接起动时的起动电流。
　　T_s—直接起动时的起动转矩。

$$(U_b^* K_b)^2 T_s^* > 1.1 T_L^* \tag{5-9}$$

式中 K_b——自耦变压器的电压比。

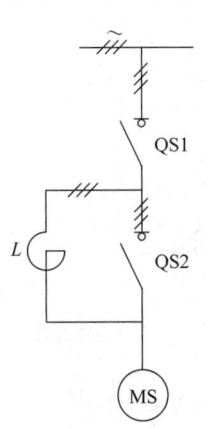
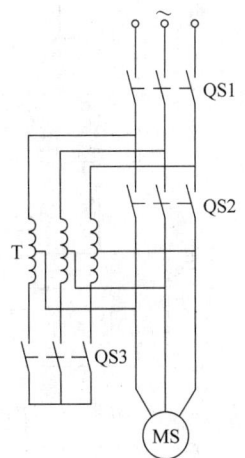

图 5-10 同步电动机采用电抗器降压起动电路简图
（起动：QS1 闭合，QS2 断开；
运转：QS1、QS2 均闭合）

图 5-11 同步电动机用自耦变压器减压起动时的电路
（起动：QS1、QS3 闭合，QS2 断开；
运转：QS3 断开，QS1、QS2 闭合）

为满足式（5-9）的要求，其起动条件为

$$\delta \frac{S_{dl} + Q_{fh}}{K_{is} S_N} > 1.1 \frac{T_L^*}{T_s^*} \tag{5-10}$$

$$\delta = U_b^* (1 - U_b^*) \tag{5-11}$$

当 $U_b^* = 0.8$ 时 $\delta = 0.8(1-0.8) = 0.16$
  $U_b^* = 0.85$ 时，$\delta = 0.85(1-0.85) = 0.128$
  $U_b^* = 0.9$ 时，$\delta = 0.9(1-0.9) = 0.09$

4. 变频起动 随着大功率晶闸管变流器的发展，对大功率同步电动机和大型蓄能电站发电机及电动机组可以采用静止变频装置实现平滑起动，其特点是：

(1) 起动平稳，对电网冲击小；

(2) 由于起动电流冲击小，不必考虑对被起动电动机的加强设计；

(3) 起动装置功率适度，一般约为被起动电动机功率的 5%~7%（视起动时间、飞轮力矩和静阻转矩而异）；

(4) 若干台电动机可公用一套起动装置，较为经济；

(5) 由于是静止装置，便于维护。

图 5-12 所示为采用晶闸管变频装置起动大功率同步电动机的原理简图，采用交-直-交变频电路，通过电流控制实现恒加速度起动，当电动机接近同步转速时进行同步协调控制，直至达到同步转速后，通过开关切换使电动机直接投入电网运行。用此种方法可起动功率为数千至数万千瓦的同步电动机或大型蓄能机组。

5. 准同步起动 用同步电动机拖动的大功率变流机组，由于其整个传动系统的 GD^2 很大，起动很慢，因此，为省去庞大的减压起动设备（自耦变压器或电抗器等）和尽量减小起动时对电网的冲击，也可以采用准同步起动（见图5-13）。

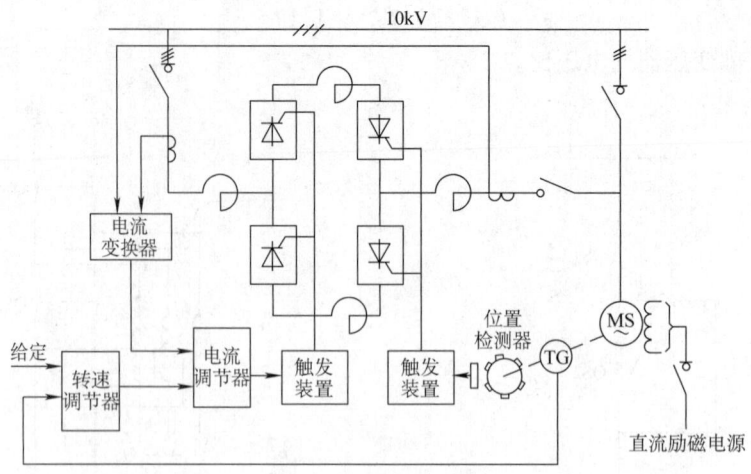

图 5-12　采用晶闸管变频装置起动同步电动机的原理图

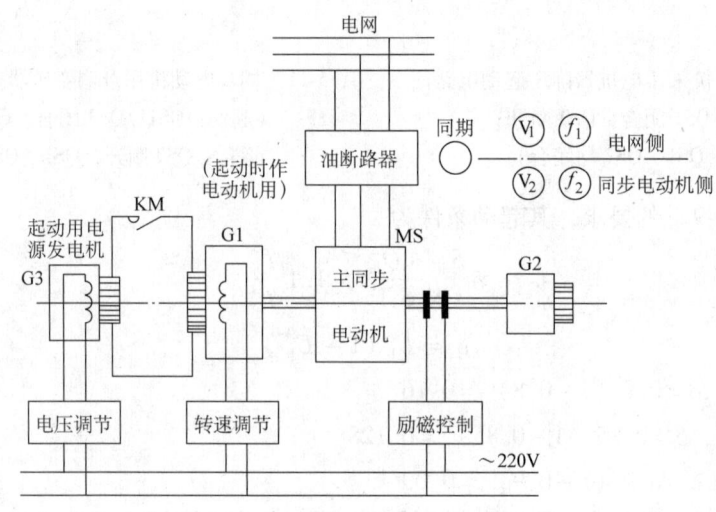

图 5-13　准同步起动

其起动方式是：选择机组中的某一台直流发电机（如图 5-13 中的 G1）作为电动机用，然后另外用一台功率约为被起动电动机功率的 5% ~ 10%（视静阻转矩、GD^2 和起动时间而定）的发电机或可调直流电源对其进行供电。起动时，同步电动机定子断路器不能合闸，先使发电机 G3 的电压由零逐渐长高，利用 G1 拖动整个机组由零速逐渐加速，待其转速达到同步转速后，给同步电动机加上励磁。当同步电动机定子电压的频率、幅值和相位与电网电压完全一致时，接通定子电路的断路器，使同步电动机并入电网，并同时切断 G1 的直流供电电源，完成起动。这种方法起动平稳，无冲击，但要求另备一套功率较小的可调直流电源。

6. 分绕组起动　对于大功率低速同步电动机，也可用分绕组起动（见图 5-14）。电动机由两套绕组组成。起动时，先只接通其中一套绕组，待接近同步转速时再接通另一套绕组（与其并联）。这种限制起动电流的方法简单而经济，但仅适于极数多的低速同步电动机空载或轻载起动。

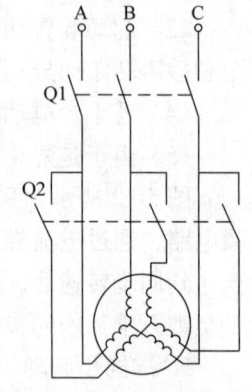

图 5-14　分绕组起动

5.1.1.10 直流串励电动机的起动

直流串励电动机，由于其机械特性为非线性，采用分析法计算较困难，通常多采用图解法，其计算步骤如下：

（1）绘制电动机的自然机械特性曲线。根据电动机的特性数据绘制 $I=f(n)$ 特性曲线。如果得不到电动机数据，可采用图5-15的通用特性曲线。

（2）根据传动装置允许的最大起动电流 I_1，确定电动机电枢回路的总起动电阻（Ω）

$$R_s = \frac{U_N}{I_1}$$

（3）根据已定的起动级数及假定的切换电流 I_2，求出电动机接入总起动电阻时的转速 n_2（r/min）（图5-16b 中的 b 点）

$$n_2 = n_1 \frac{U_N - I_2 R_s}{U_N - I_2 r_N} \quad (5\text{-}12)$$

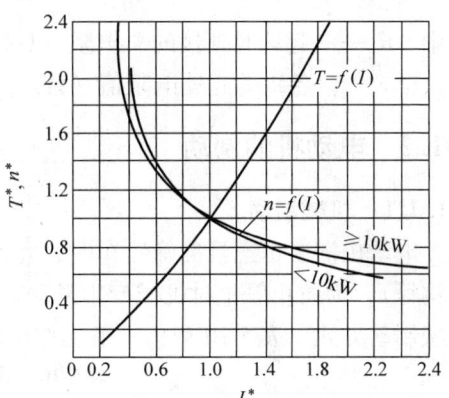

图5-15 ZZ系列串励直流电动机的通用特性曲线

式中 n_1——自然机械特性曲线上 h 点的转速（r/min）；

U_N——外加直流额定电压（V）；

r_N——电动机电枢回路总内阻（Ω），$r_N = r_a + r_{cq}$；

r_a——电动机电枢和补偿极以及电刷电阻之和（Ω）；

r_{cq}——电动机串励绕组电阻（Ω），$r_{cq} = r_1 + r_2 + r_3$。

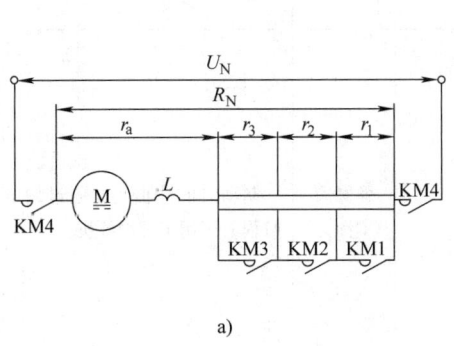
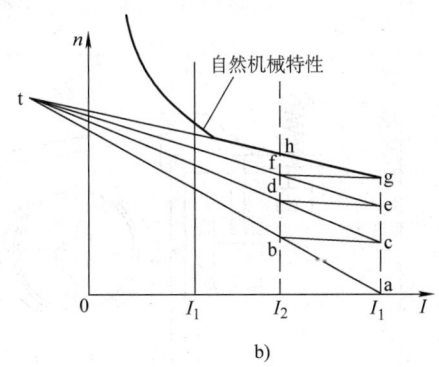

图5-16 串励直流电动机起动特性
a）起动电路简图 b）起动特性

（4）根据已定的 I_1 和 I_2 值，在自然机械特性曲线上找出相应的 g 点和 h 点，并在人工机械特性曲线上找出相应的 a 点和 b 点。通过 g、h 与 a、b 点分别画两条直线交于 t 点。

（5）在 I_1 与 I_2 之间绘制三级起动曲线，如果作出的起动特性与自然机械特性的交点正合适，则表明所取的 I_1、I_2 值合适，否则应改变 I_1 值，重新绘制起动特性，直到合适为止。

（6）求起动时的外接电阻及各级电阻值（Ω）

$$R_q = R_s - r_N$$

$$\left.\begin{aligned} r_1 &= \frac{ac}{ga}R_q \\ r_2 &= \frac{ce}{ga}R_q \\ r_3 &= \frac{eg}{ga}R_q \end{aligned}\right\} \tag{5-13}$$

式中 R_q——起动时外接的总电阻（Ω）；

r_1、r_2、r_3——各级的起动电阻值（Ω）。

5.1.2 电动机的制动

5.1.2.1 机械制动

电动机需要迅速且准确停车时，尤其是对于某些位能负载（如电梯、卷扬机、起重机的吊钩等），为防止停止时机械产生滑动，除采用电气制动方式外，还必须采用利用摩擦阻力的机械制动方式。表5-10列出一般工作机械常用的几种主要的机械制动方式。

表5-10 几种机械制动器的制动方式

类别	结构示意	制动力	特点
电磁制动器	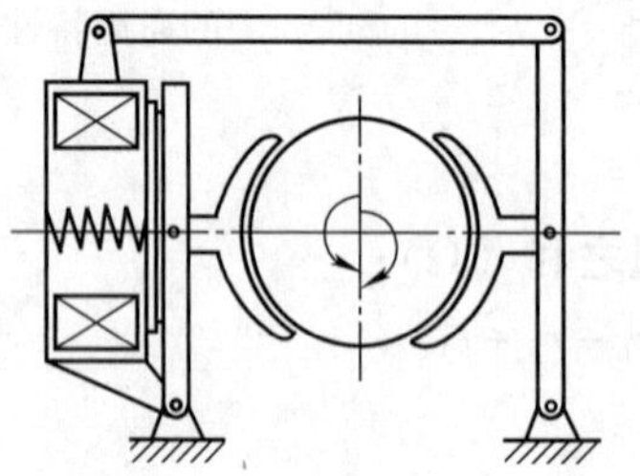	弹簧力	行程小，机械部分的冲击小，能承受频繁动作
电动-液压制动器	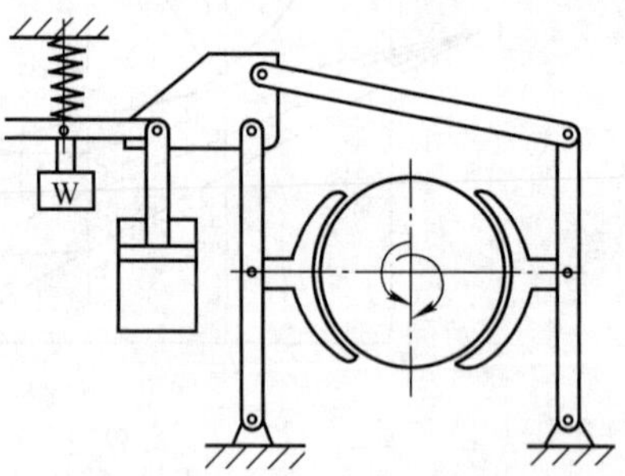	弹簧力 重锤力	制动时的冲击小，通过调节液压缸行程，可用于缓慢停机
带式制动器	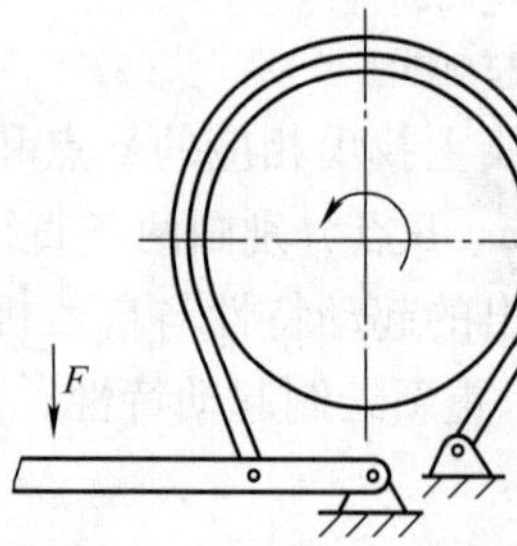	弹簧力 手动力 液压力	摩擦转矩大，用于紧急制动

(续)

类别	结构示意	制动力	特点
圆盘式制动器	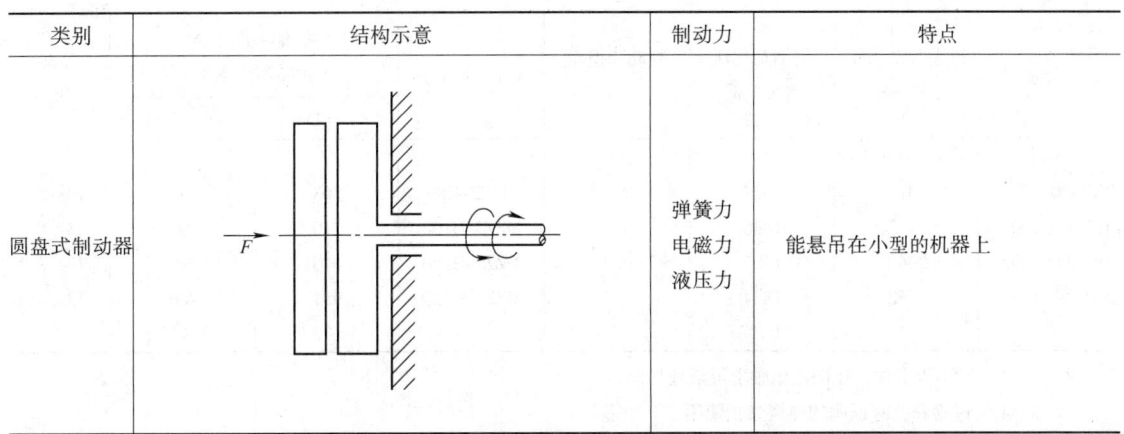	弹簧力 电磁力 液压力	能悬吊在小型的机器上

表 5-11 ~ 表 5-14 列举几种常用的机械制动器产品的主要技术参数及性能。

表 5-11 TJ2 型交流制动器

制动器型号	制动轮直径 D/mm	制动闸瓦宽度/mm	电磁铁型号（不包括在制动器内）	制动力矩/(N·cm)		电磁铁力矩/(N·cm)		重量/kg
				$FC=25\%$ ~40%	$FC=100\%$	$FC=25\%$ ~40%	$FC=100\%$	
TJ2-100	100	70	MZD1-100	1962	981	540	294	10.2
TJ2-200/100	200	90	MZD1-100	3924	1962	540	294	23.9
TJ2-200	200	90	MZD1-200	15696	7848	3924	1962	35.8
TJ2-300/200	300	140	MZD1-200	23544	11772	3924	1962	60.3
TJ2-300	300	140	MZD1-300	49050	19620	9810	3924	83.4

表 5-12 TZ2 型直流机械制动器技术参数

制动器型号	制动轮直径 D/mm	制动闸瓦宽度/mm	电磁铁型号（不包括在制动器内）	制动力矩/(N·cm)		电磁铁吸力/N		重量/kg
				$FC=25\%$	$FC=40\%$	$FC=25\%$	$FC=40\%$	
TZ2-100	100	70	MZZ1-100	1962	1668	245	196	10.8
TZ2-200/100	200	90	MZZ1-100	3924	3139	245	196	24.5
TZ2-200	200	90	MZZ1-200	15696	12753	981	785	33.4
TZ2-300/200	300	140	MZZ1-200	23544	19620	981	785	57.9
TZ2-300	300	140	MZZ1-300	49050	43164	2109	1766	76.5

表 5-13 JCZ400、500 型交流机械制动器技术参数

制动器型号	最大制动力矩/N·cm	制动瓦比压/(N/cm²)	制动瓦退距/mm	电磁铁型号	电磁铁吸力/N（包括衔铁重量）	总重/kg
JCZ-400/45	1079	13.7	0.7	MZS1-45	687	237.9
JCZ-400/80	1472	18.6	0.7	MZS1-80	1128	339.1
JCZ-500/45	2060	15.5	0.7	MZS1-45	687	389.3
JCZ-500/80	2452	18.4	0.7	MZS1-80	1128	380.0

注：1. 制动臂不得卡住，保证在销轴上灵活地摆动。
  2. 未经试验和没有证明的弹簧禁止使用。
  3. 装配后，用拉管"Z"和连杆"M"进行紧密调整，闸瓦平均行程用螺栓"N"进行调整。

表 5-14　ZCZ400、500 型直流机械制动器技术参数

制动器型号	最大制动力矩 /N·cm	制动瓦比压 /(N/cm²)	制动瓦退距 /mm	电磁铁型号	电磁铁吸力/N（包括衔铁重量）		总重 /kg
					$FC=25\%$	$FC=40\%$	
ZCZ-400/80	1079	13.7	0.7	MZZ2-H80	363	294	188.5
ZCZ-400/100	1472	18.6	0.7	MZZ2-H100	510	392	232.8
ZCZ-500/100	2060	15.5	0.7	MZZ2-H100	510	392	274.8
ZCZ-500/120	2452	18.4	0.7	MZZ2-H120	981	706	333.4

注：1. 制动臂不得卡住，保证在销轴上灵活地摆动。
2. 未经试验和没有证明的弹簧禁止使用。
3. 装配后，用拉管"Z"和连杆"M"进行紧密调整，闸瓦的平均行程可用螺栓"N"进行调整。

选用方法是，按不同的负载持续率 FC 值，用下式求出所需要的制动力矩值（N·m），然后选用相应制动力矩的制动器。

$$T_\mathrm{b} = 9550 \frac{P_\mathrm{N}}{n_\mathrm{N}} K \tag{5-14}$$

式中　P_N——电动机功率（kW）；
　　　n_N——电动机的额定转速（r/min）；
　　　K——安全系数，按轻型（或手动）、中型和重型，分别可取为 1.5、1.75、2。

5.1.2.2　能耗制动

能耗制动，是将运转中的电动机与电源断开并改接为发电机，使电能在其绕组中消耗（必要时还可消耗在外接电阻中）的一种电制动方式。

交流笼型和绕线转子异步电动机采用能耗制动时，应在交流供电电源断开后，立即向定子绕组（可取任意两相绕组）通入直流励磁电流 I_f，以便产生制动转矩。制动转矩的大小取决于直流励磁电流 I_f 的大小及电动机的转速。当 $n \approx n_0$ 时，制动转矩最大；随着转速 n 的降低，制动转矩急剧减小。当 $n = (0.1 \sim 0.2) n_0$ 时，制动转矩达到最小值。为获得较好的制动特性，励磁电流 I_f 通常取电动机定子空载电流 I_0 的 1~3 倍。绕线转子异步电动机能耗制动时，应在转子回路中串接 $(0.3 \sim 0.4) R_\mathrm{2N}$ 的常接电阻，可使平均制动转矩等于额定转矩（此时平均制动转矩值为最大）。制动时，励磁所用直流电源 U_b 可为 48V、10V 或 220V，为减小在附加制动电阻 R_b 上的能量损耗，在供电条件允许的情况下，U_b 越小越好。在多电动机集中控制而又都采用能耗制动的情况下（如大型轧钢车间），可设置专用的直流 48V 能耗制动电源，这样更为经济。

同步电动机采用能耗制动时，可将其定子从电源上断开后，接到外接电阻或频敏变阻器上，并在转子中继续通入适当的励磁电流，电动机即转入能耗制动状态工作。此时电动机作为一台变速的发电机运转，将机械惯性能量消耗在外接电阻或频敏变阻器上。采用频敏变阻器制动，其制动性能比用电阻时更为优良。

表 5-15 列举各种电动机能耗制动的接线方式、制动特性及其适用范围。

交流电动机能耗制动时的机械特性曲线，可由电动机资料查取。

5.1.2.3　反接制动

反接制动是将三相交流异步电动机的电源相序反接或将直流电动机的电源极性反接而产

表 5-15 各种电动机能耗制动的性能

电动机类型	异步电动机	直流电动机	同步电动机 电阻	同步电动机 频敏变阻器
接线方式	(电路图)	(电路图)	(电路图)	(电路图)
制动特性	能耗制动 $I_{f3}>I_{f2}>I_{f1}$，电动状态，自然机械特性曲线	能耗制动状态 $R_{b3}<R_{b2}<R_{b1}$，电动状态曲线	能耗制动状态 $I_{f3}>I_{f2}>I_{f1}$，电动状态曲线	能耗制动状态，电动状态曲线
参数	一般取 $I_f=(1\sim3)I_0$ I_f 越大，制动转矩越大 $R_b=\dfrac{U_f}{I_f}-2r_{Ms}$	制动电阻 $R_b=\dfrac{E}{I_b}-R_a$ 一般取 $I_b=(1.5\sim2.0)I_N$	$Z_1=\dfrac{U_{1N}}{\sqrt{3}I_f}$ $R_b=K_1Z_1-r_{Ms}$ 一般取 $I_1=I_{1N}$ $I_f=1\sim 2I_{fN}$	
特点	1. 制动转矩较平滑，可方便地改变制动转矩 2. 制动转矩随转速的降低而减小 3. 可使生产机械可靠地停止 4. 能量不能回馈电网，效率较低 5. 串励直流电动机因其励磁电流随制动电流的减小而减小，低速时不能得到需要的制动转矩，不宜采用能耗制动			
适用的场所	1. 适用于经常起动、频繁逆转并要求迅速准确停车的机械，如轧钢车间升降台等 2. 并励直流电动机一般采用能耗制动 3. 同步电动机和大容量笼型异步电动机因反接制动冲击电流太大，功率因数低，亦多采用能耗制动 4. 交流高压绕线转子异步电动机为防止集电环上感应高压，亦多采用能耗制动 5. 采用一套变流器供电的不可逆晶闸管供电系统，亦多采用能耗制动			

注：I_{1N}—定子额定电流（A）；I_f—励磁电流（A）；I_{fN}—转子额定励磁电流（A）；I_b—初始制动电流（A）；K_1—制动时阻抗与额定阻抗的比值；U_{1N}—定子额定电压（V）；E—制动时电枢反电动势（V）；R_b—制动电阻（Ω）；R_a—电枢电阻（Ω）；R_d—电动机定子绕组电阻（Ω）；U_f—直流励磁电压（V）；r_{Ms}—电动机定子绕组每相电阻（Ω）；I_0—定子空载电流（A）。

生制动转矩的一种电制动方法。表 5-16 中列出几种电动机采用反接制动时的接线方式、制动特性及其适用的范围。

反接制动时,电动机转子电压很高,有较大的反接制动电流。为了限制反接电流,在转子中必须再串接反接制动电阻r_{fb}。绕线转子异步电动机在反接制动时,转子接频敏变阻器比接电阻更好。因其阻抗可随频率的变化而变化,能自动地限制反接制动电流,因此它更适应于经常反接的系统,能获得平滑的正反向运转。

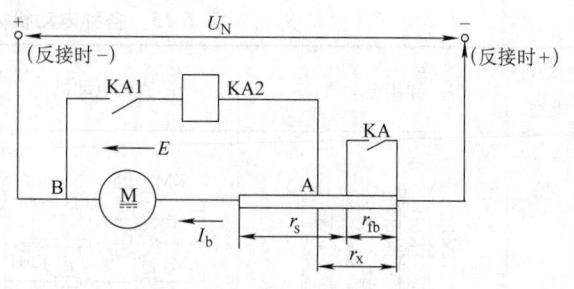

图 5-17 反接继电器整定简图

反接继电器 KA1、KA2 是保证当反接制动开始时,将反接电阻 r_{fb} 接入电路,而当制动到电动机转速接近于零时,将电阻 r_{fb} 短接。因此要正确地整定反接继电器的吸合电压及其线圈的连接点,见图 5-17。继电器 KA2 的线圈连接在 A、B 两点上。当反接制动开始时,KA2 断

表 5-16 反接制动的接线方式和制动特性

电动机类型	异步电动机	直流电动机
接线方法		
制动特性		

（续）

电动机类型	异步电动机	直流电动机
制动电阻 (Ω) 计算	$R_{\Sigma} = \dfrac{s_{fj}}{T_{fj}^{*}} R_{2N}$ $r_{fb} = R_{\Sigma} - \Sigma r_{s} - r_{N}$ $R_{2N} = \dfrac{U_{2N}}{\sqrt{3} I_{2N}} r_{N} = s_{N} R_{2N}$ 一般取 $T_{fj}^{*} = 1.5 \sim 2.0$	$r_{fb} = \dfrac{U_{N} + E_{max}}{I_{bmax}} - (r_{a} + \Sigma r_{s})$ 一般取 $I_{bmax} = (1.5 \sim 2.5) I_{N}$
特点	(1) 在任何转速下制动都有较强的制动效果 (2) 制动转矩较大且基本恒定 (3) 制动开始时，直流电动机电枢或交流电动机定子上相当于施加两倍额定电压，为防止初始制动电流过大，应串入较大阻值的电阻，能量损耗较大，不经济 (4) 绕线转子异步电动机采用频敏变阻器进行反接制动最为理想，因反接开始时，$s_{fj}=2$，频敏变阻器阻抗增大一倍，可以较好地限制制动电流，并得到近似恒定的制动转矩 (5) 制动到零时应切断电源，否则有自动逆转的可能	
适用的场所	(1) 适用于需要正、反转的机械，如轧钢车间辊道及其他辅助机械 (2) 串励直流电动机多用反接制动 (3) 笼型电动机因转子不能接入外接电阻，为防止制动电流过大而烧毁电动机，只有小功率（10kW 以下）电动机才能采用反接制动	

注：R_{Σ}—反接制动时，转子回路总电阻；
T_{fj}^{*}—反接制动转矩的标幺值，$T_{fj}^{*} = T_{fj}/T_{N}$；
s_{fj}—反接制动开始时，电动机的转差率，一般取 $s=2$；
Σr_{s}—起动电阻之和；
s_{N}—额定转差率；
r_{fb}—反接制动电阻；
I_{bmax}—允许最大的反接制动电流；
E_{max}—电动机最大反电动势；
r_{a}—电动机电枢电阻。

开，电阻 r_{fb} 接入，以限制反接制动电流。此时使电源电压 U_{N} 与电阻 r_{x} 上压降相等，则电动机的反电动势 E 大致上与 r_{s} 上的压降相等，所以继电器 KA2 线圈两端电压接近于零，KA2 不吸合。当电动机转速接近零时，$E=0$，KA2 线圈两端电压升高，KA2 吸合，使 KA2 吸合，KA2 触头将 r_{fb} 短接，反接制动完毕。

连接点 A 由下述关系决定，反接开始时，制动电流 $I_{L} = I_{bmax}$，$E = E_{max} \approx U_{N}$，所以有

$$I_{bmax} r_{x} = U_{N} \qquad r_{x} = \dfrac{U_{N}}{I_{bmax}}$$

由于 $I_{bmax} = (U_{N} + E_{max})/E_{\Sigma}$，$R_{\Sigma} = r_{s} + r_{fb}$，所以

$$r_{x} = R_{\Sigma} \dfrac{U_{N}}{U_{N} + E_{max}} \approx \dfrac{1}{2} R_{\Sigma}$$

即继电器KA2连接点A，应设在电阻R_{Σ}值的一半处，KA2的吸合电压一般整定在$0.4 \sim 0.45 U_{N}$⊖。

⊖ 一般取电动机转速接近于零时，继电器 KA2 两端电压 U_{t} 的 80% 为 KA2 线圈吸合电压 U_{j}，即
$U_{j} = 0.8 U_{t}$，$U_{t} = U_{N} - I_{t} r_{x}$，$I_{t} = U_{N}/R_{\Sigma}$
$U_{t} = U_{N} - \dfrac{U_{N} r_{x}}{R_{\Sigma}} = U_{N} \left(1 - \dfrac{r_{x}}{R_{\Sigma}}\right)$，$U_{j} = 0.8 U_{t} = 0.8 U_{N} \left(1 - \dfrac{r_{x}}{R_{\Sigma}}\right)$
当 $r_{x} = \dfrac{1}{2} R_{\Sigma}$ 时，$U_{j} = 0.8 U_{N} \left(1 - \dfrac{R_{\Sigma}/2}{R_{\Sigma}}\right) = 0.4 U_{N}$

5.1.2.4 回馈制动

回馈制动是当三相交流异步电动机转速大于理想空载转速时,将电能返回电源系统的一种电制动方式。当电动机被生产机械的位势负载或惯性拉着作为发电机运转时,将机械能变为电能,送回电网而得到制动转矩。此时,其转速 n 大于同步转速 n_0,其运行特性曲线在第二象限,此时电动机工作状态如同一个与电网并联的异步发电机,同时从电网吸取无功功率作励磁之用。三相交流异步电动机回馈制动,常用于多速(变极对数)三相交流异步电动机由高速换接到低速过程中产生制动作用。表 5-17 列出各类电动机采用回馈制动时的接线方式、制动特性及适用的场所。

表 5-17 回馈制动的性能

电动机类型	直流电动机	异步电动机
接线方式	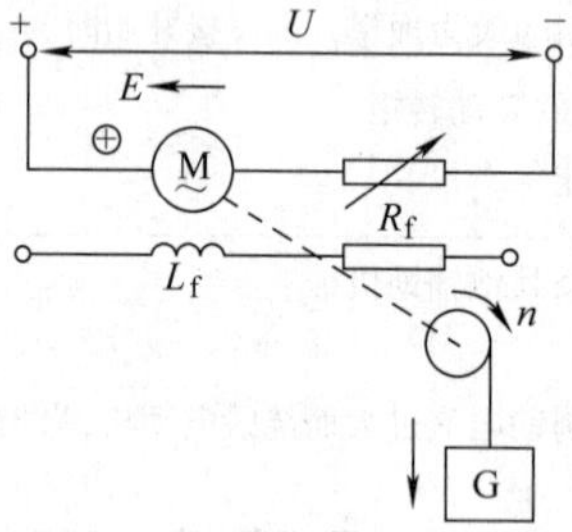 (直流电动机接线图,含 U、E、M、R_f、L_f、G、n)	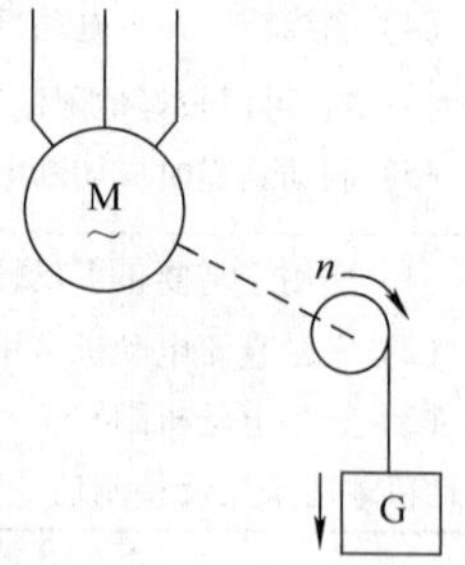 (异步电动机接线图,含 M、G、n)
制动特性	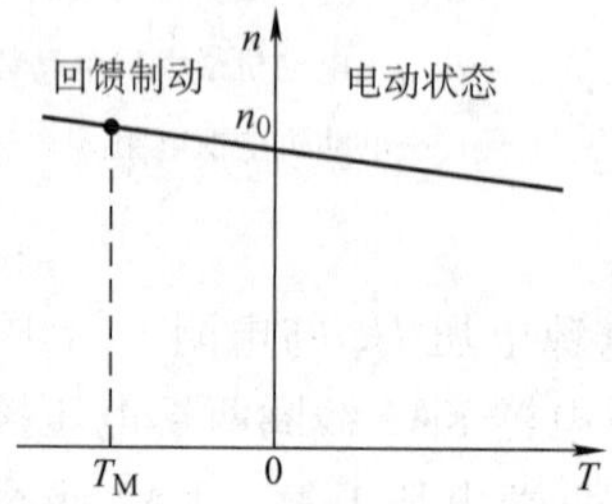 (特性曲线图,回馈制动在第二象限,n_0,电动状态,T_M,T)	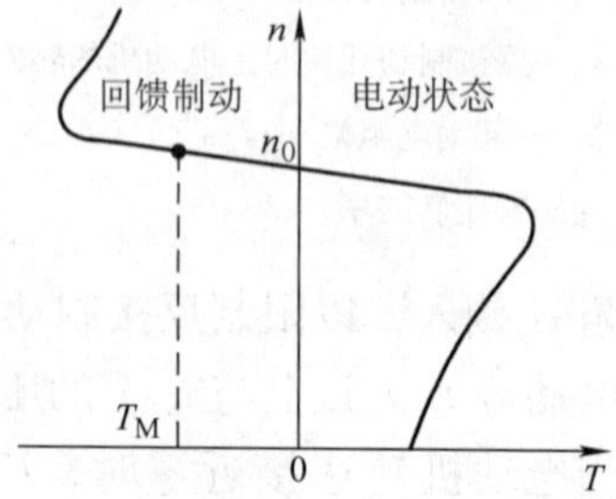 (特性曲线图,回馈制动,n_0,电动状态,T_M,T)
特点	1. 能量可回馈电网,效率高,经济 2. 只能在 $n > n_0$ 时得到制动转矩	
适用的场所	适用于位势负载场合,如高速时重物下放;获得稳定制动,如起重机下放负载等	

5.1.2.5 低频制动

某些大功率交流传动机械(如卷扬机等),要求有较好的制动特性,同时也要求有一个很低的稳定的爬行速度,以保证停车时的准确性及减小停车时的冲击。一般可采用低频制动,见图 5-18。其制动时的机械特性见图 5-19。当需要从高速进行制动时,先将高压供电主电路接触器 KMF 和 KMR 断开,并将转子接触器 KM1 ~ KM7 全部断开,转子外接电阻 r_1 ~ r_7 全部接入。然后接通接触器 KM8,通过交-交型晶闸管变频器 UF 从 380V 电源向电动机定子电路中通入一个 2 ~ 4Hz 的低频、低压电源,使绕线转子异步电动机转入制动状态,其转速从高速 n_1 向低频供电时的空载同步转速 n_{02} 进行减速。此时的制动工作方式与能耗制动完全类似。

为了保证获得较恒定的制动转矩(制动转矩变化过大,容易引起卷扬机钢丝绳打滑),与

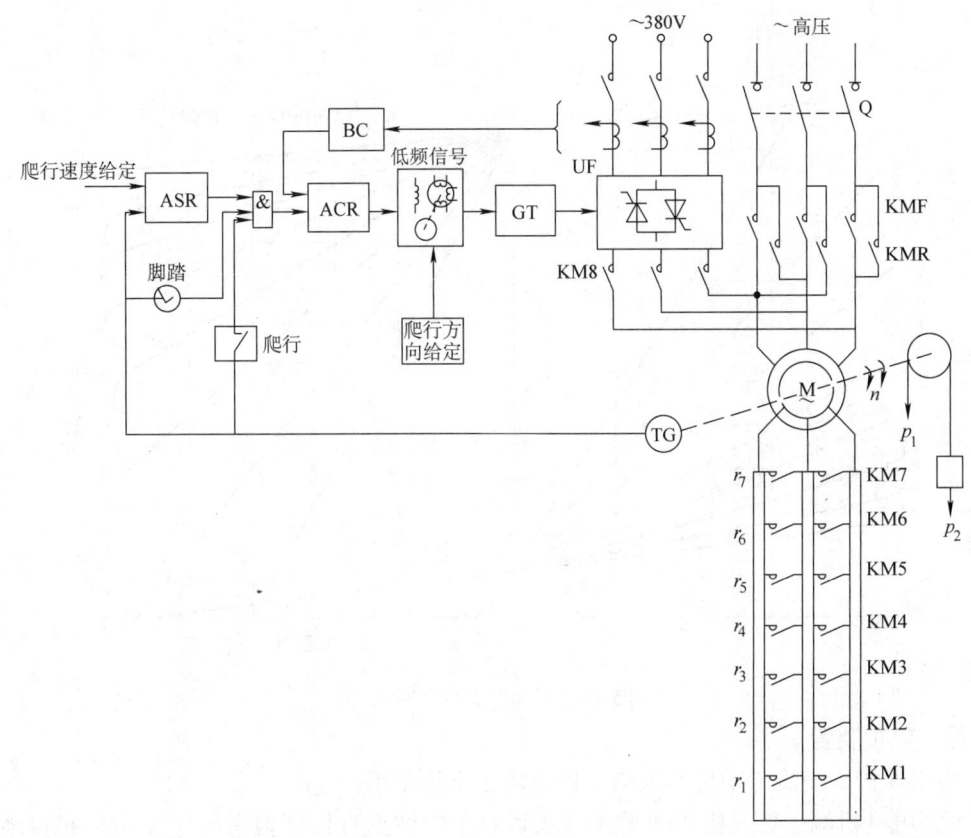

图 5-18　低频制动原理电路

UF—交-交型低频变频器　GT—触发器　ACR—电流调节器
BC—电流变换器　ASR—速度调节器　TG—测速发电机

起动过程一样,制动时转子电路中采用7级电阻逐级切换。全部电阻短接后,转速已减到很低速度时,绕线转子异步电动机便过渡到低频供电时的自然机械特性上,并在稳定的爬行速度下运转。当卷扬机达到停车位置时,切断低频电源(断开接触器 KM8),用机械制动器制动,使生产机械停在准确的位置上。由于此时转速已很低,故停车制动时几乎没有冲击,且停车位置准确。

低频供电电源可用低频发电机组或采用晶闸管交-交变频装置,其功率大约只为主电动机功率的 5%～10%。比如,一台主电动机为 1000kW 的卷扬机,其低频供电电源容量约为 50kVA。采用晶闸管交-交变频装置,其工作原理参见第7章。因易于实现闭环控制,故可以获得稳定的爬行速度。

5.1.3　电动机的保护

电动机的保护应根据电动机的类型、功率大小、使用场所以及所拖动的生产机械的重要程度等因素而定。通常,对于每台电动机至少应装设短路保护,对于功率为 1kW 以上连续运转的电动机还应该加设过载保护,频繁起、制动的电动机难以用热继电器实现过载保护,可用过电流继电器实现过电流保护,以防止电动机因堵转而损坏。

5.1.3.1　交流电动机的保护

交流电动机应装设短路保护,并根据不同情况分别装设防止电动机过载、断相运行、低

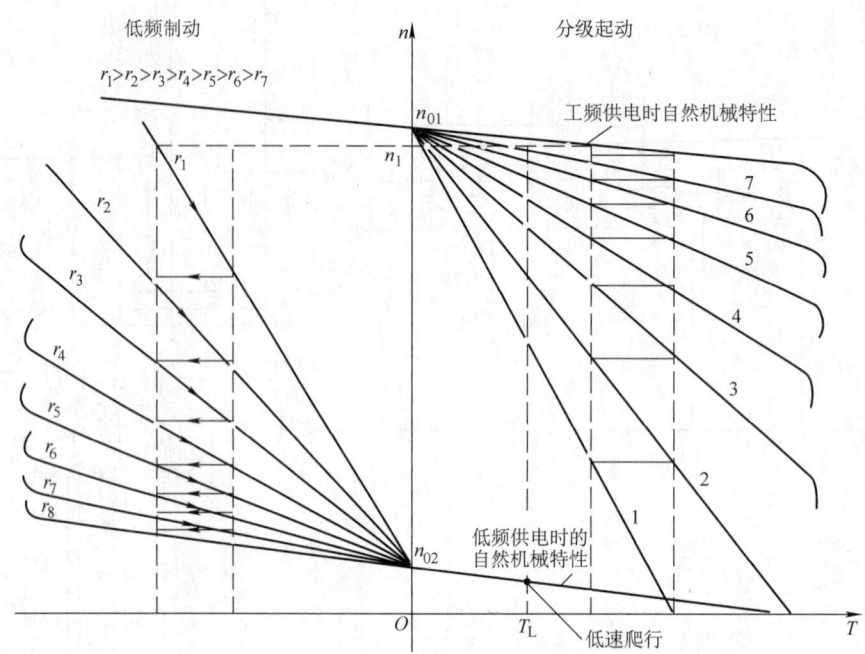

图 5-19　低频制动的机械特性

电压运行等保护装置。

1. 短路保护　交流电动机的短路保护应满足下述要求：

（1）当电动机端子处发生相间短路，或者对于中性点直接接地系统中发生单相接地短路时，保护装置应尽快切断故障电路。

（2）当电动机正常起、制动及自起动时，保护装置不应误动作。

短路保护宜采用熔断器或具有瞬时动作（或短延时）脱扣器的低压断路器；对个别功率较大的重要电动机，也可采用过电流继电器作用于低压断路器。

如果采用由过电流继电器作用于接触器的短路保护装置，应校验接触器的最大分断能力，不能满足要求时不宜采用。

由低压断路器和接触器组成的电动机供电线路，当短路电流大于接触器的"弹开电流"（接触器触头因短路电流产生的电动力而自动弹开时的电流）时，即使低压断路器在接触器释放前断开，接触器的触头仍会因短路电流电动力的作用而弹开，发生强烈电弧，灼伤触头，产生熔焊，使接触器不能继续工作。在这种情况下，对操作不频繁的电动机，可采用带电动操作机构的低压断路器代替上述低压断路器和接触器组成的线路。对频繁操作的电动机，应尽量将接触器放在供电线路的末端，以减小接触器后端的短路电流，使其小于"弹开电流"。

在短路电流小于接触器"弹开电流"时，由于有些接触器（如已淘汰产品 CJ0、CJ10 系列）的失电压动作时间比低压断路器全断开时间短，可能在低压断路器还未断开前，由接触器断开短路电流，因而仍然达不到装设保护装置的目的。而 CJ12 型接触器的失电压释放时间比低压断路器全断开时间长，发生短路时，接触器比低压断路器后断开，从而可避免上述危险。

电动机短路保护的元件可按下述要求装设：

（1）在中性点直接接地的系统中，应在每相上装设。

（2）在中性点不接地的系统中，以熔断器作保护时，应在每相上装设；用低压断路器作保护时，应在不少于两相上装设。此时，要注意同一系统中的保护装置应装在相同的两相上。

原则上，每台电动机应装设单独的保护装置。只有在总电流不超过 20A 时，才允许数台电动机共用一套保护装置。

经常有人操作的绕线转子异步电动机采用过电流继电器保护时，宜采用自动复归的过电流继电器。经常无人操作的场所，宜选用手动复归的过电流继电器。

采用低压断路器作短路保护时，脱扣器的整定电流可按下式确定：

$$I_{dz} = K_{k1} I_s \tag{5-15}$$

式中　I_{dz}——低压断路器瞬时（短延时）过电流脱扣器整定电流（A）；

　　　I_s——被保护电动机的起动电流（A）；

　　　K_{k1}——可靠系数，对短延时及瞬时动作时间大于 20ms 的低压断路器，一般取 1.35；对瞬时动作时间小于 20ms 的低压断路器，一般取 1.7~2。

校验灵敏度为

$$K_l = K_{lx} \frac{I_{dmin}^{(3)}}{I_{dz}} \geqslant 2 \tag{5-16}$$

式中　K_{lx}——两相短路时的相对灵敏系数，一般取 0.87；

　　　$I_{dmin}^{(3)}$——电动机端子上三相短路电流的最小值（A）。

采用熔断器作短路保护时，其熔体电流可由式（5-18）计算确定。

2. 过载保护　电动机的过载保护装置可按下列要求装设：

（1）容易过载或堵转的电动机，以及由于起动或自起动条件严酷而需要限制起动时间或防止起动失败的电动机，必须装设过载保护装置。

（2）重复短时和短时工作制的电动机及 1kW 以下长期工作的电动机可不装设过载保护装置。

（3）同步电动机应装设过载保护装置，并作为失步保护。

过载保护一般采用热继电器或带长延时脱扣器的低压断路器，对大功率的重要的电动机，应采用反时限特性的过电流继电器。过载保护一般用以切断电动机电源实现保护。必要时可采用发出警告信号或使电动机自动减载。

有堵转可能的电动机（如电动闸阀等），当短路保护装置不能适用其堵转要求时，应装设定时限过电流保护装置，其时限应保证电动机起动时保护装置不动作。

连续运转和移动设备应装设防止断相运行的保护装置，但符合下列情况之一者可不装设。

（1）运行中定子为星形联结，且装有过载保护者。

（2）经常有人监督，能及时发现断相故障者。

（3）用低压断路器作线路保护者。

防止断相运行的保护，可采用带断相保护的三相热继电器或其他专用保护器件。

当采用长延时脱扣器低压断路器作过载保护时，脱扣器的整定电流可按下式计算：

$$I_{dz} = K_{k2} I_N \tag{5-17}$$

式中　I_{dz}——低压断路器长延时脱扣器整定电流（A）；

　　　I_N——电动机的额定电流（A）；

　　　K_{k2}——可靠系数，一般取 $K_{k2} = 1.1$。

根据起动时间的长短，选择长延时脱扣器的安秒特性。按 GB 14048.2—2004 规定，脱扣器额定电流在50A以下时，通过6倍动作电流的可返回时间有大于1s和大于3s两种；当脱扣器额定电流为50A以上时，通过6倍动作电流的可返回时间有大于3s及大于8s或大于15s等三种。

3. 欠电压保护

(1) 电动机的欠电压保护可按下列要求装设：

1) 电动机一般应装设瞬时动作的欠电压保护元件；但对功率不超过10kW的电动机，当工艺和保安条件允许自起动时，可不装设。

2) 对不需要和不允许自起动的重要电动机，应装设短延时的欠电压保护，其延时的时限应比自动重合闸和备用电源自动合闸的时限大一级。

3) 需要随时自起动的重要电动机，不装设欠电压保护；但按保安条件，在停转后不允许自起动时，或因分组自起动而要切除时，应设长延时的失电压保护，其延时时间应根据机组的全部惰行时间决定，一般为5~10s。

4) 具有备用设备时，为了在电源被取消后能及时断开电动机而投入备用设备，可装设瞬时动作的失电压保护或短延时的欠电压保护元件。

(2) 欠电压保护一般由起动器或接触器来实现。当控制电路与主电路不是接在同一电源电路时，应在主电路装设欠电压继电器。当主电路电压过低时，通过欠电压继电器自动切断控制电路。对2)和3)项所述的重要电动机，当采用起动器或接触器作为控制设备时，应在控制电路中采取措施，防止起动器或接触器在电压瞬时降低或中断时自行释放。

(3) 欠电压保护的动作电压整定值U_{dz}可按下述要求整定：

1) 对于一般三相交流异步电动机，当负载转矩为100%额定转矩时，取$U_{dz} = 0.7U_N$（U_N为电源额定电压）；当负载转矩为50%额定转矩时，取$U_{dz} = 0.5U_N$。

2) 对于同步电动机分为

无强励时：$U_{dz} = 0.7 \sim 0.75U_N$

有强励时：$U_{dz} = 0.5U_N$

动作时限为10s。

强励装置的动作电压为

$$U_{dz} = 0.85 \sim 0.9U_N$$

(4) 整定时间 一般要求延时的时限大于备用电源自动合闸装置的动作时间，通常可取1~10s。

需要自起动的电动机，应分别视生产工艺要求的重要程度来整定欠电压保护的时间。越是重要的电动机，其时限越长。

5.1.3.2 直流电动机的保护

直流电动机应装设短路保护装置，并应根据不同情况分别装设过载、弱磁、欠电压、过电压、超转速等保护元件。

直流电动机的短路保护应满足下述要求：

(1) 当电动机端子处发生短路时，保护装置应尽快切断电源。

(2) 当电动机正常起动时，保护装置不应误动作。

电动机的短路保护可采用熔断器、带瞬时动作脱扣器的低压断路器，也可以采用作用于接触器动作的过电流继电器。对于大功率电动机和采用晶闸管变流器供电的电动机，应采用快速断路器。

短路保护所用元件，可以只在一个极上装设，但同一系统中均应装在同一极上。

每台电动机应装设单独的短路保护装置，采用过电流继电器保护时，对于经常有人操作的场所，宜选用自动复归的过电流继电器；而对于经常无人操作的场所，则宜选用手动复归的过电流继电器。过电流继电器或低压断路器脱扣器的动作整定值，一般按电动机最大工作电流的110%~115%进行整定。

除串励直流电动机外，均需装设弱磁保护。复励直流电动机的弱磁保护，应考虑电动机在起动过程中的电枢反应的去磁作用，此时应选用带短延时的欠电流继电器。弱磁保护动作整定值，一般按电动机最小励磁工作电流值的80%进行整定。

对有可能出现超速运转的电动机，如卷扬机、轧机等机械传动用的电动机，应装设超速保护元件。通常超速保护采用离心式转速继电器。超速保护动作整定值，按电动机最高工作转速的110%~115%进行整定。

采用发电机供电时，应装设过电压保护装置。过电压保护的动作整定值，一般按发电机额定电压（单独发电机供电时，则按电动机端的额定电压）的110%~115%进行整定。

电动机一般应具有瞬时动作的失电压保护，由接触器来实现。当控制电路与主电路由不同电源供电时，应在主电路装设低电压继电器，以保证当主电路断电时能自动切断控制电路电源。

5.1.4 智能型电动机控制器

传统的电动机控制器采用了许多分列元件，如熔断器、隔离开关、接触器、电流互感器、面板式电表、指示灯、操作按钮、热磁保护元件等，要想实现远程控制和监视，每个回路需要引出许多二次接线。随着微电子技术的发展，一种新型的智能型电动机控制器开始走向市场。对于电动机起动控制与保护来说，只需塑料外壳式断路器（或熔断器开关组）、接触器和一台智能型的电动机控制器，不仅能实现原有的所有操作和保护功能，还有各种辅助自我维护功能，实现远距离的监控管理功能。国际上有许多新型智能型电动机控制产品，如西门子公司的3UF50、东芝公司的T-US000、ALSTOM公司的GEMSTART3等，国内目前有自行开发的ST500智能型电动机控制器等。智能电动机控制器的应用，使得传统的电动机控制更加容易、可靠。产品均可具有通信接口，可基于多种协议组网实现远距离的监控管理，保证设备的运行可靠、操作方便。

ST500智能型电动机控制器是基于微处理器技术开发研制的电动机智能管理系统。通过ST500智能型电动机控制装置（MCU），以及先进的现场总线技术，ST500智能型电动机控制器为低压电动机提供了一整套专业化的集控制、保护与检测于一体的智能化管理方案，其典型产品的技术参数见表5-18。

表5-18 ST500智能型电动机控制器主要技术参数

型号 项目	ST501	ST502	ST503
通信协议	无	Profibus DP	Modbus-Rtu
电动机额定电流/A	2、5、6.3、25、100、250		
电动机额定电压/V	AC380、AC690（50Hz）		

(续)

项目 \ 型号	ST501	ST502	ST503
保护功能	过载、过电流（堵转）、不平衡（断相）、欠电压、过电压、欠载、欠功率、起动加速超时、相序、温度（外配 PTC/NTC 热敏电阻）、接地/漏电（外配漏电互感器）		
光隔数字量输入	9 路 DI，功能可整定		
数字量输出功能	4 路 DO，功能可整定		
控制器额定工作电压/V	AC220、DC220、DC110		
应用方式	直接起动、可逆起动、双速起动、Y/△ 起动、电阻减压起动、自耦变压器减压起动、软起动、变频起动、保护方式		
电缆连接方式	2A　　5A　　6.3A　　25A　　100A		250A
	电缆穿芯式		母线端子连接式
安装方式	35mm 标准导轨安装/螺钉固定式安装		螺钉固定式安装
显示功能	电源/运行/总线/故障，参数整定及显示（选配 ST522 显示模块）		
触头容量	阻性负载：AC220V（250V）、5A，cosφ = 1，DC24V（30V）、5A 感性负载：AC-15；AC220V、1.64A DC-13；DC24V、2A		
周围空气温度	周围空气温度不超过 +55℃，且其 24h 内的平均温度值不超过 +35℃，周围空气温度的下限为 -5℃		
安装的海拔/m	2000		
污染等级	控制器的污染等级为 2 级		
湿度	安装地点的空气相对湿度在最高温度为 +40℃ 时不超过 50%；在较低温度下允许有较高相对湿度，最湿月的月平均最低温度不超过 +25℃，该月的月平均最大相对湿度不超过 90%，对由于温度变化而产生在产品上的凝露情况必须采取措施		
防护等级	IP30		
额定工作制	8h 工作制、不间断工作制、断续周期工作制		

5.2 电器的选择

低压电器的种类繁多、功能多样、用途广泛。图 5-20 是一个配置比较全面的单机三相笼型异步电动机单向全电压起、停的电气控制电路，也是常见、应用广泛的最基本的异步电动机控制电路之一。大多数工业自动化控制系统中的控制主电路就是由这样的基本电路派生、组合成的。由图可见，电路具有以下保护环节：

(1) 刀开关 QS 起电源隔离作用；熔断器 FU1 作为电路后备短路保护，但达不到电动机过载保护的目的。低压断路器 QF 是电路的电源开关，并作为电路的短路和过电流主保护。

(2) 热继电器 FR 具有对电动机过载保护作用，与电动机的反时限特性相匹配。

(3) 欠电压保护与失电压保护是依靠接触器本身的电磁机构来实现的。

5.2.1 隔离器、刀开关

在对电气设备的带电部分进行维修时，必须一直保持这些部分处于无电状态，所以必须将电气设备从电网脱开并隔离。能起这种隔离电源作用的开关电器称为隔离器。隔离器分断时能将电路中所有电流通路切断,并保持有效的隔离距离。隔离器的电源隔离作用不仅要求各极静触座、动触刀之间处于分断状态时,保持规定的电气间隙(距离),而且各电流通路之间、电流通路和邻近接地零部件之间也应保持规定的电气间隙要求。

隔离器一般属于无载通、断电器,只能接通或分断"可忽略的电流"(指套管、母线、连接线和电缆等的分布电容电流和电压互感器或分压器的电流),但有一定的载流能力。也有一些隔离器产品有一定的通断能力,能在非故障条件下接通和分断电气设备或成套设备中的某一部分,这时其通断能力应和其所需通断的电流相适应。

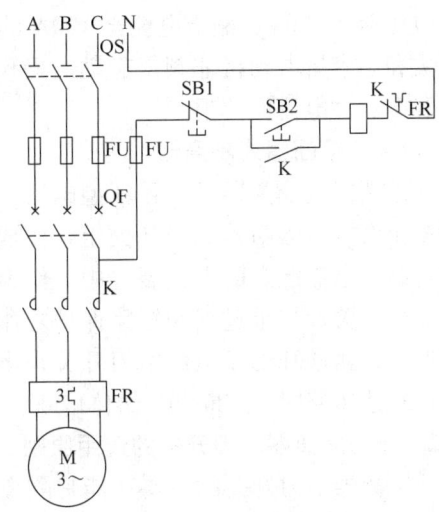

图 5-20 三相异步电动机
全电压起、停控制电路

刀开关(刀形转换开关)是一种结构简单、应用十分广泛的手动电器,主要供无载通断电路用,即在不分断负载电流或分断时各极两触刀间不会出现明显极间电压的条件下接通或分断电路之用。有时也可用来通断较小工作电流而作为照明设备和小型电动机作不频繁操作的电源开关用。当能满足隔离功能要求时,刀开关也可用作电源隔离开关。当刀开关有灭弧罩,并用杠杆操作时也可接通或分断额定电流。

兼有开关作用的隔离器称作隔离开关,它具备一定的短路接通能力。隔离器和熔断器串联组合成一个单元,隔离器的动触刀由熔断体或带熔断体的载熔件组成时,即为隔离器式熔断器组或称为熔断器式隔离器。

刀开关和熔断器串联组合组成负荷开关;刀开关的动触头由熔断体组成时,即为熔断器式刀开关。

上述 4 种含有熔断器的组合电器统称为熔断器组合电器。熔断器组合电器一般能进行有载通断,并有一定的短路保护功能。

根据工作条件和用途的不同,刀开关有不同的结构型式,但工作原理基本相似。刀开关按极数可分为单极、两极、三极和四极刀开关;按切换功能(位置数),可分为单投和双投刀开关;按有、无灭弧罩,可分为带灭弧罩和不带灭弧罩;按操纵方式,又可分为中央手柄式和带杠杆机构操纵式等型式。

5.2.1.1 开启式刀开关

开启式刀开关一般用于额定电压 AC 380V、DC 440V,额定电流至 1500A 的配电设备中作电源隔离之用。带有各种杠杆操作机构及灭弧室的开关,可按其分断能力不频繁地切断负载电路,有板前接线和板后接线之分;分单投、双投两种。图 5-21 为刀开关结构示意图。

5.2.1.2 封闭式负荷开关

封闭式负荷开关俗称铁壳开关,适合在额定电压为交流 380V、直流 440V,额定电流至 60A 的电路中,作为手动不频繁地接通与分断负载电路及短路保护用,在一定条件下也可起连续过载保护作用,一般用于控制小容量的交流异步电动机。

5.2.1.3 开启式负荷开关

开启式开关俗称瓷底胶盖闸,是一种结构简单、应用最广泛的手动电器。常用作交流额定电压380/220V、额定电流至100A的照明配电线路的电源开关和小容量电动机非频繁起动的操作开关。熔丝主要供短路和严重过电流保护用。

5.2.1.4 熔断器式隔离器

熔断器式隔离器是一种新型电器，有多种结构型式，一般多由有填料熔断器和刀开关组合而成，广泛应用于开关柜或与终端电器配套的电器装置中，作为线路或用电设备的电源隔离开关及严重过载和短路保护之用。在电路正常供电的情况下，接通和切断电源由刀开关来承担，当线路或用电设备过载或短路时，熔断器的熔体熔断，及时切断故障电流。

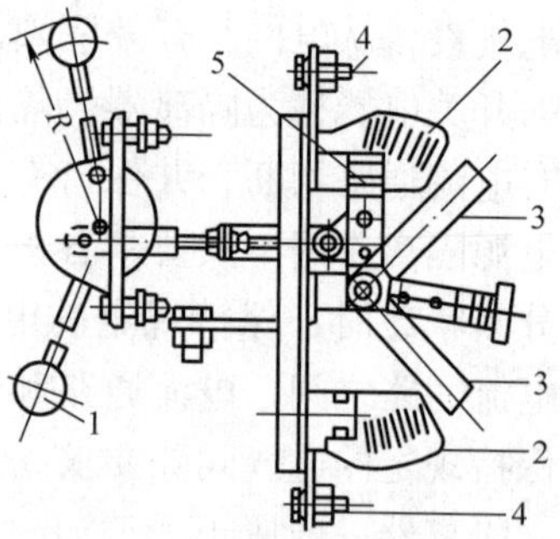

5.2.1.5 隔离器、刀开关的选用原则

图 5-21　HD、HS 系列刀开关结构示意图
1—手柄　2—灭弧罩　3—触刀
4—接线端子　5—触刀座

隔离器、刀开关的主要功能是隔离电源。在满足隔离功能要求的前提下，选用的主要原则是保证其额定绝缘电压和额定工作电压不低于线路的相应数据，额定工作电流不小于线路的计算电流。当要求有通断能力时，须选用具备相应额定通断能力的隔离器。如需接通短路电流，则应选用具备相应短路接通能力的隔离开关。

5.2.2　低压断路器

低压断路器俗称自动空气开关，是低压配电网中的主要开关电器之一，它不仅可以接通和分断正常负载电流、电动机工作电流和过载电流，而且可以接通和分断短路电流。它主要用在不频繁操作的低压配电线路或开关柜（箱）中作为电源开关使用，并对线路、电器设备及电动机等实行保护，当它们发生严重过电流、过载、短路、断相、漏电等故障时，能自动切断线路，起到保护作用，应用十分广泛。较高性能型万能式断路器带有三段式保护特性，并具有选择性保护功能。高性能型万能式断路器带有各种保护功能脱扣器，包括智能化脱扣器，可实现计算机网络通信。低压断路器具有的多种功能，是以脱扣器或附件的型式实现的，根据用途不同，断路器可配备不同的脱扣器或继电器。脱扣器是断路器本身的一个组成部分，而继电器（包括热敏电阻保护单元）则通过与断路器操作机构相连的欠电压脱扣器或分励脱扣器的动作控制断路器。

低压断路器的分类方式很多，按使用类别分，有选择型和非选择型。非选择型保护特性，多用于支路保护。主干线路断路器则要求采用选择型，以满足电路内各种保护电器的选择性断开，把事故区域限制到最小范围的要求；按灭弧介质分，有空气式和真空式；根据采用的灭弧技术，断路器又有两种类型：零点灭弧式断路器和限流式断路器。在零点灭弧式断路器里，被触头拉开的电弧在交流电流自然过零时熄灭，限流式断路器的"限流"是指把峰值预期短路电流限制到一个较小的允通电流。按结构型式分，有万能式（曾称框架式）、塑壳式（曾称装置式）和小型模数式。

根据断路器在电路中的不同用途，断路器被区分为配电用断路器、电动机保护用断路器和其他负载（如照明）用断路器等。

5.2.2.1　低压断路器结构和工作原理

低压断路器的工作原理示意图见图5-22。低压断路器由以下三个基本部分组成。

（1）触头和灭弧系统，这一部分是执行电路通断的主要部件。

（2）具有不同保护功能的各种脱扣器，由不同功能的脱扣器可以组合成不同性能的低压断路器。

（3）自由脱扣器和操作机构，这一部分是联系以上1、2两部分的中间传递部件。

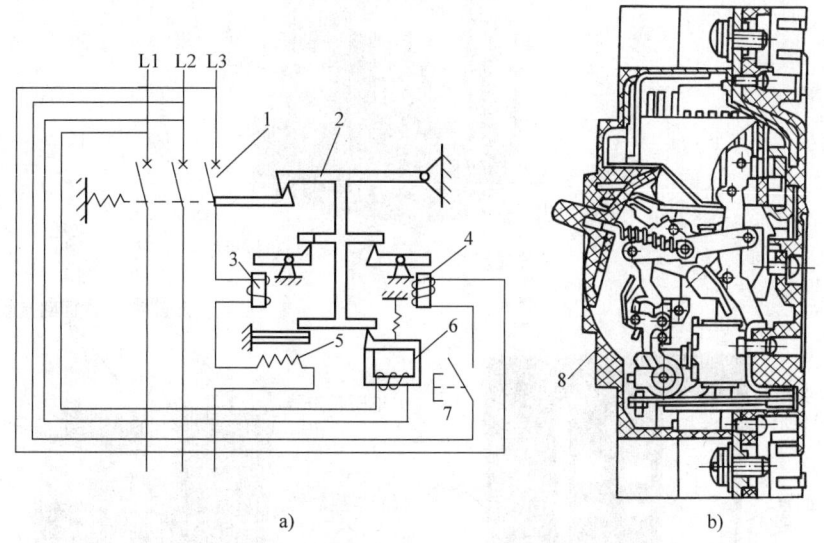

图 5-22 低压断路器工作原理图
a）原理图 b）剖面图
1—主触头 2—自由脱扣机构 3—过电流脱扣器 4—分励脱扣器 5—热脱扣器
6—欠电压脱扣器 7—起动按钮 8—塑料外壳式断路器的内部机构示意图

低压断路器的主触头一般由耐弧合金（如银钨合金）制成，采用灭弧栅片灭弧。在正常情况下，触头可接通、分断工作电流，当出现故障时，能快速及时地切断高达数十倍额定电流的故障电流，从而保护电路及电路中的电器设备。

自由脱扣机构 2 是一套连杆机构，如果电路中发生故障，自由脱扣机构就在有关脱扣器的操动下动作，使脱钩脱开。

过电流脱扣器（也称为电磁脱扣器）3 的线圈和热脱扣器 5 的热组件与主电路串联。当电路发生短路或严重过载时，过电流脱扣器的衔铁吸合，使自由脱扣机构动作，从而带动主触头断开主电路，动作特性具有瞬动特性或定时限特性。当低压断路器由于过载而断开后，一般应等待 2~3min 才能重新合闸，以使热脱扣器恢复原位。过电流脱扣器和热脱扣器互相配合，热脱扣器担负主电路的过载保护功能，过电流脱扣器担负短路和严重过载故障保护功能。

5.2.2.2 常用典型低压断路器简介

1. 万能式断路器　万能式断路器一般有一个有绝缘衬垫的钢制框架，所有部件均安装在这个框架底座内。它有一般式、多功能式、高性能式和智能式等几种结构型式，固定式、抽屉式两种安装方式，手动和电动两种操作方式，具有多段式保护特性，主要用于配电网络的总开关和保护。万能式断路器容量较大，可装设较多的脱扣器，辅助触头的数量也较多。不同的脱扣器组合可产生不同的保护特性，有选择型或非选择型配电用断路器及有反时限动作特性的电动机保护用断路器。

常用主要系列型号有 DW16（一般型）、DW15、DW15HH（多功能、高性能型）、DW45（智能型），另外还有 ME、AE（高性能型）和 M（智能型）等系列。

以多功能型 ZW1（DW45）断路器为例，说明其结构原理，见图 5-23。该类断路器有固定式及抽屉式之分。

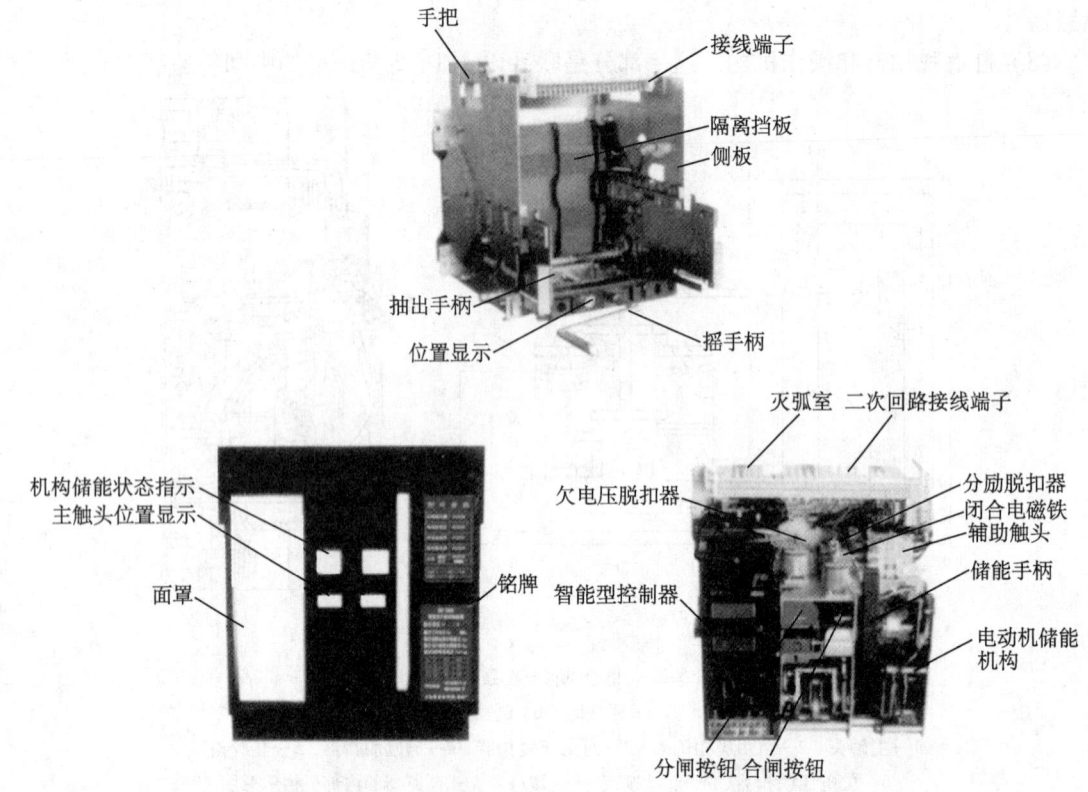

图 5-23 ZW1（DW45）多功能断路器内部结构示意图

固定式断路器主要由触头系统、智能型脱扣器、手动操作机构、电动储能机构、安装板组成。断路器为立体布置型式，具有结构紧凑、体积小等特点。触头系统封闭在绝缘底板内，且每相触头也都用绝缘板隔开，形成一个个小室，而智能型控制器、手动操作机构、电动操作机构依次在其前面形成各自独立的单元，如其中某一单元坏了，可将其整个拆下换上新的。

抽屉式断路器由断路器本体和抽屉座组成。抽屉座两侧有导轨，导轨上有活动的导板，断路器本体架落在左右导板上。抽屉式断路器是通过断路器本体上的母线插入抽屉座上的桥式触头来连接主电路的。抽屉式断路器有三个工作位置：连接位置、"试验"位置、"分离"位置，位置的变更通过手柄的旋进或旋出来实现。三个位置的指示通过抽屉座底座横梁上的指针显示。当处于"连接"位置时，主电路和二次回路均接通；当处于"试验"位置时，主电路断开，并有绝缘隔板隔开，仅二次回路接通，可进行一些必要的动作试验；当处于"分离"位置时，主电路和二次回路全部断开，并且抽屉式断路器具有机械联锁装置，断路器只有在"连接"位置或"试验"位置才能使断路器闭合，而在"连接"位置与"试验"位置的中间位置断路器不能闭合。

2. 塑料外壳式断路器　塑料外壳式断路器的主要特征是有一个采用聚酯绝缘材料模压而成的外壳，所有部件都装在这个封闭型外壳中。接线方式分为板前接线和板后接线两种。大容量产品的操作机构采用储能式，小容量（50A 以下）常采用非储能式闭合，操作方式多为手柄扳动式。塑料外壳式断路器多为非选择型，根据断路器在电路中的不同用途，分为配电用断路器、电动机保护用断路器和其他负载（如照明）用断路器等。常用于低压配电开关柜（箱）中，作配电线路、电动机、照明电路及电热器等设备的电源控制开关及保护。在正常情况下，断路器可分别作为线路的不频繁转换及电动机的不频繁起动之用。

塑料外壳式断路器品牌种类繁多，国产典型型号为DZ20。

断路器由绝缘外壳、操作机构、灭弧系统、触头系统和脱扣器四个部分组成。断路器的操作机构采用传统的四连杆结构方式，具有弹簧储能，快速"合"、"分"的功能，可实现触头的快速闭合和分断，其"合"、"分"、"再扣"和"自由脱扣"位置以手柄位置来区分。灭弧系统是由灭弧室和其周围绝缘封板、绝缘夹板所组成。绝缘外壳由绝缘底座、绝缘盖、进出线端的绝缘封板所组成。绝缘底座和盖是断路器提高通断能力、缩小体积、增加额定容量的重要部件。触头系统由动触头、静触头组成。630A及以下的断路器，其触头为单点式。1250A断路器的动触头由主触头及弧触头组成。

以SM40系列塑料外壳式断路器为例，产品分为板前接线、板后接线、插入式接线；操作方式分为手柄直接操作、转动手柄操作、电动操作等；分断能力分为C、S、R型。SM和系列塑料外壳式断路器技术数据见表5-19，其脱扣方式及附件代号见表5-20，内部附件装配位置见表5-21，配电用断路器热磁型脱扣器保护特性见表5-22，保护电动机用断路器热磁型脱扣器保护特性见表5-23。

3. 模数化小型断路器 模数化小型断路器是终端电器中的一大类，是组成终端组合电器的主要部件之一，可对有关电路和用电设备进行配电、控制和保护等。模数化小型断路器在结构上具有外形尺寸模数化（9mm的倍数）和安装导轨化的特点。有的产品备有报警开关、辅助触头组、分励脱扣器、欠电压脱扣器和漏电脱扣器等附件，供需要时

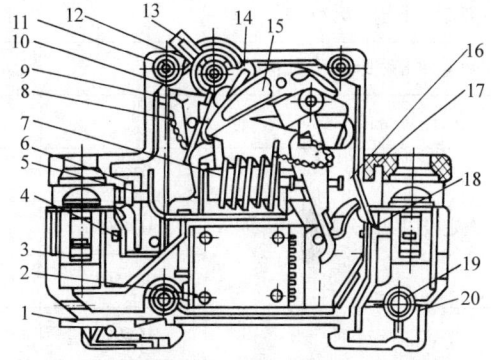

图5-24 模数化小型断路器内部结构示意图
1—安装卡子 2—灭弧罩 3—接线端子 4—连接排
5—热脱扣调节螺栓 6—嵌入螺母 7—电磁脱扣器
8—热脱扣器 9—锁扣 10、11—复位弹簧 12—手柄轴 13—手柄 14—U形连杆 15—脱钩 16—盖
17—防护罩 18—触头 19—铆钉 20—底座

选用。该系列断路器可作为线路和交流电动机等的电源控制开关及过载、短路等保护之用，广泛应用于工矿企业、建筑及家庭等场所。常用主要型号有C45、DZ47、S、DZ187、XA、MC等系列。图5-24为模数化小型断路器内部结构示意图。图5-25为模数化小型断路器外形尺寸和安装导轨示意图。

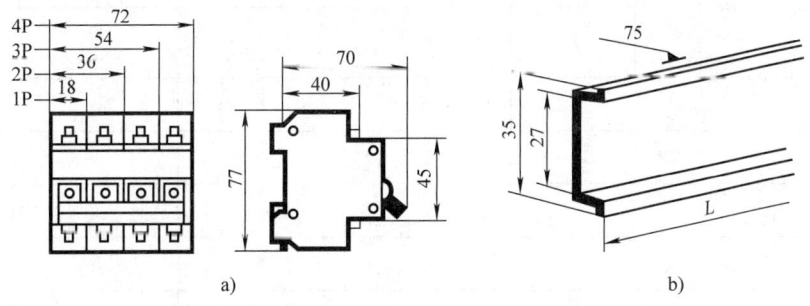

图5-25 模数化小型断路器外形及安装尺寸和安装导轨示意图
a) 外形尺寸和安装尺寸 b) 安装导轨尺寸
注：P为极数

4. 剩余电流动作保护器

（1）剩余电流动作保护器工作原理 剩余电流动作保护器也称漏电电流保护器，是一种用于按TN、TT、IT要求接地的系统中，当电网对地泄漏电流过大、用电设备发生漏电故障及人体触电的情况下，防止事故进一步扩展的防护装置，有剩余（或漏电）电流断路器和剩余

（或漏电）电流动作保护继电器两类。其原理见图 5-26a。

表 5-19 SM40 系列塑料外壳式断路器技术数据

壳架等级额定电流 I_{nm}/A			63					
型号			SM40-63S	SM40-63C	SM40-63S		SM40-63R	
额定电流 I_n/A			6、10、16、20、25、32、40、50、63					
极数			2	3	4	3	4	3
额定绝缘电压 U_i/V			AC800					
额定工作电压 U_e/V			AC400					
额定冲击耐受电压 U_{imp}/V			8000					
飞弧距离/mm			0					
额定极限短路分断能力 I_{cu}/kA		AC690V						
		AC400V	35	20	35		50	
		DC250V						
额定运行短路分断能力 I_{cs}/kA		AC690V						
		AC400V	25	12	25		35	
		DC250V						
操作性能/次		通电	6000					
		不通电	8500					
外形尺寸/mm		W	76	76	101	76	101	76
		L	135					
		H	78.5					
接线方式	板前接线		☆		☆		☆	☆
	板后接线			☆		☆	☆	☆
	插入式接线			☆		☆		☆
附件	分励脱扣器			☆		☆		☆
	欠电压脱扣器			☆		☆		☆
	辅助触头		☆	☆		☆		☆
	报警触头			☆		☆		☆
	旋转手柄操作机构			☆		☆		☆
	电动操作机构			☆		☆		☆

(续)

壳架等级额定电流 I_{nm}/A		100					
型号		SM40-100C	SM40-100C		SM40-100S		SM40-100R
额定电流 I_n/A		10、16、20、25、32、40、50、63、80、100					
极数		2	3	4	3	4	3
额定绝缘电压 U_i/V		AC800					
额定工作电压 U_e/V		AC400，AC690					
额定冲击耐受电压 U_{imp}/V		8000					
飞弧距离/mm		0					
额定极限短路分断能力 I_{cu}/kA	AC690V				25		35
	AC400V	35	35		65		100
	DC250V						
额定运行短路分断能力 I_{cs}/kA	AC690V				12		18
	AC400V	25	25		40		65
	DC250V						
操作性能/次	通电	6000					
	不通电	8500					
外形尺寸/mm	W	90	90	120	90	120	90
	L	155			215		
	H	80					
接线方式	板前接线	☆	☆		☆		☆
	板后接线	☆	☆		☆		☆
	插入式接线		☆		☆		☆
附件	分励脱扣器		☆		☆		☆
	欠电压脱扣器		☆		☆		☆
	辅助触头	☆	☆		☆		☆
	报警触头		☆		☆		☆
	旋转手柄操作机构		☆		☆		☆
	电动操作机构		☆		☆		☆

（续）

壳架等级额定电流 I_{nm}/A			160					
型号			SM40-160C	SM40-160C		SM40-160S		SM40-160R
额定电流 I_n/A			100、125、140、160					
极数			2	3	4	3	4	3
额定绝缘电压 U_i/V			AC800					
额定工作电压 U_e/V			AC400，AC690					
额定冲击耐受电压 U_{imp}/V			8000					
飞弧距离/mm			0					
额定极限短路分断能力 I_{cu}/kA		AC690V				25		35
		AC400V	35	35		65		100
		DC250V						
额定运行短路分断能力 I_{cs}/kA		AC690V				12		18
		AC400V	25	25		40		65
		DC250V						
操作性能/次		通电	3000					
		不通电	7000					
外形尺寸/mm		W	107	107	142	107	142	107
		L	165					240
		H	91.5					
接线方式	板前接线		☆	☆		☆		☆
	板后接线		☆	☆		☆		☆
	插入式接线					☆		☆
附件	分励脱扣器					☆		☆
	欠电压脱扣器					☆		☆
	辅助触头		☆	☆		☆		☆
	报警触头					☆		☆
	旋转手柄操作机构					☆		☆
	电动操作机构					☆		☆

（续）

壳架等级额定电流 I_{nm}/A		225				
型号		SM40-225C	SM40-225C		SM40-225S	SM40-225R
额定电流 I_n/A		100、125、140、160、180、200、225				
极数		2	3	4	3	4	3
额定绝缘电压 U_i/V		AC800				
额定工作电压 U_e/V		AC400，AC690				
额定冲击耐受电压 U_{imp}/V		8000				
飞弧距离/mm		0				
额定极限短路分断能力 I_{cu}/kA	AC690V				25	35
	AC400V	35	35		65	100
	DC250V					
额定运行短路分断能力 I_{cs}/kA	AC690V				12	18
	AC400V	25	25		40	65
	DC250V					
操作性能/次	通电	3000				
	不通电	7000				
外形尺寸/mm	W	107	107	142	107	142	107
	L	165				240
	H	91.5				
接线方式	板前接线	☆	☆		☆	☆
	板后接线	☆	☆		☆	☆
	插入式接线				☆	☆	☆
附件	分励脱扣器				☆	☆	☆
	欠电压脱扣器				☆	☆	☆
	辅助触头	☆			☆	☆	☆
	报警触头				☆	☆	☆
	旋转手柄操作机构				☆	☆	☆
	电动操作机构				☆	☆	☆

（续)

壳架等级额定电流 I_{nm}/A		400						630	
型号		SM40-400C		SM40-400S		SM40-400R		SM40-630C	
额定电流 I_n/A		200、250、315、350、400						400、500、630	
极数		3	4	3	4	3	4	3	4
额定绝缘电压 U_i/V		AC800							
额定工作电压 U_e/V		AC400，AC690							
额定冲击耐受电压 U_{imp}/V		8000							
飞弧距离/mm		0							
额定极限短路分断能力 I_{cu}/kA	AC690V			20		35			
	AC400V	50		65		100		50	
	DC250V								
额定运行短路分断能力 I_{cs}/kA	AC690V			10		18			
	AC400V	35		40		65		35	
	DC250V								
操作性能/次	通电	2000						1500	
	不通电	4000						4000	
外形尺寸/mm	W	150	198	150	198	150	198	210	280
	L	257						280	
	H	106						115	
接线方式	板前接线	☆		☆		☆		☆	
	板后接线	☆		☆		☆		☆	
	插入式接线	☆		☆		☆		☆	
附件	分励脱扣器	☆		☆		☆		☆	
	欠电压脱扣器	☆		☆		☆		☆	
	辅助触头	☆		☆		☆		☆	
	报警触头	☆		☆		☆		☆	
	旋转手柄操作机构	☆		☆		☆		☆	
	电动操作机构	☆		☆		☆		☆	

(续)

壳架等级额定电流 I_{nm}/A			630			800		
型号			SM40-630S		SM40-630R		SM40-800S	SM40-800R
额定电流 I_n/A			400、500、630			700、800		
极数			3	4	3	4	3	4	3	4
额定绝缘电压 U_i/V			AC800					
额定工作电压 U_e/V			AC400，AC690					
额定冲击耐受电压 U_{imp}/V			8000					
飞弧距离/mm			0					
额定极限短路分断能力 I_{cu}/kA		AC690V	25		35		25	35
		AC400V	65		100		65	100
		DC250V	12		18		12	18
额定运行短路分断能力 I_{cs}/kA		AC690V						
		AC400V	40		65		40	65
		DC250V						
操作性能/次		通电	1500			1000		
		不通电	4000			2500		
外形尺寸/mm		W	210	280	210	280	210	280	210	280
		L	280			280		
		H	115			115		
接线方式	板前接线		☆		☆		☆	☆
	板后接线		☆		☆		☆	☆
	插入式接线		☆		☆		☆	☆
附件	分励脱扣器		☆		☆		☆	☆
	欠电压脱扣器		☆		☆		☆	☆
	辅助触头		☆		☆		☆	☆
	报警触头		☆		☆		☆	☆
	旋转手柄操作机构		☆		☆		☆	☆
	电动操作机构		☆		☆		☆	☆

(续)

壳架等级额定电流 I_{nm}/A		1250				1600			
型号		SM40-1250C		SM40-1250S		SM40-1600C		SM40-1600S	
额定电流 I_n/A		630、700、800、1000、1250				2200、1600			
极数		3	4	3	4	3	4	3	4
额定绝缘电压 U_i/V		AC800							
额定工作电压 U_e/V		AC400，AC690							
额定冲击耐受电压 U_{imp}/V		8000							
飞弧距离/mm		≥120							
额定极限短路分断能力 I_{cu}/kA	AC690V	20		25		20		25	
	AC400V	65		80		65		80	
	DC250V								
额定运行短路分断能力 I_{cs}/kA	AC690V	18		20		18		20	
	AC400V	32.5		40		32.5		40	
	DC250V								
操作性能/次	通电	500							
	不通电	2500							
外形尺寸/mm	W	210	280	210	280	210	280	210	280
	L	330				330			
	H	152				152			
接线方式	板前接线	☆		☆		☆		☆	
	板后接线	☆		☆		☆		☆	
	插入式接线								
附件	分励脱扣器	☆		☆		☆		☆	
	欠电压脱扣器	☆		☆		☆		☆	
	辅助触头	☆		☆		☆		☆	
	报警触头	☆		☆		☆		☆	
	旋转手柄操作机构	☆		☆		☆		☆	
	电动操作机构	☆		☆		☆		☆	

（续）

壳架等级额定电流 I_{nm}/A		2000		2500	
型号		SM40-2000C	SM40-2000S	SM40-2500C	SM40-2500S
额定电流 I_n/A		1000、1250、1400、1600、1800、2000		2200、2500	
极数		3		3	
额定绝缘电压 U_i/V		AC800			
额定工作电压 U_e/V		AC400，AC690			
额定冲击耐受电压 U_{imp}/V		8000			
飞弧距离/mm		≥150			
额定极限短路分断能力 I_{cu}/kA	AC690V	25	35	25	35
	AC400V	65	100	65	100
	DC250V				
额定运行短路分断能力 I_{cs}/kA	AC690V	20	35	20	35
	AC400V	50	75	50	75
	DC250V				
操作性能/次	通电	500			
	不通电	2500			
外形尺寸/mm	W	393			
	L	330			
	H	247.5			
接线方式	板前接线	☆	☆	☆	☆
	板后接线	☆	☆	☆	☆
	插入式接线				
附件	分励脱扣器	☆	☆	☆	☆
	欠电压脱扣器	☆	☆	☆	☆
	辅助触头	☆	☆	☆	☆
	报警触头	☆	☆	☆	☆
	旋转手柄操作机构				
	电动操作机构	☆	☆	☆	☆

表 5-20 脱扣方式及附件代号

脱扣方式 \ 附件名称·代号	不带附件	分励脱扣器	辅助触头	欠电压脱扣器	辅助触头 分励脱扣器	两组辅助触头	欠电压脱扣器 辅助触头
电磁脱扣	200	210	220	230	240	260	270
复式脱扣	300	310	320	330	340	360	370

脱扣方式 \ 附件名称·代号	报警触头	报警触头 分励脱扣器	报警触头 辅助触头	报警触头 欠电压脱扣器	报警触头 辅助触头 分励脱扣器	报警触头 两组辅助触头	报警触头 欠电压脱扣器 辅助触头
电磁脱扣	208	218	228	238	248	268	278
复式脱扣	308	318	328	338	348	368	378

表 5-21 内部附件装配位置

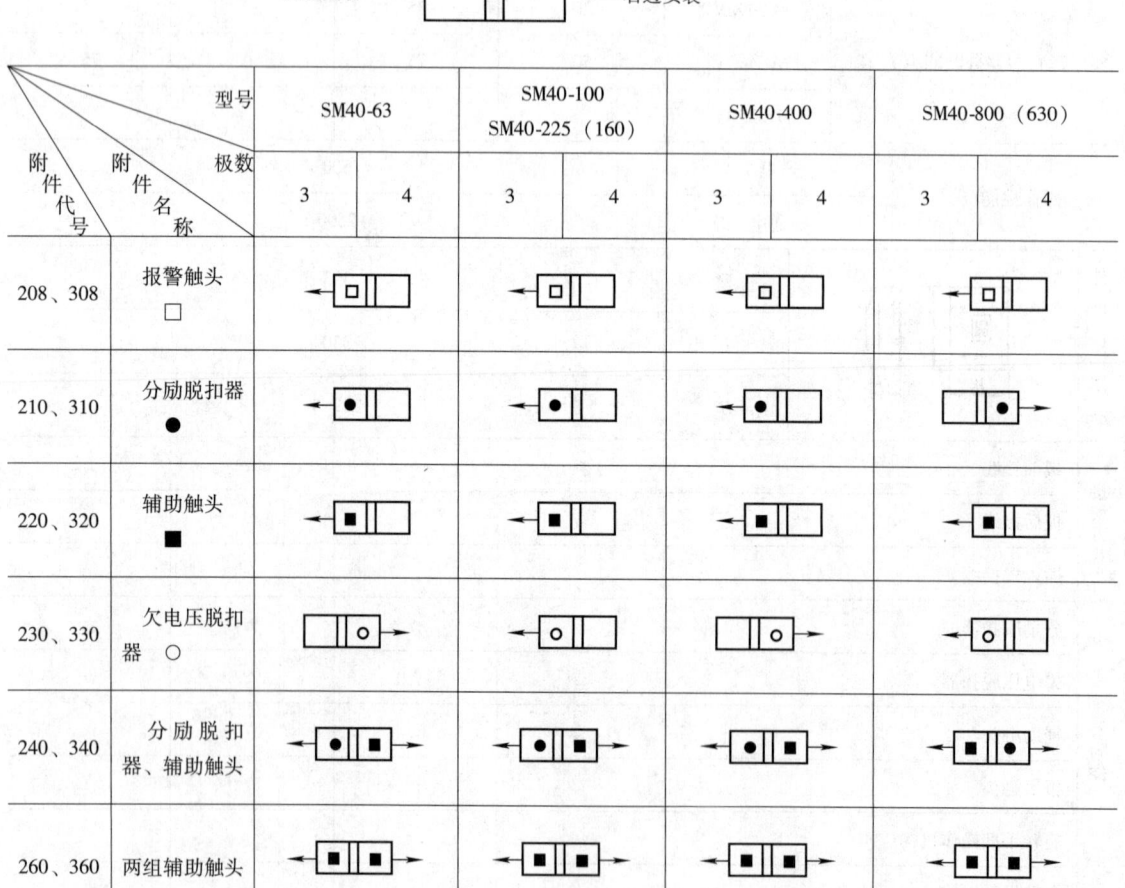

（续）

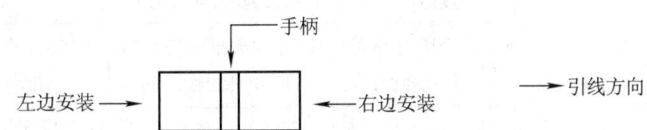

附件代号	附件名称	型号 SM40-63		SM40-100 SM40-225（160）		SM40-400		SM40-800（630）	
		极数 3	4	3	4	3	4	3	4
270、370	辅助触头、欠电压脱扣器	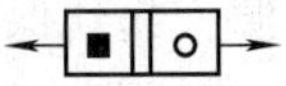				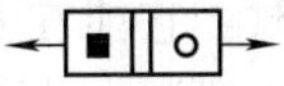		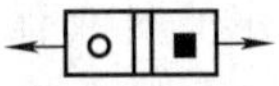	
218、318	分励脱扣器、报警触头					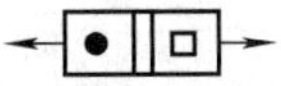			
228、328	辅助触头、报警触头							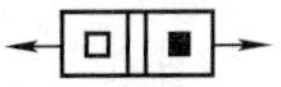	
238、338	报警触头、欠电压脱扣器	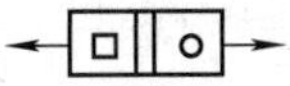		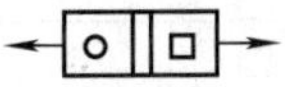		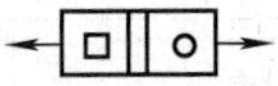		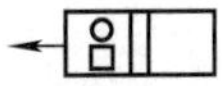	
248、348	分励脱扣器、报警触头、辅助触头								
268、368	两组辅助触头、报警触头								
278、378	欠电压脱扣器、报警触头、辅助触头								

注：SM40-400、SM40-800 中 248、348、278、378 规格中辅助触头为一对触头（即一常开、一常闭），268、368 规格中的辅助触头为三对触头（即三常开，三常闭）。

表 5-22 配电用断路器热磁型脱扣器保护特性

脱扣器额定电流/A	反时限动作特性（环境温度 +40℃）		瞬时动作电流/A
	$1.05 I_n$（冷态）时 不动作时间/h	$1.30 I_n$（热态）时 动作时间/h	
$I_n \leq 63$	1	1	$10(1 \pm 20\%) I_n$
$63 < I_n \leq 225$	2	2	
$225 < I_n \leq 2500$	2	2	$5(1 \pm 20\%) I_n$ $7(1 \pm 20\%) I_n$ $10(1 \pm 20\%) I_n$

表 5-23　保护电动机用断路器热磁型脱扣器保护特性

脱扣器额定电流 /A	反时限动作特性（环境温度 +40℃）				瞬时动作电流 /A
	$1.0I_n$（冷态）时 不动作时间/h	$1.20I_n$（热态）时 动作时间/h	$1.50I_n$（冷态）时 动作时间/min	$7.2I_n$（冷态）时 动作时间/s	
$I_n \leq 100$	2	2	2	$2 < T_p \leq 10$	$12(1 \pm 20\%)I_n$
$225 < I_n \leq 400$			4	$4 < T_p \leq 20$	

零序电流互感器是剩余电流动作保护器的关键部件，通常用软磁材料坡莫合金制作。它具有很好的伏安特性，能正确反映突变漏电和缓变漏电，并且温度稳定性好、抗过载能力强，动作值范围在 10～500mA 之间时线性度较好，可不失真地进行变换。

通常将剩余电流动作装置与低压断路器组合，构成剩余电流断路器。当电路泄漏电流超过规定值时或有人触电时，它能在安全时间内自动切断电源，起到保护电器的作用，保障人身安全和防止设备因发生泄漏电流造成火灾等事故。剩余电流断路器的工作原理见图 5-26。

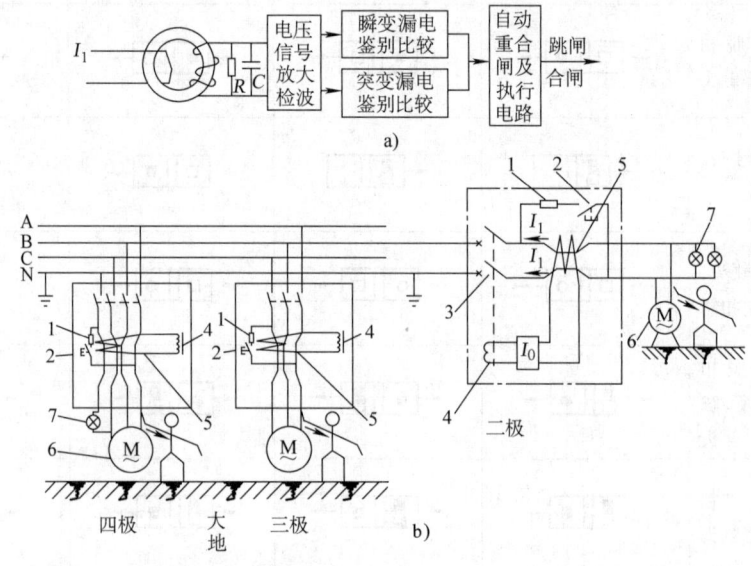

图 5-26　剩余电流动作保护器原理图
a) 剩余电流动作保护器原理框图　b) 二极、三极、四极
剩余电流断路器工作原理示意图
1—试验电阻　2—试验按钮　3—断路器　4—漏电脱扣器
5—零序电流互感器　6—电动机　7—电灯负载

（2）常用典型剩余电流断路器简介　常用剩余电流断路器主要型号有 SM40$_L$、□$_{MIL}$ 等系列，以及各种模数化断路器的漏电附件等。

5. 智能化断路器　目前国内生产的智能化断路器有万能式和塑料外壳式两种。万能式智能化断路器主要用作智能化自动配电系统中的主断路器，塑料外壳式智能化断路器主要用在配电网络中分配电能和作为线路及电源设备的控制与保护，亦可用于三相笼型异步电动机的控制。智能化断路器的特征是采用了以微处理器或单片机为核心的智能控制器（智能脱扣器），它不仅具备普通断路器的各种保护功能，同时还具备实时显示电路中的各种电气参数（电流、电压、功率、功率因数等），对电路进行在线监视、自行调节、测量、试验、自诊断、通信等功能；能够对各种保护功能的动作参数进行显示、设定和修改；保护电路动作时的故障参数能够存储在非易失存储器中，以便查询。

国内 ZW1（DW45）、DW40、DW914（AH）、DW18（AE-S）、DW48、DW19（3WU、DW17）MD 等智能化万能式断路器和智能化塑料外壳式断路器，都配有 ST 系列智能控制器及配套附件。它采用积木式配套方案，可直接安装于断路器本体中，无需重复二次接线，并可多种方案任意组合。其中，ST100 系列智能控制器配套万能式断路器，ST110 系列智能控制器可配套多种塑料外壳式断路器，ST 型显示模块可安装于抽屉柜的抽屉面板或柜门上，以方便监视断路器的运行及故障状态，通过 ST 型手持编程器可进行各种参数的设定，配用 ST-DP 型通信接口模块可联网通信。智能化断路器原理框图见图 5-27。

智能控制器具有以下功能。

(1) 四段保护功能包括过载长延时、短路瞬时和短延时、单相接地等四段保护功能。

(2) 电流表功能显示各种运行电流及接地故障电流。显示正常运行最大相电流及整定、试验的电流值或时间值。

(3) 电压表功能显示各线电压，正常显示最大值。

(4) 远端监控和诊断功能脱扣器具有本机故障诊断功能，当本机发生故障时能发出出错显示或报警，同时重新起动。当局部环境温度过高、过载、接地、短路、负载监控、预报警、脱扣指示等信号通过触头或光耦合器输出发出报警。触头容量 DC28V、1A，AC125V、1A。

(5) 整定功能可对脱扣器各种参数进行整定，整定时能显示被整定区域（段）的电流、时间和区段类别。

(6) 试验功能可对脱扣器各种保护特性进行检查。试验功能分"脱扣"、"不脱扣"两种。断路器主电路正常工作时，可使用"不脱扣"功能进行试验，以保证主电路不断电，此时脱扣器按保护特性整定值正常工作并显示。

(7) 负载监控功能设置两种整定值：第一种为反时限特性；第二种为定时限。用于当电流接近过载整定值时分断下级不重要负载；或当电流超过某一整定值时，延时分断下级不重要负载，并使电流下降，以使主电路和重要负载电路保持供电，当电流下降到另一整定值时，经一定延时后发出指令再次接通下级已切除过的电路，恢复整个系统的供电。

(8) 热脱扣器过载或短路延时脱扣后，在脱扣器未断电之前，具有模拟双金属片特性的记忆功能。过载能量为 30min 释放结束，短延时能量为 15min 释放结束。在此期间发生过载、短延时故障，脱扣时间可变短，脱扣器断电，能量自动清零。

(9) 通信接口功能：断路器具有串行通信接口，通过专用接口与计算机、可编程序控制器、CRT、打印机、语言系统等连接，可把断路器编号、分合状态、脱扣器多种设定值、运行电流、电压、故障电流、动作时间及故障状态等多种参数进行网络传输，实现遥测、遥调、遥控、遥信功能。通信波特率最高达 1MHz，通信距离不小于 1.4km。端口遵守 RS485 协议，支持双工、半双工通信方式，数据传输方式为串行同步及串行异步方式，支持 8 位、9 位数据传输方式，支持奇偶校验及并行通信方式。通信协议属于应用层、数据链路层，各层协议专用。

ZW1（DW45）系列智能化断路器是作为主开关安装在交流 50Hz、400V、690V 的配电网络中，用于分配电能、保护线路，防止电源设备遭受过载、欠电压、短路、单相接地等故障的危害。产品符合 IEC60947-2：2006《低压开关设备和控制设备 第 2 部分：断路器》（即 GB14048.2—2008）标准。

(1) 正常工作条件和安装方式

- 周围空气温度为 $-5 \sim +40$℃，且 24h 的平均值不超过 $+35$℃；

- 安装地点的海拔不超过2000m；
- 安装地点的空气相对湿度在最高温度为+40℃时不超过50%，在较低温度下可以有较高的相对湿度，最湿月的平均最低温度为超过+25℃，该月的月平均最大相对湿度不超过90%，并考虑因温度变化发生在产品表面的凝露；
- 污染等级为3级；
- 断路器主电路及欠电压脱扣器线圈、电源变压器一次绕组的安装类别为Ⅳ，其余辅助电路、控制电路的安装类别为Ⅲ；
- 使用类别为B类；
- 安装方式有固定式、抽屉式；
- 断路器的垂直倾斜度不超过5°；
- 主电路可以倒进线（不分负载端和电源端）；
- 接线方式分为水平、垂直两种。

(2) ZW1 (DW45) 系列智能化断路器主要技术数据
- 断路器的额定短路分断能力及短时耐受电流见表5-24。

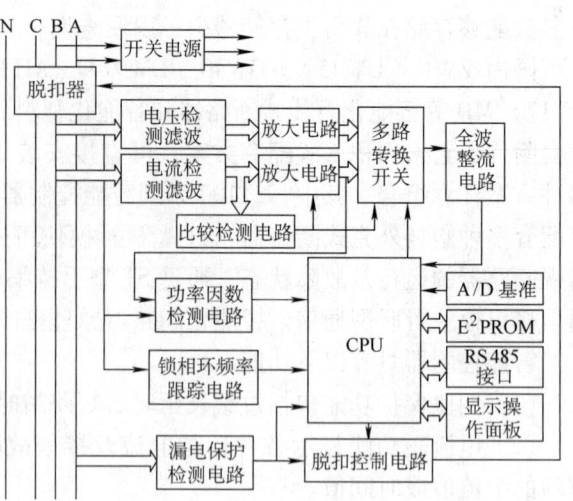

图5-27 智能化断路器原理框图

表5-24 ZW1 (DW45) 断路器的额定短路分断能力及短时耐受电流

壳架等级额定电流 I_{nm}/A	额定电流 I_n/A	额定极限短路分断能力 I_{cu}/kA		额定运行短路分断能力 I_{cs}/kA		1s 额定短时耐受电流 I_{cw}/kA		机械寿命/次（免维护）	电气寿命/次
		400V	690V	400V	690V	400V	690V		
2000	400, 630, 800, 1000, 1250, 1600, 2000	80	50	50	50	50	50	2500	500
3200	2000, 2500, 3200	100	65	65	50	65	65		
4000	3200, 3600, 4000	100	75	80	65	80	65	2000	
6300	4000, 5000, 6300	120	85	100	75	100	75	2000	

- ST45-M、ST45-H 型控制器电流整定值见表5-25。

表5-25 ST45-M、ST45-H 型控制器电流整定值

	电流整定值					
	长延时 I_{r1}	短延时 I_{r2}	瞬时 I_{r3}	接地故障 I_{r4}	漏电故障 I_{re}	负载监控 I_c
配电和电动机保护	$(0.4 \sim 1.0) I_n$（最小值160A）	$(0.4 \sim 1.5) I_n$	$I_n \sim 50kA$ ($I_{nm}=2000A$) $I_n \sim 75kA$ ($I_{nm}=3200 \sim 4000A$) $I_n \sim 100kA$ ($I_{nm}=6300A$)	$(0.2 \sim 0.8) I_n$（最小160A，最大1200A）	$(1.0 \sim 5.0)$ A	$(0.2 \sim 1.0) I_{r1}$（最小160A）
发电机保护	$(0.4 \sim 1.25) I_n$（最小值160A）					

- 长延时过电流保护反时限动作特性见表5-26。

表 5-26 长延时过电流保护反时限动作特性

电流	动作时间					
$1.05I_{r1}$	>2h 不动作					
$1.31I_{r1}$	<1h 不动作					
$1.5I_{r1}$	整定时间 t_L/s	15	30	60	120	240	480
$2.0I_{r1}$	动作时间 T/s	8.4	16.9	33.7	67.5	135	270

- 短延时过电流保护动作特性见表 5-27。

表 5-27 短延时过电流保护动作特性

整定电流 I_{t2}/A	$(0.4 \sim 15)I_n$			
整定时间 t_s/s	0.1	0.2	0.3	0.4
动作特性	>$8I_{r1}$ 时定时限动作			
	≤$8I_{r1}$ 时 $T = (8I_{r1})^2 t_s/I^2$ （I—短路电流）			

- 功耗（环境温度 +40℃）

  ZW1-2000 三极：360W   ZW1-4000 三极：1225W

  ZW1-2000 四极：420W   ZW1-4000 四极：1240W

  ZW1-3200 三极：900W   ZW1-6300 三极：1400W

  ZW1-3200 四极：1220W   ZW1-6300 四极：1600W

- 降容系数见表 5-28。

表 5-28 降容系数

环境温度/℃		+40	+45	+50	+55	+60
允许持续工作电流	2000A	$1.0I_n$	$0.95I_n$	$0.90I_n$	$0.85I_n$	$0.80I_n$
	3200A 4000A 6300A	$1.0I_n$	$0.92I_n$	$0.86I_n$	$0.80I_n$	$0.74I_n$

注：周围空气温度与允许持续工作电流关系是指在各种环境温度下，实测断路器进出线端温度110℃为基准。

6. 双电源自动切换开关

双电源自动切换开关由断路器和自动控制器两部分组成。自动控制器与断路器相连分别构成不同的控制方式、不同功能的自动转换系统。控制器采用电磁驱动，采用电气、机械同时联锁机构，电磁驱动后由机械电气同时联锁保持接通状态，以避免主备电源同时相通而发生故障。开关体有电气或机械合闸指示作为隔离功能的指示器之用。图形符号及设计应用见图 5-28。

当主电源侧电压继电器检测到电压信号（如失电压或欠电压）时，备用电源侧电压断电器动作，同时接通其控制的时间继电器，经过延时后，再接通中间继电器，为其控制的整流桥供电，驱动电磁线圈，开关动作，备用电源回路接通。当主电源恢复正常时，其电压继电器动作，经延时后，接通中间继电器，为整流桥供电，驱动电磁线圈，开关动作，恢复主电源供电，同时备用电源终止供电。

双电源自动切换开关适用于交流 660V、额定频率为 50Hz、直流 250V 的双电源供电系统，能实现常用电源（N）和备用电源（R）之间的自动切换（也可设定为手动切换），实现由无人值守变电所双电源向用户供电。本产品适用于特类和 I 类电力系统、军事设施、医院、机场、通信、消防、码头、化工、石油、纺织、煤矿等不允许停电的重要场合。

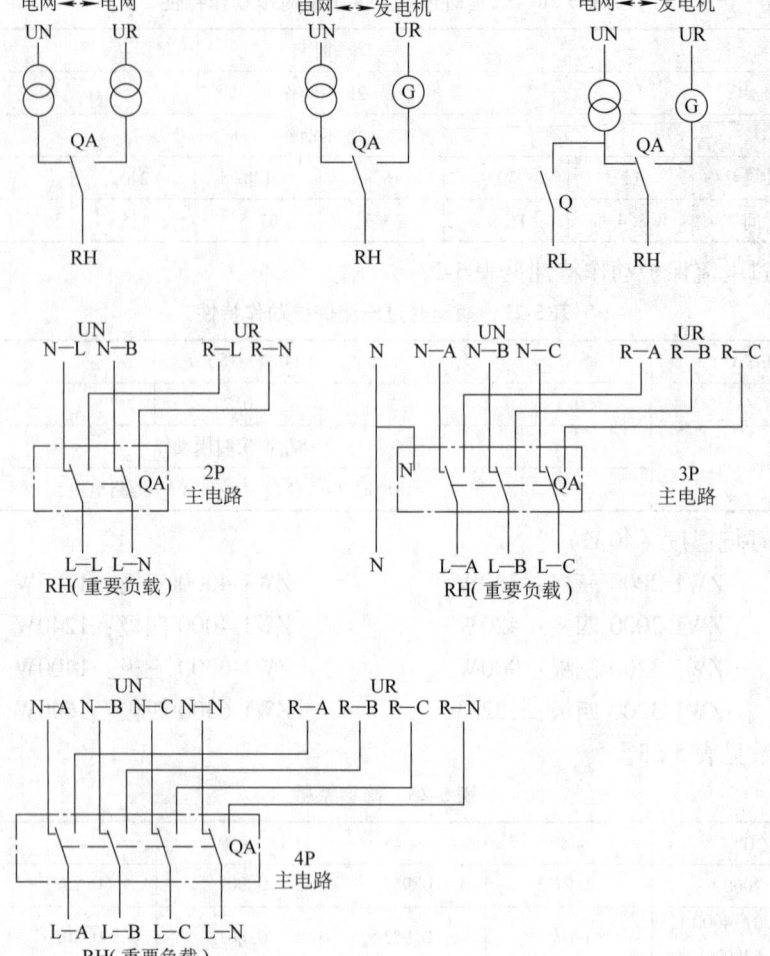

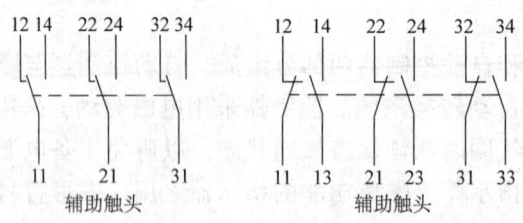

图 5-28　图形符号及设计应用

QA—自动双电源切换开关（SQP1 系列）　UN—常用电源　UR—备用电源

RH—重要负载　RL—次要负载

典型的产品有 SQP1 系列自动电源转换开关。该产品具有以下特点：

(1) 依据 GB/T14048.11—2008《低压开关设备和控制设备　第 6-1 部分：多功能电器转换开关电器》标准设计生产的 ATSE 产品。

(2) 适用于电网⟷电网、电网⟷发电机双回路供电系统。

(3) 产品适应环境强，具有很高的可靠性。

(4) 主触头系统为单刀双掷（三点式）结构，自身联锁，不会造成同时接通两路电源现象；操作机构为一个线圈双向操作，机构简单，动作速度快，最小转换动作时间小于 100ms。

第 5 章 电动机的电器控制

(5) 主触头切换容量大, 可以带 $6I_e$ 切换。

(6) 产品有二极、三极、四极之分。

(7) 有自动控制和手动控制两种工作方式。

(8) 开关有两种安装方式：一体式与分体式。

(9) 附带与主触头同步动作的常开、常闭辅助触头（或转换辅助触头）。辅助触头可用于外指示灯显示开关主触头所处位置, 装、卸次要负载, 通过中间设备向计算机发送开关位置信号等用。

(10) 控制器为智能型产品, 运行参数已由内嵌单片微处理器优化处理, 用户一般无须对运行参数进行调整, 使用简单方便。用户如需要, 可对转换延时时间进行调整。

(11) 控制器对常用电源及备用电源同时在线监测, 并通过显示面板显示监测结果。

(12) 控制器显示面板设有指示灯显示开关位置（常用电源合闸或备用电源合闸）。

(13) 控制器内嵌数字电压表在线自动轮流显示常用电源各相电压。

SQP1 系列自动电源转换开关主要技术参数, 见表 5-29。

表 5-29 SQP1 系列自动双电源切换开关主要技术参数

型号	SQP1-32 SQP1-50 SQP1-63 SQP1-100	SQP1-125 SQP1-160 SQP1-200	SQP1-250 SQP1-315 SQP1-400	SQP1-630 SQP1-800	SQP1-1250 SQP1-1600
电器级别	PC 级				
使用类别	AC-33B				
额定工作电压/V	230（2 极）、400（3 极、4 极）				
额定频率/Hz	50				
欠电压转换值	70% U_e				
欠电压返回值	80% U_e				
过电压转换值	120% U_e				
过电压返回值	115% U_e				
转换延时时间/s	0.1、0.5、2.0、5.0 可调, 出厂设定值 2.0				
返回延时时间/s	5				
电压（U_{IN}）显示精度	2.5 级				
额定接通、分断能力/A	600	1200	2400	4800	9600
额定限制短路电流（SCPD）/kA	5	10	10	16	20
电气操作寿命（次循环）/次	1000	1000	1000	500	500
机械操作寿命（次循环）/次	5000	5000	3000	2500	2500
转换动作时间/s	≤0.1	≤0.15	≤0.2	≤1	≤1.5

5.2.2.3 低压断路器、漏电断路器的选用原则

1. 低压断路器的选用 低压断路器的选用, 应根据具体使用条件选择使用类别, 选择额定工作电压、额定电流、脱扣器整定电流和分励、欠电压脱扣器的电压电流等参数, 参照产品样本提供的保护特性曲线选用保护特性, 并需对短路特性和灵敏系数进行校验。当与另外的断路器或其他保护电器之间有配合要求时, 应选用选择型断路器。

(1) 额定工作电压和额定电流 低压断路器的额定工作电压 U_e 和额定电流 I_e 应分别不低于线路、设备的正常额定工作电压和工作电流或计算电流。断路器的额定工作电压与通断能

力及使用类别有关,同一台断路器产品可以有几个额定工作电压和相对应的通断能力及使用类别。

(2) 长延时脱扣器整定电流 I_{r1}　所选断路器的长延时脱扣器整定电流 I_{r1} 应大于或等于线路的计算负载电流,可按计算负载电流的 1~1.1 倍确定;同时应不大于线路导体长期允许电流的 0.8~1 倍。

(3) 瞬时或短延时脱扣器的整定电流 I_{r2}　所选断路器的瞬时或短延时脱扣器整定电流 I_{r2} 应大于线路尖峰电流,配电断路器可按不低于尖峰电流的 1.35 倍的原则确定,电动机保护电路当动作时间大于 0.02s 时可按不低于 1.35 倍起动电流,如果动作时间小于 0.02s,则应为不低于 1.7~2 倍起动电流的原则确定。这些系数是考虑到整定误差和电动机起动电流可能变化等因素而加的。

(4) 短路通断能力和短时耐受能力校验　低压断路器的额定短路分断能力和额定短路接通能力应不低于其安装位置上的预期短路电流。当动作时间大于 0.02s 时,可不考虑短路电流的非周期分量,即把短路电流周期分量有效值作为最大短路电流;当动作时间小于 0.02s 时,应考虑非周期分量,即把短路电流第一周期内的全电流作为最大短路电流。如校验结果说明断路器通断能力不够,应采取如下措施:

1) 在断路器的电源侧增设其他保护电器(如熔断器)作为后备保护。

2) 采用限流型断路器,可按制造厂提供的允通电流特性或限流系数(即实际分断电流峰值和预期短路电流峰值之比)选择相应的产品。

3) 改选较大容量的断路器。各种短路保护断路器必须能在闭合位置上承载未受限制的短路电流瞬态值,还须能在规定的延时范围内承载短路电流。这种短时承载的短路电流值应不超过断路器的额定短时耐受能力,否则也应采取措施或改变断路器规格。断路器产品样本中一般都给出产品的额定峰值耐受电流和额定短时耐受电流(1s 电流)。当为交流电流时,短时耐受电流应以未受限制的短路电流周期分量的有效值为准。

(5) 根据灵敏度系数校验所选定的断路器,还应按短路电流进行灵敏度系数校验。灵敏度系数即线路中最小短路电流(一般取电动机接线端或配电线路末端的两相或单相短路电流)和断路器瞬时或延时脱扣器整定电流之比。两相短路时的灵敏度系数应不小于 2,单相短路时的灵敏度系数,对于 DZ 型断路器可取 1.5,对于其他型断路器可取 2。如果经校验灵敏度系数达不到上述要求,除调整整定电流外,也可利用延时脱扣器作为后备保护。

(6) 分励和欠电压脱扣器的参数确定:分励和欠电压脱扣器的额定电压应等于线路额定电压,电源类别(交、直流)应按控制线路情况确定。国标规定的额定控制电源电压系列(V)为直流(24)、(48)、110、125、220、250;交流(24)、(36)、(48)、110、127、220,括号中的数据不推荐采用。

2. 漏电断路器的选用　漏电断路器具有两个功能:一是具有断路器的功能;二是具有漏电保护的功能。断路器功能与一般低压断路器相同,漏电保护部分通过零序互感器检测的是剩余电流,即通过检测被保护回路内相线和中性线的电流瞬时值,判断对地泄漏电流的变化。因此,断路器功能部分的选择与一般低压断路器相同。漏电保护功能部分(下称漏电保护器)的选择,应考虑两个基本条件:一是漏电保护器的漏电动作电流必须躲过电网正常泄漏电流;二是漏电保护器的漏电动作电流必须小于引起火灾的最小点燃电流或人体安全电流,按选用漏电保护器的主要目的确定。一般按以下原则选择:

(1) 选择漏电保护器的额定动作电流按国家标准 GB13955—2005《剩余电流保护装置安

装和运行》的规定，选择漏电保护器的额定动作电流应根据电气线路的正常泄漏电流确定，并应充分考虑到被保护线路和设备可能发生的正常泄漏电流值，必要时可通过实际测量取得被保护线路和设备的泄漏电流值。

（2）选择漏电保护器的额定漏电不动作电流，按国家标准 GB13955—2005 的规定，漏电保护器的额定漏电不动作电流应不小于电气线路和设备的正常泄漏电流的最大值的 2 倍。

（3）电气线路和设备泄漏电流值与分级安装的漏电保护器特性应配合。

1）用于单台用电设备时，漏电保护器动作电流应不小于正常运行实测泄漏电流的 4 倍。以防止因漏电引起触电事故和火灾。

2）配电线路的漏电保护器动作电流应不小于正常运行实测泄漏电流的 2.5 倍，同时还应满足其中泄漏电流最大的一台用电设备正常运行泄漏电流的 4 倍。以防止因漏电引起火灾。

3）用于全网保护时，动作电流应不小于实测泄漏电流的 2 倍。为全网增设全面的漏电保护，防止因漏电引起火灾。

（4）一般地说，不同额定剩余动作电流的漏电保护器可按以下原则选用。

1）额定剩余动作电流为 30mA 及以下的漏电保护器，用于对直接接触及 TT 系统的保护，及不直接接触、IT 中性线不接地系统和完全暴露条件下工作（如建筑工地、游泳池、娱乐场所等）设备的保护。

2）额定剩余动作电流为 50mA 及以上的漏电保护器，用于对非直接接触及 TT 系统及防止火灾的保护。

3）配置选择性保护时，应保证除对非直接接触及 TT 系统可保护外，还能对下级装有 30mA 的漏电保护系统作选择性保护，仅隔离事故电路，其他电路仍应保证继续供电。

5.2.2.4　关于系统接地型式的说明

配电系统的接地型式主要有 TN 系统（包括 TN-S 系统、TN-C-S 系统、TN-C 系统）、TT 系统和 IT 系统三种。

1. 各种接地型式的系统

（1）TN 电源系统有一点直接接地，电气装置的外露可导电部分通过保护导体接到此接地点上。其中，TN-S 系统是在整个系统中中性线和接地线相互独立；TN-C-S 系统是在系统的一部分中中性线和接地线结合在单根前 PEN 导线中；TN-C 系统是在整个系统中中性线和接地线合并在一根 PEN 导线中。图 5-29a～c 示出了 TN 系统的三种型式。

（2）TT 电源系统的可接地点与电气装置的外露可导电部分分别直接接地。图 5-29d 示出了这种系统的型式。

（3）IT 电源系统的可接地点不接地或通过阻抗接地，电气装置的外露可导电部分单独直接接地或通过保护导体接到电源系统的接地极上。图 5-29e、f 示出了 IT 系统的两种型式。

5.2.3　接触器

接触器是一种适用于在低压配电系统中远距离控制、频繁操作交直流主电路及大容量控制电路的自动控制开关电器，主要应用于自动控制交直流电动机、电热设备、电容器组等设备，应用十分广泛。接触器具有强大的执行机构，大容量的主触头及迅速熄灭电弧的能力。当系统发生故障时，能根据故障检测组件所给出的动作信号，迅速、可靠地切断电源，并有低电压释放功能。与保护电器组合可构成各种电磁起动器，用于电动机的控制及保护。

其中，应用最广泛的是空气电磁式交流接触器和空气电磁式直流接触器，习惯上简称为

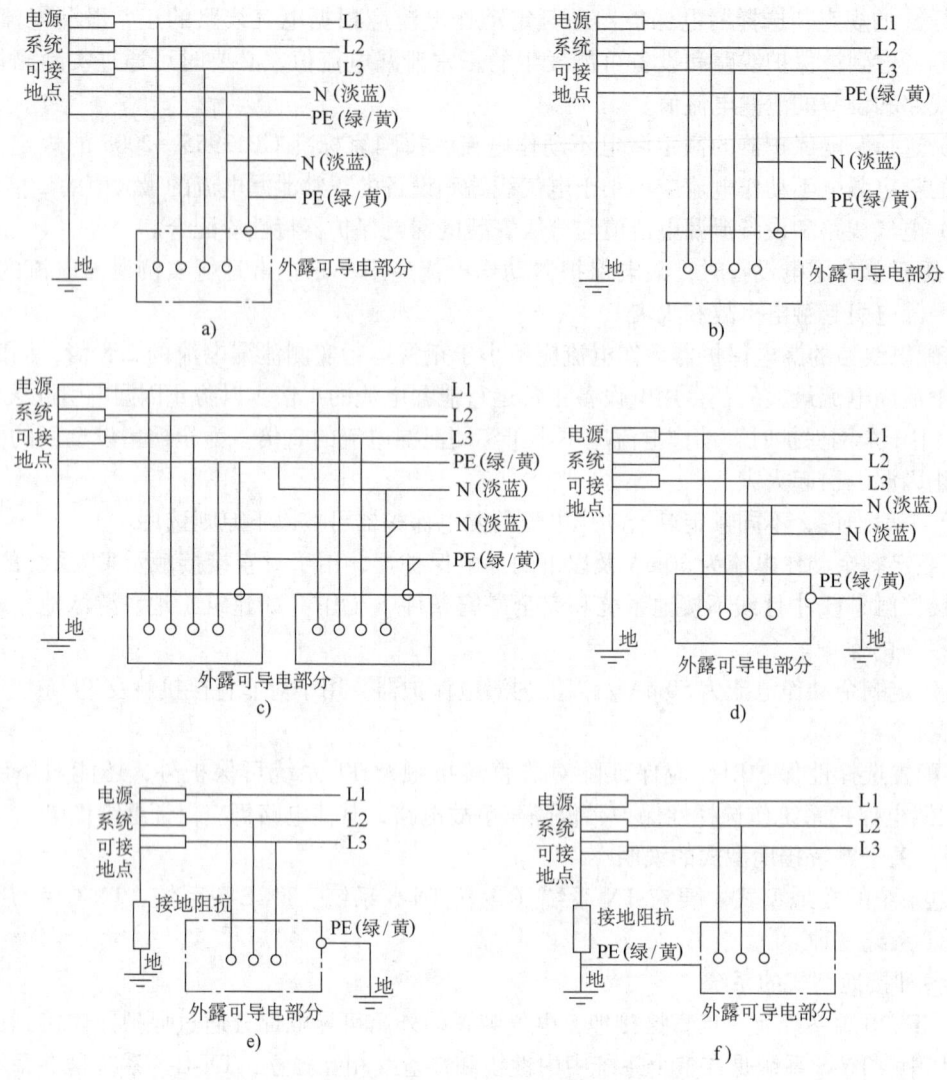

图 5-29 配电系统接地型式
a) TN-S 系统 b) TN-C 系统 c) TN-C-S 系统 d) TT 系统
e) 具有独立接地极的 IT 系统 f) 具有公共接地极的 IT 系统

交流接触器和直流接触器。

5.2.3.1 接触器的结构及工作原理

接触器由磁系统、触头系统、灭弧系统、释放弹簧机构、辅助触头及基座等几部分组成。接触器的基本工作原理是利用电磁原理通过控制电路的控制和可动衔铁的运动来带动触头控制主电路通断的。

5.2.3.2 常用典型交流接触器简介

1. 空气电磁式交流接触器 在接触器中，空气电磁式交流接触器应用最为广泛，产品系列、品种最多，其结构和工作原理基本相同，但有些产品在功能、性能和技术含量等方面各有独到之处，选用时可根据需要择优选择。典型产品有 CJ20、CJ21、CJ26、CJ29、CJ35、CJ40、NC、B、LC1-D、3TB 和 3TF 系列交流接触器等。

下面介绍 3TF 系列交流接触器。

3TF 系列交流接触器为交流 50Hz 或 60Hz、额定绝缘电压为 690~1000V、在 AC-3 使用类别下额定工作电压为 380V 时的额定工作电流为 9~400A，主要供远距离接通及分断电路之用，适用于控制交流电动机的起动、停止及反转。它符合 GB14048.4—2010《低压开关设备和控制设备 第 4-1 部分：接触器和电动机起动器 机电式接触器和电动机起动器（含电动机保护器）》（它等同采用 IEC60947-4-1：2009-09 Ed.3.0）和 DIN VDE 0660 第 102 部分《低压开关电器、机电式接触器和电动机起动器》等标准。

3TF 系列工作条件：
- 海拔高度不超过 2000m；
- 周围环境温度：-25~+55℃；
- 空气相对湿度：在 +40℃时不超过 50%，+25℃时不超过 90%；
- 大气条件：没有会引起爆炸危险的介质，也没有腐蚀金属和破坏绝缘的气体和导电尘埃；
- 在无显著摇动和冲击振动的地方；
- 在没有雨雪侵袭的地方。

3TF 系列交流接触的结构特点：
- 安全性能好，导电部件不外露；
- 体积小，重量轻，灭弧罩材料采用不饱和树脂，耐弧性好，不会碎裂；
- 灭弧室呈封闭型，飞弧距离小，可缩小电气箱体尺寸；
- 主触头系统结构独特，触头磨损小，电寿命增加；
- 电磁铁工作可靠，损耗少，噪声小，且具很高的机械强度；
- 操作频率和控制容量高；
- 3TF30-35 系列可外加辅助触头座；
- SIGUT 西门子专利端接法、接线方便、牢固，接触可靠性高，抗振性强，安全防护性好。

3TF 系列交流接触器的技术参数见表 5-30。

2. 机械联锁（可逆）交流接触器　机械联锁（可逆）接触器实际上是由两个相同规格的交流接触器再加上机械联锁机构和电气联锁机构所组成，可以保证在任何情况下（如机械振动或错误操作而发出的指令）都不能使两台交流接触器同时吸合，而只能是当一台接触器断开后，另一台接触器才能闭合，能有效地防止电动机正、反转换向时出现相间短路的可能性。机械联锁接触器主要用于电动机的可逆控制、双路电源的自动切换，也可用于需要频繁地进行可逆换接的电气设备上。生产厂通常将机械联锁机构和电气联锁机构以附件的形式提供。

常用的机械联锁（可逆）接触器有 LC2-D（国内型号为 CJX4-N）、6C、3TD、B 等系列。3TD 系列可逆交流接触器主要适用于额定电流至 63A 的交流电动机的起动、停止及正、反转控制。

3. 切换电容器接触器　切换电容器接触器是专用于低压无功补偿设备中投入或切除并联电容器组，以调整用电系统的功率因数。切换电容器接触器带有抑制浪涌装置，能有效地抑制接通电容器组时出现的合闸涌流对电容器的冲击和开断时的过电压，常用产品有 CJ16、CJ19、CJ41、CJX4、CJX2A、LC1-D、6C 等系列。

4. 真空交流接触器　真空接触器是以真空为灭弧介质，其主触头密封在真空开关管内。位于真空中的触头一旦分离，触头间将产生由金属蒸气和其他带电粒子组成的真空电弧，在第一次过零时真空电弧就能熄灭（燃弧时间一般小于 10ms），分断电流。由于熄弧过程是在密封的真空容器中完成的，电弧和炽热的气体不会向外界喷溅，所以开断性能稳定可靠，不会污染环境，因此特别适用于条件恶劣的危险环境中。真空开关管是真空开关的核心组件，其主要技术参数决定真空开关的主要性能。常用的真空接触器有 CKJ 和 EVS 系列等。

表 5-30 技术数据 3TF 交流接触器

辅助触头 NO（常开），NC（常闭）		NO—NC	NO—NC	NO—NC	NO—NC
订货号		3TF30 00-0X -- 3TF30 10-0X 1 - 3TF30 01-0X - 1	3TF40 10-0X 1 - 3TF40 01-0X - 1 3TF40 11-0X 1 1 3TF40 22-0X 2 2 3TF40 20-0X 2 - 3TF40 31-0X 3 1	3TF31 00-0X -- 3TF31 10-0X 1 - 3TF31 01-0X - 1	3TF41 10-0X 1 - 3TF41 01-0X - 1 3TF41 11-0X 1 1 3TF41 22-0X 2 2 3TF41 20-0X 2 - 3TF41 31-0X 3 1
额定绝缘电压/V		690	690	690	690
额定工作电流/A (380V)	AC-3	9	9	12	12
	AC-4	3.3	3.3	4.3	4.3
可控电机功率/kW	AC-3 230/220V 400/380V 500V 690/660V 1000V	2.4 4 5.5 5.5 …	2.4 4 5.5 5.5 …	3.3 5.5 7.5 7.5 …	3.3 5.5 7.5 7.5 …
	AC-4 400/380V 690/660V	1.48/1.4 2.54/2.4	1.48/1.4 2.54/2.4	2/1.9 3.45/3.3	2/1.9 3.45/3.3
机械寿命/$\times 10^6$ 次		15	15	15	15
电寿命/$\times 10^6$ 次	AC-3	1.2	1.2	1.2	1.2
	AC-4	0.2	0.2	0.2	0.2
操作频率/（次/h）	AC-3	1000	1000	1000	1000
	AC-4	250	250	250	250
吸引线圈工作电压范围（AC）		$(0.8 \sim 1.1) U_s$			
线圈电压订货号 3TF3…0X□□ 3TF4…0X□□		50Hz 线圈 50Hz 60Hz 24V 29V B0 32V 38V C0 36V 42V G0 42V 50V D0 48V 58V H0 60V 72V E0 110V 132V F0 125/127V 150/152V L0 220V 264V M0 230V 277V P0 240V 288V U0 380C 460C Q0 400V 480V V0 415V 500V R0 500V 600V S0	60Hz 线圈 60Hz 50Hz 24V 20V C1 110V 92V G1 115V 96V J1 120V 100V K1 208V 173V M1 220V 183V N1 230V 192V L1 240V 200V P1 440V 367V R1 575V 480V S1	50/60Hz 线圈 24V C2 42V D2 110V G2 115V J2 120V K2 208V M2 220V N2 230V L2 240V P2 440V R2 575V S2	
吸引线圈功率消耗/VA	保持	10	10	10	10
	功率因数	0.29	0.29	0.29	0.29
	吸合	68	68	68	68
	功率因数	0.82	0.82	0.82	0.82
约定发热电流/A		20	20	20	20
辅助触头约定发热电流/A		10	10	10	10
辅助触头额定绝缘电压/V		690	690	690	690
辅助触头额定工作电流/A	AC-15 380/220V	6/10	6/10	6/10	6/10
	DC-13 110/220V	0.9/0.45	0.9/0.45	0.9/0.45	0.9/0.45
重量/kg		0.37	0.43	0.37	0.43

(续)

辅助触头 NO（常开），NC（常闭）			NO—NC	NO—NC	NO—NC	NO—NC
订货号			3TF32 00-0X – – 3TF31 11-0X 1 1	3TF42 10-0X 1 – 3TF42 11-0X 1 1 3TF42 20-0X 2 – 3TF42 22-0X 2 2	3TF33 00-0X – – 3TF33 11-0X 1 1	3TF43 10-0X 1 – 3TF43 11-0X 1 1 3TF43 20-0X 2 – 3TF43 22-0X 2 2
额定绝缘电压/V			690	690	690	690
额定工作电流/A (380V)		AC-3	16	16	22	22
		AC-4	7.7	7.7	8.5	8.5
可控电机功率/kW	AC-3	230/220V 400/380V 500 V 690/660V 1000 V	4 7.5 9 11 —	4 7.5 9 11 —	5.5 11 11 11 —	5.5 11 11 11 —
	AC-4	400/380V 690/660V	3.5 6	3.5 6	4 6.6	4 6.6
机械寿命/×10⁶ 次			15	15	15	15
电寿命 ×10⁶ 次		AC-3	1.2	1.2	1.2	1.2
		AC-4	0.2	0.2	0.2	0.2
操作频率/（次/h）		AC-3	750	750	750	750
		AC-4	250	250	250	250
吸引线圈工作电压范围（AC）				$(0.8 \sim 1.1) U_s$		
线圈电压订货号 3TF3⋯0X□□ 3TF4⋯0X□□			50Hz 线圈 50Hz 60Hz 24V 29V B0 32V 38V C0 36V 42V G0 42V 50V D0 48V 58V H0 60V 72V E0 110V 132V F0 125/127V 150/152V L0 220V 264V M0 230V 277V P0 240V 288V U0 380V 460V Q0 400V 480V V0 415V 500V R0 500V 600V S0	60Hz 线圈 60Hz 50Hz 24V 20V C1 110V 92V G1 115V 96V J1 120V 100V K1 208V 173V M1 220V 183V N1 230V 192V L1 240V 200V P1 440V 367V R1 575V 480V S1		50/60Hz 线圈 24V C2 42V D2 110V G2 115V J2 120V K2 208V M2 220V N2 230V L2 240V P2 440V R2 575V S2
吸引线圈功率消耗/VA		保持	10	10	10	10
		功率因数	0.29	0.29	0.29	0.29
		吸合	68	68	68	68
		功率因数	0.82	0.82	0.82	0.82
约定发热电流/A			30	30	30	30
辅助触头约定发热电流/A			10	10	10	10
辅助触头额定绝缘电压/V			690	690	690	690
辅助触头额定工作电流/A		AC-15 380/220V	4/6	6/10	4/6	6/10
		DC-13 110/220V	1.14/0.48	0.9/0.45	1.14/0.48	0.9/0.45
重量/kg			0.45	0.49	0.45	0.49

5. 直流接触器　直流接触器应用于直流电力线路中供远距离接通与分断电路及直流电动机的频繁起动、停止、反转或反接制动控制，以及电磁操作机构合闸线圈或频繁接通和断开起重电磁铁、电磁阀、离合器的电磁线圈等。

直流接触器结构上有立体布置和平面布置两种结构，电磁系统多采用绕棱角转动的拍合式结构，主触头采用双断点桥式结构或单断点转动式结构，工作原理基本上与交流接触器相同。常用的直流接触器有 CZ18、CZ21、CZ22 和 CZ0 等系列。

6. 智能化接触器　智能化接触器的主要特征是装有智能化电磁系统，并具有与数据总线及与其他设备之间相互通信的功能，其本身还具有对运行工况自动识别、控制和执行的能力。

智能化接触器一般由基本系列的电磁接触器及附件构成。附件包括智能控制模块、辅助触头组、机械联锁机构、报警模块、测量显示模块、通信接口模块等，所有智能化功能都集成在一块以微处理器或单片机为核心的控制板上。从外形结构上看，与传统产品不同的是智能化接触器在出线端位置增加了一块带中央处理器及测量线圈的机电一体化的线路板。

5.2.3.3　接触器的主要特性和参数

接触器主要有如下特性参数：

1. 接触器的型式　包括极数、电流种类、使用频率、灭弧介质和操作方式等。

2. 额定值和极限值　包括额定工作电压、额定绝缘电压、约定发热电流、约定封闭发热电流（有外壳时的）、额定工作电流或额定功率、额定工作制、额定接通能力、额定分断能力和耐受过载电流能力，其中：

额定工作电压指主触头所在电路的电源电压。

耐受过载电流能力是指接触器承受电动机的起动电流和操作过载引起的过载电流所造成的热效应的能力。使用类别为 AC-2、AC-3 和 AC-4 的交流接触器应能耐受相当于 AC-3 类最大额定工作电流 8 倍的过电流。使用类别为 DC-3 和 DC-5 的直流接触器应能耐受相当于 DC-3 类最大额定工作电流 7 倍的过电流。630A 及以下等级的接触器的承载时间为 10s，超过 630A 的各等级接触器承载时间略有缩短。

接触器有四种标准工作制，即八小时工作制、不间断工作制、断续周期工作制和短时工作制。

3. 使用类别　接触器有四种标准使用类别，主触头使用类别为交流 AC-1 ~ AC-4，直流 DC-1、DC-3、DC-5；辅助触头使用类别为交流 AC-11、AC-14、AC-15，直流 DC-11、DC-13、DC-14。

4. 控制电路　常用的接触器操作控制电路是电气控制电路。电气控制电路有电流种类、额定频率、额定控制电路电压 U_c 和额定控制电源电压 U_s 等几项参数。当需要在控制电路中接入变压器、整流器和电阻器等时，接触器控制电路的输入电压（即控制电源电压 U_s）和其线圈电路电压（即控制电路电压 U_c）可以不同。但在多数情况下，这两个电压是一致的。当控制电路电压与主电路额定工作电压不同时，应采用如下标准数据。

直流：24, 48, 110, 125, 220, 250V；

交流：24, 36, 48, 110, 127, 220V。

具体产品在额定控制电源电压下的控制电路电流由制造厂提供。

5. 辅助电路　包括辅助电路种类、触头种类及触头数量等，一般以附件方式提供。

6. 机械寿命和电寿命　接触器的机械寿命用其在需要正常维修或更换机械零件前，包括更换触头,所能承受的无载操作循环次数来表示。

5.2.3.4 接触器的选用原则

接触器的选用主要是选择型式、主电路参数、控制电路参数和辅助电路参数,以及按电寿命、使用类别和工作制选用,另外需要考虑负载条件的影响,分述如下:

1. 型式的确定　型式的确定,主要是确定极数和电流种类,电流种类由系统主电流种类确定。三相交流系统中一般选用三极接触器,当需要同时控制中性线时,则选用四极交流接触器,单相交流和直流系统中则常有两极或三极并联的情况。一般场合下,选用空气电磁式接触器;易燃易爆场合应选用防爆型及真空接触器等。

2. 主电路参数的确定　主电路参数的确定主要是额定工作电压、额定工作电流(或额定控制功率)、额定通断能力和耐受过载电流能力。接触器可以在不同的额定工作电压和额定工作电流下工作。但在任何情况下,所选定的主电路额定工作电压都不得高于接触器的额定绝缘电压,所选定的主电路额定工作电流(或额定控制功率)也不得高于接触器在相应工作条件下规定的额定工作电流(或额定控制功率)。

接触器的额定通断能力应高于通断时电路中实际可能出现的电流值。耐受过载电流能力也应高于电路中可能出现的工作过载电流值。电路的这些数据都可通过不同的使用类别及工作制来反映,当按使用类别和工作制选用接触器时,实际上已考虑了这些因素。生产中广泛使用的中、小容量笼型异步电动机,其中大部分电动机的负载是一般任务,它相当于 AC-3 使用类别。对于控制机床电动机的接触器,其负载比较复杂,如果负载明显地属于重任务类,则应选用 AC-4 类别;如果负载为一般任务与重任务混合的情况,则可根据实际情况选用 AC-3 或 AC-4 类接触器,如确定选用 AC-3 类时,也要降级使用。适用于 AC-2 类的接触器一般也不宜用于控制 AC-3 及 AC-4 类的负载,因为它的接通能力较低,在频繁接通这类负载时容易发生触头熔焊现象。

3. 控制电路参数和辅助电路参数的确定　接触器的线圈电压应按选定的控制电路电压确定。交流接触器的控制电路电流种类分交流和直流两种,一般情况下,多用交流,当操作频繁时则常选用直流。

接触器的辅助触头种类和数量,一般应根据系统控制要求确定所需的辅助触头种类(常开或常闭)、数量和组合型式,同时应注意辅助触头的通断能力和其他额定参数。当接触器的辅助触头数量和其他额定参数不能满足系统要求时,可增加接触器式继电器以扩大功能。

4. 电寿命和使用类别的选用　接触器的电寿命参数由制造厂给出。电寿命指标和使用类别有关。接触器制造厂商均以不同形式(表格或曲线)给出有关产品电寿命指标的资料,可以根据需要选用。

5.2.4 热继电器

热继电器是一种利用电流热效应原理工作的电器,具有与电动机容许过载特性相近的反时限动作特性,主要与接触器配合使用,用于对三相异步电动机的过电流和断相保护。

三相异步电动机在实际运行中,常会遇到因电气或机械原因等引起的过电流(过载和断相)现象。因此,在电动机回路中应设置电动机保护装置。常用的电动机保护装置种类很多,但使用最多、最普遍的是双金属片式热继电器。目前,双金属片式热继电器均是三相式,并有带断相保护和不带断相保护两种。

5.2.4.1 热继电器的工作原理

图 5-30 所示是双金属片式热继电器的结构原理示意图。由图可见，热继电器由热组件 1、双金属片 2、复位按钮 3、导杆 4、拉簧 5、连杆 6、触头 7 和接线端子 8 等组成，另外还有外壳、电流整定机构和温度补偿双金属片等部件。

热组件是一种具有均匀电阻值的铜镍合金、镍铬铁合金或铁铬铝合金电阻材料。

双金属片是一种将两种线膨胀系数不同的金属用机械辗压方法使之形成一体的金属片。由于两种线膨胀系数不同的金属紧密地贴合在一起，因此，当产生热效应时，使得双金属片向膨胀系数小的一侧弯曲，由弯曲产生的位移带动触头动作。

使用时，热继电器动作电流的调节是借助旋转热继电器面板上的旋钮于不同位置来实现的。热继电器复位方式有自动复位和手动复位两档，在手动位置时，热继电器动作后，经过一段时间才能按动手动复位按钮复位，在自动复位位置时，热继电器可自行复位。

三相式热继电器采用差动式结构，在三相主电路中均串接热组件和双金属片。如果被控制的三相异步电动机发生过电流、断相、三相电源严重不平衡等故障，使电动机某一相或三相的电流升高，热继电器均能起到保护作用。

5.2.4.2 常用热继电器产品简介

常用的热继电器有 JR20、JRS1、JR36、JR21、T、3UA 和 LR1-D 等系列。每一系列的热继电器一般只能和相适应系列的接触器配套使用，如 JR20 系列热继电器与 CJ20 系列接触器配套使用，3UA 系列热继电器与 3TB、3TF、3TW 等系列接触器配套使用等。

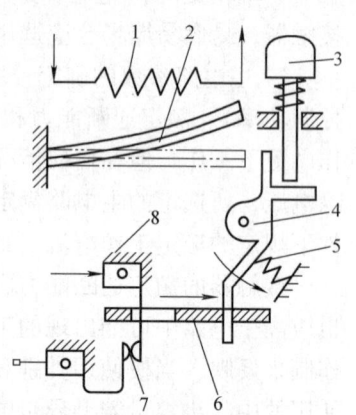

图 5-30 热继电器的工作原理
1—热组件　2—双金属片
3—复位按钮　4—导杆
5—拉簧　6—连杆　7—辅助触头　8—接线端子

上述系列热继电器各有特点，共同特点是，均有三种安装方式，独立安装式（通过螺钉固定）、导轨安装式（在标准安装轨上安装）和接插安装式（直接挂接在与其配套的接触器上），操作面板上设有动作脱扣指示，可以显示热继电器已经动作；整定电流范围是由不同的热元件号确定的，用户可根据需要选择整定电流范围和确定动作值；有手动、自动复位按钮和一对辅助触头接线端子（NO——常开和 NC——常闭）。

5.2.4.3 热继电器的选用

选用热继电器时，应根据使用条件、工作环境、电动机的型式及运行条件与要求、电动机起动情况及负载情况等几个方面综合加以考虑。必要时应进行合理计算。

(1) 热继电器型式的选择，一般热继电器均有上述几种安装方式，应按实际安装情况选择。安装时，热继电器应布置在整个开关柜（箱）的下部。

(2) 原则上，热继电器的额定电流应按电动机的额定电流选择。但对于过载能力较差的电动机，其配用的热继电器的额定电流应适当小些。通常选取热继电器的额定电流（实际上是选取热组件的额定电流）为电动机额定电流的 60%~80%，并应校验其动作特性。

在不频繁起动的场合，要保证热继电器在电动机的起动过程中不产生误动作。通常，当电动机起动电流为其额定电流的 6 倍及以下、起动时间不超过 5s 时，若很少连续起动，就可按电动机的额定电流选用热继电器。当电动机起动时间较长，就不宜采用热继电器，而采用过电流继电器作为保护。

(3) 热继电器的主要参数是热组件的整定电流范围，该参数选择得好坏，直接影响热继电器的保护性能和动作的可靠性。通常选择的整定电流范围的中间值应等于或稍大于电动机的额定电流,每一种额定工作电流等级的热继电器有若干不同额定电流的热组件可供选择。

(4) 由于热继电器有热惯性,不能作短路保护,应考虑与短路保护配合问题。

(5) 当电动机工作于重复短时工作制时,要按图 5-31 热继电器的反时限特性示意图来确定热继电器的允许操作频率。因为热继电器的操作频率是很有限的,操作频率较高时,热继电器的动作特性会变差,甚至不能正常工作。对于可逆运行和频繁通断的电动机,不宜采用热继电器作保护,必要时可选用装入电动机内部的温度继电器。

(6) 热继电器安装接线时,应注意连线的导线截面积和长度在允许范围内。

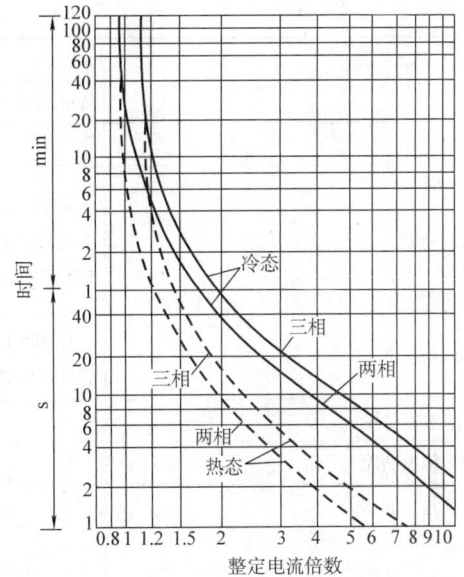

图 5-31 热继电器的反时限特性示意图

5.2.5 控制与保护开关电器

控制与保护开关电器是近几年新开发出的一种新型电器,适用于交流 50Hz(60Hz)、额定电压至 690V、电流为 0.16~100A 的电力系统中,正常条件下,接通、承载和分断电流(包括规定的过载条件下);同时能够接通、承载并分断规定的非正常条件下的电流。它可用于电控系统的测量、监控、报警、自诊断、维护管理、多总线通信(遥测、遥信、遥调、遥控)。产品集成了断路器(熔断器)、接触器、隔离器、热继电器、漏电保护器、欠(过)电压保护继电器、起动器、时间继电器、变送器、测量互感器等各种分立元件的主要功能,是一种一体化设计的智能型终端电器。产品多用于电动机的直接起动、保护、控制等。

产品符号标准 IEC60947-6-2:2007《低压开关设备和控制设备 第 6-2 部分:多功能电器 控制与保护开关电器(设备)(CPS)》和 GB14048.9—2008《低压开关设备和控制设备 第 6-2 部分多功能电器(设备) 控制与保护开关电器(设备)(CPS)》(等同采用 IEC60947-6-2:2007)。产品的标准电气符号见图 5-32。

图 5-32 标准电气图形符号

产品的主要技术参数见表 5-31。

表 5-31 YSK1 智能型控制与保护开关电器主要技术参数

项目		型号	C				D		
			YSK1-12	YSK1-16	YSK1-32	YSK1-45C	YSK1-45	YSK1-63	YSK1-100
约定发热电流 I_{th}/A			12	16	32	45	45	63	100
用于 AC-43 时最大额定工作功率	U_e/V	220 380	220 380	220 380	220 380	220 380	220 380	220 380
	P_e/kW	3 9	4 7.5	7.5 15	11 22	11 22	15 30	20 45
额定绝缘电压 U_i/V			690						
主电路额定工作电压 U_e/V			220V、380V、690V						
额定频率/Hz			50(60)						

(续)

项目 \ 型号			C				D		
			YSK1-12	YSK1-16	YSK1-32	YSK1-45C	YSK1-45	YSK1-63	YSK1-100
极数			三极、四极						
保护功能			短路、过载、过电流（堵转）、运行中堵塞、重载起动、不平衡（断相）、欠电压、过电压、欠电流、欠功率、起动加速超时、相序、温度（需外配 PTC/NTC 热敏电阻）、接地/漏电（外配漏电互感器）						
通信功能			RS485 接口，Modbus-RTU（Profibus-DP 协议用 ST-DP2 转换，Device-Net 协议用 ST-DN3 转换）						
光隔数字量输入			共 8 个 DI，功能可编程						
触头输出功能			共 4 个 DO，功能可编程						
模拟量功能			4～20mA 输出						
显示功能			电源/运行、故障、通信状态指示；参数显示及整定（选配 ST522 显示模块）						
智能控制器额定工作电流范围/A			0.63、2、6.3、12、16、32、45				32、45、63、100		
智能控制器额定工作电压 U_s/V			DC24V（AC220、AC380、DC110/220 用 ST-8 电源模块转换）						
智能控制器应用方式			直接起动、可逆起动、双速起动、双电源自动切换、Y-△减压、自耦减压、电阻减压						
智能控制器保护方式			电动机保护和配电保护：分保护脱扣、分断、报警方式和不保护脱扣、不分断、报警方式两种						
额定运行短路分断电流 I_{cs}/kA (0-t-CO-t-rCO)	380V	经济型	35		35	—	35		
		标准型	50		—		50		
		高分断型	—		—		80		
	690V		4				10		

额定通断电流	使用类别	通断条件	I/I_e	U/U_e	I_c/I_e	U_r/U_e	$\cos\varphi$
	AC-43	380V	6	1	1	0.17	0.35
	AC-44						
	AC-44	690V	6	1	6	1	0.35

机械寿命/万次			100		500	
电寿命/万次	380V AC-43	新试品	120		100	
	380V AC-44	新试品	3		2	
		I_{cs} 试后	0.6			
	690V AC-44	新试品	1			
		I_{cs} 试后	0.6			
U_{imp}/kV			8.00			
电气间隙/mm			≥8.00			
爬电距离/mm			≥12.5			
隔离气隙的冲击耐受电压/kV			10.00			

(续)

项目 \ 型号	C				D		
	YSK1-12	YSK1-16	YSK1-32	YSK1-45C	YSK1-45	YSK1-63	YSK1-100
试验电压值（交流有效值）/V	3000						
防护等级	IP20，具有防触指功能						
污染等级	YSK1 的污染等级为 3 级。但根据微观环境，也可用于其他污染等级						
周围空气温度	上限为 +55℃，24h 内其平均值不超过 +35℃；下限为 -5℃						
安装地点的海拔	≤2000m						
湿度	安装地点的空气相对湿度在最高温度为 +40℃ 时不超过 50%；在较低温度下允许有较高相对湿度，最湿月的月平均最低温度不超过 +25℃，该月的月平均最大相对湿度不超过 90%，对由于温度变化而产生在产品上的凝露情况，必须采取措施						
安装类别	380V 系统中的安装类别为Ⅳ、690V 系统中的安装类别为Ⅲ						
安装方式	TH35 导轨安装，螺钉安装				螺钉安装		
安装尺寸/mm	160×19，4×4				210×28，4×φ5		
额定工作制	八小时工作制、不间断工作制、断续周期工作制（负载持续率为 40%）						

5.2.6 熔断器

熔断器是一种当电流超过规定值一定时间后，以它本身产生的热量使熔体熔化而分断电路的电器，也可以说，它是一种利用热效应原理工作的电流保护电器。它广泛应用于低压配电系统和控制系统及用电设备中作短路和过电流保护，能在电路发生短路或严重过电流时快速自动熔断，从而切断电路电源，起到保护作用。

熔断器互相配合或与其他开关电器的保护特性配合，在一定短路电流范围内可满足选择性保护要求。

熔断器与其他开关电器组合可构成各种熔断器组合电器，如熔断器式隔离器、熔断器式刀开关、隔离器-熔断器组和负荷开关等。

5.2.6.1 熔断器的结构及工作原理

1. 熔断器的结构及熔体的特性　熔断器结构上一般由熔断管（或座）、熔断体、填料及导电部件等部分组成（图 5-33 为无填料密封管式熔断器）。其中，熔断管一般由硬质纤维或瓷质绝缘材料制成封闭或半封闭式管状外壳，熔体装于其内，并有利于熔体熔断时熄灭电弧；熔体是由金属材料制成不同的丝状、带状、片状或笼状，除丝状外，其他通常制成变截面结构（见图 5 33），目的是改善熔体材料性能及控制不同故障情况下的熔化时间。

熔体材料分为低熔点材料和高熔点材料两大类。对于高分断能力的熔断器，通常用铜作为主体材料，而用锡及其合金作为辅助材料，以提高熔断器的性能。熔体是熔断器的心脏部件，它应具备的基本性能是功耗小、限流能力强和分断能力高。填料也是熔断器中的关键材料，目前广泛应用的填料是石英砂，主要有两个作用，作为灭弧介质和帮助熔体散热，从而有助于提高熔断器的限流能力和分断能力。

熔断器的分断能力是指它在额定电压及一定的功率因数（或时间常数）下切断短路电流的极限能力，常用极限断开电流值（周期分量的有效值）表示。

熔体串接于被保护电路，当电路发生短路或过电流时，通过熔体的电流使其发热，当达到熔体金属熔化温度时就会自行熔断，期间伴随着燃弧和熄弧过程，随之切断故障电路，起到保护作用。当电路正常工作时，熔体在额定电流下不应熔断，所以其最小熔化电流必须大于额定电流。图 5-34 为 RT20 系列熔断器截断电流特性。

2. 熔断器的工作原理及技术参数　熔断器工作的物理过程大致可以看成为两个连续的过程：未产生电弧之前的弧前过程和已产生电弧之后的弧后过程。弧前过程的主要特征是熔体的发热与熔化；弧后过程的主要特征是含有大量金属蒸气的电弧在间隙内蔓延、燃烧，并在电动力的作用下在介质中运动并冷却，最后因弧隙增大以及电弧能量被吸收而无法持续而熄灭。这个过程的持续时间决定于熔断器的有效熄弧能力。

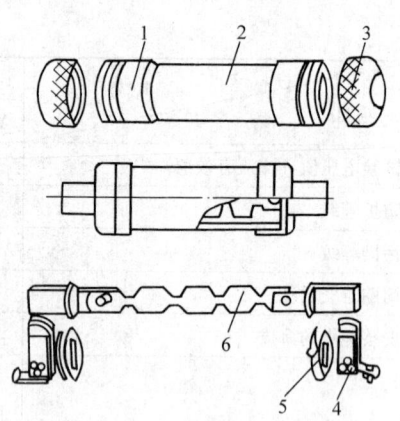

图 5-33　无填料密封管式熔断器
1—铜圈　2—熔断管　3—管帽
4—插座　5—垫圈　6—熔体

熔断器的保护特性常用"时间-电流特性"曲线（或称为安-秒特性曲线）表示，见图 5-35。它表征流过熔体的电流与熔体的熔断时间（熔断时间等于弧前时间或熔化时间与燃弧时间之和）的关系，这一关系与熔体的材料和结构有关，是熔断器的主要技术参数之一。图中，I_p 称为熔断器的预期电流，t 为熔断时间，通常产品样本中均给出 I_{rth} 曲线。由图 5-35 可见，熔断器的"时间-电流特性"曲线的形状与热继电器的反时限保护特性曲线相似，这是因为熔断器和热继电器一样，都是以热效应原理工作的，而在电流引起的发热过程中，总是存在 $I^2 t$ 特性关系，即电流通过熔体时产生的热量与电流的二次方和电流持续的时间成正比，电流越大，则熔体熔断时间越短。

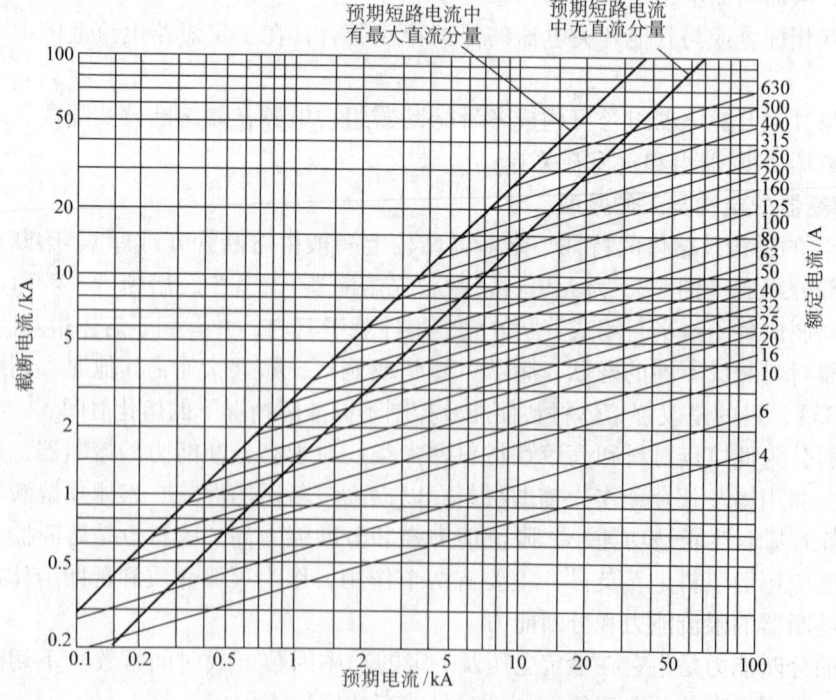

图 5-34　RT20 系列熔断器截断电流特性

熔断器的主要技术参数有时间-电流特性、限流能力和分断能力，是产品说明书中标注的主要参数。这三个参数都体现了在保护方面对熔断器提出的要求。显然，时间-电流特性主要是为过电流保护服务的；分断能力则主要是为短路保护服务的。而限流能力是为限制高倍短路电流的危害而提出的。最小熔化电流影响着时间-电流特性，燃弧时间和限流作用则影响着分断能力。

从工作原理来看，过电流保护动作的物理过程主要是热熔化过程，而短路保护动作的物理过程主要是电弧的熄灭过程。从特性方面来看，过电流保护需要延时或反时限保护特性；短路保护则需要瞬时动作保护特性。从参数方面来看，过电流保护要求熔化系数小、发热时间常数大；短路保护则要求较大的限流系数、较小的发热时间常数、较高的分断能力和较低的过电压。另外，当电网分为数级的时候，上下级电网之间的保护动作就需要有选择性，以尽量缩小事故影响范围。

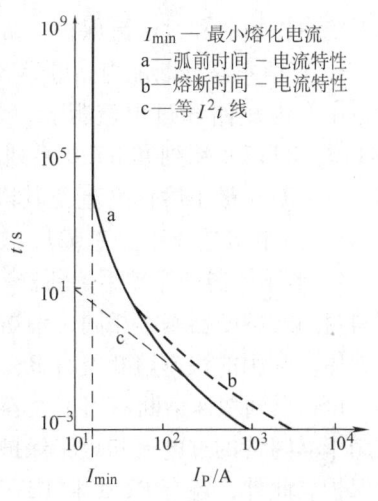

图 5-35 熔断器时间-电流特性

5.2.6.2 熔断器的使用类别和分类

按结构形式，熔断器可以分为专职人员使用和非熟练人员使用两大类。前者多采取开启式结构，如触刀式熔断器、螺栓连接熔断器和圆筒帽熔断器等；后者的安全要求比较严格，其结构多采取封闭式或半封闭式，如螺旋式、圆管式或瓷插式等。

专职人员使用的熔断器按用途可分为一般工业用熔断器、半导体器件保护用熔断器（快速熔断器）和自复式熔断器等。半导体器件保护用熔断器具有快速分断性能，主要用作电力半导体变流装置内部短路保护。自复熔断器是一种新型限流组件（限流器），本身不能分断电路，常与低压断路器串联使用，可提高断路器的分断能力。这种熔断器在故障电流切除后即自动恢复到初始状态，可继续使用，故名自复熔断器。

按工作类型，熔断器可分为 g 类和 a 类。g 类为全范围分断，其连续承载电流不低于其额定电流，并可在规定条件下分断最小熔化电流至其额定分断电流之间的各种电流。a 类为部分范围分断，其连续承载电流不低于其额定电流，但在规定条件下只能分断 4 倍额定电流至其额定分断电流之间的各种电流。

按使用类别，熔断器又分为 G 类和 M 类。G 类为一般用途熔断器，可用于保护包括电缆在内的各类负载。M 类为电动机电路用熔断器。

对于具体的熔断器，上述两种分类还有不同的组合，如组合为 gG 类、aM 类等。

5.2.6.3 常用典型熔断器简介

熔断器的产品系列、种类很多，常用产品系列有 RL 系列螺旋式熔断器，RC 系列插入式熔断器，R 系列玻璃管式熔断器，RT 系列有填料密封管式熔断器，RM 系列无填料密封管式熔断器，NT（RT）系列高分断能力熔断器，RLS、NGT、RS 系列半导体器件保护用熔断器，HG 系列熔断器式隔离器和特殊熔断器（如具有断相自动显示熔断器、自复式熔断器）等。

1. 插入式熔断器　插入式熔断器又称瓷插式熔断器，常用的为 RC1A 系列插入式熔断器。这种熔断器一般用于民用交流 50Hz、额定电压至 380V、额定电流至 200A 的低压照明线路末端或分支电路中，作为短路保护及高倍过电流保护。

2. 螺旋式熔断器　螺旋式熔断器广泛应用于工矿企业低压配电设备、机械设备的电气控制系统中作短路和过电流保护。常用产品系列有 RL5、RL6 系列螺旋式熔断器。

3. 有填料高分断能力熔断器　有填料高分断能力熔断器广泛应用于各种低压电气线路和设备中作为短路和过电流保护。其结构一般为封闭管式，产品种类很多，典型产品有 NT（RT16、RT17）系列和 RT20 系列高分断能力熔断器。有填料高分断能力熔断器是全范围熔断器，能分断从最小熔化电流至其额定分断能力（120kA）之间的各种电流，额定电流最大为 1250A，过电流选择比为 1.621，具有较好的限流作用。

4. 半导体器件保护用熔断器　半导体器件保护用熔断器也称为快速熔断器。其结构和有填料封闭式熔断器基本相同，但熔体材料和形状不同，它是以银片冲制的有 V 形深槽的变截面熔体。常用的快速熔断器有 RS、NGT 和 RLS 系列等。

RS0 系列快速熔断器用于大容量硅整流组件的过电流和短路保护，而 RS3 系列快速熔断器用于晶闸管的过电流和短路保护，RS77 是引进国外技术生产的，常用于装置中作半导体器件保护。此外，还有 RLS1 和 RLS2 系列的螺旋式快速熔断器，其熔体为银丝，它们适用于小容量的硅整流组件和晶闸管的短路或过电流保护。NGT 系列熔断器的结构也是有填料封闭管式，在管体两端装有连接板，用螺栓与母线排相接。该系列熔断器功率损耗小，特性稳定，分断能力高（可达 100kA），可带熔断指示器或微动开关。

另外，还有薄膜型熔断器和混合式高限流和高分断装置。薄膜型熔断器的特点是熔体薄、传热快、限流特性强、焦耳积分低和电流密度高等。混合式高限流和高分断装置，是由接触器与晶闸管断路器（TCB）并联组成，可大幅度降低跨接在晶闸管断路器两端的电压降，因此可降级使用晶闸管。它的动作原理是当发生故障电流时，接触器就立即断开，电流从接触器电路转移到并联的 TCB 电路，这时开断能量将由非线性变阻组件来吸收。这种装置可作为低、高电压电力系统的过载保护用，常称为智能化熔断器。

5. 自复熔断器　自复熔断器是一种采用气体、超导材料或液态金属钠等作熔体的一种限流组件，分为限流型和复合型两种。限流型本身不能分断电路而常与断路器串联使用，以限制短路电流，从而提高分断能力。复合型具有限流和分断电路两种功能。

自复熔断器的优点是不必更换熔体，能重复使用，能实现自动重合闸。

另外，还有一种熔断信号器，它并联于熔断器，本身对线路不起保护作用，一旦熔体熔断，信号器随之立即动作，指示器以足够的力推动与之相连的微动开关，接通信号源报警或作用于其他开关电器，使三极开关分断，防止线路的断相运行。

5.2.6.4　熔断器的选用

1. 选用的一般原则　熔断器的主要参数有额定电压、额定电流、额定分断电流等，当有上下级熔断器选择性配合要求时，应考虑过电流选择比。选用时，首先应根据实际使用条件确定熔断器的类型，包括选定合适的使用类别和分断范围，在保证使熔断器的最大分断电流大于线路中可能出现的峰值短路电流有效值的前提下，选定熔体的额定电流。同时应使熔断器的额定电压不应低于线路额定电压。但当熔断器用于直流电路时，应注意制造厂提供的直流电路数据或与制造厂协商，否则应降低电压使用。

一般全范围熔断器（g 类熔断器）兼有过电流保护功能，主要用作配电主干线路及电缆、母线等的短路保护和过电流保护；而部分范围熔断器（a 类熔断器）的作用主要用于照明线路和电动机等设备的短路保护。由于低倍过电流不能使这种熔断器动作，故在使用这种熔断器时，应另外配用热继电器等过电流保护组件。

选择熔断器的类型时，主要依据负载的保护特性和预期短路电流的大小。一般是考虑它们的过电流保护，选择熔体的熔化系数适当小些，宜采用熔体为铅锡合金的熔丝或 RC1A 系列熔断器；而大容量的照明线路和电动机，主要考虑短路保护及短路时的分断能力，此外还应考虑加装过电流保护，若预期短路电流较小时，可采用熔体为锌质的 RM10 系列无填料密封管式熔断器；当短路电流较大时，宜采用具有高分断能力的 RL 系列螺旋式熔断器；当短路电流相当大时，宜采用有限流作用的 RT（NT）系列高分断能力熔断器。当回路中装有低压断路器时，尚应考虑两者动作特性的配合问题。

2. 熔体额定电流的确定

(1) 一般用途熔断器的选用

1) 用于保护负载电流比较平稳的照明或电热设备，以及一般控制电路的熔断器，其熔体额定电流 I_n 一般按线路计算电流确定。

2) 用于保护电动机的熔断器，应按电动机的起动电流倍数考虑躲过电动机起动电流的影响，一般选熔体额定电流 I_{Fe} 为电动机额定电流 I_{Me} 的 1.5~3.5 倍。对于不经常起动或起动时间不长的电动机，选较小倍数；对于频繁起动的电动机选较大倍数；对于给多台电动机供电的主干线母线处的熔断器的熔体额定电流可按下式计算：

$$I_{Fe} \geq (2.0 \sim 2.5)I_{Memax} + \sum I_{Me} \tag{5-18}$$

式中 I_{Fe}——熔断器的额定电流；

I_{Me}——电动机的额定电流；

I_{Memax}——多台电动机中容量最大的一台电动机的额定电流；

$\sum I_{Me}$——其余电动机额定电流之和。

为防止发生越级熔断，上、下级（即供电干，支线）熔断器间应有良好的协调配合，宜进行较详细的整定计算和校验。

3) 熔断器与其他开关电器配合使用时的选用：通常电动机控制电路由熔断器、断路器、接触器、热继电器、电缆（导线）、电动机所组成。其中的断路器作为电路的电源开关，接触器用于远距离控制电动机，热继电器用于保护电动机、电动机馈电电缆和接触器不受过电流破坏，而接触器、热继电器、电动机馈电电缆和电动机本身的短路保护由断路器负责。如果回路中某处的短路电流可能超过所设断路器的额定分断能力，则需在断路器的电源侧增设一只后备保护熔断器。后备保护熔断器必须在短路电流达到断路器的额定分断能力以前分断。

这种组合设备中的每一个电器组件都有预先规定的专门保护范围。低倍数过电流保护段由热继电器负责，高倍数过电流保护段及低于断路器额定分断能力的短路电流由断路器的瞬动脱扣器分断，这样可以发挥断路器本身的优越性。只有在出现更大的短路电流的情况下，熔断器才动作。这时，断路器也被瞬时脱扣器分断，以保证电路各极均被切断。因此选用熔断器、断路器、接触器和热继电器的组合时，需要对各电器组件的有效保护范围和工作特性进行仔细配置，图 5-36 就是熔断器与各级保护组件特性的配合示例。

由图 5-36 分析可知：

① 各组件的保护特性均应在电动机起动特性曲线的上方。在过电流段内，熔断器的时间-电流特性比热脱扣器的动作特性要陡些。这对于电缆和导体的过电流保护是较为理想的，而电动机的过电流保护则需要一个延时特性。在短路电流段内，当电流刚刚超过瞬动脱扣器的动作电流时，断路器的响应比熔断器快，但当电流进一步增加时，熔断器的熔断速度又比断路器的动作速度快了。当电流非常大时，熔断器还有限制预期短路电流的作用，见图 5-36a。

② 热继电器与熔断器的时间-电流特性必须能满足电动机从零速起动到全速运行的延时特性。

③ 熔断器还必须保护热继电器不受可能超过其额定电流的 8 倍及以上的大电流破坏。

④ 熔断器还必须在短路情况下保护接触器,能分断接触器不能分断的大电流,使得接触器的触头在任何情况下不发生熔焊,或仅出现轻微熔焊现象。接触器分断能力一般为 10 倍额定电流值。

⑤ 熔断器与断路器的配合时,熔断器主要分断大短路电流,即熔断器的分断范围是在交点以外的短路电流,而交点以内的熔

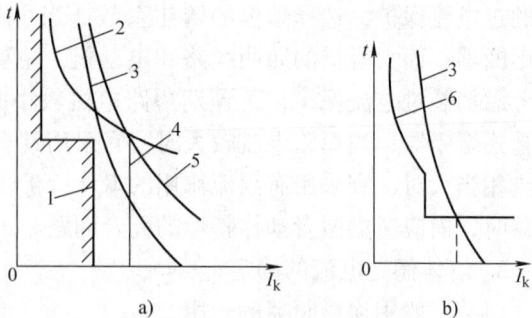

图 5-36 三相异步电动机控制电器的保护特性配合
a) 电动机与控制电器间的配合
b) 熔断器与电动机的配合
1—电动机起动特性 2—热继电器特性
3—熔断器特性 4—接触器分断能力
5—电缆承载能力特性 6—断路器脱扣特性

断器特性曲线位于断路器特性曲线的上方,由断路器分断在交点以内的过电流和小倍数短路电流,见图 5-36b。需要说明的是,如果熔断器不与断路器配合,而与其他电器配合,只要使熔断器的特性曲线位于断路器的特性曲线下方即可,两者没有交叉点。

由此可见,当满足上述条件时,电动机保护电器的选用是比较合理的。

(2) 快速熔断器的选择　快速熔断器的选择与其接入电路的方式有关,以三相硅整流电路或三相晶闸管电路为例,快速熔断器接入电路的方式常见的有接入交流侧和接入整流桥臂(即与硅组件相串联)两种,见图 5-37。

1) 熔体的额定电流选择　选择熔体的额定电流时,应当注意快速熔断器熔体的额定电流是以有效值表示的,而硅整流组件和晶闸管的额定电流却是用平均值表示的。

当快速熔断器接入交流侧时,熔体的额定电流为

$$I_{re} \geq k_1 I_{zmax} \quad (5-19)$$

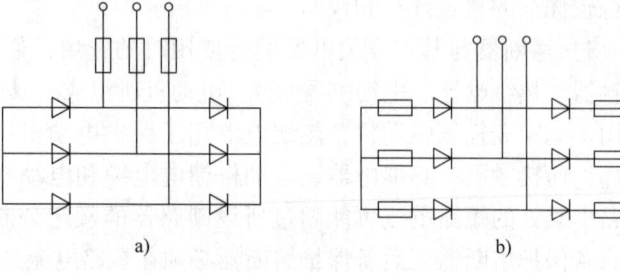

图 5-37 快速熔断器接入整流电路方式
a) 接入交流侧　b) 接入整流桥臂

式中　I_{zmax}——可能使用的最大整流电流;

k_1 与整流电路的形式及导电情况有关的系数,若用于保护硅整流组件时,k_1 值见表 5-32;若用于保护晶闸管时,k_1 值见表 5-33。

当快速熔断器接入整流桥臂时,熔体的额定电流为

$$I_{re} \geq 1.5 I_{ge} \quad (5-20)$$

式中　I_{ge}——硅整流组件或晶闸管的额定电流(平均值)。

2) 快速熔断器额定电压的选择　快速熔断器分断电流的瞬间,最高电弧电压可达电源电压的 1.5~2 倍。因此,硅整流组件或晶闸管的反向峰值电压必须大于此电压值才能安全工作,即

$$U_F \geq K_2 \sqrt{2} U_{RE} \quad (5-21)$$

式中 U_F——硅整流组件或晶闸管的反向峰值电压；

U_{RE}——快速熔断器额定电压；

K_2——安全系数，其值一般为 1.5~2。

最后还应指出，采用快速熔断器保护虽然具有结构简单、价格低廉、维修方便等特点，但也有局限性，主要是更换比较麻烦，故适用于负载波动不大、事故不多的场合。在负载波动大且事故较多的场合，宜采用快速断路器代替快速熔断器。

表 5-32 不同整流电路时的 k_1 值

整流电路型式	单相半波	单相全波	单相桥式	三相半波	三相桥式	双星形6脉波
k_1	1.57	0.785	1.11	0.575	0.816	0.29

表 5-33 不同整流电路及不同导通角时的 k_1 值

电路型式 \ k_1 \ 导通角	180°	150°	120°	90°	60°	30°
单相半波	1.57	1.66	1.83	2.2	2.78	3.99
单相桥式	1.11	1.17	1.33	1.57	1.97	2.82
三相桥式	0.816	0.828	0.865	1.03	1.29	1.88

5.2.7 继电器

5.2.7.1 继电器的结构原理

继电器是一种利用各种物理量的变化，将电量或非电量信号转化为电磁力（有触头式）或使输出状态发生阶跃变化（无触头式），从而通过其触头或突变量促使在同一电路或另一电路中的其他器件或装置动作的一种控制组件。根据转化的物理量的不同，可以构成各种各样的不同功能的继电器，以用于各种控制电路中进行信号传递、放大、转换、联锁等，从而控制主电路和辅助电路中的器件或设备按预定的动作程序进行工作，实现自动控制和保护的目的。

5.2.7.2 常用典型继电器简介

1. 电磁式继电器　电磁式继电器由电磁机构（包括动静铁心、衔铁、线圈）和触头系统等部分组成。继电器的触头电流容量较小，触头数量较多，没有专门的灭弧装置，所以体积小，动作灵敏，只能用于控制电路。

电磁式继电器反映的是电信号，当线圈反映电压信号时，称为电压继电器；当线圈反映电流信号时，称为电流继电器。

电流继电器和电压继电器根据用途不同，又可以分为过电流（或过电压）继电器，欠电流（或欠电压）继电器。前者电流（电压）超过规定值时铁心才吸合，如整定范围为 1.1~6 倍额定值，后者电流（电压）低于规定值时铁心才释放，如整定范围为 0.3~0.7 倍额定值。

电磁式继电器有交、直流之分，它是按线圈通过交流电或直流电所决定的。交流继电器的线圈通以交流电，它的铁心用硅钢片叠成，磁极端面装有短路环。直流继电器的线圈通以直流电，它的铁心用电工软钢做成，不需要装短路环。

电磁式继电器的种类很多，各种和接触器的动作原理相同的继电器，如中间继电器、电压继电器等都属于接触器式继电器。接触器式继电器在电路中的作用主要是扩展控制触头数量或增加触头容量。

目前常用的接触器式继电器产品有 JZ7、JDZ2、JZ14 等系列普通电磁式中间继电器和 20A 以下的各型号接触器；MA406N 系列中间继电器、3TH 系列接触器式继电器等。

2. 通用直流电磁继电器　通用直流电磁继电器通常在电力传动控制系统中作为电压、电流、时间、双线圈继电器使用。双线圈继电器具有独特的性能，应用在电气联锁较多的自动控制系统中，能使系统的工作稳定可靠。

常用的通用直流电磁继电器有 JT3、JT9、JT10、JT18、JL15 等系列。

3. 小型电磁继电器　小型电磁继电器广泛应用于工业自动化、机床电器、家电等控制电路中，主要用于中间控制信号的转换和小功率输出。小型电磁继电器的控制电源为 AC 或 DC 220V 及以下，触头最大控制电流为 20A 以下，安装方式多为插座式（插座可以安装在 35mm 标准导轨上）和印制板式，品种种类繁多。

4. 时间继电器　时间继电器按其延时原理有电磁式、机械空气阻尼式、电动机式、双金属片式、电子式、可编程序和数字式等，它是一种实现触头延时接通或断开的自动控制电器，主要作为辅助电器组件用于各种电气保护及自动装置中，使被控组件达到所需要的延时，在保护装置中用以实现各级保护的选择性配合等，应用十分广泛。

(1) 直流电磁式时间继电器　在直流电磁式电压继电器的铁心上增加一个阻尼铜套，利用电磁阻尼原理产生延时，构成时间继电器。它仅用作断电延时。这种时间继电器延时较短，而且准确度较低，一般只用于要求不高的场合，如电动机的延时起动等。

(2) 空气阻尼式时间继电器　空气阻尼式时间继电器，是利用空气阻尼原理获得延时的。它由电磁系统、延时机构、触头三部分组成。电磁机构为直动式双 E 形，触头系统是借用 LX5 型微动开关，延时机构采用气囊式阻尼器。空气阻尼式时间继电器，有通电延时型和断电延时型两种，电磁机构可以是直流的，也可以是交流的。

空气阻尼式时间继电器的优点是，延时范围大、结构简单、寿命长、价格低廉。其缺点是延时误差大（±10%～±20%），无调节刻度指示，难以精确地整定延时值。在对延时精度要求高的场合，不宜使用这种时间继电器。

(3) 电子式时间继电器　电子式时间继电器在时间继电器中已成为主流产品，电子式时间继电器是采用晶体管或集成电路和电子组件等构成，目前已有采用单片机控制的时间继电器。电子式时间继电器具有延时范围广、精度高、体积小、耐冲击和耐振动、调节方便及寿命长等优点，所以发展很快，应用广泛。

晶体管式时间继电器是利用 RC 电路，电容器充电时，电容器上的电压逐渐上升的原理作为延时基础的。因此改变充电电路的时间常数（改变电阻值），即可整定其延时时间。继电器的输出型式有两种，有触头式，用晶体管驱动小型电磁式继电器；无触头式，采用晶体管或晶闸管输出。

近年来，随着微电子技术的发展，采用集成电路、功率电路和单片机等电子组件构成的新型时间继电器大量面市，如 DHC6 多制式单片机控制时间继电器，JSS17、JSS20、JSZ13 等系列大规模集成电路数字时间继电器，JS14S等系列电子式数显时间继电器，JSG1等系列固态时间继电器等。

5. 温度继电器　温度继电器利用发热组件间接地反映出绕组温度而进行动作，广泛应用于电动机绕组、大功率晶体管等的过热保护。温度继电器大体上有两种类型：一种是双金属片式温度继电器；另一种是热敏电阻式温度继电器。

双金属片式温度继电器的动作温度是以电动机绕组绝缘等级为基础来划分的，它分为50℃、60℃、70℃、80℃、95℃、105℃、115℃、125℃、135℃、145℃、165℃等11个规格。继电器的返回温度因动作温度而异，一般比动作温度低5~40℃。

热敏电阻式温度继电器中使用的热敏电阻是一种半导体元件，根据材料性质有正温度系数和负温度系数两种。由于正温度系数热敏电阻具有明显的开关特性、电阻温度系数大、体积小、灵敏度高等优点，因而得到广泛应用和迅速发展。

6. 固态继电器　固体继电器是一种能实现无触头通断的电气开关器件。当控制端无信号时，其主电路呈阻断状态；当施加控制信号时，主电路呈导通状态。它利用信号光耦合方式使控制电路与负载电路之间没有任何电磁关系，实现了电隔离。它具有结构紧凑、开关速度快、能与微电子逻辑电路兼容等特点，已广泛应用于各种自动控制仪器设备、计算机数据采集和处理系统、交通信号管理系统等，作为执行器件。

固体继电器是一种四端组件，其中两端为输入端，两端为输出端。按主电路类型，分为直流固态继电器和交流固态继电器两类。直流固态继电器内部的开关组件是电力晶体管，交流固态继电器的开关组件是晶闸管。产品封装结构有塑封型和金属壳全密封型。

5.2.7.3　可编程通用逻辑控制继电器

可编程通用逻辑控制继电器是一种通用逻辑控制继电器，亦称为通用逻辑控制模块。它将顺序控制程序预先存储在内部存储器中，用户程序采用梯形图或功能图语言编程，形象直观，简单易懂，由按钮，开关等输入开关量信号，通过顺序执行程序对输入信号进行规定的逻辑运算、模拟量比较、定时、计数等，另外还有显示参数、通信、仿真运行等功能。其集成的内部软件功能和编程软件可替代传统逻辑控制器件及继电器电路，并具有很强的抗干扰能力。

其硬件是通用的，要改变控制功能只需改变程序即可。因此，在继电逻辑控制系统中，可替代其中的时间继电器、中间继电器、计数器等，以简化线路设计，并能完成较复杂的逻辑控制，甚至可以完成传统继电逻辑控制方式无法实现的功能。因此，在工业自动化控制系统、小型机械和装置、建筑电器等中广泛应用。在智能建筑中适用于照明系统，取暖通风系统，门、窗、栅栏和出入口等的控制。

可编程通用逻辑控制继电器基本型的宽度为72mm，相当于8个模数的尺寸，加长型和总线型的宽度相当于14个模数宽，可卡装在35mm导轨上。常用产品主要有德国金钟-默勒公司的"easy"、西门子公司的"LOGO"、国产ST300等。ST300可编程逻辑控制继电器参数见表5-34。

可编程通用逻辑控制继电器（模块）的特点：

(1) 编程操作简单，只需接通电源就可在本机上直接编程。

(2) 编程语言简单、易懂，只须把需要实现的功能用编程触点、线圈或与功能块连接起来就行，就像使用中间继电器、时间继电器，通过导线连接一样简单方便。

(3) 参数显示、设置方便，可以直接在显示面板上设置、更改和显示参数。

表 5-34 ST300 可编程逻辑继电器主要技术参数

项目		基本型	扩展型
额定工作电源 U_e		AC220V、50Hz、DC24V	
基本功能		控制器是一种具有逻辑运算、定时、计数、显示、参数设置、通信等功能的可编程通用逻辑控制模块，其集成的内部软件功能可代替传统逻辑控制器件（如各种继电器、定时器、时钟等）；集成的内部编程软件可代替传统的继电器电路，具有 BF、SF（1）和 SF（2）功能模块	
通信功能		RS485 接口，Modbus – RTU 协议；ASI 总线	
输入、输出功能	光隔数字量输入	6 个 DI	12 个 DI
	光隔数字量输出	4 个 DO	6DO
	继电器输出	控制器输出触点额定工作电压为交流 50Hz、250V。最大开断电压为 AC380、DC125V 最大开断功率为 2000VA 或 150W 控制器输出触点额定电流为 8A。DC30V 输出时额定电流为 5A 输出触点机械寿命不低于 10 万次，电寿命不低于 1 万次	
	晶体管输出	4 个 DO	6DO
		控制器最大开关电流为 0.3A（工作电压为 24V）	
显示功能		电源/运行、状态变化、通信状态显示；参数化编程功能	
抗干扰性能		按 GB 14048.1—2006 中 7.3 要求进行抗扰度试验，包括： 按 GB/T 17626.2—2006《电磁兼容 试验和测量技术 静电放电抗扰度试验》进行静电放电抗扰度试验，要求试验电平：8kV（空气放电）或 4kV（接触放电），性能判别 B 级 按 GB/T 17626.3—2006《电磁兼容 试验和测量技术 射频电磁场辐射抗扰度试验》进行射频电磁场辐射抗扰度试验，要求试验电平：场强 10V/m，性能判别：B 级 按 GB/T 17626.4—2008《电磁兼容 试验和测量技术 电快速瞬变脉冲群抗扰度试验》进行电快速瞬变脉冲群抗扰度试验，要求试验电平：2kV（对电源端，1kV 对信号端），性能判别：B 级 按 GB/T 17626.5—2008《电磁兼容 试验和测量技术 浪涌（冲击）抗扰度试验》进行 1.25/50 ~ 8/20μs 浪涌抗扰度试验，要求试验电平：2kV（线对地）、1kV（线对线），性能判别：B 级 按 GB/T 17626.6—2008《电磁兼容 试验和测量技术 射频场感应的传导骚扰抗扰度》进行射频传导抗扰度试验（150kHz ~ 80MHz，额定直流电压 24V 及以下不适用），要求试验电平：10V，性能判别：B 级 按 GB/T 17626.8—2006《电磁兼容 试验和测量技术 工频磁场抗扰度试验》进行工频磁场抗扰度试验（仅适用于含有易受工频磁场影响元件的电器），要求试验电平：30A/m，性能判别：B 级 按 GB/T 17626.11—2008《电磁兼容 试验和测量技术 电压暂降、短时中断和电压变化的抗扰度试验》进行电压暂降、中断抗扰度试验，要求试验电平：半个波下降 30%，5 ~ 50 个周波下降 60%，250 个周波下降 100%，性能判别：B 级 按 GB/T 17626.13—2006《电磁兼容 试验和测量技术 交流电源端口谐波、谐间波及电网信号的低频抗扰度试验》进步电源谐波抗扰度试验，要求试验电平待制定	
绝缘试验电压（交流有效值）		3000V	
防护等级		IP20，具有防触指功能	
污染等级		3 级	

(续)

项目\型号	基本型	扩展型
周围空气温度	上限为+55℃，24h内其平均值不超过+35℃，下限为-5℃	
安装地点的海拔	≤2000m	
湿度	安装地点的空气相对湿度在最高温度为+40℃时不超过50%；在较低温度下允许有较高相对湿度，最湿月的月平均最低温度不超过+25℃，该月的月平均最大相对湿度不超过90%，对由于温度变化而产生在产品上的凝露情况，必须采取措施	
安装类别	Ⅲ	
安装方式	TH35导轨安装，螺钉安装	
安装尺寸/mm	60.5×82，2×φ4（外形尺寸72×90）	121×82，2×φ4（外形尺寸144×90）

(4) 输出能力大，输出端能承受10A（阻性负载）、3A（感性负载）。

(5) 通信功能可编程，通用逻辑控制继电器具有AS-I通信功能，它可以作为远程I/O使用。

5.2.7.4 继电器的选用

1. 接触器式继电器　选用接触器式继电器时，主要是按规定要求选定触头型式和通断能力，其他原则均和接触器相同。有些应用场合，如对继电器的触头数量要求不多，但对通断能力和工作可靠性（如耐振）要求较高时，以选用小规格接触器为好。

2. 时间继电器　选用时间继电器时，要考虑的特殊要求主要是延时范围、延时类型、延时精度和工作条件。

3. 保护继电器　保护继电器是指在电路中起保护作用的各种继电器，主要有过电流继电器、欠电流继电器、过电压继电器和欠电压（零电压、失电压）继电器等。

(1) 过电流继电器　过电流继电器主要用作电动机的短路保护，对其选择的主要参数是额定电流和动作电流。过电流继电器的额定电流应当大于或等于被保护电动机的额定电流，其动作电流可根据电动机工作情况按其起动电流的1.1~1.3倍整定。一般绕线转子异步电动机的起动电流按2.5倍额定电流考虑，笼型异步电动机的起动电流按额定电流的5~8倍考虑。选择过电流继电器的动作电流时，应留有一定的调节裕量。

(2) 欠电流继电器　欠电流继电器一般用于直流电动机的励磁回路中监视励磁电流，作为直流电动机的弱磁超速保护或励磁电路与其他电路之间的联锁保护。选择的主要参数为额定电流和释放电流，其额定电流应大于或等于额定励磁电流，其释放电流整定值应低于励磁电路正常工作范围内可能出现的最小励磁电流，可取最小励磁电流的0.85倍。选用欠电流继电器时，其释放电流的整定值应留有一定的调节裕量。

(3) 过电压继电器　过电压继电器用来保护设备不受电源系统过电压的危害，多用于发电机—电动机机组系统中。选择的主要参数是额定电压和动作电压。过电压继电器的动作值一般按系统额定电压的1.1~1.2倍整定。一般过电压继电器的吸引电压可在其线圈额定电压的一定范围内调节，例如JT3电压继电器的吸引电压在其线圈额定电压的30%~50%范围内，为了保证过电压继电器的正常工作，通常在其吸引线圈电路中串联附加分压电阻的方法确定其动作值，并按电阻分压比确定所需串入电阻的值。计算时，应按继电器的实际吸合动作电压值考虑。

(4) 欠电压（零电压、失电压）继电器　欠电压继电器在线路中多用作失电压保护，防止电源故障后恢复供电时系统的自起动。欠电压继电器常用一般电磁式继电器或小型接触器充任，其选用只要满足一般要求即可，对释放电压值无特殊要求。

5.2.8　主令电器

主令电器是电气自动控制系统中用于发送或转换控制指令的电器，是一种用于辅助电路的控制电器。主令电器应用广泛、种类繁多，按其作用可分为按钮、行程开关、接近开关、万能转换开关（组合开关）、主令控制器及其他主令电器，如脚踏开关、倒顺开关、紧急开关、钮子开关、指示灯等。

5.2.8.1　按钮控制

按钮是一种结构简单、应用十分广泛的主令电器。在电气自动控制电路中，用于手动发出控制信号，以控制接触器、继电器、电磁起动器等。按钮的结构种类很多，可分为普通揿钮式、蘑菇头式、自锁式、自复位式、旋柄式、带指示灯式、带灯符号式及钥匙式等；有单钮、双钮、三钮及不同组合形式。一般是采用积木式结构，由按钮帽、复位弹簧、桥式触头和外壳等组成，通常做成复合式，有一对常闭触头和常开触头，有的产品可通过多个组件的串联增加触头对数，最多可增至 8 对。还有一种自持式按钮，按下后即可自动保持闭合位置，断电后才能打开。

为了标明各个按钮的作用，避免误操作，通常将按钮帽做成不同的颜色，以示区别，其颜色有红、绿、黑、黄、蓝、白等，另外还有形象化符号可供选用。按钮的主要参数有型式及安装孔尺寸、触头数量及触头的电流容量，在产品说明书中都有详细说明。常用国产产品有 LAY3、LAY6、LA20、LA25、LA38、LA101、NP1 等系列。

5.2.8.2　行程开关

行程开关又称限位开关，是一种利用生产机械某些运动部件的碰撞来发出控制指令的主令电器，用于控制生产机械的运动方向、速度、行程大小或位置的一种自动控制器件。其基本结构可以分为三个主要部分：摆杆（操作机构）、触头系统和外壳。其中摆杆形式主要有直动式、杠杆式和万向式三种。触头类型有一常开一常闭、一常开两常闭、两常开一常闭、两常开两常闭等形式。动作方式可分为瞬动、蠕动、交叉从动式三种。行程开关的主要参数有型式、动作行程、工作电压及触头的电流容量。目前国内生产的行程开关有 LXK3、3SE3、LX19、LXW、WL、LX、JLXK 等系列。

5.2.8.3　接近开关

接近开关又称为无触头行程开关，它不仅能代替有触头行程开关来完成行程控制和限位保护，还可用于高频计数、测速、液面控制、零件尺寸检测、加工程序的自动衔接等的非接触式开关。由于它具有非接触式触发、动作速度快、可在不同的检测距离内动作、发出的信号稳定无脉动、工作稳定可靠、寿命长、重复定位精度高以及能适应恶劣的工作环境等特点，所以在机床、纺织、印刷、塑料等工业生产中应用广泛。

接近开关按其工作原理来分，主要有高频振荡式、霍尔式、超声波式、电容式、差动线圈式、永磁式等，其中高频振荡式最为常用。

接近开关的工作电源种类有交流和直流两种；输出形式有两线、三线和四线制三种；晶体管输出类型有 NPN 和 PNP 两种。接近开关的主要参数有型式、动作距离范围、动作频率、响应时间、重复精度、输出型式、工作电压及触头的电流容量。接近开关的产品种类十分丰富,常用的国产接近开关有 3SG、LJ、CJ、SJ、AB 和 LXJO 等系列。

5.2.8.4 转换开关

转换开关是一种多档式,控制多回路的主令电器,广泛应用于各种配电装置的电源隔离、电路转换、电动机远距离控制等,也常作为电压表、电流表的换相开关,还可用于控制小容量电动机。

目前常用的转换开关类型主要有两大类:万能转换开关和组合开关。两者的结构和工作原理基本相似,在某些应用场合下,两者可相互替代。转换开关按结构类型分为普通型、开启组合型和防护组合型等。按用途又分为主令控制用和控制电动机用两种。按被控电路类型又分为主令控制用和控制电机用两大类。

转换开关一般采用组合式结构设计,由操作机构、定位系统、限位系统、接触系统、面板及手柄等组成。转换开关的触头和操动器位置较多,其触头开闭和操动器位置之间的对应关系常用操作图来表示。

转换开关的主要参数有型式、手柄类型、操作图型式、工作电压、触头数量及其电流容量,在产品说明书中,都有详细说明。常用的转换开关有 LW5、LW6、LW8、LW9、LW12、LW16、VK、3LB、HZ 等系列。

5.2.8.5 主令控制器

主令控制器是用来频繁地按顺序切换多个控制电路的主令电器。它与磁力控制盘配合,可实现对起重机、轧钢机及其他生产机械的远距离控制。

主令控制器产品有 LK14、LK15、LK16 和 LK18 几个系列,最多可控制 12 个回路,操动方式有手柄式和手轮式两种。还有一种 LKW 系列,是电位计式主令控制器。主令控制器和转换开关相似,触头和操动器位置较多,其触头开闭和操动器位置之间的对应关系也常用操作图来表示。

主令控制器的主要参数有型式、手柄类型、操作图型式、工作电压及触头的电流容量。

5.2.8.6 指示灯

指示灯在各类电气设备及电气线路中用作电源指示及指挥信号、预告信号、运行信号、事故信号及其他信号的指示。

指示灯主要由壳体、发光体、灯罩等组成。外形结构多种多样,发光体主要有白炽灯、氖灯和发光二极管三种。发光颜色有黄、绿、红、白、橙五种,使用时应按国标规定的相应用途选用。指示灯的主要参数有型式及安装孔尺寸、工作电压及颜色。常用国产产品系列有 AD11、AD30、XDJ1 等。

另外,国外进口和合资生产的产品品种很多,几乎生产低压电器的公司均有指示灯产品,如日本和泉、富士公司;德国金钟-默勒、西门子公司;法国施耐德公司等。

5.2.8.7 主令电器的一般选用原则

主令电器首先应满足控制电路的电气要求,如额定工作电压、额定工作电流(含电流种类)、额定通断能力、额定限制短路电流等,这些参数的确定原则与选用主电路开关电器和控制电器的原则相同。其次,应满足控制电路的控制功能要求,如触头类型(常开、常闭、要否延时等)、触头数目及其组合型式等。此外,还需要满足一系列特殊要求,这些要求随电器的动作原理、防护等级、功能执行组件类型和具体设计的不同而异。

对于人力操作的按钮、开关,包括按钮、转换开关、脚踏开关和主令控制器等,除满足控制电路电气要求外,主要是安全要求与防护等级,必须有良好的绝缘和接地性能,应尽可能选用经过安全认证的产品，必要时宜采用低电压操作等措施，以提高安全性。其次，是选择按钮颜色、标记及组合原则、开关的操作图等。

防护等级的选择应视开关的具体工作环境而定。选用按钮时，应注意其颜色标记，必须符合国标的规定。不同功能的按钮之间的组合关系也应符合有关标准的规定。

5.2.9 电磁执行机构

机械设备的执行机构主要包括电磁铁、电磁阀、电磁离合器、电磁制动器等。

5.2.9.1 电磁铁

电磁铁由励磁线圈、铁心和衔铁（动铁心）三个基本部分构成。是一种将电磁能转换为机械能的执行机构。根据励磁电流的性质，电磁铁分为直流电磁铁和交流电磁铁。直流电磁铁的铁心根据不同的剩磁要求选用整块的铸钢或工程纯铁制成，交流电磁铁的铁心则用相互绝缘的硅钢片叠成。电磁铁的结构型式有多种多样，直流电磁铁常用拍合式与螺管式两种结构；交流电磁铁的结构型式主要有 U 和 E 形两种。

直流电磁铁和交流电磁铁具有各自不同的机电特性，因此适用于不同场合。选用电磁铁时，应考虑用电类型（交流或直流）、额定行程、额定吸力及额定电压等技术参数。此外，在实际应用中要根据机械设计上的特点，考虑直流电磁铁和交流电磁铁具有的特点，能否满足工艺要求、安全要求等进行选择。

衔铁在起动时与铁心的距离，即额定行程。衔铁处于额定行程时的吸力，即额定吸力，必须大于机械装置所需的起动吸力。额定电压（励磁线圈两端的电压）应尽量与机械设备的电控系统所用电压相符。

直流电磁铁具有如下特点。

(1) 励磁电流的大小仅取决于励磁线圈两端的电压及本身的电阻，而与衔铁的位置无关，因此一旦机械装置被卡住，励磁电流不会因此而增加，从而导致线圈烧毁。

(2) 直流电磁铁的吸力在衔铁起动时最小，而在吸合时最大，因此吸力与衔铁的位置有关，吸合后电磁铁容易因励磁电流大而发热。

交流电磁铁具有如下特点。

(1) 励磁电流与衔铁位置有关，当衔铁处于起动位置时，电流最大；当衔铁吸合后，电流就降到额定值，因此一旦机械装置被卡住而衔铁无法被吸合时，励磁电流将大大超过额定电流，时间一长，会使线圈烧毁。

(2) 吸力与衔铁位置无关，衔铁处于起始位置与处于吸合位置时吸力相同，因此交流电磁铁具有较大的起动初始吸力。

5.2.9.2 电磁阀

电磁阀按电源种类分有直流电磁阀、交流电磁阀、交直流电磁阀、自锁电磁阀等；按用途分有控制一般介质（气体、流体）电磁阀、制冷装置用电磁阀、蒸汽电磁阀、脉冲电磁阀等；按使用环境分有一般用、户外用、防爆用电磁阀等。

各种电磁阀还可分为两通、三通、四通、五通等规格，还可分为主阀和控制阀等。

电磁阀的结构性能可用它的位置数和通路数来表示，并有单电磁铁（称为单电式）和双电磁铁（称为双电式）两种。

选用电磁阀时应注意如下几点：

(1) 阀的工作功能要符合执行机构的要求，据此确定采用阀的型式（三位或两位，单电

或双电,二通或三通、四通、五通等);

(2) 阀的孔径是否允许通过额定流量;

(3) 阀的工作压力等级;

(4) 电磁铁线圈采用交流电或直流电,以及电压等级等都要与控制电路一致,并应考虑通电持续率。

5.2.9.3 电磁制动器

电磁制动器是应用电磁铁原理使衔铁产生位移的机械运动的装置,广泛应用于起重机、卷扬机、碾压机等类型的升降机械设备。

电磁制动器是由制动器、电磁铁或电力液压推动器、摩擦片、制动轮(盘)或闸瓦等组成。

5.2.10 电气安装附件

电气安装附件是保证电气安装质量及电气安全而必需的一种工艺材料,在电路中起接续、连接、固定和防护等作用,是正确实现设计功能的必备材料。正确地选用电气安装附件,对提高产品质量和性能十分重要。

5.2.10.1 接线座与接插件

接线座与接插件是电气设备中应用十分广泛的电气连接件,主要用于电路的电连接及线端接续。有的产品还可作为电路联络、试验及熔断保护等用途。接线座与接插件主要包括各种型式及应用场合下的接线座、接线端头、连接器、连接插头及插座等。常用的接线座有组合式结构和整体式结构两种。组合式结构可根据需要将不同用途的接线座及接线回路数所需的片数组合安装在一起。整体式结构每块的接线回路是固定的,如5、10、15路等。

接线座的安装方式有导轨安装和螺钉固定安装两种。接线座的接线方式有螺钉压接方式和弹簧夹持方式等。

接线端头俗称为接线鼻子,用铜质材料做成,根据连接导线的载流量的不同,接线端头有各种不同的型式

连接器、连接插头及插座广泛应用于电气设备内部、电气设备之间及各类电缆端头的连接,根据应用场合及用途亦有多种结构型式。

5.2.10.2 安装附件

安装附件主要用于配电箱柜及电气成套设备内元器件、导线的固定和安装。采用安装件后可使导线走向美观、元器件装卸容易、维修方便和加强电气安全,是电气工程中不可缺少的工艺材料。安装附件种类很多。

1. 接线号 可作为导线的线端标记,线号标记可采用专用印号机打印或用记号笔标记。

2. 字码管 是一种用 PVC 软质塑料制造而成的字符代号或号码的成品,可单独套在导线上作线号标记管用。

3. 行线槽 行线槽采用聚氯乙烯塑料制造而成,用于配电箱柜及电气成套设备内作为布线工艺槽用,对置于其内的导线起防护作用。

4. 波纹管、缠绕管 采用 PVC 软质塑料制造而成,用于配电箱柜及电气成套设备的活动部分及建筑电气工程中用作电线保护。缠绕管既可用于行线、捆绑和保护导线,又可用于过门导线的保护。

5. 固定线夹、贴盘、扎带、固定线夹 用于配电箱柜及电气成套设备中过门导线(束)

及其他配线的固定。贴盘和扎带配合广泛应用于电气仪表、电气装置等配线的线束固定。

6. 母线绝缘框　用于配电柜中的铜、铝母线排的支撑和固定安装。

5.2.11　电力网络仪表

在低压配电系统中，一个显著功能就是要随时掌握和了解电网或进线的各种参数，如电流、电压以及电网的有功功率、无功功率、功率因数等。而这些功能都是通过电网监测元件或电力仪表来实现的。目前已有多家厂商开发了相应的产品，如国产的 ST400、SIEMENS 公司的 PROFIMESS、SCHNEIDER 公司的 PM 系列仪表等，下面以 ST400 系列产品为例，介绍一个该类产品的主要性能。

ST400 网络测控仪表采用当前最新的 16 位微处理设计而成，集合全面的三相电量测量/显示、能量累计、操作控制、数字输入/输出与网络通信于一身。可以完成的基本测量功能包括相电压、线电压、电流、频率、功率因数、视在功率、有功功率（发电或受电）、无功功率（容性或感性）等多达 50 个电力参数，并可单独使用，亦可作为电力监控系统（SCADA）的前端元件；用以检测、收集系统资讯。通过标准的 RS485 串行通信接口及双绞线配线，即可实现数据的远程交换。产品主要技术参数见表 5-35。

表 5-35　ST400 网络测控仪表参数

项目\型号	ST4002	ST4003
通信协议	Profibus DP	Modbus-Rtu
额定电流/A	1、5、25、100	
额定电压/V	100V、400	
光隔数字量输入	9 路 DI，功能可整定	
数字量输出功能	4 路 DO，功能可整定	
控制器额定工作电压/V	AC220、DC220、DC110	
应用方式	塑料外壳式断路器方式、框架断路器方式	
电缆连接方式	电缆穿芯式	
安装方式	35mm 标准导轨安装/螺钉固定式安装	
显示模块	ST523/ST524	
触点容量	阻性负载：AC220V（250V）、5A、cosφ = 1，DC24V（30V）、5A 感性负载：AC-15 为 AC220V、1.64A DC-13 为 DC24V、2A	
周围空气温度	周围空气温度不超过 +55℃，且其 24h 内的平均温度值不超过 +35℃，周围空气温度的下限为 -5℃	
大气压力/kPa	86~106	
安装的海拔/m	≤2000	
污染等级	2 级	
湿度	安装地点的空气相对湿度在最高温度为 +40℃ 时不超过 50%；在较低温度下允许有较高相对湿度，最湿月的月平均最低温度不超过 +25℃，该月的月平均最大相对湿度不超过 90%，对由于温度变化而产生在产品上的凝露情况，必须采取措施	
防护等级	IP20	
额定工作制	八小时工作制、不间断工作制、断续周期工作制	

(续)

项目\型号	ST4002	ST4003
测量范围	(1) 电压：0~750000V (2) 电流：0~15000A (3) 有功功率、无功功率：-225000~225000kW（kvar） (4) 视在功率：0~225000kVA (5) 功率因数：0~1 (6) 频率：0~70Hz (7) 有功电能、无功电能：0~99999999.9kW·h（kvar·h） (8) 漏电流：0~6553.5mA (9) 电流不平衡率、电压不平衡率：0~100%	
测量精度	(1) 交流电流、电压基本误差为±0.2% (2) 有功功率、无功功率、视在功率基本误差为±0.5% (3) 功率因数基本误差为±0.5% (4) 频率基本误差为±0.2%	

5.3 控制设备

5.3.1 控制设备概述

低压成套开关设备和控制设备（简称低压成套设备）是由一个或多个低压开关设备和与之相关的控制、测量、信号、保护、调节等设备由制造厂家负责完成所有内部的电气和机械的连接，用结构部件完整地组装在一起的一种组合体。低压成套设备产品在低压供配电系统中起着电能的控制、保护、测量、转换和分配的作用，作为电力使用终端的载体，深入到生产、生活的各个方面。

控制设备是低压成套设备类产品中一个重要的组成部分（见图5-38），在电气传动设备中作为电源馈电、保护、电动机控制的不可缺少的基本组成部分。

5.3.2 基本定义及要求

1. 通过型试试验的低压成套设备（TTA）　与已通过验证认为符合标准的定型成套设备相比，不存在可能会影响性能的差异的低压成套设备。

2. 功能单元　由完成同一功能的所有电气设备和机械部件组成。

3. 连接位置　可移式部件或抽出式部件为保证其正常的设计功能而处于完好的连接状态的一种位置。

4. 试验位置　抽出式部件的一种位置，在此位置上，有关的主电路已与电源断开，但没有必要完全形成隔离距离，而辅助电路已连接好，允许对抽出式部件进行试验，此时该部件仍与成套设备保持机械上的连接。

5. 分离位置　抽出式部件的一种位置，在该位置时，主电路和辅助电路的绝缘距离已达到要求，而抽出式部件与成套设备仍保持机械连接。

6. 额定分散系数　成套设备中或成套设备一个部分中有若干主电路，在任一时刻所有主

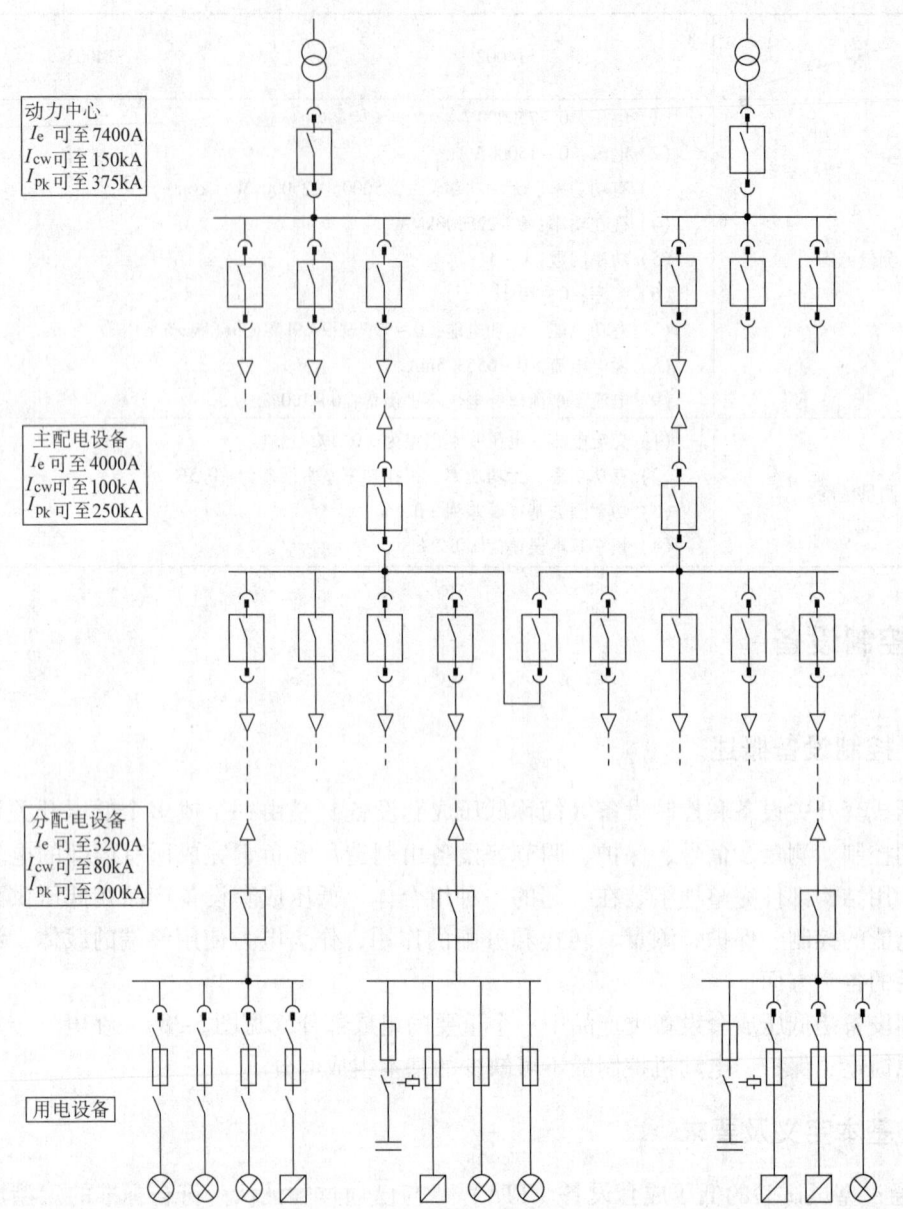

图 5-38 控制设备在低压电网中的应用

电路通过的电流最大值的总和与该成套设备或该成套设备的选定部分的所有主电路额定电流总和的比值,即为额定分散系数。

7. 额定短时耐受电流 I_{cw}　开关柜承载时间为 1s 的短时电流的交流分量的有效值且无损坏,如果时间小于 1s,时间及电流值应进行规定。

8. 额定电流 I_n　由制造厂规定的成套设备中某一电路的额定电流。其考虑了成套设备内元件的参数,所处的位置和使用情况。

9. 额定工作电压 U_e　和额定电流共同决定设备使用条件的电压值。

10. 额定绝缘电压 U_i 决定介电试验和爬电距离的值。

11. 额定冲击耐受电压 U_{imp} 电路应能承载此冲击电压的峰值并且无故障,同时还决定了空气中的电气间隙。

12. 正常工作条件

(1) 海拔不超过 2000m。

(2) 周围空气温度不高于 +40℃,并且在 24h 内其平均温度不超过 +35℃,不低于 -5℃。

(3) 空气相对湿度在 +40℃时不超过 50%,在温度较低时允许有较高的相对温度。例如 +20℃时为 90%,但应考虑到由于温度的变化,对有可能会偶然地产生适度的凝露要给予注意,并及时采取消除措施。

(4) 在无爆炸危险的介质中,且介质中无足以腐蚀金属和破坏绝缘的导体和尘埃(包括导电尘埃)。

(5) 在无显著摇动和冲击振动的地方。

(6) 安装的倾斜度不大于 5°。

(7) 在无雨雪侵袭的地方。

5.3.3 电动机控制中心的选用

5.3.3.1 西门子 SIVACON 低压开关设备

西门子 SIVACON 可使用于各种功率等级,从动力中心(6300A)通过主/分配电柜直至电动机控制中心,可采用固定式、插入式及抽出式等设计。

1. 主要特点

(1) 通过型式试验的标准化模块;

(2) 节省空间,底面最小尺寸为 400mm × 400mm;

(3) 装容密度高,每柜可装 40 个馈电单元;

(4) 门关闭的情况下,具有试验和分离位置;

(5) 在进线/出线侧有可视的隔离间隙;

(6) 所有的抽屉均有统一的操作界面;

(7) 固休墙设计,可实现柜与柜之间的安全隔离;

(8) 母线位置多样化,可上可下;

(9) 电缆/母线可从上部或下部连接。

2. 主要技术参数(见表 5-36)

5.3.3.2 GCK1 系列电动机控制中心

1. 产品主要技术性能:

(1) 电气性能符合 IEC60439(所有部分)《低压开关设备和控制设备组合装置》标准。

(2) 每台柜用隔离变压器将主、辅电路分开,辅助电路的操作电源为 50Hz、交流 220V,信号电源为交流 6V。

(3) 水平母线具有单母线分段和不分段两种。当采用单母线分段时,母线连接开关具有自投、无自投和切换装置。

(4) 电动机控制电路具有短路、过载、欠电压及断相保护。

(5) 发生故障时备有灯光和报警装置。

表 5-36　SIVACON 低压开关设备主要技术参数

额定绝缘电压 U_i		主电路	1000V
额定工作电压 U_e		主电路	690V
额定冲击耐受电压 U_{imp}			8kV
水平主母线		额定电流	6300A
		额定峰值耐受电流	250kA
		额定短时耐受电流	100kA
垂直母线	固定安装式设计	额定电流	2000A
		额定短时耐受电流	50kA
	抽出式设计	额定电流	1000A
		额定峰值耐受电流	143kA
		额定短时耐受电流	65kA
防护等级			IP20～IP54
外形尺寸		高	2200mm
		宽	400,500,600,800,1000mm
		深	400,600,1000,1200mm

（6）产品防护等级为 IP40，无论门及覆板关闭或开启时，以及功能单元处于抽出位置时，均能达到相同的防护等级，以确保人身安全。

2. 主要技术参数（见表 5-37）

表 5-37　GCK1 系列电动机控制中心主要技术参数

额定绝缘电压 U_i	主电路	660V
额定工作电压 U_e	主电路	380V
水平主母线	额定电流	3200A
	额定峰值耐受电流	176kA
	额定短时耐受电流	80kA
垂直母线	额定电流	630A
	主电路接插件电流	400A
	辅助回路触头电流	20A
防护等级		IP20～IP40
外形尺寸	高	2200mm
	宽	400,500,600,800,1000mm
	深	400,600,1000,1200mm

5.3.3.3　GCS 系列低压开关设备

它适用于发电厂、变电站、石油化工、工矿企业和高层建筑等的低压配电系统中，作为动力、配电、电动机控制中心、功率因数补偿等电能的转换、分配控制之用。

产品具有分断接通能力高、动热稳定性好、结构新颖、防护等级高等特点。

（1）结构紧凑，以较小的空间容纳较多的功能单元；

（2）零部件通用性强，组装灵活；

（3）采用标准模块设计：有五个尺寸系列标准单元，用户可以根据需要任意选用组装；

(4) 技术性能指标高。

主要技术参数见表 5-38。

表 5-38　GCS 系列低压开关设备主要技术参数

额定绝缘电压 U_i	主电路	660V
额定工作电压 U_e	主电路	380V
水平主母线	额定电流	4000A
	额定峰值耐受电流	176kA
	额定短时耐受电流	80kA
垂直母线	额定电流	1000A
	主电路接插件电流	400A
	辅助电路触头电流	20A
防护等级		IP20~IP40
外形尺寸	高	2200mm
	宽	400, 500, 600, 800, 1000mm
	深	400, 600, 1000, 1200mm

5.3.3.4　MNS（或 GCD）系列低压抽出式开关柜

MNS（或 GCD）系列工厂组装的低压抽出式开关柜符合 IEC60439 标准，可广泛适用于陆用、船用、核电站等工业企业中，作为低压电力系统的配电和电动机集中控制之用。其主要技术参数见表 5-39。

表 5-39　MNS（GCD）系列低压抽出式开关柜主要技术参数

额定绝缘电压	660V
额定工作电压	660V
主母线最大工作电流	4180A（IP30/IP50）
主母线最大短时（1s）耐受电流	100kA
主母线最大短路峰值电流	250kA
配电母线（50mm×30mm×5mm）最大工作电流	1000A（IP30/IP40）
配电母线短路峰值电流	90kA
（1）标准设计	130kA
（2）加强设计	6A、10A
输出控制插件电流	32A
单个 16 芯控制插件最大工作电流之和	

5.3.3.5　GCK2000-Z 智能型低压成套设备

该产品为国内最新开发的可智能化配置的产品，适合于额定电压交流为 690V 及以下、频率为 50Hz（60Hz）、变压器容量为 2500kVA 及以下的户内使用。在低压配电系统中作为电能分配、转换和电动机供电、动力及照明用。

产品从动力中心（4000A）通过主/分配电柜直至电动机控制中心，可采用固定式及抽出式等设计。

主要特点：

(1) 产品符合 GB 7251.1—2005《低压成套开关设备和控制设备　第 1 部分：型式试验和部分型式试验成套设备》及 GB/T 7251.8—2005《低压成套开关设备和控制设备　智能型成套设备通用技术要求》标准。

(2) 装容密度高，每柜最多可装 40 个馈电单元。

(3) 具备了多种功能隔室：主电路隔室、辅助电路隔室、主母线隔室、出线电缆隔室等，并可方便地构成多种接地系统。

(4) 门关闭的情况下，具有连接、试验和分离位置，并保证防护等级不变。

(5) 所有的抽屉均有统一的操作界面。

(6) 全新的安全设计，保证人身安全。柜体之间、各隔室之间等具有基本的防护 IPXXP，可实现安全隔离。

(7) 电气连接形式分为抽出式或固定式；功能分为进线、母联、馈电、电动机控制、照明、无功补偿等。

(8) 在产品型式试验中，首次进行了智能化功能试验，具备了以下要求：

遥测：通过通信方式远程对从站进行参数的测量；

遥调：通过通信方式远程对从站进行参数的调整；

遥控：通过通信方式远程对从站进行操作控制；

遥信：通过通信方式远程对从站进行运行、故障等的记录、存储、打印输出等。产品主要参数见表 5-40。

表 5-40 GCK2000-Z 智能型低压成套设备主要参数

额定绝缘电压 U_i	主电路	800V
额定工作电压 U_e	主电路	690V
水平主母线	额定电流	4000A
	额定峰值耐受电流	250kA
	额定短时耐受电流	100kA
抽出式设计垂直母线	额定电流	1000A
	额定峰值耐受电流	143kA
	额定短时耐受电流	65kA
防护等级		IP20 ~ IP40
尺寸/mm	高	2200
	宽	400、500、600、800、1000
	深	600、800、1000

第6章 直流传动系统

6.1 直流电动机的调速系统

6.1.1 直流电动机的调速原理

直流电动机的机械特性方程式为

$$n = \frac{U}{C_e \Phi} - \frac{R_0}{C_e C_T \Phi^2} T = n_0 - \frac{R_0}{C_e C_T \Phi^2} T \tag{6-1}$$

式中 n_0——理想空载转速，$n_0 = U/C_e \Phi$；

U——加在电枢回路上的电压；

Φ——电动机磁通；

R_0——电动机电枢回路的电阻；

C_e——电动势常数；

C_T——转矩常数；

T——电动机转矩。

由式(6-1)可知，改变 R、U 及 Φ 中的任何一个参数，都可以改变电动机的机械特性，从而对电动机进行调速。

6.1.1.1 改变电枢回路电阻调速

从式(6-1)可知，当电枢回路串联附加电阻 R 时（见图6-1），其特性方程式变为

$$n = n_0 - \frac{R_0 + R}{C_e C_T \Phi^2} T \tag{6-2}$$

式中 R_0——电动机电枢电阻；

R——电枢回路串联的附加电阻。

即电动机电枢回路中串联附加电阻时，特性的斜率增加。在一定负载转矩下，电动机的转速下降增加，因而电动机的实际转速降低了。图6-1所示为附加电阻值不同时的一组特殊

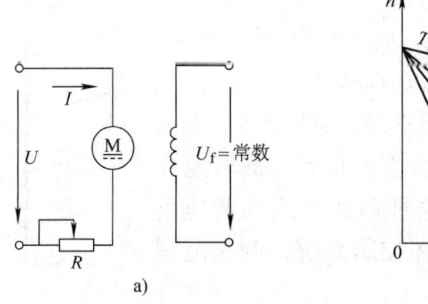

图6-1 直流电动机电枢回路串联电阻调速
a) 线路 b) 机械特性

曲线。如果负载转矩 T_L 为常数，则

$$n = n_0 - \frac{T_L}{C_e C_T \Phi^2} R_0 - \frac{T_L}{C_e C_T \Phi^2} R = A - BR \qquad (6-3)$$

式中 $A = n_0 - \dfrac{T_L}{C_e C_T \Phi^2} R_0$

$B = \dfrac{T_L}{C_e C_T \Phi^2}$

式 (6-3) 表明了控制量 R 与被控制量 n 之间的关系，其调速特性见图 6-2。

由图 6-2 可知，当 $R = 0$ 时，电动机工作在额定转速 n_N（当外加电压及励磁电流均为额定值时）；当 $R = R_1$ 时，转速为 n_1，并且 $n_1 < n_N$；当 $R = R_2$ 时，电动机堵转 ($n = 0$)，这时

$$R_2 = \frac{U}{I_L} - R_0 \qquad (6-4)$$

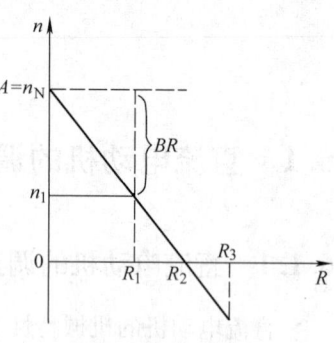

图 6-2 电枢串联电阻时的调速特性

式中 I_L——产生足以平衡负载转矩 T_L 所需要的电流，$I_L = T_L / (C_T \Phi)$。

当 $R > R_2$ 时，转速变为负值，即电动机将要反转，这种情况称为负载倒拉反转制动（如为了平稳而缓慢地下放重物）。这时可以加大 R，使电动机产生的转矩小于 T_L，电动机减速，直到停止，在重物的作用下，电动机又反向转动，重物以低速下放。但要注意，这时不能断开电动机的电源，否则由于没有电动机的制动转矩，会使重物越降越快，容易发生事故。

用这种方法调速，因其机械特性变软，系统转速受负载的影响较大，轻载时达不到调速的目的，重载时还会产生堵转；而且在串联电阻中流过的是电枢电流，长期运行损耗也大，所以在使用上有一定的局限性。

电枢回路串电阻的调速方法，属于恒转矩调速，并且只能在需要向下调速时使用。在工业生产中，小容量时，可串联一台手动或电动变阻器来调速；容量较大时，多用继电器-接触器系统来切换电枢串联电阻，故属于有级调速。

6.1.1.2 改变电枢电压调速

当改变电枢电压时，理想空载转速 n_0 也将改变，但机械特性的斜率不变，这时机械特性方程为

$$n = \frac{U'}{C_e \Phi} - \frac{R}{C_e C_T \Phi^2} T = n_0' - K_m T \qquad (6-5)$$

式中 U'——改变后的电枢电压；

n_0'——改变电压后的理想空载转速，$n_0' = U'/C_e \Phi$；

K_m——特性曲线的斜率，$K_m = R/(C_e C_T \Phi^2)$。

其特性曲线是一族以 U' 为参数的平行直线，见图 6-3。由图 6-3 可见，在整个调速范围内均有较大的硬度，在允许的转速变化率范围内，可获得较低的稳定转速。这种调速方式的调速范围较宽，一般可达 10~12，如果采用闭环控制系统，调速范围可达几百至几千。

改变电枢电压调速方式属于恒转矩调速，并在空载或负载转矩时也能得到稳定转速，通过电压正反向变化，还能使电动

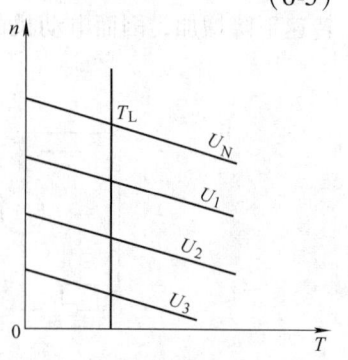

图 6-3 改变电枢电压调速时的机械特性

机平滑地起动和四个象限工作，实现回馈制动。这种调速方式控制功率较小，效率较高，配上各种调节器可组成性能指标较高的调速系统，因而在工业中得到了广泛的应用。

为了改变电动机的电枢电压，需要有独立的可调压的电源，一般采用的有直流发电机、晶闸管变流器和由各种电力电子器件构成的直流电源等，各种方案的比较见表6-1。

表6-1　直流电动机改变电压调速的方法

变压方法	原理电路	装置组成	性能及适用场合
电动机-发电机组（旋转变流机组）	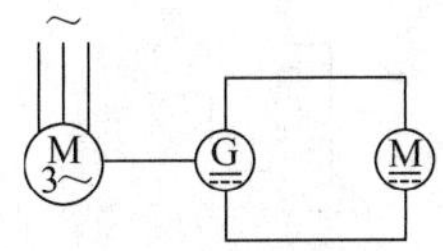	原动机可用同步电机、绕线转子异步电动机（包括带飞轮和转差调节的机组）、笼型异步电动机、柴油机等。励磁方式有励磁机、电机扩大机、磁放大器和晶闸管励磁装置等。控制方式有继电器-接触器、磁放大器和半导体控制装置等	输出电流无脉动，带飞轮的机组对冲击负载有缓冲作用，带同步电机的机组能提供无功功率，改善功率因数。因为有旋转机组，效率较低，噪声、振动大。继电器-接触器和电机扩大机控制时，控制功率大，构成闭环系统一般动态指标较差，用晶闸管励磁可提高动态指标
晶闸管变流器	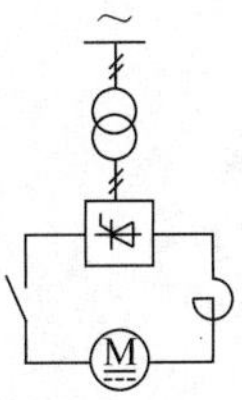	包括变流变压器、晶闸管变流装置、平波电抗器和半导体控制装置等	效率高，噪声、振动小，控制功率小，构成闭环系统动态指标好。但输出电流有脉动，深控时功率因数低，对电网的冲击和谐波影响大
直流斩波器	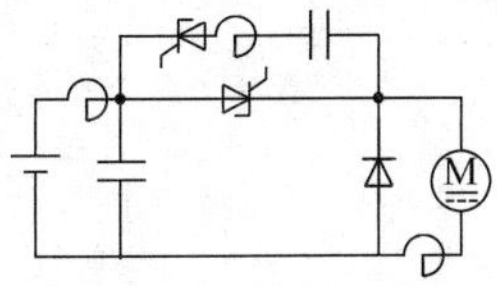	包括晶闸管（或其他电力电子器件）、换相电感电容、输入滤波电感电容及半导体控制装置等	适用于由公共直流电源或蓄电池及恒定电压直流电源供电的场合，如电机车、蓄电池车等电动车辆
柴油交流发电机-硅整流器	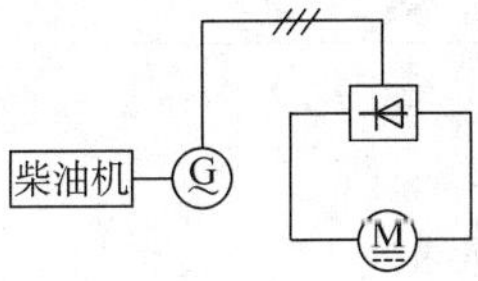	柴油交流发电机、硅整流装置及相应的控制装置等	改变交流发电机电压，经硅整流装置整流得到可变直流电压，用于电动轮车等独立电源场合
交流调压器硅整流器	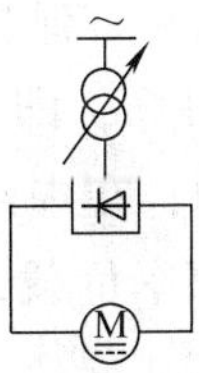	调压变压器、硅整流装置等	效率高，噪声、振动小，输出电流脉动较小，比晶闸管供电功率因数有改善，但实现自动调速较困难。适用于不经常调速的小功率（<15kW）手动开环控制场合
升压机组	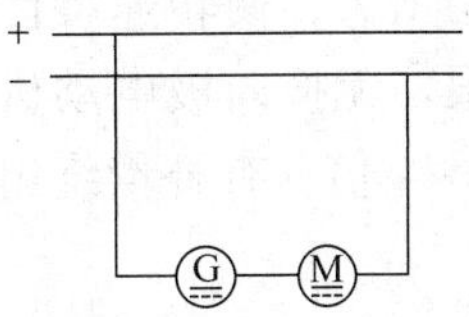	与公共直流电源串联的直流发电机或晶闸管变流装置及相应的控制装置	适用于公共直流电源供电场合，设备较经济，但调速范围不大

6.1.1.3 改变磁通调速

在电动机励磁回路中，改变其串联电阻 R_f 的大小（见图6-4a）或采用专门的励磁调节器来控制励磁电压（见图6-4b），都可以改变励磁电流和磁通。这时电动机的电枢电压通常保持为额定值 U_N，因为

$$n = \frac{U_N}{C_e\Phi} - \frac{R}{C_e C_T \Phi^2}T = \frac{U_N}{C_e\Phi} - \frac{R}{C_e\Phi}I \tag{6-6}$$

所以，理想空载转速 $[U_N/(C_e\Phi)]$ 与磁通（Φ）成反比；电动机机械特性的斜率与磁通的二次方成反比。此时，转矩和电流与转速的关系见图6-5。

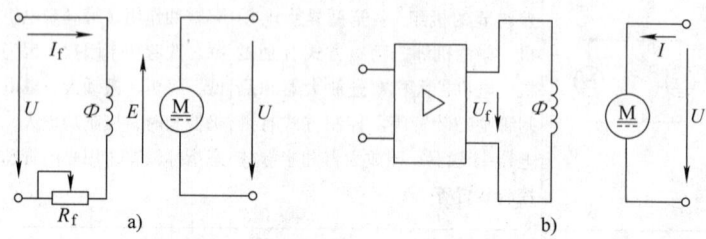

图 6-4 直流电动机改变磁通的调速线路
a) 励磁回路串联电阻调速　b) 用放大器控制励磁电压调速

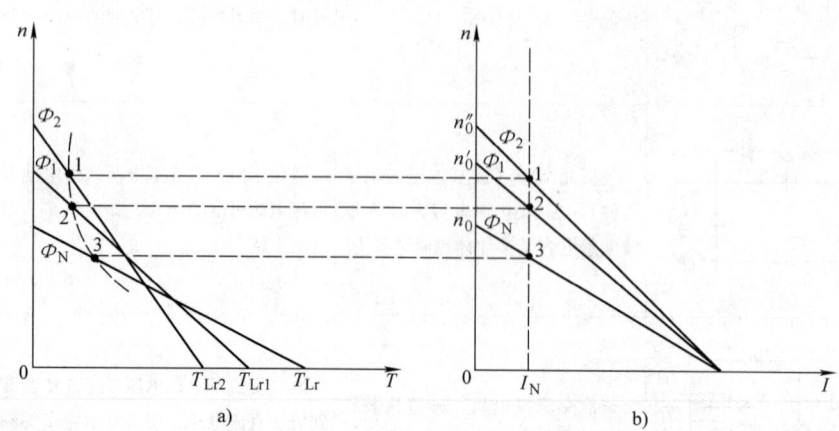

图 6-5 调磁通时 $n=f(T)$ 与 $n=f(I)$ 曲线
a) $n=f(T)$ 曲线　b) $n=f(I)$ 曲线

在调速过程中，为使电动机容量得到充分利用，应该使电枢电流一直保持在额定电流 I_N 不变，见图6-5b中垂直虚线。这时，磁通与转速成双曲线关系，$\Phi \propto 1/n$，即 $T \propto 1/n$，（见图6-5a中的虚线）。在虚线左边各点工作时，电动机没有得到充分利用；在虚线右边各点工作时，电动机过载，不能长期工作。因此，改变磁通调速适合于带恒功率负载，即为恒功率调速。

采用改变励磁进行调速时，在高速下由于电枢电流去磁作用增大，使转速特性变得不稳定，换向性能也会下降。因此，采用这种方法的调速范围很有限。无换向极电动机的调速范围为基速的1.5倍左右，有换向极电动机的调速范围为基速的3～4倍，有补偿绕组电动机的调速范围为基速的4～5倍。

三种调速方式的性能比较见表6-2。

表 6-2 调速方式的性能比较

调速方式和方法		控制装置	调速范围	转速变化率	平滑性	动态性能	恒转矩或恒功率	效率
改变电枢电阻	串电枢电阻	变阻器或接触器、电阻器	2:1	低速时大	用变阻器较好,用接触器和电阻器较差	无自动调节能力	恒转矩	低
改变电枢电压	电动机-发电机组	发电机组或电机扩大机(磁放大器)	1:10~1:20	小	好	较好	恒转矩	60%~70%
	静止变流器	晶闸管变流器	1:50~1:100	小	好	好	恒转矩	80%~90%
	斩波器(脉冲调制)	IGBT 或晶闸管开关电路	1:50~1:100	小	好	好	恒转矩	80%~90%
改变磁通	串联电阻或用可变直流电源	直流电源变阻器	1:3~1:5	较大	较好	差	恒功率	80%~90%
		电机扩大机或磁放大器			好	较好		
		晶闸管变流器				好		

6.1.2 发电机-电动机组调速系统

直流发电机-直流电动机组成的调速系统,见图 6-6。

电枢主回路由一台直流发电机对一台直流电动机供电,电动机速度连续可调,并且在电动机额定电枢电压以下,靠调整发电机输出端电压(调压调速)来调整电动机转速,当电动机电压达到额定值以后,靠减弱电动机励磁电流,电动机升速一直达到电动机(最高额定转速)。

近年来,在发电机励磁和电动机励磁回路中,多采用晶闸管变流器传动方案,用控制两套晶闸管装置输出电压分别改变发电机输出电压和电动机励磁电流,实现速度控制,对于需要正/反转的可逆直流调速系统,通常发电机励磁晶闸管装置为双向可逆装置,而电动机晶闸管装置为单向不可逆装置。

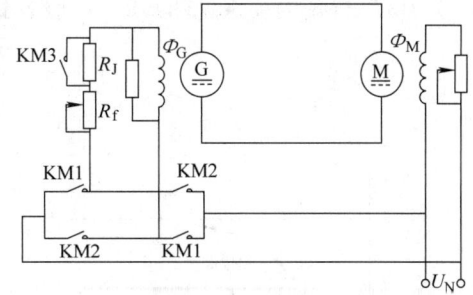

图 6-6 发电机-电动机调速系统

控制系统的组成参见图 6-9,它包括:

1. **发电机励磁电流控制** 通过改变发电机励磁电流实现发电机输出电压可调,控制系统一般为带发电机励磁电流反馈的闭环控制,发电机励磁电流调节器一般为 PI 调节器。

2. **电枢电流控制** 用于实现对传动直流电动机的转矩控制,优化控制系统特性,实现直流传动系统电枢电流的快速响应,及对发电机-电动机电枢主电路电枢电流限制;减缓电流冲击和过载保护。通常控制系统为电枢电流闭环,采用电枢电流反馈,带有电枢电流调节器,调节器带有限幅,限幅值设定依据电动机或工艺允许的最大过载倍数,调节器为 PI 调节器。

3. 电动机速度控制　用于可逆速度调节，实现可逆无级调速，对转速控制要求高的系统，采用速度闭环控制，带测速发电机（或脉冲传感器）速度反馈和闭环控制，对一般控制系统亦可以采用检测电动机端电压的电压反馈闭环控制，调节器为 PI 调节器。

4. 电动机励磁控制　用于实现对电动机励磁电流的闭环恒流控制，当电动机绕组温度变化时，改变晶闸管输出电压，维持电动机励磁电流不变，还可以通过调节电动机励磁晶闸管装置输出电流，实现调磁控制。其中电动机励磁电流通常采用带反馈的闭环控制，电动机励磁电流调节器为 PI 调节器。

5. 零电压控制　在实际情况下，直流发电机存在剩磁电压，即直流发电机不加励磁条件下（$i_F = 0$），由于发电机磁极的剩磁作用，发电机转子在原动机带动下恒速旋转，发电机电枢产生端电压（剩磁电压一般为额定电压的 2%～5%），造成系统停机后电动机爬行，爬行速度过高影响系统运行。消除爬行的方法，通常是在停机或速度回零后，系统被设置为电压主反馈，通过检测剩磁电压和电压调节器，抑制发电机电压，消除爬行现象，这一点在发电机-电动机组传动系统的设计中应该考虑。

6. 励磁电压的强迫倍数　通常的直流发电机或直流电动机励磁绕组存在较大的电感，因而造成励磁变化过程的延缓，影响到系统调节的快速性，通常的办法是在励磁晶闸管变流装置的设计考虑适当的强励，即晶闸管装置的额定输出电压往往为发电机（或电动机）励磁绕组额定电压的数倍，以加快励磁电流 i_f 的变化过程，见图 6-7。

在加快作用下，励磁电流达到额定值所需时间为

$$t_n = T_f \ln \frac{\alpha}{\alpha - 1}$$

式中　T_f——励磁回路时间常数。

t_n/T_f 与 α 的关系见图 6-8。一般 α 最大取 3～4，α 再大其效果并不显著。

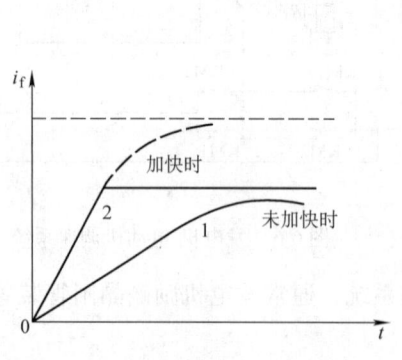

图 6-7　强励加快的过渡过程

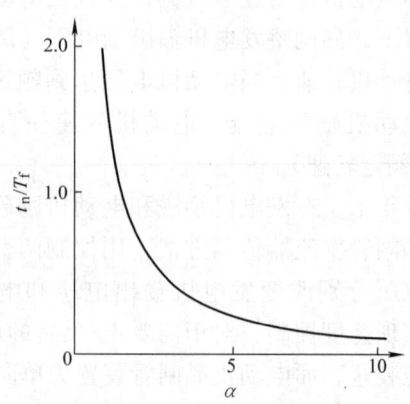

图 6-8　t_n/T_f 与 α 的关系曲线

实现上述的控制功能，早期多采用晶体管分立器件的模拟控制，由于电路复杂和装置易受环境变化影响（如环境温度变化），控制性能低、稳定性差，目前有些系统被微机数字控制取代，但总体来说，由于直流发电机及拖动发电机的原动机的存在，造成整体效率低，对环境有污染，不利于节水、节电等，并且随着大功率电力电子设备的出现和发展，促使大功率晶闸管变流装置成本的不断下降，直流发电机-电动机组方案，已逐步被取代。采用晶闸管励磁的直流发电机-电动机组传动方案见图 6-9。

第6章 直流传动系统

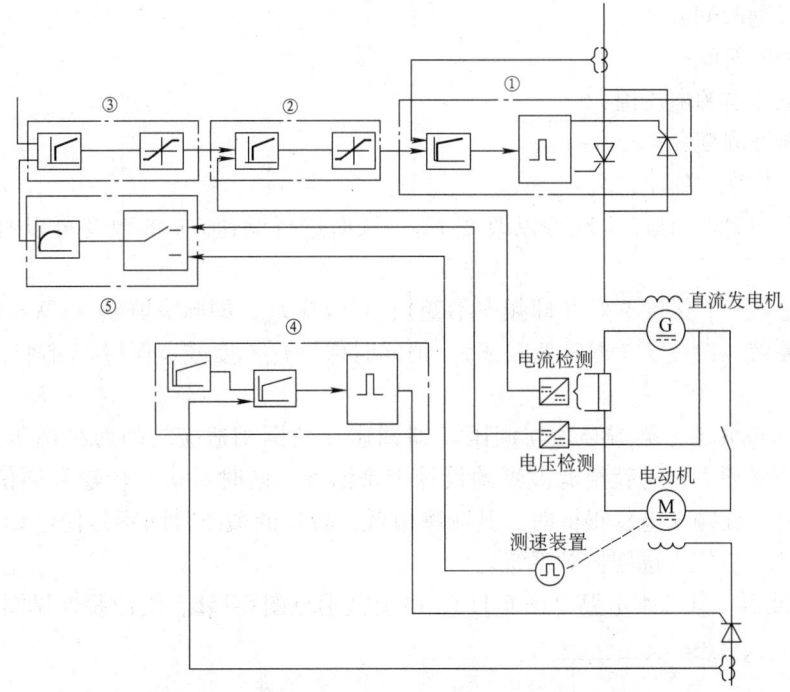

图 6-9 晶闸管励磁的直流发电机-电动机组系统
①—发电机励磁装置 ②—电枢电流控制 ③—速度调节
④—电动机励磁装置 ⑤—零电压（自消磁）控制

6.1.3 斩波器调速系统

6.1.3.1 基本工作原理及电路结构

斩波器是一种采用电力电子开关的调速系统。它能从恒定的直流电源产生出经过斩波的可变直流电压，从而达到调速的目的。

1. 降压斩波器 图 6-10 示出了一个简单的降压斩波器调速系统电路和斩波后的电压波形。在图 6-10a 中，UCH 是斩波器，E 是一个恒压的直流电源，VD 是续流二极管，L 是平波电抗器。在 t_{on} 期间内，UCH 导通，电源 E 和直流电动机 M 接通；在 t_{off} 期间内，UCH 关断，电动机电枢电流 I_M 经 VD 流通。加在电动机 M 上的平均电压为

$$U_M = U \frac{t_{on}}{t_{on} + t_{off}} = U \frac{t_{on}}{T} = kU \tag{6-7}$$

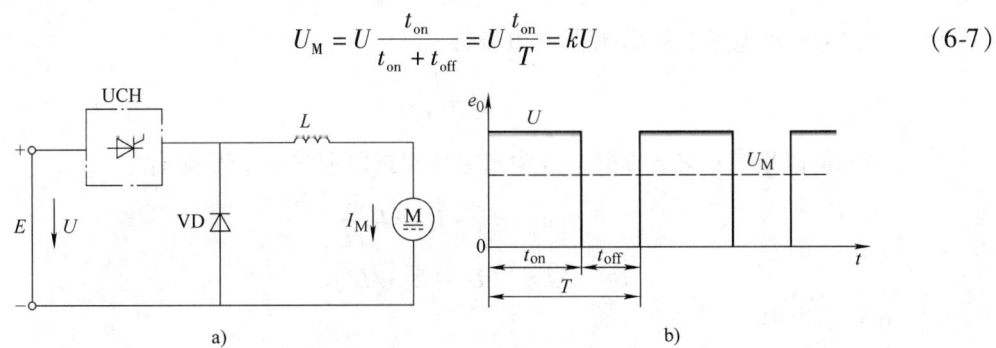

图 6-10 简单的斩波器调速系统
a) 系统电路　b) 斩波后波形

式中 t_{on}——导通时间；

t_{off}——关断时间；

U——恒压电源电压值；

T——斩波周期，$T = t_{on} + t_{off}$；

k——工作率，$k = t_{on}/T$。

由式 (6-7) 可知，改变 k 就可以改变 U_M，从而进行调速。k 的改变可以有以下两种方法：

(1) 恒频系统　T 保持不变（即频率不变），只改变 t_{on}，即脉宽调制（PWM）方式。

(2) 变频系统　改变 T（即改变频率），但同时保持 t_{on} 不变或者保持 t_{off} 不变，即频率调制（FM）方式。

变频系统的频率变化范围必须与调压（即调速）范围相适应。因而在调压范围较大时，频率变化范围也必须大，这就给滤波器的设计带来困难，同时对信号传输和通信的干扰可能性也加大。另外，在输出电压很低时，其频率也低，较长的关断时间容易使电动机电流断续。所以，斩波器调速应优先选用恒频系统。

2. 升压斩波器　其基本电路见图6-11a，电流波形见图6-11b，输出特性见图6-11c。

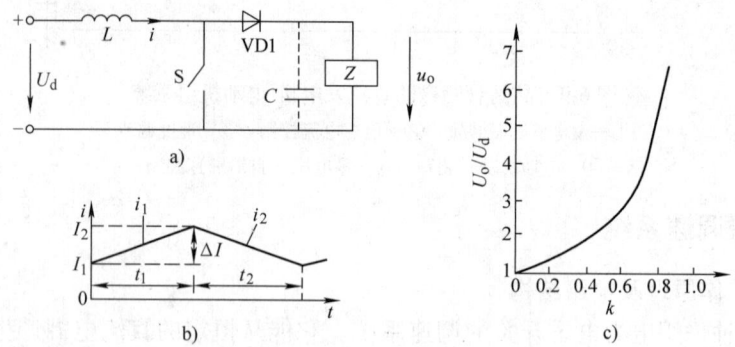

图 6-11　基本的升压斩波电路

a) 电路　b) 波形　c) 输出特性

在 t_1 时间里，开关 S 接通，于是有

$$u_L = U_d = L\frac{di}{dt}$$

将上式积分，得电感上的峰-峰脉动电流为

$$\Delta I = \frac{U_d}{L}t_1$$

在 t_2 时间间隔里，开关 S 断开，且输出电压保持恒定的 U_o，于是有

$$u_L = U_o - U_d = L\frac{di}{dt} \tag{6-8}$$

$$\Delta I = \{(U_o - U_d)/L\}t_2$$

考虑式 (6-8)，则得

$$U_o = \frac{U_d}{1-k} \tag{6-9}$$

由式 (6-9) 可知，随着 k 的增加，输出电压将超过电源电压 U_d。当 $k = 0$ 时，输出电压

为 U_d；当 $k \to 1$ 时，输出电压将变得非常大，见图 6-11c。利用升压斩波电路可以实现两个直流电压源之间的能量交换，见图 6-12a。该电路工作于两种模式，如图 6-12b 等值电路所示。

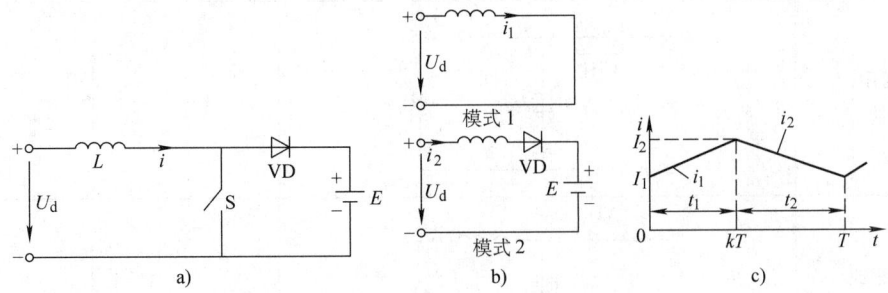

图 6-12 能量传输原理说明
a) 电路 b) 等效电路 c) 波形

(1) 工作模式 1 (S 接通)

$$U_d = L \frac{di}{dt}$$

所以

$$i_1(t) = \frac{U_d}{L}t + I_1$$

式中，I_1 为工作模式 1 时的初始电流。在这期间，电感中电流必须上升，故必要条件为

$$\frac{di_1}{dt} > 0 \text{ 或 } U_d > 0 \tag{6-10}$$

(2) 工作模式 2 (S 断开)

$$U_d = L \frac{di_2}{dt} + E$$

所以

$$i_2(t) = \frac{U_d - E}{L}t + I_2$$

式中，I_2 为工作模式 2 时的初始电流。在这期间，电感中电流必须下降，故其必要条件为

$$\frac{di_2}{dt} < 0 \text{ 或 } U_d < E \tag{6-11}$$

若式 (6-11) 不被满足，则电流将继续上升，直到破坏为止。考虑式 (6-10) 和式 (6-11) 的条件，则有

$$0 < U_d < E \tag{6-12}$$

式 (6-12) 表示，若 E 为固定的直流电源，U_d 为不断下降的直流电动机的电压，则通过适当的控制，就能把电动机中的能量反馈到固定的直流电源，实现直流电动机的再生制动。

利用上述两种基本电路的思想就可以构成运行于各种象限的斩波电路结构，见表 6-3。

6.1.3.2 可逆斩波电路

在直流电动机的斩波控制中，常常需要使电动机正转和反转、电动运行和再生制动。上述降压斩波器是在第 1 象限工作，而升压斩波器则在第 2 象限工作。在从电动状态到再生制动状态切换时，可以通过改变电路联结方式来实现，但在要求快速响应的情况下，就需要用门极信号平稳地从电动过渡到再生，使电压和电流都是可逆的，复合斩波器是将基本的降压和升压斩波器组合起来，组成在两象限工作的电流可逆斩波器，或能够在四象限工作的桥式可逆斩波器。

表 6-3 斩波器的电路结构

型式	斩波器电路结构	U_o–I_o 特性
第一象限斩波器	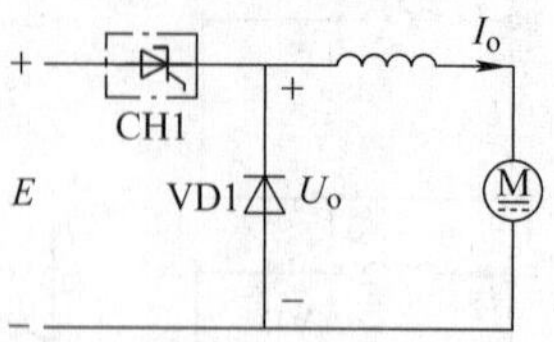 CH1、VD1、E、U_o、I_o、M	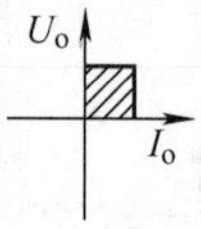 第一象限
第二象限或再生斩波器	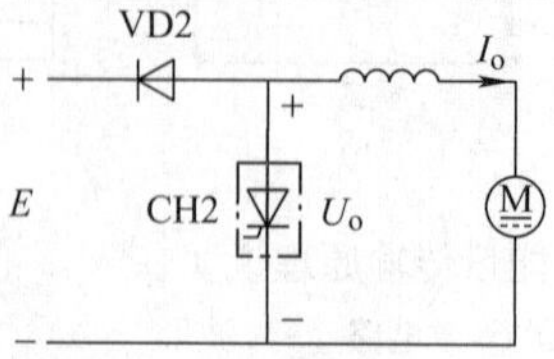 VD2、CH2、E、U_o、I_o、M	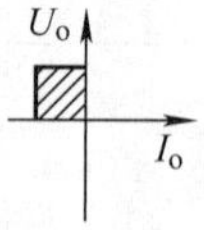 第二象限
A 型两象限斩波器	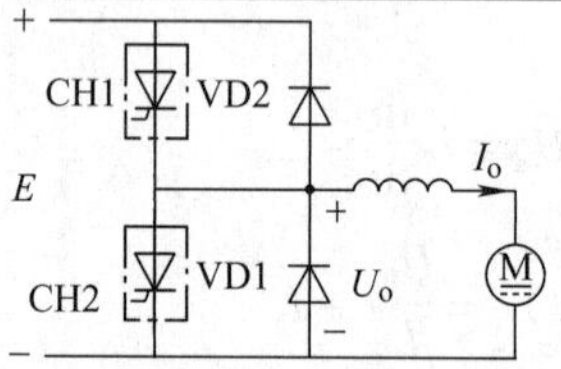 CH1、VD2、CH2、VD1、E、U_o、I_o、M	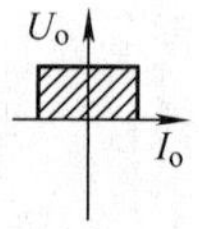 第一、二象限
B 型两象限斩波器	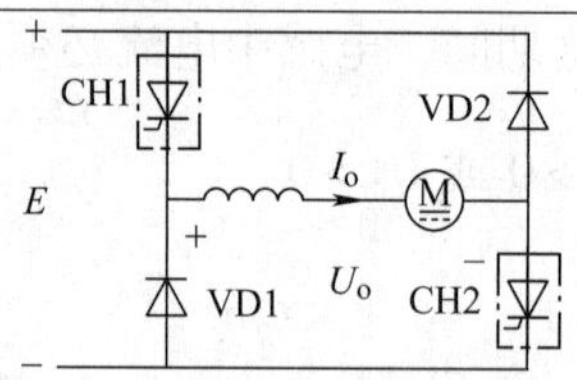 CH1、VD2、VD1、CH2、E、U_o、I_o、M	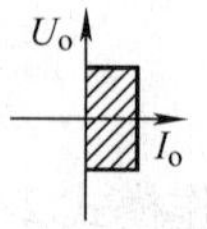 第一、四象限
四象限斩波器	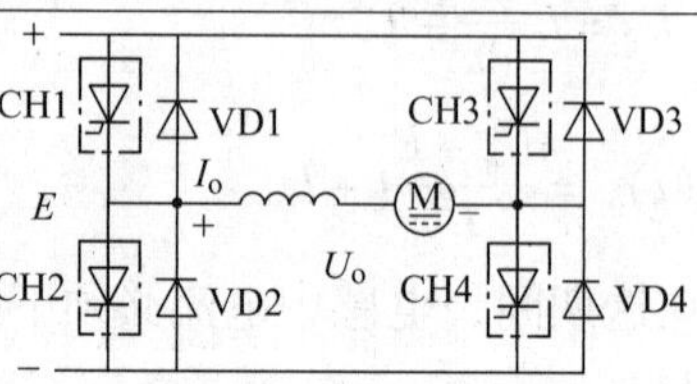 CH1、VD1、CH3、VD3、CH2、VD2、CH4、VD4、E、U_o、I_o、M	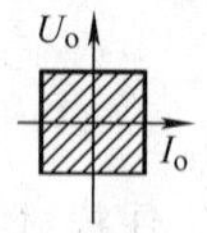 四象限

1. 电流可逆斩波电路 图 6-13a 给出了电流可逆斩波电路的原理图。在该电路中，V1 和 VD1 构成降压斩波电路，由电源向直流电动机供电，电动机为电动运行，工作于第 1 象限；V2 和 VD2 构成升压斩波电路，把直流电动机的动能转变为电能反馈到电源，使电动机作再生制动运行，工作于第 2 象限。需要注意的是，若 V1 和 V2 同时导通，将导致电源短路，进而会损坏电路中的开关器件或电源，因此必须防止出现这种情况。

当电路只作降压斩波器运行时，V2 和 VD2 总处于断态；只作升压斩波器运行时，则 V1 和 VD1 总处于断态。两种工作情况与前面讨论过的完全一样。此外该电路还有第 3 种工作方式，即在一个周期内，交替地作为降压斩波电路和升压斩波电路工作。在这种工作方式下，当降压斩波电路或升压斩波电路的电流断续而为零时，使另一个斩波电路工作，让电流反方向流过，这样电动机电枢回路总有电流流过。例如，当降压斩波电路的 V1 关断后，由于积蓄的能量少，经一段时间，电抗器 L 的储能即释放完毕，电枢电流为零。这时使 V2 导通，由于电动机反电动势 E_M 的作用使电枢电流反向流过，电抗器 L 积蓄能量。待 V2 关断后，由于 L 积蓄的能量和 E_M 共同作用，使 VD2 导通，向电源反送能量。当反向电流变为零，即 L 积蓄的能量释放完毕时，再次使 V1 导通，又有正向电流流通，如此循环，两个斩波电路交替工作。

图 6-13b 给出的就是这种工作方式下的输出电压、电流波形，图中在负载电流 i_o 的波形上还标出了流过各器件的电流。

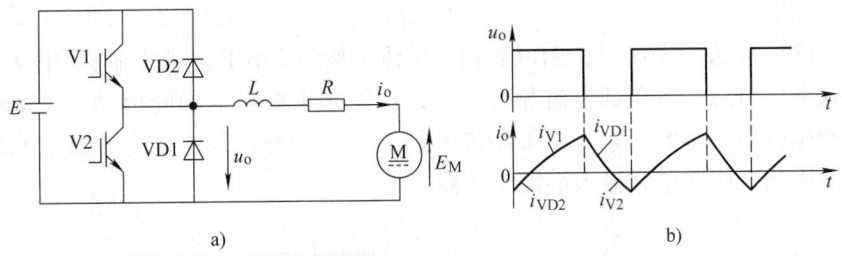

图 6-13 电流可逆斩波电路及其波形
a）电路 b）波形

2. 桥式可逆斩波电路 电流可逆斩波电路虽可使电动机的电枢电流可逆，实现电动机的两象限运行，但其所能提供的电压极性是单向的。当需要电动机进行正、反转以及可电动又可制动的场合，就必须将两个电流可逆斩波电路组合起来，分别向电动机提供正向和反向电压，这就组成为图 6-14 所示的桥式可逆斩波电路。

当使 V4 保持通态时，该斩波电路等效为图 6-13a 所示的电流可逆斩波电路，向电动机提供正电压，可使电动机工作于第 1、2 象限，即正转电动和正转再生制动状态。此时，需防止 V3 的导通造成电源短路。

当使 V2 保持为通态时，于是 V3、VD3 和 V4、VD4 等效为又一组电流可逆斩波电路，向电动机提供负电压，可使电动机工作于第 3、4 象限。其中 V3 和 VD3 构成降压斩波电路，向电动机供电，使其工作于第 3 象限即反转电动状态，而 V4 和 VD4 构成升压斩波电路，可使电动机工作于第 4 象限即反转再生制动状态，此时也同样不能让 V_1 导通，以防电源短路。

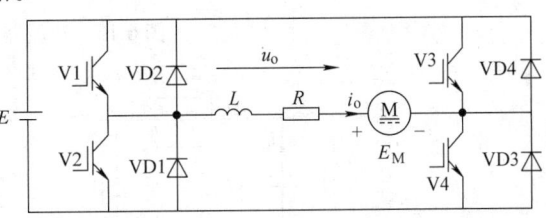

图 6-14 桥式可逆斩波电路

6.1.3.3 斩波器的谐波及滤波电路

为了能清楚地理解斩波器输入端设置滤波器的必要性，可假定斩波器为理想开关（见图 6-15a），负载电流为恒定值。当接通斩波器时，输入电流 i 等于电动机电流 i_o。当斩波器关断时，负载电流 i_o 通过续流二极管继续流通，电源端输入电流等于零，所以电源输入电流为方脉冲波，见图 6-15b。

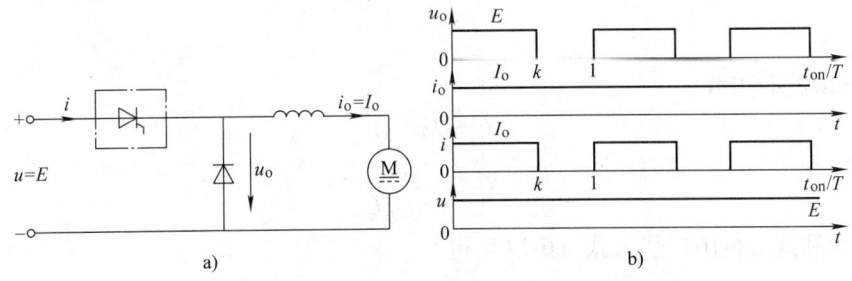

图 6-15 基本斩波器输入电流波形
a）电路 b）波形

若电源输入电流平均值为 I,则在无损系统中应有
$$EI = kEI_o$$
即
$$I = kI_o \tag{6-13}$$

由式（6-13）可知,若 $k<1$,则电源输入电流平均值 I 小于负载电流平均值 I_o。但斩波器接通时,输入电流值总是与负载电流相等,所以电源必须提供大的峰值功率;而且电源电流中的谐波将产生许多不利的影响,诸如谐波发热、信号干扰以及电源电压波动和畸变。为消除这些不利的影响,应在电源输入端加滤波器。

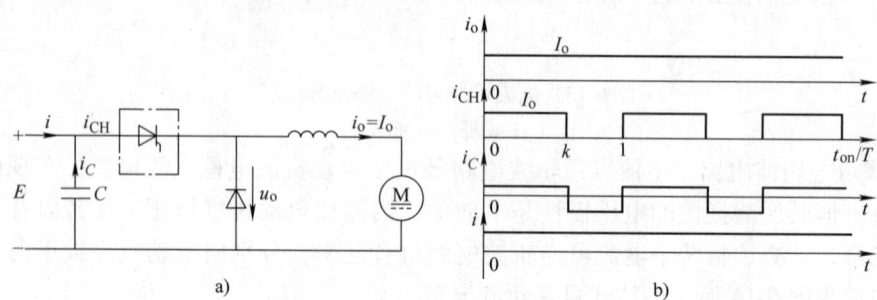

图 6-16 斩波器输入端加电容滤波
a) 电路　b) 波形

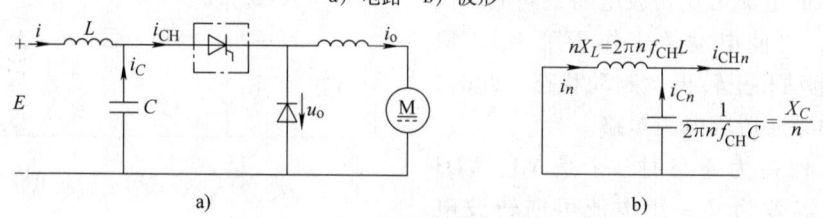

图 6-17 斩波器输入端加 L-C 滤波
a) 电路　b) 等值电路

在斩波器输入端加电容滤波器（见 6-16a）,可使电源输入电流变得平缓,即脉动幅度减小,这时斩波器工作所需的脉动电流由电容器提供。但要得到像图 6-16b 那样完全无脉动的输入电流,则需无穷大的电容。为了减少输入电容的数值又达到相同的滤波效果,则可采用 LC 滤波,见图 6-17a 所示。根据其等效电路（见图 6-17b）,则可得到电源输入端的 h 次谐波电流的有数值表达式为

$$I_h = \frac{\dfrac{X_C}{h}}{hX_L - \dfrac{X_C}{h}} I_{CHh} \tag{6-14}$$

式中　h——谐波的次数;

$$X_L = 2\pi f_{CH} L \tag{6-15}$$

$$X_C = \frac{1}{2\pi f_{CH} C} \tag{6-16}$$

将式（6-15）和式（6-16）代入式（6-14）得

$$I_h = \frac{1}{4h^2\pi^2 f_{CH}^2 LC - 1} I_{CHh} = \frac{1}{\left(h\dfrac{f_{CH}}{f_r}\right)^2 - 1} I_{CHh} \tag{6-17}$$

式中 I_{CHh}——斩波器电流的 h 次谐波有效值；

f_{CH}——斩波器的工作频率（斩波频率）；

f_r——LC 的谐振频率，$f_r = 1/(2\pi\sqrt{LC})$。

式（6-17）表明，f_r 同 f_{CH} 不能相等，否则将产生谐振，引起大的谐振电流。其中最危险的情况发生在 $n=1$，$f_r = f_{CH}$ 条件下。为了避免这种谐振现象，通常要求

$$f_{CH} = (2\sim3)f_r \tag{6-18}$$

在这样的条件下，电源的谐波电流可近似为

$$I_h \approx \left(\frac{f_r}{nf_{CH}}\right)^2 I_{CHh} \tag{6-19}$$

由式（6-19）可知，可以有以下方法来降低电源输入端的谐波电流：

(1) 提高斩波频率 f_{CH}；

(2) 降低 LC 的谐振频率 f_r；

(3) 减少斩波器中的电流脉动幅值。

提高 f_{CH}，可以采用新型场控器件。然而降低 f_r 却带来滤波器尺寸的增大。减少斩波器中的电流脉动幅值，可采用多个斩波器错位并联的办法。若将两个或多个斩波器并联，而且彼此错开相位，则能降低整体斩波器的脉动电流幅值，并增加其脉动频率。其结果是电源输入端谐波电流显著减小。

6.1.4 晶闸管变流器的主电路方案

6.1.4.1 电枢回路晶闸管不可逆系统

1. 电枢调压控制　典型的晶闸管变流器控制的直流电动机不可逆调压调速系统见图 6-13。系统中包括两个环，内环是电流控制环，外环是转速控制环。每个环都含有一个调节器（速度调节器 ASR 及电流调节器 ACR），它们是比例积分（PI）环节或比例积分微分（PID）环节，用来改善系统的静态和动态特性，以及综合输入和反馈信号。

当电网或电动机负载发生变化或有其他扰动时，通过转速控制环，系统能起自动调节和稳定的作用。

电流控制环在系统中是一个从属环。速度调节器的输出作为电流调节器的给定值，速度调节器输出的最大值，通常与系统允许的最大工作电流值相适应。从而在突加给定时，起动电流保持在最大值，并使系统有最大的加速度，起动时间最短。由于电流控制环中不包括电动机机械惯量（大时间常数的积分环节），因此其快速性较好。当电网电压突变或机械负载发生很大变化时，能很快进行控制，恢复时间较短；当负载电流超出允许最大电流时，电流调节器使变流器的输出迅速下降，电动机进入堵转状态，起到了限流保护作用。

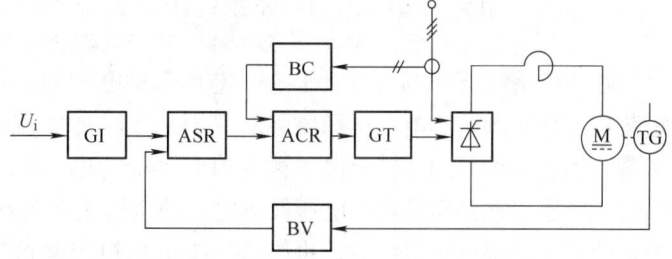

图 6-18　不可逆双环调速系统

GI—给定积分器　ASR—速度调节器　ACR—电流调节器
GT—触发器　BV—速度变换器　BC—电流变换器　TG—测速发电机

图 6-18 中 GI 为给定积分器，其输出电压是按一定速率变化的电压，用于要求有恒定加减速度的场合。

在不可逆系统中,由于晶闸管整流桥具有单向导电特性,故在制动时不能提供制动转矩,只能靠摩擦阻力进行自由停车。如果要加快制动,可以在电动机主电路中加入能耗(动力)制动环节。

对调速范围要求较低的场合,可用电压负反馈或电动势负反馈代替转速负反馈来构成自动调速系统。

2. 电枢调压和减弱磁场控制　在很多应用场合,为了进一步扩大调速范围,除采用调压调速外,同时还采用弱磁调速。为此,需要将调压与调磁两者结合起来,并能在两种调速方式的分界线上(基速)实行自动切换。图6-19所示为同时采用两种调速方法时在整个调速范围内的电动机的调速特性。

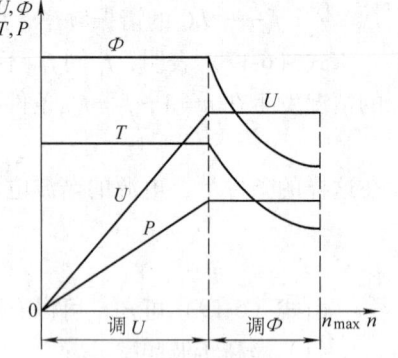

图6-19　调压与调磁时电动机的调速特性

(1) 调压调磁独立控制　所谓独立控制系统,是指在这种系统中,电动机的励磁不受电枢电压的控制,见图6-20。

电动机电枢为电压闭环控制,电动机励磁为励磁电流闭环控制,两者相互独立。电动机的电枢电压调节,依据电压给定信号和电压闭环控制实现调压调速;电动机励磁回路依据励磁电流给定和励磁闭环控制,改变电动机励磁电流实现弱磁升速控制,拓宽速度调节范围。

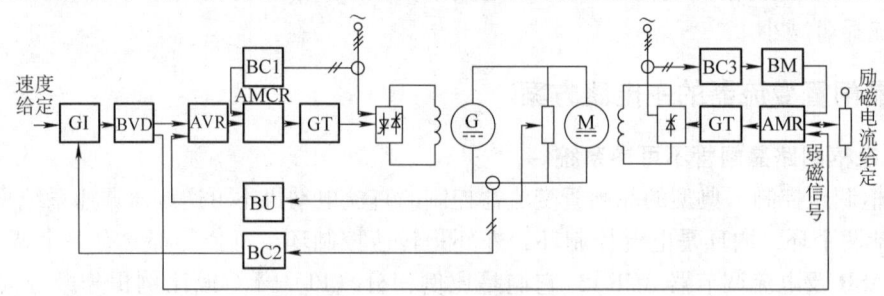

图6-20　调压调磁独立控制

BVD—速度分配器　AVR—电压调节器　AMCR—励磁电流调节器　BU—电压变换器
BM—磁通变换器　GI—给定积分器　BC2—主电流变换器　BC1—发电机励磁电流
变换器　AMR—磁通调节器　BC3—电动机励磁电流变换器　GT—触发器

在一般情况下,电动机电压的给定和励磁电流的给定是分别由人工独立设定、由两个给定装置分别实现的。电动机励磁强弱只服从于励磁电流给定的大小,而不受电枢电压变化的影响。因而难于做到在转速低于额定值时,维持电动机励磁电流额定,随电枢电压变化调节电动机转速,达到额定电枢电压及额定电动机转速,实现恒磁调压控制(即恒转矩控制)。而当转速达到及超过额定值后,再维持电枢电压恒定通过减弱电动机励磁,进入弱磁调速控制范围,实现电动机恒压弱磁控制(即恒功率控制),并达到先升压后弱磁的效果。

因为在低转速条件下弱磁,将使直流电动机的转矩达不到充分利用,同时由于电枢控制的主反馈为电压反馈,转速为开环,因而速度控制达不到很高的精度,随着直流传动控制技术的不断发展,这种独立控制的调压调磁调速控制已很少应用。

(2) 调压调磁非独立控制　在非独立控制系统中,电动机的励磁与其电枢电压之间有一定的联系,并受电枢电压控制。图6-21是一个非独立控制系统的例子。在基速以下,电动机的调速是用恒磁调压来实现的,此时励磁电流给定值恒定不变;而在基速以上的调速,则是用恒压调磁来实现的。系统的给定信号是统一的,但从调压到调磁的转换则通过由电动势运算 GE 和电动势调节器 AER 自动进行切换。即基速以下电动势给定值大于电动势运算器 GE 的输出值时,电动势调节器 AER 处于饱和状态,其限幅值就是满磁给定值,并加到励磁电流调节器 AMCR 上,靠 AMCR 来保证额定励磁电流不变。当电动机转速升高到 95% 额定值左右,GE 的输出增加到使 AER 退出饱和,从而减小了励磁电流的给定值,实现了弱磁调速。在弱磁调速阶段内,电动势环起调节作用。只要电动机的实际转速还没有达到给定值,电枢电流中仍存在加速电流,电动势就要上升;再经过 AER 使励磁电流继续减小,使转速继续上升,同时维持电动势值恒定,直到稳态。

6.1.4.2 靠接触器反接的可逆系统

很多生产机械要求其传动电动机能在两个方向旋转,并能产生两个方向的转矩。因此,要求电动机的电枢电压(或励磁电流)、电枢电流必须能在两个方向工作。但晶闸管只能单方向流过电流,因此,要满足上述要求,就要正反向各设一套整流器组成双变流器联结,或通过开关切换电动机与整流器的连接来实现。这时电动机就能在四个象限内工作,见图 6-22。

所谓一象限运行,就是指在①或③象限运行。这时,只能整流运行,而不能靠逆变进行制动。因此,一象限运行亦可采用半控桥式整流联结。一象限运行时,电动机的电流和转速都不能反向。

所谓两象限运行,就是在①和④象限,或②和③象限内运行。这时应采用可以逆变的单变流器联结。在图 6-23 中,当卷扬机提升重物时,电动机工作在电动状态,变流器整流运行;下放重物时,即使不向电动机提供能量,在重物作用下亦能自行下放。为了制动,电动机应

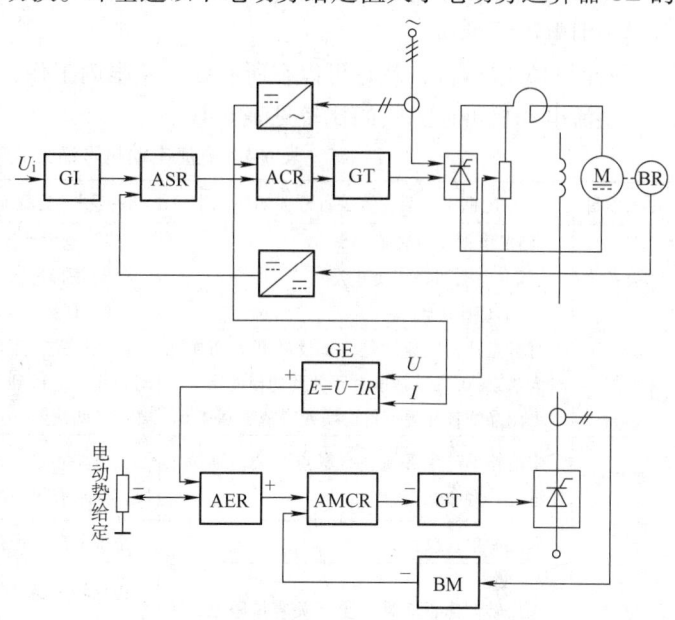

图 6-21 调压调磁非独立控制系统
GI—给定积分器　ASR—速度调节器　ACR—电流调节器　AMR—磁通调节器　BM—磁通变换器　GE—电动势运算器　AER—电动势调节器　AMCR—励磁电流调节器　GT—触发器

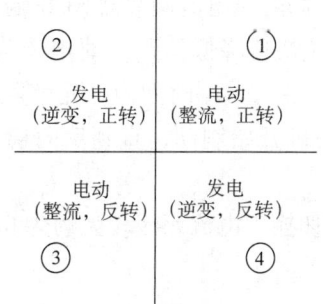

图 6-22 四象限工作图

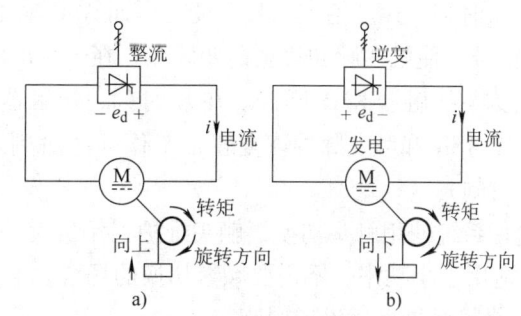

图 6-23 两象限运行工作图

工作在发电状态，变流器逆变运行，但变流器电流方向不变。两象限运行时，电动机的转速可逆，但电流不可逆。

所谓四象限运行，就是可以在所有四个象限内工作，电动机的转速与电流都可逆。

直流电动机可逆方式的比较见表6-4。

表6-4 直流电动机可逆方式的比较

比较项目	电枢用一套变流装置开关切换	电枢用一套变流装置磁场反向	电枢用两套变流装置电枢反向
设备	(1) 电枢变流装置一套 (2) 电枢回路切换开关 (3) 切换逻辑	(1) 电枢变流装置一套 (2) 励磁变流装置两套 (3) 切换逻辑	(1) 电枢变流装置两套 (2) 无环流切换逻辑或环流电抗器
性能	有触点开关快速性差，正反转开关切换死时为0.2~0.5s，减速时开关要切换两次 采用晶闸管开关可将切换死时减少到0.1s	快速性差，正反转磁通反向时间为几百毫秒到1s，减速时磁通要切换两次	快速性好，切换死时零到几十毫秒
可靠性	主电路不产生环流，有触点开关，维护工作量大，寿命低	主电路不产生环流，无触点切换，要求有可靠的可逆励磁回路	要求触发器、逻辑切换可靠及抗干扰能力强
投资	系统简单，投资少	系统复杂，但投资较少	系统较简单，但投资大
适用场合	正反转调速不频繁，受开关容量限制，一般在几十千瓦以下，如起重机等	正反转调速不频繁，对调速精度要求不高，容量为几十到几千千瓦，如卷扬机等	正反转调速频繁，容量从几千到几千千瓦，如轧机主、辅传动，可逆运转机床等

1. 靠接触器反接电枢回路 电枢用一套晶闸管整流器供电、由接触器切换的可逆系统见图6-24。该系统采用了带电流内环的转速调节双环系统，并设了一个指令单元，它可根据调节回路所需要的电流反转矩方向（ASR输出电压的正或负）来控制相应的方向接触器（KMF、KMR）。在切换期间，电枢电流应为零。为防止切换后电流冲击，指令单元在发出切换信号的同时，应向电流调节器ACR输入一个β_{min}信号，该信号通过ACR将触发脉冲推到最小β处，系统的切换过程见图6-25。

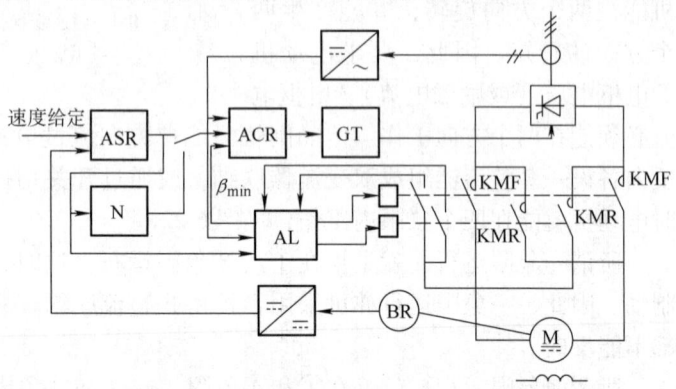

图6-24 电枢用切换开关反向的可逆系统
N—反号器 AL—逻辑装置 ASR—速度调节器 ACR—电流调节器

在t_1时刻，速度给定信号改变，因而ASR输出极性改变，同时给电流调节器ACR输入一个β_{min}信号，使触发脉冲移至逆变区域。在$t_1 \sim t_2$时间内，电流快速降低，到t_2时电流为零。在t_2时刻，接触器KMF断开。在t_3时刻，接触器KMR接通。在$t_4 \sim t_5$时间内，先解除推β信号，使ASR和触发脉冲恢复正常工作（t_4时刻），然后电动机开始制动，直到反向稳定运转（t_5时刻）。

这种系统使用触头切换，触头维护工作量大，寿命较短，切换零电流死区较大约为0.2~0.5s，适用于小功率、不需要频繁切换的场合。

2. 靠接触器反接磁场回路

图6-26是一种磁场反向的可逆调速系统，电动机电枢回路由带有电流内环的单方向转速

系统的晶闸管整流器供电，励磁回路用两套晶闸管整流器组成的可逆系统供电，或者采用一套晶闸管整流器，靠磁场回路的接触器实现励磁电流反接。

磁场可逆系统的特点是，电动机的反转或降速是用改变其励磁电流的方向，使电动机产生相应转矩来实现的。由于在励磁电流反向期间，所产生的转矩很小，使系统的响应很慢。特别是在电动机降速（不反转）的场合，电动机的励磁电流先要从正向到反向切换一次，产生制动转矩使电动机降速，当转速降到所要求的转速时，电动机的励磁电流又要从反向到正向再切换一次。因此，对于不要求反转的调速系统，在降低转速动态过程中，磁场要切换两次，响应更慢。

因为励磁绕组时间常数很大，为了缩短转矩反向时间，需要对励磁绕组加一个很大的强励电压，一般为3～5倍额定励磁电压。

磁场反向可逆系统的主要优点是，可省去一套电枢回路的变流装置，投资较少，但系统快速性差，磁场反向时间需要几百毫秒到1s。因此，一般只用在正反转调速不频繁或调速精度要求不高的场合，容量范围从几十到几千千瓦。

控制系统可以实现直流电动机减速过程的制动控制，见图6-26。图中电动机励磁回路中，晶闸管变流器采用单向不可逆装置，而电动机励磁电流方向靠换接励磁接触器KM20和KM21来实现。

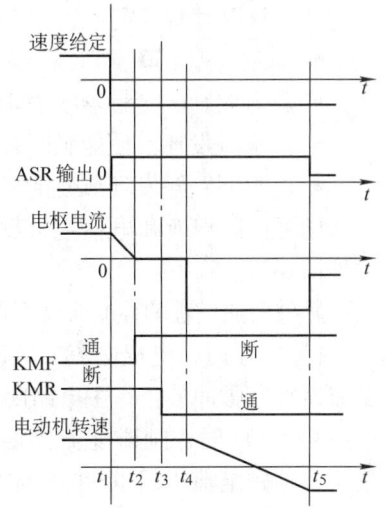

图6-25 正向到反向的切换过程
t_1—给出反转信号　t_2—电枢电流到零，正向接触器断开　t_3—反向接触器闭合
t_4—解除封锁，电动机开始制动和反向起动　t_5—电动机反向稳定运转

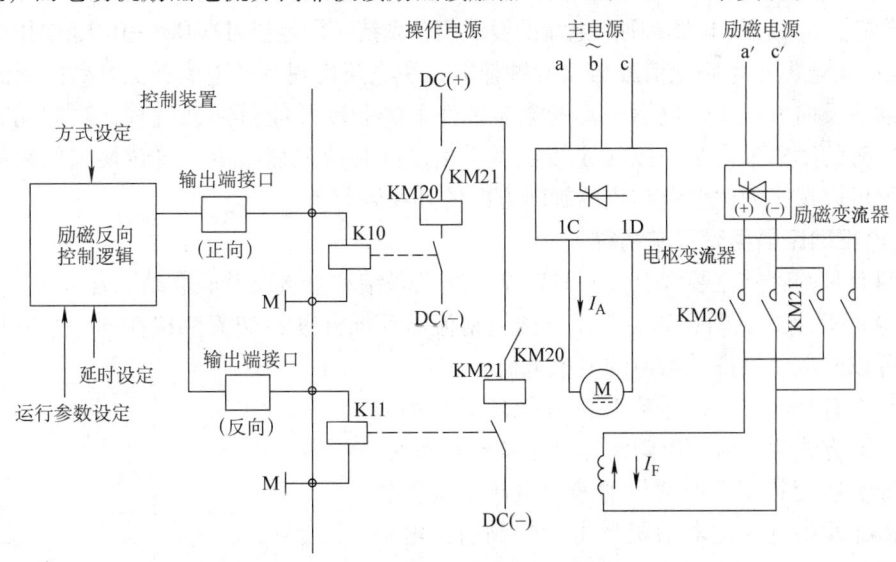

图6-26 励磁电流可逆的控制系统

电动机的正/反转控制，当减速制动以及电动机旋转方向转换时，都必须封锁电枢主电路，并通过一定的延时设置，依靠逻辑电路判断，选择接通励磁方向接触器（KM20或KM21），转换磁通方向为电枢主电路提供制动转矩，最终达到降速或旋转方向转换的目的，在图6-26中，励磁方向逻辑控制单元依据：

——运行方式设定：判定减速或反转制动方式，如自由制动或制动能量回馈。

——运行参数设定：励磁电流信息，如最小励磁电流 i_{fmin} 或超速信息 n_{max}。

——延迟时间设定：

- 励磁电流下降及励磁触发环节封锁延时（励磁接触器动作前）；
- 新方向励磁接触器接通延时；
- 励磁触发环节使能延时；
- 电枢回路触发环节使能延时。

励磁控制切换和电枢主电路控制时序见图 6-27。

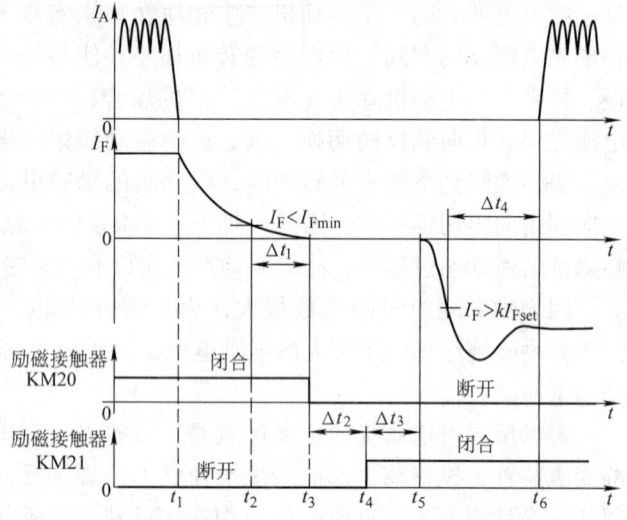

励磁反向过程的控制时序见图 6-27：

1) $t = t_1$ 时，电枢电流 $I_A = 0$，电枢变流器触发脉冲禁止，主电路闭锁；

2) $t = t_2$ 时，励磁变流器触发脉冲禁止，励磁电流 I_F 下降并达到 $I_F < I_{Fmin}$ 的设置值（I_{Fmin} 是系统预置的励磁电流为最低的监控阈值）；

3) $\Delta t_1 = t_3 - t_2$ 为励磁回路接触器 KM20 断开前，励磁电流下降的等待时间；

图 6-27 励磁反向过程的控制时序

4) $\Delta t_2 = t_4 - t_3$ 为断开励磁回路接触器 KM20，至接通励磁回路接触器 KM21 的等待时间；

5) $\Delta t_3 = t_5 - t_4$ 为励磁变流器触发脉冲使能延时释放等待时间；

6) Δt_4 为电枢回路触发环节使能延时等待时间，励磁电流反向上升，电流值 I_F 增加并达到 $I_F \geq kI_{FSET}$ 设定值（I_{FSET} 是电动机励磁电流的设定值，系统 k 设定值可在 0.8~0.9 范围内选取）；

7) $t = t_6$ 为电枢主电路变流器触发脉冲使能，主电路出现制动电流并上升到控制值。

使用励磁反向可以实现电枢一套变流器条件下的制动及能量回馈过程，其制动方式可以选择为降速时的励磁反向制动按时序接触器反接，待制动过程结束，再转换到原来的励磁电流方向，也可以选择为改变电动机的旋转方向使其反转。

6.1.4.3 电枢回路晶闸管可逆系统

通常两套晶闸管整流装置有反并联联结、交叉联结和直接反并联联结三种方式。

1. 反并联联结 见图 6-28。它是将两组整流器反向并联，交流侧接在同一个变压器二次绕组上，可以向电动机提供可逆的电枢电流。

按照是否有环流，可分为有环流和无环流两种方式。在有环流方式时，若一组整流器处于整流状态时，另一组则处于逆变状态，但两组的输出电压平均值相等。当整流器输出电压比电动机反电动势高时，电动机处于电动状态；若电动机反电动势比整流器输出电压高时，电动机就向处于逆变状态的整流器提供功率，电动机再生制动。尽管整流组和逆变组的电压平均值相等，但它们的瞬时值并不相等，因而在晶闸管 1、3、5 和 $2'$、$4'$、$6'$ 构成一个环流回路，在晶闸管 2、4、6 和 $1'$、$3'$、$5'$ 构成另一个环流回路。在无环流方式时，在任何情况下只允许一组整流器工作，而另一

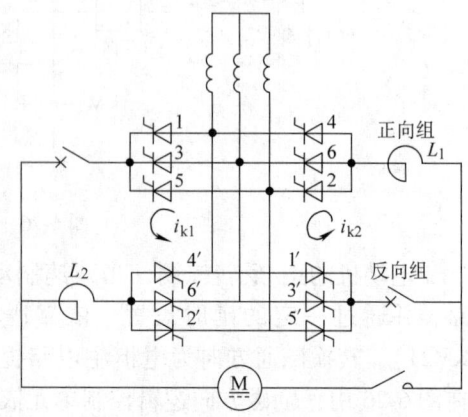

图 6-28 反并联可逆线路

组必须被封锁,或者把另一组的触发脉冲移到不可能出现环流的区域内,因而不出现环流。

这种线路的特点如下:

(1) 由于正反两组整流器都用同一台变压器供电,所以变压器的利用率最高。

(2) 由于有两个环流回路,至少需要两台电抗器,电抗器除了能限制环流外,还应在正常工作时满足电动机允许的最小电流连续程度和纹波的要求,并且在故障时能限制电流上升率,使直流快速断路器在快速熔断器熔断前先跳闸。

(3) 反并联的两组整流器接在同一台变压器的二次绕组上,相互之间有影响。特别是在作为有环流线路运行时影响更大,可靠性较差。

这种方案一般都用在无环流可逆线路中。对于有环流可逆系统,一般不采用这种线路,而采用交叉联结方式。

2. 交叉联结 它是将两组整流器分别由一台变压器的两个二次绕组供电的,见图6-29。

交叉联结可逆线路的特点如下:

(1) 由于有环流及变压器有两个二次绕组,故变压器的利用率较低,初期投资较大。

(2) 由于只有一个环流回路,故可用一台空心电抗器或两台铁心电抗器限制环流。这种线路的环流比反并联线路的小,因而电抗器的体积亦小。

(3) 环流要通过四个晶闸管,而且只有一个环流回路,不像反并联线路那样两桥之间相互有影响,因此,可靠性较高。

3. 直接反并联 可以将正反向两个晶闸管压在一套散热器上,组成一个可逆单元组件。用6套这种组件可组成直接反并联线路,见图6-30。

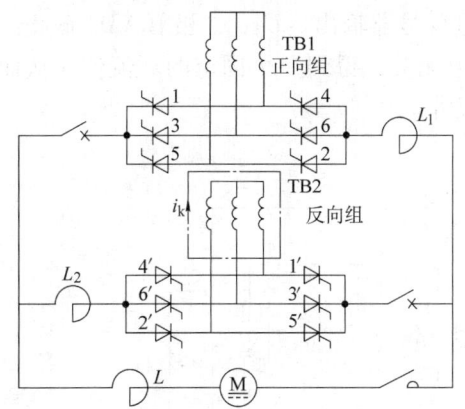

图 6-29 交叉联结可逆线路

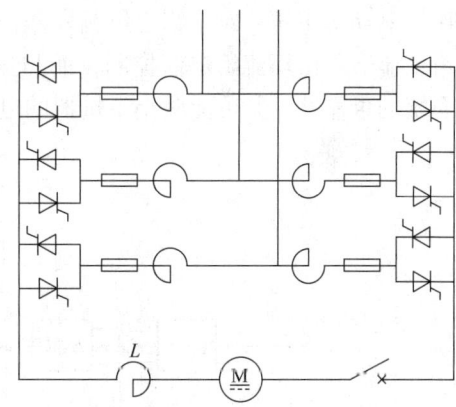

图 6-30 直接反并联可逆线路

这种线路有如下特点:

(1) 由于正反向器件不同时导电,因此散热器的体积增加不多,从而能缩小装置体积。

(2) 正反向臂共用一个桥臂电抗器和快速熔断器,可节省装置成本。

(3) 主电路只用一台直流电抗器和一台直流快速断路器,使主电路简化。

这种控制方式,由于主电路设备少,目前在调速系统中被广泛采用。

6.1.5 晶闸管变流器可逆系统的控制方案

6.1.5.1 有环流可逆控制

1. 不可控环流可逆线路 图6-31所示为最普通的不可控环流可逆线路。调节线路采用双闭环调速系统,电流反馈信号取自两组变流器输出电路中的直流电流互感器。电流调节器输出分别控制两组变流器的触发器，为保持两组控制角的变化大小相等和移动方向相反，有一组触发器的输入要经过反相器变号。两组触发器的输入特性要保持良好的线性关系，以防止工作过程出现很大的直流环流。

不可控环流可逆系统比较简单，在反转时电流反向可以平滑过渡，没有断流的间隙时间。缺点是需要有限制环流的电抗器，并要增加变压器的容量和系统的能耗。

2. 给定环流可逆系统　为降低对触发电路线性度的要求，减小电抗器的电抗值及尺寸，可采用给定环流可逆系统，即把环流

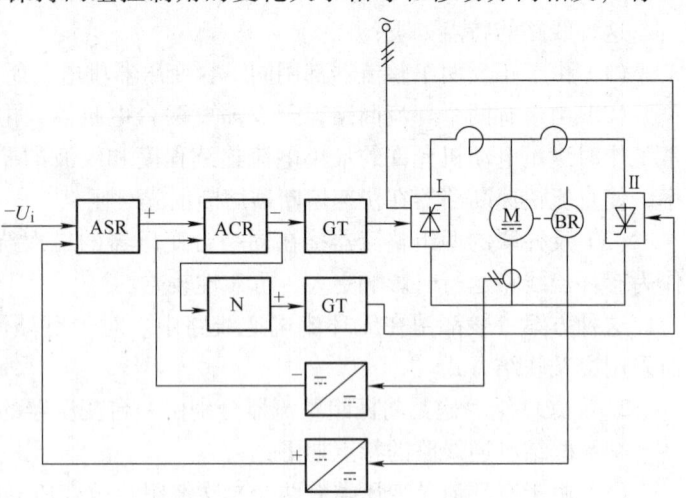

图 6-31　不可控环流可逆调速系统
ASR—速度调节器　ACR—电流调节器　N—反号器

保持在某一预定的数值上，不随触发装置的移相而改变，见图 6-32。此时要用两台电流调节器对两组变流器形成各自的电流环。电流反馈取自各变流器的交流侧。在电流调节器的输入端还加入一个小的正电压作为环流给定信号。当加 $-U_i$ 给定电压时，速度调节器输出为正，二极管 VD1 导通，U_n 与 U_h 相加后输入到电流调节器 ACR1，使它的输出信号控制 I 组整流桥的电压，电动机正转。对于第二组触发器，由于经过反号器输出 $-U_n$；二极管 VD2 截止。这时 II 组变流器仅由环流给定值控制，而与速度给定值无关，得到一个固定的环流值，从而增加了系统的可靠性，并可能减小电抗器的电抗值及尺寸。

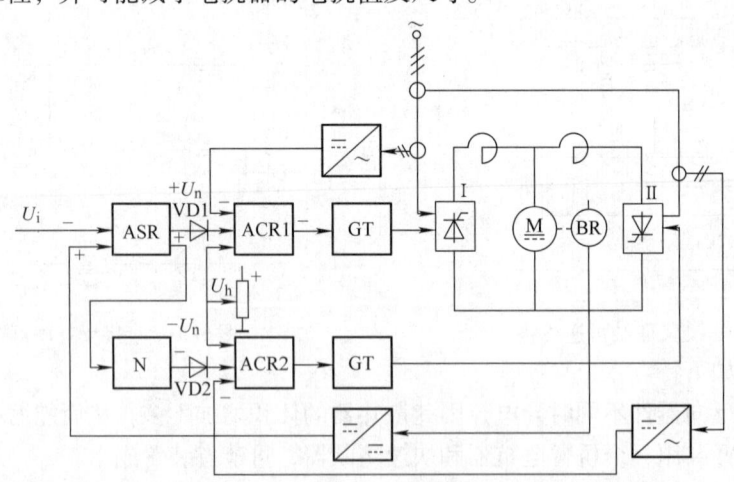

图 6-32　给定环流可逆系统
ASR—速度调节器　N—反号器　ACR1、ACR2—电流调节器

3. 可控小环流可逆系统　这种系统见图 6-33。电流调节器 ACR 的反馈信号取自两组变流器的电流之差，即等于负载电流。ACR 的输出通过两组作为环流控制的反号器 NR 和 NF 再送到正反两组触发装置。采取两组电流交叉反馈的方式，即将正向组电流信号接至反向组环流控制器 NR 的输入端，将反向组的电流信号接至正向组环流控制的反号器 NF 的输入端。当正

向组工作在整流状态时,随着负载电流的增大,将反向组的脉冲后移(向 β 方向);当反向组工作时,随着其电流增大,将正向组的触发脉冲后移。两组触发脉冲可以定相在 $\alpha_1 = \beta_2 = 90°$。当负载电流为零时,可以调节 $+U_h$ 和 $-U_h$,使系统产生一个连续的环流,以免工作在电流断续区。当负载电流增大时,借助于电流的交叉反馈,可以使工作在逆变组的触发脉冲随负载电流成比例地后移,减小环流甚至到零。一般系统可以按照在电流过零时使环流连续,在负载电流为20%额定电流时使环流下降到最小值(即待逆变组工作在 β_{min})来整定。

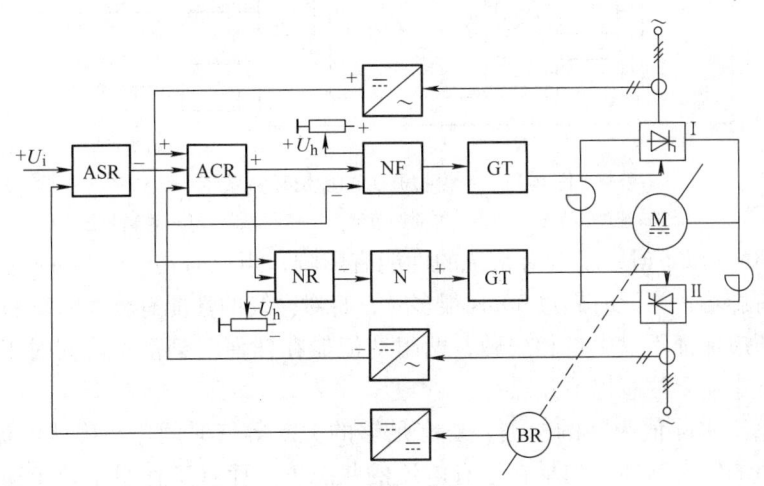

图 6-33 可控小环流系统

ASR—速度调节器　ACR—电流调节器　NF、NR—正向组和反向组环流控制的反号器　N—反号器

这种系统的优点是快速性好,无需因为有环流而增加变压器和电抗器的容量,动态环流小,因此更适用于中大功率传动场合。

6.1.5.2　逻辑无环流可逆控制

逻辑无环流可逆系统(见图6-34)是指在电动机运行过程中,两组反并联联结的变流器之间完全没有环流的可逆系统,可以根据电动机所需要的电枢电流极性,通过一个逻辑单元来选择某一组变流器的工作。图6-34所示是一种带模拟开关的逻辑无环流系统。系统正向工作时 U_i 为负,ASR输出为正,其中一路送到逻辑装置的转矩极性鉴别器,切换逻辑装置AL电路,使模拟开关触点K11和K12闭合;另一路经触点K11输入到电流调节器ACR,使电流调节器输出为负,正向组脉冲前移小于90°,电动机正转。

变流器的切换是在电动机转矩的极性需要反向时进行的,其切换顺序如下:

(1) 改变给定电压 U_i 使其极性为正,或由于负载转矩变化引起电动机转矩变化,使ASR输出变负,并通过电流调节器使工作组工作在逆变状态。

(2) 逻辑装置AL接受转矩变化的指令。

(3) 工作组电流下降到零,逻辑装置零电流检测器确认电流实际值为零。断开K11、K12触点。

(4) 正向触发脉冲被封锁。

(5) 经一段延时,K21、K22触点接通,反向组有触发脉冲,同时速度调节器输出通过反号器送到电流调节器,使反向组变流器工作在逆变状态,电动机进行再生制动。

为了保证系统的性能,应尽量缩短切换时间。在切换时间中,电流换向死时占主要成分。

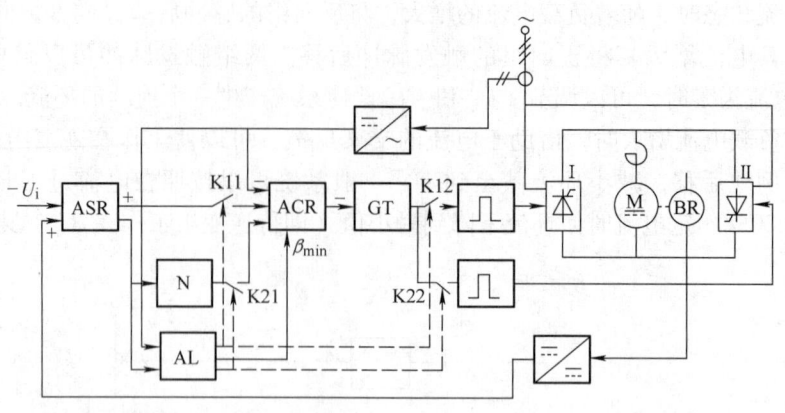

图 6-34　带模拟开关的逻辑环流系统
ASR—速度调节器　ACR—电流调节器　N—反号器　AL—逻辑装置

一般该死时在 10ms 以下时，不会对系统的性能有影响；当死时在 20～30ms 之内时，对系统的动态性能稍有影响；当死时超过 30ms 很多时，将对系统的性能有较大的影响。

在切换时还应保证不发生换相失败，两组变流器在任何时刻都不能同时工作。因此，在逻辑无环流系统中还要注意以下几点：

(1) 对于电流实际值为零的检测，要有足够的关断等待时间。在确认电流确实为零时，才能切除工作组的触发脉冲。如果在还有电流的状态下，而且工作组正处于逆变状态，这时若将工作组的触发脉冲切除，会引起换相失败。因此，在零电流检测器动作后，必须经过一定的延时才能关断原来导通的晶闸管。这段延时称为关断等待时间，它由电源频率、电压、回路电感和控制角等因素决定，但主要是随控制角的变化而变化。在最大控制角时，关断时间最长。因此，最好应按最大控制角设定等待时间（一般可取 1～3ms）。此外，在给出转矩反向指令时，应将原工作组的触发脉冲移到 α_{max}（即 β_{min}）处，以便迅速使电流下降到零。

(2) 要有触发等待时间。即使原工作组的触发脉冲被封锁后，原工作组的晶闸管还不能立刻关断，因此，待工作组变流器还不能立刻投入工作，否则将会因两组变流器同时导通而造成电源短路的故障。为此，从逻辑装置向工作组发出封锁脉冲信号，到向待工作组给出解除脉冲封锁信号之间要有一段延时，称为触发等待时间，该时间一般取 5～6ms。

(3) 要有对电流调节器"拉 β_{min}"的信号。在待工作组刚开放时，为了避免此时因整流电压和电动机反电动势相加而造成很大的电流冲击，应使待工作组投入工作时处于逆变状态。为此，在工作组脉冲被封锁，待工作组还未开放时，先向电流调节器输入一个"拉 β_{min}"信号，即将待工作组触发装置的移相器处于 β_{min} 位置。当待工作组脉冲封锁被解除后，将"拉 β_{min}"信号亦取消。在调节系统的作用下，待工作组的触发脉冲就从 β_{min} 点向工作点移动，使电枢电流逐步建立，电动机被减速或反向起动，直到稳定工作点为止。

从以上分析可知，逻辑无环流可逆系统反向的过零死时主要由两部分决定：一部分是由逻辑电路本身决定的，即关断等待时间和触发等待时间；另一部分是因为电流调节器有积分作用，当"拉 β_{min}"信号取消后，变流器的电压从最大逆变电压降到与电动机电动势相对应的电压需要一定的时间，在低速工作时，这段时间更长。例如，在采用串联式 PI 调节器系统中，可能达到 100～200ms。这时，不仅会产生较大的转速和电流超调，甚至还会使转速振荡。

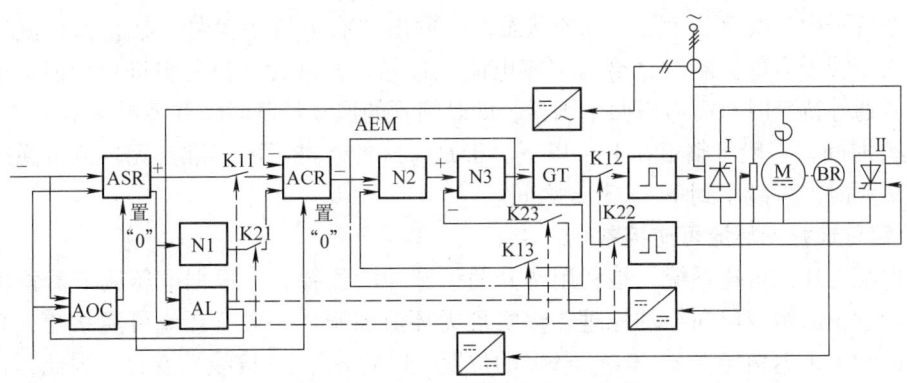

图 6-35 有准备无环流可逆系统

N1、N2、N3—反号器　AEM—电动势记忆调节器　AOC—运转指令　ASR—速度调节器
AL—逻辑装置　ACR—电流调节器　BR—旋转变换器　BPF—触发器

6.1.5.3 有准备逻辑无环流可逆控制

所谓有准备的逻辑无直流系统，就是在切换时，待工作组的触发脉冲不是被移到 β_{min} 处，而是被移到与电动机反电动势相应的那一点。在完成换向逻辑切换时，待工作组变流器的电压正好和电动机反电动势相等（但方向相反），因而既没有电流冲击，又缩短了切换时间，其线路见图 6-35。该系统与图 6-34 所示系统的区别在于电流调节器和触发装置之间串入一个电动势记忆调节器 AEM。AEM 是由反号器 N2、N3 和电子开关 K13、K23 组成的。AEM 的输出决定了变流器的输出，即决定了电动机的电枢电压。AEM 的输入来自两部分：一部分为 ACR 的输出，此值相当于在电枢回路中产生 IR 电压降所需的控制信号；另一部分为来自电枢电压的正反馈信号，此值相当于为建立电动机反电动势所需的控制信号。正常工作时，ACR 的输出近似为零。正转时，K11～K13 闭合，ACR 的输出和电压正反馈信号在 AEM 的输入端相加，AEM 输出 $-U_k$，使正向组工作在整流状态。当需要反转时，转速给定 U_i^* 立刻变正，ACR 输出很大的正信号，使正向组处于逆变状态，电流快速下降。待电流降到零，经过 1ms 延时，AL 动作，K11～K13 全被断开，K23 闭合，并通过 AOC 将 ASR 和 ACR 全部置零（AEM 的输出为零），正反向组触发脉冲全被封锁。再经 5ms 左右的延时，无环流逻辑切换结束，K21 闭合，置零信号解除，但因 ACR 的积分作用，输出仍为零。因为 K23 已闭合，电压正反馈接入；K22 闭合，反向组有脉冲。这时，AEM 输出的电压正反馈信号 $+U_k$ 使反向组的逆变电压正好和电动机的反电动势相适应，电枢回路可立即出现制动电流，使电动机继续减速。这样，无环流切换的死时仅由逻辑装置本身的死时（约为 5～6ms）决定，大大缩短了反向死时。

如果再要进一步缩短死时，就必须从减小换向逻辑的延时着手。为此，首先要提高零电流检测的灵敏度。如果采用图 6-36 所示的光耦合零电流检测电路后，可以将关断等待延时缩短到 0.3ms（6°电角度）。

零电流信号是从检测变流器每臂上晶闸管的电压得

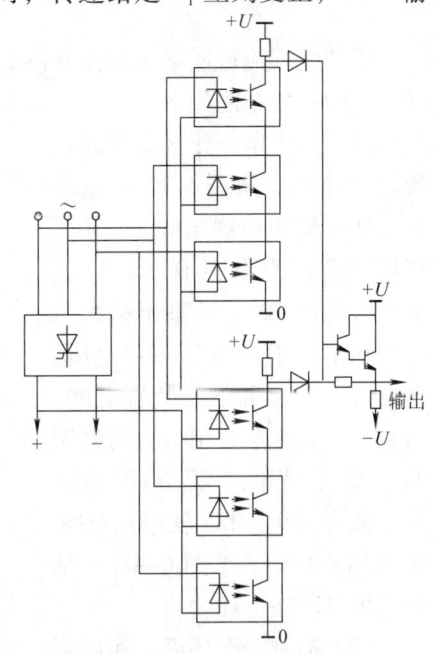

图 6-36 光耦合零电流检测

到的。六个管子中只要有一个处于导通状态，就输出"有电流"信号，禁止无环流逻辑进行切换。当六个管子全部关断时，给出"零电流"信号，允许无环流逻辑进行切换。这时无环流逻辑中开通等待延时只需考虑两个因素，即晶闸管的恢复控制时间和零电流信号从"0"到"1"的上升时间，一般可整定在1ms以下。于是，这种改进了的有准备无环流可逆线路的电流反向过零死时，可减小到 1～3.3ms 之间。

6.1.5.4 错位选触无环流可逆控制

错位选触无环流可逆系统，是利用错开两组脉冲的位置，并根据电压调节器输出电压的极性选择触发正向组或反向组的原理，以实现无环流控制。一般有环流可逆系统，其两组变流器的初始触发延迟角定在 $\alpha_{10}=\alpha_{20}=90°$ 的位置，以后 α_1、α_2 按线性变化，因此，在所有控制角下都会产生环流。如果将触发脉冲的初始相位定到 $\alpha_{10}=\alpha_{20}=150°$ 的地方，则在整个移相范围内，都不会产生环流。实际上，为安全可靠和整定方便，都把初始相位定在 $\alpha_{10}=\alpha_{20}=180°$ 处，其配合特性和无环流区见图 6-37。移相控制特性见图 6-38。

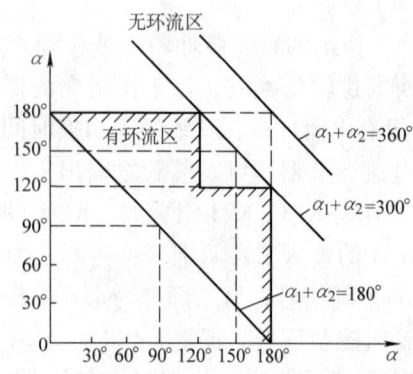

图 6-37 正反向组控制角的配合特性和无环流区

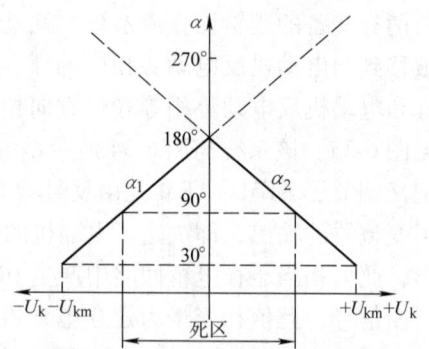

图 6-38 错位无环流系统的移相控制特性
α_1—正向组　α_2—反向组

错位无环流可逆系统如图 6-39。其中除了有 ASR 和 ACR 两个调节器外，还设有电压内环，它的主要功能如下：

（1）缩小电压死区，提高切换的快速性。从图 6-37 可以看出，如果最小控制角 $\alpha_{min}=30°$，则移相范围总共只有 150°，其中死区就占 90°，是整个移相范围的 60%。有了电压内环之后，在电流调节器和触发装置之间，引入一个放大系数相当大的电压调节器（AVR）。若 AVR 的放大系数为 100，死区就可从 60% 压缩到 0.6%（见图 6-40），基本上可以忽略不计。

（2）抑制动态环流，保证安全换相。当 $\alpha_{10}=\alpha_{20}=180°$时，实际上已保证在任何情况下只有一组晶闸管能被触发，可靠地

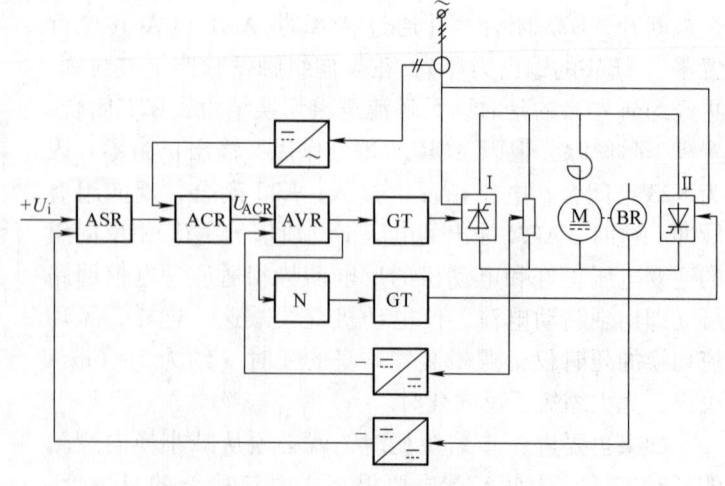

图 6-39 带有电压内环的错位无环流系统
ASR—速度调节器　ACR—电流调节器　AVR—电压调节器　N—反号器

抑制了静态环流。若在 AVR 上再加一点惯性，则可保证正在工作的一组晶闸管先断流，另一组变流器再建立电流。从而抑制了动态环流和防止本桥逆变时出现颠覆。一般 AVR 的积分时间常数取 0.4s 左右。

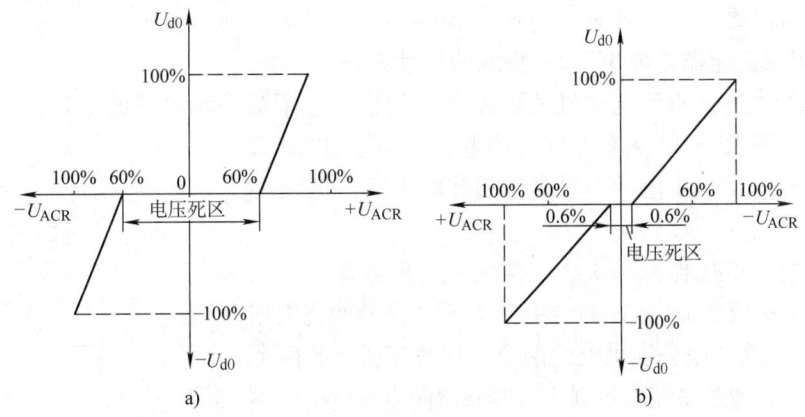

图 6-40 错位无环流系统的电压死区
a) 没有电压环　b) 有电压环（$K_{AVR} = 100$）

（3）抑制电流断续引起的不稳定现象，使系统在小电流时也能较快地工作。因为有积分环节，可增加调节系统抗干扰的能力，所以在无环流切换过程中没有电流冲击。

根据错位无环流的原理，当一组变流器工作时，另一组的触发脉冲必须移到 180° 处才能没有环流。因此，不能按一般可逆系统那样在双侧都设置最小触发超前角的限制，而只能在单侧设置。即正向有电流时，在正向设触发超前角限制；反向有电流时，在反向设触发超前角限制；正反向都没有电流时，就没有触发超前角限制；在整个工作过程中，允许触发脉冲不受限制地后移或消失，以满足错位无环流的要求。为此，增设一个选触单元，由绝对值放大器和两个电子开关组成错位选触无环流可逆系统，见图 6-41。图中，采用一组触发装置。当电压调节器（AVR）输出电压为负时，全为正向组变流器的工作范围；当 AVR 输出电压为正时，全为反向组变流器的工作范围。AVR 的输出通过绝对值放大器，使触发装置的控制电压极性不变，并在 AVR 的输出端再接一个选触单元，通过模拟电子开关 K1、K2 选择相应的变流器，供给触发脉冲。

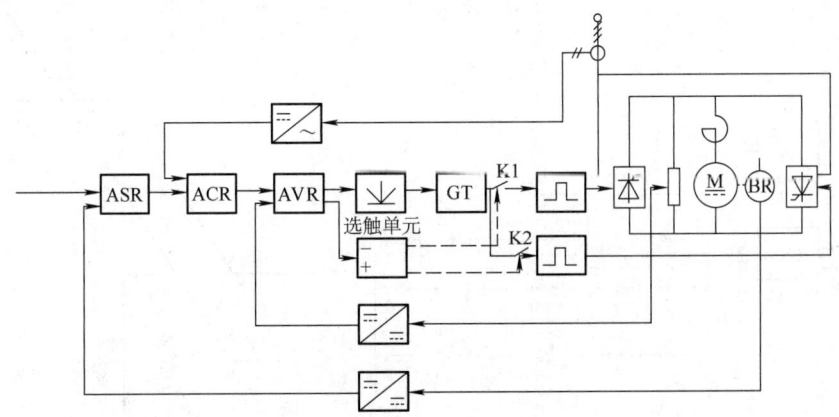

图 6-41 错位选触无环流可逆系统
ASR—速度调节器　ACR—电流调节器

由于系统采用了选择触发的方式，在工作中只有一组变流器获得触发脉冲，因此可以采用一般的可逆系统设置逆变限制的方法，即在绝对值放大器上加固定或可调限幅来实现。

这种系统，无论在什么速度下，正反向都有一个固定的零电流死时，主要取决于电压调节器的积分时间常数。一般死时可调到 4~6ms。

6.1.5.5 采用双变流器组成 12 脉波整流的传动系统

对于供给大容量直流电动机的可控整流装置，为了减轻对电网的干扰，特别是减少谐波分量，可以将两组三相整流桥进行串联或并联，组成 12 脉波整流线路对电动机供电。一般多采用并联方案，见图 6-42。

用一台三绕组变压器，一次绕组接成三角形或星形；二次绕组中的一个接成星形，另一个接成三角形，则此两绕组相位差 30°。两个二次绕组分别供电给两个三相整流桥，此两个整流电路的输出，通过平衡电抗器进行并联后向直流电动机供电。为了使两组整流桥的输出电压相等，三角形联结的变压器二次绕组相电压应比星形联结的绕组相电压大 $\sqrt{3}$ 倍。

对于多台直流电动机传动的场合，为减少谐波对电网的影响，每台电动机可采用三相整流电路，但每台变压器的一次绕组可采用三角形或星形联结，并采用移相变压器，以形成对电网大于 6 脉波的负载电流。

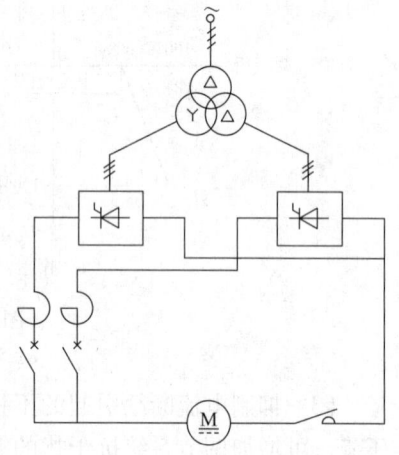

图 6-42 用于直流传动的 12 脉波整流供电线路

对电动机容量较大，电网容量相对较小，而又要经常工作在低速的系统，变流装置经常要运行在深控场合，即触发延迟角 α 大，直流电压低，相应的功率因数将变得很低。此时，可采用两组可控整流装置串联不对称控制的办法，见图 6-43。为了降低低速运行时的无功功率，对两套整流装置采用不对称控制，其原理是将一组整流器的触发延迟角固定在最大或最小，先控制另一组的相位，待接近极限触发延迟角后再控制原来被固定触发延迟角的那一组的相位。因为两组变流器是串联的，所以在起动与电流断续时，所有应导通的晶闸管应在同一个时间触发，故最好采用宽脉冲触发形式。不对称控制时的直流输出电压特性见图 6-44。

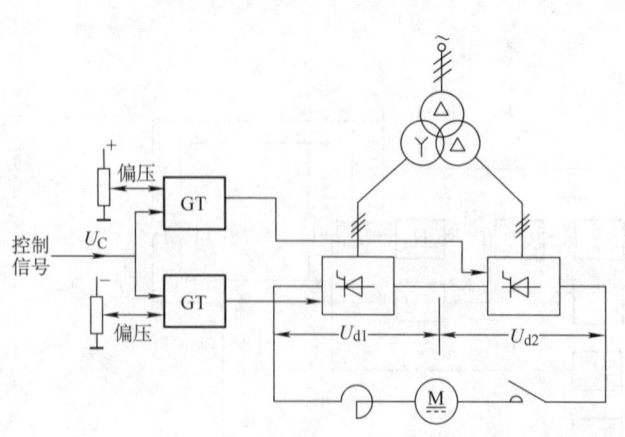

图 6-43 两组整流器串联联结的不对称控制供电图

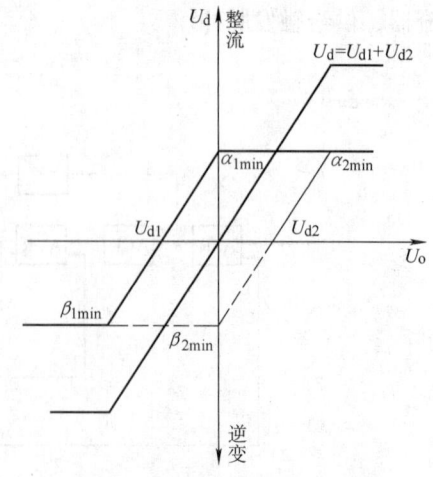

图 6-44 不对称控制时的直流输出电压特性

第6章 直流传动系统

6.2 晶闸管变流器主电路参数计算

6.2.1 变流器的基本参数

6.2.1.1 变流器联结及基本电路参数

晶闸管变流装置的主电路设备通常包括：变流变压器（或交流进线电抗器）、晶闸管变流器、直流滤波电抗器、交直流侧过电压吸收器、过电流保护和快速断路器等。变流装置的主电路方案，应按照生产机械的工作制和传动电动机的容量范围，参照表6-5选取。常用的晶闸管变流器线路及有关的计算系数和特点参见表6-6。

表6-5 主电路接线方案对照表

	不可逆接线方式	电动机励磁可逆接线方式	交叉可逆接线方式	反并联可逆接线方式
主回路接线方案	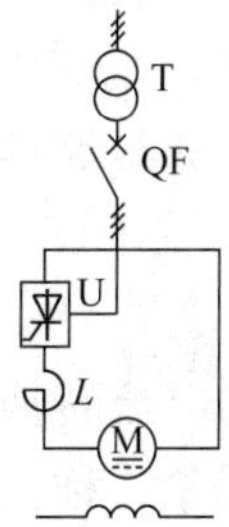 （图）	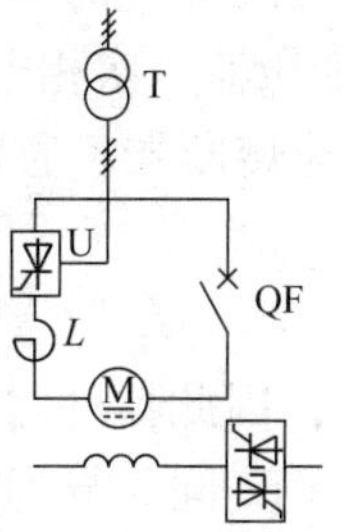 （图）	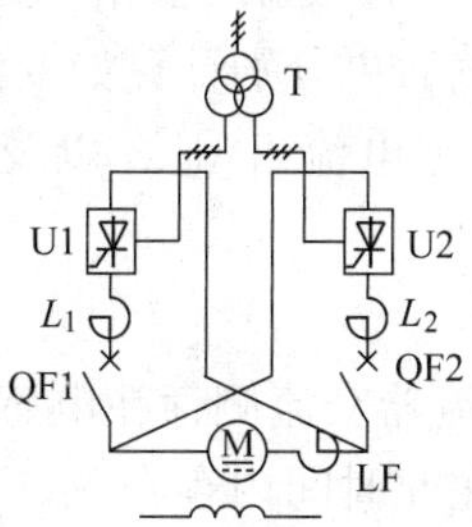 （图）	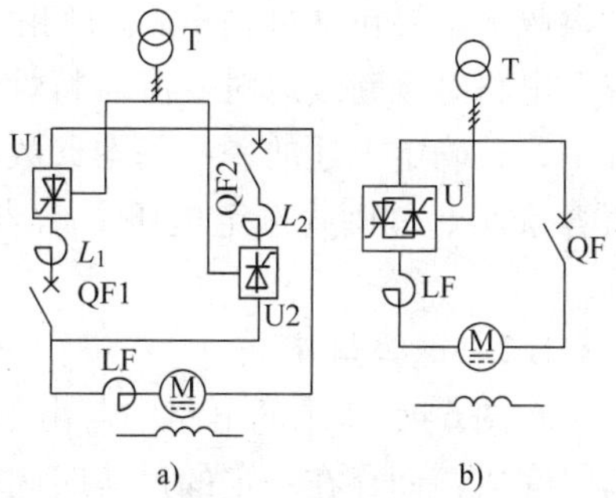 （图） a) 两组单向变流器反并联 b) 器件对接可逆变流器
性能特点	(1) 只提供单一方向转矩，变流器只限于整流状态工作，机械的减速、停车不能用变流装置控制 (2) 设备费用少，晶闸管数量少，控制线路及保护方式简单 (3) 不宜用在经常起动、停车或要求调速的场所	(1) 主电路电流单向，靠改变电动机励磁电流方向实现电动机转矩可逆，变流器可工作在整流和逆变工作状态，机械的减速、停车可通过变流器控制实现制动 (2) 主电路设备和晶闸管数量少，保护方式简单，在大容量机械中较为经济 (3) 磁场反向存在0.5~2.0s死时，不宜工作在频繁正反转可逆系统	(1) 靠两套变流器实现主电路电流双向可逆。同时，两套变流器间存在环流回路，通过控制装置和环流回路内限流电抗器 L_1、L_2 控制环流为额定电流的5%~10%，因此，变流器内电流连续，可改善电动机空载时变流器特性和减少电流换向死时至0~1ms (2) 设备费用高，变流变压器、保护开关、电抗器以及晶闸管变流装置必须设有独立的两套，控制复杂，多用于快速性和精度要求很高的位置控制系统等	(1) 靠正反向两组晶闸管实现主电路电流双向可逆运转，电流换向时通过逻辑控制电路的一定时序，选择封锁和释放晶闸管的触发脉冲，实现主电流方向可逆。电流方向切换时，为保证由导通转为封锁的晶闸管可靠恢复阻断，一般须有5~10ms的切换死时 (2) 接线方式a使用一台变流变压器和两套晶闸管变流器，每套变流器各有独立的电抗器和快速断路器，用以保护环流回路及限制故障情况下环流电流上升率，设备多、主电路接线较为复杂 (3) 接线方式b的设备费用少，晶闸管对接或变流器直接反并联，环流回路内不设限流电抗器和快速断路器，设备紧凑，对晶闸管有较高要求

(续)

不可逆接线方式	电动机励磁可逆接线方式	交叉可逆接线方式	反并联可逆接线方式
适用范围 多用于单方向连续运行或某些缓慢减速及负载变动不大的生产机械 容量范围一般为100kW以下,适用的生产机械包括风机、水泵和线材轧机以及造纸机等	多用于要求正反转可逆,但不频繁反转和调速的生产机械,容量范围可在300kW以上 适用的生产机械如大型卷扬机和厚板轧机等	控制灵活,电流换向无死时,快速性能好,大多用于机械特性要求高的生产机械中,容量可达数千千瓦,适用的生产机械如高速连轧机主传动、压下位置驱动系统等	可灵活地实现四象限内电动机频繁起、制动和调速等状态运转,快速性好(数毫秒),便于组成有电流闭环的转速(或电压)控制装置,已普遍用于各类控制性能高的生产机械中,装置容量可达数千千瓦 适用于轧机主副传动,以及卷扬机主传动和造纸机械等

注:符号 T 为变流变压器;U 为晶闸管变流器;L_1、L_2 为环流电抗器;QF 为快速断路器;LF 为滤波电抗器;M 为传动直流电动机。

晶闸管变流装置的主要运行参数,以及成套设备中的其他技术参数,统称为主电路的基本参数,主要包括重叠角 u、换相电抗压降 ΔU_X、最小超前角 β_{min}、最小滞后角 α_{min},以及研究主电路电流断续时对变流器特性的影响,这是选用和设计变流装置的基础。一般在设计过程中,先确定上述的一些基本参数,然后再分别计算如变流变压器二次相电压 $U_{V\phi}$、变压器等值容量 S_T、晶闸管额定电压 U_{RRM} 与额定电流 $I_{F(AV)}$,以及快速熔断器、直流电抗器等具体数据。

6.2.1.2 重叠角 u

在图 6-45 所示的电路中,由于变流器交流侧存在电感 L_T,因此器件之间的电流转换不能瞬时完成,而存在一定的过渡时间。在此时间内存在 VT1 和 VT2 同时导通的现象,称为换相重叠现象。换相的过渡时间通常用电角度表示,叫换相重叠角。

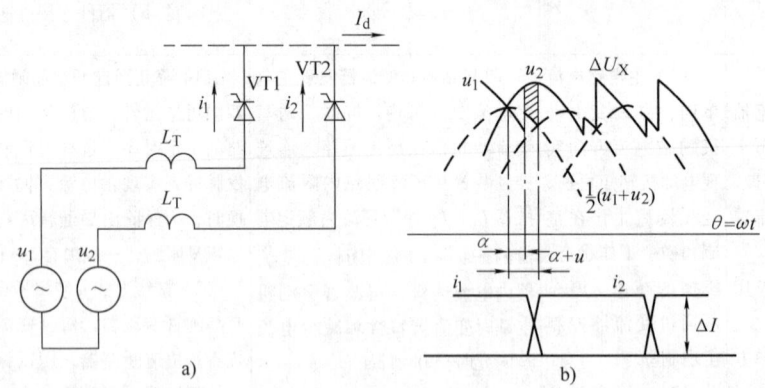

图 6-45 换相等效电路
a) 等效电路 b) 对波形影响

重叠角的计算公式分为两种状态。在采用变压器或交流电抗器进线时,处于整流工作状态,重叠角为:

$$u = \arccos\left(\cos\alpha - 2K_X \frac{e}{100} \frac{I_d}{I_{dN}}\right) - \alpha \quad (6-20)$$

处于逆变工作状态,重叠角为

表 6-6 常用大功率传动用整流线路有关的计算系数及特点

接法	线路图	换相电压降计算系数 K_X	整流日压计算系数 K_{UV}	晶闸管电压计算系数 K_{UT}	晶闸管电流计算系数 K_{IT}	变压器阀侧相电流计算系数 K_{IV}	变压器网侧相电流计算系数 K_{IL}	变压器等值容量计算系数 K_{ST}	变压器漏感计算系数 K_{TL}	变压器电感折算系数 K_L	变压器电阻折算系数 K_R	整流线路最大滞后时间 T_{dm}/ms	线路组成	特点反适用范围 电压脉动	能否逆变	变压器利用率	应用范围	备注
三相全桥	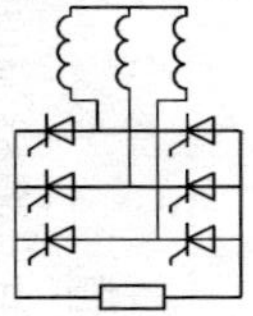	0.5	2.34	2.45	0.367	0.816	0.816	1.05	1.22	2	2	3.3	较复杂	小	能	好	应用范围板广	
双反星形带平衡电抗器	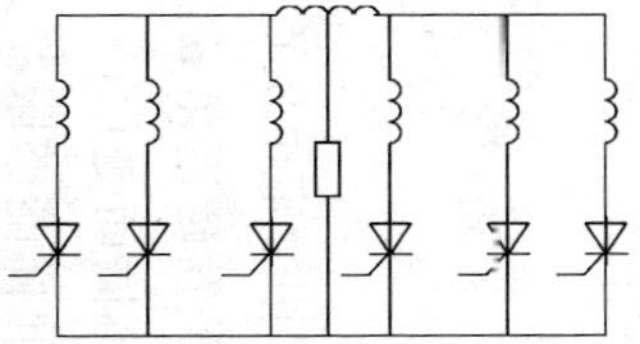	2	1.17	2.45	0.184	0.289	0.408	1.27	2.45	1	1	3.3	较复杂	小	能	较好	多用于输出大电流的直流电源系统,调速装置已少采用	
双桥串联[①]	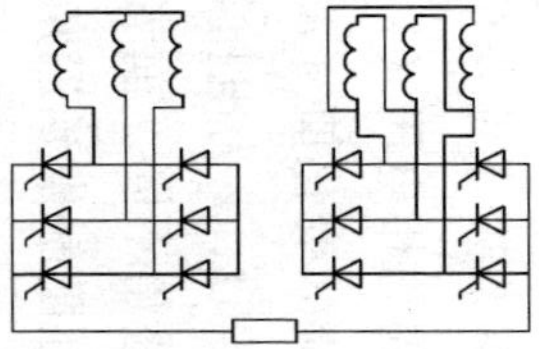	0.259	4.68	2.45	0.367	0.816	1.58	1.03	0.634	4	4	3.3	复杂	最小	能	最好	1000kW以上,晶闸管需串联之处	
双桥并联[①]	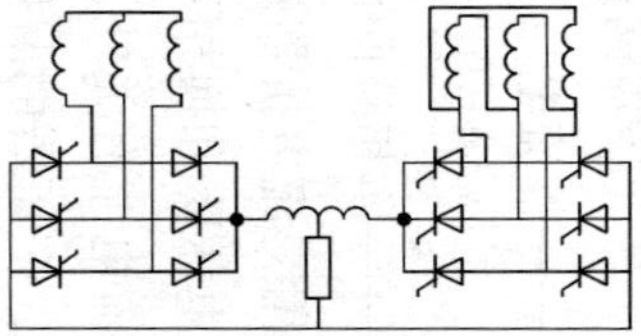	0.259	2.34	2.45	0.183	0.408	0.79	1.03	1.268	1	1	3.3	复杂	最小	能	最好	1000kW以上,晶闸管不需串联处	需增加平衡电抗器

① 双桥串联或并联是指变流变压器有两组阀侧绕组(或两台变压器)分别接成 y(Y)和 d(△)组成两组三相桥式整流后再串联或通过平衡电抗器并联构成12脉波相整流的线路。

$$u = \beta - \arccos\left[\cos\beta + 2K_X \frac{e}{100} - \frac{I_d}{I_{dN}}\right] \tag{6-21}$$

式中 e——变流变压器阻抗电压或电抗器额定电压百分值；

I_d——直流侧电流（A）；

I_{dN}——额定直流电流（A）；

K_X——计算系数（见表6-6）。

当无法预先知道变压器阻抗电压百分值 e 时，可以根据变压器的容量从表6-7估算。

表6-7 变压器阻抗电压百值 e（%）

变压器容量/kVA	e
100 以下	5
100～1000	5～7
1000 以上	7～10

多绕组变压器的阻抗电压百分值 e，是指当存在同时换相的二次绕组被短路时（其他组二次绕组开路），一次绕组中电流折算到额定电流时，阻抗电压与变压器额定电压之比的百分值。

电抗器额定电压百分值是指当交流进线电抗通过额定电流时，其电抗压降与进线交流相电压之比的百分值。一般选用4%，见本章6.2.2.5节。

6.2.1.3 换相电抗压降

图6-45所示的一次换相造成的平均电压降 ΔU_X 为

$$\Delta U_X = \frac{1}{2\pi}\int_0^u \frac{1}{2}(u_2 - u_1)d\theta = \frac{1}{2\pi}X_T\Delta I \tag{6-22}$$

对于 m 脉波整流电路，在一个交流电源周期内产生 m 次电流换相，其换相电压降 ΔU_X 为

$$\Delta U_X = \frac{m}{2\pi}X_T\Delta I \tag{6-23}$$

在变压器进线且只考虑其漏抗 X_T 时，有

$$X_T = K_{TL}\frac{e}{100}\frac{U_{V\phi}}{I_{dN}} \tag{6-24}$$

$$\Delta U_X = K_X\frac{e}{100}\frac{I_d}{I_{dN}}K_{UV}U_{V\phi} \tag{6-25}$$

式中 K_X——换相电压降计算系数（见表6-6）；

K_{TL}——变压器漏抗计算系数（见表6-6）；

K_{UV}——整流电压计算系数（见表6-6）；

$U_{V\phi}$——变流变压器阀侧相电压（V）；

ΔI——换相瞬间电流的变化值（A）。

在采用交流电抗器进线时，e 为电抗器每相额定电压百分值。

换相电压降和换相重叠角不同。前者与触发延迟角 α 无关，随整流电流增大而增大；后者除与整流电流有关外，还随触发延迟角 α 不同而变化。

总之，变压器的漏抗与交流进线电抗都同样能够限制交流侧的短路电流值，有利于晶闸管承受 di/dt 和 du/dt 的能力。但因为换相回路和换相期间相间短路的存在，在电网容量不足时，将造成电网波形畸变（"换相缺口"）和功率因数恶化，严重时形成公害，须注意抑制。

6.2.1.4 最小触发超前角 $\beta_{\min}$ 和最小触发延迟角 $\alpha_{\min}$

在变流装置处于逆变运行状况下，保证可靠换相而不产生"逆变颠覆"的条件必须是：在全部过程中所出现的触发超前角 β 始终大于最小触发超前角 $\beta_{\min}$ 值。在一般电感负载的逆变过程中满足

$$\beta_{\min} \geqslant u + \gamma_{tq} + \Delta\gamma + \theta \tag{6-26}$$

在采用变压器或电抗器进线时，应满足

$$\beta_{\min} \geqslant \arccos\left[\cos(\gamma_{tq} + \Delta\gamma + \theta) - 2K_X \frac{e}{100} \frac{I_d}{I_{dN}}\right] \tag{6-27}$$

式中 e——变压器阻抗电压或电抗器额定电压百分值；

γ_{tq}——与器件关断时间相应的电角度（°）；

$\Delta\gamma$——触发器相角误差（°）；

θ——安全裕量角（°）。

γ_{tq} 一般为 5°~10°，$\Delta\gamma$ 一般不超过 10°，重叠角 u 可用式（6-20）、式（6-21）按最大电流计算，安全裕量角 θ 可取 5°~10°，一般情况下 $\beta_{\min}$ 大致在 30°~45° 范围内。

但在电动机制动时通过制动电流，此时除须满足式（6-27）的安全换相条件外，还必须考虑：最小触发超前角 $\beta_{\min}$ 选择过大时容易带来变流器逆变电压太低，造成制动时出现过电流情况。为此，$\beta_{\min}$ 同时必须满足

$$K_{UV} U_{V\phi}\left(0.95\cos\beta_{\min} + K_X \frac{e}{100} \frac{I_d}{I_{dN}}\right) \geqslant 1.05 C_e \Phi n_{dN}$$

$$\beta_{\min} \leqslant \arccos\left(\frac{1.05 C_e \Phi n_{dN}}{0.95 K_{UV} U_{V\phi}} - 1.05 K_X \frac{e}{100} \frac{I_d}{I_{dN}}\right) \tag{6-28}$$

式中 $C_e\Phi$——电动机电动势系数（V·min/r）；

n_{dN}——电动机额定转速（r/min）。

例如，某初轧机主传动变流器供电系数，主传动电机容量 $P_{dN}=2800\text{kW}$，额定转速时的反电动势 $C_e\Phi n_{dN}=702\text{V}$，电动机最大允许工作过载 $I_{dmax}/I_{dN}=2$，变流装置采用 $m=12$ 的双桥并联整流线路（见表 6-6），变压器阀侧相电压 $U_{V\phi}=445\text{V}$，阻抗电压百分数 $e/100=0.12$。

从保证变流器在逆变条件下可靠换相考虑，应有

$$\beta_{\min} \geqslant \arccos\left[\cos(\gamma_{tq} + \Delta\gamma + \theta) - 2K_X \frac{e}{100} \frac{I_d}{I_{dN}}\right]$$

空载 $I_d=0$ 时，$\beta_{\min} \geqslant \gamma_{tq} + \Delta\gamma + \theta = 15°$ 电角度，最大过载 $I_{dmax}=2I_{dN}$ 时，$\beta_{\min} \geqslant 32.7°$ 电角度。

从抑制电动机制动时出现过大电流考虑，应有

$$\beta_{\min} \leqslant \arccos\left(\frac{1.05 C_e \Phi n_{dN}}{0.95 K_{UV} U_{V\phi}} - 1.05 K_X \frac{e}{100} \frac{I_d}{I_{dN}}\right)$$

空载 $I_d=0$ 时，$\beta_{\min} \leqslant 41.8°$ 电角度；最大过载 $I_{dmax}=2I_{dN}$ 时，$\beta_{\min} \leqslant 46.8°$ 电角度。

实现可靠换相并在制动过程中不会出现过大制动电流的安全工作区，是处于式（6-27）和式（6-28）两条特性曲线之间，即图 6-46 中阴影部分，与制动电流 I_d/I_{dN} 有关。为了保证变流装置在运行时不超出安全工作区，在控制系统中，触发装置一般都设有最小触发超前角 $\beta_{\min}$ 的限制回路，同时，为了尽可能提高变流装置在逆变时的输出电压，降低变流变压器阀侧电

压的设计值，最近设计研制的触发装置最小触发超前角 β_{min} 的限制值一般不是恒定值，而是随电动机制动电流的增加而增大。在此例中，实际调整采用的 β_{min} 限制特性建议选取：$I_d=0$ 时，$\beta_{min}=25°$；$I_d=2I_{dN}$ 时，$\beta_{min}=40°$。

最小触发延迟角 α_{min} 是设计变流装置的重要参数。α_{min} 取得太大，会使变压器及变流装置的容量无谓增加，并使功率因数恶化；α_{min} 选得过低，会使输出电压因没有足够的储备而影响精度和快速性。一般选取时应考虑下述因素：

（1）无逆变运行情况的单向变流装置（如电动机励磁装置）的 α_{min} 可按 $5°\sim10°$ 范围选取；有逆变运行情况的可逆变流装置，必须考虑 α_{min} 与 β_{min} 相适应：在有环流回路中，考虑到器件正向压降以及回路电阻压降，可按 $\alpha_{min}=\beta_{min}$ 或 α_{min} 略小于 β_{min} 选取，以保证在环流回路中不存在电流的直流成分，在无环流回路中，α_{min} 可以取得小一些，一般情况下，大致在 $15°\sim30°$ 范围内。

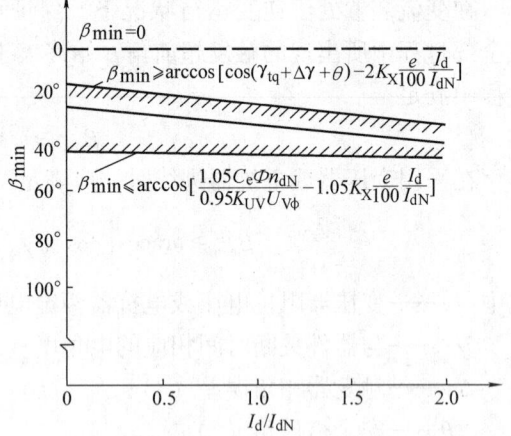

图 6-46　最小超前角 β_{min} 计算特性

（2）采用锯齿波移相时，在 $\alpha=0$ 附近变流装置的放大系数较小。从动态性能考虑，不希望经常工作在 $\alpha=0$ 附近，应留有充分的裕量（例如取 $\alpha_{min}\geq10°\sim15°$）。

6.2.1.5　电流断续对变流器工作特性的影响

在电动机空载运行时，若电路中电感不足，则有可能出现变流器输出电流断续的情况，其输出电流和电压波形及等效电路见图 6-47。在一般条件下，电路总电抗 ωL 和电路总电阻 R 满足 $\omega L\gg R$，变流器输出电压平均值 U_d（V）和电流平均值 I_d（A）应满足下式：

$$U_d=\frac{2K_{UT}U_{V\phi}}{\lambda}\sin\left[\frac{(m-2)}{2m}\pi+\alpha+\frac{\lambda}{2}\right]\sin\frac{\lambda}{2} \quad (6-29)$$

$$I_d=\frac{mK_{UT}U_{V\phi}}{2\pi\omega L}\left(\lambda\cos\frac{\lambda}{2}-2\sin\frac{\lambda}{2}\right)\times\cos\left[\frac{(m-2)}{2m}\pi+\alpha+\frac{\lambda}{2}\right] \quad (6-30)$$

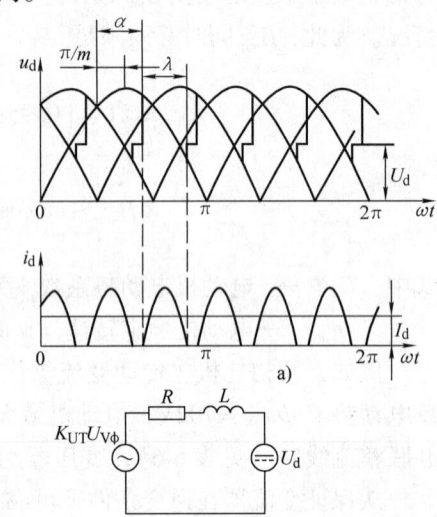

图 6-47　电流断续时的电压波形和等效电路
a）输出电流及电压波形　b）等效电路

式中　K_{UT}——计算系数（见表 6-6）；
　　　$U_{V\phi}$——阀侧相电压有效值（V）；
　　　m——整流电压脉波数；
　　　α——触发延迟角（°）；
　　　λ——导通角（°）；
　　　L——电路等效总电感量（包括附加电感和电源等效漏电感）（H）；
　　　ω——电源角频率。

在三相桥式整流电路中，$m=6$ 及 $K_{UT}=\sqrt{6}$ 时，有

$$U_d=\frac{2\sqrt{6}U_{V\phi}}{\lambda}\sin\left(\frac{\pi}{3}+\alpha+\frac{\lambda}{2}\right)\sin\frac{\lambda}{2} \quad (6-31)$$

$$I_{\text{d}} = \frac{3\sqrt{6}U_{\text{V}\phi}}{\pi\omega L}\cos\left(\frac{\pi}{3}+\alpha+\frac{\lambda}{2}\right)\times\left(2\sin\frac{\lambda}{2}-\lambda\cos\frac{\lambda}{2}\right) \quad (6\text{-}32)$$

表达式中参变量是导通角 λ，在不同触发延迟角 α 时变流器的外特性见图 6-48。其中纵坐标 $m_y = U_{\text{d}}/(\sqrt{6}U_{\text{V}\phi})$，横坐标 $m_x = \omega L I_{\text{d}}/(\sqrt{6}U_{\text{V}\phi})$。

在导通角 $\lambda = 2\pi/m$ 时所对应的 U_{d} 和 I_{d} 值，是变流器开始转入断续工作状态的临界点，是设计变流器的重要参数，具有特殊的意义。此时，

$$U_{\text{d}} = K_{\text{UT}}U_{\text{V}\phi}\frac{m}{\pi}\sin\frac{\pi}{m}\cos\alpha \quad (6\text{-}33)$$

$$I_{\text{d}} = \frac{1}{\omega L}K_{\text{UT}}U_{\text{V}\phi}\frac{m}{\pi}\sin\frac{\pi}{m}\left(1-\frac{\pi}{m}\text{ctg}\frac{\pi}{m}\right)\sin\alpha \quad (6\text{-}34)$$

对于三相桥式整流电路，当 $m = 6$，$K_{\text{UT}} = \sqrt{6}$ 时，有

$$U_{\text{d}} = \frac{3\sqrt{6}}{\pi}U_{\text{V}\phi}\cos\alpha = 2.34 U_{\text{V}\phi}\cos\alpha \quad (6\text{-}35)$$

$$I_{\text{d}} = \frac{1}{\omega L}\left(1-\frac{\sqrt{3}\pi}{6}\right)\cdot\frac{3\sqrt{6}}{\pi}U_{\text{V}\phi}\sin\alpha \quad (6\text{-}36)$$

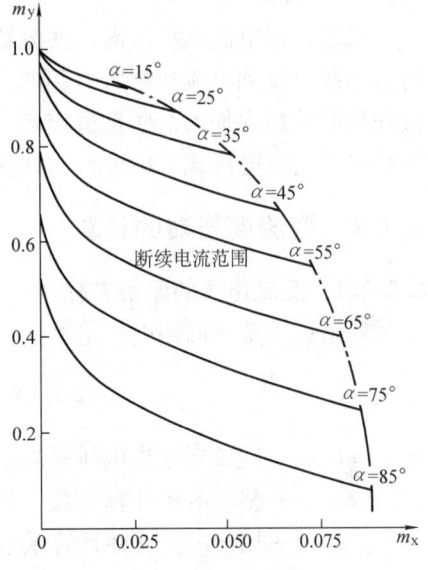

图 6-48 断续电流范围内变流器的外特性（$m = 6$）

或者

$$I_{\text{d}} = 0.0931\frac{U_{\text{d0}}}{\omega L}\sin\alpha = 0.2179\frac{U_{\text{V}\phi}}{\omega L}\sin\alpha \quad (6\text{-}37)$$

式（6-29）、式（6-30）成立的临界条件是变流器最小的触发延迟角 α 应大于临界触发延迟角 α_A 并满足

$$K_{\text{UT}}U_{\text{V}\phi}\sin\left[\frac{(m-2)}{2m}\pi+\alpha_A\right] \geq \frac{2K_{\text{UT}}U_{\text{V}\phi}}{\lambda}\sin\left[\frac{(m-2)}{2m}\pi+\alpha+\frac{\lambda}{2}\right]\sin\frac{\lambda}{2} \quad (6\text{-}38)$$

在导通角 λ 很小时，不等式可用简化形式表示为

$$\alpha_A + \frac{\lambda}{2} \geq \frac{\pi}{m} \quad (6\text{-}39)$$

即在断续工作范围内，对于确定的导通角 λ，都存在其对应的临界触发延迟角 α_A。当触发延迟角 α 小于 α_A 时，将出现导通的延迟滞后，并要求足够的触发脉冲宽度。

在空载时，$\lambda \rightarrow 0$，若滞后角 $\alpha \geq \pi/m$，则

$$\lim_{\lambda \rightarrow 0}U_{\text{d}} = K_{\text{UT}}U_{\text{V}\phi}\cos\left(\alpha-\frac{\pi}{m}\right) \quad (6\text{-}40)$$

若 $\alpha < \pi/m$，则临界触发延迟角

$$\lim_{\lambda \rightarrow 0}\alpha_A = \frac{\pi}{m}$$

$$\lim_{\lambda \rightarrow 0}U_{\text{d}} = K_{\text{UT}}U_{\text{V}\phi} \quad (6\text{-}41)$$

在临界连续 $\lambda = 2\pi/m$ 时，临界触发延迟角 α_A 满足

$$\cos\left(\alpha_A-\frac{\pi}{m}\right) \geq \frac{m}{\pi}\sin\frac{\pi}{m}\cos\alpha$$

即

$$\text{tg}\alpha_A \geq \frac{m}{\pi} - \text{ctg}\frac{\pi}{m} \tag{6-42}$$

当单相全波 $m=2$ 时，$\alpha_A = 32.48°$，当三相半波 $m=3$ 时，$\alpha_A = 20.68°$；当三相全波 $m=6$ 时，$\alpha_A = 10.08°$。

总之，在电流断续区内，变流器控制特性的特点是等效的内阻加大，输出特性软化。由电流连续过渡到电流断续所引起的变流器特性变化，往往造成系统动态性能恶化。通常可通过在控制系统内加入某些自适应环节或加大电路附加电感等方式解决。因此，计算变流器电路临界连续点电流式（6-34），对电抗器电感量设计很有意义。

6.2.2 变流变压器的计算

6.2.2.1 变流电压的原始方程

假定：①整流回路电感足够大；②忽略变压器及主电路馈线电阻，则

$$U_d = K_{UV}U_{V\phi}\left(b\cos\alpha_{min} - K_X\frac{e}{100}\frac{I_{Tmax}}{I_{TN}}\right) - nU_{df} \tag{6-43}$$

式中 U_d——变流器输出电压平均值（V）；

K_{UV}——整流电压计算系数（见表6-6）；

K_X——换相电抗压降计算系数（见表6-6）；

b——电网电压下波动系数，无特殊要求时取 $b = 0.95$；

α_{min}——最小触发延迟角，$\cos\alpha_{min}$ 取 $0.85 \sim 1.0$（在可逆变流系统中，有环流系统接近该值的下限，无环流时接近上限）；

e——变压器阻抗电压百分值（见表6-7）；

I_{Tmax}/I_{TN}——变压器允许过载系数；

$U_{V\phi}$——变流变压器二次相电压（V）；

U_{df}——晶闸管正向瞬态压降，取 1.5V；

n——电流通过晶闸管的器件数。

6.2.2.2 变流变压器二次相电压

对于电压调节系统，按式（6-43）计算，变流器输出电压等于电动机额定电压，即 $U_d = U_{MN}$。变压器阀侧相电压（V）为

$$U_{V\phi} = \frac{U_{MN} + nU_{df}}{K_{UV}\left(b\cos\alpha_{min} - K_X\frac{e}{100}\frac{I_{Tmax}}{I_{TN}}\right)} \tag{6-44}$$

对于转速调节系数，按式（6-43）计算，变流器输出电压（V）为

$$U_d = U_{MN} + \left(\frac{I_{Mmax}}{I_{MN}} - 1\right)I_{MN}R_{Ma} + \frac{I_{Mmax}}{I_{MN}}I_{MN}R_{ad} + dfK_{UV}U_{V\phi} \tag{6-45}$$

变压器二次相电压（V）为

$$U_{V\phi} = \frac{U_{MN} + \left(\frac{I_{Mmax}}{I_{MN}} - 1\right)I_{MN}R_{Ma} + \frac{I_{Mmax}}{I_{MN}}I_{MN}R_{ad} + nU_{df}}{K_{UV}\left(b\cos\alpha_{min} - K_X\frac{e}{100}\frac{I_{Tmax}}{I_{TN}} - K_{DF}\right)} \tag{6-46}$$

式中 U_{MN}——电动机额定电压（V）；

I_{MN}——电动机额定电流（A）；

R_{Ma}——电动机电枢回路电阻（Ω）；

R_{ad}——电动机电枢回路附加电阻（Ω）；

I_{Mmax}/I_{MN}——电动机允许过载倍数，无特殊情况，认为 $I_{Mmax}/I_{MN} = I_{Tmax}/T_{TN}$；

K_{DF}——考虑动态特性的调节裕度，一般 K_{DF} 在 0.05～0.10 范围内选取。

对于转速调节系统，按式（6-46）选择的二次相电压 $U_{V\phi}$，还应该校验在电动机为额定转速并超调5%及供电交流电网电压下波动 $b = 0.95$ 时是否满足下式：

$$0.95 K_{UV} U_{V\phi} \cos\beta_{min} \geq 1.05 (U_{MN} - I_{MN} R_{Ma}) \quad (6\text{-}47)$$

式中，β_{min}——系统允许的最小触发超前角，参见本章6.2.1.4节。

$$\beta_{min} = \gamma + u = \arccos\left[\cos\gamma - 2K_X \frac{e}{100} \frac{I_{Mmax}}{I_{MN}}\right]$$

式中 γ——最小安全储备角，通常 $\gamma = 10° \sim 20°$；

u——重叠角。

对于励磁电流调节系统，有

$$U_d = U_{fN} + L_f \frac{di_f}{dt} \quad (6\text{-}48)$$

变压器二次相电压（V）为

$$U_{V\phi} = \frac{U_{fN} + L_f \dfrac{di_f}{dt}}{K_{UV}\left[b\cos\alpha_{min} - K_X \dfrac{e}{100}\right]} \quad (6\text{-}49)$$

式中 U_{fN}——额定励磁电压（V）；

L_f——励磁绕组电感（H）；

di_f/dt——励磁电流变化率（A/s）；

α_{min}——最小触发延迟角，对于电动机励磁，通常取 $\alpha_{min} = 10° \sim 20°$。

一般情况下，励磁电流不需要强励；特殊场合下，要求励磁电流超调，电流强励倍数可考虑1.2～1.3倍。在要求励磁电流快速变化的条件下，考虑 $L_f di_f/dt$ 对输出电压的影响，电压强迫倍数一般取2～4倍。

上述计算公式是同时考虑了各种不利的因素来计算 $U_{V\phi}$ 的。如果实际上不需要同时考虑各种不利因素相叠加时，上述计算公式中的一些参数如 b、I_{Mmax}/I_{MN}、K_{DF} 值可按实际情况决定。

当整流线路采用三相桥式整流，并采用速度调节系统时，一般情况下，等效丫联结的阀侧相电压 $U_{V\phi}$ 与电动机额定电压 U_{MN} 有下列关系：

对不可逆系统　$\sqrt{3} U_{V\phi} = 0.95 \sim 1.0 U_{MN}$

对可逆系统　$\sqrt{3} U_{V\phi} = 1.05 \sim 1.1 U_{MN}$

在实际应用中，标准变流器系列已规定了阀侧电压值，使用时可不必计算。例如，对中小功率装置，晶闸管变流器主电路采用三相全控桥线路时，变流变压器二次线电压和直流电动机额定电压的匹配见表6-8。

6.2.2.3　变流变压器的二次和一次相电流

二次（阀侧）相电流（A）为

$$I_{V\phi} = K_{IV} I_{dN} \tag{6-50}$$

式中 K_{IV}——二次（阀侧）相电流计算系数（见表6-6）。

表 6-8　国内中小功率标准系列阀侧电压　　　　　（单位：V）

不可逆系统		可逆系统	
二次线电压 $\sqrt{3}U_{V\phi}$	电动机额定电压 U_{MN}	二次线电压 $\sqrt{3}U_{V\phi}$	电动机额定电压 U_{MN}
210	220	230	220
380	400	380	360
420	440	460	440

在晶闸管供电时，$I_{dN} = I_{MN}$；在晶闸管励磁时，则等于额定励磁电流，即 $I_{dN} = I_{fN}$。在有环流系统中，变压器设有两套独立的二次绕组（见表6-5），在转矩换向时轮换通电，每套二次绕组的通电持续率是50%。

二次相电流（A）为

$$I_{V\phi} = K_{IV} \left[\frac{1}{\sqrt{2}} J_{dN} + I_K \right] \tag{6-51}$$

通常考虑环流

$$I_K = (0.05 \sim 0.10) I_{dN}$$

变流变压器一次（网侧）相电流（A）为

$$I_{L\phi} = K_{IL} \frac{I_{dN}}{K} \tag{6-52}$$

式中 K_{IL}——一次（网侧）相电流计算系数（见表6-6）；
　　K——变压器电压比。

考虑变压器励磁电流，一次电流有效值可在式（6-52）计算结果上再增加3%~5%，视变压器容量和电磁参数而定。

6.2.2.4　变压器的二次容量、一次容量

一次容量（VA）

$$S_1 = m_1 \frac{K_{IL}}{K_{UV}} U_{d0} I_{dN} \tag{6-53}$$

二次容量（VA）

$$S_2 = m_2 \frac{K_{IV}}{K_{UV}} U_{d0} I_{dN} \tag{6-54}$$

等值容量（VA）

$$S_T = \frac{1}{2}(S_1 + S_2) = K_{ST} U_{d0} I_{dN} \tag{6-55}$$

$$K_{ST} = \frac{1}{2K_{UV}}(m_1 K_{IL} + m_2 K_{IV}) \tag{6-56}$$

式中 U_{d0}——空载整流电压；
　　m_1、m_2——变压器一次和二次绕组相数，对于三相全控桥：$m_1 = m_2 = 3$，对双并联12脉波全控桥：$m_1 = 3$，$m_2 = 6$；
　　K_{ST}——等值容量计算系数（见表6-6），它表示变压器等值容量与理想直流功率之比，比值大小代表了变压器的利用率。

变流变压器的容量分级推荐采用表 6-9 所列数值。

表 6-9　变流变压器容量推荐值　　　　　　　　　　　　　（单位：kVA）

100	125	160	200	250	315	400	500	630	800
1000	1250	1600	2000	2500	3150	4000	5000	6300	8000
10000	12500	16000	(20000)	25000	(31500)	40000	(50000)	63000	80000

注：表 6-9 括号内数值不推荐使用。

在设计和选择变流变压器时，还需要考虑以下因素：

(1) 变流变压器短路机会较多，因此变压器绕组和结构应有较大的机械强度。在同等容量下变流变压器体积将比一般电力变压器大些。

(2) 晶闸管装置发生过电压机会较多，因此变压器应有较高的绝缘强度。

(3) 变流变压器的漏抗可限制短路电流，改善电网侧的电流波形，因此变压器漏抗可略大一些。但另一方面，漏抗增加了换相电抗压降 ΔU_X，恶化了功率因数，故不能太大。一般的阻抗电压在 5% ~ 10% 范围内。

(4) 为了避免电压畸变和负载不平衡时中点浮动，变流变压器一次和二次绕组中的一个应接成三角形或者附加短路绕组。

6.2.2.5　交流进线电抗器的选择

对于一般单机传动系统，每台晶闸管变流器可单独用一台变流变压器，以便将交流供电电压变换成变流器所需的交流电压。

若当变流器所需的交流电压与供电电源电压相同或者一台变压器供给多台变流装置使用时，变流器也可省去变压器。不过这时变流器需经专门设计的交流电抗器接到供电电网上，而且供电电源的额定容量至少是单台传动装置容量的 5 ~ 10 倍，其典型主回路如图 6-49 所示。通常，在单机容量超过 500kW 时，一般需设有专用变流变压器，单机容量在 500kW 以下的中小容量装置，可以用几台组成一组，由公用变流变压器供电。每台晶闸管变流装置分别通过交流电抗器（$L_1 \sim L_3$）供电。其主要作用除用以限制晶闸管导通时的 di/dt 以及限制变流装置发生故障和短路时短路电流上升速率外，还用以改善电源电压波形，消除变流器运转时对电源系统的公害。

电抗器电感量的计算方法，通常考虑当供电公共变压器的短路容量为单台传动装置额定容量的 100 倍以上时，允许采用公共变压器供电，其进线交流电抗器的电感量应满足：当变流器输出额定电流时电抗器绕组上的电压降不低于供电电源额定相电压的 4%。据此，在晶闸管换相期间，由于换相元件将交流电压的相应相短路，造成电源电压换相瞬间出现缺口，在额定输出时，其换相缺口应满足不大于该瞬间电源电压的 20%。电感量按式 (5-38) 选取。

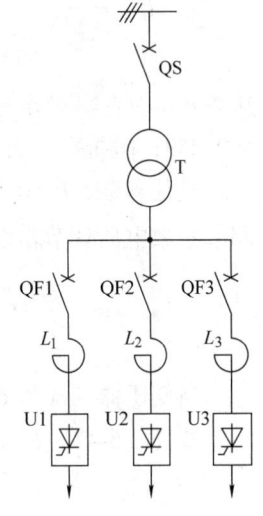

图 6-49　公共变压器供电系统

交流电抗器的电感量（mH）计算公式为

$$L = \frac{0.04 U_{V\phi}}{2\pi f \times 0.816 I_{dN}} \times 10^3 \tag{6-57}$$

式中　$U_{V\phi}$——供电电网相电压有效值（V）；

I_{dN}——变流器输出额定电流（A）；

f——电网频率（1/s）。

在设计中推荐采用表 6-10 所列经验数据。

表 6-10　电抗器设计经验数据

交流输入线电压 $\sqrt{3}U_{V\phi}$（V）	电抗器额定电压降 $\Delta U_K = 2\pi fL \times 0.816I_{dN}$（V）	电抗器额定电流 （A）
230	5	$0.816I_{dN}$
380	8.8	$0.816I_{dN}$
460	10	$0.826I_{dN}$

6.2.2.6　计算实例

【例 6-1】　850 初轧机主传动电机数据；额定容量为 2800kW，额定电压为 750V，额定电流为 4050A，电枢回路电阻为 $12.12 \times 10^{-3}\Omega$，最大工作电流为 2×4050A。变流装置采用双并联 12 脉波全控三相桥线路主电路，见图 6-50，计算整流变压器的额定数据。

解

（1）变压器二次相电压 $U_{V\phi}$，按式（6-46）选取，即

$$U_{V\phi} = \frac{U_{MN} + \left(\dfrac{I_{Mmax}}{I_{MN}} - 1\right)I_{MN}R_{Ma} + \dfrac{I_{Mmax}}{I_{MN}}I_{MN}R_{ad} + nU_{df}}{K_{UV}\left(b\cos\alpha_{min} - K_X\dfrac{e}{100}\dfrac{I_{Tmax}}{I_{TN}} - K_{DF}\right)}$$

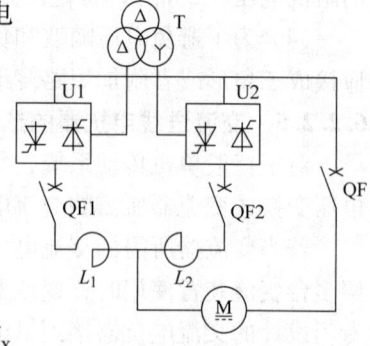

图 6-50　主传动系统主回路原理图

从表 6-6 中查得双并三相桥变流线路计算系数：$K_{UV} = 2.34$，$K_X = 0.259$；阻抗电抗百分值按估算值 $e = 12$ 预选。

其他参数：$b = 0.95$，$\cos\alpha_{min} = 0.94$（$\alpha_{min} = 20°$），采用速度调节系数电压调节裕度 $K_{DF} = 0.05$。因此有

$$U_{V\phi} = \frac{750 + (2-1)\ 12.12 \times 10^{-3} \times 4050 + 2 \times 1.5}{2.34\left(0.95 \times 0.94 - 0.259 \times \dfrac{12}{100} \times 2 - 0.05\right)}V = 438V$$

当变压器二次为 d（△）联结时，二次线电压 $U_{VL} = 759V$。

按式（6-47）校验转速超调 5% 及电网电压下波动 5% 时，相电压 $U_{V\phi}$ 应当满足

$$0.95K_{UV}U_{V\phi}\cos\beta_{min} \geq 1.05(U_{MN} - I_{MN}R_{Ma})$$

$$\beta_{min} = \gamma + u = \arccos\left(\cos\gamma - 2K_X\frac{e}{100}\frac{I_{Mmax}}{I_{MN}}\right)$$

最小安全角 $\gamma = 20°$，所以

$$\beta_{min} = \arccos\left(\cos 20° - 2 \times 0.259 \times \frac{12}{100} \times 2\right) = 35.4°$$

满足：$(0.95 \times 2.34 \times 438 \times \cos 35.4°)$ V $= 793$V 大于 $1.05(750 - 12.12 \times 10^{-3} \times 4050)$ V $= 736$V。

（2）变压器二次相电流 $I_{V\phi}$ 的计算如下：

对二次绕组按 y（Y）联结，有

$I_{V\phi} = K_{IV} I_{dN}$，由表 6-6 得 $K_{IV} = 0.408$，故

$$I_{V\phi} = 0.408 \times 4050\text{A} = 1652\text{A}$$

对二次绕组按 d（△）联结，有

$$I_{V\phi} = \frac{1}{\sqrt{3}} \times 1652\text{A} = 954\text{A}$$

（3）变压器容量分别按一次、二次求出。

1）一次容量

$$S_1 = m_1 \frac{K_{IL}}{K_{UV}} U_{d0} I_{dN}$$

其中，$m_1 = 3$，由表 6-6 查得 $K_{IL} = 0.79$，$K_{UV} = 2.34$，空载输出电压 $U_{d0} = 2.34 U_{V\phi} = 1025\text{V}$，所以

$$S_1 = 3 \times \frac{0.79}{2.34} \times 1025 \times 4050\text{VA} = 4204\text{kVA}$$

2）二次容量

$$S_2 = m_2 \frac{K_{IV}}{K_{UV}} U_{d0} I_{dN}$$

$m_2 = 6$，由表 6-6 查得 $K_{IV} = 0.408$，所以

$$S_2 = 6 \times \frac{0.408}{2.34} \times 1025 \times 4050\text{kVA} = 4343\text{kVA}$$

3）等值容量

$$S_T = \frac{1}{2}(S_1 + S_2) = 4274\text{kVA}$$

【例 6-2】 850mm 初轧机辅传动系统采用公共电源变压器供电（见图 6-51）。电动机数据：M1、M2、M3 为 90kW、220V、450A；M4、M5 实际使用负载为 56kW、140V、450A；M6 为 72kW、220V、360A；变流器采用三相全控桥，计算交流电抗器的额定数据。

解

（1）公共电源变压器二次线电压为 $U_L = 230\text{V}$，变压器二次线电流为 $\sqrt{3} I_{V\phi} = K_{IV} I_{dN}$，由表 6-6 查得 $K_{IV} = 0.816$，等效额定直流电流为

$$I_{dN} = k \sum_{i=1}^{6} I_{MN}(i)$$

式中 k——考虑负载重叠出现的系数，取 $k = 0.8$；

I_{MN}——单台电动机的额定电流。

$$I_{dN} = 0.8(450 \times 5 + 360)\text{A} = 2088\text{A}$$

二次线电流 $\sqrt{3} I_{V\phi} = 0.816 \times 2088\text{A} = 1704\text{A}$

变压器容量为 $S_T = 700\text{kVA}$，阻抗电压百分数 $e/100 = 4\%$。

（2）交流电抗器电感量，按式（6-57）选取。

L_1、L_2、L_3 电感值为

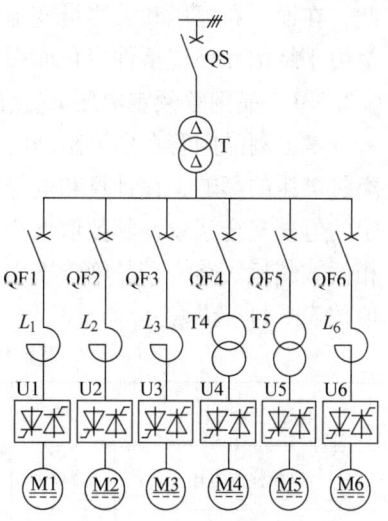

图 6-51 轧机辅传动公共变压器供电系统

$$L = \frac{0.04 U_{V\phi}}{2\pi f \times 0.816 I_{MN}} \times 10^3 = \frac{0.04 \times \frac{1}{\sqrt{3}} \times 230}{2\pi \times 50 \times 0.816 \times 450} \times 10^3 \text{mH} = 0.046 \text{mH}$$

额定电流有效值 $I_V = K_{IV} I_{MN} = 368\text{A}$，允许 2 倍过载。

L_0 电感值为

$$L = \frac{0.04 U_{V\phi}}{2\pi f \times 0.816 I_{MN}} \times 10^3 = \frac{0.04 \times \frac{1}{\sqrt{3}} \times 230}{2\pi \times 50 \times 0.816 \times 360} \times 10^3 \text{mH} = 0.058 \text{mH}$$

额定电流有效值 $I_V = K_{IV} I_{MN} = 295\text{A}$，允许 2 倍过载。

同时公共电源变压器容量 $S_T = 700\text{kVA}$，为 5 倍以上单台传动电机的额定容量，允许采用交流电抗器进线的供电方案。

6.2.3 晶闸管的选择方法

晶闸管额定电压（反向重复峰值电压 U_{RRM}）的选择，除取决于变流器供电电源的交流电压外，还与变流器换相过程以及正常操作和事故切断电路时可能出现的各类过电压有关。此外，设计时还应根据装置使用场合的重要程度留有足够的安全裕度。器件的额定电流与通过器件的电流波形以及冷却介质情况、散热器材料与外形尺寸等密切相关。选用时除根据传动电动机的负载图计算等效结温外，还必须注意到，晶闸管自身热容量很小，在承受短时的事故及过载电流条件下应不致造成损坏。正确选择晶闸管的额定参数，不仅关系到变流系统设计的经济合理性，亦为正确地使用晶闸管以及变流装置的可靠运转奠定了良好的基础。此外，对于大容量装置，由于受单个晶闸管容量的限制，大多需要由数个器件并联或串联构成。因此，在设计高电压和大容量变流装置时，还应按照实际情况选取合理的均压、均流系数，以及由于结构和环境条件变化而引起的其他折算系数。

6.2.3.1 晶闸管额定电压 U_{RRM} 的选择

考虑到晶闸管在恢复阻断时所引起的换相过电压，以及在操作和事故过程中所产生的各类过电压的影响，在计算和选择晶闸管额定电压（反向重复峰值电压 U_{RRM}）时，必须考虑一定的电压安全系数，其数值大小与器件质量及使用场所有关，一般取 2 ~ 2.5 倍之间。对于三相桥式整流线路，在晶闸管不串联时，推荐选用的额定电压 U_{RRM} 可根据电源进线线电压有效值按表 6-11 选取。

表 6-11 三相桥式线路晶闸管额定电压推荐表 （单位：V）

电源进线线电压	380	440	500	610	660	750	850	1000
空载整流电压	513	594	675	824	891	1012	1148	1350
晶闸管额定电压	1350	1500	1650	2000	2200	2500	2800	3200

在有晶闸管串联以及其他整流线路时可按下式选取：

$$U_{RRM} \geq 2 \sim 3 \frac{K_{UT} U_{V\phi}}{nK_U} \tag{6-58}$$

式中 K_{UT}——电压计算系数（见表 6-6）；
n——器件串联数；

K_U——均压系数,一般取 $K_U = 0.8 \sim 0.9$;

$U_{V\phi}$——电源进线相电压有效值。

6.2.3.2 晶闸管通态平均电流 $I_{T(AV)}$ 的选择

晶闸管通态平均电流 $I_{T(AV)}$(额定正向半波平均值)的选择,应该按照所组成装置的最大负载电流、过负载时间、电流波形和所配用的散热器热阻,来计算管芯的最高结温,并使之低于器件所允许的最高结温。用这种方法计算,通常需要掌握较多的器件特性数据,及使用条件下大量的装置试验曲线。精确计算十分繁杂,通常是采用各种近似计算方法。最简便而常用的是按电动机的最大过载电流来选择晶闸管的额定电流 $I_{T(AV)}$,并留有 1.0~2.0 的电流储备系数,在整流回路电感足够大,并且整流电流已经连续时,按式(6-59)选取。

$$I_{T(AV)} \geq 1.0 \sim 2.0 \frac{K_{IT} I_{dmax}}{K_I n_p} \tag{6-59}$$

式中 K_{IT}——电流计算系数(见表6-6);

n_p——晶闸管并联数;

K_I——均流系数,一般取 0.8~0.9;

I_{dmax}——最大整流电流值。

但采用的这种方法计算误差很大,必须留有较大的裕量,建议通过计算器件结温来合理选择晶闸管的额定电流 $I_{T(AV)}$,以及进行结温验算。

1. 晶闸管的平均损耗 晶闸管的平均损耗与晶闸管在装置中的电流波形(整流回路电感值和器件导通时间)及晶闸管的通态伏安特性有关。通态伏安特性是指流过器件的峰值电流与器件两端峰值电压的关系曲线,该曲线是非线性的,见图6-52。为便于计算,在工作范围内用近似直线简化。按规定以对应电流 $1.5I_{T(AV)}$ 和 $4.5I_{T(AV)}$ 两点间的直线来代替实际曲线,线性简化的伏安特性瞬时值关系式为式(6-60)。

$$u = u_0 + R_i i \tag{6-60}$$

式中 u_0——门槛电压(V);

R_i——斜率电阻(Ω)。

平均损耗功率 P_{AV}

$$P_{AV} = \frac{1}{2\pi}\int_0^\lambda ui d\lambda = \frac{1}{2\pi}\int_0^\lambda (u_0 i + R_i i^2) d\lambda \tag{6-61}$$

式中 i——晶闸管通态电流瞬时值;

λ——晶闸管导通角。

实际损耗应该根据使用时的电流波形按上式用分段积分的方法近似计算。在特殊的条件下可利用公式或列表计算。

(1) 正弦波电流(导通角为 λ,见图6-53)的平均损耗(W)为

图 6-52 晶闸管通态伏安特性

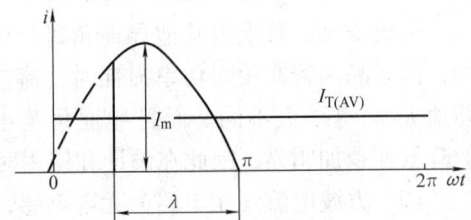

图 6-53 正弦波(导通角为 λ 的)电流波形

$$P_{AV} = \frac{1}{2\pi}\int_0^\lambda (u_0 i_m \sin\omega t + R_i i_m^2 \sin^2\omega t)\mathrm{d}\omega t \tag{6-62}$$

所以
$$P_{AV} = u_0 I_{T(AV)} + f^2 I_{T(AV)}^2 R_i \tag{6-63}$$

式中 $I_{T(AV)}$——导通角 λ 时，流过晶闸管的电流平均值

$$I_{T(AV)} = \frac{1}{2\pi}\int_0^\lambda i_m \sin\omega t \mathrm{d}\omega t = \frac{1}{2\pi}(1-\cos\lambda)i_m \tag{6-64}$$

f——导通角 λ 时的电流波形系数

$$f = \frac{I_{rms}}{I_{T(AV)}} = \frac{\sqrt{\pi\lambda - \frac{\pi}{2}\sin2\lambda}}{1-\cos\lambda} \tag{6-65}$$

I_{rms}——导通角 λ 时的电流有效值。

表 6-12 不同导通角 λ 时的波形系数 f 值

导通角 λ	30°	60°	90°	120°	150°	180°
波形系数 f	3.99	2.78	2.23	1.88	1.66	1.57

【例 6-3】 国产 KP-500 系列晶闸管的门槛电压 $u_0 \approx 0.8\mathrm{V}$，斜率电阻 $R_i = 0.0011\Omega$，计算 $I_{T(AV)} = 500\mathrm{A}$，导通角 λ 为 180°时的平均损耗及不同导电角 λ 时的等效额定平均电流 $I_{T(AV)}(\lambda)$。

解 $\lambda = 180°$时，$I_{T(AV)} = 500\mathrm{A}$ 波形系数 $f = 1.57$（见表 6-12），利用式 (6-63) 得

$$P_{AV} = u_0 I_{T(AV)} + 1.57^2 I_{T(AV)}^2 R_i = 1078\mathrm{W}$$

同时利用式 (6-63)，还可算得同一功率损耗 $P_{AV} = 1078\mathrm{W}$，但不同导通角 λ 时的等效电流平均值。

$\lambda = 120°$时，波形系数 $f = 1.88$（查表 6-12），利用式

$$1.88^2 R_i I_{T(AV)}^2 + u_0 I_{T(AV)} = 1078\mathrm{W}$$

求解得
$$I_{T(AV)} = 433.6\mathrm{A} \quad (\lambda = 120°)$$

$\lambda = 60°$时，波形系数 $f = 2.78$（查表 6-12），利用式

$$2.78^2 R_i I_{T(AV)}^2 + u_0 I_{T(AV)} = 1078\mathrm{W}$$

求解得
$$I_{T(AV)} = 312\mathrm{A} \quad (\lambda = 60°)$$

依此类推，可求出其他导通角时的电流平均值。显然，同一晶闸管在相同功率损耗时，流过器件的电流平均值 $I_{T(AV)}$ 有很大不同。而且导通角越小，电流平均值的降低亦越加明显，因此在设计和使用时务必注意。

(2) 方波电流（主电路为无限电感，见图 6-54）的平均损耗 (W) 为

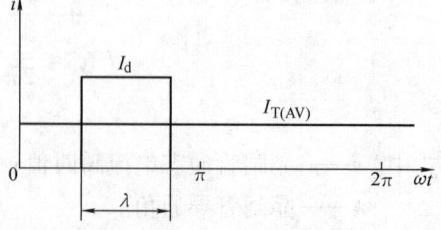

图 6-54 方波（导通角为 λ）时电流波形

$$P_{AV} = \frac{1}{2\pi}\int_0^\lambda (I_d u_0 + I_d^2 R_i)\mathrm{d}\lambda \tag{6-66}$$

所以
$$P_{AV} = u_0 \frac{\lambda}{2\pi} I_d + \frac{\lambda}{2\pi} I_d^2 R_i = u_0 I_{T(AV)} + f^2 I_{T(AV)}^2 R_i \tag{6-67}$$

式中 $I_{T(AV)}$——导通角为 λ 时，流过晶闸管的电流平均值，即

$$I_{T(AV)} = \frac{\lambda}{2\pi} I_d$$

f——导通角为 λ 时波形系数，即

$$f = \sqrt{\frac{2\pi}{\lambda}}$$

表 6-13 为不同导通角时的波形系数值。

表 6-13 波形系数取值

导通角 λ	30°	60°	90°	120°	150°	180°
波形系数 f	3.46	2.45	2	1.73	1.55	1.41

采用上述计算方法，必须精确地掌握制造厂提供的 u_0、R_i 等器件参数。在可能的条件下，还可以直接利用制造厂提供的损耗曲线查得。

2. 晶闸管连同散热器的热路计算　在目前条件下，传动系统除小容量电动机供电和一些电动机的励磁装置选用 20A 以下的晶闸管和空气自冷外，绝大部分都采用强制风冷的方式冷却。

晶闸管组件等效热路见图 6-55。

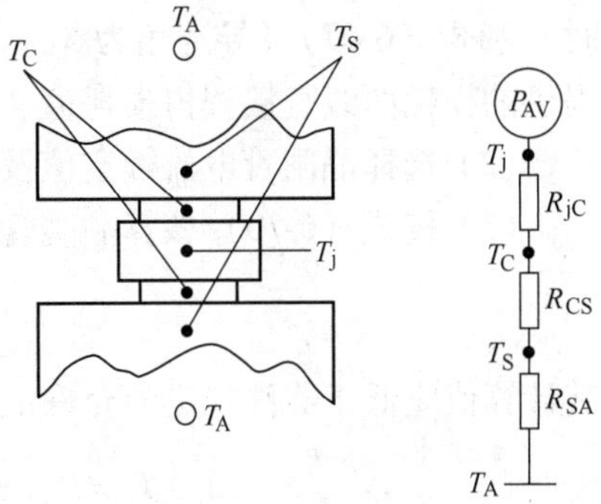

在热回路中，晶闸管各点的温度值可由图 6-55 所示的热路图表示，晶闸管结与环境的温度差为

$$T_j - T_A = R_{jA} P_{AV}$$

图 6-55　晶闸管组件的热路图

式中 R_{jA}——总热阻（℃/W）其值为热路各部分热阻之和，即

$$R_{jA} = R_{jC} + R_{CS} + R_{SA} \tag{6-68}$$

器件内部热阻 R_{jC}（℃/W）为

$$R_{jC} = \frac{T_C - T_j}{P_{AV}}$$

接触热阻 R_{CS}（℃/W）为

$$R_{CS} = \frac{T_S - T_C}{P_{AV}}$$

散热器热阻 R_{SA}（℃/W）为

$$R_{SA} = \frac{T_A - T_S}{P_{AV}}$$

式中 P_{AV}——平均损耗功率（W）；

T_j——晶闸管结温（℃）；

T_C——外壳温度（℃）；

T_S——散热器接触面温度（℃）；

T_A——环境温度（℃）。

晶闸管结与壳间的热阻，通常由制造厂提供上限值，如 KP 系列 500A 器件结壳热阻为 0.04℃/W，KPX 系列 1650~2500A 器件为 0.012℃/W。

管壳和散热器接触面的热阻与接触面情况以及压力值有关。如平板形散热器取值在 0.005~0.006℃/W 间，其等效热路的总热阻 R_{jA} 为上述三者之和〔式 (6-68)〕。

散热器的允许热阻，是指在最严重的发热和运行条件下稳定运行时，保证结温不超过晶闸管所允许的最高工作温度的散热器热阻的最大值（℃/W），即

$$R_{SAmax} = \frac{I_{jmax} - T_A}{P_{AV}} - (R_{jC} + R_{CS}) \tag{6-69}$$

式中 T_{jmax}——晶闸管所允许的最高工作结温，普通晶闸管的最高工作结温规定为 +125℃。

由于热容量的存在，当损耗功率通过热路时，其各点温度变化不能瞬间完成，因此在传动系统短时加载的条件下，其相应的热阻往往低于稳态下的热阻。这一关系可以用瞬态热阻曲线来表达。

3. **晶闸管组件额定电流的计算** 综上所述，在选取晶闸管的额定电流时应做到：

（1）根据整流电路和传动电动机的实际负载，按式 (6-63)（导通角为 λ，正弦波电流时）和式 (6-67)（导通角为 λ，方波电流时）计算晶闸管平均损耗，或者利用器件制造厂商提供的损耗曲线直接查得损耗值。

（2）选择晶闸管电流额定值及确定应该选配的散热器和冷却条件，计算回路总热阻。

（3）按式 (6-70) 核算晶闸管的结温（℃），即

$$T_j = P_{AV}(R_{jC} + R_{CS} + R_{SA}) + T_A \tag{6-70}$$

其计算值应低于器件规定的允许值，并留有一定的安全裕度 Δ，建议取 $\Delta = 10~15℃$，即

$$T_j = P_{AV}(R_{jC} + R_{CS} + R_{SA}) + T_A \leq 125℃ - \Delta \tag{6-71}$$

（4）在式 (6-71) 不能满足时，应降低一级，按步骤重新选取晶闸管额定值。

6.2.3.3 负载工作制和环境条件的影响

1. **环境条件** 按上述计算所得，若在环境条件（环境温度、冷却介质流速以及海拔）偏离了规定的标准值时，应按式 (6-72) 修正，修正系数 K_v、K_h、K_T 见图 6-56。

$$I_{T(AV)} = \frac{I'_{T(AV)}}{K_V K_T K_h} \tag{6-72}$$

式中 $I_{T(AV)}$——实际选用值；

$I'_{T(AV)}$——计算值；

K_v——冷却介质流速修正系数；

K_T——环境温度修正系数；

K_h——海拔修正系数。

2. **交变和冲击负载时的电流额定值** 用于传动系统中变流器的负载，大多是交变的，或者是恒定负载叠加短时冲击或周期变化的负载，其冲击或交替变化的周期时间很短，远远达不到稳定的热过程。在这种情况下，等效结温通常可用叠加原理，把冲击或变化负载分解成数个正负作用但起始时间不同的连续负载，然后求每个连续负载的结温，再求代数和。

由于大量数字运算十分繁琐，通常使用计算机辅助计算，工程上常用近似计算法解决。对于转速可调的传动装置，按照典型的负载分类，在设计变流器时分别对待。

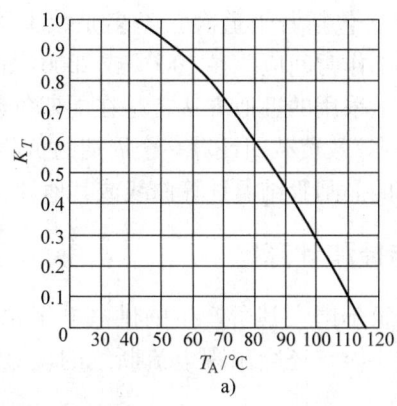
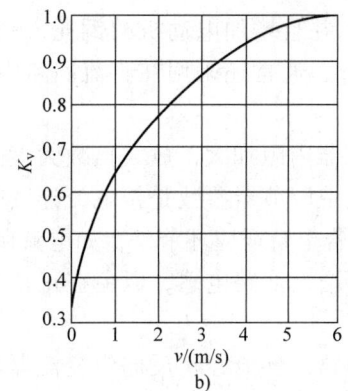
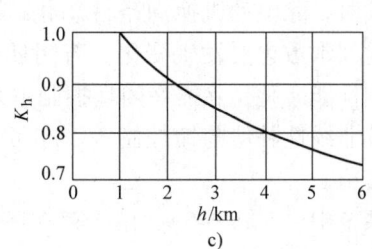

图 6-56 偏离标准值时的修正系数

a) 环境温度修正系数 K_T b) 冷却介质流速修正系数 K_v

c) 海拔高度修正系数 K_h

(1) 允许短时过载：选用时按额定负载 I_d 选取，最大过载 $I_{dmax} \leq 2I_d$，过载时间 $t \leq 60s$，超过时应根据过载情况降低额定值 I_d 使用。

(2) 频繁重复短时工作制的负载，如可逆轧机、卷扬机等，额定值应根据实际负载曲线逐一计算。

3. 长期负载叠加短期过负载　一般设计传动变流器所选取的标准负载见图 6-57。两次过负载之间有较长的时间间隔（20min），以使得经受过载后散热器温度能重新降回到过载前的温度。此时变流器的设计应能满足最大过载后晶闸管的结温不超过最大允许值（+125℃），即

$$T_j = P_{AV}(R_i - R'_i) + P_{AVmax}R'_i + T_A \leq 125℃ \quad (6-73)$$

式中　P_{AV}——长期负载时的功率损耗（W）；

P_{AVmax}——冲击负载时间（τ）损耗功率（W）；

R_i——晶闸管及散热器的稳态热阻值（℃/W）；

R'_i——冲击负载时间（τ）的瞬态热阻值。

图 6-57 长期负载叠加短时过负载

4. 周期性交变负载　精确的计算非常困难，因为一般晶闸管散热器的热时间常数为数百

秒，其热过程达到稳定一般须要1000~2000s，而重复短时交变负载的重复周期很短，一般仅为数秒。如初轧机轧制一根钢锭（包括若干道次）至多是数十秒，其热过程远远没有完成。精确的计算规定：计算结温时总工作时间应取在1000s或2000s处，因此就包含若干个负载变化周期是人工无法完成的。工程上采用的近似方法，是在周期负载前先取一个平均长期负载，使总工作时间为2000s，然后再按等效负载图计算一个周期的负载予以叠加。损耗或晶闸管结温的精确计算，应依据厂商提供的晶闸管结温计算曲线或其他计算资料进行。

6.2.4 直流回路电抗器的选择和计算

晶闸管变流器和直流发电机组不同，其所产生的供电电压和电流除直流成分外，同时还包含有谐波；此外在负载电流较小时，还会出现电流断续的现象，造成对变流器特性的不利影响，设计时应予以注意。

由于直流的脉动会使电动机的换向条件恶化，并且增加电动机的铜耗、铁耗及轴电压，因此除需选用变流器供电的特殊系列直流电动机外，通常还采用在直流回路内附加电抗器，以限制电流脉动分量的方法。

在电流断续时，除电动机换向条件恶化，变流器内阻加大，放大倍数大大降低外，同时电动机的电气时间常数也要发生变化。若闭环系统中调节器参数是按电流连续时选择的，那么在轻载时控制性能恶化，除需在闭环控制中采用若干自适应环节外，如电流调节器输出端、叠加变流器断续非线性补偿前馈控制等，亦可采用增大回路电感，以免在正常工作范围内出现电流断续等措施。

在有环流系统中（见表6-5），由于存在环流回路，环流经正反向组变流器流通，通常附加电抗器将环流电流限制在一定的数值内。对三相全控桥可逆有环流变流器的主电路，电抗器配置可采用图6-58所示的方式。在图6-58a所示线路中，配置3台电抗器，L_1、L_2用以抑制环流。当电动机正向运转时，变流器U1和L_1通过负载电流I_d，同时允许电抗器L_1饱和；U2和L_2通过环流I_K，环流电抗器L_2不饱和，电抗值$\omega_K L_2$抑制环流的大小。在电动机反向运转时，U2和L_2通过负载电流，L_2饱和，U1和L_1通过环流，其电抗用以限制环流的大小。电枢回路电抗器L_3用以滤平变流器输出电流的脉动分量，在最大允许过载范围内，电抗器不应饱和。环流电抗L_1、L_2可接通电流时间按50%考虑，平波电抗L_3为长期连续。图6-58b所示线路配置两台电抗器，兼作抑制环路电流和平波。这两台电抗器应在最大允许过载范围内不饱和。图6-58b所示电抗器的视在容量远远超过图6-58a的情况，通常不推荐选用。

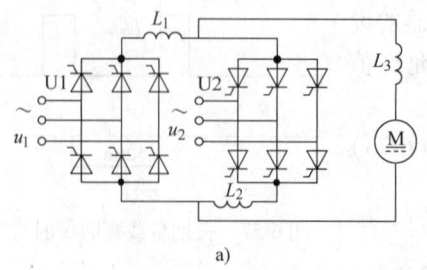
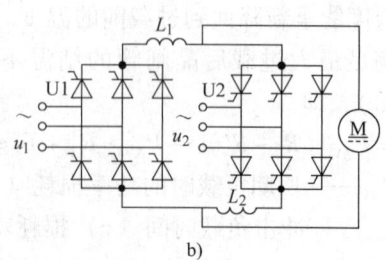

a) b)

图6-58 有环流可逆变流器主回路电抗器配置图
a）三台电抗器的线路（其中L_1、L_2允许饱和） b）两台不允许饱和的电抗器线路

在无环流可逆变流器系统中，有时为了抑制事故情况下的短路电流上升率，以及为了使直流快速断路器在过电流切断瞬间能与快速熔断器保护协调，在直流回路内亦需要附加一定数量的限流电感。通常，电感量较小并要求在过载短路条件下电抗器不能饱和。因此，电抗器多用空心形式。随着变流器件和保护元件的不断完善，直流电动机承受过载和换向性能的不断提高，变流装置亦可以不采用上述电抗器，以进一步简化主电路结构和降低费用。

在大功率系统中，为改善变流器网侧电流波形和减少输出电流脉动，多采用等效多脉波整流线路，电抗器用于平衡变流装置中并联部分交流电压的相位差，形成多脉波整流电压。

设计时，根据上述各方面的因素分别计算所需要的电抗器的电感值，然后根据功能选取其中的最大值作为所选电抗器的电感值。

6.2.4.1 电动机电枢电感 L_M 和变压器漏感

由于电动机电枢和变压器存在漏感，因而增大了直流回路的等效电抗，在设计和计算附加电抗器的电感量时，应根据等效电路折算后，从所需的总电感中扣除。

电动机电感量 L_M（mH）按下式计算：

$$L_M = 19.1 \frac{C U_{MN}}{2 p n_{MN} I_{MN}} \times 10^3 \tag{6-74}$$

式中　p——极对数；
　　　U_{MN}——电动机额定电压（V）；
　　　n_{MN}——电动机额定转速（r/min）；
　　　I_{MN}——电动机额定电流（A）；
　　　C——计算系数，对有补偿电动机计算系数 $C = 0.1$，对无补偿电动机计算系数 $C = 0.4$。

变流变压器漏电感折算到二次绕组每相电感（mH）为

$$L_T = K_{TL} \frac{e}{100} \frac{U_{V\phi}}{\omega I_{dN}} \times 10^3 \tag{6-75}$$

式中　K_{TL}——变流变压器漏电感计算系数（见表6-6）；
　　　e——变压器阻抗电压百分值；
　　　ω——电源角频率（rad/s）；
　　　$U_{V\phi}$——变压器二次相电压（V）；
　　　I_{dN}——额定整流电流（A）。

当变流变压器绕组为 D（△）联结时，按上式计算的漏电感是指等效 Y（Y）联结时折算到二次侧的漏感值。

6.2.4.2 限制直流脉动率的电感值

从限制直流电流脉动率，选择附加电抗器的电感值（mH）为

$$L_{md} = K_{md} \frac{K_{UV} U_{V\phi}}{\delta I_{MN}} - L_M - K_L L_T \tag{6-76}$$

式中　L_M——电动机电枢回路电感值（mH）；

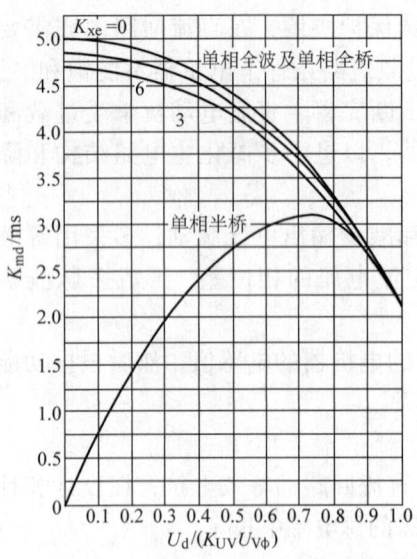

图 6-59 单相全波、单相全桥及单相半桥的
电感计算系数 K_{md} 曲线

对单相全波、单相全桥，当 $U_d/K_{UV}U_{V\phi}=0$ 时

$$K_{md}=5\left[1-\frac{\sqrt{2}}{2}\frac{e}{100}\right]$$

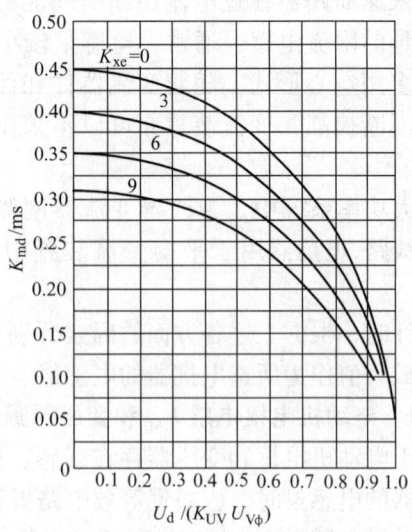

图 6-60 三相全桥的电感计算系数 K_{md} 曲线

当 $U_d/K_{UV}U_{V\phi}=0$ 时

$$K_{md}=\frac{10}{3}\left\{\cos\left[\arccos\left(0.5\frac{e}{100}\right)+\frac{\pi}{3}\right]+1\right\}$$

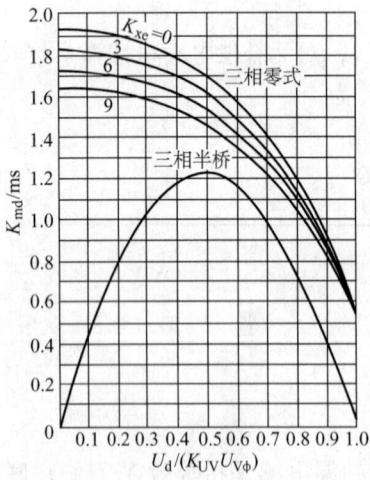

图 6-61 三相零式及三相半桥的
电感计算系数 K_{md} 曲线

对三相零式，当 $U_d/K_{UV}U_{V\phi}=0$ 时

$$K_{md}=\frac{20}{3\sqrt{3}}\left\{\cos\left[\arccos\left(\frac{\sqrt{3}}{2}\frac{e}{100}\right)+\frac{\pi}{6}\right]+1\right\}$$

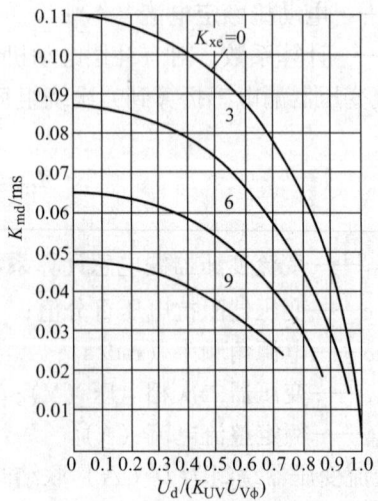

图 6-62 双桥串联或并联的电
感计算系数 K_{md} 曲线

当 $U_d/K_{UV}U_{V\phi}=0$ 时

$$K_{md}=\frac{5}{3}\frac{(1+\sqrt{3})}{\sqrt{2}}\left\{\cos\left[\arccos\left(\frac{\sqrt{3}-1}{2\sqrt{2}}\frac{e}{100}\right)+\frac{5}{12}\pi\right]+1\right\}$$

L_T——变压器折合到二次侧的每相漏电感值（mH）；

δ——允许的电流脉动率；

K_L——变压器电感折算系数（见表6-6）；

K_{md}——限制电流脉动率的电感计算系数（ms），可由图6-59～图6-62查得。

δ 一般可取 5%～10%，对于容量较小的电机，δ 可取上述范围的较大值。

6.2.4.3 使直流电流连续的电感值

若要求变流器在某一最小工作电流 I_{min} 时仍维持电流连续，则电抗器的电感值（mH）应为

$$L_{lx} = K_{lx}\frac{K_{UV}U_{V\phi}}{I_{min}} - L_M - K_L L_T \tag{6-77}$$

式中　K_{lx}——限制电流断续范围的电感计算系数（ms），可由图6-63、图6-64查得。

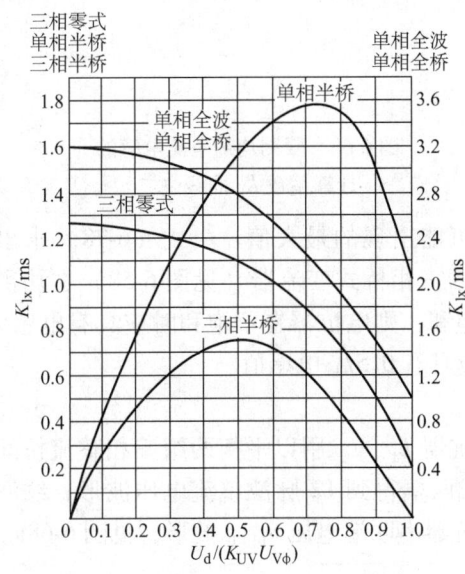 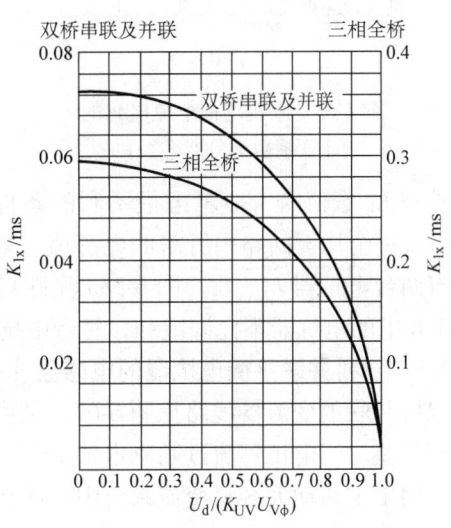

图6-63　单相全波、单相半桥、单相全桥、三相零式、三相半桥的电感计算系数 K_{lx} 曲线

图6-64　三相全桥、双桥串联及并联的电感计算系数 K_{lx} 曲线

在确定系数 K_{lx} 时，应按实际工作中的最不利情况来考虑。

6.2.4.4 限制均衡电流的电感值

在有环流可逆变流器系数中，若两组变流器的触发角满足 $\alpha = \beta$，限制环流回路内均衡电流的电抗器电感值（mH）为

$$L_k = K_k \frac{10U_{V\phi}}{\pi I_k} \tag{6-78}$$

式中　L_k——每个均衡电流回路所需电感值（mH）；

I_k——均衡电流平均值（A），$I_k = 5\% \sim 10\% I_{dN}$；

K_k——限制均衡电流的电感计算系数（ms），可由图6-65、图6-66查得。

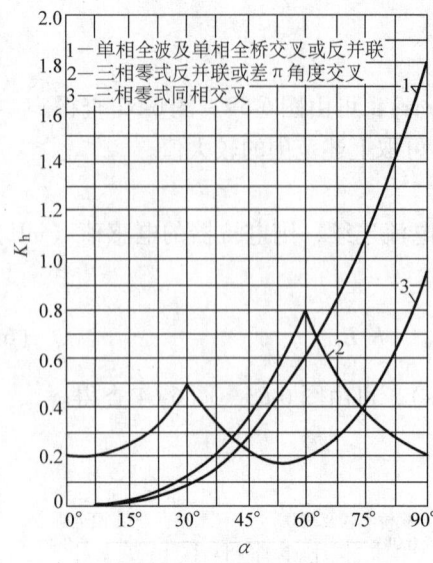
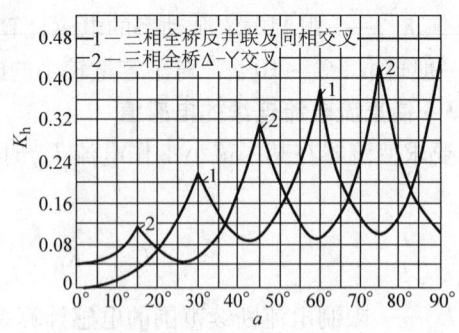

图 6-65 限制均衡电流电感的计算系数 K_k 曲线之一

图 6-66 限制均衡电流电感的计算系数 K_k 曲线之二

在查 K_k 数值时,应考虑最不利的条件,即选可能出现的最大值。由式(6-78)求出的 L_k,是指每个均衡回路中所需的电感值。如交叉联结三相桥式变流器(见图6-58)在均衡回路内有两台电抗器 L_1、L_2。图 6-58a 允许其中一台饱和,则电抗器在不饱和时应具有电感 L_k;图 6-58b 中的电抗器不允许饱和,每台电抗器电感应具有 $0.5L_k$ 电感值。

6.2.4.5 双桥并联平衡电抗器的电感值

双桥并联的变流器线路见图 6-67,其中平衡电抗器 L_1、L_2 用以平衡两组三相整流桥间电压的相位差。当电抗器流过励磁电流 i_{L12} 时,在负载两端得到 12 脉波整流电压波形,纹波较小,多用于主传动大容量变流系统中。两台平衡电抗器串联端电压 $u_{01\sim02}$ 波形,见图 6-68a。

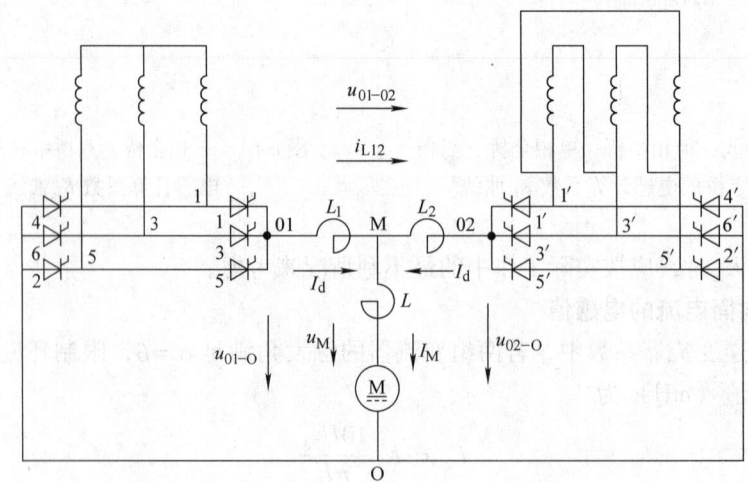

图 6-67 双桥并联变流器线路图

在图 6-67 中,i_{L12} 为平衡电抗器的励磁电流,励磁电流 i_{L12} 的取值大小是计算平衡电抗器电感值（图 6-67 中 L_1、L_2）的依据。i_{L12} 是一个随时间变化的交流量，其频率与整流电路的脉波数有关，对于图 6-67 由两组三相全控整流桥（供电电网相位差为 30°时），变化频率为 $6f$（f 指供电电网频率）、波形和触发延迟角 α 有关，并随 α 值的增大而增大，可以证明：当触发延迟角为零（$\alpha = 0$）时，i_{L12} 幅值最小；当触发延迟角达到最大（$\alpha = 90°$）时，i_{L12} 幅值达到最大。在选择计算平衡电抗器电感值时，通常按 $\alpha = 90°$ 的情况为设计计算的依据。

在图 6-67 中，u_{13} 为 d（△）组变流装置的电源 a~b 间的线电压，$u_{1'3'}$ 和 $u_{5'3'}$ 分别为 y（Y）组变流装置的电源 a'-b' 和 c'-b' 间的线电压，由这 3 个电源线电压的波形或数学表达式，可以分析出在相应的时间范围内，如图 6-67 中 $\omega t = 5\pi/6$ 至 $\omega t = 7\pi/6$ 瞬间的电压差 U_{01-02}，和通过平衡电抗器 L_1、L_2 每一瞬间的励磁电流 i_{L12} 的瞬时值及变化最大值 ΔI_{L12} 表达式，由式（6-79）可见，其电流值与所选择的电感值有关，据此我们设计计算平衡电抗器的电感量，并取两台电抗器电感量相等即 $L_1 = L_2 = L$。

由于整流器的作用，要求每组变流器必须通过一定数值的外部电流 I_d，以保持励磁电流 i_{L12} 的可靠流通，当 I_d 的数值过低时（$I_d < i_{L12}$）将会发生断续，达不到多脉波整流的效果；同时还必须注意，当产生过载或其他情况下使外部电流 I_d 过大时，必须保证电抗器不会饱和。

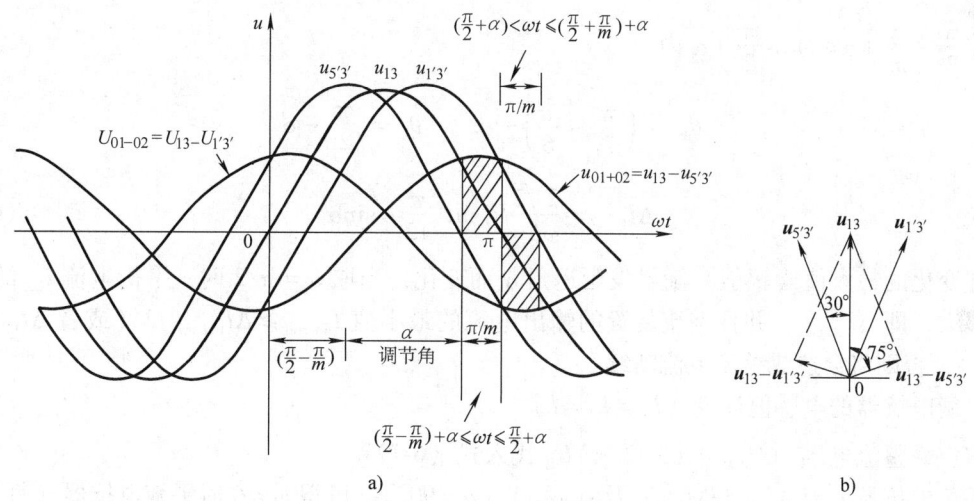

图 6-68 双桥并联平衡电抗器的电压降
a) 平衡电抗器上的电压降（U_{01-02}） b) 矢量图
u_{13} 为 d 组交流电压，$u_{1'3'}$、$u_{5'3'}$ 为 y 组交流电压

交流进线电压数学表达式为

$$u_{13} = \sqrt{2}U_L \sin\omega t \quad (\text{d 组桥 ab 线电压})$$

$$u_{1'3'} = \sqrt{2}U_L \sin\left(\omega t - \frac{\pi}{m}\right) \quad (\text{y 组桥 a'b' 线电压})$$

$$u_{5'3'} = \sqrt{2}U_L \sin\left(\omega t + \frac{\pi}{m}\right) \quad (\text{y 组桥 c'b' 线电压})$$

平衡电抗器上电压降 u_{01-02} 数学表达式为

当 $\quad\quad\quad\quad \dfrac{\pi}{2} - \dfrac{\pi}{m} + \alpha \leqslant \omega t \leqslant \dfrac{\pi}{2} + \alpha$ 时

$$u_{01\text{-}02} = u_{13} - u_{5''3} = 2\sqrt{2}U_L\sin\pi/12\sin[\omega t - 5\pi/12]$$

当 $\dfrac{\pi}{2} + \alpha \leq \omega t \leq \dfrac{\pi}{2} + \dfrac{\pi}{m} + \alpha$ 时

$$u_{01\text{-}02} = u_{13} - u_{1'3'} = 2\sqrt{2}U_L\sin\pi/12\sin[\omega t + 5\pi/12]$$

式中 u_L——交流进线线电压有效值；
ω——交流电源角频率，$\omega = 2\pi f$；
α——触发延迟角。

电流 i_{L12} 及其变化：变化周期为 $T/6$（电源周期），频率为 $6f$，并且在 $1/6$ 周期内：

$$u_{01\text{-}02} = 2L_{12}\mathrm{d}i_{L12}/\mathrm{d}t$$

则

$$i_{L12} = \dfrac{1}{2\omega L_{12}}\int u_{01\text{-}02}\mathrm{d}\omega t$$

变化的最大值（幅值）$\Delta I_{L12} = \dfrac{1}{2\omega L_{12}}\int_{\theta_1}^{\theta_2}(u_{13} - u_{5'3'})\mathrm{d}\omega t$

式中 $u_{13} - u_{5'3'} = 2\sqrt{2}U_L\sin\dfrac{\pi}{12}\sin\left(\omega t - \dfrac{5}{12}\pi\right)$

在 $\dfrac{\pi}{2} - \dfrac{\pi}{m} + \alpha \leq \omega t \leq \dfrac{\pi}{2} + \alpha$ 内

$$\theta_1 = \left(\dfrac{\pi}{2} - \dfrac{\pi}{6}\right) - \alpha \qquad \theta_2 = \dfrac{\pi}{2} - \alpha$$

则

$$\Delta I_{L12} = \dfrac{2\sqrt{2}}{\omega L_{12}}U_L\sin^2\dfrac{\pi}{12}\cdot\sin\alpha \tag{6-79}$$

即变化的最大值（幅值）随触发延迟角 α 而变化，当取 $\alpha = \pi/2$ 时，平衡电流 i_{L12} 的幅值取得最大，即 $\Delta I_{L12\text{max}}$，并且整流装置的输出电流的最小值 $I_{dN\,\text{min}} \geq \Delta I_{L12\,\text{max}}/2$（或者 $\Delta I_{L12\,\text{max}} \leq 2I_{dN\,\text{min}}$），否则将会造成整流电流断续。

平衡电抗器的电感值计算（$L_1 = L_2 = L$）

将空载整流电压 $U_{di0} = (3\sqrt{2}/\pi)U_L$ 代入式（6-79）

平衡电抗器电流 $\Delta I_{L12} = \Delta I_{L12\,\text{max}}$ 及 $\sin\alpha = 1$（$\alpha = 90°$），可得 $m = 6$ 时平衡电抗器（每一台）的电感值（mH）计算式

$$L_1 = L_2 = L = \dfrac{2\sqrt{2}}{2\pi f}\dfrac{\sin^2\dfrac{\pi}{12}}{2I_{d\text{min}}}\cdot\dfrac{\pi}{3\sqrt{2}}u_{di0} \times 10^3 \tag{6-80}$$

即电感值（mH）

$$L = \dfrac{1}{6f}\sin^2\dfrac{\pi}{12}u_{di0}/I_{d\,\text{min}} \times 10^3$$

或

$$L = 0.223u_{di0}/I_{d\text{min}} \qquad (\alpha = \pi/2\text{ 时}) \tag{6-81}$$

式中 u_{di0}——三相整流桥空载输出电压（V）；
$I_{d\text{min}}$——对于每个桥（$m = 6$）的最小连续电流（A）。

生成 $m = 12$ 的电动机电枢电流 $I_{M\text{min}} \geq 2I_{d\text{min}}$，否则将造成整流桥的晶闸管导通角 $\lambda < 2\pi/3 = 120°$（不连续）。

通常情况下，I_{dmin} 可以按传动电动机额定电流 I_{MN} 的 10% 选取。某些条件下，为了减少整流电源输出电流的脉动，还可以采用更多脉波数的整流电路，如 $m = 24$ 整流，即由两组互差 15° 的 $m = 12$ 的整流回路双桥并联组成，见图 6-69，此时平衡电抗器的电感值（mH）可按下式计算：

每台电感值 $\quad L = L_1 = L_2 = \dfrac{1}{6f}\sin^2\dfrac{\pi}{24}u_{di0}/I_{dmin} \times 10^3$

$(\alpha = 90°)$ \hfill (6-82)

$$L = 0.0568 u_{di0}/I_{dmin} \qquad (\alpha = 90°) \qquad (6\text{-}83)$$

式中 u_{di0}——三相整流桥空载输出电压；

I_{dmin}——对于每个桥的最小连续电流（$I_{dmin} = 0.1 I_{MN}$，I_{MN} 为电动机电枢电流额定值）。和式（6-81）对比，其电抗器的电感值比较小，大约是 $m = 6$ 双桥电路的 1/4 左右，可进一步减少输出电流的脉动；可用于特殊的直流电源装置，整流变压器需要两台，两台变压器相同组别的电压相位差 ±7.5°，但成本费用相对较高。

电抗器的额定电流为 $I_{MN}/2$（I_{MN} 为电动机额定电流），并要求在最大过载条件下电抗值不变。电抗器结构通常采用空心式，并防止两台电抗器之间相互耦合。

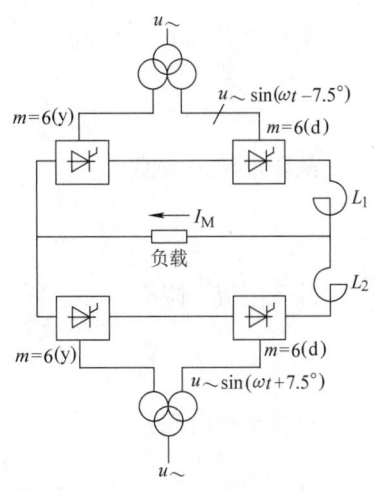

图 6-69　多脉波整流电路
（双桥并联 $m = 24$）

6.2.4.6 限制故障电流上升率的电感值

在表 6-5 所示的接线方案中，快速断路器 QF 用以切除在变流器主电路内产生的故障电流。为了可靠保护电路内的晶闸管，以及保证在快速断路器切断时不损坏电路内的快速熔断器，通常直流侧附加一定数值的电感，限制故障电流的上升率，以保证在故障电流切断过程中，晶闸管和快速熔断器内的 $i^2 t$ 值不超过器件的允许值。当发生过电流故障后，快速断路器动作，直流回路的简化电流、电压波形见图 6-70。

图中，I_{max}——最大故障电流；

$\quad I_A$——快速断路器的动作电流；

$\quad U_B$——快速断路器的电弧电压；

$\quad U_M$——故障瞬间电动机端电压；

$\quad U_d$——故障瞬间变流器端电压；

$\quad t_1$——故障电流上升到 I_A 的时间；

$\quad t_2$——断路器固有的机械动作时间；

$\quad t_3$——电弧持续时间。

最严重的故障情况是在可逆变流器系统中电动机制动瞬间变流器逆变失败。在这种情况下，电动机电动势与变流器电压叠加产生故障电流。简化的电压、电流方程如下。

故障电流上升率：

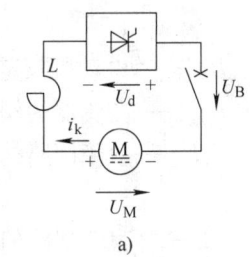

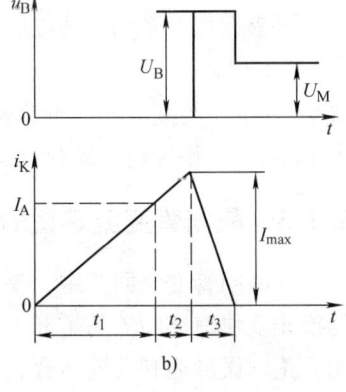

图 6-70　故障期间的简化
电压、电流波形
a) 等效电路　b) 电压、电流波形

$$\frac{\mathrm{d}i_K}{\mathrm{d}t} = \frac{U_M + U_d}{L}$$

驱动电压的最大值：

$$U_M + U_d = U_{MN} + K_{UV} U_{V\phi}$$

电流上升到 I_A 的时间：

$$t_1 = \frac{I_A L}{U_{MN} + K_{UV} U_{V\phi}}$$

故障电流最大值：

$$I_{max} = I_A + \frac{U_{MN} + K_{UV} U_{V\phi}}{L} t_2$$

故障电流下降率：

$$-\frac{\mathrm{d}i_K}{\mathrm{d}t} = \frac{U_B - (U_{MN} + K_{UV} U_{V\phi})}{L}$$

电弧持续时间：

$$t_3 = \frac{I_{max}}{-\mathrm{d}i_K/\mathrm{d}t} = \frac{U_{MN} + K_{UV} U_{V\phi}}{U_B - (U_{MN} + K_{UV} U_{V\phi})} (t_1 + t_2)$$

分断期间故障电流产生的 $i^2 t$ 总值：

$$\sum i^2 t = \int_0^{t_1+t_2} \left(\frac{I_{max}}{t_1 + t_2}\right)^2 t^2 \mathrm{d}t + \int_0^{t_3} \left(-\frac{I_{max}}{t_3}\right)^2 t^2 \mathrm{d}t$$

$$\sum i^2 t = \frac{1}{3} I_{max}^2 (t_1 + t_2 + t_3)$$

式中　U_{MN}——电动机额定电压（V）；
　　　$U_{V\phi}$——变流器的阀侧相电压（V）；
　　　L——故障回路的总电感（H）

$$L = L_a + L_M$$

　　　L_a——直流回路的附加电感（H）；
　　　L_M——电动机电枢的等效电感（H）。

要求设计计算的附加电感值 L_a 满足：

$$\sum i^2 t \leq n^2 (i^2 t)_{FF}$$

式中　n——与变流器晶闸管桥臂快速熔断器的并联个数；
　　　$(i^2 t)_{FF}$——快速熔断器允许的熔断 $i^2 t$ 值（$A^2 \cdot s$）。

6.2.5　晶闸管变流装置的保护

在晶闸管变流回路中，整流变压器的接通和断开、电感性负载的断开、晶闸管变流器件的换相及快速熔断器的熔断，都会在变流器回路中产生过电压。同时，由于过载、短路、晶闸管正向误导通和反向击穿，以及在逆变时换相失败等原因，都会产生过电流。此外，晶闸管不同于其他低压电器，其承受过电压和过电流的能力很差，如果没有恰当的保护措施，极易造成损坏而影响装置的可靠运行。

在晶闸管变流回路中通常采用的过电压保护形式见图 6-71。

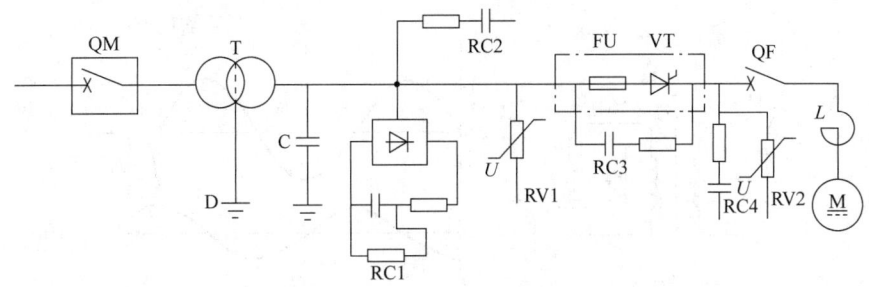

图 6-71 晶闸管变流回路过电压保护
D—变压器静电屏蔽 C—静电感应抑制电容 RC1—交流整流式抑制回路 RC2—交流阻容
抑制回路 RC3—换相过电压抑制回路 RC4—直流阻容抑制回路 RV1、RV2—交、直流侧压
敏电阻抑制回路 QM—交流侧断路器 QF—直流快速断路器 FU—快速熔断器

其中接于变流装置交流侧的保护回路有：
(1) 交流阻容式保护回路；
(2) 整流式阻容保护回路；
(3) 交流侧压敏电阻保护回路；
(4) 静电感应过电压保护回路；
(5) 换相过电压用阻容保护回路。

其中 (1)、(2)、(3) 主要用于抑制断开变流器交流进线电压时而产生的阶跃尖峰过电压；(4) 用于抑制由于变压器寄生电容的存在而在接通瞬间产生的合闸过电压；(5) 接于晶闸管阳极和阴极间，用以抑制器件换相时，晶闸管恢复阻断瞬间，由于变压器漏抗而引起的振荡过电压。

变流装置的直流侧以电动机作负载时，当突然切断直流回路时，由于直流主回路电感储能而产生的直流侧过电压，通常采用阻容及压敏电阻抑制。有时亦可采取在直流断路器主触头上并联电阻的措施，当断路器切断时通过电阻续流，从而减小触头的灭弧电压。同时，电阻亦可消耗部分直流侧电感储能。

晶闸管变流装置的过电流保护，通常有交直流侧断路器及变流器回路中的快速熔断器。在产生过载或短路电流上升率较低的情况下，亦可以通过控制系统中的电流控制或触发脉冲后移加以抑制。

综上所列举的各类过电压、过电流保护回路，在工程设计中，根据变流装置主电路方案以及传动电动机容量的大小和使用场所的实际情况，有目的地选配其中的某些部分。

6.2.5.1 交流电阻电容过电压保护

主要用以抑制变压器接通以及空载切断时可能出现的尖峰瞬变过电压。在无抑制回路条件下，其瞬变电压峰值可达正常值的 8～10 倍。

单相变压器的保护回路见图 6-72。一般出现过电压的最严重的情况，是发生在电压过零（即励磁电流为最大值）时。

同时在空载切除变压器时，由于断路器的电弧损耗以及变压器涡流和回路中电阻等其他损耗，磁场能量将只有一部分被转换为电容器的电场能量，并由此计算保护回路电容的电容值（μF）为

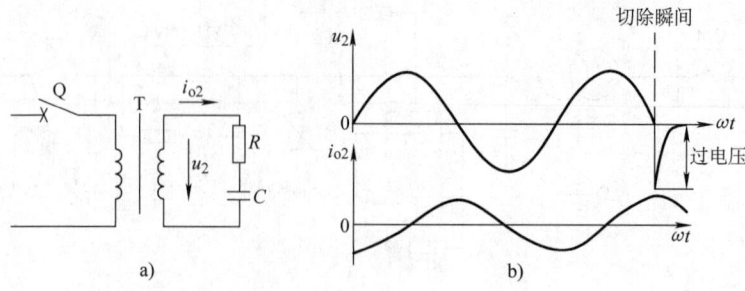

图 6-72　单相变压器的保护回路
a) 保护回路　b) 变压器切除时的瞬变过程

$$C = K_C \frac{I_{o2}}{fU_2} \quad (6-84)$$

计算系数
$$K_C = \frac{1}{2\pi} \frac{K_Z}{K_{gu}^2} \times 10^6$$

式中　K_Z——能量转换系数，与断路器类型有关，对空气断路器：$K_Z = 0.3 \sim 0.5$，对油断路器：$K_Z = 0.1 \sim 0.3$；

　　　f——电源频率（Hz）；

　　　I_{o2}——折算到二次侧的空载电流有效值（A）；

　　　U_2——二次电压有效值；

　　　K_{gu}——允许的过电压倍数（一般 $K_{gu} \leq 2$）。

为增大阻尼，在电容器回路中通常串联阻尼电阻 R，阻值和电阻容量按式（6-85）、（6-86）选取，即

阻值（Ω）
$$R = K_R \frac{U_2}{I_{o2}} \quad (6-85)$$

容量（W）
$$P_R = (2 \sim 3)(K_P I_{o2})^2 R \quad (6-86)$$

计算系数 K_R、K_P 见表 6-14。

表 6-14　保护回路计算系数

联结方式		K_C	K_R	K_P
变压器	保　护			
单　相	跨　接	10,000	1.83	0.0625
三相Y联结	Y联结	10,000	1.83	0.0625
	D联结	3300	5.5	0.036
	整流	6500	1.8	
三相D联结	Y联结	30,000	0.61	0.108
	D联结	10,000	1.83	0.0625
	整流	20,000	0.60	

在三相变压器的过电压保护回路中，电阻电容回路可以接成Y或者△。在计算参数时，只要变压器二次侧与保护回路的联结相同[如均为 y（Y）或 d（△）时]，则式（6-84）、

式 (6-85)、式 (6-86) 及表 6-14 的计算系数均可适用。在变压器二次侧联结与保护回路联结不同时，应将变压器折算成等效的 y（丫）或 d（△）联结形式。为计算方便，式 (6-84)、式 (6-85)、式 (6-86) 的形式不变，而 U_2、I_{o2} 分别为三相变压器每相的空载相电压 $U_{V\phi}$ 和相电流 $I_{o2\phi}$ 的有效值，系数见表 6-14。

例如，变压器为 y（丫）联结，保护是 △ 联结，变压器 y（丫）联结时的空载相电流、相电压分别是 I_{o2} 和 U_2，将其折算成等效 d（△）联结时的折算值 $U_2' = \sqrt{3}U_2$，$I_{o2}' = I_{o2}/\sqrt{3}$。

同一个变压器，若将保护接成 △ 形或者 丫 形，两者相比时，电容器的电容量为 $C_\triangle = C_\curlyvee/3$，但电容器的工作电压为 $U_{C\triangle} = \sqrt{3}U_{C\curlyvee}$，因此电容器的体积大致相同；电阻为 $R_\triangle = 3R_\curlyvee$，但流过电阻的电流 $I_{R\triangle} = I_{R\curlyvee}/\sqrt{3}$，因而电阻的功率亦大致相同。

6.2.5.2 交流侧整流式阻容保护

整流式阻容保护回路见图 6-73，多用在大容量晶闸管变流装置中。其优点是可以减少本章 6.2.5.1 节中所述阻尼电阻在正常工作时的功率损耗；可减少装置的附加发热和提高变流装置效率；同时电容器可采用直流电容或电解电容器，减小了保护装置的体积。

参数计算原则同本章 6.2.5.1 节所述。但须要考虑在正常工作无过电压时，电容 C 上存在恒定的直流工作电压 U_{C0}（通常考虑 $U_{C0} = \sqrt{6}U_{2\phi}$）；在产生过电压时，电容又进一步被充电并存储能量。当过电压的瞬变过程结束后，电容器通过电阻 R_2 放电释放能量至正常时的工作电压 U_{C0}。

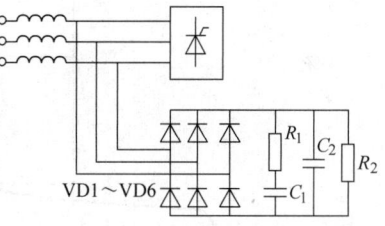

图 6-73 整流式阻容保护回路

电容器的电容量（μF）为

$$C_1 = K_C \frac{I_{o2\phi}}{fU_{2\phi}} \tag{6-87}$$

其中，计算系数为

$$K_C = \frac{1}{4\pi} \frac{K_Z}{(K_{gu}^2 - 1)} \times 10^6$$

电阻 R_1 阻值（Ω）为

$$R_1 = K_R \frac{U_{2\phi}}{I_{o2\phi}} \tag{6-88}$$

功率（W）为

$$P_1 = (0.02 \sim 0.05 I_{o2\phi})^2 R \tag{6-89}$$

电阻 R_2 的数值是根据出现过电压的最短间隔时间（如 $\Delta t = 4\tau$，$\tau = R_2 C_1$）计算的。

$$R_2 = \frac{\tau}{C_1} \tag{6-90}$$

功率（W）为

$$P_2 = (10 \sim 15) \frac{U_{2\phi}}{R_2} \tag{6-91}$$

电容 C_2 用于抑制低能高频过电压，电容量 $C_2 \approx 0.1 C_1$。

整流器件 VD1～VD6 的额定电流根据变压器励磁电流最大值 $I_{o2\phi}$ 选取，考虑整流器件的允许浪涌电流（一周波内）约为其额定值的 10 倍，故取

整流器件额定电流（A）为

$$I_{VD} = 0.1 I_{02\phi} \tag{6-92}$$

工作电压（V）为

$$U_{VD} \geqslant \sqrt{6} K_{gu} U_{2\phi} \tag{6-93}$$

6.2.5.3 压敏电阻保护

在变压器交流侧，采用压敏电阻的保护回路，见图6-74。采用由金属氧化物（如氧化锌、氧化铋）烧结制成的非线性压敏元件作为过电压保护，其主要优点在于：压敏电阻具有正反向相同的陡峭的伏安特性，在正常工作时只有很微弱的电流（1mA以下）通过元件，而一旦出现过电压时，压敏电阻可通过高达数千安的放电电流，将电压抑制在允许的范围内，并具有损耗低、体积小、对过电压响应快等优点。因此，是一种较好的过电压保护元件，在各类晶闸管变流装置中被普遍采用。压敏电阻的缺点是：持续平均功率太小（仅数瓦），如果选择不当，在正常工作时将因电压超过其额定值而极易损坏，且损坏时所产生的电弧往往涉及邻近的电气设备，造成故障扩大化，设计选用时应予注意。

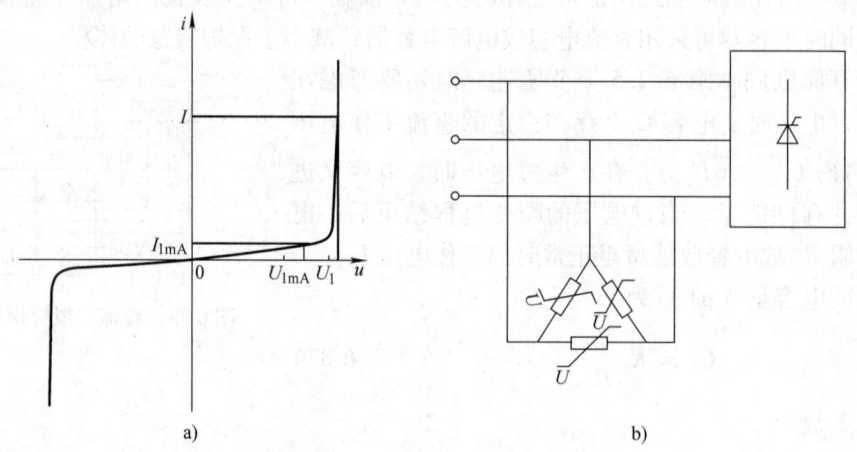

图6-74 压敏电阻保护回路
a) 压敏电阻伏安特性 b) 抑制回路

压敏电阻选用步骤如下：

（1）选择额定电压 U_{1mA}（即漏电流为1mA时的电压），即

$$U_{1mA} \geqslant 1.33 \sqrt{2} U_{2t} \tag{6-94}$$

式中 U_{1mA}——压敏电阻额定电压（V）；
　　U_{2t}——变压器二次线电压有效值（V）。

（2）计算压敏电阻泄放电流初值（A），即

三相变压器时：

$$I_{Rm} = \sqrt{\frac{3}{2}} K_Z I_{02t} \tag{6-95a}$$

单相变压器时：

$$I_{Rm} = \sqrt{2 K_Z} I_{02} \tag{6-95b}$$

式中 K_Z——能量转换系数，见本章6.2.5.1节；
　　I_{02t}——三相变压器空载线电流有效值（A）；
　　I_{02}——单相变压器空载电流有效值（A）；

(3) 计算压敏电阻的最大电压 U_{Rm} (V) 的公式为

$$U_{Rm} = K_R I_{Rm}^{\frac{1}{a}} \tag{6-96}$$

式中 K_R——压敏元件特性系数；
　　a——压敏元件非线性系数。

一般 a 在 20~25 之间，在取 $a = 20$ 时，$K_R = 1.4 U_{1mA}$。

(4) 计算过电压倍数 K_{gu}，即

$$K_{gu} = \frac{U_{Rm}}{\sqrt{2} U_{2t}} \tag{6-97}$$

由式 (6-97) 所得 K_{gu} 的计算值应低于晶闸管的电压储备系数。

(5) 计算和校验压敏电阻的能耗。计算压敏电阻的标称能耗 (J)，取 $a = 20$ 可得

$$A = 26.5 U_{1mA} I_{pm}^{1.05} \times 10^{-6} \tag{6-98}$$

式中 U_{1mA}——压敏元件额定电压；
　　I_{pm}——压敏元件的通流容量 (A)。

压敏电阻的通流容量是指在规定波形（浪涌冲击电流前沿 10μs、持续时间 20μs）时，允许通过的浪涌峰值电流。

按式 (6-99) 计算实际能耗 (J)，应考虑在最不利条件下空载切除整流变压器的情况，即

对三相变压器：

$$A_{RY} = L_m I_{Rm}^2 \tag{6-99a}$$

对单相变压器：

$$A_{RY} = \frac{1}{2} L_m I_{Rm}^2 \tag{6-99b}$$

式中 I_{Rm}——泄放电流初值，由式 (6-95a)、式 (6-95b) 算得；
　　L_m——变压器每相励磁电感 (H)。

按本章 6.2.1.3 节中式 (6-24) 选取 L_m，即

$$L_m = \frac{1}{2\pi f} K_{TL} \frac{e}{100} \frac{U_{V\Phi}}{I_{dN}}$$

校验能耗并应满足下式要求：

$$A_{RY} \leq 0.8 A \tag{6-100}$$

若不满足时，应放大压敏元件的通流容量 I_{pm}，并重复式 (6-98) 及式 (6-100) 的计算。但在设计大容量变流装置时，通常选用的压敏元件通流容量 I_{pm}，为该系列同类元件的最大规格值（如最大值为 50 kA），此时步骤 (5) 亦可省略。

6.2.5.4　变压器静电感应过电压保护

由于在整流变压器的一次和二次绕组以及二次绕组和铁心之间存在分布电容 C_{12}、C_{20}，当将变压器一次绕组接入电网时，由于分布电容的耦合作用（见图 6-75），可能使电网电压侵入二次绕组从而产生感应过电压。这时，二次绕组的感应电压为 U_2' (V)，即

$$U_2' = \frac{C_{12}}{C_{12} + C_{20}} U_1$$

在 $C_{12} = C_{20} = 0.005 \mu F$ 条件下，二次绕组将有可能感应到 1/2 左右的变压器一次电压，因而会对晶闸管造成严重的危害。

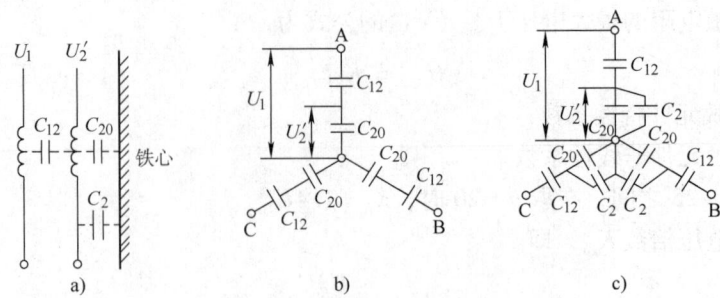

图 6-75 静电感应过电压及其抑制回路
a) 分布电容 b) 无抑制电容的等效电路 c) 有抑制电容的等效电路

抑制静电过电压的办法是，在变压器的二次绕组对地之间并接电容 C_2，这时变压器二次绕组的感应电压（V）为

$$U'_2 = \frac{C_{12}}{C_{12} + C_{20} + C_2} U_1$$

在取 $C_2 \gg C_{20} = C_{12}$ 条件下，就可以将静电感应过电压抑制到较低的数值。接地电容 C_2 的数值通常取 $0.02 \sim 0.04 \mu F$ 之间，电容器的工作电压取 $U_{C2} \geq U_{2\phi}$。使用时必须注意三相电容的中性点应可靠接地。

为了抑制感应过电压，亦可以在变压器的一次和二次绕组之间加静电屏蔽层，并将屏蔽层接地，其缺点是增加了变流变压器制造时的复杂程度。

6.2.5.5 换相过电压保护

由于晶闸管存在载流子集蓄效应，当器件在反向电压作用下其载流子迅速消失恢复阻断时，由于电路电感（如变压器漏感和进线交流电感）的作用，在器件两端出现换相过电压，并通常用跨接在器件上的 RC 回路来抑制，见图 6-76。

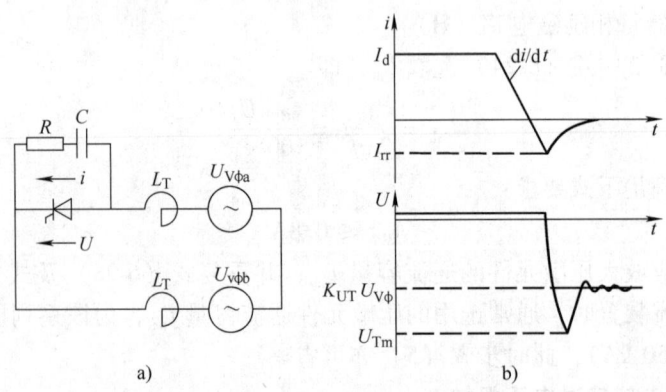

图 6-76 换相过程和抑制电路
a) 抑制电路 b) 晶闸管的换相过程

根据图 6-76 选取抑制回路电阻 R 和电容 C 的参数。

当选取晶闸管的电压安全系数在 $2 \sim 2.5$ 时，建议选取图 6-77 中的 $U_{TM}/(K_{UT} U_{V\phi}) = 1.7$。此时由图 6-77 查得计算系数为

$$K = \frac{I_{rr} R'}{K_{UT} U_{V\phi}} = 1.2 \text{ 或 } 1.5 \tag{6-101}$$

$$k = \frac{I_{rr}}{K_{UT}U_{V\phi}}\sqrt{\frac{L'}{C'}} = 1.25 \tag{6-102}$$

式中 R'——换相回路的等效电阻值；
L'——换相回路的等效电感值；
C'——换相回路的等效电容值；
$U_{V\phi}$——整流变压器二次相电压有效值；
I_{rr}——器件换相瞬间的最大反向电流（同器件型号有关，在器件产品数据中查出）；
K_{UT}——晶闸管电压计算系数（见表 6-6）。

在图 6-77 中，U_{TM} 为最大的换相过电压；由式（6-101）、式（6-102）计算抑制回路参数，对三相全控桥式整流电路有

换相回路等效电阻：

$$R' = \frac{3}{5}R$$

换相回路等效电容：

$$C' = \frac{5}{3}C$$

换相回路等效电感：

$$L' = 2L_T$$

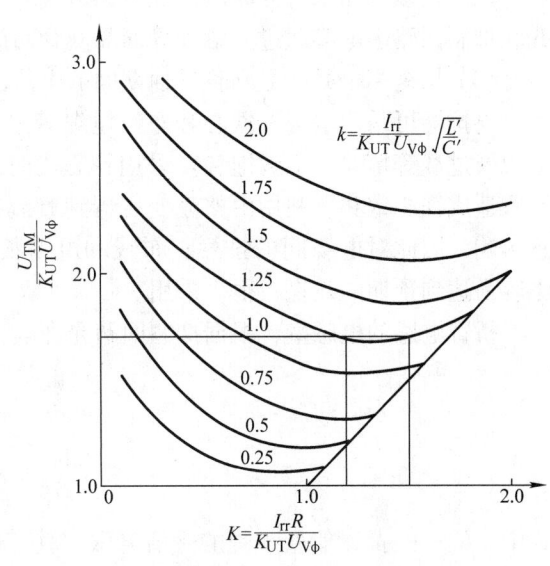

图 6-77 抑制回路的参数计算曲线

式中 L_T——变压器每相漏电感的计算系数。

电阻 R 的功率损耗为

$$P_R = \frac{f}{2}(L'I_{rr}^2 + 3.5CK_{UT}^2U_{V\phi}^2)$$

式中 f——交流电源频率（1/s）。

在中小功率变流装置中，电容 C 一般为 $0.5\sim1.0\mu F$，电阻 R 为 $10\sim40\Omega$。

6.2.5.6 直流侧过电压保护

虽然直流侧的保护回路能抑制变流装置产生的各类过电压，但在过载条件下，变压器储存的电磁能量要比空载时大得多，通常难于简单地通过计算选取参数，而须要根据电动机容量、负载和变流装置的外形尺寸及布置等合理选取，通常有以下几种方法：

（1）采用阻容吸收回路，但往往计算结果偏大过多。在工程上可根据实际经验选取 $C = 8\mu F$，$R = 13\Omega$。

（2）采用压敏电阻回路。计算方法参照本章 6.2.5.3 节。

（3）在直流回路主断路器的主触头两端并联电阻。当产生过电流切断变流器回路时，由于电阻的续流作用，可以抑制分闸时产生的电弧电压，并消耗电感中的部分储能。

6.2.5.7 桥臂电感的参数选择

目前晶闸管变流装置的主电路多采用三相全控整流桥线路，同时每个桥臂与晶闸管串接有桥臂电抗器，其主要作用是：

(1) 抑制晶闸管导通和阻断瞬间作用于器件上的电流上升率 di/dt 及正向电压上升率 du/dt。

(2) 在多个晶闸管并联的情况下，解耦并联晶闸管换相过电压的 RC 抑制回路，避免其他并联抑制回路中电容通过先触发导通晶闸管而放电。

(3) 均衡多个并联晶闸管导通期间的电流。

电抗器可采用空心、铁心和布线电缆等形式。一般空心式制造方便，电感为线性，在大电流及过载等情况下不致饱和。采用铁心式时应留有足够的气隙，使之通过故障电流时，亦不致造成铁心饱和。利用由整流变压器到整流装置间布线电缆的电感，必须注意电缆间的互感影响，因此对电缆间的排列、布线和电缆长度误差都有较高的要求，费用高、施工复杂，不容易达到预期的效果，很少采用。

桥臂电感的电感量，根据抑制回路允许电流上升率和正向电压上升率选择，即

$$\frac{di}{dt} = K_1 \frac{U_m}{L_s}$$

$$\frac{du}{dt} = K_2 \frac{U_m R}{L_s}$$

式中　U_m——晶闸管所承受的峰值电压，对三相桥式电路为 $\sqrt{6}U_{V\phi}$ (V)；

　　　L_s——桥臂电感的电感量（μH）；

　　　R——晶闸管并联抑制回路电阻值（Ω）；

K_1、K_2——与主电路型式和交直流侧阻容保护方式有关的系数。

通常选取抑制回路，使得 di/dt 值在 10~20A/μs 和 du/dt 值在 20~30V/μs 以下，但随着器件生产水平的提高，其选用值亦逐渐增大。

为了均衡并联晶闸管换相过程结束后导通期间的电流值，L_s（μH）可按图 6-78 及下式选取：

$$L_s = \frac{\Delta U}{\Delta I} \frac{T}{2} \times 10^6$$

式中　ΔU——并联器件瞬态电压降的差值（V）；

　　　ΔI——并联器件的瞬间电流差值（A）；

　　　T——晶闸管的导通周期，在三相桥式整流电路中是 6.7ms。

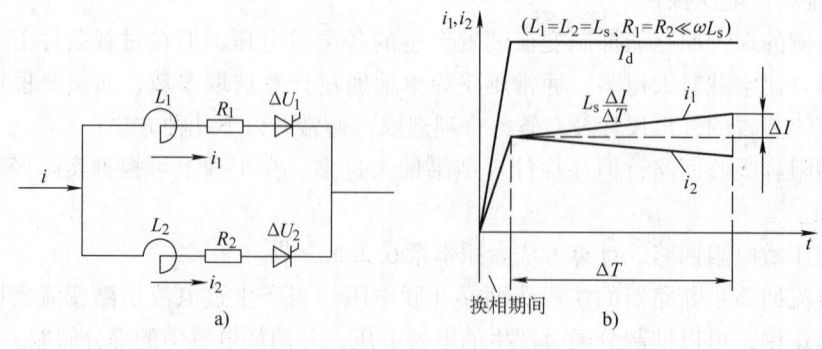

图 6-78　晶闸管并联时的均流回路

a) 并联元件等效电路　b) 并联元件因正向压降不同而产生的电流不均衡（$\Delta U = \Delta U_2 - \Delta U_1$）

一般桥臂电感的数值对大容量变流装置约为 15～25μH，对中小容量装置略大些。

6.2.5.8 过电流保护

过电流保护参照图 6-71，可以根据需要选择其中的几种。

（1）在交流进线回路中串接电抗器或采用漏抗较大的变压器，以限制当晶闸管击穿并造成交流侧短路时，产生的故障电流，可以有效地保护晶闸管，但在有载时将产生较大压降。

（2）在交流侧设置过电流检测装置，当出现较大过载电流时，通过触发移相电路移后触发脉冲至最小触发超前角，从而降低整流电压，抑制过载电流。

（3）在调节控制系统内设置电流调节器，通过检测电流限制变流装置的正常工作过载。

（4）在大中容量可逆变流装置中，直流侧设置快速断路器。当产生逆变失败、晶闸管误触发以及可逆系统无环流控制失灵时，切除快速增长的直流侧短路电流，有效地保护晶闸管，同时亦可避免在过电流故障时造成大量快速熔断器熔断。通常，快速断路器的全部分断电弧时间为 25～30ms，其动作时间和切断电流值与直流侧电抗器的电感值相配合，设计方法见本章 6.2.4.6 节。

6.2.5.9 快速熔断器的选择和计算

对于三相全控整流桥电路，快速熔断器有相接、臂接和接于整流装置的直流侧三种方式（见图 6-79）。

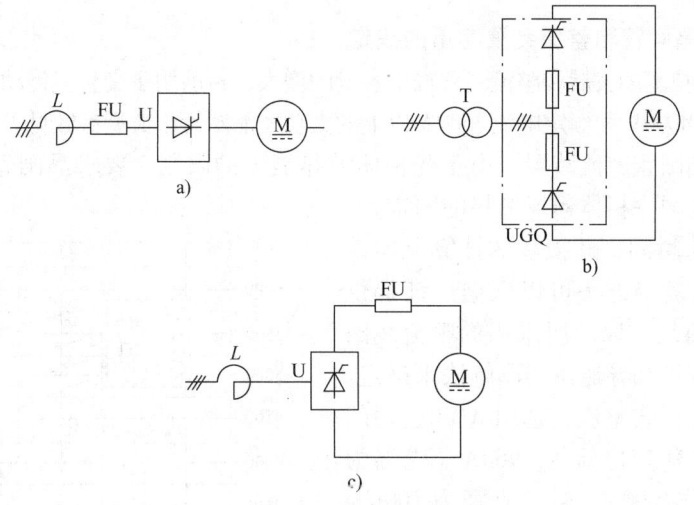

图 6-79 快速熔断器的几种接法
a) 相接　b) 臂接　c) 接直流侧

当快速熔断器相接时，可以防止因晶闸管损坏或直流侧故障而造成的短路。但由于相接熔断器的电流有效值比桥臂晶闸管的电流有效值大，因此在通过故障电流时，熔断器对晶闸管的保护效果就差些，故多用于中小容量装置。快速熔断器接于直流侧时，可实现负载侧的短路或过电流保护，但对晶闸管本身造成的短路不起保护作用，故多用于小功率装置。通常采用的臂接快速熔断器，其额定电压 U_{FN}、额定电流 I_{FN} 按下式选取，条件允许时还应校验熔断过程的 I^2t 值，在大容量系统中还应校验断路器的断流容量，详见第 3 章 3.4.9.3 节。

快速熔断器的额定电压 U_{FN}（V）应大于线路正常工作时的电压有效值，但考虑电源电压的上波动（一般为 +10%），还应留有适当的裕量，即

$$U_{FN} \geq 1.1 U_{VL}$$

式中 U_{VL}——整流变压器二次线电压有效值。

快速熔断器的额定电流 I_{FN}，应按由负载图计算出的一个工作周期内的负载电流有效值选取，即

$$I_{PN} \geqslant 1.3 K_I I_{DN}$$

式中 K_I——电流计算系数，对三相全控桥，$K_I = 1/\sqrt{3}$；

I_{DN}——负载电流的方均根值。

目前存在的问题是，在半波（10ms）范围内晶闸管的过载能力往往低于快速熔断器的过载能力，以致在短路或过载时造成熔断器不能可靠地熔断和有效地保护晶闸管。一般按上式选择额定值小些的熔断器。例如，20A 晶闸管一个周波过载能力只有 5 倍，但所用 30A 熔断器一个周波的过载能力有 6 倍，所以通常实际选用的快速熔断器额定电流 $I_{FN} \leqslant 20 \times 1.57 \times 5/6A = 26.2A$，即选用 25A 熔断器。但精确计算应校验 I^2t 值。校验步骤如下：

（1）计算额定电压、额定电流和确定型号。

（2）根据样本数据确定熔断过程的 $(I^2t)_{FF}$ 值。

（3）根据晶闸管手册确定晶闸管允许 $(I^2t)_U$ 值，并应满足 $(I^2t)_{FF} \leqslant (I^2t)_U$。

6.2.6 大功率传动用晶闸管及整流装置产品系列

6.2.6.1 大功率晶闸管和整流装置容量的确定

随着电力电子技术的发展和整流装置输出容量的增大，目前用于交直流传动系统的整流装置已逐渐采用额定电压 4000V 和额定电流 3500A 以上的大功率晶闸管，典型参数见表 3-5 ~ 表 3-7。

对于大功率晶闸管整流装置，由于受柜体散热能力的限制，要求晶闸管在导通状态下的通态损耗最低，以减少柜体通风散热的困难。

在晶闸管导通瞬间，其损耗的计算见本章 6.2.3 节，简便的确定方法可以依据厂商提供的器件通态损耗曲线，以及所采用的整流线路器件通态的电流波形和导通角用图解法来确定。例如采用三相全控桥式整流，选用 ABB 公司的 5STP38N4000 型、额定电流为 3960A（壳温为 70°）、额定电压为 4000V、管芯直径为 100mm 晶闸管，可以组成单柜额定输出电压为 1200V、输出电流为 3500A 及允许短时过载电流为 7000A 的大功率晶闸管整流装置。其损耗功率可依据制造厂商提供的损耗功率图（见图 6-80）用图解来确定，当采用三相全控桥整流、散热器采用双面散热、导通状态电流波形为矩形波，宽度为 120°，按图 6-80，装置输出电流为 3500A 及 7000A 时，图解得到器件的损耗值分别为 1670W 和 4250W，并据此校验晶闸管壳和管芯温度应不超过器件允许值（管芯为 125℃）。并留有安全裕度。

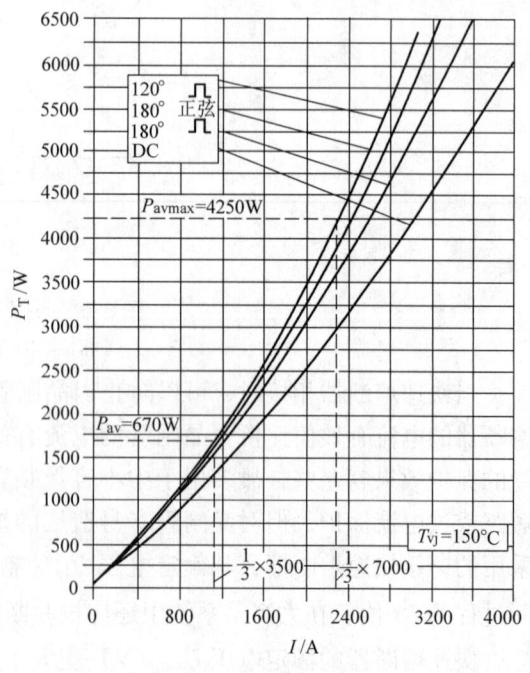

图 6-80 5STP 38N4200 晶闸管损耗特性曲线

第6章 直流传动系统

1. 管芯温度 T_j 的计算 参见本章6.2.3.2节中晶闸管连同散热器的热阻计算，管芯温度表达式（℃）为

$$T_j = R_{JA} P_{AV} + T_A$$

并且管芯（结）相对环境的温升为

$$\Delta T_j = T_j - T_A$$

式中　P_{AV}——晶闸管平均损耗（W）；

　　　R_{JA}——晶闸管热路的等效总热阻（℃/W）；

　　　T_A——环境温度（℃）。

总热阻是装置热路中各部分热阻的和，包括组件散热器、晶闸管和散热器基板安装接触台面，以及晶闸管内部管壳到芯片的热阻（℃/W）。

$$R_{JA} = R_{JC} + R_{CS} + R_{SA}$$

式中　R_{JC}——晶闸管内部管壳到芯片热阻（℃/W）；

　　　R_{CS}——晶闸管和散热器台面接触热阻（℃/W）；

　　　R_{SA}——散热器自身热阻（℃/W）；

其热阻数值由相应的厂商提供，如上述所举BBC公司的5STP38N4000型晶闸管，对应数值分别为：$R_{JC} = 0.0057$℃/W、$R_{CS} = 0.001$℃/W、$R_{SA} = 0.012$℃/W、总热阻为 $R_{JA} = 0.019$℃/W，结温升 T_j、T_A 分别为35℃（输出电流3500A）及81℃（输出电流7000A），T_A 最高允许为40℃。

2. 过载工作制和过载瞬间的结温校验 交直流传动用的整流装置应该考虑过载，依据整流装置技术标准的规定，过载类型见表6-15。

表6-15　整流装置负载分级

负载细则	过载前电流及过载电流值	负载循环周期
DC1	$I_{DC1} = I_{dN}$（长期）标称值 典型负载机械：泵、风机、电源等	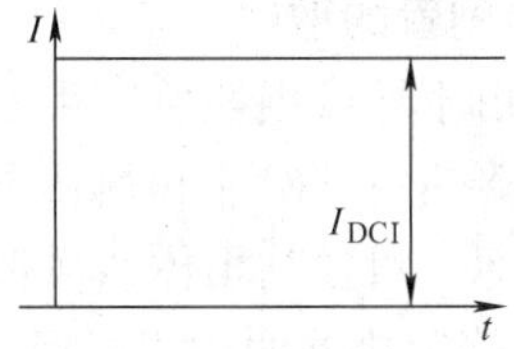
DC11	过载前电流　I_{DC11} 过载电流值/过载时间：$150\% \times I_{DC11}$/min 典型负载机械：挤压机、传送带等	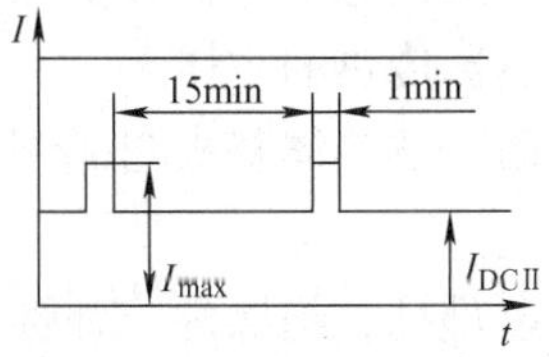
DC111	过载前电流　I_{DC111} 过载电流值/过载时间：$200\% \times I_{DC111}$/min 典型负载机械：轧钢机等	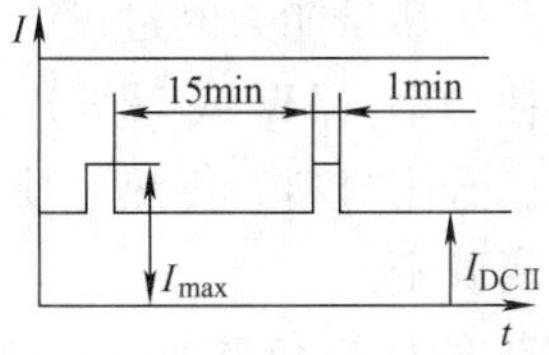

过载以后,晶闸管内部管芯处最高温升的校验,参照本章 6.2.3.3 节。表 6-15 的过载类型属于恒定负载叠加短时过载,晶闸管内部管芯的温升,可以按照恒定负载和短时过载两部分产生的温升等效叠加处理;但对于短时过载而言,总热阻的瞬态值比恒定负载的稳态值低很多,通常短时 60s 过载下的瞬态热阻值大约为长期恒定负载稳定值的 70%,采用叠加法的计算过程见图 6-81。

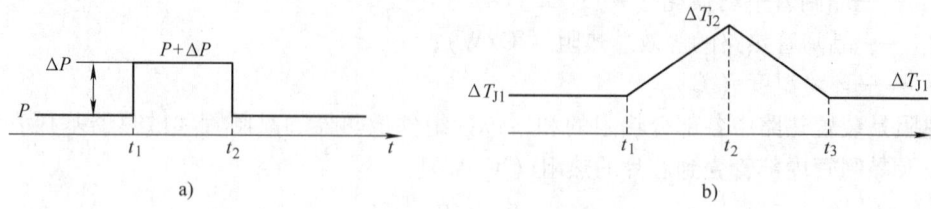

图 6-81 温度计算的叠加法
a) 功率损耗 b) 平均等效结温

等效结温的叠加法计算公式为

$$\Delta T_{J2} = \Delta T_{J1} + \Delta P R'_{jA}$$

式中 ΔT_{J1}——恒定负载时对应的等效温升(℃);

ΔP——短时过载对应的导通损耗增加值(W)(见图 6-81);

R'_{jA}——短时过载对应的动态热阻值(℃/W)。

依上例计算值为:$\Delta T_{J1} = 35℃$,$\Delta P =$ (4250 − 1670) W $= 2580$W,$R'_{jA} = R_{JC} + R_{CS} + 0.7 R_{SA}$ $= 0.017℃/W$,计算短时过载后的管芯内部最高温升 $\Delta T_{J2} = 78.9℃$,考虑装置运行环境温度最高为 40℃,核算晶闸管内部最高温度应低于器件允许值(125℃),并留有一定的裕量(一般考虑约 5°左右)。

6.2.6.2 晶闸管的散热

晶闸管由于导通损耗所产生的热量,是通过压装在晶闸管管壳上的散热器组件、柜体内的风道进行冷热空气对流和热传导实现散热的,在一定的柜体和风道结构条件下,散热器散热能力的好坏,对提高柜体通风散热效率及扩大输出能力,有着极其重大的影响。

1. **晶闸管散热器的构成** 通常包括如下的组成部分:

(1) 散热体:包括基板和散热件(叶片或热管),并通过机械螺栓压装晶闸管的导热体,它是实现散热器传热的主体。

(2) 台面:散热体基板与晶闸管管壳,相互接触的传热面。通常作为计算散热器温度的检测基础面。

(3) 导电母排、绝缘件、弹性压板、紧固件、端子和辅件。

2. **散热器的热阻** 热阻是用以决定和评价散热器传热性能和效率的主要技术指标,是散出晶闸管所产生热量能力的量度,对装置输出能力和晶闸管内部温度有决定性的影响,其量度为单位损耗功率(1W 或 1kW)时,在测量基准面的温度增加值(℃)。散热器的热阻值与其结构型式、选用材料、传热介质种类、介质流速流量等诸多因素有关,通常是通过实验测量或模拟仿真确定。

3. **散热器的材料和类型** 散热体的材料通常为铝(铸材或型材)、铜或其他的传热良好的材料,对于交直流传动装置,从传热效率和安装方便考虑,通常采用柜体单独通风的风冷方式，散热器的安装依据类型可分成：

（1）自冷螺栓形（SZ）：多用于小型整流装置，如可调直流电源；

（2）风冷螺栓形（SL）：多用于中小型整流装置，如电动机磁场装置；

（3）风冷平板形（SF）：多用于中型整流装置，如中小型电动机电枢传动；

（4）水冷平板形（SZ）：多用于输出电流很大的可调电源，如大电源装置。

4. 散热器的流阻　是设计风道结构、选择柜体和通风风机的重要依据。流阻是指在一个确定的风道或水道中，散热器两端规定点之间（冷却流体入、出口）的压力差。

新型热管散热器，是近年出现并且传热效率很高、逐步用于电力电子器件及各类电力电子设备的新型散热器。热管散热器的主体为热管，其形状通常为圆管状（也有其他形状），见图 6-82a。正常工况下，热管的两端组成受热端和放热端，热管的管壳为高度真空的密封体，内部充有少量工质作为传热媒介，通常采用液态介质（例如水）。其工作原理为：正常工况下，热流由受热端经管壳进入热管，受热工质蒸发形成汽态，并在管内对放热端形成微压，使汽化工质流至放热端，并在放热端放热，遇冷后在管内壁冷凝回复液态工质，并通过毛细或重力作用回流至受热端。这种"蒸发-冷凝"作用的反复循环，形成热管散热器具有传递热能的良好效率，而又不附加提供任何动力，因而愈来愈受到人们的重视，以及在电力电子设备中采用。

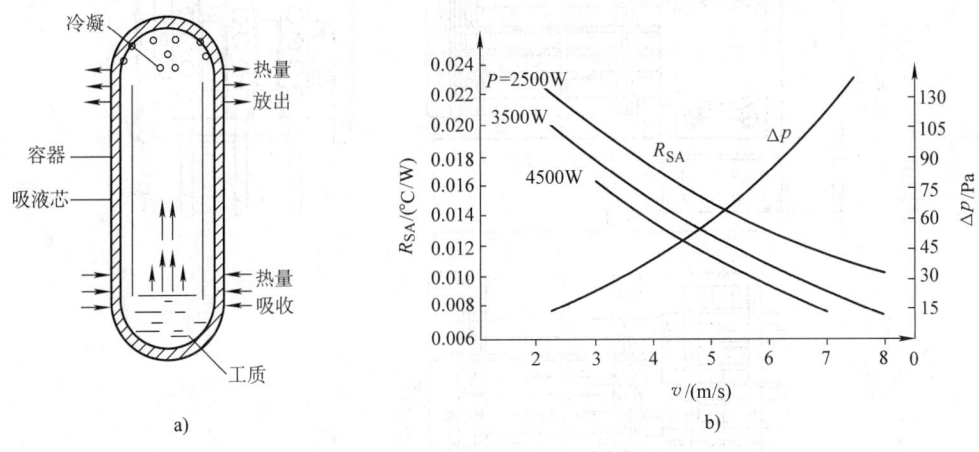

图 6-82　新型热管散热器整流装置的热阻特性

a）热管散热的原理示意　b）采用热管散热原理的典型装置（SRH03F、SRH01F）热阻特性

风冷型材和热管散热器两种方式的对比：以采用风冷型材和热管两种散热器组件的反并联可逆（双管）结构为例（见图 6-83），据国内某电力电子研发权威机构论证结果表明：

（1）根据不同风速下进行的试验和计算：风速太大，将导致噪声过大和价格增高；风速太小，散热不好。不同散热器存在不同的最佳风速，其经济风速一般可在 5～7m/s 间选择。

（2）散热器的设计受器件容量限制，大功率晶闸管配用散热器的尺寸过大，将造成设备重量的增加和型材铝挤压的困难，今后提高散热能力的主要方向：采用液体循环、液体浸泡、沸腾冷却（热管）、氟里昂冷却等。

（3）铝型材散热器（典型的为 XF 系列），其中用于晶闸管芯片直径为 77mm 的 XF-27A 散热器的热阻 $R_{SA}=0.030℃/W$，用于晶闸管芯片直径为 100mm 的 XF-28C（直冷型材散热器的极限尺寸）散热器的热阻 $R_{SA}=0.024℃/W$。

据国内某权威研发机构试验计算，对国产晶闸管合理匹配的散热器热阻数据可见表 6-16。

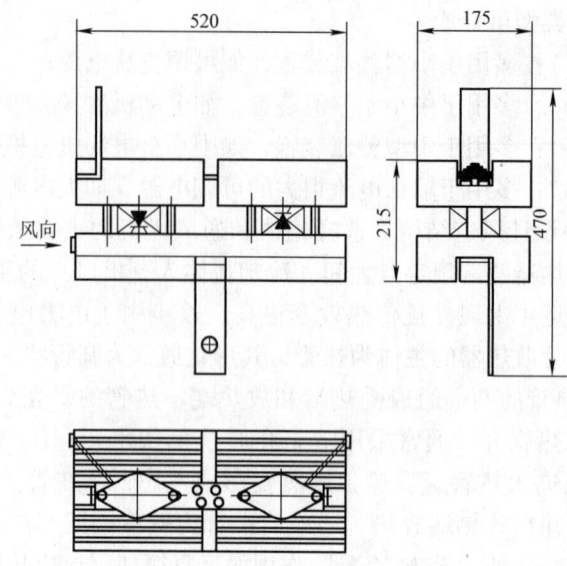

a) 型材风冷散热器

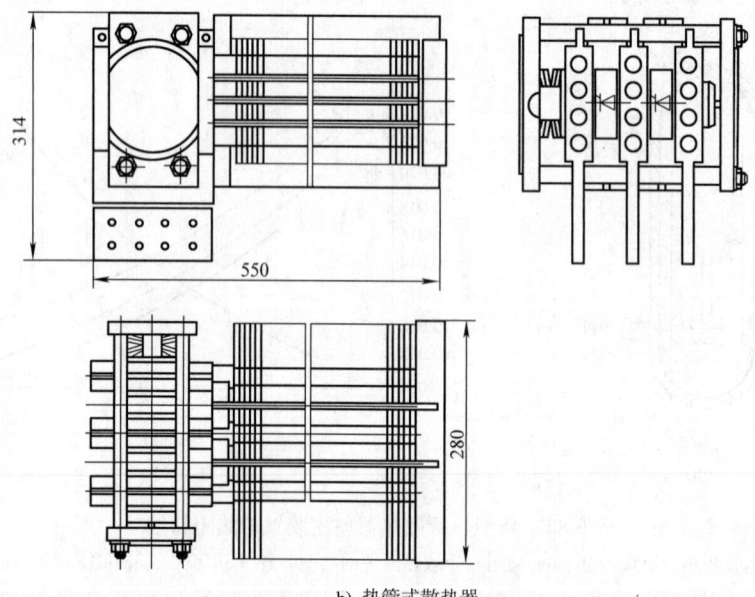

b) 热管式散热器

图 6-83 风冷型材及热管散热器组件的结构示意
a) 风冷型材散热器 b) 热管散热器

表 6-16 风冷型材散热器与晶闸管合理匹配的推荐表

散热器代号	散热器热阻/(℃/W)	损耗功率/W	器件电流/A	管芯直径/mm	结壳热阻/℃	流阻/Pa
XF22B	0.080	607	500	35	0.05	65
XF22B	0.071	714	500	45	0.04	70
XF24A	0.056	974	600	52	0.026	75
XF25A	0.048	1073	800	52	0.026	80

(续)

散热器代号	散热器热阻 /(℃/W)	损耗功率 /W	器件电流 /A	管芯直径 /mm	结壳热阻 /℃	流阻/Pa
XF25B	0.042	1161	1000	52	0.026	85
XF25B	0.037	1393	1500	63	0.020	90
XF27A	0.030	1914	1650	77	0.021	90
XF28C	0.028	1958	2500	77	0.012	90
XF28C	0.024	2485	3000	100	0.0085	95

注：1. 表中热阻及流阻指在标准风速6m/s下的数值。
2. XF28C散热器为型材散热能力极限数据，目前尚无产品销售。

综上所述，就所列举的试验研究数据，充分说明对大功率整流装置而论，型材散热器的传热能力远不及热管散热器。

6.2.6.3 新型柜体结构及产品系列

1. 风机和风道类型的选择 风道是大功率整流装置的基本构件，它与功率单元配合使用，不同容量和尺寸结构的晶闸管，配置有不同型式及机械结构的专用风道。但无论采用哪种结构型式都必须注意：

(1) 风道和晶闸管单元的带电部分必须具备良好的绝缘性能。

(2) 具有良好的通风和密闭性，并尽可能地减少组装在同一风道内的各功率单元之间由于漏风而引发的风速不均匀。

(3) 风道的结构设计应尽可能考虑采取拼装组合方式，因为大功率整流装置的风道尺寸都比较大，设计应考虑风道零部件的制造方便和组装的良好工艺性。

风道结构的拼装组合方式有并联式和串联式两种，见图6-84。

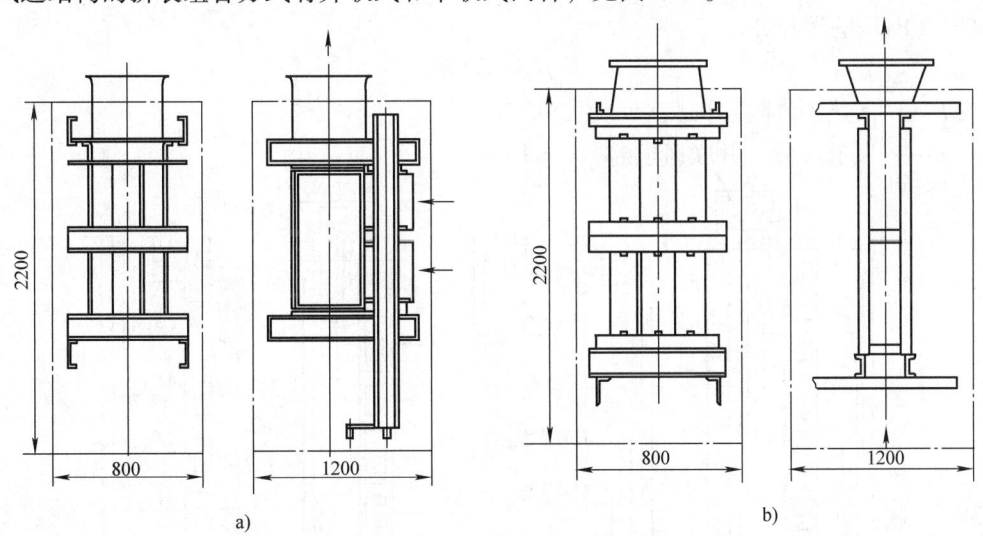

图6-84 整流装置的风道结构
a) 并联风道 b) 串联风道

并联风道和串联风道两种结构方式的对比：

(1) 串联风道的优点在于进风口一般设在柜体的下面或柜体的底部，冷却空气通过风道自下而上，通过散热器的翅片带走晶闸管所产生的热量，通常进风口的尺寸比较小，对进入柜体内的冷却空气采取的过滤措施简便；缺点是两层组件之间的进风口风温不一致，因而对排列在上层的晶闸管冷却不利。就漏风情况而论，一般漏风比较大，不容易做到组件间风速一致。

(2) 大功率晶闸管装置一般采用并联风道，因为其各部分的流阻一致、温度一致，以及漏风问题容易解决，因而风速的一致性亦好，故常采用抽风式的并联风道，且是目前发展的主要趋势，但其主要缺点在于冷却空气通常经过柜体前面进入，进风口直接对准柜内需要冷却的各个晶闸管单元，因而进风口的尺寸比较大，冷却空气的过滤困难，对环境的要求相对较高。

2. 风机的选择和计算 风机的任务是将装置中产生的热量，通过高速空气流散发到周围空间。风机的选择主要应依据散发热量所需要的风压、风量需求而确定，并尽可能考虑效率以及由于风机运行噪声而可能导致的环境污染。

风机所需的风量（m^3/h），应根据热平衡方程式计算，即

$$Q = 3600P/(c\gamma\Delta T)$$

式中　P——风道总发热功率（W）；

　　　c——空气比热容，$c = 1.026 \times 10^3$ J/(kg·K)；

　　　γ——空气密度，$\gamma = 1.05$ kg/m³；

　　　ΔT——风道进出口温度差（一般可考虑 5K）。

风道总发热功率（W）为

$$P = nP_{AV}$$

式中　n——风道中的总器件数；

　　　P_{AV}——每个器件的通态损耗功率（W）；

风压（Pa）的选择和计算：

$$H = m\Delta P$$

式中　ΔP——散热器流阻（Pa）；

　　　m——风道层数（并联风道时，$m = 1$）。

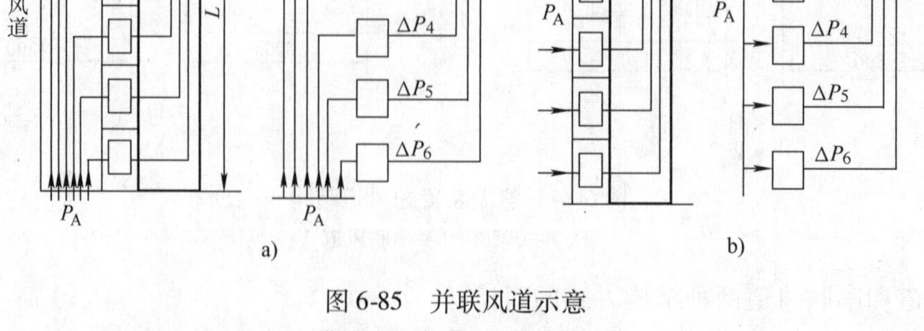

图 6-85　并联风道示意

a) 带辅助风道　b) 不带辅助风道

并联及串联风道流阻 ΔP 计算示意见图 6-85 和图 6-86。选择风机依据以上的计算值并应附加 10%～20% 裕量。

天津电气传动设计研究所的晶闸管整流装置的开发研制，起步于 20 世纪 60 年代，经过 40 年来几代产品的更新换代，目前已形成各型各类覆盖各种容量和应用范围的完整产品系列，其中主要用于传动的通用系列：额定输出整流电压为 440V、660V、750V、860V 及 1200V 五挡；单柜最高额定输出整流电流可达 7000A，长期连续电流达 3500A，风道结构型式采用型材散热器串联风道、型材散热器并联风道和新型热管散热器。其中大功率具有代表性的产品系列有：

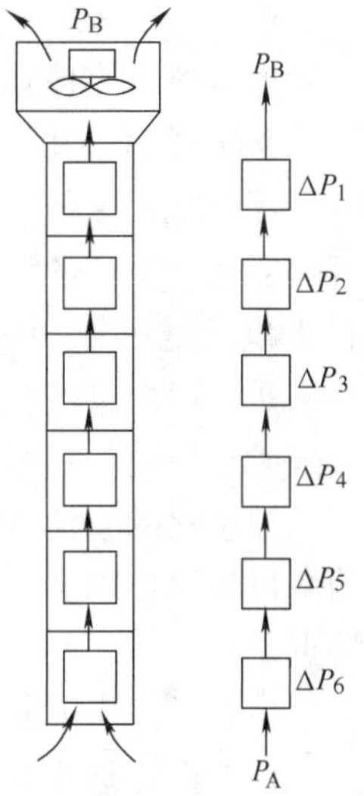

（1）管芯直径为 77mm、型材散热器串联风道的 ZG 系列整流柜，输出电压为 660～950V、长期连续电流为 1250～1600A、允许短时过载 60s、200%，见表 6-17；

（2）管芯直径为 77mm、热管散热器并联风道的 RG1A 系列整流柜，输出电压为 660～950V、长期连续电流 1600～1900A、允许短时过载 60s、200%，见表 6-18；

（3）管芯直径为 100mm、热管散热器并联风道的 RG3A 系列整流柜，输出电压最高可达 1200V，可用于直流传动和交变频传动，长期连续电流为 3400A、允许短时过载 60s、200%，见表 6-19。

图 6-86 串联风道示意

表 6-17 ZG 系列整流柜

产品型号	额定输出电压/V	额定输出及过载电流/A			
		过载 150%、1min		过载 200%、1min	
		过载前	过载值	过载前	过载值
ZG-2400/660	660	2000	3000	1600	3200
ZG-2200/750	750	1750	2625	1500	3000
ZG-2000/860	860	1600	2400	1400	2800
ZG-1800/950	950	1450	2175	1250	2500

表 6-18 RG1A 系列整流柜

产品型号	额定输出电压/V	额定输出及过载电流/A			
		过载 150%、1min		过载 200%、1min	
		过载前	过载值	过载前	过载值
RG1A-2800/660	660	2200	3300	1900	3800
RG1A-2600/750	750	2050	3075	1800	3600
RG1A-2400/860	860	1900	2850	1700	3400
RG1A-2200/950	950	1750	2625	1600	3200

表 6-19 RG3A 系列整流柜

产品型号	额定输出电压/V	额定输出及过载电流/A			
		过载 150%、1min		过载 200%、1min	
		过载前	过载值	过载前	过载值
RG3A-5000/1000	1000	4000	6000	3400	6800
RG3A-4000/1200	1200	3200	4800	2800	5600

6.3 直流调速系统的数字化

早期的直流传动系统，其控制规律和基本设计方法，都是通过线性运算放大器和各类运算电路实现的，其优点是物理概念清晰，控制环节的组成及各类控制信号的相互作用直观，容易理解掌握接受。但由于其控制规律是由采用不同的硬件电路和放大器实现的，因而控制电路复杂，不同的控制规律需要采用不同的硬件电路，装置的通用性差，产品门类多，生产制造和管理复杂。同时，由于受到产品自身制造质量和控制性能的限制，容易受到运行环境特别是环境温度变化的影响，因而控制精度、控制变量的分辨能力和运行的稳定性都比较差，仅限于在传动控制系统发展的早期阶段，即单机传动系统中应用。

数字化的直流调速系统，亦被称为微机数字控制或全数字控制系统。以微处理器为核心的微机数字控制装置的生产和发展，使得传统控制系统的面貌发生了根本性的变化，其主要特点是：

（1）产品中的软件含量逐年提高，现场调试简单；
（2）产品通用化程度提高，成本降低，有效地刺激了新产品的发展和市场推广；
（3）通信能力增强，进一步刺激了控制系统向多级和全线自动化方向发展。

以德国西门子公司的数字控制系统为例，产品自20世纪80年代末问世以来，已形成用于不同生产领域的各类产品系列，现已广泛地用于交直流传动的电力变流器系统。如用于电力晶闸管直流传动控制的西门子6RA系列产品，由于其可靠性高、软件功能丰富、联网通信能力强，对中国市场影响很大，一直受到用户的极高评价和广泛推广应用。

6.3.1 微机数字控制系统的特点

6.3.1.1 信息数字化

微机数字控制的核心部件是数字处理器，目前多数制造公司大多采用Intel公司专门用于电动机控制的单片机产品，如Intel 80C196KC系列，产品主要用于实现开闭环控制、逻辑控制、故障诊断、参数设置和状态及故障显示等，不过近些年某些大型跨国电气公司亦自行开发了其他专门用于交直流传动控制的特殊芯片产品，如西门子公司的80C166（用于直流传动的6RA24系列）和进一步推出的80C167、80C163（用于直流传动的6RA70双处理器系列），性能又有很大发展和提高。

由于处理信息的数字化，因而对传动系统采用的数字处理器也提出了新的控制理念和特殊的技术要求。

数字控制不同于模拟控制，在模拟控制系统中，其变量是无限连续的，而数字控制系统的新理念在于控制变量的数字化和离散化，其数字控制器只能接受被量化后的数字化信号，并在经过数字控制器处理后，输出时间上离散、量值上数字化的数字脉冲信号。

1. 离散化　系指把连续变化的模拟量，经过具有一定采样周期的实时采样变成一组脉冲列，即变成离散化的模拟信号。

2. 数字化　系指将离散化的模拟信号，经过数字量化处理，形成一组二进制的数码，其量值对应于离散化的模拟信号的幅值，可直接进入数字处理器进行运算处理。

为克服离散数字化控制信号对传动系统的影响，如消除量化误差、离散后数字脉冲列对被控对象的影响，在数字化系统中，一般要求：

(1) 处理器输入信息一个字必须有足够的定点字符长度（如字长 16 位、32 位等）；

(2) 有足够高的采样频率，一般采样频率 f_{sam} 不应低于信号最高频率的两倍（即 $f_{sam} \geq 2f_{max}$），以保持变量不失真，并具有原模拟系统实时连续控制的性能；

(3) 随着控制功能的不断拓宽和系统复杂化程度的提高，亦要求传动装置的处理器具有更高的处理速度和更短的指令执行时间，因而随着处理器位数的提高，亦要求其自身的时钟频率不断加大。

目前，传动控制装置所采用的微处理器芯片，随着微电子技术的发展，已由早期产品的 16 位向更高如 32 位或以上方向发展，16 位的指令执行周期为 100ns、时钟频率为 20~40MHz，常用的单片机芯片多采用 Intel80C97 或 Intel80C196KC 或西门子 80C166 家族中 80C167、80C163 等，字长均为 16 位。

单一的微处理器芯片本身还不可能直接执行传动控制，还必须配有适当的外部设备，组成以微处理器芯片为核心的、配置完善、功能齐全的整机设备，在电气传动控制领域有时称为控制器。控制器中的外部设备部分门类很广，其中包括实现变量输入/输出（通用 I/O）的控制接口，人机接口的操作键盘、显示器，用于信息、参数数据的各类存储器（RAM、EPROM 或 EEPROM 等）。对于多机系统（受控目标采用多台单片机实现控制）或多级系统（即带上位计算机）的外部设备，还应该配置用以进行数据信息交换的通信处理接口。有时在复杂的控制任务下，还必须在控制器内考虑适配各样的电子驱动回路模板，如晶闸管触发放大电路等。因而，同个人计算机（PC）相比，它又有很大的不同之处，是 PC 所不能替代的。近年来，由于计算机、微电子等高科技手段的快速发展，传动系统中的全数字装置已彻底地取代了传统设备，并具有极其远大的发展前景。

6.3.1.2 功能软件化

微机数字控制系统的控制是靠软件实现的，各类控制模式（如逻辑、运算等）的生成，以及外部设备硬件的管理都是靠程序实现的。因此，对于不同类型系统的数字控制器，依据使用类型、控制对象和目标都开发有相适配的控制程序，如主程序、初始化程序（固有参数及外部设备运行方式的初始值信息）、中断服务程序（要求快速处理的变量或控制信息），以及其他执行逻辑、各类控制运算（算术运算、PID 调节器、比较器或限幅器等）的程序，程序的主要组成部分包括：

1. **主程序**　主程序是指系统每次上电时所执行的一段程序。因为在由微处理器芯片所组成的控制器中，每次重新上电时，微处理器都会把程序执行地址的指针指向一个固定的地址单元，程序就会从这个地址单元开始运行。一般主程序都包括初始化子程序和循环处理子程序。

(1) 初始化子程序　只在控制器每次上电时执行一次，主要用于完成下述任务：

1) 对控制器及控制对象的一些基本信息的读取，如控制器的软件、硬件的版本号，这些基本信息如需要修改，只有在控制器重新上电后才有效，否则即使用户把相应的参数修改，也不起作用；

2) 对控制器外部设备的管理，如参数存储区的检查，封锁所有输入输出端口，以确保程序的安全性，对通信端口的初始化等；

3) 设置程序执行所需要的基本数据，如参数表的起始地址设置及一些程序中固定值的设置等，为以后程序执行打下基础。

(2) 循环子程序　是在一定时间内完成的一段程序。这段程序是在主程序中不断循环执行的，主要包括若干小子程序，这些小子程序用于完成不同的控制功能，这些控制功能是实时性要求不是很强的，如控制器外部设备的信息读取、工作方式的设定及参数的读取等。

2. 中断服务程序　　这是组成电动机控制程序的核心部分，主要是用于执行控制功能中，要求实时性更强的控制部分，如 PI 调节、状态检测、数字脉冲触发、故障保护等。实现电动机控制用的中断服务程序非常复杂，对于不同的服务目标，要求控制的实时性亦不相同。因此，中断服务程序在执行循环处理的过程中，是按照事件的性质赋予不同的优先级，并依据优先级的高低依次处理。

中断服务程序的申请，是通过中断服务处理，来执行中断处理的各子程序，如速度调节子程序、电流调节子程序、故障保护子程序等。得到申请后，CPU 实时响应，并且按照中断处理优先级的判断，优先级高的将优先中断处理，在上述提到的诸中断服务子程序中，通常是故障保护优先级为最高，依次为电流调节子程序和速度调节子程序。中断程序的申请可以采取两种方式进行：

（1）按照处理器硬件输入端电平变化的上升（或者下降）沿，申请启动中断子程序。例如故障保护可以通过输入端察觉故障的出现，并经过优先级处理执行故障服务程序。

（2）按照硬件/软件定时器，依据软件编程设计程序，采用定时中断处理，例如转速调节和电流调节，同时服从于中断的优先级。

中断子程序执行完毕，中断应该返回，同时应该可靠地恢复被中断的上级程序，为 CPU 下一步工作的执行做好准备。

6.3.1.3　诊断保护智能化

微机数字控制系统优于通常的模拟控制系统，其中明显的优势在于除实现稳定高精度的控制外，还能实现故障的自诊断和信息的智能化处理。首先，故障信息的自诊断门类齐全，故障信息可以包罗万象，给系统的可靠运行及防止事故的继续扩大提供了极为有利的保障，特别是对于连续加工或生产线组成比较庞大的系统，可以使传动装置所发生的故障给全线造成的损失压低到最小的程度。

1. 故障诊断范围　　目前通用型直流传动全数字控制装置，故障诊断的内容和范围通常包括：

（1）各类电源故障

1）电子板电源故障，例如在"运行"状态下，短暂的电源丢失或者电源电压过低，当故障时间长于所设置的"再启动"时间（如出厂设置值为 0.1s）时，设备报出故障；

2）电枢供电的相电压故障，其中包括供电电源频率过高（如 >65Hz）或过低（如 <45Hz）的供电故障，同时亦可以作为运行中线路接触器被断开或者进线回路的熔断器故障等。

（2）励磁回路故障　　类似电枢回路的供电电源监视或者监视励磁回路的电流实际值 I_{act} 低于设定值 I_{fer} 的某一百分比（如 50%）而在规定时间内（如 500ms）得不到恢复时，设备报出故障；

（3）电动机传感器故障　　如直流电动机电刷磨损长度监视、轴承运行状态监视、电动机风扇气流监视、绕组温度过热监视（PTC 热敏电阻传感器）；

（4）测速机（或脉冲编码器）故障

1）脉冲编码器电缆开路或连接错误；

2）脉冲编码器电源故障；

3）速度实际值的极性设置检查，可以每 20ms 执行一次检查，如果连续数次（如 4 次）

不正确，激活故障信息。

(5) 系统运行故障

1) 速度调节器运行状态监控。如可逆系统变流器运行状态、"正向组"或"反向组"调节器饱和以及不正确的参数设置；

2) 传动堵转，时间可设置（范围为 0~600s，步长 0.1s 可调），用于实际速度低于 0.4% n_{max} 且电流达到正向（或反向）限幅设定值；

3) 电枢回路开路（熔断器、开关切断）、触发延迟角错误、电动势（EMF）值过高（多用于非独立控制励磁电流变化不正确）等；

4) 电动机过热 I^2t 监视，用于电枢绕组过热，相当于 110% 额定电枢电流，运行时间过长超过设定时间（一般范围 0~80min，步长 0.1min 设置可调）；

5) 电动机超速，用于超过电动机最高速度 n_{max} 的故障监视，亦用于速度被开环和测速传感器电缆接触故障监视。

(6) 硬件故障

1) 主电路电力电子器件失效；

2) 控制器内部故障，如参数存储器故障、EEPROM 的连接故障、存储在 EEPROM 内的参数值超过允许范围，以及由于损耗而不能存储等。

2. 故障源的分类　根据事件的危害等级，在处理上可分为两类：

(1) 可以在外部进行屏蔽的故障源，一般是属于比较轻微的系统不正常，其性质是不会继续引发其他更严重的故障，造成事态扩大，如轻微过载或调节器饱和等；

(2) 不可以在外部设置屏蔽的故障源，故障的产生有可能造成事态的进一步扩大或致命性影响，如重要的硬件损坏或供电电源不正常。

3. 采用的保护措施　故障发生后，装置必须启动不同类型的保护措施，改变或者中止系统的运行状态，保护或存储运行参数及故障信息，并输出各类显示报警信号，故障保护措施一般有硬件保护和软件保护两种。

(1) 硬件保护措施　指快速切断供电电源（断开电枢侧进线电源断路器），并瞬时封锁电力变流器（脉冲后移及调节器闭锁）；

(2) 软件保护措施　指启动故障保护中断程序，锁存故障信息，移后触发脉冲的触发延迟角及闭锁系统。

系统的两级保护及相互配合是非常必要的，良好的软件保护可以使得故障有可能尽快消失，并弥补硬件保护的各种弊端及不利因素，如避免故障消失以后系统再次投入而导致的事件重复发生。

自诊断是数字控制系统利用 CPU 和存储的大量故障分析模型而实现的智能化手段，问世后一直受到用户及现场人员的普遍欢迎，是数字系统智能化的突出表现，但是由于目前故障分析模型还远远不够完善，专家知识库的推理更有待于实践过程的检验，因而目前还不可能完全取代人工的故障分析处理。

6.3.1.4　结构紧凑化

通用数字控制装置，是集直流电动机的电枢供电和励磁的晶闸管功率部分及驱动回路于一体，并在结构上采取紧凑型设计，组装在一个机箱结构内，具有尺寸小、整体性强、便于系统集成和安装方便的特点，常被统称为紧凑型装置。装置内包括微处理器芯片及外部电路的电子板、用于电子线路供电的多路电源（一般为 DC±5V、DC±15V、DC24V 等）、功率部分的触发硬件电路及驱动放大电路、各类 I/O 接口界面、工艺处理接口界面、通信以及人机接口等。由于硬件配置完善、控制功能适应性强、结构紧凑、单位尺寸空间功率输出大，近 10 年来已普遍取代原晶闸管传动的模拟放大器产品，成为当今交直流传动控制装置的市场主流，其中国外几家大公司的知名品牌产品，由于生产规模大、制造成本低、市场范围广而遍及全球各地，因而国产厂家无法比拟。目前国内产品存在的主要差距是：

（1）处理器芯片和各类电子元器件配套，主要依靠欧美或日本及东南亚地区，其他附件如各类插头座、微型按钮、按键等的全球导购机制国内亦不完善，因而基础件的问题较大；

（2）批量小，无法进行专用生产线的大批量生产，因而成本高，无竞争力。少数的几家国内制造商大都独立经营，很难形成规模，又限于资金限制，目前还停留在非常初级的原始阶段；

（3）软件开发水平低，缺乏高水平的专业技术人才，基础差，实力薄弱，影响发展后劲。

6.3.2 软件结构和基础原理

随着微机数字控制技术的不断发展及软件功能的逐步完善，全数字调速控制装置功能上不仅实现了调速装置的所有调节功能，而且还具有其他大量辅助控制功能，以及提供了极佳的用户界面、极强的自适应性和扩展能力。目前国内市场通行的不同厂商产品，软件整体结构大致一样，主要由主循环和中断两个部分组成，其中中断程序又分成电枢回路中断程序和励磁回路中断程序。

1. 主循环程序　参见图 6-87，每 20ms 执行一次主程序中循环子程序组，它完成所有的辅助功能，图中循环子程序组包括：
- 检测 EEPROM，比较 RAM 区是否与 EEPROM 区相等；
- 串口通信；
- 键盘、显示及恢复出厂值；
- 参数初始值刷新；
- 电动机接口检测；
- 故障信息检测；
- 优化参数设定；
- 功率部分 I^2t 监视；
- 串行口 PKW（参数识别值）处理；
- 双端口 RAM PKW 处理。

2. 中断程序　这是组成电动机控制程序的核心部分，主要用于执行控制功能中要求实时性更强的控制部分，其电枢回路中断控制程序的循环扫描时间，为电网周期的 1/6，励磁回路中断控制程序循环时间为电网周期的 1/2，其中 A/D 转换的首次起动是在电枢回路中断程序中完成的，以后每 0.25ms 循环一次。

（1）电枢回路中断程序包括：
- 存储跟踪信号；
- 开关量输出；
- 码盘反馈；
- 双端口 RAM PZD（传送/接收的过程数据）处理；
- 自由功能块；

- 工艺调节器;
- 电动电位器;
- 斜坡函数发生器;
- 模拟量输入;
- 模拟量输出;
- 优化;
- 串口 PZD 处理;
- 开关量输入;
- 速度调节器;
- 电流调节器;
- 电流预控;
- 脉冲形成;

(2) 励磁回路中断程序包括:
- 电动势 (EMF) 的预控;
- EMF 调节器;
- 励磁电流调节器;
- 励磁电流预控;
- 励磁脉冲形成。

电流调节器是控制系统程序设计的关键部分,并且对系统性能和电枢电流的过载保护具有重大影响,依据目前国内应用情况,列举电流调节(转矩)控制的程序框图,见图 6-88。

3. 触发同步 相位信号直接取自交流电源进线,同时考虑应用方便,不要求在使用现场必须先检查交流供电电源相序,程序设计已经考虑当供电电源为正相序(或负相序)时,对主电路晶闸管触发脉冲的相序需求。

同步信号检测见图 6-89,图中 U、V、W 三相进线是直接取自主电路连接的。线电压 U_{UV} 经过差分放大器 N1 衰减再加上一个偏置电压后,输入到处理器

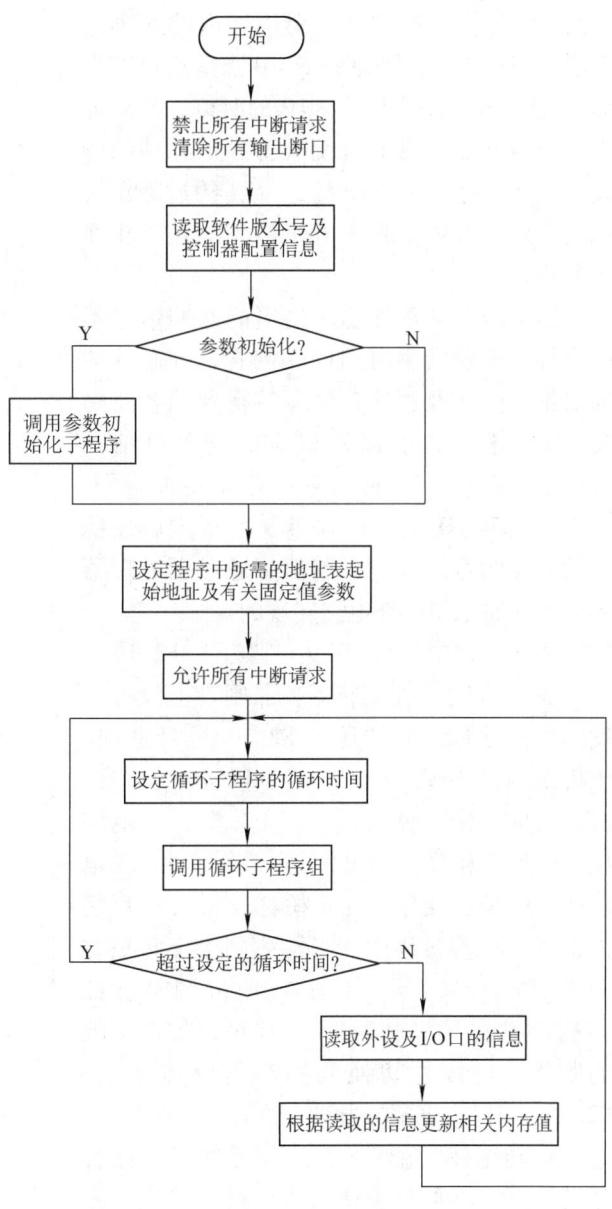

图 6-87 主程序框图 (示例)

的相应输入端进行 A/D 转换。A/D 采样周期为 0.25ms,这样对于 50Hz 的工频电网,一个周期内采样 80 次,因此数字量可以真实反映电网的变化情况,通过 A/D 转换得到的数字量再减去一个恒定的数字偏置值,就得到了线电压 U_{UV}、U_{VW} 的真正数字值。比较本次采样值与上次采样值的符号,如果符号相同,就将所得的采样数值累加,以便求出电网的实际电压有效值,用于欠电压、过电压以及电流预控中使用。如果符号不同,说明上次采样与本次采样之间线电压经过了过零点,根据上次采样的时间、数值大小,以及本次采样的时间、数值大小,用线性插值的方法就可以求出电压过零点的时刻。如果本次采样值为正,说明此过零点为从负

到正，反之为从正到负。这样就求出了 U_{UV}、U_{VW} 的四个过零点。根据 $U_{UV} + U_{VW} + U_{WU} = 0$，因此从 $U_{WU} = -(U_{UV} + U_{VW})$，可以求出 U_{WU} 的两个过零点，这样在一个周期内的 6 个过零点就都可求得。考虑到 $\alpha = 0$ 点落后过零点 60°，减去 60° 就得到了 $\alpha = 0$ 的时刻，然后加上电流调节器输出的值就求得各个脉冲的触发时刻。另外通过比较 U_{UV}、U_{VW} 的过零点时刻的先后，可以判断主电路接入的是正相序还是负相序。

通常的微处理器芯片输出的脉冲信号不能直接用于触发主电路的晶闸管，其芯片的输出量仅仅是经过计算处理后得到的各路触发脉冲移相前沿，以及相应的开关量信号（如触发封锁、可逆传动系统正向/反向触发、释放、逻辑等），见图 6-89b。而形成触发脉冲的必要调宽、载波调制都是通过微处理器芯片外部的电子硬件电路实现的。

图 6-89b 中，当 P2.9 = "L"、P2.10 = "L" 时，说明装置无转矩，晶闸管上没有触发脉冲；当 P2.9 = "H"、P2.10 = "L" 时，正桥工作；当 P2.9 = "L"、P2.10 = "H" 时，反桥工作。当 P2.8 = "L" 时，主电路接入的是正相序；当 P2.8 = "H" 时，主电路接入的是负相序。在正桥往反桥（或反桥往正桥）切换过程中，当检测到给定转矩方向改变时，P2.7 = "L"，此时取消补脉冲（双脉冲中的第二脉冲），这样可以加速电流的断续。在极性切换到相应的整流桥后，P2.7 = "H"，恢复补脉冲。

4. 转矩极性鉴别 对可逆系统的切换程序设计，核心部分包括：转矩极性鉴别、零电流检测，并通过处理器判断后向变流器发出换向指令，指令通常包括：正向组脉冲和反向组脉冲的接通指令，以及在准备进行切换前的补脉冲封锁指令，这是使可逆变流器可靠运行的必要条件。

控制机理是通过采用两个标志寄存器位，分别记录本次循环中速度调节器输出的极性和变流器已被选通的工作状态。程序运行中，每次通过判断两个寄存器对应位是否一致，得知是否要进行切换控制。如果一致，则不切换；否则，就要作切换准备。

切换准备包括：立即封锁双脉冲的补脉冲（第二脉冲）和启动零电流检测。封锁第二脉冲可以使已经出现电流断续的工作组晶闸管迅速关断，是减小换相死时的一种方法。零电流检测是由硬件和软件共同完成的，硬件部分见图 6-90，其中 A、B 点的波形见图 6-90b。

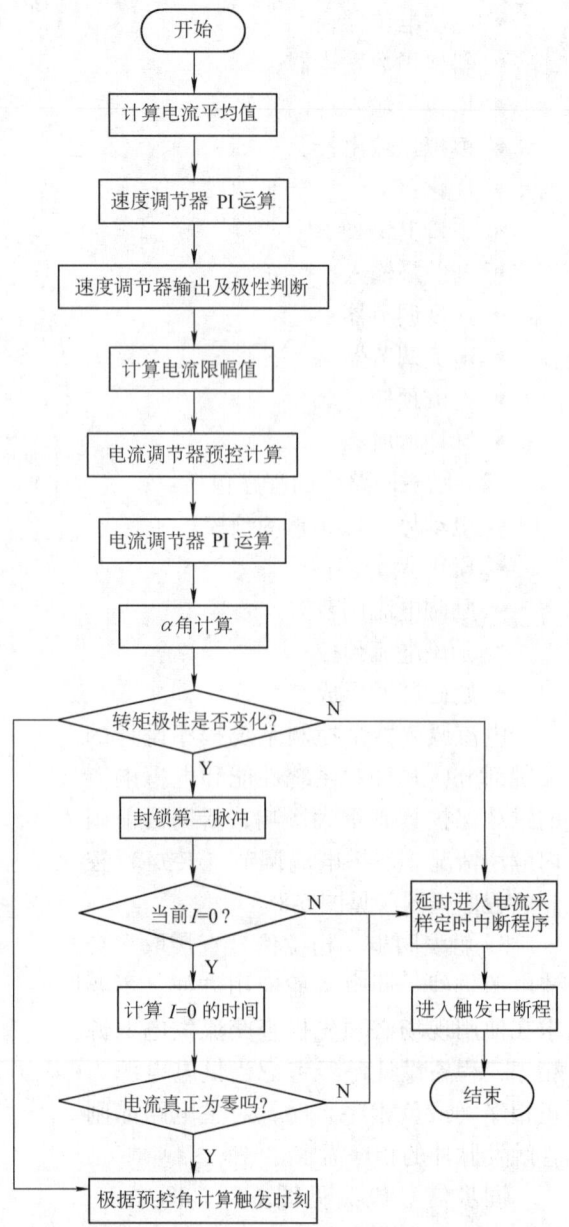

图 6-88 电流调节程序框图（示例）

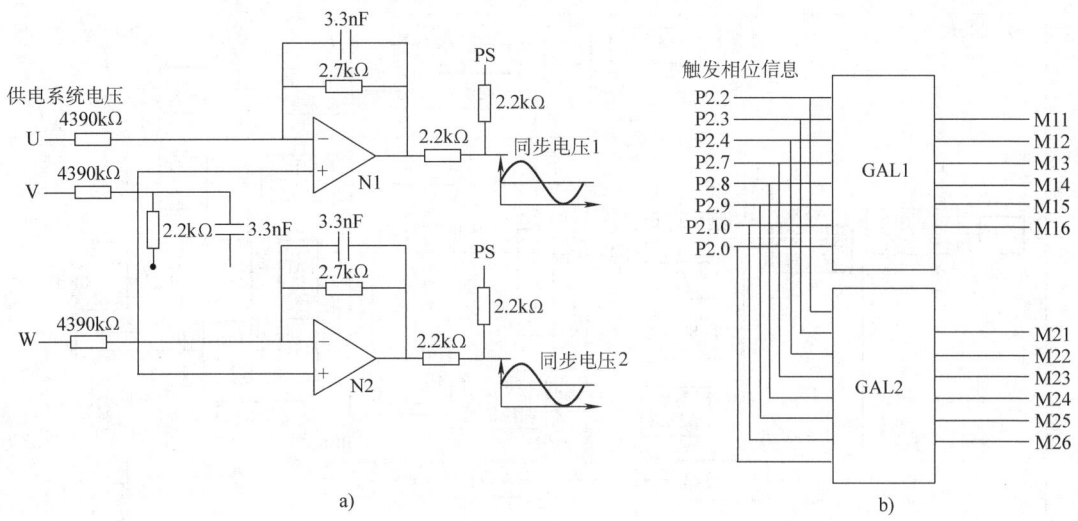

图 6-89 同步信号检测及脉冲合成

a) 同步信号检测 b) 脉冲合成

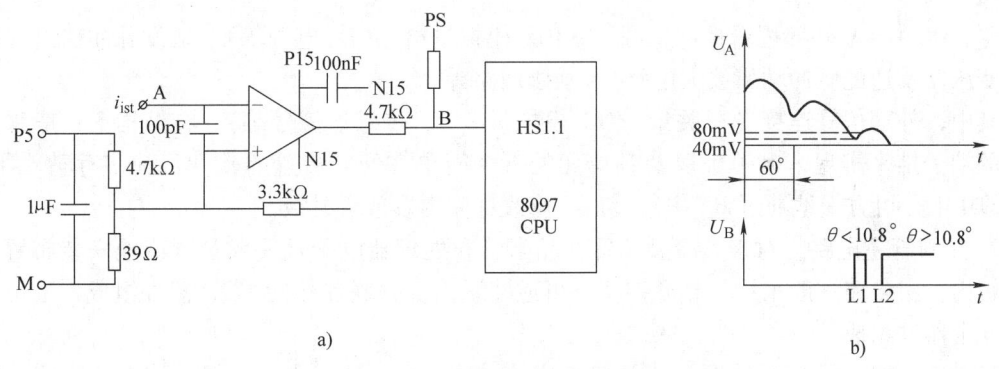

图 6-90 零电流检测示意图

a) 检测电路 b) 电流波形示意图

A—电流实际值输入端 i_{ist}（传感器信号） B—零电流检测信号

注：检测灵敏度：当信号输入端 A（i_{ist}）<80mV 时，输出端信号 B 由 "L" 变 "H"；当信号输入端 A（i_{ist}）<40mV 时，输出端信号 B 由 "H" 返回 "L"。

需要强调的是，实际工作情况往往是当切换要求提出后，回路电流并不立即过零，要通过本桥逆变使电流迅速下降到零。而电流下降过程有时不止一两个波头，所以程序设计还要考虑这种情况下的循环处理。

6.3.3 微机数字控制装置的工程实现方法

6.3.3.1 直流电动机调速装置的组成

装置的结构特点是体积小、内部安装布置紧凑，其组成示意图见 6-91。它主要包括：

1. 电子板　一般分为调节板（包括处理器芯片及外部电子元器件）、电源板（处理器芯

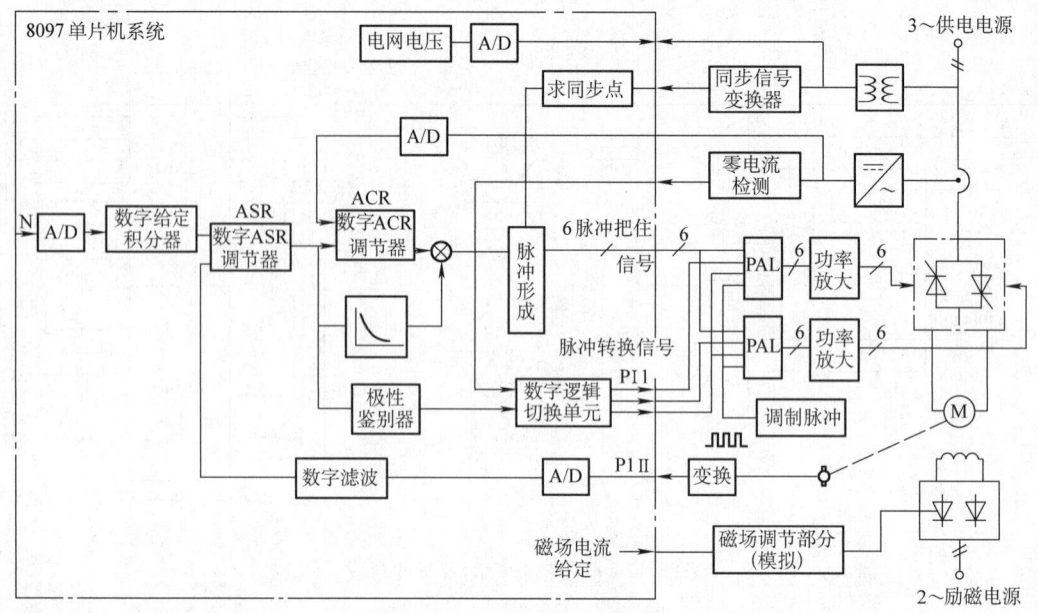

图 6-91 微机数字控制装置组成示意

片电源、DC+24V外部逻辑控制电源、±10V模拟量给定信号电源等)、触发脉冲输出(隔离脉冲变压器及适配脉冲功率放大电路)、励磁回路等。

其中,外部信号连接(开关量I/O、模拟量I/O、传感器信号等),在结构上一般采用可插接的端子排来实现,电子板以及各单元的拆装简单方便。装置的软件目前多存放在flash-E^2PROM中,可方便地通过RS串行接口,修改存储内容或者升级。

2. 晶闸管主电路 对于紧凑型装置,晶闸管和处理器电子板一般是紧凑地安装布置在一个机箱内,主电路一般采用三相全控桥,可逆装置由反并联连接的12个器件组成,不可逆装置由6个器件组成。

3. 冷却方式 小容量装置(直流输出电流约在100A以下的)一般采用自冷方式,容量大的多采用强制风冷方式,结构上设计有专用风道,采用低噪声风机,寿命为5万h以上。

6.3.3.2 控制功能的实现方法

利用高效能的处理器芯片(如C163、C169)实现直流传动的全部闭环控制(电枢、磁场)和其他辅助控制功能(如设定值、限幅值等),并通过图形化的编程手段和控制数据信息的参数化方法,实现设备的调整及运算,既方便简单又易于现场人员接受。

1. 闭环电流控制

闭环电流控制的功能图见图6-92。其主要功能是实现变流器输出直流电流的自动闭环,达到转矩控制的目的,其功能特点:

(1)电流调节器为PI调节器,对称三阶最佳(对电流变化率无差),调节器动态参数K_P(比例)T_N(积分)智能化可调。

(2)有电流预控设定计算,改善小电流调节快速性,补偿回路参数R_a(电阻)、L_a(电感)值对变流器特性的影响。

(3)带触发控制角限幅(限制变流器输出最大电压)α_{min}(最小触发延迟角)、β_{min}(最

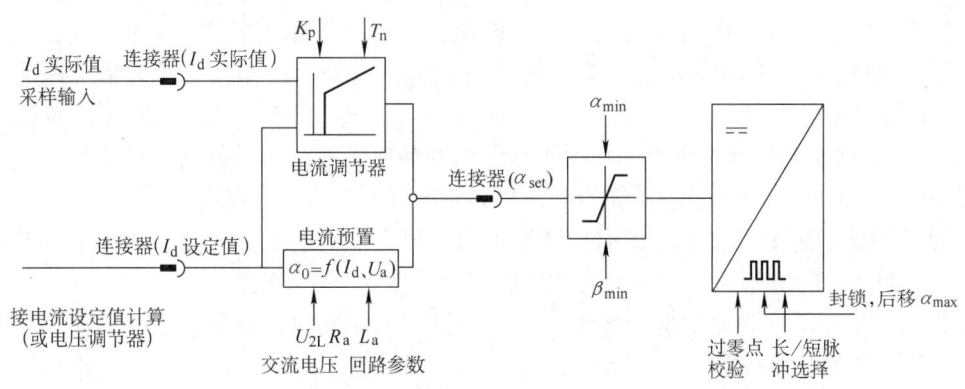

图 6-92　电流闭环控制的功能图

小触发超前角)。

(4) 数字触发功能包括带交流电压过零点校正、宽/窄脉冲输出预置。

(5) 连接器（电流设定值、实际值、触发控制角设定）可通过连接器预置信号通道，提高系统组态灵活性。

2. 速度（电压）闭环控制　闭环速度（电压）控制是直流数字调节系统的外环，对速度调节的精度和响应的快速性具有举足轻重的影响，核心控制环节为数字 PI 调节器，主要的动态参数为速度（电压）调节器动态参数 K_p（比例）和 T_n（积分）数字 PI 调节器的输出作为双闭环电流闭环的电流设定值，输出的限幅值设定用作晶闸管变流器输出的正、反向电流输出值的限幅，其控制示意图见图 6-93。

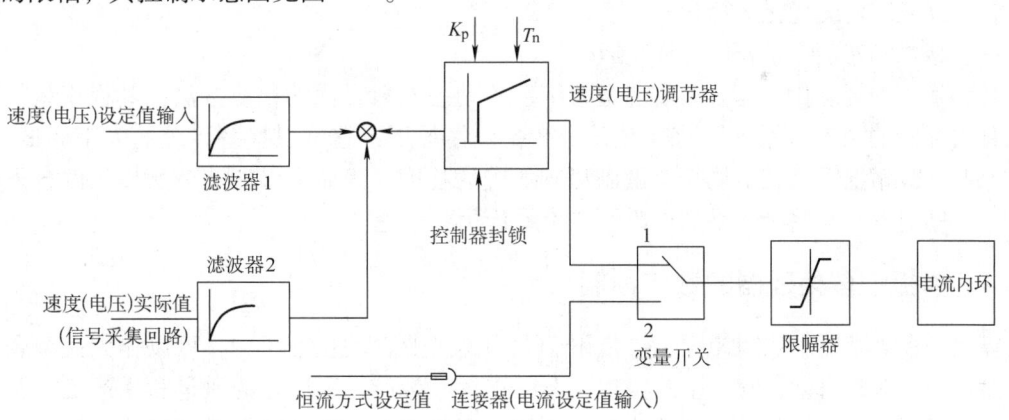

图 6-93　速度闭环（电压）控制的功能图

3. 设定值输入斜坡函数发生器

其功能是用于确定电压、电流给定值的时间延时的长短，范围为 0~650s 可调（步长 0.01s），该功能用于要求变化延缓的控制过程。其功能框图见图 6-94。

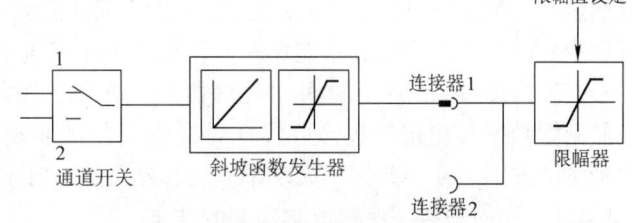

图 6-94　设定值输入斜坡函数发生器

6.3.3.3　控制信息的参数化

参数化是微机数字控制用于控制信息的输入/输出、进行人机对话的重要工程化方法，对传动控制系统实行人机信息交换的主要内容包括：控制对象（直流传动电动机）的电枢、励磁数据，各类设定值（速度、电流、限幅值等）数据，闭环控制的动态（调节器动态比例、积分等）参数，各类系统保护（系统封锁、断路器分断等）数据，各类运行状态的输出（正转/反转、电流、电压、转速实际值等），各类故障状态的诊断、检索和输出等，详细的参数化内容随不同的产品而异，并且在制造厂商提供的用户手册中都予以详细的定义和必要的说明，通常的参数类型有：

1. 显示参数　用于当前量的显示。例如主给定值、电枢电压、速度、各调节器的给定与实际值、控制变量的偏差量等，显示的参数值为只读参数，并不能修改。

2. 设定参数　既作为显示量，又作为可改变量。例如电动机额定电流、电动机热时间常数及速度调节器的 P 增益等。

3. 变址参数　既作为显示量，又作为给同一参数编码的变量，赋予几个不同的信息值。

6.3.3.4　控制功能的优化

制造厂商为进一步使设备面向工业现场，控制信息的设置或写入大多在出厂前已经被设置成出厂值（初始化值），现场人员补充必要的设备（或工艺）参数，可以在不需要特别调整的情况下，使系统直接投入运行。为此，制造商亦都提供了若干智能化的软件调试服务程序（被称做为自动优化程序），以取代传统的人工动态性能调整，在没有专家出席的条件下，使装置的各类功能达到尽善尽美的程度，不同制造厂商提供的产品初始化调试程序不尽相同，一般的初始化过程包括：

（1）电枢和励磁的预控和电流调节器的优化运行；
（2）速度调节器的优化运行；
（3）励磁减弱的优化运行；
（4）摩擦和转动惯量补偿的优化运行。

传动系统的智能化，是自动实现全数字装置动态参数寻优的快捷方法，其程序是依据装置软件内存储的"专家系统"来实现的。在一般情况下，它可以代替传统的人工调试方法，但在某些特殊情况下，还不能完全做到尽善尽美的程度，因而许多制造商所提供的智能化程序中，还同时存在某些参数手动更改的"手动优化"余地。

6.3.4　模板型多处理器的数字控制

模板型多处理器的控制装置主要是用于大型的工业自动化系统中，可以作为大型企业自动化生产线的多机自动控制，以及实现复杂的连续性生产、高性能的质量和生产工艺及流程控制。在复杂的控制设备中，其系统的设备配置可以由多块微处理器模板组成工作站，然后再通过并列运行的几个工作站和通信网络，控制生产线的生产设备。工作站和工作站之间可以通过网络交换信息数据来实现生产线上的多机自动化，通过网线通信将各个工作站与上位管理中心设置的网络服务器连在一起，组成多级多机系统。

交直流传动系统采用这种多处理器的工作站，附加厂商提供的其他辅助接口模板，如用于晶闸管触发移相接口板，可实现对交直流传动驱动设备的功率模块进行变压、变流控制。这种传动方案，主要是用于大功率直流传动及同步或异步电动机的交-交变频传动。

6.3.4.1　模板型多处理器数字控制的特点

1. 规模大　模板型多处理器的数字控制装置，是指系统的控制功能是通过配置的一个以上的处理器模板一起实现的，这些处理器模板又通过适配其他的辅助控制模板，如输入/输出接口、通信接口、变流器接口等，组成一个控制功能庞大，适用于快速响应及执行复杂的控制任务，如实现多相整流、双电枢传动、轧机上下辊单辊传动、多电机负载平衡、电机模型和观测器设计等。这些都是靠紧凑型设备难以实现的控制。

2. 档次高　处理器模板多采用 32 位处理器（更新的处理器已出现 64 位），具有运算速度快、典型的控制循环处理时间短（约为 0.5ms，16 位处理器循环时间大约为 4ms）、D/A 转换精度高（其控制精度及分辨率均在 10^{-12} 范围）等特点。

3. 模板型装置的结构可实现自由组态　模板型结构的模板种类多，系统集成或者组态可选性强，如整流器设计专用的变流器接口模板，对各类整流器接口方便，特别适用于兆瓦级以上的超大容量的整流器，触发移相定位精度高，更适用于多相整流器系统。

4. 软件内容丰富功能全　系统软件及各类功能块全面适用，并支持各类用户系统，除了一般的闭环控制 PID、算术运算、逻辑控制、函数变换、信息处理和服务/诊断外，还专门设有用于晶闸管相位触发及电流反馈、电压/电流闭环的变流器功能包，系统设计的软件编程自由组态省时方便。

5. 图形化编程人-机接口生动　对比紧凑型装置，如西门子公司 6RA70 全数字直流调速装置，当任务变化时，它是靠设置软件内连接器的参数来实现的，控制结构不能更改，相对局限性较大。而采用模板型装置，如西门子公司 SIMADYN-D 的软件编程是采用图形化自由组态形式，可用 Windows NT 操作平台，图形画面生动，参数及变量实际值用标量或者绝对值表示，可以做到一目了然。每一台机箱框架（或者通过扩展配置 1 个以上框架）所组成的系统，都配置有操作控制面板，控制面板可方便地装嵌在框门上，面板上的显示屏幕比较大（采用彩色液晶显示，带轻触控制键），可以显示汉字文本（紧凑型装置大多只能显示信息代码，形式为手持式或者随机适配在柜内装置上的）。

6. 设有方便编程的软件编程工作站　设有专用的个人计算机、打印机及配置带有西门子用户授权的编程或程序软件，调试、监控操作方便。

6.3.4.2　模板硬件设备组成

1. 机箱框架和模板分类

（1）机箱：主要用于提供模板的机械安装，及装在机箱框架内的快速数据传输总线，如 L-bus（局部）、C-bus 等。机箱内带有可供处理器及各类模板使用的电源，进线电源一般是 230V（允许波动 -15%、+10%），变换后的内部电源为 +5V、±15V。机箱内的锂电池用于在供电电源故障条件下的数据保存而不丢失。

（2）处理器模板：具有高的性能及控制精度，目前处理器已由早期 16 位发展为 32 位、64 位或更高，处理速度快。程序可以存储在模板的 Flash-EEPROM 内，存储容量约为 4MB DRAM 及 64K B SRAM，处理器模板的标准化接口除 DI/DO、AI/AO 外，某些厂商还提供可供各类测速脉冲编码的信号接口。

（3）各类信号接口板：如可供联锁和逻辑顺序控制及闭环控制的各类信号输入、传感信号的 DI/DO、AI/AO 等的连接端口。

（4）通信控制板：用于对外部设备（如个人计算机、可编程序控制器（PLC）及厂商提供的人机对话操作控制面板）进行通信连接，并可适应于数据通信的多种技术协议（如 Profibus）等。它是实现传动装置多机多级自动化控制的关键。

（5）用于传动设备变流器接口的专用模板：是交直流传动系统中，控制装置实现对主电路电力电子变流器连接的重要核心，针对不同变流设备的不同要求，不同厂商提供的设备差异很大、专用性很强，详细信息参见相关应用手册及第 10 章相关部分。

6.3.4.3 模板型多处理器数字控制装置的功能软件和编程方法

模板型多处理器数字控制装置的类型很多，厂商随供货设备都提供了配套的标准功能块以及作为特殊用途（如晶闸管变流器交直流传动）的专用功能包，组成可适合于各种用途和生产线工艺控制的"软件图书馆"，内容极为丰富，用户可以根据自己的需要编写程序并生成与控制目标相适应的应用程序。对编程软件，有些厂商为便于产品的推广和用户使用，已采用 Windows NT 环境运行。标准功能库包括逻辑控制、算术运算、各种闭环控制用的调节器（如 I、D、PI、PID 等）、变量选择开关及各种函数发生器等，以及对于直流传动闭环控制的零电流检测、晶闸管移相触发、电源同步及相位、频率检查等都已组成专门的特殊功能包，形成具有特定性能（如转矩闭环、变流器补偿）的"专家系统"，减少传动系统设计和软件编程的工作量，提高性能、精度及可靠性。

用户程序可以采用循环扫描或者中断两种方式，循环扫描可有多种扫描时间选择（扫描时间的选择依据基本扫描时间 T_0 确定），中断运行程序一般有三种中断源方式：硬件中断、软件中断和定时中断，用户可根据自己程序的需要进行编程选择。

编程语言，厂商考虑到产品推广和用户方便，大多已采用连续功能图（CFC）方式，即所谓的采用全开放图形软件配置工具，并逐步取代语句表的条目方式，使编程工作更易于使现场工程师掌握，编程界面更友好生动。如某公司推广的 CFC（连续功能图）方式，由于编程及信息检索方便，界面更加友好和形象化，从而得到了工程应用的良好效果。

参 考 文 献

[1] 机械工程手册电机工程手册编辑委员会. 电机工程手册：自动化与通信卷 [M]. 2 版. 北京：机械工业出版社，1997.
[2] 李红霞，李冬梅，戴薇，等. 8097 单片机控制的全数字直流调速系统 [C]：EACS'/94-24 自动化学会论文集，1994.

第7章 交流调速传动系统

7.1 交流调速的引言及分类

7.1.1 引言——交流调速和直流调速

交流电动机结构简单、价格便宜、维护工作量少，但起、制动及调速性能不如直流电动机，且调速装置价高，故长期以来在调速领域一直以直流调速为主。近年来，随电力电子技术及控制技术的发展，交流调速的性能与成本已能和直流调速竞争，越来越多的直流调速应用领域被交流调速占领，以交流调速取代直流调速已成为趋势。

调速传动按其应用领域，大致分为四大类：

- 通用机械的节能调速

通用机械指风机、泵、压缩机等类机械，量大、面广，应用于各行各业。它们的用电量约占全国总发电量的1/3。这类机械过去都用不调速的交流电动机驱动，风量和流量靠挡板及阀门调节，浪费大量能源。把这类机械的交流传动系统由不调速改为调速，取消挡板及阀门调节，平均可节电30%~40%，故称这类调速系统为节能调速系统。改调速后，由于风量和流量可以连续平滑和快速精确控制，给工艺（或燃烧）过程的优化创造了条件，有助于提高产品的产量和质量；由于减少了管道和阀门的压力，可以提高设备寿命，减小维修量。

- 工艺调速

由于机械设备的工艺需要，要求驱动电动机必须调速运行的传动系统称为工艺调速系统，例如金属加工、造纸、提升等机械的传动系统。长期以来，在这个领域里都采用直流调速，现正逐步过渡到以交流调速为主。

- 牵引调速

各种电动车辆及船舶等运输机械的电驱动系统，也要求在运行中及时调速，这类传动系统称为牵引调速系统。它们属于工艺调速范畴，但由于装在移动机械上，又有许多不同于一般机械的特殊要求，例如供电电源、设备尺寸和重量、散热及防护要求等。过去这类传动系统都采用直流调速，现也在逐步改用交流调速。由于牵引机械对传动设备的尺寸、重量和防护有严格要求，而在这些方面交流比直流占优势，所以交流牵引调速取得更快发展。

- 特殊调速

某些应用场合，用户对调速有特殊要求，满足这些特殊要求的调速系统属特殊调速系统。例如转速6000r/min以上的高速系统，这种转速要求直流电动机实现不了，只能使用交流调速。又如调速范围1:50000~1:100000的极宽调速系统，用普通直流或交流电动机都有困难，只有采用特殊的永磁交流电动机才能实现。

交流电动机与直流电动机的比较及针对典型工艺要求的调速方案选择，请参见第2章。

7.1.2 交流调速系统分类

交流电动机的转速公式

异步电动机 $\qquad n = 60f(1-s)/p \qquad$ (7-1)

同步电动机 $\qquad n = 60f/p$

式中 f——定子频率；

p——极对数；

s——转差率。

交流调速系统有多种分类方法：
- 按调速方法分：变 f、变 p、变 s。
- 按调速效率分：高效、低效。
- 按调速平滑性分：有级、无级。
- 按调速装置所在位置分：定子侧、转子侧、转子轴上。
- 按使用的电动机分：异步电动机有笼形异步电动机、绕线转子异步电动机；同步电动机有励磁同步电动机、永磁同步电动机、无刷直流电动机、开关磁阻电动机。

常用调速系统：

有级调速：
- 变极对数——变 p，高效，定子侧，异步电动机；
- 转子串电阻——变 s，低效，转子侧，绕线转子异步电动机。

无级调速：
- 定子侧：定子调压——变 s，低效，异步电动机；

  定子变频——变 f，高效，异步电动机或同步电动机。
- 转子侧：串级调速（向下调）——变 s，高效，绕线转子异步电动机；

  双馈调速（上下调）——调 s，高效，绕线转子异步电动机。
- 转子轴上：液力耦合器——调 s，低效，异步电动机或同步电动机；

  电磁转差离合器——调 s，低效，异步电动机或同步电动机。

有级调速系统已在第 5 章中介绍过，不再重复，本章只介绍无级调速系统。

7.2 交流调速用电力电子装置

本章介绍交流调速用的装置。多年前曾用过一些机组装置，例如各种变流机组、饱和电抗器等，现在已经淘汰，不再介绍。本手册仅涉及用电力电子装置（变流器）构成调速装置。

同一种装置可以用于不同交流调速系统和接于不同地方，例如整流装置可以用于交-交直接变频，也可用于交-直-交间接变频，又如变频装置既可接电动机定子——变频调速，也可接电动机转子——串调和双馈调速。在介绍调速系统之前，把各种系统用到的电力电子变流器，集中在本节做简要说明。

交流调速用电力电子装置有交流调压装置和变频装置两大类。现用的交流调压装置仅一种——晶闸管交流调压器。变频装置种类很多，归纳起来分交-直-交间接变频器和交-交直接变频器两类。在交-直-交间接变频器中，先用交-直变流装置（又称前端）——整流器，把交流电变为直流电，再用直-交变流装置——逆变器，把直流电变为另一种频率和电压的交流电

（两次变换）。根据直流回路中储能元件的不同，交-直-交间接变频器又分电压型和电流型两种：电压型的储能元件为电容，由于电容上的电压难变化，在控制规律不变而负载变化时，输出电压基本不变；电流型的储能元件为电感，由于电感上的电流难变化，在控制规律不变而负载变化时，输出电流基本不变。交-交直接变频器没有中间直流环节，直接把一种频率和电压的交流电变为另一种频率和电压的交流电（一次变换）。变频器使用的电力电子开关器件种类很多，基本上有三类：不可控整流器、半控晶闸管和全控（自关断）器件，例如电力MOSFET、IGBT、IGCT、IEGT等。常用的变频器及使用的开关器件如下：

1. 电压型间接变频器

● 整流器：不可控整流；晶闸管相控整流（不可逆、可逆）；自关断器件的电压型PWM整流（又称有源前端）。

● 逆变器：晶闸管强制关断的电压型逆变器（基本上已淘汰，本手册不再介绍）；自关断器件的电压型PWM逆变器。

2. 电流型间接变频器

● 整流器：晶闸管相控整流（不可逆）；自关断器件的电流型PWM整流。

● 逆变器：基于晶闸管负载自然换相的电流型逆变器（LCI）；基于晶闸管强制关断的电流型逆变器（基本上已淘汰，本手册不再介绍）；自关断器件的电流型PWM逆变器。

3. 直接变频器：基于晶闸管电源自然换相的直接变频〔常称为交-变频器（Cycloconverter）〕；自关断器件的PWM直接变频器〔常称为矩阵变频器（Matrix Converter）〕。

7.2.1 不可控整流器和可控整流器

整流器用于把交流电变为直流电，本小节讨论基于整流二极管的不可控整流器和基于晶闸管相控的可控整流器。整流器的工作原理、联结线路及基本电路参数（重叠角、换相电压降、最小触发超前角及最小触发延迟角、整流电压和电流计算、变压器及电抗器计算、整流管和晶闸管计算等）已在第3和6章中介绍过，不再重复，本章仅讨论用于交流调速时的特殊问题。

1. 直流输出端接有大滤波电容的整流工况　用于交-直-交变频器前端的整流器的直流输出端通常直接连接大容量滤波电容器（见图7-1a），造成直流母线电压被抬高，整流电流断续，整流管导电时间缩短，流过整流管的电流及交流进线电流波形变为两个很窄的尖脉冲电流波（见图7-1b），给设备和电网带来许多危害：

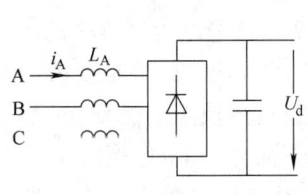

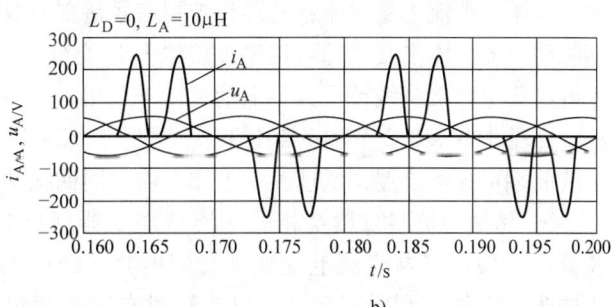

a)

b)

图7-1　接电容负载的整流电路及波形
a) 整流电路　b) 进线电压、电流波形

● 输出同样的直流平均电流，尖脉冲电流给整流管带来的电流冲击比120°方波电流大许多，增加整流器件的故障率。

- 尖脉冲电流中含有巨大谐波成分,导致网侧功率因数低,仅0.6左右;谐波还影响接于同一电网的其他用电设备的工作。

解决该问题必须增大整流管的导通角,增设交流进线电抗器,或在储能电容器与整流器之间增设直流平波电抗器,详见本章7.3.4节中低压电压型交-直-交变频器应用部分。

2. 连接于异步电动机转子绕组的不可控整流器 在绕线转子异步电动机串级调速系统中,三相桥式不可控整流器经集电环与电动机转子绕组相连接,把转子交流电整流成直流电,然后经逆变器回馈给电网。这种不可控整流器的工作原理与普通有整流变压器的整流器相同,可以直接引用已有的整流理论,但两者之间还存在一些差异:

- 在串级调速系统中,转子绕组相当于整流变压器的二次绕组,它感生的电动势的幅值和频率都与电动机的转差率 s 成正比,即

$$e_r = se_{r0}$$
$$f_r = sf_{r0} \tag{7-2}$$

式中 e_{r0} 和 f_{r0}——$s=1$(转子不转)时的 e_r 和 f_r。

- 和整流变压器的漏感一样,电动机绕组的漏感也导致换相重叠,由于电动机的漏感值比变压器的漏感值大,所以换相重叠角比普通整流大,对整流性能影响严重。

- 随转速升高,转差率减小,转子电动势减小,换相重叠时间加长,但由于转子频率也按比例减小,周期加长,使得换相重叠角 u 不随转速变化,

$$u = \arccos\left(1 - \frac{e_k}{100}\frac{I_d}{I_{dN}}\right) \tag{7-3}$$

式中 e_k——阻抗电压值(%);

I_d 和 I_{dN}——整流输出直流电流及其额定值。

- 重叠角 u 使转子电流基波滞后转子电动势一个略大于 $u/2$ 的电角度,影响电动机电网侧功率因数;重叠角还使整流输出电压下降 Δu_d,相当于在直流电路中增加一个等效电阻 r_e,影响串级调速的机械特性,详见本章7.4.1节。等效电阻 r_e(相对值)按下式计算:

$$r_e = \frac{\Delta u_d/u_{d0}}{I_d/I_{dN}} = 0.5\frac{e_k}{100} \tag{7-4}$$

式中 u_{d0}——$s=1$ 时的理想空载整流电压,$U_{d0}=2.34e_{r0}$。

3. 输出交流或周期脉动直流的可控整流装置 若可控整流器的移相控制信号是直流,则输出的整流电压、电流也是直流;若移相控制信号是交流或周期脉动直流,则整流输出也将是交流或周期脉动直流。输出交流的可控整流器称为交-交变频器。交-交变频器可以接至电动机定子绕组,也可经集电环接绕线转子异步电动机转子绕组,前者是交-交变频调速,后者是双馈调速方案之一,详见本章7.3.2节和7.4.1.3节。本章7.3.3节介绍的负载自然换相电流型交-直-交变频器中的前端可控整流器,低速时就工作在输出周期脉动工况,见下面对 LCI 的介绍。

4. 基于晶闸管负载自然换相的电流型逆变器(LCI) 这类电流型逆变器实质上是晶闸管整流器的逆应用(从直流电变换到交流电),工作于最大触发延迟角 $\alpha_{max} > 90°$,其特点是负载为同步电动机,利用同步电动机旋转时在定子绕组中感生的交流电动势,通过自然换相来关断已导通的晶闸管。为确保安全换相,防止逆变颠覆,晶闸管的触发脉冲必须超前交流电动势最小触发超前角 β_{min},导致电动机定子电流超前电压。当转速低于10%时,电动势太低,不能安全关断正在导通的晶闸管,则必须通过控制前端交-直变换侧的可控整流器,产生周期脉动的断续直流电流,实现安全关断。有关 LCI 的详细介绍请参见本章7.3.3节。

7.2.2 晶闸管交流调压器

晶闸管交流调压器接于交流电源和电动机之间，通过改变电动机输入电压来改变电动机的机械特性，实现调速。交流调压器的工作原理基于晶闸管移相控制，几种可能的三相交流调压电路及某一相负载上的输出电压波形见图 7-2。

图 7-2a 为带零线的三相调压电路，最大移相范围为 180°，三相对称。输出电流中存在奇次谐波，$\alpha=90°$ 时三次谐波电流最大，且流过中线，形成零序电流，不仅加大损耗，而且造成三相电网电压畸变，较少使用。

图 7-2b 为不带零线的三相调压电路，最大移相范围 150°，三相对称。虽有三次谐波电压，但无通路，无三次谐波电流，需用宽脉冲或双脉冲。

图 7-2c 为半控调压电路，每相只有一个晶闸管和一个整流二极管，设备简单，但正、负半周电压、电流不对称，造成谐波电流中有奇次，也有偶次，产生与基波转矩相反的负转矩，使电动机输出转矩减小，效率降低，仅在小功率电动机中使用。

图 7-2d 为晶闸管与负载接成内三角形的三相调压电路，其原理与图 7-2a 相似，但同样负载容量时，流过晶闸管的电流比图 7-2a 小，承受的电压高，存在三次谐波电流，且需电动机引出六个接线端，很少使用。

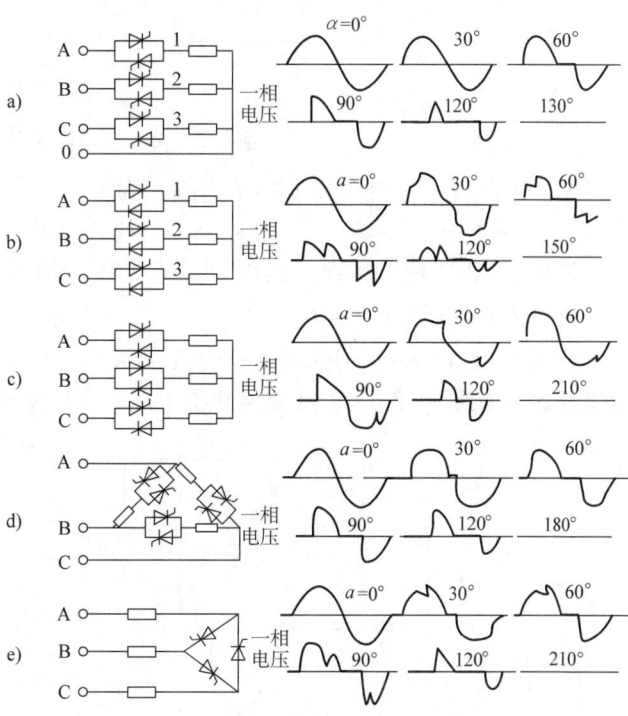

图 7-2 常用三相交流调压电路及某一相输出电压波形

图 7-2e 使用器件最少，电路最简单，属于不对称控制，负载上有偶次谐波，电动机输出转矩降低，影响效率，仅用于小功率电动机中。电动机中点要打开，且只能接成星形。

比较而言，图 7-2 中的 b 和 e 使用较多。

7.2.3 脉宽调制（PWM）变流器基础

脉宽调制（Pulse Width Modulation——PWM）变流器是一类基于电力电子开关器件周期开通和关断，通过改变占空比 D（开通时间与开关周期之比）来改变输出电压的变流器。这类变流器使用的开关器件多为自关断器件，例如功率 MOSFET、IGBT、IGCT、IEGT 等，以前曾用过晶闸管强制关断方法，由于线路复杂、开关慢、可靠性差，现很少用，已基本上被淘汰。

PWM 变流器有三类基本线路结构：降压型（Buck）、升压型（Boost）和升降压型（Buck – Boost）。

- 降压型（Buck）变流器：其电路及其工作波形见图 7-3。

图中，S 和 $\bar{S}$ 是一组电子开关，S 导通时 $\bar{S}$ 关断，反之亦然；t_{on} 和 t_{off} 是开关 S 的导通和关断时间，周期 $T = t_{on} + t_{off}$；u_s 是开关 S 上的电压。

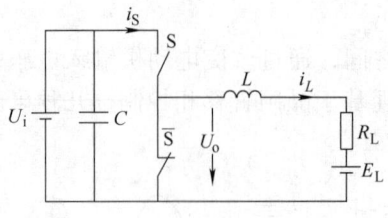 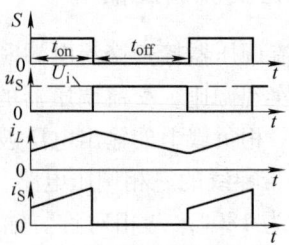

图 7-3 降压型电路及其工作波形

输出电压（一个开关周期的平均值）为

$$U_o = DU_i \tag{7-5}$$

式中 D——占空比，$D = t_{on}/T$；

由于 $D \leq 1$，所以 $U_o \leq U_i$。

● 升压型（Boost）变流器：升压型变流器是降压型的逆向应用，如果降压型变流器中的电流反流（能量回馈），它就变为升压工作。升压型变流器的电路及工作波形见图 7-4。

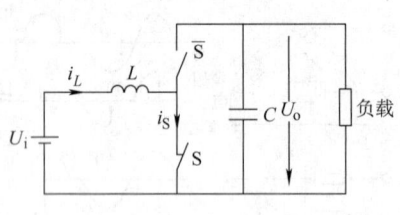 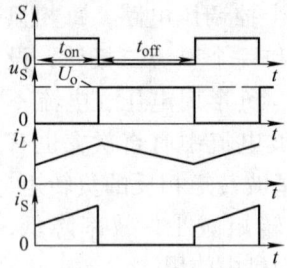

图 7-4 升压型电路及工作波形

输出电压（一个开关周期的平均值）为

$$U_o = \frac{1}{1-D} U_i \tag{7-6}$$

图中和公式中各变量及符号定义与降压型相同。由于 $D \leq 1$，所以 $U_o \geq U_i$。

● 升降压型（Buck-Boost）变流器：升降压型变流器在调速系统中很少用，它的电路及工作波形见图 7-5。

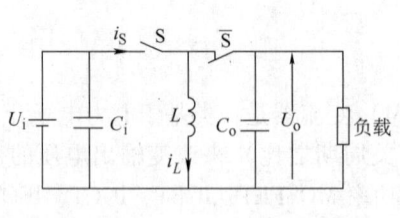 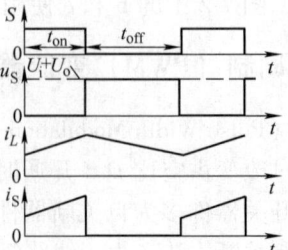

图 7-5 升降压型电路及工作波形

输出电压（一个开关周期的平均值）为

$$U_o = \frac{D}{1-D} U_i \tag{7-7}$$

若 $0 \leq D < 0.5$, 则 $U_o < U_i$; 若 $0.5 < D \leq 1$, 则 $U_o > U_i$; 若 $D = 0.5$, 则 $U_o = U_i$ (输出电压极性与输入电压相反)。

注意：由于在电源、负载及连接导线中都存在电感，不允许电感电路中的开关在有电流时突然切断。为此，在变流器设计时必须为电感安排续流通道，并且调制开关（S 和 $\bar{S}$）只能一端接电感，另一端接电容。

7.2.4 用于调速系统的 PWM 变流器

7.2.4.1 直流斩波器

若输入电源 U_i 和产生占空比 D 的控制信号都是直流，则变流器的输出 U_o 也是直流，这类变流器称为直流斩波器。

最基本的斩波器是降压斩波器，见图 7-6。若负载直流电动机只工作在电动状态，无回馈（电流 I_L 反流）工况，这时开关 S 为自关断器件 V1，而 $\bar{S}$ 为续流二极管 VD2（见图 7-6a）。当 V1 导通时，电感电流 I_L 增加，蓄能；当 V1 关断时，电感经二极管 VD2 续流，放能。若负载直流电动机存在制动状态，有回馈（电流 I_L 反流）工况，这时开关 S 和 $\bar{S}$ 都必须是自关断器件（V1 和 V2），且反并联续流二极管（VD1 和 VD2），制动时 V2 和 VD1 工作。在很多开关器件中，已把自关断器件和反并联续流二极管封装在一起。注意：若在 V1 和 V2 的开关过程中存在导通时间重叠，电源将被短路，造成开关器件过电流（"直通"故障）。为避免该故障，在设计 V1 和 V2 的切换控制电路时需设置"死时"，先"关"后"通"，在"死时"期间，输出电流经 VD1 或 VD2 续流。

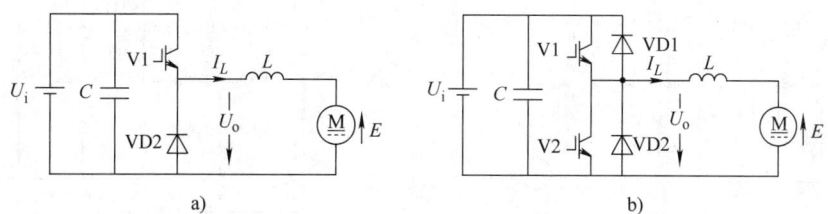

图 7-6　直流降压斩波器

a) 无回馈工况　b) 有回馈工况

基于升压电路的斩波器称为升压斩波器，见图 7-7。它也有无回馈工况和有回馈工况两种电路：前者的开关 S 和 $\bar{S}$ 为自关断器件 V1 和二极管 VD2；后者的开关 S 和 $\bar{S}$ 为两组带有反并联续流二极管的自关断器件 V1（VD1）和 V2（VD2）。升压斩波器一般用于电压匹配，不直接带电动机。

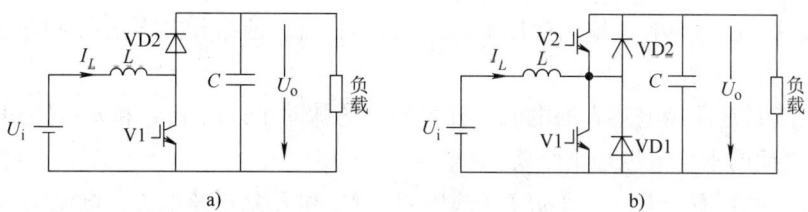

图 7-7　直流升压斩波器

a) 无回馈工况　b) 有回馈工况

7.2.4.2 电压型 PWM 逆变器

若降压变流器的电源是直流 $U_i = 2E_i$，而产生占空比 D 的控制信号是加入 1/2 偏置的交流信号。

$$D = [1 + m\sin(\omega t - \theta)]/2 \tag{7-8}$$

式中 m——调制系数,$1 \geq m \geq 0$;
ω——角频率,$\omega = 2\pi f$;
θ——相角。

则变换器输出电压(一个开关周期的平均值)$u_o = mE_i \sin(\omega t + \theta)$,它是幅值为 mE、角频率为 ω、相角为 θ 的交流电压,这时变流器成为单相电压型逆变器,见图 7-8。由于交流输出电流周期性地变换方向,该逆变器的两组开关 S 和 $\bar{S}$ 应是两组带有反并联续流二极管的自关断器件 V1(VD1)和 V2(VD2),电流正半波时流经 V1 和 VD2,电流负半波时流经 V2 和 VD1。为防止"直通",在设计 V1 和 V2 的切换控制电路时需设置"死时",在"死时"期间,输出电流经 VD1 或 VD2 续流。

7.2.4.3 电压型 PWM 整流器

电压型 PWM 整流是电压型逆变器的逆应用,基于升压变换电路,输入是正弦交流电压 u_i,产生占空比 D 的控制信号也是正弦交流,即

$$u_i = U_i \sin\omega t$$
$$D = [1 + m\sin(\omega t - \theta)]/2 \tag{7-9}$$

则输出电压(在一个开关周期的平均值)是直流电压 U_o($> U_i$),见图 7-9。

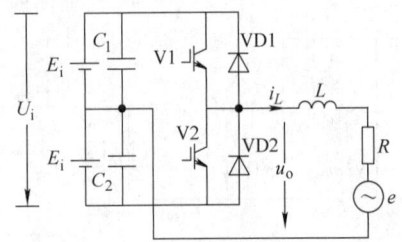

图 7-8 单相电压型 PWM 逆变器 　　　　图 7-9 单相电压型 PWM 整流

该整流器的两组开关也应是两组带有反并联续流二极管的自关断器件 V1(VD1)和 V2(VD2),并在设计 V1 和 V2 的切换控制电路时需设置"死时"。

PWM 整流的特点:

● 输出端接大滤波电容,输出电压 U_o 是平直的直流,两组开关连接点 a 的电压是正弦电压 u_a。

● 输入电流 i_i 是流经电感 L 的电流,开关频率的脉动小;由于 u_i 和 u_a 都是正弦波,所以 i_i 在一个开关周期的平均值也是正弦波。

● 由于 $\boldsymbol{I}_i = -j(\boldsymbol{U}_i - \boldsymbol{U}_a)/(\omega L)$(式中 $\boldsymbol{U}_i$、$\boldsymbol{U}_a$ 和 $\boldsymbol{I}_i$ 是正弦电压、电流 u_i、u_a 和 i_i 对应的矢量),所以输入电流 i_i 的相位(与输入电压 u_i 间所夹的功率因数角 φ)和幅值可以通过改变占空比控制信号中的 m 和 θ 角来控制(见图 7-10),从而实现输入电流的有功分量和无功分量的分别控制。

● 允许功率双向流动:当有功电流分量 >0 时,功率从交流电源流向直流负载;当有功

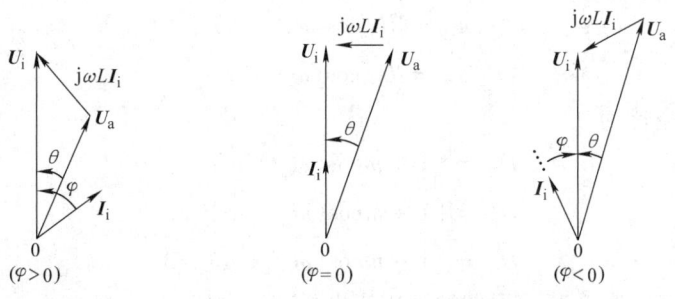

图 7-10 PWM 整流输入电流、电压矢量图

分量 <0 时,功率从负载流向电源。

由于 PWM 整流具有上述优良性能,常用作高性能交-直-交变频器前端的交-直变流器,称为有源前端(AFE)变流器。

7.2.4.4 三相电压型 PWM 逆变器和 PWM 整流器

把三个单相电压型 PWM 逆变器组合起来,去掉中性线,就构成一台三相 PWM 逆变器,见图 7-11。

把三个单相电压型 PWM 整流器组合起来,去掉中性线,就构成一台三相 PWM 整流器,由于它是三相逆变器的逆应用,所以它的电路和图 7-11 一样,只是输入、输出互换,输入为串有进线电感的三相交流电源,输出为并有电容的直流负载。

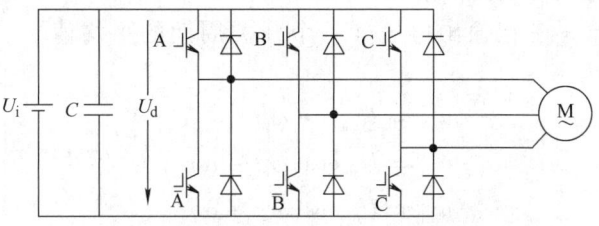

图 7-11 三相电压型 PWM 逆变器

把三相电压型 PWM 逆变器和 PWM 整流器的直流侧连接起来,就构成一台电压型双 PWM 交-直-交变频器,见图 7-12。图中左侧为整流器,右侧为逆变器。

7.2.4.5 矩阵变频器(Matrix converter)[1]

单相输出零式矩阵变频器见图 7-13,其输入电源是三相交流电压 u_{iA}、u_{iB}、u_{iC},经三个 PWM 调制开关 S_A、S_B、S_C,把负载周期性地、分时(无重叠接通情况)接至三相电源。

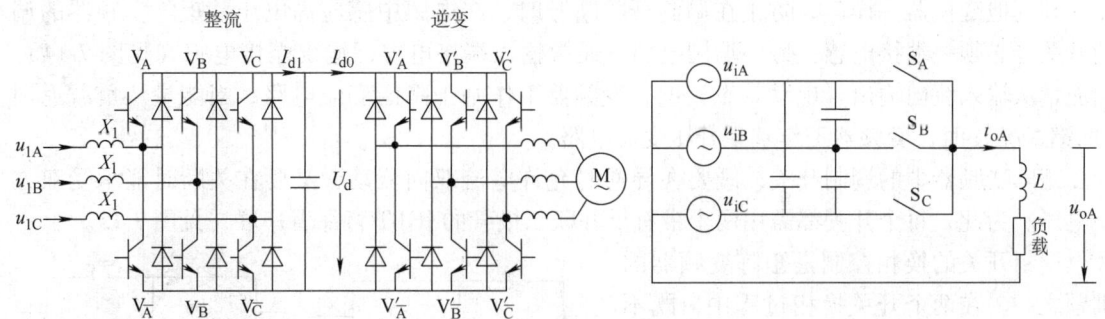

图 7-12 电压型双 PWM 交-直-交变频器　　图 7-13 单相输出零式矩阵变频器

若三相电源为

$$u_{iA} = U_{im}\cos(\omega_i t)$$
$$u_{iA} = U_{im}\cos(\omega_i t - \alpha) \quad (7\text{-}10)$$
$$u_{iA} = U_{im}\cos(\omega_i t + \alpha)$$

三个调制开关的占空比为

$$D_A = [1 + m\cos(\omega_m t)]/3$$
$$D_B = [1 + m\cos(\omega_m t - \alpha)]/3 \quad (7\text{-}11)$$
$$D_C = [1 + m\cos(\omega_m t + \alpha)]/3$$

可以证明，输出电压在一个开关周期的平均值也是正弦电压

$$u_{oA} = U_{om}\cos(\omega_o t) \quad (7\text{-}12)$$

式中 U_{om}——输出电压幅值，可以通过 m 调整，$U_{om} = mU_{im}/2$，最大 $U_{om} = U_{im}/2$（$m = 1$ 时）；

ω_o——输出电压角频率，可以通过 ω_m 调整，$\omega_o = \omega_i - \omega_m$；

$\alpha = 2\pi/3$。

把三个单相输出零式矩阵变频器组合起来，去掉中性线，就构成一台三相输出矩阵变频器，见图 7-14。9 个开关的调制规则基于式 (7-11)，只是 B 相和 C 相输出的两组开关的调制规则分别要移相 -120°和 +120°。

三相输出电压（一个开关周期的平均值）为

$$u_{oA} = U_{om}\cos(\omega_o t)$$
$$u_{oB} = U_{om}\cos(\omega_o t - \alpha) \quad (7\text{-}13)$$
$$u_{oC} = U_{om}\cos(\omega_o t + \alpha)$$

若三相负载是线性负载，则输出电流为三相正弦电流，可以证明，这时三相输入电流也是正弦，且与电动机同相（输入功率因数 = 1），与负载功率因数无关，即

$$i_{iA} = I_{im}\cos(\omega_i t)$$
$$i_{iB} = I_{im}\cos(\omega_i t - \alpha) \quad (7\text{-}14)$$
$$i_{iC} = I_{im}\cos(\omega_i t + \alpha)$$

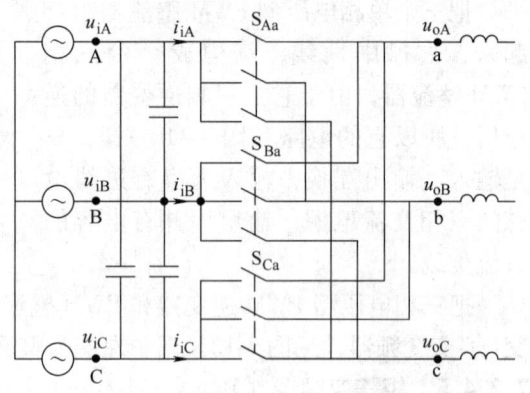

图 7-14 三相输出矩阵变频器

和其他变换器一样，为防止在调制开关断开时，在电感中感应高电压，矩阵变频器的调制开关也必须一端接电感，另一端接电容，通常输入端接电容，输出端接电感（见图 7-14）。当能量从输入流向输出（电动状态）时，变频器工作基于降压变流电路；当能量从负载返回（回馈工况）时，变频器工作基于升压变流电路。

矩阵变频器中的调制开关，既要在导通时允许电流双向流动、又要在关断时能承受双方向电压。为此，每个开关都需用两个带有反并联二极管的 IGBT 背靠背串联，见图 7-15。

调制开关的换相控制是矩阵变频器的难题之一。在两个开关换相过程中，既不能有重叠时间（重叠造成电源短路），又不能有导通间隙时间（间隙造成负载电感断路，感生高电压），既无重叠、又无间

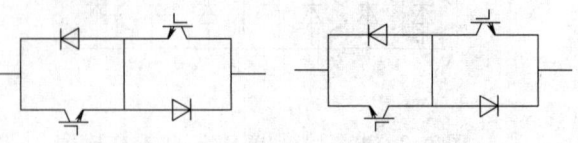

图 7-15 矩阵变频器的开关单元

隙的控制要求很难实现。现在已经有几个解决办法：四步电流换相、两步电流换相等。从开关 V_{Aa} 到 V_{Ba} 的两步电流换相过程见图 7-16，先检测负载电流方向，只要电流方向为正（见图 7-16），开关 V_{Aa2} 和 V_{Ba2} 均处于一直关断状态，电流经反并联二极管流过，在接到 V_{Aa} 切断、V_{Ba} 导通的换相指令后，V_{Ba1} 先导通，在导通重叠期间靠 V_{Aa2} 和 V_{Ba2} 的反并联二极管避免电源短路，经时间 t_d 后 V_{Aa1} 断开，换相过程结束。

上述矩阵变频器有理想的性能：输出正弦电压、输入与电源电压同相的正弦电流（功率因数 = 1）、允许双向功率流，但它的最大输出电压太低（$\mu = U_{om.max}/U_{im} = 0.5$），而开关器件承受的电压却达 $\sqrt{3}U_{im}$。这个问题可以通过在目标输出电压波形中加入适当的三次谐波共模电压 $\cos(3\omega_o t)$ 和 $\cos(3\omega_i t)$ 来克服，使最大输出电压提高至 $\mu = 0.87$，开关器件承受的电压不变。实现的方法有多种，例如：空间矢量法、间接调制法等。加入共模电压后，负载上电压波形仍为正弦，不受共模电压影响，但负载中性点和电源中性点电位不再相等，存在共模电压的电位差。

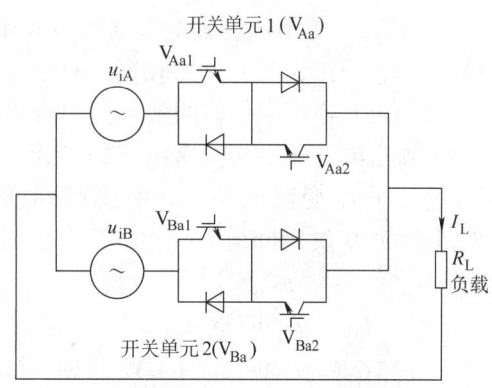

图 7-16 两步电流换相过程

矩阵变频器是一种有前途的变频器，目前仍处于研发阶段，尚未实用，正受到双 PWM 交-直-交变频器（它具有和矩阵变频器同样的优良性能，且输出电压高（$\mu \approx 1$），开关器件数少）的挑战。在随后本章 7.3 节交流调速系统的介绍中，将不再涉及矩阵变频器。

7.2.4.6 三相电流型 PWM 整流器和 PWM 逆变器

在单相输出矩阵变频器（见图 7-13）中，若控制信号的角频率和输入电源电压的角频率一样 $\omega_m = \omega_i$，则输出电压将变为直流（$\omega_o = 0$），这时矩阵变频器变为电流型 PWM 整流器。为提高输出电压，可把原来的零式电路改为桥式电路（见图 7-17），并修改调制规则为

$$D_A = M(\omega_i t) \qquad D_{\overline{A}} = M(\omega_i t + \pi)$$
$$D_B = M(\omega_i t - \alpha) \qquad D_{\overline{B}} = M(\omega_i t + \pi - \alpha)$$
$$D_C = M(\omega_i t + \alpha) \qquad D_{\overline{C}} = M(\omega_i t + \pi + \alpha)$$

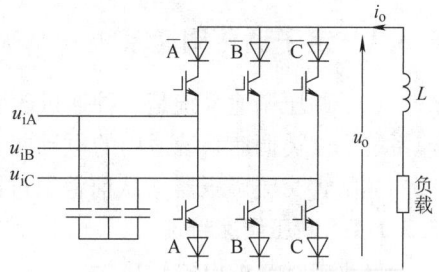

图 7-17 桥式电流型 PWM 整流

(7-15)

式中 $M(\theta) = m\cos\theta$（若 $m\cos\theta \geq 0$）；
$M(\theta) = 0$ （若 $m\cos\theta < 0$）；
m——调制系数；$1 \geq m \geq -1$
$\alpha = 2\pi/3$。

可以证明输出电压为直流（一个开关周期的平均值），即

$$U_o = 1.5mU_{im} \tag{7-16}$$

是零式电路的 3 倍。输入电流是三相正弦电流，同式 (7-14)，与输入电压同相，功率因数为 1。

若 $m>0$，输出电压为正，电动工况，能量从电源流向负载，降压变流；若 $m<0$，输出电压为负，回馈工况，能量从负载流向电源，升压变流。电动和回馈两种工况，输出电压极性相反，电流方向不变，调制开关仅承受双向电压，无双向电流要求，因此调制开关简化成单向开关（见图 7-17）。在此条件下，只要设置适当的重叠时间就能安全换相，简化了换相控制。

电流型 PWM 逆变器是电流型 PWM 整流器的逆应用，两者电路相同，只是输入、输出端互换。逆变器的输入是串有电感的直流电源，输出为并有电容的三相负载，基于升压变流电路，调制规则同式 (7-15)，通常设定 $m=1$，这时三相输出电流为

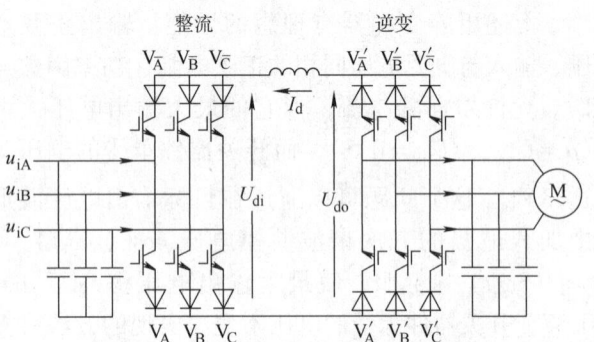

图 7-18 电流型双 PWM 交-直-交变频器

$$i_{oA} = I_d\cos(\omega_i t)$$
$$i_{oA} = I_d\cos(\omega_i t - \alpha) \qquad (7\text{-}17)$$
$$i_{oA} = I_d\cos(\omega_i t + \alpha)$$

式中　I_d——直流输入电流。

把电流型 PWM 逆变器和 PWM 整流器的直流侧连起来，就构成一台电流型双 PWM 交-直-交变频器，见图 7-18。图中左侧为整流器，右侧为逆变器。

7.3　定子侧交流调速系统

7.3.1　定子调压调速系统

定子调压调速系统是一种通过改变定子电压幅值（频率不变），实现电动机转速调节的调速系统。这类调速系统适用的电动机是异步电动机，使用的调压装置是在本章 7.2.2 节中介绍的晶闸管交流调压器（从前曾用过饱和电抗器，现已淘汰）。

7.3.1.1　调压调速特性

异步电动机的电磁转矩为

$$T = \frac{m_s}{\omega_0} \cdot \frac{U_s^2 \dfrac{r_r}{s}}{\left(r_s + \dfrac{r_r}{s}\right)^2 + (x_s + x_r)^2} \qquad (7\text{-}18)$$

式中　U_s——定子电压幅值；
　　　r_s 和 x_s——定子电阻和漏抗；
　　　r_r 和 x_r——折算到定子侧的转子电阻和漏抗；
　　　ω_0 和 s——同步机械角速度和转差率。

对应不同的定子电压，可以得到一组机械特性，见图 7-19。对于某一固定负载转矩 T_L，电动机将稳定工作于 a、b 和 c 等转速，从而实现调压调速。

普通笼形异步电动机机械特性工作段的 s 很小，对恒转矩负载而言，调速范围很小，见图 7-19。但对于风机和泵类机械，由于负载转矩 $T_L = kn^2$，即与转速二次方成比例，采用调压调

速可以得到较宽的调速范围,见图 7-20,在 a、b 和 c 三点都能稳定工作。

要扩大恒转矩负载的调速范围,常用高阻转子电动机或转子外接电阻(或频敏变阻器)的绕线转子异步电动机。高阻转子电动机(如力矩电动机)的调压调速特性见图 7-21。低速工作时,特性很软,工作不易稳定,负载和电压稍有波动,会引起转速很大变化。为提高调速硬度,减小转速波动,宜采用转速闭环控制系统,其原理图见图 7-22a,闭环控制特性见图 7-22b。假设系统原来工作于 a 点:开环工作时,若负载由 T_{L1} 变到 T_{L2},由于 U_s 不变,工作点将由 a 点沿同一机械特性曲线移到 b 点,转速变化很大;闭环工作时,负载由 T_{L1} 变到 T_{L2},在速度调节器 ASR 的作用下,转速下降使 U_s 增大,工作点将由 a 移至 c,转速变化减小,调速范围可达 1:10。

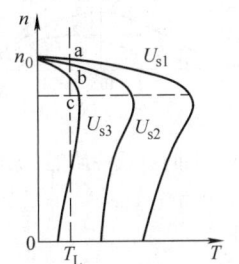

图 7-19 不同 U_s 的机械特性

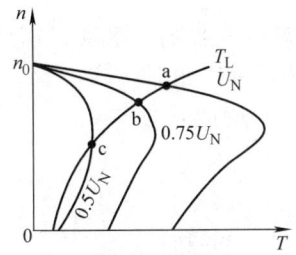

图 7-20 风机、泵类负载调压调速特性

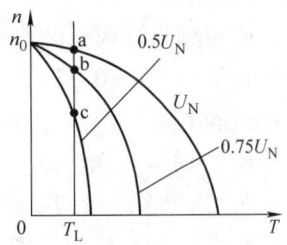

图 7-21 高阻转子电动机调压调速特性

7.3.1.2 功率损耗分析

1. 转差功率损耗系数 异步电动机调压调速系统是一种低效调速系统,随转速降低,转差率加大,大量转差功率消耗在电动机转子电阻或外加电阻(或频敏变阻器)上,究竟消耗了多少转差功率是决定这类调速工作性能的重要因素。分析表明,转差功率损耗与调速范围及负载性质有密切关系。

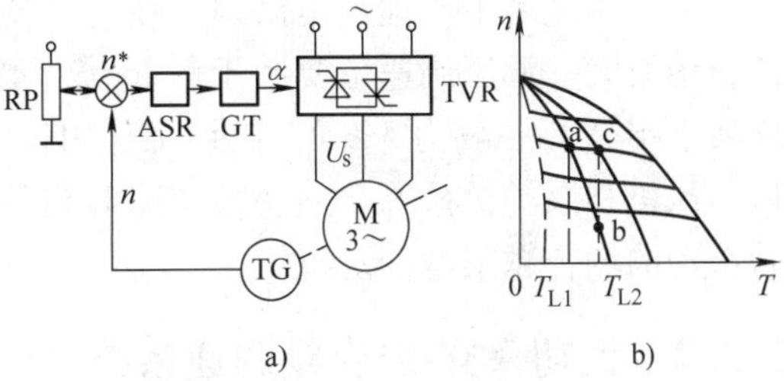

在采用相对值计算及忽略定子电阻,定、转子漏抗条件下:

转差功率 $\quad \Delta p \approx e_r i_r \quad (7-19)$

转子电流 $\quad i_r \approx T_L = n^\alpha \quad (7-20)$

式中 e_r、i_r、T_L 和 n——转子电动势、转子电流、负载转矩和转速相对值;

α——代表负载性质的指数,$\alpha=0$ 表示恒转矩负载;$\alpha=1$ 表示负载转矩与转速成比例;$\alpha=2$ 表示负载转矩与转速二次方成比例(风机、泵类负载)。

转子电动势相对值 e_r 的基值是转差率 $s=1$(转子不转)时的转子电动势 E_{r0},所以 $e_r=s$;转速相对值 n 的基值是理想空载转速,所以 $n=(1-s)$。把上述关系代入式(7-19)和式(7-20),则转差功率为

$$\Delta p = s(1-s)^\alpha \quad (7-21)$$

转差功率相对值 Δp 的基值是 $P_{r.max} = E_{r0} I_{rN} \approx P_N$(电动机额定功率),所以它又称为转差功率

图 7-22 有转速闭环的调压调速特性
a) 原理图 b) 闭环控制特性
TVR—晶闸管调压器 ASR—速度调节器 GT—触发器
RP—给定电位器 TG—测速发电机

损耗系数,式中 I_{rN} 为转子额定电流。

不同负载特性(不同 α 值)时的 Δp 曲线见图 7-23。由曲线可看出,在 $\alpha=2$ 时,电动机的转差功率损耗系数最小,所以调压调速较适合用于风机、泵类负载,对于恒转矩负载则不宜长期低速工作。

2. 谐波对电动机运行的影响　晶闸管调压装置的输出电压、电流都是非正弦波,含有大量谐波,影响电动机出力,主要原因是:

(1) 谐波使电动机损耗加大;

(2) 只有基波电流产生工作转矩,谐波电流会带来阻转矩或转矩脉动。

在使用晶闸管调压调速时,考虑谐波影响,电动机需适当增加容量,在 $s=0.33$ 时,增加的百分比如下:

调压器电路	增加值
三相 Y 联结(图 7-2b)	8%
三相 YN 联结(图 7-2a)	14%
三相不对称 Y 联结(图 7-2c)	38.2%
零点 Δ 联结(图 7-2e)	43.4%

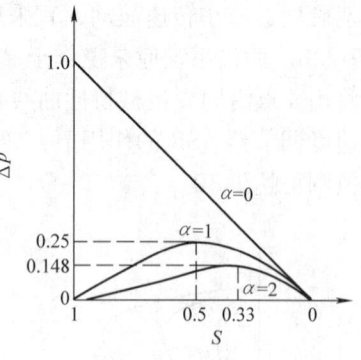

图 7-23　不同负载性质的 Δp 曲线

7.3.1.3　调压调速的优缺点及适用范围

调压调速的主要优点是简单,便宜,使用维修方便;主要缺点是转差功率损耗高,效率低,谐波大。调压调速主要用于软起动,参见第 5 章。在一些容量不大、调速范围不宽、精度要求不高(一般为 3%)、连续工作时间不长的设备中也可以采用调压调速,例如起重机械、风机和泵类机械等。随变频调速等高效调速技术发展,调压调速真正用来调速,而不是软起动的场合越来越少。

7.3.2　大功率交-交变频调速系统 (CC)

基于晶闸管移相控制的交-交变频调速系统是一种适用于大功率(3000kW 以上)、低速(600r/min 以下)场合的调速系统,在大型轧机主传动、矿井提升、矿石破碎、船舶推进等设备中得到广泛应用。交-交变频调速电动机可以是同步电动机或异步电动机,两者的比较及对它们的要求请参见第 2 章 2.3.1 节"电动机的选择"。

7.3.2.1　交-交变频器基础[2]

1. 单相输出交-交变频器原理　单相输出交-交变频器见图 7-24。它实质上是一套三相桥式无环流反并联的可逆整流装置,只是其触发移相控制信号 u_{ST} 是幅值和频率可变的交流信号,相应的整流输出电压也是幅值和频率可变的交流电压,以实现变频。装置中晶闸管的关断通过电源交流电压的自然换相来实现。这种变频器无中间直流环节,故称为交-交直接变频器。

输出端接感性负载的交-交变频器的输出电压和电流波形见图 7-25。一个周期的波形可以分为 6 段:

(1) $u_o>0$, $i_o<0$,变流器工作于第二象限,反向组逆变。

(2) 电流过零,无环流"死时"。

(3) $u_o>0$, $i_o>0$,变流器工作于第一象限,正向组整流。

(4) $u_o<0$,$i_o>0$,变流器工作于第四象限,正向组逆变。

(5) 电流过零,无环流"死时"。

(6) $u_o<0$,$i_o<0$,变流器工作于第三象限,反向组整流。

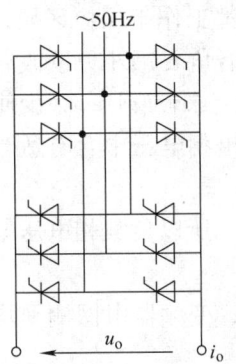 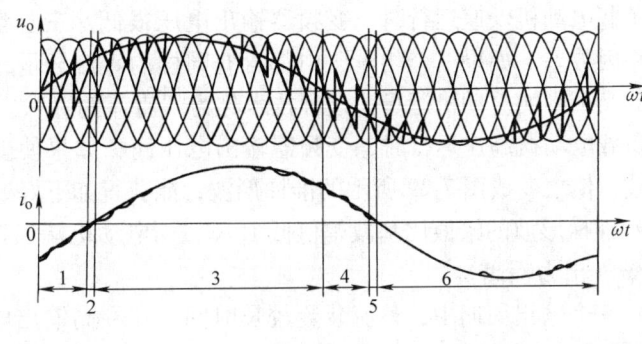

图 7-24 单相输出交-交变频器　　　图 7-25 交-交变频器输出电压、电流波形

如果输出电压、电流之间的相位差 $\varphi<90°$,能量从电网流向负载;如果 $\varphi>90°$,能量从负载流向电网,负载电动机可以四象限工作。在每一个输出周期中,有两次电流过零,存在两个无环流死区时间(简称为"死时"),"死时"的长短对输出波形影响很大,若最高输出频率为 20Hz,一个周期长 50ms,要求每个死时小于 2ms。

2. 三相输出交-交变频器原理　三相输出交-交变频器由输出电压彼此差 120°的三套单相输出交-交变频器组成。主电路有两种接线方式:公共交流母线方式和输出 Y 联结方式,见图 7-26 和图 7-27。

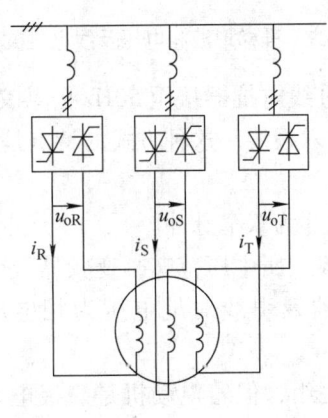 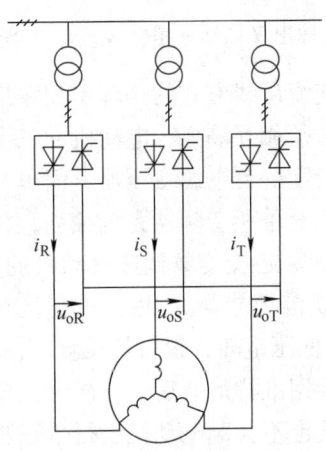

图 7-26 公共交流母线的三相交-交变频　　　图 7-27 输出 Y 联结的三相交-交变频

输出 Y 联结的三相输出交-交变频器有两个特点:

(1) 触发脉冲需大于 30°。由于变频器输出中性点不与负载中性点相连接,所以至少要有两个桥、四个晶闸管同时有触发脉冲才能建立电流,为此要求触发脉冲为双脉冲,且宽度大于 30°。

(2) 可利用直流偏置和（或）交流偏置技术提高装置出力及改善电网侧功率因数。

输出 Y 联结三相交-交变频器的等效电路见图 7-28。由于变频器中性点不与负载中性点相连接，如果变频器输出的三个相电压 u_{oR}、u_{oS}、u_{oT} 中含有同样的直流分量或三次谐波分量，均不会在线电压中反映出来，而输出到负载上。

负载电动机低速运行时，变频器输出电压很低，三套整流装置都工作于深控区域，电网侧功率因数差。如果三个相电压中都含有同样的直流分量，触发延迟角 α 减小，既改善功率因数，又不影响电动机运行。这种技术称为"直流偏置"，由于实现起来较麻烦，很少使用。

负载电动机高速运行时，变频器输出电压高，如果使变频器输出相电压中含有适当的三次谐波，使之变成图 7-29 所示的准梯形波，能获得如下好处：

● 准梯形波的幅值比基波幅值低 15%，而电动机端仅接收基波，所以负载相电压幅值提高 15%（出力提高）。

● 一个输出周期中，整流装置较长时间工作在高输出电压区域，变频器电网侧平均功率因数也提高 15%。

这种技术称为"交流偏置"，实现容易，效果好，被广泛应用。

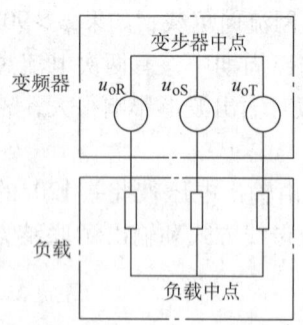

图 7-28　输出 Y 联结三相交-交变频器等效电路

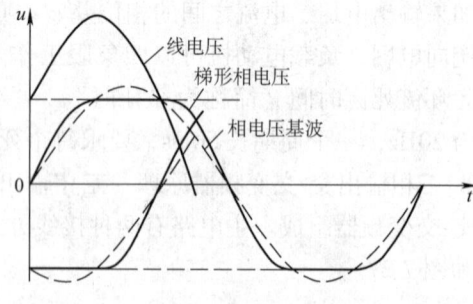

图 7-29　准梯形波相电压及线电压波形

公共交流母线方式的三套单相输出交-交变频器通过进线电抗器接至 50Hz 公共交流母线，三组输出必须相互隔离，电动机的三个绕组需分开，引出六根线。这种方式的特点是：

(1) 只需一台电源变压器，简单、经济。

(2) 三套单相变频器完全独立，相互影响小，触发脉冲为双窄脉冲。

(3) 许多交-交变频调速电动机的电压为 1600~1700V，属中压范畴，变频器及引线都需满足中压规范要求。采用公共交流母线方式后，变频器及引线对地电压为相电压，小于 1000V，属低压范畴，执行低压规范。

(4) 使用准梯形波后，三次谐波电压将加至电动机绕组，但若电动机是隐极电动机，这种三次谐波也不会对电动机运行带来影响。

3. 交-交变频器输出频率上限　交-交变频器输出电压、电流波形（见图 7-25）中，除基波外，还含有许多谐波，产生这些谐波的原因有两个：

(1) 交-交变频器的输出波形是可控整流波形，含有较大谐波，输出频率越高，每周期中波动数越少，谐波比例越大。

(2) 无环流"死时"，使电流过零不平滑，带来低次谐波，输出频率越高，每周期中"死时"占的比例越大，谐波比例越大。

通常用两个指标评价谐波大小：输出电流畸变率 DF 和电动机转矩相对脉动率 ΔT。根据仿真结果表明，若限制 $DF \leq 20\%$，$\Delta T \leq 30\%$，则在使用 6 脉波可控整流、死时为 2ms 时，最大输出频率 $f_{o.\max} = 16.7\text{Hz}$，输出频率 f_o 超过上述 $f_{o.\max}$ 值后，DF 和 ΔT 快速增加。

$\phi 76.2\text{mm}$（$\phi 3\text{in}$）晶闸管、风冷、6 脉波可控整流柜用于交-交变频时，每柜输出最大峰值电流 I_{BN} 与频率 f_o 的关系见图 7-30。$f_o > 16 \sim 20\text{Hz}$ 后，随 f_o 增加，谐波电流加大，I_{BN} 急骤下降，装置出力减小，因此交-交变频器最大输出频率被限制为

$$f_{o.\max} \leq 16 \sim 20\text{Hz} \tag{7-22}$$

同样的晶闸管整流装置，用于交-交变频时，每桥最大峰值电流 $I_{BN}|_{f_o \neq 0}$ 比用于直流时的最大直流电流 $I_{BN}|_{f_o = 0}$ 要大，因为用于变频时，每个晶闸管仅在半个周期中工作，另半个周期不工作，即使在工作半周内流过管子的电流也时大时小。令它们之比为交-交变频器电流输出增大系数，即

$$K_c = \frac{I_{BN}|_{f_o \neq 0}}{I_{BN}|_{f_o = 0}} \tag{7-23}$$

该系数与晶闸管和散热器的规格和型式、柜子和风道结构等因素有关，每种特定的

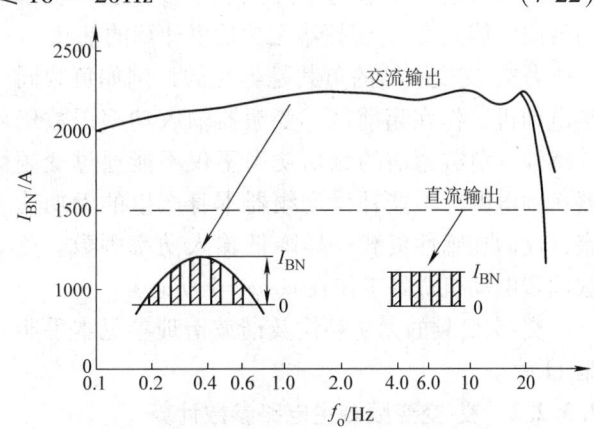

图 7-30 每桥最大峰值电流 I_{BN} 与频率 f_o 的关系

整流柜有一条自己的曲线，该曲线是交-交变频器电流计算的基础。按图 7-30，$K_c \approx 1.3$。

4. 交-交变频器电网侧电流谐波和功率因数　交-交变频器电网侧电流中含有许多由可控整流引起的谐波，分两类：

（1）和直流系统一样的特征谐波

$$f_{v1} = (pm \pm 1)f_i$$

（2）按输出频率 f_o 移相造成的旁频谐波

$$f_{v2} = [(pm \pm 1)f_i \pm 6lf_o] \pm [f_i \pm 6lf_o]$$

式中　p——整流脉波数；

m 和 l——正整数 1、2…；

f_i——电网频率。

在直流 $f_o = 0$ 时，只有特征谐波（5、7、11、13 等次），无旁频谐波；在交流 $f_o \neq o$ 时，旁频谐波出现，且随频率 f_o 增加，特征谐波幅值减小，旁频谐波幅值加大。

由于输入电流为非正弦波，在计算电网侧输入功率因数时采用一种更普遍的定义，即功率因数为

$$\lambda = \frac{P}{S} \tag{7-24}$$

式中：P——输入功率；

S——视在功率 $S = \sqrt{3} U_i I_i$（U_i、I_i 为输入线电压、电流有效值）。

影响交-交变频器输入功率因数的因素有两个：

（1）和输出电压幅值 U_{om} 与变频器输出最大整流电压（理想空载直流电压）$U_{do.\max}$ 之比成比例，U_{om} 越低，λ 越差；

(2) 负载电动机的功率因数 $\cos\varphi$ 越低，λ 越差，这是因为在输出同样的电压、电流幅值情况下，$\cos\varphi$ 越低，电流瞬时值大时，对应的电压瞬时值低，而电压高时对应的电流小。

三相输出交-交变频器的输入功率因数 λ 与 U_{om} 及 $\cos\varphi$ 的关系见图 7-31。

在采用准梯形波相电压时，最大输出电压基波幅值 $U_{om.max} = 1.15 U_{do.max}$，$K=1$。由图 7-31 看出，三相输出交-交变频器的输入功率因数和直流输出时的可控整流器功率因数差不多。这一功率因数曲线族是交-交变频器无功功率计算的基础。

若交-交变频器的负载是容性的，例如负载同步电动机工作在超前区，变频器输入功率因数仍为感性，负载超前的无功功率不仅不能通过变频器送到电网，不能补偿变频器本身产生的无功功率，反而和感性负载一样降低输入功率因数。负载同步电动机最好工作在 $\cos\varphi = 1$ 状态。

交-交变频的无功补偿及谐波治理参见本手册第 11 章。

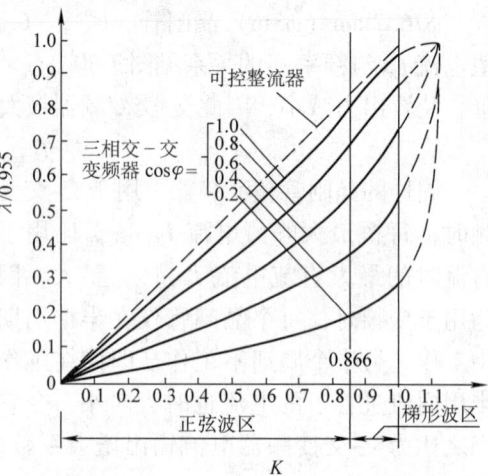

图 7-31 λ 与 U_{om} 及 $\cos\varphi$ 的关系
横坐标 $K = (U_{om}/U_{do.max})/1.15$
$U_{do.max}$—梯形波最大基波幅值

7.3.2.2 交-交变频器主电路参数计算

1. 整流变压器计算　在空载及最小触发延迟角 $\alpha_{min} = 0$ 条件下，交流变频器输出最大可能的交流线电压有效值（理想空载交流输出电压）为

$$U_{o.max} = \frac{1.35 \times \sqrt{3}}{\sqrt{2}} K_b U_{20} = 1.65 K_b U_{20} \tag{7-25}$$

式中　U_{20}——整流变压器二次线电压有效值；

K_b——交流偏置提高输出电压系数，采用交流偏置时，$K_b = 1.15$；不采用时，$K_b = 1$。

电动机额定电压（线电压有效值）为

$$U_m = (K_n K_u K_g K_r K_p) U_{o.max} \tag{7-26}$$

式中　K_n——电网侧（包括整流变压器）线路阻抗引起的压降系数；

K_u——电动机侧线路压降及晶闸管压降系数；

$K_g = \cos\alpha_{min}$，通常 $\alpha_{min} = 5° \sim 10°$；

K_r——调节裕量系数，通常 $K_r = 0.95$，有 5% 的调节裕量；

K_p——电网压降系数，若调节系统弱磁点用不稳压整流电源设定，电网电压降低，弱磁点提前，$K_p = 1$。

由于线路压降很难精确计算，通常近似取 $(K_n K_u K_g K_r K_p) \approx 1/1.25$，则

$$U_{20} = 1.25 \frac{U_m}{1.65 K_b} \tag{7-27}$$

若进行精确计算，请参阅参考文献[2]。

变压器容量

$$S = \sqrt{3} \times 0.82 I_m U_{20} \times 3 = 4.26 I_m U_{20} \tag{7-28}$$

式中　I_m——电动机额定电流。

2. 晶闸管电压、电流计算

（1）晶闸管电压裕量校验　晶闸管电压裕量为

$$K_V = U_{TN}/(\sqrt{2}U_{20}) \tag{7-29}$$

式中　U_{TN}——晶闸管额定电压；
　　　U_{20}——变压器二次线电压有效值。

要求　$K_V = 2.1 \sim 2.5$。

（2）晶闸管并联支路数计算　在大功率可控整流装置中，晶闸管常并联工作，且多采用桥并方式，并联支路数计算也就是并联桥数 N 的计算，即

$$N \geqslant \frac{\sqrt{2}I_{m.\,max}}{K_B I_{BN}} \tag{7-30}$$

式中　$I_{m.\,max}$——电动机最大电流有效值；
　　　K_B——均流系数；
　　　I_{BN}——每桥额定电流。

式（7-30）右侧计算值一般不是整数，N 取一个比它大的整数。每桥额定电流 I_{BN} 与晶闸管规格、散热器形式、柜子结构、冷却条件、变频器输出频率范围等有关（参见图7-30）。I_{BN} 值通过用热阻计算温升，按晶闸管结温不超过120℃得到，最后由整流柜出力试验确认。用热阻计算温升方法参见本手册中第6章中6.2.3.2节"晶闸管通态平均电流 $I_{T(AV)}$ 的选择"。

7.3.2.3　交-交变频器的控制

交-交变频器用于大功率传动，对控制要求较高，基本上都用矢量控制技术，要求变频器输出电流快速、准确地跟随给定交流信号变化——电流控制。

1. 单相输出交-交变频器的电流控制　单相输出交-交变频器的电流控制系统和直流可逆调速系统的电流控制系统基本相同，见图7-32。它的工作原理在本手册第6章6.1.4.3节"电枢回路晶闸管可逆系统"中已介绍过，本节只说明用于交-交变频后的特点。

（1）电流给定信号 i_o^*、电压前馈（预控）给定信号 u_o^*、电流实际值（反馈）信号 i_o 都是交流信号。

（2）电压前馈（预控）的作用有两个：

- 消除交流电流调节带来的滞后，使 i_o 无滞后地跟随其给定 i_o^* 变化；
- 实现有准备无环流切换，减小无环流"死时"。

（3）为满足无环流"死时"小于2ms的要求，采取了下列措施：

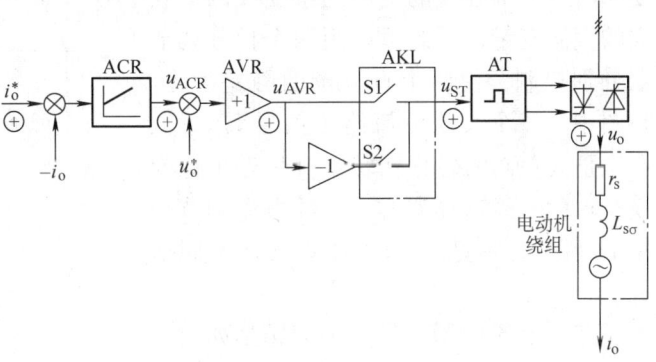

图7-32　单相电流控制电路

- 使用灵敏的光电零电流检测器，通过检测晶闸管管压降来判定主电路是否有电流；
- 使用快速换向逻辑环节，把两级延时的总时间减至1ms。[2]

（4）使用电流断续补偿，减小电流过零前后电流断续带来的"死时"，使电流过零平滑。

2. 三相输出交-交变频器的电流控制　三相输出交-交变频器的电流控制电路由三套单相

电流控制电路控构成。在单相电流控制电路中，电流调节器是 PI 调节器，它的积分部分能消除低频电流误差。三相输出变频器有三套电流调节，当变频器主电路丫联结时，三相电流之和一定等于零，三个电流不能独立被调节，因此电流调节器不能用 PI 结构，只能用 P 调节，允许误差存在。为减小电流误差，采取下列措施：

(1) 在正确的电压前馈（预控）和电流断续补偿作用下，电流调节器的输出电压近似为零，相应输入误差也很小。

(2) 把三相电流信号 i_R、i_S、i_T 通过坐标变换（坐标变换将在本章随后 7.5.2.6 节中介绍）变换成磁化分量 $i_{\phi1}$ 和转矩分量 $i_{\phi2}$ 两个直流信号，然后与磁化电流给定 $i_{\phi1}^*$ 和转矩电流给定 $i_{\phi2}^*$ 相比较，它们的误差经两个 ADCR（积分调节器）输出两个直流校正信号 $\Delta u_{\phi1}$ 和 $\Delta u_{\phi2}$，它们与直流电压给定信号 $u_{\phi1}^*$ 和 $u_{\phi2}^*$ 叠加后，再通过坐标变换，变成三个交流电压给定信号 u_R^*、u_S^*、u_T^*，作为电压前馈补偿值，通过电压预控消除三相电流误差，整个三相电流控制电路见图 7-33。图中两个积分调节器称为直流电流调节器，三个比例调节器称为交流电流调节器。经坐标变换后三个不独立的交流变量变成两个独立的直流变量，因此可以用两个积分调节器分别控制，使两个直流量的静差为零。在图中，三个交流电流给定信号 i_R^*、i_S^*、i_T^* 也是从它们的磁化和转矩分量经坐标变换获得的。经这样安排，总的电流调节仍是 PI 调节，只是 P 和 I 被安排在不同地方。

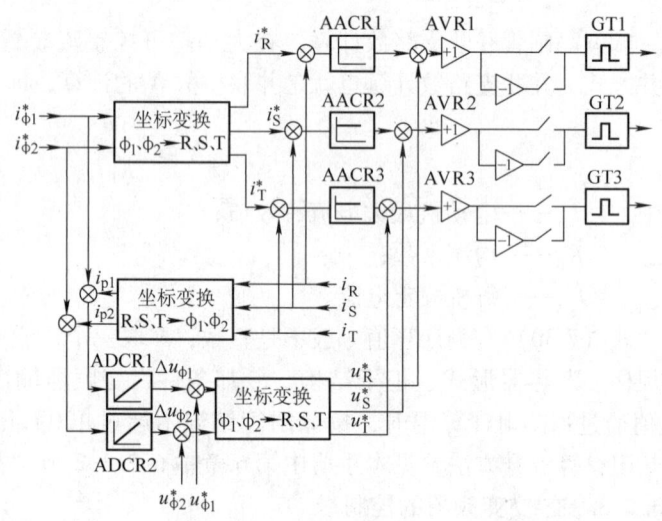

图 7-33 三相电流控制电路
AACR1~3—交流电流调节器　ADCR1、2—直流电流调节器
AVR1~3—电压调节器　GT1~3—触发装置

三相电流控制的另一个问题是如何实现交流偏置，输出准梯形相电压波形。对于交-交变频，有一种简单方法，它不用另外注入 3 倍频信号，而是利用晶闸管整流移相特性的非线性来实现交流偏置。触发

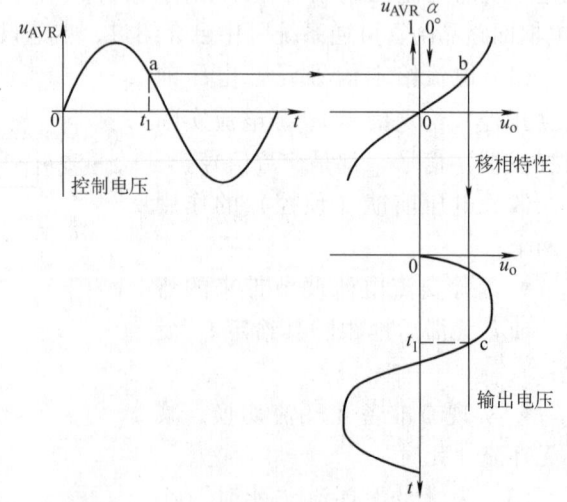

图 7-34 准梯形波形成

控制电压 u_{AVR}（电压前馈补偿调节器 AVR 输出）、移相特性及变频器输出相电压 u_o 曲线见图 7-34。若输入控制电压是正弦电压 u_{AVR}，经非线性移相特性映射，则输出相电压 u_o 为准正弦波。随控制电压 u_{AVR} 幅值增加，准梯形波顶部平顶宽度增加，平顶宽度为 60° 的准梯形波为"理想准梯形波"，它的基波幅值比平顶输出电压高 15.5%。

7.3.3 晶闸管负载自然换相电流型交-直-交变频调速系统

晶闸管负载自然换相电流型交-直-交变频调速系统（LCI）也称为无换向器电动机系统，是一种适用于大功率（3000kW 以上）、高速（600r/min 以上）、中压（3~10kV）场合的同步电动机调速系统，在大型风机、泵、压缩机等设备中得到应用，它有时也用来作为巨型同步电动机（>10MW）的软起动装置。它的缺点是过载能力低（120% 左右），宜拖动平稳负载。近年来，随 PWM 型中压变频器的发展，LCI 系统受到很大挑战，特别是在容量小于 5MW 场合。

7.3.3.1 LCI 变频调速基础

1. LCI 变频原理　晶闸管负载自然换相电流型交-直-交变频器（LCI）主电路见图 7-35。图中，变流器的右侧 UI 是晶闸管负载自然换相电流型逆变器，左侧 UR 是晶闸管可控整流器，中间 L 是直流平波电抗器，负载 MS 是同步电动机。

整流器 UR 用以控制直流电流 I_d，它与电动机转矩 T_d 成比例。逆变器 UI 中的六个晶闸管顺序、交替导通，每个晶闸管导通 120°，使得流向负载电动机的电流为三相交流、120°宽、幅值为 I_d 的方波，UI 中晶闸管导通后，靠负载同步电动机感生的交流反电动势，通过自然换相来关断，称为负载自然换相。低速（<10% n_N）时，电动机反电动势很

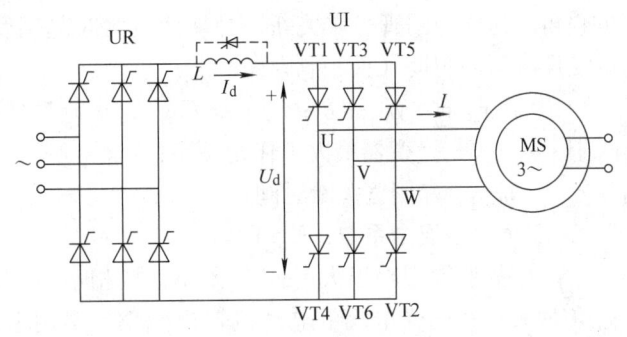

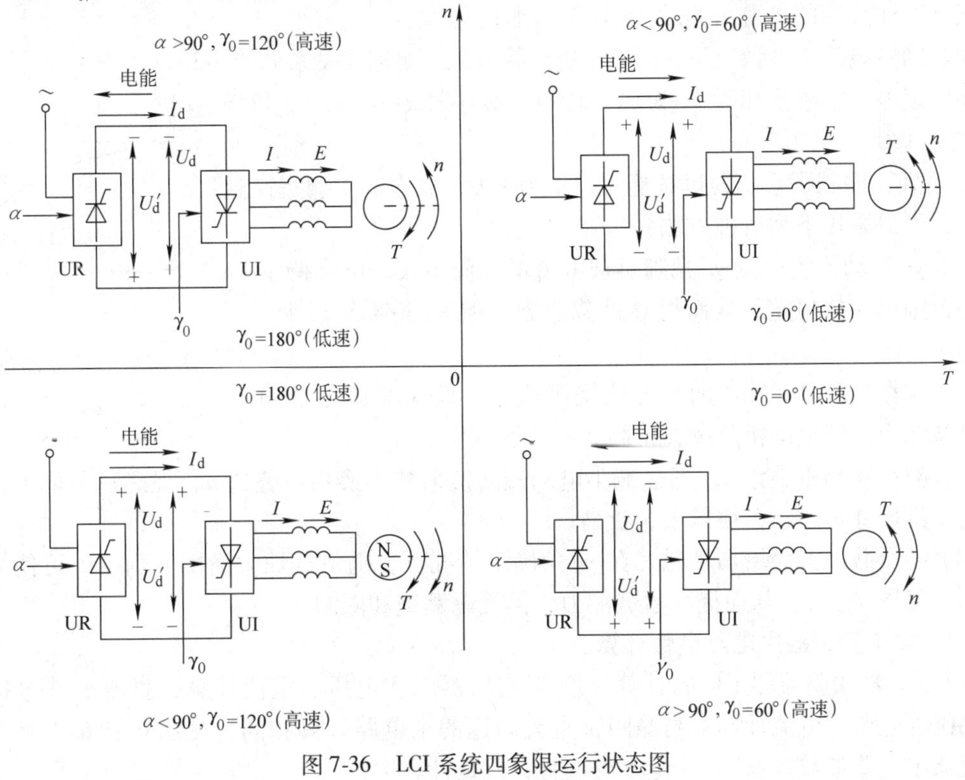

图 7-35　LCI 变频主电路

图 7-36　LCI 系统四象限运行状态图

小,不能可靠地自然换相,需采用断续电流法来关断晶闸管,UI 换相时把整流桥 UR 拉至逆变状态,待 I_d 下降至零后,关断逆变器中的晶闸管。为加快 I_d 下降过程,常在电抗器 L 两端并联一个晶闸管(见图 7-35 中虚线部分),在 I_d 下降时,它导通,短路电抗器,加快下降速率;在 I_d 上升时,电抗器 L 上电压左正、右负,将它关断,电抗器 L 投入。

调速系统可以四象限工作,整流器 UR 和逆变器 UI 在四象限的工作状态见图 7-36。第一、三象限为电动工况,UR 整流,UI 逆变,中间直流电压为正;第二、四象限为回馈制动工况,UR 逆变,UI 整流,中间直流电压为负。在所有四个象限中,直流电流的流向不变。

2. LCI 中逆变器的换相 为保证逆变器可靠地自然换相,必须使电动机的相电流超前相电动势一个电角度,称为换相超前角,见图 7-37。

图 7-37 中,γ_0 为电动机空载时换相超前角;γ 为电动机负载时的换相超前角;δ 为负载时引起的功角(电动机负载电压比空载电压前移的角度),u 是换相重叠角。为使晶闸管可靠关断,必须使负载时晶闸管承受反电压的角度(换相剩余角)为

$$\gamma_R = [\gamma_0 - (\delta + u)] \geq K\omega_{max}t_0 \quad (7-31)$$

式中 ω_{max}——逆变器最大工作角频率;
t_0——晶闸管关断时间;
K——安全系数,$K > 1$。

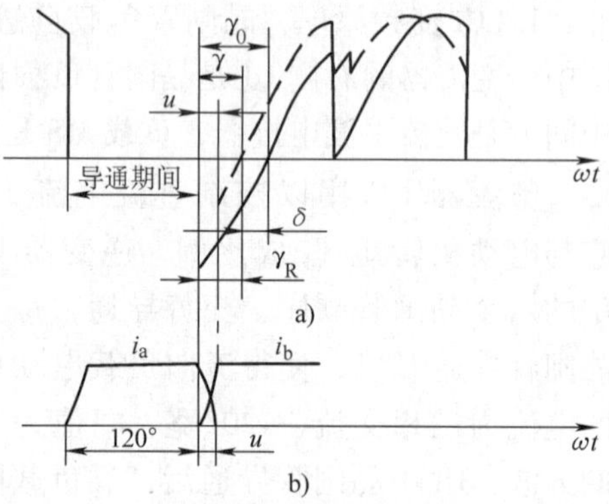

γ_0 角的选取影响很大:γ_0 角太小,换相不可靠;γ_0 角太大,在同样电流下电动机转矩减小。实用上,一般取 $\gamma_0 = 60°$。

图 7-37 VT1 换相时晶闸管两端电压和相电流波形
a) 晶闸管两端电压 b) 相电流

式(7-31)中的 δ 和 u 随负载电流增加而增大,在电动机励磁电流不变情况下,δ 和 u 随负载电流 I 变化的关系见图 7-38。

在低速电流断续换相时,为加大转矩,减小转矩脉动,γ_0 角设置为 0° 或 180°,见图 7-36。

γ_0 角大,限制了系统的过载能力,仅为 120% 左右。要想提高过载能力,可以采用下列改进方法:

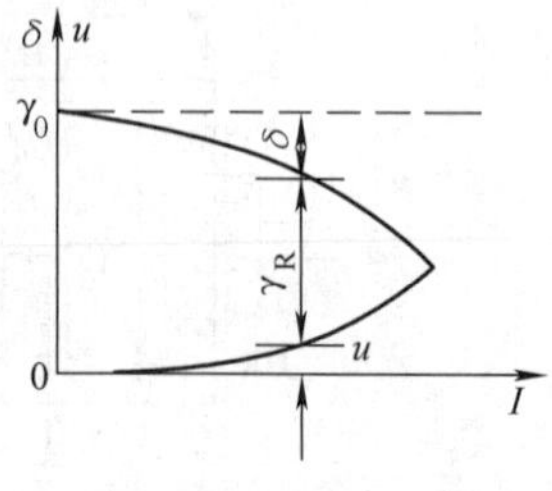

(1)γ_0 自动调整 使 γ_0 角随负载电流增加而增大,可维持 $\gamma - u$ 在一定范围内保持恒定,从而提高过载能力,但 γ_0 角不宜过大,一般不超过 70°。

图 7-38 δ 和 u 随负载电流 I 变化的关系

(2)减小功角 δ 通过加装补偿绕组或串励绕组来减小功角 δ,提高过载能力,但电动机复杂,价高。

(3)减小换相重叠角 u 通过减小电动机漏抗来减小换相重叠角 u,提高过载能力,但小漏抗电动机尺寸短、粗,惯量大,价高。

(4)随负载加大而增加励磁 在 γ_0 角确定情况下,随负载加大而增大励磁,可使换相极限右移(见图 7-39),从而提高过载能力,但受磁路饱和限制。

7.3.3.2 LCI 变频器主电路参数计算

LCI 变频器中整流器 UR 的计算(整流变压器二次电压、电流计算,直流平波电抗器计算,晶闸管电压、电流计算等与晶闸管直流调速的主电路计算相同,见第 6 章 6.2 节 "晶闸管变流器主电路参数计算",这里不再重复,只是计算中:

- 由于存在逆变工况,最小触发延迟角 α_{min} 取 $25°\sim30°$;
- 电抗器计算时,按限制电流脉动和按最小连续电流两种方法计算,电流脉动率取 $10\%\sim15\%$,最小连续电流取额定直流电流的 10%。

在进行整流器 UR 计算前,需根据电动机数据先计算直流电压、电流值:

额定直流电流

$$I_{dN} = \frac{\pi}{\sqrt{6}} I_N \quad (7\text{-}32)$$

额定直流电压

$$U_{dN} = 1.35 U_N \cos\left(\gamma - \frac{u}{2}\right)\cos\frac{u}{2} + 2I_{dN}R_a + SnU_{VT}$$

(7-33)

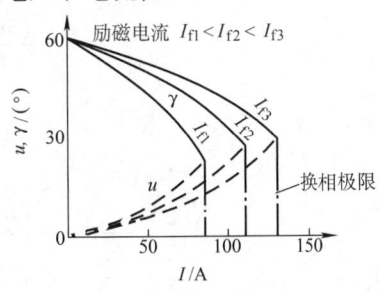

图 7-39 换相极限

式中 U_N、I_N——电动机额定线电压、电流;
γ——换相超前角,$\gamma = \gamma_0 - \delta$(见图 7-37);
u——换相重叠角;
R_a——电动机每相绕组电阻;
n——每桥臂晶闸管串联数;
S——串联换相组数,$S=2$;
U_{VT}——每个晶闸管压降。

7.3.3.3 LCI 变频调速系统的控制

1. 同步电动机的自控变频 同步电动机自控变频的特点是在电动机轴上装有一台转子位置检测器,由它发出的信号控制变频装置的逆变器换相,电动机每转 360°电角度,逆变器 UI 换相一周(6 次),从而使同步电动机的供电频率与转子旋转频率同步,消除了同步电动机失步的可能,见图 7-40。由于换相由转子位置控制,类似直流电动机的换向器,所以同步电动机的 LCI 变频调速系统又称为无换向器电动机调速系统。

检测转子位置的方法有直接式和间接式两种:直接式用装于电动机轴上的位置传感器检测;间接式通过检测定子绕组电压来检测转子位置。

用位置传感器直接检测转子位置,精度和可靠性高,被广泛采用,常用的位置传感器有下列几种:

(1)接近开关方式 利用旋转盘和接近开关,根据旋转盘上槽口和接近开关距离不同发出三相位置信号;

(2)光电方式 有输出三相位置信号的光电编码器系列产品,精度高;

(3)电磁方式 利用旋转盘和磁敏元件,根据旋转盘上槽口和磁敏元件距离不同发出三相位置信号。

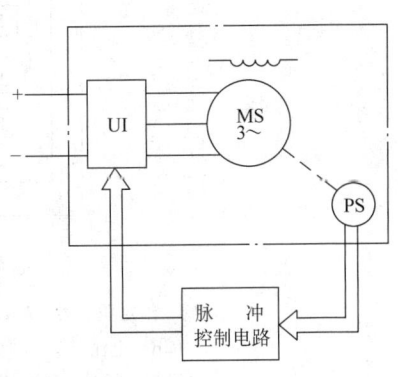

图 7-40 同步电动机自控变频的原理
UI—逆变器 PS—转子位置检测器

间接式位置检测基于检测电动机定子电压过零点,其优点是测出的位置角中已含有功角 δ,容易使运行中的有效超前角恒定,但只能用于有感应电动势(电动机已经旋转)工况。图 7-41 是一种电压检测电路,图中有源二阶低通滤波用以消除电压信号中由换相引起的扰动。在电动机起动初期,间接位置检测不能正确工作,这时逆变器的换相从自控改为他控,外设他控频率从零慢慢升起,待电压检测能正常工作后再改回自控。

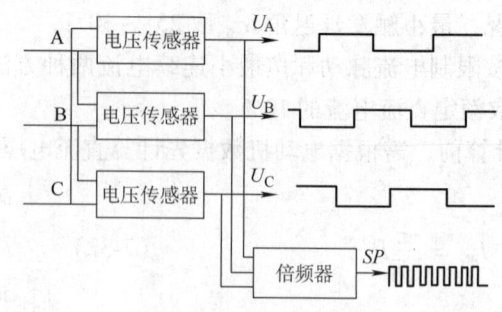

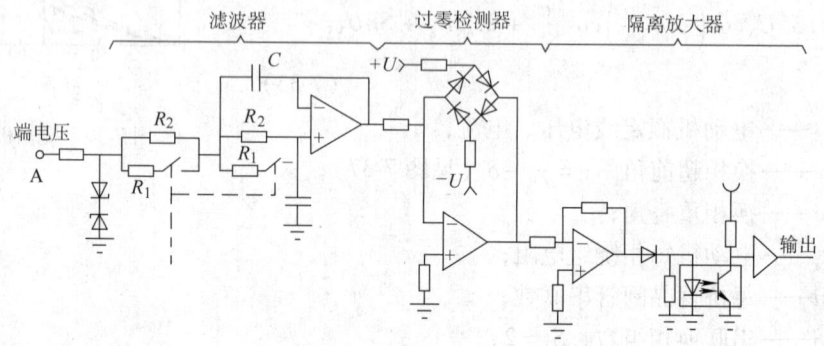

图 7-41 电压检测电路

2. LCI 变频调速控制系统框图 LCI 变频调速控制系统框图见图 7-42。

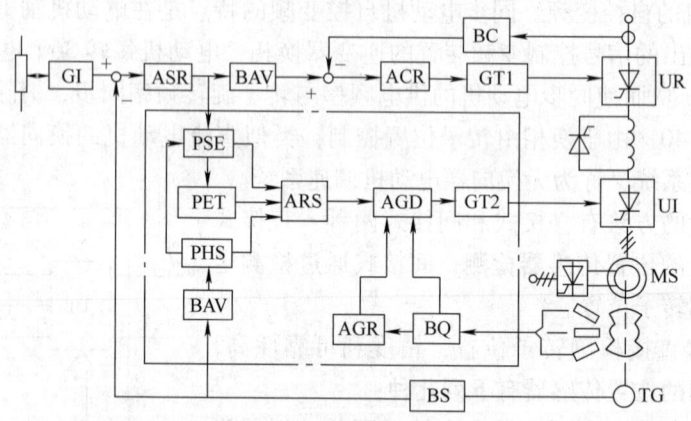

图 7-42 LCI 变频调速控制系统框图

GI—给定积分器　ASR—速度调节器　BAV—绝对值变换器　BC—电流变换器
ACR—电流调节器　GT1—整流移相触发器　GT2—逆变触发器　PSE—转速
差及正反转状态检测环节　PET—电动、制动检测环节　PHS—高、低速检测环
节　ARS—运行状态合成环节　AGD—γ。脉冲分配器　AGR—γ。
调节器　BQ—位置检测变换器　BS—转速变换器

整个框图分为两部分：点划线框外部分是调速控制部分，通过控制可控整流器 UR 来实现；点划线框内部分是自同步控制及逆变运行状态切换部分，通过控制逆变器 UI 来实现。

和直流调速系统一样，LCI 变频调速控制部分由两个环构成：外环是速度环，从速度调节器 ASR 输出直流电流给定信号；内环是直流电流环，从电流调节器 ACR 输出 UR 的移相控制信号，由于直流电流近似比例于电动机转矩，所以这个内环实质上是近似的转矩环。直流电流实际值信号,用电流互感器测量进线交流电流,经电流变换器 BC 获得;速度实际值信号来自速度传感器 TG,经速度变换器 BS 获得。由于正、反转时,直流电流极性不变,所以在输出和输入之间,加入一个绝对值变换器 BAV。

自同步和运行状态切换(断续换相和负载自然换相切换)部分由下列几个环节组成:转速差及正反状态检测环节 PSE,电动、制动检测环节 PET,高、低速检测环节 PHS,运行状态合成环节 ARS,γ_0 脉冲分配器 AGD,γ_0 调节器 AGR,位置检测变换器 BQ。

7.3.3.4 CC/LCI 混合变频

交-交变频调速(CC)的特点是晶闸管电源自然换相,输出电流正弦波,转矩脉动小,但输出频率受限制,低于 20Hz。LCI 变频调速的特点是晶闸管负载自然换相,输出频率不受限制,但输出电流方波,转矩脉动大,低速时电动机电压低,不能可靠自然换相。德国公司开发了一种 CC 和 LCI 结合在一起的 CC/LCI 混合变频调速系统,成功地用于轧机主传动。低速(<12.5Hz)时,按 CC 模式工作;高速(>12.5Hz)时,按 LCI 模式工作,既解决 CC 不能高速,又解决 LCI 不能低速的问题,输出频率范围为 0~60Hz 或更高。

CC/LCI 混合变频主电路及按 CC 工作时的电流波形见图 7-43。它由两套晶闸管交-直-交变频器组成。

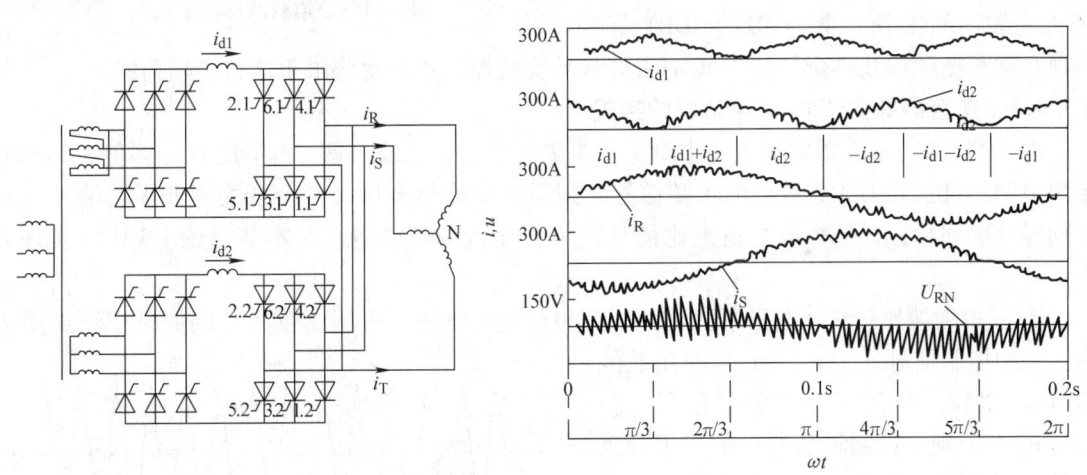

图 7-43 CC/LCI 混合变频器主电路及按 CC 工作时的电流波形

低速(<12.5Hz)时,混合变频器按 CC 模式工作,通过控制两组整流桥,使两个直流电流 i_{d1} 和 i_{d2} 为相位差 π/3 的三角电流波,每个电流在一个输出周期中有三个三角电流波,每个三角电流波持续 2π/3,它的前半部分按 sin(0°~60°)曲线上升,后半部分按 sin(120°~180°)曲线下降,峰值为 I,通过两个逆变桥晶闸管切换,在输出端合成得幅值为 I 的三相正弦电流 i_R、i_S、i_T。以 i_R 为例说明合成过程,见表 7-1。逆变桥晶闸管关断靠电流 i_{d1}、i_{d2} 降至零实现,属自然换相。

表 7-1 电流 i_R 合成表

区间		0~π/3	π/3~2π/3	2π/3~π	π~4π/3	4π/3~5π/3	5π/3~2π
晶闸管号	通	4.1	4.1, 4.2	4.2	1.2	1.1, 1.2	1.1
	断	1.1, 4.2, 1.2	1.1, 1.2	4.1, 1.1, 1.2	4.1, 1.1, 4.2	4.1, 4.2	4.1, 4.2, 1.2
i_R		i_{d1}	$i_{d1}+i_{d2}$	i_{d2}	$-i_{d2}$	$-i_{d1}-i_{d2}$	$-i_{d1}$

高速（>12.5Hz）时，混合变频器按 LCI 模式工作。这时 $i_{d1} = i_{d2} = I_d/2$，两套并联工作，总输出电流幅值是 I_d、宽120°的方波，虽然含有 5 次、7 次谐波，但频率已高，对电动机运行影响不大。

7.3.4 定子侧低压电压型交-直-交变频调速系统

定子侧低压（<1000V）交-直-交变频调速系统是一种应用最广泛的交流调速系统。

低压交-直-交变频有电压型和电流型两类。由于缺少能承受反向电压的电力电子器件及中间直流回路中的电抗器大、低效等原因，低压电流型交-直-交变频器很少应用（曾在少量电梯传动中用过），现在几乎所有低压交-直-交变频器都是电压型的，本节只介绍电压型。电压型交-直-交变频器曾有多种结构型式（例如：6 拍方波逆变、PWM 正弦波逆变等），也曾使用过多种电力电子器件（例如：晶闸管、电力 BJT、IGBT 等），

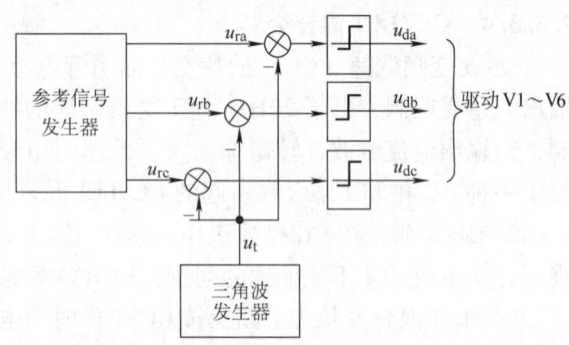

图 7-44　三角载波比较法框图

但现在这类变频器几乎全是基于 IGBT 的 PWM 变频器，本节也将限于这类变频调速。

7.3.4.1 逆变器脉宽调制（PWM）的实现

电压型 PWM 逆变器的原理在本章 7.2.4.2 节中已介绍过，只要占空比 D 是幅值、频率和相角可调，且加入 1/2 偏置后的正弦信号，则逆变器输出电压（一个开关周期平均值）是具有同样频率和相位，且幅值与占空比信号幅值成比例的正弦电压。本节讨论 PWM 的实现方法。

1. 三角载波比较法（电压正弦法）　三角载波比较法（电压正弦法）的原理框图见图 7-44。三相控制信号 u_{ra}、u_{rb}、u_{rc} 与三角载波信号 u_t 比较，得到三个开关量信号 u_{da}、u_{db}、u_{dc}，分别去控制逆变器中的三组开关器件。三相控制信号、三角载波及逆变器三相输出电压波形见图 7-45。

该方法的缺点是输出电压低，最大输出相电压幅值 = $E_i = U_d/2$（U_d 为直流母线电压），若直流电源电压 U_d 来自二极管整流，则变频器最大输出电压 = $0.827 \times$ 输入电压，即变频器进线为 380V 时，最大输出只有 314V。这一个缺点可以用交流偏置技术（参见本章 7.3.2.1 节中 2. "三相输出交-交变频器原理"）来解决。在三相控制信号中注入适当的三次谐波，使其成为准梯形波，则相应输出相电压也是准梯形波（见图 7-46），在输出线电压中三次谐波被抵消掉，仅剩基波，且幅值比准梯形波高

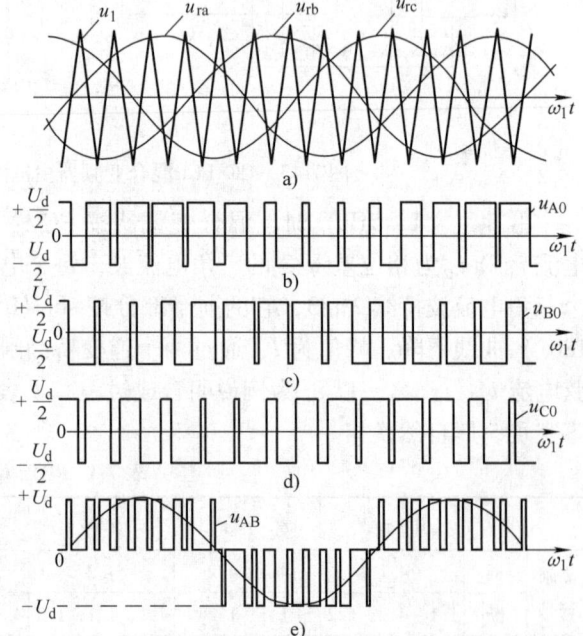

图 7-45　三相控制信号、三角载波及三相输出电压波形

15.5%，这时变频器最大输出电压 = 0.955 × 输入电压，若再过调制一点（使准梯形波平顶宽度再宽一点），就可做到输入380V，输出380V。采用交流偏置后，负载中点与逆变器输入直流电压中点之间存在三次谐波偏置电压。

三角载波比较法原理简单，很容易用模拟电路实现，若想用微处理器通过软件实时计算实现则较麻烦，但在某些电动机控制专用 DSP 芯片（例如 TMS320LF24x 系列）中已有基于此法的 PWM 功能，使用起来很方便。另外，随现场可编程门阵列（FPGA）的推广应用，也为使用该法提供了便利。

2. 电流跟踪控制法（电流正弦法）

在许多交流调速系统中，希望对电动机电流进行控制，使三相电流实际值无差地（无相位和幅值误差）跟随它们的正弦给定值变化，电流跟踪控制法能满足这个要求。

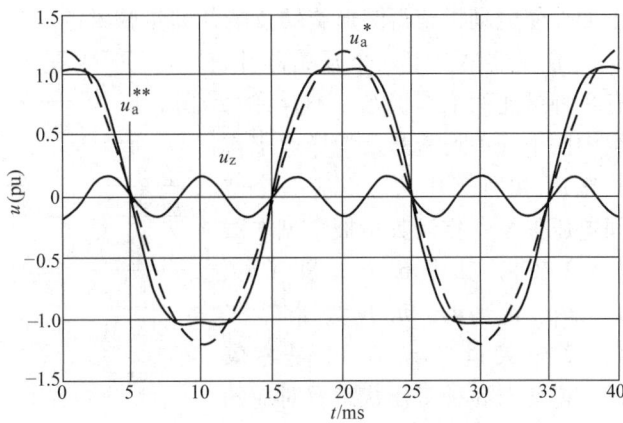

图 7-46　准梯形波、基波和三次谐波

电流跟踪法有多种形式，其中最常用的是电流滞环跟踪控制法。此法的一相原理框图见图 7-47。图中没有专门的占空比形成环节，PWM 依靠滞环宽度为 $2h$ 的比较器的来回翻转实现。开关器件 V1 导通时，电流实际值 i_a 增加，当它与给定值之差 $\Delta i_a = (i_a^* - i_a) \leq -h$ 时，比较器输出从 1 变到 0，V1 关断、V4 导通，i_a 开始下降，当 $\Delta i_a = (i_a^* - i_a) \geq h$ 时，比较器输出从 0 变回到 1，V1 再导通、V4 关断，如此循环，电流 i_a 沿其给定曲线 i_a^* 两边摆动，一个开关周期平均值正好等于 i_a^*。电流滞环跟踪控制的电流与 PWM 电压波形见图 7-48。

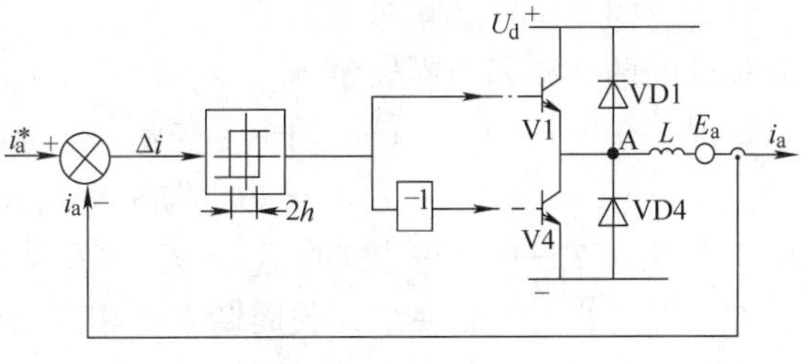

滞环控制很容易用模拟电路实现，但要在微处理器中用软件实现则较困难。为得到比较器动作的准确时刻，在一个开关周期中必须多次采样和比较，占机时太多。为适应数字控制特点，一种改进方法——恒频采样电流跟踪控制法得到应用，在此法中比较器无滞环，每采样周期采样一次 i_a 值，与给定值 i_a^* 比较，输出 1 或 0 控制信号。此法省了机时，但在一个开关周期中 i_a 的平均值不等于 i_a^*，只有在开关频率高（≥10kHz）、i_a 脉动小的情况下，才不会带来大的误差。

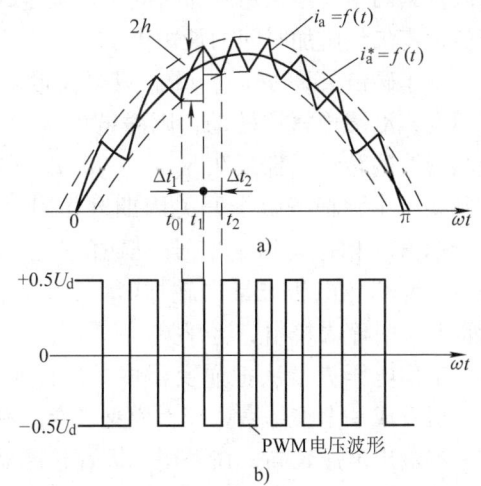

图 7-47　电流滞环跟踪控制的一相原理框图

图 7-48　电流滞环跟踪控制的电流与 PWM 电压波形

电流跟踪法简单，跟踪性能好，但开关频率随负载电动势变化而变化，电动势越高、频率越低（恒频采样法也一样）。开关频率变化导致逆变器噪声大、电磁干扰频带宽，推广应用受到限制。

3. 空间电压矢量法（磁链正弦法） 空间电压矢量法是从负载电动机的角度出发，着眼于如何使电动机获得圆形旋转磁场，即正弦磁链。

逆变器中三组六个开关器件，有8种可能的工作状态（不存在每组中两个开关均断开及均导通工作状态），每种工作状态对应一个空间电压矢量（空间矢量概念见本章7.5.2节），其中6个矢量（u_1、u_2、u_3、u_4、u_5、u_6）是非零矢量，2个矢量（u_7、u_0）是零矢量，逆变器8种工作状态及对应的8个电压矢量见图7-49a。6个非零矢量把空间分隔成6个扇区（Ⅰ～Ⅵ），2个零矢量位于扇区中心点。

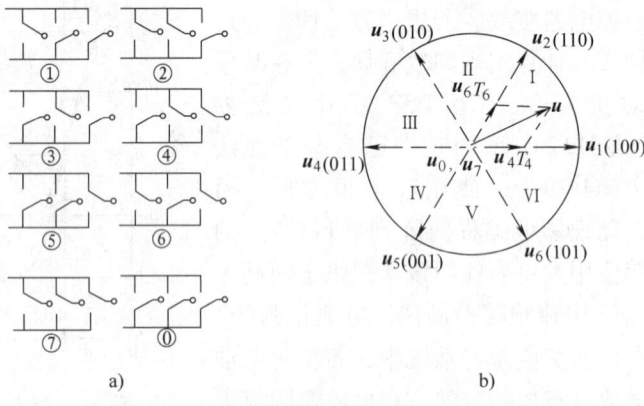

图7-49 逆变器8种工作状态及对应的电压矢量
a）逆变器的8种开关模式 b）电压矢量
注：u_0（000）和u_7（111）为零矢量。

任一空间电压矢量 u 可以用它所处扇区的两个相邻非零矢量 u_m、u_n（m 和 n 是该扇区两个非零矢量的序号，对于图7-49b所示情况，$m=1$，$n=2$）和两个零矢量 u_7、u_0 合成得到（见图7-50）

$$u = (u_m T_m + u_n T_n + u_0 T_0 + u_7 T_7)/T_c \tag{7-34}$$

式中 T_c——开关周期，$T_c = T_m + T_n + T_0 + T_7$；
T_m、T_n、T_0、T_7——在一个开关周期中各相应矢量施加的时间。

由式（7-34）可知，矢量 u 的方向由所选扇区及其两个非零矢量施加时间之比决定，u 的幅值由零矢量施加时间的长短决定。

由于磁链矢量 $\Psi = \int u \mathrm{d}t$，只要矢量 u 的幅值不变，沿圆形轨迹转动，则磁链矢量 Ψ 将也沿圆形轨迹转动（滞后矢量 u 为90°）。在数字控制系统中，根据每个开关周期开始时输入的矢量幅值和相位角给定信号，选择扇区和非零矢量，计算各电压矢量的施加时间，按图7-50所示开关时序去控制三组开关。

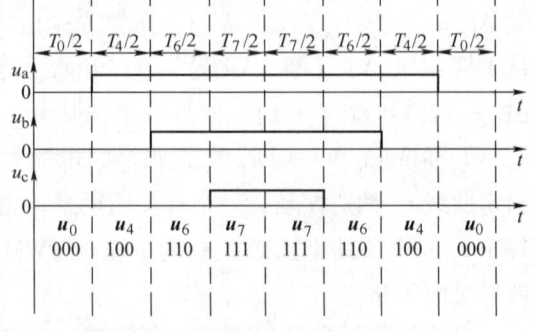

图7-50 一个开关周期中空间电压矢量法各矢量施加时序

空间电压矢量法把逆变器中的三组开关和电动机看成一个整体来处理，模型简单，便于微处理器实时控制，因此得到广泛应用。该法逆变器输出电压较高，在采用二极管整流器供电情况下，变频器最大输出电压 = 0.955 × 输入交流进线电压。

空间电压矢量法和使用交流偏置的三角载波比较法很相似：两者电压输出能力相同；负载中点和直流电源中点之间都存在同样的三次谐波电压；在一个开关周期中三角载波比较法的三组开关的开关过程（见图7-51）也由两个非零电压矢量和两个零矢量组成，和空间电压矢量法（见图7-50）一样。两种方法本质相同，只是实现方法不同。

4. 指定谐波消除法 本方法的特点是能消除逆变器输出电压波形中指定次数的谐波，尽量减少谐波对电动机运行的影响。

半个周期的输出电压波形见图 7-52，各方波起始与终了时的相位为 α_1、α_2、α_3、$\cdots$、α_{2m}。对该波形进行傅里叶分析，k 次谐波电压的幅值为

$$U_{km} = \frac{2U_d}{k\pi}\left[1 + 2\sum_{i=1}^{m}(-1)^i \cos k\alpha_i\right] \quad (7\text{-}35)$$

输出电压波形是 1/4 周期对称的，在 1/4 周期内，有 m 个开关时刻（α_i 值，$i=1$、$\cdots$、m）待定，它们代表了可以消除指定谐波次数的个数，例如取 $m=5$，可消除 4 个谐波。令基波幅值等于要求值，被指定的 5、7、11、13 次谐波的幅值等于零，解 5 元联立三角方程，求出 α_1、$\cdots$、α_5 值，去控制开关器件，便可消除被指定次数的谐波。使用该法，被指定次数的谐波消除了，没指定次数的谐波不一定减小，甚至反而增大，考虑到它们已属高次谐波，对电动机运行影响小。

利用该法可以得到较好的输出电压波形，但计算工作量大，难以实时控制，应用场合受到限制。

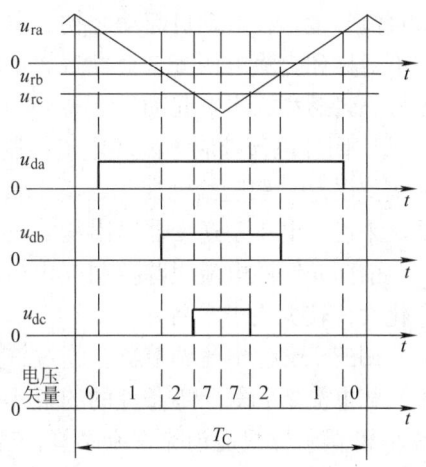

图 7-51 一个开关周期中三角载波比较法的三组开关的开关过程

7.3.4.2 逆变器的开环输出电压控制和闭环输出电流控制

根据被控制量的不同，逆变器有开环输出电压控制和闭环输出电流控制两类控制系统。

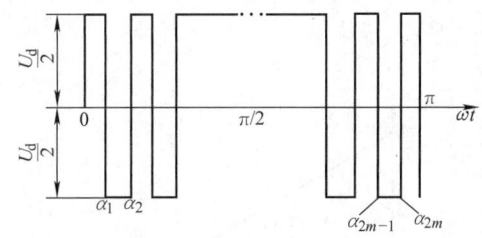

图 7-52 半个周期的输出电压波形

1. 开环电压控制 开环输出电压控制时，逆变器的输出是电压源，其输出电压跟随给定信号变化，受负载电流变化影响小，多用于开环压频比（U/f）控制调速系统。

由恒定直流电压供电的电压型逆变器的输出本身就是电压源，只要采用前面介绍的三角载波比较或空间电压矢量等 PWM 控制方法，就可实现输出电压跟随给定变化的要求。通常系统的设定为电压幅值和频率信号，空间电压矢量法要求的控制信号是交流电压幅值及相角，为此需增设一个积分器，把频率变换为相角；三角载波比较法要求的输入信号是三相正弦交流信号 u_{ra}、u_{rb}、u_{rc}，为此需要一个变换环节（见图 7-53），把输入的幅值 U^* 和频率 f^* 变为 u_{ra}、u_{rb}、u_{rc}。

由本章 7.2.4 节可知，为防止出现每组开关上、下两个开关器件"直通"故障，必须在开关切换过程中设置死时，先关、后通，对于 IGBT，"死时"取 5μs 左右（器件容量越大，死时越长）。"死时"的存在会影响逆变器输出电压的幅值和相位：

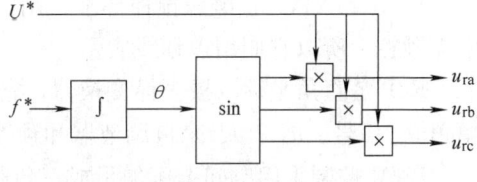

图 7-53 输入信号变换环节

- 若负载功率因数角 φ 为滞后角，则逆变器实际输出电压比无"死时"的理想电压相位超前，"死时"越大，φ 越大，超前越多；
- $|\varphi|<90°$时，逆变器实际输出电压比无"死时"的理想电压幅值减小，"死时"越大，减小越多，φ 越小，影响越大，$\varphi=0$ 时，"死时"对幅值的影响见图 7-54。

对于开环电压控制,这死时影响必须给予补偿。

开环电压控制简单,应用非常广泛。它的问题是输出电压中不可避免地存在微小不对称和直流分量,在电动机起动之初,电动机定子漏抗很小,大功率电动机的定子电阻也小,这些不对称和直流电压分量会导致大的电流不对称和直流分量,产生附加制动转矩,起动时电流大,转矩小,影响起动。

2. 闭环电流控制　　闭环电流控制的任务是控制逆变器的输出电流,使其无差地(无相位和幅值误差)跟随给定变化,不受负载电动势变化的影响,用于高性能调速系统内环。从本质上来说,电压型逆变器输出是电压源,只有采用电流闭环控制才能获得电流源的性能。

前面介绍的电流跟踪控制(电流正弦)法是闭环电流控制方法之一,只是由于开关频率变化大,较少用于产品。

用三个交流电流调节器,通过三个独立的电流闭环,似乎可以实现电流控制要求,但由于三相电流之和等于零条件的约束,只能有两个独立控制变量,三个 PI 调节器不能正确工作,另外 PI 调节器只能消除直流误差,对于交流信号它们是有差的,会带来相位和幅值误差。

实用的闭环电流控制方法是直流电流闭环调节,其框图见图 7-55。此法不直接控制三相交流电流 i_a、i_b、i_c,而是控制它们的两个直流分量:磁化分量 i_d 和转矩分量 i_q,使其分别等于给定值 i_d^* 和 i_q^*。

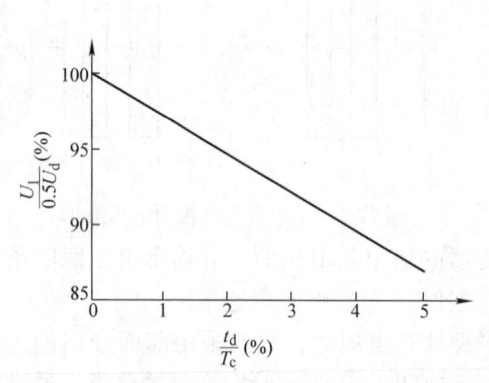

图 7-54　死时对输出电压幅值的影响($\varphi=0$)

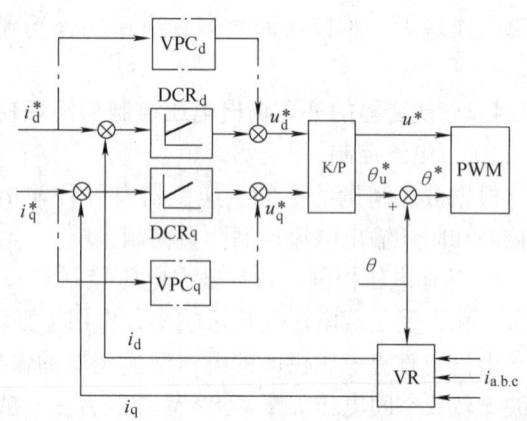

图 7-55　直流电流闭环调节框图

图 7-55 中:DCR_d 和 DCR_q 是两个直流电流调节器,它们的 PI 功能使两直流电流无静差;

VR 是矢量回转变换器(参见本章 7.5 节),它把 i_a、i_b、i_c 变换成 i_d、i_q;

VPC_d 和 VPC_q 是电压预控环节,用以减小电流响应时间(从几十减至几毫秒),有些系统中无预控,所以它们用点划线表示;

K/P 是直角坐标-极坐标变换器,它把两个直流电压给定信号 u_d^*、u_q^* 变换成幅值 U^* 和幅角 θ_u^* 信号,u_d^*、u_q^* 来自调节器和预控输出;

PWM 控制采用空间电压矢量或三角载波比较法,它所需的 U^* 来自 K/P,$\theta^*=\theta_u^*+\theta$($\theta$ 为基准旋转角,$\theta=\omega t$)。

闭环电流控制可以自动消除开关器件切换过程中死时对逆变器输出的影响,不需要死时补偿环节。它也不存在电动机起动之初电流不对称及直流分量大问题,有助于起动。

7.3.4.3　定子侧低压电压型交-直-交变频调速的应用

1. 逆变器部分

（1）开关频率选择　逆变器中的开关器件工作在开关状态，在开通和关断两个状态下，器件的损耗都不大，因为它们或是有电压、无电流；或是有电流、电压很低，但在开关过程中器件既有电压又有电流，开关损耗大。随开关频率升高，开关过程在一个开关周期中占的比例增大，开关损耗的影响越大，逆变器允许的输出电流要适当减小。器件额定电流越大，开关越慢，允许的开关频率越低。逆变器额定电流与开关频率的关系曲线见图7-56。

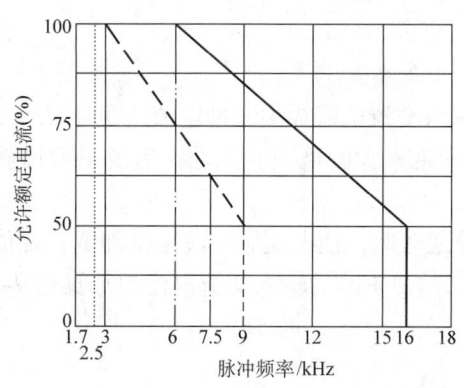

最大可调脉冲频率同功率和规格有关：
—— 在 45kW、55kW：380～480V
16kHz 在 37kW、45kW：500～600V
—— 在 75kW、90kW：380～480V
9kHz 在 55kW：500～600V
—— 在 110kW、132kW：380～480V
7.5kHz 在 75kW、90kW：500～600V
　　　 在 55～110kW：660～690V
—— 在 160～250kW：380～480V
6kHz 在 110kW～160kW：500～600V
　　　 在 132～200kW：660～690V
…… 在 315～900kW：380～480V
2.5kHz 在 200～1100kW：500～600V
　　　 在 250～2300kW：660～690V

图7-56　逆变器额定电流与开关频率的关系

（2）输出滤波　逆变器输出电压波形是一系列前后沿非常陡峭（dv/dt 高）的方波，这种方波电压在电缆和电动机中传输时，它们中的分布参数（寄生电容、电感）都在起作用，导致：
- 电动机端部电压振荡，过电压，损害电动机绝缘；
- 寄生电容的充放电电流会流过 IGBT，带来电流冲击。

为消除上述危害，当使用普通电动机，且 380V 装置输出电缆长度超过 30m 时或逆变器输出电压有效值超过 500V 时，需在逆变器输出端加装输出滤波器。输出滤波器有三种：
- 输出电抗器：主要用于限制寄生电容的充放电电流，同时也减小 dv/dt 值，输出电压为近似方波，不降低逆变器最大输出电压，应用最广；
- 限制 dv/dt 的滤波器　它是 LC 滤波器，但 L 和 C 值较小，输出电压仍为近似方波，只是 dv/dt 被限制到 500V/μs 以下，不降低逆变器最大输出电压，主要用于 500V 以上装置或输出电缆较长的 380V 装置；
- 正弦波滤波器　它是 LC 滤波器，L 和 C 值较大，输出电压为正弦波（畸变系数约 5%），但逆变器最大输出电压减小 10%～15%，主要用于输出电缆特别长的场合。

（3）轴电流抑制　逆变器工作时，电动机绕组对地间存在共模电压，例如逆变器上面三个开关导通时（电压矢量为 u_7），绕组对地电压为 $+u_d/2$；下面三个开关导通时（电压矢量为 u_0），绕组对地电压为 $-u_d/2$。这种共模电压会通过寄生电容在电动机轴上感应出轴电压，通过轴承和电动机外壳流过轴电流，损害轴承。采用逆变器输出滤波，减小 dv/dt，有助于减小轴电压、轴电流。对于机座号大于 280 的中型电动机，通过加装轴接地电刷或/和在电动机轴的非传动端安装绝缘轴承(作为选件),可以消除轴电流危害。

2. 整流电源部分

(1) 不可控整流电源(DFE 整流器) 用不可控整流电源作为逆变器的供电电源(见图 7-57),最简单、经济、可靠,应用最广。

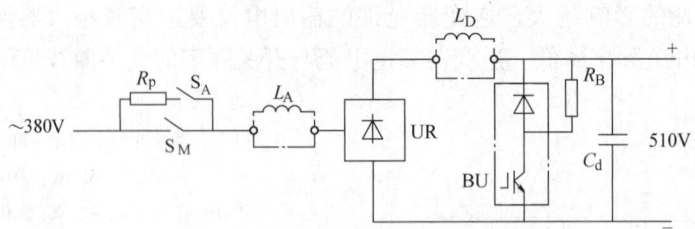

图 7-57 不可控整流电源(DFE 整流器)

由于整流器输出直流母线上接有大储能电容,输入交流电流为尖脉冲电流(见本章 7.2.1 节图 7-1),既给整流管带来大的电流冲击,又给电网带来大的谐波和无功,需要采取措施解决:

• 加交流进线电抗 L_A 加 L_A 后能扩展整流管导通时间,使电流脉冲波宽度加宽,幅值减小,谐波量减小。L_A 的电感阻抗压降取 2% ~ 4%,L_A = 3% 时的输入交流电流波形见图 7-58,与图 7-1 相比有很大改善;

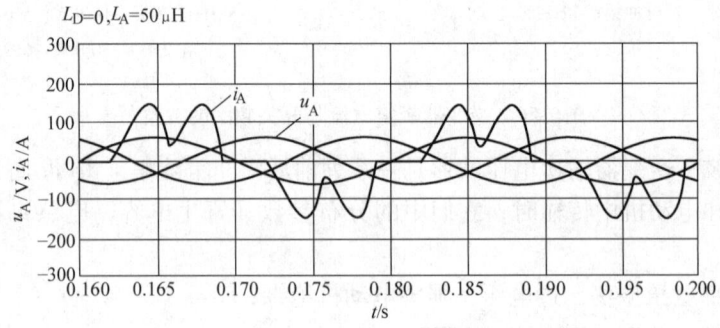

图 7-58 L_A = 3% 时的输入电流波形

• 加直流滤波电抗器 L_D 加 L_D 后能使整流管导通时间扩展至 120°,谐波量进一步减少,功率因数提高至 0.9 以上,故该电抗器又称为改善功率因数电抗器。L_D 电感值的计算方法和直流传动系统中的直流电抗器计算(参见第 6 章 6.2.4 节)相同,只是这里只按电流连续计算,取开始连续电流为 30% 左右及触发延迟角 α = 0°。加 L_D 后的输入电流波形见图 7-59。

电动机再生制动时,能量从电动机经逆变器流回直流母线,由于不可控整流器不允许电流反流,这部分返回的能量将流入储能电容,使直流母线电压 U_d 抬高,危及设备安全。逆变器中都设有过电压保护环节,当 U_d 升至保护设定值时,逆变器封锁,电动机自由停车。如果要求电动机再生制动,则需在直流母线间加装制动单元 BU 和制动电阻 R_B (见图 7-57),吸收返回的能量。当 U_d 升至设定值时,BU 中的 IGBT 导通,电阻 R_B 接入,吸收能量,U_d 下降;当 U_d 降至正常值时,IGBT 关断,电阻切除。BU 按直流制动电流 $I_{d.B}$ 选取,R_B 容量按制动能量选取(电阻可以短时过载)。注意:直流制动电流 $I_{d.B}$ 与电动机制动功率 P_B 成比例,与电动机电流无直接关系(P_B 除与电动机电流有关外,还与电动机电压和功率因数有关)。

$$I_{d.B} = \frac{P_B}{U_d} = \frac{T_B n}{U_d} \tag{7-36}$$

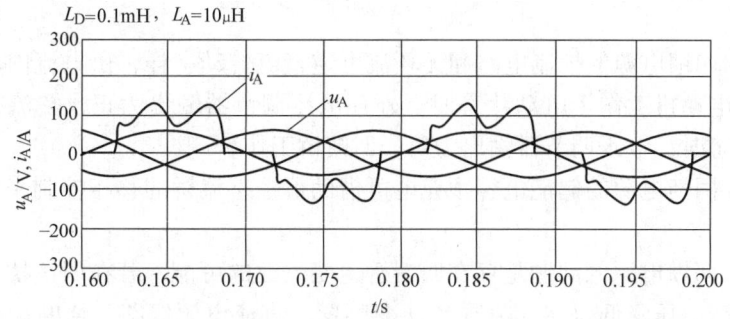

图 7-59　加 L_D 后的输入电流波形（开始连续电流 30%）

注：$L_D = 0.1\text{mH}$，$L_A = 10\mu\text{H}$。

式中　T_B——制动转矩；

　　　n——转速。

由式（7-36）可知，即使是恒转矩制动，直流制动电流 $I_{d.B}$ 仍随转速 n 降低而减小。这种制动方法把电动机的动能消耗在制动电阻中，适合用于制动能量不大、制动不频繁场合。

为防止交流电源接通之初，直流储能电容的充电电流过大而损害设备，在整流桥的进线电路中需装设电容预充电环节（预充电电阻 R_P 和辅助开关 S_A，见图 7-57）。在接通交流电源时，先合 S_A，用 R_P 限制充电电流，待电容充电结束后，再合主开关 S_M，旁路 R_P。在小功率变频器中，这预充电环节已装于变频器中，不必外设。

（2）晶闸管整流/回馈电源　晶闸管整流/回馈电源基于可逆的可控整流，其特点是：既能整流，向直流母线供能；又能回馈，把电动机制动或下放重物时返回直流母线的再生能量送回交流电网，适合用于再生能量大、制动频繁场合。

晶闸管整流/回馈电源由正反两个可控整流桥（无环流）组成，整流时正桥工作，输出正向直流电流，回馈时反桥工作，直流电流反向。它有两种电路结构：一种是对称可逆结构，见图 7-60a；另一种是不对称可逆结构，见图 7-60b。

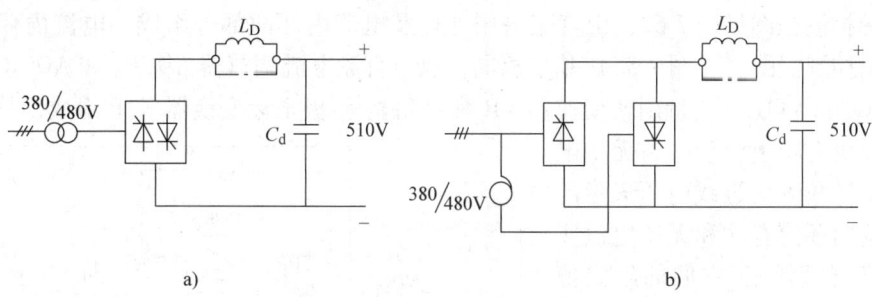

图 7-60　晶闸管整流/回馈电源电路
a) 对称结构　b) 不对称结构

对称结构的优点是结构紧凑，可以用可逆直流传动的标准整流装置，缺点是触发延迟角 $\alpha \geq 30°$，导致进线功率因数降低；电压不标准（380V 逆变器要求直流电压 510V，整流装置进线电压 480V），需配整流变压器。不对称结构的整流桥和回馈桥分开，整流桥工作于 $\alpha = 0°$，回馈桥工作于触发超前角 $\beta \geq 30°$，需用自耦变压器 AT 把回馈桥的进线电压升高到 1.2 倍。不对称结构的特点是：进线电压标准，功率因数高，若回馈功率小，回馈桥和自耦变压器功率可以减小。

晶闸管整流/回馈电源的控制电路和无环流可逆直流传动一样，由电流内环及直流母线电压外环组成，当电动机工作于电动状态时，外环电压调节器输出为正，整流桥工作；当电动机工作于再生状态时，电压调节器输出为负，回馈桥工作。

晶闸管整流/回馈电源的储能电容预充电可借助可控整流桥的移相控制来实现，不必另加预充电设备。

晶闸管整流/回馈电源的问题是存在回馈桥逆变失败的可能，若在回馈桥工作期间突然交流电源故障，进线电压降低过多，将导致逆变颠覆，直流电源短路，烧断熔断器。这种故障曾在现场多次发生。

(3) 电压型 PWM 整流电源〔有源前端（AFE）整流器〕 电压型 PWM 整流器是 PWM 逆变器的逆应用，把 50Hz 的交流进线电压变换成恒定的直流电压，使用的开关器件为 IGBT。它的原理和特点参见本章 7.2.4.3 和 7.2.4.4 节。AFE 的主电路见图 7-61。图中除三相 IGBT 桥外，还有储能电容的预充电环节（S_A 和 R_P）及滤去开关频率谐波的进线 LC 滤波器。AFE 基于升压（Boost）变换，所以输出直流母线电压比输入交流线电压峰值略高，通常设定在 600～650V。

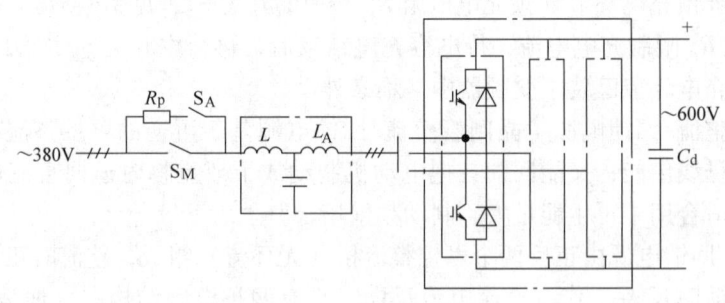

图 7-61 AFE 主电路

AFE 的控制框图见图 7-62，由直流电压外环及电流内环两部分组成。电流内环框图与逆变器的电流控制框图（见图 7-55）基本相同，也由直流电流调节器 $ADCR_d$ 和 $ADCR_q$、电压预控环节 VPC_d 和 VPC_q、矢量回转变换器 VR 和直角坐标-极坐标变换器 K/P 组成，只是这里的 i_q 为交流进线有功电流、i_d 为无功电流、基准旋转角 θ 为进线电压矢量的相位角，这内环使有功和无功电流实际值 i_q 和 i_d 分别等于它们的给定值 i_q^* 和 i_d^*。电压外环由电压调节器 AVR 构成，输出有功电流给定信号 i_q^*。电动机工作于电动状态时，$i_q^* > 0$，若电动机负载增加，直流母线电压 U_d 减小，AVR 输出 i_q^* 加大，更多电能从电网流向直流母线，使 U_d 恢复到设定值 U_d^*。电动机工作于再生

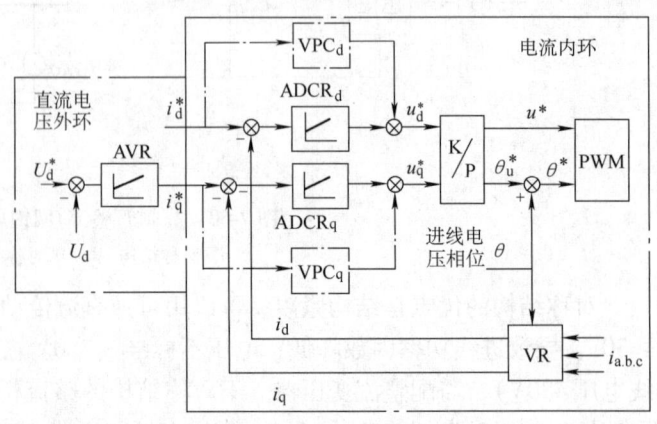

图 7-62 AFE 的控制框图

状态时，电动机的再生能量回馈到直流母线，U_d 增加，AVR 输出 i_q^* 变负（$i_q^* < 0$），能量从直流母线返回电网，使 U_d 恢复到设定值 U_d^*。i_d^* 根据电网对无功功率的需求和电源装置的能力设置：当 $i_d^* = 0$ 时，网侧无功功率为零（功率因数 =1）；当 $i_d^* < 0$ 时，网侧无功功率为容性；当 $i_d^* > 0$ 时，网侧无功功率为感性。

AFE 整流器的特点是：
- 网侧输入电流为正弦波，无功功率从感性到容性连续可调（包括功率因数 =1）；
- 双方向功率流，既可整流，又可回馈；
- 可在不稳定的电网中可靠工作：在电网电压大幅度波动时，仍维持直流母线电压不变；在电网故障（电压降低超出允许范围或完全掉电）时，立即关断所有 IGBT，避免变流颠覆。

AFE 具有理想的性能，但价格较高（约等于逆变器的价格），应用场合受限制。

（4）公共直流母线 如果在一个工作面或一条生产线上有多台电动机需要变频调速，宜采用公共直流母线供电方式，即由一套大的整流电源向多套逆变器供电，见图 7-63。

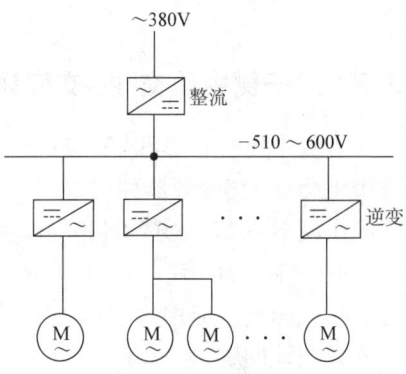

图 7-63 公共直流母线

采用公共直流母线的优点：

- 整流器容量小 由于不可能所有变频调速电动机同时全速、满载工作，整流器的容量小于各逆变器容量之和。
- 解决再生制动问题容易 若公共母线下的一台或几台电动机再生工作，而其他电动机电动工作，再生的能量可以通过直流母线流入正在电动工作的电动机，大大减小了需要吸收或回馈的功率，另外由于只有一个直流母线，仅需一套能量吸收或回馈装置就能解决所有电动机的再生制动问题。
- 安装尺寸小 因为网侧元件，如熔断器、接触器、进线电抗等可以集中采用一套，比多套网侧元件分散安装尺寸小。

3. 其他应用问题

（1）普通电动机的降容曲线 普通电动机用于变频调速后需适当降容，降容的原因是：
- 逆变器输出的谐波给电动机带来附加损耗，约增加 10%；
- 普通电动机多为自通风电动机，随转速下降，通风量下降，冷却效果下降，电动机输出转矩需相应降低（对于外通风电动机，转矩不降）；
- 在额定转速以上是弱磁调速区，电动机的转矩约按 f_n/f 比例降低，功率近似不变，但异步电动机的颠覆转矩按 $(f_n/f)^2$ 减小，故在弱磁范围较宽的应用场合，需校验颠覆转矩（留 30% 裕量）。

普通电动机用于变频调速后的降容曲线见图 7-64。

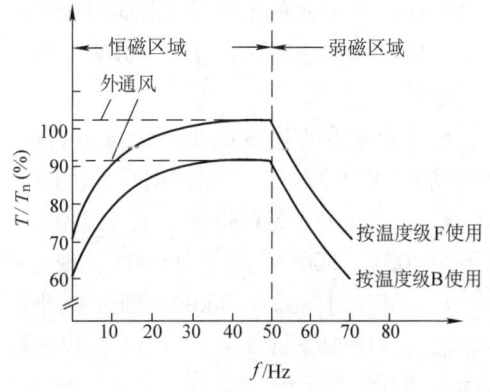

图 7-64 普通电动机用于变频调速后的降容曲线

(2) 逆变器输出电缆　由于逆变器输出电缆传输的电压、电流中含有大量谐波，电缆对地存在脉动的共模电压，会对周围其他电子设备的工作带来干扰，因此要求电缆最好用屏蔽电缆。若为降低造价，使用普通电缆，最好将这些电缆置于单独的、屏蔽良好的走线盒中，不要和其他电子设备的电源及控制线混在一起。

(3) 直流储能电容的预充电　变频器长期放置后（半年以上），在使用前必须对直流储能电容预充电。充电电压及时间与变频器规格和放置时间有关，请参阅具体设备的使用手册。

7.3.5　定子侧中压交-直-交变频调速系统

定子侧中压（1~10kV）交-直-交变频调速系统是一种应用广泛的大功率交流调速系统。

中压交-直-交变频器种类很多，本节介绍应用较多的三类：电压型中点钳位三电平变频器、电压型 H 桥级联变频器和电流型变频器。不同变频器使用的电力电子开关器件不同，有低压 IGBT、高压 IGBT、IGCT 和 IEGT 等，在介绍变频器时会说明它所使用的器件。

影响我国推广应用大中功率中压变频调速的主要障碍是电压等级问题，故在介绍变频器前，先说明该问题。

7.3.5.1　中压电压等级问题

我国现有情况：
- 为限制电动机直接起动时母线压降，200kW 以上电动机一律用中压；
- 为减少供电线损，400 V 以上只有 10kV 和正在淘汰中的 6kV。

上述情况是影响我国推广应用大中功率中压变频调速的主要障碍，因为电压等级高，变频器中器件串联数多，电流利用率低，价高，可靠性受影响。以 630kW 变频器为例，若电压为 10kV，电流仅 45A，H 桥级联变频器需用 1700V、100A（或 150A）的 IGBT 桥 10 串，三相共 120 个器件。现在 IGBT 的电流等级已达 2400A，有大电流器件不用，而用大量小电流器件串联，极不合理，这是电压高带来的后果。如果改用 690V 电压，变频器仅需 12 个 1700V、1000A 的 IGBT，器件数大大减少，电路简单。

国外情况：
- 在 400 V 和 10kV 之间还有：低压 690V，中压 2.3、3 (3.3)、4.16、6 (6.9) kV 等；
- 低压电动机（400V 和 690V）功率扩展至 1000kW；
- 中压电动机的电压等级随功率增加而升高；
- 除特大功率外，不生产 10kV 变频器。

建议：
- 把供电和用电的电压等级分开，区别对待，现在的中压变频器都配有输入变压器，一次侧接 10kV 电网，二次侧根据功率大小，选变频器和电动机的电压等级；
- 由于采用变频调速后，起动电流小，低压电动机功率可扩展至 800~1000kW，500kW 以下用 400V，500kW 以上用 690V，现已有 690V 的电动机和变频器标准产品；
- 功率大于 800~1000kW 场合宜用中压变频，但在现有技术条件下，尽量避免选用 10kV 变频器，宜用 6kV 或 3 (3.3) kV，我国过去曾有过 3kV 电压等级，现在仍有产品，配进口的或国产的变频器方便、简单、便宜，特别是功率小于 2000kW 场合。

7.3.5.2　电压型中点钳位三电平变频器

1. 电压型中点钳位三电平逆变器

(1) 原理和特点　电压型中点钳位三电平逆变器主电路见图 7-65。

在三电平逆变器中，通过对每相桥臂中电力电子开关器件的控制可以使桥臂输出点获得三种不同的电平 $+U_d/2$、0、$-U_d/2$（相对于电源中点）。在运行中开关器件 V1 和 V3 工作于互补状态，V2 和 V4 也工作于互补状态，当 V1、V2 导通时，输出电压为 $+U_d/2$，当 V3、V4 导通时，输出电压为 $-U_d/2$，当 V2、V3 导通时，输出电压为 0。通常不允许输出电压在 $+U_d/2$ 和 $-U_d/2$ 之间直接变化，即不允许两个器件同时开通和关断，因而不存在动态均压问题。由于有中点钳位二极管，每个处于关断状态器件承受的正向电压为 $U_d/2$，也不需静态均压。与低压的二电平逆变器相比，若器件承受电压一样，三电平逆变器的输出电压可提高一倍，所以它适合用于中压变频。

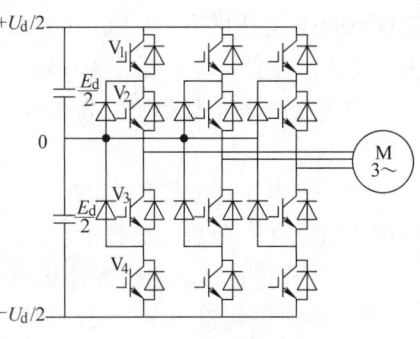

图 7-65　三电平逆变器主电路

三电平逆变器输出波形：相输出对电源中点电压、线电压、负载相电压（相输出对负载中点电压）和输出电流波形见图 7-66。从图中可看出，由于增加了输出电平数（与二电平的图 7-45 比较），波形畸变系数（输出谐波与基波之比）大大减小。

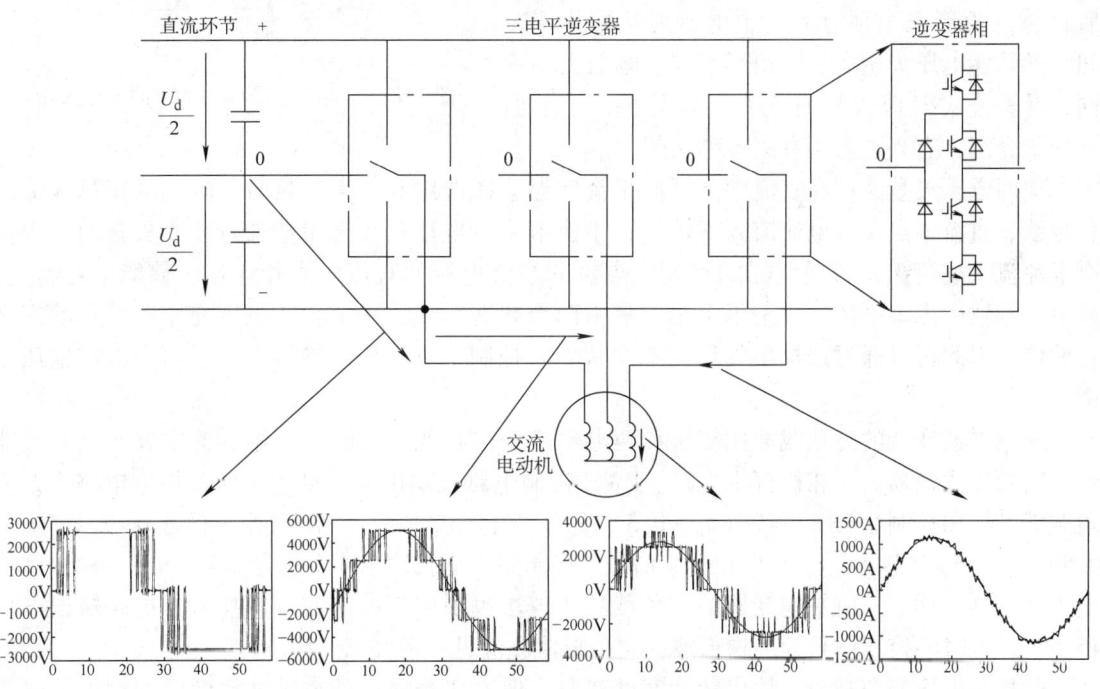

图 7-66　三电平逆变器输出波形

中压三电平逆变器使用的电力电子器件及逆变器输出电压如下：

器件	逆变器输出电压
3300V IGBT	2.3kV ＊
4500V IGCT	3.3kV ＊＊
4500V IEGT	3.3kV ＊＊

＊表示若每个开关用 2 个器件串联，输出电压为 4.2kV。

**表示若每个开关用2个器件串联,输出电压为6kV。使用6500V电压的IGBT和IGCT的三电平逆变器即将推向市场,器件不串时逆变器输出电压为4.2kV,器件2串时输出6.9kV。

中压三电平逆变器使用高压开关器件,开关过程较慢(与低压器件比),所以开关频率小于1kHz。

(2) 三电平逆变器的控制 三电平逆变器的PWM实现方法很多,常用的有两种:空间电压矢量法和三角载波比较法。

三电平逆变器每相桥臂输出有三种工作状态:+、0、-,三相输出共有27个状态,构成19个电压矢量,见图7-67,其中,零矢量(u_0)1个;构成内六边形的小矢量($u_1 - u_6$)6个;构成外六边形的矢量($u_7 - u_{18}$)12个(大矢量6个和中矢量6个)。零矢量由3个状态组成,每个小矢量由2状态组成,每个中矢量和大矢量由1个状态组成。在空间电压矢量法中,首先确定目标电压矢量所处的三角形,根据它与该三角形一边的夹角,然后计算三角形三个顶点的三个电压矢量的作用时间。随目标电压矢量所处三角形不同、幅值大小不同,计算公式(模式)有5种,较复杂,本手册不详细介绍,有兴趣者请参阅参考文献[3]。

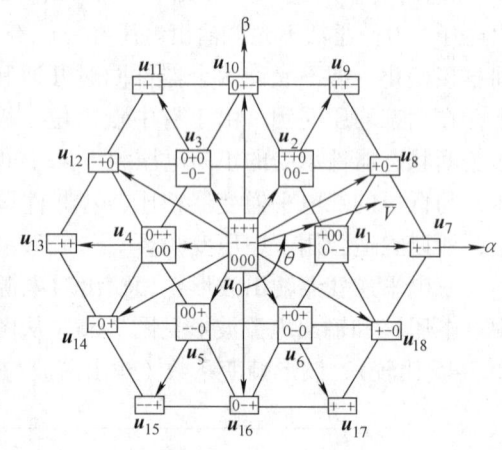

图7-67 三相逆变器输出的空间电压矢量

空间电压矢量法存在直流中点电压平衡问题,在选用6个大矢量时,电流从正母线流向负母线,直流中点没有电流流入或流出,不影响中点电压;在选用中矢量和小矢量时,中点有电流流入或流出;若逆变器的直流中点没和整流电源的直流中点相连接,储能电容将充、放电,导致中点不平衡。由于每个小矢量由两个状态组成,一个状态电容充电,另一状态电容放电,因此可以通过选择小矢量的不同状态来控制中点电压,维持上、下两个电容电压平衡。

三电平逆变器的三角载波比较法和两电平逆变器相似,但由于一相桥臂中有4个开关器件,需两套比较器。一相桥臂主电路、PWM控制电路及输出波形见图7-68。控制电路中,三角载波SW和控制信号$u_{c1} = 2(u_c + 0.5)$比较产生CP_1信号;SW和控制信号$u_{c2} = 2(u_c - 0.5)$比较产生CP_2信号,CP_1和CP_2信号经简单逻辑变换输出4个触发信号GS1~GS4。和两电平逆变器一样,三电平逆变器的三角载波比较法也采用三次谐波偏置技术,提高输出电压15.5%,这时的控制信号为准梯形波,它的形成方法见参考文献[6]。

随控制电压幅值减小,输出脉冲宽度变窄,但逆变器输出最小脉冲宽度受到允许的最小导通时间限制,不能太窄,导致输出交流电压幅值小时波形畸变。这个问题可以通过改变控制信号解决,在控制信号幅值<0.5(相对值)时,令$u_{c1} = (u_c + 0.5)$和$u_{c2} = 2(u_c - 0.5)$,去和三角载波SW比较,产生触发信号。这样,在$u_c \approx 0$时,三相输出波形都是宽度为25%左右的正、负两个方波,避免出现窄脉冲情况。

本三角载波比较法具有在一个输出周期中直流电压中点平衡的能力,特别是在低电压幅值时,平衡效果更好。

空间电压矢量法和使用交流偏置的三角载波比较法在本质和效果上相同,只是实现方法

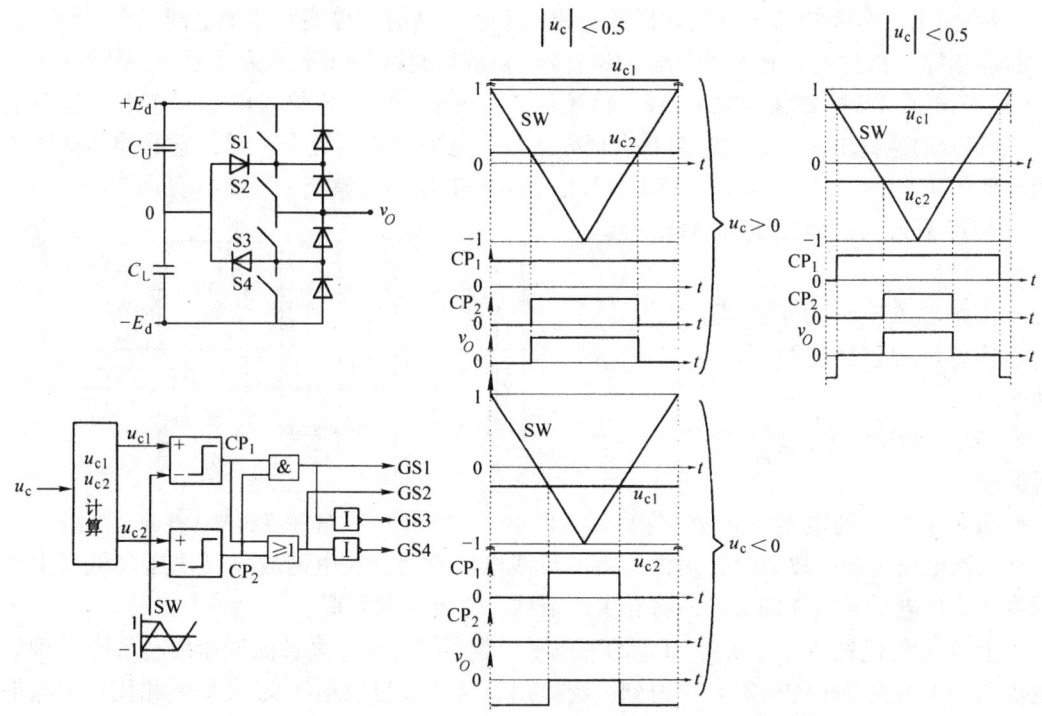

图 7-68　桥臂主电路、三角载波比较 PWM 电路及波形

不同。

三电平逆变器的开环输出电压控制和闭环输出电流控制与低压两电平逆变器相同，参见本章 7.3.4.2 节。

(3) 逆变器的输出滤波器　三电平逆变器使用高压电力电子开关器件，在其开或关时，产生的 dv/dt 高，普通电动机承受不了，需在逆变器输出端和电动机之间加装 LC 滤波器，通常使用正弦波滤波器。若逆变器开关频率为 1kHz 左右，滤波器的转折频率一般取 300 ~ 400Hz，滤波后输出电压波形基本上为正弦波。

装滤波器后，调速系统的动态性能会受影响，所以在要求高性能场合，大多使用变频专用电动机，而不装滤波器。

2. 供电整流器　和低压二电平一样，为三电平逆变器供电的整流器也有三种：晶闸管整流电源、晶闸管整流/回馈电源、三电平 PWM 整流电源。

(1) 晶闸管整流电源（DFE 整流器）　晶闸管整流电源用以向逆变器提供单方向、固定电压的（不调的）直流电源。本来可以用不可控整流，但随电源容量加大，储能电容预充电环节变得庞大，所以改用单向可控整流，通过移相控制限制充电电流，充电结束后使触发延迟角固定在 $\alpha = 0°$，变为不可控整流，故也用 DFE 表示。由于容量大，整流电源交流进线电流中的谐波对电网影响大，所以采用 12、18 或 24 脉波整流，最常用的是 12 脉波整流，通常可以满足电网要求。由于要实现大于 6 脉波的整流，需装设网侧输入变压器，它还使变频器和电网安全隔离。

在要求电动机快速制动的场合，需在直流母线上加装中压制动单元（使用高压电力电子开关器件）和制动电阻，吸收来自电动机的动能。

(2) 晶闸管整流/回馈电源　晶闸管整流/回馈电源由晶闸管可逆整流器构成，用于电动机经常需要再生工作,并希望把来自电动机的动能或下放重物的位势能回馈给电网场合。由于容量大,也需要 12 脉波整流和输入变压器。18 或 24 脉波晶闸管可逆整流线路太复杂,基本不用。

(3) 三电平 PWM 整流电源(AFE 整流器) 三电平 PWM 整流电源(AFE)是三电平 PWM 逆变器的逆应用,它的主电路及实现方法与三电平逆变器完全一样,它的控制框图与低压两电平 AFE 相同,见图 7-62。采用 AFE 的三电平变频器(整流 + 逆变)见图 7-69。

三电平 AFE 与低压二电平 AFE 的特点相同:

● 网侧输入电流为正弦波,无功功率从感性到容性连续可调(包括功率因数 =1);

● 双方向功率流,既可整流,又可回馈;

● 可在不稳定的电网中可靠工

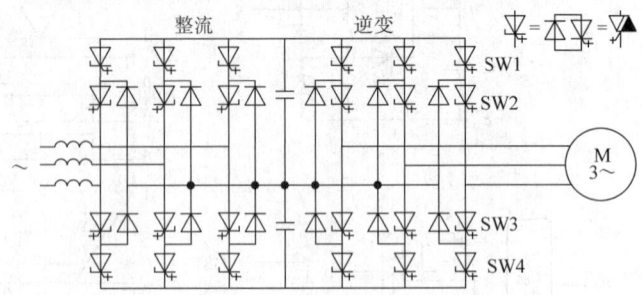

图 7-69 采用 AFE 的三电平变频器(整流 + 逆变)

作:在电网电压大幅度波动时,仍维持直流母线电压不变;在电网故障(电压降低超出允许范围或完全掉电)时,立即关断所有自关断器件,避免变流颠覆。

由于 AFE 的优良性能,采用 AFE 的三电平变频器在大功率高性能调速传动系统(例如轧机主传动、大型提升机传动等)中得到广泛应用,与已广泛应用的交-交变频相比,三电平变频器本身的价格比交-交变频器高一些,但它可从电网无功补偿及谐波治理中节省的投资得到补偿,总价格可能反而比交-交变频低。

三电平变频器的直流电源中线有两种接线:一种整流电源中点与逆变器中点连接;另一种两中点不连接。两种接线都有使用,但用后者时需注意中点电压平衡问题。

3. 更多电平的逆变器 为提高交流输出电压,在中点钳位三电平逆变器的基础上又发展出电容钳位四电平逆变器和中点钳位五电平逆变器,并提出了更多电平的逆变方案。这些更多电平的逆变器主电路及其控制很复杂,实用性差,开发出产品并实际应用的仅有电容钳位四电平逆变器。ALSTOM 公司生产的基于电容钳位四电平逆变器的中压变频器主电路见图 7-70,由于应用不多,这里不进一步介绍。

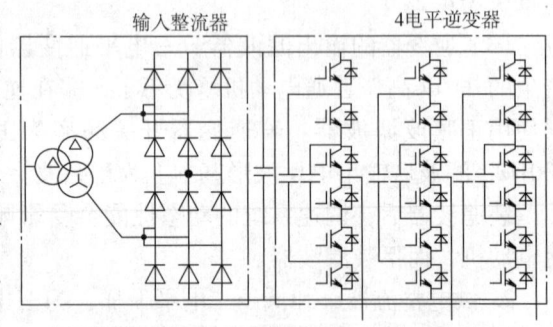

图 7-70 电容钳位四电平中压变频器主电路

7.3.5.3 电压型 H 桥级联变频器

1. H 桥级联变频器原理 电压型 H 桥级联变频器中的每一相都由多个 H 桥功率单元串联而成(见图 7-71a),串联数 N 取决于变频器输出电压等级,每个 H 桥由 4 个低压 IGBT(1200V 或 1700V)构成,并用独立的、彼此隔离的整流电源供电(见图 7-71b)。

每个 H 桥有三种输出电平:若开关器件 V1、V4 导通,输出 $+U_d$ 电平(U_d 为桥直流母线电压);若 V2、V3 导通,输出 $-U_d$ 电平;若 V1、V2 导通或 V3、V4 导通,输出 0 电平。通过脉宽调制(PWM),每个 H 桥都输出一个交流电压,N 个 H 桥串联后变频器输出相电压为每个桥的 N 倍,从而实现中压变频。由于每个 H 桥都由独立的整流电源供电,H 桥中每个开关器件承受的都是独立电源的电压 U_d(低压),桥串联后器件不存在均压问题。在脉宽调制时,每相中各串联桥的开关周期 T 的起点顺序、均匀地错开 T/N 时间,这样变频器输出相电

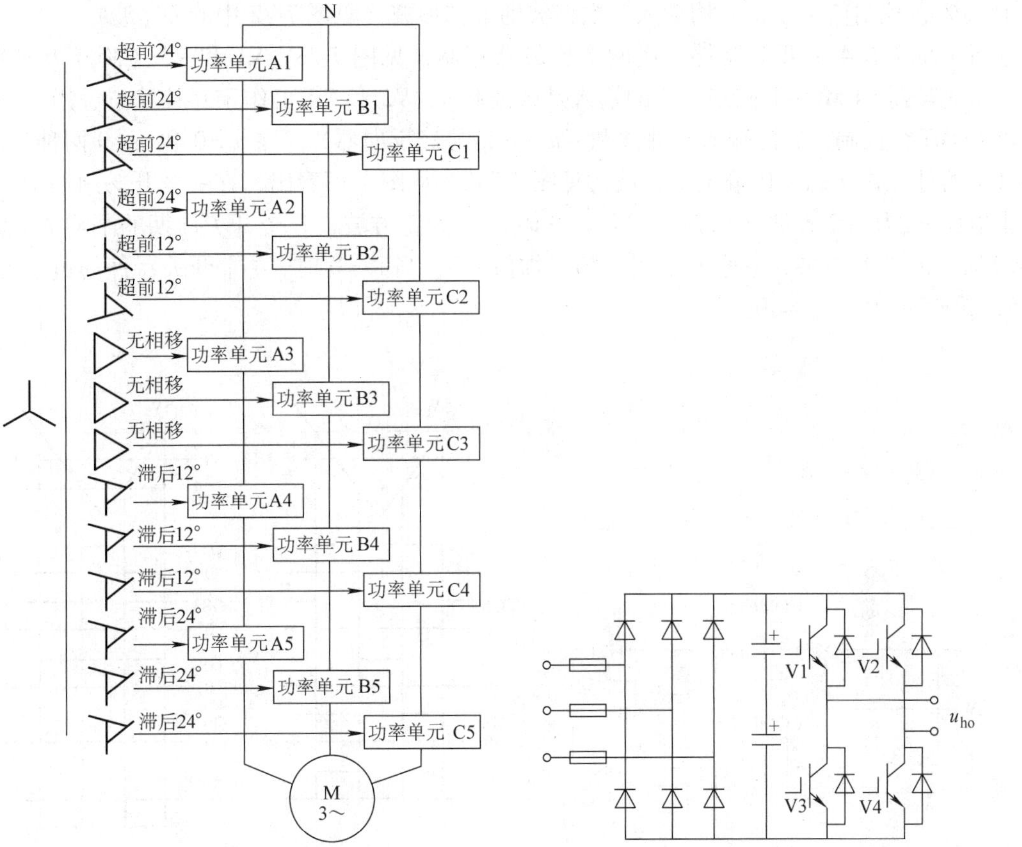

第7章 交流调速传动系统

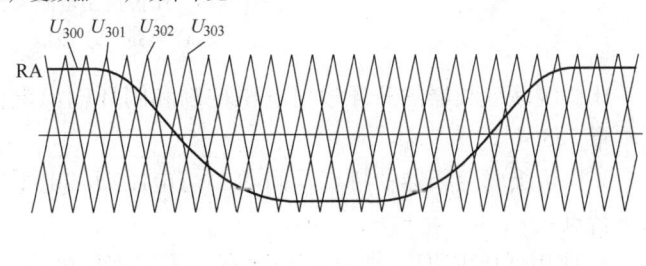

图 7-71 H 桥级联变频器和 H 桥功率单元
a) 变频器 b) 功率单元

压的电平数为 $3N$，电压畸变系数和 dv/dt 小。$N=3$ 时的三个桥输出电压（U_{A1}、U_{A2}、U_{A3}）和变频器输出相电压波形（U_{AN}）见图 7-72。

2. H 桥级联变频器的控制 H 桥级联变频器的输出电压电平数多，用电压空间矢量法实现 PWM 太复杂，通常都用三角载波比较法实现 PWM。

为满足每相各串联 H 桥开关周期起点顺序均匀错开 T/N 时间的要求，每相需 N 个彼此差 T/N 时间的三角载波，三相的三角载波可以共用，故三相载波总数也是 N。$N=3$ 时的三角载波见图 7-72（U_{301}、U_{302}、U_{303} 波）。为提高输出电压幅

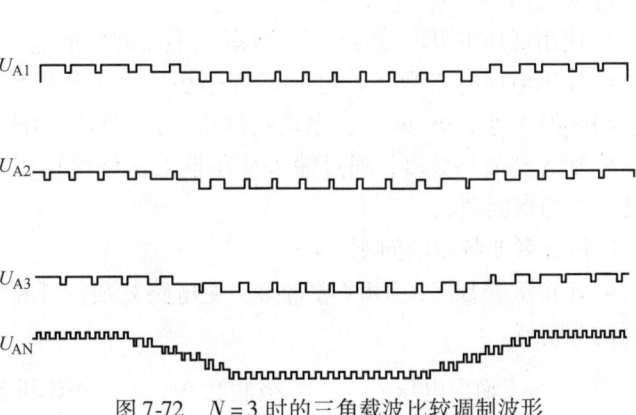

图 7-72 $N=3$ 时的三角载波比较调制波形

值 15.5%，控制信号 u 也采用加入三次谐波的准梯形波（见图 7-72 中的 U_{300} 波）。

每个桥中有 4 个开关器件，用两个比较器控制，见图 7-73。V1 和 V3 工作于互补状态，用一个比较器 COMP-1 控制，它的输入是载波和 u；V2 和 V4 工作于互补状态，用另一个比较器 COMP-2 控制，它的输入是载波和 -u（u 信号经反向器）。在 $u>0$ 和 $u<0$ 两种工况下，各开关器件工作状态及桥输出电压波形见图 7-73b。从图中可看出，在一个开关周期中，H 桥输出电压 u_{ho} 为两个方波（倍频），当 $u>0$ 时，u_{ho} 为正方波，一个开关周期的平均值 >0；当 $u<0$ 时，u_{ho} 为负方波，一个开关周期的平均值 <0；当 $u=0$ 时，4 个开关器件的占空比均为 0.5，无 u_{ho} 波形，$u_{ho}=0$。

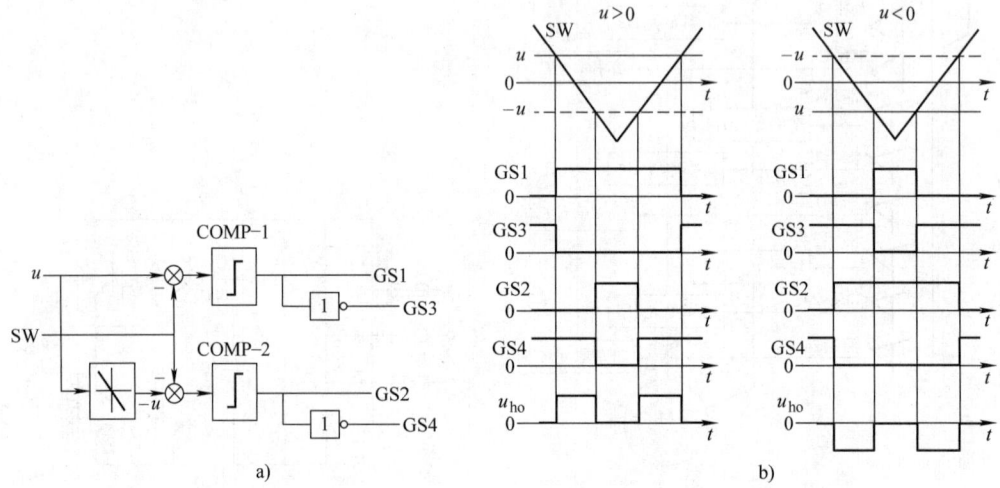

图 7-73 H 桥控制电路及波形
a) 电路 b) 波形

H 桥级联变频器的开环输出电压控制和闭环输出电流控制与低压二电平逆变器相同，参见本章 7.3.4.2 节。

3. H 桥级联变频器的特点及问题　与电压型三电平中压变频器相比，H 桥级联变频器有如下特点：

● 使用低压 IGBT，通过 H 桥级联，不需均压措施，输出中压，可达 10kV。

● 输出电压电平数多，电压畸变率小，由于使用低压 IGBT，电压波形的每次跳变幅值（$U_d < 1000V$）小，dv/dt 小，电动机能承受，不需输出滤波器。

● 输入整流桥数多，通过输入变压器二次绕组移相，等效整流脉波数多，进线交流电流谐波小，功率因数高。

H 桥级联变频器的问题：

● H 桥级联数多，IGBT 数量多，主电路复杂，可靠性受影响，桥中大量储能电解电容是装置的薄弱点。

输出电压	级联数 N	H 桥数量	IGBT 数量
3kV	3	9	36

6kV*	6	18	72
10kV*	10	30	120

* 某些外国公司的产品中 IGBT 电压裕量留得较少，6kV 和 10kV 的产品少串 1 级，H 桥数量少 3 个，IGBT 数量少 12 个。

- 整流电源数太多，电动机制动再生能量吸收或回馈困难。
- 输入变压器二次绕组太多，加之移相要求，制造困难。

措施：

- 为提高可靠性，增加 H 桥级联数（冗余），在某桥故障时，该桥被旁路。
- 利用"双频制动技术"[4]吸收电动机制动时的再生能量。双频制动技术就是在电动机制动时，令变频器输出电压由两个频率的分量组成——工作频率分量和损耗产生频率分量，制动转矩主要由工作频率分量产生，损耗产生频率分量在电动机转子中产生 300Hz 涡流，利用转子"深槽集肤效应"增大转子电阻，把再生能量消耗在电动机转子中。这种技术控制复杂，电动机制动转矩小（仅 10~20%），能量消耗在电动机中而导致温升增加，电动机热态只能制动一次，冷态两次。损耗产生频率与工作频的关系见图 7-74。

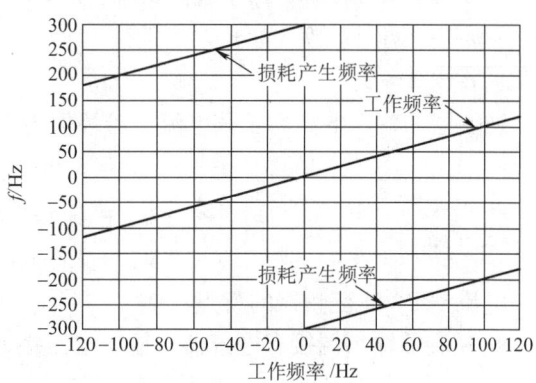

图 7-74 损耗产生频率与工作频率的关系

7.3.5.4 电流型 PWM 变频器

加拿大 AB 公司是唯一采用中压电流型 PWM 变频方案的制造商，占有一定市场份额。

逆变器使用的电力电子器件是对称门极换相晶闸管（SGCT，是 ABB 公司为 AB 公司专门生产的一种能承受反向电压的 IGCT），每桥臂 3 个器件串联，输出电压 6.9kV。整流器有两种型式：一种是晶闸管 18 脉波整流，见图 7-75；另一种是电流型 PWM 整流（也使用 SGCT，每桥臂 3 串），见图 7-76。

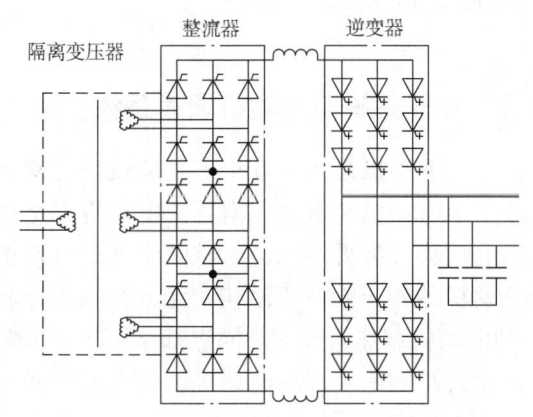

图 7-75 晶闸管整流的电流型中压变频器
注：▽ 为 SGCT。

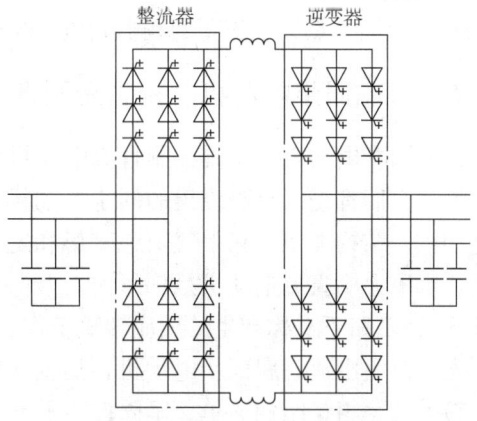

图 7-76 PWM 整流的电流型中压变频器
注：▽ 为 SGCT

三相电流型整流器和PWM逆变器的工作原理在本章7.2.4.6中已介绍过，这里只说明在变频器中整流和逆变器如何工作。通过控制整流器（对于晶闸管整流，控制触发延迟角 α；对于PWM整流，控制它的调制系数 m）控制直流电流 I_d。令逆变器的调制系数 $m=1$，按下列各式控制逆变器六组开关器件的占空比：

$$\begin{aligned} D_A &= M(\omega_o t + \varphi) & D_{\bar{A}} &= M(\omega_o t + \varphi + \pi) \\ D_B &= M(\omega_o t + \varphi - \alpha) & D_{\bar{B}} &= M(\omega_o t + \varphi + \pi - \alpha) \\ D_C &= M(\omega_o t + \varphi + \alpha) & D_{\bar{C}} &= M(\omega_o t + \varphi + \pi + \alpha) \end{aligned} \quad (7\text{-}37)$$

式中 $M(\theta) = m\cos(\theta)$ 若 $m\cos(\theta) \geq 0$。
  $M(\theta) = 0$ 若 $m\cos(\theta) < 0$
  m——调制系数（$m=1$）；
  $\alpha = 2\pi/3$。

逆变器的输出电流为正弦电流，若幅值为 I_d、角频率为 ω_o、相角为 φ，则有

$$\begin{aligned} i_{oA} &= I_d\cos(\omega_o t + \varphi) \\ i_{oA} &= I_d\cos(\omega_o t + \varphi - \alpha) \\ i_{oA} &= I_d\cos(\omega_o t + \varphi + \alpha) \end{aligned} \quad (7\text{-}38)$$

电流型PWM变频器的特点：
- 逆变器输出端接有电容器，输出电压接近正弦，适合用于普通电动机。
- 采用晶闸管整流时，18脉波整流的进线电流谐波小，但随转速降低，直流母线电压减小，移相控制使进线功率因数变差；采用PWM整流时，进线电流为正弦波，无功从感性到容性连续可调（包括功率因数=1），但造价高。
- 电动机的再生能量可回馈电网，回馈时直流母线电压反向，直流电流不反方向，整流器工作于逆变状态。
- 中间直流回路有电感，逆变器不怕"直通"。

电流型PWM变频器的不足：
- SGCT器件特殊。
- 直流储能元件为电抗器，与储能电容相比，体积、重量、损耗大。
- 逆变器输出电容器为交流电容，与直流电容相比，体积大，价高。
- 从上述几点，电流型变频器较电压型略贵。

7.3.6 永磁同步电动机、永磁无刷直流电动机和开关磁阻电动机调速系统

永磁同步电动机、永磁无刷直流电动机和开关磁阻电动机是三种近年来发展较快的新型电动机，它们都是无励磁绕组的同步电动机。永磁同步电动机和永磁无刷直流电动机都是永磁电动机，结构类似，只是气隙中磁场和定子感生电动势的波形不同，永磁同步电动机是正弦波，永磁无刷直流电动机是梯形波。开关磁阻电动机的转子为凸极结构，无永久磁铁，利用d、q轴磁路不对称产生的反应转矩工作。这三种电动机调速系统的共同点都是按转子位置控制定子绕组电流，属同步电动机自控变频调速，无失步问题。三种电动机结构上的共同点是：转子无绕组，结构简单、坚固；转子不发热，仅定子发热，散热容易。

7.3.6.1 永磁同步电动机调速系统

永磁同步电动机示意图见图7-77。电动机转子上镶有永久磁铁，气隙磁场正弦分布，磁

通势矢量为 $\boldsymbol{F}^r$；定子上有三相分布绕组，转子转动时定子电动势也是正弦波，定子绕组由变频器供电，流过三相正弦电流后产生定子磁通势矢量 $\boldsymbol{F}^s$；在转子轴上装有位置传感器 PS，测取转子位置角 λ，经正弦信号发生器得三个正弦位置信号

$$a = -\sin\lambda$$
$$b = -\sin(\lambda - 120°)$$
$$c = -\sin(\lambda + 120°)$$

用这三个信号去控制定子三相电流，使得

$$i_R^s = a \times i^s = -i^s\sin\lambda$$
$$i_S^s = b \times i^s = -i^s\sin(\lambda - 120°) \qquad (7-39)$$
$$i_T^s = c \times i^s = -i^s\sin(\lambda + 120°)$$

式中　i^s——定子电流幅值。

这时 $\boldsymbol{F}^s$ 的幅值与 i^s 成比例，方向超前转子位置 90°（无论转子位于何处），则电动机转矩 T_d 与 i^s 成正比，转矩可以通过改变电流幅值来控制，即

$$T_d = K_m i^s \qquad (7-40)$$

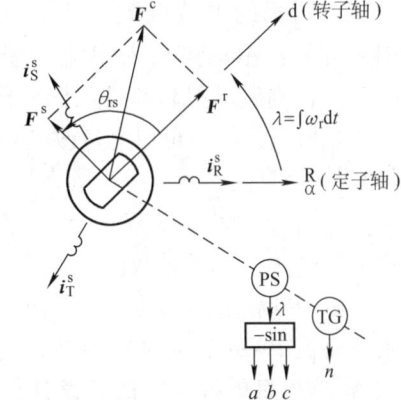

图 7-77　永磁同步电动机示意图

式中　K_m——比例系数。

变频器的 PWM 实现用电流跟踪控制法时（见本章 7.3.4.1 中 2），永磁同步电动机的转矩控制框图见图 7-78。

若变频器的 PWM 实现采用三角载波比较法或空间电压矢量法，则永磁同步电动机的转矩控制框图同图 7-55（见本章 7.3.4.2 中 2），只是令图 7-55 中的

$$i_d^* = 0$$
$$i_q^* = i^s \qquad (7-41)$$
$$\theta = \lambda$$

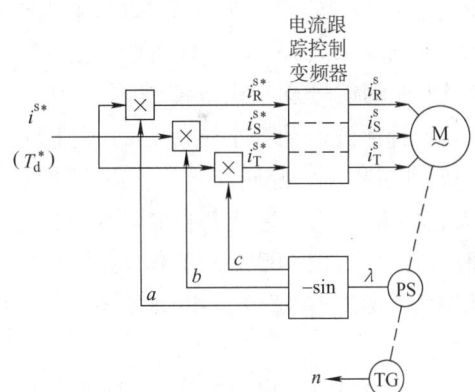

永磁同步电动机的特点和问题：
- 比异步电动机的效率高，体积、重量小。
- 转矩控制比异步电动机的简单。
- 转矩脉动小，调速性能好。
- 问题：怕转子发热使永久磁铁失磁；弱磁调速困难。

图 7-78　永磁同步电动机的转矩控制框图（电流跟踪控制）

基于上述特点，永磁同步电动机已得到广泛应用，国产电动机功率达几百千瓦，国外用于船舶推进的电动机功率达几兆瓦。

用于永磁同步电动机的位置传感器有两类：光电编码器和旋转变压器（Resolver），参见第 4 章 4.4.2 节。无位置传感器的永磁同步电动机调速系统已用于产品，它的位置信号通过用定子电压、电流计算定子电动势得到，但在电动机起动之初，电动势太小，计算不准，只能他控变频起动（频率人为设定，从零慢慢升起），待转速大于设定值（例如 5%）后再转入自控变频。

7.3.6.2　永磁无刷直流电动机调速系统

永磁无刷直流电动机的转子采用瓦形磁钢，经专门磁路设计，可获得梯形波的气隙磁场

分布,定子绕组采用集中整距绕组,因而在转子转动时定子的感生电动势也是梯形波。

若定子绕组由电压型逆变器提供与电动势同相的方波电流,某一相(例如 A 相)的电动势 e_A 和电流 i_A 波形见图 7-79,则电动机转矩 T_d 比例于方波电流幅值 I_p,转矩可以通过改变电流幅值来控制,即

$$T_d = K_m I_p \quad (7\text{-}42)$$

式中 K_m——比例系数。

由于各相电流都是方波,逆变器只须按直流 PWM 斩波进行控制,比正弦 PWM 逆变简单得多,这是设计梯形波永磁电动机的初衷。按直流 PWM 斩波工作的逆变器主电路见图 7-79a,桥上部三个 IGBT 按方波工作,每 120°换相一次,桥下部三个 IGBT 按 PWM 工作,每 120°轮换一次,六个 IGBT 工作区间的切换由装于转子轴上的位置传感器 PS 控制(PS 输出三个互差 120°的方波信号 S_A、S_B、S_C),PS 输出信号、IGBT 驱动信号及三相电流波形见图 7-79b。梯形波电动势平顶部分的幅值 E_p 与转速成比例,随转速升高,占空比增大,当 $E_p \approx U_d$(逆变器直流母线电压)时,占空比达 100%,工作模式变为 120°方波工作模式,电动机全速运行。

由于绕组存在电感,流过它的电流不可能突变,实际的电流波形只能是带有上升、下降斜波的梯形波,使转矩波形每隔 60°出现一个缺口,造成转矩脉动,见图 7-80。这是永磁无刷直流电动机调速性能不如永磁同步电动机(正弦波)的原因。永磁无刷直流电动机的其他特点和问题与永磁同步电动机相同。

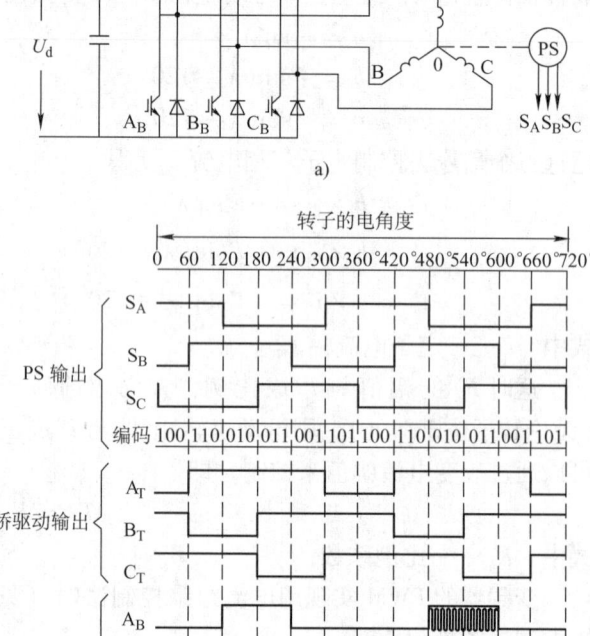

图 7-79 无刷直流电动机的主电路和波形
a) 主电路 b) PS 输出、IGBT 驱动及电流波形

7.3.6.3 开关磁阻电动机调速系统

开关磁阻电动机又称 SR 电动机,它的定子和转子都是凸极结构,定子有绕组,转子无绕组或为永久磁铁。定、转子的极数有多种配合方案,用得最多的是四相(定子 8 极/转子 6 极)和三相(定子 6 极/转子 4 极)方案。四相电动机的结构见图 7-81(图中只画出 A 相绕组),它遵循"磁阻最小原理"工作,当定子绕组通以电流后,产生磁场,若磁场轴线不与转子凸极轴线重合,磁阻不是最小,则产生反应转矩,使电动机转子转动,直至轴线重合,磁阻最小。如果根据转子位置,交替地给定子绕组通电流,使两轴线总保持一定角度,则产生

持续转矩，电动机连续旋转。

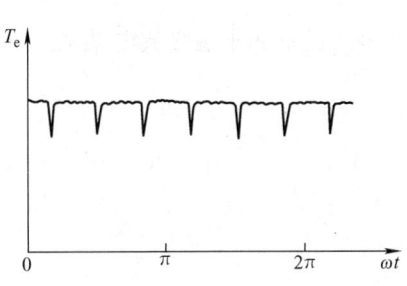

图 7-80　无刷直流电动机转矩波形

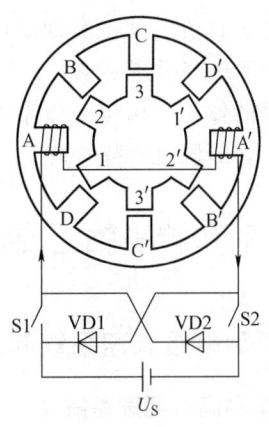

图 7-81　四相 SR 电动机结构（只画出 A 相绕组）

定子绕组由直流 PWM 斩波器供电，有两种常用主电路：半桥电路和单管电路，分别见图 7-82a 和 b，用转子位置传感器控制各绕组斩波器交替工作。

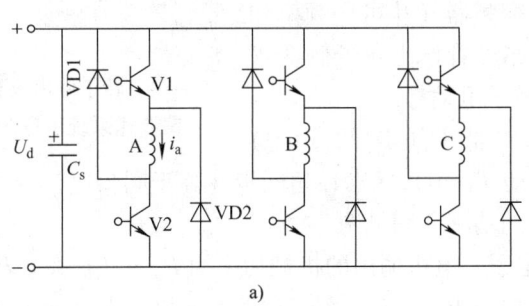

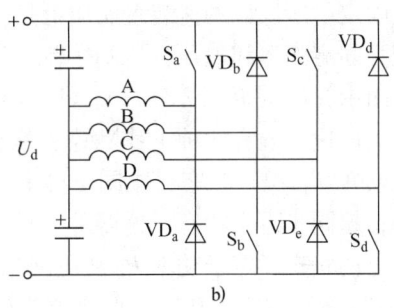

图 7-82　SR 电动机直流斩波器主电路
a）半桥电路　b）单管电路

SR 电动机的转矩与磁通和电流之积成比例，而磁通又与电流成比例。在定子绕组施加电压方波，若幅值和位置角宽度固定，随转速 n 增加，反电动势加大，电流成反比减小，则 SR 电动机的转矩与 n^2 成反比，有与串励直流电动机类似的固有机械特性。通过斩波控制电压方波幅值及位置角宽度，可以把电动机的功率-转矩特性改造成图 7-83 所示的三段特性。第一段为基速以下（$n < n_1$）的恒转矩区，通过 PWM 控制使电流梯形波幅值和位置角宽度恒定〔电流斩波控制（CCC）〕，则转矩恒定，在 PWM 工作区，随 n 增大，占空比增加。当 $n \geq n_1$ 后进入第二段，这时占空比已达 100%，改为电压方波工作，通过增加方波位置角宽度使磁通与 n 成反比〔角度位置控制（APC）〕，恒功率工作。当 $n \geq n_2$ 后进入第三段，这时电压方波位置角宽度已达最大，不能再增加了，则转矩与 n^2 成反比——固有特性。

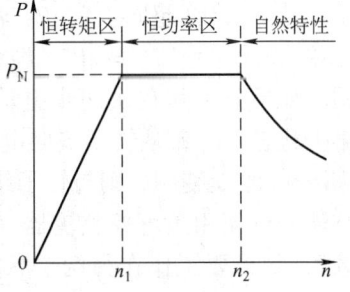

图 7-83　SR 电动机的功率-转矩特性

SR 电动机的特点及问题：

- 转子无绕组和永久磁铁，特别坚固，不怕温度高。
- 有与串励直流电动机类似的固有机械特性，适合用于牵引机械。经过改造的三段功率-转速特性满足众多机械要求。
- 电动机的体积、重量、效率可以与异步电动机竞争，但不如永磁交流电动机。
- 问题：转矩脉动和噪声较大。

7.4 转子侧和转子轴上交流调速系统

7.4.1 转子侧串级调速系统和双馈调速系统

7.4.1.1 转子侧高效调速系统

转子侧串级调速和双馈调速系统都是转子侧高效调速系统，只适用于绕线转子异步电动机，电动机定子绕组接电网，转子绕组经调速装置 VF 接电网，见图 7-84，通过在转子回路中引入可控的附加电动势 E_r 来改变转差率 s，实现调速。调速装置一端接转子绕组，它的频率和电压随转差率 s 变化而变化，另一端接电网，频率和电压固定，所以该调速装置实质上是一台变频器（从可变频率和电压变为固定频率和电压），这类调速系统亦可看作为转子侧变频调速。图中，E_{r0} 是转子不转（$s=1$）时的转子电动势。

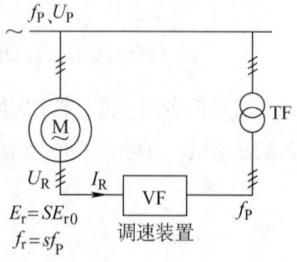

图 7-84 转子侧串级和双馈调速系统示意图

这类调速系统有四种工作状态：次同步（低于同步速，$s>0$）电动（转矩 $T_d>0$）状态；次同步再生（转矩 $T_d<0$）状态；超同步（高于同步速，$s<0$）电动状态；超同步再生状态。这四种工作状态的功率流图见图 7-85。

在电动状态，定子功率 P_s 从电网流向定子，电机输出的机械功率为 $P_m=(1-s)P_s$，若 $s>0$（次同步），$P_m<P_s$，它们之差为转子功率 $P_r=sP_s$，经 VF 返回电网；若 $s<0$（超同步），$P_m>P_s$，它们之差为转子功率 $P_r=sP_s$，从电网经 VF 输入转子。在再生状态，定子功率 P_s 从定子流向电网，电动机输入的机械功率为 $P_m=(1-s)P_s$，若 $s>0$（次同步），$P_m<P_s$，它们之差转子功率 $P_r=sP_s$，从电网经 VF 输入转子；若 $s<0$（超同步），$P_m>P_s$，它们之差为转子功率 $P_r=sP_s$，经 VF 送给电网。如果只工作在次同步电动或超同步再生状态，P_r 都从转子流向电网，若 VF 采用交-直-交变频，则与转子绕组相连的整流器可使用不可控整流器（单象限变频）；如果要工作在另两个状态，VF 必须是四象限变频器。

只工作于次同步电动状态的调速系统通常称为串级调速系统（亦称静止型

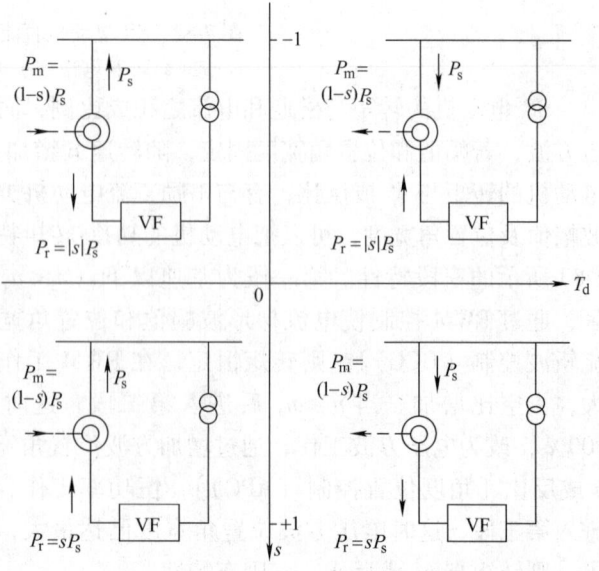

图 7-85 四种工作状态的功率流图

Scherbius 系统),使用单象限 VF;能工作于其他状态的系统通常称为双馈调速系统,使用四象限 VF。

转子侧高效调速系统的特点:
- 虽然是改变转差率 s 调速,但转差功率被送回至电网或由电网供给,没消耗在电阻上,属高效调速。
- 转子侧调速多用于中压绕线转子异步电动机,它的转子电压是低压,VF 为低压变频器,避免了定子侧中压变频带来的许多麻烦。
- 转子侧串级和双馈调速多用于调速范围小的场合,通常转差率 s < 0.4,转子功率 $P_r = sP_s$ 小,VF 容量比电动机额定容量小很多。

基于上述特点,转子侧高效调速系统在风机和泵类机械、小型连续轧机、大功率飞轮储能装置、变速发电(工作于再生状态)等场合得到广泛应用。

7.4.1.2 串级调速系统

1. 传统串级调速系统(晶闸管逆变串级调速) 传统串级调速系统原理图见图 7-86。它的调速装置 VF 是晶闸管电流型交-直-交变频器,由不可控整流器 UR、直流储能电抗器 L 和晶闸管逆变器 UI 组成。工作时通过改变 UI 的触发延迟角 α(α>90°)来改变直流电压 U_{UR},从而改变转子电压 U_R,实现调速。

传统串级调速系统简单,有转子侧高效调速的三大优点,但也存在许多影响应用的缺点:
- 功率因数低。传统串级调速系统产生的无功功率由 4 部分组成:

① 由电动机励磁电流产生的无功功率 Q_{ex},它与电动机运行状态基本无关;

② 电动机漏感使 UR 整流时出现较大换相重叠角 u,导致转子电流滞后

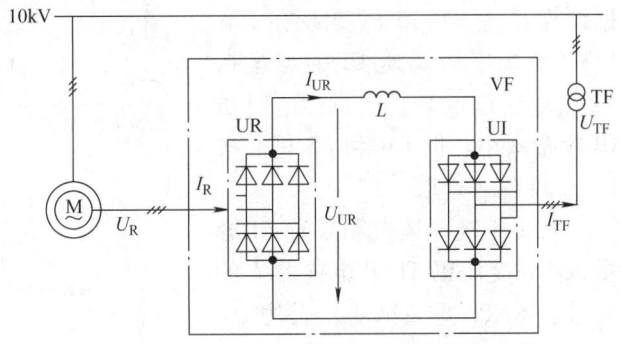

图 7-86 传统串级调速系统原理图

电动势,产生无功功率 Q_u,它与负载转矩近似成比例,与转速关系不大(参见本章 7.2.1 节中 2);

③ 晶闸管逆变器 UI 移相控制产生的无功功率 Q_{TI},转速越高,U_R 越小,α 角越接近 90°,Q_{TI} 越大,在同样 α 角下,负载转矩越大,Q_{TI} 越大;

④ 由谐波产生的无功功率,这部分较小,对功率因数影响不大。

- 谐波大,它主要由逆变器 UI 产生。
- 储能直流电抗器 L 体积、重量大,损耗比储能电容大。
- 当电网故障,电压突然降低过多时,晶闸管逆变器 UI 将颠覆,烧快速熔断器。
- 由于在转子回路中加入了许多元器件,使转子回路电阻增加,另外 UR 整流重叠角也在转子回路中引入等效电阻(参见本章 7.2.1 节中 2),导致电动机在串级调速时的机械特性变软(见图 7-87),满载时的最高转速低于电动机额定转速。

2. 斩波 + 晶闸管逆变串级调速系统 为改善传统串级调速的功率因数,开发了斩波 + 晶闸管逆变串级调速系统,已用于产品。斩波 + 晶闸管逆变串级调速原理图见图 7-88,与传统串级调速(见图 7-86)相比,在 VF 中增加了由电感 L_S、斩波开关 CS、二极管 SD 和储能电

容 C_S 组成的升压斩波环节 BC。工作时晶闸管逆变器的触发超前角固定于最小值 $\beta_{min} = 30°$，逆变直流电压 U_D 基本不变，串入转子电路的直流电压为

$$U_{UR} = (1 - D)U_D \tag{7-43}$$

通过改变斩波占空比 D 实现调速。

斩波 + 晶闸管逆变串级调速具有转子侧高效调速的三大特点，与传统串级调速相比，斩波 + 晶闸管逆变串级调速的优点是：

● UI 的触发超前角固定于最小值 β_{min}，由晶闸管逆变器 UI 产生的无功功率 Q_{UI} 减至最小，功率因数改善。

● 若负载为风机或泵，负载转矩与转速二次方成比例，逆变器 UI 的容量可进一步减小至 $(0.2 \sim 0.3)P_N$（P_N 为电动机额定功率），因为当触发超前角 β 固定后，UI 的容量按转子功率 P_r 选取，转速高时负载转矩大，转子电流 I_R 大，但转子电压 U_R 低，P_r 不大；转速低时 U_R 高，但负载转矩和 I_R 小，P_r 也不大，根据计算 $P_{r.max} = 0.15 P_N$ 出现在 $s = 1/3$（传统串级调速 UI 的容量按 $U_{R.max} I_{R.max}$ 选取）。注意：这时虽 UI 容量减小，但 UR 和 CS 仍需按 $U_{R.max}$ 和 $I_{R.max}$ 选取。

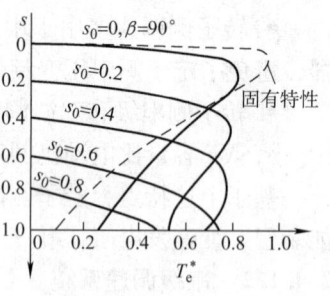

图 7-87 电动机在串级调速时的机械特性

● 由于拖动风机和泵时 UI 容量减小，变压器 TF 和电抗器 L 的容量、体积、重量减小，无功 Q_{UI} 和谐波量也相应减小。

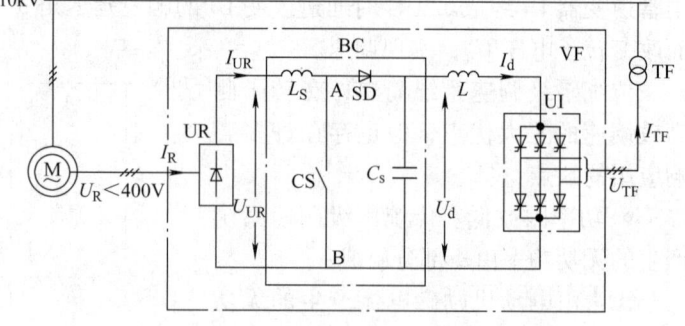

图 7-88 斩波 + 晶闸管逆变串级调速原理图

斩波 + 晶闸管逆变串级调速的不足是：

● 需要两台电抗器，体积、重量和损耗偏大。两套储能（电感储能和电容储能），设备多。

● 电动机的无功功率 Q_{ex} 和 Q_u 没减小，加之 UI 产生的少量无功功率 Q_{UI}，功率因数仍偏低。UI 仍产生 5、7 等次谐波。

● 仍存在电网电压突然降低，UI 逆变颠覆问题。

● 仍存在机械特性变软，最高转速达不到电动机额定转速问题。

3. 斩波 + PWM 逆变串级调速系统 把晶闸管逆变器 UI 改为电压型 PWM 逆变器 UPI 可以克服斩波 + 晶闸管逆变串级调速系统的不足。斩波 + PWM 逆变串级调速原理图见图 7-89。图中的 PWM 逆变器 UPI 是一台处于逆变工作状态的低压 PWM 整流器——有源前端（AFE）整流器（参见本章 7.3.4.3 节中 2（3）部分），它的电压控制外环（见图 7-62）保证直流电压 U_D 恒定，根据式（7-43），只要通过改变斩波开关 CS 的占空比 D，就能实现调速。由于 UPI 是电压型逆变器，所以在直流回路中无储能电抗器 L。当斩波开关 CS 的开关频率选到 2kHz 左右时，仅靠电动机漏感已能满足升压斩波需要，不需电感 L_S，但为减小 CS 开关的 du/dt 高的影响，仍保留 L_S（电感值较小）。

斩波+PWM逆变串级调速具有转子侧高效调速的三大特点，与斩波+晶闸管逆变串级调速相比，斩波+PWM逆变串级调速的优点是：

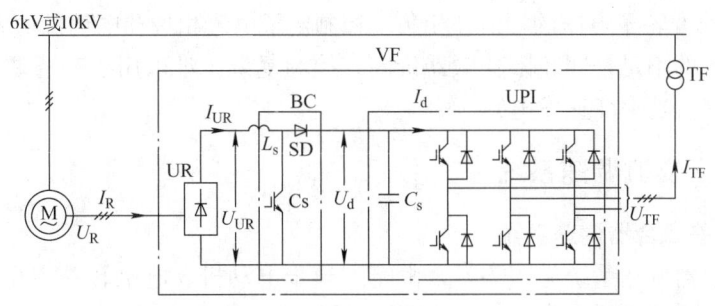

图7-89 斩波+PWM逆变串级调速原理图

- PWM逆变器可以产生容性无功功率，部分补偿电动机的无功功率Q_{ex}和Q_u，功率因数进一步提高（可高于异步电动机本身的功率因数）。
- PWM逆变器电网侧的电流为正弦波，不产生5、7等次谐波。
- AFE具有抗电网故障、电压突然降低的能力，不存在PWM逆变颠覆问题。
- 直流回路少一台庞大的储能电抗器。

斩波+PWM逆变串级调速的缺点是仍存在机械特性变软，最高转速达不到电动机额定转速问题。

4. 串级调速系统的转矩控制　电动机转矩近似比例于转子电流I_R，可以通过UR整流后的直流电流I_{UR}反馈实现转矩闭环控制。

7.4.1.3　双馈调速系统

双馈调速系统的调速装置VF可以是各种能四象限工作的变频装置，常用的有两种：交-交变频器和电压型双PWM交-直-交变频器（PWM整流+PWM逆变）。基于交-交变频的双馈调速用于大功率场合，例如：轧机主传动，飞轮储能，大型水轮发电机的变速发电等。使用交-交变频器会给电网带来较大无功功率和谐波，但由于双馈调速的调速范围较小，变频器容量远小于电动机功率，这些无功功率和谐波影响不大。基于双PWM交-直-交变频的双馈调速用于中大功率场合，例如风力发电等。使用双PWM交-直-交变频器不会给电网带来无功功率和谐波。

由于转子电动势的幅值、频率和相角随转速变化，所以变频器输出电压的幅值、频率和相角必须根据转子轴线与气隙（或定子）磁链矢量的夹角φ_L来控制，φ_L角检测示意图见图7-90，先根据定子电压、电流瞬时值算出磁链矢量与定子轴线夹角φ_S，再根据装于转子轴上的编码器信号检测出转子轴线与定子轴线夹角λ，则$\varphi_L = \varphi_S - \lambda$。如果无编码器，则需使用观测器，通过定、转子电压和电流来计算φ_L角。

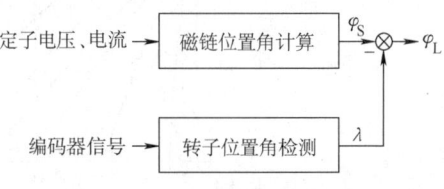

图7-90　φ_L角检测示意图

双馈调速系统除了具有转子侧高效调速的三大特点外，还有下述特点：

- 可以工作于次同步和超同步转速，在总调速范围不变条件下，最大转差率可以比串级调速减小一半，相应的调速装置容量也小一半。

- 可以工作于电动状态和再生发电状态,所以既可用于电动机调速,也可用发电机变速发电。
- 转子回路中无不可控整流器,无换相重叠角,转子电流正弦。
- 可以通过改变转子电压的幅值和相角,控制定子电流相位和电动机功率因数。

双馈调速系统的不足是四象限变频器价高,控制复杂,难以用于普通调速场合(目前主要用于风力发电和大功率变速发电)。

7.4.2 转子轴上交流调速系统

7.4.2.1 电磁转差离合器调速系统

电磁转差离合器调速系统见图7-91,由笼型异步电动机、电磁转差离合器和晶闸管励磁装置组成。晶闸管直流励磁电源功率小,常用单相整流。

电磁转差离合器由电枢和磁极两部分组成,两者无机械联系,都可自由转动。电枢是一金属碗,无绕组,由电动机带动恒速旋转,称为主动部分;磁极用联轴器与负载相连,称为从动部分。当励磁绕组通以励磁电流时,在电枢中感应出涡流,涡流与磁场作用产生转矩,

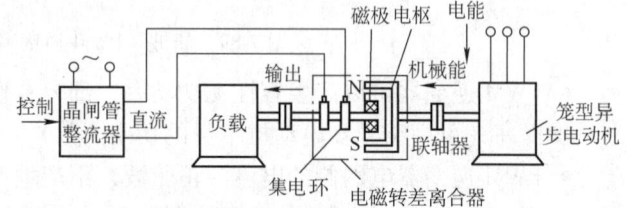

图7-91 电磁转差离合器调速系统

带动磁极和负载转动。如负载恒定,励磁电流越大,磁场越强,只需在电枢和磁极间有较小转差率,就能产生足够的转矩带动负载,输出轴转速就高。如励磁恒定,负载越大,需要的转差率越大,输出轴转速就低。所以通过改变励磁电流即可实现对负载的调速。

电磁转差离合器调速系统在不同励磁电流时的开环机械特性见图7-92a,是一族下垂软特性曲线,空载转速 n_0 不变,随转矩增加,转速下降多,励磁电流越小,特性越软,在负载转矩小于10%额定转矩时有一个失控区。采用转速闭环控制可以得到图7-92b所示较硬的机械特性,转速负反馈使负载增加引起的转速降由增加励磁来补偿,从而使转速在负载变化时保持稳定。闭环控制的转速变化率在2%左右,调速范围达10:1。

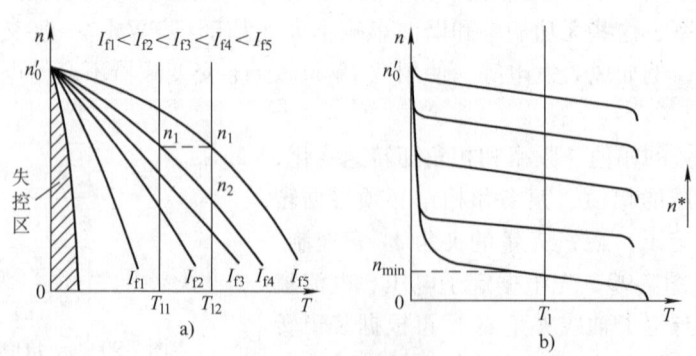

图7-92 电磁转差离合器调速系统的机械特性
a) 开环特性 b) 闭环特性

电磁转差离合器常和驱动电动机做成一体,称为电磁调速电动机。我国的JZT系列电磁调速电动机的容量范围为0.6~90kW,JZTX系列为5.5~160kW。

电磁转差离合器调速系统的优点是简单、可靠、价格低、无谐波问题。缺点是：
- 转差功率损耗在电枢电阻中，属低效调速，转速越低，损耗功率越多。
- 转速损失大，在额定转矩时，输出轴最高转速仅为电动机同步转速的80%~85%。
- 存在轻载失控区。

由于上述缺点，这类调速系统正逐步被变频调速取代。

7.4.2.2 液力耦合器调速

液力耦合器是一种装于电动机轴和负载轴之间的机械无级调速装置，它由两个互不接触的金属叶轮组成，一个与电动机轴连接，另一个与负载轴连接，两个轮间充满油，利用油和叶轮间的摩擦力来传输转矩，带动负载转动。油压越大，液力耦合器传递的转矩越大，因此可以通过调节油压来改变转矩，从而实现调速。

液力耦合器调速是一种低效的调速方法，它的转差能量变成油的热能而消耗掉，漏油和机械磨损也是影响这种调速方法应用的重要原因，随变频技术发展，它正逐步被取代。

7.5 定子侧变频调速控制系统

定子侧变频调速是应用最广泛的调速系统，它的种类很多，本节介绍三种应用最多的控制系统：标量V/F控制（压频比控制）、矢量控制和直接转矩控制。

7.5.1 标量V/F控制系统（压频比控制）

标量V/F控制系统是开环电压控制系统，它的控制对象是电动机定子电压有效值U和频率f，它们都是标量。变频器开环电压控制的实现方法在本章7.3.4.2节中1已介绍过，这里只介绍如何设定U和f。由于开环电压控制的同步电动机存在失步可能，所以V/F控制多用于异步电动机，仅在个别加、减速缓慢和负载平稳的小功率场合可用于同步电动机。

标量V/F控制的目标是：在基频（电动机额定频率f_N）以下维持磁链恒定，恒转矩调速；基频以上弱磁，恒功率调速。

定子电动势有效值为

$$E = 4.44\Psi f \tag{7-44}$$

式中 Ψ——电动机气隙磁链。

由式（7-44）知，在基频以下要维持磁链Ψ恒定，则必须E和f之比为常值。当电动机电动势较高时，可忽略定子电阻和漏抗压降，认为$U \approx E$，得基频以下控制要求——恒压频比控制，即

$$U/f = 常值 \tag{7-45}$$

低速时，U和E都较小，定子电阻压降所占的份量比较显著，不能再忽略，这时可以人为地把电压抬高一些，近似补偿定子阻抗压降。

基频以上，频率f可以从f_N往上升，但电压U不能超过额定值U_N，只能维持$U = U_N$。由式（7-44）知，这时磁链Ψ与频率f成反比降低，只能弱磁调速。

把两种情况结合起来，可得到V/F控制要求，见图7-93。按这控制要求得到的异步电动机基频以下的机械特性见图7-94，基频以上的机械特性见图7-95（注意：颠覆转矩与f^2成反比）。

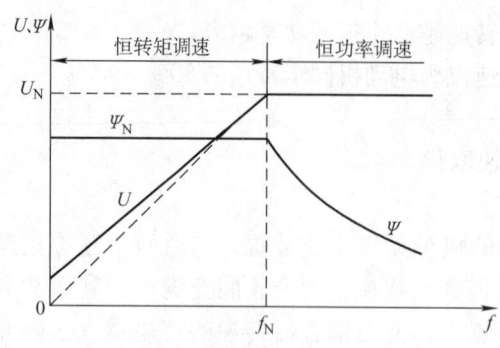

图 7-93 V/F 控制要求

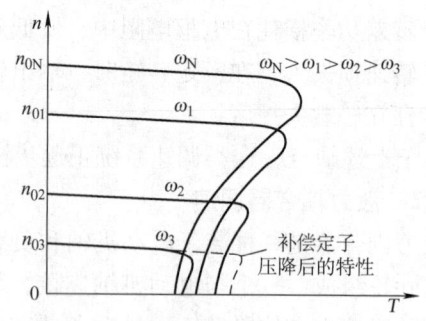

图 7-94 V/F 控制异步电动机基频以下的机械特性

标量 V/F 控制的优点是简单,可以满足大多数机械的需要,应用广。它的不足之处是:
- 低速性能和动态性能不好。
- 起动之初,定子漏抗小,大功率电动机定子电阻也小,由于无电流闭环,定子电流不好控制,电流中常有直流分量,产生阻转矩,影响起动。
- 易在某个频率段出现空载振荡。

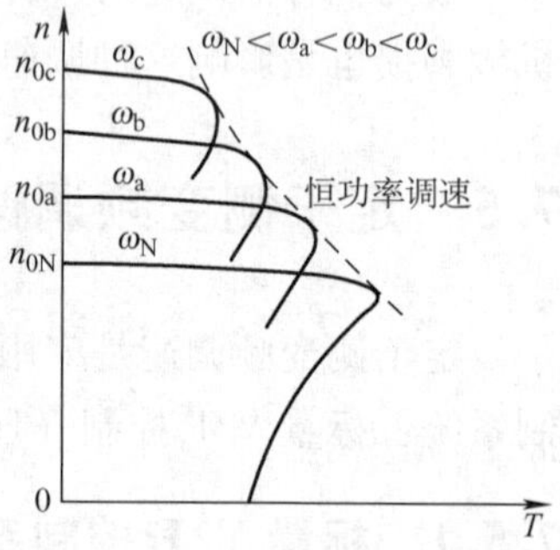

7.5.2 高性能交流调速基础

7.5.2.1 调速的关键是转矩控制

电动机调速的任务是控制转速,转速通过转矩来改变,从转矩到转速是一个积分环节——机械惯量,即

$$\frac{GD^2}{375}\frac{dn}{dt} = T_d - T_L \tag{7-46}$$

式中 GD^2——电动机和负载机械的飞轮力矩;
n——转速;
T_d、T_L——电动机的电磁转矩和负载转矩。

图 7-95 V/F 控制异步电动机基频以上的机械特性

从式 (7-46) 看出,除转矩外再没有其他控制量可影响转速。如果能快速准确地控制转矩,使转矩实际值对其给定值 T_d^* 的响应是一个小惯性,则速度环的控制对象就是一个积分及一个小惯性环节 (见图 7-96),这样就很容易设计速度调节器的参数,使系统具有好的动态品质。

若 T_d 对 T_d^* 的响应是一个振荡环节,且阻尼较小,无论怎样设计速度调节器参数,都难获得满意结果。

交流电动机内部电磁关系复杂,如果只简单地控制定子电压幅值和频率,它的转矩控制部分就是一个振荡环节,调速动态性能差。高性能交流调速系统解决的就是转矩控制问题,所有调速系统的速度调节部分都一样。

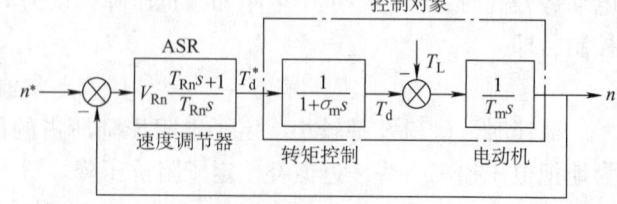

图 7-96 速度环框图
V_{Rn}——速度调节器的比例系数

欲控制转矩，必须知道电动机转矩与什么有关。电动机由定子和转子两部分组成，它们分别产生定子磁通势矢量 F^s 和转子磁通势矢量 F^r（见图7-97），F^s 和 F^r 合成得合成磁通势矢量 F^c，由它产生磁链矢量 Ψ。好像空间有两块磁铁，一块是固定的，另一块是可转动的，当两块磁铁的磁通势方向一致时，不产生转矩；若方向不一致，它们将相互吸引，产生转矩。

该转矩与矢量平行四边形面积成正比，有三种表达形式，即

$$T_d = K_m F^s F^r \sin\theta_{rs} \tag{7-47}$$

$$T_d = K_m F^s F^c \sin\theta_{cs} \tag{7-48}$$

$$T_d = K_m F^r F^c \sin\theta_{rc} \tag{7-49}$$

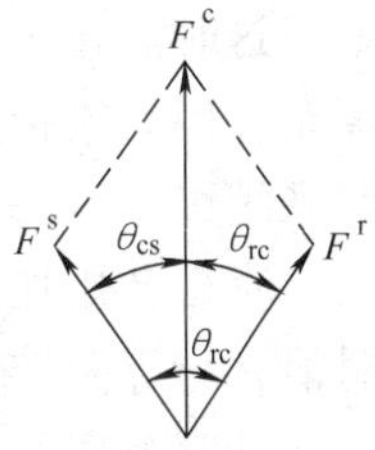

式中　K_m——比例系数；

F^s、F^c、F^r——三个矢量的模（幅值）；

θ_{rs}、θ_{cs}、θ_{rc}——三个矢量间的夹角。

图 7-97　电动机磁通势矢量图

式（7-47）~式（7-49）是统一的电动机转矩公式，适合于各种电动机。从这些公式可看出，转矩与三个磁通势矢量中的任意两个矢量的模及它们间夹角的正弦值成正比。它只与这些矢量的大小和相对位置有关，而与它们在空间的绝对位置、是否转动无关。我们可以从便于实现出发，按其中任一个公式控制转矩。

7.5.2.2　交流电动机的转矩控制

交流电动机的三个磁通势矢量都在空间以同步转速旋转，彼此相对静止，欲控制转矩就必须控制任意两个矢量的大小和它们之间的夹角。

标量 V/F 控制系统的控制量是交流电动机的定子电压幅值和频率，只控制了 F^c（磁链 Ψ）矢量的幅值和旋转速度，没有控制夹角，所以转矩控制性能不好。要想改善转矩控制性能，必需根据 F^r 或 F^c 矢量（定向矢量）的瞬时大小和在空间的位置，计算产生给定转矩所需的定子磁通势 F^s 的大小、它与定向矢量间的夹角和在空间的瞬时位置，通过控制定子三相电流瞬时值来实现这个要求。具体的实现方法有两类：矢量控制（VC）和直接转矩控制（DTC）。

交流电动机的所有矢量（磁通势、磁链、电压、电流等）都在空间以同步速旋转，它们在定子坐标系（静止系）上的各分量，即在定子绕组上的物理量，都是交流量，控制和计算不方便。借助坐标变换，使人从静止坐标系进入同步旋转坐标系，电动机各矢量都变成静止矢量，它们在各坐标系上分量都是直流量，可以很方便地从转矩公式出发找到转矩和被控矢量（电压或电流矢量）各分量之间的关系，实时算出转矩控制所需的被控矢量各分量值（直流给定量）。由于这些被控矢量的直流分量在物理上不存在，因此还必须再经坐标变换，从旋转坐标系回到静止系，把上述直流给定量变为物理上存在的交流给定量，在定子坐标系对交流量进行控制，使其实际值等于给定值。这种控制方法就是矢量控制，整个控制过程可用图7-98 所示框图表示。

矢量控制的关链是静止坐标系和同步旋转坐标系之间的坐标变换，实现该变换的关键是找到两坐标系之间的夹角。按照基准旋转坐标系的选取不同，矢量控制系统分两类：

- 按转子位置定向的矢量控制系统。该

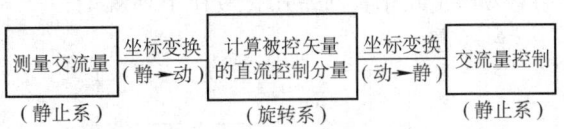

图 7-98　矢量控制过程框图

系统的基准旋转坐标轴位于电动机转子轴线上,这时静止和旋转坐标系间的夹角就是转子位置角,可直接从装于电动机轴上的位置检测器获得,系统简单。永磁同步电动机和 LCI 变频调速系统(见本章 7.3.3.3 节)属于这一类。

● 按磁链矢量定向的矢量控制系统。该系统的基准旋转坐标轴位于电动机磁链矢量轴线上,这时静止和旋转坐标系间的夹角就是磁链位置角,不能直接测量,须通过计算获得,较复杂,但易维持磁链恒定,使电动机运行经济合理。励磁同步电动机和异步电动机的矢量控制系统属于这一类。

直接转矩控制系统中没有矢量变换,利用高速计算器件,直接从定子交流电压、电流瞬时值,计算磁链矢量的幅值和位置角的瞬时值及转矩瞬时值,通过两个滞环控制器控制转矩。该法计算公式简单,但对计算速度要求高。

7.5.2.3 交流电动机的坐标系

矢量的大小及瞬时位置用坐标系上的分量来描述,下面介绍在交流调速系统中用到的几种坐标系:

1. 定子坐标系（R-S-T 和 α-β 坐标系） 三相电动机定子里有三相绕组,其轴线分别为 R、S、T,彼此互差 120°,构成一个 R-S-T 三相坐标系（又称 A-B-C 或 U-V-W 坐标系）,见图 7-99。某矢量 A 在三个坐标轴上的分量分别为 A_R、A_S、A_T。若 A 是定子电流矢量,则 A_R、A_S、A_T 分别为三个绕组的电流瞬时值。

数学上,平面矢量都用两相直角坐标系来描述,故又定义了一个两相直角坐标系 α-β,α 轴与 R 轴重合,β 轴超前 α 轴 90°,见图 7-99。A_α、A_β 为矢量 A 在 α-β 坐标系上的两个分量。

由于 R 轴和 α 轴固定在定子 R 相绕组的轴线上,所以这两坐标系在空间不动,是静止坐标系。

● 转子 d-q 坐标系（又称为 r_d-r_q 坐标系） 转子 d-q 坐标系固定在转子上,和转子一起以转子转速旋转,其 d 轴位于转子轴线上,q 轴超前 d 轴 90°,对于同步电动机,d 轴是转子磁极的轴线；对于绕线转子异步电动机,d 轴是转子 A 相绕组轴线；对于笼型异步电动机,可定义转子上任一个轴线为 d 轴（不固定）。

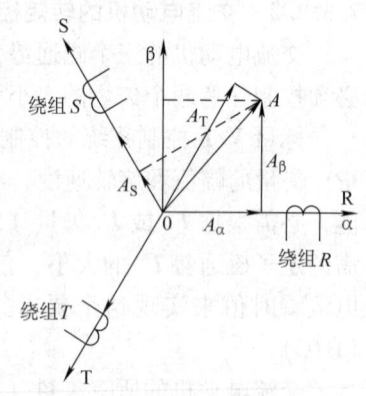

图 7-99 交流电动机定子坐标系

● 磁链 ϕ_1-ϕ_2 坐标系（又称 s_d-s_q 坐标系） 磁链 ϕ_1-ϕ_2 坐标系的 ϕ_1 轴固定在磁链矢量上,和磁链矢量一起以同步转速旋转,ϕ_2 轴超前 ϕ_1 轴 90°。

各直角坐标系和它们间的夹角见图 7-100。

7.5.2.4 符号规定

为便于介绍,对常用符号作下列规定:

● 变量

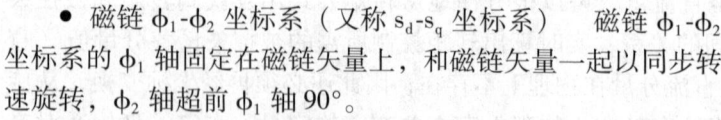

变量名：i——电流，u——电压，e——电动势,等等。

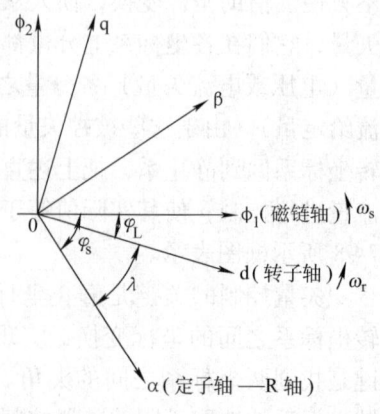

图 7-100 各直角坐标系和它们间的夹角

上标：表示是那个绕组的变量，例如 s——定子变量，r——转子变量，e——励磁变量，D——阻尼变量，等等。

下标：表示在那个坐标轴上的分量，例如 ϕ_1（ϕ_2）——在 ϕ_1（ϕ_2）轴上的分量，d（q）——在 d（q）轴上的分量，α（β）——在 α（β）轴上的分量，R（S、T）——在 R（S、T）轴上的分量，等等。

例如，$i^s_{\phi 1}$ 表示定子电流的 ϕ_1 轴分量。

- **矢量**：$\boldsymbol{A}$ 表示该变量是矢量，且模等于 A。
- **角速度**：ω_s——同步角速度，比例于定子频率 f_s；ω_r——转子角速度，比例于转速 n；$\Delta\omega$——转差角速度，$\Delta\omega = \omega_s - \omega_r$。
- **角度**：φ_L——负载角，从转子轴 d 到磁链轴 ϕ_1 的夹角；φ_s——磁链位置角，从定子轴 α 到磁链轴 ϕ_1 的夹角；λ——转子位置角，从定子轴 α 到转子轴 d 的夹角。

$$\varphi_s = \varphi_L + \lambda \tag{7-50}$$

θ_{AB}（ε_{AB} 或）——从 A 轴（或矢量）到 B 轴（或矢量）的夹角。例如 θ_{ie} 表示从矢量 i 到矢量 e 的夹角。

- **参量**

参量名——
下标——

参量名：r——电阻，x——电抗，L——电感，T——时间常数，等等。

下标：s——定子绕组，r——转子绕组，e——励磁绕组，D——阻尼绕组，d——d 轴参数，q——q 轴参数，h——主（电抗），σ——漏（电抗），等等。例如：r_s——定子电阻。下标可由几个字母组成，例如 x_{hd}——d 轴主电抗。

7.5.2.5 交流电动机的空间矢量

交流电动机的三相绕组分别流过定子电流 i^s_R、i^s_S、i^s_T，产生三个分磁通势 F^s_R、F^s_S、F^s_T，由它们合成产生空间的定子磁通势矢量 $\boldsymbol{F}^s$。把电动机的垂直剖面看作一个复数平面，实轴为 α 轴，虚轴为 β 轴，于是磁通势空间矢量可以用一个复数来表示。采用复数表示后，定子磁通势空间矢量为

$$\boldsymbol{F}^s = (2/3)(F^s_R e^{j0°} + F^s_S e^{j120°} + F^s_T e^{-j120°}) \tag{7-51}$$

式中，引入系数 2/3 后，$\boldsymbol{F}^s$ 方向与空间实际的磁通势矢量方向一致，幅值小 1/3，这样做是为了使 $\boldsymbol{F}^s$ 的幅值和三个分磁通势（交流值）的幅值相等，它在 R、S、T 三个坐标轴上的分量正好等于 F^s_R、F^s_S、F^s_T。

把上式中三个分磁通势的定子绕组匝数 N_s 提出来，则 $\boldsymbol{F}^s = N_s \boldsymbol{i}^s$，这 $\boldsymbol{i}$ 就是定子电流空间矢量

$$\boldsymbol{i}^s = (2/3)(i^s_R e^{j0°} + i^s_S e^{j120°} + i^s_T e^{-j120°}) \tag{7-52}$$

定子电流空间矢量 $\boldsymbol{i}^s$ 在物理上不存在，但它代表了物理上存在的 $\boldsymbol{F}^s$，反映了定子三相电流与空间磁通势之间的关系。

用上述方法其他所有三相交流变量，例如电压、电动势、磁链等，都可以用一个空间矢量来代表。有些空间矢量在物理上存在，例如磁链空间矢量；有些空间矢量在物理上不存在，只是数学符号，例如电压、电动势等空间矢量。通用的空间矢量定义为

$$A = (2/3)(A_R e^{j0°} + A_S e^{j120°} + A_T e^{-j120°}) \tag{7-53}$$

例如根据上述定义，定子电压空间矢量为

$$u^s = (2/3)(u_R^s e^{j0°} + u_S^s e^{j120°} + u_T^s e^{-j120°}) \tag{7-54}$$

同步电动机转子励磁电流是直流量（标量），为描述转子磁通势矢量，人为定义一个励磁电流空间矢量

$$i^e = i^e e^{j\lambda} \tag{7-55}$$

它的方向和励磁绕组轴线（转子轴d）一致，式中λ为转子位置角，幅值为

$$i^e = \frac{2}{3}\frac{N_e}{N_s}I^e \tag{7-56}$$

式中 I^e ——励磁电流实际值（直流量）；
N_e 和 N_s ——励磁绕组和定子绕组匝数。

引入励磁电流空间矢量概念后，使得定、转子磁通势矢量的合成可用定子和励磁电流矢量合成来表示，有

$$F^s + F^r = F^c \rightarrow i^s + i^e = i^\mu$$

式中 i^μ ——磁化电流矢量。

可以证明，引入空间矢量概念后下列关系仍然成立：

$$e^s = \frac{d\boldsymbol{\Psi}}{dt} \tag{7-57}$$

$$u^s = r_s i^s + L_{s\sigma}\frac{di^s}{dt} + e^s \tag{7-58}$$

因此用空间矢量绘出的矢量图和电机学里的矢量图一样，但概念不同：空间矢量图反映的是空间关系；电机学中的矢量图表示时间上的关系。

7.5.2.6 坐标变换

在7.5.2.3节和7.5.2.5节中已说明电动机的变量用空间矢量描述及在空间中存在4个坐标系，本节介绍如何将一个空间矢量从一个坐标系变换到另一个坐标系（已知矢量在某坐标系的各分量，求它在另一坐标系的各分量），及如何计算矢量的模和辐角。

● 3/2 和 2/3 变换　3/2变换是矢量A从R-S-T到α-β坐标系的变换，2/3变换是从α-β到R-S-T坐标系的变换。考虑到$A_R + A_S + A_T = 0$，从图7-99得变换公式

$$\begin{aligned} A_\alpha &= A_R \\ A_\beta &= \frac{1}{\sqrt{3}}(A_R + 2A_S) \end{aligned} \tag{7-59}$$

$$\begin{aligned} A_R &= A_\alpha \\ A_S &= -(A_R + A_T) \\ A_T &= -\left(\frac{1}{2}A_\alpha + \frac{\sqrt{3}}{2}A_\beta\right) \end{aligned} \tag{7-60}$$

在控制框图中，3/2和2/3变换用图7-101所示符号表示。

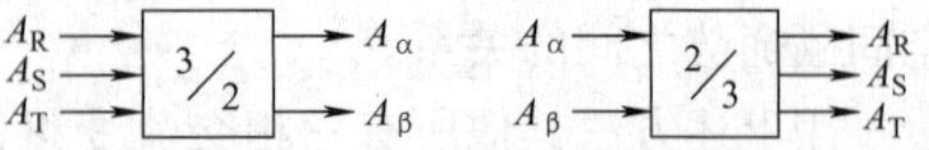

● 直角坐标/极坐标变换（K/P）　直角坐标/极坐标变换（K/P）用于进行下述计算：已知矢量A在某直角坐标系U-V的两个分量A_U和A_V，求模（幅值）A和幅角θ_{UA}。

图7-101　3/2 和 2/3 变换符号

$$A = \sqrt{A_U^2 + A_V^2}$$
$$\cos\theta_{UA} = A_U/A \qquad (7\text{-}61)$$
$$\sin\theta_{UA} = A_V/A$$

若要求 θ_{UA} 角度值，则

$$\theta_{UA} = \arccos(A_U/A) \qquad A_V > 0$$
$$\theta_{UA} = -\arccos(A_U/A) \qquad A_V < 0 \qquad (7\text{-}62)$$
$$(-\pi < \theta_{UA} \leq \pi)$$

在控制框图中，直角坐标/极坐标变换用图 7-102 所示符号表示。

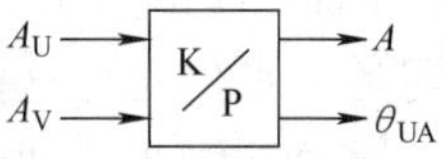

● 矢量回转（VR） 矢量回转（VR）实现从一个直角坐标系到另一个直角坐标系的变换。在电动机空间平面上有三组直角坐标系，为使讨论更一般化，下面介绍矢量 A 从 U-V 坐标系到 X-Y 坐标系的变换，即已知 A_U、A_V，求 A_X、A_Y，计算的基础是知道两坐标系间夹角 θ_{UX}。若 θ_{UX} 角度信号为其正弦、余弦值，则

图 7-102 直角坐标/极坐标变换符号

$$A_X = A_U\cos\theta_{UX} + A_V\sin\theta_{UX}$$
$$A_Y = -A_U\sin\theta_{UX} + A_V\cos\theta_{UX} \qquad (7\text{-}63)$$

若 θ_{UX} 角度信号为其数值，先用 K/P 按式（7-61）和式（7-62）算出矢量 A 的模 A 和在 U-V 坐标系的幅角 θ_{UA}，则 A 在 X-Y 坐标系的幅角和两个分量为

$$\theta_{XA} = \theta_{UA} - \theta_{UX}$$
$$A_X = A\cos\theta_{XA} \qquad (7\text{-}64)$$
$$A_Y = A\sin\theta_{XA}$$

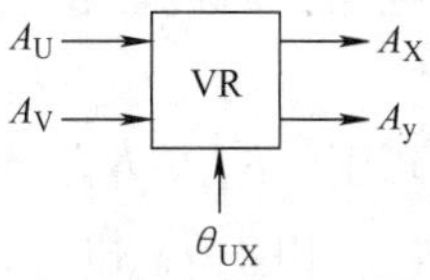

图 7-103 矢量回转符号

在控制框图中，矢量回转用图 7-103 所示符号表示。

7.5.3 交流电动机的矢量控制（VC）系统

7.5.3.1 永磁同步电动机的矢量控制系统

永磁同步电动机示意图见图 7-77，其转矩控制方法在本章 7.3.6.1 节中已介绍过。它的特点是根据转子位置角 λ 控制定子电流，使定子磁通势矢量 F^s 和定子电流矢量 i^s 固定于超前转子轴 90°的方向，$i_d^s = 0$。根据通用转矩式（7-47）得到永磁同步电动机的转矩表达式（7-40），转矩正比于 $i^s = i_q^s$。这样的定子电流和转矩控制方法就是以转子位置定向的矢量控制系统。

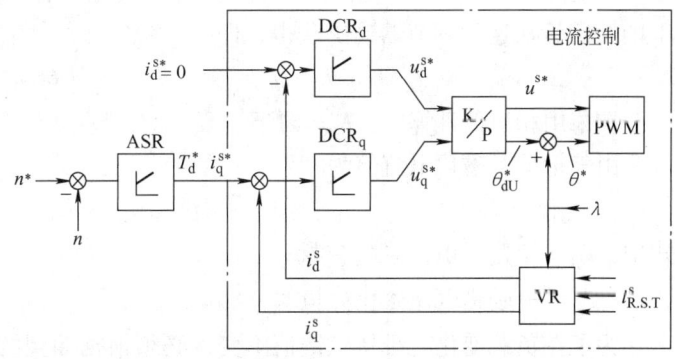

图 7-104 永磁同步电动机调速系统框图

如果用三角载波法或空间电压矢量法来实现 PWM，则永磁同步电动机的调速系统框图见图 7-104。

图中，矢量回转器（VR）的回转角为转子位置角 λ，θ_{dU}^* 为从转子轴 d 到定子电压给定矢量 u^{s*} 的夹角。

7.5.3.2 励磁同步电动机的矢量控制系统

永磁同步电动机按转子位置定向的矢量控制系统简单、性能好，但不能用于励磁同步电动机，因为随负载增加，定子电流加大，合成磁通势幅值 F^c（磁链 ψ）和负载角 φ_L（功角）增大，电动机电压升高，功率因数变差。永磁电动机永磁体的磁通势很强，磁通势 $F^r \gg F^s$，负载角小，上述影响不大；但对于励磁同步电动机，F^r 和 F^s 相当，影响大。励磁同步电动机希望：随负载增加，适当增加励磁电流值 i^e，使电动机功率因数不降低；负载变化时，维持磁链和定子电压幅值（ψ 和 u^s）不变。因此励磁同步电动机的矢量控制应以磁链矢量为基准，采用按磁链矢量定向的方法。为理解方便，在本节的介绍中，忽略一些次要因素，例如电动机 d-q 轴磁路的差别、转子阻尼绕组的影响、定子绕组电阻及漏抗压降的影响、磁化曲线非线性等等。如何考虑这些影响，请见参考文献[2]。

励磁同步电动机的空间矢量图见图7-105，所有轴、矢量及夹角都符合本章7.5.2.3节和7.5.2.4节的规定，φ 角是功率因数角。在图中，磁通势矢量合成被代之以电流矢量合成，$i^\mu = i^s + i^e$，i^μ 是磁化电流矢量，由它产生气隙磁链矢量 Ψ。定子电动势矢量 e^s 比磁链 Ψ 超前 $90°$，在忽略定子绕组电阻和漏抗压降条件下，定子电压矢量 $u^s \approx e^s$。

从这一矢量图和通用转矩式（7-48）得到励磁同步电动机的转矩表达式为

$$T_d = K_{m1} i^s_{\phi 2} i^\mu = K_{m2} i^s_{\phi 2} \psi \qquad (7-65)$$

式中 K_{m1}、K_{m2}——比例常数。

由于 T_d 和 $i^s_{\phi 2}$ 成比例，所以称 $i^s_{\phi 2}$ 为定子电流的转矩分量。

励磁同步电动机的转矩公式和直流电动机的转矩公式很相似，差别在于直流电动机中产生转矩的电流（电枢电流）物理上存在，可直接测量，而励磁同步电动机中的转矩电流是定子电流矢量在旋转坐标轴 ϕ_2 上的分量，不能测量，需经计算获得。和直流调速系统一样，$i^s_{\phi 2}$ 的给定量从速度调节器输出获得，即

$$i^s_{\phi 2}{}^* = T_d^* / \psi \qquad (7-66)$$

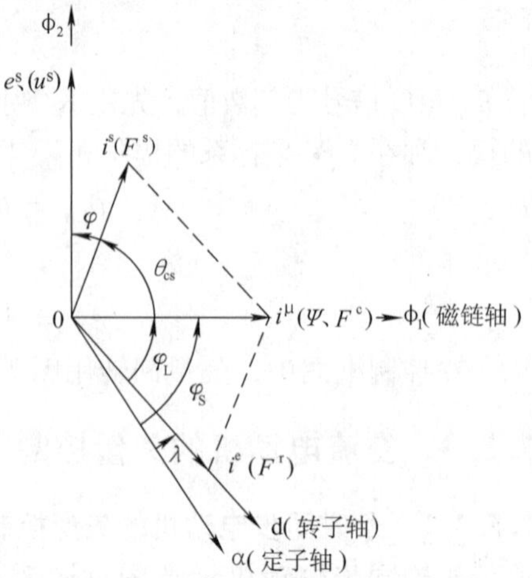

在采用相对值计算时，$K_{m2} = 1$。

由矢量图，磁化电流值为

$$i^\mu = i^s_{\phi 1} + i^e_{\phi 1}$$

式中 $i^s_{\phi 1}$——定子电流磁化分量；

$i^e_{\phi 1}$——励磁电流磁化分量。

为了在负载变化时维持磁链值不变，必须根据期望的磁链 ψ^* 和磁化电流 $i^{\mu *}$（$i^{\mu *} = \psi^* / X_h$，X_h 为主电抗相对值），对定子电流和励磁电流的两个磁化分量进行控制。$i^s_{\phi 1}$ 除影响 i^μ 外，还影响电动机功率因数，它的给定值 $i^s_{\phi 1}{}^*$ 由期望的功率因数角 φ^* 和 $i^s_{\phi 2}{}^*$ 决定，即

$$i^s_{\phi 1}{}^* = i^s_{\phi 2}{}^* \mathrm{tg}\varphi^* \qquad (7-67)$$

所以励磁电流磁化分量给定值为

$$i^e_{\phi 1}{}^* = i^{\mu *} - i^s_{\phi 1}{}^* \qquad (7-68)$$

由矢量图得

图7-105 励磁同步电动机矢量图

$$i_{\phi 2}^{e\ *} = -i_{\phi 2}^{s\ *} \tag{7-69}$$

所以励磁电流给定值为

$$i^{e\ *} = \sqrt{(i_{\phi 2}^{s\ *})^2 + (i^{\mu *} - i_{\phi 1}^{s\ *})^2} \tag{7-70}$$

由式（7-66）和式（7-67），得到定子电流两个分量的给定 $i_{\phi 1}^{s\ *}$ 和 $i_{\phi 2}^{s\ *}$，送至图 7-33 或图 7-55 所示的变频器电流控制系统，就能使电动机三相定子电流的转矩分量和磁化分量实际值等于其给定值。把由式（7-70）算出的励磁电流给定送至励磁装置，借助于励磁电流反馈，励磁电流实际值将等于其给定值。这就是励磁同步电动机的按磁链矢量定向的矢量控制系统，它能满足本节前面提出的对运行性能的两项希望。该矢量控制系统见图 7-106。

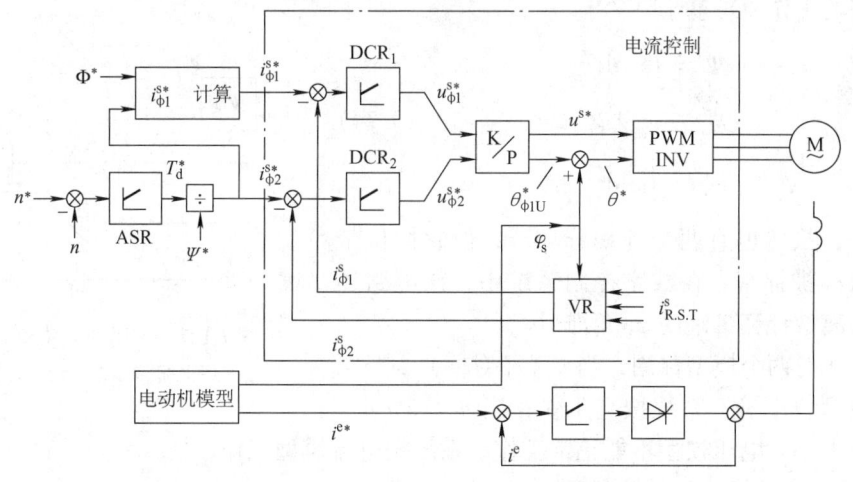

图 7-106　励磁同步电动机矢量控制系统框图

从图 7-106 可看出，定子电流控制部分的坐标变换需要知道磁链位置角 φ_s，它由电动机模型计算获得。有两种电动机模型：电流模型和电压模型。

- **电流模型**　电流模型利用电流给定量 $i_{\varphi 1}^{s\ *}$、$i_{\varphi 2}^{s\ *}$、$i^{\mu *}$ 和转子位置角 λ 计算期望的磁链位置角 φ_s^* 和励磁电流给定 i^{e*}，用 φ_s^* 它代替 φ_s 进行坐标变换，计算步骤如下：

(1) 用式（7-68）和式（7-69）计算 $i_{\varphi 1}^{e\ *}$、$i_{\varphi 2}^{e\ *}$；

(2) 在 ϕ_1-ϕ_2 坐标系，用矢量变换 K/P 计算励磁电流给定矢量的模 i^{e*} 和幅角 φ_L^*（负载角期望值），i^{e*} 的计算即式（7-70），它输出作为励磁电流给定信号；

(3) $\varphi_s^* = \varphi_L^* + \lambda$ \hfill (7-71)

实用的电流模型必须考虑被忽略的次要因素，较复杂，见参考文献[2]。

- **电压模型**　利用定子三相电压、电流实际值，在定子 α-β 坐标系直接计算磁链矢量的幅值和位置角的实际值，计算步骤如下：

(1) 利用 3/2 变换将定子三相电压、电流变换为 α-β 坐标系中的两个分量 u_α^s、u_β^s、i_α^s、i_β^s：

(2) 计算定子电动势

$$\begin{aligned} e_\alpha^s &= u_\alpha^s - r_s i_\alpha^s - L_{s\sigma} \frac{d i_\alpha^s}{dt} \\ e_\beta^s &= u_\beta^s - r_s i_\beta^s - L_{s\sigma} \frac{d i_\beta^s}{dt} \end{aligned} \tag{7-72}$$

(3) 利用 $\boldsymbol{\Psi} = \int e^s \mathrm{d}t$ 关系，在 α-β 坐标系计算磁链分量 ψ_α、Ψ_β，即

$$\Psi_\alpha = \int e_\alpha^s \mathrm{d}t$$
$$\Psi_\beta = \int e_\beta^s \mathrm{d}t$$
(7-73)

(4) 用矢量变换 K/P 计算矢量 $\boldsymbol{\Psi}$ 在 α-β 坐标系的模 Ψ 和幅角 φ_s。

由于电压、电流信号中不可避免地存在零位偏移，导致式 (7-73) 纯积分计算输出漂移，所以实用的电压模型多采用图 7-107 所示的框图。

该电路的工作原理基于

$$\Psi = \int e_{\phi 1}^s \mathrm{d}t$$
$$\omega_s = e_{\phi 2}^s / \Psi$$
$$\varphi_s = \int \omega^s \mathrm{d}t$$
(7-74)

电路中，虽然也有两个纯积分环节，但它们位于闭环内，漂移被抑制。在数字控制系统中，该电路还可自动补偿离散计算带来的 φ_s 角滞后。

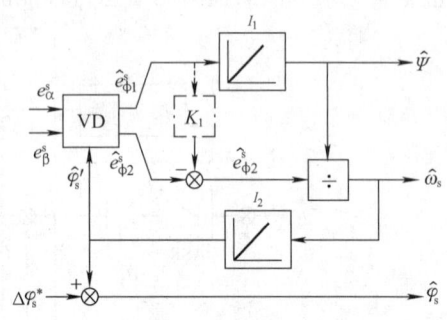

图 7-107 实用的电压模型框图
（图中上标^表示该变量为观测值）

系统工作时两个模型都用，当 n（相对值）> 5% 时，电压模型较准确，系统按它工作；当 n < 5% 时，定子电动势太小，电压模型不能正常工作，系统按电流模型工作。

7.5.3.3 异步电动机的矢量控制系统

异步电动机希望在负载变化时磁链不变，所以它的矢量控制以磁链矢量为基准，采用按磁链矢量定向的方法。在介绍系统之前，先对交流电动机的磁链作补充说明。通常讲的磁链是指气隙磁链，励磁同步电动机的矢量控制就是按它定向。计及定、转子漏磁影响后，还有另外两个磁链：定子磁链和转子磁链，异步电动机的矢量控制系统按转子磁链定向，异步电动机的直接转矩控制系统按定子磁链定向。三种磁链定义如下：

(1) 气隙磁链 $\boldsymbol{\Psi}^a$ 是定、转子通过气隙相互交链的磁链

$$\boldsymbol{\Psi}^a = L_m \boldsymbol{i}^s + L_m \boldsymbol{i}^r$$
(7-75)

(2) 定子磁链 $\boldsymbol{\Psi}^s$ 是气隙磁链 $\boldsymbol{\Psi}^a$ 与定子漏磁链的和，即

$$\boldsymbol{\Psi}^s = (L_m \boldsymbol{i}^s + L_m \boldsymbol{i}^r) + L_{s\sigma} \boldsymbol{i}^s = L_s \boldsymbol{i}^s + L_m \boldsymbol{i}^r$$
(7-76)

(3) 转子磁链 $\boldsymbol{\Psi}^r$ 是气隙磁链 $\boldsymbol{\Psi}^a$ 与转子漏磁链的和，即

$$\boldsymbol{\Psi}^r = (L_m \boldsymbol{i}^s + L_m \boldsymbol{i}^r) + L_{r\sigma} \boldsymbol{i}^r = L_m \boldsymbol{i}^s + L_r \boldsymbol{i}^r$$
(7-77)

式中　L_m——定、转子绕组互感；

　　　$L_{s\sigma}$——定子绕组漏感；

　　　$L_{r\sigma}$——转子绕组漏感；

　　　L_s——定子绕组全电感，$L_s = L_m + L_{s\sigma}$；

　　　L_r——转子绕组全电感，$L_r = L_m + L_{r\sigma}$；

　　　$L_m \boldsymbol{i}^s$——由定子电流产生，穿过气隙，与转子交链的磁链；

　　　$L_m \boldsymbol{i}^r$——由转子电流产生，穿过气隙，与定子交链的磁链；

　　　$L_s \boldsymbol{i}^s$——定子电流产生的全磁链（包括漏磁链）；

$L_r i^r$——转子电流产生的全磁链（包括漏磁链）。

在忽略 $L_{s\sigma}L_{r\sigma}$ 乘积项的情况下

$$\boldsymbol{\Psi}^s \approx \boldsymbol{\Psi}^r + L_\sigma i^s \approx \boldsymbol{\Psi}^r + L_\sigma i^r \tag{7-78}$$

式中　L_σ——定、转子总漏抗，$L_\sigma = L_{s\sigma} + L_{r\sigma}$。

异步电动机的三个磁链及矢量图见图 7-108。

图中，e^{sa} 和 e^{ra}——由气隙磁链感应出的定子电动势和转子电动势矢量；

e^{ss}——由定子磁链感应出的定子电动势矢量；

e^{rr}——由转子磁链感应出的转子电动势矢量。

按转子磁链矢量定向时，磁链轴位于轴线 ϕ_1 上，可以证明：

转子磁链幅值 $\boldsymbol{\Psi}^r$ 的关系式为

$$T_r \frac{d\boldsymbol{\Psi}^r}{dt} + \boldsymbol{\Psi}^r = L_m i^s_{\phi 1} \tag{7-79}$$

式中　转子时间常数　　$T_r = L_r/r_r$。　(7-80)

电动机转矩

$$T_d = K_m i^s_{\phi 2} \boldsymbol{\Psi}^r \tag{7-81}$$

由以上三个公式可知，转子磁链值 $\boldsymbol{\Psi}^r$ 只与定子电流磁化分量 $i^s_{\phi 1}$ 有关，与负载大小无关，这就是按转子磁链定向的原因。若 $\boldsymbol{\Psi}^r$ 不变，转矩 T_d 与定子电流转矩分量 $i^s_{\phi 2}$ 成比例。转矩表达式（7-81）与直流电动机转矩公式相似，所以 $i^s_{\phi 2}$ 的给定量从速度调节器输出获得

$$i^{s*}_{\phi 2} = T_d/\psi \tag{7-82}$$

（在采用相对值计算时，$K_m = 1$）。

由于式（7-79），$i^s_{\phi 1}$ 的给定量来自期望的磁链值 $\boldsymbol{\Psi}^{r*}$，即

$$i^{s*}_{\phi 1} = \boldsymbol{\Psi}^{r*}/L_m \tag{7-83}$$

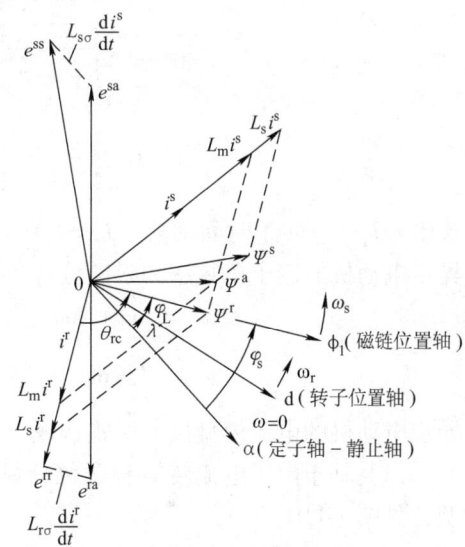

图 7-108　异步电动机矢量图

由式（7-82）和式（7-83），得到定子电流两个分量的给定 $i^{s*}_{\phi 2}$ 和 $i^{s*}_{\phi 1}$，送至图 7-33 或图 7-55 所示的变频器电流控制系统，就能使电动机三相定子电流的转矩分量和磁化分量实际值等于其给定值，这就是异步电动机的按磁链矢量定向的矢量控制系统，见图 7-109。

图中，定子电流控制部分的坐标变换需要知道磁链位置角，它由电动机模型计算获得。有两种电动机模型：电流模型和电压模型。

● 电压模型　异步电动机的电压模型和励磁同步电动机的电压模型相似，也按式（7-73）和式（7-74）计算，用图 7-107 框图实现，只是在按式（7-72）计算定子电动势 e^s_α、e^s_β 时，需用定、转子总漏感 L_σ 代替定子漏感 $L_{s\sigma}$。

$$\begin{aligned} e^s_\alpha &= u^s_\alpha - r_s i^s_\alpha - L_\sigma \frac{di^s_\alpha}{dt} \\ e^s_\beta &= u^s_\beta - r_s i^s_\beta - L_\sigma \frac{di^s_\beta}{dt} \end{aligned} \tag{7-84}$$

● 电流模型　在按转子磁链定向情况下，可以证明，异步电动机的转差角速度 $\Delta\omega$ 为

$$\Delta\omega = \frac{L_m}{L_r} \frac{r_r}{\boldsymbol{\Psi}^r} i^s_{\phi 2} = \frac{L_m}{T_r} \frac{1}{\boldsymbol{\Psi}^r} i^s_{\phi 2} \tag{7-85}$$

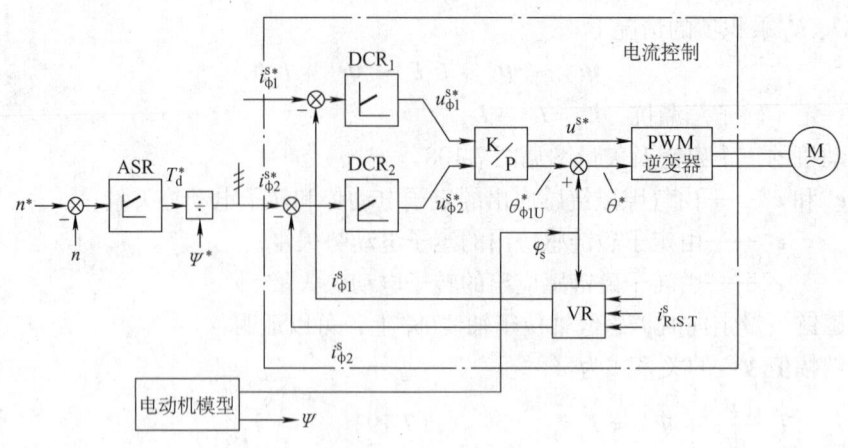

图 7-109　异步电动机矢量控制系统框图

式中　T_r——转子时间常数，$T_r = L_r/r_r$。

异步电动机的定子角频率和磁链位置角

$$\omega_s = \omega_r + \Delta\omega \quad (7\text{-}86)$$

$$\varphi_s = \int \omega_s \mathrm{d}t$$

异步电动机的电流模型按上两式构成，有两种型式：

（1）基于定子电流转矩和磁化分量给定值的电流模型，见图 7-110。

（2）基于定子电流实际值的电流模型，见图 7-111。

电流模型使用电动机参数较多，特别是转子电阻随温度变化，对精度影响大。

系统工作时两个模型都用，当 n（相对值）> 5% 时，电压模型较准确，系统按它工作；当 n < 5% 时，定子电动势太小，电压模型不能正常工作，系统按电流模型工作。

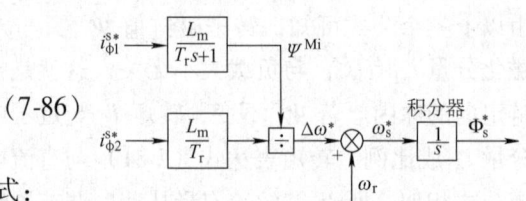

图 7-110　基于电流给定值的电流模型

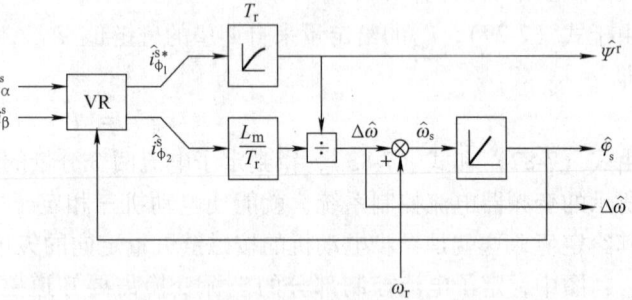

图 7-111　基于电流实际值的电流模型
（图中上标 ^ 表示该变量为观测值）

7.5.4　异步电动机的直接转矩控制（DTC）系统

7.5.4.1　异步电动机的直接转矩控制

异步电动机的直接转矩控制系统没有坐标变换，直接在 α-β 坐标系，通过定子交流电压、电流，计算磁链和转矩，并分别控制。直接转矩控制的特点是：

● 以定子磁链为基准进行计算和控制。由于定子漏磁链已含在定子磁链中，定子磁链的计算与定子漏感无关，使用电动机参数最少。定子磁链计算在磁链观测器中进行，它就是矢量控制系统中的电压模型。

$$\Psi_\alpha^s = \int e_\alpha^s \mathrm{d}t = \int (u_\alpha^s - r_t i_\alpha^s) \mathrm{d}t \tag{7-87}$$

$$\Psi_\beta^s = \int e_\beta^s \mathrm{d}t = \int (u_\beta^s - r_t i_\beta^s) \mathrm{d}t$$

再用 K/P 变换得定子磁链幅值 Ψ^s 和位置角 φ_s。式 (7-87) 的计算也存在纯积分漂移问题，宜用图 7-107 所示框图解决。

- 在 α-β 坐标系，通过定子电流和磁链（交流量）计算转矩。

$$T_\mathrm{d} = i_\beta^s \Psi_\alpha^s - i_\alpha^s \Psi_\beta^s \tag{7-88}$$

- 由于以定子磁链为基础，转矩和磁链不解耦，不宜使用调节器实现转矩和磁链的分别控制，所以在直接转矩控制系统中，用两个砰-砰控制器对它们分别控制。

直接转矩控制系统框图见图 7-112。

磁链矢量 $\Psi^s \approx \int u^s \mathrm{d}t$，两电平逆变器输出电压有 8 工作状态，产生 7 个电压矢量——6 个非零矢量和 1 个零矢量（见图 7-49），当施加非零矢量时，磁链矢量端点沿电压矢量方向，以比例于电压矢量幅值的速度运动（最快速度）；当施加零矢量时，磁链矢量不动。

根据期望的磁链值 Ψ^{s*}，给定一个磁链圆环形误差带，根据磁链瞬时位置角 φ_s，选取合适的非零电压矢量，通过磁链实际值 Ψ^s 的砰-砰控制，使矢量的运动轨迹不超出圆环形误差带（见图 7-113），即可控制磁链。以 φ_s 角位于图中扇形区 I 为例，选电压矢量 u_2 时 Ψ^s 增加，当 Ψ^s 达到正极限值后改用矢量 u_3，Ψ^s 减小，当 Ψ^s 减至负极限值时再改回矢量 u_2。

根据期望的转矩 T_d^* 值（来自速度调节器输出），给定转矩正、负极限值，通过按式 (7-88) 算出的转矩实际值进行砰-砰控制，使转矩在正、负极限内波动，即可控制转矩。电动机被施加非零矢量时，磁链以最快的速度旋转，磁链矢量和转子轴间的夹角加大，转矩增加，当转矩达到正极限值时，改用零矢量，磁链矢量不转，磁链和转子轴夹角减小，转矩降低，直至转矩降到负极限时，再改回非零矢量。

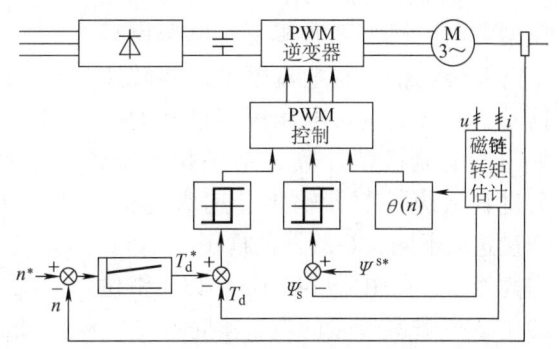

图 7-112 直接转矩控制系统框图

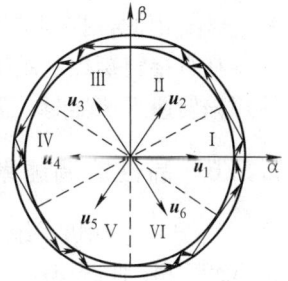

图 7-113 扇形区划分及磁链轨迹

7.5.4.2 直接转矩控制（DTC）和矢量控制（VC）的比较

从异步电动机直接转矩控制样机和矢量控制样机性能对比实验结果[5]可知，两种系统都是高性能调速系统，都能满足生产机械的要求，无本质区别，只是在实现转矩控制时采用的方法不同。两者的差别如下：

- DTC 的转矩响应比 VC 略快，DTC 的响应时间为 1~5ms，VC 的响应时间约为 5ms。受生产机械强度限制，通常要求响应时间 ≥ 10ms，两个系统都满足这一要求。
- DTC 的转矩脉动比 VC 略大。
- 由于采用砰-砰控制，DTC 的开关频率随转速变化而变化，VC 的开关频率固定。
- DTC 计算内容少，但为实现砰-砰控制，必须在一个开关周期内多次计算，对计算速度要求高，典型采样时间为 $25\mu s$；VC 计算内容多，但一个开关周期只计算一次，典型采样时间为 $400\mu s$。

● DTC 基于定子磁链，涉及电动机参数最少，但工作到低速后，电压模型不能正常工作，需用电流模型来观测磁链，此时涉及的电动机参数和 VC 一样。

7.5.5 无编码器的异步电动机高性能调速系统

很多现场安装编码器不方便，要求无编码器系统，同时也为了降低造价。无编码器后，就没有高性能系统所需的转速 n（或转子位置 λ）信号，需要通过观测器来获得它们。观测转速的方法很多，例如自适应控制法、谐波注入法、齿谐波法、卡尔曼滤波法等等，但真正实用的就是自适应控制法，其他方法仍处于研究阶段。

自适应控制法基于电动机的电压模型和电流模型两种模型，电压模型不需要转速信号，电流模型需要转速信号，把某变量按电压模型计算的结果与按电流模型计算的结果相比较，通过自适应控制器输出转速观测值。变量选取不同，观测器的框图也不同，作为例子，在图 7-114 中示出以磁链位置角 φ_s 为比较变量的观测器框图。

图中，φ_{sU} 是电压模型输出的磁链位置角，φ_{sI} 是电流模型输出的磁链位置角，它们之差 $\Delta\varphi_s = \varphi_{sU} - \varphi_{sI}$ 送至自适应控制器输入端，自适应控制器的

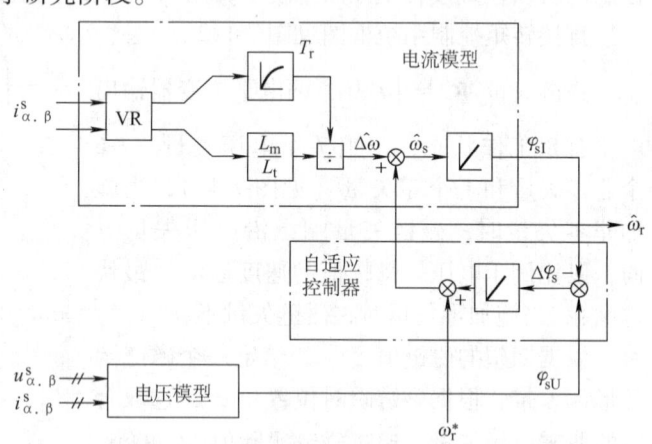

图 7-114 转速观测器框图
（图中上标 ^ 表示该变量为观测值）

输出被送回电流模型的转速信号输入端，支持电流模型工作，自适应控制器中的积分器使得 $\Delta\varphi_s = 0$，因此该控制器输出就是要观测的转速信号。

在直接转矩控制系统中，电压模型输出的是定子磁链，而电流模型基于转子磁链，因此使用该转速观测器时，需注意按式（7-78）把定子磁链变换成转子磁链，才能相互比较。

7.5.6 高性能调速系统的两个问题

1. **异步电动机系统的调速性能** 有编码器的异步电动机矢量控制和直接转矩控制系统中都有两个电动机模型，$n > 5\%$ 时，系统按电压模型工作，调速性能好；$n < 5\%$ 时，系统按电流模型工作，受转子电阻变化影响，性能降低。

无编码器的系统，两个模型同时工作才能观测转速，所以它在 $n > 5\%$ 时的系统性能只能达到有编码器 $n < 5\%$ 时的水平；低速时电压模型不能正常工作，无法观测转速，系统开环，谈不上性能指标。

2. **电动机的加、减速和正、反转** 在开环控制系统中，设有频率发生和相序切换电路，电动机的加、减速靠改变频率发生器的输出频率来实现，正、反转靠改变相序来实现。在高性能系统中，没有专门的频率发生和改变相序的电路，怎样实现加、减速和正、反转是人们常提出的问题。

电动机转动由转矩来控制，转矩由定、转子磁通势矢量 F^s 和 F^r 相互吸引产生。若定子

电流的转矩分量 $i_{\phi 2}^s > 0$，F^s 在 F^r 前面（见图7-115a所示的情况），产生正向转矩，电动机反向制动或正向加速（不考虑负载转矩）；若 $i_{\phi 2}^s < 0$，F^s 在 F^r 后面（见图7-115b所示的情况），产生反向转矩，电动机正向制动或反向加速。

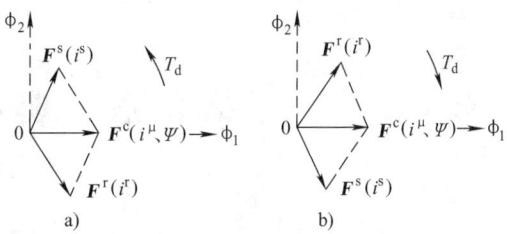

图7-115 电动机磁通势矢量图
a) $T_d > 0$ b) $T_d < 0$

在高性能控制系统中，变频器输出电压、电流的频率和相序由空间矢量旋转产生。以定子电流为例，如电流空间矢量正转，$\omega_s > 0$，矢量转到定子三个坐标轴的顺序为 R→S→T，三相定子电流的相序为正序；若反转，$\omega_s < 0$，矢量转到定子三个坐标轴的顺序为 R→T→S，相应定子电流的相序变为负序（见图7-116）。矢量转得越快，频率越高。矢量的旋转由转子位置角 λ 或磁链位置角 φ_s 决定，由于 $\varphi_s = \varphi_L + \lambda$，所以矢量旋转的根源就是 λ。总之电压、电流的频率和相序，都是电动机自己转出来的，不需要另加频率发生和相序切换电路。

以电动机由正转到反转的过程为例说明转矩、频率和相序的变化过程。接到反转指令后，转速给定由正变负，速度调节器输出信号 $i_{\phi 2}^{s*}$ 也由正变负，磁通势矢量 F^s 从超前 F^r 变为滞后，转矩反向，电动机制动，转速降低，ω_s 减小，频率降低；在 ω_s 降至零以前，矢量仍正转，电压、电流仍为正相序；在 ω_s 降至零后，在反向转矩作用下，矢量开始反转，电压、电流自动变为负相序，反向起动。

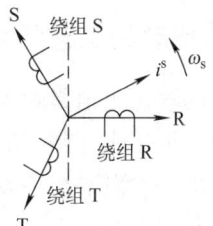

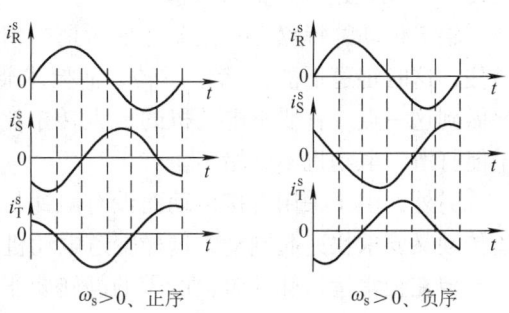

图7-116 电流矢量旋转方向与相序的关系

参 考 文 献

[1] Wheeler P. Matrix Converters: A Technology Review [J]. IEEE Trans. on Industrial Electronics, 2002 (2): 276-288.
[2] 马小亮. 大功率交-交变频调速及矢量控制技术 [M]. 3版. 北京：机械工业出版社, 2003.
[3] 桂红云, 等. DSP空间矢量控制三电平逆变器的研究 [J]. 电力系统自动化, 2004 (11): 62-65.
[4] Rastogi M. Dual Frequency Braking in AC Drive [J]. IEEE Trans. on Power Electronics, 2002 (6): 1032-1040.
[5] 赵争鸣, 等. 关于矢量控制与直接转矩控制特性试验比较的探讨 [J]. 变频器世界. 2004 (3).
[6] Bauer F. Quick Response Space Vector Control for a High Power Three-Level-Inverter Drive System [C]. EPE, Aachen, 1989, Vol. I: 417-421.

第8章 典型控制系统方案

8.1 轧钢机辊道多电动机传动控制系统

8.1.1 辊道传动的工艺特点

轧钢车间的输送辊道是典型的多电动机控制系统,输送辊道是用以传送轧件由前一工序进入下一工序。近年来,随着轧钢生产技术的发展,辊道由单台电动机和机械齿轮箱的成组传动,发展为由一台电动机传动一个辊的单独传动方式。而且在可能的情况下,尽量采用直接传动(无减速机)的方式。

辊道传动的特点之一是要考虑所谓打滑问题。即在辊道传送轧件时,轧件有可能受阻被堵住,这时辊道不能也堵住不转,而要求辊道与轧件之间打滑,从而避免烧损辊道电动机。要做到这一点,就要求电动机的最大转矩比打滑转矩来得大,这样才能保证在轧件受阻时辊子能打滑,电动机不会堵转。

另外,由于采用直接传动而没有减速机,所以电动机轴上的总 GD^2 比较大,而且有的辊道传动又要求快速起制动,这样辊道电动机的起制动转矩就比较大。

但在正常运送轧件时,所需的静转矩很小,所以辊道传动电动机的容量(转矩)实际上是由打滑转矩或加速转矩来决定的。在选择辊道电动机的传动装置时,必须注意这一点。

8.1.2 辊道电动机容量的计算

1. 正常运送轧件所需的静转矩 T_1 (N·m)

$$T_1 = (Q + G_R)\mu_1 \frac{d}{2\eta} \tag{8-1}$$

$$G_R = m_R g \tag{8-2}$$

$$Q = \frac{m_s g}{n_R} \tag{8-3}$$

式中 Q——一个辊子承受轧件的重量(N);
G_R——单个辊子重量(N);
μ_1——辊颈轴承的摩擦系数;
d——辊颈直径(m);
η——传动效率;
m_S——单个轧件质量(kg);
m_R——单个辊子质量(kg);
g——重力加速度,$g = 9.81 \text{m/s}^2$;
h_R——承受轧件重量的辊子数。

$$n_R = L_S/L_R \tag{8-4}$$

其中 L_S——轧件长度（m）；
L_R——辊道的辊距（m）。

2. 加速所需转矩 T_2（N·m）

$$T_2 = T_{21} + T_{22} \tag{8-5}$$

$$T_{21} = \frac{\Sigma GD^2}{375} \cdot \frac{dn}{dt} \cdot \frac{1}{\eta} \tag{8-6}$$

$$T_{22} = \frac{Q}{g} \cdot \frac{v_R}{t_s} \cdot \frac{D_1}{2\eta} \tag{8-7}$$

式中 T_{21}——加速电动机与辊子所需的转矩（N·m）；
T_{22}——加速轧件所需的转矩（N·m）；
ΣGD^2——电动机与辊子飞轮力矩的和（N·m²）；
dn/dt——电动机与辊子的加速度（r·min^{-1}·s^{-1}）；
v_R——辊子的线速度（m/s）；
t_s——辊子的起动时间（s）；
D_1——辊子外径（m）。

（1）电动机与辊子飞轮力矩的和 ΣGD^2（N·m²）

$$\Sigma GD^2 = GD_R^2 + GD_M^2 \tag{8-8}$$

1）辊子飞轮力矩 GD_R^2（N·m²）

$$GD_R^2 = \frac{\pi}{8} l_R (D_1^4 - D_2^4) \gamma g \tag{8-9}$$

式中 l_R——辊身长度（m）；
D_1——辊子外径（m）；
D_2——辊子内径（m）；
γ——钢的密度，$\gamma = 7.87 \times 10^3 \text{kg/m}^3$。

2）电动机飞轮力矩 GD_M^2（N·m²）

$$GD_M^2 = 4gJ_M \tag{8-10}$$

式中 J_M——电动机转动惯量（kg·m²）。

（2）电动机与辊子的加速度（r·min^{-1}·s^{-1}）

$$\frac{dn}{dt} = \frac{60}{\pi} D_1 \frac{v_R}{t_R} \tag{8-11}$$

式中 v_R——辊子线速度（m/s）；
t_s——辊子起动时间（s）。

3. 打滑时转矩 T_3（N·m）

$$T_3 = Q\mu_2 \frac{D_1}{2\eta} \tag{8-12}$$

式中 Q——一个辊子承受轧件的重量（N）；
μ_2——辊子表面与热金属滑动摩擦系数，$\mu_2 = 0.25 \sim 0.3$。

4. 电动机转矩校验 由上述的正常运送轧件所需静转矩 T_1 及加速所需转矩 T_2 的计算可知：相对而言，正常运送轧件所需的静力矩 T_1 很小，而加速所需转矩 T_2 以及打滑时转矩都很大。因此，对辊道电动机而言，要校验的是其过载能力是否足够，而发热一般不用考虑。

最严重情况发生在起动过程中又打滑，这时电动机应有的转矩 T_M（N·m）为

$$T_M = T_1 + T_{21} + T_3 \tag{8-13}$$

式中 T_1——正常运送轧件所需静转矩（N·m）；

T_{21}——加速电动机与辊子所需转矩（N·m）；

T_3——打滑时转矩（N·m）。

电动机转矩的校验条件，是起动过程中又发生打滑的最严重情况下电动机应有的转矩 M_M（N·m），必须小于或等于电动机的最大过载转矩（N·m），即

$$T_M \leq \lambda_M T_{MN} \tag{8-14}$$

式中 T_{MN}——辊道电动机的额定转矩（N·m）；

λ_M——电动机的最大过载倍数

$$\lambda_M = T_{Mmax}/T_{MN} \tag{8-15}$$

T_{Mmax}——电动机的最大转矩（N·m）。

8.1.3 变频传动系统供电装置的容量选择

由于钢铁企业环境恶劣，辊道传动电动机近年来多采用异步电动机交流变频调速方案，供电电源装置采用逆变器和公用直流母线方式，见图 8-1。电动机通常采用成组供电传动方式，根据传动性质和工艺要求，电动机被分成几组，每组由一台逆变器供电给多台变频电动机，而几台逆变器由一套公共直流母线供电。

辊道单电动机成组传动的分组原则：

（1）属于同一台逆变器供电的每台电动机，应该处于生产工艺的同一速度段，具有相同的转速及线速度，并在同一频率下运行；

（2）属于同一台逆变器供电的每台电动机，在可能的条件下，应尽量具有相同或相接近的电动机参数，如相同的容量或其他绕组数据；

（3）属于同一台逆变器供电的每组电动机数量，应该依据单台电动机容量及拟选的逆变器容量综合考虑，既不使逆变器的容量过大，又能满足全线几台逆变器之间在数量及规格品种上配置合理；

（4）由逆变器的输出到各台电动机之间，应设置相应的电动机短路、过载的低电压配电保护电路。

逆变器的容量计算：考虑起动过程中部分电动机打滑的最严重情况，即起动过程中有一部分电动机传动的辊子上无轧件，而另一部分电动机在起动过程中打滑，这部分电动机传动的辊子上有轧件而且辊子与轧件之间还存在打滑，此时电动机的转矩为 T_M，其相对应的电动机电流 I_M（A）为

$$I_M = \frac{(T_M - T_{MN})(I_{Mmax} - I_{MN})}{T_{Mmax} - T_{MN}} + I_{MN} \tag{8-16}$$

式中 I_M——对应 M_M 的电动机电流（A）；

T_M——电动机发出的转矩（N·m）；

T_{MN}——电动机额定转矩（N·m）；

T_{Mmax}——电动机最大转矩（N·m）；

I_{MN}——电动机额定电流（A）；

I_{Mmax}——对应于 T_{Mmax} 的电动机电流（A）。

依据式（8-6）和式（8-12）分别计算处于起动和起动过程又同时打滑两种条件下的电动机转矩 T_{21}、$T_{21} + T_3$，并分别代入式（8-15），计算两种条件下的每台电动机的电流 I_{M1} 和 I_{M2}（A），可得

$$I_{M1} = \frac{(T_{21} - T_{\text{MN}})(I_{\text{Mmax}} - I_{\text{MN}})}{T_{\text{Mmax}} - T_{\text{MN}}} + I_{\text{MN}} \quad (8\text{-}17)$$

$$I_{M2} = \frac{(T_{21} + T_3 - T_{\text{MN}})(I_{\text{Mmax}} - I_{\text{MN}})}{T_{\text{Mmax}} - T_{\text{MN}}} + I_{\text{MN}} \quad (8\text{-}18)$$

式中 T_{21}——加速电动机与辊子所需的转矩（N·m）；

T_3——打滑时转矩（N·m）。

最严重情况下，考虑逆变器下挂的电动机同时处于起动，且有 n_1 台电动机处于空载起动状态，每台电动机的电流为 I_{M1}，而有 n_2 台电动机处于带载起动同时又有打滑情况，每台电动机的电流为 I_{M2}，此时逆变器输出的电流最大，最大输出电流值 I_{INV1max}（A）应为

$$I_{\text{INVmax}} = n_1 I_{M1} + n_2 I_{M2} \quad (8\text{-}19)$$

依据样本，预选逆变器同时考虑逆变器过载，使起动打滑时逆变器输出的最大输出电流值满足式（8-19），并留有一定的裕度，即

$$I_{\text{INVmax}} \leq \lambda_{\text{INV}} I_{\text{INVN}} \quad (8\text{-}20)$$

式中 I_{INVmax}——起动打滑时逆变器的最大输出电流值；

I_{INVN}——逆变器的输出电流额定值；

λ_{INV}——逆变器允许的输出电流过载倍数。

对过载倍数 λ_{INV}，不同厂商产品有不同数据，如西门子公司 6SE70 系列通用变频器，取值为 1.36。

公共直流母线容量选择和计算：考虑辊道经常起动制动，为使得传动电动机在减速制动时达到能量向电网回馈，选择整流/回馈单元向公共直流母线供电，见图 8-1。整流/回馈单元由整流和回馈两组桥组成。当整流桥工作时，母线由三相交流电源取得电动状态能量；当回馈桥工作时，母线向三相交流电源回送发电状态能量，和回馈桥连接的自耦变压器的升压比 20% 是考虑公共直流母线用于多组逆变器时，其中任意组处于发电制动能量回馈时，回馈桥可提供足够的逆变整流电压。对于整流桥，考虑多组辊道同时起动，最大负载发生在几组辊道同时起动，而同时在某组辊道上的轧件又存在打滑的情况，并据此选择整流/回馈单元的额定容量和校验过载能力（详见本章 8.1.4 节实例）。

8.1.4 辊道变频传动系统的工程计算实例

图 8-1 为异步电动机采用变频调速的单电动机传动系统框图。

某轧钢机精轧机前单独传动辊道的设备参数如下。

辊子外径 D_1：400 mm　　　　　　　辊子内径 D_2：300 mm

辊颈直径 d：160 mm　　　　　　　　辊身长度 l_R：2800 mm

辊道间距 L_R：700 mm　　　　　　　　单个辊子质量 m_R：1493 kg

单个轧件质量 m_S：4.5t（轧件长度为 2500 mm）　辊道速度 $v_R = 3.2$ m/s

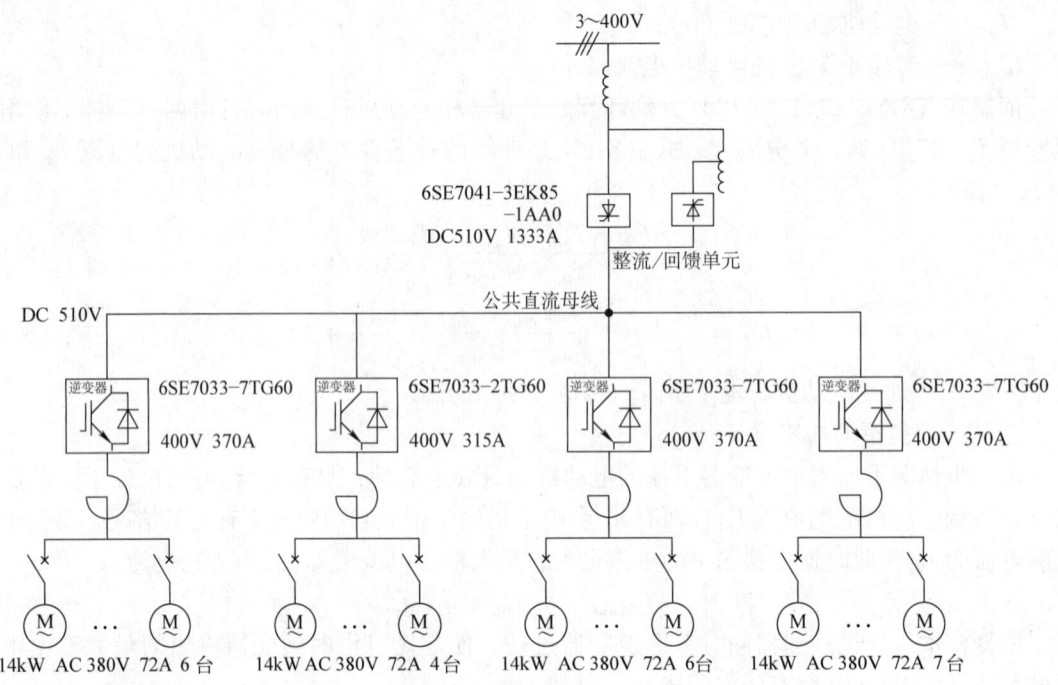

图 8-1 异步电动机辊道变频调速系统框图

起（制）动时间　$t_S = 1.5s$

精轧机前辊道共有 23 个辊子，分段和供电分配如下：

前输送辊道：6 个辊子，6 台电动机单独传动，1#逆变器供电

前延伸辊道 2：4 个辊子，4 台电动机单独传动，2#逆变器供电

前延伸辊道 1：6 个辊子，6 台电动机单独传动，3#逆变器供电

前工作辊道：7 个辊子，7 台电动机单独传动，4#逆变器供电

1#~4#逆变器由一个公共直流母线供电，4 组辊道同时起（制）动

辊道电动机参数：

额定功率 P_{MN}：	14 kW	额定转速 n_{MN}：	170 r/min
额定电压 U_{MN}：	380 V	额定频率 f_{MN}：	23.5 Hz
额定电流 I_{MN}：	72 A	额定转矩 T_{MN}：	787 N·m
堵转转矩 T_{Mstall}：	1530 N·m	最大转矩 T_{Mmax}：	2250 N·m
堵转电流 I_{Mstall}：	230 A	最大转矩时电流 I_{Mmax}：	130 A
功率因数 $\cos\varphi$：	0.38	效率 η_M：	78%
转动惯量 J_M：	3.55 kg·m²	调速范围：	3~36 Hz
防护等级：	IP55		

解：

1. 计算正常运送轧件所需静力矩 T_1

（1）单个辊子重量按式（8-2）计算，得

$$G_R = m_R g = 1493 \times 9.81 N = 14646 N$$

(2) 一个辊子承受轧件的重量 Q 按式（8-3）计算，得

$$Q = \frac{m_s g}{n_R} = \frac{4.5 \times 10^3 \times 9.81}{3} \text{N} = 14715 \text{N}$$

式中 n_R 按式（8-4）计算，得

$$n_R = \frac{L_S}{L_R} = \frac{2.5}{0.7} = 3.6 (取 3)$$

(3) 将以上求得的 $G_R = 14646\text{N}$、$Q = 14715\text{N}$ 和已知的 $\mu_1 = 0.005$（滑动轴承）、$d = 0.16\text{m}$、$\eta = 0.95$ 等数据代入式（8-1），得正常运送轧件所需静转矩 T_1 为

$$T_1 = (Q + G_R)\mu_1 \frac{d}{2\tau} = (14715 + 14646) \times 0.005 \times \frac{0.16}{0.95} \text{N} \cdot \text{m} = 24.7 \text{N} \cdot \text{m}$$

2. 计算加速所需的转矩 T_2

(1) 辊子飞轮力矩 GD_R^2 按式（8-9）计算，得

$$GD_R^2 = \frac{\pi}{8} l_R (D_1^4 - D_2^4) \gamma g = \frac{3.14}{8} \times 2.8 \times (0.4^4 - 0.3^4) \times 7.8 \times 10^3 \times 9.81 \text{N} \cdot \text{m}^2 = 1471.6 \text{N} \cdot \text{m}^2$$

(2) 电动机飞轮力矩 GD_M^2 按式（8-8）计算，得

$$GD_M^2 = 4g J_M = 4 \times 9.81 \times 3.55 \text{N} \cdot \text{m}^2 = 139.3 \text{N} \cdot \text{m}^2$$

(3) 辊子与电动机的飞轮力矩总和 ΣGD^2 按式（8-8）计算，得

$$\Sigma GD^2 = GD_R^2 + GD_M^2 = (1471.6 + 139.3) \text{N} \cdot \text{m}^2 = 1610.9 \text{N} \cdot \text{m}^2$$

(4) 电动机与辊子的加速度 dn/dt 按式（8-11）计算

$$\frac{dn}{dt} = \frac{60}{\pi} D_1 \frac{v_R}{t_s} = \frac{60}{3.14} \times 0.4 \times \frac{3.2}{1.5} \text{r} \cdot \text{min}^{-1} \cdot \text{s}^{-1} = 16.3 \text{r} \cdot \text{min}^{-1} \cdot \text{s}^{-1}$$

(5) 加速电动机与辊子所需转矩 T_{21} 按式（8-6）计算，得

$$T_{21} = \frac{\Sigma GD^2}{375} \cdot \frac{dn}{dt} \cdot \frac{1}{\eta} = \frac{1610.9}{375} \times 16.3 \times \frac{1}{0.95} \text{N} \cdot \text{m} = 73.7 \text{N} \cdot \text{m}$$

(6) 加速轧件所需转矩 T_{22} 按式（8-7）计算，得

$$T_{22} = \frac{Q}{g} \cdot \frac{v_R}{t_s} \cdot \frac{D_1}{2\eta} = \frac{14715}{9.81} \times \frac{3.2}{1.5} \times \frac{0.4}{2 \times 0.95} \text{N} \cdot \text{m} = 673.7 \text{N} \cdot \text{m}$$

(7) 加速所需转矩 T_2 按式（8-5）计算，得

$$T_2 = T_{21} + T_{22} = (73.7 + 673.7) \text{N} \cdot \text{m} = 747.4 \text{N} \cdot \text{m}$$

3. 计算打滑转矩 T_3 按式（8-12）计算，得

$$T_3 = Q\mu_2 \frac{D_1}{2\eta} = 14715 \times 0.3 \times \frac{0.4}{2 \times 0.95} \text{N} \cdot \text{m} = 929 \text{N} \cdot \text{m}$$

4. 电动机转矩校验 由项 1～3 的计算可知：相对而言，正常运送轧件所需的静力矩 T_1 很小（$24.7\text{N} \cdot \text{m}$），而加速所需转矩 T_2（分别为 $73.7\text{N} \cdot \text{m}$ 和 $673.7\text{N} \cdot \text{m}$）以及打滑时转矩 T_3（$929 \text{N} \cdot \text{m}$）都很大。因此，对辊道电动机而言，要校验的是其过载能力是否足够，而发热一般不用考虑。

最严重情况发生在起动过程中又打滑，这时电动机应有的转矩 T_{Mmax} 为

$$T_{Mmax} = T_1 + T_{21} + T_3 = (24.7 + 73.7 + 929) \text{N} \cdot \text{m} = 1027.4 \text{N} \cdot \text{m}$$

电动机的额定转矩为 $787 \text{N} \cdot \text{m}$，允许的最大过载为 2.8 倍，电动机的实际最大过载倍数 λ_M 按式（8-15）计算为

$$\lambda_M = \frac{T_{Mmax}}{T_{MN}} = \frac{1027.4}{787} = 1.31 \text{ 倍} < 2.8 \text{ 倍}$$

电动机选择没有问题，可以通过。

5. 逆变器容量选择　选用 SIEMENS 公司 6SE70 系列全数字电压型逆变器。

以输送辊道 1#逆变器传动 6 台电动机的容量计算为例，考虑起动过程中又打滑的最严重情况，如 3 台电动机在起动过程中（这 3 台电动机传动的辊子上无轧件），而另外 3 台电机在起动过程中又打滑（这 3 台电动机传动的辊子上有轧件而且辊子与轧件之间还打滑），按式 (8-6)、式 (8-12) 分别计算加速电动机与辊子所需转矩 T_{21} 及打滑时转矩 T_3，并代入式 (8-17)、式 (8-18) 分别计算两种情况下相应的电动机的定子电流 I_{M1}、I_{M2} 为

$$I_{M1} = \frac{(T_{21} - T_{MN})(I_{Mmax} - I_{MN})}{T_{Mmax} - T_{MN}} + I_{MN}$$

$$= \left[\frac{(464 - 787)(130 - 72)}{(2250 - 787)} + 72\right] A = 59.2 A$$

$$I_{M2} = \frac{(T_{21} + T_3 - T_{MN})(I_{Mmax} - I_{MN})}{T_{Mmax} - T_{MN}} + I_{MN}$$

$$= \left[\frac{(464 + 929 - 787)(130 - 72)}{(2250 - 787)} + 72\right] A = 96 A$$

因而，最严重情况下 1#逆变器应输出的电流 $I_{INV1max}$ 应为

$$I_{INV1max} = 3I_{M1} + 3I_{M2} = (3 \times 59.2 + 3 \times 96) A = 465.6 A$$

考虑到逆变器本身的过载能力，可选择：额定输出电流 370A、额定输出电压 380V 的 6SE7033-7TG60 逆变器。

逆变器实际的最大过载倍数为 465.6/370 = 1.26 倍。逆变器允许的过载是 1.36 倍，应该是没有问题的。

依据上面 1#逆变器的计算办法，依次计算 2#~4#逆变器容量：

2#逆变器向 4 台电动机供电。最严重情况发生在 4 台电动机同时起动，而其中 3 台电动机又打滑。按式 (8-6)、式 (8-12) 分别计算两种情况下相应的电动机转矩，再按式 (8-17)、式 (8-18) 分别计算两种情况下相应的电动机的定子电流，同 1#逆变器 $I_{M1} = 59.2A$、$I_{M2} = 96A$，得

$$I_{INV2max} = I_{M1} + 3I_{M2} = (59.2 + 3 \times 96) A = 347.2 A$$

考虑到逆变器本身的过载能力，可选择：额定输出电流 315A、额定输出电压 380V 的 6SE7033-2TG60 逆变器。

逆变器实际的最大过载倍数为 347.2/315 = 1.1 倍。

3#逆变器的计算结果：3#逆变器也向 6 台电动机供电，因此与 1#逆变器相同，亦选择：额定输出电流 370A 的 6SE7033-7TG60 逆变器，逆变器实际的最大过载为 1.26 倍 < 1.36 倍（逆变器允许值）。

4#逆变器向 7 台电动机供电。最严重情况发生在 7 台电动机同时起动，而其中 3 台电动机又打滑。由于逆变器下挂电动机数据略有不同，按照式 (8-6)、式 (8-12) 分别计算各自条件下的电动机转矩，其中起动转矩 $T_{21} = 472 N \cdot m$（对应电动机转动惯量 $J_M = 4.29 kg \cdot m^2$、电动机的飞轮力矩 GD_M^2 及电动机与辊子总和的 ΣGD^2 分别为 $168.2 N \cdot m^2$ 及 $1653.8 N \cdot m^2$），然后将已知 $M_{MN} = 787 N \cdot m$、$M_{Mmax} = 2250 N \cdot m$、$I_{MN} = 55.8A$、$I_{Mmax} = 133A$ 代入式 (8-17)、式

(8-18) 分别计算两种情况下相应的电动机定子电流 I_{M1}、I_{M2} 为

$$I_{M1} = \frac{(T_{21} - T_{MN})(I_{Mmax} - I_{MN})}{T_{Mmax}} + I_{MN}$$

$$= \frac{(472 - 787)(133 - 55.8)}{2250 - 787}A = 39.2A$$

$$I_{M2} = \frac{(T_{21} + T_3 - T_{MN})(I_{Mmax} - I_{MN})}{T_{Mmax} - T_{MN}} + I_{MN}$$

$$= \frac{(472 + 929 - 787)(133 - 55.8)}{2250 - 787}A = 88.2A$$

因而最严重情况下,4#逆变器应输出的电流 $I_{INV4max}$ 应为

$$I_{INV4max} = 4I_{M1} + 3I_{M2} = (4 \times 39.2 + 3 \times 88.2)A = 421.4A$$

选择额定输出电流370A、额定输出电压380V 的 6SE7033-7TG60 逆变器。逆变器实际的最大过载倍数为 421.4/370 倍 = 1.14 倍,而逆变器允许的过载倍数为 1.36 倍,逆变器能满足过载要求。

6. 公共直流母线的选择和计算　考虑辊道经常起动制动,选择整流/回馈式公共直流母线。由于要求 4 组辊道同时起动,因此对于整流/回馈式公共直流母线而言,最大负载发生在 4 组辊道同时起动,而这时处在某组辊道上的轧件又在打滑的情况下。假设前输送辊道上的轧件在打滑,则这时 1#～4#逆变器的输出电流分别为

1#逆变器:$I_{INV1} = (3 \times 59.2 + 3 \times 96)A = 465.6A$

2#逆变器:$I_{INV2} = (4 \times 59.2)A = 236.8A$

3#逆变器:$I_{INV3} = (6 \times 59.2)A = 355.2A$

4#逆变器:$I_{INV4} = (7 \times 39.2)A = 274.4A$

1#～4#逆变器总输出电流为

$$\Sigma I_{INVout} = I_{INV1} + I_{INV2} + I_{INV3} + I_{INV4}$$
$$= (465.6 + 236.8 + 355.2 + 274.4)A = 1332A$$

与 $\Sigma I_{INVout} = 1332A$ 相对应的总输入电流,即整流/回馈母线的输出电流为

$$\Sigma I_{INVin} = 1.19 \times \Sigma I_{INVout} = (1.19 \times 1332)A = 1585A$$

选择额定输出电流 1333A 负载持续率为 25% 的 6SE7041-3EK85-1AA0 整流/回馈单元。实际的最大过载倍数为 1585/1333 倍 = 1.19 倍(该单元允许的过载倍数是 1.36 倍)。

7. 电阻制动和能量回馈　单台 PWM 电压型变频器的主电路由整流环节、直流调节、逆变环节三部分组成,见图 8-2。

如果变频传动电动机处于制动或发电状态时,回馈的能量通常是通过逆变环节中与 IGBT 并联的二极管流向

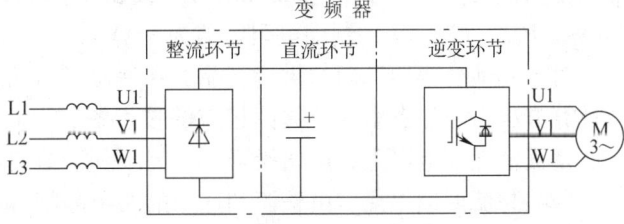

图 8-2 变频器主电路

直流环节,当回馈能量较大时,由于电压型变频器的直流环节电容储能的作用,会引起直流母线两端电压的上升,当数值超过报警电压的阈值时,发生故障停机。变频器的整流环节,大致可以分成:单向不可逆整流桥(或可控桥)和可逆带电源回馈的双向电流整流桥。对于前者,制动功能靠电阻能耗实现,后者通过反并联连接的反向组整流桥向电网回馈能量。另

外,对于偶尔制动的系统,也有采用变频器向异步电动机定子绕组中的任意两相绕组通入直流电流,产生固定磁场。旋转的转子在这个固定磁场中感应出感生电流,产生制动转矩,使电动机迅速停止。由于能量以热损耗方式消耗在转子绕组内,容易造成电动机发热和绝缘老化,因而此方案一般情况下不可取。

(1) 采用制动单元(斩波器)和能耗制动电阻 这种方式投资少,比较经济,适用于一般不频繁调速或正反转系统,见图8-3。制动单元(斩波器)是由其内部装有相应功率等级的IGBT,以及电子检测和控制电路所组成,系统集成时依据:逆变器型号、直流环节的标称电压、能量回馈的容量大小等,根据需要作为选件由用户选配,而制动电阻依据能量回馈的大小及制动持续时间的长短,选择电阻值和电阻耗能的千瓦数,制动电阻有时装在制动单元内部(一般为小功率装置,如耗能在20kW以下),当制动功率不够时,通常采用外接电阻,用于扩展制动功率(但不允许与内部电阻并联连接使用)。其接线见图10-16b。

以西门子公司6SE70系列变频器制动单元和制动电阻选件的工作特性为例,制动电阻的制动能力见图10-17。

在西门子公司的产品选型样本中,外部电阻的制动力按照90s为一个制动周期计算,制动功率分成P_3、P_{20}、P_{DB},制动功率P_3允许90s的周期内持续3s,制动功率P_{20}允许90s的周期内持续20s,制动功率P_{DB}允许长期持续。它们之间的关系是:$P_3 = 1.5P_{20}$、$P_{20} = 4P_{DB}$。制动单元和外部制动电阻选择的原则:20s持续时间的制动功率:$P_{20} \geq 0.67P_{max}$(系统要求的峰值制动功率)即$P_{max} \leq P_3$;同时$P_{20} \geq 4.5P_{avd}$(系统制动周期内的平均制动功率)。

以西门子公司产品为例,如交流380V电压的变频器系统,要求达到的制动功率曲线见图8-3,制动周期$T = 160s$,$P_{max} = 30kW$,选择适当的制动单元及电阻。

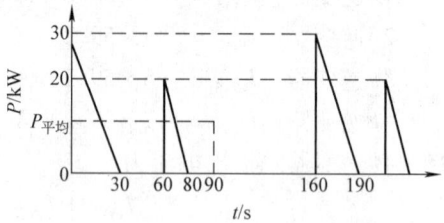

图8-3 系统要求的制动功率曲线

按图8-3制动周期160s > 90s(产品典型值),应按照典型值取90s制动时间内的平均制动功率,按制动功率曲线90s时间内两个三角形面积相加求平均:计算平均制动功率$P_{avd} = [(0.5 \times 30 \times 30 + 0.5 \times 20 \times 20) \div 90]kW = 7.22kW$。

校验P_{20}需满足条件:$P_{20} \geq 4.5P_{avd} = 32.5kW$及条件:$P_{20} \geq 0.67P_{max} = (0.67 \times 30)kW = 20kW$

依据该公司产品样本选取6SE70 - 0EA87 - 2DA0制动单元(数据为$P_{20} = 50kW$、$P_3 = 75kW$、$P_{DB} = 12.5kW$,制动电阻阻值为8Ω)。

对于其他变频器厂商的供货产品,在制动单元和电阻的选择计算上,都有不同的规定以及计算方法,应注意索取及阅读相应的技术资料。在变频辊道或其他频繁制动的系统中,由于能量被消耗在电阻上,虽然投资少,但不利于节能。

(2) 整流回馈单元 由整流和逆变的两组晶闸管可控桥组成。其接线见图8-4。为提高回馈状态时逆变整流桥产生足够的电压,支撑由于回馈造成的直流环节电压上升,因而在图8-4的线路中设置有自耦变压器。自耦变压器作为选件配置,其输出电压一般比整流桥高20% ~ 25%(西门子公司产品为20%),以防止产生逆变颠覆。由于自耦变压器是在回馈能量期间短时工作,因而负载持续率分为25%、100%两种,前者在一般用途中已足够,后者主要用于持续运行在逆变下的传动系统中,如轧钢机传动系统中的开卷机或作为各类传动设备的负载试验台系统中使用。但对于辊道传动多电动机系统,多采用一个整流回馈单元下挂多台逆变器,组成公共直流母线方式,以减少投资。而在相同功率范围、电压等级以及控制方式下,厂商既提供有变频器亦有逆变器,也就为采用公共直流母线下挂多台逆变器的配置提供了多种灵活性,其最大优点在于减少投资。采用这种方案,整流环节的选择计算见 8.1.3 节,这种方案虽然比较经济,但它要求电网电压比较稳

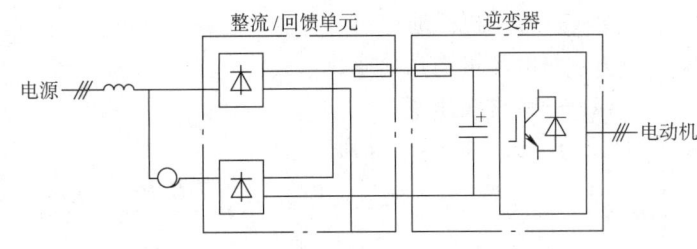

图 8-4 整流回馈单元制动方案

定的场合(+10%/-15%),但应当避免在弱电网中使用。图 8-6 中电源侧设有进线电抗器,用于公共整流变压器供电系统,电压降为 $U_k = 4\%$ 电源进线电压。

(3)AFE(Active Front End)整流回馈单元,亦称为自换相脉冲式整流回馈单元。其主电路组成和晶闸管设备大致相同,不过电力电子器件采用 IGBT 取代了晶闸管,其交-直的工作原理不是采用相位控制,而是采用同逆变器一样的 PWM 控制。这种 AFE 控制方式亦被称为按电网角度定向的快速矢量控制。其主要优点在于:①不存在对电网的谐波污染;②在不稳定的电网(弱电网)系统中可以完全避免电压大幅动波动对可靠性的影响,例如允许电网瞬态低电压≤50%(20ms 内)不影响运行;③不需要自耦变压器,AFE 有 100% 的电网回馈能力。不过由于目前这种方案的投资费用还比较高,在国内应用的还比较少。

8.2 卷取开卷传动张力控制系统

在各种金属加工、造纸、塑料、印染等连续加工生产线中,通常由卷取机、开卷机及两者中间的一系列工艺设备如机架、张力辊等组成。各部分由单独的电动机分部传动,全线被带材连为一体,形成一定的张力,进行协调工作。如对卷取机、开卷机、张力辊等的电气传动,需要采用张力调节系统。张力控制方法可分为间接法和直接法两种,目前普遍采用间接法。

8.2.1 张力控制系统的一般工作原理

在带张力工作的机械中,若忽略电动机和机械系统的空载损耗,张力力矩 T_F 与电动机的电磁转矩 T_M 之间有如下关系:

$$T_M = \frac{T_F}{i} = \frac{FD}{2i} \tag{8-21}$$

$$T_M = C_T \Phi I \tag{8-22}$$

$$F = P/v \tag{8-23}$$

$$F = EI/v \approx UI/v \tag{8-24}$$

式中 T_M——电动机电磁转矩;
  T_F——张力力矩;
  U、E、I——电动机电枢电压、电动势和电枢电流;
  F——带材张力;
  D——带卷或张力辊的直径;
  i——机械系统的减速比;

C_T——电动机转矩常数；
$\varPhi$——电动机磁通；
P——电动机输入功率；
v——带材线速度。

从式（8-23）、式（8-24）得到

$$F = \frac{2iC_\mathrm{T}I\varPhi}{D} = \frac{K\varPhi}{D}I \tag{8-25}$$

根据上式，要维持张力恒定有多种方法，可以根据工艺要求选择。

1. 维持电枢电流恒定　在对张力调节不高的场合，从式（8-24）知，可采用调节电动机电流并保持恒定的方法（此时，电动机的端电压应与带材线速度成比例）。图 8-5 是金属加工线中卷取机和张力辊之间维持张力恒定的一种方法，其中卷取机系统承担控制线速度的作用，而张力控制由张力辊系统来实现，同时采用在电流调节器基础上附加的转速控制系统。当引带时，两个系统都作为转速调节而起作用，控制张力辊的送带速度和卷取机的线速度相一致。

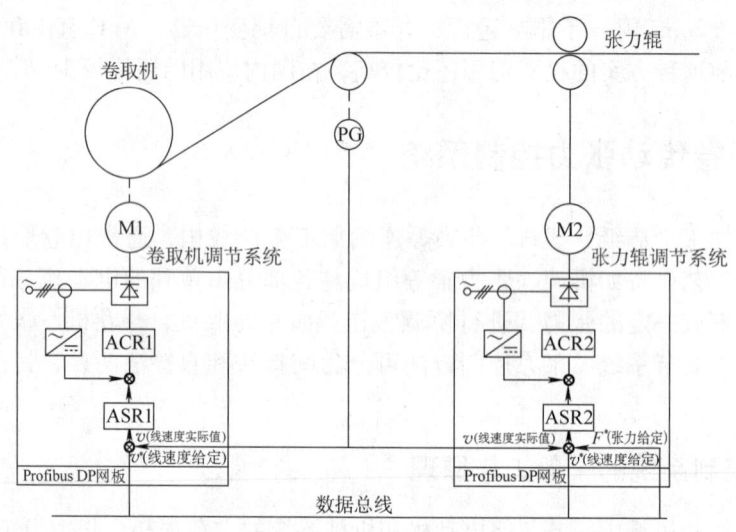

图 8-5　张力辊的恒电流调节系统
ASR1、ASR2—速度调节器　ACR1、ACR2—电流调节器

当带材咬入卷筒时，张力辊被带材拉住，线速度提高。张力自动投入后，卷取机与张力辊间建立张力，张力辊系统速度调节器饱和。电流给定值即为 ASR2 的输出限幅值，将速度调节系统自动转为电流调节系统。电动机 M2 工作在制动状态。因张力辊的直径恒定，电动机的磁场也不变，故也是一个恒张力调节系统。

2. 维持电动机的功率恒定　从式（8-23）知，控制卷取机的功率（近似用其电压和电流的乘积代替）与加工线的基准速度成正比，就可以使张力维持恒定。按此原则构成的张力系统见图 8-6。

此方案不需调节电动机的励磁。在电流调节器 ACR 前引入功率调节器 APR。功率反馈信号用电压和电流的乘积得到，功率给定（即张力给定）信号由线速度检测经过张力给定电位器送到速度调节器 ASR 的限幅输入中。当卷取机工作于换卷引带或断带时，系统外环即速度调节器投入工作，这是一个速度调节系统。

当带材咬入后，产生张力，使 ASR 的反馈值小于给定值，处于饱和状态，其限幅值就是功率（张力）给定值。系统作为一个恒功率调节系统而工作，维持张力恒定。这种系统较为简单，随线速度或卷径变化，调节电枢电压。但由于电动机的励磁保持恒定，因而功率利用率低，只适用于小功率、卷径变化较小的场合。

3. 维持 I 恒定和 Φ/D 恒定 按式（8-25）的关系，分别控制电枢和励磁。控制系统通常由下述两个独立部分组成，见图 8-7。

（1）电枢电流控制部分 用调节电动机电枢电压随卷径变化，改变电动机转速维持电枢电流不变。张力大小由电流给定值决定。

（2）磁场控制部分 调节电动机励磁电流，使磁通随着卷径变化而变化，从而维持 Φ/D 的比值不变。图 8-7 所示是这种方案的调节系统图。当钢带咬入后，速度调节器进入饱和，其饱和值由张力（电流）给定决定。通过电流调节器 ACR 维持电流

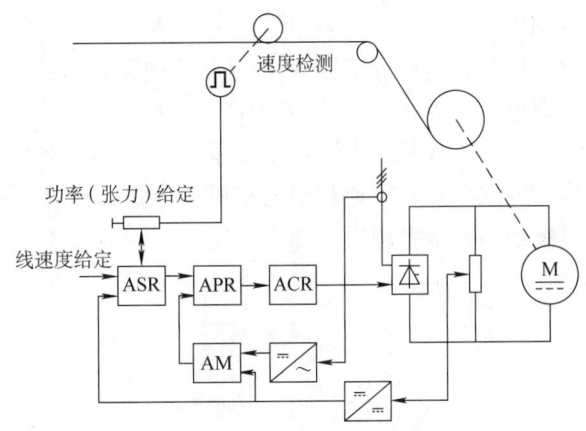

图 8-6 恒功率调节的张力控制方案
ASR—速度调节器 APR—功率调节器
ACR—电流调节器 AM—乘法器

恒定。随着卷径的变化，为了维持张力恒定，要求电动机磁通 Φ 随着变化，并维持 Φ/D 恒定，这是通过电动机励磁调节器 AMR 来实现的。卷径测量取自卷取机的线速度和卷取电动机的转速。卷径计算，根据 $D \propto v/n$ 的关系进行运算，卷径计算环节的输出，就和卷径 D 成比例。此输出作为电动机励磁调节的给定值。随着带卷直径变化，例如卷取工作时是从小变大，则励磁电流输出也相应逐渐增大，电动机的磁通也随之增大，以维持 Φ/D 恒定。

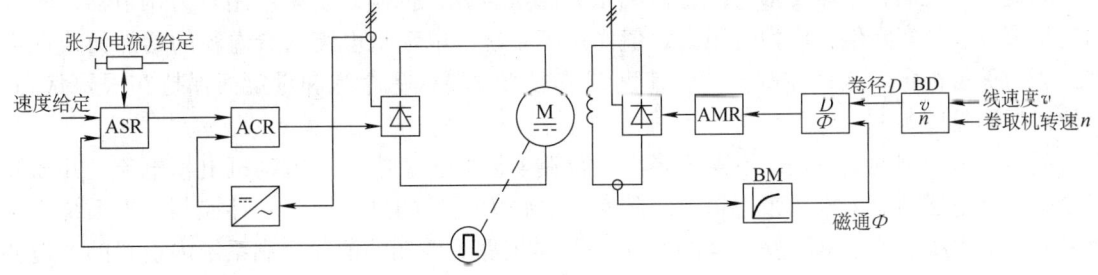

图 8-7 维持 I 和 Φ/D 恒定的控制方案
ASR—速度调节器 ACR—电流调节器 AMR—磁通调节器 BM—磁通变换器 BD—卷径计算

速度调节器的作用是实现卷取机的点动工作和在断带时限制电动机的转速。
这种方案的缺点是：

1）不论是在高速还是在低速，卷取过程的调速全由磁场来实现，因此在低速时电动机的功率不能充分利用。

2）由于 $\Phi \propto D$，所以电动机允许的弱磁倍数应等于卷径变化的倍数。当卷径变化很大时，

要求电动机弱磁倍数也很大，故电动机体积很大。

3) 采用这种方式，电动机容量要由最大张力和最大线速度的乘积来决定，但实际上，大张力仅在低速时需要，也使得电动机的功率不能充分利用。

4) 按 I 正比于 D/Φ 调节电动机电枢电流 I，从式 (8-25) 知，如果维持 I 正比于 D/Φ，也可使张力不变，其原理可见图 8-8。这种系统和通常的非独立控制调速系统一样，不管是卷取线速度升高或卷径减小，要求电动机转速随卷径的减少而升高，转速变化按照在基速以下采用调压和在基速以上采用弱磁的方法。和一般的速度闭环控制比较，其区别在于：在正常卷取工作时，速度调节器 ASR 是处于饱和状态的，其限幅值等于 D/Φ，用电流调节器自动维持电枢电流与 D/Φ 成正比来维持张力恒定。

由于这种系统无论线速度是多少、卷径多大，在基速以下调速时，电动机均在满磁下工作。因此可以合理地利用电动机的容量，而且弱磁倍数与卷径变化范围无关，因而可选弱磁倍数小的标准电动机。

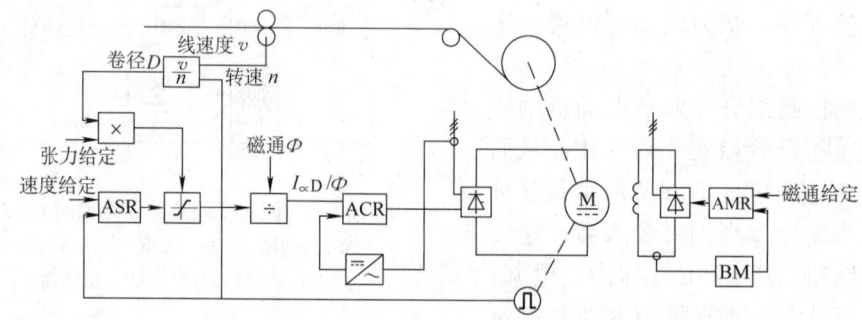

图 8-8 维持 $I \propto D/\Phi$ 控制方案
ASR—速度调节器　ACR—电流调节器　AMR—磁通调节器　BM—磁通变换器

8.2.2 间接张力控制和直接张力控制

8.2.2.1 间接张力控制

间接张力控制，不需要张力传感器或张力测量装置，控制系统中不用张力调节器，张力给定值乘以卷径实际值，作为转矩设定值作用于系统，电动机电流随着卷径的增加而线性增加，张力保持恒定。这种控制方式，速度调节器通过输入一个饱和设定而保持在限幅状态。其原理框图见图 8-9。

间接张力控制的优点是，不需要张力计检测实际张力；靠控制电动机电枢电流，并随卷径变化计算电磁转矩来维持张力恒定。其实现对张力调控的过程属于开环控制。当系统产生扰动时，如摩擦、速度动态变化（dn/dt）等因素对张力波动的消除，靠系统内设置的各类补偿环节来微调张力电流给定值，因而对张力控制的精度低，不能实现反馈控制，适用于张力控制要求较低的系统。

8.2.2.2 直接张力控制

直接张力控制，需要张力传感器直接测量卷材张力（见图 8-10），张力传感器的输出信号作为张力实际值信号反馈到张力调节器的输入端。张力调节器输出为电动机转矩设定值，并通过闭环使随卷径变化时的张力恒定。对于传动控制系统，该方式可近似看成转矩闭环控制。其原理框图见图 8-10。其他部分作用原理，如卷径测量计算、摩擦转矩及加速转矩动态补偿，与间接张力控制工程应用实现方法中所述相同，详见 8.2.3 节。

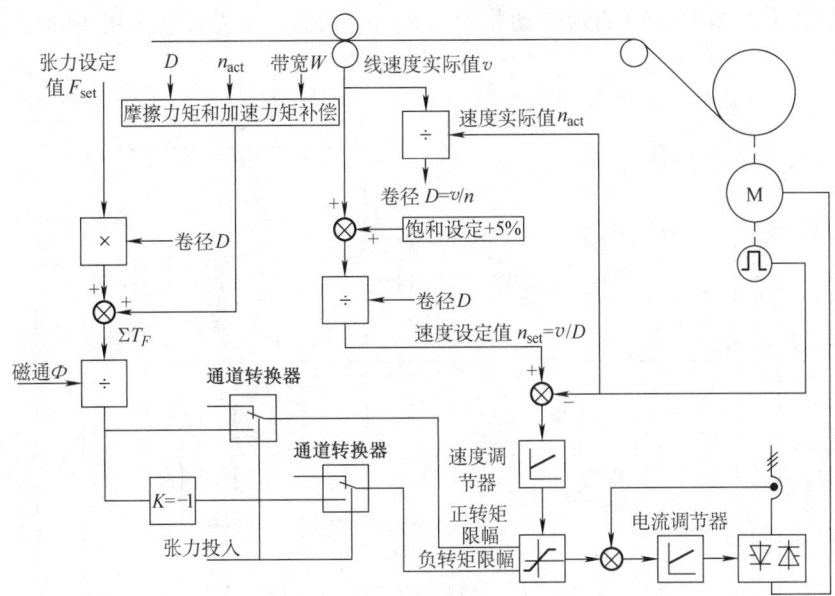

图 8-9 卷取机间接张力控制系统框图

D—卷径计算值　v—材料线速度实际值　n—卷取传动电动机转速实际值

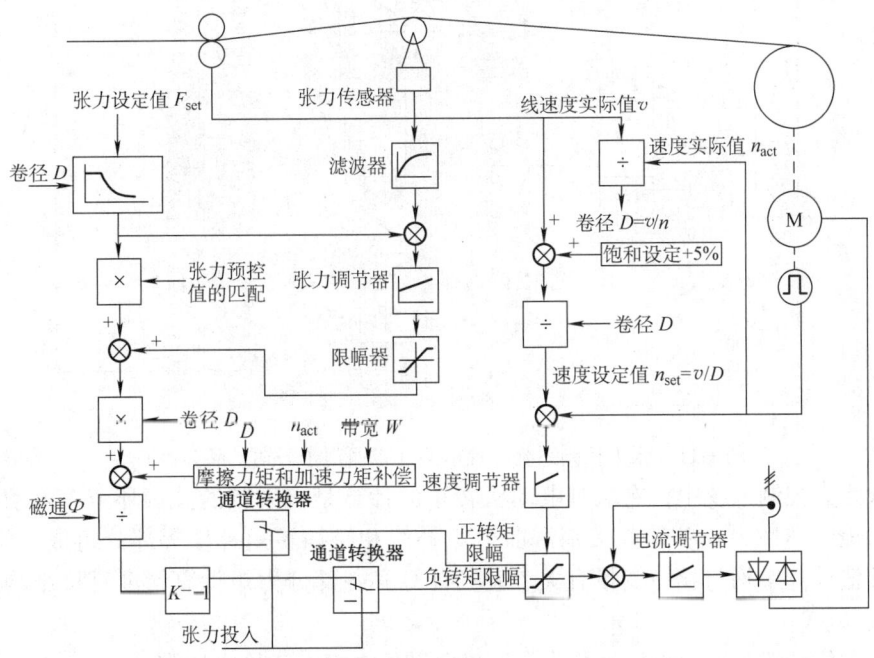

图 8-10 卷取机直接张力控制系统框图

8.2.3 轧机卷取机张力控制系统的应用实例

卷取机数字控制系统，除基本传动装置以外，另外配置一套带卷取软件的工艺模板或可编程序控制器，来实现卷取机的转矩设定计算、卷径计算、转矩补偿计算和恒张力控制。以西门子公司产品为例，其张力控制系统典型配置见图 8-11。其中，基本传动装置为该公司交直流通用控制装置,如 6RA70 直流传动装置或通用变频器,张力控制多用 T400 工艺控制模板和卷取软件。

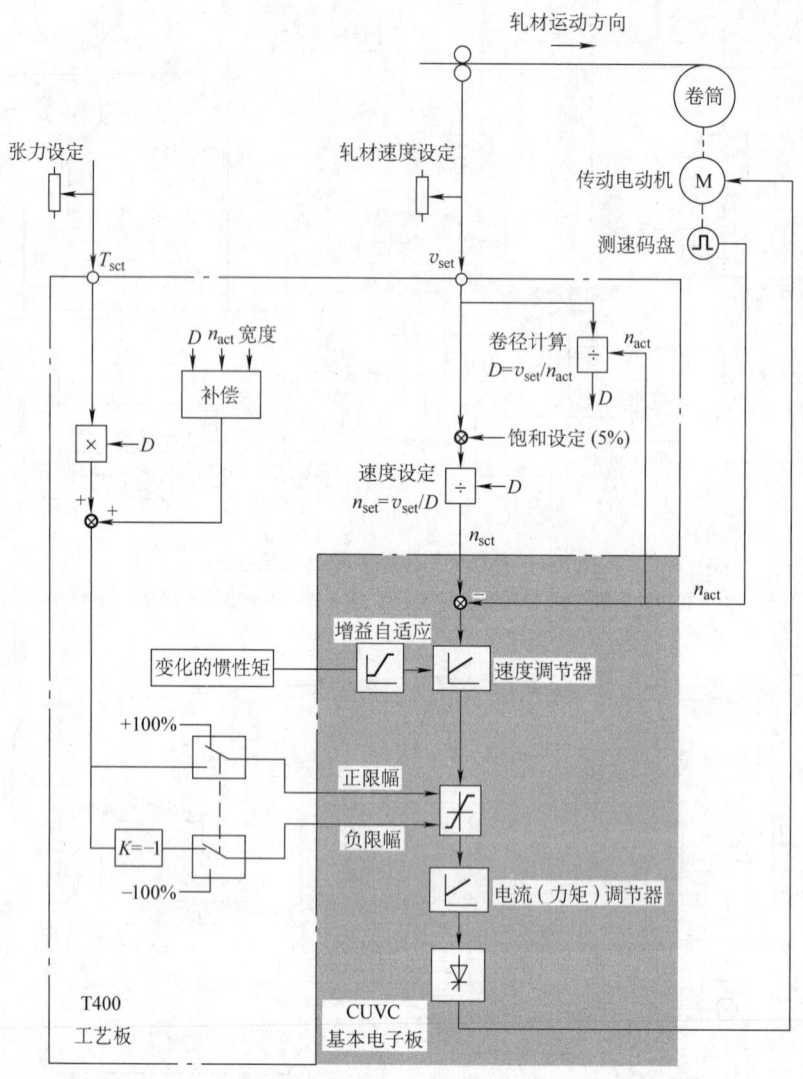

图 8-11 张力控制系统配置示例(以西门子公司产品为例)

在卷取张力控制系统中,卷取机电动机转矩的计算是该系统的关键环节。电动机转矩由卷取张力力矩、惯性力矩补偿、带钢弯曲力矩补偿和摩擦转矩补偿等部分组成。张力力矩,惯性力矩补偿计算中均与卷径变量有关,卷径计算和各部分力矩计算精度直接影响到卷取张力控制的效果。

根据电动机转矩公式,可以计算出卷取机电动机电枢电流给定值为

$$I = \frac{T_M}{C_T \Phi} \tag{8-26}$$

并且

$$T_M = T_F + T_I + T_B + T_H \tag{8-27}$$

式中 T_M——卷取电动机转矩;

T_F——张力力矩;

T_I——惯性力矩；

T_B——带钢弯曲力矩；

T_H——摩擦力矩；

C_T——电动机转矩常数；

Φ——电动机磁通。

卷取机电动机电流给定值，送给卷取机传动调速系统，并通过卷取机调速系统的调节作用，控制电动机的负载电流，在正常卷取过程中，速度调节器饱和使电动机处于转矩控制状态，并实现卷取带钢过程的恒定张力控制。主要控制环节包括：

1. 线速度测量　线速度 v 是卷取机卷取过程中的一个重要变量，通常是通过读取卷取机前的偏导辊上脉冲编码器输出脉冲数并通过计算而获得的。设偏导辊直径为 D (m)，每转一周发出 L 个脉冲，速度采样周期为 T (ms)，在一个采样周期共读取 X 个脉冲，则实际线速度 (m/s) 可由下式求得：

$$v = \pi D X/(1000TL) \quad (8\text{-}28)$$

线速度测量精度与脉冲编码器每转给出的脉冲数及采样时间有关，在转速恒定的情况下，脉冲编码器每转脉冲数越多、采样时间越长，则测量精度越高。

2. 卷径计算　卷取机控制系统中卷径信号准确与否直接影响张力控制的稳定性和精确度。对于卷取机有下式：

$$v = D\pi n/(60i) \quad (8\text{-}29)$$

式中　v——带钢线速度 (m/s)；

D——卷径 (m)；

n——电动机转速 (r/min)；

i——机械减速比。

卷径计算是通过带钢线速度和电动机实际转速按式 (8-19) 计算得出的，在整个卷取过程中，它是一个积分运算量。因此，在程序中需确定运算周期 t、卷径变化率和卷取时间 T。

(1) 运算周期 t 定义　在最小直径 $D_{min} = D_{core}$ 和最大线速度 v_{max} 情况下，卷筒转一周的时间，为一个运算周期 (s)，即

$$t = \frac{D_{core}\pi}{v_{max}} \quad (8\text{-}30\text{a})$$

(2) 卷径变化率 p　卷径变化率为单位时间内的卷径变化，即

$$p = 2d/t \quad (8\text{-}30\text{b})$$

式中　d——带材厚度，卷取机每转一圈直径的变化量为 $2d$；

t——旋转一周的时间。

(3) 卷取时间 T　带材卷取过程是从卷筒直径 D_{core} 开始到期望的卷径 D_{max} 的过程，由式 (8-30a) 和式 (8-30b)，可得整个卷径积分运算时间为

$$T = \frac{(D_{max} - D_{core})t}{2d} \quad (8\text{-}31)$$

3. 转矩计算　由图 8-12 可知，卷取机转矩设定值由下列部分组成：

(1) 张力力矩在带钢卷取过程中，应使带钢承受一定的张力，张力控制的稳定性和精度对钢卷质量影响很大。其卷取张力设定值取决于上位机给定的卷取单位张力、带钢宽度与厚度，在卷取过程中，根据卷取张力及钢卷卷径变化就可以计算出卷取张力力矩，张力力矩计

算公式如下：

$$F = WHF_0 \tag{8-32}$$

$$T_F = \frac{FD}{2} \tag{8-33}$$

式中　F——卷取带钢张力（N）；
　　　F_0——卷取单位张力（N/mm²）；
　　　W——带钢宽度（mm）；
　　　H——带钢厚度（mm）；
　　　D——钢卷直径（mm）；
　　　T_F——卷取张力力矩（N·m）。

(2) 惯性力矩补偿　在材料线速度恒定条件下，随着卷径的变化使卷取机卷筒转速随卷径变化，为保证恒定的张力，必须根据卷筒连同钢卷自身转动惯量进行惯性力矩补偿。而在带钢卷取过程中，卷筒和钢卷总的飞轮力矩 GD^2 随钢卷直径的增大而增大，GD^2 变化及惯性力矩补偿计算公式如下：

$$GD^2 = GD_0^2 + \frac{\pi}{8}\rho W(D^4 - D_0^4) \tag{8-34}$$

$$T_I = \frac{GD^2}{375\pi D} \cdot \frac{dv}{dt} \tag{8-35}$$

式中　GD^2——全部飞轮力矩；
　　　GD_0^2——固定部分的飞轮力矩（卷筒部分）；
　　　D_0——钢卷内径；
　　　ρ——钢的密度，$\rho = 7.8 \times 10^3 \text{kg/m}^3$；
　　　W——带钢宽度；
　　　v——轧制线速度；
　　　n——卷筒电动机转速。

(3) 带钢弯曲力矩补偿　带钢弯曲力矩占电动机转矩的一定比重，它与带钢厚度的二次方、带钢宽度、带钢屈服强度成正比，带钢屈服强度与钢种、带钢材质有关。带钢弯曲力矩补偿量可按下式计算：

$$T_B = \frac{W}{4}H^2\delta_y \times 10^{-3} \tag{8-36}$$

式中　δ_y——带钢屈服强度（N/mm²）；
　　　H——带钢厚度（mm）；
　　　W——带量宽度（mm）；
　　　T_B——弯曲力矩（N·m）。

(4) 摩擦力矩补偿　该补偿值是用于修正卷筒驱动电动机到卷筒之间的机械损耗，摩擦力矩补偿量是和速度相关的，除减速比大的卷取机系统，摩擦力矩主要取决于减速机的温度。较高的卷取速度，在某种程度上多少要导致减速箱的温度升高，这一温度升高将产生不同的摩擦力矩，对于间接张力控制系统，设计一个和速度相关的摩擦力矩特性，有利于提高卷取机的力矩补偿。摩擦力矩补偿值太高，将导致带钢的松弛，一般补偿量为电动机额定转矩的2%以下。卷取机力矩计算原理框图见图8-12。

综上所述，对于工程应用的典型配置，张力控制和转矩控制是靠工艺摸板来实现的，所得的电枢电流或转矩计算值，作为传动装置闭环控制的设定值。

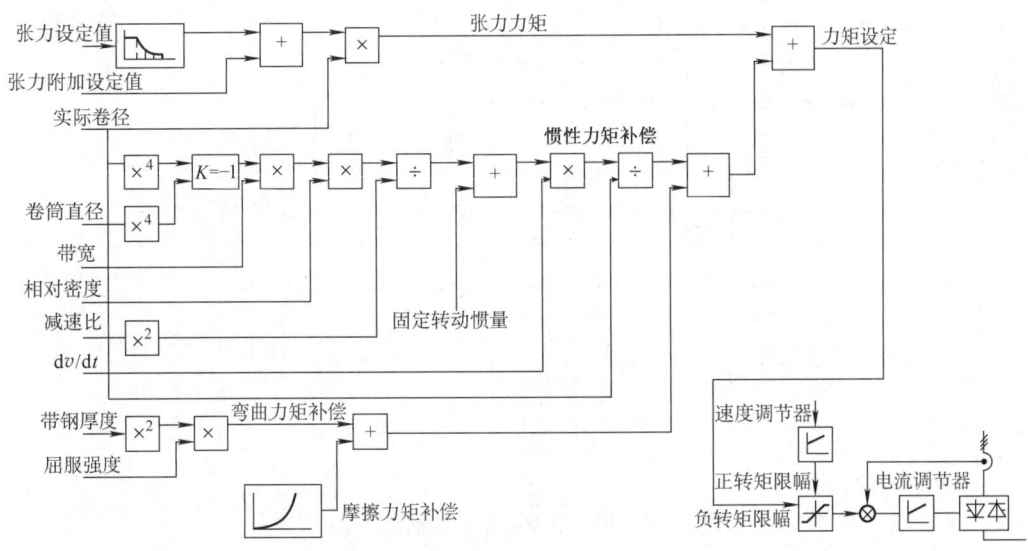

图 8-12 卷取机力矩计算原理框图

8.3 起停式飞剪的快速起停控制系统

在热连轧机或棒、线材生产线中的飞剪设备，主要用于对轧件进行切头、切尾和定长剪切，是对运动的工件实施剪切的设备。其中，起停式飞剪的电动机和剪刃之间为直接固定连接或通过减速箱固定连接。不剪切时，电动机处于停止状态，当需要剪切时，电机快速起动，并在剪刃旋转的区间内，使剪刃线速度达到与工件同步，然后实施剪切。在剪切后，电动机进行快速制动定位，返回原点停止，并准备下一次剪切。由于飞剪的特殊工艺要求，使电动机经常处于起动和制动、反转工作状态。每小时接通次数可达几百次，且电动机经常过载，故这类生产机械对调速系统的要求是，尽量缩短起动、制动时间，以保证系统的快速性，因此把这类调速系统称为快速起停控制系统。

8.3.1 飞剪控制系统的组成

起停式飞剪机、热金属检测器及脉冲编码器的组成和布置见图 8-13。其控制系统框图见图 8-14（图中飞剪机具有减速箱）。如果飞剪机构与驱动电动机间无减速箱，则不需要编码器 P1，用飞剪驱动电动机 M1 轴上的测速编码器兼作剪刃位置检测用，热金属检测器 H1 用于检测轧件的头尾位置。

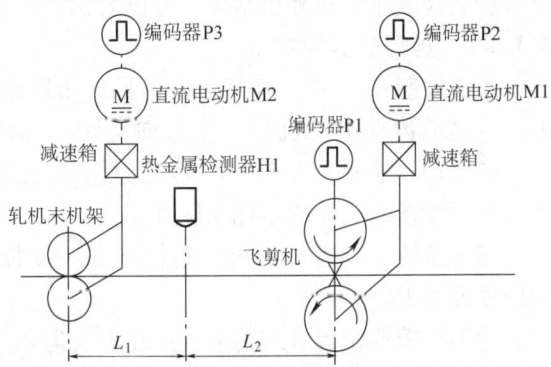

图 8-13 飞剪控制系统检测器布置示意图
M1—飞剪电动机　M2—末机架电动机　H1—热金属检测器
P1—剪刃位置检测编码器（传动减速箱后）　P2—飞剪电动机 M1 测速编码器　P3—末机架电动机 M2 测速及定长检测编码器　L_1—连轧机末机架到热金属检测器 H1 的距离
L_2—热金属检测器 H1 到飞剪机的距离

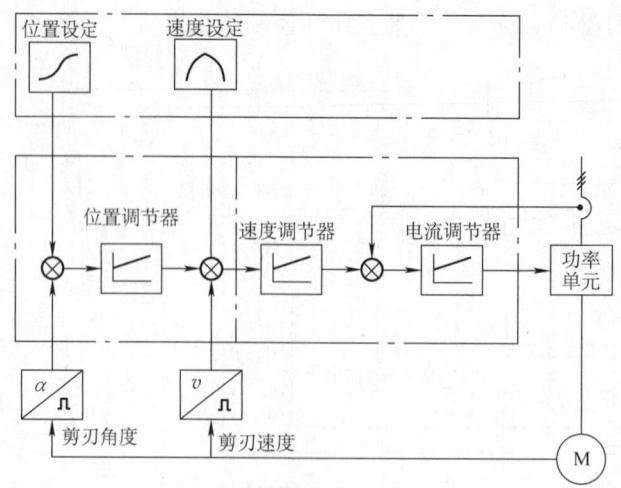

图 8-14 飞剪控制系统框图

8.3.2 剪刃位置控制和对飞剪工艺要求

8.3.2.1 剪切工艺对飞剪的基本要求

（1）在剪切轧件时，飞剪剪刃在轧件运动方向的分速度 v_X 应该与轧件运动速度 v_0 相等或稍大，$v_x = (1 \sim 1.03)v_0$，即应以同步速度进行剪切。若 $v_X < v_0$，则剪刃将阻挡轧件前进，造成轧件弯曲甚至轧件缠刀事故。若 v_X 比 v_0 大得多，剪刃将使轧件产生较大的拉应力，影响轧件的剪切质量，同时增加飞剪的冲击负载。

（2）能剪切不同规格和不同定尺长度的产品，且能满足定尺长度精度和剪切断面质量的要求。

（3）能满足轧机和机组生产率的要求。

8.3.2.2 剪刃位置控制

飞剪控制系统中，剪刃的位置是用角度来表示的，剪刃的位置是随传动电动机按一个方向旋转，旋转一周为360°，剪刃的运动轨迹见图 8-15。0°是在剪切范围的中心线上。用剪刃位置测量编码器的零标志脉冲复位。

飞剪系统主要进行剪刃位置控制和速度控制，剪刃位置和速度曲线见图 8-16。

剪刃从等待位置 A_Z 加速至剪刃切入角 A_Y 的位置，为剪切过程的加速区（$v_{飞剪} < v_{轧件}$），到达剪切范围后稳速运行，剪切过程进入同步区，此时剪刃速度和轧件速度同步或剪刃速度略高于轧件 δ（0~3%）值，实施剪切。并且剪刃继续稳速运行，直到剪刃到达剪出角 A_X 后完成全部剪切过程，开始减速，并执行剪刃自动定位控制，直至停止在等待位置，准备下一次剪切。

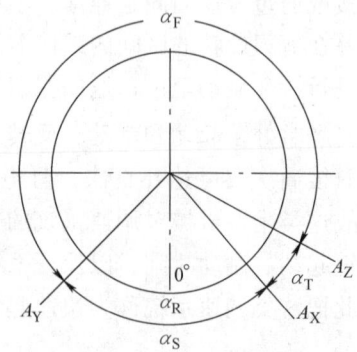

图 8-15 飞剪机剪刃轨迹图

A_Y—剪刃切入角，剪刃与轧件相碰并开始执行剪切过程的起点 A_X—剪刃切出角，剪刃完全脱离轧件而剪切过程结束的终点 A_Z—剪刃等待位置，剪刃定位 α_S—剪刃与轧件同步范围（$v_S = v_{轧件}$） α_T—剪刃位置控制过程 α_F—剪刃加速过程

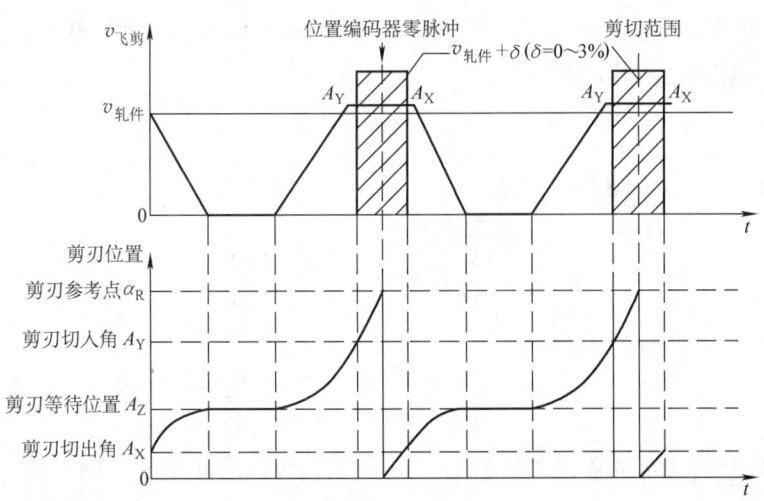

图 8-16 剪刃位置和速度曲线

8.3.2.3 长度控制和头部跟踪

如上所述，在剪切过程中，一方面按图 8-15 所示那样，剪刃做匀加速圆周运动，并对剪切进行位置控制，另一方面在生产过程中，生产的工件（材料）作匀速运动，电控系统随时对材料的头部进行位置跟踪，以得到精确的剪头和倍尺的长度控制，剪刃位置和材料跟踪示意见图 8-17。

在 8-17 图中，A、B 为材料移动线速度 v_S 和头部位置探测，以及长度测量脉冲当量校验所必需设置传感器（热金属检测器 HMD1 和 HMD2 见图 8-17）的安装位置，D 和 E 点分别为飞剪剪刃中心线和剪切完了的材料头部位置，D 和 E 两点间的线段 L_H 是需要的剪切长度。跟踪控制的主要目标在于：依据工艺参数 v_S（材料直线移动速度）、a_m（飞剪机剪刃加速度）、S（剪切周期内剪刃由 P_a 至 P_s 移动的弧长），确定执行剪切命令的材料头部位置 P。在执行跟踪过程中，一旦确认材料头部达到空间点 P 时，再经过延时时间（$\Delta t = L_H/v_S$；L_H 为规定的头部长度或定尺长度），对飞剪传动装置发出起动指令。传动系统则以最大加速度 a_m 加速剪刃，直至剪切同步速 $v_m = K_1 V_S$（$K_1 = 1.0 \sim 1.03$），使剪切完的材料头部正好处于空间点 E 的位置，以达到飞剪剪刃中心线 D 和预期的头部位置 E 之间为头部或定尺的材料长度，形成最佳剪切过程。其中，最佳剪切跟踪位置 P 按 $DP = L_s$ 头部跟踪的初始长度按下式确定：

$$L_S = DP = v_S(t_1 + t_2) = v_S \cdot \Sigma t \quad (\Sigma t = t_1 + t_2) \tag{8-37}$$

式中 v_S——材料移动线速度（可由 A、B 两点间距离和时间间隔确定）；

        t_1——剪刃由等待位置 P_a 起动，并以恒定加速度 a_m 升速至剪切同步速 $v_m = K_1 v_S$（超速系数 $K_1 = 1.0 \sim 1.03$）的加速时间

$$t_1 = \frac{K_1 v_S}{a_m}$$

        t_2——剪刃以剪切同步速 $K_1 v_S$（$K_1 = 1.0 \sim 1.03$）做匀速圆周运动，并接触材料执行剪切直至剪刃达到 P_s 点剪切完的匀速运动时间；

式中 a_m——剪机剪刃的加速度；

      v_S——工件直线移动速度；

$$t_2 = \frac{(S - S_X)}{K_1 v_S} \tag{8-38}$$

式中 S——由剪刃等待位置 P_a 至剪切位置 P_s 两点间在旋转方向上的弧线长；

S_X——剪刃加速过程移动的弧长；

$$S_X = \frac{(K_1 v_S)^2}{2a_m} \tag{8-39}$$

把式（8-39）代入式（8-38），得：

$$t_2 = \frac{S - \frac{(K_1 v_S)^2}{2a_m}}{K_1 v_S} = \frac{S}{K_1 v_S} - \frac{K_1 v_S}{2a_m} \tag{8-40}$$

则

$$\Sigma t = t_1 + t_2 = \frac{K_1 v_S}{a_m} + \frac{S}{K v_S} - \frac{K_1 v_S}{2a_m} \tag{8-41}$$

在 Σt 时间内材料头部的移动距离为图 8-17 所示斜线区的面积 S_a，则

$$\overline{PD} = v_S \Sigma t = v_S \left(\frac{K_1 v_S}{a_m} + \frac{S}{K v_S} - \frac{K_1 v_S}{2a_m} \right) = v_S \left(\frac{S}{K v_S} + \frac{K_1 v_S}{2a_m} \right) \tag{8-42}$$

将 $S_X = (K_1 v_S)^2 / (2a_m)$ 代入上式，得

$$\overline{PD} = \frac{(S + S_X)}{K_1} \tag{8-43}$$

在工程实践上，希望能做到 $\overline{PD}$ 是个只取决于飞剪机构，而与生产工艺变量 v_S、a_m、K_1 无关的恒定值，以便在 P 点设置传感器，对头部位置校正。但采用这种定位跟踪办法，由于参考点 P 随工艺参数存在微小的变化而带来剪切误差，因而精确剪切应当进行修正（详见 8.3.2.4 节）。但是，由于存在下列误差：

（1）材料位移线速度 v_S 测量不正确，或计算材料位移的脉冲当量存在误差；

（2）用于材料头部跟踪及发出飞剪剪刃起动指令的 P 点，空间位置设置不正确；

（3）剪刃等待 P_a 由于位置控制精度产生误差；

（4）传动控制系统的动态响应不理想，造成剪刃速度特性或加速度 $a \neq a_m$，造成 Σt 计算产生误差。进一步

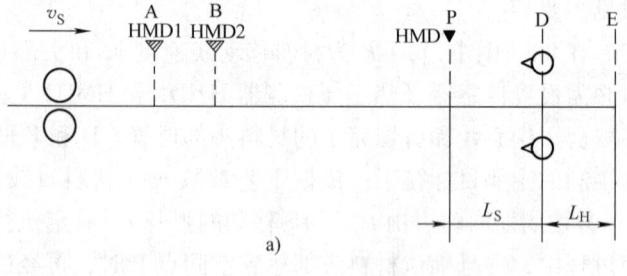
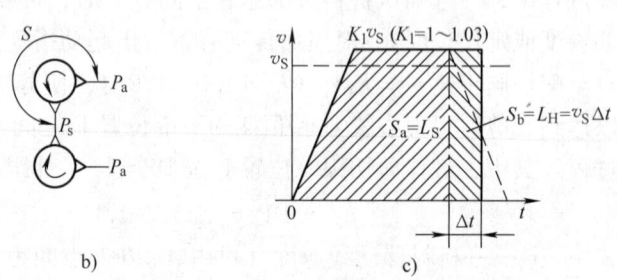

图 8-17 剪刃位置和材料跟踪示意图
a) 材料跟踪 b) 剪刃位置 c) 剪刃加速曲线
P_a—剪刃等待位置 P_s—剪刃剪切位置 L_s—剪刃在一个剪切周期内
（由 P_a 至 P_s）材料移动的直线距离 $L_s = v_S L - S/K_1 v_S + K_1 v_S/(2a_m)$
v_S—材料线速度 S—剪刃一个剪切周期内由（P_a 至 P_s）移动弧长
Δt—材料头部达到 P 点后的剪切延迟时间，$\Delta t = L_H / v_S$

提高精度和改善控制性能，需对上述跟踪控制进行补偿和修正，因而实际的飞剪控制需要配合上位系统（如上位 PLC）或配置专用工艺控制板及相应飞剪剪切软件（如西门子公司的 T400 及功能软件等）。

8.3.3 起停式飞剪的快速响应和起停控制

8.3.3.1 起动过程

为使系统的起动时间短，必须利用电动机的过载能力，使系统在允许的最大动态转矩下加速，电动机在最短的时间内达到所需要的转速变化，剪刃尽快起动到剪刃同步速度。

由电动机运动方程式

$$\frac{GD^2}{375} \cdot \frac{dn}{dt} = T - T_Z = T_A \tag{8-44}$$

式中 T——电动机转矩，$T = C_T \Phi I$；
T_Z——负载转矩；
T_A——电动机加速转矩。

上式中，当负载转矩为恒值、电动机以最大转矩 $T = T_{max}$ 起动时，其加速度 a_m 为常数，它可以加快起动过程。此即最佳起动过程，此时电动机转速为

$$n = K(I_{max} - I_Z)t$$

式中 I_{max}——电动机最大过载电流；
I_Z——负载电流；
t——加速运动时间。

当转速达到稳定速度时，立即停止加速，要求电动机电流从 I_{max} 下降到 I_Z，以使最大加速转矩 $T_A = 0$。起动过程剪刃的加速过程和加速转矩 T_A 和剪切精度密切相关（见 8.3.2 节），因而希望传动系统具备良好的快速性，并限制起动过程的超调以及振荡。

8.3.3.2 最佳制动过程

当系统制动时，为使制动过程短，应使电动机有足够的制动转矩，即电动机的反向电流最大，且在整个制动过程中不变，

$$\frac{GD^2}{375} \cdot \frac{dn}{dt} = -(T - T_Z) \tag{8-45}$$

式中 T——电动机制动转矩；
T_Z——负载转矩。

在制动过程中，电动机的反向电流达到最大并保持不变时，电动机减速度为常数，这个过程就是最佳制动过程。

当电动机转速降为零时，应立即停止减速，使 $dn/dt = 0$，电动机电枢电流应立即从反向最大值变到零，从而去掉制动转矩，制动过程中，剪刃位置跟踪控制环节。通过位置闭环调节器，依据在飞剪机轴上安装的脉冲位置编码器不断地跟随剪切位置实际值进行定位控制，使剪刃正确停止在等待位置或设置的死区范围内。

8.3.4 实现更高控制功能的其他方法

飞剪控制系统除传动装置外，还需配置带剪切软件的工艺板或可编程序控制器，来完成定长，实现更高控制功能的剪切和位置控制。控制系统采用脉冲编码器作为传动控制系统的速度反馈及剪刃的位置检测，可提高系统的控制精度。

飞剪设备按工艺要求有两类，切头剪和倍尺剪。

1. 切头剪的主要功能和实现方法　根据剪刃的定位控制，以及不同剪切工作制下的长度

计算、剪切长度校验。控制系统通过通信输入基准机架的速度，给出有关剪切轧件的速度和距离，在金属检测器检测到工件头部时开始执行切头动作，或者根据后机架的故障，进行碎断剪切。

切头时，在达到剪切参考点，预留出要求剪切的长度，开始起动带动剪子加速。在接触轧件之前保证剪刃达到或超过轧件的线速度，实现剪切功能。

在剪切完成后，利用脉冲编码器使剪子制动并停止在等待位置相对死区内。

控制功能包括：

（1）切头　这是从金属探测器探测到轧件头部后起动的剪切，剪切掉轧件的头部。

（2）切尾　这是从金属探测器探测到轧件尾部起动的剪切，剪切掉轧件的尾部。

2. 倍尺剪的主要功能和实现方法

（1）剪切长度控制　用以实现剪刃的定位控制，以及不同剪切情况下的长度计算、剪切长度校验。控制系统通过通信得到基准机架的速度，以及有关剪切轧件的速度和距离，由金属检测器检测到轧件头部开始计算长度。通过飞剪后的热金属检测器，校验已收到的轧件速度，重新计算剪切延时，剪切延时后，开始起动传动装置，带动剪子根据预设定的斜率加速。通过加速，在接触轧件之前使剪刃达到与轧件一致的线速度，实现固定长度的剪切功能。

（2）长度校验和补偿　剪切过程中，记录行程时间和位置曲线，作为下一剪切的校准值。在剪切完成后，利用一个可变斜率的功能使剪子制动并停止在静止（相对死区内）的位置上，并在下一次剪切前，对死区位置进行补偿。

（3）速度测量　速度和距离值可以从末机架的编码器上来获得，若考虑到拉钢轧制，该值的精度很难掌握。但可以通过一些简单的检测手段来对这些值进行校正。这些值的校正可通过直接测量而获得，该测量是通过安装在已知距离处的检测器进行的。

（4）丢钢保护功能　在正常情况下，倍尺飞剪按设定长度进行剪切；但在尾部（及最后一剪）时，为防止堵钢，在长度不允许的前提下，可由上位机进行最后一剪的特殊长度设定，可不进行剪切或完成提前剪切。

（5）长度测量　速度和距离值可以从基准机架的编码器上来获得，若考虑到拉钢轧制，该值的精度很难掌握。但可以通过一些简单的检测手段来对这些值进行校正。这些值的校正可通过直接测量而获得，该测量是通过安装在已知距离处的检测器进行的。

（6）用户接口　接口完全由人机接口的显示画面来完成，它是总系统的一部分。提供存储的画面（有多级保护），可设置剪切长度、剪刃的直径和显示数据等。

8.4　轧钢机压下的位置控制系统

8.4.1　位置控制系统的基本组成

在电气传动控制系统中，有许多机械要求进行位置控制。例如轧钢机的压下装置及其他辅助设备的定位、剪切机被切材料的长度控制、炉卷轧机的钳口定位、板材处理线焊缝位置控制、数控机床的定位控制等。要实现这些较高精度的位置控制，必须采用位置反馈控制方法，现以轧机压下系统为例来说明它的组成和结构。位置控制系统的基本结构见图8-18。

在压下位置控制过程中，压下位置的设定值可以在操作台的上位机人工设定，也可以根

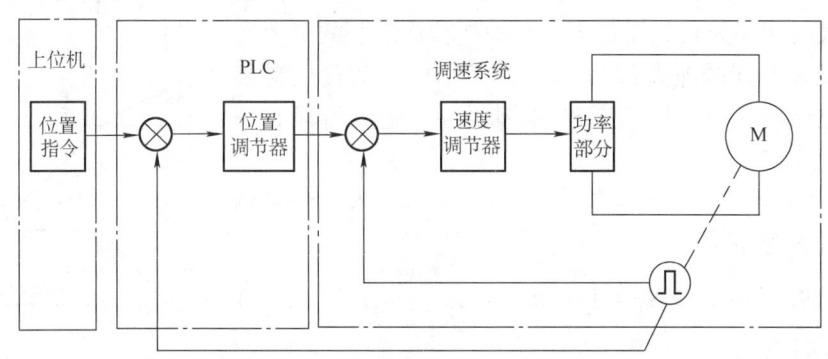

图 8-18　速度系统加位置环组成的位置控制系统

据轧制工艺自动设定。由于压下装置是通过电动机来传动的,所以压下位置可以借助装在电动机同轴的脉冲编码器来检测。压下的实际位置便可以通过 PLC（可编程序控制器）进行采集。PLC 依据程序内的控制算法（见 8.4.2 节）计算并实现能最短时间把被控压下螺杆移动到设定位置,电动机应该具有的最佳速度设置信号,然后将此控制信号送到传动系统的速度控制装置中,PLC 的控制算法能保证在被控制的压下螺杆接近位置设定值的过程中,按照一定规律发出速度控制信号。当位置进入规定的精度范围后,将控制信号取消。

这种位置控制系统可以看成是在调速系统的外面再加一个位置环。图 8-18 便可概括出具有普遍性的位置自动控制系统的结构,在位置控制过程中,控制对象的位置信号,可以通过位置检测装置和过程检测装置反馈到 PLC 中去,与上位机给定的位置目标值进行比较,然后根据偏差信号的大小,由 PLC 给出速度控制信号,通过速度调节器去驱动电动机,实现闭环位置调节。

8.4.2　位置控制规律和理想定位过程的控制算法

1. 位置控制的基本原理　为了准确地进行位置控制,一般对位置自动控制有以下几点要求:

(1) 电动机转矩不得超过电动机和机械系统的最大允许转矩;
(2) 能在最短时间里完成定位动作,并且定位符合规定的精度要求;
(3) 在控制过程中不应产生超调现象,并且系统应稳定;
(4) 由于 PLC 是通过软件进行控制的,所以还要求控制算法简单。

为了满足上述要求,必须按以下所述的最佳控制曲线进行控制。

2. 轧钢机压下的检测方法　通常采用脉冲编码器来实现。

脉冲编码器从结构上可分为接触式和非接触式,从原理上分为增量和绝对值两种类型。

(1) 增量编码器　每转动一圈,可以提供一定数量的脉冲信号,周期性地测量单位时间内的脉冲数,可以用来测量移动物体的速度。如果某个参考点后面脉冲数被累加,计数值就代表了被测物体相对参考点的转动角度或行程。

(2) 绝对值编码器　它不产生脉冲,而是一串数据链。一个非常简单的方法是直接从编码器上读取轴的位置。为每个轴的位置提供独一无二的编码数字值。在定位控制应用中,减轻了接收设备的计算任务。

3. 理想定位过程 图 8-19 是理想定位过程图，设位置偏差为 S，位置的初始偏差为 S_0，被控对象最大线速度为 v_m，受最大允许动态转矩限制的最大允许加速度和最大允许减速度都为 a_m。为了尽快地消除位置偏差，就应使电动机以最大加速度 a_m 起动。在加速度阶段有下列关系：

$$v = a_m t \tag{8-46}$$

则位置偏差量 S 为

$$S = S_0 - \int_0^t v \mathrm{d}t = S_0 - \int_0^t a_m t \mathrm{d}t = S_0 - \frac{1}{2} a_m t^2 \tag{8-47}$$

于是到达 v_m 的时间 t_1 为

$$t_1 = v_m / a_m \tag{8-48}$$

将式（8-48）代入式（8-47），则此时的位置偏差值为

$$S = S_0 - \frac{v_m^2}{2 a_m} \tag{8-49}$$

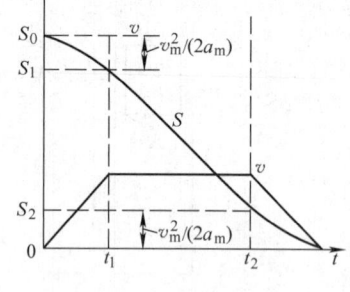

图 8-19 理想定位过程

式中的 $v_m^2 /(2 a_m)$ 是在加速阶段移动的距离，见图 8-19。由于此时还未达到所要求的设定位置（即偏差 $S>0$），因此还需以最大速度 v_m 继续移动。到什么时间进行减速，这是一个关键问题。要处理好减速时间，必须综合考虑以使得定位时间最短，且定位准确。一般是采用最大允许加速度和最大允许减速度相等的原则，因此在减速阶段移动的距离正好等于加速阶段移动的距离。如果在 $S_2 = v_m^2 /(2 a_m)$ 处开始以最大允许减速度 a_m 开始减速，那么速度减到零时，必定到达所要求的设定位置，即 $S=0$。

从以上的分析看出，图 8-19 所示的理想定位过程可以分为三个阶段：开始以最大加速度 a_m 加速到 $v = v_m$；然后维持 $v = v_m$ 运行到 $S_2 = v_m^2 /(2 a_m)$；最后从 $S_2 = v_m^2 /(2 a_m)$ 处开始，以最大减速度 a_m 减速，直到 $v = 0$，$S = 0$。

从理论上说，这种定位过程能在最短时间内完成定位，但是实际上定位过程经常受到采样控制和传动装置滞后的影响。另外，在位置偏差很小的情况下，要实现图 8-20 所示的理想减速过程所需系统的开环放大系数很大，故此理想定位过程是很难实现的。

4. 减速过程的控制曲线 由于图 8-20 所示的理想 $v = f(s)$ 曲线很难实现，为此可将减速过程的 $v = f(s)$ 曲线设计成图 8-21 所示的整个减速段 $v = KS$ 或图 8-22 所示的部分减速段 $v = kS$ 两类曲线。K 为常数，K 值要凭经验预选，在调试中修正。K 值选得过大，将超出系统的制动能力，K 值越小，定位易准确，但时间加长。

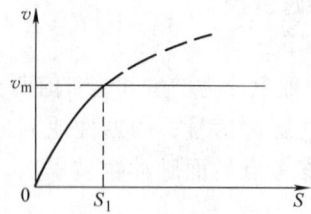

图 8-20 理想减速过程的 $v = f(S)$ 曲线

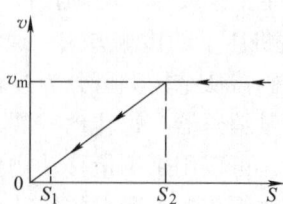

图 8-21 $v = kS$ 减速曲线

对于一个确定的传动系统，其最大速度和最大加速度都是确定的。

当 k 值预选后，应判断在此过程中系统的最大减速度 a_m'，若它小于系统实际允许的最大减速度 a_m，就可按图 8-21 控制。若 $a_m' > a_m$，则应按图 8-22 控制。

减速过程中

$$v = kS \qquad (8-50)$$
$$k = dv/dt = \text{const} \qquad (8-51)$$

减速度 $a' = -dv/dt = -kds/dt = -kv$

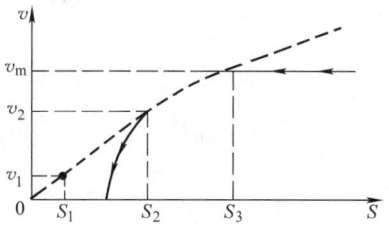

图 8-22　局部 $v = kS$ 减速曲线

当系统最大速度已定为 $v = v_m$，则

$$a_m' = kv_m \qquad (8-52)$$

将预选的 a_m' 与实际允许的 a_m 比较，若 $a_m' \leq a_m$，可按图 8-21 控制。S_2 为开始减速的切换点坐标，S_1 为定位精度。由 S_2 到 S_1 的轨迹方程为

$$v = kS \qquad (8-53)$$

切换点坐标值为

$$S_2 = v_m/k, v_2 = v_m \qquad (8-54)$$

由 S_2 到 S_1 的减速时间

$$t_{减} = \frac{1}{k}\ln\frac{v_m}{kS} \qquad (8-55)$$

例如，某轧机压下螺杆系统的 $v_m = 1\text{mm/s}$，$a_m = 2\text{mm/s}^2$。若取 $k = 1\text{s}^{-1}$，定位精度 $S_1 \leq 0.01\text{mm}$，则

$$a_m' = kv_m = 1\text{mm/s}^2$$

因 $a_m' \leq a_m$，可按图 8-21 控制，则制动开始点坐标为

$$S_2 = v_m/k = 1\text{mm}$$

由 S_2 到 S_1 的减速时间为

$$t_{减} = \frac{1}{k}\ln\frac{v_m}{kS} = 1 \times \ln\frac{1}{0.01}\text{s} = 4.6\text{s}$$

若取 $k = 2\text{s}^{-1}$，$S_1 = 0.01\text{mm}$，$a_m' = kv_m = 2\text{mm/s}^2$（$= a_m$），并仍按图 8-21 控制，则

$$S_2 = v_m/k = 0.5\text{mm}$$

$$t_{减} = \frac{1}{k}\ln\frac{v_m}{kS_1} = \frac{1}{2}\ln\frac{1}{2 \times 0.01}\text{s} = 1.95\text{s}$$

若取 $k = 3\text{s}^{-1}$，$S_1 = 0.01\text{mm}$，则

$$a_m' = kv_m = 3\text{mm/s}^2 > a_m$$

这时应按图 8-22 和图 8-23 的方式进行控制，即先以 $v = v_m = 1\text{mm/s}$ 速度移到 S_3，得

$$S_3 = \frac{v_m^2}{2a_m} + \frac{a_m}{2k^2} = \left(\frac{1^2}{2 \times 2} + \frac{2}{2 \times 3^2}\right)\text{mm} = 0.36\text{mm}$$

从 S_3 开始以恒定的最大减速度 a_m 制动到 $v = v_2$，$S = S_2$ 处。

$$v_2 = a_m/k = 2/3\text{mm/s} = 0.67\text{mm/s}$$
$$S_2 = a_m/k^2 = 2/3^2\text{mm} = 0.22\text{mm}$$

从 S_2 后按 $v = kS$ 的规律继续制动，直到进入精度范围 S_1。

总的制动减速时间

$$t_{\text{减}} = \frac{1}{a}(v_m - v_2) + \frac{1}{k}\ln\frac{v_2}{kS_1}$$

$$= \left[\frac{1}{2}(1 - 0.67) + \frac{1}{3}\ln\frac{0.67}{3 \times 0.01}\right]s = (0.17 + 1)s$$

$v = f(S)$ 曲线见图 8-23，与之相应的程序框图见图 8-24，与之相应的程序流程见图 8-24。

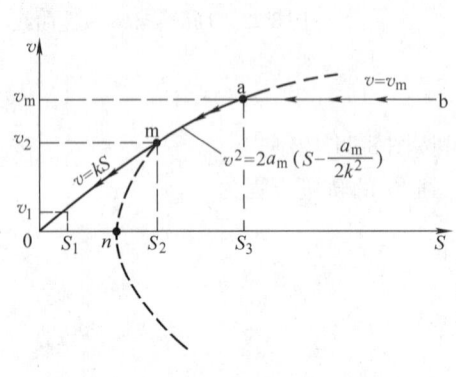

图 8-23　局部 $v = kS$ 减速轨迹

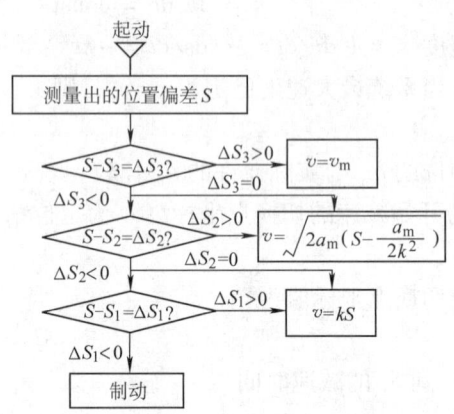

图 8-24　局部 $v = kS$ 减速控制流程

5. 位置控制系统的最佳控制规律　综上分析，位置控制分三个阶段，目的是为了提高定位的快速性、准确性和稳定性。

（1）位置偏差较大时，$|\Delta S| > A$，采取饱和控制，电动机以最大加速度 a_m 加速到 $v = v_m$，并以此速度进行恒速调节。

（2）当位置偏差处于中间区域 $B < |\Delta S| < A$ 时，采用的是二次速降曲线控制，$v = k\sqrt{|\Delta S|}$，k 为二次曲线斜率增益，实时可调，目的在于使电动机以最大允许减速度 a_m 降速。

（3）当位置偏差 $|\Delta S| < B$ 时，将控制信号取消，依靠减速惯性，进入精度区内（$\pm Z_0$），此控制规律，既保证了定位系统的快速性，又保证了其准确性及稳定性，是位置控制系统的最佳控制规律，见图 8-25。

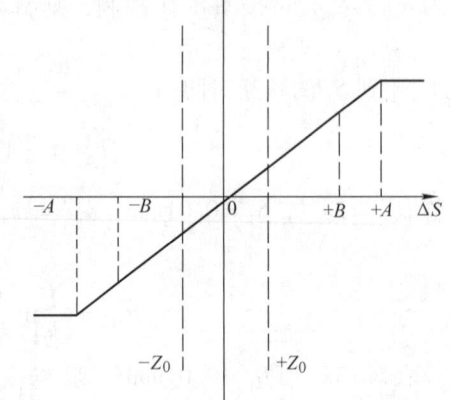

图 8-25　位置控制规律

8.5　双电枢及多电动机传动控制系统

在许多生产线上，为了减小机械设备的转动惯量，经常采用两台或多台电动机同轴驱动一台机械设备，例如，钢铁、铜、铝冷轧机的主轧机和卷取机设备，高速线材的精轧机等。也有一些场合，由多台电动机实现某一设备的同步升降控制，例如升船机控制系统。

多台电动机传动需要解决的问题是速度同步控制和力矩均衡控制。

8.5.1 双电枢或同轴串联的双电动机传动控制系统

多电动机传动系统和单电动机传动系统的区别在于，多台电动机通过机械轴刚性连接，每台电动机的转速相同，因而控制系统不是完全独立的，而是相互关联的。如果作为传动的每台电动机都作为独立的速度控制考虑，必然造成每台电动机转矩很难保证均衡一致，况且在某些特殊的场合（如轧机控制设备），电动机同轴连接，经过减速箱后连接轧辊，作为速度反馈用的脉冲编码器无法安装在每台电动机上。在这种情况下，既要保证整个系统速度得到控制，又要保证每台电动机负载的均衡性，控制系统在结构上普遍采用一个速度环和多个电流环的主从控制方案。

以轧机传动系统为例，系统结构框图见图8-26。

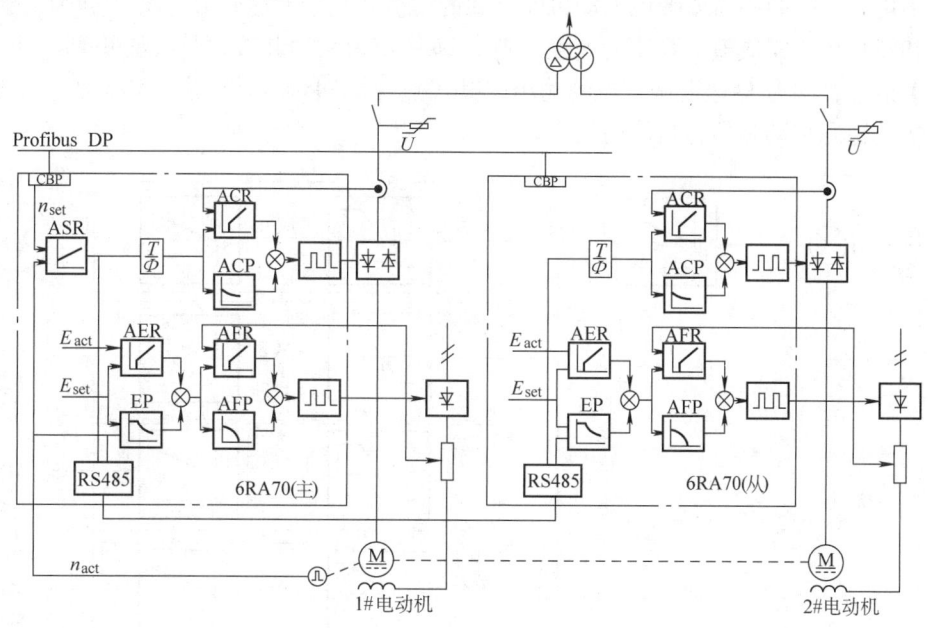

图 8-26　同轴串联双电机传动系统框图

ASR—速度调节器　n_{set}—速度给定值　n_{act}—速度实际值　ACR—电枢电流调节器　AFR—励磁电流调节器　AFP—励磁电流预控单元　AER—电动势调节器　EP—电动势预控单元　ACP—电枢电流预控单元

1. **速度给定和控制指令**　两台电动机同轴机械连接，为了保证两台电动机运转的一致性，控制系统必须保证同时起动、制动和停止。因此，在控制两台电动机的控制装置上都配有CBP通信板。通信板和PLC之间通过 Profibus DP 网进行数据通信。PLC 同时给主从系统发出起动和停车指令。但速度指令只发送给主系统。

2. **主从控制**　两台电动机的励磁控制、电动势控制和电流控制都是独立的，把其中接有速度脉冲编码器的系统称为主系统，另一个系统则称为从系统。两台电动机的速度控制由主系统完成，它是一个电流、速度双闭环控制系统；把主系统速度调节器的输出信号，即力矩给定信号送给从系统，以完成对从系统的电流闭环控制。同时把主系统的速度实际值信号送给从系统，供电动势调节用，从而避免从系统过电压并进行非独立弱磁控制。

3. **装置对装置通信**　要实现主从控制系统的信号传递，利用串行通信接口，通过装置对装置协议,系统中的信号可以从一台装置以完全数字的形式传送到另一台装置。

8.5.2 同轴多台电动机传动控制系统

以升船机为例,系统结构见图8-27。

升船机主传动系统为多台电动机传动,是用四台电动机传动承船厢升降运行。每台电动机经过各自的减速机带动卷筒,通过钢丝绳提升、下放船厢。该系统速度采用机械同步,如果各电动机转速出现差异,则由机械轴强迫同步。由于升船机尺寸较大,机械轴长,容易引起速度波动,影响平稳升降。运行中,尽可能控制电动机电气同步。减速箱的机械间隙和同步轴联轴器中的间隙也是引起速度波动的原因之一。另一方面,尽管承船厢是对称分布负载结构,但隐含着不对称因素,如制造和安装精度及电动机传动、减速结构参数差异,使各悬吊点负载不均衡,控制中需要考虑电动机间负载的均衡。基于上述要求,规定1#为主动装置,有速度环和转矩环,完成整个系统的速度控制;2#~4#为从动装置,只有转矩环。四个转矩环共用一个给定,均为1#速度调节器的输出,其优点保证四台电动机出力均衡,由于转矩环响应速度快,稳态和动态的力矩均衡效果好。

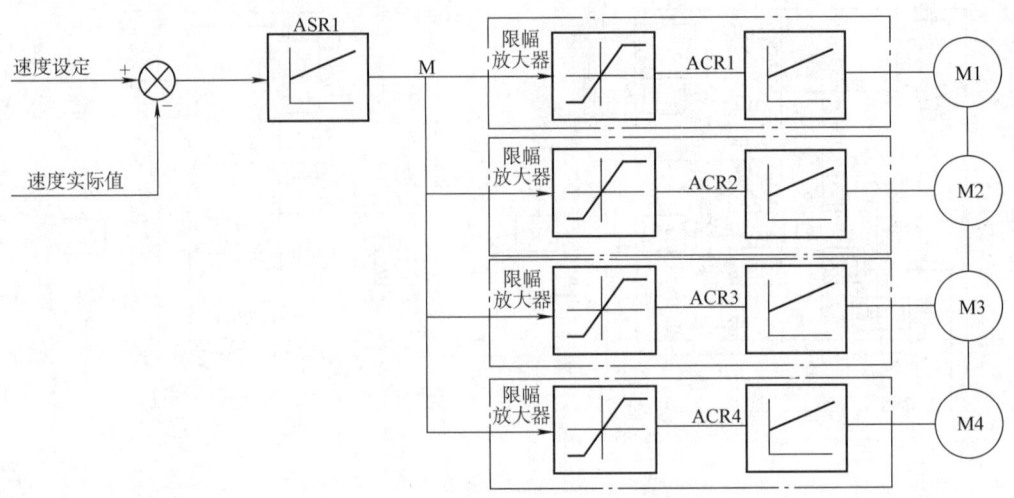

图8-27 多台电动机控制系统框图

8.6 多点传动电气同步控制系统

多点传动系统是属于处于同一生产过程的各个机械要求保持电气同步。在许多生产线上,诸如造纸机上的网部、压榨、烘干、压光和卷取;板带处理线上的 S 辊;粗轧机的上下辊传动,除了要具备速度协调和稳速的性能外,尚需满足各个电动机负载分配均衡一致的要求。

按照机械连接方式的不同,负载平衡的实现方法常有如下几种。

8.6.1 多点传动系统电动机电枢串联与并联

多台电动机串联方法用于多点传动中,只有两台型号、规格相同电动机并要求负载在两台电动机间平均分配的场合。其电气原理图见图8-28。

两台电动机共用一台调速装置,由于电枢串联,所以两台电动机的电枢电流是相同的。

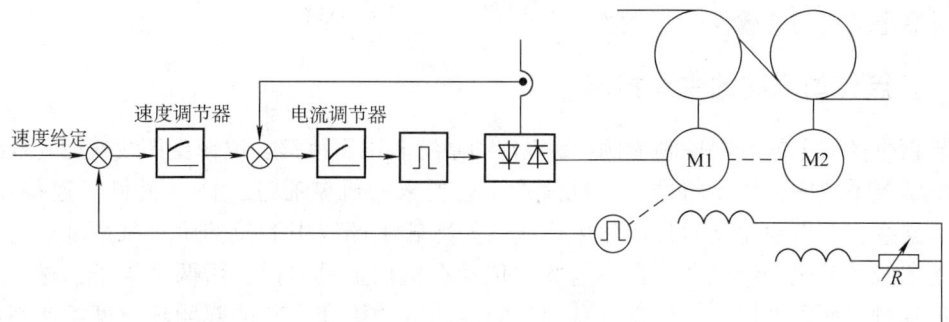

图 8-28 用电枢串联实现负载平衡框图

若两台电动机的励磁磁通相同,则两台电动机的转矩相等,即

$$T_1 = C_T\Phi_1 I_M = C_T\Phi_2 I_M = T_2$$
$$T_1 = C_{T1} I_M = C_{T2} I_M = T_2$$

由于 $T_1 + T_2 = T$,所以

$$T_1 = T_2 = T/2$$

两台电动机的负载转矩是相等的,并均分负载。

由于两台传动电动机不是通过机械同轴连接的,而是通过电气控制保持同步,并达到相互协调的调节性能,因而要平衡两台电动机的电枢电压或负载转矩,须适当配量电动机 M_2 励磁绕组的串联电阻 R。

这种负载平衡方案的优点是:控制系统简单,并能达到在全部调速范围内负载分配大体上是均匀的;但它的稳速精度与负载控制的精度有限。其缺点是,当电动机多于两台或容量不等时,由于不能实现电枢串联,故难以实现。

对于电动机电枢的并联,当传动电动机多于两个且容量不等时,则可以用电动机并联方法实现。其传动原理框图见图 8-29。

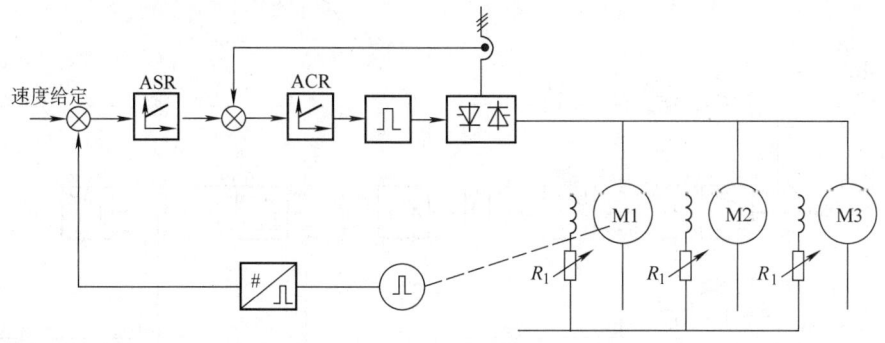

图 8-29 用电枢并联实现负载平衡框图

M1、M2 和 M3 均由同一台晶闸管装置并联供电,M1、M2 和 M3 的负载平衡通过调整磁场变阻器 R_1、R_2 和 R_3 来实现。

电动机转速方程为

$$n = \frac{U_d}{C_e\Phi} - \frac{IR}{C_e\Phi} = n_0 - \Delta n$$

若几台电动机的型号、特性完全相同,则 $\Delta n_1 = \Delta n_2 = \Delta n_3$

$$n_{01} = n_{02} = n_{03}$$

即三台并联电动机的负载各占三分之一。

8.6.2 多点传动系统的主从控制

以轧钢生产线上的 S 辊控制为例，S 辊传动系统多用于镀锌、镀锡生产线或冷轧板生产中的连续酸洗线系统中，用于将两个不同生产工艺要求的机械通过工件（材料）连接在一起，形成具有连续生产作业功能的自动化生产线，如冷轧生产线中的拉伸矫直机系统。它由两组或更多的 S 辊传动机构组成，通常一组 S 辊传动在机构上具有前、后两个辊子，材料从两个辊子之间穿过，而两个辊子又具有各自独立的传动电动机和完整的双闭环速度控制系统，见图 8-30。由于辊与辊之间材料的存在，因而要求两辊传动的电气系统应该具有电气同步，以维持在控制过程中，两辊间的材料不受前后方向上的拉力，达到入口和出口的线速度一致。通常，这种非机械同步方式的多点传动系统，采用主从控制方式，见图 8-30。当电气同步时，两者都处于速度控制状态，采用接受统一的速度设定值 n，两套系统具有独立的脉冲速度编码器，检测各自的速度实际值并作用到相应的速度调节器 ASR，实现高精度速度反馈控制，达到前、后辊间的电气同步（主要用于系统爬行或点动传动工作制），速度调节器不允许饱和。在工作条件下，系统转为主从控制，主系统速度调节器的输出为各自的电枢电流或转矩设定值，当系统作为主从控制时，一般 M1 为主导电动机，M2 为从导电动机。M1 始终处于速度控制状态，作为主系统。从系统转为电流控制，并借助在速度调节器输入的附加速度设定值 Δn（一般为设定值 n 的 5%），使速度调节器饱和，饱和的限幅值由主系统的电流设定值 I_{M1} 确定，从系统转为电流控制闭环，M2 的转矩输出随主系统 M1 的转矩输出而变化；图 8-30 中 SK 为主系统至从系统转矩设定通道的数据开关，接受来自逻辑系统的联锁控制，并且在选择主从方式时通道接通。

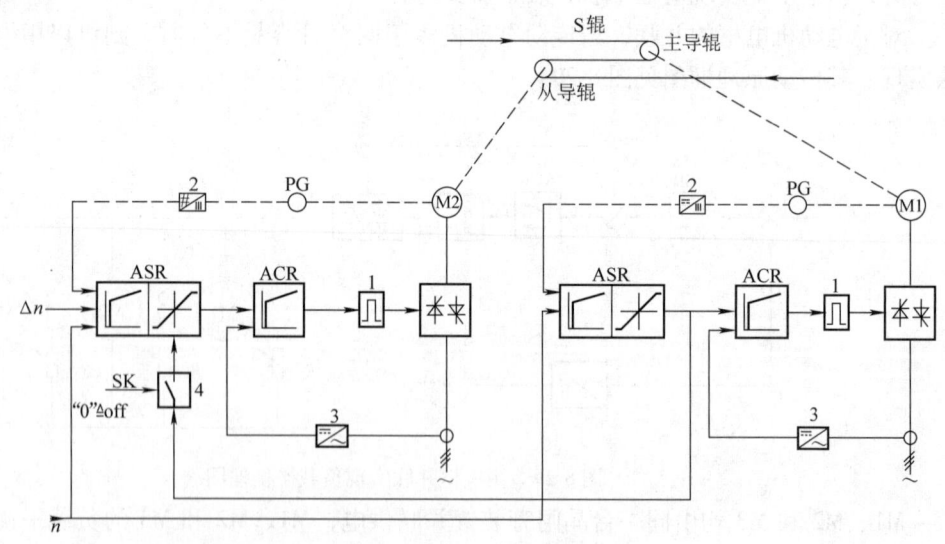

图 8-30 多点传动系统主从控制（冷轧生产线 S 辊系统）
1—触发单元 2—脉冲数字解调 3—电流变换
4—数据通道开关 PG—脉冲速度编码器

8.6.3 单辊传动系统中的负载平衡控制

以轧钢机上下辊单辊传动系统为例，见图 8-31。

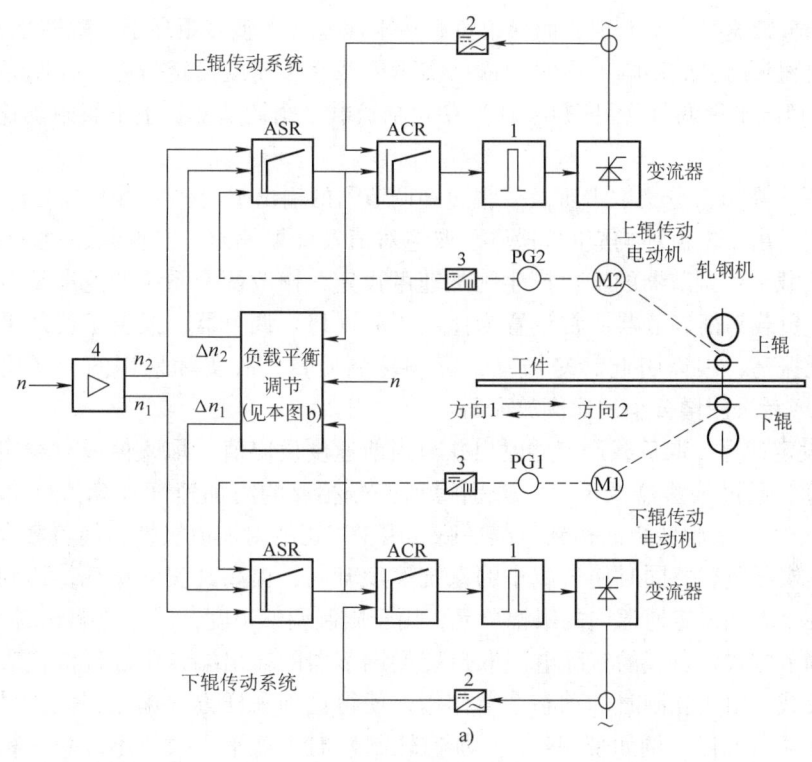

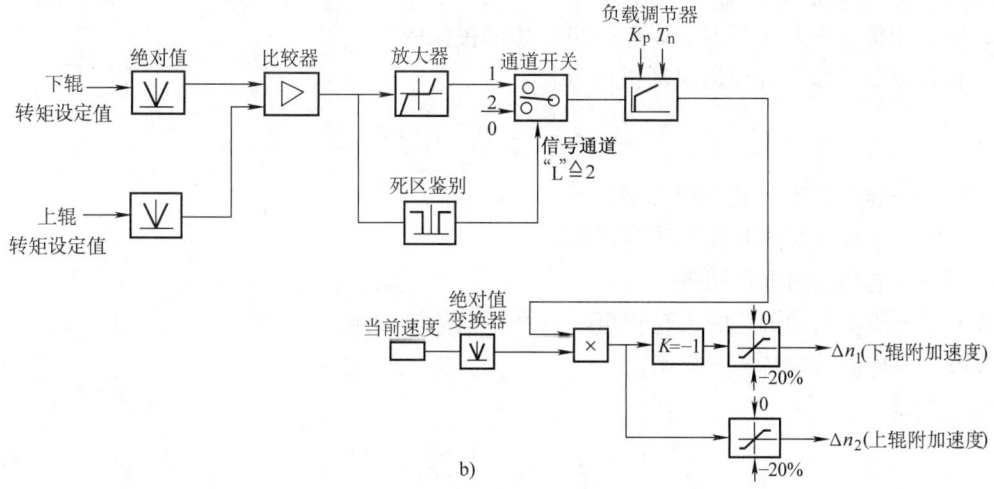

图 8-31 单辊传动系统的负载平衡控制框图
a) 单辊传动系统框图　b) 负载平衡调节
ASR—速度调节器　ACR—电流调节　PG1、PG2—下辊/上辊速度脉冲编码器
1—触发脉冲　2—电流变换　3—脉冲数字变换　4—上下辊速度分配
n_1—下辊速度指令　n_2—上辊速度指令

上下辊的两台传动电动机，采用完全相同的独立的两套速度调节系统。每套系统各驱动一台电动机，当传动处于空载时，上下辊之间无机械联系，靠轧机速度设定值及速度分配器维持上下辊间的电气同步，其两辊间的线速度保持下辊辊面线速度略高于上辊，以取得轧制

工艺上的良好头部形状，保证轧件（材料）便于咬入轧辊。当材料正常咬入并进行轧制后，为消除由于下辊转速略高于上辊，而导致负载转矩偏差（下辊转矩高于上辊转矩），及消除线速度差对轧制翘头高度的影响，适时地依据实际负载修正速度设定偏差，控制系统框图见图 8-31。其中，负载平衡调节（见图 8-31b）中包括负载平衡调节器、上下辊附加速度设定计算两部分。

1. **负载平衡调节** 分别取上辊及下辊速度调节器的输出 T_2 及 T_1，用它们近似地代表轧制转矩的实际值（由于电流环响应时间短），取绝对值及计算偏差，当偏差超过阈值（5% 额定转矩）时，负载平衡调节器的输出产生附加速度设定，修改两个系统的速度给定，平衡两台电动机转矩。负载平衡调节器通常设置为比例积分（PI）调节器，但由于负载平衡调节不能太快或者出现振荡，因而引起转矩波动，影响轧制质量，故实际采用的 P（比例）小、T_n（积分）长，或者采用增益小的比例放大器。

2. **附加设定计算** 取负载调节器输出并与当前速度设定值（取% 值或对额定转速的标幺值）进行计算。通过乘法器及反号，分别得到符号相反的附加速度计算值（亦是% 或标幺值），分别修正上、下辊转矩而达到负载平衡。用于修正的附加值极性，使负载大的系统速度降低，减少其实际负载；同时使负载小的系统速度升高，提高其实际负载，达到负载平衡一致。其中在两个附加设定通道内的限幅单元，用于限制调整幅度，以免影响轧制。

上述的调节方式，负载的实际电流取自速度调节器的输出端，用以近似代表在控制上的实际轧制静负载，由于轧制时的动态调节作用，使得这种采样方式偏差很大，尽管控制线路简单，但是在动态过程（例如带钢咬入后加速轧制）时负载平衡效果不理想。精确的控制过程通常用转矩（或电枢电流）的实际值，并通过观测器解耦，得到其中代表轧制力矩的负载分量，作用于负载平衡调节器，以取得更理想的控制效果。

负载观测器的原理：根据电动机的方程可得

$$\frac{GD^2}{375} \cdot \frac{dn}{dt} = T - T_r - T_c$$

式中 T_c——静态转矩（轧制阻力矩）；
T_r——空载或摩擦等损耗转矩；
T——电动机的电磁转矩；
GD^2——传动电动机总的飞轮转矩（折算到电动机轴侧）；
dn/dt——传动系统转速变化率。

由上式得

$$T_c = T - T_e - \left[\frac{GD^2}{375} \cdot \frac{dn}{dt}\right] \tag{8-56}$$

由式（8-56）能直接计算获得，但很难准确地得到，由于对变量的微分，将使系统产生很大的噪声及干扰。因而近年采用观测负载静态转矩的方法，建立负载转矩（或电流）观测器的方法解决。这种方法采用现代控制理论，通过直接检测控制系统的状态变量（如电枢电流、励磁电流或磁通），通过建立控制对象电动机的电机模型和调节器的方法，从测量量中（如电动机电磁转矩或电枢电流）解耦出不能直接测量的中间量伪速度（如静态转矩 T_c），观测器的结构图见图 8-32。

利用观测器取得的静态转矩 T_c，代替前述的上下辊电流调节器输出，通过负载平衡调节器平衡上下辊传动电动机的负载，是目前轧机单辊传动的趋势。

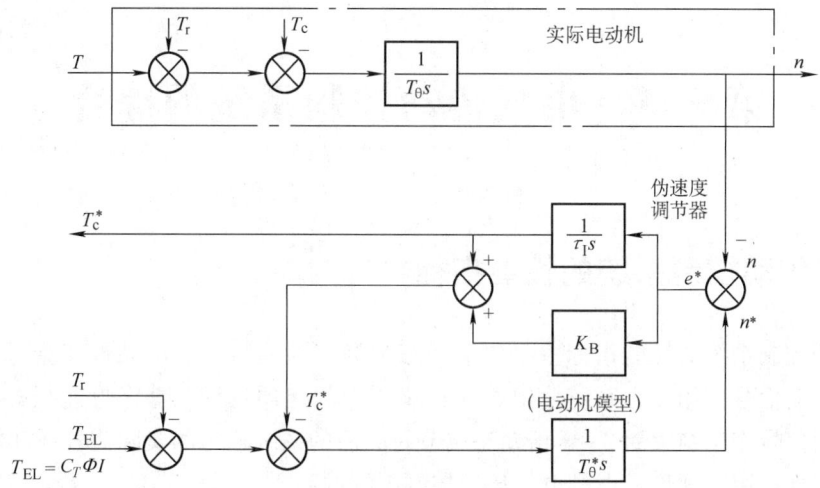

图 8-32 负载观测器的结构框图

T—电动机电磁转矩 T_r—空载及摩擦转矩 T_c—静态转矩（轧制阻力） T_θ—电动机实际的积分时间常数 T_θ^*—观测器电动机模型的积分时间常数 τ_I—伪速度调节器的积分时间 K_B—伪速度调节器比例 T_c^*—静态转矩的解耦输出 n—电动机实际转速 n^*—电动机转速的观测值 e^*—转速的观测误差

参 考 文 献

[1] 机械工程手册电机工程手册编委会. 电机工程手册：自动化与通信卷. 2 版. 北京：机械工业出版社，1997.
[2] 华岩，王善萍. 6RA24 在起停式飞剪控制系统中的应用 [J]. 电气传动. 2002（5）：53-56.
[3] 林德新. 造纸机多点传动中的电动机负荷平衡 [J]. 电气传动，1990（3）：22-29.
[4] 王宝罗. 热连轧机带观测器调速系统 [J]. 电气传动，1993（2）：27-31.
[5] 朱红. 西门子 6SE70 型变频器制动方案选择 [J]. 电气传动，1999（1）：16-18.
[6] 王万新. 公共直流母线在交流传动中的应用 [J]. 电气传动，2002（5）：57-58.

第 9 章 电气传动控制系统的综合

9.1 电气传动控制系统的性能指标

电气传动控制系统的性能指标主要包括动态和静态性能指标。动态性能指标主要是指在给定信号或扰动信号作用下，系统输出的动态响应中的各项指标。静态性能指标主要指在控制信号和扰动信号作用结束后 3~4 倍动态调节时间后的系统输出的实际值各项性能指标。

这些性能指标用于评价或考核电气传动控制系统的品质。

如果没有特别规定，测量电气传动控制系统的性能指标可以在以下条件下进行：

（1）基本速度（或额定频率）；

（2）电动机额定电压；

（3）空载（一般应将电动机与负载机械的联轴器、齿轮箱等脱开，否则应相应降低系统的性能指标，并注意阶跃给定下机械实际承受的能力）。

将测量结果等效折算到额定条件下，作为系统的性能指标。

9.1.1 阶跃给定信号响应指标

在一般电气传动控制系统中，典型的响应特性是速度给定、电流给定（或转矩给定）在阶跃变化后，实际速度、实际电流（或实际转矩）跟随给定变化的时间响应曲线，见图 9-1。

由于系统输出时间响应曲线可能含有大量纹波，如果合同没有特别约定，时间响应曲线应取平均曲线。

此外，从给定信号发出到实际值开始响应可能存在传输延时（滞后）时间 t_0，在具体测量考核时，应予以注意。

9.1.1.1 响应时间 t_{an}

又称起调时间，是指在规定的运行和使用条件下，施加规定的单位阶跃给定信号，系统实际值第一次达到给定值的时间。

9.1.1.2 动态响应偏差带 $±δ\%$

实际值与给定值相比较的正负偏差值范围，以实际值与给定值相比较的偏差值除以最大给定值的百分数表示，如果没有特别规定，该偏差带一般为 $±2\%$ 左右。

9.1.1.3 超调量 $σ\%$

实际值超过给定值的最大数值除以最大给定值的绝对值，以百分数表示。

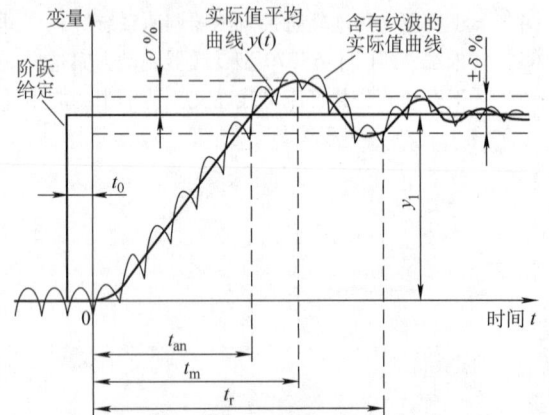

图 9-1 在阶跃给定控制信号下的系统响应
y_1—阶跃给定值　t_0—信号传输时间　t_m—实际值达到最大峰值的时间　t_{an}—响应时间　t_r—调节时间
$±δ\%$—动态响应偏差带

$$\sigma\% = \left|\frac{y(t_{\mathrm{m}}) - y_1}{y_{\mathrm{m}}}\right| \times 100\% \tag{9-1}$$

式中 $y(t_{\mathrm{m}})$——实际值超过给定值的最大数值；

y_1——给定值；

y_{m}——最大给定值。

9.1.1.4 调节时间 t_{r}

实际值进入偏差带 $\pm\delta\%$、且不再超出该偏差带的时间。

9.1.1.5 振荡次数 N

实际值在 t_{r} 调节时间内围绕给定值摆动的次数。

9.1.2 斜坡给定信号响应指标

斜坡给定信号的动态响应指标主要是实际值的跟踪误差 $\delta_{\mathrm{t}}\%$，定义为给定值以商定的固定斜率变化至额定值，实际值在跟随给定值变化过程中的误差值与最大给定值的比值，以百分数表示，见图 9-2。

9.1.3 阶跃扰动信号作用下的指标

这些指标是指在给定不变情况下，在阶跃扰动作用下的控制系统性能指标，主要以动态波动量、回升时间、恢复时间和动态偏差面积等指标衡量，见图 9-3。

速度控制系统中的负载转矩跃变、电网电压快速波动等一般属于阶跃变化的扰动信号。一般在额定阶跃转矩扰动下考核各项指标。

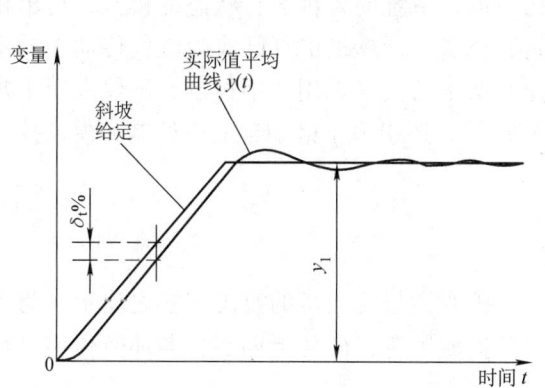

图 9-2 系统对斜坡给定的响应特性
y_1—稳态给定值 $\delta_{\mathrm{t}}\%$—跟踪误差

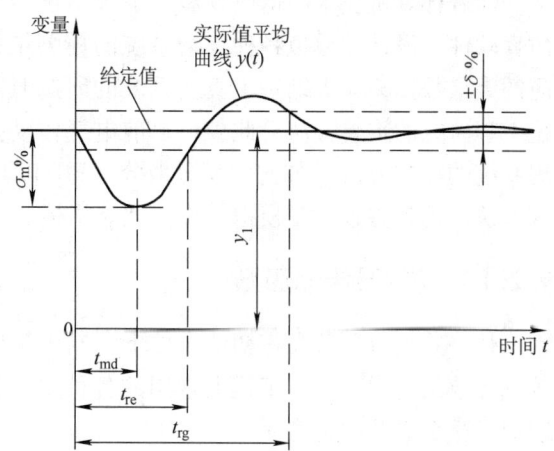

图 9-3 系统对阶跃扰动信号的动态响应
y_1—给定值 $\sigma_{\mathrm{m}}\%$—动态波动量 t_{md}—达到最大偏差的时间
t_{re}—动态恢复时间 t_{rg}—调节时间 $\pm\delta\%$—偏差带

9.1.3.1 动态波动量 $\sigma_{\mathrm{m}}\%$

在动态扰动下，实际值与给定值的最大偏差绝对值与最大给定值之比，以百分数表示。

$$\sigma_{\mathrm{m}}\% = \left|\frac{y(t_{\mathrm{md}}) - y_1}{y_{\mathrm{m}}}\right| \times 100\% \tag{9-2}$$

式中 $y(t_{\mathrm{md}})$——实际值与给定值的最大偏差；

y_1——给定值；

y_m——最大给定值。

9.1.3.2 动态波动恢复时间 t_{re}

在动态扰动下，实际值从开始波动到第一次恢复到偏差带 $±δ\%$ 的时间。

9.1.3.3 动态调节时间 t_{rg}

实际值在动态扰动下从开始波动到恢复至偏差带 $±δ\%$、且不再超出偏差带的时间。

9.1.3.4 动态偏差面积 $A_m\%$

动态波动量 $σ_m\%$ 与动态波动恢复时间 t_{re} 的乘积的 1/2 作为动态偏差面积。

$$A_m\% = \left| \frac{σ\% \times t_{re}}{2} \right| \tag{9-3}$$

$A_m\%$ 是衡量电气传动控制系统最重要的动态性能指标之一。

9.2 工程综合方法

对于任何一个连续的线性的自动控制系统或环节，描述其特性的最直接和最有效的方法是微分方程。但随着微分方程的阶次的增高，求解十分不便。工程上常用拉氏变换法将微分方程变成代数方程，使求解大为简便。

通过研究和计算传递函数，设计、开发出与电气传动对象相适应的控制系统，使系统的各种稳态和动态性能指标达到应用要求。

随着计算机技术的迅速发展，工程系统通用仿真软件的应用得到了很快发展，可以通过仿真软件，设计、模拟各种复杂系统的模型结构，进行系统的各种运行状态的模拟，得出相应的大量数据，大大缩短了真实系统的研制时间和经费。计算机仿真已成为电气传动控制系统工程研究的重要方法。此外，目前电气传动控制系统已大量采用数字控制，不仅采用了常规系统的控制方法［如比例积分微分（PID）调节器］，还引入了诸如自适应控制、模糊控制等方法，达到并超过了模拟系统的性能指标。

9.2.1 调节器传递函数

任一系统或环节在零初值条件下，输出量的拉氏变换与输入量的拉氏变换之比定义为系统或环节的传递函数。工程上常用的各种调节器等构成了各自的传递函数，各环节传递函数组成了整个系统的传递函数。

调节器的种类很多，以下仅列出一般系统最常用的调节器传递函数。

9.2.1.1 比例（P）调节器

比例（P）调节器是纯放大环节。其传递函数为

$$F(s) = K_P \tag{9-4}$$

式中　$F(s)$——传递函数，式中 s 为微分算子，后同；

　　　K_P——比例系数。

9.2.1.2 积分（I）调节器

积分（I）调节器中的参数是积分时间常数 T_I。其含义是在阶跃输入下，输出的绝对值等于输入绝对值的时间。传递函数为

$$F(s) = \frac{1}{T_1 s} \tag{9-5}$$

9.2.1.3 比例积分（PI）调节器

比例积分（PI）调节器是应用最多的调节器之一，由比例和积分两部分调节器叠加组成。

$$F(s) = K_P + \frac{1}{T_1 s} \tag{9-6}$$

9.2.1.4 微分（D）调节器

微分（D）调节器中微分时间常数 T_D 定义为当输入按线性增加，其增量绝对值与输出相等所经历的时间。

$$F(s) = T_D s \tag{9-7}$$

9.2.1.5 惯性（T）调节器

惯性调节器中惯性时间常数 T_T 定义为：在输入阶跃变化下，输出绝对值达到63%输入绝对值时的时间。

$$F(s) = \frac{1}{T_T s + 1} \tag{9-8}$$

9.2.1.6 微分惯性（DT）调节器

微分调节器用于计算输入信号的变化率，但单独使用时容易将噪声信号同时放大，一般工程上常用微分惯性（DT）调节器，即将惯性（T）调节器和微分（D）调节器叠加使用。其传递函数为

$$F(s) = \frac{T_D s}{T_T s + 1} \tag{9-9}$$

9.2.2 系统传递函数的简化方法

系统传递函数由系统调节器、功率变换器、被调节对象（如电动机）等的传递函数叠加组成。

在实际工程中，为了便于分析和设计系统，需要对系统进行近似处理。近似处理的原则是近似分析的结果与实际系统的控制性能基本吻合。

9.2.2.1 多个小时间常数的等效处理

所谓小时间常数指该时间常数所决定的频率大于系统的中频上限频率 ω_x，见图9-4。

电气传动控制系统中往往存在多个小时间常数，如变流装置的等效时间常数、滤波时间常数等等，且大都分布在高频段。这部分传递函数为

$$F_t(s) = \frac{1}{(T_1 s + 1)(T_2 s + 1)\cdots(T_n s + 1)}$$
$$= \prod_{i=1}^{n} \frac{1}{(T_i s + 1)} \tag{9-10}$$

上式传递函数一般以一个等效惯性环节代替。等效惯性时间常数 T_x 按下述方法近似：

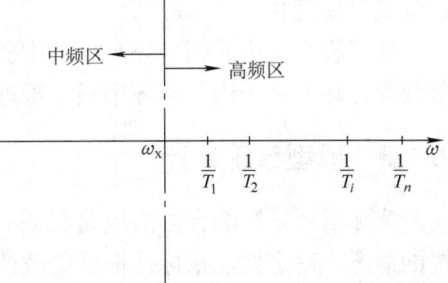

图9-4 小时间常数的位置

（1）如果各小时间常数的数值相差甚远，或它们决定的频率比系统中频上限频率高很多，则它们的等效小时间常数取为

$$T_x = \sum_{i=1}^{n} T_i \tag{9-11}$$

(2) 如果各小时间常数接近，相差不超过一倍，等效时间常数取为

$$T_x = 1.2 \sum_{i=1}^{n} T_i \tag{9-12}$$

(3) 如果有一些小时间常数数值接近，而与另一些相差较远，则可分别处理。对数值接近部分的按式（9-12）的计算方法计算后加上与之相差较远的时间常数，作为总的等效时间常数。

9.2.2.2 大惯性时间常数的等效处理

大惯性时间常数是指该时间常数所决定的频率远小于系统的对数频率特性的交界频率 ω_b，见图 9-5（图中，t_0 为大惯性时间常数）。

大惯性环节仅影响系统的低频段，对系统的相角裕量和静态误差有影响。当大惯性时间常数大于小惯性时间常数的 10 倍以上时，可将大惯性环节近似成积分环节，积分时间常数等于大惯性时间常数。

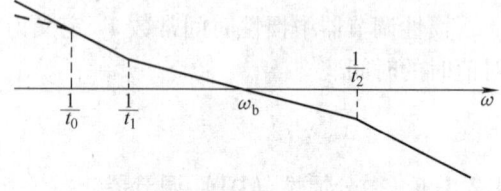

图 9-5 大惯性时间常数的处理

9.2.2.3 电动势扰动的近似处理

在具有电流内环的转速、张力等系统中，讨论电流环时，电动机反电动势扰动的变化率比电流变化率慢得多，一般在分析动态过程时，电动势扰动可被忽略，使系统分析大大简化。

9.2.2.4 电源内阻的近似处理

在变流器输入电源中，由于电源内阻的存在，给系统的分析带来很多不便。当变流器输入电源内阻阻抗与变流器负载（如电动机等）阻抗接近，分析系统性能时，必须考虑电源内阻的影响（如柴油发电机供电的电力机车等小电源系统）；当变流器输入电源的短路容量相对于负载额定容量超过 10 倍以上时，在分析系统时可忽略其供电电源的内阻。

9.2.2.5 系统内环的等效处理

电气传动控制系统一般由内环（如电流环）和外环（如速度环）构成双闭环控制系统，也可在外环（如速度环）外再加控制外环（如位置环等）构成三闭环控制系统。

为了进行外环的设计和调整，应先对系统内环进行等效处理。求内环等效传递函数主要是看外环与内环的中频带的相互关系。在实际系统中，内环中频区处于外环中频区之右，且越远越容易简化。

在工程设计中，当内环与外环中频区相差较远（如 3～10 倍）时，可将内环简化成一阶等效惯性环节；当内、外环中频区接近，甚至有一段重叠时，用二阶振荡环节近似等效内环。

9.2.3 模型系统设计

实际工程系统综合方法应是稳妥、实用、简单、优化。基本方法是根据工艺要求确定系统的静态、动态性能指标；根据负载的数学模型建立相应的负载传递函数；针对负载的传递函数设计控制系统的传递函数，并确定各调节器的结构和参数范围，使系统满足工艺需要的静态、动态性能指标。这种方法称为模型系统设计。

图 9-6 为一般模型系统的对数频率特性，理论和实践表明，一般电气传动系统的传递函数对数频率特性应具备以下特点：

(1) 对数幅频特性的交界频率 ω_b（中频段）附近的斜率为 -20dB/dec，应具有足够的宽度，以保证系统的稳定性；

(2) 交界频率 ω_b 应尽可能大些，以提高系统的快速性；

(3) 为了保证系统的静态稳定精度，低频段增益应尽可能大；

(4) 为了提高系统抗扰动能力和加快系统动态响应，高频区衰减应尽可能快些。

实际系统中，上述四方面的要求往往是矛盾的，应根据实际需要有所取舍，合理配置。

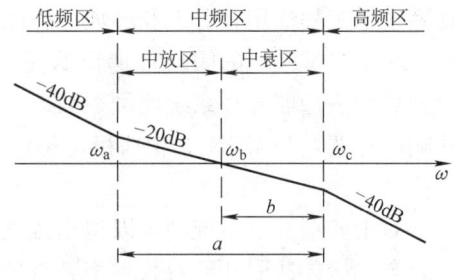

图 9-6　一般模型系统对数幅频特性
a—中频宽度，$a = \omega_c/\omega_a$
b—中频衰减区宽度，$b = \omega_c/\omega_b$

9.2.3.1 典型模型系统

任何系统的开环传递函数可以用下式表示：

$$F(s) = \frac{K(t_1 s + 1)(t_2 s + 1)\cdots}{s^r(T_1 s + 1)(T_2 s + 1)\cdots} \tag{9-13}$$

式中，分母中的 s^r 项表示整个系统有 r 个积分环节。通常按 $r = 0、1、2、3\cdots$ 来区分系统，分别称为 0 型、Ⅰ 型、Ⅱ 型、Ⅲ 型 $\cdots$ 系统。型号越高，系统准确度越高，但稳定性越差。一般 0 型系统的稳态精度不如 Ⅰ 型和 Ⅱ 型系统，Ⅲ 型以上系统则不易稳定。工程上，一般根据负载的数学模型设计调节器结构和参数，使整个电气传动系统成为典型 Ⅰ 型和 Ⅱ 型模型系统。

1. 典型 Ⅰ 型模型系统　Ⅰ 型系统中频宽度为 ∞，又称为宽中频模型系统。该系统为一阶无差系统，具有响应快、超调小、相角裕量大的特点。

典型 Ⅰ 型系统的开环传递函数为

$$F(s) = \frac{K}{s(T_1 s + 1)} \tag{9-14}$$

Ⅰ 型系统的开环对数幅频特性见图 9-7。

调速系统的电流调节环和简单的定位随动系统，经过简化后都可以等效成 Ⅰ 型系统。

2. 典型 Ⅱ 型模型系统　典型 Ⅱ 型系统的开环传递函数为

$$F(s) = \frac{K(t_1 s + 1)}{s^2(T_1 s + 1)} \tag{9-15}$$

该系统与典型 Ⅰ 型系统相比略复杂些，许多采用 PI 调节器的调速系统（例如以电流内环和速度外环构成的双闭环系统）和随动系统都可以简化成 Ⅱ 型系统。对应的开环对数幅频特性见图 9-8。

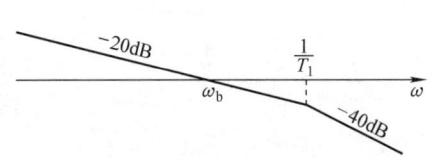

图 9-7　典型 Ⅰ 型系统开环对数幅频特性

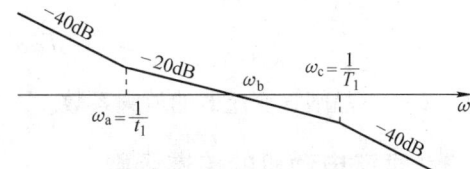

图 9-8　典型 Ⅱ 型系统开环对数幅频特性

典型 Ⅱ 型系统对于给定作用的跟随性来说，属于二阶无差系统，具有较好的抗扰动性能，但阶跃响应的超调量较大。

9.2.3.2 典型模型系统参数综合方法

1. 对称最佳法 由于兼顾了系统稳定性、快速性和抗扰动性，对称最佳法是目前电气传动系统中工程应用较普遍和经典的方法。

典型 I 型系统的闭环传递函数是二阶的，其动态性能指标与参数间有准确的数学关系。对称最佳法选取开环系统比例系数 $K=1/(2T_1)$，交界频率 $\omega_b = K$。按此选取参数时，系统阶跃响应超调量为 4.3%，相角稳定裕量为 65.5°，动态响应时间为 $4.72T_1$，过渡过程时间为 $3/K$。

对于典型 II 型系统则难以得出确切的数学表达式，需要根据负载参数和不同指标要求设计。对称最佳法取开环对数频率特性的中放区宽度等于中衰区宽度，即取中频对称，并且取中频宽度等于 4。一般 T_1 是负载固有参数，K 和 t_1 是可调整参数。调整 t_1，可以改变中频宽度；在 t_1 确定后，调整 K，可改变交界频率 ω_b。对称最佳法取 $t_1 = 4T_1$，$K = 1/(8T_1^2)$，交界频率 $\omega_b = 1/(2T)$。

2. 振荡指标法 控制和抗扰动特性均较好，但超调较大。一般在给出了系统允许的最小振荡指标后，可用此法设计系统。

有关此法的详细论述，请见参考文献 [2、4]。

9.3 直流电气传动系统的分析综合

直流电气传动系统具有良好的起制动特性和宽而平滑的调速性能，系统简单可靠，是高性能调速系统的主要型式之一。

9.3.1 晶闸管变流器的传递函数

晶闸管变流器是一个具有滞后的放大环节，其滞后时间 T_s 是由晶闸管变流装置在两个自然换相点间的失控引起的。由于输出电压调节过程中，触发延迟角随时发生变化，使 T_s 不是一个固定的时间，其最大时间是两个自然换相点之间的时间。

$$T_{smax} = \frac{1}{pf} \tag{9-16}$$

式中　p——交流电源一周之内的整流电压脉波数；

　　　f——交流电源频率。

以三相桥式晶闸管变流器为例，当其电源频率为 50Hz 时，最大滞后时间为 3.33ms。

实际工程计算分析时，常将晶闸管变流器的 T_s 按照平均值选取为常数，即取 $T_s = 0.5T_{smax}$；将晶闸管变流装置环节的传递函数取为一阶惯性环节，即

$$F(s) = \frac{K_s}{T_s s + 1} \tag{9-17}$$

式中　K_s——晶闸管变流器的放大系数。

9.3.2 直流电动机的传递函数

本节以他励直流电动机为例讨论直流电动机的传递函数。

9.3.2.1 电枢部分

在电动机磁场恒定，且电枢电流连续时，直流电动机电枢回路的电压方程为

$$u_M - e_M = R_a i_a + L_a \frac{di_a}{dt} \tag{9-18}$$

式中 u_M——电动机电枢电压（V）；
e_M——电动机反电动势（V）；
R_a——电动机电枢回路（含电抗器）电阻总和（Ω）；
i_a——电动机电枢电流（A）；
L_a——电动机电枢回路（含电抗器）电感总和（H）。

电动机的运动方程为

$$T_M' - T_L' = \frac{GD^2}{375} \frac{dn}{dt} \tag{9-19}$$

式中 T_M'——电动机电磁转矩（N·m）；
T_L'——负载转矩（N·m）；
GD^2——电动机和折算到电动机轴上的负载机械的总飞轮力矩（N·m²）；
dn/dt——电动机加速度（r·min⁻¹·s⁻¹）。

当磁场恒定时，反电动势 e_M 和电磁转矩 T_M' 分别为

$$e_M = C_e n \tag{9-20}$$

$$T_M' = C_T i_a \tag{9-21}$$

式中 C_e——电动机电动势常数；
n——电动机转速（r/min）；
C_T——电动机转矩常数。

将式（9-18）~式（9-21）标幺化后得

$$U_M - E_M = \frac{R_a I_{aN}}{U_{MN}} \left(I_a + \frac{L_a}{R_a} \cdot \frac{dI_a}{dt} \right) \tag{9-22}$$

$$E_M = \frac{C_e n_N}{U_{MN}} N \tag{9-23}$$

$$T_M - T_L = \frac{GD^2}{375} \cdot \frac{n_N}{T_{MN}} \cdot \frac{dn}{dt} \tag{9-24}$$

式中 U_{MN}——电动机额定电枢电压；
I_{aN}——电动机额定电枢电流；
n_N——电动机额定转速；
T_{MN}——电动机额定转矩。

标幺量为

$$U_M = \frac{u_M}{U_{MN}}; E_M = \frac{e_M}{U_{MN}}; I_a = \frac{i_a}{I_{aN}}; N = \frac{n}{n_N}; T_M = \frac{T_M'}{T_{MN}}; T_L = \frac{T_L'}{T_{MN}}$$

令电枢回路放大系数 $K_a = U_{MN}/(R_a I_{aN})$，电枢电磁时间常数 $t_a = L_a/R_a$，电动机积分时间常数 $t_M = (GD^2/375)(n_N/T_{MN})$，则

$$F_a(s) = \frac{I_a(s)}{U_M(s) - E_M(s)} = \frac{K_a}{1 + t_a s} \tag{9-25}$$

$$F_M(s) = \frac{n(s)}{T_M(s) - T_L(s)} = \frac{1}{t_M s} \tag{9-26}$$

式（9-25）和式（9-26）为在恒定磁场下，考虑了电动势扰动时，电源对电动机电枢供电的传递函数，其传递函数见图9-9。由图可知，直流电动机本身为一电动势闭环系统。当忽略电动势扰动时，图9-9可以简化为图9-10。

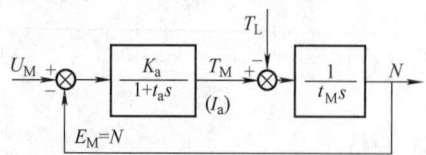

图9-9 不考虑电源内阻、电流连续、考虑电动势扰动、磁场恒定时的直流电动机传递函数框图

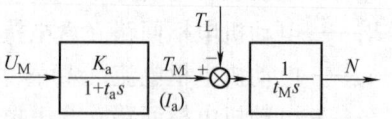

图9-10 不考虑电源内阻、电流连续、不考虑电动势扰动、磁场恒定时的直流电动机传递函数框图

如果考虑电源内阻，则在系数 K_a 和时间常数 t_a 的阻抗中加上电源内阻即可。

在电枢电流断续、考虑了电动势扰动及电源内阻情况下，直流电动机的简化框图见图9-11。图中，E_{av} 为理想电源电压，K_a' 为考虑了电源内阻的电枢回路放大系数。

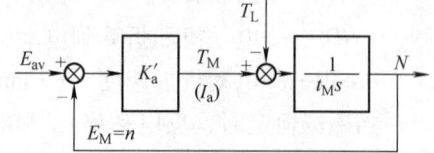

图9-11 考虑电源内阻、电流断续、考虑电动势扰动、磁场恒定时的直流电动机传递函数简化框图

9.3.2.2 磁场部分

设电枢电压 u_M 保持不变，改变励磁电压 u_f，对直流电动机转速进行控制。

在不考虑涡流影响时，励磁电压为

$$u_f = R_f i_f + L_f \frac{di_f}{dt} \qquad (9\text{-}27)$$

式中　　R_f——励磁回路电阻；
　　　　i_f——励磁电流；
　　　　L_f——励磁回路电感。

标幺化后

$$u_f = \frac{1}{K_f}\left(I_f + t_f \frac{dI_f}{dt}\right) \qquad (9\text{-}28)$$

式中　　I_{fN}——额定励磁电流；
　　　　K_f——励磁回路放大系数（即励磁强迫倍数），$K_f = u_f/(R_f I_{fN})$；
　　　　t_f——励磁回路时间常数，$t_f = L_f/R_f$。

其传递函数为

$$F_f(s) = \frac{I_f(s)}{U_f(s)} = \frac{K_f}{t_f s + 1} \qquad (9\text{-}29)$$

励磁回路的涡流影响可以等效为一个与励磁绕组并联的电阻 R_W。在这种情况下，励磁电流被分为两部分：一部分为励磁分量 I_e，另一部分为涡流分量 I_W。

在考虑涡流作用下，励磁回路方程为

$$U_f = R_f I_f + L_f \frac{dI_e}{dt} \qquad (9\text{-}30)$$

$$U_f = R_f I_f + R_W I_W \qquad (9\text{-}31)$$

$$I_f = I_e + I_W \qquad (9\text{-}32)$$

第9章 电气传动控制系统的综合

$$L_f \frac{dI_e}{dt} = R_W I_W \tag{9-33}$$

解方程式(9-30)~式(9-33),并标幺化,得

$$U_f + t_W \frac{dU_f}{dt} = \frac{1}{K_f}\left[I_f + (t_f + t_W)\frac{dI_f}{dt}\right] \tag{9-34}$$

式中 t_W——涡流时间常数,$t_W = L_f/R_W$。

传递函数为

$$F_f(s) = \frac{I_f(s)}{U_f(s)} = \frac{K_f(t_W s + 1)}{(t_f + t_W)s + 1} \tag{9-35}$$

直流电动机空载磁化曲线的励磁电流(横轴)与磁通(纵轴)之间具有非线性关系。传递函数可用一个可变系数 K_Φ 表示。

图9-12为直流电动机励磁回路传递函数框图。

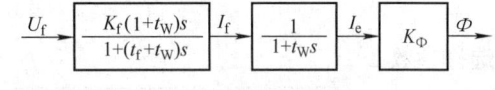

图9-12 直流电动机励磁回路传递函数框图

9.3.2.3 电枢和磁场配合控制

直流电动机电枢和磁场控制各有其范围,在额定转速以下时,一般磁通保持额定不变,通过调节电枢电压调节转速,至额定转速时,电枢反电动势达到额定,在此范围内,电动机输出转矩可以达到额定不变;在额定转速以上时,保持电枢电压不变,通过调节磁通来调节转速,使电动机可以额定功率工作。

电枢电流连续和断续时的电枢与磁场配合控制的传递函数框图分别见图9-13、图9-14。

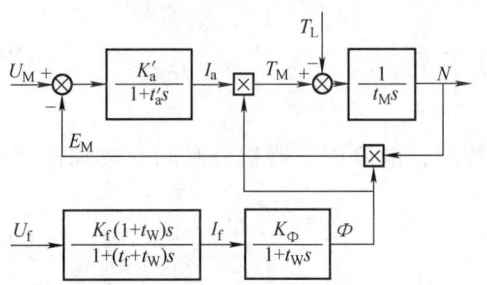

图9-13 电枢电流连续时
电枢磁场传递函数框图

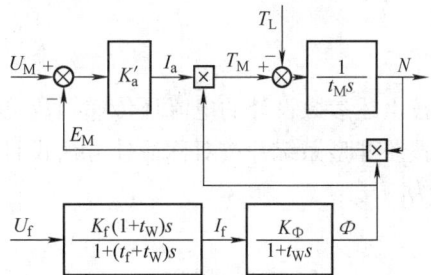

图9-14 电枢电流断续时
电枢磁场传递函数框图

9.3.3 直流电动机调速系统的综合

9.3.3.1 电枢电流调节环

1. 电枢电流调节环结构及其简化　电枢电流调节环传递函数见图9-15。

按照9.2.2节的系统简化方法,由于电枢电流的调节过程比反电动势和转速的变化快得多,电流环设计可以暂不考虑反电动势的扰动;其次,给定和反馈的滤波环节可以进行合并等效处理;再者,T_s 和 T_{i1} 都比 t_a 小得多,可作为小惯性环节处理,取 $T_\Sigma = T_s + T_{i1}$。经上述处理后得出电流环简化框图,见图9-16。

2. 电枢电流调节器的参数选择　电枢电流调节器采用比例积分(PI)调节器。一般可按照典型Ⅰ型系统选择参数,但对于需要抗扰性为主要要求的系统,也可以按照典型Ⅱ型系统

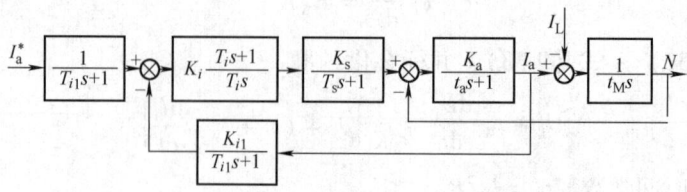

图 9-15 电枢电流环传递函数框图

I_a^*—电枢电流给定 T_i—电流调节器积分时间常数 K_i—电流调节器比例

T_{i1}—给定和反馈滤波时间常数 K_{i1}—反馈系数

选择参数。

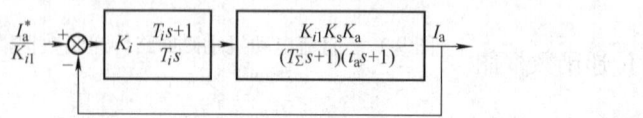 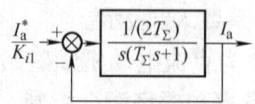

图 9-16 简化后的电枢电流调 图 9-17 校正成典型 I 型系统的
节环传递函数框图   电流环传递函数框图

按照 I 型系统并按对称最佳方法设计选择参数时，电流调节器积分时间常数 T_i 和比例系数 K_i 分别为

$$T_i = t_a \tag{9-36}$$

$$K_i = \frac{1}{2K_{i1}K_sK_a} \cdot \frac{t_a}{T_\Sigma} \tag{9-37}$$

按上述参数设计的电流环传递函数见图 9-17。

按照 II 型系统并按对称最佳方法设计选择参数时，电流调节器积分时间常数和比例系数分别为

$$T_i = 4T_\Sigma \tag{9-38}$$

$$K_i = \frac{1}{2K_{i1}K_sK_a} \cdot \frac{1}{T_\Sigma} \tag{9-39}$$

当 t_a 较大时，才能将式（9-25）惯性环节等效为积分环节。

3. 电枢电流的自适应调节　上述电枢电流调节环是以电流连续为条件的。在晶闸管变流器供电的直流电动机电枢回路中，当回路电感较小或负载较轻时，电感中储存的电磁能量在下一相触发脉冲到来前已全部放完，产生电流断续。

与电流连续时相比，电流断续时的晶闸管触发脉冲移相特性向增大的方向移动，例如对于变流装置输出电压等于 0 为例，电流连续时为 90°，电流断续时则为 120°，相差 30°。这样就使电流断续时变流装置的放大倍数大大降低，内阻增大，电流随控制电压变化而瞬时变化。在电流连续时为惯性环节的电枢回路，在电流断续时变成为比例环节、电源内部阻抗变成为纯阻性。由于调节对象的变化，使按连续电流调节好的调节器参数不能适应电流断续时的情况。

为此，目前晶闸管调速装置中一般都设有电流断续补偿环节。按照断续区的电流-晶闸管触发延迟角特性设计为一个非线性的补偿环节，可视为一个可变系数的比例环节。通过该环节，使断续区的电流闭环动态性能达到与连续区相同，使得在进行系统传递函数分析时，可

忽略电流断续的影响。

9.3.3.2 速度调节环

1. 速度调节环结构及其简化　速度调节环传递函数见图 9-18，电流环为按照典型 I 型系统校正后的等效传递函数。

将速度滤波环节等效地移到速度调节环，并将两个小惯性合并，得出速度调节简化传递函数框图，见图 9-19。

2. 速度调节器的参数选择　为了满足系统无静差要求，一般直流调速系统的速度调节器采用比例积分（PI）调节器，并按典型 II 型系统进行设计。

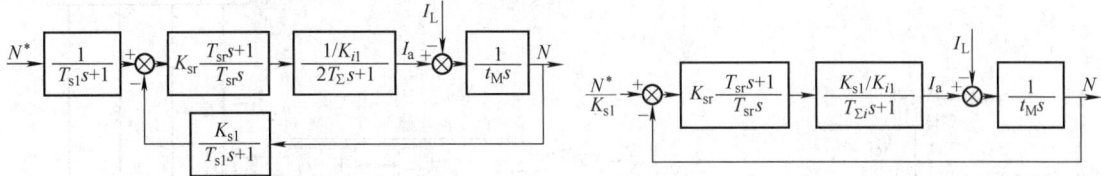

图 9-18　速度调节环传递函数框图

T_{s1}—速度反馈滤波时间常数　K_{sr}—速度调节器比例系数

T_{sr}—速度调节器积分时间常数　K_{s1}—速度反馈系数

图 9-19　速度调节环简化传递函数框图

$T_{\Sigma i}$—等效惯性时间常数，$T_{\Sigma i} = 2T_{\Sigma} + T_{si}$

按照对称最佳法，速度调节器积分时间常数为

$$T_{sr} = 4T_{\Sigma i} \tag{9-40}$$

速度调节器比例系数为

$$K_{sr} = \frac{K_{i1} t_M}{2 K_{s1} T_{\Sigma i}} \tag{9-41}$$

3. 速度的自适应调节　按照第 9.3.2.3 节中电枢与磁场配合控制的要求，在额定转速以上运行时，维持电枢电压不变，则磁通随速度增加按反比减小。从图 9-14 和图 9-15 知，由于磁通的减弱，使得从电流到转矩的放大系数同比减小，速度调节开环放大系数减小，系统动态响应降低。为此，应采用速度自适应调节环节。速度自适应调节环节可以采用除法器，用速度调节器输出（转矩给定）除以磁通，输出为电枢电流给定，使在弱磁时增加电枢电流，以保持速度调节开环放大系数不变。

9.4　交流电气传动系统的分析综合

随着电力电子技术、计算机技术和矢量控制技术的进步，交流电气传动系统目前已得到广泛应用。交流电动机的数学模型较为复杂，但由于采用电机统一理论，对交流电动机进行解耦处理，通过矢量变换方式使其励磁电流分量和转矩分量独立分解出来，从而建立起与直流电动机相似的数学模型，实现磁通和转矩的独立控制，达到与直流电动机调速系统相同的动态和静态特性指标。

在经过简化和解耦处理后，交流电动机电气传动控制系统的传递函数与直流传动控制系统相似，只是其中的系数有所不同。交流传动系统的简化、动态指标及综合方法等可参照直流传动系统。本节仅以同步电动机交-交变频调速系统和异步电动机交-直-交电压型通用变频调速系统为例进行讨论。

注意，在本章节中，所用的参数均取标幺值，以下不一一强调。

9.4.1 同步电动机交-交变频调速系统

同步电动机交-交变频调速系统是用于大功率（1000 kW 以上）、低速（600 r/min 以下）范围内的一种调速方案，主要应用于轧机主传动、矿山卷扬、水泥球磨机等高动态性能要求的场合。其主回路采用由普通晶闸管构成的与直流传动系统相同的桥式变流器，由三套桥式变流器组成三相交-交变频器。同步电动机交-交变频调速系统框图见图 9-20。

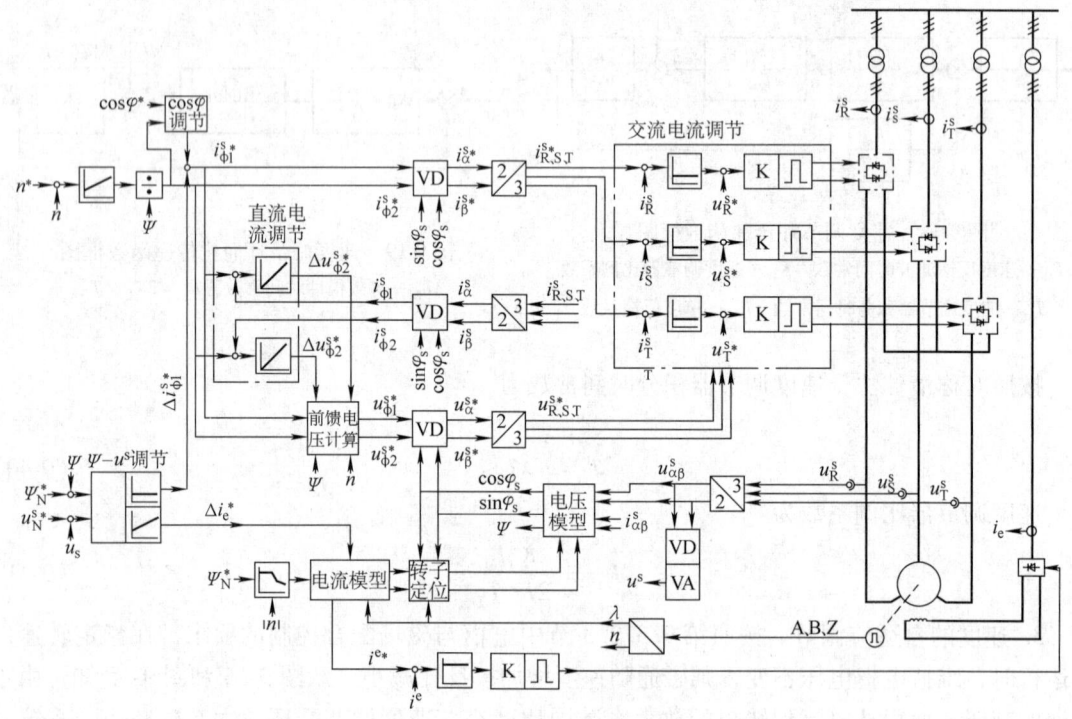

图 9-20 同步电动机交-交变频调速系统框图

9.4.1.1 交流电流调节器

交流电流调节器的调节对象是交-交变频器和电动机定子绕组。

由于交-交变频器由三套三相桥式晶闸管变流器组成，其动态特性与晶闸管直流传动系统相同，被看作一个时间常数为 1.7ms 的小惯性环节。该环节与反馈滤波、触发输入滤波等小惯性环节合并为一个等效小惯性环节。

电动机定子绕组的数学模型按等效电路建立。由于感应电动势的影响已被电压前馈抵销，所以在等效电路中无电动势项。另外，由于采用电流断续补偿，在进行调节器参数设计时，不考虑电流断续情况。

同步电动机定子绕组是一个较复杂的环节，定子电流变化时，在转子励磁绕组和阻尼绕组中都感应出电压和电流，绕组的动态模型与励磁绕组和阻尼绕组参数及负载角有关。试验结果表明，按 q 轴等效电路计算比较接近实际情况，按 q 轴电路设计的调节器动态放大倍数较小，稳定裕量大。

同步电动机 q 轴等效电路见图 9-21a。由于定子绕组电阻 r_s 和 q 轴阻尼绕组电阻 r_{Dq} 很小，

可以忽略，则等效电路被简化为一个电感 L_σ（见图 9-21b），即

$$L_\sigma = L_{s\sigma} + \frac{L_{hq}L_{Dq\sigma}}{L_{hq} + L_{Dq\sigma}} \tag{9-42}$$

由于交-交变频器的输出电流随时间正弦变化，对于调节器而言，始终处于动态调节，如果仅依靠交流电流调节器调节，必然产生跟踪误差，输出电流总是比给定滞后一段时间。为此，在交流电流调节中引入电压前馈环节，该环节使交流电流调节器在稳态时输出为零，从而克服了跟踪误差。由于采用了电压前馈控制，交流电流调节器仅起到校正误差作用，因此可采用比例调节器，这样也避免了采用三个比例积分调节器存在积分饱和的问题。

交流电流调节环传递函数框图见图 9-22。

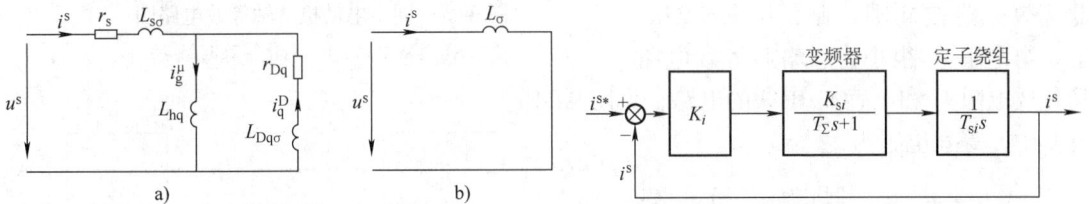

图 9-21 同步电动机 q 轴等效电路
    a) 等效电路   b) 简化等效电路

L_σ—q 轴等效电感 $L_{s\sigma}$—定子漏感 L_{hq}—q 轴主电感
$L_{Dq\sigma}$—q 轴阻尼绕组漏感

图 9-22 交流电流调节环传递函数框图

K_i—比例调节器比例系数 T_Σ—交-交变频器等效小惯性时间常数
T_{si}—定子绕组等效时间常数, $T_{si} = L_\sigma/(2\pi f_N)$ (f_N 为定子额定频率)
K_{si}—调节对象比例系数, $K_{si} = i_N^s/u_N^s$ (i_N^s 为定子额定电流标幺值，u_N^s 为定子额定电压标幺值）

按照对称最佳法，取电流调节器的比例系数为

$$K_i = \frac{T_{si}}{2K_{si}T_\Sigma} \tag{9-43}$$

交流电流调节环等效时间常数

$$T_{eqi} = 2T_\Sigma \tag{9-44}$$

9.4.1.2 直流电流调节器

直流电流调节器是一个积分调节器，其输出信号与交流电流调节器输出叠加，共同控制交-交变频器，传递函数框图见图 9-23a。

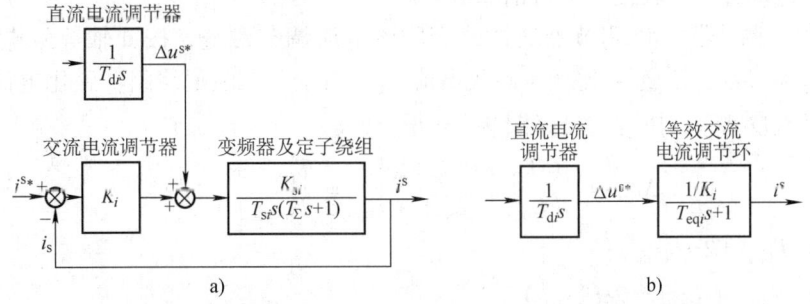

图 9-23 直流电流调节环传递函数框图
    a) 开环结构图   b) 简化结构图

将交流电流环等效为一个时间常数为 T_{eqi} 的小惯性环节，则图 9-23a 简化为图 9-23b。
按照对称最佳法，取直流电流调节器的积分时间常数为

$$T_{di} = \frac{4T_\Sigma}{K_i} \tag{9-45}$$

9.4.1.3 转子励磁电流调节器

转子励磁电流变化时,在阻尼绕组和定子绕组中将感应出电压。阻尼绕组是短路绕组,感应电压产生阻尼电流阻碍磁链变化。定子绕组虽然也是闭合的,但由于存在定子电流调节环,定子电流不受感应电压影响,所以在励磁等效电路中,定子绕组开路。由于励磁绕组轴线位于 d 轴,因此等效电路按 d 轴绘制,见图 9-24a。阻尼绕组电阻 r_{Dd} 很小,忽略后等效电路被简化成电阻 r_e 和电感 L_e 串联的电路,见图 9-24b。

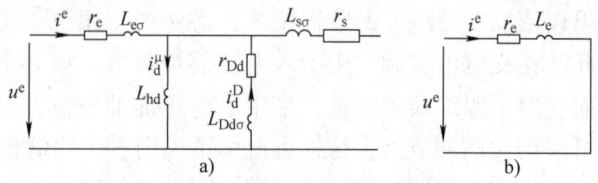

图 9-24 同步电动机 d 轴等效电路图
a) 等效电路 b) 简化等效电路

其中,等效电感为

$$L_e = L_{e\sigma} + \frac{L_{hd}L_{Dd\sigma}}{L_{hd} + L_{Dd\sigma}} \tag{9-46}$$

转子励磁电流调节器是一个比例积分调节器,励磁电流环传递函数框图见图 9-25。

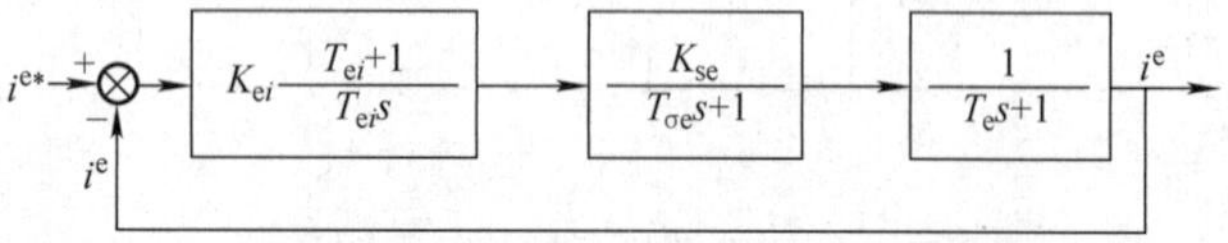

图 9-25 转子励磁电流调节环传递函数框图
T_e—励磁绕组等效时间常数,$T_e = L_e/(2\pi f_N r_e)$(L_e 和 r_e 取标幺值,f_N—定子额定频率) $T_{\sigma e}$—晶闸管变流器等效时间及反馈滤波时间常数之和 K_{se}—变流器比例系数 K_{ei}—调节器比例系数 T_{ei}—调节器积分时间常数

按照对称最佳法,取转子励磁电流调节器的比例系数为

$$K_{ei} = \frac{T_e}{2K_{se}T_{\sigma e}} \tag{9-47}$$

积分时间常数为

$$T_{ei} = 4T_{\sigma e} \tag{9-48}$$

9.4.1.4 磁链调节器

同步电动机磁链调节器由两部分组成,一部分为比例调节器,作为定子电流的磁链调节外环,这部分调节较快,只在动态起作用;另一部分采用比例积分调节器,作为励磁电流环的外调节环,这部分调节较慢,但可消除静差。

1. 比例积分调节器 该调节器通过改变励磁电流调节磁链,按 d 轴等效电路(见图 9-24)设计调节器参数。磁链 Ψ 比例于磁化电流 $i^\mu_{\varphi 1}$,由于存在阻尼绕组,磁化电流增量 $\Delta i^\mu_{\varphi 1}$ 滞后于励磁电流增量 $\Delta i^e_{\varphi 1}$,由等效电路图 9-24a 得

$$\Delta i^\mu_{\varphi 1} = \frac{(sL_{Dd\sigma} + r_{Dd})\Delta i^e_{\varphi 1}}{s(L_{Dd\sigma} + L_{hd}) + r_{Dd}} = \frac{T_{Dd\sigma}s + 1}{T_{Dd0}s + 1}\Delta i^e_{\varphi 1} \tag{9-49}$$

式中 $T_{Dd\sigma} = L_{Dd\sigma}/(2\pi f_N r_{Dd})$;
$T_{Dd0} = (L_{Dd\sigma} + L_{hd})/(2\pi f_N r_{Dd})$。

由于 $T_{Dd\sigma} \ll L_{Dd}$,式(9-49)可简化为

$$\Delta i^\mu_{\varphi 1} = \frac{1}{T_{Dd0}s + 1}\Delta i^e_{\varphi 1} \tag{9-50}$$

在磁链调节器结构中,励磁电流调节环和磁链反馈滤波时间常数等可以用一个等效惯性环节代替,时间常数为 $T_{\Sigma e}$。图 9-26 为通过励磁电流环的磁链调节环传递函数框图。

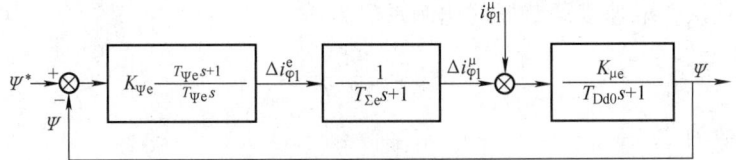

图 9-26　通过励磁电流环的磁链调节环传递函数框图

$K_{\mu e}$—比例系数，$K_{\mu e} = \Psi_{MN}/i_0^e$（$\Psi_{MN}$ 为额定磁链，i_0^e 为空载励磁电流）

$T_{\Psi e}$—磁链调节器积分时间常数　$K_{\Psi e}$—磁链调节器比例系数

按照对称最佳法，取磁链调节器的比例系数为

$$K_{\Psi e} = \frac{T_{Dd0}}{2K_{\mu e}T_{\Sigma e}} \tag{9-51}$$

积分时间常数为

$$T_{\Psi e} = 4T_{\Sigma e} \tag{9-52}$$

2. 比例调节器　该调节器通过改变定子电流中的磁化分量 $i_{\varphi 1}^s$ 来调节磁链。由于 ϕ_1 轴和转子轴间相对位置是变化的，通过定子电流环调节，所以按 q 轴等效电路（见图 9-20）设计调节器参数。磁链 Ψ 比例于磁化电流 $i_{\varphi 1}^\mu$，由于存在阻尼绕组，磁化电流增量 $\Delta i_{\varphi 1}^\mu$ 滞后于励磁电流增量 $\Delta i_{\varphi 1}^e$，由等效电路图 9-20a 得

$$\Delta i_{\varphi 1}^\mu = \frac{T_{Dd\sigma}s + 1}{T_{Dq0}s + 1}\Delta i_{\varphi 1}^s \tag{9-53}$$

式中　$T_{Dq\sigma} = L_{Dq\sigma}/(2\pi f_N r_{Dq})$；
$T_{Dq0} = (L_{Dq\sigma} + L_{hq})/(2\pi f_N r_{Dq})$。

由于 $T_{Dq\sigma} \ll L_{Dq}$，式（9-53）可简化为

$$\Delta i_{\varphi 1}^\mu = \frac{1}{T_{Dq0}s + 1}\Delta i_{\varphi 1}^s \tag{9-54}$$

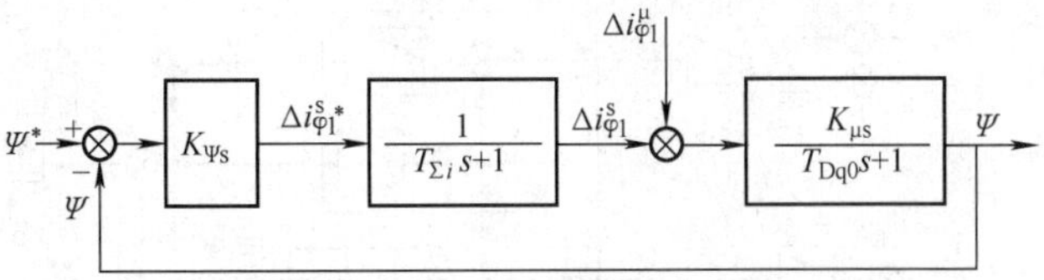

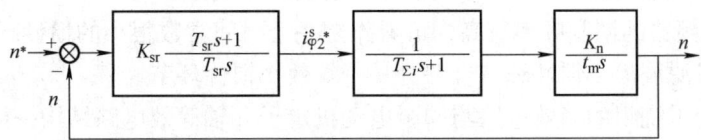

图 9-27　通过定子电流环的磁链调节环传递函数框图

$T_{\Sigma i}$—电流调节等效时间常数　$K_{\Psi s}$—比例系数，$K_{\mu s} = \Psi_{MN}/i_0^s$

（Ψ_{MN} 为额定磁链，i_0^s 为折算到定子侧的空载励磁电流）

在磁链调节器结构中，定子电流磁化分量调节环可以用一个等效惯性环节代替，时间常数为 $T_{\Sigma i1}$。通过定子电流环的磁链调节传递函数框图见图 9-27。

按照对称最佳法，取磁链调节器的比例系数为

$$K_{\Psi s} = \frac{T_{Dq0}}{2K_{\Psi s}T_{\Sigma i1}} \tag{9-55}$$

9.4.1.5　速度调节器

速度调节环传递函数框图见图 9-28。

图 9-28　速度调节环传递函数框图

t_m—电动机积分时间常数　$T_{\Sigma i}$—电流调节环等效时间常数

K_{sr}—速度调节器比例系数　T_{sr}—速度调节器积分时间常数

按照对称最佳法，取速度调节器的比例系数为

$$K_{sr} = \frac{t_m}{2K_n T_{\Sigma i}} \qquad (9\text{-}56)$$

积分时间常数为

$$T_{sr} = 4T_{\Sigma i} \qquad (9\text{-}57)$$

9.4.2 异步电动机交-直-交电压型PWM通用变频调速系统

采用IGBT等全控型电力电子器件组成PWM变频器，广泛应用于中小功率调速场合。根据工艺需要，可以采用带速度反馈的矢量控制型、无速度反馈的矢量控制型和电压/频率（V/F）控制型。其中矢量控制型主要用于单电动机调速系统。本节仅讨论矢量控制型调速系统。

矢量控制异步电动机交-直-交电压型通用变频调速系统见图9-29。

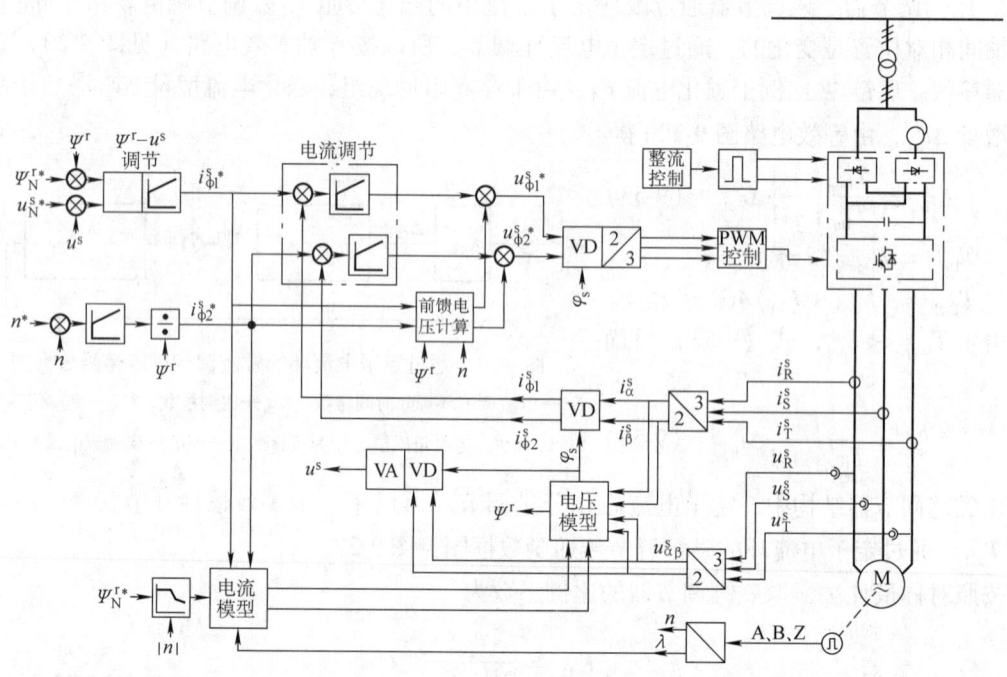

图9-29 矢量控制异步电动机交-直-交电压型PWM通用变频调速系统

9.4.2.1 电流调节器

电流调节器的调节对象是PWM变频器和电动机定子绕组。

由于PWM变频器的调制频率较高，可看作是一个时间常数很小的惯性环节。该环节与反馈滤波、控制输入滤波等小惯性环节合并为一个等效小惯性环节。

异步电动机定子绕组的等效电路与同步电动机定子q轴等效电路结构一样，见图9-30。

电流调节环传递函数框图见图9-31。

电流调节器采用比例积分调节器，比例系数取为

$$K_i = \frac{T_{si}}{2K_{si}T_{\Sigma}} \qquad (9\text{-}58)$$

积分时间常数取为

$$T_i = 4T_\Sigma \tag{9-59}$$

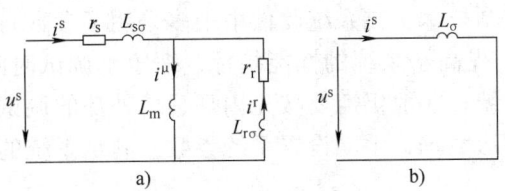

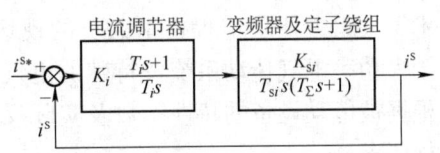

图9-30 异步电动机定子绕组等效电路图
a) 等效电路 b) 简化等效电路
r_s—定子电阻 $L_{s\sigma}$—定子漏感 L_m—定转子互感
$L_{r\sigma}$—折算到定子侧的转子漏感 r_r—折算到定子侧的转子
电阻 L_σ—定子绕组等效电感,$L_\sigma = L_{s\sigma} + L_m L_{r\sigma} / (L_m + L_{r\sigma})$

图9-31 电流调节环传递函数框图
T_Σ—变频器等效惯性小时间常数 T_{si}—定子绕组等效时间
常数,$T_{si} = L_\sigma/(2\pi f_N)$ (f_N 为定子额定频率)
K_{si}—调节对象比例系数 K_i—调节器比例系数
T_i—调节器积分时间常数

9.4.2.2 磁链调节器

通过改变定子电流磁化分量来调节磁链。从定子磁化电流 $i_{\varphi1}^s$ 到转子磁通 Ψ^r 是一大时间常数惯性环节。

$$\Psi^r = \frac{i_{\varphi1}^s}{T_r s + 1} \tag{9-60}$$

式中 T_r——转子绕组时间常数

$$T_r = \frac{L_m + L_{r\sigma}}{2\pi f_N r_r} \tag{9-61}$$

从定子电流磁化分量给定到实际值,可等效为一个小时间常数 $T_{\Sigma i}$ 的惯性环节。磁链调节环传递函数框图见图9-32。

磁链调节采用比例积分调节器,比例系数为

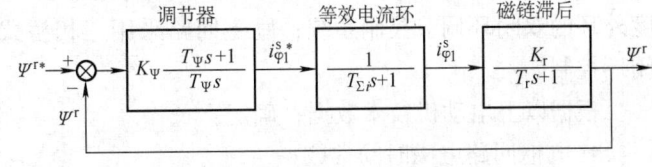

图9-32 异步电动机磁链调节传递函数框图
$T_{\Sigma i}$—电流环等效时间常数 T_r—转子绕组时间常数 K_r—比例系数
$K_r = \Psi_{MN}/i_0^s$ (Ψ_{MN}—额定磁链,i_0^s—定子空载电流)
K_Ψ—调节器比例系数 T_Ψ—调节器积分时间常数

$$K_\Psi = \frac{T_r}{2K_r T_{\Sigma i}} \tag{9-62}$$

积分时间常数取为

$$T_\Psi = 4T_{\Sigma i} \tag{9-63}$$

9.4.2.3 速度调节器

速度调节环传递函数框图见图9-33。

按照对称最佳法,取速度调节器的比例系数为

$$K_{sr} = \frac{t_m}{2K_n T_{\Sigma i}} \tag{9-64}$$

积分时间常数为

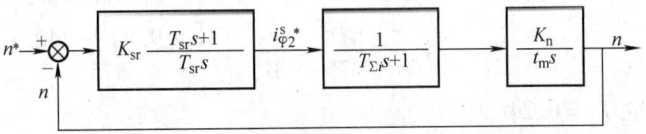

图9-33 速度调节环传递函数框图
t_m—电动机积分时间常数 $T_{\Sigma i}$—电流调节环等效时间常数
K_{sr}—速度调节器比例系数 T_{sr}—速度调节器积分时间常数

$$T_{sr} = 4T_{\Sigma i} \tag{9-65}$$

9.5 工程设计举例

目前绝大多数电气传动控制系统采用数字控制技术，在系统软件中很多采用了参数自优化技术，大大方便了工程技术人员的现场调试，提高了系统的性能指标，缩短了调试时间。但对于大功率电气传动系统及特殊的电气传动系统，一般仍需要按先内环、后外环的调试顺序，根据被传动设备的特性参数及实际反馈的波形数据，手动设置系统参数，满足系统的性能指标要求。

以下就以一套轧机主传动调速系统为例进行说明。

9.5.1 基本参数

某轧机主传动电动机参数：

直流电动机，额定功率 $P_N = 4000\text{kW}$，额定电枢电压 $U_N = 1000\text{V}$，额定电枢电流 $I_{aN} = 4410\text{A}$，允许电流过载倍数 2.5 倍，额定转速 $n_N = 60\text{r/min}$，额定励磁电流 $I_{fN} = 162.8\text{A}$，电枢转动惯量 $J = 24251\text{kg} \cdot \text{m}^2$，电枢回路（含换向极及补偿绕组）电阻 $R_a = 0.01803\Omega$，电枢回路电感 $L_a = 1.392\text{mH}$，励磁回路电阻 $R_f = 1.157\Omega$，励磁回路电感 $L_f = 1.82\text{H}$。

电枢回路采用三相桥式可逆晶闸管变流装置，采用数字控制装置构成电枢电流内环、速度外环的双闭环调节控制系统；励磁回路采用三相桥式晶闸管变流装置供电，构成励磁电流闭环控制。

根据以上电动机技术数据，确定：

- 电枢回路电磁时间常数

$$t_a = \frac{L_a}{R_a} = \frac{1.392 \times 10^{-3}}{0.01803}\text{s} \approx 0.077\text{s} \tag{9-66}$$

- 电枢回路放大系数

$$K_a = \frac{U_{MN}}{R_a I_{aN}} = \frac{1000}{0.01803 \times 4410} \approx 12.577 \tag{9-67}$$

- 电枢晶闸管变流装置放大系数

$$K_s \approx 1.55 \tag{9-68}$$

- 电枢电流反馈放大系数

$$K_{i1} = \frac{1}{2.5} = 0.4 \tag{9-69}$$

- 电动机的加速时间常数（或电动机积分时间常数）

$$T_m = \frac{GD^2}{375} \times \frac{n_N}{M_N} = \frac{4 \times 9.81 \times 24251}{375} \times \frac{60}{637000}\text{s} \approx 0.239\text{s} \tag{9-70}$$

取 $T_m = 0.24\text{s}$。

9.5.2 电枢电流环

由于数字控制系统对电动势扰动、对电流断续进行了较好补偿，在进行电流环分析时，可完全忽略电动势扰动及电流断续的影响。

三相桥式晶闸管变流装置惯性时间常数取 1.67ms，电流反馈滤波时间常数取为 1ms，按照9.2.2.1节，合计小时间常数为 $T_\Sigma = 3.2\text{ms}$。

根据9.3.3节，励磁电流调节环传递函数为

$$F(s) = K_i \frac{T_i s + 1}{T_i s} \frac{K_{i1} K_s K_a}{(T_\Sigma s + 1)(t_a s + 1)} = K_i \frac{T_i s + 1}{T_i s} \times \frac{0.4 \times 1.55 \times 12.577}{(0.0032s + 1)(0.077s + 1)} \tag{9-71}$$

按照对称最佳方法将电枢电流环设计校正成典型Ⅰ型系统，电流调节器积分时间常数 T_i 和比例系数 K_i 分别为

$$T_i = t_a = 0.077\text{s}$$

$$K_i = \frac{1}{2K_{i1}K_s K_a} \frac{t_a}{T_\Sigma} = \frac{1}{2 \times 0.4 \times 1.55 \times 12.577} \times \frac{0.077}{0.0032} \approx 1.543$$

则电枢电流环开环传递函数为

$$F_o(s) = 1.543 \times \frac{0.077s + 1}{0.077s} \times \frac{7.798}{(0.077s + 1)(0.0032s + 1)} \tag{9-72}$$

电枢电流环框图见图9-34。

电枢电流环闭环传递函数为

$$F_C(s) = \frac{2.5}{2 \times 0.0032^2 s^2 + 2 \times 0.0032 s + 1} \tag{9-73}$$

由于速度环的截止频率远高于电枢电流环的截止频率，且电枢电流环闭环传递函数分母中的 s^2 项的系数远小于 s 项的系数，因此电枢电流环闭环传递函数分母中的 s^2 项可被忽略，则电枢电流闭环传递函数等效成一惯性环节，即

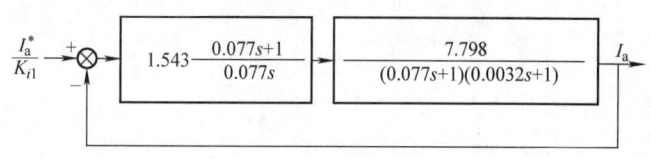

图9-34 电枢电流环传递函数框图

$$F_C(s) \approx \frac{2.5}{0.0064s + 1} \tag{9-74}$$

按照9.4.2.2节，电枢电流环动态响应时间为

$$t_{an} = 4.72 \times 0.0032\text{s} \approx 0.0151\text{s}$$

9.5.3 速度调节环

速度调节环传递函数见图9-35，电流环为按照典型Ⅰ型系统校正后的等效传递函数，速度反馈系数为1，反馈滤波时间常数4ms。为满足系统无静差及抗扰动要求，速度调节器采用比例积分（PI）调节器，并按典型Ⅱ型系统进行设计。按照9.2.2.1节关于多个小时间常数的简化方法，得

$$T_{\Sigma i} = 1.2(2T_\Sigma + T_{s1})$$
$$= 1.2(0.0064 + 0.004)\text{s}$$
$$= 0.01248\text{s} \approx 0.0125\text{s}$$

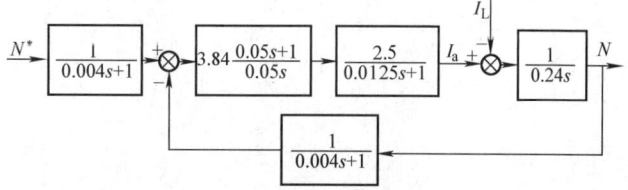

图9-35 速度环传递函数框图
$T_{\Sigma i}$—等效惯性时间常数

按照对称最佳法，调节器积分时间常数为

$$T_{sr} = 4T_{\Sigma i} = 0.05\text{s}$$

调节器比例系数为

$$K_{sr} = \frac{K_{i1}t_M}{2K_{s1}T_{\Sigma i}} = \frac{0.4 \times 0.24}{2 \times 1 \times 0.0125} \approx 3.84$$

参 考 文 献

[1] 天津电气传动设计研究所. 电气传动自动化技术手册. 北京：机械工业出版社，1992.
[2] 马小亮. 大功率交-交变频调速及矢量控制技术 [M]. 3版. 北京：机械工业出版社，2004.
[3] 陈伯时. 自动控制系统 [M]. 北京：机械工业出版社，1981.
[4] 机械工程手册电机工程手册编委会. 电机工程手册：第48篇. 2版. 北京：机械工业出版社.
[5] 陈广州. 电子最佳调节原理 [J]. 电气传动，1973（4）.
[6] 黄俊. 半导体变流技术 [M]. 北京：机械工业出版社，1980.
[7] 满永奎，等. 通用变频器及其应用 [M]. 北京：机械工业出版社，1995.

第 10 章　电气传动装置

随着新型电力电子器件的出现和计算机技术的发展，传统的电子模拟控制电路和晶闸管变速传动装置，已逐步由新型可关断电力电子元件如 IGBT 以及微机全数字传动装置所取代。由于后者具有制造成本低、控制性能好，使用维修方便和易于实现现代化的生产过程控制，因而在市场上受到用户的首肯。但是由于国内该项技术的起步较晚，产品水平相对落后，市场需求主要靠国外厂商产品，如德国、法国、瑞典等。其中德国西门子公司进军中国市场比较早，近年随成套设备引进项目较多，在中国市场的占有率较高，国内用户比较熟悉和认同。其他厂商的产品在结构、选型以及在性能指标上大同小异，相近之处很多。限于篇幅不能进行一一介绍。本章内容仅就德国西门子公司 SIMOREG 6RA70 系列通用型全数字直流传动装置、SIMOVERT 6SE70 系列异步电动机通用变频器以及可为大型电动机交交变频和直流传动控制系统用的 SIMADYN-D 模板型多微机处理器、带机箱框架结构的全数字控制系统做较详尽介绍，以便于读者掌握，并为分析研究其他厂商产品时提供参考。

10.1　西门子全数字直流调速装置（SIMOREG　6RA70）

10.1.1　技术规格和产品数据

1. 产品的综合技术性能和应用标准

（1）产品的综合技术性能见表 10-1。

表 10-1　产品的综合技术性能

	综合技术性能及指标							
交流电源电压	3AC 400V	3AC 575V	3AC 690V	3AC 830V	3AC 466V	3AC 575V	3AC 690V	3AC 830V
额定直流电压	DC 485V①	DC 690V①	DC 830V①	DC 1000V①	DC 420V②	DC 600V②	DC 725V②	DC 875V②
励磁额定电压	最大 DC 325V							
运行环境温度	强迫风冷、额定电流时：0~40℃							
控制精度	数字量给定及脉冲编码器测速反馈时，在电动机基速下 $\Delta h = 0.006\%$							
允许电压波动	交流电源电压 3AC 400V 时：+15%~-20%；3AC575~830V 时：+10%~-15%							

① 单象限工作的装置（1Q）。
② 四象限工作的装置（4Q）。

（2）适用技术标准

1）VDE 0106 第 100 部分《具有危险电压等级的元器件周围的操作控制元件的布局》

2）VDE 0110 第 1 部分《低压设备中电气设备的绝缘配合》

（对电子板和功率部分为污染等级 2，非导电污染是允许的，但必须考虑到偶然由于凝露造成短暂的导电性。不允许出现凝露，因为元器件允许的湿度等级为 F 级）

3）EN60146 T1-1/VDE 0558 T11《半导体变流器　一般要求和电网换相变流器》

4）DIN EN50178/VDE 0160《带电子设备的电子功率设备的安装规程》

5) EN61800-3《可变速传动 第3部分：EMC产品标准（包括专门试验程序）》
6) DIN IEC 60068-2-6《严酷等级12（SN29010第1部分） 机械强度》

2. 产品数据和订货号（见表10-2、表10-3）

表10-2 单象限工作整流装置（1Q）产品数据和订货号

电枢回路				励磁回路		整流装置
电源额定电压/V	额定直流电压/V	额定直流电流/A	额定功率/kW	电源额定电压/V	额定直流电流/A	订货号
3AC 400	485	30	14.5	2AC 400	5	6RA7018-6DS22
		60	29		10	6RA7025-6DS22
		90	44		10	6RA7028-6DS22
		125	61		10	6RA7031-6DS22
		210	102	2AC 400	15	6RA7075-6DS22
		280	136		15	6RA7078-6DS22
		400	194		25	6RA7081-6DS22
		600	291		25	6RA7085-6DS22
		850	412	2AC 400	30	6RA7087-6DS22
		1200	582		30	6RA7091-6DS22
		1600	776		40	6RA7093-4DS22
		2000	970		40	6RA7095-4DS22
3AC 460	550	30	16.5	2AC 460	5	6RA7018-6FS22
		60	33		10	6RA7025-6FS22
		90	49.5		10	6RA7028-6FS22
		125	68.7	2AC 460	10	6RA7031-6FS22
		210	115		15	6RA7075-6FS22
		280	154		15	6RA7078-6FS22
		450	247	2AC 460	25	6RA7082-6FS22
		600	330		25	6RA7085-6FS22
		850	467		30	6RA7087-6FS22
		1200	660		30	6RA7091-6FS22
3AC 575	690	60	41	2AC 460	10	6RA7025-6GS22
		125	86		10	6RA7031-6GS22
		210	145		15	6RA7075-6GS22
		400	276	2AC 460	25	6RA7081-6GS22
		600	414		25	6RA7085-6GS22
		800	552		30	6RA7087-6GS22
		1000	690	2AC 460	30	6RA7090-6GS22
		1600	1104		40	6RA7093-4GS22
		2000	1380		40	6RA7095-4GS22
		2200	1518		85	6RA7096-4GS22
3AC 690	830	720	598	2AC 460	30	6RA7086-6KS22
		950	789		30	6RA7088-6KS22
		1500	1245	2AC 460	40	6RA7093-4KS22
		2000	1660		40	6RA7095-4KS22
3AC 830	1000	900	900	2AC 460	30	6RA7088-6LS22
		1500	1500		40	6RA7093-4LS22
		1900	1900		40	6RA7095-4LS22

表 10-3　四象限工作整流装置(4Q)产品数据和订货号

电枢回路				励磁回路		整流装置
电源额定电压/V	额定直流电压/V	额定直流电流/A	额定功率/kW	电源额定电压/V	额定直流电流/A	订货号
3AC 400	420	15	6.3	2AC 400	3	6RA7013-6DV62
		30	12.6		5	6RA7018-6DV62
		60	25		10	6RA7025-6DV62
		90	38		10	6RA7028-6DV62
		125	52.5	2AC 400	10	6RA7031-6DV62
		210	88		15	6RA7075-6DV62
		280	118		15	6RA7078-6DV62
		400	168		25	6RA7081-6DV62
		600	252	2AC 400	25	6RA7085-6DV62
		850	357		30	6RA7087-6DV62
		1200	504		30	6RA7091-6DV62
		1600	672		40	6RA7093-4DV62
		2000	840		40	6RA7095-4DV62
3AC 460	480	30	14.4	2AC 460	5	6RA7018-6FV62
		60	28.8		10	6RA7025-6FV62
		90	43		10	6RA7028-6FV62
		125	60	2AC 460	10	6RA7031-6FV62
		210	100		15	6RA7075-6FV62
		280	134		15	6RA7078-6FV62
		450	216	2AC 460	25	6RA7082-6FV62
		600	288		25	6RA7085-6FV62
		850	408		30	6RA7087-6FV62
		1200	576		30	6RA7091-6FV62
3AC 575	600	60	36	2AC 460	10	6RA7025-6GV62
		125	75		10	6RA7031-6GV62
		210	126		15	6RA7075-6GV62
		400	240	2AC 460	25	6RA7081-6GV62
		600	360		25	6RA7085-6GV62
		850	510		30	6RA7087-6GV62
		1100	660	2AC 460	30	6RA7090-6GV62
		1600	960		40	6RA7093-4GV62
		2000	1200		40	6RA7095-4GV62
		2200	1320		85	6RA7096-4GV62
3AC 690	725	760	551	2AC 460	30	6RA7086-6KV62
		1000	725		30	6RA7090-6KV62
		1500	1088		40	6RA7093-4KV62
		2000	1450		40	6RA7095-4KV62
3AC 830	875	950	831	2AC 460	30	6RA7088-6LV62
		1500	1313		40	6RA7093-4LV62
		1900	1663		40	6RA7095-4LV62

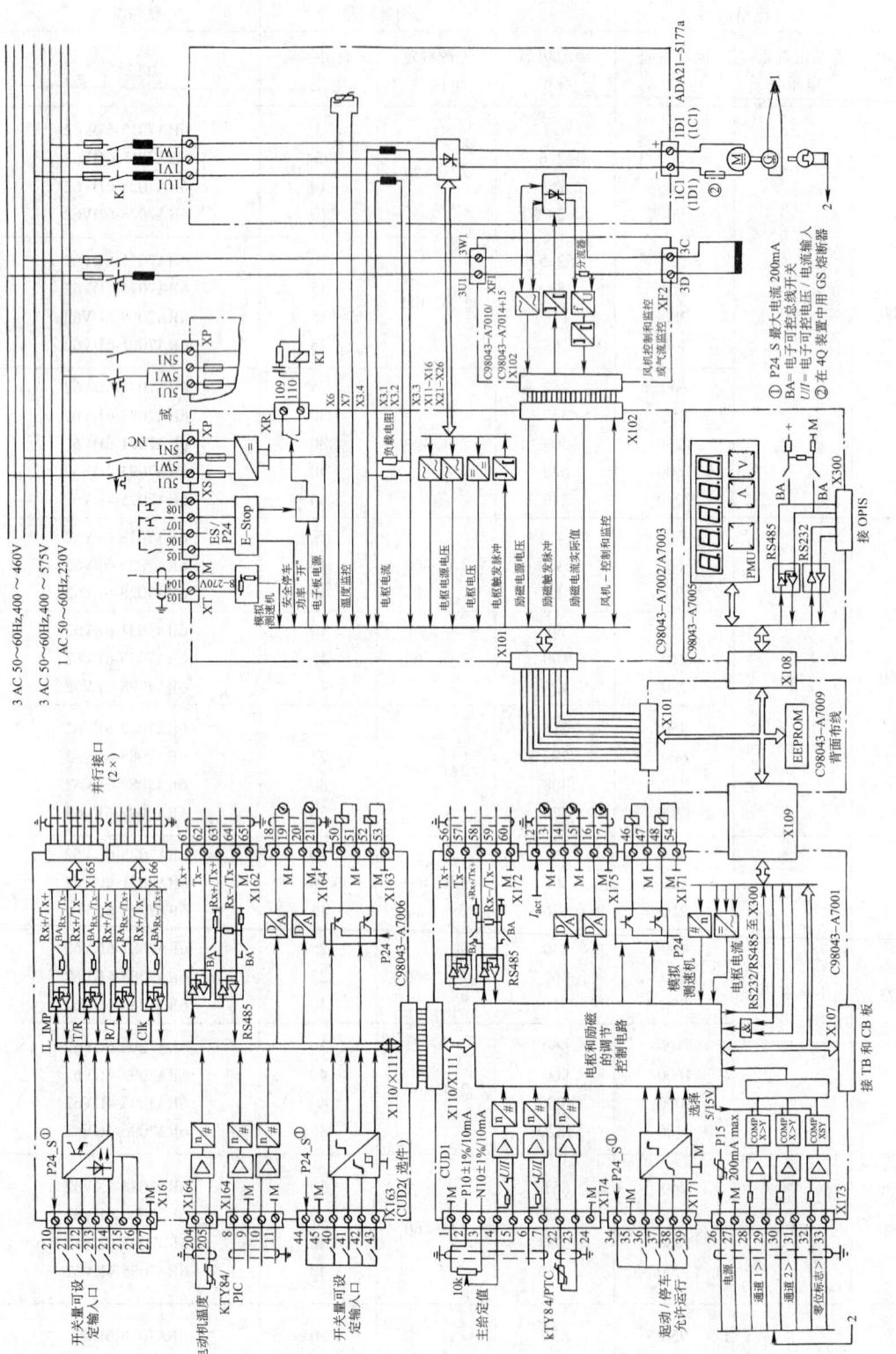

图 10-1 推荐的电子板连接框图[1]

[1] 本章介绍的除 10.2.5 节外均为德国西门子(SIEMENS)公司产品,为与原产品图相衔接,所有图形和文字均不做更动。

第10章 电气传动装置

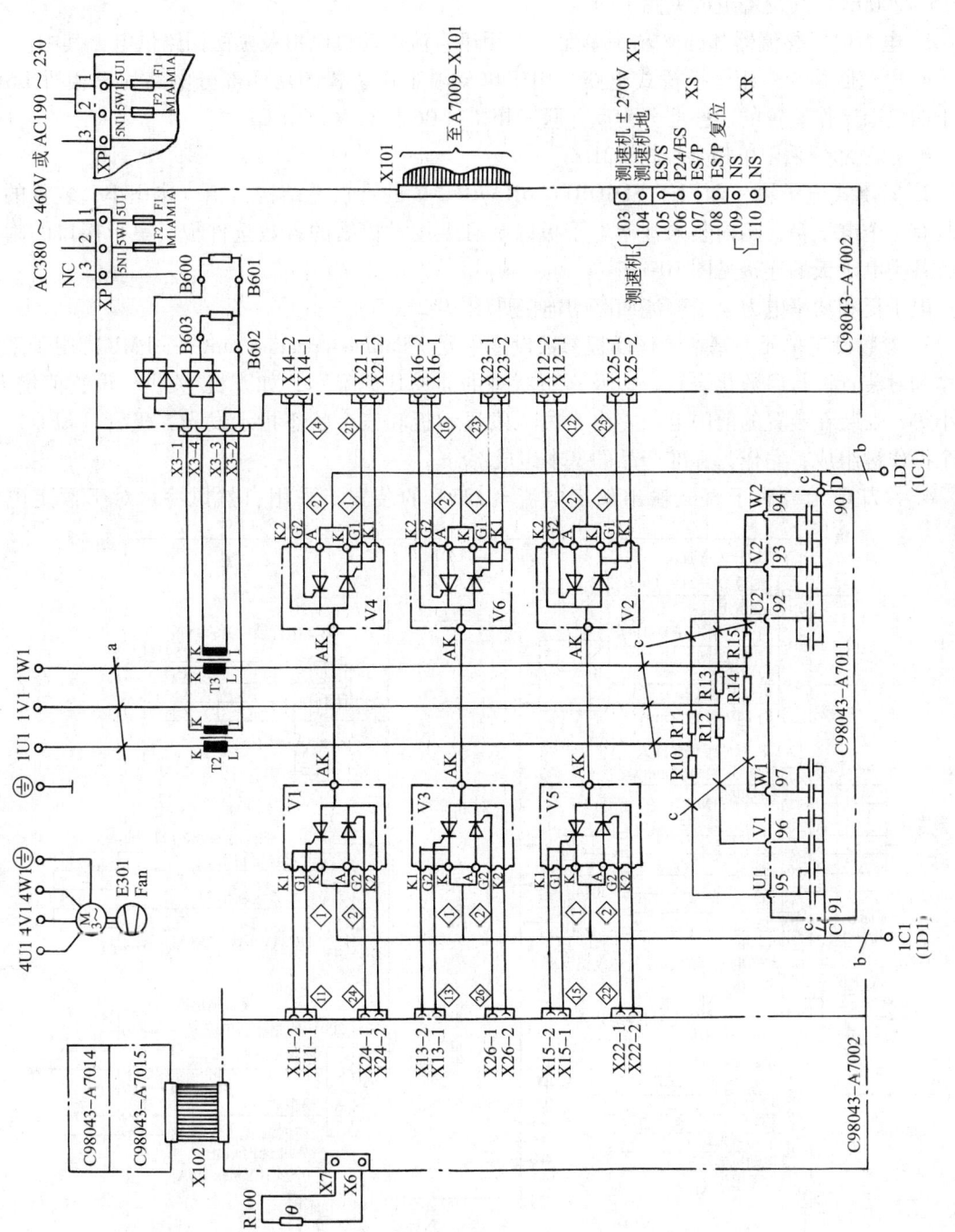

图 10-2 电子板和功率整流回路的连接

10.1.2 硬件设备组成和系统框图

西门子直流传动 SIMOREG 6RA70 调速装置的容量范围为 0.7~1550kW，（额定电枢电流为 15~2000A）其设备组成见图 10-1。

1. **电力电子整流器部分（功率单元）** 用于直流电动机电枢及励磁回路供电，其中：
- 电枢回路为三相全控桥式电路，用于单象限工作装置的功率部分电路为三相桥 B6C，用于四象限工作装置的功率部分为反并联三相桥（B6）A、（B6）C；
- 励磁部分采用单相半控桥 B2HZ。

2. **紧凑式电子箱** 西门子 SIMOREG 6RA70 装置的特点是结构紧凑、体积小，装置的门内装有一个电子箱，箱内装入基本电子板以及可供技术扩展的各数选件板、串行接口的附加板，各类电子板的连接见图 10-1。

电子板和功率电力电子整流回路的连接见图 10-2。

3. **参数设定单元** 基本操作面板参数设定单元（Parameterization unit——PMU）用于系统操作和对装置进行参数化设置，以及运行状态的简易代码显示，如开机/关机、设置值增大/减小等，安装在装置的前门上，它由 5 位 7 段显示板和三个状态指示发光二极管（LED）及三个操作键组成，它作为标准产品的基本组成部分。

4. **冷却单元** 对于直流输出额定电流≤125A 的装置，采用自然风冷；对于额定电流

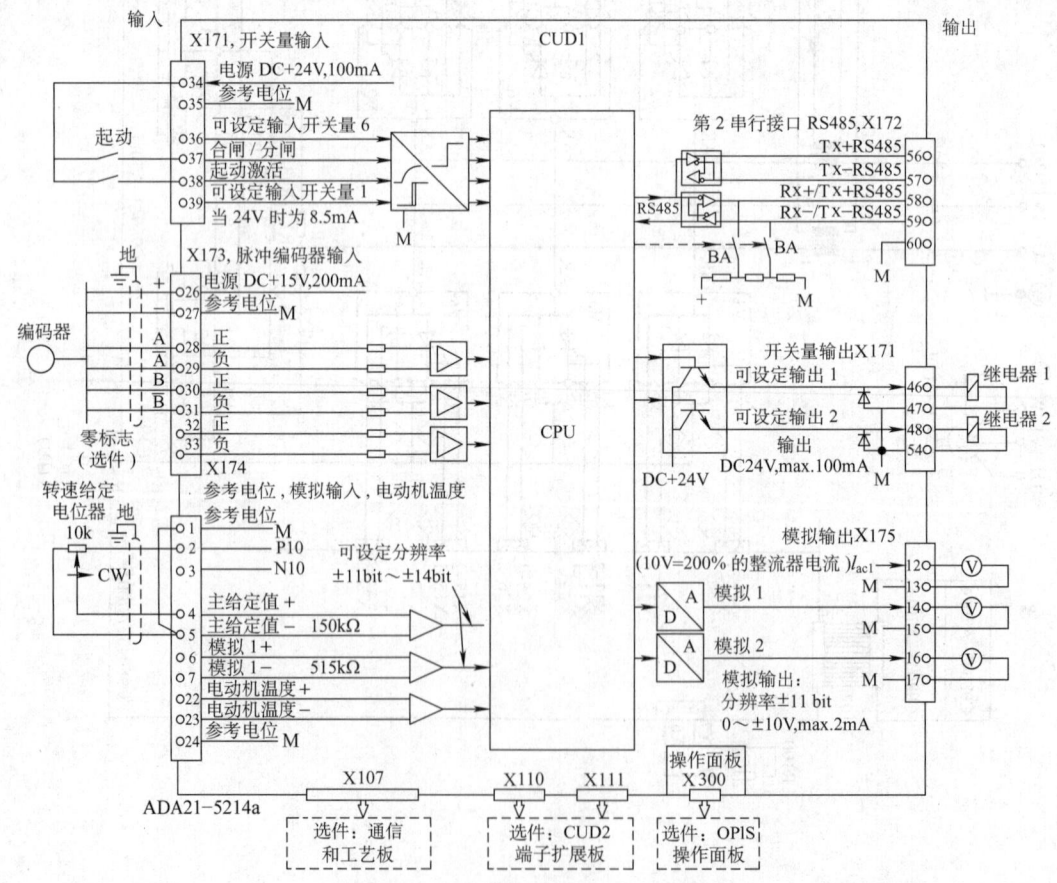

图 10-3 基本电子板 CUD1 框图

210A 以上的装置，设有不同形式的强制风冷风机单元。其中，基本电子板（CUD1）是 SIMOREG 6RA70 装置的核心部件，通过基本电子板 CUD1 实现闭环控制以及技术扩展，用以连接选件模板（见表 10-10），实现输入/输出（I/O）缩小扩展、数据信息通信等。基本电子板 CUD1 的框图见图 10-3。在基本电子板上装有 CPU 芯片及连接变量输出/输入和功能扩展的各类编子接口。

10.1.3 动态过载能力的计算

1. 负载类型 为使 SIMOREG 6RA70 装置能同工作机械的负载性质相匹配，以获得合理的经济效果，厂商规定了表 10-4 所示的负载类型，并以参数化 P067 = 1、2、3、4 在软件程序中设定。

表 10-4 负载类型表

负载级别	整流器的负载	负载周期
DC I （P067 = 1）	I_{DCI} 连接（I_{dN}）	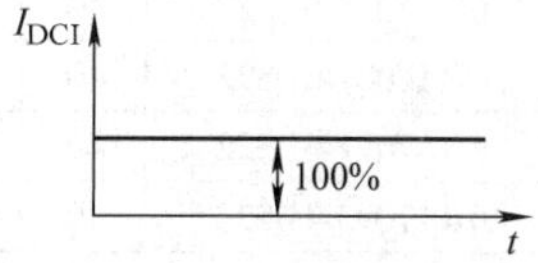 I_{DCI}，100%
DC II （P067 = 2）	I_{DCII}，15min 及 $1.5 \times I_{DCII}$，60s	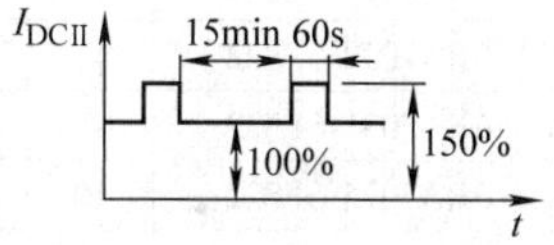 I_{DCII}，15min 60s，100%，150%
DC III （P067 = 3）	I_{DCIII}，15min 及 $1.5 \times I_{DCIII}$，120s	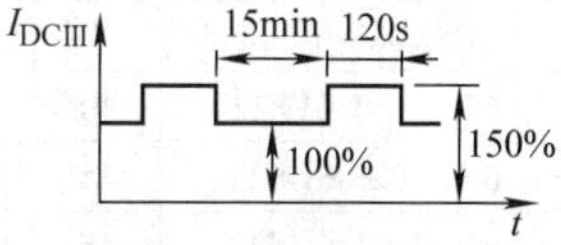 I_{DCIII}，15min 120s，100%，150%
DC IV （P067 = 4）	I_{DCIV}，15min 及 $2 \times I_{DCIV}$，10s	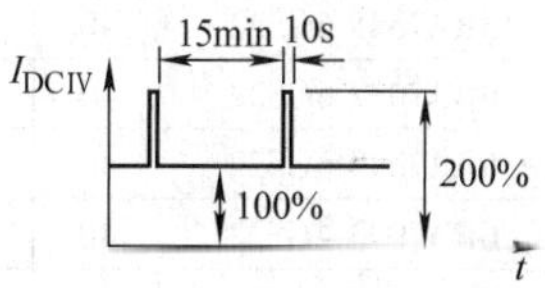 I_{DCIV}，15min 10s，100%，200%
US 额定 （P067 = 5）	I_{US}，15min 及 $1.5 \times I_{US}$，60s 注意： 在这设定中，对所有类型装置允许其环境或冷却介质温度为 45℃	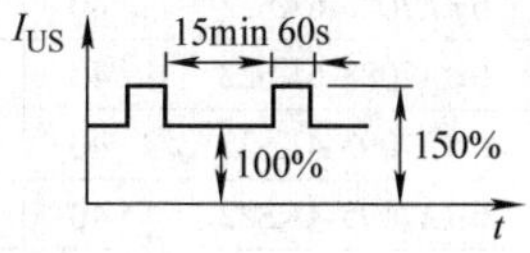 I_{US}，15min 60s，100%，150%

对于不同的负载工作制，整流装置具有不同的直流电流额定值；见表 10-5 及表 10-6。

表 10-5 整流装置为单象工作制的额定及过载输出电流
（负载周期用于 1Q）

推荐的 SIMOREG 6RA70 型号	T_v	负 载 周 期						US 定额 $T_u = 45$ ℃	
		DC I	DC II		DC III		DC IV			
		连续	15min 100%	60s 150%	15min 100%	120s 150%	15min 100%	10s 200%	15min 100%	60s 150%
	℃	A	A	A	A	A	A	A	A	A
400V, 1Q										
6RA7018-6DS22	45	30	24.9	37.4	24.2	36.3	22.4	44.8	24.9	37.4
6RA7025-6DS22	45	60	51.4	77.1	50.2	75.3	46.4	92.8	51.4	77.1
6RA7028-6DS22	45	90	74.4	111.6	72.8	109.2	65.4	130.8	74.4	111.6
6RA7031-6DS22	45	125	106.1	159.2	103.4	155.1	96.3	192.6	106.1	159.2
6RA7075-6DS22	40	210	164.9	247.4	161.4	242.1	136.5	273.0	157.5	236.3
6RA7078-6DS22	40	280	226.8	340.2	219.3	329.0	201.0	402.0	215.8	323.7
6RA7081-6DS22	40	400	290.6	435.9	282.6	423.9	244.4	488.8	278.4	417.6
6RA7085-6DS22	40	600	462.6	693.9	446.3	669.5	413.2	826.4	443.4	665.1
6RA7087-6DS22	40	850	652.3	978.5	622.4	933.6	610.1	1220.2	620.2	930.3
6RA7091-6DS22	40	1200	879.9	1319.9	850.8	1276.2	786.6	1573.2	842.6	1263.9
6RA7093-4DS22	40	1600	1255.5	1883.3	1213.1	1819.7	1139.9	2279.8	1190.1	1785.2
6RA7095-4DS22	40	2000	1510.2	2265.3	1456.3	2184.5	1388.8	2777.6	1438.7	2158.1
460V, 1Q										
6RA7018-6FS22	45	30	24.9	37.4	24.2	36.3	22.4	44.8	15.0	22.5
6RA7025-6FS22	45	60	51.4	77.1	50.2	75.3	46.4	92.8	30.0	45.0
6RA7028-6FS22	45	90	74.4	111.6	72.8	109.2	65.4	130.8	60.0	90.0
6RA7031-6FS22	45	125	106.1	159.2	103.4	155.1	96.3	192.6	100.0	150.0
6RA7075-6FS22	40	210	164.9	247.4	161.4	242.1	136.5	273.0	140.0	210.0
6RA7078-6FS22	40	280	226.8	340.2	219.3	329.0	201.0	402.0	210.0	315.0
6RA7082-6FS22	40	450	320.6	480.9	311.2	466.8	274.3	548.6	255.0	382.5
6RA7085-6FS22	40	600	462.6	693.9	446.3	669.5	413.2	826.4	430.0	645.0
6RA7087-6FS22	40	850	652.3	978.5	622.4	933.6	610.1	1220.2	510.0	765.0
6RA7091-6FS22	40	1200	879.9	1319.9	850.8	1276.2	786.6	1573.2	850.0	1275.0
575V, 1Q										
6RA7025-6GS22	45	60	51.4	77.1	50.2	75.3	46.4	92.8	51.4	77.4
6RA7031-6GS22	45	125	106.1	159.2	103.4	155.1	96.3	192.6	106.1	159.2
6RA7075-6GS22	40	210	164.9	247.4	161.4	242.1	136.5	273.0	157.5	236.3
6RA7081-6GS22	40	400	290.6	435.9	282.6	423.9	244.4	488.8	278.4	417.6
6RA7085-6GS22	40	600	462.6	693.9	446.3	669.5	413.2	826.4	443.4	665.1
6RA7087-6GS22	40	800	607.7	911.6	581.5	872.3	559.3	1118.6	578.0	867.0
6RA7090-6GS22	40	1000	735.8	1103.7	713.4	1071.1	648.0	1296.0	700.4	1050.6
6RA7093-4GS22	40	1600	1255.5	1883.3	1213.1	1819.7	1139.9	2279.8	1190.1	1785.2
6RA7095-4GS22	40	2000	1663.0	2494.5	1591.2	2386.8	1568.4	3136.8	1569.5	2354.3
6RA7096-4GS22	40	2200	1779.6	2669.4	1699.9	2549.9	1697.2	3394.4	1678.0	2517.0
690V, 1Q										
6RA7086-6KS22	40	720	553.1	829.7	527.9	791.9	515.8	1031.6	525.9	788.9
6RA7088-6KS22	40	950	700.1	1050.2	677.1	1015.7	624.4	1248.8	668.1	1002.2
6RA7093-4KS22	40	1500	1156.9	1735.4	1118.2	1677.3	1047.0	2094.0	1101.9	1652.9
6RA7095-4KS22	40	2000	1589.3	2384.0	1522.2	2283.3	1505.5	3011.0	1503.9	2255.9
830V, 1Q										
6RA7088-6LS22	40	900	663.8	995.7	642.0	963.0	592.1	1184.2	633.5	950.3
6RA7093-4LS22	40	1500	1156.9	1735.4	1118.2	1677.3	1047.0	2094.0	1101.9	1652.9
6RA7095-4LS22	40	1900	1485.4	2228.1	1421.6	2132.4	1396.9	2793.8	1414.2	2121.3

表 10-6　整流装置为四象限工作制的额定及过载输出电流

（负载周期用于 4Q）

推荐的 SIMOREG 6RA70 型号		T_v	负载周期							US 定额 $T_u = 45℃$	
			DC Ⅰ	DC Ⅱ		DC Ⅲ		DC Ⅳ		15min 100%	60s 150%
			连续	15min 100%	60s 150%	15min 100%	120s 150%	15min 100%	10s 200%		
		℃	A	A	A	A	A	A	A	A	A
400V,4Q	6RA7013-6DV62	45	15	13.9	20.9	13.5	20.3	12.6	25.2	13.9	20.9
	6RA7018-6DV62	45	30	24.9	37.4	24.2	36.3	22.4	44.8	24.9	37.4
	6RA7025-6DV62	45	60	53.1	79.7	51.8	77.7	47.2	94.4	53.1	79.7
	6RA7028-6DV62	45	90	78.2	117.3	76.0	114.0	72.2	144.4	78.2	117.3
	6RA7031-6DV62	45	125	106.1	159.2	103.6	155.4	95.4	190.8	106.1	159.2
	6RA7075-6DV62	40	210	164.9	247.4	161.4	242.1	136.5	273.0	157.5	236.3
	6RA7078-6DV62	40	280	226.8	340.2	219.3	329.0	201.0	402.0	215.8	323.7
	6RA7081-6DV62	40	400	300.1	450.2	292.4	438.6	247.4	494.8	285.5	428.3
	6RA7085-6DV62	40	600	470.8	706.2	453.9	680.9	410.4	820.8	450.1	675.2
	6RA7087-6DV62	40	850	658.3	987.5	634.2	951.3	579.6	1159.2	626.4	939.6
	6RA7091-6DV62	40	1200	884.1	1326.2	857.5	1286.3	768.8	1537.6	842.3	1263.5
	6RA7093-4DV62	40	1600	1255.5	1883.3	1213.1	1819.7	1139.9	2279.8	1190.1	1785.2
	6RA7095-4DV62	40	2000	1477.7	2216.6	1435.3	2153.0	1326.7	2653.4	1404.6	2106.9
460V,4Q	6RA7018-6FV62	45	30	24.9	37.4	24.2	36.3	22.4	44.8	15.0	22.5
	6RA7025-6FV62	45	60	53.1	79.7	51.8	77.7	47.2	94.4	30.0	45.0
	6RA7028-6FV62	45	90	78.2	117.3	76.0	114.0	72.2	144.4	60.0	90.0
	6RA7031-6FV62	45	125	106.1	159.2	103.6	155.4	95.4	190.8	100.0	150.0
	6RA7075-6FV62	40	210	164.9	247.4	161.4	242.1	136.5	273.0	140.0	210.0
	6RA7078-6FV62	40	280	226.8	340.2	219.3	329.0	201.0	402.0	210.0	315.0
	6RA7082-6FV62	40	450	320.6	480.9	311.2	466.8	274.3	548.6	255.0	382.5
	6RA7085-6FV62	40	600	470.8	706.2	453.9	680.9	410.4	820.8	430.0	645.0
	6RA7087-6FV62	40	850	658.3	987.5	634.2	951.3	579.6	1159.2	510.0	765.0
	6RA7091-6FV62	40	1200	884.1	1326.2	857.5	1286.3	768.8	1537.6	850.0	1275.0
575V,4Q	6RA7025-6GV62	45	60	53.1	79.7	51.8	77.7	47.2	94.4	53.1	79.7
	6RA7031-6GV62	45	125	106.1	159.2	103.6	155.4	95.4	190.8	106.1	159.2
	6RA7075-6GV62	40	210	164.9	247.4	161.4	242.1	136.5	273.0	157.5	236.3
	6RA7081-6GV62	40	400	300.1	450.2	292.4	438.6	247.4	494.8	285.5	428.3
	6RA7085-6GV62	40	600	470.8	706.2	453.9	680.9	410.4	820.8	450.1	675.2
	6RA7087-6GV62	40	850	658.3	987.5	634.2	951.3	579.6	1159.2	626.4	939.6
	6RA7090-6GV62	40	1100	804.7	1207.1	782.6	1173.9	689.6	1379.2	768.8	1150.2
	6RA7093-4GV62	40	1600	1255.5	1883.3	1213.1	1819.7	1139.9	2279.8	1190.1	1785.2
	6RA7095-4GV62	40	2000	1663.0	2494.5	1591.2	2386.8	1568.4	3136.8	1569.5	2354.3
	6RA7096-4GV62	40	2200	1779.6	2669.4	1699.9	2549.9	1697.2	3394.4	1678.0	2517.0
690V,4Q	6RA7086-6KV62	40	760	598.7	898.1	575.4	863.1	532.9	1065.8	569.3	854.0
	6RA7090-6KV62	40	1000	737.3	1106.0	715.2	1072.8	639.5	1279.0	702.3	1053.5
	6RA7093-4KV62	40	1500	1171.6	1757.4	1140.1	1710.2	1036.6	2073.2	1116.2	1674.3
	6RA7095-4KV62	40	2000	1477.7	2216.6	1435.3	2153.0	1326.7	2653.4	1404.6	2106.9
830V,4Q	6RA7088-6LV62	40	950	700.8	1051.2	679.8	1019.7	607.8	1215.6	667.6	1001.4
	6RA7093-4LV62	40	1500	1171.6	1757.4	1140.1	1710.2	1036.6	2073.2	1116.2	1674.3
	6RA7095-4LV62	40	1900	1485.4	2228.1	1421.6	2132.4	1396.9	2793.8	1414.2	2121.3

2. 周期性断续过载能力的计算 对于 SIMOREG 6RA70 产品，允许不同过载周期（大于或小于 300s 循环时间），以及不同过载幅值（大于或小于 1.5 倍条件）下运行，但应该依据厂商提供的相应曲线计算发生过载以前的基本负载电流值，该值在图 10-4 的曲线上是以整流器额定直流电流作为基值的%数表示的。当基本负载电流值（即发生过载以前的电流）及过载系数变化时，SIMOREG 6RA70 装置，应该按厂商提供的相应曲线及下述方法，重新计算相应的过负载电流值及相应的循环周期。

表 10-7 是对于系列产品中四象限工作及 400V/460V、30A 产品的过载计算数值，图 10-4 是相对应的过载曲线。

对于这一个产品规格在例 10-1、例 10-2 任务下过载值的计算举例。

【例 10-1】 已知量：30A/4Q 整流器，循环时间 113.2s，过载系数 = 1.45，过载周期 = 20s

要建立的量：最小基本负载周期和最大基本负载电流

解：按 30A/4Q 整流器限幅特性曲线（见图 10-4），过载系数 $X = 1.5$；过载周期 300 = （300s/113.2s）×20s = 53s；基本负载周期 300 = 300s − 53s = 247s；最大基本负载电流 ≈ 45% $I_{额定}$ = 13.5A

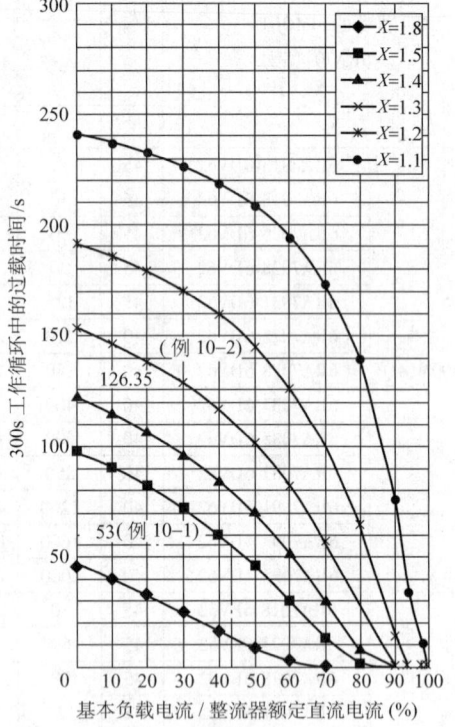

6RA7018-6DS22 30A/1Q 400V
6RA7018-6FS22 30A/1Q 460V
6RA7018-6DV62 30A/4Q 400V
6RA7018-6FV62 30A/4Q 460V

图 10-4 过载曲线典型值

表 10-7 30A/1Q 及 30A/4Q、420V/460V 的过载数据

I_g(%)	T_p/s					
	$X = 1.8$	$X = 1.5$	$X = 1.4$	$X = 1.3$	$X = 1.2$	$X = 1.1$
0	45.520	97.480	122.400	153.020	191.300	240.300
10	39.447	90.410	115.380	146.357	185.582	236.594
20	32.616	82.061	106.977	138.295	178.589	231.970
30	25.093	72.179	96.909	128.483	169.899	226.113
40	17.093	60.500	84.768	116.423	158.923	218.466
50	9.069	46.750	70.012	101.402	144.877	208.253
60	2.993	30.889	51.992	82.375	126.350	194.047
70	0.466	13.944	30.536	57.809	101.038	173.048
80	0.314	1.750	8.127	26.755	64.820	139.207
90	0.162	0.554	0.880	1.491	14.255	76.260
94	0.101	0.346	0.550	0.932	1.758	34.440
98	0.041	0.138	0.220	0.373	0.703	11.787
100	0.010	0.035	0.055	0.093	0.176	0.460

注：I_g(%)——基本负载电流对额定直流电流的任务值；X——指 X 倍的额定直流过载；$T_p(s)$——循环周期为 300s 的过载时间。

已知量：整流器型号、循环时间、过载系数、基本负载电流。

要建立的量：最小基本负载周期和最大过载周期。

解：根据整流器型号和过载系数选择限幅特性曲线，由限幅特性曲线确定基本负载电流的过载周期300；循环时间<300s：最大过载周期=（循环时间/300s）×过载周期300；最小基本负载周期=循环时间-最大过载周期；循环时间≥300s：最大过载周期=过载周期300；最小基本负载周期=循环时间-最大过载周期。

【**例 10-2**】 已知量：30A/4Q整流器，循环时间140s；电流过载系数 $X=1.15$；基本负载电流 $=0.6 \times I_{额定} = 18A$。

要建立的量：最小基本负载周期和最大过载周期。

解：30A/4Q整流器限幅特性曲线，过载系数 $X=1.2$；基本负载电流 $=60\% I_{额定}$，过载周期300 = 126.35s；最大过载周期 =（140s/300s）× 126.35s ≈ 59s；最小基本负载周期 = 140s − 59s = 81s。

3. 对于直流电动机的电枢过热 I^2t 监控 当电动机有较长时间的持续满负载或时间较长的过负载时，例如电动机在125%的额定电流持续运行时，SIMOREG 6RA70装置的软件程序中设计有 I^2t 监控功能。监控功能是以电动机电枢的热时间常数 T_{th}，用 P114 和电动机电枢额定电流 P100 参数化的。当电枢持续过载时，程序依据图10-4 注定的内部曲线，以及工况发生的负载电流，依据图10-5 的过载曲线以及过载发生以前的预负载电流，决定报警信号 A037 的被触发时间，图10-5 中的时间曲线，是以电动机电枢的额定电流（参数化 P100 的设置值）和电动机电枢热时间常数（电动机厂商提供，并由参数化 P114 设置）为基准的标幺值表示的。A037 电动机 I^2t 监控故障信息，可用于故障记忆或启动系统联锁控制的状态输出。一般故障监控的功能主要用于有较长持续时间的预负载，通常预负载的持续时间应超过5倍电动机电枢热时间常数 T_{th} 以后投入工作。

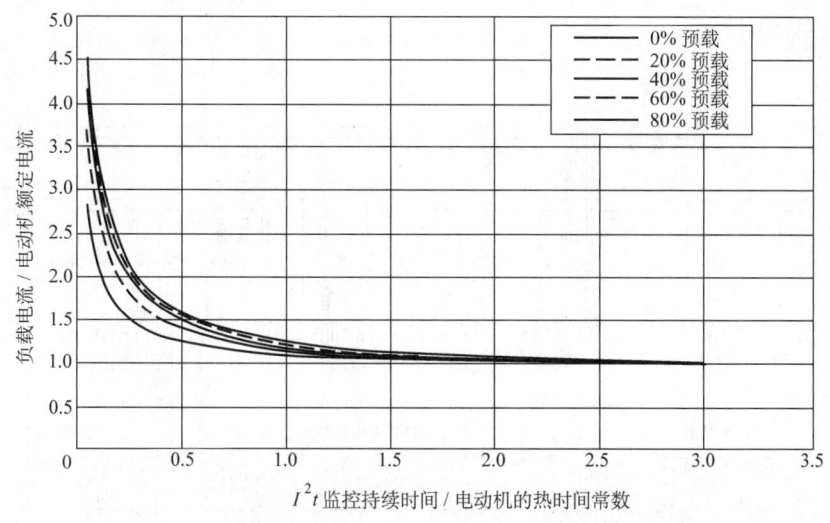

图 10-5 I^2t 监控持续时间曲线（用于 A037 故障记忆）

10.1.4 系统集成及可选件

1. 系统集成及系统元件的连接和作用见图 10-6。

在图 10-6 中，①、②是用于电枢整流器和励磁回路整流器的交流进线电抗器，选用方法可见 10.2.5 中的有关部分；③~⑤为无线电干扰抑制滤波器。

2. SIMOREG 整流装置的并联连接

SIMOREG 6RA70 系列整流装置在扩大输出容量时允许整流装置并联工作，多整流装置并联的连接示意图见图 10-7。在用于并联工作时必须遵照以下的系统配置原则：

（1）要求并联的几台 SIMOREG 装置进线侧输入端子 1U1、1V1、1W1 之间相序必须一致。要求输出端 1C1（1D1）之间的直流输出母排极性一致。

（2）交流输入端必须配置相同型号的交流进线电抗器，电抗器电压降最小 $u_K = 2\%$，误差小于 5%。

（3）每台装置必须配置选件 CUD2 板（见表 10-10），并口线长度 <15m。

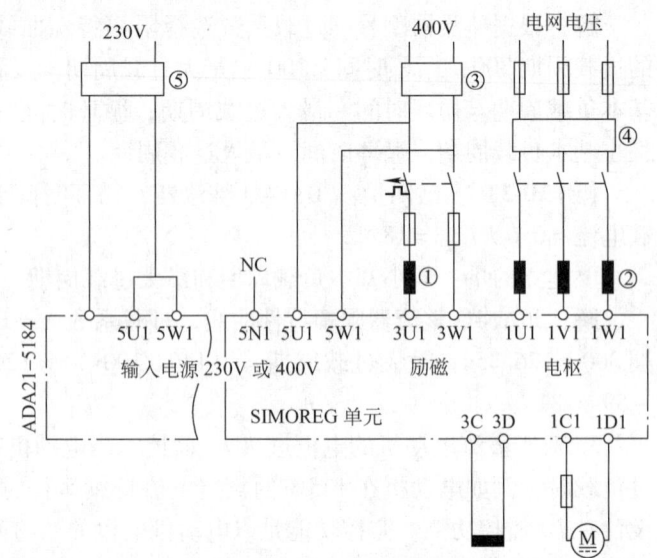

图 10-6 电抗器和无线电抗干扰抑制滤波器
①—励磁回路滤波电抗器 ②—电枢回路进线电抗器 ③—无线电干扰抑制滤波器 ④—电枢回路无线电干扰抑制滤波器 ⑤—电子板电源 AC230V 无线电干扰抑制滤波器

（4）几台 SIMOREG 6RA70 之间采用主/从控制方式，从系统仅为电流闭环，主系统为速度、电流双闭环，并且在设备布置上，主设备应置于中央。

（5）最多可并联的 SIMOREG 6RA70 的设备数 $n = 6$。最大输出电流 $I_{max} = nI_N$（I_N 为单台装置输出额定电流值）。

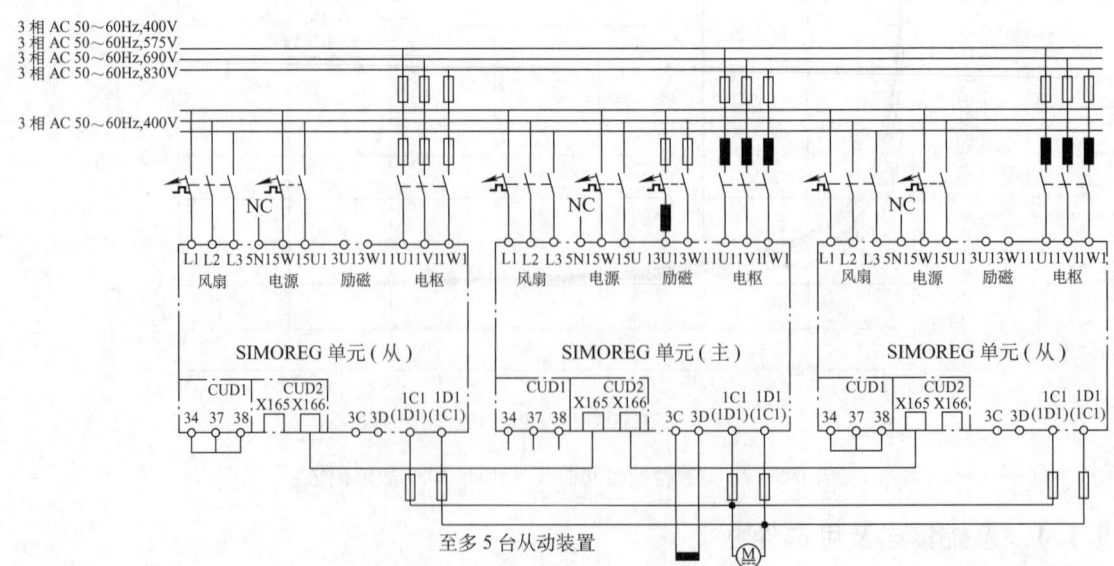

图 10-7 SIMOREG 装置的并联工作

3. SIMOREG 装置 12 脉波整流 SIMOREG 6RA70 装置允许用两台装置组成 12 脉波整流电路，以减少对供电网的谐波电流干扰和扩大设备输出容量。每一台装置都只承受总电流的 1/2，其中一个 SIMOREG 装置作为主系统，接受测速装置的速度反馈信号，作为速度、电流双闭环；另一个装置工作在电流调节，接受主系统发出的电流设定值指令，作为从系统运行。

图 10-8 中平波电抗器的选择和计算，应注意以下各点：

- 对于两个整流器中的任何一个，都要使用平波电抗器，此处的电抗器是双值电抗器，即电抗器的电感是由两个电流值确定的。

其中，L_{D1} 是当电抗器通过的电流只有 $0.2I_{dN}$ 值时（I_{dN} 是直流电动机电枢额定电流的一半）电抗器的电感值；L_{D2} 是当电抗器通过的电流为 I_{dmax}（I_{dmax} 是直流电动机电枢最大过载电流的一半）的电感值。

- 根据电抗器直流电流的有效值，对电抗器进行热计算。

- 如用铁心电抗器，在两个电流下应满足 L_{D1}，L_{D2} 电感值；但对于空心电抗器，只用 L_{D1} 值即可。

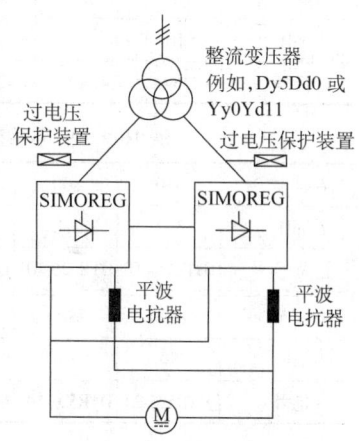

图 10-8 SIMOREG 装置用作 12 脉波整流电路

电感值的计算参阅本手册第 6 章有关内容。

4. 直流平波电抗器的选择和计算 直流平波电抗器在某些特定情况下，如 12 脉波整流，以及在要求电枢回路的直流电流脉动分量小，且在空载用于运行时要求电流连续或者在电动机换向能力不足情况下，需要在整流装置输出及电动机电枢主回路串联平波电抗器，其电抗器的选择计算方法如下：

（1）平波电抗器的额定电流 平波电抗器的额定电流 I_{LN}（A）可按下式选择：

$$I_{LN} = I_{MN}$$

式中 I_{MN}——由整流器供电的电动机的额定电流（A）。

（2）平波电抗器的微分电感 平波电抗器的微分电感 L（mH）可按下式选择：

$$L = [K_{md}K_{UV}U_{V\Phi}/(\delta I_{MN})] - L_M - K_L L_T$$

式中 $U_{V\Phi}$——由变频器或逆变器供电的电动机的额定电压（V）；

δ——允许的电流脉动率；

I_{MN}——由整流器供电的电动机的额定电流（A）；

L_M——电动机电枢回路电感（mH）；

L_T——整流变压器漏感（折合到二次侧）或进线电抗器电感（mH）；

K_{md}、K_{UV}、$K_{V\Phi}$——计算系数（见表 6-59 ~ 表 6-62）。

具体的计算步骤和有关计算系数的数值，可参见第 6 章有关内容。

在报价或初步估算时，对于三相桥式整流系统，也可根据平波电抗器的额定电流 I_{LN} 直接从表 10-8、表 10-9 中选择平波电抗器。为便于读者选用，在表 10-8、表 10-9 中还列出了相应生产厂商的订货号，其中表 10-8 是铁心电抗器，表 10-9 是空心电抗器。铁心电抗器体积小，但微分电感值与电流有关。空心电抗器体积大，但微分电感值与电流无关。一般小电流时选铁心电抗器，大电流时因铁心电抗器较贵，多选择空心电抗器。

表 10-8　铁心平波电抗器（额定电压：1.2kV　型号：PKG3-1.2）

I_{LN}/A	10	20	31.5	50	80	100	125	160	200
L/mH	160	112	63	45	31.5	25	20	16	12.5
订货号	K425-015	K425-043	K425-052	K425-067	K425-089	K425-112	K425-140	K425-165	K425-177
I_{LN}/A	315	360	450	560	630	800	1000	1250	1600	2000
L/mH	10	8	6	4.5	3.6	2.8	2.5	2	1.5	1.1
订货号	K425-222	K425-223	K425-239	K425-254	K425-255	K425-282	K425-308	K425-334	K425-335	K425-360

表 10-9　空心平波电抗器（额定电压：1.2kV　型号：PKGK1-1.2）

I_{LN}/A	630	800	1000	1250	1400	1600	1800	2000	2200
L/mH	3.2	2.8	2.2	2	1.6	1.25	1.25	1.0	0.8
订货号	DTR526-101	DTR526-102	DTR526-103	DTR526-104	DTR526-12	DTR526-105	DTR526-106	DTR526-107	DTR526-108
I_{LN}/A	2500	2800	3150	3600	4000	4500	5000	5600	6300
L/mH	0.8	0.6	0.5	0.5	0.4	0.4	0.3	0.3	0.2
订货号	DTR526-20	DTR526-109	DTR526-110	DTR526-111	DTR526-112	DTR526-113	DTR526-114	DTR526-115	DTR526-116

5. 可选件配置和订货型号（见表 10-10）

表 10-10　可选件选型及订货型号

订货说明

SIMOREG 装置带选件订货时，订货号带字母"Z"和相应的代码。

6RA70□□-□□□□□-0-Z　　SIMOREG 装置订货号的代码（可以是几个）。

□□□ + □□□ + …

用代码订货的选件在工厂装入供货。

基本装置的选件

选件板	说　明	代　码	订货号
	基本装置中工艺软件（"自由功能块"）	S00	6RX1700-0AS00
CUD2	基本装置端子扩展板	K00	6RX1700-0AK00
	并联连接电缆		6RY1707-0AA08
	对于 400V/460V/575V 装置的超低压运行选件 装置运行在 15~85V 电源电压	L04	

需 1 个 LBA 或 LBA + ADB 的选件

选件板	说　明	代　码	订货号
LBA	电子箱总线适配器 安装附加板选件的前提条件	K11	6SE7090-0XX84-4HA0
ADB	适配板 安装 SBP、EB1、EB2、SLB、CBP2、CBC 和 CBD 的前提条件	K01,K02	6SX7010-0KA00
SBP	脉冲编码器计算板（小板，需 ADB）	C14,C15,C16,C17	6SX7010-0FA00
EB1	端子扩展板（小板，需 ADB）	G64,G65,G66,G67	6SX7010-0KB00
EB2	端子扩展板（小板，需 ADB）	G74,G75,G76,G77	6SX7010-0KC00
SLB	SIMOLINK 板（小板，需 ADB）	G44,G45,G46,G47	6SX7010-0FJ00
CBP2	带有同 SINEC-L2-DP,(PROFIBUS-DP) 接口的通信板（小板，需 ADB）	G94,G95,G96,G97	6SX7010-0FF05

(续)

选件板	说　　明	代　　码	订货号
CBC	具有同 CAN 协议接口的通信板(小板,需 ADB)	G24、G25、G26、G27	6SX7010-0FG00
CBD	具有同 DeviceNet 协议接口的通信板(小板,需 ADB)	G54、G55、G56、G57	6SX7010-0FK00
SCB1	具有 LWL 接线的接口板(供货包括 10m LWL)	—	6SE7090-0XX84-0BC0
T400	工艺板(包括简短说明)	—	6DD1606-0AD0
	T400 的硬件和配置使用手册	—	6DD1903-0EA0

注:LBA—背板总线适配器;ADB—已装上选件板的适配板。

有关电子箱电子板选件安装资料及表 10-10 内的选件板详细技术规格和资料见西门子 SIMOREG 6RA70 样本手册。

10.1.5 直流驱动装置 EMC 的安装导则和干扰抑制

1. EMC 的基本原理

(1) 什么是 EMC(Electromagnetic Compatibility)　EMC 即是"电磁兼容性",它定义一台设备在电磁环境中不产生令其他电气设备不可接受的电磁干扰的情况下,有令人满意的工作能力。因此,不同的设备不应互相影响。

(2) 干扰辐射和抗干扰性　EMC 是由与设备/装置相关的两个特性而决定的,即干扰辐射和抗干扰性。各类电气设备既可能是故障源(发送器),又可能是干扰接收器。

如果故障源没有反过来影响干扰接收器的正常功能,则存在电磁兼容性。

一个设备可能不但是故障源,而且也是受干扰设备,例如整流器的功率部分可以认为是故障源,而控制部分则为干扰接收器。

(3) 极限值　电气驱动装置受产品标准 EN 61800-3 支配,根据该标准,对工业供电网络不需要执行所有的 EMC 措施,然而可以采取相应环境中特定的解决方法。因此,对于整流器而言,增加敏感器件的抗干扰性与抑制干扰源措施相比,更加经济。所以,这种经济有效的方法被选择使用。

SIMOREG DC Master 整流器是为工业应用而设计的(工业低压供电系统,即不作为家庭使用)。

抗干扰性决定了一台装置当其受到电磁干扰时的工作状况,产品标准对在工业环境中装置工作状况的要求和评估标准做了限制,本说明中整流器应遵守有关标准。

(4) SIMOREG 整流器的工业应用　在工业环境中,装置必须有很高的抗干扰性,而对干扰辐射没有高的要求。

SIMOREG DC Master 整流器如同接触器和开关一样,是一个电气驱动系统的部件,适当的专业技术人员必须将它们集成到驱动系统中去,至少应包括整流器、电动机电缆和电动机。在多数情况下,需要进线电抗器和熔断器,如果这些部件以正确的方式安装,极限值才能保证。为了将干扰的辐射限制在限幅值等级"A1",需要合适的无线电干扰抑制滤波器和进线电抗器与整流器配合。根据 EN55011 的定义,没有 RI 抑制滤波器,SIMOREG 6RA70 整流器产生的干扰辐射将超过限幅值等级 A1。

如果驱动装置只是整个系统的一部分,最初它并不需要满足任何有关干扰辐射的要求,然而,EMC 规则要求作为一个整体要做到与其周围环境的电磁兼容。

如果装置中所有的控制部件（例如：PLC）对于工业环境都具备抗干扰性，那么每个传动部分就没有必要都达到限幅值等级 A1。

(5) 不接地供电系统　不接地供电系统（IT 系统）广泛用于工业部门，以增强工厂电网的利用率。在发生接地故障时，没有故障电流流过，所以设备仍然能运行。然而，如安装了无线电干扰抑制滤波器，当发生接地故障时，造成故障电流流过而引起驱动装置的跳闸，在某些情况下，将损坏抑制滤波器。由于这个原因，产品标准并未规定此类电网的限幅值。从经济观点来看，如果需要无线电干扰抑制滤波器，则应装在电源变压器的接地一次侧。

(6) EMC 规划　如果两台装置不具备电磁兼容性，那么就应该减少干扰源的干扰辐射，或者增加干扰接受器的抗干扰能力。干扰源通常是电力电子设备并有很大的功率消耗，为了减小由这些装置产生的干扰辐射，需要复杂和昂贵的滤波器。干扰接收器主要指控制设备和传感器，包括计算电路，增加这些低耗电设备的抗干扰能力通常比较容易和便宜。因此在工业应用环境中，增加抗干扰能力比减小干扰辐射常常更经济有效。例如，为了保证 EN 55011 的限幅值等级 A1，电源连接点处无线电干扰电压在 150~500kHz 频段最大为 79dB（μV）；在 500kHz~30MHz 频段为 73dB（μV）（9mV 或 4.5mV）。

在一个工业应用环境中，设备 EMC 的使用必须以干扰辐射和抗干扰有良好的平衡为基础。

最佳的成本—效果 RI 抑制措施是空间上将干扰源与干扰接收分开，假设在工厂和机械设计时已经考虑到了这些，第一步应是确认是否每个装置都是一个可能的干扰源（干扰辐射或干扰接收），干扰源举例来说，如整流器、接触器；受干扰设备举例来说，如自动化装置、传送器、传感器。

控制柜中的元件（干扰源和干扰接收）必须在空间上分开，如果有必要，可以对每个元件使用金属隔离或是金属罩。图 10-9 是一个控制柜中元件的布置示例。

2. 驱动装置正确的 EMC 安装（安装指导）

(1) 概述　由于驱动装置可以广泛运行于不同的环境中，并且使用的电气元件（控制元件，开关电源等等）在抗干扰和干扰辐射上存在较大差别，所有的安装指导都应以实际情况为基础。

为了保证柜子在恶劣电气环境下的电磁兼容性，并且满足相关规定中的相应标准，当设计和安装控制柜时，必须遵守以下的 EMC 规则：规则 1~10 普遍有效，规则 11~15 是满足干扰辐射标准所必须执行的。

(2) 正确的 EMC 安装规则

● 规则 1：柜内所有金属构件之间必须利用最大可能的表面电气连接（不是涂料与涂料!）。

需要的地方必须使用爪垫或接触垫圈。柜门应该通过尽可能短的接地电缆带接到柜体上（顶部、中部和底部）。

● 规则 2：控制柜或相邻柜中，如果使用了接触器、继电器、电磁阀和机电时间计数器等，必须安装吸收元件，例如，RC 元件、压敏电阻和二极管。这些元器件必须直连接到线圈上。

● 规则 3：可能的话，进入柜内的信号电缆⊖应为同一电压等级。

● 规则 4：同一电路中的非屏蔽电缆（输入和输出导线）应绞接，或它们之间的距离应保持尽可能地短，以避免耦合干扰。

⊖ 信号电缆定义为数字信号电缆；模拟信号电缆，脉冲编码器电缆（例如：±10V 给定值电缆）；串行接口用电缆，例如：Profibus DP。

第 10 章 电气传动装置

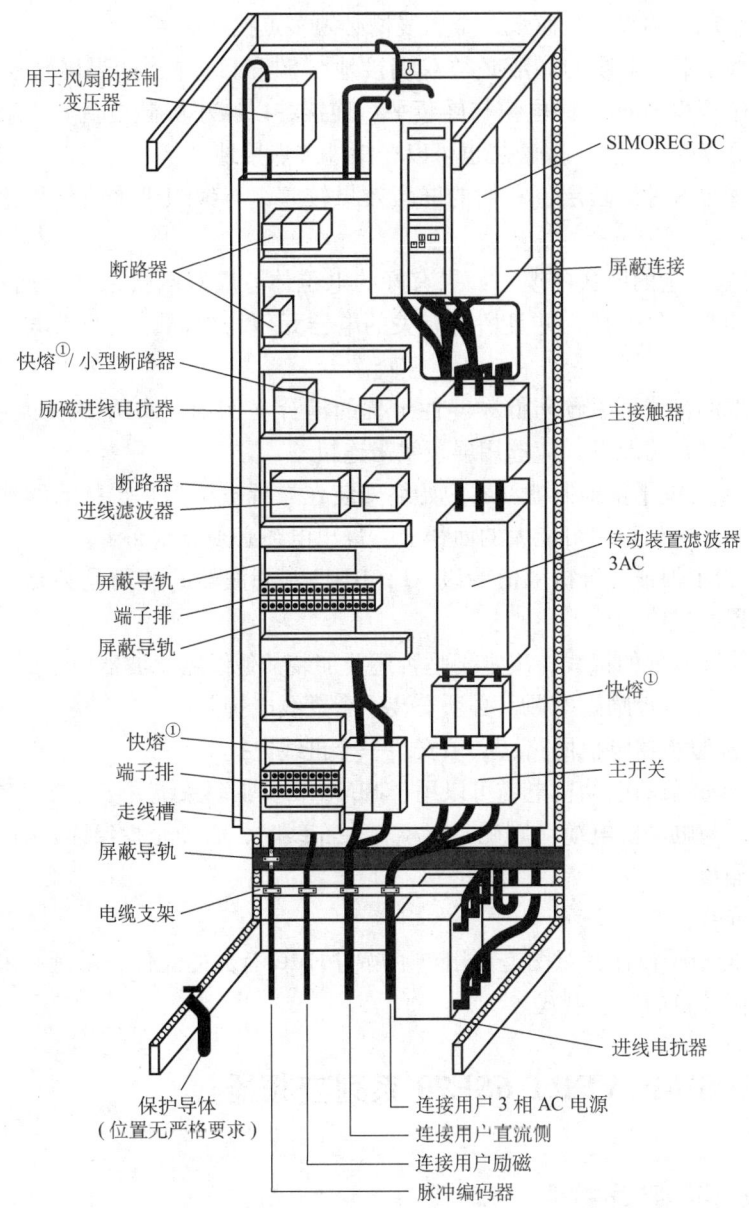

图 10-9　柜子设计和屏蔽的 EMC 安装导则布置示例
① 快熔即快速熔断器的简称，下同。

- 规则 5：将备用导线的两端接柜子地（地线⊖），以增加附加的屏蔽效果。
- 规则 6：减少电缆的无用长度，以减少耦合电容和电感。
- 规则 7：如果电缆是紧挨着柜子地布线，相互干扰将较小。因此，柜内的连线不应随便布置，而应尽可能地贴着柜架和安装板，这也适用于备用电缆。
- 规则 8：信号电缆和动力电缆必须相互分开布线（避免耦合干扰），至少应保持 20cm 的间距。

⊖　术语"地"通常指的是所有金属导电部件，它们可以同保护导体相连接，例如柜壳、电动机外壳、地基等。

如果编码器电缆和电动机电缆不能分开布置，那么编码器电缆必须通过安装金属隔离物或置于金属管或金属槽内以实现解耦，金属线槽必须多点接地。

- 规则 9：数字信号电缆的屏蔽必须双端接地（源和目标）：如果屏蔽层间的电势差较大，就应增加一个至少 10mm² 的电缆与屏蔽平行连接，以减小屏蔽电流。一般来说，屏蔽层可以在多点连接到柜壳（地），屏蔽层也可以在柜外多点接地。

应避免使用薄金属片屏蔽层，它们的屏蔽效果较差，与编织带屏蔽层相比，其效果只有后者的 1/5。

- 规则 10：模拟量的屏蔽电缆，如果有好的电位体、应双端接地（大面积导电），如果所有的金属部件均有较好连接，并且所有有关的电器元件均由同一电源供电，电位体即可认为是好的。

单端屏蔽接地的接线可以预防低频容性干扰的耦合（例如，50Hz 的交流声），屏蔽接线应在柜内完成，在这种情况下，应选用屏蔽线来连接。

- 规则 11：无线电干扰抑制滤波器应始终安装在靠近被认为是干扰源的地方，滤波器必须安装在与柜体和安装板等尽可能大的面积上，进出电缆必须分别布置。
- 规则 12：为了保证符合极限值等级 A1，RI 抑制滤波器的使用是必要的，附加的负载必须连接到滤波器的进线侧。

柜中控制系统和其他的接线，决定了是否还要加装其他线路滤波器。

- 规则 13：对于可控励磁电源，必须安装一个进线电抗器。
- 规则 14：在整流器电枢回路，必须安装一个进线电抗器。
- 规则 15：非屏蔽的电动机电缆可以用于 SIMOREG 驱动系统。

进线电源电缆与电动机电缆（励磁，电枢）在布线时，必须至少保证 20cm 的距离，如有必要，使用金属隔板。

柜子设计和屏蔽：

图 10-9 所示的柜子设计其意图是让用户了解与 EMC 有关的元件，示例并未包含所有可能的柜体元件和它们各自的安装型式。

10.2 西门子 SIMOVERT 6SE70 系列变频器

10.2.1 技术规格和产品数据

1. 产品数据和适用标准 西门子 SIMOVERT MASTERDRIVES 变频器（简称 SIMOVERT 6SE70），电压源变频器的功率范围为 0.55~2300kW，交流供电电压为交流三相 380~480V、500~600V、660~690V，其综合技术性能见表 10-11。

表 10-11 书本型和装机装柜型装置的技术数据

· 额定电压			
电网电压 U_{supply}	3AC 380(1-15%) ~480(1+10%)V	3AC 500(1-15%) ~600(1+10%)V	3AC660(1-15%) ~690(1+15%)V
直流母线电压 U_D[3]	DC 510(1-15%) ~650(1+10%)V	DC 675(1-15%) ~810(1+10%)V	DC 890(1-15%) ~930(1+15%)V
· 输出电压			
变频器	3AC 0V~电网电压	3AC 0V~电网电压	3AC 0V~电网电压
逆变器	3AC 0V~0.75U_D	3AC 0V~0.75U_D	3AC 0V~0.75U_D

(续)

· 额定频率 电网频率 输出频率 U/f = 常数 U = 常数	50/60(1±6%)Hz 0~200Hz (纺织工业最大到500Hz, 与功率有关) 8~300Hz(与功率有关)	50/60(1±6%)Hz 0~200Hz (纺织工业最大到500Hz, 与功率有关) 8~300Hz(与功率有关)	50/60(1±6%)Hz 0~200Hz (纺织工业最大到300Hz, 与功率有关) 8~300Hz(与功率有关)
· 脉冲频率 最小脉冲频率 工厂设定频率 最大设定频率	1.7kHz 2.5kHz 与功率有关,最大16kHz	1.7kHz 2.5kHz 与功率有关,最大16kHz	1.7kHz 2.5kHz 与功率有关,最大7.5kHz
· 按 EN60 146-1-1 负载级Ⅱ			
· 基本负载电流 短时电流 · 周期时间 · 功率因数 基波 综合 · 效率	0.91×额定输出电流 1.36×额定输出电流(对于过载时间60s) 或1.60×额定输出电流(对于过载时间30s 和装置规格直到 G,电网电压最大600V) 300s ≥0.98 0.93~0.96 0.96~0.98		

产品采用 U/f 控制和矢量控制（Vector control——VC），技术性能和控制精度见表10-12。

表10-12 技术性能和控制精度

运行方式	U/f 特性	U/f 纺织用	f 调节	n 调节	T 调节
设定值分辨,数字量	0.001Hz	31位+符号位			0.1%,15位+符号位
设定值分辨,模拟量	$f_{max}/2048$				
内部频率分辨率	0.001Hz	31位+符号位			
频率精度		0.001Hz			
转速精度④ 当 $h>10\%$ 当 $n<5\%$ 在弱磁范围	$0.2×f_{滑差}$① $f_{滑差}$		$0.1f_{滑差}$② $f_{转差}$ $f_{max}/f\sqrt{f_{转差}}/10$	0.0005%③ 0.001%③ 0.001%③	
速度上升时间			对于 $n>2\%$ 为25ms	20ms	
频率稳定性		0.005%			
转矩线性度					<1%
转矩精度 在恒磁范围 在弱磁范围			在 $n>5\%$ 时,<2.5% <5%	在 $n>1\%$ 时,<2.5% <5%	在 $n>1\%$ 时,<2.5% <5%
转矩上升时间			在 $n>10\%$ 时,≈5ms	约5ms	约5ms
转矩波动			<2%	<2%	<2%

注：百分率是相对于该电动机的额定转速或额定转矩。
① 这些数值适用于无测速机,如使用速度检测,相同的数值适用于稳定工作状态,就像在"n调节"栏中一样。当使用模拟测速机,则它的精度要重新估计。
② 标准电动机的转差率为：1kW时,6%；10kW时,3%；30kW时,2%；100kW时,1%；>500kW时,0.5%,因而从30kW起转速精度≤0.3%。
③ 这些值适用于使用带每转具有1024个脉冲的增量式编码器。
④ 这些值平均在10s之后才生效。

适用技术标准　见表 10-13。

表 10-13　适用技术标准

冷却方式	
空气冷却	内装风机强制通风冷却
允许的环境或冷却介质温度	0 ~ +40℃
贮存时和运输时允许的环境温度	25 ~ +70℃
安装高度	海拔≤1000 m(负载能力为 100%)
允许的湿度	相对湿度≤85%,不允许有凝露
气候类型	按 EN60 721-3-3 的 3K3 级
环境等级	按 EN60 721-3-3 的 3C2 级
绝缘	按 DIN VDE 0110-1(HD 625.1S 1:1996),污染等级2,不允许有凝露
过电压类型	按 DIN VDE 0110-1(HD 625.1 S1:1996),第Ⅲ类
防护等级	按 EN 60 529 增强书本型和书本型装置:IP20 装机装柜型装置:IP00(IP20 选件)
保护等级	按 EN 61 140 1 级
接触保护	按 DIN VDE 0106
无线电干扰抑制	根据用于变速传动的 EMC 产品标准 EN61 800-3
标准	没有无线电干扰抑制滤波器
选件	按 EN61 800-3 的 A1 级或 B1 级
其他	装置在电动机侧具有接地、短路和空转等故障保护
涂层	用于室内安装
机械结构稳定性	按 EN 60 068-2-6
· 运行时:	
振幅	10 ~ 58Hz 频率范围内,0.075mm
加速度	>58 ~ 500Hz 频率范围内,9.8m/s²(1g)
· 运输时:	
振幅	5 ~ 9Hz 频率范围内,3.5mm
加速度	>9 ~ 500Hz 频率范围内,9.8m/s²(1g)

2. 产品系列及技术规格

(1) 产品型号及订货号的规定（见表 10-14）

表 10-14　产品型号及订货号的规定

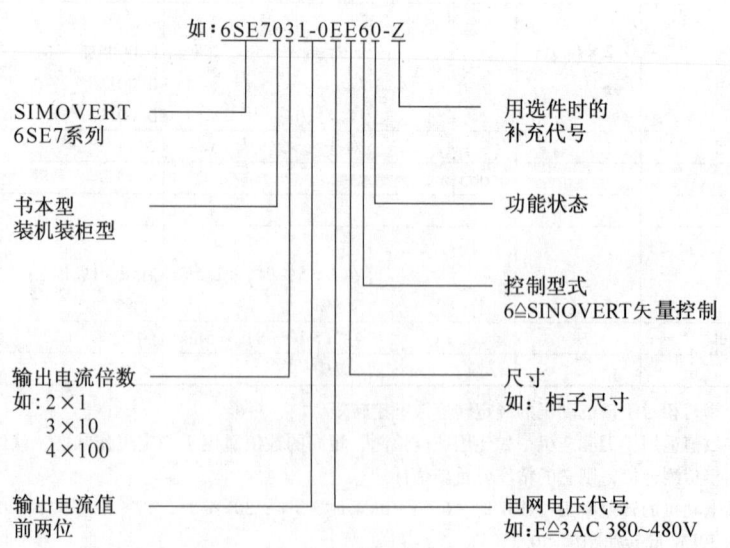

例：倍数 = 10；输出电流前两位：10；输出电流值 = 100A

(2) 产品系列及技术规格

交流电源电压　3AC380～480V 和直流电压 DC510～650V　变频器和逆变器　见表10-15。
交流电源电压　3AC500～600V 和直流电压 DC675～810V　变频器和逆变器　见表10-16。
交流电源电压　3AC660～690V 和直流电压 DC690～930V　变频器和逆变器　见表10-17。

表10-15　6SE70 系列技术规格表 I

额定功率/kW	输出额定电流 I_{UN}/A	基本负载电流 I_G/A	短时电流 I_{max}/A	中间回路额定电流/A (仅用于变频器)	电源电流/A	变频器订货号	逆变器订货号	在2.5kHz时的损耗功率/kW 变频器	在2.5kHz时的损耗功率/kW 逆变器	设备框架外形尺寸/mm ($W \times H \times D$)
电网电压 3AC380～480V 和直流电压 DC 510～650V											
400V										
2.2	6.1	5.6	8.3	7.3	6.7	6SE7016-1EA61	6SE7016-1TA61	0.11	0.09	90×425×350
3	8	7.3	10.9	9.5	8.8	6SE7018-0EA61	6SE7018-0TA61	0.12	0.10	90×425×350
4	10.2	9.3	13.9	12.1	11.2	6SE7021-0EA61	6SE7021-0TA61	0.16	0.12	90×425×350
5.5	13.2	12	18.0	15.7	14.5	6SE7021-3EB61	6SE7021-3TB61	0.16	0.13	135×425×350
7.5	17.5	15.9	23.9	20.8	19.3	6SE7021-8EB61	6SE7021-8TB61	0.21	0.16	135×425×350
11	25.5	23.2	34.8	30.4	28.1	6SE7022-6EC61	6SE7022-6TC61	0.34	0.27	180×600×350
15	34	30.9	46.4	40.5	37.4	6SE7023-4EC61	6SE7023-4TC61	0.47	0.37	180×600×350
18.5	37.5	34.1	51.2	44.6	41.3	6SE7023-8ED61	6SE7023-8TD61	0.60	0.50	270×600×350
22	47	42.8	64.2	55.9	51.7	6SE7024-7ED61	6SE7024-7TD61	0.71	0.58	270×600×350
30	59	53.7	80.5	70.2	64.9	6SE7026-0ED61	6SE7026-0TD61	0.85	0.69	270×600×350
37	72	65.5	98.3	85.7	79.2	6SE7027-2ED61	6SE7027-2TD61	1.06	0.85	270×600×350
45	82	84	126	110	101	6SE7031-0EE60	6SE7031-0TE60	118	1.05	270×1050×365
55	124	113	169	148	136	6SE7031-2EF60	6SE7031-2TF60	1.67	1.35	360×1050×365
75	146	133	199	174	160	6SE7031-5EF60	6SE7031-5TF60	1.95	1.56	360×1050×365
90	186	169	254	221	205	6SE7031-8EF60	6SE7031-8TF60	2.17	1.70	360×1050×365
110	210	191	287	250	231	6SE7032-1EG60	6SE7032-1TG60	2.68	2.18	508×1450×465
132	260	237	355	309	286	6SE7032-6EG60	6SE7032-6TG60	3.40	2.75	508×1450×465
160	315	287	430	375	346	6SE7033-2EG60	6SE7033-2TG60	4.30	3.47	508×1450×465
200	370	337	503	440	407	6SE7033-7EG60	6SE7033-7TG60	5.05	4.05	508×1450×465
250	510	464	694	607			6SE7035-1TJ60		5.8	800×1400×565
250	510	464	694	607	561	6SE7035-1EK60		7.1		800×1750×565
315	590	537	802	702			6SE7036-0TJ60		6.6	800×1400×565
315	590	537	802	702	649	6SE7036-0EK60		8.2		800×1750×565
400	690	628	938	821			6SE7037-0TJ60		8.8	800×1400×565
400	690	628	938	821	759	6SE7037-0EK60		10.2		800×1750×565
500	860	782	1170	1023			6SE7038-6TK60		11.9	800×1750×565
630	1100	1000	1496	1310						

表 10-16　6SE70 系列技术规格表 II

额定功率 /kW	输出额定电流 I_{UN}/A	基本负载电流 I_G/A	短时电流 I_{max}/A	中间回路额定电流 /A	电源电流 /A（仅用于变频器）	变频器订货号	逆变器订货号	在 2.5kHz 时的损耗功率/kW 变频器	在 2.5kHz 时的损耗功率/kW 逆变器	设备框架外形尺寸/mm ($W \times H \times D$)
电网电压 3AC500~600V 和直流电压 DC 675~810V											
500V											
2.2	4.5	4.1	6.1	5.4	5.0	6SE7014-5FB61	6SE7014-5UB61	0.10	0.08	135×425×350
3	6.2	5.6	8.5	7.4	6.8	6SE7016-2FB61	6SE7016-2UB61	0.11	0.09	135×425×350
4	7.8	7.1	10.6	9.3	8.6	6SE7017-8FB61	6SE7017-8UB61	0.12	0.10	135×425×350
5.5	11	10	15	13.1	12.1	6SE7021-1FB61	6SE7021-1UB61	0.16	0.13	135×425×350
7.5	15.1	13.7	20.6	18	16.6	6SE7021-5FB61	6SE7021-5UB61	0.21	0.17	135×425×350
11	22	20	30	26.2	24.2	6SE7022-2FC61	6SE7022-2UC61	0.32	0.26	180×600×350
18.5	29	26.4	39.6	34.5	31.9	6SE7023-0FD61	6SE7023-0UD61	0.59	0.51	270×600×350
22	34	30.9	46.4	40.2	37.4	6SE7023-4FD61	6SE7023-4UD61	0.69	0.59	270×600×350
30	46.5	42.3	63.5	55.4	51.2	6SE7024-7FD61	6SE7024-7UD61	0.87	0.74	270×600×350
37	61	55	83	73	67	6SE7026-1FE60	6SE7026-1UE60	0.91	0.75	270×1050×365
45	66	60	90	79	73	6SE7026-6FE60	6SE7026-6UE60	1.02	0.84	270×1050×365
55	79	72	108	94	87	6SE7028-0FF60	6SE7028-0UF60	1.26	1.04	360×1050×365
75	108	98	147	129	119	6SE7031-1FF60	6SE7031-1UF60	1.80	1.50	360×1050×365
90	128	117	174	152	141	6SE7031-3FG60	6SE7031-3UG60	2.13	1.80	508×1450×465
110	156	142	213	186	172	6SE7031-6FG60	6SE7031-6UG60	2.58	2.18	508×1450×465
132	192	174	262	228	211	6SE7032-0FG60	6SE7032-0UG60	3.40	2.82	508×1450×465
160	225	205	307	268	248	6SE7032-3FG60	6SE7032-3UG60	4.05	3.40	508×1450×465
200	297	270	404	353			6SE7033-0UJ60		5.00	800×1400×565
200	297	270	404	353	327	6SE7033-0FK60		5.80		800×1750×565
250	354	322	481	421			6SE7033-5UJ60		5.60	800×1400×565
250	354	322	481	421	389	6SE7033-5FK60		6.80		800×1750×565
315	452	411	615	538			6SE7034-5UJ60		7.00	800×1400×565
315	452	411	615	538	497	6SE7034-5FK60		8.30		800×1750×565
400	570	519	775	678			6SE7035-7UK60		8.90	800×1750×565
450	650	592	384	774			6SE7036-5UK60		10.00	800×1750×565
630	860	783	1170	1023			6SE7038-6UK60		11.60	800×1750×565
800	1080	983	1469	1285			6SE7041-1UL60		14.20	1100×1750×565
900	1230	1119	1673	1464			6SE7041-2UL60		16.70	1100×1750×565

表 10-17　6SE70 系列技术规格表Ⅲ

额定功率/kW	输出额定电流 I_{UN}/A	基本负载电流 I_G/A	短时电流 I_{max}/A	中间回路额定电流/A	电源电流/A（仅用于变频器）	变频器订货号	逆变器订货号	在 2.5kHz 时的损耗功率/kW 变频器	在 2.5kHz 时的损耗功率/kW 逆变器	设备框架外形尺寸/mm ($W \times H \times D$)
电网电压 3AC660~690V 和直流电压 DC 890~930V											
690V											
55	60	55	82	71	66	6SE7026-0HF60	6SE7026-0WF60	1.05	0.90	360×1050×365
75	82	75	112	98	90	6SE7028-2HF60	6SE7028-2WF60	1.47	1.24	360×1050×365
90	97	88	132	115	107	6SE7031-0HG60	6SE7031-0WG60	1.93	1.68	508×1450×465
110	118	107	161	140	130	6SE7031-2HG60	6SE7031-2WG60	2.33	2.03	508×1450×465
132	145	132	198	173	160	6SE7031-5HG60	6SE7031-5WG60	2.83	2.43	508×1450×465
160	171	156	233	204	188	6SE7031-7HG60	6SE7031-7WG60	3.50	3.05	508×1450×465
200	208	189	284	248	229	6SE7032-1HG60	6SE7032-1WG60	4.30	3.70	508×1450×465
250	297	270	404	363			6SE7033-0WJ60		5.80	800×1400×565
250	297	270	404	353	327	6SE7033-0HK60		6.60		300×1750×565
315	354	322	481	421			6SE7033-5WJ60		6.30	800×1400×565
315	354	322	481	421	389	6SE7033-5HK60		7.40		800×1750×565
400	452	411	615	538			6SE7034-5WJ60		7.80	800×1400×565
400	452	411	615	538	497	6SE7034-5HK60		9.10		800×1750×565
500	570	519	775	678			6SE7035-7WK60		9.40	800×1750×565
630	650	692	884	774			6SE7036-5WK60		11.00	800×1750×565
800	860	783	1170	1023			6SE7038-6WK60		13.90	800×1750×565
1000	1080	983	1469	1285			6SE7041-1WL60		17.20	1100×1750×565
1200	1230	1119	1673	1464			6SE7041-2WL60		22.90	1100×1750×565

10.2.2　硬件设备的组成和系统框图

1. 变频器的运行模式　变频器和逆变器的运行模式，总体上可分为单电动机传动和多电动机传动两种模式。

（1）单电动机传动即由 1 台变频器带 1 台交流电动机，或者由 1 台变频器带多台交流电动机，但在变频器和多台电动机之间应该设置用于多台电动机的配电保护箱，见图 10-10。

但对于图 10-10b 的多电动机传动方案，应尽可能采用电动机功率、型号相同的传动系统，并且在控制特性上采用 U/f 控制，如轧钢机传动系统中的辊道单电动机传动，见 8.1 节。

（2）当采用多电动机传动时，推荐使用接到直流电压母线上的逆变器装置，见图 10-11。

图 10-11 中，直流电压由交流三相电网通过整流单元、整流/回馈单元或 AFE（Active Front End 有源前端）整流/回馈单元组成。使用将逆变器接到直流电压中间回路方案与采用单台变频器方案相比，具有以下优点：

1）如果有一个传动装置工作于发电状态，对其他逆变器可通过中间回路进行能量交换，以有利于节能和减少整流部分容量。

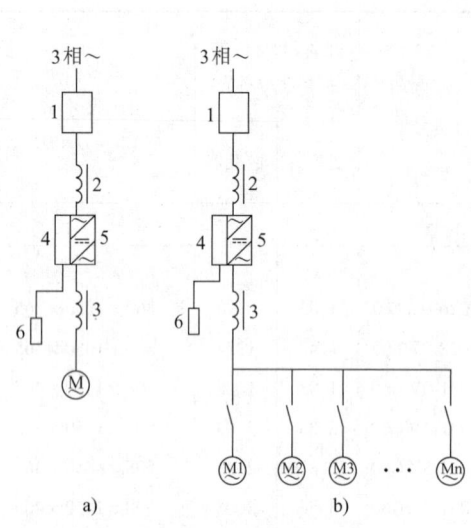

图 10-10 变频器单独传动系统
a) 单电动机传动方案 b) 多电动机传动方案
1—无线电干扰抑制滤波器（选件） 2—进线电抗器
3—输出滤波电抗器 4—制动单元 5—变频器
6—制动电阻

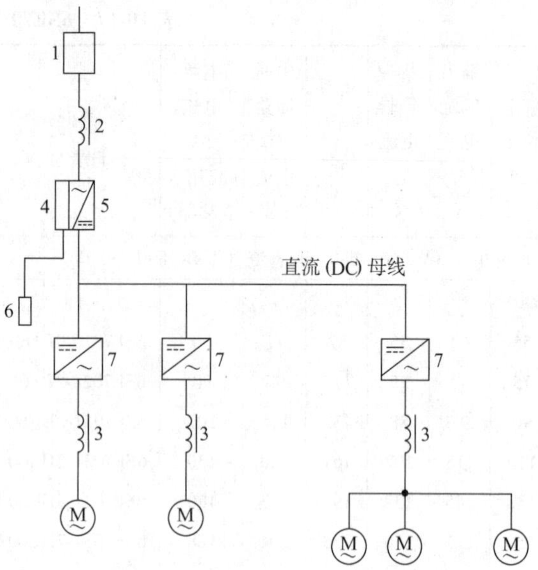

图 10-11 整流单元和逆变器组成的多电动机传动系统
1—无线干扰抑制滤波器（选件） 2—进线电抗器
3—输出滤波电抗器 4—制动单元 5—整流单元
6—制动电阻 7—逆变器

2) 如果有时出现较大的发电功率，或者下挂于中间回路的所有传动装置同时制动停车时，则可以采用一个总的制动单元和电阻回路，以减少安装尺寸。

3) 同单台变频器传动比较，可减少网侧元件（如断路器、交流电抗器、接触器等）。

2. 硬件设备组成和系统框图 单台西门子 SIMOVERT VC 6SE70 装置的系统配置包括单台装置的变频器（AC-AC）及单台装置的逆变器（DC-AC）。配置示例见图 10-12 和图 10-13。图 10-12 为单台装置的变频器，图 10-13 是用于单台装置的逆变器配置。

图 10-12 及图 10-13 传动系统配置中，其他部件（统称系统元件），应按照变频器或逆变器运行的其他需求，以及各自的技术标准和规格数据，在系统集成中确定。组成传动系统配置的其他部件应包括：

(1) 网侧熔断器 网侧熔断器起短路保护作用，它们也保护所连接的电力电子器件和整流器或装置的输入整流器。

(2) 网侧接触器 K1 通过网侧接触器，变频器或整流单元或整流/回馈单元连接到电源上，在需要时或故障情况下从电源处断开。

系统按所连接的变频器、整流单元或整流/回馈单元的功率进行设计。

(3) 无线电干扰抑制滤波器 由变频器或整流单元产生的无线电干扰电压，根据 EN 61800-3 必须降低时，需要使用无线电干扰抑制滤波器。

(4) 网侧进线电抗器 网侧进线电抗器用来限制电流尖峰并减小谐波。尤其是依照 EN 50178 的系统允许扰动和依照允许的无线电干扰抑制电压，则需要安装网侧进线电抗器。

(5) 控制端子排 X9 X9 1/2 控制端子排与供电装置连接，需要外加一个 DC24V 电源。在书本型装置（逆变器）的端子 X9-7/9 和在装机装柜型（变频器和逆变器）的端子 X9 4/5 允许输出一个隔离的数字信号，例如控制一台主接触器。

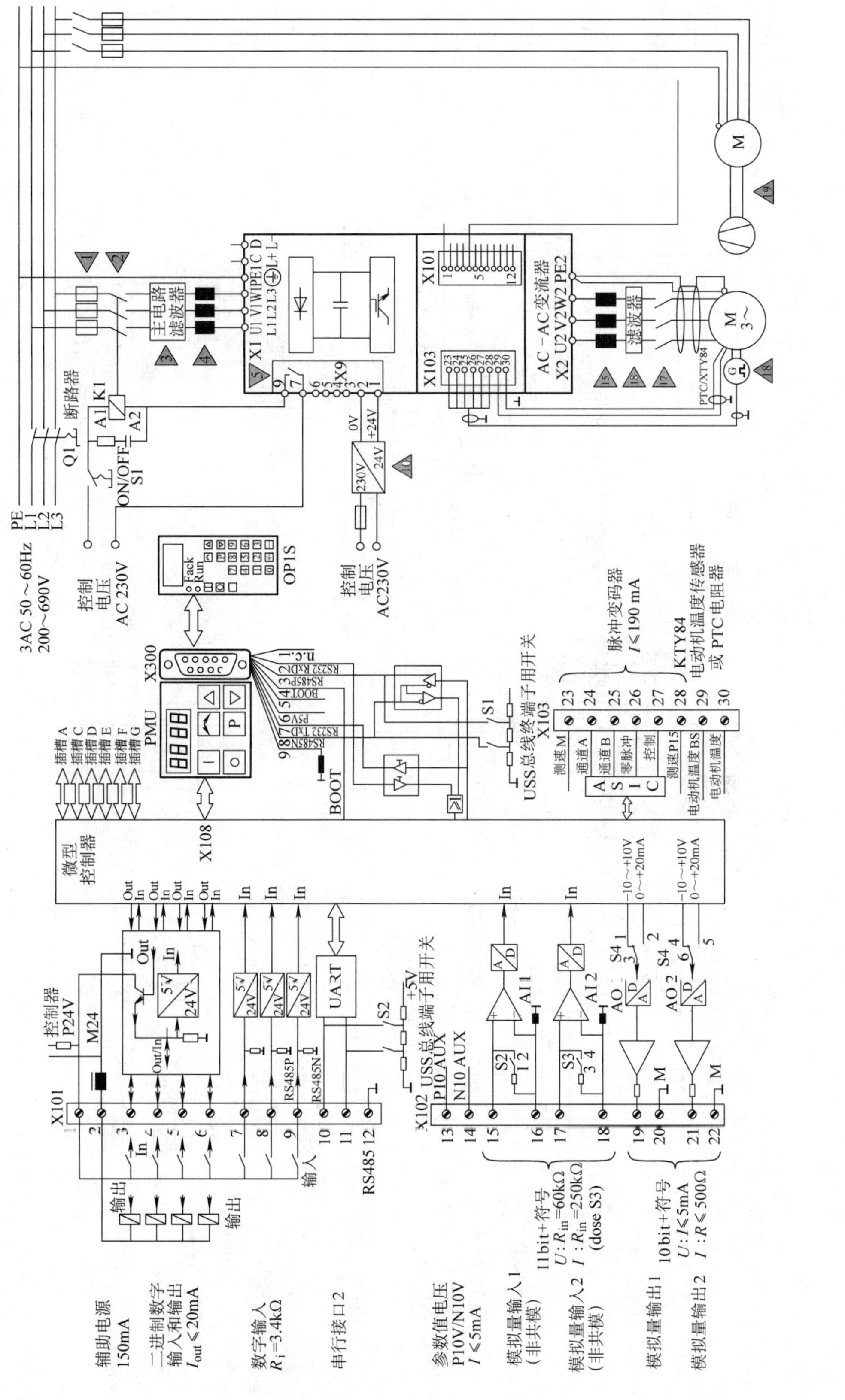

第 10 章 电气传动装置

图 10-12 单台装置的变频器配置（示例）

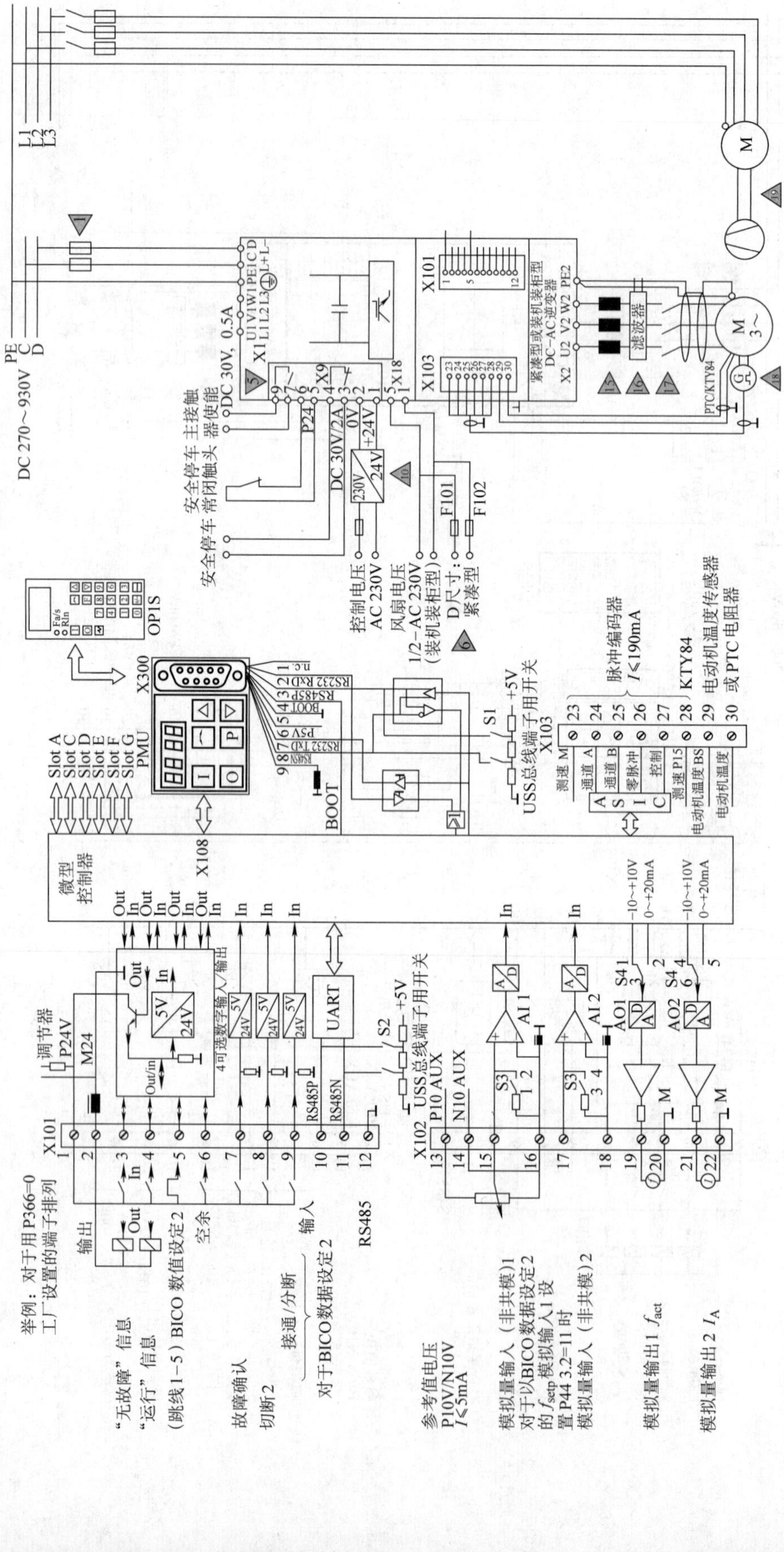

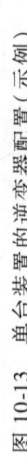

图 10-13 单台装置的逆变器配置(示例)

(6) 逆变器装置的风扇电源 风扇需要连接一个 AC230V、50/60Hz 电源。

(7) 24V 辅助电源 当网侧电压中断时，外部 24V 电源用于支持被连接装置的通信功能和诊断功能。整流单元始终需要一个外部 24V 电源。在选择设备时，必须遵守下列准则：

- 接通 24V 电源时，出现的起动电流必须由电源控制。
- 没必要安装稳压电源；但电压范围必须保持在 20~30V 之间。

(8) X300 串行接口 串行接口用于连接 OP1S 操作面板或 PC。根据 RS232 或 RS485 协议操作。参见使用说明书中有关操作的内容。

(9) 输出电抗器 限制由较长的电动机电缆而产生的电容性电流，并使位于离变频器/逆变器距离较远的电动机能够运行。

(10) 正弦波滤波器 du/dt 滤波器 限制在电动机端子上产生的电压上升率和电压峰值（du/dt 滤波器）或在电动机端子上产生正弦波电压（正弦滤波器）。

(11) 输出接触器 输出接触器用于充电中间回路，电动机必须与变频器/整流单元电气隔离。

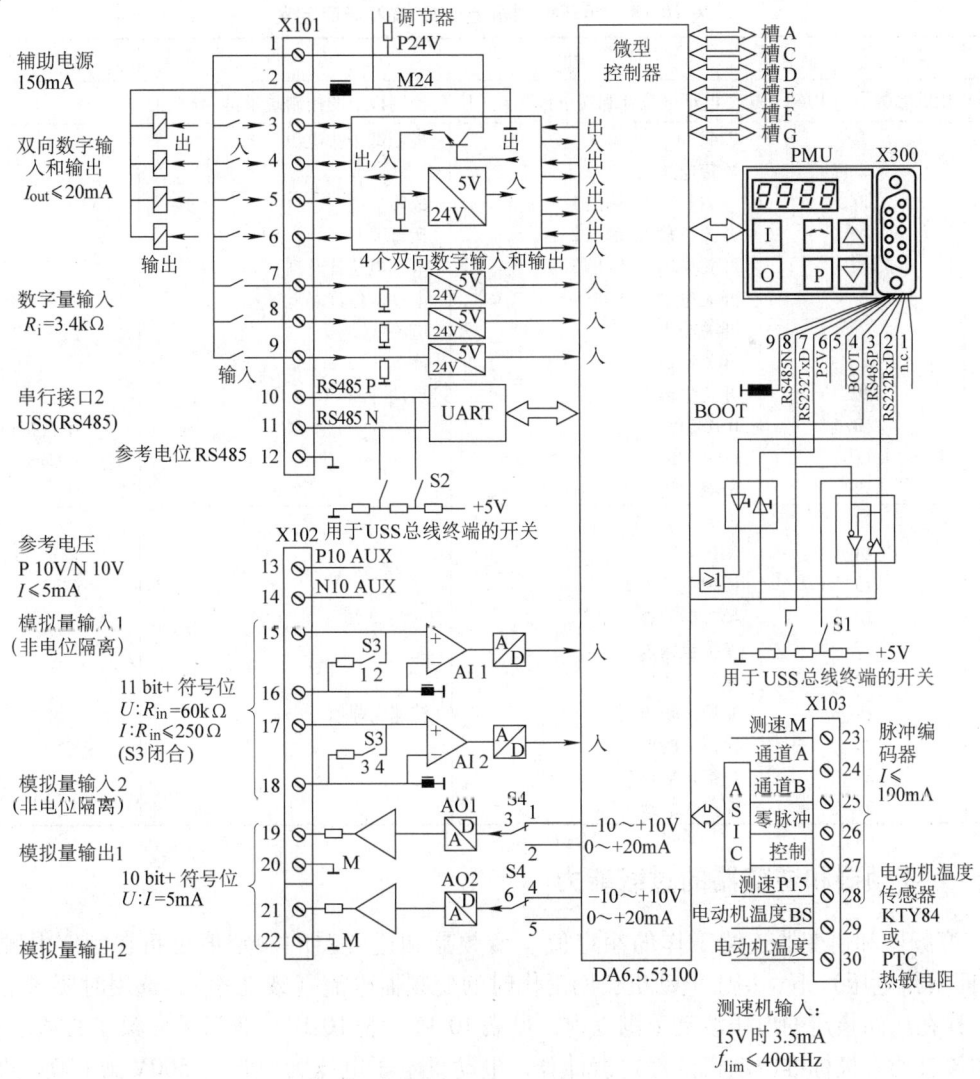

图 10-14 变频器、逆变器闭环控制板（CUVC）功能示意

(12) 脉冲发生器　用于检测电动机速度,并允许具有最高级动态响应的速度控制。

(13) 电动机风扇　在单独风冷电动机情况下使用。

(14) 续流二极管　在换相失败时保护所连接的逆变器。

(15) 熔断器　保护相故障继电器的信号电缆。

(16) 相故障继电器　适合于系统电压为 3AC 400V。

(17) 电压变换器　如果电源电压偏离 400V,则必须使用相应的一次电压为 U_1,二次电压 $U_2 = 400V$ 的电压变换器。

电压变换器应为 0.5 级或 1 级;3VA。

注:"( )"中的序号与图 10-12 及图 10-13 中"△或▷"内序号一致。

变频器、逆变器控制运算的核心部分是矢量控制闭环控制板(CUVC),图 10-14 是控制板功能示意图。图中,PMU 为控制面板,用于对装置进行操作和调试,及输入参数化设定值。端子 X101、X102、X103 等用于外设或外设备的 I/O 输入输出接线。端子内各点定义见表 10-18。

表 10-18　闭环控制板上 I/O 输入端口定义

端子号		特　性	占　用	说　明
按简单应用的参数设置 P368 = 3:"电动电位计和端子排"在 CUVC 控制板上的控制端子排				
X101	1	P24	控制端子排电源	
	2	M 带电抗		
	3	开关量输入/输出 1	故障	
	4	开关量输入/输出 2	运行	
	5	开关量输入/输出 3	电动电位计升高	
	6	开关量输入/输出 4	电动电位计降低	
	7	开关输入 5	应答	
	8	开关输入 6	停车 2	
	9	开关输入 7	启动/停车 1	
	10	RS485P		串行接口 Com2
	11	RS485N		
	12	RS485M		
X102	13	P10		
	14	N10		
	15	模拟量输入 1	无	
	16	模拟 1 的地		
	17	模拟量输入 2	无	
	18	模拟 2 的地		
	19	模拟量输出 1	转速实际值	
	20	模拟 1 的地		
	21	模拟量输出 2	无	
	22	模拟 2 的地		

10.2.3　变频器和逆变器的过载能力

1. 变频器和逆变器连续工作的额定值　变频器和逆变器的额定值是指在额定电源电压(或中间回路电压)下,用于电动机长期工作时的变频器电流(或功率),选用时要考虑电压波动,并在厂商指定的电压波动范围以内,见表 10-15 ~ 表 10-17。西门子变频器的额定电流,是按照该公司 6 极标准电动机的额定值计算,电动机定子电压为 400V、500V 或 690V 的标准设计的。在图 10-15 中是以百分值表示,图 10-15 中虚线 $I_d = 100\%$。如果超过额定值并且工作时间大于60s，300s工作周期（或者30s、300s工作周期时）应按短时过载处理，并且当时间大于规定值（60s或30s）条件下，软件内部的I^2t监视将不允许继续运行。

2. 变频器和逆变器的过载能力

（1）变频器和逆变器连续工作和额定值　变频器和逆变器是在指定电源电压或指定中间回路电压下用于电动的长时工作。要考虑到电网电压波动应在指定范围内。变频器和逆变器额定电流I_{UN}系按厂商制造或指定的标准电动机的额定电流来计算。系基于电源电压为400V、500V或690V。功率部分通过I^2t监视器进行过载保护。长时工作的装置可输出额定电流I_{UN}。如果超过额定电流I_{UN}的工作周期大于60s（在图10-15中以百分值表示），那么装置达到它的最大允许工

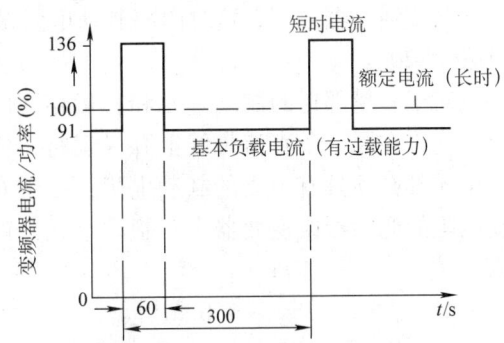

图10-15　变频器和逆变器额定值，过载值和基本负载值的定义

作温度，因而不允许再过载或I^2t监视器将不允许继续运行。

（2）变频器和逆变器的过载能力　变频器、逆变器、整流单元、整流/回馈单元和AFE整流器的过载定义见图10-15。

最大过载电流允许达到额定电流的1.36倍。当传动设备刚投入电源时，其过载时间可达到60s，因为此时变频器尚未达到它的最大允许温度。当过载前负载电流小于变频器额定电流时，才允许在运行时有1.36倍额定电流的过载。因而，当传动设备根据负载情况需要过载时，必须使其基本负载电流仅为额定电流的91%，基于此基本负载电流，装置在工作周期为300s时，可以在60s时间内有1.5倍过载，见图10-15。如果要发挥全部过载能力，那么可通过I^2t监视器来检测且给出30s的警告信号。紧接着，在剩下的240s工作时间内，将负载电流降至基本负载电流。

10.2.4　变频调速系统的制动方案

1. 制动单元　接通电阻制动方式，见图10-16。其中，制动单元是作为变频器或逆变器的基本装置，在降速或反转过程中进行能耗制动的选件。其中，对于功率范围$p_{20}=5\sim20kW$设

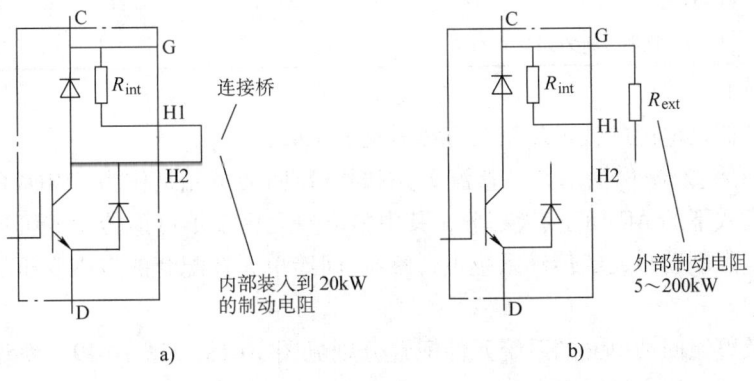

图10-16　斩波器和制动电阻单元示意图

a) 具有内部电阻的制动单元　b) 具有外部电阻的制动单元

备，制动单元由一个制动单元和一个内部电阻构成，同时亦可以外接一个负载电阻进行并联，以加大制动功能或提高长时间的制动功率。见图10-16a，图10-16b用于50~200kW功率范围的变频或逆变器系列，这时内部制动电阻被断开，制动电阻改用外接方式，制动单元的选型见表10-20。

对于容量邻近的制动单元和容量相同的制动单元，允许在同一条直流母线上并联运行，但每个制动单元都必须具有独立的制动电阻，在带有外部制动电阻的变频器或逆变器中，制动单元允许的功率为

$$P_{DBmax} \leq 0.6 P_{CONV}$$
$$P_{20max} \leq 2.4 P_{CONV}$$

制动电阻的负载图见图10-17。负载最大的制动功率 P_{DBmax}、P_{20max}，应满足电阻负载图10-17中 P_{DB} 和 P_{20} 为产品允许值。P_{CONV} 为逆变器或变频器容量。

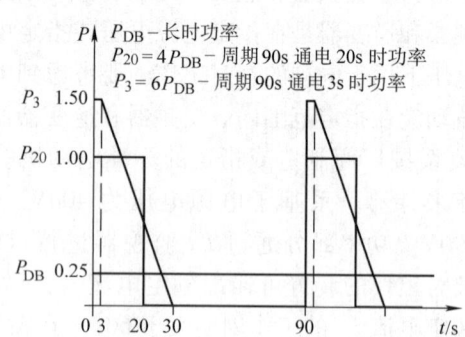

图10-17 制动电阻负载图（外接制动电阻）

制动单元和制动电阻的综合技术数据见表10-19。

表10-19 制动单元及制动电阻综合技术数据

额定电压	DC510（1-15%）~650（1+10%）V	DC675（1-15%）~810（1+10%）V	DC890（1-15%）~930（1+15%）V
中间回路输出电压			
阈值			
高阈值1	774V	967V	1158V
低阈值2	673V	841V	1070V
按 EN 60146-1-1 负载级Ⅱ			
额定功率 P_{20}	P_{20} 功率是指在高阈值，其工作时间系由内部或外部电阻所决定		
长时功率 P_{DB}	长时功率是指在高阈值，此值也依赖于内部或外部电阻		
短时功率 P_3	P_3 为 $1.5 \times P_{20}$，是指在高阈值，其工作时间系由内部或外部电阻所决定		
周期时间	90s		
过载时间	20s（周期时间的22%）		

制动单元不带选件

制动单元及制动电阻的技术规格及订货号见表10-20。

2. 整流单元和整流/回馈单元　整流单元和整流/回馈单元是作为 SIMOVERTER VC 在选用逆变器运行模式下的 AC-DC 变换部分，其中整流单元用于不可逆传动或可逆传动中，不频繁反转并采用电阻制动单元的传动系统中，整流/回馈单元及配套的自耦变压器是用于频繁可逆的调速系统中。

整流单元及整流回馈单元的系统元件配置分别见图10-18及图10-19。整流回馈单元各主要部件的内部与外部接线见图10-20。

整流及整流/回馈单元的综合技术数据见表10-21。

整流/回馈单元的网侧至少需要相对阻抗压降为5%。这可通过电感为4%的网侧进线电

抗器或一台合适的整流变压器来实现。此外，按 DIN VDE 0160 标准，整流/回馈单元通过一台进线电抗器实现同电网隔离和限制其对电网的反作用。

表 10-20 制动单元及制动电阻的技术数据及订货号

制动功率/kW				制动单元订货号	外形尺寸 $(W \times H \times D)/mm$	重量/kg (约)	制动电阻(外部)订货号	电阻/Ω	外形尺寸 $(W \times H \times D)/mm$
P_{20}	P_3	P_{DB} (外部)	P_{DB} (内部)						
中间回路电压 DC 510~650V									
5	7.5	1.25	0.16	6SE7018-0ES87-2DA1	45×425×350	6	6SE7018-0ES87-2DC0	80	145×180×540
10	15	2.5	0.32	6SE7021-6ES87-2DA1	45×425×350	6	6SE7021-6ES87-2DC0	40	145×360×540
20	30	5	0.63	6SE7023-2ES87-2DA1	90×425×350	11	6SE7023-2ES87-2DC0	20	430×305×485
50	75	12.5	—	6SE7028-0ES87-2DA1	90×425×350	11	6SE7028-0ES87-2DC0	8	740×305×485
100	150	25	—	6SE7031-6EB87-2DA1	135×425×350	18	6SE7031-6ES87-2DC0	4	740×605×485
170	255	42.5	—	6SE7032-7EB87-2DA1	135×425×350	18	6SE7032-7ES87-2DC0	2.35	740×1325×485
中间回路电压 DC 675~810V									
5	7.5	1.25	0.16	6SE7016-4FS87-2DA1	45×425×350	6	6SE7016-4FS87-2DC0	124	145×180×540
10	15	2.5	0.32	6SE7021-3FS87-2DA1	45×425×350	6	6SE7021-3FS87-2DC0	62	145×360×540
50	75	12.5	—	6SE7026-4FS87-2DA1	90×425×350	11	6SE7026-4FS87-2DC0	12.4	740×305×485
100	150	25	—	6SE7031-3FB87-2DA1	135×425×350	18	6SE7031-3FS87-2DC0	6.2	740×605×485
200	300	50	—	6SE7032-5FB87-2DA1	135×425×350	18	6SE7032-5FS87-2DC0	3.1	740×1325×485
中间回路电压 DC 890~930V									
50	75	12.5	—	6SE7025-3HS87-2DA1	90×425×350	11	6SE7025-3HS87-2DC0	17.8	740×305×485
200	300	50	—	6SE7032-1HB87-2DA1	135×425×350	18	6SE7032-1HS87-2DC0	4.45	740×1325×485

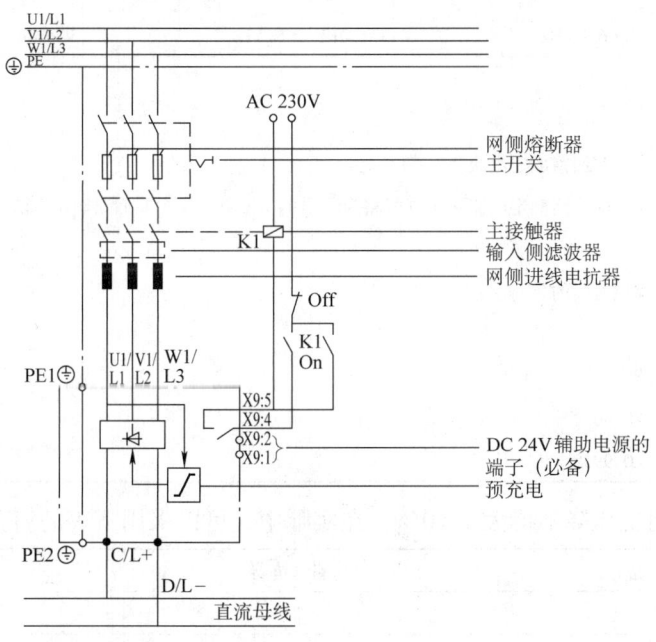

图 10-18 整流单元及系统元件配置（示意）

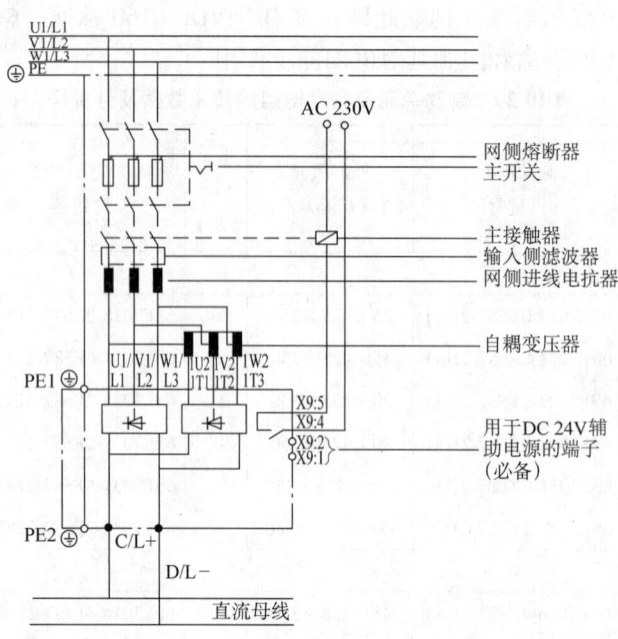

图 10-19 整流/回馈单元及系统元件配置（示意）

表 10-21 整流单元，整流/回馈单元的综合技术数据表

额定电压			
电网电压（电动）	3AC380(1−15%)~480(1+10%)V	3AC500(1−15%)~600(1+10%)V	3AC660(1−15%)~690(1+15%)V
电网电压（发电）	3AC455(1−15%)~576(1+10%)V	3AC600(1−15%)~720(1+10%)V	3AC790(1−15%)~830(1+15%)V
中间回路输出电压	DC510(1−15%)~650(1+10%)V	DC675(1−15%)~810(1+10%)V	DC890(1−15%)~930(1+15%)V
额定频率			
电网频率	50/60(1±6%)Hz	50/60(1±6%)Hz	50/60(1±6%)Hz
按 EN60146-1-1 负载级 II			
基本负载电流	0.91 × 中间回路额定电流		
短时电流	1.36 × 中间回路额定电流 60s；在规格为增强书本型：1.6 × 中间回路额定电流 30s		
周期时间	300s		
过载时间	60s（周期时间的 20%）		
功率因数：电动状态			
·基波	≥0.98		
·综合	0.93~0.98		
效率	0.99~0.995		

无论如何相对阻抗压降不得大于 10%，在实际中，可以采用下表的组合：

电源（变压器）	网侧电抗器	自耦变压器
$U_D \leq 3\%$	4%	2%
$3\% < U_D \leq 6\%$	2%	2%
$6\% < U_D \leq 8\%$	不用	2%

第 10 章 电气传动装置

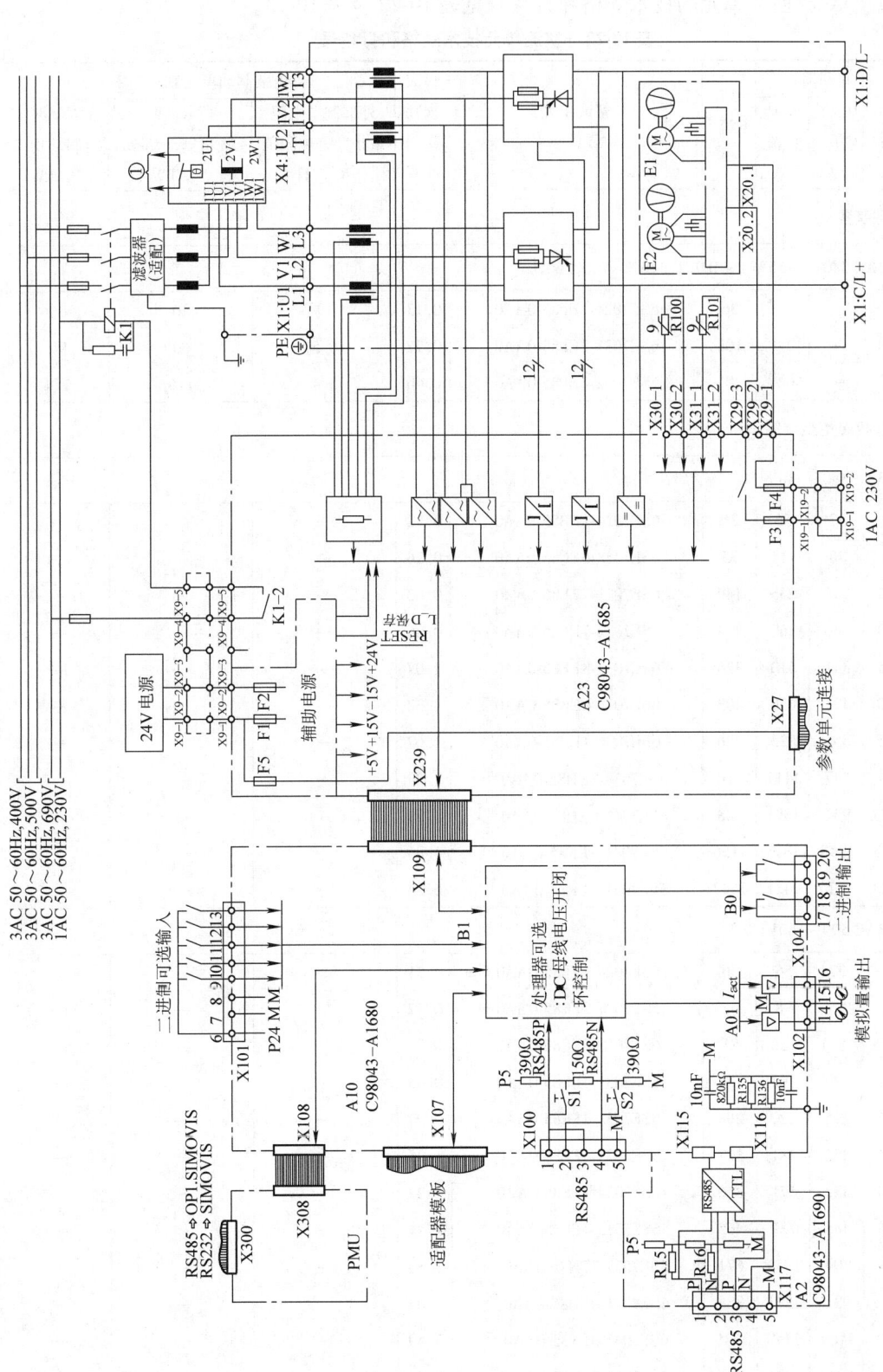

图 10-20 整流回馈单元电子板及系统元件配置

整流及整流/回馈单元的技术规格和订货号见表 10-22 及表 10-23。

表 10-22 整流单元技术规格和订货号

额定功率[①]/kW	中间回路 额定电流/A	中间回路 基本负载电流/A	中间回路 短时电流/A	电源电流[②]/A	整流单元订货号	最大损耗功率/kW	外部制动电阻最小允许电阻值 R_{min}/Ω	在 R_{min} 时额定制动功率 P_{20}/kW	在 R_{min} 时短时制动功率 P_3/kW
增强书本型装置									
电网电压 3AC 380(1−15%)~480(1+10%)V,50/60Hz									
15	41	—	66[④]	36	6SE7024-1EP85-0AA0	0.13	19	20	30
50	120	—	192[④]	108	6SE7031-2EP85-0AA0	0.27	6.5	60	90
100	230	—	368[④]	207	6SE7032-3EP85-0AA0	0.60	3.4	116	174
书本型和装机装柜型装置									
电网电压 3AC 380~480V									
15	41	37	56	36	6SE7024-1EB85-0AA0	0.12	—	—	—
37	86	78	117	75	6SE7028-6EC85-0AA0	0.26	—	—	—
75	173	157	235	149	6SE7031-7EE85-0AA0	0.62	—	—	—
110	270	246	367	233	6SE7032-7EE85-0AA0	0.86	—	—	—
160	375	341	510	326	6SE7033-8EE85-0AA0	1.07	—	—	—
200	463	421	630	403	6SE7034-6EE85-0AA0	1.32	—	—	—
250	605	551	823	526	6SE7036-1EE85-0AA0	1.67	—	—	—
400	821	747	1117	710	6SE7038-2EH85-0AA0[③]	3.29	—	—	—
500	1023	931	1391	888	6SE7041-0EH85-0AA0[③]	3.70	—	—	—
630	1333	1213	1813	1156	6SE7041-3EK85-0AA0[③]	4.85	—	—	—
800	1780	1620	2421	1542	6SE7041-8EK85-0AA0[③]	6.24	—	—	—
电网电压 3AC 500~600V									
22	41	37	56	36	6SE7024-1FB85-0AA0	0.21	—	—	—
37	72	66	98	63	6SE7027-2FC85-0AA0	0.22	—	—	—
55	94	86	128	81	6SE7028-8FC85-0AA0	0.28	—	—	—
75	142	129	193	123	6SE7031-4FE85-0AA0	0.65	—	—	—
132	235	214	320	203	6SE7032-4FE85-0AA0	0.97	—	—	—
200	354	322	481	307	6SE7033-5FE85-0AA0	1.25	—	—	—
250	420	382	571	366	6SE7034-2FE85-0AA0	1.27	—	—	—
315	536	488	729	465	6SE7035-4FE85-0AA0	1.74	—	—	—
450	774	704	1053	671	6SE7037-7FH85-0AA0[③]	3.30	—	—	—
630	1023	931	1391	888	6SE7041-0FH85-0AA0[③]	4.03	—	—	—
800	1285	1169	1748	1119	6SE7041-3FK85-0AA0[③]	5.40	—	—	—
900	1464	1332	1991	1269	6SE7041-5FK85-0AA0[③]	5.87	—	—	—
1100	1880	1711	2557	1633	6SE7041-8FK85-0AA0[③]	6.65	—	—	—

(续)

额定功率[①] /kW	中间回路 额定电流 /A	中间回路 基本负载电流 /A	中间回路 短时电流 /A	电源电流[②] /A	整流单元 订货号	最大损耗功率 /kW	内装制动单元制动功率 外部制动电阻最小允许电阻值 R_{min}/Ω	内装制动单元制动功率 在R_{min}时额定制动功率 P_{20}/kW	内装制动单元制动功率 在R_{min}时短时制动功率 P_3/kW
书本型和装机装柜型装置									
电网电压 3AC 660~690V									
160	222	202	302	194	6SE7032-2HE85-0AA0	1.08	—	—	—
250	354	322	481	308	6SE7033-5HE85-0AA0	1.33	—	—	—
315	420	382	571	366	6SE7034-2HE85-0AA0	1.58	—	—	—
400	536	488	729	465	6SE7035-4HE85-0AA0	2.02	—	—	—
630	774	704	1053	671	6SE7037-7HH85-0AA0[③]	3.70	—	—	—
800	1023	931	1391	888	6SE7041-0HH85-0AA0[③]	4.15	—	—	—
1000	1285	1169	1748	1119	6SE7041-3HK85-0AA0[③]	5.54	—	—	—
1100	1464	1332	1991	1269	6SE7041-5HK85-0AA0[③]	6.00	—	—	—
1500	1880	1711	2557	1633	6SE7041-3HK85-0AA0[③]	7.62	—	—	—

① 额定功率仅作为元件的订货信息，传动输出功率同所连接的逆变器有关且必须由设计确定。
② 当系统接入一台2%的网侧电抗器时，给出此电流数据的条件是电网感抗为装置阻抗的3%，即电网短路功率与变频器功率之比为33∶1或100∶1。装置阻抗：$Z = \dfrac{U_{supply}}{\sqrt{3}I_{v\,supply}}$
③ 对于12脉波工作的整流单元可带接口适配器6SE7090-0XX85-1TA0。
④ 短时电流：$1.6 \times I_N$，30s；$1.36 \times I_N$，60s。

表10-23 整流/回馈单元技术规格和订货号

额定功率[①] /kW	直流母线输出额定电流[④] /A	直流母线基本负载电流[④] /A	直流母线短时电流[④] /A	输入电流[②] /A	整流/回馈单元[③] 订货号	最大损耗功率 /kW	设备框架外形尺寸 ($W \times H \times D$) /mm
电网电压 3AC 380~480V							
7.5	21	19	29	18	6SE7022-1EC85-1AA0	0.15	180×600×350
15	41	37	56	35	6SE7024-1EC85-1AA0	0.20	180×600×350
37	86	78	117	74	6SE7028-6EC85-1AA0	0.31	180×600×350
75	173	157	235	149	6SE7031-7EE85-1AA0	0.69	270×1050×365
90	222	202	302	192	6SE7032-2EE85-1AA0	0.97	270×1050×365
132	310	282	422	269	6SE7033-1EE85-1AA0	1.07	270×1050×365
160	375	341	510	326	6SE7033-8EE85-1AA0	1.16	270×1050×365
200	463	421	630	403	6SE7034-6EE85-1AA0	1.43	270×1050×365
250	605	551	823	526	6SE7036-1EE85-1AA0	1.77	270×1050×365
400	821	747	1117	710	6SE7038-2EH85-1AA0	3.29	508×1400×565
500	1023	931	1391	888	6SE7041-0EH85-1AA0	3.70	308×1400×565
630	1338	1213	1813	1156	6SE7041-3EK85-1AA0	4.85	800×1725×565
800	1780	1620	2421	1542	6SE7041-8EK85-1AA0	6.24	800×1725×565

(续)

额定功率[1] /kW	直流母线输出额定电流[4] /A	直流母线基本负载电流[4] /A	直流母线短时电流[4] /A	输入电流[2] /A	整流/回馈单元[3] 订货号	最大损耗功率 /kW	设备框架外形尺寸 ($W \times H \times D$) /mm
电网电压 3AC 500~600V							
11	21	25	37	23	6SE7022-7FC85-1AA0	0.19	180×600×350
22	41	37	56	35	6SE7024-1FC85-1AA0	0.21	180×600×350
37	72	66	98	62	6SE7027-2FC85-1AA0	0.30	180×600×350
55	94	86	128	81	6SE7028-8FC85-1AA0	0.35	180×600×350
90	151	137	205	130	6SE7031-5FE85-1AA0	0.76	270×1050×365
132	235	214	320	202	6SE7032-4FE85-1AA0	1.14	270×1050×365
160	270	246	367	232	6SE7032-7FE85-1AA0	1.11	270×1050×365
200	354	322	481	307	6SE7033-5FE85-1AA0	1.36	270×1050×365
250	420	382	571	366	6SE7034-2FE85-1AA0	1.38	270×1050×365
315	536	488	729	465	6SE7035-4FE85-1AA0	2.00	270×1050×365
450	774	704	1053	671	6SE7037-7FH85-1AA0	3.30	508×1400×565
630	1023	931	1391	888	6SE7041-0FH85-1AA0	4.03	508×1400×565
800	1285	1169	1748	1119	6SE7041-3FK85-1AA0	5.40	800×1725×565
900	1464	1332	1991	1269	6SE7041-5FK85-1AA0	5.87	800×1725×565
1100	1880	1711	2557	1633	6SE7041-8FK85-1AA0	7.65	800×1725×565
电网电压 3AC 660~690V							
110	140	127	190	120	6SE7031-4HE85-1AA0	0.82	270×1050×365
160	222	202	302	191	6SE7032-2HE85-1AA0	1.26	270×1050×365
200	270	246	367	232	6SE7032-7HE85-1AA0	1.15	270×1050×365
315	420	382	571	366	6SE7034-2HE85-1AA0	1.68	270×1050×365
400	536	488	729	465	6SE7035-3HE85-1AA0	1.81	270×1050×365
630	774	704	1053	671	6SE7037-7HH85-1AA0	3.70	508×1400×565
800	1023	931	1391	888	6SE7041-0HH85-1AA0	4.15	508×1400×565
1000	1285	1169	1748	1119	6SE7041-3HK85-1AA0	5.54	800×1725×565
1100	1464	1332	1991	1269	6SE7041-5HK85-1AA0	6.00	800×1725×565
1500	1880	1711	2557	1633	6SE7041-8HK85-1AA0	7.62	800×1725×565

① 额定功率仅作为元件的订货信息，传动输出功率同所连接的逆变器有关，且必须由设计确定。当3AC 380~480V整流/回馈单元接到3AC 200~230V电网上时，其额定电流不变，但其额定功率减至50%。

② 当系统接入一台4%的网侧电抗器时，给出此电流数据的条件是电网感抗为装置阻抗的5%，即电网短路功率与变频器功率之比为20:1 或 100:1。装置阻抗：$Z = \dfrac{U_{\text{supply}}}{\sqrt{3} I_{v_{\text{supply}}}}$

③ 对于12脉波工作的整流/回馈单元可带接口适配板6SE7090-0XX85-1TA0。

④ 工程信息：在发电状态工作时，仅允许92%的电流。

10.2.5 系统集成和可选件

变频器、逆变器、整流单元、整流/回馈单元中的主要系统元件有：进线电抗器、输出电抗器、自耦变压器。下面是这些主要系统元件的选择和计算的出发点和基本原则。

1) 进线电抗器　进线电抗器可减少变频器、整流单元、整流/回馈单元的谐波电流和换相干扰。

对变频器：按额定压降 2% 选择进线电抗器。

对整流单元：按额定压降 2% 选择进线电抗器。

对整流/回馈单元：按额定压降 4% 选择进线电抗器。

若变频器、整流单元、整流/回馈单元由单独变压器供电时，则在变压器的短路电压大于 6% 条件下可以不要进线电抗器。

2) 输出电抗器　输出电抗器用于限制电动机连接电缆的容性充/放电电流及限制电动机端部的 du/dt，当电动机连接电缆较长时就需要加输出电抗器。

在多电动机成组传动时，总是需要加输出电抗器。

通常按额定压降 1% 选择输出电抗器。

3) 整流/回馈母线中的自耦变压器　对于需要四象限运行的逆变器，若希望在制动时，电动机的能量不是消耗在制动电阻上，而是可以反送回电网，向逆变器供电的直流母线就必须是可逆的。即要选用整流/回馈式直流母线。

为了保证可逆的晶闸管在逆变状态下工作时有较高的可靠性，应该使晶闸管反向桥的网侧电压高一些，以减少当电网电压降低或直流母线电压升高时，产生逆变颠覆的危险。一般都在晶闸管反向桥的网侧串入一个升压自耦变压器，将反向桥的网侧电压提高（见图 10-19）。电压提高的幅度一般在 20%~25%。进接电抗器、输出电抗器、整流/回馈母线中的自耦变压器的计算方法如下：

1. 进线电抗器选择计算方法

(1) 进线电抗器的额定电流 I_{LN}（A）

对直流传动装置（6RA70）：

$$I_{LN} = 0.82 I_{dN}$$

式中　I_{dN}——传动装置额定整流电流，通常即为由其供电的电动机的额定电流（A）。

对电压型变频器（6SE70）：

$$I_{LN} = 1.1 I_{CN}$$

式中　I_{CN}——变频器额定输出电流，通常即为由其供电的电动机的额定电流（A）。

对 6SE70 中的整流单元和整流/回馈单元：

$$I_{LN} = 0.87 I_{dc}$$

式中　I_{dc}——整流单元或整流/回馈单元额定输出电流（A）。

(2) 进线电抗器的电感值 L

对直流传动装置（6RA70）和 6SE70 中的整流/回馈单元按压降 4% 选择 L（H）：

$$L = 0.04 U_{LN} / (3^{0.5} \times 2\pi f I_{LN})$$

式中　U_{LN}——进线电压的线电压有效值（V）；

f——电网频率（Hz）；

I_{LN}——进线电抗器的额定电流（A）。

当 $f = 50\text{Hz}$ 时 L（μH）：

$$L = 73.51 U_{LN}/I_{LN}$$

也可根据进线电抗器的进线电压 U_{LN} 和额定电流 I_{LN} 直接从表 10-24 ~ 表 10-27 中选择进线电抗器（适用于 $f = 50\text{Hz}$）。

对变频器（6SE70）和 6SE70 中的整流单元，按压降 2% 选择 L（H）：

$$L = 0.02 U_{LN}/(3^{0.5} \times 2\pi f I_{LN})$$

式中　U_{LN}——进线电压的线电压有效值（V）；

　　　　f——电网频率（Hz）；

　　　　I_{LN}——进线电抗器的额定电流（A）。

当 $f = 50\text{Hz}$ 时 L（μH）：

$$L = 36.76 U_{LN}/I_{LN}$$

也可根据进线电抗器的进线电压 U_{LN} 和额定电流 I_{LN} 直接从表 10-28 ~ 表 10-31 中选择进线电抗器（适用于 $f = 50\text{Hz}$）。为便于读者选用，在表 10-24 ~ 表 10-27 及表 10-28 ~ 表 10-31 中还列出了按电压降为 4% 及 2% 电抗器的相应生产厂商的订货号。

表 10-24　进线电压：380（400）V　额定压降：8.85V（4%）　型号：HKSG2-0.8

I_{LN}/A	18	22.4	28	31.5	35.5	40	50	63
L/μH	1565	1258	1006	894	794	704	563	447
订货号	K119-513	K119-514	K119-515	K119-516	K119-517	K119-518	K119-519	K119-520
I_{LN}/A	71	80	91	100	112	125	140	160	180
L/μH	397	352	310	282	282	252	201	176	157
订货号	K119-521	K119-522	K119-523	K119-524	K119-525	K119-526	K119-527	K119-528	K119-529
I_{LN}/A	200	224	250	280	315	355	400	450	500
L/μH	141	126	113	101	89.4	79.4	70.4	62.6	56.3
订货号	K119-530	K119-531	K119-532	K119-533	K119-534	K119-535	K119-536	K119-537	K119-538
I_{LN}/A	560	630	710	910	1000	1120	1250	1400	1600
L/μH	50.3	44.7	39.7	31	28.2	25.2	22.5	20.1	17.6
订货号	K119-539	K119-540	K119-541	K119-542	K119-543	K119-544	K119-545	K119-546	K119-547

表 10-25　进线电压：500V　额定压降：11.55V（4%）　型号：HKSG2-0.8

I_{LN}/A	22.4	31.5	35.5	40	50	63	71	80
L/μH	1634	1162	1031	915	732	581	516	458
订货号	K119-548	K119-549	K119-550	K119-551	K119-552	K119-553	K119-554	K119-555
I_{LN}/A	91	100	112	125	140	160	180	200
L/μH	402	366	327	293	262	229	203	183
订货号	K119-556	K119-557	K119-558	K119-559	K119-560	K119-561	K119-562	K119-563
I_{LN}/A	224	250	280	315	355	400	450	500
L/μH	163	145	130	116	103	91.5	81.3	73.2
订货号	K119-564	K119-565	K119-566	K119-567	K119-568	K119-569	K119-570	K119-571

(续)

I_{LN}/A	560	630	710	910	1000	1120	1250	1400	1600
$L/\mu H$	65.4	58.1	57.6	40.2	36.6	32.7	29.3	26.2	22.9
订货号	K119-572	K119-573	K119-574	K119-575	K119-576	K119-577	K119-578	K119-579	K119-580

表 10-26　进线电压:690V　额定压降:15.9V(4%)　型号:HKSG2-0.8

I_{LN}/A	63	71	80	91	100	112	125	140	160
$L/\mu H$	803	713	633	556	506	452	405	362	316
订货号	K119-581	K119-582	K119-583	K119-584	K119-585	K119-586	K119-587	K119-588	K119-589
I_{LN}/A	180	200	224	250	280	315	355	400	450
$L/\mu H$	281	253	226	202	181	166	143	126	112
订货号	K119-590	K119-591	K119-592	K119-593	K119-594	K119-595	K119-596	K119-597	K119-598
I_{LN}/A	500	560	630	710	910	1000	1120	1250	1400	1600
$L/\mu H$	101	90.3	80.3	71.3	55.6	50.6	45.2	40.5	36.2	31.6
订货号	K119-599	K119-600	K119-601	K119-602	K119-603	K119-604	K119-605	K119-606	K119-607	K119-608

表 10-27　进线电压:750V　额定压降:17.3V(4%)　型号:HKSG2-0.8

I_{LN}/A	100	112	125	140	160	180	200
$L/\mu H$	551	491	441	393	344	305	275
订货号	K119-609	K119-610	K119-611	K119-612	K119-613	K119-614	K119-615
I_{LN}/A	224	250	280	315	355	400	450	500
$L/\mu H$	246	220	197	175	155	138	122	110
订货号	K119-616	K119-617	K119-618	K119-619	K119-620	K119-621	K119-622	K119-623
I_{LN}/A	630	710	910	1000	1120	1250	1400	1600
$L/\mu H$	87.4	77.6	60.5	55.1	49.2	44.1	39.3	34.4
订货号	K119-625	K119-626	K119-627	K119-628	K119-629	K119-630	K119-631	K119-632

表 10-28　进线电压:380(400)V　额定压降:4.43V(2%)　型号:HKSG2-0.8

I_{LN}/A	5	6.3	8	9.1	11.2	12.5	16	18
$L/\mu H$	2820	2236	1763	1548	1258	1128	883	783
订货号	K119-401	K119-402	K119-403	K119-404	K119-405	K119-406	K119-407	K119-408
I_{LN}/A	22.4	28	31.5	35.5	40	50	63	71
$L/\mu H$	630	503	448	397	352	282	224	199
订货号	K119-409	K119-420	K119-411	K119-412	K119-413	K119-414	K119-415	K119-416
I_{LN}/A	80	91	100	112	125	140	160	180
$L/\mu H$	176	155	141	126	113	101	88.0	78.3
订货号	K119-417	K119-418	K119-419	K119-420	K119-421	K119-422	K119-423	K119-424
I_{LN}/A	200	224	250	280	315	355	400	450	500
$L/\mu H$	70.4	62.9	56.3	50.3	44.7	39.7	35.2	31.4	28.2
订货号	K119-425	K119-426	K119-427	K119-428	K119-429	K119-430	K119-431	K119-432	K119-433
I_{LN}/A	560	630	710	910	1000	1120	1250	1400	1600
$L/\mu H$	25.2	22.4	19.6	15.5	19.1	12.6	11.3	10.1	8.8
订货号	K119-434	K119-435	K119-436	K119-437	K119-438	K119-439	K119-440	K119-441	K119-442

表 10-29　进线电压:500V　额定压降:5.77V(2%)　型号:HKSG2-0.8

I_{LN}/A	5	6.3	8	9.1	11.2	12.5	16	18
L/μH	3673	2915	2296	2018	1640	1469	1148	1020
订货号	K119-443	K119-444	K119-445	K119-446	K119-447	K119-448	K119-449	K119-450
I_{LN}/A	22.4	28	31.5	35.5	40	50	63	71
L/μH	820	656	583	517	459	367	292	259
订货号	K119-451	K119-452	K119-453	K119-454	K119-455	K119-456	K119-457	K119-458
I_{LN}/A	80	91	100	112	125	140	160	180
L/μH	230	202	184	164	147	131	115	102
订货号	K119-459	K119-460	K119-461	K119-462	K119-463	K119-464	K119-465	K119-466
I_{LN}/A	200	224	250	280	315	355	400	450	500
L/μH	91.8	82.0	73.5	66.0	58.3	51.7	45.9	40.8	36.7
订货号	K119-467	K119-468	K119-469	K119-470	K119-471	K119-472	K119-473	K119-474	K119-475
I_{LN}/A	560	630	710	910	1000	1120	1250	1400	1600
L/μH	32.8	29.2	25.9	20.2	18.4	16.4	14.7	13.1	11.5
订货号	K119-476	K119-477	K119-478	K119-479	K119-480	K119-481	K119-482	K119-483	K119-484

表 10-30　进线电压:690V　额定压降:7.97V(2%)　型号:HKSG2-0.8

I_{LN}/A	63	71	80	91	100	112	125	140	160
L/μH	403	357	285	279	254	227	203	181	159
订货号	K119-485	K119-486	K119-487	K119-488	K119-489	K119-490	K119-491	K119-492	K119-493
I_{LN}/A	180	200	224	250	280	315	355	400	450
L/μH	141	127	113	101	90.6	80.5	71.5	63.4	56.4
订货号	K119-494	K119-495	K119-496	K119-497	K119-498	K119-499	K119-500	K119-501	K119-502
I_{LN}/A	500	560	630	710	910	1000	1120	1250	1400	1600
L/μH	45.3	40.3	35.7	27.9	25.4	22.7	30.2	18.1	15.9	13.9
订货号	K119-503	K119-504	K119-505	K119-506	K119-507	K119-508	K119-509	K119-510	K119-511	K119-512

表 10-31　进线电压:750V　额定压降:8.85V(2%)　型号:HKSG2-0.8

I_{LN}/A	40	50	63	71	80	91	100
L/μH	282	282	252	201	176	157	141
订货号	K119-524	K119-525	K119-526	K119-527	K119-528	K119-529	K119-530
I_{LN}/A	112	125	140	160	180	200	224
L/μH	282	252	201	176	157	141	126
订货号	K119-525	K119-526	K119-527	K119-528	K119-529	K119-530	K119-531
I_{LN}/A	250	280	315	355	400	450	500	560
L/μH	113	101	89.4	79.4	70.4	62.6	56.3	50.3
订货号	K119-532	K119-533	K119-534	K119-535	K119-536	K119-537	K119-538	K119-539
I_{LN}/A	630	710	910	1000	1120	1250	1400	1600
L/μH	44.7	39.7	31	28.2	25.2	22.5	20.1	17.6
订货号	K119-540	K119-541	K119-542	K119-543	K119-544	K119-545	K119-546	K119-547

2. 输出电抗器的选择计算

（1）输出电抗器的额定电流　变频器或逆变器所用的输出电抗器的额定电流 I_{LN}(A)可按下式选择：

$$I_{LN} = I_{MN}$$

式中　I_{MN}——由变频器或逆变器供电的电动机的额定电流(A)。

（2）输出电抗器的电感　输出电抗器的电感量 L(H)可按下式选择：

$$L = 0.01 U_{MN}/(3^{0.5} \times 2\pi f I_{LN})$$

式中　U_{MN}——由变频器或逆变器供电的电动机的额定电压(V)；
　　　f——电网频率(Hz)；
　　　I_{LN}——输出电抗器的额定电流(A)。

当 $t=50$Hz 时 $L(\mu H)$：

$$L = 18.38 U_{MN}/I_{LN}$$

也可根据由变频器或逆变器供电的电动机的额定电压 U_{MN} 和输出电抗器的额定电流 I_{LN} 直接从表10-32、表10-33中选择输出电抗器(适用于 $f=50$Hz)。为了便于读者选用在表10-32、表10-33中还给出了相应生产厂商的订货号。

表10-32　电机电压：380～500V　额定压降：2.67V　型号：CKSG1-0.8

I_{LN}/A	6.2	10.2	17.5	22.5	25.5	34	47	61	75
L/μH	1370	830	483	332	292	220	180	140	113
订货号	K220-239	K220-240	K220-241	K220-242	K220-243	K220-244	K220-245	K220-246	K220-247
I_{LN}/A	92	123	146	156	185	225	250	300	315
L/μH	92	69	58	54	41	38	34	28	27
订货号	K220-248	K220-249	K220-250	K220-251	K220-252	K220-253	K220-254	K220-255	K220-256
I_{LN}/A	334	370	400	450	510	630	690	750	860	1000
L/μH	24	23	21	19	16.5	13.5	12.3	11.3	10	8.5
订货号	K220-257	K220-258	K220-259	K220-260	K220-261	K220-262	K220-263	K220-264	K220-265	K220-266

表10-33　电机电压：600～690V　额定压降：4V　型号：CKSG1-0.8

I_{LN}/A	6	10.2	16	20	25	38	47	55	63
L/μH	2122	1243	795	636	510	335	270	230	200
订货号	K220-267	K220-268	K220-269	K220-270	K220-271	K220-272	K220-273	K220-274	K220-275
I_{LN}/A	75	86	96	112	145	160	185	224	260	315
L/μH	170	148	132	114	88	80	69	57	49	40
订货号	K220-276	K220-277	K220-278	K220-279	K220-280	K220-281	K220-282	K220-283	K220-284	K220-285
I_{LN}/A	370	400	450	510	560	630	710	800	910	1000
L/μH	35	32	28	25	23	20	18	16	14	13
订货号	K220-286	K220-287	K220-288	K220-289	K220-290	K220-291	K220-292	K220-293	K220-294	K220-295

3. 整流/回馈母线中的自耦变压器选择计算

(1) 自耦变压器的容量　自耦变压器的传输容量（名义容量）S_{AT}可按下式计算：

$$S_{AT} = \sqrt{3} U_S I_{in}/K_\eta$$

式中　U_S——整流/回馈单元（母线）网侧线电压；

I_{in}——整流/回馈单元网侧输入电流；

K_η——考虑自耦变压器效率等因素的系数，一般可取$K_\eta = 0.9$。

自耦变压器的绕组容量（结构容量）S_{AC}可按下式计算：

$$S_{AC} = S_{AT}(K_{AT} - 1)$$

式中　K_{AT}——自耦变压器的升压电压比，一般取$K_{AT} = 1.2 \sim 1.25$。

(2) 自耦变压器的工作制　根据由整流/回馈母线 + 逆变器供电的传动电动机工作状态的不同，自耦变压器有两种工作制，即25%和100%工作制。

对于向没有较长时间在制动状态下工作的传动电动机，例如辊道、压下等机械的传动电动机供电的整流/回馈母线中的自耦变压器，可选择25%的工作制。

对于向有可能较长时间在制动状态下工作的传动电动机，例如提升机械、卷取机等的传动电动机供电的整流/回馈母线中的自耦变压器，可选择100%的工作制。

(3) 计算实例　某轧机的辊道由多台交流电动机传动，由公共直流母线 + 逆变器供电，由于需要快速制动，因此选用整流/回馈式直流母线。所选用的整流/回馈单元数据如下：

西门子公司 6SE7041—8EK85 整流/回馈单元

额定输出电流：1780A

额定输入电流：1542A

网侧电压：400V

考虑自耦变压器的升压电压比$K_{AT} = 1.2$，则自耦变压器的电压为：

一次电压：400V

二次电压：400 × 1.2 = 480V

考虑取自耦变压器的系数$K_\eta = 0.9$，则自耦变压器的传输容量S_{AT}为

$$S_{AT} = \sqrt{3} \times 400 \times 1542/0.9 \text{kVA} = 1187 \text{kVA}$$

自耦变压器的绕组容量S_{AC}为

$$S_{AC} = 1187 \times (1.2 - 1) \text{kVA} = 237 \text{kVA}$$

考虑到传动电动机用于辊道传动，不会较长时间工作在制动状态，因此自耦变压器的工作制选择为25%。

10.2.6　串行接口与通信

SIMOVERT 6SE70 矢量控制装置，通过集成在基本装置上的两个串行接口或可选的通信板、接口板，可实现装置之间以及同上一级自动化系统的数据通信。基本装置上的两个串行接口 COM1、COM2 作为 RS485 或 RS232 接口，运行西门子公司专用的传动技术的传输协议，主要用于连接操作面板或 PC，完成对装置设置、参数化以及操作员控制及观测功能。选件中主要是连接现场总线 Profibus DP、CAN 的 CBP2、CBC 通信板，把 SIMOVERT VC 矢量控制装置集成到自动化系统之中。SLB 通信板是用于把装置连接到 SIMOLINK 上的选件板，实现在工艺方面相关联的传动装置之间或传动装置与上级开环、闭环控制系统间的快速和精确的数据

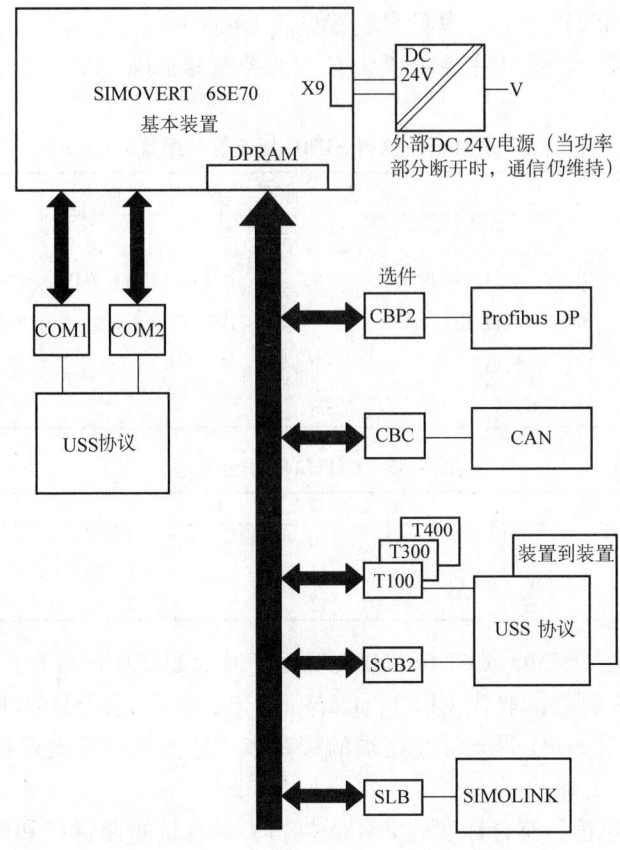

图 10-21　SIMOVERT 6SE70 接口框图

传输（如角同步）。SIMOVERT 6SE70 矢量控制装置的接口框图见图 10-21。SIMOVERT 6SE70 矢量控制装置和上一级自动化系统的连接，见图 10-22。

1. 基本装置集成接口　COM1 和 COM2 是集成在基本装置上的串行接口。对于基本型和

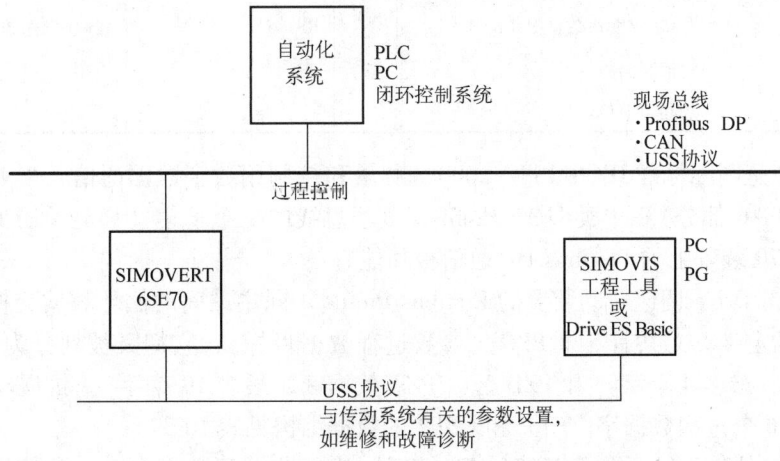

图 10-22　SIMOVERT 6SE70 与自动化系统连接

装机装柜型装置，串行接口1（COM1）在操作和参数设定单元PMU上。它是一个9针SUBD插座，作为RS485或RS232接口，其信号配置见表10-34。

串行接口2（COM2）在闭环控制板CUVC上的控制端子排X101，作为RS485接口，相应信号连接见表10-35。

表10-34　9针SUBD插座信号配置

针号	名称	意义	针号	名称	意义
1	不用		6	P5	5V电源
2	RS232（V24）RxD	RS232（V24）接收线	7	RS232（V24）TxD	RS232（V24）发送线
3	RS485 P	RS485接口数据线	8	RS485N	RS485接口数据线
4	BOOT	软件升级控制信号	9	M	参考电位（带电抗器）
5	M5	5V电源地			

表10-35　COM2端子分配表

端子	号	名称
CUVC X101	10	RS485P
	11	RS485N
	12	RS485M

2. 通信板和接口板　SIMOVERT 6SE70装置用于通信的附加选件有：Profibus DP的CBP、CBP2通信板（带扩展功能，取代CBP）；CAN的CBC通信板；SIMOLINK的SLB通信板；SCB2 RS485接口板以及SCB1带光纤连接端的接口板。这些选件按规定插入电子箱中相应的位置。

（1）CBP、CBP2通信板符合标准的RS485接口，具有抗短路保护和电位隔离性能，波特率为9.6kbit/s～12Mbit/s。CBP、CBP2通信板通过一个9针SUB D插座（X448）按Profibus DP标准接到Profibus DP现场总线上，X448针的信号配置见表10-36。

表10-36　X448上针的信号配置表

针号	符号	意义	针号	符号	意义
1	SHIELD	接地	6	VP	电源电压，正极5V
2	—	不用	7	—	不用
3	RS485P	接收/发送数据P（B/B'）	8	RS485N	接收/发送数据N（A/A'）
4	CNTR-P	控制信号（TTL）	9	—	不用
5	DGND	参考电位（C/C'）			

Profibus DP是国际标准IEC61158：2000《测量和控制用数字数据通信　工业控制系统用现场总线（第3～6部分）》中类型3：Profibus现场总线的一个子集（详见手册12.5节）。在SIMOVERT 6SE70装置上的Profibus DP通信板功能有：

1）按"Profi Drive调速传动装置的Profibus Profile"同主站间的循环数据交换，并对数据结构作了明确的定义。总共有5个PPO（参数过程数据目标），它们又被划分为一个PKW区（参数识别值区，最多4个字）和PZD区（过程数据区，最多10个字）。扩展功能还可灵活配置，最多达16个过程数据字。CBP和CBP2的数据结构见表10-37。

2）与上级自动化系统（如SIMATIC S7 CPU）进行非循环数据交换，参数值最大长度为118个字。

表 10-37 CBP 和 CBP2 板的有用数据结构

PPO-类型	PKWE			PZD 区			功 能	
	PKE	IND	PWE	PZD1	…	PZD16	CBP	CBP2
PPO1	固定长度：4 字			固定长度：2 字			√	√
PPO2	固定长度：4 字			固定长度：6 字			√	√
PPO3	固定长度：0 字			固定长度：2 字			√	√
PPO4	固定长度：0 字			固定长度：6 字			√	√
PPO5	固定长度：4 字			固定长度：10 字			√	√
	0 或 4 字			可灵活配置，0 – 16 字				√

注：PKW—参数识别值；IND—标号；PZD—过程数据；PWE—参数值；PKE—参数识别。

3) 通过非循环通信，连接 Drive ES Basic 和 SIMOVIS 启动程序、参数设置和诊断工具。

4) 支持 Profibus 控制指令，SYNC 和 FREEZE，用于主动装置与从动装置之间的同步数据传输。

CBP2 板的扩展功能有：从站之间的直接循环数据交换、2 类主站（如操作员站 SIMATIC OP）到一个传动装置的非循环直接数据存放。

(2) CBC 通信板用于通过 CAN（控制器局域网络）协议，建立传动系统与上位自动化系统和其他现场设备的连接。

CBC 板有一个 9 针 SUBD 插头（X458）和一个 9 针 SUBD 插座（X459）用于与 CAN 现场总线的连接，同时具有短路保护和电位隔离性能。数据传输率为 10kbit/s ~ 1Mbit/s。X458 和 X459 两个终端完全一样，并在内部连接，其信号配置见表 10-38。

表 10-38 CBC 板 X458 和 X459 信号配置

针号	符 号	意 义	针号	符 号	意 义
1	—	未占用	6	CAN_GND	CAN 地（框架 M5）
2	CAN_L	CAN_L 总线	7	CAN_H	CAN_H 总线
3	CAN_GND	CAN 地（框架 M5）	8	—	未占用
4	—	未占用	9	—	未占用
5	—	未占用			

CAN 总线是国际上应用很广泛的一种现场总线。CAN 总线协议在国际标准建议 ISO-DIS 11898 中加以叙述，它遵循 ISO/OSI 参考模型，采用了其中的物理层、数据链路层与应用层。但 CBC 板仅支持 CAN 的物理层与数据链路层。而与 SIMOVERT VC 的数据交换则按传动系统与 Profibus 的网络数据规定运行，即 Profi Drive 网络数据结构亦分为两个区：参数区和过程数据区。这两个区作为通信目标（识别）来传输。网络数据结构见图 10-23。

CBC 板通过 CAN 总线的数据交换有两种连接方式，即带总线中的 CBC 板间的数据交换和不带总线中断的 CBC 板间的数据交换。带总线中断的 CBC 板间的数据交换见图 10-24。

(3) SLB 通信板用于将传动设备连接到 SIMOLINK 上。SIMOLINK 是西门子公司传动系统专用的、进行数据快速交换的串行数据传输协议。SBL 板上有 SIMOLINK 输入和 SIMOLINK 输出两个光纤接口，从而将一个站点连接到 SIMOLINK 的闭合环路中，最多可达 201 个站点。作

图 10-23 CBC 板的网络数据结构

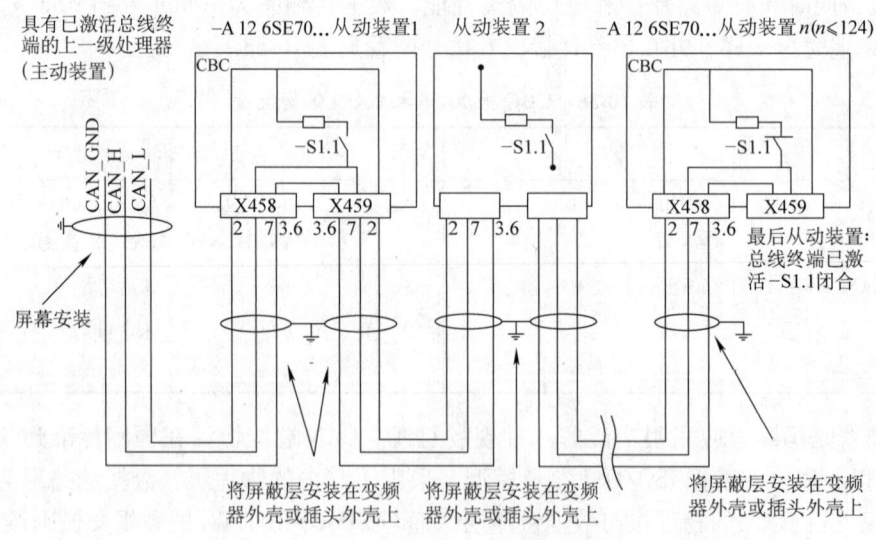

图 10-24 带总线中断的 CBC 板间的数据交换

为传输介质可采用塑料或玻璃纤维光缆。SLB 通过 24V 输入电压形成其外部电源,这样,即使变频器/逆变器断开时,仍可保证在 SIMOLINK 中的数据交换继续进行。

SBL 通信板可以作为 SIMOLINK 分配器或 SIMOLINK 收发报器,其功能的转换是通过参数设定而决定的。具有 SIMOLINK 的装置对装置连接见图 10-25。

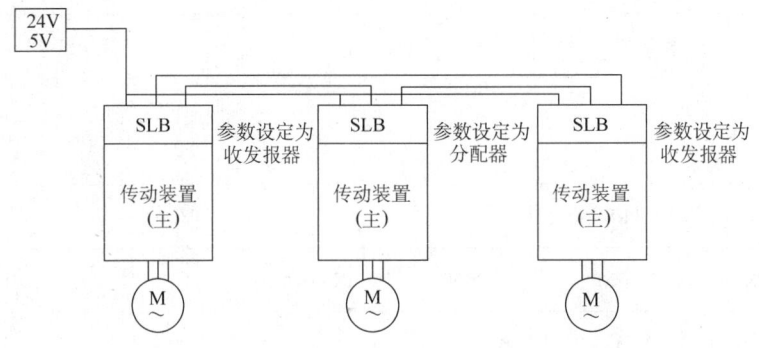

图 10-25　具有 SIMOLINK 的装置对装置连接

3. USS 协议　通用串行接口（USS）协议是西门子公司定义的、简单的串行数据通信协议。满足传动系统对数据交换的要求，与传动应用中有用数据传送的定义相同。USS 协议作为一个标准协议装在基本装置的串行通信接口上。USS 协议的主要特征为：

（1）USS 协议的物理接口是以 RS485 为基础，支持多点链接。点对点链接作为其中的一部分，如 RS232。数据传输为半双工方式，就是交替进行发送和接收，由软件控制。用于 RS485 的传输介质为双绞电缆。最长距离为 1200m。

（2）USS 协议定义了根据主-从原理的数据存取方法，为单主系统，1 个主站和最多 31 个从站。SIMOVERT 6SE70 装置为从。

（3）协议报文构成简单、可靠，报文长度固定或可变。报文结构见图 10-26。

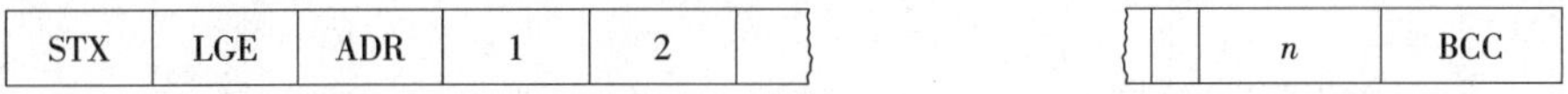

STX	LGE	ADR	1	2			n	BCC

注：STX—报文开始符；ADR—地址号节；LGE—报文长度；BCC—块校验标志；1、2、…、n—有用数据，每个为 1B。

图 10-26　报文结构

SIMOVERT 6SE70 的有用数据结构见图 10-27。

（4）根据 Profile 变速传动与基本单元进行数据交换，即当使用 USS 协议时，信息传送到传动装置的方式与 Profibus DP 相同。

有关 USS 协议的详细说明请参阅西门子公司出版物"通用串行接口协议 USS"说明书。

4. SIMOLINK　SIMOLINK（Siemens Motion Link）是以光纤为传输介质的数字的串行数据传输协议。实现 SIMOVERT 6SE70 装置之间或装置与上位机系统之间，在共同系统时钟下，所有连接站的同步、快速及精确的过程数据的周期传输。SIMOLINK 在每一个周期内依靠其精确的时间间隔和无偏差的 SYNC 报文通信，使所有连接的装置在极快的数据传输中，保持高性能的适时性和同步，如角同步或一高性能的动态协调工作。

SIMOLINK 的主要特征为：

（1）传输介质为光缆、玻璃或塑料光纤均可。SIMOLINK 为环形结构，其中每个站作为一个信号放大器，数据传输速率为 11Mbit/s，依据所选介质，可以实现下述传输距离：

应用塑料光纤：每个站之间最大距离为 40m

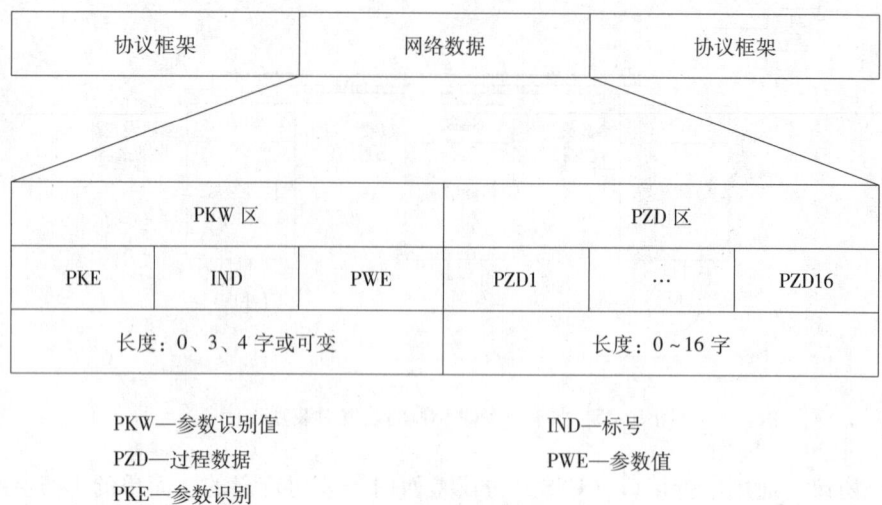

PKW—参数识别值　　　　　　　　IND—标号
PZD—过程数据　　　　　　　　　PWE—参数值
PKE—参数识别

图 10-27　有用数据结构

应用玻璃光纤：每个站之间最大距离为 300m

SIMOLINK 最多可连接 201 个主站。

（2）SIMOLINK 站之间的同步是通过一个 SYNC 报文起作用的，这个报文是由一个具有特殊功能（分配器功能）的站生成，并且其他所有站同时收到。SYNC 报文由严格的时间间隔组成且无偏差，两个 SYNC 电报之间的时间即为 SIMOLINK 的总线周期时间，并且与所有连接站同步的公共时钟时间相对应。SIMOLINK 报文通信见图 10-28。

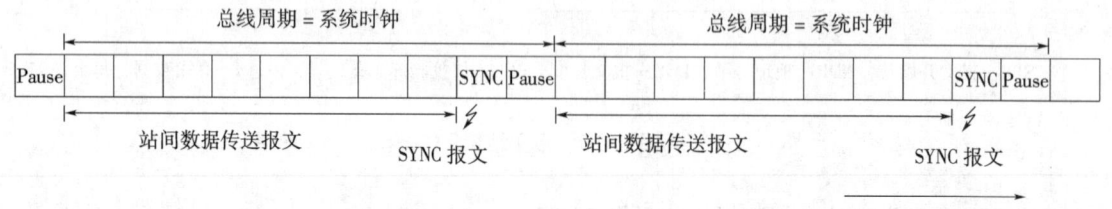

图 10-28　SIMOLINK 报文通信

（3）各站之间的数据传输通过总线周期时钟，严格地周期性地来实现，即通过站读写的数据均在两个 SYNC 之间传输。当收到 SYNC 报文时，每个站先前收到的数据传送到 SIMO-VERT 6SE70 装置控制系统作为当前应用数据，这就保证了在同一时刻总线上所有站均用到最新的数据。

（4）每个电报可以传输一个 32 位字，每个电报的总长度为 70 位。因此，以 11Mbit/s 传输速率，一个电极的传输时间为 6.36μs。如选择总线周期为 1ms，通过 SIMOLINK 可以传输 155 个含数据内容的报文（每个报文 3.2 位数值），其数据传输量很大。

（5）SIMOLINK 有两种应用功能，即装置对装置功能和主/从功能。装置对装置功能总线拓扑见图 10-29。该连接中，只有一个站具有分配器功能，其余的均为收发器。主/从功能应用见图 10-30。

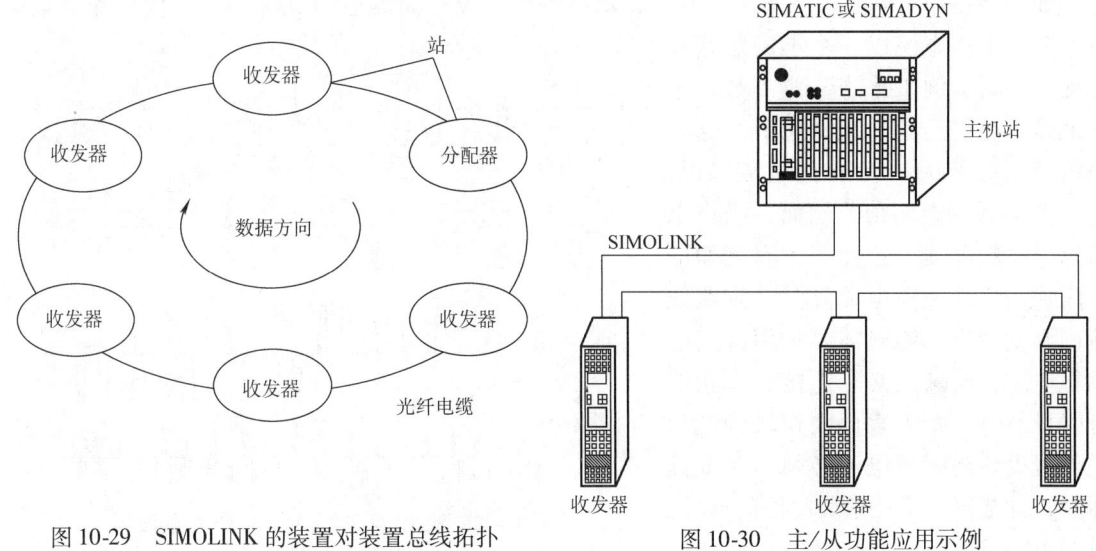

图 10-29 SIMOLINK 的装置对装置总线拓扑

图 10-30 主/从功能应用示例

10.2.7 变频器和逆变器的干扰和抑制

1. 变频器作为噪声源 SIMOVERT MASTERDRIVES 变频器带着一个电压源直流母线工作。

(1) 工作模式 为使电能损耗尽可能小,逆变器将直流母线电压调制成方形加到电动机绕组上。

在电动机中流过的电流几乎是正弦波的,见图 10-31。

所描述的带有高性能半导体开关器件的模块使其能够发展书本型变频器,该变频器在传动设备工艺上正扮演重要角色。虽然它有很多优点,但快速半导体开关也有一个不足;

通过每个开关的寄生电容 C_P 对地流过一个脉冲型噪声电流。

寄生电容存在于电动机电缆和地之间,也存在于电动机内部。

故障电流 I_E 的源是逆变器,故造成故障电流必须流回逆变器。阻抗 Z_N 和地阻抗 Z_E 作用在回流通道中。阻抗 Z_N 产生动力电缆和地之

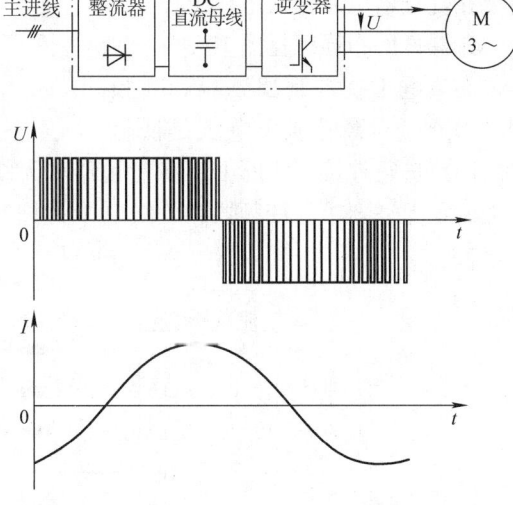

图 10-31 变频器的输出电压 U 和电动机电流 I 的波形

间的分布电容。这个阻抗和电源变压器阻抗(相导体和地之间)相并联。噪声电流本身及由噪声电流流过 Z_N 和 Z_E 所造成的电压降能够作用到其他电气装置上,见图 10-32。在前面已描述过,变频器产生高频噪声电流。此外,低频谐波也应加以考虑。如果整流装置接到电网上,由于流过非正弦的电流而导致电网电压的畸变。

低频谐波可用进线电抗器来抑制。

(2) 减小噪声 发射的措施

如果高频噪声电流有一条正确通道，则高频噪声发射是能够得到抑制的。使用非屏蔽电机电缆，噪声电流以一个不确定路线流回变频器，例如通过基础/基础框架接地器、电缆管道、柜框架等。这些电流通道对于 50~60Hz 的电流来说，有一个很低的电阻值。然而，噪声电流感应高频分量，这能产生有问题的电压降。为使故障电流能沿确定路线流回到变频器，绝对需要采用屏蔽电动机电缆。屏蔽层必须连接到变频器外壳且通过一个大表面面积接到电动机外壳上。当噪声电流必须回到变频器时，屏蔽层形成一条最简便的通道，见图10-33。

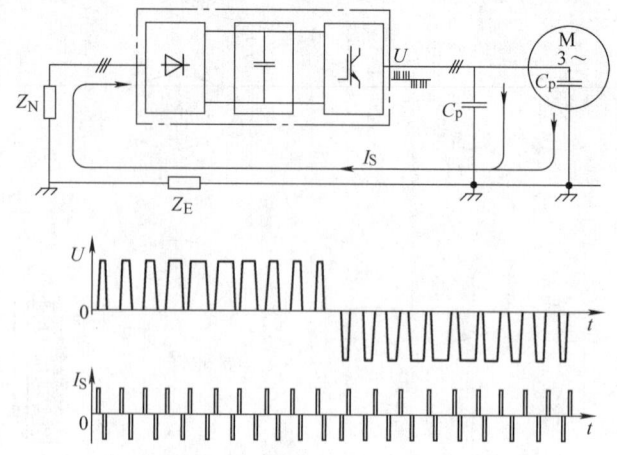

图 10-32　输出电压 V 和故障电流 I_S 的波形

屏蔽层两端接地的屏蔽电动机电缆导致噪声电流通过屏蔽层流回到变频器。

虽然，屏蔽电动机电缆的阻抗 Z_E 几乎不出现电压降，但在阻抗 Z_N 上的电压降却影响其他电气设备。

为此，无线电干扰抑制滤波器应装在变频器电源输入电缆上。

元器件的布局可见图10-34。

无线电干扰抑制滤波器和变频器必须通过对高频噪声电流是低阻

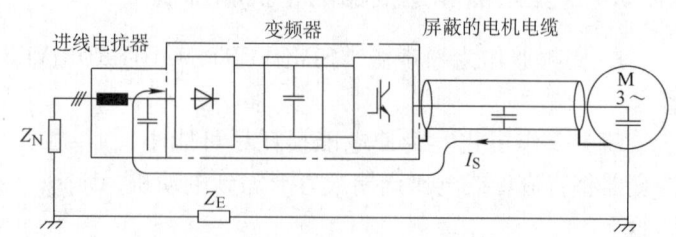

图 10-33　带有屏蔽电动机电缆的噪声电流流向

抗的回路进行连接。实际上，将变频器和无线电干扰抑制滤波器装在一个公共底板上便能很好地满足上述要求。变频器和无线电干扰抑制滤波器通过一个最大可能的表面积的安装板进行连接。

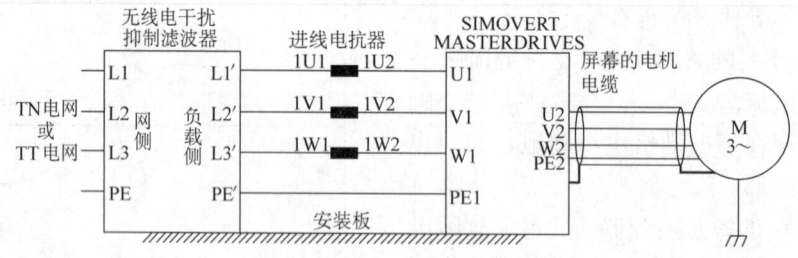

图 10-34　元器件的布局

SIMOVERT MASTERDRIVES 为了限制无线电干扰的发射而必须安装在封闭的柜中。特别是，无线电干扰发射是由带有微处理器的控制部分决定的，因此这种干扰与计算机发出的相差不大。如果 SIMOVERT MASTERDRIVES 附近没有无线电传输工作，则不需要高频封闭柜子。如果装置安装在导轨上，则无线电干扰发射将不受限制。在这种情况下，充分的屏蔽措施将通过设备室/区域的合理设计来提供。

2. 变频器作为噪声接受器

(1) 噪声接受回路　噪声可以通过电势、感应或电容进入装置。

在图 10-35 所示的等效电路中，把一个在装置中由于电容耦合作用而产生的噪声电流 I_S 视做噪声源。耦合电容 C_K 的大小决定于布线及机械设计。

噪声电流 I_S 在阻抗 Z_i 上产生一个电压降。如果噪声电流流经一个带有敏感电子元器件的板（例如微处理器），甚至微秒级的一个小脉冲和刚刚几伏的幅值都能导致扰动噪声。

(2) 提高抗扰度的措施　预防噪声耦合最有效的方法是严格隔离电源和信号电缆，见图 10-36。

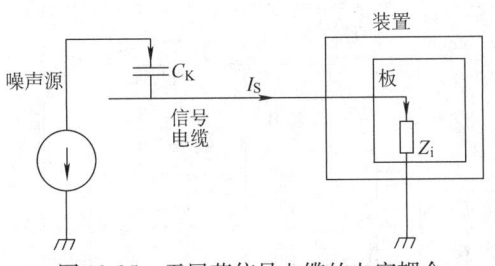 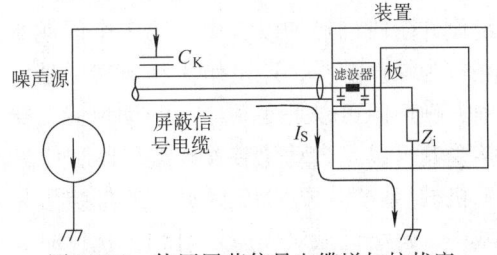

图 10-35　无屏蔽信号电缆的电容耦合　　　图 10-36　使用屏蔽信号电缆增加抗扰度

SIMOVERT MASTERDRIVES 控制部分的输入和输出用滤波器进行滤波，以保持噪声电流 I_S 同电子设备隔离。滤波器平滑了有用的信号。在信号电缆带有极高频信号时，如来自数字测速机信号，这个滤波导致一个扰动效应。这种情况下，使用没有滤波功能的屏蔽电缆。此时噪声电流通过屏蔽层和外壳回到噪声源。

数字信号电缆的屏蔽一定要两端接地，即在发送端和接受端接地。

在模拟信号电缆情况下，如果屏蔽层是两端接地（耦合中的交流声），低频噪声增大。在这种情况下，屏蔽层仅能在 SIMOVERT MASTERDRIVES 一侧进行连接。屏蔽层的另一末端通过一个电容器（如 10nF/100V，型号为 MKT）接地。就高频噪声而论，这个电容将使屏蔽层两端连接成为可能。

3. EMC 设计　如果两个装置没有电磁兼容性，则噪声发射源的噪声发射应减小，或噪声接受器的抗扰度应增大。噪声源通常是输出大电流的电力电子装置。为了减小噪声的发射，需要综合滤波器。噪声接受器，主要包括控制部分和传感器/发送器，以及它们的计值电路。对于小功率装置不必花费大力气和费用去提高

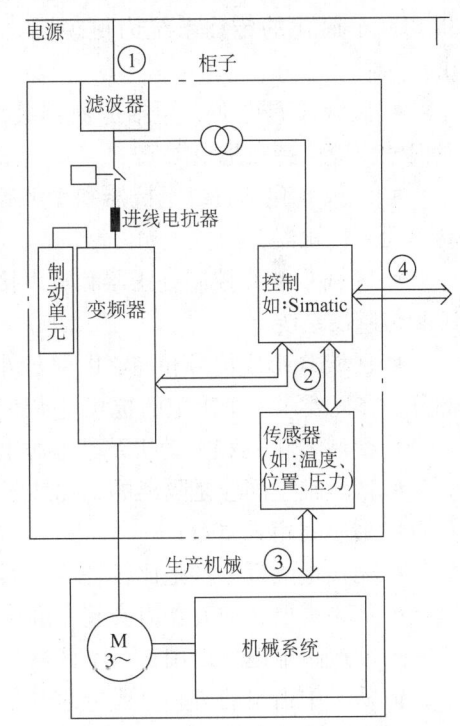

图 10-37　传动系统框图

其抗扰度。在工业环境，增加抗扰度比减小噪声发射常常更经济有效。

为达到 EN55011 标准中有关"第二环境"限制值级要求，在电源连接点上的无线电干扰电压最大可达 79dB（μV）（频率在 150～500kHz 之间）和最大 73dB（μV）（频率 500～30MHz 之间）。当用电压来表达，这些值分别为 9mV 和 4.5mV。

在应用无线电干扰度量之前，首先要弄清楚，在什么部位需要 EMC，看图 10-37 所示的

例子。变频器用于传动一台电动机。变频器、相关的开环控制设备和传感器装在一台柜子里。发送噪声已被限制在电源连接点上,因而无线电干扰抑制滤波器和进线电抗器装在柜中。

假定所有要求在点①上都满足,是否可以说存在着电磁兼容性吗？这个问题不能仅仅用"yes"来回答,因为 EMC 应在柜内得到可靠的实现。因为控制系统可能在接口②和④,传感器系统可能在接口②和③上产生电磁影响。因而,一个无线电干扰抑制滤波器本身不能保证 EMC！

（1）区域原则　减少干扰最经济有效的措施是在空间上隔离噪声源和噪声接受器。而这些,在机械/系统设计阶段已经加以考虑。第 1 个问题是回答,装置是作为噪声源呢,还是作为噪声接受器。在这个电路中,噪声源可以是变频器、制动单元、接触器。噪声接受器可以是自动化装置、编码器和传感器。

机械/系统分成 EMC 区域,并把装置划定在这些区域中。每个区域对噪声发射和抗扰度有其自己的要求。区域在空间上最好用金属壳或在柜体内用接地隔板隔离。如果需要,滤波器可以作区域接口。图 10-38 以一个简化的传动系统为例说明区域原则。在图中：

● 区域 A 是电源,包括滤波器接线部分。在此,发射噪声应保持在指定限值。

● 区域 B 包括进线电抗器和噪声源：变频器、制动单元、接触器。

● 区域 C 装有控制变压器和噪声接受器：控制系统和传感器系统。

● 区域 D 形成信号和控制电缆与外围设备的接口部分。在此要求一个确定的抗扰度水平。

● 区域 E 由三相电动机及其电源电缆组成。

● 区域在空间应是隔离的,以便于实现电磁去耦。

● 最小间距为 20cm。

● 用接地隔板去耦是比较好的,不允许不同区域的电缆放入同一条电缆管路中。

● 如果需要,滤波器应安装在区域间接口位置。

● 非屏蔽电缆可以用在一个区域内。

● 从柜中引出的所有总线电缆（如 RS485、RS232）和信号电缆必须屏蔽。

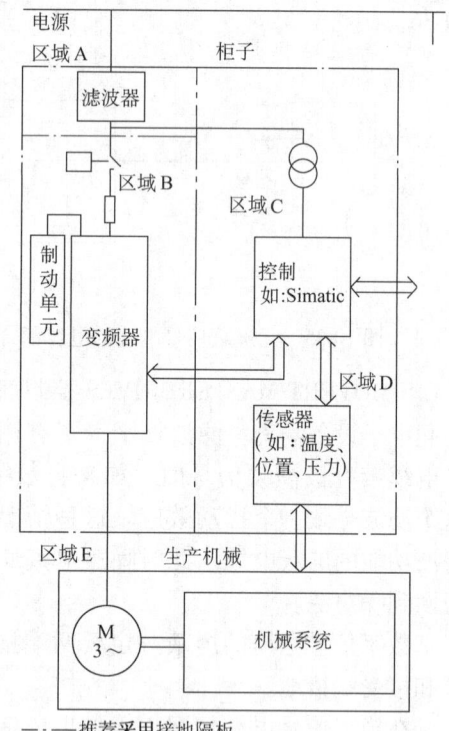

图 10-38　将传动系统细分成区域

（2）滤波器和耦合元件的使用　仅靠安装滤波器不能带来 EMC！故诸如屏蔽电动机馈电电缆和空间隔离等措施是必需的。

● 无线电干扰：无线电干扰抑制滤波器减少在电源接线点上的电缆噪声干扰电压。

● 抑制滤波器：为了保持极限值（"第一环境"或"第二环境"）需要一台无线电干扰抑制滤波器,而不考虑在变频器输出侧是否使用 du/dt 或正弦滤波器。

● du/dt 滤波器：du/dt 滤波器首先用于保护电动机绕组,以减轻最大电压的应力,其次降低电压梯度,使其出现较低的噪声电流。

- 正弦波滤波器：正弦波滤波器是低通滤波器，它将变频器出口端子通断形成的电压信号变成几乎是正弦波的电压。电压梯度和最大电压尖波的限制作用比用 du/dt 滤波器效果更佳。
- 耦合元件：此外，在区域间的接口可能需要数据进线滤波器和/或耦合元件。电气隔离的耦合元件（如隔离放大器）防止噪声从一个区域传播到另一个区域。模拟信号情况下尤其需要隔离放大器。

10.3 多处理器微机控制系统

数字控制系统按系统中微处理器数量，可分为单处理器系统和多处理器系统。随着微机数字控制的不断发展以及日臻完善，多处理器的数字控制系统已广泛使用在控制任务复杂、实时性要求高的各种生产中。多处理器的数字控制系统作为数字控制中的高端产品，也在不断地发展和完善。西门子公司 SIMADYN D 多处理器数字控制系统，其硬件设备处理器已由早期使用的 PM16/PG16 等的 16 位系统，逐渐发展并不断被 32 位 PM5 等新型处理器模板所取代，其性能处理速度及精度都有很大的提高。32 位处理器模板，运行速度较 16 位大约可提高 8 倍。采用 32 位处理器模板典型控制环循环时间（Cycle Time）约为 0.5ms，而 16 位处理器模板循环时间约为 4ms，控制精度大约提高 4 倍（达到 0.6×10^{-4}）。

10.3.1 机箱和处理器模板

1. 机箱　机箱由电源和机箱子框架两部分组成，型号有

SR6　　6 槽机箱　　AC230V 电源。

SR12　12 槽机箱　DC24V 或 AC115-230V 电源。

SR24　24 槽机箱　DC24V 或 AC115-230V 电源。

机箱主要用于提供 SIMADYN D 系统控制模板的机械安装，提供机箱内单独控制模板间快速数据传输的 L-bus/C-bus（局部总线/通信总线），以及提供模板 5V 和 15V 工作电源。外部 3.4V/5A·h 锂电池用于电源故障或丢失情况下数据保存（使用功能块 SAV）。机箱子框架适用于安装具有规格 $H \times T$ 为 233.4mm × 220mm 的 SIMADYN D 模板。

电源允许电压变化范围：对 AC115~230V，-15%~+10%

对 DC24V，20~30V

SR6 6 槽机箱只有 L-bus 没有 C-bus，CSH11、CS12 和 CS22 通信模板不能在 6 槽机箱中使用。6 槽机箱只有 AC 230V 电源电压。子框架分为带有或不带有风扇。订货数据见表 10-39。

表 10-39　6 槽机箱订货数据

	订货号	电源电压	风扇	电源型号
SR6V	6DD1682-0BB1	AC 230V	带	
SR6	6DD1682-0BB0	AC 230V	不带	

SR12 12 槽机箱的子框架可用于不同的电源电压及带有或不带有风扇，订货数据见表 10-40。

SR24 24 槽机箱的子框架可用于不同的电源电压及带有或不带有风扇，订货数据见表 10-41；机箱电源插入在 SIMADYN D 的子框架内。电源具有进线滤波器，该滤波器按照 VDE 0871 限制无线电干扰电压值 A 级。机箱电源前面板包括：

表 10-40　12 槽机箱订货数据

订货号	订货号	电源电压	风扇	电源型号
SR12.1	6DD1682-0CC0	DC 24V	带	SP22
SR12.2	6DD1682-0CD0	DC 24V	不带	SP23
SR12.3	6DD1682-0BC3	AC 115/230V	带	SP22.5
SR12.4	6DD1682-0BC4	AC 115/230V	不带	SP23.5

表 10-41　24 槽机箱订货数据

订货号	订货号	电源电压	风扇	电源型号
SR24.1	6DD1682-0BC0	DC 24V	带	SP8
SR24.2	6DD1682-0BE0	DC 24V	不带	SP9
SR24.3	6DD1682-0CE3	AC 115/230V	带	SP8.5
SR24.4	6DD1682-0CE4	AC 115/230V	不带	SP9.5

- 绿 LED：无故障运行指示。
- 红 LED：故障状态指示。
- 备用电池槽：一个备用电池可插在电源的备用电池槽内，正常电压约 3.6V，当电源发生故障期间保存配置的数据（采用功能块 SAV），负载电流约 10μA。建议电池每年更换。如果没有备用电池或电池没电，则框架中第 1 插槽内的 CPU 模板 "b" 闪亮。
- 电源电压连接（X1 螺钉插入式端子）：经过螺钉插接端子 X3 接入外部备用电池（可任选插入框架自身的备用电池）。
- 复位：模板的冷启动，复位可通过按动复位按钮。或跨接连接器 X4 上插针 1 和 2。
- 3 个校准插口：5V、±15V 电压检测。

机箱供电电源参数见表 10-42。

表 10-42　供电电源参数

	SR6 SR6V	SR12.1　SR12.2 SR24.1　SR24.2	SR12.3　SR12.4 SR24.3　SR24.4
输入电压	AC 230V	DC 24V	230V AC（S1 默认设置） AC 115V（切换 S1）
X1 插针 1	L 电源线	+24V	L 电源线
X1 插针 2	N 中性线	地（0V）	N 中性线
X1 插针 3		PE 接地保护线	PE 保护线
X1 插针 4	PE 保护线		
外部熔断器 （额定）	对 SR6 或 SR6V： $I_n = 600\text{mA}$（最大） $I^2t = 1.5\text{A}^2 \cdot \text{s}$ $I_S = 25\text{A}$（冲击尖峰）	对 SR12.x： $I_n = 16\text{A}$（最大） $I^2t = 6\text{A}^2 \cdot \text{s}$ $I_S = 32\text{A}$（冲击尖峰） 对 SR24.x： $I_n = 32\text{A}$（最大） $I^2t = 10\text{A}^2 \cdot \text{s}$ $I_S = 64\text{A}$（冲击尖峰）	对 SR12.x： $I_n = 1.2\text{A}$（最大） $I^2t = 0.6\text{A}^2 \cdot \text{s}$ $I_S = 6\text{A}$（冲击尖峰） 对 SR24.x： $I_n = 2.7\text{A}$（最大） $I^2t = 1\text{A}^2 \cdot \text{s}$ $I_S = 9\text{A}$（冲击尖峰）

（续）

		SR6	SR12.1 SR12.2	SR12.3 SR12.4
		SR6V	SR24.1 SR24.2	SR24.3 SR24.4
X2	1-4		电源和风扇监视	
X3	1-2		外部备用电池馈送	
X4	1-2		复位：利用跳线启动复位（任选复位按钮）	

"菊花链"跳线器：机箱子框架采用"菊花链"（Daisy chain）概念，CPU 模板在总线上接受令牌信号并传送到下个 CPU 模板。必须在没有 CPU 模板（或 EPxx 信号处理器模板）的背板总线印制电路板，插入"菊花链"跳线器。跳线器必须正确地插入，直插至最后的右手侧 CPU 模板。在设备运输时，应插入全部的跳线器。

接地连接：子框架必须通过最小 6mm² 电缆经过连接螺栓接到接地导轨上，电缆应保持尽可能短。使用电源连接器 X1 PE 插针连接是不够的。同 SIMADYN D 系统连网运行的全部柜体，必须通过至少 16mm² 的电位连接导体彼此连接在一起。

机箱外形图见图 10-39。

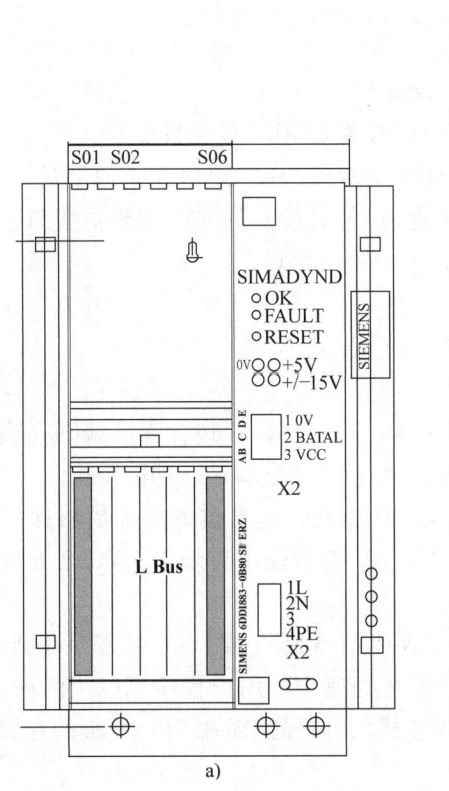
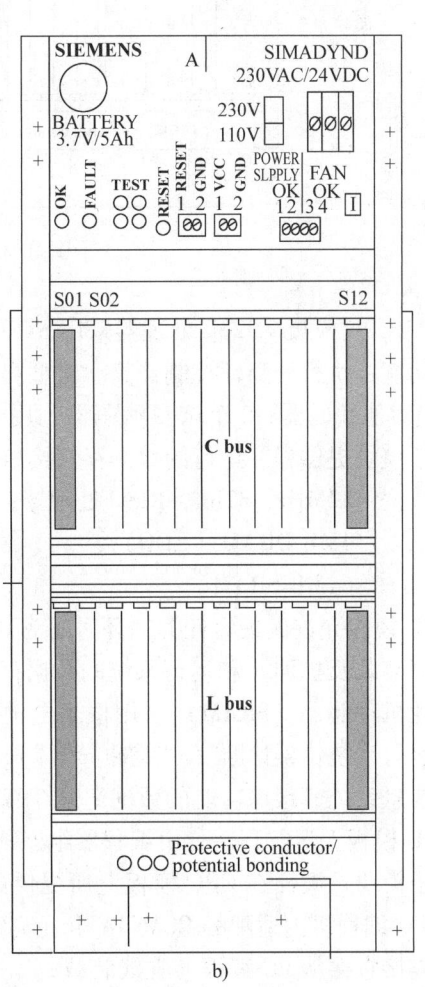

图 10-39　机箱外形图
a) 6 槽　b) 12 槽

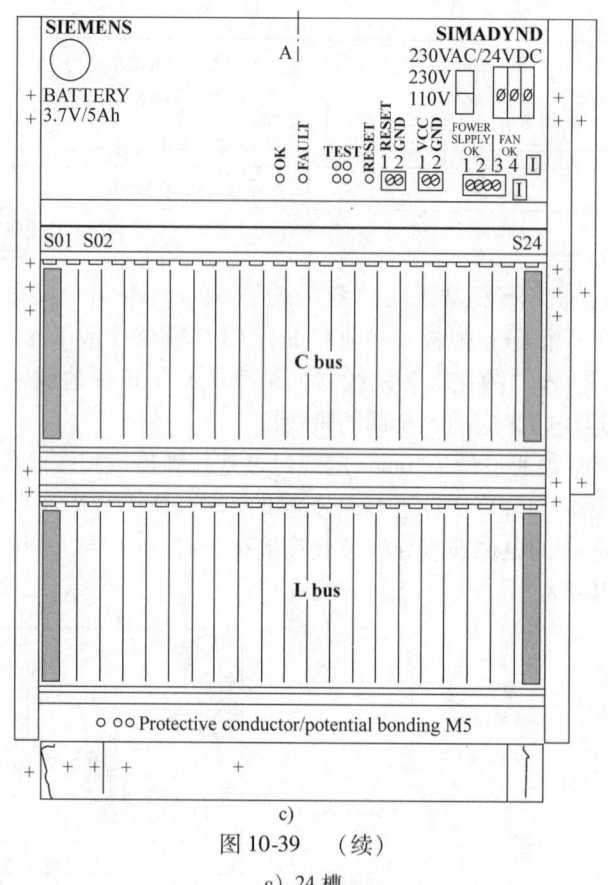

图 10-39 （续）

c) 24 槽

2. PM5 CPU 模板 32bit 处理器采用 STEP7/CFC 或 STRUC G 软件配置。

主要功能：执行开闭环控制计算。典型扫描时间为 0.5ms。最多 8 个数字量输入/输出接口；2 个绝对值编码器；2 个增量编码器，用于速度/位置检测的光电编码器接口，可供插入程序存储子模块提供程序运行的数据存储接口；一个串行接口。

性能数据：32MHz，32bit，RISC 处理器；

4MB DRAM（EDO）；

64MB SRAM。

该 CPU 模板允许的最短任务循环时间为 0.1ms。其中 DRAM 包含程序编码（当存储模块启动时程序装载及扩伸）和运行系统的数据存储、交换、信息缓冲、功能跟踪。

缓冲随机存储器（SRAM）采用框架电池或外加电池，包含电源故障后所保存的下述数据：用于运行系统错误诊断（"缓冲异常"）、用 SAV 功能块可对最多 1000 个处理量进行组态、采用信息系统或跟踪功能的数据记录/跟踪。

在 CPU 模板上运行程序，由编程器组态，然后装在 MS5（或 MS51）程序存储子模块上。程序存储子模块是被插在 CPU 模板上所提供的模板插座中。用户程序可以用两种方式装载：经过插在 PC 编程机内适配的 PCMCIA 卡（离线装载），或经过插在 CPU 模板的存储模块通过串行通信连接直接从 PC 编程（在线装载）。

程序被装载在 MS5 或 MS51 程序存储子模块内：

MS5　　2MB Flash-EEPROM，8KB EEPROM；

MS51　4MB Flash-EEPROM，8KB EEPROM。

串行服务接口：一个服务协议 DUST1，19.2kbd 的 RS232 接口，固定安装在连接器 X01（9 针 Sub-D 插座）上，它用于调试用户程序和从 PC 装载用户程序（仅在这个模板内）。

输入：在 10 针连接器 X5 上有效地连接，按功能被分成 2 组，每组 4 个输入。功能分配见表 10-43：

表 10-43　PM5 模板 X5 的功能分配

针	功　　能		
1~4	二进制输入 1~4	绝对值编码器 1	增量编码器 1
5~8	二进制输入 5~8	绝对值编码器 2	增量编码器 2

以下功能组合中的一种是有效连接：

8 个二进制输入；

4 个二进制输入及 1 个绝对值编码器；

4 个二进制输入及 1 个增量编码器；

1 个绝对值编码器及 1 增量编码器；

2 个绝对值编码器；

2 个增量编码器。

增量编码器：单极，15V 编码器（HTL），具有 A、B 两个通道，90°相移，如果连接速度或位置闭环，需要零脉冲。

绝对值编码器：编码器带 SS1 或 EnDat 协议，可进行定位任务。

PM5 接口模板：提供连接的螺钉端子（可采用 SC7 电缆连接）。可选接口模板见表 10-44。

7 段代码显示：在正常运行情况下，显示 CPU 模板序号。当发生故障时，显示参考故障类型的文字。可能的运行及故障状态见表 10-45。

表 10-44　PM5 模板可选接口模板

接口模板	功　　能
SB10 SU10	至少是 1 个编码器连接时可采用（1∶1 电连接）
SB60 SB61	任选 SB10/SU10，只有二进制输入时采用（带电气隔离及信号转换）

表 10-45　PM5 运行及故障状态

显示	运行及故障状态	显示可用按钮删除
1~8	在正常运行中 CPU 模板的配置编号	—
A	用户故障：用 USF 功能块通过被用户找到的诊断事件，不具有对程序运行的影响	是
-	初始化：在运行相位期间以增长的数字显示某个初始化步骤	—
.	5V 有效，无程序正在被执行	—
0	初始化期间故障： 如果故障发生在系统正在被初始化时，用户程序不启动 由于错误或不正确地插入实际配置软件需求的模板，所导致的初始化错误： ● 闪亮"0"：本模板故障 ● 稳定"0"：其他模板故障	否

（续）

显示	运行及故障状态	显示可用按钮删除
0	● 连续：当装载系统软件时故障 在首先显示"0"故障信息的 CPU 模板上诊断，如果不能判断那一个模板是首先具有故障信息显示时，则应该以显示"0"并被插在远离左边的 CPU 模板开始	否
B	监视故障 ● 缺少，缓冲电池没电 ● 后台处理故障 ● 当初始化允许启动标准化运行的非重大故障时	是
C	通信故障 通信或连接的错误配置	否
D	● 稳定"D"：模板处于 STOP 方式；选择在菜单"Target system/operating mode"；软件仍然没有被装载 ● 闪亮"D"：在 STOP 方式下正在被装载的数据比在 RUN 方式下装载得快（后台运行）	否
E	● 任务管理故障 ● 周期故障 ● 在扫描时间内，任务不能被处理 ● 任务备用 如果任务不能按高优先权指派，并必须再次被再启动 ● 无自由局域缓冲器 数据缓冲使能的时间不长，任务启动跳转 ● 软件看门狗 如果基本扫描时间连续 4 次不被处理，基本时钟计时器以被配置的基本扫瞄时间被再初始化，并且处理被继续	是
H	致命的系统故障 引起程序瓦解的硬件或软件问题： ● 闪亮"H"：故障/出错在本模板 ● 稳定"H"：故障/出错在其他模板	否

按钮 S1：具有两个功能。

● 删除故障显示：借助按下按钮 S1，可以删除在显示中出现的偶发故障（"E"）或非重大故障（"B"）。

如果还存在其他故障，则在前面的被证实后，再显示这些故障；

● AS1 功能块的二进制信号输入。

PM5 模板基本技术数据见表 10-46。

表 10-46 PM5 模板基本数据

占据插槽数目	1
外形（$W \times H \times D$）/mm	$20.14 \times 233.4 \times 220$
重 量/kg	约 0.7

电源参数见表 10-47。

连接图：见图 10-40。

表 10-47　PM5 模板电源参数

电压/V			典型吸入电流/mA
额　定	最　大	最　小	
+5	+4.75	+4.25	1200
+15	+14.4	+15.6	35 + 编码器负载（最大 100）
-15	-15.6	-14.4	35
24（外部）	20	30	100 + 二进制输出电流

10.3.2　接口模板和数据传输通信单元

1. ITDC 扩展模板　ITDC 扩展模板相应于早期的 PG16 16bit SITOR 接口模板，用于提供电源换相的变流器触发控制。其中包括：

- 切换逻辑；
- 电流控制器；
- 触发单元（最大输出频率为 500Hz）；
- 6 脉冲传动变流器。

它特别适用于作为连接 SITOR 功率部分或连接国产变流器的接口。

ITDC 扩展模板是插在 CPU 模板（PM5/PM6）框架上，在 1 个 CPU 模板上，可供插接 IT×× 模板的数量最多为 2 个，目前的产品还不支持在同 1 个 CPU 模板上插接相同的 2 个 ITDC 扩展模板。

ITDC 模板硬件设计配有以下扩展接口：

- 1 组连接 SITOR 功率部分或连接国产变流器的接口；
- 2 个模拟量输出接口；
- 4 个数字量输出接口；
- 4 个数字量输入接口；
- 1 组增量编码器输入接口。（带有零位脉冲，适应差动信号输入，具有 A/B90°移相通道，编码器电源电压为 15V/HTL 或 5V，最大脉冲频率为 1MHz）。

输入/输出均不带电气隔离。

在使用 ITDC 模板时，必须同 PM5 或 PM6 CPU 模板一起使用，模板必须拧紧在框架上，以保证可靠运行。机箱框架必须装有总线端子或缓冲存储模板。在框架通电期间不允许插入或拉出模板。全部输入/输出经过相应的接口模板连接到现场侧的信号电缆。

ITDC 模板提供一个增量编码器输入口，通过模板上选择开关 S1 选择增量编码器类型。设置脉冲编码器通道开关 S1.x，DIL 排列组合见表 10-48。工厂设定的 S1.x 均在 OFF 位置。

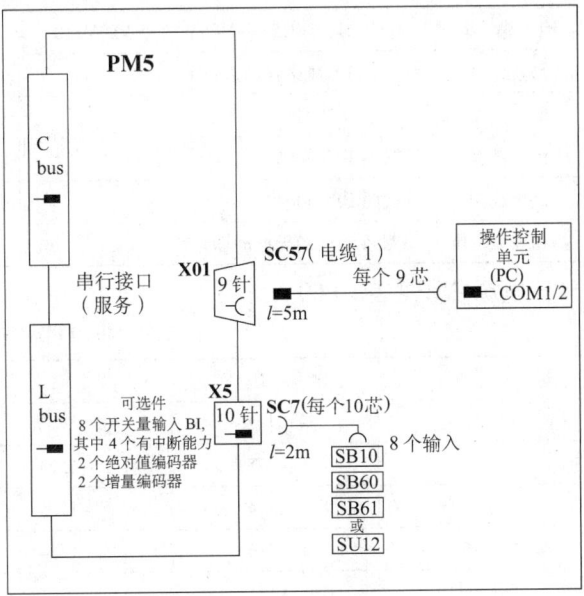

图 10-40　PM5 模板连接图

表 10-48　ITDC 模板增量编码器选择开关组合

开　关	开关设定	功　能
S1.1	ON	通道 A，开关阈值：0V/5V 编码器
S1.1	OFF	通道 A，开关阈值：7V/15V 编码器
S1.2	ON	通道 A，开关阈值：0V/5V 编码器
S1.2	OFF	通道 A，开关阈值：7V/15V 编码器
S1.3	ON	通道 A，开关阈值：0V/5V 编码器
S1.3	OFF	通道 A，开关阈值：7V/15V 编码器
S1.4	任意	无功能

基本模板数据见表 10-49。

表 10-49　ITDC 模板基本数据

绝缘组	对 DC24，DC15V，DC5V 按照 VDE0110	绝缘组	对 DC24，DC15V，DC5V 按照 VDE0110
环境温度	0~+55℃ 风扇强制运行	结构系统	ES902C
储存温度	-25~+70℃	外形	233.4mm×220mm
湿度范围	F 按照 DIN 40050	模板宽度	20.1mm
高度范围	S 按照 DIN 40040	安装尺寸	1 导槽
机械安装范围	安装在稳固的无振动场合	重量	600g

电源参数见表 10-50。

表 10-50　ITDC 模板电源参数

	电　压/V			典型电流损耗值/mA
额　定	最　小	最　大		
+5	+4.75	+5.25		100
+15	+14.4	+15.6		490+编码器负载
-15	-15.6	-14.4		75
24（外部）	+15	30		70+二进制输出负载

模拟量输出（连接器 X5）参数见表 10-51。

二进制输入（连接器 X6）参数见表 10-52。

表 10-51　ITDC 模板模拟量输出参数

数　量	2
版本	输出接地，不浮空
输出电压范围	-10~+10V
输出电流范围	±10mA
分辨率	12bit
单调	10bit 全部温度范围
绝对精度	典型 9bit 全部温度范围
对地短路保护	带

表 10-52　ITDC 模板二进制输入参数

数　量	4
输入电压	DC24V
对 0 信号	-1~+6V 或开路
对 1 信号	+13~+33V
输入电流	
对 0 信号	0mA
对 1 信号	3mA
滞后时间	120μs

二进制输出（连接器 X6）参数见表 10-53。

增量编码器（连接器 X6）参数见表 10-54。

表 10-53 ITDC 模板二进制输出参数

数量		4
电源电压		必须由外部提供
	正常值	DC24V
	允许值	+20~30V,含纹波
	冲击值	+35V,最大 0.5s
对 1 信号输出电流		
	额定值	50mA
	允许范围	至 50mA
短路保护		电气
极限感应切断电压		电源电压 +1V
总负载		在 50℃全部输出 50mA 值的 80%
剩余电流		对 1 个 0 信号为 20μA
信号电平		
	对 0 信号	最大 3V
	对 1 信号	电源电压 −2.5V
开关延迟		1−>0:最大 10μs,0−>1 最大 100μs

表 10-54 ITDC 模板连接的编码器参数

编码器数量		1
版本		差动不带电气隔离。可在 5V/15V(HTL)间切换
通道信号		通道 A 和 B 间 90°相差,需要时带零脉冲
脉冲频率		最大 1MHz(通道频率)
对 15V(HTL)输入电压		
	对 0 信号	−30~+5V
	对 1 信号	+8~+30V
对 5V 输入电压		
	对 0 信号	−7~−1.5V
	对 1 信号	+1.5~+7V
允许输入电压范围		差动电压范围:−30~+30V
输入电阻		约 40kΩ
故障脉冲封锁		可供配制于速度实际值功能块:0~16μs

附加组件（可选）：

- 带端子的附加模板：全部输入/输出信号电缆，通过接口模板而不直接同模板相连接，接口模板用作机械连接件（螺钉插入式端子），并且对现场/系统信号电气适配和转换（可选）。接口模块选择见表 10-55。

表 10-55 ITDC 模板接口模块选择

接口模板	功 能
SB10	直接连接（1:1 连接）通过 8 个二进制输入/输出，LED,无信号转换
SB60	8 个二进制输入,230V 转换为 24V（模板信号电平），LED,电气隔离
SB61	8 个二进制输入,48V 转换为 24V,LED,电气隔离
SB70	8 个二进制输出,24V 转换为 230V（继电器切换），LED,电气隔离
SB71	8 个二进制输出,25V 转换到 48V（晶体管）
SU11	20 个信号可直接连接,无信号转换

- 电缆装置：模板同接口模板间采用插接式电缆，对 SU11 接口模板可利用预装电缆。无论是带或不带信号转换（即信号电平转换或电气隔离）以及 LED 显示，均可用于带二进制输入及输出的连接器 X5。

预装电缆不用于 SB10、SB60、rSB61、SB70 及 SB71 接口模板同 ITDC 的连接。电缆选择见表 10-56。

表 10-56 ITDC 模板电缆选择

ITDC 连接器	信 号	电 缆	接口模板
X5	模拟量输出 SITOR 启动信号	SC12	1×SU11
X6	二进制输入/输出 及速度传感器	SC12	1×SU11 （或 SB10、SB60、SB61、SB70、SB71、SU12）

安装：当在机箱外边安装时，ITxx 插在 PM 模板上或者插在已被安装在 PMx 上的 ITxx 模板上（使用模板上 96 针接插式连接器）。全部模板必须使用所提供的垫片逐一拧紧。

第一个 ITxx 模板直接装在 CPU 模板上，并且必须保留使用金属垫片（包括在 PMx 订货内），其所建立的电气连接，用于识别第一个扩展模板的需求。使用连同垫圈等一起提供的 M3 螺钉，使金属垫片附加在 PMx 上。

如果仅仅使用一个 ITxx 模板，可以用提供的 M4 螺母等把模板拧在金属垫片上。如果采用第二个 ITDxx 模板，则第一个模板不使用螺母，而是用塑料垫片代替（包括在 ITxx 模板内），然后第二个模板可以插在塑料垫片上，并用 M4 螺母等拧在一起。之后，将已经被拧在一起的模板组件，再插入到机箱框架中。

附件连接见图 10-41。

ITDC 框图见图 10-42。

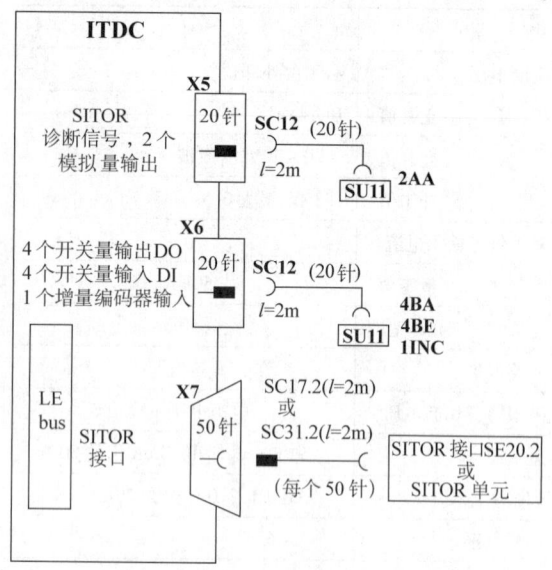

图 10-41 ITDC 模板附件连接图

2. SE20.2 变流器接口模板 SE20.2 是 SIMADYN D 控制系统与 SITOR 变流器柜系统中的变流器功率部分之间的接口模板。除同步电压外，提供了在变流器和 SIMADYN D 之间的电隔离。在一个连接器上可取得所有的实际值、开关量和操作电压，具有短路保护和去耦作用，并可供诊断、显示和监控之用。

模板被提供了下述功能：

- **同步电压/旋转方向检测**：由 X6 输进一个带中点的三相电压，电压 L1-N 被直接传送到 CPU 模板作为同步电压。相电压过零信号由线电压生成，并通过 X3（L1-L2、L1-L3）输出，也可通过 X5（L1-L2、L1-L3、L2-L3）输出。电压可以通过实际值连接器 X2 或通过母线连接器 X9 引入。另外，单相同步电压（X2/X6/X9）可与旋转磁场检测（X2/X6/X9）用的没有中点的三相辅助电压（X2/X6/X9）隔离（绝缘）。这种切换是用去掉或插入跳线，或者在线路中标有 R... 的焊接针上焊上 0Ω 的电阻实现的。

- **实际值的取得和处理**：电流和电压实际值的信号是被加到 SE24.1 插入式子模块即负载模块上的。负载电压也可通过母线连接器 X9 输出供进一步处理用（例如供 SE21.1 模板用）。内部的处理由差动放大器、V/F 变换器、电压隔离和输出到 SITOR 的接口 X3 组成。通过一个电流变换器，在回路中插入一个三相桥式整流桥可取得电流实际值信号。可以从加入的电流实际值中得出两个不同的过电流信息（第一级门槛值和第二级门槛值），每一个都可以对正值和负值分别设定。第一级门槛值输出还可加上延时。输出是通过端子排 X5 实现的。这二个门槛值可单独地亦可被组态为 OR（或），代替"熔断器监视"信号，送到 SITOR 接口 X3。另一个方案是用第一级门槛值到 X3 的输出，代替"温度监视"的信号。电流实际值并不是平滑的，因此两个过电流指示都应有抗尖峰的能力。这应当在设计阶段就考虑到。从电流实际值还产生零电流信号，并对正值和负值分别建立。把跳线器再焊到 IA-IB 和 IA-IC 上，一个外部的开关量 I=0 信息（例如取自触发电压）就可被处理。在这两种情况下，输出被做成与 X3 和 X9 是电压隔离的。

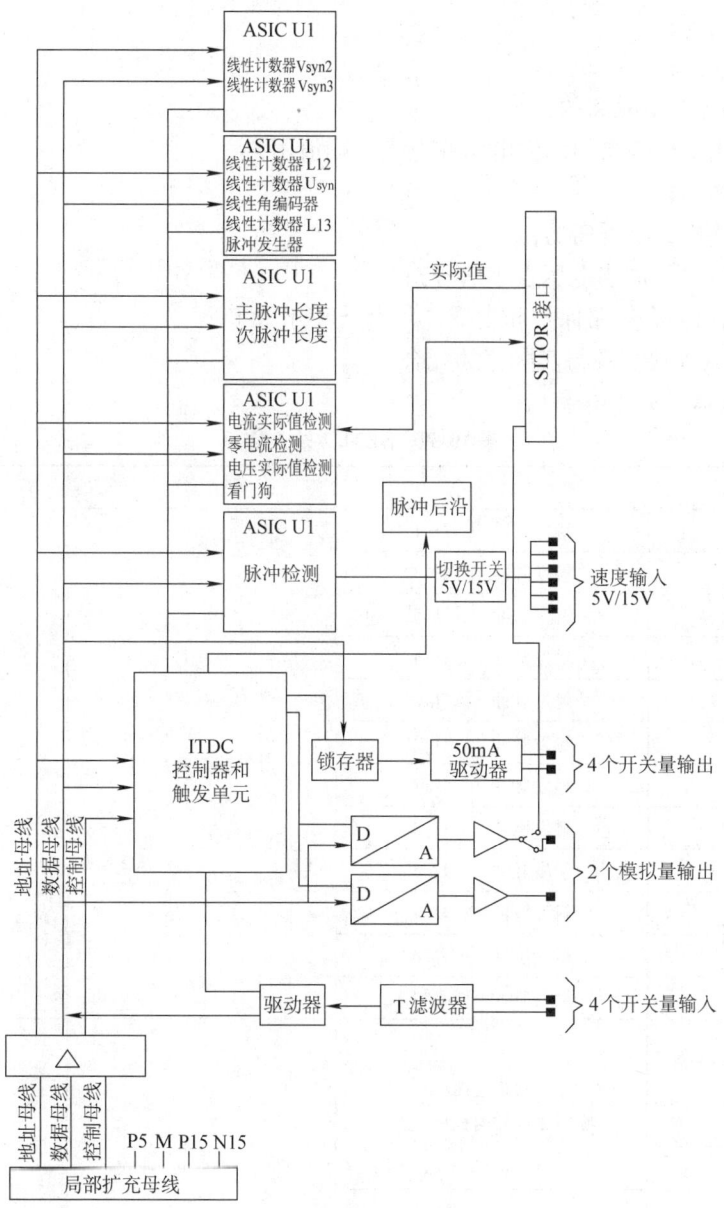

图 10-42 ITDC 模板框图

- 欠电压监视：脉冲电压（X2）以及一个对应于线电压（X6/X5/X2/X9）绝对值的模拟直流电压，被作为欠电压监视之用。这两个信号进行 OR 运算，经电压隔离后通过 X3 或 X9 输出。欠电压的门槛值可通过一个分压器来调整。通过移走一个焊接桥，输入可切换到差动放大器输入（即不接地）。
- 开关量监视：温度和熔断器监视信号（X2）是电压隔离的，并传到 SITOR 接口（X3）。
- 触发脉冲：由控制系统产生的触发脉冲通过连接器 X3 被送入，通过一个光耦合器实现电压隔离，并经过 X1 输出。

SE20.2 有以下的输入输出：

12 个脉冲输入；

9 个模拟量输入；
3 个开关量输入；
12 个脉冲输出，电隔离的；
2 个频率输出，电隔离的，供电压或电流实际值用；
1 个模拟量输出；
9 个开关量输出，电隔离的；
3 个开关量输出（同步电压过零信号）；
27 个诊断输出，有短路保护和去耦，50 针 SITOR 接口；
通过插入负载模块实现与实际值的配合。
SE20.2 输入信号见表 10-57。

表 10-57　SE20.2 输入信号

连接器：针号	信号		类型	电平
X3: 29	触发脉冲	I1.1	脉冲或连续脉冲	0/24V
X3: 12	触发脉冲	I1.3		
X3: 44	触发脉冲	I1.5		
X3: 27	触发脉冲	I1.4		
X3: 10	触发脉冲	I1.6		
X3: 42	触发脉冲	I1.2		
X3: 17	触发脉冲	I2.1		
X3: 49	触发脉冲	I2.3		
X3: 32	触发脉冲	I2.5		
X3: 15	触发脉冲	I2.4		
X3: 47	触发脉冲	I2.6		
X3: 30	触发脉冲	I2.2		
X6: 7	同步电压 旋转磁场方向相序检测		正弦交流电压信号	线电压：5~35V（有效值）
X9: d18				
X2: d6				
X6: d8				
X6: 8	同步电压 旋转磁场方向相序检测			
X9: b18				
X2: d10				
X2: d12				
X6: 9	同步电压 旋转磁场方向相序检测			
X9: z18				
X2: d14				
X2: d16				
X6: 10	同步电压零线			L11 对 N：2.9~20.2V（有效值）
X9: d20				
X2: d18				

(续)

连接器：针号	信号		类型	电平
X6：6	同步电压			
X9：d22				
X2：d20				
X2：b4	电压实际值	+	模拟的直流电流或电压信号	最大±1A 或±60V
X2：z4		−		
X2：b12	电流实际值	+	模拟的直流电流或电压信号或者是来自电流变换器的交流电流	最大±1A 或±60V
X2：z12		−		
X2：b14				
X2：b30	脉冲电压		模拟的直流电压信号	最大60V
X6：5	线电压幅值	+	模拟的直流电压信号	最大60V
X9：d10				
X2：d22				
X6：6		−		
X9：d12				
X2：d24				
X2：b8	温度监视		开关量信号	0/24V
X2：b16	熔断器监视			
X2：b28	外部的信息	+	开关量信号	最大60V
X2：z28		−		

SE20.2 输出信号：见表10-58。

表10-58 SE20.2 输出信号

连接器：针号	信号	类型	电平
X1：d4	触发脉冲 I1.1		
X1：d8	触发脉冲 I1.3		
X1：d12	触发脉冲 I1.5		
X1：d28	触发脉冲 I1.4		
X1：d24	触发脉冲 I1.6		
X1：d20	触发脉冲 I1.2	7kHz脉冲或连续脉冲	0/24V
X1：d30	触发脉冲 I2.1		
X1：d26	触发脉冲 I2.3		
X1：d22	触发脉冲 I2.5		
X1：d6	触发脉冲 I2.4		
X1：d10	触发脉冲 I2.6		
X1：d14	触发脉冲 I2.2		
X3：34	同步电压 L1/L11	正弦交流电压信号	与输入相同
X3：18	同步电压零线		

（续）

连接器：针号	信号	类型	电平
X3:37	L1-L2 过零	开关量信号 $U \leq 0 =$ "H"	0/24V
X3:1			
X3:5	L1-L3 过零		
X5:2			
X5:3	L2-L3 过零		
X9:d26 +	装入电压实际值	模拟直流电压信号	最大 ±10V
X9:b26 −			
X3:22	电压实际值频率信号 U_a/f	频率 60±30kHz 60kHz=0	0/24V
X9:d28 +	装入电流实际值	模拟直流电压信号	最大 ±10V
X9:b28 −			
X3:7	电流实际值频率信号 I_a/f	频率 60±30kHz 60kHz=0	0/24V
X3:39	信息	开关量信号 $I=0=$ "H"	0/24V
X9:z16			
X5:4	过电流（第1门槛值）I>A	开关量信号出错= "L"	0/24V
X5:5	延时过电流（第1门槛值）I>V 过电流（第2门槛值）I>B		
X3:35	欠电压 U< （脉冲或电网欠电压）	开关量信号出错= "L"	0/24V
X9:b16			
X3:20	温度监视 过电流（第1门槛值）I>A	开关量信号出错= "L"	0/24V
X3:3	熔断器监视	开关量信号出错= "L"	0/24V
X9:d16	过电流（第1门槛值或第2门坎） 过电流（第1门槛值）I>A 过电流（第2门槛值）I>B		

6DD1681-0CE1 负载模块：负载模块是插在模板上的子模块，并再用两个螺钉固定。子模块功能分配见表10-59。

表10-59 SE20.2 负载子模块分配

设计	功能	在 SE20.2 上的连接器
A1	电压实际值	X14/X133
A2	电流实际值	X123/X229

负载子模块可作为恒压输出的实际值传感器里的分压器之用，也可作为恒流输出的实际值传感器的独立的负载之用。如果使用了恒流输出的实际值传感器，R1 必须按照规定跳接。每个负载电阻允许的最大功耗是 2W。为了细调，要求安装能作用于电位器 R7 的电阻 R6。

实际值发生器和过电流指示：在连接器 X2 里安排了附加的接点供 +24V、−24V 和相对参考电位（地）2M 用。因此，通过该接点就可以给装上的传感器供电。在给 SE20.2 安排电源时，要把这种附加的供电要求考虑进去。

U（实际值）：负载模块 A1 在 X14 和 X133。

I（实际值）：负载模块 A2 在 X123 和 X299。

对于 Ua 信号和输出频率 f，下列数字是有效的：

Ua = -10V ~ 0V ~ +10V，f = 30kHz ~ 60kHz ~ 90kHz。

所有不用的实际值输入通过 R2 被短路。

过电流指示：过电流检测的第一级门槛值是这样设定的，即它在 $\pm 1.2I_{额定}$ 时起作用，而对应的负载匹配则应是 $\pm I_{额定}$ 对应于 ±5V。该门槛值可以通过改变分压器部件而改变。第二级门槛值设定为 $\pm I$ 对应于 ±10V，即 $2I_{额定}$。

延时的过电流指示：延时的过电流指示是将"过电流"信号向一个电容器充电而产生的。当电容器充电达到由分压器 R486 和 R487 所设定的电压水平时，由一个比较器产生出延时的过电流信号。改变分压器的分压比就可以改变延时时间。在模板交货时，延时时间的默认值是 40ms。

电容器的电压 U_c 由下式求得：

$$U_c(t) = 9.81 \times [1 - \exp(-t/T_{au})]; T_{an} = RC = 39.6ms$$

比较电压 Uv 由下式计算：

$$Uv = [R486/(R486 + R487)] \times 24V$$

当改变延时时间时，电阻 R486 + R487 总和不能小于 10kΩ。

I = 0 的信息：当需要输入一个外部的 I = 0 信号（开关量信号，最大 60V）时，要将 I = 0 外部焊接桥 IA - IB 跳接到 IA - IC，内部的 I = 0 信息就不起作用。输入信号的匹配是通过分压器 R44、R45 和 R46 来实现的。内部的门槛值为 3.6V。

线路电压的绝对值：线路欠电压监视的门槛电平在模板上设定为 3.7V。输入信号的匹配是通过分压器 R164、R150 和 R151 来实现。在交货时的默认值为：R150 = 10kΩ 和 R164 = 20kΩ。因此，当线路电压输入信号 $|U_{line}| < 11V$ 时，线路电压信号就起作用。线路欠电压信号与脉冲欠电压信号在模板上进行 OR 逻辑运算。注意，当不用这个信号时，线路欠电压输入（X6:5）必须设置到 2P24（即接到 X6:1）。

供电电源：由于要在 SIMADYN D 侧与变流器侧之间实现电隔离，所以 SE20.2 需要二个独立的供电电源：

1P24　　+24（±20%）V　　SIMADYN D 侧；

2P24　　+24（±20%）V　　变流器侧；

2N24　　-24（±20%）V　　变流器侧。

在模板上所有内部需要的电平，都由供电电源产生。供电电源可通过在前面板上的连接器 X5、X6 引入，也可通过背面的 X9 连接器引入。

诊断输出：如果要使用诊断输出的话，可通过一个 40 线的橡皮电缆和 SE23 端子排取得诊断输出。

SE20.2 的连接：前面板包括有：

X1 48 线针形连接器—功率部分用的触发脉冲。

X2 48 线针形连接器—来自功率部分的实际值。

X3 50 线针形连接器—到 PG16/TS12 模板去的 SITOR 接口。

SBM383 插头连接器。

X4 40 线针形连接器供诊断用。

X5 8 线端子排，供电电源及信号，插入-螺旋端子。

X6 8 线端子排，供电电源及信号为插入-螺旋端子。

供 SE20.2 用的附加的部件：

SC6：40 线电缆，1.2m。

SC18：40 线电缆，2.0m。

SC16.1：50 线橡皮电缆，1.2m。

SC17.1：50 线橡皮电缆，2.0m。

SC31.1：接地电缆，屏蔽的，10m。

SE23：端子排，用于 40 线橡皮电缆连接器到 40 线端子排，1:1。SE24.1 负载模块。

SE20.2 模板技术规格：

绝缘组　　对低压按 VDE 0160。安全（爬电）距离按 VDE0109 或 VDE0106（污染等级 2，过电压类别Ⅱ）。额定绝缘直流电压 60V

防护等级　　IP00（按 DIN40050）

湿度等级　　F（按 DIN40040）

海拔定额　　S（按 DIN40040）

环境温度　　0~55℃

贮存温度　　-40~+70℃

包装系统　　ES902

外形尺寸　　233.4mm×166.05mm

模板宽度　　4SEP = 3 插槽 = 60.42mm

重量　　0.6kg

供电电压参数见表 10-60。

表 10-60　SE20.2 模板供电电压参数

设　计	参考电位	额定电压值/V	允许纹波电压/V	允许电压范围/V
1P24	1M	+24	3.6	+19~+30
2P24	2M	+24	3.6	+19~+30
2N24	2M	-24	3.6	-30~-19

电流消耗　　　　IP24 对参考电位 1M 时为 0.2A；

　　　　　　　　2P24 对参考电位 2M 时为 0.2A；

　　　　　　　　2N24 对参考电位 2M 时为 0.05A；

　　　　　　　　没有向外供电（即实际值传感器）时最大 2A。

开关量输入　　　温度监视，熔断器监视。

"H"信号　　　　额定值 +24V，允许电压范围为 +10~+60V。

"L"信号　　　　额定值 0V 或开关量输入开路，允许电压范围为 0~+6V。

"H"信号输入电流　典型值为 1.2mA。

外部的 I=0 信息

"H"信号　　　　额定值 +24V，允许电压范围为 +10~+60V。

"L"信号	额定值0V或开关量输入开路，允许电压范围为0~+6V。	
"H"信号输入电流	有源串联差动放大器，典型值为0.8mA。	
开关量输出	电压过零	L1-L2;
	电压过零	L1-L3;
	电压过零	L2-L3;
	欠电压	U<;
	温度监视	T;
	熔断器监视	SI;
	过电流	I>;
	延时过电流	I>V;
	零电流信息	I=0;
	以上信号在电气上是分开的。	
"H"信号	额定值+24V，允许电压范围为+19~+30V，集电极开路输出R_i=1.8kΩ。	
"L"信号	在"L"状态时，最大电流=50mA	
模拟量输入	6个	
	2个实际值：外加电流为-1~+1A，外加电压为-60~+60V。	
	通过6DD1681-0CE1负载模块进行匹配。	
	串联差动放大器。	
	1个线路电压绝对值：5~60V，通过分压器进行匹配。	
	有源串联差动放大器。	
	3个同步电压（有中点）。	
	线电压有效值=5~35V。	
1个模拟量输出	同步电压，单相。电压有效值为2.9~20.2V。电流负载取决于同步变压器。	
触发脉冲输入	脉冲列或连续脉冲/R_i=2.7kΩ。数量12个。	
"H"信号	额定值为+24V，允许电压范围为+19~+30V。	
"L"信号	额定值为0V，允许电压范围为0~+3V。	
"L"信号电流	每个输入典型的为-10mA	
触发脉冲输出	数量为12个	
"H"信号	额定值为+24V，允许电压范围为+19~+30V。	
"L"信号	额定值为0V，允许电压范围为0~+3V。	
输出电流	对脉冲列：300mA（脉冲持续期间2×60°电角度）	
	对连续脉冲：100mA（脉冲持续期间2×60°电角度）	
脉冲延时	典型的为1.5ms。	
频率输出		
数量	2[I(act)/U(act)]。	
平均频率	60kHz（对输入信号=0V），-10%~+20%。	
频带宽度	对匹配输入信号，±10V=±30kHz，-10%~+20%。	
电平	与开关量输出相同。	

温度系数	$\pm 260 \times 10^{-4}/℃$（没有负载模块时）。
开关量诊断输出	
数量	27 个，有短路保护。
模拟量诊断输出	供电电压：$R_i = 10\text{k}\Omega$。
	实际值：$\pm 10\text{V}$；最大输出电流为 5mA
开关量诊断输出	电压电平和输出电流与其他开关量输出相同
门坎值极限、时间部件等的容差	
过零信号	L1-L2，L1-L3，L2-L3 最大误差均为 $\pm 30°$电角度
过电流信号	$I > A$ 时为 $\pm 6 (1 \pm 4\%)$ V
	$I > B$ 时为 $\pm 10 (1 \pm 4\%)$ V
延时过电流信息	$I > V$ 时为 $40 (1 \pm 12\%)$ ms
内部零电流信息	$I = 0$ 时为 $\pm 50 (1 \pm 4\%)$ mV
线路电压幅值	$\|U_{line}\|$ $11 (1^{+7}_{-5}\%)$ V
脉冲电压	$19 (1 + 5\%)$ V
温度监视	T $7.2 (1^{+8}_{-5}\%)$ V
熔断器监视	SI $7.2 (1^{+8}_{-5}\%)$ V

3. **IT41 扩展模板**　IT41 扩展模板提供增量编码器输入及模拟和二进制输入及输出。扩展模板是插在 CPU 模板（PM5、PM6）上。在一个 CPU 模板上，最多可插入 2 个 ITxx 扩展模板，一个 ITxx 模板占有一个插槽（除去安装 CPU 模板本身的插槽之外）。

输入和输出：4 个模拟量输出；

4 个模拟量输入；

16 个二进制输出；

16 个二进制输入；

4 个带监视通道的增量编码器；

1 个中断报警输入对每个增量编码器；

1 个中断报警复位输出对每个增量编码器。

框图：见图 10-43。

增量编码器类型：IT41 可以连接 15V 或 5V（推拉信号或 RS485 差动信号）增量编码器。通过 IT41 模板上的跳线器选择编码器的电压信号的电压值，并带有以下的选择：A、B 两个通道 90°移相以及零脉冲需求或单独的正/反脉冲，如 Sony 编码器。在速度实际值功能块内，配置这种选择。

附加组件如下：

带端子的接口模板：所有的输入/输出信号电缆都不是直接连接至模板上，而是经过接口模板，接口模板既作为元件的机械连接（螺钉插入端子），也作为现场信号的适配和转换。可选接口附件见表 10-61。

电缆：模板用匹配插入式电缆，连接于接口模板，对于大型连接电缆具有几个可供连接与接口模板数量匹配的电缆终端（端头），接口模板可以带或不带信号转换（如信号电平适配，电气隔离），以及用于二进制输入输出连接器的 LED 显示。

相应于使用的接口模板的电缆选择见表 10-62。

第 10 章 电气传动装置

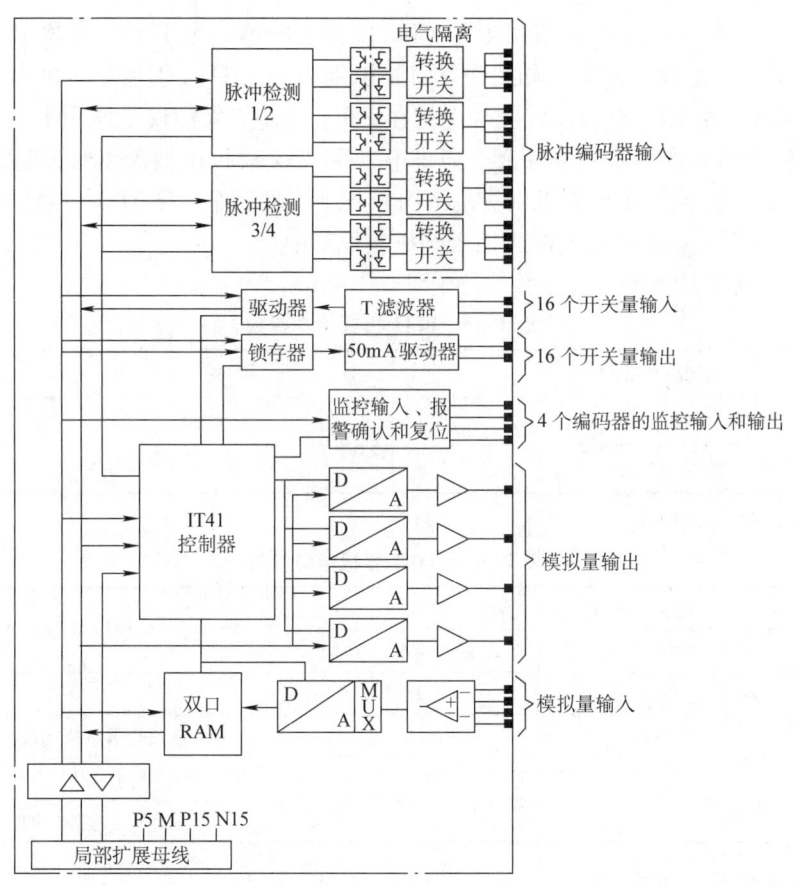

图 10-43 IT41 框图

表 10-61 IT41 模板附件选择

接口模板	功 能
SB10	直接连接（1:1 连接）8 个二进制输入/输出，LED，无信号转换
SB60	8 个二进制输入，230V 转换为 24V（模拟信号电平），LED，电气隔离
SB61	8 个二进制输入，48V 转换为 24V，LED，电气隔离
SB70	8 个二进制输出，24V 转换为 230V（继电器切换），LED，电气隔离
SB71	8 个二进制输出，25V 转换为 48V（晶体管）
SU10	25 个信号直接连接，无信号转换
SU12	10 个信号直接连接，无信号转换

表 10-62 IT41 模板附件的电缆选择

IT41 连接器	信 号	电 缆	接口模板
X6	增量编码器 模拟量输出	SC49	2×SU10
X7	模拟量输入 二进制输入/输出	SC49 或 SC54	2×SU10 （或 SB10、SB60、SB61、SB70、SB71、SU12）

模板安装：ITxx 模板是安装在 PMx CPU 模板的子框架的外侧，或者是被插在一个已经装在 PMx 模板上的 ITxx 模板上（利用模板上 96 针接插式连接器）。全部模板必须使用所提供的

间隔片（提供 3 个）锁在一起。直接处于 CPU 模板上的第一个 ITxx，必须使用金属间隔片（包含在 PMx 的供货范围）固定，如此建立需要识别第一个 ITxx 扩展模板的电气接触。首先用提供的 M3 螺钉、垫圈、把金属间隔片保持在 PM∗上，如果仅仅是使用 1 个模板时，则使用所提供的 M4 螺母拧在金属间隔片上。如果第二个 ITxx 模板也被选用时，则第一个 ITxx 必须用塑料间隔片（包括在 ITxx 模板供货范围内）拧上，然后第二个 ITxx 可被插入并用提供的 M4 螺母固定。然后完整的模板装配再插入到机箱框架中。

基本数据：见表 10-63。

表 10-63　IT41 模板基本参数

占插槽数目	1
外形（$W \times H \times D$）/mm	20.14 × 233.4 × 220
重　量/kg	约 0.7

电源参数：见表 10-64。

表 10-64　IT41 模板电源参数

电　压/V			典型吸入电流/mA
额　定	最　大	最　小	
+5	+4.75	+4.25	420
+15	+14.4	+15.6	450 + 编码器负载（最大 100）
-15	-15.6	-14.4	175
24（外部）	20	30	100 + 二进制输出电流

模拟量输入参数：见表 10-65。
模拟量输出参数：见表 10-66。
二进制输入参数：见表 10-67。

表 10-65　IT41 模板模拟量输入参数

数　量	4	输入滤波	3dB，瞬变频率；1.5kHz
类　型	输出接地，不浮空	分辨率	12bit
输入电压范围	-10 ± 4LSB ~ +10V ± 1LSB（1LSB = 4.88mV）	绝对精度	典型 11bit（全部温度范围）
		最大变换时间	45μs
输入电阻	470kΩ		

表 10-66　IT41 模板模拟量输出参数

数　量	4
类　型	输出接地，不浮空
输出电压范围	-10 ~ +10V
输出电流范围	±10mA
分辨率	16bit
单调	14bit（全部温度范围）
绝对精度	典型 13bit（全部温度范围）
对地短路保护	带

表 10-67　IT41 模板二进制输入参数

数　量	16（不浮空）
输入电压	DC24V
对 0 信号	-1 ~ +6V 或开路
对 1 信号	+13 ~ +33V
输入电流	
对 0 信号	0mA
对 1 信号	3mA
滞后时间	50μs

二进制输出参数：见表 10-68。

15V 增量编码器参数：见表 10-69。

表 10-68　IT41 模板二进制输出参数

数量		16（不浮空）
电源电压		必须外部提供
	正常值	DC24V
	允许值	+20～30V 含纹波
	冲击值	+35V，最大 0.5s
对 1 信号输出电流		
	额定值	50mA（相对最大值）
短路保护		电气及过热
剩余电流		20μA　0 信号
信号电平		
	对 0 信号	最大 3V
	对 1 信号	电源电压 -2.5V
开关延迟		最大 15μs

表 10-69　IT41 模板 15V 增量编码器参数

编码器数量		总数最多 4 个（含 5V 编码器）
类型		差动输入，电隔离（光耦合）
输入电压范围		差动电压 -30～+30V
输入电压		
	对 0 信号	-30～+4V
	对 1 信号	+8～+30V
输入电流		约 15mA（电气极限）
脉冲频率		最大 1MHz（通道频率）
通道信号相位差		与脉冲频率有关，最小 200ns
输入滤波		可通过软件配置（功能块）

5V 增量编码器参数：见表 10-70。

报警输入参数：见表 10-71。

报警复位输出参数：见表 10-72。

表 10-70　IT41 模板 5V 增量编码器参数

编码器数量		总数最多 4 个（含 15V 编码器）
类型		差动输入，浮空（光耦合）
输入电压范围		差动电压 -6～+6V
输入电压		
	对 0 信号	-5～0V
	对 1 信号	+3～+5V
输入电流		约 15mA，注意：未被限幅
脉冲频率		最大 1MHz（通道频率）
输入回路、电缆、端子		
	稳定状态	180Ω（串联电阻）
	动态	100Ω（相应双绞电缆特性阻抗）
输入滤波		可通过软件配置（功能块）

表 10-71　IT41 模板报警输入参数

数量		4（每个编码器 1 个）
类型		非浮空
输入电压范围		0～+5V
输入电压		
	对"0"信号	<1.4V
	对"1"信号	>2.0V
输出电压		
	对"0"信号	最小 -5mA，最大 -3.6mA
	对"1"信号	最小 -3mA，最大 0mA

表 10-72　IT41 模板报警复位输出参数

数量	4（每个编码器 1 个）
类型	非浮空
输出电压	15V（经过 1kΩ 输出电阻）
	5V（对 10mA 负载）

Sony 编码器：可不带任何信号电平适配器而接入 Sony HA705LK/MSD-560 编码器。电缆及接口模板的连接见图 10-44。

4. 数据传输通信单元

（1）MM11/MM3/MM4 耦合存储模板　耦合存储模板具有一个用于通过 CPU 模板传输数

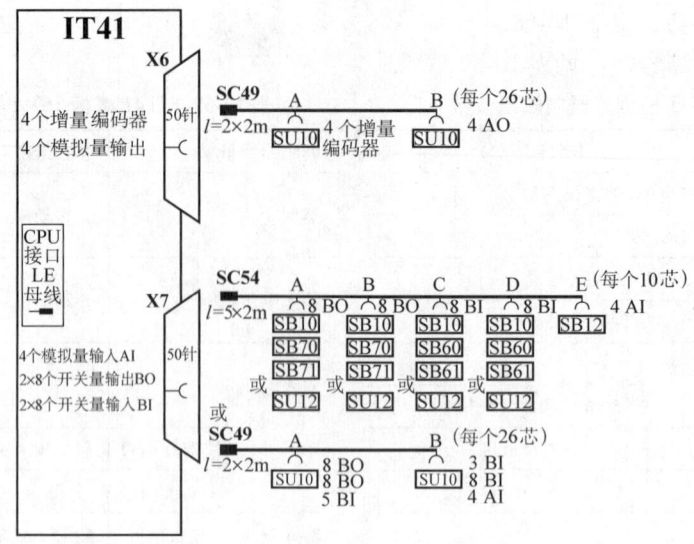

图 10-44　IT41 模板电缆及接口模板的连接

据的数据存储器（RAM），如果在一个机箱框架内存在一个以上的 CPU 模板，并且 CPU 模板要求在它们之间传输数据时，必须采用耦合存储模板。

插槽：一个耦合存储模板可以插在第一和第二个 CPU 模板之间的任何一个插槽上。示意图见图 10-45。

MM 模板特性：见表 10-73。

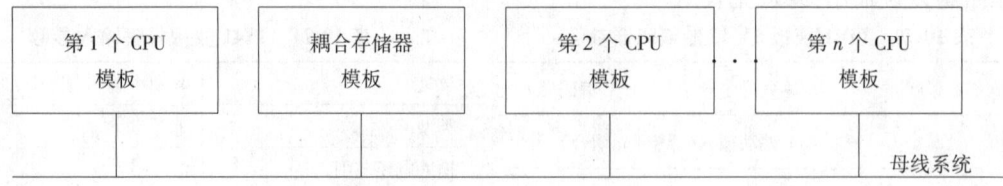

图 10-45　MM∗模板插槽位置示意图

表 10-73　MM∗模板特性

	MM11	MM3	MM4
总线连接	L bus C bus	L bus C bus	L bus C bus
存储容量	2×64kB	2×64kB	2×2MB
其他功能		● 系统故障继电器 ● 电报时钟	系统故障继电器

当发生电源故障，采用机箱框架内备用电池（3.4V）实现数据缓存。
集成总线 C bus 及 L bus 需要终端电阻。
基本数据：见表 10-74。

表 10-74　MM∗模板基本参数

占据插槽数目	1
外形尺寸（$W×H×D$）/mm	20.14×233.4×220
重　　量/kg	约 0.51

电源电压参数：见表 10-75。

表 10-75　MM * 模板电源电压参数

电压/V			电流/mA
额　定	最　小	最　大	
+5	+4.75	+5.25	MM11：300 MM3：600 MM4：800
+15	+14.4	+15.6	MM3：50
后备电池	2.2	3.9	0.02

系统故障继电器参数：见表 10-76（MM3/MM4 的 RDYIN 信号）。

表 10-76　MM3/MM4 模板系统故障继电器参数

说　明	数　值	说　明	数　值
电　压	最大 DC 60V	常闭触点断开时间	100ms
开关电流	最大 0.5A	开关功率	最大 20W

（2）CS7 通信支持模板　CS7 通信支持模板是作为 SS4、SS5 和 SS52 子模板的支持模板。采用 CS7 以及这些通信子模板可以执行串行数据传输协议（DUST、USS、Profibus）。

在 CS7 上具有一个双向 RAM 通道，通过它，通信模板可以同 CPU 模板传输数据。CS7 的前面板见图 10-46。

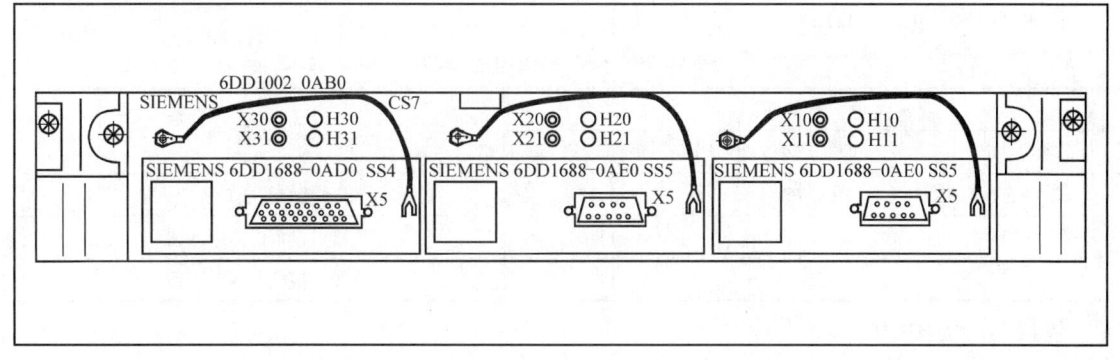

图 10-46　CS7 模板前面板

CS7 模板的特性：

3 个插入式通信子模板插座（X01～X03）；

双向 RAM 通道带有 16KB 通信子模板；

每个插入式组件（H10/H11、H20/H21、H30/H31）的 2 个 LED 指示灯显示通信模板的状态，LED 指示灯的含义与具体的通信子模板有关；

在通信模板上 Lbus 传送同步扫瞄时间。该功能对 SS4、SS5、SS52 通信模板不采用；

从通信子模板传送时钟中断到 CS7，以设置 CPU 模板的实时时钟，该功能对 SS4、SS5、SS52 通信模板不采用；

可以由通信模板产生 Lbus 上的中断信号，然而必须保证只在一个接口模板配置这种功能。该功能对 SS4、SS5、SS52 通信模板不采用；

每个插入式插座的一对试验插口（X10/X11、X20/X21、X30/X31）启动复位，仅用于试验目的！不用于运行！

通信子模板接口：CS7 模板和通信子模板之间经过 48 针插座连接器 X01、X02、X03 的通信连接。连接器插针分配见表 10-77。

表10-77　CS7 模板连接器 X01/X02/X03 插针分配

插针	A	B	C	插针	A	B	C
1	P5	P5	L-LOCK	9	DB6	DB7	DB8
2	AB1	AB2	AB3	10	DB9	DB10	DB11
3	AB4	AB5	AB6	11	DB12	DB13	DB14
4	AB7	AB8	AB9	12	DB15	L-DEN	L-CSMSB
5	AB10	AB11	AB12	13	L-INTDPR	DT-L-R	L-CSLSB
6	L-RESET	CTCLK	AB13	14	L-RDYDPR	L-LED1	L-LED2
7	DB0	DB1	DB2	15	P15	N15	L-INTUHR
8	DB3	DB4	DB5	16	M5	M5	M5

基本数据：见表 10-78。

表10-78　CS7 模板基本参数

占据插槽数目	2
外形尺寸（$W \times H \times D$）/mm	$40.28 \times 233.4 \times 220$
重　量/kg	约 0.5

电源参数：见表 10-79。

表10-79　CS7 模板电源参数

电　压/V			典型电流吸入值
额　定	最　小	最　大	
+5	+4.75	+5.25	0.5A + 接口模板电流吸入值
+15	+14.4	+15.6	接口模板电流吸入值
−15	−15.6	−14.4	接口模板电流吸入值

连接图：见图 10-47。

10.3.3　编程设备和人机接口装置

1. 编程设备　SIMADYN D 的编程设备可以使用台式 PC，也可以使用笔记本计算机。对编程器的硬件要求是：

CPU 80486 以上；

最小 16MB RAM（使用 Windows NT 时，要求 CPU 为 Pentium RAM≥32MB）；

分辨率 1024×768 或更高的彩色显示器；

Windows 95/NT 支持的键盘鼠标；

最小 32MB 硬盘；

软件平台：Windows95 或 Windows NT4.0，STEP 7 V5.0，CFC V5.0，D7 SYS。

2. 人机接口设备　随着生产过程的日益复杂和自动化程度的不断提高，控制系统需要完成的控制任务更加复杂和多样，为了简化控制系统日益增长的复杂性，出现了人机接口设备。人机界面的出现使控制方式从原有的简单的按钮面板变为可视化监控系统，使现场操作人员能更好地参与控制和了解系统运行情况，及完成个性化的定制解决方案。在 SIMADYND 系统

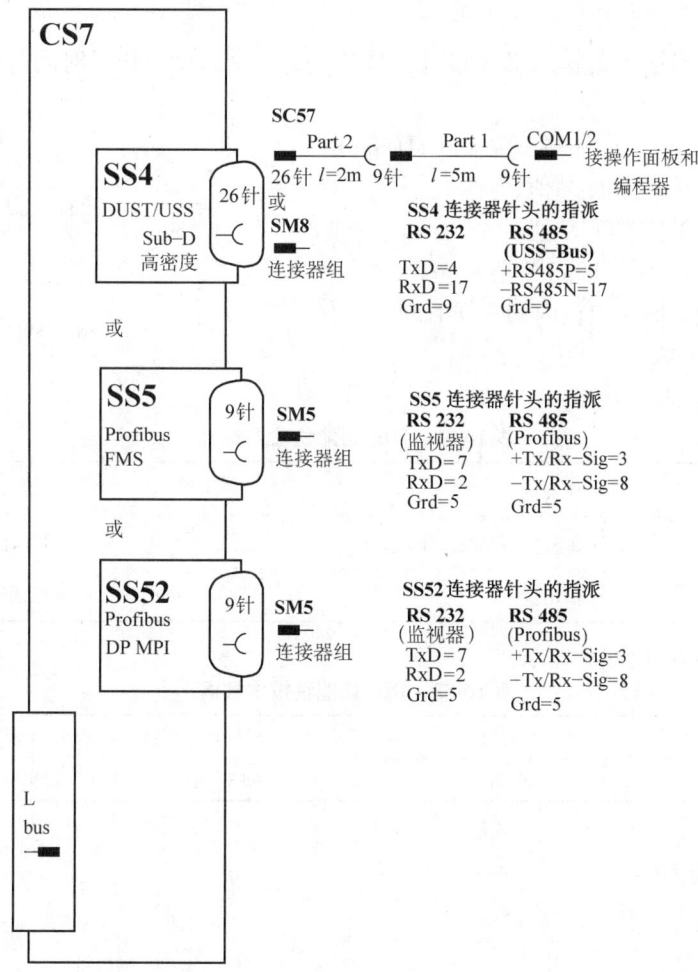

图 10-47 CS7 模板连接图

中,经常使用的人机接口设备包括 OP17、OP27 等,见表 10-80。

表 10-80 人机接口设备

设备名称	OP17	OP27
显示方式	文本	文本/图形
SIMADYN D 设备	SS52	SS52
通信方式	Profibus DP/MPI	Profibus DP/MPI
组态软件		SIMATIC Protocol

10.3.4 系统软件功能块

10.3.4.1 闭环控制功能块

1. DIF 功能块

符号:见图 10-48。

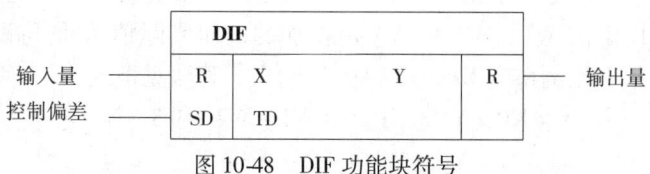

图 10-48 DIF 功能块符号

简要说明：具有微分特性的功能块。

运行模式：输出量 Y 与输入 X 的变化率成比例，再乘以微分作用时间常数 TD。该离散值按下述算法计算：

$$Y_n = (X_n - X_{n-1}) \times (TD/TA)$$

式中　Y_n——在 n 采样期间 Y 值；

　　　X_n——在 n 采样期间 X 值；

　　　X_{n-1}——在 n-1 采样期间 X 值；

　　　TA——功能块被配置在内的采样时间。

框图：见图 10-49。

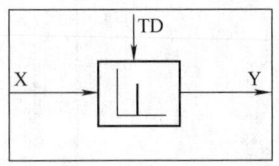

图 10-49　DIF 功能块框图

输入/输出：见表 10-81。

表 10-81　DIF 功能块输入输出

X	输入量	（默认值：0.0）
TD	微分作用时间常数	（默认值：0.0ms）
Y	输出量	（默认值：0.0）

技术数据：见表 10-82。

表 10-82　DIF 功能块技术数据

可否被在线插入	可以	可被配置到	中断任务、循环式任务
计算时间	9.5μs	被执行的模式	初始化模式、常规模式

2. PC 功能块

符号：见图 10-50。

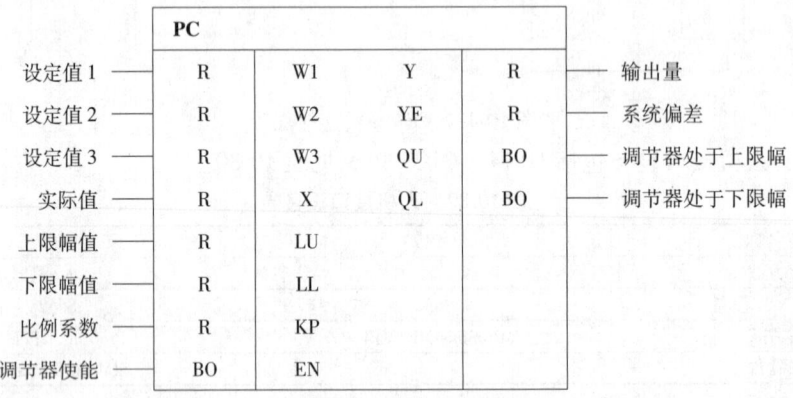

图 10-50　PC 功能块符号

简要说明：具有 3 个设定值输入口和 1 个实际值输入口的 P（比例）调节器；在功能块中实际值的极性（符号）是可逆的；当调节器达到所设置的限幅值时有指示；对于标准的调节器运行模式，必须在 LU 指定一个正限幅值，在 LL 指定一个负限幅值。

运行模式：3 个设定值 W1、W2 和 W3 是相加的，而实际值 X 是与设定值的总和相减的。相减后的结果 YE 再乘上比例系数 KP，然后在 Y 输出。算法见下式：

$$Y = KP \times YE = KP \times (W1 + W2 + W3 - X)$$

$$YE = W1 + W2 + W3 - X$$

系统偏差 YE 总是独立地计算，与运行模式无关。并可在本功能块的输出端得到该偏差。

调节器的输出 Y 可通过 LU 和 LL 加以限制。若输出 Y 达到两个限幅值中的任何一个时，通过输出 QU 或 QL 可输出一个信息。

EN = 1 时，调节器处在使能状态。EN = 0 时，输出量 Y 就被设置为零，调节器被封锁。在这种情况下，开关量输出 QU 和 QL 就被处理为好像是 KP × YE 等于零。

当进入负的 KP 值时，调节器输出的符号就会相反（可逆放大器）。

框图：见图 10-51。

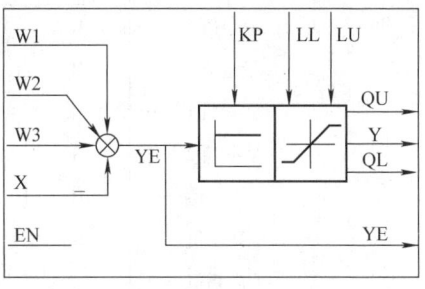

图 10-51　PC 功能块框图

LL < LU 时的真值表：见表 10-83。

表 10-83　PC 功能块 LL < LU 真值表

EN	条件	Y	QU	QL	模式
0	LL < 0 < LU	0	0	0	调节器封锁
0	LU ≤ 0	0	1	0	调节器封锁
00	LL ≥ 0	0	0	1	调节器封锁
1	LL < YE × KP < LU	YE × KP	0	0	调节器使能
1	YE × KP ≥ LU	LU	1	0	调节器处在上限幅
1	YE × KP ≤ LL	LL	0	1	调节器处在下限幅

LL ≥ LU 时的真值表：见表 10-84。

表 10-84　PC 功能块 LL ≥ LU 真值表

EN	条件	Y	QU	QL	模式
0	无	0	1	1	控制被封锁
1	LL ≥ LU	LU	1	1	调节器处在上限幅

输入/输出定义：见表 10-85。

表 10-85　PC 功能块输入输出定义

W1	设定值 1	（默认值：0.0）	KP	比例系数	（默认值：0.0）
W2	设定值 2	（默认值：0.0）	EN	调节器使能	（默认值：0）
W3	设定值 3	（默认值：0.0）	Y	输出量	（默认值：0.0）
X	实际值	（默认值：0.0）	YE	系统偏差	（默认值：0.0）
LU	上限幅值	（默认值：0.0）	QU	调节器处于上限幅	（默认值：1）
LL	下限幅值	（默认值：0.0）	QL	调节器处于下限幅	（默认值：1）

技术数据：见表 10-86。

表 10-86　PC 功能块技术数据

可否被在线插入	可以	可被配置到	中断任务、循环式任务
计算时间	11.7μs	被执行的模式	通常模式

3. PIC 功能块

符号：见图 10-52。

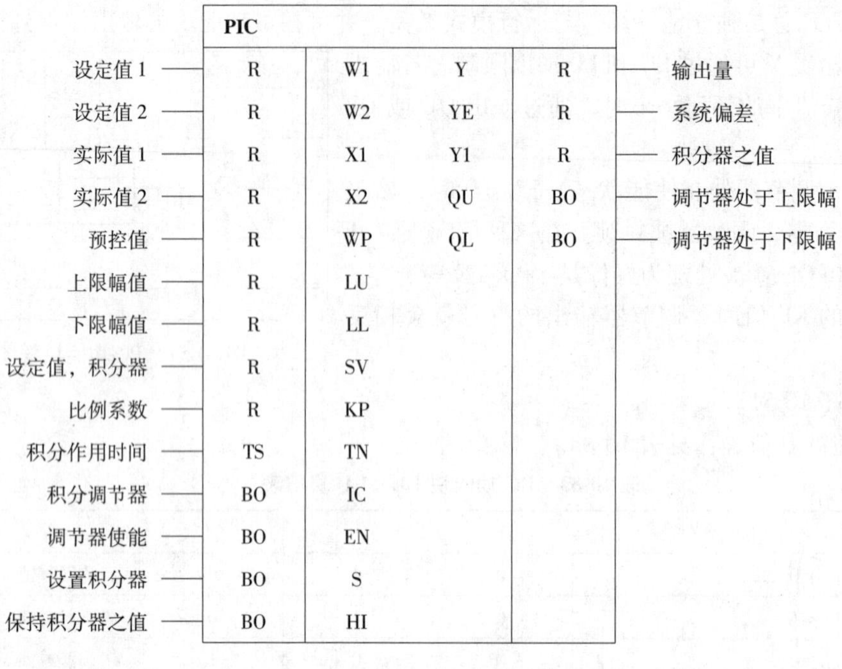

	PIC			
设定值 1 ——	R	W1	Y	R —— 输出量
设定值 2 ——	R	W2	YE	R —— 系统偏差
实际值 1 ——	R	X1	Y1	R —— 积分器之值
实际值 2 ——	R	X2	QU	BO —— 调节器处于上限幅
预控值 ——	R	WP	QL	BO —— 调节器处于下限幅
上限幅值 ——	R	LU		
下限幅值 ——	R	LL		
设定值,积分器 ——	R	SV		
比例系数 ——	R	KP		
积分作用时间 ——	TS	TN		
积分调节器 ——	BO	IC		
调节器使能 ——	BO	EN		
设置积分器 ——	BO	S		
保持积分器之值 ——	BO	HI		

图 10-52　PIC 功能块符号

简要说明：通过的 PI（比例积分）调节器，也可设定为 P（比例）调节器或 I（积分）调节器模式，可作为速度调节器或高级调节器用，适用于动态控制的调节器。

灵活的积分器功能：

- 设置初始值，把 SV 装入积分器；
- 保持积分器某瞬间之值并送入 P 调节器；
- 用 SV 控制积分器；
- 用限幅控制积分器；
- 封锁掉 P 成分并送入 I 调节器。

综合控制功能，在运行时可独立地设置或改变下列参量：

- 比例系数 KP；
- 积分作用时间 TN；
- 调节器上限幅 LU 和下限幅 LL；
- 预控值 WP，例如惯性补偿。

有第 2 个实际值输入口 X2，例如输入软化系数。

当调节器达到所设置的限幅值时有指示。

运行模式：从设定值之和（W1 + W2）中减去实际值之和（X1 + X2）。即相应于下面式子：

$$YE = (W1 + W2) - (X1 + X2)$$

上式的结果即系统偏差 YE，再乘上可调整的比例系数 KP，其乘积被送到输出综合功能并送到积分器。

可调整的积分作用时间 TN 决定了调节器的积分特性。输出量 YI 的变化与输入量 KP × YE 成正比，而与积分作用时间 TN 成反比。积分器输出值 YI 也被送到输出综合功能处。带着正确的极性（符号），一个附加值通过 WP 也可被加到输出量 Y 中。

离散量的值按下述算法计算（算法适用的条件是 LL < Y < LU 以及 LL < LU）：

$$Y_n = Y_{n-1} + KP \times [(1^+) \times YE_n - YE_{n-1}]$$

式中 Y_n——在 n 次采样时间时 Y 之值；

Y_{n-1}——在 n－1 次采样时间时 Y 之值；

TA——该功能块的采样时间。

框图：见图 10-53。

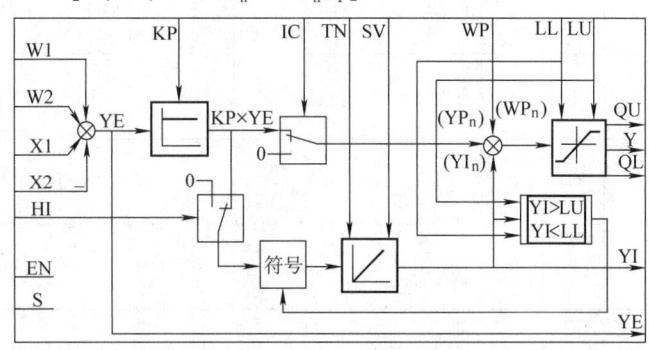

图 10-53 PIC 功能块框图

运行模式和闭环调节器的控制：
控制输入的优先权次序为：EN 优先于 IC，IC 优先于 S，S 优先于 HI。

控制输入端的命令：见表 10-87。

表 10-87 PIC 功能块控制输入端命令

控制输入	数值	功　能	控制输入	数值	功　能
EN	1	调节器使能	S	1	传送积分器设置值，不再积分
IC	1	从比例积分调节器切换到积分调节器	HI	1	保持积分器输出 YI，不再积分

在控制输入端命令的组合及可能的模式可见真值表（表 10-89 ~ 表 10-94）。调节器的常规运行包括 LL≤0≤LU 和 LL < Y_n < LU。当然，其他的设置也是可能的，下面会加以说明。为了做到这一点，算法应做适当的修正：

$$Y_n = KP \times YE_n + YI_n + WP_n$$

这取决于 LU 和 LL，有 5 种不同的运行条件。具体情况见表 10-88。

表 10-88 PIC 功能块控制运行条件

序号	条　件	Y_n	序号	条　件	Y_n
	LL < LU			LL = LU	
1	LL < KP × YE_n + YI_n + WP_n < LU	KP × YE_n + YI_n + WP_n	4	无	LU
2	KP × YE_n + YI_n + WP_n ≥ LU	LU		LL > LU	
3	KP × YE_n + YI_n + WP_n ≤ LL	LL	5	无	LU

调节器封锁时的真值表：见表 10-89。

表 10-89 PIC 功能块控制封锁真值表

EN	IC	S	HI	ΔYI_n	YI_n	Y_n	模　式	备　注
0	任意	任意	任意	任意	0	0	控制被封锁	KP、RN、WP、LU、LL、YE 均可

状态 1：LL < LU 和 LL < Y_n < LU，常规模式时真值表见表 10-90。

表 10-90 PIC 功能块状态 1；LL < LU 和 LL < Y_n < LU 真值表

EN	IC	S	HI	ΔYI_n	YI_n	Y_n	模　式	备　注
1	0	0	0	KP × YE_n × TA/TN	YI_{n-1} + YI_n	KP × YE_n + YI_n + WP_n	PI 调节器	调节器使能 标准运行
1	1	0	0	KP × YE_n × TA/TN	YI_{n-1} + YI_n	YI_n + WP_n	I 调节器	P 成分 = 0

(续)

EN	IC	S	HI	ΔYI_n	YI_n	Y_n	模式	备注
1	0	1	任意	任意	SV_n	$KP \times YE_n + YI_n + WP_n$	P 调节器 积分器控制	$YI_n = SV_n$
1	1	1	任意	任意	SV_n	$YI_n + WP_n$	P 调节器 积分器控制	$YI_n = SV_n$
1	0	0	1	0	YI_{n-1}	$KP \times YE_n + YI_n + WP_n$	P 调节器 积分器 = 常数	$YI_n = YI_{n-1}$
1	1	0	1	0	YI_{n-1}	$YI_n + WP_n$	P 调节器 积分器 = 常数	$YI_n = YI_{n-1}$

状态 2：LL < LU 和 Y_n = LU，调节器具有 LU 限幅作用的过调制时的真值表见表 10-91。

表 10-91　PIC 功能块状态 2：LL < LU 和 Y_n = LU 真值表

EN	IC	S	HI	ΔYI_n	YI_n	Y_n	模式	备注
1	0	0	0	$KP \times YE_n \times TA/TN$	$YI_{n-1} < LU$ 时，为 $YI_{n-1} + \Delta YI_n$ $YI_{n-1} > LU$ 时，为 $YI_{n-1} - \Delta YI_n$ $YI_{n-1} = LU$ 时，为 LU	LU	PI 调节器 处在上限幅	YI_n 向 LU 方向 积分, 可能为负值
1	1	0	0	$KP \times YE_n \times TA/TN$	$YI_{n-1} < LU$ 时，为 $YI_{n-1} + \Delta YI_n$ $YI_{n-1} > LU$ 时，为 $YI_{n-1} - \Delta YI_n$ $YI_{n-1} = LU$ 时，为 LU	LU	I 调节器 处在上限幅	YI_n 向 LU 方向 积分, 可能为负值
1	0	1	任意	任意	$SV_n < LU$ 时，为 SV_n $SV_n \geq LU$ 时，为 LU	LU	P 调节器 处在上限幅	$YI_n = SV_n$ 或 $YI_n = LU$
1	1	1	任意	任意	$SV_n < LU$ 时，为 SV_n $SV_n \geq LU$ 时，为 LU	LU	I 调节器 处在上限幅	$YI_n = SV_n$ 或 $YI_n = LU$ P 成分 = 0
1	0	0	1	0	YI_{n-1}	LU	P 调节器 积分器 = 常数	$YI_n = YI_{n-1}$ 或 $YI_{n-1} = LU$
1	1	0	1	0	YI_{n-1}	LU	I 调节器 积分器 = 常数	$YI_n = YI_{n-1}$ 或 $YI_{n-1} = LU$ P 成分 = 0

状态 3：LL < LU 和 Y_n = LL，调节器具有 LL 限幅作用的过调制时的真值表见表 10-92。

状态 4：LL = LU 和 Y = LU = LL，调节器有 LL 和 LU 控制时的真值表见表 10-93。

状态 5：LL > LU 和 Y_n = LL，调节器用 LU 限幅作用来控制时的真值表见表 10-94。

积分的极性符号取决于限幅值的变化方向，可能会相反。由 PI（比例积分）模式转换到 I（积分）模式。在 EN = 1 和 IC = 1 的情况下，P 的成分被保持在零，调节器就由 PI 特性转换为 I 特性。输出 Y 就是积分器输出值 YI。如果在控制运行过程中出现这种情况,在输出 Y 就会出现一个 $-KP \times YE$ 的突变。

表 10-92　PIC 功能块状态 3：LL < LU 和 Y_n = LL 真值表

EN	IC	S	HI	ΔYI_n	YI_n	Y_n	模　式	备　注
1	0	0	0	$KP \times YE_n \times TA/TN$	$YI_{n-1} < LL$ 时,为 $YI_{n-1} + \Delta YI_n$ $YI_{n-1} > LL$ 时,为 $YI_{n-1} - \Delta YI_n$ $YI_{n-1} = LL$ 时,为 LL	LL	PI 调节器处在下限幅	YI_n 向 LU 方向积分,可能为负值
1	1	0	0	$KP \times YE_n \times TA/TN$	$YI_{n-1} < LL$ 时,为 $YI_{n-1} + \Delta YI_n$ $YI_{n-1} > LL$ 时,为 $YI_{n-1} - \Delta YI_n$ $YI_{n-1} = LL$ 时,为 LL	LU	I 调节器处在下限幅	YI_n 向 LU 方向积分,可能为负值
1	0	1	任意	任意	$SV_n > LL$ 时,为 SV_n $SV_n \leq LL$ 时,为 LL	LL	P 调节器处在上限幅	$YI_n = SV_n$ 或 $YI_n = LL$
1	1	1	任意	任意	$SV_n > LL$ 时,为 SV_n $SV_n \leq LL$ 时,为 LL	LL	I 调节器处在上限幅	$YI_n = SV_n$ 或 $YI_n = LL$ P 成分 = 0
1	0	0	1	0	YI_{n-1}	LL	P 调节器积分器 = 常数	$YI_n = YI_{n-1}$ 或 $YI_{n-1} = LL$
1	1	0	1	0	YI_{n-1}	LL	I 调节器积分器 = 常数	$YI_n = YI_{n-1}$ 或 $YI_{n-1} = LL$ P 成分 = 0

表 10-93　PIC 功能块状态 4：LL = LU 和 Y_n = LU = LL 真值表

EN	IC	S	HI	ΔYI_n	YI_n	Y_n	模　式	备　注
1	任意	任意	任意	0	$Y_n - KP \times YE_n - WP_n$	LL = LU	调节器参照 LL 和 LU 来控制	

表 10-94　PIC 功能块状态 5：LL > LU 和 Y_n = LL 真值表

EN	IC	S	HI	ΔYI_n	YI_n	Y_n	模　式	备　注
1	任意	任意	任意	$KP \times YE_n \times TA/TN$	$YI_{n-1} < LU$ 时,为 $YI_{n-1} + \Delta YI_n$ $YI_{n-1} > LU$ 时,为 $YI_{n-1} - \Delta YI_n$ $YI_{n-1} = LU$ 时,为 LU	LU	PI 调节器处在上限幅	

当把 IC 复位到 0,P 成份就再被设置成当时的值 $KP \times YE$,调节器重新具有 PI 特性。如果在控制运行过程中出现这种情况,在输出 Y 就会出现一个 $KP \times YE$ 的突变。

如果功能块输入 EN = 1 和 HI = 1,积分器就会被保持住。调节器就平滑地从 PI 特性转换成 P 特性,YI 仍然起作用,是输出 Y 的一个补充。当把 HI 重新设置为零,这时积分器又被再使能,调节器重新具有 PI 特性。

输入/输出定义：见表 10-95。

表 10-95　PIC 功能块输入输出定义

W1	设定值 1	（默认值：0.0）	IC	积分调节器	（默认值：0）
W2	设定值 2	（默认值：0.0）	EN	调节器使能	（默认值：0）
X1	实际值 1	（默认值：0.0）	S	积分器设置	（默认值：0）
X2	实际值 2	（默认值：0.0）	HI	保持积分器之值	（默认值：0）
WP	预控值	（默认值：0.0）	Y	输出量	（默认值：0.0）
LU	上限幅值	（默认值：0.0）	YE	系统偏差	（默认值：0.0）
LL	下限幅值	（默认值：0.0）	YI	积分器输出值	（默认值：0.0）
SV	积分器设置值	（默认值：0.0）	QU	调节器处于上限幅	（默认值：1）
KP	比例系数	（默认值：0.0）	QL	调节器处于下限幅	（默认值：1）
TN	积分作用时间	（默认值：0.0ms）			

技术数据：见表 10-96。

4. RGJ 功能块

符号：见图 10-54。

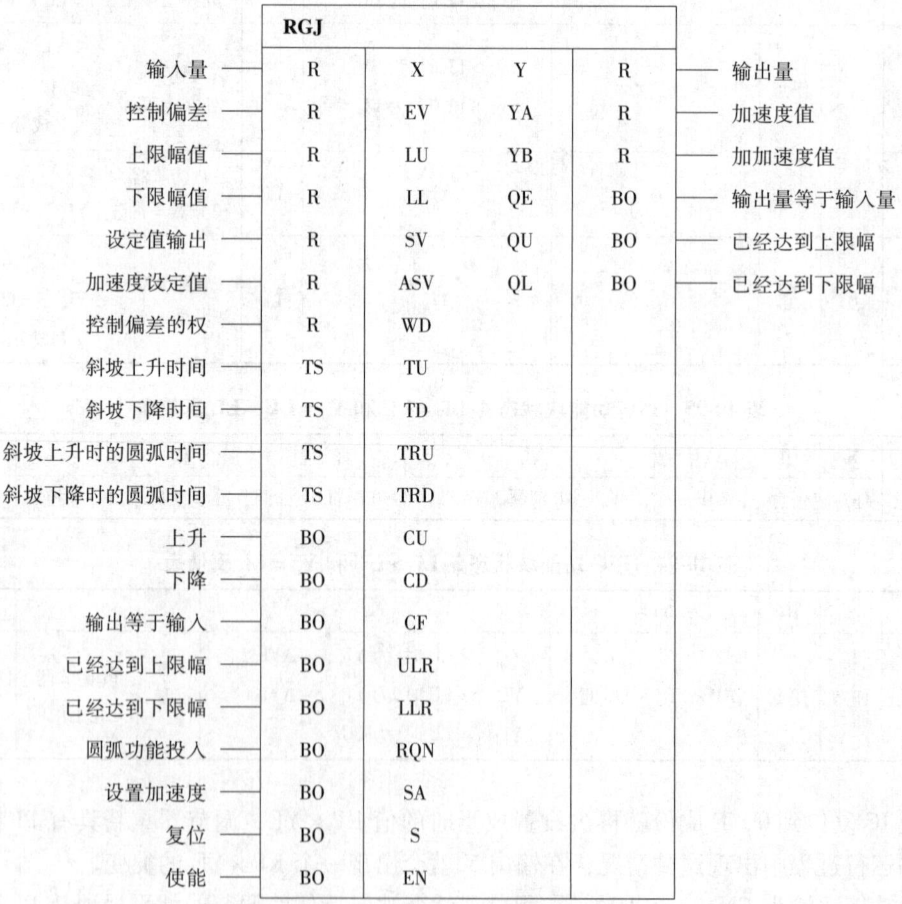

输入		RGJ			输出
输入量	R	X	Y	R	输出量
控制偏差	R	EV	YA	R	加速度值
上限幅值	R	LU	YB	R	加加速度值
下限幅值	R	LL	QE	BO	输出量等于输入量
设定值输出	R	SV	QU	BO	已经达到上限幅
加速度设定值	R	ASV	QL	BO	已经达到下限幅
控制偏差的权	R	WD			
斜坡上升时间	TS	TU			
斜坡下降时间	TS	TD			
斜坡上升时的圆弧时间	TS	TRU			
斜坡下降时的圆弧时间	TS	TRD			
上升	BO	CU			
下降	BO	CD			
输出等于输入	BO	CF			
已经达到上限幅	BO	ULR			
已经达到下限幅	BO	LLR			
圆弧功能投入	BO	RQN			
设置加速度	BO	SA			
复位	BO	S			
使能	BO	EN			

图 10-54　RGJ 功能块符号

表 10-96　PIC 功能块技术数据

可否被在线插入	可以	可被配置到	中断任务、循环式任务
计算时间	14.3μs	被执行的模式	初始化模式、常规模式

简要说明：带有加加速度限制和跟踪的斜坡函数发生器，斜坡函数发生器的主要功能是设定输出 Y 或加速度 YA。斜坡函数发生器把设定值 X 和具有上升和下降加加速度限制的斜坡函数发生器输出结合起来。斜坡函数发生器跟踪则对应于第二调节器限幅时的系统偏差。

运行模式：本功能块可以限制设定值的加速度（速度的变化率）和加加速度（加速度的变化率），下述算法有效：

$$Y_n = Y_{n-1} + YA_n$$
$$YA_n = YA_{n-1} + YB_n$$

加速度值 YA 和加加速度值 YB，对于斜坡上升过程和斜坡下降过程是单独计算的。斜坡上升时间 TU 和斜坡上升过程的圆弧时间 TRU，以及斜坡下降时间 TD 和斜坡下降过程的圆弧时间 TRD 都必须预先指定（即需要配置）。

在斜坡上升过程，除了圆弧时间外，对于加速度值 YA，下列式子有效：

$$Y > 0 \text{ 时}, YA = YA_{max} = TA/TU$$
$$Y < 0 \text{ 时}, YA = YA_{max} = -TA/TU$$

在斜坡下降过程，除了圆弧时间外，对于加速度值 YA，下列式子有效：

$$Y > 0 \text{ 时}, YA = YA_{max} = -TA/TD$$
$$Y < 0 \text{ 时}, YA = YA_{max} = TA/TD$$

在斜坡上升过程，对于加加速度值 YB，下列式子有效：

$$Y > 0 \text{ 时}, YB = TA \times YA_{max}/TRU$$
$$Y < 0 \text{ 时}, YB = -TA \times YA_{max}/TRU$$

在斜坡下降过程，对于加加速度值 YB，下列式子有效：

$$Y > 0 \text{ 时}, YB = -TA \times YA_{max}/TRD$$
$$Y < 0 \text{ 时}, YB = TA \times YA_{max}/TRD$$

取决于开关量 EN、S、SA、CF、CU、CD 的逻辑状态、运行模式通过控制逻辑来指定。输入量 X 以及间接的输出量 Y 是通过功能块的输入 LU 和 LL 来限制的。当 Y 达到所设置的限幅时，就通过 QU = 1 或 QL = 1 来指示。如果输出量 Y 等于输入量 X 时，开关量输出 QE 就为 1。

斜坡上升过程可以分为三个阶段：

● 阶段 1：当设定值增加时，在第 1 阶段最大加加速度 YB 被输入。这样，加速度就与时间成正比地增加。在该圆弧期间，输出量 Y 是随时间的二次方而增加的。

● 阶段 2：在最大加速度 YA 已经达到之后，对应于规定的斜坡上升时间 TU，加速度是恒定的，输出量 Y 与时间成正比增加。

● 阶段 3：在阶段 3，加速度随时间成比例地减小。在该圆弧期间，输出量 Y 随时间的二次方接近输入量 X。

斜坡下降过程与斜坡上升过程基本相同。

斜坡上升时间 TU 定义为：在该时间内，输出量的绝对值随时间成比例地增加 1.0。

斜坡下降时间 TD 定义为：在该时间内，输出量的绝对值随时间成比例地减少 1.0。

斜坡上升时间和斜坡下降时间可以不同。

圆弧时间定义为：在该时间内，输出量的加速度从某个恒定的初始值开始达到最大值，在圆弧时间内，加速度是恒值，但不等于零。

圆弧时间也可定义为：在该时间内，输出量从某个最大加速度开始达到恒定的终值。在斜坡上升期间的圆弧时间用 TRU 表示，在斜坡下降期间的圆弧时间用 TRD 表示。当设定值方向改变时，或者在传递函数过零时，取决于初始的位置，会发生带有圆弧时间的从斜坡上升运行转换为斜坡下降运行或者从斜坡下降运行转换为斜坡上升运行。在运行过程中改变斜坡上升或斜坡下降时间是有效的。

如果在斜坡下降后紧接着斜坡上升，而 TRD 和 TD 较低 TRU 和 TU 又较高，在斜坡下降时 YA 就被减小，这样在紧接着的斜坡上升期间，只要目标值（X、LL 或 LU）和斜坡上升发生器时间（TU、TD、TRU、TRD）不变，就不会出现超调。

如果圆弧被取消（Disable），RGJ 就和功能块 RGE 的作用一样。

圆弧（加加速度限制）使能（Enable）：若 RQU = 1，斜坡上升或斜坡下降期间的圆弧就起作用。当 RQU = 0 时，圆弧就被取消。斜坡上升/斜坡下降是按照由 TU 或 TD 所规定的斜坡上升时间/斜坡下降时间来执行的。当在圆弧时间内加加速度限制被取消时，后续的斜坡上升/斜坡下降就按照由 TU 或 TD 所规定的斜坡上升时间/斜坡下降时间来执行。

斜坡函数发生器的模式和控制：控制输入端定义见表 10-97。

表 10-97　RGJ 功能块控制输入端定义

EN = 1	斜坡函数发生器使能	CF = 1	输出 Y 积分到设定值 X，跟踪
S = 1	设置输出 Y 为设置值 SV，无积分	CU = 1	输出 Y 朝 LU 方向积分，跟踪
SA = 1	设置加速度 YA 为设置值 ASV，无积分	CD = 1	输出 Y 朝 LL 方向积分，跟踪

控制输入的优先权为：EN 优先于 S，S 优先于 SA，SA 优先于 CF，CF 优先于 CU 和 CD。控制输入命令的组合以及可能的模式，可从表 10-98 所示的真值表得到。

对于标准的斜坡函数发生器运行：$LL \leq 0 \leq LU$ 以及 $LL < Y_n < LU$。不过其他的设置也有可能，下面将加以说明。

对于 $LL \geq LU$ 这样的设置而言，限幅 LU 优先于限幅 LL。对于所有的暂态运行，加速度和加加速度值都不能超过。

取决于设定值输入的偏移情况，可能会出现只有相应于阶段 1 和阶段 3 的圆弧暂态的特性。这时，输出量 Y 不再与时间成比例。

斜坡函数发生器停止时的真值表见表 10-98，表中 * 号表示可为任何值。

表 10-98　RGJ 功能块停止时的真值表

EN	S	SA	CF	CU	CD	YA_n	Y_n	模式	备注
0	*	*	*	*	*	0	0	禁止	Y = 0
1	0	0	0	0	0	0	Y_{n-1}	禁止	Y = 恒值

$LL < LU$ 及 $LL <$ 实际值 $Y_{n-1} < LU$ 时的真值表见表 10-99，表中 * 号表示任何值。

斜坡函数发生器跟踪：一般说来，斜坡函数发生器的输出 Y 是作为第二控制环（例如速度调节器）的设定值。如果在变化过程中（例如在斜坡上升时），该调节器达到其限幅，那么在对应于斜坡上升的时间内，斜坡函数发生器不会使调节器的输出再增加。在这种情况下，输出 Y 就用控制偏差 EV 和加权系数 WD 来跟踪，见下式：

表 10-99　RGJ 功能块 LL < LU 及 LL < 实际值 Y_{n-1} < LU 真值表

EN	S	SA	CF	CU	CD	YA_n	Y_n	模　式	备　注
1	1	*	*	*	*	阶跃	SV_n	设置输出为 SV	根据需要 SV 为固定量或变量
1	0	1	*	*	*	ASV_n	$Y_{n-1}+YA_n$	设置输出为积分器 1 的 ASV	根据需要 ASV 为固定量或变量
1	0	0	1	*	*	TA/TU (TA/TD)	$Y_{n-1}+YA_n$	标准运行为 Y≥X	$[X>Y \wedge Y\geq 0] \vee [X<Y \wedge Y\leq 0]$ 时为 TU $[X>Y \wedge Y<0] \vee [X<Y \wedge Y>0]$ 时为 TD
1	0	0	0	1	0	TA/TU (TA/TD)	$Y_{n-1}+YA_n$	趋近于上限幅 Y≥LU	TU、TD 如上，取决于初始位置
1	0	0	0	0	1	TA/TD (TA/TU)	$Y_{n-1}+YA_n$	趋近于下限幅 Y≥LL	TU、TD 如上，取决于初始位置

$$Y_n = Y_{n-1} - E_{V_n} + WD \times EV_k$$

式中　n——采样期间 n；

　　　k——调节器首次达到其限幅的时刻（ULR 或 LLR 的 0→1 的前沿）。

通常，跟踪只供"经典的控制环"（例如 PI 速度调节器）用。在这种情况下，调节器的限幅必须正确地设置（例如要和电流限幅相同）。通常，WD 为 1.01～1.1（>1.0！）。在跟踪期间，加加速度限制不起作用。调节器开关量输出（上/下限幅已达到）被送回到斜坡函数发生器的开关量输入 ULR 和 LLR。当某个限幅已达到时，两个开关量输入 ULR 和 LLR 中的一个就被设置为 1，通过功能块 RGJ 的反馈，这样跟踪就起作用。如果跟踪不用的话，ULR 和 LLR 必须设置为"0"。

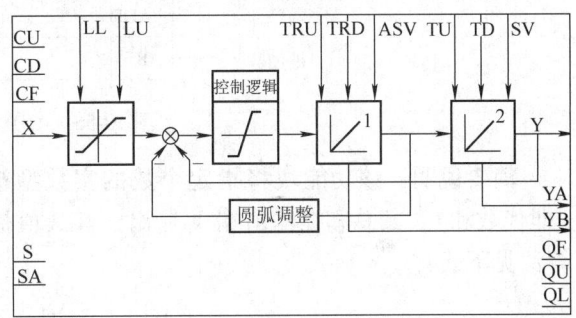

图 10-55　RGJ 功能块框图

框图：见图 10-55。

注意，斜坡函数发生器内部运行有很高的精度，所以即使设定值与实际值的差很小，功能块仍然在积分。因此，必须保证采样时间与 TU、TD、TRU 和 TRD 相比要足够小。

输入/输出端定义：见表 10-100。

表 10-100　RGJ 功能块输入输出端定义

X	输入量	（默认值：0.0）	TU	斜坡上升时间	（默认值：0.0ms）
EV	控制偏差	（默认值：0.0）	TD	斜坡下降时间	（默认值：0.0ms）
LU	上限幅值	（默认值：0.0）	TRU	斜坡上升时的圆弧时间	（默认值：0.0ms）
LL	下限幅值	（默认值：0.0）	TRD	斜坡下降时的圆弧时间	（默认值：0.0ms）
SV	设置值输出	（默认值：0.0）	CU	上升	（默认值：0）
ASV	加速度设置值	（默认值：0.0）	CD	下降	（默认值：0）
WD	控制偏差加权值	（默认值：0.0）	CF	输出等于输入	（默认值：0）

ULR	已达到上限幅	（默认值：0）	Y	输出量	（默认值：0.0）
LLR	已达到下限幅	（默认值：0）	YA	加速度值	（默认值：0.0）
RQN	圆弧起作用	（默认值：0）	YB	加加速度值	（默认值：0.0）
SA	设置加速度	（默认值：0）	QE	输出Y等于输入X	（默认值：0）
S	设置	（默认值：0）	QU	上限幅值已达到	（默认值：0）
EN	使能	（默认值：0）	QL	下限幅值已达到	（默认值：0）

技术数据：见表 10-101。

表 10-101 RGJ 功能块技术数据

计算时间	15.0μs
可被配置到	中断任务、循环式任务
执行方式	初始化模式、常规模式

10.3.4.2 算术运算功能块

1. ADD 功能块

符号：见图 10-56。

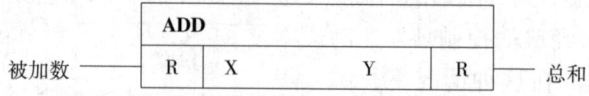

图 10-56 ADD 功能块符号

简要说明：该功能块将指定个数的实数型被加数 X 相加，并考虑到每个被加数的符号（即代数和）。其总和在输出端 Y 输出，其数值被限制在约 $-3.4 \times 10^{38} \sim 3.4 \times 10^{38}$ 范围之内。算法见下式：

$$Y = X_{01} + \cdots + X_{nn}$$

输入/输出端定义：见表 10-102。

表 10-102 ADD 功能块输入输出端定义

X..	被加数	（默认值：0.0）
Y	总和	（默认值：0.0）

技术数据：见表 10-103。

表 10-103 ADD 功能块技术数据表

是否为可指定输入量个数的功能块	是	可被配置到	中断任务、循环式任务
可否被在线插入	可以	被执行的模式	常规模式
计算时间	5.4μs	特殊功能	X 是可指定个数的输入量

2. AVA 功能块

符号：见图 10-57。

简要说明：产生绝对值的算术运算功能块，实数型。

运行模式：该功能块产生输入 X（输入量）的绝对值，其结果在 Y 输出，见下式。

$$Y = |X|$$

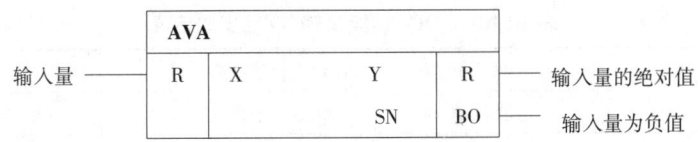

图 10-57　AVA 功能块符号

如果输入量是负值,则开关量输出 SN 就同时被设置成 1。

框图符号:见图 10-58。

输入/输出端定义:见表 10-104。

表 10-104　AVA 功能块输入输出端定义

X	输入量	(默认值: 0.0)
Y	输入量的绝对值	(默认值: 0.0)
SN	输入量的符号	(默认值: 0)

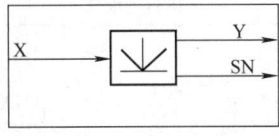

图 10-58　AVA 功能块框图

技术数据:见表 10-105。

表 10-105　AVA 功能块技术数据

可否被在线插入	可以	可被配置到	中断任务、循环式任务
计算时间	2.6μs	被执行的模式	常规模式

3. DIV 功能块

符号:见图 10-59。

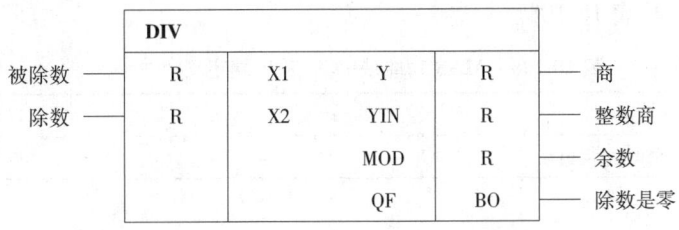

图 10-59　DIV 功能块符号

简要说明:具有两个实数型输入的除法器。

运行模式:本功能块把在输入端 X1 输入的量除以在输入端 X2 输入的量。其结果在 Y、YIN 和 MOD 输出,见下式:

$$Y = X1/X2$$

带有小数点前和小数点后数值的商在 Y 输出。整数商在 YIN 输出。余数(绝对余数)在 MOD 输出。Y 输出限制在约 $-3.4 \times 10^{38} \sim 3.4 \times 10^{38}$ 范围之内。

如果在 Y 的输出超出了约 $-3.4 \times 10^{38} \sim 3.4 \times 10^{38}$ 范围(因为除数非常小或等于零),那么在 Y 就输出限制范围之值,并带有正确的符号,同时开关量输出 QF 设置成 1。

当出现 0/0 时,功能块的输出 Y 不变化,这时开关量输出 QF 设置成 1。

输入/输出端定义:见表 10-106。

技术数据输出端定义:见表 10-107。

4. MAS 功能块

符号:见图 10-60。

表 10-106　DIV 功能块输入/输出端定义

X1	被除数	（默认值：0.0）	YIN	整数商	（默认值：0.0）
X2	除数	（默认值：1）	MOD	余数	（默认值：0.0）
Y	商	（默认值：0.0）	QF	除数是零	（默认值：0）

表 10-107　DIV 功能块技术数据

计算时间	35.7μs
可被配置到	中断任务、循环式任务
被执行的模式	常规模式

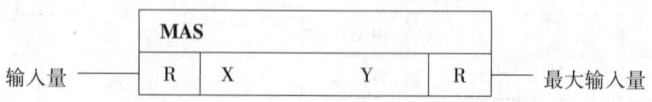

图 10-60　MAS 功能块符号

简要说明：功能块具有可指定个数的实数型输入，求出当该功能块被执行时最大的输入。

运行模式：功能块求出可指定个数的实数型输入 X⋯中的最大值，其结果在输出端 Y 输出，见下式：

$$Y = \max \{X_{01}, \cdots, X_{nn}\}$$

如果输入值都相同，那么该值就作为输入量的最大值。

输入/输出端定义：见表 10-108。

表 10-108　MAS 功能块输入/输出端定义

$X_{01} \sim X_{nn}$	输入量	（默认值：0.0）
Y	输入量中的最大值	（默认值：0.0）

技术数据：见表 10-109。

表 10-109　MAS 功能块技术数据

是否为可指定输入量个数的功能块	是	可被配置到	中断任务、循环式任务
可否被在线插入	可以	被执行的模式	常规模式
计算时间	3.9μs	特殊功能	是可指定个数的输入量

5. MUL 功能块

符号：见图 10-61。

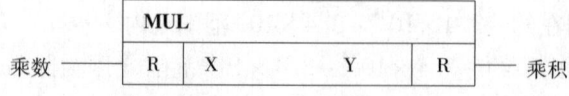

图 10-61　MUL 功能块符号

简要说明：具有可指定乘数个数的实数型输入量的乘法器，并考虑到每个乘数的符号。其结果在输出端 Y 输出，其数值被限制在约 $-3.4 \times 10^{38} \sim 3.4 \times 10^{38}$ 范围内，见下式：

$$Y = X_{01} \times \cdots \times X_{nn}$$

输入/输出端定义：见表 10-110。

第 10 章 电气传动装置

表 10-110 MUL 功能块输入/输出端定义

$X_{01} \sim X_{nn}$	乘数	（默认值：0.0）
Y	乘积	（默认值：0.0）

技术数据：见表 10-111。

表 10-111 MUL 功能块技术数据

是否为可指定输入量个数的功能块	是	可被配置到	中断任务、循环式任务
可否被在线插入	可以	被执行的模式	常规模式
计算时间	5.5μs	特殊功能	X 是可指定个数的输入量

6. PLI10 功能块

符号：见图 10-62。

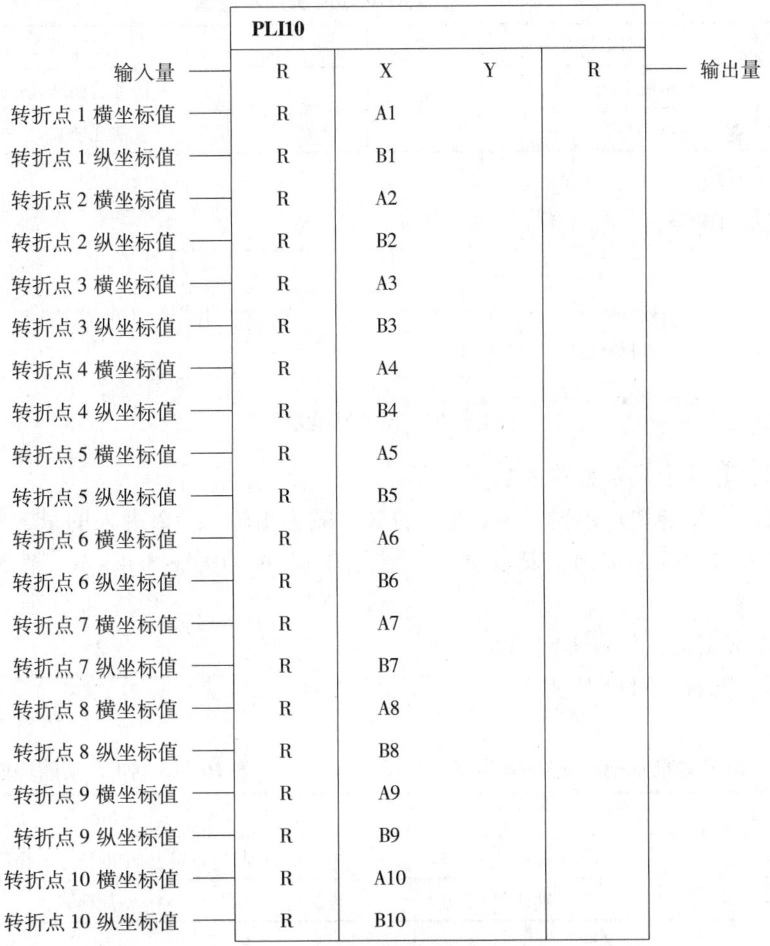

```
                        ┌─────────────────────┐
                        │ PLI10               │
          输入量 ───────┤ R    X    Y    R   ├─────── 输出量
  转折点 1 横坐标值 ─────┤ R         A1        │
  转折点 1 纵坐标值 ─────┤ R         B1        │
  转折点 2 横坐标值 ─────┤ R         A2        │
  转折点 2 纵坐标值 ─────┤ R         B2        │
  转折点 3 横坐标值 ─────┤ R         A3        │
  转折点 3 纵坐标值 ─────┤ R         B3        │
  转折点 4 横坐标值 ─────┤ R         A4        │
  转折点 4 纵坐标值 ─────┤ R         B4        │
  转折点 5 横坐标值 ─────┤ R         A5        │
  转折点 5 纵坐标值 ─────┤ R         B5        │
  转折点 6 横坐标值 ─────┤ R         A6        │
  转折点 6 纵坐标值 ─────┤ R         B6        │
  转折点 7 横坐标值 ─────┤ R         A7        │
  转折点 7 纵坐标值 ─────┤ R         B7        │
  转折点 8 横坐标值 ─────┤ R         A8        │
  转折点 8 纵坐标值 ─────┤ R         B8        │
  转折点 9 横坐标值 ─────┤ R         A9        │
  转折点 9 纵坐标值 ─────┤ R         B9        │
  转折点 10 横坐标值 ────┤ R         A10       │
  转折点 10 纵坐标值 ────┤ R         B10       │
                        └─────────────────────┘
```

图 10-62 PLI10 功能块符号

简要说明：实数型功能块，直线化的特性，模拟非线性的传递函数的元件，用于调节器在某特定区段其增益的定义。

运行模式：本功能块可用在四象限内的 10 个转折点匹配输出 Y 和输入 X 的关系。在转折点之间，用直线相连。特性的水平边界为横坐标值 A1 和 A10。

配置规则：在配置时，A1~A10 值的插入必须遵守数值递增的原则。纵坐标 B1~B10 值可以自由选择，即它的选择可以与前一个值无关。如果不是需要所有的转折点，那么不需要的那些转折点的横坐标和纵坐标的值就必须设置得和最后的所需的转折点的值一样。

输入/输出端定义：见表 10-112。

表 10-112　PLI10 功能块输入/输出端定义

X	输入量	（默认值：0.0）	B1	纵坐标值，转折点 1	（默认值：0.0）
A1	横坐标值，转折点 1	（默认值：0.0）	…		
…			B10	纵坐标值，转折点 10	（默认值：0.0）
A10	横坐标值，转折点 10	（默认值：0.0）	Y	输出量	（默认值：0.0）

技术数据：见表 10-113。

表 10-113　PLI10 功能块技术数据

计算时间	12.3μs
可被配置到	中断任务、循环式任务
执行方式	常规模式

7. SUB 功能块

符号：见图 10-63。

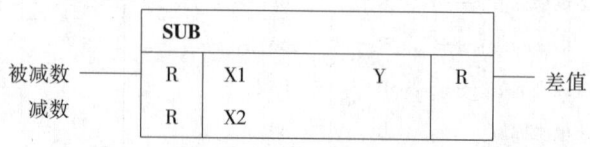

图 10-63　SUB 功能块符号

简要说明：有两个实数型输入的减法器。

运行模式：本功能块从由输入 X1 进入的量中减去由输入 X2 进入的量，并考虑到它们的符号，其结果在输出端 Y 输出，其数值被限制在约 $-3.4\times10^{38} \sim 3.4\times10^{38}$ 范围之内，见下式：

$$Y = X1 - X2$$

输入/输出端定义：见表 10-114。

技术数据：见表 10-115。

表 10-114　SUB 功能块输入/输出端定义

X1	被减数	（默认值：0.0）
X2	减数	（默认值：0.0）
Y	差值	（默认值：0.0）

表 10-115　SUB 功能块技术数据

计算时间	4.6μs
可被配置到	中断任务、循环式任务
被执行的模式	常规模式

10.3.4.3　逻辑控制功能块

1. AND 功能块

符号：见图 10-64。

简要说明：该功能块具有可指定个数的 BOOL⊖ 型输入。

⊖ BOOL 为 BOOLEAN（布尔）的简写。

运行模式：本功能块将在可指定个数输入 I 的开关量进行 AND（与）运算，并在 Q 输出其结果，见下式：

$$Q = I_{01} \wedge \cdots \wedge I_{nn}$$

如果所有指定个数的输入 $I_{01} \sim I_{nn}$ 都是 1，则输出 Q = 1；而在所有其他情况下，输出 Q = 0。真值表见表 10-116，表中 * 号表示任意。

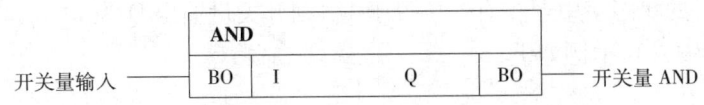

图 10-64 AND 功能块符号

表 10-116 AND 功能块真值表

输 入									输 出
I_{01}	I_{02}	I_{03}	I_{04}	I_{05}	·	·	I_{nn}		
0	*	*	*	*	*	*	*	*	0
*	0	*	*	*	*	*	*	*	0
*	*	0	*	*	*	*	*	*	0
*	*	*	0	*	*	*	*	*	0
*	*	*	*	0	*	*	*	*	0
*	*	*	*	*	0	*	*	*	0
*	*	*	*	*	*	0	*	*	0
*	*	*	*	*	*	*	0	*	0
1	1	1	1	1	1	1	1	1	1

输入/输出定义：见表 10-117。

表 10-117 AND 功能块输入输出端定义

I..	可指定个数的开关量	（默认值：0.0）
Q	开关量 AND 运算的结果	（默认值：0.0）

技术数据：见表 10-118。

表 10-118 ADD 功能块技术数据

可否被在线插入	可以	可被配置到	中断任务、循环式任务
计算时间	5.0μs	被执行的模式	常规模式

2. AND-W 功能块

符号：见图 10-65。

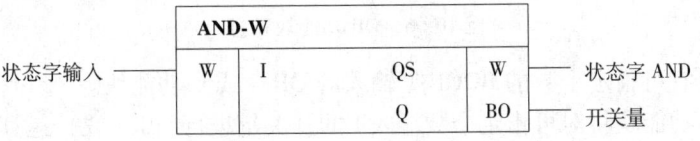

图 10-65 AND-W 功能块符号

简要说明：具有可指定个数的字型输入的 AND 功能块。

运行模式：16 个开关量状态组成一个状态字。本功能块将状态字 I_{01} 与 I_{nn} 之间按位进行 AND（与）运算。AND 后的状态字的相应位设置在功能块的输出 QS，见下式。

$$QS_k = I_{01k} \wedge \cdots \wedge I_{nnk} \quad (k = 1 \sim 16)$$

如果指定个数的输入 I_{01} 与 I_{nn} 中相应的位至少有一个等于 0，则 AND 后的状态字的相应位为 0；如果 AND 后的状态字中至少有一位等于 1，则开关量输出 Q 为 1。

状态图（3 个输入）示例如下：

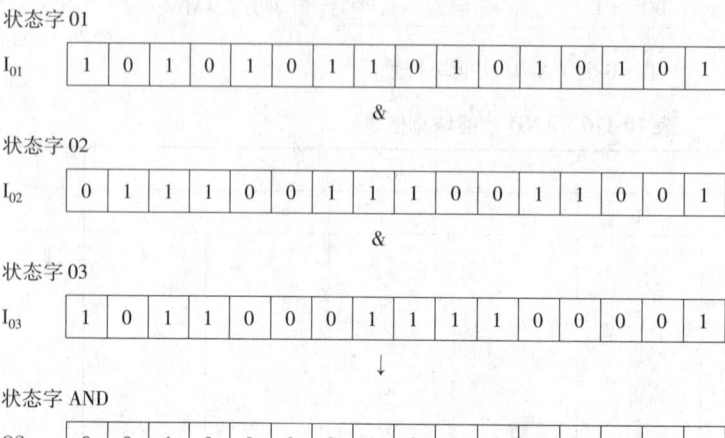

输入/输出定义：见表 10-119。

表 10-119　AND-W 功能块输入输出端定义

I_{01}	状态字 1 输入	（默认值：16#FFFF）	QS	状态字 AND 运算的结果	（默认值：16#FFFF）
…			Q	开关量	（默认值：1）
I_{nn}	状态字 nn 输入	（默认值：16#FFFF）			

技术数据：见表 10-120。

表 10-120　AND-W 功能块技术数据

可否被在线插入	可以	被执行的模式	常规模式
计算时间	4.2μs	特殊性能	I 是可指定个数的输入
可被配置到	中断任务、循环式任务		

3. OR 功能块

符号：见图 10-66。

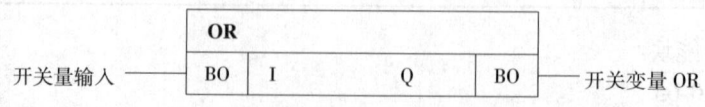

图 10-66　OR 功能块符号

简要说明：具有可指定个数的 BOOL 型输入的 OR（或）功能块。

运行模式：本功能块将对可指定个数输入 I 的开关量进行 OR（或）运算，并在 Q 输出其结果，见下式：

$$Q = I_{01} \vee \cdots \vee I_{nn}$$

如果所有指定个数的输入 $I_{01} \sim I_{nn}$ 都是 0，则输出 $Q = 0$；而在所有其他情况下，输出 $Q = 1$。真值表见表 10-121，表中 * 号表示任意。

表 10-121　OR 功能块真值表

输入									输出
I_{01}	I_{02}	I_{03}	I_{04}	I_{05}				I_{nn}	
1	*	*	*	*	*	*	*	*	1
*	1	*	*	*	*	*	*	*	1
*	*	1	*	*	*	*	*	*	1
*	*	*	1	*	*	*	*	*	1
*	*	*	*	1	*	*	*	*	1
*	*	*	*	*	1	*	*	*	1
*	*	*	*	*	*	1	*	*	1
*	*	*	*	*	*	*	1	*	1
*	*	*	*	*	*	*	*	1	1
0	0	0	0	0	0	0	0	0	0

输入/输出定义：见表 10-122。

表 10-122　OR 功能块输入/输出定义

I_{01}	开关量	（默认值：0）	I_{nn}	开关量	（默认值：0）
	…		Q	开关量 OR 运算的结果	（默认值：0）

技术数据：见表 10-123。

表 10-123　OR 功能块技术数据

是否为可指定输入量个数的功能块	是	可被配置到	中断任务、循环式任务
可否被在线插入	可以	被执行的模式	常规模式
计算时间	1.6μs	特殊性能	I 是可指定个数的输入量

4. XOR 功能块

符号：见图 10-67。

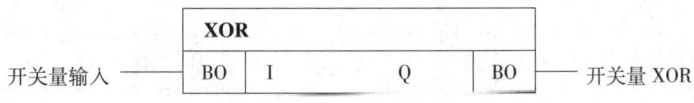

图 10-67　XOR 功能块符号

简要说明：具有可指定个数的 BOOL 型输入的 XOR 功能块。

运行模式：本功能块将在可指定个数输入 I 的开关量进行 XOR（异或）运算，并在 Q 输出其结果。如果所有指定个数的输入 $I_{01} \sim I_{nn}$ 都是 0，或者在输入 $I_{01} \sim I_{nn}$ 中某个偶数号的输入为 1，则输出 $Q = 0$；如果在输入 $I_{01} \sim I_{nn}$ 中某个奇数号的输入为 1，则输出 $Q = 1$。真值表见表 10-124。

输入/输出定义：见表 10-125。

表 10-124　XOR 功能块真值表

输入		输出	输入		输出
I_{01}	I_{02}		I_{01}	I_{02}	
0	0	0	1	0	1
0	1	1	1	1	0

表 10-125　XOR 功能块输入/输出定义

I_{01}、I_{02}	可指定个数的开关量	（默认值：0）
Q	开关量 XOR 运算的结果	（默认值：0）

技术数据：见表 10-126。

表 10-126　XOR 功能块技术数据

是否为可指定输入量个数的功能块	是	可被配置到	中断任务、循环式任务
可否被在线插入	可以	被执行的模式	常规模式
计算时间	2.8μs	特殊性能	I 是可指定个数的输入量

5. NOT-W 功能块

符号：见图 10-68。

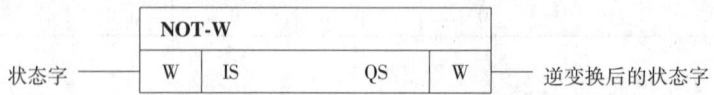

图 10-68　NOT-W 功能块符号

简要说明：将字型状态字变换，并生成 IS 的反码。

运行模式：16 个开关量状态组成一个字型状态字。本功能块将字型状态字 IS 按每位进行逆变换。逆变换后的状态字在功能块的 QS 输出。下列式子对于逆变换后的状态字的第 k 位有效：

$$QS_k = \overline{IS_k}$$

反码的生成例子：IS = 15→QS = -16，如下所示。

状态字

| IS | 1 | 0 | 1 | 1 | 0 | 0 | 0 | 1 | 1 | 1 | 1 | 0 | 0 | 0 | 0 | 1 |

↓

逆变换后的状态字

| QS | 0 | 0 | 1 | 0 | 0 | 0 | 0 | 1 | 0 | 0 | 0 | 0 | 0 | 0 | 0 | 1 |

输入/输出定义：见表 10-127。

表 10-127　NOT-W 功能块输入/输出定义

IS	状态字	（默认值：16#0000）
QS	逆变换后的状态字	（默认值：16#FFFF）

技术数据：见表 10-128。

表 10-128　NOT-W 功能块技术数据

是否为可指定输入量个数的功能块	是	可被配置到	中断任务、循环式任务
可否被在线插入	可以	被执行的模式	常规模式
计算时间	3.9μs		

6. PDE 功能块

符号：见图 10-69。

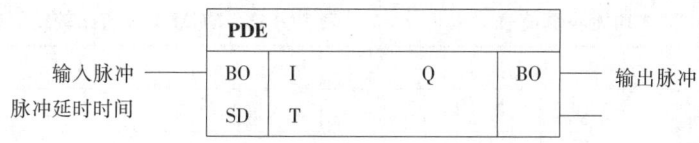

图 10-69　PDE 功能块符号

简要说明：具有接通延时的 BOOL 型的定时器。

运行模式：功能块输入 I 的脉冲上升沿，在脉冲延时时间 T 之后，将输出 Q 设置成 1。如果 I = 0，则输出 Q 为 0；如果输入脉冲 I 的存在时间比脉冲延时时间 T 来得短，则输出 Q 仍然为 0。

初始化：初始化给第一个执行循环定义初始状态。如果在初始化时输入 I 从前面的功能块接收了值 1，则功能块在第一个执行循环就不能确定上升沿；如果在初始化时输出 Q 是 1，而且如果 I = 1 的话，在初始化后 Q 就立即设置成 1。

框图：见图 10-70。

时间图：见图 10-71。

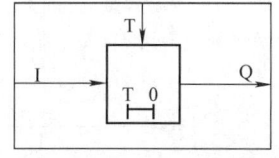

图 10-70　PDE 功能块框图　　　　图 10-71　PDE 功能块时序图

输入/输出端定义：见表 10-129。

技术数据：见表 10-130。

表 10-129　PDE 功能块输入输出端定义

I	输入脉冲	（默认值：0）
T	脉冲延时时间	（默认值：0ms）
Q	输出脉冲	（默认值：0）

表 10-130　PDE 功能块技术数据

计算时间	2.2μs
可被配置到	中断任务、循环式任务

7. NCM-I 功能块

符号：见图 10-72。

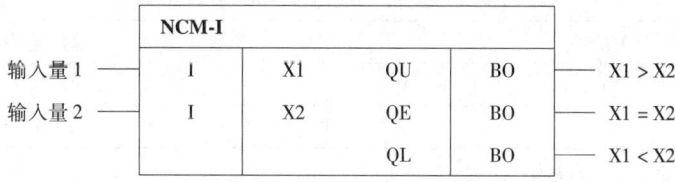

图 10-72　NCM-I 功能块符号

简要说明：比较两个数字量的整数型功能块。

运行模式：输入量 X1 和 X2 相互比较，根据比较后的相应结果，开关量输出 QU、QE、QL 中之一被设置。真值表见表 10-131。

输入/输出定义：见表 10-132。

技术数据：见表 10-133。

8. NSW-I 功能块

符号：见图 10-73。

表 10-131　NCM-I 功能块真值表

输入量比较结果	输出信号		
	Q	Q	Q
X1 > X2	1	0	0
X1 = X2	0	1	0
X1 < X2	0	0	1

表 10-132　NCM-I 数值比较功能输入输出端定义

X1	输入量 1	（默认值：0）
X2	输入量 2	（默认值：0）
QU	X1 > X2	（默认值：0）
QE	X1 = X2	（默认值：1）
QL	X1 < X2	（默认值：0）

表 10-133　NCM-I 功能技术数据

计算时间	2.6μs
可被配置到	中断任务、循环式任务
被执行的模式	常规模式

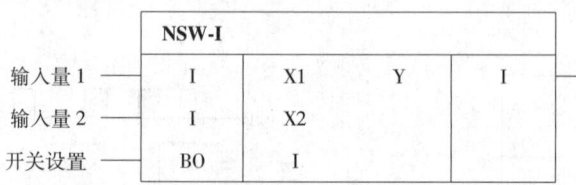

图 10-73　NSW-I 功能块符号

简要说明：该功能块将两个数字输入量（整数型）之一接到输出。

运行模式：若输入 I = 0，则 X1 在 Y 输出；若输入 I = 1，则 X2 在 Y 输出。

初始化：在初始化时，NSW-I 也被执行。这样，在输出端可能已配置的默认值会被重写。

框图：见图 10-74。

真值表：见表 10-134。

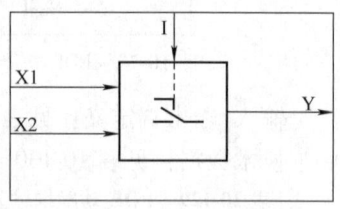

图 10-74　NSW-I 功能块框图

表 10-134　NSW-I 功能块真值表

开关设置 I	输出量 Y
0	Y = X1
1	Y = X2

输入/输出端定义：见表 10-135。

技术数据：见表 10-136。

表 10-135　NSW-I 功能块输入/输出端定义

X1	输入量 1	（默认值：0）
X2	输入量 2	（默认值：0）
I	开关设置	（默认值：1）
Y	输出量	（默认值：0）

表 10-136　NSW-I 功能块技术数据

计算时间	2.5μs
可被配置到	中断任务、循环式任务
被执行的模式	初始化模式、常规模式

9. RSR 功能块

符号：见图 10-75。

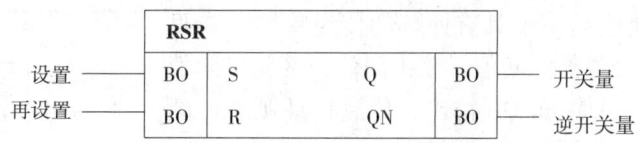

图 10-75 RSR 功能块符号

简要说明：该功能块可当做静态开关量存储器用。

运行模式：若输入 S=1，则输出 Q 被设置为 1；若输入 R=1，则输出 Q 被设置为 0。若两个输入都是 0，则输出 Q 不变；但是若两个输入都是 1，由于 R 输入（再设置输入）优先的缘故，则输出 Q 为 0。输出 QN 总是和输出 Q 相反。

框图：见图 10-76。

真值表：见表 10-137。

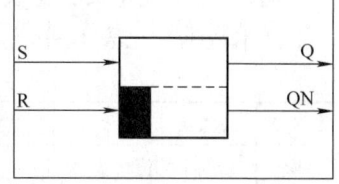

图 10-76 RSR 功能块框图

表 10-137 RSR 功能块真值表

开关量命令		输出状态	开关量命令		输出状态
S	R		S	R	
0	0	Q 不改变	1	0	Q=1
0	1	Q=0	1	1	Q=0

输入/输出端定义：见表 10-138。

表 10-138 RSR 功能块输入输出端定义

S	设置	（默认值：0）	Q	开关量	（默认值：0）
R	再设置	（默认值：0）	QN	开关量的逆	（默认值：1）

技术数据：见表 10-139。

表 10-139 RSR 功能块技术数据

计算时间	3.5μs
可被配置到	中断任务、循环式任务
被执行的模式	常规模式

10. LVM 功能块

符号：见图 10-77。

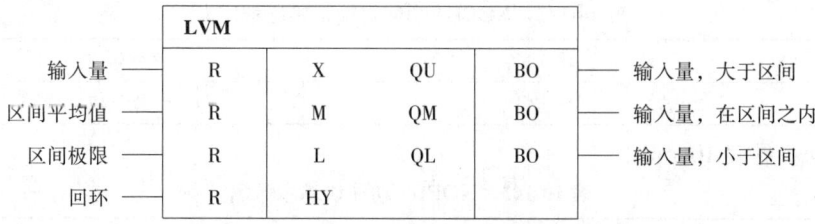

图 10-77 LVM 功能块符号

简要说明：该 BOOL 型功能块通过与可选择的参考量相比较的方法来监视一个输入量。功能块可用来监视设定值、实际值和测量值，抑制频繁地切换时开关颤抖或提供一个窗口辨别器功能。

运行模式：功能块使用一个具有回环的传递特性（参见传递特性），计算出一个内部中间值。该中间值与区间极限值相比较，其结果在 QU、QM 和 QL 输出。传递特性则用区间平均值 M、区间极限 L 和回环 HY 来配置。

框图：见图 10-78。

输入/输出端定义：见表 10-140。

技术数据：见表 10-141。

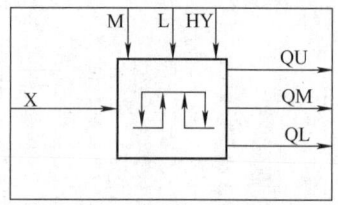

图 10-78　LVM 功能块框图

表 10-140　LVM 功能块输入输出端定义

X	输入量	（默认值：0.0）	QU	输入量，大于区间	（默认值：0）
M	区间平均值	（默认值：0.0）	QM	输入量，在区间之内	（默认值：0）
L	区间极限	（默认值：0.0）	QL	输入量，小于区间	（默认值：0）
HY	滞环	（默认值：0.0）			

表 10-141　LVM 功能块技术数据

计算时间	4.9μs
可被配置到	中断任务 循环式任务
被执行的模式	常规模式

11. NOP1-I 功能块

符号：见图 10-79。

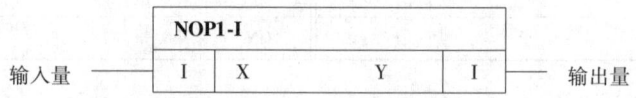

图 10-79　NOP1-I 功能块符号

简要说明：整数型功能块，作为虚块用（没有操作）。

运行模式：本功能块把在 X 输入的变量不加改变地在 Y 输出。它含有所谓虚的或不操作的功能块的意思。NOP1-I、NOP1-B、NOP1-D 和 NOP1 虚块的区别在于实际的数据类型。如果所有指定个数的输入 $I_{01} \sim I_{nn}$ 都是 1，则输出 Q = 1；而在所有其他情况下，输出 Q = 0。

输入/输出端定义：见表 10-142。

表 10-142　NOP1-I 功能块输入输出端定义

X	输入量	（默认值：0）
Y	输出量	（默认值：0）

技术数据：见表 10-143。

表 10-143　NOP1-I 功能块基本数据

计算时间	1.2μs
可被配置到	中断任务 循环式任务
被执行的模式	初始化模式 常规模式

10.3.4.4 输入输出和数字量变换功能块

1. ADC 功能块

符号：见图 10-80。

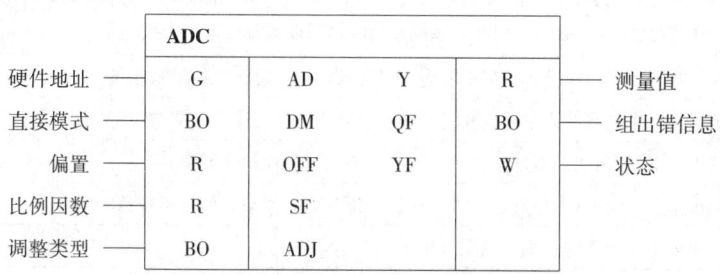

图 10-80 ADC 功能块符号

简要说明：具有瞬时值指导码的模拟量输入。其比例因数和偏置均可以调整。调整瞬时可被配置。

运行模式：功能块将一个模拟电压的瞬时值通过一个 12 位 A/D 转换器变换为一个数字量，并将该数字量考虑到 SF 和 OFF 后在 Y 输出。模拟量输入的硬件地址（模拟量必须从该地址读入）在输入 AD 指定。将模拟电压 U 变换为数字量 Y 时，下面的式子有效：

$$Y = \frac{U}{5V} \times SF - OFF$$

模拟电压 U 的单位为（V）。输入 DM 被参数化，用来选择变换值是在常规模式下读入还是在系统模式下读入。DM = 1（直接模式），输入是在常规模式下，即功能块是按照配置的顺序在采样时间内计算；DM = 0（非直接模式），输入是在系统模式下。系统模式总是在采样时间一开始就计算。

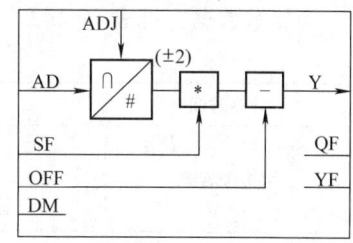

图 10-81 ADC 功能块框图

框图：见图 10-81。

调整：调整是通过开关量输入 ADJ 来控制的。具体功能见表 10-144。

表 10-144 ADC 功能块开关量输入 ADJ 功能

ADJ	调整时刻
0	无调整
0→1	调整在实际的采样循环内进行
1	调整在 65536 采样循环后进行

故障信号：如果出现了变换错误，输出 QF 总是设置为 1。在这种情况下，在输出 Y 的数值就不更新而且调整不执行。错误的原因按照表 10-145 被编码在错误字 YF 里。错误字 YF 具体说明见表 10-154。在表中，其他位没有用，第 1 位是 LSB，第 16 位是 MSB。

表 10-145 ADC 功能块的 YF 说明

YF	故障原因（bit = 1）	PM5/PM6
第 1 位	硬件故障：A/D 转换在大约 100s 内还不能完成	
第 2 位	硬件访问被禁止：在规定的时间内，没有可能访问所需的硬件	
第 3 位	调整的结果超出了允许的范围，结果被拒绝	
第 4 位	调整推迟得太久。如果另一个 A/D 转换器也正在用同一个模板在调整，则调整会被推迟。允许的偏置数目取决于采样时间，并且至少为 48 个采样时间	

（续）

YF	故障原因（bit = 1）	PM5/PM6
第 5 位	由于在同一个通道调整，A/D 转换器不能连续地读 4 次。这种错误只会出现在有两个以上的 ADC 被配置到同一个通道，而且这些调整同时请求或者直接地一个接一个	
第 6 位	硬件故障：在调整时，已读入结果的状态位没有被设置，已读入结果被拒绝	
第 7 位	硬件故障：在一个测量结果中，调整的状态位已被设置，已读入结果被拒绝	
第 9 位	硬件故障：与 Bit 1 相似，不过是在初始化时（不调整，使用常规值）	
第 10 位	硬件访问被禁止：与 Bit 2 相似，不过是在初始化时（不调整，使用常规值）	
第 11 位	调整的结果超出了允许的范围，结果被拒绝，使用常规值	

输入/输出端定义：见表 10-146。

表 10-146　ADC 功能块输入输出端定义

AD	硬件地址	（无默认值）	ADJ	调整类型	（默认值：0）
DM	直接模式（初始化输入）	（默认值：1）	Y	被测量值	（默认值：0.0）
OFF	偏置	（默认值：0.0）	QF	组出错信息	（默认值：0）
SF	比例因数	（默认值：0.0）	YF	错误 ID	（默认值：16#0000）

技术数据：见表 10-147。

表 10-147　ADC 功能块技术数据

计算时间	18.6μs	计算时间	18.6μs
可被配置到	中断任务 循环式任务	被执行的模式	初始化模式 系统模式 常规模式

2. BII8 功能块

符号：见图 10-82。

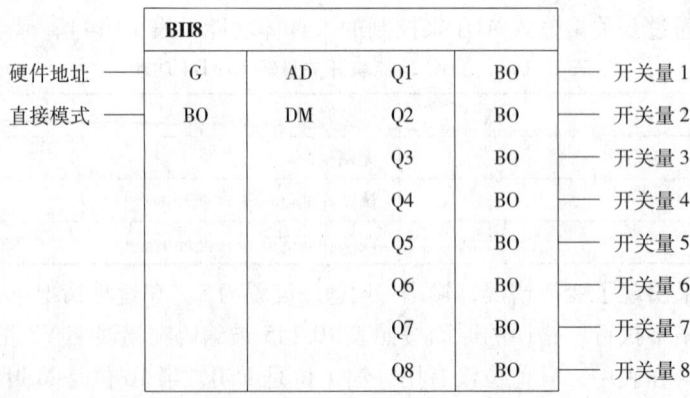

图 10-82　BII8 功能块符号

简要说明：8 个开关量输入。当观察接口模板的螺钉式端子时，开关量 1（LSB）是在左面的端子，而开关量 8（MSB）是在右面的端子。

运行模式：功能块通过一个硬件模板的 8 个开关量输入，读 8 个开关量变量。输入 DM 被参数化，用来选择输入量是在标准模式下还是在系统模式下读入。DM = 1（直接模式），输入是在标准模式下，即功能块是按照配置的顺序在采样时间内计算；DM = 0（非直接模式），输入是在系统模式下。系统模式总是在采样时间一开始就计算。

对输入量的评价是在标准模式下实现。在功能块已被执行后，Q1~Q8 就可用。本功能块的每个开关量输出 Q1~Q8 被指派给在硬件侧的一个开关量输入。

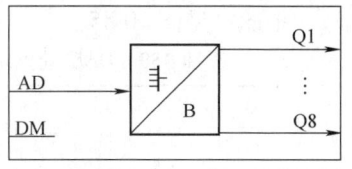

图 10-83　BII8 功能块框图

框图：见图 10-83。要被读入的开关量输入的硬件地址在 AD 指定。

初始化：在初始化时，功能块也读入 8 个开关量。这样，可能配置的初始值在输出会被重写。

输入/输出端定义：见表 10-148。

表 10-148　BII8 功能块输入输出端定义

AD	硬件地址	（无默认值）	…	…	
DM	直接模式（初始化输入）	（默认值：0）	Q8	开关量 8	（默认值：0）
Q1	开关量 1	（默认值：0）			

技术数据：见表 10-149。

表 10-149　BII8 功能块技术数据

计算时间	18.6μs	计算时间	18.6μs
可被配置到	中断任务 循环式任务	被执行的模式	初始化模式 系统模式 常规模式

3. DAC 功能块

符号：见图 10-84。

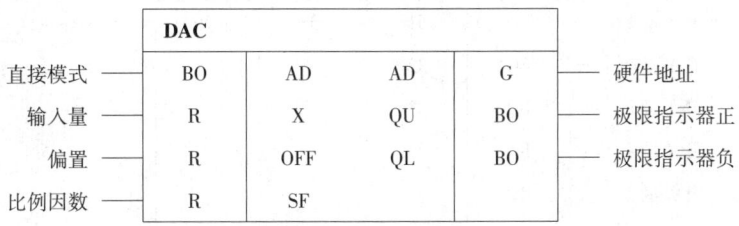

图 10-84　DAC 功能块符号

简要说明：带有极限的模拟量输出。比例因数和偏置都可以被设置。

运行模式：功能块将在输入 X 进入的量首先加上 OFF，然后被 SF 除，并考虑了限制之后，再通过一个 D/A 转换器转换为模拟量。该值在硬件模板模拟输出处输出。要被用来输出该模拟量的模拟输出的硬件地址，应在输出 AD 规定。

输入 DM 被参数化，用来选择输出量是在常规模式下还是在系统模式下输出。DM=1（直接模式），输出是在常规模式下，即功能块是按照它配置的顺序来执行；DM=0（非直接模式），输入是在系统模式下。常规模式下缓冲要被输出的量。下一个采样时间的系统模式输出被缓冲的量。在将输入量 X 转换成模拟输出信号 U_{AD} 时，下面的式子有效：

$$U_{AD} = \frac{X + OFF}{SF} \times 5V$$

表达式（X+OFF）/SF 被限制在 -2.0~2.0 的范围之内。若它超出了上（下）极限，输出 QL 就被设置成 1（QU = 1）（参见真值表）。QU 和 QL 的真值表见表 10-150。

框图：见图 10-85。

表 10-150　DAC 功能块真值表

$\dfrac{X + OFF}{SF}$	输出电压/V	QU	QL
≥2.0	+10.0	1	0
≤ -2.0	-10.0	0	1
$-2.0 < \dfrac{X + OFF}{SF} < 2.0$	$-10.0 < U_{AD} < 10.0$	0	0

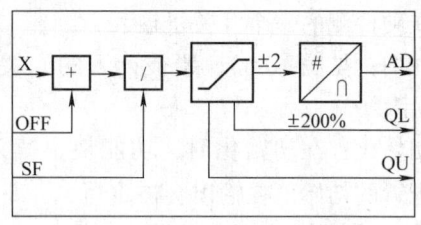

图 10-85　DAC 功能块框图

输入/输出端定义：见表 10-151。

表 10-151　DAC 功能块输入输出端定义

DM	直接模式（初始化输入）	（默认值：0）	AD	硬件地址	（默认值：0）
X	输入量	（默认值：0.0）	QU	极限指示器正	（默认值：0）
OFF	偏置	（默认值：0.0）	QL	极限指示器负	（默认值：0）
SF	比例因数	（默认值：0.0）			

技术数据：见表 10-152。

4. B-W 功能块

符号：见图 10-86。

```
                B-W
开关量 1  ——  BO    I1    QS    W  —— 状态字
开关量 2  ——  BO    I2
开关量 3  ——  BO    I3
开关量 4  ——  BO    I4
开关量 5  ——  BO    I5
开关量 6  ——  BO    I6
开关量 7  ——  BO    I7
开关量 8  ——  BO    I8
开关量 9  ——  BO    I9
开关量 10 ——  BO    I10
开关量 11 ——  BO    I11
开关量 12 ——  BO    I12
开关量 13 ——  BO    I13
开关量 14 ——  BO    I14
开关量 15 ——  BO    I15
开关量 16 ——  BO    I16
```

图 10-86　B-W 功能块符号

第 10 章　电气传动装置

表 10-152　DAC 功能块技术数据

计算时间	12.8μs	计算时间	12.8μs
可被配置到	中断任务 循环式任务	被执行的模式	初始化模式 系统模式 常规模式

简要说明：由 16 个开关量生成一个状态字。

运行模式：本功能块从 I1～I16 开关量组合成状态字，并在 QS 输出其结果。在输入 I1～I16 的每个开关量代表二进制的 2^0～2^{15}，并由此生成了状态字。

框图：见图 10-87。

转换图：见图 10-88。

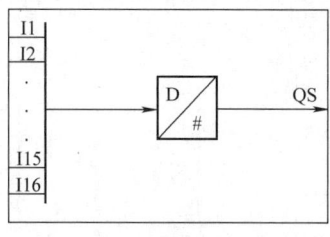

图 10-87　B-W 功能块框图

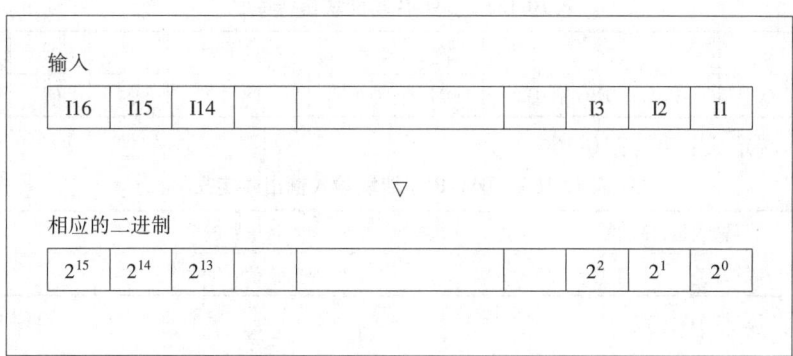

图 10-88　B-W 功能块转换图

输入/输出端定义：见表 10-153。

表 10-153　B-W 功能块输入输出端定义

I1	开关量 1	（默认值：0）	I16	开关量 16	（默认值：0）
…	…		QS	输出量	（默认值：16#0000）

技术数据：见表 10-154。

表 10-154　B-W 功能块技术数据

计算时间	20.8μs
可被配置到	中断任务 循环式任务
执行方式	常规模式

5. DW-B 功能块

符号：见图 10-89。

简要说明：一个 32 位双字分解成为 32 个开关量。

运行模式：输入量 X 的最高位（相应为 2^{31}）在 Q32 表示；其余位分别映像在 Q31～Q1，见表 10-155。

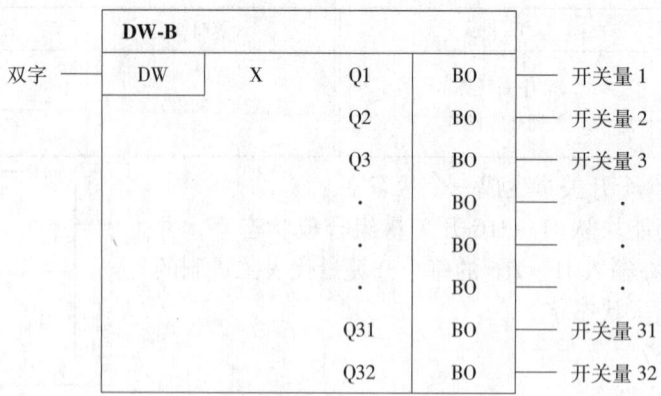

图 10-89 DW-B 功能块符号

表 10-155 DW-B 功能块运行模式

输入 X	2^{31}	2^{30}	2^{29}	2^{28}	2^{27}	2^{26}	2^{25}	…	2^{4}	2^{3}	2^{2}	2^{1}	2^{0}
输出	Q32	Q31	Q30	Q29	Q28	Q27	Q26	…	Q5	Q4	Q3	Q2	Q1

输入/输出端定义：见表 10-156。

表 10-156 DW-B 功能块输入输出端定义

X	输入量，32 位	（默认值：0）
Q1 ~ Q32	开关量 1 ~ 开关量 32	（默认值：0）

技术数据：见表 10-157。

表 10-157 DW-B 功能块技术数据

计算时间	15μs
可被配置到	中断任务 循环式任务
执行方式	常规模式

6. DW-W 功能块

符号：见图 10-90。

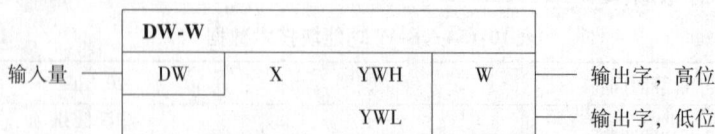

图 10-90 DW-W 功能块符号

简要说明：将一个 32 位双字分成两个 16 位的字。

运行模式：输出量按下列式子计算：

$$YWL = X \bmod 2^{16}$$
$$YWH = X/2^{16}$$

输入/输出端定义：见表 10-158。

表 10-158　DW-W 功能块输入输出端定义

X	32 位输入量	（默认值：0）
YWH	输出字，高位	（默认值：0）
YWL	输出字，低位	（默认值：0）

技术数据：见表 10-159。

表 10-159　DW-W 功能块技术数据

计算时间	1.5μs
可被配置到	中断任务 循环式任务
执行方式	常规模式

7. R-I 功能块

符号：见图 10-91。

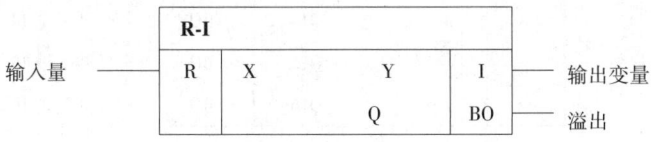

图 10-91　R-I 功能块符号

简要说明：将一个实数量变成一个整数量。

运行模式：本功能块将一个实数量变成一个整数量。在变换时，将输入量小数点以后的数去掉，不进行四舍五入。对应于输出量数据类型的结果被限制在 $-32768 \sim +32768$ 范围之内。如果输出量被限制，Q 就被设置为 1。

输入/输出端定义：见表 10-160。

表 10-160　R-I 功能块输入输出端定义

X	输入量	（默认值：0.0）
Y	输出量	（默认值：0）
Q	溢出	（默认值：0）

技术数据：见表 10-161。

表 10-161　R-I 功能块技术数据

计算时间	4.8μs	计算时间	4.8μs
可被配置到	中断任务 循环式任务	执行方式	常规模式

8. W-B 功能块

符号：见图 10-92。

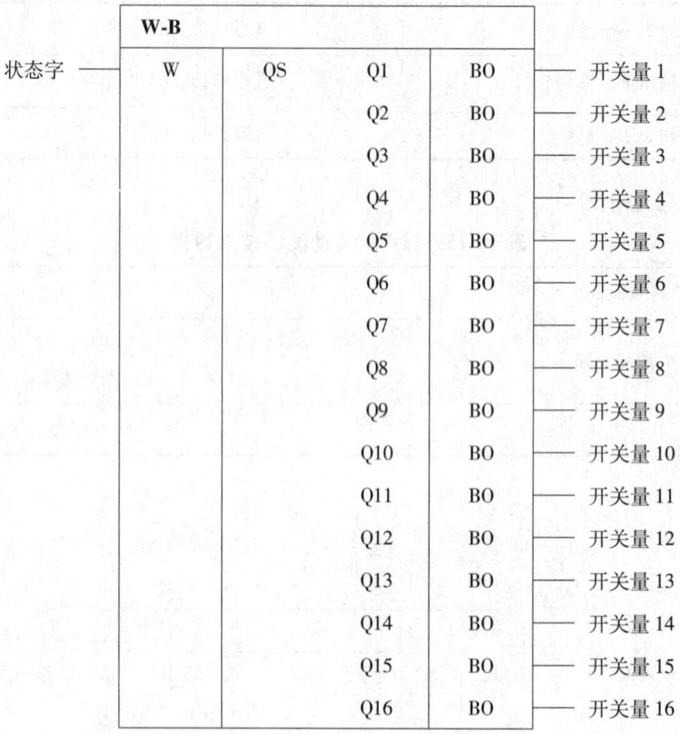

W-B
状态字
W
QS
Q1 BO 开关量 1
Q2 BO 开关量 2
Q3 BO 开关量 3
Q4 BO 开关量 4
Q5 BO 开关量 5
Q6 BO 开关量 6
Q7 BO 开关量 7
Q8 BO 开关量 8
Q9 BO 开关量 9
Q10 BO 开关量 10
Q11 BO 开关量 11
Q12 BO 开关量 12
Q13 BO 开关量 13
Q14 BO 开关量 14
Q15 BO 开关量 15
Q16 BO 开关量 16

图 10-92 W-B 功能块符号

简要说明：状态字解码成为 16 个开关量。

运行模式：本功能块将状态字 IS 解码成为 16 个开关量，并将其结果在 Q1 ~ Q16 输出。状态字 2^0 ~ 2^{15}的每个等价的二进制值，分配给输出 Q1 ~ Q16 的开关量。

框图：见图 10-93。

IS
#
D
Q1
Q2
Q15
Q16

图 10-93 W-B 功能块框图

输入/输出端定义：见表 10-162。

表 10-162 W-B 功能块输入输出端定义

IS	状态字	（默认值：16#0000）		…	
Q1	开关量 1	（默认值：0）	Q16	开关量 16	（默认值：0）

技术数据：见表 10-163。

表 10-163 W-B 功能块技术数据

可被配置到	中断任务 循环式任务
执行方式	常规模式

10.3.4.5 通信和服务诊断功能块

1. CRV 功能块

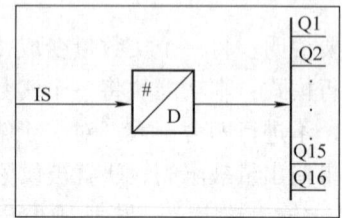

符号：见图10-94。

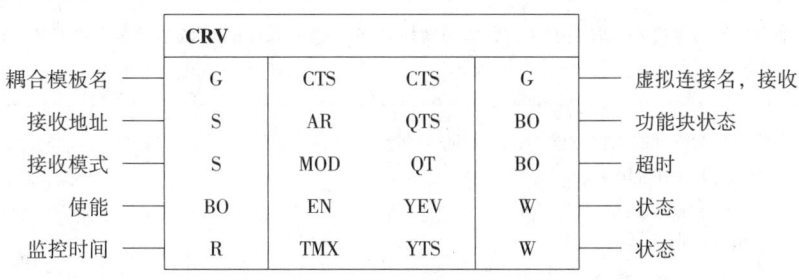

图10-94　CRV功能块符号

简要说明：CRV功能块从一个数据接口里最多接收10000个数据给在同一个CPU里的功能块的输入。CRV功能块只可能被配置到一个循环式任务中。

运行模式：功能块只能与分配在该CPU上功能块被配置的那个CPU进行虚拟连接（由虚拟连接名和4位数的顺序号组成）。接收块从数据接口的值分配给块输入，并带有配置好的虚拟连接，此处虚拟连接名是用CRR输出的名来确定的。

配置工程师用顺序号来定义在那个块的输入的那个值要被复制（拷贝）。块所有的1字节、2字节、4字节和浮点输入/输出格式的输入都可按任意顺序编号（例如开关量、整数、实数）。串（S、I/O型）不能被传输。

可以给一个虚拟连接名指定二次顺序号（接收）；这意味着一个值可以被复制到各种块的输入，例如为了备用，也允许有空号码。

虚拟连接只可作为块的输入，它被指派为一个常数。

功能块尽量校核数据的一致性，下列的信息保证了与发送侧的一致性：
- 数据的总量；
- 不同数据格式的顺序；
- 每个数据格式的数据量。

如果具有同样数据格式的几个数据被接收，那就无法确认它们在发送侧是否是以同样的顺序进入的。配置工程师应该完全负责保证以同样的顺序进入。

如果一个不可修复的错误被确认，功能块在通信出错区里做一个登录，功能块就不能再使用。接收（即实际的数据传输）可在任何时候中断（输入EN＝0）。

数据接收并不是在标准模式里的第一个循环开始的，而是在数据接口（模板已配置的输入CTS）已经被使能，而且已确定存在有合适的耦合对象之后才开始（参见输出YEV）。

CRV的计算时间主要取决于要复制的量的字节数（基本的计算时间大约为50μs），每4个字节为5μs可作为基准。

如果在由TMX输入所指定的电报失效时间内，还没有接收到有效数据，输出QT就被设置成1。在被接通之后，时间监视功能最初不起作用，而且QT＝0。时间监视功能只在起动以后，即在已经接收了几个有效的电报之后才起作用。

输入/输出端定义：见表10-164。

表 10-164　CRV 功能块输入输出端定义

CTS	指定模板的配置名的初始化输入；通过它的数据接口数据被接收
AR	地址名的初始化输入。取决于耦合类型（例如 DUST1 或 SINEC H1）的地址名由通道名及附加量 1 段或 2 段构成　　　　　　　　　　　　　　　　　　　　　　　　　　　　　　　　　　　　　（默认值：空白）
MOD	指定要访问的机理的初始化输入；可能进入的有： 　　"H" = 联手（Handshake） 　　"R" = 翻新（Refresh） 　　"S" = 选择（Select） 　　"M" = 多重（Multiple）　　　　　　　　　　　　　　　　　　　　　　　　　　　（默认值："R"）
EN	输入 EN 是使功能块使能；EN = 0，功能块就不执行　　　　　　　　　　　　　　（默认值：1）
TMX	监视时间，最长的电报失效时间　　　　　　　　　　　　　　　　　　　　　　　（默认值：100ms）
CRR	为虚拟连接名指派输出（接收）
QTS	功能块输出 QTS 是用来指示功能块是在正常运行（QTS = 1）；或者是在进入了一个通信错误的信息后，成为不能用（QTS = 0）　　　　　　　　　　　　　　　　　　　　　　　　　　　　　　（默认值：0）
QT	超时。如果现有的通信链（连接）不提供新的或者在大于 TMX 的时间之内没有有效数据，QT 就变为 1；当通信被重新建立时，QT = 0　　　　　　　　　　　　　　　　　　　　　　　　　　（默认值：0）
YEV	状态显示；可参见《通信用户手册》中"通信应用过程数据"的有关章节　　　（默认值：16#0000）
YTS	详细的状态显示：对于 YTS 的数值，可参见：D7-SYS 在线帮助"Help on events（关于事件的帮助）"（按下 CFC 内的 F1 键，并调出用于 SIMADYND 的 CFC 下的"Help on events"细目）　　（默认值：0）

技术数据见表 10-165。

表 10-165　CRV 功能块技术数据

计算时间	717μs
可被配置到	循环式任务
被执行的模式	初始化模式 常规模式

2. CTV 功能块

符号：见图 10-95。

简要说明：发送功能块从一个数据接口里传送最多 10000 个数据。功能块 CTV 只可能被配置到一个循环式任务中。

运行模式：功能块只能在该 CPU 上功能块被配置的那个 CPU 功能块中感受和发送其输出值。

一个虚拟连接（由虚拟连接名和 4 位数的顺序号组成）必须配置给要被发送的块的输出值。虚拟连接名必须与 CRT 输出的名相对应。

配置工程师用一个顺序号来定义要被发送的数据和输出到通道上的次序。功能块所有的 1 字节、2 字节、4 字节和浮点输入/输出格式都可按任意顺序编号（例如开关量、整数、实数）。串（S、I/O 型）不能被传输。

不可以给一个虚拟连接名指定二次顺序号（发送）。如果这样，就会在 CFC 编译器里产生一个出错信息。例如为了备用，允许在号码中有空号码。

功能块尽量校核数据的一致性，下列的信息保证了与接收侧的一致性：

- 数据的总量；
- 不同数据格式的顺序；
- 每个数据格式的数据量。

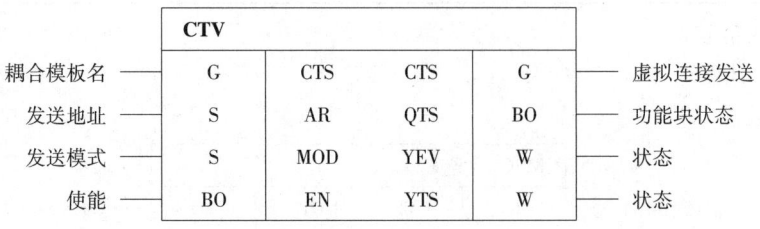

图 10-95　CTV 功能块符号

如果具有同样数据格式的几个数据被发送，CFC 编译器和发送块都无法确认它们在接收器是否也以同样的顺序读入的。配置工程师应该完全保证其一致性。

如果一个不可修复的错误被确认，功能块在通信出错区里做一个登录，功能块就不能再使用。数据发送（即实际的数据传输）可在任何时候中断（输入 EN = 0）。数据发送并不是在标准模式里的第一个循环开始的，而是在数据接口（模板已配置的输入 CTS）已经被使能，而且已确定存在有合适的耦合对象之后才开始（参见输出 YEV）。CTV 的计算时间主要取决于要被复制的量的字节数（基本的计算时间大约 50μs）。每 4 个字节为 5 μs 可作为基准。

输入/输出端定义：见表 10-166。

表 10-166　CTV 功能块输入输出端定义

CTS	初始化输入：指定模板的配置名，通过它的数据接口数据发送得以实现	
AT	地址名的初始化输入：由通道名和附加的、由耦合时间决定的（例如 DUST1 或 SINEC H1）1 或 2 段地址段组成	（默认值：空白）
MOD	指定要访问的机理的初始化输入，可能进入的有： "H" = 联手（Handshake） "R" = 翻新（Refresh） "S" = 选择（Select） "M" = 多重（Multiple）	（默认值："R"）
EN	功能块使能信号。EN = 0，功能块就不执行	（默认值：1）
CRT	为虚拟连接名指派输出（发送）	
QTS	功能块输出 QTS 是用来指示功能块是在正常运行（QTS = 1），或者是在进入了一个通信错误的信息后，成为不能用（QTS = 0）	（默认值：0）
YEV	状态显示；可参见《通信用户手册》中"通信应用过程数据"的有关章节	（默认值：16#0000）
YTS	详细的状态显示：对于 YTS 的数值，可参见：D7-SYS 在线帮助（关于事件的帮助） （按下 CFC 内的 F1 键，并调出用于 SIMADYND 的 CFC 下的"Help on events"细目）	（默认值：0）

技术数据：见表 10-167。

表 10-167　CTV 功能块技术数据

计算时间	66.9μs
可被配置到	循环式任务
被执行的模式	初始化模式常规模式

3. @ MSC 功能块

符号：见图 10-96。

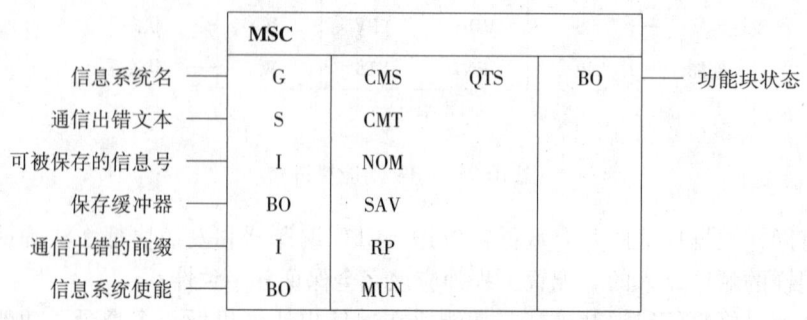

图 10-96　@ MSC 功能块符号

简要说明：@ MSC 中心块初始化和监视信息系统，还评价通信出错区及保存区内的故障缓冲器的状态。如果有一个中心块@ MSC 被配置，那么至少有一个信息输出块 MSI 或 MSIPRI 必须被配置。对每个信息系统，即对每个 CPU 只可配置一个@ MSC 中心块。

如果中心块被配置成不同的时间，则该时间在系统运行时被确认。这个结果登录在供所有中心块的通信出错区里，它企图在第一个中心块之后记入。在第一个中心块记入后，信息系统就一直起作用。

信息系统由三种类型的功能块组成，即管理和监视信息缓冲器的中心块（@ MSC）、信息进入块（MER...）和信息输出块（MSI 和 MSIPRI）。

运行模式：使用信息系统，可以感知和管理局部出现在 CPU 的信息。初始化输入 SAV 指出：信息缓冲器是被建立在局部的非缓冲 RAM 里（SAV = 0），还是设在电池缓冲的 RAM 里（SAV = 1）。如果信息缓冲器是在电池缓冲的 RAM 里，在系统运行后，中心块本身对信息缓冲器再次同步，在这种情况下，现存的信息会被保持。如果在系统运行时信息缓冲器不能被建立，中心块就通过在通信出错区内作一个登录来标志出这种情况。

信息缓冲器的大小与块输入 NOM 的数据相对应。如果信息缓冲器在保存区内建立过一次，以后信息缓冲器的大小在保存区内就不能再变化；如果在早先运行的系统中有一个在运行时 SAV 已经等于 1，那么对于在系统复位 SAV = 1 以后，在块输入 NOM 处的信息就不再被评价。

一个信息是由文本，两段数字（前缀和后缀）、类型和可选的测量值组成的。两段数字（前缀和后缀）可用来将信息再分为两级（例如较高级和较低级）。在下述的信息类型之间存在着差别：

● S：系统出错信息（由系统分派）。当系统失败后，在系统再次运行时，中心块在信息缓冲器里登录一个系统出错信息。失败的原因作为后缀登录；块输入 RP 处的值作为前缀登录。这就是信息类型 S。"系统信息"作为信息文本登录，信息文本不能被改变。

● C：系统出错信息（由系统分派）。当一个不可修复的错误被确认后，通信功能块将出错原因登录到通信出错区。中心块周期性地评价该区。出错的原因作为后缀登录，块输入 RP 处的值作为前缀登录。当中心块确认出现的通信错误比出错区里实际能接收到的还要多时，@ MSC 马上登录一个最后的 C 信息。在这种情况下，不被拾取的通信出错的负数作为后缀登录。这样的信息都是 C 类型的信息。被配置的内容进入到初始化输入 CMT 中作为信息文本。

● F：系统出错信息（由系统分派）。用这种类型，信息被确认为表示信息系统重大的错误。这种信息类型是在信息进入功能块配置时指定的。

● W：报警信息（警告信息）（由配置工程师分派）。这种类型的信息被确认为表示信息系统不那么关键的错误。这种信息类型是在信息进入功能块配置时指定的。

@ MSC 中心块初始化和监视信息系统。信息缓冲器能收容的信息数，在块输入 NOM 中指定。如果小于 15 的数登录了，信息缓冲器自动地按 15 登录。信息系统可通过块输入 NUM 被禁止（NUM = 0）。这时就意味着信息在它被读出之前是不能被重写的。信息缓冲器能收容的信息数量大限制为 32767。

输入/输出端定义：见表 10-168。

表 10-168　@MSC 功能块输入输出端定义

端	说明
CMS	初始化输入：规定信息系统名，该系统名不被校核，最多可规定 6 个字符
CMT	当通信出错被输出时，被指定的文本。该文本配置在本初始化输入。若没有做登录，只有出错的登录号及"C"类型信息被输出　　　　　　　　　　　　　　　　　　　　　　　　　　　　　　　（默认值：空白）
NOM	本初始化输入规定了信息缓冲器里可被保存的登录数，最小的登录数是 15（即使是登录数小于 15），最大的登录数限制为 32767　　　　　　　　　　　　　　　　　　　　　　　　　　　　　　（默认值：15）
SAV	本初始化输入用来指出信息缓冲器是被建立在电池后备的 RAM 中（SAV = 1），还是被建立在无后备的 RAM 中（SAV = 0）　　　　　　　　　　　　　　　　　　　　　　　　　　　　　　（默认值：0）
RP	信息前缀在此处进入。对于由 @ MCS 中心块评价的通信出错信息，该数作为前缀。该前缀表示实际的出错原因。 数值范围：0≤RP≤32767，如果进入的值为负数就被限制为 0　　　　　　　　　（默认值：0）
MUN	为信息登录，让信息缓冲器使能（MUN = 1）。对于 MUN = 0，没有信息可被拾取。若信息还没有被读，该信息就不会被新的信息重写（例如在同一时刻有许多信息被接收）　　　　　　　　　　（默认值：0）
QTS	功能块输出 QTS 指出功能块是能被正确地初始化的，还是在进入一个通信出错的信息之后，功能块已成为不可再用的　　　　　　　　　　　　　　　　　　　　　　　　　　　　　　（默认值：0）

技术数据：见表 10-169。

表 10-169　@MSC 功能块技术数据

计算时间	8.1μs
可被配置到	循环式任务
被执行的模式	初始化模式 常规模式
特殊性能	功能块可能不能通过任务组被禁止

4. MSI 功能块

符号：见图 10-97。

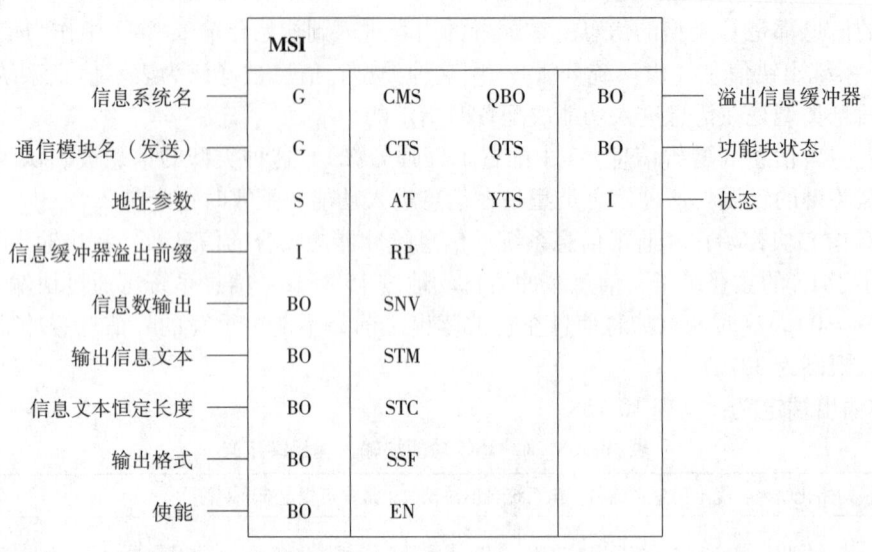

图 10-97　MSI 功能块符号

简要说明：MSI 功能块输出是在数据接口被配置的、在适当的 CTS 输入的、进入到息缓冲器的信息。使用本功能块时，信息系统的中心块必须被配置（@MSC）。MSI 功能块可被配置成多次。因此，进入的信息可通过不同的数据接口被输出。

运行模式：MSI 功能块首先给被配置数据接口（CTS 输入）的输出信息初始化一个传送通道。传送通道设置成"选择"模式。这样，从不同信息系统来的信息就可用几个 MSI 通过一个通道输出。在所有的初始化任务都已经完成之后（在执行了几次通常模式之后），MSI 开始输出信息。MSI 在每个运行周期输出一个信息。

如果由于信息缓冲器是环形缓冲器，因而信息被重写的话，MSI 就输出一个溢出信息。溢出信息是 W 类型的信息（报警）。

在输入 RP 所指定的值被作为前缀登录；所丢失的信息的数量，就作为后缀。

MSI 登录"Sequence Buffer Overflow（程序缓冲器溢出）"作为信息文本，该文本不能被配置而是自动生成的。

从信息缓冲器读出信息时，其中没有被读过的、最老的信息（来自先前的某个 MSI 功能块）就被确定，并从配置数据接口输出。如果在信息缓冲器里没有信息，功能块就不起作用直到新的信息已被进入为止。如果进入到信息缓冲器里的信息的速度，比被信息输出功能块读出的速度来得快，那么信息缓冲器里一直没有被读过的、最旧的信息就被丢弃。在这种情况下，就生成一个相应的溢出信息。溢出信息中包括已被重写的信息的数量。信息输出的格式用输入 SNV、STM、STC 和 SSF 来规定。

输入/输出端定义：见表 10-170。

表 10-170　MSI 功能块输入输出端定义

端	说明
CMS	初始化输入：规定信息系统名，该系统名不被校核，最多可规定 6 个字符
CTS	初始化输入：配置耦合模块名。模块（和可任选的连接器 X01，X02 或 X03）名是指通过它的信息被输出
AT	地址名的初始化输入：由通道名和附加的、由耦合类型决定的（例如 DUST1 或 SINEC H1）1 或 2 段地址段组成　　　　　　　　　　　　　　　　　　　　　　　　　　　　　　　　　　（默认值：空白）
RP	初始化输入：若 MSI 确认信息缓冲器已处于溢出状态，MSI 就生成一个带有此处指定的前缀的溢出信息 数值范围：0≤RP≤32767。如果进入的值为负话，该值就被限制为零　　　　　　　　（默认值：0）
SNV	初始化输入，规定信息在输出时是否要带有两段信息数 对于 SNV=1，信息数也输出　　　　　　　　　　　　　　　　　　　　　　　　　　（默认值：0）
STM	初始化输入，规定信息文本是否要随着信息一起输出。对于 STM=1，信息文本也要输出　（默认值：0）
STC	初始化输入，规定信息文本是否按恒定的长度（60 个字符）输出。若信息文本比最大长度短或没有用，就用空格填充。若 STC=0，信息文本就按实际长度输出　　　　　　　　　　　　　（默认值：0）
SSF	初始化输入，规定信息输出是用标准格式或用十六进制格式。对于 SSF=1，输出就用标准格式 　　　　　　　　　　　　　　　　　　　　　　　　　　　　　　　　　　　　　（默认值：0）
EN	输入 EN 是使信息输出使能。如果信息输出不使能（EN=0），功能块就不能用　　　（默认值：0）
QBO	指示某个信息缓冲器溢出状态。若是 QBO=1，MSI 功能块生成并输出一个溢出信息　（默认值：0）
QTS	指示功能块是否有故障：如果是通信通道没有正确地初始化或有故障，或者是信息系统不能被正确地初始化（例如没有供信息缓冲器用的存储器），都是功能块有故障（QTS=0）　　　　　　（默认值：0）
YTS	功能块输出 YTS 指示 MSI 在正常运行时功能块的状态。如果由于进入了属于通信范围内的错误之后而使得功能块不起作用，那么相应的出错号会在功能块的输出端 YTS 上输出 对于 YTS 的数值，可参见：D7-SYS 在线帮助 "Help on events（关于事件的帮助）"，（按下 CFC 内的 F1 键，并调用用于 SIMADYN D 的 CFC 下的 "Help on events" 细目）　　　　　　　　　（默认值：0）

技术数据：见表 10-171。

表 10-171　MSI 功能块技术数据

计算时间	13.0μs
可被配置到	循环式任务
被执行的模式	初始化模式 常规模式

5. MER1 功能块

符号：见图 10-98。

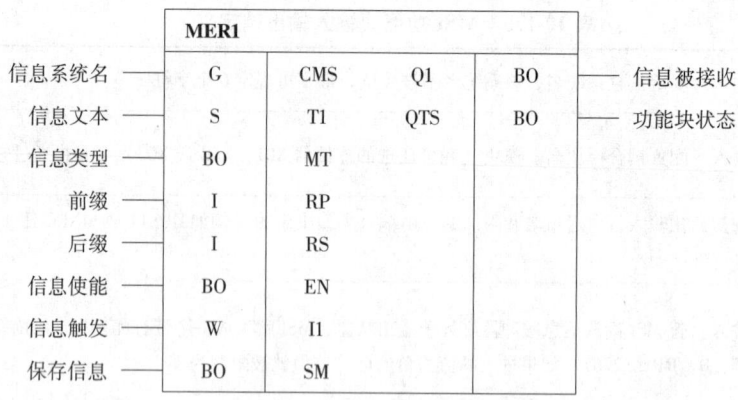

图 10-98 MER1 功能块符号

简要说明：本功能块进入一个信息到信息系统里，由一个开关量的正前沿来初始化。在使用本功能块时，信息系统的中心块（@MSC）和至少有一个信息输出块（MSI）必须被配置。

运行模式：信息数用输入 RP 和 RS 被再分为两段。前缀在 RP 输入被配置；后缀在 RS 输入被配置。配置工程师负责给前缀和后缀安排惟一的（不相重的）数码，以便在信息间加以区分。但信息系统不校核已被安排的惟一的数码。

在功能块输入 EN = 0 时，信息输出被禁止。

当在功能块输入 I1 从 0 变为 1 时，一个信息就输出，同时功能块输出 QN 被设置成 1。

如果在功能块输入 SM 被设置成 0，而且持续时间至少是一个采样周期，功能块输出 Q1 就被再设置。只要功能块输出 Q1 被设置，新的信息就不再输出。这样，用功能块输入 SM = 1 就能禁止一个信息被多次输出。功能块的输出 Q1 总是在更新，而与功能块输入 EN 无关。

在 EN = 1、SM = 1 和 Q1 = 0，而且当 I1 = 0 变为 I1 = 1 时，一个来到的信息就进入，同时 Q1 就被设置为 1。

输入/输出端定义：见表 10-172。

表 10-172 MER1 功能块输入输出端定义

CMS	规定信息系统名的初始化输入。该系统名不被校核，最多可有 6 个字符	（默认值：0）
T1 ~ T16	一个信息的信息文本初始化输入。信息文本可能最多有 60 个字符长	（默认值：空白）
MT	把信息分类的初始化输入。用 MT 输入，信息可分为出错（MT = 1）或者为报警（MT = 0）	（默认值：0）
RP	信息号第一段，前缀 数值范围：0≤RP≤32767，若进入负值就限制为 0	（默认值：0）
RS	信息号第二段，后缀 数值范围：0≤RP≤32767，若进入负值就限制为 0	（默认值：0）
EN	功能块使能。对于 EN = 0，功能块就不能输出信息	（默认值：0）
I1	一个信息已经被接收的输入。当 I1 = 0 变为 I1 = 1，就输出一个信息（前提条件：Q1 = 0 而且 EN = 1）	（默认值：16#0000）
SM	输入 SM 可以禁止一个信息被再输出（对于 SM = 1）	（默认值：0）
Q1	显示 I1 是否已经从 0 变为 1。Q1 = 1，则表示一个信息已经进入	（默认值：16#0000）
QTS	功能块输出 QTS 指出，功能块已被正确地初始化（QTS = 1），或者在进入了一个通信出错的信息之后，已成为不能使用（QTS = 0）	（默认值：0）

技术数据：见表10-173。

表10-173　MER1功能块技术数据

计算时间	13.1μs
可被配置到	中断任务 循环式任务
执行方式	初始化模式 常规模式

6. MERF1功能块

符号：见图10-99。

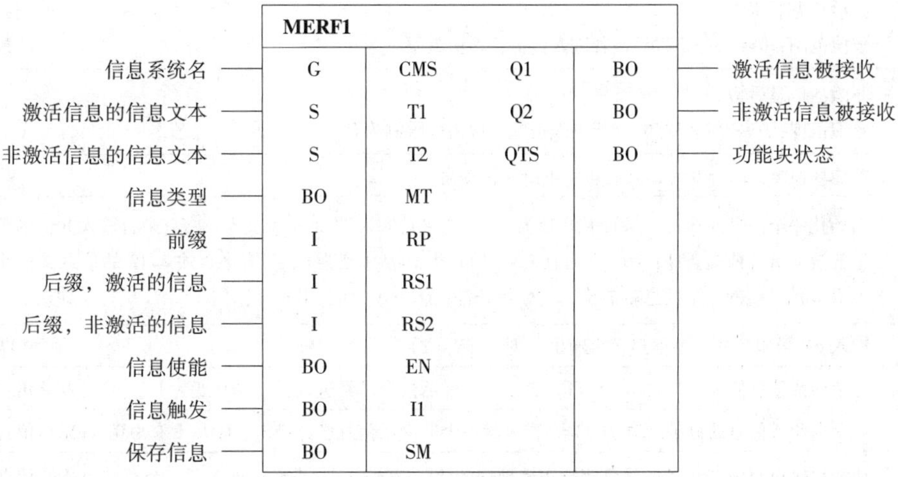

```
                    ┌─────────────────────────────┐
                    │           MERF1             │
    信息系统名  ────│ G       CMS    Q1    BO    │──── 激活信息被接收
激活信息的信息文本 ─│ S        T1    Q2    BO    │──── 非激活信息被接收
非激活信息的信息文本│ S        T2    QTS   BO    │──── 功能块状态
       信息类型 ───│ BO       MT                │
         前缀 ────│ I        RP                │
  后缀，激活的信息 │ I        RS1               │
 后缀，非激活的信息│ I        RS2               │
       信息使能 ──│ BO       EN                │
       信息触发 ──│ BO       I1                │
       保存信息 ──│ BO       SM                │
                    └─────────────────────────────┘
```

图10-99　MERF1功能块符号

简要说明：本功能块输出信息系统里的2个信息，由一个开关量的上升或下降前沿来初始化。在使用本功能块时，信息系统的中心块（@MSC）和至少有一个信息输出块（MSI）必须被配置。

运行模式：信息数用输入RP-、RS1-和RS2被再分为两段（分类）。前缀在RP输入时被配置；对激活的信息后缀在RS1输入时被配置，对非激活的信息后缀在RS2输入时被配置。配置工程师负责给前缀和后缀安排惟一的（不相重的）数码，以便在信息间加以区分。但信息系统不校核已被安排的惟一的数码。

当I1从0变到1时，带有来自输入T1的信息文本及带有来自输入RS1的后缀的一个信息就被输出。

当I1从1变到0时，带有来自输入T2的信息文本及带有来自输入RS2的后缀的一个信息就被输出。

功能块输入EN=0时，信息被禁止输出。

当I1从1变到0时，功能块输出Q1就被设置成1。当I1从0变到1时，功能块输出Q2就被设置成1。

如果SM=0，功能块输出Q1和Q2在随后的采样周期里就被再设置。

只要是SM=1，就能禁止一个信息被输出。功能块的输出Q1和Q2总是在更新，与功能块输入EN无关。

在EN=1、SM=1和Q1=0，而且当I1从0变为1时，一个激活的信息就进入，同时Q1

被设置为 1。对于 Q2 也基本相同。

输入/输出端定义：见表 10-174。

表 10-174　MER1 功能块输入输出端定义

CMS	规定信息系统名的初始化输入。该系统名不被校核，最多可有 6 个字符	（默认值：0）
T1	激活信息的信息文本的初始化输入。信息文本最长可为 60 个字符	（默认值：空白）
T2	非激活信息的信息文本的初始化输入。信息文本最长可为 60 个字符	（默认值：空白）
MT	把信息分类的初始化输入。用 MT 输入，信息可分为出错（MT = 1）或者为报警（MT = 0）	（默认值：0）
RP	信息前缀 数值范围：0 ≤ RP ≤ 32767，若进入负值，该值就限制为 0	（默认值：0）
RS1	激活信息后缀 数值范围：0 ≤ RS1 ≤ 32767，若进入负值，该值就限制为 0	（默认值：0）
RS2	非激活信息后缀 数值范围：0 ≤ RS2 ≤ 32767，若进入负值，该值就限制为 0	（默认值：0）
EN	功能块使能。EN = 0 时，功能块就不能输出信息	（默认值：0）
I1	初始化一个信息的输入。当 I1 从 0 变为 1，带有来自输入 T1 的信息文本及带有来自输入 RS1 的后缀的一个信息就被输出（前提条件：Q1 = 0 而且 EN = 1）；当 I1 从 1 变为 0，带有来自输入 T2 的信息文本及带有来自输入 RS2 的后缀的一个信息就被输出（前提条件：Q2 = 0，而且 EN = 1）	（默认值：16#0000）
SM	输入 SM 可以禁止一个信息被再输出（对于 SM = 1）	（默认值：0）
Q1	一个激活信息的显示。对于 Q1 = 1，表示一个激活信息已经进入；I1 从 0 变为 1	（默认值：16#0000）
Q2	一个非激活信息的显示。对于 Q2 = 1，表示一个非激活信息已经进入；I1 从 1 变为 0	（默认值：16#0000）
QTS	功能块输出 QTS 指出功能块已能被正确地初始化（QTS = 1），或者在进入了一个通信出错的信息之后，已成为不能再使用（QTS = 0）	（默认值：0）

技术数据：见表 10-175。

表 10-175　MER1 功能块技术数据

计算时间	10.5μs
可被配置到	中断任务 循环式任务
执行方式	初始化模式 常规模式

7. @ DIS 功能块

符号：见图 10-100。

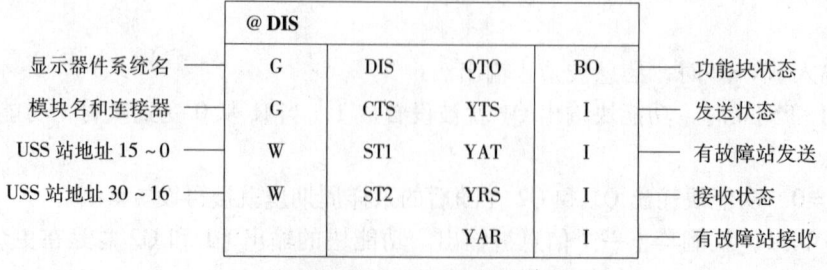

图 10-100　@ DIS 功能块符号

简要说明：本功能块可以控制接到一个 USS 母线上的最多 31 个显示单元（OP2 或 VD1）。

即使只使用一个显示器件时,本功能块也必须被配置。在 SIMADYN D 与显示器件之间的通信是通过 USS 主站耦合来实现的。这样,一个 USS 上的@CSU 中心块(或在 T400 上的@USS-M)必须被配置。

为了传送数据或开关量到一个显示器件,必须组织显示器件、规定的过程数据或开关量功能块(DIS…)。为了传送信息,需要 MSI 信息输出功能块。

推荐用一个采样时间 TA（30ms≤TA≤300ms）给功能块配置。中心块和所有协助的过程数据及开关量功能块必须用同样的采样时间配置。

所规定的计算时间只对一个显示单元有效。

运行模式:功能块用来初始化和控制一个或几个显示器件;它开始和监视通过 USS 规约从显示器件来的电报数据。它接收从显示器件来的任务,把它们传送到过程数据和开关量功能块,并把响应传回给显示器件。

一个显示器件可在任何时候通电和断电或者从 USS 母线上取下来和重新接入。在这种情况下,中心块通过配置的过程数据和开关量用信息支持显示器件。

输入/输出端定义:见表 10-176。

表 10-176 @DIS 功能块输入输出端定义

DIS	初始化输入:系统名是过程数据和开关量功能块的参数 （默认值:未指定）
CTS	初始化输入:USS 母线用的模块和连接器的配置名,该连接器将显示器件接到 USS 母线上。连接器配置名由输入 CTS 指定 （默认值:未指定）
ST1 ST2	初始化输入:规定接到 USS 母线上的那些站本功能块需要开始和控制。每一位对应一个站 下面指出了位与 USS 站地址的关系: 输入　　第 16 位　　第 15 位　　…　　第 2 位　　第 1 位 ST1　　　15　　　　14　　　　…　　　1　　　　0 ST2　　　—　　　　30　　　　…　　　17　　　　16 （默认值:对 ST1 为 16#0001,对 ST2 为 16#0000）
QTS	功能块状态。QTS=1:功能块在运行;QTS=0:功能块被禁止,并在 YTS 有"出错"输出
YTS	显示在发送时的配置出错和通信出错。关于 YTS 输出值,可参见:D7-SYS 在线帮助"Help on events"（按 CFC 里的 F1 键,并调出在"CFC for SIMADYND"下的细目"Help on events"）
YAT	显示站号（0~30）,在该站通信出错显示"transmit (YTS)"。只有首先出现的出错被显示。只有在先前的那个出错已不再存在时,才会显示另一个出错
YRS	指示在接收时的通信出错
YAR	显示站号（0~30）。在该站通信出错,显示"receive (YRS)"。只有首先出现的出错被显示。只有在先前的那个出错已不再存在时,才会显示另一个出错

技术数据:见表 10-177。

表 10-177 @DIS 功能块技术数据

计算时间	114.8μs
可被配置到	循环式任务
被执行的模式	初始化模式和常规模式
特殊性能	·另外还需要的功能块:@CSU 或@USS-M ·功能块可能不能通过任务组被禁止

8. DISA、DISA-B、DISA-I、DISA-D、DISA-W、DISA-T 功能块

符号：见图 10-101。

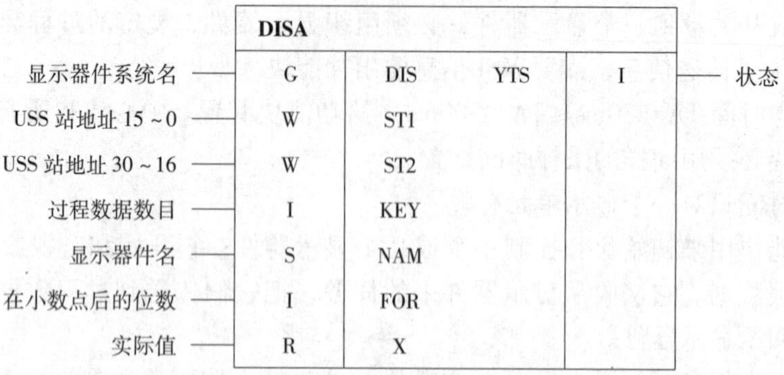

```
          DISA
显示器件系统名 ── G    DIS   YTS  I ── 状态
USS 站地址 15～0 ── W    ST1
USS 站地址 30～16 ── W   ST2
过程数据数目  ── I    KEY
显示器件名   ── S    NAM
在小数点后的位数 ── I   FOR
实际值     ── R    X
```

图 10-101　DISA 功能块符号

简要说明：本功能块用来在最多 31 个操作控制器件（OP2 或 VD1）上显示实际值。本功能块必须与功能块@DIS 联合起来一起使用，@DIS 功能块需要初始化并控制操作控制/显示器件。DISA，DIS-x 功能块之间的区别在于实际值输入 X 的类型。

　　DISA：　　实数（REAL）
　　DISA-B：　布尔数（BOOL）
　　DISA-I：　整数（INT）
　　DISA-D：　提高精度整数（DINT）
　　DISA-W：　字（WORD）
　　DISA-T：　时间（SDTIME）

其他数据类型［字节（BYTE），如双字（DWORD）、串（STRING）、全局变量（GLOBAL）］不能被配置。规定的计算时间只对一个操作控制器件有效。

运行模式：本功能块传递格式数据给协同的@DIS 中心块去显示实际值。在常规运行时，它只从中心块@DIS 取得实际值本身。把实际值传送到显示器件中，是由中心块控制的，而且如果该实际值在显示器件上已被选择时，才能实行。

输入/输出端定义：见表 10-178。

表 10-178　DISA 功能块输入输出端定义

DIS	初始化输入：系统名提供给功能块@DIS，从而建立起至少给一个显示器件的指派　　（默认值：没有指派）
ST1 ST2	初始化输入：该输入定义显示器件的 USS 站地址，在该器件上设定值可被显示和改变。这些站必须由@DIS 中心站来控制；功能块的 DIS 输入提供了该中心块。输入 ST1、ST2 的每一位对应一个站 下面表示了各位对于 USS 站地址的指派：<table><tr><td>输入</td><td>第 16 位</td><td>第 15 位</td><td>…</td><td>第 2 位</td><td>第 1 位</td></tr><tr><td>ST1</td><td>15</td><td>14</td><td>…</td><td>1</td><td>0</td></tr><tr><td>ST2</td><td>—</td><td>30</td><td>…</td><td>17</td><td>16</td></tr></table>（默认值：对 ST1 为 16#0001，对 ST2 为 16#0000）

KEY	初始化输入：该输入指派实际值给在显示器件上的过程数据号。对于 OP2，过程数据号 1~12 表示 V1~V12 键；号码 13~24 代表换档（SHIFT）功能的 V1~V12 键。不允许配置其他的号码给 OP2	（默认值：1）
NAM	初始化输入：给显示单元（OP2）上的数值指定符号名，最多 8 个字符。如果没有指定，则默认指定 "SINGALnn" 就在 OP2 显示	（默认值：空白）
FOR	初始化输入：给显示指定在小数点后有几位（只对 DISA 和 DISA-T）	（默认值：7）
X	可由输入 KEY 所指派的键来选择显示器件上的实际值。为了在 OP2 上显示，把比例因数和单位也考虑在内	（默认值：0）
YTS	用来输出配置出错。若在此处出现不等于零的数，那就确定配置已出错，并且功能块本身已不能再使用 关于在 YTS 处的值，可参见：D7-SYS 在线帮助 "Help on events（关于事件的帮助）"（按下在 CFC 里的 F1 键，并在 "CFC for SIMADYN D" 下调出 "Help on events"）	

技术数据：见表 10-179。

表 10-179　DISA 功能块技术数据

通信时间	11.0μs
可被配置到	循环式任务
执行方式	初始化模式 常规模式
特殊性能	·需要的附加功能块：@ CSU 或@ USS-M、@ DISS ·采样时间：与@ DIS 相同 ·对于任务组，本功能块可能不能被禁止

9. DISA1B 功能块

符号：见图 10-102。

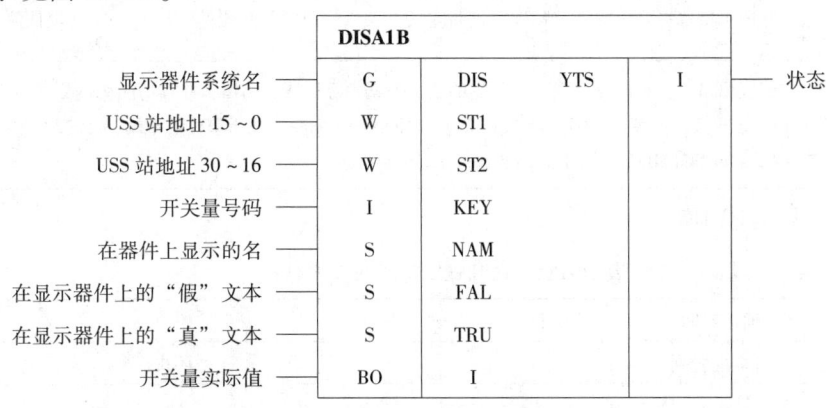

图 10-102　DISA1B 功能块符号

简要说明：本功能块用来在最多 31 个显示器件（OP2）上输出开关量。可以选择对于所有的显示器件都用相同的开关量号码。如果在不同的显示器件上的号码不相同的话，必须对每个显示器件配置一个专用块。本功能块必须与@ DIS 功能块联合起来一起使用，@ DIS 功能块需要初始化，并控制一个显示器件。

规定的计算时间只对一个显示器件有效。

运行模式：本功能块传递格式数据给协同的@DIS中心块，并显示开关量的值。在常规运行时，它只把开关量值本身传送到中心块。传送到显示器件上，则由@DIS中心块来控制。

输入/输出端定义：见表10-180。

表10-180　DISA1B 功能块输入输出端定义

DIS	初始化输入：系统名提供给@DIS功能块，从而建立起至少给一个显示器件的指派　　（默认值：没有指派）
ST1 ST2	初始化输入：该输入定义显示单元的USS站地址，该单元开关量的值被显示。这些站必须由@DIS中心站来控制；功能块的DIS输入提供了该中心块。输入ST1、ST2的每一位对应一个站 下面的表示了各位对于USS站地址的指派： 输入　　第16位　第15位　…　第2位　第1位 ST1　　15　　　14　　　…　　1　　　0 ST2　　—　　　30　　　…　　17　　16 （默认值：对ST1为16#0001，对ST2为16#0000）
KEY	初始化输入：该输入建立给显示单元上开关量号码的开关量值的指派 对于OP2，开关量号码1~4表示B1~B4，开关量号码5~32代表其余剩下的OP2的开关量的号码。不允许配置其他的号码给OP2　　（默认值：1）
NAM	初始化输入：给显示单元（OP2）上的数值指定符号名，最多8个字符。如果没有指定，则默认指定"SINGALnn"就在OP2显示　　（默认值：空白）
FAL	初始化输入：给显示单元（OP2）上的"假值"（逻辑0）指定符号名，最多8个字符。如果没有指定，则默认指定"0"就在OP2上显示　　（默认值：空白）
TRU	初始化输入：给显示单元（OP2）上的"真值"（逻辑1）指定符号名；最多8个字符。如果没有指定，则默认指定"1"就在OP2上显示　　（默认值：空白）
I	开关量实际值可被选择到由输入"KEY"所规定的开关量号码的显示器件　　（默认值：16#0000）
YTS	用来输出配置出错。若在此处出现不等于零的数，那就确定配置已出错，并且功能块本身也不能再使用 关于在YTS处的值，可参见：D7-SYS在线帮助"Help on events（关于事件的帮助）"（按下在CFC里的F1键，并在"CFC for SIMADYN D"下调出"Help on events"）

技术数据：见表10-181。

表10-181　DISA1B 功能块技术数据

通信时间	10.0μs
可被配置到	循环式任务
执行方式	初始化模式 常规模式
特殊性能	・需要的附加功能块：@CSU 或@USS-M、@DISS ・采样时间：与@DIS 相同 ・对于任务组，本功能块可能不能被禁止

10. DISS、DISS-B、DISS-I、DISS-D、DISS-W、DISS-T 功能块

符号：见图 10-103。

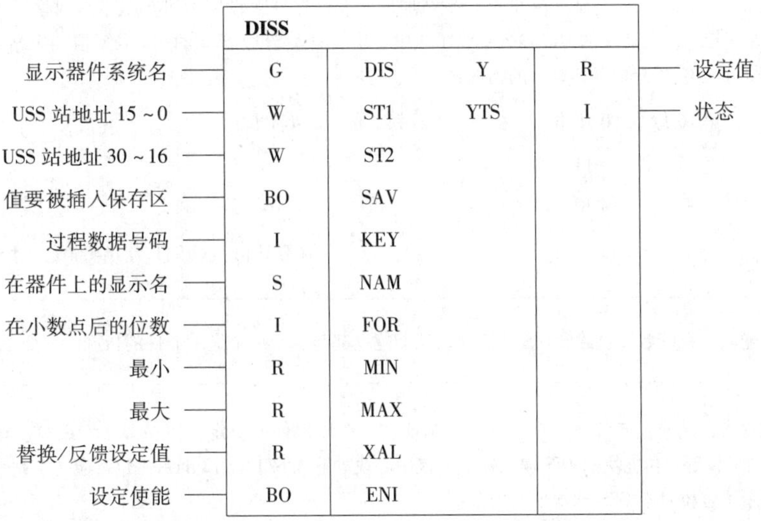

```
                    ┌─────────────────────┐
                    │       DISS          │
显示器件系统名 ──── │  G    DIS      Y    │──── 设定值
USS 站地址 15～0 ── │  W    ST1     YTS   │──── 状态
USS 站地址 30～16 ─ │  W    ST2      I    │
值要被插入保存区 ── │  BO   SAV           │
过程数据号码 ────── │  I    KEY           │
在器件上的显示名 ── │  S    NAM           │
在小数点后的位数 ── │  I    FOR           │
最小 ───────────── │  R    MIN           │
最大 ───────────── │  R    MAX           │
替换/反馈设定值 ─── │  R    XAL           │
设定使能 ────────── │  BO   ENI           │
                    └─────────────────────┘
```

图 10-103 DISS 功能块符号

简要说明：本功能块用来在最多 31 个操作控制器件（OP2）上显示和改变设定值。本功能块必须与@DIS 功能块联合起来一起使用。@DIS 功能块需要初始化并控制操作控制/显示器件。DISS、DISS-x 功能块之间的区别在于设定值输入 Y（以及替换设定值 XYL 和 MIN、MAX）数据的类型：

  DISS：   实数（REAL）

  DISS-B： 布尔数（BOOL）

  DISS-I： 整数（INT）

  DISS-D： 提高精度整数（DINT）

  DISS-W： 字（WORD）

  DISS-T： 时间（SDTIME）

其他数据类型［字节（BYTE）、双字（DWORD）、串（STRING）、全局变量（GLOBAL）］不能被配置。

在任何时刻一个设定值只能在一个操作控制器件上被改变。功能块支持来自其他来源的替换设定值。为此目的，可使用输入 XAL 和 ENI。规定的计算时间只对一个操作控制器件有效。

运行模式：本功能块传递格式数据给协同的@DIS 中心块，并显示设定值。在常规运行时，它只从@DIS 中心块取得设定值本身。把设定值传送到操作控制器件去和从操作控制器件送到中心块是由中心块控制的，而且如果该设定值在操作控制器件上已被选择时才能实行。功能块保证在任何时刻，一个设定值只能在一个操作控制器件（OP2）上被改变。当设定值已被选择在一个 OP2 上，而且用接下"CHG"而被改变后，设定值就不能再被改变。只要该 OP2 是在"CHG"模式下，设定值可以被其他的操作控制器件选择，但不能被改变。

输入/输出端定义：见表 10-182。

表 10-182　DISS 功能块输入输出端定义

DIS	初始化输入：系统名提供给@DIS 功能块，从而建立起至少给一个显示器件的指派　（默认值：没有指派）
ST1 ST2	初始化输入：该输入定义显示器件的 USS 站地址，在该器件上设定值可被显示和改变。这些站必须由@DIS 中心站来控制；功能块的 DIS 输入提供了该中心块。输入 ST1、ST2 的每一位对应一个站 下面表示了各位对于 USS 站地址的指派： 　输入　　第16位　第15位　…　第2位　第1位 　ST1　　　15　　　14　　…　　1　　　0 　ST2　　　—　　　30　　…　　17　　16 （默认值：对 ST1 为 16#0001，对 ST2 为 16#0000）
DIS	初始化输入：系统名提供给@DIS 功能块，从而建立起至少给一个显示器件的指派　（默认值：没有指派）
ST1 ST2	初始化输入：该输入定义显示器件的 USS 站地址，在该器件上设定值可被显示和改变。这些站必须由@DIS 中心站来控制；功能块的 DIS 输入提供了该中心块。输入 ST1、ST2 的每一位对应一个站 下面表示了各位对于 USS 站地址的指派： 　输入　　第16位　第15位　…　第2位　第1位 　ST1　　　15　　　14　　…　　1　　　0 　ST2　　　—　　　30　　…　　17　　16 （默认值：对 ST1 为 16#0001，对 ST2 为 16#0000）
SAV	初始化输入：该输入定义了设定值是保存在有电池后备的保存区里（SAV = 1），还是保存在易变的 RAM 里（SAV = 0）　（默认值：0）
KEY	初始化输入：该输入指派设定值给在显示器件上的过程数据号。对于 OP2，过程数据号 1~12 表示 V1~V12 键；号码 13~24 代表换档（SHIFT）功能的 V1~V12 键。不允许配置其他的号码给 OP2　（默认值：1）
NAM	初始化输入：给显示单元（OP2）上的数值指定符号名；最多 8 个字符。如果没有指定，则缺省指定"SINGALnn"就在 OP2 上显示　（默认值：空白）
FOR	初始化输入：给显示指定在小数点后有几位（只对 DISS 和 DISS-T）　（默认值：7）
MIN	初始化输入：在 OP2 输入的最小值限制（只对 DISS、DISS-I、DISS-D 和 DISS-T）（默认值：对 REAL 为 -1.0×10^{38}，对 INT 为 -32768，对 DINT 为 -214783648，对 SDTIME 为 0.0 ms）
MAX	初始化输入：在 OP2 输入的最大值限制（只对 DISS、DISS-I、DISS-D 和 DISS-T）（默认值：对 REAL 为 1.0×10^{38}，对 INT 为 32767，对 DINT 为 214783647，对 SDTIME 为 1.0×10^{38} ms）
XAL	如果 ENI 被设置为零，则输入 XAL 可作为一个替换设定值直接通到输出 Y。如果存在几个从那里可以进入设定值的来源的话，反馈值也可通过该输入进入　（默认值：0）
ENI	对 ENI = 1，在输入 ST1、ST2 所规定的对显示器件设定值的改变被使能。输入 XAL 不被评价 对 ENI = 0，输入 XAL 直接通到输出 Y，并且也在显示器件上显示。在显示器件上该数值不能被改变。由于实际值即使在 ENI = 0 时也总是在改变，这就可能不会漏掉从 ENI = 0 变到 ENI = 1 时的变化。从 ENI = 1 变到 ENI = 0 时，不漏掉变化则由用户负责　（默认值：1）

X	可由输入 KEY 所指派的键来选择显示器件上的设定值。为了在 OP2 上显示，把比例因数和单位也考虑在内
YTS	用来输出配置出错。若在此处出现不等于零的数，那就确定配置已出错，并且功能块本身已不能用 关于在 YTS 处之值，可参见：D7-SYS 在线帮助"Help on events（关于事件的帮助）"（按下在 CFC 里的 F1 键，并在"CFC for SIMADYN D"下调出"Help on events"）

技术数据：见表 10-183。

表 10-183　DISS 功能块技术数据

通信时间：(DISS)	17.0μs	执行方式	初始化模式 常规模式
通信时间：(DISS-B)	8.9μs		
通信时间：(DISS-I；DISS-W)	8.1μs	特殊性能	·需要的附加功能块：@ CSU 或@ USS-M、@ DISS ·采样时间：与@ DIS 相同 ·对于任务组，本功能块可能不能被禁止
通信时间：(DISS-D)	8.6μs		
通信时间：(DISS-T)	9.0μs		
可被配置到	循环式任务		

11. DISS1B 功能块

符号：见图 10-104。

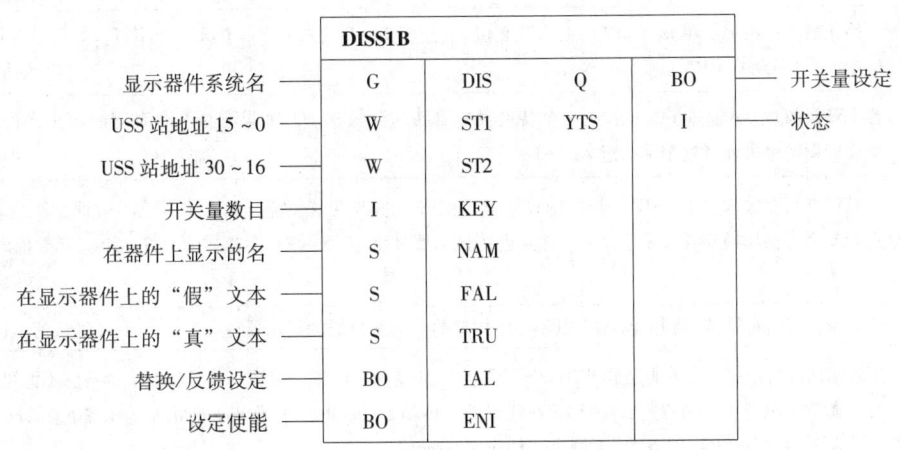

图 10-104　DISS1B 功能块符号

简要说明：本功能块显示和改变最多 31 个显示器件（OP2）上的开关量设定。可以选择对于所有的显示器件都用相同的开关量数值。如果在不同的显示器件上的数值不相同的话，必须对每个显示器件配置一个专用块。本功能块必须与@ DIS 功能块联合使用，@ DIS 功能块需要初始化并控制一个显示器件。本功能块支持来自其他来源的替换设定输入。输入 IAL 和 ENI 就是用于这个目的。规定的计算时间只对一个显示器件有效。

运行模式：本功能块传递格式数据给协同的@ DIS 中心块去显示开关量的值。在常规运行时，它自己从@ DIS 中心块取得开关量的值，并将其传送到中心块。中心块控制传送到显示器件去的和从显示器件来的数据。在 OP2 所有已配置的开关量可以按任何次序被修改。输出 Q 总是指示最后的改变。

输入/输出端定义：见表 10-184。

表 10-184　DISS1B 功能块输入输出端定义

端	定义
DIS	初始化输入：系统名提供给 @ DIS 功能块，从而建立起至少给一个显示器件的指派　　（默认值：没有指派）
ST1 ST2	初始化输入：该输入定义显示单元的 USS 站地址，在该单元开关量的值可被显示和改变。这些站必须由 @ DIS 中心站来控制；功能块的 DIS 输入提供了该中心块。输入 ST1、ST2 的每一位对应一个站 下面表示了各位对于 USS 站地址的指派： | 输入 | 第 16 位 | 第 15 位 | … | 第 2 位 | 第 1 位 | |---|---|---|---|---|---| | ST1 | 15 | 14 | … | 1 | 0 | | ST2 | — | 30 | … | 17 | 16 | （默认值：对 ST1 为 16#0001，对 ST2 为 16#0000）
KEY	初始化输入：该输入建立给显示单元上开关量号码的开关量值的指派。对于 OP2，开关量号码 1~4 表示 B1~B4；开关量号码 5~32 代表其余剩下的 OP2 的开关量的号码。不允许配置其他的号码给 OP2　　（默认值：1）
NAM	初始化输入：给显示单元（OP2）上的数值指定符号名，最多 8 个字符。如果没有指定，则默认指定"SINGALnn"就在 OP2 上显示　　（默认值：空白）
FAL	初始化输入：给显示单元（OP2）上的"假值"（逻辑 0）指定符号名，最多 8 个字符。如果没有指定，则缺省指定"0"就在 OP2 上显示　　（默认值：空白）
TRU	初始化输入：给显示单元（OP2）上的"真值"（逻辑 1）指定符号名，最多 8 个字符。如果没有指定，则默认指定"1"就在 OP2 上显示　　（默认值：空白）
IAL	若 ENI 设置成 0，输入 IAL 就作为一个替换设定直接送到输出 Q。如果有从几个不同的源进入设定的话，一个反馈设定也可通过这个输入进入　　（默认值：0）
ENI	当 EN = 1，在输入 ST1、ST2 所指定的显示器件的开关量改变就使能。输入 IAL 就不被评估。当 ENI = 0，输入 IAL 就直接切换到开关量输出 Q，并且也在显示器件上显示。在显示器件（OP2）上，其数值不能被改变　　（默认值：0）
Q	开关量设定值可被选择到由输入"KEY"所规定的开关量号码的显示器件　　（默认值：16#0000）
YTS	用来输出配置出错。若在此处出现不等于零的数，那就确定配置已出错，并且功能块本身已不能再使用 关于在 YTS 处之值，可参见：D7-SYS 在线帮助"Help on events（关于事件的帮助）"（按下在 CFC 里的 F1 键，并在"CFC for SIMADYND"下调出"Help on events"）

技术数据：见表 10-185。

表 10-185　DISS1B 功能块技术数据

通信时间	11.0μs	特殊性能	·需要的附加功能块：@ CSU 或 @ USS-M、@ DISS ·采样时间：与 @ DIS 相同 ·对于任务组，本功能块可能不能被禁止
可被配置到	循环式任务		
执行方式	初始化模式 常规模式		

12. @ CMM 功能块

符号：见图 10-105。

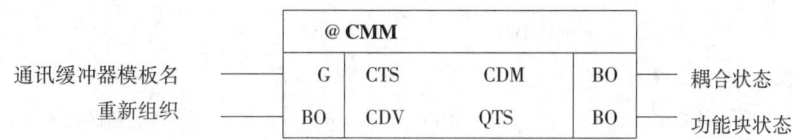

图 10-105 @CMM 功能块符号

简要说明：@CMM 中心块初始化和监视通信缓冲器的耦合。通信缓冲器耦合可以被建立在所有的通信缓冲器模板中。如果每个机箱中只有一个通信缓冲器，那么对每个机箱功能块只能被配置一次。多配置是在初始化时被认定的，而且其结果在通信出错区里有一个登录。功能块只能在采样期间 $32\mathrm{ms}\leqslant\mathrm{TA}\leqslant255\mathrm{ms}$ 被配置，否则在通信出错区里就会有一个登录。

运行模式：当功能块被初始化时，会做通用的准备去使耦合使能。只有在常规模式已经被执行几次之后，耦合才会使能。在耦合已经被使能之后，中心块监视传送和接收被正确地记录。更进一步，如果需要的话，它还能在每个处理循环中重新组织和更新功能块的输出 CMD。通过设置 CDV 输入，整个数据接口会被重新格式化。这种选择是必需的，如果：

- 有一个应用（例如用 MSI 信息评价功能块）；
- 网络管理器（@NMC 功能块）。

由于没有足够的存储空间，不能在数据接口的任何附加的通道记录一个标志。

如果块输入 CDV 被再设置，只有在重新组织已经完成之后，而且 CDV 输入已复位（即已经为零）了，至少在这两个采样时间条件下才会被考虑。否则，输入的数据就被忽略。

块输出 CMD 提供了有关耦合状态的信息。若耦合对于通用的传送/接收运行是能够的，该输出就是 1。只要耦合被初始化或被重新初始化（在一个暂时的故障之后），或者是存储器被重新格式化（参见 CDV 连接），块输出 CMD 就一直是 0。

在技术数据中提供的计算时间是对一个典型的任务处理的时间。在重新组织时，计算时间要延长几个处理循环，最多达到 $370\mu\mathrm{s}$。

输入/输出端定义见：表 10-186。

表 10-186 @CMM 功能块输入输出端定义

CTS	规定信息缓冲器配置名的初始化输入	
CDV	当 CDV 从 0 变为 1 时，数据接口存储器被重新格式化	（默认值：0）
CDM	指出耦合状态（故障=0，无故障=1）	（默认值：0）
QTS	功能块的运行状态，对于 QTS=0，存在一个不可修复的错误；对于 QTS=1，功能块是在正常运行	（默认值：0）

技术数据：见表 10-187。

表 10-187 @CMM 功能块技术数据

计算时间	21.7μs
可被配置到	循环式任务
被执行的模式	初始化模式 常规模式

13. CSD01 功能块

符号：见图 10-106。

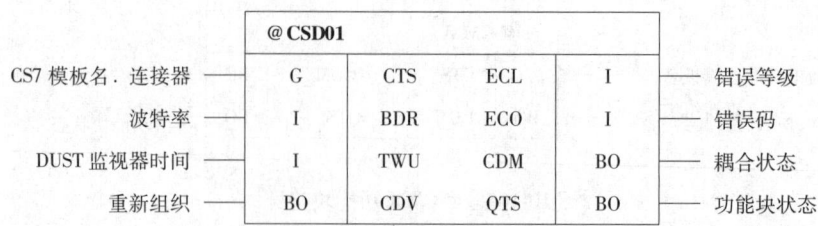

图 10-106 CSD01 功能块符号

简要说明：功能块初始化和监视 DUST 的耦合（CS7 带 SS4 模块）。功能块只能在采样期间 $32ms \leqslant TA \leqslant 255ms$ 被配置，否则在通信出错区里就会有一个登录。

运行模式：当功能块被初始化时，会做通用的准备去使耦合使能。只有在常规模式已经被执行几次之后，耦合才会使能。在耦合已经被使能之后，中心块监视传送和接收被正确地记录，以及监视 SS4 模块的运行状态。在每一个处理循环，功能块的输出 ECL、ECO 和 CDM 都被更新。

通过设置 CDV 输入，整个数据接口会被重新格式化。这种选择是必需的，如果：
- 有一个应用（例如用 MSI 信息评价功能块）；
- 网络管理器（@ NMC 功能块）。

由于没有足够的存储空间，不能在数据接口的任何附加的通道记录一个标志。

如果块输入 CDV 被再设置，只有在重新组织已经完成之后，而且 CDV 输入已复位（即已经为零）了，至少在这两个采样时间条件下才会被考虑。否则，输入的数据就被忽略。

块输出 ECL 和 ECO 指出 SS4 模块的运行状态：

对于 ECL = 0 和 ECO = 0，SS4 模块在正常运行状态；

对于 ECL = 0 和 ECO > 0，SS4 模块出现了一个用户可以纠正的错误；

对于 ECL > 0 和 ECO > 0，SS4 模块出现了一个用户不能纠正的错误。

块输出 CMD 指出了功能块的运行状态。耦合第一次被使能后，输出就立即从 0 变成 1。当确认了一个不能修复的错误后，输出就立即从 1 变成 0。当从 1 变成 0 之后，输出就保持为 0（最终状态）。如果在初始化时，功能块确认了一个出错状态，该值就保持为 0。

在技术数据中提供的计算时间是对一个典型的任务处理的时间。在重新组织时，计算时间要延长几个处理循环，最多达到 $420\mu s$。

输入/输出端定义：见表 10-188。

表 10-188 CSD01 功能块输入输出端定义

CTS	初始化输入：规定 CS7 模板和连接器 X01、X02 或 X03 配置名
BDR	规定 DUST 协议波特率（单位为 bit/s）的初始化输入。允许的数值为 300、600、1200、2400、4800、9600 和 19200　　　　　　　　　　　　　　　　　　　　　　　　　　　　（默认值：19200）
TWU	规定 DUST 监视器时间（单位为 ms）的初始化输入。允许的数值为 1~999　　（默认值：10）
CDV	当 CDV 从 0 变为 1 时，数据接口存储器被重新格式化　　　　　　　　　（默认值：0）
ECL	错误级别输出。对于 ECL > 0，存在一个不可修复的错误。本输出必须考虑与 ECO 输出（默认值为 0）有直接关系总是被评价　　　　　　　　　　　　　　　　　　　　　　（默认值：0）

ECO	错误码输出。对于 ECL = 0 和 ECO = 0，为正常情况；对于 ECO > 0，存在着一个配置错误（ECL = 0）或者存在着一个不可修复的错误（ECL > 0） （默认值：0）
CDM	指出在通信连接有无故障（有故障 = 0，无故障 = 1） （默认值：0）
QTS	功能块的运行状态。对于 QTS = 0，存在一个不可修复的错误；对于 QTS = 1，功能块是在正常运行 （默认值：0）

技术数据：见表 10-189。

表 10-189 CSD01 功能块技术数据

计算时间	150.0μs
可被配置到	循环式任务
被执行的模式	初始化模式 常规模式

14. @ CSPRO 功能块

符号：见图 10-107。

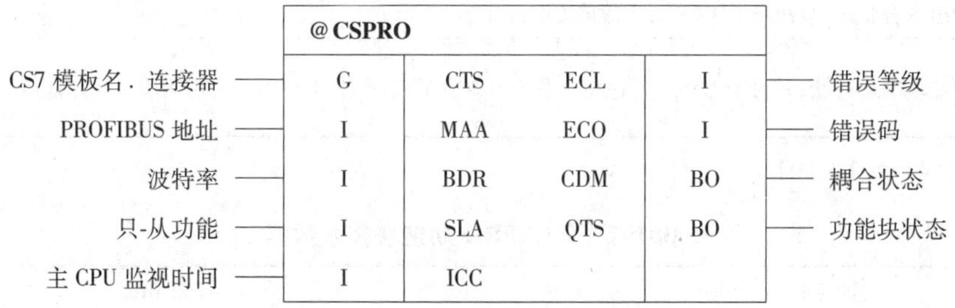

图 10-107 @ CSPRO 功能块符号

简要说明：功能块初始化和监视 Profibus DP 的耦合（CS7 和 SS52 模块）。功能块只能在采样周期 32ms≤TA≤255ms 被配置，否则在通信出错区里就会有一个登录。

运行模式：当功能块被初始化时，会做通用的准备去使耦合使能。只有在常规模式已经被执行几次之后，耦合才会使能。在耦合已经被使能之后，中心块监视传送和接收被正确地记录，以及监视 SS52 模块的运行状态。在每一个处理循环，功能块的输出 ECL、ECO 和 CDM 都被更新。在技术数据中提供的计算时间是对一个典型任务处理的时间。

输入/输出端定义：见表 10-190。

表 10-190 @CSPRO 功能块输入输出端定义

CTS	初始化输入：规定 CS7 模板和连接器 X01、X02 或 X03 配置名
MAA	为 SS52 模块规定 Profibus 地址的初始化输入。进入的数据由数字 1~123 组成 （默认值：1）
BDR	规定波特率单位为 kbit/s 的初始化输入。允许的数值经特殊编码如下：0 = 9.6、1 = 19.2、2 = 93.75、3 = 187.5、4 = 500、5 = 1500、6 = 3000、7 = 6000、8 = 12000 （默认值：5）

（续）

SLA	只有从功能的初始化输入。 0:SS52 作为 Profibus 的主站和/或从站。一个 COM Profibus 数据库必须被装入 1 或 2:SS52 纯粹是 Profibus 的从站,没有 COM Profibus 数据库 1:只有输出或只有输入的从站 2:又有输出又有输入的从站	（默认值:0）
LCC	规定 SS52 模块监视 SIMADYN 主 CPU 时间的初始化输入。 <0:无监视 0~10:监视时间=1s(默认值) >10:监视时间在 1/10s 之内	（默认值:10）
ECL	错误级别输出:对于 ECL>0,存在一个不可修复的错误。本输出必须考虑与 ECO 输出有直接关系总是被评价	（默认值:0）
ECO	错误码输出:对于 ECL=0 和 ECO=0,为正常情况;对于 ECL=0 和 ECO>0,存在着一个配置错误。本输出必须考虑与 ECO 输出有直接关系总是被评价 有关 ECL 和 ECO 更详细的说明可参见:配置指导,Profibus DP 耦合	（默认值:0）
CDM	指出耦合状态:有故障 CDM=0;无故障 CDM=1	（默认值:0）
QTS	功能块的运行状态:对于 QTS=0,存在一个不可修复的错误,对于 QTS=1,功能块是在正常运行	（默认值:0）

技术数据:见表 10-191。

表 10-191　@CSPRO 功能块技术数据

计算时间	150.0μs
可被配置到	循环式任务
被执行的模式	初始化模式 常规模式
特殊性能	功能块不能按任务组被禁止

15. @CSU 功能块

符号:见图 10-108。

简要说明:功能块初始化和监视 USS 的主耦合（CS7 带 SS4 模块）。但功能块只能在采样周期 32ms≤TA≤255ms 被配置,否则在通信出错区里就会有一个登录。

运行模式:当功能块被初始化时,会做通用的准备去使耦合使能。只有在常规模式已经被执行几次之后,耦合才会使能。在耦合已经被使能之后,中心块监视传送和接收被正确地记录,并监视 SS4 模块的运行状态,如果需要,可以再组织。在每一个处理循环,功能块的输出 ECL、ECO 和 CDM 都被更新。通过设置 CDV 输入,整个数据接口会被重新格式化。这种选择是必需的如果:

- 有一个应用（例如用 MSI 信息评价功能块）;
- 网络管理器（@NMC 功能块）。

由于没有足够的存储空间,不能在数据接口的通道记录一个标志。

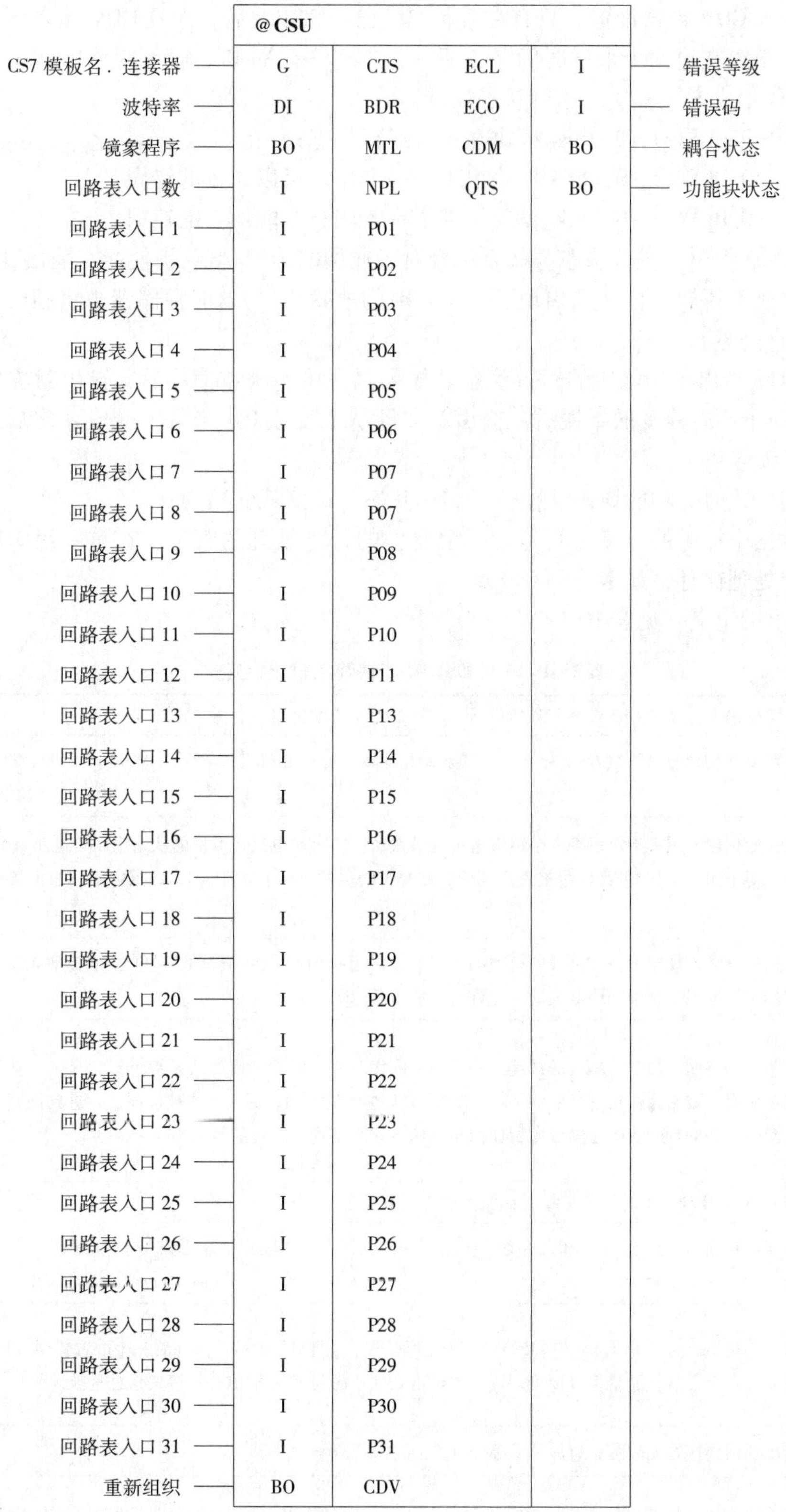

	@CSU			
CS7 模板名.连接器 ——	G	CTS	ECL	I —— 错误等级
波特率 ——	DI	BDR	ECO	I —— 错误码
镜象程序 ——	BO	MTL	CDM	BO —— 耦合状态
回路表入口数 ——	I	NPL	QTS	BO —— 功能块状态
回路表入口 1 ——	I	P01		
回路表入口 2 ——	I	P02		
回路表入口 3 ——	I	P03		
回路表入口 4 ——	I	P04		
回路表入口 5 ——	I	P05		
回路表入口 6 ——	I	P06		
回路表入口 7 ——	I	P07		
回路表入口 8 ——	I	P07		
回路表入口 9 ——	I	P08		
回路表入口 10 ——	I	P09		
回路表入口 11 ——	I	P10		
回路表入口 12 ——	I	P11		
回路表入口 13 ——	I	P13		
回路表入口 14 ——	I	P14		
回路表入口 15 ——	I	P15		
回路表入口 16 ——	I	P16		
回路表入口 17 ——	I	P17		
回路表入口 18 ——	I	P18		
回路表入口 19 ——	I	P19		
回路表入口 20 ——	I	P20		
回路表入口 21 ——	I	P21		
回路表入口 22 ——	I	P22		
回路表入口 23 ——	I	P23		
回路表入口 24 ——	I	P24		
回路表入口 25 ——	DI	P25		
回路表入口 26 ——	I	P26		
回路表入口 27 ——	I	P27		
回路表入口 28 ——	I	P28		
回路表入口 29 ——	I	P29		
回路表入口 30 ——	I	P30		
回路表入口 31 ——	I	P31		
重新组织 ——	BO	CDV		

图 10-108　@CSU 功能块符号

如果块输入 CDV 被再设置，只有在重新组织已经完成之后，而且 CDV 输入已复位（即已经为零）了，至少在这两个采样时间条件下才会被考虑。否则，输入的数据就被忽略。块输出 ECL 和 ECO 指出 SS4 模块的运行状态如下：

对于 ECL = 0 和 ECO = 0，SS4 模块在正常运行状态；

对于 ECL = 0 和 ECO > 0，SS4 模块出现了一个用户可以纠正的错误；

对于 ECL > 0 和 ECO > 0，SS4 模块出现了一个用户不能纠正的错误。

块输出 CMD 指出了耦合状态。如果耦合对于通用的传送/接收被使能，输出就成为 1。在耦合被初始化或重新初始化（在出现了一个暂时的故障后），这时存储器被重新格式化，块输出 CMD 就一直是零。

块输出 QTS 指出了功能块的运行状态。如果耦合第一次被使能后，输出就立即从 0 变成 1。当确认了一个不能修复的错误后，输出就立即从 1 变成 0。当从 1 变成 0 之后，输出就保持为 0（最终状态）。

如果在初始化时，功能块确认了一个出错状态，该值就保持为 0。

在技术数据中提供的计算时间是对一个典型的任务处理的时间。在重新组织时，计算时间要延长几个处理循环，最多达到 420μs。

输入/输出端定义：见表 10-192。

表 10-192　@CSU 功能块输入输出端定义

CTS	初始化输入：规定 CS7 模板和连接器 X01、X02 或 X03 配置名
BDR	规定 USS 协议波特率（单位为 bit/s）的初始化输入。允许的数值为 9600、19200、38400、93750 和 187500（默认值：19200）
MTL	该初始化输入用来指定是否一个镜像电报要被发送。该镜像电报被编址的从站用回答电报（镜像的）立即返回。对于 MTL = 1，镜像电报被发送到所有被配置的从站；对于 MTL = 0，数据电报在被配置的从站之间交换（默认值：0）
NPL	该初始化输入规定了在回路表中有效的入口数。对于 NPL = 0，回路表不被处理。在这种情况下，从站按照它们的站地址根据增量顺序被编址。允许的数值为 0~31（默认值：0）
P01~P30	这些初始化输入规定了连接的被编址的从站的顺序。输入值被转换成从站地址，如果一个从站在回路表中被配置多次，该站就被较频繁的编址。只有用 NPL 输入配置的数据入口才被校该，并进到回路表中。剩下的输入都是无关的。配置时必须以不留任何空隙的方式来实现。允许的数值为 0~31（默认值：0）
CDV	当 CDV 从 0 变为 1 时，数据接口存储器被重新格式化（默认值：0）
ECL	错误级别输出。对于 ECL > 0，存在一个不可修复的错误。本输出必须考虑与 ECO 输出有直接关系总是被评价（默认值：0）
ECO	错误码输出。对于 ECL = 0 和 ECO = 0，为正常情况；对于 ECO > 0，存在着一个配置错误（ECL = 0）或者存在着一个不可修复的错误（ECL > 0）。本输出必须考虑与 ECL 输出有直接关系总是被评价（默认值：0）
CDM	指出通信连接有无故障；有故障 CDM = 0，无故障 CDM = 1
QTS	功能快的运行状态。对于 QTS = 0，存在一个不可修复的错误；对于 QTS = 1，功能块是在正常运行（默认值：0）

技术数据：见表 10-193。

表 10-193 @CSU 功能块技术数据

计算时间	39.3μs
可被配置到	循环式任务
被执行的模式	初始化模式 常规模式
特殊性能	对任务组，功能块不能被禁止

10.3.5 SIMADYN D 控制系统配置举例

某钢厂可逆轧机主传动为直流电动机传动。电动机功率为 5000kW，电压为 860V。电动机电枢采用三相桥式可逆晶闸管变流器供电。整流变压器为 Ydy 联结，构成 12 脉波整流系统。电动机励磁亦由不可逆晶闸管整流器供电。控制系统由 SIMADYN D 控制系统构成。该控制系统的配置见图 10-109。

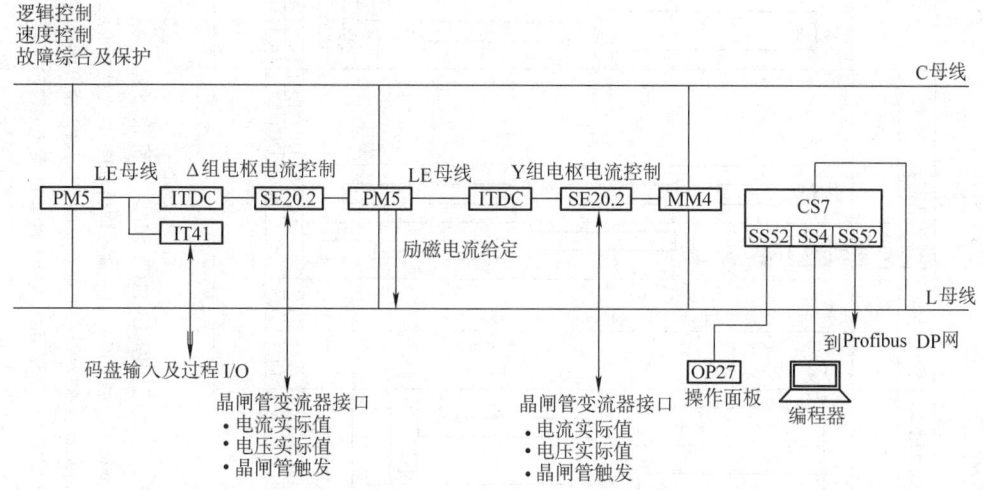

图 10-109 SIMADYN D 控制系统配置

控制系统选用了一个 SR24.3 24 槽机箱，机箱的布置见图 10-110。

在该系统中所选用的 SIMADYN D 系列主要的模板、模块见表 10-194。

表 10-194 选用的 SIMADYN D 系列主要的模板、模块

名 称	型号	数量	名 称	型号	数量
处理器模板	PM5	2个	通信支持模板	CS7	1个
程序存储器子模块	MS5	2个	通信子模块	SS4	1个
扩展模板	ITDC	2个	通信子模块	SS52	2个
扩展模板	IT41	1个	面板操作器（人机接口）	OP27	1个
变流器接口模板	SE20.2	2个	同步电源检测板（接口模板）	SA60.1	1个
耦合存储器模板	MM4	1个			

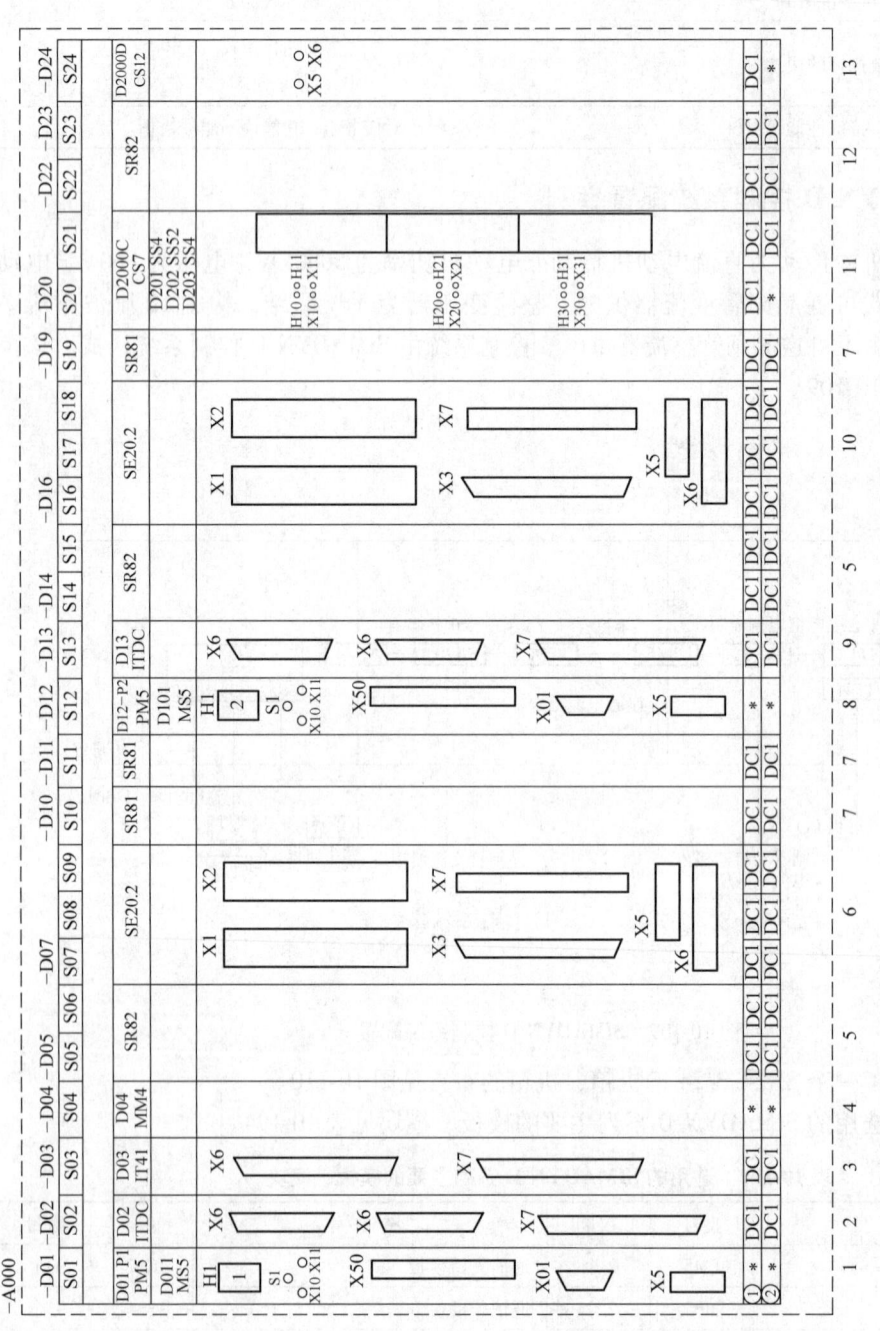

图 10-110 SR24.3 机箱布置

1—处理器模板 2—输入输出模板(变流器控制扩展) 3—输入输出模板(速度控制扩展) 4—缓冲器存储模板 5—两个槽位盖板 6—变流器接口模板(D组) 7—一个槽位盖板 8—处理器接口板 9—输入输出模板(SS2 用于 OP27) 10—变流器接口模板(Y组) 11—通信模板(SS4 为编程板)(SS2 用于 ET200)(SS2 用于 OP27) 12—两个槽位盖板 13—机架间耦合通信模板

① C 总线菊花链　② L 总线菊花链

注:* 为无菊花链; DC1 为有菊花链。

在图 10-109 中，PM5 模板完成速度控制、电枢电流控制、励磁电流控制和故障综合及保护等功能。PM5 的应用程序存在程序存储器子模块 MS5 中，MS5 插入 PM5 模板内（图 10-109 中未表示出）。扩展模板 ITDC 和 IT41 均通过局部母线 LE 与 PM5 通信，有较强的实时性。ITDC 模板用于晶闸管变流器触发控制。IT41 模板用于接收速度反馈用脉冲编码器的信号和过程 I/O 信号。

SE20.2 是 SIMADYN D 控制系统与晶闸管变流器之间的接口，它提供触发脉冲，并取得和监视电流和电压的实际值，用于监控和诊断保护用。SE20.2 模板插在机箱内，但不与 Cbus 和 Lbus 相连接。

MM4 是通信缓冲存储器，它把 Cbus 和 Lbus 联系起来。

通信支持模板 CS7 与 Lbus 相连，CS7 中最多可插入 3 个通信子模块。在本例中，CS7 插入了 1 个 SS4 通信子模块和 2 个 SS52 通信子模块。SS4 通信子模块可与编程器相连，通过编程器可对 SIMADYN D 系统的参数进行修改，也可改变其应用程序。2 个 SS52 子模块中之一与操作面板 OP27 相连，操作人员可通过 OP27 对 SIMADYN D 系统进行调试和观察系统的运行情况。另 1 个 SS52 子模块用来将 SIMADYN D 系统与 Profibus DP 网相连，通过该网可接受上级系统的指令或将 SIMADYN D 系统的有关状态和信息报告给上级系统，也可通过该网与远程终端如 ET200 连网。

同步电源检测板 SA60.1 不在机箱内，但与机箱装在同一个控制柜内。它给晶闸管触发系统提供一个相位稳定可靠的同步电源。

在图 10-110 中，SR81、SR82 是槽位盖板，其作用是给机箱中没有用到的槽位（空的槽位）提供一个合适的盖板。

在本例的 SIMADYN D 控制系统中，还需要一些用于数字量和模拟量输入/输出的接口模块，并可装在控制柜内的特殊插座成导轨上。还有用于模板、模块之间连接的专用电缆等，在此不再一一列出。

参 考 文 献

[1] 西门子公司. DA21 SIMOREG 全数字直流调速装置样本, 2002.
[2] 西门子公司. 6RA1700-0AD50 SIMOREG DC Master 6RA70 系列全数字直流调速装置 6kW ~ 1900kW 使用说明书.
[3] 西门子公司. DA65 Vector Control SIMOVERT MASTERDRIVES VC 三相交流传动系统电压源型变频调速样本. 10. 2003/2004.
[4] 西门子公司. 6SE7085-0QX60 版本 AE SIMOVERT MASTERDRIVES 矢量控制使用大全.
[5] 西门子公司. DA99 SIMADYN D Control System. 1999.
[6] 西门子公司. 6DD-1987-1AB2 SIMADYN D Function Block Library Reference Manual.
[7] 天津电气传动设计研究所电器厂. 变速传动和低压配电系统配套系列选用手册. 2003.
[8] 天津同德实业有限公司. YB101-2004 电抗器、变压器选用手册.

第11章 电气传动装置的谐波治理和无功补偿

11.1 概论

由于电力电子器件的非线性和波形非正弦的特点,由电力电子器件组成的电气传动自动化装置的电源侧(网侧)的电流不仅含有基波,还包含有丰富的谐波。而由半控型电力电子器件组成的电气传动装置又具有固有的功率因数低的缺点。这些都会给电网的运行和效率带来不良的影响,同时也会对接在该公用电网中的其他用电设备带来一些不良的影响甚至危害。

随着由电力电子器件组成的电气传动自动化装置的广泛应用和容量的不断增加,上述给公用电网和其他用电设备带来的不良影响(有人称之为电网污染或公害)日益显著。因此,在设计或构成一个大型的电气传动自动化系统时,必须考虑谐波治理和功率因数及无功功率补偿的问题。

11.1.1 谐波对公用电网的影响

注入公用电网的谐波会产生以下的不良影响:
(1) 使电网电压波形畸变,供电质量下降。
(2) 谐波电流引起无功功率增加,降低功率因数。
(3) 使接在同一电网中的变压器、交流电机等损耗加大,加速绝缘老化,还会使这些设备的振动和噪声增加。
(4) 使接在同一电网中的电力电容器可能由于对谐波电流的放大而过电流。
(5) 谐波可能在公用电网中产生并联谐振引起过电压而损坏电网中的其他用电设备。
(6) 谐波可能引起公用电网中继电保护设备的误动作和影响仪用互感器等检测仪表的精度。
(7) 谐波对邻近的弱电系统,包括通信系统和电子设备产生干扰。

11.1.2 公用电网对谐波的限制

我国在1993年颁布了国家标准 GB/T14549—1993《电能质量 公用电网谐波》。该国标适用于交流额定频率为50Hz、标称电压110kV及以下的公用电网。在该标准中,对公用电网电压畸变率的限制和对注入公共连接点的谐波电流的允许值及有关的定义、计算方法及测试方法都做了规定。本节中给出的具体数值和计算方法均依据该国家标准。在新国标 GB/T 10236—2006《半导体变流器与供电系统的兼容及干扰防护导则》中,已将 GB/T 14549—1993 国标中有关条文引用而成为新国标的条文。

11.1.2.1 允许的电网电压畸变率

公用电网中允许的各次谐波电压(相电压)的含有率及电压总畸变率的限值见表11-1。
在表11-1中 h 次谐波电压含有率 HRU_h 定义为

$$HRU_h = \frac{U_h}{U_1} \times 100 \quad (\%) \tag{11-1}$$

式中 U_h——h 次谐波电压（方均根值）；
U_1——基波电压（方均根值）。

表 11-1 公用电网允许的电压畸变率

电网标称电压 /kV	电压总谐波畸变率 (%)	各次谐波电压含有率（%）	
		奇 次	偶 次
0.38	5.0	4.0	2.0
6	4.0	3.2	1.6
10			
35	3.0	2.4	1.2
66			
110	2.0	1.6	0.8

HRU_h 也可按下式计算：

$$HRU_h = \frac{\sqrt{3}Z_h I_h}{10 U_N} \ (\%) \tag{11-2}$$

式中 I_h——h 次谐波电流（A）；
U_N——电网的标称电压（kV）；
Z_h——系统对 h 次谐波电流的阻抗（Ω）。

系统对 h 次谐波电流的阻抗 Z_h 可按下式估算：

$$Z_h = \frac{h U_N^2}{S_K} \tag{11-3}$$

式中 S_K——公共连接点的三相短路容量（MVA）。

电压总谐波畸变率 THD_u 可按下式计算：

$$THD_u = \frac{U_H}{U_1} \times 100\% \tag{11-4}$$

式中 U_1——基波电压（方均根值）；
U_H——谐波电压含量，按式（11-5）计算。

$$U_H = \sqrt{\sum U_h^2} \tag{11-5}$$

在计算电压总谐波畸变率 THD_u 时，在计算谐波电压含量 U_H 时，一般只考虑取 h 为 2~25 次，$h>25$ 的谐波电压可以忽略不计。

11.1.2.2 允许用户注入电网的谐波电流

注入公共连接点的谐波电流允许值见表 11-2。

表 11-2 注入公共连接点的谐波电流允许值

标称电压 /kV	基准短路容量 /MVA	谐波次数和谐波电流允许值/A											
		2	3	4	5	6	7	8	9	10	11	12	13
0.38	10	78	62	39	62	26	44	19	21	16	28	13	24
6	100	43	34	21	34	14	24	11	11	8.5	16	7.1	13
10	100	26	20	13	20	8.5	15	6.4	6.8	5.1	9.3	4.3	7.9
35	250	15	12	7.7	12	5.1	8.8	3.8	4.1	3.1	5.6	2.6	4.7
66	500	16	13	8.1	13	5.4	9.3	4.1	4.3	3.3	5.9	2.7	5.0
110	750	12	9.6	6.0	9.6	4.0	6.8	3.0	3.2	2.4	4.3	2.0	3.7

（续）

标称电压 /kV	基准短路容量 /MVA	谐波次数和谐波电流允许值/A											
		14	15	16	17	18	19	20	21	22	23	24	25
0.38	10	11	12	9.7	18	8.6	16	7.8	8.9	7.1	14	6.5	12
6	100	6.1	6.8	5.3	10	4.7	9.0	4.3	4.9	3.9	7.4	3.6	6.8
10	100	3.7	4.1	3.2	6.0	2.8	5.4	2.7	2.9	2.3	4.5	2.1	4.1
35	250	2.2	2.5	1.9	3.6	1.7	3.2	1.5	1.8	1.4	2.7	1.3	2.5
66	500	2.3	2.6	2.0	3.8	1.8	3.5	1.6	1.9	1.5	2.8	1.4	2.6
110	750	1.7	1.9	1.5	2.8	1.3	2.5	1.2	1.4	1.1	2.1	1.0	1.9

当公共连接点的最小短路容量与表 11-2 所列的基准短路容量不同时，表 11-2 中的谐波电流允许值可按下式换算：

$$I_h = \frac{S_{K1}}{S_{K2}} I_{hp} \tag{11-6}$$

式中 S_{K1}——公共连接点的最小短路容量（MVA）；

S_{K2}——表 11-2 中的基准短路容量（MVA）；

I_{hp}——表 11-2 中的 h 次谐波电流允许值（A）；

I_h——短路容量为 S_{K1} 时的 h 次谐波电流允许值（A）。

两个谐波源的同次谐波电流在一条线路的同一相上叠加时，若同次谐波电流的相位差已知时，可按下式计算合成的谐波电流 I_h（A）：

$$I_h = \sqrt{I_{h1}^2 + I_{h2}^2 + 2I_{h1}I_{h2}\cos\theta_h} \tag{11-7}$$

式中 I_{h1}——谐波源 1 的 h 次谐波电流（A）；

I_{h2}——谐波源 2 的 h 次谐波电流（A）；

θ_h——谐波源 1 和谐波源 2 的 h 次谐波电流之间的相位差。

若 θ_h 不知时，可按下式估算合成的谐波电流 I_h（A）：

$$I_h = \sqrt{I_{h1}^2 + I_{h2}^2 + K_h I_{h1} I_{h2}} \tag{11-8}$$

式中 K_h——计算系数，可按表 11-3 选取。

表 11-3 计算系数 K_h 的取值表

h	3	5	7	11	13	9 次，>13 次，偶次
K_h	1.62	1.28	0.72	0.18	0.08	0

若两个以上同次谐波电流叠加时，先将两个谐波电流相叠加，然后把叠加后的谐波电流再和第三个谐波电流相叠加，以此类推。

同一个公共连接点的每个用户向电网注入的谐波电流允许值按此用户在该点的协议容量与其公共连接点的供电设备容量之比进行分配。在公共连接点处第 i 个用户的第 h 次谐波电流允许值 I_{hi}（A）按下式计算：

$$I_{hi} = I_h \times \left(\frac{S_i}{S_t}\right)^{\frac{1}{\alpha}} \tag{11-9}$$

式中 I_h——按式（11-6）换算的 h 次谐波电流允许值（A）；

S_i——第 i 个用户的用电协议容量（MVA）；
S_t——公共连接点的供电设备容量（MVA）；
α——相位叠加系数，按表 11-4 取值。

表 11-4　相位叠加系数 α 的取值表

h	3	5	7	11	13	9 次，>13 次，偶次
α	1.1	1.2	1.4	1.8	1.9	2

11.1.3　功率因数和无功功率对公用电网的影响

一般说来，由电力电子器件组成的电气传动自动化装置，特别是由半控型电力电子器件组成的电气传动自动化装置，其功率因数都比较低。功率因数低对公用电网的影响主要在于：

(1) 在传送同样有功功率条件下，功率因数低就意味着供电设备（电网）要付出更大的电流。这会增加供电设备的容量，使供电设备及线路利用率下降，电网供电能力下降。更大的电流使供电设备及线路的有功损耗增加，并由此使供电设备及线路的温升增高，加速绝缘老化。

(2) 无功电流会增加供电设备及线路的电压损失，线路末端电压降低，影响用电设备的正常工作。

(3) 冲击性的无功电流引起电网电压波动和闪变，严重情况下还会影响电网的稳定性。此外，电压波动还会对计量、检测、保护、控制等设备和系统产生干扰。

11.1.4　公用电网对功率因数和无功功率的要求

如 11.1.3 节所述，由于功率因数低会给电网带来一些不良影响，所以供电企业对用户的功率因数和无功功率的冲击都有一定的限制。

11.1.4.1　对功率因数的要求

我国原电力工业部在 1996 年 10 月以中华人民共和国电力工业部第 8 号令的方式发布实施了《供电营业规则》。该规则第四章"受电设施建设与维护管理"中的第四十一条规定：无功电力应就地平衡。用户应在提高用电自然功率因数的基础上，按有关标准设计和安装无功补偿设备，并做到随其负荷和电压变动及时投入或切除，防止无功电力倒送。除电网有特殊要求的用户外，用户在当地供电企业规定的电网高峰负载时的功率因数应达到下列规定：

100kVA 及以上高压供电的用户功率因数为 0.90 以上。

其他电力用户和大、中型电力排灌站、趸购转售电企业，功率因数为 0.85 以上。

农业用电，功率因数为 0.80。

凡功率因数不能达到上述规定的新用户，供电企业可拒绝接电。对已送电的用户，供电企业应督促和帮助用户采取措施提高功率因数。对在规定期限内仍未采取措施达到上述要求的用户，供电企业可中止或限制供电。

为了鼓励用户提高功率因数，有关的供电部门还出台了随用户功率因数不同而变化的带有奖惩性质的电费计价方法。用户的功率因数超过《供电营业规则》规定的标准值时，电价可以下调。用户的功率因数低于《供电营业规则》规定的标准值时，电价就要上调。例如：对于标准功率因数为 0.9 的用户，若将实际功率因数提高到 0.92，电价就可以降低 0.3%，而如果实际功率因数降低为 0.85 时，电价就要增加 3%。

11.1.4.2 对冲击性无功功率的限制

冲击性无功功率会带来电网电压的波动，影响供电电压的质量。当电压波动超过允许值时，就应采取措施来减少冲击性无功功率。

我国国家标准 GB/T 12326—2008《电能质量　电压波动和闪变》中规定的电力系统公共供电点由于冲击性功率负载产生的电压波动限值见表 11-5。

表 11-5　电压波动限值

$r/$（次/h）	d（%）	
	LV、MV	HV
$r \leqslant 1$	4	3
$1 < r \leqslant 10$	3*	2.5*
$10 < r \leqslant 100$	2	1.5
$100 < r \leqslant 1000$	1.25	1

注：1. 很少的变动频度 r（每日少于 1 次），电压变动限值 d 还可以放宽，但不在标准中规定。
　　2. 对于随机性不规则的电压波动，如电弧炉负载引起的电压波动，表中标有"*"的值为其限值。
　　3. 参照 GB/T 156—2007，本标准中系统标称电压 U_N 等级按以下划分：
　　　低压（LV）　　　　$U_N \leqslant 1$ kV
　　　中压（MV）　　　　1 kV $< U_N \leqslant 35$ kV
　　　高压（HV）　　　　35 kV $< U_N \leqslant 220$ kV

电压波动限值 d 的定义为：电压调幅波中相邻两个极值电压方均根之差，以额定电压的百分数表示。d 的变化速度应不低于每秒 0.2%。

电压波动限值 d 与无功冲击量 ΔQ 和电网的短路容量 S_K 有关。通常，它们之间的关系可用下式表示：

$$d = \frac{\Delta Q}{S_K} \times 100\% \tag{11-10}$$

由式（11-10）可知：电压波动限值与无功冲击量 ΔQ 成正比，与电网的短路容量 S_K 成反比。在电压波动限值一定的条件下，电网的短路容量越大，允许的无功冲击量就越大。

11.2　谐波电流计算

本节所说的谐波电流计算是指电源侧（网侧）谐波电流的计算。谐波电流计算的基本方法是傅里叶级数分解法。下面各节的计算结果也主要是基于傅里叶级数分解得到的。不过有的计算结果考虑到了工程应用的经验而加以适当的修正，有的是用计算机仿真得到的结果。

11.2.1　直流传动整流装置的谐波电流

在直流传动系统中的整流装置，其负载是电阻（反电动势）-电感性质，本节介绍常用的网侧谐波电流计算方法。

假设网侧电压、供电变压器参数、电抗器参数和触发延迟角等均各相对称，整流电流按近似方波考虑。在上述条件下，网侧谐波电流次数 h 为

$$h = km \pm 1 \tag{11-11}$$

式中　k——正整数，$k = 1, 2, 3\cdots$；

m——整流装置输出电压脉波数。

当 $m=6$（例如：三相桥式整流）时，谐波电流的次数为 5、7、11、13、17、19、23、25 …。在考虑谐波电流的影响时，一般情况下，考虑到 25 次已足够。

这种次数为正整数的谐波又称为特征谐波。实际上，由于各种非理想因素的存在，例如：电网电压的不对称、触发延迟角不对称的影响，还存在着非特征次数或不是正整数的分数次谐波。但这些谐波的幅值通常都很小，在工程设计计算中一般可以不考虑它们的影响。

h 次谐波电流的有效值 I_h 可按下式计算：

$$I_h = \frac{I_1}{h} \times \frac{\sin(h\gamma/2)}{h\gamma/2} \tag{11-12}$$

式中 I_1——网侧基波电流有效值；

γ——换相重叠角（rad）。

当换相重叠角很小时，$\frac{\sin(h\gamma/2)}{(h\gamma/2)} \approx 1$，式（11-12）成为

$$I_h = \frac{I_1}{h} \tag{11-13}$$

按式（11-12）计算得出的谐波电流，特别是高次数的谐波电流都偏大。在工程设计计算中，可按式（11-14）计算 h 次谐波电流的有效值 I_h。

$$I_h = k_h \times \frac{I_1}{h} \tag{11-14}$$

式中 I_1——网侧基波电流有效值；

k_h——修正系数，可按脉波数 m 从表 11-6 中查得。

表 11-6 修正系数 k_h 的取值表

h	5	7	11	13	17	19	23	25
$m=6$	1.0	1.0	0.75	0.70	0.50	0.40	0.25	0.20
$m=12$	0.3	0.3	0.75	0.70	0.20	0.15	0.25	0.20

在表 11-6 中，$m=12$ 也包括由两个 $m=6$ 的整流单元并联或串联，这两个整流单元的电源相位差 30°，而构成 $m=12$ 的整流装置［即为（B6C）2P 或（B6C）2S 接法的整流器］。

对于 $m=6$ 的整流装置，也可按下式估算谐波电流 I_h：

$$I_h = \frac{I_1}{\left(h - \dfrac{5}{h}\right)^{1.2}} \tag{11-15}$$

对于换相重叠角较小的整流装置，用式（11-14）或式（11-15）计算谐波电流较为合适。对于换相重叠角较大的整流装置，可用式（11-12）计算谐波电流并参照表 11-6 对次数较高的谐波电流做适当的修正。

对于广泛应用的三相桥式的整流装置，其网侧基波电流有效值 I_1 可按下式计算：

$$I_1 = \frac{\gamma/2}{\sin(\gamma/2)} \times \frac{\sqrt{6}}{\pi} I_d \tag{11-16}$$

式中 I_d——整流电流平均值；

γ——换相重叠角（rad）。

当 γ 很小时：

$$I_1 = \frac{\sqrt{6}}{\pi}I_d = 0.78I_d \tag{11-17}$$

11.2.2 交-交变频器的谐波电流

交-交变频器实际上就是其直流输出电压按正弦波调制的可逆整流器。因此，它和一般的整流器一样，其网侧电流中除基波外，也含有 $km \pm 1$ 次的整数次谐波电流。这些谐波电流的频率只和交-交变频器的输入（网侧）频率和相数有关，称为特征谐波。除此之外，其网侧电流中还存在着与交-交变频器的输出频率和相数有关的非整数次谐波电流，称为旁频谐波。交-交变频器网侧电流总的频谱为

$$f_v = \sum |(pm \pm 1)f_n \pm 2qnf_O| \tag{11-18}$$

式中 f_v——交-交变频器网侧电流的频率；

f_n——交-交变频器电源（电网）的频率；

f_O——交-交变频器输出的频率；

m——交-交变频器对电源的脉波数；

n——交-交变频器输出的相数；

p——正整数，$p = 0, 1, 2, 3\cdots$；

q——正整数，$q = 1, 2, 3\cdots$。

例如：对电源为 6 脉波、输出为三相的交-交变频器，其网侧电流除了有 $f_v = f_n$ 的基波外，还有 $f_v = 5f_n$、$7f_n$、$11f_n$、$13f_n\cdots$整数次的特征谐波，以及 $f_v = f_n \pm 6qf_O$、$5f_n \pm 6qf_O$、$7f_n \pm 6qf_O$、$11f_n \pm 6qf_O$、$13f_n \pm 6qf_O\cdots$，一般是非整数次的旁频谐波。而实际上，由于变频器的输出电流不是完全的正弦波以及输出电流过零死区等的影响，还存在 $\pm 2qf_O$、$\pm 4qf_O$ 的旁频。由于交-交变频器网侧电流谐波的次数和大小不仅与输入频率、输出频率和相数有关，而且还和变频器主电路的结构有关。因此理论计算各谐波的次数和大小是很复杂的[17]。由于理论计算比较困难，并且做了很多理想化的假设，其计算得到的结果与实际情况有相当的差距，因此在工程应用中，一般是采用计算机仿真或与类似应用现场实测数据相比较的方法来确定变频器网侧谐波电流。表 11-7 给出了一个 6 脉波整流的三相交-交变频器通过计算机仿真得到的交-交变频器各次谐波电流有效值与基波电流有效值之比的数据，可供参考。

表 11-7 谐波电流有效值与基波电流有效值之比（%）

f_v/Hz	50	250	350	550	650
$0f_O$	100.0	11.8	5.5	2.2	1.5
$-2f_O$	1.5	1.5	1.0	1.0	1.0
$+2f_O$	1.5	1.5	1.0	1.0	1.0
$-4f_O$	1.5	1.5	1.0	1.0	1.0
$+4f_O$	1.5	1.5	1.0	1.0	1.0
$-6f_O$	6.4	1.5	1.0	1.0	1.0
$+6f_O$	3.4	3.6	2.6	1.0	1.0
$-12f_O$	2.8	2.0	1.9	1.0	1.0
$+12f_O$	1.1	1.0	1.0	1.0	1.0
$-18f_O$	1.0	1.0	0.7	0.7	0.7

(续)

f_v/Hz	50	250	350	550	650
$+18f_0$	1.0	1.0	0.7	0.7	0.7
$-24f_0$	1.0	1.0	0.7	0.7	0.7
$+24f_0$	1.0	1.0	0.7	0.7	0.7

由表 11-7 可知:交-交变频器的特征谐波的次数与直流传动整流装置的特征谐波的次数相同,不过其幅值却比较小,这对谐波治理是有利的。但交-交变频器有非特征谐波(旁频),其频谱很广,而且其频率与变频器的输出频率有关,这一点给交-交变频器的谐波治理带来一些不利的因素。

11.2.3 电压源交-直-交变频器的谐波电流

本节讨论的是目前在中小功率变频器中应用最广泛的电压源交-直-交变频器的谐波电流。这种变频器由整流器(交流整流成直流)和逆变器(直流逆变成交流)两部分组成。通常,整流器为三相桥式不可逆或可逆整流,输出侧有大电容可看作是电压源,逆变器为 PWM 方式。

11.2.3.1 变频器网侧谐波电流的次数

对电网而言,变频器就是一个整流装置,其网侧谐波电流次数 h 为

$$h = km \pm 1 \tag{11-19}$$

式中 k——正整数,$k = 1,2,3\cdots$;
m——整流器整流脉波数。

整流器为三相桥式整流($m = 6$)时,变频器网侧谐波电流的次数为 5、7、11、13、17、19、23、25…。在考虑谐波电流的影响时,一般情况下,考虑到 25 次已足够。

11.2.3.2 变频器网侧电流的谐波含量

变频器中的整流器与 11.2.1 节所述的直流传动整流装置有所不同:变频器中整流器的负载是电容-电阻性质,在轻载时,整流器网侧电流可能不连续,即使负载增加而使电流连续时,其波形也与直流传动整流装置网侧电流的波形不一样。一般说来,电压源交-直-交变频器网侧电流的谐波含量要比直流传动整流装置网侧电流的谐波含量要大一些。

由于整流器的负载是电容-电阻性质,因此理论计算网侧谐波比较复杂。多数较知名的变频器厂商都可以提供所制造的变频器的谐波含量的数据或资料,读者可以据此计算谐波含量。如果得不到相关的数据或资料时,也可由表 11-8 或表 11-9 来估算变频器的谐波含量。

表 11-8 额定负载时谐波含量表

	I_h/I_1(%)							
	5	7	11	13	17	19	23	25
交流侧有电抗器	38	14.5	7.4	3.4	3.2	1.9	1.7	1.3
直流侧有电抗器	30	13	8.4	5.0	4.7	3.2	3.0	2.2
交直流侧都有电抗器	28	9.1	7.2	4.1	3.2	2.4	1.6	1.4

注:1. I_h—h 次谐波电流有效值;I_1—基波电流有效值。
2. 整流器为三相桥式整流,变频器负载为额定值。

表 11-9　不同负载率时基波及谐波含量表

	I_h/I_{ON}（%）							
	基波	5	7	11	13	17	19	23	25
$I_O/I_{ON}=25\%$	26	15	7.8	2.6	1.7	1.3	0.80	0.60	0.46
$I_O/I_{ON}=50\%$	50	23	8.9	4.1	2.3	1.8	1.2	0.82	0.69
$I_O/I_{ON}=75\%$	75	28	8.9	5.4	2.7	2.3	1.7	1.0	0.90
$I_O/I_{ON}=100\%$	100	32	9.1	6.2	3.5	2.5	1.9	1.3	1.2

注：1. I_h——h 次谐波电流有效值。
　　2. I_O——变频器输出电流有效值；I_{ON}——变频器额定输出电流有效值。
　　3. 整流器为三相桥式整流，整流器交流侧有进线电抗器。

11.2.4　TCR 或 TCT 补偿装置的谐波电流

在动态无功补偿中，目前较广泛采用 TCR 或 TCT 方案。所谓 TCR 是指由晶闸管控制电抗器（又称相控电抗器）的方法，而 TCT 是指用晶闸管控制高阻抗变压器的方法，详情可参见本章 11.5.2 节。这种动态无功补偿方法，其补偿装置本身也产生谐波。因此在具有 TCR 或 TCT 补偿装置的系统中，不仅要考虑传动装置产生的谐波，还要考虑 TCR 或 TCT 装置本身产生的谐波。

TCR 或 TCT 装置产生的谐波电流次数 h 为

$$h = 6k \pm 1 \tag{11-20}$$

式中　k——正整数，$k=1, 2, 3 \cdots$。

h 次谐波电流有效值 I_h 可按下式计算：

$$I_h = k_h I_{1N} \tag{11-21}$$

式中　k_h——计算系数，见式（11-82）；
　　　I_{1N}——TCR 中电抗器基波电流有效值或 TCT 中高阻抗变压器一次基波电流有效值。

计算系数 k_h 是 $Z\%$ 和 α 的函数，当 α 变化时，在某一 α 处 k_h 有极值。极值发生在 $\sinh\alpha = 0$ 处。α 的变化范围是从 $\alpha = \alpha_{min}$ 到 $\alpha = 180°$。α_{min} 是 $Z\%$ 的函数，其最小值为 $90°$。由于 TCR 或 TCT 装置中的 α 是随着无功补偿的需要而在 $\alpha = \alpha_{min}$ 到 $\alpha = 180°$ 之间不断变化的，因此在考虑 h 次谐波电流的大小时，应该按在整个工作范围内的最大值来考虑。为了计算方便，列出了表 11-10，读者可直接按表 11-10 来得到在不同的 $Z\%$ 条件下，$\alpha = \alpha_{min}$ 到 $\alpha = 180°$ 之间变化时谐波电流的最大值。

表 11-10　h 次谐波电流最大值与基波电流之比（%）

$Z\%$（%）	$\alpha_{min}/(°)$	h 次谐波电流最大值与基波电流之比（%）							
		$h=5$	$h=7$	$h=11$	$h=13$	$h=17$	$h=19$	$h=23$	$h=25$
50	113.58	8.90	4.15	1.93	1.25	0.79	0.65	0.44	0.37
55	111.19	8.84	3.77	1.75	1.28	0.72	0.60	0.40	0.34
60	108.64	8.41	3.46	1.61	1.18	0.70	0.55	0.38	0.32
65	106.17	7.76	3.67	1.48	1.09	0.65	0.52	0.36	0.30

(续)

$Z\%$ (%)	$\alpha_{min}/(°)$	h 次谐波电流最大值与基波电流之比(%)							
		$h=5$	$h=7$	$h=11$	$h=13$	$h=17$	$h=19$	$h=23$	$h=25$
70	103.76	7.21	3.67	1.38	1.01	0.61	0.46	0.32	0.28
75	101.40	6.73	3.45	1.29	0.95	0.57	0.45	0.31	0.27
80	99.76	6.31	3.23	1.28	0.89	0.53	0.43	0.29	0.25
85	96.78	5.93	3.04	1.24	0.88	0.52	0.40	0.27	0.24
90	94.51	5.61	2.87	1.17	0.84	0.49	0.39	0.26	0.22
95	92.25	5.31	2.72	1.11	0.79	0.46	0.37	0.25	0.21
100	90.00	5.05	2.59	1.05	0.75	0.44	0.35	0.24	0.20

基波电流有效值 I_{1N}(A)可按下式计算:

$$I_{1N} = \frac{Q_C}{\sqrt{3}U} \times 10^3 \quad (11-22)$$

式中 Q_C——TCR 或 TCT 装置的补偿量(Mvar);

U——TCR 或 TCT 装置的额定电压(kV)。

11.2.5 谐波电流计算实例

1. 某轧机直流主传动谐波电流计算

某钢厂轧机直流主传动电网供电单线图见图11-1。

图 11-1 中 10 kV Ⅱ 段母线的短路容量 S_K 数值如下:

最小运行方式时:$S_{Kmin} = 212.8$ MVA

最大运行方式时:$S_{Kmax} = 263.6$ MVA

轧机负载情况如下:

	两辊轧机	四辊万能轧机
最大冲击电流:	8900 A	12000 A
正常轧制电流:	6000~8000 A	8000~9000 A

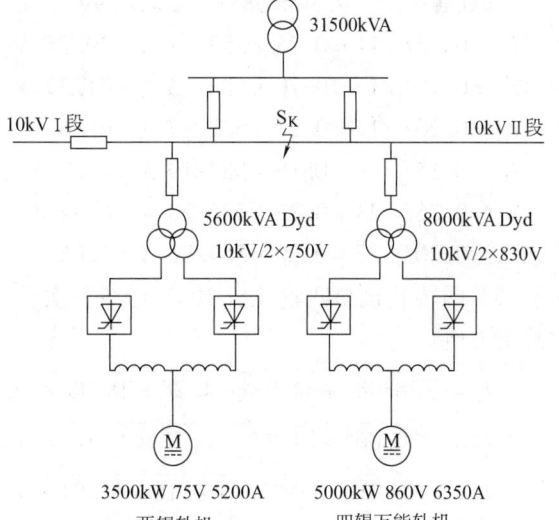

图 11-1 轧机电网供电单线图

(1) 两辊轧机 10kV 母线各次谐波电流 按正常轧制时考虑,正常轧制时整流变压器一次电流基波有效值:

$$I_1 = 8000 \times \sqrt{\frac{2}{3}} \times \frac{3}{\pi} \times \frac{750}{10000} \text{A} = 468 \text{ A}$$

按式(11-14)和表 11-6,由于整流变压器为 Ddy 联结,为 12 相整流,故按 $m=12$ 取 k_h 之值。计算出相应各次谐波电流有效值为

$I_5 = 0.30I_1/5 = 0.30 \times 468/5$ A = 28.08 A

$I_7 = 0.30I_1/7 = 0.30 \times 468/7 \text{ A} = 20.06 \text{ A}$

$I_{11} = 0.75I_1/11 = 0.75 \times 468/11 \text{ A} = 31.91 \text{ A}$

$I_{13} = 0.70I_1/13 = 0.70 \times 468/13 \text{ A} = 25.20 \text{ A}$

$I_{17} = 0.20I_1/17 = 0.20 \times 468/17 \text{ A} = 5.51 \text{ A}$

$I_{19} = 0.15I_1/19 = 0.15 \times 468/19 \text{ A} = 3.69 \text{ A}$

$I_{23} = 0.25I_1/23 = 0.25 \times 468/23 \text{ A} = 5.09 \text{ A}$

$I_{25} = 0.20I_1/25 = 0.20 \times 468/25 \text{ A} = 3.74 \text{ A}$

(2) 四辊万能轧机 10kV 母线各次谐波电流　按正常轧制时考虑，正常轧制时整流变压器一次电流基波有效值为

$$I_1 = 9000 \times \sqrt{\frac{2}{3}} \times \frac{3}{\pi} \times \frac{830}{10000} \text{ A} = 583 \text{ A}$$

按式 (11-14) 和表 11-6，由于整流变压器为 Ddy 联结，为 12 相整流，故按 $m = 12$ 取 k_h 之值。计算出相应各次谐波电流有效值为

$I_5 = 0.30I_1/5 = 0.30 \times 583/5 \text{ A} = 34.98 \text{ A}$

$I_7 = 0.30I_1/7 = 0.30 \times 583/7 \text{ A} = 24.99 \text{ A}$

$I_{11} = 0.75I_1/11 = 0.75 \times 583/11 \text{ A} = 39.75 \text{ A}$

$I_{13} = 0.70I_1/13 = 0.70 \times 583/13 \text{ A} = 31.39 \text{ A}$

$I_{17} = 0.20I_1/17 = 0.20 \times 583/17 \text{ A} = 6.86 \text{ A}$

$I_{19} = 0.15I_1/19 = 0.15 \times 583/19 \text{ A} = 4.60 \text{ A}$

$I_{23} = 0.25I_1/23 = 0.25 \times 583/23 \text{ A} = 6.34 \text{ A}$

$I_{25} = 0.20I_1/25 = 0.20 \times 583/25 \text{ A} = 4.66 \text{ A}$

(3) 两辊轧机与四辊轧机 10kV 母线各次总谐波电流　按式 (11-8)，计算出 10kV 母线各次总谐波电流为

$\sum I_5 = \sqrt{28.08^2 + 34.98^2 + 1.28 \times 28.08 \times 34.98} \text{ A} = 57.18 \text{ A}$

$\sum I_7 = \sqrt{20.06^2 + 24.99^2 + 0.72 \times 20.06 \times 24.99} \text{ A} = 37.25 \text{ A}$

$\sum I_{11} = \sqrt{31.91^2 + 39.75^2 + 0.18 \times 31.91 \times 39.75} \text{ A} = 53.17 \text{ A}$

$\sum I_{13} = \sqrt{25.20^2 + 31.39^2 + 0.08 \times 25.20 \times 31.39} \text{ A} = 41.03 \text{ A}$

$\sum I_{17} = \sqrt{5.51^2 + 6.86^2} \text{ A} = 8.80 \text{ A}$

$\sum I_{19} = \sqrt{3.69^2 + 4.60^2} \text{ A} = 5.90 \text{ A}$

$\sum I_{23} = \sqrt{5.09^2 + 6.34^2} \text{ A} = 8.13 \text{ A}$

$\sum I_{25} = \sqrt{3.74^2 + 4.66^2} \text{ A} = 5.98 \text{ A}$

2. TCR 动态无功补偿装置谐波电流计算　某 TCR 动态无功补偿装置，其额定电压为 10kV，动补量为 25Mvar，相控电抗器的相对阻抗为 70%，计算其在 10kV 电网上产生的谐波电流。按式 (11-22)，相控电抗器基波电流的有效值为

$$I_{1T} = \frac{Q_C}{\sqrt{3}U} \times 10^3 = \frac{25}{\sqrt{3 \times 10}} \times 10^3 \text{ A} = 1443.4 \text{ A}$$

由表 11-10，按 $Z = 70\%$ 查得 h 次谐波电流最大值与基波电流之比，再乘以相控电抗器基波电流的有效值 I_{1T}，即可求得无功补偿装置在 10kV 电网上产生的各次谐波电流有效值分别

为

$I_5 = 7.21\% \times 1443.4 \text{ A} = 104.07 \text{ A}$

$I_7 = 3.67\% \times 1443.4 \text{ A} = 52.97 \text{ A}$

$I_{11} = 1.38\% \times 1443.4 \text{ A} = 19.92 \text{ A}$

$I_{13} = 1.01\% \times 1443.4 \text{ A} = 14.58 \text{ A}$

$I_{17} = 0.61\% \times 1443.4 \text{ A} = 8.80 \text{ A}$

$I_{19} = 0.46\% \times 1443.4 \text{ A} = 6.64 \text{ A}$

$I_{23} = 0.32\% \times 1443.4 \text{ A} = 4.62 \text{ A}$

$I_{25} = 0.28\% \times 1443.4 \text{ A} = 4.04 \text{ A}$

3. 交-直-交变频器谐波电流计算　某三相电压源交-直-交变频器的数据如下：

额定输入电压：380V

额定输出电流：370A

变频器的基波功率因数：≥0.98

变频器的整流器为三相桥式整流，输入侧有进线电抗器。

计算变频器在100%负载率时的各次谐波电流。

由表11-9，即可求得各次谐波电流的有效值分别为

$I_5 = 370 \times 32\% \text{ A} = 118.4 \text{ A}$

$I_7 = 370 \times 9.1\% \text{ A} = 33.67 \text{ A}$

$I_{11} = 370 \times 6.2\% \text{ A} = 22.94 \text{ A}$

$I_{13} = 370 \times 3.5\% \text{ A} = 12.95 \text{ A}$

$I_{17} = 370 \times 2.5\% \text{ A} = 9.25 \text{ A}$

$I_{19} = 370 \times 1.9\% \text{ A} = 7.03 \text{ A}$

$I_{23} = 370 \times 1.3\% \text{ A} = 4.81 \text{ A}$

$I_{25} = 370 \times 1.2\% \text{ A} = 4.44 \text{ A}$

11.3　功率因数计算

11.3.1　功率因数和无功功率的定义

在正弦电压、正弦电流的电路中，有功功率、无功功率、视在功率、功率因数的定义和物理概念都很清楚。在有谐波的非正弦电压和电流的电路中，一般仍是沿用正弦电压、正弦电流电路中的思路建立起有功功率、无功功率、视在功率、功率因数的定义。但其物理概念不甚清楚，因此产生了各种关于功率的新理论，企图能更好地说明非正弦、非线性电路中有功功率、无功功率、视在功率、功率因数的物理意义和它们之间的关系。在本小节计算功率因数和无功功率时，我们还是采用了沿用传统理论建立的定义和表达式。

设非正弦电压 u 和非正弦电流 i 的瞬时值分别为

$$u = \sqrt{2} U_1 \sin(\omega t + \psi_{u1}) + \sum \sqrt{2} U_h \sin(h\omega t + \psi_{uh}) \qquad (11\text{-}23)$$

$$i = \sqrt{2} I_1 \sin(\omega t + \psi_{i1}) + \sum \sqrt{2} I_h \sin(h\omega t + \psi_{ih}) \qquad (11\text{-}24)$$

式中　U_1，I_1——u 和 i 基波的有效值；

U_h, I_h——u 和 i 各次谐波的有效值；
ψ_{u1}, ψ_{i1}——u 和 i 基波的相位角；
ψ_{uh}, ψ_{ih}——u 和 i 各次谐波的相位角；
ω——基波的角频率；
h——谐波次数。

u 和 i 的有效值 U 和 I 分别定义为

$$U = \sqrt{U_1^2 + \sum U_h^2} \tag{11-25}$$

$$I = \sqrt{I_1^2 + \sum I_h^2} \tag{11-26}$$

有功功率 P、视在功率 S、功率因数 λ、无功功率 Q 分别定义为

$$P = \frac{1}{2\pi}\int ui\,d(\omega t) = U_1 I_1 \cos\varphi_1 + \sum U_h I_h \cos\varphi_h \tag{11-27}$$

式中　$\varphi_1 = \psi_{u1} - \psi_{i1}$

$\varphi_h = \psi_{uh} - \psi_{ih}$

$$S = UI = \sqrt{U_1^2 + \sum U_h^2} \times \sqrt{I_1^2 + \sum I_h^2} \tag{11-28}$$

$$\lambda = \frac{P}{S} = \frac{P}{UI} \tag{11-29}$$

$$Q = \sqrt{S^2 - P^2} \tag{11-30}$$

我们考虑的是谐波、无功功率对电网的影响。而一般情况下，电网电压的畸变都很小，因此在工程计算中，可以认为电网电压是正弦而只是电流含有谐波，即认为 $\sum U_h = 0$。这时，若电压的有效值为 U，电流的基波有效值为 I_1，则按照式（11-27）~式（11-30），可写成

$$P = UI_1 \cos\varphi_1 \tag{11-31}$$

式中　$\cos\varphi_1$——电流基波与电压相位差 φ_1 的余弦，称为基波功率因数。

$$S = UI = U\sqrt{\sum I_h^2} \tag{11-32}$$

$$\lambda = \frac{P}{S} = \frac{UI_1\cos\varphi_1}{UI} = \frac{I_1}{I}\cos\varphi_1 = \nu\cos\varphi_1 \tag{11-33}$$

式中　$\nu = I_1/I$——电流基波有效值与电流总有效值之比，称为基波因数。

$$Q = \sqrt{S^2 - P^2} \tag{11-34}$$

由式（11-33）可以看出，在电压不含谐波或谐波很小而电流含有谐波的电路中，功率因数由两部分构成：一部分是由于电流基波与电压的相位差而形成（基波功率因数）；另一部分是由于电流的谐波而形成（基波因数），其物理概念也比较清楚。

以下各小节的计算，都是在忽略电网电压谐波的前提下，即式（11-31）~式（11-34）为基础进行的。在工程计算中，做这样的忽略是允许的。

11.3.2　直流传动整流装置的功率因数

忽略直流电流的脉动，整流装置的电流基波与电压的相位差 φ_1 可按下式计算：

$$\varphi_1 = \alpha + \frac{\gamma}{2} \tag{11-35}$$

式中 α——整流装置的触发延迟角（计算方法参见第 6 章 6.2.2 节）；
γ——整流装置的换相重叠角（计算方法参见第 6 章 6.2.1 节）。

对于三相桥式整流系统，基波因数 ν 可按下式计算：

$$\nu = \sqrt{\frac{3\pi}{3\pi - \gamma}} \cdot \frac{3}{\pi} \cdot \frac{\gamma/2}{\sin(\gamma/2)} \tag{11-36}$$

当换相重叠角 $\gamma = 0$ 时，基波因数 $\nu = 3/\pi = 0.955$。

由式 (11-35)、式 (11-36) 和式 (11-33)，即可计算出三相桥式整流装置的功率因数。下面是一个计算例子：

【例 11-1】 某轧机直流主传动供电单线图如图 11-2 所示，各有关设备的主要参数如下：

整流变压器：4800kVA，10kV/630V $u_k = 8\%$
整流器：630V、6400A 三相桥式可逆整流
直流电动机：3150kW，630V，5400A

计算直流电动机在额定条件下工作时整流装置的功率因数。

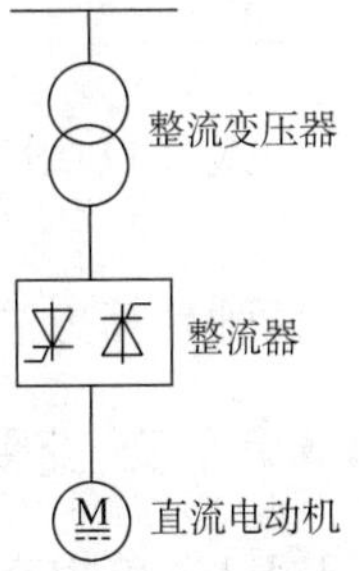

(1) 整流装置触发延迟角 α 由式 (6-44) 可得

$$\cos\alpha = \frac{U_{MN} + nU_{df}}{K_{UV}U_{V\phi}} + K_X u_k = \frac{630 + 2 \times 1.5}{1.35 \times 630} + 0.5 \times 8\% = 0.7843$$

$$\alpha = \arccos(0.7843) = 38.34° = 0.6692 \text{ rad}$$

图 11-2 直流主传动供电单线图

(2) 整流装置换相重叠角 γ 由式 (6-20) 可得

$$\gamma = \arccos[\cos\alpha - 2K_X \times u_k] - \alpha$$
$$= \arccos[0.7843 - 2 \times 0.5 \times 8\%] - 38.34°$$
$$= 45.23° - 38.34° = 6.89°$$
$$= 0.1203 \text{ rad}$$

(3) 电流基波与电压的相位差 φ_1 由式 (11-35) 可得

$$\varphi_1 = \alpha + \frac{\gamma}{2} = 38.34° + \frac{6.89°}{2} = 41.78°$$

(4) 基波因数 ν 由式 (11-36) 可得

$$\nu = \sqrt{\frac{3\pi}{3\pi - \gamma}} \cdot \frac{3}{\pi} \cdot \frac{2/\gamma}{\sin(\gamma/2)}$$
$$= \sqrt{\frac{3\pi}{3\pi - 0.1203}} \times \frac{3}{\pi} \times \frac{2/0.1203}{\sin(6.89°/2)}$$
$$= 0.9603$$

(5) 整流装置的功率因数 λ 由式 (11-33) 可得

$$\lambda = \nu\cos\varphi_1 = 0.9603 \times \cos 41.78° = 0.716$$

另外，也可直接用功率因数的定义式 (11-29) 来计算功率因数。电动机在额定条件下工作时，若忽略整流装置的损耗，整流装置输入端（电源侧）的有功功率 P 就等于电动机的额定输入功率，即

$$P = U_{MN} \times I_{MN} = 630 \times 5400 \times 10^{-3} \text{ kW} = 3402 \text{ kW}$$

对于三相桥式整流系统,整流装置输入电流的有效值 I 可按下式计算:

$$I = \sqrt{\frac{3\pi - \gamma}{3\pi}} \times \sqrt{\frac{2}{3}} \times I_d \tag{11-37}$$

式中 I_d——整流电流平均值。

电动机在额定条件下工作时 $I_d = I_{MN}$,整流装置输入电流的有效值 I 为

$$I = \sqrt{\frac{3\pi - 0.1203}{3\pi}} \times \sqrt{\frac{2}{3}} \times 5400 \text{ A} = 4381 \text{ A}$$

整流装置输入端的视在功率 S 为

$$S = \sqrt{3} UI = \sqrt{3} \times 630 \times 4381 \times 10^{-3} \text{ kVA} = 4781 \text{ kVA}$$

由式(11-29),整流装置的功率因数 λ 为

$$\lambda = P/S = 3402/4788 = 0.711$$

两种计算方法结果是一致的。

11.3.3 交-交变频器的功率因数

11.3.3.1 单相交-交变频器

单相交-交变频器是通过一个可逆整流器直接将三相工频交流电源转变为频率可变的单相交流电源。单相交-交变频器主电路如图 11-3 所示。

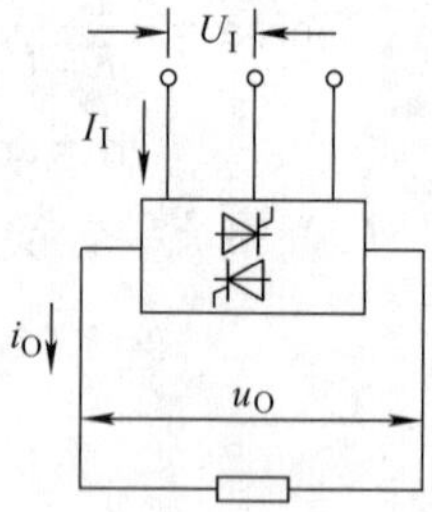

在图 11-3 中:
U_I——变频器输入线电压有效值;I_I——变频器输入线电流有效值;
u_O——变频器输出电压瞬时值; i_O——变频器输出电流瞬时值。

假定 u_O、i_O 都是正弦波形,即

$$u_O = \sqrt{2} U_O \sin\omega_0 t \tag{11-38}$$

$$i_O = \sqrt{2} I_O \sin(\omega_0 t - \varphi) \tag{11-39}$$

图 11-3 单相交-交变频器主电路示意图

式中 U_O——变频器输出电压有效值;
I_O——变频器输出电流有效值;
ω_0——变频器输出电压的角频率;
φ——变频器负载的功率因数角。

若 $\omega_0 \ll \omega$(ω 是变频器输入电源的角频率),则变频器(变频器为三相桥式整流)输入电流在 $\omega_0 t$ 一周期内的有效值 I_I 应为

$$I_I = \frac{2}{\sqrt{3}} \times \frac{I_O}{\sqrt{2}} = \sqrt{\frac{2}{3}} I_O \tag{11-40}$$

在 $\omega_0 t$ 一周期内,变频器输入的视在功率 S_I 为

$$S_I = \sqrt{3} U_I I_I = \sqrt{2} U_I I_O \tag{11-41}$$

不考虑变频器的损耗,则变频器输入有功功率 P_I 与变频器输出有功功率 P_O 相等,即

$$P_I = P_O = U_O I_O \cos\varphi \tag{11-42}$$

变频器的输入功率因数 λ 为

$$\lambda = \frac{P_I}{S_I} = \frac{U_0 I_0 \cos\varphi}{\sqrt{2} U_I I_0} = \frac{U_0 \cos\varphi}{\sqrt{2} U_I} \tag{11-43}$$

考虑到变频器为三相桥式整流，U_0 和 U_I 的关系应为

$$\sqrt{2} U_0 = \frac{3\sqrt{2}}{\pi} U_I \cos\alpha_{min} \tag{11-44}$$

式中 α_{min} ——变频器最小触发延迟角。

将式（11-44）代入式（11-43），变频器的输入功率因数 λ 也可写为

$$\lambda = \frac{3\sqrt{2}}{2\pi} \cos\alpha_{min} \cos\varphi \tag{11-45}$$

当 $\cos\alpha_{min} = 1$ 和 $\cos\varphi = 1$ 时，变频器的输入功率因数 λ 最高，即

$$\lambda_{max} = \frac{3\sqrt{2}}{2\pi} = 0.675 \tag{11-46}$$

11.3.3.2 三相交-交变频器

三相交-交变频器是通过三个可逆整流器直接将三相工频交流电源转变为频率可变的三相交流电源。三相交-交变频器主电路示意图如图 11-4 所示。在图 11-4 中，I_{IA}、I_{IB}、I_{IC} 为三相输入电流的有效值；i_{Oa}、i_{Ob}、i_{Oc} 为三相输出电流的瞬时值。

设变频器输入的三相线电压瞬时值分别为

$$\left.\begin{array}{l} u_{IA} = \sqrt{2} U_I \sin\omega t \\ u_{IB} = \sqrt{2} U_I \sin\left(\omega t - \frac{2}{3}\pi\right) \\ u_{IC} = \sqrt{2} U_I \sin\left(\omega t + \frac{2}{3}\pi\right) \end{array}\right\} \tag{11-47}$$

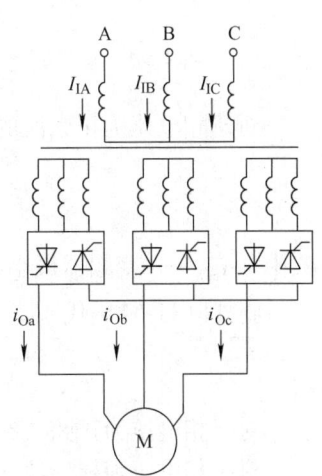

图 11-4 三相交-交变频器主电路示意图

式中 U_I ——输入线电压的有效值；
ω ——输入电源的角频率。

认为变频器的输出电压和电流均为正弦波。并设变频器输出的相电压和相电流的瞬时值分别为

$$\left.\begin{array}{l} u_{Oa} = \sqrt{2} U_0 \sin\omega_0 t \\ u_{Ob} = \sqrt{2} U_0 \sin\left(\omega_0 t - \frac{2}{3}\pi\right) \\ u_{Oc} = \sqrt{2} U_0 \sin\left(\omega_0 t + \frac{2}{3}\pi\right) \end{array}\right\} \tag{11-48}$$

式中 U_0 ——变频器输出相电压的有效值；
ω_0 ——变频器输出电压的角频率。

$$\left.\begin{array}{l} i_{OA} = \sqrt{2} I_0 \sin(\omega_0 t - \varphi) \\ i_{OB} = \sqrt{2} I_0 \sin\left(\omega_0 t - \frac{2}{3}\pi - \varphi\right) \\ i_{OC} = \sqrt{2} I_0 \sin\left(\omega_0 t + \frac{2}{3}\pi - \varphi\right) \end{array}\right\} \tag{11-49}$$

式中 I_0 ——变频器输出相电流的有效值。

与单相变频器时的考虑方法相同，即考虑到 $\omega_0 \ll \omega$ 可得到

$$I_1 = 2.01 \frac{I_0}{k} \tag{11-50}$$

式中　I_1——变频器输入电流的有效值；
　　　k——变频器主变压器的电压比。

变频器输入的视在功率 S_1：

$$S_1 = \sqrt{3} U_1 I_1 = 2.01 \sqrt{3} U_1 \frac{I_0}{k} = 3.48 \frac{U_1 I_0}{k} \tag{11-51}$$

不考虑变频器的损耗，变频器的输入有功功率 P_1 与变频器的输出有功功率 P_0 应相等，即

$$P_1 = P_0 = 3 U_0 I_0 \cos\varphi \tag{11-52}$$

式中　$\cos\varphi$——变频器负载的功率因数。

三相变频器的输入功率因数 λ 为

$$\lambda = \frac{P_1}{S_1} = \frac{3 U_0 I_0 \cos\varphi}{(3.48 U_1 I_0 / k)} = 0.862 k \frac{U_0}{U_1} \cos\varphi \tag{11-53}$$

对于相电压为正弦波的变频器：

$$\frac{U_0}{U_1} = \frac{3}{\pi} \cdot \frac{1}{k} \cos\alpha_{\min} \tag{11-54}$$

式中　$\alpha_{\min}$——变频器最小触发延迟角。

将式（11-54）代入式（11-53），则变频器的输入功率因数 λ 为

$$\lambda = 0.862 \times \frac{3}{\pi} \cos\alpha_{\min} \cos\varphi = 0.823 \cos\alpha_{\min} \cos\varphi \tag{11-55}$$

对于相电压为正弦波的变频器，最好的功率因数为 $\lambda_{\max} = 0.823$

对于相电压为梯形波（交流偏置）的变频器：

$$\frac{U_0}{U_1} = \frac{2\sqrt{3}}{\pi} \times \frac{1}{k} \cos\alpha_{\min} \tag{11-56}$$

式中　$\alpha_{\min}$——变频器最小触发延迟角。

将式（11-56）代入式（11-53），则变频器的输入功率因数 λ 为

$$\lambda = 0.862 \times \frac{2\sqrt{3}}{\pi} \cos\alpha_{\min} \cos\varphi = 0.95 \cos\alpha_{\min} \cos\varphi \tag{11-57}$$

对于相电压为梯形波的三相交-交变频器，最好的功率因数为 $\lambda_{\max} = 0.95$。

下面是一个计算例子。

【例 11-2】　某粗轧机主传动采用交-交变频传动方式，三相交-交变频器的主电路单线图可见图 11-4。各有关设备的主要参数为：

主变压器：7600kVA、10kV/1150V，D yyy三裂解

主传动电动机：4200kW、1650V、1566A 同步电动机，效率 = 0.95

计算同步电动机在额定状态下运行时，从变频器输入端观察的功率因数：

（1）变频器最小触发延迟角 $\alpha_{\min}$：考虑变频器的相电压为梯形波（交流偏置），则 $\cos\alpha_{\min}$ 按下式计算：

$$\cos\alpha_{\min} = \frac{\pi}{6} \cdot \frac{U_M}{U_2} \tag{11-58}$$

式中 U_M——电动机额定电压；

U_2——主变压器二次线电压有效值。

因而可得

$$\cos\alpha_{\min} = \frac{\pi}{6} \times \frac{1650}{1150} = 0.751$$

(2) 功率因数 λ：由式（11-57）得

$$\lambda = 0.95\cos\alpha_{\min}\cos\varphi = 0.95 \times 0.751 \times 1 = 0.713$$

此外，也可直接从功率因数的定义式（11-29）来计算功率因数。由式（11-51），电动机在额定条件下工作时，从变频器输入端观察，其视在功率 S_I 为

$$S_I = 3.48U_1I_0/k = 3.48 \times 10 \times 1566/(10/1.15) \text{ kVA} = 6267 \text{ kVA}$$

若忽略损耗，从变频器输入端观察，其有功功率 P_I 就等于电动机的额定输入功率，即

$$P_I = 4200/0.95 \text{ kW} = 4421 \text{ kW}$$

因而功率因数 λ 为

$$\lambda = P_I/S_I = 4421/6267 = 0.705$$

两者计算的结果是相近的。

11.3.4 电压源交-直-交变频器的功率因数

如 11.2.3.1 节所述，对电网而言，电压源交-直-交变频器就等同是一台整流装置，所以 11.3.2 节中计算功率因数的方法原则上都可以适用。由于逆变器为 PWM 方式，变频器中整流器的整流电压是恒值就行，故整流器也可以采用二极管不可控整流（有些厂商提供的变频器中就采用二极管不可控整流）。目前的变频器中多采用晶闸管可控整流器是为了补偿电网电压波动和负载变化对整流电压的影响，所以整流器的触发延迟角 α 都很小，基波功率因数较大，接近 1。此外，由 11.2.3.2 节可知：变频器网侧电流的谐波含量较大，因而基波因数 ν 较小。不过一般而言，电压源交-直-交变频器的功率因数还是比较高的。在变频器负载率为 100%（额定负载）时，功率因数约为 0.90~0.95。在其他情况下的功率因数可参照 11.3.2 节中计算功率因数的方法来计算。

应该指出，不少厂商制造的变频器的样本中标明的变频器的功率因数的数值实际上是基波功率因数值，变频器真正的功率因数要略小一些。

下面是一个计算例子。

【例 11 3】 某三相电压源交-直-交变频器的数据如下：

额定输入电压：380V

额定输出电流：210A

变频器的基波功率因数：≥ 0.98

变频器的整流器为三相桥式整流，输入侧有进线电抗器。

计算变频器在 100% 和 50% 负载率时的功率因数。

(1) 100% 负载率时的功率因数：由表 11-9，负载率 100% 时，变频器网侧电流的总有效值 I 和基波有效值 I_1 与变频器输出电流 I_{ON} 的比值分别为

$$I/I_{ON} = \frac{\sqrt{100^2 + 32^2 + 9.1^2 + 6.2^2 + 3.5^2 + 2.5^2 + 1.9^2 + 1.3^2 + 1.2^2}}{100} = 105.69\%$$

$$I_1/I_{ON} = 100\%$$

基波因数 ν 为

$$\nu = I_1/I = 100/105.69 = 0.946$$

负载率为 100% 时的功率因数 $\lambda_{100\%}$ 为

$$\lambda_{100\%} = 0.98 \times 0.946 = 0.927$$

(2) 50% 负载率时的功率因数：由表 11-10，负载率为 50% 时，变频器网侧电流的总有效值 I 和基波有效值 I_1 与变频器输出电流 I_{ON} 的比值分别为

$$I/I_{ON} = \frac{\sqrt{50^2 + 23^2 + 8.9^2 + 4.1^2 + 2.3^2 + 1.8^2 + 1.2^2 + 0.82^2 + 0.69^2}}{100} = 56.00\%$$

$$I_1/I_{ON} = 50\%$$

基波因数 ν 为

$$\nu = I_1/I = 50/56.00 = 0.893$$

负载率为 50% 时的功率因数 $\lambda_{50\%}$ 为

$$\lambda_{50\%} = 0.98 \times 0.893 = 0.875$$

11.4 谐波治理的方法

一般而言，谐波治理的方法不外乎两类：一类是预防性的，即从消除或减少电气传动自动化装置本身所产生的谐波着手，例如开发不产生或少产生谐波的电气传动自动化装置，采用多相整流和多重化技术等；另一类是补救性的，即对电气传动自动化装置已经产生的谐波采取一定的措施，使这些谐波不进入公用电网，或把进入公用电网的谐波电流限制在允许的范围之内。本节只涉及补救性的谐波治理方法，介绍的是最有效和常用的补救性措施——谐波滤波的方法。谐波滤波的方法可分为无源滤波和有源滤波两种。本节重点介绍无源滤波方法。

11.4.1 无源滤波

无源滤波是一种用电阻器、电抗器和电容器这些无源元件组成的滤波器来抑制进入公用电网的谐波电流的方法。其基本原理就是利用电抗器和电容器的阻抗与频率有关的特性，适当选择滤波器的拓扑形式与电抗器、电容器的参数，就可以使滤波器对于某特定频率的谐波电流呈低阻抗，该特定频率的谐波电流将大量地流入滤波器，从而大大减少了流入公用电网的该特定频率的谐波电流，起到了滤波的作用。使滤波器呈低阻抗的某特定频率就称为滤波器的调谐频率。最常用的滤波器是与电气传动自动化装置并联的串联调谐滤波器。串联调谐滤波器由电容器和电抗器串联构成，电容器和电抗器的参数选择在调谐频率上发生串联谐振。如果我们知道了电气传动自动化装置所产生的谐波电流的频率，只要把串联调谐滤波器的调谐频率设计得和电气传动自动化装置所产生的谐波电流的频率相同，那么电气传动自动化装置所产生的谐波电流大部分都会流入串联调谐滤波器中，而流入公用电网中的谐波电流就会大大减少，从而起到把谐波电流滤除的作用。虽然与有源滤波器相比，无源滤波器在性能上有不少欠缺之处，但无源滤波器的结构简单、投资低、维护简单、运行可靠，到目前为止，

无源滤波器仍然是最主要和最常用的滤波方式。在图 11-5 中给出了几种典型的谐波滤波器。

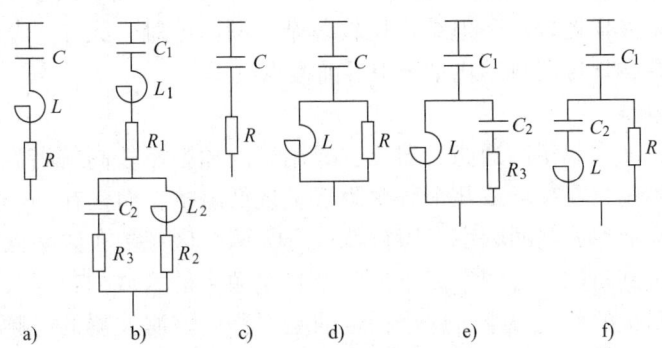

图 11-5 典型的谐波滤波器
a) 单调谐滤波器 b) 双调谐滤波器 c) 一阶高通滤波器
d) 二阶高通滤波器 e) 三阶高通滤波器 f) C 型高通滤波器

11.4.1.1 低通滤波器

图 11-5a、b 均属于低通滤波器，一般用于滤掉 11 次以下频率较低的谐波。

1. 单调谐滤波器 图 11-5a 是单调谐滤波器，它只有一个调谐频率，其调谐频率 f_n（Hz）由下式决定：

$$f_n = \frac{1}{2\pi \sqrt{LC}} \tag{11-59}$$

式中 L——滤波电抗器电感值（H）；
C——滤波电容器电容值（F）。

实际上，为了避免当单调谐滤波器的参数漂移和电网频率波动时滤波器与电网之间可能发生的并联谐振，滤波器的调谐频率并不与所要滤掉的谐波频率完全一致，而是略有偏差，要偏小一些，偏差率通常为 2.5%。例如：对于要滤掉 5 次谐波的单调谐滤波器，其调谐频率不是 5×50Hz=250Hz 而是比 250Hz 略小一些，设在 250×（1-2.5%）Hz=243.75Hz。也就是说，对于 5 次谐波而言，滤波器呈感性。

单调谐滤波器的品质因数 Q 可由下式决定：

$$Q = \frac{2\pi f_0 L}{R} \tag{11-60}$$

式中 f_0——基波频率，即电网频率（Hz）；
L——滤波电抗器电感值（H）；
R——包括滤波电抗器电阻在内的 LC 回路总电阻（Ω）。

品质因数 Q 代表滤波器的灵敏度和滤波的效果，理论上滤波器的品质因数越大越好。但若 Q 太高，当谐波源的谐波频率略有变化或滤波器的参数略有漂移时，滤波效果就会大打折扣。因此滤波器的品质因数不宜太高，一般 Q 值在 30~60 之间较为合适。

当谐波源有多个谐波频率时，可以针对谐波源的几个主要的谐波电流的频率设置几个单调谐支路来进行滤波。例如：对于 6 脉波整流系统，其主要的谐波电流的频率为 5 次、7 次、11 次、13 次等，可以分别设置调谐频率为 5 次、7 次、11 次的单调谐滤波支路来滤除 5 次、7 次、11 次的谐波电流，而 13 次以上的谐波电流则可设置一个高通滤波器来滤除。

有关单调谐滤波器详细的参数计算方法可见本章 11.6 节。

2. 双调谐滤波器　图 11-5b 是双调谐滤波器，由主电抗器 L_1、主电容器 C_1 和调谐电抗器 L_2、调谐电容器 C_2 构成。双调谐滤波器有两个调谐频率，它相当于两个单调谐滤波器。双调谐滤波器的优点是基波损耗较小，但结构比较复杂、调谐困难，除在一些高压直流输电工程中有少量应用外，在电气传动自动化系统中目前很少应用。

11.4.1.2　高通滤波器

图 11-5c、d、e、f 均属于高通滤波器，主要用于滤掉频率较高的谐波。高通滤波器与低通滤波器不同，它不是只在一个或几个频率附近呈现低阻抗，而是在一个较宽的频率范围之内都呈现低阻抗。高通滤波器的频率-阻抗特性分为两个区域。在频率低于某个特定频率的区域内，滤波器呈现高阻抗。在频率高于该某个特定频率的区域内，滤波器呈现低阻抗，而且随频率的增加，阻抗的变化很小。这个特定的频率称为该滤波器的通频限。由于高通滤波器的有功损耗较大，一般只设一组高通滤波器用于滤除 11 次以上的谐波电流。

1. 一阶高通滤波器　图 11-5c 是一阶高通滤波器。它由电容器和电阻串联构成。这种高通滤波器电容器的电容量要很大，而且其基波损耗很大，故很少采用。

2. 二阶高通滤波器　图 11-5d 是二阶高通滤波器。它的性能好而且结构简单，是应用最广的高通滤波器。下面介绍一个简单实用的参数计算方法：

首先根据滤波的要求，确定高通滤波器的通频限。然后用单调谐滤波器的设计方法，将通频限作为调谐频率，计算出滤波电容器和滤波电抗器的参数。最后按下式计算高通电阻器的阻值 R：

$$R = k_R \sqrt{\frac{L}{C}} \tag{11-61}$$

式中　R——高通电阻器的阻值（Ω）；

　　　L——滤波电抗器的电感值（H）；

　　　C——滤波电容器的电容值（F）；

　　　k_R——高通电阻计算系数，通常 $k_R = 10 \sim 20$。

有关二阶高通谐滤波器详细的参数计算方法可见本章 11.6 节。

3. 三阶高通谐滤波器　图 11-5e 是三阶高通滤波器。这种滤波器在主电容器 C_1 之外加了一个副电容器 C_2。副电容器 C_2 的电容量比主电容器 C_1 的电容量小得多，提高了滤波器对基波的阻抗，从而减少了基波损耗。这种滤波器结构也比较复杂，投资也较大，在电气传动自动化系统中较少采用。

4. C 型高通滤波器　图 11-5f 是 C 型高通滤波器，它也属于三阶高通滤波器。这种滤波器也有一个主电容器 C_1 和一个副电容器 C_2。C_2 的参数选择得与 L 在基波时谐振，这样也减小了基波损耗。这种滤波器的结构也较复杂，对电网频率波动和元件参数漂移比较敏感，在电气传动自动化系统中也较少采用。

在无源滤波中，无论是低通滤波器还是高通滤波器，对电网而言，在基波频率下，它们都呈容性。即滤波器能向电网送出无功，因此滤波器除了滤波之外，还能起到无功补偿的作用。在滤波器设计时，应考虑到这一点。本章 11.6 节中有较详细的介绍。

11.4.2　有源滤波

无源滤波的费用低、可靠性好，但是它有一些固有的缺点。主要是：

(1) 无源滤波器的滤波特性依赖于电源阻抗;

(2) 不能把谐波完全滤掉,特别是对于非特征次谐波,例如交 – 交变频器产生的频谱很广的旁频,滤波的效果较差;

(3) 滤波器参数漂移或谐波源谐波的频率变化较大时,滤波器与电网间有产生并联谐振的危险。

针对无源滤波器的缺点,随着电力电子器件和控制技术的发展,近年来所谓有源滤波器(Active Power Filter——APF)已经逐渐得到应用。有源滤波器的主要优点是:

(1) 实现了动态滤波,可以滤掉频率和大小均时变的谐波;

(2) 在动态滤波的同时,也可对功率因数和无功功率进行动态补偿;

(3) 基本不受电网阻抗和频率等电网参数变化的影响,因而与电网产生并联谐振的风险小。

在国外,欧美、日本等技术发达国家中,大功率的 APF 已有少量的工业应用。在国内,对于 APF 也有较多的试验研究,在市场上已有国内外厂商推出的主要用于低压小功率的 APF 通用产品问世。但这些产品的价格都比较昂贵,故实际使用面很小。高压大功率的 APF 在国内的工业实际应用中基本上还是空白。

11.4.2.1 有源滤波的工作原理

有源滤波实际上就是另造一个谐波电流源,这个谐波电流源产生的谐波电流与用电设备,例如电气传动自动化装置所产生的谐波电流大小相同、相位相反。这样一来,合成之后流经电网的电流就只有基波成分而没有谐波成分。再进一步,若另造的谐波电流源还能产生无功补偿所需的补偿电流,就可以将用电设备所产生的基波电流中的无功成分也补偿掉,同时起到功率因数补偿的作用。在理想情况下,流经电网的电流就可以是一个波形为纯正弦的而且与电网电压相位完全一致的电流。图 11-6 是有源滤波器原理框图。

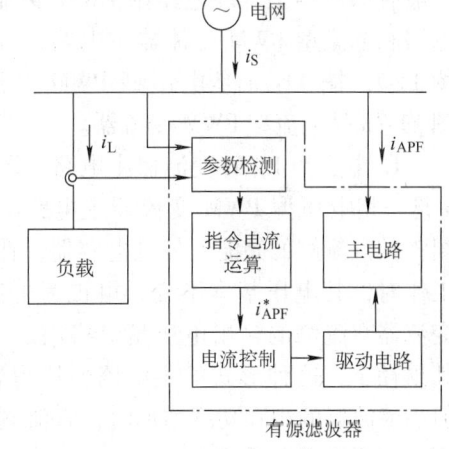

图 11-6 有源滤波器原理框图

用图 11-6 和下面的公式可进一步说明有源滤波器的原理。在图 11-6 中,i_S 是电网的电流,i_L 是用电负载的电流,i_{APF} 是有源滤波器的电流。它们之间的关系是

$$i_S = i_L + i_{APF} \tag{11-62}$$

负载电流 i_L 除了基波之外还有谐波,即

$$i_L = i_{L1} + \sum i_{Lh} \tag{11-63}$$

式中 i_{L1}——负载电流的基波;

$\sum i_{Lh}$——负载电流的谐波。

如果我们使有源滤波器的电流 i_{APF} 满足下式:

$$i_{APF} = -\sum i_{Lh} \tag{11-64}$$

则由式(11-62),电网电流为

$$i_S = i_L + i_{APF} = i_{L1} + \sum i_{Lh} - \sum i_{Lh} = i_{L1} \tag{11-65}$$

这时,负载电流中的谐波完全被有源滤波器的补偿电流所抵消,电网电流中只含负载电

流的基波，不含谐波。

若负载电流基波的有功分量和无功分量分别为 $i_{L1,P}$ 和 $i_{L1,Q}$，而我们使有源滤波器的电流 i_{APF} 满足下式：

$$i_{APF} = -\sum i_{Lh} - i_{L1,Q} \tag{11-66}$$

则由式（11-62），电网电流为

$$i_S = i_L + i_{APF} = i_{L1,P} + i_{L1,Q} + \sum i_{Lh} - \sum i_{Lh} - i_{L1,Q} = i_{L1,P} \tag{11-67}$$

这时，不仅是负载电流中的谐波被有源滤波器所抵消，而且负载电流中基波的无功分量也被有源滤波器所补偿。反映到电网的电流只含负载电流的基波有功分量，对电网而言，总的负载就是一个不含谐波而且功率因数为1的负载。

在图11-6的有源滤波器中，参数检测环节是检测负载电流和其他必要的参数（例如，电网电压）。指令电流运算环节是根据检测到的参数和有源滤波的要求计算出电流控制所需的指令电流 i_{APF}^*。电流控制则产生有源滤波器主电路所需的控制指令，通过驱动电路使主电路生成与指令电流一致的有源滤波器的补偿电流 i_{APF}。主电路通常是一个PWM式的变流器。

11.4.2.2 有源滤波器的主电路

有源滤波器的主电路通常是一个PWM式的变流器。按其直流侧储能元件的不同，一般有两种类型。即电压型PWM变流器主电路和电流型PWM变流器主电路，可参见图11-7。图11-7a是电压型PWM变流器，图11-7b是电流型PWM变流器。

1. 电压型PWM变流器主电路 图11-7a是三相电压型PWM变流器主电路的示意图。其直流侧的储能元件是电容器，在正常工作时，其电压基本不变，可视为电压源。变流器交流侧的输出电压是PWM波。因为其损耗小，这种形式的主电路使用得较多。

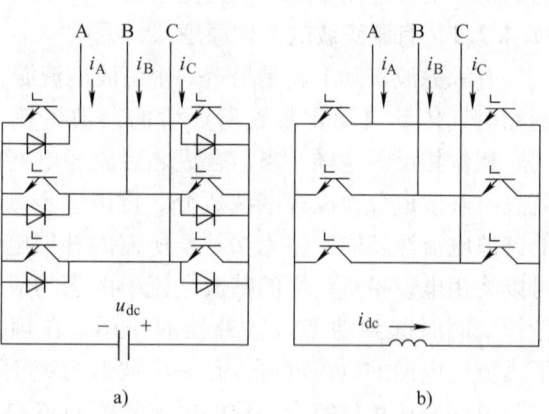

图11-7 有源滤波器主电路示意图
a) 电压型PWM变流器 b) 电流型PWM变流器

但当滤波器的视在功率增加时，直流侧的电容器也要随之增加，因而这种形式的主电路较适用于中低压电网系统中。

2. 电流型PWM变流器主电路 图11-7b是三相电流型PWM变流器主电路的示意图。其直流侧的储能元件是电抗器，在正常工作时，其电流基本不变，可视为电流源。变流器交流侧的输出电流是PWM波。这种类型的PWM变流器不会因为主电路中电力电子器件的直通而发生短路故障，因而可靠性较高。但其直流侧的电抗器一直有电流流过，在电抗器线圈的电阻上产生长期的损耗，因而有源滤波器的损耗较大。这种形式的主电路目前使用得较少。

11.4.2.3 有源滤波器的分类

按有源滤波器与负载接入电网的方式不同，有源滤波器可分为并联式有源滤波器和串联式有源滤波器两种，参见图11-8。图11-8a是并联式有源滤波器，图11-8b是串联式有源滤波器。

1. 并联式有源滤波器 这种有源滤波器是和负载并联接入电网，见图11-8a。这种形式的有源滤波器是应用得最多的有源滤波器。并联式有源滤波器适用于补偿负载的谐波源，具有电流源性质的谐波。例如晶闸管供电的直流传动和交－交变频器供电的交流传动的谐波源就具有电流源性质。并联式有源滤波器向电网输出补偿电流，抵消负载的谐波电流，可看作是一个电流源。

由于并联式有源滤波器中的变流器要直接承受电网的电压，而且补偿电流基本上由滤波器中的变流器承担，因此滤波器中的变流器容量较大，投资较高。为了克服这个缺点，可以采用将有源滤波器与 LC 类型的无源滤波器组合使用的办法，见图 11-9。用 LC 类型的无源滤波器补偿掉负载的特征次谐波和平均的无功功率，有源滤波器主要补偿无源滤波器未滤掉的非特征谐波和补偿无功功率的波动，从而可以在不降低性能的前提下，大大减少投资。

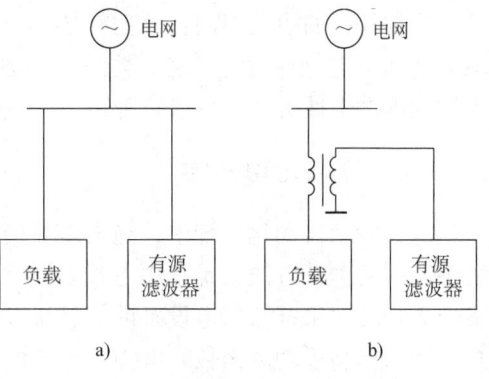

图 11-8　并联式和串联式有源滤波器
a) 并联式　b) 串联式

由于采用了无源滤波器，因此就有与电网发生并联谐振的可能。在采用将有源滤波器与无源滤波器组合使用的方案时要注意这个问题。

2. 串联式有源滤波器　这种有源滤波器是和负载串联后接入电网，见图 11-8b。串联式有源滤波器适用于补偿负载的谐波源具有电压源性质的谐波。例如，在直流侧有大电容的整流电源的谐波源就具有电压源性质。串联式有源滤波器输出补偿电压，抵消负载的谐波电压，可看作是一个电压源。

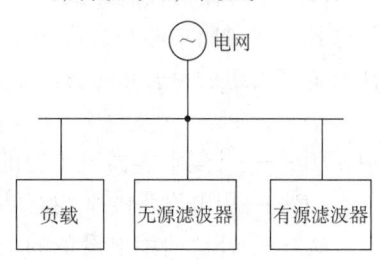

图 11-9　并联式有源滤波器
与无源滤波器组合

由于串联式有源滤波器中的变流器只需承受负载的谐波电压，对变流器中的电力电子器件的电压要求可降低，但却要承受负载电流。因此，滤波器中的变流器的容量也不小，投资较高。为了克服这个缺点，可以采用串联式有源滤波器与 LC 类型的无源滤波器组合使用的办法，见图 11-10。这时串联式有源滤波器对基波是低阻抗，对谐波是高阻抗，使得负载的谐波进不了电网，只能进入有源滤波器。这样还可以防止电网与有源滤波器间可能发生的并联谐振。这也是这种组合方案的优点。

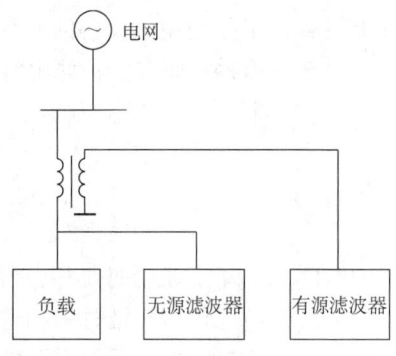

图 11-10　串联式有源滤波器
与无源滤波器组合

11.5　无功补偿的方法

本章 11.1.4.1 节中提到：公用电网对接在公用电网上的用电设备的功率因数有一定的要求。当用电设备的功率因数不能满足公用电网功率因数的要求时，就必须采取无功补偿的措施，使补偿后的功率因数满足公共电网的要求。在本章 11.1.4.2 节中提到：对接在公用电网上的用电设备的冲击性无功功率所引起的公用电网电压波动也有限制。当用电设备的冲击性无功功率引起的电压波动超过允许范围时，就要采取无功补偿的措施，把用电设备冲击性无功功率引起的电压波动限制在允许范围之内。

根据补偿的目的不同，无功补偿的方法可分为两类：一类主要是针对平均功率因数或平均无功功率进行补偿的，这一类的补偿通常称为静态补偿，简称静补；另一类主要是针对电压波动即冲击性无功功率进行补偿的，这一类的补偿通常称为动态补偿，简称动补。

11.5.1 静态无功补偿

电气传动自动化系统中，绝大多数用电设备的无功功率是正值（感性无功），所以在该系统中所用的静补方法就是在用电设备接入公用电网之处并联接入电力电容器组，以电容器的容性无功功率来补偿用电设备的感性无功功率，从而减少了用电设备从公用电网中汲取的无功功率，提高了功率因数。电力电容器的接入有两种方式：一种方式是电容器基本是常接的；另一种方式是电容器随用电设备实际的功率因数或无功功率变化而自动投切的。

11.5.1.1 电容器常接的方式

这种方式最简单经济，适用在用电设备的负载比较平稳的场合下使用。所需要的功率因数补偿电容器组的总容量可按下式选择：

$$Q_\Sigma = P[\tan(\arccos\lambda_1) - \tan(\arccos\lambda_2)] \tag{11-68}$$

式中　Q_Σ——补偿电容器组需要的总容量（kvar）；
　　　P——用电设备的平均有功功率（kW）；
　　　λ_1——补偿前用电设备的平均功率因数；
　　　λ_2——补偿后希望达到的平均功率因数。

用电设备的平均有功功率通常是按在一段时间内，例如一个月内的平均有功功率计算的。对于新设计的用电设备，无法得到平均有功功率数据时，也可将装机容量乘以利用系数（即计算负载）来作为用电设备的平均有功功率。

对于三相系统而言，补偿电容器每相所需的电容量可按式（11-69）和式（11-70）计算：

$$C_Y = \frac{Q_\Sigma}{2\pi f U^2} \times 10^3 \tag{11-69}$$

$$C_\Delta = \frac{Q_\Sigma}{6\pi f U^2} \times 10^3 \tag{11-70}$$

式中　C_Y——星形联结时每相电容器所需的电容量（μF）；
　　　C_Δ——三角形联结时每相电容器所需的电容量（μF）；
　　　Q_Σ——补偿电容器组需要的总容量（kvar）；
　　　f——电网频率（Hz）；
　　　U——电容器组接入处的线电压有效值（kV）。

对于电容器常接的静态无功补偿装置设计或选择装置中设备时，应注意下述问题：

（1）若把电容器组直接接入电网，会有很大的浪涌电流（电容器充电电流）。过大的浪涌电流会危及电容器及开关。为了限制这个浪涌电流，必须与电容器串联一个电抗器。对于三相系统，该电抗器每相的电感值 L 一般可按下式来确定：

$$L = \frac{(0.5 \sim 0.6)\% \times U_\phi}{2\pi f I} \times 10^{-3} \tag{11-71}$$

式中　L——电抗器每相电感值（μH）；
　　　U_ϕ——电容器组接入处电网相电压有效值（kV）；

f——电网频率（Hz）；
I——电抗器的额定电流（A）。

（2）如果无功补偿的装置本身会产生谐波，或者电容器组接入的公用电网内存在谐波，由于谐波源通常是电流源，无功补偿用的电容器组会将谐波放大，甚至在某次谐波下与电网引起并联谐振。因此，在含有谐波的场合用电容器组进行无功补偿时，也必须与电容器串联一个电抗器。这个电抗器参数选择的原则是：使串联了电抗器后的 L、C 回路形成了一个单调谐滤波器，而电抗器电感的选择是使这个单调谐滤波器的调谐频率略低于用电设备或电网中的最低次谐波的频率。即对于用电设备或电网中的最低次谐波而言，也呈感性，从而不会对谐波产生放大作用。这样做，补偿装置还起到把用电设备或电网中的最低次谐波滤掉一部分的作用。一般情况下，用电设备或电网中的最低次谐波可按 5 次（250Hz）考虑。通常，考虑避免谐波放大所串联电抗器的电感值要比考虑限制浪涌电流所串联电抗器的电感值大得多。

（3）当已经投入电网运行的电容器组因为某种原因从电网中切除时，电容器的电压仍等于切除瞬间其电压的瞬时值，然后通过电容器的绝缘电阻慢慢放电。由于电容器的绝缘电阻很大，所以电容器在从电网中切除后仍会较长时间有较高的电压。为了保证人身安全，要求电容器在从电网中切除后，能在较短的时间内把电压降到安全水平以下。最常用的办法是在电容器两端加放电电阻，或者加放电线圈。放电电阻通常可在 30~60s 之内把电压降到安全水平以下。放电线圈可在几秒之内把电压降到安全水平以下。有些电容器其本身就带有放电电阻，就不需要另加放电电阻。

（4）补偿后的功率因数不要定得过高，要考虑轻载时可能过补偿的问题。为了防止过补偿，有时要考虑轻载时把补偿电容器组部分或全部切除的措施。

11.5.1.2 电容器自动投切的方式

电容器常接的方式不能适应用电设备的功率因数或无功功率经常变化的情况，也容易出现过补偿的问题。电容器自动投切的方式能克服上述缺点。这种方法是把电容器分成若干组，根据用电设备的功率因数或无功功率变化情况，将各电容器组逐步投入或切除，从而达到将补偿后的功率因数或无功功率维持在某个范围之内的目的。这里某个范围就是这种补偿方法的死区。显然，若希望的死区越小，电容器组的分组数就要求越多。考虑到投切设备的动作不能太频繁和补偿的稳定性，死区不能太小。通常电容器的分组数在 4~12 之间。电容器自动投切的方式多用在低压电网的就地无功补偿中。

电容器组的投切可用接触器，也可用晶闸管无触点开关。用接触器投切电容器组时，由于无法精确控制接触器投切的瞬间，因而投切时有电流冲击，最好选用电容器专用的接触器。若采用普通的接触器时，应降额使用。用晶闸管无触点开关投切电容器组时，为了不产生投切时的电流冲击，应控制在电网电压的瞬时值为零时投切电容器组。

通常是按功率因数或无功功率为目标来控制电容器组的投切，以无功功率为目标的控制方式用得较多。在某些情况下，也有按供电母线电压或负载的情况来决定电容器组的投切。

同样，在 11.5.1.1 节中提到的静态无功补偿装置设计或选择装置中设备时应注意的问题，在电容器自动投切的控制方式中也应加以考虑。

11.5.2 动态无功补偿

静态无功补偿是对用电负载变化比较缓慢的无功功率进行补偿，其主要目的是提高平均功率因数。动态无功补偿主要是对具有冲击性无功功率的用电负载进行补偿,其主要目的是抑制由于冲击性无功功率引起的公用电网的电压波动。本节介绍工程上常用的、主要用于高压电网的两种动态补偿方法,重点介绍的是晶闸管控制电抗器(相控电抗器)方法。

11.5.2.1 晶闸管投切电力电容器方法

这种方法又称为 TSC(Thyristor Switched Capacitor)方法。这种动补方法是根据负载无功功率(一般都是感性的无功功率)的情况,利用晶闸管无触点开关把电容器投入电网或从电网中切除,从而使总的无功功率波动减小。图11-11 是这种动态无功补偿方法的原理图。图中无功补偿用的电力电容器被分为 n 组($C_1 \sim C_n$),$C_1 \sim C_n$ 各组电容器的电容量可以相等,也可以不相等。晶闸管无触点开关

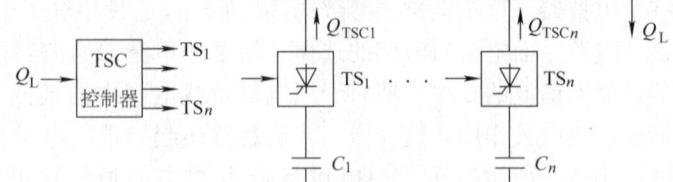

图 11-11 TSC 动补方法示意图
$TS_1 \sim TS_n$—晶闸管开关 $C_1 \sim C_n$—电容器组
Q_L—负载无功功率 Q_{TSC}—TSC 无功功率

也分为 n 组($TS_1 \sim TS_n$),分别用来将 $C_1 \sim C_n$ 投入电网或从电网中切除。TSC 控制器的输入是负载的无功功率分量 Q_L(感性无功功率),输出是 $TS_1 \sim TS_n$ 的投入或切除的命令。控制器根据 Q_L 的大小决定是给哪一组或若干组晶闸管无触点开关发出投入或切除的命令,向电网动态补偿 $Q_{TS1} \sim Q_{TSn}$ 的容性无功功率。

这种动补方法的关键之处在于:一是要准确而实时地测出负载的无功功率分量 Q_L;二是为了避免电容器投入和切除时的电流冲击,必须在电网电压的瞬时值为零的瞬间把电容器投入或切除。

若用电设备或电网中含有较多的谐波电流时,必须采取措施(通常是电力电容器串联电抗器)避免可能产生的谐波放大问题。

TSC 动补方法的优点是:

(1)损耗小。因为是直接补偿,根据实际的需要才把电容器投入,因而投入运行的时间短,平均损耗小。

(2)由于补偿装置提供的是容性的无功功率,因而在减少无功功率波动的同时,也提高了功率因数。此外,补偿装置本身不会产生谐波。

TSC 动补方法的缺点是:

(1)是有级的不连续的补偿。

(2)必须在电源电压瞬时值为零时投入电容器,控制较复杂。

(3)最大的死时为 20ms。

(4)对晶闸管开关中的晶闸管的电压要求高,是电网电压的 2 倍。事故时可达到电网电压的 3~4 倍。

(5)运行的可靠性不如 TCR 方法。

11.5.2.2 用晶闸管控制电抗器的方法

这种方法又称为 TCR(Thyristor Controlled Reactor)或相控电抗器方法。这种动补方法是根据用电设备负载的无功功率情况,用控制与电抗器串联的晶闸管的触发延迟角来控制 TCR 的无功功率(感性无功功率)。当负载无功功率大时,TCR 的无功功率就小,而当负载无功功率小时,TCR 的无功功率就大,使负载的无功功率加上 TCR 的无功功率和保持基本不变。

这样对电网而言，虽然总的总无功功率是增加了，但对电网而言的无功功率波动（冲击）却是减少了。

TCR 动补方法中的电抗器有时是用高阻抗变压器来取代。所谓高阻抗变压器就是短路阻抗很大（50%~100%）的变压器。该变压器一方面使电网电压降低，可降低对晶闸管电压的要求；另一方面，它的高短路阻抗就起电抗器的作用，但由于增加了高阻抗变压器，总的损耗也增加了。这种动补方法又可称为 TCT（Thyristor Controlled High Impedance Transformer）动补方法，不过 TCT 动补方法与 TCR 动补方法本质上都一样，属于同一类型的动补方法。

图 11-12 是 TCR 和 TCT 动补方法的示意图。图中，TCR 或 TCT 控制器的输入是负载的无功功率分量 Q_L 和

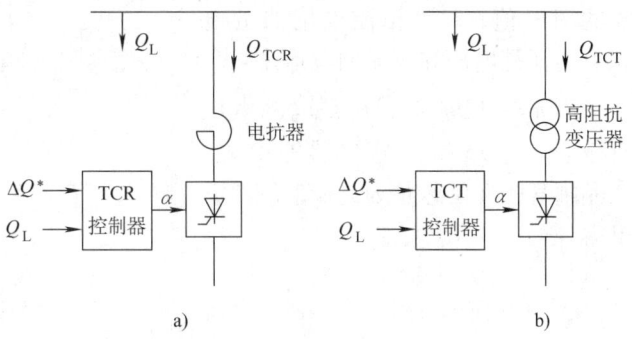

图 11-12 TCR 与 TCT 动补方法示意图
a) TCR 动补方法　b) TCT 动补方法
ΔQ^*—无功功率给定　Q_L—负载无功功率
Q_{TCR}—TCR 无功功率　Q_{TCT}—TCT 无功功率

给定的允许无功功率冲击量 ΔQ^*，其输出是晶闸管装置的触发延迟角 α，即相当于 TCR 或 TCT 动补装置输出的感性补偿无功功率 Q_{TCR} 或 Q_{TCT}。控制器比较 ΔQ^* 和 Q_L，当 $Q_{Lmax} - Q_L = \Delta Q \leq \Delta Q^*$（$Q_{Lmax}$ 是负载的最大无功分量）时，控制器输出的 α 使 Q_{TCR} 或 Q_{TCT} 等于零。当 $\Delta Q > \Delta Q^*$ 时，控制器输出的 α 使 Q_{TCR} 或 Q_{TCT} 等于 $\Delta Q - \Delta Q^*$。当 $\Delta Q = Q_{Lmax}$（即 $Q_L = 0$）时，控制器输出的 α 使 Q_{TCR} 或 Q_{TCT} 等于 $Q_{Lmax} - \Delta Q^*$，TCR 或 TCT 动补装置输出感性补偿无功功率达到其最大值。采取这样的控制策略，可以保证当负载的无功功率分量 Q_L 在 $0 \sim Q_{Lmax}$ 之间波动时，对电网而言的无功功率波动始终不会大于给定的允许无功功率冲击量 ΔQ^*。

这种动补方法的优点是：

（1）是连续无级的补偿。

（2）最大死时为 10ms，比 TSC 方法小。

（3）对晶闸管的电压要求较 TSC 方法低，按电网电压考虑即可，不必按电网电压的 2 倍来考虑。

（4）可靠性较高，即使晶闸管出故障，也不会引起大的过电流。

这种控制方式的缺点是：

（1）由于是用间接补偿，补偿装置长期接入，所以平均损耗大。

（2）补偿装置本身也产生感性的无功功率，与负载的无功功率相叠加后，虽然对电网而言无功的波动是减少了，但对电网而言总的功率因数却降低了。此外，补偿装置本身也产生谐波。因此，通常都还需要另加滤波器来滤除谐波和提高功率因数。

在某些场合，也可把 TSC 与 TCR 组合起来使用。TCR 作为细调之用，而 TSC 作为粗调之用。这样，可以充分利用两者的优点，避免两者的缺点，但投资相对较大。

通常，在电力系统中的损耗问题比较重要，故可采用 TSC 方案或 TSC 与 TCR 联合的方案。但在工业系统中，一般采用 TCR 或 TCT 方案。

下面简要介绍 TCR 或 TCT 动补方法的工作机理，它们的工作机理都是相同的，都是控制晶闸管的触发延迟角来控制电抗器或高阻抗变压器的感性无功功率，可从图 11-13 所示的单相

原理图来说明。

在图 11-13 中,左面是单相线路,u、i 分别是电网电压和 TCR 电流的瞬时值,L 是相控电抗器的电感。右面是电压和电流的波形。

设 $u = \sqrt{2}U\sin\omega t$,$U$ 是电网电压有效值。忽略相控电抗器的电阻,在晶闸管触发延迟角 $\alpha \geq \pi/2$ 条件下可得

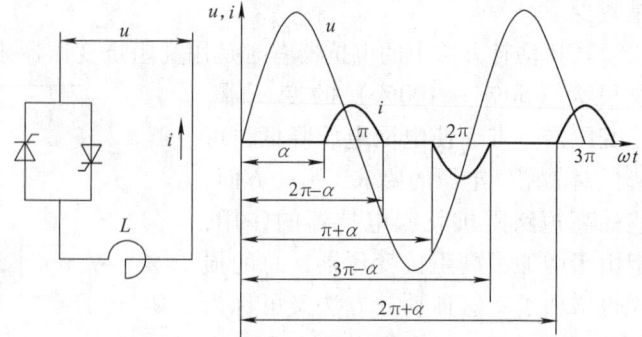

图 11-13 TCR 或 TCT 动补单相原理图

$$\left.\begin{array}{ll} i = \sqrt{2}I_{ref}(\cos\alpha - \cos\omega t) & \alpha \leq \omega t \leq 2\pi - \alpha \\ i = 0 & 2\pi - \alpha \leq \omega t \leq \pi + \alpha \\ i = -\sqrt{2}I_{ref}(\cos\alpha + \cos\omega t) & \pi + \alpha \leq \omega t \leq 3\pi - \alpha \\ i = 0 & 3\pi - \alpha \leq \omega t \leq 2\pi + \alpha \end{array}\right\} \quad (11\text{-}72)$$

式中 I_{ref}——相控电抗器参考电流有效值,$I_{ref} = U/\omega L$;
ω——电网角频率,$\omega = 2\pi f$(f 是电网频率)。

电流 i 是断续的,只有在 $\alpha = \pi/2$ 时,电流才是连续的。这时式(11-72)成为

$$i = \sqrt{2}I_{ref}\sin\left(\omega t - \frac{\pi}{2}\right) \quad (11\text{-}73)$$

由式(11-73)可知,这时电流 i 是纯粹的感性无功电流而且是正弦波,不含谐波分量;而在其他情况下,均含有谐波分量。

将式(11-72)按傅里叶级数分解,由于 i 是偶函数,所以除基波外只含奇数次谐波,即

$$i = \sqrt{2}I_1\cos\omega t + \sum\sqrt{2}I_h\cos h\omega t \quad (11\text{-}74)$$

式中 I_1——基波电流有效值,由式(11-75)确定;
I_h——h 次(奇数次)谐波电流有效值,由式(11-76)确定。

$$I_1 = \frac{I_{ref}}{\pi} \times (2\pi - 2\alpha + \sin 2\alpha) \quad (11\text{-}75)$$

$$I_h = \frac{2I_{ref}}{h\pi} \times \left(\frac{\sin(h-1)\alpha}{h-1} - \frac{\sin(h+1)\alpha}{h+1}\right) \quad (11\text{-}76)$$

由式(11-75)可见:基波电流 I_1,即感性无功功率,是晶闸管触发延迟角 α 的函数。当 α 在 $\pi/2$ 到 π 之间变化时,感性无功电流的有效值就在 I_{ref} 到零之间变化。所以可以通过控制 α 来连续地控制无功功率。$\alpha = \pi/2$ 时,动补装置的基波电流最大,即

$$I_{1\max} = I_{ref} = \frac{U}{\omega L} \quad (11\text{-}77)$$

通常,为了提高 TCR 或 TCT 动补装置的快速性,当动补装置的无功最大时,其最小触发延迟角 $\alpha_{\min}$ 不是 90°而是大于 90°。这时,动补装置的最大基波电流即额定电流为

$$I_{1N} = \frac{I_{ref}}{\pi}(2\pi - 2\alpha_{\min} + \sin 2\alpha_{\min}) \quad (11\text{-}78)$$

定义相控电抗器的相对阻抗 $Z\%$ 为

$$Z\% = \frac{I_{1N}\omega L}{U} = \frac{I_{1N}}{I_{ref}} \tag{11-79}$$

可得

$$I_{1N} = I_{ref} Z\% \tag{11-80}$$

将式（11-79）和式（11-80）代入式（11-76）可得

$$I_h = k_h I_{1N} \tag{11-81}$$

式中 k_h——谐波计算系数，按下式计算

$$k_h = \frac{2}{hZ\%}\left(\frac{\sin(h-1)\alpha}{h-1} - \frac{\sin(h+1)\alpha}{h+1}\right) \tag{11-82}$$

式（11-80）和式（11-82）对于 TCT 动补装置仍适用，但式中的 $Z\%$ 要用高阻抗变压器的阻抗电压 $u_K\%$ 来取代。

以上的计算公式适用于单相情况。实际上，TCR 和 TCT 都是三相系统，因此，这时用以上公式得到的是每相的基波和谐波电流的有效值。在对称的三相系统中，$h=3n$（n 为正整数）的 h 次谐波会互相抵消，所以 TCR 或 TCT 动补装置本身产生的谐波次数为 $h=6k\pm1$ 次（$k=$正整数）。

TCR 或 TCT 动补装置虽然可以补偿负载的无功功率冲击，使得对电网而言，无功功率的波动大大减小，但对电网而言，功率因数却降低了不少，因此还需要采取措施提高功率因数。通常的措施是并联电力电容器提供容性的无功功率来提高功率因数。不过通常需要 TCR 或 TCT 动补装置的地方，也同时需要无源滤波器，而无源滤波器对基波而言呈容性，即能提供容性的无功功率。所以可以利用滤波器来提高功率因数，不需要另外再并联电力电容器，具体的考虑方法可见本章 11.6 节。

11.6 滤波及无功补偿装置参数计算实例

本节介绍两个滤波及无功补偿装置参数计算的实例。通过这两个实例，读者可以大致了解滤波器和无功补偿装置设计应考虑的问题和参数计算的方法。

11.6.1 滤波兼静补装置计算实例

以 11.2.5.1 节的某钢厂两辊和四辊万能轧机的直流传动系统为例，除了考虑两辊和四辊万能主传动外，还考虑平均有功功率约为 600kW 的直流辅助传动。这些直流辅助传动是 6 脉波整流系统，平均功率因数为 0.7。此外，10kV 母线还有其他负载，其数据为

平均有功功率：$P_{Lav} = 896$kW

平均无功功率：$Q_{Lav} = 1629$kvar

这些负载较平稳，而且基本不产生谐波。

10kV 母线的短路容量为

最小运行方式时：$S_{Kmin} = 277$MVA

最大运行方式时：$S_{Kmax} = 343$MVA

1. 无功功率冲击与电压波动 认为直流辅助传动没有无功功率冲击，只考虑两辊和四辊万能主传动的无功功率冲击。并按最大冲击电流计算无功功率冲击。

(1) 两辊主传动

最大有功功率：$P_{2max} = 8900 \times 0.75 \text{kW} = 6675 \text{kW}$

最大视在功率：$S_{2max} = \sqrt{3} \times \sqrt{2/3} \times 8900 \times 0.75 \text{kVA} = 9440 \text{kVA}$

最大无功功率：$Q_{2max} = \sqrt{S_{2max}^2 - P_{2max}^2} = \sqrt{9440^2 - 6675^2} \text{kvar} = 6675 \text{kvar}$

无功功率冲击电压波动：$\Delta U_{2m} = Q_{2max}/S_{Kmin} = 6.675/277 = 2.4\%$

(2) 四辊万能主传动

最大有功功率：$P_{4max} = 12000 \times 0.86 \text{kW} = 10320 \text{kW}$

最大视在功率：$S_{4max} = \sqrt{3} \times \sqrt{2/3} \times 12000 \times 0.83 \text{kVA} = 14086 \text{kVA}$

最大视在功率：$Q_{4max} = \sqrt{S_{4max}^2 - P_{4max}^2} = \sqrt{14806^2 - 10320^2} \text{kvar} = 9587 \text{kvar}$

无功功率冲击电压波动：$\Delta U_{4m} = Q_{4max}/S_{Kmin} = 9.587/277 = 3.5\%$

两辊和四辊万能主传动的无功功率冲击所引起的电压波动不大，只略为超标，考虑到节省投资，暂不考虑设置动态无功补偿装置。

2. 所需要的无功功率补偿量　按二辊和四辊万能主传动电机以额定功率运行，辅助传动以平均负载运行，并考虑到 10kV 母线上其他负载，来计算平均功率因数和所需要的无功功率补偿量。

(1) 两辊主传动

平均有功功率：$P_{2av} = 5200 \times 0.75 \text{kW} = 3900 \text{kW}$

平均视在功率：$S_{2av} = \sqrt{3} \times \sqrt{2/3} \times 5200 \times 0.75 \text{kVA} = 5515 \text{kVA}$

平均无功功率：$Q_{2av} = \sqrt{S_{2av}^2 - P_{2av}^2} = \sqrt{5515^2 - 3900^2} \text{kvar} = 3899 \text{kvar}$

平均功率因数：$\lambda_{2av} = P_{2av}/S_{2av} = 3900/5515 = 0.707$

(2) 四辊万能主传动

平均有功功率：$P_{4av} = 6350 \times 0.86 \text{kW} = 5461 \text{kW}$

平均视在功率：$S_{4av} = \sqrt{3} \times \sqrt{2/3} \times 6350 \times 0.83 \text{kVA} = 7454 \text{kVA}$

平均无功功率：$Q_{4av} = \sqrt{S_{4av}^2 - P_{4av}^2} = \sqrt{7454^2 - 5461^2} \text{kvar} = 5073 \text{kvar}$

平均功率因数：$\lambda_{4av} = P_{4av}/S_{4av} = 5461/7454 = 0.733$

(3) 辅助传动

平均有功功率：$P_{Aav} = 600 \text{kW}$

平均功率因数：$\lambda_{Aav} = 0.7$

平均无功功率：$Q_{Aav} = P_{Aav} \tan[\arccos(\lambda_{Aav})]$
$= 600 \times \tan[\arccos(0.7)] \text{kvar} = 612 \text{kvar}$

平均视在功率：$S_{Aav} = \sqrt{P_{Aav}^2 + Q_{Aav}^2} = \sqrt{600^2 + 612^2} \text{kVA} = 857 \text{kVA}$

(4) 其他负载

平均有功功率：$P_{Lav} = 896 \text{kW}$

平均无功功率：$Q_{Lav} = 1629 \text{kvar}$

平均功率因数：$\lambda_{Lav} = \dfrac{P_L}{\sqrt{P_L^2 + Q_L^2}} = \dfrac{896}{\sqrt{896^2 + 1629^2}} = 0.482$

(5) 补偿前 10kV 母线总平均功率因数

平均总有功功率：$P_{10av} = P_{2av} + P_{4av} + P_{Aav} + P_{Lav}$

$$= 3900 + 5461 + 600 + 896 \text{ kW} = 10857 \text{kW}$$

平均总无功功率：
$$Q_{10av} = Q_{2av} + Q_{4av} + Q_{Aav} + Q_{Lav}$$
$$= (3899 + 5073 + 612 + 1629) \text{ kvar} = 11213 \text{kvar}$$

平均总视在功率：$S_{10av} = \sqrt{P_{10av}^2 + Q_{10av}^2} = \sqrt{10857^2 + 11213^2} \text{kVA} = 15608 \text{kVA}$

平均总功率因数：$\lambda_{10av} = P_{10av}/S_{10av} = 10857/15608 = 0.696$

(6) 所需要的无功补偿量　要把10kV母线平均总功率因数提高到 $\lambda'_{10av} = 0.92$，则容许的平均无功功率为

$$Q'_{10av} = P_{10av} \times \tan[\arccos(\lambda'_{10av})] = 10857 \times \tan[\arccos(0.92)] \text{ kvar} = 4625 \text{ kvar}$$

所需补偿的容性无功功率为

$$Q_K = Q_{10av} - Q'_{10av} = (11213 - 4625) \text{ kvar} = 6588 \text{kvar} = 6.6 \text{Mvar}$$

3. 总谐波电流计算　按两辊和四辊万能主传动正常轧制负载运行，辅助传动平均负载运行来计算注入10kV母线的总谐波电流。

(1) 两辊和四辊万能主传动的谐波电流　11.2.5.1节中已计算出了二辊和四辊万能主传动总谐波电流有效值如下：

$\sum I'_5 = 57.18 \text{ A}$

$\sum I'_7 = 37.25 \text{ A}$

$\sum I'_{11} = 53.17 \text{ A}$

$\sum I'_{13} = 41.03 \text{ A}$

$\sum I'_{17} = 8.80 \text{ A}$

$\sum I'_{19} = 5.90 \text{ A}$

$\sum I'_{23} = 8.13 \text{ A}$

$\sum I'_{25} = 5.98 \text{ A}$

(2) 辅助传动的谐波电流　辅助传动折合到10kV母线的基波电流有效值为

$$I_{A1} \approx \frac{S_{Aav}}{\sqrt{3} \times U_S} = \frac{857}{\sqrt{3} \times 10} \text{A} = 49.48 \text{A}$$

按式 (11-14) 和表11-6，辅助传动的各次谐波电流有效值分别为

$I_{A5} = 49.48 \times (1.0/5) \text{ A} = 9.90 \text{A}$

$I_{A7} = 49.48 \times (1.0/7) \text{ A} = 7.07 \text{A}$

$I_{A11} = 49.48 \times (0.75/11) \text{ A} = 3.37 \text{A}$

$I_{A13} = 49.48 \times (0.70/13) \text{ A} = 2.66 \text{A}$

$I_{A17} = 49.48 \times (0.50/17) \text{ A} = 1.46 \text{A}$

$I_{A19} = 49.48 \times (0.40/19) \text{ A} = 1.04 \text{A}$

$I_{A23} = 49.48 \times (0.25/23) \text{ A} = 0.54 \text{A}$

$I_{A25} = 49.48 \times (0.20/25) \text{ A} = 0.40 \text{A}$

(3) 注入10kV母线的总谐波电流　按式 (11-8) 和表11-3将二辊和四辊万能主传动的总谐波电流与辅助传动的谐波电流合成，注入10kV母线的各次总谐波电流有效值分别为

$\sum I_5 = \sqrt{57.18^2 + 9.90^2 + 1.28 \times 57.18 \times 9.90} \text{A} = 63.97 \text{A}$

$\sum I_7 = \sqrt{37.25^2 + 7.07^2 + 0.72 \times 37.25 \times 7.07} \text{A} = 40.34 \text{A}$

$\sum I_{11} = \sqrt{53.17^2 + 3.37^2 + 0.18 \times 53.17 \times 3.37} \text{A} = 53.58 \text{A}$

$$\sum I_{13} = \sqrt{41.03^2 + 2.66^2 + 0.08 \times 41.03 \times 2.66}\,\text{A} = 41.22\,\text{A}$$

$$\sum I_{17} = \sqrt{8.80^2 + 1.46^2}\,\text{A} = 8.92\,\text{A}$$

$$\sum I_{19} = \sqrt{5.90^2 + 1.04^2}\,\text{A} = 5.99\,\text{A}$$

$$\sum I_{23} = \sqrt{8.13^2 + 0.54^2}\,\text{A} = 8.15\,\text{A}$$

$$\sum I_{25} = \sqrt{5.98^2 + 0.40^2}\,\text{A} = 5.99\,\text{A}$$

4. 无滤波器时 10kV 母线电压畸变率　按最小运行方式考虑，10kV 母线的阻抗 X_S（Ω）为

$$X_S = U_S^2 / S_{K\min} \tag{11-83}$$

式中　U_S——10kV 母线线电压有效值（kV）；

$S_{K\min}$——最小运行方式时，10kV 母线的短路容量（MVA）。

可得：$X_S = 10^2/277\,\Omega = 0.361\,\Omega$

各次谐波电流造成的 10kV 母线电压畸变率为

$$HRU_5 = \sqrt{3} \times \sum I_5 \times 5 X_S / U_S = \sqrt{3} \times 63.97 \times 5 \times 0.361/10000 = 2.00\%$$

$$HRU_7 = \sqrt{3} \times \sum I_7 \times 7 X_S / U_S = \sqrt{3} \times 40.34 \times 7 \times 0.361/10000 = 1.77\%$$

$$HRU_{11} = \sqrt{3} \times \sum I_{11} \times 11 X_S / U_S = \sqrt{3} \times 53.58 \times 11 \times 0.361/10000 = 3.69\%$$

$$HRU_{13} = \sqrt{3} \times \sum I_{13} \times 13 X_S / U_S = \sqrt{3} \times 41.22 \times 13 \times 0.361/10000 = 3.35\%$$

$$HRU_{17} = \sqrt{3} \times \sum I_{17} \times 17 X_S / U_S = \sqrt{3} \times 8.92 \times 17 \times 0.361/10000 = 0.95\%$$

$$HRU_{19} = \sqrt{3} \times \sum I_{19} \times 19 X_S / U_S = \sqrt{3} \times 5.99 \times 19 \times 0.361/10000 = 0.71\%$$

$$HRU_{23} = \sqrt{3} \times \sum I_{23} \times 23 X_S / U_S = \sqrt{3} \times 8.15 \times 23 \times 0.361/10000 = 1.17\%$$

$$HRU_{25} = \sqrt{3} \times \sum I_{25} \times 25 X_S / U_S = \sqrt{3} \times 5.99 \times 25 \times 0.361/10000 = 0.94\%$$

10kV 母线总电压畸变率为

$$THD_u = \sqrt{2.00^2 + 1.77^2 + 3.69^2 + 3.35^2 + 0.95^2 + 0.71^2 + 1.17^2 + 0.94^2} = 5.97\%$$

由表 11-1 可知：对于 10kV 系统，允许的奇次谐波最大的电压畸变率为 3.2%，总电压畸变率不得超过 4%。现均超标，因此需要加滤波器。

5. 滤波装置（兼无功静补）参数计算　考虑到 5、7、11、13 次谐波电流较大，相应的电压畸变率也较大，故设置四个滤波支路，见图 11-14。其中 5、7、11 次滤波支路为单调谐滤波，其调谐频率分别约为 250、350、550Hz，13 次滤波支路为二阶高通滤波器，其通频限约为 650Hz。各滤波支路均为星形联结。

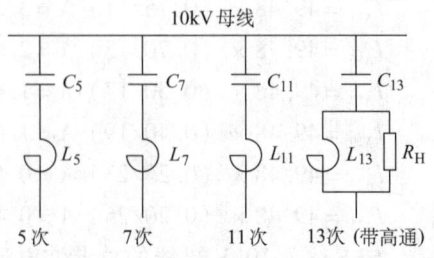

图 11-14　滤波器各滤波支路的配置

(1) 电容器参数计算　由 11.6.1.2 节可知，要把平均功率因数提高到 0.92，则需要的总静补量 Q_K 为 6.6Mvar。该总补偿量可按式（11-84）在各滤波支路间分配：

第 11 章 电气传动装置的谐波治理和无功补偿

$$Q_{Kh} = Q_K \frac{I_h/h}{\sum (I_h/h)} \tag{11-84}$$

式中 Q_{Kh}——h 次支路分配的补偿量；
Q_K——所需的总补偿量；
I_h——h 次总谐波电流；
$\sum (I_h/h)$——各滤波支路 I_h/h 之和。

在本例中，$\sum (I_h/h) = (\sum I_5/5) + (\sum I_7/7) + (\sum I_{11}/11) + (\sum I_{13}/13)$
$= [(63.97/5) + (40.34/7) + (53.58/11) + (41.22/13)]\text{A} = 26.60\text{A}$

由式(11-84)算出各滤波支路分配的无功功率补偿量为
$Q_{K5} = 6.6 \times (63.97/5)/26.60 \text{ Mvar} = 3.17\text{Mvar}$
$Q_{K7} = 6.6 \times (40.34/7)/26.60 \text{ Mvar} = 1.43\text{Mvar}$
$Q_{K11} = 6.6 \times (53.58/11)/26.60 \text{ Mvar} = 1.21\text{Mvar}$
$Q_{K13} = 6.6 \times (41.22/13)/26.60 \text{ Mvar} = 0.79\text{Mvar}$

各滤波支路每相滤波电容器应有的基波容抗 X_{Ch} 按下式计算：

$$X_{Ch} = \frac{h^2}{h^2-1} \times \frac{U_C^2}{Q_{Kh}} \tag{11-85}$$

由式(11-85)可得
$X_{C5} = [5^2/(5^2-1)] \times (10^2/3.17) \, \Omega = 32.86\Omega$
$X_{C7} = [7^2/(7^2-1)] \times (10^2/1.43) \, \Omega = 71.39\Omega$
$X_{C11} = [11^2/(11^2-1)] \times (10^2/1.21) \, \Omega = 81.33\Omega$
$X_{C13} = [13^2/(13^2-1)] \times (10^2/0.79) \, \Omega = 127.34\Omega$

选 7kV、200kvar 滤波电力电容器为基本单元，每个电容器的额定电流为 $I_{CN} = 200/7\text{A} = 28.57\text{A}$，基波容抗为 $X_C = 7000^2/(200 \times 1000) \, \Omega = 245\Omega$，电容量为 $C = 10^6/(100\pi \times 245)\mu\text{F} = 13\mu\text{F}$，则各滤波支路每相所需并联的电容器数及并联后相应的基波容抗分别为

5 次：$X_C/X_{C5} = 245/32.86 = 7.5$ 取 8 并
$X'_{C5} = 245/8\Omega = 30.625\Omega$

7 次：$X_C/X_{C7} = 245/71.39 = 3.4$ 取 3 并
$X'_{C7} = 245/3\Omega = 81.667\Omega$

11 次：$X_C/X_{C11} = 245/81.33 = 3.0$ 取 4 并
$X'_{C11} = 245/4\Omega = 61.25\Omega$

13 次：$X_C/X_{C13} = 245/127.34 = 1.9$ 取 2 并
$X'_{C13} = 245/2\Omega = 122.5\Omega$

滤波器电容器的总安装容量为
$\sum Q_C = 3 \times (8+3+4+2) \times 0.2 \text{Mvar} = 10.2\text{Mvar}$

各滤波支路实际的无功功率补偿量按下式计算：

$$Q'_{Kh} = \frac{h^2}{h^2-1} \cdot \frac{U_C^2}{X'_{Ch}} \tag{11-86}$$

由式(11-86)计算出各滤波支路实际的无功功率补偿量,分别为

$Q'_{K5} = [5^2/(5^2-1)] \times (10^2/30.625) \text{Mvar} = 3.40 \text{Mvar}$

$Q'_{K7} = [7^2/(7^2-1)] \times (10^2/81.667) \text{Mvar} = 1.25 \text{Mvar}$

$Q'_{K11} = [11^2/(11^2-1)] \times (10^2/61.25) \text{Mvar} = 1.65 \text{Mvar}$

$Q'_{K13} = [13^2/(13^2-1)] \times (10^2/122.5) \text{Mvar} = 0.82 \text{Mvar}$

实际的总无功功率补偿量为

$\sum Q_{K'} = (3.40 + 1.25 + 1.65 + 0.82) \text{Mvar} = 7.12 \text{Mvar}$

加滤波器后,对10kV母线而言,实际的平均功率因数为

$\lambda'_{10av} = P_{10av}/\sqrt{P_{10av}^2 + (Q_{10av} - \sum Q_{K'})^2}$

$= 10857/\sqrt{10857^2 + (11213 - 7120)^2} = 0.936$

(2)电抗器参数计算 各滤波支路每相电抗器的基波感抗 $X_{Lh}(\Omega)$ 及电感 $L_h(\text{mH})$ 按下式计算:

$$X_{Lh} = 1.05 X_{Ch}/h^2 \tag{11-87}$$

$$L_h = 10 X_{Lh}/\pi \tag{11-88}$$

由式(11-87)和式(11-88)可得

5次: $X_{L5} = 1.05 \times 30.625/5^2 \Omega = 1.29 \Omega$

$L_5 = 10 \times 1.29/\pi \text{ mH} = 4.09 \text{mH}$

7次: $X_{L7} = 1.05 \times 81.667/7^2 \text{mH} = 1.75 \Omega$

$L_7 = 10 \times 1.75/\pi \text{ mH} = 5.57 \text{mH}$

11次: $X_{L11} = 1.05 \times 61.25/11^2 \Omega = 0.53 \Omega$

$L_{11} = 10 \times 0.53/\pi \text{ mH} = 1.69 \text{mH}$

13次: $X_{L13} = 1.05 \times 122.5/13^2 \Omega = 0.76 \Omega$

$L_{13} = 10 \times 0.76/\pi \text{ mH} = 2.42 \text{mH}$

(3)各滤波支路的回路电阻及高通电阻参数计算 考虑各滤波支路的品质系数为40,则各滤波支路的回路电阻应为

$r_5 = X_{L5}/40 = 1.29/40 \Omega = 0.0323 \Omega$

$r_7 = X_{L7}/40 = 1.75/40 \Omega = 0.0438 \Omega$

$r_{11} = X_{L11}/40 = 0.53/40 \Omega = 0.0133 \Omega$

$r_{13} = X_{L13}/40 = 0.76/40 \Omega = 0.0190 \Omega$

13次滤波支路高通电阻的阻值按式(11-61)计算为

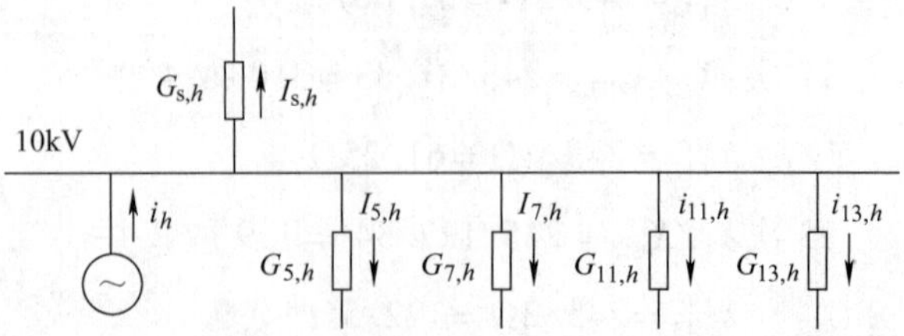

图11-15 10kV母线系统对谐波而言的等效电路

$R_{13H} = k_R \sqrt{L_{13}/C_{13}} = 10 \times \sqrt{2.42 \times 10^{-3}/(2 \times 13 \times 10^{-6})} \Omega = 96.5 \Omega$

6.有滤波器后10kV母线的电压畸变率 考虑谐波源是电流源,对谐波而言10kV母线系统的等效电路见图11-15。

在图11-15中:

i_h——谐波源的 h 次谐波电流；

i_{Sh}、$i_{5h} \sim i_{13h}$——流入电网和 5～13 次滤波支路的 h 次谐波电流；

G_{Sh}、$G_{5h} \sim G_{13h}$——电网和 5～13 次滤波支路对 h 次谐波的导纳。

(1) 流入电网和各滤波支路谐波电流计算　由图 11-15 所示的等效电路,按照前面计算出的各滤波支路的参数,计算出对 h 次谐波而言的电网和 5～13 次滤波支路的导纳 G_{Sh}、$G_{5h} \sim G_{13h}$ 和总导纳 $\sum G_h$。

根据前面计算出的谐波源的 h 次谐波电流有效值 I_h,按式(11-89)计算出流入电网和 5～13 次滤波支路的 h 次谐波电流有效值为

$$\left.\begin{array}{l} I_{Sh} = I_h \mathrm{Mod}(G_{Sh})/\mathrm{Mod}(\sum G_h) \\ I_{5h} = I_h \mathrm{Mod}(G_{5h})/\mathrm{Mod}(\sum G_h) \\ I_{7h} = I_h \mathrm{Mod}(G_{7h})/\mathrm{Mod}(\sum G_h) \\ I_{11h} = I_h \mathrm{Mod}(G_{11h})/\mathrm{Mod}(\sum G_h) \\ I_{13h} = I_h \mathrm{Mod}(G_{13h})/\mathrm{Mod}(\sum G_h) \end{array}\right\} \quad (11\text{-}89)$$

式中　　　　I_{Sh}、$I_{5h} \sim I_{13h}$——流入电网和 5～13 次滤波支路的 h 次谐波电流有效值；

　　　　　　I_h——谐波源 h 次谐波电流有效值；

$\mathrm{Mod}(G_{Sh})$、$\mathrm{Mod}(G_{5h}) \sim \mathrm{Mod}(G_{13h})$——对 h 次谐波而言的,电网和 5～13 次滤波支路的导纳之模；

　　　　　　$\mathrm{Mod}(\sum G_h)$——对 h 次谐波而言的总导纳之模。

导纳及流入各支路的谐波电流的计算过程及结果可见表 11-11。

(2) 10kV 母线电压畸变率　流入 10kV 母线的 h 次谐波电流造成的压降由下式计算:

$$\Delta U_{Sh} = I_h/\mathrm{Mod}(\sum G_h) \quad (11\text{-}90)$$

10kV 母线各次谐波电压畸变率为

$$HRU_h = \sqrt{3}\Delta U_{Sh}/U_S \quad (11\text{-}91)$$

按式(11-89)～式(11-91)计算可得(计算过程及结果可见表 11-11):

10kV 母线 5～25 次谐波电压畸变率分别为

$HRU_5 = 0.32\%$　　　　　　　　　　$HRU_{17} = 0.26\%$

$HRU_7 = 0.34\%$　　　　　　　　　　$HRU_{19} = 0.21\%$

$HRU_{11} = 0.25\%$　　　　　　　　　$HRU_{23} = 0.38\%$

$HRU_{13} = 0.51\%$　　　　　　　　　$HRU_{25} = 0.25\%$

表 11-11　有静补时的电压畸变率及滤波器参数计算

谐波次数 h		5	7	11	13	17	19	23	25
电网线电压 U_S	kV	10	10	10	10	10	10	10	10
电网的短路容量 $S_{K\min}$	MVA	277	277	277	277	277	277	277	277
电网的基波阻抗 $Z_S \approx U_S^2/S_{K\min}$	Ω	0.3610	0.3610	0.3610	0.3610	0.3610	0.3610	0.3610	0.3610
电网的等值导纳 $G = 1/(hZ_S) \approx S/(hU_S^2)$	j/Ω	-0.5540	-0.3957	-0.2518	-0.2131	-0.1629	-0.1458	-0.1201	-0.1108

（续）

5次支路基波容抗 X_{C5}	Ω	30.6250	30.6250	30.6250	30.6250	30.6250	30.6250	30.6250	30.6250
5次支路基波感抗 X_{L5}	Ω	1.2863	1.2863	1.2863	1.2863	1.2863	1.2863	1.2863	1.2863
5次支路电阻 $r_5 = X_{L5}/40$	Ω	0.0322	0.0322	0.0322	0.0322	0.0322	0.0322	0.0322	0.0322
5次支路等效导纳实部 $\text{Re}(G_{5,h}) = r_5/\{r_5^2 + [hX_{L5} - (X_{C5}/h)]^2\}$	$1/\Omega$	0.3386	0.0015	0.0002	0.0002	0.0001	0.0001	0.0000	0.0000
5次支路等效导纳虚部 $\text{Im}(G_{5,h}) = -[hX_{L5} - (X_{C5}/h)]/\{r_5^2 + [hX_{L5} - (X_{C5}/h)]^2\}$	j/Ω	-3.2271	-0.2160	-0.0880	-0.0696	-0.0498	-0.0438	-0.0354	-0.0323
5次支路等效导纳的模 $\text{Mod}(G_{5,h}) = [\text{Re}(G_{5,h})^2 + \text{Im}(G_{5,h})^2]^{0.5}$	$1/\Omega$	3.2448	0.2160	0.0880	0.0696	0.0498	0.0438	0.0354	0.0323
7次支路基波容抗 X_{C7}	Ω	81.6667	81.6667	81.6667	81.6667	81.6667	81.6667	81.6667	81.6667
7次支路基波感抗 X_{L7}	Ω	1.7500	1.7500	1.7500	1.7500	1.7500	1.7500	1.7500	1.7500
7次支路电阻 $r_7 = X_{L7}/40$	Ω	0.0438	0.0438	0.0438	0.0438	0.0438	0.0438	0.0438	0.0438
7次支路等效导纳实部 $\text{Re}(G_{7,h}) = r_7/\{r_7^2 + [hX_{L7} - (X_{C7}/h)]^2\}$	$1/\Omega$	0.0008	0.1279	0.0003	0.0002	0.0001	0.0001	0.0000	0.0000
7次支路等效导纳虚部 $\text{Im}(G_{7,h}) = -[hX_{L7} - (X_{C7}/h)]/\{r_7^2 + [hX_{L7} - (X_{C7}/h)]^2\}$	j/Ω	0.1319	-1.7047	-0.0846	-0.0607	-0.0401	-0.0345	-0.0272	-0.0247
7次支路等效导纳的模 $\text{Mod}(G_{7,h}) = [\text{Re}(G_{7,h})^2 + \text{Im}(G_{7,h})^2]^{0.5}$	$1/\Omega$	0.1319	1.7095	0.0846	0.0607	0.0401	0.0345	0.0272	0.0247
11次支路基波容抗 X_{C11}	Ω	61.25	61.25	61.25	61.25	61.25	61.25	61.25	61.25
11次支路基波感抗 X_{L11}	Ω	0.5315	0.5315	0.5315	0.5315	0.5315	0.5315	0.5315	0.5315
11次支路电阻 $r_{11} = X_{L11}/40$	Ω	0.0133	0.0133	0.0133	0.0133	0.0133	0.0133	0.0133	0.0133
11次支路等效导纳实部 $\text{Re}(G_{11,h}) = r_{11}/\{r_{11}^2 + [hX_{L11} - (X_{C11}/h)]^2\}$	$1/\Omega$	0.0001	0.0005	0.1711	0.0028	0.0005	0.0003	0.0001	0.0001
11次支路等效导纳虚部 $\text{Im}(G_{11,h}) = -[hX_{L11} - (X_{C11}/h)]/\{r_{11}^2 + [hX_{L11} - (X_{C11}/h)]^2\}$	j/Ω	0.1042	0.1988	-3.5848	-0.4550	-0.1841	-0.1455	-0.1046	-0.0923
11次支路等效导纳的模 $\text{Mod}(G_{11,h}) = [\text{Re}(G_{11,h})^2 + \text{Im}(G_{11,h})^2]^{0.5}$	$1/\Omega$	0.1042	0.1988	3.5889	0.4550	0.1841	0.1455	0.1046	0.0923

(续)

13 次支路基波容抗 X_{C13}	Ω	122.5	122.5	122.5	122.5	122.5	122.5	122.5	122.5
13 次支路基波感抗 X_{L13}	Ω	0.7611	0.7611	0.7611	0.7611	0.7611	0.7611	0.7611	0.7611
13 次支路电阻 $r_{13} = X_{L13}/40$	Ω	0.0190	0.0190	0.0190	0.0190	0.0190	0.0190	0.0190	0.0190
13 次支路高通电阻 R_H	Ω	96.5293	96.5293	96.5293	96.5293	96.5293	96.5293	96.5293	96.5293
13 次支路等效阻抗实部 $\mathrm{Re}(Z_{13,h}) = R_H[r_{13}(r_{13}+R_H) + (hX_{L13})^2]/[(r_{13}+R_H)^2 + (hX_{L13})^2]$	Ω	0.1687	0.3120	0.7393	1.0221	1.7217	2.1366	3.0907	3.6273
13 次支路等效阻抗虚部 $\mathrm{Im}(Z_{13,h}) = \{R_H^2 hX_{L13}/[(r_{13}+R_H)^2 + (hX_{L13})^2]\} - (X_{C13}/h)$	jΩ	-20.7019	-12.1906	-2.8300	0.3645	5.4995	7.6907	11.6154	13.4089
13 次支路等效导纳实部 $\mathrm{Re}(G_{13,h}) = \mathrm{Re}(Z_{13,h})/[\mathrm{Re}(Z_{13,h})^2 + \mathrm{Im}(Z_{13,h})^2]$	1/Ω	0.0004	0.0021	0.0864	0.8680	0.0518	0.0335	0.0214	0.0188
13 次支路等效导纳虚部 $\mathrm{Im}(G_{13,h}) = -\mathrm{Im}(Z_{13,h})/[\mathrm{Re}(Z_{13,h})^2 + \mathrm{Im}(Z_{13,h})^2]$	j/Ω	0.0483	0.0820	0.3308	-0.3096	-0.1656	-0.1207	-0.0804	-0.0695
13 次支路等效导纳的模 $\mathrm{Mod}(G_{13,h}) = [\mathrm{Re}(G_{13,h})^2 + \mathrm{Im}(G_{13,h})^2]^{0.5}$	1/Ω	0.0483	0.0820	0.3419	0.9216	0.1735	0.1253	0.0832	0.0720
总导纳实部 $\mathrm{Re}(\sum G_h) = \mathrm{Re}(G_{S,h} + G_{5,h} + G_{7,h} + G_{11,h} + G_{13,h})$	1/Ω	0.3399	0.132	0.2581	0.8711	0.0524	0.0339	0.0216	0.0190
总导纳虚部 $\mathrm{Im}(\sum G_h) = \mathrm{Im}(G_{S,h} + G_{5,h} + G_{7,h} + G_{11,h} + G_{13,h})$	j/Ω	-3.4967	-2.0356	-3.6784	-1.1079	-0.6025	-0.4903	-0.3681	-0.3296
总导纳的模 $\mathrm{Mod}(\sum G_h) = [\mathrm{Re}(\sum G_h)^2 + \mathrm{Im}(\sum G_h)^2]^{0.5}$	1/Ω	3.5123	2.0399	3.6875	1.4094	0.6048	0.4915	0.3687	0.3301
谐波源的合成谐波电流 $\sum I_h$	A	63.97	40.34	53.58	41.22	8.92	5.99	8.15	4.74
有滤波器 10kV 母线各次谐波电压畸变率 $HRU_h = 3^{0.5}[\sum I_h/\mathrm{Mod}(\sum G_{n,h})]/U_S$	%	0.32	0.34	0.25	0.51	0.26	0.21	0.38	0.25
国标允许的各次谐波电压畸变率	%	3.20	3.20	3.20	3.20	3.20	3.20	3.20	3.20
有滤波器 10kV 母线总谐波电压畸变率 $THD_u = [\sum(HRU_h)^2]^{0.5}$	%	0.92							
国标允许的总谐波电压畸变率	%	4.00							

10kV 母线总电压畸变率为

$$THD_u = \sqrt{0.32^2 + 0.34^2 + 0.25^2 + 0.51^2 + 0.26^2 + 0.21^2 + 0.38^2 + 0.25^2}\% = 0.92\%$$

加滤波器后,10kV 母线各次谐波电压畸变率及总电压畸变率均大大低于国标规定的允许值,滤波器的效果是明显的。

7. 滤波电容器电流和电压验算 滤波电容器不仅流过基波电流,还流过谐波电流,不仅承受基波电压,还承受谐波电压。按照国家标准 GB/T11024.1—2001《标称电压 1kV 以上交流电力系统用并联电容器 第 1 部分:总则 性能试验和定额 安全要求 安装和运行总则》附录 B 中规定,电力滤波电容器额定电流的定义是:基波和谐波频率下额定电流二次方之和的平方根;额定电压的定义是:基波电压方均根值和谐波引起的电压方均根值的算术和。所以要按照上述标准中的定义来核算所选择的滤波电容器的额定电压和额定电流是否足够,是否能够保证在有谐波的情况下安全可靠地运行。

(1) 电容器电流验算 各滤波支路的基波电流有效值 $I_{n,1}$ 按下式计算:

$$I_{n,1} = \frac{U_S}{\sqrt{3} \times (X_{Cn} - X_{Ln})} \tag{11-92}$$

各滤波支路的谐波电流有效值 $I_{n,h}$ 按下式计算:

$$I_{n,h} = \sum I_h \times \text{Mod}(G_{n,h}) / (\text{Mod} \sum G_{n,h}) \tag{11-93}$$

各滤波支路的总等效电流 $I_{n,Eq}$ 按下式计算:

$$I_{n,Eq} = \sqrt{I_{n,1}^2 + \sum I_{n,h}^2} \tag{11-94}$$

按式(11-92)~式(11-94)计算,可得(计算过程和结果见表 11-12):

1) 5~13 次滤波支路的总等效电流分别为

$I_{5,Eq} = 205.53\text{A}$

$I_{7,Eq} = 79.83\text{A}$

$I_{11,Eq} = 109.43\text{A}$

$I_{13,Eq} = 54.93\text{A}$

2) 5~13 次滤波支路的电容器总额定电流分别为

$I_{5,CN} = 8 \times 28.57\text{A} = 228.56\text{A} > I_{5,Eq} = 205.53\text{A}$

$I_{7,CN} = 3 \times 28.57\text{A} = 85.71\text{A} > I_{7,Eq} = 79.83\text{A}$

$I_{11,CN} = 4 \times 28.57\text{A} = 114.28\text{A} > I_{11,Eq} = 109.43\text{A}$

$I_{13,CN} = 2 \times 28.57\text{A} = 57.14\text{A} > I_{13,Eq} = 54.93\text{A}$

以上计算所得各滤波支路电容器的总额定电流均大于该支路流过电容器的总等效电流,电容器电流验算通过。

(2) 电容器电压验算 各滤波支路电容器的基波电压有效值 $U_{n,C1}$ 按下式计算:

$$U_{n,C1} = I_{n,1} X_{Cn} \tag{11-95}$$

各滤波支路电容器的谐波电压有效值 $U_{n,Ch}$ 按下式计算:

$$U_{n,Ch} = I_{n,h} X_{Cn} / h \tag{11-96}$$

各滤波支路电容器的总电压 $U_{n,C\Sigma}$ 按下式计算:

$$U_{n,C\Sigma} = U_{n,C1} + \sum U_{n,Ch} \tag{11-97}$$

按式(11-95)~式(11-97)计算,可得 5~13 次滤波支路电容器的总电压分别为(计算过程及结果可见表 11-12)

$U_{5,C\Sigma} = U_{5,C1} + \sum U_{5,Ch} = 6419.4\text{V}$

$$U_{7,C\Sigma} = U_{7,C1} + \sum U_{7,Ch} = 6361.8\text{V}$$
$$U_{11,C\Sigma} = U_{11,C1} + \sum U_{11,Ch} = 6259.7\text{V}$$
$$U_{13,C\Sigma} = U_{13,C1} + \sum U_{13,Ch} = 6212.0\text{V}$$

以上计算所得各滤波支路电容器的总电压均小于所选电容器的额定电压 7000V，电容器电压验算也通过。

8. 高通电阻 R_H 的容量　流过高通电阻的基波电流 $I_{RH,1}$ 按下式计算：

$$I_{RH,1} = \frac{I_{13,1}X_{L13}}{\sqrt{R_H^2 + X_{L13}^2}} \tag{11-98}$$

流过高通电阻的谐波电流 $I_{RH,h}$ 按下式计算：

$$I_{RH,h} = \frac{I_{13,h}hX_{L13}}{\sqrt{R_H^2 + (hX_{L13})^2}} \tag{11-99}$$

高通电阻 R_H 的容量为

$$P_{RH} = [I_{RH,1}^2 + \sum(I_{RH,h})^2] \times R_H = 792\text{ W}$$

以上计算过程及结果可见表 11-12。

表 11-12　电容器电流和电压校算

谐波次数 h			5	7	11	13	17	19	23	25
电容器额定电压 U_{CN}		V	7000							
5 次支路电容器总额定电流 $I_{5,CN}$		A	228.57							
7 次支路电容器总额定电流 $I_{7,CN}$		A	85.71							
11 次支路电容器总额定电流 $I_{11,CN}$		A	114.29							
13 次支路电容器总额定电流 $I_{13,CN}$		A	57.14							
5 次支路的基波电流 $I_{5,1} = U_S/[3^{0.5}(X_{C5} - X_{L5})]$		A	196.79							
5 次支路的谐波电流 $I_{5,h} = \sum I_h \text{Mod}(G_{5,h})/\text{Mod}(\sum G_{5,h})$		A	59.08	4.27	1.28	2.04	0.74	0.53	0.78	0.46
5 次支路的总等效电流 $I_{5,Eq} = [I_{5,1}^2 + \sum(I_{5,h})^2]^{0.5}$		A	205.53							
5 次支路电容器过电流系数 $F_{5,i} = I_{5,Eq}/I_{5,CN}$		%	89.9							
7 次支路的基波电流 $I_{7,1} = U_S/[3^{0.5}(X_{C7} - X_{L7})]$		A	72.24							
7 次支路的谐波电流 $I_{7,h} = \sum I_h \text{Mod}(G_{7,h})/\text{Mod}(\sum G_{7,h})$		A	2.40	33.81	1.23	1.78	0.59	0.42	0.60	0.35
7 次支路的总等效电流 $I_{7,Eq} = [I_{7,1}^2 + \sum(I_{7,h})^2]^{0.5}$		A	79.83							
7 次支路电容器过电流系数 $F_{7,i} = I_{7,Eq}/I_{7,CN}$		%	93.1							
11 次支路的基波电流 $I_{11,1} = U_S/[3^{0.5}(X_{C11} - X_{L11})]$		A	95.09							
11 次支路的谐波电流 $I_{11,h} = \sum I_h \text{Mod}(G_{11,h})/\text{Mod}(\sum G_{11,h})$		A	1.90	3.9	52.15	13.31	2.71	1.77	2.31	1.32
11 次支路的总等效电流 $I_{11,Eq} = [I_{11,1}^2 + \sum(I_{11,h})^2]^{0.5}$		A	109.43							
11 次支路电容器过电流系数 $F_{11,i} = I_{11,Eq}/I_{11,CN}$		%	95.8							

（续）

谐波次数 h		5	7	11	13	17	19	23	25
13次支路的基波电流 $I_{13,1} = U_S/[3^{0.5}(X_{C13} - X_{L13})]$	A	47.43							
13次支路的谐波电流 $I_{13,h} = \sum I_h \text{Mod}(G_{13,h})/\text{Mod}(\sum G_{13,h})$	A	0.88	1.62	4.97	26.95	2.56	1.53	1.84	1.03
13次支路电容器的总等效电流 $I_{13,Eq} = [I_{13,1}^2 + \sum(I_{13,h})^2]^{0.5}$	A	54.93							
13次支路电容器过电流系数 $F_{13,i} = I_{13,Eq}/I_{13,CN}$	%	96.1							
5次支路电容器的基波电压 $U_{5,C1} = I_{5,1}X_{C5}$	V	6026.63							
5次支路电容器的谐波电压 $U_{5,Ch} = I_{5,h}X_{C5}/h$	V	361.89	18.69	3.56	4.80	1.32	0.86	1.04	0.57
5次支路电容器的总等效电压 $U_{5,CEq} = U_{5,C1} + \sum U_{5,Ch}$	V	6419.36							
5次支路电容器过电压系数 $F_{5,u} = U_{5,CEq}/U_{CN}$	%	91.7							
7次支路电容器的基波电压 $U_{7,C1} = I_{7,1}X_{C7}$	V	5899.93							
7次支路电容器的谐波电压 $U_{7,Ch} = I_{7,h}X_{C7}/h$	V	39.22	394.40	9.12	11.16	2.84	1.81	2.14	1.16
7次支路电容器的总等效电压 $U_{7,CEq} = U_{7,C1} + \sum U_{7,Ch}$	V	6361.78							
7次支路电容器过电压系数 $F_{7,u} = U_{7,CEq}/U_{CN}$	%	90.9							
11次支路电容器的基波电压 $U_{11,C1} = I_{11,1}X_{C11}$	V	5824.04							
11次支路电容器的谐波电压 $U_{11,Ch} = I_{11,h}X_{C11}/h$	V	23.25	34.40	290.37	62.69	9.78	5.72	6.16	3.25
11次支路电容器的总等效电压 $U_{11CEq} = U_{11,C1} + \sum U_{11,Ch}$	V	6259.66							
11次支路电容器过电压系数 $F_{11,u} = U_{11,CEq}/U_{CN}$	%	89.4							
13次支路电容器的基波电压 $U_{13,C1} = I_{13,1}X_{C13}$	V	5809.60							
13次支路电容器的谐波电压 $U_{13,Ch} = I_{13,h}X_{C13}/h$	V	21.55	28.38	55.32	253.98	18.44	9.84	9.80	5.06
13次支路电容器的总等效电压 $U_{13,CEq} = U_{13,C1} + \sum U_{13,Ch}$	V	6211.97							
13次支路电容器过电压系数 $F_{13,u} = U_{13,CEq}/U_{CN}$	%	88.7							
流过高通电阻的基波电流 $I_{RH,1} = I_{13,1}X_{L13}/[R_H^2 + X_{L13}^2]^{0.5}$	A	0.37							
流过高通电阻的谐波电流 $I_{RH,h} = I_{13,h}hX_{L13}/[R_H^2 + (hX_{L13})^2]^{0.5}$	A	0.04	0.09	0.43	2.75	0.34	0.23	0.33	0.20
高通电阻的功率损耗 $P_{RH} = [I_{RH,1}^2 + \sum(I_{RH,h})^2] * R_H$	W	792							

9. 滤波器主要元件参数及数量

5次滤波支路：

    电容器　200 kvar　7 kV　24台

    电抗器　4.09 mH　206 A　3台

7次滤波支路：

    电容器　200 kvar　7 kV　9台

    电抗器　5.57 mH　80 A　3台

11次滤波支路：

    电容器　200 kvar　7 kV　12台

电抗器　1.69 mH　110 A　3 台

13 次滤波支路(带高通):

电容器　200 kvar　7 kV　6 台

电抗器　2.42 mH　55 A　3 台

高通电阻　96.5 Ω　1.5kW　3 台

11.6.2　动态无功补偿装置计算实例

某中厚扁钢主轧线由粗轧机架和精轧机架及立辊机架等构成。粗轧机及精轧机主传动为同步电动机,由交 - 交变频器供电。粗轧及精轧立辊主传动为直流电动机,由晶闸管整流器供电。电网供电单线图见图 11-16。

主要用电设备技术数据如下:

粗轧主传动电机:4200kW　1650V　1566A 同步电动机

粗轧主传动主变压器:7600kVA 10kV/1150V 三裂解

精轧主传动电机:3000kW　1650V　1091A 同步电动机

精轧主传动主变压器:5400kVA 10kV/1130V 三裂解

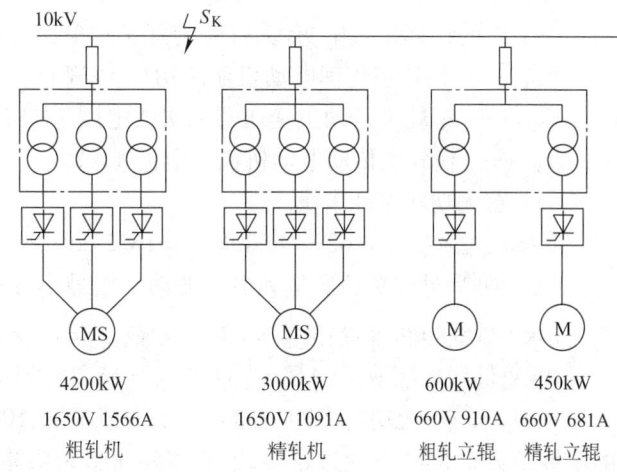

图 11-16　中厚扁钢主轧线供电单线图

粗轧立辊主传动电机:600kW 660V 910A 直流电动机

精轧立辊主传动电机:450kW 660V 681A 直流电动机

粗轧和精轧立辊共用主变压器:1600kVA/900kVA;700kVA

　　　　　　　　　10kV/660V;660V 两裂解

压下及推床等辅助传动电机:总功率约 400kW 440V 直流电动机

压下及推床等辅助传动整流变压器:500kVA 10kV/420V

10kV 母线的短路电流:最大方式 32kA

　　　　　　　　正常方式 26kA

　　　　　　　　最小方式 15kA

1. 无功功率冲击与电压波动　计算无功功率冲击时只考虑粗轧和精轧主传动的无功功率冲击,其他用电设备的无功功率冲击很小,可以不考虑。以粗轧主传动 2.5 倍过载,同时精轧主传动 1.5 倍过载作为最大的无功功率冲击。

(1) 粗轧主传动无功功率冲击　粗轧主传动 2.5 倍过载时有

有功功率:$P_R = 2.5 P_{NM,R} = 2.5 \times 4200 \text{kW} = 10500 \text{kW}$

视在功率:$S_R = 2.5 \times 3.48 U_{2T,R} I_{NM,R}$

　　　　　$= 2.5 \times 3.48 \times 1150 \times 1566 \times 10^{-3} \text{kVA} = 15668 \text{kVA}$

无功功率:$Q_R = \sqrt{S_R^2 - P_R^2} = \sqrt{15668^2 - 10500^2} \text{kvar} = 11629 \text{kvar}$

在上面的计算公式中,有关符号的意义和单位为:

$P_{\text{NM,R}}$——粗轧主传动电动机额定功率（kW）；
$U_{\text{2T,R}}$——粗轧主传动主变压器二次线电压（V）；
$I_{\text{NM,R}}$——粗轧主传动电动机额定电流（A）。

（2）精轧主传动无功功率冲击　精轧主传动 1.5 倍过载时有

有功功率：$P_F = 1.5 P_{\text{NM,F}} = 1.5 \times 3000 \text{kW} = 4500 \text{kW}$

视在功率：$S_F = 1.5 \times 3.48 U_{\text{2T,F}} I_{\text{NM,F}}$
$= 1.5 \times 3.48 \times 1130 \times 1091 \times 10^{-3} \text{kVA} = 6435 \text{kVA}$

无功功率：$Q_F = \sqrt{S_F^2 - P_F^2} = \sqrt{6435^2 - 4500^2} \text{kvar} = 4600 \text{kvar}$

在上面的计算公式中，有关符号的意义和单位为：

$P_{\text{NM,F}}$——精轧主传动电动机额定功率（kW）；
$U_{\text{2T,F}}$——精轧主传动主变压器二次线电压（V）；
$I_{\text{NM,F}}$——精轧主传动电动机额定电流（A）。

（3）总无功功率冲击量

$\sum Q = Q_R + Q_F = 11629 + 4600 \text{kvar} = 16229 \text{kvar} = 16.2 \text{Mvar}$

（4）10kV 母线短路容量和电压波动　按最小方式考虑：

10kV 母线短路容量：$S_{\text{Kmin}} = \sqrt{3} \times U_C \times I_{\text{Kmin}} = \sqrt{3} \times 10 \times 15 \times 10^6 \text{VA} = 259.8 \text{MVA}$

10kV 母线电压波动：$\Delta U = \sum Q / S_{\text{Kmin}} = 16.2/259.8\% = 6.2\%$

在 Q_R 和 Q_F 无功功率冲击同时发生的情况下，10kV 母线的电压波动为 6.2%。而国标允许的电波动为 2.5%，已超过较多，因此需要动态无功补偿。

2. 所需的动态无功补偿量

10kV 母线允许的无功功率冲击量为

$Q_a = 2.5\% \times S_{\text{Kmin}} = 2.5\% \times 259.8 \text{Mvar} = 6.5 \text{Mvar}$

所需要的动态无功补偿量为

$Q_K = \sum Q - Q_a = (16.2 - 6.5) \text{Mvar} = 9.7 \text{Mvar}$

采用 TCR 的动补方式，TCR 的无功补偿量取

$Q_K = 10 \text{Mvar}$

3. 谐波电流和无滤波器时 10kV 母线的电压畸变率

（1）轧机负载合成谐波电流　按电动机额定负载考虑，计算出粗轧、精轧主传动及粗轧、精轧立辊等轧机负载的谐波电流和合成谐波电流见表 11-13。

粗轧和精轧主传动是交流电动机传动由交 – 交变频器供电，有 3 次谐波存在，表 11-13 中粗轧和精轧主传动的谐波电流值是参考计算机仿真所得的结论计算出来的。粗轧和精轧立辊是直流电动机传动由晶闸管整流器供电，没有 3 次谐波，表 11-13 中的相应数值是按式（11-14）计算出来的。轧机负载的合成谐波电流是按式（11-8）计算出来的。详细计算过程不再列出。

表 11-13　轧机负载的谐波电流　　　　（单位：A）

谐波次数	3	5	7	11	13	17	19	23	25
粗轧主传动谐波电流	18.10	64.00	47.75	29.40	22.68	14.88	13.14	9.71	8.67
精轧主传动谐波电流	12.93	39.64	29.56	18.20	14.04	9.20	8.10	6.00	5.37

谐波次数	3	5	7	11	13	17	19	23	25
粗轧立辊谐波电流	0.00	9.40	6.71	3.20	2.53	1.38	0.99	0.51	0.38
精轧立辊谐波电流	0.00	7.00	5.00	2.39	1.88	1.03	0.74	0.38	0.28
轧机负载合成谐波电流	29.07	104.57	68.67	36.55	26.86	17.58	15.49	11.43	10.21

（2）TCR 动补装置产生的谐波电流　由式(11-22)，TCR 动补装置相控电抗器的基波额定电流为

$$I_{1N,TCR} = \frac{Q_C}{\sqrt{3}U} \times 10^3 = \frac{10}{\sqrt{3} \times 10} \times 10^3 A = 577.35A$$

为了提高动态性能，相控电抗器的相对阻抗取 70%，则由表 11-11 可计算出 TCR 动补装置各次最大谐波电流分别为

$I_{5,TCR} = 577.35 \times 7.21\%$ A $= 41.63$A
$I_{7,TCR} = 577.35 \times 3.67\%$ A $= 21.19$A
$I_{11,TCR} = 577.35 \times 1.38\%$ A $= 7.97$A
$I_{13,TCR} = 577.35 \times 1.01\%$ A $= 5.83$A
$I_{17,TCR} = 577.35 \times 0.61\%$ A $= 3.52$A
$I_{19,TCR} = 577.35 \times 0.46\%$ A $= 2.66$A
$I_{23,TCR} = 577.35 \times 0.32\%$ A $= 1.85$A
$I_{25,TCR} = 577.35 \times 0.28\%$ A $= 1.62$A

（3）注入电网的总谐波电流　由于 TCR 也要产生谐波电流，在计算注入电网的总谐波电流时，应该考虑 TCR 产生的谐波电流。但是，当 TCR 输出最大时，轧机负载正好是最小，而轧机负载最大时，TCR 输出却又是最小，轧机负载和 TCR 输出不可能同时最大。因此，在考虑注入电网的总谐波电流时，不应简单地把轧机负载的谐波电流和 TCR 的谐波电流相加，而应该把轧机负载的谐波电流和 TCR 的谐波电流加以比较，取其大值作为注入电网的总谐波电流。

将表 11-13 中轧机负载合成的各次谐波电流与 TCR 的各次最大谐波电流相比，轧机负载合成的各次谐波电流均大于 TCR 的各次最大谐波电流。因此就将表 11-13 中的轧机负载合成的各次谐波电流作为注入 10kV 电网的各次总谐波电流 $\sum I_h$，即分别为

$\sum I_3 = 29.07$A
$\sum I_5 = 104.57$A
$\sum I_7 = 68.67$A
$\sum I_{11} = 36.55$A
$\sum I_{13} = 26.86$A
$\sum I_{17} = 17.58$A
$\sum I_{19} = 15.49$A
$\sum I_{23} = 11.43$A
$\sum I_{25} = 10.21$A

（4）无滤波器时 10kV 母线的电压畸变率　按式(11-83)，最小运行方式时，10kV 母线的阻抗 X_S 为

$$X_S = U_S^2 / S_{Kmin} = 10^2 / 259.8 \ \Omega = 0.3849 \ \Omega$$

各次谐波电流造成的 10kV 母线电压畸变率为

$HRU_3 = \sqrt{3} \times \sum I_3 \times 3X_S/U_S = \sqrt{3} \times 29.07 \times 3 \times 0.3849/10000 = 0.58\%$

$HRU_5 = \sqrt{3} \times \sum I_5 \times 5X_S/U_S = \sqrt{3} \times 104.575 \times 5 \times 0.3849/10000 = 3.49\%$

$HRU_7 = \sqrt{3} \times \sum I_7 \times 7X_S/U_S = \sqrt{3} \times 68.67 \times 7 \times 0.3849/10000 = 3.20\%$

$HRU_{11} = \sqrt{3} \times \sum I_{11} \times 11X_S/U_S = \sqrt{3} \times 36.55 \times 11 \times 0.3849/10000 = 2.68\%$

$HRU_{13} = \sqrt{3} \times \sum I_{13} \times 13X_S/U_S = \sqrt{3} \times 26.86 \times 13 \times 0.3849/10000 = 2.33\%$

$HRU_{17} = \sqrt{3} \times \sum I_{17} \times 17X_S/U_S = \sqrt{3} \times 17.58 \times 17 \times 0.3849/10000 = 1.99\%$

$HRU_{19} = \sqrt{3} \times \sum I_{19} \times 19X_S/U_S = \sqrt{3} \times 15.49 \times 19 \times 0.3849/10000 = 1.96\%$

$HRU_{23} = \sqrt{3} \times \sum I_{23} \times 23X_S/U_S = \sqrt{3} \times 11.43 \times 23 \times 0.3849/10000 = 1.75\%$

$HRU_{25} = \sqrt{3} \times \sum I_{25} \times 25X_S/U_S = \sqrt{3} \times 10.21 \times 25 \times 0.3849/10000 = 1.70\%$

10kV 母线总电压畸变率为

$THD_u = \sqrt{0.58^2 + 3.49^2 + 3.20^2 + 2.68^2 + 2.33^2 + 1.99^2 + 1.96^2 + 1.75^2 + 1.70^2} = 7.01\%$

由表 11-1 可知：对于 10kV 系统，允许的奇次谐波最大的电压畸变率为 3.2%，总电压畸变率不得超过 4%。现均超标，因此需要加滤波器。

4. 滤波器的无功补偿量及滤波器参数　关于滤波器的无功补偿量及滤波器参数的计算均按 11.6.1.5 节中介绍的方法进行，详情可参见该节。

（1）滤波器的组成　由于交-交变频器有频谱较广的旁频，而且频率较低的旁频，所以应设置带高通的滤波支路。从表 11-13 可知，5 次、7 次的谐波电流较大，而且 3 次谐波电流数值也不小，故设置 3 次、5 次、7 次 3 个滤波支路。每个滤波支路都带高通电阻，见图 11-17。

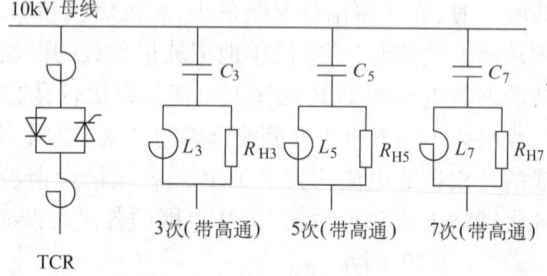

图 11-17　TCR 和滤波器配置示意图

（2）滤波器的无功补偿量　TCR 的无功补偿量是 10Mvar，对电网而言，负载的无功功率加上 TCR 的无功功率基本上就是一个恒定的约 10Mvar 的滞后无功功率，功率因数很差，需要利用滤波器把该滞后无功功率补偿掉。通常取滤波器应有的无功补偿量 $\sum Q_K$ 与 TCR 的无功补偿量相等，即

$$\sum Q_K = 10\text{Mvar}$$

各滤波支路分配的无功补偿量 Q_{Kh} 应分别为

$Q_{K3} = 10 \times (29.07/3)/40.41\text{Mvar} = 2.40\text{Mvar}$

$Q_{K5} = 10 \times (104.57/5)/40.41\text{Mvar} = 5.18\text{Mvar}$

$Q_{K7} = 10 \times (68.67/7)/40.41\text{Mvar} = 2.45\text{Mvar}$

（3）电容器参数计算　根据上面计算得到的各滤波支路分配的无功补偿量，各滤波支路每

相滤波电容器的基波容抗 X_{Ch} 应为

$X_{C3} = [3^2/(3^2-1)] \times (10^2/2.40)\Omega = 46.88\Omega$

$X_{C5} = [5^2/(5^2-1)] \times (10^2/5.18)\Omega = 20.11\Omega$

$X_{C7} = [7^2/(7^2-1)] \times (10^2/2.45)\Omega = 41.67\Omega$

选 7.2kV 500kvar 滤波电力电容器为基本单元。每个电容器的额定电流为 $I_{CN} = 500/7.2$A $= 69.44$A，基波容抗为 $X_C = 7200^2/(500 \times 1000)\Omega = 103.68\Omega$，电容量为 $C = 10^6/(100\pi \times 103.68)\mu F = 30.70\mu F$。各滤波支路每相滤波电容器所需的并联数及并联后相应的基波容抗分别为

3 次：$X_C/X_{C3} = 103.68/46.88 = 2.2$（取 2 并）

$X'_{C3} = 103.68/2\Omega = 51.84\Omega$

5 次：$X_C/X_{C5} = 103.68/20.11 = 5.2$（取 5 并）

$X'_{C5} = 103.68/5\Omega = 20.74\Omega$

7 次：$X_C/X_{C7} = 103.68/41.67 = 2.5$（取 3 并）

$X'_{C7} = 109.52/3\Omega = 34.56\Omega$

(4) 滤波电容器的总安装容量和实际的无功补偿量　滤波电容器的总安装容量为

$\sum Q_C = 3 \times (2+5+3) \times 500$kvar $= 15000$kvar $= 15$Mvar

各滤波支路的无功补偿量为

$Q'_{K3} = [3^2/(3^2-1)] \times (10^2/51.84)$Mvar $= 2.18$Mvar

$Q'_{K5} = [5^2/(5^2-1)] \times (10^2/20.74)$Mvar $= 5.03$Mvar

$Q'_{K7} = [7^2/(7^2-1)] \times (10^2/34.56)$Mvar $= 2.96$Mvar

滤波器的实际总无功补偿量为

$\sum Q'_K = Q'_{K3} + Q'_{K5} + Q'_{K7} = (2.18 + 5.03 + 2.96)$Mvar $= 10.17$Mvar

(5) 滤波电抗器及高通电阻参数计算　各滤波支路每相电抗器的基波感抗、电感及高通电阻值分别为

3 次：$X_{L3} = 1.05 \times 51.84/3^2\Omega = 6.05\Omega$

$L_3 = 10 \times 6.05/\pi$ mH $= 19.25$mH

$R_{H3} = 20(X_{L3}X_{C3})^{0.5} = 20 \times (6.05 \times 51.84)^{0.5}\Omega = 354.13\Omega$

5 次：$X_{L5} = 1.05 \times 20.74/5^2\Omega = 0.87\Omega$

$L_5 = 10 \times 0.87/\pi$ mH $= 2.77$mH

$R_{H5} = 20(X_{L5}X_{C5})^{0.5} = 20 \times (0.87 \times 20.74)^{0.5}\Omega = 84.99\Omega$

7 次：$X_{L7} = 1.05 \times 34.56/7^2\Omega = 0.74\Omega$

$L_7 = 10 \times 0.74/\pi$ mH $= 2.36$mH

$R_{H7} = 20(X_{L7}X_{C7})^{0.5} = 20 \times (0.74 \times 34.56)^{0.5}\Omega = 101.18\Omega$

5. 有滤波器后 10kV 母线的电压畸变率

按 11.6.1.6 节中介绍的方法计算，详细的计算过程可参见表 11-14。

(1) 流入 10kV 母线和各滤波支路的谐波电流（见表 11-14）。

(2) 10kV 母线的电压畸变率　有滤波器后 10kV 母线 3～25 次谐波电压畸变率分别为

$HRU_3 = 0.44\%$ $HRU_{17} = 0.92\%$
$HRU_5 = 0.54\%$ $HRU_{19} = 0.92\%$
$HRU_7 = 0.49\%$ $HRU_{23} = 0.83\%$
$HRU_{11} = 1.09\%$ $HRU_{25} = 0.81\%$
$HRU_{13} = 1.01\%$

有滤波器后 10kV 母线总电压畸变率为

$THD_u = 2.45\%$

有滤波器后 10kV 母线 3~25 次谐波电压畸变率及 10kV 母线总电压畸变率均低于国际规定的允许值 (3.2% 和 4%),滤波器的效果是明显的。

6. 滤波电容器电流和电压验算　按 11.6.1.7 节中介绍的方法验算,详细过程及结果可参见表 11-15。

(1) 滤波电容器电流验算　包括基波在内,流过 3、5、7 次滤波支路中电容器的总等效电流分别为

$I_{3,Eq} = 127.52A$
$I_{5,Eq} = 307.53A$
$I_{7,Eq} = 178.57A$

3、5、7 次滤波支路电容器的总额定电流分别为

$I_{3,CN} = 1138.89A > I_{3,Eq}$
$I_{5,CN} = 347.22A > I_{5,Eq}$
$I_{7,CN} = 208.33A > I_{7,Eq}$

表 11-14　有 TCR 滤波器时的电压畸变率及滤波器参数计算

谐波次数 h		3	5	7	11	13	17	19	23	25
电网线电压 U_S	kV	10	10	10	10	10	10	10	10	10
电网的短路容量 S_{Kmin}	MVA	259.8	259.8	259.8	259.8	259.8	259.8	259.8	259.8	259.8
电网的基波阻抗 $Z_S \approx U_S^2/S_{Kmin}$	Ω	0.3849	0.3849	0.3849	0.3849	0.3849	0.3849	0.3849	0.3849	0.3849
电网的等值导纳 $G = 1/(hZ_S) \approx S/(hU_S^2)$	j/Ω	-0.8660	-0.5196	-0.3711	-0.2362	-0.1998	-0.1528	-0.1367	-0.1130	-0.1039
3 次支路基波容抗 X_{C3}	Ω	51.84	51.84	51.84	51.84	51.84	51.84	51.84	51.84	51.84
3 次支路基波感抗 X_{L3}	Ω	6.0480	6.0480	6.0480	6.0480	6.0480	6.0480	6.0480	6.0480	6.0480
3 次支路电抗器电阻 $r_{L3} = X_{L3}/40$	Ω	0.1512	0.1512	0.1512	0.1512	0.1512	0.1512	0.1512	0.1512	0.1512
3 次支路高通电阻 $R_{H3} = 20(X_{L3}X_{C3})^{0.5}$	Ω	354.13	354.13	354.13	354.13	354.13	354.13	354.13	354.13	354.13
3 次支路等效阻抗实部 $\mathrm{Re}(Z_{3,h}) = [r_{L3}R_{H3}(r_{L3}+R_{H3})+R_{H3}(hX_{L3})^2]/[(r_{L3}+R_{H3})^2+(hX_{L3})^2]$	Ω	1.0771	2.7114	5.1347	12.2080	16.7664	27.6478	33.8461	47.4324	54.6907

(续)

谐波次数 h		3	5	7	11	13	17	19	23	25
3次支路等效阻抗虚部 $\text{Im}(Z_{3,h}) = \{R_{H3}^2 h X_{L3}/[(r_{L3} + R_{H3})^2 + (hX_{L3})^2]\} - (X_{C3}/h)$	Ω	0.8011	19.6277	34.2986	59.4945	70.8819	91.6991	101.157	118.167	125.721
3次支路等效导纳实部 $\text{Re}(G_{3,h}) = \text{Re}(Z_{3,h})/[\text{Re}(Z_{3,h})^2 + \text{Im}(Z_{3,h})^2]$	$1/\Omega$	0.5978	0.0069	0.0043	0.0033	0.0032	0.0030	0.0030	0.0029	0.0029
3次支路等效导纳虚部 $\text{Im}(G_{5,h}) = \text{Im}(Z_{3,h})/[\text{Re}(Z_{3,h})^2 + \text{Im}(Z_{3,h})^2]$	j/Ω	-0.4446	-0.0500	-0.0285	-0.0161	-0.0134	-0.0100	-0.0089	-0.0073	-0.0067
3次支路等效导纳的模 $\text{Mod}(G_{3,h}) = [\text{Re}(G_{3,h})^2 + \text{Im}(G_{3,h})^2]^{0.5}$	$1/\Omega$	0.7450	0.0505	0.0288	0.0165	0.0137	0.0104	0.0094	0.0079	0.0073
5次支路基波容抗 X_{C5}	Ω	20.7360	20.7360	20.7360	20.7360	20.7360	20.7360	20.7360	20.7360	20.7360
5次支路基波感抗 X_{L5}	Ω	0.8709	0.8709	0.8709	0.8709	0.8709	0.8709	0.8709	0.8709	0.8709
5次支路电抗器电阻 $r_{L5} = X_{L5}/40$	Ω	0.0218	0.0218	0.0218	0.0218	0.0218	0.0218	0.0218	0.0218	0.0218
5次支路高通电阻 $R_{H5} = 20(X_{L5} X_{C5})^{0.5}$	Ω	84.99	84.99	84.99	84.99	84.99	84.99	84.99	84.99	84.99
5次支路等效阻抗实部 $\text{Re}(Z_{5,h}) = [r_{L5} R_{H5}(r_{L5} + R_{H5}) + R_{H5}(hX_{L5})^2]/[(r_{L5} + R_{H5})^2 + (hX_{L5})^2]$	Ω	0.1019	0.2441	0.4565	1.0872	1.5025	2.5230	3.1234	4.4908	5.2519
5次支路等效阻抗虚部 $\text{Im}(Z_{5,h}) = \{R_{H5}^2 h X_{L5}/[(r_{L5} + R_{H5})^2 + (hX_{L5})^2]\} - (X_{C5}/h)$	Ω	-4.3031	0.1937	3.0997	7.5698	9.5236	13.1424	14.8436	18.0659	19.5924
5次支路等效导纳实部 $\text{Re}(G_{5,h}) = \text{Re}(Z_{5,h})/[\text{Re}(Z_{5,h})^2 + \text{Im}(Z_{5,h})^2]$	$1/\Omega$	0.0055	2.5139	0.0465	0.0186	0.0162	0.0141	0.0136	0.0130	0.0128
5次支路等效导纳虚部 $\text{Im}(G_{5,h}) = \text{Im}(Z_{5,h})/[\text{Re}(Z_{5,h})^2 + \text{Im}(Z_{5,h})^2]$	j/Ω	0.2323	-1.9946	-0.3158	-0.1294	-0.1025	-0.0734	-0.0645	-0.0521	-0.0476
5次支路等效导纳的模 $\text{Mod}(G_{5,h}) = [\text{Re}(G_{5,h})^2 + \text{Im}(G_{5,h})^2]^{0.5}$	$1/\Omega$	0.2323	3.2091	0.3192	0.1308	0.1037	0.0747	0.0659	0.0537	0.0493

(续)

谐波次数 h		3	5	7	11	13	17	19	23	25
7次支路基波容抗 X_{C7}	Ω	34.56	34.56	34.56	34.56	34.56	34.56	34.56	34.56	34.56
7次支路基波感抗 X_{L7}	Ω	0.7406	0.7406	0.7406	0.7406	0.7406	0.7406	0.7406	0.7406	0.7406
7次支路电抗器电阻 $r_{L7} = X_{L7}/40$	Ω	0.0185	0.0185	0.0185	0.0185	0.0185	0.0185	0.0185	0.0185	0.0185
7次支路高通电阻 $R_{H7} = 20(X_{L7} X_{C7})^{0.5}$	Ω	101.18	101.18	101.18	101.18	101.18	101.18	101.18	101.18	101.18
7次支路等效阻抗实部 $\mathrm{Re}(Z_{7,h}) = [r_{L7}R_{H7}(r_{L7}+R_{H7}) + R_{H7}(hX_{L7})^2]/[(r_{L7}+R_{H7})^2 + (hX_{L7})^2]$	Ω	0.0672	0.1538	0.2833	0.6698	0.9259	1.5604	1.9372	2.8056	3.2949
7次支路等效阻抗虚部 $\mathrm{Im}(Z_{7,h}) = \{R_{H7}^2 hX_{L7}/[(r_{L7}+R_{H7})^2 + (hX_{L7})^2]\} - (X_{C7}/h)$	Ω	-9.3001	-3.2153	0.2316	4.9494	6.8795	10.3608	11.9805	15.0559	16.5264
7次支路等效导纳实部 $\mathrm{Re}(G_{7,h}) = \mathrm{Re}(Z_{7,h})/[\mathrm{Re}(Z_{7,h})^2 + \mathrm{Im}(Z_{7,h})^2]$	$1/\Omega$	0.0000	0.0000	0.0000	0.0001	0.0001	0.0002	0.0002	0.0003	0.0003
7次支路等效导纳虚部 $\mathrm{Im}(G_{7,h}) = \mathrm{Im}(Z_{7,h})/[\mathrm{Re}(Z_{7,h})^2 + \mathrm{Im}(Z_{7,h})^2]$	j/Ω	0.1075	0.3103	-1.7298	-0.1984	-0.1428	-0.0944	-0.0813	-0.0642	-0.0582
7次支路等效导纳的模 $\mathrm{Mod}(G_{7,h}) = [\mathrm{Re}(G_{7,h})^2 + \mathrm{Im}(G_{7,h})^2]^{0.5}$	$1/\Omega$	0.1075	0.3103	1.7298	0.1984	0.1428	0.0944	0.0813	0.0642	0.0582
总导纳实部 $\mathrm{Re}(\sum G_h) = \mathrm{Re}(G_{S,h} + G_{3,h} + G_{5,h} + G_{7,h})$	$1/\Omega$	0.6033	2.5209	0.0508	0.0220	0.0194	0.0173	0.0167	0.0162	0.0160
总导纳虚部 $\mathrm{Im}(\sum G_h) = \mathrm{Im}(G_{S,h} + G_{3,h} + G_{5,h} + G_{7,h})$	j/Ω	-0.9708	-2.2539	-2.4452	-0.5802	-0.4584	-0.3306	-0.2915	-0.2366	-0.2164
总导纳的模 $\mathrm{Mod}(\sum G_h) = [\mathrm{Re}(\sum G_h)^2 + \mathrm{Im}(\sum G_h)^2]^{0.5}$	$1/\Omega$	1.1430	3.3815	2.4457	0.5806	0.4588	0.3310	0.2920	0.2371	0.2170
谐波源的合成谐波电流 $\sum I_h$	A	29.07	104.57	68.67	36.55	26.86	17.58	15.49	11.43	10.21
有滤波器的10kV母线各次谐波电压畸变率 $HRU_h = 3^{0.5}[\sum I_h/\mathrm{Mod}(\sum G_{n,h})]/U_S$	%	0.4405	0.5356	0.4863	1.0904	1.0139	0.9198	0.9189	0.8349	0.8149
国标允许的各次谐波电压畸变率	%	3.20	3.20	3.20	3.20	3.20	3.20	3.20	3.20	3.20
有滤波器的10kV母线总电压畸变率 $THD_u = [\sum(HRU_h)^2]^{0.5}$	%	2.45								
国标允许的总电压畸变率	%	4.00								

滤波电容器电流验算通过。

(2) 滤波电容器电压验算　包括基波在内,3、5、7 次滤波支路中电容器承受的总电压分别为

$U_{3,C\Sigma} = 6898.3\text{V}$

$U_{5,C\Sigma} = 6543.7\text{V}$

$U_{7,C\Sigma} = 6325.5\text{V}$

以上计算所得的各滤波支路中电容器承受的总电压均小于所选电容器的额定电压 7200V,滤波电容器电压验算通过。

7. 高通电阻的容量　按 11.6.1.8 节中介绍的方法计算,详细过程及结果可参见表 11-15。包括基波在内,3、5、7 次滤波支路中高通电阻的总功率损耗分别为

$P_{RH,3} = 2.04\text{kW}$

$P_{RH,5} = 3.25\text{kW}$

$P_{RH,7} = 1.09\text{kW}$

8. 滤波器主要元件参数及数量

3 次滤波支路(带高通):

滤波电容器 500kvar　7.2kV　6 台

滤波电抗器 19.25mH　130A　3 台

高通电阻器 354Ω　3kW　3 台

5 次滤波支路(带高通):

滤波电容器 500kvar　7.2kV　15 台

滤波电抗器 2.77mH　310A　3 台

高通电阻器 85Ω　4kW　3 台

7 次滤波支路(带高通):

滤波电容器 500kvar　7.2kV　9 台

滤波电抗器 2.36mH　180A　3 台

高通电阻器 101Ω　2kW　3 台

9. 相控电抗器参数计算　要求 TCR 的无功补偿量为 $Q_K = 10\text{Mvar}$。考虑 TCR 为三角形联结,则相控电抗器的额定电流应为

$I_{N,\text{TCR}} = Q_K/(3U_C) = 10 \times 10^6/(3 \times 10 \times 10^3)\text{A} = 333.3\text{A}$

如前所述,取相控电抗器的相对阻抗为 $Z_{\text{TCR}}\% = 70\%$,则相控电抗器的基波阻抗值电感值应为

$Z_{1,\text{TCR}} = U_C \times Z_{\text{TCR}}\%/I_{N,\text{TCR}} = 10 \times 10^3 \times 70\%/333.3\,\Omega = 21\,\Omega$

相控电抗器的电感值应为

$L_{\text{TCR}} = Z_{1,\text{TCR}}/(2\pi f) = 21/(100\pi)\text{H} = 66.8\text{mH}$

为减少短路危险性,将每相的相控电抗器一分为二(见图 11-13),即每相有两个相控电抗器,每个相控电抗器的数据为

额定电流:340A

电感值:$0.5 \times 66.8\text{mH} = 33.4\text{mH}$

表 11-15 电容器电流和电压验算

谐波次数 h		3	5	7	11	13	17	19	23	25
电容器额定电压 U_{CN}	V	7000								
3 次支路电容器总额定电流 $I_{3,CN}$	A	138.8889								
5 次支路电容器总额定电流 $I_{5,CN}$	A	347.2222								
7 次支路电容器总额定电流 $I_{7,CN}$	A	208.3333								
3 次支路的基波电流 $I_{3,1} = U_S / [3^{0.5}(X_{C3} - X_{L3})]$	A	126.0810								
3 次支路的谐波电流 $I_{3,h} = \sum I_h \text{Mod}(G_{3,h}) / [\text{Mod}(\sum G_{3,h})]$	A	18.9471	1.5607	0.8096	1.0366	0.8037	0.5545	0.4974	0.3786	0.3432
3 次支路的总等效电流 $I_{3,Eq} = [I_{3,1}^2 + \sum(I_{3,h})^2]^{0.5}$	A	127.5188								
3 次支路电容器过电流系数 $F_{3,i} = I_{3,Eq} / I_{3,CN}$	%	91.8								
5 次支路的基波电流 $I_{5,1} = U_S / [3^{0.5}(X_{C5} - X_{L5})]$	A	290.6355								
5 次支路的谐波电流 $I_{5,h} = \sum I_h \text{Mod}(G_{5,h}) / [\text{Mod}(\sum G_{5,h})]$	A	5.9089	99.2377	8.9615	8.2321	6.0716	3.9684	3.4799	2.5894	2.3194
5 次支路的总等效电流 $I_{5,Eq} = [I_{5,1}^2 + \sum(I_{5,h})^2]^{0.5}$	A	307.5338								
5 次支路电容器过电流系数 $F_{5,i} = I_{5,Eq} / I_{5,CN}$	%	88.6								
7 次支路的基波电流 $I_{7,1} = U_S / [3^{0.5}(X_{C7} - X_{L7})]$	A	170.7157								
7 次支路的谐波电流 $I_{7,h} = \sum I_h \text{Mod}(G_{7,h}) / [\text{Mod}(\sum G_{7,h})]$	A	2.7347	9.5958	48.5678	12.4910	8.3577	5.0120	4.3156	3.0943	2.7380
7 次支路的总等效电流 $I_{7,Eq} = [I_{7,1}^2 + \sum(I_{7,h})^2]^{0.5}$	A	178.5747								
7 次支路电容器过电流系数 $F_{7,i} = I_{7,Eq} / I_{7,CN}$	%	85.7								

(续)

谐波次数 h		3	5	7	11	13	17	19	23	25
3次支路电容器的基波电压 $U_{3,C1}=I_{3,1}X_{C3}$	V	6536.04								
3次支路电容器的谐波电压 $U_{3,Ch}=I_{3,h}X_{C3/h}$	V	327.41	16.18	6.00	4.89	3.20	1.69	1.36	0.85	0.71
3次支路电容器的总等效电压 $U_{3,CEq}=U_{3,C1}+\sum U_{3,Ch}$	V	6898.33								
3次支路电容器过电压系数 $F_{3,u}=U_{3,CEq}/U_{CN}$	%	96								
5次支路电容器的基波电压 $U_{5,C1}=I_{5,1}X_{C5}$	V	6026.62								
5次支路电容器的谐波电压 $U_{5,Ch}=I_{5,h}X_{C5}/h$	V	40.84	411.56	26.55	15.52	9.68	4.84	3.82	2.33	1.92
5次支路电容器的总等效电压 $U_{5,CEq}=U_{5,C1}+\sum U_{5,Ch}$	V	6543.68								
5次支路电容器过电压系数 $F_{5,u}=U_{5,CEq}/U_{CN}$	%	91								
7次支路电容器的基波电压 $U_{7,C1}=I_{7,1}X_{C7}$	V	5899.93	5824.04							
7次支路电容器的谐波电压 $U_{7,Ch}=I_{7,h}X_{C7}/h$	V	31.5	66.33	239.79	39.24	22.22	10.19	7.85	4.65	3.79
7次支路电容器的总等效电压 $U_{7,CEq}=U_{7,C1}+\sum U_{7,Ch}$	V	6325.49								
7次支路电容器过电压系数 $F_{7,u}=U_{7,CEq}/U_{CN}$	%	88								
流过3次高通电阻的基波电流 $I_{RH3,1}=I_{3,1}X_{L3}/[R_{H3}^2+X_{L3}^2]^{0.5}$	A	2.15								
流过3次高通电阻的谐波电流 $I_{RH3,h}=I_{3,h}hX_{L3}/[R_{H3}^2+(hX_{L3})^2]^{0.5}$	A	0.97	0.13	0.10	0.19	0.17	0.15	0.15	0.14	0.13
3次高通电阻的功率损耗 $P_{RH3}=[I_{RH3,1}^2+\sum(I_{RH3,h})^2]R_{H3}$	kW	2.04								

(续)

谐波次数 h		3	5	7	11	13	17	19	23	25
流过 5 次高通电阻的基波电流 $I_{RH5,1} = I_{5,1} X_{L5}/[R_{H5}^2 + X_{L5}^2]^{0.5}$	A	2.98								
流过 5 次高通电阻的谐波电流 $I_{RH5,h} = I_{5,h} hX_{L5}/[R_{H5}^2 + (hX_{L5})^2]^{0.5}$	A	0.18	5.08	0.64	0.92	0.80	0.68	0.67	0.59	0.58
5 次高通电阻的功率损耗 $P_{RH5} = [I_{RH5,1}^2 + \sum(I_{RH5,h})^2] R_{H5}$	kW	3.25								
流过 7 次高通电阻的基波电流 $I_{RH7,1} = I_{7,1} X_{L7}/[R_{H7}^2 + X_{L7}^2]^{0.5}$	A	1.25								
流过 7 次高通电阻的谐波电流 $I_{RH7,h} = I_{7,h} hX_{L7}/[R_{H7}^2 + (hX_{L7})^2]^{0.5}$	A	0.06	0.35	2.49	1.00	0.79	0.62	0.59	0.51	0.49
7 次高通电阻的功率损耗 $P_{RH7} = [I_{RH7,1}^2 + \sum(I_{RH7,h})^2] R_{H7}$	kW	1.09								

参考文献

[1] GB/T 14549—1993 电能质量 公用电网谐波[S]. 北京:中国标准出版社.
[2] GB/T 12326—2008 电能质量 电压波动和闪变[S]. 北京:中国标准出版社.
[3] GB/T 10236—2006 半导体变流器与供电系统的兼容及干扰防护导则[S]. 北京:中国标准出版社.
[4] GB/T 3859.1—1993 半导体变流器 基本要求的规定[S]. 北京:中国标准出版社.
[5] GB/T 3859.2—1993 半导体变流器 应用导则[S]. 北京:中国标准出版社.
[6] GB/T 12668.2—2002 调速电气传动系统 第 2 部分:一般要求 低压交流变频电气传动系统额定值的规定[S]. 北京:中国标准出版社.
[7] GB/T 11024.1—2001 标称电压 1kV 以上交流电力系统用并联电容器 第 1 部分:总则 性能、试验和定额 安全要求 安装和运行导则[S]. 北京:中国标准出版社.
[8] 供电营业规则 电力工业部第 8 号令 1996 年发布施行.
[9] 机械工程手册电机工程手册编辑委员会. 电气工程师手册:第 32 篇 电力半导体变流设备[M]. 北京:机械工业出版社,1987.
[10] 王兆安,等. 谐波抑制和无功功率补偿(电气自动化新技术丛书)[M]. 北京:机械工业出版社,1998.
[11] 王兆安,张明勋. 电力电子设备设计和应用手册[M]. 2 版. 北京:机械工业出版社,2002.
[12] 吕志斗. 实用广谱变频节能技术[M],沈阳:辽宁科学技术出版社,1999.
[13] 吴忠智,吴加林,变频器应用手册[M]. 北京:机械工业出版社,1995.
[14] 马小亮. 大功率交-交变频调速及矢量控制技术(电气自动化新技术丛书)[M]. 3 版. 北京:机械工业出版社,2004.
[15] George J. Wakileh. 电力系统谐波—基本原理、分析方法和滤波器设计[M]. 徐政 译. 北京:机械工业出

版社,2003.
- [16] 夏道止,沈赞埙. 高压直流输电系统的谐波分析及滤波[M]. 北京:水利电力出版社,1994.
- [17] Pelly B R. Thyristor Phase – controlled Converters and Cycloconverters Operation, Control and Performance[M]. John Wiley & Sons, Inc. , 1971.
- [18] Johannes Schaefer. Rectifier Circuits:Theory and Design[M]. John Wiley & Sons, Inc. , 1965.
- [19] Gottfried Moltgen. Converter Engineering an Introduction to Operation and Theory[M]. John Wiley & Sons, Ltd. , 1984.

第12章 基础自动化

12.1 概述

12.1.1 工业自动化系统及其结构

工业自动化是一综合性应用技术，涉及自动控制、计算机、通信及网络等多学科、多技术领域，通过对工业生产过程实现采集、控制、优化、调度、管理和决策，达到增加产量、提高产品质量、降低消耗、确保安全的目的。

工业自动化系统通常分为五级：

生产管理级（L4）

生产调度控制级（L3）

过程优化级（L2）

基础自动化级（L1）

检测驱动级（L0）

其结构见图12-1。

信息化的发展给工业自动化带来了新的内涵，管控一体化已成为工业自动化的一个新的特点，也使系统结构有所演变，出现了所谓三层结构：

（1）企业管理决策系统层（ERP）

（2）生产执行系统层（MES）

（3）生产过程控制层（PCS）。

其中，生产过程控制层，是三层结构的基础，也是传统意义的工业自动化控制系统，对应于五级结构的L2、L1、L0。

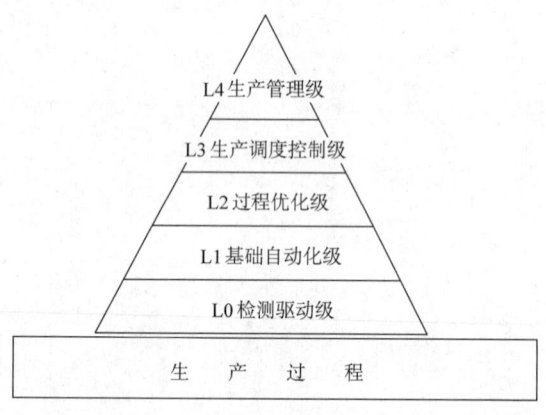

图12-1 工业自动化系统结构

从应用的行业性质分，自动控制系统可分为以流程过程控制为主的过程控制系统［如各种分散控制系统（DCS）、回路调节器系统等］和以运动与传动控制为主的运动控制系统（如各种可编程序控制器（PLC）、调速传动控制系统等）。电气传动自动化属于后者范畴，是本章基础自动化部分的侧重点。

12.1.2 基础自动化系统的特点

基础自动化级是直接面向生产过程设备控制的，也称作直接控制级或设备控制级。与其他几个自动化级相比，基础自动化级的特点是：

1. **高可靠性与可维修性**　大多数生产过程是昼夜连续进行的，连续运行周期长，有些大型设备几个月甚至一年检修一次。因此，对直接控制设备的基础自动化系统提出更高的可靠性要求，要求故障率减少到最低的限度。同时，要求故障发生后，处理故障及维修设备的时间尽量短。在特别要求更高的场合，设置备用或冗余控制系统，确保生产不间断地连续进行。

2. 实时性　用于基础自动化级的控制设备，都是基于微处理器、综合了计算机技术与自动控制技术的新一代控制产品，进行直接数字控制，实现多参数、多回路反馈、前馈和顺序控制，并随时响应生产过程对控制的要求。其对实时性要求最高。

3. 集中监控智能化人机接口（HMI）　由于生产过程自动化程度的提高，生产操作工人逐步远离生产现场。他们主要是通过中央控制室，依靠各种自动化设备对生产过程进行自动操作、调整及干预。必要时，还要对设备直接进行人工操作。因此，以 CRT 屏幕显示为中心的、集中监控的智能化人机接口，已成为现代化工业自动化系统中一个不可缺少的部分，是对生产过程进行有效监视的必备手段，一旦出现不正常状况，能立刻显示报警，以便操作人员采取快速调整、纠正措施。

12.1.3　基础自动化系统的任务

基础自动化是工业自动化系统多级结构中的一个子层，对不同的应用对象，由不同的系统组成，其控制功能的层次不完全一致。概括起来，基础自动化系统的主要任务是：

1. 起停控制、顺序控制　对单机进行起动与停止的控制，对生产机械的各个部分或生产线实现顺序控制，根据生产工艺流程的要求，按照预定的程序实现自动化。

2. 数值给定及控制　对生产过程的参量，如速度、位置、压力等根据工艺的要求形成给定值。给定值可为定值或变化值，用于本级或下一级控制的参考值。控制可以是开环的，也可以是闭环的，如前馈控制、补偿控制、PID 调节、模糊控制等。

3. 状态检测与数据采集　对生产机械及加工对象的状态及物理参量周期地或随机地进行检测、采集、显示与记录，作为各种自动控制功能的动作与控制的依据，以便操作人员监视生产过程，并可作为对生产过程、产品质量、设备故障进行分析的依据。

4. 故障诊断　包括硬件故障诊断及软件处理故障诊断。这是提高可靠性和可维修性、尽量缩短故障查找及停机时间的有效手段。

5. 人机接口　基于个人计算机（PC）或与 PC 兼容的工业控制计算机（IPC，简称为工控机）操作站，是新一代人机接口。一方面取代以各种操作电器、信号灯、指示仪表为主的操作台的功能，使操作台非常简洁，更加便于紧急处理操作。另一方面，基础自动化级的人机接口与上一过程优化级共用，方便集中监视和操作。

12.2　工业控制计算机

12.2.1　工业控制用计算机分类

在工业生产中使用的控制计算机的分类方法很多，有以其规模大小分类的，也有以系统功能分类的。

按规模大体可分为四类，即大型、中型、小型及微型计算机。在工业上应用计算机控制的初期阶段，计算机造价高，是一个系统的核心设备，构成所谓集中控制系统。计算机的规模大小是十分突出的。所谓大型是指与科学计算用的中型计算机相当的系统，例如 IBM360、IBM4381 这一档次的计算机。在工业控制系统中，它相当于用于生产管理的中央控制计算机。

中型则相当于生产调度控制级或过程优化级使用的计算机，如 TOSBAC-7000、SICOMP 70。小型则用于一般工业部门、生产线或变电所等。工业上使用的小型计算机，除 DEC 公司的 PDP-11、VAX 系列机外，对于生产过程比较复杂、直接数字控制要求高的场合，20 世纪 60~80 年代，国际上各大公司大多有自己的专用控制计算机系列，这类机器又常常与各公司的机电产品配套供应，分别用于冶金、电力、石油化工等行业。

随着计算技术提高和大规模、超大规模集成电路的发展，计算机向小型乃至微型化发展。20 世纪 90 年代，DEC 公司推出了由 64 位处理器（DECchip21064）构成的计算机系统。该机种和相继推出的 Alpha 系列机型，更加开放，支持更多的工业标准，具有更加现代化的体系及优异的性能价格比，被称为所谓超级小型机，在各行各业及工业控制领域都得到广泛的应用。

另一方面，现在一台普通的 PC，即微型机，不论是运算速度（CPU 主频达 3GHz），还是存储容量（单条内存达 256~512MB，硬盘容量为 120GB），都不再是应用的限制了。随着计算机网络、现场总线技术的进步，以微处理器为核心，实现地理上和功能上分散的分散型控制系统被普遍采用，微型机已成为工业控制的主流机型。各大电气公司的 DCS、PLC、现场总线器件等都是以微处理器为基础，综合了计算机技术与自动控制技术的工业控制产品，在自动化控制领域占有显著位置。

PC 的普及，及其丰富的软件资源推动了 PC 在工业控制领域中的应用。与 PC 兼容的、适于工业标准的计算机进入工控领域，称为工控机（IPC）。20 世纪 90 年代以来，基于 PC（PC-Based）的自动化系统及嵌入式 PC 的应用，已成为工业控制中最活跃的技术领域。市场上 IPC、嵌入式 PC 产品很多，本文不一一摘录，请参阅有关资料。

工业控制计算机按系统功能可分为以下几类：

1. 数据采集和处理　生产过程中的各种过程变量，计算机可以通过检测仪器检测到，即所谓计算机采样。生产过程中的变量有模拟量、数字量、开关量、脉冲列等。在这类系统中，计算机只对过程中的各种参量进行巡回检测、报警、处理，并在给定的时间间隔，通过显示、打印等方式向操作人员提供各种数据，而不参加对过程的控制。这种巡回检测数据采集系统，现已成为各种计算机控制系统的重要组成部分。它的连接型式见图 12-2。

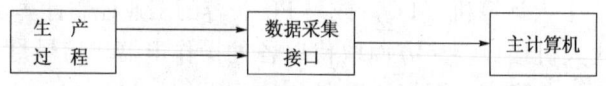

图 12-2　数据采集系统框图

2. 直接数字控制（Direct Digital Control——DDC）　直接数字控制系统的构成见图 12-3。计算机通过过程输入通道采集过程变量，按照一定的控制规律进行运算，运算结果经过过程输出通道作用到控制对象，使被控参数符合要求的性能指标。DDC 系统是计算机闭环控制，是计算机在工业控制中最普遍的一种应用方式。

由于 DDC 系统中的计算机直接承担控制任务，所以要求可靠性高、实时性好和适应性强。

3. 监督计算机控制（Supervisory Computer Control——SCC）　监督计算机控制系统中，计算机根据生产过程数据和数学模型给出工艺参数最佳值，作为模拟或数字调节器的给定值。因此，也称它为过程最优化控制。在有的系统中，计算机执行监督控制的同时，也完成直接数字控制。

SCC 用计算机承担高级控制与管理的任务，它的信息存储量大，计算任务繁重。一般选

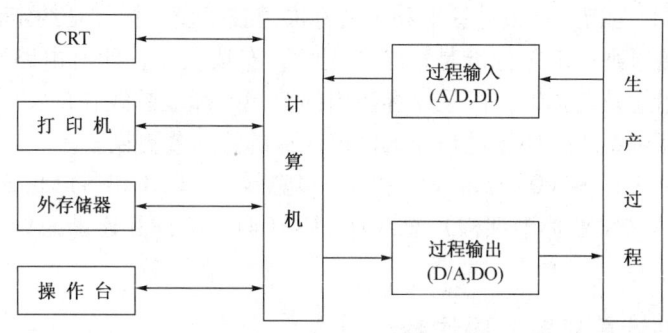

图 12-3 直接数字控制系统框图

用小型或高档微型机作为 SCC 系统用计算机。

4. 生产及综合管理 这是厂一级的计算机网络系统。20 世纪 90 年代前的工业自动化系统是以生产过程自动化子系统为基础的生产管理计算机系统。其主要任务是：对原料及产品进行管理，统计原材料用量及能源消耗，记录生产及事故时间，进行作业率及生产效率等经济分析，维修及备品备件管理，用户合同及编制生产计划等。

综合管理包括：财务管理，人事管理，生产计划综合平衡，原料及能源综合调度及分配，企业生产的技术经济分析等。

12.2.2 工业控制计算机的特点

工业控制用计算机是和生产过程直接相连接，对生产过程进行实时控制的计算机。因此，与通用计算机、办公室使用的 PC 相比，在运行环境、硬件构成、软件配置等方面都有不同的要求。工业控制计算机突出的特点是：

1. 耐工业现场环境 所谓工业环境，它包括温度、振动、冲击、尘埃及腐蚀等因素。当今的工业 PC，即与 PC 兼容的工控机（IPC），在结构、通风、模板安装加固及元器件选型等方面，都定位于更高的可靠性标准。IPC 主机板的平均无故障运行时间或平均故障间隔时间（MTBF）已达 10 万 h 以上。

2. 实时性 实时性常用"系统响应时间"来衡量，即当一个外部事件发生，系统能在多少时间内响应事件。生产过程要求控制计算机在规定的时间内对被控对象完成所要求的任务。生产过程中有些信号变化频率非常快，要求计算机系统在几毫秒甚至若干微秒内采集到一个事件信号或数据，并记录保存它。某些重要的状态如发生突变，表明有事故发生，也要求计算机系统在几毫秒内发出相应的控制信号，并记录当时时间及相关量的状态或数值，以便于事故的分析等。

计算机系统的实时性，一方面与 CPU 的性能与指令有关，更主要取决于操作系统对程序运行的调度方法。因此，实时性强的工业控制计算机多采用实时操作系统。

3. 丰富的过程输入输出 生产过程的大量信息是通过各种各样的仪表、传感器等输入到控制计算机，由计算机作出决策及将控制信息输出到各类执行机构。因此，和一般用于办公或管理的计算机不同，除人机接口、常规的各种外部设备外，过程输入输出设备是控制计算机必不可少的，是控制系统的重要组成部分。过程输入输出设备包括开关量、数字量、模拟量及脉冲计数等特殊功能接口。

在组成计算机控制系统时，需要在部件与部件之间进行连接与通信，经常采用的是总线方式。所谓"总线",是指某种设计标准和工艺标准。技术设计标准是约定信号名称、电平等级、负载能力及连接原则;工艺标准是指结构尺寸,布线次序,印制电路或连接器的使用方法、引出线数目、用途及名称等,以及兼容使用的范围。标准总线在广义上讲也是接口电路,使用总线去组成计算机系统,便于过程输入输出通道的添加或更换。

早期的微型机总线有 S-100 总线、86 总线、多总线（MULTIBUS）和 STD（标准）总线。IPC 则使用 PC 的 ISA（工业标准架构）总线和 PCI（周边组件互连）总线。这是选用过程输入输出模板时要注意的。

12.2.3 工业控制计算机实时操作系统

12.2.3.1 操作系统

1. 操作系统概念　操作系统（Operation System——OS）是一组计算机程序的集合,用来有效地控制和管理计算机的硬件和软件资源,即合理地对资源进行调度,并为用户提供方便的应用接口。它为应用支持软件提供运行环境,即对程序开发者提供功能强、使用方便的开发环境。它主要包括对用户编程、调试的支持和对用户文件的管理。

操作系统主要功能:

(1) 处理器管理　对处理器进行分配,并对其运行进行有效的控制和管理。在多任务环境下,合理分配任务共享的处理器,使 CPU 能满足各程序运行的需要,提高处理器的利用率,并能在恰当的时候收回分配给某任务的处理器。处理器的分配和运行都是以进程为基本单位进行的,因而对处理器的管理可以归结为对进程的管理,包括进程控制、进程同步、进程通信、作业调度和进程调度等。

(2) 存储器管理　存储器管理的主要任务是,为多道程序的运行提供良好的环境,包括内存分配、内存保护、地址映射、内存扩充。如为每道程序分配必要的内存空间,使它们各得其所,且不致因互相重叠而丢失信息,不因某道程序出现异常情况而破坏其他程序的运行;方便用户使用存储器;提高存储器的利用率,并能从逻辑上来扩充内存等。

(3) 设备管理　完成用户提出的设备请求,为用户分配 I/O 设备,提高 CPU 和 I/O 的利用率,提高 I/O 速度,方便用户使用 I/O 设备。设备管理包括缓冲管理、设备分配、设备处理、形成虚拟逻辑设备等。

(4) 文件管理　在计算机中,大量的程序和数据是以文件的形式存放的。文件管理的主要任务就是对系统文件和用户文件进行管理,方便用户的使用,保证文件的安全性。文件管理包括对文件存储空间的管理、目录管理、文件的读写管理以及文件的共享与保护等。

(5) 作业管理　作业管理负责给将要执行的作业设立操作环境,如建立作业的数据基、分配资源、设定状态等。作业环境一旦建立,就为作业中的任务所使用。对于多任务系统,还必须具有任务管理,即任务调度功能。

(6) 用户接口　用户与操作系统的接口是用户能方便地使用操作系统的关键所在。用户通常只需以命令形式、系统调用即程序接口形式与系统打交道。近代出现的图形接口,可以将文字、图形和图像集成在一起,用非常容易识别的图标将系统的各种功能、各种应用程序和文件直观地表示出来,用户可以通过鼠标来取得操作系统的服务。

2. 操作系统分类　按程序运行调度的方法可以将计算机操作系统分为以下几种类型:

(1) 顺序执行系统　即系统内只含一个运行程序,它独占 CPU 时间,按语句顺序执行该程序,直至执行完毕,另一程序才能启动运行。DOS 操作系统就属于这种系统。

(2) 分时操作系统　系统内同时可有多道程序运行。所谓同时，只是从宏观上说，实际上，系统把 CPU 的时间按顺序分成若干片，每个时间片内执行不同的程序。这类系统支持多用户，当今广泛用于商业、金融领域，如 UNIX 操作系统。

(3) 实时操作系统　系统内同时有多道程序运行，每道程序各有不同的优先级。操作系统按事件触发使程序运行。多个事件发生时，系统按优先级高低确定哪道程序在此时此刻占有 CPU，以保证优先级高的事件实时信息及时被采集。实时操作系统是操作系统的一个分支，也是最复杂的一个分支。

12.2.3.2　实时操作系统及其特点

实时操作系统主要是用于计算机实时系统中，实时操作系统除具有通用操作系统的特性和功能外，其主要特点是实时性强。它在任何时刻，总是保证优先级最高的任务占用 CPU。系统对现场不停地监测，一旦有事件发生，系统能即刻做出相应的处理。这除了由硬件质量作为基本保证外，主要由实时操作系统内部的事件驱动方式及任务调度来决定。

通常实时操作系统具有以下特点：

1. 多作业环境　实时操作系统具有多作业功能。系统的作业管理功能为作业建立数据基、分配资源，即建立作业环境。应用系统可包含多个作业，每个作业环境如何设置并非实时性的，它是在系统初始化时执行的。这些初始化信息由应用系统设计员确定。一个作业环境下，可运行多个任务。系统初始化后，即作业环境建立后，任务的运行由任务调度程序管理。

在资源分配方面，实时系统的多作业、多任务引起的并发性、实时性要求操作系统对资源分配具有更强的控制能力。通常的工业控制系统采取设立前台与后台两个作业的分配办法。前台作业中包含实时采集、控制、处理有关的任务，任务优先级较高；后台作业包含对数据进行分析的任务和响应操作员请求，输出数据的任务，任务优先级较低。例如在工业生产控制中，前台作业中的任务实时控制着生产过程；后台作业对获得的实时数据进行分析、分类，并将分析结果报告操作员。后台作业中的任务只能在前台任务运行的间隙期间内运行。

2. 任务的事件驱动　在实时操作系统中，不同的任务有不同的驱动方式。实时任务总是由事件或时间驱动，见图 12-4。

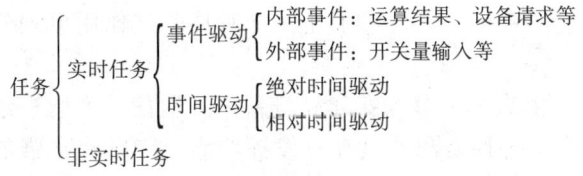

图 12-4　任务及其驱动方式

最典型的实时任务是由外部事件驱动的。外部事件驱动常指工业现场状态发生变化或出现异常，立刻请求 CPU 处理。CPU 将中断正在执行的任务而优先响应外部请求，立即执行系统设计时设定的对应于该请求的中断任务。在实时系统中，外部事件发生是不可预测的，由外部事件驱动的任务是最重要的任务，它的优先级最高。

由时间驱动的任务有两种：一种是按绝对时间驱动；另一种是按相对时间驱动。

绝对时间驱动是指在某指定时刻执行的任务。例如监测系统中报表打印任务，一般是在操作员交接班时（班报告），或夜间零点（日报告），或每月末（月报告）执行，也就是在自然时钟的绝对时间执行。在网络系统中，绝对时间更重要，系统中有些数据交换、控制命令是以绝对时间为基准执行的。

相对时间驱动是指周期性执行的任务，总是相对上一次执行时间计时，执行时间间隔一定。除了周期性任务外，还有一些同步任务也可能由相对时间驱动，相对时间可用计算机内部时钟或软时钟计时。

3. **中断** 中断是计算机中软件系统与硬件系统共同提供的功能。它包括中断源、中断优先级、中断处理程序及中断任务等相关概念。实时操作系统充分利用中断来改变 CPU 执行程序的顺序，达到实时处理的目的。

通常在计算机主板上有中断控制器，通过它与外部信号，即所谓中断源相连，见图 12-5。外部信号发生变化，表示该信号对应的外部事件发生，请求 CPU 处理。CPU 接到请求后，先仲裁该中断源的优先级是否比当前正在执行的任务优先级更高，若更高，则中断当前正在执行的程序而转向执行对应于该外部信号的中断处理程序。这种与中断级对应、由外部事件驱动的任务又称为中断任务。中断源及中断优先级是实时系统赖以工作的基础。

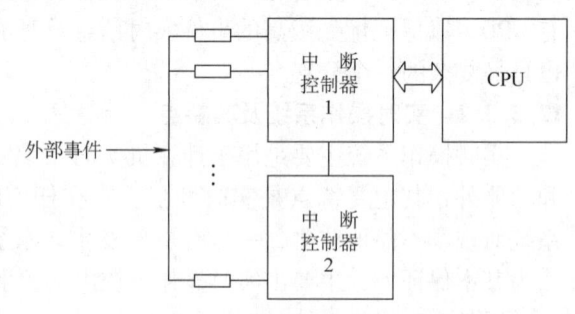

图 12-5 中断控制器与 CPU

4. **资源管理** 程序运行时可使用的软、硬件环境统称为资源，主要包括 CPU 的可利用时间、系统可提供的中断源、内存空间与数据、通用外部设备等。系统资源由操作系统统一分配管理。用户定义的作业与任务可向系统申请资源，没有指派给具体作业或任务的资源属于系统所有，是共享资源，也是可动态再分配的资源。实时多任务操作系统应保证任何时刻某一共享资源只有一个任务在访问，而且占用该资源的任务应尽快使用并释放该资源，否则将引起系统锁死。因此，对共享资源的管理是实时操作系统的重要任务之一。

12.2.3.3 常用实时操作系统

在工业控制计算机上使用的有代表性的实时操作系统有：

1. **VMS** VMS 是 20 世纪 70 年代末以来，DEC 公司推出的 VAX 系列计算机上广为使用的操作系统。VMS（Virtual Memory System）即虚拟存储系统。它是一个具有多用户、有实时和分时管理、批处理等功能的系统。VMS 中有上千个程序，其作用可划分为管理与调度程序和数据结构两大部分。

VMS 提供给用户的功能大体上分为：建立设备之间通信；为用户建立工作环境，合理地使用整个系统的资源；调度各种资源使其充分发挥功能。VMS 有很强的信息处理功能，它们由记录管理业务（Record Management Service——RMS）、I/O 系统服务、公共数据字典（Common Data Dictionary——CDD）、关系数据库（Relational Data Base——RDB）、数据库管理、表格管理系统 FMS（Form Management System）等软件，构成一个完整体系的集合。

2. **iRMX** iRMX（Intel real–time multi–task excutive）操作系统是 Intel 公司发行的实时多任务操作系统。自 20 世纪 80 年代以来，随着 CPU 硬件技术的发展，iRMX 操作系统不断进行修改和完善，先后正式发行了十多个版本。最新的 iRMX 已与 80386、80486 及 PentiumCPU 相适应，称为 iRMX III。与 PC 兼容的计算机进入工业控制领域后，iRMX III 的功能也进一步充实。

（1）iRMX III 系列软件包括以下三个系统，见图 12-6。

1) iRMX III for MBI/II：这是最早的 iRMX 系统格式，运行于 MultiBus I（MBI）和 MultiBus II（MBII）总线的微机。

2) iRMX for PC：这种系统可直接安装并运行于 PC 平台上，不需要任何其他系统支持，加电可直接引导 iRMX。

3) iRMX for Windows：这种系统与 DOS/Windows 同时并存于一台 PC 系统内。加电时引导 DOS 系统，可随时通过热键引导 iRMX 系统。iRMX 引导后，两个系统可通过热键切换，共享文件，相互通信。

(2) iRMX 是面向目标管理的实时多任务操作系统，具有一些独到的特征：

1) 它采用基于优先级的抢占式调度方式，实现多任务调度和中断处理，实时地监测、控制、处理外部事件，并可预测到系统响应时间，即中断响应和任务转换时间。

2) iRMX 具有多道程序功能，可在同一系统内运行甚至毫不相干的多个应用。采用多个作业环境，可使这些应用的运行环境相对隔离，就像各自独占一个系统一样。

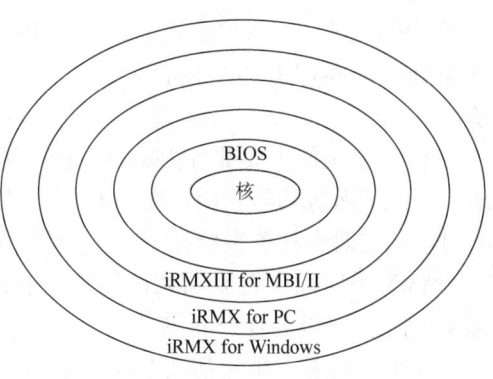

图 12-6　iRMXIII 软件包

3) iRMX 面向目标的管理方式，简化了应用程序设计和资源控制。作业、任务、程序段等都是系统内的目标之一。一个复杂的应用在 iRMX 下可变得简单明了，设计人员可将复杂的应用分解成一个个简单问题，对应每个简单问题编写一段程序，并将它建立为一个任务。基于目标的编程也可使编程变得十分简单，此后在系统中增加新的功能时，只需增加一个新任务。只要给任务安排了合理的优先级，系统的任务调度程序会自动地按优先级协调各任务运行。

4) iRMX 面向目标管理方式支持多用户。iRMX 通过网络，支持系统之间的文件共享与传送。

5) iRMX III 是 32 位结构的操作系统，可访问 4GB 的物理空间，支持 4GB 的段地址。利用了 32 位 CPU 的硬件保护模式特点，使系统具有高可靠性。

3. QNX　QNX 操作系统是一个分布式网络实时操作系统，它是加拿大 Quantum Software Systems 公司的产品。该公司 1982 年推出在 IBM PC 上使用的多用户、多任务实时操作系统版本，1984 年将局域网集成到 QNX 操作系统中。2.15 版 QNX 操作系统集成的网络是采用令牌环网协议。4.x 版的 QNX 操作系统的网络符合 IEEE802.3 标准。

QNX 操作系统是从 UNIX 发展起来的，它的命令有许多与 UNIX 相同，UNIX 有许多概念被 QNX 采纳，如文件的组织、输入/输出重定向、任务建立等。

QNX 与 DOS 的区别很大，因为 QNX 是多任务、分布式操作系统，而 DOS 不是。QNX 对硬盘的划分及文件存放格式也与 DOS 不同。但 QNX 操作系统提供了两个服务：QDOS 和 DFS。它们允许 QNX 系统存取 DOS 文件和运行 DOS 程序，既可将 DOS 下的文件送到 QNX 中，也可将 QNX 中文件传送到 DOS 下，使传送字符文件变得非常容易。当然传送中必须检查行结束符和文件终止符。

QNX 操作系统是运行在 PC 上的多任务、多用户的实时操作系统，它可以与 MS-DOS、UNIX 和 OS/2 并存于一台 PC 或其兼容机上。QNX 实时系统突出特点之一是任务间通信主要依靠内部任务消息实现，它的结构灵活、内核小、集成网络后只有 148KB，最多可连接 32 个终端，任务调度基于优先级，对异常事件能实时响应。

随着 QNX 的深入使用和计算机软件技术发展，QNX 生产者又推出了 QNX for Windows；许多软件应用开发者在此基础上作了二次开发，充分利用了 QNX 的实时性能和网络通信能力，同时增加了图形界面，使 QNX 更具有生命力。

4. AMX AMX 是基于 DOS 的实时多任务操作系统。AMX 在 PC 上有两种版本：AMX86 和 AMX386。AMX86 运行于实时模式，可在 8088、80x86 及 Pentium 机上运行；AMX386 采用 32 位代码，运行于保护模式，必须在 386 以上机种上使用。由于 AMX386 运行在保护模式下，不受 DOS 的 640KB 传统内存限制，可以方便地使用内存资源，极适合编制大、中规模的系统。

AMX 系统的主要部分为实时多任务函数库，库中函数可实现任务的挂起、切换、事件同步、资源互斥等功能。用户在用 C 语言或汇编等语言编程时，使用这个库中的函数，即可建立自己的实时多任务系统。

AMX 采用优先级驱动调度算法，它的原则是确保最高优先级的任务占有 CPU，以实现对重要事件的快速响应。在此基础上辅以时间分片算法，允许相同优先级的任务以时间分片的方式共同享有 CPU。此外，AMX 还提供了中断服务程序（ISP）以实现对事件的即时响应。

AMX 的基本操作过程见图 12-7。AMX 系统启动后，首先进行系统的初始化，建立 AMX 的内部变量和结构；然后执行用户定义的重新启动过程，进行用户应用程序的初始化，如激活任务、设置定时器等。以上工作完成后，AMX 的任务调度器将接管系统的控制权，根据任务调度策略进行用户任务的实时调度，从而进入用户的实时多任务系统。

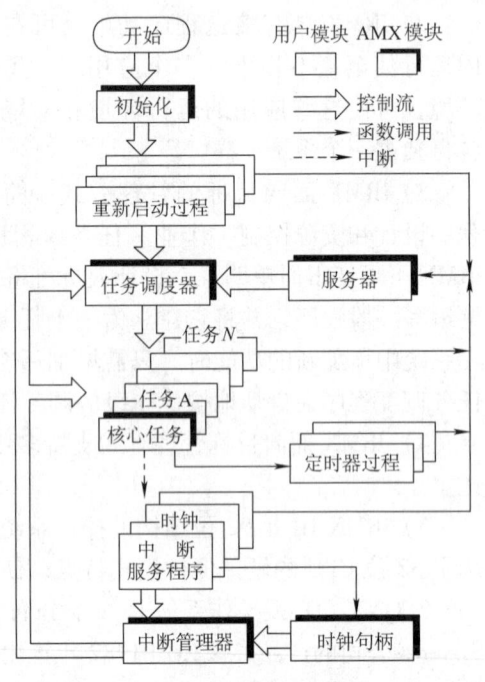

图 12-7 AMX 操作过程

12.2.4 Windows

12.2.4.1 Windows 和实时控制

PC 的迅猛发展和普及，为工控机（IPC）提供了丰富的资源及开发环境。DOS 操作系统不适于实时控制，出现了以 Intel 公司 iRMX 为代表的实时多任务操作系统。Windows 的推出为工业控制领域的发展注入了新的活力。Windows 有助于组织和管理数据信息，利用过程描述、历史趋势、面板等功能，可将数据用图形方式显示在彩色屏幕上，并可同时观察多幅画面。Windows 中令人注目的动态数据交换（Dynamic Data Exchange——DDE）功能，使同一台计算机中的不同作业或多台计算机之间能动态交换数据，为在工业实时控制软件中开发图形用户界面提供了有效的途径。

Windows 虽然具有多任务功能，但由于它的结构是为办公自动化而设计的，不具备实时性和坚固性，人们很少将它直接用于实时控制，而是寻求一种更佳的实时操作系统。因此，Intel 公司推出了 iRMX for Windows 操作系统，Quantum 公司推出了 QNX for Windows 操作系统，以及 Intellution 公司推出了 FIX 组态软件，BJ 公司推出了 RealFlex for Windows 工业控制软件等。这些系统都没有抛开 Windows，而是通过 DDE 将它们原有的实时控制软件直接与 Windows 应用程序链接起来，将实时数据送到 Windows 应用程序中去。这样既保证了应用系统的实时性，又充分利用了 Windows 的图形用户界面。

Windows NT 的推出，使各工业控制软件开发者把注意力投向了 Windows NT。现在已经成熟的 Windows NT 在工业控制领域占有了一席之地。

12.2.4.2 Windows NT 的实时性

Windows NT 的应用程序建立在一个 32 位的应用界面（Application Interface——API）Win32 之上。而 Windows NT 面向的是技术型用户，其网络管理功能十分强大，系统的可靠性高、安全性好（具有美国国防部制定的 C2 安全级）。Windows NT 可在 PowerPC 工作站、Alpha 工作站、SGI 工作站等多种硬件平台上运行，还可在各种对称多处理系统上运行。为 DOS、OS/2 和 Windows 所编写的应用程序都能在 NT 中运行。此外，Windows NT 支持 ISO/IEC10646 编码（Unicode）便于汉化，其人机界面也采用了新型图形界面。

Windows NT 结构见图 12-8。

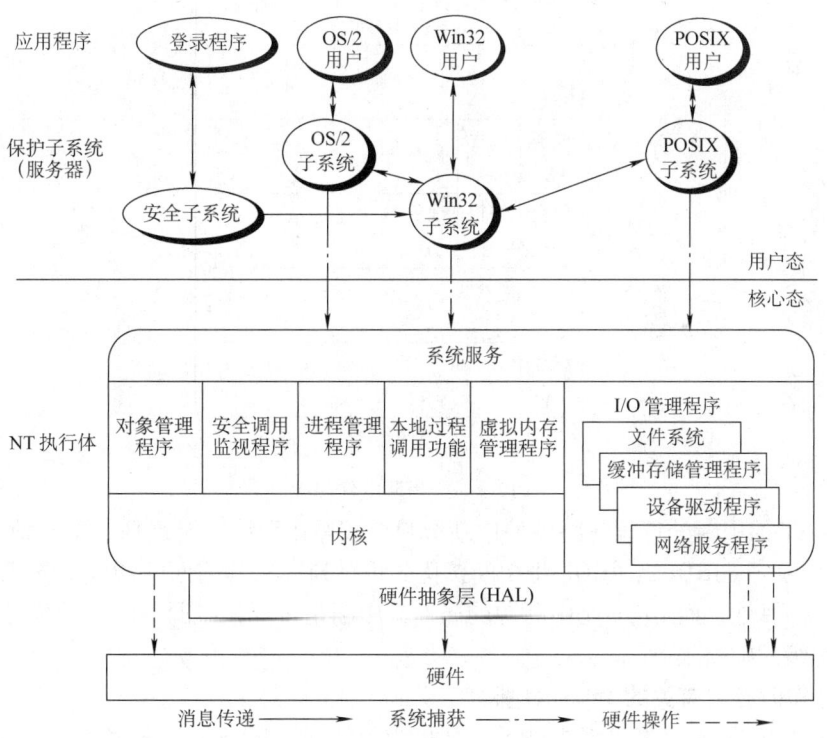

图 12-8 Windows NT 结构

Windows NT 采用面向对象的编程方式。系统中的对象都用同一结构，用对象管理器对它们进行管理。Windows NT 管理对象的方式与管理文件的方式相似，使用一个对象，先得用名称打开它。

Windows NT 的实时性是基于处理中断、异常、调度线程等对进程管理，采用的进程内多个线程的切换与传统的多进程间的任务切换相比较，系统开销要小得多，是一种先进的多任务技术。

Windows NT 的调度优先级分为两类：实时的和可变的，见图 12-9。优先级以 16~31 为实时程序所用的高优先级。如实时监控应用程序等要求 CPU 立即响应的程序线程，就使用这些高优先级。大多数程序的线程拥有 0~15 之间的某一动态可变优先级。这种动态优先级会随着需求而动态提高或降低，以优化系统响应时间。

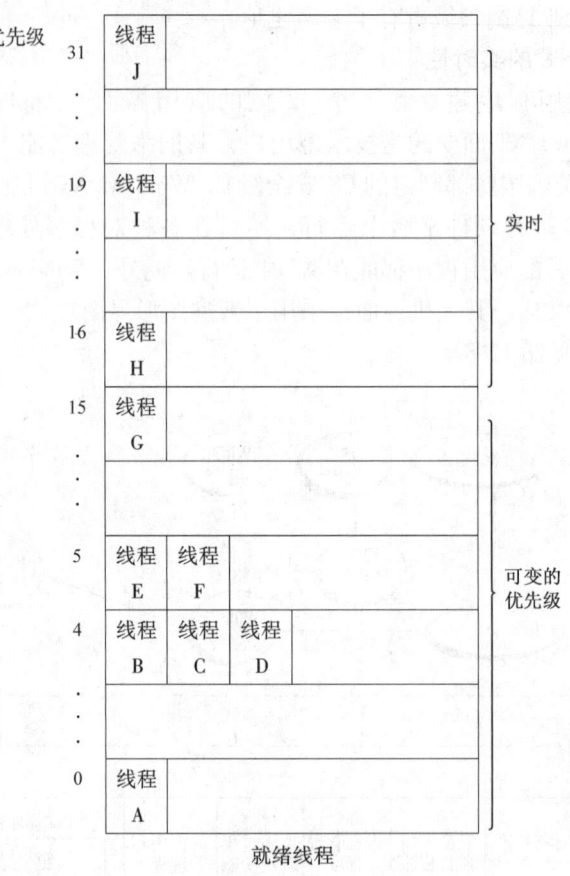

图 12-9 线程调度优先级

Windows NT 的中断处理程序将硬件中断级映射成操作系统所能识别的中断请求级（Interrupt Request level——IRQL），IRQL 将中断按优先级排列。它与前面的调度优先级不同，调度优先级是线程的属性，而 IRQL 是中断源的属性。中断是按优先级服务的，较高优先级的中断抢先于低优先级的中断服务。

12.2.4.3 与实时应用有关的 Internet 技术

微软公司在 Windows NT 中集成进了一种称为因特网（Internet）信息服务（Internet Information Service——IIS）的软件，使得 Windows NT 在桌面系统和 Internet 服务器市场中成为主流操作系统。在工业领域，借助因特网和内连网（Intranet）可以很好地实现实时信息的共享和管理。

Internet 使实时应用的数据库可以在更大的范围内共享，实现的方法是通过 IIS 的因特网数据库连接（Internet Database Connector——IDC）。IDC 支持动态超文本标识语言（Hypertext Markup Language——HTML）页的生成。IDC 包括各种 SQL Server 平台的 Microsoft SQL Server 驱动程序，并通过 Windows NT 的开放式数据库连接（ODBC）驱动程序支持其他数据库。IDC 还支持用户用微软公司的 Internet Explorer 或 Netscape 公司的 Navigator 浏览器来查询 Access 数据库，使实时应用的数据库可以在更大的范围内共享。

12.3 可编程序控制器

12.3.1 可编程序控制器的构成和工作原理

12.3.1.1 可编程序控制器的构成

可编程序控制器（Programmable Logic Controller——PLC）是一种专用的工业控制装置。它比一般的计算机具有更强的与工业过程相连接的接口和更直接的适用于控制要求的编程语言。所以 PLC 与计算机控制系统相似，也具有电源模块、中央处理单元（CPU）、存储器、输入输出接口模块、编程器和外部设备等。小型 PLC 多为 CPU 与 I/O 接口集成在一起的单元式结构，功能较少，大中型 PLC 系统构成通常采用模块化结构，功能强，设计灵活。其结构框图见图 12-10。

(1) 中央处理单元（Central Processing Unit——CPU）是 PLC 控制系统的中枢。它包括微处理器和控制接口电路。它要完成软硬件系统的诊断，对电源、系统硬件配置、编程过程中的语法进行检查，并根据不同情况进行处理，在运行过程中，按系统程序赋予的功能，读入存储器内的用户程序，并以扫描方式读入所有输入装置的状态和数据，存入输入映像区中，然后逐条解读用户程序，执行包括逻辑运算、算术运算、比较、变换、数据传输等任务，在扫描程序结束后，更新内部标志位，将结果送入输出映像区或寄存器内，最后将映像区内的各输出状态和数据传送到相应的输出设备中，如此循环运行。CPU 还要完成与编程设备的通信、连接打印机等功能。

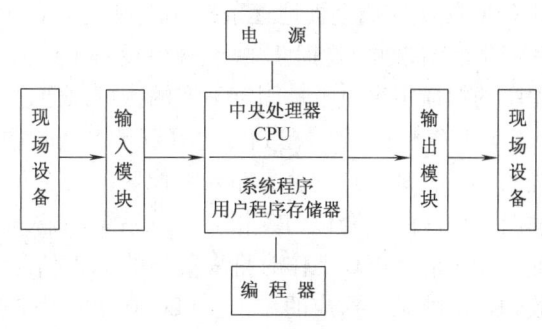

图 12-10 可编程序控制器结构框图

(2) 存储器是用来存放程序和数据的存储器，包括系统程序存储区，用户程序存储区和系统数据存储区。系统程序存储区存放 PLC 的系统程序，包括监控程序、管理程序、命令解释程序、自诊断程序、模块化功能子程序等，其随 CPU 固化在 EPROM 中。用户程序存储区用于存放用户编制的应用程序，不同的 PLC 存储容量大小不同，有随机的，也有扩展存储的，RAM、EPROM、EEPROM 都可用来存放用户程序。系统数据存储区包括输入过程映像区、输出过程映像区及内部继电器、数据寄存器、定时器、计数器、累加器等。

(3) 电源单元是 PLC 内部电源及总线电源供给部分。其作用是把外部供给电源变换成 PLC 内部各单元所需电源。它还应包括掉电保护电路和后备电池电源，以保持 RAM 在外部电源掉电后存储的内容不丢失。因其应用于工业环境中，各种电磁干扰较多，且工业供电电压波动范围较大，应采用电压适应范围宽、输出稳定的专用电源模块。一般电源模块供电电压范围为 AC 85~264V DC 18~30V。

(4) I/O 接口模块是 PLC 的 CPU 与现场输入、输出装置或其他外部设备之间的连接接口部件。PLC 系统通过 I/O 模块与现场设备相连，每个模块都有与之对应的编程地址，模块上具有 I/O 状态显示，为满足不同的需要，有数字量输入输出模块、模拟量输入输出模块、计数器等特殊功能模块可供选择，PLC 所有 I/O 模块都具有光耦合电路，以提高 PLC 的抗干扰能力。I/O 接口模块既可与 CPU 放置在一起，也可通过远程站放置在设备附近。

(5) 编程器与外部设备。编程器通过通信接口与 CPU 相连,实现人机对话,用户可通过编程器对 PLC 进行程序编制、系统调试和状态监控等操作。根据功能需要,有手持式和台式编程器可供选择,手持式编程器多用于小型 PLC 上,采用液晶显示器,信息量少,必须在线编程。大中型 PLC 多采用台式编程器,它由台式计算机或笔记本计算机,配以专用的程序开发软件组成,信息量大,功能齐全,既可实现在线(on-line)和离线(off-line)编程,还可完成程序的上载及打印输出等功能。

12.3.1.2 PLC 的工作原理

继电器联锁控制采用硬件逻辑并行运行的方式,随着继电器线圈的得电或失电,不管在控制线路的哪个位置,该继电器的触点同时动作。而 PLC 是采用计算机技术的软件逻辑联锁,其 CPU 按顺序周期性地逐条扫描用户程序,每次扫描都有一定的时间,当一条语句被执行后,其产生的结果并不马上反映到输出设备上,必须等本次扫描结束后才会被统一执行。但用户程序的扫描顺序也不是固定不变的,可以通过定时中断或外部中断加以调整。

1. I/O 映像区   在 PLC 内开辟了 I/O 映像区。其大小与 PLC 系统 CPU 规模有关。对于系统的每一个输入点,总有输入映像区的一个位与其相对应。对于系统的每一个输出点,都有输出映像区的一个位与其相对应。系统的输入、输出点的编址号与 I/O 映像区映像寄存器地址号相对应。PLC 工作时将采集到的输入信号状态存入输入映像区对应位上;将运算结果存放到输出映像区对应的位上。PLC 在执行用户程序时所需输入输出继电器的数据取用于 I/O 映像区,而不直接与外部设备发生关系。

I/O 映像区的建立,使 PLC 工作时只和内存有关地址单元内所存信息状态发生关系,而系统输出也只给内存某一地址单元设置一状态。这样不仅加快了程序执行速度,而且还使控制系统与外界隔离。同时对外部设备更新时间快慢不影响系统扫描时间,提高了系统的抗干扰能力。

2. 循环扫描的工作方式   PLC 运行时,其循环扫描过程一般分为三个阶段进行,即输入采样阶段、用户程序执行阶段和输出刷新阶段。期间,CPU 以一定的扫描速度重复执行上述过程,见图 12-11。PLC 通电后,系统程序按照一定顺序对系统内部的各种任务进行查询、判断和执行,这个过程实质上是按顺序循环扫描的过程。执行一个循环扫描过程所需的时间称为扫描周期,其典型值为 1 ~ 150ms。由于 PLC 工作是采用循环扫描的工作方式,所以在编制用户程序时要特别注意,尽量不要编制循环程序或尽量少用循环语句。而循环时间不能超过系统的循环扫描时间,否则系统不能正常工作。

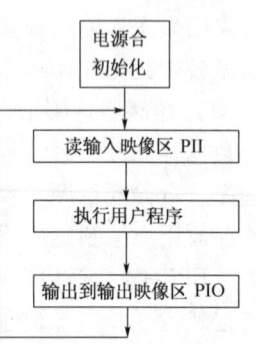

图 12-11 PLC 循环扫描工作过程

(1) 初始化   初始化即系统上电时对系统进行复位,对一些通信模块及一些智能模块进行初始化设定及同步等。初始化工作只在 PLC 上电时执行一次。如西门子 S7PLC 自动执行组织块(OB100)。

(2) 输入采样阶段   PLC 以扫描方式读入所有输入模块的状态和数据,并存入输入映像区的寄存器中,输入采样结束后,转入用户程序执行阶段,此时即使输入状态和数据发生了变化,输入映像区中的内容也不会改变,只能在下一个循环周期中才能被刷新。因此,如果输入信号是脉冲形式,其脉冲宽度必须大于一个扫描周期才能保证被系统接收到。

(3) 程序执行阶段   CPU 总是按一定顺序依次地扫描用户程序,如果程序是梯形图形式,就按照先左后右、先上后下的顺序对控制线路进行解读运算,如果程序是语句表形式,则按照先上后下的顺序对程序进行解读，然后根据解读的结果，刷新系统 RAM 存储区中对应寄存器的状态，或者刷新输出映像区的状态。在用户程序执行过程中，输入映像区内的状态和数据不会发生变化，而输出映像区和内部继电器、数据寄存器、定时器、计数器、累加器等中间变量的状态及数据都有可能发生变化，其状态与在用户程序中的位置有关，同一中间变量在前面改变后将在后面程序应用时起作用。

PLC 的扫描既可按照固定的顺序进行，也可按照用户程序所指定的顺序进行。比如可采取硬件中断方式或时间间隔中断方式来执行程序。这样可使一些要求响应快的任务得到最快的响应，提高了系统的实时性。

（4）输出刷新阶段　当扫描用户程序结束后，PLC 就进入输出刷新阶段，在此期间，CPU 按照输出映像区内对应的状态和数据刷新所有的输出锁存电路，再经输出模块驱动外部设备，达到控制的目的。

3. PLC 系统的扫描周期　PLC 系统的扫描周期为包括系统自诊断、通信、输入采样、用户程序执行和输出刷新等用时的总和。对扫描时间产生影响的因素较多，不同型号、不同系列的 PLC 本身固有的扫描速度是不同的，这与所采用的处理器型号有很大关系，早期的处理器多采用单片机、微处理器，如 MCS51、MC68000、Intel 8086 等，随着近年来计算机技术的发展，功能强、速度快的高档微处理器应用于 PLC 系统，如 80386、80486，有的 PLC 还采用了双 CPU 技术，大大提高了 PLC 的扫描速度。就同型号的 PLC 来说，影响扫描时间的因素主要有：通信所占时间的长短与连接的外部设备多少、通信距离的远近、通信方式、通信介质等（一般大型 PLC 有较大的 I/O 映像区，映像区内 I/O 速度快慢不影响 PLC 扫描时间）。影响系统循环扫描时间的主要因素为：

（1）输入采样和输出刷新所需的时间取决于所连接的 I/O 点数多少。

（2）PLC 的扫描速度与用户程序的长短密切相关，用户程序的长短则取决于控制对象的复杂程度和编程的技巧。同样一个功能，如果程序编制得巧，程序执行得就快，若程序中用了很多循环语句，则程序执行就慢。

（3）除此之外，还必须考虑用户程序中是否含有大量的运算指令和特殊功能指令，因为扫描特殊功能指令的时间远远超过扫描基本逻辑指令所需的时间，而且不同的特殊功能指令所需要的时间都不相同。

12.3.2　可编程序控制器组态

为了经济地实施在传动工程和自动化技术中的众多任务，高性能的组态工具是必不可少的。各个 PLC 生产厂商都依据国际标准 IEC61131（所有部分）《可编程序控制器》的全部规定，提供用于系统有效配置的组态环境。利用组态工具，可为系统提供用于本地和远程操作的过程外部设备。能够在程序生成期间或程序生成之后确定硬件部件（如 CPU、程序存储器、I/O 模块地址、通信参数、远程 I/O 等）。这一组态任务能够在线（连接 PLC）以及离线（仅在 PC 上）完成。在在线操作中，下载组态立即检查硬件的真实性，以排除错误的输入。

组态及编程软件方面，每个厂家都有自己的系统，如 SIEMENS 公司的 STEP7、Schneider 公司的 MODICON CONCEPT、GE Fanuc 公司的 CONTROL 等。

12.3.3　编程语言

各个 PLC 厂商都对各自 PLC 有一套组态及编程软件，但它们都有一个共同点，即符合国际标准 IEC61131-3 2002《可编程序控制器 第 3 部分：编程语言》。在我国也相应制定了国家标准 GB/T15969.3—2005《可编程序控制器 第 3 部分：编程语言》。在这些标准中，规定了可编程序控制器（PLC）编程语言的整套语法和定义。它包括图形化编程语言［如功能块图（FBD）语言、顺序功能图（SFC）语言、梯形图（LD）语言］和文本化编程语言［如指令表（IL）语言、结构文本（ST）语言］。

12.3.3.1 功能块图（FBD）语言

功能块图（Function Block Diagram——FBD）用来描述功能、功能块和程序的行为特征，是对预先封装在功能块中的功能单元进行分级处理的工具。

功能块概念是标准编程系统的一个重要的特征，任何功能块可以用其他更小的、更易管理的功能块来编程，这样就可以由许多功能块构造一个有层次的结构合理的程序。

功能块用矩形块来表示，每一功能块的左侧有不少于一个的输入端，在右侧有不少于一个的输出端，功能块的类型名称通常写在块内，但功能块实例的名称通常写在块的上部，功能块的输入输出名称写在块内的输入输出点的相应地方。各个功能块通过实际参数或链接使之连接在一起。要连接的输入、输出参数要有相应的数据类型。

在一个功能块图程序区段中，每个功能块的处理顺序是由区段中间的数据流来决定的。一个简单的算术运算功能块图的处理顺序见图 12-12，即先处理（1）加法运算，再处理（2）减法运算，最后是（3）做乘法运算，输出结果。

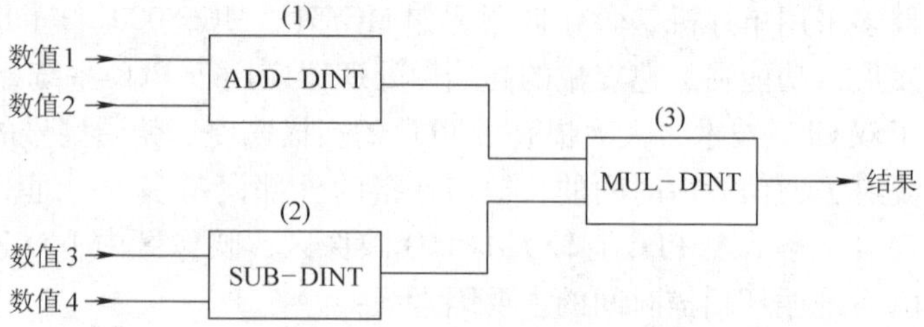

图 12-12 功能块图处理顺序

12.3.3.2 顺序功能图(SFC)语言

顺序功能图（Sequential Function Chart——SFC）是一种描述控制程序的顺序行为特征的图形化语言，可对复杂的过程或操作由顶到底地进行辅助开发。SFC 允许一个复杂的问题逐层地分解为步和较小的能够被详细分析的顺序。

顺序功能图可以由步、有向连接和转移等集合描述。

步用矩形框表示，描述了被控系统的每一特殊状态。一个步可以是激活的，也可以是休止的，只有当步处于激活状态时，与之相应的动作才会被执行，至于一个步是否处于激活状态，则取决于上一步及转移。

有向连线表示功能图的状态转化路线，每一步是通过有向连线连接的。

转移表示从一个步到另一个步的转换，这种转换并非任意的，只有当满足一定的转换条件时，转移才能发生。

每一步是用一个或多个动作（action）来描述的。动作包含了在步被执行时应当发生的一些行为的描述，动作用一个附加在步上的矩形框来表示。

在顺序功能图语言中，每一个步中需要完成什么任务，在转移中有什么逻辑条件，可使用其他任何一种编程语言（如语句表、梯形图语言等）来编写。

功能图来源于佩特利（Petri）网，由于它具有图形表达方式，能较简单和清楚地描述复杂系统的所有现象，并能对系统中存在的一些故障、不安全因素等反常现象进行分析和建模，在模型的基础上能直接编程，因此该语言也得到了广泛应用。在 Schneider 公司的 MODICON CONCEPT、西门子公司 S7-SFC 等都提供了顺序功能图编程语言。

顺序功能图语言不仅仅是一种语言，也是一种组织控制程序的图形化方式。图 12-13 是一段顺序功能图语言程序。

在图中，S0、S1、S2、S3 为步，其中 S0 为起始步，T1、T2、T3、T4、T5 为转移。转移的逻辑条件为 1 时转换，进入下一步，而为 0 时不转换，停留在原步。图中，S0 步转换到 S1、S2 是一分支结构。当 T1 为 1 时，转换到 S1 步，而当 T4 为 1 时，转换到 S2 步。而 S1、S2 转换到 S3 是逻辑或，执行完 S1 且 T2 为 1，则转换到 S3；或执行完 S2 且 T5 为 1，转换到 S3。当 S3 执行完成且 T3 为 1，继续往下转换。

顺序功能图语言有以下特点：

（1）以功能为主线，条理清楚，便于对程序的理解及对功能修改。

（2）对于大型及复杂的程序，可分工设计，采用较灵活的程序结构，可节省编程时间及调试时间。

（3）程序执行中，只有激活的步中指令，CPU 才对它进行扫描，而未激活的步则不进行扫描，因此程序运行时，其循环扫描时间比其他编程语言编制的程序短得多。

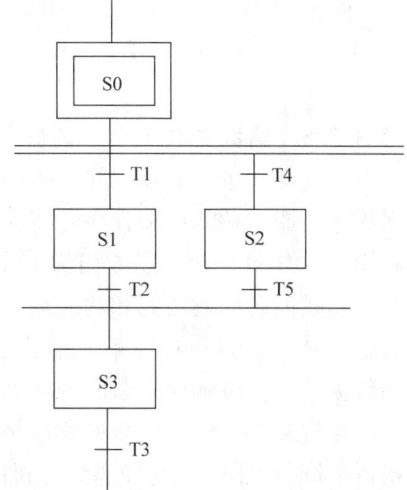

图 12-13　顺序功能图语言程序

12.3.3.3　梯形图（LD）语言

梯形图（Ladder Diagram——LD）是 PLC 编程中被最广泛使用的一种图形化语言。梯形图来源于美国，是基于图形表示的继电器逻辑。梯形图程序的左、右两侧有两垂直的电力轨线，左侧的电力轨线名义上为功率流从左向右沿着水平梯级通过各个触点、功能、功能块、线圈等提供能量，功率流的终点是右侧的电力轨线。每一个触点代表了一个布尔变量的状态，每一个线圈代表了一个实际设备的状态。

IEC61131-3 中的梯形图（LD）语言是对各 PLC 厂商的梯形图（LD）语言合理的吸收、借鉴，语言中的各图形符号与各 PLC 厂商的基本一致。IEC61131-3 的主要的图形符号包括：

1）触点类：常开触点、常闭触点、正转换读出触点、负转换触点。

2）线圈类：一般线圈、取反线圈、置位（锁存）线圈、复位去锁线圈、保持线圈、置位保持线圈、复位保持线圈、正转换读出线圈、负转换读出线圈。

3）功能和功能块：包括标准的功能和功能块以及用户自己定义的功能块。

12.3.3.4　指令表（IL）语言

指令表（Instruction List——IL）语言是一种低级语言，与汇编语言很相似，IEC61131-3 的指令表语言是在借鉴、吸收世界范围的 PLC 厂商的指令表语言的基础上形成的一种标准语言，可以用来描述功能、功能块和程序的行为，还可以在顺序功能流程图中描述动作和转变的行为。

指令表语言能用于调用，如有条件和无条件地调用功能块和功能，还能执行赋值以及在区段内执行有条件或无条件的转移。指令表语言不但简单易学，而且非常容易实现，可不通过编译和连接编程就可以下载到 PLC。IEC61131-3 的其他语言，如功能块图、结构化文本等语言，都可以转换为指令表语言。

指令表语言是由一系列指令组成的语言。每条指令在新一行开始，指令由操作符和紧随其后的操作数组成，操作数是指在 IEC61131-3 的"公共元素"中定义的变量和常量。有些操作符可带若干个操作数,这时各个操作数用逗号隔开。指令前可加标号,后面跟冒号,在操作数之后可加注释。

指令表语言是所谓面向累加器 Accu 的语言,即每条指令使用或改变当前 Accu 内容。IEC61131-3 将这一 Accu 标记为"结果"。通常,指令总是以操作数 LD("装入 Accu 命令")开始。指令表程序如下所示:

```
START: LD      A (*注释*)
       AND     B
       ST      C
```

12.3.3.5 结构文本(ST)语言

结构文本(Structured Text——ST)语言是一种高级的类似于 Pascal 的文本语言,可以用来描述功能、功能块和程序的行为,还可以在顺序功能流程图中描述步、动作和转变的行为。结构文本(ST)语言是专门为工业控制应用而开发的编程语言,具有很强的编程能力,用于对变量赋值、回调功能和功能块、创建表达式、编写条件语句和迭代程序等,非常适合于解决以计算为主的 PLC 任务。除了传统的 PLC 编程以外,结构化文本还提供了强大的程序控制和数据结构,以解决复杂的现场处理算法和过程优化。

结构文本(ST)语言的程序格式自由,可以在关键词与标识符之间任何地方插入制表符、换行字符和注释。对于熟悉计算机高级语言开发的人员来说,结构文本(ST)语言更是易学易用。

12.3.4 数据通信

数据的基本通信方式有并行通信和串行通信两种。

1. 并行通信 并行数据通信是指以字节或字为单位的数据传输方式。在这种数据传输方式中,除了 8 根或 16 根数据线、一根公共线外,还需要数据通信双方联络用的控制线,见图 12-14。

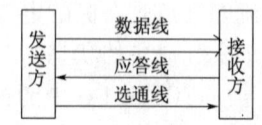

图 12-14 并行通信

并行数据通信的通信过程是:

(1)发送方在发送数据之前,首先判别接收方发出的应答信号线的状态,以决定是否可以发送数据;

(2)发送方在确定可以发送数据后,在数据线上发送数据,并在选通线上输出一个状态信号给接收方,表示数据线上的数据有效;

(3)接收方在接收数据前,先判别发送方发出的选通信号线的状态,以决定是否可以接收数据;

(4)接收方在确定可以接收数据后,在数据线上接收数据,并在应答信号线上输出一个状态信号给发送方,表示可以再发送数据。并行传送时,一个数据的所有位同时传送,因此,每个数据位都需要一条单独的传输线,一个数据有多少二进制位就需要多少条传输线,一次即可传送完成。并行通信传输速率快,但硬件成本高,不宜于远距离通信,常用于近距离、高速度的数据传输场合。如用在 PLC 的内部各元器件之间、主机与扩展模块或近距离智能模块的处理器之间。

2. 串行通信 串行通信是以二进制的位(bit)为单位的数据传输方式。除了公共线外,数据传输在一个传输方向上只用一根通信线。这根线既作为数据线,又作为通信联络控制线。数据和联络信号在这根线上按位进行传输。串行通信在传送数据时,数据的各个不同位分时使用同一根传输线，从低位开始一位接一位地依次传送，数据有多少位就需要传送多少次，只要几条传输线就可以在两设备间交换信息，图 12-15 中，如由设备 1 向设备 2 传送一个 8 位数据 101 1001 1，则传送时由低位到高位一位接一位地依次传送。

串行通信传送速度慢，但需要的信号线少，最少只需要两根线，可以大大节省成本，所以特别适合于远距离传输。串行通信多用于计算机与计算机之间、计算机与 PLC 之间、多台 PLC 之间的数据传送。

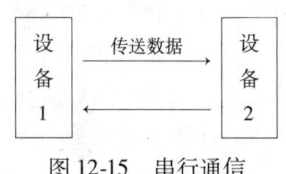

图 12-15　串行通信

12.3.5　选型与常用机种

12.3.5.1　PLC 选型

可编程序控制器（PLC）是为满足工业环境应用而设计的特殊的计算机系统，它不但具备通用计算机的 CPU 和存储器，还有十分丰富的 I/O 接口模块，用户可根据工程需要灵活设计、自行组合，以实现最优化控制。由于工业生产多是连续的，这就要求控制系统具有可靠性高、故障率低、抗电磁干扰能力强和维修方便等特点。

1. 中央处理器（CPU）模块的选择　CPU 模块是 PLC 系统的中枢，其性能的好坏，可靠性的高低直接关系到控制系统的先进性和稳定性，在选择时要注意其响应时间、运算速度和内存的大小。另外，在组成系统时，整个系统的响应速度和输入输出的处理方法、网络和扩展机架的多少、传输距离远近等许多因素有关，这是一个综合的指标，PLC 一般采用通用微处理器作为其核心，多为 16 位或 32 位，有的制造厂商还针对 PLC 的特点开发了专用的 CPU 芯片。PLC 主板上多为单 CPU，为了提高系统的快速性，一些功能强的大型 PLC 还采用了双 CPU 或多 CPU 构成系统。这样可以把一个 CPU 的任务分散开，如一个 CPU 完成浮点运算，另一个 CPU 完成位逻辑运算，再一个 CPU 完成与编程器或操作站的通信等。

在一个大的系统（如西门子公司 S7-400H 系统）设计中，为提高系统的可靠性，可选择 CPU 模块及通信冗余设计。

2. 存储器　与微机一样，PLC 系统的软件也分系统软件和应用软件，足够大的内存是保证系统快速运行的必要条件。一般 CPU 的系统程序已固化在 EPROM 中，且随主板提供一定的 RAM 存储区和用户程序存储区，用户不够用的话，还可选择存储卡来扩展容量。存储器种类有下列几种：

（1）RAM　这是一种可随时读/写的存储器，它读写方便，多作为 I/O 映像区和各类软设备区，包括中间继电器、数据寄存器、定时器、计数器和累加器等，与另外两种常用的存储器相比较，其存取速度最快；但作为程序存储器时，必须靠电池保持，否则停电时会造成信息丢失。

（2）EPROM　这是一种可擦除的只读存储器。在紫外线连续照射下，能将存储器内的所有内容清除。用户在程序编完后，用专用编程器离线写入程序。在断电情况下，存储器内的所有内容保持不变，因此一般用来存放系统程序及需要永久保存的用户程序。

（3）EEPROM　这是一种可电擦除的只读存储器，它兼有 RAM 和 EPROM 的优点，使用编程器就能很容易地对其所存储的内容进行修改，但必须在把其内容全部清除后才能写入程序，且其读/写操作的次数有限，约为 10000 次。

3. 数字量输入模块的选择　数字量信号又称为开关量、离散量，是在生产过程中使用最多的变量,输入设备包括按钮、转换开关、限位开关、接近开关、继电器触点等,每个模块的点数一般有 4 点、8 点、16 点、32 点、48 点、64 点等。

(1) 电压等级 数字量输入信号有交流和直流两种,较常见的为 DC 5V、DC 12V、DC 24V、DC 48V、DC 115V、AC 48V、AC 115V、AC 220V 等,根据现场不同的要求,选择不同的产品型号,一些模块在同一电压等级下交直流信号通用。在选择信号电压等级时,要注意现场的实际情况,以 DC 24V 应用最多,若现场有防火、防爆、防可燃性气体或灰尘的要求,必须安装安全栅或本安型模块。在电缆传输距离较长时,能量损耗较大,造成逻辑高电平电压过低,此时应采用 48V/115V/220V 等电压等级输入。

(2) 模块密度 每块模块的路数从 4 点到 64 点不等,低密度模块接线方便,但占用空间太大。高密度模块受本身空间的制约,需选用专用的接线端子板和插件将信号引至宽松的环境,增加了造价,所以模块路数多选用为 16 点和 32 点。

(3) 响应时间 交流输入模块一般包括整流电路、隔离电路、滤波电路和指示电路,直流输入模块包括隔离电路、滤波电路和指示电路,滤波电路一般采用 RC 电路,它可以抑制外部干扰脉冲信号,但也使响应延迟约 10~25ms,为使 CPU 能读取到外部信号变化,输入信号的维持时间必须大于一个扫描周期与模块响应延迟时间之和,因此快速响应的现场控制,要选择输入信号延迟时间短的模块。

(4) 光隔离 并不是所有的模块都有光隔离,外部电路串进来的信号波形尖峰脉冲、电压电流冲击会造成误动作或模块的损坏,为抑制这些干扰,尽量选择每个通道配置光隔离功能的模块。

典型输入电路见图 12-16,其中直流数字输入电路见图 12-16a,交流数字输入电路见图 12-16b。

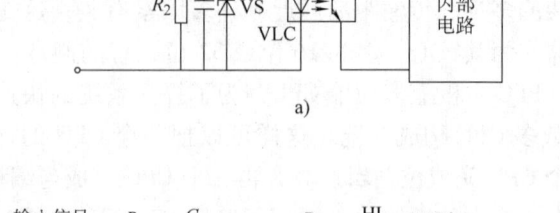

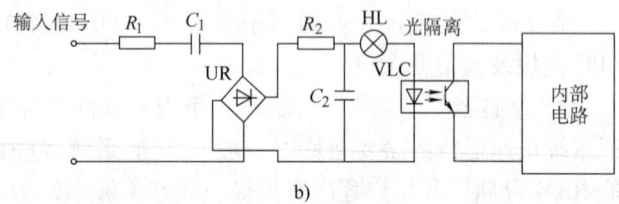

图 12-16 典型输入电路
a) 直流数字输入电路 b) 交流数字输入电路

4. 数字量输出模块的选择 数字量输出模块用来驱动生产过程中的执行机构和显示生产状态,主要包括继电器、信号灯、电磁阀、报警器、电机等。

(1) 输出方式 数字量输出模块大多采用晶体管、双向晶闸管或继电器触点构成,前两种开关频率较高,驱动能力较小,每点的输出电流大致为 0.25~3A 之间。继电器输出模块驱动能力较大,每点的输出电流大致为 5~7A,因触点隔离效果好,便于多种形式的外部设备共用一块模块,但其工作频率和使用寿命较无触点方式要低。

(2) 输出功率的选择 对输出模块而言,要考虑每一个通道独立工作时连续输出电流和模块本身允许输出的最大电流,设计系统时应结合实际情况,合理分配每块模块的输出信号,尽量避免在同一时间内、同一模块上所有输出同时动作。若单点输出能力不足,可采用两点输出驱动同一台设备或加中间继电器的方法加以解决。

(3) 噪声电压的抑制 对于感性负载,当输出点接通和断开的瞬时会产生噪声电压,必须采取措施加以抑制，对于交流输出模块，可以在负载两端并联 RC 吸收电路，对于直流输出模块，可以在负载两端并联二极管电路加以吸收。

（4）响应时间　继电器输出电路包括指示电路、隔离电路、继电器，其输出为继电器触点，开关频率较低，约为 3600 次/h，响应时间较长，约为 10ms。双向晶闸管的输出电路一般包括指示电路、隔离电路、双向晶闸管、RC 吸收电路、熔丝管、故障指示和检测电路，其响应时间比继电器输出短，由 off 变为 on 时，小于 1ms，当由 on 变为 off 时时间较长，由于晶闸管特点，一旦导通后，其门极的控制信号不再起作用，只有当阳极电流小于其维持电流时，才能关断。晶体管输出电路响应时间较短，不论由"off"变为"on"还是由"on"变为"off"，均不超过 2ms。

典型输出电路见图 12-17，其中继电器数字输出电路见图 12-17a，双向晶闸管数字输出电路见图 12-17b，晶体管数字输出电路见图 12-17c。

5. 模拟量输入模块的选择

在工业生产过程中，存在着大量的连续变化的信号，如温度、料位、流量、压力、位移等，通过各种传感器及检测仪器仪表将其转化为连续的电气量，如电压信号或电流信号，需将这些信号连接到适当的模拟量输入模块上，经过模/数转换器变成数字量，使 PLC 能够识别接收。

（1）模拟信号的输入方式　检测元件的输出一般为电压型和电流型信号，其电压信号范围有 $-1 \sim +1V$，$-5 \sim +5V$，$0 \sim 10V$，$-10 \sim +10V$，有的仪表将受检变量转换成电

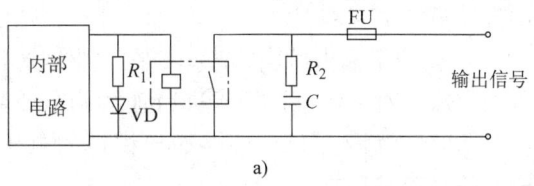
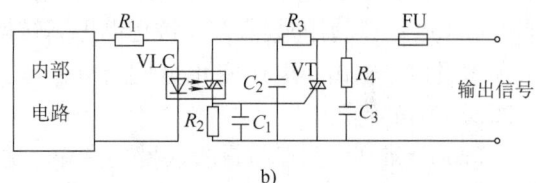
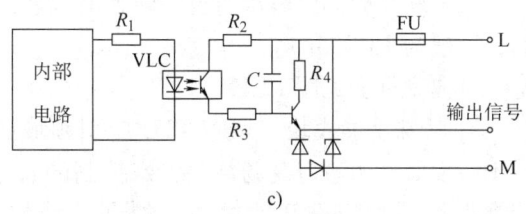

图 12-17　典型输出电路
a）继电器数字输出电路
b）双向晶闸管数字输出电路
c）晶体管数字输出电路

流信号，其范围为 $4 \sim 20mA$，$-20 \sim +20mA$，电压信号使用方便，但在长距离传输时存在较大的衰减，使用电流信号就能避免这个问题，所以必须根据现场输入信号的形式和测量范围合理选择模块类型。另外一些厂商生产的 PLC 也相应地开发了热电偶及热电阻（如 Pt100、Pt200 等）温度检测模拟量输入模块。

（2）数值的对应关系和分辨率　对于每一种检测仪表，都有其自身的测量范围，检测结果对应着模拟量信号大小，其最大值不能超过输入模块的量程。例如，电机转速为 $0 \sim 1000$ r/min，对应 $0 \sim 10V$；闸门打开角度 $0 \sim 360°$，对应 $4 \sim 20mA$ 等。输入模块通过 A/D 转换器将其转换成数字量，模块不同，变成数字量的位数也不相同，一般有 12 位、13 位、14 位、16 位等，位数越多，分辨率越高，检测精度也越高。

（3）转换时间　转换时间包括基本转换时间和处理时间，基本转换时间取决于输入通道的转换方法，一个模拟量输入模块通常包括 2 路、4 路、8 路、16 路输入，模/数转换器以循环扫描方式逐一采集每一路输入，转换成数字化的测量值，再以中断命令的形式传递给 CPU 进行处理，由于不同厂商使用的芯片不同，采样时间差异也大，约为 $10 \sim 20ms$。一般几路输

入通过模块内部的多路转换器切换到一块模/数转换器上，这样同一转换器通道越多，时间就越长。

(4) 输入端的连接方式　现场检测设备多种多样，其提供的信号方式也不尽相同，当模拟信号为电压信号时，有单端输入和差压输入两种；当输入为电流信号时，二线式变送器通过模块供电，四线式变送器需要单独供电电源。工业环境中存在着很多的干扰源，接线时要特别注意电缆的屏蔽和保护，尽量使用双绞屏蔽电缆，屏蔽电缆两端的屏蔽层应接地。其典型框图见图12-18。

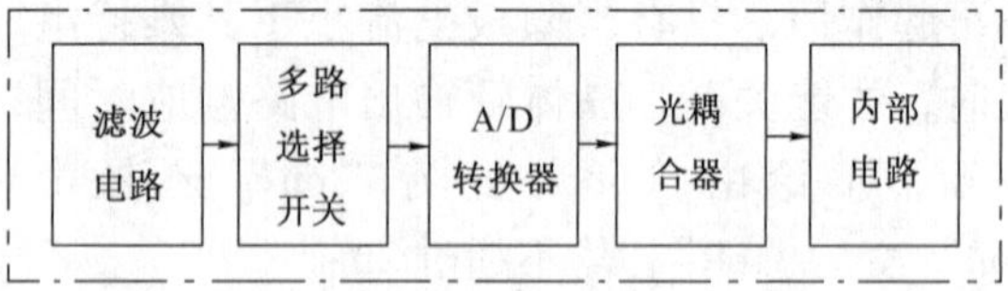

6. 模拟量输出模块的选择　在工业生产过程中，需要对现场执行机构进行连续调节或数值显示时，就需要 PLC 能够输出模拟的电压、电流信号来驱动。

(1) 模拟量输出模块有一个数/模转换器，它接收 CPU 运算后的数值，并按比例把其转换成模拟量信号输出，电压变化范围有 0~5V、-10~+10V 等，电流输出范围有 4~20mA、-20~+20mA。

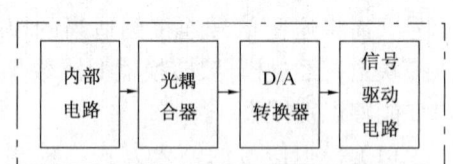

图 12-18　模拟量输入模块框图

(2) 分辨率，同模拟量输入模块一样，输出模块的数/模转换器也有 10 位、12 位、16 位等，位数不同，分辨率也不同，位数越多，输出信号的波形阶梯越小，连续性越好。

(3) 转换时间，输出通道的转换时间包括从内部存储区传送数字化输出值和数模转换时间，一般为 15~25ms。

其典型框图见图 12-19。

7. 特殊功能模块　随着 PLC 应用领域的扩大和技术的发展，为适应现场某些特殊控制的需要，各厂商都设计了相应的智能模块，如高速计数器模块、PID 调节模块、定位模块、电子凸轮控制器模块等，这些模块均带有自己的微处理器（CPU）和存储器等，能独立完成所赋予的任务，而不需占用主 CPU 模块的资源。下面简单介绍高速计数器模块的选择方法。

图 12-19　模拟量输出模块框图

高速计数器模块用于连接旋转编码器、脉冲发生器等设备，实时检测计量脉冲信号，根据每个脉冲变化对应的当量值，精确地反映现场设备的位置或速度的变化情况。

(1) 输入的脉冲形式　连接设备提供的脉冲信号可以是单相的，也可以是两相的，幅值可以是 5V、12V、24V 等。

(2) 计数频率　输入通道的计数频率指每秒能分辨的脉冲数，一般有 20kHz、50kHz、200kHz、500kHz 等，它体现了模块的性能高低，但实际选用时，要看外部信号的变化间隔，不能盲目追求高性能，因其价格往往相差甚远。

(3) 计数范围　计数器一路通道一般为 32 位或正负位加 31 位，即两个字。

(4) 计数方式　根据需要，高速计数模块有多种工作方式，如向上计数、向下计数、上升沿记数、下降沿记数、电平计数等。

8. 通信处理模板　早期的 PLC 控制系统多为集中方式，由中央机架和 3 或 4 个扩展机架组成，所有外部信号通过硬接线方式连至中央控制室。随着计算机技术和通信技术的发展，PLC 控制系统也发生了巨大变化，通信速度更快，传输距离更远，可靠性更高。PLC 的通信通常包括上位机和 PLC 之间、PLC 和 PLC 之间、PLC 和远程 I/O 之间及 PLC 和传动设备的通信。

（1）通信的物理接口　一般有 RS232C、RS422、RS485 等方式，不同厂商都推出了自己的通信网络，如 Schneider 公司的 MODICON MB+、MB，SIEMENS 公司的 Profibus DP，Rockwell 公司的 AB DH、DH+等。

（2）通信协议　有主从通信和对等通信等。

（3）通信速率，采用 RS232C、RS422 通信方式时，从 1.2kbit/s～9.6kbit/s 不等，较远距离多采用 RS485 方式，如 SIEMENS 公司推出的现场总线方式的 Proibus DP 网络可从 9.6kbit/s～12Mbit/s，工业以太网的速率更高，已达到 10Mbit/s/100Mbit/s。不同的通信介质和传输距离也会影响到通信速率，双绞屏蔽线经济实用，但传输距离较短；光纤传输距离可达到数十千米，且不受电磁干扰的影响，但接线需要专用的熔接设备。

12.3.5.2　常用机种

1. 西门子公司 S7 系列 PLC　S7 系列 PLC 分为 S7-400 型、S7-300 型、S7-200 型。

（1）S7-400 PLC 是用于中高档性能范围的控制领域，其 CPU 功能强大、种类齐全的通用功能模块，使用户根据需要组合成不同的专用系统。CPU 集成了 PROFIBUS-DP 接口，很方便地实现分布式系统及扩展。

（2）S7-300 PLC 是模块化中小型 PLC 系统，能满足中等性能要求的应用。大范围的各种功能模块可以满足和适应自动控制任务。CPU 集成了 PROFIBUS-DP 接口，很方便地实现分布式系统及扩展。它也可方便地作为 DP 从站，其模块全部可作 ET200M 远程 I/O 模块。

（3）S7-200 PLC 是一种叠装式结构的小型 PLC。它指令丰富、功能强大、可靠性高、适应性好、结构紧凑、便于扩展、性价比高。配置 EM277 扩展模块可很方便地作为 DP 从站。

2. GE 90-70、GE90-30 PLC

（1）GE90-70 PLC 是用于中高档性能范围的控制领域，采用 VME 总线，很多第三厂商产品可直接使用在其 VME 机架内。利用 5136-PFB-VME PROFIBUS 模板，可连接标准 DP 从站。

（2）GE90-30 是模块化中小型 PLC，能满足中等性能要求的应用。大范围的各种功能模块可以满足和适应自动控制任务。

3. MODICON TSX QUANTUM PLC 及 AB　PLC5 系列 PLC　这两种 PLC 与 S7-400、GE90-70 PLC 类似，其强大的 CPU 功能、种类齐全的通用功能模块，使用户根据需要组合成不同的专用系统。此机型是成熟机型，被广泛应用在冶金、化工等领域。

其他一些厂商的 PLC 种类很多，不再一一列举。

12.4　数据通信和网络

12.4.1　基本概念

数据通信是指按一定通信协议传输离散数据的通信。收、发信者可以是计算机或数据终端设备。数据可能来自各种计算机或测试控制系统。协议是指为了有效和可靠地进行通信而制定的一系列约定，用于管理和控制系统之间的数据交换。

数据通信系统的基本构成见图 12-20。它主要包括数据终端设备（Data Terminal Equipment——DTE)、数据电路终接设备（Data Circuit-terminating Equipment——DCE)、传输信道以及相应的通信协议。DTE 是数据的来源和归宿。它可以是一般终端（如键盘显示终端、智能终端等）、仪器设备或计算机。DCE 在 DTE 和传输信道之间提供变换和编译码功能，并负责建立、保持和拆除线路连接。传输信道可以是公用交换网或其他专用线路，它与两端的 DCE 所构成的数据通路常称为数据电路，数据电路一旦加上相应的通信协议后，就可确保数据通信协调可靠地进行。这种加上通信协议后的数据电路称为数据链路（Data Link)。通常只有在建立起数据链路后，通信双方才可能真正有效地进行数据传输。因此，数据链路所遵循的通信协议也是实现数据通信必不可少的条件之一。

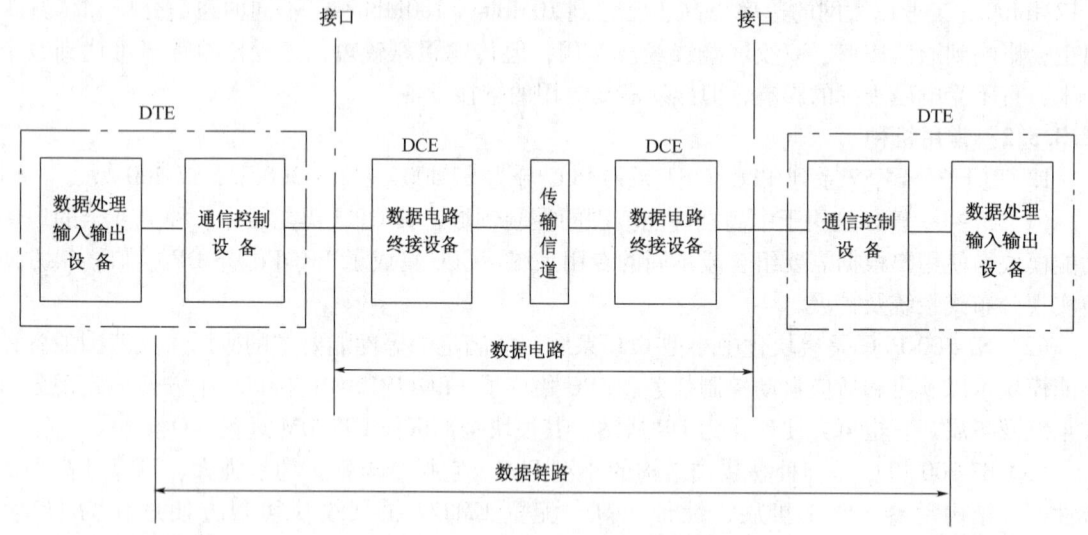

图 12-20　数据通信系统构成框图

数据通信是计算机技术与通信相结合而产生的一种新的通信方式。它具有自动化程度高、传输速度快、可靠性很高等优点。由于绝大多数数据通信系统均采用了标准的通信协议，使不同类型的设备以及不同系统间的互连成为可能，扩大了数据通信的应用范围。目前，它已成为各类计算机网络和信息处理系统赖以建立的基础。

12.4.1.1　数据通信系统的主要技术指标

1. 传输速率　在数据通信系统中，用来表示数据传输速率的常用单位有比特率和波特率。前者是指每秒传输的数据的二进制位（bit）数，单位为 bit/s（位每秒）。数字数据经编码后的传输信号在信道上的传输速率，称为码元传输速率，它是指每秒传输的码元数，即每秒传输信号变化的次数，单位为 baud（波特），因而又称为波特率。比特率和波特率之间的关系如下：

比特率 = 波特率 × 信号码元所含比特数

一般情况下，如果信号码元状态数为 N（N 为 2 的整数次幂），则数据传输速率 S（bit/s）和码元传输速率 N_b 的关系为

$$S = N_b \log_2 N$$

2. 误码率　误码率是衡量传输系统可靠性的指标，其定义是二进制码元在传输系统中被传错的概率。当所传送的二进制码元数很大时，误码率 P_e 可以近似等于被传错的码元数 N_e 与所传送的总数 N 的比值，即误码率为

$$P_e = N_e / N$$

例如，接收了10万个码元，发现其中有1个码元是错误的，则误码率为10^{-5}。目前普通电话线路中，传输速率为600~2400bit/s时，误码率在10^{-4}~10^{-6}之间。对于大多数通信线路而言，要求误码率在10^{-5}~10^{-9}之间，而计算机之间的数据传输，则要求误码率低于10^{-9}。

3. 连接站数　　所谓连接站数，是指数据通信系统可以连接站点的最大数目。

4. 站间最大距离　　是指数据通信系统中，所允许的两个站间无中继的最大距离。

12.4.1.2　数据传输方式

1. 单工、全双工和半双工传输　　数据传输是具有方向性的。一般分为单工传输、全双工传输和半双工传输。

单工传输是指在一个单一不变的方向上进行信息传输的通信方式，见图12-21。为了保证正确地传送信息，需要进行差错校验，在接收端确认所收到的信息是否正确，通过反向通道告诉发送端。反向通道只传送监测信号，不传送主信息，如计算机与打印机间采用单工传输方式。

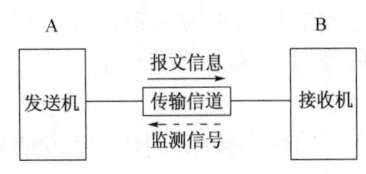

图12-21　单工通信

全双工传输又称为双工传输，是指能同时作双向通信，见图12-22。这是计算机-计算机之间常用的数据传输方式。

半双工传输是指信息流可以在两个方向传输，但同一时刻只限于一个方向传输。在这种方式中，数据终端设备具备发送装置和接收装置，但要按信息流向轮流使用，见图12-23。

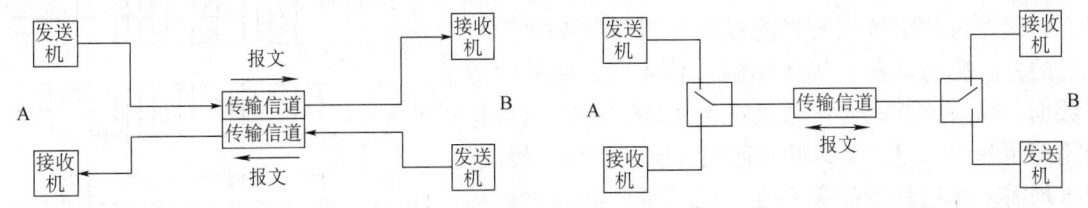

图12-22　全双工通信　　　　　　图12-23　半双工通信

2. 异步传输和同步传输　　在数据通信过程中，接收端接收的和发送端发来的数据序列在时间上必须取得同步，才能准确地接收发来的每位数据。若收发两端不能协调工作，收发之间即使有微小的误差，随着时间的增加就会有误差的积累，最终产生失步，而不能正确地传输信息。所以，整个通信系统能否正确而有效地工作，首先取决于是否能很好地实现同步。在串行通信中，保证信息收发的同步一般有异步传输方式和同步传输方式两种。

异步传输方式又称为起止同步方式，是以字符为单位进行数据传输。在传输的字符前设置一启动用的起始位，预告字符的信息代码即将开始，在信息代码和校验位结束后，设置1或2位的终止位，表示该字符已结束。终止位也反映了平时不进行通信状态，见图12-24。著名的RS232C接口，就是使用异步传输方式。

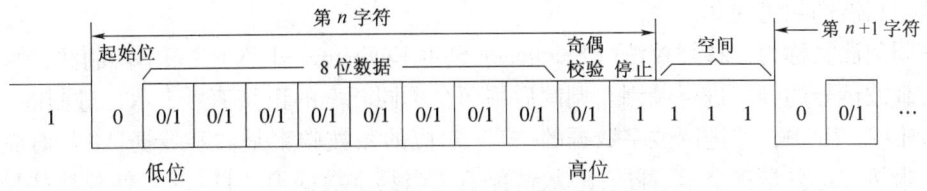

图12-24　异步方式的成帧格式

同步传输方式中，数据不是以字符而是以称为帧的数据块为单位进行传送。同步传输使用特殊的标志进行帧同步，界定一个帧的始末。成帧字符就是同步字符，其格式可根据需要而定。著名的同步数据链路控制（SDLC）和高级数据链路控制（HDLC），就使用同步传输方式。其成帧格式见图12-25。

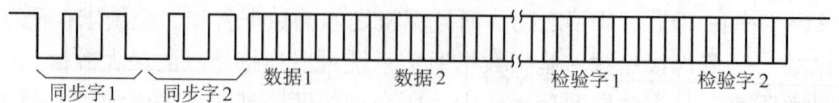

图 12-25 同步方式的成帧格式

3. 基带传输和频带传输 在数据传输中，"0"和"1"分别以不同电位或电流值相对应的信号表示，把这种信号统称为基带信号。在信道中，直接传送基带信号时，称为基带传输。常见基带信号波形见图12-26。

将数字数据转换成模拟信号，借助于模拟信道进行传输的方式称为频带传输。频带传输解决了利用模拟信道传输数字数据的问题。模拟信道主要指电话传输系统。

12.4.1.3 数据转换技术

1. 调制解调技术 数据通信中使用频带传输方式时，必须先将数字数据转换为模拟信号。数字数据模拟化的方法称为调制，将已调制信号还原为原来的数字数据，称为解调。通信系统在发送端和接收端分别使用调制解调功能，为实现信息的双工和半双工传输，双方均需要使用调制解调功能。能实现调制与解调功能的设备称为调制解调器（Modem），它在通信线路中一般是成对使用的。

频带传输中，是用数字数据对称之为载波的正弦信号进行调制的，一般有幅度调制、频率调制、相位调制三种方法，其信号波形见图12-27。

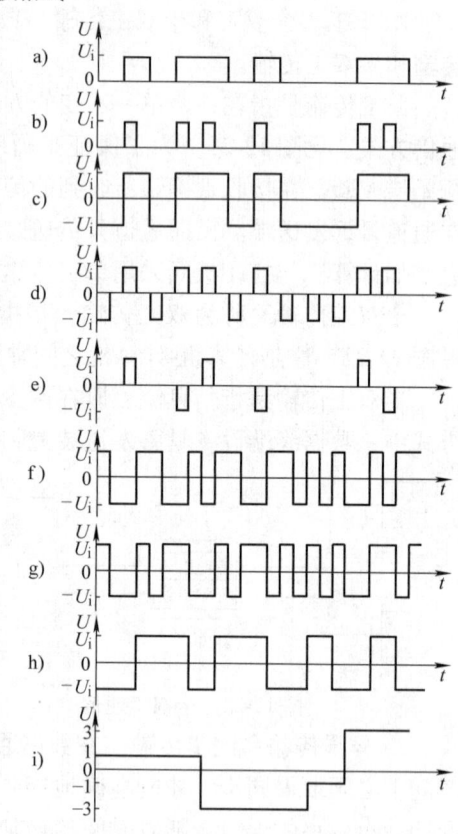

图 12-26 常见基带信号波形
a）单极不归零信号   b）单极归零信号
c）双极不归零信号   d）双极归零信号
e）伪三进制信号   f）双相码信号
g）差动双相码信号   h）密勒码信号
i）多电平信号

幅度调制法又称为幅移键控法（Amplitude Shift Keying——ASK）。它的调制波形见图12-27a，载波信号是固定频率的信号，用被传输的数字数据去调制正弦载波信号的幅值。当数字数据为"1"时，输出载波信号幅值不变；当数字数据为"0"时，不输出载波信号，即输出载波的幅值为0。

频率调制法又称为频移键控法（Frequency Shift Keying——FSK）。频率调制法，顾名思义是对正弦载波信号的频率进行调制。调制后用两个不同频率的正弦信号表示二进制的"1"和"0"。在图12-27b中，二进制数字数据的"1"对应的载波频率是数字数据"0"对应的频率的2倍。当然，这只是一个示意图，一般情况下，当数字数据为"1"时，使载波信号的频率变为$f+f_0$，而当数字数据为"0"时，使载波信号的频率变为$f-f_0$，其中f为中心频率，f_0为频移量。这种方法实现简单，可靠性高，广泛用于频率不高的调制解调器上。

相位调制法又称为相移键控法（Phase Shift Keying——PSK）。相位调制法利用被发送数字数据的二进制值调制具有固定频率的正弦载波信号的相位，当数字数据的位组合为"1"到"0"或"0"到"1"变化时，都会发生调制后的载波信号相位的变化。相位调制法见图12-27c，这是两种相位变化的调制方法。为了提高信号的传输速率，还可以使用四相调制和八相调制。

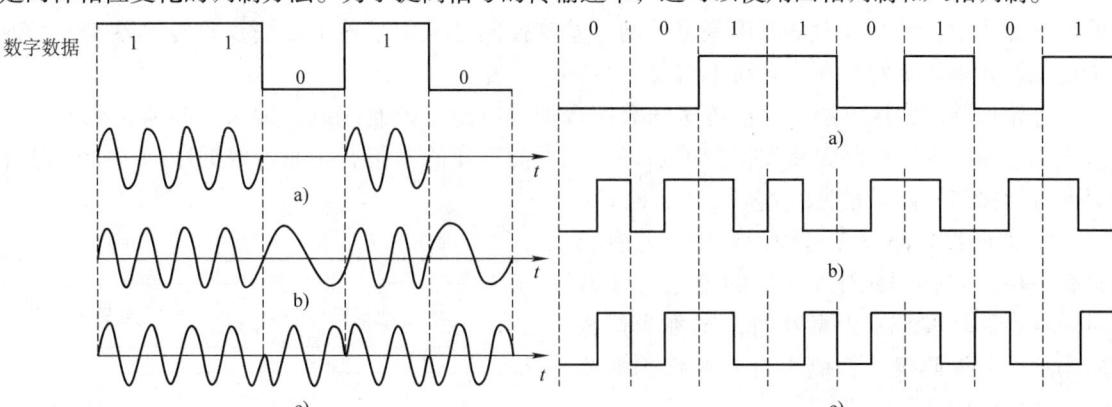

图12-27　数字数据的三种调制方法
a）幅度调制　b）频率调制
c）相位调制

图12-28　数字数据编码
a）不归零制编码　b）曼彻斯特编码
c）差分曼彻斯特编码

2. 编码解码技术　数字通信中，使用最普遍的是基带传输方式。基带传输须将数字数据进行编码（Coding）再进行传输，到了接收端再进行解码（Decoding），还原为原来的数据。图12-26中常见基带信号波形就是经过编码的信号波形。对数字数据进行编码再进行传输的优点主要是：

（1）编码更有利于在接收端区分"0"与"1"的值。

（2）编码可以在传输信号中携带时钟，可不必再加专用的同步时钟信号线，方便实现传输信号的同步问题。

（3）采用合理的编码方式，可以充分利用信道的传输能力，达到更高的数据传输速率。

三种典型的数字数据编码如图12-28所示。

不归零制编码见图12-28a。它是直接用不同的电平信号表示数字"0"和"1"，这一电平信号占满整个码元宽度，中间不归零。由图可看出：当出现连续"0"或连续"1"时，难以判断何处是上一位结束和下一位的开始；传输信号存在直流分量，所以一般不采用这种编码方法。

曼彻斯特编码（Manchester Coding）克服了不归零制编码的问题，得到了广泛的应用。著名的以太网就是采用曼彻斯特编码方式。曼彻斯特编码方式见图12-28b。它的特点是，对应于每一数据位的中间位置都有一个跳变，用跳变的相位表示数字"0"和"1"，正跳变表示数字"0"，负跳变表示数字"1"。因此这种编码也称为相位编码。接收端容易利用每个数据位中间位置的跳变生成同步时钟信号，传输信号无直流分量。

差分曼彻斯特编码（Differential Manchester Coding）是IEEE802.5令牌环协议中使用的编码方式。

差分曼彻斯特编码见图12-28c所示，在每一数据位的中间也有一个跳变，但它只用来生成同步时钟信号，不用跳变的相位表示数字"0"和"1"，而是用每位开始有无跳变（正或负跳变）来表示数字"0"和"1"，若每位开始有跳变表示"0"，无跳变则表示"1"。

同曼彻斯特编码一样，差分曼彻斯特编码也自带同步时钟信号，也不存在直流分量。

此外，还有多进制编码方法，以提高数据传输速率，就不一一介绍了。

12.4.1.4 差错校验

数据信号在传输过程中，由于受到各种干扰的影响，从而引起接收端收到的数据与源发端发送数据的差异，即造成传输差错。为了提高传输可靠性，一方面要提高线路和传输设备的性能和质量，另一方面是采用差错控制。差错控制是采用某种手段去校验传输差错，发现传输错误并采用重发技术等去纠正错误。

差错校验的常用方法是对被传送的数字数据进行差错控制编码，加入一些监督码元，使接收端能够根据这些码元和数据的关系来发现可能存在的差错。在原始数据序列中加入监督码元称为检错码。最常见的差错校验方法有：

1. 奇偶校验码 在这种编码中，监督码只有一位，它使码组中"1"的个数为偶数时，称为偶校验码；为奇数时，则称为奇校验码。这种编码仅能检测出奇数个错码的差错，适用于检测随机错误。

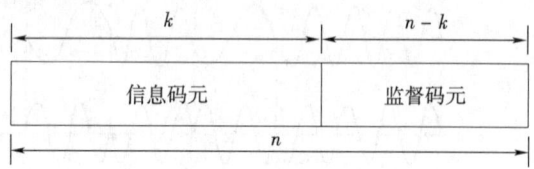

图 12-29 循环冗余码码组的构成

2. 循环冗余校验码 在局域网技术中，常用的检错码是循环冗余校验码（CRC），其码组的构成见图 12-29。循环冗余码由 k 个信息码元和 $n-k$ 个检错码组成。检错码位数常用的有 12、16 和 32 位。一般附加的检错码位数越多，检错能力就越强。

12.4.2 网络体系结构

12.4.2.1 ISO 开放系统互连（ISO/OSI）参考模型

国际标准化组织（ISO）于 1978 年提出开放系统互连参考模型，简称为 ISO/OSI 参考模型。所谓"开放"是指：只要遵循 ISO/OSI 标准，一个系统就可以和另外一个也遵循这一标准的其他任何系统进行通信。ISO/OSI 参考模型是为开放系统提供一个概念上和功能性的框架，它只描述互连开放系统通信结构方面相互之间的逻辑关系，为制定具体的协议标准提供了指导。

开放系统互连参考模型是一个分层的模型结构，共分七层，七个层次的名称见表 12-1。

表 12-1 ISO/OSI 参考模型的七个层次

层 号	中文名称	英文名称	英文缩写
7	应用层	Application Layer	A
6	表示层	Presentation Layer	P
5	会话层	Session Layer	S
4	传输层	Transport Layer	T
3	网络层	Network Layer	N
2	数据链路层	Data Link Layer	DL
1	物理层	Physical Layer	PH

物理层是 OSI 参考模型的最底层，实现的物理实体主要是通信媒体（线路）和通信接口，是实现传输原始比特流的物理连接的各种特性，如物理特性（力学特性）、电气特性、功能特性、规程特性等。RS232C 就是使用非常普遍的一种物理层标准。

数据链路层是 OSI 参考模型的第 2 层，是负责在节点间无差错地传送以帧为协议数据单元的数据块,在不太可靠的物理链路上实现可靠的数据传输。它的主要功能包括建立、维持和释放数据链路的连接,帧的封装和解封,差错控制和流量控制等。数据链路层的著名协议是高级数据链路控制(HDLC)协议。

网络层是 OSI 参考模型的第 3 层,是通信子网的最高层。网络层的协议数据单元是分组或称为包(Packet)。该层的功能是:提供面向连接的虚电路和非连接的数据报两种分组传输服务,路由选择和拥塞控制。X.25 是公用分组交换网的接口规范。

传输层是 OSI 参考模型的第 4 层,信息传送的单位是报文。传输层在通信用户进程之间,或者说是在应用程序之间,提供端到端的可靠通信服务。ISO/IEC8072:1996《信息技术 开放系统互连 运输服务定义》、ISO/IEC8073:1997《信息技术 开放系统互连 提供连接方式运输服务的协议》就是 ISO/OSI 定义的面向连接的传输层协议。

会话层是 OSI 参考模型的第 5 层,是在传输层服务的基础上增加控制、协调会话(Session)的机制,建立、组织和协调应用进程之间的交互。ISO/IEC8326:1996《信息技术 开放系统互连 会话服务定义》定义了会话层服务,ISO/IEC8327.1、2:1996《信息技术 开放系统互连 面向连接的会话协议》定义了会话层协议标准。

表示层和应用层是 ISO 参考模型的第 6 层、第 7 层,是面向应用的。表示层为应用层提供有关信息表示的服务,如文本压缩、代码转换、数据加密和解密、文件格式变换等。应用层则是直接为用户提供应用服务。

12.4.2.2 物理层协议

在物理层协议中,美国电子工业协会(EIA)制定出 RS 系列标准,最适用于计算机数据通信的是 RS232C、RS422、RS485 等。

1. RS232C RS232C 接口标准适用于串行二进制数据通信,最高的数据速率为 19.2kbit/s。电缆长度最长为 15.24m(50ft)。RS232C 使用负逻辑,信号特征见表 12-2。RS232C 标准规定了开路或空载电压 U_0 不超过 25V。终接边的分路电容包括电缆的电容在内不能超过 2500pF。逻辑"1"时,驱动器供给 $-5 \sim -15V$ 电压;逻辑"0"时,供给 $+5 \sim +15V$ 电压。

表 12-2 RS232C 信号特征

状态	信号电压	
	$-25V < U_i < -3V$	$3V < U_i < 25V$
二进制逻辑状态	1	0
信号条件	MARK	SPACE
功能	OFF	ON

RS232C 接口采用 DB-25 型连接器,插针分配见表 12-3。

在实现计算机数据通信时,并不是所有的 RS232C 信号线都有用,往往仅使用其中一部分。而当传输距离超过 15.24m(50ft)时,则应加装调制解调器,其接线方式见图 12-30。一般个人计算机的 RS232C 接口采用的是 DB-9 型连接器,其插针分配即为表 12-3 中的 1~9 号。

2. RS422、RS423 为了改善 RS232C 的电气特性,EIA 推出了 RS422、RS423 两个标准。它们的共同特点是采用差分接收器,使串扰显著地减小。RS422 的电气接口特性见图 12-31。有关特性参数见表 12-4。该标准可与国际电报电话咨询委员会(CCITT)的 V.28,V.11/X.27 标准协同工作。

RS423 电气接口特性见图 12-32。它与 RS422 不同的地方是:RS422 采用平衡发送器,而 RS423 采用非平衡发送器,当距离为 10m 时,信号速率高达 300kbit/s,距离为 1000m 时,信号速率为 3kbit/s。有关性能见表 12-4。该标准可与 CCITT 的 V.10/X.26 标准协同工作。

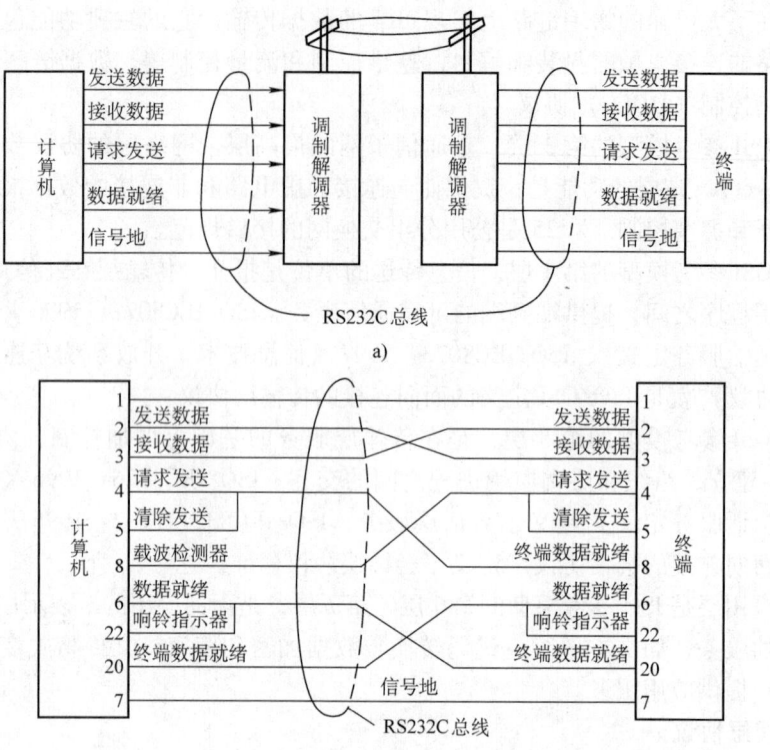

图 12-30 RS232C 总线连接
a) 计算机与远程终端连接 b) 计算机与近程终端连接

表 12-3 RS232C 连接器插针分配

插针号	电路	说 明
1	AA	保护地
2	BA	发送数据
3	BB	接收数据
4	CA	请求发送
5	CB	允许发送
6	CC	数据装置准备好
7	AB	信号地
8	CF	接收线路信号检测
9/10	—	（留作数据装置测试）
11	—	未分配
12	SCF	第二接收线路信号检测
13	SCB	第二允许发送
14	SBA	第二发送数据
15	DB	发送信号码元定时（DCE 为源）
16	SBB	第二接收数据
17	DD	接收信号码元定时
18	—	未分配
19	SCA	第二请求发送
20	CD	数据终端准备好
21	CG	信号质量检测
22	CE	振铃指示
23	CH/CI	数据信号速率选择（源为 DTE 或 DCE）
24	DA	发送信号码元定时（DTE 为源）
25	—	未分配

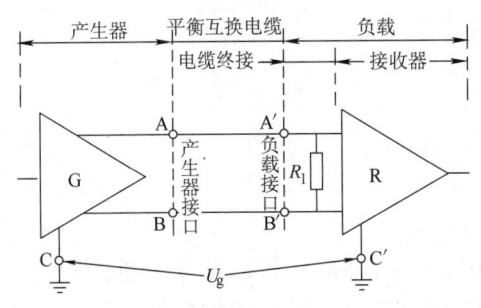

图 12-31　RS422 电气接口特性

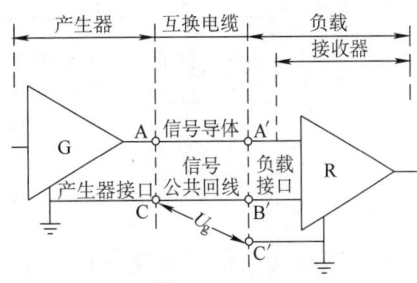

图 12-32　RS423 电气接口特性

3. RS485　RS485 是 20 世纪 90 年代以来，在全数字传动装置、可编程序控制器及众多现场设备上广为采用的串行通信网络接口。该接口是由美国电子工业协会（EIA）和通信工业协会（TIA）共同提出的，又称为 EIA/TIA485。该接口采用差分方式，主要特性参数见表 12-5，接口连接见图 12-33。

表 12-4　RS422、RS423 接口特性参数

特性	RS422		RS423	
逻辑 0（产生器）/V	+2 ~ +6		+4 ~ +6	
逻辑 1（产生器）/V	-2 ~ -6.4		-4 ~ -6	
最高速率/(bit/s)	10^7	10^5	10^5	900
最大距离/m（ft）	12.2（40）	1219（4000）	12.2（40）	1219（4000）

表 12-5　RS485 接口特性参数

一般线路上驱动器和接收器的数量	32Tx、32Rx
驱动器最小输出电压	±1.5V
驱动器最大输出电压	±5V
最大距离	1219m（4000ft）
最大速率	10Mbit/s

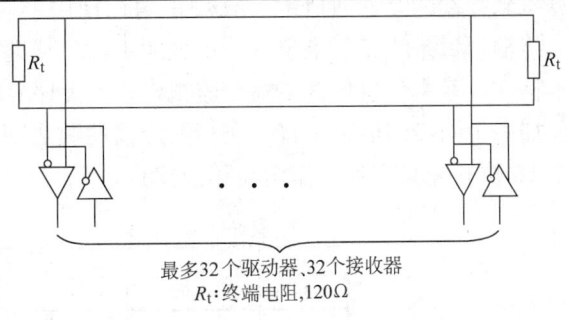

最多32个驱动器、32个接收器
R_t：终端电阻，120Ω

图 12-33　RS485 接口连接示意图

12.4.2.3　数据链路控制协议

数据链路控制协议（又称为规程）比较通用的有面向字符型数据链路协议，其中主要的有 IBM 的二进制同步通信（BSC）协议和 DEC 的数字数据通信信息协议（DDCMP）。此外，还有面向比特型数据链路控制协议，主要有美国国家标准局（ANSI）的高级数据通信控制协议（ADCCP）、IBM 的同步数据链路控制（SDLC）协议、ISO 的高级数据链路控制（HDLC）协议、CCITT 的 X.25 等。

1. 二进制同步通信协议（BSC 或 BISYNC）　IBM 的二进制同步通信协议（BSC），在工业上应用是比较广泛的。BSC 报头格式见图 12-34。BSC 使用控制字符来划定字符段的边界。报头可以自由选择，报头内容由用户定义。在多点线路上的寻询和寻址则不使用该报头字段，而是由一个单独的控制报文来处理的。字段正文部分的长度是可变的，BSC 使用纵横冗余校验或循环冗余校验。若传输中发生差错，则 BSC 要求重新传输信息块。BSC 是半双工通信模式，所以采用 BSC 线路利用率是不高的。

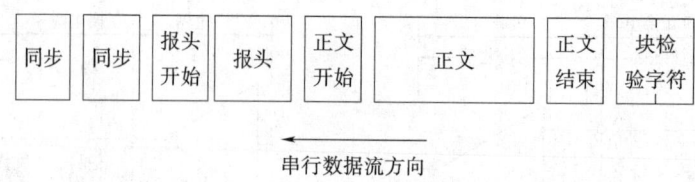

图 12-34　BSC 报文格式

2. 数字数据通信信息协议（DDCMP）　DDCMP 是一种面向字符的全双工通信协议，它适用于同步或异步通信模式。DDCMP 的传输帧格式见图 12-35，报头和数据都采用了循环冗余校验，在信息字段中允许多达 16383 个透明数据。报头和正文中任何代码都可以使用。

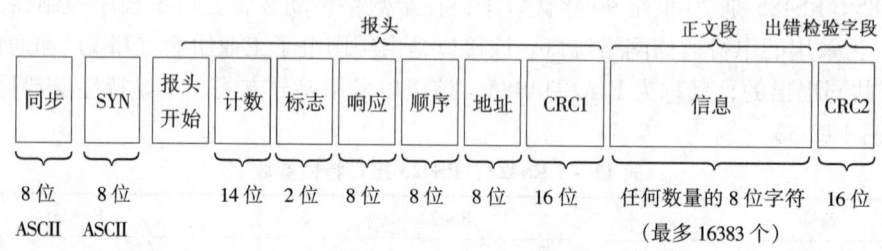

图 12-35　DDCMP 的帧格式

3. 高级数据通信控制协议（ADCCP）　ADCCP 是美国国家标准局在 1973～1974 年间创立的，该协议建议用于经过公用通信设施、卫星链路、或者专用线路的计算机到计算机、计算机到终端的互连通信中。ADCCP 可以使用半双工和全双工线路，适用于点对点，环路或多点传输。每条线路要指定一个单独的主站，线路上其他各站都是从站。ADCCP 报文有三种基本格式：基本信息传输格式，监视格式，无序号格式。基本信息传输格式见图 12-36。在报头前加一个同步用的帧字符，在相继传输的帧之间有间隔时，就可以发送帧字符。ADCCP 用一个 16 位帧校验序列去作循环冗余校验。

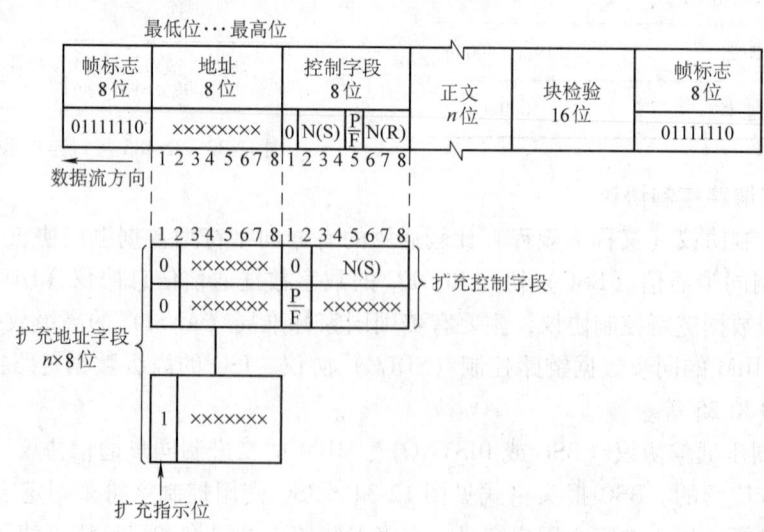

图 12-36　ADCCP 基本信息传输帧格式

4. 同步数据链路控制（SDLC）协议　SDLC 协议适用于全双工和半双工两种工作方式。成帧的格式见图 12-37。其中 8 位标志符特定为 01111110。地址段用来指定信息帧要寻址的从站或节点。8 位控制字用于区分 SDLC 协议的三种帧格式，即信息传输格式、监控格式、无序号格式。SDLC 协议也考虑到环形结构的数据通信，此时，环路上各个节点从收到的数据流中得到它们的定时信息。环形结构通信的基本点是从节点工作在转发模式上，这些节点以一位时间的滞后重发进入的信息块。SDLC 协议采用 CRC 检测传输差错。并采用位填充技术，以保证在帧格式的数据部分中不会出现标志字符。

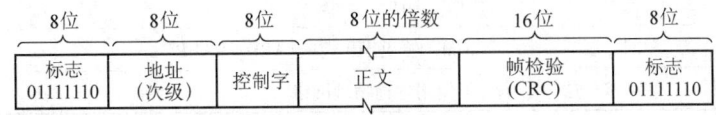

图 12-37　SDLC 帧格式

5. 高级数据链路控制（HDLC）协议　HDLC 协议是 1974 年由国际标准化组织（ISO）形成的文件，随后作为 ISO/IEC3309：1993《信息技术　系统间远程通信和信息交换　高级数据链路控制（HDLC）规程　帧结构》标准被批准出版。HDLC 协议中，帧是传输的基本单元。既可以用于通信线路的控制，也可以用于数据传输。帧的结构见图 12-38。整帧信息是用标志序列包封起来的。图中的 F 称为标志序列，用来标明帧的开始和帧的结束。具体编码为 01111110，两帧之间可用标志填充，标志序列在接收过程中又作为同步字符使用。地址字段用来选择从站，字段长度为 8 位。根据 HDLC 协议规定，地址字段的长度可按 8 的整倍数扩展。控制字段的长度为 8 位，用来标明帧的类型和帧的序号。HDLC 协议规定三种不同类型的帧：信息帧用来传输数据；管理帧用于控制；非编号帧用于启动和控制从站。控制字段的格式见表 12-6。其中，N (S) 是信息帧发送顺序的编号，N (R) 是接收顺序编号。P/F 是询问终止位，当主站发送命令时，P/F＝1，被主站用作询问信号；当从站发送时，P/F＝1，表示此帧是对主站的响应。管理帧字段中的 S 是监控功能的编号。非编号帧字段中的 M 是各种命令和响应的编码。帧校验序列共有 16 位，采用循环冗余校验方法，生成多项式为 $x^{16}+x^{12}+x^5+1$。

开始标志 (F)	地址字段 (A)	控制字段 (C)	信息字段 (I)	帧检验序列 (FCS)	结束标志
01111110	8 位	8 位	可变长度（>0）	16 位（CRC）	01111110

图 12-38　HDLC 帧格式

表 12-6　HDLC 控制字段格式

控制字段位	1	2 3 4	5	6 7 8
信息帧（I）	0	N (S)	P/F	N (R)
管理帧（S）	1	0　S	P/F	N (R)
非编号帧（U）	1	1　M	P/F	M

12.4.2.4　传输控制协议和网际协议（TCP/IP）

TCP/IP 是 TCP/IP 体系结构的简称，是以 TCP/IP 协议族中最著名的两个协议 TCP 和 IP，即用传输控制协议和网际协议来命名的。

TCP/IP 是因特网（Internet）所用的网络体系结构。虽然它并非国际标准，但它在计算机网络体系结构中占有非常重要的地位，可以说 TCP/IP 已成为事实上的国际标准。

TCP/IP 体系结构分为四个层次，即应用层、传输层、网际层和网络接口层。表 12-7 列出了 TCP/IP 的层次结构、各层的主要协议及与 ISO/OSI 参考模型的对应关系。

表 12-7　TCP/IP 体系结构

OSI	TCP/IP	TCP/IP 主要协议
高层（5~7）	应用层	TELNET、FTP、SMTP、TFTP、NFS、DNS、HTTP、SNMP
传输层（4）	传输层	TCP、UDP
网络层（3）	网际层	IGMP[①]、ICMP、IP、ARP、RARP
低层（1、2）	网络接口层	可使用各种物理网络

① IGMP（Internet Group Management Protocol）为网组管理协议。

1. **网络接口层**　网络接口层负责将网络层的 IP 数据报通过物理网络发送或从物理网络接收数据帧，并将 IP 数据报上交网际层。TCP/IP 并没有定义具体的网络接口层协议，而是旨在提供灵活性，以适用于不同的物理网络，它可以和很多的物理网络一起使用。物理网络不同，接口也不同。

在一个 TCP/IP 网络中，低层对应 OSI 的物理层和数据链路层，主要运行的是网络接口卡及其驱动程序。

2. **网际层**　TCP/IP 的网际层最主要的协议是网际协议（Internet Protocol——IP）。与 IP 配套的网际协议还有地址转换协议（Address Resolution Protocol——ARP），反向地址转换协议（Reverse Address Resolution Protocol——RARP）和互联网控制报文协议（Internet Control Message Protocol——ICMP）。网际层也称互联网层，网际协议也称互联网协议。

网际层传送的数据单位是 IP 数据报（IP datagram），也就是分组。

网际层所提供的是一种无连接的、不可靠的数据报传输服务。从一台计算机传送到另一台计算机的分组可能会通过不同的路由，报文分组可能丢失、乱序等。为了达到高的分组的传输速度，传输服务没有提供完善的可靠性措施。

3. **传输层**　TCP/IP 的传输层提供一个应用程序到另一个应用程序的通信。TCP/IP 在传输层主要提供了两个协议，即传输控制协议（TCP）和用户数据报协议（User Datagram Protocol——UDP）。

TCP 提供面向连接的可靠的端到端传送服务，它可以在低层不可靠的情况下（如出现分组传输的丢失、乱序等）提供可靠的传输机制。为此，TCP 就需额外增加许多开销，提供一些必要的传输控制机制，以保证数据传输的可靠、按序、无丢失、无重复。

UDP 则提供无连接、不可靠的传输服务。在数据传输之前，不需要先建立连接，而且收方收到 UDP 数据报文之后，也不需要给出任何应答信息。显然，这样减少了很多为保证可靠传输而附加的额外开销，因而它的效率高。在某些情况下，这是一种有效的传输方式。在 TCP/IP 的应用层中，普通文件传输协议（Trivial File Transfer Protocol——TFTP）、网络文件系统（Network File System——NFS）和简单网络管理协议（Simple Network Management Protocol——SNMP）就使用 UDP。

4. **应用层**　TCP/IP 的应用层对应 OSI 的高三层。在这个层次中，有许多面向应用的著名协议。如文件传输协议（FTP）、远程通信协议（TELNET）、简单邮件传送协议（SMTP）、域名系统（DNS）、超文本传输协议（HTTP）和简单网络管理协议（SNMP）等。

12.4.3 传输介质

传输介质就是传输信息的载体，它直接影响数据通信的性能指标。在计算机数据通信网络系统中，一般采用双绞线、同轴电缆和光缆几种传输介质；对于一些移动设备的数据通信，无线传输是主要的传输方式。

12.4.3.1 双绞线

双绞线由两条相互绝缘的铜导线组成，相互绞合起来。铜导线芯的直径一般为1mm左右。相互绞合起来的目的是减小和邻近其他线路之间的电磁干扰。

双绞线既能传输模拟信号，也能传输数字信号。其带宽取决于铜线的粗细和传输的距离。一般几千米范围内的传输速率可以达到每秒几兆位。由于其性能较好而又价格便宜，双绞线被广泛采用。

计算机网络中被广泛应用的是无屏蔽双绞线（Unshielded Twisted Pair——UTP）。无屏蔽双绞线可以分成几类（category）。3类（category 3）双绞线每一对轻轻绞合在一起，一般在塑料外壳内有4对这样的线，外壳起到保护的作用。它的带宽是16MHz，过去曾应用于10Mbit/s的计算机网络的布线中。4类（category 4）双绞线的带宽是20MHz。更先进的5类（category 5）和超5类（category 5e）双绞线绞合得更密，在更长的距离上信号质量更好，目前广泛应用于100MHz的计算机网络，5类和超5类的带宽是100MHz，超5类工作在100MHz，在近端串扰、衰减和信噪比等方面有更好的性能。6类（category 6）双绞线可以达到200~250MHz的带宽。2002年6月，EIA/TIA正式发布了6类UTP布线标准，这为吉位以太网的布线奠定了良好的基础。

与无屏蔽双绞线（UTP）对应的是IBM于20世纪80年代早期引入的屏蔽双绞线（Shielded Twisted Pair——STP），STP线对外面是有网状金属屏蔽层的，它有更好的抗干扰性能。

12.4.3.2 同轴电缆

同轴电缆是以硬铜线为线芯，外包一层绝缘材料，在绝缘材料外面用密织的网状导体缠绕，金属网外又覆盖一层保护性材料。同轴电缆的结构使得它有较高的带宽和抗噪性能。主要有两种广泛使用的同轴电缆：一种是50Ω电缆，用于数字传输，如标准以太网10Base5为50Ω粗缆，以太网10Base2为50Ω细缆；另一种是75Ω电缆，用于模拟信号传输，它是有线电视系统中使用的标准电缆。

12.4.3.3 光缆

光缆是由光导纤维制成的。通信用的光导纤维是以高纯度石英为基础拉制而成，它分内外两层，内层叫纤芯，外层叫包层。常用的光导纤维有两种：多模光纤和单模光纤。多模光纤按其两层的折射率分布不同，又分为阶跃型多模光纤和渐变型多模光纤。阶跃型多模光纤的两层折射率 n 不同，要求 $n_1 > n_2$。在光纤中，光线是依靠分界面的全反射曲折前进的，见图12-39。渐变型多模光纤见图12-40。纤芯的折射率由中心的 n_1 向外逐渐减小到 n_2。光在渐变型光纤中的传播和阶跃型光纤中的传播路径不同，它不是走直线，而是呈正弦波蛇形前进的。单模光纤见图12-41。可以想象，当光纤很细，细到与光波波长同一数量级时，在光纤中传输的只有一组与轴线平行的光，单一模式传输不但保证光能量集中，而且也不会因多模色散而使脉冲展宽。

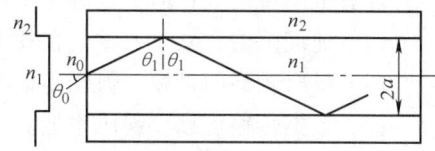

图12-39 阶跃型多模光纤

光纤用于数据通信,具有抗电磁干扰能力强、绝缘性能好、频带宽、损耗小、无火花、无短路等优点。

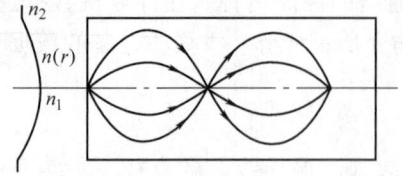
图 12-40 渐变型多模光纤

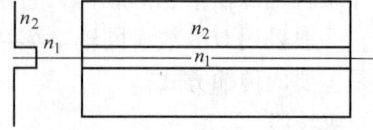
图 12-41 单模光纤

按照 IEC 建议,光缆中多模光纤纤芯直径和包层外径为 $50\mu m/125\mu m$,数值孔径为 0.20;单模光纤的模场直径为 $10\mu m$,包层外径为 $125\mu m$。

12.4.3.4 无线传输

无线传输是靠电磁波运载数据。电子运动时,产生可以自由传播的电磁波,电磁波的频谱和应用见图 12-42。无线电波、微波、红外线和可见光部分都可通过调节振幅、频率或相位来传输信息。图 12-42 下方给出了各频段的正式波段名字。LF、MF、HF 分别指低、中、高频,VHF、UHF、SHF、EHF 和 THF 为甚高频、特高频、超高频、极高频和巨高频。

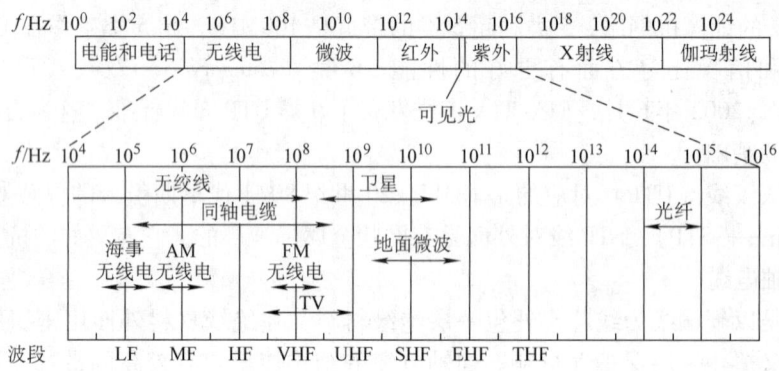
图 12-42 电磁波的频谱和应用

无线电波位于电磁波频谱的 1GHz 以下,较高频率的微波频率范围为 $300MHz \sim 300GHz$,是广播、电视及微波通信的应用范围。

红外线位于电磁波频谱的 $3\times 10^{11} \sim 2\times 10^{14}Hz$,广泛应用于很短距离的通信中。

12.4.4 网络连接设备与技术

计算机局域网(LAN)是计算机网络发展中一个重要而又活跃的领域,具有如下特点:
(1) 地理范围有限,通常处在 $0.1\sim 10km$ 的范围内(典型为几千米)。
(2) 具有较高的带宽,数据传输率高,一般为 $1\sim 100Mbit/s$。
(3) 数据传输可靠,误码率低。

局域网结构简单、灵活,可靠性高,是办公自动化、管理信息系统、生产过程控制与管控一体化系统等应用领域中,数据通信的支持平台,也是网络扩展的基础。

网络扩展是通过中继器、集线器、网桥、交换机以及网关等设备实现的,它们工作在网络体系结构中的不同层次。表 12-8 表示这些网络连接设备在 OSI 七层参考模型中的层次位置及作用。

第 12 章 基础自动化

表 12-8 网络连接设备的层次位置及作用

网络设备	所处 OSI 层	用　　途
中继器、集线器	物理层	在电缆段间复制比特流
网桥、第 2 层交换机	数据链路层	在 LAN 之间存储转发帧
路由器、第 3 层交换机	网络层	在不同子网间存储转发分组
网关	传输层以上	提供不同体系间互连接口

12.4.4.1　中继器和集线器

中继器（repeater）和集线器（hub，即多口中继器）工作在 OSI 参考模型的物理层，它们将经过一定距离传输后衰减的电信号放大整形后再发送到网段上去，以实现更长距离的传输。图 12-43 是使用中继器扩展一个局域网的例子。

12.4.4.2　网桥

网桥（bridge）工作在数据链路层的介质访问控制子层，其最基本的功能是在不同网间转发帧。图 12-44 示意了一个网桥的工作原理。最简单的网桥有两个端口，有的网桥可以有更多的端口。每个端口有一块网卡，在介质访问控制（Medium Access Control——MAC）子层有自己的 MAC

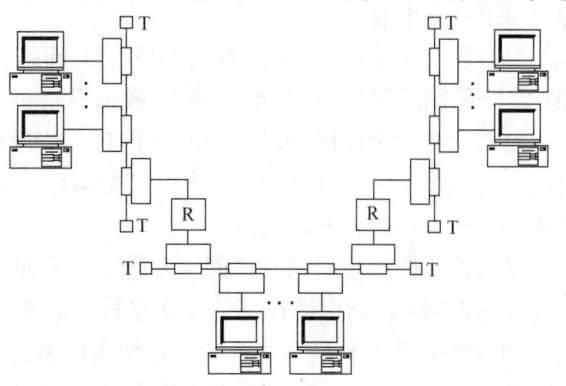

图 12-43　使用中继器扩展以太网
T—终端器　R—中继器

地址。网桥的每个端口与一个网段（指普通的局域网）相连。在图中所示的网桥，其端口 1 与网段 A 相连，而端口 2 则连接到网段 B。网桥就像一座桥，把 A、B 两个网段连接起来，可以称为桥接。

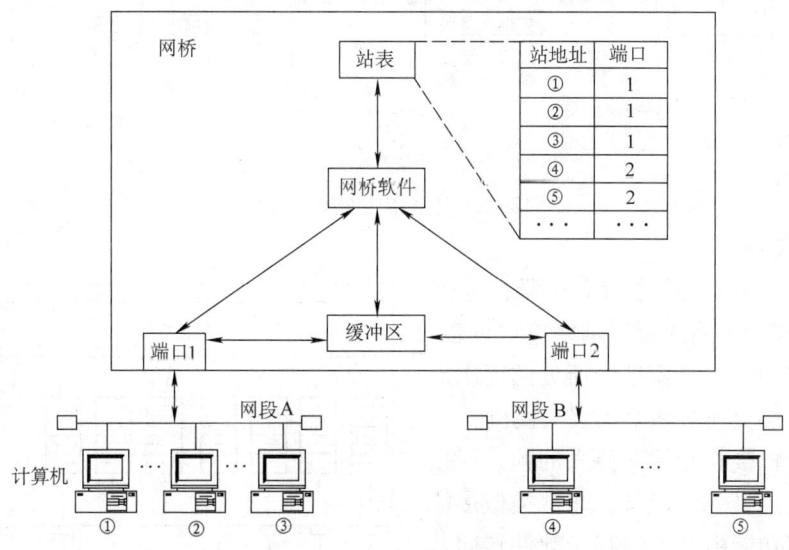

图 12-44　网桥工作原理

虽然网桥和中继器、集线器都能扩展局域网，但它工作在更高的层次，还有更强的功能，主要有：

1. 帧过滤　网桥的过滤作用是指，它使同一网段上各工作站之间的通信不会经过网桥传到其他网段上去，仅局限于本网段的范围之内。由于这种过滤作用，局域网上总的负载就减轻了，减少了所有站点的平均传输延时。中继器由于没有这种过滤作用，中继器对所有的帧（包括无效帧），都不加选择地一律转发。

2. 可连接不同类型的局域网　中继器和集线器只能连接同一类型的局域网，而网桥则可以连接不同类型的局域网。如通过网桥可以把 IEEE802.3、IEEE802.4、IEEE802.5（即以太网、令牌总线网和令牌环网）连接在一起。当然，这种网桥要比连接同类局域网的网桥更复杂一些，它要进行帧格式的转换。

12.4.4.3　路由器

路由器（router）是非常重要和常用的网络互连设备，它工作在 OSI 参考模型的网络层（TCP/IP 的网际层），对分组（或 IP 数据报）进行转发。

路由器有两个或两个以上的网络接口，连接两个或两个以上的物理网络，它们可以是运行同样的网络层协议（如 IP），也可以是运行不同的网络层协议（如 IP 和 X.25），这时路由器还要进行分组格式的转换。

路由器可以实现局域网之间的互连，而且还可以实现局域网与广域网以及广域网之间的互连。图 12-45 是路由器连网的层次结构示意图。两个网络 1 和 2 通过路由器相连接，网络 1 上的端系统主机 A 和网络 2 上的端系统主机 B 之间数据传输通过路由器转发。我们可以这样看，在 IP 层，在 ES—IS—ES 整个路径上，IP 数据报在横向流动。因此，互联网可以看成是一个虚拟的分组传输网。当然，要实现真正的数据传输，还必须有底层网络的支持。

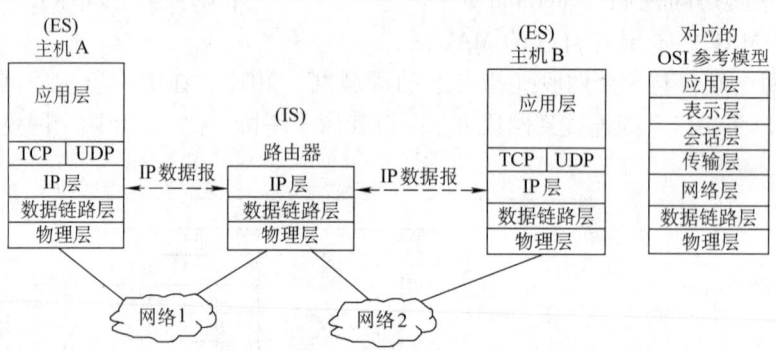

图 12-45　路由器连网的层次结构

12.4.4.4　交换机

交换机（switch）或称为交换器，是 20 世纪 90 年代开始采用的新型网络连接设备。根据交换机在 OSI 参考模型中所处的层次地位，分为第 2 层交换机和第 3 层交换机。

网络交换机接收并暂存传入的帧，根据目的地址转发至另一个端口，非常类似多端口网桥，但其功能由网桥的基于软件转向基于专用硬件，即专用集成电路（ASIC）来实现，使转发速度大大加快。交换机生成并维护一张表，该表记录了它的各个端口及其

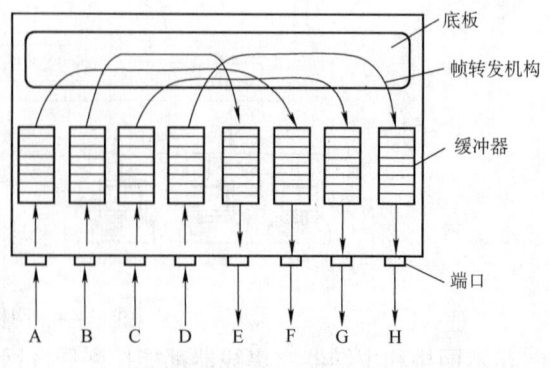

图 12-46　网络交换机基本体系结构

相连站点的 MAC 地址。根据这张表，交换机由帧的目的地址得到相应的端口号，进行帧的转发。这就是第 2 层交换机的交换技术。

网络交换机由四个基本部分组成：端口、端口缓冲器、信息帧转发机构和底板体系，其基本体系结构见图 12-46。

第 3 层交换机是实现路由器功能的基于硬件的设备，它也可以称为交换路由器。交换路由器借鉴了异步传输模式（ATM）的高速交叉开关技术实现各端口间的互连，采用并行技术和专用集成电路对数据进行更迅速的转发，比传统的基于软件的路由器快得多，从而解决网络互连的瓶颈问题。

12.4.5　互连模式

在物理上把一个系统中的数据终端设备，即节点，通过数据通信系统连接起来有若干种型式，即所谓的互连模式。其中典型的模式有星形、总线型、环形以及树形。

12.4.5.1　星形连接模式

在星形连接模式中，仅仅一个节点和其余所有节点相连接，我们叫这个节点为中心节点。除了中心节点外，其余所有节点间均不相互连接。由于所有的通路集中到一个中心节点，由该中心节点对各用户间的通信进行管理，所以中心节点的作用显得特别重要。通常要用一台功能比较强而可靠性比较高的计算机来担当。星形连接模式的特点是结构简单，其不足之处是线路不能共用，连接的可靠性差。

12.4.5.2　总线型连接模式

总线型连接模式是由一条高速数据总线连接若干个节点所组成，见图 12-47。总线互连那些具有独立性的节点设备，每个节点占有一个统一地址，它们按照访问总线的控制策略来占用总线，发送信息包，并根据终点地址符合判断，决定是否接收报文。总线上的分接头，仅起分支作用而不起转发作用。总线型结构具有广播功能，某个节点将信息发送到传输介质后，总线上任一个节点都能依靠分接头、收发器和访问逻辑，使总线上的设备接收到这些信息。

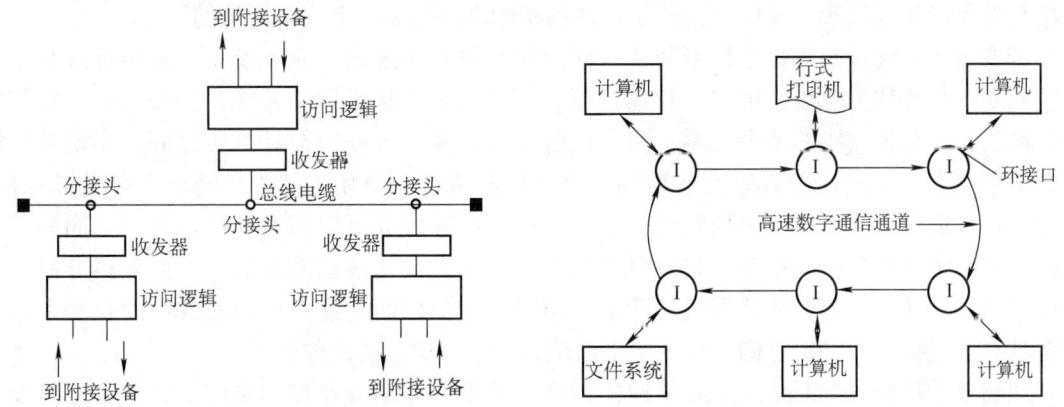

图 12-47　总线型互连模式　　　　　图 12-48　环形互连模式结构

在总线型结构中，访问总线一般采用竞争法和通行证法，即随机访问和受控访问。以太网采用随机访问技术，称为带碰撞检测的载波侦听多址访问（CSMA/CD）。通行证法是一种受控访问技术，总线上的各节点只有持有通行证，所谓令牌（token），才能发送信息，发送后立即将令牌传递下去。现场总线 Profibus 就是一种令牌总线。

12.4.5.3　环形连接模式

环形互连模式包含一个闭合的传输数据的物理途径，通过传输介质和环路接口设备连接所有通信数据终端设备，信息流动如同环形移位寄存器。环形互连模式见图12-48。访问环形结构的控制技术，有通行证法、时间片法和寄存器插入法等，其中通行证法应用较为广泛，与总线型结构的通行证法类似。

12.5 现场总线

12.5.1 概述

近年，现场总线得到了迅猛发展，已广泛地用于各类工业自动化控制系统，正受到国内外工业自动化设备制造厂商及用户的广泛关注。现场总线的出现，对传统的工业自动化带来了革命，就像从分立器件向集成电路，从模拟控制系统向全数字控制系统的革命性转变一样，从而开创了工业自动化控制技术的新时代。这是计算机控制技术、信息处理技术、网络通信技术、传感技术等新技术快速发展的结果。

现场总线（Fieldbus）是指安装在制造或过程区域的现场装置与控制室内的自动控制装置之间进行的开放的、数字式的、串行多点通信的数据控制网络。它在制造业、流程工业、交通、楼宇等方面的自动化系统中具有广泛的应用前景。

12.5.1.1 现场总线简介

随着微处理器与计算机功能的不断增强和价格的急剧降低，计算机与计算机网络系统得到迅速发展，而处于生产过程底层的测控系统，采用一对一连线，用电压、电流的模拟信号进行测量控制，或采用自封闭式的集散控制系统，难以实现设备之间以及系统与外界之间的信息交换，使各自动化系统成为"信息孤岛"。要实现整个企业的信息集成，要实施综合自动化，就必须设计出一种能在工业现场环境运行的、性能可靠的、造价低廉的通信系统，形成工厂底层网络，完成现场自动化设备之间的多点数字通信，实现底层现场设备之间以及生产现场与外界的信息交换。现场总线就是在这种实际需求的驱动下应运而生的。

带有现场总线接口的数字控制装置、测量仪表等现场控制、测量设备，采用可进行简单连接的双绞线等作为总线，把多个现场控制、测量仪表连接成网络系统，并按公开、规范的通信协议，在位于现场的多个控制、测量设备之间以及与远程监控计算机之间，实现数据传输与信息交换，形成各种适应实际需要的自动控制系统。简而言之，它把单个分散的控制、测量设备变成网络节点，以现场总线为纽带，把它们连接成可以相互沟通信息、共同完成自控任务的网络系统与控制系统。它使自动化领域实现了突飞猛进的发展，正如众多分散的计算机被网络连接在一起，使计算机的功能、作用发生变化的一样。现场总线则使自控系统与设备具有了通信能力，把它们连接成网络系统，加入到信息网络的行列。

现场总线控制系统既是一个开放通信网络，又是一种全分布控制系统。它作为智能设备的联系纽带，把挂接在现场总线上、作为网络节点的智能设备连接为网络系统，并进一步构成自动化系统，实现基本控制、补偿计算、参数修改、报警、显示、监控、优化及控管一体化的综合自动化功能。这是一项以智能传感器、控制、计算机、数字通信、网络为主要内容的综合技术。

现场总线（Fieldbus）的出现，导致原有的控制装置、自动化仪表、集散控制系统（DCS）、可编程序控制器（PLC）在产品的体系结构、功能结构方面较大的变革，各类产品相继进行了更新换代。传统的模拟控制装置和仪表将基本让位于具备数字通信能力的全数字控制装置和仪表。

按照 ISO（国际标准化组织）的 OSI（开放系统互连）参考模型的规定，网络结构由七层构成，由于现场总线要求信息传输的实时性强、可靠性高，因此大多现场总线仅定义了其中最重要的和必需的物理层、数据链路层及应用层，且多为短帧传送，传输速率一般在几千位/秒至 10Mbit/s 之间。

现场总线自动化系统是开放的，可以由不同设备制造厂商提供的遵从相同通信协议的各种现场总线设备共同组成。甚至不同的现场总线可以通过网桥连接在一个完整的自动化系统中。

12.5.1.2　现场总线的发展概况

在工业自动化控制技术的发展过程中，随着计算机软硬件技术、集成电路技术及计算机控制技术的迅速发展，工业自动化控制技术已经成为计算机技术应用领域中最具活力的一部分，并取得了巨大进步。首先是由计算机控制的独立控制系统被广泛应用，随后是计算机集中采集控制系统得到发展，伴随着对系统可靠性和灵活性的要求，出现了计算机集散控制系统，典型的集散控制系统一般由现场控制设备、集中的主计算机设备及通信设备组成。但由于在复杂或大规模的工业应用现场，大量的控制器、传感器、测量设备通常分布在非常广泛的范围内，它们之间需要一种速度快、可靠性高且造价低的通信系统来满足快速的自动化控制的要求，这就出现了现场总线控制系统。

20 世纪末，全数字控制装置和智能仪表得到了快速发展，为现场信号的数字化以及实现复杂的应用功能提供了条件。但不同厂商所提供的设备之间的通信标准不统一，严重束缚了工厂底层网络的发展。从用户到设备制造厂商都强烈要求形成统一的标准，组成开放互连网络。把不同厂商提供的自动化设备互连为系统。这里的开放意味着对同一标准的共同遵从，意味着这些来自不同厂商而遵从相同标准的设备可互连为一致通信系统。从这个意义上说，现场总线就是工厂自动化领域的开放互连系统。开发这项技术首先必须制定相应的统一标准。

1984 年，美国仪表协会（ISA）下属的标准与实施工作组中的 ISA/SP50 开始制定现场总线标准；1985 年，国际电工委员会决定由 Proway Working Group 负责现场总线体系结构与标准的研究制定工作；1986 年，德国开始制定过程现场总线（Process Fieldbus）标准，简称为 Profibus，由此拉开了现场总线的标准制定及产品开发的序幕。

1992 年，由 SIEMENS、Rocemount、Foxboro、Yokogawa 等 80 家公司联合，成立了可互操作系统协议（Interoperable System Protocol——ISP）组织，着手在 Profibus 的基础上制定现场总线标准。1993 年，以 Honeywell、Bailey 等公司为首，成立了 WorldFIP（Factory Instrumentation Protocol）组织，有 120 多个公司加盟该组织，并以法国标准 FIP 为基础制定现场总线标准。1994 年，ISP 和 World FIP 北美部分合并，成立了现场总线基金会（Fieldbus Foundation——FF）。

与此同时，在不同行业中还陆续出现了一些有影响的总线标准。它们大多在公司标准的基础上逐渐形成，并得到其他公司、厂商、用户以至于国际组织的支持。如德国 Bosch 公司推出控制局域网（Control Area Network——CAN），美国 Echelon 公司推出的 LonWorks 等。

当时各大公司已认识到，现场总线应该有一个统一的国际标准，现场总线技术势在必行。但在现场总线标准的制定工作中，由于各行业需求不同，以及现场总线技术的地域发展历史等原因，加上已有各种总线产品的投资效益和各公司的商业利益，致使现场总线的标准化工作进展缓慢。直到 1999 年底，才达成妥协，在工业自动化领域吸纳了多达八种现场总线标准的国际标准 IEC61158《测量和控制数据通信　工业控制系统用现场总线》才获得通过。目前在市场上销售的全数字控制装置、智能仪表以及现场的传感器、变送器等绝大部分已具有现场总线接口，可以连入现场总线控制系统。

12.5.2　现场总线的特点

12.5.2.1　现场总线的结构特点

现场总线系统打破了传统控制系统的结构型式。传统的控制系统采用一对一的设备连线，按分控制系统或回路分别进行连接；位于现场的控制和检测设备与位于控制室的主控制器之间采用一对一的物理连接。

现场总线系统由于采用了智能的具有现场总线通信接口的数字现场设备，能够把原先如 PLC 系统中处于控制室的控制模块、输入输出模块等放置在现场，加上现场设备具有通信能力，现场的控制、测量设备可以与电动机、阀门等执行机构直接传送信号，因而控制系统功能能够不依赖控制室的计算机或控制仪表，直接在现场完成，实现了彻底的分散控制。

由于采用数字信号替代模拟信号，因而可实现一对电线上传输多个信号（包括多个运行参数值、多个设备状态、故障信息），同时又为多台设备提供电源；现场设备以外不再需要模拟/数字、数字/模拟转换部件。这样就为简化系统结构、节约硬件设备、节约连接电缆与各种安装维护费用创造了条件。

12.5.2.2　现场总线的技术特点

1. 系统的开放性　开放是指对相关标准的一致性、公开性，强调对标准的共识与遵从。一个开放系统，是指它可以与世界上任何遵守相同标准的其他设备或系统连接。通信协议一致公开，各不同制造厂商的设备之间可实现信息交换。现场总线开发者就是要致力于建立统一的工厂底层网络的开放系统。用户可按自己的需要和考虑，把来自不同制造厂商的产品组成大小随意的系统。通过现场总线构筑自动化领域的开放互连系统。

2. 互可操作性与互用性　互可操作性，是指实现互连设备间、系统间的信息传送与交换；而互用则指不同制造厂商的性能类似的设备可实现相互替换。

3. 现场设备的智能化与功能自治性　它将传感测量、补偿计算、工程量处理与控制等功能分散到现场设备中完成，仅靠现场设备即可完成自动控制的基本功能，并可随时诊断设备的运行状态。

4. 系统结构的高度分散性　现场总线已构成一种新的全分散性控制系统的体系结构，从根本上改变了现有集中与分散相结合的集散控制系统体系，简化了系统结构，提高了可靠性。

5. 对现场环境的适应性　工作在生产现场前端、作为工厂网络底层的现场总线，是专为现场环境而设计的，可支持双绞线、同轴电缆、光缆、射频、红外线和电力线等，具有较强的抗干扰能力，能采用两线制实现供电与通信，并可满足本质安全防爆要求等。

12.5.2.3　现场总线的优点

由于现场总线的以上特点，特别是现场总线系统结构的简化，使控制系统从设计、安装、投运到正常生产运行及检修维护，都体现出优越性。

1. 节省硬件数量与投资　由于现场总线系统中分散在现场的智能数字设备能直接完成检测、计算、局部控制等功能，因而可减少变送器、转换器的数量，不再需要信号调理、变换、隔离等器件及其复杂接线，还可以用工业控制机作为操作站，从而节省了硬件投资，减少了控制室的占地面积。

2. 节省安装费用　现场总线系统的接线十分简单，一对双绞线或一条电缆上通常可挂接多台设备，因而电缆、端子、槽盒、桥架的用量大大减少，连线设计与接头校对的工作量也大大减少。当需要增加现场控制设备时，无需增设新的电缆，可就近连接在原有的电缆上，既节省了投资，也减少了设计、安装的工作量。

3. 节省维护开销　由于现场控制设备具有自诊断与简单故障处理的能力，并通过数字通信将相关的诊断维护信息送往控制室，用户可以随时查询所有设备的运行及诊断维护信息，以便早期分析故障原因并快速排除，缩短了维护停工时间；同时由于系统的结构简化、连线简单而减少了维护工作量。

4. 用户具有高度的系统集成主动权　用户可以自由选择不同制造厂商所提供的设备来集成系统，避免因选择了某一品牌的产品而被"框死"了使用设备的选择范围，不再为系统集成中不兼容的协议、接口而一筹莫展。

5. 提高了系统的准确性与可靠性　由于现场总线设备的智能化、数字化，与模拟信号相比，它从根本上提高了测量与控制的精确度，减少了传送误差；同时由于实现了彻底的分散控制，提高了系统的可靠性。

12.5.3　现场总线的标准

12.5.3.1　现场总线的国际标准现状

自 20 世纪 80 年代中期，随着自动化技术的发展，世界上以各大制造厂商为主牵头推出了不下 200 种现场总线协议标准，这些协议标准互不兼容、总线产品不能互换，给用户造成了极大的不便，也为现场总线及其产品的发展造成了极大的影响。

1984 年，IEC（国际电工委员会）/ TC65（工业过程测量和控制标准化技术委员会，工业自动化领域的工业控制机、PLC、现场总线、仪表等均包含在此技术委员会）/SC65C（数据通信）开始着手制定现场总线国际标准，经多年的努力，于 2000 年正式发布了吸纳了多达八种现场总线的国际标准 IEC61158。随着现场总线技术的不断发展，2003 年 4 月，现场总线标准第三版 IEC61158 Ed.3 正式成为国际标准，为了反映工业网络通信技术的最新发展，新版标准包含了 10 种类型的现场总线，概括如下：

Type 1 TS61158 现场总线

本标准是以 IEC/TC65/SC65C 最早提出的技术报告 TS61158 为基础形成的，由以下部分构成：

物理层(PHL)：　　　　　IEC61159-2：1993 标准的超集（Super-set）；
　　　　　　　　　　　　Foundation Fieldbus 的超集；
　　　　　　　　　　　　WorldFIP 的功能超集；
数据链路层(DLL)：　　　IEC TS61158-3，TS61158-4；
　　　　　　　　　　　　Foundation Fieldbus 的超集；
　　　　　　　　　　　　WorldFIP 的功能超集；
应用层（AL）：　　　　　IEC TS61158-5，TS61158-6。

Type 2 ControlNet 和 Ethernet/IP 现场总线

本标准由 ControlNet International（CI）组织负责制定的，主要由 Rockwell 等公司支持，由以下部分构成：

PHL 和 DLL：ControlNet；

AL：ControlNet 和 Ethernet/IP。

Type 3 Profibus 现场总线

本标准由 Profibus 用户组织（PNO）支持，得到了德国 SIEMENS 等公司的大力支持。Profibus 系列有三个兼容部分组成，即 Profibus DP、Profibus FMS 和 Profibus PA。为了提高 Profibus 总线性能，近几年 PNO 陆续推出了新版本的 Profibus DP-V1 和 Profibus DP-V2，同时逐步取消 Profibus-FMS 总线。

Type 4 P-NET 现场总线

本标准由丹麦的 Process-Data 公司从 1983 年开始开发，主要应用于啤酒、食品、农业和饲养业等，他得到了 P-NET 用户组织的支持。P-NET 现场总线是一种多主站、多网络系统，采用分段结构，每个总线分段上可以连接多个主站，主站之间通过接口能够实现网上互连。

Type 5 FF HSE 现场总线

本标准是美国现场总线基金会（Fieldbus Foundation——FF）于 1998 年用高速以太网（High Speed Ethernet——HSE）技术开发的 H2 现场总线，作为现场总线控制系统控制级通信网的主干网络。HSE 遵循标准的以太网规范，并根据过程控制的需要适当增加了一些功能，但这些增加的功能可以在标准的 Ethernet 结构框架内无缝地进行操作，因而 FF HSE 现场总线可以使用当前流行的商用以太网设备。

Type 6 SwiftNet 现场总线

本标准是由美国 SHIP STAR 协会主持制定，得到了波音等公司的支持，主要应用于航空和航天领域。SwiftNet 是一种结构简单、实时性强的现场总线，协议仅包括物理层和数据链路层。

Type 7 WorldFIP 现场总线

WorldFIP 现场总线是由 1987 年成立的 WorldFIP 组织制定的，WorldFIP 是欧洲标准 EN50170 的第三部分，物理层采用了 IEC61158-2 标准，该标准产品在法国有较高的市场占有率。

Type 8 Interbus 现场总线

本现场总线标准由德国 Phoenix Contact 公司开发，Interbus 俱乐部支持。

Type 9 FF H1 现场总线

H1 现场总线是由现场总线基金会负责制定的。由于基金会的成员是由世界著名的仪表商和用户组成，其成员生产的变送器、DCS、执行器、流量仪表占市场的 90%，他们对过程控制现场工业网络的功能需求了解透彻，在过程控制方面积累了丰富的经验，提出的现场总线网络架构也较为全面。

Type 10 PROFInet 现场总线

本标准基于 PNO 于 2001 年 8 月发表的 PROFInet 规范。PROFInet 将工厂自动化和企业信息管理层 IT 有机地融为一体，同时又完全保留了 Profibus 现有的开放性。该总线支持开放的、面向对象的通信，这种通信建立在通用的 Ethernet TCP/IP 基础上，优化的通信机制还可以满足实时通信的要求。

IEC 61158 现场总线第三版标准的维护期是 2007 年 12 月 31 日，也就是说，在此之前不会增加新类型的现场总线进入标准，对目前标准内的现场总线也不会作修改。

目前 SC65 正在制定的有关现场总线的标准还有 IEC61784《测量和控制数字数据通信　工业控制系统用现场总线连续和断续制造的行规集》，此标准规定了 Foundation Fieldbus、ControlNet、Profibus、P-NET、WorldFIP、Interbus 及 SwiftNet 等 7 个现场总线标准系列的 18 个行规子集。另外，已开展制定工作的还有现场总线功能安全和通信安全、实时工业以太网（IEC61784-2）方面的标准。在功能块标准方面，IEC/TC65 制定的有 IEC61804 和 IEC61449 两个标准。

除 IEC/TC65 外，IEC 及 ISO 的其他部门还制定了一些特殊行业的现场总线国际标准如下。

1993 年 ISO/TC22/SC3（公路车辆技术委员会电气电子分委员会）发布的 ISO11898《道路车辆 数字信息交换 高速通信用局域网络控制器（CAN）》总线以及用于低速通信的标准 ISO11519（所有部分）；1994《道路车辆 低速串行数据通信》。

1999 年 IEC/TC9（铁路电气设备技术委员会）发布的 IEC61375-1：1999《道路电气设备 列车总线 列车通信网》。

1995 年 IEC/TC44（机械设备电气安全技术委员会）发布的 IEC61491：1995《工业机械电气设备 控制和传动间实时通信用串行数据链路》。

IEC/SC17B（低压开关设备和控制设备技术委员会）发布的 IEC62026：2002《低压开关控制设备 控制器 器件的接口（CDIs）》。包含了 4 种现场总线，2000 年发布的 DeviceNet、SDS（Smart Distributed System）、AS-i（Actuator Sensor interface）及 2001 年通过的 Seriplex（Serial Multiplexed Control Bus）。DeviceNet 和 SDS 都是基于 CAN 现场总线的；AS-i 和 Seriplex 是两种面向位（bit）的价格低廉的现场总线，适合以开关量为主的智能配电系统。

除上述外，还有几种有影响的现在还不是国际标准的现场总线，如 LonWorks、Modbus、HART 及 BIT Bus 等现场总线。

12.5.3.2 现场总线的国内标准现状

中国的现场总线标准主要由对口于 IEC/TC65 的全国工业过程测量和控制标准化技术委员会 TC124 的第四分技术委员会 SC4 归口，现正积极实施现场总线中国标准的制定工作，至今已发布 JB/T 10308.2—2006《测量和控制数字数据通信 工业控制系统用现场总线 类型 2：ControlNet 和 EtherNet/IP 规范（修改采用 IEC61158 Type2：2003、JB/T 10308.3—2005《测量和控制数字数据通信 工业控制系统用现场总线 类型 3：PROFIBUS 规范》（等效采用 IEC61158 Type3：2002）和 JB/T 10308.8—2005《测量和控制数字数据通信 工业控制系统用现场总线 类型 8：INTERBUS 规范》（修改采用 IEC61158 Type 8：2002）。Modbus 和 CC-Link 标准的送审稿工作也已完成。中国自主知识产权的 EPA（Ethernet for Plant Automation）现场总线的国家标准也在制定中，并已被 IEC/TC65/SC65C 接纳，将先以 PAS 文件发布。

另外，对应于 IEC/SC17B 的全国低压电器标准化技术委员会（TC189）制定的 DeviceNet 国家标准 GB/T18858.3—2002《低压开关设备和控制设备 控制器 设备接口（CDI） 第 3 部分：DeviceNet》已于 2003 年 4 月开始实施。

12.5.4　几种电气传动自动化系统常用的有影响的现场总线简介

12.5.4.1　Profibus

1. 概述　Profibus 现场总线是由 SIEMENS 公司为主的十几家德国公司和研究所共同推出的，1991 年成为德国国家标准 DIN19245，1996 年成为欧洲标准 EN50170 的一部分，现为 IEC61158 标准的类型 3。由于 SIEMENS 等公司的大力推广，以及他们的产品在工业自动化市场上的占有率的影响，Profibus 现场总线是目前世界上应用较为广泛、在中国市场上应用量最大的一种国际性的开放式的现场总线，目前世界上许多自动化产品生产厂商都为他们生产的产品提供了 Profibus 接口。Profibus 系列原有三个兼容部分组成,即 Profibus DP、Profibus FMS 和 Profibus PA。

Profibus DP 是一种经过优化的高速通信总线,特别适用于装置一级自动控制系统与分散 I/O 之间通信,总线周期一般小于 10ms。

Profibus FMS 是设计用来解决车间级通用性通信任务,提供大量的通信任务,完成中等传输速度的循环和非循环通信任务,总线周期一般小于 100ms。

Profibus PA 专为过程自动化设计,它能够将变送器和执行器连接到一根公共总线上,使用两根线可以完成供电和数据通信,并能实现本质安全性能。

Profibus 现场总线的体系结构见图 12-49。为了提高 Profibus 现场总线性能,近几年 PNO 陆续推出了新版本的 Profibus DP-V1 和 Profibus DP-V2,同时随着实时工业以太网的发展,逐步取消 Profibus FMS 总线。

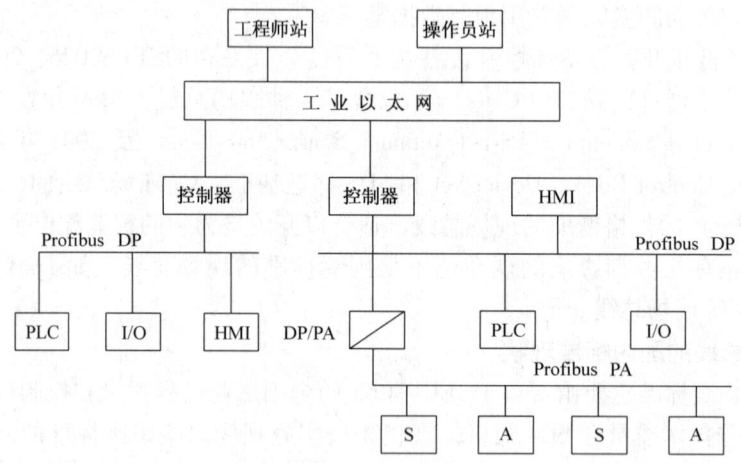

图 12-49 Profibus 现场总线的体系结构

Profibus DP-V1 主要是增加了非循环服务,并扩大了与 2 类主站的通信,原 Profibus DP 性能的特征是在循环连接（MSCY-C1）的基础上应用数据交换服务,实现一个主站和一系列从站之间集中的数据交换。1 类主站指 PLC、PC 或控制器,2 类主站指操作员站、编程器等。Profibus DP-V1 扩展了上述功能,在已有的 MSCY-C1 连接基础上,增加了非循环服务,可以对从站中任何数据组进行非循环读写,同时为进入因特网通信扩充了功能。

Profibus DP-V2 可以实现循环通信、非循环通信及从站之间的通信,由于从站之间可直接通信,通信时间缩短了 1 个 Profibus DP 总线周期和主站周期,同时建立了其时间偏差小于 $1\mu s$ 的等间隔时间的总线循环周期,即适用于高精度定位控制,又可实现闭环控制。Profibus DP-V2 可根据不同的应用需求开发专用行规（Profile）,如用于运动控制的 ProfiDrive 及用于联锁保护的 ProfiSafe 等。

2. 通信模型结构　采用了 OSI 参考模型的物理层、数据链路层,同时加上了服务层,见表 12-9。

Profibus DP 使用了第一层、第二层及用户接口,这种结构确保了数据传输的快速和有效地进行。用户接口规定了用户系统以及不同设备可调用的应用功能,并详细说明了各种不同的 Profibus DP 设备的设备行为描述,同时提供了传输用的 RS 485 传输技术或光纤传输技术。

Profibus FMS 对 OSI 参考模型的第一层、第二层和第七层（应用层）均加以定义。

表 12-9 Profibus 现场总线模型与 ISO/OSI 参考模型

ISO/OSI 参考模型	Profibus 现场总线模型	
	Profibus-DP	Profibus-FMS
应用层	用户接口	应用层接口
表示层		信息规范层 FMS
会话层		
传输层		
网络层		
数据链路层	数据链路层	数据链路层
物理层	物理层	物理层

Profibus PA 采用了扩展的 DP 协议，使用了描述现场设备行为的 PA 行规。根据 IEC61158-2 标准，这种传输技术可确保其本质安全性，并通过总线给现场设备供电。使用分段式耦合器，Profibus PA 设备能方便地集成到 Profibus DP 网络上。

3. 主要特性参数（见表 12-10、表 12-11）

表 12-10 Profibus 现场总线主要特性参数

	Profibus DP、FMS	Profibus PA
拓扑结构	总线型	线型或树形或两者相结合
介质	屏蔽双绞电缆或光缆	双绞线
传输速率	9.6kbit/s～12Mbit/s	31.25 kbit/s、电压式
通信距离/段	见表 12-11	1900m
站点数/段	32	32
总站点数	126	126
本质安全	不支持	支持/不支持
从站最大传输信息量	246 字节的输入/输出数据	

表 12-11 RS485 传输速率与通信距离的关系

传输速率/（kbit/s）	9.6	93.75	187.5	500	1500	12000
通信距离/m	1200	1200	1000	400	200	100

12.5.4.2 基金会现场总线（FF）

1. 概述 基金会现场总线（Foundation Fieldbus——FF）是在过程自动化领域得到广泛支持和具有良好发展前景的技术。其前身是以美国 Fisher - Rosemount 公司为首，联合 Foxboro、横河、ABB、西门子等 80 家公司制订的可互操作系统协议（Interoperable System Protocol——ISP），以及以 Honeywell 公司为首，联合欧洲等地的 150 家公司制订的（北美）世界工厂仪表协议（World Factory Instrumentation Protocol——WorldFIP）。迫于用户的压力，这两大集团于 1994 年合并，成立了现场总线基金会，致力于开发出国际上统一的现场总线协议。由于这些公司是过程自动化领域自控设备的主要供应商，对工业底层网络的功能需求了解透彻，也具备足以左右该领域现场自控设备发展方向的能力，因而由它们组成的基金会所颁布的现场总线规范具有一定的权威性。

当前基金会现场总线主要用于过程自动化领域，满足本征安全要求。

2. 通信模型结构 FF 应用了 OSI 参考模型中的三层：物理层、数据链路层和应用层，隐去了第三～六层，见表 12-12。其中物理层、数据链路层采用 IEC/ISA 标准。应用层有两个子层：现场总线访问子层（FAS）和现场总线信息规范（FMS）子层，并将从数据链路到 FAS、FMS 的全部功能集成为通信栈。FAS 的基本功能是确定数据访问的关系模型和规范，根据不同的要求，采用不同的数据访问工作模式。FMS 的基本功能是面向应用服务，生成规范的应用协议数据。现场总线访问子层与信息规范子层的任务是完成一个进程应用到另一个应用进程的描述，实现应用进程之间的通信，提供应用接口的标准操作，实现应用层的开放性。

表 12-12 FF 现场总线模型与 ISO/OSI 参考模型

ISO/OSI 参考模型	FF 现场总线模型	
	用户层（程序）	用户层
应用层	现场总线信息规范（FMS）子层 现场总线访问子层（FAS）	通信栈
表示层		
会话层		
传输层		
网络层		
数据链路层	数据链路层	
物理层	物理层	物理层

用户层规定标准的功能模块、对象字典和设备描述，供用户组成所需要的应用程序，并实现网络管理和系统管理。在网络管理中，为了提供一个集成网络各层通信协议的机制，实现设备操作状态的监控与管理，设置一个网络管理代理和一个网络管理信息库，提供组态管理、性能管理和差错管理的功能。在系统管理中，设置系统管理内核、系统管理内核协议和系统管理信息库，实现设备管理、功能管理、时钟管理和安全管理等功能。

3. 主要特性参数（见表 12-13）

表 12-13 FF 现场总线的主要特征参数

	低速现场总线 H1			高速现场总线 H2		
传输速率/（kbit/s）	31.25	31.25	31.25	1000	1000	2500
信号类型	电压	电压	电压	电流	电压	电压
拓扑结构	总线/菊花链/树形	总线/菊花链/树形	总线/菊花链/树形	总线型	总线型	总线型
通信距离/m	1900	1900	1900	750	750	750
分支长度/m	120	120	120	0	0	0
供电方式	非总线供电	总线供电	总线供电	总线交流供电	非总线供电	非总线供电
本质安全	不支持	不支持	支持	支持	不支持	支持
设备数/段	2~32	1~12	2~6	2~32	2~32	2~32

4. FF 现场总线的新发展　随着现场总线和以太网的发展，FF 逐渐放弃了原来规划的 H2 高速总线标准，开发了基于高速以太网（High Speed Ethernet——HSE）的现场总线，HSE 迎合了控制和仪器仪表最终用户对可互操作性、节约成本及高速的现场总线解决方案的要求，HSE 充分利用了低成本的以太网技术，并以 100Mbit/s~1Gbit/s 或更高的速度运行。HSE 支持所有的 FF 低速部分（31.25kbit/s）的功能，例如功能模块和设备描述语言，并支持 H1 设备与基于以太网的设备通过链接设备接口连接，与链接设备连接的 H1 设备的点对点通信，无需主机系统的干涉，而且与一台链接设备相连的 H1 设备可以直接和与另一台链接设备相连的 H1 设备通信，

也无需对其干涉。HSE 和 H1 互补的结构为设备高性能控制、子系统集成、高密度数据生成和对数据服务器提供广泛的支持。HSE 和柔性功能模块，将功能扩展到断续控制、批量和离散控制中，使 FF 成为全能的控制和数据通信技术，FF 现场总线的体系结构见图 12-50。

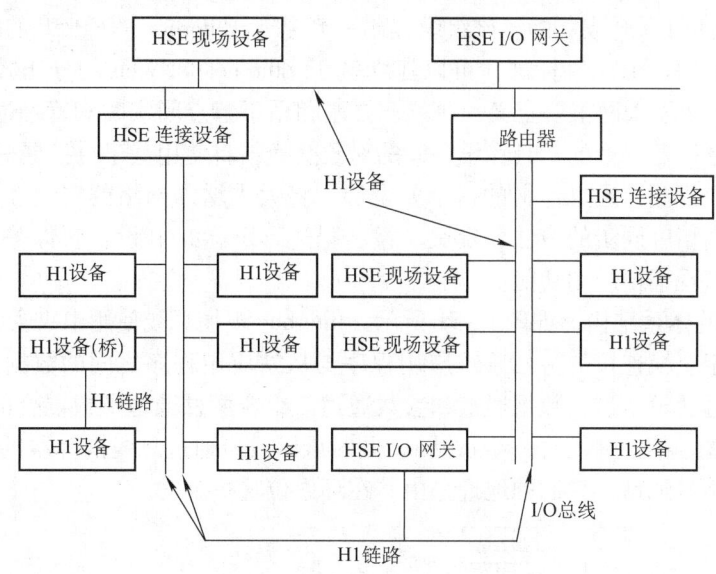

图 12-50　FF 现场总线的体系结构

12.5.4.3　Interbus

1. 概述　Interbus 现场总线由德国 Phoenix Contact 公司开发，得到 Interbus 俱乐部的支持。

Interbus 现场总线是一种开放的串行总线，可以构成各种拓扑形式，并允许有 16 级嵌套连接方式。该总线最多可挂 512 台现场设备，设备之间的最大距离 400m，无需中继器网络的最大距离为 12.8km。Interbus 总线包括远程总线和本地总线，远程总线用于远距离传送数据，采用 RS485 传输，网络本身不供电，通信速率为 500kbit/s。Interbus 有自己独特的环路结构，环路使用标准电缆，同时传送数据和电源。环路可以连接模拟、数字设备，甚至复杂的传感器/执行器，并允许直接接入智能终端仪表。协议包括物理层、数据链路层和应用层。数据链路层采用面向过程数据的传输方法即集总帧协议，可以传输循环数据和非循环数据。帧信息包括一个启动信号、回送信息、数据安全/结束信息。集总帧具有非常高的传输效率，其效率高达 52%。Interbus 通信速率为 500kbit/s 和 2Mbit/s。应用层服务用于实现实时数据交换、虚拟现场设备（VFD）支持、变量访问、程序调用和 12 个相关的服务。

Interbus 总线有很强的监视诊断功能，总线监控功能监视整个网络系统的变结构功能，能即时根据设计要求，关断和连接总线的某个子总线段。监控功能是现场安装、调试、诊断和维护的有力工具。具体功能是识别和确定安装错误和部件错误，现场总线模块具有输入/输出的状态显示，在调试时可设置输出状态，以及可以保存某些智能设备的参数。

为了提高工业网络的安全性，以满足制造业和过程工业自动化故障安全通信的要求，特别是在汽车制造业中具有安全总线的功能被放在首位，Interbus 俱乐部从 1999 年开始进行 Interbus 安全总线的研究，在 2001 年得到了德国 BIA 组织 EN954-1KAT.4 标准的许可证明，并符合 IEC61508 安全通信标准。Interbus 的安全总线由一个安全控制（Safe Control）模块和现场分散式智能模块组成，安全控制模块的唯一功能就是控制安全数据。这种解决方案优于其他方案，它将控制系统与安全总线的功能截然分开，控制系统结构清晰简单，不影响今后的扩展和修改，成本明显降低。

Interbus 现场总线控制级以上连接 IDA 工业以太网。分布式自动化接口（Interface for Distributed Automation——IDA）组织是由德国 Phoenix Contact 公司和法国 Schneider 电气公司等多家公司于 2003 年 3 月联合成立的，该组织提出一套基于 Ethernet、TCP/IP 的用于分布式自动化的接口标准，利用这个接口标准，可以建立基于 Ethernet 和 Web 的分布式智能控制系统。IDA 组织开发的工业以太网主要定义：协议、方法和用于节点间实时和管理通信的对象结构；为了实现不同生产厂商生产的工具和设备间的对象交换，将使用基于可扩展标记语言（XML）的对象描述和交换机制；通过定义的一个安全层，将大大增强网络的安全性；为了同步设备的时钟，定义了高精度同步的方法；定义了设备描述、IP 寻址和设备映像等方法，简化设备的安装和替换，实现即插即用功能。

2. 现场总线的体系结构　如图 12-51 所示，Interbus 现场总线使用中央主-从访问方式和环形拓扑结构，用于交换连接的主站系统应用程序与从站应用程序之间的数据。协议给用户提供了两个数据传输通道：过程数据通道和参数通道。组合两种通道形成混合的网络通信结构。从主站开始的网段是第一网段（一组从站），同时该网段可通过总线耦合器扩展更多网段。从站和总线耦合器不带地址，它们的地址是由其在环中位置决定的。

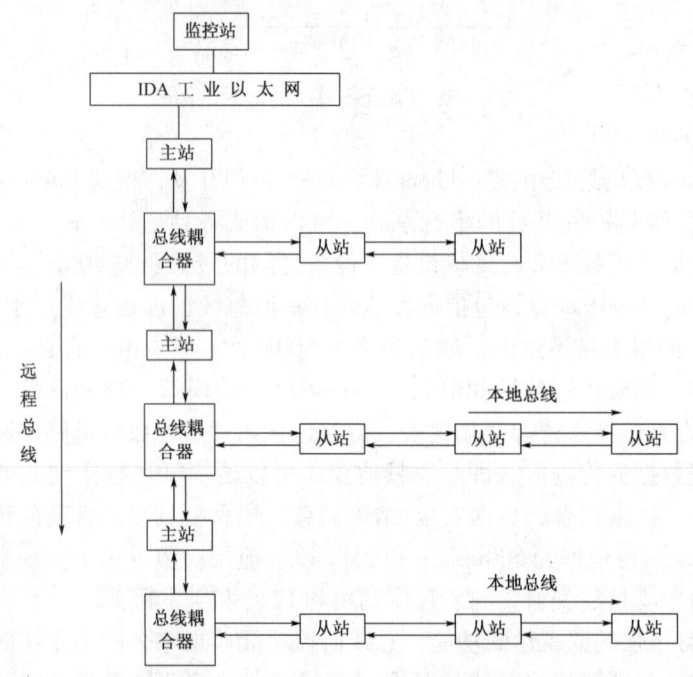

图 12-51　Interbus 现场总线的体系结构

12.6　以太网

以太网及 TCP/IP 通信技术在 IT 行业获得了很大的成功，成为 IT 行业应用中首选的网络通信技术。以太网及 TCP/IP 技术逐步在自动化行业中得到应用，并发展成为一种技术潮流。以太网在自动化行业中的应用分为两个方面问题，或者说两个层次的问题。一是工厂自动化技术与 IT 技术、因特网（Internet）技术相结合，成为未来的制造业电子商务技术、网络制造技术雏形。另一个方面，即以太网能否在工业过程控制底层，也就是设备层或称为现场层广泛应用，甚至取代现有的现场总线技术成为统一的工业网络标准。

12.6.1 以太网特点

1. 以太网与相关的 IEEE 802.3 及 TCP/IP 技术

（1）以太网是 1975 年美国施乐（Xerox）公司的 Palo Alto 研究中心研制成功的，以太网采用无源电缆作为总线来传送数据帧，故以传播电磁波的"以太（Ether）"来命名。1981 年美国施乐（Xerox）公司、数字（Digital）装备公司和英特尔（Intel）公司联合推出以太网（EtherNet）规约 ETHE80，1982 年修改为第二版 DIX Ethernet V2，因此"以太网"应该是特指"DIX Ethernet V2"所描述的技术。

（2）IEEE802.3 是 20 世纪 80 年代初期美国电气和电子工程师学会 IEEE 802 委员会制定的局域网体系结构标准，即 IEEE 802 参考模型标准。IEEE 802 参考模型相当于 OSI 参考模型的最低两层；1983 年，IEEE 802 委员会以美国施乐（Xerox）公司、数字（Digital）装备公司和英特尔（Intel）公司提交的 DIX Ethernet V2 为基础，推出了 IEEE802.3；IEEE802.3 又叫做具有 CSMA/CD（带碰撞检测的载波侦听多址访问）的网络标准。CSMA/CD 是 IEEE802.3 采用的媒体接入控制技术，或称介质访问控制技术。因此 IEEE802.3 以"以太网"为技术原型，本质特点是采用 CSMA/CD 的介质访问控制技术。"以太网"与 IEEE802.3 略有区别。但在忽略网络协议细节时，人们习惯将 IEEE802.3 称为"以太网"。

（3）与 IEEE 802 有关的其他网络协议：

IEEE 802.1——概述、体系结构和网络互连，以及网络管理和性能测量。

IEEE 802.2——逻辑链路控制（LLC）。最高层协议与任何一种局域网 MAC 子层的接口。

IEEE 802.3——CSMA/CD 网络，定义 CSMA/CD 总线网的 MAC 子层和物理层的规范。

IEEE 802.4——令牌总线网。定义令牌传递总线网的 MAC 子层和物理层的规范。

IEEE 802.5——令牌环形网。定义令牌传递环形网的 MAC 子层和物理层的规范。

IEEE 802.6——城域网。

IEEE 802.7——宽带技术。

IEEE 802.8——光纤技术。

IEEE 802.9——综合话音数据局域网。

IEEE 802.10——可互操作的局域网的安全。

IEEE 802.11——无线局域网。

IEEE 802.12——优先高速局域网（100Mbit/s）。

IEEE 802.13——有线电视（Cable-TV）。

（4）TCP/IP　TCP/IP 是多台相同或不同类型计算机进行信息交换的一套通信协议。TCP/IP 协议组的准确名称应该是 Internet 协议族，TCP 和 IP 是其中两个协议。而 Internet 协议族 TCP/IP 还包含了与这两个协议有关的其他协议及网络应用，如用户数据报协议（UDP）、地址转换协议（ARP）和因特网控制报文协议（ICMP）。由于 TCP/IP 是 Internet 采用的协议组，所以将 TCP/IP 体系结构称作 Internet 体系结构。以太网是 TCP/IP 使用最普遍的物理网络，实际上 TCP/IP 技术支持各种局域网协议，包括：令牌总线、令牌环、FDDI（光纤分布式数据接口）、SLIP（串行线路 IP）、PPP（点对点协议）、X2.5 数据网等。由于 TCP/IP 是世界上最大的 Internet 采用的协议组，而 TCP/IP 底层物理网络多数使用以太网协议，因此，以太网 +

TCP/IP 成为 IT 行业中应用最普遍的技术。

一般文中所提到的"以太网",按习惯主要指 IEEE802.3 标准,如果进一步采用 TCP/IP 协议族,则采用"以太网 + TCP/IP"来表示。

2. 以太网向自动化行业发展　以太网 + TCP/IP 作为办公网、商务网在 IT 行业中独霸天下,其技术特点主要适合信息管理、信息处理系统,近年来逐步向自动化行业发展,形成与现场总线技术竞争的局面。

(1) 自动化技术从单机控制发展到工厂自动化、系统自动化。近年来,自动化技术发展使人们认识到,单纯提高生产设备单机自动化水平,并不一定能给整个企业带来好的效益;因此,企业给自动化技术提出的进一步要求是:将整个工厂作为一个系统实现其自动化,目标是实现企业的最佳经济效益。因此,有了现代制造自动化模型,所以说自动化技术由单机自动化发展到系统自动化。自动化技术从单机控制向工厂自动化(FA)、系统自动化方向发展。制造业对自动化技术提出了数字化通信及信息集成技术的要求,即要求应用数字通信技术实现工厂信息纵向的透明通信。

(2) 工厂底层设备状态及生产信息集成、车间底层数字通信网络是信息集成系统的基础,为满足工厂上层管理对底层设备信息的要求,工厂车间底层设备状态及生产信息集成是实现全厂 FA/CIMS(计算机集成制造系统)的基础。

(3) 现场总线(FieldBus)是工厂底层设备之间的通信网络,是计算机数字通信技术在自动化领域的应用,为车间底层设备信息及生产过程信息集成提供了通信技术平台,工厂底层应用现场总线技术实现了全厂信息纵向集成的透明通信,即从管理层到自动化底层的数据存取。

(4) 根据现场总线技术概念,面对自动化行业千变万化的现场仪表设备,要实现不同厂商不同种类产品的互连,现场总线技术标准化工作至关重要。为此,国际电工委员会(IEC)于 1984 年提出制定现场总线技术标准 IEC61158。

IEC61158 的目标是制定面向整个工业自动化的现场总线标准。为此,根据不同行业对自动化技术的需求不同,将自动化技术分为五个不同的行业;IEC61158 是要制定出一部满足工业自动化五大行业不同应用需求的现场总线技术标准。自动化行业将面临一个多种总线技术标准并存的现实世界。

3. 以太网进入自动化领域

IEC61158 制定统一的现场总线技术标准努力的失败,使一部分人自然转向了在 IT 行业已经获得成功的以太网技术。因此,现场总线标准之争,给了以太网进入自动化领域一个难得的机会。积极推进这种技术概念的如 Schneider 公司,面向工厂自动化提出了基于以太网 + TCP/IP 的解决方案,称之为"透明工厂"。可以理解为:"协议规范统一,信息透明存取"。

Schneider 公司是将以太网技术引入工厂设备底层,广泛取代现有现场总线技术的积极倡导者和实践者,已有一批工业级产品问世和实际应用。

4. 以太网与工业以太网

以太网符合 IEEE 802.3,传输介质采用 UTP3 类线、UTP5 类线、屏蔽双绞电缆、光纤、同轴电缆,也可采用无线传输方式。

插件:RJ45、AUI(附加单元接口)、BNC(插入式标准连接器)。

编码:同步、曼彻斯特编码。

传输速率:10Mbit/s、100Mbit/s、1000Mbit/s。

工业以太网与以太网 IEEE 802.3 标准兼容,但对产品设计时原料的选用及产品的强度和

实用性,必须考虑到工业网络的需要。工业现场对工业以太网的要求包括:
(1) 适应现场的温度、湿度、振动等环境参数;
(2) 供电采用柜内低压直流或交流电源;
(3) 具有抗干扰、抗辐射性;
(4) 安装方便,适应工业环境安装要求(一般为卡轨安装)。

12.6.2 以太网介质访问控制 CSMA/CD

计算机网络分为两类:采用点对点连接的网络和采用广播信道的网络。在所有广播网络中,关键的问题是:当信道的使用产生竞争时,如何分配信道的使用权。用来决定广播信道中信道分配的协议属于数据链路层的子层,称作介质访问控制(Medium Access Control——MAC)子层。由于几乎所有的局域网都以多路复用信道作为通信的基础,而广域网中除卫星网以外,都采用点对点连接,所以 MAC 子层在局域网中尤其重要。

介质访问控制子层的中心论题是相互竞争的用户之间如何分配一个单独的广播信道。其分配方法有静态分配和动态分配两种。而所有传统的信道静态分配方法均不能有效地处理通信的突发性,所以我们必须采用信道动态分配。在各种多址访问协议中,下面只介绍与以太网密切相关的几种载波侦听协议。

12.6.2.1 载波侦听多址访问协议(Carrier Sense Multiple Access Protocol)

在局域网中,站点可以检测到其他站点在干什么,从而相应地调整自己的动作。网络站点侦听载波是否存在(即有无传输)并相应动作的协议,被称为载波侦听协议(Carrier Sense Protocol)。下面介绍几种带碰撞检测的载波侦听多址访问(Carrier Sense Multiple Access with Collision Detection——CSMA/CD)协议。CSMA/CD 协议是对 ALOHA(一种基于地面无线广播通信而创建、适用于无协调关系的多用户竞争单信道使用权的系统)协议的改进,它保证在侦听到信道忙时无新站开始发送;站点检测到碰撞就取消传送,以太网就是它的一个版本。

1. 1-持续 CSMA 当一个站点要传送数据时,它首先侦听信道,看是否有其他站点正在传送。如果信道正忙,它就持续等待直到当它侦听到信道空闲时,便将数据送出。若发生冲突,站点就等待一个随机长的时间,然后重新开始。此协议被称为 1-持续 CSMA,是因为站点一旦发现信道空闲,其发送数据的概率为 1。

2. 非持续 CSMA 在发送之前,站点会侦听信道的状态,如果没有其他站点在发送,它就开始发送。但如果信道正在使用之中,该站点将不再继续侦听信道,而是等待一个随机的时间后,再重复上述过程。

3. p-持续 CSMA 一个站点在发送之前,首先侦听信道,如果信道空闲,便以概率 p 传送,而以概率 $q=1-p$ 把该次发送推迟到下一时隙。此过程一直重复,直到发送成功或者另外一站开始发送为止。在后一种情况下,该站的动作与发生碰撞时一样(即等待一随机时间后重新开始)。若站点一开始就侦听到信道忙,它就等到下一时隙,然后开始上述过程。

12.6.2.2 IEEE802.3 标准及以太网

IEEE802.3 标准适用于 1-持续 CSMA/CD 局域网。其工作原理是:当站点希望传送时,它就等到线路空闲为止,否则就立即传输。如果两个或多个站点同时在空闲的电缆上开始传输,它们就会碰撞。于是所有碰撞站点终止传送,等待一个随机的时间后,再重复上述过程。

12.6.2.3 IEEE802.3 的电缆

IEEE802.3 有四种电缆

第一种是 10Base5 电缆，它通常被称为"粗以太网（Thick Ethernet）"电缆，IEEE802.3 标准建议为黄色，每隔 2.5m 一个标志，标明分接头插入处，连接处通常采用插入式分接头（vampire tap），将其触针小心地插入到同轴电缆的内芯。名称 10Base5 表示的意思是：工作速率为 10Mbit/s，采用基带信号，最大支持段长为 500m。由于此种电缆工作速率为 10Mbit/s，且连接也不方便，目前已很少有人使用。

第二种电缆是 10Base2，或称为"细以太网（Thin Ethernet）"电缆。其接头处采用工业标准的 BNC 连接器组成 T 型插座，它使用灵活，可靠性高。"细以太网"电缆价格低廉，安装方便，但是使用范围只有 200m，并且每个电缆段内只能使用 30 台设备。它要求网卡内集成收发器，目前已被淘汰。

第三种电缆是 10Base-T，由于寻找电缆故障的麻烦，导致一种新的接线方式的产生，即所有站点均连接到一个中心集线器（hub）上。通常，这些连线是电话公司的双绞线。这种方式被称为 10Base-T。这种结构使增添或移去站点变得十分简单，并且很容易检测到电缆故障。10Base-T 的缺点是，其电缆的最大有效长度为距集线器 100m，即使是高质量的双绞线（5 类线），最大长度可能也只有 150m。尽管如此，由于其易于维护，10Base-T 还是应用得越来越广泛。

第四种电缆为 10Base-FX 多膜光纤，由于光纤成本较高、需要光纤收发器等设备、现场熔接光纤较麻烦，但其抗电磁干扰能力强，通信距离远（多模光纤为 2km），目前得到了工业现场的广泛应用。

12.6.2.4 交换式 IEEE802.3 局域网

交换式局域网的心脏是一个交换机，在其高速背板上插有 4~32 个插板，每个板上有 1~8 个连接器。大多数情况下，交换机都是通过一根 10Base-T 双绞线与一台计算机相连。当一个站点想发送一 IEEE802.3 帧时，它就向交换机输出一标准帧。插板检查该帧的目的地是否为连接在同一块插板上的另一站点。如果是，就复制该帧。如果不是，该帧就通过高速背板被送向连有目的站点的插板。通常，背板通过采用适当的协议，速率高达 1Gbit/s。如果一块插板上连接的两个站点同时发送一帧，会如何解决？这取决于插板的构造方式。一种方式是插板上的所有端口都连在一起形成一个插板上的局域网。插板上局域网的碰撞检测与处理方式与 CSMA/CD 网络完全一样，并采用二进制后退算法进行重发。采用这种插板，任一时刻每块板上只可能有一个帧发送，但所有插板的发送可以并行进行。通过使用这种方案，每个插板与其他插板独立，属于自己的碰撞域（collision domain）。另一种插板采用了缓冲方式，因此当有帧到达时，它们首先被缓冲在插板上的 RAM 中。这种方案允许所有端口并行地接受和发送帧。一旦一帧被完全接收，插板就检查接收帧的目的地是同一插板上的另一端口，还是其他插板上的端口。在前一种情况下，帧会被直接发送到目的端口，在后一种情况下，帧必须通过背板发送到正确的插板上。采用这种方案，每一个端口是一个独立的碰撞域，因此碰撞不会发生。该系统的总吞吐量是 10Base-5 的数倍。

因为交换机只要求每个输入端口接收的是标准 IEEE802.3 帧，所以可将它的端口用作集线器，如果所有端口连接的都是集线器，而不是单个站点，交换机就变成了 IEEE802.3 到 IEEE802.3 的网桥。

12.6.2.5 快速以太网

1992 年 IEEE 重新召集了 IEEE802.3 委员会，指示他们制订一个快速的 LAN。IEEE802.3 委员会决定保持 IEEE802.3 原状，只是提高其速率，IEEE 在 1995 年 6 月正式采纳了其成果，即 IEEE802.3u。从技术角度上讲，IEEE802.3u 并不是一种新的标准，只是对现存 IEEE802.3 标准的追加，习惯上称为快速以太网。其基本思想很简单：保留所有的旧的分组格式、接口以及程序规则，只是将位时从 100ns 减少到 10ns，并且所有的快速以太网系统均使用集线器，不再使用带有插入式分接头或 BNC 连接器的多点电缆。下面介绍快速以太网各种类型的连线。

1. 100Base-T4　即 3 类 UTP，它采用的信号速度为 25MHz，需要四对双绞线，不使用曼彻斯特编码，而是使用三元信号，每个周期发送 4bit，这样就获得了所要求的 100Mbit/s，还有一个 33.3Mbit/s 的保留信道。该方案即所谓的 8B6T（8bit 被映射为 6 个三进制位）。

2. 100Base-TX　即 5 类 UTP，其设计比较简单，因为它可以处理速率高达 125MHz 以上的时钟信号，每个站点只需使用两对双绞线，一对连向集线器，另一对从集线器引出。它没有采用直接的二进制编码，而是采用了一种运行在 125MHz 下的被称为 4B5B 的编码方案。100Base-TX 是全双工的系统。

3. 100Base-FX　使用两束多模光纤，每束都可用于两个方向，因此它也是全双工的，并且站点与集线器之间的最大距离高达 2km。

100Base-T4 和 100Base-FX 可使用两种类型（共享式、交换式）的集线器，它们统称为 100Base-T。在共享式集线器中，所有的输入线（或者至少是所有连到同一块卡上的接线）在逻辑上连在一起，形成了同一个碰撞域。100Base-FX 电缆与正常的以太网碰撞算法来说显得过长，所以它们必须与缓存的交换式集线器相连，每根电缆各为一个碰撞域。

12.6.3　以太网的构成

以太网构成方式比较复杂，可以是由一台或多台交换机构成以太网，也可以通过交换机、网桥、路由器等设备，组成一个光、电混合的以太网。此方式是由多个简单局域网组成一个大型网络，主干网采用光纤连接成自愈环网，不同局域网间通过路由器及网桥进行信息转发。一个常见的工业控制以太网构成图见图 12-52。

该网是由 OSM（光纤交换机模块）构成主干环网。其他交换机构成支网，形成光电混合以太网。

构成工业以太网时应注意以下问题：

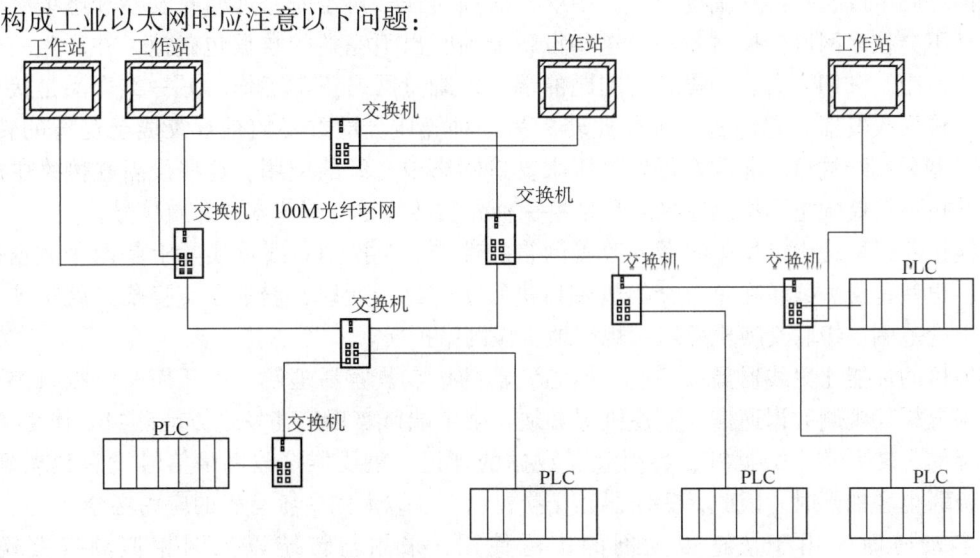

图 12-52　工业以太网构成

1. 拓扑结构 拓扑是网络中电缆的布置，在工业以太网中，由于普遍使用集线器或交换机，拓扑结构为星形或分散星形。

2. 接线 工业以太网使用的电缆有屏蔽双绞线（STP）、非屏蔽双绞线（UTP）、多模或单模光纤。一般建议使用五类或超五类线。光纤连接时需要一对光纤，常用的多模光纤波长为 62.5/125μm 或 50/125μm。与多模光纤内芯相比，单模光纤的内芯很细，只有 10μm 左右。通常距离在 2km 内使用多模光纤，而距离较远，如 15~20km 可使用单模光纤。

3. 接头和连接 双绞线接头中，RJ-45 较常见，共两对线，一对用于发送，另一对用于接收。这四个信号分别标识为 RD+、RD-、TD+、TD-。

图 12-53 为 RJ-45 接头端角分配。

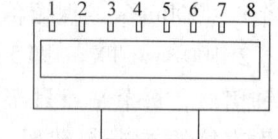

图 12-53 RJ-45 接头端角分配

一条通信链路由 DTE（数据终端设备，如工作站）和 DCE（数据通信设备，如中继器或交换机）组成。交换机端口标识为 MDI-X 端口，表明 DTE 和 DCE 使用直通电缆相连。假设是两个 DTE 或两个 DCE 相连，必须采用交叉电缆的方法或采用交换机或集线器用直连线转换。

光纤接头有两种，ST 接头用于 10Mbit/s 或 100Mbit/s；SC 接头专用于 100Mbit/s 单模光纤通常使用 SC 接头。DTE 与 DCE 之间的连接为 TX、RX 交叉连接。

4. 速度与距离 对工业以太网来说，10Mbit/s 和 100Mbit/s 是最常用的。在 10Mbit/s 全部采用双绞线的以太网中，与距离有关的两个概念，即网段和网络范围。前者指连接两台设备（集线器、交换机或主机）的距离，后者指网络中两个最远端设备之间的距离。不管是 10Mbit/s 或 100Mbit/s 的网络，网段的最远距离不能超过 100m。多模光纤网段的最远距离可达 2km，但 IEEE802.3 标准规定，使用光纤时，级联数量最多不能超过 3 个，且网络末端需使用双绞线，中间的两个为光纤网段，并保证每个网段不超过 1km。这样，整个网段长度限制在 2km。

5. 集线器和交换机 集线器是构成以太网拓扑的基本设备，为多端口设备，有四口、八口、十二口等，可级联构成分散星形拓扑。集线器均符合 IEEE802.3 中继单元要求。这些要求包括前导码生成、对称和幅度补偿。中继器必须对信号再定时，这样收发器和电缆引起的信号抖动不会在多网段传播时累积。这些设备能侦听出不完整的数据包碰撞，并产生一个阻塞信号相作用。它们还会自动隔离有问题的端口以维持网络正常工作。另一类产品是接口转换器，也称为收发器。它们将一种介质转为另一种介质。最重要的是双绞线至光纤的转换。由于集线器无光纤端口，光收发器就是用来支持网络中光纤的应用。这些设备在网络中是透明的。端口不存储帧也不检测碰撞，只是将一种介质转为另一端兼容的介质信号。

交换机可以取代中继型集线器并改善网络的性能。交换型集线器实际上是两个数据链路的网桥，也就是说碰撞域在每个交换机端口进行了终结。所以，增加了交换机，就扩展了网络地理上的范围，级联交换机可以大规模地实现网络扩展。

交换机的性能比集线器提高一些，但集线器的优点是容易理解，在任何一个端口都可以通过网络分析仪观测数据通信。交换机则必须在某个端口实现广播发送方能测量。作为网桥，交换机存储、转发整个数据帧，并引起了数据的延迟。集线器接收网络信号没有数据延迟。交换机级联也增加延时。因此，集线器和交换机在工业以太网中各有各的应用场合。

6. 自动协商 由于快速以太网的广泛使用，采用与传统以太网相似的接线规则，IEEE802.3u 建议自动配置快速以太网，使得传统以太网端口能与其他快速以太网端口一起工作。该配置协议基于 National Semiconductor's NWay 标准。双绞线链路自动进行速度匹配,以利于数据通信的进行。该方案适用于双绞线的链接。光纤的情况有所不同。尽管光纤在以太网的发展历史中有非常重要的地位。但两台设备的速度无法进行自动协商,这是因为 10Base-FL 设备工作在 850nm,100Base-FX 工作在 1300nm。两者无法互相操作。但是,对于自动协商协议而言,两台光纤设备间的自动协商是可行的。新推出的 100Base-SX 标准可以使 850nm 光纤在 10Mbit/s 或 100Mbit/s 下工作。100Mbit/s 下网段的距离为 300m,因此安装时请注意。光纤的速率通常是固定的,不实行协商。自动协商协议在双绞线链路是成功的。自动协商的优点在于它使用户无需进行手工设置,完全由设备自身决定各自的技术水准。

12.7 监控组态软件

组态的概念最早来自英文 configuration,含义是使用软件工具对计算机及软件的各种资源进行配置,达到使计算机或软件按照预先设置,自动执行特定任务,满足使用者要求的目的。监控组态软件是面向监控与数据采集(Supervisory Control and Data Acquisition——SCADA)的软件平台工具,具有丰富的设置项目,使用方式灵活,功能强大。监控组态软件最早出现时,人机接口(Human Machine Interface——HMI 或 Man Machine Interface——MMI)是其主要内涵,即主要解决人机图形界面问题。随着它的快速发展,实时数据库、实时控制、SCADA、网络通信、开放数据接口、对 I/O 设备的广泛支持已经成为它的主要内容。随着技术的发展,监控组态软件将会不断被赋予新的内容。

12.7.1 监控组态软件的发展

监控组态软件是伴随着计算机技术的突飞猛进而发展起来的。20 世纪 80 年代中后期,随着个人计算机的普及和开放系统(Open System)概念的推广,基于个人计算机的监控系统开始进入市场,并发展壮大。

随着计算机技术的不断发展,很多新技术将不断被应用到监控组态软件当中,促使监控组态软件向更高层次和更广范围发展。

(1) 多数监控组态软件提供多种数据采集驱动程序(Driver),用户可以方便地进行配置。随着支持 OPC(OLE for Process Control)的监控组态软件和硬件设备的普及,使用 OPC 进行数据采集成为监控组态中更合理的选择。

(2) 可扩展性为用户提供了在不改变原有系统的情况下,向系统内增加新功能的能力。这种增加的功能可能来自于监控组态软件厂商、第三方软件厂商或用户自身。

(3) 监控组态软件的应用具有高度的开放性。随着管理信息系统和计算机集成制造系统的普及,生产现场数据的应用已不仅仅局限于数据采集和监控。在生产制造过程中,需要现场的大量数据进行流程分析和过程控制,以实现对生产流程的调整和优化。

(4) 与制造执行系统(Manufacturing Execution Systems——MES)和企业资源计划(Enterprise Resource Planning——ERP)系统紧密集成。经济全球化促使每个公司都需要在合适的软件模型基础上表达复杂的业务流程,以达到最佳的生产率和质量。这就要求不受限制的信息流在公司范围内的各个层次朝水平方向和垂直方向不停地自由传输。现代企业的生产已经趋向国际化、分布式的生产方式。Internet 将是实现分布式生产的基础。监控组态软件将从原有的局域网运行方式跨越到支持 Internet 的运行方式。

12.7.2　监控组态软件的构成与功能

监控组态软件的主要任务是使用软件的自动化工程技术人员在不改动软件程序的源代码的情况下，生成适合工程需要的应用系统。自动化工程技术人员在组态软件中只需填写一些设计的表格，再利用图形功能把被控对象形象地画出来，通过内部数据连接把被控对象的属性与I/O设备实时数据进行逻辑连接。当用组态软件生成的应用系统投入运行后，与被控对象相连的I/O设备数据发生变化会直接带动被控对象的属性变化。

监控组态软件的主要特点是实时多任务。例如数据采集与输出、数据处理与算法实现、图形显示及人机对话、实时数据的存储、实时通信等多个任务要在同一台计算机上同时运行。

一般的组态软件都由下列组件组成：图形界面系统、实时数据库系统、第三方程序接口组件。

12.7.2.1　图形界面系统

自动化工程的所有操作画面，包括流程画面都是在图形开发环境下制作、生成的，自动化工程设计人员使用最频繁的组态软件就是图形开发环境。图形开发环境是目标应用系统的主要生成工具之一。它依照操作系统的图形标准，采用面向对象的图形技术，为使用者提供丰富、强大的绘图逻辑、动态连接和脚本工具，提供右键菜单功能，帮助使用者简化操作。

1. 图形编辑器　图形编辑器是一种用于创建过程画面的面向矢量的作图程序，也可以用包含在对象和样式选项板中的众多对象来创建复杂的过程画面，可以通过动作编程将动态画面添加到单个图形对象上。导向提供了自动生成的动态支持并将它们链接到对象，也可以在库中存储自己的图形对象。

图形编辑器的特征：

（1）界面简单易用；

（2）带有集成图标库的最新型的组态；

（3）导入图形和支持OLE 2.0接口的开放式接口；

（4）通过脚本组态链接到附加功能；

（5）链接到自己创建的图形对象。

2. 变量记录　变量记录被用来从运行过程中采集数据，并将它们显示和归档。可以自由地选择归档、采集和归档定时器的数据格式，也可以通过在线趋势和表格控件显示过程值，并分别在趋势和表格形式下显示。

3. 脚本　脚本程序是扩充监控组态系统功能的重要手段。因此，大多数监控组态软件提供了脚本程序的支持。其具体的实现方式分为两种：一是内置的C/Basic语言程序；二是采用微软的VBA的编程语言程序。C/Basic要求用户使用类似高级语言的语句书写脚本，使用系统提供的函数调用组合完成各种系统功能。

只有在实时多任务环境下，脚本程序才会正确发挥其作用。这是因为触发脚本程序的事件是并发出现的，组态软件要想能够同时响应多个事件触发的脚本程序，必须依赖实时多任务环境。

所有的脚本都是事件驱动的。事件可以是数据更改、条件、单击鼠标、定时器等等。在同一个脚本程序中，处理顺序按照程序语句的先后顺序执行。不同类型的脚本决定在何处以何种方式加入脚本控制。

（1）数据改变脚本　数据改变脚本定义为当一个变量或变量字段的数值发生变化时，需要立即执行的一段程序动作。一段数据改变脚本只连接一个变量或变量字段。当变量名或变量名字段的值发生变化时，执行一次脚本。在一个应用程序中，数据改变脚本的数量（即可以建立数据改变脚本的变量个数）不受限制，每个数据改变脚本的程序语句数量也不受限制。

（2）定时器脚本　定时器脚本以操作系统的系统定时器为参考标准，可以精确地定义每隔多长时间执行一次定时器脚本。一旦定义了定时器脚本，它就会每隔固定的时间间隔从头到尾执行。

4. 标准图形模板　通过模板可将用户创建的图形画面定义成为标准图形画面，一个标准图形画面可对应多个位号组，标准图形在运行时，通过改变位号组即可实现在一个标准图形画面上显示多组数据。如果在一个应用程序中，多幅画面具有相同的画面结构及元素，那么只需定义一组图形模板，在图形模板上用模板替换变量，对模板图形对象进行动画连接，在图形界面系统运行程序 View 下，动态改变图形模板的位号组编号，就可以将模板图形对象的动画连接变量替换成当前位号组的变量，达到一幅画面显示多组变量的目的。

5. 子图　子图库是系统为方便图形组态，将构成画面的常用基本图元，如泵、阀、管道、仪表盘等组建成标准图库，在组态时可以反复调用，提高绘制流程图的效率。子图对象中的每个图形与其他图形一样，可以随意改变属性、动作。子图库的容量是无限制的。子图由若干简单图形对象构成，并可以带有动画连接。当引用子图时，需要将动画连接变量替换为实际变量。子图库中的子图允许修改和添加。

6. 实时趋势　实时趋势是变量或表达式的值随时间变化所绘出的二维曲线。一个实时趋势所关联的所有过程变量的趋势数据不被保存在磁盘上，因而不能按照时间翻页浏览。属性包括数据采样周期，时间长度，时间刻度数，趋势笔的定义，笔的颜色，笔的线宽，量程刻度数，刻度的颜色，时间标签、量程标签的数量、颜色、背景色、位置、宽度、高度等。

7. 历史趋势　历史趋势软件提供了一个自动的、广泛的、长期的采集、存储和显示过程数据的手段。SCADA 节点采集过程数据后，就可以在许多趋势图中显示这些数据。历史趋势是变量值在过去一段期间随时间变化所绘出的二维曲线。一个历史趋势所关联的所有过程变量的趋势数据均被保存在磁盘上，因而可以按照时间翻页浏览。属性包括数据源的指定，数据采样周期，趋势笔的定义，笔的颜色，笔的线宽，时间长度，时间刻度数，量程刻度数，刻度的颜色，时间标签、量程标签的数量、颜色、背景色、位置、宽度、高度等。

可以用脚本程序控制历史趋势对象的时间长度及起始时间，达到随意查看任意时段可以指定用历史趋势曲线显示采样时刻的瞬时值还是最大/最小值。可以在实时数据库组态程序中设置每个历史点的存盘精度和历史数据保存天数。

8. 报表　报表是一个或多个变量在过去一段时间间隔内按照一定的抽样频率获取的历史数据的列表。属性包括数据源的指定，变量的指定，历史数据的开始时间，数据采样间隔及采样时刻的数据类型（瞬时值/平均值/最大最小值），数据显示的颜色、背景色、位置、宽度、高度等。历史报表可打印输出，可以用脚本程序控制历史报表对象的起始时刻及自动打印时机。

（1）报表编辑器　报表编辑器是为消息、已归档的数据或事件控制文档的创建及输出报表的工具。

报表编辑器特征：

1）方便和简单的带有工具和图形选项板的用户界面；

2）支持不同的报表方式；

3) 分页显示已归档的报表；

4) 支持 OLE 2.0 接口；

5) 标准系统布局和打印作业。

(2) 查询历史报表

1) 起始时间。这个单选按钮有两个选项：一个是指定起始时刻，选择此项表示，报表将获取从指定时间开始的一段历史数据；另一个是起始时刻决定于打印时间，选择此项表示，报表将获取从报表打印时间开始向前追溯的一段历史数据。

2) 数据源。选择此按钮，连接实时数据库的数据源。

9. 报警和事件

报警记录提供了显示和操作选项来获取和归档结果。可以任意地选择消息块、消息级别、消息类型、消息显示以及报表。系统导向和组态对话框在组态期间提供相应的支持。

报警记录功能：

(1) 报警和操作状态的详细信息；

(2) 紧急情况的早确认；

(3) 避免和减少停机次数；

(4) 提高产品质量。

报警是过程变量的数值超出正常范围时的特殊状态。只要在窗口中组态了报警对象，则在发生报警时报警信息就会自动显示在报警对象上。按照报警的记录形式，可以将报警划分成实时报警和历史报警；按照报警产生的根源，可以将报警划分成过程报警和系统报警。

(1) 实时报警 实时报警是指当前时刻实时数据库中产生的最新的若干条报警。实时报警信息包括时间、位号、报警状态、报警优先级等，可以组态设置。

(2) 历史报警 历史报警记录是在数据库中发生过报警的报警记录。历史报警信息包括时间、位号、报警状态、报警优先级及确认信息等，可以组态设置。

(3) 过程报警 过程报警是指生产过程情况的警告，主要是过程变量的报警。

10. 用户管理器 用户管理器用于分配和控制用户的单个组态和运行系统编辑器的访问权限。每当建立了一个用户，就设置访问权利，并独立地分配给此用户。

11. 用户归档 用户归档是一个数据库系统，用户自己可以对其组态。这样，采集的技术数据可以持续存储在服务器上，并在运行时在线显示，而且被用于控制的归档文件和设定值的赋值也可以存储在用户归档中，并且在需要时传递到控件。

12. 数据管理器任务 数据管理器提供带有变量值的过程映像，它是资源管理器的一部分，数据管理器的所有活动均在后台运行。

13. 资源管理器的任务

(1) 完成组态；

(2) 组态的指导介绍；

(3) 自定义分配、调用和项目的存储；

(4) 项目的管理，包括打开、保存、移动和复制。

14. 外部对象 Draw 允许插入多种由其他 Windows 应用程序生成的多种格式的图形或数据对象，如 Adobe 图形、Excel 表格、Word 文档、位图 (BMP) 图形等对象的链接与嵌入 (OLE) 对象。

12.7.2.2 实时数据库

传统的数据库技术已发展成为一种比较成熟的技术,其应用几乎遍及各个领域。同时,数据库的应用也正从传统领域向新的领域扩展,如过程控制、自动化、CAD/CAM、CIMS等等。这些应用有着与传统应用不同的特征,一方面,要维护大量共享数据和控制数据;另一方面,其应用活动(任务或事务)有很强的时间性,要求在规定的时刻和(或)一定的时间内完成其处理;同时,所处理的数据也往往是"短暂"的,即有一定的时效性,过时则有新的数据产生,使当前的决策或推导变成无效。所以,这种应用对数据库和实时处理两者的功能及特性均有需求,既需要数据库来支持大量数据的共享,维护其数据的一致性,又需要实时处理来支持其任务(事务)与数据的定时限制。

实时数据库就是其数据和事务都有显式定时限制的数据库,系统的正确性不仅依赖于事务的逻辑结果,而且依赖于该逻辑结果所产生的时间。但实时数据库并不是数据库技术和实时系统两者的简单结合,它在概念、理论、技术、方法和机制方面具备自身特点,如数据库的结构与组织;数据处理的优先级控制、调度和并发控制协议与算法;数据和事务特性的语义及其与一致性、正确性的关系;数据查询、事务处理算法与优化;I/O调度、恢复、通信的协议与算法等等,这些问题之间彼此高度相关。

1. 实时数据库的特征　实时数据库的一个基本特征就是与时间相关性。实时数据库在如下两方面与时间相关。

(1) 数据与时间相关

1) 时间本身就是数据,即从"时间域"中取值,如"数据采集时间"。它属于"用户定义的时间",也就是用户自己知道,而系统并不知道它是时间,系统将毫无区别地把它像其他数据一样处理。

2) 数据的值随时间而变化。数据库中的数据是对其所面向的"客观世界"中对象状态的描述,对象状态发生变化,则引起数据库中相应数据值的变化,因而与数据值变化相联系的时间可以是现实对象状态的实际时间,称为"真实"或"事件"时间(现实对象状态变化的事件发生时间);也可以是将现实对象变化的状态记录到数据库,即数据库中相应数据值变化的时间,称为"事务时间"(任何对数据库的操作都必须通过一个事务进行)。实时数据的导出数据也是实时数据,与之相联系的时间自然是事务时间。

(2) 实时事务有定时限制　典型的定时限制就是其"截止时间"。对于实时数据库,其结果产生的时间与结果本身一样重要,一般只允许事务存取"当前有效"的数据,事务必须维护数据库中数据的"事件一致性"。另外,对外部环境(现实世界)响应的时间要求也给事务施以定时限制。所以,实时数据库系统要提供维护有效性和事务及时性的限制。

2. 监控组态软件的实时数据库　对于很多工程技术人员,在最早接触DCS时也就开始接触实时数据库了。DCS将实时数据保存在一个"内存数据库"里,将历史数据保存在磁盘中。实时数据库可以存储每个工艺点的多年数据,用户既可浏览工厂当前的生产情况。又可查询过去的生产情况。工厂的历史数据是很有价值的,实时数据库具备数据档案管理功能。

从数据库技术和原理的角度来看,组态软件的实时数据库除了采用一般数据库技术外,还涉及一些实时数据库特有的技术和原理。

(1) 实时数据模型　实时数据模型包括数据结构、数据操作和数据的完整性约束三个部分。

1) 数据结构。数据结构是所研究的对象类型的集合。这些对象是数据库结构的基本组成部分,一般可分为两类:一类是与实体类型有关的对象;另一类是与实体间联系有关的对象。

因此数据结构就是描述这类对象类型。一个模型的数据结构应该是简单的、基本的、易于被用户理解的，而且还要有足够强的表达能力。

2) 数据操作。数据操作是指对数据库中各种对象类型的实例（值）允许操作的集合，其中包括各种操作的规则。对实时数据库的操作主要包括数据更新和查询两大类。数据模型要定义这些操作的确切含义、操作规则以及实现的方法。

数据结构是对系统静态特性的描述，数据操作是对系统动态特性的描述。

3) 数据的完整性约束。约束的定义进一步给出了关于数据模型的动态特性的描述和限定。如果仅仅限定对特定的数据结构执行特定的操作，那么仍有可能破坏数据的正确性。为此，常常把那些具有普遍性的问题归纳起来，形成一组通用的约束规则，只允许在满足规则的条件下对数据库进行更新、保存历史数据，这就排除了破坏数据正确性操作的可能性。

(2) 实时事务的模型　传统的事务模型对于实时数据已不适用，必须使用复杂事务模型，即嵌套、分裂/合并、合作、通信等事务模型。因此，实时事务的结构复杂，事务之间有多种交互行动和同步，存在结构、数据、行为、时间上的相关性以及在执行方面的相互依赖性。

(3) 实时事务的处理　实时数据库中的事务有多种定时限制，其中最典型的是事务截止期。系统必须能让截止期更早或更紧急的事务较早地执行，换句话说，就是能控制事务的执行顺序。所以，又需要根据截止期和紧迫度来标明事务的优先级，然后按优先级进行事务调度。

(4) 数据存储与缓冲区管理　传统的磁盘数据库的操作是受 I/O 限制的，其 I/O 的时间延迟及不确定性对实时事务是难以接受的。因此，实时数据库中数据存储的一个主要问题就是如何消除这种延迟及不确定性。这需要底层的"内存数据库"支持，因而内存缓冲区的管理就显得更为重要。这里所说的内存缓冲区除"内存数据库"外，还包括事务的执行代码及工作数据等所需的内存空间。此时的管理目标是高优先级事务的执行不应因此而受阻，它要解决以下三个问题。

1) 如何保证事务执行时，只存取"内存数据库"，即其所需数据均在内存（因而它本身没有 I/O）。

2) 如何给事务及时分配所需缓冲区。

3) 必要时，如何让高优先级事务抢占低优先级事务的缓冲区。因此，传统的管理策略也不适用，必须开发新的基于优先级的算法。

3. 实时数据库的应用　实时数据库无缝地集成了数据库与定时性，在对数据库能力和实时处理技术两者均有要求的各种领域有着极其广泛的应用前景。

利用实时数据库可以完成以下 8 个方面的应用：

(1) 记录实时过程的历史数据，用于过程存档、历史数据查询、事故分析、系统建模等。

(2) 连接各种类型的自控设备（如 DCS、PLC、智能模块、板卡、智能仪表、控制器、变频器等），配以监控界面，实现自动监控。

(3) 通过数据库网络通信功能，构建分布式应用系统。

(4) 运行在控制系统（包括 DCS 大型控制系统或其他中小型控制系统）的上位机中，在数据库上运行先进控制软件、优化控制软件和其他用户应用程序，在客户机上运行各种界面监控软件，快捷方便地实现可扩展的先进控制或优化控制的目标。

(5) 连接多种控制系统和设备，实现车间级、分厂级及总厂级实时数据的综合利用和管理。

（6）配合关系数据库管理系统，构建生产指挥调度系统及其他管控一体化系统。

（7）通过数据的 Web 功能，利用 Internet/Intranet 资源，在浏览器上访问生产过程数据。

（8）完全的开放功能，以实时数据库为平台进行再次开发。

4. 实时数据库的结构　　从系统的体系结构来看，实时数据库与传统数据库的区别并不很大。同样可以把数据库分成三个级别：内部级、概念级和外部级。这三个级别组成了数据库系统的数据体系结构。外部级最接近用户。

数据库的三级结构是数据的三个抽象级别，它把数据的具体组织留给数据库系统管理，使用户能逻辑抽象地处理数据，而不必关心数据在计机中的表示和存储。

5. 实时数据库系统的功能

实时数据库的数据库管理系统（DBMS）也具有一般 DBMS 的基本功能，即具有：

（1）永久数据管理，包括数据库的定义、存储、维护等；

（2）有效的数据存取，各种数据操作、查询处理、存取方法、完整性检查；

（3）事务管理，事务的概念、调度与并发控制、执行管理；

（4）存取控制，安全性检验；

（5）对数据库的可靠性进行控制。

传统的 DBMS 的设计目标是维护数据的绝对正确性，保证系统的低成本，提供友好的用户接口。实时数据库管理系统的设计目标是对事务定时限制的满足。因此，除了上述一般 DBMS 的功能外，一个实时数据库管理系统还具有以下特性：

（1）数据库状态的最新性，即尽可能地保持数据库的状态是不断变化的现实世界当前最真实状态的映像。

（2）数据值的时间一致性，即确保事务读取的数据是时间一致的。

（3）事务处理的"识时"性，即确保事务的及时处理，使其定时限制尤其是执行的截止期得以满足。

实时数据库管理系统是传统 DBMS 与实时处理两者功能特性的完善或无缝集成。它与传统 DBMS 的根本区别就在于具有对数据与事务施加和处理定时限制的能力。组态软件因其应用领域主要为过程控制、自动化，所以它的实时数据库功能具体表现在数据处理功能、并发处理功能、在线组态查询功能、对外开放功能等方面。

12.7.2.3　监控组态软件与第三方软件的通信方式

在多用户、多任务的计算机系统中，实现程序间的数据交换比较方便，操作系统对这种操作是支持的，而在个人计算机上实现程序间的数据交换就比较麻烦。在微机版多任务操作系统出现以前，例如在 MS-DOS 下是通过直接读写内存地址或磁盘文件来实现程序间共享数据的；自从 Windows 及微机版 UNIX、Linux 操作系统面世后，出现了程序之间交换数据的技术、协议或标准，实现程序间的数据交换才比较容易。目前 Windows 提供有 DDE、OLE（包括 OPC）、ODBC 等几种标准，来支持程序之间的数据交换。

1. DDE 标准　　DDE 是英文 Dynamic Data Exchange 的缩写，即动态数据交换。

两个同时运行的程序之间通过 DDE 方式交换数据时，是 Client/Server（客服机/服务器）关系。一旦 Client 和 Server 建立起了连接关系，则当 Server 中的数据发生变化后就会马上通知 Client。通过 DDE 方式建立的数据连接通道是双向的，即 Client 不但能够读取 Server 中的数据，而且可以对其进行修改。

Windows 操作系统中有一个专门协调 DDE 通信的 DDEML（DDE 管理库）程序。实际上

Client 和 Server 之间的多数会话并不是直达对方的，而是经由 DDEML 中转。一个程序可以同时是 Client 和 Server。

DDE Client 程序向 DDE Server 程序请求数据时，它必须首先知道 DDE Server 程序的名称（即 DDE Service 名）、DDE 主题（Topic）名称，还要知道请求哪一个数据项（Item 名）。DDE Service 名应该具有唯一性，否则容易产生混乱。通常 DDE Service 名就是 DDE Server 的程序名称，但不绝对，它是由程序设计人员在程序内部设定好的，并不是通过修改程序名称就可以改变的。Topic 名和 Item 名也是由 DDE Service 在其内部设定好的。所有 DDE Server 程序的 Service 名、Topic 名都注册在系统中。当一个 DDE Client 向一个 DDE Server 请求数据时，DDE Client 必须向系统报告 DDE Server 的 Service 名和 Topic 名。只有当 Service 名、Topic 名与 DDE Server 内部设定的名称一致时，系统才将 DDE Client 的请求传达给 DDE Server。当 Service 名和 Topic 名相符时，DDE Server 马上判断 Item 名是否合法。如果请求的 Item 名是 DDE Server 中的合法数据项，DDE Server 即建立此项连接。建立了连接的数据发生数值改变后，DDE server 会随时通知 DDE Client。一个 DDE Server 可以有多个 Topic 名，Item 名的数量也不受限制。

2. OLE 标准　OLE 是英文 Object Linking and Embedding（对象的链接与嵌入）的缩写，最早是用于在一个程序中引用另一个程序中某个对象时直接用指针指向该对象，而不必将被引用的对象复制到程序中。例如，一个电子表格（比如 Excel）对象可以直接被连接到字处理程序（比如 Word）中，通过这样的连接后，在 Word 中可以直接对 Excel 进行编辑，就好像它在 Word 当中一样；反过来，在 Excel 中编辑一个被嵌入到 Word 中的表格时，修改结果也会即刻被送到 Word 文档中。后来发布的 OLE2 将原来的概念做了较大扩充，制定了规范的接口。在此基础上产生了组件对象模型（Component Object Model——COM）、ActiveX 控件、DCOM（Distributed COM）技术，使得程序间交换数据有了更高效的手段。

COM 实际上是一种协议或接口标准，它负责将 OLE 对象链接起来。要想能够正确调用 OLE 对象就必须遵从这种标准。

按照 COM 标准设计的 OLE 对象在系统中注册后就可以被外部调用，Windows 的自动控件器对这种 OLE 对象的访问给予支持。这种基于 COM 的能够被外部自动调用的 OLE 对象叫做 ActiveX 控件或 OLE 控件，有时也简称为 OCX。ActiveX 控件定义了可重用组件的标准接口。ActiveX 控件不是独立的程序，它必须被置入控件容器的服务器中才能被引用。

3. ODBC 标准　ODBC 是英文 Open DataBase Connectivity 的缩写，即开放数据库互连，是由美国微软公司提出的标准，目的是实现异构数据库的互连。在此之前，由于各种数据库产品都拥有自己独立的编程语言和文件格式，要想实现异构数据库间的数据共享和访问，就必须为特定的应用单独编写程序。

ODBC 标准规定了开放数据库互连的所有标准。支持 ODBC 标准的数据库产品都提供基于自己 DBMS（DataBase Management System）的 ODBC 接口程序，如 Access、FoxPro、ExcelXLS 文件、SQL Server、Sybase、Oracle 等均支持 ODBC，在 Win 98/WinNT 操作系统下，ASCII 文本也支持 ODBC 标准。

支持 ODBC 标准的应用程序透过 DBMS 的 ODBC 接口程序，可以直接访问 DBMS 中的数据项，进行读写操作。

4. OPC 标准　各种仪表、PLC 等工业监控设备都提供了与计算机通信的协议，但是不同厂商产品的协议互不相同，即使同一厂商的不同设备与计算机之间通信的协议也不同。在计算机上，不同的语言对驱动程序的接口有不同的要求。这样又产生了新的问题：应用软件需要为不同的设备编写大量的驱动程序，而计算机硬件厂商要为不同的应用软件编写不同的驱动程序。这种程序可复用程度低，不符合软件工程的发展趋势，在这种背景下，产生了 OPC 技术。

OPC 是 OLE for Process Control 的缩写，即把 OLE 应用于工业控制领域。

OLE 原意是对象链接和嵌入，随着 OLE 2 的发行，其范围已远远超出了这个概念。现在的 OLE 包含了许多新的特征，如统一数据传输、结构化存储和自动化，已经成为独立于计算机语言、操作系统甚至硬件平台的一种规范，是面向对象程序设计概念的进一步推广。OPC 建立于 OLE 规范之上，它为工业控制领域提供了一种标准的数据访问机制。

工业控制领域用到大量的现场设备，在 OPC 出现以前，软件开发厂商需要开发大量的驱动程序来连接这些设备。即使硬件供应厂商在硬件上做了一些小小改动，应用程序也可能需要重写。同时，由于不同设备甚至同一设备不同单元的驱动程序也有可能不同，软件开发厂商很难同时对这些设备进行访问以优化操作。硬件供应厂商也在尝试解决这个问题，然而由于不同客户有着不同的需要，同时也存在着不同的数据传输协议，因此也一直没有完整的解决方案。

自 OPC 提出以后，这个问题终于得到解决。OPC 规范包括 OPC 服务器和 OPC 客户两个部分。其实质是在硬件供应厂商和软件开发厂商之间建立一套完整的"规则"。只要遵循这套规则，数据交互对两者来说都是透明的，硬件供应厂商就无需考虑应用程序的多种需求和传输协议，软件开发厂商也就无需了解硬件的实质和操作过程。

(1) OPC 的特点　　OPC 是为了解决应用软件与各种设备驱动程序的通信而产生的一项工业技术规范和标准。它采用客户/服务器体系，基于 Microsoft 的 OLE/COM 技术，为硬件供应厂商和应用软件开发厂商提供了一套标准的接口。

OPC 有以下三个特点。

1) 计算机硬件供应厂商只需要编写一套驱动程序就可以满足不同用户的需要。硬件供应厂商只需提供一套符合 OPC Server 规范的程序组，无需考虑工程人员需求。

2) 应用程序开发厂商只需编写一个接口便可以连接不同的设备。软件开发厂商无需重写大量的设备驱动程序。

3) 工程技术人员在设备选型上有了更多的选择。对于最终用户而言，选择面更宽了一些，可以根据实际情况的不同，选择切合实际的设备。

OPC 扩展了设备的概念。只要符合 OPC 服务器的规范，OPC 客户都可与之进行数据交互，而无需了解设备究竟是 PLC 还是仪表，甚至只要在数据库系统上建立了 OPC 规范，OPC 客户就可与之方便地实现数据交互。

OPC 把硬件供应厂商和应用软件开发厂商分离开来，使得双方的工作效率都有了很大的提高，因此 OPC 在短时间内取得了飞速的发展。

(2) OPC 的适用范围　　OPC 设计者们的最终目标是在工业领域建立一套数据传输规范，并为之制定了一系列的发展计划。现有的 OPC 规范涉及如下五个领域。

1) 在线数据监测。OPC 实现了应用程序和工业控制设备之间高效、灵活的数据读写。

2) 报警和事件处理。OPC 提供了 OPC 服务器发生异常时，以及 OPC 服务器设定事件到来时，向 OPC 客户发送通知的一种机制。

3) 历史数据访问。OPC 实现了对历史数据库的读取、操作、编辑。

4) 远程数据访问。借助 Microsoft 的分布式组件对象模型（Distributed Component Object

Model——DCOM）技术，OPC 实现了高性能的远程数据访问能力。

5）OPC 近期将实现的功能还包括安全性、批处理、历史报警事件数据访问等。

（3）OPC 服务器的组成　OPC 服务器由三类对象组成，相当于三种层次上的接口：服务器（server）、组（group）和数据项（item）。

1）服务器对象包含服务器的所有信息，同时也是组对象的容器。一个服务器对应于一个 OPC Server，即一种设备的驱动程序。在一个 Server 中，可以有若干个组。

2）组对象包含本组的所有信息，同时包含并管理 OPC 数据项。OPC 组对象为客户提供了组织数据的一种方法。组是应用程序组织数据的一个单位。客户可对其进行读写，还可设置客户端的数据更新速率。当服务器缓冲区内数据发生改变时，OPC Server 将向客户发出通知，客户得到通知后再进行必要的处理，而无需浪费大量的时间进行查询。OPC 规范定义了两种组对象：公共组（或称全局组，public）和局部组（或称局域组、私有组，local）。公共组由多个客户共有，局部组只隶属于一个 OPC 客户。全局组对所有连接在服务器上的应用程序都有效，而局域组只能对建立它的 Client 有效。一般说来，客户和服务器的一对连接只需要定义一个组对象。在一个组中，可以有若干个数据项。

3）数据项是读写数据的最小逻辑单位，一个数据项与一个具体的位号相连。数据项不能独立于组存在，必须隶属于某一个组。在每个组对象中，客户可以加入多个 OPC 数据项（item）。

OPC 数据项是服务器端定义的对象，通常指向设备的一个寄存器单元。OPC 客户对设备寄存器的操作都是通过其数据项来完成的。通过定义数据项，OPC 规范尽可能地隐藏了设备的特殊信息，也使 OPC 服务器的通用性大大增强。OPC 数据项并不提供对外接口，客户不能直接对其进行操作，所有操作都是通过组对象进行的。

应用程序作为 OPC 接口中的 Client 方，硬件驱动程序作为 OPC 接口中的 Server 方。每一个 OPC Client 应用程序都可以连接若干个 OPC Server，每一个硬件驱动程序可以为若干个应用程序提供数据。

12.7.3　常用人机接口设备

1. 客户机/服务器　客户机/服务器（Client/Server）是在网络基础上以数据库管理为后援、以微机为工作站的一种系统结构。客户机/服务器结构包括连接在一个网络中的多台计算机。

客户机运行那些使用户能阐明其服务请求的程序，并将这些请求传送到服务器。由客户机执行的处理为前端处理（Front-end Processing）。前端处理具有所有与提供、操作和显示相关数据的功能。

在服务器上执行的计算机称为后端处理（Back-end Processing）。后端硬件是一台管理数据资源并执行引擎功能（如存储、操作和保护数据）的计算机。

通过将任务合理分配到 Client 端和 Server 端，降低系统的通信开销，充分利用两端硬件的资源优势。

生产管理人员可通过 Client 端，输入、调用和察看生产数据。

2. 专用的人机接口设备（HMI）　人机接口操作设备用于设置、显示、存储和记录信息和变量，并能进行设备的运行操作。

这类设备防护等级高，一般放置在工业现场。可通过以太网、Profibus-DP 等通信方式与下一级控制设备进行通信。

12.7.4 常用监控组态软件

1. 国际上较知名的监控组态软件（见表 12-14）

表 12-14 国际上较知名的监控组态软件

公司名称	产品名称	国别	公司名称	产品名称	国别
Iintellution	FIX、iFIX	美国	Rockwell	RSView	美国
Wonderware	Intouch	美国	信肯通	Think&Do	美国
Nema Soft	Paragon、Paragon TNT	美国	National Instruments	LabView	美国
TA Engineering	AIMAX	美国	Iconics	genesis	美国
GE	Cimplicity	美国	PC soft	WizCon	以色列
Siemens	WinCC	德国	Citech	Citect	澳大利亚

2. 国内较知名的监控组态软件　　国内较知名的组态软件有：力控；Kingview（组态王）、MCGS 等。

12.8 应用示例

12.8.1 热轧带钢轧机控制系统

12.8.1.1 热带轧线工艺流程

某热轧带钢厂工艺流程是根据生产计划安排，用起重机将板坯吊至加热炉上料辊道上，板坯经上料辊道运送至加热炉炉前辊道，排好后由推钢机推入加热炉内进行加热。加热好的坯料由板坯托出机托出放到出炉辊道上，经辊道送至可逆粗轧机轧制 3～5 道次后，送至中轧机组（一立两平）轧制后送至固定剪切头，再送至精轧机组（一立六平，平辊间设五台电动活套）连续轧制，轧成所需要的带钢尺寸。带钢头部从精轧末架出来，经扭转导板，使带钢立起，成立状的带钢经立式送料辊，通过分叉装置，交替通过两路导槽，经蛇行振荡器进入左右平板链，带钢在其上成蛇行盘立状空冷至合适的温度后，由人工引头，通过夹送辊、液压剪切头、尾，然后进入五辊矫直机及立式卷取机进行卷取。钢卷卷好后，托盘升起，由拨卷机将钢卷拨至快速平板运输机上，快速离开。钢卷经推卷机推至慢速链上，在慢速链上继续冷却并打捆、检查，最后送至输送辊道上，由翻卷装置把钢卷翻转 90°，并推至收集装置上用 C 型钩吊至成品堆场。其轧线布置图见图 12-54。

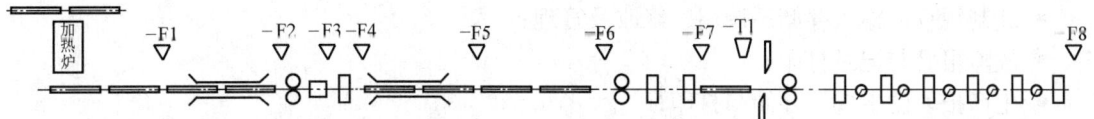

图 12-54　某热轧带钢厂轧线布置图
F1～F8—热金属检测器　T1—高温仪

12.8.1.2 基础自动化系统构成

粗、中轧区和精轧、收集区各由一套 Siemens S7-400 PLC 控制，主要完成生产过程的连续调节控制和逻辑顺序控制；在粗轧区、中轧区、精轧区操作室和中央控制室各设置一台工业控制计算机，监控软件采用 Siemens WinCC 软件，操作系统为 Windows 2000，完成对全线运行状态监视、轧制规程的设定、修正、全线故障监视、打印、报警、历史数据记录等任务；在现场沿线设远程 I/O 站。S7-400 PLC 通过工业以太网与上位机相连，实现数据快速稳定的传输；通过 Profibus-DP 网与 6RA70 直流传动装置和现场各个远程 I/O 站相连，构成了一个全数字化、网络化的自动控制系统，见图 12-55。

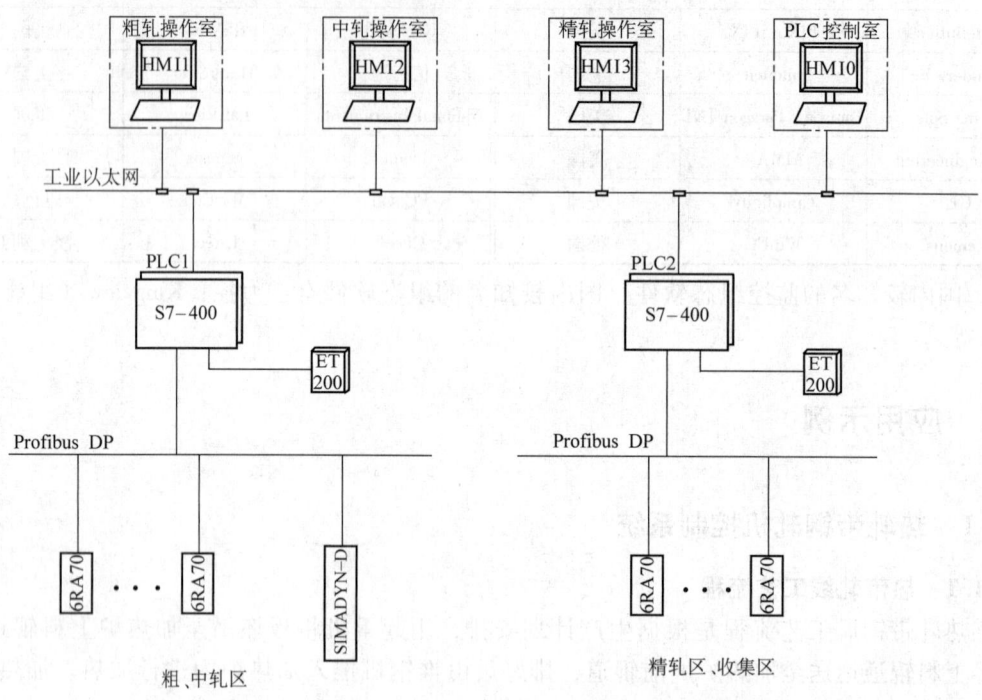

图 12-55　轧线自动化系统图

12.8.1.3　主要控制功能

1. **上位监控系统（人机界面）功能**　轧线上位监控系统由四台工业计算机组成，监控软件采用 Siemens WinCC，操作系统为 Windows 2000，其中，HMI0 放在主电室，HMI1、HMI2、HMI3 放在轧机区主操作室，HMI 实现的主要功能：

- 轧线监控动态画面状态显示；
- 传动系统的供电单线图模拟显示及网络单线图显示；
- 原始数据的输入与板位确认；
- 轧制参数的设定；
- 轧制规程的输入存储、调用、修改及管理；
- 故障报警与记录打印；
- 生产报表的生成、存储与打印；
- 主传动电动机电流与速度的趋势图；
- 活套套高与张力的设定；
- 电器设备的一般操作，主要为轧制前的操作，如分合闸、运行方式选择等；
- 网络通信。

2. **轧件跟踪**　轧件跟踪的目的就是使计算机随时了解轧件在轧制线上的实际位置和控制状况，以便在恰当的时间启动有关控制功能，防止轧线故障的发生，提高生产效率。跟踪的范围，通常是从加热炉出口、坯料出炉确认始，至精轧机组出口止。

实现轧件跟踪利用的各种传感器及设备状态信号有：
- 热金属检测器；
- 测温仪或其他轧线仪表；
- 传动系统负载信号、测压仪信号；
- 传动系统正向、反向运行信号；
- 坯料确认、轧废处理等信号。

3. 可逆轧机速度控制 轧件在可逆轧机中需往返轧制多道次，轧机处于频繁起制动、正反向工作状态。可逆轧机速度见图 12-56。

4. 位置控制 粗轧机组要求往复轧制，因此要求在指定时刻，将控制对象的位置自动

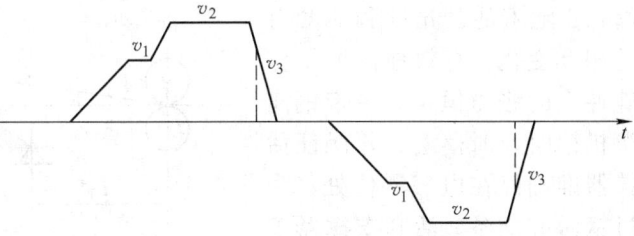

图 12-56 可逆轧机速度图
v_1—咬入速度 v_2—轧制速度 v_3—抛钢速度

地调节到预先给定的目标值上，使调节后的位置与目标值之差保持在允许的误差范围内，这个调节过程称为自动位置控制（APC）。

控制范围包括粗轧立辊开口度控制、粗轧平辊压下控制、机架前后推床对中控制。

5. 连轧机组速度控制

（1）控制原理 在带钢热连轧生产过程中，为保证正常的生产，即保证通板不堆钢、拉钢，并使轧制处于恒定小张力状态，需设置连轧机主速度级联系统。

在连续轧机机组中，各机架速度应严格遵循秒流量相等的关系设定：

$$B_1 H_1 v_1 = B_2 H_2 v_2 = \cdots = B_n H_n v_n$$

在实际生产中，精轧宽展可以忽略，这样秒流量公式可演变为：

$$H_1 v_1 = H_2 v_2 = \cdots = H_n v_n$$

式中 H_i——第 i 机架带钢的出口厚度；

v_i——第 i 机架带钢的出口线速度；

B_i——第 i 机架带钢的宽度；

$i = 1, 2, 3, \cdots, n$。

速度设定是由过程计算机，根据轧制工艺状况及设备能力情况，按照负载分配得到各机架出口厚度，并根据终轧温度确定末机架出口速度 v_n 后，用秒流量方程推出各机架设定值。存储在上位机轧制表中，由操作人员根据所轧带钢的品种选择合适的轧制规程，下传到 PLC 中作为速度设定值，设定值与速度调节部分相加，即为主传动系统速度主导值。

（2）速度调节 作为连续式轧机，全线各机架间的速度保持着严格的关系。以精轧机出口机架作为基准机架，级联控制沿逆轧制方向进行，以确保轧材的高质量。速度调节的方式有手动和自动两种，手动方式指操作人员根据当前轧制状况，通过设在操作台上的操作电器人工修正各机架的速度设定值；自动级联调节是指活套调节器根据活套量偏差产生的速度修正信号，或微张力控制根据张力电流产生的速度修正信号，对上述级联设定速度进行修正，从而实现机架间更精确的速度配合。每一个速度信号将对级联方向上的所有机架的速度产生同样比例的修正作用。

(3) 电动活套的控制　现代带钢热连轧的一个基本特点是恒定微张力和活套量轧制,在轧制过程中,由于咬钢动态速降和厚度、钢温、材质等各种外部干扰,使得各机架间的速度匹配关系遭到破坏,在机组上安装电动活套的目的是检测这些偏差,调节机架间的速度,实现两机架之间带钢保持恒定的微张力和活套量,以避免堆、拉钢情况,保证产品质量。所谓保持轧件设定的张力恒定,就是根据上位机预设定的张力和带钢自重及当前检测到的活套实际角度计算出活套合力矩的电流给定。一旦相邻机架间的轧件堆拉关系发生变化,活套角度也随之发生变化,同时利用新的角度反馈值重新计算活套合力矩,对活套电动机的电流给定进行修正;随着活套角度和活套合力矩的相互变化,有效地保证了作用于轧件上的张力恒定。在带钢离开上游机架时及时落套,并保证活套支撑器准确停在电气零位处,为下次过钢做好准备。活套支撑器工作见图12-57。

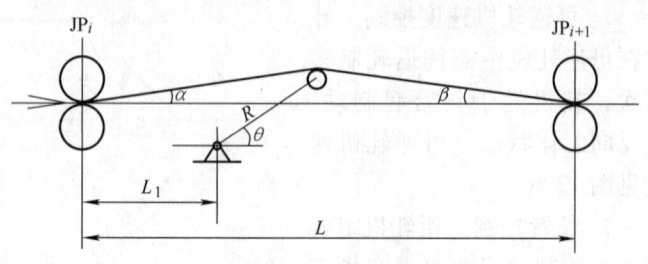

图12-57　活套支撑器工作简图
JP_i—第 i 机架　JP_{i+1}—第 $i+1$ 机架

1) 活套控制方式:根据工艺要求,活套有三种控制方式。
- 手动方式:手动起、落套,张力恒定,套高不闭环。
- 半自动方式:手动起、落套,张力恒定,套高闭环。
- 自动方式:自动起、落套,张力恒定,套高闭环。

起套:根据主机架电流或热金属检测器有信号后,系统先以恒定的大电流起套,当到达设定工作角范围后,以上位机轧制规程设定的带重、张力计算出当前活套角度所对应的电动机转矩,进行活套控制。

落套:当带钢离开上游机架后,根据当前的轧制速度和机架间的距离计算落套延时时间,延时落套时,落套要准确迅速,防止抛钢甩尾。

2) 活套电动机转矩控制:活套力矩由以下五部分组成:

$$T = T_1 + T_2 + T_3 + T_4 + T_5$$

式中　T——活套支撑器电动机转矩;
　　　T_1——由于活套支撑器自重产生的力矩;
　　　T_2——由于带钢重量产生的力矩;
　　　T_3——由于带钢张力产生的力矩;
　　　T_4——电动机的空载转矩;
　　　T_5——电动机的动态转矩。

其中,力矩 T_1、T_2、T_3 与活套摆角 θ 成一定的函数关系,这三部分力矩的具体计算公式如下:

$$T_1 = W_1 L_0 \cos\theta$$

式中　W_1——活套支撑器自重;
　　　L_0——活套支撑器重心位置到支撑点的距离。

$$T_2 = W_2 R \cos\theta$$

式中　W_2——两机架间带钢的重量;
　　　R——活套臂长。

$$T_3 = 2FR\sin[(\alpha+\beta)/2]\cos[(\alpha-\beta)/2+\theta]$$

式中 α、β——带钢与轧线间的夹角;

$$\alpha = \arctan(R\sin\theta - L_3 + r) / (L_1 + R\cos\theta)$$
$$\beta = \arctan(R\sin\theta - L_3 + r) / (L - L_1 - R\cos\theta)$$

F——带钢张力;

L——两机架间的距离;

L_1——活套转轴至轧机中心线的距离;

L_3——活套转轴中心至下工作辊辊面距离;

r——活套辊半径。

3) 活套高度闭环控制：活套高度闭环控制，就是在反馈活套角与预设定活套角有差值时，调节上游机架的速度给定值，使得带钢活套量在预设定的范围内。活套高度闭环控制原理见图 12-58。

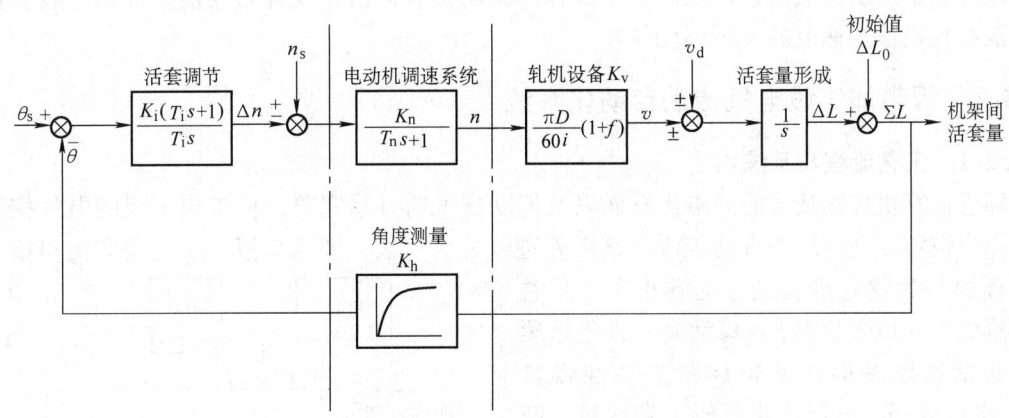

图 12-58 活套高度闭环控制原理图

θ_s—活套角设定值 θ—活套角实际值

Δn—活套调节器控制输出 n_s—电动机转速主给定值

n—电动机转速 v—轧件速度

从图 12-58 中可以看出，该系统为典型的三阶控制系统，根据电动机控制系统的过渡过程，按三阶最佳系统及考虑非线性计算得出的套高调节器参数，具有较好的性能。

(4) 微张力控制 微张力控制主要采用力矩记忆法，电动机输出转矩为

$$T_M = K_M I \Phi$$

式中 T_M——电动机输出转矩;

K_M——常数;

I——电动机电枢电流;

Φ——电动机励磁磁通。

当电动机磁通不变时，电枢电流即可代表电动机转矩。微张力控制过程如下：当轧件头部未进入第 n 个机架时，该机架电动机仅有空载电流 I_0，轧件头部咬入第 n 个机架后，则该机架电流急速上升，经过动态速降过渡过程后，电动机转速趋于平稳，电流稳定在 I_1 处，用计算机对 I_1 进行记忆，此 I_1 电流可反映该机架轧钢时无张力影响的轧制力矩，当轧件头部进

入第 $n+1$ 个机架时,因受电动机动态速降的影响,第 n 个机架电动机电流产生波动,经过一定时间,电动机转速趋于稳定,电流值为 I_1' 此时有三种情况:

1) $I_1' > I_1$,则轧件呈推钢轧制,则可调整转速 n,以使 $I_1' - I_1$ 之差在 $\pm\Delta$ 以内。
2) $I_1' = I_1$,则两机架速度匹配同步,轧件无张力及推力。
3) $I_1' < I_1$,则轧件呈拉钢轧制,适当调整第 n 个机架速度,以使 $I_1' - I_1$ 之差在 $\pm\Delta$ 以内。

一般连轧要求工作在微张力状态,当轧件上张力值 $1.5 \sim 2.0\text{N/mm}^2$ 时,对电流控制精度达到 $\pm 2\%$ 以内。

(5) 冲击速度(动态速度降)补偿 由于传动装置总是存在着动态速降,将影响机架间设定正确的速度关系,使机架间产生轧件堆积,并将占用微张力控制有限的调节时间。

冲击速度(动态速度降)补偿是为减轻以至消除上述过渡过程所采取的有效措施之一。但是,在精轧机架中,一定量的冲击速度降有助于机架间的活套形成,初始活套量的大小可通过改变冲击速度补偿值进行控制。全线各机架均具有冲击速度补偿功能。冲击速度补偿的量一般在轧机额定速度的 $\pm 5\%$ 范围内。

12.8.2 板带加工线电气传动自动化系统

12.8.2.1 工艺流程与系统构成

随着计算机控制技术的网络化发展以及传动技术的日趋完善,板带加工线的电气控制普遍采用全数字、全网络的自动控制。通常处理线分为三段,即入口段、工艺段和出口段。工艺流程通常为钢卷准备站、上卷小车、开卷机、焊机、入口张紧辊、入口活套、工艺处理段(包括速度基准张紧辊和张力基准张紧辊)、出口活套、出口段张紧辊、卷取机、卸卷小车。

板带加工线电气传动自动化系统通常分三级:监控级(HMI)完成生产规程设定、速度设定、张力设定以及加热炉参数设定、各传动设备运行状态显示和故障报警等;基础自动化级(PLC)完成全线逻辑控制、速度运算、张力运算和状态采集;传动级作为执行元件,对电动机进行精确转速和转矩控制,包括速度、电流闭环控制,S 辊负载平衡控制,辅传动软特性控制等。

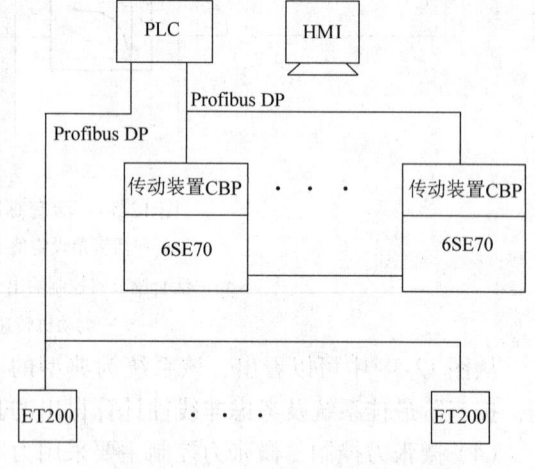

图 12-59 板带加工线系统构成

板带加工线电气传动自动化系统构成见图 12-59。

12.8.2.2 主要控制功能

板带加工线电气传动自动化系统的主要控制功能有:

入口段:开卷机张力控制,入口段速度与张力控制,换卷、带尾自动减速、带头、带尾自动定位与剪切、焊接控制,入口活套张力控制,套量控制,以及断带保护等。

工艺段:基准速度控制、各区段张力控制、辅机速度协调控制;各种工艺设备的控制:如伸长率控制、加热炉温度控制、介质系统控制等。

出口段：出口活套张力控制，套量控制，出口段速度与张力控制，分卷剪切与换卷、卷取机张力控制，以及断带保护等。

板带加工线电气传动自动化系统需重点解决以下控制问题：

1. 开卷机、卷取机的间接（或直接）张力闭环控制　控制系统要完成卷径计算、动态补偿、静态补偿、摩擦补偿和断带保护，要求开卷、卷取的张力控制精度为：动态≤5%，静态≤2%。开卷机、卷取机的张力控制见图12-60。

2. 活套张力控制　活套分为卧式和立式两种。通常情况下，带钢在活套内有多层，活套内存贮的带钢可为入口和出口换卷时使用，这样可保证工艺段速度不变。为使换卷过程和稳定运行时活套及活套前后张力稳定，在活套控制上需有活套套量检测、活套车远端和近端限位开关。对于卧式活套传动系统，应有柔性振荡补偿器，立式活套应有因配重造成活套升、降时的张力补偿。活套张力控制见图12-61。

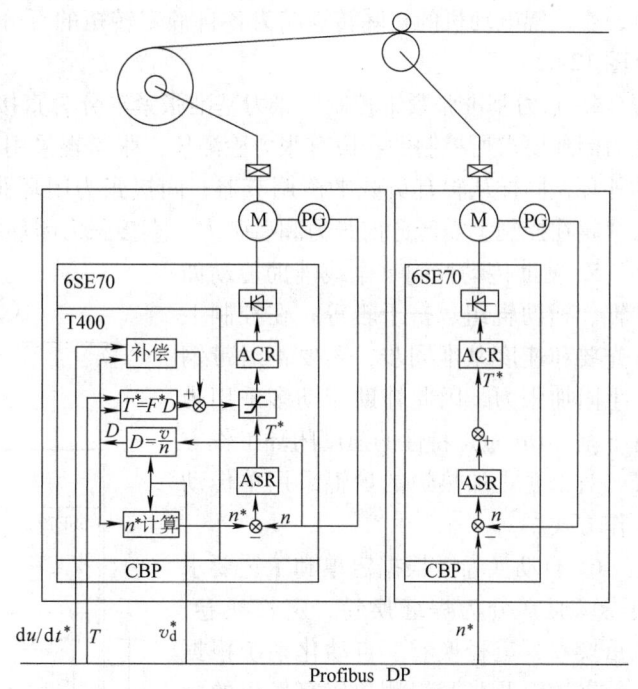

图 12-60　开卷机、卷取机张力控制框图

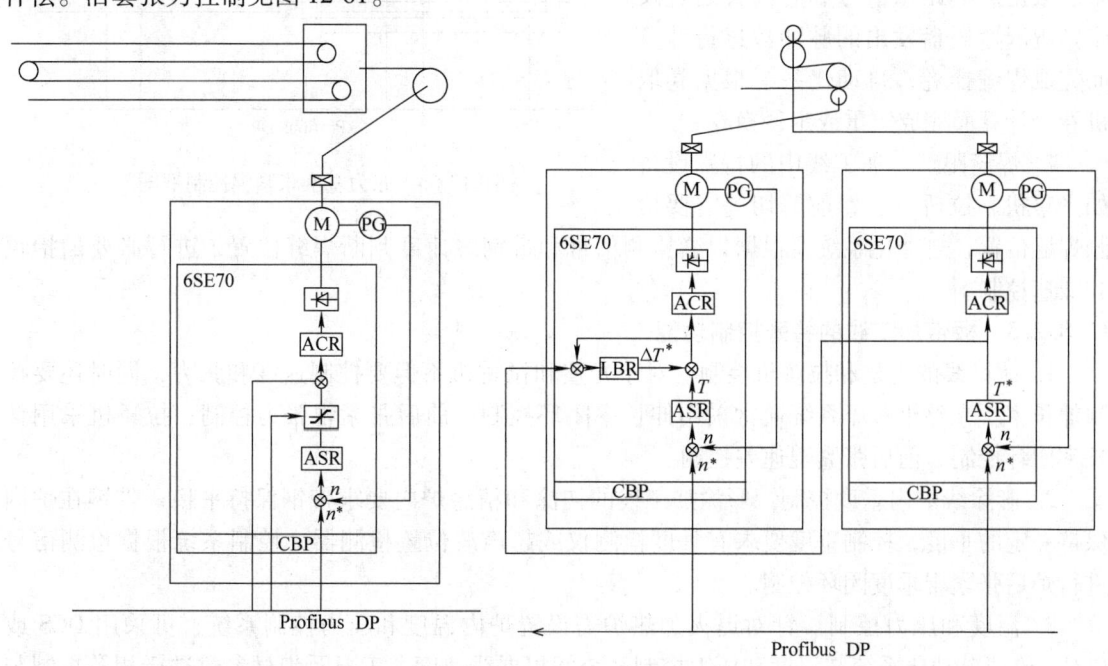

图 12-61　活套张力控制框图　　图 12-62　速度基准张紧辊控制框图

3. 速度基准　板带加工线入口、工艺、出口各有一台张紧辊作为速度基准。张紧辊一般为二辊式或三辊式，每个辊由一台电动机拖动，其中一台电动机用于主辊，其余用于从辊，主从间采用负载平衡工作方式。主辊电动机为速度闭环，从辊电动机在速度环外加转矩 PI 调节，主从辊电动机的实际转矩应为各自额定转矩的百分比相同。作为速度基准的张紧辊控制见图 12-62。

4. 张力基准张紧辊控制　张力基准张紧辊分为直接张力闭环和间接张力闭环两种。直接张力闭环要求所控制的一段有张力检测仪，张紧辊采用主从控制，张力 PI 调节器作为速度环的外环，同样从辊有负载平衡调节器；间接张力闭环张紧辊采用速度饱和加力矩限幅方式，张紧辊在控制上需区分前张力和后张力。直接张力闭环的张力基准张紧辊控制见图 12-63。

5. 辅助传动控制　全线辅助传动如炉辊、辅助辊组、挤干辊等，在控制上首先要和速度基准同步，还要不对带钢产生附加张力，因此辅助传动多采用带有下垂（Droop）特性的速度闭环工作方式。对于立式加热炉的炉辊采用单传动工作方式。

6. 自动换卷　根据定单和工艺要求换卷，通常分为焊缝换卷、定长换卷、定重换卷、定径换卷。自动化系统根据卷前夹送辊及张紧辊测速码盘发出的脉冲数进行计算而完成定长换卷；自动化系统根据焊缝跟踪信号和卷前夹送辊及张紧辊测速码盘发出的脉冲数进行而完成焊缝换卷；自动化系统根据卷取机卷径计算而完成定重或定径换卷。

7. 焊缝跟踪　加工线中的特殊设备如光整机、拉矫机、卷前剪切等需要检测焊缝位置，自动化系统要根据焊缝检测信号和带钢线速度判断焊缝位置，进行必要的抬辊和减速控制。

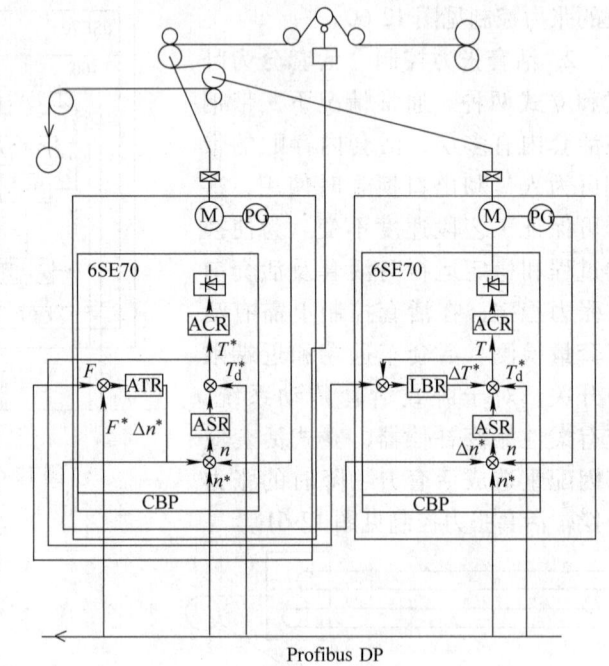

图 12-63　张力基准张紧辊控制框图

12.8.2.3 板带加工线的特殊控制功能

1. 镀锌线的光整和拉矫机控制　对于光整和拉矫机不但要控制速度和张力，同时还要控制伸长率。光整机液压系统通常采用伸长率闭环控制、前后张紧辊张力控制；拉矫机采用伸长率闭环控制、前后张紧辊速差控制。

2. 彩涂线炉内垂度控制　彩涂加工线的初涂和精涂炉内要求带钢保持平稳，带钢在炉内保持一定的垂度，控制垂度要求有垂度检测仪或超声波位置检测器，控制系统根据检测信号进行炉后张紧辊垂度闭环控制。

3. 温度和压力控制　针对退火加热炉需设置炉内温度和压力控制系统，可采用 DCS 或 PLC。传动自动化系统与温度和压力控制系统间根据线速度、工况及带材参数进行相关控制与联锁。

12.8.3 大型热带钢轧机的多级分布式计算机控制系统

12.8.3.1 概述

大型热带钢轧机的主轧线有由两座加热炉、两台粗轧机、一台飞剪、七台精轧机、三台卷取机组成。整个主轧线长约为900m。另外，还有板坯库、钢卷库存贮物料。主轧线的设备布置见图12-64。

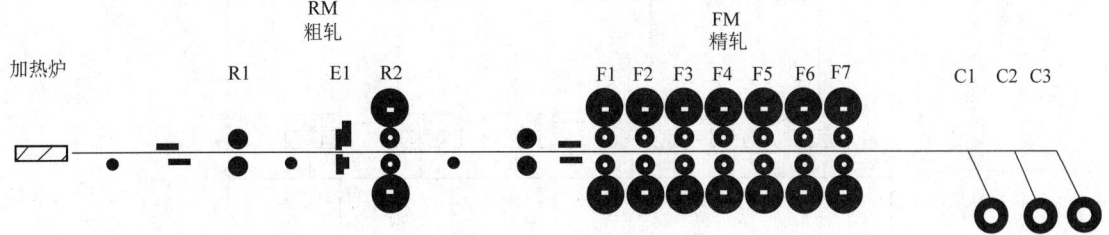

图12-64 主轧机设备布置

主轧线的生产过程是从加热炉加热板坯开始的，把240mm左右厚的板坯推进加热炉，加热到1250℃出炉；经除磷、定宽压力机减宽，再经粗轧机轧制成40~60mm厚的钢板；在精轧区经过飞剪切头、高压水除磷以后，进入精轧机组，轧制成1.2~25mm厚的板材。终轧温度为850℃。在热输出辊道上设有喷水装置进行层流冷却，使其温度降至650℃左右后进入卷取机，卷成钢卷。终轧温度和卷取温度偏差小于30℃。板材厚度偏差小于50μm。精轧最高轧制速度为21m/s。基于被控量多、参数变化快、实时性要求高、控制功能多、精度要求高，大型热带钢轧机采用多级分布式计算机控制系统。

大型热带钢轧机主轧线分布式计算机控制系统分为四级（见图12-65）：

1）基础自动化级 又称为直接控制级或设备控制级。
2）过程优化级 又称为过程控制级。
3）生产过程控制管理级，简称生产控制级。
4）生产管理级。

12.8.3.2 基础自动化系统

大型热带钢轧机主轧线基础自动化级有以下6个子系统。

1. 板坯库DDC系统（0）采用两台S7-400可编程序控制器，接收来自过程优化级和手动操作的运行命令，对运输辊道进行顺序控制。

2. 加热炉DDC系统（1）采用7台S7-400和1台S7-300可编程序控制器，分别完成加热炉顺序控制、燃烧控制、装出料控制、汽化水控制、控制板坯自动定位称重等。

3. 粗轧DDC系统（2~8）采用SIEMENS公司新一代高性能TDC控制器，形成分布式结构。所有的TDC都连接到一个称为全局数据存储器（Global Data Memory——GDM）的高速数据网上。各TDC控制器中的CPU通过该网络完成数据交换。系统结构见图12-66。

粗轧DDC系统完成：
（1）设定数据处理；
（2）实际数据处理；
（3）机架管理；
（4）轧制策略；

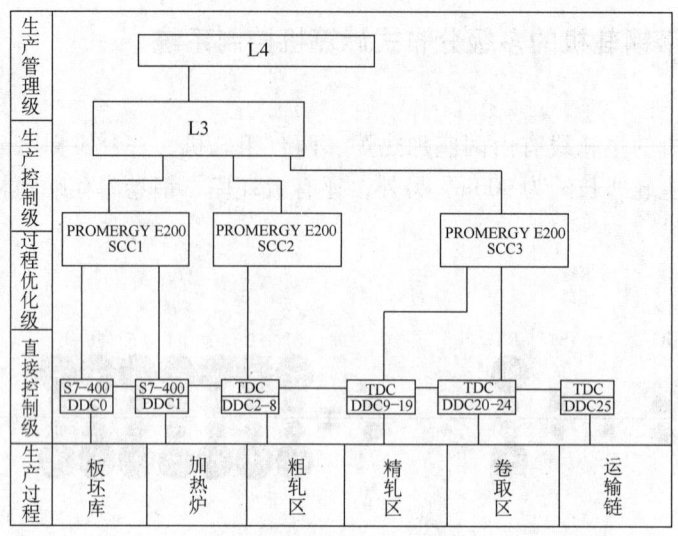

图 12-65 主轧机分布式计算机控制系统

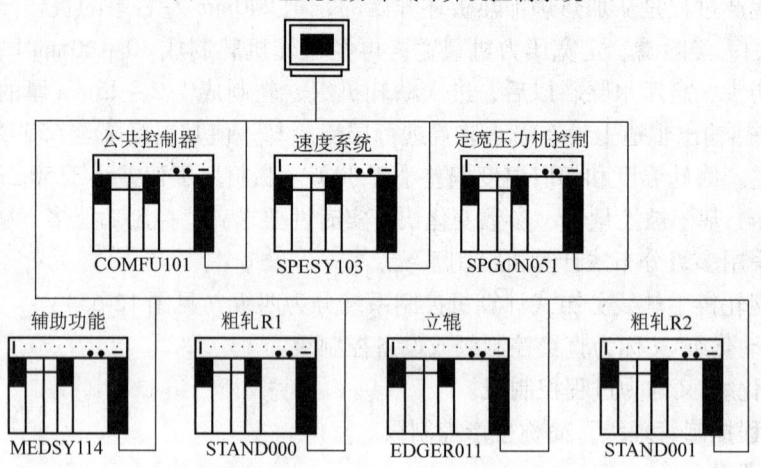

图 12-66 粗轧 DDC 系统

(5) 材料跟踪;
(6) 速度控制;
(7) 压下控制;
(8) 宽度控制;
(9) E2 及 R2 间的张力控制;
(10) 除磷;
(11) 轧辊平衡控制;
(12) 模拟轧制;
(13) 换辊;
(14) 轧线协调;
(15) 介质系统控制等功能。

4. 精轧 DDC 系统（9~19） 也是采用新一代高性能 TDC 控制器,形成分布式结构,见图 12-67。

第 12 章 基础自动化

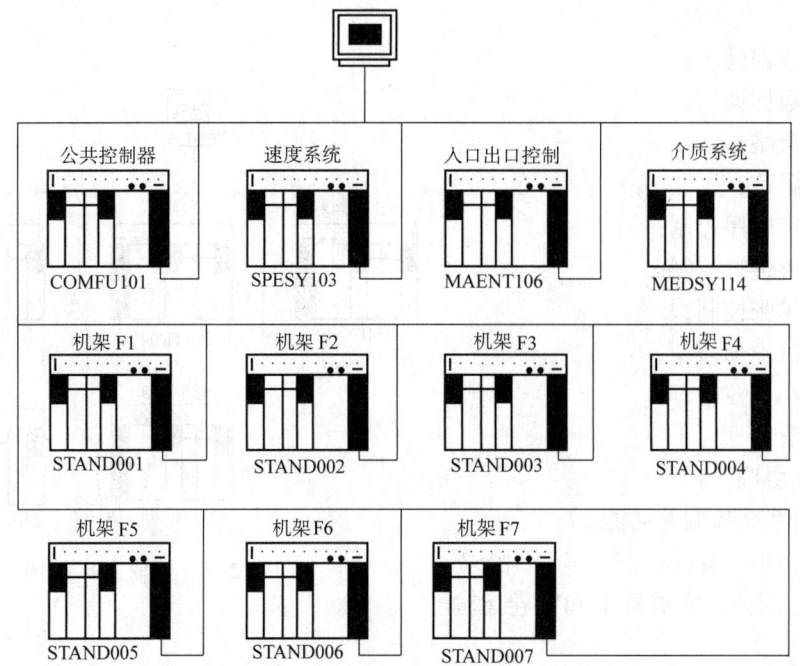

图 12-67 精轧 DDC 系统

精轧 DDC 系统完成：

(1) 设定数据处理；
(2) 实际数据处理；
(3) 机架管理；
(4) 轧制策略；
(5) 材料跟踪；
(6) 速度控制；
(7) 压下控制；
(8) 宽度控制；
(9) 厚度控制；
(10) 活套控制；
(11) 层流冷却控制；
(12) 除磷；
(13) 轧辊平衡控制；
(14) 模拟轧制；
(15) 换辊；
(16) 轧线协调；
(17) 介质系统控制等功能。

5. 卷取 DDC 系统（20~24） 也是采用新一代高性能 TDC 控制器，形成分布式结构。见图 12-68。

精轧和卷取 DDC 系统（9~24）TDC 控制器也都连在一个 GDM 高速数据网上，该系统内的各控制器的 CPU 通过该网络完成数据交换。

卷取 DDC 系统完成：

(1) 设定数据处理；

(2) 实际数据处理；

(3) 轧制策略；

(4) 材料跟踪；

(5) 卷取机顺序控制；

(6) 夹送辊辊缝控制；

(7) 卷筒扩张控制；

(8) 卷取机冷却控制；

(9) 卸卷小车控制；

(10) 模拟；

(11) 轧线协调；

(12) 介质系统控制等功能。

6. 运输链 DDC 系统（25） 采用 S7-400 可编程序控制器，完成称重和钢卷运输链的控制。

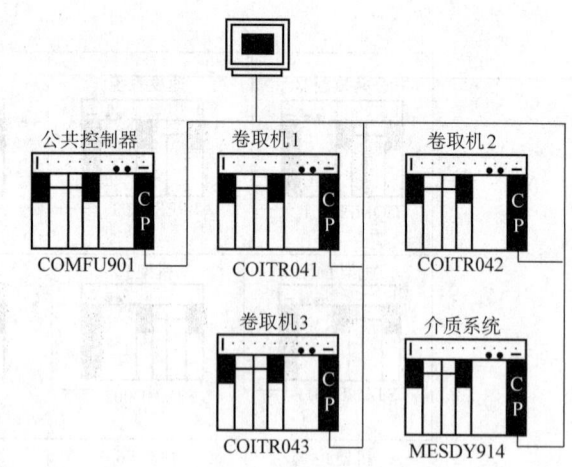

图 12-68　卷取 DDC 系统

12.8.3.3　基础自动化系统特点

(1) 系统所采用的新一代高性能 TDC 控制器，是一快速、实时、多 CPU 系统，用于各种开环、闭环控制及复杂的算术运算任务。CPU551 处理器模块采用了 64 位 RISC CPU，带浮点运算单元，扫描周期最小为 0.1ms。

(2) 系统采用了高速工业以太网（100Mbit/s），该网络用于与 HMI、过程优化级、基础自动化相关区域之间数据交换。

(3) 采用了高速 GDM 网，该网络为星形结构，用于基础自动化本区域各 TDC 控制器之间的实时数据交换。

(4) 系统采用了大量的远程 I/O，通过 Profibus 总线与控制器进行数据交换，节省了大量的电缆。

(5) 系统采用了大量的测量和控制元件，通过 HMI 显示，操作和设备维护人员可以很容易地知道设备的运行情况。

(6) 系统采用了过程数据采集（Process Data Acquisition——PDA）系统，通过不间断的运行监控，既可以离线分析带钢的部分性能指标，又可以离线分析设备的运行状况及进行故障分析。

(7) 系统使用设计清晰、结构化的图形用户接口的编程环境，系统同时提供了大量的标准功能块，使得系统编程、调试及维护更加容易。

12.8.3.4　网络结构

热轧厂的网络结构主要由三个方面组成：

1. 以太网　热轧厂的各级计算机控制系统都连接在高速以太网上，以太网的数据传输速率为 100Mbit/s。

2. GDM 网　各区域的 TDC 连接在 GDM 网上，GDM 网为星形结构。

3. Profibus 网　各控制器与现场远程 I/O 的数据交换通过 Profibus 网实行数据交换。

12.8.3.5　过程优化级

过程优化级由两台数据库服务器、两台模型服务器、两台实际数据处理服务器、一台板形控制服务器、一台离线微结构服务器、一台离线开发服务器，共九个系统组成。每一个系统都是由一台 PROMERGY E200 网络服务器来实现，见图 12-69。

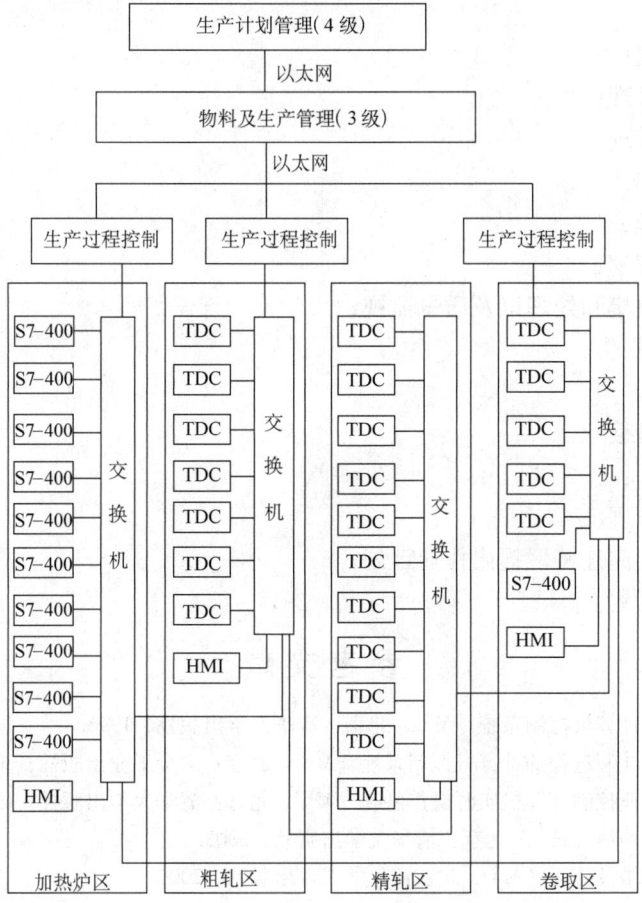

图 12-69　过程优化控制级结构

其功能如下：
(1) 轧制计划管理；
(2) 板坯跟踪；
(3) 最优化温度计算；
(4) 热平衡计算；
(5) 人机对话、图像显示、数据记录；
(6) 设定值计算；
(7) 宽度计算；
(8) 实际数据处理；
(9) 板形控制；
(10) 冷却水控制；
(11) 层流冷却控制；
(12) 轧机负载分配；
(13) 生产质量报告。

12.8.3.6 生产过程控制管理级

生产控制级对生产线和精整线进行生产控制，其功能如下：

（1）轧制计划管理；

（2）物料跟踪；

（3）板坯库管理；

（4）热装计划管理；

（5）精整计划管理；

（6）钢卷库管理；

（7）成品库管理；

（8）发货计划管理；

（9）生产数据收集和处理以及质量监视；

（10）打印生产报告；

（11）人机对话。

12.8.3.7 生产管理级

其管理功能如下：

（1）用户合同管理；

（2）配合热装，向连铸厂提出作业计划；

（3）编制轧制计划。

参 考 文 献

[1] 何克忠，李伟．计算机控制系统［M］．北京：清华大学出版社，1998．

[2] 赵刚，杨永立．轧制过程的计算机控制系统［M］．北京：冶金工业出版社，2003．

[3] 蔡德聪，等．工业控制计算机实时操作系统［M］．北京：清华大学出版社，1999．

[4] 张曾科．计算机网络［M］．北京：清华大学出版社，2003．

[5] 瞿坦．计算机网络及应用［M］．北京：化学工业出版社，2002．

[6] 机械工程手册电机工程手册编委会．电机工程手册：自动化与通信卷．2版．北京：机械工业出版社，1997．

[7] 马国华．监控组态软件及其应用［M］．北京：清华大学出版社．

[8] 刘国林．综合布线系统工程设计［M］．北京：电子工业出版社．

[9] Modicon Concept 编程软件用户手册．

[10] 苏昆哲．西门子 WinCCV6［M］．北京：北京航空航天大学出版社，2004．

第 13 章　电磁兼容性与可靠性

13.1　电磁兼容性概述

电磁兼容性（Electromagnetic Compatibility——EMC）是指装置在规定的电磁环境中正常工作而不对该环境或其他设备造成不允许的扰动的能力。使电气设备或电子装置性能下降、工作不正常或发生故障的电磁扰动称之为电磁干扰（Electromagnetic Interference——EMI）。装置在受到电磁能作用时发生非期望响应特性称为装置的敏感性（susceptibility）。

随着微电子技术和计算机技术的迅速发展，由敏感的电子线路构成的新型电子系统（如微型计算机和小型计算机），不仅在企业管理和办公自动化等领域中，而且在工业生产过程，如化工厂、轧钢厂、炼油厂、发电厂和变电站的测量和控制领域中，获得广泛应用。工业生产过程中的各类工业设备产生的电磁干扰环境使工业过程测量和控制装置处于严酷的电磁环境中。为了保证装置和系统能正常工作，并具有较高的可靠性，这些装置和系统必须经受再现和模拟其工作现场可能遇到的电磁干扰环境的各种试验。

工业过程测量和控制装置电磁兼容性系列标准所考虑的干扰形式起因于外界干扰源对设备和系统的影响。干扰通过电源线直接导入，或通过连接电缆线由电容耦合或电感耦合从干扰源导入，或者通过本地装置和远程装置各自的参考端之间电位差导入。此外，操作人员与仪表盘、外壳或箱柜间的静电放电，以及来源于对讲机、广播电台、电视台、雷达站和工科医设备的辐射电磁场，都可产生干扰。各种工业过程测量和控制装置在使用过程中所涉及的电磁兼容性问题以及工业过程测量和控制装置制造厂商和使用者可能面临的问题如下：

1. 干扰暴露　设备的干扰暴露与其使用时所处的电磁环境有关。干扰程度与干扰源的特性、耦合阻抗的性质、电子装置的灵敏度和接地质量以及在安装现场采取的保护措施密切相关。因此，干扰侵入系统的界面可以是：
(1) 供电线；
(2) 信号输入线；
(3) 信号输出线；
(4) 设备外壳。

干扰注入电路的耦合机理是：
(1) 公共阻抗（电阻性的）；
(2) 电感耦合；
(3) 电容耦合；
(4) 电磁辐射。

通常，环境决定了干扰的形式（频率和重复率）；安装条件决定了施加于设备的干扰等级。

2. 干扰源　不同的工业环境会遇到各种干扰源。需要引起人们注意的干扰源有：开关装置、接触器、继电器、电焊机、广播和电视发射机、携带式无线电话机、移动式无线电发射机、工科医设备和带有静电荷的操作人员。这些干扰源产生的干扰可以分为三大类：

(1) 磁的；

(2) 电的（宽频带、窄频带）；

(3) 电磁的。

由闪电、接地故障或电感电路切换引起的瞬时扰动发生得最频繁，通常干扰是短时和随机的。这些扰动的频率范围从50Hz到数百兆赫，持续时间从10ns到数秒。

在使用携带式无线电话机时，其天线附近形成一个很强的电磁场。这个电磁场可能引起暴露于电磁场中的电子装置产生扰动。

在干燥的大气环境中，特别是在使用地毯的计算机机房内，操作人员所带的电荷会形成很高的电压。如果带有电荷的操作人员触摸计算机单元，就会产生静电放电，导致设备工作异常，甚至损坏。在严酷条件下，放电电压可大于15kV。

3. 敏感性试验　敏感性试验是工业过程测量和控制装置必不可少的试验项目，用于验证装置在电磁环境中的正常工作能力。根据装置安装后所受到的干扰情况、线路的排列（即线路接地和屏蔽方式）、屏蔽质量以及系统工作时所处的环境确定试验类型。

如果忽视上述相关条件，认为装置应该是"独立的"，且适用于任何系统，那么必将要求装置经受各种干扰试验和最严酷的试验等级。这种要求，对大多数装置是不合理的，也是不必要的。因为这将提高装置的成本，阻碍装置的推广使用。因此，试验要求的确认应将整个系统作为一个整体来考虑。

敏感性试验应在系统"工作"（即具有功能信号）时进行。敏感性试验严酷程度的选用应尽可能地模拟装置在正常使用中实际经受的环境条件，并且选用较高的试验值，但不是极端值。

模拟现场可能碰到的所有环境条件是不可能的，然而通过一些标准的敏感性试验依然能够较好地获取装置电磁敏感性资料。下述的各种试验是测试工业过程测量和控制装置电磁敏感性的基本试验。这些试验包含了范围相当广泛的各种电磁干扰。

产生试验信号并对设备进行型式试验，合理地再现大型装置中可能存在的各种随机干扰，目前还存在许多问题。

为了能对试验结果进行比较，必需产生一种比较一致、重复性好的模拟试验信号。

4. 安装设计　尽管各类装置安装的布局千差万别，但是如果在一开始就设法避免由干扰引起的不正常工作和性能下降，那么在设计阶段就需要有可遵循的基本要求。在安装电气和电子系统时，有许多方法可供选择，例如信号线路如何接地、电缆屏蔽层的选择和屏蔽层的接地等。每一种方法都能起到减少干扰的作用。此外，布线时信号电缆和电源电缆的分离处理、使用滤波器和屏蔽外壳、搭接等措施，即使不能消除至少也能减少干扰对敏感线路的耦合。

13.1.1　静电放电

由于环境和安装等原因，诸如相对湿度低、使用低电导率的人造纤维地毯、乙烯基外衣等，将使系统、子系统和外部设备处于静电放电（Electrostatic discharge——ESD 或 Static Electricity Discharge——SED）环境中。因此保护工业过程测量和控制装置不受静电放电的危害，无论对制造厂商还是用户都是一个极为重要的问题。这类设备在广泛采用电子元器件以后，迫切需要确定这一问题的各种因素，寻求一种解决办法，以提高产品/系统的可靠性。静电积聚及随后产生放电这一问题，由于对环境不加控制及各种工厂企业中各种装置和系统的广泛应用而变得令人关切。

合成纤维与干燥的空气相结合，更促使静电电荷的产生。充电的过程千差万别，其中最常见的一种是操作人员在地毯上走动，每一步都将其身上的电子传给化纤织物。操作人员身上穿的衣服与座椅摩擦也能造成电荷交换。操作人员的身体可能直接带电，或者经静电感应而带电。在静电感应带电的情况下，除非操作人员与地毯适当接地，否则导电的地毯就起不了保护作用。

图 13-1 表示了各种化纤织物依据大气相对湿度可能带电的电压值。

装置可能会直接经受电压高达千伏级的放电。这取决于化纤织物的种类和环境的相对湿度。当装置附近的金属物体，如桌椅之间放电时，装置也可能受到电磁能量。

操作人员放电产生的影响可能使装置发生一般性的运转故障，或损坏某些电子元器件，所产生的影响与放电电流的各种参数有关（上升时间、持续时间等）。

最常见的放电现象可说明如下：

（1）如果装置同导电地面接地良好，则放电就会根据电源的能量和电阻所决定的方式，经外壳直接传入大地。在接地通路为低电感时，会产生一个数量级为几纳秒、很陡的尖峰波，和一个数十纳秒的阻尼波尾。

（2）对于外壳不直接接地或接地不良的装置，放电经主电源线传入大地，由电感产生的尖峰波幅度要比上述接地良好的工况时高一个数量级，其波尾仍类似阻尼振荡波。

（3）当大量的放电电流经金属件或主电源线流入大地时，线路元件将承受感应耦合或辐射的影响。

（4）当放电电流沿连接电缆从一个机柜流向另一机柜时，信号可受到干扰的极大影响。

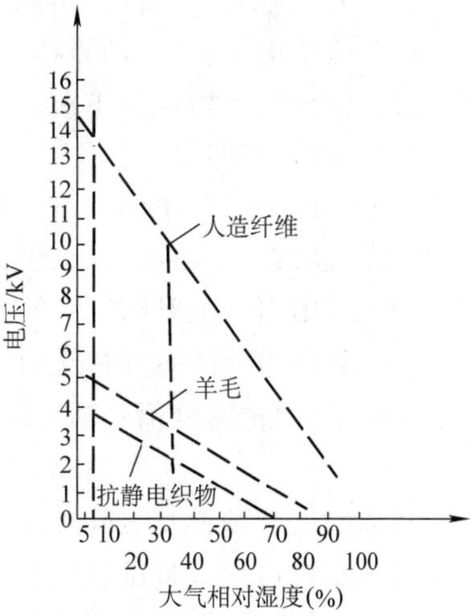

图 13-1 静电放电电压

13.1.1.1 严酷等级

为了确定电控装置的静电放电敏感度，应根据其使用环境条件和安装条件，选择试验的严酷等级，用静电放电发生器进行测试，国标 GB/T 17626.2—1998 对此作了规定，严酷等级见表 13-1。

表 13-1 静电放电试验严酷等级

等级	最低相对湿度（%）	抗静电织物①	人造纤维	最大电压/kV
1	35	×		2
2	10	×		4
3	50		×	8
4	10		×	15

① 抗静电织物其表面电阻率大于 $10^9 \Omega \cdot m$，但小于 $10^{14} \Omega \cdot m$。

对于其他物质，如木材、混凝土、陶瓷、乙烯树脂和金属等，其等级可能不会大于 2 级。

13.1.1.2 静电放电发生器

静电放电发生器简图见图 13-2，放电电流的典型波形见图 13-3。

当静电放电发生器的负载为 1Ω 无感电阻时，所有发生器均应具有以下性能指标：

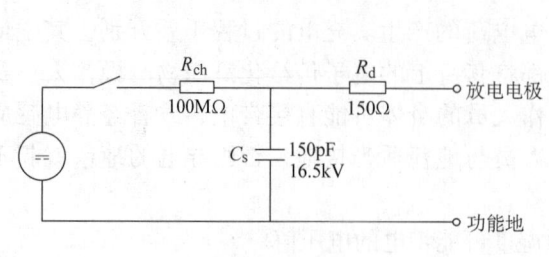

图 13-2　静电放电发生器简图

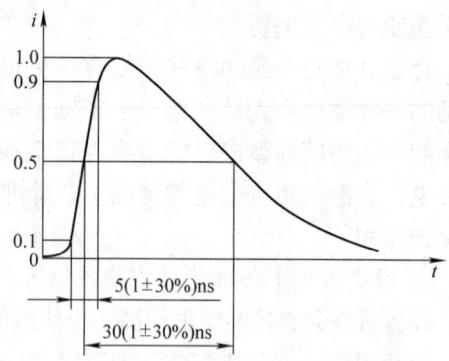

图 13-3　静电放电发生器放电电流典型波形

(1) 储能电容器（C_s）：150（1±10%）pF
(2) 放电电阻（R_d）：150（1±5%）Ω
(3) 充电电阻（R_{ch}）：100（1±10%）MΩ
(4) 输出电压：2～16.5kV（在放电储能电容器上测量的开路电压）
(5) 输出电压极性：正极
(6) 保持时间：5s
(7) 放电方式：单次放电（相邻两次放电间隔时间≥1s）

注：为了进行研究，发生器应能以每秒 20 次的重复率产生放电。

(8) 放电电流上升时间：5（1±30%）ns（放电电压 4kV）
(9) 放电电流的脉冲持续时间（50%）：30（1±30%）ns（放电电压 4kV）
(10) 放电电流峰值：2kV 时 9（1±30%）A，4kV 时 18（1±30%）A
　　　　　　　　8kV 时 37（1±30%）A，15kV 时 70（1±30%）A

具体的试验配置及试验程序参见国标 GB/T 17626.2—1998。

试验结果可根据被试装置的工作条件和功能规范按下列性能准则加以分类：
(1) 在规范极限内性能正常。
(2) 功能或性能暂时降低或丧失，但能自行恢复。
(3) 功能或性能暂时降低或丧失，但需操作者干预或系统复位。
(4) 因装置（元件）损坏而造成不可恢复的功能或性能降低或丧失。

对于验收试验，试验大纲和试验结果的分析应符合有关标准或文件的规定。

13.1.2　辐射电磁场

由于工业现场既配有大电流高电压的电动机、电解槽等强电设备及其连接电缆，它们都向外辐射不同功率的电磁波；便携式电话机、手机等小功率甚高频（VHF）通信器件向外发送的电磁波也会影响电控设备的正常工作。装置对辐射电磁场敏感性的测试是一个必要的试验，由于产生的场强达到一定等级，所以试验必须在专业屏蔽室内进行，以符合我国和国际上有关禁止干扰无线通信的规定。

1. 试验的严酷等级　见表 13-2。
2. 严酷等级的选择　电磁辐射会以某种方式使大多数电子设备受到影响。这种辐射往往是由操作人员、维修和安全检查人员使用的小型手提式无线电话机产生的。本试验所关心的主要是工业过程测量和控制仪表对这种手提式无线电话机产生的辐射的敏感性。

表 13-2　辐射电磁磁场试验严酷等级

等级	实验场强/（V/m）
1	1
2	3
3	10
×	特定

注：频率范围为 27～500MHz。

当然也涉及到其他各种电磁辐射源，例如固定无线电台和电视发射台、移动式无线电发射机以及各种工业电磁辐射源。

除了人为产生的连续型电磁能以外，还有各种由诸如电焊机、晶闸管整流器、荧光灯、驱动感应负载开关等装置产生的寄生辐射。这种干扰主要表现为传导干扰，因此将由其他试验加以考虑。防止连续辐射影响所采用的方法通常也能减少这些干扰源的影响。

电磁环境是按电磁场的强度（场强：V/m）确定的。由于周围建筑物或者临近的其他装置的影响使电磁波失真和（或）反射，因此没有先进的仪表设备要想测量场强，或是以经典的公式和方程式计算场强都是不容易的。

试验的严酷等级应根据被试装置在最终安装好后所暴露的电磁辐射环境加以选择。

下列各级别相对于表 13-2 的试验严酷等级列出的，可作为选择合适等级的准则：

1 级：低级电磁辐射环境，典型的环境如距本地无线电/电视台 1km 以远处和小功率无线电话机附近的地方。

2 级：中等电磁辐射环境，典型环境如靠近携带式无线电话机的装置，但不近于 1m 的地方。

3 级：严酷的电磁辐射环境，典型的环境如紧靠大功率无线电话机的控制装置的地方。

×级：处于极为严酷的电磁辐射环境下的各种场所的未定等级。此等级由用户和制造厂商协商确定，或由制造厂商规定。

试验结果的评定

试验结果可根据被试装置的工作条件和功能规范按下列性能准则加以分类：

（1）在规范极限内性能正常。

（2）功能或性能暂时降低或丧失，但能自行恢复。

（3）功能或性能暂时降低或丧失，但需操作者干预或系统复位。

（4）因装置（元件）损坏而造成不可恢复的功能或性能降低或丧失。

对于验收试验，试验大纲和试验结果的分析应符合有关标准或文件的规定。

13.1.3　电快速瞬变脉冲群

在电控设备中，开关、接触器、继电器的触头在通断时的抖动，电焊机等设备工作时均会产生电快速瞬变脉冲群，这是电控设备常见的一种干扰形式，电控装置的电快速瞬变脉冲群的敏感性是一个重要指标。

13.1.3.1　严酷等级

电快速瞬变脉冲群试验是一种耦合到电子设备电源线、控制线和信号线上的由许多快速瞬变脉冲组成的脉冲群试验，试验的要素是瞬变的上升时间、重复率和能量。试验采用表13-3

所示严酷等级。

开路输出试验电压相当于储能电容器的电压，并将标在快速瞬变脉冲群发生器上。

试验严酷等级应按照最实际的安装条件和环境条件加以选择。

为了确定装置在预计工作环境中的性能等级，应根据这些严酷等级进行抗扰性试验。

对于输入/输出线路，控制、信号线和数据线路，使用试验电压为电源线施加值之半。

表 13-3　电快速瞬变脉冲群试验严酷等级

等级	开路输出试验电压/kV（±10%）	
	在电源上	在输入输出信号、数据和控制线上
1	0.5	0.25
2	1	0.5
3	2	1
4	4	2
×	特定	特定

注："×"为不定级，由用户与制造厂商商定，或由制造厂商加以规定。

根据通常的安装实践，建议按电磁环境要求选择电快速瞬变脉冲群试验的严酷等级：

● 1 级——具有良好保护的环境。

设施具有下列特性：

（1）开关控制线路中电快速瞬变脉冲群全部被抑制；

（2）电源线（AC 和 DC）与来自属于高一级严酷等级的其他环境的测量和控制线路分离；

（3）屏蔽电源电缆的屏蔽层在设备参考地的两端接地，并对供电电源采用滤波的方式加以保护。

计算机房可代表这类环境。

以此等级对装置进行试验，只适用于型式试验中的电源线路及现场试验中的接地线路和装置的机柜。

● 2 级——受保护的环境。

设施具有下列特性：

（1）仅由继电器（无接触器）切换的控制线路对电快速瞬变脉冲群作部分抑制；

（2）全部线路与属于较高严酷环境等级的线路分离；

（3）无屏蔽的电源电缆和控制电缆以物理方式与信号电缆和通信电缆分离。

工厂和电厂的控制室或终端室可代表这类环境。

● 3 级——典型的工业环境。

设施具有下列特性：

（1）仅有继电器（无接触器）切换的控制线路对电快速瞬变脉冲群无抑制；

（2）工业线路与属于较高严酷环境等级的其他线路分离不完善；

（3）电源、控制信号和通信线路采用专用电缆；

（4）电源、控制、信号和通信电缆之间分离不完善；

（5）由导电管道、电缆槽的接地导体（连接保护接地系统）和接地网提供的接地系统。

工业过程装置、电厂和露天高压变电所的继电器房等场所可代表这类环境。

● 4 级——严酷的工业环境。

设施具有下列特性：
(1) 由继电器和接触器切换的控制和电源线路对电快速瞬变脉冲群无抑制；
(2) 工业线路与其他属于较高严酷环境等级的线路不分离；
(3) 电源、控制、信号和通信电缆之间不分离；
(4) 控制和信号线路共用多芯电缆。

电站，露天高压变电站开关装置和工作电压达 500kV 的气体绝缘的配电装置（采用典型的安装措施）等未采取特殊安装措施的工业过程设备、室外区域可代表这类环境。

- ×级——需加以分析的特殊环境。

可根据干扰源与装置的电路、电缆、线路等电磁分离的优劣以及装置的质量，采用高于或低于上述等级的环境等级。应该指出，较高严酷等级的装置线路能够进入严酷等级较低的环境。

13.1.3.2 电快速瞬变脉冲群发生器

为了确定装置对重复电快速瞬变脉冲群的敏感性，应以标准的电快速瞬变脉冲发生器予以测试，该发生器线路简图见图 13-4，脉冲群波形见图 13-5。

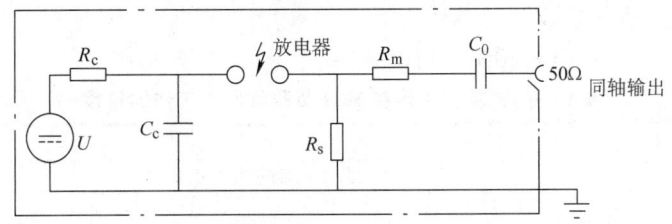

图 13-4 快速瞬变脉冲群发生器电路简图
U—高压源 R_s—脉冲持续时间形成电阻 R_c—充电电阻
R_m—阻抗匹配电阻 C_c—储能电容器 C_0—隔直流电容器

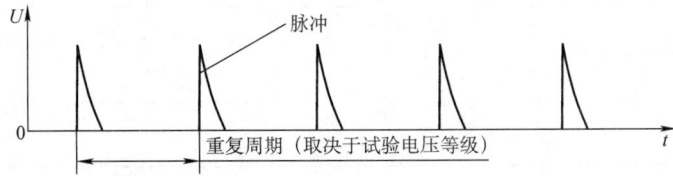

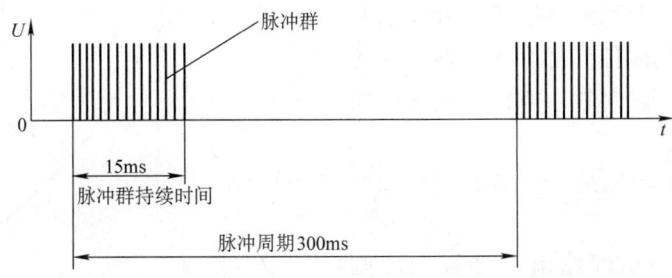

图 13-5 快速瞬变脉冲群波形

试验发生器的主要部件包括：高压电源、充电电阻、储能电容器、放电器、脉冲持续时间成形电阻、阻抗匹配电阻和隔直流电容器。

1. 电快速瞬变脉冲群发生器的性能特性 开路输出电压（储能电容器电压）：0.25（1-10%）~4（1+10%）kV

发生器应具有在短路条件下工作的能力。

2. 电快速瞬变脉冲群发生器性能特性的检定 为使各种不同的试验发生器产生的试验结果能互相比较，试验发生器的特性必须经过检定。因此必须采取下列程序。试验发生器的输出经过一个 50Ω 的同轴衰减器连接到示波器上。测量设备的频宽至少应该是 400MHz，并应监视一个脉冲群内脉冲的上升时间、脉冲持续时间和重复频率。

终端负载为 50Ω 时，检定电快速瞬变脉冲群发生器应具备的工作特性见表 13-4。

(1) 脉冲上升时间：5（1±30%）ns

(2) 脉冲持续时间（50%值）：50（1±30%）ns

(3) 脉冲的重复频率和输出电压的峰值：

0.125kV 时　　5（1±20%）kHz
0.25kV 时　　 5（1±20%）kHz
0.5kV 时　　　5（1±20%）kHz
1.0kV 时　　　5（1±20%）kHz
2.0kV 时　　　2.5（1±20%）kHz

表 13-4 试验发生器在 50Ω 负载条件下工作的特性

项　目	特　性
最大能量	2kV、50Ω 负载上的能量为 4mJ/脉冲
极性	正/负
输出类型	同轴
动态源阻抗①	1~100MHz 之间 50（1±20%）Ω
发生器内部的隔直流电容器	10nF
脉冲重复频率	见 13.1.3.2 节 2.(3)
脉冲上升时间	5（1±30%）ns
脉冲持续时间	50（1±30%）ns
50Ω 负载上匹配输出的脉冲波形	见图 13-6
与电源的关系	异步
脉冲群持续时间	15（1±20%）ms
脉冲群周期	300（1±20%）ms

① 源阻抗可通过分别在无负载和 50Ω 负载条件下测量脉冲的峰值加以验证（比例为 2:1）。

采用发生器进行测试时，可通过电容耦合夹进行连接。

使用耦合夹就能在与线路端子、电缆的屏蔽层或被试装置的其他任何部分无任何电连接的情况下，把电快速瞬变脉冲群耦合到被试线路上。

耦合夹的耦合电容取决于电缆的直径和材料以及屏蔽层（若有）。

耦合夹由罩住被试线路电缆（扁形或圆形）的夹持单元（用镀锌钢、黄铜、铜或铝制成）组成，并应放置在最小面积 1m² 底板上。基准底板的四周至少应超出耦合夹 0.1m。线路的两端应具有高压同轴接头，其任一端与试

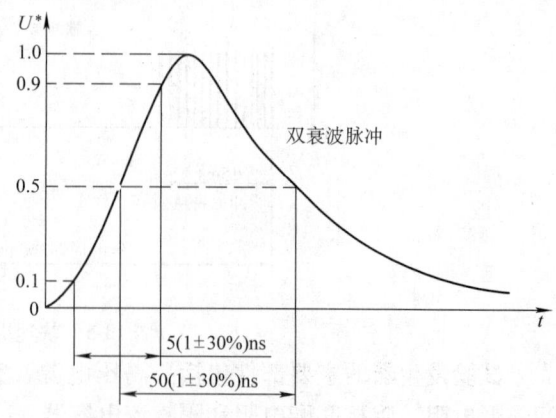

图 13-6　50Ω 负载时单个脉冲的波形

验发生器连接。发生器应连接在耦合夹最接近被试装置的那一端上。耦合夹本身应尽可能合拢，以便在电缆和耦合夹之间提供最大耦合电容。

采用耦合夹的耦合方法适用于验收试验。耦合方法设计用于输入/输出电路和通信线路，也可以用于交流/直流电源线路。

在进行现场试验时，装置或系统应在最终安装条件下进行试验，一般不使用耦合/去耦合网络。详细的试验测试方法见国标 GB/T 17626.4—2008《电磁兼容 试验和测量技术 电快速瞬变脉冲群抗扰度试验》。

试验结果的评定

试验结果可根据被试装置的工作条件和功能规范按下列性能准则加以分类。
(1) 在规范极限内性能正常。
(2) 功能或性能暂时降低或丧失，但能自行恢复。
(3) 功能或性能暂时降低或丧失，但需操作者干预或系统复位。
(4) 因装置（元件）损坏而造成不可恢复的功能或性能降低或丧失。

对于验收试验，试验大纲和试验结果的分析应符合有关标准或文件的规定。

13.2 抗干扰技术

随着电力电子、微电子和计算机技术的迅速开发和广泛应用，原来以强电和电器为主，功能简单的电气控制设备已发展成强弱电紧密结合、以电力电子和微电子器件为核心、功能齐全的新型电子控制设备。在我国，新一代电子控制设备正越来越广泛地应用到国民经济各个部门，并产生了巨大的经济效益。然而，电子控制设备由于其所用的元器件和电子线路具有工作信号电平低、速度快、元器件安装密度高等特点，对电磁干扰较敏感，因而对使用现场的电磁环境要求也较苛刻。另一方面，电子控制设备本身在工作时也向外界发出电磁干扰，往往影响其他电子设备的正常工作。

国内外实践证明，如果现代电子控制设备和系统在设计、制造、安装和使用时缺乏正确的抗干扰技术指导，则往往设备既不能迅速投入正常工作，也不能长期稳定可靠地运行，有的甚至严重影响整个企业的经济效益。特别是近十几年来，自动化技术高度发展，电子控制设备和系统的功能日趋复杂，规模也越来越大，使得电子控制设备的抗干扰问题具有更大的复杂性和普遍性。20 世纪 60 年代初期那种简单地凭经验，定性分析及分散的抗干扰手段远远不能适应这种形势，因而抗干扰问题已成为电子控制设备领域的一个既重要而又迫切需要解决的实际问题。

在此期间，国内外许多部门先后投入了相当力量从事电子控制设备抗干扰技术的研究，国际性的抗干扰（或电磁兼容性）专业组织也相

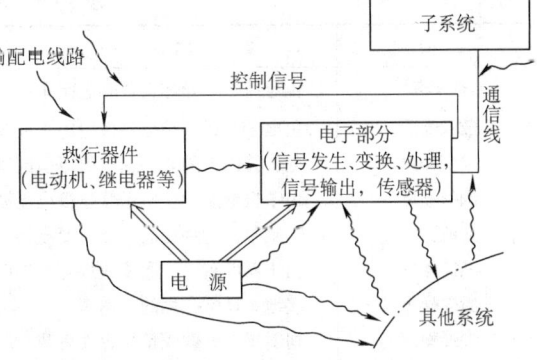

图 13-7 系统电磁干扰关系

继成立，对电磁干扰进行了大量的调查；开发了各种干扰量和抗干扰能力的测试方法和测试仪器，制定了一系列有关抗干扰的试验、设计、施工等标准和规范；大力推广研究成果，将抗干扰技术从凭经验和定性分析的低级阶段提高到依靠科学和定量分析来抑制干扰的高级阶段。现在已

经能够有目的地采取经济而有效的措施来提高电子控制设备的抗干扰能力、减少其发出的干扰，并且使它们能在现场严酷的电磁环境中长期稳定可靠地运行，从而在实践中取得了明显的社会经济效益。

图 13-7 示出电控系统内外电磁干扰的关系，图中的扭曲线表示干扰路径。

13.2.1 抗干扰设计的基本原则

抗干扰设计的基本任务是使系统或装置既不因外界电磁干扰的影响而误动作或丧失功能；也不向外界发送过大的噪声干扰，以免影响其他系统或装置正常工作，所以其设计主要遵循下列三个原则：

（1）抑制噪声源，直接消除干扰产生的原因；

（2）切断电磁干扰的传递途径，或者提高传递途径对电磁干扰的衰减作用，以消除噪声源和受扰设备之间的噪声耦合；

（3）加强受扰设备抵抗电磁干扰的能力，降低其噪声敏感度。

为实现上述原则，对于具体电磁环境的噪声与干扰的物理性质、噪声产生的机理、噪声的频谱特性、噪声的传递方式、受扰设备本身的抗扰性能等，不仅要有定性了解，还要有定量分析，这样才能得到好的效果。目前国内外在这方面虽然已有大量实验经验，但在定量方面具体的测试、试验方法还是较少的。许多问题尚有待进一步研究。

13.2.2 噪声的分类

噪声的定义：任何不希望有的信号，确切地说是在一有用频带内的任何不希望有的干扰。对于电噪声来说："叠加于有用信号上的扰乱信号传输，使原来的有用信号发生畸变变化的电物理量叫电噪声，简称噪声"。

噪声的种类繁多，其产生、传递及抑制的方法也各不相同。可以按噪声产生的原因、性质、波形、持续时间或传递方式来分类。下面是以产生原因来分类，分为内部噪声和外部噪声。

（1）内部噪声是指电子设备和装置内部或器件本身产生的噪声，见表 13-5。

表 13-5 内部噪声种类

类型	产 生 原 因
热噪声	由导体、半导体器件和电阻中电子热骚动所形成的电子噪声
散粒噪声	由电子管或半导体器件内电子或载流子的不规则、不连续的运动而引起的电压起伏现象
闪变噪声	电子管内各种表面漏电效应引起载流子密度的波动所产生的低频噪声
颤动噪声	由于机械振动使电子管电极电流波动而产生
交流噪声	工频整流电路滤波不佳、变压器漏磁通感应分量，导致输出中混入交流分量，产生交流噪声
感应噪声	由于器件布局、配线或接地不当所产生的静电感应、电磁感应噪声
断裂噪声	接地不良所产生的"咯喇"、"卡塔"噪声
尖峰噪声	切断感性负载或接通容性负载时所产生的冲击或衰减振荡噪声
振荡噪声	由于去耦不佳，部分输出功率反馈到输入引起放大电路产生振荡
反射噪声	高速电路长线传输时，由于阻抗不匹配，发生信号传输反射，引起信号波形畸变
其他	谐波、器件特性变坏等引起的噪声

（2）外部噪声是指从外部侵入电子设备和装置的噪声，主要是自然噪声和来自其他机器和设备的噪声（人为噪声）见表 13-6。

第 13 章 电磁兼容性与可靠性

表 13-6 外部噪声种类

噪声来源		原因	特点
自然噪声	大气层噪声	当大气层中有构成电荷分离、积蓄等条件时所产生的充放电现象,如雷闪、台风、火山喷烟、黄砂、飞雪等	火花放电,频带甚宽,传送距离甚远,随季节和地区不同而变化
	太阳噪声	由于太阳黑子或磁暴发射出的电磁噪声	强度与黑子活动状况有关,严重干扰通信
	宇宙噪声	宇宙中电子转移、星体爆炸等产生	干扰无线电通信和危害宇宙航行
人为噪声	有触点电器	继电器、接触器、电磁开关的开关动作	火花放电,电弧放电,脉冲噪声
	带换向器电动机的机械	电钻、汽车发动机、吸尘器、搅拌器、直流电动机	火花放电,电弧放电
	放电管	荧光灯、高压汞灯	辉光放电
	半导体控制装置	晶闸管、逆变器、开关电源	谐波,高频噪声
	高频设备	高频加热器、电焊机、超高频理疗器械、电测仪	高频噪声
	超声波设备	探伤仪、测深仪、洗涤器	高频噪声
	电力输配电线路	工频感应、静电、电磁感应、大地漏电流、绝缘老化、触点接触不良	工频或脉冲噪声,电晕放电,电弧放电
	电气化铁路	整流装置、供电接触不稳,本身引起反射	火花放电、电弧放电反射
	大功率发射装置接收装置	广播设备、雷达、发报机、电视机、调频机、调幅机	辐射噪声
	电子计算机	时钟发生器	高频脉冲
	核爆炸	气体电离使地磁场剧烈异变产生 100kA 的电磁脉冲	电磁脉冲波

在电子控制电路中,常按照噪声对电路的干扰模式分为常模噪声和共模噪声,这样便于采取相应抑制措施。

1) 常模噪声 又称线间感应噪声、对称噪声、串模噪声或差动噪声。噪声侵入信号的往返线路上,见图 13-8a。图中,N 为噪声源,U_N 为噪声电压,R 为电子设备。噪声电流 I_N 和信号电流 I_S 有相同的路径和流动方向,这种噪声较难抑制。

2) 共模噪声 又称对地感应噪声、不对称噪声。如图 13-8b 所示,噪声电流在信号两条往返线上各流过一部分,而以地为公共回路。这种噪声较易抑制和消除,但往往会由于线路不对称,使共模噪声转化为常模噪声而难于抑制。

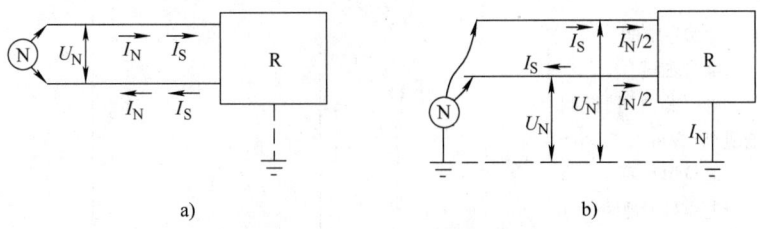

图 13-8 噪声对电路的干扰模式
a) 常模噪声 b) 共模噪声

13.2.3 噪声的传递方式

可以认为，所有的噪声都是通过各种导线、空间或大地传递的。表13-7列出各种传递方式的基本情况。

电子线路中各种噪声可以以静电感应、电磁感应、公共阻抗耦合和漏电流耦合等多种方式表现出来，表13-8列出各种噪声耦合机理及其抑制的基本方式。

表 13-7 噪声的传递方式

传递途径	传递方式	特　点	噪声表现方式
导　线	传　导	经导线侵入	由电源线、控制线或信号线侵入，常模噪声，共模噪声
空　间	辐　射	与辐射电磁场距辐射源的距离和波长有关	电磁波
	感　应	平行配线或多芯电缆等近距离电磁场	静电感应：高阻抗电场静电耦合 电磁感应：低阻抗磁场电磁耦合
大地或接地电路	地线传导、地线感应	地线上产生噪声电压	由地线侵入的静电耦合或电磁耦合噪声；外电流流入裸线的电导耦合噪声；接地线成为天线向外辐射噪声
	接地噪声	地电流	接地点间电位差形成共模噪声

表 13-8 噪声耦合机理及抑制方法

分类		静电感应	电磁感应	公共阻抗耦合	漏电流耦合
耦合机理	等效电路估算公式	$U_2 = j\omega C U_1 Z$	$U_2 = j\omega M I_1$	$U_2 = R I_1 + j\omega L I_1$	$U_2 = \dfrac{U_1}{R} Z$
与实际元件的对应关系（括弧内为举例和典型数据）		·元件内部的分布电容（电阻器、线圈） ·元件内部的耦合电容（光耦合器0.8pF、大功率继电器15pF、舌簧继电器2pF） ·元件相互间 ·元件和大地间 ·端子或插座的引脚间 ·印制导线间 ·配线之间 ·电缆芯线间（控制电缆90pF/m） ·电缆相互间 ·电缆与大地间的分布电容	·电磁元件漏磁通（变压器、线圈、继电器、扼流圈） ·印制导线间 ·电缆间的互感	·交流电源阻抗（供电变压器、配电线） ·直流电源阻抗（输出阻抗） ·导线阻抗（供电线、条型电源母线、小型母线、印制导线、特别是印制导线中的公用零线和公用接地线）	·印制电路板表面（尤其在运算放大器的输入附近） ·端子板表面 ·继电器端子间 ·加热炉和加热器与热电偶间的漏电流 ·电容器漏电流 ·二极管反向漏电流

(续)

分类	静电感应	电磁感应	公共阻抗耦合	漏电流耦合
防止耦合的主要方法(根据估算公式得出的基本技术措施)	·减少噪声电压 U_1 ·抑制高频分量(或抑制电压的急剧变化) ·减少耦合电容(隔离、减少相对部分的面积,或减少导线平行长度、加屏蔽) ·减少二次阻抗 Z	·减少噪声电流 I_1 ·抑制高频分量(或抑制电流的急剧变化) ·减少互感(隔离、将线圈的轴向错开、增加相互间距离、减少环路面积、磁屏蔽、用双绞线)	·减少噪声电流 I_1 ·抑制高频分量(或抑制电流的急剧变化) ·抑制电阻分量 R（也注意集肤效应) ·抑制本身电感 L（导线截面积、编织线、无感线圈)	·减少噪声电压 U_1 ·增加绝缘电阻 R（材料、爬电距离、表面处理) ·隔板 ·减少二次阻抗 Z

13.2.4 抗干扰的基本措施

抗干扰技术的基本方法是基于前述的三个原则进行的。一般来说,对于噪声源,可采用滤波、阻尼、屏蔽、阻抗匹配、对称或平衡配线,以及电路去耦等措施;对于被干扰设备,可采用提高信噪比、增加开关时间、提高功率等级,以及对电源和信号滤波等措施。根据电磁环境,装置的工作要求选用,往往是多种措施并列采用,才能得到满意的抗干扰效果。表13-9 列出这种最基本的措施供设计参考,具体的实施方法于后详述。

表 13-9 最基本的抗干扰措施

措施	适用范围	方　式
电路/器件	旋转机械	采用 RC、LC 滤波器等
	继电器等感性负载	采用 RC、二极管等
	电子电路	采用旁路电容器、压敏电阻、积分电路、光隔离器等
滤波	电源回路	用常模、共模滤波器,铁氧体磁珠,电源变压器,非线性电阻器等
	信号回路	用共模滤波器、传输滤波器等
屏蔽	壳、套、罩	用机壳、盒、箱、屏蔽网、板、室等
	封装插件	用衬板、垫圈、密封材料等
布线	配线	用分类走线、屏蔽线、绞合线、同轴电缆等
	连接器	用带屏蔽的接插件、滤波连接器等
接地	结构（件）	通过建筑物、机房、柜、箱、盒、屏、底盘等接地
	电路、导线	各种电缆的外皮接地

13.2.5 抗干扰设计的检查细则

根据上述噪声发生、传递及干扰的机理,以及抗干扰的基本措施,在系统设计和产品生产调试中应自始至终予以检查、改进,以达到预期的目的,表13-10 列出常见的自检项目。

表 13-10 抗干扰自检项目

项号	类别	检查项目	采取的措施
1	设计	本设备运行时对其他装置的干扰	抑制对外的电磁干扰
2		设备在所规定的电磁环境中的抗干扰能力	
3		现场的电源波动和温度变化的影响	测试现场条件，采取措施
4		负载变化及通断的浪涌对器件的危害	防浪涌措施
5		大电容负载的冲击电流和过电压的抑制能力	加限流电阻、电感、保护二极管
6		TTL 电流源器件"与"连接时个别器件过电流损坏的可能性	
7		电源短路的保护措施	
8	电源	电源通断时产生的尖峰脉冲的影响	采用过零开关或错开敏感期
9		电网波动对电源的影响	加自动调压器
10		电源发生瞬时变化时的工作稳定性	加自动调压器
11		连续运行的局部温升异常	散热通风措施
12		集成式电源或运算放大器有否自锁现象	纠正电源建立顺序
13	输入输出	集成电路开关动作引起的振荡、尤其是前后沿时间短于 $1\mu s$ 时	加整形电路
14		作为其他电路（晶体管等）输入的集成电路与输出信号匹配	提高晶体管输入阻抗等
15		集成电路多余输入端的处理	合并或接电源
16		集电极开路的集成元件输出端配置"上拉电阻"，以提高噪声容限	接 $1\sim 10\mathrm{k}\Omega$ 上拉电阻
17		集成电路输入端配置接地电阻或负钳位电压，以保持输入为低电平	接 390Ω 以下接地电阻或加钳位二极管
18	信号波形	时钟脉冲或信号有无双脉冲、振铃和振荡现象	
19		触发器的触发脉冲宽度和信号宽度是否过宽	
20		集成式单稳态触发器的尖脉冲干扰动作	加积分电路或加选通信号
21	布线	开关电路印制板的电源加旁路电容器，降低板内电源干扰	
22		印制板组成系统的调试步骤合理，以免某板过额运行	
23		印制板的插拔操作，及其对其他板的影响	
24		各印制板接地线的电位差影响	合理布线
25		屏蔽线的一点接地	
26		动力线与信号线的干扰影响	分开布线或加屏蔽
27		交流接地与数控装置机壳分开接地	
28	加工工艺	双列直插式集成电路插脚不宜多次弯曲	弯曲不应超过30°
29		电烙铁漏电	
30		钳子、螺钉旋具的磁化	
31		印制线条有无断开或短路	
32		装配中的静电危害	操作者、工作台、地面去静电措施
33		焊接温度过高	不超过260°C，采用浸焊

13.3 常见噪声的抑制

对于工业电气传动自动化装置而言,出现剧烈的电流或电压变化的部位便是噪声源。根据电荷移动方式,可分为放电、浪涌和振荡三类;按干扰侵入方式可分为六类:
(1) 由动力线侵入的传导干扰;
(2) 由数据线或信号线侵入的传导干扰;
(3) 直接进入电子设备的辐射干扰;
(4) 经动力线混入的辐射干扰;
(5) 经数据线或信号线混入的辐射干扰;
(6) 电子设备本身产生的电磁干扰。

13.3.1 电网噪声的抑制

在工程中导致设备故障停产的外部干扰中,最危险的是电网中脉宽小于 $1\mu s$ 的尖峰脉冲和大于 10ms 的持续噪声。其主要表现形式是正弦波上叠加正负尖脉冲或高频分量;持续的过电压、欠电压、缺口或断电。

13.3.1.1 起因及特点

尖峰脉冲多数是由于投切感性或容性负载、故障跳闸、熔断器熔断以及雷电引起的。其在高压侧表现为重复性的振荡脉冲,振荡频率为 5kHz~10MHz,脉宽在 $50\mu s$ 以内,幅值为 200~3000V,有效电流在 50A 以内,重复频率为 1~100 次/s。在低压侧表现为不规则的正负脉冲,偶尔有振荡脉冲波,频率高达 20MHz,前沿陡(约 5ns),有效电流在 100A 以内,幅值为 100V~10kV。

持续噪声多是由于过载或短路时,断路器动作引起的 0.5s 以上的停电;其次是大型异步电动机起动、熔断或雷击造成的短时扰动。在电网中幅值波动可达到额定值的 +10%~-15% 以上。在电气传动装置电网中,由于使用晶闸管而引起电网的"污染"问题在第 11 章中详述。

13.3.1.2 雷电浪涌的抑制

雷电是一个强烈的噪声源。当雷云直接向动力线放电时,称为直击雷,其电压高达 5×10^6V,后果严重,必须设置避雷针避免发生直击雷。此外,当直击雷击中架空地线或铁塔时,有时会使该处电压急剧升高,发生对附近配电线路飞弧现象,从而损坏配电系统,其原因是架空地线或铁塔接地电阻太大,应降低接地电阻。

其次为感应雷,即当线路附近发生雷击时,在线路上感应电荷迅速移动和消失时产生的浪涌电压,电压高达 4×10^6V,破坏性很强,抑制办法是对线路或设备设置静电屏蔽。

13.3.1.3 交流电网传输噪声的抑制

常采用多种措施,根据电磁环境和设备的重要性采取一种或多种措施,以免交流电网中的噪声进入直流电源中。

1. 在设备进线端设置低通滤波器 这是一个无源四端网络,电源通过它后可保留直流分量和低于其截止频率 f_0 的谐波,而高于 f_0 的谐波则被滤掉。它能抑制电源的高频、脉冲噪声,但对抑制变压器投入时的励磁电流浪涌及超声波干扰无明显效果。表 13-11 列出一些实用低通滤波器的实例。表中 C_1、C_2 可采用纸介电容器,C_3 可采用云母、瓷介等高频电容器。

表 13-11　实用低通滤波器线路图

名称	特征	L /mH	C_1 /μF	C_2 /μF	C_3 /pF	电路图
电容滤波器	线间		0.47~2			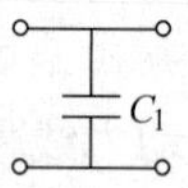
电容滤波器	对地			0.47~2		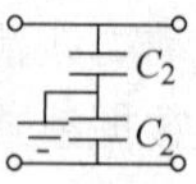
电容滤波器	混合		0.47~2	0.47~2		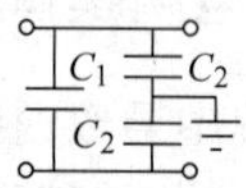
$LC\pi$ 形混合滤波器	线间		0.47~2	0.47~2		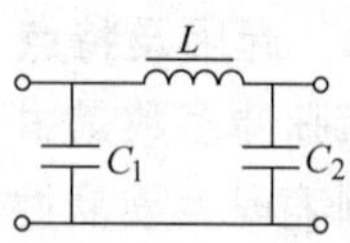
$LC\pi$ 形混合滤波器	对地		0.47~2	0.47~2		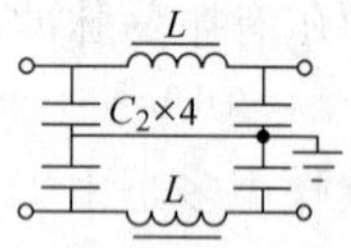
$LC\pi$ 形滤波器	混合Ⅰ	数个到数十个	0.1~1	0.47~2		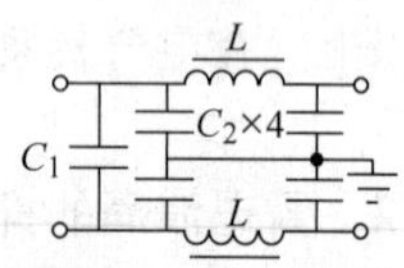
$LC\pi$ 形滤波器	混合Ⅱ	0.1~1	0.47~2	数百到数千		
LC 双 π 形滤波器	线间		0.1~1			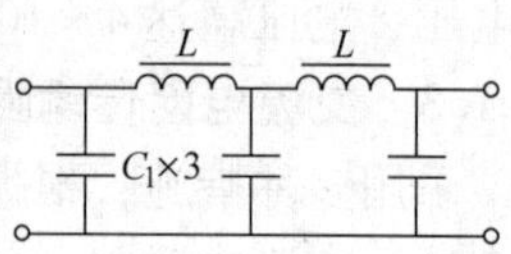
LC 双 π 形滤波器	对地	数个到200	0.1~1	0.47~2		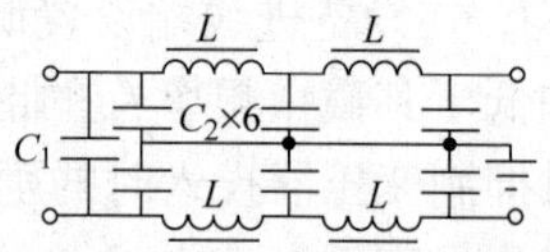

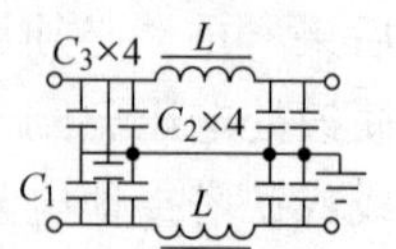

在设计时,应考虑同时采用线间及对地滤波,一般对地干扰较大。如一级效果不佳,可考虑多级滤波。安装时应注意下列几点:

(1) 多级滤波器的输入电感线圈与输出电感线圈不可平行相邻布置;
(2) 电容器的引线尽可能短;
(3) 全部导线要贴地敷设;
(4) 滤波器尽量靠近控制装置;
(5) 滤波器本身必须屏蔽,屏蔽外壳直接固定于控制柜机壳,并有良好接触。

2. 设隔离变压器 带多重屏蔽的隔离变压器能有效地抑制浪涌噪声和中频噪声。现在多采用三重屏蔽变压器(如 XB 系列电源变压器)、一次侧屏蔽层接大地,可有效消除共模噪声;二次侧屏蔽层接系统地或逻辑公共地;二次侧最外层屏蔽亦接系统地。实验证明,这样可以使电网中的脉冲浪涌和高频噪声降低到原来的 60% ~ 70%,但对于晶闸管引起的电网波形畸变无什么改善作用。

3. 设稳压器 当电网电压有较大波动,超过 ±20% 时(一般为 ±10%),应加设稳压器,采用磁饱和稳压器的稳压效果较电子管式稳压器为好,使用得比较多,近年来推广的交流稳压变压器,兼有稳压、变压、抗干扰作用,已应用较普遍。在交流电压波动超过 +30% ~ -40% 的场合,采用晶闸管稳压环节是适宜的。

对于一般模拟量运算电路和低速数字电路,可以不用滤波器和隔离变压器。

13.3.1.4 瞬变噪声的抑制

在切换感性负载或容性负载时,当负载中电流急剧变化时,由于 $\mathrm{d}i/\mathrm{d}t,\mathrm{d}u/\mathrm{d}t$ 作用,在电网中形成很高的脉冲瞬变噪声,这类噪声频谱宽,能量大,范围广,对电子器件,尤其是集成电路的危害性大,在设计中必须采取措施。

1. 切断感性负载 这种情况所产生的瞬变电压峰值可高达几千伏,含有丰富的谐波,不仅可以通过导线直接进入器件电源,而且可以通过线间分布电容、绝缘电阻侵入逻辑系统。触点的断弧火花,还将产生辐射噪声。交直流感性负载瞬变噪声的抑制措施见表 13-12,国内常用交流接触器的 RC 网络配置见表 13-13。

表 13-12 感性负载瞬变噪声抑制网络

网络名称	适用情况	设置位置	特 点	图 例	参数计算
R 网络	交流或直流	线圈	能抑制反电动势,简单,缺点是耗能,降低工作频率		$e_L = I_0 R$ I_0—断开前线圈电流(下同) E—交流时为有效值
D 网络	直流	线圈	抑制反电动势效果最好,但使电磁机构释放延时,降低灵敏度		$e_L = I_0 r_0 + U_{VD}$ r_0—线圈内阻(下同) U_{VD}—二极管正向压降 VD 的耐压 $\geq E$ VD 的额定电流 $\geq I_0$

（续）

网络名称	适用情况	设置位置	特　点	图　例	参数计算
R-D 网络	直流	线圈	可满足动作灵敏度与反电动势抑制兼顾的要求		VD 的参数同 D 网络 R 的参数值为几十欧～几十千欧 $e_L = I_0(r_0 + R) + U_{VD}$ R 增加，动作灵敏度增加，干扰电动势增加
RC 网络	交流或直流	线圈或触点	在交直流电路中广泛采用，价廉，精心选择参数可得到较好效果		直流回路中： C 的参数值为 0.01～2μF，线圈电感较大，则 C 亦较大 R 的参数值为几十～几百欧 线圈电感愈大，则 C 取最大值，R 取最小值 交流回路中： C 的参数值为 0.4～1μF（2μF） C 耐压 $U_C \geqslant \sqrt{2}U$ R 值为几十欧～几千欧，电阻额定功率为 2W
RC-D 网络	直流	线圈或触点	用于线圈内阻较小的电路，效果比 RC 网络好，尤其用于触点时		VD 的参数同 D 网络 C 的参数同 RC 网络 $R > 10\dfrac{E}{I_A}$ I_A——触点最小飞弧电流，对金、银、合金触点为 0.4A
稳压管网络	交流或直流	线圈或触点	效果与 RC 网络、R-D 网络相近，经济性较差，体积小，用于低电压、小电流		用于触点时： $e_L = \sqrt{2}u + U_{VS}$ U_{VS} 为稳压管的稳定电压，U_{VS} 大，则灵敏度好，但抗干扰性差 用于线圈时： $e_L = U_{VS} + 1V$ $U_{VS} = 1.5\sqrt{2}u$（交流回路） $I_{VS} \geqslant I_0$
压敏电阻网络	交流或直流	线圈或触点	应用广泛，体积小，重量轻，价格低，频响快，选用方便，但残留电压较高，对电弧抑制效果差		接在线圈上时： $1.25E \leqslant U_标，u_残 < 300V$ $I_标 > I_1 = (1\% \sim 10\%)I_0$ 接在触点上时： $u_残 < 300V$ $1.25E - I_1r_0 \leqslant U_标 < 300$ $I_标 > I_1 = (1\% \sim 10\%)I_0$ $U_标、I_标$——标称电压、电流 $u_残$——残留电压 E——电源电压，交流时为峰值

(续)

网络名称	适用情况	设置位置	特点	图例	参数计算
混合型	交流或直流	线圈或触点			

表 13-13 国内常用交流接触器的 RC 网络

接触器型号	50/60Hz 额定控制电源供电电压/V												P_R 电阻的额定功率/W
	24		42~48		60		110~127		220		230~240		
	R/Ω	$C/\mu F$	R/Ω	$C/\mu F$	R/Ω	$C/\mu F$	R/Ω	$C/\mu F$	R/Ω	$C/\mu F$	R/Ω	$C/\mu F$	
3TH2	39	2.2	150	0.68	220	0.33	680	0.082	2200	0.02	2200	0.02	0.33
3TH4/3TH3	22	3.9	68	1.0	150	0.68	220	0.2	1000	0.068	1000	0.068	0.33
3TF2	39	2.2	150	0.68	220	0.33	680	0.082	2200	0.02	2200	0.02	0.33
3TF40-45 3TF30-35	22	3.9	68	1.0	150	0.68	220	0.2	1000	0.068	1000	0.068	0.33
3TF46/47	10	6.8	33	2.2	68	1.6	270	0.33	1000	0.1	1000	0.1	0.5
3TF48①/49	4.7	15	15	4.7	27	2.7	120	0.68	390	0.22	390	0.22	0.5
3TF50①/51	3.9	18	10	5.6	22	3.3	100	0.82	330	0.27	330	0.27	0.5
3TF52①/53	2.7	22	10	6.8	15	3.9	68	1.0	270	0.33	270	0.33	1.0
3TF54①/55	2.2	39	4.7	2.7	10	6.8	47	2.2	150	0.68	150	0.68	1.0
3TF56①	2.2	47	4.7	15	10	8.2	47	2.7	150	0.82	150	0.82	1.5
3TF57/3TF68	3TF57 和 3TF68 批量生产 U_S =600V 及以下并接上压敏电阻												
3TC44	68	3.9	68	1.0	150	0.68	220	0.2	1000	0.068	1000	0.068	0.33
3TC48	4.7	15	15	4.7	27	2.7	120	0.68	390	0.22	370	0.22	0.5
3TC52	2.7	22	10	6.8	15	3.9	68	1.0	270	0.33	270	0.33	1.0
3TC56	2.2	47	4.7	15	10	8.2	47	2.7	150	0.82	150	0.82	1.5

注：当交流接触器线圈电压为 380V 时，可用两个用于 230V 的 RC 元件串联后使用。

① 这些数值也适用于相当于 AC-1 接触器的 3TK4 和 3TK5 。

2. 大功率负载切换　机械式开关、继电器或接触器等触点切换交流大功率负载时，由于动作时间与波形不同步，若在电源电压或电流瞬时值较高处接通负载，或在负载电压或电流瞬时值较高处断开负载，便会出现很大的尖峰电流或浪涌电压。采用晶闸管过零开关（又称零伏开关或交流同步开关）在电源电压瞬时值过零处接通负载，或在负载电压（或电流）瞬时值过零处断开负载，便可实行无噪声切换。

图 13-9 为国际上采用的几种集成电路过零开关的原理图。

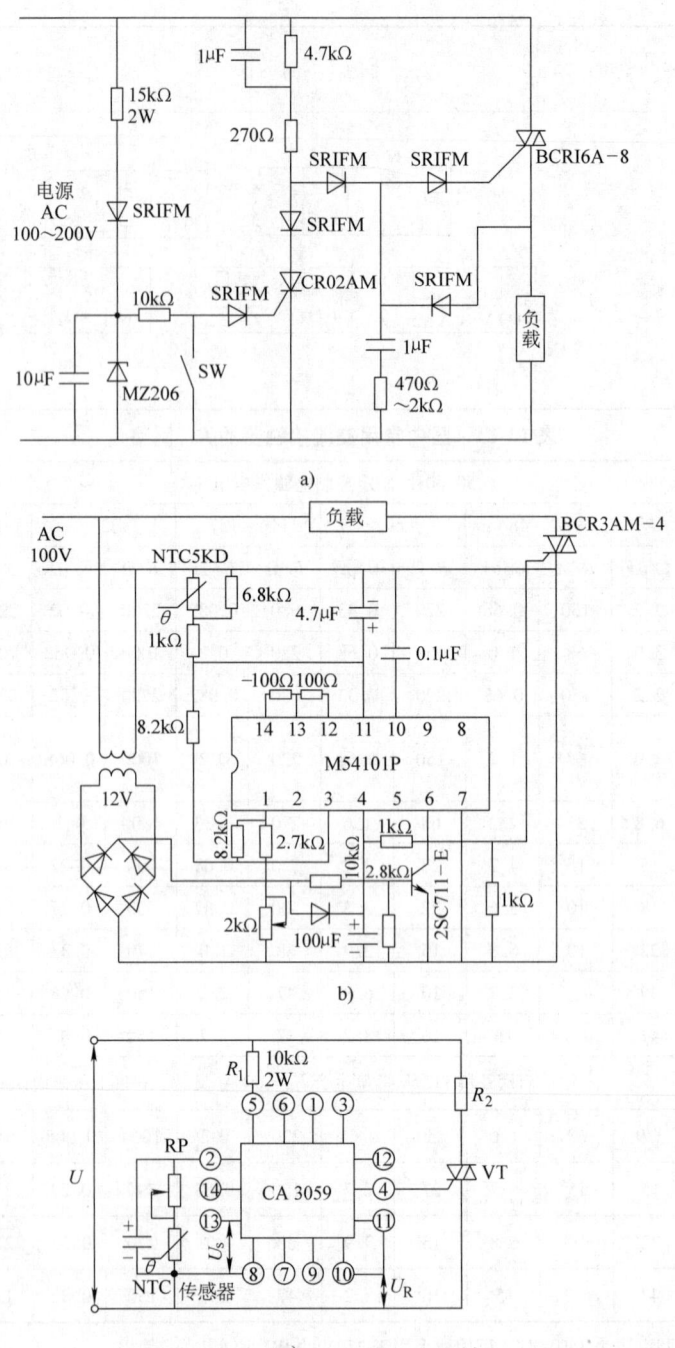

图 13-9 过零开关原理图
a) 分立元件 b) 莫托罗拉公司器件 c) IC 器件

3. 接通容性负载 电容或大电流负载合闸时会产生很大的电流冲击，引起瞬变噪声，一般采用图 13-10 所示几种限流措施予以抑制。

13.3.1.5 晶闸管变流装置噪声的抑制

目前晶闸管变流装置已广泛用于工业、民用等各个领域，随之而来的是电磁环境被严重

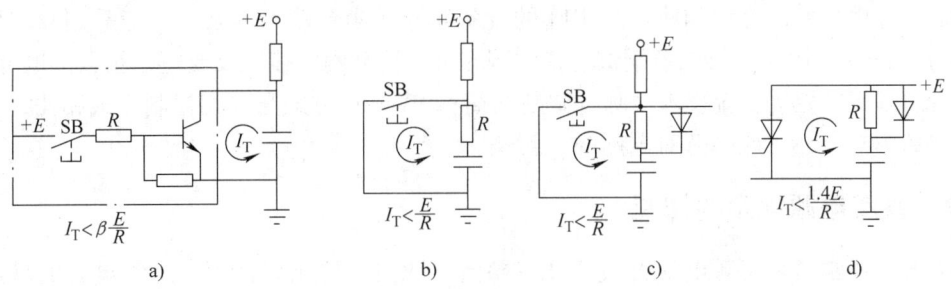

图 13-10 容性负载瞬变噪声的抑制措施

恶化,尤其是在"小电网"工况下运行的晶闸管变流装置,对电网产生严重的"污染"。当电网的短路容量比晶闸管变流装置的容量大 30~50 倍时,允许装置直接接入电网,详见第 11 章。

由于矩形电流中含有丰富的谐波,使电网波形发生严重畸变;晶闸管换相时宽而深的缺口使电网电压严重跌落,有时可超过 20%;高频的开关动作还将产生 300kHz~3MHz 的高频辐射噪声,严重干扰周围的电子电路、通信线路的正常工作;在深控调速时,使电网功率因数大大降低。通常可采用下列措施:

1. **增加变流装置的相数** 大部分晶闸管装置采用三相桥式线路,变流脉波数为 6,相应谐波成分为 5、7、11、13…谐波电流的幅值为基波电流的 1/5、1/7、1/11、1/13…在必要时可采用 12 脉波电路,此时谐波电流成分为 11、13、…,幅值为 1/11、1/13…这样装置虽然复杂了,但对电网的"污染"却大大降低,功率因数提高,在大功率变流装置中采用是适宜的。

2. **采用滤波和无功功率补偿装置** 晶闸管引起的电网电压波动,其根源是无功功率变化所引起的,采用传统的调相机、静电电容器组,可对无功进行静态的补偿,但不能实现动态无功功率补偿。目前多应用电力电子技术,加设静止型无功功率补偿装置,简称 SVC(Static Var Compensator),由晶闸管、电抗器或电容器组成的装置来实现无功补偿。这种补偿技术与交流调速技术和高压直流输电技术是当代电工领域的三大热门技术。在国内外主要用于超高压输电系统和大功率变流装置。国内已用于大型钢铁企业以及船舶电力系统中。

为了滤去谐波,可以在交流电源线间并入固定的 LC 串联谐振补偿装置。详见本手册第 11 章。各组 LC 参数配置应满足 5 次、7 次等谐振条件。这种方法简单,缺点是变流装置轻载运行时,容性负载会引起电网电压升高,出现过补,应予以控制投切。

3. **设线路电抗器** 为抑制晶闸管换相缺口对电网电压波形的影响,在公用整流变压器的情况下,可在变流装置的进线端串入线路电抗器或将磁环套在进线上。线路电抗器电感量根据负载电流的大小来确定。一般使线路电抗器在通过额定电流时的电压降为线路额定电压的 4%~10%。在有单独整流变压器的场合,变压器的漏感亦起类似作用。

4. **射频噪声的抑制** 由于晶闸管通断工作所产生的高频噪声正处于调幅广播频段,形成射频干扰(简称 RFI)。其一部分高频能量经输入输出线传输,向空间发射,影响电力线附近的通信设备,形成传导 RFI;另一部分由晶闸管变流装置直接向外辐射,侵入天线,形成辐射 RFI。其抑制措施如下:

(1) 在晶闸管支路上串入几微亨到几十微亨的电抗器或磁环,降低电流变化率;
(2) 晶闸管的阴阳极间并联 RC 支路、抑制关断过电压,避免振荡;
(3) 信号线串接 π 形 LC 高频滤波器,L 为几微亨,C 为几微法;

(4) 用导电性好的金属网将产生 RFI 的设备和导线实行静电屏蔽。一般采用双层网，网孔间隔为 5mm。金属网材料以黄铜最佳，铁网亦可，注意网的接地线要短、粗且接地可靠；

5. 采用 PWM 控制变流技术　脉宽调制（简称 PWM）方式与移相控制方式相比，对电网的功率因数影响小，亦能降低对电网的"污染"。

13.3.2　直流电源噪声的抑制

直流电源通常是由工频电流经过变压、整流、滤波、稳压后得到，这类电源的噪声主要是来自电网的传导噪声和本身滤波不佳引起的纹波噪声，前者的抑制措施在 13.2.3 节中已叙述过，不再重复。至于纹波噪声，交流噪声可通过增加滤波级数或加大滤波电容予以消除。通常的滤波电容均采用电解电容器，但由于制造工艺问题，存在较大的分布电感，故而应另并联一个 $0.1 \sim 0.47 \mu F$ 的高频电容器，一般可采用独石电容器、瓷介质电容器或玻璃釉电容器等，用以旁路高频脉冲干扰。

目前在工业中已广泛采用高频开关电源，它具有体积小、效率高、重量轻的优点，但是这类电源的噪声幅度大、频带宽、辐射严重，故而应采用特殊的抗干扰措施。一般可考虑以下几方面。

（1）开关电源的谐波电压（即噪声电压）是其开关特性所决定的，不可避免。虽然降低开关电压的差值、增加开关时间、降低开关频率均能使谐波电压下降，但随之却使电源变压器增大、效率降低，在设计时应合理选择。

（2）设置滤波器、旁路电容器、浪涌吸收器，见图 13-11。图中，L_C、C_Y 组成共模滤波器，L_C 为环形铁心，采用双股绕法，L_E 为接地电感，亦起抑制共模噪声作用，L_D、C_X 组成常模滤波器，C_K 为集电极对地电容。一般 $L_C = 1 \sim 3mH$、$C_X = 0.1 \sim 0.47 \mu F$、$C_Y = 2000 \sim 6800 pF$、$L_D = 100 \sim 500 \mu H$。根据噪声情况，$C_X$ 可取 $1 \sim 10 \mu F$。

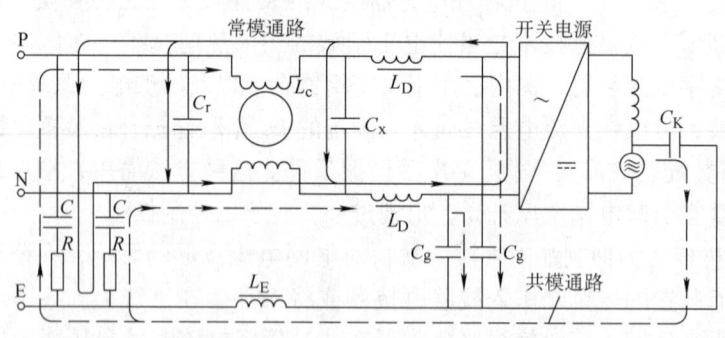

图 13-11　开关电源的抗扰措施

（3）在开关电源晶体管与散热器之间的垫圈材料应选用低介电常数、热阻低的材料；在散热器和机壳之间也应加设同样材料的垫圈，可以减少集电极对地的耦合电容 C_K，降低共模电压噪声。

（4）抑制辐射噪声可采用前述的常规措施，如电磁屏蔽、缩短引线、隔离安装等等。

13.3.3　静电放电噪声的抑制

当两种不同物质的物体相互摩擦时，正负电荷分别积蓄在两个物体上，产生静电。在实际中多由于工作服和内衣摩擦,引起人体带电而造成危害。表 13-14 列出不同质料工作服和内衣摩擦时人体所带静电电压的数值。此外,人体各部位所带静电电量也不均衡,以手腕外侧最高。

表 13-14　人体带静电电压值　　　　　　　　　　　　　　　（单位：kV）

工作服 \ 内衣		棉	毛	丙烯	聚脂	尼龙	维棉
棉	100%	1.2	0.9	11.7	14.7	1.5	1.8
维/棉	55/45%	0.6	4.5	12.3	12.3	4.8	0.3
聚脂/人造丝	65/35%	4.2	8.4	19.2	17.1	4.8	1.2
聚脂/棉	65/35%	14.1	15.3	12.3	7.5	14.7	13.8

静电放电噪声是一种脉冲干扰,其干扰强度取决于脉冲能量和脉冲宽度,尽管其能量小,但宽度窄,其瞬时间的能量密度也可引起干扰误动作。

静电干扰方式一般有以下几方面。

(1) 在信号线上直接放电,后果严重。

(2) 对地线放电,使地电位发生变化,引起误动作。

(3) 在电子设备金属外壳上放电,放电电流产生电场、磁场,通过分布参数耦合到电源线、信号线,引起误动作。其主要形式为电感耦合、电容耦合、电磁场辐射及放电电流在导线上引起的电位差和相位差。

所采取的抑制措施见表 13-15。

表 13-15　抑制静电噪声的措施

原则	措施	原则	措施
不产生静电	工作台面、机房地板采用抗静电材料 工作人员不穿化纤衣服 操作人员戴有金属接地链的手镯 环境湿度在 45% 以上	抑制电磁感应	被保护电路尽量远离有放电感应电流的部位 信号线与有放电感应电流的导线垂直交叉 尽量减少信号回路环流面积 加粗设备之间的接地线 信号线与接地线平行 采用高导磁材料覆盖信号回路 对微小信号电路采用三层屏蔽
不放电	提高电子设备表面的绝缘能力,如涂绝缘漆等 操作开关与外壳之间有间隙		
抑制静电感应	尽量缩短信号线,减少外露面积 尽量降低电路的阻抗 信号线或电源线采用屏蔽线或对绞线 设备置于屏蔽室内 线间屏蔽,防止串扰 采用差动输入输出电路,降低共模噪声	抑制传导耦合	尽量缩短公共阻抗部分的导线长度 机柜接地和系统接地分开 机柜接地要好,利用集肤效应使高频放电电流只流经机壳外表面 禁止使用串联型接地方式

除了上述的各种噪声以外,实际中的噪声干扰问题远为复杂。例如,电子器件本身的噪声,在正常条件下是可以忽略不计。但在实际使用中,常会由于元器件的老化、元件布局不当、环境变化、接触不良等原因而发生噪声,并可能达到不容忽视的程度。此外,触点的抖动,装置的防震、运输,保养不当都会成为引起噪声的原因。所以噪声的抑制,并非单是在设计制造时要考虑,而且在使用、维护时也要根据具体情况,具体分析,及时采取相应的有效措施,保证设备正常运行。

13.3.4 模拟电路噪声的抑制

模拟电路具有运算迅速、实现简便的优点，在一般的工业测量仪器和控制设备仍有大量应用，但在设计时，尤其是处理微弱模拟量信号时要有足够的抗干扰考虑，干扰分内部和外来的两种。

1. 内部干扰　一种是来自器件本身产生的噪声，主要是由器件生产厂在设计和生产过程中予以解决，而使用单位一般通过老化筛选，合理选用，得到进一步解决；另一种是由于电子电路技术设计及装置产品设计不合理而引起的，为抑制此种干扰应注意下列几点：

(1) 器件布置不可过密；
(2) 配线和安装位置应尽量减少不必要的电磁耦合；
(3) 改善散热条件；
(4) 分散设置电源；
(5) 一点接地；
(6) 尽量减小公共阻抗，如加粗导线、缩短配线距离等。

2. 外部干扰　应根据干扰的性质，分别采取措施：

(1) 在接近高压电输电线处，易产生静电感应噪声，为此应将电子装置及信号线加金属接地屏蔽；并保证柜体与远距离传输电缆地电位一致；尽可能缩短信号线；减少电路输入输出阻抗；必要时把整个系统全部屏蔽起来。

(2) 在强磁场附近易产生电磁干扰，尤其对集成电路影响更大，应使信号线尽量远离会产生电磁感应的电流线；不能远离时，使两者垂直相交；采用电磁屏蔽。

(3) 对于高频装置、火花放电、雷达、大功率调频调幅装置的噪声，主要是加屏蔽，以切断噪声的传递路径，或者更换抗扰性高的元器件。

(4) 抑制电网噪声，同前述。

对于微弱模拟量信号，一般均采用如下措施：数字电路与模拟电路分开；全面接地；加电磁屏蔽；直流电位隔离等。

13.3.4.1 运算放大器的抗干扰设计

运算放大器是模拟电路中大量采用的器件，其抗扰性能直接影响整个系统的工作，常从下列几方面考虑。

1. 运算放大器型号的选择　主要比较它们的等效输入噪声电流 i_n 和等效输入噪声电压 e_n 的指标。在信号源内阻 R_s 较小时，e_n 起决定作用；R_s 较大时，i_n 起决定作用。以常用的 Bi-FET 型和 μA 741C 型为例，两者 e_n 相近，但前者的 i_n 仅为后者的 1% 左右。其次要求放大器的温度漂移要小。

2. 输入端的抗扰措施　输入端是最易引入噪声的部位，应注意：

(1) 在其两个输入端间并联两个反接二极管，以免输入端被异常干扰电压损坏。

(2) 输入端通过二极管接到正、负电源或地，以免静电放电损坏。当输入信号动态范围较小时，可采用接地方式。在输入信号变化频率较低时，亦可用接地电容代替二极管。

(3) 为抑制几十兆赫的高频电磁噪声，可在输入端加 RC 或 LC 低通滤波器。

(4) 为抑制高频共模噪声，在输入端加信号变压器，见图13-12。低频信号宜用图13-12a，高频信号宜用图13-12b。

3. 接地方式　低频弱信号应采用一点接地，即电路中各接地线直接引到公共地上，而不要有重合支路。对于宽频带放大器应在印制板上采用全面接地设计,即所有没用的板面均为地线。在外部引线无法缩短时,可采用屏蔽导线,并将放大器全部屏蔽起来。

4. 输出端的保护措施 一般采用两种措施:一是在输出端串入限流电阻(约300Ω),以免短路损坏;二是当输出线较长时,在输出端对地并联两个反接稳压管和压敏电阻,以免受外部输出线引入的雷电或开关浪涌的破坏。

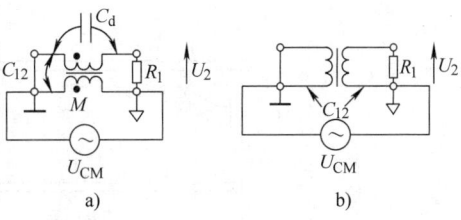

图 13-12 信号变压器
a) 低频信号 b) 高频信号

13.3.4.2 模拟量检测装置的抗干扰设计

检测装置是自动控制系统的"眼睛",其送出的信号往往是微弱的模拟量的电压,而引线又很长,极易受干扰影响。应视检测信号情况分别处理。

1. 毫伏级传感器信号传送方式

(1) 传感器输出信号放大若干倍后传送,在接收端缩小同样倍数后再输入控制系统。若接收侧采用差动输入放大器方式,则能更好地抑制共模噪声,但是对于非对称信号源中的共模噪声不能充分抑制。

(2) 在长距离传送或传输线附近有强磁场时,信号线上将有较大的交流噪声。若系统的动态响应要求不高时,可以在放大器的输入和输出之间并一个电容;在输入端接入有源低通滤波器,也可有效地抑制交流噪声。

(3) 对于非线性传感器的输出信号(如热敏电阻)采用简单的电容滤波方式,会使信号电平发生偏移,应采用陷波滤波器或低通滤波器,以免信号发生失真。

(4) 对于小信号,采用无源滤波器为好,对大信号,宜采用有源滤波器。

2. A/D 转换器的一般抗扰设计

(1) 转换器各电源对地并电容,减少电源电压的扰动;

(2) 输入端设钳位二极管,防止异常过电压信号;

(3) 设缓冲放大器,削弱共模噪声;

(4) 数字电路与模拟电路零线分开;

(5) 选择合适的输出数据码制;

(6) 积分电容采用金属壳聚丙烯电容器;必要时将电容用接地铜箔包起来,积分电路阻抗应尽量降低,以减少接受噪声的可能性;

(7) 在各级运算放大器前设置低通滤波器,可有效地抑制输入信号中混杂的噪声。

3. 微伏级信号的 A/D 转换器抗干扰 由于信号微弱,易受时钟干扰,在传输过程中亦易混入噪声,为此应将转换器与微型计算机电路分别装于两个相隔几米的机壳内;输出数据用串行方式,经光隔离后,用双绞线送至微型计算机。

4. 隔离放大器 在要求直流信号隔离传送,或者存在幅值高达几百伏的共模尖峰噪声时,采用隔离放大器是较好的方案。

13.3.4.3 高频噪声的抑制

电气装置的输入输出引线是产生或接收高频噪声的主要途径之一,可采用:

1. 穿心电容器 根据噪声严重情况,顺序采取图 13-13 所示的方法。

2. 铁淦氧磁珠 将一个或多个电感性铁淦氧磁珠直接穿在信号线上,对 1MHz 以上的高

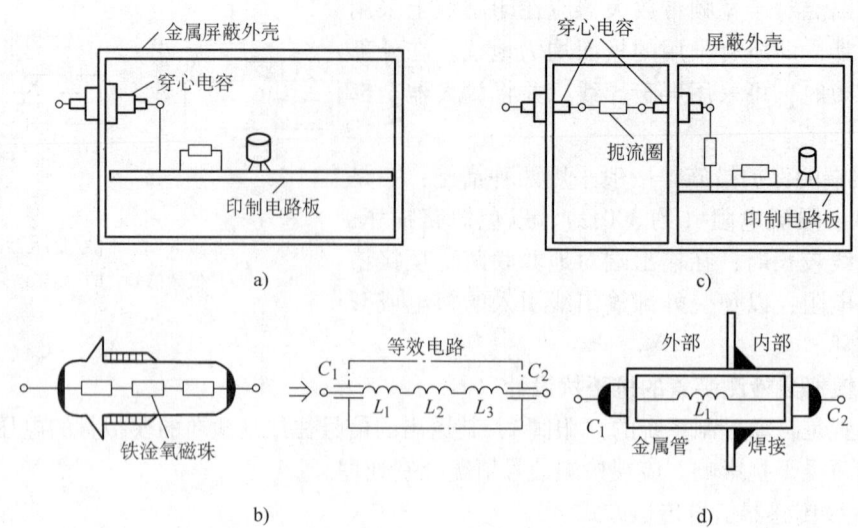

图 13-13 穿心电容器的安装方式
a) 一般情况 b) 串铁淦氧磁珠 c) 双重穿心电容 d) 金属管双重穿心电容

频噪声抑制有明显效果。

3. 线路输出滤波器　可抑制输出线上的噪声，滤波器需用金属板屏蔽，图 13-14 为线路滤波器一例。

4. 辐射噪声的抑制　一般采用金属板、网或透明导电薄膜将屏柜上的辐射噪声源屏蔽起来，要求屏蔽接地良好、密封性好、无缝隙。

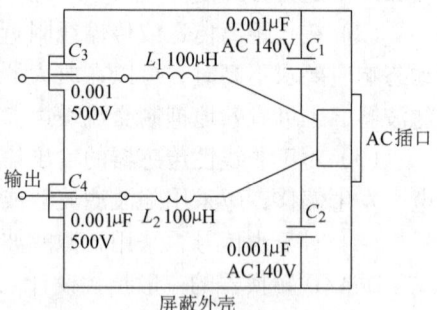

图 13-14 线路滤波器

13.3.5 数字电路的抗干扰设计

数字电路信号电平上的噪声幅值只要不超过其阈值电压，就不会引起干扰，所以器件本身的噪声容限基本上决定了它的抗干扰能力，表 13-16 为四种常用数字电路的抗干扰能力对比。

表 13-16 四种逻辑电路的抗干扰能力对比

电路类型			TTL	HTL	PMOS	CMOS
直流噪声容限 /V	极限值	"1"	0.9	3.5	2	3
		"0"	0.45	5.0	5	5
	典型值	"1"方向	2.2	5	4	4
		"0"方向	1.3	7	7	7
交流噪声容限	被抑制的噪声脉宽		<10ns	<100ns	<1μs	<0.3μs
	对接近电路延时的脉宽抑制效果		大于直流噪声容限			
产生噪声情况			大	小	小	中
阻抗参数情况			小	小	大	较大
传输延时			10~200ns	10~30ns	0.5~2μs	300~500μs

设计时，应根据技术要求、经济指标综合考虑。应注意，噪声容限大的器件其产生的噪声也较大。

数字电路中常见的噪声有下列几种：
(1) 电源噪声，由外来的或器件开关动作引起；
(2) 地线噪声，由各点地电位差引起；
(3) 串扰，因传输线间电磁感应产生；
(4) 反射，在长线传送时，由于特性阻抗不匹配而产生；
(5) 公共阻抗上的开关电流噪声；
(6) 静电放电噪声；
(7) 数字电路器件本身或设计装配不当引起的振荡。

为抑制上述噪声，应注意输入、输出线路的隔离，器件的选择、配线，器件布局等问题；电源装设线路滤波器、隔离变压器、自动电压调节器，正确的接地和屏蔽处理，以及前述的相应措施，在本节着重于特殊问题的处理。

13.3.5.1 反射的抑制

当信号传输线的长度 L 超过下式之 $L_{\max}$（m）值时，称为长线。

$$L_{\max} = t_r v/K \tag{13-1}$$

式中　t_r——传输信号的前沿时间（s）；
　　　v——导线中电磁波传送速度，约 $1.4 \sim 2 \times 10^8 \text{m/s}$；
　　　K——经验系数，一般为 $4 \sim 5$。

若 $K=4$、$v = 2 \times 10^8 \text{m/s}$，则传输信号前沿为 1ns 时允许长度为 5cm，10ns 时为 50cm，30ns 时为 150cm……表 13-17 列出各种集成电路时间参数。

表 13-17　集成电路的时间参数

电路种类	上升时间	下降时间	平均延迟时间
TTL	≤20ns	≤15ns	≤20ns
HTL	—		≤200ns
PMOS	≤1.5μs	≤10μs	≤1.5μs
CMOS	≤500~800ns	≤500~800ns	≤500~800ns

信号在长线中传送时会出现反射现象，引起过冲、振铃，使信号波形发生严重畸变，导致误动作，为此必须进行阻抗匹配。

当传输线的特性阻抗确定以后，反射还与驱动电路输出阻抗及接收电路的输入阻抗有关，需根据情况设置终端，匹配阻抗，以便抑制反射。常用图 13-15 所示的四种终端方式。

在传输数字信号时，应根据传输电缆长度选择终端匹配方式，以保证信号准确传输，见图 13-16。

13.3.5.2 串扰的抑制

串扰是指信号传输线在其相邻的导线上所产生的感应脉冲噪声。串扰电压 U_N 由下式计算

$$U_N = \frac{U_S}{1 + R_C/R_P} \tag{13-2}$$

式中　U_S——发送线传送的信号电压；
　　　U_N——接收线上的串扰噪声电压；

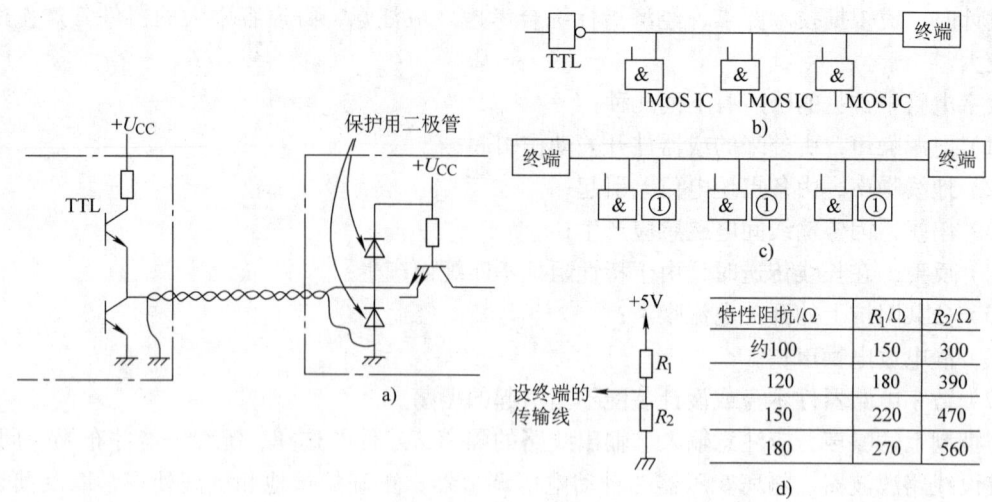

图 13-15 终端的设置
a) 二极管终端 b) 一端设终端 c) 两端设终端 d) TTL 的终端参数
① 集电极开路器件或三态器件

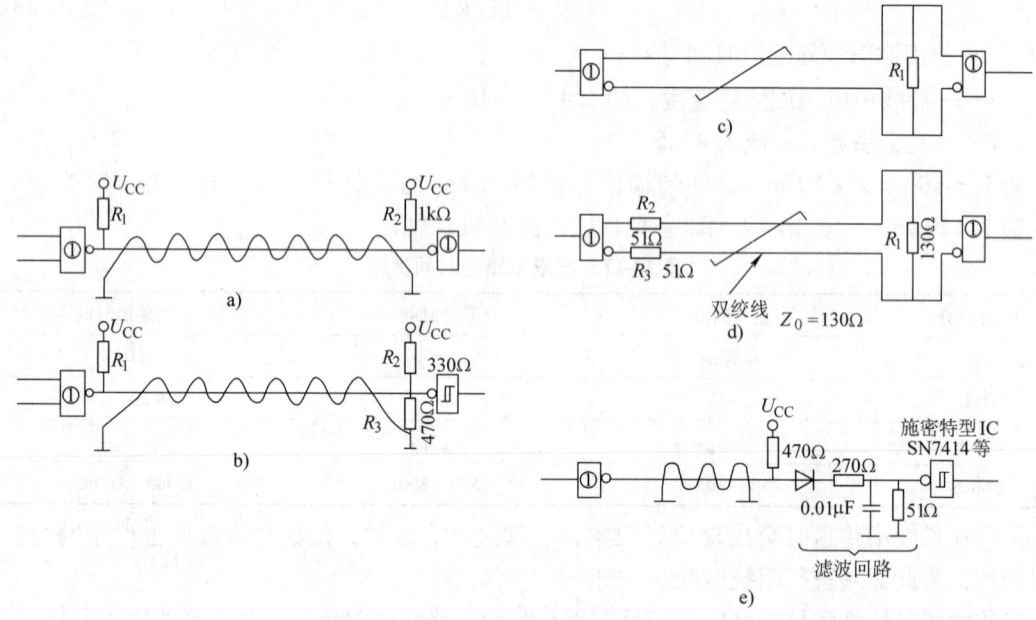

图 13-16 各种传输距离的终端
a) 小于 1m b) 1~5m c) 10m 左右 d) 几十米 e) 远距离传送
① 集电极开路或三态器件

R_C——两线间的互阻抗；
R_P——导线的波阻抗；

$$R_P = \sqrt{L_0/C_0} \tag{13-3}$$

其中 L_0，C_0——导线对地电感和电容。

为减小串扰电压，应增大互阻抗、减小波阻抗，一般可采用下列措施：

(1) 用两端接地的双绞线；

(2) 信号线尽量贴近底板；
(3) 印制电路板上信号线应尽量靠近地线；
(4) 信号线分散走线，强弱电分开布线。

13.3.5.3 输入回路的抗干扰措施

输入信号的处理是抗干扰的重要环节，大量的干扰电压都是从此侵入的，一般分以下几个方面采取措施：

1. **输入信号传输方式的选择** 根据数字量信号的脉宽和前后沿来选择图 13-17 中所示的传输方式：

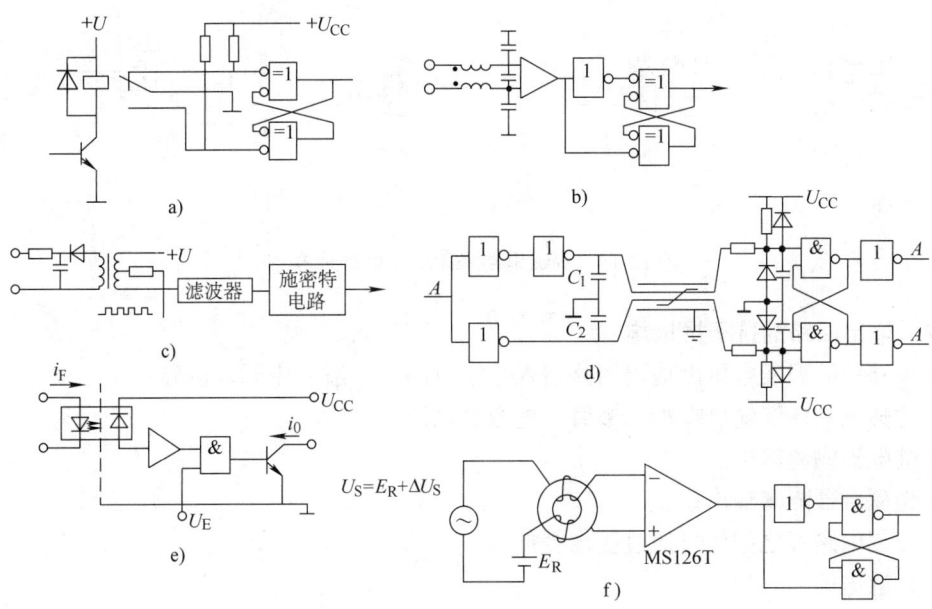

图 13-17 信号的传输方式
a）继电器 b）差动输入电路 c）脉冲变压器
d）比较器 e）光电耦合器 f）平衡式线路驱动器

(1) 继电器，适用于直流到几十毫秒的信号；
(2) 脉冲变压器，适用于几毫微秒到几毫秒；
(3) 光电耦合器，适用于直流到几百毫微秒；
(4) 差动输入电路，可抑制 1MHz 以上，峰值为 300V 的共模噪声；
(5) 比较器，适用噪声电平高，前后沿慢的信号；
(6) 平衡式线路驱动器，可抑制静电感应噪声。

2. **触点抖动干扰的抑制** 采用触点输入时，由于触点抖动会产生脉冲干扰。机械振动及部分外部脉冲干扰与其性质是类似的，触点抖动时间为几百微秒到几毫秒不等，模拟量可通过并联 C、RC 或经单稳、施密特等触发器处理后输入，在全数字设备中可通过设置软件滤波器予以抑制。

3. **多余输入端子的处理** 数字电路中的多余输入端子不应悬空，否则它将成为一根天线，接收辐射噪声；或通过漏电阻、寄生电容接收噪声，形成干扰动作，通常用图 13-18 所示的几种方式处理。

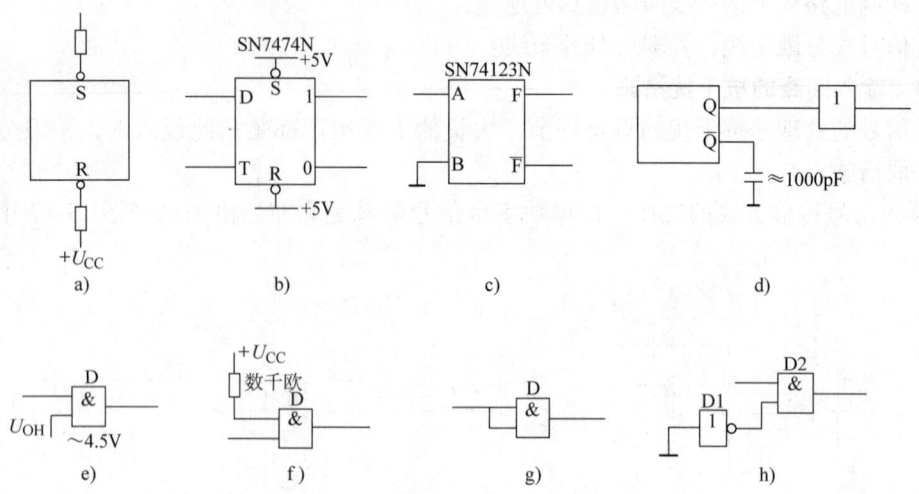

图 13-18 集成电路未用端子的处理方法

13.3.5.4 输出回路的抗干扰措施

为防止外部的浪涌电压由输出回路侵入数字电路，一般采用下列措施：

(1) 达林顿晶体管输出端加二极管、电容器网络；
(2) 继电器隔离输出；
(3) 光耦合器隔离输出；
(4) 印制电路板之间信号通过输出缓冲器；
(5) 分散电源。

13.4 设备的安装技术

为抑制干扰的影响，不仅在系统电路设计时要有充分考虑，在安装、配线时，也要有合理的布局。

13.4.1 设备的内部装配要求

设备制造厂商应尽可能减少内部噪声的侵入，一般可考虑以下几点：

(1) 必要时，所有信号电缆均应置于钢管或电缆槽内走线；
(2) 模拟量与数字量信号电缆分开布线；
(3) 信号电缆与动力设备之间应具有尽可能大的隔离距离；
(4) 控制系统中如没有隔离变压器时，应提供功率隔离变压器；
(5) 对系统提供一单独的接地回路；
(6) 所有屏蔽层均在变送器端接地；
(7) 控制设备外壳与大地隔离，而仅通过保护接地电缆接地，以防产生接地回路；
(8) 所有管道和电缆槽与控制设备外壳隔离。

13.4.2 设备的外部安装要求

在设备布置上，应使主要的连接线与干扰源保持适当的物理距离；其次使计算机及控制电路与产生噪声的设备及其布线之间保持一定的物理距离，这是降低噪声的重要措施。在难以满足隔离的要求情况下，一般可采用以下措施：

（1）信号线和动力线垂直交叉或分槽布线；
（2）信号线与噪声线在端子板上分两端安装；
（3）在所规定的电流、引线阻抗及布线长度下，尽量减少所用导线的截面尺寸；
（4）不要采用不同金属的导线相互连接；
（5）尽量减少或不设中间端子板或连接点；
（6）满足设备对环境温度、湿度及清洁度的要求；
（7）管道与电缆槽应可靠接地，并保证整个长度上连续接地；
（8）信号电路中使用双绞线或屏蔽电缆；
（9）采用管道屏蔽，表13-18列出管道屏蔽的效果。表13-19列出了噪声敏感电路与动力电缆之间的最小隔离距离值。表13-20列出双绞线对磁干扰的衰减比。

表13-18 管道的屏蔽效果

管道型式	壁厚/mm	磁场衰减 dB	磁场衰减 比值	电场衰减 dB	电场衰减 比值
空气	—	0	1:1	0	1:1
50mm(2in)铝管	3.9	3.3	1.5:1	60.5	215:1
16号铝电缆槽	1.5	4.1	1.6:1	83.9	15500:1
16号电镀钢电缆槽	1.5	9.4	3:1	86.0	20000:1
16号电镀铸铁电缆槽	1.5	10	3.2:1	86.8	20000:1
50mm(2in)IPS铜管	4	10.2	3.3:1	80.6	10750:1
16号镀铝钢电缆槽	1.5	11.5	4.2:1	89.3	29000:1
14号电镀钢电缆槽	1.9	15.5	6:1	87.5	23750:1
50mm(2in)电气金属管	1.65	16.5	6.7:1	70.5	3350:1
50mm(2in)电镀钢管	3.9	32.0	40:1	78.9	8850:1

表13-19 信号电路与动力电缆的最小间距

最大线路电压/V	最大线路电流/A	2~3根动力电缆/cm	单根动力电缆/cm
125	10	15	30
250	50	25	38
440	200	30	46
440	800	50	61

表 13-20 双绞线对磁干扰的衰减比

导线型式	衰减比	dB
平行线		0
双绞线 10cm 绞距	14∶1	23
双绞线 7.6cm 绞距	71∶1	37
双绞线 5cm 绞距	112∶1	41
双绞线 2.5cm 绞距	141∶1	43
平行绕在 25mm（1in）钢管	22∶1	27

13.4.3 系统的接地技术

工业电控装置的良好而正确的接地可以消除或降低干扰的影响，而不合理或不良的接地将会使系统受干扰，破坏其正常运行。

电子设备的"地"有两种：

- 系统基准地 指信号回路的基准导体，如直流电源的零伏线；高频装置的底板，为系统各部分提供一个基准（或参考）电位。亦称为虚地或系统地。
- 大地 即真正的地，亦称实地。以后书中出现的"地"均指大地。

1. 接地方式 设备内部有各种不同目的接地，显然它们之间不允许简单地任意连接，以免通过接地回路发生干扰影响。常见的接地有三种：

（1）保护接地 设备金属外壳等的接地，以免危及操作人员的安全。相应的接地线称为保护地线（PE）。

（2）系统接地 其接地目的是为系统各部分提供稳定的基准电位，要求接地回路的公共阻抗尽可能小。相应的接地线为系统地线（SE）。

（3）屏蔽接地 电缆、变压器等屏蔽层的接地，目的是抑制电磁场干扰。相应的地线称为屏蔽地线（FE）。

2. 接地系统设计原则 通常上述三种地线最终都要与大地相连接。在设计接地系统时应遵循下列三原则：

（1）以尽可能短的接地路径，建立一个对各有关装置都是等电位的接地系统；

（2）不要构成接地环路；

（3）避免电源零线引入干扰。

13.4.3.1 保护地线的接法

保护接地常用两种方式：保护接零和保护接地，根据电气设备的配电系统接地方式决定。

1. 保护接零 在三相四线制中性点接地的配电系统中，必须采用此种接地方式。当外壳与某相相线接触时，将有很大的短路电流通过保护地线返回电源，使保护电器动作，切断电源。这种方式简单可靠，广泛用于低压动力、照明及小容量控制设备的配电系统中。其缺点是短路电流大，保护电器及接地线容量要足够大。注意零线与保护地线要分开配置，接法见图 13-19a。

2. 保护接地 用于中性点不直接接地或不接地的配电系统中，如中性点不接地的供电变压器或独立的发配电系统，必须有接地监视器。这种方法干扰影响小，控制设备最好采用此方式。其接法见图 13-19b。

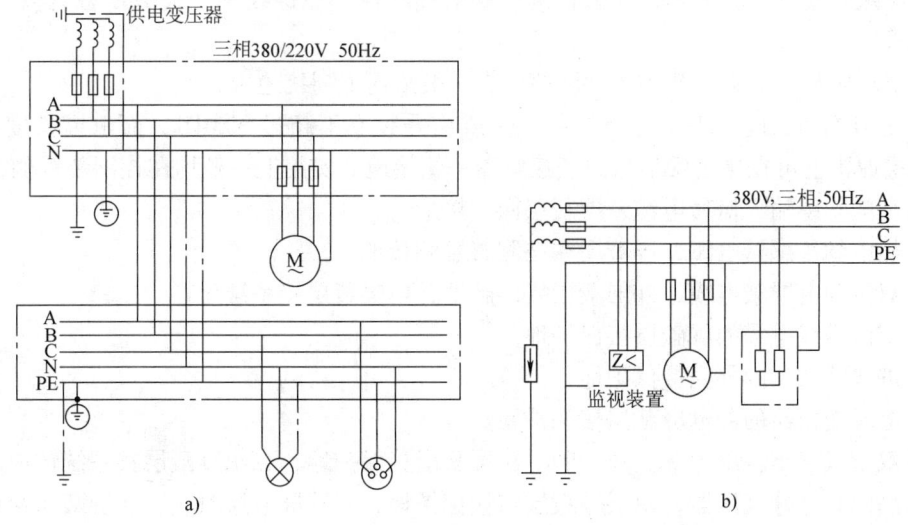

图 13-19 保护地线的接法
a) 保护接零 b) 保护接地

13.4.3.2 系统地线的接法

1. 装置内部系统地的接法

(1) 低频电路应遵循"一点接地"原则，采用放射式——各接地线直接连到基准电位点，或树枝状的多点放射式；干线式——各接地线接到一截面积足够大的接地母线上，该母线接到基准电位点。

(2) 工作频率超过 30MHz 的高频电路采用平面式多点接地，各部分就近接到一导电平面，如底板或多层印制电路板的导电平面层。

(3) 混合电路中低频回路、功率回路和高频回路中各设接地母线和接地平面，然后放射式连接到系统地。也可采用转换式接地方式：电容接地——低频直接接地，高频通过电容接地；电感接地——高频直接接地，低频通过电感接地。

2. 系统地线接地方式

(1) 浮地方式 各电子装置的系统地连接，但与大地绝缘，即悬浮方式，节省了接地装置，适用于继电器、磁放大器等机电控制回路，无模数转换，无高增益放大器和工作速度较低的小型控制设备，对直接进入的传导干扰有抑制作用。

(2) 共地方式 系统地直接接大地，适用于大规模或高速电控装置。

(3) 电容接地方式 系统地经过 2~10μF 电容接大地，适用于系统地与大地间可能有直流或低频电位差的工况，电容应有良好的高频特性和足够的耐压。

必须强调，多台电子装置组成的成套设备，其系统地只能通过一点接大地，以免装置间产生地电位差干扰，或形成闭合环路而产生电磁感应干扰。一般小规模设备采用放射式，大规模设备采用干线式。对于信号工作频率低于 1MHz 的控制设备，接地线长度不准超过 30m。

13.4.3.3 屏蔽地线的接法

一般小装置中设独立的屏蔽接地端子；大装置中设屏蔽接地汇流排；多台组合装置中设屏蔽接地母线，母线单独接地或与系统地母线一起接地。

电缆屏蔽层要有绝缘护套,并保证屏蔽层的连续性,在接线端子板上要备有供屏蔽层连接用的端子。

用于静电屏蔽、电磁屏蔽的各种屏蔽层,一般采用下列接地方式:

(1) 信号电缆长度小于信号波长的 1/4 或信号频率不超过 30MHz,而电缆长度超过 1m 时,屏蔽层原则上可在接地的信号源或接收器一侧接地。实用上一般均在控制装置侧接地。

(2) 高频敏感输入信号电缆,屏蔽层两端接地。

(3) 热电偶传感器电缆,屏蔽层在被测装置侧接地。

(4) 双重静电屏蔽电缆,外屏蔽层接屏蔽地,内屏蔽层接系统地。

(5) 交流进线电缆的屏蔽层接保护地。

(6) 进线滤波器的外壳接保护地。

(7) 电源变压器的静电屏蔽层接保护地。

(8) 双重或三重屏蔽电源变压器的一次屏蔽层接保护地、二次屏蔽层接系统地或屏蔽地。

(9) 晶闸管脉冲变压器,单层屏蔽层时接保护地;双层屏蔽层时,一次屏蔽层接保护地,

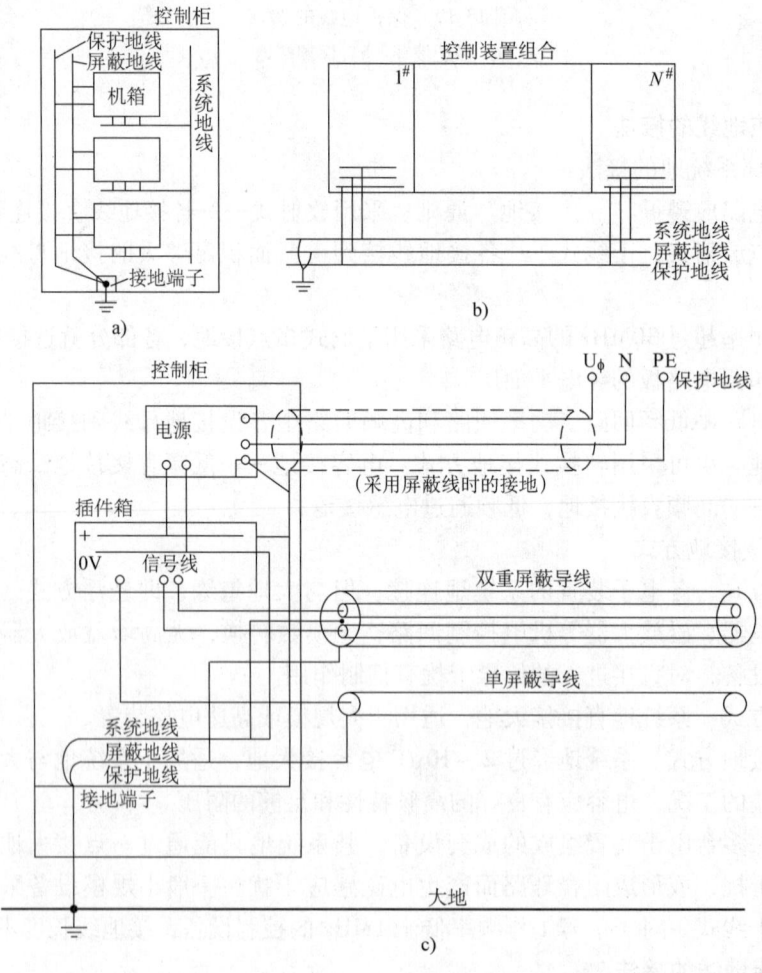

图 13-20 三种典型接地系统
a) 浮地接法 b) 接地母线 c) 独立装置共地接法

二次屏蔽层接相应晶闸管的阴极。

13.4.3.4 典型的接地系统

各种控制装置及成套设备，应根据其工作环境、工作要求，采用不同的接地系统。但是，对于同一设备，也可采用不同的接地系统而达到相近的接地效果。

（1）浮地系统　图 13-20a 所示适用于机电控制装置及小型低速控制装置。

（2）设接地母线　见图 13-20b。将每个装置的三种地线分别接到设备的相应接地母线，各接地母线分别接大地或一起接地，适用于大型设备、组合装置及强弱电混合的独立装置。

（3）系统地线、保护地线和屏蔽地线共接于装置的同一个接地端子。图 13-20c 所示适用于独立的小型高速控制装置，如独立的计算机装置。

图 13-21 是一种过程控制的集中成套控制设备的接地系统。图 13-22 是分散型成套设备的两种接地系统。图 13-22a 为多干线式，结构较简单，但效果较差；图 13-22b 为等电位式，优点是接地效果好，各组合装置内部只有一个基准电位，柜体、厂房结构和地面形成一个等电位的空间，减少了地电位差和空间干扰，缺点是费用大。但不论采用哪种方式，实际上存在多点接地，所以各组合装置之间的信号传递必须有电位隔离措施。

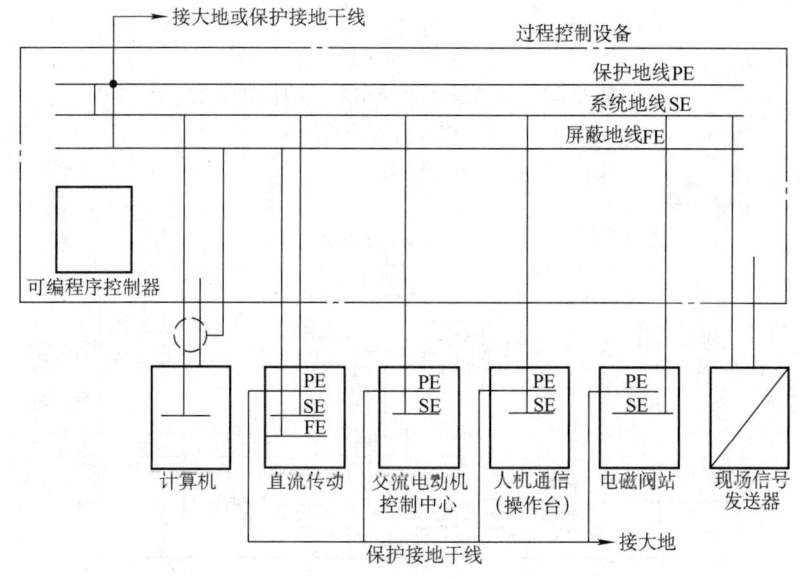

图 13-21　集中型成套控制设备的接地系统

图 13-23a 是一种可改变连接方式的接地系统。图 13-23b 是某大型轧机成套控制设备接地系统。

装置的接地连线截面积要大于 $22mm^2$，接地母线大于 $60mm^2$，接地板的接地电阻 $<10\Omega$。

图 13-24 为两种计算机设备的接地系统，图 13-25 为计算机柜内的接地布置。

计算机的系统地线与强电设备的接地点应相隔 15m 以上，而与避雷针接地点要相距 20m 以上。接地电阻要合理，由于接地导线本身有电阻，所以过分追求小是没有必要的，反而造成成本提高，一般要求电子控制设备小于 10Ω；计算机设备小于 4Ω。

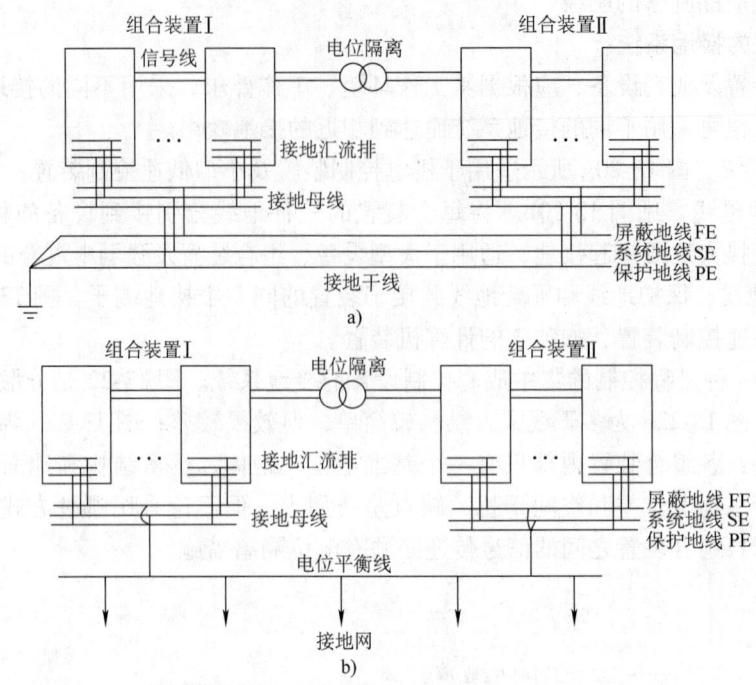

图 13-22 分散型成套控制设备的接地系统
a) 多干线式 b) 等地位式

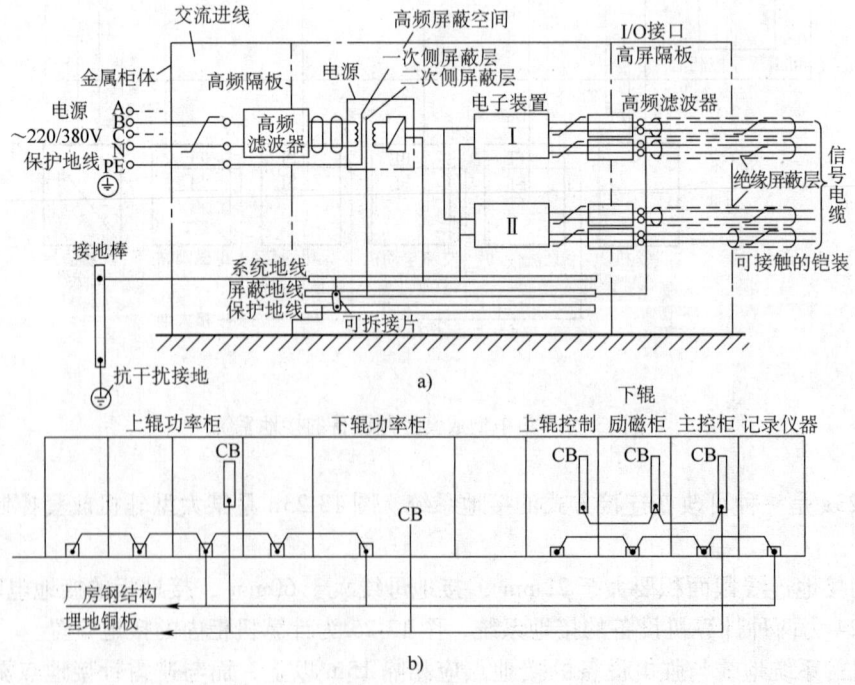

图 13-23 二种接地系统

第13章 电磁兼容性与可靠性

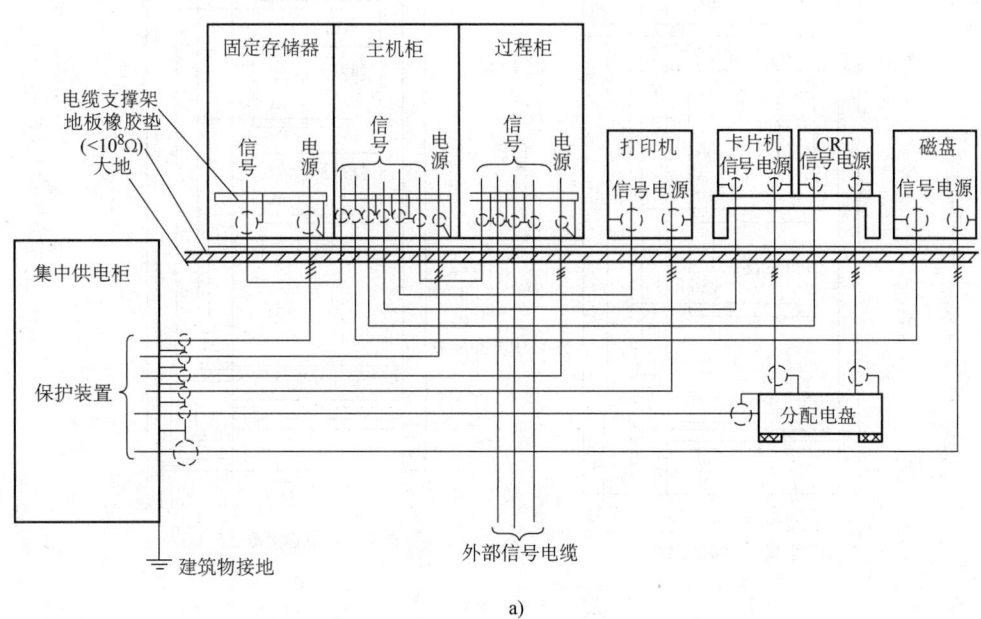

a)

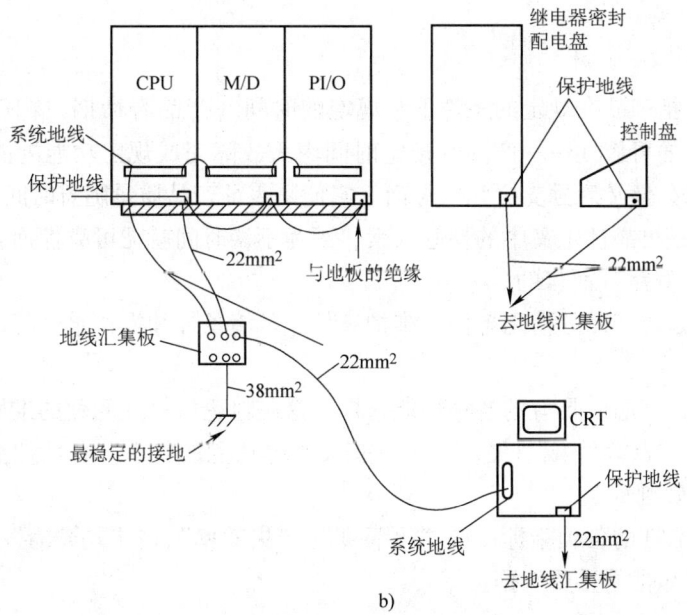

b)

图 13-24 两种计算机设备的接地系统
a) 过程控制设备 b) 电站控制设备

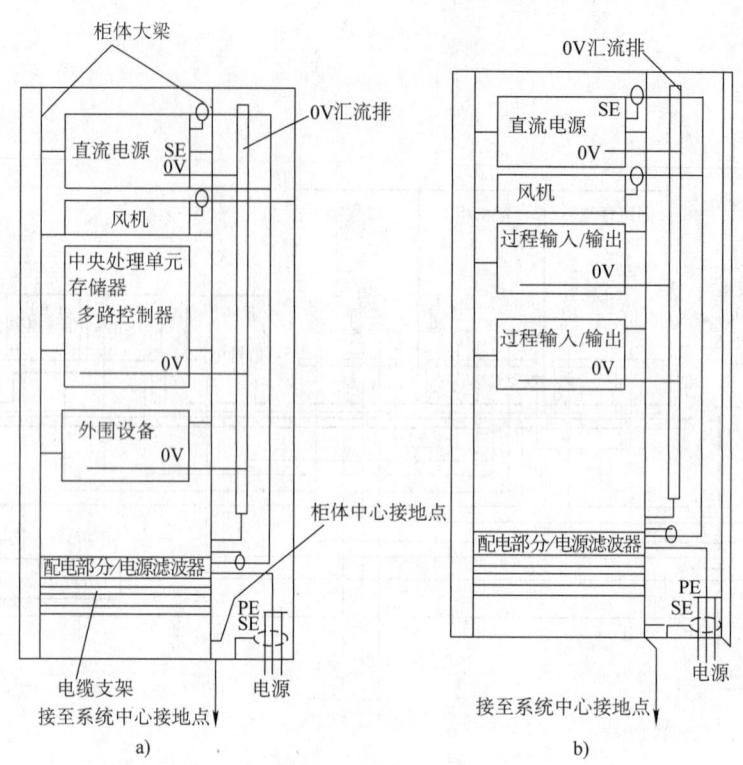

图 13-25 计算机柜内接地布置
a) 计算机主柜 b) 过程柜

13.5 可靠性

广义的可靠性是指产品在规定的条件下和规定的时间（产品寿命期）内完成规定功能的能力。其中包括狭义的可靠性——产品在规定时间内无故障完成规定功能的能力（可靠度）、可用性、维修性、耐久性及后勤支援几个方面。它们是表征产品质量随着时间变化的属性。

"规定的时间"是可靠性定义中的核心因素，因为不谈时间就无可靠性而言，一定的可靠性是对一定的时间（寿命）而言的。

"规定的条件"是指产品的使用条件、维护条件、环境条件和操作水平等因素，它们是比较产品质量的前提。

"规定的功能"是产品应具有的各种性能指标，这是讨论可靠性问题的准则，否则就无从判断该产品是否处于"故障"或"失效"——丧失规定功能的状态。各项性能指标是产品的"故障判据"或"失效判据"。

"能力"是指可靠性的各项指标，如"可靠度"、"失效率"、"平均寿命"等定量的数据，这是比较同类产品可靠性的重要依据。

13.5.1 可靠性工程的任务

由上述可见，研究可靠性的可靠性工程是一门以概率论、统计学为基础，与系统工程、环境工程、价值工程、运筹学、工程心理学、物理学、化学、质量控制技术、生产管理技术及计算机技术等学科有密切关系的综合性学科。在设计、研制、生产及使用等各个阶段应有周密的可靠性计划，进行严格的可靠性管理、设计和试验，以达到所要求的可靠性指标。一般来说，其基本任务有下列三项：

1. 确定产品的可靠性　通过对元器件、部件及系统的可靠性分析、预计、分配、评价及各种试验来确定产品的可靠性；

2. 提高产品的可靠性　通过产品的设计、研制、生产及使用等各个环节的可靠性设计及管理来提高产品的可靠性；

3. 获得最佳的可靠性　在规定的可靠性下获得最轻的重量、最小的体积和最少的费用；或者在一定的重量、体积、费用下获得最高的可靠性。

表 13-21 为实现上述可靠性要求的 18 条任务。可根据产品的种类、用途、复杂程度及特性选择，并非任何产品均要全部采用。

表 13-21　可靠性工程的基本任务

任务内容		各计划阶段的适用性			
		初步设计	验证审批	工程研制	成批生产
可靠性管理	制定可靠性计划	选用	选用	通用	通用
	对供应厂商的可靠性监督与控制	选用	选用	通用	通用
	计划评审	选用	选用	通用	通用
	建立失效报告、分析和改正系统	不适用	选用	通用	通用
	建立失效评审委员会	不适用	选用	通用	通用
可靠性设计	建立可靠性模型	选用	选用	通用	仅设计更改用
	可靠性分配	选用	通用	通用	仅设计更改用
	可靠性预计	选用	通用	通用	仅设计更改用
	失效模式、影响及后果分析	选用	选用	通用	仅设计更改用
	潜藏电路分析	不适用	不适用	通用	仅设计更改用
	电子元器件/电路的容差分析	不适用	不选用	通用	仅设计更改用
	部件选择及控制	选用	选用	通用	通用
	确定可靠性关键部件	选用	选用	通用	通用
	确定功能试验、贮存、装卸、包装、运输及维修的影响	不适用	选用	通用	仅设计更改用
可靠性试验	环境应力筛选试验	不适用	选用	通用	通用
	可靠性增长试验	不适用	选用	通用	不适用
	可靠性鉴定试验	不适用	选用	通用	通用
	可靠性验收试验	不选用	不适用	选用	通用

13.5.2　可靠性的指标

可靠性的指标不是针对某种单个产品确定的，而是对整批产品所规定的一个指标。产品可分为两种：一种是没有独立运行功能的器件，称为元器件；另一种是由各个具有独立功能的执行部件组成的系统（装置）。

电气传动装置是由一整套共同工作的部件组成的，它们完成一定的控制功能。一般地说，在发生故障后，经过修理可以继续工作，故而它的使用期限不是由物理磨损、老化或部分元器件的失效所决定，而是取决于整个机械装置的失效期限，这类电气传动装置称为可修复设备；当然也存在不可修复设备。这两种设备的可靠性指标是不同的。下面介绍几项可靠性的基本指标。

13.5.2.1 可靠度

产品在规定的时间 t 内、在规定的条件下完成规定功能的概率称为产品的可靠度函数，简称可靠度，记作 $R(t)$。

若有 N 个同样产品，在同样条件下运行时间 t 后，有 $N_f(t)$ 个产品发生故障，则在时间 t 内该产品的可靠度 $R(t)$ 为

$$R(t) = \frac{N - N_f(t)}{N} \tag{13-4}$$

显然，可靠度函数 $R(t)$ 是时间 t 的非增函数，在开始工作时，$t=0$，$R(0)=1$，随 t 增加，$R(t)$ 逐渐下降，见图 13-26。

在此种情况下，引入失效分布函数 $F(t)$ 概念(简称失效分布)，它表示在 t 时刻前发生失效的概率

$$F(t) = N_f(t)/N \tag{13-5}$$

显然，$R(t)$ 和 $F(t)$ 间有

$$R(t) + F(t) = 1 \tag{13-6}$$

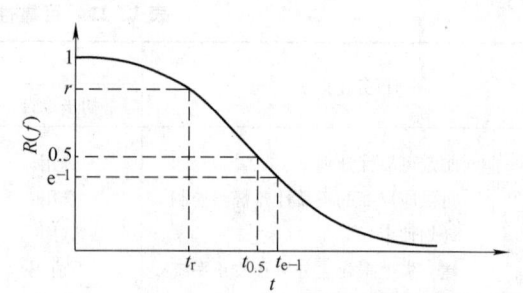

图 13-26 可靠度函数曲线 $R(t)$

13.5.2.2 失效率

1. 定义　产品工作到时间 t 时，在 t 后的单位时间内发生失效的概率，称为其在时刻 t 的失效率函数，简称失效率 $\lambda(t)$。

在实际工作中，人们关心的是在未来的单位时间中的失效数与还在工作产品数的比值，它能非常灵敏地反映产品的失效变化速率。这就是失效率的概念。设在 t 时刻后的单位时间 Δt 内又有 Δn 个产品失效，则

$$失效率 \lambda = \frac{\Delta n}{\Delta t (N - N_f(t))} \tag{13-7}$$

与其相近的一个概念为失效概率密度函数，简称失效密度 $f(t)$

$$f(t) = F'(t) = F(t)/\Delta t = \frac{\Delta n}{\Delta t N} \tag{13-8}$$

例如：有 $N=100$ 个，$t=100$h 前有 2 个失效，100~105h 有 1 个失效；$t=1000$h 前有 51 个失效，1000~1005h 有 1 个失效，在此例中 $t=100$ 和 1000h 的各量如下：

$$R(100) = \frac{100-2}{100} = 0.98$$

$$R(1000) = \frac{100-51}{100} = 0.49$$

$$F(100) = \frac{2}{100} = 0.02$$

$$F(1000) = \frac{51}{100} = 0.51$$

$$f(100) = \frac{1}{5 \times 100} = 1/500$$

$$f(1000) = \frac{1}{5 \times 100} = 1/500$$

$$\lambda(100) = \frac{1}{5 \times (100-2)} = \frac{1}{5 \times 98}$$

$$\lambda(1000) = \frac{1}{5 \times (100-51)} = \frac{1}{5 \times 49}$$

由上计算中可看出，$\lambda(t)$ 较 $f(t)$ 能更灵敏地反映失效的变化速率，此值愈小愈好。

当然，在可靠性计算中，这是一个批量产品的概念，当 ΔN 愈大，Δt 愈小时越接近产品的实际情况，数学推导可得下列关系式

$$\lambda(t) = \frac{F'(t)}{R(t)} = \frac{f(t)}{R(t)} = -\frac{R'(t)}{R(t)} \tag{13-9}$$

式（13-9）说明 $\lambda(t)$、$F(t)$、$f(t)$、$R(t)$ 是互通的，都能全面描述产品寿命的统计规律，由于侧重面不一样，用途也不一样。

由式（13-9）可知，只要知道了产品的失效分布，就可以确定失效率 $\lambda(t)$、可靠度 $R(t)$ 值，所以确定产品的失效分布函数 $F(t)$ 或 $f(t)$ 是一件非常重要的基础工作。

2. **失效率的单位** 失效率表征在 t 时后的单位时间内所发生故障的概率，被广泛地用于描述元件的可靠性，不少产品就是以失效率的大小来确定其等级。半导体器件每小时的失效率很小，所以常用每 1000h 内每 100 万个器件的故障产品数来表示，其基本单位是菲特（fit）即

$$1 \text{ 菲特} = 10^{-9}/\text{h} \tag{13-10}$$

失效率 1 菲特表示工作 1000h，每 100 万个产品中只有 1 个失效；或每 1 万个产品工作 10 万 h 只有 1 个失效。依此类推。

3. **产品的失效规律** 一般产品尤其是半导体器件的失效率 λ 和时间 t 有图 13-27 所示的浴盆曲线，其明显地分为三段，对应产品的三个时期。

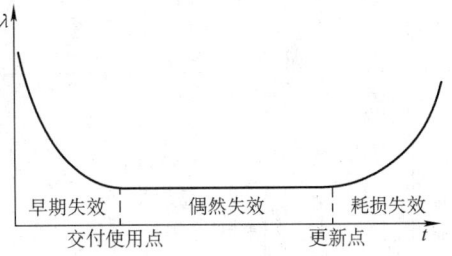

图 13-27　失效规律曲线

（1）早期失效期　其特点是失效率非常高，失效的原因大多是由于设计、原料和制造过程中的缺陷造成。在生产过程中，加强对原材料的检验、加强质量管理、提高设计人员和操作人员的技术水平，可以大大减少失效率。在此期间内的产品一般是不允许出厂的，应采用合理的筛选和加速寿命负载试验，使这些产品尽早暴露并予以剔除，使产品达到安全使用点，以较低的失效率出厂，交付使用。

（2）偶然失效期　其特点是失效率数值较低，且稳定，是产品的良好工作时期，失效是偶然的或随机的，在此段时期保证可靠性的主要措施是加强维修、保养工作。

（3）耗损失效期　其特点是失效率随工作时间增长而急剧上升。原因是器件的老化失效、材料的老化或磨损所致。可以采用定期检查、更换老化器件等措施，延长整个系统装置的工作寿命。

4. **常用的失效分布特性**　在电气传动装置中，常用的失效分布见表 13-22。在大多数情况下，可以采用指数分布作为装置的失效分布模型，其特点是失效率 λ 为常数，便于分析。

若产品能经受多次外界冲击，直到第 k 次才失效时（$k>0$），其寿命分布为 Γ 分布。参数 k 决定了 Γ 分布的形状，参数 λ 决定了幅度。指数分布为 Γ 分布中 $k=1$ 的特例。

表 13-22 常用失

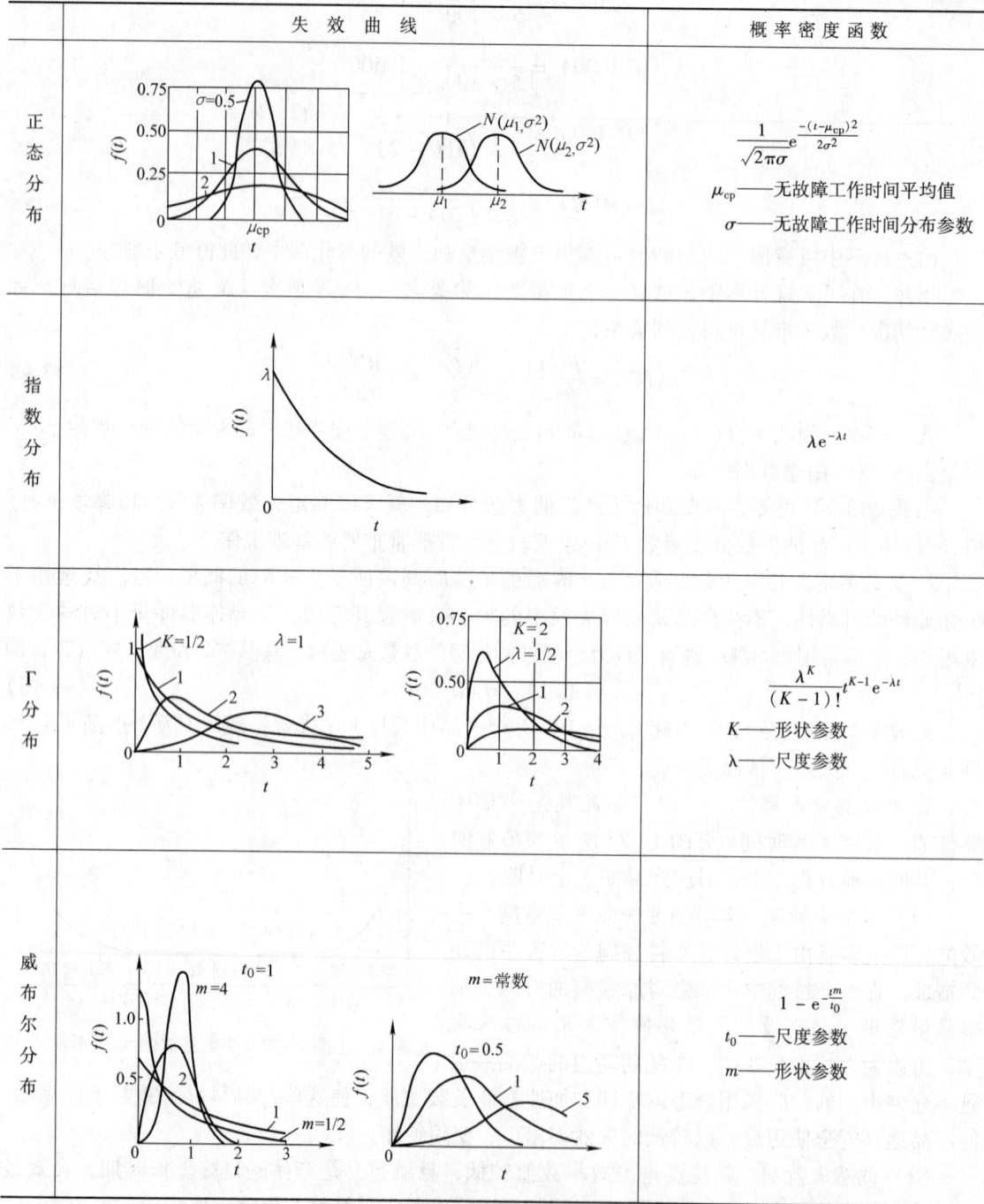

失效曲线	概率密度函数
正态分布	$\dfrac{1}{\sqrt{2\pi}\sigma}e^{-\dfrac{(t-\mu_{cp})^2}{2\sigma^2}}$ μ_{cp}——无故障工作时间平均值 σ——无故障工作时间分布参数
指数分布	$\lambda e^{-\lambda t}$
Γ 分布	$\dfrac{\lambda^K}{(K-1)!}t^{K-1}e^{-\lambda t}$ K——形状参数 λ——尺度参数
威布尔分布	$1-e^{-\dfrac{t^m}{t_0}}$ t_0——尺度参数 m——形状参数

实际产品的失效率不一定是常数，而是递增或递减的，指数分布便不能反映这种产品的可靠性，假如失效率是按幂函数规律变化时，则可采用威布尔分布模型。大量实践证明，凡是因为某一局部失效或故障而引起全局整个功能丧失的元件、器件、设备或系统的失效分布都是服从威布尔分布的。而指数分布亦为该分布形状参数 $m=1$ 的特例。

表 13-22 列出各种失效分布的可靠度 $R(t)$、失效率 λ 和平均寿命的计算公式。

13.5.2.3 平均寿命

效分布特性

可靠度 $R(t)$	失效率 $\lambda(t)$	平均寿命 $\overline{T}$
$\dfrac{1}{2} - \dfrac{1}{\sqrt{2\pi}} \int_0^t e^{-\frac{t^2}{2}} dt$	$\dfrac{\dfrac{1}{\sqrt{2\pi}\sigma} e^{-\frac{(t-\mu_{cp})^2}{2\sigma^2}}}{\dfrac{1}{2} - \phi\left(\dfrac{t-\mu_{cp}}{\sigma}\right)}$	μ_{cp}
$e^{-\lambda t}$	常　数	$\dfrac{1}{\lambda}$
$e^{-\lambda t} \sum\limits_{i=0}^{K-1} \dfrac{(\lambda t)^i}{i!}$	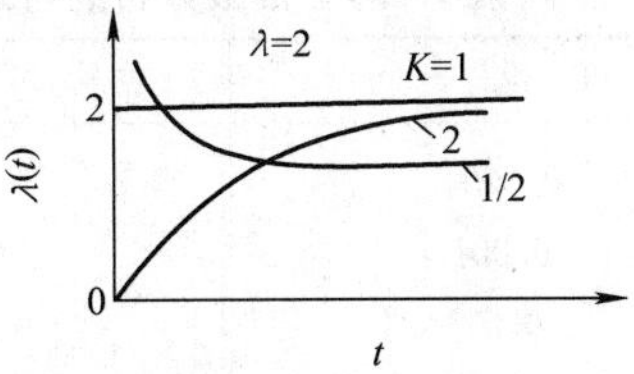 $\lambda(t) = \dfrac{t^{K-1} e^{-\lambda t}}{\int_0^\infty t^{K-1} e^{-\lambda t} dt}$	$\dfrac{K}{\lambda}$
$R(t) = e^{\frac{-t^m}{t_0}}$	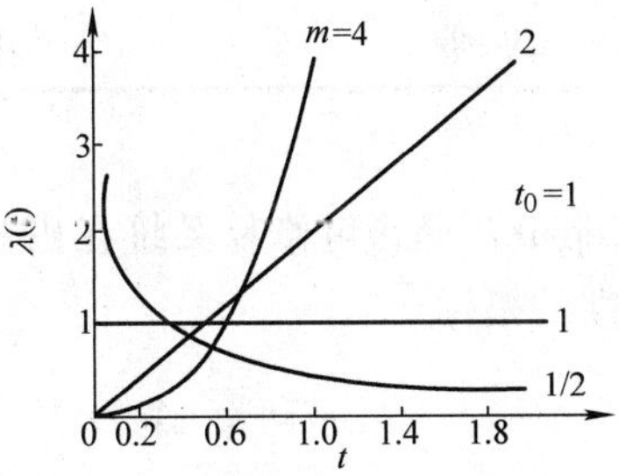 $\lambda(t) = \dfrac{m t^{m-1}}{t_0} \quad (t>0)$	$\Gamma\left(\dfrac{1}{m}+1\right) t_0^{\frac{1}{m}}$

平均寿命是标志一批产品平均能工作多长时间的量，其数学表达式为

$$\overline{T} = \int_0^\infty t f(t) dt$$

$$= \int_0^\infty R(t) dt \tag{13-11}$$

对于不可修复产品，平均寿命就是平均寿终时间（Mean Time to Failure——MTTF）。对于可修复产品，平均寿命是指平均无故障工作时间（Mean time Between Failure——MTBF）。即

两次相邻故障间正常工作的平均时间（h）。对于指数分布

$$\overline{T} = \sum_{i=1}^{n} t_i/n = \frac{1}{\lambda} \tag{13-12}$$

式中 t_i——第 $i-1$ 次与第 i 次故障之间的正常工作时间（h）；

n——发生故障的总次数。

常用 MTBF 作为可修复系统的可靠性指标，国外用于 DDC 小型计算机的 MTBF 一般在 1 万 h 以上。

已知产品的可靠度函数 $R(t)$ 如图 13-26 所示，$R(t)$ 曲线与时间轴 t 所夹的面积就是平均寿命。

当可靠度已给定为 r 时，由图可求得相应于该 r 值的可靠寿命 t_r。称 $r=0.5$ 的可靠寿命 $t_{0.5}$ 为产品的中位寿命，称 $r=\mathrm{e}^{-1}$ 的可靠寿命为产品的特征寿命。

当产品的失效规律为指数分布 $\mathrm{e}^{-\lambda t}$ 时，特征寿命与平均寿命重合，其值为 $1/\lambda$。表 13-23 给出不同可靠度 r 值时相应的可靠寿命值，由表可见，当工作时间等于平均寿命值时只有 36.8% 的产品能可靠工作，这对于大多数产品来说显然是太低；当要求产品的可靠度 r 为 0.9 时，其可靠的工作时间不能超过平均寿命的 $1/10$；当 $r=0.99$ 时，其可靠工作时间不超过平均寿命的 $1/100$。

表 13-23 指数分布的可靠寿命 （单位：$1/\lambda$）

r	t_r	r	t_r
0.9999	0.0001	0.4	0.916
0.999	0.001	0.368	1.000
0.99	0.01	0.3	1.204
0.95	0.05	0.2	1.609
0.9	0.105	0.1	2.302
0.8	0.223	0.05	3.000
0.7	0.357	0.01	4.605
0.6	0.511	0.001	6.91
0.5	0.693	0.0001	9.21

13.5.2.4 平均修复时间

MTTR（Mean Time to Repair）是指可修复系统在出现故障后迅速恢复正常工作所需的平均修复时间 $\overline{\tau}$，是反映有效性的指标。

$$\overline{\tau} = \sum_{i=1}^{n} \Delta t_i/n \tag{13-13}$$

式中 Δt_i——第 i 次故障停机时间；

n——故障修复次数。

若已知系统在规定时间 t 内修复的概率为 $\theta(t)$，则

$$\overline{\tau} = \int_0^\infty \theta(t)\mathrm{d}t \tag{13-14}$$

13.5.2.5 有效性

有效性 A 是指系统平均无故障工作时间占工作时间和修复时间总和的比值，即

$$A = \frac{\mathrm{MTBF}}{\mathrm{MTBF} + \mathrm{MTTR}} \tag{13-15}$$

这是系统可靠性的综合指标，对用于 DDC 的小型计算机要求 A 达到 99.95%，即每年只允许有 4h 的修复时间。

但是，对于工业电气传动装置来说，其性能指标的评价要与经济指标对照来确定，即其可靠性指标的选定要以取得最大经济效益为前提。MTBF 是系统可靠性的基本指标，MTTR 是可维修性的基本指标，而 $R(t)$ 是不可修复系统可靠性的基本指标。指标定得过低，影响工作效益，定得过高，影响初期投资，应全面衡量确定。

13.5.3 系统可靠性的预计

可靠性预计就是把产品看为一个系统，然后将其分解为分系统，每个分系统再分解为若干个更小的分系统，一直分解到组成分系统的单元为元件、器件或部件等为止；然后根据试验或现场长期使用所得的可靠性数据，分别预计每一部分的可靠性指标。可靠性预计是在系统设计阶段进行的，用以发现单元和分系统的薄弱环节，予以改进提高。此外，也可以用于比较各种设计方案的可靠性指标，从而在所给定的性能、经费和时间要求下，找到最合理的设计方案。

可靠性预计要求对单元和系统的可靠性指标进行计算。

13.5.3.1 系统可靠性计算步骤

工程上对系统可靠性指标计算时，一般假设所有元器件和系统的失效分布均服从指数分布数学模型。而电控系统的可维修性分布采用爱尔兰分布模型。计算的主要指标是系统的可靠度 $R(t)$、平均寿命 $\bar{T}$，对于可修复的电控系统是其 MTBF 值，以此来评价系统的可靠性，一般按下述步骤进行：

1. **确定系统可靠性指标**　根据系统的技术性能要求研究该系统的故障特点和系统工作特性的各种参数，确定它们允许变化的极限值。当这些参数超出允许的极限值时，便认为该系统失效。可靠性的主要指标是系统的 $R(t)$、$\bar{T}$、MTTR。

2. **确定系统可靠性逻辑框图**　这是为了得到系统的数学模型，供计算和分析可靠性用。逻辑框图反映该系统中各元器件、单元与系统可靠性功能的关系和连接方式（串联、并联、混联）。系统中的辅助元件（如信号灯、蜂鸣器、指示仪表等）故障对可靠性无影响，仅增加了操作困难，可以不计在内。应该指出，可靠性逻辑框图关心的是功能关系，它虽然是以单元在电路原理中的物理关系为基础的，但两者不能混为一谈。例如 LC 并联谐振回路，L 与 C 在电路中是并联的，而在框图中则是串联关系，因为只要 L 或 C 有一个失效，该振荡回路就失效。

3. **单元可靠性计算**　这里所指的单元可以是元器件、部件或小系统。单元可靠性计算的是其在系统中工作时的实际失效率 λ_i 或 $R_i(t)$。

4. **计算系统可靠性**　根据系统可靠性逻辑框图和各单元的 λ_i 或 $R_i(t)$ 计算出系统可靠度、平均寿命、失效率、MTTR、$\theta(T)$。

数学模型法计算方法的优点是结果比较精确，缺点是较麻烦，对于复杂系统，需要有一定的方法和技巧来搞清功能关系，才能画出其框图，一般可以将复杂系统予以简化，考虑一定系数作近似估算。

5. **校验可靠性指标**　把计算所得到的系统可靠性指标与技术条件所要求的可靠性指标作比较，如果计算的值不满足所要求的指标，则找出可靠性较低的一些单元，对其采取措施。推荐按下列次序来提高其可靠性：降低元器件的负载，用可靠性较高的元器件予以更换，改善元器件的工作条件（如降低环境温度、密封等），采用冗余技术。

13.5.3.2 单元可靠性指标的计算

单元的含义是相对于系统而言的，可以是一个元器件，如晶体管、电阻等；或者一个具有特定功能的印制板插件或电动机；或者一个分系统，如一个整流装置、一台微型计算机等。因此单元的可靠性指标是系统可靠性计算的基础。单元可靠性指标计算的主要对象是单元的失效率 λ_i 和可靠度 $R_i(t)$，并假定其失效分布是指数分布的，即 λ_i 为常数。其计算方法一般采用系数法较为简便，即以单元的基本失效率 λ_b 为基值，考虑现场使用条件的修正系数，以及单元负载和环境条件的修正系数，得到其在系统中的真正失效率——任务失效率 λ_i。在此介绍美国的计算方法。

1. 基本失效率 λ_b　这是指单元在规定的实验室条件下确定的失效率。一般所说的元器件失效率即是指其基本失效率 λ_b，λ_b 可以通过寿命实验或经验数据确定，常用国外元器件的 λ_b 可从国外可靠性手册中查到。而国内元器件的 λ_b 值目前尚无资料。

目前，国际上较通用的是1979年发表的美国军用手册 MIL-HDBK-217C《电子设备可靠性预计》。它列出了各种微电子器件、分立半导体器件、电子管、激光器、电阻器、电容器、电感器、电动机、继电器、开关、连接器、导线及印制电路板等十几类、22000种标准元器件的可靠性数据及分析计算方法，是国际上公认的电子设备可靠性预计的基础。

2. 应用失效率 λ_a　λ_a 又称为使用失效率，是指元器件因现场使用条件与实验室条件不同，而实际产生的失效率，它可以是同类产品在现场使用统计分析后得到的经验数据；也可以是 λ_b 乘上一些修正系数后得到。

根据美国 MIL-HDBK-217C 手册规定，除了微电子器件外，其他元器件的应用失效率模型均为

$$\lambda_a = \lambda_b \pi_E \pi_Q \pi \tag{13-16}$$

其中，环境系数 π_E 是考虑元器件受环境条件变化的影响，如振动、潮湿等因素，但不包括环境温度的影响；质量系数 π_Q 是反映元器件本身的质量等级，如军用、民用等。其他修正系数 π 随元器件的不同而有不同的规定，例如晶体管的 $\pi = \pi_A \pi_R \pi_{S2} \pi_C$，即晶体管的应用失效率为

$$\lambda_a = \lambda_b \pi_E \pi_Q \pi_A \pi_R \pi_{S2} \pi_C \tag{13-17}$$

环境分类和环境系数 π_E 取值如下：

环境	良好地面(GB)	宇宙飞行(SF)	固定地面(GF)	移动地面(GM)	舰船舱内(NS)	舰船舱外(NU)
π_E	1	1	5	25	10	25

环境	运输机座舱(AIT)	战斗机座舱(AIF)	运输机无人舱(AVT)	战斗机无人舱(AVF)	导弹发射(ML)
π_E	12	25	20	40	40

质量系数 π_Q 取值如下：

质量等级	超特军	特军	军用	低档的	塑料的
π_Q	0.12	0.24	1.2	6.0	12.0

π_A 为应用系数，根据电路功能不同，对失效率的影响进行修正，π_A 取值如下：

用途	线性的	开关	高频
π_A	1.5	0.7	5.0

π_R 是额定值系数，是指最大功率或电流额定值影响，π_R 取值如下：

第 13 章 电磁兼容性与可靠性

额定功率/W	≤1	>1~5	>5~20	>20~50	>50~200
π_R	1	1.5	2.0	2.5	5.0

π_{S2} 为电压应力系数,即外加电压应力对失效率的影响,π_{S2} 的取值随电压应力比

$$S_2 = \frac{\text{外加电压}(U_{CE})}{\text{额定电压}(U_{CE0})} \times 100(\%)$$

而变化,S_2 和 π_{S2} 对应数值如下:

S_2(%)	100	90	80	70	60	50	40	30	20~0
π_{S2}	3.0	2.2	1.62	1.2	0.88	0.65	0.48	0.35	0.30

π_C 为复杂度系数,是指在一个包封中具有多个元器件,从而对失效率产生影响,故需要修正,其取值如下:

复杂度	单晶体管	双晶体管(不匹配)	双晶体管(匹配)	达林顿对	双发射极管	复式发射极管	互补对
π_C	1.0	0.7	1.2	0.8	1.1	1.2	0.7

对于其他元器件,手册也给出了失效率计算模型、修正系数和基本失效率数值。

3. 任务失效率 λ_i 它是指单元在实际使用条件下,完成任务的失效率 λ_i,此时要考虑降额系数 K_H 和实际工作时间 T。

元器件一般不宜在额定参数下长期工作,而应留有一定的裕量降额使用,这对降低元器件失效率是十分有效的。例如,一般电容器的失效率近似正比于工作电压的五次方,即工作电压降低一半,失效率将降低 1/32。在表 13-24 中给出各种元器件负载系数的推荐值。

应该指出,元器件降额使用是有一定限度的,K_H 与失效率 λ_i 间不完全是线性关系,K_H 降到一定程度,λ 不再降低,有些元器件甚至反而会增加,而且 K_H 降低的同时,会增加装置的成本、体积、重量,所以要全面考虑。此处假设 K_H 与 λ 处于线性关系。

此时可得到单元的任务失效率为

$$\lambda_i = \lambda_a K_H T \tag{13-18}$$

实际上,系统中各个单元在整个任务期间并不是都处于工作状态;而且在不同工作状态下的环境条件也是不同的,必须按实际情况分别计算。

通常要考虑下列各种修正系数。

(1) 负载系数 K_H 各种元器件的负载系统 K_H 推荐值见表 13-24。

表 13-24 元器件负载系数的计算公式和推荐值 K_H

元器件名称	起主导作用的电气参数	K_H	推荐值 K_H	
			短时	长时
电阻器	功率损耗 P	P/P_N	0.6	0.4
耐热电阻	功率损耗 P	P/P_N	0.8	0.7
二极管	平均正向电流 I	I/I_N	0.7	0.5
	反向电压 U	U/U_N	0.5	0.4
三极管	开关损耗 $P\binom{\text{电压 }U}{\text{电流 }I}$	$P/P_N\binom{U/U_N}{I/I_N}$	$0.5\binom{0.6}{0.75}$	$0.3\binom{0.5}{0.6}$

（续）

元器件名称	起主导作用的电气参数	K_H	推荐值 K_H	
			短时	长时
电容器	正向电压 U	U/U_N	0.5	0.3
变压器	一次工作功率 P_1	P_1/P_{1N}	0.6	0.5
电感、电抗器	电流密度 j		0.7	0.5
转换开关、连接器等转换元件	通过触点的电流 I		0.8	0.6
继电器、接触器、电磁起动器等	通过触点的电流 I		0.8	0.6
电动机、发电机	工作功率 P		0.9	0.85
旋转变压器 测速发电机 自动同步机（自整角机）	励磁电压 U		0.9	0.7

(2) 环境温度系数 K_t 不言而喻，对于电气元器件，环境温度是影响可靠性的一个关键因素。在计算元器件可靠性时，必须予以充分注意。

(3) 环境系数 K_E 考虑不同使用场合的环境影响，其取值相应有所变化：

1) 实验室条件、在正常室温、湿度不大于65%、标准大气压、无尘埃、无振动的封闭房间内，$K_E = 1$。

2) 在自然通风房间内、有尘埃、湿度略高于实验室条件，例如车间、变电站、农业产品的生产车间等环境时，$K_E = 2.5$。

3) 在苛刻的工作条件，如露天作业、田野、矿山等环境时，$K_E = 10$。

(4) 负载 - 温度修正系数 a_1 在设计和计算变压器失效率时，一般可综合考虑为修正系数 a_1。

(5) 电器触点负载率的修正系数 a_2 这是对有触点器件的触头降额使用的修正。图 13-28 给出继电器、开关、接插件等有触点器件的 a_2（K_H、t℃）的修正曲线。

(6) 电磁线圈通电率修正系数 a_3 通电率 C 是指电磁线圈在一个工作周期内通电时间与周期之比。图 13-29 给出继电器和接触器等线圈的通电率 C 修正曲线。

(7) 有源元件使用系数 K_u 这是指除继电器触点以外，有源元件的有源工作时间与系统实际任务时间的比值。

在确定上述各项系数后，可以得到电子元部件的任务失效率为

$$\lambda_i = \lambda_b K_E K_u a_1 \tag{13-19}$$

电磁器件（继电器等）的应用失效率为

$$\lambda_i = \left[\lambda_{b\omega} a_3 f\left(\sum_{j=1}^{n} \lambda_{bkj} a_2\right) \frac{f}{f_H}\right] K_E \tag{13-20}$$

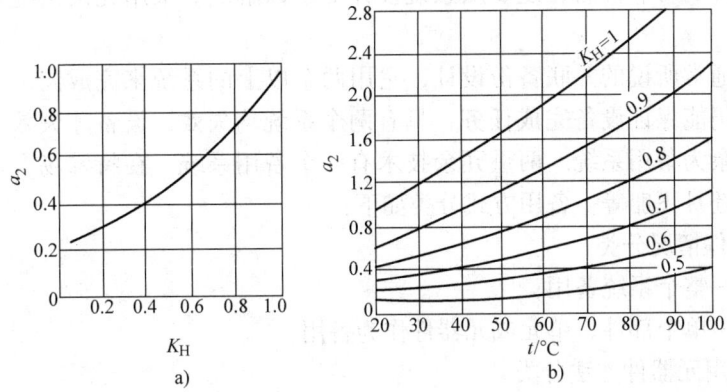

图 13-28 电器触点负载率修正系数 a_2

a) 开关继电器等转换器件触点 b) 接插件触点

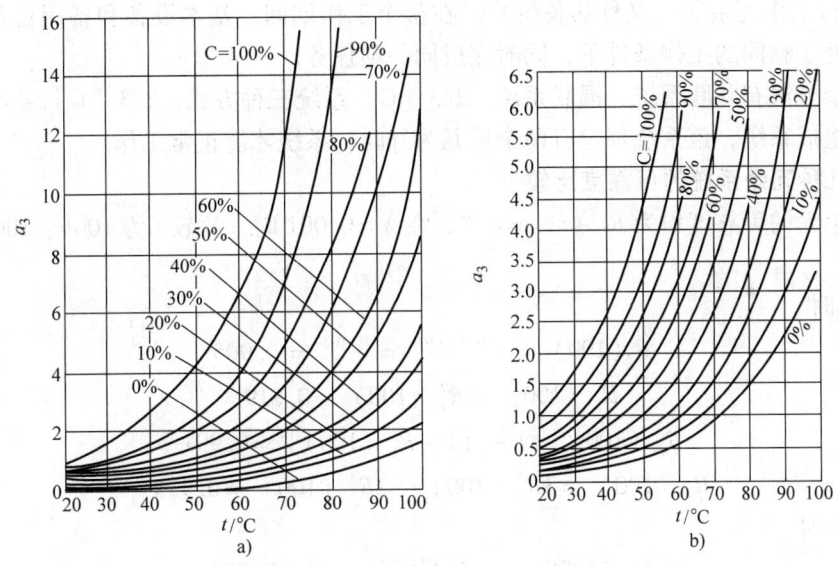

图 13-29 电磁线圈通电率 C 的修正系数 a_3

a) 小功率继电器线圈 b) 大功率电磁线圈

式中 $\lambda_{b\omega}$，λ_{bk}——电磁器件的绕组和触点的基本失效率；

n——触点数量；

f/f_H——每小时内起动周期的实际数与额定数之比。

任务失效率计算同美国所采用的方式。

13.5.4 冗余系统

系统总体设计是保证可靠性的关键，但是由于自动化系统的日益庞大、复杂，单靠无限制地提高元器件的可靠性来满足对系统日益提高的可靠性要求是不可能的。如前所述，在合理地提高了元器件的可靠性后,还要从系统设计上予以解决。采用冗余系统是一个行之有效的方法。

冗余系统即通常所说的并联备份设计,它用两个以上的系统来完成同一个任务,当一个失效后,另一个仍能保证设备完成任务,只有两个系统均失效,设备才失效。这些系统一个为工作系统,其余为备用系统。两重冗余技术有一个备用系统。在特殊场合可采用三重、四重冗余技术,如登月飞船等。备用方式分类如下:

1. 按备用器件情况分类

整体备用——整个系统备用;

单独备用——单个部件、单元或元器件作为备用。

2. 按投入备用元器件方法分类

(1) 后备冗余法(又称冷备份) 使用两台以上相同设备,称为基本设备的一台工作,称为备用设备的一台只有在基本设备故障后才立刻由切换设备将其投入工作,在此以前,它可处于负载状态、轻闲状态或非负载状态。若元件在贮存期的失效率为零,称为冷贮备系统,反之称为热贮备系统。

(2) 并行工作冗余法(又称热备份) 在整个工作期间,基本设备和备用设备一起投入工作,两者处于相同的工作条件下,同时完成同一项任务。

此种冗余方法有并联系统、混联系统、2/3 [G] 系统三种方式。2/3 [G] 系统是指由三个并联单元组成系统,该系统规定有两个单元为好时,系统才能正常工作。

13.5.4.1 几种冗余系统的可靠度比较

设每个单元的可靠度均为 $R_1(t) = e^{-\lambda t}$,在 $\lambda = 0.001$ 时,比较 t 为 100h、1000h 的可靠度。

$t = 100$h 时

$$R_1(100) = e^{-0.001 \times 100} = e^{-0.1} = 0.905$$

串联 $\quad R_2(100) = R_1^2(100) = 0.819$

并联 $\quad R_3(100) = 1 - [1 - R_1(100)]^2 = 0.991$

2/3 [G] $\quad R_4(100) = 3R_1^2(100) - 2R_1^3(100) = 0.975$

$t = 1000$h 时

$$R_1(1000) = e^{-0.001 \times 1000} = e^{-1} = 0.368$$

$$R_2(1000) = R_1^2(1000) = 0.135$$

$$R_3(1000) = 1 - [1 - R_1(1000)]^2 = 0.600$$

$$R_4(1000) = 3R_1^2(100) - 2R_1^3(100) = 0.306$$

由上可见,当 $R_1 = 0.905$ 时,$R_2 < R_1 < R_4 < R_3$

当 $R_1 = 0.368$ 时,$R_2 < R_4 < R_1 < R_3$

可以证明:

当 $R_1 > 0.5$ 时 $\quad R_2 < R_1 < R_4 < R_3$

$R_1 = 0.5$ 时 $\quad R_2 < R_1 = R_4 < R_3$

$R_1 < 0.5$ 时 $\quad R_2 < R_4 < R_1 < R_3$

上述关系如图 13-30 的曲线所示。由图可见,两个单元串联系统可靠度最低,两个单元并联系统可靠度最高。当单元可靠度 R_1 小于 0.5 时,2/3 [G] 系统的可靠度甚至不如一个单元系统。

在单元可靠度及串并联单元数均相同时,串并联系统的可靠度最高,并串联系统的可靠度次之,串联系统的可靠度显然是最低的,但复杂程度则反之。所以,在设计中采用冗余技术时要全面衡量采用适当的方案。

13.5.4.2 冗余技术方案的选择

冗余技术的最大优点是以不充分可靠的元器件得到所需的任何高可靠性系统。但是不论何种备用方法,总要求把备用元器件接入电路内,从而使电路复杂化,不但增加了预防性维护工作的困难,而且增加了设备的重量、体积和成本。并行工作冗余技术的优点是实现简单,既不需要传送故障的通信元器件,也不需要转换开关,而后者的失效率 λ_d 将降低系统的可靠性。对于不允许有中断功能的系统,只能采用并行工作冗余法。

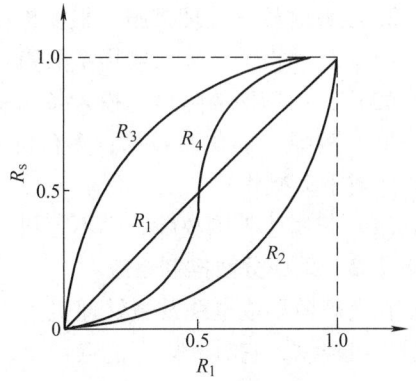

图 13-30　四种系统可靠度比较
R_1—单个单元　R_2—两单元串联
R_3—二单元并联　R_4—$3/2\,[G]$

整个系统热备份的效益最低,所以只有在特殊需要的场合才采用。单元的热备份的效益较好,但由于其将使设备的重量、体积、成本有很大的提高,而难以采用,一般适用于提高个别特殊单元的可靠性情况。

冷备份的效益最好,但在实际使用中,由于转换装置的可靠性相对较低,难以提高,因而受到限制。此外,由于存在转换开关的执行时间,必然会使系统有一个功能中断及其恢复的时间,这在许多自动控制系统中常常是不允许的。单元冷备份在可靠性要求高的大型单元(不是个别元器件)上应用是较适宜的。

滑动式冷备份的效益是相当好的,但转换装置过于复杂,而且只能用于有同样备用单元的情况。

综上所述,从理论上说,冗余系统能极大提高设备的工作可靠性,但在实际上采用时,必须根据工作对象的重要性、技术要求、经济指标作具体而仔细的分析研究后才能确定合理的备用方式。

13.5.5　提高设备可靠性的措施

上述各节阐述了系统可靠性和预计方法。其主要原则是确定元器件的实际可靠性指标,计算出系统可靠性指标,从而判断该系统是否满足要求。但是即使可靠性预计已合格的系统,并不一定是产品的可靠性就是合格的,还要考虑下述因素。

13.5.5.1　故障检测装置

在设备运行中,尽早发现故障隐患并予以及时处理是十分重要的,故障检测装置是一个关键环节。

1. 设置故障诊断环节

(1) 改善数据传送的编码技术　如采用奇偶检验、汉明码等,检验传送数据的正确性。

(2) 设计专门检测软件　在程序中设置多个校验点,发现异常情况时,及时报警,并通过备用程序处理;设置把关计数器,当出现电源故障、程序进入死循环或处理机停机等重大故障时,发出超时信号,设备进行校正处理。

2. 故障的校正处理措施　根据检测装置的诊断结果,分别情况作适当处理,如:

(1) 自动报警,显示或指示故障点;

(2) 自动切换故障机,投入备用机;

(3) 故障"弱化"技术;多台机系统重新组合;单台机降低部分处理功能,改用常规仪表操作或手动操作;

(4) 若属于外围故障,则不停机,而由值班人员及时处理。

13.5.5.2　采用分散控制系统

在大规模集成电路及微处理机出现以后,大型系统不再是仅采用集中控制,而是趋向于分散多级控制,它具有以下优点:

(1) 提高了系统的响应速度及控制功能;

(2) 故障的危险亦随之分散,提高可靠性;

(3) 采用备份装置较经济;

(4) 按功能安排数据处理范围,减少了信息的流动量;

(5) 改善了系统的有效性;

(6) 易于设计;

(7) 在一定规模内降低了成本;

(8) 便于在各分散控制级采用标准化程度高的硬件和软件,提高系统的可靠性。

13.5.5.3　软件可靠性的研究

随着电子技术的发展,计算机技术的广泛应用,软件的可靠性问题日益令人注目,许多软件故障往往只有在投入使用时才能发现,从而影响了系统的正常运行。在复杂的计算机系统中,软件故障数量往往超过硬件。目前软件可靠性已成为可靠性的一个新分支,而且迅速发展,其主要集中在如何设计可靠性高的软件,即如何编写正确的计算机程序;如何进行软件可靠性试验,即测试计算机程序;如何预计软件的可靠性,即研究影响软件可靠性的参数,建立软件的可靠性模型。

13.5.5.4　改进产品设计思想

在系统设计中,往往出现过分追求技术性能的先进性,而忽视了可靠性和有效性,结果导致产品的成本高、完好性差、维修费高。为此,应强调设备的可靠性和有效性;可靠性与技术性能相提并论,并在设计、研制、生产及使用各个阶段保证所要求的可靠性和有效性。

在产品设计中,采用更严格的简化及降额设计,尽量压缩产品的元器件数量。设计时采用专用集成电路,根据使用要求进一步降低元器件的使用定额。

13.5.5.5　重视可维修性

在一定条件下,控制系统的可维修性直接影响可靠性,这是系统的特性,而不是元器件的特性。对于每一个电气传动控制系统,根据使用的具体条件,都预给了一个允许停工时间 τ_m,在这段时间内,系统元器件的故障和修复均不影响该系统的正常工作能力,在这种情况中,系统的故障是指元器件的故障,修复时间超过了允许的停工时间 τ_m;如果把发生故障的元器件以好的元器件代换之,那么,就不能把工作过程中发生元器件故障的所有次数 n 作为系统的故障数,此时,系统的故障数应为

$$n(\theta) = n[1 - \theta(\tau_m)] \tag{13-21}$$

式中 $\theta(\tau_m)$ ——系统在 τ_m 时间内恢复的概率。

系统的平均无故障工作时间(MTBF)$\overline{T}$ 将大大增加为

$$\overline{T}(\theta) = \overline{T}/[1-\theta(\tau_m)] \tag{13-22}$$

假设系统的修复时间服从爱尔兰分布,系统的 MTTR 为 τ_S 则:

$$\overline{T}(\theta) = \overline{T}/\left(1 + \frac{2\tau_m}{\tau_S}\right)e^{-2\tau_m\sqrt{\tau_S}} \tag{13-23}$$

若提高了系统的可维修性指标,即降低了 τ_S 值,则系统平均无故障工作时间 $\overline{T}$ 被提高的倍数 μ 为

$$\mu = \overline{T}(\theta)/\overline{T} = e^{\frac{2\tau_m}{\tau_S}}/\left(1 + \frac{2\tau_m}{\tau_S}\right) \tag{13-24}$$

图 13-31a 为 μ 与 τ_m/τ_S 的关系曲线,图 13-31b 为可修复系统大于平均无故障工作时间的 T_S 的可靠度 $R(T_S/\overline{T})$ 与 $T_S/\overline{T}$、$\theta(\tau_m)$ 的曲线,由曲线可见,提高可维修性,能大大提高 $\overline{T}$,尤其当 $\theta(\tau_m)$ 很大时。

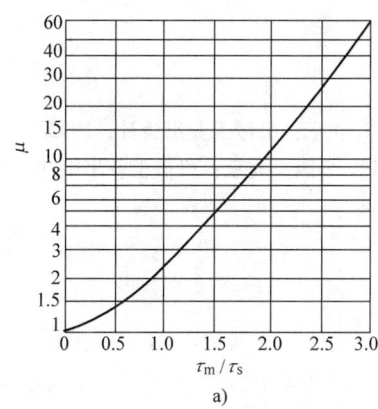
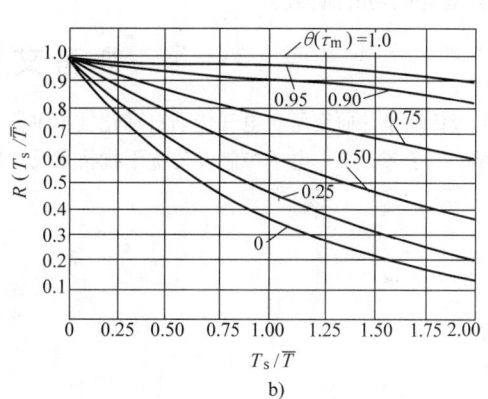

图 13-31 提高可维修性的效果
a) 系统 MTBF 的提高倍数 b) 系统无故障时间概率的提高倍数

各国都很重视可维修性问题,美国于 1966 年颁发第一个维修性军用标准 MIL-STD-470《维修性大纲要求》、MIL-STD-471《维修性鉴定、验证及评价》、MIL-HDBK-472《维修性预计》,并于 1968 年又制定了以可靠性为中心的维修大纲 MGS-1。这是值得借鉴的。

13.5.5.6 提高产品的生产制造水平

同样的电气传动自动化系统,在不同生产厂制造出来后,在使用中可靠性相差甚远,这是常见的现象。其原因是在于产品设计和制造工艺的不同,所以为了确保装置、设备的可靠性,需注意以下各方面:

(1) 结构的合理:这主要体现在装置的机械强度好,能满足运输及使用环境的要求,例抗振性、结构件的表面处理、通风散热、防尘埃等。

(2) 元器件的安装布局合理:元器件布局上轻下重;发热元器件在上部;强电与弱电、大功率与小功率元器件分开;设置屏蔽;分开布线;元器件的绝缘和爬电间隙合格;维修方便等。

(3) 印制板工艺：线条的负载能力和绝缘距离足够；金属化孔的可靠；布线设计；制板水平；阻焊剂、插脚和表面处理。

(4) 二次辅件：包括可靠的接插件、端子、紧固件等。

(5) 配线工艺：以波峰焊代替手工焊；绕接代替焊接；布线方式及导线选择合理。

(6) 元器件老化筛选。

(7) 严格的出厂检查和调试。

(8) 整机厂、元器件厂、销售部门及维修部门之间经常相互交换技术信息及失效数据，改进薄弱环节，不断提高产品的可靠性。

13.5.5.7　注意人为可靠性

由于大量设备是由人来完成操作的，真实的可靠性分析必须考虑人的因素。据美军方统计，大约20%～50%的导弹系统故障是人为因素引起的，主要是操作错误、维修失误、错读仪表等原因。目前国外已发展了考虑人为因素的系统可靠性模型，并对制造过程中人为造成的故障，以及现有的工程心理学标准是否适用于生产过程等问题进行了研究。此外，还包括人为误差分类法、人为误差数据库的建立、人为误差对系统运行的影响、人为误差分配、人为可靠性模型等问题的研究。

参 考 文 献

[1]　天津电气传动设计研究所．电气传动自动化技术手册［M］．北京：机械工业出版社，1992．
[2]　张松春，竺子芳，等．电子控制设备抗干扰技术及应用［M］．2版．北京：机械工业出版社，1995．

第14章 电控设备的安装和调试

14.1 电控设备检验的依据标准

电控设备的检验有出厂试验和型式试验两种。这是考验产品性能的主要手段，原则上均在制造厂内执行，若限于试验条件，部分型式试验也可根据制造厂与用户双方协议，在运行现场进行。

电控设备应按 GB/T 3797—2005《电气控制设备》标准进行检验。

14.2 电控装置的安装

14.2.1 安装的一般规定

依据 GB 50254—1996《电气装置安装工程 低压电器施工及验收规范》、GB 50255—1996《电气装置安装工程 电力变流设备施工及验收规范》、GB 50256—1996《电气装置安装工程 起重机电气装置施工及验收规范》、GB 50257—1996《电气装置安装工程 爆炸和火灾危险环境电气装置施工及验收规范》进行安装。

14.2.1.1 现场设备验收检查
（1）制造厂的技术文件应齐全；
（2）型号、规格应符合设计要求，附件齐全，元器件无损坏情况。

14.2.1.2 对土建的要求
（1）与盘、柜、屏、台、箱安装有关的建筑物，构筑物的土建工程质量应符合国家现行的建筑工程施工及验收规范中的规定；
（2）屋顶楼板施工完毕，不得有渗漏；
（3）结束室内地面工作；
（4）预埋件及预留孔符合设计要求，预埋件应牢固；
（5）门窗安装完毕；
（6）凡进行装饰工作时有可能损坏已安装设备，或设备安装后不能再进行施工的装饰工作全部结束。

14.2.1.3 基础型钢安装
采用基础型钢安装时，其安装允许偏差应符合表14-1规定。
基础型钢应可靠接地。安装后，其顶部宜高出抹平地面10mm以上。

14.2.1.4 屏柜安装
屏柜单独或成列安装时，其垂直度、平面度以及屏、柜面的平面度和屏柜间接缝的允许偏差应符合表14-2的规定。
安装用紧固件，除地脚螺栓外，应用镀锌制品，屏、柜、箱接地应牢固良好。装有电器的可开启的柜门，应以软导线与接地的金属构架可靠地连接。

表 14-1　基础型钢安装允许偏差

项次	项目	允许偏差/mm	
1	直线度	每米	1
		全长	5
2	平面度	每米	1
		全长	5

表 14-2　屏盘柜安装允许偏差

项次	项目	允许偏差/mm	
1	垂直度	每米	1.5
2	平面度	相邻两屏、柜顶部	2
		成列屏柜顶部	5
3	平面度	相邻两屏柜边	1
		成列屏柜面	5
4	屏柜间接缝		2

14.2.1.5　安装的环境条件

安装设备的场地要注意防尘。尘埃附着将导致印制板插件和继电器触头的接触不良。使装置的工作可靠性降低。其他环境条件也应满足有关标准的规定。

14.2.2　外部配线

14.2.2.1　抗干扰配线原则

为提高电控装置的可靠性，必须从装置的设计、制造以及外部连线等方面采取一些必要的措施。

1. 抗静电感应，当控制电路连线与动力电路连线平行且很近时，会由于分布电容的耦合，在控制电路中引起静电感应。预防的方法是将控制电路与动力电路分开走线和采用静电屏蔽措施。静电屏蔽就是把一个接地的导体插在存在静电耦合的导体之间，例如，控制信号线采用有绝缘外皮的屏蔽导线走线，屏蔽层要接到稳定的接地点上，并要遵守"一点接地"的原则，一般应在信号接收侧接地。

2. 抗电磁感应，当动力线中流过大的变化电流时，由于其周围磁场的变化，会在与其邻近的控制电路中引起电磁感应电压而产生干扰，预防的方法是采用电磁屏蔽层和控制信号线采用对绞线。电磁屏蔽层就是将动力电缆置于铁管（或槽中），铁管应分段多点接地，这样就减弱了它对邻近控制电路的电磁干扰。

3. 可靠的接地，在施工配线中，还要注意保持系统的公共零线和接地线电位稳定，否则也可能产生干扰。

14.2.2.2　配线具体要求

（1）晶闸管门极电路的接线应采用绞线，同时可在门极和阴极之间并接一个小电容，例如 0.1μF。

（2）脉冲变压器一次电路易受静电感应，可用对绞屏蔽线进行接线，屏蔽线的屏蔽层应接到稳定的接地点上。

(3) 放大器的输入电路易受静电感应，应采用绞线或屏蔽线连接，屏蔽线的金属屏蔽层应接在公共零线或地线上，屏蔽线应远离浪涌电压源和一般控制线。

(4) 尽量抑制浪涌电压的产生，如在继电器、接触器、制动器的线圈两端并联二极管或电阻、电容吸收回路。

(5) 在装置正常运行时，不允许电焊机等类设备借用控制电路接地进行电焊。

14.2.2.3 配线分类

一般分四类，分别是：第一类高压动力线（HL，$U>380V$，$I>200A$）；第二类控制电路用的交流低压动力线（SL，$U \leqslant 380V$，$I \leqslant 200A$）；第三类多噪声控制线（NL）；第四类弱电信号控制线（AL），见表14-3。

表14-3 配线分类

序号	线区名称	符号	用途
1	高压动力线	HL	$U>380V$，$I>200A$
2	低压动力线	SL	$U \leqslant 380V$，$I \leqslant 200A$
2-1		SL-1	操作电源，包括多噪声继电器、接触器回路用
2-2		SL-2	照明电源
2-3		SL-3	调节柜中用的一般电源
2-4		SL-4	灵敏回路，包括触发器、计算机等数字部件用的电源
3	多噪声控制线	NL	
3-1		NL-1	继电器、接触器电路用
3-2		NL-2	电枢回路检测用的电流、电压反馈线
4	弱电信号控制线	AL	
		AL-1	低电平模拟量检测 <100mV
		AL-2	高电平模拟量传输线 100mV~15V，包括测速反馈线
		AL-3	晶闸管触发脉冲线
		AL-4	计算机输入输出线，包括数字逻辑部件

配线时须注意：

(1) 一般情况下 SL-1 与 SL-2 可合用，SL-3 与 SL-4 可合用，NL-1 与 NL-2 可合用，AL-1 与 AL-2 可合用。

(2) AL-4 若在电气传动系统中只有逻辑部件，就按表14-3规定；若有计算机控制的地方，则按计算机的配线要求执行，即在电压10V左右时超过的应分设在不同电缆中。

(3) 不同线区的电缆或引线不能共用一根电缆，也不能把不同线区的引线紧靠着排列。

(4) 不同类的电缆不应紧靠，要有一定间距，特别是第一类与第四类线区间的距离应给以充分的注意。

(5) 对于第四类线区中的小信号模拟信号线（<100mV，AL-1）同低压脉冲线放在同一根电缆中，每根电缆中传输的信号电平差别应<20dB。

14.2.2.4 控制电缆选择

控制线使用的屏蔽电缆有表14-4所示的三种：A为在一根电缆中包括多对双绞，各对单独屏蔽的线对；B为在一根电缆中有多对双绞线，但是有总屏蔽；C为在一根电缆中含有多芯信号线，带有总屏蔽。

当控制电缆长度超过 10m 时，应选用屏蔽电缆。

表 14-4 屏蔽电缆

类别	A	B	C	备注
截面形状	绝缘层/屏蔽层/双绞芯线	绝缘层/屏蔽层/双绞线	绝缘层/屏蔽层/单芯线	
符号				
NL-1			✓	①
NL-2			✓	
AL-1	✓			
AL-2		✓		
AL-3		✓		
AL-4				②

① 一般也可以是无屏蔽层的电缆。
② 按有关计算机的柜外接线要求。

14.2.2.5 电缆布设

1. 电缆分层布设 根据类别不同，电缆可采用图 14-1 所示的电缆分类布设方式。

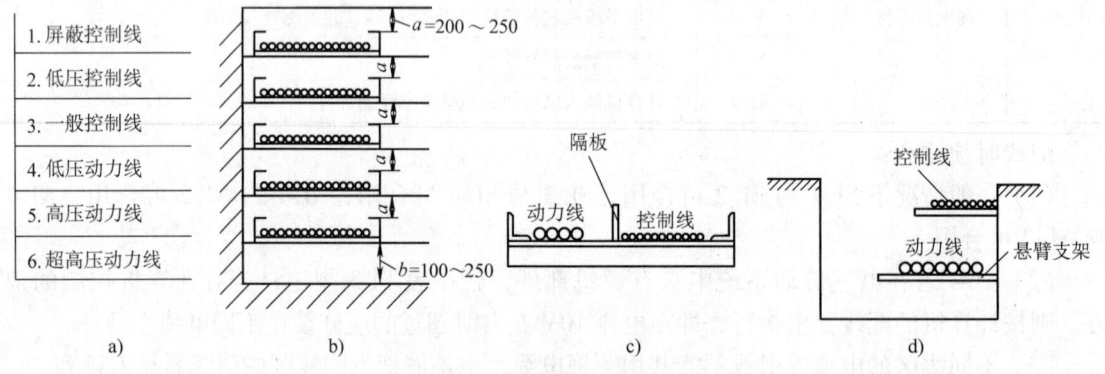

图 14-1 电缆分类布设方式
a) 不同回路电缆分类和分层布设 b) 电缆桥架分层走线 c) 电缆沟单层走线 d) 电缆沟分层走线

图 14-1a 为不同回路电缆分类和分层布设；图 14-1b 为分层电缆桥架实例；图 14-1c、d 为电缆沟中单层和多层走线时电缆排列的情况。

2. 电缆槽走线 对于弱电控制线或检测线 AL-1、AL-4 还应放置在钢管或电缆槽中走线。电缆槽与盖必须有良好的电气连接和分段接地，见图 14-2。

计算机回路线 AL-4 与一般控制线 AL-1 公用电缆槽时，应置中间隔板，隔板与盖板间隙应小于 2mm，见图 14-2。

3. 线间距离

（1）当无电缆槽时，AL-1、AL-4 与 SL 距离应大于 1500mm；AL-1、AL-4 与 HL 距离应大于 3000mm；

（2）采用电缆槽时，AL-1、AL-4 与 SL 和 HL 的线间中心距 D 的数值见表 14-5；

（3）一般电气传动系统（信号电平一般为 0～1V）中，信号不是非常弱，部件灵敏度不是很高，中心距 D 的数值见表 14-6。

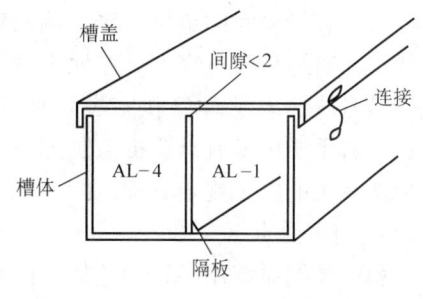

图 14-2　电缆槽走线

表 14-5　电缆中心距离

	平行长度 L/mm	带盖电缆槽						敞开式
		10（或垂点）	25	100	200	500	>500	D/mm
	电力电缆容量	中心距 D/mm						
SL	110V　10A	10	10	50	100	200	250	1500
	220V　50A	10	50	150	200	250	250	1500
	380V　100A	50	100	200	250	250	250	1500
	380V　200A	100	200	250	250	250	250	1500
HL	>380V　>200A	500						3000

表 14-6　控制线与动力线中心距离

动力线电流值/A	信号控制线与动力线中心距 D/mm
≤1000	<200
>1000	200
>2000	400
>5000	600

14.2.3　接地

1. 接地的目的

（1）防雷击；

（2）设备机壳安全接地；

（3）给系统提供基准电位；

（4）消除各电路电流流经一个公共地线阻抗时所产生的噪声电压干扰（即公共阻抗干扰）；

（5）避免受磁场和地电位差的影响，不使其形成地环路。

上述 5 个目的中，（1）、（2）属于安全接地，见其他有关的文件规定。（3）、（4）、（5）属于抗干扰接地。

2. 抗干扰接地

（1）对于中小功率的单机装置，例如功率在 1.0～200kW，这样的系统可备两个接地系统 G1 和 E，E 为安全接地（即机壳），G1 为系统的零线。G1 可接地，也可浮地；浮地时一般称为接零，但若 G1 需要接地，其方式经 3～4μF 电容接到 E 为佳，这时可增加接地故障指示器。

(2) 容量稍大的单机装置，例如功率超过 200kW 的或者容量较小但多机组时，由于涉及面较大，对地分布电容大，浮地很难满足要求，所以需要三种接地线 G1、G2 及 E。G1 为低电平信号线的零线；G2 供多噪声的继电器、电动机等使用；E 为设备机壳及电源零线的安全接地。若系统中又有计算机控制部分，则需另外备一个 G3 供它专门使用。对于计算机接地的要求按有关的施工规定处理。G1、G2、G3 及 E 在未接到大地之前应互相独立并绝缘。

3. 施工要点

（1）地线系统用各种颜色加以区别。

（2）各抽屉的 E 与 G 接点应通过接插件的端子与柜体各对应点实现良好的电接触，不能通过活动部件实现电接触。

（3）同种类地线的接地点应选择在靠近电流大的部件或柜体处进行接地，不同种类的地线各自用较粗的扁线引出，连到接地集合板上。

（4）接地集合板埋设在附近没有其他电气设备的接地线的地点，即在接地集合板周围 15m 内无其他接地。

（5）接地集合板的埋设方法如图 14-3 所示，图中多余的接地板为备用，以便供其他需要接地时使用。

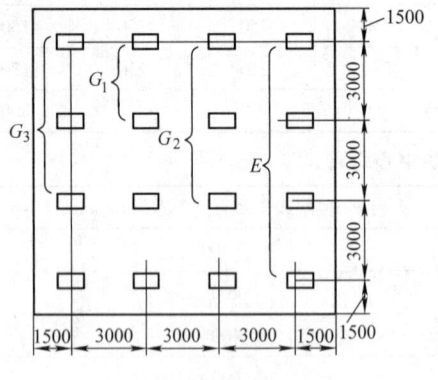

图 14-3 接地集合板实例

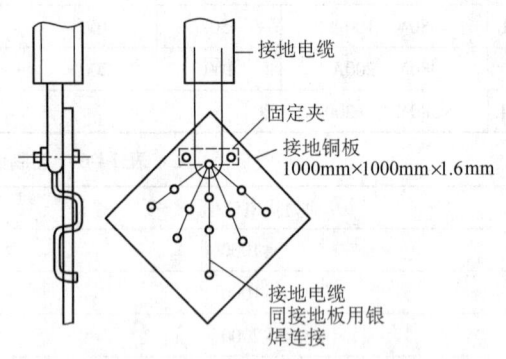

图 14-4 接地板与电缆连接

（6）接地板的材料采用铜板，每块接地板的结构见图 14-4。接地电缆焊装于接地板上。

（7）计算机用的信号电缆 AL-4 及系统中模拟量信号电缆 AL-1 的屏蔽层，原则上在受电末端接地，即靠近计算机及调节柜这一侧接地，但对于热电偶等低电平模拟信号源，因已在信号源始端接地，则该电缆的屏蔽层也必须在信号源的始端接地。

（8）提供相同的信号或经放大器等进行变换的信号，在接到几个不同系统上时，最好把这些传输线集中在一根电缆中，即使用多芯双绞总屏蔽的电缆。在这根电缆中可包括输送到相同地方的直流控制电源 ±15V、±24V 及电源的零线。如果没有这种电缆，则把传输这些信号和电源的许多单根电缆捆在一起，但应注意，不能把交流电源线也捆进去，交流电源线与信号线必须有一定距离。上述的施工要点，需结合具体的系统实施，根据具体条件和经验做出切合实际的决定。

4. 接地装置试验

（1）测量接地电阻的一般要求　测量前，连续三天的天气应晴朗；测量时应记录土壤干燥情况及测量前三天的天气情况。

辅助接地极、电位极应远离地下水管和电缆（辅助极距它们 100m 以上，电位极距它们

50m 以上）；如水管或电缆外皮未与接地网连接时，上述距离可减半。

测量时应把电位极的位置变更三次，测量结果相近时，即可认为测量结果正确。

测量接地电阻时各电极布置见表 14-7。

表 14-7　测量接地电阻时辅助极与接地极的布置

被测与辅助接地结构形式		最小距离/m			布置图
被测的	辅助的	a	b	c	
单管平行式	单一管状	10	20	20	
多根钢管组成网状	单一管状	80	40	20	
	多根钢管组成	80	40	40	
复杂接地网	单一管状	5d	5d 3d~4d	20	
	多根钢管组成	5d	5d 3d~4d	40	

注：1. x—被测接地物；z—辅助接地极；y—电位极；d—复杂接地网的对角线尺寸。
  2. 被测接地装置采用其他金属材料做接地体时亦适用本表。
  3. 测量接地网时，如果保持 5d 的距离有困难，可保持 200~300mm 的距离，但应将测得的电阻值加以适当修正。

（2）测量接地装置的接地电阻，在土壤干燥条件下，接地电阻应不大于表 14-8 所列数值。一般土壤电阻率 ρ 参考值见表 14-9。

表 14-8　电气接地装置的接地电阻

接地装置使用场合	接地电阻/Ω
大接地短路电流（500A 以上）的电气设备	0.5
小接地短路电流（500A 以下）的电气设备	10
露天配电装置用避雷针的集中接地装置	10
高压架空线路电杆 $\rho < 10^4$	10
$10^4 < \rho < 5 \times 10^4$	15
$5 \times 10^4 < \rho < 10 \times 10^4$	20
$10 \times 10^4 < \rho < 20 \times 10^4$	30
100kVA 以上变压器	4[①]
100kVA 以下变压器	10[①]
低压设备共用联合接地	4[①]
电流互感器二次绕组	10
静电接地	100
工业电子设备，X 光设备、弱电控制屏蔽线	10
电弧炉	4
火药、油库及精苯车间避雷针	5
仪表接地	100

注：ρ 为土壤电阻率，其单位为 Ω·cm。
 ① 低压中性点直接接地系统。

表 14-9　一般土壤电阻率 ρ 参考值

名　称	砂质粘土	黄土	砂土	夹石土壤	湿沙	碎石
电阻率/（$\Omega \cdot cm$）	0.8×10^4	2.5×10^4	3×10^4	4×10^5	5×10^4	2×10^5

5. 电磁兼容性（EMC）　国际电工委员会（IEC）对电磁兼容性的定义是"电磁兼容性是电子设备的一种功能，电子设备在电磁环境中能完成其功能而不产生不能容忍的干扰"。我国最近颁布的"电磁兼容性"国家标准中，对电磁兼容性作出如下定义"设备或系统在其电磁环境中能正常工作，且不对该环境中的任何事物构成不能承受的电磁干扰"。显然，电磁兼容性含有双重含义：抗干扰性和干扰性。

EMC 决定于与电气设备有关的两个特性——噪声发射和抗扰度。规定噪声发射和抗扰度的极限值取决于电气设备应用时所处的环境。如果电气设备是系统的一个组成部分，它不要求一开始就满足有关发射和抗扰度的任何要求，但是整个系统必须符合相关电磁兼容的要求。一般来说，电气设备必须同时具有对高频和低频干扰的抑制能力。其中，高频干扰主要包括静电放电（ESD）、脉冲干扰和发射性频率的电磁场等；而低频干扰主要是指电源电压波动、欠电压和频率不稳定等。

目前，随着我国经济的发展和科技的进步，工业控制设备的使用越来越广泛。特别是涉及到大的控制系统时，例如控制系统既有 PLC、数控系统、变频器，又有仪表时，如果在系统设计和安装时，没有充分考虑电磁兼容的问题，小则造成设备不能稳定运行，大则造成设备的损坏。目前 EMC 已经成为系统故障的主要原因。EMC 的一条准则是"预防是最有效的、最经济的方案"。所以 EMC 已成为电气系统设计时必须重视的问题。

如何将 EMC 影响减为最小的措施，参见第 13 章及 14.3.4.1 节有关变频器设备的安装特例。

14.3　电控设备现场调试

14.3.1　电控设备的调试导则

调试前，应先了解生产工艺，掌握电气传动控制系统的设计原理、性能参数和要求达到的各项指标，熟悉系统中各种元器件及控制单元的性能，还应熟悉调试中使用的各种仪器、设备的性能及使用方法。在此基础上，制定周密的调试计划，按计划实施调试。

调试前必须先进行设备、线路和绝缘的检查，然后再进行调试。

14.3.1.1　一般检查及线路检查

电控设备安装就位后，应首先进行一般性的外观检查，着重检查所有电控设备和相关设备（包括电动机、变流装置、互感器和变压器等）的数量、型号、规格及技术参数等是否符合相应的规范要求；检查各项设备及元器件安装质量是否符合相应的规范要求；检查各动力线与控制线的型号、规格是否符合设计要求；检查各项设备的接地线及整个接地系统是否符合设计要求。

检查线路时应根据原理图或接线图检查各电控设备内部及外部连线是否正确。查线时应注意连接线头是否有松动、虚焊和接触不良等。控制柜（屏、箱）至外部设备的连线应通过接线端子连接。在同一端子上一般不应压接三个以上的线头。

14.3.1.2 绝缘检查

绝缘检查主要是检查设备在运输、贮存、安装过程中是否使电气设备的绝缘受到损伤或受潮湿气体的侵蚀。已经发现受潮或绝缘受损伤的电气设备应首先进行处理（如干燥或修复）以后再进行绝缘检查。

测量前先清除所有被检查的设备、端子、导线上面的灰尘、油污及安装时可能遗留的碎物。

绝缘电阻一般都是采用绝缘电阻表（曾称兆欧表）进行测量，使用的绝缘电阻表的电压等级及绝缘电阻的标准应遵照各类电气设备的技术标准的规定。如果技术标准中无明确规定时，则一般可按如下考虑：额定电压（或工作电压）在500V以下的回路应使用500V绝缘电阻表；501V～1000V应使用1000V绝缘电阻表；1000V以上应使用2500V绝缘电阻表。对于1000V以下的各种交直流电动机、电器和线路的绝缘电阻值应不小于$0.5M\Omega$；1000V以上应不小于$1M\Omega$或按$1M\Omega/1000V$来考虑。对与某些控制电器及继电保护系统和自动化控制系统为防止元器件及系统的误动作，则要求每一导电回路对地的绝缘电阻不小于$1M\Omega$。

在使用绝缘电阻表测量绝缘电阻时，应将不能承受绝缘电阻表输出电压的元器件（如电容器及各种电力电子器件等）从回路中断开或将其短接，对于这些元器件本身的检查，应使用电压不超过它们的试验电压值的绝缘电阻表或万用表进行。

绝缘电阻检查一般包括下述各个部位：

(1) 导电部件对地；

(2) 两个不相同的导电回路之间，如交流的各相之间，电流回路、电压回路、控制回路、信号回路等相互之间；

(3) 电动机的轴承与底座之间（直接接地者除外）。

14.3.1.3 操作控制电路调试

在主电路电源断开的情况下，接通操作电路电源进行空载操作，以检查操作电路各环节和元器件动作的正确性。

首先应按原理图检查各有触点操作电路和主电路电器元件，对有些不便按这一步进行试验的电器（如行程控制器、各种电流继电器、超速离心开关等），可以采用人为模拟的方法检查；有些电器（如高压开关、直流快速断路器和大容量低压断路器等）应避免多次操作。应保证各电器元件接线正确、动作灵活，不得有卡住、粘住或滞缓现象；噪声及线圈温度应正常；各触头接通时均应接触导通良好，特别是保护、联锁环节动作时应能迅速可靠地切断系统。

对于无触点逻辑控制系统（例如可编程序控制器等），一般是先单个程序块调试，后整个程序调试；先单机调试，后全线（自动线）调试。为便于调试，在进行程序设计时，有条件的还应设计自动检查程序。

14.3.1.4 控制单元调试

根据原理图，首先检查单元的电源电压与极性，并参照该单元的检查试验规范进行调试。一般的调试内容包括运算放大器、乘法器、除法器及其他模拟量器件的调零，输入输出特性的检查（包括检查有无自激振荡，限幅值的整定，以及逻辑控制信号的检查等。

在所有单元调试好后，可以按原理图将单元逐步接入系统中，并送入给定和联锁控制信号，检查控制系统的输入输出通道、封锁及逻辑状态等，均应符合设计要求，为系统调试做好准备。

14.3.1.5 故障检测元器件动作值的整定

系统调试前,应整定故障检测元器件的动作值,以保证系统调试及运行安全。所有故障检测动作值均应按系统设计的规定值整定。对于无触点故障检测单元,可以进行模拟整定;对于有触点故障检测单元,如过电流、过电压、接地和失磁等继电器,以及直流快速断路器、大容量低压断路器和超速离心开关,也应尽量用间接方法或专用设备来整定。例如,过电流继电器、直流快速断路器和大容量低压断路器等的整定,可以采用低压大电流设备进行整定;过电压和接地继电器可用高压小电流设备进行整定;超速离心开关可用小容量配有调速装置的直流电动机拖动进行整定。当无法用间接方法整定时,应采取适当的保护措施,使直接整定过程尽量缩短,避免不慎发生破坏性事故。

14.3.2 自动化设备的现场调试

这里主要针对基础自动化设备的现场调试。这一级设备主要由可编程序控制器(PLC)构成。虽然目前的 PLC 种类较多,编程语言和方法也不同,但其安装要求和调试的方法却都大同小异。

14.3.2.1 自动化设备安装特例

(1) 自动化设备的安装应远离高温、强磁等设备,电缆敷设的走向和配线槽要与动力线保持一定的距离;应将交流线和高能量快速断路器的直流线与低能量的信号线隔开;针对闪电式浪涌,应安装合适的浪涌抑制设备;外部电源不要与 DC 输出点并联用作输出负载,这可能导致反向电流冲击输出,除非在安装时使用二极管或其他隔离栅。

(2) 自动化设备的接地要求与动力设备的接地分开,为独立接地。两者若共用一个接地网时,各自的接地干线不得混接,应分别接至接地网。在大部分的安装中,如果把传感器的供电 M 端子接到地上可以获得最佳的噪声抑制。将 PLC 的所有地线端子同最近接地点相连接,以获得最好的抗干扰能力。DC24V 电源电路与设备之间,以及 AC120/230V 电源与危险环境之间,必须提供安全电气隔离。

(3) 确保需要通信电缆连接的所有设备或者共享一个共同的参考点,或者进行隔离,以防止产生不必要的电流。这些不必要的电流会造成通信故障或设备损坏。因此在连接操作面板、编程设备时,要按照规范进行连线,以防止通信口的意外损坏。

(4) 网络电缆要使用符合其通信协议规定的电缆。表 14-10 列出了 Profibus 网络电缆的总规范。电缆的最大长度有赖于波特率和所用电缆的类型。14-11 表列出了采用满足表 14-12 中列出的规范电缆时 Profibus 网络段的最大长度。利用中继器可以延长网络距离,给网络加入设备,并且提供了一个隔离不同网络段的方法。

表 14-10 Profibus 网络电缆的总规范

通用特性	规范
类型	屏蔽双绞线
导体截面积	24AWG (0.22mm^2) 或更粗
电缆电容	<60pF/m
阻抗	100~120Ω

表 14-11 Profibus 网络段的最大电缆长度

传输速率/(bit/s)	网络段的最大电缆长度/m (ft)
9.6~93.75	1200 (3936)
187.5	1000 (3280)
500	400 (1312)
1000~1500	200 (656)
3000~12000	100 (328)

(5) 要保证模拟量模板的安装和使用,还需要注意以下几点:

1) 确保 24V 传感器电源无噪声、稳定；
2) 传感器线尽可能短，使用屏蔽的双绞线，仅在传感器侧屏蔽接地；
3) 未用通道应短接；
4) 避免将导线弯成锐角；
5) 通过把输入信号隔离或选择外部 24V 电源的公共端作为输入信号参考点，从而确保输入信号范围在技术规范所规定的共模电压之内。

14.3.2.2 自动化设备的现场调试

自动化设备的现场调试包括硬件检查和程序（软件）调试两大内容。

1. 调试前的准备工作

(1) 收集有关资料

1) 工艺说明书或设计规格说明书（包括工艺流程、工艺参数）；
2) 控制系统框图及功能说明书；
3) 控制系统内各种设备位置图；
4) 控制系统各单元设备接口硬件说明书；
5) 控制系统内各种设备的接口图；
6) PLC 系统及各单元设备硬件说明书；
7) PLC 编程手册；
8) PLC 软件程序清单，PLC 系统参数配置表，PLC 的 I/O 地址设置表，I/O 接口表，内部标志分配表，定时器、计数器使用情况一览表；
9) PLC 软件程序存储介质（如软盘或 EPROM）。

(2) 熟悉并阅读有关资料和说明书

1) 认真阅读 PLC 编程手册，熟练掌握编程方法；
2) 认真阅读 PLC 硬件说明书，掌握有关单元板的使用方法，了解其性能、技术数据和注意事项；
3) 熟悉编程器的各种功能，熟练掌握编程器的使用方法；
4) 认真阅读工艺说明书或工艺设计规格书，熟悉生产工艺和控制要求；
5) 认真阅读 PLC 接口图和有关电气图样，检查 PLC 接口信号与电气系统信号相对应，且电压等级、信号状态或信号类型（开关量或模拟量）等均应一致；
6) 认真阅读软件程序，对照工艺说明书检查控制程序是否符合工艺要求；工艺说明书要求的各种控制功能是否齐备；电气联锁功能是否完整、正确；
7) 熟悉并了解基础自动化系统构成，掌握有关的通信协议及通信方式；
8) 编制调试方案。

(3) 主要调试用仪器仪表的准备

1) 编程器（包括现成的系统软件或自编软件）；
2) 数字万用表；
3) 绝缘电阻表；
4) 示波器；
5) 脉冲信号发生器；
6) 交直流稳压电源。

2. 一般调试步骤（见图 14-5）

3. 硬件检查

(1) 电源电路检查

1) 根据 PLC 使用的工作电源，检查供电电源应与其一致，接线正确。

2) 检查各单元板或器件电源电压等级、接线应符合说明书的要求。

3) 各种辅助电源（输入信号电源和输出信号电源）应符合说明书的要求，接线正确；电压等级相同，不同开关控制的电源 0V 线不应混接。

4) 检查各电源开关容量及过载保护，应与负载匹配。

5) 线路绝缘应符合要求。

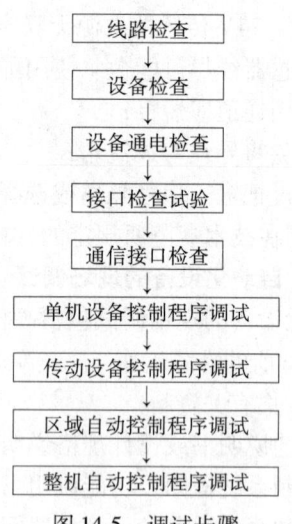

图 14-5　调试步骤

6) N 和 PE 线应与电源系统的 N 和 PE 线连接正确。

7) 导线在端子上连接应牢固，且接触良好。

(2) 信号线、控制线检查

1) 检查线路连接应正确，且接触良好。带屏蔽的电缆，屏蔽线应按照图样和产品说明书的要求连接到正确的位置上，一般应连接在柜内带有 PE 标志的端子上。

2) 信号和控制电缆应敷设在单独的电缆槽内，禁止与动力电缆敷设在同一槽内。

3) 模拟量信号和脉冲计数信号应用屏蔽电缆。

4) 线路绝缘应符合要求。

(3) 设备接线检查

1) 检查各种设备上的接线是否符合设备说明书。

2) 检查设备接地、屏蔽接地是否符合设备说明书要求。

(4) PLC 接地检查

1) 接地电阻值应符合设计要求，一般接地电阻不大于 1Ω。

2) 检查各种接地线安装正确，并确认它和其他接地系统之间没有混接。

3) PLC 地线与强电地线应各自分开，不得混接；两者若共用一个接地网时，各自的接地干线不得混接，应分别接至接地网。

(5) 光缆线路检查

1) 检查光缆头是否清洁，光缆的制作是否符合要求。

2) 光缆的线路检查方法：用手电筒照射光缆，在另一端观察光缆端头光点是否清晰明亮，否则说明光缆头污染，应重新制作光缆头。

(6) 设备检查

1) 检查 PLC 型号是否与设计图样一致；各种单元板、附件的型号及数量是否与设计图样一致。

2) 检查各种设备外观有无损伤，安装是否牢固，有无锈蚀、变形等。

3) 根据 PLC 硬件说明书，检查 PLC 各种配置及安装位置是否与设计图样一致及是否符合说明书的要求。

4) 检查 PLC 各单元设备上的开关位置、地址设置、跨接线连接是否正确。

5) 设备清洁，无杂物。

4. 硬件通电检测

（1）PLC 的一般通电顺序如下：供电装置送电，PLC 本体受电，PLC 外围设备送电。

（2）供电装置送电检查：检查电压波动范围应符合产品出厂要求；通风散热良好，散热风机旋转方向正确、无杂音，运转良好，过滤网清洁。

（3）PLC 本体受电

1）检查 PLC 的 CPU 电池安装正确。

2）在 CPU 送电后，用编程器检查内存，清除用户存储空间所有内容，将 CPU 状态开关拨至"RUN"，检查应无任何硬件报警及错误显示；否则根据 PLC 硬件说明书进行检查，直至排除。用 CPU 板的状态开关检查 CPU 的运行、停止、清零等各种功能正常。

3）若有测试程序，应用测试程序对 CPU 进行检查。

4）用编程器正确填写 I/O 地址分配表，送入 CPU 中或由 I/O 板上开关设定。

5）用编程器对 PLC 系统参数进行设置。

（4）输入/输出单元公用电源送电：同一台 PLC 可同时使用多种不同性质和电压值的输入/输出电源，以适应外部被控设备和检测设备的电源规定，因而在输入/输出公用电源送电前，必须仔细确认电源与接口插件板的额定值要求一致。

一般可从 I/O 插件板上卸下接线端子板，然后逐个送上所用的各种电源，并在端子板上测定。确认无误后恢复端子板，正式逐个送电，应切实避免因配线或其他原因造成不同电压电源信号之间的混乱而发生大规模烧坏输入或输出单元板的事故。

（5）PLC 外围设备送电 按常规方式逐个检查各外围设备和控制器件，并分别对各单体设备送电，检查各单体设备工作是否正常。

5. 接口检查试验

（1）硬接口检查试验 硬接口是指经由导线或屏蔽电缆与输入信号源或输出对象作一对一的电信号联系的接口，包括开关量接口和模拟量接口，常称作端子接线的接口。

1）输入接口试验：由输入信号源（如转换开关、限位开关、检测元件、接触器触头等）以实际或手动模拟方式给出输入信号，检查 PLC 输入板上对应指示灯（发光二极管）的亮、灭；用编程器检查 PLC 中对应的输入寄存点状态"1"或"0"，应符合该输入点的规定。无法实际或模拟给出信号的信号源，可在信号源装置的输出接线端子上模拟，但不允许简单地在 PLC 端子板上加信号来模拟，否则无法判断信号源及接线是否正确。模拟量输入信号还应用编程器检查 PLC 的对应寄存器中经模数转换后的数值与模拟量输入信号的一致性关系。

2）输出接口试验：用编程器强制确定开关量输出点状态，检查输出末端被控设备应产生相应的开关动作；编程器强制对模拟量输出点的数模转换数据单元置数，检查输出对象被控设备接收到的电压或电流信号与被置数相对应，并符合设计规定。

对于无强制功能的 PLC 编程器，可自编一段简单程序，通过程序运行来检查所要求的输出信号。

（2）通信接口的检查试验 通信接口是指以通信方式和其他控制设备进行信息交换的接口，又称为"软接口"。通信干线可为电缆或光缆，在 PLC 上通过插接端口连接。

通信接口检查试验必须在通信双方已装入通信协议程序并投入运行的情况下才能进行。试验方法是在发信方写入一段数据传送程序，检测收信方指定数据存储单元字中正确地接收到由发信方传来的数据（信息）的正确性。同一台 PLC 须对发信和接收两种工作方式进行检查试验。

6. 软件程序（用户程序）的检查和调试

（1）软件程序检查调试流程（见图14-6）

（2）软件程序的检查调试

1）系统参数的设定和检查　根据图样、PLC使用手册及硬件的实际配置，用编程器检查系统参数的设定、主要程序的运行方式及各种软元件的功能设置。

2）I/O地址设置检查　本项检查实际上在I/O接口试验阶段已完成，本处系再次根据PLC控制程序软件中I/O分配表和实际的输入信号源装置、输出被控设置点的名称、配置，对彼此的一一对应关系予以确认。

3）用户程序装入　在装入用户程序前，一般应先将用户程序存储区内全部数据清零，然后通过编程器将用户程序下载到PLC存储区中，如果程序简单，亦可通过编程器键盘逐条将用户程序键入到PLC中。

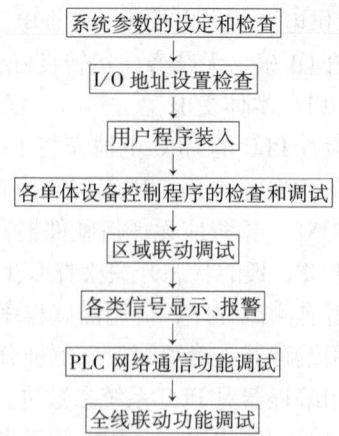

图14-6　软件程序检查调试流程

为防止装入程序过程中，某些输出点可能产生输出信号，使被控设备误动，因此在程序装入时，可将PLC的CPU设置为STOP状态，亦可断开输出侧的控制电源。

全部程序装入后，用编程器将已装程序逐条调出到显示器上，与设计提供的程序清单逐一校核，应正确无误。

（3）各单体设备控制程序的检查和调试　各单体设备控制程序的检查分为程序执行过程的检查和程序控制功能检查两步。

1）程序执行过程的检查　与继电器-接触器控制系统中"空操作"类似，试验前被控设备的动力源（电动设备的电源、液压系统的液压泵电源或压力管阀门）应可靠地切断。试验时，由于PLC不同于继电器-接触器控制系统，无法靠手动方法使PLC的内部继电器动作，只能从输入端给出输入信号，辅之以编程器对PLC中的内部单元用强制的方法来进行试验。

通常要准备一组通、断两方向的开关，组成开关信号模拟器，用试验电源（或实际的输入电源）和电位器组成模拟量信号的模拟器，将它们组装在专用的模拟试验板（箱）上。模拟板各信号送到PLC输入接口板上的各输入点（原有实际信号配线临时断开），并在模拟板上注明各开关或电位器所模拟的信号名称（如某限位开关常闭点、轴承测温等）和它在PLC中的输入点编号（如I1.1、I3.2等）。

试验时根据应用程序中各条程序排列次序，给出该条程序的输入信号条件，即所对应的开关信号或模拟量信号，用编程器检查该条程序的执行情况。如该条程序尾端是驱动一个输出点，还应观察输出插件板上相应的输出点上输出显示发光二极管的明灭，以判定本条程序的正确执行。对定时控制程序，还应注意观察、估计延时长短。如此逐条程序检查到与被控单体设备有关的程序的执行，直到全部认可为止。

2）程序控制功能的检查　同有触点的继电器-接触器程序的"空操作"类似（被试设备主动力源不得投入），应注意的是本步骤中判断正确与否不再是程序清单，而应该是被控设备按工艺要求进行控制的试验。

试验前，先根据工艺运行控制要求编制出调试程序表，表中列出该设备的运行方式，各运行方式下起动、运行、停车等动作过程以及各步动作时各选择开关、限位开关，检测装置的动作情况、量值大小等。表中还需列出被控设备运行可能产生的故障及故障后的响应动作。

试验时，先按正常运行控制用模拟板给出运行选择信号，再给出"起动"模拟开关信号，检查"起动"给出后按工艺要求应产生动作的对应输出点上发光二极管的响应情况。例如给出"起动"后，与"预告响铃"对应的输出点应亮灯，过10s后"主接触器合"输出点亮灯等；接下来将与"接触器已合上"对应的输入点的模拟开关给上……在假想的运行过程中，给出"前限位到"输入点对应的模拟开关，检查输出板上"主接触器合"的显示发光二极管应灭。如此，将所有工艺控制动作和故障（给出诸如"电动机过热"输入点模拟开关等）响应均作出模拟验证，如果PLC输出实际动作情况与工艺要求有不相符之处，则应对有关程序清单内容进行修改。试验过程中，若能直接检查输出点所驱动的实际设备（如到电气柜实际观察接触器的动作），将使调试验证结果更为准确。

经程序控制功能检查通过之后，就可恢复输入接线，取消模拟板，直接由现场操作开关，并投入现场检测设备进行设备试运行的调试。在实际试运行时，对前述模拟试验无法认定的参数（如限位开关设定距离、有关延时值等）进行整定。实际运行中，也可能出现与工艺控制要求不一致之处，这种情况出现后，应停止设备运行，断开主电源开关，返回程序清单进行分析和处理，本阶段亦包括有关显示、报警程序的检查和调试。

7. 联动调试

（1）区域联动调试　区域联动调试应在本区域内各单体设备已经完成调试运行检查考核的条件下进行。先用模拟板（箱）对本区域内各设备之间的相互联锁控制的控制信号的状态、时序等进行检查，再将逐台单机投入运行，检查实际发出的联锁信号，逐步扩大联动运行的范围。联动调试时，应注意检查各种不同运行方式下的联动过程以及不同故障情况下的联动响应，包括后状态显示信号、报警信号等。

（2）全线联动功能调试　现代化工厂生产线一般配置多台PLC及上级计算机装置，它们在区域的基础上组成一个完整的控制系统，或由多台PLC通过网络作信息交换将各分区组成一个完整的大系统。

全线联动调试的第一步，是确认网络上所有设备运行正常，然后以模拟方式（各自PLC的编程器）通过简单程序进行PLC之间信息交换的检查和调试，确认"发送-接收"通信功能及信息传输的正确性，包括传送对象的正确性和被传送数据信息、状态信息的准确性两个方面。这一检查工作亦可提前在区域联动调试阶段进行，同时检测相关区域间有关过程信息的传送情况，信息发送方处于试运行状态，接收方不运行，仅作对接收信息的检测，以避免信息传输错误时产生误动，造成事故危害。根据生产工艺和程序设计的要求，对传送信息的处理变换参数等做出调整。

全线联动又分为无负载联动和有负载联动两个阶段。无负载联动是不实际投料试生产的联动，部分检测信号（如料位、金属检测、温度、气体压力、流量、物料或产品质量大小等信号）还需取自模拟板（箱）；但对于可实际取得的信号（如选择开关、限位、转速、行程等）均必须取自实际信号，不得再模拟给出。调试时的运行操作与工艺参数设定均必须从操作台上按正式生产运行要求给出。

联动试车的目的是检查确认全系统各台设备是否完全正确地按生产工艺流程规定的时序、量值（如转速、行程等）完成被控动作过程，同时对全部显示和报警信号系统工作情况进行检查确认，并对系统中有关参数作出必要的调整。

无负载联动试运行通过后，即可进入投料试生产运行调试，即负载联动试运行阶段，由生产部门工艺人员和操作维护人员上岗操作，配合调试人员进行检查和调整。本阶段重点在于与产品有关的控制参数或数学模型的调整。本阶段全部自动化仪表也均应投入到整个工艺控制过程中，因而还有一个与自动化仪表的接口与综合调试内容。在负载联动试运行过程中，PLC 的所有输入信号均应为真实的过程信号，原则上禁止使用模拟板。

通过负载联动试运行调试来判别整个控制系统软硬件调试的质量，经过试生产，达到生产要求的产品规格、产量（生产速度）和质量指标。

14.3.3 直流调速装置的现场调试

操作控制电路调试、控制单元调试及故障检测元器件动作值的整定参见 14.3.1.3～14.3.1.5 节的说明。

14.3.3.1 晶闸管整流装置的调试

大中小功率的直流调速系统，目前使用的仍是以晶闸管为主要电力电子器件，通过调压或调磁来改变电动机转速的系统。晶闸管变流器的调试主要包括测相序、定相、空升压试验等。

1. 测相序　晶闸管变流器主电路的相序和触发脉冲同步电压的相序必须一致。否则触发脉冲的相位与晶闸管阳极电压相位不能同步，会造成整流电压波形混乱，所以通电前，首先必须检查相序是否一致。

（1）测试相序可以使用一般的电源同步示波器，使用示波器时，应注意以下几点：

1) 被测电压大于440V时，示波器的交流电源要经过隔离变压器再接入，见图14-7。

2) 要经过专用分压测量头（衰减头）测量。当被测点电压过高时，应采用分压电路测量，见图14-7。不能在被测点与示波器测量线之间串接电阻。

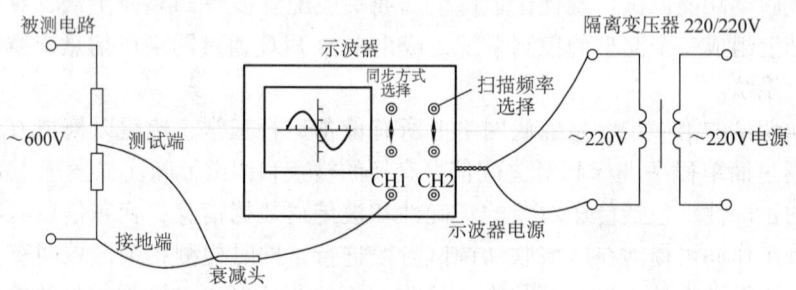

图 14-7　示波器的使用

3) 测量时，示波器的外壳因有被测电压而带电，当被测电压高时，应将示波器放在绝缘物支撑的架或台上，测试人员要站在绝缘垫上，并带绝缘手套，以防触电。

4) 两根测量线的极性不要搞错，最好用不同颜色区别开，并有足够的绝缘强度和长度。

（2）测试相序的方法

1) 示波器上的触发同步选择开关转换到电源同步的位置；

2) 示波器接地调零，使测试波形处于示波器屏幕的中心线上；

3) 测量 A 相电压时，示波器上带正极性的测量线接三相引入线的 A 相线（即习惯上称为火线），带负极性者（示波器上的公共地线）接三相电源的中性点，调整扫描频率，使被测电压一个周波在 X 轴上占 6 大格（每大格约为 60°电角度）。

如果电源进线没有中性线，则可测量 A 相到 B 相之间的线电压 U_{AB}，此时正极性测量线接 A 相，负极性测量线接 B 相，如图 14-8 的实线所示，其波形调整与上述一样。

4）然后按上述方法依次测量 B 相和 C 相的波形，如果 A、B、C 三相按顺序依次滞后 120°（X 轴上两大格）。则表明相序正确。同样，如果测 B 相和 C 相、C 相和 A 相之间的线电压 U_{BC} 和 U_{CA}，也应该依次滞后 120°，如图 14-8 上虚线所示。但要注意，不要把测量线的极性弄反了。

如果测出的相序不对，则只要将三相电源线中的任意两相相互调换一次（注意只能调换一次），然后再按上述方法重测一次，直至相序正确为止。

(3) 按上述方法测量同步变压器的三相进线电压，其相序应与图 14-8 所示波形完全一致。

2. 定相及空升电压　定相就是使晶闸管的触发脉冲的起始相位与阳极电压保持在一定的相位差上。对电感电路来说，触发脉冲的起始相位处在 $\alpha = 90°$ 的位置上，在控制信号作用下，应能在约 ±90° 的位置内移相。定相的方法如下：

(1) 主电路不要合闸，将电流环设为开环工作方式，设定开环 α 角为 90°。

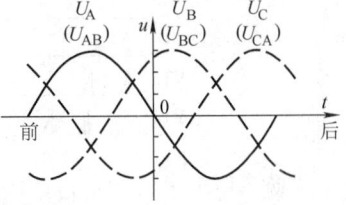

图 14-8　用示波器测相序

(2) 用示波器测量晶闸管 VT1 触发脉冲的起始相位。按照前面测试相序的同样方法，用同步示波器测试 A 相到 B 相的电压 U_{AB}（要注意示波器正极性测量线接到 A 相上），并使 U_{AB} 一个周波在示波器 X 轴上占 6 大格（每一大格为 60°电角度），同时记住 U_{AB} 波形在示波器屏幕上的位置，然后将示波器的测量线接到 VT1 的触发器脉冲输出端上，从示波器屏幕上观察脉冲应出现在滞后 U_{AB} 正过零点 150° 的位置上（见图 14-9），也就是离开 U_{AB} 波形的零点（从负半波走向正半波的零点）为 2.5 大格的位置。图 14-9 上表示的是双脉冲，调试时以前面的第一个脉冲（全黑的脉冲）为准。

(3) 按照同样方法测试 VT2 到 VT6 触发脉冲的起始相位。此时只要记住 VT1 触发脉冲的位置，以后依次观察 VT2、VT3、VT4、VT5、VT6 触发器的偏移，使其每个触发器的第一个脉冲以 VT1 的第一个脉冲为基准依次滞后 60°，从屏幕上观察，就是以 VT1 为基准依次向右相差一个大格的位置。要注意在上述的调整过程中，示波器的 X 轴位移和 X 轴增幅旋钮千万不要再去旋动，否则就看不准了。图 14-9 表示在 $\alpha = 90°$ 时，VT1 ~ VT6 各组触发脉冲的起始相位。

(4) 减小开环 α 角的给定，观察 VT1 ~ VT6 的脉冲应当同时向前（即在屏幕上向左）移动，同时检查最小触发延迟角 α_{min} 限制是否有效。增加开环 α 角给定，观察 VT1 ~ VT6 的脉冲应当同时向后（即在屏幕上向右）移动，同时检查最小触发超前角 β_{min} 限制是否有效。

3. 空载整流特性测试

为验证定相的正确性及检查整流装置工作是否正常，一般要进行整流装置的空载整流特性测试。

(1) 测试前应完成以下步骤：

1) 通过测量绝缘电阻，肯定主电路不接地。

2) 将整流装置的输出端与电动机断开，接一个电阻或其他的电阻 - 电感负载，其阻值选择以保证晶闸管维持导通为原则，一般负载电流为几安即可。

3) 若整流变压器一次为高压，对高压开关和变压器应按规定做试验检查，变压器应连续

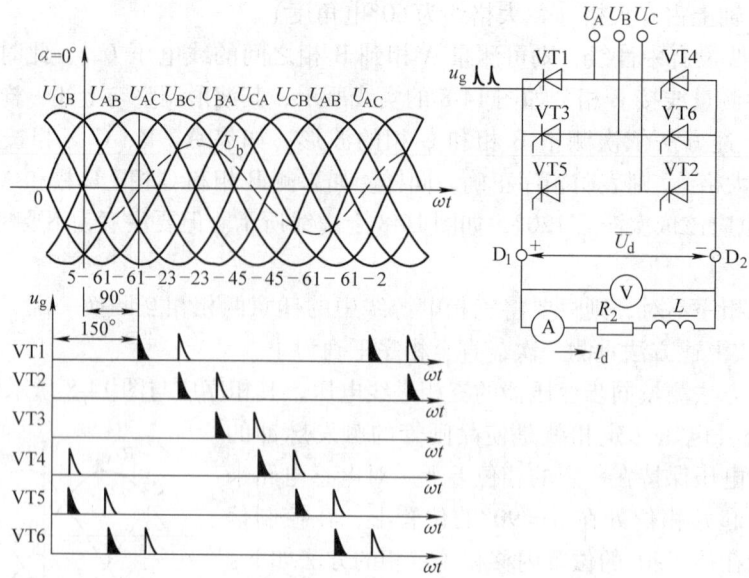

图 14-9 三相桥式电路 α = 90°时各触发脉冲的起始相位

空载运行规定时间,确认良好后,才能向装置送电。

4) 装置与整流变压器连接好后,应进行 5~10 次变压器一次电源通断操作,并连续通电 1~2h,考核装置承受操作过压性能,检查阻容保护和压敏元件有无异常。

5) 按前述方法连接示波器,若整流电压高,一定要加信号衰减电阻,信号经衰减后,输入示波器,不可直接引入。

6) 调整触发控制角,同时记录 α 角值和整流电压值。

(2) 整流特性测试方法如下:

1) 单方向调试,将反向组封锁,慢慢地减小 α 角,当触发延迟角 α = 90°时,此时示波器上开始出现图 14-10a 所示的波形(电阻-电感负载时),电压表和电流表中开始有读数,当 $U_d = 0.2 \sim 0.3 U_{dm}$($U_{dm}$ 为整流输出电压的最大值)时,仔细观察示波器上 6 相脉动波形是否对称,即观察每一条波形的高度、形状以及起点和终点的位置是否都一样。

2) 继续减小 α 角,观察电压表和电流表上的读数,应缓慢平稳地增大。当 $U_d = 0.5 \sim 0.7 U_{dm}$ 时,再从示波器上仔细地检查各相波形是否都对称。

模拟系统中,由于各相触发器参数的分散性,有时可能系统在整流输出电压值较低和电压值较高时的对称性相互矛盾,如在电压较低时对称性较好,而电压高时对称性又不好,这时就应以在高电压时调好对称性为准,低电压时略微有点不对称也只好认可了。当然,如果出现严重的不对称,则应重新检查相应的那相触发器的参数或更换元器件。

现在的数字控制系统大多设计了电流开环工作方式,可以直接给定触发延迟角,当触发延迟角由大变小时,整流装置的输出电压应从零连续变化至最大,而且整流电压波形的对称性一般不需要调整。

3) 继续减小 α 角,直到 $U_d = U_{dN}$(U_{dN} 为额定电压),检查整流电压波形及装置有无异常现象。

4) 将 α 角从 90°减小到 0°值,观察整流电压的波形应当缓慢平稳地从图 14-10a 所示变化到图 14-10f 所示。中间没有突跳,各相波形都对称,则表明正向组变流器的空载特性已调好。

5)将 α 角由 90°向 180°的方向增大,此时变流器工作在逆变状态,观察不到逆变电压波形,但可以用示波器检查触发脉冲移相变化情况,随着 α 角由 90°向 180°的方向增大,各相的触发脉冲从 90°位置上逐渐向后(示波器上向右)移动。在同样的触发角给定值下,各相脉冲移动的角度应当相同,继续加大 α 角,直到脉冲移到 β_{min} 角。

6)按上述步骤和方法再调试反向组变流器。为防止出现意外,必须将正向组的触发脉冲封锁。

7)在正、反向两组变流器都调试好以后,切断电源电压,在主电路无电压的情况下,改变给定电压极性,再次确认在任何情况下,都只有一组变流器有脉冲,另一组变流器无脉冲,确认无误后再次接通电源,分别观察两组变流器输出的电压、电流波形和整流电压的移相变化。如果一切都正常,则表明变流器的空载特性已调好。

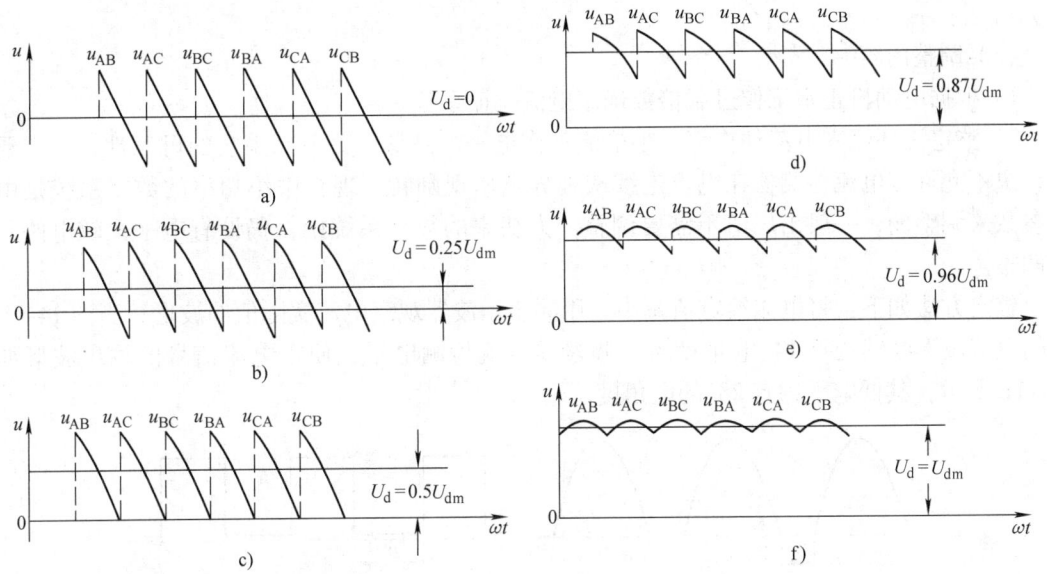

图 14-10 整定三相桥式整流电压波形

14.3.3.2 双闭环调速系统的调试

1. 电流环调试 电动机堵转情况下,让电动机电枢电路流过稳定的基值电流,在此之上投入附加的电流阶跃控制信号。电枢电流由基值开始变化(增或减依阶跃信号极性而定),经过一定的过渡时间、一定的过渡过程曲线到达新的电流稳定值。闭环控制动态特性调整的目的就是实现对电流调节电路中阻容参数的选择匹配。使电流变化的过渡过程达到理想的最佳状态。

(1)准备工作 调电流环之前,必须先做以下工作:①电动机电枢电路绝缘;②使整流装置产生很低整流电压,让电动机低速运转,观察其安装和换向、润滑情况,判断电流反馈极性,并加大反馈强度;③停车后,切除磁场电流,为防止大电流下电动机可能因剩磁而转动,应将电动机转子卡住,如用千斤顶或铁棍卡住;④进行电动机堵转下的电流环调整前,一定要开环整定好直流快速断路器和过电流继电器等电流保护能可靠动作;⑤注意限制电流给定值,对于反并联装置可分别调整正向和反向,将另一组脉冲封锁或将反并联电路断开;⑥有风机的电动机和装置要通风冷却。

(2)电流闭环短路实验步骤

1) 判断操作电路和信号系统工作正常、电流反馈极性正确后，进行电流闭环短路实验。

2) 切断励磁柜主交流电源和励磁柜控制电路的电源，以保证电动机励磁电流为零，并解除零励磁信号对信号系统的联锁作用。

3) 将系统设定为电流环工作方式。

4) 合高压开关给整流变压器送电，整流电路电压表指示较小虚电压。

5) 在运转控制器封锁系统的状态下，合直流快速断路器。

6) 在给定积分器加一给定信号，解除运转控制器对系统的封锁作用后即可做电流环的短路实验。

7) 在实验中断或完成后，一定要清除给定信号，使运转控制器封锁系统，然后再进行其他操作。在进行电流闭环实验时，要注意电抗器、整流柜和电动机的冷却风机，以防损坏设备。

(3) 调整内容

1) 根据电动机正常工作过载倍数确定电流反馈系数。

2) 整定无环流零电流动作值：零电流动作电平的高低，关系到系统的可靠性，一定要慎重，决不允许零电流检测器在电流连续或临界点出现翻转。现在中小功率的数字系统是由几个参数来调整的，一般出厂值不需要调整。大功率的数字系统中，仍设有电平比较电路，需要调整。

整定方法如下：将电流给定值减小，用同步示波器观察电流实际值的波形；当图14-11所示的电流波形断续约有14°电角度时，调整零电流检测电平，使零电流信号的输出波形如图14-11b所示，其低电平约有28°的电角度。

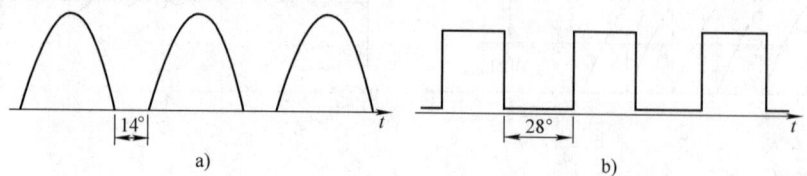

图 14-11 电流断续时电流检测波形
a) 电流波形　b) 零电流信号的输出波形

3) 特性调试：通过改变电流调节器的比例积分参数和电流微分反馈作用，在电动机电流变化率允许的条件下，使过渡过程指标（电流起调时间、超调量、振荡次数）满足系统设计要求。无规定时，可按电流起调时间为 8~20ms、超调量小于 6%、振荡次数不大于 1 来考虑。应尽可能加快电流响应过程，只有这样，才有可能提高速度外环的快速性。

如过渡过程波形中出现平顶段，则应减小阶跃给定量后重新测试。图14-12为突加给定时的电流波形。图14-13为电枢电流正反向切换的动态过程。

4) 电流断续自适应系统的调整　数字控制系统一般都带有电流断续自适应环节，该环节的参数直接影响到电流环的性能指标。电枢电流断续区的调整，先初始设定稳定电流波形是断续的，再给出阶跃给定信号（稳定电流仍是断续的），测定过渡过程波形，调整与断续自适应相对应的参数，使之

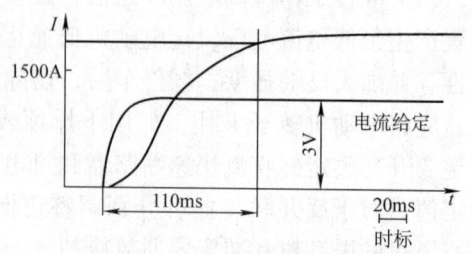

图 14-12 突加给定电流波形

和前述的电流连续时的动态指标相近。

5) 提高测量精度的措施和方法 为抵消记录波形中基值电流分量,突出过渡过程变动部分,以提高测量精度,可利用系统输出通道的数值处理功能,将被测量的基值消去,只将阶跃变动分量的波形记录下来,以获得高精度的测量结果。

除上述内容外,对于多组桥并联装置,还应测试各桥动静态均流情况,可在开环并短接电枢绕组下进行。

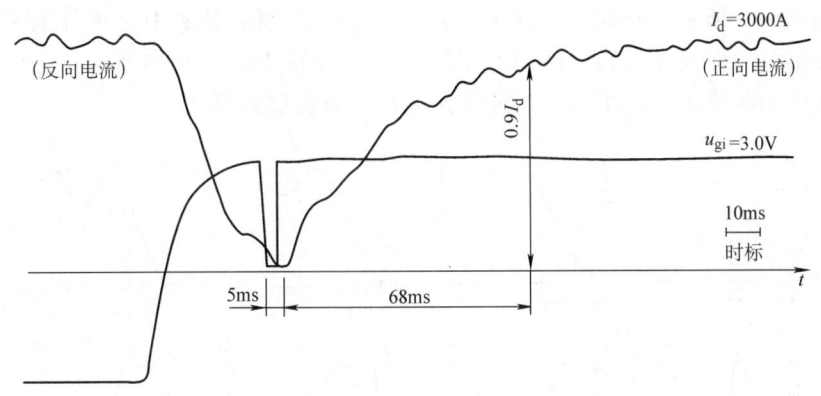

图 14-13 电枢电流正反向切换的动态过程

2. 速度环调试

不同生产机械对转速系统的响应要求不同。例如初轧机主传动要求转速跟随给定值频繁正反转,但对动态特性要求不高;连轧机主传动则要求咬钢时动态速降小,恢复快,应区别对待。由于在调整之初,加负载扰动难,可间接通过调好转速对阶跃给定的响应特性,来改善系统抗负载扰动性能做预先粗调,一般说来,对给定响应快、超调大的系统,动态速降小,恢复快。

(1) 速度环粗调 调试前要满足通风冷却、润滑、超速离心保护投入等条件,同时将电动机和机械间联轴器脱开为佳。

1) 检查与电动机有关的操作联锁和保护动作是否正常,尤其是超速、欠励磁保护等。

2) 将速度反馈信号断开,使电动机先开环在低速旋转,检查电动机和测速编码盘安装情况与输出电压波形,同时检查速度反馈信号极性,速度反馈信号极性正确以后,才能将速度反馈信号接上。

3) 预先将速度调节器整定在一组稳定裕量较大的参数,速度微分暂不加入。

4) 将速度环开环,若系统振荡,应改变速度调节器参数,使系统稳定,然后慢慢地增大速度给定信号,并在较低的转速下,校准系统设计的速度反馈系数。

5) 将速度给定信号、速度实际值信号、电动机电枢端电压、电流反馈信号等分别接到示波器上,摄取速度闭环以后低速下正、反向起动时的波形变化,分析系统的工作是否正常。

(2) 速度闭环精调

经过粗调以后,可以进一步进行精调,以使速度闭环系统获得较好的动态品质,满足生产机械所提出的要求。

调试时,速度给定信号采用小阶跃信号,系统各环节都不饱和,即工作在线性区域,若系统中有给定积分器,则此时应绕过给定积分器,使阶跃信号直接加在速度调节器的输入端。调试开始时,先检查速度调节器的各环节参数是否与设计值相符,然后适当改变一点参数,如调节比例系数、积分时间、微分反馈的强度等,直到获得较满意的过度过程。动态特性指标无规定时,按起调时间为 100～200ms、超调量小于 5%、振荡次数不大于 1 考虑。过渡过程可用光线示波器拍摄,也可用长余辉示波器观察。

图 14-14 为加小阶跃给定信号时,速度的几种不同的过渡过程。其中,图 14-14a 表示响应过慢,速度无超调。图 14-14b 表示速度几乎无超调,过渡过程平稳,类似中频区展宽的三阶预期系统,适应于要求电动机跟随速度给定值频繁变速和可逆运转的系统。图 14-14c 表示转速有一定的超调,但响应较快,电流上升快,类似三阶预期系统中中频段偏窄的情况,适用于那些有突加负载而又要求转速波动不大的系统。图 14-14d 表示转速的稳定性较差,类似三阶预期系统中中频段过窄的情况,系统不能运行,需要重新调试。

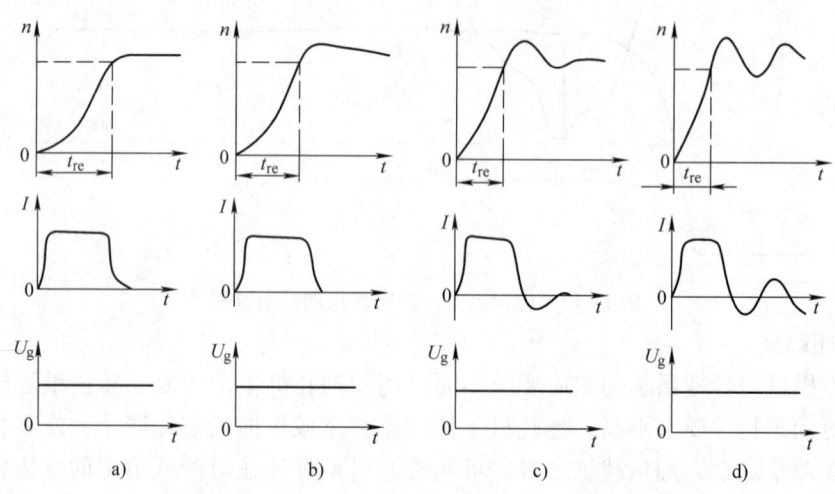

图 14-14 调速系统阶跃响应(对给定)

在上述的动态品质满足要求后,应观察或记录电动机转速从零→正向高速→反向高速→零过渡过程波形。

表 14-12 调速系统静特性(实例)

U_g/V	0.4	1.0	1.5	2.1	3.1	3.95	5.0	5.9	7.0	8.0
U_M/V	100	185	280	410	623	628	631	634	637	639
i_L/A	42.6	42.6	42.6	42.6	42.5	24.2	18	14.5	12.3	10.6
n/(r/min)	50	100	150	200	300	400	500	600	700	800

采用弱磁调速的系统,还应先确定在几个不同的弱磁点上,测试系统的阶跃响应过程。

在完成精调后,应测试速度系统闭环特性数据,见表 14-12。另外,还应用光线示波器记录系统的阶跃响应波形。图 14-15 为带钢热连轧机主传动系统的阶跃响应,超调量为 15%。

3. 带负载工作精调 在大型生产线上,完成各单机速度闭环调试后,还应将它们为实现工艺要求而组合起来,进行无负载联动调整,检查速度协调分配、联动操作、事故紧急停车和各种保护动作的功能。若调速系统是位置闭环的一部分,还应和生产机械组成

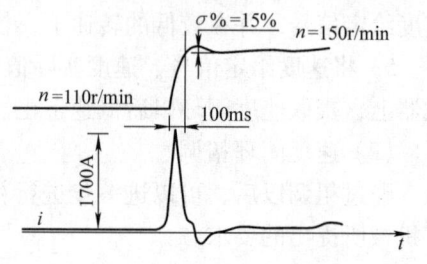

图 14-15 1000kW 带钢热连轧主传动系统对给定阶跃响应

位置闭环系统做进一步调整。应注意，当电动机带上生产机械后，原调好的参数，可能因 GD^2 等的变化，要适当修正。严重时，因传动轴系的间隙和剪切变形引起的弹性振荡影响，使原调好的系统不稳定，调节器参数要做较大的改变。

带机械运行时调试包括转动惯量测定、阶跃响应动态参数调整和模拟动态过程的检查。

(1) 转动惯量测定　将电动机和机械设备间的联接轴连接好，盘车检查后，将速度调节器输出限幅定为与电动机额定电流相同的值。给出速度给定信号，使电动机以额定电流由 0 加速到 80% 额定转速，在示波器上记录并量取电流稳定段的转速变化幅度和经历时间，按下式可计算出时间常数 T，供系统最佳化调试参考：

$$T_e = C_m \Phi I_e = \frac{GD^2}{375} \mathrm{d}n/\mathrm{d}t$$

式中　T_e——额定励磁条件下的额定电磁转矩。

式中，忽略了摩擦等阻力。由上式可知时间常数 T 为

$$T = \frac{GD^2}{375} \cdot \frac{1}{C_m \Phi} = I_e \Delta t / \Delta n$$

(2) 阶跃响应动态参数调整　在 80% 左右恒定转速情况下，给出转速阶跃变化的给定信号，对速度闭环动态响应进行检查和调整，使起调时间、超调量、振荡次数均达到指标要求。

(3) 模拟动态过程的检查　在特殊要求场合（设计或工艺对负载扰动时传动特性有明确规定时），可做模拟扰动试验，电动机运行于额定转速的 80% 左右，人为强制与电枢并联的能耗制动电阻投入，示波记录转速动态速降及恢复到原设定速度所需的恢复时间。调整速度闭环控制中的参数，使之满足指标要求。应注意的是：扰动特性应和阶跃响应特性配合调整，兼顾两种特性的要求；能耗制动电阻投入运行的时间要短，一般控制在 1~2s 内即将它脱开，以防过热烧损制动电阻，电阻退出时转速有一个突升再恢复的过程，该特性（动态升速和恢复时间）亦应满足指标要求。

在完成无负载联动试车后，要进行带负载试车，为了满足生产工艺要求，还应做进一步调试。如果是带钢热连轧机，应把调轧机主传动系统动态特性与起落动作结合起来，避免咬钢时，堆钢叠轧或拉钢断带等事故。应记录各种调整运行数据，拍摄示波照相波形，并写出调整总结报告，资料归档，以供今后维修使用。

14.3.3.3　非独立弱磁控制的直流调速系统

直流电动机除通过调节电枢电压之外，改变其励磁电流也能达到调速的目的。通常在电动机基速以下，保持励磁电流恒定，调节电枢电压作恒转矩调速；达到基速后，基本维持电枢电压恒定，通过弱磁作恒功率升速。图 14-16 所示的典型系统中，基速以上弱磁控制时的励磁电流给定值不是由专门的设定电位器给出，而是在电枢电动势上升的作用下自动产生的，故称为非独立弱磁控制系统，这亦是通常使用的系统。

图 14-16 中，电枢电压控制部分与前述恒定励磁直流调速系统除串联了由除法器构成的自适应环节外，均为典型的速度、电流双闭环控制系统。电动机磁通 Φ 变化时引起的电枢控制系统参数的变化，由自适应环节根据 Φ 的变化而改变系统的放大倍数来校正，保证整个系统结构参数不变。这样，速度调节器阻容参数一经调定，在不同磁通情况下，均可使系统获得同样的动态最佳控制效果。

励磁控制部分包括电动势运算、电动势调节器、磁化特性、励磁电流调节器、励磁可控整流器及相应的触发控制环节。

1. 电动势运算及电动势调节器 电动势运算部分完成弱磁起始点计算和电动势的实际值计算。电动势调节器将弱磁起始点电动势与实际电动势信号作比较,当电动机运行于基速以下时,电枢电动势信号小于弱磁起始点设定,电动势调节器饱和,输出额定磁通信号,经磁化特性变换为励磁电流给定信号,完成励磁电流闭环控制。当电动机运行超过基速时,电动势调节器退出饱和,输出弱磁信号,使总的励磁电流给定值减小,实现弱磁升速控制。弱磁起始点一般为电动机额定电动势的90%~95%,有些系统中不设弱磁起始点计算,可以此为原则直接设定。

2. 磁化特性曲线 磁化特性曲线部分为一函数发生器,其输入/输出特性按照电动机磁化曲线整定,用以将速度信号变换为励磁电流信号。可事先在坐标纸上描绘电动机的励磁特性曲线(通常由制造厂提供,亦可实测做出),横坐标为额定转速的百分数,纵坐标为额定励磁电流的百分数。将该曲线参数输入系统。有的系统,比如西门子公司的

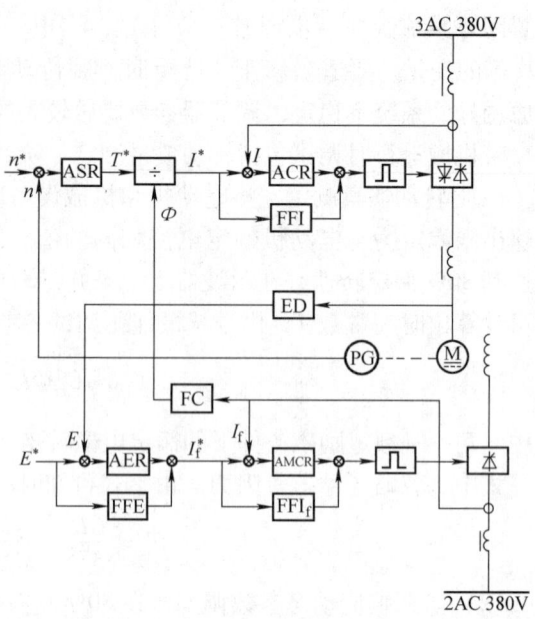

图14-16 非独立弱磁控制的直流调速系统框图
ASR—速度调节器 ACR—电枢电流调节器 AER—电动机电动势调节器 AMCR—励磁电流调节器 FFI—电枢电流前馈(预控) ED—电动机电动势检测 FC—电动机励磁特性 FFI_f—励磁电流前馈预控 FFE—电动机电动势前馈(预控)

6RA70系列全数字调速装置,提供励磁特性曲线的自动测试功能。

3. 电流环调试

(1) 投入励磁整流器交流电源,开环给定触发延迟角 α,确认励磁电流能稳定在小于额定励磁电流的数值上。检查励磁电流反馈信号正确后,闭环给定励磁电流,使励磁电流上升到额定励磁(满磁)电流值,且电压符合设计规定值。

(2) 整定和校验欠励磁和过励磁保护。可调节整流器触发控制单元中的 β_{min} 限幅来保证最小励磁电流为规定的限幅值。

(3) 在励磁电流调节器输入端加入阶跃给定信号,用与电枢电路调试一样的方法,测定励磁电流动态响应特性,做出最佳化调整。

4. 系统综合调试 包括电枢和励磁两部分在内的组合性动作程序试验(模拟试验)和本章14.3.3.2节相同。电动机开环控制下的运行试验在满磁情况下进行的情况和14.3.3.2节所述内容相同。超过基速后出现弱磁,注意电枢电路手动升压控制应十分缓慢,防止电动机过电压或失磁。一般情况下,只要升速到接近于基速即可。

速度闭环控制调试的方法和步骤同14.3.3.2节。应注意的是要在基速以下和基速以上不同弱磁工作点(通常取两点)多次进行试验和调整,以取得整个运行区间均有良好的动态特性。一般情况下,先做满磁运行(基速以下)的调试,速度调节器参数得以基本确定。接着做弱磁运行调试时,主要对励磁控制部分的电流调节器参数进行调整,使弱磁运行阶段的动态指标满足设计要求。必要时,可兼顾基速以下和基速以上两种情况,对速度调节器参数做出修正。

系统带电动机运行和带机械运行试验参见 14.3.3.2 节，但要对满磁和弱磁两阶段均做出测定和调整，全程运行试验时要测定不同转速给定下的电枢电压和励磁电流数值。

14.3.3.4 调试中的异常现象

1. 逆变时颠覆　在制动过程中，电动机工作在发电状态，变流器逆变。此时，如果晶闸管换相失败，就会发生短路故障，应绝对避免这种故障。引起换相失败的原因有：

（1）晶闸管失去阻断能力；

（2）脉冲变压器绝缘损坏；

（3）晶闸管误导通。产生误导通的原因有 du/dt 过高、触发脉冲电路受静电感应产生高频干扰脉冲、晶闸管门极电路受到相邻电路的电磁干扰，如由于流过主电流而受到电磁感应；脉冲变压器靠近主电路时，因安装角度和变压器的结构不同而易受电磁感应；脉冲变压器绕组之间的静电电容耦合而产生干扰。

（4）晶闸管不导通。该导通的晶闸管不导通或已导通的晶闸管不能关断。其原因有：晶闸管质量不良；触发脉冲功率或幅值不够；当几台变流装置同时共用一个交流电源时，由于其他变流装置换相时的重叠角而引起阳极电压产生缺口，如果换相点正好在此缺口处，则晶闸管不能导通；此外在小电流时，也可能因其他变流装置换相时引起电压畸变而使晶闸管不能导通，预防的方法是可以按图 14-17 所示加交流进线电抗器 $L_1 \sim L_3$ 和 RC 电路。

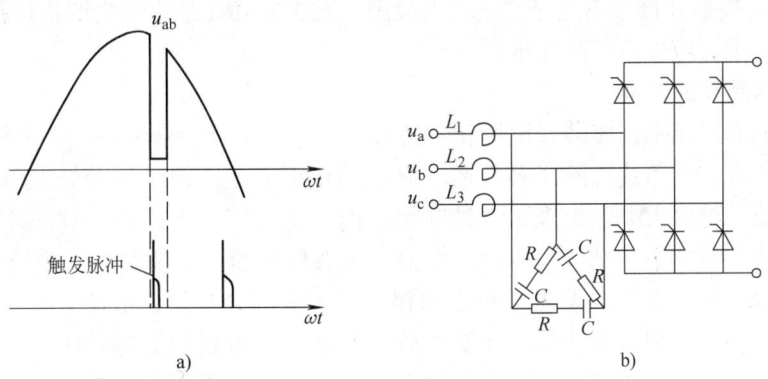

图 14-17　整流电源电压缺口的改善措施

（5）最小触发超前角 β_{min} 整定得过小，由于负载电流过大，晶闸管关断时间过长而使所需的 β'_{min} 大于设置的 β_{min}。

（6）供电电源电压过低、瞬时停电、断相或三相严重不平衡。

（7）触发器电源不正常。如整流电源交流断相、电压过低或断电、相间不平衡、波形畸变等。

2. 整流特性有突跳　当直流侧电感大时，容易发生这种现象，为此可在直流侧并联电阻、电容回路。

3. 接地电流　当晶闸管导通时，会通过电缆和电动机的对地分布电容而流过高频接地电流，此电流可能使接地保护继电器产生误动作。消除的方法是在继电器线圈两端加高频滤波器。

4. 系统振荡　系统振荡主要发生在速度闭环调整时，原因有多方面，要及时找出主要原因，加以排除。它主要包括以下几个方面：

（1）测速发电机与直流电动机安装偏心，测速发电机质量不佳，如电刷接触不良等。

(2) 系统动态参数未调好，如中频段过窄或内外环参数未配合好。

(3) 调节对象参数变化，如在弱磁后电动机积分时间常数发生变化，使系统发生振荡，要适当改变速度调节器参数等。

(4) 电枢回路电流严重断续，容易使系统在空载时发生振荡，应适当加大主电路滤波电抗器，改善断续状态，或加电流断续自适应调节；实在不行只好改变速度调节器参数，降低系统指标，适当提高无环流逻辑切换单元的零电流动作值也有一定效果。图 14-18 为空载时，由于零电流动作值偏小而产生的振荡波形。

(5) 对于外环为位置环的系统来说，引起振荡的另一个主要原因是由于电动机与生产机械或位置检测器与生产机械的联轴器或齿轮存在较大间隙而引起的，或由于外环调节器漂移引起，应予消除。

(6) 由于机械传动轴系有一固定弹性振荡频率，若转速闭环系统响应频率过高，两者会产生共振，使系统振荡。为此，应适当压低速度闭环系统的响应频率或改善机械传动轴系的连接方式。

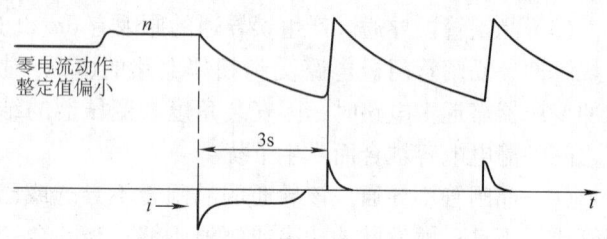

图 14-18 调速系统振荡时示波图（例）

5. 虚焊点或接插件接触不良导致的突发故障　此类故障往往由于生产机械振动大而异常，停机后查找较困难，应提高产品质量。

14.3.3.5　通用装置的调试

通用化已成为近年来调速装置设计和应用的首选。功率小于 1000kW 以下的电动机，目前基本使用通用装置。通用装置除了其性能完善、质量可靠、方便维护等好处以外，其最大的优点是调试简捷，可以大大缩短现场调试时间。由于全数字技术的普及和应用，以及装置的整体化、智能化，使整个调试过程不再像模拟系统那样繁琐。比如西门子公司的 6RA70 系列全数字调速装置，已经具备了无需对相序和相位、控制部分自检、电源自查、电流环、速度环、电动势环自动优化调整等功能。系统中所有的结构和控制功能都是用预先编制的参数来调整的。对于一般的双闭环调速系统和非独立弱磁控制的直流调速系统完全可以借助装置自带的优化功能来完成单机调试。

下面就以西门子 6RA70 系列全数字直流调速装置为例说明这种装置的调试要点。图 14-19 是该系统各主要调节部分的一个简图。

1. 装置参数确定　6RA70 系列装置设计有标定该装置额定输出的各项参数，例如 P076.001 代表该装置的额定电枢电流，P076.002 代表该装置的额定励磁电流等，而且可以做细微调整。调试前，应首先检查装置的型号是否与设计一致，能否满足电动机工作制的要求，并做相应的调整。

2. 电动机参数设定　与负载电动机相关的信息在 6RA70 系列装置中都设有对应的参数。这些参数提供了装置与负载之间的对应关系，是必须设定的。例如电动机电枢额定电流 P100、电动机电枢额定电压 P101、电动机励磁额定电流 P102 等。

3. 系统结构参数及保护参数设定　6RA70 系列装置是通用化的数字装置，调试工程师可以根据不同的工艺和系统要求做结构调整。这种结构的修改和重建都是使用一系列参数实现的。例如 P433 选择给定源、P083 选择速度实际值源、P084 可以选择系统工作模式等。

当然系统能正常工作离不开一系列的保护设定，像正负电流限幅（P171，P172），最小触

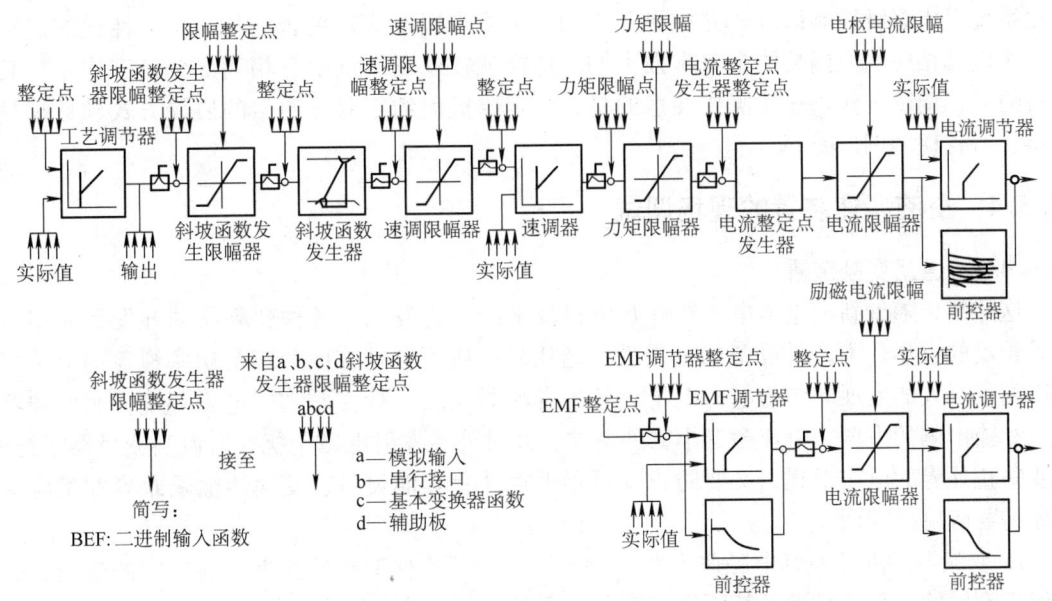

图 14-19 6RA70 系列全数字调速系统简图

发角限制 α_{min}（P150）、β_{min}（P151），超速动作值（P380，P381）等，都需要提前设定好。

4. 励磁回路控制方式选择及调整 6RA70 系列装置中的励磁回路控制有几种方式可供选择（P082）。如果选择了 P082=2，就表示该 6RA70 系列装置带有励磁控制功能，而且带有停机励磁控制，可以使用 P257（停机励磁电流设定）预先调整电动机的励磁回路。如果又选择了 P081=1 就表示该 6RA70 系列装置带有弱磁控制功能，其弱磁方式是维持 EMF 恒定。弱磁点 = P101 - P100×P110，其中 P101 表示电动机额定电压，P100 表示电动机额定电流和 P110 表示电动机电枢电路的总电阻。

5. 电流环调整、速度环调整、弱磁调整可以使用装置的自动优化功能来进行调整。手动调整可参见 14.3.3.2 节和 14.3.3.4 节有关内容。

需要强调的是，要结合现场工艺对该控制装置的要求，调整对应的调节器参数，不能一味地使用系统优化功能的结果。这是因为通用装置提供的这种优化是针对一般应用场合的，同时它要求的优化条件在某些现场很难满足，所以优化的结果应分析后使用。

14.3.3.6 模块式装置的调试

与通用化对应，模块式装置大多是为 1000kW 以上电动机调速系统而设计的。它有模拟和数字之分。但近年来已经很少有上新的模拟系统了。但从调试的角度来说，数字系统和模拟系统的基本过程差别不大。因为数字系统也是在逐渐替代模拟系统的过程中成长的。

比如国内广泛应用的西门子公司的 SIMADYN-D 系列大功率直流传动控制设备。它就是一种典型的模块式装置。因为已经是数字化了的，其最大的改变就是所有的控制功能都是以软件组态的方式，通过特定的硬件完成的。系统中的应用软件可以提前在出厂前编好，并通过模拟测试检验其正确性。系统中相关的时间延时、调节器参数、逻辑关系、保护整定值等可以随时修改。这些都为现场调试提供了便利。针对晶闸管变流装置和典型双闭环系统的调试，上述 14.3.3.2~14.3.3.4 节的描述应该是通用于模拟和数字系统的。

另外，现代调速装置已不再只满足于完成简单的双闭环控制功能。实际上，它已经是一个多处理器系统，不仅可以自带远程输入输出站，完成复杂的逻辑控制，而且还可与上级自动化系统组成多级控制系统，完成更复杂的工艺要求以及实现更智能化、更人性化的监控功能，所以其相应的组网功能是非常强大的。这样就在现场调试中有相当部分的工作是与其他设备的通信调试工作。这里需要注意的是，一定要提前约定双方通信的协议方式和数据量的大小，节省现场调试时间。

14.3.4　交流调速装置的现场调试

14.3.4.1　通用变频装置

这些年，随着新型电力电子器件和微机技术的大力发展，各种变频器的开发和应用也取得了长足的进步。不论是设备的可靠性、通用性、应用领域方面，还是功率覆盖面上，都已经得到了很大的发展。作为电力电子设备的变频器大多运行在恶劣的电磁环境，而变频器的输入和输出侧的电压、电流含有丰富的谐波，并对外界发射电磁干扰，所以当变频器运行时，既要防止外界的电磁干扰，又要防止变频器干扰外界其他设备，变频器电磁兼容性是应用中首先需要解决的问题。

1. 变频器的安装及其电磁兼容性（EMC）　为了确保变频器长期可靠稳定的运行，必须确保变频器的运行环境满足其所规定的允许环境。变频器的电缆布局和安装应遵循以下原则：

(1) 信号电缆线和电源电缆线敷线时尽最大可能离得远一些，如果不可能使电缆保持适当的距离，则必须使用屏蔽良好的屏蔽电缆和接地良好的电缆管道（用金属制成）。

(2) 在控制柜内的所有电缆都应该尽量贴近金属外壳部件（例如控制柜面板、安装板、横梁、金属导轨），干扰就可以被耦合掉（天线效应）。

2. 将 EMC 影响减为最小的措施　所有变频器设计为运行在一个可能存在着较高的电磁干扰（EMI）工业环境中。通常，好的安装经验可以确保变频器安全和无故障运行。但若遇到问题，可参考以下的建议及相关措施：

(1) 确保传动柜中的所有设备接地良好，使用短和粗的接地线连接到公共接地点或接地母排上。特别重要的是，连接到变频器上的任何控制设备（比如一台 PLC）均要与其共地，同样也要使用短和粗的导线接地。最好采用扁平导体（例如金属网），因其在高频时阻抗较低。电动机电缆的地线应直接连接到相应变频器的接地端子（PE）上。

(2) 安装变频器时，建议安装板使用无漆镀锌钢板，以确保变频器的散热器和安装板之间有良好的电气连接。

(3) 为有效地抑制电磁波的辐射和传导，变频器的电动机电缆必须采用屏蔽电缆，屏蔽层的电导必须至少为每相线芯电导的 1/10。

(4) 控制电缆最好使用屏蔽电缆。一般来说，控制电缆的屏蔽层应直接在变频器的内部接地，另一侧通过一个高频小电容（例如 $33\mu F/3000V$）接地。当屏蔽层两端的差摸电压不高和连接到同一地线上时，也可以将屏蔽层两端直接接地。信号线和它的返回线绞合在一起，能减少感性耦合引起的干扰。绞合越靠近端子越好。模拟信号的传输线应使用双屏蔽的双绞线。不同的模拟信号线应该独立走线，有各自的屏蔽层，以减少线间的耦合。不要把不同的模拟信号置于同一个公共返回线。低压数字信号线最好使用双屏蔽的双绞线，也可以使用单屏蔽的双绞线。

(5) 电动机电缆应独立于其他电缆走线，其最小距离为 500mm。同时应避免电动机电缆与其他电缆长距离平行走线，这样才能减少变频器输出电压快速变化而产生的电磁干扰。如果控制电缆和电源电缆交叉，应尽可能使它们按 90° 角交叉。同时必须用合适的夹子将电动机电缆和控制电缆的屏蔽层固定到安装板上。

(6) 如果变频器运行在一个对噪声敏感的环境中，可以采用射频干扰（RFI）滤波器减小来自变频器的传导和辐射干扰。同时为达到最优的效果，应确保 RFI 滤波器与安装板之间有良好的接触。

(7) 进线电抗器用于降低由变频器产生的谐波，同时也可用于增加电源阻抗，并帮助吸收附近设备投入工作时产生的浪涌电压和主电源的电压尖峰。进线电抗器串接在电源和变频器功率输入端之间。如果还使用了 RFI 滤波器，则 RFI 滤波器应串接在进线电抗器和变频器之间。

(8) 确保控制柜中的接触器触头有灭弧功能，交流接触器线圈并联 RC 抑制器、直流接触并联压敏电阻抑制器也是有效的。

(9) 设计控制柜柜体时要注意 EMC 的区域原则，把不同的设备规划在不同的区域中。每个区域对噪声发射和抗扰度有不同的要求。区域在空间上最好用金属壳或在柜体内用接地隔板隔离。

14.3.4.2 变频调速器的调试

西门子 6SE70 系列变频器覆盖了所有有关应用场合的各种开环和闭环控制功能。它包括简单应用时 U/f 特性曲线的控制，以及用于中等或高动态性能要求的传动装置的矢量控制。下面就以其为例说明如何选择和调试这类变频器。

1. 变频器调速器控制方式选择　根据控制对象、场合和要求的不同，6SE70 系列变频器备有下列开环和闭环控制方式可供选择：

(1) 具有 U/f 特性曲线的频率开环控制

1) U/f 特性的速度控制　带测速发电机的 U/f 特性具有高水平速度闭环控制、频率开环控制，其原理图见图 14-20，用于驱动单独的异步电动机，其具有滑差补偿，但无法达到精确的速度精度。来自模拟测速发电动机的转速实际值通过模拟量输入口；而一个 2 通道脉冲编码器通过脉冲编码器的输入口来检测。

2) 无转速实际值检测的 U/f 特性开环频率控制　其原理框图见图 14-21。它具有转差补偿，用于单电动机传动和具有异步电动机的多电动机传动、无高动态性能要求（例如泵、风扇、简单的牵引装置）的场合。

3) 纺织工业用 U/f 特性控制　这是频率（分辨率为 0.001Hz）不受控制功能影响的开环频率控制，其原理框图见图 14-22。它用于具有较高的转速精度的 SIEMOSYN 电动机和开关磁阻电动机的单机传动和成组传动，如在纺织工业中。在这种 U/f 特性控制中，包含了以下功能：IR 补偿，电压和频率配合的电流限制调节，在恒定转矩传动和风机、泵类（具有 Te ~ I^2T）传动中间进行特性选择。

此外（除纺织工业用 U/f 特性外），尚有堵转保护、避免电动机共振的阻尼功能和可以激活的转差补偿。在纺织工业用 U/f 特性中，电流限制调节器作用到输出电压上。

(2) 矢量控制或磁场定向控制　矢量控制仅可用于异步电动机和单电动机传动或带有机械耦合负载的成组传动。使用这种型式的闭环控制可达到同直流传动相媲美的动态特性。它能够精确地确定并控制转矩和磁通的电流分量，利用矢量控制能够维持参考转矩并能进行有效的限制。

1) 无测速发电机的闭环频率控制或磁场定向控制　它用于各种从低到高动态性能要求的异步电动机的单机传动场合，其调速范围为 1:10，故适用于大部分的工业场合，如大功率挤

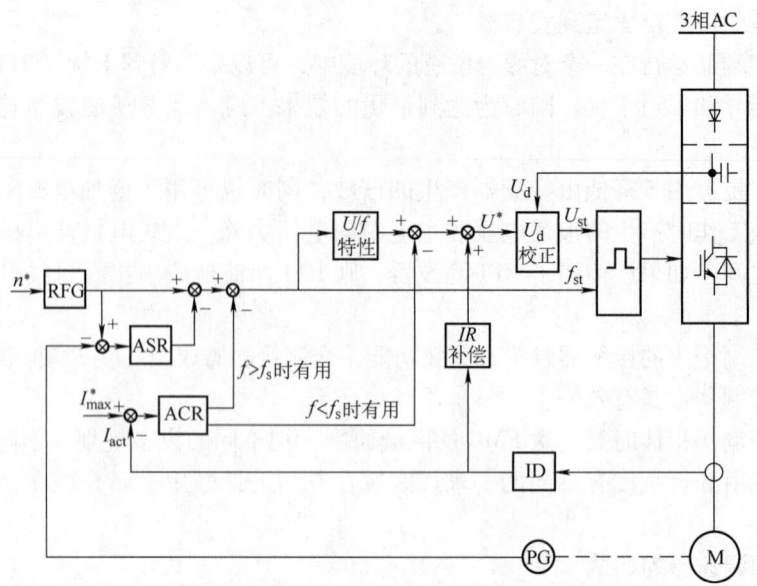

图 14-20　U/f 特性转速控制原理框图

RFG—斜坡函数发生器　ASR—速度调节器　ACR—电流限幅调节器　ID—定子电流检测　n^*—速度设定　U^*—定子电压设定　I_{max}^*—最大定子电流设定　I_{act}—实际定子电流　U_d—直流中间回路电压　U_{st}—定子电压　f_{st}—定子频率

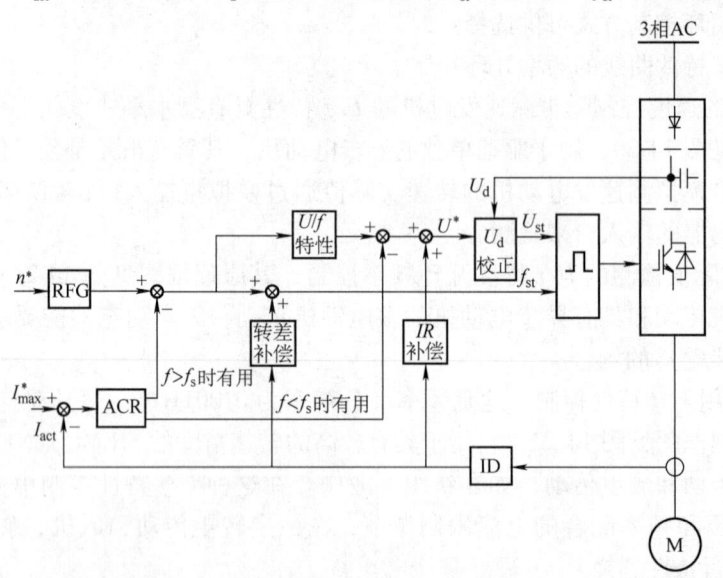

图 14-21　无转速实际值检测的 U/f 特性控制原理框图

压机、风机、牵引装置和提升装置等。其原理框图见图 14-23。

2）带测速发电机的磁场定向控制　其原理框图见图 14-24。作为闭环速度控制时，用于较低转速时有较高的动态特性和高转速精度要求的异步电动机的单机传动，如起重机的位置控制等。对于这类闭环控制系统，须用脉冲编码器，如采用每转带有 1024 个或更多脉冲的增量编码器。直流测速发电机无法满足精度的要求。

带测速发电动机的磁场定向控制作为闭环转矩控制时用于对动态性能有较高要求的异步电动机的单机传动，如工艺上要求转矩作为参考值的卷取机、带张力闭环控制的随动系统和

第 14 章 电控设备的安装和调试

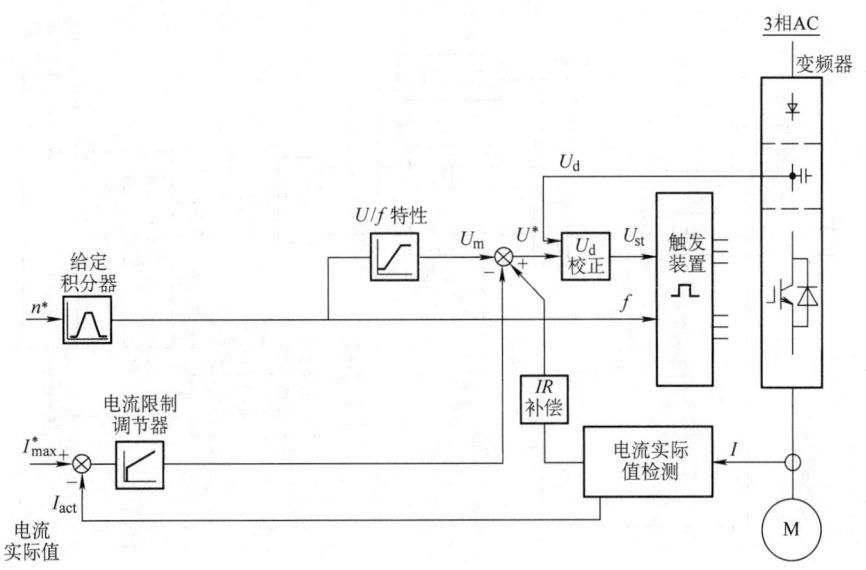

图 14-22 纺织工业用 U/f 控制原理框图

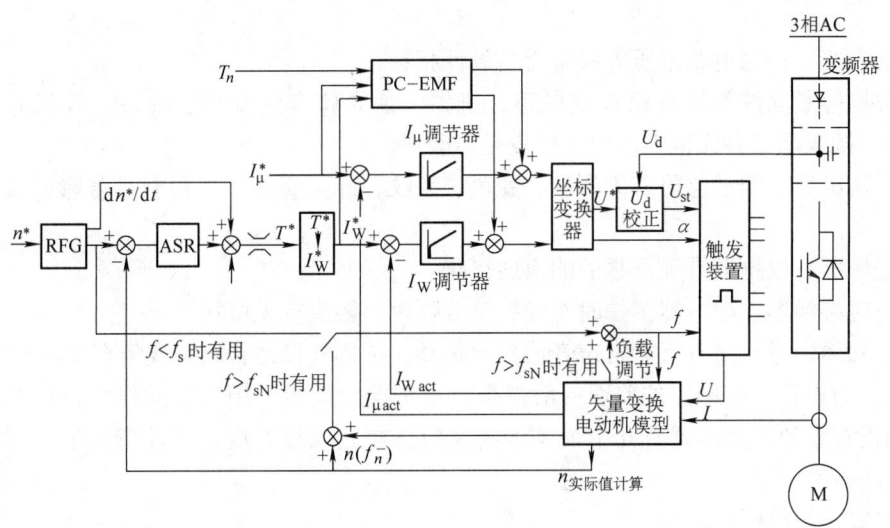

图 14-23 闭环频率控制：无测速发电机的磁场定向控制原理框图

RFG—斜坡函数发生器　PC-EMF—EMF 预控回路　ASR—速度调节器　I_{wat}—实际转矩电流　I_w^*—转矩电流设定

I_μ^*—励磁电流设定　$I_{\mu act}$—实际励磁电流　f_s—实际转差频率　f—定子频率设定

主-从传动系统等。对这类闭环控制系统需要一台增量编码器，它每转具有 1024 个或更多的脉冲，直流测速发电机在精度上满足不了这种要求！

带或不带测速发电机的闭环控制　在具体应用中经常出现的问题是，是否可以没有测速发电机或是否需要测速发电机。下面的准则将提供帮助。在下面情况下需要测速发电机：要求最高的转速精度；满足动态品质的最高要求；调速范围 > 1:10；在转速低于电动机额定转速 10% 时，还需保持一定的转矩或改变转矩。

2. 变频调速器调试

(1) 通电前检查

1) 确认环境温度、湿度、振动是否达标；表面有无灰尘、水滴等；周围有没有放置工具

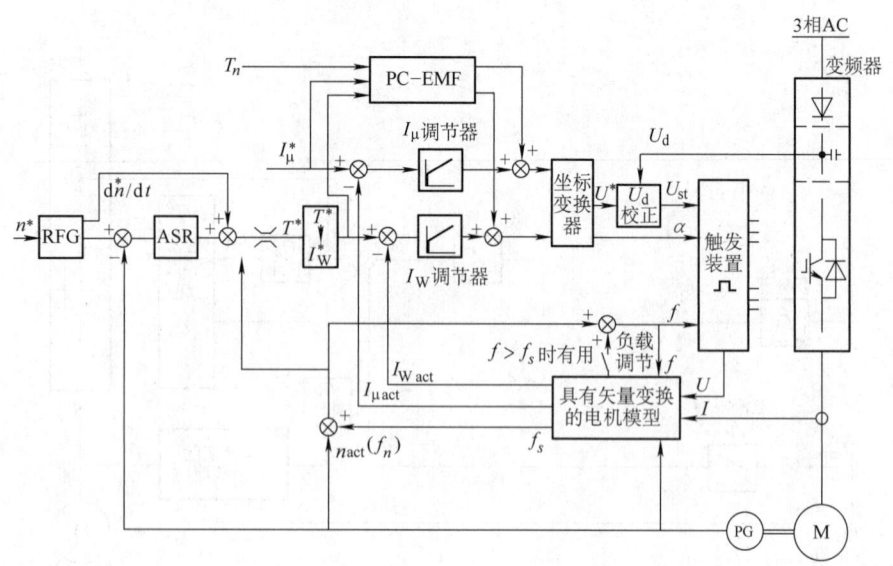

图 14-24　闭环速度控制：带测速发电动机的磁场定向控制原理框图

等异物。

2) 主电路、控制电路电压等级是否与设计相符。

3) 螺栓等紧固件是否有松动或脱落，机器、绝缘体有无变形、裂纹、破损的现象，导体、电线、接线端子有无偏斜，电线外皮是否破损。

4) 滤波电容、制动电阻有无漏液、变色、裂纹、外壳膨胀，是否有显著膨胀或其他明显变形。

5) 变压器、电抗器有无异常的响声或怪味。

6) 电磁接触器、继电器工作时有无振动或噪声，触头有无虚接。

7) 冷却风扇通风道有无异常声音或异常振动，进排气口是否堵塞或附有异物。

(2) 参数设置　变频器的前面一般都带有一个操作面板，用这个操作面板可对变频器进行操作和设置参数，变频器有几个最基本的参数，在完成设置后，多数情况下变频器就能使用了。

1) 装置进线电压；

2) 选择电动机类型（异步电动机/同步电动机）；

3) 选择开/闭环控制类型，见本节中 1 的描述；

4) 电动机额定电压；

5) 电动机额定电流（成组传动应该设所有电动机电流之和）；

6) 电动机额定效率；

7) 电动机额定频率；

8) 电动机额定转速值；

9) 电动机极对数；

10) 控制系统的工艺限制条件，比如从 0Hz 升高到电动机额定频率的加速时间、从电动机额定频率减速到 0Hz 的减速时间等。

变频器除上述基本参数外，还有很多功能，都是靠参数设定实现的。像电动机热保护、自动再起动、U_{dmax} 闭环控制、直流制动功能等。这些参数均有一定的选择范围，使用中有时会遇到因个别参数设置不当,导致变频器不能正常工作的现象,所以设置时一定要认真阅读变频器的说明书,做到心中有数。一旦发生故障,就能及时找到故障的原因,修改相应的参数,使变频器正常运行。

(3) 故障诊断　目前的通用型变频器可靠性都很好,并具有多种保护功能,特别是液晶显示的数字操作面板,不但可以给出变频器发生故障的种类符号,而且可以给出故障发生的顺序,记忆故障的历史,所以用户可以十分方便地根据操作面板给出的信息分析变频器产生的故障,而且在故障表中还能查找故障可能的原因和解决措施。

3. 注意事项

(1) 在选择变频器时,应考虑变频器的过载能力与变频器的工作制、控制方式以及变频器的安装高度和环境的关系。

(2) 接地。变频器正确接地是提高控制系统灵敏度、抑制噪声能力的重要手段。变频器接地端子 PE 接地电阻越小越好,接地导线截面积应不小于 $2mm^2$,长度应控制在 20m 以内。变频器的接地必须与动力设备接地点分开,不能共地。信号输入线的屏蔽层,应接至变频器 PE 上,其另一端绝不能接地,否则会引起信号变化波动,使系统振荡不止。变频器与控制柜的 PE 之间应电气连通,如果实际安装有困难,可利用铜芯导线跨接。

(3) 用带有电动机 I^2t 监视器的变频器软件为电动机提供保护时,需考虑电动机当时的转速,这种检测不可能 100% 准确,因为电动机温度仅是计算值而并非测出来的,而且周围温度也没考虑在内。

(4) 维护。变频器运行过程中,可以从设备外部目视检查运行状况有无异常,巡检时可以通过操作面板查阅变频器的运行参数,如输出电压、输出电流、输出转矩、电动机转速等,掌握变频器日常运行值的范围,以便及时发现变频器及电动机中存在的问题。

14.3.4.3　交-交变频装置的调试

大型交-交变频电动机调速系统的调试,是一项非常复杂的工作,它不仅需要调试工程师具备一定的专业技术水平,而且还要有丰富的调试经验。这类设备总的调试不外乎下面几项工作:

(1) 资料准备及接线检查;
(2) 开关柜本体调试;
(3) 变压器及电动机本体试验;
(4) 送电前模拟试验及检查;
(5) 变频器本体调试;
(6) 变频器带电动机空载调试;
(7) 变频器、电动机带负载调试。

但其详细的调试步骤又因各家产品的不同而不同。SIEMENS 全数字交-交变频系统是近年来被国内广泛使用的变频调速的产品,它的系统原理和调试过程对我们掌握这类设备的调试有较强的实用意义。

1. SIEMENS 全数字交-交变频系统框图　采用 SIEMENS 全数字交-交变频系统,主电路为公共交流母线进线方式,电动机的三相定子绕组采用开口星形联结,每相单独导通,仅采用 1 台双绕组变压器,未采用偏置技术。其原理框图见图 14-25。

2. 全数字矢量控制模块图　图 14-26 给出了全数字矢量控制模块图。这些模块都在一个叫做矢量变换控制的程序包(TVC)中。下面对图中的主要模块做必要的说明。

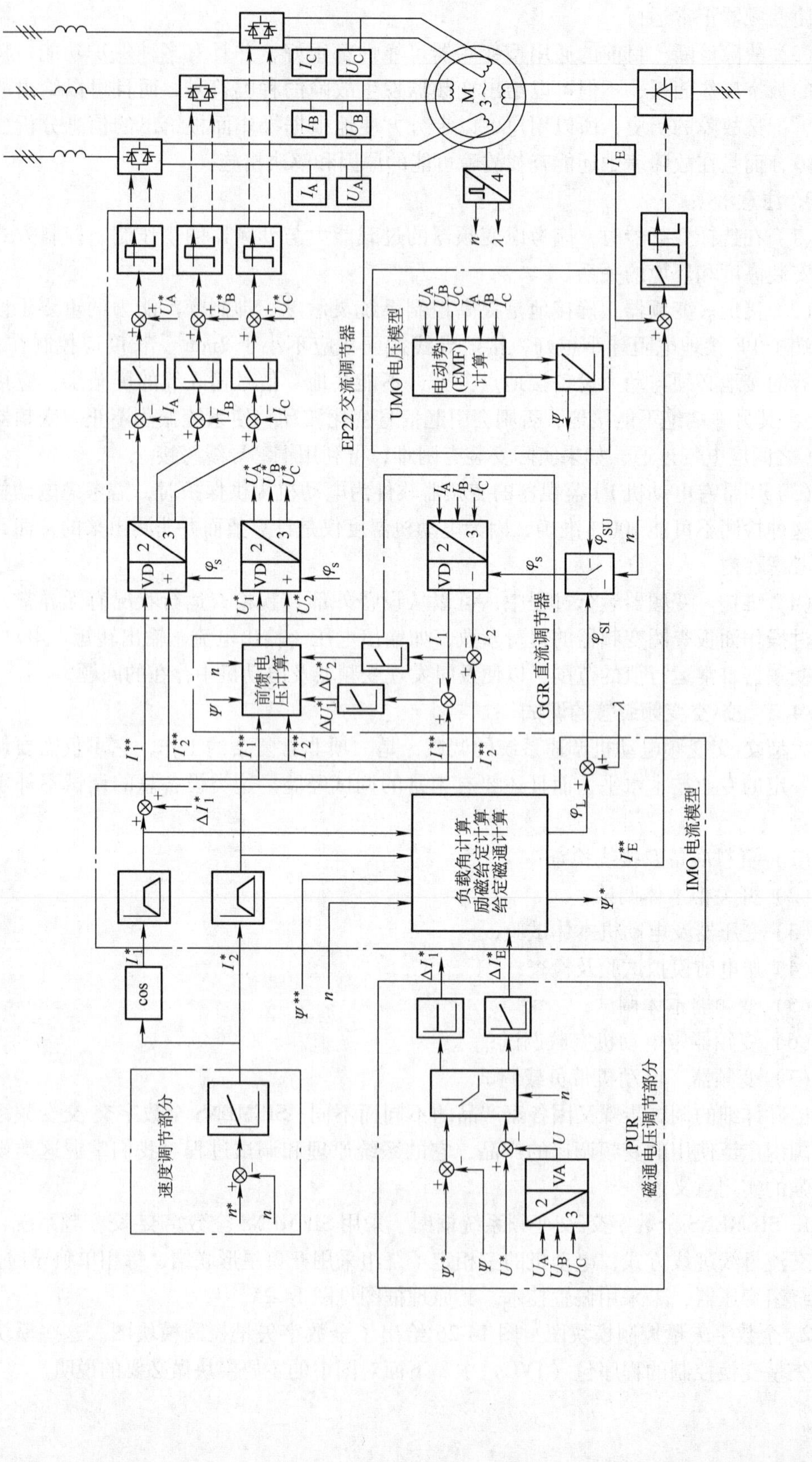

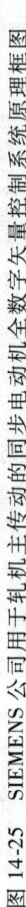

图 14-25 SIEMENS 公司用于轧机主传动的同步电动机全数字矢量控制系统原理框图

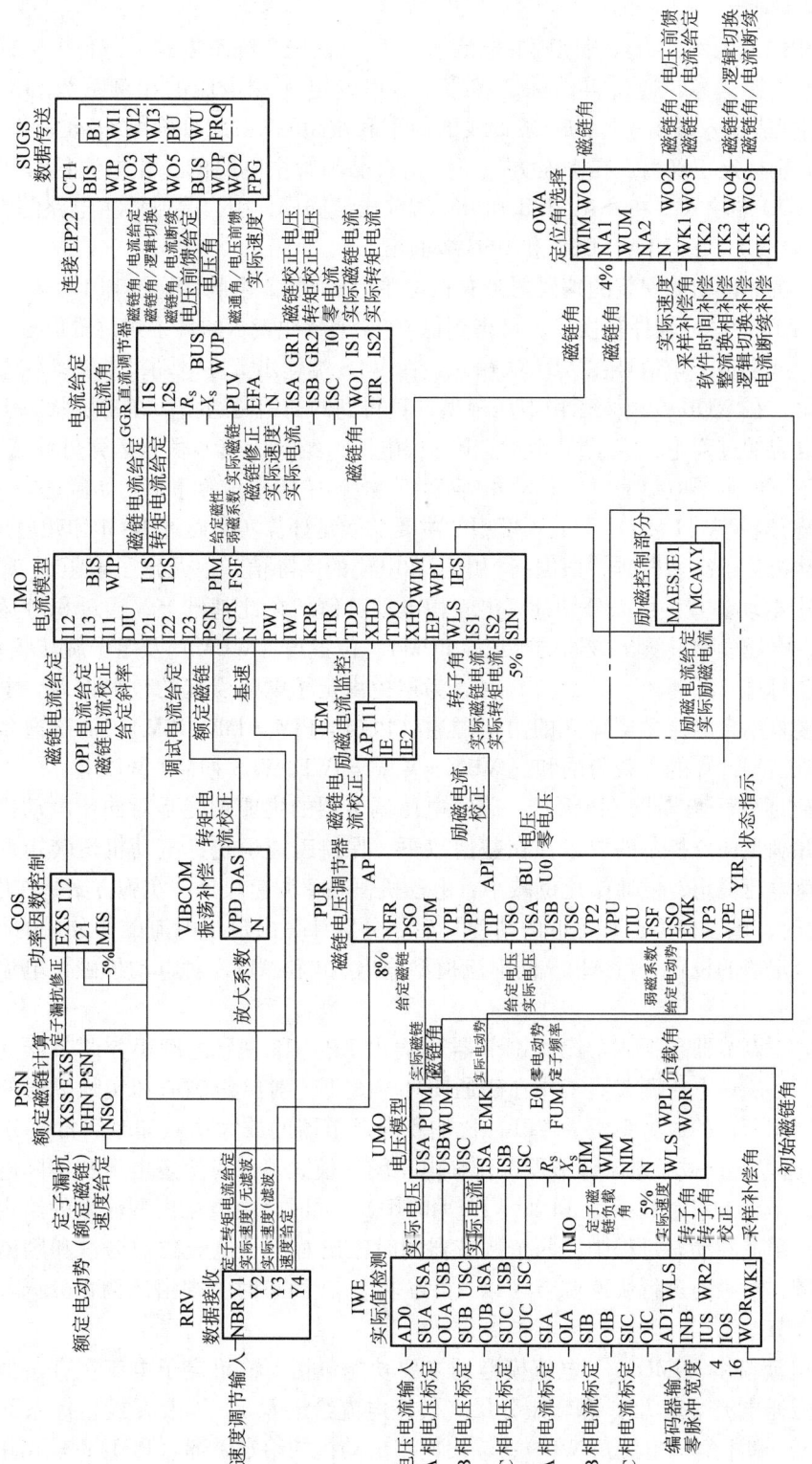

图 14-26　SIEMENS 公司用于轧机主传动系统的同步电动机全数字矢量控制模块图

(1) 实际值检测模块（IWE） 该模块的主要功能是将实测的电压、电流及速度信号引入矢量控制模型。

以 A 相电流为例，为获得准确的电流信号 I_{SA}，首先在静态方式下进行电流标定。借助一个外加的电流源信号，通过自动标定程序，可以确定 A 相电流的比例系数 SIA 和偏移系数 OIA（它们代表输入输出特性的一条直线的斜率和截距），由此可确保 I_{SA} 准确等于输入电流。三相电流分别标定正确后，在动态方式下，引自晶闸管主电路的三相电流信号经过适当的变换后，在 ADO 端输入，在 ISA、ISB 和 ISC 端输出。同样，引自晶闸管主电路的三相电压信号也在 ADO 端输入，在 USA、USB 和 USC 端输出。

在电动机非传动侧安装的编码器带有相位差为 90°的 2 个脉冲通道和 1 个标志脉冲，每转输出 1024 个脉冲，经软件转换后，可得到以 4096 个脉冲表示的转子角位置信号。在电动机运转状态下，这个转子角信号在 AD1 端输入，在 WLS 端输出。在电动机未转动状态下，为确定初始转子角，在 WOR 端引入了由电压模型计算得到的初始磁通角。在初始状态下，在电动机建立励磁电流的过程中，定子绕组感应出三相电压，经电压模型积分运算可计算初始磁通角。由于此状态下的定子电流为零、负载角等于零，故初始转子角等于该初始磁通角。

(2) 电压模型（UMO） 电压模型的主要功能是计算实际磁通 PUM 和磁通角 WUM。

在电动机位于高速段时，根据三相电压和电流的实际值，以及定子电阻 R_s 和加阻尼定子漏抗 X_s，由电动势方程可以分别计算出三相电动势值。在此基础上，通过积分运算，得到磁通。最终，电压模型计算出磁通的幅值（PUM）、位置角（WUM）及定子旋转频率（FUM）。

在电动机进入低速段（$n<5\%$）时，为避免由定子电阻引起的较大误差，电压模型的实际磁通直接采用自电流模型输入的给定磁通（PUM = PIM = IMO.PIM），而磁通角等于实际转子角与电流模型计算的负载角的和（WUM = WIM = IWE.WLS + IMO.WPL）。

(3) 磁通电压调节器（PUR） 磁通电压调节器的主要功能是对同步电动机磁通进行闭环调节，并满足弱磁控制的要求：在基速以下，保持磁通恒定，电动机恒转矩调速；在基速以上，保持电压恒定，磁通按比例减小，电动机恒功率调速。具体实施方案是在电动机转速 $n>8\%$（此时，电压模型已有足够的精度）后，分别计算出定子电流磁通分量的校正值 AP 和励磁电流给定值的校正分量 API，向电流模型输出 AP 和 API，对电动机磁化电流的两个分量进行校正。

磁通电压调节器包括一个比例调节器（输出 AP）和一个比例积分调节器（输出 API）。在基速以下，磁通电压调节器工作在磁通闭环模式下，对给定磁通和实际磁通的差值进行调节，其比例调节器的放大系数为 VP1，比例积分调节器的放大系数和时间常数分别为 VPP 和 TIP。在基速以上，磁通电压调节器工作在电压闭环模式下，对给定电压和实际电压的差值进行调节（调节器的参数切换为 VP2、VPU 和 TIU），同时，由电流模型输出的给定磁通也按比例减小。在调速的动态过程中，两个调节器同时输出对定子电流磁通分量和励磁电流给定值的校正分量，对磁通进行快速调节（以 AP 为主）。在稳态时，则由比例积分调节器实现磁通的无静差调节。

(4) 电流模型（IMO） 电流模型的主要功能包括：输出定子电流在直角坐标系下的磁通分量（磁通电流给定 I_{1S}）和转矩分量（转矩电流给定 I_{2S}），以及在极坐标系下的幅值（电流给定 BIS）和相角（电流角 WIP）；输出同步电动机的给定磁通（PIM）；输出用于电动机励磁控制的励磁电流给定（I_{ES}）；输出用于矢量回转变换的磁通角（WIM）。

在电流模型中，定子电流给定部分综合考虑了多项给定值的影响。在工作状态下，磁通电流给定值（I_{12}）按最佳功率因数的要求来确定；转矩电流给定值（I_{23}）直接由速度调节器的输出确定。在调试状态下，磁通电流给定值（I_{13}）由机旁操作箱 OP1 的按键输入确定，转矩电流给定值（I_{22}）由应用软件的设定值确定。在模型中还设置了给定积分器，给定值的变化斜率由 DIU 确定。此外，定子电流给定的 2 个分量都分别附加了磁通电流校正值（I_{11}）和转矩电流校正值（I_{23}）。这些多项给定值的综合结果为 I_{1S} 和 I_{2S}，再经过直角坐标和极坐标的变换，可以得到 BIS 和 WIP。

同步电动机的给定磁通（PIM）按弱磁控制规律确定：在基速以下，给定磁通等于额定磁通；在基速以上，给定磁通按速度的反比关系减小。

电流模型计算励磁电流给定值（I_{ES}）和负载角（WPL 为转子坐标系到磁通坐标系的夹角）的方法与模拟系统的算法基本一致（见参考文献 [2] 中图 5-9 和图 5-28）。电流模型的 PW1 和 IW1 分别表示反磁化曲线上第一点的磁通和电流（共取 3 点）；KPR 和 TIR 为比例积分调节器的放大系数和时间常数；TDD、XHD 和 TDQ、XHQ 分别为 D 轴和 Q 轴的阻尼时间常数和饱和电抗；IEP 为励磁电流校正值。

在计算出负载角 WPL 后，将它与实际值检测模块输出的转子角 WLS 相加，就得到了电流模型输出的磁通角 WIM。

(5) 直流调节器（GGR） 直流调节器的主要功能是输出用于电压前馈补偿的定子电压给定值，在极坐标下表示为电压前馈给定（BUS）和电压角（WUP）。

直流调节器计算定子电压给定值的方法与模拟系统的算法基本一致（见参考文献 [2] 中图 5-4 和图 5-28）。其中，R_s 为定子电阻，X_s 为加阻尼定子漏抗。数字系统中采用了比例积分调节器，其放大系数和时间常数分别为 K_p 和 T_{IR}，其中，T_{IR} 的实际取值比较大（约 200ms）。在磁通电流和转矩电流的给定值，以及给定值与实际值的误差均大于设定值的条件下（SSK = 5%，SSI = 1%），直流调节器投入工作，并以极坐标形式输出电压前馈给定和电压角。

(6) 定位角选择模块（OWA） 该模块的主要功能为按速度值大小，选择用于矢量回转变换的磁通角，实现电流模型与电压模型之间的平滑过渡，同时考虑各种补偿因素，输出三相电流控制所需要的实际磁通角。

选择磁通角 WO1 的依据为：实际速度 < 4% 时，取电流模型的磁通角；实际速度 > 8% 时，切换为电压模型的磁通角。在 WO1 的基础上，统一考虑对实际值采样和软件计算时间的补偿后（WK1、TK2），向 EP22 输出的实际磁通为 WO2~WO5。其中 WO2 为附加对整流换相的补偿（TK3），用于对电压前馈给定的变换；WO3 为无其他附加补偿，用于正常状态下对电流给定的变换；WO4 为附加对两组整流桥逻辑切换的补偿（TK4），用于切换状态下对电流给定的变换；WO5 为附加对电流断续的补偿（TK5），用于断续状态下对电流给定的变换。

(7) 闭环数据传送模块（SUGS） 该模块的主要功能是接收来自电流模型的电流给定（BIS, WIP），来自直流调节器的电压前馈给定（BUS, WUP），以及来自定位角选择模块的实际磁通角（WO2~WO5），并将它们传送到交流调节器 EP22 模板内（EP22 是西门子公司专为交-交变频控制系统开发的专用控制板），用于实施坐标反变换和三相交流电流调节。

(8) 功率因数控制模块（COS） 根据设定的外功率因数（电流和电压间的夹角）等于 1 的要求，COS 模块用于计算定子电流磁通分量的给定值。其主要输入参数包括：定子电流转矩分量的给定值、定子漏抗及其修正系数、系统的弱磁系数和最小磁通电流（MIS = -5%），以及理想的外功率因数角。由于最小磁通电流设定为 -5%，在无负载及稳定运转时，定子电流的磁通分量保持为 -5%，转矩分量为零，电动机的空载电流较大（约为 9%）。但在轧制及加速过程中，定子电流的磁通分量减为零，定子电路输出全部为转矩电流。

(9) 励磁电流监控模块（IEM） 励磁电流监控模块用于保证在主传动快速和强烈的负载变化条件下，励磁电流不会由于定子回路的去磁反应而减为零。在出现实际励磁电流小于设定值（IE1 = 2%）的情况时，磁通电压调节器将被禁止工作。只有在实际励磁电流大于设定值的范围内，磁通电流校正值 AP 才被传送到电流模型。

(10) 数据接收模块（RRV）及速度调节部分 矢量控制模型的一个重要部分是数据接收模块（RRV），由它将定子电流转矩分量的给定值，以及速度的给定值和实际值传送到相关模块中去。

速度调节部分主要包括：速度给定选择、给定积分器、实际速度输入、速度调节器、数据传送等。主传动的速度给定在工作状态下由轧机主控制器根据轧制要求来确定；在需要轧机停止时，速度给定由定位控制部分自动确定，将工作辊准确停在预定的角度位置上；在点动状态下，速度给定由操作台的按钮指令确定，按照一个预定的速度向前或向后点动；在调试时，速度给定由 OP1 确定。上述速度给定值经综合后送到给定积分器，对加速度和减速度分别做一定的限制，最后送到速度调节器。电动机的实际速度信号来自速度编码器的输出，它是以每转 1024 个脉冲表示的速度信号，经软件转换后，直接送到速度调节器。

速度调节器是一个比例积分调节器，带速度自适应、电流限幅自调节、动态转矩补偿等功能。调节器的放大系数在空载时取一个较小的设定值，在负载后切换为一个较大的设定值，在弱磁段则随磁通的减小而自动增大。电流限幅自调节综合考虑了定子电流磁通分量和转矩分量的协调关系，在转矩分量增大时，将磁通分量自动减小。动态转矩补偿信号来自一阶的负载观测器输出，它产生一个附加的电流预控制信号，使主传动的动态速降特性得到改善。

速度调节部分需要向矢量控制模型传送的数据最终汇总到数据传送模块，由它集中传递到矢量控制部分的数据接收模块（RRV）。

除图 14-26 示出的主要模块外，矢量控制软件包还包括其他一些辅助模块，如交流调节器接口模块（SEND1），用于向 EP22 传送系统数据和控制数据；开环数据生成及传送模块（DSGS），用于完成系统调试状态下的数据生成及向 EP22 传送数据的功能；电动机数据模块（DPD），用于输入同步电动机及其编码器的基本数据，并将它们输出到矢量控制软件包中的相关模块中。

3. 调试步骤

对于高低压电气设备，如变压器、电动机、电力电缆以及各种保护、控制元器件的测试等，均参照本章有关节的要求进行。

(1) 一般检查

1) 检测 I/O 开关量和模拟量信号及 PT100 温度检测装置信号。

2) 对系统进行空操作，模拟脱扣调整、试验紧急停车和紧急跳闸信号，调整接地监视。

3) 与高压接口的试验，最后的紧急制动是切断高压和励磁供电。为了检查，开关小车推到试验位置。核对只有在"合闸允许"时才可能合上闸。同样要校核脱扣回路，为此必须既通过软件，还要通过硬件（气体继电器、离心开关）跳闸。

4) 绝缘检查。在合闸前对变压器、传动装置，如可能还要对辅助传动，分别进行合闸前绝缘检查。试验电压是取决于被试部分的工作电压。

如果是主传动，绕组不可能通过主接触器或直流快速断路器与晶闸管柜及变压器隔离，绝缘检查就必须在绕组接线之前进行。绝缘检查时要断开接地检查的接线。

5) 保护整定。变压器开关的过电流切断应仅覆盖 2 个点：合闸电流（合闸浪涌）和二次侧短路。合闸浪涌可能达到变压器额定电流的 15 倍，它与变压器的容量、剩磁及合闸时刻有关。对短路的整定值应通过跳闸门槛电压写入软件，延时应为 500ms（反时限跳闸）。

6) 调整同步电压组件。同步电压组件 SA60.1 是通过拨码开关来选择电压等级的。为此必须事先将其调整为同步电压所处范围。同步电压送上后，必须检查同步电压的相序为顺时针相序，记录其幅值，调整欠电压门槛值。

7) 对晶闸管柜的检查。检查晶闸管触发脉冲序列、相位、幅值等，晶闸管导通监视，熔断器监视，柜门接点信号等。对励磁柜，还要检查励磁回路过电压（直流侧）、过电压保护熔断器监视（交流测）等。

8) 电流实际值与电压实际值标定。电流、电压实际值信号的输入及校准。校准环节包括 PS16 矢量控制、EP22 电流调节器、励磁调节器及电动机保护。相电流调节用电流实际值的校正与 TVC 的电流实际值校正并行处理。

(2) 辅助传动合闸　在所有电源和信号试验以后，可通过接通控制（软件）将辅助传动合闸。对所有风机和泵必须核对转向。

(3) 高压合闸和测定同步偏置角（定向）　第一次合变压器时，二次应开路。将二次侧断开，使得各导线容易识别。因为它们本来是经过变压器连在一起的。在晶闸管柜上电之前必须满足下列各点：

1) 所有连接的导线都经识别（无二次侧短路）。
2) 保护继电器调整正确，功能经过检查。
3) 通过了绝缘测量。
4) 主接触器或直流快速断路器（如果有的话）断开。
5) 所有危险区域都被封锁。

合闸后检查变频器输入端应为顺时针相序。测量主电源与同步电源之间的偏置角，并写入程序，使触发器与变流器的供电电源同步化，完成定向。定子和励磁电路调试方法与上述的一样。

(4) 励磁装置调整
1) 励磁电流实际值和励磁电压实际值标定。
2) 受控运行，在确定了偏置角以后，可以使励磁电流受控地运行。这项试验是用于检查变流器、偏置角和实际值检测。用示波器测量励磁电流和励磁电压。
3) 调节运行，如果在控制运行中未出现问题，就可将励磁电流调节投入运行。

(5) 定子变流器调试
1) 定子变流器相电流检查。在确定了偏置角以后，可以使全部相受控地运行。这项试验是可以检查变流器，校核偏置角、实际值和零电流信号等是否正确。用示波器测量定子电压、电流及零电流信号，这些信号在 SE20.2 的诊断插座上都有相应的测量点。

对全部相在每个力矩方向上进行试验，重点还是在软件上检查电流实际值。如果选了力矩方向 I，在 TVC 和相电流调节中应该显示正实际值；在力矩方向 II 时 2 个实际值应为负。相电流调节的控制运行是通过 FP - TVC.SENDIA.I9 = 1 来允许的，然后接着选择所需调整的相和力矩方向。对应力矩方向 I，EP22 上相应的一个绿色发光二极管亮，对应 II 为红色发光二极管亮。

SENDIA 的端	相	力矩方向
I10	A	I
I11	A	II
I12	B	I
I13	B	II
I14	C	I
I15	C	II

2）调节运行。为试验电流调节器，TVC 中设置了 DSG（三相电流发生器信号处理器），DSG 运行时，励磁电流调节器自动地建立空载励磁电流。

① DSG 运行：传动的第一次转动是用 DSG 运行方式实现的。此时要注意检查电动机轴承的供油。DSG 运行需要检查以下各点：
- 转速实际值可以在转速调节器和电动机保护处读出，并带有符号。
- 三个电流和电压，构成右旋的三相系统。
- 模拟电流实际值与其数字量相同。

② 断续电流适应调节：为调整断续电流适应，需调整端子 SEND1. X33 和 X34，使得定子电流的转矩分量 Is_phi2 的脉动尽量小。

③ 转子定位及 TVC 运行：为了确定相对于定子轴的转子位置实际值，需利用定子电压，电动机运行后由 TVC 进行自动测量。定位由 TVC 中的 FGS 起动。

当控制字 1（FGS. SW1）为 0H000F 时，系统将励磁投入，励磁投入后的一段时间（FGS. ZIO）中，可测量到清晰的定子感应电压信号，经过另一段时间（FGS. ZIA），磁通达到其给定值，只有在 ZIA 之后 TVC 才被允许运行。

（6）转速控制运行　如果 DSG 运行和定位没有问题，系统就可进行转速调试运行。首次试转是在磁通恒定 PUR_NFR = 100% 下进行，此时励磁调节器被封锁。通过操作盘接通励磁，然后给一转速给定值。此值应以每次 1%～2% 逐渐提高。

1）直流量调节器。为了调整 GGR. EF（能控度调整因数）使电动机在达到 80% 基速的不同转速下运行，在示波器上观察端子 GGR. GR2，调整 GGR. EFA 使 GR2 在整个基速区最小并大致相等。

2）励磁电流给定值预给定。电流模型（IMOS）给出定子系统中的励磁电流给定值，折算到转子侧是由励磁电流调节中的 MAES 计算。可用端子 MAES. EFA 来改变因数 g，用端子 IMO – EXD. EXQ 可将主电抗的计算值匹配到 d 和 q 轴方向。

在正确的励磁电流预给定下，即使有定子电流增磁或去磁分量（Is_phi_1），磁通也不变化。

3）磁通调节器最优化。磁通调节器既作用到励磁电流（PI 调节器），也作用到定子电流励磁分量（P 调节器），因此在稳定状态下定子电流不受磁通调节器影响。磁通调节器由三种控制器组成，端子 PUR. YIR 给出 PUR 处于什么状态：100% 磁通调节、0% 电压调节器、100% EMF 调节器，通过阶跃变化到磁通给定值可以校核磁通调节器调整的情况。

4）功率因数调节。检查电流及电压模型之间的定向和相互关系，并做相应的补偿，如需要，可同时调整两种模型。

5）转速调节。在调整好后，可用通常的方法优化速度调节器，起调时间和超调应按设备要求调整。

6) 空载总结试验。在不带联轴器的状态下，电动机可以自身加负载，检查定位过程的质量、调节过程的稳定性和弱磁时的磁通特性。

7) 热试车。在轧制工况下，精调 TVC。

14.3.5 电源设备的调试

大电流电源设备多用作逆变器的直流电源或镀锌生产线中的电解脱脂段电解电源，受现场元器件及加工能力的限制，在设备制造厂商出厂前应进行完整的出厂检查和必要的出厂试验，及早发现问题，在制造厂商内予以解决，保证现场调试顺利完成。

14.3.5.1 出厂调试

1. 外观检查

(1) 所有控制柜外观检查。所有控制柜的电控设备均按照 GB/T3797—2005 标准中 4.2 进行外观检查。

1) 所有机械操作零部件、柜门、限位、联锁等运动部件的动作是否灵活，动作是否正确。

2) 插件的接触是否良好，应对插头（座）的接触进行必要的抽查。

3) 导线的规格、色标是否符合有关标准的要求，用电笛检查线路正确无误。

4) 电气间隙和爬电距离是否符合技术条件及标准的要求。

5) 外壳防护等级是否符合要求。

6) 柜体面板应平整无凸凹现象，漆层表面整洁、美观，不得有气泡、裂纹和划痕等缺陷。

7) 所有紧固件均应有防松装置。紧固件必须将弹簧垫圈拧平，无松动现象。

8) 产品的安全措施和防电保护措施完善。

9) 装置内部的电器元件动作时，所产生的冲击振动，应不致引起同一装置内或与其相临的装置内电器元件的误动作。

10) 铭牌、符号牌、各种文字、符号标志应符合图样的要求和标准的规定。

(2) 整流器的外观检验。整流器是指安装大功率整流器件的整流桥主电路的装置，可有柜式结构或户内支撑式结构。

1) 检查整流器件的阴阳极方向是否安装正确；用扭矩板手或夹具的压力指示器确认整流器件和散热器、直流母排压接的紧固力是否满足整流器件规定的扭矩值；阻、容保护接线是否正确、牢固；脉冲变压器一次、二次侧接线是否正确、牢固。

2) 检查快速熔断器与母排连接螺钉的弹簧垫圈是否压平；快速熔断器上的微动开关触点的动作和连接是否正确。

3) 检查整流器外连插座插针号与内部触发脉冲线、快速熔断器微动开关信号线及整流器件的桥臂是否正确对应。

4) 检查所有母排紧固螺栓（通电用的和安装固定用的）的弹簧垫圈是否压平。

5) 检查所有水路的水管接头是否均已拧紧。

6) 对于晶闸管整流器，必须仔细确认进线母排的相位与整流变压器制造厂商提供的二次侧出线端子相位完全一致；晶闸管触发脉冲顺序号必须与该晶闸管所在桥臂顺序号对应。

2. 绝缘检试

（1）绝缘电阻测试。根据 GB/T3797—2005 的 3.8.1 规定，绝缘电阻表的电压等级应根据回路的工作电压 U_1 确定：

$U_1 < 48V$ 用 250V 档；

$48V < U_1 < 500V$ 用 500V 档；

$500V < U_1 < 1000V$ 用 1000V 档；

$1000V < U_1 < 1200V$ 用 2500V 档。

对不能承受所规定的绝缘电阻表电压的半导体器件、电容等，测试前应将其短路或拆除。

（2）介电试验

1）主电路及与主电路直接连接的辅助电路的工频耐受电压试验按 GB/T3797—2005 的 4.8.2 中的表 2 执行。

2）制造厂已指明不适于由主电路直接供电工频耐受电压试验按 GB/T3797—2005 的 4.8.3 的表 3 执行。

3）对不能承受高电压的半导体器件、印制电路板、电容器、数字表及高阻值的电阻和线圈均应短路或拆除。

4）频率为 4.5~63Hz 的试验电压，应从零缓升到规定值的一半，然后升至全电压，维持 1min 后切断电源，试品应无击穿或闪络现象，升压装置在试品发生击穿或闪络时，应能自动切断电源。

5）所有控制柜、箱均按上述规定进行；整流器应进行交、直流母线之间及交、直流母线对地耐压试验，考虑到同相逆并联对器件保护的特殊性，整流器的交、直流母线之间的耐压试验，应在未安装器件前进行，试验电压应高于标准值为好；脉冲变压器对主电路及脉冲变压器对地；微动开关对主电路及微动开关对地试验。

注意：介电试验前，脉冲变压器二次、整流器件、换相电容、快速熔断器、微动开关、交流三相进线、直流正负汇流排均用熔丝短接。在主电路对地试验后，可将主电路与地连通，再作脉冲变压器对地试验；在作脉冲变压器对地试验前，将脉冲变压器二次接地，以进行相互间的绝缘试验。

3. 水路系统泄漏试验　大电流电源的大功率整流器件一般均采用水冷方式散热，必须保证水路的无泄漏，通常水压为 0.2~0.3MPa。在水路系统连通之前，对水系统的每段水管用清水进行冲洗，确保水管内无杂质、尘粒，以免堵塞散热器。整流器的水路全部连接完成后，需进行以下试验：

（1）用 0.6MPa 的水压进行 30min 的静压试验，水路无泄漏。

（2）用 0.4MPa 的水压进行 8h 的静压试验，水路无泄漏。

（3）水路充氮气气压试验，用氮气向水路系统充至 0.4MPa 压力保持 30min，用肥皂水检查各接头应无漏气现象。

（4）整流器水路进出水主管路与纯水冷却装置接通，由纯水冷却装置向整流器供水，并进行水循环试验。

试验时水压应逐步提高，水路不畅时，要适当排气，保证所有水管路完全充满水，达到规定的水压后，试验 8h。整个试验过程中，各接口及正、负汇流排，各水冷母排应没有渗漏水现象。

4. 控制系统通电检查　大电流整流器的出厂通电试验是最重要的试验，二极管整流器较为简单，而晶闸管整流器是十分复杂的，本节以晶闸管整流器为例进行介绍，二极管整流器可参照执行。

（1）所有控制柜均按其电气原理图检查，各种电源、开关、接触器、保护继电器、指示灯、熔断器等元器件工作应正常。

（2）检查 PC 的输入、输出状态，确认各种保护、操作和指示信号动作是否符合安全和工艺要求，完善 PC 的软件程序。

（3）设定稳流自动调节系统的各种参数：额定值、电流给定和反馈值、限幅值、报警值、极限值、α_{min}、β_{min}、调节器的 PID 等参数。

（4）相位检查。用示波器检查同步电源与主电路的相位是否正确对应，特别注意输入晶闸管稳流系统的同步电压的移相角与该整流机组整流变压器的移相角是否一致（允许有 ±1°电角度偏差）。

（5）触发脉冲检查。用示波器检查每个晶闸管门极的触发脉冲的相位是否正确；触发脉冲波形的强触发和平台幅值和脉宽是否正确；触发脉冲能正确控制移相且有良好的对称度。

5. 低压大电流短路试验 由于大电流电源的功率多为几到几十兆瓦，制造厂难以具备满负载试验的条件，故而负载试验分为两部分进行：低压短路大电流试验和高压小电流试验。低压短路大电流试验用于检验整流器的紧固件、连接母排、整流器件、快速熔断器的温升和并联整流器件的均流系数、发热情况。

（1）短路试验的配置。短路试验的整流变压器 T2 一次侧为 380V，二次侧为两组相位差 180°、电压为 24~36V 的星形联结绕组。目前大电流电源整流器的单台电流为 30~40kA，T2 的二次额定电流应保证短路试验的直流电流能达到额定电流的 70% 即可，此时测得的桥臂并联器件的均流系数与负载额定电流时的值基本一致，当然有条件作额定电流试验值更好。均流系数的最终值可在现场带满负载运行时测定。短路试验电气原理框图见图 14-27。

为了补偿线路和变压器压降，在短路试验整流变压器 T2 前，增设一调压变压器 T1。连接时应保证变压器 T2 的正、反组交流输出线与整流桥的正、反组进线相位对应，同步电压相位应与主电源进线相位相对应，直流侧用母线短接，按下列步骤进行试验。

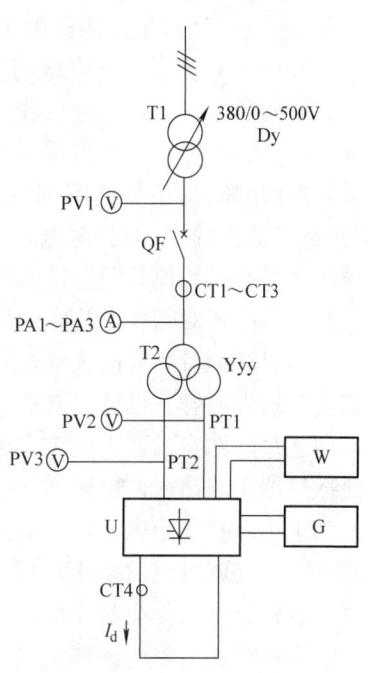

图 14-27 短路试验电气原理框图
T1—调压变压器 T2—整流变压器
QF—低压断路器 V1~V3—交流电压表
CT1~CT3—交流电流互感器 A1~A3—交流电流表 CT4—直流电流测量仪
U—晶闸管整流器 G—电流调节柜
W—纯水冷却机组 PT1、PT2—电压互感器

（2）电流调节系统电流开环试验。由于电流反馈尚未确认是否正确，为了保证安全，先将电流调节系统电流开环；触发脉冲推至 β_{min}，然后变压器 T2 通电向整流器供电，手动控制触发脉冲由 β_{min} 向 α 角缓慢移动，使直流电流输出约为 10% 的额定电流，观察三个交流电流表 A1、A2、A3 的读数是否对称，并与直流电流测量仪 CT4 读数对比，确认两者电流比值合理，检查电流反馈值正确且已输入电流调节器，用示波器检测直流输出电流波形，观察电流波形是否正常、对称；控制触发脉冲退回 β_{min}，电源停电。

(3) 电流调节系统电流闭环试验由变压器 T2 供电，逐级增加给定，直到变压器 T2 达到额定电流，在每一级直流输出电流下的运行时间不得少于 30min。

(4) 桥臂均流系数测试。由于每个整流器件的电流均可达几千安，加之结构空间所限，直接测量有困难，通常以与每个整流器件串联的快速熔断器的压降作为整流器件电流的参照值。为了避免因快速熔断器的温升使其内阻增加的影响，每个快速熔断器的压降应在每级电流运行 20min 后测定，按下列公式计算桥臂的均流系数 K_I：

$$K_I = \Sigma U_{Fi}/(N U_{Fmax}) \tag{14-1}$$

式中　U_{Fi}——并联的各个快速熔断器的电压降 (mV)；

N——并联的整流器件数；

U_{Fmax}——U_{Fi} 中的最大压降值 (mV)；

ΣU_{Fi}——N 个 U_{Fi} 的算术和 (mV)；

K_I——均流系数，应达到 0.86~0.90。

如果大部分桥臂的均流系数均达不到规定值，应考虑集肤效应的影响，调整桥臂各支路的连接铜排的长度，一般可采用在电压降小的支路连接铜排上打孔的措施来提高均流系数；如果某桥臂的均流系数达不到规定值，则应测量快速熔断器压降高的支路上各个接触电阻（即接触点的压降），对接触电阻高的接触面进行紧固、清洁或平整等处理；核对该整流器件的管压降是否与其他并联器件匹配，采取相应措施。

此外还应校对同相逆并联的两组整流桥的负载均衡系数，其值应在 0.9 以上。

(5) 温度测量。大电流整流器的特点是电流大，因而整流器件、母排、接触面、紧固件等都会有较大温升，设计、制造、加工、安装等任何一个环节出现问题都会导致某个部件过热，而这些问题在未通大电流之前是难以发现的，如导电接触面污秽、接触电阻过大、某个水冷散热器水路堵塞使整流器件过热、钢结构件存在闭路、磁滞和涡流造成过热等等。

为了排除这些隐患，在大电流短路试验时应对上述部位进行温度测量，由于整流器结构空间有限，需测量点数多达几百个，而且在每一级电流时均要测一遍，所以多采用红外线测温仪测量，这样操作简易、快捷、安全。

注意：被测对象的测试位置、材质和表面状态对红外线测温仪的测量值有较大影响，应根据其他精确的测量值予以修正；但在同样测试条件下，作为相对值是有参考价值的，可以快速、安全地完成批量测试。

由于整流器件的壳温用红外线测量仪难以正确测量，为此可以测量整流器件瓷壳温度作为参照值，以判断哪一个整流器件温升不正常，进而检查该器件与散热器和快速熔断器的接触电阻（测量接触点压降）、散热器水路和整流器件的电压波形等参量。

6. 高压小电流试验　高压小电流试验的目的是，检验在额定直流输出电压时整流器的绝缘强度和整流器件的耐压性能。高压小电流试验的电气原理框图如图 14-28 所示。其配置与短路试验基本一致，但整流变压器 T2 的二次侧的额定电压应为整流器的额定电压的 110% 以上，以满足电网波动范围的要求；而额定电流仅为整流器的额定电流的 1%~2% 即可。调压变压器 T1 是用于与不同系列电压整流器额定电压的匹配。

电流调节系统电流开环试验时，调节变压器 T1 的输出电压，使变压器 T2 二次侧的输出电压为整流器输入额定电压的 20%，手动控制触发脉冲推至 β_{min}，接通变压器，使触发脉冲由 β_{min} 向 α 角缓慢移动，观察整流器有无异常现象；用示波器观察直流输出电压波形的对称性；检验其平均电压值是否与直流电压表相吻合；检查各晶闸管的电压波形，若一切正常，

脉冲退至 β_{min} 角。

将变压器 T2 的输出电压调到整流器输入额定电压的 100% 和 110%，重复上述步骤，如一切正常，则试验结束。

14.3.5.2 现场调试

通过出厂调试的设备，在现场调试就较为顺利，主要任务是与现场高压断路器、变压器、汇流排、直流隔离开关、水冷机组等外部设备进行正确的配套运行，实现额定负载下正常、可靠地稳流运行。

1. 水路检查　将整流器主水进出水口与纯水冷却机组进出水口通过一段绝缘水管连通，并保证足够的绝缘强度；纯水冷却机组通电运行，检查主水的压力、流量及纯水水质达到规定值；控制保护系统动作正常；观察水路有无渗漏、堵塞现象；循环水运行直到整流器所有水路全部充满水。

2. 操作控制系统检查　通电检查整流器的操作控制系统与外部设备的操作和联锁保护动作正常。

3. 相位检查　整流器与变压器主电路各相接线正确；确认该变压器铭牌上的相移角与自动稳流系统同步电源相移角一致；在变压器作浪涌冲击试验时用同步示波器测定各相进线相位，变压器断电后，用同步示波器测定输入自动稳流系统同步电压的相位，确认相位匹配正确。

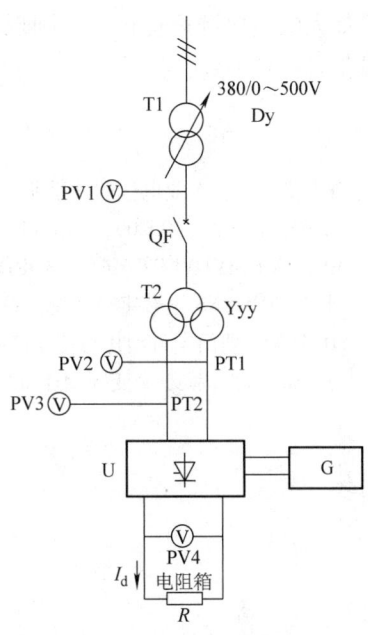

图 14-28　高压小电流试验的电气原理框图
T1—调压变压器　T2—整流变压器
QF—断路器　V1~V3—交流电压表
PT1、PT2—交流电压互感器　U—晶闸管整流器　G—电流调节柜　V4—直流电压表　R—负载电阻

4. 整流器短路试验　将整流器输出母排短接，现场短路试验仍采用低电压方式进行，其步骤同本节项 7，但直流电流应达到的额定电流值，并运行 8h 以上，检查主、副水的进出水温差是否在规定值之内，停电后应将所有螺栓紧固件全部紧一遍。

5. 单台整流器负载试验　单台整流器带负载运行，调整电流调节器的动态参数 PI 值，使输出电流稳定运行，对照直流电流与交流电流的比值是否正确；在额定电流运行有阳极效应时测量并计算动态稳流精度 δ_I。

$$\delta_I = \Delta I / I_{DN} \tag{14-2}$$

式中　I_{DN}——直流额定电流（A）；

　　　ΔI——输出直流电流与 I_{DN} 的最大偏差值（A）。

6. 多台整流器并联负载试验

（1）在每台整流器完成负载试验后，进行多台整流器并联运行，考虑到变压器合闸浪涌电流对电网的冲击，应在每台变压器稳定运行后再投入下一台。

（2）各台整流器均衡增加电流，当总电流约为 20% 系列额定电流时，投、切谐波滤波器。

（3）用同步示波器检查各台整流器的电流反馈波形、系列直流输出电压波形。

（4）判断机组的运行噪声、振动是否正常，并采取相应措施。

（5）巡回检查器件、母排的温度，如有异常应停机检查、排除故障。

（6）运行一段时间后，复测整流器的均流系数和系列电流的稳流精度。

如大电流电源运行正常，则现场调试完成，将各类测量参数计算整理完善，向用户提供调试报告存档。

参 考 文 献

[1] 刘春华. 工业企业电气调整手册［M］. 北京：冶金工业出版社，2000.
[2] SIEMENS. DA65. 10. 2001 SIMOVERT MASTERDRIVES 矢量控制三相交流传动电压源型变频调速样本.
[3] SIEMENS. SIMOVERT MASTERDRIVES 矢量控制大全.
[4] 周宇. SIEMENS 全数字交交变频系统的同步电动机矢量控制［J］. 电气传动，2002（2）.
[5] SIEMENS. 西门子自动化与传动产品符合电磁兼容规则的安装规范手册.
[6] 马小亮. 大功率交-交变频调速及矢量控制技术［M］. 3 版. 北京：机械工业出版社，2004.

第 15 章 电气传动的工业应用

15.1 石化工业

15.1.1 石油工业钻井机械

15.1.1.1 概述

钻井是石油勘探和开发最主要的手段之一。通过钻井才能证实勘探地区是否含油以及含油量多少；通过钻井才能将地下的油气开采出来。钻井技术水平不仅直接影响到勘探的效果和油气的产量，而且关系到油田开发总成本的高低。因此，提高钻井技术水平和钻井效率，降低钻井成本，对油气田开发具有十分重要的意义。

石油钻井，按钻井的目的，分为勘探井和生产井；按井身轴向角度，分为垂直井和定向井，定向井包括斜直井和水平井；按钻井的环境条件，分为陆地钻井、沙漠钻井和海洋钻井，海洋钻井又按钻井装置分为固定钻井和浮式钻井等。

钻机是实现钻井工作的一套综合性机组。钻井技术水平的高低很大程度上取决于钻井设备的装备水平，无论是何种类型的钻井工艺，对钻井设备都有下列基本要求：

（1）为了有效破碎岩石、形成井眼，钻具要有旋转钻进的能力。因此要求机械设备必须给钻具提供足够的转矩和转速，并维持一定的钻压；

（2）为了满足钻具送进、起下钻具、更换钻头、下套管和处理井下事故的需要，机械设备应有一定的起重能力及提升速度；

（3）为了清洗井底、排出岩屑，要求机械设备能够提供钻井液，并产生足够的泵压和排量。

在满足这些基本要求的基础上，适应于不同钻井类型，形成了品种繁多、规格各异的钻井设备系列。

目前的钻井作业一般采用旋转式钻井法，就是将许多根长 9m 或 12m 的钻杆经螺纹连接起来，在其端部装上钻头，由转盘给钻头一个旋转力进行钻井。随着钻井技术的发展，钻井的深度越来越深，超深钻井的深度已达 15000m 以上。钻井工艺也在不断提高，由原来的单孔垂直钻井发展到钻定向斜井、水平井和丛式钻井。新的钻井工艺对钻井机械提出越来越高的要求。普通的以柴油机为动力的直接钻井方式，已满足不了现代钻井工艺的要求，先进的电驱动系统采用晶闸管供电的直流电动机驱动或以变频装置供电的交流变频电动机驱动，方便灵活，控制性能好，得到了迅速的发展。随着钻井工艺技术和钻井方法的不断改进与提高，各种新型钻井技术和设备，如顶部驱动钻机系统、随钻测量系统、钻井智能专家系统等，必将得到更广泛的应用。

15.1.1.2 钻机的组成和分类

1. 钻机的组成　石油钻井是一个复杂、完整的工业系统，钻井作业由钻进、钻具更换、泥浆循环、水泥灌浆等几个工序组成。钻井机械是一套为钻井工程服务的综合性联合工作机，统称钻机。钻机的组成与钻井方法有关，现代旋转钻井法所用钻机根据钻井施工中的钻进与洗井、起下钻具等工序的需要，成套钻机必须具备下列各系统和设备：

（1）旋转钻进系统　该系统的功用是驱动井中钻具、钻头旋转，以不断破碎岩石。它包括转盘、水龙头、钻杆柱（方钻杆、钻杆柱等）和钻头，如为钻丛式定向井，则还有井底动力钻具（涡轮钻具或单螺杆钻具）。

（2）钻井液循环系统　该系统的功用是循环洗井液，并清除井液中的岩屑。为了用钻井液及时将井底已破碎的岩屑清除掉以保证继续钻进，钻机必须具备使钻井液增压、输送、液固分离的循环系统。它包括钻井泵、地面管汇、钻井液池与钻井液槽、钻井液固相控制设备（包括振动筛、除砂器、除气器及离心分离机等）以及调配泥浆的设备。

（3）钻具起升系统　该系统的功用是起下钻杆柱，以更换钻头、下套管柱，控制钻头钻进所需的钻压等。它主要包括绞车、猫头绞车、辅助制动器（水刹或带刹、盘刹等）、游动系统（天车、游车、大钩及钢丝绳等）以及井架等。

（4）动力与传动系统　该系统的功用是为各工作机组提供动力，并进行动力的传递与分配、能量转换等。它主要包括柴油机（有的是柴油机-交流发电机组），可控整流、可控变频设备和交、直流电动机，减速、并车、倒转、变速等机构。

（5）控制系统　该系统的功用是指挥各系统协调一致的工作。它主要包括机械控制、液压控制、电气控制和各种气控阀件等。

（6）井控系统　该系统的功用是控制与处理井喷事故，由井口液压防喷器、节流与压井管汇、液压控制系统等组成。

（7）钻井仪表　钻井仪表用以显示并记录钻井技术参数。它包括大钩速度、指重表、转盘扭矩表、转盘转速表、泵压表、泵冲次表、泥浆出口流量表、大钳扭矩表、井深-钻速表、记录仪以及罐内液面指示器等。

（8）底座　底座用以安装钻机的主机及空压机等，包括钻台底座和机房底座。

钻机的组成示意图见图 15-1。

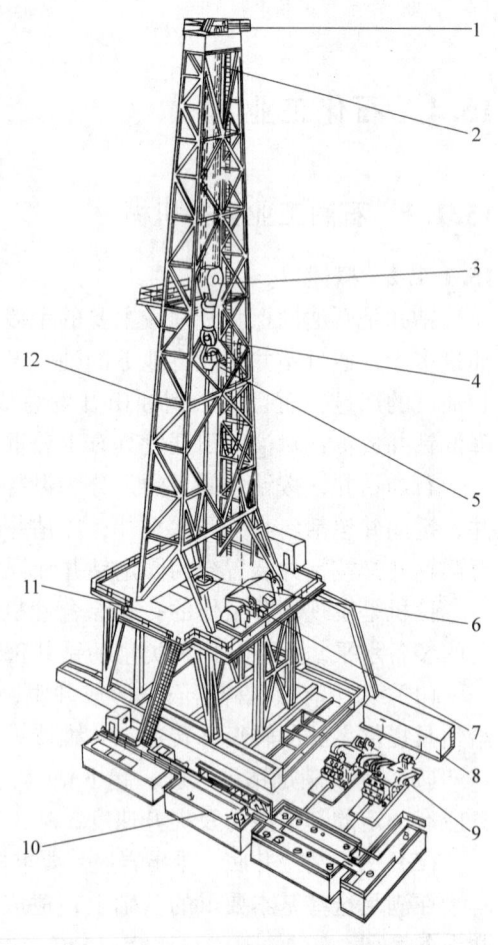

图 15-1　钻机的组成示意图
1—天车　2—钢丝绳　3—游车　4—大钩
5—水龙头　6—转盘　7—绞车　8—配电间　9—泥浆泵　10—泥浆净化系统
11—底座　12—井架

2. 钻机的分类　油气井的深度是根据油层、气层的位置或所需探明的地层深度决定的，钻不同深度的井应选用不同的钻机。按钻井的深度和井径分，有大型钻机和轻便钻机；按动力机驱动类型分，有柴油机驱动和电驱动，电驱动又分为直流电驱动和交流变频电驱动；按钻机使用环境分，有海洋钻机、浅海钻机、沙漠钻机、陆地钻机、极地钻机等。由于使用目的、场合不同，各类钻机在结构上有所区别，但对于电气传动系统来说基本上是一致的。石油钻机基本参数见表 15-1。

表 15-1 SY/T 5609—1999 石油钻机基本参数

钻机级别		10/600	15/900	20/1350	30/1700	40/2250	50/3150	70/4500	90/6750[③] 90/5850	120/9000
名义钻深 范围[①]/m	127mm 钻杆	500~ 800	700~ 1400	1100~ 1800	1500~ 2500	2000~ 3200	2800~ 4500	4000~ 6000	5000~ 8000	7000~ 10000
	114mm 钻杆	500~ 1000	800~ 1500	1200~ 2000	1600~ 3000	2500~ 4000	3500~ 5000	4500~ 7000	6000~ 9000	7500~ 12000
最大钩载/kN(tf)		600(60)	900(90)	1350 (135)	1700 (170)	2250 (225)	3150 (315)	4500 (450)	6750/(675)[③] 5850/(585)	9000 (900)
绞车额定功率	kW	110~200	257~330	330~400	400~550	735	1100	1470	2210	2940
	hp	150~270	350~450	450~550	550~750	1000	1500	2000	3000	4000
游动系 统绳数	钻井绳数	6	8	8	8	8	10	10	12[③] 10	12
	最多绳数	6	8	8	10	10	12	12	16[③] 14	16
钻井钢丝绳[②] 直径	mm	22	26	29	32	32	35	38	42	52
	in	7/8	1	1⅛	1¼	1¼	1⅜	1½	1⅝	2
钻井泵单台 功率不小于	kW	260	370	590	735		960		1180	1470
	hp	350	500	800	1000		1300		1600	2000
转盘开 口直径	mm	381,445			445,520,700				700,950,1260	
	in	15,17½			17½,20½,27½				27½,37½,49½	
钻台高度	m	3,4		4,5		5,6,7.5			7.5,9,10.5,12	
井 架[④]		各级钻机均采用可提升28m立柱的井架;对10/600、15/900、20/1350 三级钻机也可采用提升 19m立柱的井架;对120/9000 一级钻机也可采用提升37m立柱的井架								

① 由114mm 钻杆组成的钻柱的名义平均重量为30kg/m,由127mm 钻杆组成的钻柱的名义平均重量为36kg/m,以114mm 钻杆标定的名义钻深范围上限作为钻机型号的表示依据。
② 所选用钢丝绳应保证在游动系统最多绳数和最大钩载的情况下安全系数不小于2,在钻井绳数和最大钻柱载荷情况下的安全系数不小于3。
③ 为优先采用参数。
④ 不适用自行式钻机、拖挂式钻机。

15.1.1.3 与电气传动有关的主要钻井机械工作与载荷特点

1. 绞车 绞车主要由滚筒、离合器、变速齿轮箱、制动装置、绞车电动机及相应的控制装置组成。绞车的主要作用是用来起下钻具、套管。绞车的工作特点是载荷变化大。当井深起钻时载荷最大,而起空吊卡时载荷最轻。这期间的载荷变化几乎是连续的。名义井深起钻时的大钩载荷 Q_{ds} 与起空吊卡时的大钩载荷 Q_k 之比值,一般不小于10。绞车的操作是频繁的,起起停停,要求动力传动系统的起动性能好,有灵敏可靠的控制与离合装置。在钻井作业中,绞车的作业时间占整个钻井作业时间的比重较大。为提高效率、节约成本,要求大钩载荷 Q_{ds} 时,起升速度为 0.4~0.5m/s;起空吊卡时,为小于或等于 2m/s。一般要求电气传动系统恒转矩调速范围不小于 1:10,恒功率调速范围约为 1:4~5。

此外,为了使绞车适应钻具起动时发生的动载荷及克服一般的卡钻,还要求传动系统有短时的过载能力。钩载、功率与调速范围示意图见图 15-2。在提升钻杆时，为了不和井架及其他设备碰撞，要求绞车低速起动，然后迅速加速，因而要求传动系统有良好的动特性。绞车电动机典型的负载见图 15-3。

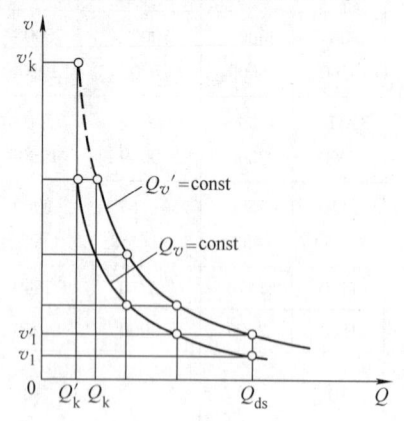

图 15-2 钩载、功率与调速范围

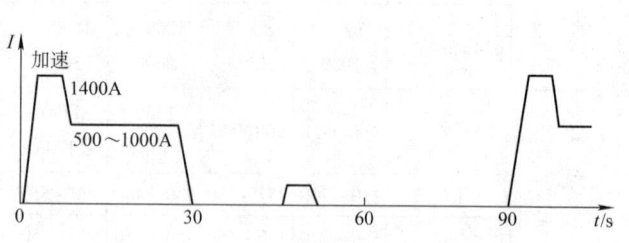

图 15-3 绞车的典型负载

2. 转盘　转盘的作用是使钻具旋转，把扭矩经钻杆传至钻头，切削地壳实现钻进作业。在钻进过程中，随着井深及岩层的变化，要求电气传动系统的调速范围为 1:5~10。为处理钻具事故，要求既能细微地调节转速，又能反转。当钻具遇卡时，为了防止钻杆折断，要能限制传动系统的转矩，到了限定转矩，能自动停止旋转，并且这一限定转矩可由司钻工自由调整。当电气传动系统有故障停车时，应有阻尼或制动装置，或使用专门的控制器，控制钻杆的反弹速度。典型的转盘的转矩-转速曲线见图 15-4。

3. 钻井泵　钻井泵是泥浆循环与净化系统中的关键设备，其重要性犹如人的心脏。目前油田所用的钻井泵多为卧式双缸双作用或三缸单作用活塞泵。一般为无载起动，起动不频繁，对起动转矩和过载能力要求不高，它要求电气传动系统恒转矩调速，其范围为 1:5~6（同一缸套下）。往复泵的特性曲线见图 15-5，输入轴转矩-泵速曲线见图 15-6。

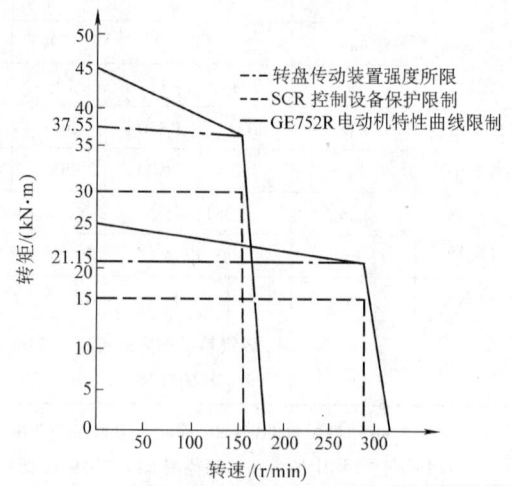

图 15-4　转盘的转矩 – 转速曲线
（一台 GE752R 直流电动机驱动，转盘传动效率为 91%，高档传动比为 3.81，低档传动比为 6.76）

15.1.1.4　钻机电控设备的工作特点

1. 小电网供电　钻机多工作在远离城市的陆地、沙漠或海洋，即使可由工业电网供电，电网容量也很小；而且考虑到钻机的机动性，大部分钻机都是由独立的自备电源供电。由于是小电网供电，在晶闸管变流系统工作时产生的大量谐波就会使电网波形严重畸变，造成各晶闸管变流系统之间的干扰及种种不良影响。在这种恶劣条件下，所有电控设备都应能安全可

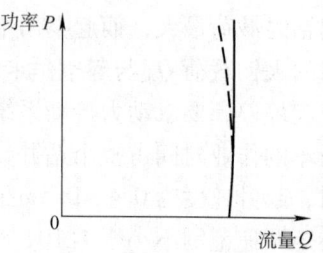

图 15-5　往复泵特性曲线

靠地工作。对于谐波及大量的无功功率，以往曾采取复杂的补偿措施，如 LC 谐振滤波器、电容无功补偿装置、调相机补偿等，这类补偿方法投资多、体积大、维护困难。经多年的实际运行证明，简单的 RC 补偿网络，配以相应的交流发电机和晶闸管传动系统中的改进措施，就能保证正常工作。对于交流变频传动系统，如采用电力二极管变流器或正弦波 PWM 变流器，则无须考虑补偿。

2. 尽量减小装置体积　陆地、沙漠钻机是经常需要移动的设备，对于 2000m 以内的钻机，往往十多天就可打好一口井，对于 4000m 以上钻机，也只需 3～5 个月就可打好一口井，因而钻机的移运是频繁的。为保证钻机的机动性，

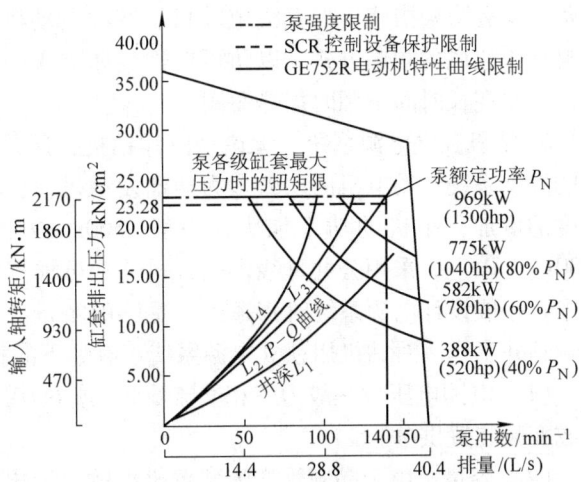

图 15-6　钻井泵输入
轴转矩-泵冲曲线，缸套直径为 ϕ170mm
（两台 GE752R 直流电动机驱动，
链传动比为 2.50，链传动效率为 98%）

对于陆地、沙漠钻机，通常把电控设备安装于一个可移动的活动房内；对于海洋钻机，因为所有设备都要装在人工搭建的平台上，其使用面积是非常宝贵的，所以减小电控装置的体积和重量是至关重要的。

3. 提高系统运行可靠性　陆地钻机，尤其是海洋钻机，钻井费用相当昂贵，因而增加系统运行的可靠性，尽量减少停机时间，是每台钻机追求的重要指标。另外，在钻井过程中，如果长时间停机（如超过 40min），就有可能使整个井报废，造成不可挽回的巨大损失，所以可靠性是钻机至关重要的指标。减少停机时间有三个含义：其一是尽量少出故障；其二是一旦出了故障便于查找，便于更换；其三是即使电控系统的某一部分出了故障，也不致使整个机械停下来。因而钻机电控系统设计时，都要考虑足够的裕量。

4. 在保证系统功能的前提下尽可能简化系统　对钻机传动系统来说一般调速范围不是很大，对其控制特性也没有非常高的硬度要求，所以直流传动系统一般都不采用转速反馈，而用电动势反馈或电压反馈。这样的电气传动系统特性较软，额定负载时转速降在 5% 左右，但已能满足工作需要。采取电动势（电压）或模拟磁通计算反馈可大大简化系统，增加可靠性。对于交流变频传动系统，应用于绞车时，为了保证低速性能，须安装速度传感器（编码器）。至于工艺要求的负载限制特性、恒功率调节特性、加减速限制特性和各种保护特性，系统中都应给予充分考虑，否则将影响钻机的正常工作。

对于绞车、转盘等设备的制动，一般不采取再生制动的形式。这是因为电网容量小，过多地回馈能量将使电网电压大幅度波动，不利于用电设备的正常工作；对于柴油发电机组构成的独立电网，过多地回馈能量将造成柴油机超速，这是不允许的。对于采取再生制动的系统，其回馈能量应严格受到限制，一般不得大于负载容量的 10%～15%。一般情况下，设备的制动由能耗制动、电磁涡流制动或机械制动装置来完成。

5. 钻机对电控装置的特殊要求　钻机工作环境非常恶劣，潮湿、腐蚀性气体、液体、爆炸性气体等对电控设备造成了重大威胁，为对付这些特殊问题，必须采取相应的对策。对于裸露于空气中的电气设备，必须进行防潮、防腐蚀处理。对于位于井口区、泥浆泵区的电气

设备,要有防爆措施,如直流电动机、变频电动机、司钻台、司泵台、脚踏开关等都应采取密封正压通风的防爆方式,以防可燃性气体进入;对于所有电控装置,都应设有低温加热装置,以便在长时间不用时加热驱潮。

6. 钻机独立电源系统 无论是海洋钻机,还是陆地钻机,在很多情况下,都设有自己专用的发电系统,发电机的动力多为柴油发动机,也有的采油平台上使用燃气轮机。随着钻井深度的增加,钻机的功率加大,一般4500m以上的钻机配3~5台发电机组,总容量在4000kVA以上,采用公共母线供电,司钻工可根据情况选择并联发电机的台数,以达到最佳效率。一般设计电源系统时都考虑了足够的裕量,当其中一台柴油发电机组故障时,也不会影响钻井工作。对钻机用独立电源系统还有如下的技术要求:

(1) 电网电压 一般为三相交流600V或690V(少数也有440V),直接对晶闸管变流装置或变频装置供电。

(2) 容量 由于晶闸管变流装置供电的直流电动机驱动系统,在低速运行时需大的无功输入,无功功率虽可由无功补偿装置供给,但其体积大、造价高,现代的钻机供电系统中很少应用。为解决无功功率问题,通常在选用发电机时,根据负载情况可加大发电机的视在容量,功率因数一般按0.64~0.7考虑,交流变频驱动时可按0.8考虑,发电机的视在功率大于柴油机的功率。

(3) 有足够的电压稳定度和频率稳定度 在静态情况下,当负载从零变化到满载时,一般要求电压稳定度优于±3%,频率稳定度优于±0.5Hz。

(4) 动态响应快 电压和频率调节系统的动态响应时间一般都应小于1s。

(5) 对于独立的电源系统,还需设有应急发电机系统 在紧急情况下,应急发电机能自动起动投入运行,以保证关键设备及部门的供电。应急发电机的容量一般在200~500kVA。

对于柴油机驱动的发电机控制系统,除设有同期装置及过电流、过电压、超频、低频等保护环节外,还应设逆功率保护环节,以防在逆功率过多的情况下损坏发电机和柴油机。

15.1.1.5 钻机电气传动系统

1. 直流模拟控制系统

(1) 绞车电气传动系统 绞车电气传动系统的框图见图15-7。

该系统采用双闭环控制、恒定励磁。控制系统内环为电流环,外环为电压环,调压调速。

由于绞车的调速范围不很大,对控制特性的硬度没有过高的要求,所以控制系统的外环多采用电压环,这样既可省掉测速发电机,简化系统,又可容易地使并联运行的电动机负载平衡。电压调节器可采用PI调节器,也可用比例调节器。

控制输入端有加速度限制器,以限制起制动时间,减少冲击。加速度时间一般为2~10s。

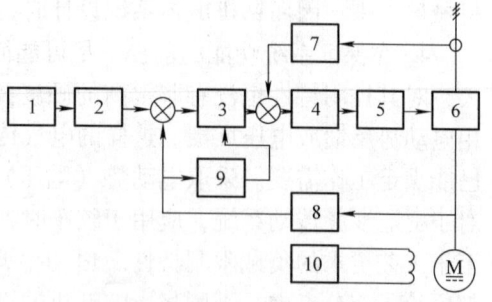

图15-7 绞车电气传动系统框图
1—速度给定 2—加速度限制器 3—电压调节器 4—电流调节器 5—触发器 6—变流器 7—电流变换器 8—电压变换器 9—功率限制环节 10—励磁回路

根据机械系统的要求,电动机在任何工作状态下,其最大输出功率都不超过电动机的额定功率。在控制系统中加入功率限制环节,随着转速的升高自动控制最大电流值,以达到限制最大输出功率的目的。

绞车由两台电动机经齿轮耦合并联传动,供电装置为两台,一般采用一对一供电。两台电动机的负载平衡是通过对两晶闸管变流器的两个电流调节器给以同一个电流指令来达到的，即采用"主从控制"方式。此外，也有的电控系统中采用调节磁场的方式达到负载平衡的目的。在一对二供电的场合，由一台晶闸管变流器给两台串励直流电动机并联供电，这两台电动机的负载平衡是靠串励直流电动机的软特性自然平衡的。

电动机的制动没有采取再生制动，必要时可加能耗制动。绞车提升时的快速制动及下管时的制动是采用电磁涡流制动器和机械制动器达到的。

绞车传动系统的控制特性见图15-8。

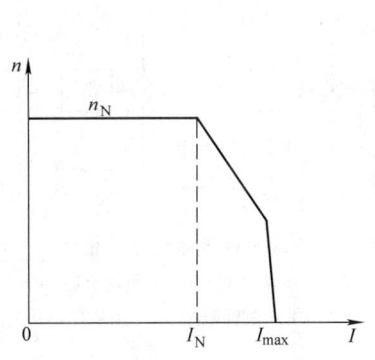

图15-8 绞车传动系统的控制特性

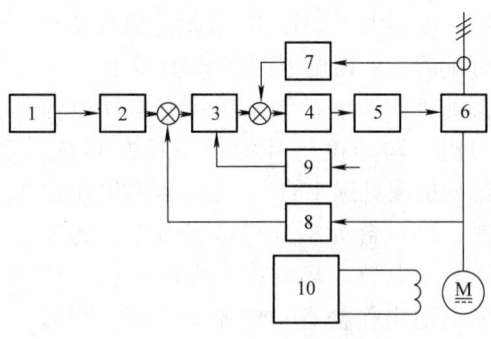

图15-9 转盘传动系统框图
1—速度给定 2—加速度限制器 3—电压调节器 4—电流调节器 5—晶闸管触发器 6—晶闸管变流器 7—电流变换器 8—电压变换器 9—最大力矩限制 10—励磁回路

（2）转盘传动系统 转盘传动系统的框图见图15-9。主控制部分和绞车传动系统是一样的，考虑到转盘在事故状态下有反转的可能，故采用反接磁场的可逆系统。又由于在钻进过程中，司钻工要随时掌握和调节钻进力矩的大小，为使主电路电流更近似地表示转矩，所以其磁场回路采用恒流控制。

转盘在钻进中的最大力矩要能灵活控制，此功能由最大力矩限制环节实现，由司钻工在司钻台控制。转盘控制系统的特性见图15-10。

由于钻杆很长，在钻进过程中，钻杆有很大的扭曲变形，尤其是卡钻时更为严重。为防止转盘传动系统的转矩降低过快而致使钻杆快速反转，正常工作时，可由加速度限制环节给出缓慢的减速过程；在转盘传动系统故障的情况下，依靠机械的惯性制动来完成。

转盘驱动功率较小，通常只用一台电动机驱动。由于绞车和转盘不同时工作，有的系统中不设独立转盘驱动电动机，而是由一台绞车电动机驱动，此时控制功能的更改由切换部分实现。但是，现代钻机往往为了简化机械设计，采用独立转盘驱动的方案也是常见的。

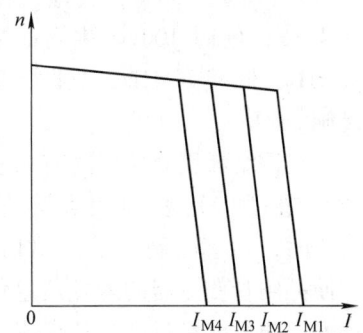

图15-10 转盘控制系统的特性

转盘控制系统的可逆运转靠反接磁场来实现，由人工完成。所以系统中需设置可靠的电气联锁：保证在电动机的速度为零时，方能转换磁场；磁场建立后，才能反向起动电动机。

（3）泥浆泵传动系统 泥浆泵传动不要求反转，其主控电路的结构也和绞车、转盘一样采用双闭环控制，内环为电流环、外环为电压环，同时泥浆泵电控系统也没有绞车、转盘电控系统那样的特殊要求，所以结构简单。

在钻机的传动系统中，为了减少备件，互为备用，无论是绞车、转盘、泥浆泵电控柜都制作成统一的标准模式，可以互换使用。而其不同的要求在另一控制柜（称之为综合控制柜）内通过适当的切换来实现。

（4）柴油发电机组的控制　柴油发电机组的控制包括柴油机速度控制和发电机电压控制两大部分。为保证电源频率稳定度不大于±0.5Hz及发电机有功负载分配的不平衡度限制在±5%以内，一般柴油机的速度控制采用带有有功电流调节内环与速度外环的从属控制系统。其结构框图见图15-11。在多台发电机投入时，以一台为主进行速度调节，各发电机有功电流内环则以主发电机速度调节器的输出作为有功电流参考值，因而保证了负载均衡。主从逻辑电路决定主发电机所属机组，并完成上述控制的切换。

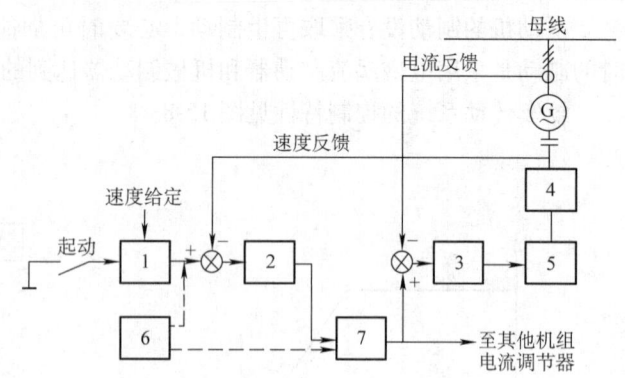

图15-11　柴油机调速系统结构框图
1—加速度限制器　2—速度调节器　3—电流调节器　4—柴油机
5—调速机构　6—主从逻辑电路　7—主从控制开关

各发电机采用励磁机磁场电流内环和发电机电压调节外环的从属控制系统，电压稳定度可达±3%，响应时间为1s。发电机电压系统结构框图见图15-12。外环给定中设有无功电流反馈信号，在并网后，电压由网络电压钳制，各发电机的电压给定除与网络反馈电压相抵的数值外，其差值用来调节发电机的无功电流输出，使其不平衡度限制在±10%。给定端还设有"低频减压"信号，当网络频率降至限制值，或本机组以怠速运转时，此信号的输入会削减发电机电压。

另外，线路还有其他保护功能：逆功率限制在7%，延时10s；过电压限制在30%，欠电压限制在12%，延时100ms跳闸；过频率6Hz，低频率4Hz，延时100ms跳闸。

当网络耗用总功率（有功及无功）超过运行发电机额定值的95%时，功率限制环节发出信号，并使晶闸管变流器的触发延迟角后移，以防发电机过载。某直流电传动钻机动力系统单线图见图15-13。

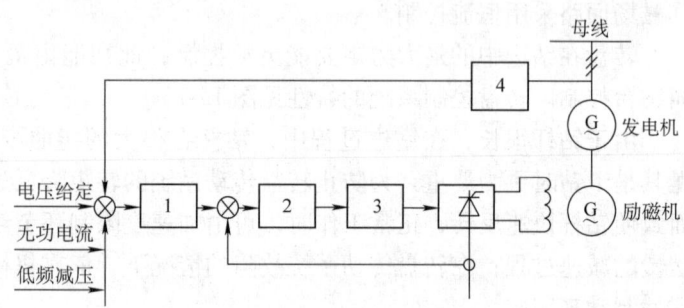

图15-12　发电机电压调节系统框图
1—发电机电压调节器　2—励磁机励磁电流调节器
3—触发器　4—电压变换器

2. 直流全数字控制系统　由于数字调速控制技术的迅速发展，直流电动钻机的模拟控制系统所能实现的功能，全部可用全数字控制系统代替。全数字控制系统具有控制精度高，可以实现模拟控制系统难以实现的控制策略，从而提高了控制性能，实现工艺组合容易，调试简单，具有自诊断，无温漂，故障率低，运行可靠性高，容易通过数据通信实现网络控制系统等一系列优点，因此近年来在电驱动钻机上得到了大量应用。可以说，现代先进的直流电

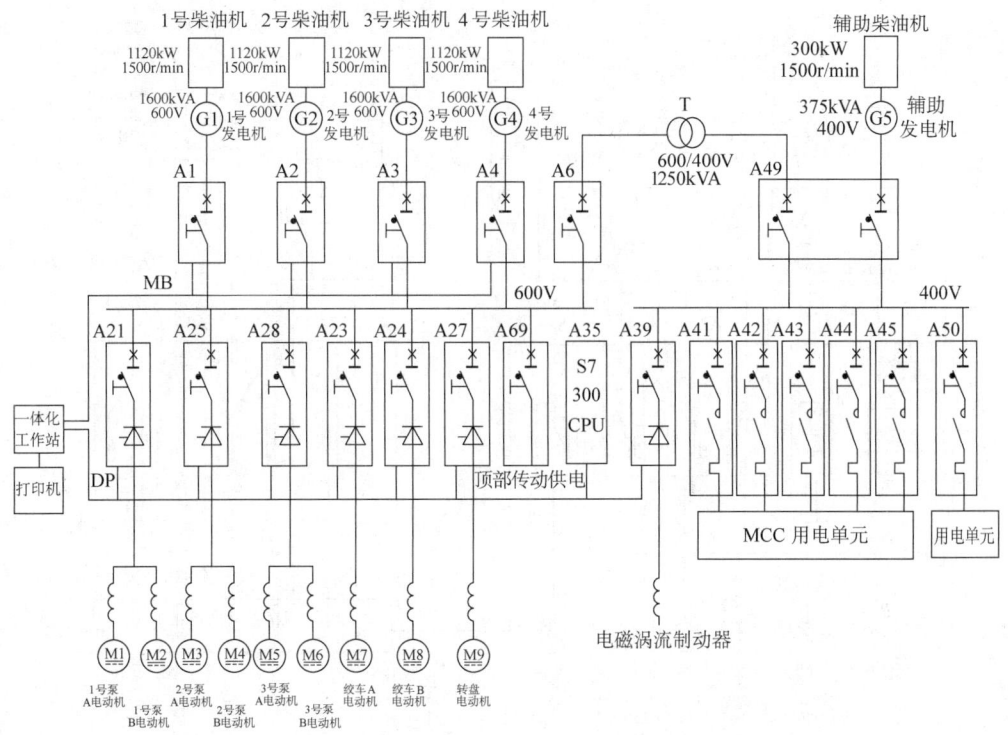

图 15-13 直流电传动钻机动力系统单线图

驱动钻机基本上全部都采用了全数字控制系统,而模拟控制系统已经逐步被淘汰或换代改造。

3. 交流变频控制系统　随着交流变频技术的普及,交流变频调速数字控制系统由于具有动态性能好、功率因数高、效率高、谐波小等优点,在电传动钻机应用上发展迅速。交流变频调速数字控制系统不但能够实现直流数字控制系统的全部功能,而且绞车和自动送钻电动机能够容易地实现能耗制动四象限运行,因此可以取消电磁涡流制动器,简化机械结构,减少了投资。系统可以自动投入制动,制动迅速平稳,零速输出额定转矩,从而不借助制动器实现"悬停"功能及快速停车与正反转,工作安全可靠。

交流变频传动系统应用于钻机工况,有"一对一"和公共直流母线两种配置方案。所谓"一对一",即一套完整的变频器给一台电动机供电,或通过切换给另外一台电动机供电,而公共直流母线方案则是由一台或多台变流器提供共用的直流电源,供给各个逆变器。采用公共直流母线方案,有利于减小装置体积,能够合理利用不同负载有功及无功功率,从而降低发电机组容量,节约能源。

考虑到泥浆泵的实际工况,有的钻机系统还采用绞车、转盘用交流变频控制,而泥浆泵用全数字直流传动的所谓混合传动方案。

典型的交流变频调速传动钻机动力系统单线图见图 15-14。

典型的交流变频调速传动钻机控制系统,一般是绞车和自动送钻电动机采用有速度传感器的矢量控制模式的交-直-交 SPWM 变频器,转盘电动机和泥浆泵电动机采用无速度传感器的矢量控制模式的交-直-交 SPWM 变频器。所有的变频器、PLC 主站、PLC 从站、触摸屏、上位机之间,通过现场总线将整个系统连成一个网络控制系统,自动化水平显著提高。

某钻机的现场总线通信网络系统见图 15-15,采用了适用于控制设备与现场控制设备之间快速通信的 Profibus-DP 现场总线。

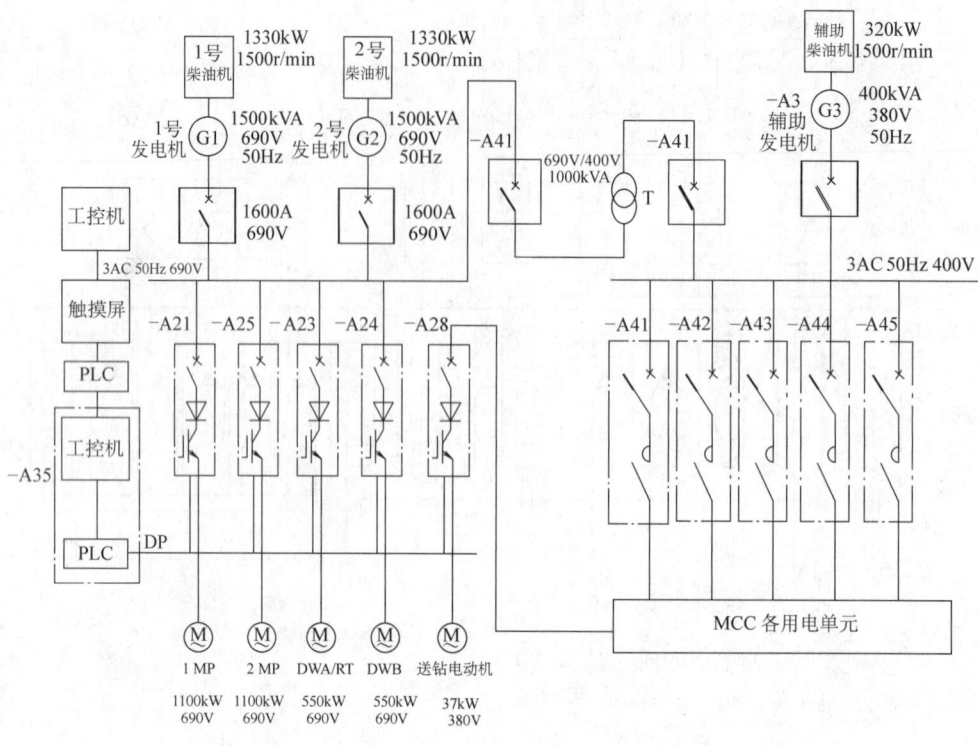

图 15-14 交流变频调速传动钻机动力系统

4. 现代先进钻机控制系统的新功能

（1）电子司钻 现代先进电驱动钻机的司钻工操作方式有了非常大的改变：

1）用触摸操作屏实现数字给定。用触摸操作屏作为司钻工的操作平台，取代了传统的以转换开关及手轮组成的司钻台，实现了数字给定，提高了

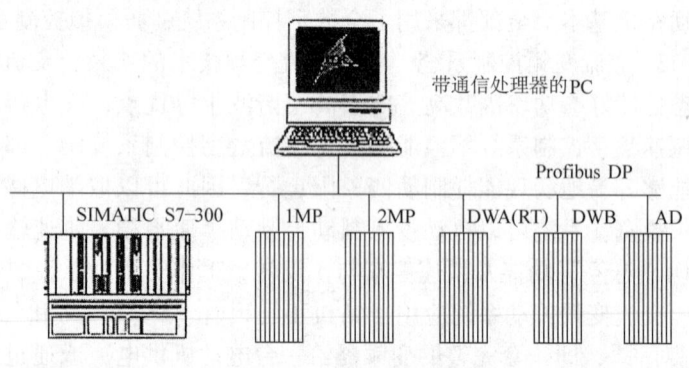

图 15-15 现场总线通信网络

给定信号的精度和可视性，界面友好，操作简单可靠，具有误操作提示保护功能。各种画面和数字显示信息量大，不但显示重要的钻井参数、传动系统运行状态及重要参数曲线、实时大钩位置、故障报警信息提示；更重要的是，对一些容易忽略的操作细节，以对话方式提醒司钻工进行及时正确的操作。

2）钻井中的关键部位，采用工业电视监视。

3）实现所有钻井参数的数字显示、存储、打印功能，可存储打井期间的整口井的完整资料，供分析和存档。

4）实现一体化钻井参数实时采集。传统钻机的钻井参数是分散采集、分散显示的。计算机技术的使用做到了所有钻井参数的一体化实时采集、显示、存储，诸如悬重、钻压、泵压、泵冲、井深、钻速、转盘转矩、变频器参数、立管压力、液压猫头压力、泥浆返出量、4 个泥浆罐液位、泵累计冲次、大钩累计 kN-km（千牛-千米）数、故障报警等等。

5) 原手动的气控、液控阀门，均改为电气控制，其执行机构改为电磁阀，提高了自动化程度，如刹车控制、上扣卸扣控制等。

(2) 大钩位置控制　由安装在滚筒上的编码器实时检测大钩位置，由 PLC 分析运算实现位置控制，使绞车工作时可靠地实现了自动减速及自动停车，防止大钩上碰下砸；并可实时精确指示大钩当前位置，方便操作人员的操作，缓解了劳动紧张程度；同时还可实现自动起下钻功能。

(3) 自动送钻　所谓自动送钻，就是通过控制钻压（WOB）并保持其恒定实现自动钻进，这时钻进速度（ROP）为变化量。自动送钻有两种实现方式：一种是设置专门的送钻电动机及其传动系统实现自动送钻；另一种是通过绞车传动系统实现自动送钻。恒钻压控制精度一般小于 ±5kN（±500kgf），使用效果很好。

(4) 软泵功能　泥浆泵一般是使用双缸或三缸活塞泵，钻井中有时两台或三台泥浆泵同时工作。这样，泥浆输送管网中就要承受较大的压力脉动。所谓"软泵功能"就是通过检测泥浆泵轴的角位置来跟踪活塞位置，实现对两台或三台泵的"角同步"控制，达到保持管网中的压力脉动峰值相位错开的目的，这样，两台三缸泵就相当于一台六缸泵、三台三缸泵就相当于一台九缸泵的压力脉动，使泵压脉动大幅度降低，一般情况下，泵压脉动可降低 60% 以上，同时可有效消除泵冲频率的波动，从而提高了泵和泥浆系统的寿命。在交流变频钻机中，通过检测泵的相位角，采用相应的控制手段，同样能够实现这种要求。

(5) 转盘软扭矩控制　在深井钻机的钻进中，由于钻杆传递扭矩时的扭曲变形，如果转盘扭矩突然消失，将导致钻杆快速反转，可能出现卸扣引起的事故。转盘的"软扭矩控制"就是要使转盘扭矩保持缓慢的消失。除了速度给定环节要做到给出缓慢的减速过程之外，在速度环和电流环之间，通过软件控制转盘扭矩的下降过程，就可以达到软扭矩控制的要求。实际上，虽然设置有这样的转盘软扭矩控制环节，机械的惯性制动作为后备保护还是必需的。

(6) 全自动钻机系统　通过设置基本钻井参数，无需手动控制和操作制动手柄即可完成钻井作业，从而提高了钻机安全水平和钻井的经济性，节省钻井时间和维护费用。

(7) 远程诊断与维护　利用现有的通信网络，可以建立钻机系统与专业技术支持的在线远程联系，从而快速、准确地进行在线诊断与维护，对于长期野外作业的钻井系统尤为适用。

(8) 顶部传动　顶部传动（TDS）技术是转盘钻机问世以来，钻井设备发展的突出成果之一。所谓顶部驱动，就是把钻机动力部分由下面的转盘移到钻机上部的水龙头处，在井架空间上部直接传动钻具旋转，并沿井架内专用导轨向下送进，完成钻柱旋转钻进、循环钻井液、接立根、上卸扣和倒划眼等多种钻井操作。由于取消了方钻杆，无论在钻进过程中，还是起下钻过程中，钻柱可以保持旋转以及循环钻井液，从而大大提高钻井效率，并可预防卡钻事故发生，用于钻斜井、钻高难度的定向井时，效果尤为显著。目前提供的转盘钻机电控系统大都预留顶部驱动接口。顶部传动钻井设备的传动方式以电传动为主，电动机功率一般在 1000kW 以内，并以交流变频电传动为主导发展方向。

15.1.2　管线

管线用来输送原油、石油化工原料、石油制品、天然气、泥煤等流体。其输送能力与管径和输送距离相适应，是定范围输送。输送中能量消耗少，可以连续输送，而且安全可靠。输送距离从数千米到数千千米，油管口径为 100~1500mm。因输送的流体或用途不同，有原油管线、产品管线、气体管线等。

1. 管线设施 管线设施是按照计划，准确安全地输送流体的设施。管线设施采用集中控制系统，这是一个包括保护设备在内的自动化监控系统。管线上装有泵、各种阀门、计量仪表、保护设备等。在全长数百千米的长距离管线上，从起点站到终点站之间要设置 10～20 个加压站。在起点站和加压站中装有数台加压泵，终点站装有贮油罐和出油设备。为了在发生漏油事故时能抑制漏油量，在城市近郊约每隔 1km 以及穿过河流两侧设置阀门站，内装紧急切断阀。图 15-16 为管线设施构成图。

2. 电气设备 起点站装有 3～5 台泵，串联运转。由于管内有摩擦损耗而使压力降低，为此在管线上要串联地安装加压泵，以补充压力，把流体输送到终点站。为把危险分散和调节流量起见，各站装有多台容量相同的泵。泵一般用电动机传动，供电困难的泵站，有用柴油机或燃气轮机传动的。因流量、输出压力和吸入条件不同，采用双吸单级或多级式、蜗壳式离心泵，它们由数百至数千千瓦的高速电动机（主要是两极电动机）直接传动。

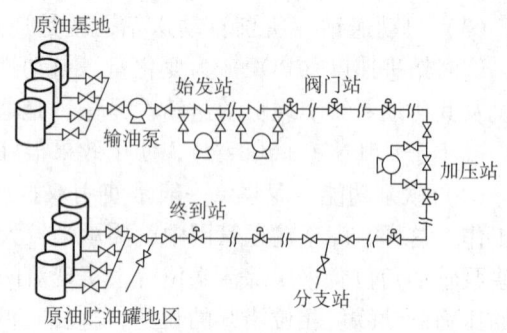

图 15-16 管线设施

正常运转时，压力调节阀完全打开，最大流量控制是通过投入台数控制来进行的，用恒速电动机传动。鉴于情况不同，也有把数台电动机选择为调速电动机与台数控制相结合的流量控制方式。

恒速电动机采用三相笼型异步电动机或同步电动机。调速电动机用交流串级调速的绕线转子异步电动机等。由于经常与易燃液体接触，故多将它们装于户外，有时也要求用低噪声电动机。外壳结构采用全封闭外冷式或开启式。当要求防爆时，应采用防爆型电动机。紧急切断阀采用电动液压式或气动式。

15.1.3 石油精炼

（1）生产过程　将原油脱盐，在常压蒸馏装置中加热、蒸馏，通过物理与催化剂化学的处理，精炼成可燃气体、工业和汽车用汽油、喷气式发动机燃料、煤油、重油；此外，将常压残油用减压蒸馏装置提取润滑油馏分、溶剂精制、脱蜡、加氢精制等步骤制成多种润滑油，图 15-17 为石油精炼工艺过程的示例。

（2）炼油厂　炼油厂除装有供精制用塔罐之类外，尚配备有辅助设备、原油输入和贮油罐设备、产品出厂和油罐设备、以及安全和防止公害有关的设备等。用管道把塔罐、换热器和加热炉等连接起来，管道中连续地流动着流体或气体。在上述设备中，安装了各种检测仪表，用电子计算机进行连续自动控制、集中远距离监控。用于精制油的动力和生产的电力、蒸汽、冷却水、工业用水、空调设备等辅助设备很庞大，蒸汽即是自备发电用汽轮机、泵、压缩机的动力，还用于生产过程中。此外，尚配备有：制氢设备、制造副产品硫磺的

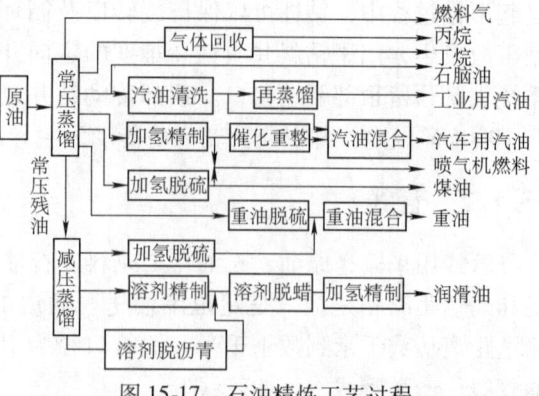

图 15-17 石油精炼工艺过程

设备、降低重油含硫量的重油脱硫设备等。

对所用电气设备主要有以下几点需注意的事项：

1）因要求长期连续运转，所以设备应维护方便、坚固、损耗小。

2）因处理的是可燃性流体或气体，故要根据设备安装场所的气体情况考虑设备防爆性能，特别要注意确定哪些安装地方的环境条件是危险场所。若有腐蚀性气体的场所，还要求设备有防腐性。

3）生产过程的设备多装于户外，有的情况下，特别是为防止公害，也要求低噪声。

4）几乎都用汽轮机或电动机传动，一般要设置数台，其中有一台是保证安全生产的备用机。因这台备用电动机长期不用，故应有防潮性能。

根据以上要求，通常多用三相笼型异步电动机，几乎都为防爆型。

它们大多不要求调速，以恒速电动机为主，有全封闭自冷、全封闭他冷式结构。一般，数百千瓦以下的中小容量电动机多用直接起动。所用的泵有离心泵、回转泵、往复泵等，但其中用得最多的是离心泵，它是利用安装在高速旋转轴上的叶轮把液体压出，再顺轴向吸入流体的泵，用两极三相笼型电动机直接传动。压缩机用透平式或往复式，转速较低、容量较大的往复式压缩机用三相笼型异步电动机或同步电动机传动。

15.2 采矿

15.2.1 矿井提升机电气传动装置概况

矿井提升机也称矿井卷扬机。作为井上与井下的唯一输送通道，使得矿井提升机成为矿山的关键设备之一，也是矿山的咽喉部位。矿井提升机运行性能的优劣，不仅直接影响到矿山的正常生产与产品质量，而且还与设备及人身安全密切相关。

矿井提升机种类繁多，按照井道结构分，有立井与斜井；按照传动电动机分，则有交流传动与直流传动提升机；按容器功能分，则有箕斗与罐笼，箕斗又分为单箕斗和双箕斗，罐笼也有单罐笼和双罐笼，还有单层和双层罐笼之区别；按钢丝绳结构方式分，则有单绳圆柱滚筒提升机和多绳摩擦轮提升机；按矿井功能分，还可分为主井（输送矿产品）与副井（输送人员、材料等）提升机；按停车点的多少分，又有单水平和多水平提升机。

早在1894年，AEG公司曾为西格兰德矿井提供了第一套配有直流发电机-电动机系统（G-M系统）的矿井提升机，直到1965年，世界各地要求较高或容量较大的矿井提升机都一直沿用这类系统。此后，由于电力电子技术的发展，特别是晶闸管的出现，对要求较高、容量较大或多水平开采的矿井，其提升机几乎都采用了晶闸管变流装置供电的直流传动系统（V-M系统）。

以交流电动机组成的交流传动系统，亦大量地应用于提升机。但就我国目前情况看，国产的交流传动矿井提升机大部分仍采用较老的控制方式：它是在线绕转子异步电动机的转子回路中串入多级电阻（也有用水电阻的），逐级切除电阻，实现分级调速；减速制动多采用能耗制动方式；至于停车前的爬行段，常需另外增加一套附加装置，它可以是小容量异步电动机，或低频（5Hz）电源。这类系统的控制性能不够理想，而且消耗大量的电能，从节能观点出发，是不利的。这类系统一般仅用于容量不大、控制要求不高的单水平矿井提升机。从技术发展的角度看，由于电力半导体器件及微电子技术的发展，特别是交流传动矢量控制

（VC）与直接转矩控制（DTC）理论的出现及成熟应用，近年来，变频调速技术已成功地应用到提升机中。国外已将交-交变频调速系统或具有四象限性能的交-直-交变频调速系统应用于矿井提升机，但与直流传动系统相比较，主要还是成本偏高，故在复杂的、要求较高的、多水平、大容量的提升机中，占主导地位的仍是直流传动系统。

15.2.2 提升机对电控装置的要求

不论单绳圆柱形滚筒提升机或是多绳摩擦轮提升机，对电控系统的要求基本上是相同的。提升机及电控装置原理框图见图 15-18 所示。

提升机属于往复运动的生产机械，对于单水平提升系统，在每次提升循环中，容器的上升或下降的运动距离是相同的；对于多水平提升系统，在每次提升循环中，容器的上升或下降的运动距离是不一定相同的。提升机对电控装置有下述要求：

1. 要求满足四象限运行

提升机电气传动系统的给定速度 $v = f(t)$ 见图 15-19。根据动力学方程式，可以得出要按给定速度图运动所需转矩 $T_e = f(t)$ 的特性，从而可得到传动系统所需的力 $F = f(t)$，见图 15-19。

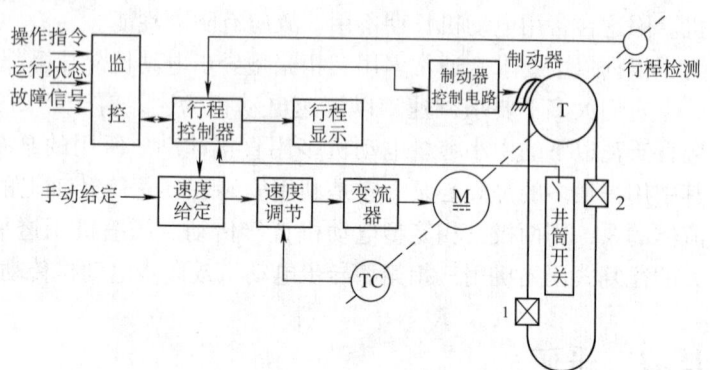

图 15-18 矿井提升机及电控装置原理框图
M—直流电动机　TG—速度传感器　T—滚筒
1—容器1　2—容器2

提升机的负载静力 F_L 决定于提升机滚筒承受的静张力差，在双容器的平衡提升系统中，静力 F_L 也就是提升物的净载重。由于提升系统的负载为位势负载，所以静力 F_L 的作用方向始终是提升重物的重力方向，而与系统的运动状态和方向无关。因此在电动机不带电时，为了使重的容器处于停止状态（便于容器的装卸载），对滚筒必须施加机械制动。

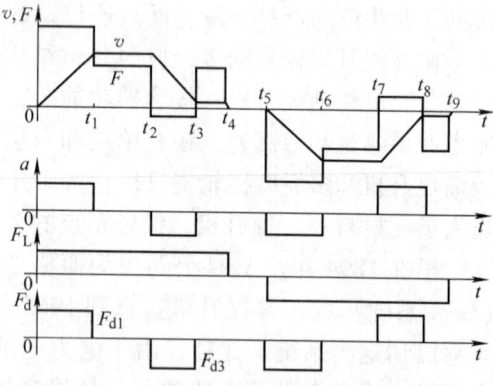

图 15-19 提升机传动系统给定速度与力图

静力的作用方向与容器 1 装载还是容器 2 装载有关。为了分析问题方便，设容器 1 载重时，传动系统受到的静力 F_L 为正，容器 2 载重时，静力 F_L 为负；容器 1 上提（或容器 2 下放）时，电动机为正向运转，反之，容器 1 下放（或容器 2 上提）时，电动机为反向运转。

动态力 F_d 决定于传动系统按给定速度图运行时所需的加速力矩 T_d。若为容器 1 上提，当负载变化时有四种力图：

（1）容器 2 空载、容器 1 载重，且净载重量较大（$F_{d3} < F_L$）。其给定速度图与力图见图 15-20a。

在加速段　　$F_1 = F_L + F_{d1} > 0$

在等速段 $F_2 = F_L > 0$
在减速段 $F_3 = F_L + F_{d3} > 0$ （$F_{d3} < 0$）
在爬行段 $F_4 = F_L > 0$

根据此力图可知，电动机在各阶段均工作在正向电动状态。

（2）容器2空载、容器1载重，但净载量较小（$F_{d3} > F_L$）。其给定速度图与力图见图15-20b。

在加速段 $F_1 = F_L + F_{d1} > 0$
在等速段 $F_2 = F_L > 0$
在减速段 $F_3 = F_L + F_{d3} < 0$ （$F_{d3} < 0$）
在爬行段 $F_4 = F_L > 0$

根据此力图可知，电动机在加速段和等速段，工作在正向电动状态；在减速段，将工作在正向制动状态；在爬行段，又要工作在正向电动状态。也就是说，在容器1上提的运动过程中，电动机的运行状态应切换两次。

（3）容器1空载、容器2载重，且静载量较小（$F_{d1} > F_L$）。其给定速度图与力图见图15-20c。

在加速段 $F_1 = F_L + F_{d1} > 0$
在等速段 $F_2 = F_L < 0$
在减速段 $F_3 = F_L + F_{d3} < 0$ （$F_{d3} < 0$）
在爬行段 $F_4 = F_L < 0$

根据此力图可知，电动机在加速段，工作在正向电动状态；在等速、减速和爬行段，电动机均工作在正向制动状态。

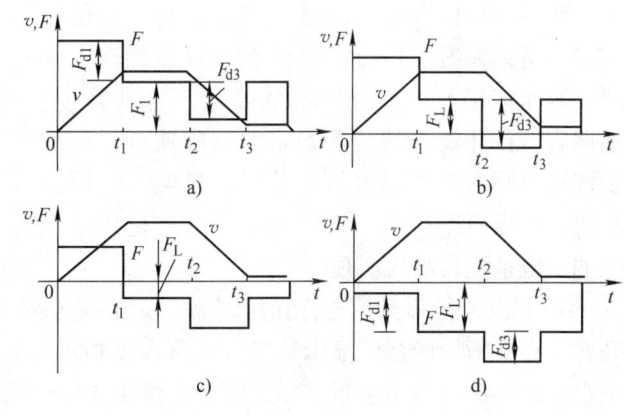

图15-20 在不同负载下的给定速度与力图

（4）容器1空载、容器2载重，且静载量很大（$F_{d1} < F_L$）。其给定速度图与力图见图15-20d。

在加速段 $F_1 = F_L + F_{d1} < 0$

在等速、减速和爬行段，F 均为负力。根据力图可知，电动机在整个提升过程中，始终工作在正向制动状态。

综上所述，在容器1上提时，要求电动机按给定速度图运动，电气传动系统应能根据负载的变化而自动地工作在正向电动或正向制动状态。

同样，在容器2上提时，要求电动机工作在反向电动或反向制动状态，也就是说，要求电气传动系统能满足四象限运行。

2. 要求平滑调速且调速精度较高　提升工艺要求电气传动系统能满足运送物料（达到额定速度）、运送人员（可能要求低于额定速度）、运送大件和炸药（2～3m/s）、检修运行（0.3～1.0m/s）和低速爬行（0.1～0.5m/s）等各种要求，所以要求提升机电气传动系统应能平滑调速。

对于调速精度，提升机一般要求静差率较小（例如在高速下 $S < 1\%$），这是为了使系统在不同负载下的减速段的距离误差比较小。这样爬行段距离可设计得尽可能短，从而在保证安全和准确停车的条件下，获得较高的提升能力。

3. 要设置准确可靠的速度给定装置　提升工艺要求电气传动系统的加减速度平稳。根据保安规程，对矿井提升机的加速度、减速度都有一定的限制，其限制值见表15-2。

表15-2 提升机加减速度限制　　　　　　　　　　　　（单位：m/s²）

提升对象	提　物		提　人	
允许加减速度	加速度	减速度	加速度	减速度
竖井	1.2	1.2	0.7	0.7
斜井			0.5	0.5

另外，为了提高提升设备的使用寿命，减少乘员对加、减速度的不适反应程度，降低提升机加、减速时的电流冲击，还应对加速度及减速度的导数（加速率）$\dot{a}$进行限制。也就是说要求提升机按S形速度曲线实现加速和减速。S形速度给定曲线及相应的力图见图15-21。

S形速度给定曲线可由以下几种方法产生：由模拟电子电路按时间原则来产生；由凸轮板控制自整角机电路按行程原则产生；利用计算机按行程原则产生。

矿井提升机电气传动系统实质上是一个位置控制系统，容器在井筒中的什么位置该加速、等速、减速、爬行，都有一定的要求。也就是说，根据容器在井筒中的位置确定给定的速度，这就是按行程原则产生速度给定信号。显然，利用计算机按行程原则产生S形速度给定信号是比较理想的，也是比较容易实现的。

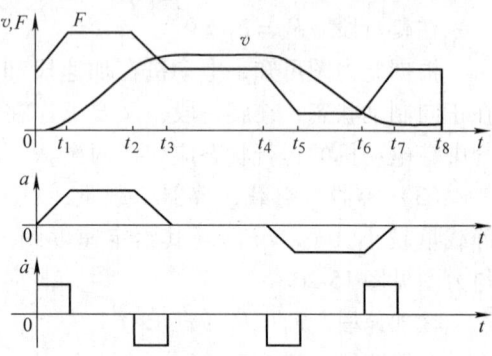

图15-21　S形速度给定曲线及力图

4. 要设置行程显示与行程控制器　为了便于提升机司机操作，电控装置应设置可靠的提升容器在井筒中的位置显示装置（又称深度指示器）。老式深度显示装置常采用牌坊指针式和圆盘指针式深度显示装置；新式深度显示装置则采用数字显示装置。

另外，提升机电控装置应设置可靠的位置检测环节，准确地检测出提升容器在井筒中与减速点、停车点及与过卷相对应的位置，以便控制提升机能可靠地减速、停车。为了可靠起见，通常位置检测都同时采用几种不同的手段，以实现冗余控制。

5. 要设置完善的故障监视装置　提升机对其电控系统的可靠性要求很高，因为提升机一旦出现故障，轻则影响生产，重则危及设备安全和人员生命。电控装置的高可靠性表现在两个方面：一是电控装置质量很好，故障很少；二是出现故障后应能根据故障性质及时进行保护，并能对故障内容（即使是单次）进行记忆和显示，以便迅速排除故障。通常提升机故障监视内容少则几十项，多则数百项。

6. 要设置可靠的制动器控制电路　提升机的机械制动器是提升机安全运行的最后一道屏障，因此，要求机械制动器的控制电路可靠。提升机的机械制动器大多采用液压控制的盘形制动器，盘形制动器的控制分为工作制动（习称工作闸，由司机的制动把手控制）和安全制动（习称安全闸，由安全电路的继电器控制）。工作制动是在手动操作或在自动操作方式下作为正常停车的手段；而安全制动是在系统出现故障时使运行状态下的提升机快速地减速停车、静止状态下的提升机不能松开制动器所采取的手段。

安全制动又分为一级制动和两级制动和恒减速制动。当提升容器在井筒中而离停车点较远时，若系统出现故障而需要紧急制动时，应用二级制动和恒减速制动。所谓两级制动，就是制动力矩不是一次全加到闸盘上的，而是分两次，这样紧急制动时的减速度比较小，对机械设备的损伤小，容器在紧急制动后要滑行一段才能停下来，所谓恒减速制动，就是制动力矩根据提升速度、转矩大小连续地从小到大依次施加到闸盘上的，是无级的连续制动，对机械设备的损坏更小，制动更平滑。当提升容器在井筒中而离停车点较近时，若系统出现故障而需要紧急制动时，应采用一级制动。一级制动时，制动力矩大，在紧急制动时滑行距离短。目前在先进的提升机上都普遍装备有制动力可调的恒减速制动装置。

15.2.3　提升机直流发电机-电动机传动系统

这种传动系统是多年来具有代表性的传统的电气传动方式，见图 15-22。控制直流发电机的励磁，实现电动机变电枢电压调速，均匀地调节励磁电流和极性，可以方便地实现转速无级调节和四象限运行。

当系统作提升重物运行时，发电机的端电压 U_G 极性见图 15-22，而且 $U_G > E_M$，电动机处于机械特性第一象限，处于电动提升。

当提升空罐笼时，由于平衡重的重量大于罐笼或箕斗本身的自重，电动机处于发电状态，这时 $E_M > U_G$，电枢电流反向流通，将机械能变成电能回馈电网。电动机运行于机械特性的第二象限。

当空罐笼（或箕斗）下降时，则相当于电动机提升平衡重，电动机反转运行在第三象限，罐笼（或箕斗）电动下降，电能变为机械能。

当重罐笼下放时，罐笼总重大于平衡重，电动机在反转情况下进入发电状态，从而使罐笼按给定速度下放，这对应于机械特性的第四象限。

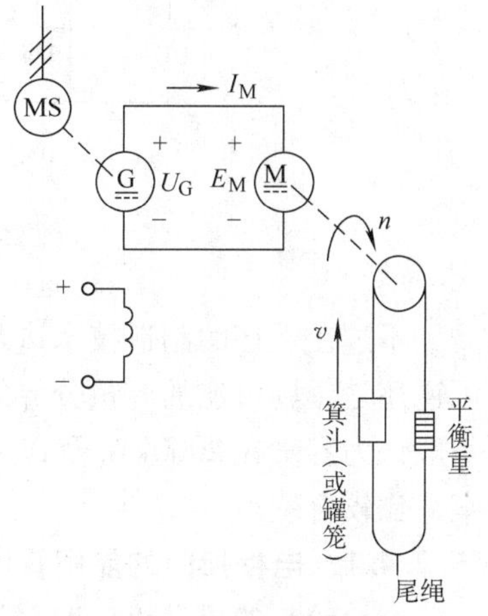

图 15-22　直流发电机—电动机传动方式

传统的发电机励磁电流控制方式是：由前级放大器控制电机扩大机的励磁，来控制电机扩大机的输出电压，从而改变发电机的励磁电流大小及极性，实现系统四象限运行。这种传统控制方式的优点是调速平滑、稳定，调速范围较宽，便于将机械能变为电能回馈电网。若变流机组的原动机采用同步电动机，尚可改善矿井供电电网的功率因数。缺点是变流机组噪声大、直流发电机的电刷和换向器维护工作量大、运行效率低、设备投资大、占地面积大、基建费用高、耗费金属量大。因此，这种旋转变流机组的传动方式，目前几乎已完全为电力半导体变流装置所取代。

15.2.4　晶闸管变流装置供电的传动系统

利用晶闸管变流装置可组成可逆传动系统，实现四象限运行，其机械特性与上述变流机组供电系统基本相同。这类系统的优点是响应快、效率高（运行效率可达 0.95 左右）、节能、维护工作量小。其主要缺点是功率因数低，变流装置产生较多的谐波，容易对电网产生污染，导致电网电压波动和波形畸变，对其他用电设备造成干扰。

当电动机励磁电流恒定时，电动机转矩的大小和方向是靠改变电枢变流器输出电流的大小和方向实现的，其特点是转矩的反向快（由于电枢电流的反向快），欲实现四象限运行，必须采用两组反向连接的变流装置，一般多为直接反并联的两组 6 脉波或 12 脉波的全控桥，见图 15-23a。这就是常用的电枢换向的可逆调速方案。

容量较大的提升机，也可采用磁场换向的可逆调速方案，这时电枢回路中只用一组大功率变流装置。由于励磁容量一般较小，不超过电动机容量的10%。因此，虽然励磁多用了一组变流装置，但因容量小，造价低，故使总投资减少，但其快速性远比电枢可逆的差。不过，由于矿井提升机是钢丝绳软连接，对快速性要求不是很高，一般要求提升机由正向最大转矩变化到反向最大转矩的时间约为0.6~1s，变化过快反而不利，容易引起钢丝绳打滑或产生强烈的机械冲击。这时，为抑制电磁惯性的影响，可采用3~5倍的强励予以补偿，见图15-23b。

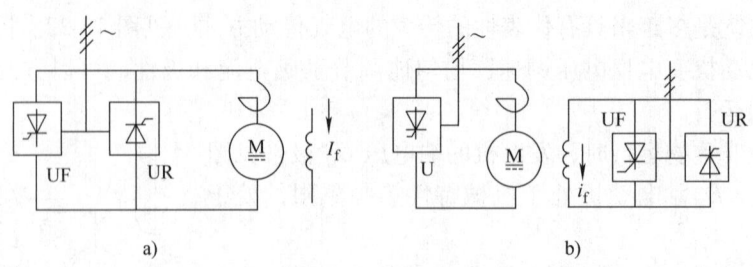

图15-23 晶闸管变流可逆调速系统的两种方案
a) 电枢换向的可逆调速方案 b) 磁场换向的可逆调速方案

不过在现在的制造技术进步的条件下，两种方案总造价的差别已不很显著了。至于电枢可逆还是磁场可逆的容量分界线，并无严格规定。按照目前国内的制造水平和市场价格分析，一般认为容量在2000kW及以下使用电枢可逆方案、容量超过2000kW以上使用磁场可逆方案，比较合理。

15.2.4.1 电枢换向的晶闸管变流可逆调速系统

容量较小的提升机一般采用6脉波电枢可逆电路，它由三相全控反并联整流桥电路构成；较大容量的提升机一般采用12脉波电枢可逆电路。

1. 12脉波可逆整流电路 可以有并联12脉波和串联12脉波两种选择：

（1）图15-24是并联12脉波电枢可逆电路的例子。它由两组相位相差30°电角度的6脉波电枢可逆整流电路并联组成。整流变压器可为两台双绕组变压器，其联结组标号分别是Dd0和Dy5，也可以是一台三绕组（双二次绕组）变压器，其联结组标号为Dd0y5；因为整流变压器的二次绕组之间相位相差30°电角度，两组整流电压的瞬时值不相等，所以要加入平衡电抗器，以使两台变流装置得以均流；电路中需使用两台直流快速断路器。

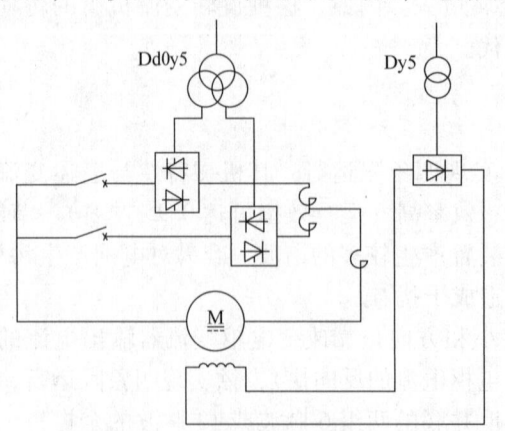

图15-24 并联12脉波电枢可逆电路

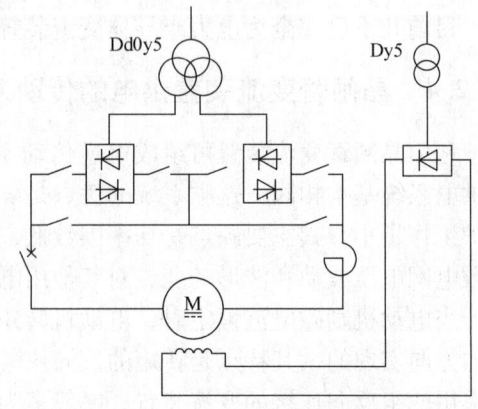

图15-25 串联12脉波电枢可逆电路

(2）图15-25是串联12脉波电枢可逆电路的例子。它由两组相位相差30°电角度的6脉波电枢可逆整流电路串联组成。整流变压器可为两台双绕组变压器，联结组标号分别为Dd0和Dy5，也可以是一台三绕组（双二次绕组）变压器，其联结组标号为Dd0y5。串联12脉波方案一般用于需要满载半速运行的场合，例如用于主井箕斗提升，当任一个串联回路的某一部分故障时，可切除故障回路，变作6脉波运行，这就是说此时只有1/2额定速度、额定工作电流运行。但在满载半速运行的场合，其整流变压器须为两台双绕组变压器，以便切除故障回路。

电枢换向的可逆调速系统，不论电枢采用6脉波还是12脉波电路，其恒定磁场电路一般都采用不可逆可控整流，实现磁场电流的恒流控制。

2. 电枢换向的晶闸管变流可逆调速系统的结构框图　电枢换向的逻辑无环流可逆调速系统框图见图15-26。

调速系统的调节电路由电枢电流反馈为内环和测速反馈为外环的双闭环调节系统来实现；提升机的转矩、速度的大小及方向全部由对该电动机电枢供电的电压、电流的控制来决定，调节过程简单。

正组整流桥UF和反组整流桥UR的触发脉冲由一套触发电路产生，两组桥的切换是通过对两组桥的脉冲通道的控制来实现的，而两组脉冲通道DF和DR是由无环流逻辑控制器DLC来控制的。无环流逻辑控制器DLC根据电动机运行状态的要求，发出开通何组脉冲、封锁何组脉冲的指令，可靠地实现无环流逻辑切换。对于无环流逻辑控制器的要求是：电流给定信号（速度调节器的输出）的极性是逻辑切换的依据；零电流信号（包括检测到原工作桥的电流小于某一个规定值时的零电流检测和使用晶闸管导通角θ检测电路进行的零电流确认）决定了逻辑切换的时刻；发出零电流信号后，须经过封锁延时时间才能封锁原导通组的脉冲，再经接通延时时间后，才能接通另一组脉冲；无论在任何情况下，两组晶闸管绝对不允许同时施加触发脉冲，当一组工作时，另一组的触发脉冲必须被封锁。

3. 双电机驱动的主从控制　当提升机的容量较大（如3000kW以上）时，为了减少转子转动惯量对控制性能的影响，常采用双电动机同轴传动，这时两台电动机必须保持力矩静态平衡（力矩大小、方向均相同），从而避免出现反扭和系统振荡，解决这一问题常用的控制方法为"主从控制"。在并联12脉波的场合，电流控制的方法是：两组6脉波整流桥是两个独立的电流环，由一个速度调节器的输出同时作为这两个电流环的给定，而两个电流环的

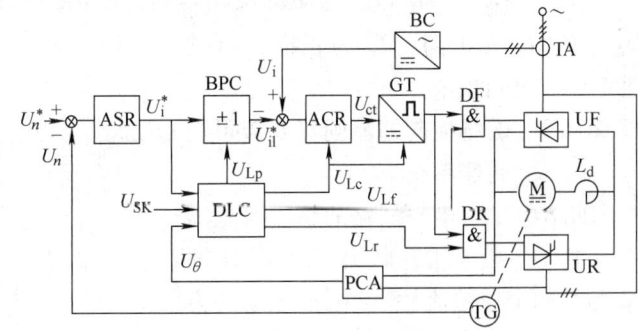

图15-26　电枢换向的逻辑无环流可逆调速系统
ASR—速度调节器　BPC—极性变换器　ACR—电流调节器　GT—触发器　DF、DR—正、反向组脉冲通道　DLC—无环流逻辑控制器
PCA—θ角检测器　TA—电流互感器　BC—电流变换器

静态、动态特性调整得一样，这样可以获得两组6脉波整流桥的输出电流平衡。这就是常用的"主从控制"方法，其中主控制器是包含速度调节器、电流调节器的完整的双闭环系统，而从控制器只保留了电流调节器。

但在串联12脉波的场合，因为是串联，两组桥电流相等，所以主控制器是包含速度调节器、电流调节器的完整的双闭环系统，而从控制器只保留了转矩方向判断、换相逻辑、脉冲

触发环节。主控制器的速度调节器输出作为从控制器的转矩方向、换相逻辑的给定,主控制器的电流调节器输出作为从控制器的脉冲触发的给定。两组6脉波整流桥的同步信号相差30°电角度。

4. 四象限运行的实现 电枢换向的 V-M 可逆调速系统中,电动机四象限运行的分析见图 15-27。

正向电动状态:正组桥 UF 工作在整流状态。假设其输出电压 U_{df} 为正极性,建立正向的电枢电流 I_d,电动机产生正向转矩 T_e,电动机正向运转,电枢产生正向的反电动势 E,且 $U_{df} > E$,电动机工作在第一象限。

正向发电制动状态:电动机因惯性仍继续正向运行,或提升机正向下放重物,电枢反电动势 E 仍为正极性。反组桥 UR 工作在逆变状态,且 $U_{dr} < E$,电动机电枢电流 I_d 反向,电动机产生反向转矩 T_e,电动机运行在第二象限。

反向电动状态:反组桥 UR 工作在整流状态,U_{dr} 为负极性,电枢电流反向,电动机建立反向转矩 T_e,电动机反向运转,E 为负极性,且 $E < U_{dr}$,电动机运行在第三象限。

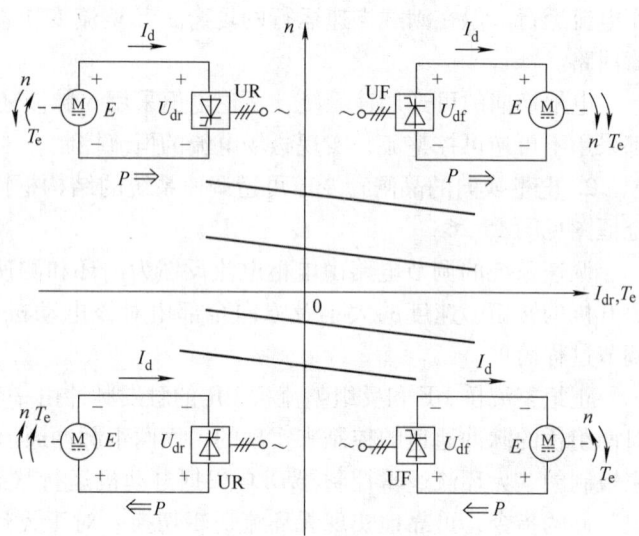

图 15-27 电枢换向的晶闸管变流可逆调速系统四象限运行分析

反向发电制动状态:电动机反向运转,E 仍为负极性,正组桥 U_F 工作在逆变状态,且 $U_{dr} < E$,I_d 为正向,T_e 为正向,电动机工作在第四象限。

15.2.4.2 磁场换向的晶闸管变流可逆调速系统

此方案中,电枢回路的整流器只需要一组(一般采用并联12脉波或串联12脉波的全控整流桥),电枢电流的方向是不变的,转矩极性的改变是靠改变励磁电流的方向实现的,因此磁场供电的整流器必须是两组反并联的可逆整流,一般采用逻辑无环流控制的三相全控桥反并联电路。

1. 磁场换向的晶闸管变流可逆调速系统 某结构框图见图 15-28。它由电枢整流控制电路和磁场整流控制电路组成。电动机转矩、转速的大小及

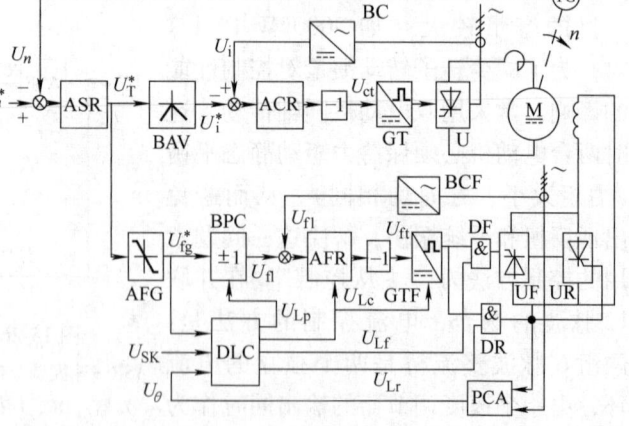

图 15-28 磁场换向的晶闸管变流可逆调速系统
ASR—速度调节器 BAV—绝对值变换器 ACR—电流调节器
GT—电枢触发器 BPC—极性变换器 DLC—磁场逻辑控制电路
AFG—励磁电流给定值调节器 GTF—磁场触发电路 DF、DR—磁场正、反向组脉冲通道 PCA—θ 角检测器 AFR—励磁电流调节器
BC—主电流变换器 BCF—磁场电流变换器

方向不仅决定于电枢电流与电压,还与励磁电流大小与方向有关,因此带来一个电枢与磁场协调控制问题。尽管电枢电流与励磁电流的给定值都是由速度调节器给出,但由于电动机磁场的时间常数远比电枢的时间常数大,故变换过程将不一致,导致了这种系统控制较为复杂。

速度调节器 ASR 输出信号的大小和极性,表示系统对电动机转矩的大小和极性的期望值。把这个信号分为两路,用来分别控制电枢电流和励磁电流。由于电枢电流不能反向,所以转矩的反向是靠励磁电流的反向来实现的。

电枢整流器的控制电路是典型的双闭环调节系统,只是在速度环内多设置了一个绝对值变换器,将速度调节器的输出双极性的信号变成单极性的电枢电流指令信号。

励磁电流的控制是要按照速度调节器的输出信号极性使励磁电流快速反转极性,从而实现四象限运行。由于采取了强励措施,励磁电流在满磁给定下的动态响应时间约为 0.2 ~ 0.4s。励磁电流给定值调节器 AFG 是一个比例调节器,并带有正、负限幅,它的输出极性表示期望的励磁电流极性、它的大小表示期望的励磁电流大小;AFG 的比例系数大小决定了在电枢电流为何值时励磁电流开始反向,限幅值决定了励磁电流满磁时的电流值。而磁场逻辑控制电路 DLC 是用来对磁场可逆电路进行可靠的无环流逻辑切换控制。

2. 转矩换向过程 转矩换向的静态特性见图 15-29。转矩的反向过程是:当速度调节器 ASR 的输出信号由正变负(即要求转矩由正变负改变方向)时,首先是电枢电流由大变小而励磁电流保持正向满磁不变,电动机正向转矩下降;当电枢电流下降到某一预定值时,励磁电流开始下降,并且它与电枢电流同时下降、同时过零点;接着由于绝对值变换器的作用,电枢电流由零开始正向上升,而同时励磁电流由零向负增加;到电枢电流增大到预定值时,励磁电流达到反向满磁,电动机反向转矩增加,直到达到期望值。可以看出,在励磁电流由正向满磁变到负向满磁的变化过程中,由于电枢电流也在变化,并且它的值很小,因此这个区间的转矩是很小的,也就是说,造成了转矩的失控区。但由于系统惯性很大,只要参数调整合适,不会影响提升机的正常运行。

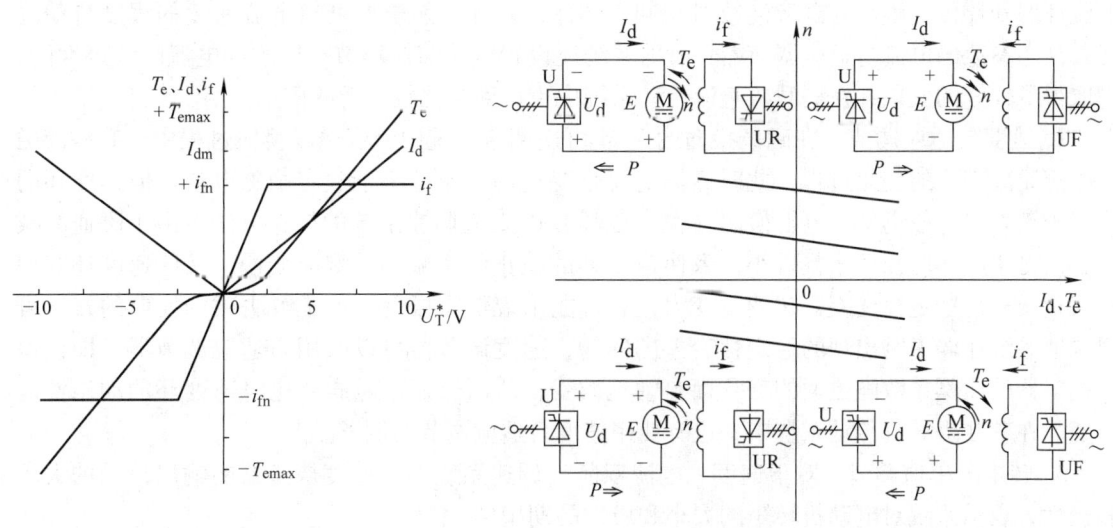

图 15-29 转矩换向的静态特性

图 15-30 磁场换向的晶闸管变流
可逆调速系统四象限运行分析

3. 四象限运行的实现 磁场换向的晶闸管变流可逆调速系统中，电动机的四象限运行分析见图15-30。

正向电动状态：励磁整流器的UF桥工作在整流状态，假设建立正向励磁电流 i_f，电枢整流器U桥工作在整流状态，其输出电压 U_d 为正极性，产生正向转矩，电动机正向运行，建立正极性的反电动势 E，$U_d > E$，电动机运行在第一象限。

正向发电制动状态：电动机仍为正向运行，励磁整流器的UR桥工作在整流状态，建立反向励磁电流 i_f，反电动势 E 为负极性。电枢整流器U桥工作在逆变状态，其输出电压 U_d 为负，且 $U_d < E$，I_d 方向不变，因 i_f 反向而使电动机产生反向转矩，电动机运行在第二象限。

反向电动状态：励磁整流器的UR桥工作在整流状态，建立反向励磁电流 i_f，电枢整流器U桥工作在整流状态，其输出电压 U_d 为正，电动机产生反向转矩，反向运行。反电势 E 为正极性，且 $U_d > E$，电动机运行在第三象限。

反向发电制动状态：电动机反转，励磁整流器的UF桥工作在整流状态，建立正向的励磁电流 i_f，反电势 E 为负极性；电枢整流器U桥工作在逆变状态，其输出电压 U_d 为负，且 $U_d < E$，I_d 方向不变，建立正向转矩，电动机运行在第四象限。

15.2.4.3 矿井提升机晶闸管变流可逆调速系统的改进方案

为了提高矿井提升机晶闸管供电的直流调速系统的技术性能和经济指标，国内、国外各厂家在上述调速方案的基础上对系统作了若干改进，形成各自的特色，主要有以下几个方面：

1. 电流自适应调节 当电枢电感较小（所选滤波电抗器电感量较小或不设滤波电抗器），或在电动机负载很轻时，会出现电枢电流断续现象。在电枢电流断续区，整流装置的外特性上翘，相当于使整流装置的等效内阻增加。电枢电流断续后，电流环近似为一个时间常数很大的惯性环节，电流调节过程变得很慢。同时，对速度环也有不利的影响：当电枢电流断续的程度比较严重时，系统稳定的条件不容易满足，可使速度出现低频振荡。为了保证系统正常工作，克服电流断续对系统动态性能的不良影响，在电流环内引入电流自适应环节是非常必要的。

为了使调速系统在电流断续时与电流连续时具有同样的动态性能，就要求电流断续后的电流环的开环传递函数与电流连续时相同。据此，设计了能根据电枢电流断续的程度自动改变其动态参数的电流自适应调节器；有的系统还设置电流前馈环节，以改善电流断续区性能，均取得了较好的效果，在提升机直流传动系统中也得到了比较广泛的应用。

2. 速度自适应调节 在磁场换向的V-M可逆调速系统中，当磁场换向过程中，有一段磁场电流脱离满磁的变化过程，此时磁场电流是变化的，而且小于额定励磁电流。但速度环的动态校正方法一般仍采用电枢换向（恒定磁场）的直流调速系统的校正方法，由于磁通的减小，使得速度环的开环增益减小，致使速度环的截止频率减小，响应变慢，又使速度环的相角裕量减小，稳定性变差，超调量变大，有可能出现低频振荡。为了解决磁场换向的直流可逆调速系统在弱磁时出现的稳定性变差的问题，速度调节器可以改用自适应调节器，即让速度调节器的比例系数随磁通的变化而自动地改变，从而保证在磁通变化时速度环的动态性能不变。在矿井提升机传动系统中，也有使用速度自适应调节的例子。

3. 转矩的单值调节 对于速度、电流双闭环调速系统中，速度调节器的输出信号的大小和极性，表示系统对电动机转矩的大小和极性的期望值。

在提升机的电枢换向的可逆调速系统中，转矩的调节是在恒定磁场前提下，按照速度调节器的输出信号的控制，由电枢电流的调节来完成的。转矩与速度调节器的输出信号是成正比的，呈线性关系，即转矩由速度调节器的输出信号单值控制，也就是说转矩是由电枢电流单值调节的。

但在提升机的磁场换向的可逆调速系统中，情况却不相同：速度调节器的输出信号分成两路，分别去控制电枢回路和励磁电路。在励磁电流为正或负的满磁情况下，这和电枢换向的可逆调速系统一样，转矩是由电枢电流单值调节的。可是，在励磁电流换向的过程中，电枢电流和励磁电流是同时变化的，转矩是由电枢电流与励磁电流的乘积决定的，所以转矩与速度调节器的输出信号呈二次方关系。在此区间内，转矩是很小的，对系统的动态调节是不利的。欲改善这种关系，可以在电枢回路中设置电枢电流最小值限制电路，构成转矩的单值调节，就是在调节电枢电流时，磁通不变；在调节磁通时，电枢电流不变。具有转矩单值调节功能的磁场换向的直流可逆调速系统见图 15-31。电枢电流最小值限制电路的特性，见图 15-32。采用转矩单值调节后，转矩换向的静态特性，见图 15-33。

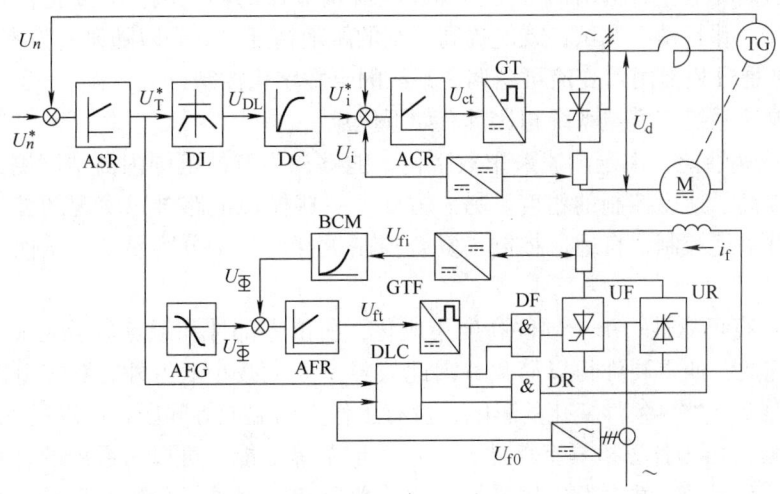

图 15-31 具有转矩单值调节功能的磁场换向的直流可逆调速系统
ASR—速度调节器　DL—最小值限制电路　DC—延迟环节　ACR—电流调节器
GT—电枢触发器　BCM—励磁电流-磁通变换器　AFG—励磁电流给定值调节器
AFR—励磁电流调节器　DLC—逻辑控制器　GTF—磁场触发电路
DF、DR—磁场正、反向组脉冲通道

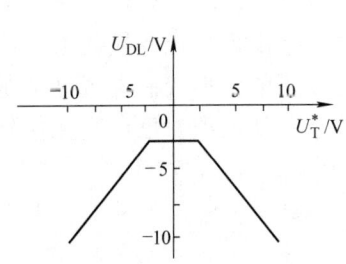

图 15-32　电枢电流最小值
限制电路的特性

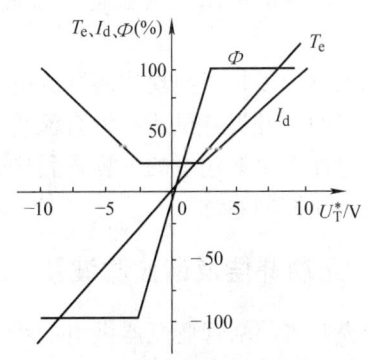

图 15-33　采用转矩单值调节
后转矩换向的静态特性

采用转矩单值调节，有利于系统的动态校正；并且一般电枢电流最小值的限制都取得较大，约为电枢额定电流的 0.3~0.4 倍，使得电枢电流连续所需的电感量可大为减小，因而可减小滤波电抗器的体积，甚至不用滤波电抗器。

4. 复合控制　在反馈控制系统中，是靠偏差信号来控制的。因此，为了获得较好的动态品质，只能希望动态偏差小一些，却不可能使偏差为零。为了提高系统的精度和稳定性，常在反馈控制系统中增加一个附加的前馈校正（称为复合控制）。

在矿井提升机直流可逆调速传动系统中，采用复合控制是基于以下三个方面的考虑：消除速度误差，消除由静转矩产生的在初加速段及初等速段的速度跟随误差，防止在开车初期产生的提升容器下坠。

在反馈控制系统中，速度给定与速度反馈的误差信号经过速度调节器，其输出信号直接加在电流调节器的输入端作为电流环的给定信号。前馈控制是在此基础上，把速度给定信号通过新增加的前馈环节，其输出信号再叠加在电流调节器的输入端。只要把前馈环节按照不变性条件去设计，并且精心调试，就能提高系统的跟随精度，做到跟随误差为零。

15.2.4.4　矿井提升机晶闸管变流可逆调速系统的全数字化控制

全数字化调速系统与模拟系统相比具有如下优点：

1. 提高了调速性能　由于测速采用数字化，能够在很宽的范围内高精度测速，所以扩大了调速范围，提高了速度控制的精度。另一方面，一些模拟电路难以实现的控制规律和控制方法，例如各种最优控制、自适应控制、复合控制等都变得十分容易了，从而使系统的控制性能得到提高。

2. 提高了运行可靠性　由于硬件高度集成化，所以零部件和触点数量大大减少；很多功能都由软件来完成，使得硬件得以简化，因此故障率大大减小。另外，数字电路的抗干扰能力强，不易受温度等外界条件变化的影响，没有工作点的温漂等问题，所以运行的可靠性高。

3. 易于维修　由于计算机具有存储、显示、记录等功能，可以对系统的运行状态进行检测、诊断、显示和记录，并对发生故障的时间、性质和原因进行分析和记录，所以维修很方便，维修周期变短。

4. 提高了自动化程度　全数字控制系统均具有完善的通信功能，使传动级与基础自动化实现可靠接入，从而构成具有很高自动化程度的完整的控制系统。

5. 易于组态　由于全数字系统提供了非常丰富的标准功能块，可以任意组态和连接，这为构建各种不同的控制结构创造了条件，因此适用性更广。典型的全数字控制简图见图 15-34。

鉴于上述原因，目前现代的直流电气传动系统已经全面地由模拟控制换代为全数字控制系统。上述的矿井提升机所有的直流传动系统，原先广泛使用的模拟控制方式已经全部被淘汰。它只存在于早期建造的工程项目中，正面临着换代改造；新上项目已经毫无例外地全部使用全数字化控制系统。

15.2.5　无功补偿及谐波滤波器

矿井提升机晶闸管变流器供电的传动方式，由于其容量大、负载变化剧烈，尽管有的已经配置了 12 脉波整流电路甚至 24 脉波整流电路，但网侧电流仍含有较多的谐波，以及功率因数的下降和无功的冲击（例如提升机的加速阶段）；会造成波形畸变和电网电压波动，直接影响电网质量和并联的负载。解决的办法是设置谐波滤波器和无功补偿装置，以达到电力系

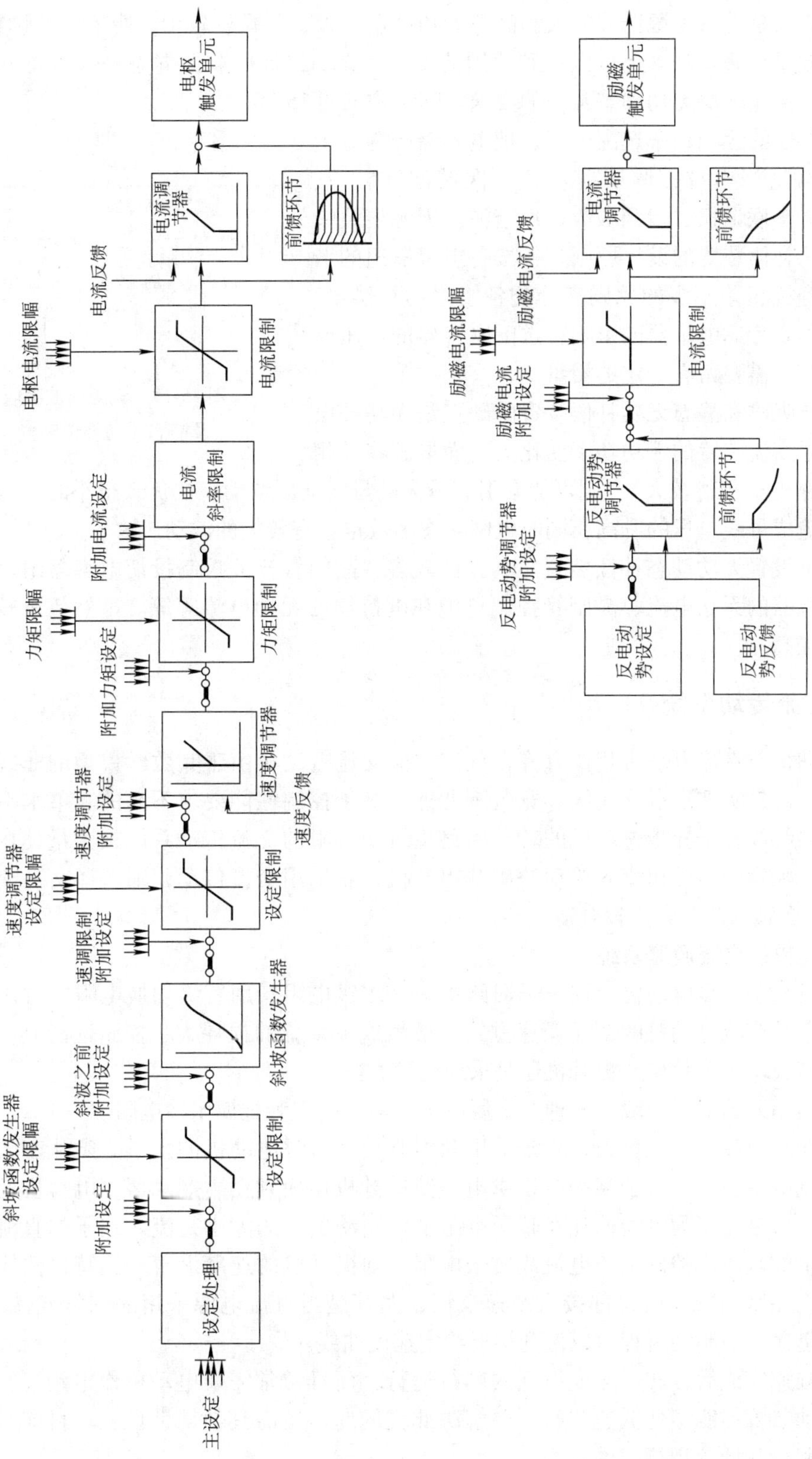

第 15 章 电气传动的工业应用

图 15-34 典型的全数字控制简图

统规定的标准。

常用的方法是设置无源谐波吸收和静态无功补偿装置，其投资较少，所增加的设备不多，谐波吸收的效果显著，基本上可以达到使用的要求。无源谐波吸收及静态补偿装置既能解决谐波的影响，又能解决无功静态补偿的要求。其结构见图 15-35。

按需要补偿的无功功率选配电容，把电容器分为若干组，每组串联适当电抗，调谐到对某一次谐波（5、7、11、13…次）串联谐振，专门吸收该次谐波。无源谐波吸收和静态无功补偿装置的设计原则是：按各电容器组的谐振频率下的容抗相差不多的原则来分配各组无功补偿量，计算容抗时，要考虑电抗器的影响；选配电容器的电压要比电网电压高，需要留有一定的裕量。

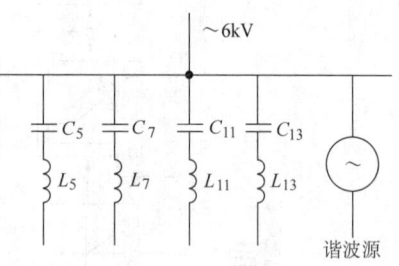

图 15-35　无源谐波吸收及静态无功补偿装置

无源谐波吸收和静态无功补偿装置的缺点是无功补偿量固定。如果变流装置的无功功率变化大，而电源容量相对较小（短路阻抗相对较大），则可能会引起较大的母线电压波动。在负载很小时，因补偿容量偏大，会造成母线电压的升高，同时电网功率因数也会有较大的波动。

为此，可设置无功动态补偿装置。其方法较多：晶闸管开关控制投切电容器组、晶闸管控制交流电抗器的无功电流、晶闸管控制自饱和电抗器的无功电流等等。虽然效果较好，但投资却大大提高。

15.2.6　交流传动系统

交流电动机与直流电动机相比有许多优点，但交流电动机由于其数学模型的非线形、强耦合，使得不容易实现平滑、无级、宽范围调速。对于控制性能要求不高的、单水平矿井提升机，简单的绕线转子异步电动机的转子回路逐级切电阻的交流传动系统被大量使用。对于控制要求高、大容量、低速直联传动的矿井提升机，若采用交流传动，则选择交-交变频和中压交-直-交变频调速方案比较合适。

15.2.6.1　简单的交流调速系统

使用绕线转子异步电动机，在转子回路中串入多级电阻，用有级切换电阻的方法进行调速，这实质上是交流电动机的调压调速方式。虽然这种系统的损耗大、控制性能差，但其价格便宜，目前我国大多数矿井提升机还是采用此种方案。

转子回路串入的电阻一般有三种：金属电阻、液体电阻和金属水冷电阻。

提升机在减速段常出现负力，故多采用动力制动。这时电动机的定子必须从交流电网切断，另加直流电源装置给定子某一绕组供电，使提升机切换到动力制动区，电动机变为发电机运行，它将机械能变为电能消耗在转子电阻上。制动负力的大小是流入定子的直流电流和转子串入电阻的函数。控制定子电流或转子电阻，则提升机的速度沿着一簇特性曲线下降到某一低速点。在制动减速时，都接入测速反馈，尤其是当直流电源采用晶闸管变流装置时，由于其动作迅速，使制动过程可以做到接近给定速度曲线。

提升机减速完成后，转入速度很低的爬行运行，而且常常需要电动机作电动运行，故单纯的动力制动装置不能实现低速爬行。要解决此类问题，还需其他辅助设备。目前有脉冲爬行、微传动爬行和低频爬行三种方法。

（1）脉冲爬行是在爬行阶段上接入大电阻，手动或自动地多次通断电动机电源的方法。

这种方法由于机械特性较软，不易控制，多次通断电动机对机械和电气设备都会产生冲击，应用不多。

（2）微传动爬行是加装一套微传动装置。它由容量较小的绕线转子异步电动机、减速器、气囊离合器和压气装置等组成，并与主提升电动机相连。在爬行段，主电动机脱离电网，接通微传动电动机，气囊离合器充气，提升罐笼由于再经过减速器而获得爬行速度。因速度低，微传动电动机容量可以选得很小。又因运行在自然特性曲线上，使其特性较硬，速度稳定，便于控制，故获得较多的应用。但它使提升机加装一套设备，还需要压气能源，加大占地面积，因此限制了其应用范围。

（3）低频爬行就是使用低频电源供电的频率控制系统，实现低频发电制动和低频爬行，可以比较经济合理地兼顾减速和爬行两个阶段。与其他方案相比，有如下主要优点：

1）在减速段，可以较准确地按给定速度曲线运行，同时还能节约电能，制动性能好，安全可靠。

2）由低频发电制动减速到低频爬行是自然过渡的，不需要进行任何主电路转换。而动力制动只能解决制动减速问题，不能解决爬行问题，爬行段还需另设微传动装置。

3）在低频供电时，提升电动机可以在自然特性上按电动或发电状态连续低速稳定运行，因而可以安全可靠地用来检查和更换钢丝绳，检查和修理井筒，低速下放和提升重物。

低频电源一般是用变频装置将 50Hz 工频交流电转换为所需要的 2～5Hz 的低频交流电，主要有低频发电机组和晶闸管交-交变频器两种。它们都可以方便地调压和调频，以满足减速和爬行阶段的要求。

（1）低频发电机组　包括低频发电机、传动电动机和励磁装置。低频发电机用一台异步电动机传动，三相换向器变频机作为低频发电机的励磁机。在调节系统中，为了自动地连续调节低频励磁电压，采用小容量同步发电机作为换向器变频机的可调电压电源，小容量异步电动机作为同步发电机和换向器变频机的传动电动机，同步发电机同它用联轴器连接，换向器变频机用带传动。

这种装置的特点是：运行可靠，过电压、过电流能力较强，低频电压波形较好；不足之处是有旋转部分、维修困难、设备多、占地面积大。

（2）晶闸管交-交变频器　是直接把频率和电压固定的交流供电电源，变换成频率和电压可变的交流电源，因而效率高，有利于节能。这种静止变流器作为低频爬行电源的应用，已经越来越普遍了。实际

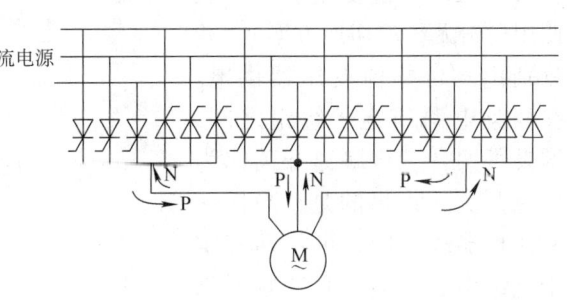

图 15-36　交-交变频主电路示意图

上，它可被看成是由三组可逆整流器合成的，其特点是体积小、重量轻、无噪声、效率高、维修方便。交-交变频主电路示意见图 15-36。

15.2.6.2　交流变频调速系统

现代大容量矿井提升机多采用低速大转矩直流电动机直连方案，由于省去了减速齿轮箱，因而具有机械结构简单、占地面积小和机械效率高等优点，但与高速电动机相比，由于电动机的体积和重量显著增加，则又带来效率降低、GD^2 增大等缺点，因而使提升机在加速段需要更大的瞬时功率。

目前，容量超过 2000~3000kW 的矿井提升机低速直连传动系统，已开始采用低速同步电动机交-交变频调速系统。因为同等容量、同等转速的低速同步电动机与直流电动机相比，具有重量轻、体积小、效率高和 GD^2 明显小等优点。而 GD^2 小可以加快传动系统的过渡过程和减小电动机的平均功率，还可以缩短提升机抱住闸瓦停车时间。

交-交变频器的工作原理决定了变频器的输出频率最大只能达到输入电源频率的 1/3 左右，因此配套同步电动机的额定频率通常是设计得比较低的。所以交-交变频器-同步电动机调速系统非常适用于低频、低速大容量的矿井提升机场合。

但同步电动机交-交变频调速系统也存在着以下三个方面的缺点：交-交变频器的容量比同等容量的直流电动机传动系统的变流器容量增大很多，例如与磁场换向系统相比，大约增加一倍左右，因此其装置价格也就偏高了；交-交变频器的功率因数比直流系统的低，谐波也相对较大；控制电路复杂。

由于采用数字控制系统，控制电路复杂的问题得以解决；加上采用静态或动态无功补偿及相应的谐波补偿措施，虽然总体上价格还偏高一些，但在大容量矿井提升机中，同步电动机交-交变频调速系统还是显示了非常好的应用前景。

用于矿井提升机的典型同步电动机交-交变频调速系统的主电路见图 15-37。

这是一套典型的实例：主施动电动机是一台 3200kW 他励同步电动机，其定子结构为两套三相绕组，通常接成星形。这两套绕组分别由两套相位和幅值相同的三相交-交变频电源（六个单相变频器）供电；而这六个单相交-交变频器都是晶闸管反并联的可逆变流器（一般使用逻辑无环流切换方案），并分别由六台整流变压器供电。在变频电源与定子绕组之间，增设了四台三极隔离开关作为应急开关。其目的是，当任一套变频器故障时，可将两套定子绕组串联由另一套变频器供电，电动机可半速运行。同步电动机的转子励磁电源由一套晶闸管整流器单独供电。

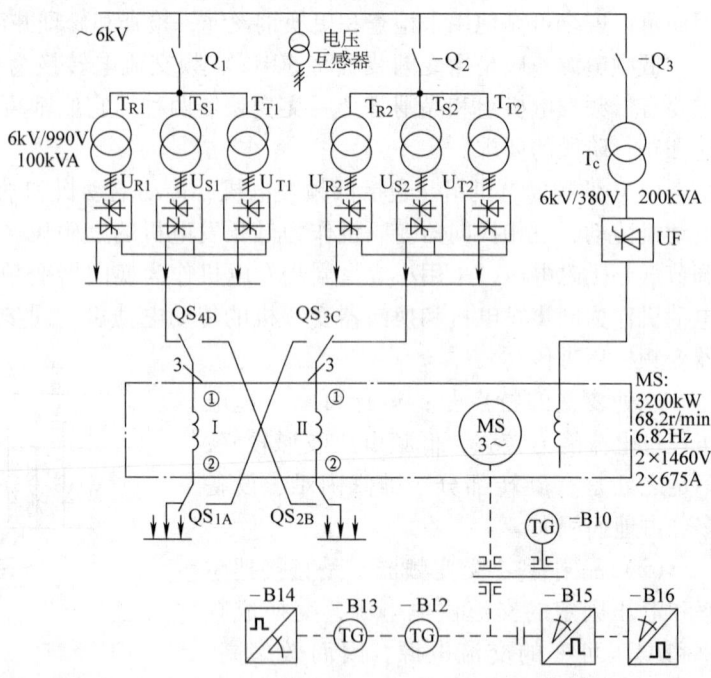

图 15-37 典型的同步电动机交-交变频调速系统的主电路

同步电动机交-交变频调速系统，按磁通定向的矢量控制，可以获得与直流电动机一样的四象限运行特性。为了实现矢量控制，变频器设有电源侧电流检测环节（定子电流实际值）、变频器输出电压检测环节（定子电压实际值）以及零电流检测环节。转速反馈信号由轴角编码器提供，转子位置角信号由另一台轴角编码器提供。

中压变频调速主电路方案较多，其中三电平方案由于电力电子器件数少、主电路结构简单、实现制动能量回馈容易，具有四象限特性的三电平中压变频调速比较适合应用于矿井提升机，随着电力电子器件耐压的提高，用三电平方案的中压变频调速系统改造提升机老系统或配套新系统将成为可能。

另外，随着相关技术的不断完善和发展，适应于大容量调速的其他方案，如双馈调速等都将成为矿井提升机传动的可选方案。

15.2.7 提升机的综合自动化控制

由于矿井提升机所处的关键地位，对矿山生产及安全起着非常重要的作用。除了传动系统的可靠运行之外，整个提升系统的控制、监视及保护措施的完备与否也是至关重要的。随着控制、计算机、通信、网络等技术的发展，目前国内、国外生产的提升机，其电气保护措施由原来的继电器或半导体逻辑单元的技术水平发展到多PLC（可编程序控制器）、智能仪表的数字控制以及上位工控机监控的网络控制技术。网络形式有工业以太网、Profibus现场总线等。

15.2.7.1 上位机监控系统

随着计算机技术的发展，目前上位监控系统主要采用工控机、工控机与触摸屏一体机和打印机等。上位机监控系统主要实现人-机通信、监视、控制与操作；系统运行状态、速度曲线、电流曲线、当前故障、生产报表显示。打印机可以实时打印事故记录、生产报表、系统运行数据。同时，上位监控系统可以同全矿的生产、管理系统交换数据，实现网络化控制。

15.2.7.2 主控PLC控制

主控可编程序控制器（PLC）是网络控制系统的主站，它完成整个提升电控系统的信号处理、数据运算、通信控制、系统管理等。

15.2.7.3 控制保护PLC

控制保护可编程序控制器（PLC）根据外部输入的有关数字开关量、输入模拟量、光电编码器脉冲等信号进行逻辑运算、数据计算，完成提升机的起动、运行、停车等整个提升过程的运行控制及保护，主要功能如下：

(1) 行程控制；
(2) 提升控制及中间闭锁；
(3) 安全电路；
(4) 井筒信号控制及联锁；
(5) 过卷监控；
(6) 超速监控；
(7) 速度包络线监控；
(8) 逐点速度监控；
(9) 液压站控制和恒减速控制；
(10) 钢丝绳滑动监控；
(11) 转矩（电流）监控；
(12) 整流桥缺臂监控；
(13) 闸瓦磨损监控；
(14) 弹簧疲劳监控；
(15) 电源故障监控；
(16) 磁场电流监控；

（17）控制系统故障监控、报警；

（18）故障诊断、记忆；

（19）过电压保护；

（20）过电流保护；

（21）错向；

（22）测速发电机监控；

（23）轴编码器监控；

（24）定转子接地监视；

（25）电动机和变压器温度监视；

（26）快速熔断器熔断监视。

15.2.7.4 数字监控器

提升机实际上是一个位置控制系统，提升机电控装置要求设置可靠的位置检测环节，准确地检测出提升机容器在井筒中位置，如减速点、停车点、过卷点及相对应的位置，必须控制提升机能可靠地减速、停车。过去，提升机位置检测是机械式行程监控器，同时安装井筒位置开关来检测提升容器的实际位置，而这种检测方式精度很低，并且井筒开关易损坏，且更换不方便，严重影响生产及人身、设备安全。

随着数字技术的发展，可编程序控制器的普遍应用，数字监控器代替机械式监控器和井筒开关，作为提升机安全运行的后备保护。数字式监控器主要功能：

（1）接收光电编码器脉冲信号，计算提升机运行速度和容器实际位置；

（2）最佳减速和水平到位信号；

（3）根据提升机运行速度图预设的速度包络线，检测提升机运行速度，作为等速段、减速段和爬行段速度保护；

（4）给出制动控制系统预制动、制动信号；

（5）钢丝绳衬垫磨损校正。

15.2.7.5 信号、装/卸载系统

（1）对于副井提升系统，信号控制根据井口、井底罐笼的位置状态，操车的工作状况，安全门、摇台是否到位，人员、设备是否就绪向提升机主电控发出允许开车信号。

（2）对于主井提升系统，装/卸载控制根据箕斗的位置状态，装/卸载是否完毕，由信号控制向提升机主电控发出允许开车信号。

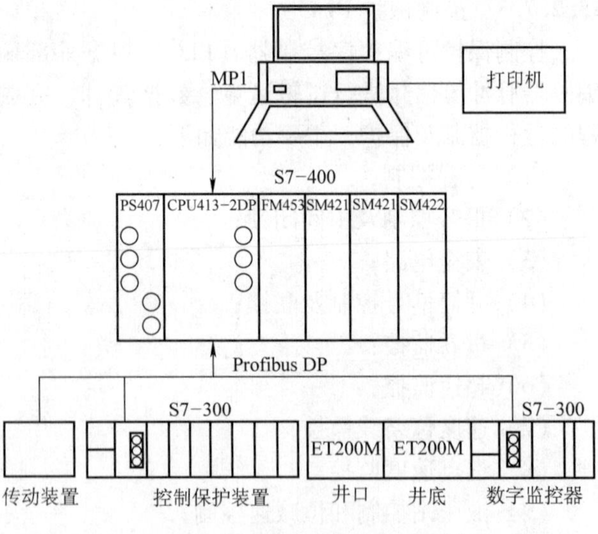

图15-38 某提升机电控系统采用Profibus-DP总线的网络控制系统

15.2.7.6 提升机的综合自动化控制实例

图15-38是某提升机电控系统采用Profibus-DP现场总线的网络控制系统。

多套可编程序控制器、远程I/O、全数字直流调速装置、上位工控机通过PROFIBUS-DP现场总线构成整个提升系统的网络控制系统。

上位监控系统通过 CP5611 通信处理器与主控 PLC（SIMATIC S7-400）相连接，主控 PLC 通过 PROFIBUS-DP 总线与传动装置、控制保护系统、数字监控器、远程 I/O 信号设备连接，组成 PROFIBUS-DP 现场总线控制系统。

15.3 钢铁工业

15.3.1 钢铁工业概况

钢铁工业机械种类多、用电量大、生产管理和自动控制复杂，是电气传动一个重要的应用部门。随着科学技术的发展，特别是计算机技术及网络通信技术的发展，钢铁工业越来越趋向于大型化，各生产流程的连续性越来越强。图 15-39 为一现代钢铁联合企业生产流程图。

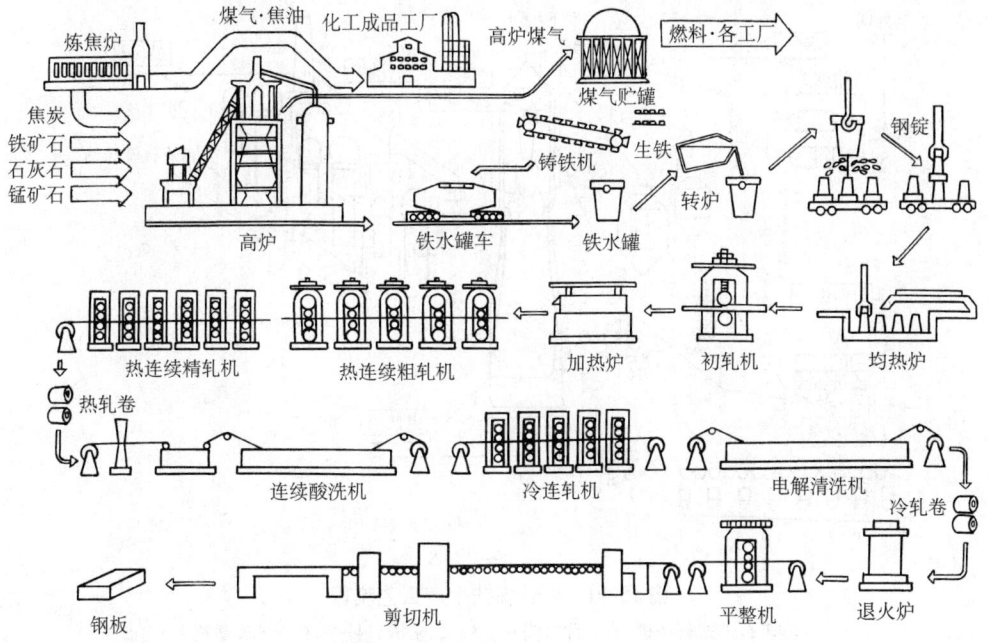

图 15-39　钢铁联合企业生产流程图

钢铁联合企业一般由以下主要环节组成：
（1）高炉炼铁；
（2）转炉炼钢；
（3）连铸；
（4）热连轧（中厚板）；
（5）冷连轧（可逆冷轧）；
（6）冷轧板加工线。

完成以上生产要求的传动及自动化系统主要由以下四个层面构成：
（1）一级：传动及仪表设备；
（2）二级：完成顺控及一般工艺控制的 PLC 系统；
（3）三级：完成复杂工艺控制及模型控制的小型计算机系统；
（4）四级：完成生产管理的大型计算机。

目前钢铁工业的发展方向是提高加热炉的热效率，热装和直接热轧，低温大压下量轧制工艺，优化剪切和优化宽度控制以提高收得率，提高电网质量，改善功率因数，风机水泵采用变频控制等。

15.3.2 高炉炼铁

高炉是炼铁生产的核心设备，即通过高炉用焦炭、煤等还原剂在高温下将铁矿石或含铁原料还原成液态生铁。其生产工艺流程见图15-40。炉料（矿石）、燃料（焦炭）和熔剂（也叫杂矿）从高炉炉顶（有钟型和无钟型两种）装入炉内，从鼓风机来的冷风经热风炉后，形成热风从高炉风口鼓入，随着焦炭燃烧，产生热煤气流由上而下运动，互相接触，进行热交换，逐步还原，最后到炉子下部，还原成生铁，同时形成炉渣。积聚在炉缸的铁水和炉渣分别由出铁口和出渣口放出。

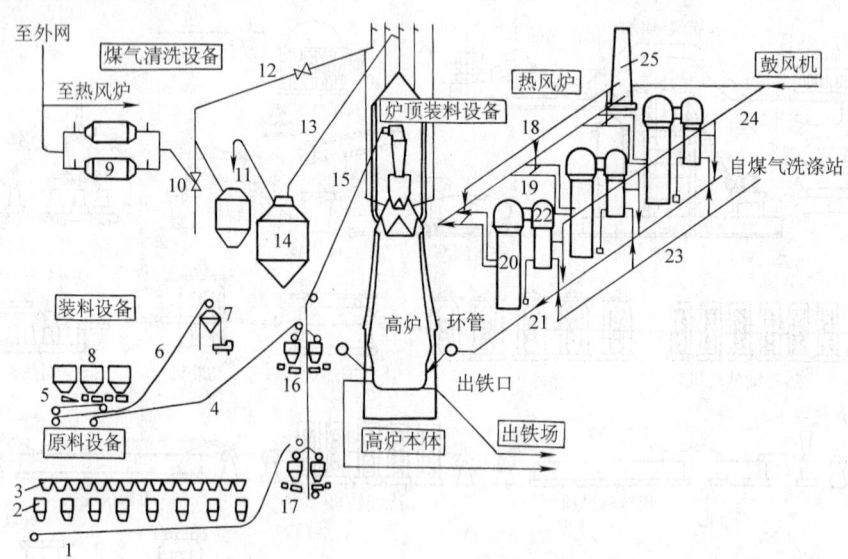

图15-40 高炉炼铁生产工艺流程

1—矿石带式输送机 2—称量漏斗 3—贮矿槽 4—焦炭带式输送机
5—振动给料机 6—焦粉带式输送机 7—粉焦仓 8—贮焦仓 9—电除尘器
10—调节阀 11—文氏管除尘器 12—净煤气放散阀 13—下降管
14—重力除尘器 15—上料带式输送机 16—焦炭称量漏斗 17—矿石称量漏斗
18—冷风管 19—烟道 20—蓄热室 21—热风主管 22—燃烧室
23—煤气主管 24—混风管 25—烟囱

15.3.2.1 主体设备

高炉炼铁的主体设备是高炉本体，它是由耐火材料砌筑的竖立式圆筒形炉体，最外层是由钢板制成的炉壳，在炉壳和耐火材料之间有冷却设备。

除高炉本体外，还有其他附属系统的配合来完成整个高炉炼铁生产过程。它们是：

（1）供料系统 包括贮矿槽、贮焦槽、称量与筛分等设备，其主要任务是及时、准确地向高炉输送合格的原燃料。

（2）送风系统 包括鼓风机、热风炉及一系列管道和阀门等，主要任务是连续可靠地向高炉提供所需的热风。

（3）煤气除尘系统 包括煤气管道、重力除尘、洗涤塔、文氏管、脱水器等，主要任务是回收高炉煤气，节约能源，降低对环境的污染。

(4) 渣铁处理系统　包括出铁场、开铁口机、堵渣机、炉前起重设备、铁水罐车及水冲渣设备等，主要任务是及时处理高炉排放出来的渣、铁，保证高炉生产正常进行。

(5) 煤粉喷吹系统　包括原煤的储存、运输、煤粉的制备、收集及煤粉喷吹等系统，主要任务是均匀稳定地向高炉喷吹大量煤粉，以煤代焦，降低焦炭的消耗，从而降低吨铁的生产成本。

15.3.2.2　装料设备

高炉装料设备是炼铁高炉生产过程的主要设备，随着高炉炉容向大型化发展的趋势，相应装料设备也随之发生了一系列的变化。如：

(1) 在大型高炉中基本上用输送带上料代替传统的料车上料方式。

(2) 采用带旋转溜槽的串罐或并罐无料钟炉顶结构代替传统的料钟式炉顶，使炉顶布料方式多样化，并提高炉顶顶压。

(3) 采用电振给料器加筛分设备，使入炉原料粒度更加均匀，并且粉料含量更低。

(4) 采用重力传感器实现原燃料的自动称量，并通过计算机对称量误差进行补偿，提高入炉原燃料配比的准确度。

(5) 采用多种炉顶和炉体探测器，以便监视和控制高炉的冶炼过程。

(6) 采用高温、高压力冶炼技术，以提高高炉的利用系数。

国内最近几年不仅在大型高炉中采用了无料钟炉顶布料技术，而且在几百立方米的中等容积高炉中也普遍采用无料钟炉顶。

15.3.2.3　仪表检测

随着微型计算机的应用，要求检测仪表具有智能化，即既具有检测监视功能，同时又具有计算、存储控制功能。这些仪表的测量点数和测量种类很多，分布的范围也很广，要求它们可靠性高、精度高，同时要有通信功能，以便与 PLC 和上位机进行通信。这些仪表常用的有以下几类：

(1) 微波（或雷达）探测仪，用以探测料面的高度、液位深度；

(2) 炉顶煤气分析仪，分析炉顶煤气中的 CO、CO_2、H_2、N_2 的含量及分布；

(3) 水平煤气分析仪，用以分析炉内横向的煤气分布状况；

(4) 热风炉炉顶含氧量分析仪和温度采样系统，用以进行自动燃烧控制；

(5) 焦炭含水量检测仪，供焦炭水分补偿用；

(6) 重量传感器，用来进行自动称量和称量误差补偿用；

(7) 压力传感器，用以分析各部分气体压力及压差；

(8) 炉体温度巡检系统；

(9) 炉顶及风口红外线成像系统；

(10) 工业电视摄像系统；

(11) 热风阀漏气检测仪；

(12) 冷却水检测仪；

(13) 风量、湿度补正系统等。

这些智能仪表就是高炉操作者的"眼睛"，有了它们，才有可能实现高炉冶炼过程的自动化控制。

15.3.2.4　高炉本体的电气传动

1. 上料主卷扬机

(1) 电气传动方案　主卷扬机是高炉上料的关键设备，它是牵引料车把原料从槽下送入炉顶的设备，通常供 2000m³ 以下容积的高炉采用；对于更大容量的高炉，需要运送的原料量很大，靠料车的往复运动就无法满足，因此多采用输送带上料方式，用交流电动机传动，交流电动机采用变频调速或软起动恒速控制。

主卷扬机分直流电动机传动和交流电动机传动两种。交流电动机传动通常在容积为 450m³ 以下的高炉使用，一般多采用一台交流电动机；对于容积 450m³ 以上的高炉，通常用两台直流电动机同时传动的方式。

在料车卷扬的传动系统中，交流电动机一般采用数字式矢量控制变频调速；直流电动机则多采用全数字直流供电系统。料车从槽下到炉顶，一般每一单行程运行时间为 30～40s，每车最多可拉十几吨原料。

国内采用两台直流电动机同轴传动，一般使用电枢串联方式的居多，选用直流全数字调速装置，采用两套调速系统，按一用一备的方式设计，并有多重保护措施。控制系统为电流、速度（或电动势）双闭环调速系统，运行速度分高、中、低三级，主卷扬系统调速的速度曲线见图 15-41。

(2) 主卷扬传动系统的特点　对可靠性要求很高，要求运行平稳，尤其是料车到达炉顶时的停车位置一定要准确，如果超过停车极限就可能造成重大设备事故，停车及运行途中的减速位置通常由专用的主令控制器定位，并有多种安全保护措施，除采用两套系统一用一备外，通常有：

1) 采用能耗制动和机械制动器制动相结合的制动方式，确保停车的迅速和准确；

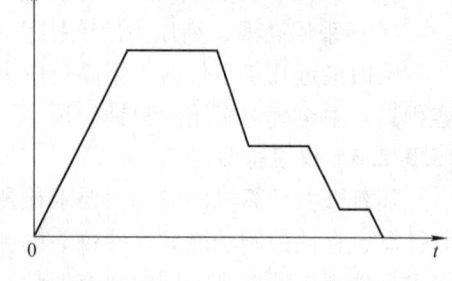

图 15-41　料车速度曲线

2) 保持转矩控制，使主卷扬松开闸瓦时已建立一定的转矩，防止松开制动器闸瓦时瞬间溜车，以使松开制动器闸瓦后料车平稳加速起动；

3) S 型加速斜率设计，以使料车在出料坑时低速，出料坑后尽快平稳达到高速；

4) 三级（也有两级）减速控制，确保到炉顶时平稳停车；

5) 应用主令控制器进行料车行程极限控制。极限控制包括顶部极限、底部极限、超极限、减速极限等，以及钢绳松弛检测；

6) 系统具有过载、调速装置故障等保护措施；

7) 应用编码器进行料车速度和行程检测，通过 PLC 进行超速和溜车事故的预警，并向传动系统发出急停命令；

8) 主卷扬系统分自动、手动和机旁手动三种操作方式。机旁手动在检修、调试和紧钢绳时使用。

2. 探尺卷扬机　探尺装置的作用是准确探测炉内料面下降情况，以便及时上料。探尺是由探尺卷扬机拖动钢缆连接的重锤，伸入炉内，起探测料面高度的作用，卷扬机一般由 2.2～4kW 的直流电动机传动。而在有些高炉也尝试采用雷达式料位仪替代传统的机械探尺，但该方法受炉内环境限制，目前仍在探索阶段。

每座高炉一般设有两个探尺，互成 180°，大型高炉也有设立三或四个探尺的。探尺卷扬机采用直流供电，为位势负载，采用直流全数字调速控制，每台探尺一套调速系统，互相独立。探尺卷扬机的特点有：

(1) 两台探尺可以双尺工作或单尺工作（停止一台探尺工作）；

(2) 探尺工作设连测（自动）和点测（手动）两种方式；

(3) 探尺提放做到速度平稳，到达料面后，系统必须具有扶尺功能，以使探尺垂直自动跟随料面；

(4) 探尺具有上下极限保护、调速装置故障保护、电动机失磁保护等功能；

(5) 探尺料面位置的测量采用编码器，由自动化系统实现。

3. 炉顶布料设备　炉顶布料设备分为有料钟和无料钟结构两种。有料钟炉顶基本上只在小型高炉中采用，特点是结构简单、控制设备少，一般是采用液压系统拖动料钟；而中、大型高炉基本上采用无料钟系统，用料罐、密封阀、料流调节阀、布料溜槽等代替了传统的料钟和布料器。阀类都是液压传动的。布料溜槽倾角（α 角）采用伺服电动机传动或交流电动机变频调速传动，料流调节阀（γ 角）采用伺服电动机传动或液压伺服阀控制，实现连续调节角度和开度；布料溜槽的旋转（β 角）一般由交流电动机传动，既可采用恒速控制，也可以采用变频器调速控制。

通过对布料器 α 角、β 角和 γ 角的自动控制，可以实现单环、多环、螺旋、扇形和定点等多种布料方式。

4. 其他传动设备　槽下带式输送机、给料机、振动筛、称量漏斗闸门等许多设备，都是不需要调速的交流传动设备或液压传动设备，采用常规控制。

15.3.2.5　高炉外围设备的电气传动

1. 高炉鼓风机　高炉鼓风机是直接由汽轮机带动的大型鼓风机，现在也有采用交流无换向器电动机的同步电动机系统。

2. 热风炉助燃风机　一般每座高炉设置两台热风炉助燃风机，按一用一备的工作方式。热风炉助燃风机是连续工作方式。电动机容量为 400kW 以上通常采用高压电动机，直接起动控制；400kW 以下低压风机可以采用交流软起动控制，也有的采用交流变频器起动，并进行调速控制。

3. 水渣和除尘设备的传动电动机一般为交流电动机，出于节能的目的，可采用交流变频调速系统，由自动化系统根据出渣信号和烟尘的浓度控制水泵和鼓风机开机的台数和运行电动机的最佳速度。

15.3.2.6　自动化控制系统

自动化控制系统包括基础自动化和过程控制。基础自动化即设备控制器，通常主要由分散控制系统（DCS）或可编程序控制器（PLC）构成。基础自动化最初的内容是逻辑控制。在逻辑控制方面，我国和世界上的各国都经历了逻辑元件、顺序控制器，直至现在的 PLC 的发展过程。PLC 的应用把传统的硬件逻辑变成了用梯形图编制的软件逻辑，同时利用 PLC 的运算功能，对诸如原料称量和焦炭水分进行自动补偿控制，起到了节约焦炭、稳定炉况、提高生铁产量和质量的积极作用。

随着 PLC 功能的日益丰富，目前国内一般都采用 PLC 控制，也有一部分采用 DCS 控制的，现在也开始采用工业现场总线技术，以减少外部线缆的敷设。控制范围刚开始时只进行单个系统控制，例如上料系统控制或热风炉系统控制。现在的发展趋势是，把一座高炉分成几个系统，采用多套 PLC 进行控制，系统的划分基本上按工艺关系分为上料系统、高炉本体、热风炉、煤气除尘、煤粉喷吹、高炉供料等。一座高炉的各个控制系统可以通过网络联网，网络通常采用工业以太网系统,并逐步发展成多座高炉联网,实现基础自动化、过程控制和生产管理自动化,电气控制和仪表控制一体化的控制模式。

1. 上料系统　上料系统是高炉自动化中最重要的环节,如一座 3000m^3 的高炉,每昼夜出铁 7000t 以上,装入的原燃料达 15000t,每运送一批炉料需要近百台设备的动作,因此对设备的动作要求进行自动控制,并且必须有一套自动化系统来保证运行的可靠、准确无误。高炉上料系统布置图见图 15-42。

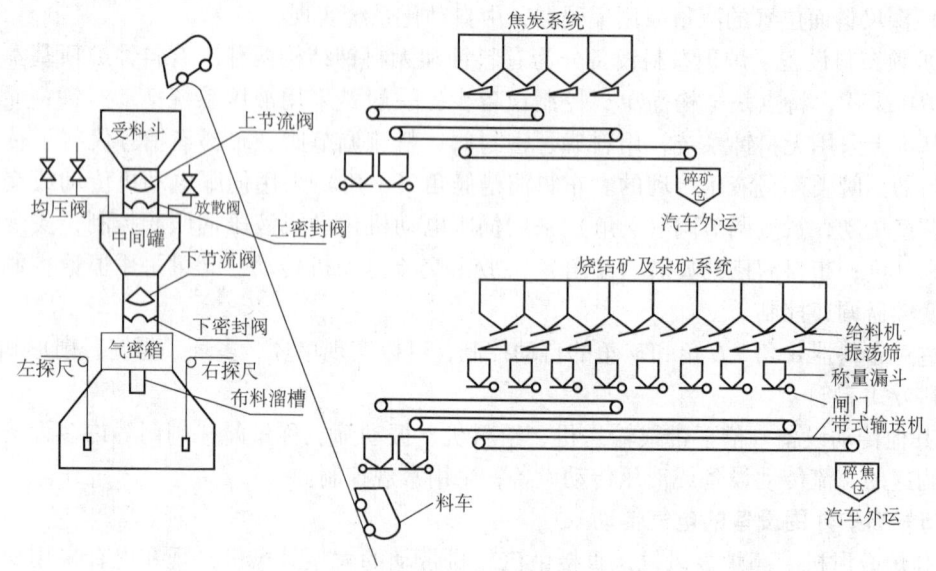

图 15-42　高炉上料系统布置图

上料系统分槽下上料和炉顶装料两部分:

(1) 槽下上料过程:根据预先设定的上料周期指挥系统(也叫上料程序),选取需要装料的品种(贮料槽),起动对应的给料机/振动筛动作,直接或通过带式输送机运送到称量漏斗中称量,当称量漏斗接近给定重量时,停止给料设备,使得加上余振下来的炉料重量,基本上等于给定重量,记下实际重量,至此称量完毕。这个过程也叫备料过程。当料车到达底部时,开启称斗闸门,把备好的料全部放入料车,然后由主卷扬机牵引,送入炉顶受料斗。

(2) 炉顶装料过程:当料线达到预定值后,自动提升探尺,起动均压系统,起动布料溜槽旋转,倾动溜槽到预定角度,开启下密封阀,开启料流调节阀到设定开度,料罐中的炉料通过溜槽往炉内布料,当料罐放空后,关闭料流调节阀,关闭下密封阀,停止布料溜槽,下放探尺,接受下一批炉料。在料罐布料的同时,受料斗可以接受槽下的上料。

上料自动化系统可以采用一套或两套 PLC,如果采用两套 PLC 控制,则按槽下上料和炉顶装料分成两个系统。控制功能有:

(1) 执行装料制度。装料制度由装料周期和料批程序组成。一个周期循环一般为 10~20 位,每一位对应一个料批程序。料批程序通常有 4~6 种,一个料批程序由最多 6 车或 8 车料组成,每一位对应一车装料的品种,可以实现同装或分装,正装或倒装程序。

(2) 上料运转控制。按上述装料制度,顺序控制槽下各设备(给料机、振动筛、输送带、称斗闸门等)的起停和开闭。

(3) 槽下原料的自动称量控制,进行称量误差的自动抑制、误差计算,并在下次称量时自动补偿。对槽下各原料槽的原料消耗和上料批数按班、日、月、进行报表统计并储存和打印。

(4) 炉顶装料顺序控制（均压放散、探尺作业、布料器）。

(5) 炉顶布料的自动控制，可以实现单环、多环、螺旋、扇形、定点等多种布料方式，满足高炉冶炼的需要。

(6) 探尺料线的自动测量和跟踪。

(7) 其他辅助设备的控制，如液压系统的自动控制。

2. 高炉本体 高炉本体系统以仪表控制为主，主要实现高炉炉内各种仪表信号的采集。自动化系统可以由一套 PLC 或 DCS 组成，一次仪表信号直接由 PLC 采集，并进行换算，由上位机进行显示和存储，以代替传统的二次仪表和仪表盘。

通常需要由 PLC 采集的仪表信号有炉顶温度、炉喉温度、炉身各层温度、各层冷却壁温度、炉底温度、炉基温度、冷却水进出温度、冷风温度、热风温度、冷却水压力、冲渣水压力、蒸汽压力、冷风压力、热风压力、冷却水流量、冲渣水流量、蒸汽流量和冷风流量等。

高炉本体自动化系统的功能有：

(1) 对由 PLC 采集的信号按工艺要求在上位机进行模拟仪表显示、实时趋势显示和历史曲线记录，多种参数曲线按照工艺要求在同一个坐标中做对比显示，对重要曲线放大显示。

(2) 对各种水量、气量进行按时累计和报表生成、存储与打印。

(3) 对炉顶压力、风温和风量等进行 PID 自动调节控制。

3. 热风炉 热风炉是利用燃烧蓄热来预热高炉鼓风的热交换装置。现代高炉普遍采用蓄热式热风炉。每座高炉设置 3 座或 4 座热风炉，交替进行燃烧和送风作业，其布置见图 15-43。当一座热风炉送风一段时间后，输出的热风不能维持所需温度时就需要换炉，由另一座燃烧好的热风炉送风，而原送风的热风炉则转为燃烧作业，燃烧好的热风炉在送风前要闷炉，即热风炉有燃烧、闷炉和送风三种工作状态。设置三座热风炉的高炉通常采用两烧一送的工

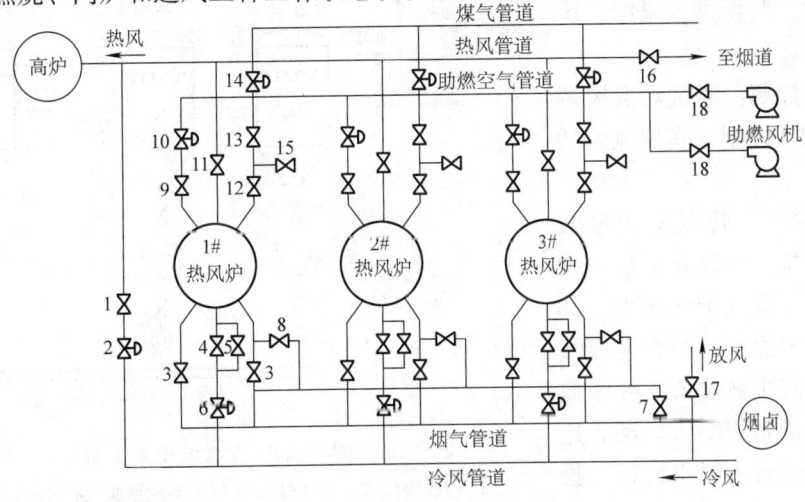

图 15-43 热风炉布置图

1—混风切断阀 2—热风调节阀 3—烟道阀 4—冷风切断阀 5—冷风旁通阀 6—冷风调节阀 7—排风阀 8—废气阀 9—助燃空气燃烧阀 10—助燃空气调节阀 11—热风阀 12—煤气燃烧阀 13—煤气切断阀 14—煤气调节阀 15—煤气放散阀 16—倒流休风阀 17—放风阀 18—助燃空气阀

作模式。

(1) 热风炉的基础自动化。热风炉在换炉时各阀门必须按规定顺序动作，并有安全联锁关系：

1) 由"燃烧"转入"送风"时阀门动作顺序：关煤气切断阀13、冷风切断阀4和助燃空气燃烧阀9，开煤气放散阀15，延时数秒后关闭，并关烟道阀3（转入"闷炉状态"）→开冷风旁通阀5灌入冷风→延时数秒后开热风阀11→开冷风切断阀4→关冷风旁通阀5。

2) 由"送风"转入"燃烧"时阀门动作顺序：关冷风切断阀4→关热风阀11→开废气阀8→延时数秒后开烟道阀3→关废气阀8→开煤气切断阀13、煤气燃烧阀12→煤气调节阀14微开，点火后全开→开助燃空气燃烧阀9。

热风炉基础自动化可以由一套PLC（或DCS）构成，主要任务是完成上述热风炉各阀门的顺序联锁控制和热风炉仪表控制。仪表控制主要是对热风炉拱顶温度、废气温度、热风温度、冷风主管温度、冷风温度、净煤气流量、冷风流量、冷却水流量、净煤气压力、冷风压力、热风压力等信号的直接采集。

(2) 热风炉自动控制的内容有自动换炉、自动燃烧和自动风温控制。

自动换炉：根据人工设定时间或由PLC根据热风炉状态发出换炉指令，各阀门按给定的程序自动地完成动作。

自动燃烧：通过控制煤气热值、煤气压力、煤气流量和助燃空气过剩系数、拱顶温度和废气温度等参数，使燃烧处于最佳状态。通常有三种控制方式：

1) 定时燃烧：控制一定的燃烧时间；
2) 定温燃烧：根据拱顶温度、废气温度和蓄热室下部温度判断蓄热状态，控制其燃烧方式；
3) 热量控制燃烧：在控制燃烧热值的同时，监视拱顶温度、废气温度。

自动风温控制：通过对混风调节阀的自动PID控制，实现风温的自动控制。

4. 煤气除尘 煤气除尘最常见的是布袋除尘。布袋除尘是一种过滤除尘，属于煤气干法除尘，其原理是经过重力除尘后的含尘煤气通过布袋时，灰尘被截留在纤维体上，而气体通过布袋继续运动。这种除尘方式可以省去脱水设备，投资较低，目前国内大多数高炉都采用这种除尘方式。

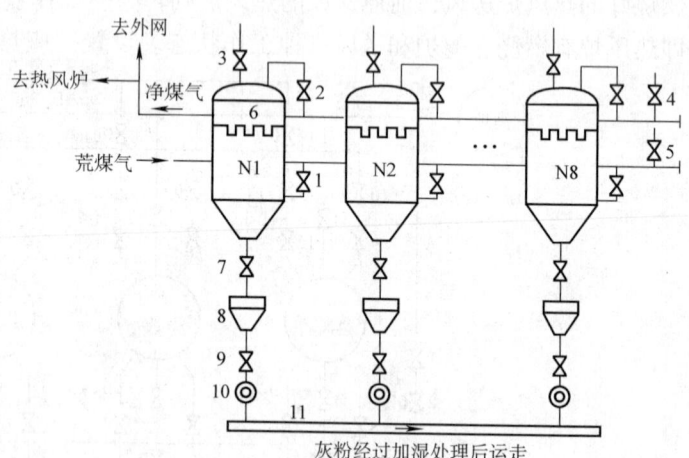

图 15-44　布袋除尘系统布置
1—入口阀　2—出口阀　3—除尘器放散阀　4—净煤气放散阀
5—荒煤气放散阀　6—反吹管　7—上卸灰斗　8—中间灰斗
9—下卸灰阀　10—给料器　11—螺旋清灰器

布袋除尘器主要由箱体、布袋、清灰设备及反吹设备等组成。每座高炉设立若干个除尘器，通常为8个。图15-44为布袋除尘系统布置。

自动化系统由一套PLC构成。控制内容包括除尘器8个箱体的各个进出口阀门、布袋脉冲反吹过程、清灰设备，以及各箱体和管道中压力、流量、温度信号的检测。实现的控制功能：

(1) 由 PLC 直接采集的仪表信号有净煤气温度、荒煤气温度、净煤气流量、8个箱体的进出口压差、荒煤气总管压力、净煤气总管压力等。

(2) 实现布袋除尘器箱体的自动在线连续反吹和手动连续反吹。

(3) 根据灰斗灰位实现自动卸灰。

5. **煤粉喷吹** 这几年，高炉喷吹煤粉技术在国内日益兴起，通过往高炉风口喷吹煤粉，以煤代焦，不仅可以节约焦炭，降低成本，又可以调剂炉况，达到改进冶炼工艺的目的。

从制粉系统的煤粉仓后面到高炉风口喷枪之间的设施属于喷吹系统，主要包括煤粉收集、煤粉喷吹、煤粉的分配及风口喷吹等。喷吹系统的布置一般分为串罐喷吹和并罐喷吹两大类。并罐喷吹系统布置图见图 15-45。

整个煤粉喷吹自动化系统由一套 PLC 构成，完成两个喷吹罐的称重、罐内温度、压力、压缩气包压力及流量、各喷吹支管温度、压力、流量等参数的测量与信号采集；应用 PID 调节控制煤粉喷吹量；对喷煤量按班、日进行报表汇总；对喷吹罐的各蝶阀、充压阀、均压阀、流化器等设备的控制。

喷吹系统控制包括过程控制和程序控制。过程控制主要包括总喷吹速率控制、喷吹的自动加压等。程序控制包括喷吹罐的自动加料操作、自动换罐、自动安全联锁和事故报警等操作，并随时按小时、班、日进行生产报表的生成和打印。

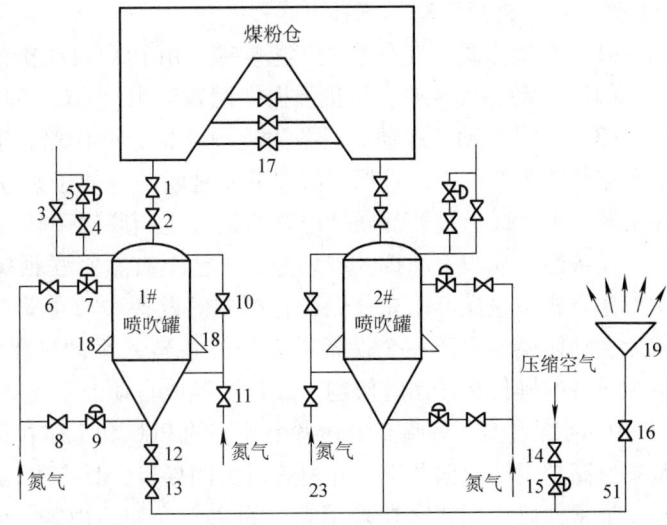

图 15-45 喷煤系统布置图

1—煤粉仓下煤阀 2—上钟阀 3—大放散阀 4—小放散阀 5—放散调节阀 6—补压阀 7—补压调节阀 8—底部流化阀 9—底部流化调节阀 10—上冲压阀 11—罐体流化阀 12—下煤阀 13—切断阀 14—二次补气阀 15—二次补气调节阀 16—喷吹总管阀 17—粉仓流化阀 18—喷吹罐电子秤 19—分配器

6. **供料系统** 供料系统以顺序控制为主，采用一套 PLC 控制，控制料仓上面各原料输送带、地仓的电振给料器、振动筛、分料器和电动卸料小车等设备，实现转运站到高炉原料槽的原料转运、焦炭筛分和装料等过程的自动控制。

供料自动化系统实现的功能：

(1) 设备联锁控制时，各设备的起停严格按照工艺顺序，前后联锁保护；一般为逆料流起动顺料流停车，一台设备停机后，上游设备自动停止运行，确保不堆料。

(2) 设备单动控制时，对输送带、卸料小车、分料器单独手动起停，不与其他设备发生联锁关系，便于试车和检修时使用。

(3) 料仓料位应用微波料位探测仪测量料面。

7. **监控系统** 监控系统的基础自动化采用 PLC 控制，并配置上位机监控系统，用于设备操作和模拟信号显示，代替传统的开关操作台、模拟信号显示屏和仪表盘的功能。

上位机监控系统通常选用工控机配置大屏幕 [54cm (21in)] 显示器，内装图形组态软件，目前应用比较多的组态软件有 Intellution 公司的 iFIX、Siemens 公司的 WinCC、GE Fanuc 的 Cimlicity 和 Wonderware 公司的 InTouch 等。

图形画面的设计按工艺流程基本上分系统总图和若干个子画面。系统总图显示系统的设备组成形式、系统工艺流程、设备当前运转状况及主要工艺参数值，比较全面地反映出系统的总体状态。子画面包括设备操作开关、参数输入表、报表、曲线显示等，并由系统总图以弹出窗口方式调用。操作画面设计形象直观，全部采用中文提示。

上位机监控系统通过 PLC 的令牌总线网或工业以太网与 PLC 联网通信，实现数据交换，完成设备的操作与显示。

8. 自动化系统的操作方式　高炉各个自动化系统的操作方式基本上一致，设有"自动"、"手动"和"机旁手动"三种方式：

（1）自动方式　完全按照工艺顺序，由 PLC 自动执行设备动作，不需要人工干预；

（2）手动方式　在上位机上操作设备动作，通过 PLC 进行必要的工艺联锁控制；

（3）机旁手动　在现场设备附近设立机旁操作箱，通过按钮或开关起停设备，设备动作没有完整的工艺联锁，只保留必要的安全联锁，便于独立动作。安全联锁既可以通过 PLC 软件实现，也可以通过外部硬件电路联锁（也叫脱机手动）控制。

设备的自动和手动按区域划分，工艺上有紧密联锁关系的设备可以同时选择为自动或手动操作方式，这样可以充分保证有更多的设备参与自动控制，自动与手动之间的切换必须做到无扰动切换，即任一个设备或多个设备转入手动操作后，不影响其他设备继续自动工作，每个设备的操作在任何时候均可随意切换成自动或手动方式。

9. 网络系统　一座高炉的各个系统的 PLC 和上位机通过工业以太网联网，实现设备操作及本座高炉内的数据共享，并留有以太网接口，具有可以与其他系统实现联网的功能。

通常，以太网在室外采用光纤为主干介质，由若干台交换机组成光纤环形网或星形网，交换机的数量根据设备分布情况而定，按照就近的原则设立。图 15-46 为一座高炉的网络系统布置。

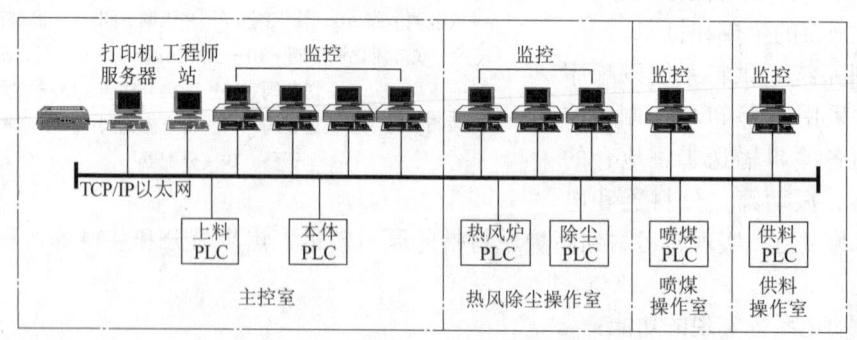

图 15-46　高炉网络系统的布置

10. 过程控制　高炉过程控制由各种配置的计算机完成，主要职能是：

（1）采集高炉冶炼过程各种信息数据、整理加工、存储显示、通信交换，以及报表生成与打印等。

（2）对高炉冶炼过程全面监控，通过数学模型计算对下列炉况进行预测预报和异常状况报警：

1）铁水温度即生铁含硅量的数值预报，炉热状态的监控；

2) 煤气流分布及布料控制；

3) 炉况诊断及综合评价；

4) 炉况顺行及异常炉况的监控与报警；

5) 炉衬侵蚀及热损失的监控；

6) 软熔带状况的监测。

(3) 炼铁工艺计算及离线模拟计算。

(4) 高炉冶炼技术经济指标、工艺参数及条件参数的计算与统计分析、优化统筹及规划等。

15.3.3 轧钢

15.3.3.1 轧制力、轧钢电动机功率计算

根据轧件的材质、温度、轧制规程等计算轧钢电动机的容量是个复杂而重要的问题，电动机容量过大，不经济；电动机容量不足，不能保证正常生产。这一计算的实质涉及到轧制理论问题。

经过多年的实践，目前广泛采用实测曲线计算法，即实测现有轧机的轧制功率，经整理得出轧制功率经验曲线，再根据所排列的轧制规程，计算出轧制功率，如利用单位能耗法（SPC）等理论计算式进行计算。

1. 轧制力理论计算公式　为计算轧制功率，必须先计算轧制力和轧制转矩。表 15-3 和表 15-4 分别列出了轧制力和轧制转矩的理论计算公式。

表 15-3　轧制力计算公式

序号	公式名	公　式	备　注
1	Ekelund（热轧）	$F = b_{av}\sqrt{R\Delta h}\left[1 + \dfrac{1.6\mu\sqrt{R\Delta h} - 1.2\Delta h}{h_1 + h_2}\right]\left[\sigma + \dfrac{2\varepsilon v\sqrt{\Delta h/R}}{h_1 + h_2}\right]$ $\sigma = (14 - 0.01t)(1.4 + C\% + Mn\%)$ $\varepsilon = 0.01(14 - 0.01t)$ $\mu = 1.05 - 0.0005t$（钢辊）	F—轧制力 b_{av}—轧件平均宽 R—轧辊半径 Δh—压下量，$\Delta h = h_1 - h_2$ h_1—入口厚 h_2—出口厚
2	Sims（热轧）	对单位宽度 $F = Rs\left[\dfrac{\pi}{2}\sqrt{\dfrac{h_2}{R'}}\operatorname{arctg}\sqrt{\dfrac{\gamma}{1+\gamma}} - \dfrac{\pi}{4}\alpha - \ln\dfrac{h_\phi}{h_2} + \dfrac{1}{2}\ln\dfrac{h_1}{h_2}\right]$	R'—考虑弹性压扁时轧辊半径 t—轧件温度 $C\%$—含碳量 $Mn\%$—含锰量 v—轧件圆周速度 s—轧件变形抗力 h_ϕ—中性点轧件厚 $g = nL/h_2$ α—咬入角 b—轧件宽度 γ—压下率，$\gamma = (h_1 - h_2)/h_1$ $L = \sqrt{R\Delta h}$（接触弧长投影）
3	Orowan/Pascoe	宽带钢 $F = sbL\left(0.8 + \dfrac{L}{4h_2}\right)$ 窄带钢 $F = sb_{av}L\left[0.8 + 0.5g - \dfrac{h_{av}}{3b_{av}g}(g - 0.2)^3\right]$	μ—轧辊与轧件摩擦系数 h_{av}—轧件平均厚度，$h_{av} = (h_1 + h_2)/2$
4	比尔公式（冷轧）	对单位宽度 $F = sx\sqrt{R'\Delta h}D_P$ 式中 $x = 1 - \dfrac{(a-1)f_b + f_f}{2s}$ $D_P = 1.08 + 1.79\mu\sqrt{\dfrac{R'}{s_i}}$	x—张力修正项 D_P—摩擦系数修正项 a—常数，一般取 $a = 10/3$ f_b—后张力 f_f—前张力 s_i—轧辊入口面轧件变形抗力

表 15-4 轧制转矩计算公式

序号	公式名	公 式	备 注
1	Ekelund（热轧）	$\Sigma T = T_m + T_s = T_s + 1.1F(\sqrt{R\Delta h} + \mu_l d)$	T_m—轧制转矩，F—轧制力 T_s—空载转矩 μ_l—轧辊辊颈摩擦系数 d—轧辊辊颈直径
2	Sims（热轧）	$T = 2RR's\left(\dfrac{\alpha}{2} - \phi\right) = 2RR'sM_T\left(\dfrac{R'}{h_1}\gamma\right)$	R—不考虑弹性压扁时辊半径 R'—考虑弹性压扁时轧辊半径 s—轧件变形抗力 α—咬入角
3	Orowan/Pascoe	认为轧辊和轧件之间无滑移，轧辊无弹性压扁上下辊转矩 $T = T_v + T_h = L\left(F - sb_{av}\dfrac{\Delta h}{8}\right)$	T_v—垂直分力产生的转矩 T_h—水平分力产生的转矩 M_T—与 γ 和 R'/h_1 有关的系数，$M_T = (R'\gamma/h_1)$ ϕ—中性点角 L—接触弧投影长，$L = \sqrt{R\Delta h}$ b_{av}—轧件平均宽度
4	比尔公式（冷轧）	认为轧件无张力，上下辊转矩 $T_0 = 2sR\Delta h[1.05 + (0.07 + 1.32\gamma)C - 0.85\gamma]$	$\Delta h = h_1 - h_2$，$C = \mu\sqrt{R'/h_1}$ γ—压下率，$\gamma = \Delta h/h_1$ μ—轧件和轧辊摩擦系数

2. 电动机功率计算　根据工艺提供的总轧制转矩计算值和轧制转速，就可计算电动机功率。总轧制转矩 ΣT 包括使轧件变形部分的转矩、摩擦转矩和空载转矩等，见表 15-4。

电动机转矩

$$T_M = \dfrac{\Sigma T}{\eta i} \tag{15-1}$$

式中　η——减速机效率；
　　　i——减速比。

电动机功率

$$P = \dfrac{T_M n_M}{9550} \tag{15-2}$$

式中　T_M——电动机转矩（N·m）；
　　　n_M——电动机转速（r/min），$n_M = i n_r$；
　　　P——电动机功率（kW）。

或

$$P = \dfrac{\Sigma T n_r}{9550 \eta}$$

式中　n_r——轧辊转速（r/min）。

表 15-5 为按表 15-3、15-4 中 Ekeluad 公式计算的小型带钢热连轧机轧制规程。

3. 用能耗法计算功率　有相同轧制条件下的能耗曲线时，可以采用能耗法来确定电动机功率、传动力矩等。轧制 1t 钢材所消耗的能量称为单位能耗 ω（kW·h/t）。

$$\omega = P/A_t \tag{15-3}$$

式中　P——电动机传动功率（kW）；

表 15-5 小型带钢热连轧机轧制规程表

		h_1/mm	b/mm	Δh/mm	$\Delta h/h_1$ (%)	μ	v/(m/s)	t/℃	F/10^5N	P/kW
	粗轧（坯）	32	200							
	ZL（立辊）	32	199.2	0.8		1.004	1.683	1025		
中轧	ZP_1（平辊1）	23	201	9	28.1	1.379	2.321	1018	114.9	581
	ZP_2（平辊2）	18	202	5	21.7	1.277	2.95	1010	90.6	447.2
	JL_1（立辊1）	18	198	4		1.02	0.930	970		
	JP_1（平辊1）	12.3	199.14	5.7	31.7	1.455	1.353	945	128.9	304
	JP_2（平辊2）	8.6	199.88	3.7	30.1	1.425	1.928	935	118.5	330.3
精轧	JL_2（立辊2）	8.6	196.93	2.95		1.015	1.957	925		
	JL_3（立辊3）	6.4	197.37	2.2	25.6	1.341	2.625	910	81.3	290
	JP_4（平辊4）	4.9	197.67	1.5	23.4	1.304	3.423	890	80.1	310
	JP_5（平辊5）	3.9	197.87	1.0	20.4	1.255	4.295	870	76.1	292.1
	JP_6（平辊6）	3.25	198	0.65	16.7	1.199	5.15	850	68.2	256.3

A_t——轧制某种产品的理论小时生产率（t/h），即

$$A_t = 3600 v S \rho \tag{15-4}$$

式中 v——轧制速度（m/s）；

S——轧件出口截面积（m^2），$S = bh$；

ρ——轧件密度（t/m^3）。

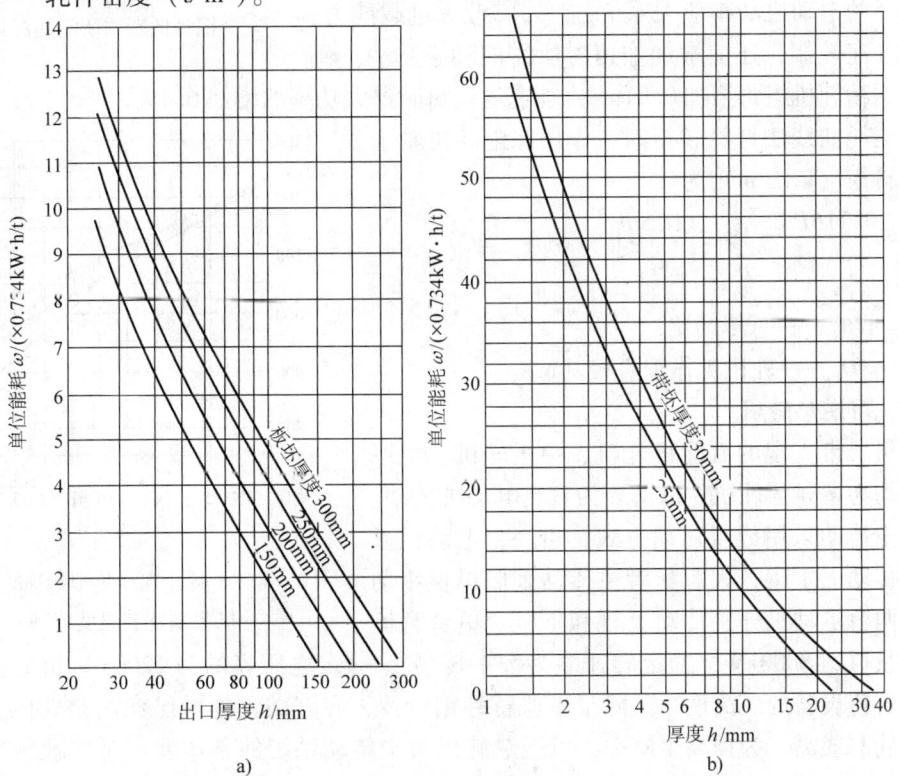

图 15-47 现代热带钢连轧机轧制低碳钢的单位能耗曲线

图 15-47 为现代热带钢连轧机轧制低碳钢的单位能耗曲线。它是在一定钢种、一定轧制温度范围和轧机参数下得到的。横坐标为厚度,纵坐标为单位能耗。显然,单位能耗曲线与钢种、轧制温度和轧机参数有关。高碳钢、合金钢特别是不锈钢的轧制能耗大。热带钢连轧机轧制不锈钢和低碳钢所需能耗比较见图 15-48,其他钢种的能耗曲线处于此两种曲线之间。上述能耗曲线适用于图 15-49 所示轧制温度范围,若温度降低 56°C,则功率约增大 25%,若温度降低 167°C,则功率几乎增大 100%。

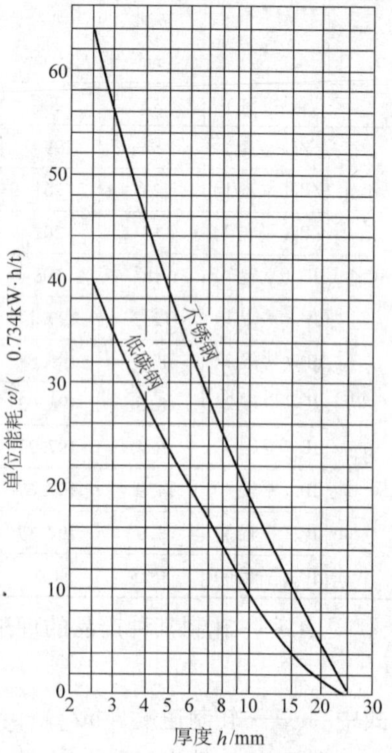

若已知相同轧制条件下的能耗曲线,某架轧机将轧件从厚度 h_n 轧至 h_{n+1} 所需的功率为

$$P = 3600vS\rho(\omega_{n+1} - \omega_n) \qquad (15\text{-}5)$$

式中 ω_{n+1}——从初始厚度轧至 h_{n+1} 厚度的总能耗,即能耗曲线上对应 h_{n+1} 的数值;

ω_n——从初始厚度轧至 h_n 厚度的总能耗,即能耗曲线上对应 h_n 的数值。

电动机的方均根功率为

$$P_{rms} = P\sqrt{\frac{A_s}{A_t}} \qquad (15\text{-}6)$$

式中 A_s——轧机实际小时生产率(t/h)。

所选择的电动机功率应大于 P_{rms},并应考虑过载能力。若轧机有升速轧制,还应增加加速时所需的动态功率。例如,热带钢精轧机组每增加 0.01m/s^2 加速度,瞬时最大功率约增加 6.4%。

采用能耗曲线法计算转矩时,作用在电动机轴上的总传动转矩(kN·m)为

$$T = \frac{0.716P}{n} = 1840\left(\frac{D_1 S\rho}{i_n}\right)(\omega_{n+1} - \omega_n) \qquad (15\text{-}7)$$

式中 $i_n = n/n_1$——总传动比;

D_1——轧机工作辊直径(m)。

15.3.3.2 可逆热轧机

初轧机、带立辊的万能板轧机、中板轧机、宽厚板轧机等均为可逆热轧机,以前多为直流电动机传动。小容量者主传动采用成组传动方式,由一台电动机通过齿轮箱传动上下辊,大容量者主传动采取单辊传动方式,由两台电动机分别传动上辊和下辊。单台直流电动机容量可达 8000kW,额定转速多为数十转/分,额定电压高的为 1200V。目前,随着炼钢工艺中连铸设备的广泛使用,除了一些特种钢行业,在普碳钢领域已淘汰初轧机。直接使用连铸坯轧制成品。为提高生产率,可逆热轧机对主传动系统的基本要求是实现频繁快速正反转,而对调速精度要求并不高,额定转速下正反转时间减小到 1.5～2s,为此要求传动电动

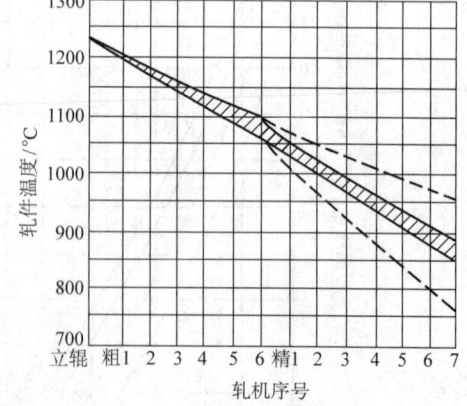

图 15-48 热带钢连轧机轧制不锈钢和低碳钢所需能耗比较

图 15-49 现代热带钢连轧机典型轧制温度范围

机 GD^2 小，过载能力强，最大过载转矩达 2.5～3 倍，轴强度高，能承受由机械扭振而产生的峰值力矩（可达 2～4 倍轧制力矩）。

以往，传动系统采用发电机-电动机变流机组的供电方式，现已全部采用晶闸管变流器供电。对于后者要注意防止对电网的影响，由于强大的有功和无功冲击，会引起电压波动、功率因数下降和产生谐波等。为抑制谐波分量，大容量装置多采用 12 脉波整流，上下辊组成等效 24 脉波整流，有时还需要增设谐波滤波器，如果电压波动过大，还应该设动态无功补偿装置。对单辊传动系统还应设上下辊转速和电流平衡环节。晶闸管的可逆系统一般采用由逻辑电路切换脉冲的无环流反并联电路。图 15-50 为某初轧机主传动系统框图（模拟系统），由于系统有堵转工作情况，低速时电动机散热困难，应设自动限制电动机电流环节。

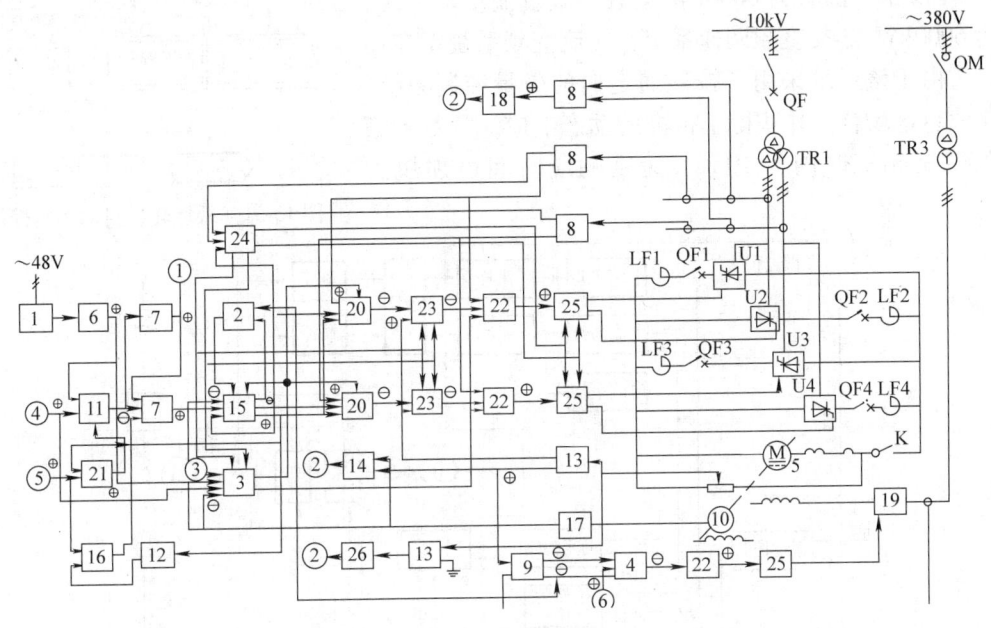

图 15-50　初轧机主传动系统框图（上辊）
①—去下辊速度调节器　②—去信号系统　③—来自合闸联锁　④—爬速给定
⑤—来自下辊速度调节器　⑥—磁场给定

1—无触点主令控制器　2—乘法器　3—运转控制器　4—励磁电流调节器　5—电动机
6—无触点给定单元　7—速度平衡调节器　8—交流电流变换器　9—磁通变换及给定单元
10—测速发电机　11—给定积分器　12—反号器　13—电压变换器　14—无速度反馈的保
护单元　15—速度调节器　16—负载平衡调节器　17—速度变换器　18—过电流保护单元
19—励磁整流单元　20—电流调节器　21—加速度限制器　22—触发输入保护单元
23—电动势记忆调节器　24—换向逻辑单元　25—触发脉冲单元　26—继电保护
QF—直流快速断路器　LF—电抗器　K—线路操作开关

可逆热轧机除主机传动外，还有压下螺杆、推床等辅助传动。目前普遍采用专用电动机，要求电动机可倍压工作，GD^2 小，过载倍数高达 3 倍。

可逆轧机自动控制系统完成以下控制功能：钢坯位置和轧机轧制数据跟踪，最佳轧制表的计算，自动位置控制（APC）等。钢锭送至轧机后，先根据钢锭的各种信息定出轧制表，并在轧制过程中不断修正，计算结果成为 APC 系统指令，调节压下螺杆位置、立辊开口和侧导板等位置和前后辊道转速。在轧制时，要通过轧机跟踪功能，及时调节轧机和辊道转速、压下量等，根据最佳咬入速度和使轧件抛离轧辊距离最小的原则，消除无效时间，进行高效率轧制。

完成以上功能，对于精度要求不高的可逆轧机，选用一台大（中）型的可编程序控制器（PLC）就能完成。对于轧制精度及自动化水平均要求较高的轧机，必须选用一台运算速度快及运算功能强的中央控制器来完成轧制模型的计算、APC控制、逻辑控制等功能。另外，选用一台中央控制器完成整个轧机的监控。图15-51为板坯轧机自动运转控制框图。

近年来，可逆轧机主传动系统新发展有图15-52和图15-53两个实例。前者为8000kW全数字式直流传动系统；后者为6000kW交-交变频调速系统，交流变频系统正在逐渐推广。由于该系统采用了按磁通定向的矢量控制系统，适用于大容量场合，并获得了很高的动态响应，从零到额定值的转矩响应时间为10ms，速度响应时间可加快到50ms。

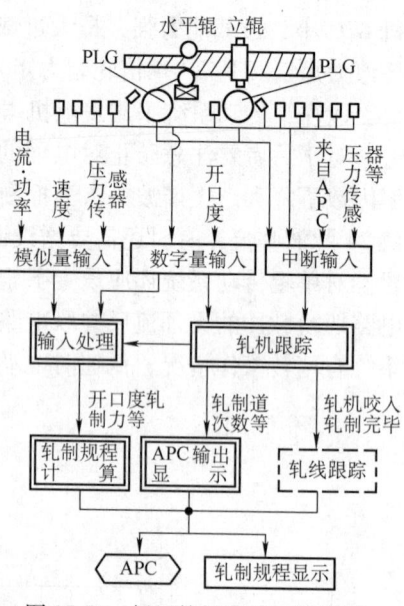

图15-51 板坯轧机自动运转控制

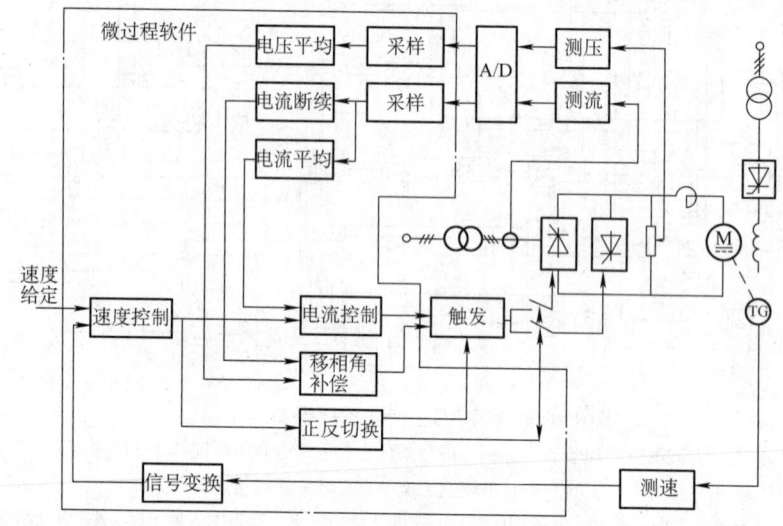

图15-52 数字式轧机直流传动系统

15.3.3.3 热连轧机

热连轧机有带钢轧机、钢坯轧机、棒材轧机、线材轧机等。其中，以带钢轧机产量最高，设备容量最大，控制最为复杂。如带宽为2050mm的热连轧机年产量达400万t，最高轧制速度为25m/s，电气设备总容量可达10万kW。

带钢热连轧机轧制线流程如下：由加热炉加热后的板坯，经2~6架粗轧机和6或7架精轧机轧成薄带后，由卷取机卷成带钢卷。粗轧机两机架间一般没有跨接轧件，在精轧机入口设有切头飞剪。精轧机各架间因有轧件跨接，为保证连续稳定的轧制，不造成堆钢或拉钢现象，通常在机架间装有电动或液压活套支撑器。在保持少量张力和一定活套高度的条件下，以中间机架或末架速度为基准，进行轧机速度协调控制。在较新的大型带钢热连轧机中，为缩短厂房长度和减少温降，粗轧一般为一个机架，采用大压下量可逆方式轧制。

精轧机各架大多由单台交（直）流电动机不可逆传动。为减小GD^2，大容量电动机分成2

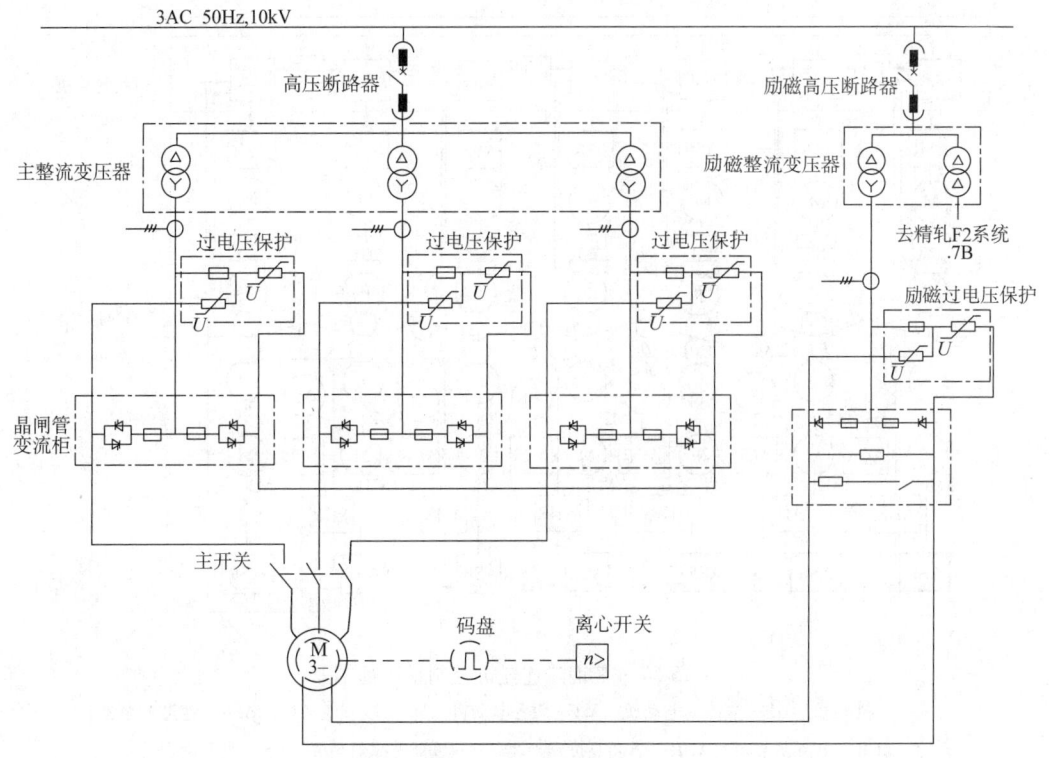

图 15-53 可逆热轧矢量控制交-交变频系统

或 3 个电枢。若直流电动机由晶闸管变流器供电或同步电动机由晶闸管交-交变频器供电，可通过改变各机架整流变压器相位，获得等效多相整流效果。在要求升速和减速轧制的高速轧机上，晶闸管变流器接成不对称反并联电路。反向组容量约为正向组容量的 1/2~1/3。

近年来，交流变频技术已广泛地应用到轧钢领域，热连轧机也不列外。大部分的辅传动系统均使用变频器。一些要求频繁起制动及频繁正反转的设备（如粗轧前后辊道、粗轧立辊、飞剪、压下等）仍采用直流传动。

图 15-54 为一台精轧机组控制系统框图，该系统设有厚度自动控制（AGC）。

在轧制过程中，由于来料厚度、温度、材质等的不均匀，使轧出的钢板纵向厚度有偏差，为消除这一偏差，轧机需设厚度自动控制（AGC）。图 15-55 为 AGC 系统示意图。其原理是预先设定为一个目标厚度，然后与检测到的实际厚度值进行比较得偏差值。将此偏差值分析计算后，得到校正值去控制机架压下螺丝，使出口厚度接近目标厚度。厚度自动控制的功能包括反馈 AGC、前馈 AGC 与 X 射线厚度监控 AGC 等，其中反馈 AGC 是最基本的。为保证 AGC 调节的快速性，通常采用间接方式检测出口厚度。

间接测厚的原理如下：事先实测轧机弹性变形系数 M，再根据在轧制中连续检测出的轧辊辊缝 s 和轧制力 F，按照机架弹跳和钢材塑性变形原理，按下式计算出口板厚 h：

$$h = S + F/T \tag{15-8}$$

带钢目标厚度分绝对厚度和锁定厚度两种。所谓绝对厚度是指各机架的出口厚度都应力求达到由轧制程序所确定的目标值。而在锁定厚度时，各机架的出口厚度并不向预先确定的目标值看齐，而是把各机架带钢头部厚度作为目标值使带钢后续部分向头部看齐，即所谓"头部锁定"，这样所轧出的带材虽然不一定能达到预定的厚度，但却能使整个带钢的厚度都

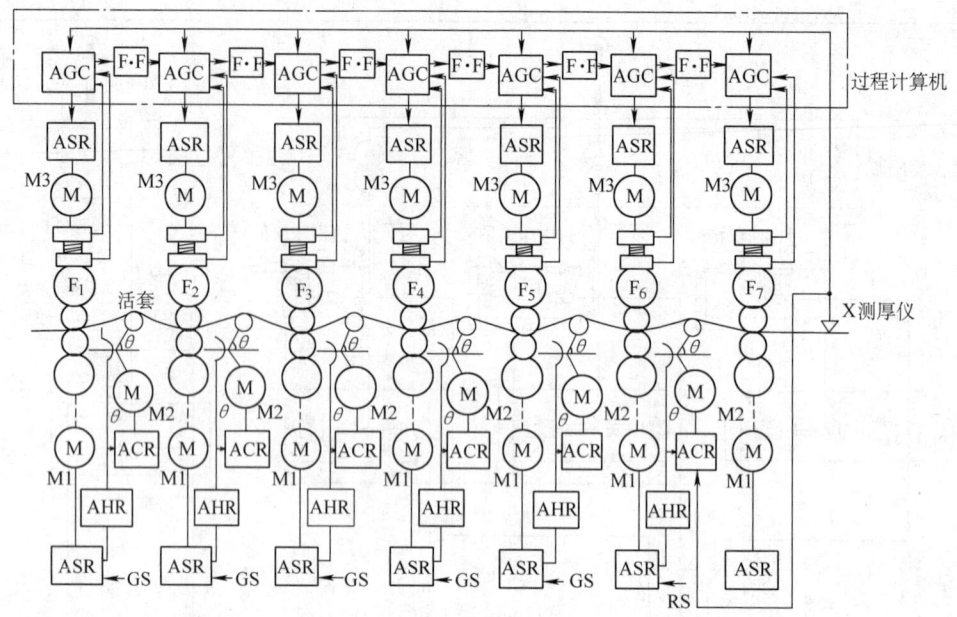

图 15-54 带钢热连轧机控制系统框图
$F_1 \sim F_7$—机架号　M1—主传动电动机　M2—活套电动机　M3—压下电动机　ASR—速度调节器
ACR—电流调节器　AHR—活套高度调节器　θ—活套支撑器角度　GS—速度设定

一致。

为了提高压下机构的快速性、提高 AGC 的精度,目前趋向于用液压压下来代替电动压下或者用电动压下作初始辊缝设定,而由液压压下来执行 AGC 的作用。

多年来,随着对轧机最终产品的要求越来越严格,对轧制技术的要求也越来越高,这样就使得必须用自动化闭环控制系统对更多的工艺参数(如带钢厚度、宽度、温度、凸度及平直度等)进行自动控制。不同控制级之间越来越多的数据交换只有对不同的单项任务进行严格组织后才能协调控制。这样,设备特性和功能配置要求所有功能要在自动化系统的不同级之间合理分布。

带钢热连轧机计算机系统大多为多级、递阶分布式结构,一般分为三级,即生产管理级、过程控制级(或叫过程最佳化级)和基础自动化级[或叫直接数字控制(DDC)级]。这种划分的一个重要特性即单个控制级的独立功能范围,它有两个含

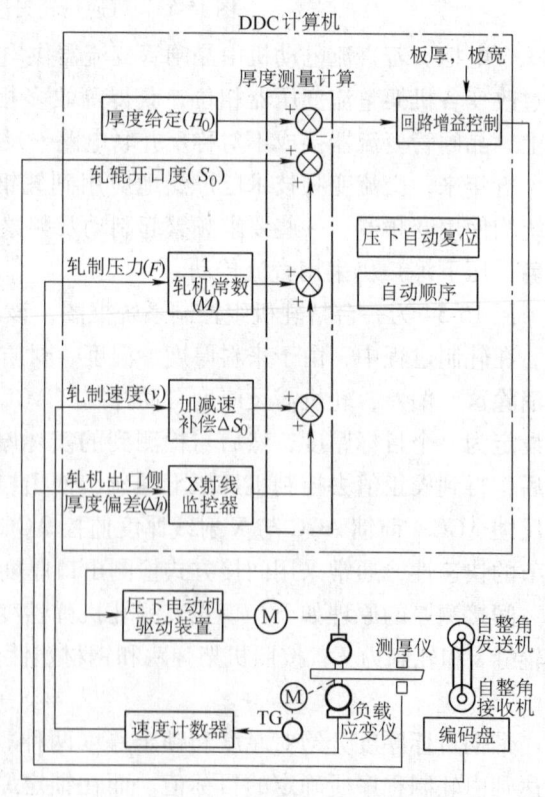

图 15-55 带钢热连轧机 AGC 框图

义：一是控制系统安装后，操作员可根据相应的复杂程度按照自己的需要对设备进行安全操作；二是各个级之间的接口数目可减至最小。另一个不可轻视的优点是：采用这种组态非常便于以后的扩展和改造。自动化功能覆盖工厂各区，并保证每个功能以正确、协调的方式运行。基础自动化级包括所有静态及顺控逻辑的自动化方式、传动控制；过程自动化包括其接口及对传感器测量设备的信号处理。

生产管理级多采用大中型计算机主要进行合同管理、编制生产计划和轧制计划、物料跟踪、生产数据的收集和处理等。生产管理级自动化系统模型与各生产厂家的管理方式密切相关，因此这一级软件模型的编制更多地依赖于生产厂商。

过程控制级多采用中小型计算机，主要进行材料跟踪设定值计算轧制节奏及自适应、自学习等过程最佳化功能。过程控制级一般采用 6 台高性能服务器作为过程机。其中 5 台分别用于炉区、粗轧、精轧、卷取、层流冷却的过程监控，1 台用作数据中心处理机。

基础自动化级一般由多台小型或微型计算机、可编程序控制器等构成多机系统。其主要任务是接受过程计算机或操作工的设定值，执行位置控制、速度控制、宽度控制、厚度控制、温度控制等直接数字控制功能。基础自动化级的配置依据各用户的要求与习惯，变化较大。

带钢热连轧的新发展有无活套控制（又叫微张力控制）、带钢宽度控制与板形控制等。其目的是为了节能，减少金属损耗，提高产品质量。图 15-56 为无活套控制系统框图，它通过测量轧钢电动机的电压、电流、转速和轧制力、辊缝等数值，经过计算机的复杂运算，计算出机架间带钢张力与张力给定值比较，形成张力闭环反馈控制，使机架间维持一个小而恒定的张力，确保稳定的轧制，从而可省去活套支持器，这样的系统已在某些高速带钢热轧机的前几个机架上投入运行。

宽度控制一般分为短行程控制、前馈宽度控制和反馈宽度控制。由于在精轧机组上已经不能直接影响宽度，因而宽度控制只能在粗轧机组上进行。

由于直接热轧和热装等新工艺的发展，粗轧的侧压量大大增加，而在大侧压量时，若侧压开口度不变，则在带材头尾的宽度方向会出现锥形。为了克服这种现象，对带材头尾部分宽度的影响采用短行程控制方法，即在带材的头尾部分侧压（一般用液压）的开口度按照某预定的函数逐渐变化，在头部侧压开口度由小到大，在尾部侧压开口度由大到小，这是一种开环控制，短行程控制时，侧压开口度的设定值通常由过程计算机给出。

前馈宽度控制和反馈宽度控制的原

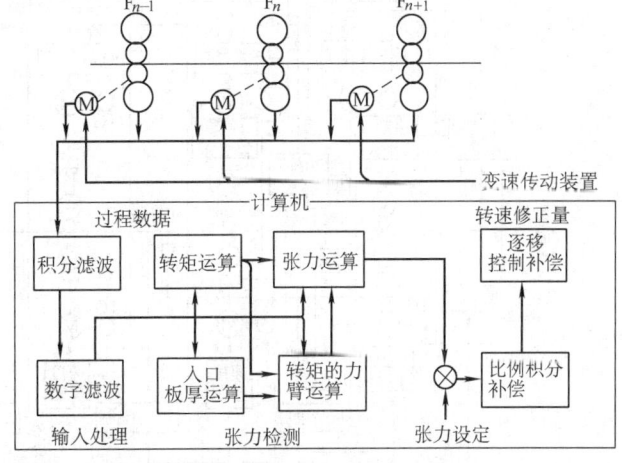

图 15-56 带钢无活套轧制系统框图

理和水平机架中厚度控制类似前馈宽度控制，是在轧件进入立辊机架之前，就预先测量出轧件在整个长度上宽度和温度的变化，然后根据所测得的情况，在立辊侧压时随时调整侧压的开口度，以补偿由于轧件入口宽度和温度变化对出口宽度的影响。这是一种开环控制。反馈宽度控制是测量立辊机架轧制力的变化，根据轧制力的变化来调整侧压开口度，以抵消轧机弹跳的变化，从而维持整个带材的宽度不变。这是一种闭环控制。

前馈和反馈宽度控制通常是由基础自动化级（即DDC级）来进行的。

所谓板形控制包括两个内容：一是控制板材横断面的形状，即所谓凸度控制；二是控制板材长度方向形状，即所谓平直度控制。板型控制一般都在精轧机中进行。

凸度控制通常是采用可移动的中间辊或形状特殊的工作辊和工作辊反弯作为控制的手段。但前者在轧件进入精轧机组前就控制好，在轧制过程中不能进行调节。在轧制过程中，则依靠后者根据轧制力的变化和精轧机后的板材断面形状检测仪实测的结果来控制凸度。

平直度控制的手段也是用工作辊的反弯。通常在精轧机后有平直度的检测仪，但目前该检测仪大都作指示用，还是由操作工根据出口板材的情况，手动调节工作辊的反弯来控制平直度。

目前板形控制特别是平直度控制，虽然还不成熟，大多为开环或手动控制，但已经在一些轧机上取得了明显的效果。

15.3.3.4 带钢冷连轧机

带钢冷连轧机一般由3～6架四辊轧机和开卷机、卷取机组成，适合进行少规格大批量生产。图15-57为带厚度自动控制的五机架冷连轧机。这类轧机的轧制速度已达30～40m/s，板宽达2000mm以上，年产量达150～200万t，传动电动机总容量达5万余kW。每机架上下辊由一台双电枢直流电动机传动，容量可达8000kW。新型轧机普遍设有厚度自动控制系统，轧制时根据实测板厚与设定板厚之差调节各机架辊缝或机架间张力，以达到厚度控制的目的。为提高AGC的效果，一方面要提高轧机速度调节系统的响应速度（系统开环剪切频率达30～40rad/s），同时要提高压下速度与加速度，目前趋向于将电动压下改为液压压下。带钢冷连轧机已普遍采用计算机控制。

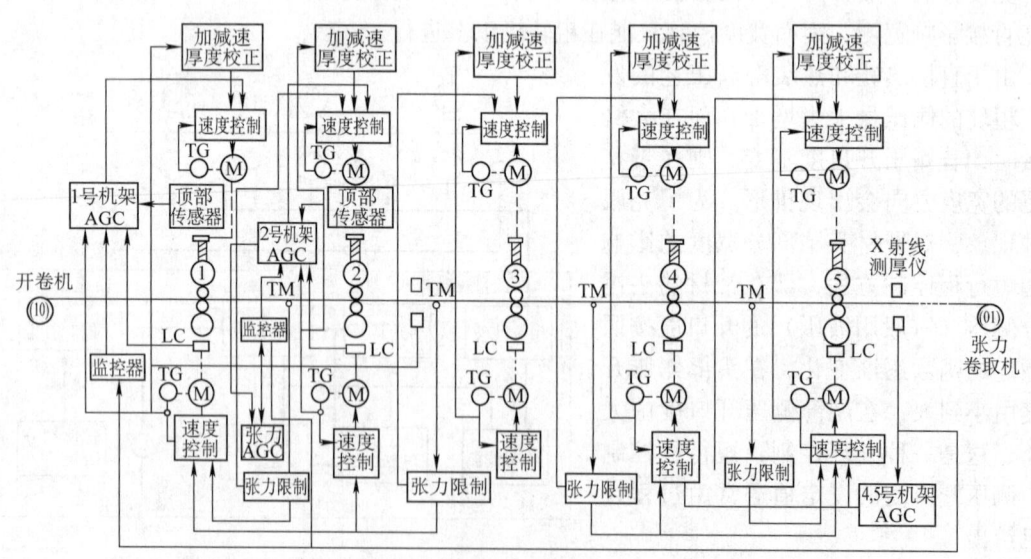

图15-57 带钢冷连轧机控制系统框图

AGC—厚度自动控制 LC—负载元件 TM—张力计 M—电动机 TG—测速发电机

1. 传动调速系统 对冷连轧机主传动调速系统的基本要求是：调速精度高，响应快。调速时，各机架速度相对值保持不变，通常调速系统都有电枢电流断续适应调节和弱磁控制适应调节。单辊传动时,上下辊之间要设负载平衡调节,上下辊负载不平衡是由于上下辊圆周速度差和上下辊润滑与摩擦作用不同而产生的,前者可通过调节轧辊速度来补偿,使上下辊负载差在 ±3% 以内。

轧制完的带材由卷取机卷取。对卷取电动机控制的基本要求是恒线速恒张力卷取,精度高,响应快。在卷取过程中,要随着钢卷卷径的增加而降低电动机的转速,以保持卷取线速度恒定。同时,要进行恒张力卷取,即在卷取过程中要对卷取电动机进行恒功率控制。

轧机的自动运转控制包括各机架轧制速度和辊缝的自动设定,轧机的自动加减速控制和停车,穿带和甩尾的自动操作,开卷机、卷取机和自动换辊程序控制等。

现在大多数冷连轧机采用全连续式(无头轧制)冷连轧机,其轧线布置见图 15-58。该轧机在开卷机和轧机之间增设了焊机和贮套设备,能在轧制中,将前一带卷的尾部和后续带卷的头部焊接起来,进行全连续轧制,减少了穿带和甩尾时间,提高了生产率。在焊接时,轧机要减速到每秒数米,带钢存贮量约数百米。需要数台活套车。贮套装置设活套长度测量,当钢带贮满时,贮套装置的带钢输入速度等于轧机轧制速度;如无贮套量,轧制速度应下降;如无带钢输入,就应停车。活套车为电动,要求张力控制,当活套贮满,贮套装置带钢输入速度与输出速度相等时,活套电动机几乎处于堵转状态,只流过张力电流,为了不损坏直流电动机换向器片,要求对活套车系统输入一个附加函数信号,使其前后摆动。若采用交流变频控制,则无此控制要求。在轧制中,要自动检测焊缝位置,使焊缝通过轧机时,轧制速度降为每秒数米。

2. **自动控制系统** 计算机自动控制系统应用于冷连轧机系统时,应具有以下功能:

(1) 系统通用控制功能包括:
- 上位机数据的输入和处理;
- 从上位机手工输入数据;
- 操作方式;
- 工艺预设定;
- 顺序指令逻辑控制;
- 急停;
- 向上位机传输数据;
- 检测元件接口;
- 速度设定计算;
- 轧机运行允许;
- 轧线的联锁和保护;
- 运行方式;
- 数字位置控制。

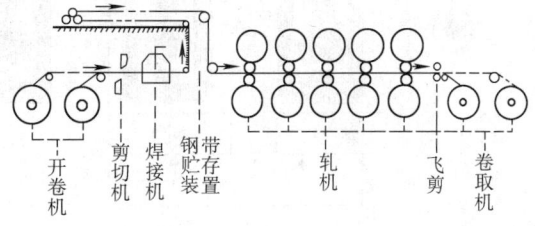

图 15-58 全连续冷连轧机略图

(2) 自动化系统的专用功能至少包括:
- 入口段控制;
- 厚度和张力控制(AGC-ATC);
- 主速度控制;
- 卷取速度/张力控制;
- 液压位置控制(HPC);
- 轧辊偏心补偿;

- 液压缸的标定；
- 轧机刚度测定；
- 油膜补偿；
- 弯辊控制；
- 快速换辊（包括在线换辊）；
- 出口段控制；
- 辅助系统功能；
- 轧机运行、起动条件检查。

以下为某五连轧机几个专用控制功能的应用举例：

（1）机架间张力自动控制（ATC）功能　机架间张力控制主要用于维持张力在给定值附近的一个固定范围内，以避免断带。每个机架间安装一台张力计提供张力反馈。

两机架间的速度和辊缝位置的变化将影响机架间的张力：上游机架速度降低或下游机架辊缝位置增加都会使张力增加。

因穿带/甩尾或正常轧制期间的条件不同，将提供两种不同的控制方法。

1）低速 ATC 控制方式：图 15-59 为低速 ATC 张力自动控制原理框图。

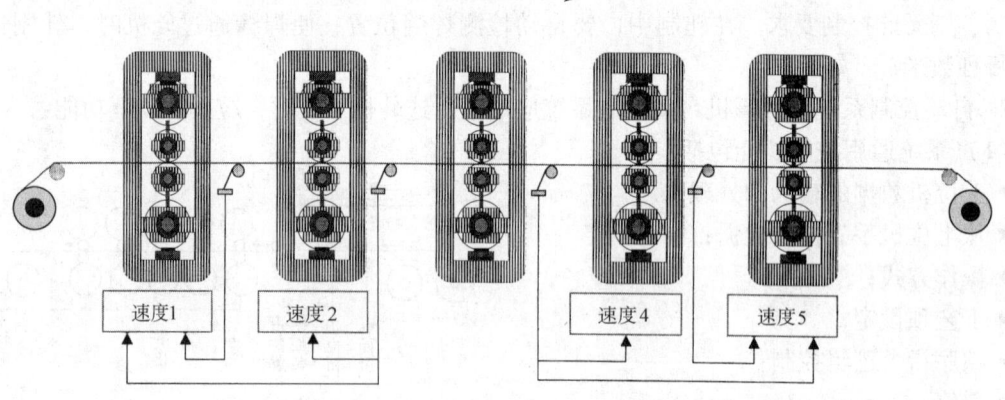

图 15-59　ATC 张力自动控制原理框图（低速控制方式）

为了保证轧机在穿带阶段的张力稳定以及在低速阶段（AGC 未投入）出口厚度向设定厚度靠近，需在轧机穿带阶段进行张力补偿控制，通常的控制方法是通过改变速度调节机架间的张力，也保留通过调整压下位置调节张力的功能；即穿带阶段的张力给定必须比正常的张力给定高 10%～30%（随着厚度的不同进行选择），然后在轧机升速过程中，随着速度的增加按照一定的斜率回归到正常的张力。但在 AGC 投入之前，不能保证轧材厚差。

在穿带/甩尾期间，张力控制改变机架速度，其效果好于改变机架轧制力，对板形的影响最小。

穿带阶段，由于 IR（阻抗压降）补偿的存在，会引起机架速度的下降，因此通常对各机架均进行一定的速度补偿。

低速控制方式以机架 3 为基准机架调节其上游及下游机架的速度，这种速度控制方式与轧机速度分配的原则是相符的。事实是一个机架的速度的变化，将影响其前后两个机架间的张力。因此对所调节机架的相临的非基准机架的速度进行级联调节。

2）高速 ATC 控制方式：图 15-60 为高速 ATC 张力自动控制原理框图

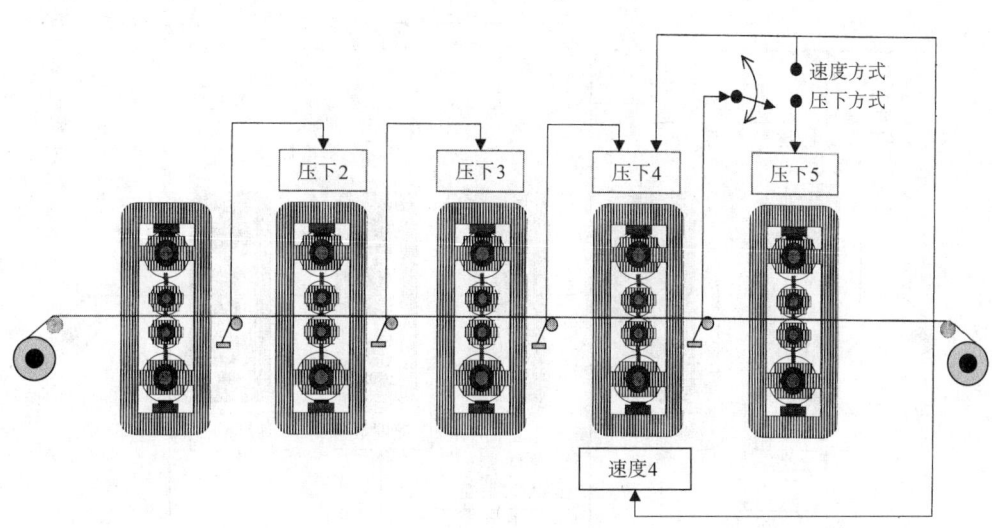

图 15-60 ATC 张力自动控制原理框图（高速控制方式）

此种控制方式对下游机架的压下位置进行控制。

（2）自动厚度控制（AGC）功能　自动厚度控制功能是对各种干扰造成的成品厚度变化的补偿。造成厚度偏差的主要原因是：

1) 原料热轧板的厚度偏差；
2) 原料热轧板的硬度偏差；
3) 由于摩擦的增加和油膜的减少所导致的低速时机架间张力偏差；
4) 加减速造成的厚度偏差；
5) 轧机设置造成的厚度偏差。

为补偿上述原因造成的厚度偏差，自动厚度控制系统需要在以下地点设置三个 X 射线测厚仪，以获取厚度偏差反馈：

1) 1 号机架前（测厚仪 1）；
2) 1 与 2 号机架之间（测厚仪 2）；
3) 5 号机架后（测厚仪 3）。

厚度控制的总体概念是基于流量恒定的原则，例如机架入口流量等于其出口流量。

$$v_0 H_0 = v_1 H_1 = v_i H_i$$

式中　$i = 2, 3, 4, 5$；

　　v_0——入料速度；

　　H_0——入料厚度；

　　v_1——1 架出口速度；

　　H_1——1 架出口厚度；

　　v_i——i 架出口速度；

　　H_i——i 架出口厚度。

要求 5 号机架的出口厚度保持不变。

机组入口处 AGC 的主要作用为来料的检测和来料厚差的消除，即在 2 号机架后获得稳定的轧材厚度或稳定的轧材厚度误差。

机组出口处 AGC 的主要作用为获得稳定的目标值。图 15-61 为 AGC 厚度自动控制原理框图

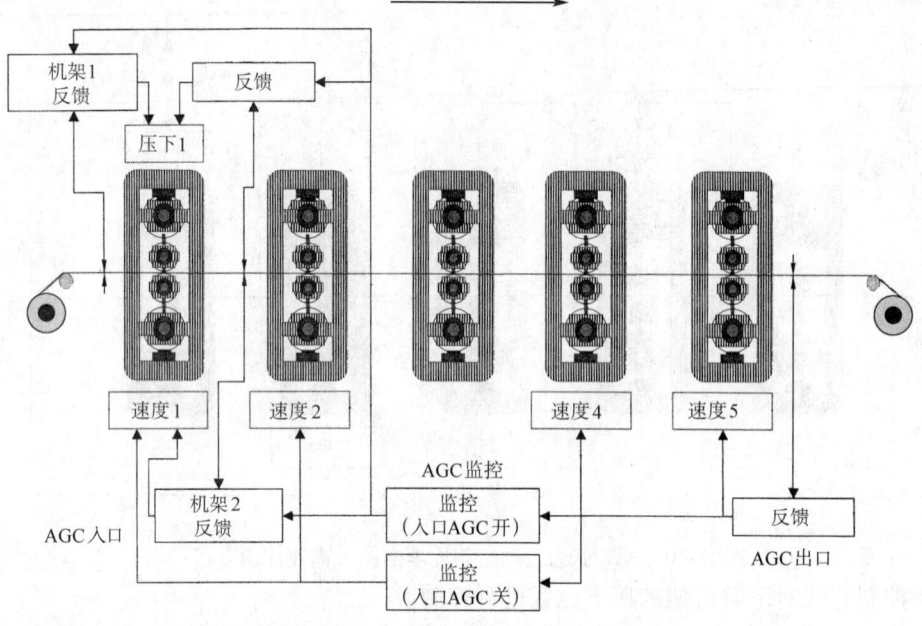

图 15-61　AGC 厚度自动控制原理框图

3. 检测仪表
(1) 轧机传感器；
(2) 张力计；
(3) 测厚仪；
(4) 压力计；
(5) 辊缝仪、钢卷对中检测及控制装置；
(6) 测径仪；
(7) 弯辊力的压力传感器；
(8) 接近开关；
(9) 极限开关；
(10) 冷金属检测器；
(11) 编码器（测速、压下）；
(12) 超速开关。

15.3.3.5　可逆冷轧机

可逆冷轧机适合于产量不高，品种规格多的场合。可逆冷轧机由一台多辊机架和左右两台卷取机组成。每轧完 1 道次，要减小辊缝，并改变轧制方向，通常要轧 3~5 道次。两台卷取机一台作卷取时，另一台作开卷机，带后张力轧制。初始道次压下量大，轧制速度低，轧制力矩大，后面道次压下量小，速度高，因此机架主传动电动机具有恒功率调速特性，一般弱磁调速，电动机弱磁调速范围在两倍以上。进行厚度自动控制时，在机架的入口侧和出口侧均装 X 射线测厚仪，根据实测板厚和设定板厚之差调节轧机压下或张力。压下传动方式有电动和液压，以后者居多。为了提高作业率，轧机机架和开卷机要进行自动减速控制。卷取机要进行恒线速恒张力控制。图 15-62 为可逆冷轧机系统框图。

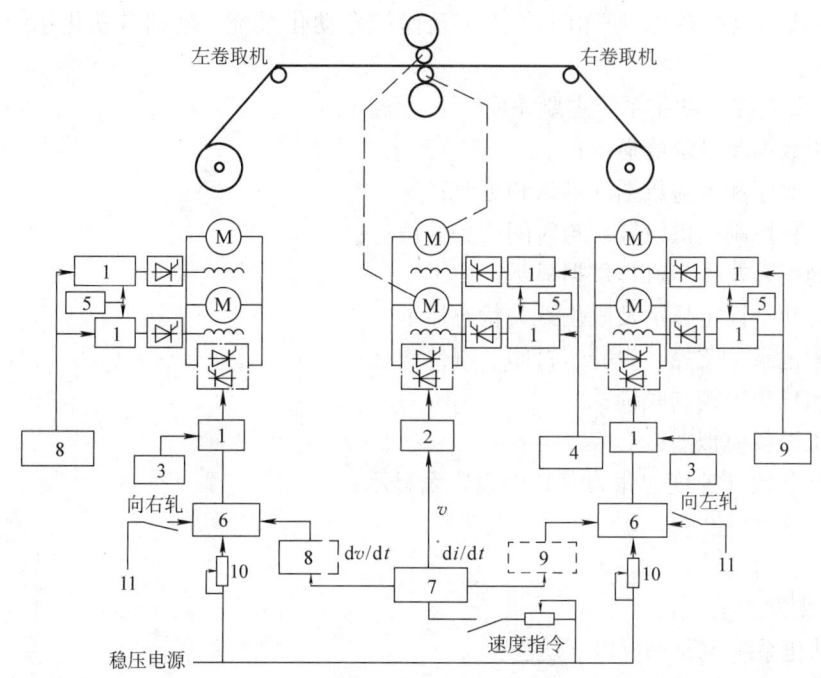

图 15-62 可逆冷轧机系统框图

1—电流控制 2—速度控制（带有电流限制、电压限制） 3—速度限制 4—自动弱磁控制 5—负载平衡 6—张力给定（带加减速补偿） 7—轧制速度给定 8—左卷取机转动惯量计算 9—右卷取机转动惯量计算 10—张力指令 11—AGC 输入

对于一台可逆冷轧机，特别是高速可逆冷轧机，在以下方面应具有优良的品质：

（1）极高的静态与动态稳速精度；

（2）带钢恒张力控制；

（3）准确的带长计算与带尾预减速停车控制。

稳速精度的高低取决于测速元件（脉冲编码器）的选型及安装、电流/转速双环系统的品质。

带钢张力的稳定取决于卷径计算、摩擦补偿的计算、转动惯量的计算和张力调节器的品质。

15.3.3.6 板材处理线

板材处理线主要用于冷轧前后的来料处理及后续深加工。

来料处理大多采用酸洗工艺对热轧钢板表面进行清洁处理，分为推拉式酸洗生产线及连续式酸洗生产线两种。其中连续式酸洗工艺由于其速度高、酸洗效果好，得到广泛应用。

后续深加工包括镀锌生产线、镀锡生产线、彩涂生产线、退火生产线、横切生产线和纵切生产线等。

在这些板材处理线中，技术要求较高的是连续式酸洗生产线、镀锌生产线、镀锡生产线、彩涂生产线、退火生产线。虽然这些处理线工艺类型不同，但是一条处理线大多可以分为入口段、工艺段、出口段三部分。三部分的主要设备组成如下：

1. 入口段 开卷机、焊接设备、张力辊（一到两组）、表面清洗设备、入口活套。

2. 工艺段 张力辊、工艺处理设备、表面平整光亮设备。

3. 出口段 出口活套、张力辊、成品表面清洗设备、卷取机。

板材处理线的电控系统一般由上位工艺及监控自动化系统、基础自动化系统和传动控制系统三级组成。

上位工艺及监控自动化系统主要完成以下功能：
（1）原始数据及设定值显示；
（2）生产次序和钢卷数据的确认和更改；
（3）为过程控制提供设置点与时间有关的信息；
（4）焊缝跟踪及生产过程数据显示；
（5）活套套量设定显示及限位开关状态显示；
（6）故障记录、监控、报警、打印、事件记录；
（7）自动化顺序控制联锁；
（8）液压设备模拟图；
（9）运行参数（速度、张力等）的设定及显示；
（10）生产操作控制；
（11）断带保护；
（12）以太网通信。

基础自动化系统主要完成以下功能：
（1）全线电控设备的顺序逻辑控制；
（2）传动装置的速度给定、加速度给定、张力给定；
（3）活套的位置控制及保护；
（4）各段的速度协调；
（5）断带保护；
（6）硬件、软件及设备自诊断；
（7）PROFIBUS-DP 网的通信及诊断；
（8）以太网的通信及诊断；
（9）入口段交流设备控制；
（10）焊缝跟踪；
（11）自动分卷减速。

传动控制系统除完成一般双闭环调速功能外，还要具有以下特殊功能：

1. 开卷机和卷取机系统　开卷机和卷取机采用基于最大力矩原则的间接张力控制，系统配备带卷绕控制软件，完成系统的张力控制、卷径计算和动态过程中的力矩补偿、断带保护。力矩精度为 5%，响应时间小于 10ms。带卷绕功能的变频调速系统的控制系统示意图见图 15-63。

2. 活套系统　活套电动机经常处于堵转状态或极低转速运行状态，控制采用直接张力控制方式，张力实际值取自张力计二次仪表，为了解决在冲、放套过程中钢带张力不稳定的问题，在控制系统中引入了速度补偿信号对活套系统进行补偿。张力信号、速度信号和补偿信号通过 PROFIBUS 网从上级 PLC 获得。控制系统示意图见图 15-64 应用于活套的变频调速系统。

3. 直接张力控制 S 辊主辊　采用直接张力控制方式，张力反馈信号取自测张力仪器，速度环之外为张力环，张力调节器和速度调节器均为比例积分调节器，张力调节器的输出信号作为速度调节器速度给定的补偿信号，通过调节电动机的转速来维持张力的恒定。为了保证在整个轧线停车时维持一定的静张力，张力调节器的使能信号在传动系统中经逻辑运算后给

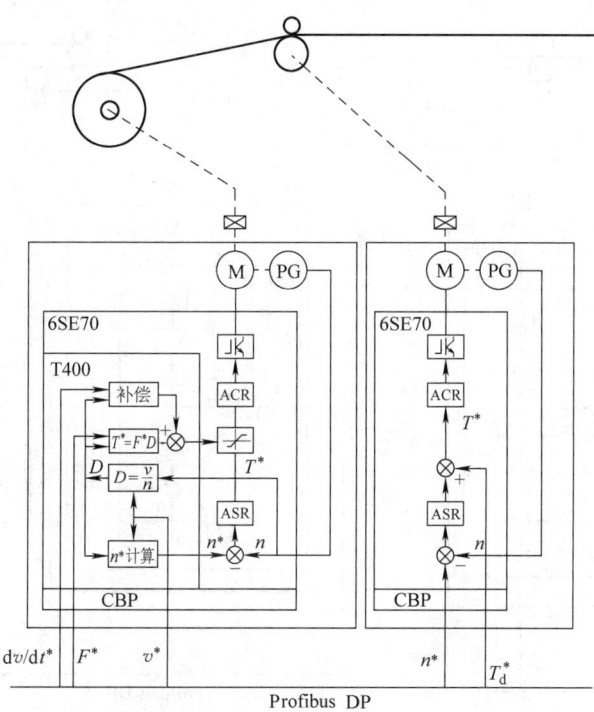

图 15-63 带卷绕功能的变频调速系统（SIEMENS方案）

出。主辊的力矩给定信号通过 peer to peer 通信传送给 S 辊从辊，由从辊中的调节完成负载均衡控制。传动系统通过 PROFIBUS 网从上级 PLC 获得速度和张力给定信号。应用于直接张力控制的变频调速系统。控制系统示意图见图 15-65。

4. 间接张力控制 S 辊主辊　采用间接张力控制方式，速度环饱和，张力给定信号作为速度调节器输出的力矩限幅，电动机的输出电流间接反映钢带的张力。主辊的力矩给定信号通过 peer to peer 通信传送给 S 辊从辊，由从辊中的调节完成负载均衡控制。传动系统通过 PROFIBUS 网从上级 PLC 获得速度和张力给定信号。应用于间接张力控制的变频调速系统的控制系统示意图见图 15-66。

5. 基准速度控制 S 辊主辊　采用基准速度控制系统，速度调节器为比例积分调节器，速度无静差。通过 PROFIBUS 网从上级 PLC 获得速度给定信号。主辊的力矩给定信号通过 peer to peer 通信传送给 S 辊从辊，由从辊中的调节完成负载均衡控制。应用于速度基准控制的变频调速系统的控制系统示意图见图 15-67。

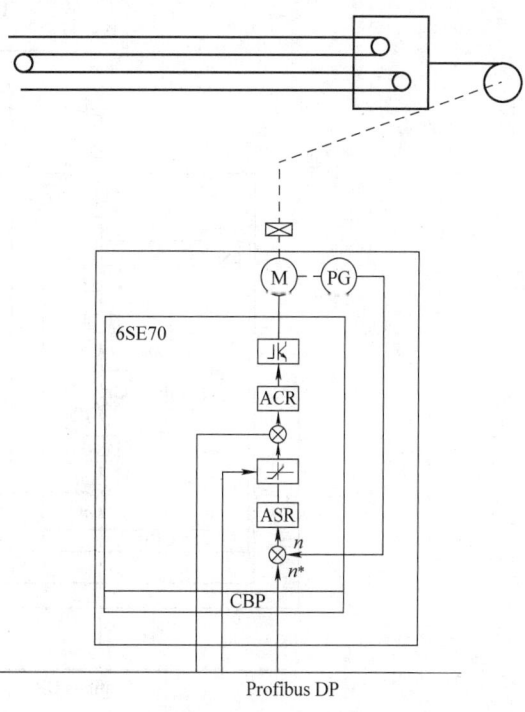

图 15-64　应用于活套的变频调速系统（SIEMENS方案）

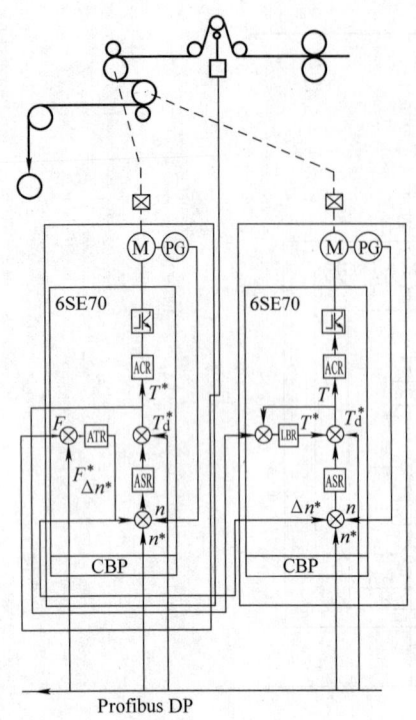

图 15-65　应用于直接张力控制的变频调速系统（SIEMENS 方案）

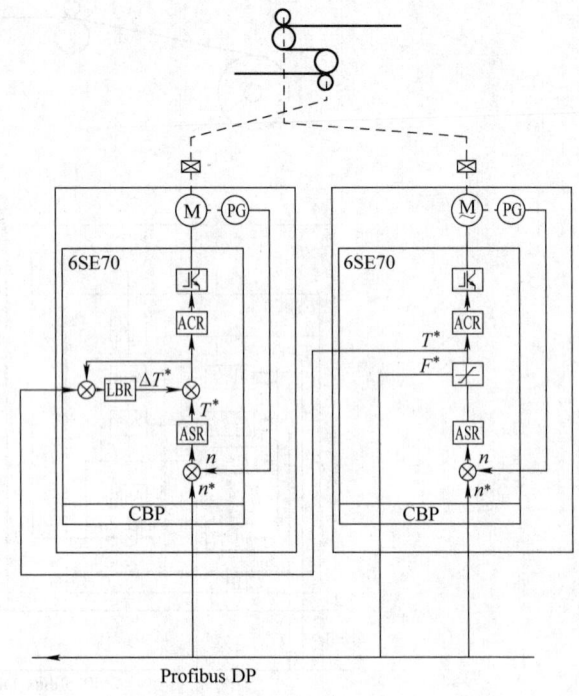

图 15-66　应用于间接张力控制的变频调速系统（SIEMENS 方案）

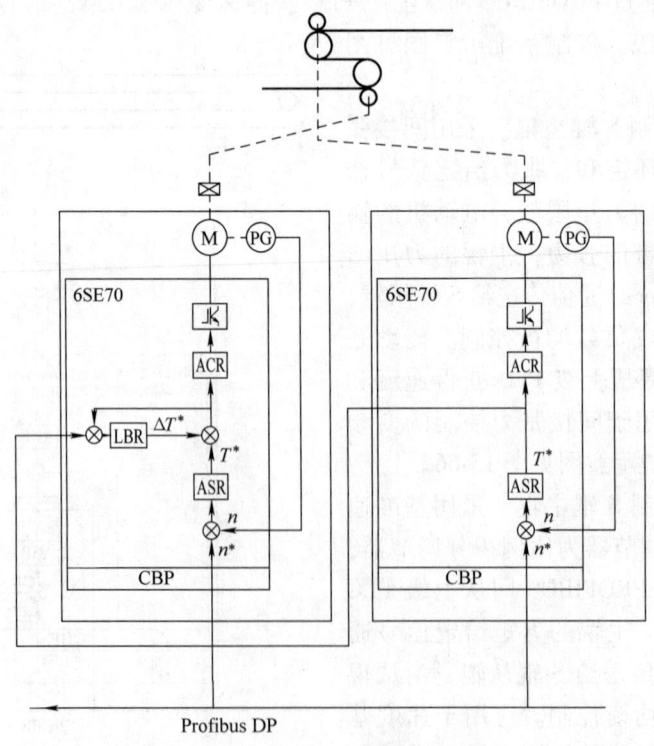

图 15-67　应用于速度基准控制的变频调速系统（SIEMENS 方案）

6. 负载均衡控制 S 辊 该部分为直接张力控制和基准速度控制 S 辊主辊以外的所有从辊，其速度给定来自主辊，并接收来自主辊的力矩给定信号，经与本系统的力矩信号经过调节来完成主从 S 辊组之间的负载均衡。应用于负载均衡控制的变频调速系统的控制系统示意图见图 15-68。

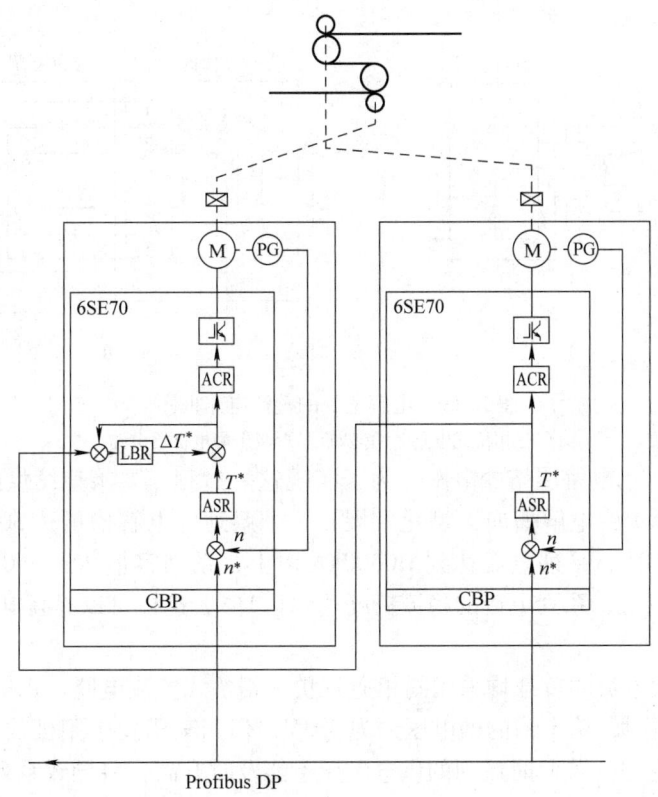

图 15-68 应用于负载均衡控制的变频调速系统（SIEMENS 方案）

15.4 有色金属

15.4.1 电解电源概述

电解电源主要应用在金属电解、化工、离子膜电解等领域。对电解电源的主要技术要求如下：

（1）整流效率高；

（2）输出电流大；

（3）连续供电的高可靠性；

（4）稳流精度高；

（5）振动、噪声低；

（6）桥臂并联器件多，要求均流系数高。

1. 电解电源的整流电路 电解电源通常采用图 15-69a 所示的三相桥式电路和图 15-69b 所示的双反星形带平衡电抗器电路。两者比较，前者优点是器件承受反峰电压为后者的一倍，变压器容量利用率高，结构简单；缺点是整流桥臂器件的电流有效值大一倍，因而在输出电流相同时，所用的整流器件要多一倍以上，相应器件功耗也要增加；后者的缺点是增加平衡电抗器，在几十千安工况下，电抗器的体积庞大、投资大，且增加损耗。一般来说，输出电压低于300V、电流达25kA以上时，宜采用双反星形带平衡电抗器电路，电压高于300V时，宜采用三相桥式电路。

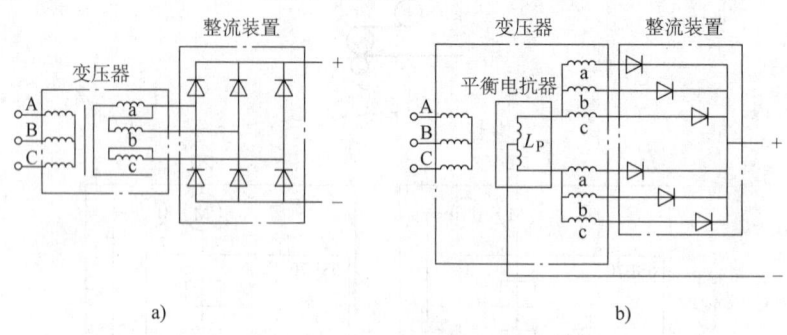

图 15-69　电解电源的整流电路框图
a) 三相桥式电路　b) 双反星形带平衡电抗器电路

2. 铝电解电源　铝电解属熔盐电解，为了实现这一过程，要求连续供给电解槽稳定的直流电流。目前，国际上铝电解槽向大型化发展，一个系列的电解槽可达300个以上，系列电压高达DC1200~1400V，系列电流达到DC300kA以上，系列容量达到360MW以上，系列的年产量达到20万t以上，系列电流的稳流精度达到0.1%，这样可以提高电解槽的效率，获取更高的利润。

此类高电压、大电流的负载均采用同相逆并联三相桥式整流电路。铝电解负载的特点是：在铝电解槽正常运行时，单个槽的槽电压约为4.3V，但当某槽发生阳极效应时，会使该槽的槽电压突升到30V左右。若此时系列的供电电压不能及时升高，将导致系列电流大幅度下降，系列槽数越少，电流波动越大，从而影响铝电解的电流效率；通过电解槽现场工人操作后，此槽的阳极效应消失，与此同时，此槽的槽电压又突降到4.3V左右，若此时系列的供电电压不能及时降低，则系列电流大幅度升高，系列电流的大幅度波动，将降低电解系列的整流效率和电流效率，为此要求供电的整流电源必须具有优良的稳流特性。

3. 低电压电解电源　稀土熔盐钕电解和镀锌线电解脱脂电源的特点是输出电压很低，约为10~50V，而输出电流可达10~30kA，此类电源的整流器件导通压降和线路压降对整流效率的影响极大，在设计时均采用双反星形带平衡电抗器整流电路，尽可能缩短连线长度，必要时宁可增加桥臂器件的并联数和减小导电母排的电流密度，尽管初期投资要增加，但可从长期的低运行费中得到补偿。

某些电解电源由于工艺需要，还要求既具有稳压特性，也具有稳流特性，如钕电解电源，这样使整流器的控制电路更复杂。

15.4.2　电解电源的选择与控制

15.4.2.1　铝电解电源整流机组的选择

铝电解电源整流机组是指整流变压器和整流器的组合，目前常用的有两种方式：

（1）递降式二极管整流机组　其原理框图见图15-70。它由有载开关调压的变压器、整流变压器、饱和电抗器和二极管整流器组成的同相逆并联二极管稳流整流机组。

(2) 直降式晶闸管整流机组 它是由变压器降压后直接向晶闸管整流器供电的同相逆并联晶闸管稳流整流机组。

15.4.2.2 二极管整流机组的选择

(1) 铝电解采用二极管整流机组的主要优点:
1) 整流部分结构简单、直观、可靠;
2) 谐波电流小,设置小容量滤波器即可;
3) 在系统零起动时,可通过有载开关调到相应的低电压,随着电解槽增加,逐步提高电压、无功冲击小;
4) 采取有载开关粗调和饱和电抗器细调的组合,平均稳流精度可达到1%,但动态稳流精度为3%~5%;
5) 整流器价格低。

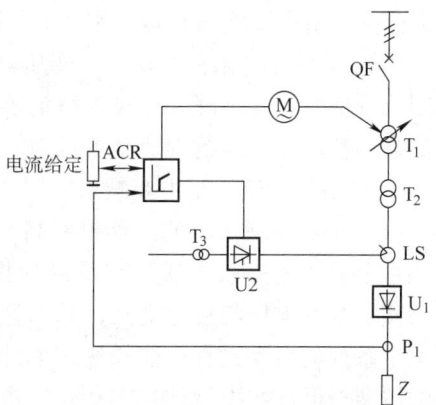

图15-70 铝电解整流机组原理框图
QF—主电路断路器　T_1—调压变压器
T_2、T_3—整流变压器　LS—饱和电抗器
ACR—电流调节器　U_1—二极管整流器
U_2—单相晶闸管　P_1—直流电流检测器
M—电动机　Z—负载

(2) 铝电解采用二极管整流机组的主要缺点:
1) 有载开关动作频繁,故障跳闸为带负载切断,开关维修量大,维护费用高,工作寿命有限;
2) 铝电解电源均由110~220kV高压电网供电,由于国产高压有载开关尚未过关,因而目前基本上均采用进口有载开关,其价格昂贵,价格达百万元以上,大大增加了初期投资费;
3) 二极管整流机组多台并联时,若有一台因故障跳闸,首先要将其电流转移到其他机组;在其过电流时,只能靠高压断路器跳闸切断,其动作时间长达几百毫秒,过电流将很大,所以二极管机组要求器件电流裕量较大,一般取3.5左右;
4) 受饱和电抗器和有载开关动作时间所限,平均稳流精度约可达到1%;受饱和电抗器调压深度设计值(通常为60~90V)的限制,若调压深度≥30V可应付一个阳极效应,≥60V可应付两个阳极效应,在阳极效应总数不超过设计值时,其动态稳流精度约可达到1%,基本上可满足电解的工艺要求。

但当发生阳极效应的槽数过多而超过饱和电抗器的调压范围时,就需通过有载开关调整电压,由于有载开关动作时间较长,动态稳流精度差,一般动态稳流精度约为3%~5%(系列电压高时,精度高),若增加饱和电抗器的调压深度,必然导致饱和电抗器的投资和无功损耗增加,而且在制造工艺上也难以实现。

15.4.2.3 晶闸管整流机组的选择

1. 晶闸管整流机组的主要优点

(1) 晶闸管整流器通过电流闭环自动调节系统,保持输出电流稳定,对于电源波动、阳极效应等种种扰动能自动地快速调整输出电压,调压动态响应时间仅为十几毫秒,因而动态稳流精度可达0.1%,是电解铝工艺理想的供电方式。

(2) 由于如此高的稳流精度,不仅为电解槽的智能控制提供了稳定可靠的电解槽运行参数,还可提高整流效率、电流效率,降低吨铝电耗,有明显的节能效果和直接经济效益。

(3) 在运行中出现短路等过电流故障时,能在几毫秒内自动控制电流快速下降到零后实现高压断路器无载跳闸,从而大大提高高压断路器的工作寿命,减少维修工作量,降低设备维修工作量和维护费。

（4）各台整流器可实现手动/遥控/计算机给定，各台整流器的给定电流值可任意选择，一台跳闸后，其他几台保持系列电流不变，加之晶闸管自动调节系统有完善灵敏的保护系统，因而晶闸管的电流裕量系数可取 2.5（进口设备在 2.0 以下）。

（5）变压器内无有载开关，变压器结构简单，大大降低了变压器的投资。经测算，由于晶闸管价格大幅度下降，二极管整流器加整流变压器、饱和电抗器的投资与采用进口晶闸管整流器加整流变压器的投资基本相当。

2. 晶闸管整流机组主要缺点

（1）谐波电流大，滤波器投资高。晶闸管整流器是采用相控方式调压，而铝电解系列是由几百个电解槽串联组成，在新系列投运初期，仅有几个电解槽通电，系列运行电压很低，仅为额定系列电压的百分之几，晶闸管整流系统处于深控状态，功率因数很低，谐波量很大；而整个系列的启动过程往往长达几个月，甚至十几个月，如此状态长期运行显然是不允许的。若滤波器按低压状态设计，则在额定电压运行时，滤波器为过补偿，且投资也大。这是晶闸管整流器在铝电解电源应用中的最大缺点。

为解决电解槽新系列启动及谐波补偿的问题，整流变压器内可配置国产有载调压开关，使晶闸管整流器输入电压与运行槽数合理匹配。此开关仅在电解槽增减时换档，运行时由晶闸管实现调压稳流，操作次数有限。所以采用国产有载调压开关可以满足要求，其价格大大低于进口开关，既减少了变压器和滤波器的投资，又解决了上述问题。

（2）晶闸管整流器的自动稳流系统复杂，要求整流器设计、制造水平高，对维护人员有较高的技术要求。由于目前国内电解铝厂的电气人员对晶闸管控制系统接触较少，出现故障时缺乏迅速排除能力，而二极管整流器又基本上可满足工艺要求，因而影响了其在铝电解电源上的推广应用，使其优越的稳流特性所带来的经济效益不能得到体现，据 ABB 整流器公司介绍，国外铝电解电源中已大量采用晶闸管整流机组。

3. 自动稳流控制系统的组成　目前在电气传动设备中已广泛采用全数字控制系统，但在铝电解晶闸管整流机组中采用仍存在一定顾虑，其原因是几十万安的大电流将产生强大的电磁场，全数字控制系统能否长期可靠工作尚缺乏实践经验，前期从 ABB 公司引进的产品，天津电气传动设计研究所的产品和日本富士公司的产品仍采用模拟量控制系统，ABB 整流器公司已于 2002 年在广西平果铝厂提供 PLC 数字控制稳流系统，已有长期可靠运行的实践。

15.4.2.4　整流器的结构

1. 户内支撑式　由于目前铝电解系列电流达 80~300kA，尽管是多台整流器并联供电，单台整流装置的额定电流仍要达到 30kA 以上。在此情况下，采用户内支撑式结构是较好的方式。此结构的特点是无柜壳，在调试、测量、巡视、维护、检修时较方便，尤其适用于需进行较细致调试工作的晶闸管整流器。目前国际上大电流整流装置广泛采用这种结构方式，如 ABB 公司的 36~56kA 的整流设备。与柜式结构相比，不足之处是防尘及防护上差一些，这可在整流室设计时予以解决：采取整流柜旁加防护栏、整流器室加进风过滤、提高整流器室密封性等措施，天津电气传动设计研究所为国内山东铝业公司和长城铝业公司以及 ABB 公司为贵州铝厂、平果铝厂提供的晶闸管整流器均采用这种结构，运行人员定期清洁，在实际使用中未发现什么困难，运行人员反映良好。如果电解大环境好的话，其影响就更小了。

2. 柜式结构　柜式结构的大电流整流装置由型钢焊接构成柜体，为了避免闭合钢结构体中由于涡流、磁滞而产生的发热损耗，在每个闭合钢结构体中均应嵌焊一段不锈钢型材，以切断涡流回路，内部支撑件采用高强度绝缘型材。柜式结构的优点是结构强度高、噪声低、防尘及防护好。这种结构方式在调试、测量、巡视、维护、检修时不方便,尤其适用于二极管整流器。

3. 整流器进出线的结构方式　由于电流大,为了减少线路损耗,铝电解整流器对缩短其连接母排的长度特别关注,这就形成了两种进出线的方式:

(1) 上进下出方式,即交流进线母排在整流器的上部,直流出线母排在底部,这种方式适用于户内支撑式结构,由两条大截面的直流输出母排作为支撑件基础,结构稳定性好、振动小。进口的 ABB、FUJI 公司大电流整流设备均采用交流上进线、直流下出线方式。其缺点是:由于电解铝厂内整流器室到电解车间的直流汇流排多采用架空方式,整流器的直流输出母排与直流汇流排的连接母排长,增加损耗。

(2) 下进上出方式,柜式结构多采用这种方式。其优点是整流器的直流输出母排与直流汇流排的连接母排短;二极管整流器采用这种方式更为合理,因为饱和电抗器的出线在下部,这样可缩短饱和电抗器和二极管整流器的交流进线母排长度,从而进出线连接母排的损耗均最低。

4. 整流器件的冷却方式

整流器的冷却方式有三种:水冷、风冷和油冷。铝电解整流器一般采用水冷方式;在整流变压器与整流器一体化的中、小电解电源装置中使用油冷方式;在几百千伏安小容量电解电源中可采用风冷方式。

(1) 水冷方式　整流装置容量达几兆伏安以上时,宜采用水冷方式。每台整流电源需配置去离子的高纯水水冷却装置,整流器件水冷散热器和水冷交、直流母排均通以高纯度去离子水(通常称为主水),吸收整流器件和母排的热量,并保证水路的绝缘电阻,避免腐蚀水冷器件或结垢而堵塞水路管道。

水冷却装置由热交换器、离子交换器、泵组、高位膨胀水箱、管道和电控装置等部件组成。水-水热交换器为波纹平板式,其一侧流通主水,另一侧流通副水,它可以将来自整流器主水的热量以间壁传递方式传递给副水,副水输出到外部水冷却塔降温,主水和副水均循环使用。冷却水系统及主水管路均应采用不锈钢材料制成,其电气控制系统具有双机切换,水温、水压、水质、水位及流量等数值显示和相应的故障报警系统。

晶闸管水冷散热器宜采用并联供水方式,每个晶闸管与主进出水汇流管直接连接。它较多个晶闸管串联供水方式冷却效果好,但水路复杂。

(2) 风冷方式　中小容量整流装置宜采用强迫风冷方式,目前整流器件的风冷散热器有铝型材散热器、铜散热器和热管散热器三种型式,后者的热阻较小、体积较大、价格高。相对不同容量单柜输出电流,在整流柜柜顶安装轴流式风机。

15.4.2.5　控制系统

当电解槽发生阳极效应时,其电解系列内部电阻值会发生突变,使得系列电流发生波动。在系列电流波动过程中,若阳极电流密度达到极限值,会造成同时产生多个阳极效应。另外,系列电流的波动还会引起电解槽内阴极金属液面摆动幅度加大,使得槽平均电压增加、功率增加,电解质的温度升高,电流效率降低,故电解电源"稳流"是保证电解槽正常工作、提高电流效率的关键。

1. 二极管稳流系统　在二极管整流机组中,整流变压器输出线串联一个饱和电抗器后接到整流器输入端,饱和电抗器设有一个偏置绕组和一个初始状态时调整偏置的绕组,调整偏置绕组的励磁电流使饱和电抗器处于深控状态,即其电抗最大;控制绕组的励磁电流是由一个单相晶闸管电流闭环整流器控制,其电流反馈取自系列电流。当出现一个或两个阳极效应时,系列电流减小,控制绕组的励磁电流增加,控制饱和电抗器的饱和深度,使其电抗值减小,电压降减少,整流器的输入交流电压增加,相应地直流输出电压增加,系列电流增加,实现稳流。由于饱和电抗器的电磁时间常数较大,所以其动态响应时间约为几百毫秒,且可调电压有限。当阳极效应消失时,系列电流增加,与上述过程相反进行,仍可稳流。若阳极效应等扰动过大,超出饱和电抗器的调压范围,则必须通过调节有载开关来实现稳流。

2. 晶闸管稳流系统

晶闸管稳流系统均采用电流闭环自动调节系统结构,电流反馈通常取自整流变压器一次侧电流互感器(CT)。它具有动态响应快、稳流性能好、整流效率高、保护完善、维修量小和高压断路器无负载跳闸等优点。

(1) 模拟稳流控制系统 其原理框图见图15-71。

U_I^* 为电流给定,U_{IF} 为电流反馈。U_I^* 与 U_{IF} 比较后的差值 ΔU_I 输入到电流调节器 ACR,做 PI 运算,ACR 输出正负极性的控制电压。它经触发输入单元 TI 变换为恒定正极性电压 U_K,控制触发器 GT 输出脉冲的触发延迟角 α。触发器 GT 产生 6 组间隔为 60°的双窄脉冲,再经脉冲放大单元 PA 进行功率放大,形成具有强触发的脉冲列,控制晶闸管触发导通。

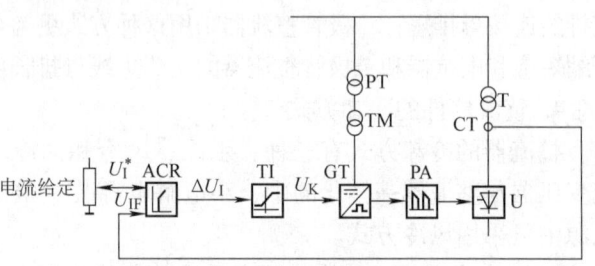

图 15-71 模拟稳流控制系统原理框图
T—整流变压器 PT—电压互感器 TM—移相同步变压器
U—晶闸管整流器 CT—电流互感器

当电解槽发生阳极效应时,槽电压升高,导致直流电流下降,U_{IF} 下降,差值 ΔU_I 增加,使 α 角前移,输出直流电压上升,保持直流电流不变。系统的动态响应为毫秒级,所以直流电流的波动值很小,动态稳流精度可达 0.1%。同样,当电网电压波动变大时,α 角后移,保持直流电压、直流电流不变。

(2) 数字控制系统 以西门子公司 6RA70 全数字直流控制装置 A1 为例,配置触发脉冲放大单元、控制电源及相应的控制电器,对直流电压自动调节,实现输出直流电压、电流的恒压、恒流控制。在发生快速熔断器熔断、过电流等故障时,快速封锁直流输出电流,以免故障扩大,保护设备。

稀土熔盐钕电解、镀锌线电解脱脂电源要求根据工况进行恒压恒流控制,用数字控制方式可实现这一功能,而且数字控制方式调节方便,故障率低,免去了模拟控制方式中控制单元接插不好而造成的故障,且便于现场人员维修。

数字控制方式原理框图见图15-72。选择恒压控制方式时,全数字直流控制装置 A1 的斜坡函数发生器按 RP 给定值输出,电压调节器将电压给定值(斜坡函数发生器的输出值)与由负载 Z 两端的直流电压经电压变换器 BV 输出的直流电压实际值相比较,根据它们的差值输出相应的电流给定值,送至 A1 内电流调节器。电流限幅对

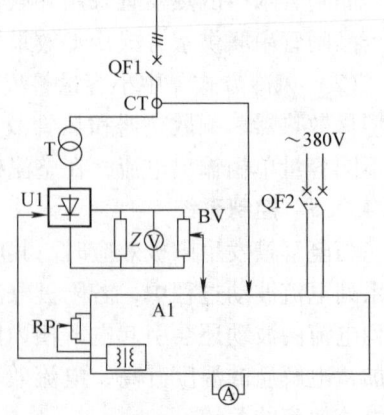

图 15-72 全数字直流控制原理框图
QF1—主回路断路器 QF2—控制电源断
路器 Z—负载 A—直流电流表
A1—全数字直流控制装置
BV—电压变换器

应恒压运行时的最大电流值。电流调节器的输出经触发单元形成六路双脉冲信号，经脉冲变压器输出至晶闸管，从而使整流柜 U1 工作。

选择恒流控制方式时，斜坡函数发生器的输出作为电流给定值，直接输入至电流调节器的给定端。电流反馈是由电流互感器 CT 检测送至 A1，此实际电流信号经 A1 内部的负载电阻整流，再经模/数转换后送至电流调节器。电流调节器的输出形成六路双脉冲信号，经脉冲放大单元功率放大后，输出脉冲信号至整流柜的晶闸管，使整流柜 U1 工作。

3. 信号保护 采用进口可编程序控制器（PLC）实现机组的过程控制，有完善的信号指示及保护联锁功能；其信号可送到主控室上位机实现监控、联网、打印，部分输出信号通过中间继电器输出。

对变压器过电流、瞬断、瓦斯、油温、油位、接地，水冷装置的主水的水温、水位、水流量、副水流量，整流器的浪涌、直流过电流、逆流，快速熔断器故障、装置接地及主开关工作状态，控制电源异常等信号送到计算机和相关电器，发出声光信号，按故障情况进行打印、报警、跳闸等处理，实现机组监控。

15.4.2.6　均流技术

大电流整流装置由于输出电流大，每个整流桥臂由多个器件并联组成，故均流是大电流整流装置的核心技术。并联器件之间的电流不平衡，其主要原因并不仅是每个器件的正向通态压降和各支路的电阻差异，而且受各支路电抗差异及集肤效应影响，为改善均流。采用以下措施：

（1）同一桥臂上各整流器件通态压降差值尽可能小；

（2）安装快速熔断器及整流器件时，确保各接触面光滑、平整、清洁、压力足够，减小接触电阻的差值；

（3）视各并联支路中的安装位置，调整快速熔断器与整流器件连接铜排的长度和截面积。

（4）使各整流器件支路的阻抗值基本一致，采用大功率整流器件，减少并联支路数，从而减少集肤效应所引起的器件不均流；

对晶闸管整流器，还应增加以下措施：

（5）采用前沿小于 500ns、强触发脉冲幅值为 1.0A、脉冲宽度为 40°的高频双脉冲列触发脉冲；

（6）并联支路晶闸管的脉冲变压器一次侧串联，以确保并联器件同时导通。

15.4.2.7　谐波补偿

众所周知，晶闸管变流装置采用相位控制时，会在交流电源及直流负载回路内引起谐波电流、电压；交流电源回路内的谐波电流将引起电网波形发生畸变，形成所谓电网"污染"。电解工业是用电大户，如此大功率晶闸管整流电源接入电网，必须采取抑制谐波措施，对于二极管整流机组也存在谐波问题，但其影响较小。谐波治理及谐波补偿详见第 3 章和第 11 章。

15.5　港口及起重机械

15.5.1　港口机械概况

港口码头有客运码头和货运码头，其中货运码头又分为散料装卸码头、集装箱码头、油码头。

港口机械主要有各种装卸机械、带式输送机、泵类机械。装卸机械主要有翻车机、堆/取料机、装船机、卸船机、港口起重机械等。

港口机械多数是移动或旋转设备，因此除少数设备采用柴油发电机提供动力外，多数动力依靠地面电力系统供电，动力电源上机有电缆卷筒式、移动小车拖缆式、滑触器式（非常少）等方式；港口机械的负载特性除个别传动为短时或连续工作制外，基本都是重复短时周期工作制；一般来说，港口机械的操作运行方式分为手动、半自动、自动；港口机械电气设备要求满足港口环境要求，如机上设备的抗振性、电气设备户外安装要求防尘、防潮、防霉、防烟雾等。

以下分别介绍翻车机、堆/取料机、装船机、卸船机、典型港口起重机械等主要港口机械的设备功能、工艺及有关特点。

15.5.1.1 翻车机

翻车机是针对盛装散装物料的铁路敞车的专用卸车设备，主要用于港口、火电、钢铁、化工、焦化等行业需接卸铁路敞车运输的散装物料的场所。按照每次翻卸敞车数量分为单车翻车机、双车翻车机和三车翻车机，按布局形式可分为贯通式和折返式，按翻车机端环形状可分为"O"形和"C"形。典型翻车机卸车系统由翻车机、车辆定位设备组成（折返式除上述设备外，还有迁车平台、推送空车设备）。卸车效率为20~35次/h，卸车能力约为1200~6000t/h。电气室和操作室在地面。供电方式为拖缆上机，总装机容量约为500~2000kW。操作方式有全自动、半自动、集中手动和就地手动。

以单车C形折返式翻车机为例，布置简图见图15-73。翻车机主要有翻转（电动机调速）、靠车（液压传动）、压车（液压传动）等机构；拨车机（车辆定位设备）主要有走行（电动机调速）、牵引或牵引臂俯仰（液压传动）等机构；迁车平台主要有走行（电动机调速）和车辆涨轮（液压传动）机构；推车机（推送空车设备）主要有走行机构（电动机调速）。

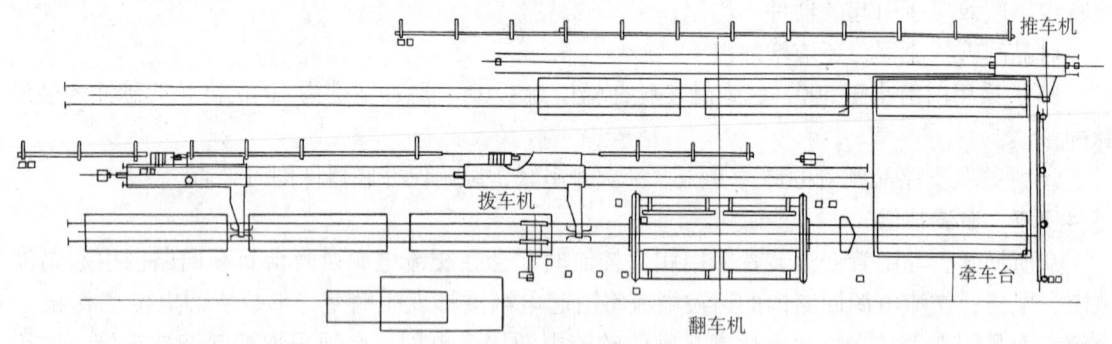

图15-73 C形折返式翻车机布置图

翻车机设备运行工艺框图见图15-74。

15.5.1.2 堆/取料机

堆/取料机兼有堆料能力和取料能力。堆料时，向料场堆卸来自卸船机或翻车机经输送带系统运来的散料。取料时，采用斗轮取料，经输送带系统将料场散料运往装船机、料场或料仓。堆料机只具有堆料的功能，取料机只具有取料的功能。堆/取料机主要用于港口、火电、钢铁、化工、焦化等行业的综合料场。堆/取料机，按照外形结构主要有门式和臂式；按功能，分为堆/取料机、堆料机、取料机。堆取能力为400~7500t/h。电气室和操作室设在机

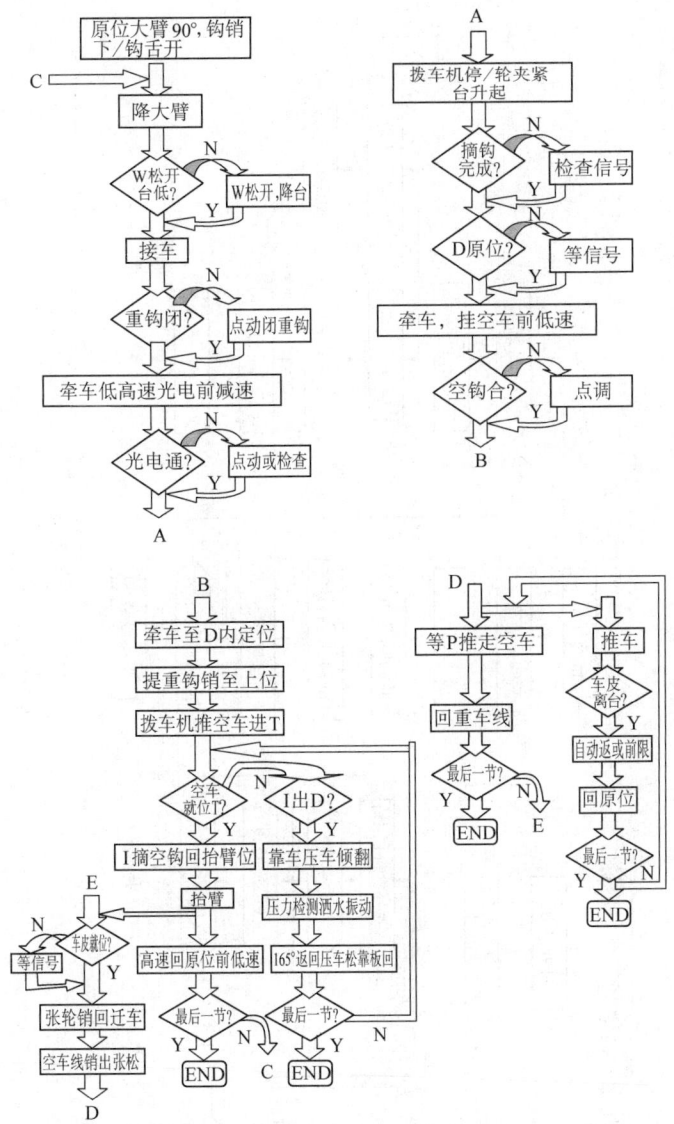

图 15-74 翻车机设备运行工艺框图

上,供电方式有电缆卷筒式和滑触器式。总装机容量为 200~1500kW。操作方式有半自动、集中手动、就地手动。

以臂式斗轮堆/取料机为例,臂式斗轮堆/取料机主要有斗轮机构(液压或电气传动)、悬臂架输送带系统(电气传动)、回转机构(电动机调速)、俯仰机构(液压或电气传动)、走行机构(电动机调速)、尾车变换机构(液压或电气传动)。堆取料机设备运行工艺框图见图 15-75。

15.5.1.3 装船机

装船机用于向散料运输轮船装载来自取料机或翻车机或料仓经输送带系统运转来的散装物料。装船能力为 2500~6000t/h。电气室和操作室设在机上,供电方式为电缆卷筒。总装机容量为 500~1000kW。操作方式有自动、手动及遥控。装船机(见图 15-76)主要有大车走行(电动机调速)、悬臂俯仰(电动机调速)、悬臂伸缩(电动机调速)、溜筒升降、溜筒回转、

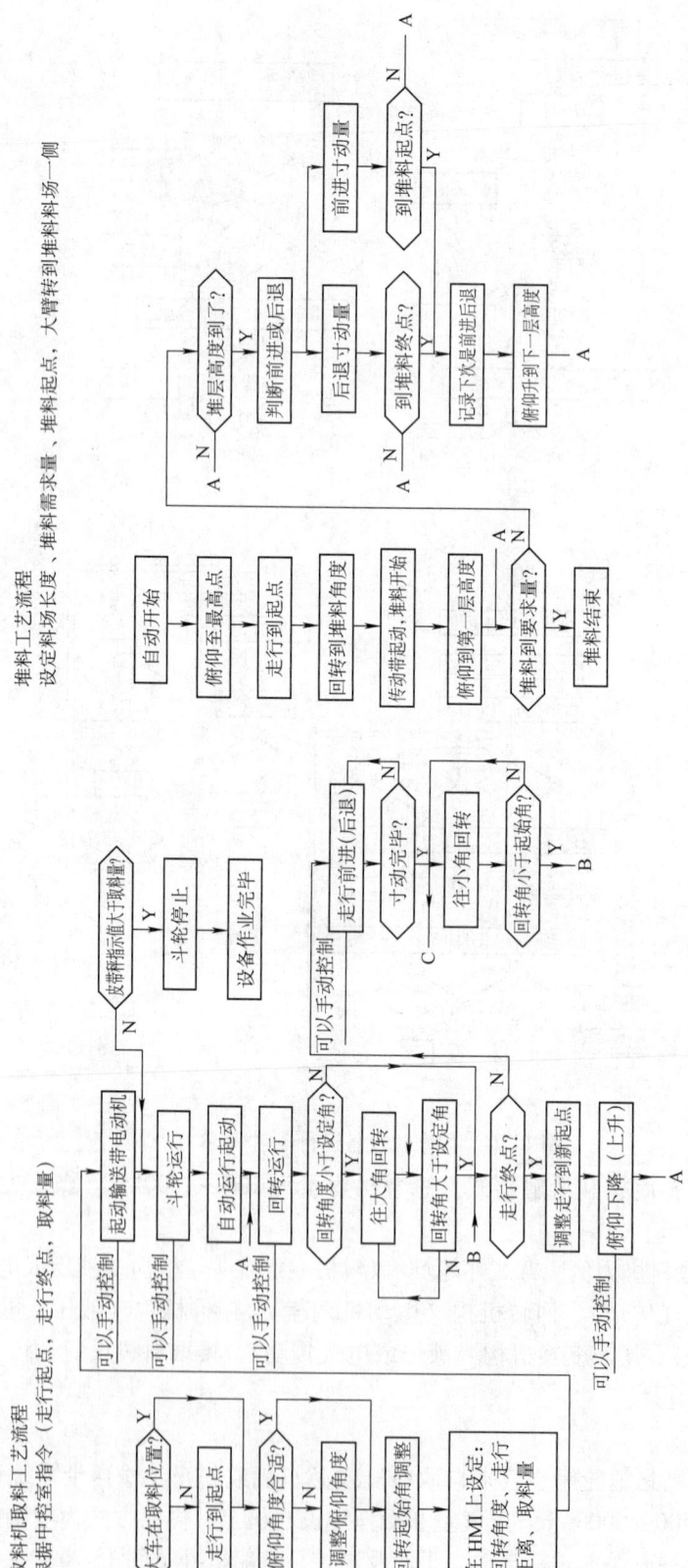

图 15-75 堆取料机设备运行工艺框图

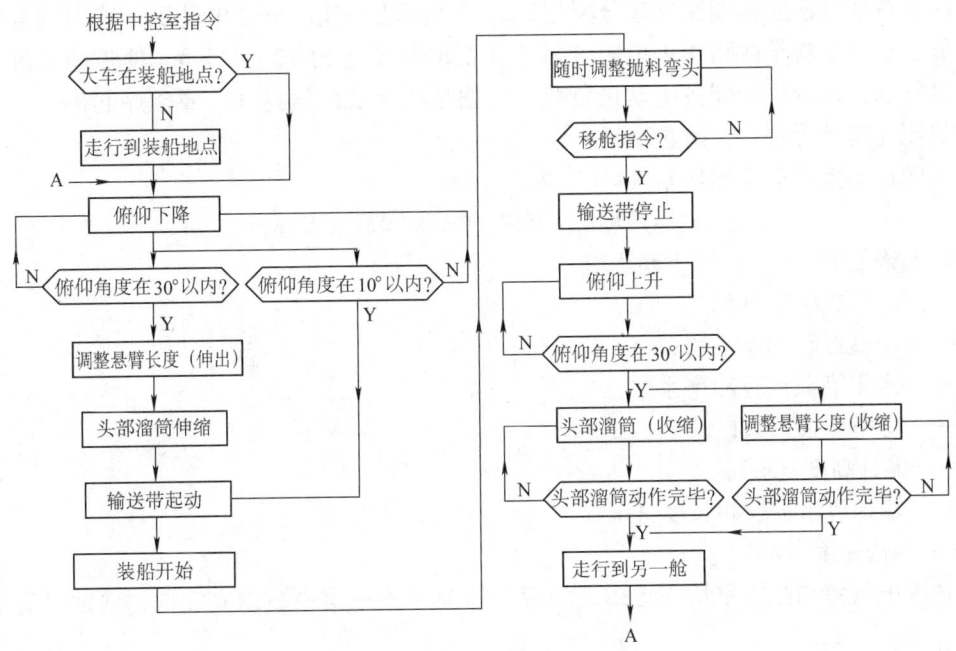

图 15-76 装船机运行工艺框图

臂架带式输送机等机构。装船机运行工艺框图见图 15-76。

15.5.1.4 连续卸船机

连续卸船机是具有自行取料能力，配以喂料装置，能够提升散粒物料，并将物料连续不断地提出船舱，然后卸载到臂架或机架、门架的输送机系统，并运至岸边散料输送系统的专用卸船机械。连续卸船机，根据取料或提升物料形式不同，可分为链斗式、斗轮式、绳斗式、埋刮板式、波形挡板带式或双带式、螺旋式等。由于机型不同、被卸物料不同，卸船能力差异很大，一般最小为 300t/h，最大的可达 7000t/h。电气室和操作室设在机上，供电方式为电缆卷筒。总装机容量为 200~2000kW。操作方式有司机室自动、手动及遥控。卸船机由于机型不同，运动机构也存在很大差异。

以螺旋卸船机为例，螺旋卸船机主要有大车走行（电动机调速）、水平臂俯仰（电动机调速）、竖直臂摆动（液压传动）、塔架回转（电动机调速）、给料器和垂直螺旋（电动机调速，并且转速存在一定数学关系）、水平螺旋等机构。

15.5.1.5 输送机

输送机是连续运送各种物料的装置。有带式输送机、链式输送机、螺旋输送机、流体输送机等。其中带式输送机输送能力大、功率小、结构简单、对物料适应性强，应用范围很广。带式输送机发展很快，目前有的带宽达 2.5m，带速为 6m/s，煤炭输送量已达 10000t/h。

带式输送机的传动方式有单滚筒传动、双滚筒传动和多滚筒传动。选择哪种方式，应对减少张力而节省的机械费用和分散供给动力而增加的设备费用进行比较后决定。单滚筒传动应用最广泛，一般用封闭式笼型异步电动机。在要求起动平稳时，配以液力耦合器或粉末联轴器。功率大于 200kW 或者要求起动电流小、力矩大的场合，可采用绕线转子异步电动机。双滚筒传动有采用一台电动机的集中传动方式和用两台电动机各传动一台滚筒的单独传动方式，适用于大功率输送机，以使张力分散开。特大型输送机为减少带内张力，提高传动系统系列化、通用化水平及便于安装等，则采用多电动机多滚筒传动。双电动机或多电动机传动时，要注意各系统速度协调和合理分配功率。常用方法是笼型异步电动机配液力耦合器或绕线转子异步电动机转子回路中串电阻（额定工况时转差率为3%～4%），使传动系统的联合工作特性较软，以合理分配各电动机负载。多输送机组成的输送线，要顺序起停，运行前方的输送机要先起动后停车，防止堆料。

带式输送机传动滚筒轴功率（kW）为

$$P = (K_0 L_h + K_h L_h Q \pm 0.00273 QH) K_f$$

式中　向上输送取"+"，向下输送取"-"；

Q——输送能力（t/h）；

K_0——空载运行功率系数；

K_h——水平满载运行功率系数；

K_f——功率储备系数；

H——提升高度（m）；

L_h——输送机水平投影长度（m）；

v——输送速度（m/s）。

输送机电气室和操作室均在地面，一般起停输送机在集中控制室完成，就地设有应急手动控制。

输送机的保护装置有输送带打滑、断裂检测装置，输送带跑偏开关，连接两台输送机滑道上的流槽阻塞开关，张紧装置和紧急停车制动器等。

15.5.1.6 港口起重机械

港口起重机械种类繁多，港口起重机械电控系统详见15.5.2.2。以下简单介绍如下几种港口起重设备。

1. **集装箱起重机**　集装箱起重机是集装箱码头装卸用高效能起重机。它具有集装箱专用吊具，一般为移动式龙门起重机结构。起重小车采用动载荷小的钢丝绳牵引方式，有船装型和码头装设型，后者居多。为缩短装卸时间，要求在调运空箱或仅有吊具时，能轻载高速运行。

2. **装卸桥**　是把矿石、煤之类的散状物料从船舶中向岸上卸货的专用高效起重机。它带有料斗、给料机、输送机等设备，有悬臂俯仰和门式等型式。门式装卸桥一般采用移动式，其装卸能力，小容量的为300t/h，大容量的为2000～2500t/h。

3. **臂架式起重机**　是港口装卸货物及建筑行业等用的起重机，具有一个从回转部分伸出的臂架，通常能回转360°，有悬臂式、水平变幅式和塔式等。

4. **港口门座起重机**　是一种应用广泛的港口装卸设备，一般设计成吊钩、抓斗、电磁吸盘等形式，以满足杂货、散货装卸作业的需要。

5. **抓斗卸船机**　是通过配用抓斗周期往复抓取船载散料，并卸料于设备上具有贮运功能的漏斗里，经过带式输送机转运物料的专用散料卸船设备，属于起重机类设备。按照结构特点，主要有臂式和桥式抓斗卸船机两种形式，也有运行桥架上再装设臂架式起重机结构。大型抓斗卸船机卸船效率可达3000t/h以上。

15.5.2　港口机械设备电气传动及自动化技术

大型散料码头年装卸量超过亿吨，大型集装箱码头年装卸量达数百万标准箱，港口装卸设备数量、运行状态是影响港口生产率的重要因素，在影响港口装卸设备运行状态的众多因素中,设备的电气自动化技术水平是最主要因素。

15.5.2.1 港口设备的供电系统

港口设备,除地面输送机外,绝大多数均是移动或回转设备,用电设备多数安装于设备上,供电绝大多数为地面变电站供电。一般来说,港口装卸机械、设备上移动或回转部分的供电有电缆小车拖缆供电、电缆卷筒供电、滑触器等供电方式。大型港口装卸机械,装机容量较大,采用低压供电受电缆截面积的限制,大型港口设备供电电缆较长,峰值电流时,引起电压降很大,因此一般采用高压供电。有关供电方式特点、常用设备见表15-6。

表15-6 港口设备常用供电方式

供电方式		特点及性能	常用设备
电缆卷筒供电	配重式电缆卷筒	结构简单,调整方便,适于电缆不长场合,一般不超过60m	港口门座式起重机
	力矩电动机电缆卷筒	卷绕性能好,容缆量大,需和制动器配合调试,走行断电后才断电	堆取料机、装船机、卸船机、岸边桥式集装箱起重机
	转差电动机电缆卷筒	力矩调节不方便,放缆靠制动器松闸瓦,磨损严重	堆取料机等(现在很少应用)
	磁滞式电缆卷筒	体积小,输出力矩可调节,无需安装制动器	大型堆取料机、装船机、卸船机、岸边桥式集装箱起重机
电缆小车拖缆供电		结构简单,除高速场合外,不需附加动力	翻车机卸车系统、岸边桥式集装箱起重机小车机构
滑触器供电		结构简单,施工要求相对严格	小型堆取料机等

大型港口设备上一般设有电量计量表,如电压表、电流表、有功电能表、无功电能表,功率因数表等。功率因数低,造成线路电流大、损耗大、压降大、发电机及输变电设备有效能力降低。我国电力部门对用电用户实行不同功率因数不同电价收费原则,对功率因数 $\cos\varphi \leq 0.5$ 原则上关停,电力用户都需配置无功补偿装置。控制无功功率的方法有很多,有同步发电机、同步电动机、同步调相机、并联电容器静止无功补偿装置、晶闸管控制静止无功补偿装置、自换相型静止无功发生器等;无功补偿一般有集中补偿、分组补偿、就地补偿等方式。一般电力用户只需静止无功补偿,由于大量电力电子装置的应用造成电网波形畸变,采用并联电容器静止无功补偿容易造成谐波放大,必须引起注意。对于要求较高的港口设备,需设置就地无功补偿设备。

无功补偿量的计算:

$$\Delta Q = \Sigma Q - \Sigma P \sqrt{\cos^{-2}\varphi^* - 1}$$

式中 ΣQ ——系统补偿前总无功功率之和;

ΣP ——系统总有功功率之和(对于电动机应按照电动机功率除以效率计算);

$\cos\varphi^*$ ——系统补偿后目标无功功率因数。

15.5.2.2 港口机械的电气传动系统

1. 电动机的选择　选择电动机应根据机械设备的生产工艺要求确定电动机的种类、转速和功率、轴伸和安装形式;应根据使用环境要求确定电动机的防护等级与冷却形式。港口机械设备常用电动机有直流电动机、绕线转子异步电动机、笼型异步电动机等,常用电动机种类、控制方式、常用机构见表15-7。

(1) 电动机功率的确定　首先根据设备结构、工艺要求计算并绘制一个作业周期电动机

转矩负载图 $T_M = f(t)$，计算 T_M 应考虑对加（减）速度要求高的机械设备的加（减）速转矩 T_{MJ} 和稳定运行克服负载静阻转矩 T_Z 折算到电动机轴上的阻转矩 T_{MZ}。根据 T_M 曲线确定 T_{Mmax}，得电动机功率（kW）为

$$P_{N1} = \frac{T_{Mmax}n_N}{9550k\lambda}$$

式中　T_{Mmax}——峰值转矩（N·m）；

n_N——根据机械结构确定预选电动机的额定转速（r/min）；

k——安全系数，一般 $k = 0.6 \sim 1$；

λ——根据机械结构确定预选电动机的起动倍数。

表 15-7　港口设备常用电动机

电动机种类	控制方式	常用机构	附注
直流电动机	速度闭环	翻车机翻转、拨车机牵引、起重类机械起升机构	
	电动势闭环	堆取料机等设备的回转机构	
绕线转子异步电动机	转子回路中串电阻	翻车机翻转、输送机、堆取料机等设备的走行机构	
	转子回路串频敏变阻器	输送机、堆取料机斗轮	
	定子调压	起重类机械起升机构	
	串级调速	翻车机翻转、起重类机械起升机构	不常用
笼型异步电动机	直接起动，不调速	堆取料机斗轮、液压系统液压泵电动机	
双速笼型异步电动机	直接起动，两级速度切换	翻车机系统、堆取料机等设备的走行机构和回转机构等	
变频笼型异步电动机	矢量控制	翻车机系统、起重类机械起升机构	
	标量控制	翻车机系统、堆取料机等设备的走行机构和回转机构等	

然后根据上式，计算一个作业周期电动机平均功率 P_A，令

$$P_{N2} = P_A$$

则电动机功率

$$P_N \geq \max\{P_{N1}, P_{N2}\}$$

一般港口机械设备牵引机构，如拨车机牵引机构等，对加（减）速度要求较高，此类机构电动机功率主要由 P_{N1} 决定，其余基本由 P_{N2} 决定。

（2）港口机械主要机构电动机静阻转矩计算方法（见表 15-8）

表 15-8　港口机械主要机构电动机静阻转矩计算方法

机构	$T_{MZ}/N \cdot m$	备注
位能负载提升过程	$T_{MZ} = \dfrac{mgD}{2i\eta}$	g—重力加速度（m/s²） m—货物重量（kg） D—钢丝绳卷筒直径（m） i—系统总传动比 η—系统总传动效率 m_0—设备总重量（kg）
位能负载下降过程	$T_{MZ} = \dfrac{mgD\eta}{2i}$	

(续)

机构	$T_{MZ}/\text{N}\cdot\text{m}$	备 注
平移机构	$T_{MZ} = \dfrac{g\{(m+m_0)[K(\mu r + f)\cos\alpha + R\sin\alpha] + CqSR\}}{i\eta}$	k—轮圆摩擦系数 μ—滑动摩擦系数 r—车轮轴半径（m） f—滚动摩擦系数（m） α—轨道与水平面夹角
旋转机构	$T_{MZ} = \dfrac{T_m + T_q + T_f}{i\eta}$	R—车轮半径（m） C—车体体形空气动力系数 q—风压（N/m²） S—运动部分迎风面积 T_m—系统摩擦静阻转矩（N·m） T_q—支撑倾斜产生静阻转矩（N·m） T_f—系统风载静阻转矩（N·m）
变幅机构	$T_{MZ} = \dfrac{T_G + T_Q + T_m + T_b + T_f}{i\eta}$	T_G—变幅系统自重不平衡产生静阻转矩（N·m） T_Q—货物不能水平运行产生静阻转矩（N·m） T_b—货物偏摆产生静阻转矩（N·m）

2. 电气传动系统的选择　电气传动系统应根据所选电动机进行系统配置，一般无调速系统只需正确选择接触器，选择接触器除考虑电动机容量外，必须注意接触器工作制；对于交流变频调速和直流调速系统应按照下式正确选择系统容量：

$$I_N \geqslant \frac{k k_{Mm} I_{MN}}{k_A}$$

式中　I_N——调速系统额定电流；
　　　I_{MN}——电动机额定容量；
　　　k——安全系数，$k = 1.05 \sim 1.2$；
　　　k_{Mm}——机械设备所需电动机最大输出转矩与额定转矩之比；
　　　k_A——所选调速系统的过载能力。

3. 交、直流调速系统典型传动结构　港口机械设备因运行工艺需要，很多机构有调速要求，根据调速精度和工艺控制要求不同，其传动系统控制结构也不相同，随着电力电子技术和计算机技术的发展，交流变频调速逐渐发展为调速机构的主流方案。

表 15-9 为以交流变频和直流调速系统为例列出其典型电路结构和控制结构。

15.5.3 自动化系统

15.5.3.1 自动化系统配置及网络结构

绝大多数港口机械设备的自动化系统均配置 PLC，以实现设备运行工艺控制过程、设备管理等功能。PLC 是以微处理器为核心，综合计算机技术、自动控制技术、网络通信技术的一种通用的工业自动控制装置。它具有体积小、功能强而灵活通用、维护简单方便等优点。大型港口机械设备常用的 PLC 有西门子公司 S7 300 和 S7 400 系列、GE 公司 Fanuc 9030 和 9070 系列、Rockwell 公司 PLC5 和 SLC500 及 Control Logix、Schneider 公司 Quantum 系列、三菱公司 Q 系列等。重大设备 PLC 系统配置成冗余结构。

表 15-9 交、直流调速系统典型传动结构

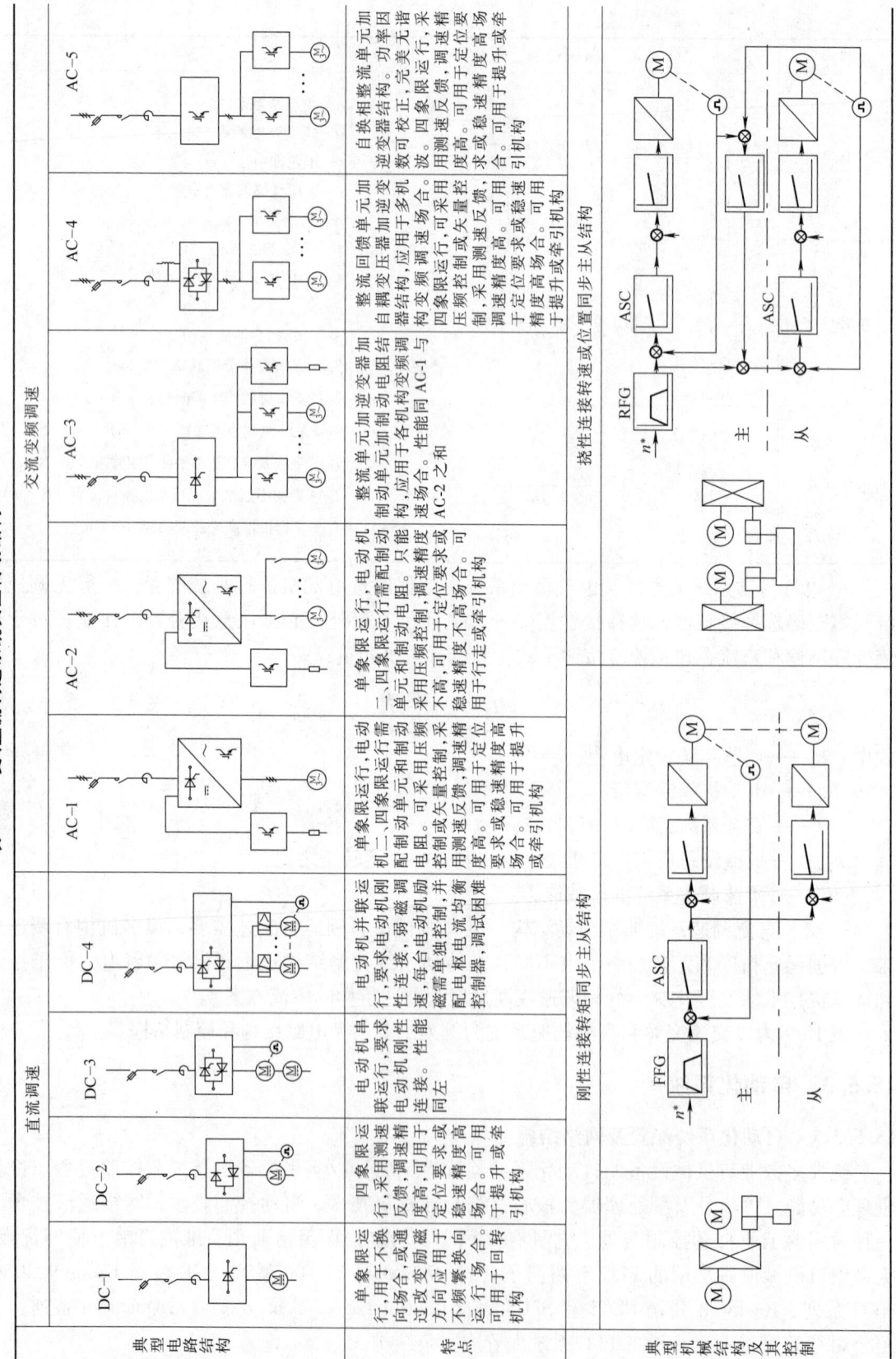

随着网络技术的发展、现场总线产品的成熟，大型港口机械自动化系统一般配置成三层网络结构：信息层（Ethernet）、控制层和设备层。一般在操作室或电气室配置设备管理监控工业控制计算机（IPC），由 IPC 或 PLC 实现与港口中央控制室计算机的通信，构成信息层，以完成设备的管理与监控，通信一般采用光纤或无线介质；由 PLC 构成控制网，完成设备的直接计算与控制；由采用现场总线接口的电气传动系统、智能仪表或传感器构成设备网，完成系统的信息交换与分散控制。以计算机通信技术为核心的网络控制结构，提高了设备运行的安全性、可靠性，减少了布线，极大地增大了管理监控信息量。

15.5.3.2 保护及检测传感器

（1）走行防碰撞保护：传感器雷达防碰撞开关、超声波开关、激光测距仪；
（2）防风锚定保护：风速仪、风速开关；
（3）起重机起升机构下降超速保护：超速开关；
（4）堆取料机俯仰防碰撞保护：超声波开关、水银开关；
（5）输送带打滑、跑偏、撕裂保护；
（6）起重超负载保护：超重保护开关；
（7）集装箱起重机、抓斗卸船机等的防摇检测及控制系统；
（8）行程检测：光电编码器、限位开关、光电开关、凸轮控制器；
（9）回转或俯仰角度检测：光电编码器、限位开关；
（10）计量检测：翻车机轨道衡、皮带秤、计量电表；
（11）电动机测速：增量光电编码器、模拟测速机；
（12）电动机温度检测：铂电阻；
（13）一般电气保护：断路器、热继电器、电流继电器、电压继电器、熔断器、漏电保护器。

15.5.3.3 操作方式及人机界面

港口设备一般设就地应急手动、操作台手动和自动三种操作方式。操作界面有传统按钮、指示灯操作台、专用人机界面（HMI）操作台，以及在安装工控软件的计算机上结合运行工艺经二次软件开发的、在计算机上实现操作与监控的"软操作"台。

15.5.4 港口设备综合管理自动化系统

15.5.4.1 功能描述

一个大型港口一般由多个子公司组成，每个子公司都有数量众多、种类各异的港口机械设备。众多港口机械设备的运行状态掌握和合理调度必须依赖于计算机和网络设备为核心设备的计算机管理系统——港口设备综合管理自动化系统。港口设备综合管理自动化系统主要完成以下功能：

（1）物流管理；
（2）设备调度管理；
（3）公用设备的起停；
（4）设备状态监控、维修维护管理；
（5）故障追忆、诊断分析。

15.5.4.2 港口综合管理自动化系统

港口综合管理自动化系统由 1 套或多套大型 PLC 系统和十几台或数十台计算机组成，并与各港口机械设备自动化计算机系统组成金字塔形多级分布式计算机网络，采用光纤以太网

（Ethernet）通信，对于移动设备通过带有光纤芯电缆卷筒或无线数字传输电台完成通信，简单设备通过控制电缆卷筒完成电气介质的 Ethernet 通信或点对点离散量简单通信。港口综合管理自动化系统除硬件配置外，为实现其功能，还必须配备大量专业化软件，以及在其基础上二次开发的结合港口具体实际需要的用户应用软件。港口综合管理自动化系统计算机生产管理画面见图 15-77。

港口综合管理自动化系统的技术水平，是现代化港口管理水平、设备装备技术水平的集中体现。

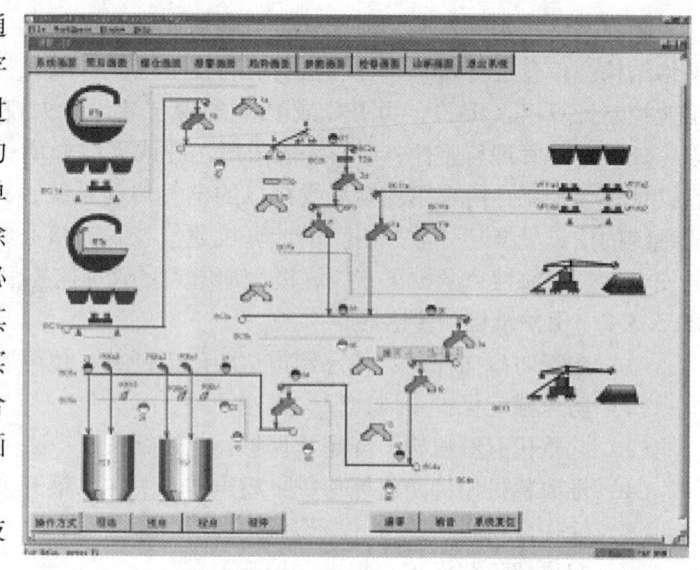

图 15-77　港口综合计算机生产管理

15.5.5　起重机械

15.5.5.1　起重机类型

起重机是搬运物料的机械设备，一般有多种动作，分别由起升、运行、变幅、回转等机构完成。

起重机的基本类型有轻小型起重设备、桥式类起重机、臂架类起重机、堆垛类起重机。

桥式类起重机装于工厂厂房上部或在户外建筑物上铺设的轨道上行走而进行作业。臂架类起重机是港口装卸货物及建筑工程和其他场合使用的起重机。从回转部分伸出的臂架通常能回转 360°。

15.5.5.2　起重机工作分类

根据起重机的工作繁重程度，将起重机及其机构分为不同的工作类型，常按机构的负载率和忙闲程度，将机构工作类型划分为轻、中、重、特重四级，表 15-10 列出了实例。

表 15-10　起重机机构工作分类实例

类别及用途			机构名称					
			起升		运行		回转	变幅或悬臂俯仰	其他
			主	副	小车	起重机			
			常用的工作类型						
手动起重机		名称用途	轻		轻	轻	轻		轻
梁式起重机和通用桥式起重机	吊钩起重机	电站安装检修用	轻	轻	轻	轻			
		一般车间和仓库用	中	中	中	中			
		繁重工作车间、仓库用	重	中	中	重			
	电磁起重机		重		中	重			
	抓斗起重机	间断装卸用	重		重	重			
		连续装卸用	特重		特重	特重			

(续)

类别及用途			机构名称					其他
			起升		运行	回转	变幅或悬臂俯仰	
			主	副小车	起重机			
			常用的工作类型					
冶金及热加工专用桥式起重机	料箱起重机		重	中	中	重		
	装料起重机		重	中	特重	特重	特重	料杆旋转和摆动 重级
	铸造起重机		特重	中	重	重		副小车运行 中级
	揭盖起重机		重			重		
	夹钳起重机		重	中	重	重	重	夹钳开闭 特重级
	料耙起重机		特重		重	特重	特重	料耙倾翻 重级
	锻造起重机		重	重	重	特重		翻钢机 特重级
	淬火起重机		重	中	中	中		
	电磁起重机[①]		特重		特重	特重		
	脱锭起重机		特重	中	重	特重		大小钳开闭 重级
龙门起重机	普通龙门起重机	安装及装卸用吊钩式	中	中	中	中		防风类夹轨器 轻级
		装卸用抓斗式	重		重	重		
	水电站龙门起重机		轻	轻	轻	轻	轻	
	造船龙门起重机		中	中	中	中		
	集装箱龙门起重机		重		重	重	中	
装卸桥	料场装卸用 抓斗式		特重		特重	轻		防风夹轨器轻级
	港口装卸用 抓斗式		特重		特重	轻	轻	
	港口装卸集装箱专用式		重		重	轻	轻	
门座起重机	造船 吊钩式		中	中		中	中	防风夹轨器轻级
	水电站水工用 吊钩式		中	中		中、轻	中	
	港口装卸用 吊钩式		重			轻	中	
	港口装卸用 抓斗式		特重			轻	重	重
塔式起重机	建筑施工及安装用	$H<60$m	轻		轻[②]	轻	轻	轻[③]
		$H>60$m	中		轻	轻	轻	
	输送混凝土用	$H<60$m	中		中	中	轻	防风夹轨器 轻级
		$H>60$m	重		中	中	轻	
汽车、履带及铁路起重机	安装及装卸用吊钩式		中			中	轻	
	装卸用 抓斗式		重			中	重	
浮式起重机	装卸用 吊钩式		重				中	中
	装卸用 抓斗式		特重				重	重
	造船安装用		中	中			轻	轻
缆索起重机	安装用 吊钩式		轻		轻	轻		防风夹轨器 轻级
	装卸用 吊钩式		中		中	轻		
	装卸用 抓斗式		重		重	轻		

① 轧钢厂用来吊运成品半成品的电磁起重机全部机构均可取为重级。
② 指水平臂架用起重小车运行来实现变幅的塔式起重机。
③ 指用臂架起伏摆动来实现变幅的塔式起重机。

在选择电动机或电气元件时，或在验算蜗轮减速器、制动器等的发热情况时，必须考虑周围环境温度和机构的负载持续率的大小，一般工作条件下的周围温度为 $-25 \sim 40℃$，机构的负载持续率 FC 按下式计算：

$$FC = \frac{100t_j}{T}\% \tag{15-9}$$

式中　t_j——在起重机的一个工作循环中该机构的总运转时间；
　　　T——起重机的一个工作循环的时间。

按规定，只有当 T 不大于 10min 时，按式（15-9）计算的 FC 值才有意义。但在某些特殊情况（如在水电站桥式起重机或某些特大起升高度的起重机的起升机构中）下会出现 T 大于 10min 的情况，此时电动机的容量就不能简单地按 FC 值选择，而应按具体情况的不同，考虑短时工作制短时定额容量的折算。

在一般情况下，机构的负载持续率 FC 值与机构的工作类型有大致对应的关系，见表 15-11。

表 15-11　不同工作类型 FC 值

工作类型	轻级	中级	重级	特重级
FC 值（%）	15	25	40	60

15.5.5.3　电动机容量计算

起重机的基本工况是起制动频繁，负载冲击大，低速运转时间短。各机构所需电动机功率 P 按以下各式计算。

1. 起升用功率（kW）

$$P_1 = \frac{Qgv_1}{\eta_1} \times 10^{-3} \tag{15-10}$$

式中　Q——起重量（kg）；
　　　g——重力加速度（m/s²）；
　　　v_1——起升速度（m/s）；
　　　η_1——起升机构总效率。

2. 小车运行功率（kW）

$$P_2 = \frac{\gamma_2 W_2 g v_2}{\eta_2} \times 10^{-3} \tag{15-11}$$

式中　W_2——Q 与起重小车自重之和（kg）；
　　　v_2——小车运行速度（m/s）；
　　　η_2——小车运行机构机械效率；
　　　γ_2——小车运行阻力系数。

3. 大车运行功率（kW）

$$P_3 = \frac{\gamma_3 W_3 g v_3}{\eta_3} \times 10^{-3} \tag{15-12}$$

式中　W_3——W_2 与桥架重量之和（kg）；
　　　v_3——大车运行速度（m/s）；
　　　γ_3——大车运行阻力系数；
　　　η_3——大车运行机构机械效率。

起重机各机构机械效率近似值见表 15-12,阻力系数 γ_2、γ_3 当用滚动轴承时,取 (10~12)×10^{-3},当用滑动轴承时,取 2.5×10^{-3}。户外作业时 P_2、P_3 计算值还应考虑风阻力。

表 15-12 机构总效率的近似值

机构	传动型式	机构总效率 η	
		用滚动轴承	用滑动轴承
起升机构	圆柱正齿轮传动	0.80~0.85	0.70~0.80
	蜗轮蜗杆传动	0.65~0.70	0.65~0.70
运行机构	圆柱正齿轮传动	0.80~0.90	0.75~0.85
	蜗轮蜗杆传动	0.65~0.75	0.65~0.75
回转机构	齿轮传动	0.75~0.85	0.70~0.85
	蜗轮蜗杆传动	0.50~0.70	0.50~0.70

注:表中的机构总效率,对起升机构,包括传动装置、卷筒和滑轮组等总的效率;对运行机构和回转机构,只考虑传动装置的效率,因为车轮和回转支撑装置中的摩擦阻力已在运动阻力中计算。变幅机构的总效率包括传动装置的总效率 η(可参照表中运行机构的总效率值选取)和拉杆、齿条、滑轮组等变幅驱动件的效率 η_c(根据具体情况另行分别计算),而不包括臂架系统铰接点中的摩擦损耗(它们已计算在变幅阻力中了)。

根据上述计算结果,从电动机样本中选择适当 FC 值和容量的电动机,并注意校验电动机额定转矩、最大转矩和额定温升。

起重机专用交流电动机有 YZR、YZ 系列产品,容量为 1.8~200kW。由于笼型异步电动机起动时转差损耗,只适用于起动次数较少的场合;绕线转子异步电动机转差损耗大部分消耗在外部电阻器中,适用于起动次数较多的场合。但由于起动过程中损耗功率比额定转速时大、散热效果差,当起动次数达每小时数百次时,为避免过热,应降低容量使用,故在选择电动机及验算制动器等发散时,应考虑机构负载持续率 FC 值。

15.5.5.4 常用电气传动系统

起重机对电气传动的基本要求是调速,能平稳、频繁、迅速起制动,能实现大车运行机构的电气同步,防止偏斜等。此外,还应设各种安全保护,如过电流保护、超速保护以及安全限位、防碰撞保护等。

起重机常用电气传动系统及其性能见表 15-13,多为简单的交流传动。其缺点是低速时转差损耗大、工作电流大等。其中某些机构,如大车行走,低速持续运转时间较短,负载持续率较小,负载接近恒转矩负载,故上述缺点影响不显著。常用的电气传动系统如下:

1. 液压推杆调速 液压推杆制动器的电动机经过变压器接到主驱动的绕线转子电动机转子回路上,可使主驱动机构获得低速;主电动机刚接通时其转子频率为 50Hz,转子电压经变压器变成 380V 送入推杆电动机,松开制动器使机构开始运转;随主电动机转速逐渐升高,其转子电压和频率逐渐降低,推杆推力又与推杆电机转速二次方成正比地降低,制动器的弹簧将使制动转矩逐渐增加。当主电动机的电动转矩减去制动转矩后恰等于负载转矩时,系统达到平衡,稳速运行。

本方案的主要优点是简单,仅增添几个接触器与一台小变压器(一般为 1kVA 以下),即可得 1:3~1:4 的调速;从高速过渡到低速有制动力矩。其缺点是调速比小,调速特性基本上只有一条,且硬度差;制动器有磨损和发热,用于起升机构重载下降有时还有"溜钩"现象等。这种方案通常只适用于中小容量的电动机,为减少溜钩现象,可另增一套电磁制动器,或让液压推杆电动机先断电而主电动机后断电,或在液压推杆电动机定子端并联电容等。

表 15-13 常用的电气传动系统的主要性能

电气传动系统	笼型异步电动机	双笼型异步电动机-行星齿轮联轴器（或行星星减速器）	变极双速笼型异步电动机	绕线转子异步电动机转子串频敏变阻器	绕线转子异步电动机转子串多级电阻	绕线转子异步电动机，转子串多级电阻，附有直流能耗制动	固定电压供电的串励直流电动机	直流发电机-电动机系统
机械特性图（起升机构）	图	图	图	—	—	—	—	—
机械特性图（运行机构）	—	—	—	图	图	图	图	图
机械特性	不能调速，硬特性	不能调速，硬特性。n^*是指折算到高速电动机轴上的转速标么值	调速比 1:2～1:4，高速特性较硬，低速特性较软	不能调速，特性上部较硬，特性"挖土机特性"	自然特性硬，串入电阻人为特性越软。当负载大于 $0.67T_N$③ 时，速度才可调到低于 $0.6n_N$④ 以下；下降时轻载采用单相制动，重载采用反接制动，都可使速度调到 $0.6n_N$ 以下	下降调速比可达 1:4～1:10，但空钩或极轻负载时可能不能下降，自然特性硬，串入电阻减小，人为特性越软	自然特性软，轻载时速度而上升，如 $0.3T_N$ 时可运行于 $1.6n_N$，下降时高于额定速度，约为 $1.4～1.8n_N$	自然特性和人为特性都较硬。在 1:5～1:10 范围内可以获得平滑调速，轻载允许电动机弱磁工作于 $2n_N$
附加调速方法及其调速性能	用变频电源供电，调速比 1:5～1:10，再用速度闭环控制调速比可达 1:20～1:40			采用涡流制动器等方法，可得调速比 1:3～1:10，再用闭环控制，调速比可达 1:20～1:40	转子供电给液压推杆控制			用速度闭环控制，调速比可扩大至 1:100 左右

(续)

电气传动系统	笼型异步电动机 双笼型异步电动机-行星齿联轴器（或行星星联轴器）	变极双速笼型异步电动机	绕线转子异步电动机转子串频敏变阻器	绕线转子异步电动机转子串电阻，多级电阻	绕线转子异步电动机，转子串多级电阻，附有直流耗能制动	固定电压供电的串励直流电动机	直流发电机-电动机系统
过载能力	不能超过最大转矩（2.5~2.8T_N），电源电压下降时，最大转矩与电压的二次方成比例减少	不能超过最大转矩（高速为 2.5~2.8T_N，低速为 1.5~1.85T_N）；电源电压下降时，最大转矩与电压的二次方成比例减少	起动转矩即是最大转矩（1.0~1.2T_N），频敏变阻器备有抽头，可调节起动转矩；当电源电压下降时，起动转矩与电源电压成正比例减少	不能超过最大转矩，电压下降时，最大转矩与制动特性的最大转矩值还减少（直流能耗制动电流值有关）	动电机，转子串多级电阻，附有直流耗能制动	过载能力最强，最大转矩为：上升时，串励状态为 4~4.5T_N，下降时，并励状态为 2.7~3T_N，过载能力与电源电压无关	电动机的最大转矩为 1.5~3T_N，同时也取决于发电机功率及允许过电流倍数。过载能力与电源电压无关
起制动特性	起动中，转差损耗都消耗在电动机内，允许起动次数由电动机发热限制；当电动机选择不当时，起动更猛	起动中的转差损耗大多数都消耗在电动机内，一小部分消耗在频敏变阻器（或频敏变阻器），电阻器发热限制，次数较多		起动中的转差损耗大多数都消耗在转子串电阻器（或频敏变阻器），允许起动次数由电动机和电阻器发热限制，次数较多		起制动时，附加损耗最小，最适宜频繁起制动，采用闭环自动控制，速度进行加速	附加转差自动调节环节可以实现
实现电动机组同步动行方式	采用"电轴"系统可以实现			采用"电轴"系统可以实现，如各处负载转矩差值较小，可采取共用转子电阻起"电轴"作用		采用"电轴"系统可以实现	
点动性能	最差	较好	较差	一般	上升时一般，下降时较好	较好	最好
系统复杂程度	最简单	较复杂	简单			复杂	最复杂
应用的功率范围	系列产品可达 30kW	系列产品可达，大笼型电动机达 13.5kW	系列产品可达 22kW	常用到 30kW	系列产品可达 125kW 个别产品可达 250kW	系列产品可达 180kW	功率无限制

（续）

电气传动系统	笼型异步电动机	双笼型异步电动机-行星联轴器（或星减速器）	变极双速笼型异步电动机	绕线转子异步电动机转子串频敏变阻器	绕线转子异步电动机转子串多级电阻	绕线转子异步电动机,转子串多级电阻,附有直流能耗制动	固定电压供电的串励直流电动机	直流发电机-电动机系统
用途	电动葫芦、地面按钮操纵、远距离操纵、多点控制等场合及速度较高的电动单梁起重机、夹轨器	双速电动葫芦的电梯、杂物起重机、运行机构、防爆起重机	交流低速客货电梯（v<1m/s）、防爆双速起重机及中等速度的电动单梁起重机的运行机构	司机室操纵式起重机、刚性耙耙料机构、加料机的料杆旋转及摆动、起重机电动葫芦或电动单梁起重机的大车运行机构	通用桥式起重机、门座起重机的各机构以及大车运行机构,在司机室用联动控制台或凸轮控制器操纵的电动葫芦电动单梁起重机的大车运行机构	港口起重机起升机构	冶金起重机中的钳式起重机、脱锭起重机、大起重量的铸造起重机	快速及高速客电梯（v>1.5m/s）、调速范围大的大型起重机的主要机构、如缆索起重机小车运行机构的起升重机构
其他	操纵最简单。最适用于按钮操纵、远距离操纵、多点控制等场合及速度较高的运行机构。为改善起动性能,可采用定子串电阻器或电抗器起动,使起动转矩降至1.2～1.4T_N	高速电动机以n_e运行时,应使低速电动机转速不超过其允许最大转速,如高速电动机或低速绕线转子异步电动机,则对容量档次数等的限制将大为放宽	从高速接法换到低速接法,应采取合适的转换方式,低速接法允许的负载转矩接续率FC值(或接通时间)任一比高速接法小,应予校核。在电动单梁起重机中,凸轮控制器联动控制	静负载转矩近电动机额定转矩的起升机构,除非采用适当措施外,一般不能采用本方案		由下降快速档转至下降减速档（能耗制动档）的过渡过程中应使能耗制动力矩总是大于负载力矩,以防"失控"	直流电动机转矩与电枢电流成正比,因此大起重量频繁起动、轻载时损耗小。使用于经常轻载或变载场合,电动机平均损耗功率小,需配备直流电源	直流电动机转矩与电枢电流成正比,因此大起重量频繁起动、轻载时损耗小。使用于经常轻载或变载的场合,电机平均损耗功率小

① n^*是电动机的转速名义值,即电动机的转速与同步转速的比值,对直流电动机则是转速与额定转速的比值。
② T^*是电动机的转矩名义值,即电动机的转矩与额定转矩的比值。
③ T_N是电动机的额定转矩。
④ n_N是电动机的额定转速。

如采用晶闸管或饱和电抗器对液压推杆电动机进行控制,并用主电动机速度反馈的闭环系统,可获得调速比大于1:10硬特性的无级调速,且在同样制动力时,单位时间内闸瓦上产生的热量较小,温升较低,但调速比较大时,往往会引起低速速度波动。应注意控制制动轮的偏心等问题。

2. 涡流制动器调速 涡流制动器由与电动机同轴旋转的电枢和固定的感应器组成。涡流制动器结构简单,材料要求低(除励磁线圈采用铜外,其余都是低碳钢),制作较方便,坚固耐用。需要与它配用的直流控制部分只供励磁,功率很小。调速比和特性硬度取决于涡流制动器元件特性,在开环调速时,其调速比达1:5~1:10。快速下降时,可得较大的制动转矩。如涡流制动器发生故障,也只影响调速,并不影响起重机工作。其主要缺点是低速时效率低,损耗较大(不论负载轻重,电动机的转差损耗都为较大的固定值,还存在涡流制动器的制动损耗)。因此本方案只宜使用于低速持续时间较短的场合。

为了得到更高的调速比(1:20~1:40)、较硬的特性及无级调速的性能,可采用图15-78所示的调速闭环系统,但往往还必须同时改变涡流制动器部件的机械特性才能做到。

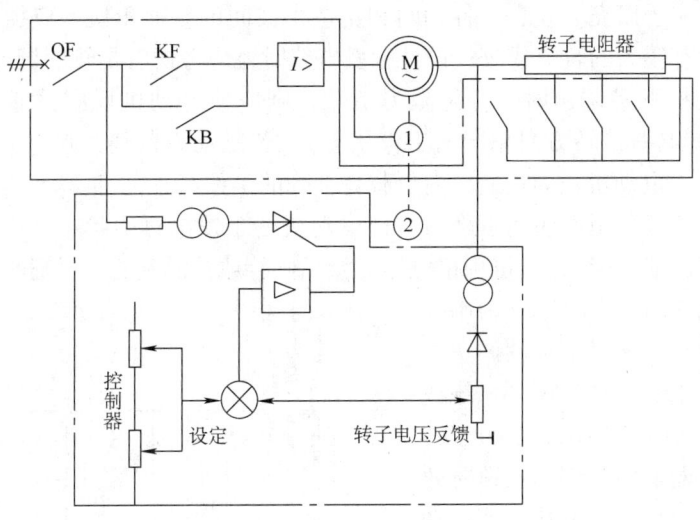

图 15-78 转子电压反馈涡流制动器调速系统
1—电磁制动器 2—涡流制动器

3. 晶闸管定子调压调速

(1) 这类调速方式的优点是,主电路简明,控制直观,不需笨重的变压器,触发电路简单,投资少,维修方便,可靠性高,系统特性硬度10%时,调速比可达1:10~1:20,可无级调速,次数允许达600次/h(主要由于电动机和接触器工作能力的限制),已能满足一般起重机的需要。其缺点是低速和反接制动运行时效率较差。较长期低速运转时,发热严重(有时电动机容量还需放大),低速有噪声、振动,一般必须构成闭环系统才能使用。如仅在转子回路中串入固定阻抗或频敏变阻器还较难满足各项要求,常需加接触器进行切换,轻载时功率因数较低。此方案适用于中小功率、低速工作时间比较短、频繁起制动的一般起重机。图15-79为转速闭环定子调压系统。

调压方案实行全控时,需在电动机的每一相中接入一对晶闸管或一个双向晶闸管。后者的优点是每相只有一个器件、一个散热器,正负半波只用一组触发装置,较易实现发电再生状态,可简化过电压保护等,缺点是换相能力较低。

(2) 调压方案的绕线转子异步电动机转子回路也有几种接线方案：①串接电阻，电阻值约为 0.25～0.35 倍的转子额定电阻，电动机的功率因数高，最大转矩较大，但满载提升时转速损失较多，故有的采取在高速时将电阻切除的方式。②接频敏变阻器，电动机功率因数低，最大转矩小，满载提升时转速损失较小。③采用电阻和频敏变阻器并联的，性能介于上述两者之间。

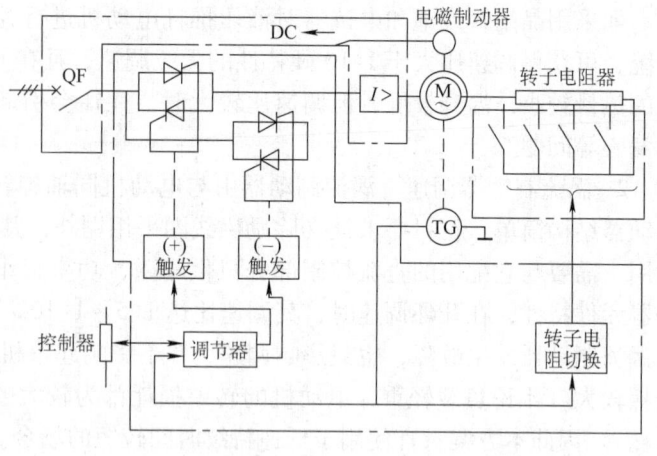

图 15-79　晶闸管定子调电压系统

(3) 因为电动机是感性负载，其功率因数变化范围较宽，起重机上电源电压变化较大，故选择触发电路时应予以充分注意。各相间和正负半波间的导通角误差应控制在 4°以下，以免电动机电流中含有较大的直流成分；设计触发电路时还应考虑有足够的调整范围。

(4) 当起升机构下降调速时，若是阻力负载，则应使电动机反向接通而处于电动状态（即电动机输出转矩与其旋转方向相同的工作状态）。若是动力负载，则应使电动机正向接通处于反接制动状态（电动机正向接通，而负载是下降的工作状态）。此两种工作状态的转换应是自动切换。动力负载长距离快速下降时应使电动机处于发电再生状态（电动机转速超过同步转速，并向电网回馈电能），这可用接触器短接晶闸管或使晶闸管全导通来实现。

4. 晶闸管串级调速　图 15-80 为串级调速系统。起重机械中，对更高的调速要求可做成转子电压电流反馈的闭环系统或转速闭环系统。串级调速的优点是由于转差能量可通过逆变器返回电网，低速时效率较高，电动机可较长时间低速工作；动力负载时，它能较长时间以超过同步转速的速度下降；恒转矩负载时，电动机降低速度，转子电流不增加。其缺点是系统较复杂、有笨重的逆变变压器及滤波电抗

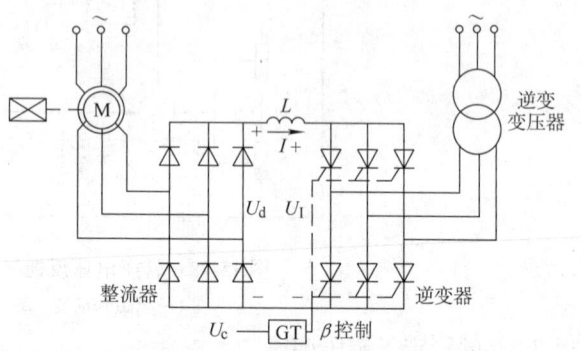

图 15-80　串级调速主电路

器、系统的功率因数差（当触发超前角较大时）、逆变器的触发脉冲要求可靠、初始投资较大等。串级调速只宜用于功率较大、低速时间比较长、需超同步速下降等能充分发挥其优点的场合。

5. 晶闸管变转子阻抗调速　图 15-81 为其系统框图。该系统将转子分级串电阻与串晶闸管变流器相结合，满足调速、提升、下放等工况要求。晶闸管变流器为三相半控桥电路，通过脉冲移相控制，改变转子回路有效电流，等效于连续改变了转子外接电阻，实现电动机调速。

主令控制信号发生器发出给定信号，并通过辅助控制电路控制各接触器，当在晶闸管调速时，KM4 断开。提升时，KMU2 闭合，短接两段转子电阻，下降时，KMD2 闭合，短接一段转子电阻，电动机运行于第 1 象限中。重载下降时，电动机运行在第 4 象限中，轻载下降时，

由空钩判断电路控制运行于第 3 象限中。

有级调速时，给定信号由继电器控制，给出三级电压信号，当无级调速时，给定信号由函数发生器给出连续控制电压信号。

通过间接测量转速，实现转速闭环控制。速度继电器电路完成 50% n_0 以上转速时的保护和空载下降判断功能。系统调速范围为 1.5% ~ 50% 额定转速，速度变化率≤1.5%，与全转子串电阻调速相比，可节电 10% ~ 13%。

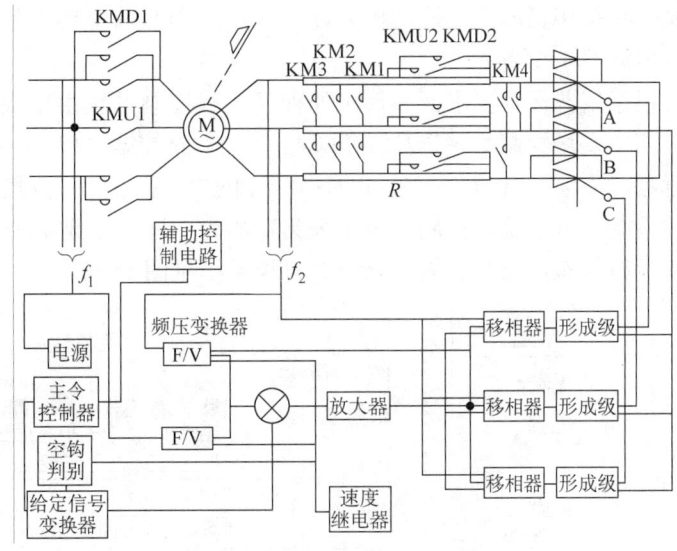

图 15-81　晶闸管变转子阻抗调速系统

15.6　供水系统及污水处理系统

随着计算机、网络通信、电子技术的飞速发展、自动化技术的日新月异，可编程序控制器（PLC）以其卓越的可靠性、抗干扰性以及方便灵活的编程和应用而越来越广泛地应用于工业控制和自动化领域。对自动控制技术要求越来越高的国内给排水行业也越来越广泛地采用以 PLC 为核心来实现工艺过程的全面监控。

水处理分为给水和排水两大领域。净水厂（给水厂）控制系统通常分为水厂调度系统、加药间 PLC 控制站、滤站 PLC 控制站、送水泵房 PLC 控制站等。对于污水处理厂来说，往往根据污水水源及排放要求来确定污水处理的工艺流程，由于污水处理工艺不同，对自控的要求也会有所变化，但总的要求从自控模式上看大同小异。以 A/O 法污水处理工艺为例，控制系统通常分为一个总控室，4 或 5 个现场 PLC 控制站（机械预处理、生物处理、污泥处理及其泵站控制等）。不管是净水厂还是污水厂，自控系统的结构模式是相同的，对 PLC 及其网络的要求也基本相同。自控系统是水处理厂的控制核心部分，其合理的选型和设计对水厂能否高效自动化运行非常重要。

目前 PLC 生产厂商很多，即使是同一个厂商，其 PLC 及网络的种类系列也很多，如果选型配置不当，就不能充分发挥 PLC 系统的控制功能，甚至使得 PLC 自控系统成为一种摆设。以下就天津咸阳路大型城市污水厂监控系统为实例，谈谈水处理行业 PLC 及其网络系统的选配和设计。

15.6.1　污水处理系统

天津污水处理厂是海河流域天津污水处理的重点工程。工程内容包括厂内、厂外两部分。厂内主体是 45 万 t/日的两级处理，厂外包括两座污水泵站，污水及污泥处理工艺选用"A/O 生物除磷"，该厂远期污水处理规模将达到 63 万 t/日。

15.6.1.1　系统组成

为保证污水处理过程的安全性、可靠性和生产的连续性，提高污水处理厂的自动化水平，控制系统采用目前国内外污水处理厂广泛应用并取得良好效果的、基于 PLC 的监控和数据采集（SCADA）系统。

根据工艺设计要求，该污水处理厂工程控制系统由中央控制室的上位计算机管理控制系统、四个现场控制站（PLC1～PLC4）、八个分控站（PLC1-1/2/3、PLC2-1/2/3/4/5）和两个远程厂外泵站（PLC-M、PLC-X）组成。采用由工业控制计算机及 PLC 构成的分散集中控制系统。该系统集控制、数据采集功能为一体，完成整个水厂的过程控制、工艺流程显示、设备运行状态的监测及故障报警。自控系统见图 15-82。

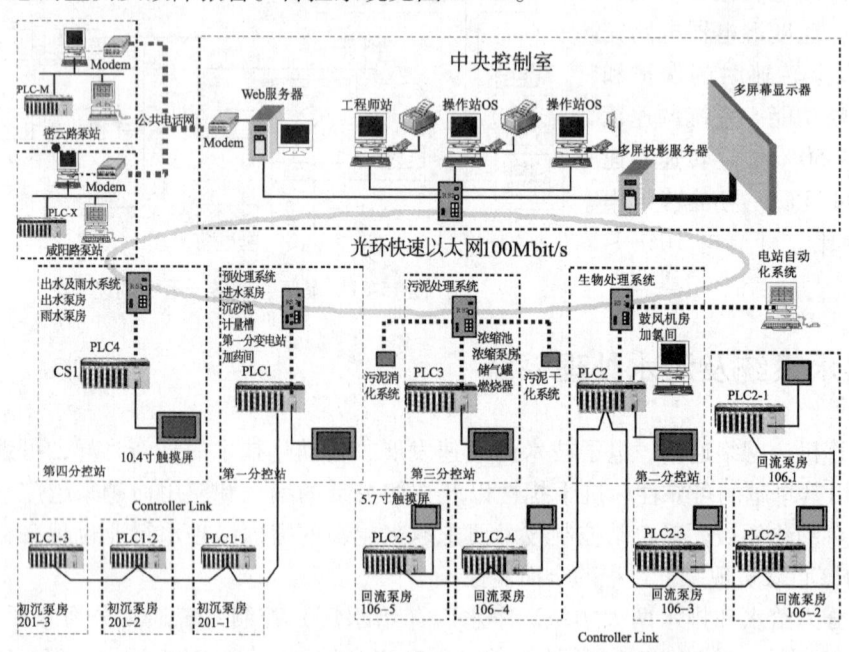

图 15-82　天津咸阳路污水处理厂（45 万 t/日）自控系统

整个控制系统以欧姆龙公司高性能的 CS1 系列可编程序控制器为核心，通过信息层的 100Mbit/s 光纤环形以太网（Ethernet）将四个现场主站 PLC 与上位监控中心实现主干网的通信连接。同时各个分控站 PLC 通过控制层的 ControllerLink 网与各个主站进行数据链接，Ethernet 与 ControllerLink 之间自动形成网关（无需额外增加网关管理设备），可通过设定路由表实现网络互连，实现无缝通信。

15.6.1.2　中央控制室

中央控制室负责监控全厂污水处理过程和设备运行状况。中央控制室和四个现场控制站组成一个环形光纤快速以太网系统，通信速率，主干线及计算机为 100Mbit/s、PLC 为 10Mbit/s。其中各现场控制站和所属的分控站组成控制网络系统。中央控制室可调用各现场站的全部运行信息，在中央控制室可控制现场主要设备的起动和停止。

（1）控制室内设置三台 SCADA 工作站（工控机），其中一台为工程师专用计算机（工程师站），以流行的 SCADA 软件作为系统控制软件，内部集成 VBA，可离线或在线对整个监控系统进行组态、参数修改、开发等。另外，两台计算机为操作员计算机（操作站），可通过工控软件实时监视全厂工艺参数变化、设备运行、故障发生等情况，并进行多种模式操作，同时负责日常报表打印、事故打印和数据记录等。两台操作站的监控系统互为冗余。三台工作站插入通用计算机以太网卡，与服务器一起连接到以太网，可以读取和写入网络上 PLC 的任意一个触点和任意数据存储器。三台工作站上可安装 PLC 的编程软件，通过欧姆龙公司的无缝网络通信，程序可方便地通过以太网（Ethernet）和控制网络（Controller Link）分别下载到指定的现场控制站和分控站 PLC，以便在调试过程中随时修改程序。

（2）中控室内设备：多屏显示控制器也通过 RJ-45 接口连接至该层以太网，从而实现联网的本地三台工作站可同时对 170cm（67in）大屏幕投影墙实时控制、多屏幕的画面切换、窗口弹出及闭路电视（CCTV）监控系统动态画面切换等操作，实现多屏幕与操作站间的双向信息传送。

15.6.1.3 现场 PLC 控制站

每个现场主站 PLC 对整个污水厂的控制功能划分为：

1. 预处理系统控制站（PLC1） 主要负责进水泵房、沉砂池、计量槽。具体为如下单元的检测、控制：进水闸门、粗格栅、进水泵房、细格栅、旋流沉砂池、分砂机房、初次沉淀池、初沉污泥泵房。

另外，在近期的 3 个初沉污泥泵房设 3 个子站（PLC1-1/2/3），负责相应的初沉污泥泵房和初沉池。

主要通信方式：主站和子站 PLC 之间的通信采用 PLC 间的控制级总线 Controller Link；变频器、软起动器、分砂设备等成套设备通过数字接口与 PLC 实现通信（协议宏）。

2. 生物处理系统控制站（PLC2） 主要负责生物处理系统、加氯间的监控，同时兼顾变电站（电站自动化成套设备）、鼓风机系统（成套设备）的通信。

另外，在近期的 5 个系列的回流污泥泵房设 5 个子站（PLC2-1/2/3/4/5）。子站负责近期的五套生物处理过程，如 PLC2-1 负责 AO 曝气池、回流污泥泵房和二沉池。

主站通信方式 鼓风机主控制盘（MCP）与主站通过数字接口通信（协议宏）；变电站的电站自动化系统通过以太网与厂区快速以太网设备通信。

子站通信方式 主站与子站 PLC 之间的通信采用 ControllerLink；回流泵的变频器通过数字接口（现场总线 DeviceNet 或协议宏）与子站 PLC 通信。

3. 污泥处理系统控制站（PLC3） 主要负责浓缩池、浓缩污泥泵房、储气罐、燃烧器等监控，同时兼顾污泥脱水系统（成套设备）、污泥消化系统（成套设备）、污泥干化系统（成套设备）的通信。

控制环节 浓缩污泥泵房的污泥泵控制。

I/O 检测信号 液位、浓度和电气设备状态等

通信方式 污泥脱水系统（成套设备）通过数字接口（协议宏）与 PLC 实现通信。

污泥消化系统（成套设备）、污泥干化系统（成套设备）通过以太网与厂区快速以太网设备通信。

4. 出水及雨水系统控制站（PLC4） 主要负责出水泵房、雨水泵房的检测和控制。

控制功能：水泵系统现场和远程控制、流量控制，多台定速泵编组优化控制。

监视功能：状态信号有水泵"运行"、"自动/手动"、"故障"信号；模拟信号有前池液位。

5. 远程泵站控制（PLC-M，PLC-X） 天津市咸阳路泵站、密云路污水泵站是咸阳路污水处理厂的配套厂外泵站，流量为 $2m^3/s$。

为实现污水泵站的无人职守，保证污水泵站运行的安全性、可靠性和生产的联系性，控制系统采用基于 PLC 的集散控制系统，将管理层和控制层分开。管理层主要是通过上位机和

现排水公司的调度中心对泵站进行监视；控制层主要是通过现场 PLC 完成泵站的自动控制。

污水泵站除具备生产过程的监视和控制外，通过有线或无线（通常情况下相互备用）的公共电话网以拨号的方式与调度中心和污水处理厂实现通信联络。

在泵站内部，上位监控计算机、PLC 和电站自动化系统通过以太网（内部局域网）进行通信。

污水泵站的各检测仪表均为在线式仪表，变送器均带有数字显示装置，并向 PLC 传送标准模拟（4~20mA）、数字信号。

15.6.2 网络选择

在进行工业控制过程中，实际工业过程比较复杂，一个控制过程可能由许多控制任务组成。这些控制任务既有相对的独立性，又需与其他任务联系，众多相对独立的任务又需要在总的方面构成一个整体，这种控制过程若仅靠扩大机型来解决，效果不理想。因此，许多 PLC 的生产厂商为自己产品打开销路而开发了网络系统。

由于网络开发针对产品的单一性，各厂商网络虽然有自己的优点，但控制网络系统不开放、可集成性差、网络传输速率低、信息集成传输能力差，以及无法实现管控一体化等问题基本上是各厂商控制网络的通病。现阶段水厂内比较先进和实际的控制网络是以太网结合 PLC 的现场总线形式，即由设备网、控制网、信息网所构成的网络结构。

1. 设备网　随着现场总线技术的发展及有现场总线通信能力的智能现场设备、智能仪表的不断增加，目前现场通过控制电缆直接连接 PLC 控制器和终端电器设备的方式将逐步被现场总线部分取代。

现场总线是连接控制系统中现场装置的双向数字通信网络，具有较高的性能价格比。导线、连接附件、设计、安装、调试、维护费用等大幅度减少，使系统综合成本大幅度地降低。

在水厂现场总线的设计中，可以根据设备的分布情况，选择不同的现场总线输入/输出模块装置，确定其适合的安装位置，如水厂一套送水泵系统一般要采集泵的运行、停止、故障、各处轴温、电动机线圈温度、泵出口压力、泵进出口阀等各种状态信号，根据实际情况，就可选择一定点数的输入输出模块，直接安装在送水泵系统的附近，通过总线连接到主控器，这样就可以充分发挥总线设备的优势，节约资源、提高性能。又如中压部分的综合继电保护装置、变频装置、人机界面等复杂的现场装置，也可通过独立的接口直接连接到现场总线上，使获得的设备信息更加丰富。

选择具有可靠性高和冗余功能强的智能 I/O 现场总线，甩掉大量的控制电缆，节省投资和增加自控系统的可靠性应该是网络设计中应该考虑的问题。

2. 控制网　控制网络是控制器和现场总线设备及 I/O 设备之间的一条高速通信链路，一般控制网络具有高速确定性，且对时间有苛刻的要求，网络上的每个节点可对等通信。水厂的控制网络概括来分有两大类：第一类，不同厂家的专用控制网络（典型的如 A-B 公司的 Controlnet、DH+网络，SCHNEIDER 公司的 Modbus PLUS 网络等）；第二类，工业控制以太网。

（1）专用控制网络　专业控制网络一般是 PLC 厂家针对自家系统设备的特点而开发的控制网络，它具有自己的优势，对自己产品具有很好的兼容性，稳定性极好。在开放性、兼容性、透明管理、通信速率要求不是很高的场合，有很好的应用空间。

（2）工业控制以太网　虽然一些专用控制网络有其自身的特点，还有一定的应用空间，但是工业控制以太网逐步运用并代替专用控制网络的可能性将越来越大。目前随着工业控制以太网技术的逐步成熟，以太网以其统一的 TCP/IP 和 CSMA/CD 多路访问方式使得 Internet 迅猛发展，这一成功经验使一直受不同协议的兼容问题困扰的工业界看到希望。许多 PLC 生产厂家均开发，推出以太网通信模块，使其 PLC 能方便地接入以太网中。以太网以其廉价、高速、简易、方便的特性被引入工业控制底层网络中，即使最底层的 I/O 采集器也已经集成有以太网的功能，从而使现场生产层、控制层和管理决策集成为具有统一 TCP/IP 的工业以太网，使水厂自控网络具有了管（经营）控（生产控制）一体化功能。

以太网以其传输速率高、信息量大、兼容性强、编址灵活方便、网络管理功能完善等显著优点受到许多工业控制现场总线开发厂商的高度重视，他们正致力于开发 Ethernet/IP 总线网络，而工业以太网很有可能成为最终统一的工业控制现场总线标准。

（3）网络介质　不同网络通信介质的选取可能不同，网络通信介质主要有双绞线、同轴电缆、光纤等，双绞线和同轴电缆在以前的控制网络中得到了大量的应用，但随着通信手段的提高，光纤通信将成为通信介质的首选，这从以下特点可以看出：

1）光纤具有传输频带宽、速率高的显著特点，被现代网络通信广泛应用。

2）光纤具有较高的抗电磁干扰和抗雷电袭击的能力，被广泛地应用到工业自动控制场合。

3）具有数据、图像、语言三网合一的传输功能，常被企业局域网采用，水厂的工业电视监视系统和自控系统也可合并成一个光纤通信网。

4）交换机、HUB 和光电转换设备均已成熟可靠，且价格有较大幅度下降，是目前性价比最优的设备之一。

（4）冗余控制网络　很多 PLC 控制器都能够满足冗余控制网络的技术要求，冗余控制网络在控制网中时常出现，冗余控制网络在通信网络的物理故障出现时，对维持通信的正常进行将起到一定作用。

就目前水厂通信情况而言，选择何种网络，网络的通信介质如何选取，是否选择冗余控制网络，根据水厂情况不同会有不同，但通信速率、网络距离、网络的节点数、网络的通信量等几个技术要素是选择网络的重要参考数据。工业控制以太网、光纤通信介质、主控制网采用冗余控制网络已逐渐成为大、中型水厂控制网络的主流选择。

3. 信息网　信息网基本上采用 Ethernet，其构成要素主要是水厂的管理 PC 和自来水公司集中调度的 PC，主要用于水厂的数据采集传输、程序维修、管理调度。

综合起来看，控制网络的发展将采用更分散化的控制结构，以及在通信网络结构设备层进行更多的数据处理，用工业控制以太网建成一个透明的控制网络符合最新的产业发展趋势。

欧姆龙公司的网络系统有着较强的开放性、兼容性和可扩展性，其网络产品可谓品种繁多，常见的网络见表 15-14。

表 15-14　欧姆龙公司的网络通信系统

名　　称	传输介质	传输速率/（Mbit/s）	传输距离/m
Ethernet	以太网	同轴电缆或双绞线	10/100	500/段
SYSNET	令牌环网	光纤	2	节点间 800
Host Link	上位机链接	RS-442/223C	0.1152	500
SYSMAC Link	令牌总线	同轴电缆或光纤	2	节点间 800
PC Link	PC 链接	双绞线	0.128	500

(续)

名　　称	传输介质	传输速率/(Mbit/s)	传输距离/m
Controller Link	控制器连接 双绞线或光纤	2	1000 或 30000
SYSBUS	远程 I/O 系统 双绞线或光纤	0.1875	200
SYSBUS/2	远程 I/O 系统 双绞线或光纤	1.5	500
CompoBus/D (DeviceNet)	设备网 双绞线	0.5	500
CompoBus/S	器件网 双绞线	0.75	100
Profibus-DP	双绞线	12	4800/段
Modbus	双绞线	0.0384	1200

可将以上的网络从高到低划分为三个层次：信息层、控制层和设备层。第一层为信息网，包括 Ethernet、Host Link，它们主要负责大量信息及不同厂家、不同设备之间的信息传输，Ethernet 已成为当前最通用的一种信息网络。第二层为控制层，包括 SYSMAC Link、PC Link 和 Controller Link，控制层网络的特点是高速、高可靠，适合 PLC 与计算机、PLC 与 PLC 及其他设备之间的大量数据的高速通信。最底层网络为设备层，它们有 SYSBUS、SYSBUS/2、CompoBus/D (DeviceNet)、CompoBus/S、Profibus-DP、Modbus 等，这一层用于 PLC 与现场设备、远程 I/O 端子及现场仪表或智能设备之间的通信，设备层网络应与现场设备连接方便，并能起到省配线的作用，成本低廉。第二、第三层网络习惯上称之为现场总线。Ethernet、Controller Link 和 DeviceNet、Profibus-DP 或 Modbus 代表了以上三个层次网络产品的最新技术。其无缝的网络通信系统结构图见图 15-83。

根据对以上欧姆龙公司网络系统的分析，结合城市水处理、工艺控制要求，最终选择的典型的网络系统见图 15-84（以太网结构）。

整个水厂主要由两级网络构成，第一级采用双冗余的以太网，负责中央控制室与四个主要的控制中心-分控站的通信，第二级采用 Controller Link 网建立各个分控站与所属控制区域的现场控制 PLC 之间的通信。另外，在净水间与配水井之间采用了 DeviceNet 的远程 I/O 方式，高压配电间及鼓风机房的高压柜可以借助 RS-485 接口输出状态信息，通过双绞线与可编程控制器的 RS-485 接口相连。

一级网络采用 Ethernet 的主要原因是用户对以太网相对较熟悉，易于被接受，另外水处理厂的管理系统一般多采用以太网，便于直接连接。这一级网络用于各分控站与中央控制室之间的通信，各分控站之间也会有少量的数据传输，对可靠性要求较高。这里是通过采用双以太网冗余的方式来提高可靠性。而在其他的一些水处理项目中采用 Controller Link 来实现分控站与中央控制室之间的通信，并将管理系统的以太网分离出来，这种方法与本控制系统相比更为合理。特别用 Controller Link 构成光纤冗余环形网，除可靠性、抗干扰能力非常强外，尤其适合南方水处理厂的防雷需求，其典型结构见图 15-85。

本系统二级网络采用 Controller Link，用于现场主站 PLC 与分控站之间的通信。欧姆龙公司的 Controller Link 采用 $N:N$ 令牌总线或光纤环形网，从而提高了对网络故障的处理能力，不会因网络节点故障而使整个网络停止运行。它的通信速率恒定为 2Mbit/s，最大节点数量为 62 个，采用线缆时的通信距离在不接续的情况下为 1km，采用光纤时最大通信距离为 30km。Controller Link 比欧姆龙公司以往的 SYSMAC Link 有更好的性能价格比，其特点是：①可靠性高，具有 RAS 功能，可维护性好。②大容量的数据链接功能使得用户不必编程也能很好地完

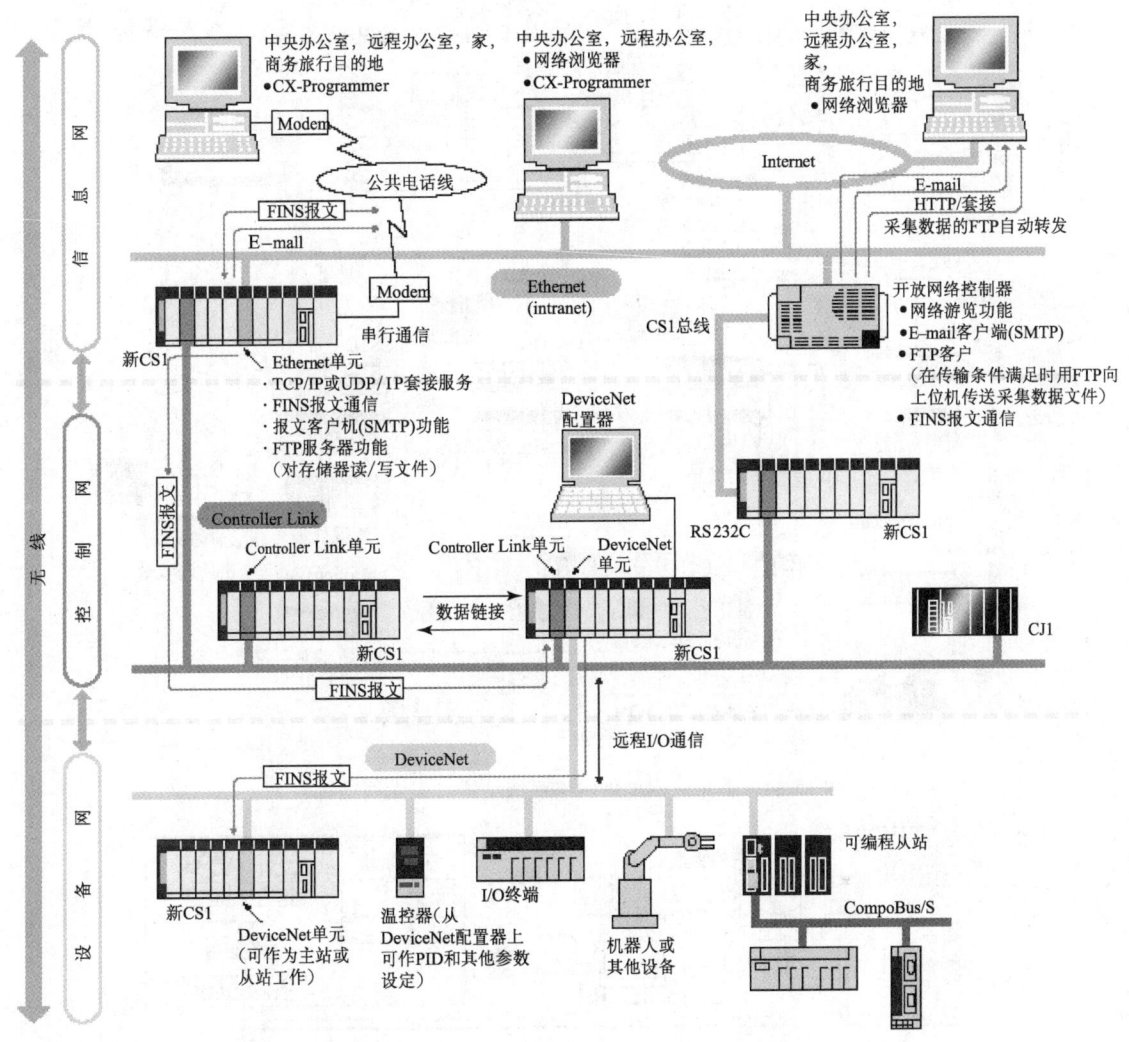

图 15-83　无缝的欧姆龙公司网络通信系统结构

成通信。③灵活的网络互连，可以通过欧姆龙公司的 PLC 或网关（ONC）与其他欧姆龙公司网络，包括以太网、SYSNET、SYSMAC Link 等互连，并可以实现跨越三级这样的互联网的数据共享。④简单的双绞线电缆连接，使用方便，或采用高可靠性的光纤冗余环形网连接，不会因为线路的折断或电磁波的干扰而影响通信。

　　本系统在净水间与滤池现场之间少量地采用了 Compobus/D 的现场总线，构成远程 I/O 系统，从而适合该区域少点数、分散性强的控制特点。Compobus/D 采用公开的 DeviceNet 总线协议，它是符合国际标准 IEC62026 的现场总线，该协议由非营利的开放式 Device Net 供货商协会（ODVA）解释、宣传和推广。它的通信速率为 500、250、125kbit/s 可切换，无中继的通信距离为 500m，网络上的主单元之间能通过 FINS 指令相互传送数据。采用 Compobus/D 现场总线构成分散式的控制系统，是当今自动化的发展方向。但由于分散式的结构增加了项目招投标前的初步设计工作量，另外表面上看分散控制的 PLC 及网络终端总价格常常高于集中式 PLC（实际上分散控制系统的省配线节约了非 PLC 部分的费用），目前国内水处理厂大多没有采用这种 DeviceNet 的分散结构。

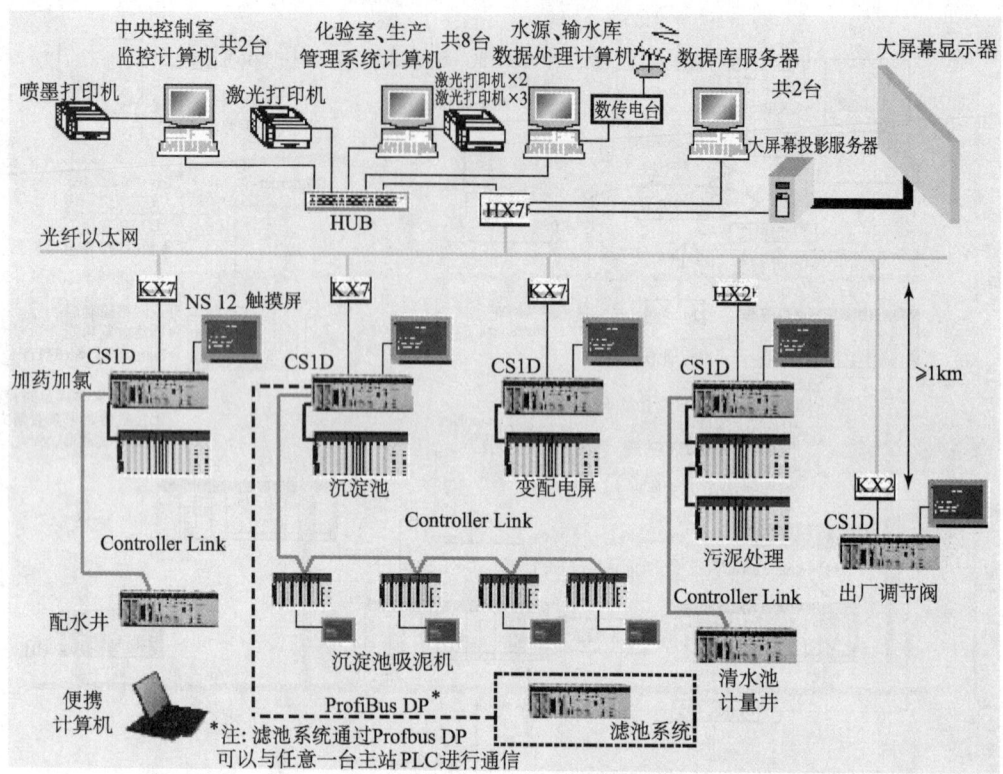

图 15-84 典型的水处理网络系统结构（以太网结构）

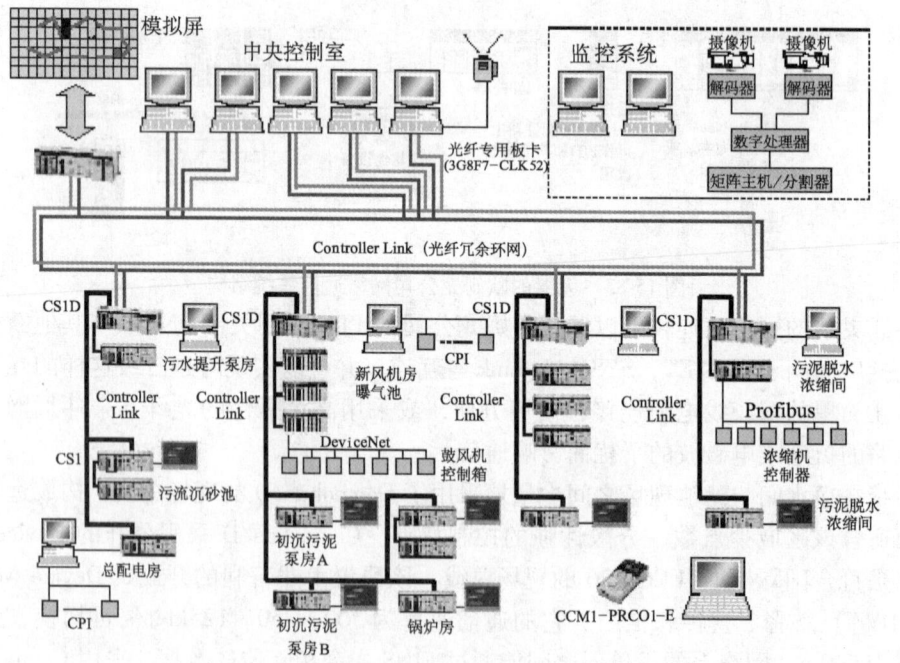

图 15-85 典型的水处理网络系统结构（ControlleLink 光纤环网结构）

世界上有 300 多家知名的自控厂商成为 ODVA 成员，支持 DeviceNet。如果用 Compobus/D 直接与现场仪表相连，目前还有一定的困难，主要是：①作为 ODVA 成员的仪表厂商通常只是部分仪表产品支持 DeviceNet；②往往同一仪表产品，因带有 DeviceNet 接口而使得价格变得很高。因此在现阶段，宜采用分散式的 Compobus/D 端子，再与现场设备或仪表连接更为合理。

此外，在现场总线层，欧姆龙公司还提供 PROFIBUS 或 MODIBUS 等开放式现场总线主从站接口模块，同时还可通过 RS-485 使用欧姆龙公司特有的协议宏功能与第三方智能仪表或设备进行通信，从而充分体现欧姆公司在水处理行业等工程项目领域独特的系统开放性和灵活性。

15.6.3 PLC 的选择

水处理厂的操作人员多为工人，技术能力有限，而一个污水厂的自控系统往往要运行 10~20 年。因此在选择可编程序控制器时，需充分考虑其先进性、实用性。PLC 应采用世界知名公司的最新产品，应考虑选择货源充足、中文资料丰富、备品备件容易、技术服务方便、国内有维修处的生产商的产品，PLC 的控制点数应留有裕量，并具有可扩充性。另外，与发达国家相比，中国电网质量尚有差距，应选择对电源波动适应范围大于 ±20% 的产品。考虑到国内用户的技术水平，PLC 系统应结构简洁、使用方便、特别是程序编制方法应简单易学。根据可靠性的要求，可选择双 CPU 冗余的双机热备型 PLC 或者单 CPU 机型。

在本污水处理厂自控系统中，开关量的控制和检测占较大的比重，也包括了一定量的模拟量检测与控制，脉冲及其他物理量的测控相对较少。在可靠性要求较高的四个主控站选择了欧姆龙公司最新的冗余机型 CS1D，在各现场控制站采用欧姆龙公司性价比较高的 CS1 或 CJ1 系列 PLC。PLC 的输入输出控制点均留有 20% 以上的裕量。为提高抗干扰能力，PLC 柜内加装了 1:1 隔离变压器。此外，每个 PLC 都连接了一台图形方式的人机交互用触摸屏，便于工人在现场对设备进行操作。

CS1D 为硬件冗余的双机热备 PLC 系统，它的 CPU 底板上安装了两个电源和两个 CPU，用户在其中一个 CPU 中进行编程，编程方法同单 CPU 机型。当激活状态的 CPU 运行时，热备状态的 CPU 也对关键的参数进行记录，当激活的 CPU 故障时，热备 CPU 可以在一个扫描周期内切换到运行状态，整个过程是自动完成不需要人为的干预（这与在国内常见到的所谓的软热备 PLC 系统，实质上并非真正的冗余热备系统有着本质的不同）。

CS1D（双机系统）或 CS1（单机系统）PLC 的 CPU 技术指标：

(1) 32 位高速 RISC 的 CPU。

(2) 就 CS1D 而言，双 CPU、双电源、双网络安装于一个底板，实现真正意义上的硬件热备，两个 CPU 在故障时切换时间小于一个扫描周期。大大增强系统运行的可靠性。

(3) 程序容量：10~250K 步（1000kbit） + 数据容量：64~448K 字（896kbit），程序存储器带保护开关、锂电池保护程序、快闪存储保护数据。

(4) 最大 I/O 点数：5120 点，不包括内部继电器位，可直接用于输入输出，每个槽位都是通用的。

(5) 电源电压范围：AC85~132V 或 AC170~264V。

(6) 基本指令处理速度：≤0.02μs。

(7) 特殊指令处理速度：≤0.12μs。

(8) 支持以任务为单位，可将程序进行组合后完成编程。任务数：288（周期任务 32，中断任务：256）。

(9) 用户程序、I/O 内存或系统参数能够以文件形式存放于数据存储卡或 CPU 内存中，快闪存储（Flash Memory）卡最大容量可达 64MB。

（10）CPU 带 RS-232C（最大可达 115.2kbit/s）端口，通过串行通信设备，每套 PLC 上最多能提供 34 个（RS-232/422/485）通信口，通信速率可达 38.4kbit/s，用于连接现场仪表、外围通信设备和触摸屏（PT）。

（11）对于每个串行通信口，具备自定义协议的通信功能——协议宏功能（Protocol Macro），能与非本公司产品进行数据交换，便于和现场智能仪表相连。

（12）支持 E_mail 功能，能以事件触发、定时触发及故障触发方式由 PLC 向上位机发送电子邮件。

（13）具有电源出错履历、电源中断时间压栈、电源中断计数等电源维护功能。

（14）支持以太网（Ethernet）、控制网（Controller Link）、设备网（DeviceNet），并支持多网配置。

（15）中断功能：定时中断，掉电中断，I/O 中断，外部中断。

（16）编程软件采用最新的 Windows 版 CX-P，采用结构化、多任务、梯形图、语句表编程方式，具有良好的在线编辑和在线帮助功能。

采用欧姆龙公司 PLC 的另一个优点是，欧姆龙公司 PLC 产品从 C200H 系列向上均备有模糊控制模块，可以使得水处理厂特别是污水处理厂在运行一定的周期，积累了一定的数据和经验后，上升到模糊控制方式。模糊控制属于智能控制的范畴，无需建立控制过程的精确数学模型，而是完全凭人的知识和经验"直观"地进行控制。具体地说，人们通过手动操作的经验，并用语言加以描述，形成一系列带有模糊性的规则集合或规则库，由 PLC 按照这些规则库对被控对象进行调节。与常规的 PID 控制方式相比，模糊控制更适合那些难于用函数精确描述的被控对象。

15.6.4 中央控制室及上位监控软件

中央控制室设置了四台 SCADA 工作站（工控机）。其中一台为总控站，另一台为程序员工作站，其他为操作员工作站，可完成全厂设备的状态显示、自动控制、半自动控制、打印报警、分析报表等工作。中控室设置了一台服务器，为全厂 20 余台计算机提供支援。另外，中央控制室还设置有大型模拟显示屏，由 PLC 控制，以显示全厂的工作状态，还配置了一套 762cm（300in）大屏幕投影系统。

欧姆龙公司作为世界最大的 PLC 厂商之一，世界主要的 SCADA 软件厂商均支持欧姆龙公司产品。本系统 SCADA 软件选择的灵活性很大，Intellution 公司的 iFix、Wonderware 公司的 Intuch、E-mation 公司的 Wizcon、Ci Technologies Inc 的 Citect、Rockwell 公司的 RSView32 均是国内常见的 SCADA 产品，它们均支持欧姆龙公司的 PLC 及其网络产品（水处理组态画面见图 15-86）。工程中有时常用微软通用软件 VB、VC 等开发组态画面，则欧姆龙公司提供 Finsgateway SDK 开发版控件，方便用户在微软软件中调用。此外，欧姆龙公司自身也推出了低成本的 CX-Supervisor 通用组态软件，与 PLC 建立了完善的适合于各种网络的通信接口，目前正越来越多的应用于各个污水处理厂。

目前工业界推出了接口软件的标准 OPC（OLE for Process Control），欧姆龙公司也及时地发表了自己的 OPC Server 软件。利用这一接口，使得欧姆龙 PLC 与任一支持这一标准的新一代 SCADA 软件之间的连接变得更简单。

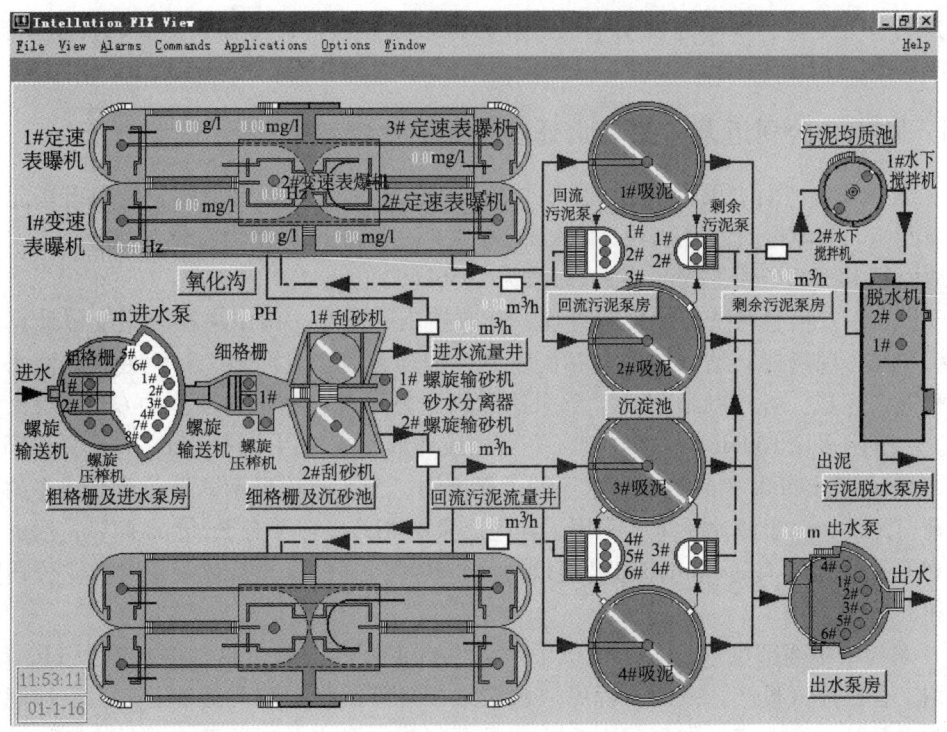

图 15-86 水处理工艺流程上位机组态画面

15.6.5 自控产品选型中的注意点

随着自动控制技术的发展，自控产品的品种越来越多，选择的余地也越来越大，产品良莠参差不齐。从实际使用情况看，世界上几家主要的自控专业产品厂商所提供的自控产品相对稳定性较好，而一些新转向从事自控产品生产的厂家的产品稳定性稍差一些，但其价格往往稍低廉一些。根据水处理厂的特点，自控系统应能稳定地工作 10 年以上，而工作环境往往是含有少量的有害气体或相对湿度较大。自控产品的选型应尽可能考虑采用可靠性较高、能长期稳定工作的产品。同时选型中不要陷入如下一些误区：

(1) 网络选型中，只看几个表面参数指标，缺乏对网络技术本质的深入了解和对水处理厂网络实际需求的正确认识，导致选型中的不合理或浪费。例如，看到以太网或其他某网络标注 10Mbit/s 以上或 100Mbit/s 的传输速率，就认为此网络一定比 Controller Link 工作速度快，殊不知由于调制、传输工作方式的不同，以太网不一定如 Controller Link 能够及时快速地传递控制信息。再如有的水处理厂，其占地面积不过方圆 500 米，却要求厂内 PLC 之间的通信距离达到 30km。

(2) 不关心能表现 PLC 实际性能的参数，如基本指令执行时间、程序容量、数据容量，指令的功能等，片面地追求 CPU 芯片是否采用 486、586，或者含混地要求 PLC 的内存达到多少兆字节。其实 PLC 内部的系统程序也要使用内存。

(3) 只看到采用现场总线方案后，PLC、网络系统的价格比单机系统高了，没有看到由于现场总线的省配线特点，降低了系统施工、调试、维护的成本。

(4) 以为只要两个 CPU 连在一起的 PLC 系统就是冗余热备系统。冗余热备系统有严格的定义和要求，各厂商只在自己高层次产品中采用。

(5) 为节省经费，采用连说明书也没有的盗版监控软件，不知道这类软件培训、服务、维护的重要性。

15.6.6 欧姆龙公司近几年来在水处理行业的业绩列举

(1) 昆明掌鸠河引水供水项目：昆明掌鸠河引水供水工程项目现位于昆明市东北松华坝水库副坝西侧，与城区直线距离约为14km。净水厂一期建设规模为日供水40万 m^3。净水厂厂区占地面积$1732116m^2$（2598亩），海拔为1956m。

该项目自控及信息系统实行集中管理、分散控制的原则。由中央控制室上位计算机管理控制系统和八个现场控制站（其中包括配水井、加药加氯、沉淀池、污泥处理、清水池、出厂调节阀等）组成。各控制站 PLC 全部采用欧姆龙公司高可靠、高性能的 CS1D 双机系统实现主控。主干网采用100Mbit/s总线型（亦可构成环形）光纤以太网（Ethernet），子网采用工业级网络 Controller Link 完成整个净水厂的过程控制、工艺流程显示、设备运行状态的监测及故障报警。此外，由于滤池系统已采用了其他厂家的 PLC，它带有 Profibus 接口，因此，欧姆龙公司 PLC 则通过现有的 Profibus-DP 接口模块与其进行通信，充分体现了欧姆龙公司网络的开放性和灵活性。

(2) 东莞市中西部供水厂：东莞市中西部供水工程共三期，总日供水能力110万t。一期、二期工程已建成投产。三期工程由取水泵站、格网絮凝平流沉淀池、气水反冲滤池、清水池、配水泵站、变电室、加氯间七个主要部分组成。取水泵房距净水厂约2000m。建立集中管理、分散控制系统。该系统由中心管理站、取水泵房现场站、沉淀池/加氯加药现场站、滤池现场站、配水泵房配电室现场站、通信网络（以太网加双 Controller Link）组成。2001年通水至今，运行情况稳定，未发生故障，得到业界人士的好评。

(3) 芬兰岛屿城市坦培雷给排水处理厂：坦培雷是两大相连湖泊之间的岛城，位于芬兰首都赫尔辛基以北175km。它包括周围邻近的五个市镇（例如 Nokia），居住着占芬兰人口的5%居民。整个控制系统由芬兰欧姆龙电子公司总承包，采用连续控制与模糊控制相接合的控制方式。已建成总长度达1750km 的管网，用于饮用水配水和污水输送，将总生物负载汇集至25km 以外的两个污水处理厂——Rahola 和 Viinikalahti。覆盖郊区、跨越湖泊的污水管道以及67个泵站负责收集全部污水。所有泵站都按照集中化要求，通过无线通信和报警系统等手段进行远程监控、诊断、控制和运行。设计能力：预沉淀为$120000m^3$/日；生物处理为$67000m^3$/日;总抽水率为3.3m^3/s。污水由雨污合流水管经37个无线控制的泵站汇集而来。采用了欧姆龙公司大型 PLC 作为主控，多个中型 PLC 实现分控，完成泵站的全面自动化监控。采用42个无线和数十个有线（电缆）调制解调器对所有泵站进行监测和诊断。

(4) 天津纪庄子污水处理厂：天津纪庄子污水处理厂早在1984年投产，原日处理能力为26万t/日。该扩建工程建设目标将达到54万t/日，是目前国内最大的污水处理厂之一。该厂原控制系统基本采用手动，通过此次扩建，全都采用基于 PLC 的集散型控制系统。整个污水处理厂工艺的控制系统由三级组成：①就地控制（现场电气控制柜）；②过程控制（各 PLC 现场分控站）；③监视管理（中央控制室的操作站）。欧姆龙公司的三层网络正好满足三级控制的全部要求，不但保证了污水处理安全性、可靠性和生产的连续性要求，而且提高了污水处理厂的自动化水平。使欧姆龙公司先进的自动控制技术与环保得以完美的结合。

(5) 吉林市污水治理工程自控系统(39万t/日)：本系统采用工业冗余控制环形网双 Controller Link，用于中央控制室与现场 PLC 分控站之间的通信。欧姆龙公司的 Controller Link 采用 N:N 令牌总线或光纤环形网，从而提高了对网络故障的处理能力，不会因网络节点故障而使整个网络停止运行。它的通信速率为 2Mbit/s，最大触点数量为 62 个，采用线缆时的通信距离：在不接续的情况下为 1km，采用光纤时为 30km（单层网络）。Controller Link 比欧姆龙公司以往的 SYSMAC Link 有更好的性能价格比，其特点是：①可靠性高，具有 RAS 功能，可维护性好。②大容量的数据链接功能使得用户不必编程也能很好地完成通信。③灵活的网络互连，可以通过欧姆龙公司的 PLC 或网关（ONC）与其他欧姆龙公司网络，包括以太网、SYSNET、SYSMAC Link 等互连，并可以实现跨越三级这样的互联网的数据共享。④简单的双绞线电缆连接，使用方便，或采用高可靠的光纤冗余环形网连接，不会因为线路的折断或电磁波的干扰而影响通信。本系统在鼓风机房主站与控制箱现场之间采用了 Compobus/D 现场总线，构成远程 I/O 系统，从而适合该区域点数少、分散性大的控制特点。Compobus/D 采用公开的 DeviceNet 总线协议，它是符合国际标准 ICE62026 的开放式现场总线，该协议由非营利的国际化组织 ODVA 解释、宣传和推广。它的通信速率为 500、250、125kbit/s 可切换，无中继时的通信距离为 500m，网络上的主单元之间能通过 FINS 指令相互传送数据。采用 Compobus/D 现场总线构成分散式的控制系统，是当今自动化的发展方向。

15.7 风洞控制系统

15.7.1 概述

风洞是进行空气动力学试验的一项基础设备。空气动力学是发展航空、航天技术以及其他工业技术的一门基础科学。由于气体流动以及物体（如飞机）几何外形的复杂性，在空气动力学研究和飞行器气动设计中的许多问题，都不可能单纯依靠理论或解析方法得到解决，而必须通过大量的试验找出其规律或提供数据，并且同理论分析结合起来研究，这样才能解决实际问题。迄今为止的大部分气动试验都是在风洞中完成的。

所谓风洞，是指在一个按一定要求设计的管道系统内，使用动力装置驱动一股可控制的气流，根据运动的相对性和相似性原理，进行各种空气动力试验的设备。空气动力试验普遍采用风洞试验，风洞在空气动力研究和飞行器设计中一直起着非常重要的作用。随着工业科学技术的发展，风洞（目前主要是低速风洞）在非航空、航天领域的应用也日趋广泛。例如气动测试仪器的标定，高层建筑、电视塔、大型塔架及其他各种建筑物的风载性能，汽车、火车及其他交通车辆的气动特性，大气污染现象、各种风力机械、防风林防沙林、体育器械的性能等等，都需要利用风洞试验的技术，在风洞中进行各种实验。

1. 风洞试验的优点

(1) 风洞中的气流参数，如速度、压力、密度、温度等等，都可以比较准确地控制，并且随时可以改变。因而风洞试验可以方便可靠地满足各种实验要求。

(2) 风洞试验在室内进行，一般不受大气环境（如季节、昼夜、风雨、气温等）变化的影响，可以连续进行试验。

(3) 风洞实验时，模型大都是静止不动的。这给数据测量带来很大方便，并且容易测量准确，试验比较安全。

(4) 风洞中不仅能测量整机数据，而且还可以分别测量各种部件（如单独机翼、机身等）和组合体的数据。

(5) 较之其他实验手段，风洞试验的成本较低廉。随着风洞自动化程度及效率的提高，试验成本还可以下降。

2. 风洞试验的缺点　主要是很难保证试验流场与真实飞行流场之间的完全相似。

(1) 风洞试验不能同时满足相似律所提出的所有相似准则，例如马赫数 Ma、雷诺数 Re 等等。如要做到这一点，风洞所需的基建投资和动力消耗都非常巨大。

(2) 在风洞试验中，气流是有边界的，不可避免地存在洞壁的影响，称为洞壁干扰。另外，模型支撑系统也会影响模型流场，称为支架干扰。这些都影响流场的几何相似。

根据试验经验，这两条都不会影响风洞试验的可靠性。而且洞壁干扰、支架干扰等可在一定限度内经过修正而消除。

3. 风洞类型　据粗略统计，目前全世界的风洞在 1000 座以上，其类型、工作原理、试验段尺寸、功率、速度、连续工作时间等等都是很不相同的。为了研究如何选择和设计风洞的问题，必须将风洞按照它的特点进行分类。分类的方法很多，但最主要的是按速度范围来分类。这是因为：第一，风洞的速度范围不同，决定了它的工作原理、形式、构造和尺寸等也不相同；第二，飞行器的气动特性在不同的速度范围内是不相同的，相应的风洞只能提供相应速度范围的气流条件，很难在一个风洞中包括飞行器的全部速度范围。

按照试验段的速度范围，风洞大体上可以分为六种类型，见表 15-15。

表 15-15　风洞的类型

风洞类型	试验段速度 v 或 Ma 范围
低速风洞	$0 < v < 135\text{m/s}$ ($Ma < 0.4$)
亚音速风洞	$0.4 < Ma < 0.8$
跨音速风洞	$0.8 < Ma < 1.4$ （或 1.2）
超音速风洞	$1.4 < Ma < 5.0$
高超音速风洞	$5.0 < Ma < 10$ （或 12）
高焓高超音速风洞	$Ma > 10$ （或 12）

各类风洞中只有低速风洞中的气流可以看成为不可压缩的。由于风洞动力消耗很大，只有低速风洞与亚音速风洞为连续运转方式，其余为间歇运转方式。间歇式又称为暂冲式，即长时间积累能量，把空气压缩到一定的高压，短时间泄出，在试验段形成超音速气流。亚音速风洞所需功率比低速风洞要大得多（相同试验段截面），巨大的能量损耗在流动过程中全部转化为热。为防止连续运转的温升问题，必须采取冷却措施。高超音速风洞和高焓高超音速风洞，需功率巨大的加热器，使高速气流工作在高温高压之下。

4. 风洞实验的类型　在风洞中进行的试验是各种各样的，但归纳起来为以下几种类型：

(1) 空气动力学的基础性研究。利用风洞试验研究某些空气动力学的基本流动规律，例如各种典型形状物体的流动现象，物体表面附面层的发展，紊流的结构与流动规律，物体表面的气流分离、尾流、激波等。

(2) 为飞行器设计提供新的布局与技术。这类试验相当于应用性实验研究，例如各种翼剖面在不同的 Re 和 Ma 下的气动特性、机翼机身的相互位置和干扰、螺旋桨特性、喷气发动机进气道的布局、各种外挂的干扰等等。

(3) 飞行器的生产实验。设计一种飞行器要经过一系列的选型实验与定型实验，其选型实验与定型实验大致分为以下几类：分裂体模型实验、稳定性及操纵性试验、局部放大模型实验、压力分布实验、特殊实验和全尺寸实验等。

(4) 非航空航天的气动力实验。随着工业技术的发展，从 20 世纪 60 年代开始，风洞实验逐渐应用于机械、农业、林业、建筑、桥梁、车辆、船舶、生物、气象、能源、环境保护、电力和体育领域，形成了一门新的学科，称为"工业空气动力学"或"风力工程学"。风洞实验在一般工业部门中的应用还刚刚开始，有很多新的研究内容，有广阔的前途和强大的生命力。

15.7.2 低速风洞的结构和动力控制系统

在各类风洞中，低速风洞历史最久，种类和数量最多，发展也最为完善。如前所述，风洞本体为一管道系统，风洞结构设计的主要问题是保证风洞具有气动设计所要求的管道形状和足够的强度和刚度，在风洞运行受到气流强大作用力下不致变形或破坏。低速风洞运转时，维持气体流动的能量耗散，造成压力下降，采用风扇提高气流的压力，当两者达到平衡时，风洞便能稳定运转。风洞起动时，施加的能量大于气流在流动中的耗散，速度则增加，减速或停止时则相反。

1. 典型低速风洞的组成 下面以图 15-87 所示的单回路低速风洞为例，介绍低速风洞的组成。从实验段开始，顺气流方向逐一说明。

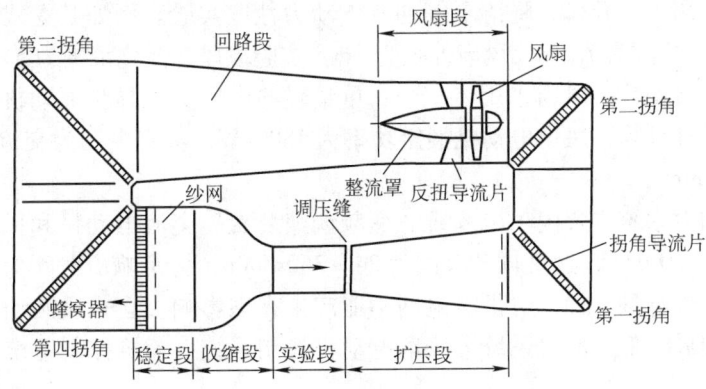

图 15-87 典型低速风洞的各部件

(1) 实验段 是风洞中进行模型实验的部件，是整个风洞的中心。

(2) 调压缝 有的风洞采用调压孔。在整个风洞管道中，实验段的静压是最低的，可能低于环境压力，因而对实验段有很高的密封要求，这对于设置门窗来说都是很不方便的。如果不满足密封要求，将直接影响模型周围流场。设置调压缝后，使实验段压力等于环境压力，因而就不需要特别的密封了。

(3) 扩压段 又称扩散段。把气流的动能转变为压力能，以减小风洞的损耗。

(4) 拐角 一般风洞共有四个拐角，扩压段后为第一拐角，依次是第二、三、四拐角。

(5) 拐角导流片 为了保证气流经过拐角时改变流动方向而不出现分离，四个拐角都必须安置拐角导流片。

(6) 风扇

(7) 电动机 电动机一般可装在整流罩内，但也有的风洞把电动机装在风洞之外，用长轴传入而带动风扇转动。

(8) 整流罩 使风扇前后保持流线型，改善气流的性能，尤其是防止分离。

(9) 反扭导流片 经过风扇的气流常带有旋转,反扭导流片的作用是消除旋转,使气流保持单一的轴向流动。有的风洞安装预扭导流片,使气流预先有相反方向的旋转,在设计状态下,经过风扇后恢复为轴向流动。也有的风洞预扭和反扭导流片都有。当风洞安装一对同轴但反向旋转的风扇时,在设计状态下预扭和反扭导流片都可以不需要。

(10) 回路段 把空气导回到实验段上游的管道。

(11) 稳定段 使气流保持均匀的等直径管道,稳定段内还安装了蜂窝器、纱网等整流设备。

(12) 蜂窝器 主要对气流起导直的作用。

(13) 纱网 (又称紊流网) 其作用是降低气流的紊流度和不均匀度。网的层数越多,网目越细,效果越明显,但相应压力损失也越大。

(14) 收缩段 使气流均匀加速的收缩管道。

此外,有的风洞在扩压段下游安装了安全网。其目的是保护风洞下游,尤其是风扇系统的安全,防止模型损坏后碎片打在这些部件上。对于开口风洞,扩压段入口处还有一个喇叭口,起收集气流的作用。

2. 低速风洞动力控制系统设计举例 立式风洞为低速风洞,与一般低速风洞水平布局不同,立式风洞的试验段、电动机与风扇设备段为垂直布置,其他为水平布置,试验段气流向上。立式风洞主要用于直升机、降落伞等的空气动力性能实验。例如某立式风洞,实验段圆形截面直径为5m,高度为7.5m;风扇外径为7m,实验段风速变化范围为5~50m/s。为便于风洞洞体设计和设备安装,风扇采用体积小、重量轻的中压交流异步电动机传动。根据气动实验要求和风洞设计计算,风扇电动机额定功率为1800kW,额定电压为交流3300V,电动机额定转速为360r/min。

立式风洞的动力系统主要由供电系统、变频调速装置、交流电动机和风扇构成。要求调速系统调速精度为±0.1%、速度调节范围为24~360r/min、力矩响应时间为0.1s;而且对精密测量仪表不能产生电磁干扰,对供电电网不能产生有害影响。立式风洞动力控制系统框图见图15-88。它由高压/低压配电系统、风扇电动机控制系统、辅机控制系统和风洞监控管理系统组成。

(1) 高压/低压配电系统 容量为3000kVA、6300V电源,由电缆引入进线开关柜ASC1,连接到6300V母线上。出线开关柜ASC2,向整流变压器T1馈电,馈电容量为2500kVA。出线开关柜ASC3向风洞电源变压器T2馈电,馈电容量为500kVA。

低压配电回路由电源变压器T2供电。T2将6300V降为380V,经进线柜AIC1送到380V母线。AIC2为无功补偿柜,其余AIC3~AIC5配电柜为风洞设备提供动力、照明、空调和消防所需的各路电源。

(2) 风扇电动机控制系统 风扇电动机控制系统由整流变压器T1、中压变频器UMF、异步电动机MA、风扇FD和脉冲编码器PC等组成。风扇电动机控制系统动力电源的合/分闸,由高压开关ASC2进行。

1) 整流变压器T1 整流变压器T1为三绕组变压器,接法为Dd0y5。整流变压器将6300V进线电压变为中压变频器输入要求的2×1700V电压,二次双绕组输出,使中压变频器实现12脉波二极管整流,降低谐波电流对供电电网的影响。

变压器为密闭、免维护结构,具有油温、绕组温度监测、瓦斯等保护。为满足电动机-变频器运行和风洞高精度控制要求,二次绕组输出电压不对称度不大于0.1%,对地采用全绝缘

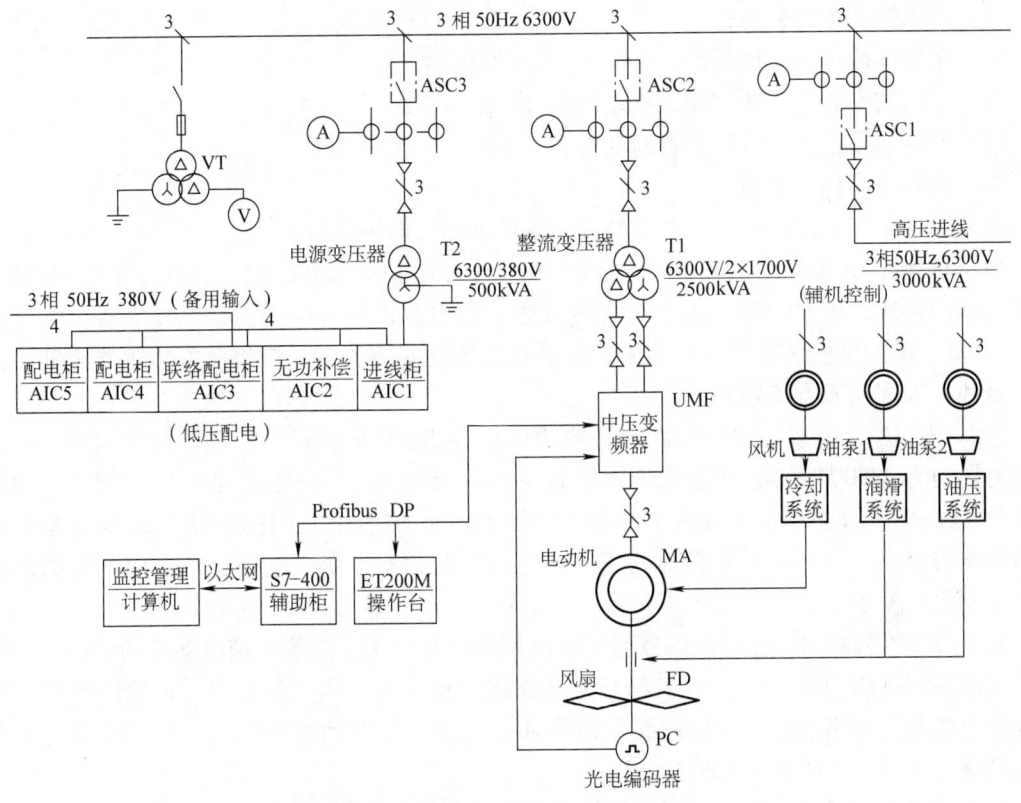

图 15-88 φ5m 立式风洞动力控制系统框图

方式，耐压等级不低于 3300V，并具有抗静电干扰能力。

2）变频调速器（装置）UMF 中压变频器原理电路见图 15-89 所示的点划线框，主电路由 12 脉波整流器（两个三相全桥）、电容器组和逆变器等组成。变频器输入由整流变压器 T1 供电，输出经正弦滤波器与交流异步电动机 MA 相连。

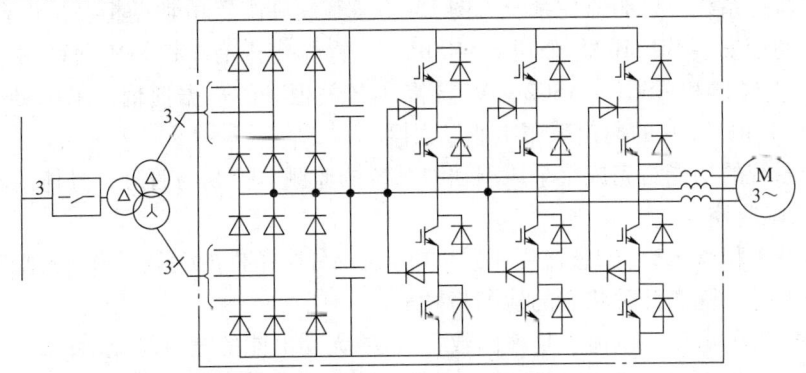

图 15-89 三电平 IGBT 变频器原理框图

逆变器主电路采用三电平的拓扑结构，结合中点电位自动钳位的 PWM 控制技术，实现交-直-交三电平电压源逆变器控制。采用高压 IGBT 成套组件，结构简单可靠，逆变器具有以下技术特点：

① 三电平的拓扑结构；

② 每个逆变器电力电子器件承受直流环节电压的 1/2；

③ 输入侧功率因数高；
④ 元器件数量少、损耗低；
⑤ 输出侧安装正弦滤波器，电动机无 du/dt 损害；
⑥ 具有参数设定、故障自诊断功能；
⑦ 具有液晶显示功能。

变频器采用矢量控制技术，能实现高精度的转矩、转速闭环控制。

3) 变频调速异步电动机 MA　异步电动机由中压变频调速装置供电，进行变频调速运行，控制风扇的转速，进而调节风洞中气流的风速。采用立式异步电动机，以便安装，电动机极数为 16 极。除同轴安装脉冲编码器外，电动机内部还安装了定子绕组温度传感器、轴承温度传感器和冷却回路温度传感器。

4) 动力风扇 FD　风扇外径为 7m，转动惯量为 20000kg·m²，额定转速为 360r/min，额定阻力转矩为 38800N·m。风扇的调速范围为 24～360r/min，调速比为 1:15。调速时的静态精度为 ±0.1%，其动态指标为转速由零升到额定转速的时间不能超过 60s，转矩由零升到额定值的响应时间为 0.1s。上述指标要求，通过中压变频器、变频电动机的合理配置和系统的综合控制最终实现。

5) 脉冲编码器 PC　脉冲编码器是转速测量传感器，用于测量风扇电动机的转速，实现调速系统的高精度转速控制。脉冲编码器为光电式，脉冲频率高、信号弱、传输距离远，需采用屏蔽电缆与控制系统连接。脉冲编码器同轴安装于交流电动机转轴上，要消除设备正常允许振动条件下对它产生有害的影响。

(3) 辅机控制系统　立式风洞的辅机系统由冷却系统、润滑系统、油压系统三部分组成。冷却系统是为变频电动机通风冷却散热用的，由电动机/风机和电动机起动设备组成。润滑系统为风扇电动机轴承润滑提供油料，油压系统为立式电动机推力轴承起动时产生静压推力，以免发生刚性摩擦损坏推力轴承。润滑系统、油压系统由油路、油泵和油泵电动机组成，油泵电动机由开关进行控制。

(4) 风洞监控系统　风洞监控系统见图 15-88，其硬件配置由辅助柜、操作台、管理计算机等组成。辅助柜安装 SIEMENS 公司 S7-400PLC，操作台内有 ET200M 远程站。S7-400PLC、ET200M、中压变频器和 ASC1、ASC2、ASC3 高压开关柜等的数据通信，采用 Profibus-DP 网。管理计算机和 S7-400 之间的通信采用工业以太网。

风洞监控系统的功能是完成整个风洞动力系统的监测、控制与管理，具体内容有：

1) 高压系统监控
① 高压开关柜 ASC2（给整流变压器供电）合/分闸条件的确认、合/分闸控制；
② 高压开关、隔离开关状态的检测与显示；
③ 高压母线的电压、电流、功率因数、有功/无功电能的测量与显示；
④ 整流变压器 T1、电源变压器 T2 油温和绕组温度的检测与显示；
⑤ 变压器油温过热、绕组过热、轻瓦斯、重瓦斯的自动报警与保护。

2) 风扇电动机监控
① 定子绕组温度、轴承温度的测量与显示；
② 电动机绕组过热、轴承过热的自动报警与保护；
③ 风扇电动机超速的检测与保护。

3) 辅机系统监控

① 风机的冷却系统、油泵的润滑系统与油压系统的起/停操作控制；
② 冷却回路温度、油路系统的油温、流量、压力的测量与显示；
③ 冷却系统、润滑系统、油压系统的运行状态、故障状态的显示与输出；

4）中压变频器监控
① 根据风洞实验要求，输出风扇电动机转速设定值、限速设定值；
② 对变频器输出起动、停止、紧急停止命令；
③ 对变频器内部的运行状态、故障状态进行监控与管理；
④ 对变频器输出的电压、电流、电动机转速等进行监视。

5）动力系统的监控和管理
① 动力系统两种控制工艺流程：手动起动在工作台上进行，通过 PLC 实现控制联锁；自动起动，由监控管理计算机与 PLC 自动完成；
② 监控管理人机界面：根据动力系统控制要求，设计了如下界面：高压系统显示屏、电动机信号显示屏、起动控制屏、设备控制屏、联络信号显示屏、故障信号显示屏。界面友好，形象直观，能实时地显示设备状态与参数；
③ 数据报表：根据动力系统管理要求，设计了众多的数据报表，如上/下班时间、参试人员；每次吹风给定转速，电动机的转速、电压、电流、电量；变压器绕组、变压器油、电动机绕组、轴承的初始温度、最高温度；出现故障的名称、次数等；
④ 动力系统故障的诊断与管理，故障或报警的分类、显示和处理等。

15.7.3 高焓高超音速风洞及其动力控制系统

高焓高超音速风洞，其实验段的 Ma 一般超过 10 或 12。这类风洞主要用于研究导弹、人造卫星或其他飞行器的高 Ma 飞行。在这类风洞中，不仅要模拟动力相似准则，如 Ma、Re 等，而且要模拟真实飞行温度（即焓量）和气动加热现象有关的相似准则，如比热容等。

在普通超音速风洞中，加热空气仅仅是为了防止空气凝结。当实验 Ma 达到 10 时，驻点温度应加热到 1000℃ 左右，在气流通道中采用大功率电阻加热器加热才能实现。但这样的温度远远不能模拟气动加热现象。导弹或人造卫星等重返大气层时，头部激波后的温度可达 6000~8000℃。这样高的温度，将使空气的性质完全不同于普通温度下具有一定比热容的理想气体。要使气流加热到这样高的温度，需采用大功率等离子电弧加热器进行加热。

在等离子发生器中，电弧受气流、磁场等因素的影响，形成等离子电弧。等离子电弧又称压缩电弧，它是一种导电截面收缩得比较小，从而使能量更加集中的电弧。电弧的弧柱部分电导率极大，其性质接近于导体。等离子电弧的能量高度集中，弧柱温度很高，气流可达很高的速度。它可以使用各种工作介质，它的功率及各种特性都有很大的调节范围。把电弧看成电阻，电弧加热装置的热功率（J/s）为

$$Q = IU$$

式中　I——电弧电流（A）；
　　　U——电弧电压（V）。

若 $I_{max} = 3000A$、$U_{max} = 30000V$，则电功率为

$$P = IU = 3000A \times 30000V = 90MW$$

热功率为

$$Q = P = 90MW = 90MJ/s$$

电弧加热器有多种结构型式。管式电弧加热器是典型平行流型加热器，这种加热器特别适合高压大功率应用，其驻点的压力达3040~14591kPa（30~144atm），驻点温度为2700~8300℃，气流速度为3000~5400m/s，平均驻点焓为3768~28052J/kg（900~6700kcal/kg）。

根据模拟试验的不同要求，电弧加热器通常设计成电弧风洞或各种形式的模拟实验装置，如电弧加热器增加试验段、扩散段，热交换器和真空系统后就变成了电弧风洞。

1. 高焓高超音速风洞——电弧风洞的组成　电弧风洞总体组成见图15-90。和常规超音速风洞相似，通常分为本体系统和附属系统两大部分。其中，本体系统包括电弧加热器、锥形喷管、实验段和扩散段四个部分；附属系统包括电源、气源、水源、镇定变阻器、直流磁场线圈、热交换器和真空装置七个部分。

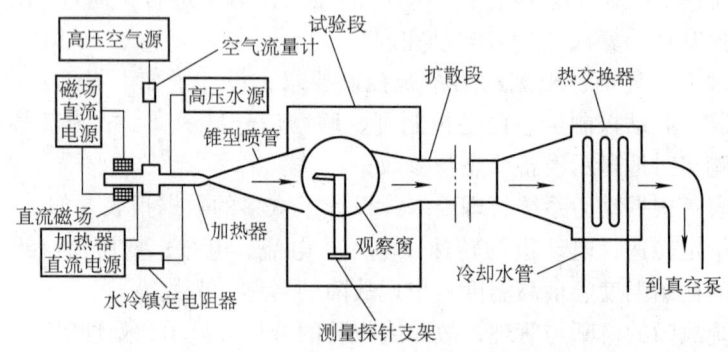

图 15-90　电弧风洞总体组成部分示意图

（1）电弧加热器　电弧加热器是将电能直接转变为热能和动能的一种装置，它是电弧风洞的核心部分。

（2）锥形喷管　使高温气流加速膨胀到超音速或高超音速。

（3）试验段　试验段是进行试验的地方，其中需要安放模型或测量探针，要求流场均匀、稳定和重复性好。

（4）扩散段　主要是为了减少高温高速气流的能量损耗。

（5）电源　电源电能主要用于加热空气，使它达到高温状态，电源分为直流和交流两类，其中直流电源用得最多，硅整流器是最好的直流电源。

（6）气源　流进加热器的空气要求干燥纯净，不含水分、油污和杂质；流量要求严格标定而保持恒定。

（7）水源　电弧加热器和风洞以及各种测量探针均在高温下工作，因此必须使用高压水进行冷却，通常可用高压水泵或高压水瓶产生高压水。

（8）镇定变阻器　由电弧放电机理得知，电弧要稳定燃烧，就必须在电路中串接镇定电阻。一般阻值越大，电弧燃烧越稳定，但电源功率损耗也就越大。水冷镇定变阻器是最好的变阻器。

（9）直流磁场线圈　当电弧固定在电极上不动时，由于电弧的电流密度很高，很容易将电极烧穿。直流磁场可使电弧高速旋转，使电极受热分散，因而电极不易烧坏。

（10）热交换器　从实验段流出的高温气流温度仍然很高，必须使用热交换器冷却到常温后进入真空泵，可防止真空泵遇高温而损坏。

（11）真空装置　为使实验段中产生高的流速（超音速或高超音速）和进行较大模型试

第15章 电气传动的工业应用

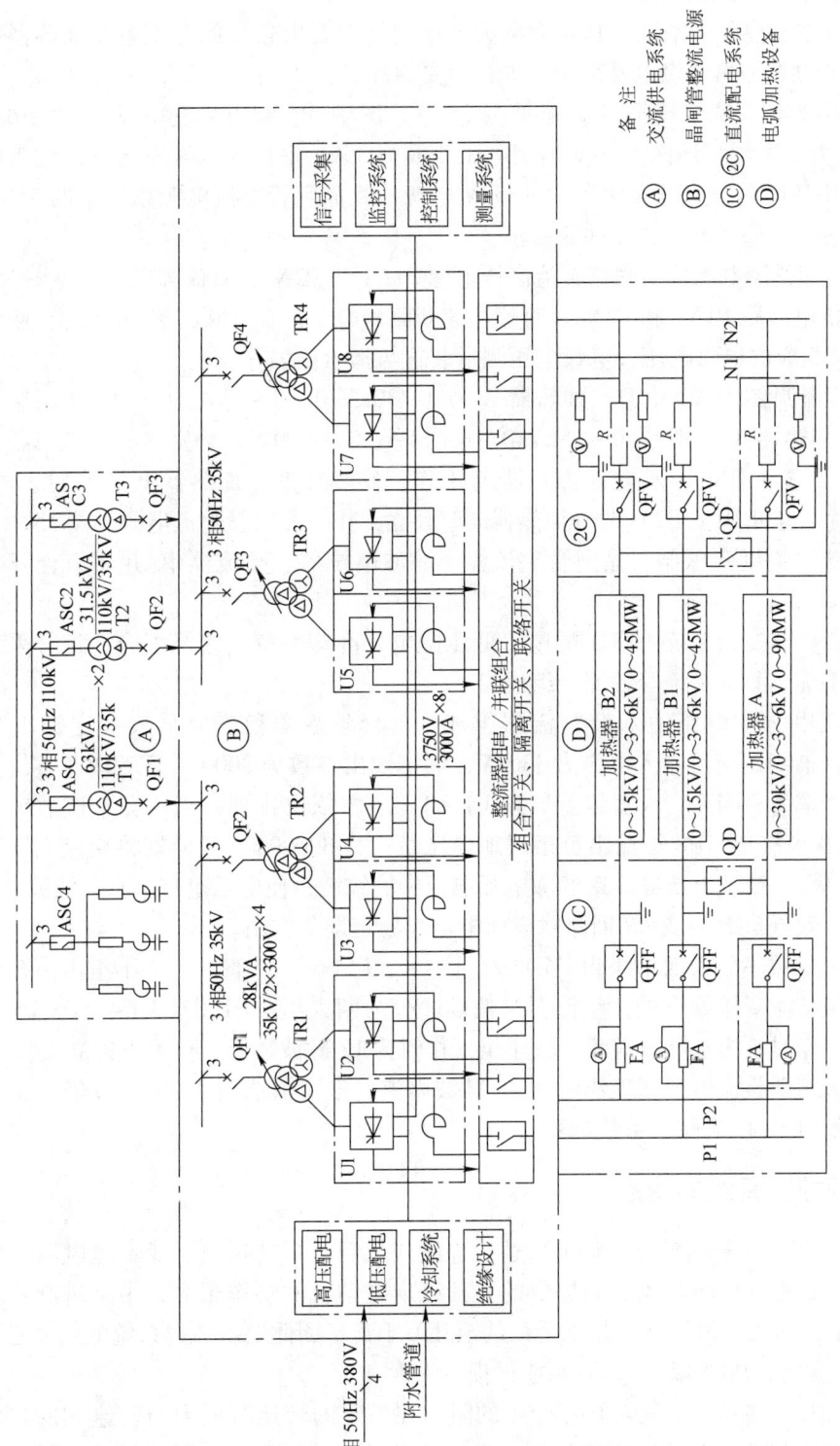

图15-91 电弧加热设备的交/直流供电系统原理电路

验，需要使用真空泵或引射器抽气。

2. 电弧加热器供电系统的组成实例

电弧风洞有许多控制子系统，其功率巨大、控制技术要求较高的首推电弧加热器供电系统，今以90MW电弧加热器供电系统为例进行简要的说明。

电弧加热器供电系统组成原理电路见图15-91。图中Ⓐ，110kV变电站中两台63MVA、110kV/35kV电力变压器将地区110kV电网电压变换为35kV电压输入至整流站。电力变压器T1（T2）通过中压断路器QF1（QF2）将35kV电源接入晶闸管整流电源系统中的35kV高压配电系统中。两回路相互独立，无并联要求。

90MW晶闸管整流电源输出两路直流高压电源P1N1与P2N2，直流配电系统见图15-91中Ⓒ、Ⓓ，由直流供电线路P1N1和P2N2、直流快速断路器QFF，真空断路器QFV，镇定电阻R，隔离开关QD及相应的电弧电流、电弧电压测量装置与指示仪表等组成。

电弧加热设备见图15-91中Ⓓ，加热器A为0~30kV/0~3~6kA、0~90MW，接于直流P1N2母线上，加热器B1、B2为0~15kV/0~3~6kA、0~45MW，分别接于直流母线P1N1、P2N2上。加热器A工作时，不允许加热器B工作，反之亦然。加热器B工作时，可以B1（B2）单台运行，也可B1（B2）两台加热器同时独立工作。晶闸管整流电源见图15-91中Ⓑ。主电路由断路器、整流变压器、晶闸管整流器、滤波电抗器、整流器串/并联组合开关等组成。

电弧加热器供电控制系统由高压配电、低压配电、冷却系统、绝缘配合、信号采集、监控通信、控制系统、测量系统等各部分组成。

晶闸管整流电源主电路由八套整流器组成。单套整流器稳态时最大额定输出功率为11.25MW，整流器额定交流输入电压为3300V，额定输出参数为3000A、3750V。整流电源稳态时的总额定功率为90MW。八套整流器按U1~U8顺序依次排列，当八套整流器串联运行时，U1组输出正极接地，U8组输出负极对地电压最大为30000V。整流器将交流电压变为幅值可变的直流电压。滤波电抗器用来滤除电弧电流中的纹波，使电弧电流平直；滤波电抗器L和电弧弧柱的等效电阻R组成LR回路对电弧电流起稳定调节作用。

整流器按图中顺序分为四个小组：U1U2、U3U4、U5U6、U7U8，每个小组由一台一次侧能调压的三绕组整流变压器供电，整流器又按顺序分为两大组：U1 U2U3 U4、U5 U6U7 U8。当整流器单独工作时，为6脉波整流，按小组工作时为12脉波整流，按大组独立工作时为24脉波整流，两大组即整流器全部工作时为48脉波整流。整流器选用4200V/4600V、3750A器件四只串联，使电压/电流储备系数≥3。

15.7.4 风洞控制系统的特点

1. 低速风洞控制系统的特点　如前所述，连续式风洞（低速风洞、亚音速风洞）维持气体流动的能量是由电动机驱动风扇而提供的，其风扇电动机的功率很大，中型风洞其功率即达1000kW以上，而大型风洞可达几千千瓦甚至几万千瓦，因此要求风扇系统的效率必须很高（单独风扇效率应达到90%以上），否则能量损耗太大。

随着风扇叶片的转动，空气对叶片产生的阻力在一定的转速范围内与转速n的二次方成比例，而输出功率与转速n的立方成比例。电动机起动时，速度低，阻力矩小，易起动。而在额定转速附近，较小的转速变化，将会使机械出力有很大的变化。一般情况下，电动机直接驱动风扇，中间没有减速装置，电动机转速就是风扇的转速。电动机带动风扇旋转，对风扇提供能量，风扇吸收能量，并对气流做功。风扇由若干片桨叶组成，每片桨叶如同一个旋转的半机翼，桨叶的长度较长；为增加风扇的结构强度，其桨叶剖面有一定厚度，其结果风扇的转动惯量较大。以 $\phi 5m$ 立式风洞为例，风扇外径为 7m，转动惯量为 $20000 kg \cdot m^2$，其额定转速的阻力转矩为 $38800N \cdot m$；交流电动机额定功率为 1800kW，转动惯量为 $4560 kg \cdot m^2$，电动机额定转矩为 $47750N \cdot m$。风扇的转动惯量约为电动机转动惯量的 4.4 倍，故可认为电动机风扇系统为一大惯性的传动控制系统，电动机输出力矩的大部分用以克服动态阻力矩的影响。经动态计算，电动机以额定转矩起动，风扇由零转速上升到最高转速所需加速时间约为 30s。大的动态阻力转矩和与转速成二次方关系的静态阻力转矩，构成了低速风洞调速系统控制的第一个特点。

连续式风洞尺寸较大，实验段口径一般都在 3~4m 以上。整个风洞的长度在几十米以上。虽然气流的速度比较低，单位面积气流所消耗的功率比较小，但总功率将达到相当大的水平。此外，对气流的性能要求也高，即根据相似理论，风洞提供的气流应该是充分均匀的。为了做到这一点，风洞中设置了许多整流部件，如导流片、蜂窝器、沙网等。风洞中的气流除流场均匀外，其紊流度也不能超出一定的限度。其结果是风洞实验要求在等速压条件下进行，即最终要求动力系统配有稳速装置。稳速就是稳定风洞中气流的速度（即风速），当模型姿态改变引起风洞气流变化时，稳速系统能灵敏而准确地调整转速与功率输出，维持气流速度不变。稳速（稳风速）系统，转速调节回路是内环，而风速是调节回路的外环，风速环的调节与风洞时间常数有关。风洞时间常数的计算关系比较复杂，它与风洞等效长度 L 成正比，与风速成反比，风速是一可变的被控制量。因此风洞的时间常数是变化的，风速高，时间常数小，风速低，时间常数大，风速变化范围大，时间常数变化大。变参数的风速外环构成了低速风洞风扇电动机控制系统的另一个特点。

大功率的风扇电动机动力控制系统、转速控制系统中处理大的动态阻力转矩和与转速成二次方关系的静态阻力转矩、风速控制系统中变参数控制，采用模拟的方法实现起来比较麻烦。现代传动控制系统都已采用数字控制技术，风扇电动机动力控制系统能方便地实现风洞控制系统所提出的各种要求。

2. 暂冲式风洞控制系统的特点　对暂冲式风洞来说，工作时间是一个重要的设计参数，它主要影响气源（或真空箱）的设计。工作时间是指在一定的气源条件下，风洞能够维持定常超音速流动的时间。在实验段尺寸已经确定的情况下，根据实验雷诺数的要求及其他情况下，可以拟定稳定段驻点压力，而驻点温度一般是不加控制的（即使控制也是维持常数）。在吸式风洞情况下，可推算真空箱的真空度和体积，它的驻点压力和温度都是自由大气的值。暂冲式风洞气源中的高压空气是由压缩机供给的，真空箱中的真空度由真空泵抽气而成。风洞中使用的压缩机和真空泵无需专门设计，由系列产品中选择合适的型号与规格。选择的原则是使设备能在各自效率最高的经济区域中运行，而又能供足气源及真空压力要求。为了满足气源系统的要求，往往需要选择几台压缩机或真空泵同时工作。其设备的装机容量有时达数千千瓦。暂冲式风洞工作时间一般很短为几十秒到几百秒，而高压高速的气流使气源的消耗很大。为了贮存大量的高压气源，压缩机等工作时间很长，因此能量的消耗十分巨大。因此要求提高测控水平，风洞的操作和实验应该尽可能地实现自动化。自动化至少有两方面的好处：第一，暂冲式风洞工作时间短，要求很短的时间内准确地完成许多相互关联的开关、阀门、机构的控制动作；第二，可以节约很多人力，并且完全避免人工操作所难免的错误或误差。以计算机为中心的自动化控制系统完全可以胜任，并且可以大大缩短完成程序操作的时间，节约操纵时耗费的用气量。

3. 高焓高超音速风洞控制系统的特点 高焓高超音速风洞加热器的控制是一个比较重要和关键的技术，特别是等离子电弧加热器的控制技术。再入烧蚀模拟用的电弧加热器，为获得高焓，大多采用直流电弧（电源）。电弧现象异常复杂，特别是涉及电弧机理的若干问题至今还未弄清，已有的一些电弧理论仍不完整，不能对某些特定电弧特性做定量分析计算。根据电弧放电现象的直观推理和不同类型电弧加热器性能数据相互关系，利用综合分析方法，提出电弧电压方程。经过实验验证，电弧电压方程应用是有效的，根据电弧电压方程求出电弧电压乘以电弧电流，就确定了电弧功率。电弧功率直接影响加热器的气动性能和热结构性能，对电弧加热器的设计至关重要。电弧加热器设计加工完成，其几何参数和气体压力等参数已经确定。电弧稳定燃烧时，其电弧电流、电弧电压将是一个确定的状态参数。控制系统能快速准确地测量这两个状态参数。在电弧起动、负载扰动或实验状态变化，确保电弧电流恒定，或跟随电弧电流曲线（函数）变化而变化；而电弧电压自动跟随电弧特性的变化而变化。

如前所述，高焓等离子电弧加热器，由于功率大（90MW）、电弧电压高（最高电压为30000V）、电弧电流大（最大电流为6000A），因此在技术上要克服许多难点。电弧电压变化范围宽即弧长随气流的变化大，因大功率电弧加热器的电弧为长弧，长弧中弧柱发生的过程（热功率等）起主导作用，而弧柱中的电场强度是一致的，故电弧电压随着弧长增加而增大。其控制比工业与民用的焊接与切割等离子电弧要复杂得多。但由于设计上采用整流变压器一次侧调压、多整流器串/并联组合，其控制手段比一般电弧加热设备多许多。比如可根据电弧电压的高低，自动投入/切断串联工作的整流器个数，以适应电弧长度的大范围变化。

参 考 文 献

[1] 张阳春，杨志康，郭东. 国内外石油钻采设备技术水平分析 [M]. 北京：石油工业出版社，2001.
[2] 安国亭，卢佩琼. 海洋石油开发工艺与设备 [M]. 天津：天津大学出版社，2001.
[3] 陈如恒，沈家骏. 钻井机械的设计计算 [M]. 北京：石油工业出版社，1995.
[4] 王清灵，龚幼民. 现代矿井提升机电控系统 [M]. 北京：机械工业出版社，1996.
[5] 马小亮. 大功率交-交变频交流调速及矢量控制 [M]. 北京：机械工业出版社，1992.
[6] 马竹梧，丘建平，李江. 钢铁工业自动化：炼铁卷 [M]. 北京：冶金工业出版社，2000.
[7] 周传典. 高炉炼铁生产技术手册 [M]. 北京：冶金工业出版社，2002.
[8] 郝菊素，蒋武锋，方觉. 高炉炼铁设计原理 [M]. 北京：冶金工业出版社，2003.

附录　天津电气传动设计研究所介绍

　　天津电气传动设计研究所是原国家机械工业部直属研究所，成立于 1954 年 8 月。2001 年 6 月注册成为企业法人，2002 年 5 月通过 ISO9000 质量管理体系认证，2003 年 1 月被认定为高新技术企业，2011 年正式认定为"国家创新型企业"。为中国机械装备（集团）公司全资科技型企业，是国家电气传动及自动化系统工程、中小型水力发电成套设备和低压电控配电成套装置的主要科研开发生产制造基地。

　　天津电气传动设计研究所历来重视所从事行业基础性技术的研究开发，尤其致力于所从事行业应用性技术的研究开发，与国内外相关企业、科研院所及大专院校保持着密切的技术合作及交流，并跟踪国内外先进技术的发展趋势，不断提高自身的技术与产品水平。五十多年来，取得了近 700 项科技成果（其中省级以上科技成果奖 140 余项），为国家电气传动及自动化、中小型水力发电和低压电控配电等行业的技术进步与发展做出了突出贡献。

　　天津电气传动设计研究所拥有众多在行业内享有盛誉的专业技术人才，其中具有中高级职称者 240 余人（含国家及省部级专家 20 余人），占企业职工总数的 40%。不仅具备雄厚的综合配套技术力量，良好的研发试验条件，而且具备设备先进的生产制造车间。不但能够为用户提供最新的科研成果，并进行相应高新技术产品的产业化开发，而且能够为用户提供先进的系统工程设计，提供成套设备及装置。

　　天津电气传动设计研究所是"国家电控配电设备产品质量监督检测中心"和部属的"中小型水力发电设备产品质量监督检测中心"的挂靠单位，拥有先进的检测手段，多年来承担着相关行业产品的各类试验、检验和认证任务。依托于该所的"电气传动国家工程研究中心"拥有电气传动及自动化工程化系统和产业化产品的各类实验室，为国家电气传动工程化研究开发与工程化验证能力以及产业化产品开发提供了优越的科研条件。

　　天津电气传动设计研究所是中国自动化学会电气自动化委员会、中国电器工业协会水电设备分会、中国电器工业协会电控配电设备分会、中国电工技术学会电控系统与装置委员会、全国低压成套开关设备和控制设备标准化技术委员会等行业组织的秘书处挂靠单位，对于促进行业新技术及新产品的进步、引导行业高新技术产业化发展、提高行业产品的标准化水平起着积极的促进作用。天津电气传动设计研究所编辑出版国内外发行的《电气传动》杂志，为全国优秀科技期刊和全国中文核心期刊，在国内外相关行业有着广泛的影响。

　　天津电气传动设计研究所主要经营范围：电气传动及自动化装置、低压成套开关设备和控制设备、水力发电辅助设备的销售、设计、开发、生产和服务，中小型水轮发电机的设计、开发。

地址：天津市河东区津塘路 174 号　　　邮编：300180
电话：022 - 84376168　　　　　　　　传真：022 - 24391813

机械工业出版社电气自动化类部分精品图书

序 号	5位书号	书 名	定 价
1	54864	PLC 原理与应用——罗克韦尔 Micro800 系列	69
2	54449	电气传动的原理和实践（第2版）	49
3	54253	西门子自动化系统接地指南	49
4	53768	SINAMICS G120 变频控制系统实用手册	119
5	53743	工业预测控制	79
6	53244	SIMATIC S7-1500 与 TIA 博途软件使用指南	99
7	53130	工业控制系统及应用——PLC 与组态软件	69
8	52721	电力电子变换器：PWM 策略与电流控制技术	99
9	51520	电机及其传动系统——原理、控制、建模和仿真	59.8
10	51283	线性神经网络控制的电力变流器与交流电气传动	169
11	51085	电压型 PWM 整流器的非线性控制（第2版）	49.8
12	50832	大功率变频器及交流传动	59.9
13	48714	功率变换器和电气传动的预测控制	68
14	48482	异步电机无速度传感器高性能控制技术	59.8
15	47811	现代电气传动（原书第2版）	88
16	47412	电气控制与 MicroLogix1200/1500 应用技术	50
17	46407	集成架构中型系统	90
18	46259	可编程序控制系统设计技术（FX 系列）（第2版）	69.8
19	46224	高性能交流传动系统——模型分析与控制	49
20	45758	SINAMICS S120 变频控制系统应用指南	138
21	45721	电气控制与可编程序控制器应用技术（FX/3U 系列）	39
22	43958	装备制造业节能减排技术手册 下册	190
23	43957	装备制造业节能减排技术手册 上册	190
24	43580	深入浅出西门子运动控制器——SIMOTION 实用手册	78
25	43313	电机传动系统控制	89
26	43040	交流调速系统（第3版）	35
27	42627	ControlLogix 系统组态与编程——现代控制工程设计	65
28	38049	TIA 博途软件-STEP7 V11 编程指南	79
29	36822	PWM 整流器及其控制	69.8
30	35756	通用变频器及其应用（第3版）	68
31	30672	变频器、可编程序控制器及触摸屏综合应用技术实操指导书（第2版）	44
32	23224	基于 MATLAB 的线性控制系统分析与设计（原书第5版）（含1CD）	88
33	23037	ControlLogix 系统实用手册	58
34	14269A	现场总线技术及其应用（第2版）	47